J.B.METZLER

Georg Toepfer

Historisches Wörterbuch der Biologie

Geschichte und Theorie
der biologischen Grundbegriffe

Band 1:
Analogie – Ganzheit

Verlag J. B. Metzler
Stuttgart · Weimar

Bibliografische Information der Deutschen Nationalbibliothek
Die Deutsche Nationalbibliothek verzeichnet diese Publikation in der Deutschen Nationalbibliografie; detaillierte bibliografische Daten sind im Internet über http://dnb.d-nb.de abrufbar.

Gesamtwerk:
978-3-476-02316-2
Band 1:
ISBN 978-3-476-02317-9
ISBN 978-3-476-00439-0 (eBook)
DOI 10.1007/978-3-476-00439-0

© 2011 Springer-Verlag GmbH Deutschland
Ursprünglich erschienen bei J.B. Metzler'sche Verlagsbuchhandlung
und Carl Ernst Poeschel Verlag GmbH in Stuttgart 2011

www.metzlerverlag.de
info@metzlerverlag.de

Dieses Werk einschließlich aller seiner Teile ist urheberrechtlich geschützt. Jede Verwertung außerhalb der engen Grenzen des Urheberrechtsgesetzes ist ohne Zustimmung des Verlages unzulässig und strafbar. Das gilt insbesondere für Vervielfältigungen, Übersetzungen, Mikroverfilmungen und die Einspeicherung und Verarbeitung in elektronischen Systemen.

für Anne, Clara und Jakob

Kein Wort steht still.
Johann Wolfgang von Goethe, Maximen und Reflexionen, HA XII, 509

For every symbol is a living thing, in a very strict sense that is no mere figure of speech. The body of the symbol changes slowly, but its meaning inevitably grows, incorporates new elements and throws off old ones.
Charles Saunders Peirce, CP 2.222

Bios
Se transformer et transformer pour conserver
Paul Valéry, Cahiers XVI, 432

Was hat sich denn wirklich geändert –
wann, wo, wie und warum?
Reinhart Koselleck, Begriffsgeschichten, 538

Vorwort

Wörterbücher werden geschrieben, um Orientierung zu geben. Sie sollen ein Feld enzyklopädisch erschließen, das als unübersichtlich empfunden wird. Neben dieser subjektiven Seite der Motivation eines solchen Unterfangens stehen aber gerade Wörterbücher in einem Ruf der Allgemeinverbindlichkeit. Sie gelten als Agenten des *common sense*: Sie sollen das zum Ausdruck bringen, was in einer Disziplin als gesichert gilt, dazu vielleicht Forschungsfragen aufwerfen oder diskutieren, keinesfalls aber einseitige Entscheidungen und schiefe Darstellungen enthalten.

Für das vorliegende Wörterbuch trifft die Spannung zwischen subjektiver Motivation und allgemeingültigem Anspruch in besonderer Weise zu: Sein Entstehen ist motiviert durch die als komplex wahrgenommene Geschichte und häufig als unklar angesehene theoretische Bedeutung der grundlegenden Begriffe einer wichtigen Naturwissenschaft. Das Wörterbuch sollte daher dem Verfasser und nun hoffentlich auch dem Leser eine Übersicht über dieses Feld liefern. Gleichzeitig ist es aber von nur einem Autor verfasst, so dass die Begrenztheit der Perspektive und die Einseitigkeit der Stellungnahme in historischen oder systematischen Fragen an mancher Stelle beklagt werden könnte. Noch im Fluss befindliche Antworten auf kontrovers diskutierte Probleme sind in einigen Punkten vielleicht zu dezidiert gegeben worden. Ein dem Projekt gegenüber insgesamt zum Glück wohlwollender Gutachter hat deshalb vorgeschlagen, das Produkt ›Historisch-Kritisches Wörterbuch der Biologie‹ zu nennen. So weit ist es glücklicherweise nicht gekommen, und der Verfasser hat stattdessen seine »kritische« Haltung in einigen Punkten noch einmal überdacht.

Sachlich wäre das »Historisch-Kritische« (im Sinne Pierre Bayles) für den Titel durchaus angemessen, denn das Darstellungsverfahren des Wörterbuchs besteht in einer Verbindung von historischer und systematischer Perspektive; Genese- und Geltungsfragen werden im Zusammenhang behandelt. Aufgrund dieser Verbindung folgt die Darstellung in gewisser Weise der Wissenschaftsentwicklung selbst, in der ein sukzessiver (z.T. auch revisionistischer) Aufbau von langfristig wirksamen Konzepten erfolgt. Mit diesem Verfahren soll nicht bestritten werden, dass eine Trennung der beiden Aspekte von Genese und Geltung möglich und sinnvoll ist. Gezeigt werden soll aber, dass für die Konstitution naturwissenschaftlicher (und philosophischer) Grundbegriffe eine Entwicklung der sachlichen Bestimmungsmomente aus ihrer Geschichte aufschlussreich sein kann. Eine der bemerkenswertesten Erfahrungen beim Verfassen des Wörterbuchs war die Unmöglichkeit einer Trennung von historischen und systematischen Fragen in Bezug auf Grundbegriffe, die dem rasanten Fortschritt der naturwissenschaftlichen Forschung in gewisser Weise enthoben sind. Überspitzt gesagt steht den Naturwissenschaften noch eine Erfahrung bevor, die die Geisteswissenschaften und selbst die Philosophie längst gemacht haben: dass nicht wenige grundlegende Fragen – z.B. ›Was ist ein Organismus?‹ – am aufschlussreichsten in historischer Orientierung, d.h. ausgehend von klassischen philosophischen oder einzelwissenschaftlichen Positionen, beantwortet werden können. Auch die systematische Dimension der Naturwissenschaften droht also durch Geschichtsvergessenheit vereinfacht oder einseitig zu werden. Mein Versuch, aus den historischen Entwicklungen eine systematische Lehre zu ziehen, findet sich in konzentrierter Form in den zu Beginn jedes Eintrags gegebenen Begriffsdefinitionen.

Im Hinblick auf den Ursprung der Wörter könnte das Wörterbuch für den mit der Materie vertrauten Leser einige Überraschungen im Detail bereithalten (z.B. ›Biogeographie‹ nicht von Ratzel, ›Cytoplasma‹ schon vor Kölliker, ›Ökosystem‹ nicht von Tansley). Diese Überraschungen sind zum großen Teil eine Folge der in den letzten Jahren entstandenen digitalen Verfügbarkeit der wissenschaftlichen Literatur. Diese neue Methode der Erschließung von einem inzwischen signifikanten Anteil der wissenschaftlichen Literatur hat eine Transparenz in die Geschichte der Wörter gebracht, die noch vor wenigen Jahren undenkbar war. So lassen sich inzwischen für praktisch jedes Wort der Wissenschaftssprachen selbst die zuverlässigsten Wörterbücher, an denen Generationen von Wortkundlern gearbeitet haben, wie das ›Oxford English Dictionary‹, im Hinblick auf die Erstverwendung von Wörtern in ein paar Sekunden widerlegen. Dass das so ist, ist eine Freude und Lust für jeden, der selbst Wortgeschichtsforschung betreibt. Die rasant fortschreitende Digitalisierung der Weltliteratur ist aber auch eine Bedrohung für jeden, der ein Historisches Wörterbuch schreiben will. Denn er wird in wohl nicht wenigen Fällen ebenso schnell von zukünftigen Wortforschern eines Besseren belehrt werden können. Gefährliche Zeiten also, ein Historisches Wörterbuch in den Druck zu geben. Weil aber inzwischen ein so gewichtiger Anteil der wissenschaftlichen Literatur digital verfügbar vorliegt,

Vorwort

kann ein Wörterbuch, das auf diese Quellen systematisch zugreift, als ein Desiderat gelten. So sollte dieses Wörterbuch auch verstanden werden: als ein Anfang zur systematischen Auswertung dieser neuen Form der Erschließung der alten Quellen.

Danken möchte ich allen, die mich bei der Arbeit an diesem Wörterbuch in den letzten zehn Jahren unterstützt haben. Das Ganze begann mit einer Idee am 26. März 2001 auf dem Fahrrad in Hoffeld vor der Abzweigung nach Langwedel. Manches Mal habe ich es bereut, dem Rat von Lothar Schäfer nicht gefolgt zu sein, der mich vor einem solchen Projekt gewarnt hat. Dass mir dann der Atem bis zum Ende nicht ausgegangen ist, habe ich vor allem Hartmut Böhme zu verdanken. Ihm gilt mein tiefer Dank für die von Anfang an umfassende Unterstützung, Begleitung des Projekts und freundschaftliche Verbundenheit. Ihm ist eine Atmosphäre der akademischen Freiheit und intellektuellen Reichhaltigkeit zu verdanken, in der das Arbeiten eine Freude ist. Sein Vertrauen und der von ihm bereit gestellte institutionelle Rahmen schufen den Schutzraum, der für das Verfassen dieses Werks notwendig war. Außerdem danke ich allen Mitgliedern des Berliner Sonderforschungsbereichs ›Transformationen der Antike‹ für die vielen Anregungen, die dazu geführt haben, dass in dem Wörterbuch mehr und mehr Hinweise auf die Antike als dem Ort der ersten Alphabetisierung biologischen Wissens aufgenommen wurden. Weil ich mit allen Feinheiten der alten Sprachen nicht immer so vertraut war, danke ich besonders Lutz Bergemann für seine Hilfe bei schwierigen Übersetzungen. Daneben gilt mein Dank den vielen für mich namenlosen Mitarbeiterinnen und Mitarbeitern der in der Einleitung genannten öffentlichen Bibliotheken. Jana Wittenzellner danke ich vor allem für das fleißige Heranschaffen von Literatur in den Jahren 2005-2008. Moritz Jacobi hat mich seit 2009 bei der Korrekturarbeit und der zwar schwierigen, aber sehr ergiebigen Suche nach alten Verwendungen biologischer Wörter über die Google-Buchsuche unterstützt; dafür sei ihm sehr gedankt. Ulrich Hentschke danke ich für wertvolle Hinweise und Kommentare sowie anregende Diskussionen über die Definitionen der Grundbegriffe, die sich am Beginn jedes Eintrags befinden. Für eine Einführung in das Layoutprogramm und Hilfe beim Umschiffen der vielen Klippen in der Textgestaltung sowie das Erstellen der grafischen Modelle der grundlegenden Konzepte der Biologie in Abbildung 4 danke ich Borislava Totzauer. Ute Seiderer danke ich für ihre sorgfältige Arbeit des Korrekturlesens. Mit Oliver Schütze hatte ich einen Kontakt zum Verlag J.B. Metzler, wie ich ihn mir freundlicher und angenehmer nicht wünschen könnte. Melanie Frasch vom Verlag danke ich für einige nützliche Hinweise für den Umgang mit dem Layoutprogramm. Versüßt wurde mir der Abschluss der Arbeit durch den Naschgarten in Garz; André Schmitz und Tim Fantur danke ich für die herzliche Aufnahme in den Garzer Kreis. Meinen Eltern danke ich dafür, dass sie mir die Zuversicht gegeben haben, die es ermöglichte, auch einmal einen langen Weg zu gehen. Begleitet und getragen wurde das tägliche Schreiben in den letzten Jahren von meiner kleinen Familie. Anne danke ich dafür, dass ich trotz all der leidenschaftlichen Arbeit das Berliner (und Garzer) Leben mit der Familie immer wieder als Idyll erlebt habe. Nur dadurch konnte ich den ganzen Wahnwitz dieses Projekts überhaupt durchstehen.

Zum Gebrauch: Das Wörterbuch kann sowohl als wissenschaftshistorisches Handbuch als auch als begriffsgeschichtliches Nachschlagewerk verwendet werden. Im Sinne eines Handbuchs geben die 112 Artikel des Wörterbuchs einen Überblick über die historische Entwicklung und die aktuellen Diskussionen zu den jeweiligen Begriffen. Den 112 Grundbegriffen, die die Haupteinträge des Wörterbuchs darstellen, sind 1760 Nebeneinträge zugeordnet. Diese Nebeneinträge sind zu Beginn jedes Haupteintrags in einem Kasten zusammengefasst, wobei jeweils der Autor und das Jahr der Begriffsprägung angegeben sind. Die Liste der Nebeneinträge ist chronologisch geordnet und enthält einen Verweis auf die Seite des Wörterbuchs, auf der die Diskussion des Begriffs beginnt. Im Text sind die Nebeneinträge durch Kursiv- und Fettdruck hervorgehoben, bei längeren Abschnitten als Zwischenüberschriften. Um die Funktion des Wörterbuchs als Nachschlagewerk zu erleichtern, sind die Nebeneinträge in einem separaten Verzeichnis nach der Einleitung nochmals zusammengefasst (dem Wortverzeichnis auf den Seiten l-lxxiv).

Die Originalausgabe des Werkes bietet die Möglichkeit, digitale Versionen des Wortverzeichnisses sowie des Abbildungs- und des Tabellenverzeichnisses von der Homepage des Metzler-Verlags downzuloaden. Dort steht außerdem eine umfangreiche Bibliografie zur Geschichte und Theorie der Biologie zum Download bereit. Die Zugangsmöglichkeit dazu ist auf der ersten Seite dieses Bandes beschrieben. Die Nachweise zur Wortgeschichte in diesem Wörterbuch werden über eine Datenbank auf einer eigenen Website aktualisiert (www.biological-concepts.com).

Garz im Temnitztal, 30. Juli 2011

Inhaltsverzeichnis

Band 1

Einleitung	xiii
Artikelverzeichnis	il
Wortverzeichnis	l
Abbildungsverzeichnis	lxxv
Tabellenverzeichnis	xciii
Analogie	1
Anatomie	13
Anpassung	22
Art	61
Arterhaltung	132
Bakterium	141
Balz	152
Bedürfnis	156
Befruchtung	167
Bewusstsein	172
Bioethik	205
Biogeografie	231
Biologie	254
Biosphäre	296
Biotop	305
Biozönose	320
Brutpflege	344
Diversität	351
Einzeller	366
Empfindung	373
Entwicklung	391
Entwicklungsbiologie	438
Ernährung	442
Ethologie	461
Evolution	481
Evolutionsbiologie	540
Feld	553
Form	558
Fortpflanzung	577
Fortschritt	606
Fossil	627
Funktion	644
Ganzheit	693

Band 2

Gefühl	1
Gen	15
Generationswechsel	49
Genetik	54
Genotyp/Phänotyp	59
Geschlecht	72
Gewebe	91
Gleichgewicht	98
Hierarchie	117
Homologie	131
Individuum	159
Information	181
Instinkt	195
Intelligenz	215
Koexistenz	231
Kommunikation	244
Konkurrenz	277
Krankheit	290
Kreislauf	302
Kultur	340
Kulturwissenschaft	374
Künstliches Leben	399
Lamarckismus	409
Leben	420
Lebensform	484
Lebensgeschichte	497
Lernen	507
Mensch	520
Metamorphose	573
Mimikry	592
Modifikation	606
Molekularbiologie	611
Morphologie	624
Mutation	655
Nische	669
Ökologie	681
Ökosystem	715
Organ	746
Organisation	754
Organismus	777

Band 3

Parasitismus	1
Pflanze	11
Phylogenese	34
Physiologie	88
Pilz	106
Polymorphismus	111
Population	114
Räuber	136
Regeneration	142
Regulation	148
Rekombination	200
Rolle, ökologische	203
Schlaf	211
Schutz	221
Selbstbewegung	231
Selbstdarstellung	246
Selbsterhaltung	254
Selbstorganisation	271
Selektion	305
Sozialverhalten	378
Spiel	402
Stoffwechsel	410
Symbiose	426
Systematik	443
Taxonomie	469
Tier	494
Tod	510
Typus	537
Umwelt	566
Urzeugung	608
Vererbung	620
Verhalten	653
Virus	688
Vitalismus	692
Wachstum	711
Wahrnehmung	717
Wechselseitigkeit	738
Zelle	764
Zweckmäßigkeit	786

Einleitung

In den Naturwissenschaften, besonders der Biologie, scheint alles im Fluss zu sein. Mit dem rasanten Fortschritt des Wissens – wenn es einen Fortschritt gibt, dann offenbar hier – geht eine Flut von neuen Begriffen einher. Die im Forschungsprozess entdeckten und entstehenden neuen Objekte und Prozesse, Konstellationen und Dependenzen verlangen nach immer neuen Bezeichnungen und Erklärungen. Ein Ziel des vorliegenden ›Historischen Wörterbuchs der Biologie‹ ist es, die Geschichte der zentralen Beschreibungs- und Erklärungsbegriffe der Biologie genau zu dokumentieren und in ihrer theoretischen Rolle zu diskutieren. Weil in der allgemeinen Dynamik des Fortschritts die strukturierenden Begriffe, die es auch in der Biologie gibt und auf die sie als Wissenschaft angewiesen ist, unkenntlich zu werden drohen, besteht ein zweites Anliegen darin, die Grundbegriffe zu identifizieren und deutlich zu machen, inwiefern die Biologie als systematische Wissenschaft von der Thematisierung der Geschichte ihrer Begriffe profitieren kann: Gerade eine hochdynamische Wissenschaft kann sich mit Blick auf die Vergangenheit ihrer zeit- und theorieübergreifenden ordnenden Grundkonzepte vergewissern. Vor dem Hintergrund der Dynamik der Forschung zeigt sich dabei für die Biologie ein überraschend konstantes und altes Grundgerüst von Konzepten, das den begrifflichen und theoretischen Kern der Biologie ausmacht. Darüber hinaus können durch begriffsgeschichtliche Analysen Grundstrukturen der Dynamik einer Naturwissenschaft untersucht werden. So bedingt die umfassende Fortschrittsorientierung offenbar, dass die biologischen Wörter verheißungsvoll sind, solange sie jung sind – im 20. Jahrhundert z.B. die Ausdrücke ›Gen‹, ›Ökosystem‹, ›Information‹ oder ›Selbstorganisation‹. Dies sind wissenschaftliche Projekt- und Pluswörter, die über ihre unmittelbare Bedeutung hinaus ein vielversprechendes Forschungsprogramm enthalten, das zumindest einige Jahrzehnte trägt – um sich am Ende aber nicht selten in zentralen Aspekten als einseitig oder unscharf zu erweisen. Die Unschärfe der genauen Bedeutung ist dabei allerdings vielfach kein Hindernis, sondern manchmal gerade ein Vorteil für die schnelle Verbreitung der Wörter. Derartige Strukturen der langfristigen Dynamik einer Wissenschaft auf begrifflicher Ebene näher zu untersuchen, bildet ein weiteres Anliegen des Wörterbuchs.

Das Wörterbuch enthält also eine Wort- und Begriffsgeschichte der Biologie: Die Geschichte der biologischen Ideen, Konzepte und Theorien wird ausgehend von der Geschichte der Wörter dargestellt. Dadurch enthält das Wörterbuch zunächst eine philologische Perspektive auf die Biologie. Das Ergebnis ist neben einem Nachschlagewerk zur Wissenschaftsgeschichte und -theorie der Biologie damit auch ein Beitrag zur Entwicklung einer Philologie der Naturwissenschaften – einer angesichts der öffentlichen Bedeutung der Naturwissenschaften zunehmend wichtigen, aber noch kaum existenten Disziplin.

Historische Wörterbücher
Wenngleich die Philologie der Naturwissenschaften noch weitgehend Neuland ist, so haben Historische Wörterbücher doch – besonders im deutschen Sprachraum – Konjunktur. Neben den beiden in den frühen 1970er Jahren begonnenen und bereits kurz nach ihrem Abschluss klassischen begriffsgeschichtlichen Handbüchern, dem ›Historischen Wörterbuch der Philosophie‹ (1971-2007) und den ›Geschichtlichen Grundbegriffen. Historisches Lexikon zur politisch-sozialen Sprache in Deutschland‹ (1972-1992), entstanden in den letzten Jahren in verschiedenen Wissensfeldern weitere Werke dieser Art, wie etwa das ›Historische Wörterbuch der Rhetorik‹ (1992-2009), das Handbuch ›Ästhetische Grundbegriffe. Historisches Wörterbuch in sieben Bänden‹ (2000-2005) oder das ›Historische Wörterbuch der Pädagogik‹ (2004). Bei diesen Publikationen handelt es sich, im Gegensatz zum vorliegenden Wörterbuch, um umfangreiche Werke, die in Zusammenarbeit vieler Fachgelehrter erstellt wurden (eine Ausnahme in dieser Hinsicht bildet das 2007 erschienene ›Historische Wörterbuch der Elektrotechnik, Informationstechnik und Elektrophysik‹ von Alfred Warner).

Das Erscheinen Historischer Wörterbücher in verschiedenen Wissensfeldern macht den Bedarf nach einer solchen Darstellungsform deutlich. Ein Historisches Wörterbuch verfolgt drei wesentliche Ziele[1]: Es dient erstens der Information und als Auskunftsmittel für einen knappen Überblick über Herkunft und Entwicklung grundlegender Begriffe einer Disziplin. Es übersteigt zweitens eine bloße Auflistung der Wortnachweise, indem die Darstellung sich von dem jeweiligen Kontext der Wortverwendung löst und auf diese Weise langfristige Veränderungen nicht nur in den Wortbedeutungen, sondern auch in den Begriffskonstellationen und Theoriestrukturen aufdeckt. Es kann schließlich der semantischen Kontrolle des gegenwärtigen Sprachgebrauchs dienen, insofern es an die früheren Bedeutungen eines Wortes erinnert und

Einleitung   xiv

das durch die Wortverwendungsgeschichte erzeugte Assoziationsfeld ausleuchtet.

Wenn auch Historische Wörterbücher mit dem Ende der voluminösen Projekte im ersten Jahrzehnt des 21. Jahrhunderts auf eine große Vergangenheit zurückblicken können, so fällt die Prognose einer noch größeren Zukunft dieser Buchgattung doch nicht schwer. Denn erst mit dem Ende dieses Jahrzehnts ist eine so große Anzahl von Texten digital verfügbar, dass zuverlässige Aussagen über die Wortverwendungen und Bedeutungsverschiebungen möglich sind. Die enorm verbesserten Recherchemöglichkeiten gestatten es auch überhaupt erst einem einzelnen, sich an das Projekt eines Historischen Wörterbuchs einer ganzen Disziplin heranzuwagen. Mit der unermesslichen Datenmenge der seit kurzem digital verfügbaren Werke kann jeder Interessierte mit wenigen Mausklicks differenziertere Aussagen über den Gebrauch und das Fehlen von einzelnen Wörtern bei einem Autor oder in einem Zeitraum machen, als dies einer ganzen Expertengemeinde bis vor kurzem möglich war (und das gilt nicht nur für das Deutsche, sondern auch für das Englische, also die über das ›Oxford English Dictionary‹ wortgeschichtlich am besten dokumentierte Weltsprache: Sehr viele Einträge des vorliegenden Wörterbuchs enthalten ältere Nachweise aus dem Englischen als die bis jetzt im ›OED‹ erfassten).

Begriffsgeschichte als Methode
Dargestellt sind in Historischen Wörterbüchern der Ursprung und die Geschichte wissenschaftlicher Begriffe. Als Historiografie wissenschaftlicher Begriffe bildet die Begriffsgeschichte einen Teil der Wissenschaftsgeschichte. Sie betreibt die Wissenschaftsgeschichte unter einem bestimmten methodischen Vorzeichen und bewirkt damit, wie jedes methodisch geleitete Vorgehen, eine Verkürzung des Tatsächlichen. Sie stellt eine historische Entwicklung aus der Perspektive des Auftretens und Verschwindens, der Konstanz und Varianz von Wörtern und Begriffen dar. Über die Fixierung auf die Wörter wird die Komplexität der Entwicklung, ihres Verlaufs und ihrer Gründe, vereinfacht präsentiert. Eine erste Vereinfachung besteht in der Konzentration auf Texte, eine zweite in dem Dekomponieren dieser Texte auf der Grundlage des Exponierens einzelner ihrer Bestandteile, der Wörter, denen als »Grundbegriffe« oder »Schlüsselwörter« eine besondere Bedeutung zugeschrieben wird.

Die Begriffsgeschichte verfolgt also einen atomisierenden Ansatz, indem sie von Begriffen als isolierten Theorieelementen ausgeht und indem die Momente der Begriffsprägung sowie dem nach Möglichkeit zu datierenden einschneidenden Bedeutungswandel besonders hervorgehoben werden. Darin liegt eine Abstraktion und Verkürzung des Wissenschaftsprozesses. Für ein vollständiges Bild der Wissenschaftsentwicklung muss die Perspektive der Begriffsgeschichte durch andere Ansätze ergänzt werden, etwa durch eine Geschichte der Institutionen, Praxen der Forschung, Experimentaltechniken, und die Einbettung all dieser innerwissenschaftlichen Faktoren in eine weitere ökonomische und soziale Geschichte der Wissenschaften. Eine solche Kontextualisierung der Begriffsgeschichte kann in einem Wörterbuch aufgrund von dessen Fixierung auf die Wörter nur ansatzweise erfolgen. Darüber wird eine solche integrierte Sicht in einem begriffsgeschichtlichen Wörterbuch nicht hinauskommen, weil die verschiedenen anderen Dimensionen einer Wissenschaft jeweils eine andere Systematik notwendig machen. Die Begriffsgeschichte verläuft nicht immer parallel zur Dynamik der sozialen oder materiellen Seite der Forschung, etwa zur Dynamik wissenschaftlicher Institutionen oder Experimentalsysteme. Allenfalls in Grundzügen können die Forschungskontexte beschrieben werden, die die Bildung und Verwendung von Begriffen begleiten und begründen. So befriedigend die begriffsgeschichtliche Fokussierung und Komplexitätsreduktion auf der einen Seite also auch sein mag, weil mit der Verwendung und Nichtverwendung von Wörtern klare historische Strukturen und Zäsuren markiert werden können, so wissenschaftshistorisch fragwürdig ist sie doch zugleich, weil die Komplexität des Wissenschaftsprozesses lediglich auf eine Dimension, die Wörter und Begriffe, abgebildet wird. Begriffe als solche sind aber, wie Nicolai Hartmann 1949 feststellt, »überhaupt keine selbständigen Gebilde. Sie stehen nicht wie Kunstwerke auf eigenen Füßen. Sie wurzeln stets in einem weit größeren Anschauungszusammenhang, sind aber ihrerseits außerstande, diesen als ganzen zu vermitteln. Deswegen sind sie, wo sie herausgebrochen dastehen, entwurzelt und jeder Willkür des lebenden Geistes schrankenlos ausgesetzt [...]. Der Begriff eben hat seine Bestimmtheit außer sich«.[2]

Eine Begriffsgeschichte hat also immer auch mit dem Problem der *methodischen Dekontextualisierung* zu tun. Ein Problem ist dies, weil Begriffe ihren Sinn ebenso allein durch den Kontext erhalten wie Organismen ihre Lebendigkeit allein durch die Einbettung in eine Umwelt bewahren können. Oder, um die Analogie anders zu formulieren: Begriffe können nicht nur als Lebewesen gesehen werden, wie Peirce von Symbolen meint (s.o.), sondern sie sind selbst

Teile, quasi Organe eines Organismus (oder eines Ökosystems), insofern sie Elemente eines Textes (und eines Handlungskontextes) bilden, in dem ihnen erst eine Bedeutung und eine Funktion zukommt. Diese Einbettung auf verschiedenen Ebenen erfordert die Gleichzeitigkeit von methodisch unterschiedlichen Ansätzen: Die begriffsgeschichtliche *Phylogenese der Wörter*, der es um die Deszendenz und Variation von sprachlichen Einheiten mit bestimmten (morphologischen und semantischen) Merkmalen geht, ist stets um eine *Ökologie der Wörter* zu ergänzen, in der die jeweilige bedeutungsgenerierende Einbettung in einen Kontext zum Gegenstand wird.

Eine zweite Problematik der Begriffshistoriografie liegt darin, dass Begriffsgeschichten nicht zuletzt auch *Geschichten* sind. Das Erzählen dieser Geschichten hat den Erfordernissen der Gattung und damit einer gewissen Dramaturgie zu folgen. Diese kann sich etwa in sukzessiven Phasen der Begriffsentwicklung – in dem Schema von Ursprung, Frühphase, Höhepunkt, Verfall und Nachleben – entfalten. Erwartet wird zumindest, dass es sich bei diesen Erzählungen um erklärungsdichte Geschichten handelt, die die Begriffskontinuitäten und -brüche nicht nur dokumentieren, sondern auch erklären: die Hintergründe der Wortwahl, die Motive und Zwecke in der Einführung neuer Wörter, die Gründe ihrer Konjunktur und ihrer Ablösung durch andere Wörter.

Solche Begriffsgeschichten tendieren zur *Idealisierung*. Sie schildern nicht die Abbrüche und Umwege, sondern verlaufen in Form von Abkürzungen und Glättungen und zielen auf die Darstellung von geordneten Diskursen, die so aber nicht stattgefunden haben. Das Hin und Her der Theorieentwürfe und Begriffskonstellationen wird auf diese Weise mehr oder weniger systematisch ausgeblendet. Weil diese aber Realität der wissenschaftlichen Praxis sind, enthält jede Begriffsgeschichte zumindest eine Reduktion der Komplexität, wenn nicht eine Verfälschung der Entwicklung.

Die Gefahr einer auf Wörter fixierten Geschichtsschreibung besteht weiterhin darin, Anachronismen aufzusitzen: Wörter können sowohl zu früh als auch zu spät im Forschungsprozess erscheinen. Den punktuellen Ereignissen der Wortprägungen gehen längere Phasen des praktischen und theoretischen Umgehens mit Gegenständen voraus, die noch nicht klar benannt sind. Nicht nur durch Wörter, sondern auch vor der Fixierung in Wörtern erfolgt in den meisten Fällen ein Erschließen von Phänomenbereichen durch praktisches und theoretisches Umgehen mit den Dingen und Wörtern. Diese vorterminologische Konzeptualisierung gehört nicht nur zu einer Sachgeschichte, sondern im weiteren Sinne auch zur Begriffsgeschichte, weil eine Begriffsgeschichte nur im Kontext einer Geschichte der Sachen sinnvoll ist. In gewisser Weise zu früh kommen z.B. solche Wörter, die ein Forschungsfeld aufmachen, es benennen, ohne aber eine Antwort auf Fragen zu geben oder ihr den Weg zu weisen. Heuristisch wertvoll können sie insofern sein, als sie im Sinne explorativer Begriffe einen Prozess initiieren, der sich selbst erst ein Gegenstandsfeld erschließt (z.B. das Wort ›Lebenskraft‹ (↑Vitalismus) oder der entwicklungsbiologische Ausdruck des morphogenetischen ↑Feldes). Umgekehrt können Wörter auch zu spät kommen, indem sie eine eigentlich schon erschlossene Sache erst im Nachhinein terminologisch fixieren (z.B. ↑›Entwicklungsbiologie‹; ↑›Ökosystem‹; ›Hypobiose‹, ↑Schlaf). Die Wortbildung ist also nicht notwendig immer auf der Höhe der Forschung. Es ist vielmehr sogar ein verbreitetes wissenschaftshistorisches Phänomen, dass die umfangreichen Wandlungsprozesse und Durchbrüche auf begrifflicher Ebene nicht am Anfang, sondern am Ende der Umstrukturierung eines differenzierten Wissenssystems erfolgen.[3] So gewinnt der Ausdruck, mit dem der größte Wandel des Wissenssystems der Biologie überhaupt verbunden ist, das Wort *Evolution* erst im Nachhinein seine für die Biologie zentrale Stellung – bei Charles Darwin, dem Initiator dieser größten biologischen »Revolution«, erscheint es in der ersten Auflage seines Hauptwerks noch überhaupt nicht.

Mit dem Hang zur idealisierenden Narration ist schließlich das Problem verbunden, dass in begriffsgeschichtlichen Darstellungen nicht selten eine Privilegierung bestimmter Autoren, bestimmter Literatur und bestimmter Literaturgattungen vorliegt. Das Ergebnis stellt dann eine »ideengeschichtliche Gipfelwanderung«[4] mit einer Aneinanderreihung von »Höhenkammzitaten«[5] dar, also der wörtlichen Wiedergabe bekannter Autoren einer Disziplin oder eines Wissensfeldes. Der Grund für diese Privilegierung liegt in den meisten Fällen sicher in der größeren Bekanntheit geistesgeschichtlicher Größen – darüberhinaus in jüngster Zeit aber auch darin, dass die Texte dieser Autoren am besten in digitalen Datenbanken erschlossen sind. Eine begriffsgeschichtliche Darstellung sieht sich so dem Vorwurf ausgesetzt, dass nicht die wissenschaftliche Alltagssprache, sondern nur punktuelle sprachliche Ereignisse erschlossen werden. Andererseits könnte argumentiert werden, dass sich an den Texten der großen Theoretiker die Übergänge und Wandlungsprozesse am eindrucksvollsten präsentieren lassen. Die fortschreitende digitale Erschließung der Fachliteratur wird hier bald sicher einiges korrigieren und noch manche Überraschung bereithalten. Die vielen unbekannten Wortschöpfer und Wortwandler können also damit rechnen, dass die Digitalisierung großer Textkorpora sie in Zukunft in ihr Recht setzen wird. Dies könnte schon bald der Fall sein, denn ›Google Books‹ plant bis zum Ende des zweiten Jahrzehnts des 21. Jahrhundert alle geschätzten 130 Millionen verschiedenen Bücher der Menschheit eingescannt zu haben (im Juni 2010 waren es nach Angaben von ›Google Books‹ bereits 12 Millionen Titel, also knapp 10%).

Begriffsgeschichte in den Naturwissenschaften
Eine Begriffsgeschichte ist in der Regel ein interdisziplinäres Unterfangen, weil die Begriffe einer Wissenschaft in verschiedenen Kontexten auch außerhalb dieser Wissenschaft verwendet werden – wenn es nicht gerade fachwissenschaftliche Termini sind, was für Grundbegriffe aber ausgeschlossen ist. Begriffsgeschichte ist also von Terminologiegeschichte zu unterscheiden. Es lässt sich daher allgemein von der »interdisziplinären Konfiguration der Gegenstände der Begriffsgeschichte«[6] sprechen. Besonders im Verhältnis zwischen den Natur- und Geisteswissenschaften vermag die Begriffsgeschichte, als eine Vermittlerin zu wirken. Sie macht darauf aufmerksam, dass die Sprache ein konstitutives Medium auch der Naturwissenschaften ist. Die Sprache steht dabei neben anderen Aspekten der Wissenschaft, etwa den institutionellen Formen und sozialen Organisationen, den Praktiken und Techniken. Auch in diesen sind konstitutionelle Momente enthalten, die nicht immer versprachlicht vorliegen müssen, v.a. dann nicht, wenn sie in komplexen Folgen von Handgriffen bestehen, die einfacher nachgeahmt als beschrieben werden.

Die Begriffsgeschichte legt aber die Betonung darauf, dass Sprache nicht ein bloßes »Epiphänomen« der Wissenschaft bildet – als welches sie in den Darstellungen der Naturwissenschaftler manchmal erscheint: als ein Mittel, das der Erkenntnis mehr im Wege steht als sie zu befördern –, sondern als eine Instanz, die Wissenschaft erst ermöglicht, ohne die also »keine Erfahrung und keine Wissenschaft von der Welt« (Koselleck) zu haben ist.[7] In der Begriffsgeschichte erscheint die Sprache also nicht als eine bloße »Dienstleistung« für eine sprachexterne »Sache«. Die Betonung liegt vielmehr darauf, dass die Sachen, von denen die Wissenschaften handeln, also die Sachverhalte und Phänomene, erst durch die Sprache das werden, was sie sind; die Sprache bringt eben die Sachen allererst zum sprechen.[8] Wie in der Sprachphilosophie im Allgemeinen und der Wissenschaftsgeschichte im Besonderen vielfach betont, liegt keine einfache Abbildungsrelation zwischen gegebener Sache und nachfolgendem Begriff und Wort vor, vielmehr kann von der diskursiven Erzeugung der Sache durch den Begriff gesprochen werden. Die Wörter sind also weit mehr als Bezeichnungen oder Namen für eine Sache, die auch unabhängig von ihnen besteht. Die Sachen werden auch in den Naturwissenschaften zu großen Teilen nicht nur »entdeckt«, sondern auch »erfunden«.

Einen Bestandteil der Begriffsgeschichte bildet traditionell – und dies gilt gerade auch für das vorliegende Wörterbuch – die Suche nach den »Ursprüngen«, den ersten Verwendungen der untersuchten Formulierungen. Diese Suche kann als eine altmodische Fixierung auf die Ereignisse der Wortprägung und der frühen Verwendung der Wörter als problematisch empfunden werden, insofern der Ursprung eines Ausdrucks mit dem »Wesen« eines Begriffs in Zusammenhang gebracht wird. So wenig es dieses eine Wesen aber gibt, so wenig hat das Ereignis der Wortprägung eine hervorgehobene Stellung innerhalb der Geschichte eines Begriffs. Wissenschaftshistoriker stehen den Ereignissen der Begriffsprägung als Zäsuren daher eher skeptisch gegenüber, wie Ohad Parnes bemerkt: »an die Stelle kurzer und dramatischer Entdeckungsnarrative sind komplexe und vielschichtige Geschichten getreten, die überzeugender erscheinen«[9] (radikal formuliert David Hull 2010: »No one it seems ever was the first to discover anything«[10]). Sowohl hinsichtlich der Theorien als auch der Wörter und Begriffe lassen sich die Verhältnisse nicht in eine lineare Ordnung bringen; es gibt vielmehr nicht wenige Überschneidungen, Überlagerungen, Brüche und Wiederaufnahmen – oder in einem Bild gesprochen: Die Ideengeschichte folgt nicht dem Muster eines sich entfaltenden Baumes mit klaren Deszendenzlinien von Begriffen, sondern eher eines Flickenteppichs (Zunino 2004: »new ideas are not always shared by monophyletic groups of thinkers. Phylogeny of thought can be analyzed in terms of autapomorphies, as well as synapomorphies, convergences, and parallelisms«[11]).

Die Situation in der Begriffsgeschichte einer Naturwissenschaft unterscheidet sich in diesem Punkt aber vielleicht doch von der in den Geistes- und Sozialwissenschaften: In den Naturwissenschaften könnte die Exponierung des Ereignisses einer Wortprägung damit gerechtfertigt werden, dass ihre Begriffsbildung eher einem linear-fortschreitenden, akkumulativen oder falsifizierenden Modell folgt als in den Geistes- und Sozialwissenschaften, in denen die Begriffs- und Theoriebildung vielfach einer kreisenden Bewegung entspricht, insofern oft und gern auf die alten und ganz alten Theorien zurückgekommen wird. Aufgrund ihrer Einbettung in eine in stärkerem Maße linear verlaufende Theorieentwicklung stellt für viele naturwissenschaftliche Begriffe der Zeitpunkt ihrer Prägung ein signifikantes, wissenschaftsgeschichtlich relevantes Ereignis dar.

Die zunächst erstaunliche Tatsache, dass die Begriffsgeschichte bisher fast ausschließlich in Bezug auf geistes- und sozialwissenschaftliche Begriffe betrieben wird, hängt vermutlich mit dem geringen Interesse der Naturwissenschaften an ihrer eigenen Geschichte zusammen. Die Beschäftigung mit der Geschichte ihrer Wissenschaft gehört nach dem Selbstverständnis der meisten Naturwissenschaftler nicht zu den Erfolgsbedingungen ihres Handelns. Es gehört sogar im Gegenteil zu diesem Selbstverständnis, dass die Beschäftigung mit der Geschichte auf Abwege führt und von dem eigentlichen Gegenstand, der doch »die Natur« ist, wegführt. Es stellt sich daher die Frage nach dem Wert einer Begriffsgeschichte für die Naturwissenschaft selbst. Als Teil der Wissenschaft spielt in der Regel allein die jüngste Vergangenheit von begrifflichen Entwicklungen eine Rolle; lediglich der Bericht über den aktuellen Forschungsstand ist damit Teil der Naturwissenschaft im Forschungsprozess: »Wissenschaftsgeschichte verkümmert bei den Naturwissenschaftlern zur Gegenwartsgeschichte oder Zeitgeschichte«, wie es Dietrich von Engelhardt 1979 formuliert[12]. Die langfristigen Kontinuitäten und Verschiebungen gehören zum allgemeinen kulturellen Hintergrund der Naturwissenschaften – werden in diesen selbst aber in der Regel nicht thematisiert. Diese Tendenz ist gerade bei den experimentell ausgerichteten Zweigen sehr ausgeprägt (in der Biologie z.B. in der ↑Molekularbiologie und ↑Genetik). Der Verweis auf die Vergangenheit und Tradition gilt hier allgemein als ein schlechtes Argument und bestenfalls als überflüssig. In den stärker theoretisch orientierten Feldern spielen dagegen – ähnlich wie in den Geisteswissenschaften – über Jahrzehnte bestehende Traditionslinien und die damit einhergehende Pflege des historischen Erbes eine größere Rolle (z.B. in der Theorie der ↑Systematik oder der Theoretischen ↑Morphologie).

Der Zustand des weitgehend interesselosen Nebeneinanderbestehens von Naturwissenschaften und Wissenschaftsgeschichte ist das Ergebnis der wissenschaftlichen Entwicklung selbst und war nicht zu allen Zeiten selbstverständlich. Gerade in den Anfängen der Naturwissenschaften in der Frühen Neuzeit ging die Beschäftigung mit historischen Positionen – vor allem aus der Antike – Hand in Hand mit dem Interesse an der systematischen Entfaltung und Begründung des Wissens. Diese enge Verbindung von vergangenheitsinteressierter Wissenschaftsgeschichte und fortschrittsorientierter Naturwissenschaft gehört der Vergangenheit an. Ein Historisches Wörterbuch einer Naturwissenschaft bildet also ein Werk genau über denjenigen Aspekt einer Naturwissenschaft, der einen praktizierenden Naturwissenschaftler im Normalfall gerade nicht interessiert (oder allenfalls in fortgeschrittenem Lebensalter).

Geschichte und Theorie
Weiterhin aktuell und nicht abschließend geklärt ist die Verbindung von Wissenschaftsgeschichte und Wissenschaftstheorie, sei es im Allgemeinen im Hinblick auf den Wert des einen für das andere oder im Besonderen in Bezug auf eine bestimmte Wissenschaft.[13] Es könnte gerade eine Stärke der Begriffsgeschichte sein, diese Verbindung zu festigen. Denn über die Begriffsgeschichte kann Transparenz in den Aufbau und die Begründungsformen einer Wissenschaft zu einem bestimmten Zeitpunkt gebracht werden. Das für eine Wissenschaft zu einem Zeitpunkt spezifische Inventar an Konzepten und Argumentationsstrukturen kann mittels begriffsgeschichtlicher Untersuchungen geklärt und in seiner historischen Tiefenstruktur analysiert werden.

Als fruchtbar kann sich der begriffsgeschichtliche Ansatz dabei gerade deshalb erweisen, weil er mit der Untersuchung der Geschichte von Begriffen eine Verbindung von Heterogenem leistet: die Analyse der historischen Dimension solcher Entitäten, deren Bestimmtheit nach dem Selbstverständnis derjenigen, die sie verwenden (die Naturwissenschaftler), nicht in ihrer Geschichte, sondern ihrem synchronen Bezug zu anderen Elementen einer Theorie liegt. Auch wenn es schon in dem Wort begründet liegt, muss doch deutlich gemacht werden, dass Begriffsgeschichte die Geschichte von Begriffen ist, also von theoretischen Entitäten. Die Begriffsgeschichte weist auf die »zeitliche Binnenstruktur« (Koselleck) auch der Einheiten einer Theorie hin: Diese sind nicht nur in ihrer abstrakten Relation zu anderen theoretischen Einheiten zu verstehen, sondern enthalten auch eine Sammlung vorausliegender Erfahrungen und in die Zukunft gerichteter Erwartungshaltungen.[14] Ebenso wie jede Theorie aus vorhergehenden Theorien entstanden ist (Grmek 1970: »Omnis theoria a theoria«[15]), hat auch jeder Begriff seine Vorläufer (Eliasberg 1923: »omnis conceptus e conceptu«[16]). Für eine Theoriegeschichte entsteht daraus das Problem, dass die Begriffe nicht nur im Rahmen *einer* Theorie rekonstruiert werden können, sondern immer auch

Einleitung

eine historische Tiefe und eine Relation zu historischen Vorläufer- und Nachfolgetheorien aufweisen; für eine Begriffsgeschichte resultiert daraus umgekehrt die Schwierigkeit, dass die Veränderung eines Begriffs nicht isoliert von der Veränderung anderer Begriffe analysiert werden kann. Begriffstransformation erfolgt also stets im Kollektiv, im Rahmen der Transformation von Theorien. Jede Veränderung eines Begriffs führt aufgrund des netzartigen Zusammenhangs der Begriffe in Theorien zu begrifflichen Verschiebungen an anderen Punkten.

Die enge Verbindung von Geschichte und Theorie in Begriffen macht es also notwendig, dass begriffsgeschichtliche Darstellungen nicht nur wissenschaftshistorisch, sondern auch wissenschaftstheoretisch sein sollten. In dem vorliegenden Wörterbuch wird dieser Forderung insofern Rechnung getragen, als neben der Darstellung der Geschichte der Begriffe in vielen Fällen auch die gegenwärtige wissenschaftstheoretische Diskussion um die Konzepte vorgestellt wird. Unter dem Eintrag ›Selektion‹ findet sich z.B. nicht nur ein historischer Abriss der Begriffsgeschichte, sondern auch eine Zusammenfassung der aktuellen wissenschaftstheoretischen Auffassungen, die sich um eine Klärung des Konzepts entweder im Rahmen einer Theorie von Kräften oder ausgehend von einer statistischen Deutung der Selektionstheorie bemühen. Das Wörterbuch ist daher nicht nur als ein historisches, sondern auch als ein wissenschaftstheoretisches Nachschlagewerk zu verwenden. Die beiden Ziele stehen dabei in einer gewissen Spannung zueinander: Die pluralistische Darstellung der verschiedenen, einem historischen Wandel unterliegenden Bedeutungen der Wörter relativiert den Versuch eines systematischen Ansatzes. Es ist die Spannung zwischen einer Wissenschaftsgeschichte, die dynamische Prozesse analysiert, und einer Wissenschaftstheorie, die das Verhältnis der Begriffe und Theorien zu einem Zeitpunkt untersucht. Beide hängen aber, wie gesagt, zusammen: Jede systematische Ordnung bildet in historischer Perspektive eine Zwischenstation auf dem Weg von einer früheren hin zu einer späteren Ordnung; und umgekehrt lässt sich die historische Entwicklung nur auf einer zumindest implizit vorhandenen systematischen Grundlage darstellen. Es lässt sich also weder eine begriffliche Systematik ohne geschichtliche Perspektive, noch eine Begriffsgeschichte ohne systematische Bezüge schreiben (und in nicht wenigen Fällen hängen beide unmittelbar zusammen, weil die ältesten begrifflichen Differenzierungen auch die grundlegenden sind).

In diesem Wörterbuch liegt also eine Verschränkung von Fragen der Systematik und Geschichte der Biologie vor. Gerade für die Biologie scheint das Verfahren dieser Verschränkung nicht unangemessen zu sein: Weil der biologische Fortschritt sich vielfach kumulativ vollzieht, umfassende Revisionen also nicht in dem Maße wie in der Physik vorherrschen, liegen viele grundlegende Einsichten, die bis heute Bestand haben, in der fernen Vergangenheit der Biologiegeschichte (sie betreffen z.B. Fragen wie ›Was ist ein Organismus?‹, ›Welches sind die grundlegenden Mechanismen, mit denen sich ein lebendes System selbst erhält?‹, ›Wie entstand die Diversität der Formen?‹). Eine systematische Darstellung der Prinzipien der Biologie schließt also berechtigterweise historische Exkurse ein. Und umgekehrt könnte eine historische Darstellung im Stil eines Lehrbuchs geschrieben werden: Die grundlegenden Theoriestücke werden an derjenigen historischen Stelle diskutiert, an der sie in die Biologie eingeführt wurden (für ein Beispiel einer solchen historisch-systematischen Darstellung eines Begriffs ↑Organismus: Tab. 219).

Trotz dieser stets vorhandenen Verschränkungen von Geschichte und Theorie widerspricht ein Historisches Wörterbuch in gewisser Weise dem Geist der Naturwissenschaften. Denn diese bestehen ihrem Selbstverständnis nach in dem Unternehmen, ein Wissen hervorzubringen, das eine unabhängig von seinem Entstehungs- und Entwicklungszusammenhang bestehende *Geltung* aufweist. Traditionell verwurzelt ist in den Naturwissenschaften daher eine gewisse Verachtung für die »bloßen Wörter« und für eine auf Tradition statt auf experimentelle Erfahrung gestützte Begründung von Theorien (»nullius in verba« lautete, in Abwandlung eines Horaz-Zitats, das Motto der 1660 gegründeten ›Royal Society of London for the Improvement of Natural Knowledge‹ – vielfach wird es allerdings falsch übersetzt im Sinne von »there is nothing in words. It is facts we seek«[17]). Dieser Geist ist Teil der Erfolgsbedingungen der Naturwissenschaften; die Absicht des vorliegenden Wörterbuchs ist daher alles andere, als über eine Analyse der soziologischen oder historisch-zeitbedingten Hintergründe der biologischen Begriffsbildungen diese in ihrer Geltung zu relativieren. Die Intention geht vielmehr von der Überzeugung aus, dass eine Untersuchung der diachronen Tiefenstruktur der Begriffe, d.h. des langfristigen Bedeutungswandels, einen Beitrag zum Verständnis ihrer synchronen Relation zu anderen Begriffen und ihrer Einbettung in Theorien leisten kann. Methodisch hat dieser Ansatz zur Folge, dass er auf keinem einheitlichen Fundament steht, sondern sowohl linguistische wie historische und wissenschaftstheoretische Dimensionen in sich vereint.

Fortschrittsorientierte Geschichtsschreibung
Der Anspruch der systematischen Grundlage bedingt es, dass das Wörterbuch eine rückblickende Geschichte der Biologie ausgehend von der heutigen Gestalt dieser Wissenschaft liefert. Es werden Ursprünge und Entwicklungen allein solcher Theorien und Begriffe dargestellt, die sich bis in die Gegenwart als wissenschaftlich tragfähig und fruchtbar erwiesen haben und damit für das heutige wissenschaftliche Bild von den Lebewesen weiterhin Gültigkeit beanspruchen können. Vernachlässigt sind damit die aus heutiger Sicht häufig kuriosen und bizarren Hypothesen und Theorien über die grundlegenden Prozesse in den Lebewesen, an denen die Geschichte der Biologie so reich ist. Diese sind im Wörterbuch nur insoweit dargestellt, als sie zur Klärung der erfolgreichen und fruchtbaren Theorien beigetragen haben. Selbst solche Konzepte, die in der Vergangenheit für ein Verständnis der Lebensprozesse zentral waren, aber diese Stellung im Laufe der Zeit verloren haben, werden in diesem Wörterbuch nicht ausführlich behandelt. Dies gilt z.B. für die Begriffe ›Seele‹ und ›Pneuma‹ oder auch davon abgeleitete Konzepte wie das der Pflanzenseele. Und dies gilt auch für die gesamte aktuelle Debatte um den Kreationismus, die naturwissenschaftlich gesehen eine Totgeburt ist. Das Wörterbuch liefert also eine rückblickende Geschichtsschreibung vom Standpunkt des nachträglichen Betrachters aus (oder andersherum formuliert: eine fortschrittsorientierte »Whig interpretation of history«, wie Herbert Butterfield dies 1931 genannt hat[18]): Die Standpunkte und Theorien werden im Wesentlichen im Hinblick auf ihren Beitrag zum heutigen Verständnis der Sache beurteilt. Dieses Verfahren der Geschichtsschreibung aus der Perspektive der nach gegenwärtiger Auffassung überlegenen Theorie (also gleichsam aus der Gewinnerperspektive) dient dabei allein als Kriterium der Auswahl und Ordnung der Fülle des Materials; es soll nicht eine teleologische Geschichtsdeutung implizieren. Aber natürlich stellt bereits jede durch die spätere Begriffsbildung geleitete Auswahl ein nicht primär an der Rekonstruktion der historischen Positionen (und Kontexte) interessiertes Verfahren dar, sondern enthält eine Zielprojektion auf das Material. Diese Zielprojektion ist mit dem Verfahren der Begriffsgeschichte als solchem verbunden und lässt sich daher in ihrem Rahmen nicht umgehen. Begriffsgeschichte ist die Rekonstruktion von langfristigen Begriffstraditionen und Begriffstransformationen. Sie enthält in der Regel Erfolgsgeschichten. Sie geht von einem Begriff aus und untersucht dessen Konstanz und Variation über lange Zeiträume. Referenz- und Fluchtpunkt der Analysen bleibt aber der jeweils exponierte Begriff. Insofern die historischen Längsschnitte in der Begriffsgeschichte im Mittelpunkt der Darstellung stehen, wird die Einbettung der Begriffe in ihren jeweiligen historischen Kontext eher unterbelichtet.

Die Retrospektive, die den Gegenstand der Begriffsgeschichte – die einheitliche Erzählung von der Entwicklung einer Begriffsverwendung – erst erzeugt, liefert ein Wissen zweiter Ordnung, das von dem wissenschaftlichen Wissen der jeweils aktuellen Begrifflichkeit einer Wissenschaft unterschieden ist. Als dieses retrospektive Wissen in historischer Dimension ist die Begriffsgeschichte immer *Gedächtnisgeschichte*. Sie untersucht nicht allein, wie eine Begriffsverwendung in der Vergangenheit war, sondern auch, wie sie erinnert wird und gewirkt hat. In gedächtnisgeschichtlicher Perspektive ist also zu unterscheiden zwischen dem, wie ein Begriff oder eine Theorie gemeint war (der Autor-Intention) und dem, wie sie gewirkt haben (dem Sinn der Wörter in der Rezeption). Ein gutes Beispiel für die Notwendigkeit dieser Unterscheidung ist die Rezeption von Gregor Mendels so genannter Theorie der ↑Vererbung. Genauere Analysen zeigen, dass Mendels Untersuchungen tiefer in seiner Zeit verankert waren als traditionell dargestellt. Die Untersuchungen waren intendiert im Anschluss an Theorien der Hybridisierung von Pflanzen und insbesondere Linnés Variationsexperimente – 40 Jahre später werden sie aber als revolutionäre »Vererbungstheorie« rezipiert. Die mnemohistorische Rekonstruktion enthält hier also eine auf die spätere Entwicklung gerichtete Umdeutung der ursprünglichen Absichten.

In der historischen Entwicklung hat die Aufnahme des anvisierten Begriffs immer zwei Seiten: die Tradition und die neue Theorie. Die Begriffsgeschichte beschreibt damit nicht nur einseitige Prozesse der *Rezeption*, sondern auch der *Konstruktion* der Vergangenheit. Denn mit dem Anschluss an bestehende Begriffe zeigt sich ein gewisses Interesse an der Tradition, das diese im Hinblick auf die neue Theorie ausrichtet. Das Verfahren der Zielprojektion in die Wörter vergangener Theorien liegt also bereits in der wissenschaftlichen Verwendung von Begriffen selbst. Die Wissenschaftsgeschichte kann diese Zielprojektion als die zwei Seiten einer Transformation im Sinne eines Rezeptionsangebots und eines Rezeptionsbedürfnisses rekonstruieren. Nicht immer liegt aber eine enge Entsprechung zwischen diesen zwei Seiten vor; die Wissenschaftsgeschichte kennt viele Beispiele des »Erfindens von Traditionen« (Hobsbawm 1983).[19] Dies betrifft auch die Übernahme von Wörtern aus renommierten älteren Kontexten und ihre Verwendung in neuer Bedeutung.

Einleitung

Als ein Beispiel dafür kann der für die frühe Biologie bis zum 18. Jahrhundert grundlegende Ausdruck *organischer Körper* im Verhältnis zum Gebrauch bei Aristoteles gelten. Die Formulierung wird zwar vereinzelt bereits von Aristoteles verwendet, und diese Verwendung wird bereits in der Antike verstanden als »Körper, der mit Organen ausgestattet ist«. Mit Abraham Bos kann aber dafür argumentiert werden, dass »instrumenteller Körper« die bessere Übersetzung für den Ausdruck bei Aristoteles ist, weil ›organisch‹ in allen anderen Kontexten, in denen Aristoteles das Wort verwendet, in diesem Sinn erscheint.[20] Bezweifelt werden kann im Anschluss daran insgesamt, ob Aristoteles über einen Organismusbegriff im eigentlichen Sinne verfügt, also über das Konzept von einem Lebewesen als einem System, dessen komplexe Leistungen sich aus dem wechselseitigen kausalen Bezug seiner Teile ergeben. Naheliegender ist es, Aristoteles so zu interpretieren, dass er sich den Körper eines Lebewesens nicht als *organisiertes System*, sondern als *Instrument* der Seele vorstellt. In der seit der Spätantike und bis in die Gegenwart üblichen Übersetzung dieses für die Biologie grundlegenden Begriffs kann also eine *Rückprojektion* der späteren Theorie auf die aristotelische Auffassung gesehen werden, oder anders gesagt, der Bezug zu Aristoteles konstruiert für diesen Fall eine Tradition, die nicht besteht (↑Organismus).

Die interesseleitete Konstruktion der Vergangenheit als Vorgeschichte des jeweils eigenen Verständnisses findet aber andererseits in vielen Fällen gerade in dem Gedächtnis der Begriffe ihre Grenze. Begriffe weisen eine historische Trägheit und einen semantischen Eigensinn auf, aufgrund derer sie sich gegen eine vollständige Integration in spätere Theorien sperren und die alten theoretischen Konstellationen lebendig halten – oder, wie es Ian Hacking formuliert: »Begriffe haben Erinnerungen an Ereignisse, die wir vergessen haben«[21]. Begriffe sind also auch gerade deshalb für die Wissenschaftsgeschichte von Interesse, weil sich in ihnen die Komplexität einer historischen Entwicklung in höchster Weise komprimiert findet. Wegen ihrer langen historischen Kontinuität liegt in ihnen das Potenzial, als ein Fenster in die entfernte Vergangenheit von Problemen und deren Verständnis zu fungieren.

Wie jede Geschichte wissenschaftlicher Begriffe arbeiten auch die hier vorliegenden Begriffsgeschichten vielfach mit dem Verfahren der Projektion von Zielen und der Fiktion einer Linearität der Entwicklung (oder sogar eines Determinismus), das von der politisch-kulturellen Geschichtsschreibung zu Recht seit langem überwunden ist. Dass dieses Verfahren dagegen in der Wissenschaftsgeschichtsschreibung noch sinnvoll sein kann, liegt an der ausgeprägten Fortschrittsorientierung des Gegenstandes dieser Geschichtsschreibung, der Wissenschaft im Allgemeinen und der Naturwissenschaft im Besonderen. Diese Orientierung hat zweifellos ihre Berechtigung: Unser Verständnis der Lebensphänomene ist im Laufe der Zeit in der Tat immer besser und präziser, detaillierter und systematischer geworden. Neben der zunehmenden technischen Beherrschung des Materials manifestiert sich dieser Fortschritt am eindrucksvollsten in der Entwicklung einer differenzierten Terminologie.

Besonderheiten biologischer Begriffe
Begriffe sind in der Biologie das Medium und die Ebene der Abstraktion, auf der die empirisch gehaltvollen allgemeinen Aussagen formuliert werden. Als allgemein und gesetzesartig anerkannte Sachverhalte werden weniger durch quantitative Gesetze als dadurch, dass sie auf einen Begriff gebracht werden, in die Wissenschaft integriert. Darin unterscheidet sich die Biologie in gewisser Weise von der Physik, da es in der Physik meist quantitativ formulierte Gesetze sind, über die die zentralen empirischen Aussagen formuliert werden. Auch in der Biologie existieren einige (wenn auch wenige) quantitative Gesetze, die von manchen Autoren als biologische Grundgesetze verstanden werden (z.B. das Hardy-Weinberg-Gesetz, ↑›Population‹, oder das Prinzip der Natürlichen ↑Selektion in Form der Price-Gleichung). Diese Gesetze repräsentieren aber nicht die eigentlich empirisch gehaltvollen Aussagen der Biologie, sondern können vielmehr als *a priori* gültige mathematische Wahrheiten verstanden werden.[22] Dies steht im Gegensatz zur Physik, deren grundlegenden Gesetze (z.B. das Gravitationsgesetz) durchaus empirischen Gehalt haben. Ein Grund für diese Eigenart der biologischen Gesetze könnte darin liegen, dass es in der Biologie stärker als in der Physik auf die Einzelfälle ankommt und das Generelle als Apriorität konstruiert wird. Dies heißt aber natürlich nicht, dass nicht auch in der Biologie viele Gesetze mit empirischem Gehalt formuliert werden; diese empirischen Gesetze bewegen sich nur nicht auf der höchsten theoretischen Ebene wie die Prinzipien der Populationsgenetik und Evolution. Die Tatsache der Formulierung der obersten Prinzipien auf einer quantitativen Ebene als mathematische Apriorität deutet darauf hin, dass sie eher einen die Forschung organisierenden Charakter haben, als dass in ihnen empirische Hypothesen enthalten wären. Statt der quantitativen Gesetze wie in der Physik sind es also in der Biologie vielmehr die *Be-*

griffe, die im Zentrum der Theorien stehen und den empirischen Gehalt ausmachen. Weil in der Biologie theoretische Innovationen und Konsolidierungen in ausgeprägter Weise durch Begriffsbildungen geleitet werden, besteht auch der Beitrag einflussreicher Wissenschaftler für den Fortschritt der Biologie in einem wesentlichen Maß in der Einführung neuer Konzepte (und, fast ebenso wichtig, der Eliminierung bestehender).[23] Im Unterschied zur Physik könnte die Biologie also als eine *begriffszentrierte Naturwissenschaft* bezeichnet werden.

Eine zweite Besonderheit biologischer Begriffe besteht darin, dass es in der Geschichte von weiten Bereichen der Biologie *keine Revolutionen* gibt[24], zumindest nicht in dem Sinne, in dem sie in der Physikgeschichte vorliegen: als theoretische Neuansätze mit einem Inventar an neuen Konzepten, das in einem unvermittelten, inkommensurablen Verhältnis zu den alten Ansätzen steht. In der Biologie gab es keine Revision des Konzepts des Individuums oder des Organismus, die auch nur annähernd vergleichbar wäre mit der Veränderung des Massebegriffs in der Physik. Die gesamte Dynamik der Biologiegeschichte – eine in den letzten 200 Jahren zweifellos rasante Dynamik, die vielfach begriffliche und theoretische Innovationen einschließt – bewegt sich in einem definierten Rahmen von nur wenig variierten Grundkonzepten. Diese Grundkonzepte weisen eine langfristige, in nicht wenigen Fällen bis in die Antike zurückreichende Kontinuität auf (vgl. Tab. 1; Abb. 1). Die grundlegenden Bestimmungen der elementaren Lebensfunktionen wie ›Ernährung‹, ›Wachstum‹, ›Fortpflanzung‹, ›Wahrnehmung‹ und ›Denken‹ beruhen ebenso auf antiken Begriffen und Denkmodellen wie die Grundbegriffe zur Definition des Gegenstandsfeldes ›Leben‹ und ›organischer Körper‹ oder die Grundkategorien der Systematik ›Art‹ und ›Gattung‹. Die langfristige Kontinuität dieser Begriffe erwächst zu großen Teilen daraus, dass sie an konkrete, weitgehend konstant identifizierte Phänomene gebunden sind: Das, was ›Ernährung‹ oder ›Fortpflanzung‹ genannt wird, steht weitgehend vor jeder biologischen Theorie und bildet doch eine leitende Kategorie für diese Theorien. Die Beschreibung der Phänomene geht also als Voraussetzung in die erklärenden Theorien ein, wird aber selbst durch die sich wandelnden Theorien nur wenig verändert. Die Phänomene sind somit im Vorgriff auf die Klärung ihrer kausalen »Mechanismen« schon konstant beschrieben; sie bilden sogar den übergeordneten »Zweck« oder die »Funktion« für alle noch nicht bekannten Prozesse. Daraus folgt, dass gewisse begriffliche Grundlagen der Biologie unangetastet von jeder Entwicklung der Biologie fortbestehen: Kein Fortschritt der empirischen Biologie wird fortschaffen können, dass die Phänomene der Ernährung, des Wachstums, der Wahrnehmung und der Fortpflanzung das definieren, was ein Lebewesen ist.

Als ein Grund für die begrifflichen Kontinuitäten kann damit auch der für die Biologie methodisch zentrale teleologische oder *funktionalistische Ansatz* angesehen werden. Nach diesem werden in einem ersten Schritt die typischen organischen Vermögen als konstante Phänomene identifiziert, welche durch ihre Ausrichtung auf ein bestimmtes Ziel definiert sind – wie Ernährung oder Fortpflanzung –; erst anschließend, in einem zweiten Schritt, in dem eigentlich die empirische Forschung besteht, werden die kausalen Vorgänge (die »Mechanismen«) ermittelt, die diese Funktionen realisieren. Es ist kennzeichnend für die Begriffsbildung der Biologie, dass die Teile und Teilprozesse von Organismen vielfach nicht durch intrinsische Eigenschaften, sondern unter Bezug auf ihre Wirkung auf andere Teile oder das Ganze des organischen Systems bestimmt und benannt werden. Teleologische Elemente sind damit bereits in der Beschreibungssprache, in der Organismen biologisch in ihre Komponenten zerlegt werden, verankert. Am auffälligsten ist diese Art der Identifikation von Komponenten eines Systems über ihre Wirkung in der Konzipierung des Verhaltens von Organismen. Funktionale Begriffe liefern die basale Klassifikation von Verhaltensweisen: Was ein Fluchtverhalten ist oder was ein Nahrungsaufnahmeverhalten, wird allein aufgrund von funktionalen Bezügen als eine einheitliche Klasse bestimmt. Ähnlich sieht es bei morphologisch-physiologischen Begriffen aus. Auch diese sind häufig ausgehend von funktionalen Bezügen definiert, d.h. durch ihre Leistung, nicht durch ihre strukturellen Eigenheiten oder die Art ihrer Entstehung. Dies gilt z.B. für Organe wie Mund, Magen, Herz oder Auge. Diese Organe können sehr unterschiedlich geformt sein und in unterschiedlichen Verwandtschaftskreisen auftreten; als Organe eines bestimmten Typs sind sie durch ihre Funktion, d.h. durch ihre Wirkung auf andere Organe und ihre Rolle in der Arbeitsweise des Gesamtsystems bestimmt.

Eine vierte Besonderheit biologischer Konzeptualisierungen ist schließlich die – für eine Naturwissenschaft bemerkenswert – stets vorhandene *historische Dimension*: Jede Struktur und jeder Prozess wird als Ergebnis eines vergangenen Evolutions- und Selektionsvorgangs zu deuten versucht. Allein aus dieser Perspektive ergeben die Dinge – nach dem bekannten Diktum Theodosius Dobzhanskys – in der Biologie einen »Sinn«.[25] Viele Grundbegriffe der Biologie ent-

Analogie (gr.)	Gleichgewicht (la. vor 500)	Selektion (en. 1831)
Anatomie (gr.)	Individuum (la. vor 500)	Homologie (en. 1836)
Art (gr.)	Vererbung (la. vor 500)	Hierarchie (fr. 1838)
Bedürfnis (gr.)	Organisation (la. 1254-56)	Kulturwissenschaft (dt. 1838)
Befruchtung (gr.)	Urzeugung (la. 1264)	Polymorphismus (fr. 1841)
Brutpflege (gr.)	Regeneration (la. ca. 1267)	Generationswechsel (dt. 1842)
Entwicklung (gr.)	Empfindung (la. um 1310)	Ethologie (fr. 1854)
Ernährung (gr.)	Balz (dt. 1340)	Einzeller (dt. 1858)
Form (gr.)	Gewebe (la. 1537)	Mimikry (en. 1862)
Fortpflanzung (gr.)	Physiologie (la. 1542)	Ökologie (dt. 1866)
Funktion (gr.)	Kreislauf (la. 1571)	Phylogenese (dt. 1866)
Ganzheit (gr.)	Kommunikation (fr. 1580)	Mutation (dt. 1869)
Gefühl (gr.)	Metamorphose (la. 1590)	Evolutionsbiologie (en. 1874)
Geschlecht (gr.)	Fossil (la. 17. Jh.)	Biosphäre (dt. 1875)
Instinkt (gr.)	Künstliches Leben (en. 1613)	Biozönose (dt. 1877)
Intelligenz (gr.)	Bewusstsein (la. 1641)	Symbiose (dt. 1878)
Konkurrenz (gr.)	Regulation (en. 1665)	Lamarckismus (en. 1884)
Krankheit (gr.)	Wechselseitigkeit (la. 1680)	Modifikation (dt. 1884)
Leben (gr.)	Organismus (la. 1684)	Entwicklungsbiologie (en. 1890)
Lernen (gr.)	Fortschritt (en. 1747)	Biogeografie (dt. 1883)
Mensch (gr.)	Lebensgeschichte (dt. 1750)	Lebensform (dän. 1895)
Organ (gr.)	Systematik (la. 1751)	Selbstdarstellung (dt. 1896)
Pflanze (gr.)	ökologische Rolle (fr. 1765)	Sozialverhalten (en. 1900)
Pilz (gr.)	Biologie (la. 1766)	Virus (en. 1900)
Räuber (gr.)	Typus (fr. 1765)	Rekombination (en. 1903)
Schlaf (gr.)	Vitalismus (fr. 1780)	Genetik (en. 1906)
Schutz (gr.)	Anpassung (dt. 1781)	Biotop (dt. 1908)
Selbstbewegung (gr.)	Morphologie (dt. ca. 1796)	Gen (dt. 1909)
Selbsterhaltung (gr.)	Umwelt (fr. 1800)	Genotyp/Phänotyp (dt. 1909)
Spiel (gr.)	Population (en. 1801)	Nische (en. 1910)
Tier (gr.)	Stoffwechsel (dt. 1802)	Feld (dt. 1912)
Tod (gr.)	Selbstorganisation (dt. 1804)	Bioethik (dt. 1927)
Verhalten (gr.)	Kultur der Tiere (dt. 1806)	Ökosystem (en. 1935)
Wachstum (gr.)	Taxonomie (fr. 1813)	Molekularbiologie (en. 1938)
Wahrnehmung (gr.)	Evolution (fr. 1816)	Information (en. 1953)
Zweckmäßigkeit (gr.)	Parasitismus (dt. 1818)	Koexistenz (en. 1953)
Arterhaltung (la. vor 500)	Zelle (fr. 1827)	
Diversität (la. vor 500)	Bakterium (dt. 1829)	

Tab. 1. Übersicht über die 112 Grundbegriffe, die die Haupteinträge des Wörterbuchs bilden, chronologisch geordnet nach dem Zeitpunkt ihrer Prägung in biologischer Bedeutung und der Sprache, in der diese erfolgte. In dieser Übersicht wird auch für diejenigen Begriffe, die vor dem 19. Jahrhundert erscheinen, als Ursprung der Prägung derjenige Zeitpunkt angegeben, zu dem sie erstmals im Rahmen einer biologischen Vorstellung formuliert sind (z.B. ›Art‹, ›Fortpflanzung‹ und ›Wahrnehmung‹ bereits im Griechischen). Im Unterschied zu den Listen am Anfang jedes Eintrags im Wörterbuch wird hier also auch für die älteren Begriffe der Ursprung nicht allein in der deutschen Sprache verfolgt. Einige der Angaben sind als bloße Richtwerte zu verstehen, weil die betreffenden Wörter zuerst außerhalb biologischen Denkens geprägt wurden und danach allmählich in die Biologie eingewandert sind (z.B. ›Population‹, ›Typus‹) oder auch innerhalb der Biologie einen erheblichen Bedeutungswandel erfahren haben (z.B. ›Mutation‹, ›Organismus‹).

halten folglich in einem erheblichen Maß Konnotationen, die auf einen historisch-evolutionstheoretischen Kontext verweisen. Dies gilt z.B. für ↑›Anpassung‹, ↑›Funktion‹ oder ↑›Homologie‹.

Die Etablierung der grundlegend neuen Sicht, die sich mit der Formulierung der Evolutionstheorie seit Mitte des 19. Jahrhunderts entwickelt, ist immer wieder als »Revolution« in der Biologiegeschichte verstanden worden. Ungeachtet ihrer unbestreitbar zentralen Rolle für die Biologie ist sie dies tatsächlich aber nur in einem begrenzten Sinn und stört damit nicht das Bild einer langfristigen begrifflichen und theoretischen Kontinuität in der Biologiegeschichte. Denn viele biologische Grundbegriffe behalten über die so genannte theoretische »Revolution« hinweg weitgehend ihre Bedeutung. Viele Physiologen des

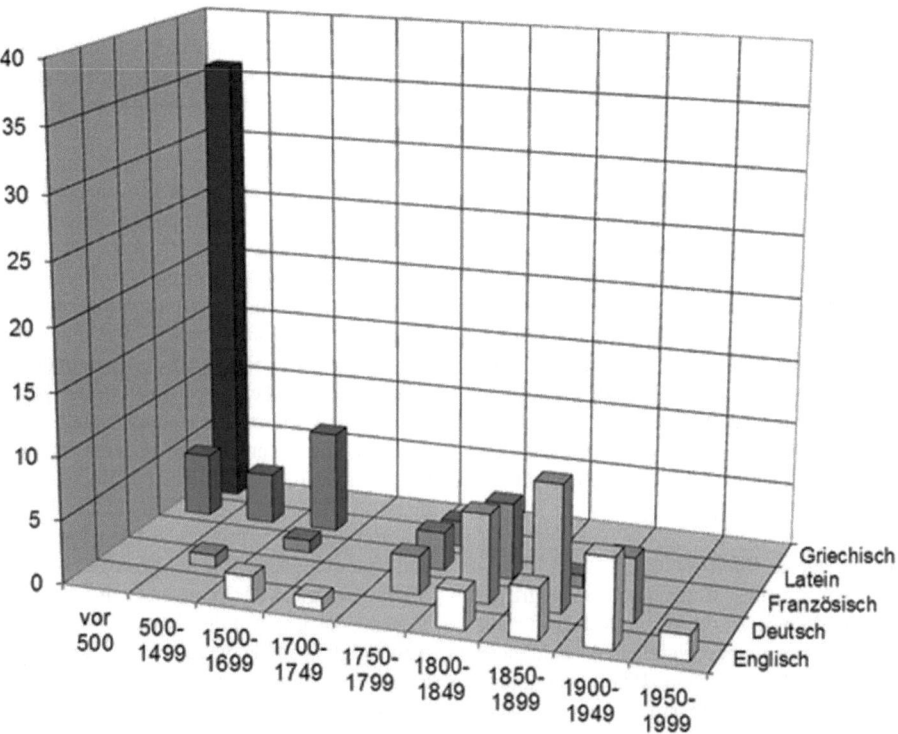

Abb. 1. Grafische Darstellung der Häufigkeitsverteilung der Grundbegriffe des Wörterbuchs über die Sprache, in der sie geprägt wurden, und den Zeitraum ihrer Prägung (Daten aus Tab. 1).

19. und 20. Jahrhunderts konnten der Evolutionstheorie fast gleichgültig gegenüber stehen: Sie hat an dem begrifflichen Inventar und den grundlegenden Theorien ihres Ansatzes kaum etwas geändert. Was mit der Theorie gelungen ist, ist die Integration des morphologischen, physiologischen, taxonomischen und biogeografischen Wissens in eine durchgehend naturalistische Theorie – das ist für die Biologiegeschichte, die so reich an immateriellen, metaphysischen Prinzipien ist, nicht wenig, andererseits für eine Naturwissenschaft aber auch methodisch geboten und damit selbstverständlich. Man könnte also sagen, dass die Biologie mit der Evolutionstheorie endgültig eine Naturwissenschaft geworden ist, ihr traditioneller theoretischer Rahmen – und auch ihr funktionalistischer Ansatz – aber nicht verändert wurde, sondern im Gegenteil eine Bestätigung und Begründung erfahren hat. Auf begrifflicher Ebene findet diese Begründung ihren Ausdruck in zahlreichen Innovationen, d.h. der Einführung neuer Begriffe, die seit 150 Jahren zum zentralen Bestand biologischer Theorien gehören, wie z.B. ›Anpassung‹, ›Selektion‹ oder ›Population‹ (vgl. Abb. 2).

Die über viele Jahrhunderte vorliegende Kontinuität in der Bedeutung nicht weniger biologischer Begriffe bedingt es auch, dass ältere und sogar antike Autoren in der Biologie präsenter als in der Physik geblieben sind. Wenn in diesem Wörterbuch vielfach ein weiter Bogen gespannt wird, der in der Antike beginnt und in der Gegenwart endet, dann dokumentiert auch dies die ausgeprägte Kontinuität der Konzeptualisierungen über allen Theoriewandel hinweg. Das Ganze mag dann den Anschein einer *biologia perennis* (Steiner 1936)[26] erwecken, in der die gleich bleibenden Begriffe und Vorstellungen betont und die Brüche verdeckt werden.

Sprachlich findet sich eine Reverenz gegenüber der Antike in den vielen, auch spät geprägten Wörtern mit lateinischer oder griechischer Wurzel (vgl. z.B. ›Gen‹, ›Geno-‹ und ›Phänotyp‹, ›Ökosystem‹, ›Onto-‹ und ›Phylogenese‹). Die im 20. Jahrhundert für die Biologie geprägten Wörter entstammen daneben oft der englischen Umgangssprache (z.B. ›Drift‹, ›Nische‹, ›Diversität‹). Diese Tatsache dokumentiert die Dominanz des Englischen in der Biologie des 20. Jahrhunderts. Es gibt außerhalb des englischsprachigen Raums keine Forscher vom Rang eines Thomas Hunt Morgan, Ronald A. Fisher, Theodosius Dobzhansky, Robert H. MacArthur, William D. Hamilton, David M. Raup oder Lewis Wolpert, die jeweils ganze Forschungsprogramme begründeten und damit die internationale Forschung über Jahrzehnte prägten. Aus dem deutschsprachigen Raum war wohl nur einem Biologen eine wirklich durchschlagende und anhaltende internationale Wirkung im 20. Jahrhundert möglich – den aber außerhalb der Biologie niemand kennt –: Willi Hennig. Es ist bezeichnend, dass seine Forschungen die Systematik betrafen und damit – ebenso wie die des in der weiteren Öffentlichkeit international wohl einzig bekannten deutschsprachigen Biologen des 20. Jahrhunderts: Konrad Lorenz – einem eher qualitativen und deskriptiven Ansatz galten, nicht aber in ein experimentelles Forschungsprogramm oder ein mathematisch fundiertes Theoriegebäude eingebettet waren.

Begriffsgeschichte der Biologie
Trotz der herausragenden Bedeutung von Begriffen gerade in der Biologie ist die Ausgangslage für das Verfassen eines begriffsgeschichtlichen Handbuchs denkbar schlecht: Der z.T. gute Bearbeitungsstand der Wortgeschichte von Begriffen geisteswissenschaftlicher Disziplinen hat keine Entsprechung im Bereich der Naturwissenschaften. Für keine Naturwissenschaft liegt eine zusammenfassende Darstellung der historischen Entwicklung ihrer Grundbegriffe vor. Und selbst Einzelstudien über zentrale Konzepte – für die Biologie etwa über den Begriff des Organismus – gibt es kaum. Eine Vergewisserung über diese Begriffe aus historischer und systematischer Perspektive erscheint aber geboten – besonders in einer Situation, in der die naturwissenschaftlichen Begriffe zunehmend in andere Felder Eingang finden, z.B. in den Diskurs um das menschliche Selbstverständnis.

Aber nicht nur die Debatten um das wissenschaftliche Bild des Menschen verlangen eine historisch orientierte Aufklärung der Begriffe. Auch innerwissenschaftliche Gründe sprechen für die Notwendigkeit einer historischen und systematischen Reflexion über die grundlegenden Konzepte. Dies gilt wiederum gerade für die Biologie, weil das Wissen in dieser Wissenschaft einen Umfang und eine Differenzierung erreicht hat, die die Grundbegriffe in der terminologischen Flut zu ertränken drohen. Es besteht die Gefahr, dass die basalen Konzepte nicht mehr als ordnende, die Strukturierung, Organisation und Abgrenzung des Wissens garantierende Instrumente wahrgenommen werden. Zum Beispiel wird der methodisch fundamentale Unterschied der Biologie zur Physik mit dem Fortschritt der Molekularbiologie immer weniger klar wahrgenommen, auch wenn dieser Fortschritt gerade als Stabilisierung des methodischen Unterschieds interpretiert werden kann (↑Biologie).

Das Problem der Unkenntlichkeit der grundlegenden Begriffe ist kein neues Phänomen. Es ist auch dadurch bedingt, dass verschiedene theoretische Ansätze der Biologie andere Begriffe als grundlegend ansehen. So könnten von darwinistischer Seite die Konzepte ›Evolution‹, ›Konkurrenz‹ oder ›Anpassung‹ und von morphologisch-physiologischer Seite das Konzept der ›Hierarchie‹ als Grundbegriff der Biologie erscheinen. Der theoretische Ansatz, der in diesem Wörterbuch an einigen Stellen zum Vorschein kommt, der aber an anderer Stelle genauer begründet wird[27], geht von dem Begriff des ›Organismus‹ als dem für die Biologie basalen Konzept aus. Bei aller Berechtigung von Konkurrenztheorien und Hierarchiedenken in der Biologie, ist es doch die *Wechselseitigkeit* der Prozesse in einem organisierten System, die gegenseitige kausale und ontologische Abhängigkeit sowie die relationale Bestimmtheit der einzelnen Glieder, die einen Gegenstand zu einem biologischen macht.

In der Auswahl der Haupteinträge kommt dieser theoretische Hintergrund durch die Behandlung einer Reihe von Begriffen zum Ausdruck, die eher wissenschaftstheoretischer oder naturphilosophischer als biologischer Natur sind (›Ganzheit‹, ›Kreislauf‹, ›Wechselseitigkeit‹, ›Zweckmäßigkeit‹). In ihrem vorterminologischen, aber grundlegenden Charakter könnten diese Ausdrücke auch so verstanden werden, dass sie die metaphorologisch basale Ebene biologischer Begriffsbildung markieren. In der *Geordneten Übersicht über die Haupteinträge* (vgl. Tab. 3) sind diese Begriffe in der ersten Gruppe unter dem Oberbegriff ›Organismus‹ zusammengefasst; sie markieren insgesamt die Grenze der Biologie »nach unten« gegenüber der Physik. Auf der anderen Seite werden in der letzten Gruppe der »Geordneten Übersicht« unter dem Oberbegriff ›Kultur‹ einige Begriffe behandelt, die eine Abgrenzung der Biologie »nach oben« gegenüber der Kulturwissenschaft betreffen (z.B. ›Gefühl‹, ›Intelligenz‹, ›Bewusstsein‹; für ›Sprache‹ vgl. ›Kommunikation‹).

Besonders in den Artikeln über die allgemeinen biologischen Begriffe, wie ›Organismus‹, ›Leben‹ oder ›Zweckmäßigkeit‹ werden häufig Philosophen, und weniger Biologen zitiert. Biologen, die ein ›Historisches Wörterbuch der Biologie‹ zur Hand nehmen, könnten daran Anstoß nehmen – herrscht doch

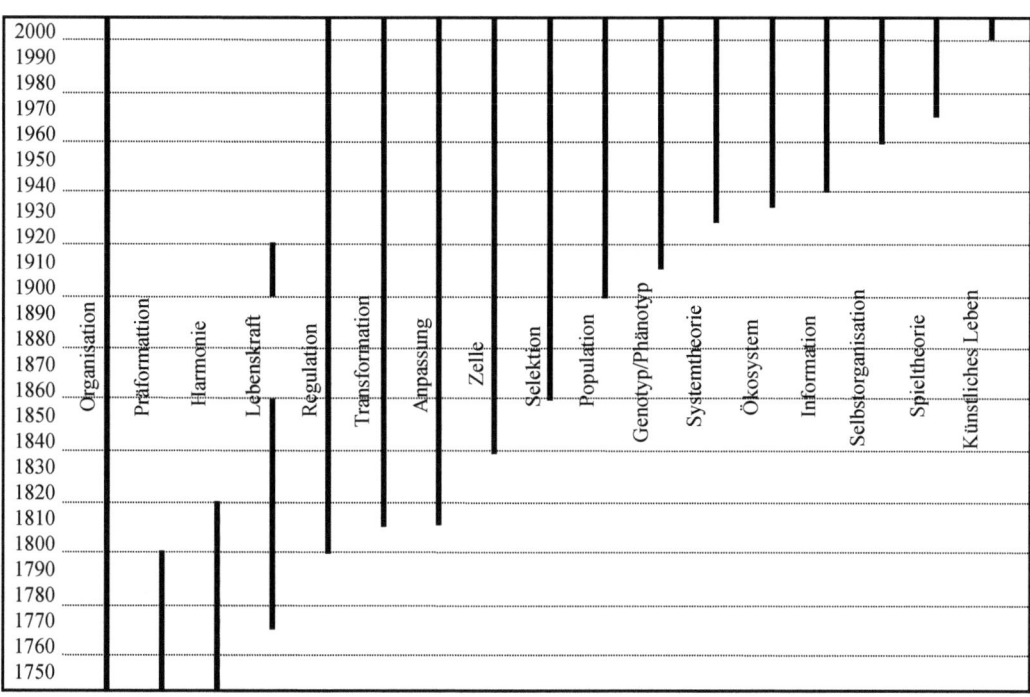

Abb. 2. *Einige leitende Begriffe der Biologie zwischen 1750 und 2000.*

immer noch eine nicht überwundene Skepsis vieler Biologen gegenüber einem nicht empirisch, sondern theoretisch und begrifflich orientierten Zugang zu ihrer Wissenschaft. Zweifellos sind es aber gerade in der Frühphase der Begriffsbildung philosophische und theoretische Erwägungen, die zur Einführung eines Begriffs führten. So wird kein Biologe bestreiten können, dass Aristoteles und Kant entscheidende Beiträge zur Bestimmung des Konzepts ›Organismus‹ geleistet haben.

Neben der Flut der neuen Begriffe besteht ein weiteres begriffliches Problem der Biologie in der überraschenden Unsicherheit in Bezug auf grundlegende Konzepte. Bis in die heutige Biologie ist es unklar, welches die Grundbegriffe dieser Wissenschaft sind und was unter diesen genau verstanden werden soll. Sind z.B. ›Empfindung‹ oder ›Wahrnehmung‹ genuin biologische Begriffe? Sollen wir nur den Tieren, oder auch den Pflanzen Wahrnehmungen und Empfindungen zuschreiben? Worin unterscheidet sich aber genau die Biologie eines Tieres von der einer Pflanze, dass das eine über eine Wahrnehmung oder Empfindung verfügt, die andere aber nicht? Offenbar ist es die Nähe der biologischen Begriffe zu den Konzepten der Wissenschaften vom Menschen, die bisher hier eine nachhaltige Klärung verhindert hat.

Weil diese Begriffe darüber hinaus nicht mehr an der Forschungsfront stehen, liegt ein nur geringes Interesse vor, sie zu profilieren und zu schärfen. Schließlich gibt es auch einen allgemeinen Zusammenhang zwischen der Verbreitung und der Vagheit eines Begriffs: Die Allgemeinheit der Grundbegriffe bedingt also auch ihre semantische Offenheit (s.u.).

Wenn auch die Untersuchung der Geschichte der grundlegenden biologischen Begriffe noch in ihren Anfängen steckt, so sind doch andere Richtungen der metawissenschaftlichen Beschäftigung mit der »Jahrhundertwissenschaft« Biologie voll entwickelt. Einführungen und Überblicke liegen sowohl für die allgemeine Geschichte der Biologie vor (vgl. z.B. die dritte Auflage der ›Geschichte der Biologie‹, Jena 1998) als auch zu den Biografien bedeutender Biologen (vgl. z.B. ›Darwin & Co.‹, München 2001). Die unüberschaubare Vielfalt biologischer Begriffe ist über kurze Definitionen in Sachlexika erschlossen (vgl. z.B. das neu bearbeitete fünfzehnbändige ›Lexikon der Biologie‹, Heidelberg 1999-2004). Schließlich erlebte auch die wissenschaftstheoretische Analyse biologischer Theorien und Konzepte in den letzten Jahrzehnten einen beeindruckenden Aufschwung, der sich in den letzten Jahren u.a. in dem Erscheinen gleich mehrerer Handbücher und Enzyklopädien unter dem Titel ›Phi-

Einleitung

losophie der Biologie‹ manifestiert (vgl. die Literaturliste am Ende dieser Einleitung).

Angesichts dieses guten Bearbeitungsstandes der verschiedenen Dimensionen der Biologie kann die systematisch-historische Aufarbeitung der Grundbegriffe dieser Wissenschaft als ein Desiderat bezeichnet werden. Dies belegt auch der Aufruf zur Mitarbeit an einem geplanten vierbändigen ›Reallexikon zur Geschichte der Biologie‹ (RLGB), den Armin Geus 1994 verfasste[28], der aber ohne folgenreiche Resonanz blieb, die Planung für eine von Manfred Laubichler u.a. herausgegebene groß angelegte digitale ›Encyclopedia of the History of Biology‹[29] und schließlich die im Umkreis des Berliner ›Zentrums für Literatur- und Kulturforschung‹ (ZfL; Leitung Sigrid Weigel) geplante Edition eines ›Historischen Wörterbuchs interdisziplinärer Begriffe‹, in dem auch viele biologische Grundbegriffe eine zentrale Rolle spielen[30]. Getragen sind diese Unternehmungen nicht nur von dem eifrigen Bemühen, die Entwicklung der Begriffe dokumentieren zu wollen, sondern auch von dem Bewusstsein, dass terminologische Probleme »gelegentlich den Gegenstandsbezug krisenhaft irritieren und deformieren können«, wie Hans Blumenberg einmal schrieb.[31]

Wortgeschichte
Ein zentraler Fokus des Wörterbuchs liegt auf der *Wortgeschichte*. Versucht wurde, die erste Verwendung für jeden der im Register genannten etwa 1600 biologischen Ausdrücke nachzuweisen. Die Feststellung des Zeitpunktes einer Wortprägung ist ein weitgehend objektiver Aspekt der Wissenschaftsgeschichtsschreibung. Ausgehend von einer bestimmten Quellenlage ist es eine eindeutig entscheidbare Frage, ob ein Wort – d.h. ein sinnlich wahrnehmbares sprachliches Zeichen von einer bestimmten visuellen oder akustischen Gestalt – von einem Menschen in einem Jahr zum ersten Mal benutzt wurde oder nicht. Die Begriffsgeschichte ist demgegenüber eine sehr viel subjektivere Angelegenheit. So ist es eine Frage der Interpretation und der Aspektierung, ob es gerechtfertigt ist, den Begriff der ›Selektion‹ schon auf die antiken Vorstellungen zum Überleben des Nützlichen von Empedokles oder Lukrez zu beziehen. Sicher ist dagegen, dass diese Autoren in diesem Zusammenhang nicht das *Wort* ›Selektion‹ oder eines seiner etymologischen Vorläufer verwendeten. Aus der relativen Objektivität der Wortgeschichte gegenüber der Begriffsgeschichte folgt aber noch nichts für ihre Relevanz. So kann es völlig unerheblich sein, dass eine Person ein Wort zu einem Zeitpunkt verwendet – wissenschaftlich maßgeblich, traditionsbildend und als einschlägige Referenz dienend muss diese Wortprägung auch dann nicht sein, wenn das Wort später allgemein mit dem Begriff verknüpft wird. Es ist z.B. mehr als fraglich, ob Schellings richtungsweisende Wortverwendung ›Evolution‹ im Jahr 1799 für das später darunter Verstandene von den Vertretern dieses Ansatzes rezipiert wurde und damit wissenschaftlich Bedeutung erlangte. Also ist die Feststellung von Prioritäten in Bezug auf die Verwendung von Wörtern der Wissenschaften, die im Verlauf der Wissenschaftsgeschichte Einfluss erlangt haben, ein Spiel für sich. Dieses Spiel wird nicht in allen Fällen für die Wissenschaftsgeschichte von Bedeutung sein. Aber es ist zumindest ein objektives Spiel, dessen Ergebnis nicht nur gut oder schlecht wie die Darstellung einer Begriffsgeschichte sein kann, sondern wahr oder falsch.

Die Ereignisse der Prägung von Begriffen durch die Einführungen von Wörtern können als Halte- und Ruhepunkte der fließenden und vieldimensionalen Transformationsgeschichte der Begriffe und Theorien gelten. Man kommt daher gerne auf sie zurück. Die Recherchen zu diesen Haltepunkten für das vorliegende Wörterbuch werden sicher unvollkommen sein und Fehler aufweisen, vermutlich viele Fehler. Die Wahrscheinlichkeit solcher Lücken und Fehler kann Ansporn für jeden Leser sein, den Autor zu widerlegen und zu einer verbesserten Neuauflage beizutragen.

Entschuldigt werden kann die Lückenhaftigkeit des Unternehmens allein mit dem Pioniercharakter des Werkes. Die Geschichte wissenschaftlicher Wörter ist, wie gesagt, noch nirgends gut dokumentiert. Erklärt werden kann dies wiederum damit, dass es für die Wissenschaft als systematisches Gebäude weitgehend unerheblich ist, wann und in welchem Zusammenhang ihre Wörter, und seien es auch die grundlegenden, geprägt worden sind. Für einen Wissenschaftshistoriker führt dieses Selbstverständnis des empirischen Wissenschaftlers dazu, dass die Suche nach den Ursprüngen der Wörter und Begriffe nicht immer einfach ist. Die weitere Forschung wird daher noch viele Überraschungen bereithalten. Eine dieser Überraschungen ist in den letzten Jahren dem Wort ›Biologie‹ selbst widerfahren. Weitere Überraschungen werden sicher folgen.

Neben dem Nachweis der ersten Verwendung gibt das Wörterbuch Einblicke in die Geschichte eines Wortes und führt meist verschiedene Vorschläge der Definition an. Um ein präzises und authentisches Bild von dem Wortverständnis zu geben, werden die Begriffsbestimmungen meist in Form eines Zitats wiedergegeben.

Der zeitliche Rahmen dieser Ideen- und Begriffsgeschichte der Biologie ist sehr weit gesteckt. Er umfasst den Zeitraum der Altsteinzeit (↑Mensch: Abb. 282; Tier: Abb. 521) bis zur Gegenwart (↑Phylogenese: Abb. 406). Mit diesem weiten Rahmen soll natürlich nicht behauptet werden, dass schon in der Altsteinzeit von einer Biologie die Rede sein kann. Viele Konzeptualisierungen, die vor der eigentlichen Institutionalisierung der Biologie als Wissenschaft vorhanden sind, betreffen aber biologische Gegenstände und gehören damit zwar nicht zu einer älteren Biologie, aber doch in die Ideengeschichte der Biologie.

Definition und Offenheit der Begriffe
Der historische Charakter des Wörterbuchs bedingt es, dass eine einmal gefundene griffige Definition für einen Begriff nicht selten durch eine ebenso griffige andere Bestimmung relativiert wird. Das Wörterbuch wird damit manchmal mehr zur begrifflichen Verunsicherung als zur scharfen Konturierung der Begriffe beitragen. Die Arbeit war jedoch von der Hoffnung getragen, gerade aus dieser Verunsicherung Kapital schlagen zu können. Denn es stellt doch schon eine bemerkenswerte Tatsache für sich dar, dass zentrale biologische Begriffe wie ›Organismus‹, ›Empfindung‹, ›Gen‹, ›Art‹ oder ›Evolution‹ keine klare, allgemein anerkannte Bedeutung haben. Dies beruht z.T. natürlich auf der historischen Genese der Begriffe: Auch in ihrem gegenwärtigen Gebrauch ist ihre komplexe Geschichte immer präsent und kann in verschiedener Hinsicht aktualisiert werden. Die Mehrdeutigkeit kann geradezu zum Charakteristikum jedes echten Begriffs erklärt werden. In den Worten Reinhart Kosellecks: »Ein Begriff […] muß vieldeutig bleiben, um Begriff sein zu können. […] Wortbedeutungen können durch Definitionen exakt bestimmt werden, Begriffe können nur interpretiert werden.«[32] Offensichtlich beziehen die Begriffe auch einen Teil ihres heuristischen Werts aus dem Nicht-Festgelegtsein auf eine enge, scharf umrissene Bedeutung. Wissenschaftshistorisch lässt sich eine »Fruchtbarkeit von unscharfen Objekten und mit ihnen verbundenen Begriffen« konstatieren.[33] Nicht nur aus der begrifflichen Eindeutigkeit, sondern auch aus der schillernden Mehrdeutigkeit ihrer Begriffe vermag eine Wissenschaft offenbar Nutzen zu ziehen. Die Unschärfe legt Assoziationen in viele Richtungen nahe und regt damit die Bildung von Hypothesen an. Das begrifflich Unscharfe ist manchmal das Fruchtbare, oder, wie es Gaston Bachelard formuliert: »le plus vague est le plus puissant«[34]. Eine genaue Definition wird dagegen nicht selten als Hemmung für die Forschung angesehen; denn erst die Unschärfe der Begriffe ermöglicht ihre Verwendung in einem dynamischen Prozess, dessen Richtung ungewiss ist: Begriffe müssen sich, um als Instrumente der Forschung funktionieren zu können, »in den Bereich dessen zu erstrecken vermögen, was wir gerade noch nicht wissen«, wie es H.-J. Rheinberger 1999 formuliert. Dies gilt gerade für experimentelle Wissenschaften, die in ihren Theorien nicht abgeschlossen sind. Denn in diesen ist es häufig nicht das »Erklärungspotential«, sondern das »Forschungspotential«, das die Fruchtbarkeit und Bedeutung eines Begriffs bestimmt.[35] Begriffe einer experimentellen Wissenschaft fungieren primär als Instrumente der Forschung und nehmen damit pragmatische Funktionen wahr. Und weil die Forschung an mehreren Fronten gleichzeitig voranschreitet, werden theoretisch wichtige, grundlegende Begriffe nicht selten durch unterschiedliche Kontexte mit Gehalt gefüllt, so dass eine eindeutige Definition nicht gegeben werden kann. An manchen Begriffen der Biologie ließe sich dies detailliert nachweisen, z.B. am Begriff des ↑Gens, der eine zentrale Rolle sowohl in der Genetik als auch der Entwicklungsbiologie spielt und je nach Kontext eine zwar einerseits spezifische, aber andererseits mit dem anderen Bereich überlappende Definition erfährt. Aus der Geschichte der Begriffe lässt sich daher der Schluss ziehen, dass eindeutige Definitionen den Fortschritt des Wissens manchmal mehr hemmen als fördern können.[36] Es kann somit auch nicht die Aufgabe eines Wörterbuchs sein, den Begriffen eine schärfere Definition als die in den Wissenschaften (implizit) verwendete zu geben.

Kennzeichnend ist es gerade für die Grundbegriffe, dass sie sich einer eindeutigen Festlegung entziehen. Sie markieren also eher Problemfelder, offene Fragen, als klare Antworten. Sie verfügen damit, wie man mit Friedrich Waismann sagen kann, über eine *Porosität* oder eine *offene Textur* (was etwas anderes ist, oder zumindest sein soll, als eine Vagheit).[37] Poröse Begriffe stellen nicht geschlossene, sondern *offene Konzepte* dar, d.h. sie umfassen aufgrund ihrer breiten theoretischen Verwendung und ihrer komplexen Geschichte einen weiten Bereich und können einem sich ändernden Kontext flexibel angepasst werden (Elkana 1970: »concepts in flux«[38]). Besonders plastisch lässt sich dies an den alten Streitfragen zur Abgrenzung von Mensch und Tier illustrieren: Kommen den Tieren Gefühle, Sprache, Intelligenz, Bewusstsein oder Kultur zu? Seit der Antike wird dies kontrovers diskutiert, und diese Diskussionen haben ihre Spuren in den Begriffen hinterlassen. Mal wird der Begriff in der einen Weise scharf zu machen

Einleitung

versucht, dann wird er wieder von der anderen Seite aufgeweicht. Die Begriffe sind also nicht nur Mittel, sondern selbst das Feld der Auseinandersetzung, sie bilden nicht selten die Kampfzonen, in denen der Wettstreit der Theorien stattfindet. Die Debatten verlaufen komplex und verschlungen, sie sind auch von der Lust an der Wortverdrehung und dem Spiel mit Paradoxien getrieben. Als einheitliche Bewegung lässt sich allein feststellen, dass die Verteidiger einer spezifisch menschlichen Sphäre die großen Begriffe sukzessive aufgeben mussten – in den letzten Jahren sogar die Begriffe der Kultur und des Geistes. So sind alle großen Begriffe, die einst zur Definition des Humanums dienten, inzwischen nicht mehr einfach zu verstehen, sondern zu aspektieren: In gewisser Hinsicht charakterisieren sie den Menschen exklusiv, in anderer Hinsicht aber auch nicht. ›Sprache‹, ›Bewusstsein‹ und ›Kultur‹ sind aufgrund der langen Debatten, die in ihnen aufbewahrt sind, zu komplexe Konzepte geworden, als dass mit ihnen scharfe Grenzen gezogen werden könnten. Es vollzieht sich an ihnen ein dialektisches Spiel, das in den letzten 2500 Jahren an kein Ende gekommen ist und vielleicht nie kommen wird. Man kann diesen Mangel an Definiertheit der Begriffe beklagen, aber man kann ihn auch als eine fruchtbare und der Sache angemessene Dynamik begrüßen.

Sicher ist aber, dass diese Konzepte, sofern mit ihnen noch ein wissenschaftlicher Anspruch verbunden wird, auf Definitionen – wenn nicht für alle Kontexte die gleiche, dann viele kontextabhängige, und wenn nicht genaue, dann ungefähre – angewiesen sind. Es bildet ja nicht nur die Offenheit der Debatten, sondern auch die Tendenz zu ihrer Schließung ein wesentliches Moment jeder Wissenschaft. Die differenzierende und integrierende Funktion der Begriffe spielt dabei eine wesentliche Rolle. Genauer gesagt werden die Problemlagen erst zu Begriffen, sofern die in ihnen aufbewahrte Dynamik zumindest zum Teil stillgestellt wird: Ein Begriff markiert einen relativen Stillstand im Wechselspiel von Rede und Gegenrede, von abstrakt usueller Bedeutung und konkret okkasionellem Sinn. Mit dem Gebrauch von Begriffen manifestiert sich also das Streben einer Wissenschaft nach Terminologisierung, d.h. nach definitorischer Abschließung der Begriffe und damit der Debatten. Diese Abschließung erfolgt nach innen in Bezug auf die Beendigung der Debatten mittels Typisierung der Begriffe und nach außen gegenüber anderen Wissenschaften; sie beinhaltet eine Finalisierung und eine Autonomisierung. In den Naturwissenschaften gelingt diese Abschließung häufig besser als in den Humanwissenschaften. Dies hängt natürlich mit ihrem Gegenstand zusammen: Die notwendige Referenz zur Dynamik der humanen Sphäre – d.h. zu »außerfachlichen, nicht theoriegebundenen Parametern«, die in den Humanwissenschaften z.T. selbst den Gegenstand liefern – ist in ihnen weniger ausgeprägt. Für die Biologie gilt dies in den Bereichen nicht, in denen ihre Begriffe aus den Wissenschaften vom Menschen entlehnt oder weiterhin auf diese bezogen sind. Hier leben die konnotativen und evaluativen Elemente der Wortbedeutungen weiter und verursachen ein Hintergrundrauschen, das jeden Abschluss der Debatten verhindert.[39]

Gerade für diejenigen Grundbegriffe der Biologie, die den zentralen Begriff des Organismus aufschließen und in unterschiedliche funktionale Aspekte gliedern, sind langfristig stabile Definitionen offenbar möglich. Die in den Naturwissenschaften ungewöhnliche, in der Biologie aber verbreitete funktionalistische Grundlage der Begriffsbildung bildet den Hintergrund dieser relativen Stabilität mancher Grundbegriffe (s.o.). Diese Stabilität steht in starkem Kontrast zur Kurzlebigkeit von Begriffsdefinitionen in den anderen Naturwissenschaften. Besonders bei Begriffen, die auf einer ausgeprägt strukturalistischen Grundlage stehen (aber nicht nur bei ihnen), kann das Bemühen um Definition wissenschaftshistorisch zu früh erfolgen und die Entwicklung der Wissenschaft mehr hemmen als fördern. So erscheint jeder Versuch der chemischen Definition von ›Gold‹ vor der Entwicklung einer quantitativen Atomtheorie Mitte des 19. Jahrhunderts als verfrüht. Daraus aber zu schließen, dass die empirische Forschung in der Biologie in der Gegenwart noch nicht ausreicht, um solche Begriffe wie ›Spiel‹ oder ›Bewusstsein‹ in der Biologie zu definieren, wie dies die Kognitiven Ethologen Colin Allen und Marc Bekoff 1997 tun[40], ist doch ungerechtfertigt. Denn ›Spiel‹ und ›Bewusstsein‹ (ebenso wie ›Kultur‹ und ›Mensch‹) können auf funktionaler Grundlage präzise definiert werden (und die Definitionen dieser Konzepte, die die genannten Autoren selbst geben, hängen auch kaum vom Forschungsstand am Ende des 20. Jahrhunderts ab). Es ist also möglich, dass der empirische Fortschritt in der Aufdeckung der Strukturen und Mechanismen, die im Spiel und Bewusstsein beteiligt sind, die Definition dieser Konzepte nicht verbessert. In einer empirischen Wissenschaft ist nicht nur die Definition der Begriffe eine Frage des empirischen Fortschritts, sondern es ist auch eine Frage der Empirie, ob der Wissensfortschritt eine Verbesserung für die Definition der Dachbegriffe bringt. Für jedes tragfähige wissenschaftliche Konzept wird es einen Punkt in seiner Geschichte geben, an dem der weitere empirische Fortschritt eine Vertiefung seiner theoretischen Einbindung und eine Spezifizierung seiner Anwendung, nicht aber eine Revision seiner Grundbedeutung bringt. Für manche strukturellen Konzepte der Chemie und Physik (z.B. ›Gold‹) und für viele funktionale Konzepte der Biologie (z.B. ›Spiel‹ und ›Bewusstsein‹) liegt dieser Punkt eher in der Vergangenheit als in der Zukunft.

Die in diesem Wörterbuch gegebenen Definitionen und Stellungnahmen zu den Begriffen verdeutlichen also sowohl die Dynamik als auch die wiederholten Versuche zur Herstellung einer Statik. Die zitierten Begriffsbestimmungen liegen zeitlich z.T. sehr weit auseinander und führen in verschiedene theoretische Kontexte, in denen die Wörter stehen. Diese theoretische Einbettung der Wörter führt aus einer rein wortgeschichtlichen Betrachtung heraus hin zu einer Argumentations- oder Ideengeschichte, die in kurzen Abrissen dargestellt wird. Notwendig wird die Loslösung von einem »Fetischismus der Wörter«[41] und die Betrachtung ihrer Einbettung in einen Argumentationszusammenhang schon deswegen, weil das gleiche Wort nicht selten verschiedene Bedeutungen aufweist (*Homonymie*; vgl. z.B. ›Evolution‹) und umgekehrt verschiedene Wörter das Gleiche bezeichnen können (*Synonymie*; z.B. viele Übersetzungen, wie etwa ›generatio spontanea‹ und ›Urzeugung‹). Eine wissenschaftshistorisch sinnvolle Geschichte der Begriffe kann daher nicht geschrieben werden ohne eine Geschichte ihrer Verwendung in Argumenten und Theorien.

Konstitutive Unschärfe biologischer Gegenstände
Offene, unscharfe Begriffe sind in der Biologie nicht nur deshalb verbreitet, weil sie ebenso wie andere Disziplinen eine dynamische Wissenschaft ist, die ständig mit neuen, begrifflich noch nicht gefassten Dingen und Sachverhalten konfrontiert ist. Für die Biologie ist darüberhinaus kennzeichnend, dass sie es mit einem dynamischen und vielgestaltigen Gegenstand zu tun hat. Nicht scharfe Grenzen, Homogenität und Prototypen, sondern Übergänge, Heterogenität und Variationen kennzeichnen biologische Einheiten. Um den vielfach unscharfen biologischen Gegenständen gerecht zu werden, weist auch die biologische Sprache häufig einen Stil auf, der nicht von scharfen Begriffen beherrscht ist, sondern für den vielmehr Abwandlungen und Modifikationen typisch sind. In der Geschichte der Biologie ist diese dem Gegenstand gemäße Unschärfe der Begriffe immer wieder betont worden. So heißt es etwa bei Kurt Goldstein 1934: »Unsicherheit am Inhalt des Begriffes ist wahrscheinlich eine Notwendigkeit aller Biologie«.[42]

U. Pörksen spricht in Bezug auf Goethes Morphologie von einem *Variationsstil*, in dem für eine ähnliche Erscheinung verschiedene Wörter verwendet werden.[43] Die Wörter umkreisen die eine Sache und werfen aus unterschiedlicher Seite einen Blick auf sie, ein Verfahren der »Synonymenvariation« und der »Vermeidung des prägnanten Wortes«.[44] Der die Sache offen haltende Sprachgebrauch dient Goethe auch dazu, den Namen und Begriff nicht mit der Sache selbst zu verwechseln, gemäß seiner Einsicht: »wie schwer ist es, das Zeichen nicht an die Stelle der Sache zu setzen, das Wesen immer lebendig vor sich zu haben und es nicht durch das Wort zu töten«[45].

Der Verhaltensbiologe Bernard Hassenstein hat 1951 für Begriffe einer beschreibenden Naturwissenschaft, die sich auf nicht scharf umrissene Gegenstände beziehen und daher auch keine eindeutige Definition aufweisen, den Ausdruck *Injunktion* geprägt[46] – eine allerdings nicht sehr glückliche Wortwahl, weil der Ausdruck v.a. mit der Bedeutung »Aufforderung, Befehl« bekannt ist und in der Logik für die Negatkonjunktion, also den Junktor ›weder-noch‹ etabliert ist. Hassenstein wählt diesen Ausdruck, um die enge Verbindung eines Namens mit den durch ihn bezeichneten Tatsachen in einer rein deskriptiven, theoriefernen, »hypothesenfreien Begriffsbildung« auf den Begriff zu bringen. Injunktionen sind nach Hassenstein die angemessenen Begriffe für Gegenstände, die kontinuierlich variieren, die fließende Übergänge zu andersartigen Gegenständen zeigen. Der Begriff hat daher einen Bedeutungsschwerpunkt und unscharfe Ränder. Er soll mit seinem Gegenstand fest verbunden bleiben und seine Präzision beruht auf seiner festen Bindung an die unmittelbare Anschauung. Hassenstein spricht deshalb auch von *abbildenden Begriffen*.[47] Typische Injunktionen sind nach Hassenstein die Begriffe ›Individuum‹, ›Pflanze‹, ›Tier‹, ›Spielverhalten‹ sowie die Kontinua ›gesund-krank‹ und ›angeboren-erlernt‹.

Geschichte von Begriffen?
Erst die Einbettung der Begriffe in eine Theoriendynamik kann die Rede von einer Begriffsgeschichte überhaupt plausibel erscheinen lassen. Denn verstanden als abstrakte im Rahmen von Theorien bestimmte Gegenstände, die allein in einem nicht zeitlich bestimmten, also in gewisser Weise statischen Netz von anderen Begriffen zu verorten sind, haben Begriffe sicher keine Geschichte.[48] So gesehen, beschreiben sie allein zeitlose, abstrakte Relationen. (Umgekehrt lässt sich mit Friedrich Nietzsche sagen: Das, was eine Geschichte hat, hat keine Definition und ist damit in dieser Hinsicht kein Begriff: »alle Begriffe, in

Einleitung XXX

denen sich ein ganzer Prozess semiotisch zusammenfasst, entziehen sich der Definition; definirbar ist nur Das, was keine Geschichte hat«[49].) Nur insofern die Begriffe Element einer Theorie sind, die einer Transformation unterliegt, ist die Rede von einer Begriffsgeschichte überhaupt gerechtfertigt.

Im Rahmen einer Theoriendynamik spielen Begriffe eine wichtige Rolle, weil mit ihnen nicht nur Beschreibungen von anerkannten Sachverhalten, sondern auch Markierungen von Problemlagen geliefert werden. Dies gilt in besonderer Weise, wenn Begriffe im Vorgriff auf eine noch zu leistende empirische Einbindung formuliert werden, wenn die mit ihnen verbundenen Begründungsleistungen noch nicht gesichert sind, wenn sie also einen spekulativen Überschuss enthalten. In der Biologiegeschichte weisen die meisten der theoretisch zentralen Begriffe anfangs einen derartigen Überschuss auf, darunter auch so vordergründig unverdächtige wie der des ›Gens‹. Eingeführt durch den dänischen Botaniker Wilhelm Johannsen im Jahr 1909, wird er anfangs primär im Sinne einer Rechnungseinheit verwendet, die in populationsgenetischen Untersuchungen zugrunde gelegt wird, um Muster der Vererbung zu erklären. Die Frage nach der materiellen Natur der »Gene« spielte bei der Einführung des Begriffs ausdrücklich keine zentrale Rolle – diese Frage wird aber zu dem zentralen Problem der molekularen Genetik des 20. Jahrhunderts. In der klassischen »mendelschen« Genetik ist es ausreichend, Gene funktionalistisch zu verstehen, als etwas, das die Unterschiede zwischen Individuen hervorbringt. Die molekulare Genetik übernimmt zwar den Begriff des Gens, macht es aber zu ihrem zentralen Projekt, mittels des Genbegriffs zu erklären, auf welcher stofflichen Grundlage und durch welche Mechanismen die Unterschiede zwischen Individuen zustande kommen. Trotz der Kontinuität des Begriffs (oder besser: des bloßen Wortes oder *terms*) wird mit ihm in beiden Kontexten ein unterschiedliches Problem und eine unterschiedliche Begründungsaufgabe markiert (prägnant zeigt sich dies am Wandel der Definition des Begriffs; ↑Gen: Tab. 104). Diese verdeckten Brüche erschweren es zwar, einfache Relationen (und »Reduktionen«) zwischen den Theorien herzustellen, sie ermöglichen andererseits aber die Kontinuität der Forschungsprogramme (und führen außerdem zur beständigen Bedeutungsanreicherung und damit Komplexitätssteigerung der Begriffe). Die »Begriffsgeschichte«, d.h. die Verschiebung der Bedeutung von Begriffen im Laufe der Zeit, ergibt sich also direkt aus der Transformation eines langfristig angelegten Forschungsprogramms. Die Stabilität von Begriffen erklärt sich aber nicht nur aus dieser diachronen Perspektive, einen gleichfalls großen Beitrag zur Stabilisierung liefert das Streben nach der Anschlussfähigkeit eines Begriffs – insbesondere eines »Grundbegriffs« – an verschiedene Kontexte von synchron nebeneinander bestehenden Theorien, für den Genbegriff z.B. seine parallele Anwendung in der Genetik und Entwicklungsbiologie.[50]

Wenn hier von Begriffsgeschichte die Rede ist, dann also in diesem Sinne von Begriffen als Elementen einer Theoriegeschichte. Die Begriffe werden so verstanden als Verdichtungen von Problemlagen, die einem historischen Wandel unterliegen; sie bilden »Denkmäler von Problemen«.[51] Diese Verdichtungsleistung beinhaltet Brückenbildungen, über die Begriffe Kontinuitäten in sich langsam wandelnden Theorien schaffen und auf diese Weise zu deren Akzeptanz beitragen. Die Funktion der Brückenbildung zwischen Theorien ließe sich im Detail an vielen biologischen Begriffen aufzeigen. Um nur noch ein Beispiel aus der Theoretischen Biologie zu nennen: Das Konzept der ›Regulation‹ kann als ein Vermittlungsbegriff verstanden werden, der einerseits im Kontext der Begründung einer »Autonomie« der Biologie als Wissenschaft steht (besonders prägnant im Vitalismus von Hans Driesch) und der andererseits gerade die Anbindung der Biologie an die Technik und Physik leistet (in der Kybernetik von Norbert Wiener). Drieschs Theorie gewinnt hier ebenso dadurch an Plausibilität, dass sie sich des ursprünglich aus der Technik stammenden Begriffs der Regulation bedient, wie Wieners Ansatz dadurch an Schärfe gewinnt, dass er den seit Beginn des Jahrhunderts naturphilosophisch aufgeladenen Begriff der Regulation ins Zentrum seiner Reduktionismen rückt. Begriffe sind also auch in der Biologie alles andere als neutrale Bedeutungsträger; vielmehr legitimieren, inszenieren und dramatisieren sie die Diskurse.

Die Theorie der Begriffsgeschichte der Sozialwissenschaften hat an vielen Beispielen zeigen können, inwiefern mit einer Begriffsverwendung häufig nicht nur eine sachliche, sondern auch eine strategische Absicht verbunden ist. Insofern sich diese Absicht in die Begriffe einschreibt, ist in ihnen selbst ein »programmatischer Überschuss« enthalten.[52] Je nach verfolgter Absicht lassen sich verschiedene Typen solcher Begriffe benennen: z.B. *Integrationsbegriffe*, die eine Theorie oder ein Forschungsfeld zusammenhalten (für die Biologie z.B. ›Leben‹), *Perspektivbegriffe*, die eine Theorie in Aussicht stellen, ohne sie selbst schon liefern zu können (›Selbstorganisation‹), *Kompensationsbegriffe*, die eine theoretische Lücke benennen, ohne sie füllen zu können (›Lebenskraft‹), *Kampfbegriffe*, die in Stellung gebracht werden, um eine gewagte These zu stützen (›Kultur der Tiere‹), oder *Plusbegriffe*, die eine positive Wertung einschließen (›Biodiversität‹). Für die Biologie ist insgesamt kennzeichnend, dass nicht wenige ihrer Grundbegriffe über das Wissensfeld der Biologie hinausreichen und eine weite, häufig positiv besetzte Bedeutung haben. Zu diesen Begriffen zählen z.B. ›Leben‹, ›Bewusstsein‹, ›Empfindung‹ oder ›Altruismus‹. Der metaphorische Bezug zur alltagssprachlichen Bedeutung dieser Wörter kann zwar einerseits beim Verständnis biologischer Beschreibungen und Erklärungen helfen, steht aber andererseits einer terminologischen Verwendung und klaren Bedeutung im Weg.

Wörter, Begriffe, Sachen
Die Darstellung der Geschichte ist hier zwar an den Theorien der Biologie und insofern an den Begriffen orientiert, es handelt sich aber doch um ein *Wörterbuch*, d.h. den jeweiligen Ansatzpunkt für die Analyse bilden die Wörter, nicht die Begriffe. Ein Wort kann interpretiert werden nicht allein als ein konkretes individuelles Etwas, sondern ebenso wie ein Begriff als eine Klasse von Gegenständen. In vereinfachender Weise kann ein Wort bestimmt werden als eine physische Gestalt (Ausdrucksgestalt), d.h. als eine Klasse von einander ähnlichen, über physikalische Merkmale bestimmten Gegenständen. Es wird z.B. das Wort ›Organismus‹ über sein (visuelles oder taktiles) Schriftbild oder seinen (akustischen) Klangcharakter identifiziert.

Wörter und Begriffe stimmen also darin überein, Ähnlichkeitsklassen von Gegenständen zu bezeichnen. Sie sind aber in der Art der Bestimmung des Gegenstandes unterschieden. Wiederum vereinfacht gesprochen sind Begriffe abstrakte, gedanklich bestimmte Gegenstände; Wörter dagegen konkrete, sinnlich wahrnehmbare Gegenstände. Oder anders gesagt: Ein Begriff individuiert einen Gegenstand als abstraktes Element einer Theorie; ein Wort individuiert einen Gegenstand dagegen über seine immanenten, morphologischen Eigenschaften, z.B. seinen Schrift- oder Lautcharakter; Begriffe bilden also primär Einheiten der »Inhaltsseite«, Wörter dagegen der »Ausdrucksseite der Sprache«[53]. Allerdings ist nicht jede morphologische Gestalt schon ein Wort; zu einem Wort (Zeichen) wird sie erst durch ihre semiotische Beziehung auf etwas anderes, d.h. durch ihre Relation zu einer Sache (bedeuteter Gegenstand) und einem Begriff (Sinn) (die morphologische Gestalt der Rippen im Sand des Meeresstrandes bildet z.B. höchstens metaphorisch ein Wort der Natur). Ein Wort ist

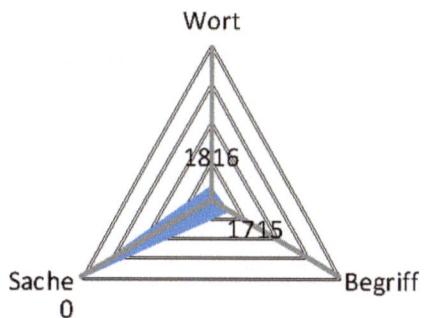

Abb. 3. Der zeitliche Aspekt in den drei Dimensionen von Sache, Begriff und Wort für den biologischen Grundbegriff ›Evolution‹. Charakteristischerweise besteht die »Sache«, die von den biologischen Grundbegriffen bezeichnet wird, seit mehreren Milliarden Jahren (im Verhältnis zur Kulturgeschichte also zum Zeitpunkt Null). Ein »Begriff« dieser Sache, d.h. eine semantisch bestimmte Einheit, z.B. eine systematische Repräsentation der Sache im Rahmen einer Theorie, bildet sich vielfach vor der Etablierung einer festen Terminologie – im Falle von ›Evolution‹ werden zu Beginn des 18. Jahrhunderts regelmäßig Ausdrücke wie ›Transformation‹ zur Bezeichnung der Sache verwendet (1715 von B. de Maillet). Das »Wort« ›Evolution‹, d.h. die physische, bedeutungstragende Gestalteinheit des Ausdrucks (Morphem), die mit dem Begriff in fester Weise verbunden ist, erscheint in dieser Bedeutung dagegen erst zu Beginn des 19. Jahrhunderts (1816 bei J.-J. Virey). In der Grafik bilden die äußeren Enden jeder Achse den zeitlich frühesten Punkt, der Schnittpunkt der drei Achsen die Gegenwart.

also ein bedeutungstragendes sprachliches Element mit einer bestimmten physischen Struktur, das über diese physische Gestalt – und nicht wie der Begriff über seinen Bedeutungsaspekt – identifiziert wird. Ein Wort hat seine Identitätsbedingungen in intrinsischen Merkmalen, ein Begriff in seinem Kontext.

Weil Begriffe und Wörter (oder Begriffsnamen) zwei verschiedene Dinge meinen, sind auch Begriffsgeschichte und Wortgeschichte (oder Begriffsnamensgeschichte) zwei unterschiedliche Prozesse. Diese müssen nicht parallel verlaufen. Es kann Begriffsverschiebungen ohne Wortveränderungen geben, und umgekehrt. Insgesamt lassen sich hier vier verschiedene Kombinationen unterscheiden[54]: Begriffsänderung bei gleich bleibenden Begriffsbenennungen (»Begriffsgeschichtliche Begriffsnamenskonstanz«; z.B. ›Evolution‹ vom 18. zum 19. Jahrhundert), Begriffsnamenswechsel bei gleich bleibendem Begriff (»Begriffsinvarianter Begriffsnamenswechsel«; z.B. ›Transformation‹ bei Lamarck zu ›Evolution‹ bei

Einleitung

Virey im frühen 19. Jahrhundert); paralleler Begriffs- und Begriffsnamenswechsel (»Begriffswandlungskomplementärer Begriffsnamenswechsel«; z.B. der Wechsel von ›Naturgeschichte‹ zu ›Biologie‹ an der Wende zum 19. Jahrhundert) und schließlich die parallele Entwicklung von Begriff und Begriffsname (»Begriffs- und Begriffsnamenskonstanz«; z.B. die relative Stabilität des für die Biologie basalen Konzepts ›Organismus‹ vom späten 18. Jahrhundert bis in die Gegenwart).

Die Begriffsgeschichte zeigt, dass der Zeitpunkt der Prägung eines später einschlägig gewordenen Wortes häufig Zufall ist. Eine einheitliche Begriffsgeschichte kann über verschiedene Wörter hinweg verlaufen. Die wissenschaftliche Fixierung eines Konzepts erfolgt also häufig sehr viel früher als die Verwendung eines einheitlichen Wortes für dieses Konzept. Die Begriffe sind damit nicht selten sehr viel älter als die Wörter zur Bezeichnung eines Phänomens (die Brutpflege ist z.B. seit langem als ein einheitliches Phänomen bekannt, ein wissenschaftlicher Terminus hat sich jedoch erst spät gebildet). Damit das Wörterbuch nicht nur ein trockenes Nachschlagewerk für mehr oder weniger zufällig geprägte Wörter wird, war also eine Loslösung von der reinen Wortgeschichte notwendig.

Begriffe und Begriffsnamen (oder Sinn und Zeichen) sind allerdings nur zwei Elemente des dreigliedrigen semiotischen Beziehungsgefüges, der »triadischen Zeichenrelation« (vgl. Abb. 3). Das dritte Element sind die *Sachverhalte* (*Objekte*, wie Peirce sie nennt, oder *Bedeutungen*, wie sie bei Frege heißen). Auch diese unterliegen einer Dynamik. Und auch diese Dynamik muss nicht kongruent mit der Dynamik der Gegenstände auf den anderen Ebenen verlaufen (so dass sich kombinatorisch acht verschiedene Möglichkeiten von Konstanz und Wandel ergeben). Die Diskussionen um die Theorie der Begriffsgeschichte in den Geschichtswissenschaften haben auf die unabhängig voneinander verlaufende Dynamik von Begriffen und Sachverhalten hingewiesen[55], z.B. ist das innerhalb des marxistischen Theoriegebäudes einheitliche und auch mit einem konstanten Namen belegte Konzept ›Kapitalismus‹ in der Geschichte des Marxismus auf sehr unterschiedliche Sachverhalte bezogen worden. Genau genommen handelt es sich dabei allerdings nicht um einen Wandel der Sachverhalte an sich (denn diese gibt es nicht), sondern der grundlegenden Theorien zu diesen Sachverhalten. Die Verschiedenartigkeit dessen, was der Marxismus ›Kapitalismus‹ nennt, wird allein in der Beschreibung durch eine andere Theorie identifizierbar.

Beispiele für die Inkongruenz von (grundlegenden Theorien zu) Sachverhalten und Begriffen aus dem Bereich der Biologie sind ›Individuum‹, ›Art‹ oder ›Stammbaum‹. Trotz ihres grundlegenden Charakters für die klassische Biologie der hoch differenzierten Lebewesen lassen sich diese Begriffe nicht auf alle Organismen anwenden: Was ist etwa das Individuum in einem zellulären Schleimpilz, der sich durch Aggregation von Amöben entwickelt? Wie sollen Arten bei den sich asexuell vermehrenden Prokaryoten abgegrenzt werden? Und wie soll ein Stammbaum von einer Gruppe erstellt werden, bei der der Austausch von genetischem Material zwischen den Stammlinien (»lateraler Gentransfer«) ein häufiges Ereignis ist? Das, was ›Individuum‹, ›Art‹ oder ›Stammbaum‹ genannt werden kann und genannt wurde, hat sich im Laufe der Geschichte des Lebens verändert.

Selbstverständlich lässt sich jeder Wandel nur vor dem Hintergrund einer Konstanz identifizieren. In dem semiotischen Gefüge von Sachverhalt, Begriff und Wort kann die Veränderung des einen Elements in Bezug auf die Konstanz eines anderen Elements dargestellt werden: die Wortkonstanz z.B. vor dem Hintergrund eines Begriffswandels (z.B. ›Evolution‹), oder die Begriffskonstanz vor dem Hintergrund eines Objektwandels (z.B. ›Art‹). In diesem Wörterbuch wird nicht einheitlich eine semiotische Ebene als die konstante genommen: mal wird die Wortkonstanz vor dem Hintergrund eines Begriffswandels dargestellt, mal wird umgekehrt die Begriffskonstanz gegenüber einem Wortwandel erläutert; und mal wird die sachliche Ebene in den Vordergrund gestellt und Begriffe und Namen treten demgegenüber zurück. Dieser letzte Ansatz führt zu einem Projekt, das seit langem unter dem Titel der Problem- oder Ideengeschichte bekannt ist. Dieses Nebeneinander von Begriffsnamensgeschichte, Begriffsgeschichte und Begriffsbestimmungen macht das Wörterbuch in gewisser Weise zu einem Zwitter (oder genauer zu einem Drilling). Es bewegt sich zwischen dem wortwissenschaftlichen Ansatz der Philologie, dem begriffswissenschaftlichen Ansatz der Wissenschaftstheorie und Wissenschaftsgeschichte sowie dem sachwissenschaftlichen Ansatz der Biologie. Mit der Konzeption des Wörterbuchs soll nicht bezweifelt werden, dass eine Arbeitsteilung dieser Disziplinen ihr gutes Recht hat und sinnvoll ist; es soll nur gezeigt werden, dass es aufschlussreich sein kann, die Ansätze miteinander zu verbinden.

Da dieses Wörterbuch nicht nur eine Wort- und Begriffsgeschichte, sondern auch eine *Ideengeschichte* versucht, ist es mit den bekannten Problemen eines solchen Unterfangens konfrontiert. Eines dieser Probleme besteht darin, dass Ideen nicht als isolierte atomistische Einheiten (*Ideeneinheiten* oder *unit-ideas* wie Arthur Lovejoy sie nannte[56]) erscheinen, sondern in ein sich wandelndes Netz von anderen Ideen eingebettet sind. Der jeweilige gedankliche Hintergrund einer Idee darf also nicht aus den Augen verloren werden, weil er die Idee nicht nur einrahmt, sondern selbst verändert. Auf der anderen Seite kann die Behandlung von Ideen als relativ selbständige Einheiten, die über die Einbettung in verschiedene gedankliche Gebäude hinweg einen verwandten Sinn behalten, als ein wertvolles analytisches Werkzeug zur Erschließung der Wissenschaftsgeschichte gesehen werden.

Systematische Ausblendungen
In seiner *Konzentration auf die Wörter, Begriffe und Sachen* werden in dem Wörterbuch andere Aspekte der wissenschaftlichen Forschung weitgehend außer Acht gelassen. So ist es nicht Ziel dieses Buches, eine Geschichte der Methoden oder der vielen technischen Begriffe, die die Biologie hervorgebracht hat, zu schreiben. Auch auf die Angabe biografischer Daten (und Anekdoten) ist vollständig verzichtet worden. Diese sind in anderen Nachschlagewerken in der Regel leicht zugänglich. Die Entstehung und Entwicklung der Begriffe wird hier primär in ihrem sachlichen Verhältnis zu anderen Begriffen dargestellt. Zweifellos spielen auch Aspekte der persönlichen Lebensgeschichte und des sozialen und ökonomischen Kontextes eine Rolle in der biologischen Begriffsbildung. Eine Berücksichtigung des zeitgeschichtlichen Hintergrundes würde aber den Rahmen dieses Wörterbuchs sprengen und die Gewichte verschieben. Dargestellt ist hier nicht eine an Biografien oder sozialen Prozessen orientierte Geschichte der Biologie, sondern eine wissenschaftsinterne Geschichte der Ideen, in der die Konzepte in ihren historischen Konfigurationen und Transformationen dargestellt werden. Mit den Worten Reinhart Kosellecks geht es um langfristig wirksame *Strukturen* der Wissenschaft, nicht um *Ereignisse*.[57]

Im Anschluss an die Vorstellungen Georges Canguilhems besteht der Plan in einer von der Geschichte der Biologen unabhängigen Geschichte der Biologie. Eine solche Geschichte kann »keine Sammlung von Biographien mehr sein, auch kein Tableau von Doktrinen in der Art einer Naturgeschichte. Sie muß eine Genealogie der Begriffe rekonstruieren«.[58] Die Darstellung von Begriffsgenealogien bildet für Canguilhem eine der Hauptaufgaben der Wissenschaftsgeschichte: Im Zentrum steht bei ihr die Geschichte der Formung (»formation«), Verformung (»défor-

1.	Zelle	1079	16.	Gen	160
2.	Muskel	396	17.	Virus	151
3.	Membran	394	18.	Enzym	145
4.	Protein	327	19.	Organismus	138
5.	Pflanzen	285	20.	Pilz	110
6.	Blut	279	21.	Funktion	106
7.	Bakterien	245	22.	Population	82
8.	Form	244	23.	Organ	79
9.	Nerv/Neuron	221	24.	Individuum	68
10.	Gewebe	220	25.	Evolution	66
11.	DNA	203	26.	(Blut-)Gefäß	66
12.	Art	193	27.	Information	66
13.	Wachstum	191	28.	Entwicklung	64
14.	Krankheit	181	29.	Umwelt	60
15.	Tiere	170	30.	Leben	56

Tab. 2. Häufigkeiten von biologischen Ausdrücken in englischsprachigen Lehrbüchern der Allgemeinen Biologie (»General Biology«). Die Datenbasis besteht aus Stichproben aus aktuellen Lehrbüchern mit einem Umfang von zusammen knapp 150.000 Wörtern. Angegeben ist die absolute Häufigkeit der Wörter in diesem Korpus (Singular- und Pluralformen jeweils addiert). Alle nicht aufgeführten Hauptstichwörter dieses Wörterbuchs kommen in dem Korpus seltener als die Wörter dieser Liste vor (Daten zusammengestellt aus James, G., Ho Wing-lok, P. & Chu Chi-Yuen, A. (1997). English in Biology, Biochemistry and Chemistry. A Corpus-Based Lexical Analysis).

mation«) und Richtigstellung (»rectification«) von wissenschaftlichen Begriffen.[59] In seiner Begriffszentrierung betrachtet dieser Ansatz Begriffe als die »kleinste Einheit der epistemischen Integration, d.h. der Abgrenzung, Interpretation und Verallgemeinerung von Erfahrung«.[60] Die Begriffe werden damit selbst zu wissenschaftlichen Akteuren, die neben den drei anderen großen Typen wissenschaftlicher Agenten stehen: den Personen, Institutionen und Theorien.

Neben dem biografischen und sozialen Kontext findet auch die experimentell-technische Seite der Forschung nur wenig Berücksichtigung. Zwar liegt ein neuer Schwerpunkt der Wissenschaftsgeschichte gerade auf diesen Themen: der apparativen und experimentellen Seite des Forschungsprozesses, und es wird das Ziel verfolgt, eine Wissenschaftsgeschichte ausgehend von der materiellen Seite der Forschung zu schreiben, wie es heißt.[61] Die vorliegende Darstellung ist jedoch nicht an der Dynamik von *Experimentalsystemen* orientiert, sondern allein an der begrifflichen Seite der Wissenschaft und ist insofern in klassischer Weise theoriezentriert.

Selbstverständlich ist der Begriffsapparat der Biologie als Ergebnis empirischer Arbeit entstanden und steht damit nicht unabhängig von praktischen Me-

Einleitung xxxiv

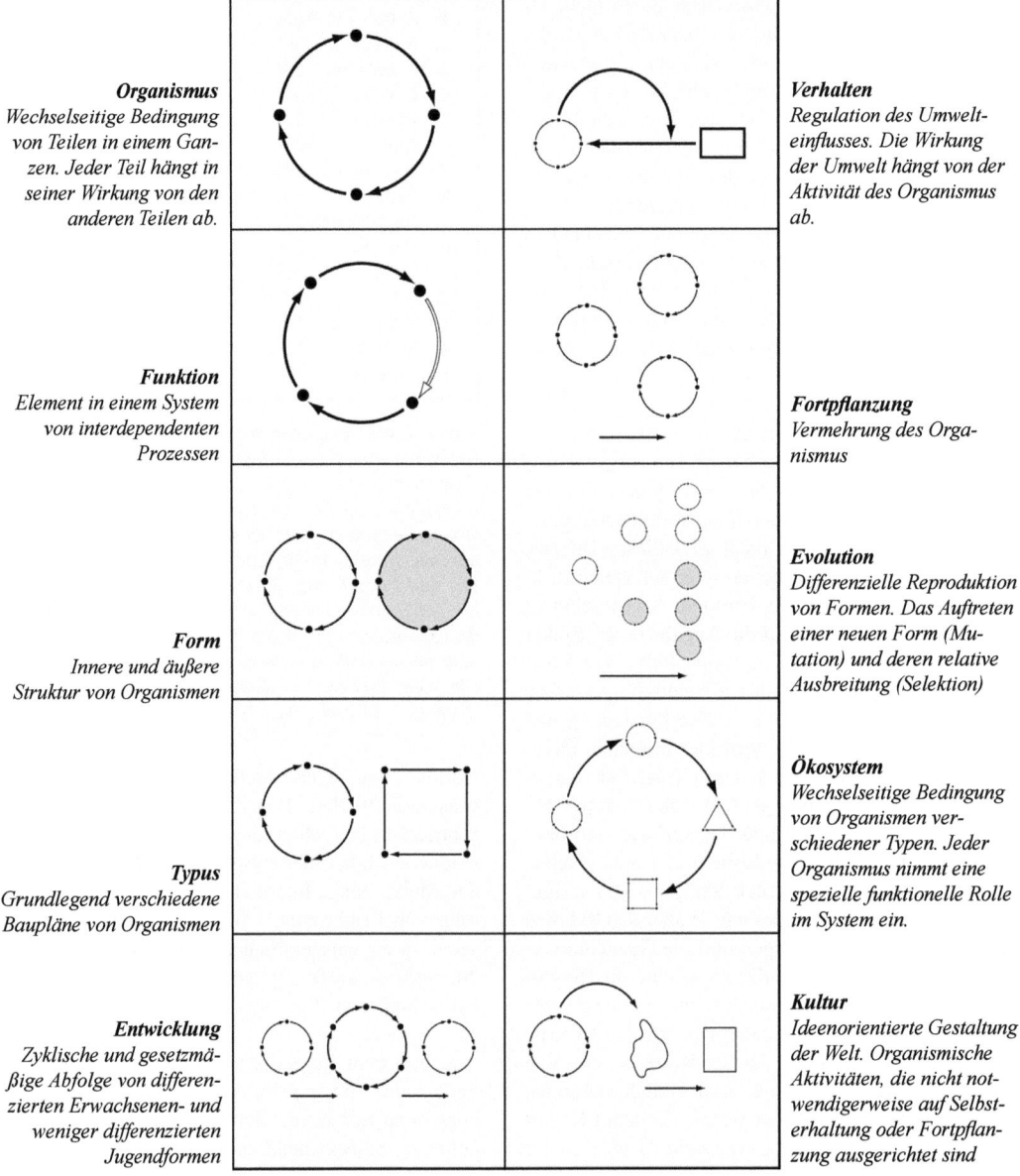

Abb. 4. *Ein Vorschlag zur grafischen Visualisierung der grundlegenden Konzepte der Biologie. Ein Pfeil, der zwei Elemente verbindet, bezeichnet eine Wirkung und eine Abhängigkeit: das Element, auf das der Pfeil zeigt, ist in seiner weiteren Wirkung von dem Element abhängig, von dem der Pfeil ausgeht. Ein Pfeil, der unterhalb von zwei Figuren verläuft, stellt eine zeitliche Veränderung dar. Die Konzepte in der linken Spalte betreffen die Verhältnisse innerhalb eines Organismus, die in der rechten Spalte sein Verhältnis zur Umwelt.*

thoden, Techniken und Apparaten. Die Begriffe und Begriffsverschiebungen gehen aus der wissenschaftlichen Praxis hervor: Begriffe werden in bestimmten Forschungskontexten und vor dem Hintergrund neuer Erfahrungen eingeführt und etablieren sich in diesen Kontexten. Der spezifische Erfahrungskontext und die experimentelle Arbeit hat sich also den Begriffen und Gegenständen eingeschrieben: Die Begriffe stehen genauso wenig unabhängig von den empirischen Verfahren des Umgangs mit den Dingen

Organismus	Modifikation	Wahrnehmung	Polymorphismus
Biologie	Zelle	Empfindung	Selektion
Leben	Gewebe	Ernährung	Lamarckismus
Organisation	Information	Räuber	Fortschritt
Selbstorganisation		Parasitismus	Fossil
Urzeugung	**Typus**	Schutz	
Molekularbiologie	Taxonomie	Mimikry	**Ökosystem**
Individuum	Systematik	Sozialverhalten	Ökologie
Kreislauf	Lebensform	Kommunikation	Biotop
Zweckmäßigkeit	Art	Spiel	Biozönose
Wechselseitigkeit	Virus	Schlaf	Nische
Ganzheit	Bakterium		(ökologische) Rolle
Vitalismus	Einzeller	**Fortpflanzung**	Symbiose
Umwelt	Pflanze	Genetik	Konkurrenz
Krankheit	Pilz	Vererbung	Koexistenz
	Tier	Gen	Diversität
		Population	Gleichgewicht
Funktion	**Entwicklung**	Arterhaltung	Biogeografie
Physiologie	Entwicklungsbiologie	Genotyp/Phänotyp	Biosphäre
Organ	Wachstum	Geschlecht	
Analogie	Feld	Balz	**Kultur**
Selbstbewegung	Metamorphose	Befruchtung	Kulturwissenschaft
Stoffwechsel	Generationswechsel	Brutpflege	Mensch
Hierarchie	Lebensgeschichte		Gefühl
Regulation	Tod	**Evolution**	Intelligenz
Regeneration		Evolutionsbiologie	Bewusstsein
Selbsterhaltung	**Verhalten**	Phylogenese	Bioethik
Selbstdarstellung	Ethologie	Homologie	Künstliches Leben
	Instinkt	Anpassung	
Form	Lernen	Mutation	
Morphologie	Bedürfnis	Rekombination	
Anatomie			

Tab. 3. Geordnete Übersicht über die 112 Haupteinträge dieses Wörterbuchs.

wie die Dinge als bloße Objekte der Natur, die es nur zu erkennen gilt, zu verstehen sind. Beides, Empirisches und Epistemisches, die Dinge und die Diskurse, sind miteinander verschränkt. Die Dinge werden also erst durch den besonderen Kontext ihrer Erfahrung und Darstellung zu den Dingen, die sie sind, sie sind »epistemische Dinge«[62]; und genauso werden die Begriffe erst durch ihren empirischen Bezug zu definierten Konzepten der Biologie. Insofern der hier verfolgte begriffs- und theoriezentrierte Ansatz von diesen komplexen Verhältnissen nicht selten absieht, enthält er eine verkürzende Perspektive auf den Wissenschaftsprozess. Er impliziert Hervorhebungen und Vernachlässigungen (wie jede methodisch geleitete Perspektive).

Auch die epistemischen Prozesse, die an der Bildung neuer Begriffe beteiligt sind, werden hier nicht dargestellt. Bei aller Dynamik, die sich bereits aus der Vielzahl der Zitate von zeitlich weit auseinander liegenden Autoren ergibt, ist es doch eine jeweilige Statik, die mit einem Begriff markiert wird. Zum Teil beruht dies darauf, dass es die für die Biologie grundlegenden Begriffe sind, die hier behandelt werden. Denn Stabilität ist gerade für die Grundbegriffe, die nicht an der Forschungsfront stehen, kennzeichnend. Grundbegriffe können gerade über das Merkmal der synchronen und diachronen Stabilität definiert werden: Es sind Begriffe mit einem weiten Gegenstands- und Anwendungsbereich und einer langen Problemgeschichte.[63] Die relative Stabilität und Erhabenheit gegenüber den Fortschritten der Biologie kann bei einigen Begriffen so weit reichen, dass sie nicht (mehr) als biologische Begriffe gelten können, sondern auch von anderen Disziplinen, etwa der Philosophie, reklamiert werden. Sie können von der Philosophie reklamiert werden, insofern diese als Wissenschaftstheorie auf die Besonderheit und Voraussetzungen der einzelnen Wissenschaften reflektiert. Denn das Charakteristische der Grundbegriffe ist gerade, dass sie zwar unersetzlich für die meisten Theorien sind – sie weisen die Theorien als Beitrag zu einer besonderen Disziplin (oder umfassenderen Theorie) aus;

Leben		
Organisation	**Regulation**	**Evolution**
Organismus	**Homöostase**	**Fortpflanzung**
Form	Stoffwechsel	Vererbung
Funktion	Regeneration	Gen
Organ		Population
Zelle	**Verhalten**	Areal
Individuum	Instinkt	Rekombination
Art	Lernen	Brutpflege
Lebensform	Information	
Analogie	Wahrnehmung	**Entwicklung**
Umwelt	Gefühl	Geburt
Krankheit	Intelligenz	Wachstum
	Bewusstsein	Tod
Ökosystem	Ernährung	
Biotop	Parasitismus	**Phylogenese**
Biozönose	Räuber	Monophylum
Nische	Schutz	Homologie
Symbiose	Kommunikation	Anpassung
Konkurrenz	Sozialverhalten	Mutation
Diversität	Spiel	Modifikation
Biosphäre	Schlaf	Selektion

Tab. 4. Vorschlag für 60 Grundbegriffe der Biologie und ihre Ordnung. Die Verkürzung gegenüber der Übersicht in Tab. 3 erklärt sich aus dem Verzicht auf (1) rein klassifikatorische Kategorien (wie ›Tier‹, ›Pflanze‹ und ›Einzeller‹), (2) die Titel der Teildisziplinen (wie ›Morphologie‹, ›Physiologie‹ und ›Ethologie‹) bzw. deren Ersatz durch oberste theoretische Begriffe (›Areal‹ statt ›Biogeografie‹), (3) Begriffe, die primär für die Geschichte der Biologie von Bedeutung sind (wie ›Urzeugung‹, ›Vitalismus‹ und auch ›Genotyp/Phänotyp‹), sowie (4) in erster Linie für die theoretische Biologie wichtige Konzepte (wie ›Ganzheit‹, ›Wechselseitigkeit‹ und ›Kreislauf‹).

sie sind die Begriffe, die für eine Disziplin »unersetzbar« und »unaustauschbar« (Koselleck) geworden sind[64] –, dass sie aber in diesen Theorien nicht definiert, sondern vorausgesetzt werden. Dies gilt in besonderem Maße für die beiden Begriffe, die den Gegenstand der Biologie definieren: ↑›Leben‹ und ↑›Organismus‹. Diese beiden Begriffe werden zwar auch von der Biologie mit (wechselndem) Gehalt gefüllt, in den meisten biologischen Theorien werden sie aber vorausgesetzt, und zwar als unersetzlich vorausgesetzt, um diese Theorien als biologische Theorien zu qualifizieren.

Besonders deutlich wird die definitionsfreie Voraussetzung der Grundbegriffe in den Versuchen der axiomatischen Rekonstruktion biologischer Theorien. In dem ersten Versuch dieser Art, der Rekonstruktion biologischer Abstammungs- und Verwandtschaftsverhältnisse durch Joseph H. Woodger (1937), bilden zehn »Zeichen« die Grundbegriffe (später »primitive Begriffe« genannt), die in das System der Axiome eingehen, dort aber nicht definiert werden. Zu diesen Begriffen zählen sowohl allgemein naturwissenschaftliche (z.B. »Teil von«; »zeitlich früher«) als auch speziell biologische (z.B. »organisierte Einheiten«, »genealogisches Verhältnis der Verschmelzung oder Teilung«; »Klassen von ganzen Organismen«; »Klassen von Zellen«).[65]

Die meisten der hier behandelten Begriffe erfüllen im Hinblick auf viele biologische Theorien die syntaktische Bedingung für Grundbegriffe: Sie werden nicht erst durch diese Theorien eingeführt, sondern von ihnen vorausgesetzt. Weil eine vollständige und einheitliche Axiomatisierung der Biologie aber nicht vorliegt, gibt es kein einfaches rein formales Kriterium für biologische Grundbegriffe. Fraglich ist aber auch, ob dieser Weg überhaupt geeignet ist, Grundbegriffe zu identifizieren; denn der Ansatz der axiomatischen Rekonstruktion von Theorien in einem logischen Kalkül weist viele Schwächen auf. So ist er ungeeignet zur Darstellung von in sich widersprüchlichen und fragmentarischen Theorien, die trotz ihrer Defizite in logischer Hinsicht für die progressiven Elemente vieler Theorien, d.h. für die Wissenschaft als dynamisches System, kennzeichnend sind.[66]

Auswahl der Begriffe
Ziel dieses Wörterbuchs war es nicht, die erste Verwendung und Geschichte möglichst vieler Begriffe zu klären, sondern die theoretisch wichtigsten Begriffe zu beleuchten. Diese Begriffe, die »Grundbegriffe« können, wie gesagt, *syntaktisch* verstanden werden als primitive Terme, die Teile der Postulate von axiomatischen Rekonstruktionen sind und über die abgeleitete Begriffe definiert werden. Sie lassen sich *semantisch* als diejenigen allgemeinen Begriffe charakterisieren, die am Ende von spezifischen Erklärungen stehen und einen Wert in der Ordnung und Generierung von Forschungsfragen haben; in dieser Hinsicht bilden sie Dach- oder Integrationskonzepte, die ein Forschungsfeld nach innen zusammenhalten und nach außen abgrenzen. In *historischer* Perspektive handelt es sich bei den Grundbegriffen um alte, bewährte und stabile Konzepte zur Organisation des Wissens, die über lange Zeiträume einen weitgehend konstanten Anwendungsbereich aufweisen. Und schließlich lassen sich Grundbegriffe *quantitativ* darüber bestimmen, dass sie vielfach zu den häufigsten spezifischen Begriffen einer Wissenschaft zählen. Allerdings sind nicht alle häufig erscheinenden Ausdrücke bereits Grundbegriffe, und umgekehrt gehören manche theoretisch zentralen Begriffe offenbar nicht zu den häufigsten (wie z.B. ›Organisation‹,

Art (Species)	100	Kommunikation		Analogie (Analogy)	5	
Form (Form)	85	(Communication)	22	Nische (Niche)	5	
Entwicklung (Development)	74	Spiel (Play)	22	Rekombination		
Information (Information)	70	Tod (Death)	21	(Recombination)	5	
Wachstum (Growth)	65	Konkurrenz (Competition)	19	Parasitismus (Parasitism)	4	
Individuum (Individual)	63	Stoffwechsel (Metabolism)	19	Wahrnehmung (Perception)	4	
Leben (Life)	58	Modifikation (Modification)	18	Intelligenz (Intelligence)	3	
Funktion (Function)	57	Schutz (Protection)	18	Sozialverhalten		
Zelle (Cell)	54	Anpassung (Adaptation)	13	(Social Behavio(u)r)	3	
Verhalten (Behavio(u)r)	51	Organismus (Organism)	13	Biosphäre (Biosphere)	2	
Population (Population)	49	Organ (Organ)	12	Homöostase (Homeostasis)	2	
Evolution (Evolution)	40	Ernährung (Nutrition)	10	Monophylum (monophyletic)	2	
Umwelt (Environment)	39	Mutation (Mutation)	10	Schlaf (Sleep)	2	
Selektion (Selection)	32	Ökosystem (Ecosystem)	10	Symbiose (Symbiosis)	2	
Organisation (Organiz(s)ation)	28	Phylogenese (phylogenetic)	10	Bewusstsein (Consciousness)	1	
Biotop (Biotope & Habitat)	27	Vererbung		Brutpflege (Parental Care)	1	
Gen (Gene)	27	(Inheritance & Heredity)	10	Gefühl (Emotion)	1	
Biozönose (Community)	24	Geburt (Birth)	8	Instinkt (Instinct)	1	
Krankheit (Disease & Illness)	24	Lernen (Learning)	8	Lebensform (Life(-)form)	1	
Regulation (Regulation)	24	Homologie (Homology)	7	Areal (Distribution Area)	0	
Diversität (Diversity)	22	Räuber (Predator)	7			
Fortpflanzung (Reproduction)	22	Regeneration (Regeneration)	7			

Tab. 5. Häufigkeit der 60 Grundbegriffe aus Tab. 4, ermittelt aus dem Datensatz der Datenbank JSTOR, der Zeitschriftenaufsätze der biologischen Wissenschaften (»Biological Sciences«) umfasst (zusammen 223 Zeitschriftentitel, die meisten davon aus dem 20. Jahrhundert). Angegeben ist die relative Häufigkeit jedes Ausdrucks im Verhältnis zur Häufigkeit des häufigsten Ausdrucks (in Prozent). Der häufigste Ausdruck ›Species‹ hat in dem Datensatz eine absolute Häufigkeit von 564.770 Vorkommen. Ordnung der Begriffe nach der Häufigkeit. Gesucht wurde nach den englischen Ausdrücken (jeweils in Klammern), wobei die Häufigkeiten alternativer Schreibweisen (z.B. ›Organization‹ und ›Organisation‹) addiert wurden (Datenerhebung im Januar 2010).

›Regulation‹, ›Stoffwechsel‹ oder ›Vererbung‹; vgl. Tab. 2; Tab. 5).

Nicht zuletzt in der Auswahl der behandelten Begriffe enthält dieses Wörterbuch also eine systematische Perspektive. Die Systematik der Begriffsauswahl zielt auf einen Überblick über die theoretischen Grundbegriffe der Biologie und enthält gleichzeitig einen Vorschlag für eine systematische Ordnung. In dieser Ordnung soll das begriffliche Grundgerüst, die »logische Geografie« (G. Ryle) der Wissenschaft der Biologie deutlich werden (vgl. Tab. 3). Es geht um eine Grundlage, die mit einem Ausdruck von Max Verworn in der Einleitung zu der von ihm seit 1902 herausgegebenen ›Zeitschrift für allgemeine Physiologie‹ »universal-biologisch« genannt werden kann.[67] Quantitativ liegt dieser Ordnung der Begriffe das Prinzip ›zehn hoch drei‹ zugrunde: Den zehn Ordnungsbegriffen der Übersicht (Organismus, Typus, Form, Funktion, Entwicklung, Verhalten, Fortpflanzung, Evolution, Ökosystem und Kultur) werden jeweils etwa zehn untergeordnete Begriffe zugewiesen, die in alphabetischer Reihenfolge die Ordnung der 112 Einträge in diesem Wörterbuch begründen und denen wiederum jeweils etwa zehn bis zwanzig Begriffe zugeordnet werden, die in einem Kasten bei den entsprechenden Einträgen zusammengestellt sind und die insgesamt in alphabetischer Reihenfolge im Wortverzeichnis aufgeführt sind (zusammen 1.872 Einträge).

Die Struktur, die die alphabetische Ordnung dieses Buches liefert, liegt also auf einer mittleren Ebene. In systematischer Hinsicht wünschenswert wäre eine Darstellung der Begriffe ausgehend von den Konzepten auf höchster systematischer Ebene (Tab. 4). Die alphabetische Ordnung bringt aber den Vorteil einer offenen Form mit sich. Bei aller systematischen Geschlossenheit ist die Biologie natürlich keineswegs eine abgeschlossene Wissenschaft. Sie entwickelt neue Konzepte, die sich meistens auf unterer systematischer Ebene bewegen (auf der Ebene der 10^3 Wörter des Registers oder auf noch tieferen Ebenen), manchmal aber auch auf der mittleren Ebene der 10^2 Wörter, die die alphabetische Ordnung dieses Wörterbuchs bilden. Indem diese mittlere Ebene das Grundgerüst des Buches bildet, können die Begriffe der unteren Ebene im systematischen Zusammenhang dargestellt werden, jeweils im Kontext des Begriffs der übergeordneten Ebene.

Selbstverständlich wird eine einfache lineare Ordnung dieser Art der Komplexität und Vieldimensiona-

Einleitung xxxviii

lität des biologischen Begriffsgefüges nicht gerecht. Das System der linearen Anordnung und eindimensionalen Gruppierung hat allein den Vorteil der Einfachheit und leichten Darstellbarkeit. Es verdeckt aber andere Beziehungen und strukturelle Parallelen, die zwischen den Begriffen bestehen. Hier nur ein Beispiel für eine solche (im Weiteren vernachlässigte) begriffliche Struktur: Eine viele biologische Begriffskonstellationen durchziehende Parallele bezieht sich auf die Polarität einer *partikularisierenden* und einer *integrierenden* Perspektive. Zu verschiedenen grundlegenden Themen der Biologie existieren Konzepte, die auf diesen beiden einander entgegengesetzten Perspektiven beruhen: einem analytisch-atomisierenden Ansatz auf der einen Seite und einem synthetisch-holistischen Ansatz auf der anderen Seite. In Bezug auf die Form von Organismen erscheint diese Polarität in der Morphologie in den Begriffen von *Merkmal* und *Gestalt*; in der Entwicklungsbiologie lautet das entsprechende Begriffspaar *Gen* und *Entwicklungssystem*; in der Physiologie kann einander gegenübergestellt werden: eine isolierte *Funktion* und der *Organismus* als integriertes System; in der Ökologie gilt Analoges für die Konzepte *Nische* und *Ökosystem*; und schließlich ließen sich in der Phylogenese in ähnlicher Weise die Begriffe der *Stammlinie* (oder des *Stammbaums*) und die Vorstellung des *Fortschritts* (im Sinne einer *Höherentwicklung* durch Differenzierung und Symbiose) polarisieren. Diese und andere Strukturen der biologischen Begrifflichkeit sind jedoch noch zu wenig explizit gemacht, als dass mit ihrer Hilfe eine wirklich systematische Entfaltung des Inventars grundlegender Begriffe der Biologie erfolgen könnte.

In diesem Wörterbuch sind nur allgemeine biologische Begriffe berücksichtigt. Diese sollten aber – angefangen von den Grundbegriffen ›Leben‹ und ›Organismus‹ – möglichst vollständig erfasst werden. Abgesehen von wenigen Stichworten sind alle aufgeführten Begriffe für alle Organismen von Bedeutung. Ausgenommen sind hiervon lediglich die Einträge zu den großen taxonomischen Gruppen (Virus, Bakterium, Einzeller, Pflanze, Pilz, Tier) und einige nicht bei allen Organismen auftretende, aber doch für die Mehrzahl (oder zumindest viele) der uns bekannten Lebewesen fundamentale organische Phänomene (Balz, Befruchtung, Brutpflege, Generationswechsel, Geschlecht, Gewebe, Metamorphose, Mimikry, Parasitismus, Räuber, Sozialverhalten, Spielen, Symbiose). Die Haupteinträge richten sich nach den Prozessen, und nicht nach den sie ausführenden physischen Körperteilen (wichtige Körperteile sind den entsprechenden Prozessen als Nebeneinträge untergeordnet, z.B. der Eintrag ›Muskel‹ dem Haupteintrag ›Selbstbewegung‹ und der Eintrag ›Nerv‹ dem Haupteintrag ›Empfindung‹). Vereinzelt werden neue Bezeichnungen für Phänomene vorgeschlagen, die bisher nicht oder nur unzureichend auf den Begriff gebracht worden sind, die vielleicht sogar so etwas wie lexikalische Lücken der heutigen Biologie bilden (z.B. ›Allelologie‹ ↑Physiologie; ›Poikilomorphose‹ ↑Metamorphose; ›Metadem‹ ↑Population).

So wie auf spezielle Begriffe, die nur für einzelne Organismentypen anwendbar sind, weitgehend verzichtet wurde, ist andererseits für die allgemeinbiologischen Begriffe Vollständigkeit angestrebt worden. Es sollten also alle grundlegenden biologischen Begriffe Berücksichtigung finden. Umgekehrt heißt das, dass Begriffe, die hier nicht auftauchen, m.E. nicht als allgemeine biologische Begriffe gelten können. Dies betrifft z.B. die Begriffe ›Handlung‹, ›Seele‹, ›Geist‹, ›Erkenntnis‹, ›Moral‹ und ›Schönheit‹. Kurze Einblicke in die Versuche, die verschiedenen Kulturbereiche des Menschen auf biologischer Grundlage zu behandeln, werden in den Einträgen ›Kultur‹ und ›Kulturwissenschaft‹ gegeben. In letzterem findet sich eine knappe Geschichte der Konzepte einer ›Evolutionären Erkenntnistheorie‹, ›Evolutionären Ethik‹ und ›Evolutionären Ästhetik‹. Eine Darstellung der historischen Entwicklung der biologischen Theorien über den Menschen ist im Eintrag ›Mensch‹ enthalten. Und auch die zwischen Biologie und Psychologie angesiedelten Grenzbegriffe ›Bewusstsein‹, ›Intelligenz‹ und ›Gefühl‹ haben jeweils eigene Artikel erhalten. Hier steht nicht allein im Vordergrund, zu zeigen, was die Biologie ihrem Wesen nach ist, sondern – vielleicht noch wichtiger – was sie nicht ist und nicht zu leisten vermag.

In der Darstellung der Konzepte wird in erster Linie die funktionale Einordnung der Prozesse diskutiert, weniger die Erforschung der biologischen Mechanismen, die diese ausführen. An keiner Stelle werden Fortschritte über die Kenntnis physiologischer Details behandelt. Hinter diesem Vorgehen steht die Überzeugung, dass die meisten biologischen Grundbegriffe funktional bestimmte Begriffe sind: eine biologische Funktion kann über sehr unterschiedliche Mechanismen bewirkt werden und sie bleibt doch die gleiche Funktion. Es kann z.B. vielfältige Wege geben, auf denen ein Herz den Kreislauf in einem Organismus antreibt, als Herz ist es aber durch seinen Effekt bestimmt, nicht durch die besondere Art des Mechanismus; ebenso kann es viele physiologische Wege geben, auf denen sich die Metamorphose eines Organismus vollzieht, als Metamorphose ist sie aber wieder unabhängig von diesen Mechanismen bestimmt. Die Schwerpunktsetzung auf den funktionalen Aspekten erfolgt also, weil eine funktionalistische Methodik die biologische Begriffsbildung prägt.

Weil primär die allgemeinen Begriffe der Biologie behandelt werden, liegt das Hauptgewicht des Wörterbuchs auf den Subdisziplinen der Biologie, die es mit dem ganzen Organismus zu tun haben, also z.B. der Morphologie, Ethologie, Ökologie und Evolutionsbiologie. Die besonders rasante sachliche und terminologische Entwicklung in den modernen biologischen Subdisziplinen, der Molekularbiologie, Genetik und Neurobiologie, wird damit so gut wie überhaupt nicht dargestellt. Erklärt werden kann dies damit, dass es um die Geschichte der allgemeinen Konzepte gehen soll, diese Subdisziplinen in der Regel aber über speziellere Begriffe als die »organismischen« Fächer verfügen. Außerdem gehen die molekularbiologischen Begriffe häufig von chemischen oder mikroskopisch sichtbaren *Strukturen* oder spezifischen Mechanismen aus, und sind damit nicht primär an den *Funktionen* oder basalen organischen Prozessen orientiert, die aber dem Aufbau des Wörterbuchs zugrunde liegen. Viele der molekularbiologischen Ausdrücke sind überdies mit einer klaren terminologischer Absicht eingeführt worden; die Darstellung ihrer Geschichte würde daher eher in eine Terminologie- als eine Begriffsgeschichte fallen. Unter den Haupteinträgen ›Zelle‹, ›Gen‹ und ›Molekularbiologie‹ findet sich daher lediglich eine kurze Darstellung der Entwicklung der Techniken und ein Hinweis auf die erste Verwendung der Ausdrücke für die grundlegenden mikroskopisch sichtbaren Strukturen und molekularen Prozesse in einer Zelle, also z.B. ›Membran‹, ›Zellkern‹, ›Chromosomen‹, ›DNA‹, ›Mitochondrien‹, ›Ribosomen‹, ›Mitose‹, ›Meiose‹, ›Replikation‹, ›Transkription‹ und ›Translation‹.

Die in diesem Wörterbuch behandelten Begriffe enthalten die Mehrzahl der 68 »speziellen Grundbegriffe der Biologie«, wie sie durch die *Wittenberger Initiative* der bildungspolitischen Kommission der ›Gesellschaft Deutscher Naturforscher und Ärzte‹ unter Leitung von Gerhard Schaefer erarbeitet und im Jahr 2000 publiziert wurden.[68] Lediglich allgemeine Begriffe dieser Liste – nämlich ›Abgrenzung‹, ›Bewertung‹, ›Energie‹, ›Komplexität‹, ›Natur‹, ›Ordnung‹, ›Periodik‹, ›Polarität‹, ›Variabilität‹, ›Verwandlung‹ und ›Zeichen‹ – sind in diesem Wörterbuch nicht behandelt. Einige Begriffe der Liste der ›Wittenberger Initiative‹ werden hier allerdings nicht als Haupteinträge, sondern lediglich als Nebeneinträge geführt. Dies sind die Begriffe ›Assimilation/Dissimilation‹ (↑Stoffwechsel), ›Autonomie‹ (↑Regulation), ›Produzent/Konsument/Destruent‹ (↑ökologische Rolle), ›Enzym‹ (↑Molekularbiologie), ›Generation‹ (↑Fortpflanzung), ›Hormon‹ (↑Regulation), ›Immunsystem‹ (↑Schutz), ›Isolation‹ (↑Evolution), ›Nahrungskette/-netz‹ (↑Ernährung), ›Organsysteme‹ (↑Funktion), ›Photosynthese‹ (↑Ernährung), ›Reaktionsnorm‹ (↑Nische), ›Reiz‹ (↑Wahrnehmung), ›Rückkopplung‹ (↑Regulation) und ›Steuerung‹ (↑Regulation).

Zu jedem der Haupteinträge ist eine Übersicht über die ihm zugeordneten Nebeneinträge gegeben. Die Personennamen und Jahreszahlen in diesen Listen dienen nur der ersten Orientierung darüber, wer den Begriff in einer historisch einflussreichen Bedeutung geprägt hat. Viele Begriffe haben danach eine Umprägung und semantische Transformation erfahren, die von der ersten Bedeutung fortführte und über die die Nennung eines Namens und einer Jahreszahl natürlich keinen Aufschluss gibt. Für die Bestimmung der Jahreszahl für die erste Verwendung eines Ausdrucks sind in der Regel allein gedruckte Quellen berücksichtigt worden – nicht nur weil diese besser erschlossen sind, sondern auch, weil sie die verbreitete und in Ausbreitung begriffene Sprache besser dokumentieren als Labortagebücher, Briefe und andere nicht gedruckte Quellen.

Für jeden Haupteintrag sind daneben Grafiken aus der Geschichte der Biologie ausgewählt, die von besonderem theoretischem Interesse für den betreffenden Begriff sind. Auch die Grafiken sollen die ersten (oder zumindest frühe) Repräsentationen des betreffenden Sachverhalts darstellen (z.B. die erste Abbildung eines Menschen, eines Nahrungsnetzes, eines physiologischen Regelkreises oder eines biogeochemischen Stoffkreislaufs). Für die zehn grundlegenden Begriffe, nach denen in der *Geordneten Übersicht über die Haupteinträge* (Tab. 3) die Stichwörter geordnet sind, wurden eigene Grafiken entwickelt. Neben Text und Grafiken enthält dieses Wörterbuch Tafeln und Tabellen. Zu den Tafeln zählen Listen von prägnanten Definitionen komplexer Begriffe (↑Anpassung, Art, Evolution, Funktion, Gen, Kultur, Leben, Mensch, Organismus, Ökosystem etc.). Andere Tafeln geben einen Überblick über die Bedeutungsdimensionen komplexer Begriffe, indem sie Aspekte eines Begriffs auflisten (↑Fortpflanzung, Gen, Intelligenz, Kultur etc.). Einige der Tabellen sind Gliederungstabellen, so die Tabellen, die Einteilungen der biologischen Subdisziplinen anbieten (↑Physiologie, Ethologie, Population, Ökologie). Andere Tabellen sind Kreuztabellen, bei denen ein begriffliches Feld nach zwei Dimensionen mit jeweils zwei alternativen Merkmalen gegliedert wird. Für einige Begriffe

Einleitung xl

mögen diese Tabellen mehr eine Spielerei als eine gut begründete Einteilung darstellen. Man kann sich z.B. darüber streiten, ob es sinnvoll ist, vier Kulturbereiche zu unterscheiden und die Einteilung in einer Kreuztabelle zu begründen, d.h. sie nach zwei Dimensionen mit jeweils zwei Merkmalen zu gliedern (↑Kulturwissenschaft). Diese Tabellen können aber zumindest zur Reflexion über die Ordnung der Begriffe anregen.

Quellen
Abschließend ein Blick auf die regelmäßig zu Rate gezogenen Quellen (eine umfangreiche Bibliografie zur Philosophie und Geschichte der Biologie findet sich auch auf meiner Homepage: www.georg-toepfer.de):

Als Hauptwerke zur Geschichte der Biologie, von denen viele immer wieder als Hilfe bei der Erstellung dieses Wörterbuchs gedient haben, können folgende Arbeiten gelten:

Rádl, E. (1905/13-09). Geschichte der biologischen Theorien, 2 Bde.
Nordenskiöld, E.N. (1921-24). Biologiens Historia, dt.: Die Geschichte der Biologie (Jena 1926).
Locy, W.A. (1925). The Story of Biology.
Singer, C. (1931/59). A History of Biology.
Schmucker, T. (1936). Geschichte der Biologie.
Guyénot, E. (1941). Les sciences de la vie au XVIIᵉ et XVIIIᵉ siècle.
Nowikoff, M. (1949). Grundzüge der Geschichte der biologischen Theorien. Werdegang der abendländischen Lebensbegriffe.
Dawes, B. (1952). A Hundred Years of Biology.
Rothschuh, K.E. (1953). Geschichte der Physiologie.
Ballauff, T. (1954). Die Wissenschaft vom Leben. Eine Geschichte der Biologie, Bd. I. Vom Altertum bis zur Romantik.
Bodenheimer, F.S. (1958). The History of Biology. An Introduction.
Gardner, E.J. (1960/72). History of Biology.
Taylor, G.R. (1963). The Science of Life, dt.: Das Wissen vom Leben. Eine Bildgeschichte der Biologie (München 1963).
Sirks, M.J. & Zirkle, C. (1964). The Evolution of Biology.
Rook, A. (ed.) (1964). The Origins and Growth of Biology.
Asimov, I. (1964). A Short History of Biology, dt.: Geschichte der Biologie (Frankfurt/M. 1968).
Rostand, J. (1964). Esquisse d'une histoire de la biologie.
Delaunay, A. (1965). Histoire de la biologie.
Théodoridès, J. (1965). Histoire de la biologie.
Ungerer, E. (1966). Die Wissenschaft vom Leben. Eine Geschichte der Biologie, Bd. III. Der Wandel der Problemlage der Biologie in den letzten Jahrzehnten.
Rothschuh, K.E. (1968). Physiologie. Der Wandel ihrer Konzepte, Probleme und Methoden vom 16. bis 19. Jahrhundert.
Hall, T.S. (1969). Ideas of Life and Matter. Studies in the History of General Physiology. 600 B.C. – 1900 A.D, 2 vols.
Roger, J. (²1971). Les sciences de la vie dans la pensée francaise du XVIIIe siècle.
Buffaloe, N.D. & Throneberry, J.B. (1973). Concepts of Biology. A Cultural Perspective.
Smith, C.U.M. (1976). The Problem of Life. An Essay in the Origins of Biological Thought.
Baumel, H. (1978). Biology. Its Historical Development.
Magner, L.N. (1979). A History of the Life Sciences.
Mayr, E. (1982). The Growth of Biological Thought. Diversity, Evolution, and Inheritance.
Jahn, I. (Hg.) (1982/98). Geschichte der Biologie.
Giordan, A. (1989). Histoire de la biologie.
Lexikon der Biologie, Bd. 10 (1992). Meilensteine der Biologiegeschichte.
Moore, J.A. (1993). Science as a Way of Knowing. The Foundations of Modern Biology.
Pichot, A. (1993). Histoire de la notion de vie.
Serarfini, A. (1993). The Epic History of Biology.
Bäumer, Ä. (1991-96). Geschichte der Biologie, 3 Bde.
Ingensiep, H.W. (2001). Geschichte der Pflanzenseele. Philosophische und biologische Entwürfe von der Antike bis zur Gegenwart.
Vignais, P. (2001). La biologie des origines à nos jours. Une histoire des idées et des hommes.
Sapp, J. (2003). Genesis. The Evolution of Biology.
Höxtermann, E. & Hilger, H.H. (Hg.) (2007). Lebenswissen. Eine Einführung in die Geschichte der Biologie.
Agutter, P.S. & Wheatley D.N. (2008). Thinking About Life. The History and Philosophy of Biology and Other Sciences.

Einen präzisen Überblick über die Zoologie der Antike gibt folgende Arbeit:

Dierauer, U. (1977). Tier und Mensch im Denken der Antike. Studien zur Tierpsychologie, Anthropologie und Ethik.

Als die wichtigsten Werke der theoretischen Biologie seit Beginn des 20. Jahrhunderts, die v.a. für den wissenschaftstheoretischen Hintergrund von Bedeutung sind, können gelten:

Reinke, J. (1901/11). Einleitung in die theoretische Biologie.
Driesch, H. (1909/28). Philosophie des Organischen.
Schaxel, J. (1919/22). Grundzüge der Theorienbildung in der Biologie.
Uexküll, J. von (1920/28). Theoretische Biologie (Frankfurt/M. 1973).
Woodger, J.H. (1929). Biological Principles. A Critical Study (London 1967).
Bertalanffy, L. von (1932-42). Theoretische Biologie, 2 Bde.

Woltereck, R. (1932/40). Grundzüge einer allgemeinen Biologie. Die Organismen als Gefüge/Getriebe, als Normen und als erlebende Subjekte.
Wolff, G. (1933). Leben und Erkennen. Vorarbeiten zu einer biologischen Philosophie.
Meyer, A. (1934). Ideen und Ideale der biologischen Erkenntnis.
Bauer, E. (1935). Teoretičeskaja Biologija.
Ballauff, T. (1949). Das Problem des Lebendigen. Eine Übersicht über den Stand der Forschung.
Hartmann, N. (1950). Philosophie der Natur.
Mainx, F. (1955). Foundations of Biology.
Callot, E. (1956). Philosophie biologique.
Beckner, M. (1959). The Biological Way of Thought (Berkeley 1968).
Rothschuh, K. (1959). Theorie des Organismus. Bios. Psyche. Pathos.
Rensch, B. (1968). Biophilosophie auf erkenntnistheoretischer Grundlage.
Jacob, F. (1970). La logique du vivant (dt. Frankfurt/M. 1972).
Sershantow, W.F. (1972). Wwedenije w metodologii sowremennoi biologii (dt. Einführung in die Methodologie der modernen Biologie, Jena 1978).
Ruse, M. (1973). The Philosophy of Biology.
Hull, D. (1974). Philosophy of Biological Science.
Oeser, E. (1974). System, Klassifikation, Evolution. Historische Analyse und Rekonstruktion der wissenschaftstheoretischen Grundlagen der Biologie.
Elsasser, W.M. (1975). The Chief Abstractions of Biology.
Wuketits, F.M. (1978). Wissenschaftstheoretische Probleme der modernen Biologie.
Mercer, E.H. (1981). The Foundation of Biological Theory.
Mohr, H. (1981). Biologische Erkenntnis. Ihre Entstehung und Bedeutung.
Rosenberg, A. (1985). The Structure of Biological Science.
Sattler, R. (1986). Biophilosophy. Analytic and Holistic Perspectives.
Thompson, P. (1989). The Structure of Biological Theories.
Rosen, R. (1991). Life Itself. A Comprehensive Inquiry Into the Nature, Origin, and Fabrication of Life.
Sober, E. (1993). Philosophy of Biology.
Mahner, M. & Bunge, M. (1997). Foundations of Biophilosophy.
Duchesneau, F. (1997). Philosophie de la biologie.
Janich, P. & Weingarten, M. (1999). Wissenschaftstheorie der Biologie.
Sterelny, K. & Griffiths, P.E. (1999). Sex and Death. An Introduction to Philosophy of Biology.
Köchy, K. (2003). Perspektiven des Organischen. Biophilosophie zwischen Natur- und Wissenschaftsphilosophie.
Grene, M. & Depew, D. (2004). The Philosophy of Biology. An Episodic History.
Krohs, U. (2004). Eine Theorie biologischer Theorien.
Krohs, U. & Toepfer, G. (Hg.) (2005). Philosophie der Biologie. Eine Einführung.
Garvey, B. (2007). Philosophy of Biology.
Hull, D.L. & Ruse, M. (eds.) (2007). The Cambridge Companion to the Philosophy of Biology.
Matthen, M. & Stephens, C. (eds.) (2007). Philosophy of Biology (Handbook of the Philosophy of Science).
Rosenberg, A. & McShea, D.W. (2008). Philosophy of Biology. A Contemporary Introduction.
Ruse, M. (ed.) (2008). The Oxford Handbook of Philosophy of Biology.
Sarkar, S. & Plutynksi, A. (eds.) (2008). A Companion to the Philosophy of Biology (Blackwell Companions to Philosophy).
Boniolo, G. & Giaimo, S. (Hg.) (2008). Filosofia e scienze della vita. Un'analisi dei fondamenti della biologia e della biomedicina.
Ayala, F. & Arp, R. (eds.) (2009). Contemporary Debates in Philosophy of Biology.
Rosenberg, A. & Arp, R. (eds.) (2009). Philosophy of Biology. An Anthology.
Jahn, I. & Wessel, A. (Hg.) (2010). Für eine Philosophie der Biologie.

Wichtige Wörterbücher sowie Handbücher und Lexika zur allgemeinen Wissenschaftsgeschichte und -theorie, die konsultiert wurden, sind:

Grimm, J. & Grimm, W. (1854-1960). Deutsches Wörterbuch, 16 Bde., Neubearb. 1965- (DWB)
Rey, A. (ed.) (1986). Le Grand Robert de la Langue Française, 9 Bde.
Simpson, J.A. & Weiner, E.S.C. (eds.) (1989). The Oxford English Dictionary, 20 Bde.; auch als Online-Ausgabe: www.oed.com (OED)
Skinner, H.A. (1949/61). The Origin of Medical Terms.
Carpenter, J.R. (1956). An Ecological Glossary.
Mayerhöfer, J. (Hg.) (1959-70). Lexikon der Geschichte der Naturwissenschaften. (Lex. Gesch. Naturwiss.)
Ritter, J., Gründer, K. & Gabriel, G. (Hg.) (1971-2005). Historisches Wörterbuch der Philosophie, 12 Bde. (Hist. Wb. Philos.)
Daget, P. & Godron, M. (1974/79). Vocabulaire d'écologie.
Hörz, H. et al. (Hg.) (1978/91). Philosophie und Naturwissenschaften. Wörterbuch zu den philosophischen Fragen der Naturwissenschaften, 2 Bde.
Mittelstraß, J. (Hg.) (1980-1996). Enzyklopädie Philosophie und Wissenschaftstheorie, 4 Bde.
Bynum, W.F., Browne, E.J. & Porter, R. (eds.) (1981). Dictionary of the History of Science. (Dict. Hist. Sci.)
Medawar, P. & Medawar, J. (1983). Aristotle to Zoos.
Sandkühler, H.J. (Hg.) (1990). Europäische Enzyklopädie zu Philosophie und Wissenschaften, 4 Bde.
Tort, P. (ed.) (1996). Dictionnaire de Darwinisme et de l'évolution, 3 Bde.
Lecourt, D. (ed.) (1999). Dictionnaire d'histoire et philosophie des sciences.
Sebastian, A. (2001). A Dictionary of the History of Science.
Pagel, M. (ed.) (2002). Encyclopedia of Evolution, 2 Bde.
Heilbron, J.L. (ed.) (2003). The Oxford Companion to the History of Modern Science.
Sarkar, S. & Pfeifer, J. (eds.) (2006). The Philosophy of Science. An Encyclopedia, 2 vols.

Einleitung xlii

Von den Handbüchern und Lexika zur empirischen Biologie seien folgende genannt:

Cuvier, G. (Hg.) (1804-30). Dictionnaire des sciences naturelles, 60 Bde.
Dictionnaire des sciences médicales (1812-22), 60 Bde.
Dictionnaire classique d'histoire naturelle (1822-31), 17 Bde.
Wörterbuch der Naturgeschichte (1831-39), 13 Bde.
Jourdan, A.J.L. (1834/37). Dictionnaire raisonné, étymologique, synonymique et polyglotte, des termes usités dans les sciences naturelles.
Todd, R.B. (ed.) (1836-52). The Cyclopaedia of Anatomy and Physiology, 4 vols.
Wagner, R. (Hg.) (1842-53). Handwörterbuch der Physiologie mit Rücksicht auf physiologische Pathologie, 4 Bde.
Dictionnaire classique des sciences naturelles (1853), 10 Bde.
Dictionnaire encyclopédique des sciences médicales (1865-89), 100 Bde.
Jäger, G. (Hg.) (1880-1900). Handwörterbuch der Zoologie, Anthropologie und Ethnologie, 8 Bde.
Richet, C. (Hg.) (1895-1928). Dictionnaire de physiologie, 10 Bde.
Baldwin, J.M. (ed.) (1905). Dictionary of Philosophy and Psychology Including many of the Principal Conceptions of Ethics, Logics, Aesthetics, Philosophy of Religion, Mental Pathology, Anthropology, Biology, Neurology, Physiology, Economics, Political and Social Philosophy, Philology, Physical Science, and Education, and Giving a Terminology in English, French, German and Italian, 3 vols.
Schmidt, H. (1912). Wörterbuch der Biologie.
Gessner, F. (Hg.) (1942-77). Handbuch der Biologie, 10 Bde.
Kosmos-Lexikon der Naturwissenschaften, mit besonderer Berücksichtigung der Biologie (1953-55), 2 Bde.
Gray, P. (1961/70). The Encyclopedia of the Biological Sciences.
Stöcker, F.W. (1965/86). Fachlexikon ABC Biologie (begr. v. G. Dietrich).
Manuila, A., Manuila, L., Nicole, M. & Lambert, H. (eds.) (1970-75). Dictionnaire Française de médecine et de biologie, 4 Bde.
Becker, U. (1972/94). Herder-Lexikon der Biologie, 9 Bde.
Lapedes, D:N. (1976). McGraw-Hill Dictionary of the Life Sciences.
Bogenrieder, A. (Hg.) (1983-87). Lexikon der Biologie, 8 Bde.
Ahlheim, K.-H. (1983). Meyers Taschenlexikon Biologie, 3 Bde.
Magill's Survey of Science. Life Science Series (1991), 6 vols.
Scherf, G. (1997). Wörterbuch Biologie.
Sauermost, R. (Hg.) (1999-2004). Lexikon der Biologie, 15 Bde.
Encyclopedia of Life Sciences (2002-07), 26 vols.

Kurze Darstellungen zur Geschichte und Theorie einiger biologischer Grundbegriffe beinhalten unten stehende Handbücher. Barrows Handbuch enthält informative Zusammenstellungen von Begriffsdefinitionen aus verschiedenen (meist modernen) Quellen – speziell für die Ethologie, aber auch für andere Felder der Biologie. Das Wörterbuch von Wagenitz stellt den ersten Versuch dar, den Ursprung botanischer Termini präzise anzugeben. Die so genannten Quellenbücher (»sourcebooks«) biologischer Termini, z.B. das von A.L. Melander (1937) oder das von E.C. Jaeger (1944/78) sind für genaue begriffsgeschichtliche Untersuchungen unergiebig, weil sie allein die lateinisch-griechischen Wortelemente in den biologischen Fachausdrücken identifizieren, ohne genaue Quellenangaben zu machen.

Rieger, R., Michaelis, A. & Green, M.M. (1954/91). Glossary of Genetics, Classical and Molecular.
Keller, E.F. & Lloyd, E.A. (eds.) (1992). Keywords in Evolutionary Biology.
Barrows, E.M. (1994/2001). Animal Behavior Desk Reference.
Wagenitz, G. (1996/2003). Wörterbuch der Botanik. Die Termini in ihrem historischen Zusammenhang.
Hall, B.K. & Olson, W.M. (eds.) (2003). Keywords and Concepts in Evolutionary Developmental Biology.

Bedeutende wissenschaftshistorische Zeitschriften, die häufig zitiert werden, sind folgende:

Isis (Chicago, Ill.) 1.1913/14-
Journal of the History of Ideas (Baltimore, Md.) 1.1940- (J. Hist. Ideas)
Gesnerus (Zürich) 1.1943- (Gesnerus)
Revue d'Histoire des Sciences (Paris) 1.1947- (Rev. Hist. Sci.)
Archives Internationales d'Histoire des Sciences (Paris) 1.1947/48- (Arch. Int. Hist. Sci.)
Centaurus (Kopenhagen) 1.1950- (Centaurus)
History of Science (Cambridge) 1.1962- (Hist. Sci.)
British Journal for the History of Science (Cambridge) 1.1962/63- (Br. J. Hist. Sci.)
Sudhoffs Archiv. Zeitschrift für Wissenschaftsgeschichte (Stuttgart) 50.1966- (Sudhoffs Arch.)
Journal of the History of Biology (Dordrecht) 1.1968- (J. Hist. Biol.)
Studies in History and Philosophy of Science (Kidlington) 1.1970/71- (Stud. Hist. Philos. Sci.)
Studies in History of Biology (Baltimore, Md.) 1.1977-7.1984 (Stud. Hist. Biol.)
History and Philosophy of the Life Sciences (Neapel) 1.1979- (Hist. Philos. Life Sci.)
Archiv der Geschichte der Naturwissenschaften (Wien) 1.1980-25.1990 (Arch. Gesch. Naturwiss.)
Documents pour l'Histoire du Vocabulaire Scientifique (Paris) 1.1980- (Doc. Hist. Vocab. Sci.)

Jahrbuch für Geschichte und Theorie der Biologie (Berlin) 1.1994- (Jahrb. Gesch. Theor. Biol.)
Verhandlungen zur Geschichte und Theorie der Biologie (Berlin) 1.1998- (Verh. Gesch. Theor. Biol.)
Studies in History and Philosophy of Biological and Biomedical Sciences (Oxford) 29.1998- (Stud. Hist. Philos. Biol. Biomed. Sci.)

Die einflussreichsten Zeitschriften zur Wissenschaftstheorie und Philosophie der Biologie sind:

Philosophy of Science (Chicago, IL) 1.1934- (Phil. Sci.)
Acta Biotheoretica (Leiden) 1.1935- (Acta Biotheor.)
Philosophia Naturalis (Frankfurt/M.) 1.1950/52- (Philos. Nat.)
British Journal for the Philosophy of Science (Oxford) 1.1950/51- (Br. J. Philos. Sci.)
Journal of Theoretical Biology (London) 1.1961- (J. theor. Biol.)
Biology and Philosophy (Dordrecht) 1.1986- (Biol. Philos.)
Biological Theory (Cambridge, Mass.) 1.2006- (Biol. Theor.)

Die biologisch-naturwissenschaftlichen Zeitschriften, die am häufigsten zitiert werden, sind:

Proceedings of the American Philosophical Society (Philadelphia, PA) 1.1838/40- (Proc. Amer. Philos. Soc.)
Botanische Zeitung (Leipzig) 1.1843-68.1910 (Bot. Zeitung)
Archiv für mikroskopische Anatomie (Bonn) 1.1865-97.1923 (Arch. mikrosk. Anat.)
American Naturalist (Chicago, Ill.) 1.1867/68- (Amer. Nat.)
Nature (London) 1.1869/70-
Zoologischer Anzeiger (Jena) 1.1878- (Zool. Anz.)
Biologisches Centralblatt (Jena) 1.1881/82-115.1996 (Biol. Centralbl.)
Verhandlungen der Deutschen Zoologischen Gesellschaft (Leipzig) 1.1891- (Verh. Deutsch. Zool. Ges.)
Science (Washington, D.C.) N.S. 1.1895-
Archiv für Entwicklungsmechanik der Organismen (Berlin) 1.1895-52.1923 (Arch. Entw.mech. Org.)
Zeitschrift für induktive Abstammungs- und Vererbungslehre (Berlin) 1.1909- (Z. indukt. Abstammungs- Vererbungsl.)
Die Naturwissenschaften (Berlin) 1.1913- (Naturwiss.)
Proceedings of the National Academy of Sciences of the United States of America (Washington, D.C.) N.S. 1.1915- (Proc. Nat. Acad. Sci.)
Genetics (Bethesda, Md.) 1.1916-
Ecology (Washington, D.C.) 1.1920-
Quarterly Review of Biology (Chicago, Ill.) 1.1926- (Quart. Rev. Biol.)
Journal of Animal Ecology (Oxford) 1.1932- (J. Anim. Ecol.)
Cold Spring Harbor Symposia on Quantitative Biology (Cold Spring Harbor, N.Y.) 1.1933- (Cold Spring Harb. Symp. Quant. Biol.)
Zeitschrift für Tierpsychologie (Berlin) 1.1937-70.1985 (Z. Tierpsych.)
Evolution (Los Angeles, Calif.) 1.1947-
Oikos (Kopenhagen) 1.1949-
Animal Behaviour (London) 1.1958- (Anim. Behav.)
Developmental Biology (Orlando, Fla.) 1.1959- (Develop. Biol.)
Oecologia (Berlin) 1.1968-
Annual Review of Ecology and Systematics (Palo Alto, Calif.) 1.1970- (Ann. Rev. Ecol. Syst.)
Trends in Ecology and Evolution (Amsterdam) 1.1986- (Trends Ecol. Evol.)
Theory in Biosciences (Jena) 116.1997- (Theor. Biosci.)

Für die Recherchen zur Verbreitung und Verwendung der Wörter in antiken Texten erwiesen sich die klassischen Nachschlagewerke als nützlich, insbesondere die folgenden:

Rost, V.C.R. & Palm, F. (1841-57). Handwörterbuch der griechischen Sprache begründet von Franz Passow, 2 Bde.
Pape, W. (1871). Griechisch-Deutsches Handwörterbuch, 2 Bde.
Liddell, H.G. & Scott, R. (eds.) (1843/1989). A Greek-English Lexicon.
Thesaurus Linguae Latinae (Leipzig 1900ff.)
Georges, K.E. (1913-19). Ausführliches Lateinisch-Deutsches Handwörterbuch (Hannover 1959).
Oxford Latin Dictionary (Oxford 1968-76).
Du Cange, C. du Fresne (1678/1883-87). Glossarium mediae et infimae Latinitatis.
Niermeyer, J.F. et al. (1976/2002). Mediae Latinitatis Lexicon Minus.
Latham, R.E. & Howlett, D.R. (eds.) (1975-). Dictionary of Medieval Latin from British Sources.
Prinz, O. et al. (1976-). Mittellateinisches Wörterbuch bis zum ausgehenden 13. Jahrhundert.
Horn, C. & Rapp, C. (Hg.) (2002). Wörterbuch der antiken Philosophie.
Bonitz, H. (1870). Index Aristotelicus.
Radice, R. (Hg.) (2005). Lexicon Aristoteles, 2 Bde.
Höffe, O. (Hg.) (2005). Aristoteles-Lexikon.

Die Informationen zur Etymologie deutscher Wörter stammen aus Kluges Etymologischem Wörterbuch (Berlin 1999) und aus dem Duden Bd. 8 zur Etymologie (Mannheim 1989). Die Angaben zur deutschen Wortgeschichte sind, soweit es sich um Fremdwörter handelt, dem ›Deutschen Fremdwörterbuch‹ (DF) entnommen (1. Auflage 1913-1983; 2. Auflage ab 1995). Für Recherchen zur Verwendung einzelner Wörter im philosophischen Sprachgebrauch war die CD-Rom ›Philosophie von Platon bis Nietzsche‹ der Digitalen Bibliothek (Berlin 1998) von Nutzen. Auch die CD-Rom ›Darwin‹ (San Francisco 1997) erwies sich als nützlich, ebenso die Internetadresse ›Complete Work of Charles Darwin Online‹ (University of Cambridge 2002-06).

Am Ende seien einige hilfreiche Bibliografien zur Geschichte und den theoretischen Grundbegriffen der Biologie genannt:

Smit, P. (1974). History of the Life Sciences. An Annotated Bibliography.
Académie des Sciences de l'Institut de France (ed.) (1974-75). Introduction bibliographique à l'histoire de la biologie. Histoire et Nature 5-6.
Bretschneider, J. (1980). Weltanschaulich-philosophische Probleme der Biologie. Auswahlbibliographie.
Roe, K.R. & Frederick, R.G. (1981). Dictionary of Theoretical Concepts in Biology.
Gascoigne, R.M. (1987). A Chronology of the History of Science, 1450-1900.
Overmier, J.A. (1989). The History of Biology. A Selected, Annotated Bibliography.
Bäumer, Ä. (1997). Bibliography of the History of Biology.
Hessenbruch, A. (ed.) (2000). Reader's Guide to the History of Science.

Zur Recherche von Aufsätzen (v.a. aus dem 19. Jahrhundert) wurde vielfach auf folgende Zeitschriftenaufsatzdatenbanken zurückgegriffen:

Royal Society of London (ed.) (1867-1925). Catalogue of Scientific Papers.
Scheele, M. & Natalis, G. (Hg.) (1981-82). Biologie Dokumentation. Bibliographie der deutschen biologischen Zeitschriftenliteratur 1796-1965.
Periodical Contents Index (PCI) 1770-1990.
Online Contents (OLC, Zeitschriften-Datenbank des GBV)

Die Bibliotheken, deren Dienste regelmäßig in Anspruch genommen wurden, sind u.a. die Staatsbibliothek Hamburg, die Bibliothek des ärztlichen Vereins in Hamburg, die Teilbibliotheken der Wissenschaftsgeschichte, Zoologie, Botanik, Medizin und Philosophie der Universität Hamburg (bis 2003) sowie die Staatsbibliothek Berlin und die Zentral- und Teilbibliotheken der Humboldt-Universität zu Berlin, der Freien Universität Berlin und der Technischen Universität Berlin (seit 2003). Darüber hinaus wurde das Archiv des Deutschen Wörterbuchs (DWB Arch.) an der Berlin-Brandenburgischen Akademie der Wissenschaften genutzt.

Einen ersten Hinweis auf den Ursprung älterer Wörter ist über die Titel von Monografien zu erhalten, die über digitale Bibliothekskataloge schnell zugänglich sind. Häufig zugegriffen wurde für die Recherchen auf den ›Gemeinsamen Verbundkatalog‹ (GVK) deutscher Universitätsbibliotheken (www.gbv.de) und auf den ›Karlsruher Virtuellen Katalog‹ (KVK), der die digitalen Kataloge vieler Bibliotheken weltweit zusammenführt (www.ubka.uni-karlsruhe.de/kvk).

Verschiedene digitale Ressourcen, die den Volltext biologischer Schriften enthalten, befinden sich im Aufbau. Verwendet wurden insbesondere folgende:

Google Book Search: http://books.google.com/ (über deutschen und amerikanischen Server mittels guardster.com)
Gallica: http://gallica.bnf.fr/
Internetarchive: http://www.archive.org/
Hathi Trust: http://www.hathitrust.org/
Europeana: http://europeana.eu/portal/
OAIster: http://www.oclc.org/oaister/
Göttinger Digitalisierungszentrum GDZ): http://www.gdz-cms.de/
Münchner Digitalisierungszentrum (MDZ): http://www.digitale-sammlungen.de/
DigiZeitschriften. Das deutsche digitale Zeitschriftenarchiv: http://www.digizeitschriften.de/
JSTOR: http://www.jstor.org/
Nature: http://www.nature.com/
Springer: http://www.springerlink.de/
Zoological Record Archive (über http://www.nationallizenzen.de/)
Biological Abstracts Archive (über http://www.nationallizenzen.de/)
Biodiversity Heritage Library: http://www.biodiversitylibrary.org/
European Cultural Heritage Online (ECHO): Virtual Laboratory: http://echo.mpiwg-berlin.mpg.de/content/lifesciences
Foundations of Classical Genetics: http://www.esp.org/foundations/genetics/classical/
Stuebers Online Library: http://www.biolib.de/
Virtuelle Fachbibliothek Biologie: http://www.vifabio.de/
Johann Wolfgang Goethe-Universität, Frankfurt am Main: Sammlung Biologie: http://edocs.ub.uni-frankfurt.de/
The Complete Works of Charles Darwin: http://darwin-online.org.uk/
Œuvres et rayonnement de Jean-Baptiste Lamarck: http://www.lamarck.cnrs.fr/
Buffon et l'histoire naturelle: l'édition en ligne: http://www.buffon.cnrs.fr/
Eighteenth Century Collections Online (ECCO): http://www.gale.com/EighteenthCentury/
Early English Books Online (EEBO): http://eebo.chadwyck.com/home
Early Zoological Literature Online (EZooLo): http://www.animalbase.de/
SICD Universities of Strasbourg – Digital old books: http://num-scd-ulp.u-strasbg.fr:8080/
Bibliography of Neo-Latin Texts on the Web: http://www.philological.bham.ac.uk/

Thomas von Aquins Werke: http://www.corpus-thomisticum.org/
Patrologia græca-latina (über DFG-Nationallizenzen)
Library of Latin Texts: http://clt.brepolis.net/
Thesaurus Linguae Graecae: http://www.tlg.uci.edu/

Für die Nachweise im Text sind nur digitale Quellen benutzt worden, in denen der Text vollständig vorlag, also nicht solche, die nur in Fragmenten zugänglich waren. Aus urheberrechtlichen Gründen sind v.a. über die Google-Buchsuche viele Texte nur in Fragmenten verfügbar (insbesondere bei Verwendung eines deutschen Servers). Diese digital zugänglichen Fragmente wurden aber vielfach verwendet, um die gedruckte Version der entsprechenden Texte zu ermitteln und aus dieser zu zitieren.

Die in Zukunft sicher wichtigste Quelle für die Recherche von Wörtern der Biologie sei am Ende genannt: Die digitalen Archive wissenschaftlicher Zeitschriften, die eine Volltextrecherche ermöglichen. Für die Recherchen zu diesem Wörterbuch wurde vielfach die Datenbanken JSTOR (The Scholarly Journal Archive) und SpringerLink benutzt. Mit diesen Archiven besteht die Möglichkeit, die wichtigsten biologischen Zeitschriften in allen Bänden seit ihrem Erscheinen digital sehr schnell zu durchsuchen. Zum Zeitpunkt eines Schwerpunkts der Recherchen, im Februar/März 2006, enthielt JSTOR 61 Zeitschriften aus dem Bereich der »biologischen Wissenschaften«, darunter die wichtigsten (z.B. ›Philosophical Transactions of the Royal Society of London‹ (1776-1990), ›Science‹ (1880-2000), ›PNAS‹ (1915-2003), ›Quarterly Review of Biology‹ (1926-2001), ›American Naturalist‹ (1867-2000), ›Ecology‹ (1920-2001), ›Evolution‹ (1947-2002), ›Systematic Zoology‹ (1952-1991) – aber leider nicht ›Nature‹, ›Animal Behaviour‹ und das ›Journal of Animal Ecology‹). Weil die amerikanischen Zeitschriften zurzeit am besten digital erfasst sind, ergibt sich eine Verzerrung in der Dokumentation. Zukünftige Arbeit wird hier manches korrigieren.

Zitierweise
Soweit nicht anders angegeben, wird nach der Originalausgabe zitiert. Die Zitation folgt dem Autopsieprinzip: Die Zitate sind also aus den jeweils zitierten Werken abgeschrieben (in den wenigen Fällen, in denen dies nicht der Fall ist, ist es gekennzeichnet). Die originale Orthografie bleibt in den Zitaten bestehen. Beim Zitat nur eines Worts oder einer kurzen Formel wurde der Kasus eines Substantivs mitunter stillschweigend verändert.

Die Literaturnachweise bestehen in der Regel in der Angabe des Nachnamens und der Anfangsbuchstaben der Vornamen des Autors, der Jahreszahl des Erscheinens der Quelle, deren Titel und einer Seitenangabe. Bei zwei durch einen Schrägstrich getrennten Jahreszahlen hinter dem Verfassernamen bezieht sich die erste Zahl auf das Jahr der ersten Auflage des betreffenden Werkes, die zweite auf das Jahr derjenigen zu Lebzeiten des Autors erschienenen Auflage, die vom Autor noch überarbeitet wurde und nach der zitiert wird (›Kant (1790/93)‹ bezeichnet z.B. die zweite Auflage der ›Kritik der Urteilskraft‹, die die letzte von Kant überarbeitete Fassung darstellt und die dem Text in der Akademieausgabe zugrundeliegt). Bei klassischen Texten, die in verschiedenen Ausgaben erschienen sind, wird hinter der Seitenangabe in Klammern gelegentlich das Buch und Kapitel der zitierten Passage angegeben (meist in römischen Ziffern). Um die einzelnen Einträge als selbständige Texte handhabbar zu machen, werden für jeden Eintrag alle Nachweise unmittelbar anschließend an den Text gegeben und die Titel der zitierten Werke beim ersten Bezug für jeden Eintrag jeweils vollständig angeführt. Bei nachfolgenden Bezügen auf die gleiche Quelle erscheint diese in abgekürzter Weise unter Angabe von Verfassernachnamen und Jahreszahl. Folgt der Bezug auf eine Quelle aber in größerem Abstand als zehn Fußnoten zum vorhergehenden Verweis auf die gleiche Quelle, dann wird sie nochmals vollständig genannt. Monografien werden ohne Angabe des Verlags und des Erscheinungsortes zitiert, weil diese Angaben für eine Recherche der zitierten Werke überflüssig sind und den bibliografischen Apparat unnötig verlängert hätten. Allein zur genauen Identifizierung späterer Auflagen eines Werkes wird Erscheinungsort und -jahr angegeben. Zeitschriftentitel werden auf die übliche Weise abgekürzt (für Beispiele vgl. die obigen Listen der am häufigsten zitierten Zeitschriften).

Die klassischen Texte der Philosophiegeschichte werden nach den geläufigen Gesamtausgaben der Werke der betreffenden Autoren zitiert (die Werke von Biologen erscheinen – mit sehr wenigen Ausnahmen – nicht in Gesamtausgaben). Für die am häufigsten zitierten Autoren sind dies folgende Ausgaben: Die Vorsokratiker: ›Die Fragmente der Vorsokratiker‹ (3 Bde., hg. v. H. Diels & W. Kranz, Berlin 1903/51-52 [Diels/Kranz]); Platon: ›Sämtliche Werke‹ (6 Bde., hg. v. E. Grassi, Hamburg 1957-59); Aristoteles: ›Werke in deutscher Übersetzung‹ (Berlin 1959ff.) und ›Philosophische Schriften‹ (Hamburg 1995); die biologischen Schriften nach den Ausgaben in der ›Loeb Classical Library‹ (Cambridge, Mass., übers.

Einleitung

v. A.L. Peck): ›Historia animalium‹ (Hist. anim.; 2 Bde., 1965-70; Bd. 3. übers. v. D.M. Balme, 1991), ›De partibus animalium‹ (De part. anim., 1937), ›De generatione animalium‹ (De gen. anim., 1942); die deutschen Übersetzungen z.T. nach: ›Die Lehrschriften‹ (hg. u. übers. v. P. Gohlke, Paderborn 1949-59); Descartes: ›Œuvres de Descartes‹ (11 Bde., hg. v. C. Adam & P. Tannery, Paris 1974-86); Leibniz: ›Philosophische Schriften‹ (4 Bde., Frankfurt/M. 1996) und ›Sämtliche Schriften und Briefe‹ (hg. v. der Akademie der Wissenschaften zu Berlin, Darmstadt, Leipzig und Berlin 1923ff.); Kant: ›Kant's gesammelte Schriften‹ (hg. v. der (Königlich Preußischen) Akademie der Wissenschaften, Berlin 1902ff.[AA]); Fichte: ›Gesamtausgabe der Bayerischen Akademie der Wissenschaften‹ (Stuttgart-Bad Cannstatt 1964ff. [AA]); Schelling: ›Historisch-Kritische Ausgabe‹ (Stuttgart 1976ff. [AA]); Hegel: ›Werke‹ (20 Bde., hg. v. E. Moldenhauer & K.M. Michel, Frankfurt/M. 1970-71); Herder: Sämtliche Werke (23 Bde., hg. v. B. Suphan, Berlin 1877-1913 [SW]); Goethe: ›Die Schriften zur Naturwissenschaft‹ (hg. v. der Deutschen Akademie der Naturforscher Leopoldina, Weimar 1954ff. [LA]); Schiller: ›Nationalausgabe‹ (Weimar 1943ff. [NA]); Marx und Engels: Karl Marx, Friedrich Engels, ›Werke‹ (Berlin 1966ff. [MEW]); Nietzsche: ›Kritische Studienausgabe‹ (15 Bde., hg. v. G. Colli & M. Montinari, München 1988 [KSA]).

Am Ende noch ein Wort zur Verwendung von Kursivierungen und Anführungszeichen. *Kursivschrift* wird ausschließlich für Hervorhebungen und für fremdsprachliche Ausdrücke verwendet, so für die wissenschaftlichen Gattungs- und Artnamen von Organismen (z.B. *Homo sapiens*) und feststehende Formeln (z.B. *terminus technicus*). In spitze Anführungszeichen (»…«) sind Zitate im Text sowie die knapp wiedergegebenen Bedeutungen von Wörtern (u.a. in Übersetzungen) gesetzt (z.B. abgeleitet von lat. ›homo‹ »Mensch, Mann«). In halben spitzen Anführungszeichen (›…‹) erscheinen Zitate innerhalb von Zitaten und metasprachliche Referenzen, d.h. Wörter oder Begriffe, über die etwas ausgesagt wird (z.B. das Wort ›Mensch‹ ist alt; die Markierung erfolgt nur, wenn das betreffende Wort nicht durch Kursivierung hervorgehoben wird), außerdem die Angabe von Buchtiteln im Text (z.B. ›Systema naturae‹) und die Namen von Institutionen (z.B. ›Deutsche Zoologische Gesellschaft‹).

Die Nachweise zur Wortgeschichte in diesem Wörterbuch werden in einer über das Internet zugänglichen Datenbank aktualisiert: BioConcepts. The Origin and Definition of Biological Concepts (www.biological-concepts.com).

Nachweise

1 Vgl. Koselleck, R. (1972). Einleitung. In: Brunner, O., Conze, W. & Koselleck, R. (Hg.). Geschichtliche Grundbegriffe. Historisches Lexikon zur politisch-sozialen Sprache in Deutschland, Bd. 1, XIII-XXVII: XIX.
2 Hartmann, N. (1933/49). Das Problem des geistigen Seins: 502f.
3 Vgl. Renn, J. (2009). Galileis Revolution und die Transformation des Wissens. Sterne und Weltraum-Dossier 1/2009, 12-21: 21.
4 Reichardt, R. (1985). Einleitung. In: Reichardt, R. & Schmitt, E. (Hg.). Handbuch politisch-sozialer Grundbegriffe in Frankreich 1680-1820, Bd. 1, 39-148: 63.
5 a.a.O.: 64.
6 Müller, E. (2004). Bemerkungen zu einer Begriffsgeschichte aus kulturwissenschaftlicher Perspektive. In: ders. (Hg.). Begriffsgeschichte im Umbruch?, 9-20: 10.
7 Koselleck, R. (2002). Stichwort: Begriffsgeschichte. In: ders., Begriffsgeschichten (Frankfurt/M. 2006), 99-102: 99.
8 Koselleck, R. [2006]. [Typoskript]. In: Dutt, C. (2006). Nachwort zu: Koselleck, R. (2006). Begriffsgeschichten, 529-540: 532.
9 Parnes, O. (2008). Vom Prinzip zum Begriff: Theodor Schwann und die Entdeckung der Zelle (1835-1838). In: Müller, E. & Schmieder, F. (Hg.). Begriffsgeschichte der Naturwissenschaften. Zur historischen und kulturellen Dimension naturwissenschaftlicher Konzepte, 27-51: 29.
10 Hull, D. (2010). Science and language. In: Jahn, I. & Wessel, A. (Hg.). Für eine Philosophie der Biologe, 35-36: 35.
11 Zunino, M. (2004). Rosa's "Hologenesis" revisited. Cladistics 20, 212-214: 213.
12 Engelhardt, D. von (1979). Historisches Bewußtsein in der Naturwissenschaft: 212.
13 Vgl. Böhme, G. (1979). Kann es theoretische Wissenschaftsgeschichte geben? In: Burrichter, C. (Hg.). Grundlegung der historischen Wissenschaftsforschung, 107-121.
14 Koselleck (2002): 100.
15 Grmek, M.D. (1970). La notion de fibre vivante chez les médecins de l'école iatrophysique. Clio Medica 5, 297-318: 297; vgl. ders. (1990). La première révolution biologique. Réflexions sur la physiologie: 160.
16 Eliasberg, W. (1923). Arbeit und Psychologie. Archiv für Sozialwissenschaft und Sozialpolitik 50, 87-126: 92.
17 Popper, K.R. & Wächtershäuser, G. (1990). Progenote or protogenote? Science 250, 1070; vgl. Horaz, Epistula 1, Vers 14; Gould, S.J. (1991). Royal shorthand. Science 251, 142; Sutton, C. (1994). 'Nullius in verba' and 'nihil in verbis': public understanding of the role of language in science. Br. J. Hist. Sci. 27, 55-64.
18 Butterfield, H. (1931). The Whig Interpretation of History; vgl. Mayr, E. (1982). The Growth of Biological Thought: 11; Kragh, H. (1987). An Introduction to the Historiography of Science: 93.
19 Hobsbawm, E. (1984). Inventing traditions (dt. Das Erfinden von Traditionen. In: Conrad, C. & Wenzel, U.J. (Hg.). Kultur & Geschichte. Neue Einblicke in eine alte

Beziehung, Stuttgart 1998, 97-118); vgl. ders. (1983). Introduction: inventing traditions. In: ders. & Ranger, T. (eds.) The Invention of Tradition, 1-14.
20 Bos, A.P. (2003). The Soul and its Instrumental Body. A Reinterpretation of Aristotle's Philosophy of Living Nature: 92; 102.
21 Hacking, I. (2001). Vom Gedächtnis der Begriffe. In: Schulte, J. & Wenzel, U.J. (Hg). Was ist ein philosophisches Problem?, 72-86: 84.
22 Vgl. Sober, E. (1999). Physicalism from a probabilistic point of view. Philos. Stud. 95, 135-174: 157f.
23 Vgl. Mayr (1982): 43.
24 Vgl. Seeck, G.A. (1975). Einleitung: Aristoteles zwischen Naturphilosophie und Naturwissenschaft. In: ders. (Hg.). Die Naturphilosophie des Aristoteles, ix-xxiii: xviii.
25 Dobzhansky, T. (1964). Biology, molecular and organismic. Amer. Zool. 4, 443-452: 449; vgl. ders. (1973). Nothing in biology makes sense except in the light of evolution. Amer. Biol. Teach. 35, 125-129.
26 Steiner, B. (1936). Stilgesetzliche Morphologie. Zur Logik der organischen Form: 11; vgl. Weber, H. (1939). Zur Fassung und Gliederung eines allgemeinen biologischen Umweltbegriffes. Naturwiss. 27, 633-644: 634; ders. (1941). Zum gegenwärtigen Stand der Allgemeinen Ökologie. Naturwiss. 29, 756-763: 759.
27 Toepfer, G. (2004). Zweckbegriff und Organismus. Über die teleologische Beurteilung biologischer Systeme.
28 Geus, A. (1994). Vorbereitung und Konzeption eines Reallexikons zur Geschichte der Biologie (RLGB). Jahrb. Gesch. Theor. Biol. 1, 85-91.
29 Browne, J., Burian, R.M., Laubichler, M., Löwy, I., Rheinberger, H.-J., Schmidgen, H. (2003). Digital history of biology: The virtual lab and the Encyclopedia of the history of biology. International Society for the History, Philosophy & Social Studies of Biology, 2003 Meeting, Full Program: 79.
30 Vgl. die Homepage des ZfL: http://www.zfl.gwz-berlin.de.
31 Blumenberg, H. (1965). Nachbemerkung zum Bericht über das Archiv für Begriffsgeschichte. Jahrb. Akad. Wiss. Lit. Mainz 1967, 79-80: 80.
32 Koselleck (1972): XXIIf.
33 Rheinberger, H.-J. (1999). Die Evolution des Genbegriffs: Fragmente aus der Perspektive der Molekularbiologie. In: Junker, T. & Engels, E.-M. (Hg.). Die Entstehung der Synthetischen Theorie. Beiträge zur Geschichte der Evolutionsbiologie 1930-1950, 323-341: 325.
34 Bachelard, G. (1938/47). La formation de l'esprit scientifique: 184; vgl. Moles, A.A. (1995). Les sciences de l'imprécis.
35 Müller-Wille, S. & Rheinberger, H.-J. (2009). Das Gen im Zeitalter der Postgenomik. Eine wissenschaftshistorische Bestandsaufnahme: 135.
36 Vgl. auch Hodges, K.E. (2008). Defining the problem: terminology and progress in ecology. Front.Ecol. Environ. 6, 35-42.
37 Waismann, F. (1945). Verifiability. In: Analysis and Metaphysics. Aristot. Soc. Suppl. 19, 119-150: 121ff.; vgl. Goehrt, L. (1991). Concepts, open. In: Burkhardt, H. & Smith, B. (eds.). Handbook of Metaphysics and Ontology, 2 vols.: I, 166-167.
38 Elkana, Y. (1970). Helmholtz' Kraft: A case study of ›concepts in flux‹. Historical Studies in the Physical Sciences 2, 263-298.
39 Vgl. Knobloch, C. (1992). Überlegungen zur Theorie der Begriffsgeschichte aus sprach- und kommunikationswissenschaftlicher Sicht. Arch. Begriffsgesch. 35, 7-24: 8f.
40 Allen, C. & Bekoff, M. (1997). Species of Mind. The Philosophy and Biology of Cognitive Ethology: 91; 145.
41 Skinner, Q. (1969). Meaning and understanding in the history of ideas. Hist. Theor. 8, 3-53: 39.
42 Goldstein, K. (1934). Der Aufbau des Organismus: 246f.
43 Pörksen, U. (1986). Deutsche Naturwissenschaftssprachen: 82.
44 Pörksen, U. (1988). „Alles ist Blatt". Über Reichweite und Grenzen der naturwissenschaftlichen Sprache und Darstellungsmodelle Goethes. In: ders. (1994). Wissenschaftssprache und Sprachkritik, 108-130: 119.
45 Goethe, J.W. von (1810). Zur Farbenlehre. Didaktischer Teil (LA, Bd. I, 4): 222 (Nr. 754).
46 Hassenstein, B. (1951). Belastete Begriffe. Deutsche Universitäts-Zeitung 6/11 (8. Juni 1951), 14-15: 15; ders. (1968). Erklären und Verstehen in den Naturwissenschaften. Freiburger Dies Universitatis 14, 100-123; ders. (1976). Injunktion. Hist. Wb. Philos. 4, 367-368.
47 Hassenstein, B. (1954). Abbildende Begriffe. Verh. Deutsch. Zool. Ges. 197-202; vgl. http://bernhard-hassenstein.de/literatur_online/Abbildende-Begriffe.
48 Rothacker, E. (1955). Geleitwort. Arch. Begriffsgesch. 1, 5-9: 9.
49 Nietzsche, F. (1887). Zur Genealogie der Moral (KSA, Bd. 5, 245-412): 317 (II, 13).
50 Vgl. Brigandt, I. (2010). The epistemic goal of a concept: accounting for the rationality of semantic change and variation. Synthese 177, 19-40.
51 Adorno, T.W. (1972). Philosophische Terminologie, Bd. 2: 13; vgl. Barck, K., Fontius, M. & Thierse., W. (1990). Historisches Wörterbuch ästhetischer Grundbegriffe. Weimarer Beiträge 36 (2), 181-202: 192.
52 Vgl. Bödeker, H.E. (2002). Reflexionen über Begriffsgeschichte als Methode. In: ders. (Hg.). Begriffsgeschichte, Diskursgeschichte, Metapherngeschichte, 73-121: 92f.
53 Polenz, P. von (1973). Rezension »Geschichtliche Grundbegriffe«. Z. German. Ling. 1, 227-241: 237; vgl. auch Busse, D. (2005). Architekturen des Wissens – zum Verhältnis von Semantik und Epistemologie. In: Müller, E. (Hg.). Begriffsgeschichte im Umbruch, 43-57: 44.
54 Vgl. Lübbe, H. (2003). Wortgebrauchspolitik. Zur Pragmatik der Wahl von Begriffsnamen. In: Dutt, C. (Hg.). Herausforderungen der Begriffsgeschichte, 65-80: 69.
55 Vgl. Schultz, H. (1978). Begriffsgeschichte und Argumentationsgeschichte. In: Koselleck, R. (Hg.). Historische Semantik und Begriffsgeschichte, 43-74: 65-67; Koselleck, R. (2003). Die Geschichte der Begriffe und Begriffe der Geschichte. In: Dutt, C. (Hg.). Herausforderungen der Begriffsgeschichte, 3-16: 6.
56 Lovejoy, A.O. (1924). On the discrimination of ro-

manticism. Publ. Modern Lang. Assoc. Amer. 39, 229-253: 236.
57 Vgl. Koselleck, R. (1973). Ereignis und Struktur. In: ders. & Stempel, W.D. (Hg.). Geschichte – Ereignis und Erzählung, 560-570.
58 Canguilhem, G. (1963). L'histoire des sciences dans l'oeuvre de Gaston Bachelard (dt. in Wissenschaftsgeschichte und Epistemologie, Frankfurt/M. 1979, 7-21): 17.
59 Canguilhem, G. (1963). La constitution de la physiologie comme science (in: Études d'histoire de philosophie des sciences, Paris 1968, 226-273): 235.
60 Schmidgen, H. (2008). Fehlformen des Wissens. In: ders. (Hg.). Georges Canguilhem, Die Herausbildung des Reflexbegriffs im 17. und 18. Jahrhundert, vii-lviii: xvii.
61 Vgl. Rheinberger, H.-J. & Hagner, M. (1993). Experimentalsysteme. In: dies. (Hg.). Die Experimentalisierung des Lebens, 7-27.
62 Vgl. Rheinberger, H.-J. (1997). Toward a History of Epistemic Things. Synthesizing Proteins in the Test Tube.
63 Zum Problem der Grundbegriffe einer Wissenschaft vgl. Horstmann, R.P. (1978). Kriterien für Grundbegriffe. Anmerkungen zu einer Diskussion. In: Koselleck, R. (Hg.). Historische Semantik und Begriffsgeschichte, 37-42.
64 Koselleck, R. (2002). Stichwort: Begriffsgeschichte. In: ders., Begriffsgeschichten (Frankfurt/M. 2006), 99-102: 99.
65 Woodger, J.H. (1937). The Axiomatic Method in Biology: 53.
66 Vgl. Thompson, P. (1989). The Structure of Biological Theories: 14; Krohs, U. (2004). Eine Theorie biologischer Theorien: 16f.
67 Verworn, M. (1902). Einleitung. Zeitschrift für allgemeine Physiologie 1, 1-18: 6.
68 Schaefer, G. (Hg.) (2000). Wittenberger Initiative der Gesellschaft Deutscher Naturforscher und Ärzte e.V. Vorschläge zur Allgemeinbildung durch Naturwissenschaften.

Artikelverzeichnis

Das Artikelverzeichnis enthält die 112 Haupteinträge des Wörterbuchs. Die 1760 Nebeneinträge, die jeweils einem Haupteintrag zugeordnet sind, können über das im Anschluss folgende Wortverzeichnis nachgeschlagen werden.

Band 1

Analogie	1
Anatomie	13
Anpassung	22
Art	61
Arterhaltung	132
Bakterium	141
Balz	152
Bedürfnis	156
Befruchtung	167
Bewusstsein	172
Bioethik	205
Biogeografie	231
Biologie	254
Biosphäre	296
Biotop	305
Biozönose	320
Brutpflege	344
Diversität	351
Einzeller	366
Empfindung	373
Entwicklung	391
Entwicklungsbiologie	438
Ernährung	442
Ethologie	461
Evolution	481
Evolutionsbiologie	540
Feld	553
Form	558
Fortpflanzung	577
Fortschritt	606
Fossil	627
Funktion	644
Ganzheit	693

Band 2

Gefühl	1
Gen	15
Generationswechsel	49
Genetik	54
Genotyp/Phänotyp	59
Geschlecht	72
Gewebe	91
Gleichgewicht	98
Hierarchie	117
Homologie	131
Individuum	159
Information	181
Instinkt	195
Intelligenz	215
Koexistenz	231
Kommunikation	244
Konkurrenz	277
Krankheit	290
Kreislauf	302
Kultur	340
Kulturwissenschaft	374
Künstliches Leben	399
Lamarckismus	409
Leben	420
Lebensform	484
Lebensgeschichte	497
Lernen	507
Mensch	520
Metamorphose	573
Mimikry	592
Modifikation	606
Molekularbiologie	611
Morphologie	624
Mutation	655
Nische	669
Ökologie	681
Ökosystem	715
Organ	746
Organisation	754
Organismus	777

Band 3

Parasitismus	1
Pflanze	11
Phylogenese	34
Physiologie	88
Pilz	106
Polymorphismus	111
Population	114
Räuber	136
Regeneration	142
Regulation	148
Rekombination	200
Rolle, ökologische	203
Schlaf	211
Schutz	221
Selbstbewegung	231
Selbstdarstellung	246
Selbsterhaltung	254
Selbstorganisation	271
Selektion	305
Sozialverhalten	378
Spiel	402
Stoffwechsel	410
Symbiose	426
Systematik	443
Taxonomie	469
Tier	494
Tod	510
Typus	537
Umwelt	566
Urzeugung	608
Vererbung	620
Verhalten	653
Virus	688
Vitalismus	692
Wachstum	711
Wahrnehmung	717
Wechselseitigkeit	738
Zelle	764
Zweckmäßigkeit	786

Wortverzeichnis

Der Name und die Jahreszahl hinter jedem Eintrag geben an, wer das Wort oder den längeren Ausdruck in welchem Jahr in einem der heutigen biologischen Bedeutung ähnlichen Sinn zuerst verwendet hat – nach meiner Kenntnis. Die Angaben sind dabei sprachübergreifend, d.h. allein an der etymologischen Wurzel orientiert und nicht an eine bestimmte Sprache gebunden. Als erster Nachweis des Wortes ›Anatomie‹ gilt z.B. das griechische ›ἀνατομή‹ und als erste Verwendung von ›Organismus‹ das lateinische ›organismus‹. Bei eindeutig in terminologischer Absicht übersetzten Wörtern wird die erste Verwendung in der Originalsprache als erster Nachweis angeführt, auch wenn dieses Wort nicht auf die gleiche sprachliche Wurzel zurückführt wie das deutsche Wort (z.B. gilt als erster Nachweis für ›Arbeitsteilung‹ das französische ›division du travail‹). Für Wörter, die zunächst in einer außerbiologischen oder allgemeinen Bedeutung auftauchen und die vor dem 19. Jahrhundert geprägt wurden, wird dagegen allein der Ursprung in der deutschen Sprache verfolgt, sofern dieser nicht eine lateinische oder griechische Wurzel hat (z.B. ›Anpassung‹, ›Art‹, ›Leben‹, ›Stammbaum‹, ›Zweckmäßigkeit‹). Als Quellen werden in der Regel allein publizierte Texte berücksichtigt, nicht dagegen Manuskripte, Briefe, Labortagebücher und Ähnliches.

Wörter, die mit verschiedenen Bedeutungen in der Biologie verbreitet sind oder waren, (z.B. ›Reproduktion‹ und ›Evolution‹) werden für jede Bedeutung gesondert aufgeführt. Auch für Wörter, die zunächst in einer außerbiologischen Bedeutung geprägt wurden, (z.B. ›Biologie‹, ›Kultur‹) bezieht sich der Nachweis erst auf seine erste biologische Verwendung.

Für alle Hinweise zu Fehlern und früheren Nachweisen bin ich dankbar (www.georg-toepfer.de; hwb@toepfer-online.de). In einer über das Internet zugänglichen interaktiven Datenbank besteht die Möglichkeit, Hinweise und Ergänzungen direkt zu einzelnen Begriffen einzugeben (www.biological-concepts.com).

Abiogenese (Huxley 1870) ↑*Urzeugung* III, 609
Abiosis (von Grassi 1832) ↑*Schlaf* III, 213
abiotische Faktoren (Schaxel 1922) ↑*Biologie* I, 268
Abstammung mit Veränderung (Darwin 1859) ↑*Evolution* I, 481
Abstammungsgemeinschaft, geschlossene (Möhn 1961) ↑*Phylogenese* III, 71
Abstammungslehre (Haeckel 1866) ↑*Evolutionsbiologie* I, 540
Abwärtsklassifikation (Twining 1876) ↑*Taxonomie* III, 473
Abwärtsverursachung (Campbell 1974) ↑*Ganzheit* I, 707
Adaptabilität (Colburn 1820) ↑*Anpassung* I, 42
Adaptation (Pseudo-Galenus ca. 1225) ↑*Anpassung* I, 22
Adaptationismus (Gould 1980) ↑*Anpassung* I, 37
Adaptive Landschaft (Simpson 1944) ↑*Evolution* I, 523
adaptive Radiation (Osborn 1902) ↑*Anpassung* I, 31
Adelphotaxon (Ax 1984) ↑*Systematik* III, 458
Agamogenesis (Huxley 1857; Newman 1857) ↑*Fortpflanzung* I, 594
Agamogonie (Hartmann 1903) ↑*Fortpflanzung* I, 594
Agamospezies (Turesson 1929) ↑*Art* I, 82

Aggregationsverband (von Denffer 1957) ↑*Sozialverhalten* III, 380
Aha-Erlebnis (Bühler 1908) ↑*Intelligenz* II, 222
Aitiomorphose (Pfeffer 1904) ↑*Entwicklung* I, 394
Aktionspotenzial (Boruttau 1906) ↑*Empfindung* I, 383
Aktionsraum (Anonymus 1937-39) ↑*Biogeografie* I, 234
Algologie (Mertens 1803; Anonymus 1803) ↑*Pflanze* III, 25
Allel (Johannsen 1926) ↑*Gen* II, 37
Allelomorph (Bateson 1902) ↑*Gen* II, 37
Allelopathie (Molisch 1937) ↑*Konkurrenz* II, 286
Alloiohormon (Bethe 1932) ↑*Regulation* III, 179
Allolimie (Haskell 1949) ↑*Symbiose* III, 435
Allometrie (Huxley & Tessier 1937) ↑*Wachstum* III, 714
allopatrisch (Mayr 1942) ↑*Art* I, 100
Allosomen (Montgomery 1906) ↑*Zelle* III, 776
Allotrophie (Haskell 1949) ↑*Symbiose* III, 435
Allotyp (Muttkowski 1910) ↑*Typus* III, 548
alpha-Diversität (Whittaker 1960) ↑*Diversität* I, 358
Altern (Meier 1755) ↑*Tod* III, 522
Altern von Stammesreihen (Rensch 1954) ↑*Tod* III, 526
Alterstod (Campe 1807) ↑*Tod* III, 517

Altruismus (Comte 1851) ↑*Sozialverhalten* III, 381
Altruismus, reziproker (Trivers 1971) ↑*Sozialverhalten* III, 387
Amensalismus (Haskell 1949) ↑*Symbiose* III, 431
Amphigonie (Haeckel 1866) ↑*Fortpflanzung* I, 594
Amphimixis (Weismann 1891) ↑*Fortpflanzung* I, 594
Anabiose (Preyer 1873) ↑*Schlaf* III, 212
Anabolie (Sewertzoff 1927) ↑*Phylogenese* III, 61
Anabolismus (Gaskell 1886) ↑*Stoffwechsel* III, 412
Anachorese (Edmunds 1974) ↑*Schutz* III, 225
Anagenese (Rensch 1947) ↑*Fortschritt* I, 623
Analogie (Aristoteles 4. Jh. v. Chr.) I, 1
Analogienbiologie (Koepcke 1952) ↑*Analogie* I, 6
Analogienlehre (Böker 1937) ↑*Analogie* I, 6
Anamorphose (Woltereck 1940) ↑*Entwicklung* I, 394
Anaphase (Strasburger 1884) ↑*Zelle* III, 778
Anatomie (Aristoteles 4. Jh. v. Chr.) I, 13
Anatomie, deskriptive (Anonymus 1798) ↑*Morphologie* II, 635
Anatomie, genetische (Böker 1937) ↑*Homologie* II, 150
Anatomie, vergleichende (Willis 1664) ↑*Anatomie* I, 17
anatropistisch (Massart 1902) ↑*Selbstbewegung* III, 240
angeboren/erlernt (Seneca 1. Jh.) ↑*Lernen* II, 513
Angeborener Auslösemechanismus (AAM) (Tinbergen 1951) ↑*Wahrnehmung* III, 729
Angepasstheit (Anonymus 1845) ↑*Anpassung* I, 41
Anhydrobiose (Giard 1894) ↑*Schlaf* III, 216
animal rationabile (Chalcidius 4. Jh.) ↑*Mensch* II, 529
animal rationale (Seneca 64-65) ↑*Mensch* II, 523
animal symbolicum (Cassirer 1944) ↑*Mensch* II, 541
Animalcules (More 1518) ↑*Einzeller* I, 366
animale Humanität (Chambers 1846) ↑*Tier* III, 505
Animalität (Avicenna 11. Jh.) ↑*Tier* III, 504
Anisogamie (Hartog 1891) ↑*Befruchtung* I, 169
Annidation (Ludwig 1948) ↑*Evolution* I, 499
Anoxybiose (Keilin 1959) ↑*Schlaf* III, 216
Anpassung (Gleichen-Russwurm 1781) I, 22
Anpassung, endogene (Waddington 1957) ↑*Anpassung* I, 28
Anpassung, funktionelle (Gaskell 1833) ↑*Anpassung* I, 32
Anpassungsauslese (Bölsche 1903) ↑*Selektion* III, 313
Anpassungsmerkmale (Blyth 1838) ↑*Analogie* I, 5
Anpassungswert (Romanes 1895) ↑*Selektion* III, 323
Anspruchsnische (Leibold 1995) ↑*Nische* II, 675

Anthropologie (Hundt 1501) ↑*Mensch* II, 551
anthropomorph (griech.) ↑*Mensch* II, 557
Anthropomorpha (Ray 1693) ↑*Mensch* II, 557
Anthropomorphismus (Lewes 1858) ↑*Mensch* II, 557
anthropothym (Lorenz 1990) ↑*Mensch* II, 558
Antibiose (Vuillemin 1889) ↑*Symbiose* III, 431
Antigen (Pirquet & Schick 1905) ↑*Schutz* III, 227
Antikörper (Ehrlich 1897) ↑*Schutz* III, 226
Antimer (Haeckel 1866) ↑*Morphologie* II, 646
Aphanisie (Sewertzoff 1931) ↑*Funktion* I, 683
Apogamie (de Bary 1878) ↑*Fortpflanzung* I, 594
Apomixis (Winkler 1906) ↑*Fortpflanzung* I, 594
Apomorphie (Hennig 1949) ↑*Systematik* III, 457
Apoptosis (Kerr, Wyllie & Currie 1972) ↑*Tod* III, 523
Aposematismus (Poulton 1890) ↑*Schutz* III, 225
Appetenzverhalten (Craig 1918) ↑*Bedürfnis* I, 162
Aptation (Gould & Vrba 1982) ↑*Anpassung* I, 40
Aptonuon (Brosius & Gould 1992) ↑*Gen* II, 35
Aquarium (Gosse 1853) ↑*Ökosystem* II, 740
Äquifinalität (Driesch 1908) ↑*Regulation* III, 180
Äquipotenzialität (Driesch 1899) ↑*Regulation* III, 181
Arbeitsteilung (Milne Edwards 1827) ↑*Organisation* II, 770
Archaea (Woese et al. 1990) ↑*Taxonomie* III, 485
Archaebakterien (Woese & Fox 1977) ↑*Bakterium* I, 144
Archaeopteryx (von Meyer 1862) ↑*Fossil* I, 638
Archallaxis (Sewertzoff 1927) ↑*Phylogenese* III, 61
Archetypus (Maclise 1846) ↑*Typus* III, 543
Archeus (Paracelsus 1527) ↑*Vitalismus* III, 693
Archigonie (Haeckel 1866) ↑*Urzeugung* III, 608
Areal (Schouw 1822) ↑*Biogeografie* I, 232
Arealsystem (Müller 1976) ↑*Biogeografie* I, 233
Aristogenese (Osborn 1934) ↑*Fortschritt* I, 622
Arrenotokie (Leuckart 1857) ↑*Fortpflanzung* I, 596
Art (mhd. 12. Jh.) I, 61
Art, biologische (Huxley 1876) ↑*Art* I, 75
Art, evolutionäre (Noetling 1900) ↑*Art* I, 83
Art, morphologische (Huxley 1856) ↑*Art* I, 75
Art, phylogenetische (MacAlister 1892) ↑*Art* I, 84
Art, physiologische (Gore 1838) ↑*Art* I, 75
Artbildung (Buffon 1753) ↑*Art* I, 99
Artendiversität (Anonymus 1672) ↑*Diversität* I, 358
Artenreichtum (Nees von Esenbeck, Hornschuch & Sturm 1823) ↑*Diversität* I, 351
Artenschutz (Anonymus 1896) ↑*Bioethik* I, 222
Artenselektion (de Vries 1905) ↑*Selektion* III, 347
Artensterben (Kuehn 1933) ↑*Tod* III, 528
Artentod (Lyell 1833) ↑*Tod* III, 526
Artenumwandlung (Mousson 1849) ↑*Art* I, 101

Artenvielfalt (Caspers 1948) ↑*Diversität* I, 351
Arterhaltung (Hübener 1834) I, 132
Artindividualität (Steenstrup 1842) ↑*Art* I, 92
Artmerkmal (Morison 1669) ↑*Form* I, 567
Assimilation (Gilbertus Anglicus vor 1250) ↑*Stoffwechsel* III, 411
Assimilation, genetische (Waddington 1953) ↑*Modifikation* II, 608
Associes (Clements 1916) ↑*Biozönose* I, 322
Assoziation (Amoreux 1785) ↑*Biozönose* I, 321
Atavismus (Sageret 1825) ↑*Vererbung* III, 624
atelische Bildung (Handlirsch 1915) ↑*Selbstdarstellung* III, 252
Atmung (Pfitzer 1691) ↑*Ernährung* I, 447
ATP (Stephenson 1939) ↑*Molekularbiologie* II, 615
Aufwärtsklassifikation (Mayr 1974) ↑*Taxonomie* III, 473
Ausbeutungskonkurrenz (Park 1954) ↑*Konkurrenz* II, 284
Ausbreitung (Reimarus 1773) ↑*Biogeografie* I, 234
Auslöser, sozialer (Lorenz 1935) ↑*Balz* I, 153
Auslösung (Lotze 1842) ↑*Wahrnehmung* III, 730
Außenwelt (Platner 1776) ↑*Umwelt* III, 582
Aussterben (Müldener 1729) ↑*Tod* III, 524
Australopithecus (Dart 1925) ↑*Mensch* II, 555
Autapomorphie (Hennig 1953) ↑*Systematik* III, 458
Autoergasie (Roux 1907) ↑*Selbstorganisation* III, 275
Autogenese (Csányi & Kampis 1984) ↑*Selbstorganisation* III, 289
autogenetisch (Hennig 1950) ↑*Entwicklung* I, 415
Autogonie (Haeckel 1866) ↑*Urzeugung* III, 608
Autohylie (Woltereck 1932) ↑*Selbstorganisation* III, 275
autokatalytische Substanz (Hagedoorn 1911) ↑*Gen* II, 26
autökologisch (Schröter 1902) ↑*Ökologie* II, 705
Automorphose (von Hanstein 1882) ↑*Entwicklung* I, 394
Autonomie (Virchow 1856) ↑*Regulation* III, 186
Autonomie, natürliche (Walter 1999) ↑*Regulation* III, 188
Auto-Organisation (Borginon 1882) ↑*Selbstorganisation* III, 272
Autoplastik (Liebmann 1899) ↑*Selbstorganisation* III, 275
Autopoiese (Maturana, Varela & Uribe 1974) ↑*Selbstorganisation* III, 288
Autopsie (Saucet, Lanne & Lanne 1573) ↑*Anatomie* I, 16
Autoselektion (Goldscheid 1911) ↑*Selektion* III, 361
Autosomen (Montgomery 1906) ↑*Zelle* III, 776
Autosustentation (Roux 1914) ↑*Selbsterhaltung* III, 266
Autotomie (Frédérique 1883) ↑*Regeneration* III, 145
autotroph (Frank 1892) ↑*Ernährung* I, 445
Avatar (Damuth 1985) ↑*Population* III, 130
Axon (Kölliker 1896) ↑*Empfindung* I, 384
azön (Tischler 1947) ↑*Biotop* I, 310

Bacteria (Woese et al. 1990) ↑*Taxonomie* III, 485
Bahnung (Exner 1882) ↑*Lernen* II, 510
Bakterienkolonie (Schwarz 1870) ↑*Bakterium* I, 142
Bakteriologie (Anonymus 1884) ↑*Bakterium* I, 141
Bakteriophagen (d'Herelle 1917) ↑*Virus* III, 689
Bakterium (Ehrenberg 1829) I, 141
Baldwin-Effekt (Simpson 1953) ↑*Lamarckismus* II, 417
Balz (mhd. 14. Jh.) I, 152
Balzmerkmale (Richards 1927) ↑*Balz* I, 153
Baum des Lebens (Leuckart 1819) ↑*Phylogenese* III, 66
Bauplan (von Ringseis 1841) ↑*Typus* III, 551
Baustoffwechsel (Pfeffer 1895) ↑*Stoffwechsel* III, 417
Bedingungsgefüge (Hoffmann 1933) ↑*Kreislauf* II, 312
Bedingungskreislauf (Koschorke 1990) ↑*Kreislauf* II, 312
Bedürfnis (15. Jh.) I, 156
Befruchtung (Pfitzer 1691) I, 167
Begattung (Horst 1592) ↑*Geschlecht* II, 73
Behaviorismus (Watson 1913) ↑*Ethologie* I, 467
Benthos (Haeckel 1890) ↑*Biotop* I, 314
Bereitschaftspotenzial (Kornhuber & Deecke 1965) ↑*Bewusstsein* I, 186
Bestimmungsschlüssel (von Sonklar 1880) ↑*Systematik* III, 460
beta-Diversität (Whittaker 1960) ↑*Diversität* I, 358
Betriebsstoffwechsel (Pfeffer 1878) ↑*Stoffwechsel* III, 417
Bevölkerungswissenschaft (Casper 1835) ↑*Population* III, 128
Bewusstsein (Wolff 1719) I, 172
bilaterale Symmetrie (Schlegel 1827) ↑*Morphologie* II, 643
Bilateria (Haeckel 1874) ↑*Morphologie* II, 643
Bildungstrieb (Blumenbach 1781) ↑*Vitalismus* III, 701
Binnenselektion (Wenzel 1982) ↑*Selektion* III, 360
Binom (Camp 1951) ↑*Art* I, 83
Bioblast (Altmann 1890) ↑*Gen* II, 20
Biochemie (Lenhossék 1824) ↑*Molekularbiologie* II, 615
Biochore (Pallmann 1948) ↑*Ökosystem* II, 720

Biodiversität (Rosen 1986) ↑*Diversität* I, 360
Biodynamik (Kraus 1820) ↑*Physiologie* III, 94
Bioethik (Jahr 1927) I, 205
Biogen (Verworn 1895) ↑*Gen* II, 20
Biogenese (Haughton 1860) ↑*Urzeugung* III, 609
biogenetisches Grundgesetz (Haeckel 1872) ↑*Entwicklung* I, 399
biogeochemisch (Vernardsij 1923) ↑*Kreislauf* II, 323
Biogeografie (Jordan 1883) I, 231
Biogeozönose (Sukačev 1944) ↑*Ökosystem* II, 740
Bioid (Kronthal 1902) ↑*Individuum* II, 177
Biokommunikation (Tembrock 1970) ↑*Kommunikation* II, 245
Biologie (Hanov 1766) I, 254
Biologie, allgemeine (Bartels 1808) ↑*Biologie* I, 273
Biologie, analytische (Anonymus 1835) ↑*Biologie* I, 274
Biologie, kritische (Driesch 1911) ↑*Biologie* I, 273
Biologie, rationale (Oelze & Schmith 1937) ↑*Biologie* I, 273
Biologie, spezielle (Carus 1811) ↑*Biologie* I, 273
Biologie, synthetische (Doherty 1864) ↑*Biologie* I, 274
Biologie, theoretische (Anonymus 1882) ↑*Biologie* I, 272
Biologie, universale (Anonymus 1873) ↑*Biologie* I, 274
biologische Philosophie (Lamarck 1815) ↑*Biologie* I, 275
Biologismus (Perty 1861) ↑*Biologie* I, 267
Biom (Clements 1916) ↑*Biosphäre* I, 299
Biomasse (Demoll 1927) ↑*Rolle, ökologische* III, 206
Biomechanik (Delage 1895) ↑*Kulturwissenschaft* II, 391
Biometrie (Whewell 1831) ↑*Population* III, 119
Biomorphose (Bürger 1956) ↑*Tod* III, 523
Bion (Haeckel 1866) ↑*Individuum* II, 165
Bionik (Steele 1958) ↑*Kulturwissenschaft* II, 392
Bionomie (Hanov 1766) ↑*Biologie* I, 268
Bionomik (Lankester 1889) ↑*Biologie* I, 270
Bioökosystem (Antia et al. 1963) ↑*Ökosystem* II, 739
Biophilosophie (Driesch 1910) ↑*Biologie* I, 276
Biophysik (Henschel 1828) ↑*Molekularbiologie* II, 619
Biopoese (Pirie 1953) ↑*Urzeugung* III, 609
Biopolitik (Harris 1912) ↑*Bioethik* I, 223
Biopopulation (Anonymus 1940) ↑*Population* III, 125
Biosemiotik (Rothschild 1961) ↑*Kommunikation* II, 267
Biosozialverhalten (Tembrock 1982) ↑*Sozialverhalten* III, 378
Biospezies (Cain 1953) ↑*Art* I, 76
Biosphäre (Sueß 1875) I, 296
Biostatik (Walser 1850) ↑*Morphologie* II, 628
Biostop (Schellhorn 1969) ↑*Biotop* I, 308
Biostroma (Lawrenko 1964) ↑*Biosphäre* I, 296
Biosynözie (Enderlein 1908) ↑*Biozönose* I, 336
Biosystem (Heidenhain 1907) ↑*Ganzheit* I, 719
Biosystem (Thienemann 1939) ↑*Ökosystem* II, 722
Biosystematik (Camp & Gilly 1941) ↑*Systematik* III, 453
Biota (Stejneger 1901) ↑*Biosphäre* I, 296
Biotaxonomie (Corti 1925) ↑*Taxonomie* III, 469
Biotechnik (Booth & Morfit 1852) ↑*Kulturwissenschaft* II, 392
Biotechnologie (Anonymus 1900) ↑*Kulturwissenschaft* II, 392
biotisch (Stejneger 1901) ↑*Biologie* I, 268
biotische Faktoren (Whitford 1901) ↑*Biologie* I, 268
Biotop (Dahl 1908) I, 305
Biotoptypen (Palmgren 1930) ↑*Biotop* I, 312
Biotypus (Johannsen 1909) ↑*Genotyp/Phänotyp* II, 60
Biowert (Bunge 1979) ↑*Selektion* III, 323
Biowissenschaften (Anonymus 1951) ↑*Biologie* I, 268
biozentrisch (Meldola 1899) ↑*Bioethik* I, 207
Biozönologie (Gams 1918) ↑*Biozönose* I, 320
Biozönose (Möbius 1877) I, 320
Biozönotik (Thienemann 1918) ↑*Biozönose* I, 320
biozönotischer Konnex (Friederichs 1930) ↑*Ernährung* I, 452
Blastula (Haeckel 1872) ↑*Entwicklung* I, 400
Blutkreislauf (Cesalpino 1571) ↑*Kreislauf* II, 322
Bohnenkorbgenetik (Mayr 1959) ↑*Gen* II, 24
Botanik (Dorsten 1540) ↑*Pflanze* III, 24
Brutfürsorge (Staby 1894) ↑*Brutpflege* I, 348
Brutparasitismus (Schmarda 1866) ↑*Parasitismus* III, 4
Brutpflege (Pösel 1784) I, 344
Brutrevier (Altum 1857) ↑*Sozialverhalten* III, 391

Centriole (Boveri 1895) ↑*Zelle* III, 778
Centromer (Darlington 1936) ↑*Zelle* III, 776
Centrosoma (Boveri 1888) ↑*Zelle* III, 778
Chamaephyten (Raunkiær 1905) ↑*Lebensform* II, 489
Charakterarten (Schinz 1847) ↑*Biozönose* I, 335
Charakterpflanzen (Grisebach 1838) ↑*Biozönose* I, 335
Chemosynthese (Pfeffer 1897) ↑*Ernährung* I, 446
Chiasma (Janssens 1909) ↑*Zelle* III, 776
Chimäre (Winkler (1908) ↑*Phylogenese* III, 75

Wortverzeichnis liv

Chlorophyll (Pelletier & Caventou 1817) ↑*Ernährung* I, 446
Chloroplasten (Strasburger 1884) ↑*Zelle* III, 773
Chorologie (Haeckel 1866) ↑*Biogeografie* I, 231
Chromatid (McClung 1900) ↑*Zelle* III, 776
Chromatin (Flemming 1880) ↑*Zelle* III, 775
Chromosomen (Waldeyer 1888) ↑*Zelle* III, 775
Chronospezies (Thomas 1956; George 1956) ↑*Art* I, 85
Cistron (Benzer 1957) ↑*Gen* II, 27
Code (der Nomenklatur) (Douvillé 1881) ↑*Taxonomie* III, 486
Code, genetischer (Schrödinger 1944) ↑*Information* II, 190
Code-Dualität (Hoffmeyer 1987) ↑*Genotyp/Phänotyp* II, 68
Codon (Crick 1963) ↑*Information* II, 190
Coelom (Haeckel 1872) ↑*Entwicklung* I, 398
Coenobium (Braun 1855) ↑*Sozialverhalten* III, 380
constraints (Weiss 1967) ↑*Typus* III, 554
Corpus organicum (Chalcidius 4. Jh.) ↑*Organismus* II, 783
Creode (Waddington 1957) ↑*Regulation* III, 181
Crossing-over (Morgan & Cattell 1912) ↑*Zelle* III, 776
Cytochrom (Keilin 1925) ↑*Ernährung* I, 448

Darwinismus (Huxley 1860) ↑*Evolutionsbiologie* I, 544
Dauerfähigkeit (von Pannewitz 1841) ↑*Selbsterhaltung* III, 266
Dauermodifikation (Jollos 1913) ↑*Modifikation* II, 607
Degeneration (Augustinus 4. Jh.) ↑*Krankheit* II, 296
deimatisches Verhalten (Maldonado 1970) ↑*Schutz* III, 223
Delophanie (Armstrong 1949) ↑*Selbstdarstellung* III, 246
Dem (Gilmour & Gregor 1939) ↑*Population* III, 126
Demografie (Guillard 1855) ↑*Population* III, 128
Demökologie (Schwerdtfeger 1963) ↑*Ökologie* II, 705
Demologie (Rümelin 1863) ↑*Population* III, 128
Demotop (Schellhorn 1969) ↑*Biotop* I, 308
Dendrit (His 1889) ↑*Empfindung* I, 384
Dendrogramm (Mayr, Linsley & Usinger 1953) ↑*Systematik* III, 453
Denitrifikation (Gayon & Dupetit 1882) ↑*Kreislauf* II, 330
Denken, nichtbegriffliches (Müller-Freienfels 1920) ↑*Intelligenz* II, 225
Denken, unbenanntes (Koehler 1952) ↑*Intelligenz* II, 225

Denkhilfe (Funke 1927) ↑*Kommunikation* II, 258
Destruenten (Thienemann 1954) ↑*Rolle, ökologische* III, 208
Destruktoren (Alsterberg 1924) ↑*Rolle, ökologische* III, 208
Deszendenzlehre (Haeckel 1866) ↑*Evolutionsbiologie* I, 540
Deszendenztheorie (Bronn 1860) ↑*Evolutionsbiologie* I, 540
Deviation (Sewertzoff 1931) ↑*Phylogenese* III, 61
Diakinese (Häcker 1897) ↑*Zelle* III, 778
Diapause (Wheeler 1893) ↑*Schlaf* III, 215
dichteabhängige Faktoren (Smith 1935) ↑*Gleichgewicht* II, 101
Dicotyledoneae (Ray 1703) ↑*Taxonomie* III, 473
differenzielle Reproduktion (Lerner & Dempster 1948) ↑*Selektion* III, 321
Differenzierung (Görres 1805) ↑*Entwicklung* I, 393
Digestion (Quintilian 1. Jh.) ↑*Stoffwechsel* III, 411
Dinophanie (Armstrong 1949) ↑*Selbstdarstellung* III, 246
Dinosaurier (Owen 1841) ↑*Fossil* I, 638
Dioecia (Linné 1735) ↑*Geschlecht* II, 84
diplobiontisch (Svedelius 1915) ↑*Metamorphose* II, 584
diploid (Strasburger 1905) ↑*Befruchtung* I, 169
Diplont (Hartmann 1918) ↑*Lebensgeschichte* II, 499
Diplophase (Vuillemin 1907) ↑*Lebensgeschichte* II, 500
Diplotän (Winiwarter 1900) ↑*Zelle* III, 778
disjunkte Arten (de Candolle 1855) ↑*Biogeografie* I, 242
Disparität (Runnegar 1987) ↑*Diversität* I, 356
Dissimilation (Bichat 1800) ↑*Stoffwechsel* III, 412
dissipative Strukturen (Prigogine & Nicolis 1967) ↑*Selbstorganisation* III, 283
Divergenz (Darwin 1859) ↑*Phylogenese* III, 52
Diversität (Hieronymus um 380) I, 351
Diversität, funktionale (Franklin 1988) ↑*Diversität* I, 360
Diversität, genetische (Bateson 1911) ↑*Diversität* I, 358
Diversität, morphologische (Lewes 1860) ↑*Diversität* I, 359
Diversität, ökologische (Anonymus 1898) ↑*Diversität* I, 358
Diversitätsindex (Fisher, Corbet & Williams 1943) ↑*Diversität* I, 357
Dividuum (Braun 1853) ↑*Individuum* II, 175
DNA (Levene & Bass 1931) ↑*Gen* II, 40
Domäne (Woese & Fox 1977) ↑*Taxonomie* III, 485
dominant (Allen 1870) ↑*Biozönose* I, 336
dominant (Gallesio 1816) ↑*Gen* II, 38

Dominanz (Maslow 1935) ↑*Sozialverhalten* III, 390
Dormanz (Carlisle 1804) ↑*Schlaf* III, 215
Drift (Wright 1929) ↑*Evolution* I, 519
Drift, phylogenetische (Stanley 1979) ↑*Evolution* I, 515
Dysteleologie (Haeckel 1866) ↑*Zweckmäßigkeit* III, 823

Eco-Evo-Devo (Hall 2001) ↑*Entwicklung* I, 421
Edaphon (Francé 1913) ↑*Biotop* I, 314
Egoismus (Kant 1798) ↑*Sozialverhalten* III, 381
Eigengesetzlichkeit (Richter 1845) ↑*Regulation* III, 187
Eigenschaftsaggregat (Schaxel 1922) ↑*Form* I, 569
Eigenwelt (Kastner 1849) ↑*Umwelt* III, 572
Eigenwert (Simmel 1902) ↑*Bioethik* I, 214
Einflussnische (Leibold 1995) ↑*Nische* II, 675
Ein-Gen-ein-Enzym-Konzept (Beadle 1945) ↑*Gen* II, 26
Einheit, physiologische (Spencer 1864) ↑*Gen* II, 18
Einheitsmembran (Robertson 1959) ↑*Zelle* III, 771
Einsicht (Lamprecht 1740) ↑*Intelligenz* II, 221
Einzeller (Dippel 1858) I, 366
Eiweiß (Krünitz 1773) ↑*Molekularbiologie* II, 618
Ektoderm (Allman 1853) ↑*Entwicklung* I, 398
Ektohormon (Bethe 1932) ↑*Regulation* III, 178
Ektoparasiten (Leuckart 1827) ↑*Parasitismus* III, 3
Ektosymbiose (Weber 1933) ↑*Symbiose* III, 436
Elementarorganismus (von Brücke 1862) ↑*Organismus* II, 823
elterliche Investition (Trivers 1972) ↑*Brutpflege* I, 346
Embryo (griech.) ↑*Entwicklung* I, 413
Embryobionta (Cronquist, Takhtajan & Zimmerman 1966) ↑*Taxonomie* III, 478
Embryologie (Schurig 1731) ↑*Entwicklungsbiologie* I, 438
Embryophyta (Engler 1887) ↑*Taxonomie* III, 478
emergent (Lewes 1875) ↑*Ganzheit* I, 710
Empathie (Titchener 1909) ↑*Bewusstsein* I, 189
Empfindung (spätmhd.) I, 373
Ende des Lebens auf der Erde (Neumayr 1886) ↑*Tod* III, 528
endemisch (De Candolle 1820) ↑*Biogeografie* I, 241
Endoadaptation (Darlington 1940) ↑*Anpassung* I, 28
Endogamie (McLennan 1865) ↑*Fortpflanzung* I, 595
Endohormon (Walz 1921) ↑*Regulation* III, 178
Endokrinologie (Lévi & Rotschild 1911) ↑*Regulation* III, 178
endolithisch (Bachmann 1904) ↑*Biotop* I, 313
Endoplasmisches Retikulum (Meglitsch 1947) ↑*Zelle* III, 774
Endosemiotik (Sebeok 1972) ↑*Kommunikation* II, 267
Endosymbiose (Czapek 1917) ↑*Symbiose* III, 436
Endozytose (de Duve 1963) ↑*Ernährung* I, 444
Engramm (Semon 1904) ↑*Lernen* II, 508
Enharmonie (Francé 1907) ↑*Anpassung* I, 28
Enkapsis (Heidenhain 1907) ↑*Hierarchie* II, 125
enkaptisches System [Taxonomie] (Hennig 1949) ↑*Hierarchie* II, 125
Entoderm (Allman 1853) ↑*Entwicklung* I, 398
Entöken (Doflein 1914) ↑*Symbiose* III, 434
Entökie (Abel 1928) ↑*Symbiose* III, 434
Entoparasiten (Leuckart 1827) ↑*Parasitismus* III, 3
Entophyten (Link 1816) ↑*Symbiose* III, 435
Entozoon (Rudolphi 1808) ↑*Parasitismus* III, 2
Entwicklung (Dodart 1701) I, 391
Entwicklungsbiologie (Ward 1890) I, 438
Entwicklungsgenetik (Anonymus 1934) ↑*Genetik* II, 56
Entwicklungskreis (Nees von Esenbeck 1817) ↑*Kreislauf* II, 315
Entwicklungslehre (Haeckel 1868) ↑*Evolutionsbiologie* I, 540
Entwicklungsmechanik (Zacharias 1882) ↑*Entwicklungsbiologie* I, 438
Entwicklungsperiode (Gmelin 1787) ↑*Entwicklung* I, 393
Entwicklungsphysiologie (Pilcher 1841) ↑*Entwicklungsbiologie* I, 438
Entwicklungsprogramm (van Cleave 1932) ↑*Information* II, 189
Entwicklungsstufe (Schelling 1799) ↑*Typus* III, 558
Entwicklungssystem (Maupertuis 1745) ↑*Entwicklung* I, 422
Entwicklungstheorie (Haeckel 1863) ↑*Evolutionsbiologie* I, 540
Entwicklungszwang (Rensch 1947) ↑*Typus* III, 554
Environ (Patten 1975) ↑*Umwelt* III, 578
Enzym (Kühne 1877) ↑*Molekularbiologie* II, 618
Epharmonie (Vesque 1882) ↑*Anpassung* I, 28
epigam (Poulton 1890) ↑*Balz* I, 153
Epigenesis (Harvey 1651) ↑*Entwicklung* I, 407
Epigenetik (Waddington 1942) ↑*Entwicklung* I, 419
epigenetische Landschaft (Waddington 1940) ↑*Feld* I, 555
epimeletisch (Scott 1945) ↑*Brutpflege* I, 345
Epimer (Haeckel 1866) ↑*Morphologie* II, 646
Epimorphose (Morgan 1901) ↑*Regeneration* III, 144
Epinastie (Radlkofer 1859) ↑*Selbstbewegung* III, 241
epinastisch (Schimper 1854) ↑*Selbstbewegung* III, 241
epinukleisch (Lederberg 1958) ↑*Vererbung* III, 637
Epiphyten (Link 1809) ↑*Symbiose* III, 435

Wortverzeichnis lvi

Episit (Lotka 1925) ↑*Räuber* III, 136
Episitismus (Friederichs 1930) ↑*Räuber* III, 136
Epistasis (Baur 1911; Shull 1911) ↑*Gen* II, 38
epistatisch (Bateson 1907) ↑*Gen* II, 38
Epizoen (Oken 1818) ↑*Symbiose* III, 435
Epöken (Kraepelin 1905) ↑*Symbiose* III, 434
Epökie (Kraepelin 1905) ↑*Symbiose* III, 434
Erbhomologien (Wickler 1967) ↑*Homologie* II, 144
Erbkoordination (Lorenz 1937) ↑*Verhalten* III, 659
Erblichkeit (Anonymus 1772) ↑*Vererbung* III, 641
Erblichkeitslehre (Anonymus 1817) ↑*Genetik* II, 54
Erhaltungsmäßigkeit (Möbius 1878) ↑*Selbsterhaltung* III, 265
Erleben (13. Jh.) ↑*Leben* II, 469
Ernährung (15. Jh.) I, 442
Erregbarkeit (Ploucquet 1782) ↑*Wahrnehmung* III, 725
et-epimeletisch (Scott 1945) ↑*Brutpflege* I, 345
Ethik, ökologische (Glikson 1955) ↑*Bioethik* I, 219
Ethnobiologie (Castetter 1935) ↑*Taxonomie* III, 488
Ethogramm (Makkink 1936) ↑*Verhalten* III, 670
Ethologie (Geoffroy Saint Hilaire 1854) I, 461
Ethologie, kognitive (Griffin 1976) ↑*Ethologie* I, 475
Ethophysiologie (Segaar 1961) ↑*Ethologie* I, 474
Ethospezies (Emerson 1956) ↑*Art* I, 83
Eubakterien (Woese & Fox 1977) ↑*Bakterium* I, 144
Eucaria (Woese et al. 1990) ↑*Taxonomie* III, 485
Eugenik (Galton 1883) ↑*Vererbung* III, 633
Eukaryon (Dougherty 1957) ↑*Zelle* III, 773
Eukaryoten (Chatton 1925) ↑*Taxonomie* III, 482
euryhalin (Möbius 1873) ↑*Nische* II, 677
Eurymerie (Hennig 1949) ↑*Diversität* I, 356
Eurymorphie (Hennig 1949) ↑*Diversität* I, 356
euryök (Hesse 1924) ↑*Nische* II, 677
eurytherm (Möbius 1873) ↑*Nische* II, 677
eurytop (Dahl 1903) ↑*Nische* II, 677
eusozial (Batra 1966) ↑*Sozialverhalten* III, 392
eutraphent (Weber 1907) ↑*Nische* II, 677
eutroph (Weber 1907) ↑*Biotop* I, 312
euzön (Hesse 1924) ↑*Biotop* I, 310
Evo-Devo (Pennisi & Roush 1997) ↑*Entwicklung* I, 421
Evolution (Anonymus 1670) ↑*Entwicklung* I, 409
Evolution (Virey 1816) I, 481
Evolution, chemische (Stuart-Glennie 1873) ↑*Evolution* I, 514
Evolution, nicht-darwinsche (King & Jukes 1969) ↑*Evolution* I, 526
evolutionär stabile Strategie (Maynard Smith & Price 1973) ↑*Sozialverhalten* III, 396
Evolutionäre Ästhetik (McIlraith 1896) ↑*Kulturwissenschaft* II, 385

Evolutionäre Erkenntnistheorie (Boodin 1910) ↑*Kulturwissenschaft* II, 377
Evolutionäre Ethik (Coupland 1884) ↑*Kulturwissenschaft* II, 381
Evolutionäre Psychologie (Physicus 1874) ↑*Kulturwissenschaft* II, 380
Evolutionäre Technologie (Haddon 1907) ↑*Kulturwissenschaft* II, 390
Evolutionäre Verantwortung (Frankel 1970) ↑*Bioethik* I, 222
Evolutionistische Ästhetik (Nordau 1885) ↑*Kulturwissenschaft* II, 385
Evolutionsbiologie (Mivart 1874) I, 540
Evolutionsfähigkeit (Vesque 1891) ↑*Mutation* II, 665
Evolutionsfaktoren (Doherty 1864; Spencer 1864) ↑*Evolution* I, 499
Evolutionslehre (Carus 1872) ↑*Evolutionsbiologie* I, 540
Evolutionsmechanismus (Allen 1885) ↑*Evolution* I, 498
Evolutionstheorie (Spencer 1852) ↑*Evolutionsbiologie* I, 540
Evolutionstheorie, kritische (Gutmann & Bonik 1981) ↑*Evolution* I, 510
Evolver (Williams 1989) ↑*Evolution* I, 501
Evolvon (Edström 1968) ↑*Evolution* I, 501
Exadaptation (Griffiths 1992) ↑*Anpassung* I, 41
Exaptation (Gould & Vrba 1982) ↑*Anpassung* I, 41
Existenzbedingungen (Cuvier 1800) ↑*Umwelt* III, 586
Exkrement (Plinius um 79) ↑*Stoffwechsel* III, 412
Exkretion (Hermolaus Barbarus 1481) ↑*Stoffwechsel* III, 412
Exoadaptation (Darlington 1940) ↑*Anpassung* I, 28
Exobiologie (Lederberg 1960) ↑*Biologie* I, 271
Exogamie (McLennan 1865) ↑*Fortpflanzung* I, 595
Exon (Gilbert 1978) ↑*Gen* II, 28
Expression (Schultz 1930) ↑*Gen* II, 27
Expressivität (Vogt 1926) ↑*Gen* II, 27
Exzentrizität (Plessner 1928) ↑*Mensch* II, 532
Exzitation (15. Jh.) ↑*Wahrnehmung* III, 731

Familie (Magnol 1689) ↑*Taxonomie* III, 474
Faser (Woyt 1709) ↑*Gewebe* II, 94
Fauna (Linné 1746) ↑*Biogeografie* I, 237
Faunistik (Küster 1852) ↑*Biogeografie* I, 239
Feed-back (Rosenblueth, Wiener & Bigelow 1943) ↑*Regulation* III, 173
Fekundität (Duncan 1866) ↑*Fortpflanzung* I, 596
Feld (Gurwitsch 1912) I, 553
Ferment (lat.) ↑*Molekularbiologie* II, 618
Fertilität (Duncan 1866) ↑*Fortpflanzung* I, 596

Fertilitätsselektion (Dahlberg 1947) ↑*Selektion* III, 323
Fette (14. Jh.) ↑*Molekularbiologie* II, 617
Fetus (lat.) ↑*Entwicklung* I, 413
Fitness (Locke 1689) ↑*Anpassung* I, 43
Fitness, direkte/indirekte (Brown 1979) ↑*Anpassung* I, 45
Flechten (Wirsung 1588) ↑*Pilz* III, 108
Fließgleichgewicht (Lund 1928) ↑*Gleichgewicht* II, 106
Flora (Boym 1656) ↑*Biogeografie* I, 237
Floristik (Beilschmied 1837) ↑*Biogeografie* I, 239
Form (lat.) I, 558
Formation (Grisebach 1838) ↑*Biozönose* I, 321
Formationstyp (Tansley 1939) ↑*Biozönose* I, 335
Formbildung (Herz 1782) ↑*Morphologie* II, 638
Formenkette (Sarasin & Sarasin 1899) ↑*Art* I, 79
Formenkreis (Nees von Esenbeck 1820) ↑*Art* I, 115
Formenreihe (Nees von Esenbeck 1820) ↑*Art* I, 86
Formwechsel (Wilbrand 1810) ↑*Metamorphose* II, 573
Fortpflanzung (16. Jh.) I, 577
Fortpflanzung, geschlechtliche (Schultz 1823) ↑*Fortpflanzung* I, 593
Fortpflanzung, sexuelle (Darwin 1794) ↑*Fortpflanzung* I, 594
Fortpflanzung, ungeschlechtliche (Thomson 1839) ↑*Fortpflanzung* I, 593
Fortpflanzung, vegetative (Coleridge 1848) ↑*Fortpflanzung* I, 594
Fortpflanzungsauslese (Schallmayer 1907) ↑*Selektion* III, 322
Fortpflanzungsbiologie (Nüßlin 1897) ↑*Genetik* II, 56
Fortpflanzungsgemeinschaft (Naef 1919) ↑*Art* I, 78
Fortpflanzungszellen (Nägeli 1842) ↑*Befruchtung* I, 169
Fortschritt (18. Jh.) I, 606
Fossil (17. Jh.) I, 627
Fossil, lebendes (Darwin 1859) ↑*Fossil* I, 638
fossile Bindeglieder (Diefenbach 1844) ↑*Fossil* I, 638
Fruchtbarkeitsauslese (Schallmayer 1909) ↑*Selektion* III, 323
Fulguration (Lorenz 1973) ↑*Ganzheit* I, 714
Fundamentalfitness (Cooper 1984) ↑*Anpassung* I, 48
Fundamentalnische (Hutchinson 1958) ↑*Nische* II, 673
Fundort (Mohr 1803) ↑*Biotop* I, 308
Funktion (Linacre 1517) I, 644
Funktionalanalyse (Doherty 1864) ↑*Zweckmäßigkeit* III, 814
Funktionsanatomie (Anonymus 1836) ↑*Morphologie* II, 635
Funktionskreis (Carus 1872) ↑*Verhalten* III, 665
Funktionslust (Döring 1890) ↑*Spiel* III, 403
Funktionsmorphologie (Anonymus 1899) ↑*Morphologie* II, 634
Funktionsplan (von Uexküll 1908) ↑*Typus* III, 555
Funktionsübertragung (Geoffroy Saint Hilaire 1828) ↑*Funktion* I, 681
Funktionswechsel (Hyrtl 1855) ↑*Funktion* I, 679

Gaia (Lovelock 1972) ↑*Biosphäre* I, 300
Gamet (Strasburger 1877) ↑*Befruchtung* I, 169
Gametangiogamie (Kniep 1928) ↑*Fortpflanzung* I, 594
Gametogamie (Kniep 1928) ↑*Fortpflanzung* I, 594
Gametophyt (Vines 1888) ↑*Generationswechsel* II, 50
gamma-Diversität (Whittaker 1960) ↑*Diversität* I, 358
Gamodem (Gilmour & Gregor 1939) ↑*Population* III, 127
Gamogenesis (Huxley 1858) ↑*Fortpflanzung* I, 594
Gamogonie (Hartmann 1903) ↑*Fortpflanzung* I, 594
Gamophase (Winkler 1920) ↑*Befruchtung* I, 169
Ganzeigenschaften (Wertheimer 1922) ↑*Ganzheit* I, 712
Ganzheit (mhd.) I, 693
Ganzheitsdetermination (Zimmermann 1927) ↑*Ganzheit* I, 707
Ganzheitskausalität (Driesch 1919) ↑*Ganzheit* I, 706
Gastraea (Haeckel 1872) ↑*Entwicklung* I, 398
Gastrula (Haeckel 1872) ↑*Entwicklung* I, 400
Geburt (8. Jh.) ↑*Individuum* II, 162
Gedankensprache (Gottsched 1749) ↑*Kommunikation* II, 248
Gedrängekonkurrenz (Nicholson 1954) ↑*Konkurrenz* II, 284
Gefühl (17. Jh.) II, 1
Gefühlssprache (Anonymus 1781) ↑*Kommunikation* II, 248
Geist der Tiere (Batsch 1801) ↑*Bewusstsein* I, 193
Gemeinschaft (Möbius 1877) ↑*Biozönose* I, 323
Gemeinschaftsökologie (Blake 1926) ↑*Biozönose* I, 323
Gemmule (Darwin 1868) ↑*Gen* II, 18
Gen (Johannsen 1909) II, 15
Genaktivität, differenzielle (Huskins 1947) ↑*Entwicklung* I, 404
Generaltod (Whytt 1751) ↑*Tod* III, 516
Generatio aequivoca (Thomas von Aquin 1259-64) ↑*Urzeugung* III, 608
Generatio spontanea (Thomas von Aquin ca. 1269) ↑*Urzeugung* III, 608

Wortverzeichnis lviii

Generation (lat.) ↑*Fortpflanzung* I, 597
Generationswechsel (Steenstrup 1842) II, 49
Genet (Sarukhán & Harper 1973) ↑*Individuum* II, 166
Genetik (Bateson 1906) II, 54
genetische Relativitätstheorie (Mayr 1955) ↑*Gen* II, 24
Genetisches Engineering (Timoféeff-Ressovsky 1934) ↑*Künstliches Leben* II, 406
Genfrequenz (Fisher 1929) ↑*Evolution* I, 497
Genidentität (Lewin 1922) ↑*Individuum* II, 174
Genkarten (Cleland 1931) ↑*Gen* II, 20
Genom (Winkler 1920) ↑*Gen* II, 39
Genomik (Roderick 1987) ↑*Gen* II, 39
Genomorph (Hoffmeyer & Emmeche 1991) ↑*Genotyp/Phänotyp* II, 68
Genotyp, erweiterter (Maturana 1980) ↑*Genotyp/Phänotyp* II, 67
Genotypus (Johannsen 1909) II, 59
Genpool (Pearl 1941) ↑*Gen* II, 40
Genselektion (Wright 1937) ↑*Selektion* III, 349
Gentechnologie (Davis 1970) ↑*Künstliches Leben* II, 405
Gentransfer, horizontaler (Broda 1975) ↑*Rekombination* III, 201
Geobotanik (Grisebach 1866) ↑*Biogeografie* I, 231
Geoökosystem (Leser 1984) ↑*Ökosystem* II, 739
Geotropismus (Frank 1868; Sachs 1868) ↑*Selbstbewegung* III, 239
geräteherstellendes Tier (Boswell 1785) ↑*Mensch* II, 538
Gerontologie (Metchnikoff 1903) ↑*Tod* III, 522
Gesamtfitness (Hamilton 1964) ↑*Selektion* III, 348
Gesamttod (Langendorff 1887) ↑*Tod* III, 516
Geschichtlichkeit (Schaxel 1922) ↑*Evolution* I, 502
Geschlecht (15. Jh.) II, 72
Geschlechtsbestimmung (Reil & Autenrieth 1815) ↑*Geschlecht* II, 84
Geschlechtschromosomen (Wilson 1906) ↑*Zelle* III, 776
Geschlechtsmerkmale, sekundäre (Bennett 1836; Yarrell 1836) ↑*Geschlecht* II, 75
Geschlechtsverhältnis (Memminger 1824) ↑*Geschlecht* II, 84
Geschlechtszellen (Valentin 1842) ↑*Befruchtung* I, 169
Gestaltqualität (von Ehrenfels 1890) ↑*Ganzheit* I, 697
Gesundheit (mhd.) ↑*Krankheit* II, 290
Gewebe (Wolff 1725) II, 91
Gilde (Tansley 1920) ↑*Biozönose* I, 336
Gleichgewicht (Wiener 1730) II, 98
Gleichgewicht, durchbrochenes (Eldredge & Gould 1972) ↑*Phylogenese* III, 60
Gleichgewicht, dynamisches (Schelling 1798) ↑*Gleichgewicht* II, 106
Glykolyse (Lépine & Barral 1891) ↑*Molekularbiologie* II, 615
Golgi-Apparat (Ramón y Cajal 1914) ↑*Zelle* III, 775
Gonologie (Haeckel 1876) ↑*Genetik* II, 56
Gradualismus (Huxley 1957) ↑*Phylogenese* III, 59
Gründerprinzip (Mayr 1942) ↑*Evolution* I, 518
Grundform (Grohmann 1793) ↑*Typus* III, 551
Grundmuster (von Schrank 1824) ↑*Typus* III, 556
Grundplan (Brandenburg 1749) ↑*Typus* III, 556
Gruppenauslese (Münsterberg 1900) ↑*Selektion* III, 339
Gruppenselektion (Pearson 1894) ↑*Selektion* III, 339
Gynandromorphismus (Wesmael 1836) ↑*Geschlecht* II, 84

Habitat (Linné 1753) ↑*Biotop* I, 306
Habitatdiversität (Lindsay 1868) ↑*Diversität* I, 358
Habituation (mlat.) ↑*Lernen* II, 512
Habitus (Linné 1745) ↑*Systematik* III, 447
Hackordnung (Schjelderup-Ebbe 1922) ↑*Sozialverhalten* III, 391
Handeln (ahd.) ↑*Verhalten* III, 676
Handikapselektion (Zahavi 1975) ↑*Selektion* III, 356
Handlungsmuster, fixes (Thorpe 1951) ↑*Verhalten* III, 659
haplobiontisch (Svedelius 1915) ↑*Metamorphose* II, 584
haploid (Strasburger 1905) ↑*Befruchtung* I, 169
Haplont (Hartmann 1918) ↑*Lebensgeschichte* II, 500
Haplophase (Vuillemin 1907) ↑*Lebensgeschichte* II, 500
Hardy-Weinberg-Gesetz (Stern 1943) ↑*Population* III, 120
Harmonie, poststabilisierte (Riedl 1975) ↑*Anpassung* I, 26
Hassen (15. Jh.) ↑*Schutz* III, 224
Heimatgebiet (Thompson Seton 1909) ↑*Biogeografie* I, 235
Hekistotherme (de Candolle 1874) ↑*Biotop* I, 313
Heliotropismus (de Candolle 1832) ↑*Selbstbewegung* III, 239
Helotismus (Warming 1895) ↑*Symbiose* III, 435
Hemikryptophyten (Raunkiær 1905) ↑*Lebensform* II, 489
Hemmung (Sečenov 1863) ↑*Regulation* III, 160
herbivor (Lovell 1661) ↑*Ernährung* I, 446
Heritabilität (W.D.B. 1853) ↑*Vererbung* III, 642
Hermaphrodit (Plinius um 79) ↑*Geschlecht* II, 83
Heterochronie (Haeckel 1874) ↑*Entwicklung* I, 416
heterocön (Enderlein 1908) ↑*Nische* II, 677

heterogametisch (Wilson 1910) ↑*Zelle* III, 776
Heterogenesis (Spencer 1864) ↑*Generationswechsel* II, 52
Heterogenie (Pouchet 1859) ↑*Urzeugung* III, 608
Heterogonie (Leuckart 1853) ↑*Generationswechsel* II, 51
Heterologie (Virchow 1858) ↑*Entwicklung* I, 417
Heterometrie (Virchow 1858) ↑*Entwicklung* I, 417
Heteromorphose [abhängige Differenzierung] (Pfeffer 1897) ↑*Entwicklung* I, 394
Heteromorphose [ortsuntypische Bildung] (Loeb 1891-92) ↑*Entwicklung* I, 394
Heteropsie (Alverdes 1927) ↑*Schutz* III, 222
Heterosis (Shull 1914) ↑*Vererbung* III, 634
heterotop (Dahl 1908) ↑*Nische* II, 677
Heterotopie (Haeckel 1874) ↑*Entwicklung* I, 417
heterotroph (Frank 1892) ↑*Ernährung* I, 445
heterozygot (Bateson 1902) ↑*Gen* II, 38
Heterozygotenvorteil (Dickerson 1949) ↑*Vererbung* III, 634
Hexikologie (Mivart 1880) ↑*Ethologie* I, 462
Hibernation (Duncan 1790) ↑*Schlaf* III, 214
Hierarchie (Comte 1838) II, 117
Hintergrundaussterben (Raup 1978) ↑*Tod* III, 528
Histologie (Meyer 1819) ↑*Gewebe* II, 95
Historizität (von Bertalanffy 1932) ↑*Evolution* I, 502
Holismus (Smuts 1926) ↑*Ganzheit* I, 716
Hologamie (Dangeard 1900) ↑*Fortpflanzung* I, 594
Hologenese (Rosa 1909) ↑*Entwicklung* I, 415
Holökologie (Schwerdtfeger 1963) ↑*Ökologie* II, 701
Holomorphe (Hennig 1950) ↑*Form* I, 569
Holon (Koestler 1969) ↑*Ganzheit* I, 705
Holophylie (Ashlock 1971) ↑*Phylogenese* III, 70
Holotyp (Schuchert 1897) ↑*Typus* III, 548
Holozön (Friederichs 1927) ↑*Ökosystem* II, 720
Homo duplex (Corpus Hermeticum 3. Jh.) ↑*Mensch* II, 524
Homo erectus (Cope 1895) ↑*Mensch* II, 554
Homo habilis (Leakey, Tobias & Napier 1964) ↑*Mensch* II, 554
Homo loquens (Augustinus 4.-5. Jh.) ↑*Mensch* II, 552
Homo neanderthalensis (King 1863) ↑*Mensch* II, 554
Homo sapiens (Linné 1758) ↑*Mensch* II, 552
Homo sapiens sapiens (Lyon 1936) ↑*Mensch* II, 552
Homobium (Frank 1877) ↑*Symbiose* III, 426
homocön (Enderlein 1908) ↑*Nische* II, 677
Homodynamie (Haeckel 1866) ↑*Homologie* II, 138
Homœosis (Bateson 1894) ↑*Entwicklung* I, 404
homogametisch (Wilson 1910) ↑*Zelle* III, 776

Homogenesis (Spencer 1864) ↑*Generationswechsel* II, 52
Homogenie (Lankaster 1870) ↑*Homologie* II, 138
Homoiohormon (Bethe 1932) ↑*Regulation* III, 179
homoiohydre (Walter 1931) ↑*Regulation* III, 157
Homoiologie (Plate 1902) ↑*Homologie* II, 150
homoiosmotisch (Höber 1902) ↑*Regulation* III, 157
Homologie (Owen 1836) II, 131
Homologie serielle (Owen 1846) ↑*Homologie* II, 135
Homologie, funktionale (Giard 1874) ↑*Homologie* II, 147
Homologienbiologie (Koepcke 1956) ↑*Homologie* II, 150
Homologienlehre (Naef 1913) ↑*Homologie* II, 150
Homologienwissenschaft (Geoffroy Saint Hilaire 1824) ↑*Homologie* II, 150
homomorph (Burnett 1835) ↑*Homologie* II, 147
Homomorphie (Fée 1843) ↑*Homologie* II, 146
Homomorphismus (Burnett 1835) ↑*Homologie* II, 147
homonom (Burmeister 1835) ↑*Homologie* II, 137
homonym (Bronn 1858) ↑*Homologie* II, 137
Homöomorphie (Buckman 1901) ↑*Homologie* II, 150
Homöorhese (Waddington 1957) ↑*Regulation* III, 181
Homöose (Bateson 1894) ↑*Gen* II, 24
Homöostase (Cannon 1926) ↑*Regulation* III, 179
homöostatisches Eigenschaftscluster (Boyd 1988) ↑*Art* I, 89
homöotherm (Bergmann 1847) ↑*Regulation* III, 157
homöotische Gene (Villee 1942) ↑*Gen* II, 24
Homophylie (Haeckel 1872) ↑*Homologie* II, 146
Homoplasie (Lankester 1870) ↑*Homologie* II, 138
Homotelie (Spitzer 1933) ↑*Homologie* II, 147
homotop (Haeckel 1868) ↑*Homologie* II, 147
Homotypie (Raspail 1843) ↑*Homologie* II, 135
homozygot (Bateson 1902) ↑*Gen* II, 37
Hormon (Starling 1905) ↑*Regulation* III, 178
Humanethologie (Wheeler 1926) ↑*Kultur* II, 362
Humanökologie (Hayes 1908) ↑*Ökologie* II, 700
Hybride (Plinius um 79) ↑*Phylogenese* III, 74
Hybridstärke (East & Hayes 1912) ↑*Vererbung* III, 634
hygrophil (Thurmann 1849) ↑*Biotop* I, 313
Hyperkrankheit (MacPhee & Marx 1997) ↑*Krankheit* II, 296
Hypermorphose (de Beer 1930) ↑*Entwicklung* I, 419
hyperparasitisch (Haliday 1833) ↑*Parasitismus* III, 8
Hyperparasitismus (Newman 1878) ↑*Parasitismus* III, 7
Hypertelie (Brunner von Wattenwyl 1873) ↑*Selbst-*

darstellung III, 252
Hyperzyklus (Eigen 1971) ↑*Selbstorganisation* III, 284
Hypnose (Harless 1824) ↑*Schlaf* III, 216
Hypobiose (Monterosso 1934) ↑*Schlaf* III, 216
Hyponastie (Radlkofer 1859) ↑*Selbstbewegung* III, 241
hyponastisch (Schimper 1854) ↑*Selbstbewegung* III, 241

Ichsprache (Jacoby 1961) ↑*Kommunikation* II, 260
Idiobiologie (Gams 1918) ↑*Biologie* I, 286
Idioblast (O. Hertwig 1897) ↑*Gen* II, 20
Idiogenese (Barth 1908) ↑*Entwicklung* I, 416
Idioplasma (von Nägeli 1879) ↑*Gen* II, 18
Idiotypus (Siemens 1917) ↑*Genotyp/Phänotyp* II, 64
Imaginalscheiben (Weismann 1864) ↑*Metamorphose* II, 582
Imago (Linné 1767) ↑*Metamorphose* II, 575
Immunkörper (Ehrlich & Morgenroth 1899) ↑*Schutz* III, 226
Immunologie (Rosenow 1906) ↑*Schutz* III, 227
Immunsystem (Meyer & Emmerich 1909) ↑*Schutz* III, 227
Imperativ, biologischer (Vogel 1986) ↑*Fortpflanzung* I, 587
Individualfitness (Gordon & Gordon 1939) ↑*Anpassung* I, 45
Individualität, genealogische (Haeckel 1866) ↑*Individuum* II, 163
Individualselektion (Anonymus 1861) ↑*Selektion* III, 339
Individuoid (van Valen 1978) ↑*Individuum* II, 176
Individuum (lat.) II, 159
Individuum, anthropologisches (Kühnemann 1899) ↑*Individuum* II, 175
Information (Ephrussi et al. 1953) II, 181
Infusoria (Wrisberg 1765) ↑*Einzeller* I, 369
Inhibition, allosterische (Monod & Jacob 1961) ↑*Regulation* III, 160
Innenwelt (Krug 1795) ↑*Umwelt* III, 582
Innerlichkeit (von Berger 1821) ↑*Bedürfnis* I, 163
Instinkt (Avicenna 10.-11. Jh.) II, 195
Instinktbewegung (Smellie 1790) ↑*Verhalten* III, 657
Instinkthandlung (Balguy 1729) ↑*Verhalten* III, 676
Instinktreduktion (Gehlen 1950) ↑*Mensch* II, 537
Instinktverhalten (Lloyd Morgan 1896) ↑*Verhalten* III, 657
Instinktverschränkung (Alverdes 1925) ↑*Balz* I, 153
Integron (Jacob 1970) ↑*Gen* II, 28
Intelligenz (lat.) II, 215
Intelligenzquotient (Stern 1912) ↑*Intelligenz* II, 221

Intentionalität zweiter Ordnung (Seyfarth 1984) ↑*Intelligenz* II, 224
Intentionsbewegung (Lorenz 1931) ↑*Kommunikation* II, 269
Interaktor (Hull 1980) ↑*Selektion* III, 336
Interdependenz (Burnett 1830) ↑*Wechselseitigkeit* III, 752
Interdetermination (Davidson 1867) ↑*Wechselseitigkeit* III, 754
Interferenzkonkurrenz (Park 1954) ↑*Konkurrenz* II, 284
intermediärer Stoffwechsel (Lehmann 1852) ↑*Stoffwechsel* III, 411
Internselektion (White 1960) ↑*Selektion* III, 360
Interphase (Lundegårdh 1912) ↑*Zelle* III, 778
Intertaxa (Wagner 1983) ↑*Phylogenese* III, 76
Intraselektion (Weismann 1894) ↑*Selektion* III, 360
Introgression (Anderson & Hubricht 1938) ↑*Rekombination* III, 201
Intron (Gilbert 1978) ↑*Gen* II, 28
Intussumption (Arriaga 1632) ↑*Wachstum* III, 712
Invasion (Darwin 1839) ↑*Biogeografie* I, 246
Inzuchtdepression (Kappert 1931; Valle 1931) ↑*Vererbung* III, 634
Irritabilität (Glisson 1654) ↑*Wahrnehmung* III, 724
Isogamie (de Bary 1881) ↑*Befruchtung* I, 169
Isolation (Blyth 1835) ↑*Evolution* I, 516
Isolationsmechanismen (Dobzhansky 1935) ↑*Evolution* I, 517
Isomorphismus (Parker & Jones 1860) ↑*Homologie* II, 147
Isophylie (Poll 1920) ↑*Homologie* II, 146
Isoreagent (Raunkiær 1918) ↑*Taxonomie* III, 488
Isozönose (Gams 1918) ↑*Biozönose* I, 335
Iteroparie (Cole 1954) ↑*Lebensgeschichte* II, 501

Jordanon (Lotsy 1916) ↑*Art* I, 74
Juxtaposition (Arriaga 1632) ↑*Wachstum* III, 712

Kampf der Teile (Roux 1881) ↑*Konkurrenz* II, 282
Kampf ums Dasein (Malthus 1798) ↑*Konkurrenz* II, 279
känozoisch (Phillips 1841) ↑*Fossil* I, 637
karnivor (Plinius um 79) ↑*Räuber* III, 136
Karpose (Hesse 1943) ↑*Symbiose* III, 434
Karyokinese (Schleicher 1878) ↑*Zelle* III, 777
Karyoplasma (Flemming 1882) ↑*Zelle* III, 771
Karyotyp (Delaunay 1923) ↑*Zelle* III, 776
Katabolismus (Gaskell 1886) ↑*Stoffwechsel* III, 412
katatropistisch (Massart 1902) ↑*Selbstbewegung* III, 240
Kategorie, systematische (Nägeli 1865) ↑*Taxonomie* III, 473

Keim (ahd.) ↑*Entwicklung* I, 413
Keimbahn (de Vries 1889) ↑*Genotyp/Phänotyp* II, 62
Keimblätter (von Baer 1828) ↑*Entwicklung* I, 397
Keimplasma (Weismann 1883) ↑*Gen* II, 19
Keimzelle (Vogt 1842) ↑*Entwicklung* I, 413
Kettenreflex (Loeb 1899) ↑*Verhalten* III, 674
Kinesis (Rothert 1901) ↑*Selbstbewegung* III, 241
Klade (Huxley 1955) ↑*Systematik* III, 455
Kladistik (Camin & Sokal 1965) ↑*Systematik* III, 454
Kladogenese (Rensch 1947) ↑*Systematik* III, 454
Kladogramm (Mayr 1965) ↑*Systematik* III, 453
Kladospezies (Ackery & Vane-Wright 1984) ↑*Art* I, 87
Klasse (Tournefort 1700) ↑*Taxonomie* III, 475
Klimax (Cowles 1899) ↑*Entwicklung* I, 426
Klinokinesis (Gunn, Kennedy & Pielou 1937) ↑*Selbstbewegung* III, 241
Koadaptation (Darwin 1859) ↑*Anpassung* I, 39
Koaptation (Stahl 1707) ↑*Anpassung* I, 28
Koevolution (Reinheimer 1920) ↑*Evolution* I, 515
Koexistenz (Cain 1953) II, 231
Kohärenzmorphologie (Richter 2007) ↑*Morphologie* II, 637
Kohlenhydrate (Meinecke 1817) ↑*Molekularbiologie* II, 618
Kollektiveigenschaft (Broad 1933) ↑*Ganzheit* I, 712
Kolloid (Graham 1860) ↑*Molekularbiologie* II, 617
Kolonie (Varro 37 v. Chr.) ↑*Sozialverhalten* III, 380
Kommensalismus (van Beneden 1869) ↑*Symbiose* III, 435
Kommenthandlung (Lorenz 1932) ↑*Kommunikation* II, 269
Kommunikation (Montaigne 1580) II, 244
Konditionierung (Watson 1916) ↑*Lernen* II, 509
Konjugation (Treviranus 1804) ↑*Geschlecht* II, 82
Konkurrenz (Borkhausen 1800) II, 277
Konkurrenz, apparente (Holt 1977) ↑*Konkurrenz* II, 283
Konkurrenzausschlussprinzip (Hardin 1960) ↑*Koexistenz* II, 238
Konstellationskausalität (Driesch 1904) ↑*Ganzheit* I, 706
Konstruktionsmorphologie (Weber 1954) ↑*Morphologie* II, 636
Konsument (Anonymus 1798) ↑*Rolle, ökologische* III, 207
Konsumptionsrate (Spencer 1867) ↑*Ernährung* I, 454
Kontinuität des Keimprotoplasmas (Jaeger 1876) ↑*Vererbung* III, 632
kontrapunktische Beziehung (von Uexküll 1940) ↑*Anpassung* I, 31
Konvergenz (Watson 1860) ↑*Analogie* I, 8
Kopplung (Morgan & Lynch 1912) ↑*Gen* II, 20
Kopulation (Augustinus 418) ↑*Geschlecht* II, 73
Kormophyten (Endlicher 1836) ↑*Taxonomie* III, 478
Kormus (Willdenow 1802) ↑*Morphologie* II, 647
Körperausschaltung (Alsberg 1922) ↑*Mensch* II, 543
Körpergrundgestalt (Seidel 1936) ↑*Typus* III, 557
Korrelation (La Mettrie 1751) ↑*Morphologie* II, 639
Krankheit (mhd.) II, 290
Krankheitserreger (Steinheim 1832) ↑*Krankheit* II, 293
Kreiskausalität (Hughes 1925) ↑*Kreislauf* II, 306
Kreislauf (Cesalpino 1571) II, 302
Kryobiose (Keilin 1959) ↑*Schlaf* III, 216
Krypsis (Kettlewell 1956) ↑*Schutz* III, 222
Kryptobiose (Keilin 1959) ↑*Schlaf* III, 213
Kryptogamen (Linné 1735) ↑*Taxonomie* III, 478
Kryptophyten (Raunkiær 1905) ↑*Lebensform* II, 489
Kultur der Tiere (Letromi 1806) ↑*Kultur* II, 361
kulturelle Evolution (Brinton 1893) ↑*Kultur* II, 352
Kulturethologie (Koenig 1970) ↑*Kultur* II, 362
Kulturwissenschaft (Lavergne-Peguilhen 1838) II, 374
Künstliches Leben (Beaumont 1613) II, 399
Kunsttriebe (Reimarus 1760) ↑*Kulturwissenschaft* II, 385
Kybernetik (Wiener 1948) ↑*Regulation* III, 181

Lamarckismus (Lankester 1884) II, 409
Landschaft (9. Jh.) ↑*Biotop* I, 314
Landschaftsästhetik (Reagles 1857) ↑*Biotop* I, 316
Landschaftsökologie (Troll 1939) ↑*Biotop* I, 315
Larve (Linné 1748) ↑*Metamorphose* II, 575
latentes Leben (Hufeland 1790) ↑*Schlaf* III, 213
Leben (ahd. 8. Jh.) II, 420
lebende Substanz (Augustinus um 400) ↑*Organismus* II, 812
Lebensauslese (Schallmayer 1907) ↑*Selektion* III, 322
Lebensbedingungen (Burnet 1737) ↑*Umwelt* III, 586
Lebensform (Warming 1895) II, 484
Lebensgeist (Wilhelm von Saint-Thierry um 1138) ↑*Vitalismus* III, 692
Lebensgemeinschaft (Junge 1885) ↑*Biozönose* I, 324
Lebensgeschichte (Sulzer 1750) II, 497
Lebensgeschichtsstrategie (Gadgil 1969) ↑*Lebensgeschichte* II, 499
Lebenskraft (gr. 4. Jh. v. Chr.) ↑*Vitalismus* III, 699
Lebenskunde (Busch 1806) ↑*Biologie* I, 268
Lebensraum (Ratzel 1897) ↑*Biotop* I, 305
Lebensspur (Baker 1978) ↑*Biogeografie* I, 235

Wortverzeichnis

Lebenswellen (Četverikov 1905) ↑*Population* III, 123
Lebenswissenschaft (Pierer 1816) ↑*Biologie* I, 267
Lebenszonen (Merriam 1890) ↑*Biogeografie* I, 246
Lebenszyklus (John 1810) ↑*Kreislauf* II, 314
Lebewesen (16. Jh.) ↑*Organismus* II, 810
Leerlaufreaktion (Lorenz 1935) ↑*Bedürfnis* I, 162
Leistungsplan (von Uexküll 1912) ↑*Typus* III, 555
Leitfossil (Ewald & Beyrich 1839) ↑*Fossil* I, 638
Leitwissenschaft (Goldscheid 1915) ↑*Biologie* I, 265
Leptotän (Winiwarter 1900) ↑*Zelle* III, 778
Lernen (ahd. 9. Jh.) II, 507
Lernen, negatives (Bindra 1973) ↑*Lernen* II, 512
limbisches System (MacLean 1952) ↑*Gefühl* II, 10
Linneon (Lotsy 1916) ↑*Art* I, 74
Liposomen (Albrecht 1903) ↑*Zelle* III, 774
Lokus (Genort) (Bridges 1913) ↑*Gen* II, 38
Lotka-Volterra-Gleichungen (Whittaker 1941) ↑*Population* III, 124
LUCA (Forterre 1997) ↑*Phylogenese* III, 77
Luxusbildung (Schultz-Schultzenstein 1852) ↑*Selbstdarstellung* III, 249
Lysosomen (de Duve 1953) ↑*Ernährung* I, 444

Makroevolution (Philiptschenko 1927) ↑*Evolution* I, 514
Makromolekül (Staudinger 1924) ↑*Molekularbiologie* II, 617
Makromutation (Goldschmidt 1940) ↑*Mutation* II, 662
Makrotaxonomie (Goldschmidt 1940) ↑*Taxonomie* III, 469
Mängelwesen (Gehlen 1940) ↑*Mensch* II, 536
Massenaussterben (von Bubnoff 1914) ↑*Tod* III, 527
Mechanismus (Stillingfleet 1662) ↑*Organismus* II, 813
mechanistisch (von Walther 1807) ↑*Organismus* II, 813
Medizin (Cicero um 80 v. Chr.) ↑*Krankheit* II, 297
Megatherme (de Candolle 1874) ↑*Biotop* I, 313
Mehrebenenselektion (Darlington 1972) ↑*Selektion* III, 337
Meiose (Farmer & Moore 1905) ↑*Zelle* III, 778
Mem (Dawkins 1976) ↑*Fortpflanzung* I, 593
Membran (Pringsheim 1854) ↑*Zelle* III, 771
Mensch (ahd. 8. Jh.) II, 520
Menschenaffen (Cuhn 1790) ↑*Mensch* II, 558
mentale Repräsentation (d'Olivet 1721) ↑*Bewusstsein* I, 182
Merkmal (17. Jh.) ↑*Form* I, 565
Merkmalsdiversität (Wernham 1912) ↑*Diversität* I, 359

Merkmalseinheit (Bateson 1902) ↑*Form* I, 568
Merkmalsfitness (Sober 1981) ↑*Anpassung* I, 45
Merkmalsgruppe (Wilson 1975) ↑*Selektion* III, 343
Merkmalsselektion (Naroll & Divale 1976) ↑*Selektion* III, 329
Merkmalsverschiebung (Brown & Wilson 1956) ↑*Koexistenz* II, 238
Merkmalszustand (Michener & Sokal 1957) ↑*Form* I, 570
Merkwelt (von Uexküll 1912) ↑*Umwelt* III, 570
Merogamie (Dangeard 1900) ↑*Fortpflanzung* I, 594
Mesoderm (Ecker 1864) ↑*Entwicklung* I, 398
Mesologie (Bertillon 1860) ↑*Ökologie* II, 706
Mesotherme (de Candolle 1874) ↑*Biotop* I, 313
mesotraphent (Weber 1907) ↑*Nische* II, 677
mesotroph (Weber 1907) ↑*Biotop* I, 312
mesozoisch (Phillips 1840) ↑*Fossil* I, 637
messenger RNA (Brenner, Jacob & Meselson 1961) ↑*Gen* II, 28
Metabiologie (F.G. 1884) ↑*Biologie* I, 266
Metabiose (Hueppe 1896) ↑*Symbiose* III, 430
metabiotisch (Garré 1887) ↑*Symbiose* III, 430
metabolisch (Schwann 1839) ↑*Stoffwechsel* III, 412
Metabolismus (Reich 1844) ↑*Stoffwechsel* III, 412
Metagenese (Owen 1851) ↑*Generationswechsel* II, 50
Metakognition (Krapiec 1960) ↑*Bewusstsein* I, 197
Metakommunikation (Ruesch & Bateson 1951) ↑*Kommunikation* II, 261
Metamer (Haeckel 1866) ↑*Morphologie* II, 646
Metamorphologie (Haeckel 1866) ↑*Entwicklungsbiologie* I, 438
Metamorphose (Moufet 1590) II, 573
Metaorganismus (Eisler 1949) ↑*Organismus* II, 827
Metaphase (Strasburger 1884) ↑*Zelle* III, 778
Metaphyta (Weismann 1882) ↑*Taxonomie* III, 481
Metaplasie (Virchow 1864-65) ↑*Regeneration* III, 145
Metapopulation (Levins 1970) ↑*Population* III, 129
Metazoen (Haeckel 1872) ↑*Taxonomie* III, 481
Metökie (Wasmann 1896) ↑*Symbiose* III, 434
Micell (Nägeli 1877) ↑*Molekularbiologie* II, 612
Migration (Godwin ca. 1633) ↑*Evolution* I, 518
Mikroben (Sédillot 1878) ↑*Bakterium* I, 141
Mikrobiologie (Pasteur 1888) ↑*Bakterium* I, 141
Mikrobiom (Lederberg 2001) ↑*Symbiose* III, 432
Mikrobozönosen (Sukačev 1961) ↑*Biozönose* I, 334
Mikroevolution (Gates 1911) ↑*Evolution* I, 514
Mikromutation (Goldschmidt 1940) ↑*Mutation* II, 662
Mikroorganismen (Dietz 1865) ↑*Einzeller* I, 366
Mikroskop (Faber 1625) ↑*Bakterium* I, 147
Mikrotaxonomie (Goldschmidt 1940) ↑*Taxonomie*

III, 469
Mikrotherme (de Candolle 1874) ↑*Biotop* I, 313
Milieu (Lamarck 1800) ↑*Umwelt* III, 583
Milieu, genotypisches (Četverikov 1926) ↑*Umwelt* III, 585
Milieu, inneres (Bernard 1857) ↑*Regulation* III, 175
Mimese (Puschnig 1917) ↑*Mimikry* II, 601
Mimikry (Bates 1862) II, 592
Mimismus (Socin 1887) ↑*Schutz* III, 222
minimales Leben (Hollier 1708) ↑*Schlaf* III, 214
Minimalgenom (Itaya 1994) ↑*Organismus* II, 824
Minimalnische (Hurlbert 1981) ↑*Nische* II, 673
Minimalorganismus (Schulz 1949-50) ↑*Organismus* II, 823
Minimalumwelt (Weber 1939) ↑*Umwelt* III, 574
Minimalzelle (Gaffron 1957) ↑*Organismus* II, 823
Mischvererbung (Galton 1887) ↑*Vererbung* III, 631
missing link (Chambers 1844) ↑*Phylogenese* III, 63
Mitochondrien (Benda 1898) ↑*Zelle* III, 773
Mitose (Flemming 1882) ↑*Zelle* III, 777
Mitwelt (Breithaupt 1771) ↑*Umwelt* III, 573
Mneme (Semon 1904) ↑*Lernen* II, 508
Mobbing (Knapp 1829) ↑*Schutz* III, 224
Modifikation (Nägeli 1884) II, 606
Modul (Harper & White 1974) ↑*Morphologie* II, 647
Molekularbiologie (Weaver 1938) II, 611
Moneren (Haeckel 1866) ↑*Bakterium* I, 146
Monocotyledoneae (Ray 1703) ↑*Taxonomie* III, 473
Monoecia (Linné 1735) ↑*Geschlecht* II, 84
Monogamie (Tertullian um 200) ↑*Geschlecht* II, 75
Monogonie (Haeckel 1866) ↑*Fortpflanzung* I, 594
Monomorphismus (Breyer 1862) ↑*Metamorphose* II, 584
monophyletisch (Haeckel 1866) ↑*Phylogenese* III, 69
monophyletisch [Kladistik] (Hennig 1950) ↑*Phylogenese* III, 69
Monophylum (Hennig 1953) ↑*Phylogenese* III, 70
monotypisch [Evolution] (Gulick 1888) ↑*Evolution* I, 517
monotypisch [Taxon] (Mirbel 1815) ↑*Art* I, 80
Monster, hoffnungsvolle (Goldschmidt 1933) ↑*Mutation* II, 663
Morphallaxis (Morgan 1901) ↑*Regeneration* III, 144
Morphogenese (Lotze 1842) ↑*Morphologie* II, 638
morphogenetisches Feld (Driesch 1929) ↑*Feld* I, 553
Morphografie (Burdach 1810) ↑*Morphologie* II, 631
Morphokline (Maslin 1952) ↑*Form* I, 565
Morphologie (Goethe ca. 1796) II, 624
Morphologie, dynamische (Naef 1913) ↑*Morphologie* II, 636

Morphologie, evolutionäre (Anonymus 1900) ↑*Morphologie* II, 638
Morphologie, idealistische (Goebel 1893) ↑*Morphologie* II, 632
Morphologie, physiologische (Purkinje 1833) ↑*Morphologie* II, 636
Morphologie, rationale (Webster & Goodwin 1982) ↑*Morphologie* II, 634
Morphologie, theoretische (Hooker 1849) ↑*Morphologie* II, 638
Morphometrik (Stower, Davies & Jones 1960) ↑*Morphologie* II, 639
Morphon (Haeckel 1878) ↑*Individuum* II, 165
Morphoraum (McGhee 1980) ↑*Morphologie* II, 639
Morphospezies (Cain 1953) ↑*Art* I, 82
Morphotyp (Brues 1910) ↑*Typus* III, 548
Morula (Haeckel 1872) ↑*Entwicklung* I, 400
Mosaikarbeit (Roux 1888) ↑*Entwicklung* I, 400
Mosaikevolution (de Beer 1954) ↑*Evolution* I, 516
Muskel (lat.) ↑*Selbstbewegung* III, 238
Musterkladistik (Beatty 1982) ↑*Systematik* III, 458
Mutagen (Auerbach 1946) ↑*Mutation* II, 663
Mutation (Waagen 1869) II, 655
Mutationsdruck (Wright 1929) ↑*Mutation* II, 662
Mutationsrate (Muller & Altenburg 1919) ↑*Mutation* II, 662
Muton (Benzer 1957) ↑*Gen* II, 27
Mutualismus (van Beneden 1873) ↑*Symbiose* III, 432
Mykobiont (Scott 1957) ↑*Pilz* III, 109
Mykologie (Persoon 1794) ↑*Pilz* III, 106
Mykorrhiza (Frank 1885) ↑*Pilz* III, 108
Mykosemiotik (Sebeok 1990) ↑*Kommunikation* II, 267

Nachhaltigkeit (Frank 1789) ↑*Bioethik* I, 221
Nahrungskette (Kerr 1915) ↑*Ernährung* I, 449
Nahrungskreislauf (Aveling 1881) ↑*Ernährung* I, 452
Nahrungsnetz (Allee 1932) ↑*Ernährung* I, 452
Nanobakterien (Anderson 1984) ↑*Bakterium* I, 146
Nanoben (Uwins, Webb & Taylor 1998) ↑*Bakterium* I, 146
Naptonuon (Brosius & Gould 1992) ↑*Gen* II, 35
Nastie (Pfeffer 1904) ↑*Selbstbewegung* III, 241
Naturbefreiung (Alsberg 1922) ↑*Mensch* II, 543
Natürliche Selektion (Darwin 1841) ↑*Selektion* III, 310
natürliches System (Linné 1735) ↑*Systematik* III, 446
Naturschutz (Rudorff 1888) ↑*Bioethik* I, 219
Nekrobiosis (Schultz 1844) ↑*Tod* III, 523
nekrophag (Nieremberg 1635) ↑*Ernährung* I, 446

Wortverzeichnis lxiv

Nekrosis (Aretaios um 100) ↑*Tod* III, 523
Nekton (Haeckel 1890) ↑*Biotop* I, 314
Neodarwinismus (Butler 1880) ↑*Evolutionsbiologie* I, 546
Neoepigenese (Roux 1905) ↑*Entwicklung* I, 412
Neoevolution (Roux 1905) ↑*Entwicklung* I, 412
Neolamarckismus (Conn 1887) ↑*Lamarckismus* II, 415
Neomelie (Carus 1853) ↑*Brutpflege* I, 345
Neotenie (Kollmann 1884) ↑*Entwicklung* I, 418
Neovitalismus (Rindfleisch 1888) ↑*Vitalismus* III, 705
neozoisch (Forbes 1854) ↑*Fossil* I, 637
Nerv (griech.) ↑*Empfindung* I, 381
Nervenphysiologie (von Humboldt 1797) ↑*Empfindung* I, 385
Nervensystem (Willis 1664) ↑*Empfindung* I, 385
Nervensystem, autonomes (Langley 1898-99) ↑*Empfindung* I, 385
Nervensystem, vegetatives (Röschlaub 1806; Wolf 1806) ↑*Empfindung* I, 385
Nervenzelle (Schwann 1839) ↑*Empfindung* I, 383
Nestflüchter (Oken 1837) ↑*Brutpflege* I, 345
Nesthocker (Oken 1816) ↑*Brutpflege* I, 345
Netz des Lebens (Bruckner 1768) ↑*Ökologie* II, 688
netzartige Verwandtschaft (Lederer 1860) ↑*Phylogenese* III, 74
Netzwerk, genealogisches (O. Hertwig 1916) ↑*Phylogenese* III, 74
Neue Systematik (Huxley 1940) ↑*Systematik* III, 452
Neuroethologie (Brown & Hunsperger 1963) ↑*Ethologie* I, 474
Neurologie (Riolan 1618) ↑*Empfindung* I, 385
Neuron (Waldeyer 1891) ↑*Empfindung* I, 383
Neurophysiologie (Moos 1841) ↑*Empfindung* I, 385
Neuston (Naumann 1917) ↑*Biotop* I, 314
Neutrale Theorie der Evolution (Matsuda 1976) ↑*Evolution* I, 524
Neutralismus (Odum 1971) ↑*Symbiose* III, 431
Nische (Johnson 1910) II, 669
Nischenkonstruktion (Odling-Smee 1988) ↑*Nische* II, 677
Nitrifikation (Anonymus 1766) ↑*Kreislauf* II, 330
Nomenklatur, binäre (Duchesne 1796) ↑*Art* I, 97
Nomenklatur, binominale (Bonaparte 1838) ↑*Art* I, 97
Nomenklatur, trinomiale (Strickland 1845) ↑*Art* I, 98
Nomenklatur, uninonomiale (Nelson & Macbride 1913) ↑*Art* I, 99
Nomogenese (Berg 1922) ↑*Fortschritt* I, 622
Nonaptation (Brosius & Gould 1992) ↑*Anpassung* I, 41
Norm (lat.) ↑*Gleichgewicht* II, 111
Nuklein (Miescher 1871) ↑*Gen* II, 40
Nukleinsäuren (Altmann 1889) ↑*Gen* II, 40
nukleisch (Lederberg 1958) ↑*Vererbung* III, 637
Nukleoid (Piekarski 1937) ↑*Zelle* III, 773
Nukleolus (Valentin 1839) ↑*Zelle* III, 773
Nukleoplasma (Strasburger 1882) ↑*Zelle* III, 771
Nukleus (Brown 1833) ↑*Zelle* III, 772
Nuon (Brosius & Gould 1992) ↑*Gen* II, 35
nyktinastisch (Pfeffer 1904) ↑*Schlaf* III, 211

offene Form (Driesch 1909) ↑*Pflanze* III, 20
Ökodem (Gilmour & Gregor 1939) ↑*Population* III, 127
Ökogenese (Davitasvilli 1978) ↑*Entwicklung* I, 426
Ökokline (Clements 1934) ↑*Biozönose* I, 335
Ökologie (Haeckel 1866) II, 681
Ökologie, evolutionäre (Allee et al. 1949) ↑*Ökologie* II, 698
Ökologie, funktionale (Allee et al. 1949) ↑*Ökologie* II, 698
ökologische Entwicklung (Taylor 1920) ↑*Entwicklung* I, 423
ökologisches System (Forbes 1908) ↑*Ökosystem* II, 718
Ökomerie (Koepcke 1973) ↑*Metamorphose* II, 585
Ökomorphologie (Homès et al. 1951) ↑*Ökologie* II, 707
Ökonomie der Natur (Digby 1658) ↑*Ökologie* II, 687
Ökonomie, tierische (Duret 1588) ↑*Physiologie* III, 89
Ökophän (Turesson 1922) ↑*Modifikation* II, 607
Ökophysiologie (Chauvin 1949) ↑*Ökologie* II, 707
Ökosemiotik (Nöth 1996) ↑*Kommunikation* II, 267
Ökospezies (Turesson 1922) ↑*Art* I, 85
Ökosphäre (Strughold 1953) ↑*Biosphäre* I, 296
Ökosystem (Clapham ca. 1930) II, 715
Ökosystemingenieure (Jones, Lawton & Shachak 1994) ↑*Symbiose* III, 430
Ökosystemtyp (Brian 1952) ↑*Ökosystem* II, 724
Ökotop (Tansley 1939) ↑*Biotop* I, 308
Ökotyp (Turesson 1922) ↑*Modifikation* II, 607
oligotraphent (Weber 1907) ↑*Nische* II, 677
oligotroph (Weber 1907) ↑*Biotop* I, 312
Ontogenese (Haeckel 1866) ↑*Entwicklung* I, 415
Ontogenetik (Zimmermann 1931) ↑*Entwicklungsbiologie* I, 439
ontogenetische Periode (Nägeli 1884) ↑*Entwicklung* I, 415
operantes Verhalten (Skinner 1937) ↑*Lernen* II, 509
operationale taxonomische Einheit (OTU) (Sokal &

Rohlf 1962) ↑*Systematik* III, 454
Operator (Jacob & Monod 1959) ↑*Regulation* III, 160
Operon (Jacob et al. 1960) ↑*Regulation* III, 160
optimale Nahrungssuche (Orians & Horn 1969) ↑*Anpassung* I, 51
Optimierungsmodell (Rapport 1971) ↑*Anpassung* I, 51
Ordnung (Linné 1735) ↑*Taxonomie* III, 475
Organ (Hippokrates ca. 397 v. Chr.) II, 746
Organ, ektosomatisches (Sewertzoff 1914) ↑*Organ* II, 751
Organ, endosomatisches (Sewertzoff 1914) ↑*Organ* II, 751
Organanlage (Neumann 1835; Röper 1835) ↑*Entwicklung* I, 400
Organellen (Haeckel 1894) ↑*Zelle* III, 772
Organisation (Thomas von Aquin 1254-56) II, 754
Organisationsgrad (Robinet 1761) ↑*Organisation* II, 769
Organisationshomologie (Müller 2003) ↑*Homologie* II, 145
Organisationsmerkmale (Malte-Brun 1822) ↑*Homologie* II, 138
Organisationsstufe (Wagner 1803) ↑*Typus* III, 558
Organisationstyp (Marivetz & Goussier 1783) ↑*Typus* III, 557
Organisator (Spemann 1921) ↑*Entwicklung* I, 404
organischer Körper (Aristoteles 4. Jh. v. Chr.) ↑*Organismus* II, 783
organisierter Körper (Thomas v. Aquin 1259-64) ↑*Organismus* II, 783
Organismenhaftigkeit (Reinhardt 1921) ↑*Organismus* II, 822
Organismik (Lewin 1922) ↑*Biologie* I, 271
organismisch (H.M.G. 1859) ↑*Organismus* II, 821
Organismizismus (Bartley 1941) ↑*Organismus* II, 822
Organismizität (Blanshard 1939) ↑*Organismus* II, 822
Organismus (Stahl 1684) II, 777
Organizismus (Caffin 1822) ↑*Organismus* II, 822
Organogenese (Geoffroy Saint Hilaire 1823) ↑*Entwicklung* I, 400
Organografie (Goldbeck 1806) ↑*Biologie* I, 271
Organoid (Anonymus 1857) ↑*Organ* II, 751
Organologie (Feuereisen 1780) ↑*Biologie* I, 270
Organom (Rheinberger 2002) ↑*Molekularbiologie* II, 614
Organonomie (Schmid 1798) ↑*Biologie* I, 271
Organsystem (Bonnet 1762) ↑*Funktion* I, 679
Orientation (Tourtual 1827) ↑*Wahrnehmung* III, 732
Orobiom (Walter 1976) ↑*Biosphäre* I, 300

Orthogenese (Haacke 1893) ↑*Fortschritt* I, 621
Orthoselektion (Plate 1903) ↑*Fortschritt* I, 623
Osmobiose (Keilin 1959) ↑*Schlaf* III, 216

Pachytän (Winiwarter 1900) ↑*Zelle* III, 778
Pädogenesis (von Baer 1865) ↑*Entwicklung* I, 419
Pädomorphismus (Allen 1891) ↑*Entwicklung* I, 419
Pädomorphose (Garstang 1922) ↑*Entwicklung* I, 419
Paläobiologie (Buckman 1893) ↑*Fossil* I, 627
Paläontologie (Tissier 1823) ↑*Fossil* I, 627
Paläoökologie (MacMillan 1898) ↑*Fossil* I, 627
paläozoisch (Sedgwick 1838) ↑*Fossil* I, 636
Pangen (de Vries 1899) ↑*Gen* II, 20
Pangenesis (Darwin 1868) ↑*Vererbung* III, 629
Parabiologie (Prübusch 1929) ↑*Biologie* I, 266
Parabiose (Forel 1898) ↑*Symbiose* III, 434
Parallelismus (Cope 1887) ↑*Analogie* I, 9
Paralogie (Hunter 1964) ↑*Homologie* II, 150
Paramer (Haeckel 1866) ↑*Morphologie* II, 646
parapatrisch (de Laubenfels 1953) ↑*Art* I, 100
paraphyletisch (Hennig 1962) ↑*Phylogenese* III, 71
Parasexualität (Pontecorvo 1954) ↑*Geschlecht* II, 82
parasitisch (Zaluziansky à Zaluzian 1592) ↑*Parasitismus* III, 1
Parasitismus (Nitzsch 1818) III, 1
Parasitoid (Reuter 1913) ↑*Parasitismus* III, 8
Paraspezies (Moore & Sylvester-Bradley 1956) ↑*Art* I, 76
Parastasis (Schaffner 1993) ↑*Funktion* I, 653
paratopische Aktivität (Armstrong 1949) ↑*Funktion* I, 681
Paratrepsis (Armstrong 1949) ↑*Brutpflege* I, 345
Paratypus (Siemens 1917) ↑*Genotyp/Phänotyp* II, 65
Paröken (Kraepelin 1905) ↑*Symbiose* III, 434
Parökie (H.S. 1905) ↑*Symbiose* III, 434
Parthenogenese (Owen 1849) ↑*Fortpflanzung* I, 595
Partialhomologie (Owen 1871) ↑*Homologie* II, 143
Partialtod (Gale 1677) ↑*Tod* III, 516
Pathologie (Galen 2. Jh.) ↑*Krankheit* II, 297
pathozentrisch (Teutsch 1985) ↑*Bioethik* I, 207
Pedobiom (Walter 1976) ↑*Biosphäre* I, 300
Penetranz (Vogt 1926) ↑*Gen* II, 27
Peramorphose (Alberch et al. 1979) ↑*Entwicklung* I, 419
Perilogie (Haeckel 1879) ↑*Ethologie* I, 472
peripatrisch (Mayr 1982) ↑*Art* I, 100
Peristase (Fischer 1919) ↑*Umwelt* III, 579
Pflanze (ahd. 10. Jh.) III, 11
Pflanzenchemie (Fourcroy 1782) ↑*Molekularbiologie* II, 616
Pflanzengeografie (Giraud-Soulavie 1780) ↑*Biogeografie* I, 231

Wortverzeichnis

Pflanzengesellschaft (A.J. 1786) ↑*Biozönose* I, 322
Pflanzenpathologie (Plenck 1794) ↑*Krankheit* II, 298
Pflanzenphysiologie (Jampert 1755) ↑*Physiologie* III, 89
Pflanzenpsychologie (von Reider 1831) ↑*Ethologie* I, 470
Pflanzentrieb (von Berger 1821) ↑*Instinkt* II, 198
Pflanzenverein (Warming 1896) ↑*Biozönose* I, 322
Phagozyten (Metschnikoff 1883) ↑*Schutz* III, 226
Phanerogamen (Saint-Amans 1791) ↑*Taxonomie* III, 478
Phanerophyten (Raunkiær 1905) ↑*Lebensform* II, 489
Phänetik (Sokal & Sneath 1963; Ehrlich & Holm 1963) ↑*Systematik* III, 453
phänetisch (Cain & Harrison 1960) ↑*Systematik* III, 453
Phänogenetik (Haecker 1918) ↑*Entwicklungsbiologie* I, 439
Phänogramm (Mayr 1965) ↑*Systematik* III, 453
Phänokopie (Goldschmidt 1935) ↑*Modifikation* II, 607
Phänologie (Morren 1853) ↑*Lebensgeschichte* II, 500
Phänom (Meyer-Abich 1934) ↑*Genotyp/Phänotyp* II, 65
Phänon (Camp & Gilly 1943) ↑*Form* I, 572
Phänotyp, erweiterter (Dawkins 1978) ↑*Genotyp/Phänotyp* II, 66
phänotypische Akkommodation (Stanier, Doudoroff & Adelberg 1957) ↑*Modifikation* II, 608
phänotypische Flexibilität (Thoday 1953) ↑*Modifikation* II, 609
phänotypische Plastizität (Brierley 1921) ↑*Modifikation* II, 608
Phänotypus (Johannsen 1909) ↑*Genotyp/Phänotyp* II, 59
Pheromon (Karlson & Lüscher 1959) ↑*Regulation* III, 179
Philosophie der Biologie (Whewell 1840) ↑*Biologie* I, 274
Phobese (Alverdes 1927) ↑*Schutz* III, 223
phobische Reaktion (Lidforss 1905) ↑*Selbstbewegung* III, 242
Phobismus (Massart 1902) ↑*Schutz* III, 222
Phobotaxis (Pfeffer 1904) ↑*Selbstbewegung* III, 240
Phoresie (Lesne 1896) ↑*Symbiose* III, 434
Photobiont (Ahmadjian 1982) ↑*Pilz* III, 109
Photosynthese (Barnes 1893) ↑*Ernährung* I, 446
Phototaxis (Strasburger 1878) ↑*Selbstbewegung* III, 240
Phototropie (Jaeger 1874) ↑*Selbstbewegung* III, 239

Phototropismus (Luciani 1893) ↑*Selbstbewegung* III, 239
Phycobiont (Scott 1957) ↑*Pilz* III, 109
Phycologie (Kützing 1843) ↑*Pflanze* III, 25
Phylocode (Eriksson & Alverson 1999) ↑*Taxonomie* III, 487
Phylogenese (Haeckel 1866) III, 34
Phylogenetik (Schmitz 1878) ↑*Phylogenese* III, 34
phylogenetisches Netz (Grant 1953) ↑*Phylogenese* III, 74
Phylogramm (Sokal et al. 1965) ↑*Systematik* III, 453
Phylon (Haeckel 1866) ↑*Taxonomie* III, 475
phylotypisches Stadium (Sander 1983) ↑*Typus* III, 557
Physiologie (Fernel 1542) III, 88
Physiologie, allgemeine (Gilchrist 1744) ↑*Physiologie* III, 89
Physiologie, vergleichende (le Cat 1749) ↑*Physiologie* III, 89
physiologische Chemie (Weigel 1777) ↑*Molekularbiologie* II, 616
Physiologische Genetik (Bentley 1909) ↑*Genetik* II, 56
physiozentrisch (Meyer-Abich 1982) ↑*Bioethik* I, 207
Phytochemie (Naumburg 1799) ↑*Molekularbiologie* II, 616
Phytografie (Hernández 1649) ↑*Biologie* I, 271
Phytologie (Tidicaeus 1582) ↑*Pflanze* III, 25
Phyton (Gaudichaud 1841) ↑*Morphologie* II, 646
Phytosemiotik (Krampen 1981) ↑*Kommunikation* II, 267
Phytotomie (Hernández 1649) ↑*Anatomie* I, 19
Phytotop (Haase 1967) ↑*Biotop* I, 305
Phytozönose (Gams 1918) ↑*Biozönose* I, 334
Phytozoon (al-Fārābī 10. Jh.) ↑*Pflanze* III, 26
Pilz (ahd. 10. Jh.) III, 106
Pinozytose (Gabritschewsky 1894) ↑*Ernährung* I, 444
Plan, einziger (Geoffroy Saint Hilaire 1796) ↑*Typus* III, 542
Plankton (Hensen 1887) ↑*Biotop* I, 314
Planmäßigkeit (Anonymus 1824) ↑*Zweckmäßigkeit* III, 822
Plasmagen (Darlington 1939) ↑*Gen* II, 21
Plasmid (Lederberg 1952) ↑*Vererbung* III, 636
Plasmodium (Cienkowski 1863) ↑*Sozialverhalten* III, 380
Plasmogonie (Haeckel 1866) ↑*Urzeugung* III, 608
Plasmon (von Wettstein 1926) ↑*Vererbung* III, 636
Plastiden (Schimper 1882) ↑*Zelle* III, 774
Plastidule (Elsberg 1872) ↑*Gen* II, 18
Plastizität (Switzer 1727) ↑*Modifikation* II, 607

Plastizität des Nervensystems (Beale 1870) ↑*Lernen* II, 513
Pleiotropie (Plate 1910) ↑*Gen* II, 38
Pleomorphie (de Bary 1864) ↑*Metamorphose* II, 583
Plesiomorphie (Hennig 1949) ↑*Systematik* III, 457
Pleuston (Schröter 1896) ↑*Biotop* I, 314
Plurifaktion (Gould & Vrba 1982) ↑*Selektion* III, 322
Pluriformismus (Koepcke 1973) ↑*Metamorphose* II, 584
pluripotent (Weigert 1904) ↑*Entwicklung* I, 402
poikilohydre (Walter 1931) ↑*Regulation* III, 157
poikilosmotisch (Höber 1902) ↑*Regulation* III, 157
poikilotherm (Bergmann 1847) ↑*Regulation* III, 157
Poikilotopie (Koepcke 1956) ↑*Metamorphose* II, 585
Polyandrie (Arnobius 4. Jh.) ↑*Geschlecht* II, 75
Polyethismus (Chance 1956) ↑*Polymorphismus* III, 112
Polygamie (Sigebert von Gembloux 11. Jh.) ↑*Geschlecht* II, 75
Polygenie (Plate 1913) ↑*Gen* II, 38
Polygynie (LaMettrie 1748) ↑*Geschlecht* II, 75
polymorph (Moffett um 1589) ↑*Polymorphismus* III, 111
Polymorphismus (Morren 1841) III, 111
Polymorphismus, balancierter (Ford 1940) ↑*Polymorphismus* III, 112
Polymorphose (Haeckel 1872) ↑*Polymorphismus* III, 111
Polyözie (Koepcke 1956) ↑*Metamorphose* II, 585
polyphyletisch (Haeckel 1868) ↑*Phylogenese* III, 71
polyphyletisch [Kladistik] (Hennig 1965) ↑*Phylogenese* III, 71
Polyploidie (Strasburger 1910) ↑*Zelle* III, 776
Polysomen (Warner, Rich & Hall 1962) ↑*Zelle* III, 774
polythetisch (Sneath 1962) ↑*Art* I, 80
polytypisch [Evolution] (Gulick 1888) ↑*Evolution* I, 517
polytypisch [Taxon] (Mirbel 1815) ↑*Art* I, 79
Population (Barrow 1801) III, 114
Populationsbiologie (Anonymus 1935) ↑*Population* III, 129
Populationsdenken (Mayr 1958) ↑*Population* III, 118
Populationsgenetik (Sinnott & Dunn 1939) ↑*Population* III, 129
Populationsmutualismus (Wilson 1980) ↑*Symbiose* III, 433
Populationsökologie (Johnson 1941) ↑*Population* III, 129
Populationszyklus (Commons, McCracken & Zeuch 1922) ↑*Kreislauf* II, 320
Positionalität (Plessner 1928) ↑*Selbstorganisation* III, 293
Positionseffekt (Surtevant 1925) ↑*Gen* II, 23
Positionsfeld (Plessner 1928) ↑*Umwelt* III, 571
Positionsinformation (Wolpert 1969) ↑*Feld* I, 555
Postgenomik (Gershon 1997) ↑*Gen* II, 25
Potaptation (Brosius & Gould 1992) ↑*Anpassung* I, 41
Potonuon (Brosius & Gould 1992) ↑*Gen* II, 35
Präadaptation (Henderson 1872) ↑*Anpassung* I, 40
Präaptation (Gould & Vrba 1982) ↑*Anpassung* I, 41
Prädation (Farre 1840) ↑*Räuber* III, 136
Präformation (Leibniz 1705) ↑*Entwicklung* I, 407
Prägung (Lorenz 1935) ↑*Lernen* II, 516
Prähension (Whitehead 1926) ↑*Empfindung* I, 380
Primärproduktion (Allen 1922) ↑*Rolle, ökologische* III, 207
Probehandeln (Freud 1911) ↑*Bewusstsein* I, 182
Probiose (Giglio-Tos 1910) ↑*Symbiose* III, 434
Produktion (Voigt 1823) ↑*Rolle, ökologische* III, 205
Produktionsbiologie (Anonymus 1914) ↑*Rolle, ökologische* III, 206
Produzent (Dumas 1841) ↑*Rolle, ökologische* III, 208
Progenot (Woese & Fox 1977) ↑*Bakterium* I, 145
Programm, genetisches (Upton 1960) ↑*Information* II, 189
Prokaryon (Dougherty 1957) ↑*Zelle* III, 773
Prokaryoten (Chatton 1925) ↑*Taxonomie* III, 482
Promoter (Jacob, Ullman & Monod 1964) ↑*Regulation* III, 160
Prophase (Strasburger 1884) ↑*Zelle* III, 778
Propriozeption (Sherrington 1906) ↑*Regulation* III, 155
Protein (Mulder 1838) ↑*Molekularbiologie* II, 617
Proteom (Wilkins 1995) ↑*Molekularbiologie* II, 614
Proteomik (James 1997) ↑*Molekularbiologie* II, 614
Protisten (Haeckel 1866) ↑*Einzeller* I, 370
Protistenkunde (Haeckel 1866) ↑*Einzeller* I, 370
Protistologie (Haeckel 1866) ↑*Einzeller* I, 370
Protobiologie (McEwen 1886) ↑*Biologie* I, 266
Protoctista (Hogg 1861) ↑*Einzeller* I, 370
Protogenot (Benner & Ellington 1990) ↑*Bakterium* I, 145
Protophyta (Fries 1821) ↑*Einzeller* I, 370
Protoplasma (Purkinje 1840) ↑*Zelle* III, 770
Protoplast (Hanstein 1880) ↑*Zelle* III, 770
Prototyp (Buffon 1753) ↑*Typus* III, 539
Protozelle (Gros 1851) ↑*Organismus* II, 823
Protozoen (Goldfuß 1817) ↑*Einzeller* I, 369
Protozoologie (Priestley 1904) ↑*Einzeller* I, 370

Wortverzeichnis

proximat/ultimat (Baker 1938) ↑*Funktion* I, 677
Prozessgefüge (Hartmann 1942) ↑*Ganzheit* I, 699
Prozessschutz (Sturm 1993) ↑*Bioethik* I, 222
Pseudoaltruismus (Pianka 1974) ↑*Sozialverhalten* III, 390
Pseudoextinktion (Webb 1969) ↑*Tod* III, 527
Pseudogamie (de Necker 1775) ↑*Fortpflanzung* I, 595
Pseudomimikry (Higgins 1882) ↑*Mimikry* II, 601
Pseudomixis (Winkler 1908) ↑*Fortpflanzung* I, 595
Pseudoorganismus (von Schubert 1830) ↑*Organismus* II, 825
Pseudoparasit (von Martius 1835; van Mons 1835) ↑*Parasitismus* III, 3
Pseudospezies (von Uechtritz 1821) ↑*Art* I, 76
Psychologie, vergleichende (Klügel 1782) ↑*Ethologie* I, 469
Psychosomatik (Heinroth 1818) ↑*Krankheit* II, 293
Psychozoa (Huyley 1955) ↑*Mensch* II, 535
Puppe (Linné 1748) ↑*Metamorphose* II, 575

Quantenevolution (Simpson 1944) ↑*Phylogenese* III, 59
Quasiorganismus (Blackman & Tansley 1905) ↑*Organismus* II, 826

r-/K-Strategie (MacArthur & Wilson 1967) ↑*Lebensgeschichte* II, 502
Radfahrer-Reaktion (Grzimek 1949) ↑*Sozialverhalten* III, 391
Ramet (Stout 1929) ↑*Individuum* II, 166
Rasse (15. Jh.) ↑*Art* I, 104
Rasse, geografische (Bonaparte 1850) ↑*Art* I, 106
Rasse, ökologische (C.D.H. 1909) ↑*Art* I, 107
Rassenkreis (Rensch 1929) ↑*Art* I, 115
Ratiozentrik (Grünewald 1988) ↑*Bioethik* I, 207
Ratscheneffekt (Tomasello 1994) ↑*Kultur* II, 365
Ratschenmechanismus (Muller 1964) ↑*Geschlecht* II, 78
Räuber (ahd.) III, 136
räubervermittelte Koexistenz (Caswell 1978) ↑*Räuber* III, 139
Raumparasitismus (Klebs 1881) ↑*Parasitismus* III, 4
Reafferenzprinzip (von Holst & Mittelstaedt 1950) ↑*Verhalten* III, 675
Reaktionsnorm (Woltereck 1909) ↑*Genotyp/Phänotyp* II, 64
Realnische (Hutchinson 1958) ↑*Nische* II, 673
Realumwelt (Weber 1939) ↑*Umwelt* III, 574
Recon (Benzer 1957) ↑*Gen* II, 27
reduktiver Pentosephosphatzyklus (Racker 1957) ↑*Molekularbiologie* II, 615
Redundanz, ökologische (DeAngelis et al. 1989) ↑*Rolle, ökologische* III, 205
Reduzenten (Thienemann 1925) ↑*Rolle, ökologische* III, 208
reflektierende Selbstbewertung (Frankfurt 1971) ↑*Bewusstsein* I, 185
Reflex (Hall 1833) ↑*Verhalten* III, 671
Reflex, bedingter (Pawlow 1903) ↑*Verhalten* III, 675
Reflexbogen (Hall 1833) ↑*Verhalten* III, 673
Regelkreis (Schmidt 1941) ↑*Regulation* III, 173
Regelung (Schmidt 1941) ↑*Regulation* III, 169
Regeneration (ca. 1267) III, 142
Regeneration, physiologische (Lotze 1846) ↑*Regeneration* III, 144
Regeneration, reparative (Anonymus 1893) ↑*Regeneration* III, 144
Regulation (Hooke 1665) III, 148
Regulator (Wilson 1780) ↑*Regulation* III, 149
Regulatorgen (Jacob & Monod 1959) ↑*Gen* II, 28
regulatorische Entwicklung (Roux 1893) ↑*Entwicklung* I, 401
Regulatororgan (Cuvier 1805) ↑*Regulation* III, 155
Reich (Ripley 15. Jh.) ↑*Taxonomie* III, 475
Reiz (Anonymus 1752) ↑*Wahrnehmung* III, 723
Reizbarkeit (Anonymus 1753) ↑*Wahrnehmung* III, 725
Rekombination (Bateson 1903) III, 200
Replikation (Mather 1948) ↑*Fortpflanzung* I, 592
Replikator (Dawkins 1976) ↑*Selektion* III, 336
Replikator, erweiterter (Sterelny, Smith & Dickison 1996) ↑*Genotyp/Phänotyp* II, 68
Replikon (Jacob & Brenner 1963) ↑*Fortpflanzung* I, 592
Repressor (Vogel 1957) ↑*Regulation* III, 160
Reproduktion (Buffon 1749) ↑*Fortpflanzung* I, 590
Reproduktion (Réaumur 1712) ↑*Regeneration* III, 142
Reproduktionsbiologie (Anonymus 1890) ↑*Genetik* II, 56
Reproduktionskosten (Williams 1966) ↑*Lebensgeschichte* II, 499
Reproduktionsorgane (de Pauw 1768) ↑*Pflanze* III, 23
Reproduktionsselektion (Pearson 1895) ↑*Selektion* III, 322
reproduktiver Wert (Fisher 1930) ↑*Selektion* III, 323
Reproduktor (Griesemer 2000) ↑*Fortpflanzung* I, 592
Resilienz (Holling 1973) ↑*Gleichgewicht* II, 111
Resistenz (Patten 1975) ↑*Gleichgewicht* II, 111
Ressource (16. Jh.) ↑*Umwelt* III, 587
Ressourcenaufteilung (Schoener 1968) ↑*Koexistenz* II, 238
retikulate Evolution (Huxley 1936) ↑*Phylogenese*

III, 75
Retrovirus (Baltimore 1976) ↑*Virus* III, 690
Reversion (Blackadder 1834) ↑*Vererbung* III, 624
Revierverhalten (Anonymus 1944) ↑*Sozialverhalten* III, 391
rezessiv (Mendel 1866) ↑*Gen* II, 38
Reziprozität (Wedel 1680) ↑*Wechselseitigkeit* III, 738
Ribosomen (Anonymus 1958) ↑*Zelle* III, 774
Ritual (Huxley 1914) ↑*Kommunikation* II, 269
Rolle [ökologische] (Bonnet 1765) III, 203
Rückkopplung (Wagner 1925) ↑*Regulation* III, 171
Rückwirkung (Tetens 1777) ↑*Regulation* III, 153
Rudiment (Darwin 1838) ↑*Funktion* I, 682
runaway-Prozess (Fisher 1930) ↑*Selektion* III, 356

Sachsprache (Jacoby 1961) ↑*Kommunikation* II, 260
Saison-Dimorphismus (Weismann 1875) ↑*Metamorphose* II, 587
Saltation (Huxley 1864) ↑*Mutation* II, 659
Saltationismus (Mayr 1960) ↑*Phylogenese* III, 60
Samenanlage (Hedwig 1783) ↑*Taxonomie* III, 478
saprophag (Macleay 1819) ↑*Ernährung* I, 446
Sarkode (Dujardin 1835) ↑*Zelle* III, 770
Schadonologie (Haeckel 1866) ↑*Entwicklungsbiologie* I, 438
Schlaf (ahd.) III, 211
Schlüsselarten (Paine 1969) ↑*Biozönose* I, 336
Schlüsselinnovation (Miller 1949) ↑*Fortschritt* I, 620
Schlüsselmutualisten (Gilbert 1980) ↑*Biozönose* I, 336
Schlüsselreiz (Lorenz 1935) ↑*Wahrnehmung* III, 731
Schönheitstrieb (Anonymus 1793) ↑*Kulturwissenschaft* II, 386
Schreckbewegung (Falck 1870) ↑*Schutz* III, 222
Schutz (mhd.) III, 221
Schutzähnlichkeit (Wallace 1867) ↑*Schutz* III, 222
Schutzfärbung (Wallace 1867) ↑*Schutz* III, 222
Schwesterarten (Trattinnick 1819) ↑*Art* I, 76
Schwestergruppe (Hennig 1950) ↑*Systematik* III, 458
Segregationsverzerrung (Sandler, Hiraizumi & Sandler 1959) ↑*Zelle* III, 778
Sekretion (Laurentius Laurentianus 1494) ↑*Stoffwechsel* III, 412
Sekretion, innere (Makittrick 1772) ↑*Regulation* III, 178
Selbst (18. Jh.) ↑*Selbstorganisation* III, 291
Selbstabbau (Rommel & Fehrmann 1915) ↑*Selbstorganisation* III, 275
Selbstanpassung (Andrews 1808) ↑*Anpassung* I, 28
Selbstaufbau (Coleridge 1817) ↑*Selbstorganisation* III, 275
Selbstbegrenzung (Windischmann 1805) ↑*Ganzheit* I, 714
Selbstbewegung (Syrianus 5. Jh.) III, 231
Selbstbildung (von Jakob 1795) ↑*Selbstorganisation* III, 274
Selbstdarstellung (Groos 1896) III, 246
Selbstdifferenzierung (von Hanstein 1882) ↑*Selbstorganisation* III, 274
Selbstentwicklung (Widmann 1816) ↑*Entwicklung* I, 414
Selbsterhaltung (Halle 1757) III, 254
Selbstgefühl (Basedow 1764) ↑*Gefühl* II, 10
Selbstgesetzlichkeit (Bayrhoffer 1838) ↑*Regulation* III, 187
Selbstgestaltung (Kastner 1821) ↑*Selbstorganisation* III, 273
Selbstherstellung (Zeller 1838) ↑*Selbstorganisation* III, 274
Selbstkonzept (Baldwin 1892) ↑*Bewusstsein* I, 187
Selbstorganisation (Buhle 1804) III, 271
Selbstproduktion (Jackson 1783) ↑*Selbstorganisation* III, 274
Selbstregulation (Gore 1827) ↑*Regulation* III, 183
Selbstregulierung (Löwenstein 1831) ↑*Regulation* III, 183
Selbstreproduktion (Schelling 1799) ↑*Stoffwechsel* III, 419
Selbstselektion (Kirk 1867) ↑*Selektion* III, 361
Selbstveränderung (Tiedemann 1791) ↑*Selbstorganisation* III, 275
Selbstwahrnehmung (Cudworth 1678) ↑*Bewusstsein* I, 175
Selbstzweck (Schmid 1799) ↑*Zweckmäßigkeit* III, 821
Selektion (Matthew 1831) III, 305
Selektion, apostatische (Clarke 1962) ↑*Selektion* III, 358
Selektion, darwinsche (Anonymus 1870) ↑*Selektion* III, 322
Selektion, disruptive (Mather 1953) ↑*Selektion* III, 358
Selektion, epigamische (Huxley 1938) ↑*Selektion* III, 357
Selektion, frequenzabhängige (Lewontin & White 1960) ↑*Selektion* III, 358
Selektion, gerichtete (Mather 1953) ↑*Selektion* III, 358
Selektion, intersexuelle (Howard 1974) ↑*Selektion* III, 357
Selektion, intrasexuelle (Huxley 1938) ↑*Selektion* III, 357
Selektion, nicht-darwinsche (Simpson 1953) ↑*Selek-

Wortverzeichnis

tion III, 359
Selektion, reflexive (Gulick 1888) ↑*Selektion* III, 359
Selektion, stabilisierende (Fisher 1930) ↑*Selektion* III, 358
Selektionsdruck (Wright 1929) ↑*Mutation* II, 662
Selektionsebenen (Collias 1944) ↑*Selektion* III, 333
Selektionseinheit (Baldwin 1902) ↑*Selektion* III, 333
Selektionstheorie (Darwin 1842) ↑*Selektion* III, 332
Selektionswert (Romanes 1892) ↑*Selektion* III, 323
Selekton (Mayr ca. 1982) ↑*Gen* II, 28
Semaphoront (Hennig 1950) ↑*Form* I, 569
Semelparie (Cole 1954) ↑*Lebensgeschichte* II, 501
Seneszenz (Seneca 1. Jh.) ↑*Tod* III, 522
Sensibilität (Ambrosiaster 4. Jh.) ↑*Empfindung* I, 373
sessil (Anonymus 1797) ↑*Selbstbewegung* III, 238
Seston (Kolkwitz 1912) ↑*Biotop* I, 314
Sexualität (Krøyer (1761) ↑*Geschlecht* II, 80
Sexualorgane (Anonymus 1758) ↑*Pflanze* III, 23
Sexualsystem (Linné 1735) ↑*Systematik* III, 446
sexuelle Selektion (Darwin 1859) ↑*Selektion* III, 355
sich selbst organisierendes Wesen (Kant 1790) ↑*Selbstorganisation* III, 277
Sicherhaltung (Hafner 1996) ↑*Selbsterhaltung* III, 266
Signal (13. Jh.) II, 252
Signalfälschung (Wickler 1964) ↑*Mimikry* II, 598
Signalreiz (Wundt 1880) ↑*Wahrnehmung* III, 732
Sinnesorgan (Bonaventura 1253-57; Thomas von Aquin 1254-56) ↑*Wahrnehmung* III, 723
Sippe (Nägeli 1884) ↑*Taxonomie* III, 488
Somalyse (von Lucanus 1902) ↑*Schutz* III, 222
Somation (Plate 1904) ↑*Modifikation* II, 606
Somatogamie (Renner 1916) ↑*Fortpflanzung* I, 595
Sonderstellung (Rokitansky 1858) ↑*Mensch* II, 533
Sortierung (Vrba & Gould 1986) ↑*Selektion* III, 327
Sozialbiologie (Kettell 1859) ↑*Sozialverhalten* III, 394
Sozialverhalten (Lloyd Morgan 1900) III, 378
Soziobiologie (Scott 1946) ↑*Sozialverhalten* III, 393
Specimen (Klein 1747) ↑*Typus* III, 548
Spermatophyta (Goebel 1882) ↑*Taxonomie* III, 478
Speziation (Cook 1906) ↑*Art* I, 99
Spiel (ahd. 9. Jh.) III, 402
Spieltheorie (von Neumann & Morgenstern 1944) ↑*Sozialverhalten* III, 395
Splicing (Kabat 1972) ↑*Gen* II, 28
Sporohyt (de Bary 1884) ↑*Generationswechsel* II, 49
Stamm (Haeckel 1866) ↑*Taxonomie* III, 475
Stammart (von Münchhausen 1767) ↑*Phylogenese* III, 71

Stammbaum (Miracelius 1639) ↑*Phylogenese* III, 64
Stammbusch (Hagen 1900) ↑*Phylogenese* III, 69
Stammlinie (Anonymus 1654) ↑*Phylogenese* III, 72
Stammnetz (Ekman 1930) ↑*Phylogenese* III, 73
Stammstrauch (Fleischmann 1926) ↑*Phylogenese* III, 69
Stammzelle, embryonale (Türk 1904) ↑*Genotyp/Phänotyp* II, 63
Stammzellen (Goette 1882) ↑*Genotyp/Phänotyp* II, 62
Standort (Georgi 1765) ↑*Biotop* I, 307
Stasigenese (Huxley 1957) ↑*Fortschritt* I, 623
stenohalin (Möbius 1873) ↑*Nische* II, 677
stenök (Hesse 1924) ↑*Nische* II, 677
Stenomerie (Hennig 1949) ↑*Diversität* I, 356
Stenomorphie (Hennig 1949) ↑*Diversität* I, 356
stenotherm (Möbius 1873) ↑*Nische* II, 677
stenotop (Dahl 1903) ↑*Nische* II, 677
Steuerung (Schmidt 1941) ↑*Regulation* III, 167
Stimmung (Lorenz 1931) ↑*Gefühl* II, 9
Stimmungsübertragung (Lorenz 1935) ↑*Gefühl* II, 10
Stimulation (Ranchin 1624) ↑*Wahrnehmung* III, 724
Stimulus (lat.) ↑*Wahrnehmung* III, 723
Stoffkreislauf (Whitlock 1654) ↑*Kreislauf* II, 323
Stoffwechsel (Autenrieth 1802) III, 410
Strukturgen (Jacob & Monod 1959) ↑*Gen* II, 28
Subjekt (Schelling 1799) ↑*Selbstorganisation* III, 295
Subspezies (Erhart 1780) ↑*Art* I, 114
Suchbild (von Uexküll 1933) ↑*Wahrnehmung* III, 729
Sukzession (Dureau de la Malle 1825) ↑*Entwicklung* I, 424
Superorganismus (Wheeler 1922) ↑*Organismus* II, 826
superparasitisch (Woodward 1877) ↑*Parasitismus* III, 8
Superparasitismus (Fiske 1910) ↑*Parasitismus* III, 7
Superspezies (Watson 1859) ↑*Art* I, 115
Supraorganismik (Löther 1972) ↑*Ökologie* II, 685
Symbiogenese (Wheeler 1901) ↑*Symbiose* III, 429
Symbiologie (Stöhr 1897) ↑*Biologie* I, 286
Symbiom (Lederberg 2000) ↑*Symbiose* III, 432
Symbiose (de Bary 1878) III, 426
Symbolbewegung (Lorenz 1941) ↑*Kommunikation* II, 269
Symmetrie (Pascal ca. 1662) ↑*Morphologie* II, 642
Sympathese (Alverdes 1927) ↑*Schutz* III, 222
Sympathie (Hippokrates um 400 v. Chr.) ↑*Wechselseitigkeit* III, 738
sympatrisch (Poulton 1903) ↑*Art* I, 100
Symphilie (Wasmann 1896) ↑*Symbiose* III, 435

Symphorismus (Deegener 1918) ↑*Symbiose* III, 434
Symplesiomorphie (Hennig 1953) ↑*Systematik* III, 458
Synapomorphie (Hennig 1953) ↑*Systematik* III, 458
Synapse (Sherrington 1897) ↑*Empfindung* I, 384
Synbiologie (Schwenke 1953) ↑*Biologie* I, 286
Syncytium (Haeckel 1870) ↑*Sozialverhalten* III, 380
Synechtrie (Wasmann 1896) ↑*Symbiose* III, 435
Synerg (Bock & von Wahlert 1965) ↑*Umwelt* III, 591
Synergetik (Haken & Graham 1971) ↑*Selbstorganisation* III, 290
Syngameon (Lotsy 1925) ↑*Art* I, 88
Syngamie (Poulton 1903) ↑*Art* I, 77
Synökie (Wasmann 1896) ↑*Symbiose* III, 434
Synökologie (Schröter 1902) ↑*Ökologie* II, 705
Synthese, evolutionäre (Huxley 1943) ↑*Evolutionsbiologie* I, 547
Synthetische Theorie der Evolution (Bateson 1913) ↑*Evolutionsbiologie* I, 547
synthetischer Darwinismus (Szyfman 1982) ↑*Evolutionsbiologie* I, 548
Synusie (Gams 1918) ↑*Biozönose* I, 335
System, biologisches (Treviranus 1802) ↑*Ganzheit* I, 717
System, harmonisch-äquipotenzielles (Driesch 1899) ↑*Vitalismus* III, 696
System, lebendes (Anonymus 1774) ↑*Organismus* II, 812
System, offenes (Lotze 1856) ↑*Bedürfnis* I, 161
Systematik (Linné 1751) III, 443
Systematik, evolutionäre (Bloch 1955) ↑*Systematik* III, 460
Systematik, phänetische (Bovee 1970) ↑*Systematik* III, 453
Systematik, phylogenetische (Haacke 1887) ↑*Systematik* III, 454
Systembiologie (Bonner 1960) ↑*Ganzheit* I, 721
Systemeigenschaft (Schwertschlager 1910) ↑*Ganzheit* I, 712
Systemgesetzlichkeit (Weiss 1925) ↑*Ganzheit* I, 720
Systemökologie (Odum 1964) ↑*Ökologie* II, 696
Systemtheorie (von Bertalanffy 1929) ↑*Ganzheit* I, 720
Systemtheorie der Evolution (Kilian 1971) ↑*Evolution* I, 526

Täuschung (Weismann 1913) ↑*Kommunikation* II, 267
Taxis (Czapek 1896) ↑*Selbstbewegung* III, 240
Taxon (Meyer 1926) ↑*Taxonomie* III, 487
Taxonomie (de Candolle 1813) III, 469
Taxonomie, numerische (Sneath & Sokal 1962) ↑*Systematik* III, 454
Taxozön (Chodorowski 1959) ↑*Biozönose* I, 335
Teilchenvererbung (Galton 1885) ↑*Vererbung* III, 631
Teleologie (Wolff 1728) ↑*Zweckmäßigkeit* III, 786
teleomatisch (Mayr 1974) ↑*Zweckmäßigkeit* III, 824
Teleomechanismus (Lenoir 1981) ↑*Zweckmäßigkeit* III, 804
Teleonomie (Pittendrigh 1958) ↑*Zweckmäßigkeit* III, 823
Telophase (Heidenhain 1894) ↑*Zelle* III, 778
Territorialverhalten (Erickson 1931) ↑*Sozialverhalten* III, 391
Thallophyten (Endlicher 1836) ↑*Taxonomie* III, 478
Thanatologie (Mencel 1632) ↑*Tod* III, 510
Thanatose (Mangold 1920) ↑*Schutz* III, 224
Thelytokie (Siebold 1871) ↑*Fortpflanzung* I, 596
Therophyten (Raunkiær 1905) ↑*Lebensform* II, 489
Tiefenhomologie (Tabin et al. 1996) ↑*Homologie* II, 148
Tiefenökologie (Naess 1973) ↑*Bioethik* I, 216
Tier (ahd. 8. Jh.) III, 494
Tierchemie (Fourcroy 1782) ↑*Molekularbiologie* II, 616
Tierethik (Harbaugh 1854) ↑*Bioethik* I, 218
Tiergeografie (Giraud-Soulavie 1780) ↑*Biogeografie* I, 232
Tierheilkunde (Ludwig 1786) ↑*Krankheit* II, 298
Tierheit (Gasser 1686) ↑*Tier* III, 504
Tiermedizin (Colin 1592) ↑*Krankheit* II, 298
Tier-Mensch-Übergangsfeld (Heberer 1958) ↑*Mensch* II, 555
Tierökologie (Jordan & Kellogg 1900) ↑*Biozönose* I, 334
Tierphysiologie (Anonymus 1751) ↑*Physiologie* III, 89
Tierpsychologie (Anonymus 1798) ↑*Ethologie* I, 470
Tod (ahd. 8. Jh.) III, 510
Tod, akzidenteller (Le Blond 1544) ↑*Tod* III, 517
Tod, gewaltsamer (Lukian ca. 165) ↑*Tod* III, 517
Tod, natürlicher (Ambrosius Theodosius Macrobius um 400) ↑*Tod* III, 517
Tod, nützlicher (Allee et al. 1949) ↑*Tod* III, 522
Tokogonie (Haeckel 1866) ↑*Entwicklung* I, 415
Tokotrophie (Harms 1914) ↑*Brutpflege* I, 348
Topodem (Gilmour & Gregor 1939) ↑*Population* III, 127
Topotaxis (Pfeffer 1904) ↑*Selbstbewegung* III, 240
Topotropismus (Pfeffer 1904) ↑*Selbstbewegung* III, 240
totipotent (Roux 1893) ↑*Entwicklung* I, 402
Totstellreflex (Löhner 1914) ↑*Schutz* III, 224

Wortverzeichnis lxxii

Trade-off (Rapport 1971) ↑*Lebensgeschichte* II, 500
Tradition (lat.) ↑*Lernen* II, 515
Traditionshomologien (Wickler 1965) ↑*Homologie* II, 144
Tragling (Hassenstein 1970) ↑*Brutpflege* I, 346
Transduktion (Lederberg 1952) ↑*Vererbung* III, 636
transfer RNA (Yarmolinsky & De La Haba 1959) ↑*Gen* II, 29
Transformation (Bacon 1627) ↑*Phylogenese* III, 36
Transformation (Griffiths 1928) ↑*Vererbung* III, 636
transgen (Gordon & Ruddle 1981) ↑*Rekombination* III, 201
Transhumanismus (Huxley 1957) ↑*Mensch* II, 561
Transitionen, große (Olson 1965) ↑*Fortschritt* I, 620
Transkription (Jacob & Monod 1961) ↑*Molekularbiologie* II, 613
Translation (Ames & Hartman 1963) ↑*Molekularbiologie* II, 613
Transmutation (Scaliger 1557) ↑*Mutation* II, 655
Transpiration (16. Jh.) ↑*Stoffwechsel* III, 413
Trieb (16. Jh.) ↑*Instinkt* II, 199
Trieb-Dressurverschränkung (Lorenz 1932) ↑*Lernen* II, 514
Triebhandlung (Langer 1842) ↑*Verhalten* III, 677
Triplettcode (Brenner 1957) ↑*Information* II, 190
trophische Ebenen (Lindeman 1942) ↑*Ernährung* I, 450
Trophobiose (Wasmann 1902) ↑*Symbiose* III, 435
Trophodiversität (Yodzis 1993) ↑*Diversität* I, 360
Tropismus (Lukjanow 1891) ↑*Selbstbewegung* III, 239
tychozön (Hesse 1924) ↑*Biotop* I, 310
Typogenese (Woltereck 1932) ↑*Phylogenese* III, 59
Typolyse (Schindewolf 1950) ↑*Phylogenese* III, 59
Typostase (Schindewolf 1950) ↑*Phylogenese* III, 59
Typus (Buffon 1765) III, 537
Typus, diagrammatischer (Remane 1948) ↑*Typus* III, 546
Typus, dynamischer (Meyer-Abich 1963) ↑*Typus* III, 541
Typus, generalisierter (Remane 1948) ↑*Typus* III, 546
Typus, systematischer (Remane 1948) ↑*Typus* III, 546

Überleben (Steinhöwel 1473) ↑*Leben* II, 468
Überleben des Angepasstesten (Spencer 1864) ↑*Anpassung* I, 43
Überlebensselektion (Lankester 1892) ↑*Selektion* III, 322
Überlebenswert (Osborn 1895) ↑*Selektion* III, 323
Übersprungbewegung (Kortlandt 1938) ↑*Funktion* I, 681

Umgebung (Novalis 1802) ↑*Umwelt* III, 581
Umwelt (Troxler 1829) III, 566
Umwelt der evolutionären Angepasstheit (Bowlby 1969) ↑*Kulturwissenschaft* II, 391
Umweltdeterminismus (Lloyd Morgan 1892) ↑*Umwelt* III, 594
Umweltethik (Tysen 1969) ↑*Bioethik* I, 219
Umweltschutz (Anonymus 1945) ↑*Bioethik* I, 222
Umweltwissenschaft (Robin 1849) ↑*Ökologie* II, 706
Uniformismus (Koepcke 1973) ↑*Metamorphose* II, 584
Unverfügbarkeit (Eibach 1980) ↑*Bioethik* I, 217
Urbild (Martini 1772) ↑*Typus* III, 540
Urdarm (von Vierordt 1871) ↑*Entwicklung* I, 400
Urmund (Haeckel 1872) ↑*Entwicklung* I, 400
Urorganismus (Oken 1810) ↑*Einzeller* I, 367
Urpflanze (Herder 1776) ↑*Typus* III, 540
Ursuppe (Haas 1959) ↑*Urzeugung* III, 615
Urteile, vorbegriffliche (Romanes 1888) ↑*Kommunikation* II, 249
Urtier (Buhle 1804) ↑*Typus* III, 540
Urtier (Oken 1805) ↑*Einzeller* I, 369
Urzeugung (von Heusinger 1823) III, 608

vagil (Haeckel 1890) ↑*Selbstbewegung* III, 238
Vakuole (Dujardin 1835) ↑*Zelle* III, 772
Valenz, ökologische (Hesse 1924) ↑*Nische* II, 677
Variabilität (Poiret 1687) ↑*Mutation* II, 657
Variation (Bauhin & Cherler posthum 1651) ↑*Mutation* II, 656
Variation, diskontinuierliche (Bateson 1891) ↑*Mutation* II, 659
Varietät (Bauhin 1596) ↑*Art* I, 112
Vegetation (Thomson 1727) ↑*Pflanze* III, 23
Vegetationsorgane (Martin 1735) ↑*Pflanze* III, 23
Vehikel (Dawkins 1976) ↑*Selektion* III, 336
Verallgemeinerungseinheit (Remane 1952) ↑*Art* I, 82
Verbreitung (Zimmermann 1778) ↑*Biogeografie* I, 234
Verbreitungsgebiet (Anonymus 1823) ↑*Biogeografie* I, 234
Verdauung (15. Jh.) ↑*Stoffwechsel* III, 412
Vererbung (Kant 1793) III, 620
Vererbung erworbener Charaktere (Haeckel 1866) ↑*Lamarckismus* II, 412
Vererbung erworbener Eigenschaften (Rolle 1863) ↑*Lamarckismus* II, 412
Vererbung, epigenetische (Cahn & Cahn 1966) ↑*Vererbung* III, 637
Vererbung, extranukleäre (Demerec 1948) ↑*Vererbung* III, 635

Vererbung, kulturelle (Schallmayer 1910) ↑*Vererbung* III, 640
Vererbung, lamarcksche (Lloyd Morgan & Baldwin 1901) ↑*Vererbung* III, 637
Vererbung, ökologische (Odling-Smee 1988) ↑*Vererbung* III, 638
Vererbung, soziale (Lordat 1841) ↑*Vererbung* III, 638
Vererbung, zytoplasmische (Bartlett 1915) ↑*Vererbung* III, 635
Vererbungsgesetze (Richard 1832) ↑*Vererbung* III, 625
Vererbungslehre (Steinheim 1846) ↑*Genetik* II, 54
Vererbungsmodell, duales (Boyd & Richerson 1976) ↑*Vererbung* III, 641
Vererbungssymbiose (Lederberg 1952) ↑*Symbiose* III, 438
Vererbungssystem des Verhaltens (Jablonka, Lamb & Avital 1998) ↑*Vererbung* III, 641
Vererbungssystem, epigenetisches (Maynard Smith 1990) ↑*Vererbung* III, 637
Vererbungssystem, genetisches (Rindos 1985) ↑*Vererbung* III, 637
Vererbungssystem, kulturelles (McBride 1971) ↑*Vererbung* III, 637
Vererbungssystem, symbolisches (Jablonka 2001) ↑*Vererbung* III, 641
Vererbungswissenschaft (Schallmayer 1905) ↑*Genetik* II, 54
Verhalten (17. Jh.) III, 653
Verhaltensbiologie (Zippelius & Goethe 1947) ↑*Ethologie* I, 473
Verhaltensforschung, vergleichende (Fischel 1935) ↑*Ethologie* I, 471
Verhaltensökologie (Stone 1943) ↑*Ethologie* I, 474
Verhaltensphysiologie (Brock 1934) ↑*Ethologie* I, 474
Verhaltensplastizität (Lloyd Morgan 1898) ↑*Lernen* II, 513
Verhaltensweisen (Schaxel 1919) ↑*Verhalten* III, 653
Verleiten (Bergman 1946) ↑*Brutpflege* I, 345
Versteinerung (Palissy 1580) ↑*Fossil* I, 627
Versuch und Irrtum (Lloyd Morgan 1894) ↑*Lernen* II, 511
Vervollkommnungsprinzip (Nägeli 1865) ↑*Fortschritt* I, 622
Verwandtenselektion (Maynard Smith 1964) ↑*Selektion* III, 348
Verwandtschaft (16. Jh.) ↑*Phylogenese* III, 62
Veterinärmedizin (Columella 1. Jh.) ↑*Krankheit* II, 297
Viabilitätsselektion (Thompson & Winder 1947) ↑*Selektion* III, 323
vikarierend (Unger 1836) ↑*Biogeografie* I, 242
Viroid (Diener 1971) ↑*Virus* III, 690
Virologie (Adlershoff 1931) ↑*Virus* III, 690
Virus (M'Fadyean 1900) III, 688
Vitalismus (Thouvenel 1780) III, 692
Vitamin (Funk 1912) ↑*Ernährung* I, 444

Wachstum (mhd.) III, 711
Wahrnehmung (16. Jh.) III, 717
Wechselabhängigkeit (Fechner 1851) ↑*Wechselseitigkeit* III, 752
Wechselbedingtheit (Fechner 1848) ↑*Wechselseitigkeit* III, 751
Wechselbedingung (Fichte 1801-02) ↑*Wechselseitigkeit* III, 750
Wechselbestimmung (Schelling 1799) ↑*Wechselseitigkeit* III, 754
Wechselbildung (Burdach 1806) ↑*Wechselseitigkeit* III, 753
Wechselerhaltung (Natorp 1902) ↑*Wechselseitigkeit* III, 754
Wechselseitigkeit (Schütz 1770) III, 738
Wechselwirkung (Snell 1792) ↑*Wechselseitigkeit* III, 746
Weibchenwahl (Goldsmith 1774) ↑*Balz* I, 152
Weltoffenheit (Scheler 1928) ↑*Mensch* II, 532
weltschaffend (Rothacker 1934) ↑*Kommunikation* II, 258
Wettbewerbskonkurrenz (Nicholson 1954) ↑*Konkurrenz* II, 284
Wildtyp (Cook 1901) ↑*Gen* II, 38
Winterschlaf (Rollenhagen 1605) ↑*Schlaf* III, 214
Wirkungseinheit (Driesch 1925) ↑*Ganzheit* I, 699
Wirkungsgefüge (Süffert 1922) ↑*Regulation* III, 165
Wirkungskreislauf (Boas 1937) ↑*Kreislauf* II, 311
Wirkwelt (von Uexküll 1913) ↑*Umwelt* III, 570
Wohnort (Hortensius 1758) ↑*Biotop* I, 307
Wohnwelt (Woltereck 1932) ↑*Umwelt* III, 572
Würde der Tiere (Smith 1789) ↑*Bioethik* I, 214

Xaptonuon (Brosius & Gould 1992) ↑*Gen* II, 35
xenozön (Hesse 1924) ↑*Biotop* I, 310
Xeromorphie (Reinke 1898) ↑*Biotop* I, 313
xerophil (Thurmann 1849) ↑*Biotop* I, 313

Zeitgestalt (von Uexküll 1922) ↑*Form* I, 572
Zeitsignatur (Dacqué 1924) ↑*Fossil* I, 639
Zelle (Raspail 1827) III, 764
Zellen-Stammbaum (Haeckel 1876) ↑*Entwicklung* I, 403
Zellen-Teilung (Grisebach 1839; Schleiden 1839) ↑*Zelle* III, 776

Wortverzeichnis

Zellkern (Schleiden 1837) ↑*Zelle* III, 772
Zelllinie (Bard 1886) ↑*Entwicklung* I, 402
Zellteilung (Braun 1847) ↑*Zelle* III, 776
Zellzyklus (Conklin 1901) ↑*Kreislauf* II, 320
zentrales Dogma (Crick 1958) ↑*Molekularbiologie* II, 613
Zentralform (Reynolds 1761) ↑*Typus* III, 547
Zentralorgan (Müller 1798) ↑*Hierarchie* II, 122
Zentraltypus (Cassel 1810) ↑*Typus* III, 546
Zeugungskreis (Albers 1843) ↑*Kreislauf* II, 315
zielgerichtetes Verhalten (Katz 1929) ↑*Zweckmäßigkeit* III, 812
Zitronensäurezyklus (Dixon 1939) ↑*Molekularbiologie* II, 615
Zönobiologie (Gams 1918) ↑*Biologie* I, 286
Zonobiom (Walter 1976) ↑*Biosphäre* I, 300
Zönobionten (Tischler 1947) ↑*Biotop* I, 310
Zönogenese (Leppik 1974) ↑*Entwicklung* I, 426
Zönokline (Whittaker 1960) ↑*Biozönose* I, 335
Zönophile (Tischler 1947) ↑*Biotop* I, 310
Zoochemie (Juch 1800) ↑*Molekularbiologie* II, 616
Zoografie (Freig 1579) ↑*Biologie* I, 271
Zooid (Huxley 1851) ↑*Individuum* II, 176
Zoologie (Timpler 1610) ↑*Tier* III, 505
Zoon (Spencer 1864) ↑*Individuum* II, 177
Zoonomie (E. Darwin 1794) ↑*Biologie* I, 271
zoophag (Riccioli 1655) ↑*Räuber* III, 136
Zoophagie (Morosini 1625) ↑*Räuber* III, 136
Zoophysik (Anonymus 1801) ↑*Molekularbiologie* II, 619
Zoophyt (Sextus Empiricus um 200) ↑*Pflanze* III, 25
Zoosemiotik (Sebeok 1963) ↑*Kommunikation* II, 267
Zootomie (Severino 1644) ↑*Anatomie* I, 19
Zootop (Dahl 1903) ↑*Biotop* I, 305
Zootyp (Slack, Holland & Graham 1993) ↑*Tier* III, 501
Zoozönose (Gams 1918) ↑*Biozönose* I, 334
Züchtung (Anonymus 1807) ↑*Künstliches Leben* II, 405
Zuchtwert (Schreiber 1823) ↑*Vererbung* III, 642
Zufall, konservierter (zur Strassen 1915) ↑*Fortschritt* I, 618
Zufallsauslese (Hilty 1896) ↑*Selektion* III, 313
Zurückschlagen (Prizelius 1777) ↑*Vererbung* III, 624
Zweckmäßigkeit (Kant 1784) III, 786
Zwischenarten (Buffon 1753) ↑*Phylogenese* III, 63
Zwischenformen (Arnaud & Suard 1764) ↑*Phylogenese* III, 62
Zwischenglieder (Bonnet 1764) ↑*Phylogenese* III, 63
Zwitter (Anonymus 13. Jh.) ↑*Geschlecht* II, 83

Zyanobiont (Dick & Steward 1980) ↑*Pilz* III, 109
Zygophase (Winkler 1920) ↑*Befruchtung* I, 169
Zygotän (Grégoire 1907) ↑*Zelle* III, 778
Zygote (Strasburger 1877) ↑*Befruchtung* I, 169
Zyklomorphose (Woltereck 1909) ↑*Metamorphose* II, 585
Zyklose (Schultz 1828) ↑*Kreislauf* II, 323
Zytologie (Peaslee 1857) ↑*Zelle* III, 778
Zytoplasma (Braun 1855) ↑*Zelle* III, 771
Zytotaxis (Roux 1896) ↑*Selbstbewegung* III, 240
Zytotropismus (Roux 1894) ↑*Selbstbewegung* III, 240

Abbildungsverzeichnis

1. Einleitung 1: Grafische Darstellung der Häufigkeitsverteilung der Grundbegriffe des Wörterbuchs über die Sprache, in der sie geprägt wurden, und den Zeitraum ihrer Prägung
2. Einleitung 2: Einige leitende Begriffe der Biologie zwischen 1750 und 2000
3. Einleitung 3: Der zeitliche Aspekt in den drei Dimensionen von Sache, Begriff und Wort für den biologischen Grundbegriff ›Evolution‹
4. Einleitung 4: Ein Vorschlag zur grafischen Visualisierung der grundlegenden Konzepte der Biologie
5. Analogie 1: Divergenz und Konvergenz innerhalb der Gruppe der Wirbeltiere (aus Koepcke 1971-74)
6. Analogie 2: Augentypen bei Tieren, angeordnet in parallel verlaufenden Reihen zunehmender Komplexität (aus Nowikoff 1930)
7. Anatomie 1: Rekonstruktion einer Skizze zur Lage von Harnblase, Harnleiter, Hoden und Samenleiter nach Aristoteles (aus Peck 1965)
8. Anatomie 2: Das Skelett eines Menschen (aus Vesal 1543)
9. Anatomie 3: Frontispiz des Werks ›Corporis humani disquisitio anatomica‹ (1651) des englischen Arztes N. Highmore
10. Anatomie 4: Vergleich des Skeletts eines Vogels und des Menschen (aus Belon 1555)
11. Anatomie 5: Anatomie einer Eintagsfliege (aus Swammerdam 1675)
12. Anpassung 1: Birkenspanner in seiner typischen Form und in seiner melanistischen Form auf einem verrußten Eichenstamm (aus Kettlewell 1973)
13. Anpassung 2: »Koaptationen« von Körperteilen (aus Cuénot 1925)
14. Anpassung 3: Die Verteilung von Merkmalen und Fitnesswerten in einer Population sowie deren Veränderung, die zeigt, dass trotz der Variation der Fitness der Individuen keine Selektion und Evolution erfolgt, wenn keine Variation der Merkmalsfitness vorliegt (aus Walsh, Lewens & Ariew 2002)
15. Anpassung 4: Die Fitness als der ultimate Zweck, auf den alle biologischen Funktionen ausgerichtet sind (aus Bischof 1985/91)
16. Art 1: Anwendung des Biospezieskonzepts auf Stammlinien mit asexueller (uniparentaler) Fortpflanzung (aus Willmann 1985)
17. Art 2: Schematische Darstellung von Arten mit unterschiedlichem Grad der Sexualität zwischen den Individuen (aus Brothers 1985)
18. Art 3: Stammlinien von asexuell sich fortpflanzenden Organismen (aus de Queiroz 1999)
19. Art 4: Übersicht über aktuelle Artkonzepte (aus Mayden 1997)
20. Art 5: Schema der Artbildung durch geografische Separation und Isolation von Populationen (aus Mayr 1942)
21. Art 6: Schema der Artbildung bei sexuell sich fortpflanzenden Organismen (aus Eldredge und Cracraft 1980)
22. Art 7: Typen unterhalb der Ebene der Art (aus Turesson 1922)
23. Art 8: »Verbreitungsgebiet des Rassenkreises *Parus major* (etwas schematisiert)« (aus Rensch 1933).
24. Art 9: Verbreitungskarte der Unterarten des Formenkreises der Silbermöwe (aus Stresemann & Timoféeff-Ressovsky 1947)
25. Art 10: Innerartliche Variation der Färbung bei dem Marienkäfer *Harmonia axyridis* (aus Ayala & Kiger 1980)
26. Art 11: Grafisches Modell einer Clusteranalyse einer Population von Individuen, die sich in zweidimensionaler Perspektive eindeutig in zwei Typen gliedern, obwohl die Variation aus der Perspektive der isoliert betrachteten Merkmale zwischen den Gruppen kleiner ist als innerhalb jeder Gruppe (aus Sesardic 2010)
27. Art 12: Ein Kladogramm geografischer Populationen des Menschen (aus Cavalli-Sforza, Menozzi & Piazza 1994)
28. Arterhaltung 1: Schematische Darstellung der Lebensfunktionen einer Faltenwespe in ihrer Umwelt (aus Legewie 1931)
29. Arterhaltung 2: Einteilung der biologischen Grundfunktionen ausgehend von der Unterscheidung von Selbstbehauptung und Arterhaltung (aus Koepcke 1971-74)
30. Bakterium 1: Zeichnungen von Bakterien aus dem Mund (aus van Leeuwenhoek 1683)

31. Bakterium 2: Veranschaulichung der Größe von Bakterien (aus van Leeuwenhoek 1680)
32. Bakterium 3: Frühe Fotografie von Bakterien (aus Koch 1877)
33. Bakterium 4: Gestalten von Bakterien (aus Urania Pflanzenreich 1991)
34. Bakterium 5: Die erste Darstellung eines Mikroskops (aus Hooke 1665)
35. Balz: Phase aus der Balz der Haubentaucher (aus Huxley 1914)
36. Bedürfnis: Schema der primären Bedürfnisse (aus Murray 1938)
37. Befruchtung: Schematische Darstellung der Ereignisse bei der Befruchtung von Wirbeltieren (aus Boveri 1902)
38. Bewusstsein 1: Darstellung verschiedener mentaler Bereiche aus dem frühen 17. Jahrhundert (aus Fludd 1619)
39. Bewusstsein 2: Selbst-Wahrnehmung bei Tieren (aus Povinelli 2000)
40. Bewusstsein 3: Versuchsaufbau zum Nachweise einer »Theorie des Geistes« bei Schimpansen (aus Hare, Call & Tomasello 2001)
41. Bewusstsein 4: ›The Animal Mind‹ von 1908 und ›Der Geist der Tiere‹ von 2005 (aus Washburn 1908 und Perler & Wild 2005)
42. Bioethik 1: Der sich erweiternde Kreis der ethischen Verantwortung
43. Bioethik 2: Das Spektrum ethischer Positionen zwischen Anthropozentrik und Physiozentrik und von der Antike bis in die Gegenwart (aus von der Pfordten 1996)
44. Bioethik 3: Naturschutz und Umweltschutz (Zeichnungen von Helgard Uhrmeister; aus Falter 2006)
45. Biogeografie 1: Verbreitungskarte vierfüßiger Wirbeltiere in Nordeuropa. Ausschnitt aus einer »zoologischen Weltkarte« (aus Zimmermann 1778-83)
46. Biogeografie 2: Höhenprofil des Chimborazo (nach von Humboldt & Bonpland 1814-34; aus Taylor 1963)
47. Biogeografie 3: Die Diversität und relative Häufigkeit von Pflanzenfamilien in Ländern verschiedener Klimazonen (aus von Humboldt 1815)
48. Biogeografie 4: Latitudinaler Diversitätsgradient (aus Lacordaire 1838)
49. Biogeografie 5: Übersicht über die wichtigsten Lebensstätten der Erde mit besonders unterschiedlichen Lebensgemeinschaften (»Bioregionen«) (aus Tischler 1955)
50. Biogeografie 6: Verteilung der Bioregionen auf der Erde (aus Tischler 1955)
51. Biogeografie 7: Abhängigkeit der wichtigsten Vegetationstypen (»Formationstypen«) von den Klimafaktoren Temperatur und Niederschlag (aus Whittaker 1970)
52. Biogeografie 8: Florenreiche und Tierregionen der Erde (aus Walter & Breckle 1983/91)
53. Biogeografie 9: Gleichgewichtsmodell der Inselbiogeografie (aus MacArthur & Wilson 1963)
54. Biologie 1: Historische Entwicklung biologischer Forschungsrichtungen und der Zeitpunkt ihrer universitären Institutionalisierung (aus Jahn 1982/98)
55. Biologie 2: Eine frühe Einteilung der Biologie in Subdisziplinen (aus Berthold 1829)
56. Biologie 3: Gliederung der Zoologie in Subdisziplinen (aus Bronn 1850)
57. Biologie 4: Gliederung der Biologie in Subdisziplinen (aus Haeckel 1866)
58. Biologie 5: Gliederung der Biologie in Subdisziplinen (aus Gams 1918)
59. Biologie 6: Gliederung der Biologie in Subdisziplinen (aus Du Rietz 1921)
60. Biologie 7: Gliederung der Biologie in Subdisziplinen (aus Friederichs 1937)
61. Biologie 8: Gliederung der Biologie als theoretischer Wissenschaft nach ihren Grundfragen (aus Ungerer 1942)
62. Biologie 9: Gliederung der Biologie in Subdisziplinen (aus Löther 1972)
63. Biologie 10: Gliederung der Biologie nach Integrationsebenen und taxonomischen Gruppen (aus Odum 1953)
64. Biologie 11: Gliederung der Biologie in Subdisziplinen nach vier Dimensionen (aus Campbell & Reece 1987/2002)
65. Biologie 12: Veränderungen des Fächerspektrums der Zoologie in den letzten 50 Jahren, gemessen über den Anteil der Professuren einer Fachrichtung an westdeutschen Universitäten (aus Wägele & Bode 2007)
66. Biosphäre: Gliederung der Biosphäre in bioti-

sche und abiotische Komponenten (nach Obrhel & Obrhelova 1981; aus Stugren 1972/86)

67. Biotop 1: Die Bereiche des Hydrositons, d.h. des Lebensraums im und am Wasser, der den Lebewesen ihre Ernährung ermöglicht (aus Corti 1949)

68. Biotop 2: Einteilung der Biotope nach dem Aggregatzustand ihrer Medien (aus Koepcke 1971-74)

69. Biotop 3: Gliederung terrestrischer Zönotope und Zönosen (aus Schwerdtfeger 1975)

70. Biotop 4: Die prägende Kraft des Biotops auf die Gestalt von Organismen: Pflanzen des Nordseeplanktons mit Schwebefortsätzen und anderen Einrichtungen zur Verbesserung des Auftriebs (aus Gessner 1940)

71. Biozönose 1: Tier-Zönose im Limfjord (aus Petersen 1918)

72. Biozönose 2: Drei Ansätze zur Analyse von Pflanzengemeinschaften (aus Allen & Hoekstra 1992)

73. Biozönose 3: Biozönosen als Intersektionssysteme: Verteilung der Häufigkeit von verschiedenen Pflanzenarten über einen Gradienten der Feuchtigkeit (aus Whittaker 1967)

74. Biozönose 4: »Biozönotischer Konnex« in der eurasiatischen Tundra (aus Tischler 1951)

75. Brutpflege 1: Eine Gazelle, die ihr Junges säugt – ein beliebtes Motiv der altägyptischen Kunst (aus Smith, (1946/49)

76. Brutpflege 2: Katzenfamilie (Ägyptische Bronzeplastik um 600 v. Chr.)

77. Brutpflege 3: Das »Nest« des Heiligen Pillendrehers (aus Fabre 1879/1939)

78. Brutpflege 4: Das Verleiten eines Goldregenpfeifers (aus Portmann 1948)

79. Brutpflege 5: Grafisches Modell zur Darstellung des Reproduktiven Erfolgs und der Elterlichen Investition als Funktion der Anzahl der Nachkommen, die von zwei Individuen unterschiedlichen Geschlechts erzeugt werden (aus Trivers 1972)

80. Diversität 1: Anzahl der beschriebenen Arten von rezenten Organismen, eingeteilt nach den großen Gruppen (aus Wilson 1988)

81. Diversität 2: Verlauf der Anzahl beschriebener Arten von 1750 bis 1980 bei drei verschiedenen Tiergruppen (aus Siewing 1985)

82. Diversität 3: Verlauf der biologischen Diversität in der Erdgeschichte, gemessen anhand der Anzahl der Familien marin lebender Tiere (aus Raup & Sepkoski 1982)

83. Diversität 4: Eine grobe Schätzung der Verteilung der Artenanzahl von auf dem Land lebenden Tieren über ihre Körperlänge (aus May 1986)

84. Diversität 5: Korrelation der Artendiversität von Vögeln und der Diversität der Belaubungshöhe der Vegetation in Nordamerika und Australien (aus Recher 1969)

85. Diversität 6: In einer Darstellung mit halblogarithmischem Maßstab ergibt die Verteilung der Häufigkeit von Arten in einer Gemeinschaft annähernd eine Normalverteilung (aus Preston 1948)

86. Diversität 7: Globale Verteilung der Biodiversität auf der Ebene von taxonomischen Familien (aus Gaston, Williams, Eggleton & Humphries 1995)

87. Diversität 8: Negative Korrelation zwischen der Anzahl der Arten (Diversität) und der Anzahl der festen ökologischen Interaktionen zwischen den Individuen verschiedener Arten (»Konnektanz«) (aus McNaughton 1978)

88. Einzeller 1: Drei Bewegungsstadien einer Amöbe (aus Rösel von Rosenhof 1775)

89. Einzeller 2: Bewegungsstudien von Pantoffeltierchen (aus Müller 1786)

90. Einzeller 3: Skelett einer einzelligen Radiolarie (aus Haeckel 1862)

91. Einzeller 4: Vier »Organisationsformen« der Einzeller (aus Hausmann 1985)

92. Empfindung 1: Reizleitung von einem peripheren Organ zum Gehirn bei der Empfindung von Hitze (aus Descartes [1632])

93. Empfindung 2: Das frei präparierte Nervensystem einer Honigbiene (aus Swammerdam [1679])

94. Empfindung 3: Eine isolierte Nervenzelle aus der grauen Substanz des Rückenmarks (aus Deiters 1865)

95. Empfindung 4: Typische Zellen der Hirnrinde eines Säugetiers (aus Ramón y Cajal 1894)

96. Empfindung 5: Die erste Darstellung eines neuronalen Netzes (aus Exner 1894)

97. Empfindung 6: Die erste Darstellung des Aktionspotenzials einer Nervenzelle (aus Hodgkin

& Huxley 1939)
98. Entwicklung 1: Schematisches Diagramm zur symbolischen Darstellung der organischen Entwicklung
99. Entwicklung 2: Frühe Stadien in der Entwicklung eines Hühnerembryos in einem bebrüteten Ei (nach Fabricius 1621; aus Herrlinger 1972)
100. Entwicklung 3: Entwicklungsstadien der Bohne (aus Malpighi 1679)
101. Entwicklung 4: Darstellung der Entwicklung eines Hühnerembryos in Form einer Bildserie (aus Pander 1817)
102. Entwicklung 5: Frühe Entwicklungsstadien der Metazoen (aus Haeckel 1877)
103. Entwicklung 6: Die ontogenetische Trajektorie eines Individuums im Alters-Größen-Form-Raum (aus Alberch et al. 1979)
104. Entwicklung 7: Entwicklungslinien von phänotypischen Merkmalen und ihrer Varianten in einem grafischen Modell der Entwicklung (aus Haecker 1918)
105. Entwicklung 8: Evolution von Entwicklungswegen bei Seeigeln (Echinoidea) (nach Wray; aus Raff 1996)
106. Entwicklung 9: Übersicht über die Terminologie für Prozesse der Heterochronie (aus McNamara 1986)
107. Entwicklung 10: Typen der Veränderung im Verlauf der individuellen Lebensgeschichte (Ontogenese: vertikale Achse) in der Phylogenese (aus de Beer 1940/58)
108. Entwicklung 11: Ontogenetische Trajektorien von jeweils zwei Individuen in einem Alters-Form-Raum zur Darstellung von Pädomorphose (Neotenie und Progenesis) und Peramorphose (Beschleunigung und Hypermorphose) (aus Alberch et al. 1979)
109. Entwicklung 12: Faktoren der Entwicklung von Organismen nach dem Modell der Theorie der Entwicklungssysteme (aus Griffiths & Gray 1994)
110. Entwicklung 13: Verlauf von Produktivität, vorhandener Biomasse und Artendiversität während der ökologischen Entwicklung eines Waldökosystems (aus Whittaker 1970)
111. Entwicklung 14: Trends in der Entwicklung von Ökosystemen: Veränderungen ihrer Eigenschaften vom Anfang zum Ende einer ökologischen Sukzession (aus Odum 1969)
112. Ernährung 1: Nahrungsaufnahme einer Amöbe (aus Jennings 1906)
113. Ernährung 2: Fixieren und Schnappen einer Fliege durch eine Kröte (aus Schneider 1954)
114. Ernährung 3: Beute in der Nähe des Zenits wird von einem Wasserfrosch im Sprung mit der Zunge erfasst (aus Schneider 1954)
115. Ernährung 4: Größenstufen von Organismen im Meer (aus Lohmann 1908)
116. Ernährung 5: Vergleich der Verteilung von Produktivität, Biomasse und Individuenanzahl über die trophischen Ebenen eines künstlichen Teichökosystems (aus Whittaker 1970)
117. Ernährung 6: Eine der ersten Darstellungen eines Nahrungsnetzes: das Nahrungsnetz der Tiere, die mit der Baumwollpflanze verbunden sind (aus Pierce, Cushman & Hood 1912)
118. Ernährung 7: Nahrungskreislauf in einem See (aus Thienemann 1926)
119. Ernährung 8: Nahrungskreislauf (»food-cycle«) mit trophischen Ebenen in einem Gewässer (aus Lindeman 1942)
120. Ethologie 1: Körperhaltung während des Scheinputzens bei Enten verschiedener Arten (aus Lorenz 1941)
121. Ethologie 2: Vergleich der Begrüßungszeremonien bei verschiedenen Möwenarten (aus Tinbergen 1959)
122. Ethologie 3: Stammbaum von Enten und Gänsen, erstellt auf der Grundlage von Verhaltenseinheiten der Balz, die als Homologien gedeutet werden (aus Lorenz 1941)
123. Evolution 1: Schematisches Diagramm zur Darstellung der Evolution
124. Evolution 2: Etappen in der Evolution des Pferdes in den letzten 50 Millionen Jahren (aus Marsh 1879)
125. Evolution 3: Hierarchie von Formen und Komponenten der Migration auf den Ebenen von Individuen und Gruppen (aus Baker 1978)
126. Evolution 4: Die logische Unabhängigkeit von Evolution, Natürlicher Selektion und Genetischer Drift (aus Endler 1986)
127. Evolution 5: Frühe Darstellung einer adaptiven Landschaft (aus Janet 1896)
128. Evolution 6: Dreidimensionale Landschaft zur Veranschaulichung quantitativer Gleichgewichtsmodelle der Evolution (aus Lotka 1925)

129. Evolution 7: Fitnessverlauf für die Häufigkeiten von Genen in Populationen (aus Wright 1931)
130. Evolution 8: Adaptive Landschaft zur Darstellung der Fitness von zwei zytologischen Typen in unterschiedlicher Häufigkeit in einer Population von Heuschrecken (aus Lewontin & White 1960)
131. Feld: Eine »epigenetische Landschaft« (aus Waddington 1957)
132. Form 1: Transformation des Umrisses eines typischen Papageienfisches in den Umriss einer verwandten Form (aus D'Arcy Thompson 1917/42)
133. Form 2: Symmetrieformen bei Tieren, die als Anpassung an ihre Lebensform in jeweils verschiedenen taxonomischen Gruppen entstanden sind (zusammengestellt aus Koepcke 1971-74)
134. Form 3: Organismen verschiedener Formtypen, die einer einheitlichen Funktion dienen: dem Schweben im Wasser (zusammengestellt aus Koepcke 1971-74)
135. Form 4: Typen von Herzen bei wirbellosen Tieren (aus Richter 1973)
136. Form 5: Die multiple Realisierbarkeit von Formen durch Entwicklungswege und von Funktionen durch Formen
137. Form 6: Schematische Darstellung der Entwicklung von Strukturen (aus Maslin 1952)
138. Form 7: Arten von taxonomischen Merkmalen (aus Mayr, Linsley & Usinger 1953)
139. Fortpflanzung 1: Kopulation beim Schaf in einer altägyptischen Darstellung aus dem Jahreszeitenrelief der »Weltenkammer« im Sonnenheiligtum des Königs Niuserre (aus Edel 1963)
140. Fortpflanzung 2: Geburt eines Kalbes in einer Darstellung auf einem altägyptischen Relief (aus Smith 1946/49)
141. Fortpflanzung 3: Schematisches Diagramm zur Darstellung der Fortpflanzung
142. Fortpflanzung 4: Einteilung von Typen der substanziellen Zeugung nach Thomas von Aquin (aus Mitterer 1947)
143. Fortpflanzung 5: Die Zellteilung der Alge Synedra zum Zweck ihrer Fortpflanzung (aus Trembley 1766)
144. Fortpflanzung 6: Fortpflanzung als ultimater Zweck aller biologischer Funktionen
145. Fortpflanzung 7: Eine Einteilung der Fortpflanzungsweisen aus der Mitte des 19. Jahrhunderts (aus Spencer 1864/98)
146. Fortpflanzung 8: Die Wahrscheinlichkeit für das Sterben eines Genets bei einem asexuell sich vermehrenden Organismus im Laufe seines Lebens (aus Cook 1979)
147. Fortpflanzung 9: Stammbaum eines Weidenbastards (aus Nägeli 1866)
148. Fortschritt 1: »Hologeniespirale« (aus Zimmermann 1953)
149. Fortschritt 2: Zusammenhang zwischen der Anzahl der Zelltypen bei Organismen verschiedener Tiergruppen und dem phylogenetischen Alter dieser Gruppen (aus Valentine, Collins & Meyer 1994)
150. Fortschritt 3: Zunahme der »Zerebralisation« in der Evolution des Lebens (aus Leakey & Lewin 1995)
151. Fortschritt 4: Größe des Genoms bei verschiedenen taxonomischen Gruppen von Organismen (aus Lewin 1988)
152. Fortschritt 5: Häufigkeitsverteilung des Komplexitätsgrades von Lebewesen in einer frühen und späten Phase der Evolution des Lebens auf der Erde (aus Gould 1996)
153. Fossil 1: Darstellung einer Szene aus dem Jura im »älteren Dorset« (nach de la Beche 1830; aus Rudwick 1992)
154. Fossil 2: Rekonstruktion des Skeletts eines ausgestorbenen Riesenfaultiers (*Megatherium*) aus Argentinien (Kopie von Cuvier nach dem Originaldruck von Brú; aus Rudwick 1992)
155. Fossil 3: Ein *Plesiosaurus* erbeutet einen fliegenden *Pterodactylus* (nach de la Beche 1832; aus Rudwick 1992)
156. Fossil 4: Frühe Darstellung der Abfolge von Lebensformen und Lebensgemeinschaften in der Erdgeschichte (gestochen von Emslie, publiziert 1849 von Reynolds; aus Rudwick 1992)
157. Fossil 5: Ausschnitt aus einer Darstellung von fossilen Formen von Landpflanzen, Wirbeltieren und Wassertieren und der entsprechenden Erdschichten, in denen diese gefunden wurden (aus Buckland 1836)
158. Fossil 6: Terminologie zur Einteilung der Erdgeschichte sowie Zeitpunkt der Benennung und Namen der Personen, auf die die Benennung zurückgeht (aus Palmer 2005)

159. Fossil 7: Absolute Datierung der erdgeschichtlichen Perioden auf der Basis des Anteils von Helium und Blei in Gesteinen verschiedener Schichten (aus Holmes 1913/37)
160. Fossil 8: Der Verlauf der Diversität von Fossilien in der Erdgeschichte auf der Datengrundlage von Fossilfunden in Großbritannien bis zur Mitte des 19. Jahrhunderts (aus Phillips 1860)
161. Fossil 9: Entwicklung der Diversität in den großen Gruppen von im Meer lebenden vielzelligen Tieren im Verlauf der Erdgeschichte (aus Sepkoski 1981)
162. Fossil 10: Wichtige Tiergruppen als Leitfossilien (aus Kuhn-Schnyde1953)
163. Fossil 11: Typische »lebende Fossilien« unter den wirbellosen Tieren und ihre fossilen Verwandten (aus Thenius 1963)
164. Funktion 1: Schematisches Diagramm zur Darstellung einer Funktion
165. Funktion 2: Parastasis: Ein Ereignis A hat eine Wirkung B, die über vier verschiedene Wege E_1, ... E_4 erreicht werden kann (aus Murphy 1976)
166. Funktion 3: Illustration von vier einflussreichen Explikationen des biologischen Funktionsbegriffs
167. Funktion 4: Die Hierarchie organischer Funktionen auf den obersten drei Ebenen
168. Funktion 5: Die Fitness als Resultante aus einer Hierarchie organischer Funktionen (aus Bischof 1985/91)
169. Funktion 6: Gerichtetheit der Lebenserscheinungen der Tiere auf die »Organisationsziele des Lebendigen« (aus Rothschuh 1959/63)
170. Funktion 7: Typische Übersprungbewegungen bei einigen Vogelarten (aus Tinbergen 1942)
171. Ganzheit 1: Die Abgrenzung von Ganzheiten als relativ isolierte Einheiten der Interaktion (aus McShea & Venit 2001)
172. Ganzheit 2: Das Prinzip des »holocönen Faktors« (aus Friedrichs 1927)
173. Ganzheit 3: Interaktionskarte der Gesamtheit der Hefe-Proteine und Interaktionen der gleichen Proteine, zusammengefasst in funktionale Gruppen (aus Uetz, P. & Grigoriev 2005)
174. Gefühl 1: Stimmungsausdruck eines Schimpansen (aus Kohts 1935)
175. Gefühl 2: Gesichtsausdruck eines jungen Schimpansen in verschiedenen Gefühlszuständen (aus Kohts 1935)
176. Gefühl 3: Sechs »Grundemotionen« des Menschen, die einem bestimmten Gesichtsausdruck entsprechen (nach Ekman; aus Grammer 1993/95)
177. Gefühl 4: Demutshaltung eines Hundes (aus Darwin 1872)
178. Gefühl 5: Ausdrucksformen des Hundegesichts im Konflikt zwischen Angriff und Flucht (aus Lorenz 1952)
179. Gefühl 6: Schematische Darstellung der Überlagerung von Angriffs- und Abwehrstimmung in der Mimik einer Katze (aus Leyhausen 1956)
180. Gefühl 7: Funktionales Modell zur Erklärung von Verhalten als Ergebnis der Interaktion von drei Subsystemen (aus Tolman 1952)
181. Gefühl 8: Einfaches Modell für die komplexe, probabilistische Sequenz von Ereignissen, die von einem externen Stimulus über die Ausbildung eines Gefühls bis zu dessen Verhaltenskonsequenzen führt (aus Plutchik 1980)
182. Gefühl 9: Gestik und Mimik eines Schimpansen, der sich freut (aus Kohts 1935)
183. Gen 1: Schematisches Modell der »Doppelhelix« der DNA (aus Watson & Crick 1953)
184. Gen 2: Die erste Genkarte, ermittelt durch Crossing-Over bei Drosophila (aus Sturtevant 1913)
185. Gen 3: Der Weg von den Genen im Zellkern über das Zytoplasma zu den phänotypischen Merkmalen (aus Darlington & Mather 1949)
186. Generationswechsel 1: Generationswechsel der Reblaus (aus Weismann 1902/13)
187. Generationswechsel 2: Schema des Generationswechsels der Moose (aus Harder 1931)
188. Genotyp/Phänotyp 1: Die Kontinuität der Keimzellen des Genotyps und die Vergänglichkeit der somatischen Zellen des Phänotyps in der Konzeption A. Weismanns (aus Wilson 1896/1900)
189. Genotyp/Phänotyp 2: Schematische Darstellung der »Keimbahn« eines Spulwurms (*Ascaris*) (aus Weismann 1892)
190. Genotyp/Phänotyp 3: Einteilung der Entwicklung eines Organismus in vier Phasen, die sich in unterschiedlichen abstrakten Räumen befinden: dem Genotypenraum, epigenetischen Raum, Phänotypenraum und Tauglichkeitsraum (aus Waddington 1969)

191. Genotyp/Phänotyp 4: Trennung der genotypischen von der phänotypischen Beschreibungsebene zur Erklärung phänotypischer Veränderungen über Generationen hinweg (aus Lewontin 1974)
192. Geschlecht 1: Geschlechtlichkeit bei Pflanzen (aus Linné 1746)
193. Geschlecht 2: Verhinderung der Selbstbefruchtung bei Pflanzen mit lang- und kurzgestielten Griffeln und Staubblättern (aus Darwin 1877)
194. Geschlecht 3: Der evolutionäre Vorteil der Sexualität, dargestellt durch einen Vergleich der Evolution in Populationen von asexuell und sexuell sich fortpflanzenden Individuen (aus Crow & Kimura 1965)
195. Geschlecht 4: Geschlechtsdimorphismus bei der Spinne *Nephila nigra* (aus Doflein 1914)
196. Geschlecht 5: Eine etwa 14.000 Jahre alte Darstellung des Sexualaktes beim Menschen in der Höhle La Marche in Westfrankreich (aus van Vilsteren 2003-04)
197. Geschlecht 6: Einführung der Symbole für männliche und weibliche Pflanzen durch Linné (aus Linné 1751; 1753)
198. Geschlecht 7: Symbolisierung von weiblichen und männlichen Individuen durch Kreis und Quadrat (aus Röse 1853)
199. Gewebe 1: Gewebe aus übereinander gelagerten Fasern in der Venenwandung (aus Vesal 1543)
200. Gewebe 2: Kombinierter Längs- und Querschnitt durch den Ast eines Baums (aus Grew 1682)
201. Gleichgewicht 1: Grafische Darstellung des mathematischen Modells für zyklische Schwankungen der Populationsgrößen von zwei interagierenden Arten, einem Wirt und einem Parasiten, im Phasenraum der Populationsgrößen der beiden Arten (aus Lotka 1925)
202. Gleichgewicht 2: Alternative grafische Repräsentation des Modells für periodische Populationsschwankungen von zwei interagierenden Arten, dargestellt als Verlauf über die Zeit (aus Volterra 1928)
203. Gleichgewicht 3: Populationszyklen von Schneeschuhhasen und Luchsen im Norden Kanadas (aus Hewitt 1921)
204. Hierarchie 1: Stufenleiter der natürlichen Wesen (aus Bonnet 1745)
205. Hierarchie 2: Ebenen der Organisation biologischer Einheiten (aus Odum 1959)
206. Hierarchie 3: Hierarchie von Ebenen der Organisation und damit korrespondierende Wissenschaften (aus Rowe 1961)
207. Hierarchie 4: Modell der Hierarchie von Zentren in der Organisation instinktiven Verhaltens (aus Tinbergen 1950)
208. Hierarchie 5 Die hierarchisch-enkaptische Ordnung systematischer Taxa als Ergebnis der dichotomen Aufspaltung von Stammeslinien in der Phylogenese (aus Hennig 1950)
209. Hierarchie 6: Hierarchieebenen der Organisation von Lebewesen und ihre Interaktion miteinander (aus Weiss 1973)
210. Homologie 1: Ähnlichkeit im Aufbau der Knochen der hinteren Extremitäten von Pferd und Mensch (nach Leonardo da Vinci [ca. 1506-07])
211. Homologie 2: Vergleich der Muskeln und Knochen der Vorderextremität bei Affe, Katze, Bär, Seehund und Delphin (aus Cuvier 1805)
212. Homologie 3: Knochen des Kopfes eines Vogels, eines Säugetiers und des Menschen (aus Carus 1828)
213. Homologie 4: Klassifikation von Formen der Ähnlichkeit nach vier Kriterien (aus Stone & Hall 2006)
214. Individuum 1: Ein Organismus zwischen Individuum und Kolonie: eine Staatsqualle (aus Vogt 1851)
215. Individuum 2: Stadien in der Entwicklung eines Baums und fünf Begriffe eines Individuums mit unterschiedlichem Umfang
216. Individuum 3: Zwei Ebenen der Individualität bei zellulären Schleimpilzen (aus Kühn 1943)
217. Information 1: Drei Wege der biologischen »Informationsgewinnung« für einen Organismus: Vererbung, Tradition und direkte Erfahrung (aus Wickler 1965)
218. Information 2: Schlüssel des genetischen Codes (aus Khorana et al. 1966)
219. Information 3: Codesonne als Darstellung des genetischen Codes (aus Bresch & Hausmann 1964/70)
220. Instinkt 1: Die instinktgeleitete Herstellung eines Trichters aus einem Birkenblatt durch den Schwarzen Birkenblattroller (aus Wasmann 1884)

Abbildungsverzeichnis lxxxii

221. Instinkt 2: Das »psychohydraulische Modell« der Verhaltensauslösung (aus Lorenz 1978)
222. Instinkt 3: Hierarchie und Gerichtetheit des Verhaltens beim Fortpflanzungsverhalten des Stichlings (aus Tinbergen 1942)
223. Instinkt 4: Schema zur »Hierarchie der Stimmungen« im Brutpflegeverhalten der Grabwespe (aus Baerends 1941)
224. Instinkt 5: Das »Wirkungsgefüge« von Verhaltensweisen, die beim Brüten der Silbermöwe beteiligt sind (aus Baerends 1972)
225. Intelligenz 1: Ein Schimpanse in Gefangenschaft, der ohne vorherige Dressur und Übung mehrere Kisten über einander stapelt, um an eine Banane zu gelangen (aus Köhler 1917)
226. Intelligenz 2: Die Differenz in der mentalen Repräsentation einer Kommunikationssituation bei Schimpansen und Menschen (aus Tomasello 1999)
227. Intelligenz 3: Korrelation der Gruppengröße, in denen Primaten zusammenleben, mit der relativen Größe des Neocortex ihres Gehirns (aus Dunbar 2001)
228. Koexistenz 1: Die Koexistenz von zwei Populationen von Individuen verschiedener Arten, dargestellt im Phasenraum der Größen der beiden Populationen (aus Gause & Witt 1935)
229. Koexistenz 2: Koexistenz von drei Arten, dargestellt über das Spektrum ihrer Ausnützung einer Ressource (aus MacArthur & Levins 1967)
230. Koexistenz 3: Vier Fälle der Konkurrenz von zwei Arten um zwei Ressourcentypen (aus Tilman 1982)
231. Koexistenz 4: Merkmalsverschiebung bei Darwinfinken auf Inseln des Galapagosarchipels (aus Lack 1947)
232. Kommunikation 1: Arterkennungsmerkmale von Regenpfeifern (aus Wallace 1889)
233. Kommunikation 2: Ein Baum zur Klassifizierung von Arten der Zeichenverwendung (aus Romanes 1888)
234. Kommunikation 3: Das »Hinterkopfzudrehen« des Spießentenerpels bei der Balz vor dem Weibchen (nach Lorenz 1941; aus Tinbergen 1948)
235. Kommunikation 4: Silhouetten von Attrappen, mit denen Lorenz und Tinbergen das Vorhandensein von »angeborenen Schemata« zur Auslösung einer Fluchtreaktion bei Vögeln untersuchten (aus Tinbergen 1948)
236. Kommunikation 5: Die Kommunikation der Honigbiene über Futterplätze (aus von Frisch 1948)
237. Kommunikation 7: Von der »Sprache« der Bienen zur Sprache der Tiere: ein Weg der Sprache von der der uneigentlichen zur eigentlichen Redeweise zwischen 1923 und 1938 (aus von Frisch 1923 und Huxley 1938)
238. Kommunikation 7: Vergleich einiger Kommunikationsformen von Tieren mit der Sprache des Menschen anhand mehrerer Merkmale (aus Nöth 1985/2000)
239. Kommunikation 8: Metakommunikation bei Hunden (aus Maier 1998)
240. Kommunikation 9: Drei Haupttypen der kommunikativen Interaktion zwischen einem Erwachsenen und einem Säugling bzw. Kleinkind (aus Tomasello 1999)
241. Konkurrenz: Zeitlicher Verlauf der Populationsgröße von miteinander konkurrierenden Pantoffeltierchen verschiedener Arten (aus Gause 1934)
242. Krankheit: Drei Aspekte von Krankheit (aus Rothschuh 1965)
243. Kreislauf 1: Das Symbol einer sich in den Schwanz beißenden Schlange (Ouroboros) (aus einer Handschrift des 10. oder 11. Jahrhunderts)
244. Kreislauf 2: Ein einfacher organischer Bedingungskreislauf
245. Kreislauf 3: »Der Kreisprozeß des Lebens« (aus Pikler 1926)
246. Kreislauf 4: Darstellung der menschlichen Lebensphasen in Form eines Kreises aus dem frühen 12. Jahrhundert (Tractatus de quaternario; aus Sears 1986)
247. Kreislauf 5: Entwicklungskreislauf: Lebenszyklus von *Trichosphaerium* (aus Schaudinn 1899)
248. Kreislauf 6: Der Lebenszyklus des Frosches (aus Conklin 1919)
249. Kreislauf 7: Schema des großen Blutkreislaufs nach C. Bartholinus (1676) (aus Jahn 1982/98)
250. Kreislauf 8: Glasgefäße und Lebewesen zur Untersuchung des Gaswechsels von Pflanzen und Tieren (aus Priestley 1775)

251. Kreislauf 9: Der Phosphatkreislauf auf der Erde (aus Lotka 1925)
252. Kreislauf 10: Der Kohlenstoff- und Sauerstoffkreislauf auf der Erde (aus Kostitzin 1935)
253. Kreislauf 11: Der Stickstoffkreislauf (aus Odum 1959)
254. Kultur 1: Schematisches Diagramm zur Darstellung kulturellen Handelns
255. Kultur 2: Fortschritt im Bereich des Anorganischen, Organischen und Superorganischen (aus Kroeber 1917)
256. Kultur 3: Kulturelle Evolution im Modus der »Opposition« von genetischer und kultureller Evolution (aus Durham 1982)
257. Kultur 4: Die Kultur der Tiere – seit einigen Jahren auch auf dem deutschen Buchmarkt angekommen (aus de Waal 2001)
258. Kultur 5: Herstellung von Artefakten durch Tiere (aus von Frisch 1973 und Bonner 1980)
259. Kultur 6: Ein Makake wäscht eine Kartoffel (nach Itani, Kawamura & Kawai; aus Czihak, Langer & Ziegler 1976/81)
260. Kultur 7: Blaumeisen beim Aufpicken einer Milchflasche (aus Bonner 1980)
261. Kulturwissenschaft 1: Symbolische Darstellung von vier gängigen Begriffen der Kultur (aus Gerndt 2000)
262. Kulturwissenschaft 2: Ausschnitte von drei sekundären Flügelfedern eines Argusfasans (aus Darwin 1871/79)
263. Künstliches Leben 1: Automat einer Ente (aus Anonymus 1899)
264. Künstliches Leben 2: »Künstliches Leben« eines zellulären Automaten (aus Gardner 1970)
265. Lamarckismus 1: Die Veränderung der Morphologie aufgrund der Bedürfnisse (nach einer Karikatur von Caran d'Ache; aus Sirks & Zirkle 1964)
266. Lamarckismus 2: Rekonstruktion von Lamarcks Modell der Entwicklung des Lebens auf der Erde als parallele Höherentwicklung von Organismen in unabhängig voneinander entstandenen Entwicklungslinien (aus Lefèvre 1984)
267. Lamarckismus 3: Zwei Modelle der Vererbung: Vererbung erworbener Eigenschaften und Vererbung des Erbes (aus Conklin 1919)
268. Lamarckismus 4: Vergleich von zwei Modellen der Vererbung (aus Simpson, Pittendrigh & Tiffany 1957)
269. Leben 1: Die Lebensschleife (Henkelkreuz oder Anchzeichen), das altägyptische Symbol des Lebens (aus Lurker 1989)
270. Leben 2: Schema Goethes zur Darstellung der Bezüge des Lebensbegriffs (aus Goethe 1820)
271. Lebensform 1: Die Lebensformen von Pflanzen (aus Raunkiær 1907)
272. Lebensform 2: Schlüssel zur Klassifikation der Tiere nach ihrer Fortbewegungsweise (aus Kühnelt 1953)
273. Lebensform 3: Lebensformen bei Tieren in konvergenter Entwicklung auf verschiedenen Kontinenten (aus Remmert 1978)
274. Lebensgeschichte 1: Die typisierte Lebensgeschichte eines Menschen (aus Jörg Breu d.J. 1540)
275. Lebensgeschichte 2: Diplontischer und haplontischer Lebenszyklus (aus Hartmann 1918)
276. Lebensgeschichte 3: Verschiedene Typen der Lebensgeschichte von Organismen (aus Bonner 1961)
277. Lebensgeschichte 4: Korrelationen der r- und K-Selektion mit Parametern der Umwelt, der Populationsstruktur und der Lebensgeschichte von Organismen (aus Pianka 1970)
278. Lebensgeschichte 5: Spektrum von altrizialer bis präkozialer Lebensgeschichte und damit verbundener Eigenschaften der Organismen, entwickelt ausgehend von Vergleichen bei Fischen (aus Bruton 1989)
279. Lernen 1: Die Bewegungsbahn eines trainierten Krebses in einem Käfig (aus Yerkes & Huggin 1903)
280. Lernen 2: Eine Experimentierbox (»Skinnerbox«) zur Untersuchung des Lernverhaltens bei Ratten (aus Skinner 1938)
281. Lernen 3: Vier Flugbahnen einer Grabwespe beim Anflug ihres Neststandortes, nachdem das Nest anfangs durch einen Kreis von Tannenzapfen markiert war und dieser in verschiedener Weise verändert wurde (aus Tinbergen 1938)
282. Mensch 1: Die Venus von Hohle Fels – die älteste bekannte figürliche Darstellung des Menschen (aus Conard 2009)
283. Mensch 2: Der Mensch als eine in sich zentrierte, harmonische Gestalt (Leonardo da Vinci um 1490)

Abbildungsverzeichnis

284. Mensch 3: Typen von menschenähnlichen Wesen (Anthropomorpha) (aus Linné 1760)
285. Mensch 4: Darstellung der Verwandtschaft des Menschen mit den Menschenaffen in Form eines Stammbaums (nach Darwin [1868]; aus Gruber 1974)
286. Mensch 5: Das Skelett des Menschen am Ende einer Reihe von Affenskeletten (aus Huxley 1863)
287. Mensch 6: Das biologische Bild des Menschen als Glied einer Kette von in der Evolution aufeinanderfolgenden Arten (aus Schwidetzky 1959/71)
288. Mensch 7: Schlüsselinnovationen in der Evolution des Menschen (aus Leakey 1994)
289. Mensch 8: Ein Bündel charakteristischer Merkmale des Menschen und deren Abhängigkeitsbeziehungen untereinander, die eine gegenseitige Stabilisierung der Merkmale bedingen
290. Mensch 9: Stammbaum der Primaten (aus Keith 1915)
291. Mensch 10: Stammbaum des Menschen (aus Leakey 1934)
292. Mensch 11: Stammbaum des Menschen (aus Johanson 1981)
293. Mensch 12: Moderner Stammbaum des Menschen (aus Wrangham 2001)
294. Mensch 13: Zeitliche und räumliche Einordnung der Fossilfunde des Menschen (aus Bräuer 2007)
295. Mensch 14: Eine der ersten Abbildungen eines Menschenaffen (»Orang-Outang« oder »Homo Sylvestris«), wahrscheinlich eines Schimpansen aus der Mitte des 17. Jahrhunderts (aus Tulp 1641)
296. Metamorphose 1: Frösche an einem Teich, in dem Kaulquappen schwimmen (aus Rondelet 1555)
297. Metamorphose 2: Zeichnung Goethes aus der Mitte der 1790er Jahre zum Typus einer höheren Pflanze (aus Kuhn 1977)
298. Metamorphose 3: Spätere Entwicklungsstadien einer Kröte (aus Claus, Grobben & Kühn 1880/1932)
299. Metamorphose 4: Die Laubblätter der Kohl-Gänsedistel – ein Beispiel einer Blattmetamorphose (aus Bockemühl 1964)
300. Metamorphose 5: Beispiele für Metamorphosen bei Pflanzen und Tieren (aus Koepcke 1971-74)
301. Metamorphose 6: Gestaltwandel im Lebenszyklus von Tieren (aus Füller 1995)
302. Metamorphose 7: Grundschemata zur Verteilung von zwei Lebensformen über die Individuen einer Art (aus Koepcke 1971-74)
303. Metamorphose 8: Vier Aktivitätstypen eines Kormorans, die verschiedenen Lebensformen (und verschiedenen Lebensräumen) zugeordnet werden können: Fliegen, Sitzen, Schwimmen, Tauchen – ein Beispiel für Polyözie (aus Koepcke 1971-74)
304. Metamorphose 9: Vorderende der Larve einer Kriebelmücke (*Simulia sericea*) mit den Imaginalscheiben, aus denen während der Metamorphose die Gliedmaßen des Thorax der ausgewachsenen Mücke gebildet werden (aus Weismann 1863)
305. Metamorphose 10: Poly- und Monotopie bei Wirbeltieren (aus Koepcke 1971-74)
306. Metamorphose 11: Körpergestalt eines Hais (Carcharhinidae) als Beispiel für Uniformismus (aus Fiedler 1991)
307. Metamorphose 12: Zyklomorphose bei Wasserflöhen (nach Wesenberg-Lund; aus Woltereck 1909).
308. Metamorphose 13: Alterspolyethismus (Metaethose) der Honigbiene (aus Lindauer 1961)
309. Metamorphose 14: Zyklischer Gestaltwechsel eines Baums im Laufe seines Lebens (aus Morel 1985)
310. Metamorphose 15: Periodischer Form- und Verhaltenswechsel (Zykloethose) beim Fuchs (aus Tembrock 1983)
311. Mimikry 1: Mimikry bei zwei Schmetterlingsarten (aus Bates 1862)
312. Mimikry 2: Klassifikation der Funktion von Farben in der organischen Natur (aus Poulton 1890)
313. Mimikry 3: Schema der Interaktion von Organismen bei der Mimikry (aus Vane Wright 1976)
314. Mimikry 4: Klassifikation von acht Typen der Mimikry (aus Vane Wright 1976)
315. Mimikry 5: Aggressive Mimikry bei den Wundernasenblümchen (aus Stümpke 1961)
316. Mimikry 6: Blattmimese des indischen Schmet-

terlings *Kallima inachis* (aus Wallace 1867)

317. Modifikation: Modifikation der Pigmentierung bei einer Schlupfwespenart (aus Schlottke 1926)
318. Molekularbiologie 1: Schema des zentralen Netzes von chemischen Reaktionen im Stoffwechsel eukaryoter aerober Zellen (aus Alberts et al. 1983)
319. Molekularbiologie 2: Frühe Darstellung des funktionalen Verhältnisses von DNA, RNA und Protein, d.h. des »Zentralen Dogmas der Molekularbiologie« (Skizze J. Watsons aus den frühen 1950er Jahren; aus Watson 1968)
320. Molekularbiologie 3: Zitratzyklus (aus Krebs 1946)
321. Molekularbiologie 4: Lineare Verknüpfung von Aminosäuren zu einer Kette in Proteinen (aus Hofmeister 1902)
322. Morphologie 1: Randzeichnung Goethes in seinem Manuskript ›Zu den Gesetzen der Pflanzenbildung‹ (1788) (aus Kuhn 1964)
323. Morphologie 2: Morphologie der Biene, die erste Darstellung eines Tieres, die mit dem Mikroskop gewonnenes Wissen abbildet (aus Stelluti 1625)
324. Morphologie 3: Der begriffliche Rahmen der Konstruktionsmorphologie (aus Seilacher 1991)
325. Morphologie 4: Konstruktionsmorphologisches Modell der Wirbeltier-Entstehung (aus Gutmann 1969)
326. Morphologie 5: Formen und Symmetrien von Organismen (nach verschiedenen Autoren)
327. Mutation: Normalform und Mutation einer Erdbeerart (aus de Vries 1901-03)
328. Nische 1: Die Einflussnische der Stieleiche in der osteuropäischen Waldsteppe (aus Stugren 1972/86)
329. Nische 2: Anspruchsnische: Ökologische Nische von Heuschrecken einer Art, dargestellt als Populationsdichte entlang eines Umweltparameters (Temperatur) (aus Gause 1932)
330. Nische 3: Die fundamentale Nische von zwei Arten, definiert über zwei Umweltgrößen in einem zweidimensionalen Nischenraum (aus Hutchinson 1958)
331. Nische 4: Veranschaulichung der »Annidation« (Einnischung) gegenüber der »Substitution« anhand eines idealisierten Stammbaums (aus Ludwig 1948)
332. Ökologie 1: Der Gegenstand der Ökologie: Das Wirkungsgefüge von sich wechselseitig beeinflussenden Organismen, dargestellt anhand der Nahrungsbeziehungen eines arktischen Ökosystems (aus Summerhayes & Elton 1923)
333. Ökologie 2: »Die drei Stufen der Ökologie« (aus Thienemann 1941)
334. Ökologie 3: Ökologische Grundbegriffe (aus Schwerdtfeger 1963)
335. Ökosystem 1: Schematisches Diagramm zur Darstellung eines Ökosystems als Kreislauf von sich wechselseitig bedingenden Organismen, die verschiedenen Typen angehören
336. Ökosystem 2: Energiefluss in einem aquatischen Ökosystem (aus Odum 1957)
337. Ökosystem 3: Zunahme der Verwendung des Terminus ›Ökosystem‹ in der biologischen Literatur zwischen 1950 und 1990 (aus Golley 1993)
338. Ökosystem 4: Nahrungsnetz von aquatischen Organismen (aus Shelford 1913)
339. Ökosystem 5: Modell des Ökosystems eines Getreidesaatfeldes auf Lehmboden in Nordwestdeutschland zur Winterzeit (nach Heydemann, aus Tischler 1955)
340. Ökosystem 6: Die enge Verknüpfung von abiotischen und biotischen Prozessen in einem Ökosystem (aus Allen & Hoekstra 1992)
341. Ökosystem 7: Stoffflüsse in einem Waldökosystem (aus Ovington 1962)
342. Ökosystem 8: Modell eines vollständigen Ökosystems (aus Ellenberg 1973)
343. Ökosystem 9: Schema eines Ökosystems auf der Grundlage des Flusses der Stoffe und Energie (aus Macfadyen 1948)
344. Ökosystem 10: Kreislauf in der Umwandlung organischer Materie in einem Ökosystem (»Konvertentenspirale«) (aus Schwerdtfeger 1975)
345. Ökosystem 11: Kreislauf der Beziehungen zwischen Organismen verschiedener funktionaler Gruppen in einem Ökosystem (aus Berrie 1976)
346. Ökosystem 12: Ein Meerwasseraquarium mit Pflanzen, Krebsen, Seesternen und Fischen und einer zentralen Fontäne zur Belüftung des Wassers (nach P.H. Gosse; aus Woodward 1856)

Abbildungsverzeichnis lxxxvi

347. Organ 1: Die inneren Organe des Menschen in ihrer morphologischen Verbindung untereinander (nach Leonardo da Vinci 1495-1505)
348. Organ 2: Exkretionsorgane des Seidenspinners (aus Malpighi 1669)
349. Organisation 1: Dichotome Einteilung der Bereiche der Welt (aus Haworth 1823)
350. Organisation 2: Das Chemoton als Modell für eine lebende Organisation (nach Gánti; aus Maynard Smith & Szathmáry 1995)
351. Organismus 1: Ein einfaches grafisches Modell für einen Organismus
352. Organismus 2: Zwei unterschiedliche Konzipierungen des menschlichen Körpers: eine Kinderzeichnung aus dem 20. Jahrhundert und eine Darstellung aus der geometrischen Periode der griechischen Kunst (aus Snell 1946/55)
353. Organismus 3: Der Organismus als abgegrenztes, geschlossenes Kausalsystem (aus Rothschuh 1959/63)
354. Organismus 4: Grafisches Modell eines Organismus als Metabolismus-Reparatur (M, R)-System (aus Rosen 1991)
355. Organismus 5: Häufigkeit von Monografien, die zwischen 1798 und 2005 erschienen sind und im Titel die Wörter ›Organismus‹ oder ›Organismen‹ bzw. ›Lebewesen‹ enthalten
356. Organismus 6: Der »Mechanismus« des chemiosmotischen Systems der Phosphorylierung dargestellt in einem schematischen Diagramm (aus Mitchell 1961)
357. Organismus 7: Verteilung verschiedener Arten von Organismen und organismenähnlicher Zellgruppen über die beiden quantifizierten Größen des Konflikts und der Kooperation (aus Queller & Strassmann 2009)
358. Parasitismus 1: Misteln, die an einem Apfelbaum parasitieren (aus Malpighi 1679)
359. Parasitismus 2: Hundebandwurm (aus van Beneden 1875)
360. Parasitismus 3: Stadien aus dem Lebenszyklus eines Leberegels (aus Huxley 1912)
361. Parasitismus 4: Entwicklungszyklus des Kleinen Leberegels (aus Piekarski 1962/73)
362. Parasitismus 5: Vier Modelle parasitischer Lebenszyklen (aus Combes 1995)
363. Parasitismus 6: Ernährungstypen britischer Insekten (aus Price 1977)
364. Pflanze 1: *Rosa centifolia* aus dem Wiener Dioskurides von 512 (aus Stückelberger 1994)
365. Pflanze 2: Gelber Hahnenfuß (aus Bock 1539/77)
366. Pflanze 3: Doldenblütler in einer Darstellung aus dem 17. Jahrhundert (aus Morison 1672)
367. Pflanze 4: Blüten von Pflanzen und ihre Teile (aus Linné 1751)
368. Pflanze 5: Schematische Darstellung einer Pflanze (aus Turpin 1837)
369. Pflanze 6: Die »Urpflanze« in der Darstellung Schleidens (aus Schleiden 1848)
370. Pflanze 7: »Schema einer dicotylen Pflanze« (aus Sachs 1882)
371. Pflanze 8: Schema einer Blütenpflanze (aus Firbas 1939)
372. Pflanze 9: »Bauplan der Samenpflanzen« als Schema für das »Urbild der Samenpflanzen« (aus Troll 1954)
373. Pflanze 10: »Organisationstypus« einer angiospermen Pflanze (aus Froebe & Claßen-Bockhoff 1994)
374. Pflanze 11: »Homolog- und Analogmodell einer Angiospermpflanze« (aus Ritterbusch 1977)
375. Pflanze 12: »Die Gestalt der höheren Blütenpflanze« (aus Harlan 2002)
376. Pflanze 13: Ein Bündel charakteristischer Merkmale von Pflanzen und deren Abhängigkeitsbeziehungen, die eine gegenseitige Stabilisierung der Merkmale bedingen
377. Pflanze 14: Ein Süßwasserpolyp (aus Trembley 1744)
378. Pflanze 15: Sponginskelett eines Schwammes (aus von Lendenfeld 1889)
379. Phylogenese 1: Stammbaum der Erdbeeren (aus Duchesne 1766)
380. Phylogenese 2: Schema zur Darstellung des Ursprungs der großen taxonomischen Gruppen der Tiere (aus Lamarck 1809)
381. Phylogenese 3: Ein im Wasser stehender Stammbaum der Tiere (aus Eichwald 1829)
382. Phylogenese 4: Darstellung der Verwandtschaftsverhältnisse von Fischgruppen in Form eines Spindeldiagramms (aus Agassiz 1833)
383. Phylogenese 5: Unterscheidung von vier Perioden in der Abfolge fossiler Pflanzen (aus Brongniart 1828)

384. Phylogenese 6: Stammbaum der Pflanzen und Tiere (»Paleontological Chart«) (aus Hitchcock 1840/44)
385. Phylogenese 7: Verwandtschaftsverhältnisse der Wirbeltiere, dargestellt mittels ineinander geschachtelter Kreise (»Venn-Diagramm«) (aus Milne-Edwards 1844)
386. Phylogenese 8: Hypothetischer Stammbaum der Organismen (aus Bronn 1858)
387. Phylogenese 9: Die beiden ersten Zeichnungen eines Stammbaums in den Notizbüchern Darwins aus dem Jahr 1837 (aus Darwin 1837)
388. Phylogenese 10: Frühe Skizze eines Modells für einen Stammbaum der Lebewesen (aus Darwin 1837)
389. Phylogenese 11: Darwins Modell eines Stammbaums aus dem ›Origin of Species‹ (aus Darwin 1859)
390. Phylogenese 12: Der Übergang von einer netzförmigen Darstellung der Verwandtschaft zu einer Stammbaumdarstellung in zwei aufeinander folgenden Auflagen desselben Werks (aus Gegenbaur 1858; 1870)
391. Phylogenese 13: Polyphyletischer Ursprung der Pflanzen und Tiere und der »Stämme« der Protisten (aus Haeckel 1868)
392. Phylogenese 14: »Monophyletischer Stammbaum der Organismen« (aus Haeckel 1866)
393. Phylogenese 15: »Stammbaum des Menschen« (aus Haeckel 1874)
394. Phylogenese 16: Phylogenetischer Stammbaum konstruiert auf Grundlage der Sequenz von Aminosäuren des Cytochrom C-Moleküls (aus Fitch & Margoliash 1967)
395. Phylogenese 17: Stammbaum mit progressiver und regressiver Disparität (aus Gould 1989)
396. Phylogenese 18: Phylogenetischer Baum nach einem gradualistischen Modell der Evolution und nach dem Modell des durchbrochenen Gleichgewichts (aus Raup & Stanley 1971/78)
397. Phylogenese 19: Der universale phylogenetische Stammbaum der Organismen (aus Woese 1987)
398. Phylogenese 20: Aktueller Stammbaum zur Darstellung der Verwandtschaftsverhältnisse der großen Gruppen von Organismen (aus Baldauf et al. 2004)
399. Phylogenese 21: Typen der Verwandtschaft
400. Phylogenese 22: Schema eines Stammbaums mit der vertikalen Achse der Zeit und der horizontalen Achse der organischen Differenzierung (aus Lam 1936)
401. Phylogenese 23: Kladogramm der Wirbeltiere (aus Hennig 1950)
402. Phylogenese 24: Zwei Typen eines Kladogramms, »symmetrisches Kladogramm« und »hennigscher Kamm« (aus Panchen 1991)
403. Phylogenese 25: Phylogenetische Beziehungen zwischen den Taxa vielzelliger Organismen (aus Carroll 2001)
404. Phylogenese 26: »Der Stammbusch des Tierreiches« (aus Heintz 1939)
405. Phylogenese 27: »Stammbaum des Pflanzenreichs« (aus Zimmermann 1953)
406. Phylogenese 28: Kalibrierter Stammbaum von Tieren (aus Benton & Donoghue 2007)
407. Phylogenese 29: Die Unterscheidung von drei Typen systematischer Gruppen: mono-, poly- und paraphyletische (aus Hennig [1960])
408. Phylogenese 30: Stammbaum und Stammnetz (aus Ekman 1930)
409. Phylogenese 31: Kombination aus Stammnetz und Stammbaum als Modell für die Evolution des Lebens (aus Doolittle 1999)
410. Phylogenese 32: Hypothetischer Stammbaum der großen taxonomischen Gruppen von Organismen mit Elementen des Stammnetzes (aus Campbell 1987/96)
411. Physiologie 1: Schema der Physiologie L. Fernels (1542) (aus Rothschuh 1966)
412. Physiologie 2: Schematische Übersicht über den Wandel der Interpretationstendenzen, der dominierenden Ideen und methodischen Schwerpunkte der Physiologie (aus Rothschuh 1968)
413. Physiologie 3: Apparatur zur elektrophysiologischen Messung am lebenden Frosch (aus DuBois-Reymond 1848)
414. Pilz 1 Baum- und Bodenpilze (aus Bock 1539/77)
415. Pilz 2: Frühe Darstellung eines Pilzes als Krankheitserreger bei Pflanzen (aus Schönlein 1839)
416. Pilz 3: Schimmelpilz, bestehend aus einem verzweigten Mycelgeflecht (aus Sachs 1882)
417. Polymorphismus: Starke Unähnlichkeit von

ausgewachsenen Ameisen, die zueinander im Geschwisterverhältnis stehen, als ein Beispiel für (nach Sharp; aus Godlewski 1915)

418. Population 1: Verteilung von Merkmalen bei Organismen einer Population (aus Wallace 1889)

419. Population 2: Formulierung des Hardy-Weinberg-Gesetzes durch Hardy (aus Hardy 1908)

420. Population 3: Logistische Wachstumskurve einer Population von Hefe (aus Pearl 1927)

421. Population 4: Die Lotka-Volterra-Gleichungen in der Darstellung Gauses (aus Gause 1934)

422. Population 5: Geografische Verbreitung der Zauneidechse (aus Ayala & Kiger 1980)

423. Räuber 1: Reiher mit Beute (nach Manuel Philes; aus Raalte 1993)

424. Räuber 2: Die Nahrungsaufnahme eines Chamäleons durch das Jagen einer Fliege (aus Koepcke 1971-74)

425. Räuber 3: Populationszyklen von Räuber und Beute in einem Laborsystem (aus Huffaker 1958)

426. Räuber 4: Drei Typen der *funktionalen Antwort* eines Räubers auf seine Beute (aus Holling 1959)

427. Räuber 5: Typen von Räubern in Abhängigkeit vom Größenverhältnis zwischen Räuber- und Beuteorganismen und der Effekt dieses Verhältnisses auf die Reduktion der Beutepopulation durch die Räuber (aus Remmert 1978/84)

428. Regeneration 1: Regeneration der Beine eines Krebses, nachdem diese an einer bestimmten Stelle abgebrochen sind (aus Réaumur 1712)

429. Regeneration 2: Regeneration der Zehen am Fuß eines Salamanders (aus Réaumur 1777)

430. Regeneration 3: Regeneration einer Planarie (*Planaria spec.*) (aus Morgan 1900)

431. Regulation 1: Blockschaltbild der Regulation der Populationsdichte durch intraspezifische Konkurrenz und andere dichteabhängige Faktoren (aus Wilbert 1962)

432. Regulation 2: Einfache Blockschaltbilder der Steuerung und Regelung (aus Bischof 1995/98)

433. Regulation 3: Schema der Verknüpfung von Größen nach dem Modell der Steuerung (»zönetische Korrelation«) (aus Sommerhoff 1950)

434. Regulation 4: Schema der Regulation der Ausschüttung von Geschlechtshormonen als eine frühe Darstellung eines physiologischen Regelkreises (aus Albright et al 1941)

435. Regulation 5: Blockschaltbild eines Regelkreises (aus Wiener 1948)

436. Regulation 6: Schema des Wirkungskreislaufs eines Regelkreises (aus Hassenstein 1960)

437. Regulation 7: Blockschaltbild eines Regelkreises (aus Faber 1984)

438. Rekombination: Das Crossing-over der Chromosomen als ein Mechanismus der Rekombination (aus Morgan 1915)

439. Rolle, ökologische 1: Das Mühlrad des Lebens (aus Lotka 1925)

440. Rolle, ökologische 2: Der Energiefluss durch ein mitteleuropäisches Buchenwaldökosystem (aus Ellenberg 1986)

441. Schlaf 1: Schlafstellungen bei Säugetieren (aus Haßenberg 1965)

442. Schlaf 1: Bärtierchen in Trockenstarre (aus Baumann 1922)

443. Schlaf 3: Schreckstarre (Thanatose) eines Huhns (aus Kircher 1671)

444. Schutz 1: Indisches Panzernashorn mit Schutzpanzerung (nach Dürer ca. 1515; aus Eisler 1991)

445. Schutz 2: Beispiele für acht verbreitete Schutzstrategien (zusammengestellt aus Koepcke 1971)

446. Schutz 3: Kombinierte Tarn- und Warnfärbung des Braunen Bären (aus Roesel von Rosenhof 1746)

447. Schutz 4: Ein Opossum in der Todstellhaltung (aus Maier 1998)

448. Schutz 5: Die Immunreaktion nach P. Ehrlichs »Seitenkettentheorie« (aus Ehrlich 1900)

449. Selbstbewegung 1: Vogel in zwei Momenten seiner Flugbewegung (aus Leonardo da Vinci 1505-06)

450. Selbstbewegung 2: Eine Analyse der Bewegung des Vogelflugs (aus Borelli 1680-81)

451. Selbstbewegung 3: Phasen im Bewegungsablauf des Menschen beim Gehen (aus Weber & Weber 1836)

452. Selbstbewegung 4: Klassifikation von Fortbewegungsarten bei Säugetieren (nach T. Britt Griswold; aus Handley 1989)

453. Selbstdarstellung 1: Gattungen von Paradiesvögeln aus Neuguinea und benachbarten Inseln mit ausgeprägten Schmuckfedern (aus Rensch 1954)
454. Selbstdarstellung 2: Der ausgestorbene Riesenhirsch, der vor 400.000 bis vor etwa 10.000 Jahren in weiten Teilen Europas lebte (aus Lardner 1856)
455. Selbstdarstellung 3: Eine Buckelzirpe mit den für die Familie. typischen Auswüchsen des Halsschilds (aus Weber 1930)
456. Selbsterhaltung: Die zentrale Stellung der Selbsterhaltung im Zyklus der organischen Funktionen
457. Selbstorganisation 1: Liesgangs »A-Linien« als Ergebnis einer mit der Ausbreitung einer chemischen Lösung periodisch erfolgenden Ausfällung einer Substanz (nach Liesegang 1896; aus Kuhnert & Niedersen 1987)
458. Selbstorganisation 2: Reaktionsgleichung und zyklischer Reaktionsverlauf der Belousov-Zhabotinsky-Reaktion (aus Zhabotinskii 1964)
459. Selbstorganisation 3: Ausbreitung von Konzentrationswellen in einem oszillierenden chemischen Reaktionssystem (aus Zaikin & Zhabotinsky 1970)
460. Selbstorganisation 4: Modell eines sich selbst organisierenden katalytischen »Hyperzyklus« (aus Eigen 1971)
461. Selbstorganisation 5: Modell eines Netzwerks katalytischer Reaktionen (aus Kauffman 1995)
462. Selbstorganisation 6: Selbstorganisation durch Ausbildung stabiler Verbindungen zwischen Systemkomponenten (aus Salthe 1993)
463. Selbstorganisation 7: Modell eines minimalen autopoietischen Systems (aus Luisi 2003)
464. Selektion 1: Nortons Tafel zur Quantifizierung der Geschwindigkeit der Selektion eines mendelschen Merkmals in einer Population von sich zufällig miteinander paarenden Individuen (aus Punnett 1915)
465. Selektion 2: Selektion als Änderung von Genfrequenzen in einer Population (aus Wright 1932)
466. Selektion 3: Komponenten der Selektion (aus Schallmayer 1910)
467. Selektion 4: Der Selektionsprozess als Regelkreis dargestellt (aus Bajema 1971)

468. Selektion 5: Ein Spielzeug zur Illustration der Unterscheidung von *Selektion von* und *Selektion für* (aus Sober 1984)
469. Selektion 6: Vererbung und Selektion in einem hypothetischen Stammbaum (aus Sober 1995)
470. Selektion 7: Die Price-Gleichung zur allgemeinen mathematischen Beschreibung von Selektionsprozessen (aus Price 1970)
471. Selektion 8: Beispiel der Selektion zur Erläuterung der Größen in der Price-Gleichung (aus Price ca. 1971)
472. Selektion 9: Ein grafisches Modell zur Darstellung von Ebenen der Selektion (aus Okasha 2006)
473. Selektion 10: Grafische Darstellung eines Modells zur Gruppenselektion, ausgehend von Merkmalsgruppen (»trait-groups«) (aus Wilson 1975)
474. Selektion 11: Visuelles Modell der Gruppenselektion (aus Sober & Wilson 1998)
475. Selektion 12: Frequenzabhängiger Fitnessverlauf für einen verhaltensbiologischen Altruisten und Egoisten (aus Sober 1984)
476. Selektion 13: Drei Formen der Selektion: stabilisierende, gerichtete und disruptive Selektion (aus Mather 1953)
477. Sozialverhalten 1: Formen der Gruppenbildung bei Tieren (aus Brown 1975).
478. Sozialverhalten 2: Schema der Entwicklungswege der Mehrzelligkeit aus einzelligen Formen innerhalb einer Gruppe von Grünalgen (Volvocinae) (aus Pickett-Heaps 1975)
479. Sozialverhalten 3: Erwachsene Moschusochsen bilden einen Abwehrring gegen ein angreifendes Wolfsrudel (aus Edmunds 1974)
480. Sozialverhalten 4: Sozialverhalten von Hyänen bei der Jagd und von Zebras bei der Verteidigung (nach einer Vorlage von Kruuk; aus Edmunds 1974)
481. Sozialverhalten 5: Kosten und Nutzen des Lebens in sozialen Verbänden (aus Barash 1977/82)
482. Sozialverhalten 6: Fünf Mechanismen für die Evolution von Kooperation (aus Nowak 2006)
483. Sozialverhalten 7: Zwei Delphine stützen einen verletzten Artgenossen (aus Siebenaler & Caldwell 1956)
484. Sozialverhalten 8: Zwei über Revierangelegen-

heiten streitende Amselmännchen (aus Forsteneichner 1865)

485. Sozialverhalten 9: Stufen der sozialen Arbeitsteilung mit der Eusozialität der staatenbildenden Insekten an der Spitze (aus Wilson 1971)

486. Sozialverhalten 10: Spieltheoretische Pay-off-Matrix für ein Spiel mit zwei Spielern und jeweils zwei Strategien (aus von Neumann & Morgenstern 1944)

487. Sozialverhalten 11: Kreuzklassifikation der individuellen Strategien in einer sozialen Gruppe (aus Pianka 1974)

488. Spiel: Zwei spielende Polarfüchse (aus Tembrock 1960)

489. Stoffwechsel 1: »Stoffwechselwaage« (nach Santorio 1626; aus Taylor 1963)

490. Stoffwechsel 2: Schematische Darstellung des Stoffwechsels am Beispiel des osmotischen Ionen- und Wasserhaushalts eines Süßwasserfisches (aus Prosser 1973)

491. Stoffwechsel 3: Einfaches Schema des Stoffwechsels eines Organismus (aus Oparin 1960)

492. Stoffwechsel 4: Einfaches Schema des Stoffwechsels eines Organismus unter Einbeziehung der genetischen Ebene (aus Kaplan 1965)

493. Symbiose 1: Symbiose zwischen Einsiedlerkrebs und Seeanemonen (aus Marshall 1888)

494. Symbiose 2: Symbiose zwischen Pflanze und Tier. Querschnitt durch die Körperwand des grünen Süßwasserpolypen (aus Hamann 1882)

495. Symbiose 3: Symbiose zwischen Pflanze und Pilz: Vertikalschnitt durch den Thallus einer Flechte (aus Rosendahl 1907)

496. Symbiose 4: Formen der Interaktion von Organismen in einem Bisystem (aus Schubert 1993)

497. Symbiose 5: Typologie von Beziehungsformen zwischen Organismen verschiedener Arten einer Biozönose (aus Dahl 1910)

498. Symbiose 6: Formen der Beziehung zwischen Organismen und ihr Verhältnis zueinander (aus Abel 1928)

499. Symbiose 7: Mutualismus zwischen Pflanze und Tier: Bestäubung einer Blüte durch eine Biene (aus Sprengel 1793)

500. Symbiose 8: Hypothetischer Stammbaum der Organismen, ausgehend von zwei anfangs unabhängig voneinander verlaufenden »Stämmen«, die durch sekundäre Verschmelzung sich teilweise vereinigt haben (aus Mereschkowsky 1910)

501. Symbiose 9: Evolution der eukaryotischen Zelle durch »serielle Symbiose« (aus Margulis 1970)

502. Systematik 1: Tafel der netzförmigen Affinitäten von Pflanzenfamilien als Grundlage für eine Systematik des Pflanzenreichs (aus Batsch 1802)

503. Systematik 2: Das hierarchisch-enkaptische System der Verwandtschaft als Ergebnis der Phylogenese (aus Zimmermann 1931)

504. Systematik 3: Die drei Schulen der Systematik, erläutert an einem Stammbaumschema

505. Systematik 4: Drei Formen des Stammbaums: Phänogramm, Kladogramm und Phylogramm (aus Mayr 1965)

506. Systematik 5: Phänogramm zur Darstellung der relativen Ähnlichkeit von taxonomischen Gruppen (aus Sneath & Sokal 1962)

507. Systematik 6: Konstruktion evolutionärer Bäume nach drei verschiedenen Methoden ausgehend von einem hypothetischen Datensatz (aus Felsenstein 1980)

508. Systematik 7: Die genealogische Verwandtschaft als methodische Basis der Systematik (aus Hennig [1960])

509. Systematik 8: Stammbaum mit einem monophyletischen Taxon, das Teil einer paraphyletischen Klade ist (aus Reif 2005)

510. Systematik 9: Der Zusammenhang von phylogenetischen Bäumen und Kladogrammen nach der Position der transformierten Kladistik (aus Platnick 1979)

511. Systematik 10: Das Verhältnis von Phylogrammen zu Kladogrammen (aus Platnick 1977)

512. Systematik 11: Ein Bestimmungsschlüssel von Arten der Gattung *Pinpinella* (aus Morison 1672)

513. Systematik 12: C. von Linnés Bestimmungsschlüssel für Pflanzen (aus Linné 1735/48)

514. Systematik 13: Der Anfang von Lamarcks Bestimmungsschlüssel für die Blütenpflanzen Frankreichs – des ersten strikt dichotom aufgebauten Schlüssels (aus Lamarck 1778)

515. Taxonomie 1: Eine kladistische Analyse der von Aristoteles unterschiedenen Tiergruppen (aus Fürst von Lieven & Humar 2008)

516. Taxonomie 2: Ein »idealer Stammbaum« mit den Kategorien der Taxonomie (aus Naef 1919)

517. Taxonomie 3: Linnés Übersicht über das Tierreich aus der ersten Auflage seiner ›Systema naturae‹ (aus Linné 1735)

518. Taxonomie 4: Linnés Sexualsystem zur Klassifikation von Pflanzen anhand ihrer Blüten (nach Ehret 1736; aus Linné 1736/54)

519. Taxonomie 5: Erste Gegenüberstellung von Prokaryoten und Eukaryoten in einer Übersicht über die Protisten (Einzeller) aus dem Jahr 1925 (aus Chatton 1925)

520. Taxonomie 6: Einteilungsschema der Organismen in die großen taxonomischen Gruppen, denen jeweils eine Ernährungsweise zugeordnet wird (aus Whittaker 1959)

521. Tier 1: Zwei Tierskulpturen aus der altsteinzeitlichen Kunst (aus Conard & Bolus 2003 bzw. Bednarik 1994)

522. Tier 2: Tableau mit 24 Vögeln verschiedener Arten aus dem Wiener Dioskurides von 512 (aus Stückelberger 1994)

523. Tier 3: Ein Bündel charakteristischer Merkmale von Tieren und deren Abhängigkeitsbeziehungen untereinander, die eine gegenseitige Stabilisierung der Merkmale bedingen

524. Tier 4: Hirschkäfer (nach Dürer ca. 1505)

525. Tier 5: Sprache, Geist, Kultur – drei Buchcover aus den Jahren 1923, 1930 und 1980

526. Tod 1: Tote Blauracke (nach Dürer ca. 1512; aus Koreny 1985)

527. Tod 2: Vier Typen des Aussterbens einer Art (aus Delord 2007)

528. Tod 3: Der Dodo, ein flugunfähiger Vogel von der Insel Mauritius, der am Ende des 17. Jahrhunderts ausgerottet wurde (aus Strickland & Melville 1848)

529. Typus 1: Typisierende Beschreibung der Pflanzengattung der Rosen (*Rosa*) in Bezug auf sechs standardisiert unterschiedene Pflanzenteile (aus Linné 1737/54)

530. Typus 2: Bauplan des Knochengerüsts eines Wirbeltiers (aus Carus 1828)

531. Typus 3: Der »Archetypus« des Wirbeltierskeletts (aus Owen 1848)

532. Typus 4: »Urtypische Gesamterscheinung eines höheren Säugetieres« (aus Naef 1931)

533. Typus 5: »Der Typus inmitten seines ›Formenkreises‹« und die »gerichtete Entfaltung des Typus (aus Troll 1928)

534. Typus 6: Drei »Baupläne« von taxonomischen Gruppen (»Klassen«) der Metazoen (aus Remane, Storch & Welsch 1972/81)

535. Umwelt 1: Ihre Umwelt ist den Organismen eingeschrieben. Altägyptische Plastik eines Nilpferds, auf dessen Hautoberfläche Sumpfpflanzen und ein Vogel aus der Umwelt des Nilpferds abgebildet sind (aus National Geographic Society 1978/89)

536. Umwelt 2: Diagramm zur Darstellung des Organismus in seiner Beziehung zur Umwelt (aus Woltereck 1932/40)

537. Umwelt 3: Die »Zeitgestalt« eines Organismus in seinem »Umwelttunnel« (aus von Uexküll 1922)

538. Umwelt 4: »Wohnweltskizze« zur Lage typischer Horststandorte von deutschen Greifvögeln (aus Brüll 1937)

539. Umwelt 5: ›Umwelt‹ als »Schichtenbegriff« (aus Mühlmann 1952)

540. Umwelt 6: Hierarchische Gliederung von Typen der Umwelt

541. Umwelt 7: Die wirksame Umwelt als eine Teilmenge der gesamten Umwelt (Umgebung) eines Organismus (aus Schuber 1984)

542. Umwelt 8: Das Wachstum einer Population, dargestellt in Abhängigkeit von zwei Ressourcentypen (aus Tilman 1982)

543. Umwelt 9: Physiologisch wichtige Reaktionen innerhalb und außerhalb der Zelle einer kalkbildenden Koralle (aus Turner 2000)

544. Umwelt 10: Schema zur Illustration der Beziehung von Organismus und Umwelt im Hinblick auf das Konzept der Anpassung (aus Bock & Wahlert 1965)

545. Urzeugung 1: Der Schwanenhalskolben – ein Versuchsgefäß zur Widerlegung von Theorien der Urzeugung (aus Pasteur 1861)

546. Urzeugung 2: Apparat zur Simulation der Bedingungen für die Entstehung des Lebens auf der jungen Erde (aus Miller 1953)

547. Vererbung 1: Ein genealogischer Stammbaum in der Notation, die sich seit Mitte des 19. Jahrhunderts etabliert (aus Carr-Saunders 1913)

548. Vererbung 2: Mendels Modell für die Häufig-

keitsverteilung von Individuen bei der Kreuzung von Hybriden über mehrere Generationen hinweg (aus Mendel 1866)

549. Vererbung 3: Vererbung von Sameneigenschaften bei Erbsen nach den mendelschen Gesetzen (aus Bateson 1909)

550. Vererbung 4: Kreuzung zweier Rassen der Taufliege nach den mendelschen Gesetzen (nach Morgan; aus Claus, Grobben & Kühn 1880/1932)

551. Vererbung 5: Ein genealogischer Stammbaum in der Notation, die sich seit Mitte des 19. Jahrhunderts etabliert (aus Carr-Saunders et al. 1913)

552. Vererbung 6: Kreuztabellen zur Bestimmung der Heritabilität eines Merkmals in einem einfachen hypothetischen Beispiel (aus Sober 1993)

553. Verhalten 1: Schematische Darstellung der Grundstruktur des Verhaltens eines Organismus als Regulation seiner Relation zur Umwelt

554. Verhalten 2: Die Dohle ›Tschock‹ in den Tagebüchern von K. Lorenz (nach Lorenz [1926-27]; aus Festetics 1983)

555. Verhalten 3: Die »Eirollbewegung« der Graugans (aus Lorenz & Tinbergen 1938)

556. Verhalten 4: Verhaltensweisen der Silbermöwe (aus Tinbergen 1953)

557. Verhalten 5: Verhaltensweisen von Pferden (aus Haßenberg 1971)

558. Verhalten 6: Drei Versionen des »Funktionskreises« (aus von Uexküll 1919, 1920 und 1921)

559. Verhalten 7: »Schichtenaufbau des Handelns« (aus Remane 1981)

560. Virus 1: Tabakmosaikvirus (aus Kausche, Pfannkuch & Ruska 1939)

561. Virus 2: Strukturmodell des Tabakmosaikvirus (aus Klug & Caspar 1960)

562. Virus 3: Gestalten von Viren, links Pflanzenviren, rechts Tierviren (aus Urania Pflanzenreich 1991)

563. Vitalismus: Zwei Entwicklungsstadien eines Seeigels in der normalen Entwicklung sowie der erwarteten und tatsächlichen Entwicklung aus einer isolierten Blastomere (aus Driesch 1909)

564. Wachstum: Drei Stadien in der Entwicklung eines menschlichen Embryos bzw. Säuglings (aus Murchison 1933)

565. Wahrnehmung 1: optische und olfaktorische Wahrnehmung des Menschen (aus Descartes 1632)

566. Wahrnehmung 2: Umgebung und Umwelt eines Seeigels (aus von Uexküll & Kriszat 1934)

567. Wahrnehmung 3: Wirksamkeit von spezifischen Auslösern bei Stichlingen (aus Tinbergen 1942)

568. Wahrnehmung 4: Kette von Verhaltensweisen eines Männchens und Weibchens des Stichlings während des Prozesses der Begattung (aus Tinbergen 1942)

569. Wahrnehmung 5: Ergebnisse der Pickreaktion von Küken der Silbermöwe auf zwei Typen künstlicher Schnäbel (aus Tinbergen & Perdeck 1950)

570. Wechselseitigkeit: Grafisches Modell für die wechselseitige Abhängigkeit biologischer Prozesse am Beispiel der Ernährung eines Einzellers (aus Rashevsky 1954)

571. Zelle 1: Zellulärer Aufbau von Pflanzen und Tieren (aus Schwann 1839)

572. Zelle 2: Schema einer Tierzelle nach den Ergebnissen elektronenmikroskopischer Untersuchungen (aus Hollande 1966)

573. Zelle 3: Doppelschichtmodell der Membran einer Zelle (aus Danielli & Davson 1935)

574. Zelle 4: Die historisch erste Abbildung der Chromosomen (aus Nägeli 1842)

575. Zelle 5: Frühe detaillierte Darstellung der Chromosomen und ihrer Anordnung bei der Zellteilung (aus Schneider 1873)

576. Zweckmäßigkeit 1: Zielgerichtetes Verhalten von Ratten in dem Versuch, an Futter zu gelangen (aus Dembo 1930)

577. Zweckmäßigkeit 2: Funktionalanalyse: Die Zuordnung von Bewegungseinheiten zu zunehmend integrativen Funktionseinheiten (aus Timberlake & Silva 1995)

578. Zweckmäßigkeit 3: Zweckmäßigkeit nach dem Modell der Zielsetzung (aus N. Hartmann 1950)

579. Zweckmäßigkeit 4: Zweckmäßigkeit als Relation der kausalen Wechselseitigkeit von Zuständen eines organisierten Systems (aus Schlosser 1998)

Tabellenverzeichnis

1. Einleitung 1: Übersicht über die 112 Grundbegriffe, die die Haupteinträge des Wörterbuchs bilden, chronologisch geordnet nach dem Zeitpunkt ihrer Prägung in biologischer Bedeutung
2. Einleitung 2: Häufigkeiten von biologischen Ausdrücken in englischsprachigen Lehrbüchern der Allgemeinen Biologie
3. Einleitung 3: Geordnete Übersicht über die 112 Haupteinträge des Wörterbuchs
4. Einleitung 4: Vorschlag für 60 Grundbegriffe der Biologie und ihre Ordnung
5. Einleitung 5: Häufigkeit der 60 Grundbegriffe in englischsprachigen Fachzeitschriften
6. Analogie: Kreuzklassifikation von Typen organischer Ähnlichkeit
7. Anatomie: Übersicht über 91 morphologische und anatomische Begriffe als Übersetzung von Ausdrücken, die in Texten Homers vorkommen (nach Albaracín Teulón 1970)
8. Anpassung 1: Definitionen des Anpassungsbegriffs
9. Anpassung 2: Acht Bedeutungen von ›Anpassung‹ (nach Mahner & Bunge 1997)
10. Anpassung 3: Evidenzen für Anpassungen (nach West-Eberhard 1992)
11. Anpassung 4: Drei Arten des Adaptationismus (nach Godfrey Smith 2001)
12. Anpassung 5: Kreuzklassifikation von Typen der Anpassung
13. Anpassung 6: Fünf Formen der Fitness (nach R. Dawkins)
14. Art 1: Definitionen des biologischen Artbegriffs
15. Art 2: Kreuzklassifikation von Standpunkten zur Realität von Arten und höheren Taxa in der zweiten Hälfte des 19. Jahrhunderts
16. Art 3: Wandlungen der Definition des biologischen Artbegriffs bei Ernst Mayr
17. Art 4: Vier elementare Artbegriffe: Syngamospezies, Kladospezies, Morphospezies und Ökospezies
18. Art 5: Vier Kriterien, die dafür sprechen, biologische Arten ontologisch als Individuen und nicht als Klassen anzusehen (nach Mishler & Brandon 1987)
19. Art 6. Die ersten vier Punkte des ›Statement by Experts on Race‹ der UNESCO von 1950 (aus UNESCO 1953/58)
20. Bedürfnis: Liste von physiologischen und psychischen Bedürfnissen (nach Murray 1938)
21. Bewusstsein 1: Kreuzklassifikation von vier Typen des Bewusstseins
22. Bewusstsein 2: Die subjektive Gewissheit des Bewusstseins (nach C. Wolff 1720)
23. Bewusstsein 3: Definitionen und Erläuterungen des Bewusstseinsbegriffs
24. Bewusstsein 4: Die Vielfalt von Bewusstseinszuständen (nach Roth 2001)
25. Bewusstsein 5: Sieben Merkmale des Bewusstseins (nach Van Gulick 2004)
26. Bioethik 1: Zehn Gründe und psychologische Aspekte der menschlichen Wertschätzung der organischen Natur
27. Bioethik 2: Eine Begegnung zwischen Mensch und Menschenaffe (nach Rollin 1983)
28. Bioethik 3: Typen von Begründungen für den Naturschutz
29. Biogeografie 1: Grundbegriffe der Biogeografie (aus Wallaschek 2009)
30. Biogeografie 2: Drei Gliederungen der Erde in biogeografische Einheiten
31. Biogeografie 3: Die wichtigsten »Formationstypen« der Erde (nach Schimper 1898)
32. Biogeografie 4: Einteilung der terrestrischen Ökoregionen der Erde in 14 Biome (nach Olson et al. 2001)
33. Biologie 1: Kennzeichen der wissenschaftlichen Tierkunde des Aristoteles
34. Biologie 2: Paradigmen und Hauptwerke in der Entwicklung der neuzeitlichen Biologie.
35. Biologie 3: Frühe Verwendungen und Bestimmungen des Ausdrucks ›Biologie‹
36. Biologie 4: Zentrale Konzepte der Biologie, die ihrer Abgrenzung von der Physik zugrunde liegen
37. Biologie 5: Die Biologie als »Leitwissenschaft«: Begriffe, Methoden und Forschungspraktiken mit großer Strahlkraft in andere Disziplinen und die große soziale Relevanz biologischer Forschung

Tabellenverzeichnis

38. Biologie 6: Kreuzklassifikation von vier Disziplinen, die allgemeine oder philosophische Fragen der Biologie zum Gegenstand haben
39. Biologie 7: Übersicht über verschiedene Dimensionen der Gliederung der Biologie in Subdisziplinen
40. Biologie 8: Spektrum der Themen der Biologie und seine Veränderung im Spiegel führender Lehrbücher seit Mitte des 20. Jahrhunderts
41. Biologie 9: Kreuzklassifikation zur Gliederung der Biologie nach systemtheoretischen Kriterien
42. Biosphäre: Terminologie für rein biotische Systeme, ihr abiotisches Komplement und biotisch-abiotische Systeme auf verschiedenen Ebenen
43. Biotop 1: Gliederung der Habitate oder »Geburtsorte« von Pflanzen (nach Linné 1751)
44. Biotop 2: Einteilung terrestrischer Habitate (nach Heydemann 1980)
45. Biotop 3: Lebensraumtypen in Europa (aus EU-Richtlinie 92/43/EWG 2004)
46. Biotop 4: Kreuztabelle von ästhetischen Qualitäten in der Erfahrung von Landschaft, entwickelt auf der Grundlage der evolutionären Psychologie (in Anlehnung an Kaplan 1992)
47. Biozönose 1: Definitionen des Begriffs der Biozönose oder der ökologischen Gemeinschaft
48. Biozönose 2: Kreuzklassifikation von vier Formen der Einheitsbildung bei ökologischen Gemeinschaften, bestehend aus Populationen verschiedener Arten.
49. Brutpflege: Kreuzklassifikation von Typen der Brutpflege
50. Diversität 1: Anzahl der beschriebenen Arten lebender Organismen in Deutschland und der Welt sowie eine Schätzung der auf der Welt insgesamt vorhandenen Arten (nach Nowak 1982; Völkl & Blick 2004; Bundesamt für Naturschutz 2008; Chapman 2006/09)
51. Diversität 2: Dimensionen der Diversität
52. Entwicklung 1: Terminologie für organische Entwicklungsprozesse (in Anlehnung an Griesemer 2004)
53. Entwicklung 2: Sechs Stadien der Entwicklung von vielzelligen Organismen (nach Waddington 1957)
54. Entwicklung 3: Terminologie für die Typen des morphologischen Wandels in der organischen Natur
55. Entwicklung 4: Themen und Thesen der Theorie der Entwicklungssysteme (nach Oyama, Griffiths & Gray 2001)
56. Entwicklung 5: Positionen und Paradigmen der evolutionären Entwicklungsbiologie und der Theorie der Entwicklungssysteme (in Anlehnung an Roberts, Hall & Olson 2001)
57. Entwicklungsbiologie: »Die zeitlosen Fragestellungen der Entwicklungsbiologie« (nach Olsson & Hoßfeld 2007)
58. Ernährung 1: Kreuzklassifikation von vier Typen der Ernährung
59. Ernährung 2: Regelmäßig auftretende Eigenschaften von Nahrungsnetzen (nach Pimm, Lawton & Cohen 1991)
60. Ethologie: Kennzeichen des Ansatzes der kognitiven Ethologie (nach Allen & Bekoff 1997)
61. Evolution 1: Die erste Formulierung des Selektionsprinzips durch Darwin und drei Prinzipien der Evolution nach Darwin im Herbst 1838
62. Evolution 2: Rekonstruktion von Darwins zentralem Argument, das das Prinzip der Natürlichen Selektion begründet
63. Evolution 3: Darwins fünf Theorien der Evolution (nach Mayr 1985)
64. Evolution 4: Kreuzklassifikation zur typisierenden Unterscheidung der wichtigsten Theorien der Evolution
65. Evolution 5: Unterscheidung verschiedener Komponenten von Evolutionstheorien und ihre Verteilung über verschiedene Positionen und Versionen dieser Theorien im 19. und beginnenden 20. Jahrhundert
66. Evolution 6: Gefüge der Faktoren der Evolution
67. Evolution 7: Definitionen und Erläuterungen des Evolutionsbegriffs
68. Evolution 8: Zehn »Gesetze« der Evolution, von denen einige allein Tendenzen oder empirische Verallgemeinerungen mit zahlreichen Ausnahmen darstellen
69. Evolution 9: Stimmen gegen das Verständnis der Evolutionstheorie als der fundierenden Theorie der Biologie
70. Evolution 10: Ausschnitt aus der Axiomatisierung der Evolutionstheorie durch Williams (1970)
71. Evolution 11 Formen der genetischen Drift

72. Evolutionsbiologie 1: Alternative Evolutionstheorien (in Anlehnung an Levit, Meister & Hoßfeld 2005)
73. Evolutionsbiologie 2: Elf Phasen in der Entwicklung der Evolutionstheorie in den letzten 200 Jahren
74. Form 1: Definitionen des biologischen Formbegriffs
75. Form 2: Merkmale von Formen in der Biologie
76. Form 3: Kreuzklassifikation von vier biologischen Subdisziplinen, in denen Merkmale über einen Prozess als Einheiten bestimmt werden
77. Fortpflanzung 1: Kreuzklassifikation von Typen der Fortpflanzung
78. Fortpflanzung 2: Die Fortpflanzungsfähigkeit als zentrales Merkmal von Lebewesen
79. Fortpflanzung 3: Die Möglichkeit von Leben ohne Fortpflanzung
80. Fortpflanzung 4: Zwölf Paradoxa der Biologie, die mit dem Vermögen der Fortpflanzung zusammenhängen
81. Fortpflanzung 5: Die Bedeutung der Fortpflanzung für drei zentrale Aspekte organisierter Systeme
82. Fortpflanzung 6: Aspekte der Fortpflanzung von Organismen
83. Fortschritt 1: Kriterien des Fortschritts (zusammengestellt nach Rosslenbroich 2006)
84. Fortschritt 2: Sieben Arten des Fortschritts (nach Dawkins 1992)
85. Fortschritt 3: Komponenten der biologischen Autonomie von Individuen als Maß des evolutionären Fortschritts (nach Rosslenbroich 2006)
86. Fortschritt 4: Acht große Transitionen im Laufe der Evolution des Lebens auf der Erde (nach Maynard Smith & Szathmáry 1995)
87. Funktion 1: Vorschläge zur Gliederung der organischen Funktionen im späten 18. und frühen 19. Jahrhundert
88. Funktion 2: Überblick über die verschiedenen Ansätze zur Explikation des biologischen Funktions- oder Zweckbegriffs
89. Funktion 3: Definitionen oder Erläuterungen der Begriffe der biologischen Funktion oder Zielgerichtetheit
90. Funktion 4: Der Zusammenhang von Funktionsbegriff und Evolutionstheorie
91. Funktion 5: Selbsterhaltung und Fortpflanzung als die beiden Grundfunktionen der Lebewesen
92. Funktion 6: Kreuzklassifikation der »vier Fragen der Biologie« (in Anlehnung an Tinbergen 1963)
93. Funktion 7: Kreuzklassifikation von vier Erklärungstypen der Biologie und ihre Zuordnung zu vier Teildisziplinen
94. Funktion 8: Gliederung der Funktionen eines Organismus in 20 Subsysteme (nach Miller 1978/95)
95. Ganzheit 1: Kreuzklassifikation von Faktoren, die der Bildung einer Ganzheit zugrunde liegen können
96. Ganzheit 2: Begriffe zur Bestimmung der Einheit einer organischen Ganzheit
97. Ganzheit 3: Vier Typen von Emergenztheorien (nach Stephan 2005)
98. Ganzheit 4: Acht Bedeutungen des Ausdrucks ›Ganzheit‹ (aus Nagel 1952)
99. Ganzheit 5: Anfang der Bestimmung des Begriffs eines Systems durch F. Lambert (1787)
100. Gefühl 1: Kreuzklassifikation der obersten Gattungen von Emotionen nach ihrem evaluativen und temporalen Aspekt
101. Gefühl 2: Vier Aufzählungen von Emotionen bei Aristoteles
102. Gefühl 3: Klassifikationen von Gefühlen
103. Gen 1: Sechs Aspekte des populationsgenetischen Genbegriffs (nach Gilbert 2000)
104. Gen 2: Definitionen des Genbegriffs
105. Gen 3: Anforderungen und Dimensionen eines vererbungs- und evolutionstheoretisch eingebundenen Genbegriffs
106. Gen 4: Gen-P und Gen-D: der funktionale und der strukturelle Genbegriff (aus Moss 2001)
107. Gen 5: Molekularbiologische Mechanismen und Eigenschaften des genetischen Materials, die im Sinne einer Auflösung des klassischen Genbegriffs wirksam sind
108. Gen 6: Die Größe des Genoms von Organismen verschiedener Arten (nach Zimmer 2007)
109. Genetik: Sechs Prinzipien der klassischen Theorie der Vererbung (»Vererbungsgesetze«) (nach Morgan 1919)
110. Genotyp/Phänotyp: Kreuzklassifikation von Phänotypen (nach Lenartowicz 1975)
111. Gewebe: Die 21 von X. Bichat ohne Zuhilfe-

Tabellenverzeichnis

nahme des Mikroskops unterschiedenen Gewebetypen des Menschen (aus Bichat 1801)

112. Hierarchie: Typen von Hierarchien
113. Homologie 1: Definitionen des Homologiebegriffs
114. Homologie 2: Homologiekriterien (aus Remane 1952)
115. Homologie 3: Übersicht über Formen der Homologie (nach Panchen 1992)
116. Homologie 4: Fünf Typen von Homologiebegriffen (nach Meyer 1926 und Starck 1950)
117. Homologie 5: Dreidimensionale Kreuzklassifikation von Ähnlichkeiten zur Unterscheidung von Homologie und Analogie
118. Individuum 1: Beschreibung einer Seeblase (aus Vogt 1852)
119. Individuum 2: Typen von Individuen, die auf unterschiedlichen Persistenz- und Identitätsbedingungen beruhen
120. Individuum 3: Definitionen des Individuumbegriffs
121. Individuum 4: Organisationsebenen biologischer Individualität
122. Individuum 5: Kreuzklassifikation von Typen von Individuen in drei Dimensionen
123. Individuum 6: Drei Punkte zur Charakterisierung des Begriffs des Individuums als ontologischer Kategorie (nach Meixner 2004)
124. Individuum 7: Zehn Merkmale biologischer Individuen
125. Information 1: Kreuztabelle zur Unterscheidung von vier Formen der Information in der Biologie
126. Information 2: Sieben Unterschiede zwischen genetischer und sprachlicher Informationsverarbeitung (nach Raible 1993)
127. Instinkt 1: Definitionen des Instinktbegriffs
128. Instinkt 2: Einteilung der Instinkte im Sinne von Verhaltensdispositionen nach funktionalen Gesichtspunkten (nach McDougall 1932)
129. Instinkt 3: Einteilungen der Instinkte in der ersten Hälfte des 20. Jahrhunderts
130. Intelligenz 1: Aspekte des Intelligenzbegriffs
131. Intelligenz 2: Fünf Stufen des Denkens (erweitert auf der Grundlage von Proust 2003)
132. Intelligenz 3: Vier zentrale Merkmale des propositionalen Denkens (nach Bermúdez 2003)
133. Koexistenz: Kreuzklassifikation der Faktoren und Mechanismen, die eine Koexistenz von Organismen verschiedener Arten mit ähnlichen Umweltansprüchen erleichtern
134. Kommunikation 1: Stufen der Zeichenverwendung von der indikativen Kommunikation der Tiere zur prädikativen, propositionalen Sprache des Menschen (nach Romanes 1888)
135. Kommunikation 2: Definitionen des Kommunikationsbegriffs
136. Kommunikation 3: Definitionen des Signalbegriffs
137. Kommunikation 4: Zwei unabhängig voneinander stehende Klassifikationen von Signalen (nach Maynard Smith & Harper 1995)
138. Kommunikation 5: Kreuzklassifikation von Nachrichtentypen in der Interaktion zwischen Organismen, ausgehend von Prozessen der Anpassung an die Übermittlung einer Nachricht (in Anlehnung an Diggle et al. 2007)
139. Kommunikation 6: Kreuzklassifikation von vier Typen von Sprachfunktionen (in Anlehnung an Kainz 1941)
140. Kommunikation 7: Farben der Tiere und ihre Zuordnung zu funktionalen Bezügen (aus Jaeger 1877)
141. Kommunikation 8: Kategorien taktischer Täuschung bei Affen (nach Byrne & Whiten 1990)
142. Krankheit: Definitionen des Krankheitsbegriffs
143. Kreislauf 1: Typen von Kreisläufen
144. Kreislauf 2: Eine Kreuzklassifikation von vier Typen kausaler Kreisläufe
145. Kreislauf 3: Eine andere Kreuzklassifikation von vier Typen kausaler Kreisläufe
146. Kreislauf 4: Autopoiesezyklus und Allopoiesezyklus, die beiden biologisch fundamentalen Kreisläufe
147. Kreislauf 5: Typen kausaler Kreislaufsysteme mit Funktionen unterschiedlicher Komplexität
148. Kreislauf 6: Rhythmische Prozesse (Entwicklungskreisläufe) im Leben eines Wirbeltiers (am Beispiel des Menschen)
149. Kreislauf 7: Beschreibung des ökologischen und des entwicklungsbiologischen Kreislaufs durch die Lauteren Brüder im 10. Jahrhundert (aus Diwald 1975)
150. Kreislauf 8: Beschreibung eines ökologischen

Kreislaufs durch Lavoisier um 1789 (aus Boulaine 1985)

151. Kultur 1: Definitionen des Kulturbegriffs
152. Kultur 2: Aspekte des Kulturbegriffs
153. Kultur 3: Vier Phasen in der Anwendung der Selektionstheorie zur Erklärung der Kultur des Menschen
154. Kultur 4: Wesentliche Elemente der »Kultur« der Tiere und der Kultur des Menschen im Vergleich
155. Kulturwissenschaft 1: Kreuzklassifikation von kulturellen Werten
156. Kulturwissenschaft 2: Thesen und Argumente der Evolutionären Erkenntnistheorie (EE) nach G. Vollmer (1975)
157. Künstliches Leben: Typen künstlicher Lebewesen
158. Leben 1: Syntaktische und semantische Dimensionen des Lebensbegriffs
159. Leben 2: Dimensionen des allgemeinen Lebensbegriffs ausgehend von einer kultur- und religionsgeschichtlichen Perspektive (in Anlehnung an Sundermeier 1990)
160. Leben 3: 80 Definitionen oder Erläuterungen des Lebensbegriffs
161. Leben 4: »Was war also das Leben?« (aus Mann 1924)
162. Leben 5: Zehn Merkmale von Lebewesen nach Lamarck (1820)
163. Leben 6: Vorschlag zur Definition des biologischen Lebensbegriffs
164. Leben 7: Eigenschaftslisten zur Bestimmung des Lebensbegriffs
165. Leben 8: Eine enthusiastische Ankündigung der Lebensphilosophie durch M. Scheler (1913)
166. Leben 9: Erkenntnisskepsis gegenüber dem Lebenden
167. Lebensform 1: Einteilung der Pflanzen nach ihrer Physiognomie in 16 »Pflanzenformen« (nach von Humboldt 1807)
168. Lebensform 2: Klassifikationen von Pflanzen auf physiognomischer Grundlage in der zweiten Hälfte des 19. Jahrhunderts
169. Lebensform 3: Lebensformen von Pflanzen nach ökologischen Kriterien (nach Warming 1884)
170. Lebensform 4: Typologie der Lebensformen (nach Koepcke 1971-74)
171. Lernen 1: Formen des Lernens (nach Wasmann 1899)
172. Lernen 2: Kreuzklassifikation von Typen des Lernens
173. Lernen 3: Verschiedene Bedeutungen von ›angeboren‹
174. Mensch 1: Der Mensch als Teil der Natur in genealogischer Perspektive (nach Buffon 1753 und Haeckel 1863)
175. Mensch 2: Die Freiheit als Wesensbestimmung des Menschen
176. Mensch 3: Einige zentrale Aspekte des Menschen aus der Anthropologie des 20. Jahrhunderts
177. Mensch 4: Einschneidende Ereignisse und Innovationen in der Evolution und Kulturgeschichte des Menschen
178. Mensch 5: Alleinstellungsmerkmale des Menschen
179. Mensch 6: Der Mensch in Zahlen
180. Mensch 7: Menschliche Universalien, d.h. kulturübergreifend vorkommende Eigenschaften, Vermögen und Einstellungen
181. Mensch 8: Offene Liste von 73 Universalien menschlicher Kulturen (nach Murdock 1945)
182. Mensch 9: Charakteristika des Menschen (nach Antweiler 2007/09)
183. Mensch 10: Kreuzklassifikation von vier Grenzbereichen des Menschen
184. Metamorphose 1: Definitionen des Metamorphosebegriffs (aus Bishop et al. 2006)
185. Metamorphose 2: Kreuzklassifikation von Typen der Variation von Lebensformen innerhalb eines Organismus und innerhalb der Individuen einer Art
186. Metamorphose 3: Kreuzklassifikation von Typen des Lebensformwechsels eines Organismus
187. Mimikry 1: Definitionen des Mimikrybegriffs
188. Mimikry 1: Kreuzklassifikation von Ähnlichkeitstypen von Organismen, die sich am Referenzobjekt der Ähnlichkeit orientiert
189. Mimikry 3: Kreuzklassifikation von Ähnlichkeitstypen von Organismen in drei Dimensionen
190. Modifikation: Kreuzklassifikation von Typen

der phänotypischen Plastizität

191. Molekularbiologie 1: Charakteristika der Molekularbiologie, die diese als einen grundsätzlich neuen Ansatz der Biologie ausweisen (nach Kay 1993)

192. Molekularbiologie 2: Die Einheitlichkeit der Lebewesen in biochemischer Hinsicht (in Anlehnung an Höxtermann 1994)

193. Morphologie 1: Kreuzklassifikation von vier Aspekten der Morphologie (in Anlehnung an Seilacher 1970; 1991)

194. Morphologie 2: Formen der Symmetrie von Organismen (nach Haeckel 1866)

195. Morphologie 3: Korrelation der Haupttypen der Symmetrieformen von Organismen mit deren Lebensweise

196. Mutation: Gliederung der Typen von Variation von Organismen in einer Population (nach Mayr 1969)

197. Nische: Definitionen und Erläuterungen des Nischenbegriffs

198. Ökologie 1: Definitionen der Ökologie durch Haeckel

199. Ökologie 2: Definitionen der Ökologie

200. Ökologie 3: Die ökologische Beziehung zwischen Pflanzen und Erde im Rahmen von Linnés »Ökonomie der Natur«

201. Ökologie 4: Zehn »Regeln« und »Gesetze« der Ökologie

202. Ökologie 5: Methodische Besonderheiten der Ökologie

203. Ökologie 6: Ökologie in Zahlen

204. Ökologie 7: Unterschiede der funktionellen und biozönotischen Ordnung der lebenden Natur

205. Ökosystem 1 Der Begriff des Ökosystems in der Darstellung A.G. Tansleys (1935)

206. Ökosystem 2: Eigenschaften von Ökosystemen im Vergleich zu Organismen

207. Ökosystem 3: Äquivalente des Ökosystembegriffs

208. Ökosystem 4: Definitionen des Ökosystembegriffs

209. Ökosystem 5: Drei Kriterien zur Abgrenzung von Ökosystemen

210. Ökosystem 6: Kreuzklassifikation von sechs Typen von Systemen in der Biologie.

211. Ökosystem 7: Klassifikation der Elemente ökologischer Beziehungskreisläufe

212. Organisation 1: Definitionen des Organisationsbegriffs

213. Organisation 2: Die Identifikation der Lebendigkeit eines Körpers mit seiner Organisiertheit seit Mitte des 18. Jahrhunderts

214. Organisation 3: Erläuterung grundlegender biologischer Begriffe über das Konzept der Organisation

215. Organismus 1: Kreuzklassifikation von Standpunkten zur ontologischen und methodologischen Eigenständigkeit von Lebewesen

216. Organismus 2: Definitionen und Umschreibungen des Organismusbegriffs und verwandter Begriffe

217. Organismus 3: Zentrale Formulierungen I. Kants zur Bestimmung von Organismen als »Dinge als Naturzwecke« und »organisirte Wesen der Natur« (aus Kant 1790/93)

218. Organismus 4: Wichtige Stationen in der Genese des Organismuskonzepts von Hippokrates bis Kant

219. Organismus 5: Komplexe historische Definition des Organismusbegriffs auf der Grundlage der acht theoretischen Stationen von Hippokrates bis Kant

220. Organismus 6: Aspekte und Dimensionen des Organismusbegriffs

221. Organismus 7: Begriffe zur Differenzierung zwischen den verschiedenen Aspekten des Organismusbegriffs

222. Organismus 8: Wichtige Eigenschaftstypen von Lebewesen

223. Organismus 9: Organismen in Zahlen

224. Organismus 10: Drei Definitionen des Mechanismusbegriffs im Rahmen der »Neuen mechanistischen Philosophie«

225. Organismus 11: Merkmale von Superorganismen (nach Moritz & Southwick 1992)

226. Parasitismus: Definitionen des Parasitenbegriffs

227. Phylogenese 1: Andeutungen zur Phylogenese der Organismen bis zum Beginn des 19. Jahrhunderts

228. Phylogenese 2: Biogeografische und paläontologische Argumente Darwins für die Deszendenztheorie im Gegensatz zur Schöpfungstheorie

229. Physiologie 1: Zwei- oder Dreiteilungen der

Physiologie von der Antike bis in die Neuzeit
230. Physiologie 2: Einteilungen der Anatomie und Physiologie bei Galen (2. Jh.), Vesal (1543), Bergmann und Leuckart (1852) sowie Penzlin (1970/2005)
231. Physiologie 3: Vorschlag zur systematischen Ordnung der physiologischen Teilsysteme
232. Population 1: Definitionen des Populationsbegriffs
233. Population 2: Drei Arten von Populationen (nach Gilmour & Gregor 1939)
234. Population 3: Kreuzklassifikation von vier Typen von Kontinuanten, die über die Zeit persistieren
235. Population 4: Vorschlag zur systematischen Ordnung der Prozesse der Populationsbiologie
236. Regulation 1: Definitionen des Regulationsbegriffs
237. Regulation 2: Definitionen regelungstechnischer Begriffe durch das Deutsche Institut für Normung
238. Regulation 3: Definitionen der Kybernetik
239. Schutz 1: Kreuzklassifikation von Typen von Schutzstrategien
240. Schutz 2: Kreuzklassifikation von Typen von Schutzstrategien in drei Dimensionen
241. Schutz 3: Typen visueller Schutzanpassungen (in Anlehnung an verschiedene Autoren)
242. Selbstbewegung 1: Die Verbindung von Selbstbewegung und Lebendigkeit
243. Selbstbewegung 2: Kreuzklassifikation einfacher Bewegungsweisen
244. Selbstdarstellung 1: Terminologie zur Beschreibung der nicht-intentionalen Selbstdarstellung von Organismen (in Anlehnung an Armstrong 1949)
245. Selbstdarstellung 2: Kreuzklassifikation zur Unterscheidung von vier Typen der Erklärung von Phänomenen der Selbstdarstellung
246. Selbsterhaltung 1: Die Selbsterhaltung als ein zentrales Prinzip zur Beschreibung und Erklärung von Lebewesen
247. Selbsterhaltung 2: Zwei Formen der organischen Selbsterhaltung
248. Selbstorganisation 1: Termini zur Bezeichnung von Prozessen der Selbstorganisation
249. Selbstorganisation 2: Epistemische Kennzeichen des Paradigmas der Selbstorganisation (nach Krohn, Küppers & Paslack 1987)
250. Selbstorganisation 3: Definitionen und Erläuterungen des Selbstorganisationsbegriffs
251. Selbstorganisation 4: Formen des Selbstbezugs von Systemen
252. Selbstorganisation 5: Einteilung von Formen und Stufen des Selbst in Prozessen der Selbstorganisation
253. Selbstorganisation 6: Gemeinsamkeiten und Unterschiede im biologischen und philosophischen Konzept der Subjektivität (z.T. in Anlehnung an List 2001)
254. Selektion 1: Formulierungen des Grundgedankens des Selektionsprinzips vor Darwin und Wallace
255. Selektion 2: Definitionen und Erläuterungen des Selektionsbegriffs
256. Selektion 3: Komponenten der Natürlichen Selektion
257. Selektion 4: Charakterisierungen des Selektionsprinzips als empirisch leer oder tautologisch
258. Selektion 5: Ebenen der Selektion
259. Selektion 6: Kreuzklassifikation von vier Typen der Selektion und ihre Nebenwirkungen im Falle einer Mehrebenenselektion
260. Sozialverhalten 1: Einteilung der Gesellschaftsformen bei Tieren (nach Deegener 1918)
261. Sozialverhalten 2: Formen der Verbindung einzelliger Organismen
262. Sozialverhalten 3: Definitionen des Altruismusbegriffs
263. Sozialverhalten 4: Mechanismen, die eine Selektion für Altruismus auf Individualebene ermöglichen
264. Spiel 1: Definitionen des Spielbegriffs
265. Spiel 2: Merkmale des Spielverhaltens (nach Burghardt 1984)
266. Stoffwechsel 1: Der Stoffwechsel als zentrales Merkmal von Lebewesen
267. Stoffwechsel 2: Drei Konzepte des Stoffwechsels (in Anlehnung an Boden 1999)
268. Symbiose 1: Terminologie für Nutzen- und Schadensbeziehungen zwischen Organismen verschiedener Arten
269. Symbiose 2: Formen des Zusammenlebens von Organismen verschiedener Arten

Tabellenverzeichnis

270. Systematik 1: Die Unterscheidung von Klassifikation und Systematik
271. Systematik 2: Vier Methoden der Klassifikation
272. Systematik 3: Kreuzklassifikation der vier Methoden der Klassifikation
273. Taxonomie 1: Rekonstruktion des hierarchischen Systems der Tiere nach Aristoteles
274. Taxonomie 2: Versuch der Bestimmung von systematischen Kategorien über das absolute Alter der gemeinsamen Vorfahren (in Anlehnung an Hennig [1960])
275. Taxonomie 3: Obere Einteilungen des Pflanzenreichs
276. Taxonomie 4: Obere Einteilungen des Tierreichs
277. Taxonomie 5: Oberste Einteilung des Systems der Organismen im 20. Jahrhundert
278. Tod 1: Drei grundsätzliche Theorien des Todes in der Antike
279. Tod 2: Kreuzklassifikation von vier Arten des Todes
280. Typus 1: Typen biologischer Typen
281. Typus 2: Terminologischer Vorschlag zur Abgrenzung von Typen zur Bezeichnung von Individuen in der Taxonomie (nach Banks & Caudell 1912)
282. Umwelt 1: Die Welt und Umwelt eines Organismus als Resultante seiner jeweiligen Konstitution und Perspektive
283. Umwelt 2: Definitionen und Erläuterungen des Umweltbegriffs
284. Umwelt 3: Fünf Typen von Umwelt (nach Schwerdtfeger 1963)
285. Umwelt 4: Drei Typen von Umwelt (nach Brandon 1990)
286. Umwelt 5: Vorschlag zur Unterscheidung von fünf Typen der Umwelt eines Organismus
287. Umwelt 6: Die Verschränkung von Organismus und Umwelt
288. Umwelt 7: Kreuztabelle von vier Hinsichten, nach denen ein Organismus zusammen mit seiner Umwelt eine Einheit der Wechselwirkung oder ein organisiertes System höherer Ordnung bildet
289. Urzeugung: Die genetische Autonomie von Lebewesen und ihren Bestandteilen
290. Vererbung 1: Drei Gesetze der Vererbung nach Mendel (1865)
291. Vererbung 2: Drei Gesetze der Vererbung nach de Vries (1900) und Correns (1900)
292. Vererbung 3: Konzeptionelle Schlüsseltransitionen der »Mendelschen Revolution« (nach Bowler 2005)
293. Vererbung 4: Vier Typen der Vererbung (in Anlehnung an Jablonka & Lamb 2005)
294. Vererbung 5: Typen der Variation von Individuen und die damit zusammenhängenden Begriffe der Heritabilität
295. Verhalten 1: Definitionen des Verhaltensbegriffs
296. Verhalten 2: Merkmale der Erbkoordination (Instinktbewegung) (nach Lorenz 1932 und Scheidt 1974)
297. Verhalten 3: Einteilung der Verhaltensweisen (»Kunsttriebe«) der Tiere (aus Reimarus 1760/62)
298. Verhalten 4: Kreuzklassifikation zur Gliederung der Verhaltensweisen nach ihren Wirkungen der Selbsterhaltung und Arterhaltung sowie ihren Ursachen (nach Schneider 1880)
299. Verhalten 5: Gliederung der Lebensfunktionen in »Funktionskreise« (nach Meyer-Abich 1934)
300. Verhalten 6: Klassifikationen von Verhaltenstypen
301. Verhalten 7: Vorschlag zur Klassifikationen von Verhaltenstypen
302. Verhalten 8: Vierteilungen als oberste Gliederung von Verhaltenstypen
303. Wahrnehmung: Phasen in der Entwicklung der Begriffe ›Reiz‹ und ›Reizbarkeit‹ (Einteilung in Anlehnung an Möller 1975)
304. Wechselseitigkeit 1: Wechselseitigkeit als basales Prinzip zur Bestimmung der Einheit von Organismen
305. Wechselseitigkeit 2: Grade der wechselseitigen Bezogenheit von Teilen in einem System
306. Zweckmäßigkeit 1: Vier Formen der Teleologie
307. Zweckmäßigkeit 2: Merkmale und »Regeln« »zielgerichteten Verhaltens« (aus Russell 1945)
308. Zweckmäßigkeit 3: Die Unverzichtbarkeit der Teleologie für die Bestimmung des Organismusbegriffs und damit für die Biologie

Analogie

Der Ausdruck geht über das lateinische ›analogia‹ auf das griechische Wort ›ἀναλογία‹ »Verhältnis, Ähnlichkeit« zurück.

Älterer, nicht-terminologischer Gebrauch
Das Wort findet sich schon bei antiken Autoren in einer besonderen biologischen Bedeutung. So verwendet Aristoteles den Ausdruck für funktionale Ähnlichkeiten bei Organismen, also Ähnlichkeiten im Gebrauch von Organen: »Mit analog [ἀνάλογον] meine ich, daß die einen eine Lunge haben, die anderen stattdessen etwas anderes, bzw. daß die einen Blut, die anderen das dem Blut Analoge haben, was dieselbe Funktion wie das Blut bei den Bluttieren hat.«[1] Für analog (»ἀνάλογον«) hält Aristoteles auch die Wurzel der Pflanzen und den Mund der Tiere, denn beide nehmen die Nahrung auf.[2] Die Ähnlichkeit, die Aristoteles als ›analog‹ bezeichnet, grenzt er klar von einer Ähnlichkeit der Form ab und bestimmt sie auch als unabhängig davon: Analoge Körperteile müssen sich also morphologisch nicht ähneln. Nicht immer ist es aber die Funktionsähnlichkeit, in der nach dem Wortgebrauch von Aristoteles eine Analogie von Teilen besteht. Auch das Verhältnis von funktional verschiedenen Teilen wie das der Schuppen der Fische zu den Federn der Vögel bezeichnet Aristoteles als ›Analogie‹ (»ἀναλογία«).[3] Als eine eigene Kategorie des Vergleichs ist die Ähnlichkeit »der Analogie nach« (»κατ' ἀναλογίαν«) bei Aristoteles allein insofern bestimmt, als sie nicht eine Identität (d.h. strukturelle Ähnlichkeit) von Teilen darstellt und nicht auf der quantitativen Zu- oder Abnahme eines Merkmals beruht, sondern das Verhältnis von Teilen gleicher Lage bezeichnet, wie z.B. Knochen und Gräten, Fingernägel und Hufe oder Hände und Klauen.[4]

Die Einteilung von Lebewesen nach Analogien in ihrem Bau ist insgesamt sehr alt. Sie findet sich der Sache nach in allen antiken Texten (und auch der Bibel), die die Tiere in Land-, Wasser- und Lufttiere klassifizieren (↑Lebensform). Detailliertere Einteilungen auf dieser Basis werden seit dem 18. Jahrhundert entwickelt, so nimmt H.S. Reimarus eine Klassifikation der Tiere nach ihren Weisen der Fortbewegung vor.[5] Auch die Einteilung der Vegetation durch A. von Humboldt am Ende des Jahrhunderts enthält eine Klassifizierung der Vegetation nicht nach

Analogie (Aristoteles 4. Jh. v. Chr.) *1*
Anpassungsmerkmale (Blyth 1838) *5*
Konvergenz (Watson 1860) *8*
Parallelismus (Cope 1887) *9*
Analogienlehre (Böker 1937) *6*
Analogienbiologie (Koepcke 1952) *6*

der Ähnlichkeit der Pflanze im anatomischen Feinbau ihrer Organe, sondern nach ihrer Gestalt und ↑Lebensform.[6]

Verwendungen im 18. und frühen 19. Jh.
Trotz des richtungsweisenden Wortgebrauchs bei Aristoteles wird das Wort ›Analogie‹ bis zum Anfang des 19. Jahrhunderts innerhalb der Biologie in nichtterminologischer Weise im Sinne von »Ähnlichkeit, Entsprechung« verwendet. Einige vereinzelte Nachweise:

P.L.M. Maupertuis ist 1751 der Auffassung, die Ähnlichkeit (»analogie«) unter den Organismen erstrecke sich von den Tieren über die Zoophyten bis zu den Pflanzen, ja selbst bis zu den Mineralien und Metallen.[7]

An exponierter Stelle, nämlich im Titel eines Vortrags, den er vor der Malerakademie in Amsterdam hält, verwendet P. Camper im Jahr 1778 den Ausdruck.[8] Camper stellt darin die Entsprechung in den Elementen des Skeletts verschiedener Wirbeltiere dar und macht die Ähnlichkeit der morphologischen Struktur zum Kriterium für das Vorliegen von Analogien.

J.F. Blumenbach bringt die Klassifikation nach Analogien mit einer systematischen Einteilung von Organismen nicht nach einzelnen Merkmalen, sondern nach dem gesamten äußeren *Habitus* in Verbindung und unterscheidet sie von einer Klassifikation nach den Verhältnissen der genealogischen Verwandtschaft.[9]

Deutlich herausgearbeitet wird diese Unterscheidung aber nur von I. Kant und C. Girtanner (↑Art). 1796 differenziert Girtanner im Anschluss an Kant und mit Blick auf eine Klassifikation der Organismen zwischen »Naturgeschichte« und »Naturbeschreibung«: Die Naturgeschichte lehre, »wie das Urbild einer jeden Stammgattung von Thieren und Pflanzen ursprünglich beschaffen gewesen sei, und wie die Gattungen von ihrer Stammgattung allmählig abgeartet seien«.[10] Girtanner schlägt vor, auch die biologische Taxonomie auf der naturgeschichtlich-genealogischen Verwandtschaft zu begründen (↑Systematik). Die Naturbeschreibung sei dagegen allein an der Ähnlichkeit der Organismen orientiert und

---

> Eine Analogie ist eine Ähnlichkeit der Funktion von Teilen oder Prozessen von Organismen verschiedener Arten.

vollziehe eine Einteilung der »organisirten Körper, nach dem Linneischen Systeme, in Klassen, Ordnungen, Geschechter und Arten. Diese Eintheilung der Schule, welche bloß für das Gedächtnis ist, bringt die organischen Geschöpfe unter Titel, nach ihrer *Ähnlichkeit*, oder nach der Analogie«.[11] Die Analogie ist damit also bestimmt – wie in der späteren Bedeutung – als eine Ähnlichkeit, die nicht auf genealogischer Verwandtschaft beruht.

Die vergleichenden Anatomen des frühen 19. Jahrhunderts beziehen das Wort aber auch noch auf diejenigen morphologischen Ähnlichkeiten, die später als ›Homologien‹ bezeichnet werden. Dies gilt etwa für É. Geoffroy Saint-Hilaire, der eine *Theorie der Analogien* (»théorie des analogues«) für die Methode des Vergleichs von Bauplänen formuliert.[12] Im Verhältnis zu ↑›Homologie‹ stellt das Konzept der Analogie für Geoffroy die übergeordnete Kategorie dar: Zwei Organe, die allein in ihrer topografischen Lage im Körper einander ähneln, sind analog; wenn sich die Ähnlichkeit aber auch auf die Entwicklung bezieht, liegt eine besondere Form der Analogie vor, die Geoffroy ›Homologie‹ nennt.[13]

Auch schon G. Cuvier ist die Unterscheidung von zwei Formen der Ähnlichkeit von Organismen, einer strukturell und einer funktional bedingten, offenbar bewusst, denn er kann in der Auseinandersetzung mit Geoffroy über die Einheit des ↑Typus aller Lebewesen ins Feld führen, dass die Ähnlichkeit z.B. der Organe der Fische mit denen anderer Klassen allein auf den Ähnlichkeiten der Funktion, nicht aber auf den für ihn entscheidenden Ähnlichkeiten der Struktur beruht (»s'il y a des ressemblances entre les organes des poissons et ceux des autres classes, ce n'est qu'autant qu'il y en a entre leurs fonctions«).[14]

Analogie und Affinität
Eine Differenzierung zwischen verschiedenen Formen der Ähnlichkeit unter Organismen wird zu Beginn des 19. Jahrhunderts von taxonomisch orientierten Biologen durchgeführt. Sie findet sich bereits bei Lamarck, der als Gründe für den Bau einzelner Organe einerseits die Lebensweise der Tiere, andererseits ihre innere Organisation angibt.[15] Terminologisch wird diese Unterscheidung durch die Worte *Analogie* und *Affinität* markiert. Vor dem 19. Jahrhundert werden die beiden Ausdrücke meist unspezifisch und äquivalent zur Bezeichnung von Ähnlichkeiten verwendet (für ›Affinität‹ vgl. z.B. Bauhin 1623[16] und Linné 1751[17]). Seit den späten 1810er Jahren wird als ›Affinität‹ (engl. »affinity«) die Ähnlichkeit von Organismen eines gemeinsamen Typus verstanden. Die über Affinität verbundenen Organismen bilden (nicht notwendigerweise zeitlich verstandene) »Serien« oder »Kreise«. Die Analogien stellen dagegen die Ähnlichkeiten später Formen einer Serie dar, die sich einander annähern. Analogien und Affinitäten werden innerhalb verschiedener Organismengruppen aufgestellt: W.S. MacLeay beschreibt sie zunächst für Insekten[18]; 1823 definiert er eine Analogie allgemein als eine Korrespondenz von Teilen verschiedener Organismen, die sich in ihrer generellen Struktur unterscheiden (»correspondence between certain parts of the organization of two animals which differ in their general structure«[19]). Während die Affinitäten auf inneren Ursachen beruhen sollen, seien die Analogien Ausdruck äußerer Ursachen. Bereits in dieser Unterscheidung liegt eine Andeutung der späteren Differenzierung zwischen strukturellen und funktionellen Ähnlichkeiten, insofern die inneren Ursachen den inneren anatomischen Bauplan betreffen, die äußeren Ursachen aber auf die Anpassungen an eine jeweilige Umwelt bezogen werden können.[20]

Später wird die Unterscheidung von Analogien und Affinitäten auf Pilze[21] und Vögel[22] angewandt. Analogien werden dabei meist zwischen äußeren Teilen der Organismen aufgestellt (»exterior forms«[23] oder »external characters«[24]) und auf weniger wichtige (»less essential«[25]) Merkmale bezogen. Der genaue Grund der Unterscheidung bleibt aber strittig. J.O. Westwood hält die Gegenüberstellung für allein relativ in Bezug auf ein Vergleichsobjekt: Verglichen mit Pflanzen sei die Ähnlichkeit zwischen Fledermäusen und Libellen (in Bezug auf das Fliegen) eine Affinität; verglichen mit Vögeln (also anderen Wirbeltieren, d.h. eines Taxons, zu dem die Fledermäuse selbst zählen), sei die Ähnlichkeit zwischen Fledermäusen und Libellen aber nur eine Analogie.[26]

Eine für alles Spätere richtungsweisende Analyse liefert H.E. Strickland 1840, indem er die Analogien eindeutig als Ähnlichkeiten, die auf Anpassungen beruhen, beschreibt (»adaptation of organic beings to their destined conditions of existence«).[27] Eine Analogie ist danach eine Ähnlichkeit von Strukturen, die der Erfüllung einer ähnlichen Funktion dienen (»destined to perform a similar function«).[28] Analog zueinander sind nach Strickland z.B. die bootsähnlichen Formen der im Wasser lebenden Organismen aus den unterschiedlichsten Affinitätskreisen, z.B. Fische, Wale, Tintenfische, Schwimmkäfer, Wasserwanzen und auch die Boote des Menschen.

Analogie versus Homologie
Terminologische Eindeutigkeit erlangt der Begriff der Analogie mit R. Owens Gegenüberstellung von Analogie und ↑Homologie in den frühen 1840er Jah-

ren. Owen definiert eine Analogie als eine funktionale Entsprechung von Teilen verschiedener Organismen (»analogue«: »a part or organ in one animal which has the same function as another part or organ in a different animal«[29]). In der Theorie Owens kann jeder Teil eines Organismus unter den zwei Aspekten der Funktion und der Form betrachtet werden: Der funktionelle Aspekt klärt die Frage der Anpassung eines Teils; der Formaspekt gibt Aufschluss darüber, was ein Teil seinem Wesen nach ist. Trotz seiner klaren Definition verwendet Owen den Begriff der Analogie nicht immer in seiner terminologischen Bedeutung, sondern macht daneben auch einen nicht-technischen Gebrauch von ihm.

		Ursache der Ähnlichkeit	
		Entwicklung	Anpassung
Abhängigkeit der Ähnlichkeit von der Relation zu anderen Organismen	nein	*Entwicklungszwang* (ontogenetische »constraints«)	*Analogie* (Anpassung an anorganische Umweltfaktoren)
	ja	*Homologie* (genealogische Verwandtschaft)	*Koadaptation* (Anpassung an andere Organismen, z.B. Mimikry)

Tab. 6. Kreuzklassifikation von Typen organischer Ähnlichkeit.

Eine Abwertung erfahren die analogen Ähnlichkeiten im Zuge der Privilegierung der Homologien durch die Evolutionstheorie. Denn die Feststellung von Analogien ermöglicht keine Rekonstruktion phylogenetischer Verwandtschaften – Analogien können die tatsächliche Verwandtschaft sogar im Gegenteil verdecken. In diesem Sinne betont C. Darwin, dass die eigentlichen und wesentlichen Übereinstimmungen zwischen Organismen auf gemeinsamer Abstammung beruhen, also Homologien darstellen: Die gemeinsame Abstammung (»community of descent«) liefere einen tieferen Grund für die Klassifikation als die bloße Ähnlichkeit (»some deeper bond is included in our classifications than mere resemblance«).[30] Analogien können für Darwin dagegen im Hinblick auf natürliche Klassifikationen täuschende Ähnlichkeiten sein (»analogy may be a deceitful guide«[31]). Dass es neben der gemeinsamen Abstammung aber auch noch eine andere Grundlage für organische Ähnlichkeit gibt, sieht auch Darwin. Er erklärt diese Ähnlichkeit als Ergebnis einer Selektion (Konvergenz, s.u.): »the acquirement through natural selection of parts or organs, strikingly like each other, independently of their direct inheritance from a common progenitor«.[32]

Darwin erkennt klar, dass Homologie und Analogie zwei alternative Erklärungen für die Ähnlichkeit von Organismen sind. Beide sind mit zwei unterschiedlichen, ja diesbezüglich entgegengesetzten Aspekten seiner Theorie verbunden: die Homologie mit der Deszendenztheorie, die Analogie mit der Selektionstheorie. Die Abwertung der Analogie als eine unzureichende Erklärung der »wirklichen Ähnlichkeiten« enthält damit gleichzeitig das Eingeständnis der eingeschränkten Erklärungskraft der Selektionstheorie: »The real affinities of all organic beings, in contradistinction to their adaptive resemblances, are due to inheritance or community of descent. The Natural System is a genealogical arrangement«.[33] Wäre Selektion der entscheidende Mechanismus zur Erklärung der organischen Ähnlichkeiten, dann würde nicht die gemeinsame Abstammung, sondern die gleichgerichtete Anpassung die Ähnlichkeiten erklären und die Grundlage des »Natürlichen Systems« sein. Faktisch ist aber die Deszendenz zur Erklärung von organischen Ähnlichkeiten das stärkere Prinzip, weil Analogien zwar einige, aber nicht die meisten Ähnlichkeiten erklären.

Owen versteht die Begriffe der Homologie und Analogie noch so, dass sie sich nicht gegenseitig ausschließen (»homologous parts may be, and often are, also analogous parts in a fuller sense, viz., as performing the same function«[34]). Diese Auffassung findet sich später auch bei Gegenbaur und Haeckel.[35] Die Kiemen der Fische und Amphibien sind danach beispielsweise gleichzeitig einander homologe und analoge Körperteile.

Heute werden dagegen im Allgemeinen nur solche Merkmale als ›analog‹ bezeichnet, die nicht homolog zueinander sind.[36] E. Jacobshagen definiert 1925: »Organe übereinstimmenden oder ähnlichen Baues, die nicht denselben Bestandteil des Bauplanes verkörpern und somit, trotz ihrer Ähnlichkeit, einen ganz verschiedenen morphologischen Wert besitzen, nennt man analog. Oder kürzer […]: Organe übereinstimmenden oder ähnlichen Baues, welche nicht homolog sind, nennt man analog«.[37] Analog sind also z.B. die Kiemen der Fische und Muscheln, nicht aber die Kiemen der Fische und Amphibien. Die Konzepte der Homologie und Analogie gelten als die Grundlage alternativer Erklärungen für die Ähnlichkeit von Strukturen oder Funktionen (↑Homologie).[38]

Außerdem werden heute meist nur solche Merkmale als ›analog‹ bezeichnet, die nicht nur die gleiche Funktion ausüben, sondern auch noch einander strukturell ähnlich sind – ebenfalls entgegen der

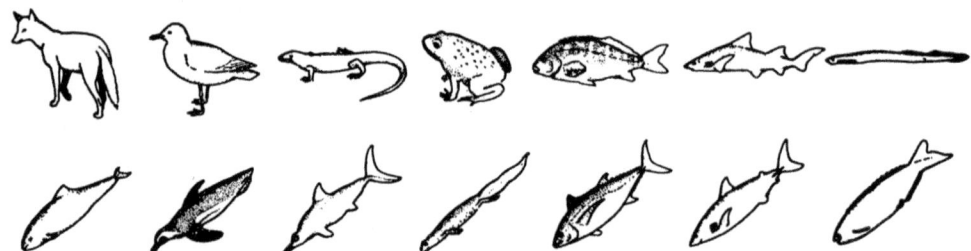

Abb. 5. Divergenz und Konvergenz innerhalb der Gruppe der Wirbeltiere. In der oberen Reihe sind typische Vertreter aus sieben »Klassen« der Wirbeltiere dargestellt, in der unteren Reihe befinden sich Vertreter mit fischartiger Körpergestalt aus der jeweils gleichen taxonomischen Gruppe. Es handelt sich der Reihe nach um folgende systematische Taxa: Säugetiere, Vögel, Reptilien, Amphibien, Knochenfische, Knorpelfische und Kieferlose (die Vertreter der fischartigen Reptilien und Kieferlosen in der unteren Reihe sind nur fossil bekannt) (aus Koepcke, H.-W. (1971-74). Die Lebensformen, 2 Bde.: I, 148; vgl. ders. (1952). Formas de vida y comunidad vital en la naturaleza. Mar del Sur (Lima) 24, 39-66: 48).

ursprünglichen owenschen Definition und der verbreiteten Auffassung im 19. Jahrhundert, z.B. der von E.R. Lankester aus dem Jahr 1870: »Any two organs having the same function are analogous, whether closely resembling each other in their structure and relation to other parts or not«.[39] Meist wird der Analogiebegriff aber enger gefasst, so dass allein in ihrer Struktur sich ähnelnde Merkmale als ›analog‹ bezeichnet werden. Einige der Autoren, die den Analogiebegriff auf bloße Funktionsähnlichkeit beschränken, nennen solche Merkmale, die sich darüber hinaus in ihrer Form ähneln, *konvergent* (s.u.).

Schließlich lassen einige Autoren den Aspekt der Funktionsgleichheit in der Bestimmung des Analogiebegriffs ganz fallen und bestimmen Analogien allein durch die Formähnlichkeit (wie dies bereits in der obigen Definition von Jacobshagen der Fall ist). So deutet der Botaniker W. Troll Ähnlichkeiten im Bau von Blüten 1928 nicht als Ausdruck von Anpassungsähnlichkeiten, sondern als »Gestalttypen« (↑Typus).[40] Und der vergleichende Morphologe M. Nowikoff sieht 1930 in einer Analogie »nicht bloß eine zufällige Konvergenz zweier Organe, die in gleiche Verhältnisse gelangt sind«, sondern hält sie für einen »Ausdruck allgemeiner, in der lebenden Natur liegender Gesetze der Formbildung«.[41] Ob sich solche biologischen Gesetze aber wirklich formulieren lassen, ist bis in die Gegenwart umstritten. Unabhängig davon hält aber auch M. Ghiselin 1997 daran fest, Analogien als Formähnlichkeiten zu verstehen, die keine gemeinsamen Funktionen haben müssen, sondern allein dadurch spezifiziert sind, dass sie keine ↑Homologien sind: »although common function is one cause of the similarity between the wholes, it is not a defining property of the relation of analogy. It is neither a necessary nor a sufficient condition for two parts to be analogous«.[42] Für Ghiselin sind Analogien also primär Strukturähnlichkeiten; die Bindung an die Funktionsgleichheit hält er für nicht sinnvoll, weil es höchst unterschiedlich geformte Merkmale geben kann, die die gleiche Funktion wahrnehmen (z.B. das Gift eines Pilzes und die Schale einer Muschel als Schutz vor dem Gefressenwerden).

Das seit der zweiten Hälfte des 20. Jahrhunderts dominante Verständnis des Begriffs bestimmt Analogien als Funktionsähnlichkeiten von ähnlich gebauten Organen, die nicht homolog zueinander sind.[43] Unter Beschränkung auf die beiden Dimensionen der Funktionsgleichheit und der Abstammungsidentität lässt sich das Verhältnis von Analogie- und Homologiebegriff in einer einfachen Kreuztabelle wiedergeben (Tab. 6).[44] Der Verweis auf Analogie und Homologie enthält also zwei unterschiedliche Formen der Erklärung der Ähnlichkeit von Organismen und ihren Teilen. Zwei weitere, davon unabhängige Erklärungen werden durch *Entwicklungszwänge* und *Koadaptationen* gegeben: Ein Entwicklungszwang ergibt sich aus dem inneren Bau eines Organismus; eine Koadaptation als eine Anpassung an andere Organismen. Ähnlichkeit aufgrund des Prozesses der Koadaptation ist allerdings ein nicht sehr häufiges Phänomen, ein bekanntes Beispiel sind die Ähnlichkeiten zwischen dem Bau von Blüten und den Mundwerkzeugen von Insekten, die als gegenseitige Anpassungen an die Blütenbestäubung bzw. Ernährung von Nektar entstanden sind. Eine besondere Form der Ähnlichkeit als Ergebnis der Anpassung an andere Organismen ist die ↑Mimikry. Sie ist vermittelt über einen dritten Organismus, der die Ähnlichkeit verursacht, z.B. einen Räuber, der zwischen dem »Modell« und dem »Imitator« des Mimikrysystems nicht zu diskriminieren vermag. Die Koadaptation besteht hier entweder in einer beidseitig durch Selektion stabilisierten und verstärkten Ähnlichkeit an den jeweils anderen Organismus (wenn die Ähnlichkeit für beide Partner von Vorteil ist wie bei der Müllerschen Mimikry) oder in einer nur einseitig durch Selektion verstärkten Ähnlichkeit, der von der anderen Seite durch Betonung der Unterschiede entgegengewirkt wird (wie bei der Batesschen Mimikry).

Verwandt mit der Unterscheidung von Analogie und Homologie ist die Gegenüberstellung von **Anpassungsmerkmalen** und *Organisationsmerkmalen* durch C. von Nägeli (1884). Anpassungsmerkmale sind nach Nägeli »durch die äusseren Reizeinflüsse hervorgerufen« und weisen eine »geringere Permanenz« auf als die Organisationsmerkmale, die durch eine »selbständige Umbildung des Idioplasmas bedingt« seien und sich »den äusseren Verhältnissen gegenüber gleichgültig verhalten«. Nägeli bezeichnet die Organisationsmerkmale daher auch als »rein morphologisch«, die Anpassungsmerkmale dagegen als »nützlich« (↑Homologie).[45] Bereits vor der einflussreichen terminologischen Unterscheidung durch Nägeli ist der Begriff ›Anpassungsmerkmale‹ in ähnlicher Bedeutung und Abgrenzung in Gebrauch (Dub 1870: »Der grosse Unterschied im Werthe zwischen wahren Verwandtschafts- und analogen oder Anpassungsmerkmalen«[46]; Seidlitz 1876: »[Bei den Schwämmen wurden] viele individuelle Anpassungsmerkmale zur Aufstellung von Gattungen benutzt […], indem man sie irrthümlich für Ausrüstungsmerkmale gehalten hatte«[47]).

Im Englischen erscheint ein sprachliches Äquivalent zu ›Anpassungsmerkmale‹ bereits gut zwanzig Jahre vor Darwins Veröffentlichung seiner Evolutionstheorie. E. Blyth verwendet es in verschiedenen Publikationen aus den 1830er Jahren. Er grenzt das Konzept dabei bereits von »intrinsischen« (physiologischen) Merkmalen ab und bezieht es auf solche, in einer Verwandtschaftsgruppe variablen[48] Eigenschaften, die sich aus der besonderen Lebensweise eines Organismus oder seiner Anpassung an besondere Bedingungen des Lebensraums ergeben (1838: »It was the especial province of the zoologist to distinguish, in every instance, the intrinsical from the simply adaptive characters of animals; to disentangle and discriminate affinity from analogy«[49]; »in adaptive characters, rather than intrinsical physiological agreement«[50]; »the secondary or adaptive characters (which have reference to habit)«[51]; 1839: »adaptive characters which have reference to a special mode of life«[52]).

Bauplan und Funktionsplan
Die in den Analogien identifizierten Funktionsgleichheiten von Körperteilen können in einem eigenen System der organischen Leistungen beschrieben werden. Dieser Ansatz stellt neben den morphologisch-genealogisch begründeten *Bauplan* von Organismen einen »Funktionsplan«[53] (von Uexküll 1928) oder »Leistungsplan«[54] (Ungerer 1942) (↑Typus). Der *Funktionsplan* betrifft nicht die relative Lage der Körperteile zueinander, sondern die als Anpassungen an die jeweiligen Leistungen entstandenen Merkmale und Merkmalssyndrome. Weil der Funktionsplan vielfach die Relation des Organismus zu seiner Umwelt betrifft, sind es vor allem die äußeren Körperteile und die Gestalt des Organismus, die von einer Änderung des Funktionsplans betroffen sind. Delphine und Fische weisen z.B. einen grundlegend anderen Bauplan auf, sie verfügen aber über einen in vielem ähnlichen Funktionsplan (aufgrund gleichgerichteter Anpassungen an das Schwimmen im Wasser); Delphine und Fledermäuse haben dagegen einen grundlegend verschiedenen Funktionsplan, ihr Bauplan ist aber sehr ähnlich (aufgrund der gemeinsamen Zugehörigkeit zu der Verwandtschaftsgruppe der Säugetiere).

Analogie und Taxonomie
Nicht in allen Kontexten ist die Privilegierung der Klassifikation aufgrund der Homologien (Bauplan) gegenüber den Analogien (Funktionsplan) gerechtfertigt (»Wird der Wal als Fisch bezeichnet, so ist das in anatomischer, nicht aber in morphologischer Hinsicht zu beanstanden. Ob wir ein Objekt nach der Form oder dem Inhalt benennen, bleibt eine Frage der Vereinbarung«[55]). Der wesentliche Vorzug der Klassifikation aufgrund der Homologien liegt in seiner Eindeutigkeit: Unter Voraussetzung eines Stammbaums der Organismen führt eine Taxonomie auf der Grundlage der Verwandtschaft zu einem im Prinzip eindeutigen (wenn auch nicht immer leicht zu ermittelnden) Ergebnis; bei den Klassifikationen nach Analogien im Sinne von Funktionsähnlichkeiten können dagegen viele nebeneinander bestehen.

Eine Typologie nach Lebensweisen und Funktionsplan liefert zwar oft eher als eine Verwandtschaftstypologie eine Klassifikation der Lebewesen nach ihren (äußeren) Ähnlichkeiten; dennoch müssen Übereinstimmungen in der Lebensweise nicht immer zu Ähnlichkeiten zwischen Organismen führen. Es können die Anforderungen eines Lebensraumes im Gegenteil zu sehr unterschiedlichen Lösungen seitens des Organismus führen, d.h. zu Merkmalen, die als verschiedene Anpassungen an den Lebensraum zu deuten sind. Beispielsweise kann die einheitliche Lebensweise von Organismen, die im Wasser schweben (also von Plankton), zu sehr unterschiedlichen Formen von Schwebe-Anpassungen führen, die nicht in ihrer Gestalt, sondern allein in ihrem Effekt übereinstimmen, ein Herabsinken zu vermindern – so etwa die Ausbildung von Schwebefortsätzen, die Einlagerung von leichten Stoffen (Schwimmblase) oder die Bildung einer Körpergestalt in Blasen-, Scheiben- oder Stabform[56].

Bauplan und Evolution
Die Möglichkeit der Unterscheidung von Analogie und Homologie erfährt im Rahmen der Annahme einer Phylogenese eine einleuchtende Interpretation. Darüber hinaus ist die Verschiedenheit des inneren Bauplans von Organismen, die sehr ähnliche Lebensweisen haben, aber nicht näher miteinander verwandt sind, vielfach als ein Beleg für die Evolutionstheorie interpretiert worden.[57] Angesprochen sind damit die »Dysteleologien«, also Eigenheiten eines Organismus, die offenbar für seine Lebensweise nicht zweckmäßig sind, die aus der stammesgeschichtlichen Entwicklung des Organismus heraus aber verständlich werden. Wären die Organismen für ihre spezielle Lebensweise entworfen, dann würden viele ihrer merkwürdigen Parallelen zu anderen Organismen keine Erklärung finden können: »Nur aus der Sinnlosigkeit der Vogelmaskerade des Pinguins, aus der Zwecklosigkeit dieser Übereinstimmung mit fliegenden Tieren wird auf seine Abstammung von Organismen geschlossen, bei denen diese Eigenschaften zweckmäßig waren«.[58] Nur seine Vergangenheit als fliegender Vogel erkläre viele der für seinen hauptsächlichen Aufenthalt unter Wasser unzweckmäßigen Eigenarten, wie die Notwendigkeit, an der Luft zu atmen oder seine Eier auf dem Trockenen abzulegen.

»Analogienbiologie«
Paradigmatisch können alle biologischen Disziplinen, die nicht phylogenetisch orientiert sind, sondern funktionale Analogien untersuchen, zu einer **Analogienbiologie** zusammengefasst werden. H. Böker stellt 1937 ausgehend von seinen Untersuchungen zu einer vergleichenden Anatomie der Wirbeltiere eine *Homologienlehre* als »genetische Anatomie« einer **Analogienlehre** als »funktioneller Anatomie« gegenüber.[59] Während Böker zu der Homologienlehre die Typologie (Taxonomie), Genetik und Deszendenzlehre rechnet, besteht die Analogienlehre bei ihm aus den Disziplinen Physiologie, Ethologie und Ökologie. Darauf aufbauend führt Koepcke 1952 die Bezeichnung *Analogienbiologie* ein.[60] Er hebt sie von der an der Evolution orientierten dominanten Strömung in der Biologie, der *Homologienbiologie* (↑Homologie), ab. Später entwirft Koepcke eine solche Richtung als eine »Disziplin der Biologie [...] in der das Prinzip der Analogie eine ähnliche zentral beherrschende Initialstellung einnimmt, oder doch ihrem Wesen nach einnehmen sollte, wie das Prinzip der Homologie in den mehr historisch orientierten Teilgebieten der Biologie«.[61] Mit einer Analogienbiologie ist der Anspruch verbunden, nicht allein einen empirischen Nachvollzug der phylogenetisch gewordenen Organismenformen zu leisten, sondern eine von der Phylogenese unabhängige Systematik der ↑Lebensformen und der Physiologie zu entwickeln. Auch entwicklungsbiologische Bemühungen zur Aufstellung allgemeiner »Gesetze der Form«, die unabhängig von kontingenten phylogenetischen Verläufen gültig sind, können dem Paradigma der Analogienbiologie untergeordnet werden, einem Credo B. Goodwins folgend: »evolutionary trees [...] are largely irrelevant to an understanding of organisms as transformational structures. [...] Historical reconstruction cannot solve any problems about the nature of the entities with which biology is faced and the organisational principles which are embodied in organisms«.[62]

Analogien als Evolutionstrends
Als Teil einer Analogienbiologie lassen sich einige allgemeine Trends im Zusammenhang von Funktionsplan und Morphologie formulieren, die analoge Organe in phylogenetisch weit voneinander entfernten Organismen identifizieren. Der auffälligste Zusammenhang besteht hinsichtlich der verschiedenen Arten der Fortbewegung der Lebewesen. Sich auf der Grenzfläche von Land und Luft bewegende Organismen verfügen in der Regel über Beine; in der Luft fliegende Organismen haben dagegen vielfach Flügel. Eine oft bis ins Detail übereinstimmende Körperform kennzeichnet solche Organismen, die sich unter Wasser durch einen pendelartig bewegten Körperteil (Flossen) am hinteren Körperende fortbewegen (»Wrickschwimmer«[63]). Die typische Spindelform dieser Organismen ist mehrfach und unabhängig voneinander in verschiedenen Verwandtschaftsgruppen, v.a. bei den Wirbeltieren (hier bei den Fischen, Amphibien, Reptilien, Vögeln und Säugetieren), ausgebildet worden (vgl. Abb. 5).

Neben diesen allgemein bekannten und damit fast selbstverständlichen Parallelen von Morphologie und Lebensform lassen sich auch andere, überraschendere und z.T. spekulative Zusammenhänge herstellen.

Dies gilt z.B. für die Verbreitung von bunten Farben bei Tieren und Pflanzen. Farben können als auffällige Signale zur innerartlichen ↑Kommunikation verwendet werden. Auffällige Signale haben aber den Nachteil, dass sie nicht nur den Adressaten der Signale, sondern auch Feinde auf einen Organismus aufmerksam machen. Als Evolutionstrend ist daher zu erwarten, dass solche Organismen am auffälligsten gefärbt sind, bei denen aufgrund ihrer Lebensweise die Farben am wenigsten von Feinden wahrgenommen werden können. Weil Farben vor allem vor einem hellen und strahlenden Hintergrund wenig in Erscheinung treten, sind sie bei solchen Lebewesen am unscheinbarsten, die aus der Perspektive des Räubers sich häufig vor dem Hintergrund des Himmels bewegen, die sich also bevorzugt im dreidimensionalen Raum des Wassers oder des Geästes eines Baumes aufhalten. In der Tat sind Organismen mit einer solchen Lebensweise (z.B. viele Fische, Vögel und Insekten) oft dadurch gekennzeichnet, dass sie bunt und auffällig gefärbt sind. Im Gegensatz dazu sind Organismen, die sich auf der Erdoberfläche bewegen, aus Schutz vor Fressfeinden meist nicht auffällig bunt gefärbt, sondern durch Tarnfarben ihrer Umgebung angepasst (z.B. die meisten nicht fliegenden Gliedertiere, Amphibien, Reptilien und Säugetiere). In den extremen Fällen von Organismen, bei denen sich fast das gesamte Leben in der Luft abspielt, z.B. bei den Seglern, sind bunte Farben dagegen wieder selten, weil in diesen Fällen auch für die Artgenossen eine Wahrnehmung von Farben vor dem hellen Hintergrund des Himmels kaum möglich ist. In der Folge der als Kommunikationsform wichtigen bunten Farben einiger Organismen können auch andere Organismen farbige Strukturen ausbilden, wenn sie mit ersteren in ökologischen Beziehungen stehen. So kann die Farbigkeit der Blüten vieler Pflanzen letztlich daraus erklärt werden, dass sie funktional auf Organismen bezogen sind, die sich fliegend fortbewegen (die Insekten und Vögel als Bestäuber).

Analogien und Gesetze der Biologie
Analogien sind allgemeine Charakteristika von Lebewesen, die als Anpassungen an bestimmte Funktionen entstanden und definitionsgemäß nicht an einzelne taxonomische Gruppen gebunden sind. Feststellungen von formähnlichen Analogien können damit als die aufschlussreichsten Verallgemeinerungen der Biologie gelten. Einige Autoren, wie M.T. Ghiselin argumentieren sogar, dass über Analogien die einzigen Gesetze der Biologie formuliert werden können, weil die anderen biologischen Verallgemeinerungseinheiten, die ↑Homologien, sich definitionsgemäß auf monophyletische Gruppen beziehen, die seiner Auffassung nach Individuen sind (↑Art), für die keine Verallgemeinerungen im Sinne von Gesetzen formulierbar sind. Analogien hält Ghiselin dagegen für Klassen von Gegenständen, die durch

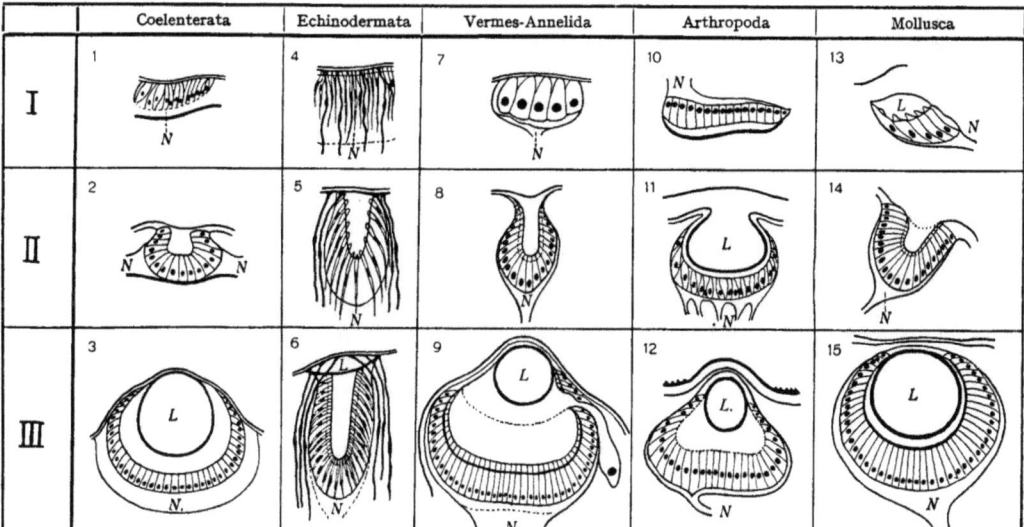

Abb. 6. Augentypen bei Tieren, angeordnet in parallel verlaufenden Reihen zunehmender Komplexität in verschiedenen Stämmen wirbelloser Tiere, ausgehend von Gruppen lichtempfindlicher Zellen (I), über Becheraugen (II) zu Linsenaugen (III) (aus Nowikoff, M. (1930). Das Prinzip der Analogie und die vergleichende Anatomie: 103).

allgemeine Naturgesetze bestimmt sind. So gebe es z.B. allgemeine Gesetze der Aerodynamik, die bestimmen, welche Formen dafür geeignet sind, als ein Flügel zu fungieren.⁶⁴ Allerdings wird gegen diese Sicht eingewendet, dass Analogien häufig strukturell sehr divers sind, weil ein Funktionsproblem auf sehr verschiedenen strukturellen Wegen gelöst werden kann. Die unterschiedlichen von der Evolution hervorgebrachten Flügel haben daher trotz ihrer funktionalen Einheitlichkeit strukturell doch nur wenig miteinander gemeinsam.⁶⁵

Dass Analogien ein so verbreitetes biologisches Phänomen sind und der Begriff damit so grundlegend ist, kann auch aus Sicht des Selektionsprozesses gedeutet werden: In der Selektion sind es die Effekte, die für den Erfolg einer Struktur ausschlaggebend sind. Die Selektion ist damit in gewisser Weise »blind« für Strukturen, wie A. Rosenberg es formuliert: In der Selektion wird nicht unterschieden zwischen verschiedenen Strukturen mit gleichen Effekten.⁶⁶ Es sind die Effekte einer Struktur, auf die es für den Organismus und seinen Erfolg ankommt; daher können sehr unterschiedliche Strukturen für den gleichen Effekt selektiert werden und sind dann als Analogien anzusehen. Die Blindheit der Selektion für Strukturen kann damit als ein Grund für die Vielfalt der Formen in der Biologie – bei einem doch begrenzten Inventar an Funktionen – verstanden werden (↑Diversität).

Konvergenz

Ein älterer Begriff der Konvergenz entwickelt sich in der Biologie vereinzelt im Zusammenhang mit frühen Stammbaumdarstellungen. So spricht L. Agassiz 1833 von einer »Konvergenz« der Abstammungslinien bei Fischen (»la convergeance de toutes ces lignes verticales indique l'affinité des familles avec la souche principale de chaque ordre«).⁶⁷ Dieses Konzept der Konvergenz nimmt eine in die Vergangenheit orientierte Perspektive ein, insofern es auf den gemeinsamen Ursprung von taxonomischen Gruppen zielt. Das seit Darwin verbreitete Konvergenzkonzept geht dagegen von einer zukunftsbezogenen Perspektive aus, indem es auf die – als gleichgerichtete Anpassungen interpretierte – Annäherung von Organismen verschiedener Gruppen im Hinblick auf ihre Formen zielt.

Der Botaniker H.C. Watson kritisiert in einem Brief an C. Darwin vom Januar 1860, dass dieser in seinem ›Origin of Species‹ allein von der *Divergenz* (↑Phylogenese), nicht aber der *Konvergenz* von Merkmalen spricht. Watson versteht den Begriff phylogenetisch zunächst in einer rückwärtsgerichteten Sicht (also im Sinne von Agassiz) als Rückführung von verschiedenen Arten auf einen gemeinsamen Vorgänger (»convergence ancestrally backwards«); daneben verwendet er den Ausdruck aber auch für eine vorwärtsgerichtete parallele Bildung ähnlicher Strukturen (»convergence onwards from that prototype«).⁶⁸ Darwin geht nach dieser Kritik in späteren Auflagen (ab 1861) auch auf eine mögliche Konvergenz ein.⁶⁹ Er versteht den Begriff als Übereinstimmung zwischen ursprünglich genetisch getrennten Organismen in inneren Organisationsmerkmalen, die er für kaum möglich hält: »It is incredible that the descendants of two organisms, which had originally differed in a marked manner, should ever afterwards converge so closely as to lead to a near approach to identity throughout their whole organisation«.⁷⁰

Das später als ›Konvergenz‹ bezeichnete Phänomen, die Übereinstimmung von Organismen gleicher Lebensformen in ihren äußeren Formen, beschreibt Darwin allerdings auch schon in der ersten Auflage seines Hauptwerks: »animals, belonging to two most distinct lines of descent, may readily become adapted to similar conditions, and thus assume a close external resemblance«.⁷¹ ›Konvergent‹ können im Anschluss daran organische Strukturen genannt werden, die zwar nicht auf die Struktur eines gemeinsamen Vorfahren zurückgehen, jedoch einander ähnlich sind und als Reaktion auf ähnliche Umweltbedingungen entstanden sind.

Darwin verweist in seiner späteren Verwendung des Begriffs auch auf C. Vogt, der in seiner Beschreibung des Stammbaums der Primaten neben dem anfänglichen Auseinanderstreben der Äste eine spätere Wiederannäherung beschreibt (»die Vervollkommnung biegt die Zweige mit ihren Spitzen wieder gegeneinander«).⁷² Der Ausdruck wird am Ende des Jahrhunderts vornehmlich von deutschsprachigen Biologen verwendet (»the ›convergenz‹ of German writers«).⁷³

Konvergenz und Analogie

Die Begriffe ›Analogie‹ und ›Konvergenz‹ werden heute nicht selten synonym verwendet.⁷⁴ Wenn sie unterschieden werden, dann meist danach, ob eine Formähnlichkeit zwischen den miteinander verglichenen Einrichtungen vorliegt oder nicht. Eine Konvergenz wird dann verstanden als eine Analogie von Organen, die einander in ihrem Bau ähneln. In diesem Sinne bestimmt H. Wurmbach 1957 die Konvergenz als die »Erscheinung, daß unabhängig voneinander in der Stammesgeschichte ähnliche Formen entstehen«.⁷⁵ Bei einer Analogie muss eine morphologische Ähnlichkeit dagegen nicht vorliegen. Analog im Hinblick auf die Funktion der Lokomotion sind z.B. die Flügel der Insekten und die Beine der Säugetiere. Konvergent sind dagegen die Insektenflügel und Vogelflügel, weil sie sich nicht nur in ihrer Funktion, sondern auch äußerlich in ihrem Bau ähneln, ohne aber auf eine Bildung eines gemeinsamen Vorfahren zurückzugehen. Ein anderes Kriterium der Unterscheidung geht davon aus, dass in der Konvergenz »Ähnlichkeiten von ganz verschiedenen Grundorganen aus aufeinander zustrebend erreicht« werden[76]; bei der Analogie – und v.a. bei dem Parallelismus (s.u.) – aber ähnliche Vorläuferstrukturen vorgelegen haben. Eine andere, eigenwillige Grundlage der Unterscheidung gibt J.-W. Wägele 2001. Danach ist eine Konvergenz eine »nicht homologe Ähnlichkeit, die durch Anpassung an dieselben Umweltbedingungen evolviert ist«, eine Analogie dagegen eine »nicht homologe Ähnlichkeit, die durch Zufall evolviert ist«.[77]

In den letzten Jahren wird deutlich, dass viele als konvergent angesehene Erscheinungen auf genetischer Ebene auf konservierten gemeinsamen genetischen Grundlagen beruhen (z.B. beim Auge in verschiedenen Tierstämmen).[78] Einige Konvergenzen haben also zumindest eine Komponente, die auf einer Homologie im Sinne gemeinsamer Abstammung beruht.

Parallelismus

Der Ausdruck ›Parallelismus‹ wird im evolutionsbiologischen Zusammenhang bereits von Darwin verwendet. Er bezeichnet damit die Ähnlichkeit von Formen in geografisch weit auseinander liegenden Regionen (»parallelism in the forms of life«).[79] Später im 19. Jahrhundert erscheint das Wort in verschiedenen Kontexten. Bei dem Evolutionsbiologen E.D. Cope bezieht sich die vorherrschende Bedeutung auf die Theorie der Rekapitulation der Phylogenie in der Ontogenie (»the parallelism between taxonomy, ontogeny, and phylogeny«[80]); nur vereinzelt steht der Ausdruck bei Cope für das später damit Bezeichnete, nämlich die Ausbildung von ähnlichen Strukturen in verschiedenen Verwandtschaftslinien.[81] Allerdings beschreibt Cope dieses Phänomen durchaus in einigen Passagen: »identical modifications of structure, constituting evolution of types, have supervened on distinct lines of descent«[82] – er verwendet nur den späteren Ausdruck dafür nicht.

Die später verbreitete Bedeutung wird 1891 von W.B. Scott in den Vordergrund gestellt. Scott versteht unter ›Parallelismus‹ das Phänomen, dass verschiedene Arten einer Gattung unabhängig voneinander ein Merkmal ausbilden (»the various species of the ancestral genus may acquire the new character independently of each other (parallelism)«). Er grenzt dies von der *Konvergenz* (s.o.) ab, bei der das ähnliche Merkmal von den Mitgliedern nur wenig miteinander verwandter Arten ausgebildet wird (»the species of widely different genera may gradually assume a common likeness (convergence)«).[83]

Diese Gegenüberstellung von Konvergenz und Parallelismus wird 1905 von H.F. Osborn weiter präzisiert: Er unterscheidet zwischen *Parallelismus* als Ergebnis *analoger Adaptationen* (»analogous adaptations«), d.h. ähnlichen Merkmalen, die unabhängig voneinander in ähnlichen oder verwandten Organismen erscheinen (»similar characters arising independently in similar or related animals or organs, causing a similar evolution, and resulting in parallelisms«) und *Konvergenz* als Ergebnis von ähnlichen Anpassungen unähnlicher oder nicht miteinander verwandter Organismen (»similar adaptations arising independently in dissimlar or unrelated animals or organs, causing a secondary similarity or approximation of type, resulting in convergence«).[84]

Die Begriffe werden in der Folgezeit allerdings nicht immer in diesem Sinne verwendet: So kann für O. Abel ein Parallelismus auch zwischen »verschiedenen, nicht näher verwandten Arten« vorliegen[85]; und nach E. Dacqué kann umgekehrt eine Konvergenz auch bei nahe verwandten Arten vorkommen[86]. Die ältere Differenzierung bleibt aber doch immer noch präsent und wird auf verschiedene Weise zum Ausdruck gebracht. So bestimmt O. Schindewolf 1940 Konvergenzen als »Formähnlichkeiten [...], die auf verschiedener Organisationsgrundlage erwachsen«[87] oder genauer als »gestaltliche Annäherungen zwischen den Angehörigen verschiedener Stämme«[88]. ›Konvergenz‹ ist für Schindewolf ein wesentlich phylogenetischer Begriff, der sich nicht allein auf äußere Ähnlichkeit, sondern auf eine bestimmte Form der Geschichte bezieht: »›gegeneinander geneigte‹ Entwicklungsrichtungen aus verschiedenen Tier- und Pflanzenstämmen«.[89] Parallelismus wird demgegenüber bestimmt als Ähnlichkeit, die zwischen genetisch enger verwandten Organismen besteht. Sie ähnelt also stärker der Homologie (im Sinne der Homogenie); unterschieden wird sie von dieser, insofern der »morphologische Ausdruck« der Ähnlichkeit erst nach der Trennung der Stammeslinien erscheint: »parallelism would be similarity in structure due to common genetic basis (and so far resembling homology) but not reaching morphological expression until after the separation of the two or more lines involved (and in this differing from homology)« (Haas & Simpson 1946).⁹⁰ In einer anderen Formulierung besteht der Unterschied zwischen Parallelismus und Konvergenz darin, dass bei ersterer die Ähnlichkeit der Merkmale durch die gemeinsame Abstammung verursacht und »kanalisiert« ist: »the development of similar characters separately in two or more lineages of common ancestry and on the basis of, or channelled by, characteristics of that ancestry« (Simpson 1961).⁹¹

Nachweise

1 Aristoteles, De part. anim. 645b6-10 (Übers. W. Kullmann); vgl. 644a16ff; 647a30f.
2 Aristoteles, De an. 412b; vgl. Hesse, M.B. (1966). Aristotle's logic on analogy. In: dies., Models and Analogies in Science, 130-156; Boyden, A. (1943). Homology and analogy: A century after the definition of 'homologue' and 'analogue' of Richard Owen. Quart. Rev. Biol. 18, 228-241.
3 Aristoteles, De part. anim. 644a22; ders. Hist. anim. 486b19.
4 Aristoteles, Hist. anim. 486b14ff.; 491a15ff.
5 Reimarus, H.S. (1773). Angefangene Betrachtungen über die besonderen Arten der thierischen Kunsttriebe: 86-90.
6 Humboldt, A. von (1806). Ideen zu einer Physiognomik der Gewächse; ders. (1807). Ideen zu einer Geographie der Pflanzen (Leipzig 1960, 21-50): 45-47.
7 Maupertuis, P.L.M. (1751). Système de la nature (Œuvres, Bd. 2, Lyon 1768, 135-184): 174.
8 Camper, P. (1778). Deux discours sur les analogies qu'il y a entre la structure du corps humain et celles des quadrupeds, des oiseaux et des poisons (Œuvres de Pierre Camper, Bd. 3, Paris 1803); vgl. Friedrich, H. (1932). Kritische Studien zur Geschichte und zum Wesen des Begriffes der Homologie. Ergebn. Anat. 29, 25-86: 30f.
9 Blumenbach, J.F. (1775/95). De generis humani varietate nativa: 70.
10 Girtanner, C. (1796). Ueber das kantische Prinzip für die Naturgeschichte: 2.
11 a.a.O.: 3.
12 Geoffroy St.-Hilaire, É. (1818-22). Philosophie anatomique, 2 Bde.: I, XXXII.
13 Vgl. Friedrich (1932): 35.
14 Cuvier, G. & Valenciennes, A. (1828). Histoire naturelle des poissons, Bd. 1: 406; vgl. Coleman, W. (1964). Georges Cuvier, Zoologist: 156.
15 Lamarck, J.B. de (1815-22), Histoire naturelle des animaux sans vertèbres, 7 Bde.: I, 287; vgl. Rádl, E. (1905-09/13). Geschichte der biologischen Theorien, 2 Bde.: II, 32f.
16 Bauhin, C. (1623). Pinax theatri botanici; nach Mayr, E. (1982). The Growth of Biological Thought: 197.
17 Linné, C. (1751). Philosophia botanica: §77.
18 MacLeay, W.S. (1819-21). Horae entomologicae: 362f.
19 MacLeay, W.S. (1823). Remarks on the identity of certain general laws which have been lately observed to regulate the natural distribution of insects and fungi. Trans. Linn. Soc. Lond. 14, 46-68: 51.
20 Vgl. Friedrich (1932): 35f.
21 Agardh, M. (1819). Aphorismi botanici; Fries, M. (1821). Systema mycologicum.
22 Vigors, N.A. (1823). Observations on the natural affinities that connect the orders and families of birds. Trans. Linn. Soc. Lond. 14, 395-517.
23 MacLeay (1823): 63.
24 Kirby, W. (1823). A description of some insects which appear to exemplify Mr. William S. MacLeay's doctrine of affinity and analogy. Trans. Linn. Soc. Lond. 14, 93-110: 94; Vigors (1823): 512.
25 Kirby (1823): 94.
26 Westwood, J.O. (1840). Observations upon the relationship existing amongst natural objects, resulting from more or less perfect resemblance, usually termed affinity and analogy. Mag. Nat. Hist. 4, 141-144: 144.
27 Strickland, H.E. (1840). Observations upon the affinities and analogies of organized beings. Mag. Nat. Hist. 4, 219-226: 222; vgl. Di Gregorio, M.A. (1987). Hugh Edwin Strickland (1811-53) on affinities and analogies: or, the case of the missing key. Ideas and Production 7, 35-50.
28 Strickland (1840): 222f.
29 Owen, R. (1843). Lectures on the Comparative Anatomy and Physiology of the Invertebrate Animals: 374; vgl. ders. (1848). On the Archetype and Homologies of the Vertebrate Skeleton: 7.
30 Darwin, C. (1859/72). On the Origin of Species: 365.
31 a.a.O.: 424.
32 a.a.O.: 375.
33 Darwin, C. (1859). On the Origin of Species: 479.
34 Owen (1848): 7.
35 Vgl. Remane, A. (1952). Die Grundlagen des natürlichen Systems, der vergleichenden Anatomie und der Phylogenetik. Theoretische Morphologie und Systematik I: 88; Bäumer, Ä. (1989). Die Entstehung des modernen biologischen Analogiebegriffes im 19. Jahrhundert. Sudhoffs Archiv 73, 156-175: 174.
36 Ghiselin, M. (1976). The nomenclature of correspondence: A new look at 'homology' and 'anlogy'. In: Masterton, R.B., Hodos, W. & Jerison, H. (eds.). Evolution, Brain, and Behavior: Persistent Problems, 129-142: 138.
37 Jacobshagen, E. (1925). Allgemeine und vergleichende Formenlehre der Tiere: 198.

38 Vgl. Haas, O. & Simpson, G.G. (1946). Analysis of some phylogenetic terms with attempts at redefinition. Proc. Amer. Philos. Soc. 90, 319-347: 323.
39 Lankester, E.R. (1870). On the use of the term "homology" in modern zoology, and the distinction between "homogenetic" and "homoplastic" agreements. Ann. Mag. Nat. Hist. 6, 34-43: 41.
40 Troll, W. (1928). Organisation und Gestalt im Bereich der Blüte: 92.
41 Nowikoff, M. (1930). Das Prinzip der Analogie und die vergleichende Anatomie: 11.
42 Ghiselin, M.T. (1997). Metaphysics and the Origin of Species: 209.
43 Remane (1952): 92.
44 Vgl. Preyer, W. (1883). Elemente der allgemeinen Physiologie: 196.
45 Nägeli, C. von (1884). Mechanisch-physiologische Theorie der Abstammungslehre: 327.
46 Dub, J. (1870). Kurze Darstellung der Lehre Darwin's über die Entstehung der Arten der Organismen: 247.
47 Seidlitz, G. (1876). Beiträge zur Descendenz-Theorie: 131; vgl. 75; 83.
48 Blyth, E. (1838). Outlines of a new arrangement of insessorial birds. Magazine of Natural History 2, 256-268: 260.
49 [Blyth, E.] (1838). On the geographical distribution of birds. The Naturalist 3, 169-174: 171.
50 Blyth, E. (1838). Analytic descriptions of the groups of birds in the order *Insessores Heterogenes*. Magazine of Natural History 2, 351-361: 358.
51 Blyth, E. (1838). Analytic descriptions of the groups of birds composing the order *Strepitores*. Magazine of Natural History 2, 589-601: 599.
52 Blyth, E. (1839). A natural history of the cuckoo. The Analyst 9, 50-68: 53.
53 Uexküll, J. von (1920/28). Theoretische Biologie (Frankfurt/M. 1973): 157.
54 Ungerer, E. (1942). Die Erkenntnisgrundlagen der Biologie. Ihre Geschichte und ihr gegenwärtiger Stand. In: Gessner, F. (Hg.). Handbuch der Biologie, Bd. I, 1, 1-94: 67; Koepcke, H.-W. (1971-74). Die Lebensformen, 2 Bde.: I, 118.
55 Jünger, E. (1965). Grenzgänge (Sämtliche Werke, Bd. 13, Essays VII. Fassungen II, Stuttgart 1981, 175-192): 182.
56 Vgl. Remane (1952; 2. Aufl. 1956): 242.
57 Vgl. Boveri, T. (1906). Die Organismen als historische Wesen: 7; Wolff, G. (1933). Leben und Erkennen: 166.
58 Wolff (1933): 166.
59 Böker, H. (1937). Form und Funktion im Lichte der vergleichenden biologischen Anatomie. Folia Biotheor. 1, Ser. B, 27-41: 28.
60 Koepcke, H.-W. (1952). Formas de vida y comunidad vital en la naturaleza. Mar del Sur (Lima) 24, 39-66: 60; vgl. auch die deutsche Urfassung des Textes im Zoologischen Institut der Universität Hamburg und ders. (1971-74): I, VI.
61 Koepcke, H.-W. (1956). Zur Analyse der Lebensformen. Bonner Zool. Beitr. 7, 151-185: 152.
62 Goodwin, B.C. (1982). Genetic epistemology and constructionist biology. Rev. Int. Philos. 36, 527-548: 538f.
63 Koepcke (1971-74): I, 1ff.; 468ff.
64 Ghiselin, M.T. (1997). Metaphysics and the Origin of Species: 208ff.; ders. (2002). An autobiographical anatomy. Hist. Philos. Life Sci. 24, 285-291: 288.
65 Brigandt, I. (2009). Natural kinds in evolution and systematics: metaphysical and epistemological considerations. Acta Biotheor. 57, 77-97: 90f.
66 Rosenberg, A. (1994). Instrumental Biology or the Disunity of Science: 27.
67 Agassiz, J.-L. R. (1833-43). Recherches sur les poissons fossiles, 5 Bde.: I, 170.
68 Watson, H.C. (1860). [Brief an C.R. Darwin vom 3.? Jan. 1860]. (Correspondence of Charles Darwin, vol. 8, Cambridge 1993, 10-13): 10f.
69 Darwin, C. (1859/61). On the Origin of Species: 141.
70 Darwin, C. (1859/72). On the Origin of Species: 101.
71 Darwin, C. (1859). On the Origin of Species: 427.
72 Vogt, C. (1863). Vorlesungen über den Menschen: 285; vgl. Darwin, C. (1871). The Descent of Man, 2 vols.: I, 221f.
73 Osborn, H.F. (1902). Homoplasy as a law of latent or potential homology. Amer. Nat. 36, 259-271: 260.
74 Siewing, R. (1980). Lehrbuch der Zoologie, Bd. 1: 839; Denffer, D. von (1983). Morphologie. In: Strasburger, E. (Begr.). Lehrbuch der Botanik, 7-214: 7.
75 Wurmbach, H. (1957). Lehrbuch der Zoologie, Bd. 1: 150.
76 Remane, A., Storch, V. & Welsch, U. (1971/85). Kurzes Lehrbuch der Zoologie: 310.
77 Wägele, J.-W. (2000/01). Grundlagen der phylogenetischen Systematik: 126.
78 Quiring, R. et al. (1994). Homology of the *Eyeless* gene of *Drosophila* to the *Small Eye* gene in mice and *Aniridia* in humans. Science 265, 785-789; vgl. Gould, S.J. (1994). Common pathways of illumination. Nat. Hist. 103(12), 10-20.
79 Darwin, C. (1859). On the Origin of Species: 323.
80 Cope, E.D. (1896). The Primary Factors of Organic Evolution: 176; vgl. ders. (1868). On the origin of genera. Proc. Acad. Nat. Sci. Philadelphia 20, 242-300: 295.
81 Cope, E.D. (1887). Origin of the Fittest: 98; 102.
82 Cope, E.D. (1877). Report on the extinct Vertebrata obtained in New Mexico by parties of the expedition of 1874. Rep. U.S. Geogr. Surv. west of the 100th meridian 4-Paleontology, Pt. II: 343; vgl. Haas, O. & Simpson, G.G. (1946).

Analysis of some phylogenetic terms with attempts at redefinition. Proc. Amer. Philos. Soc. 90, 319-347: 326.
83   Scott, W.B. (1891). On the osteology of Mesohippus and Leptomeryx, with observations on the modes and factors of evolution in the Mammalia. J. Morphol. 5, 301-402: 362.
84   Osborn, H.F. (1905). The ideas and terms of modern philosophical anatomy. Science 21, 959-961: 960.
85   Abel, O. (1909). Konvergenz und Deszendenz. Verh. k.k. zool.-bot. Ges. Wien (221)-(223).
86   Dacqué, E. (1921). Vergleichende biologische Formenkunde der fossilen niederen Tiere: 251.
87   Schindewolf, O.H. (1940.1). „Konvergenzen" bei Korallen und Ammoneen. Palaeontol. Zentralbl. 15, 228-231: 228; vgl. ders. (1940.2). „Konvergenzen" bei Korallen und Ammoneen. Fortschr. Geol. Palaeont. 12, 389-492: 389.
88   Schindewolf (1940.1): 230.
89   Schindewolf (1940.2): 455.
90   Haas & Simpson (1946): 336.
91   Simpson, G.G. (1961). Principles of Animal Taxonomy: 78; vgl. Blackwelder, R.E. (1967). Taxonomy: 139.

Literatur

Haas, O. & Simpson, G.G. (1946). Analysis of some phylogenetic terms, with attempts at redefinition. Proc. Amer. Philos. Soc. 90, 319-349.

Boyden, A. (1947). Homology and analogy. A critical review of the meanings and implications of these concepts in biology. Amer. Midl. Nat. 37, 648-669.

Bäumer, Ä. (1989). Die Entstehung des modernen biologischen Analogiebegriffes im 19. Jahrhundert. Sudhoffs Archiv 73, 156-175.

Anatomie

Das spätlat. Wort ›anatomia‹ ist eine Ableitung aus griech. ›ἀνατομή‹ »das Aufschneiden, Zergliedern«; schon Aristoteles[1] und Theophrast[2] verwenden es im biologischen Kontext. Es wird Ende des 15. Jahrhunderts in die deutsche Sprache aufgenommen. In der Neuzeit wird die Anatomie zunächst allein auf das Sezieren von Menschen und Tieren bezogen. Im Gegensatz zu der umfassenderen Morphologie bezeichnet die Anatomie die Lehre der inneren Organe der Organismen, wie sie sich nach dem Aufschneiden des Körpers darbieten. Ebenfalls im Gegensatz zur Morphologie steht es, dass die Anatomie meist als rein deskriptive Disziplin gilt, der Morphologie als »kausaler Morphologie« aber der Status einer Erklärungswissenschaft zugeschrieben wird.[3]

Anatomie (Aristoteles 4. Jh. v. Chr.) *13*
Autopsie (Saucet, Lanne & Lanne 1573) *16*
Zootomie (Severino 1644) *19*
Phytotomie (Hernández 1649) *19*
vergleichende Anatomie (Willis 1664) *17*

Antike: systematische Sektionen in Griechenland
Menschen- und Tiersektionen zu wissenschaftlichen Zwecken werden seit der Antike durchgeführt (vgl. Abb. 7). Die älteste anatomische Abhandlung enthält ein ägyptischer Papyrus von ca. 1600 v.Chr.[4] Systematische Sektionen zu medizinischen Zwecken führen aber offenbar zuerst die Griechen durch.

Als geistesgeschichtliche Voraussetzung für dieses Vorgehen wird die Seelenlehre der griechischen Philosophie angesehen, nach der die uralte Vorstellung einer Lebendigkeit des Leichnams abgelehnt und eine scharfe Trennung von Körper und Seele propagiert wird (↑Leben): Erst die Annahme, dass die Seele und damit das Lebensprinzip den Körper nach dem Tod des Lebewesens verlässt, ermöglicht den furchtlosen und nüchternen Umgang mit Leichen und damit auch das unbekümmerte Manipulieren und Studieren.[5] Diese Einstellung setzt sich in der frühen griechischen Kultur allmählich durch, nachdem die Trennung von Körper und Seele nach dem Tod des Lebewesens bereits bei Homer beschrieben wird.[6] Allerdings bleiben Restbestände der alten Ehrfurcht vor Leichen bis in die klassische Zeit bestehen, wie sich besonders an Grabbeigaben (u.a. Speisen) zeigen lässt.[7] Auch das Gebot, Leichen möglichst schnell zu bestatten, weist in diese Richtung. Dieses Gebot wird später zu einem Gesetz geformt[8], es wird anfangs aber noch nicht mit hygienischen Gründen gerechtfertigt, sondern damit, der Seele ein Herumirren zu ersparen und den direkten Weg in den Hades zu ermöglichen.[9] Aus der Unklarheit über den Zeitpunkt der Trennung von Körper und Seele entspringen also Vorbehalte und Hemmungen gegenüber Leichen, die den Weg zu einer unbefangenen Untersuchung verhindern.

So gibt es für den gesamten Zeitraum der ionisch-hippokratischen Medizin im 5. und 4. Jahrhundert keine Belege für die Praxis der Sektion menschlicher Leichen. Die anatomischen Kenntnisse dieser Zeit stammen vielmehr aus Beobachtungen an Lebenden, Zufallsbeobachtungen an Verletzten und Schlussfolgerungen aus der Tieranatomie.[10] Eine erste Schrift zur Anatomie (abgesehen von der verlorenen anatomischen Schrift von Hippokrates, die Galen rekonstruiert), die auf der Sektion von Tieren beruht, verfasst Diokles von Karystos um 360 v. Chr. Die Anatomie bildete in dieser Zeit einen Teil der medizinischen Ausbildung.

Die systematische Anatomie von menschlichen Leichen setzt aber erst um 300 v. Chr. mit der Gründung der alexandrinischen Schule der Medizin durch Herophilos ein. Der empiristische, auf die genaue Kenntnis der Phänomene gerichtete Geist der Zeit und die besondere Lage Alexandrias als Grenzstadt, in der die griechischen Werte und Traditionen nicht in gleicher Weise präsent waren wie im Kernbereich der griechischen Kultur, gelten als maßgebliche Gründe für diese Entwicklung (»Perhaps only in a skinless city [i.e. a city without a boundary, open to all] could Herophilus have cut so deeply beyond the human skin, living and dead«[11]). Herophilos und später Erasistratos untersuchen und beschreiben die verschiedenen Teile des menschlichen Körpers (u.a. das Gehirn, die Nerven, den Klappenapparat des Herzens, die Venen und Arterien und die Darmabschnitte). Offenbar nehmen sie nicht nur an Leichen, sondern auch an Lebenden (z.B. Kriegsgefangenen, zum Tode Verurteilten und Kranken) Sektionen vor. Die Schriften der beiden wichtigsten Anatomen der Antike sind verloren. Es lässt sich aber aus Fragmenten und Sekundärquellen rekonstruieren, dass Herophilos weitgehend der hippokratischen Säftelehre verpflichtet bleibt, Erasistratos dagegen den festen Bestandteilen des Körpers eine weitreichende Bedeutung für die Physiologie und Pathologie einräumt[12].

Es ist wahrscheinlich, dass zu Beginn des 3. Jahrhunderts in Alexandria die Sektion von menschlichen Leichen nicht verboten ist.[13] Die Erlaubnis und auch die Praxis besteht aber wahrscheinlich nur wenige Jahrzehnte (und nur in Alexandria), denn es finden

Die Anatomie ist die Lehre der Strukturen von Organismen, insbesondere ihrer inneren Organe.

Anatomie

Arm	Gehirn	Knochenmark	Rücken
Augapfel	Gelenk	Kopf	Schädel
Auge	Gesäßbacke	Kopfhaut	Schädeldecke
Augenbrauen	Gesicht	Körperhöhle	Schambereich
Augenlid	Gliedmaßen	Leber	Schläfe
Bauch	Hals	Leistengegend	Schlüsselbein
Bauchfell	Hand	Lippen	Schlund
Bauchhöhle	Handballen	Luftröhre	Schulterbereich
Bein	Handwurzel	Lunge	Sehne
Blutgefäß	Harnblase	Mund	Stirn
Brustkorb	Haut	Mundhöhle	Stirnfalten
Brustbein	Herz	Muskel	Taille
Brustwarzen	Herzbeutel	Nabel	Unterleib
Eingeweide	Hüfte	Nabelbereich	Wade
Eingeweide im Unterleib	Hüftgelenkpfanne	Nacken	Wangen
Ellbogen	Jugulum	Nase	Wirbel
Faser	Kehle	Nerv	Wirbelsäule
Fell	Kinn	Nierengegend	Zähne
Ferse	Kinnbacken	Oberschenkel	Zunge
Fett	Knie	Ohrmuschel	Zwerchfell
Fleisch	Kniekehle	Ohrläppchen	Zwischenbrustbereich
Fuß	Knöchel	Pupille	Zwischenschulterbereich
Fußwurzel	Knochen	Rippen	

Tab. 7. Übersicht über 91 morphologische und anatomische Begriffe als Übersetzung von Ausdrücken, die in Texten Homers vorkommen. Insgesamt sind in den homerischen Texten 125 morphologisch-anatomische Ausdrücke identifiziert worden, von denen 34 aber weitgehend synonym zu einigen der hier aufgeführten sind (nach Albaracín Teulón, A. (1970). Homero y la medicina: 81-86).

sich keine eindeutigen späteren Belege. Schon Cicero spricht von der Sektion menschlicher Leichen allein in Verbformen der Vergangenheit[14]; und selbst unter Ärzten wird die Sektion von menschlichen Leichen in der Antike nicht selten scharf abgelehnt[15]. So ist diese dann auch während der gesamten römischen Antike rechtlich verboten. Als Ersatz für Menschen waren dagegen Affen und Schweine beliebte Studienobjekte. Auf die Ähnlichkeit im Aufbau der Körper vertrauend, überträgt Galen seine Beobachtungen aus der Tiersektion auf die Verhältnisse des Menschen[16]; ergänzend betreibt er Untersuchungen an menschlichen Skeletten, ohne diese aber selbst freizupräparieren[17].

Die Einteilung des Körpers der Wirbeltiere durch die frühen Anatomen orientiert sich teils an rein strukturell definierten Teilen, teils an ihren Funktionen. So behandelt Galen in einer seiner Hauptschriften ›De usu partium corporis humani‹ der Reihe nach: Extremitäten, Ernährungsorgane, Atmungsorgane, Hals, Kopf, Gehirn, Sinne, Augen, Gesicht, Rückgrat, Reproduktionsorgane, Nerven, Arterien und Venen. Vor allem durch seine genauen Beschreibungen von Knorpel, Bändern und Gelenken sowie des Muskelapparates und Gefäß- und Nervensystems erweitert Galen die antiken anatomischen Kenntnisse erheblich. Galen versucht in seiner Lehre die hippokratische Säftelehre mit der besonders von der Philosophie entwickelten Elementtheorie in Einklang zu bringen. Eine bemerkenswerte Konstanz weist die Benennung der Einheiten auf, die im Rahmen der antiken Anatomie einen Namen finden (vgl. Tab. 7).[18]

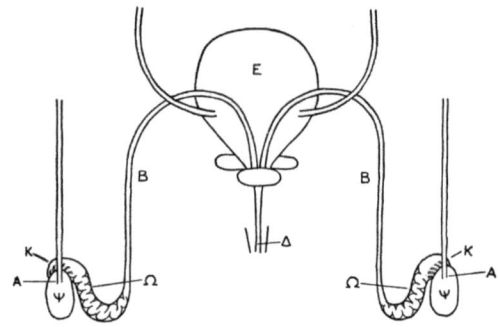

Abb. 7. Rekonstruktion einer Skizze zur Lage von Harnblase, Harnleiter, Hoden und Samenleiter nach Aristoteles. Aristoteles verweist in ›Historia animalium‹ 510a12ff. auf eine solche Skizze, die aber nicht erhalten ist. Die Darstellung bildete eine der wenigen anatomischen Abbildungen in den aristotelischen Schriften (Rekonstruktion aus Peck, A.L. (1965). Aristotle. History of Animals, Book I-III: 236).

Mittelalter: weitgehendes Sektionsverbot
Nach Galen und seinen unmittelbaren Nachfolgern wird das systematische anatomische Studium für lange Zeit überhaupt nicht mehr betrieben. Für die arabischen Gelehrten des Mittelalters ist das eigene Studium der Anatomie aus religiösen Gründen weitgehend unmöglich, so dass sie sich an den antiken Autoren orientieren. Als einziger arabischer Mediziner, der Skelette untersucht, gilt al-Latif aus dem frühen 13. Jahrhundert.

Die ersten systematischen Sektionen nach der Antike werden in Klöstern an Tieren durchgeführt. Besonders einflussreich ist seit Ende des 11. Jahrhunderts die medizinische Schule von Salerno. Anfang des 12. Jahrhunderts erscheint hier eine »Anatomie des Schweins«[19]. Auch das Sezieren von menschlichen Leichen wird im 13. Jahrhundert vereinzelt wieder aufgenommen; es dient aber bis ins 16. Jahrhundert vornehmlich der Illustration und Demonstration überkommener Meinungen, und nicht der Beantwortung eigenständiger empirischer Fragen.[20] Eine päpstliche Verfügung aus dem Jahr 1299 (›De testande feritatis‹) reglementiert die Sektionen insofern, als das Zerstückeln und Abkochen der Leichen verboten wird.[21] Ein generelles Verbot des Sezierens folgte daraus aber nicht. So konnte sich Mondino de' Liuzzi im frühen 14. Jahrhundert in Bologna auch an die (öffentliche) Sektion menschlicher (Frauen-)Leichen machen.[22]

Frühe Neuzeit: Neue Erkenntnisse
Über die Antike hinausgehende systematische Erkenntnisse werden erst im 16. Jahrhundert gewonnen. Die inneren Organe des Menschen werden von Leonardo da Vinci präzise nach der Natur gezeichnet. Einen Meilenstein der Anatomie setzt Andreas Vesal mit seinem Hauptwerk ›De humani corporis fabrica‹ (1543). Aufbauend auf Erkenntnissen aus eigenen Leichensektionen gelingt Vesal der Nachweis Hunderter von Fehlern der antiken anatomischen Lehren nach Galen. Bedeutsam ist das Wirken Vesals auch durch die Einführung zahlreicher neuer Bezeichnungen für anatomische Strukturen. Sein Hauptwerk gliedert er in sieben Kapitel mit folgenden Überschriften: I Knochen, II Ligamente und Muskeln, III Venen und Arterien, IV Nerven, V Ernährungsorgane und Genitalien, VI Herz und Lunge und VII Gehirn und Sinnesorgane. Hier liegt schon eine Einteilung vor, die sich weitgehend an biologischen Grundfunktionen orientiert. Die Anatomie Vesals ist im Wesentlichen deskriptiv orientiert. Die Physiologie integrierende Ansätze, die das Ineinander von Form und Funktion untersuchen, entstehen erst später. Bei

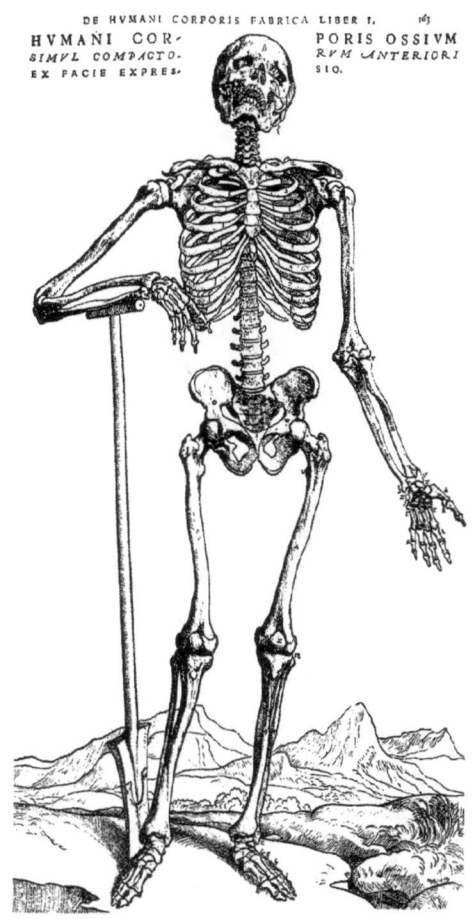

Abb. 8. Das Skelett eines Menschen aus dem Werk zur Anatomie des Menschen von Andreas Vesal. Selbst die toten Körper werden von Vesal in lebendigen Haltungen dargestellt, sichtbar werden auf diese Weise die funktionale Anordnung und Wirkungsweise der Teile. Die Darstellung ist also fast schon die einer physiologischen Anatomie (aus Vesal, A. (1543). De humani corporis fabrica: 163).

Vesal findet sich der physiologische Aspekt allerdings vielfach in der Präsentation der toten Körper in dynamischen Stellungen (vgl. Abb. 8).

Umfangreiche Werke zur Anatomie verschiedener Tiere, z.T. in vergleichender Perspektive (s.u.), entstehen seit Ende des 16. Jahrhunderts, u.a. von U. Aldrovandi, V. Coiter, J. Casserius und M.A. Severinus. C. Ruini verfasst 1598 mit seiner ›Anatomie des Pferdes‹ die erste umfangreiche Darstellung der Anatomie eines Tieres.[23] Die Tieranatomie löst sich damit von der Anatomie des Menschen und entwickelt sich zu einem eigenen Forschungsgebiet. Häufig werden in den anatomischen Abhandlungen

Anatomie

Abb. 9. Frontispiz des Werks ›Corporis humani disquisitio anatomica‹ (1651) des englischen Arztes N. Highmore. Im Zentrum des Bildes steht die geöffnete Leiche eines Mannes in Rückenansicht, deren Hände von den Begründern der empirischen Medizin in der Antike, Hippokrates und Galen, gehalten werden. Darüber thront die Göttin Anatomia, die sich von dem kontemplierenden Philosophen zu ihrer Linken im »contemplationem museum« abgewandt hat und sich stattdessen der Sektion im »Theatrum Autopsiae« zu ihrer Rechten zuwendet. Der Anatom hat das Herz der Leiche herauspräpariert und präsentiert es der Göttin Anatomia. Unter der Leiche im Zentrum befindet sich ein Berg mit einem Bewässerungssystem, das von einer mechanischen Pumpe angetrieben wird, die aber ihrerseits von einer aus einer Wolke auftauchenden Hand bedient wird. Hervorgehoben werden in der Darstellung also die empirische Grundlage der Anatomie und die mechanischen Aspekte des zentralen physiologischen Prozesses des Blutkreislaufs, der aber doch einer Lenkung durch höhere, metaphysische Prinzipien bedarf.

bis zur Mitte des 17. Jahrhunderts antike und mittelalterliche Vorstellungen ausgiebig dargestellt und diskutiert. Insbesondere die antiken physiologischen Ansichten von Aristoteles und Galen bilden die theoretische Grundlage der meisten Untersuchungen.[24] Allein Severinus, der sich klar für eine vergleichende Anatomie ausspricht, nimmt einen explizit anti-aristotelischen Standpunkt ein und will in seinen Untersuchungen den atomistischen Vorgaben Demokrits folgen: Ziel der Anatomie sei die Zerlegung des Körpers in kleinste, unteilbare Teile. Dementsprechend leitet Severinus auch den Ausdruck ›Anatomie‹ (fälschlich) von ›atoma‹ für »unteilbare Teile« ab.[25]

Mit der Einführung des *Mikroskops* in den ersten Jahrzehnten des 17. Jahrhunderts wird der Anatomie eine ganz neue Welt eröffnet (↑Bakterium/Mikroskop). Frühe Ergebnisse mikroskopischer Arbeit betreffen z.B. die detaillierte Beschreibung der Morphologie der Biene durch F. Stelluti 1625[26] (↑Morphologie: Abb. 323) und die Entdeckung der roten Blutkörperchen und Kapillargefäße durch M. Malpighi 1661[27]. Als großer Meister in der Untersuchung der Anatomie wirbelloser Tiere gilt in der zweiten Hälfte des 17. Jahrhunderts J. Swammerdam (vgl. Abb. 11).

Erst seit der zweiten Hälfte des 17. Jahrhunderts ist auch in der Botanik von ›Anatomie‹ die Rede, und zwar v.a. unter dem Einfluss der Werke von M. Malpighi[28] und N. Grew[29]. Die Anatomie wird hier in einem weiteren Sinne verstanden und betrifft auch die Strukturen, die ohne ein Sezieren der Pflanze sichtbar sind.

Ein besonderer Terminus für den Prozess der Untersuchung von Leichen mit eigenen Augen wird seit Ende des 16. Jahrhunderts verwendet: **Autopsie**. Der Ausdruck erscheint 1573 in einer anatomischen Abhandlung auf Französisch.[30] Der anfängliche Gebrauch des Wortes kann als Euphemismus gewertet werden, um den bis in die Neuzeit ethisch umstrittenen Prozess des Öffnens und Untersuchens von Leichen zu bezeichnen; denn er ersetzt die ältere direkte Rede vom »Aufschneiden« (franz. »dissection cadavérique«).[31] Im Englischen wird der Ausdruck im Rahmen der Anatomie für den Vorgang der Obduktion seit Mitte des 17. Jahrhunderts verwendet (Cole 1676: »autopsy might be consulted; and therefore I set upon the experiment, which I first made in a portion in the upper intestines of an Ox«[32]; Cudworth 1678: »the Cartesian Attempts to salve [i.e. solve] the Motion of the Heart Mechanically, seem to be abundantly confuted, by Autopsy and Experiment«).[33] Die biologisch-medizinische Bedeutung des Worts setzt sich jedoch erst in den ersten Jahrzehnten des 19. Jahrhunderts durch. Davor erscheint der Ausdruck in einem allgemeinen Sinn einer »Prüfung durch Augenschein«. Noch 1826 wird nicht die Öffnung einer Leiche, sondern die direkte Untersuchung eines Kranken durch einen Arzt als ›Autopsie‹ bezeichnet.[34] Wenig später erscheint der Ausdruck im Deutschen für den Vorgang der Leichenöffnung zur Feststellung der Todesursache.[35]

19. Jh.: *Anatomie als Hilfswissenschaft*

Mit dem Aufstieg der Physiologie im 19. Jahrhundert zur dominanten biologischen Teildisziplin wird der Anatomie zunehmend die Rolle einer bloßen Hilfswissenschaft zugewiesen. Besonders deutlich formuliert dies C. Bernard, wenn er die Anatomie als eine gegenüber der Physiologie einfachere Wissenschaft (»une science plus simple«) beschreibt, die der Physiologie untergeordnet werden müsse.[36] Sie ist in seinen Augen – wie auch die ↑Morphologie nach den Bestimmungen Goethes – eine bloße Hilfswissenschaft der Physiologie (»une science auxiliaire de la physiologie«).[37] Eine Hilfswissenschaft ist die Anatomie bei Bernard insbesondere deshalb, weil sie ohne die Physiologie keine Erklärungen geben und keine Aussagen über die Lebensprozesse machen könne (»l'anatomie ne sait rien interpréter par l'anatomie seule. [...] L'anatomie ne donne que des caractères pour reconnaître les tissus, mais elle n'apprend rien par elle-même sur leurs propriétés vitales«).[38]

Seit dem Versuch, die Morphologie als eigenständige organische Gefüge- und Gestaltlehre zu begründen, steht die Anatomie theoretisch weitgehend isoliert. Es ist auch heute noch von der »tiefen Kluft zwischen Morphologie und Anatomie« die Rede, die durch keine »übergreifende Theorie« überbrückt werde.[39]

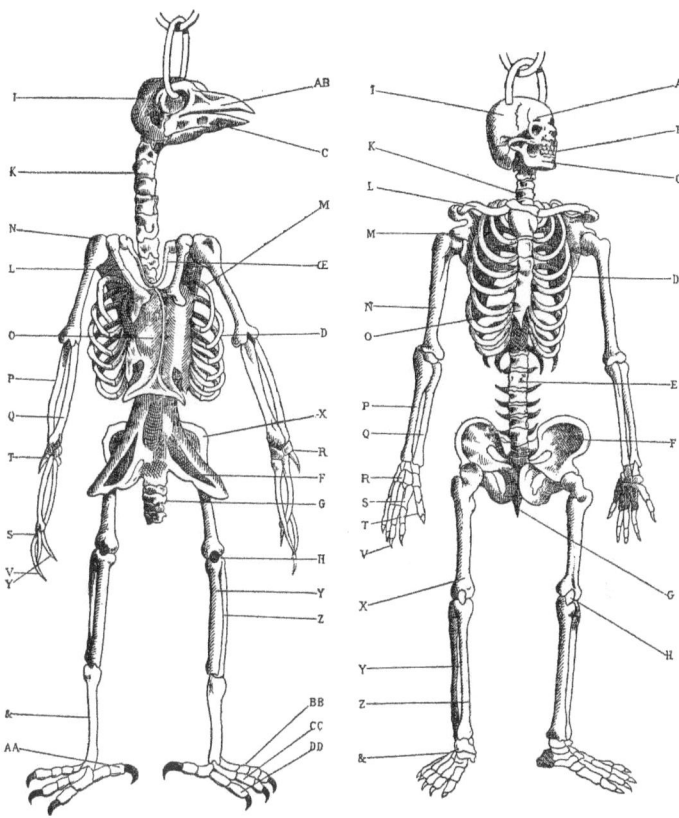

Abb. 10. Vergleich des Skeletts eines Vogels und eines Menschen. Die einzelnen Knochen sind mit Buchstaben beschriftet und erschließen damit die anatomischen Verhältnisse gemäß einer lexikalischen Ordnung (nach Belon, P. (1555). L'histoire de la nature des oiseaux; aus Nissen, C. (1978). Die zoologische Buchillustration, Bd. 2: 116).

Vergleichende Anatomie

Die Bezeichnung ›vergleichende Anatomie‹ (»anatomia comparata«; »comparative anatomy«) erscheint vereinzelt bereits in der ersten Hälfte des 17. Jahrhunderts; sie wird aber anfangs allein für den Vergleich von menschlichen Individuen, also den innerartlichen Vergleich verwendet (so 1623 von F. Bacon[40]). In der zweiten Hälfte des 17. Jahrhunderts wird sie auf den zwischenartlichen Vergleich von Tieren bezogen, zuerst für einzelne Organsysteme, so 1664 von T. Willis auf den Vergleich der Gehirne von Fischen, Vögeln und Vierfüßern (»Anatomia comparata«)[41]. In einem allgemeinen Sinn in Bezug auf den Vergleich der Anatomie von Tieren verwendet W. Charleton 1668 den Ausdruck (»anatomia comparativa«)[42]; einige Jahre später folgt ihm N. Grew in der Anwendung der Formulierung für den Vergleich von Pflanzen[43].[44] 1680 unterscheidet Charleton drei Arten der verglei-

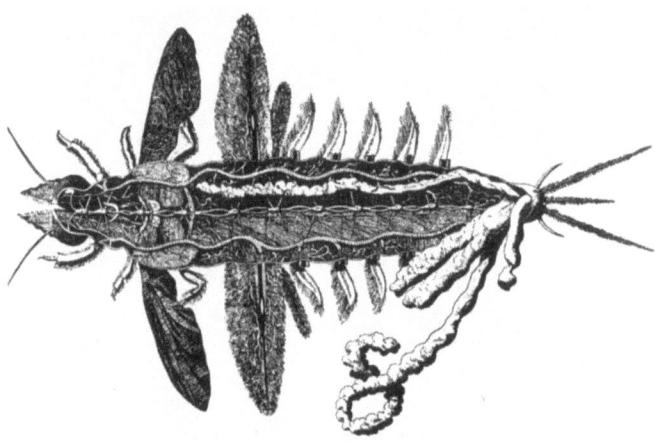

Abb. 11. Anatomie einer Eintagsfliege. Sektionen von Wirbeltieren werden seit der Antike vorgenommen; die systematische Sektion kleinerer Tiere unternimmt als einer der ersten J. Swammerdam im 17. Jahrhundert (nach Swammerdam, J. (1675). Ephemerae vita: Tab. III, fig. 1; aus Taylor, G.R. (1963). The Science of Life (dt. Das Wissen vom Leben. Eine Bildgeschichte der Biologie, München 1963): 59).

chenden Anatomie: erstens den Vergleich des ganzen Körpers eines Lebewesens mit seinen Teilen, zweitens den Vergleich der gleichen Teile des menschlichen Körpers bei Individuen verschiedenen Alters, Geschlechts und Herkunftslandes (also Bacons Sinn) und drittens den Vergleich von Teilen in Vierfüßern, Vögeln, Fischen, Insekten und Würmern mit den gleichen Teilen beim Menschen.[45] In diesem letzteren Sinn des zwischenartlichen Vergleichs verbreitet sich der Ausdruck im 18. Jahrhundert allgemein und wird u.a. von Leibniz[46], Herder[47] und 1795 in einer Monografie von Goethe[48] aufgenommen. Goethe stellt dort einleitend sehr allgemein fest: »Naturgeschichte beruht überhaupt auf Vergleichung«[49].

Vergleichende Betrachtungen über den Aufbau der Organismen werden seit der Antike angestellt. In weiten Teilen vergleichend sind z.B. die zoologischen Schriften von Aristoteles.[50] Aristoteles unternimmt auch bereits den Versuch, aus den Ergebnissen seiner Vergleiche allgemeine Regeln über die Ähnlichkeit zwischen den Organismen abzuleiten. Diese Regeln entsprechen den später so genannten »Kompensationsgesetzen« der vergleichenden Anatomie (↑Morphologie/Korrelation). Einige Beispiele dafür bei Aristoteles lauten: »Überall nämlich gibt sie [die Natur] an einen anderen Teil weiter, was sie dem einen genommen hat. Bei den Lebewesen […], deren Körper sie allzu dicht behaart geschaffen hat, besteht im Bereich des Schwanzes ein Mangel, wie es zum Beispiel auf die Bären zutrifft«[51]. Oder in dem Vergleich von Krebsen, bei denen in der Gruppe der Garnelen eine Vermehrung der Füße durch den Abbau der Scheren ausgeglichen wird: Aristoteles argumentiert, die Garnelen hätten deshalb keine Scheren, »weil sie mehrere Beine haben; denn das zum Wachsen der Scheren bestimmte Material ist hierfür verwendet«.[52] Auch eine funktionale Kompensation kennt Aristoteles. Er bemerkt bei den Tieren, »daß die einen eine Lunge haben, die anderen stattdessen etwas anderes, bzw. daß die einen Blut, die anderen das dem Blut Analoge haben, was dieselbe Funktion wie das Blut bei den Bluttieren hat«[53] Die Kompensationen stehen bei Aristoteles im Kontext eines allgemeinen Harmoniegesetzes, dem zufolge ein Gleichgewicht in den Dingen angestrebt wird: »immer nämlich ersinnt die Natur für das Übermaß einer Sache als Hilfe das Hinzutreten des Gegenteils, damit das eine das Übermaß des anderen ausgleiche«.[54]

Während bei Aristoteles – und im Anschluss an ihn, aber doch weniger ausdrücklich in der Scholastik[55] – der Vergleich der äußeren Erscheinungen der Organismen im Vordergrund steht, entwickelt sich in der Renaissance eine vergleichende Anatomie, die sich im Wesentlichen auf den Vergleich von Skeletten bezieht. Diese Vergleiche bleiben in ihren Anfängen, etwa bei Leonardo, ohne eine allgemeine Theorie zu einem gemeinsamen Organisationsplan der Lebewesen und stellen insofern ein bloß aphoristisches »Stückwerk« (Rádl) dar.[56] Der systematisch fortgeschrittenste Ansatz stammt von P. Belon, der es 1555 unternimmt, das gesamte Skelett eines Vogels mit dem eines Menschen zu vergleichen (vgl. Abb. 10).[57] Die umfangreiche Enzyklopädie der Tiere, die U. Aldrovandi zu Beginn des 17. Jahrhunderts herausgibt und von der zu seinen Lebzeiten drei Bände zu den Vögeln (1599-1603) und je einer zu den Insekten (1602) und den anderen blutlosen Tieren (1606) erschienen, enthält in vielen Randbemerkungen vergleichende Beschreibungen. Ziel Aldrovandis ist aber insgesamt eher eine Restauration des antiken Wissens auf empirischer Basis, d.h. eine von den oberen Gattungen ausgehende detaillierte Beschreibung; der Vergleich der Tiere untereinander steht noch nicht im Zentrum seines methodischen Ansatzes.[58] Aldrovandis Schüler, V. Coiter, verfolgt die Methode des Vergleichens dagegen konsequent und legt sie seinem Werk zur Anatomie der Wirbeltiere von 1575 zu Grunde.[59] Im 17. Jahrhundert wird diese Arbeit u.a. von J. Casserius, M.A. Severinus, T. Willis und H. Fabricius fortgesetzt.

Der französische Arzt Vicq d'Azyr vergleicht in seinen anatomischen Studien am Ende des 18. Jahrhunderts nicht allein die Organe verschiedener Tiere miteinander, sondern bezieht auch die analog gebauten Organe desselben Organismus in seine vergleichende Anatomie mit ein. Die Gliederung der anatomischen Einheiten erfolgt bei Vicq d'Azyr nach physiologischen Kriterien; der Bau der Organe ist für ihn nur insofern von Bedeutung als er ein Verständnis ihrer Funktion ermöglicht.[60]

Einen Höhepunkt ihrer Entwicklung erreicht die vergleichende Anatomie in der ersten Hälfte des 19. Jahrhunderts mit den Arbeiten Cuviers und Geoffroys.[61] In vergleichender Perspektive werden umfassende Überblicke über das Tierreich erarbeitet. Methodisch zeigt die vergleichende Anatomie jedoch wenig Fortschritte; sie beruht im 19. Jahrhundert noch immer auf dem schlichten Vergleichen von Formen und dem Versuch, allgemeine Regeln der Korrelation von Teilen aufzustellen. Sofern diese Verfahren überhaupt eine Methode genannt werden können – Lubosch spricht 1931 kritisch von der »fehlenden Methode der vergleichenden Anatomie«[62] – sind sie zumindest keine neue Methode, denn schon Aristoteles verfährt nach ihr. Die entscheidende Grundlage der vergleichenden Anatomie ist, ebenso wie die der allgemeinen Anatomie, der Grundsatz, die Formen unabhängig von ihren Funktionen zu betrachten. Besonders konsequent verfolgt Geoffroy St. Hilaire diesen Grundsatz und gelangt damit schließlich zu einer Auffassung von ↑Organen als primär anatomischen und nicht funktionalen Einheiten (↑Analogie; Homologie).[63]

Trotz dieser antifunktionalistischen Grundlage gliedern sich die vergleichend-anatomischen Studien meist doch nach den Organsystemen. Seit dem zweiten Jahrzehnt des 19. Jahrhunderts erscheinen vergleichende Studien zu verschiedenen Organsystemen, v.a. der Wirbeltiere, so z.B. des Darmsystems[64], des Urogenitalsystems[65], des Nervensystems[66], der Sinnesorgane[67] und der Haut[68]. Mit dem Beginn genauer embryologischer Studien in den 1830er Jahren etabliert sich auch die Disziplin der vergleichenden Embryologie, die auf vergleichender Grundlage z.B. das später so genannte *biogenetische Grundgesetz* erarbeitet (↑Entwicklung).

Zootomie und Phytotomie

Neben dem Ausdruck ›Anatomie‹ findet sich seit Mitte des 17. Jahrhunderts die Bezeichnung **Zootomie** (Severinus 1644: »Zootomia«)[69] und wenig später das parallel dazu gebildete **Phytotomie** (Hernández 1649: »Phytotomia«[70]; Dufieu 1766: »Phytotomie«[71]) als die Lehren von den inneren Strukturen der Tiere bzw. Pflanzen.

In einer gegen die Auffassungen Aristoteles' gerichteten Schrift ›Zootomia Democritea‹ (1645) will der italienische Arzt M.A. Severinus letzte unteilbare Organe in den Körpern der Tiere nachweisen. Severinus grenzt die Zootomie bereits auf die Lehre von den Tiersektionen ein und setzt sie von der »Andranatome«[72] (Menschenanatomie) und »Dendrotome«[73] (Pflanzenanatomie) ab. Severino streicht insbesondere den Nutzen der Tieranatomie für eine Heilkunde des Menschen heraus.

Goethe meint zur Morphologie als organischer Formenlehre, sie baue auf der Zootomie auf.[74] Um die Wende des 18. zum 19. Jahrhunderts ist die Einteilung der Anatomie in Zootomie und Phytotomie geläufig.[75] Während C.G. Carus ein ›Lehrbuch der Zootomie‹ (1818) verfasst, schreibt D.G. Kieser ein Werk über die ›Elemente der Phytotomie‹ (1815) und F.J.F. Meyen eine ›Phytotomie‹ (1830).

Nachweise

1 Aristoteles, Hist. anim. 509b.
2 Theophrast, Historia plantarum I, 1, 4.
3 Richter, S. (2007). Aufgaben einer Evolutionären Morphologie im 21. Jahrhundert. In: Wägele, J.W. (Hg.). Höhepunkte der zoologischen Forschung im deutschen Sprachraum, 49-57: 50.
4 Skinner, H.A. (1949/61). The Origin of Medical Terms: 27.
5 Vgl. Kudlien, F. (1969). Antike Anatomie und menschlicher Leichnam. Hermes 97, 78-94: 82.
6 Homer, Odyssee: XI, 221f.
7 Vgl. Dodds, E.R. (1964). The Greeks and the Irrational: 137; 158; Kudlien (1969): 82f.
8 Demosthenes, Orationes 43, 62; Platon, Leges 959a.
9 Homer, Ilias XXIII, 71.
10 Kudlien (1969): 85.
11 Staden, H. von (1992). The discovery of the body: human dissection and its cultural context in ancient Greece. Yale J. Biol. Med. 65, 223-241: 237.
12 Garofalo, I. (1988). Erasistrati fragmenta.
13 Vgl. Edelstein, L. (1932). Die Geschichte der Sektion in der Antike. Quell. Stud. Gesch. Naturwiss. Med. 3, 50-106; ders. (1935). The development of Greek anatomy. Bull. Hist. Med. 3, 235-248; Staden, H. von (1989). Herophilus; ders. (1992).

14 Cicero, Academica 2, 122.
15 Vgl. Celsus, De medicina: Prooem.; Kudlien (1969): 92f.
16 Galen, Opera omnia (ed. K.G. Kühn, Leipzig 1821-33): II, 384; XIII, 608.
17 Galen, Opera omnia (ed. K.G. Kühn, Leipzig 1821-33): II, 220.
18 Albaracín Teulón, A. (1970). Homero y la Medicina; vgl. Fuente Freyre, J.A. de la (2002). La biología en la antigüedad y la edad media.
19 Anatomia porci; vgl. O'Neill, Y.V. (1970). Another look at the "Anatomia porci". Viator 1, 115-124.
20 Vgl. Nabielek, R. (1998). Biologische Kenntnisse und Überlieferungen im Mittelalter (4.-15. Jh.). In: Jahn, I. (Hg.). Geschichte der Biologie, 88-160: 151.
21 Vgl. Jacquart, D. (1996). Die scholastische Medizin. In: Grmek, M.D. (Hg.). Die Geschichte des medizinischen Denkens. Antike und Mittelalter, 216-259: 242ff.
22 Mondino de' Liuzzi (1316). Anatomia mundini (1361).
23 Ruini, C. (1598). Anatomia dell cavallo; vgl. Bäumer, Ä. (1991). Geschichte der Biologie, Bd. 2: 211ff.
24 Vgl. Bäumer-Schleinkofer, Ä. (1998). Die Begründung der Vergleichenden Anatomie um 1600 durch Rückbesinnung auf antike Theorien. Antike Naturwissenschaft und ihre Rezeption 8, 119-139.
25 Severinus, M.A. (1645). Zootomia Democritea: 38f.; vgl. Bäumer (1991): 257ff.
26 Stelluti, F. (1625). Apiarium [Einblattdruck].
27 Malpighi, M. (1661). De pulmonibus. Epistula I et II.
28 Malpighi, M. (1675). Anatome plantarum.
29 Grew, N. (1682). The Anatomy of Plants, with an Idea of Philosophical History of Plants.
30 Saucet, J., Lanne, B. & Lanne, J. (1573); in: Desmaze, C. (1867). Curiosités des anciennes justices: 128.
31 Dictionnaire historique de la langue française, Bd. 1 (1992): 147.
32 Cole, W. (1676). A discourse concerning the spiral, instead of the supposed annular, structure of the fibres of the intestins. Philosophical Trans. Roy. Soc. Lond. 11, 603-609: 606.
33 Cudworth, R. (1678). The True Intellectual System of the Universe: 161.
34 Puchelt, F.A.B. (1826). Das System der Medicin, Bd. 1: 97.
35 Heyse, J.C.A. (1838). Allgemeines verdeutschendes und erklärendes Fremdwörterbuch, Bd. 1.
36 Bernard, C. (1865). Introduction à l'étude de la médecine expérimentale: 185.
37 a.a.O.: 186.
38 a.a.O.: 188f.
39 Hagemann, W. (1982). Vergleichende Morphologie und Anatomie – Organismus und Zelle, ist eine Synthese möglich? Ber. Dtsch. Bot. Ges. 95, 45-56: 47.
40 Bacon, F. (1623). De dignitate et augmentis scientiarum (Works, vol. 7, London 1819): 220 (IV, 2); Bulwer, J. (1649). Pathomyotomia, or a Dissection of the Significative Muscles of the Affections of the Minde; vgl. Cole, F.J. (1944). A History of Comparative Anatomy. From Aristotle to the Eighteenth Century: 10f.

41 Willis, T. (1664). Cerebri anatome: 4.
42 Charleton, W. (1668). Onomasticon zoicon [...] Cui accedunt mantissa anatomica: 197; vgl. Cole (1944): 13.
43 Grew, N. (1675). Comparative Anatomy of Trunks; ders. (1681). Comparative Anatomy of the Stomach and Guts.
44 Vgl. Cole, F.J. (1913). The early days of comparative anatomy. Trans. Liverpool Biol. Soc. 27, 143-176.
45 Charleton, W. (1680). Enquiries into Human Nature; vgl. Cole (1944): 15.
46 Leibniz, G.W. (1704). Nouveaus essais sur l'entendement humain, 2 Bde. (Philosophische Schriften, Bd. 3, Frankfurt/M. 1996): II, 534.
47 Herder, J.G. (1784-91). Ideen zur Philosophie der Geschichte der Menschheit (Sämtliche Werke, Bd. 13-14, hg. v. B. Suphan, Berlin 1887-1909): I, 69.
48 Goethe, J.W. (1795). Erster Entwurf einer allgemeinen Einleitung in die vergleichende Anatomie, ausgehend von der Osteologie (LA, Bd. I, 9, 119-151).
49 a.a.O.: 119.
50 Vgl. z.B. Aristoteles, Hist. anim. 499b ff.
51 Aristoteles, De part. anim. 658a35-b2.
52 a.a.O.: 684a17f.; vgl. auch 663a33f.
53 Aristoteles, De part. anim. 645b6-10; vgl. 644a16ff; 647a30f.
54 a.a.O.: 652a32f.
55 Vgl. Albertus Magnus (ca. 1265). De animalibus: Lib. II; III; vgl. Hoßfeld, P. (1983). Albertus Magnus als Naturphilosoph und Naturwissenschaftler: 95.
56 Rádl, E. (1905-09/13). Geschichte der biologischen Theorien, 2 Bde.: I, 110.
57 Belon, P. (1555). L'histoire de la nature des oiseaux.
58 Vgl. Bäumer-Schleinkofer, Ä. (1998). Die Begründung der Vergleichenden Anatomie um 1600 durch Rückbesinnung auf antike Theorien. Antike Naturwissenschaft und ihre Rezeption 8, 119-139: 121.
59 Coiter, V. (1575). Diversorum animalium sceletorum explicationes.
60 Vicq d'Azyr, F. (1786). Discours sur l'anatomie (Œuvre, Bd. 4, Paris 1805): 21.
61 Cuvier, G. (1812). Recherches sur les ossemens fossiles de quadrupèdes, 4 Bde.; ders. (1817/36). Le règne animal distribué d'après son organisation, 3 Bde.; Geoffroy St. Hilaire, É. (1818-22). Philosophie anatomique, 2 Bde.
62 Lubosch, W. (1931). Geschichte der vergleichenden Anatomie. In: Bolk, L. Göppert, E., Kallius, E. & Lubosch, W. (Hg.). Handbuch der vergleichenden Anatomie, Bd. 1, 3-76: 18.
63 Geoffroy St.-Hilaire, É. (1818). Philosophie anatomique, Bd. 1; vgl. Rádl (1905-09/13): I, 330; 339; Lubosch (1931): 23; Asma, T.S. (1996). Following Form and Function. A Philosophical Archaeology of Life Science: 25.
64 Tiedemann, F. (1818). Anatomie der Speicheldrüsen und des Pankreas; Meckel, J.F. (1821-31). System der vergleichenden Anatomie, 6 Bde.
65 Rathke, H. (1826). Bemerkungen ueber den innern Bau der Pricke oder des *Petromyzon fluviatilis* des Linneus.
66 Tiedemann, F. (1816). Anatomie und Bildungsgeschichte des Gehirns im Fötus des Menschen nebst einer

vergleichenden Darstellung des Hirnbaues in den Thieren.

67 Treviranus, G.R. (1828). Beiträge zur Anatomie und Physiologie der Sinneswerkzeuge des Menschen und der Thiere.

68 Heusinger, C.F. (1822). System der Histologie, Bd. 1.

69 Severinus, M.A. (Hg.) (1644). Colmenero de Ledesma, A., Chocolata inda: [Dedicatio]; ders. (1645). Zootomia Democritea.

70 Hernández, F. (1649). Rerum medicarum Novæ Hispaniæ thesaurus seu Plantarum animalium mineralium Mexicanorium historia: 906; Welsch, G.H. (1675). Hecatosteae II observationum physico-medicarum: 65; Pasch, G. (1700). De novis inventis, quorum accuratiori cultui facem praetulit antiquitas: 502.

71 Dufieu, J.F. (1766). Dictionnaire raisonné d'anatomie et de physiologie, Bd. 2: 272; Schwan, C.F. (1784). Nouveau dictionnaire de la langue allemande et françoise, Bd. 2: 545; Ludwig, C.F. (1794). Vorrede. In: Humboldt, A. von, Aphorismen aus der chemischen Physiologie der Pflanzen: XIII; Carus, C.G. (1811). Specimen biologiae generalis: 17.

72 Severinus (1645): 70; 89.

73 a.a.O.: 59.

74 Goethe, J.W. von (ca. 1796). Betrachtung über Morphologie (LA, Bd. I, 10, 137-144): 140.

75 Vgl. z.B. Burdach, C.F. (1800). Propädeutik zum Studium der gesammten Heilkunst: 54f. (§167; 169).

Literatur

Lundegårdh, H. (1922). Übersicht über die Geschichte der Pflanzenanatomie und der Zellenlehre. In: Linsbauer, K. (Hg.). Handbuch der Pflanzenanatomie, I. Abt., 1. Teil, I, 3-62.

Chaine, J. (1922-25). Histoire de l'anatomie comparative, 2 Bde.

Singer, C. (1925/57). A Short History of Anatomy from the Greeks to Harvey.

Lubosch, W. (1931). Geschichte der vergleichenden Anatomie. In: Bolk, L. Göppert, E., Kallius, E. & Lubosch, W. (Hg.). Handbuch der vergleichenden Anatomie, Bd. 1, 3-76.

Cole, F.J. (1944). A History of Comparative Anatomy. From Aristotle to the Eighteenth Century.

Faller, A. (1948). Die Entwicklung der makroskopisch-anatomischen Präparierkunst von Galen bis zur Neuzeit.

Schmitt, W. (1951). Wesen und Bedeutung der Anatomie nach der Auffassung des 18. und 19. Jahrhunderts.

Kevorkian, J. (1960). The Story of Dissection.

Park, K. (2006). Secrets of Women. Gender, Generation, and the Origins of Human Dissection.

Cunningham, A. (2010). The Anatomist Anatomis'd. An Experimental Discipline in Enlightenment Europe.

Anpassung

Das Substantiv ›Anpassung‹ geht auf das Verb ›passen‹ zurück, das auf einer Entlehnung aus dem franz. ›passer‹ »gehen, vorübergehen« beruht und sich über niederländische Vermittlung entwickelt zu ›(ge)passen‹ im Sinne von »zum Ziel kommen, erreichen« und schließlich die neuhochdeutsche Bedeutung »gut sitzen, angemessen sein« erhält. Das Verb ›anpassen‹ erscheint ebenso wie das Substantiv ›Anpassung‹ im 18. Jahrhundert.

Im Englischen taucht *Adaptation* im frühen 17. Jahrhundert auf[1]; es geht zurück auf lat. ›adaptere‹ »anpassen«[2]. Im Latein des Mittelalters wird zum Verb das Substantiv ›adaptatio‹ geformt, das zunächst in der Bedeutung »Anwendung«, aber auch als »Übereinstimmung«[3] und auch bereits im Sinne von »Anpassung«[4] verwendet wird. Der Ausdruck wird schon früh zur Bezeichnung sowohl eines Prozesses als auch des Ergebnisses eines Prozesses im Sinne eines Zustandes verwendet.

Im biologischen Kontext erscheint das englische Wort ›adaptation‹ seit der zweiten Hälfte des 17. Jahrhunderts: M. Hale gebraucht es 1677, um die Entsprechung und das Zusammenspiel der Teile im menschlichen Körper zu beschreiben (»such an exact adaptation of every thing one to another, as to serve the whole«).[5] Der französische Ausdruck ›aptitude‹ wird im biologischen Kotext spätestens in der zweiten Hälfte des 18. Jahrhunderts gebraucht, z.B. 1769 von C. de Bonnet (»La Structure & le nombre des Membres, leur aptitude à se prêter aux impressions variées des Sens«[6]; dt. Übers.: »die Anpassung ihrer [der Gliedmaßen] Spielung zu diesen verschiednen Eindrücken«[7]. Auf das Verhältnis der Entsprechung eines Organismus zu seiner Umwelt, das in einem generationenübergreifenden Prozess entstanden ist, also die heute dominante Bedeutung, wird der Ausdruck erst seit den 1780er Jahren bezogen (von Gleichen-Russwurm 1781: »die Anpassung des Menschen an ein neues Klima ist eine langsame, eine hundertjährige Veränderung«[8]).

Neben ›Adaptation‹ ist auch der Ausdruck ›Adaption‹ verbreitet. Im Englischen erscheint er seit Beginn des 18. Jahrhunderts.[9] Er wird allerdings weniger in evolutionstheoretischen Kontexten als vielmehr im

---

Adaptation (Pseudo-Galenus ca. 1225) *22*
Fitness (Locke 1689) *43*
Koaptation (Stahl 1707) *28*
Anpassung (Gleichen-Russwurm 1781) *22*
Selbstanpassung (Andrews 1808) *28*
Adaptabilität (Colburn 1820) *42*
funktionelle Anpassung (Gaskell 1833) *32*
Angepasstheit (Anonymus 1845) *41*
Koadaptation (Darwin 1859) *39*
Überleben des Angepasstesten (Spencer 1864) *43*
Präadaptation (Henderson 1872) *40*
Epharmonie (Vesque 1882) *28*
adaptive Radiation (Osborn 1902) *31*
Enharmonie (Francé 1907) *28*
Individualfitness (Gordon & Gordon 1939) *45*
Endoadaptation (Darlington 1940) *28*
Exoadaptation (Darlington 1940) *28*
kontrapunktische Beziehung (von Uexküll 1940) *31*
endogene Anpassung (Waddington 1957) *28*
optimale Nahrungssuche (Orians & Horn 1969) *51*
Optimierungsmodell (Rapport 1971) *51*
poststabilisierte Harmonie (Riedl 1975) *26*
direkte/indirekte Fitness (Brown 1979) *45*
Adaptationismus (Gould 1980) *37*
Merkmalsfitness (Sober 1981) *45*
Aptation (Gould & Vrba 1982) *40*
Exaptation (Gould & Vrba 1982) *41*
Präaptation (Gould & Vrba 1982) *41*
Fundamentalfitness (Cooper 1984) *48*
Exadaptation (Griffiths 1992) *41*
Nonaptation (Brosius & Gould 1992) *41*
Potaptation (Brosius & Gould 1992) *41*

Sinne einer individuellen Anpassung eines Organismus an situative Bedingungen verwendet, z.B. für die Akkomodation der Augen an die lokalen Lichtverhältnisse. Das Wort findet sich seit dem 19. Jahrhundert aber auch im evolutionstheoretischen Kontext im Sinne von »Anpassung« (A.H. Thompson 1877: »a most peculiar feature in these animals is their adaption to an almost complete arboreal life«[10]).

Antike

Der Gedanke der Anpassung der Organismen an die Eigenschaften ihrer Umwelt findet sich bereits bei Platon. Im ›Protagoras‹ berichtet er, die Tiere seien ausgestattet »durch Bekleidung mit dichten Haaren und starken Fellen, hinreichend, um die Kälte, aber auch vermögend, die Hitze abzuhalten«.[11]

Auch bei Aristoteles finden sich Argumentationsketten, in denen die morphologischen Eigenarten eines Organismus als Ausdruck ihrer jeweiligen besonderen Funktionen interpretiert werden und die Funktionen wiederum unter Hinweis auf die spezielle Lebensweise eines Organismus in einer besonderen Umwelt gedeutet werden. Allgemein stellt Aris-

---

> Eine Anpassung ist ein Teil oder Prozess innerhalb eines Organismus (z.B. ein Organ, ein physiologischer Prozess oder ein Verhalten), der durch Selektion in der Vergangenheit für eine bestimmte Funktion geformt wurde; auch der Vorgang der Formung eines solchen Teils oder Prozesses durch Selektion wird als ›Anpassung‹ bezeichnet.

toteles fest: »[D]ie Natur schafft die Organe für die Funktion, aber nicht die Funktion für die Organe«.[12] So heißt es in Bezug auf die Ruderfüße der Wasservögel, sie hätten »zu ihrem Vorteil solche Füße um ihrer Lebensform willen, damit sie im Wasser leben können, und damit sie, wenn die Flügel unnütz sind, Füße haben, die zum Schwimmen brauchbar sind«.[13] Die Argumentation nimmt also ihren Ausgang von der Umwelt des Organismus (↑Umwelt/Umweltdeterminismus): Diese verlangt eine besondere Funktion (Verrichtung, »πρᾶξις« bei Aristoteles), die wiederum bei dem Organismus eine besondere strukturelle Einrichtung notwendig macht. Die funktionale Deutung der organischen Funktionen erfolgt bei Aristoteles über den Verweis auf eine Zweckursache (↑Zweckmäßigkeit), und diese enthält ein gewisses ätiologisches Moment: Die Funktionszuschreibung gibt nicht nur an, wozu ein Merkmal dient, sondern impliziert gleichzeitig die These, dass diese Funktion Teil der Ursachen für das Vorhandensein des Merkmals ist.[14] Bei Aristoteles kann damit bereits die charakteristische doppelte Struktur des Anpassungskonzepts identifiziert werden: Es umfasst sowohl eine zeitlich vorwärtsorientierte, funktionale Komponente (im Sinne der zukünftigen Nützlichkeit oder Zweckmäßigkeit eines Merkmals) als auch einen rückwärtsgewandten, kausalen Teil (im Sinne der Ursache oder des Entstehungsgrundes des Merkmals).

Das Verhältnis der Passung von Organismus und Umwelt wird in der Antike stärker als heute als eine symmetrische Beziehung gesehen: Die Organismen sind an ihre Umwelt angepasst, so wie die Umwelt an sie angepasst ist. Viele Verhältnisse der anorganischen Natur bieten den Bedürfnissen der Organismen entgegenkommende Bedingungen, so z.B. der Wechsel von Tag und Nacht, der die Abwechslung von Phasen der Aktivität und Ruhe ermöglicht. Cicero und andere Autoren führen diese wechselseitige Anpassung auf eine göttliche Intelligenz (»consilium divinum«) zurück.[15]

17. und 18. Jh.
In der Neuzeit steht die Vorstellung von der Anpassung der Organismen an ihre Umwelt anfangs im Zusammenhang mit dem Bild eines harmonisch eingerichteten Gesamthaushalts der Natur. Bis zum Ende des 17. Jahrhunderts gilt dabei die Natur insgesamt, und nicht allein die organische Sphäre, als bestimmt durch die universale Relation der Anpassung. Erst Newtons Erklärung der harmonischen Bewegung der Himmelskörper durch die einfachen Gesetze der Gravitation schließt den anorganischen Bereich weitgehend aus der Anpassungsbetrachtung aus. Denn wenn einfache deterministische Gesetze die Bewegungen erklären können, wird die Annahme einer Anpassung im Sinne einer natürlichen Teleologie überflüssig.[16] Seit Ende des 17. Jahrhunderts ist das Problem der Anpassung damit zu einer spezifisch biologischen Fragestellung geworden. Sie wird bis zum Anfang des 19. Jahrhunderts meist unter Verweis auf die intentionale, göttliche Einrichtung der Natur beantwortet. In den Entwürfen der Physikotheologie – oder, unter Berücksichtigung der spezifisch biologischen Ausrichtung der Frage: der »Physiotheologie«[17] – werden die organischen Anpassungserscheinungen als entscheidende Grundlage für den Beweis der Existenz Gottes verwendet. Zwei der Hauptvertreter dieser Richtung, J. Ray am Ende des 17. Jahrhunderts[18] und W. Paley zu Beginn des 19. Jahrhunderts[19] kommen darin überein, die enge Entsprechung der Eigenschaften der Organismen mit denen ihrer Umwelt als Beleg für ein göttliches Design zu werten.

Aber auch außerhalb des engeren Kontextes der physikotheologischen Autoren sind Argumentationen, die die Vorstellung einer Anpassung der Organismen enthalten, weit verbreitet. Bei C. von Linné heißt es Mitte des 18. Jahrhunderts (in einer zeitgenössischen Übersetzung), der Schöpfer habe »jedem Gewächs eine solche Natur gegeben, die sich zu dem Clima und Boden schickt. Einige können daher die strengste Kälte, andere die Hitze vertragen«.[20] Verbreitet ist in dieser Zeit die Vorstellung eines Gleichgewichts oder einer harmonischen Entsprechung der Organismen mit ihrer Umwelt (C. de Bonnet 1764: »Le corps animal n'est en rapport qu'avec notre Terre«[21]).

Die Vorläufer einer Selektionstheorie, die seit der Mitte des 18. Jahrhunderts formuliert werden, betonen (im Anschluss an Lukrez; ↑Evolution; Selektion) besonders die Bedeutung der inneren Stimmigkeit der Teile zueinander als eine Voraussetzung für das Überleben eines Organismus. So argumentiert Maupertuis, dass durch zufällige Veränderung der Eltern eine Vielzahl von verschiedenen Organismen gebildet worden sein könnte, von denen einige wohl organisiert gewesen seien, so dass sie ihre Bedürfnisse erfüllen könnten; anderen fehlte dagegen diese Anpassung (»convenance«) und sie seien untergegangen.[22]

1788 beschreibt I. Kant das Verhältnis der verschiedenen Menschenrassen zu ihrer jeweiligen Heimat als eine »Anpassung« und verfügt damit ebenfalls bereits über einen biologischen Anpassungsbegriff, der das Verhältnis eines Organismus zu seiner Umwelt betrifft.[23] Kant versteht die Anpassung primär als einen Zustand, ein statisches Verhältnis. Außerdem bezeichnet das Konzept der Anpassung bei Kant nicht die Beziehung eines Individuums, sondern das einer Art zur Umwelt: Im Sinne der klassischen Physikotheologie geht Kant von einer artspezifischen Einrichtung der Lebewesen mit Merkmalen aus, die den Eigenschaften der Umwelt entsprechen und damit eine Befriedigung ihrer Bedürfnisse ermöglichen.

Evolutionsmechanismen und Anpassung
Durch Lamarck wird die Vorstellung der Anpassung in eine Theorie der Transformation der Arten integriert und damit zu einem Konzept entwickelt, das sich auf einen Prozess bezieht (↑Lamarckismus; Phylogenese). Die Anpassung wird nach der Theorie Lamarcks über die Bedürfnisse und das Verhalten vermittelt: Verstärkter Gebrauch oder Nichtgebrauch der Organe führt zu einer Änderung des Baus der Organismen.[24] Auch in dieser Theorie ist die Anpassung v.a. ein Resultat der (über die Bedürfnisse vermittelten) Einflüsse der Umwelt. Ausgehend von der Vielfalt der Umweltbedingungen dient das Anpassungskonzept zur Erklärung der Vielfalt der organischen Formen. Die Anpassung steht damit weitgehend unabhängig von der Tendenz der Organismen zur Höherentwicklung. Anders als später bei Darwin resultiert die Anpassung bei Lamarck also nicht unmittelbar aus dem Mechanismus des evolutionären Formenwandels (↑Evolution). Weil Anpassungen an die Umwelt in der Theorie Lamarcks sehr schnell erfolgen können, bilden sie eher ein physiologisches als ein evolutionäres oder ökologisches Problem, wie später für Darwin.[25]

In der Theorie Lamarcks wird die Umwelt so vorgestellt, dass sie eine im Laufe des Lebens der Organismen aktive Gestaltungsrolle übernimmt. Außerdem werden nach Lamarck bekanntlich die in direkter Wechselwirkung mit der Umwelt individuell erworbenen Veränderungen auch an die folgenden Generationen weitergegeben (»Vererbung erworbener Eigenschaften«, »Lamarckismus«). Diese Theorie ist damit unterschieden von anderen Ansätzen, in denen der Umwelt allein eine passive Rolle zuerkannt wird, in der Weise, dass eine Anpassung allein über die unterschiedliche Überlebens- und Fortpflanzungswahrscheinlichkeit für die Organismen in einer Umwelt wirksam wird; nach diesen Ansätzen erfolgt eine Anpassung also erst in einem generationenübergreifenden Prozess (Selektionstheorie, Darwinismus).

Neben diesen einseitig deterministischen Auffassungen stehen solche Lehren, nach denen die Veränderungen der Organismen aufgrund des wechselseitigen Verhältnisses des Organismus zu seiner Umwelt entspringen. Mit der Wechselwirkung von »Gestalt« und »Lebensweise« formuliert bereits Goethe diesen Zusammenhang in einem Gedicht: »Also bestimmt die Gestalt die Lebensweise des Tieres,/ Und die Weise, zu leben, sie wirkt auf alle Gestalten/ Mächtig zurück«.[26] Auch andere Sätze Goethes können in diesem Sinne interpretiert werden: »das Tier wird durch Umstände zu Umständen gebildet; daher seine innere Vollkommenheit und seine Zweckmäßigkeit nach außen«[27]. Die äußeren Umstände bilden das Tier so, dass seine Gestalt für sich selbst zum Umstand wird und seine weitere Entwicklung mit beeinflusst. In moderner Terminologie ausgedrückt, stellt die Gestalt eine Einschränkung (»constraint«) für das Entwicklungspotenzial eines Organismus dar (↑Typus).

Cuvier vs. Geoffroy: »Teleologie« vs. »Homologie«
In der ersten Hälfte des 19. Jahrhunderts wird der Begriff der Anpassung häufig gerade innerhalb solcher Positionen ins Spiel gebracht, die eine Veränderung und Evolution der Arten ablehnen.[28] Die Anpassung der Organismen an ihre Umwelt gilt als Beleg für die Einrichtung der Welt durch einen Schöpfergott oder einfach als Ausdruck einer harmonisch geordneten Welt (denn auch im frühen 19. Jahrhundert nehmen nicht alle Naturforscher, die den Anpassungsbegriff verwenden, einen planenden Gott an[29]). Besonders einflussreich wird die Position G. Cuviers, der von einer jeweiligen funktionalen Gestaltung jeder Art entsprechend der ihr eigenen Organisation und ihrer Umwelt ausgeht. Die Arten und höheren taxonomischen Einheiten sind nach Cuvier streng getrennt und jeweils optimal an ihre Umwelt angepasst. Die organischen Ähnlichkeiten erklären sich damit funktional als Anpassungen an ähnliche Existenzbedingungen (»conditions d'existence«; ↑Umwelt). Ausdrücklich formuliert Cuvier in einem Brief aus dem Jahr 1791, die Organisation eines Tieres stehe in Harmonie zu ihrer Lebensweise (»Toute l'organisation d'un animal est en harmonie nécessaire avec sa manière de vivre«).[30]

É. Geoffroy St. Hilaire hält dieser Auffassung die Erfahrung der vergleichenden Anatomie entgegen, nach der es Übereinstimmungen im Bauplan gibt (»unité de plan«), die einen Zusammenhang verschiedener Arten nahe legen, auch wenn einander entsprechende Strukturen verschiedene Funktionen wahrnehmen.

Paradigmatisch stehen sich die Interpretationen der organischen Formen als funktionale Anpassungen (Cuvier) und als Ausdruck eines gemeinsamen

Bauplans (Geoffroy) im so genannten *Akademiestreit* gegenüber.[31] R. Owen kontrastiert beide Standpunkte in der Alternative von *Teleologie* versus *Homologie*.[32] Die von den ↑Homologien ausgehende strukturalistische Position Geoffroys weist in diesem Streit eine größere Nähe zu den später sich etablierenden Vorstellungen von einer Transformation der Arten auf. Beide Seiten haben ihre Fürsprecher: In England argumentiert C. Bell für Cuvier, wenn er als einzige Erklärung der Organisation der Lebewesen das »Prinzip der Adaptation« akzeptiert[33]; auf der anderen Seite wird die Teleologie (eines planenden Schöpfergottes) zunehmend als problematisch zur Erklärung der Anpassung empfunden. Von einem reinen Designstandpunkt aus gesehen erscheint es unerklärlich, warum für gänzlich unterschiedliche Funktionen ähnliche Strukturen verwendet werden sollten, wie dies aber die vergleichende Anatomie belegt. Owen kontrastiert die strukturelle Vielfalt in den Fortbewegungsmitteln des Menschen (in Form von Schiffen, Eisenbahnen oder Luftballons) mit der strukturellen Ähnlichkeit in den Gliedmaßen der Wirbeltiere, auch wenn diese ganz unterschiedliche Funktionen haben.[34] Die Ähnlichkeit ist für Owen Ausdruck eines gemeinsamen strukturellen Bauplans, des Archetyps der Wirbeltiere (↑Typus). W. Carpenter geht soweit, als Alternativerklärung für die Anpassung eine einfache Theorie der ↑Selektion zu erwägen.[35]

Comte und Spencer: Leben als Anpassung
Bei den Vertretern der komparativen Anatomie in den ersten Jahrzehnten des 19. Jahrhunderts steht meist die Relation der Teile eines Körpers zueinander im Vordergrund des Interesses; der Bezug der Organismen zu ihrer Umwelt steht dagegen im Hintergrund. (Dies gilt allerdings nicht für den externalistischen Standpunkt Lamarcks, in dem der Umwelt eine wichtige Rolle zugeschrieben wird.) Im zweiten Drittel des 19. Jahrhunderts gewinnt dagegen die Relation des Organismus zu seiner Umwelt zunehmend an Aufmerksamkeit. Diese Entwicklung geht so weit, dass der Begriff des Lebens über den Prozess der Anpassung des Organismus an die Umwelt definiert wird. ›Leben‹ wird nicht mehr über die Korrelation der Teile eines Organismus bestimmt (wie bei Cuvier), sondern über die Korrelation des Organismus mit seiner Umwelt (»corrélation générale«).[36] A. Comte formuliert dies 1838 in klarer Weise mit der These, dass die Idee des Lebens nicht nur einen Organismus voraussetzt, sondern auch ein Gefüge von Umwelteinflüssen, die dessen Existenz ermöglichen: »[L]'idée générale de vie [...] suppose, en effet, non-seulement celle d'un être organisé de manière à comporter l'état vital, mais aussi celle, non moins indispensable d'un certain ensemble d'influences extérieures propres à son accomplissement. Une telle harmonie entre l'être vivant et le *milieu* correspondant caractérise évidemment la condition fondamentale de la vie«.[37]

Im Englischen wird für diese Harmonie zwischen Organismus und Umwelt der Terminus ›Adaptation‹ verwendet (Strickland 1840: »adaptation of organic beings to their destined conditions of existence«[38]). H. Spencer stellt die Anpassung ins Zentrum seiner Bestimmungen des Lebensbegriffs: »[T]he changes or processes displayed by a living body are specially related to the changes or processes in its environment. And here we have the needful supplement to our conception of Life. Adding this all-important characteristic, our conception of Life becomes – The definite combination of heterogenous changes, both simultaneous and successive, *in correspondence with external co-existences and sequences*«.[39] Und später: »[O]ur conception of Life under its most abstract aspect will be – The continuous adjustment of internal relations to external relations«.[40]

C. Darwin: Anpassung durch Evolution
In der Entwicklung des Anpassungsbegriffs bei Darwin lässt sich seine allmähliche Lösung von einer naturtheologischen Weltsicht nachzeichnen.[41] In seinem nicht veröffentlichten ›Sketch‹ von 1842 und dem ›Essay‹ von 1844 spricht er häufig davon, die Organismen seien *perfekt* an ihre Umwelt angepasst (»perfectly adapted to conditions«[42]). Er verwendet hier einen absoluten Maßstab der Anpassung. Ohne Umweltänderung gebe es auch keine Veränderung der Organismen (↑Umwelt/Umweltdetermination). Erst später löst er sich von diesen Restbeständen einer naturtheologisch-harmonischen Naturdeutung und kann dann im ›Origin‹ von 1859 betonen, es komme allein auf den *relativen* Vorteil eines Typs gegenüber seinen Konkurrenten an, der ihm zu seiner Ausbreitung verhelfe. Was als Anpassung zu werten ist, hängt damit nicht mehr primär von der Relation des Organismus zu seiner anorganischen Umwelt ab, sondern von seiner Relation zu anderen Organismen.[43]

Die Anpassung ist damit zu einem Konzept geworden, das einen auf beiden Seiten dynamischen Prozess beschreibt, so dass auf ihrer Grundlage eine grenzenlose Dynamik der Veränderung entworfen werden kann. Eine so verstandene Anpassung hat nichts mehr mit einer Determination der Organismen durch die Umwelt zu tun. Darwin hat sich damit von seiner anfänglichen Vorstellung, es gebe für alle Arten definierte »Plätze« in der Ökonomie der Natur, gelöst (↑Nische). Stattdessen eröffnet ihm sein Anpassungsbegriff die Möglichkeit, die Evolution als einen (nach dem Prinzip der Divergenz) auf Vermehrung und Spezialisierung der Arten gerichteten Prozess zu konzipieren (↑Phylogenese). Anders als seine Vorgänger in der ersten Hälfte des 19. Jahrhunderts geht Darwin mit diesem Ansatz auch nicht mehr davon aus, das Prinzip, das für eine »perfekte« Anpassung sorge, liege in dem Prozess der Reproduktion selbst. Er postuliert hierfür vielmehr die Natürliche ↑Selektion als eine Anpassungen bewirkende, aber erst nach der Reproduktion und Variation wirksame Instanz. Er steht damit auch Gedanken einer »Höherentwicklung« des Lebens nicht grundsätzlich ablehnend gegenüber; er erkennt nur die Schwierigkeit, einen objektiven Maßstab für »höhere« und »niedere« Organisation zu bestimmen (↑Fortschritt). Mit Darwins Anpassungsbegriff, der sich von der Vorstellung einer einfachen Umweltdetermination löst, kann der organische Entwicklungsprozess damit insgesamt als eine offene Dynamik der »Selbstbeziehung der Biosphäre«[44] beschrieben werden.

Insgesamt entwickelt sich das Konzept der Anpassung in Darwins Denken von der (naturtheologischen) Vorstellung eines *Zustandes* hin zu der Idee eines *Prozesses*. Als Ergebnis eines Selektionsprozesses interpretiert, können Erscheinungen der Anpassung in der Konzipierung durch Darwin treffend als ***poststabilisierte Harmonien*** beschrieben werden, wie dies R. Riedl 1975 vorschlägt (im Unterschied zu der von Leibniz postulierten »prästabilierten Harmonie«).[45]

Ausgehend von der älteren Debatte um den Anpassungsbegriff findet sich in Darwins Theorie der Anpassung eine Synthese der beiden Pole der Opposition des strukturalistischen Ansatzes der Morphologie (für den in der älteren Diskussion Geoffroy St. Hilaire und sein Konzept der ›Einheit des Plans‹: »l'unité de composition«[46] steht) mit dem funktionalistischen Ansatz der Anpassungslehre (im Stile Cuviers).[47] Für Darwin sind Anpassungen sowohl Merkmale auf einer struktuell einheitlichen Grundlage, die durch gemeinsame Abstammung bedingt ist, als auch Phänomene, die durch eine bestimmte Funktion gekennzeichnet werden können – und die gerade aufgrund dieser Funktion vorhanden sind. A. Gray beschreibt die darwinsche Synthese 1874 als eine »Verheiratung« von Morphologie und Teleologie (»Morphology wedded to Teleology«[48]) – eine Darstellung, die Darwin zustimmend zur Kenntnis nimmt (↑Zweckmäßigkeit). Darwin bringt die Polarität von Morphologie und Teleologie (im Sinne der Anpassungslehre) als ein Nebeneinander von zwei »Gesetzen« zum Ausdruck: das von der Einheit des Typus (»unity of type«) und das von den Umweltbedingungen (»conditions of existence«).[49] Die Einheit des Typus manifestiert sich nach Darwin in der Vererbung, welche bewirkt, dass viele Organismen über Strukturen verfügen, die in keiner Beziehung zu ihrer Lebensweise stehen. Das Gesetz von den Umweltbedingungen sieht Darwin als das »höhere Gesetz« an, weil in ihm das andere Gesetz durch die Anpassungen der Vorfahren an die Umwelt enthalten sei: Vergangene Anpassungen werden Teil der Morphologie und des Typus. Die funktionale Betrachtung hat insofern bei Darwin eine Priorität gegenüber der strukturalistischen.

Darwin liefert mit der Selektionstheorie nicht nur eine Rechtfertigung für den Gebrauch des Anpassungsbegriffs in der Biologie, er schränkt dessen Reichweite auf der anderen Seite auch ein. Denn im Rahmen seiner Theorie kann nicht jede Form der organischen Anpassung erklärt werden; allein solche Merkmale können als Anpassungen im Sinne selektierter Effekte eines Merkmals gedeutet werden, die dem Träger dieses Merkmals oder seiner Gruppe zugute kommen. Ausgeschlossen sind damit einseitige nützliche Wirkungen, die von einem Organismus ausgehen, aber allein anderen zugute kommen (ohne Rückwirkung).[50] Besonders betroffen ist von diesem Ausschluss die alte Argumentation, nach der die anderen Organismen und Arten derart beschaffen sind, dass sie dem Menschen dienen. Eine solche Argumentation kann mit Darwins Theorie nicht gerechtfertigt werden.

Es ist gesagt worden, dass Darwins Theorie der Natürlichen Selektion nicht nur die erste, sondern auch die einzig mögliche natürliche Erklärung der organischen Anpassungsphänomene liefert (Pinker & Bloom 1992: »natural selection is the only scientific explanation of adaptive complexity«[51]; Amundson 1996: »the first and only fully naturalistic explanation of biological adaptation«[52]; Brandon 2008: »the first, and only, causal-mechanistic account of the existence of adaptations in nature«[53]). Als Begründung für diese These bemerken Pinker und Bloom, dass allein die Selektionstheorie eine sukzessive Komplexitätssteigerung beschreiben kann, weil nur in ihrem konzeptionellen Rahmen der verstärkende und rückkoppelnde Effekt des funktionalen Beitrags eines Teils in einem Ganzen Berücksichtigung findet: »Natural selection […] is the only physical process capable of creating a functioning eye, because it is the only physical process in which the criterion of being good at seeing can play a causal role«.[54] Selbst lamarckistische Erklärungen der Evolution müssen für die Deutung der Anpassungen auf die Selektionstheorie zurückgreifen. Denn der bloße Mechanismus der Vererbung erworbener Eigenschaften liefert noch keine Erklärung dafür, warum ausschließlich oder zumindest bevorzugt funktionale, d.h. für Überleben und Fortpflanzung zuträgliche Merkmale vererbt werden (Dawkins 1983: »Lamarckian mechanisms cannot be fundamentally responsible for adaptive evolution. Even if acquired characters are inherited on some planet, evolution there will still rely on a Darwinian guide for its adaptive direction«[55]). Die darwinsche Selektionstheorie scheint somit in Bezug auf die natürliche Erklärung von Anpassungen die universal gültige Theorie zu sein (Rosenberg & McShea 2008: »the only game in town«: »not just the best explanation of adaptation but the only physically possible purely causal explanation, the only one consistent with what we already know about the physical laws [...] that govern the universe«[56]).

Anpassung an Existenzbedingungen?
Wenn Darwin die Entität, an die sich die Organismen anpassen, näher bestimmt, verwendet er meist den Ausdruck *Lebensbedingungen* (»conditions of life«)[57], vereinzelt auch *externe* (»external«[58]) oder *physische Bedingungen* (»physical conditions«[59]), *Existenzbedingungen* (»conditions of existence«[60]), *Standort* (»place in the economy of nature«[61]; »as each [animal] exists by a struggle for life, it is clear that each must be well adapted to its place in nature«[62]) oder schließlich *Heimat* (»home«)[63] der Organismen. Den erst später etablierten Begriff der ↑*Umwelt* (»environment«) verwendet Darwin nicht. Nach Darwin sind Organismen, die auf dem Land, im Wasser oder in der Luft leben, durch besondere, für diese Lebensweise typische Anpassungen gekennzeichnet, wie z.B. durch die besondere Körperform und die flossenartigen Gliedmaßen bei den Tieren, die im Wasser leben. Ausdrücklich behauptet Darwin, die Organismen seien an ihre Existenzbedingungen angepasst (1856-58: »adapted to its conditions of existence«[64]; 1859/72: »adapted to its conditions of life«[65]).

Die Rede von der Anpassung der Lebewesen an ihre Existenzbedingungen ist schon vor dem Erscheinen von Darwins Hauptwerk verbreitet (Strickland 1840: »adaptation of organic beings to their destined conditions of existence«)[66] und bildet auch später eine beliebte Formel[67]. Der Sachverhalt, der damit bezeichnet wird, wird durch die gegebenen Beispiele zwar weitgehend klar, rein sprachlich stellt die Formulierung allerdings eine Kuriosität dar: An seine Lebensbedingungen ist der Organismus natürlich im-

Abb. 12. Birkenspanner (Biston betularia) *in seiner typischen Form (f. typica; oben) und in seiner melanistischen Form (f. carbonaria) auf einem verrußten Eichenstamm. Die Ausbreitung der melanistischen Form in den von der Industrialisierung stark betroffenen Regionen Englands gilt als ein klassisches Beispiel der Anpassung. Weil in den Untersuchungen im 20. Jahrhundert ökologische Faktoren wie der tatsächliche Aufenthaltsort der Falter in der Natur nicht berücksichtigt wurde – auch die obige Abbildung entstand unter artifiziellen Bedingungen – bildet der Fall des Industriemelanismus des Birkenspanners ein bis in die Gegenwart umstrittenes Beispiel für Selektion in der Natur. Die Debatten spielen sich allerdings eher in populären Medien ab, weniger in wissenschaftlichen Kreisen (aus Kettlewell, B. (1973). The Evolution of Melanism: pl. 8.2).*

mer schon angepasst, eben weil sie die *Bedingungen*, im Sinne von Voraussetzungen, seines Lebens sind. Ein Gegenstand bedarf keiner Anpassung an das, was seine Existenz allererst ermöglicht; bzw. der Anpassungsbegriff verliert seinen Gehalt, wenn er die (logische) Relation des Organismus zu seinen (äußeren) Existenzvoraussetzungen bezeichnen soll. In der Formulierung ›Anpassung an die Existenzbedingungen‹ findet sich offenbar eine Verbindung des alten Anpassungsbegriffs im Sinne eines Zustandes und des neuen (evolutionstheoretischen), der einen Prozess bezeichnet: Nach der ersten Vorstellung ist eine Anpassung eine Bedingungsrelation (ein logisches Verhältnis): Gewisse Aspekte der Außenwelt ermöglichen die Existenz des Organismus. Im dynamischen Verständnis ist eine Anpassungsrelation dagegen ein Prozess: Der Organismus wird in einer Entwicklung gebildet und modifiziert, und bei dieser Modifikation beeinflussen Aspekte der Außenwelt die Ausbildung seiner Merkmale.

Innere Anpassungen
Der Anpassungsbegriff wird nicht nur auf das Verhältnis des Organismus zu seiner Umwelt, sondern auch auf das Verhältnis seiner Teile zueinander bezogen. Neben den Anpassungen an die äußere Umwelt stehen also die *inneren Anpassungen*. Seit der Antike werden diese gegenseitigen Anpassungen der Teile in einer wechselnden Terminologie beschrieben (↑Ganzheit; Wechselseitigkeit). 1779 entwirft Hume das Verhältnis der Teile eines Tieres (und auch einer Pflanze) als eine wechselseitige Anpassung (»curious adjustment to each other«[68]). In der vergleichenden Anatomie der ersten Jahrzehnte des 19. Jahrhunderts wird für diese Verhältnisse meist der Ausdruck *Korrelation* verwendet (↑Morphologie/Korrelation).[69]

Auch Darwin verwendet den Begriff der Anpassung für das Verhältnis der Teile in einem Organismus (»adaptations of one part of the organisation to another part«[70]). Andere Evolutionstheoretiker folgen ihm in dieser Auffassung. Weismann erläutert: »Alle Teile des Organismus sind aufeinander abgestimmt, d.h. einander angepaßt, und ebenso ist das Ganze des Organismus seinen Lebensbedingungen angepaßt«.[71] Meist wird der Begriff der Anpassung aber auf das Verhältnis des Organismus zu seiner Umwelt bezogen. Bei G.G. Simpson heißt es Mitte des 20. Jahrhunderts: »What makes a characteristic advantegeous, hence adaptive, is a relationship between the organism and [...] its environment«.[72]

Die Unterscheidung der wechselseitigen inneren Anpassung der Teile aneinander von der Anpassung des Organismus an äußere Umweltfaktoren ist auf verschiedene Begriffe gebracht worden. J. Vesque führt 1882 den Terminus *Epharmonie* ein, um allein die Anpassung von Pflanzen an die äußeren Faktoren auszudrücken[73]; später ist parallel dazu von der *Entharmonie*, d.h. der wechselseitigen Anpassung der Teile aneinander die Rede (Hesse 1927)[74] – R.H. Francé bedient sich seit 1907 des Wortes **Enharmonie** als der »inneren, einheitlichen Leitung der Erhaltungsprozesse«[75] oder der »inneren Harmonie des lebendigen Organismus«[76]. Koepcke erläutert die Unterscheidung mit den Begriffen des (morphologischen) *Bauplans* und des (ökologischen) *Leistungsplans*.[77] C.D. Darlington bringt 1940 die gleiche Unterscheidung durch die Begriffe **Endoadaptationen** (»endo-adaptations«) und **Exoadaptationen** (»exo-adaptations«) zum Ausdruck[78] (vgl. Emerson 1942: »Adaptation may be demonstrated both within an organismic system (endoadaptation) or between the organism and its environment (exoadaptation)«[79]).

Innere Anpassungen sind vorher auch als **Koaptationen** (franz. »coaptations«) bezeichnet worden (vgl. Abb. 13). L. Cuénot, der diesen Ausdruck 1921 verwendet, versteht darunter die wechselseitige Anpassung von zwei unabhängigen Körperteilen, die durch ihr Zusammenwirken eine funktionale Einheit bilden (»ajustement réciproque de deux parties indépendantes d'un organisme animal, qui réalisent par leur union un appareil à fonction définie«).[80] Vergleichbar seien die Koaptationen mit der wechselseitigen Passung von Knopf und Knopfloch oder Violine und Bogen. – Verwendung findet der Ausdruck ›Koaptation‹ bereits im frühen 18. Jahrhundert, um das Verhältnis der wechselseitigen Anpassung der Organe in einem Organismus zu bezeichnen. In diesem Sinne gebraucht G.E. Stahl die Formulierung bereits 1707 (»de laxiore atque crassiore solidorum corporum inter se coaptatione in usu esse soleat«[81]; 1708: »coaptatio organorum«[82]). Im Verlauf des 18. Jahrhunderts wird der Ausdruck auch in die Chirurgie übernommen; er bezeichnet dort das Zusammenfügen der Enden eines gebrochenen Knochens (engl. »coaptation«).[83]

P.B. Medawar unterscheidet 1951 zwischen *endosomatischen Anpassungen* (»endosomatic adaptations«), d.h. Anpassungen innerer Organe, und *exosomatischen Anpassungen* (»exosomatic adaptations«), d.h. Anpassungen durch den Einsatz körperfremder Werkzeuge, z.B. kleinen Stöcken durch die Galapagosfinken. Während die endosomatischen Anpassungen nach Medawar durch Vererbung weitergegeben werden, seien die exosomatischen Anpassungen in der Regel aufgrund von Tradition entstanden und hätten sich durch Kommunikation ausgebreitet.[84] C.H. Waddington spricht im Anschluss an Medawar 1957 von **endogenen Anpassungen**.[85]

In der soziologischen Theorie ist für die Anpassung eines Systems an seine eigene Komplexität der Terminus **Selbstanpassung**[86] und korrespondierend dazu der *Selektion der Selektion* bzw. der *Selbstse-*

lektion[87] in Gebrauch. ›Selbstanpassung‹ ist aber seit Anfang des 19. Jahrhunderts auch ein gelegentlich im physiologischen und ökologischen Kontext verwendeter Ausdruck. Meist steht das Wort unabhängig von selektionstheoretischen Überlegungen oder wird diesen sogar entgegengesetzt (Andrews 1808: »the membrane [of the urethra] has the power of self adaptation in a very extraordinary manner to the emission of urine and of semen, that in the one operation it is enlarged, in the other straitened«[88]; Anonymus 1834: »[God] gives even to the plants and trees of the earth the power of self-adaptation to a change of soil or climate«[89]; Blyth 1837: »System der Selbstanpassung [zur geografischen Verteilung von Individuen einer Art]«[90]; Carpenter 1839: »[man's] power of self adaptation«[91]; Kennedy 1851: »universal self-adaptation [of man as an »inhabitant of all climates«]«[92]; Walker 1855: »the Lamarkean hypothesis of the self-adaptation of organic forms to conditions of inorganic nature«[93]; Murphy 1869: »I believe that natural selection will account for much which self-adaptation will not account for«[94]; Harrison 1876: »The various organs have a power of self-adaptation«[95]; Sully 1877: »the self-adaptation of the nervous organism«[96]; Litten 1890: »Tendenz des Herzens zur Selbstanpassung«[97]; Gaupp 1897: Spencer schildere »die bisherige Entwicklung der Menschheit als einen allmählichen Prozess der Selbstanpassung an ihre Lebensbedingungen«[98]).

Unter ›Anpassung‹ werden dabei also durchaus nicht immer evolutionäre Prozesse oder deren Ergebnis, sondern auch individuelle Verhaltensänderungen verstanden. Im evolutionären Kontext verwendet L. Plate 1903 den Ausdruck ›Selbstanpassung‹, und zwar im Sinne von »directer Anpassung«, die nicht über Konkurrenz vermittelt ist und die als Alternative zu der darwinschen Selektion vorgestellt wird.[99] F. Wuketits charakterisiert allgemein die Position des Lamarckismus 1978 mit diesem Wort: »Aktive Selbstanpassung der Organismen durch ihren eigenen Willen (Lamarckismus)«.[100]

Haeckel: Anpassung und Vererbung
E. Haeckel fasst die Anpassung 1866 als »äussere Gestaltungskraft oder äusseren Bildungstrieb« und versteht sie allgemein als das Verhältnis eines Körpers (auch eines anorganischen) zu seiner Umgebung.[101] Haeckel stellt sich die Anpassung als ein Prinzip vor, das antagonistisch zu einer »inneren Gestaltungskraft« steht und das er als »Erblichkeit« bezeichnet. Während die Anpassung das dynamische Prinzip ist, das eine Veränderung der Organismen gemäß ihrer Umwelt oder gemäß innerer Prozesse

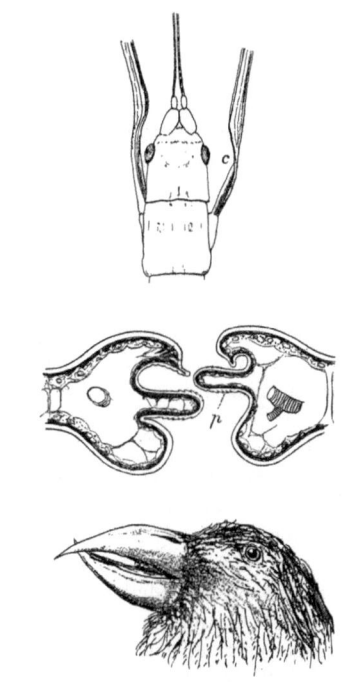

Abb. 13. »Koaptationen« von Körperteilen. Oben: Koaptation von Kopf und Vorderbein einer Stabheuschrecke (Carausius morosus): Die Krümmung (c) im Femur des Vorderbeis ermöglicht das Anlegen des gestreckten Beins in der Körperachse, so dass eine Tarnung als Zweig möglich wird. Mitte: Koaptation der Deckflügel eines Grünen Schildkäfers (Cassica viridis) mittels des Prinzips von Nut und Feder (p). Unten: Koaptation von Ober- und Unterschnabel eines Fichtenkreuzschnabels (Loxia curvirostra) (aus Cuénot, L. (1925). L'adaptation: 267; 281; 320).

bewirkt – Haeckel unterscheidet neben den äußeren »innere Anpassungen« als Folge der »beständigen inneren Veränderungen«[102] –, ist die Erblichkeit oder ↑Vererbung das konservierende Prinzip, über das die Erzeugung der ähnlichen Nachkommen erklärt wird.

Haeckel verfügt damit noch nicht über einen evolutionstheoretisch fundierten Anpassungsbegriff. Anpassungen sind für Haeckel im Wesentlichen Modifikationen eines individuellen Organismus, die dieser im Laufe seines Lebens erfährt und die Haeckel in besonderer Verbindung zu seiner Ernährung sieht, denn er ist der Auffassung, »dass alle Anpassungs-Erscheinungen in letzter Instanz auf Ernährungs-Vorgängen beruhen«.[103] Die Ernährung ist für Haeckel in diesem Zusammenhang von besonderer Bedeutung, weil sie der Herstellung einer »materiellen Wechselwirkung zwischen Theilen des Organismus und der ihn umgebenden Aussenwelt« zugrundeliegen.[104] Anpassungen beruhen für Haeckel daher wesentlich auf den »Gesetzen der Ernährung des Organismus« und er formuliert als Parallele, »dass die materiellen, physikalisch-chemischen Processe der Ernährung ebenso die mechanischen Causae efficientes der Anpassung und der Abänderung sind, wie die materiellen physiologischen Processe der Fortpflanzung die bewirkenden Ursachen der Vererbung sind«.[105]

Im Anschluss an Haeckel schreibt K. Gössler 1964 der Dualität der Prinzipien von Vererbung und Anpassung den Status eines »grundlegenden Widerspruchs im biologischen Geschehen« zu.[106] Das Zusammenbestehen der beiden Prinzipien sei für die Erkenntnis der Lebewesen spezifisch und bestimme alle Lebenserscheinungen.

Anpassung und Teleologie
Die Anpassungslehre der Darwinisten wird seit Ende des 19. Jahrhunderts von einigen Biologen (besonders in Deutschland) als eine zu weit gehende Teleologisierung der Natur verstanden. Die wahre und exakte Naturforschung dürfe Merkmale von Organismen nicht als nützliche Anpassungen deuten und sich in diesem Sinne nicht auf eine organische Zweckmäßigkeit berufen, sondern müsse überall nur nach wirkenden Ursachen erklären, argumentiert etwa A. Kölliker 1864.[107] Noch bis in die 1920er Jahre sind einige theoretische Biologen der Auffassung, »daß der Glaube an zweckmäßige Anpassung an vorhandene Verhältnisse in nicht unbedeutendem Grade an der Verzögerung der Ausbildung der Biologie zu einer exakten Wissenschaft die Schuld trug«.[108]

Gegen eine als einseitig empfundene Interpretation von organischen Merkmalen als angepasst und nützlich wird auf den »Gestaltcharakter« der Lebewesen verwiesen: In Bezug auf die Morphologie von Pflanzen konstatiert der Botaniker W. Troll, einige Erscheinungen wiesen »unverkennbare Züge nicht adaptiver Natur« auf; sie seien daher nicht im Rahmen eines Selektionsmodells als nützliche Anpassungen zu verstehen, sondern allein im Rahmen einer morphologischen Betrachtung als Konsequenzen eines bestimmten Bauplans.[109] Jede Anpassungserklärung wird aus dieser Sicht als ein zu überwindender teleologischer Ansatz wahrgenommen. Die exakte Wissenschaft habe allein nach den Ursachen, nicht aber den (funktionalen) Konsequenzen einer Struktur zu fragen.

In der heutigen Biologie bestehen die beiden Perspektiven als zwei Erklärungsansätze der Biologie nebeneinander (↑Funktion; proximate/ultimate Ursachen). Der Vorwurf der unwissenschaftlichen Leere der Anpassungs-Erklärungen taucht erneut in dem Zusammenhang der Diskussionen um den Adaptationismus auf (s.u.).

Leben als Anpassung oder grenzenlose Dynamik?
Gegen die Etablierung der Anpassung als einem fundamentalen Prinzip der Biologie richten sich auch solche Ansätze, die die Lebensphänomene in erster Linie als eine vielfältige und offene Dynamik verstehen, für die es keine einfachen Erklärungsgrundsätze geben könne.

Paradigmatisch für diese Haltung ist Nietzsches Auffassung: »das Leben ist nicht Anpassung innerer Bedingungen an äußere, sondern Wille zur Macht, der von innen her immer mehr ›Äußeres‹ sich unterwirft und einverleibt«[110] oder: »der Einfluß der ›äußeren Umstände‹ ist bei D[arwin] ins Unsinnige überschätzt; das Wesentliche am Lebensprozeß ist gerade die ungeheure gestaltende, von Innen her formschaffende Gewalt, welche die ›äußeren Umstände‹ ausnützt, ausbeutet«[111]. Der Begriff der Anpassung taugt für Nietzsche allein zur Fixierung des Problems der Korrespondenz von Organismus und Umwelt, er kann die Verhältnisse beschreiben, aber nicht erklären.

Ähnlich sieht es H. Bergson, für den die Lebewesen selbst es sind, die ihre Formen schaffen. Sie seien nicht abhängig von einer äußeren Umwelt, deren Bedingungen sie sich anzupassen hätten, sondern sie selbst seien es, die die Bedingungen ihrer Existenz erst erzeugen: »Les conditions ne sont pas un moule où la vie s'insérera et dont elle recevra sa forme […] Il n'y a pas encore de forme, et c'est à la vie qu'il appartiendra de se créer à elle-même une forme appropriée aux conditions qui lui sont faites«.[112]

Eine existenzialistische Note bekommt dieser Gedanke in den Ausführungen J. Monods mit der Feststellung, die Struktur eines Lebewesens verdanke »fast nichts der Einwirkung äußerer Kräfte, aber alles – von der allgemeinen Gestalt bis in die kleinste Einzelheit – seinen inneren, ›morphogenetischen‹ Wechselwirkungen. Seine Struktur beweist eine klare und uneingeschränkte Selbstbestimmung, die eine quasi totale ›Freiheit‹ gegenüber äußeren Kräften und Bedingungen einschließt«.[113] P. Sloterdijk variiert diese Einschätzung mit seiner These, »daß Leben von Grund auf Überreaktion ist, eine Expedition ins Unverhältnismäßige, eine Orgie an Eigensinn«.[114]

Anpassung und organische Mannigfaltigkeit
Mit der allgemein niedrigen Wertschätzung der Evolutionstheorie an der Wende des 19. zum 20. Jahrhundert erreicht die Kritik am Konzept der Anpassung einen Höhepunkt. Zahlreiche Einwände werden gegen die Anpassungslehre vorgebracht.

Die Beobachtung, dass eine Vielzahl von Lebewesen unter annähernd identischen Umweltbedingungen leben, sich aber doch erheblich in ihrer Form voneinander unterscheiden, veranlasst K. Goebel zu einer Kritik des der Evolutionstheorie zugeschriebenen Formdeterminismus durch die Umwelt, die sich in dem bekannten Satz äußert: »die Mannigfaltigkeit der Organbildung ist [...] größer als die Mannigfaltigkeit der Lebensbedingungen«.[115] Goebel schließt damit an eine ältere Kritik durch von Baer an, der für Meeresfische beobachtet, dass ihre Formenmannigfaltigkeit die Vielfalt ihres Lebensraumes weit übersteigt.[116] Mitte des 20. Jahrhunderts wird diese Beobachtung im Rahmen ökologischer Theorien der ↑Koexistenz von Konkurrenten als das *Paradox des Planktons* (G.E. Hutchinson) formuliert.[117] Es wird argumentiert, dass vielen morphologischen Merkmalen offensichtlich kein Anpassungswert im Sinne einer Umweltanpassung zugeschrieben werden kann, weil sie in keiner Beziehung zur Umwelt stehen. Bereits Darwin stellt fest, dass es Variationen von Organismen auch dort gibt, wo die Umweltbedingungen konstant sind. Er schließt daraus, dass die »Natur des Organismus« die wichtigste Ursache zur Erklärung der Änderungen von Organismen seien.[118] Eine einseitige deterministische Vorstellung der Anpassung des Organismus an seine Umwelt vertritt also auch Darwin nicht (↑Umwelt/Umweltdeterminismus).

In Ergänzung zum Prinzip der Anpassung an die Umwelt sind verschiedene organismuszentrierte Formbildungsprinzipien vorgeschlagen worden. R. Woltereck spricht von den »inneren Entfaltungsgesetzen«, die die Formen des Organismus bestimmen.[119] Daran anschließend argumentiert er, nicht alle Organformen könnten auf ihre Zweckmäßigkeit oder Nützlichkeit bezogen werden, weil sie nicht in Korrespondenz mit der Umwelt stünden.

Ausgebaut wird dieser Gedanke v.a. von A. Portmann seit Ende der 1940er Jahre unter dem Schlagwort der ↑*Selbstdarstellung* des Lebendigen. Gegen die Erklärung aller Formen als Zweckmäßigkeit im Sinne der Erhaltungsdienlichkeit oder als Anpassung behauptet Portmann: »Alle Gestalten des Lebens sind in ihrer Erscheinung stets viel mehr als sich durch die elementare Notwendigkeit, durch die vom Leben geforderte Zweckmäßigkeit erklären läßt. Die Gestalten übersteigen an Reichtum der Erscheinung die bloße Notdurft der Erhaltung«.[120]

Aber auch ohne auf zweifelhafte Prinzipien wie das der Selbstdarstellung zurückzugreifen, kann im Rahmen der vergleichenden Morphologie auf viele Erscheinungen verwiesen werden, die gegen eine einfache Determination der organischen Formen durch die Umwelt sprechen. Es können die Anforderungen eines Lebensraumes im Gegenteil zu sehr unterschiedlichen »Lösungen« seitens des Organismus führen, d.h. zu Merkmalen, die als Anpassungen an den Lebensraum zu deuten sind. Beispielsweise kann die einheitliche Lebensweise von Organismen, die im Wasser schweben, – also dem Plankton – zu sehr unterschiedlichen Formen von Schwebe-Anpassungen führen, die nicht in ihrer Gestalt, sondern allein in ihrem Effekt übereinstimmen, ein Herabsinken zu vermindern – so etwa die Ausbildung von Schwebefortsätzen, die Einlagerung von leichten Stoffen (Schwimmblase) oder die Bildung einer Körpergestalt in Blasen-, Scheiben- oder Stabform.[121]

In der gleichen Umwelt können also sehr unterschiedliche Strukturen als Anpassungen entwickelt werden. Den entgegengesetzten Fall der Entwicklung von sehr unterschiedlichen Anpassungen ausgehend von einem Typus bezeichnet H.F. Osborn 1902 als **adaptive Radiation**. Benannt ist damit der evolutive Prozess der Anpassung von verwandten Organismen an unterschiedliche Umweltbedingungen (»differentiation of habit in several directions from a primitive type«[122]).

J. von Uexküll: »kontrapunktische Beziehung«
Trotz dieser Kritik bildet der Anpassungsbegriff in zahlreichen biologischen Theorien des 20. Jahrhunderts ein zentrales Konzept. Dies gilt z.B. für die »Bedeutungslehre« J. von Uexkülls. Von Uexküll fasst das Verhältnis von Organismus und Umwelt als eine ***kontrapunktische Beziehung***.[123] Es lassen sich nach von Uexküll aus den Eigenschaften der Umwelt Rückschlüsse auf die Eigenschaften des Organismus treffen und umgekehrt: Die Eigenschaften des Wassers spiegeln sich z.B. in den Eigenschaften der in ihm lebenden Organismen. Auch zwischen den Merkmalen verschiedener Organismen, die zueinander in einer Beziehung stehen, besteht nach von Uexküll dieses »harmonische Bedeutungsverhältnis«, so dass man z.B. »das Spinnennetz als getreues Abbild der Fliege bezeichnen kann«.[124] Die »Kompositionslehre der Natur« vermag es, hier eine Vielzahl von »Bedeutungsregeln« zu identifizieren, etwa diese: »Wär' nicht die Blume bienenhaft/ Und wäre nicht die Biene blumenhaft,/ Der Einklang könnte nicht gelingen«.[125] Weil die Korrespondenz von Organismus und Umwelt nach von Uexküll immer vollkommen ist und keine Abstufung nach Graden vorliegt, zieht er die Bezeichnung *Einpassung* dem darwinistisch gedeuteten Wort *Anpassung* vor.[126]

Im Anschluss an von Uexküll und unter häufigem Bezug auf Goethe (»goetheanistische Naturwissenschaft«) werden korrelative Beziehungen zwischen Organismen und ihrer jeweiligen Umwelt bis heute

> **Anpassung als Verhältnis zur Umwelt**
> »What makes a characteristic advantageous, hence adaptive, is a relationship between the organism and [...] its environment« (Simpson 1953, 160).
>
> **Anpassung als Organisation**
> »[T]o say that living things are organized is to say they are adapted« (Pittendrigh 1958, 394).
>
> **Anpassung als Ergebnis der Selektion**
> »Adaptive means simply: being the result of natural selection« (Mayr 1974, 107).
>
> »*A is an adaptation for task T in population P if and only if A became prevalent in P because there was selection for A, where the selective advantage of A was due to the fact that A helped perform task T*« (Sober 1984, 208).
>
> **Anpassung als Nützlichkeit (Propensität)**
> »An adaptive trait is a structural or functional characteristic, or more generally, an aspect of the developmental pattern of the organism, which enables or enhances the probability of this organism surviving and reproducing« (Dobzhansky 1968, 7).
>
> »An adaptation is a phenotypic variant that results in the highest fitness among a specified set of variants in a given environment« (Reeve & Sherman 1993, 9).

Tab. 8. Definitionen des Anpassungsbegriffs.

untersucht. So werden z.B. Korrespondenzen zwischen dem Strukturreichtum von Vogelgesängen und dem Lebensraum der Vögel gesehen: Innerhalb der Gruppe der Rohrsänger in Mitteleuropa zeigen die Vögel der Arten, die bevorzugt in monotonen Habitaten leben, auch den eintönigsten Gesang.[127] Und Vögel, die in der Nähe von Gewässern leben (z.B. Bachstelzen und Regenpfeifer) führen häufig eine knicksende, wellenartige Bewegung des Körpers aus, die der Bewegung des Wassers korrespondiert.[128]

Anpassung anorganischer Körper?
Ob es sinnvoll ist, von Anpassungen auch im Bereich anorganischer Körper zu sprechen, ist umstritten. Einerseits erscheint es auf den ersten Blick nicht abwegig, von einem Kieselstein zu sagen, er habe sich durch seine gerundete Form dem fließenden Wasser in einem Bach angepasst. Gegen diese Verwendung des Anpassungsbegriffs wird aber eingewandt, dass der Begriff eine Entgegensetzung von System und Umwelt voraussetzt, die wegen der fehlenden funktionalen Geschlossenheit anorganischer Körper auf diese nicht anwendbar sei.[129] Das Konzept stellt nach dieser Argumentation also einen spezifisch biologischen Begriff dar: die Beziehung eines Systems zu seiner Umwelt, von der es konzeptionell unterschieden ist, auf die es für seine Existenz aber doch angewiesen und daher durch sie geformt ist.

Die Anpassung lässt sich in dieser Weise als die spezifische Form der Selbsterhaltung organisierter Systeme deuten, die von der Einstellung eines Gleichgewichts bei anorganischen Körpern unterschieden ist, nach P. Valéry: »Nicht-organisierte Körper sind von der Umwelt nicht isoliert – und kommen mit ihr ins Gleichgewicht, wogegen organisierte Körper mit Anpassungen darauf reagieren. Und sobald die letzteren aufhören, sich anzupassen (das heißt aber: sie selbst und isoliert zu bleiben und die Umweltveränderungen auf ihre jeweils eigene Weise auszugleichen), hören sie auch auf, sich zu erhalten, und bringen mit ihrem Tod sich in Einklang mit ihrer Umwelt. Gleichgewicht steht Anpassung gegenüber«.[130]

Für Organismen gibt Underwood 1954 eine Darstellung der möglichen »Kategorien« von Anpassungen, die jeweils für ein Evolutionsszenario formuliert sind. Danach kann eine Anpassung im Rahmen von vier Prozessen entstehen: durch die Erzeugung eines neuen Merkmals, durch die Abwandlung eines bestehenden Merkmals, durch die Veränderung der Funktion eines bestehenden Merkmals oder durch die Vereinfachung eines Merkmals.[131]

Anpassung und Anpassungsfähigkeit
Der ursprüngliche Begriff der Anpassung in der Biologie bezieht sich nicht auf evolutionäre Veränderungen, sondern auf individuelle Reaktionen eines Organismus auf Umweltereignisse. Eine klare begriffliche Unterscheidung dieser zwei Fälle bildet sich jedoch bis in die Gegenwart nicht heraus. G. Jaeger unterscheidet 1878 eine »direkte (ontogenetische)« von einer »indirekten (phylogenetischen)« Anpassung[132] – sowohl Prozesse, die im Laufe des Lebens eines Individuums stattfinden, als auch solche im Rahmen der Evolution sind damit als ›Anpassungen‹ bestimmt. In ähnlicher Absicht unterscheidet J. Huxley 1912 zwischen *Anpassung* (»adaptation«) und *Anpassungsfähigkeit* oder *Adaptabilität* (»adaptability«; s.u.): Während erstere im Wesentlichen morphologische und andere im Laufe des individuellen Lebens kaum zu verändernde Merkmale betrifft, ist letztere auf die Verhaltensplastizität bezogen. Zwischen beiden Formen besteht nach Huxley ein umgekehrt proportionales Verhältnis: Hohe Anpassung sei häufig mit geringer Anpassungsfähigkeit verbunden: »The very success of the adaptation decreases the creature's adaptability«.[133]

Eine Mittelstellung zwischen beiden Formen nimmt die von W. Roux so genannte **funktionelle Anpassung** ein.[134] Roux versteht darunter 1881 »die

1. Universale Anpassung
Relation eines Gegenstandes (ob lebendig oder nicht) zu bestimmten Gegenständen in seiner Umwelt, die seine Existenz ermöglichen (z.B. Ermöglichung der Existenz des Menschen durch Umweltfaktoren auf der Erde)

2. Akkomodation
Änderung der Sensitivität eines Sinnesorgans in Abhängigkeit von der Intensität eines Reizes (z.B. Akkomodation der Lichtempfindlichkeit des Auges an die Helligkeit)

3. Anpassungsfähigkeit (Adaptivität)
Physiologische und ontogenetische Variabilität in Abhängigkeit von einer jeweiligen oder sich ändernden Umwelt (z.B. Akklimatisierung, Modifikation, phänotypische Plastizität)

4. biologische Nützlichkeit eines Teils (Aptation)
Vorhandensein eines morphologischen, physiologischen oder ethologischen Elements in einem Organismus, das eine positive Rolle für die Erfüllung einer biologischen Funktion spielt, das also für Selbsterhaltung und Fortpflanzung des Organismus von Bedeutung ist (z.B. Flossen als eine Anpassung für das Leben im Wasser)

5. Angepasstheit
Relativer und quantifizierbarer Zustand der Passung eines Organismus zu den Elementen seiner Umwelt, d.h. Vorhandensein einer Relation zwischen Organismus und Umwelt, die unterschiedliche Überlebenswahrscheinlichkeit und differenzielle Reproduktion von Organismen bedingt (z.B. relative Anpassung eines Säugetiers ans Leben im Wasser)

6. selektionsbedingte Angepasstheit
Relativer und quantifizierbarer Zustand der Passung eines Organismus zu den Elementen seiner Umwelt, der das Ergebnis eines Selektionsprozesses seiner Merkmale für ihre jeweiligen Funktionen in der Vergangenheit ist (z.B. Flossen der Wale als in der Vergangenheit selektierte Merkmale)

7. Selektion
Prozess der Formung von Merkmalen durch den generationenübergreifenden Prozess der Selektion, d.h. langfristige Herausbildung von Merkmalen, die ein verbessertes Überleben und eine verbesserte Fortpflanzung in einer Umwelt ermöglichen (z.B. Selektion der Flossen bei im Wasser lebenden Säugetieren)

8. Fitness
Voraussichtlicher reproduktiver Erfolg eines Organismus in einer bestimmten Umwelt (z.B. Fortpflanzungswahrscheinlichkeit eines Wals)

Tab. 9. Acht Bedeutungen von ›Anpassung‹ in der Biologie (nach Mahner, M. & Bunge, M. (1997). Foundations of Biophilosophy: 160-162).

Anpassung [eines Organs] an die Function durch Ausübung derselben«.[135] Allgemein versteht Roux unter der »›Anpassung‹ von Lebewesen an irgendwelche Umstände eine Veränderung der Lebewesen, welche die Dauerfähigkeit der betreffenden Lebewesen grösser macht, als sie unter denselben Umständen ohne diese Aenderung sein würde«[136] (↑Selbsterhaltung). Gemäß seiner Lehre vom »Kampf der Theile im Organismus« stellt sich Roux die funktionelle Anpassung als das Ergebnis einer Konkurrenz der Zellen und Organe vor. Intensiver oder fehlender Gebrauch eines Organs führt nach Roux zu einem weiteren Ausbau bzw. einem Abbau des betreffenden Organs. Über lamarckistische Mechanismen könnte diese individuelle Änderung an die Nachkommen weitergegeben werden. In einem nicht-terminologischen Sinne wird der Ausdruck ›funktionelle Anpassung‹ bereits vor Roux gebraucht (Gaskell 1833: »the usual functional adaptation of […] parts [in the human body]«[137]; Spencer 1864: »functional adaptation to conditions«[138]; Lockwood 1874: »See that bird with bill curving upward. What a beautiful functional adaptation it is«).[139]

Ein unabhängig von der Evolutionstheorie stehender Anpassungsbegriff im Sinne der Anpassungsfähigkeit wird Mitte des 20. Jahrhunderts im Rahmen kybernetischer Modellierungen organischer Steuerungsprozesse entwickelt. G. Sommerhoff versteht 1950 unter einer Anpassung ein bestimmtes Muster der Abhängigkeit von Größen in einem System, dass dem Modell einer Steuerung entspricht – Sommerhoff nennt es *steuernde Korrelation* (»directive correlation«; ↑Regulation/Steuerung).[140]

Bock und von Wahlert unterscheiden 1965 zwischen einer *allgemeinen biologischen Anpassung* und einer *evolutionären Anpassung*. Erstere betrifft allein das nützliche Verhältnis eines Teils eines Organismus zu seiner Umwelt; die Evolutionstheorie liefert nach den Autoren eine Erklärung für dieses lange vor der Formulierung der Evolutionstheorie erkannte Phänomen.[141]

Ähnlich wie J. Huxley 1912 schlägt M. Ruse 1971 die sinnvolle terminologische Trennung zwischen *Anpassungsfähigkeit* (»adaptability«) und *Angepasstheit* (»adaptedness«) vor, die sich aber nicht allgemein durchsetzt.[142] Anpassungsfähig sind danach allein Verhaltensweisen (Prozesse), angepasst können dagegen auch Strukturen (morphologische Merkmale) sein, und zwar aufgrund ihrer Formung in einem vergangenen Selektionsprozess. Beide Bestimmungen sind voneinander unabhängig: Ein Verhalten, das eine Plastizität und Persistenz aufweist (↑Regulation), repräsentiert für Ruse ein *anpassungsfähiges* Verhalten – aber es muss damit noch nicht *angepasst*, und das heißt *funktional* sein. Umgekehrt kann ein angepasstes Verhalten starr ablaufen (und eine Anpassung in einer Struktur bestehen), d.h. keine Plastizität oder Persistenz aufweisen – aber trotz dieser fehlenden Anpassungsfähigkeit ist es nicht weniger angepasst und in diesem Sinne funktional. (Ruse: »it is often the case that an organism or group which is found to be particularly well adapted to a certain environment is not particularly adaptable, and vice versa«.[143])

Anpassungen und Funktionen
Im Rahmen der evolutionstheoretischen Erläuterung des biologisch fundamentalen Begriffs der ↑Funktion entwickeln sich Definitionen, die die Konzepte ›Anpassung‹ und ›Funktion‹ in sehr enge Verbindung bringen (vgl. Tab. 8).[144] Ruse geht den direkten Weg der Identifizierung einer Funktion mit einer Anpassung: Er übersetzt die Aussage »The function of x in z is to do y« in folgende Teilaussagen: »(i) z does y by using x« und »(ii) y is an adaptation«.[145] Viele Biologen und Biophilosophen favorisieren heute eine enge Bindung des Funktionsbegriffs an den Anpassungsbegriff (s.u.).[146]

R. Munson schlägt 1971 eine Differenzierung zwischen Funktionen und Anpassungen vor, nach der letztere sich im Gegensatz zu ersteren immer auf eine Umwelt beziehen (»Adaptation is relative to an environment in a way that function is not, and because of this, it is possible for a trait to have a function and yet not be adaptive«[147]). Aber auch diese Differenzierung konnte sich nicht allgemein durchsetzen.

Lewontin: Ko-Determination statt Anpassung
Entgegen der vielfach vorgenommenen Bindung des Anpassungsbegriffs an das Vorliegen eines Selektionsprozesses wird von anderer Seite darauf hingewiesen, dass eine Theorie der Selektion sehr wohl ohne den Begriff der Anpassung formuliert werden könne. R. Lewontin erläutert das Konzept der ↑Evolution im Sinne differenzieller Reproduktion als Konsequenz aus drei Annahmen: der Variation von Merkmalen zwischen Organismen, der Erblichkeit dieser Variation und der differenziellen Reproduktion der Organismen aufgrund ihrer Variation.[148] Lewontin wendet sich dagegen, dem Anpassungskonzept eine fundamentale Rolle in der Biologie zuzuerkennen, weil die Organismen damit als passive Produkte und nicht als die eigentlichen Akteure der Evolution erscheinen würden: »[T]he very use of the notion of adaptation inevitably carries over into modern biology the theological view of a preformed physical world to which organisms were fitted«.[149] Organismen seien nicht als die nachgeordneten Lösungen zu Problemen, die von der Umwelt gestellt werden, zu verstehen; vielmehr ergebe sich das Problem der Anpassung erst ausgehend von einem Organismus. Problematisch ist für Lewontin die Vorstellung einer einseitigen Anpassung der Organismen an ihre Umwelt – er illustriert dieses Verständnis mit einem Schlüssel-Schloss-Vergleich: Ein Organismus löst die von seiner Umwelt gestellten Probleme so, wie ein Schlüssel ein gegebenes Schloss zu öffnen vermag. Lewontin stellt dagegen das Bild eines wechselseitigen Verhältnisses von Organismus und Umwelt, das als eine *Interpenetration* und *Ko-Determination* beschrieben werden kann.[150] In der von Lewontin angestrebten »dialektischen Biologie« bleibt für das Anpassungskonzept insgesamt wenig Raum; an seine Stelle setzt er eine wechselseitige Bestimmung von Organismus und Umwelt: »[I]n place of the metaphor of adaptation of organisms to a pre-existing environmental ›niche‹, dialectical biology emphasizes the way in which organisms define and alter their environment in the process of their life activities. Organism and environment are both in a constant state of becoming, mutually determining each other«.[151]

W.F. Gutmann: Evolution ohne Anpassung
In eine ähnliche Richtung weist die grundlegende Kritik W.F. Gutmanns an dem Anpassungsbegriff. Nach Gutmann gibt es keine Anpassungen, denn nicht die Umwelt wird für die determinierende Größe in der Evolution angesehen, sondern die Konstruktion des Organismus. ›Anpassung‹ ist daher ein Begriff, der in der Theorie überhaupt keinen Ort mehr findet: »Mit der Vorstellung der Anpassung an die Umwelt ist jedes sinnvolle Organismus-Verständnis zerstört«.[152] Nicht nur die Erzeugung neuer vorteilhafter Konstruktionen, auch die Zerstörung nicht lebensfähiger Konstruktionen erfolgt für Gutmann ausgehend von einem Organismus. Nicht die Umwelt, sondern die Organismen selbst sind es nach dieser Theorie, die über ihr Überleben entscheiden, weil ihre Konstruktion interne Zwänge für jede mögliche Veränderung festlegt; Gutmann spricht daher von »internen Selektionsmechanismen«.[153] Zwar gesteht auch Gutmann der Umwelt eine Bedeutung für die Organismen zu, insofern er sie als offene Systeme beschreibt, die der Materie- und Energieversorgung bedürfen; die Umwelt kann nach Gutmann darüber hinaus einschränkende Bedingungen für die Ent-

wicklung der Organismen festlegen. Es liege aber keine determinierende Beziehung von der Umwelt zum Organismus vor; verschiedene Konstruktionen können in der gleichen Umwelt bestehen; die Bedeutung der Umwelt für die Entwicklung wird also durch den Organismus festgelegt, er ist nicht durch seine Umwelt bedingt. In die Richtung von Gutmann weisen bereits solche Konzipierungen des Anpassungsbegriffs, in denen die Relation des Organismus zu seiner Umwelt keine Rolle spielt.

In den heute geläufigen Definitionen von ›Anpassung‹ spielt die Relation zur Umwelt kaum eine Rolle: Die weitere Verwendung des Anpassungsbegriffs auch im evolutionstheoretischen Rahmen wird also wesentlich durch seine Redefinition sichergestellt. Als Anpassungen werden die (morphologischen oder ethologischen) Merkmale von Organismen bestimmt, die einen positiven Beitrag zu seiner Fitness leisten oder geleistet haben.

Anpassung als Ergebnis vergangener Selektion
Der heute geläufigste Anpassungsbegriff bindet die Zuschreibung einer Anpassung an das Vorliegen einer vergangenen Selektion von einem Merkmal für eine Funktion. Deutlich wird dieser Begriff von Anpassung bereits bei G.C. Williams in seiner Diskussion solcher Merkmale, die von Biologen nicht als ›Anpassung‹ beschrieben werden. Die Körpermasse von fliegenden Fischen ist nach Williams ein solches Merkmal. Das Gewicht eines fliegenden Fisches trägt zwar zu seiner Rückkehr ins Wasser und damit zu seinem Überleben bei; trotzdem wird es nicht als Anpassung gedeutet. Anpassungen liegen nach Williams nur in Bezug auf Merkmale vor, die eine Selektion gegenüber Alternativen hinter sich haben. Weil es gewichtslose Fische aber nicht geben kann, stelle das Gewicht auch keine Anpassung dar.[154]

Eine Anpassung als ein Merkmal zu definieren, das das Ergebnis eines vergangenen Selektionsprozesses ist, bildet heute einen verbreiteten Ansatz.[155] E. Sober stellt deutlich heraus, dass ›Anpassung‹ nach seiner Auffassung ein »historisches Konzept« ist, das nichts über die gegenwärtige Nützlichkeit eines Merkmals aussagt: »Adaptation is a historical concept. To call a characteristic an adaptation is to say something about its origin«[156]; »an adaptation can lack current utility«[157].

Als Definition für ›Anpassung« schlägt Sober 1984 folgende Formulierung vor: »*A* is an adaptation for task *T* in population *P* if and only if *A* became prevalent in *P* because there was selection for *A*, where the selective advantage of *A* was due to the fact that *A* helped perform task *T*«.[158] Betont ist mit dieser Definition die logische Unabhängigkeit der Konzepte der Fitness (bei Sober gleichbedeutend mit Angepasstheit; »adaptedness«) und Anpassung (»adaptation«). Während die Fitness ein zukunftsbezogenes Konzept ist, das die Überlebens- und Fortpflanzungswahrscheinlichkeit eines Organismus bezeichnet, ist die Anpassung nach Sober ein retrospektives Konzept, das sich auf vergangene Selektion bezieht.[159] Ein Merkmal, das eine Anpassung ist, muss daher nicht zur Erhöhung der Fitness eines Organismus beitragen und umgekehrt. Die helle Färbung eines Birkenspanners beispielsweise, der in einer Population lebt, deren Mitglieder über Jahrhunderte auf hellen Baumrinden lebten, stellt eine Anpassung dar, auch wenn sie in einer Umwelt, die überwiegend dunkle Baumrinden aufweist, einen selektiven Nachteil und damit einen Fitnessnachteil bedeutet (vgl. Abb. 12; ↑Selektion).

Anpassung als Fitness
Mit einem auf diese Weise vergangenheitsorientierten Anpassungsbegriff ist die methodische Schwierigkeit verbunden, Anpassungen nur selten begründet zuschreiben zu können, weil die evolutionäre Geschichte eines Merkmals selten genau bekannt ist.[160] Außerdem enthält diese Definition das Problem, auch solche Eigenschaften als Anpassungen zu werten, die zwar in der Vergangenheit selektiert wurden, aber in der Gegenwart keinen Fitnessbeitrag mehr leisten oder sogar schädlich für den Organismus sind. Unter anderem diese Schwierigkeiten bilden den Grund dafür, dass von einigen Autoren nicht die *vergangene* Selektion, sondern die gegenwärtige Nützlichkeit, also die *zukünftige* positive Selektion eines Merkmals als Kriterium für dessen Anpassungscharakter genommen wird. Damit liegt ein nicht-historischer Ansatz (»nonhistorical account«) zur Bestimmung des Anpassungsbegriffs vor.[161]

Im 20. Jahrhundert ist der Begriff der Anpassung vielfach in dieser Weise verstanden worden: als Ausdruck des Beitrags eines Merkmals zur (gegenwärtigen und zukünftigen) Selbsterhaltung und Fortpflanzung eines Organismus. R.S. Lillie schreibt in diesem Sinne bereits 1915: »all adaptive features or devices have one property in common – namely, that of furthering the continued existence of the species. An adaptation is a species-conserving characteristic«.[162]

Eine ähnliche Definition gibt auch der Evolutionsbiologe T. Dobzhansky: »An adaptive trait is a structural or functional characteristic, or more generally, an aspect of the developmental pattern of the organism, which enables or enhances the probability of this organism surviving and reproducing«.[163]

B. Horan unterscheidet 1989 ausdrücklich zwischen Merkmalen, die in der Gegenwart einen Beitrag zur Fitness des Organismus, dem sie angehören, leisten, (Funktionen) und solchen, bei denen dies in der Vergangenheit der Fall ist, die also eine Selektionsgeschichte hinter sich haben. Anpassungen sind nach dem Verständnis von Horan Funktionen, d.h. gegenwärtig fitnessbefördernde Merkmale.[164]

Aufgrund der Probleme des vergangenheitsorientierten Anpassungsbegriffs schlagen H.K. Reeve und P.W. Sherman 1993 eine prospektive Definition der Anpassung vor: »An adaptation is a phenotypic variant that results in the highest fitness among a specified set of variants in a given environment«.[165] Methodische Vorteile bietet eine solche Definition der Anpassung, insofern mit ihr keine historischen Studien notwendig werden, die schwierig sind, weil die evolutionäre Vergangenheit eines Merkmals meist nicht hinreichend detailliert bekannt ist, um die Ursachen seiner Verbreitung rekonstruieren zu können.

Darüberhinaus bietet die Definition der Anpassung über die gegenwärtige Nützlichkeit und nicht über die Selektionsvergangenheit eines Merkmals einen theoretischen Vorteil: Die Ebene der Beschreibung des zu erklärenden Phänomens und dessen Erklärung bleiben getrennt; es wird keine analytische (definitorische) Verbundenheit von Anpassung und Selektion in der Vergangenheit vorgenommen. Der Nachweis der Selektion in der Vergangenheit kann dann als eine *Erklärung* von Anpassung verwendet werden, die Selektionstheorie damit insgesamt als eine erklärende Theorie gegenüber den deskriptiv ermittelten Phänomenen der Anpassung fungieren.[166] Wird dagegen jede ›Anpassung‹ immer schon als Selektionsprodukt definiert, dann geht diese Trennung zwischen der Ebene der Phänomene und der Erklärungen verloren.

Fitness ohne Anpassung?
Umstritten ist es aber auch, jedes Merkmal, das zur Steigerung der Fitness eines Organismus beiträgt, als eine Anpassung zu werten. Bis in die Gegenwart wird der Begriff der Anpassung nicht selten allein auf solche Merkmale bezogen, die für einen Organismus hinsichtlich seines Überlebens nützlich sind; Merkmale dagegen, die allein der Reproduktion dienen, gelten nicht unbedingt als Anpassung. Insbesondere extreme Bildungen, die das Ergebnis sexueller Selektion sind (↑Selektion), die also insofern auch durch Selektion entstanden sind, aber die Überlebenswahrscheinlichkeit mindern, gelten vielfach als unangepasst (»maladaptive«).[167] K. Lorenz schreibt 1963: »Die rein intra-spezifische Zuchtwahl kann zur Ausbildung von Formen und Verhaltensweisen führen, die nicht nur bar jedes Anpassungswertes sind, sondern die Arterhaltung direkt schädigen können«.[168] Ausgehend von der obigen Definition von Anpassungen als Produkte eines Selektionsprozesses sind aber natürlich auch solche Merkmale, die zwar die individuelle Überlebenswahrscheinlichkeit mindern, aber die Reproduktionswahrscheinlichkeit überproportional stärken, als Anpassungen anzusehen.[169]

Anpassung, Organisation, Kompartimentierung
Die Verbindung der Konzepte ›Anpassung‹ und ›Evolution‹ scheint heute unzerbrechlich zu sein; die Beschreibung eines Merkmals als Anpassung verweist auf einen evolutionären Kontext. In verschiedenen Ansätzen wird aber auch versucht, den Begriff der Anpassung ausgehend von dem Begriff der Organisation zu verstehen. Mehr am Rande bemerkt C.S. Pittendrigh 1958 diese Verbindung: »to say that living things are organized is to say they are adapted«.[170] Im Rahmen einer Organisation beurteilt, kann in erster Linie das wechselseitige Verhältnis der Teile eines Organismus zueinander als Anpassung beschrieben werden. Diese Anpassungen stehen zueinander in einem Verhältnis der korrelativen Einheit. Der Anpassungsbegriff muss also nicht notwendig eine atomisierende Sicht auf den Organismus enthalten, die mehrere Merkmale als unverbunden nebeneinander gestellt betrachtet – etwa im Sinne eines »Aggregats gehäufter Anpassungen« oder »Eigenschaftsaggregats«, wie es J. Schaxel 1922 formuliert[171] (↑Form) –, sondern der Begriff eröffnet auch die Möglichkeit, den Organismus als ganzheitliche Einheit zu beschreiben.

Allerdings wird in neueren Ansätzen zur Erklärung der oft erstaunlichen Anpassungen von Organismen die Bedeutung der Kompartimentierung und modularen Organisation von Lebewesen (↑Morphologie) für ihre Anpassungen betont: Die Unterteilung des Organismus in selbständige Untereinheiten ermöglicht die Veränderung einer Einheit weitgehend ohne Beeinträchtigung der anderen Einheiten.[172]

Ausgehend von den Theorien zur Selbstorganisation erscheinen die Phänomene der Anpassung manchmal als abgeleitet. S. Kauffman erwägt es allgemein, die Fähigkeit zur Anpassung als Konsequenz der fundamentaleren Leistung der Selbstorganisation zu sehen.[173] Die als Anpassung erscheinende Relation eines selbstorganisierenden Systems zu seiner Umwelt stellt dann lediglich einen Aspekt der lokalen Stabilität des Systems auf seiner Trajektorie durch den Phasenraum dar.

Adaptationismus

Im Kontext von Debatten um die Soziobiologie führt S.J. Gould 1980 den Terminus ›Adaptationismus‹ (engl. »adaptationism«) ein; er bezeichnet damit einen evolutionstheoretischen Ansatz, der alle Merkmale von Organismen als Anpassungen beurteilt.[174] Die Wortbildung hängt mit dem Ausdruck ›adaptationistisches Programm‹ zusammen, mit dem R. Lewontin eine besonders in der Soziobiologie verbreitete Einstellung benennt, nach der alle Merkmale ohne Überprüfung als adaptiv optimale Lösungen angesehen werden (1979: »Sociobiology as an adaptationist program«: »that approach to evolutionary studies which assumes without further proof that all aspects of the morphology, physiology and behavior of organisms are adaptive optimal solutions to problems«[175]).

In einem nicht-terminologischen Sinn hat das Wort eine Vorgeschichte, die bis zum Ende des 19. Jahrhunderts zurückreicht: Im religionswissenschaftlichen Zusammenhang gebraucht es O. Gruppe 1887 (»Der reine Adaptationismus«[176]); er versteht darunter eine Deutung von religiösen Erscheinungen, die diese als »Anpassungen an die veränderten Existenzbedingungen« erklärt[177]. Im Gegensatz zum »Evolutionismus« erkläre der Adaptationismus eine Erscheinung also nicht aus ihrer immanenten Entwicklung, sondern aus ihrer Relation zur Umwelt, zu den »äusseren Verhältnissen«, wie es bei Gruppe heißt.[178] Seit den 1930er Jahren erscheint das Wort auch in biologischen Diskussionen (Anonymus ca. 1932[179]; McLean & Ivimey-Cook 1956: »teleological adaptationism«[180]; Monod 1970: »Darwin himself did not reject Lamarckian adaptationism«[181]).

Im Anschluss an die Verwendung bei Gould verbreitet sich das Wort in den 1980er Jahren schnell.[182] Die Kritik am Adaptationismus ist anfangs mit dem Bezug zu einem einflussreichen Aufsatz von Gould und Lewontin verbunden, in dem vom »adaptationistischen Programm« der Soziobiologie die Rede ist.[183] Nach der Figur des ›Dr. Pangloss‹ aus Voltaires ›Candide‹ (1759) – einer Parodie des Philosophen Leibniz und seiner Haltung, dass wir in der besten aller möglichen Welten leben, – bezeichnen Gould und Lewontin den Adaptationismus auch als *Panglossianismus*.

Als geistige Väter des Adaptationismus gelten A.R. Wallace und A. Weismann, nicht aber C. Darwin. Denn Darwin lässt neben der Selektion durchaus andere Faktoren zur Erklärung der Veränderung von Organismen zu. So heißt es schon in der ersten Auflage des ›Origin‹ am Ende der Einleitung: »I am convinced that Natural Selection has been the main [1869: »most important«] but not exclusive means of modification«.[184] Nach Weismanns monistischer Auffassung, die im Gegensatz zu Darwins liberaleren Vorstellungen steht und die als *Panadaptationismus* bezeichnet wurde, gilt dagegen: »alles an den Lebewesen beruht auf Anpassung.«[185] Später verteidigt G.J. Romanes in einem bekannten Aufsatz den Pluralismus Darwins gegen den Panselektionismus von Wallace und Weismann.[186] In der gegenüber dem Darwinismus skeptischen Zeit unmittelbar nach der Jahrhundertwende spielt die Doktrin des Adaptationismus keine prägende Rolle. Nur vereinzelt wird daher auch darauf hingewiesen, dass es methodisch schwierig sein kann, die Hypothese der Anpassung zu widerlegen[187], oder dass sie nicht direkt aus der Beobachtung, sondern aus dem Glauben an die Universalität des Selektionsprinzips stammt[188]. Erst in der zweiten Jahrhunderthälfte wird der Adaptationismus zu einer dominanten Interpretationsgrundlage vieler biologischer Erklärungen. Besonders deutlich fordert A.J. Cain 1951 in Auseinandersetzung mit Zufallsfaktoren in der Evolution, dass jedes Merkmal entweder als ›Anpassung‹ oder als ›unerforscht‹ bezeichnet werden sollte, weil noch jedes angeblich nicht angepasste Merkmal bei näherer Untersuchung als Anpassung erkannt wurde.[189] Später bedient sich die in den 70er Jahren aufblühende Soziobiologie vielfach adaptationistischer Argumentationen: Viele Merkmale von Organismen werden ungeprüft als Anpassungen ausgegeben.

Die Kritik am Adaptationismus seit den 1970er Jahren richtet sich v.a. gegen die angeblich fehlende Testbarkeit der Position, weil die Behauptung einer Anpassung nicht widerlegt werden könne. So wird argumentiert, dass bei der Widerlegung der Behauptung, ein Merkmal stelle im Hinblick auf eine Funktion eine Anpassung dar, sofort eine Hypothese der Anpassung im Hinblick auf eine andere Funktion aufgestellt werden könne.[190] Lewontin meint daher, im Adaptationismus liege ein nicht gerechtfertigtes metaphysisches Postulat (»the adaptationist program makes of adaptation a metaphysical postulate, not only incapable of refutation but necessarily confirmed by every observation«[191]).

Wird unter ›Anpassung‹ strikt ein historisches Konzept verstanden, das sich auf einen vergangenen Selektionsprozess bezieht, dann ist selbst der Nachweis der gegenwärtigen Funktionalität eines Merkmals im Sinne seines positiven Beitrags für die Fitness eines Organismus noch kein hinreichender Grund, das Merkmal als eine Anpassung anzusehen. Denn es besteht auch bei einem funktionalen Merkmal immer die Möglichkeit, dass es nicht aufgrund

> **1 Korrelation zwischen Merkmal und Umwelt**
> **1.1 Konvergenz**
> Das betreffende Merkmal erscheint bei einer Reihe von Organismen verschiedener (nur entfernt miteinander verwandter) Arten, die in einer ähnlichen Umwelt leben.
>
> **1.2 Divergenz**
> Das Merkmal erscheint in verschiedenen Varianten bei Organismen verwandter Arten, die in verschiedenen Umwelten leben.
>
> **1.3 Variation in der Ontogenese**
> Das Merkmal erscheint in verschiedenen Varianten im Laufe der Lebensgeschichte eines Organismus und die Veränderungen korrelieren mit unterschiedlichen Umweltbedingungen oder Verhaltensweisen des Organismus.
>
> **1.4 Komplexität**
> Das Merkmal ist komplex und kann in Komponenten zerlegt werden, deren Funktionalität nachweisbar ist.
>
> **2 Vergleich individueller Differenzen**
> Individuen mit dem Merkmal haben einen größeren Überlebens- oder Fortpflanzungserfolg als solche Artangehörige, denen das Merkmal fehlt.
>
> **3 Experimentelle Veränderung**
> Individuen mit dem Merkmal haben einen größeren Überlebens- und Fortpflanzungserfolg als solche, bei denen das Merkmal experimentell verändert oder entfernt wurde.

Tab. 10. Evidenzen für Anpassungen (in Anlehnung an West-Eberhard, M.J. (1992). Adaptation: current usages. In: Keller, E.F. & Lloyd, E.A. (eds.). Keywords in Evolutionary Biology, 13-18: 14).

dieser Funktion in der Vergangenheit selektiert wurde, sondern aufgrund seiner Kopplung mit anderen Merkmalen. Als Anpassung für eine Funktion ist ein Merkmal also erst dann bestimmt, wenn der evolutionäre Weg seiner Entstehung und Ausbreitung aufgedeckt ist und dabei gezeigt wird, dass es für diese Funktion in der Vergangenheit selektiert wurde. Bei einem funktional komplexen Merkmal, das in vielen Kontexten von Bedeutung ist, bilden also allein diejenigen Funktionen seine Anpassung, für die es selektiert wurde.[192] Die in der Praxis der Biologie vielfach verwendeten Evidenzen für Anpassungen (vgl. Tab. 10) bilden also noch lange keinen Beweis.

Testprogramme für den Adaptationismus
Zur Verteidigung des Adaptationismus sind verschiedene Vorschläge für genaue Testprogramme gemacht worden. S.H. Orzack und E. Sober schlagen vor, den realen Verlauf eines Evolutionsprozesses durch verschiedene miteinander konkurrierende Modelle zu erklären: Ein umfassendes Modell enthält alle bekannten Faktoren der Evolution, also neben Selektion zumindest noch Drift; ein adaptationistisches Modell enthält dagegen allein die Annahme, es liege ein Selektionsprozess vor. Wenn das adaptationistische Modell die Daten ebenso zu erklären vermag wie das umfassende Modell, ist nach Orzack und Sober die adaptationistische Annahme für diesen Fall begründet.[193] Angemessener ist es allerdings, das adaptationistische Modell nicht gegen das umfassende Modell, das alle Faktoren berücksichtigt, zu testen, sondern gegen ein anderes spezifisches Modell, weil es auch gleich gute spezifische Modelle geben kann.[194] In jedem Fall ist für den Test einer adaptationistischen Hypothese eine umfangreiche Datengrundlage notwendig; sie kann nicht aus einfachen Beobachtungen begründet werden.[195]

Mit der Kritik am Adaptationismus wird mitunter auch der Anpassungsbegriff selbst als problematisch aufgefasst. Verteidigt werden kann die Legitimität dieses Begriffs aber mit dem Hinweis, dass in adaptationistischen Hypothesen nie der Anpassungsbegriff als Ganzer zur Überprüfung vorliegt, sondern immer nur im Hinblick auf konkrete Bezüge.[196] Der Begriff der Anpassung gilt insgesamt als mit dem des Organismus eng verknüpft, er wird daher in konkreten biologischen Untersuchungen vorausgesetzt und kann nicht durch sie aufgehoben werden. A. Rosenberg argumentiert außerdem, dass es in der Natur der Theorie der Selektion liege, die in ihrem Rahmen betrachteten Gegenstände im Hinblick auf die Maximierung einer Eigenschaft, nämlich ihrer Fitness, zu thematisieren. Die Selektionstheorie stelle insofern eine Extremaltheorie dar, in deren Wesen es liege, den von ihr exponierten Faktor als universal wirksam anzunehmen.[197]

Die Kritik des Adaptationismus kann sich also weniger gegen die Selektionstheorie richten als vielmehr dagegen, sie als die einzig relevante Theorie zur Erklärung der Struktur und Veränderung von Organismen heranzuziehen. Neben der Selektion spielen in dem Prozess der Organisation und Modifikation auch noch andere Faktoren eine Rolle, z.B. die Drift, Genkopplungen, allometrische Wachstumsmuster oder die jeweils vorliegenden Baupläne in ihrem Veränderungspotenzial und ihren Einschränkungen (»constraints«; ↑Typus). Dass diese verschiedenen Faktoren an der Ausbildung von Merkmalen eines Organismus beteiligt sind, wird heute allgemein anerkannt.[198] In der Evolution werden daher nicht alle Merkmale ausschließlich durch Selektion geformt; die organischen Merkmale stellen vielmehr *integ-*

rierte Pakete (»integrated packages«) dar, an denen die verschiedenen Faktoren gleichzeitig angreifen.[199] Wiederholt ist auch darauf hingewiesen worden, dass der Adaptationismus nicht als Theorie im traditionellen Sinn zu verstehen sei. Er stelle vielmehr eine heuristisch fruchtbare Einstellung dar, die empirische Daten organisiert und Fragen generiert.[200]

Typen des Adaptationismus
Der Begriff des Adaptationismus kann in verschiedener Weise verstanden werden; P. Godfrey-Smith unterscheidet 2001 drei Arten: den empirischen, explanatorischen und methodologischen Adaptationismus (vgl. Tab. 11).[201] Die drei Arten des Adaptationismus stehen zwar in inhaltlicher Verbindung miteinander, sind aber logisch voneinander unabhängig: So kann man der Auffassung sein, dass die meisten Eigenschaften von Lebewesen keine Anpassungen sind, sondern z.B. durch morphologische Gesetze der Gestaltbildung oder durch Drift zu erklären sind (Ablehnung des empirischen Adaptationismus), aber die Erklärung von Anpassung trotzdem den Kern eines evolutionstheoretischen Ansatzes darstellt (Annahme des explanatorischen Adaptationismus) oder versucht werden sollte, Merkmale als Ergebnis von Anpassungsprozessen zu erklären (Annahme des methodologischen Adaptationismus). Daher ist die neutrale Theorie der Evolution (↑Evolution) allein ein Problem für den empirischen Adaptationismus; mit dem explanatorischen und methodologischen ist sie durchaus vereinbar.

Zentrales Forschungsprogramm der Biologie
Die Verbreitung von Anpassungserscheinungen in der organischen Natur und damit die Dominanz der Selektion in der Formung von Merkmalen von Organismen ist bis heute umstritten. Auf der einen Seite wird die Selektion in der Nachfolge von Gould und Lewontin als ein Faktor unter vielen anderen verstanden, auf der anderen Seite gilt sie als das zentrale Element zum Verständnis von Organismen. So beschreibt schon Pittendrigh 1958 das Studium der Anpassungen als *den Kern der Biologie* (»the core of biological study«).[202] Rosenberg versteht die Selektion im Gegensatz zu den anderen Faktoren als die einzige allgemeine biologische Kraft und ist daher der Auffassung, der Adaptationismus müsse als ein zentrales Forschungsprogramm der Biologie verstanden werden (»the only viable research program in biology«[203]). Auch D. Dennett streicht emphatisch die zentrale Rolle des Adaptationismus für die Biologie heraus und setzt das Verlassen dieses Forschungsprogramms mit dem Zusammenbruch des Ansatzes

Empirischer Adaptationismus
Anpassungsprozesse sind in der Natur häufig, weil die meisten Merkmale von Organismen durch die natürliche Selektion geformt wurden (deskriptive These).

Explanatorischer Adaptationismus
Das Problem der Anpassung stellt die zentrale Fragestellung der Evolutionstheorie dar und bildet daher ihren theoretischen Kern (theoriesystematischer Ansatz).

Methodologischer Adaptationismus
Das Konzept der Anpassung liefert den besten Ansatz zur Erklärung biologischer Systeme und sollte insofern als organisierendes Konzept für die Forschung verwendet werden (normative Position).

Tab. 11. Drei Arten des Adaptationismus (nach Godfrey-Smith, P. (2001). Three kinds of adaptationism. In: Orzack, H.G. & Sober, E. (eds.). Adaptationism and Optimality, 335-357).

der Biologie eins: »Adaptationist reasoning is not optional; it is the heart and soul of evolutionary biology. Although it may be supplemented, and its flaws repaired, to think of *displacing* it from central position in biology is to imagine not just the downfall of Darwinism but the collapse of modern biochemistry and all the life sciences and medicine«.[204]

Koadaptation
Eine Koadaptation ist eine wechselseitige Anpassung von zwei Gegenständen aneinander. Sie kann zwischen den Teilen eines Organismus oder zwischen solchen verschiedener Organismen vorliegen. In dieser doppelten Möglichkeit verwendet bereits Darwin den Begriff: »adaptations of one part of the organisation to another part, and to the conditions of life, and of one distinct organic being to another being«.[205]

Die ältere Theoriegeschichte des Konzepts der Koadaptation hängt mit den Begriffen ›Korrelation‹ (↑Morphologie) und ↑Ganzheit zusammen. Bereits in der Antike wird mit der wechselseitigen Anpassung der Organe eines Körpers für die größere Stabilität solcher Körper gegenüber anderen argumentiert: Nach Empedokles sind z.B. Rinder mit dem Vorderleib eines Menschen keine harmonisch und stabil geformten Lebewesen.[206] Zu Beginn des 19. Jahrhunderts bildet für Cuvier die Koadaptation der Teile eines Organismus ein Argument gegen die Transformation und ↑Evolution der Lebewesen.

Auch nach der Formulierung von Darwins Theorie wird die Koadaptation der Teile immer wieder als ein Argument gegen die Evolution angeführt und als Beleg eines (göttlichen) Designs in der Natur.[207] We-

	Selektion (für die betreffende Funktion) in der Vergangenheit		
	ja	nein	
Selektion in der Zukunft (Fitnessvorteil) — ja	Adaptation	Exaptation	Adaptivität
Selektion in der Zukunft (Fitnessvorteil) — nein	Rudiment	Nonadaptation	Nonadaptivität
	Angepasstheit (»adaptedness«)	Nichtangepasstheit (»nonadaptedness«)	

Tab. 12. Kreuzklassifikation von Typen der Anpassung.

gen der komplexen Natur von Koadaptationen und ihrer unwahrscheinlichen spontanen Entstehung sind sie lange Zeit als Nachweis für eine Vererbung erworbener Eigenschaften angesehen worden. In dieser Richtung argumentieren z.B. die führenden frühen Darwinisten H. Spencer[208] und G.J. Romanes[209]. Weil die vielen physiologischen Veränderungen, die einer Koadaptation zugrunde liegen, nicht gleichzeitig auftreten könnten, müsse die Veränderung eines Teils an die anderen Teile weitergeleitet werden, so dass eine koordinierte Umgestaltung möglich werde. Spencer stellt sich diese Vermittlung durch »physiologische Einheiten« vor, die von den erworbenen Eigenschaften eines Individuums verändert werden und an seine Keimzellen weitergegeben werden.

A.R. Wallace, der eine Vererbung erworbener Eigenschaften allgemein ablehnt, argumentiert gegen die Behauptung, dass das Vorhandensein von Koadaptationen die Annahme eines solchen Lamarckismus notwendig mache. Die Koadaptationen – z.B. solche, die der Entstehung von komplexen Strukturen wie Augen zugrunde liegen – sind nach Wallace und nach der bis heute gültigen Lehre nach dem gleichen Modell zu erklären wie die Adaptationen, nämlich durch eine schrittweise Veränderung der Teile.[210]

Präadaptation
Der Ausdruck ›Präadaptation‹ erscheint in einem evolutionstheoretischen Sinn im Englischen seit den 1870er Jahren (Henderson 1872: »pre-adaptation to domestication [of the buffalo]«[211]). Außerbiologisch taucht die Formulierung bereits in der ersten Hälfte des 19. Jahrhunderts auf[212], aber auch innerhalb der Biologie wird sie außerhalb des evolutionären Kontextes bereits vorher verwendet, besonders in Bezug auf Fähigkeiten des planenden Denkens (Bachelor 1831: »pre-adaptation of the infant to the state of things into which it enters at birth«[213]; Watson 1846: »intelligent pre-adaptation of the body to circumstances foreseen and anticipated before they occur«[214]).

Zu weiterer Verbreitung kommt der Ausdruck aber erst am Ende des 19. Jahrhunderts. H. Spencer verwendet ihn in den späteren Auflagen seiner ›Principles of Biology‹ (1898: »pre-adaptation«: »an adaptation made in advance of the time at which it could have arisen in course of phylogenetic history«).[215] Vielfach gilt aber fälschlicherweise der französische Biologe L. Cuénot als der Urheber des biologischen Begriffs, der ihn seit 1911 gebraucht (franz. »préadaptation«).[216] Cuénot führt den Begriff im Kontext einer Diskussion des Übergangs von Tieren des Salzwassers ins Süßwasser ein: Damit dieser Habitatwechsel möglich ist, müssten die Tiere bestimmte Eigenschaften aufweisen, die eben als Präadaptationen zu werten seien. Zu diesen Eigenschaften zählen nach Cuénot die Fähigkeit, in Wasser verschiedenen Salzgehalts überleben zu können, (»Euryhalinität«) und die Resistenz gegenüber ausgeprägten saisonalen Schwankungen der Umweltbedingungen. Das biologische Phänomen wird auch schon vor der Begriffsprägung durch Cuénot diskutiert.[217]

Allgemein definiert werden kann eine Präadaptation als ein Merkmal eines Organismus, das eine Disposition für eine Funktion (in einer anderen Umwelt) hat, die es gegenwärtig nicht ausübt. L. von Bertalanffy definiert Präadaptationen 1929 im Anschluss an E. Rignano als Phänomene, »welche im voraus den Organismus vorbereiten, daß er zukünftigen Umweltbedingungen angepasst ist«.[218] Bei einem Wechsel der Umwelt oder bei anderen Veränderungen, die eine Übernahme der neuen Funktion ermöglichen, verändert sich das Merkmal im Sinne einer verbesserten Ausübung der neuen Funktion. Viele komplexe Merkmale werden als Ergebnis eines solchen Funktionswechsels erklärt, z.B. die Federn der Vögel als ursprüngliche Mittel der Wärmeisolation, die aber gleichzeitig eine Präadaptation für die Funktion des Fliegens darstellten.

Exaptation
Zur terminologischen Unterscheidung zwischen dem reinen Zustand der biologischen Nützlichkeit eines Merkmals vom Prozess der Formung eines Merkmals durch Selektion führen S.J. Gould und E.S. Vrba 1982 den Begriff ›Aptation‹ ein: Eine **Aptation** (»Passung«; vgl. Tab. 12) ist nach Gould und Vrba der Zustand der Zuträglichkeit eines Merkmals für

eine besondere biologische Funktion, dieser Zustand muss aber nicht – wie bei der Adaptation – durch Selektion für diese Funktion in der Vergangenheit bedingt sein.[219] Ein durch Mutation entstandenes Merkmal, das keine Selektionsvergangenheit hat, aber in der Zukunft positiv selektiert wird, stellt also eine Aptation, aber keine Adaptation dar. (Der Begriff der Aptation entspricht weitgehend den Ausdrücken ›Angepasstheit‹ oder ›Adaptivität‹; s.u.). Aufbauend auf diesem Begriff der Aptation schlagen Gould und Vrba den Begriff der *Exaptation* für Merkmale vor, die eine andere Funktion übernehmen als die, in deren Zusammenhang sie in der Vergangenheit entstanden oder positiv selektiert worden sind (»characters evolved for other usages (or for no function at all), and later ›coopted‹ for their current role«[220]). So stellen die Federn der Vögel nach einer verbreiteten Theorie in Bezug auf die Funktion des Fliegens eine Exaptation dar, weil sie ursprünglich im funktionalen Kontext der Wärmeisolation gebildet wurden (s.o.). Mit dieser Unterscheidung von Aptation und Adaptation macht der Ausdruck ›Präadaptation‹ wenig Sinn. Vrba und Gould schlagen daher vor, ihn durch *Präaptation* (»preaptation«) zu ersetzen.[221]

Weil nach der Evolutionstheorie in der Fassung von Darwin jedes Merkmal ursprünglich zufällig entsteht, also die Entstehung eines Merkmals in keiner Beziehung zum Nutzen für den Organismus steht, ist letztlich jede Adaptation aus einer Exaptation entstanden.[222] Zumindest gilt dies in Bezug auf die erste Entstehung eines Merkmals. Für die weitere Entwicklung eines adaptiven Merkmals macht es Sinn, es insofern von einem exaptiven Merkmal zu unterscheiden, als die betrachtete Funktion ätiologisch von Bedeutung war, also in seiner Selektionsgeschichte eine Rolle spielte.[223]

Insgesamt bezieht sich die Unterscheidung von Adaptation und Exaptation auf das Verhältnis eines Merkmals zu einer bestimmten Funktion und beurteilt dieses Verhältnis in seiner zeitlichen Entwicklung. Ist die Funktion des Merkmals vor und nach einem bestimmten Zeitpunkt die gleiche, dann handelt es sich um eine Adaptation; liegt aber ein Funktionswechsel vor, dann ist das Merkmal eine Exaptation (im Bereich der Artefakte sind diese Funktionswechsel alltäglich[224], z.B. stellt die erhöhte Sitzfläche eines Stuhls in ihrer Verwendung als Trittfläche eine Exaptation für diese Funktion dar). Zu einem späteren Zeitpunkt des Evolutionsprozesses beurteilt, kann eine Exaptation selbst wieder einer Selektion für die neue Funktion unterlegen sein (so z.B. die Federn für ihre neue Funktion des Fliegens). Die gleiche Struktur kann aufgrund verschiedener Funktionen Gegenstand der Selektion sein. Die Selektion für eine Funktion kann also wechseln, auch wenn die Struktur die gleiche bleibt.

Bevor ein Merkmal zu einer Adaptation (oder einer Exaptation) wird, bildet es eine potenzielle Adaptation oder eine *Potaptation*, wie J. Brosius und S.J. Gould es 1992 nennen; ist ein Merkmal erwiesenermaßen nicht durch Selektion geformt worden, stellt es also keine Anpassung dar, sprechen die Autoren von einer *Nonaptation*.[225] P. Griffiths schlägt 1992 vor, für die Exaptationen, die eine jüngere Selektionsgeschichte für ihre neue Funktion haben, den Ausdruck *Exadaptationen* zu verwenden.[226]

Angepasstheit
Der Begriff der Angepasstheit erscheint im Englischen bereits im 17. Jahrhundert (Fergusson 1698: »adaptedness«[227]); eine konstante Verwendung in der Biologie entsteht erst Mitte des 19. Jahrhunderts. Bis in die 1830er Jahre wird mit dem Ausdruck vielfach die Eignung einer geografischen Region für die Bedürfnisse von Pflanzen und Tieren (und deren Nutzung durch den Menschen) bezeichnet (1833: »No country can exceed this in its adaptedness for rearing the finest fruits«[228]; Hitchcock 1835: »this adaptedness of soils for so great a variety of plants«[229]). Erst danach wird der Begriff eher auf das umgekehrte Verhältnis bezogen, mit der anorganischen Umwelt als der Konstante und den Organismen als der variablen und dynamischen Seite der Relation; auffallend häufig wird der Begriff dabei im Zusammenhang mit gezüchteten Haustieren verwendet (Anonymus 1845: »an adaptedness to the climate [of sheep]«[230]; Allen 1847: »adaptedness to the soil, climate, and wants of the farmer [of cattle]«[231]; Howard 1854: »the adaptedness of animals to particular localities«[232]; Warden 1860: »the size of an animal is not the test of its adaptedness to the zone in which we may discover it«[233]; Sandeman 1896: »adaptedness of organisms«[234]). In der Biologie wird der Ausdruck auf Merkmale angewandt, die einem Organismus eine erhöhte Fitness gegenüber Organismen mit Alternativmerkmalen verleihen. Er wird meist so definiert, dass er unabhängig von einer Selektionsvergangenheit auf Merkmale bezogen werden kann.

H. Driesch unterscheidet bereits 1919 ausdrücklich zwischen Anpassung und Angepasstheit. Eine Anpassung ist für Driesch ein *Vorgang*, der zu den Regulationserscheinungen zu rechnen ist; eine Angepasstheit ist demgegenüber ein *Zustand*, genauer »ein Zustand, rein als Zustand betrachtet, das heißt so, daß nach seiner Herkunft nicht gefragt wird«.[235]

Während die Begriffe bei Driesch noch nicht im evolutionstheoretischen Zusammenhang stehen, wird dies später die vorherrschende Grundlage für ihr Verständnis. Anpassung und Angepasstheit werden meist als Vorgang und Zustand unterschieden. In einer Terminologie, die sich nicht durchgesetzt hat, drückt C. Detto den Unterschied aus: Die Entstehung einer Anpassung bezeichnet er als *Ökogenese*, den Zustand der Anpassung als *Ökologismus*.[236] G.G. Simpson unterscheidet 1953 zwischen *einer* Anpassung als individuellem Merkmal eines Organismus (oder einer Gruppe) und Anpassung als Prozess: »an adaptation is a characteristic of an organism advantageous to it or to the conspecific group in which it lives, while adaptation or the process of adaptation is the acquisition within a population of such individual adaptation«.[237] In der überlieferten Terminologie formuliert T. Dobzhansky 1968 knapp: »Adaptedness is a state of being adapted: adaptation refers to the process of becoming adapted; adaptability means that the organism or population concerned can remain or can become physiologically or genetically adapted in a certain range of environments«.[238]

Auch ein zufällig entstandenes Merkmal kann nach diesem Verständnis eine Angepasstheit sein, wenn es die Fitness des Organismus (d.h. seine Überlebens- und Fortpflanzungswahrscheinlichkeit) erhöht. R. Brandon sieht die Angepasstheit als Ursache der Selektion auf der Ebene des Individuums, die Anpassung dagegen als ihre Wirkung.[239] Er identifiziert, ebenso wie E. Sober, die Angepasstheit mit der Fitness.[240] Anpassung und Angepasstheit sind also logisch voneinander unabhängig: Eine Anpassung, im Sinne eines Merkmals, das vergangener Selektion unterlag, muss keine Angepasstheit sein, weil sie die Fitness nicht steigert (z.B. weil sich die Umwelt geändert hat); und umgekehrt muss eine Angepasstheit keiner Selektion in der Vergangenheit unterlegen gewesen, also keine Anpassung sein (z.B. weil das Merkmal eine gerade entstandene Mutation ist). Angepasstheit und Anpassung sind zueinander komplementäre Konzepte: Das eine bezieht sich auf die vergangene Selektionsgeschichte eines Merkmals, das andere auf die zu erwartende zukünftige Selektion.

Entgegen der etablierten Terminologie, wie sie etwa von Dobzhansky, Brandon und Sober verwendet wird[241], erscheint es aber sinnvoll, Merkmale, für die es eine Selektion für die betreffende Funktion in der Vergangenheit gab, also Adaptationen und Rudimente unter dem Titel der *Angepasstheit* (engl. »adaptedness«) zusammenzufassen und entsprechend Merkmale, in der diese Selektion nicht vorlag, also Exaptationen und Nonadaptationen als *Nichtange-* *passtheiten* (»nonadaptedness«) zu bezeichnen (vgl. Tab. 12).[242] Eine Erklärung der differenziellen Reproduktion von Organismen (d.h. ihrer Fitness) liefert nach dieser Terminologie weniger die Angepasstheit von Merkmalen (wie dies Brandon nach seiner Terminologie vertritt[243]), sondern ihre *Adaptivität*.

Adaptivität

Der Begriff der Adaptivität wird seit den 1870er Jahren als biologischer Begriff verwendet. Er wird anfangs auf die funktionale Modifikation des Verhaltens eines Organismus im Hinblick auf äußere Umstände bezogen (Carpenter 1879: »adaptiveness of the movement«).[244] Gleichzeitig wird der Ausdruck – im Englischen besonders in der Form ›adaptivity‹ – aber auch auf die generationenübergreifende Veränderung eines Organismus im Sinne einer evolutionären Anpassung bezogen (Allman 1874: »the capacity of having [...] characters more or less modified in the offspring by external agencies, or it may be by spontaneous tendency to variation«).[245]

Im 20. Jahrhundert wird die Adaptivität schärfer von der Anpassungsfähigkeit oder **Adaptabilität** (»adaptability«) abgegrenzt (s.o.). Letztere wird meist auf die Plastizität eines individuellen Verhaltens bezogen – so schon im 19. Jahrhundert: Colburn 1820: »the greater developement of his nervous system, the more extensive adaptability of his articulations, the more various mobility of his muscles [of man compared to animals]«[246]; Todd & Bowman 1845: »One of the most wonderful circumstances in the construction of the hand, is its adaptability to an infinite number of offices«[247]. ›Adaptivität‹ hat dagegen meist eine evolutionstheoretische Konnotation.

Nach heutigem biologischen Sprachgebrauch wird der Begriff der Adaptivität (»adaptiveness«) so verwendet, dass er auf Merkmale bezogen wird, die einem Organismus einen Fitnessvorteil (in der Gegenwart und Zukunft) gegenüber Organismen mit anderen Merkmalen verleihen.[248] Der Ausdruck ist also weitgehend äquivalent mit ›Aptation‹, und ist damit der Überbegriff für Adaptationen und Exaptationen (vgl. Tab. 12).

Nicht immer wird allerdings zwischen einem adaptierten und einem adaptiven Merkmal unterschieden. Nach der Begriffsverwendung mancher Autoren können auch adaptive Merkmale dadurch definiert sein, dass sie in der Vergangenheit durch Selektion geformt wurden; so heißt es 1974 bei E. Mayr: »Adaptive means simply: being the result of natural selection«.[249]

Fitness

Das Wort ›Fitness‹, dessen ursprüngliche Herkunft ungeklärt ist, findet sich seit dem Ende des 16. Jahrhunderts mit der Bedeutung »Passung; Fähigkeit« in der englischen Sprache (abgeleitet von dem Verb ›to fit‹ »passen«). Auf biologische Gegenstände überträgt spätestens J. Locke Ende des 17. Jahrhunderts das Wort, indem er die Fitness eines Organismus (»fitness of the organization«) mit der Angepasstheit eines Artefakts (einer Uhr) an äußere Zwecke vergleicht.[250] Auf das Verhältnis der Teile eines Organismus zueinander und zur Lebensweise des Organismus bezieht auch J. Ray den Ausdruck (»I shall note the exact Fitness of the Parts of the Bodies of Animals to every ones Nature and manner of living«[251]; »the fitness of all the parts and members of Animals to their respective uses«[252]). N. Grew beschreibt wenig später einige Organe als angepasst (»fitted«) an ihre Aktivität und den Aufenthaltsort des Lebewesens (»Not only the Fins of Fishes, but their Swim-Bladder, are very diversly fitted to the Variety of their Motions, and Stations in the Water«[253]).

›Fitness‹ vor Darwin

Der spätere biologische Gebrauch des Wortes bezieht es in erster Linie auf das Verhältnis eines Organismus zu seiner Umwelt. Der Ausdruck findet sich, v.a. in der Verbform, bereits bei den britischen Vorläufern Darwins, die in den ersten Jahrzehnten des 19. Jahrhunderts Ansätze einer Selektionstheorie formulieren (↑Selektion: Tab. 254). So erscheint er z.B. 1813 in einem später bekannt gewordenen Essay von W.C. Wells über die »Rassen« des Menschen, in dem er darstellt, dass sich in jeder Region diejenige »Rasse« durchsetzt, die am besten an diese Umwelt angepasst ist (»the formation of varieties of man, fitted for the country which they inhabit«).[254] Auch ein anderer Vorläufer Darwins, der Botaniker T.P. Matthew, verwendet das Wort ›Fitness‹, um den komparativen (reproduktiven) Vorteil eines Typs von Organismen gegenüber anderen zu benennen (»those only come forward to maturity from the strict ordeal by which Nature tests their adaptation to her standard of perfection and fitness to continue their kind by reproduction«).[255]

Der für Darwin und Wallace einflussreiche Geologe C. Lyell geht von einer einseitigen Abhängigkeit der Eigenschaften der Organismen von ihrer Umwelt aus (↑Umwelt) und erklärt die »Fitness« der Lebewesen für ihre Umwelt als Ergebnis einer göttlichen Einrichtung.[256] Allerdings ist er auch der Ansicht, dass die Umweltbedingungen auf der Erde von Gott als zuträglich für die Organismen geschaffen worden seien; es liege also das vor, was später als *Fitness der Umwelt* bezeichnet wird[257] (s.u.). Insgesamt besteht damit nach Lyell eine symmetrische und wechselseitige Anpassung von Organismen und Umweltverhältnissen.

Spencer: »Survival of the Fittest«

Zu einer weiten Verbreitung gelangt das Konzept der Fitness in der zweiten Hälfte des 19. Jahrhunderts unter dem Einfluss von H. Spencers berühmter, 1864 geprägter Formel vom **Überleben des Angepasstesten** (»survival of the fittest«).[258] (Der dahinter stehende Grundgedanke, nicht aber, wie vielfach behauptet, die Formulierung selbst, erscheint, auf die sozialen Verhältnisse des Menschen bezogen, bei Spencer bereits 1851 in seinem Werk ›Social Statics‹.) Spencer wählt den Ausdruck zur Bezeichnung des Mechanismus der Selektion, um die auf Intentionalität verweisende Metapher der Selektion zu vermeiden. Durch seine Formel kann nach der Überzeugung Spencers dem Missverständnis entgegengetreten werden, die Selektion sei nicht ein naturimmanenter Prozess, sondern bedürfte eines äußeren Designers. Spencer deutet die Fitness als eine Übereinstimmung des Organismus mit seiner Umwelt (»The continuous adjustment of internal relations to external relations«[259]).

In seiner Einführung dieser Formulierung geht Spencer einerseits auch von miteinander konkurrierenden Individuen aus und zeigt Ansätze eines Denkens in Populationen, wie es später bei Darwin dominant wird, andererseits ist das Konzept bei Spencer noch stark von traditionellen Vorstellungen einer Harmonie und Stabilität der Natur geprägt. So spricht er davon, der Prozess des Überlebens des Passendsten resultiere in der Bewahrung der Harmonie einer Art mit ihrer Umwelt (»result in the maintenance of a constitution in harmony with surrounding circumstances«) und halte die durchschnittliche Fitness der Individuen hoch (»keeps up the average fitness to the conditions of life«).[260] Spencer kann das ›Überleben des Passendsten‹ daher insgesamt als ein Prinzip verstehen, das der »Selbstreinigung einer Art« (»self-acting purification of a species«) dient.[261] Bei sich wandelnden Umweltbedingungen kann diese Selbstreinigung nach Spencer aber auch zur Transformation von Arten und der Entstehung neuer Typen führen (»an altered type completely in equilibrium with the altered conditions«).[262] Spencers Ausdruck stammt insgesamt also aus einem Denken in Kategorien der *Oeconomie naturae*, für die die Stabilität der Arten eine zentrale Rolle spielt.[263]

C. Darwin verwendet das Wort ›Fitness‹ bereits in der ersten Auflage des ›Origin‹ von 1859 an einer

Stelle.[264] Von der Formulierung Spencers erfährt Darwin 1866 und übernimmt sie in einer Schrift aus dem Jahr 1868 und in der fünften Auflage des ›Origin‹ von 1869, nachdem insbesondere Wallace ihm die Formulierung nahe gelegt hat.[265] Darwin gibt zu, dass der Ausdruck Spencers oft angemessener (»more appropriate«) sei. Die anfänglich geringe Akzeptanz seiner Theorie ist für Darwin Anlass, an der Angemessenheit seiner zentralen Begriffe immer wieder zu zweifeln (↑Selektion). Er fühlt sich von vielen Zeitgenossen missverstanden und sucht daher nach alternativen Formulierungsmöglichkeiten, die eine weniger bewusste und intentionale Bedeutung nahe legen als sein Terminus der Selektion. Allerdings hat Darwin aus grammatischen Gründen Bedenken gegen Spencers Formulierung: Er kritisiert diese, weil sie kein Substantiv bilde, das ein Verb regieren könne (»it cannot be used as a substantive governing a verb«).[266]

Aus heutiger Perspektive erscheint außerdem der Superlativ irreführend: Besser wäre der Komparativ ›Überleben des Angepassteren‹ (»survival of the fitter«).[267] Darwin verwendet in den späteren Auflagen des ›Origin‹ ›survival of the fittest‹ und ›natural selection‹ weitgehend synonym: »[The] preservation of favourable individual differences and variations, and the destruction of those which are injurious, I have called Natural Selection, or the Survival of the Fittest«.[268]

Kritisiert wird die Formel vom ›Überleben des Fittesten‹ auch vor dem Hintergrund, dass sie nicht adäquat das Prinzip der Selektion zum Ausdruck bringen kann, weil es viele Fälle der Selektion gibt, in denen nicht die Individuen mit der höchsten Fitness an Häufigkeit zunehmen (Michod 1999).[269] In manchen Fällen nimmt auch die durchschnittliche Fitness der Individuen in einer Population insgesamt ab (z.B. in der Selektion von verhaltensbiologischen »Egoisten«; ↑Selektion: Abb. 475).

Fisher: Populationsgenetische Interpretation
Eine Veränderung erfährt der Fitnessbegriff im Rahmen der populationsgenetischen Interpretation der Evolutionstheorie seit den 1920er Jahren. R.A. Fisher verwendet den Begriff auf der einen Seite weiterhin im klassischen darwinistischen Sinn, indem er ihn auf das einzelne Individuum bezieht und davon spricht, jedes Individuum habe eine qualitativ verschiedene Fitness.[270] Daneben führt Fisher den Fitnessbegriff aber auch als ein statistisches Konzept ein: Es stellt ein Maß dar für die genetische Repräsentation eines Organismus in zukünftigen Generationen (»representation in future generations«).[271] J.B.S. Haldane nennt diese Fitness wenig später *darwinsche Fitness* (»Darwinian fitness«).[272] Irreführend ist diese Bezeichnung allerdings insofern, als für Darwins Verständnis der Selektion gerade Überleben und Tod von Individuen entscheidend sind. G.G. Simpson stellt 1953 daher der *darwinschen Selektion* aufgrund differenzieller Mortalität die *nicht-darwinsche Selektion* aufgrund differenzieller Reproduktion gegenüber (↑Selektion).[273] Die darwinsche Fitness Haldanes bezieht sich also auf die nicht-darwinsche Selektion Simpsons. In dem einen Fall ist die Fitness verbunden mit einem Vorteil eines einzelnen Organismus (»Darwinian selection for now«), in dem anderen Fall mit der Maximierung seiner Reproduktion (»genetical selection for later«).[274] Beide Aspekte sind in dem einen Terminus der Fitness vereint – sie müssen aber doch nicht immer zusammen verwirklicht sein (weil die Reproduktion der körperlichen Integrität eines Organismus schaden kann). Erst in den letzten Jahren werden die beiden Aspekte über die Konzepte der Individual- versus Merkmalsfitness präzise voneinander getrennt (s.u.).

In den theoretischen Überlegungen Fishers spielt der Fitnessbegriff zwar eine wichtige Rolle – die Begründer der Synthetischen Theorie der Evolution (↑Evolutionsbiologie), T. Dobzhansky, J.S. Huxley, E. Mayr und G.G. Simpson verwenden den Ausdruck in den 1930er und 40er Jahren aber nur sehr vereinzelt.[275] Er erscheint außerdem meist bezogen auf die individuelle Konstitution eines Organismus, nicht als populationsgenetische Größe (vgl. z.B. Huxley 1941: »a high level of inherent physical fitness, endurance and general intelligence«[276]; ders. 1942: »immediate individual fitness«[277]; Simpson 1949: »better fitness for the way of life«[278]). Erst seit den 1950er Jahren wird der Begriff zu einem zentralen Terminus der Evolutionstheorie.[279]

Quantifizierung der Fitness
Die Quantifizierung der Fitness bezieht sich fast immer auf die Anzahl der Nachkommen von Organismen verschiedener Typen; sie erfolgt also über die Reproduktion. Probleme bereitet ein solcher Ansatz bei Organismen, die sich auf verschiedene Weise fortpflanzen, z.B. neben der geschlechtlichen auch auf ungeschlechtliche Weise. Denn in diesem Fall ist nicht klar, was als Nachkomme zu zählen ist: nur die geschlechtlich oder auch die ungeschlechtlich erzeugten Individuen? Um dieser Schwierigkeit aus dem Weg zu gehen, schlägt L. van Valen 1976 vor, als Grundlage zur Messung der Fitness nicht die Anzahl der Nachkommen, sondern die Menge der Energie- und Masseanlagerung (der Biomasse) zugrunde zu legen.[280]

Durch seine populationsgenetische Interpretation ist der Fitnessbegriff zu einem zunehmend theoretischen Begriff geworden, der nicht der Beschreibung der faktischen Anpassung eines einzelnen Individuums (an seine Umwelt) dient, sondern vielmehr theoretisch eingebunden ist in eine Erklärung für die Verbreitung des genetischen Typus, zu dem ein Individuum gerechnet wird. Der Fitnessbegriff setzt in seiner modernen Interpretation also eine Population von Individuen voraus.

Eine wichtige und viel rezipierte Unterscheidung innerhalb des Fitnessbegriffs führen J.L. und E.R. Brown 1979 ein, und zwar ausgehend von ihren Untersuchungen des komplexen Sozialverhaltens von Vögeln, die ihren Verwandten bei der Jungenaufzucht am Nest helfen. Sie differenzieren zwischen der *direkten Fitness*, die auf der Grundlage der eigenen Nachkommen gemessen wird, und der *indirekten Fitness*, die sich auf die Nachkommen der Verwandten bezieht, die durch das Verhalten eines Organismus zusätzlich hervorgebracht werden (»inclusive fitness minus direct or individual fitness«).[281]

Selektion kann zur Fitnessreduktion führen
Genaue theoretische Analysen des Selektionsmechanismus ergeben, dass die Selektion nicht immer in Richtung einer Zunahme der durchschnittlichen Fitness der Individuen einer Population wirksam ist. In Fällen frequenzabhängiger Selektion kann es vielmehr zu einer Verminderung der durchschnittlichen Fitness in einer Population kommen. Die Selektion wirkt also nicht notwendig in Richtung der Verbesserung des durchschnittlichen Reproduktionserfolgs von Individuen in einer Population (↑Selektion: Abb. 475).[282]

Vielfalt der Fitnessbegriffe
In verschiedenen Modellen der Selektionstheorie und ihren Anwendungen kann der Fitnessbegriff sehr unterschiedliche Bedeutung haben; die Fitnesswerte gelten also immer nur im Rahmen eines Modells. Damit liegt eine »Pluralität operationaler Definitionen des Fitnessbegriffs« vor.[283] Grundsätzlich unterscheidet R. Dawkins 1982 fünf verschiedene Fitnessbegriffe, die von der unspezifischen Bedeutung bei Spencer und Darwin, über den populationsgenetischen Begriff und die klassische Individualfitness bis zur Hamiltonschen Gesamtfitness reichen[284] (vgl. Tab. 13).

Die wesentlichen Komponenten der Fitness, die in den meisten Modellen Berücksichtigung finden, sind die Überlebenswahrscheinlichkeit (»viability«) und der Fortpflanzungserfolg (»fertility«); als ein Faktor

1. Überlebens- und Fortpflanzungserfolg
Nicht quantifiziertes Maß für die Fähigkeit eines Individuums zum Überleben und zur Fortpflanzung

2. Selektionskoeffizient
Relativer Reproduktionserfolg eines Typus in einfachen Modellen der Populationsgenetik (Modelle mit wenigen Genloki)

3. Individualfitness (Klassische Fitness)
Reproduktiver Erfolg eines Individuums; seine Repräsentation in der nächsten Generation, gemessen als Anzahl der Nachkommen, die das Erwachsenenstadium erreichen

4. Gesamtfitness
Relativer reproduktiver Erfolg eines Typus unter Berücksichtigung der indirekten Fitness durch die Erhöhung des reproduktiven Erfolgs von Verwandten

5. Personale Fitness
Individualfitness einschließlich der zusätzlichen eigenen Nachkommen, die durch die Unterstützung anderer (meist naher Verwandter; z.B. Bruthelfer bei Vögeln) aufgezogen werden

Tab. 13. Fünf Formen der Fitness (nach Dawkins, R. (1982). The Extended Phenotype: 179ff.).

des letzteren kann bei sexuell sich fortpflanzenden Organismen zusätzlich der Paarungserfolg (»mating success«) bestimmt werden.[285] Verbreitet ist aber v.a. der Dualismus von Überleben und Fortpflanzung (Dobzhansky 1968: »Adaptedness to Survive and to Reproduce«[286]; ↑Funktion; Selektion). Die Fitness wird meist einem Individuum (eines Typs), nicht einer Gruppe von Individuen zugeschrieben. Außerdem gilt die Fitness als eine Größe, die den ganzen Lebenszyklus eines Organismus und nicht nur einzelne seiner Stadien charakterisiert. Schließlich wird die Fitness meist relativ zu einer Umwelt bestimmt, und gilt nicht absolut für ein Individuum.

Individual- und Merkmalsfitness
Eine wichtige Unterscheidung, die erst in den letzten Jahren scharf herausgearbeitet wird, ist die zwischen auf der einen Seite **Individualfitness** (Gordon & Gordon 1939: »individual fitness [of *Drosophila* flies]«[287]) und auf der anderen Seite *Typenfitness* (Mills & Beatty 1979: »fitness of types«[288]) oder **Merkmalsfitness** (Sober 1981: »trait fitness«[289]; 1980: »fitness of a trait«[290]; vgl. auch Crow & Kimura 1956: »character fitness«[291]) (↑Selektion/Gruppenselektion).[292] Der Ausdruck ›Individualfitness‹ erscheint bereits Ende des 19. Jahrhunderts, allerdings meist in soziologischen und statistischen Untersuchungen (Romanes 1892: »Success in the civil war, where each is figh-

Model 1: Variation in individual fitness/no variation in trait fitnesses

A. Individual Genotype Fitnesses and Frequencies

Individual Genotype	Individual Fitness	Freq. F_0	Freq. F_1
1 ▲	1.6	10	16
2 ▲	0.4	10	4
3 ■	1.2	10	12
4 ■	0.8	10	8
5 ■	0.8	10	8
6 ■	1.2	10	12
7 ▲	0.4	10	4
8 ▲	1.6	10	16
Total		80	80

B: Trait Frequencies

Traits	Big	Little	△	□	♣	♣
Trait Fitness	1.0	1.0	1.0	1.0	1.0	1.0
Freq. F_0	40	40	40	40	40	40
Freq. F_1	40	40	40	40	40	40

Abb. 14. Die Verteilung von Merkmalen und Fitnesswerten in einer Population sowie deren Veränderung, die zeigt, dass trotz der Variation der Fitness der Individuen keine Selektion und Evolution erfolgt (im Sinne einer Veränderung der Häufigkeit von Merkmalen in der Population vom Zeitpunkt t_0 zum Zeitpunkt t_1), wenn keine Variation der Merkmalsfitness (»Trait Fitness«) vorliegt. Die Merkmalsfitness ist hier als Mittelwert der Individualfitness errechnet (aus Walsh, D.M., Lewens, T. & Ariew, A. (2002). The trials of life: natural selection and random drift. Philos. Sci. 69, 452-473: 461; vgl. auch Walsh, D.M. (2004). Bookkeeping or metaphysics? The units of selection debate. Synthese 138, 337-361: 348).

ting against all, is determined by individual fitness and self-reliance. But success in the foreign war is determined by what may be termed tribal fitness and mutual dependence«[293]; Cummings 1900:»individual fitness to survive«).[294] Einen Platz in der biologischen Literatur hat er erst seit den 1930er Jahren.[295]

Von ›Merkmalsfitness‹ spricht zuerst E. Sober 1981. Er versteht sie als eine Metaeigenschaft, also die Eigenschaft einer Eigenschaft, weil die Fitness selbst eine Eigenschaft ist. Sober wendet sich entschieden gegen die Reduktion der Merkmalsfitness auf die Individualfitness und lehnt Definitionen ab, die die Merkmalsfitness einfach als die durchschnittliche Fitness von Organismen mit einem bestimmten Merkmal bestimmen.[296] Denn ein Merkmal mit einem hohen Fitnessvorteil könnte sich in Organismen befinden, die eine relativ geringe Fitness aufweisen. In jedem Selektionsprozess lässt sich mit Sober die *Selektion für* eine Eigenschaft (ein Merkmal) und die *Selektion von* Objekten (physischen Körpern, z.B. Individuen) unterscheiden (↑Selektion).[297] Theoretisch bedeutsam ist der Begriff der Merkmalsfitness, weil er deutlich macht, dass die Evolutionstheorie allgemeine Aussagen über Eigenschaften, und nicht allein über einzelne Gegenstände macht (↑Evolution).

In einfachen Modellen lässt sich zeigen, dass nicht Variation in der Individualfitness, sondern in der Merkmalsfitness eine notwendige und hinreichende Bedingung für das Vorliegen von Evolution durch Selektion ist (Walsh 2004:»Heritable variation in *trait* fitness – the statistical property of trait *types* – is both necessary and sufficient for change in the structure of a population due to selection«[298]; vgl. Abb. 14). Selbst wenn angenommen wird, dass sich die Merkmalsfitness rechnerisch direkt aus der Individualfitness ergibt und auch kausal nur durch diese determiniert wird, können die Veränderungen in der Population trotzdem nicht direkt aus der Variation in der Individualfitness erklärt werden. Der Grund hierfür lieg darin, dass die Merkmalsfitness nicht die Individualfitness determiniert (sondern nur umgekehrt), die Variation in der Merkmalsfitness aber der entscheidende Grund für das Vorliegen von Selektion ist.

Eine besondere Schwierigkeit ist mit dem Begriff der Individualfitness verbunden, weil die Fitness eines Individuums nicht allein von seinen intrinsischen Eigenschaften abhängt, sondern immer auch vom Kontext und der Merkmalsverteilung in der Population, von dem es ein Teil ist.[299] Dies ergibt sich einerseits daraus, dass die Reproduktion eines Individuums in den meisten Fällen eine sexuelle Paarung voraussetzt und die Fitness damit auch vom Paarungspartner abhängt, andererseits ist in Fällen der frequenzabhängigen Selektion der selektive Wert einer Eigenschaft von der Werteverteilung in der Population abhängig. Die Selektion ist insofern eine Kraft, die innerhalb von Populationen, nicht aber auf einen isolierten Organismus wirkt.

Vorwurf der Tautologie der Selektionstheorie
Am Begriff der Fitness wird seit langem einer der Hauptvorwürfe gegen die Selektionstheorie festgemacht: ihre vermeintliche *Tautologie*. Mit dem Tautologievorwurf sieht sich die Evolutionstheorie früh konfrontiert (↑Selektion: Tab. 257). F.M. Müller bezeichnet schon 1887 den Slogan ›Survival of the

Fittest« als eine reine Tautologie (»sheer tautology«: »We ask, Who is fit to survive? and we are answered, He who is very fit or the fittest«).[300] T. Eimer polemisiert 1897 gegen die »Cirkelschlüsse« der Selektionslehre nach A. Weismann, indem er sie auf folgende Form bringt: »weil alles nützlich ist, ist alles durch Selektion entstanden, und weil alles durch Selektion entsteht, ist alles nützlich«[301]. Der Vorwurf wird angeblich auch bereits von dem Genetiker T.H. Morgan 1914 vorgebracht.[302] L. von Bertalanffy formuliert es 1949 als einen möglichen »Haupteinwand gegen die Selektionstheorie, dass sie nicht widerlegt werden kann«.[303] H.G. Cannon argumentiert 1958, nach Darwins Theorie seien es die Individuen mit der höchsten Fitness, die überleben, die Fitness wiederum würde aber über das tatsächliche Überleben definiert. Das Selektionsprinzip bestehe daher in einer selbstbezüglichen Wahrheit (»a complete truism – a self-evident truth«; »Nature selects for survival those that survive!«).[304] C.H. Waddington bezeichnet die Evolutionstheorie 1960 ausdrücklich als Tautologie, er hält diese Charakterisierung jedoch für nicht problematisch (»Natural selection [...] turns out on closer inspection to be a tautology, a statement of an inevitable although previously unrecognized relation«).[305] Für den Wissenschaftstheoretiker J.J.C. Smart steht die Tautologie der Evolutionstheorie dagegen im Zusammenhang damit, dass die Biologie über keine eigenen Gesetze verfüge, sondern allein in der Anwendung physikalischer und chemischer Gesetze auf die Lebewesen bestehe (»If we try to produce laws in the strict sense which describe evolutionary processes anywhere and anywhen it would seem that we can do so only by turning our propositions into mere tautologies. We can say that even in the great nebula in Andromeda the ›fittest‹ will survive, but this is to say nothing, for ›fittest‹ has to be defined in terms of ›survival‹«).[306]

Noch bis in die 70er Jahre wird die Fitness nicht selten als tatsächliches Überleben bzw. als die Anzahl der Nachkommen eines Organismus definiert.[307] Wenn der Begriff der Fitness umgekehrt gerade zur Erklärung dieser Phänomene herangezogen wird, ergibt sich die Tautologie unmittelbar. Die Fitness erklärt das, was mit ihr vorausgesetzt ist: die differenzielle Reproduktion von Organismen. Der Tautologievorwurf besteht also in der Behauptung, die Evolutionstheorie liefere keine substanzielle Erklärung ihres Gegenstandes, sondern allein eine Rekapitulation des Explanandums: Das von der Theorie angeblich erklärte Überleben (oder die Vermehrung) bestimmter Organismen werde damit erklärt, sie seien eben die Überlebenden (oder sich Vermehrenden).

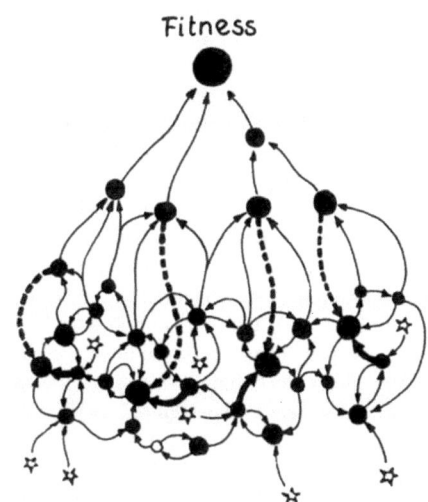

Abb. 15. Die Fitness als die ultimate Wirkung oder der Zweck, auf den alle biologischen Funktionen ausgerichtet sind. Die schwarzen Punkte stehen für Zustände oder Effekte innerhalb eines Organismus; die Pfeile für ihre kausale Beeinflussung untereinander; die Sterne symbolisieren Störereignisse, die durch die organischen Regelkreise kompensiert werden. Nach diesem Bild wird die Fitness von Organismus also durch Zustände und Effekte innerhalb eines Organismus verursacht. Sie ist damit kein eigenständiger kausaler Faktor, sondern lediglich der zusammenfassende Ausdruck der Eigenschaften einer Selektionseinheit (z.B. eines Organismus), die für dessen Reproduktion relevant sind (↑Selektion) (aus Bischof, N. (1985/91). Das Rätsel Ödipus: 328).

Der Vorwurf der Tautologie wird besonders in den 70er Jahren aufgegriffen und zugespitzt, so von K.R. Popper, der von dem »fast tautologischen« Charakter der Evolutionstheorie spricht und den Darwinismus nicht für eine testbare wissenschaftliche Theorie, sondern ein metaphysisches Forschungsprogramm hält (»Darwinism is not a testable scientific theory, but a metaphysical research programme – a possible framework for testable scientific theories«[308]; vgl. auch Peters 1976: »evolution is the survival of the survivors«[309]). Poppers These löst eine intensiv geführte Debatte aus[310], die bis in die Gegenwart anhält. Dabei werden verschiedene Vorschläge gemacht, wie dem Tautologieproblem zu begegnen ist.

Fitness als statistisches Maß oder Disposition
Gegen die Definition der Fitness als Überleben oder als Anzahl der Nachkommen eines Organismus wird seit den 1950er Jahren eingewendet, dass die Fitness als eine Eigenschaft eines Organismus anzusehen ist, die nicht von zufälligen Umweltbedingungen abhän-

gen soll: Zwei eineiige Zwillinge mit gleichem Phänotyp sollen also über die gleiche Fitness verfügen, auch wenn der eine zufällig von einem Blitz getroffen wird, während der andere überlebt.[311] Im Anschluss daran ist vorgeschlagen worden, die Fitness als die mittlere Anzahl der Nachkommen von Organismen des gleichen *Typs* (z.B. Genotyps) zu definieren.[312] Einer der wesentlichen Gründe für die Verwirrungen um den Fitnessbegriff wird darin gesehen, dass er häufig statt auf Typen auf Individuen angewendet wird.[313]

Verwandt mit diesem Vorschlag ist die verbreitete Sicht, die Fitness als eine Propensität oder Disposition zu verstehen: Die Fitness soll nicht die tatsächliche Anzahl der Nachkommen bezeichnen, sondern den *Erwartungswert* (»expected value«) der Nachkommenanzahl.[314] Bestimmt werden kann der Erwartungswert auf der Grundlage der Eigenschaften eines Organismus im Vergleich zu anderen Organismen. Die Unterscheidung zwischen realisierter Fitness (»realized fitness«) und erwarteter Fitness (»expected fitness«) gilt vielen als der Schlüssel zur Lösung des Tautologievorwurfs (z.B. Burian 1983).[315] Die Interpretation der Fitness als Propensität von Individuen eines Typs hat daher inzwischen viele Anhänger.[316] Bereits von Darwin wird diese Interpretation nahe gelegt, insofern er von den selektiv bevorzugten Individuen schreibt, sie hätten die größte Wahrscheinlichkeit des Überlebens und Fortpflanzens (»the best chance of surviving and of procreating their kind«[317]). S.K. Mills und J.H. Beatty definieren die Fitness, genauer die *Individualfitness* (s.o.), als die erwartete Anzahl von Nachkommen eines Organismus in einer bestimmten Umwelt.[318] Die Fitness wird damit zu einer probabilistischen Größe. Auch Popper schließt sich dieser Lösung an, insofern er die Anzahl der Nachkommen und das tatsächliche Überleben eines Organismus nicht zur Definition der Fitness heranzieht, sondern die Fitness vielmehr als Disposition für eine bestimmte Nachkommenzahl und Lebenslänge wertet.[319]

Zu spezifizieren bleibt dabei allerdings noch, ob nur der Erwartungswert der Anzahl unmittelbarer Nachkommen berücksichtigt werden soll, oder auch die Anzahl von deren Nachkommen, also die Repräsentation in späteren Generationen. Für die Beziehung der Fitness auf die langfristige genetische Repräsentation eines Organismus in späteren Generationen spricht, dass damit der eigentliche evolutionäre Effekt bestimmt wird. J.M. Thoday definiert 1953 die Fitness dementsprechend als die Wahrscheinlichkeit für einen Organismus, dass nach einer bestimmten langen Zeitspanne – er spricht von 10^8 Jahren – noch Nachfahren von ihm am Leben sind.[320]

W.S. Cooper nennt diesen langfristigen Beitrag eines Organismus 1984 seine **Fundamentalfitness**.[321] Er schlägt vor, die Fitness als *Erwartungswert der Zeit bis zum Aussterben* (»expected time to extinction«; ETE) zu messen. Weil in sehr langen Zeiträumen ganze Verwandtschaftsgruppen aussterben, kann eine Bestimmung der Fitness auf diese Weise allerdings zu Schwierigkeiten führen. Sinnvoll ist es daher, den Begriff der Fitness als ein Sammelkonzept zu verstehen, das sowohl für kurze Zeiträume (z.B. zwei Generationen) als auch für langfristige Entwicklungen (geologische Zeitspannen) definiert werden kann.[322]

Selbst von Anhängern der Dispositionsinterpretation der Fitness wird eingeräumt, dass mit dem Verständnis der Fitness als Erwartungswert für die Anzahl der Nachkommen oder die Dauer des Überlebens der Nachkommen die Tautologie der Theorie nicht ausgeräumt ist, weil auch diese statistischen Größen keinen empirischen Gehalt in die Definition der Fitness einführen.[323] Außerdem spricht es gegen die Propensitätsinterpretation, dass Fitness keine intrinsische Eigenschaft eines Organismus (oder eines Organismustyps) ist: Bei frequenzabhängiger Selektion z.B. hängt der Fortpflanzungserfolg der Organismen eines Typs vom Kontext ab, in dem sich dieser befindet; die Fitness kann also nicht als intrinsische Disposition eines Organismus interpretiert werden, sondern dient in komplexerer Weise zur Analyse eines Selektionsprozesses mit zwei Variablen: den Eigenschaften des Organismus und seiner Umwelt.[324] Eine korrekte Definition der Fitness hat diese also nicht als intrinsische Eigenschaft eines Organismus oder eines Typs von Organismen, sondern als Relation eines Typs im Verhältnis zu anderen zu bestimmen.[325] Schließlich ist das Verständnis des Fitnesskonzepts im Sinne einer Disposition oder Propensität auch insofern irreführend, als Dispositionen und Propensitäten als eine Form von (probabilistischen) Ursachen gelten können. Fitness ist aber keine Ursache, sondern eine Wirkung der Interaktion einer Selektionseinheit (z.B. eines Individuums) mit seiner Umwelt; Fitness sollte daher auch nicht verstanden werden als *Ursache* zur Erklärung der Wachstumsrate einer Selektionseinheit, sondern als diese Wachstumsrate selbst.[326]

Fitness und Designkriterien
S.J. Gould sieht den Tautologievorwurf 1976 dadurch widerlegt, dass die Fitness nicht über das tatsächliche Überleben, sondern durch unabhängige Designkriterien bestimmt wird: »traits confer fitness by an engineer's criterion of good design, not the empirical fact of their survival and spread«.[327] In ähnli-

cher Weise sind W. Bock und G. von Wahlert 1965 der Meinung, das Maß der Anpassung (genauer: der »evolutionären Anpassung«) könne über den Energieaufwand ermittelt werden. Gute Anpassungen führten zu geringerem Energieverbrauch bei gleicher Leistung: »Evolutionary adaptation, the process, is defined as any evolutionary change which reduces the amount of energy required to maintain successfully a synerg [an organism-environment-complex]«.[328]

Die Energieeffizienz erweist sich allerdings nicht immer als zuverlässiger Indikator der Fitness, denn es können auch Organismen mit einer ineffizienten Energieausbeute selektiv gefördert werden (z.B. durch sexuelle Selektion nach dem Handicap-Prinzip, ↑Selektion, oder weil die Effizienzsteigerung in einem Bereich sich nicht immer reproduktiv auszahlt[329]).

Das nichtempirische Prinzip der Selektion
Eine andere Erwiderung auf den Tautologievorwurf besteht darin, die Tautologie als harmlos anzusehen, weil mit ihr nicht eine empirische Hypothese formuliert, sondern allein ein konzeptioneller Rahmen festgelegt wird, in dem Daten geordnet werden können. A.R. Manser nennt das Verfahren der zirkulären Definition von zentralen Begriffen (»circular definition of key terms«) in diesem Sinne 1965 ein *konzeptionelles Schema* (»a conceptual scheme«) und nicht eine testbare Hypothese.[330] Die Tautologie des begrifflichen Rahmens wird also zugestanden und nicht als Schaden der Theorie angesehen.

In diesem Sinne argumentiert auch M. Ruse, dass die Theorie allein einen allgemeinen Rahmen liefere, innerhalb dessen konkrete Hypothesen formuliert werden können, die sehr wohl testbar seien.[331] Auch R. Brandon ist der Auffassung, das Prinzip der natürlichen Selektion habe selbst keinen empirischen Gehalt, da es nur die Anwendung der Wahrscheinlichkeitstheorie auf ein biologisches Problem sei (»simply an application of probability theory to a biological problem«).[332] Empirischer Gehalt komme allein durch die Untersuchung der kausalen Basis der Anpassung in besonderen Fällen in die Evolutionstheorie.

Die zentrale Stellung des Fitnessbegriffs in der Theorie und zugleich dessen inhaltliche Leere zeigt sich in der Axiomatisierung der Evolutionstheorie durch M. Williams: Der Fitnessbegriff erscheint hier als ein »primitiver Term«, d.h. er wird im Rahmen dieser Axiomatik nicht definiert, sondern vorausgesetzt.[333] A. Rosenberg argumentiert darüber hinaus, dass ›Fitness‹ ein Begriff sei, der in der Evolutionstheorie gar nicht definiert werden könne.[334] Diese fehlende Definition sei gerade die Stärke des Begriffs, weil er dadurch in verschiedenen Kontexten mit unterschiedlichem Gehalt gefüllt werden könne. Nicht im Rahmen der allgemeinen Evolutionstheorie, sondern in seiner jeweiligen Anwendung auf konkrete Fälle erfährt der Begriff der Fitness also seine Definition. Er kann damit als ein *Stellvertreter* (»placeholder«) für konkrete Bestimmungen angesehen werden, auch wenn er selbst im Rahmen einer Tautologie eingeführt wird (Sober 1993).[335] Zu beachten ist damit auch, dass Fitness als bloßer Platzhalter einer Erklärung selbst noch keine Erklärung liefert. Sie stellt, in den Worten R.E. Michods (1999), ein bloßes »Konstrukt« dar, das es im Rahmen einer für einen Kontext gültigen kausalen Erklärung jeweils in konkrete Eigenschaften der Selektionseinheiten zu dekonstruieren gelte.[336]

Immer wieder wird daher im Laufe der Debatte der sehr allgemeine (»metaphysische«) Rahmen herausgestellt, der mit der Evolutionstheorie gegeben ist und der nur ein Schema für Argumentationen im Einzelfall bereitstellt. So nennt Schaffner die Evolutionstheorie eine Rahmentheorie mit fast metaphysischem Charakter (»a background naturalistic framework theory at a nearly metaphysical level of generality and testability«[337]) und E. Sober spricht von der mathematischen Wahrheit (»(nonempirical) mathematical truth«[338]) der selektionstheoretischen Modelle.

Dem Grundsatz nach bringt bereits N. Hartmann diese Einschätzung zum Ausdruck, wenn er 1950 schreibt, das Selektionsprinzip sei »kein bloßer Erfahrungssatz, sondern eine echt apriorische Einsicht«.[339] Für Hartmann bildet das Selektionsprinzip keine erstaunliche und bestreitbare theoretische Annahme, sondern vielmehr eine »Selbstverständlichkeit«: Wenn verschiedene Körper in einem Prozess verändert werden, dann weisen einige davon Eigenschaften in ihrer inneren Struktur oder ihrem Verhältnis zur Umwelt auf, die sie für einen Fortbestand besser disponieren als andere. Das Prinzip der Natürlichen Selektion enthält also zumindest apriorische Elemente.[340] Es wird damit weniger als falsifizierbare Hypothese, sondern vielmehr als organisierendes Prinzip der biologischen Forschung oder Paradigma im Sinne Kuhns beschrieben.[341]

Fitness als superveniente Eigenschaft
Eine andere Antwort auf den Tautologievorwurf gibt Rosenberg: Er schließt aus der Leere des Konzepts der Fitness im Rahmen der Evolutionstheorie, dass es sich bei der Fitness um eine *superveniente* Eigenschaft handle, d.h. sie komme einem Organismus aufgrund besonderer morphologischer, physiologi-

scher und ethologischer Eigenheiten zu und werde durch diese determiniert, aber umgekehrt könne aus der Fitness nicht auf die besonderen Eigenschaften eines Organismus geschlossen werden, weil gleiche Fitness verschieden bedingt sein könne. Verschiedene morphologische, physiologische oder ethologische Merkmale können in unterschiedlicher Zusammensetzung zu gleichen Fitnesswerten beitragen (»multiple Realisierbarkeit«). Die Fitness ist damit als eine »disjunktive Eigenschaft«[342] bestimmt: Sie kann im Rahmen von Erklärungen eine Rolle spielen, ist aber selbst keine Ursache (Sober 1984: »Fitness is Causally Inert«[343]), weil sie einen Komplex von möglichen Ursachen bezeichnet, ohne eine einzelne daraus zu identifizieren. Die Fitness stellt damit nichts als den Komplex von Merkmalen eines Organismus in einer Umwelt dar (»nothing more than having a certain combination of anatomical, physiological properties in a certain environment«[344]). Als ursächlich für die Ausbreitung eines Organismustyps wird die konkrete physiologisch-ethologische Eigenschaft angesehen. Die Fitness wird dagegen als ein Begriff verstanden, der sich auf der Ebene des allgemeinen Rahmens der Evolutionstheorie bewegt. Im Grunde liegt diese Interpretation des Fitnessbegriffs bereits R.A. Fishers Analysen zugrunde, der 1930 feststellt, das Maß der Fitness habe für jedes Individuum eine (kausal) unterschiedliche Grundlage, selbst wenn es quantitativ den gleichen Wert aufweise; die Fitness unterscheide sich damit von statistischen Größen der Thermodynamik, wie z.B. der Entropie. Der gleiche Fitnesswert kann also auf sehr unterschiedliche Weisen instanziiert vorliegen: »Fitness, although measured by a uniform method, is qualitatively different for every different organism, whereas entropy, like temperature, is taken to have the same meaning for all physical systems«.[345]

Der Vorteil dieser Interpretation der Fitness liegt darin, dass die Fitness damit zwar als Ergebnis der physischen Konstitution eines Organismus bestimmt ist, nicht aber auf ein einzelnes Merkmal dieser Konstitution reduziert werden kann. Problematisch am Verständnis der Fitness als superveniente Eigenschaft ist allerdings, dass sie im Grunde kein emergentes Phänomen darstellt (für das der Begriff der Supervenienz ursprünglich geprägt wurde). Die Fitness ist allein ein Zahlenwert, der auf verschiedene Weise bestimmt werden kann und sich als Summe aus den Beiträgen der verschiedenen Eigenschaften eines Organismus ergibt. Besser als eine superveniente Eigenschaft ist sie daher einfach als ein aggregierender Parameter zu bestimmen. In den Worten von C.B. Krimbas: »fitness is a useful device but devoid of any general physical counterpart, exactly as the concept of adaptation: it is only a descriptive tool for the study of natural selection«.[346]

Nach der Diagnose Sobers rührt das Tautologieproblem letztlich daher, dass die Kräfte der Selektion ausgehend von ihren Effekten beschrieben werden.[347] Es ist also die teleologische Sprache der Biologie, d.h. die Konzipierung von Prozessen ausgehend von ihrem Effekt (↑Funktion; Zweckmäßigkeit), die in ihrer Anwendung auf die mechanistischen Verhältnisse der Evolution zu begrifflichen Problemen führt. Ein funktional von der Wirkung her bestimmter Fitnessbegriff macht biologisch jedoch durchaus Sinn: Eine Aussage über die Fitness eines Organismus wäre damit aber immer erst aus einer rückblickenden Perspektive möglich.[348]

Noch einen Schritt weiter als Sober gehen M. Matthen und A. Ariew 2002, indem sie bestreiten, die ↑Selektion sei insgesamt angemessen als eine Kraft zu verstehen. Sie identifizieren die Selektion stattdessen einfach mit dem Effekt des differenziellen Wachstums von Entitäten in einer Population (und nicht mit den Faktoren, die dieses verursachen): »selection is not a cause of growth (or of the change in population characteristics) […]; it is the mathematical aggregate of growth taking place at different rates«.[349] Für den Begriff der Fitness, verstanden als *Ursache* für evolutionäre Veränderungen (»vernacular fitness«), sehen die Autoren dementsprechend auch keine theoretische Rechtfertigung.[350] Zu rechtfertigen sei allein ein Begriff der Fitness, der nicht als Ursache, sondern als *Effekt* von differenziellem Wachstum verstanden oder sogar mit diesem Wachstum identifiziert wird (»predictive fitness«). Schätzungen von Fitnesswerten können daher auch allein über Messungen von Veränderungen in Populationen erfolgen.[351]

Fitness der Umwelt

Das Konzept ›Fitness der Umwelt‹ (»fitness of the environment«) führt L.J. Henderson 1913 ein.[352] Er vertritt damit die These, die Umwelt sei ebenso an das Leben angepasst, wie das Leben an die Umwelt. Henderson behauptet, die Beziehung des Organismus zu seiner Umwelt beruhe auf einem »vollkommen gegenseitigen Verhältnis«: Auf der Erde »bewohnt ein angepasster Organismus eine geeignete Umwelt«.[353] Er ist der Auffassung, »dass die Eigenschaften der Umwelt, vom biologischen Standpunkt aus betrachtet, dieselben Tauglichkeiten aufweisen, wie die Eigenschaften des Lebens«.[354] Henderson belegt dies anhand einer Fülle von physikalisch-chemischen

Details, wie z.B. den Eigenschaften des Wassers oder der Kohlensäure, die in Lösung als Puffer wirken kann. Die Umwelt weist also der Entwicklung des Lebens entgegenkommende Bedingungen auf. Diese Bedingungen sollen es erlauben, ein symmetrisches Verhältnis zu formulieren: So wie Darwin einen Mechanismus der Anpassung der Organismen an die Umwelt angeben konnte, müsse auch von einer Eignung der Umwelt für die Organismen gesprochen werden.

Besonders im Rahmen von theologisch gestützten Argumentationen ist es verbreitet, von einem symmetrischen Verhältnis der Anpassung von Organismen und Umwelt auszugehen: Die weise Vorsehung des Schöpfergottes hat demzufolge nicht nur die Organismen an die Umwelt angepasst, sondern auch die Umwelt an die Organismen. Solche Ansichten finden sich besonders in den naturtheologischen Entwürfen des 18. und frühen 19. Jahrhunderts, z.B. auch noch bei W. Whewell, auf den Henderson verweist.[355] Probleme für diese Interpretation bilden allerdings die Härten der Natur, die regelmäßig durch das Klima oder unregelmäßig durch Katastrophen bedingt sind. Schon Aristoteles weist darauf hin, dass sich die Klimaabläufe ohne Rücksicht auf die Bedürfnisse der Lebewesen vollziehen.[356]

Auch wenn also eine Berechtigung in der Rede von der »Fitness der Umwelt« liegt, wenn die Fitness als Anpassung im Sinne eines Zustands verstanden wird, so ist sie doch problematisch, sie als Ausdruck eines Prozesses zu verstehen. Denn für die Veränderung der Umwelt kann kein zur Selektion der Organismen analoger Mechanismus angegeben werden. Die Symmetrie zwischen Organismus und Umwelt ist dort gebrochen, wo es um die Frage der Dependenz geht: Die Umwelt stellt für einen Organismus die Voraussetzung seiner Existenz dar, und der Organismus ist in der Weise reguliert, dass er bestrebt ist, diese Voraussetzung zu bewahren – die (abiotischen) Gegenstände der Umwelt hängen aber andererseits nicht von den Organismen ab (abgesehen von symbiotischen oder ökologischen Systemen) und sind (meist) auch nicht im Sinne ihrer Erhaltung stabilisiert. ›Anpassung‹ und ›Fitness‹ sind daher Begriffe, die – sofern sie überhaupt auf das Verhältnis von Organismen und Umwelt bezogen werden – ein asymmetrisches Verhältnis als Ergebnis der Veränderung der Organismen (im Rahmen von Selektionsprozessen), und nicht der Umwelt, beschreiben.[357]

»Gaia« und »anthropisches Prinzip«
Die Vorstellung einer Anpassung der Umwelt an die Organismen findet eine Renaissance im Rahmen von Theorien, die eine Evolution auf globaler Ebene formulieren. Nach diesen Theorien haben sich die Organismen in der langen Erdgeschichte nicht nur ihrer Umwelt angepasst, sondern sie haben diese auch maßgeblich verändert und auf diese Weise ihre eigenen Lebensbedingungen geschaffen. Der russische »Biogeochemiker« W.I. Wernadskij formuliert Theorien dieser Art seit den 1920er Jahren und betrachtet die Biosphäre insgesamt als selbstregulierendes System in einem dynamischen Gleichgewicht, in dem alle Elemente aneinander angepasst sind. Verwandte Ansätze laufen heute v.a. unter dem Titel *Gaia* (↑Biosphäre).

Konzeptionell verwandt mit dem Ansatz Hendersons ist auch das so genannte »anthropische Prinzip«: Die Gesetze und universalen Konstanten der Natur sind nach diesem Prinzip nicht nur für die Entstehung des Lebens förderlich, sie haben auch die Existenz des Menschen möglich gemacht. In dieser *schwachen Version* wird das Prinzip allgemein anerkannt: Als Wesen, die in dieser Welt existieren, können Menschen konstatieren, dass die Welt so geartet ist, dass sie ihre Existenz möglich macht. Daneben werden umstrittene *starke Versionen* des Prinzips vertreten, nach der das Universum so sein *muss*, dass das Erscheinen des Menschen damit möglich, wirklich oder sogar notwendig wurde.[358]

Optimierungsmodell
Ausgehend von Modellierungen im Bereich der Wirtschaftswissenschaften werden seit den 1960er Jahren auch in der Biologie Verhaltensweisen als Ergebnis eines Optimierungsprozesses beschrieben. Nahrungssuche, Partnerwahl und andere biologische Vorgänge erscheinen in dieser Beschreibung als individuelle Strategien, die durch die Selektion in der Vergangenheit im Hinblick auf die effiziente Erreichung des Ziels optimiert wurden.[359] Das Verhalten wird also im Rahmen eines *Optimierungsmodells* (»optimization model«[360]) oder *Optimalitätsmodells* (»optimality model«) beschrieben.[361] (Der erste Ausdruck ist dabei dem zweiten vorzuziehen, weil nicht jeder Prozess der Optimierung zum Ergebnis der Optimalität führt.) Eine besonders fruchtbare Anwendung finden Optimalitätsmodelle in der Analyse des Verhaltens von Organismen bei der Nahrungsaufnahme mittels der Theorie der **optimalen Nahrungssuche** (»optimal foraging«).[362] Verbreitet sind dabei Ansätze, die von E.L. Charnovs *Grenzwert-Theorem* ausgehen: Ein Organismus sollte diesem Theorem zufolge so lange an einem Nahrungsflecken (»patch«) bleiben, bis die Rate des Energiegewinns an diesem Flecken unter

den Erwartungswert der Rate an allen anderen Flecken fällt.³⁶³ Über das Grenzwert-Theorem werden sehr spezifische quantitative Vorhersagen gemacht, die einer empirischen Prüfung zugänglich sind.

Es besteht zwar häufig eine Verbindung von Optimierungsansätzen und dem Verfolgen eines adaptationistischen Programms für die Erklärung von Verhaltensweisen³⁶⁴ – die Verwendung von Optimierungsmodellen kann aber andererseits als eine Grundlage zur Untersuchung von Prozessen der Selektion dienen, ohne gleich einem adaptationistischen Programm zu folgen.

Um Missverständnisse zu vermeiden, stellt es bereits einen Fortschritt dar, statt von *Optimierung* allein von *Meliorisierung* von Merkmalen zu sprechen.³⁶⁵ Denn maßgeblich für die Selektion ist allein der komparative Vorteil eines Merkmals gegenüber seinen Alternativmerkmalen – über die Optimalität des Merkmals ist damit noch nichts ausgesagt.

Nachweise

1 Vgl. Healey, J. (Übs.) (1610). Augustinus, City of God: 743; Browne, T. (1646). Pseudodoxia epidemica: 130 (nach OED 1989).
2 Vgl. Sueton, Claudius: 33, 2; ders., Otho 12, 1.
3 Alfanus (ca. 1015/20-1085). Premnon physicon liber (Leipzig 1917): 2, 105; Albertus Magnus (ca. 1270-1280). De mysterio missae (Opera Omnia 38, 1899, 1-165): 1, 2, 2 (S. 16).
4 Pseudo-Galenus (ca. 1225). Anatomia vivorum (Opera Galeni, VIII, Basileae 1902): 165B.
5 Hale, M. (1677). The Primitive Origination Of Mankind: 328.
6 Bonnet, C. (1769). La palingénésie philosophique (2 Bde., Genf 1770): I, 181.
7 Bonnet, C. de (1770). Philosophische Palingenesie (Übers. J.C. Lavater, 2 Bde.): I, 208.
8 Gleichen-Russwurm, A. von (1781). Die Welt der Gotik: 77.
9 Swift, J. (1704). A Tale of a Tub (2nd ed.): 160.
10 Thompson, A.H. (1877). The influence of food-selection upon the evolution of animal life. Trans. Kansas Acad. Sci. 5, 65-70: 67.
11 Platon, Protagoras 321a.
12 Aristoteles, De part. anim. 694 b14f.
13 a.a.O.: 694b7-9; vgl. 646 b.
14 Vgl. Gotthelf, A. (1976/88). Aristotle's conception of final causality. In: Gotthelf, A. & Lennox, J.G. (eds.). Philosophical Issues in Aristotle's Biology, 204-242: 237f.; 241; Amundson, R. (1996). Historical development of the concept of adaptation. In: Rose, M.R. & Lauder, G.V. (eds.). Adaptation, 11-53: 14f.
15 Cicero, De natura deorum 132 (II, liii); vgl. Reinhardt, K. (1921). Poseidonios: 252.

16 Vgl. Amundson (1996): 18; 49.
17 a.a.O.: 18.
18 Ray, J. (1691). The Wisdom of God as Manifested in the Works of the Creation.
19 Paley, W. (1802). Natural Theology.
20 Linné, C. von (1749). Oeconomia naturae (dt. Die Oeconomie der Natur. In: Hoepfner, E.J.T. (Hg.) (1777). Des Ritters Carl von Linné Auserlesene Abhandlungen aus der Naturgeschichte, Physik und Arzneywissenschaft, Bd. 2, Leipzig, 1-56): 20f.
21 Bonnet, C. de (1764-65). Contemplation de la nature. (Œuvres d'histoire naturelle et de philosophie, Bde. 7-9. Neuchâtel, 1781): I, 212.
22 Maupertuis, P.L.M. de (1750). Essai de cosmologie (Œuvres, Bd. 1, Lyon 1768, 1-78): 11.
23 Kant, I. (1788). Über den Gebrauch teleologischer Principien in der Philosophie (AA, Bd. VIII, 157-184): 173.
24 Lamarck, J.B. de (1809). Philosophie zoologique, 2 Bde.: I, 233f.
25 Vgl. Egerton, F.N. (1968). Studies of animal populations from Lamarck to Darwin. J. Hist. Biol. 1, 225-259: 229; Limoges, C. (1970). La sélection naturelle: 40.
26 Goethe, J.W. von (ca. 1799). Metamorphose der Tiere (Hamburger Ausgabe, Bd. 1, 201-203): 202.
27 Goethe, J.W. (1795). Erster Entwurf einer allgemeinen Einleitung in die vergleichende Anatomie, ausgehend von der Osteologie (LA, Bd. I, 9, 119-151): 126.
28 Vgl. Ospovat, D. (1978). Perfect adaptation and teleological explanation: approaches to the problem of the history of life in the mid-nineteenth century. Stud. Hist. Biol. 2, 33-56.
29 Vgl. Amundson, R. (1996). Historical development of the concept of adaptation. In: Rose, M.R. & Lauder, G.V. (eds.). Adaptation, 11-53: 22f.
30 Cuvier, G. [1791]. [Brief an Hartmann vom 18. Mai 1791]. In: Duvernoy, G.L. (1833). Notice historique sur les ouvrages et la vie de M. le B.ᵒⁿ Cuvier: 125.
31 Vgl. Appel, T. (1987). The Geoffroy-Cuvier Debate. French Biology in the Decades before Darwin.
32 Owen, R. (1866-68). On the Anatomy of Vertebrates, 3 Bde.; vgl. Asma, T.S. (1996). Following Form and Function: 105.
33 Bell, C. (1834). The Hand: 42; 153-161; 280; vgl. Ospovat (1978): 37.
34 Owen, R. (1849). On the Nature of Limbs.
35 Carpenter, W.B. (1839/41). Principles of General and Comparative Physiology: 192; vgl. Ospovat (1978): 47.
36 Comte, A. (1838). La philosophie chimique et la philosophie biologique. In: Cours de philosophie positive, Bd. 3: 228.
37 a.a.O.: 225.
38 Strickland, H.E. (1840). Observations upon the affinities and analogies of organized beings. Mag. Nat. Hist. 4, 219-226: 222.
39 Spencer, H. (1864-67/98-99). The Principles of Biology, 2 vols.: I, 93.
40 a.a.O.: 99.
41 Vgl. Ospovat, D. (1981). The Development of Darwin's Theory, 1839-59: 73ff.
42 Darwin, C. [1842]. [Sketch of 1842]. In: The Founda-

tions of the Origin of Species. Two Essays Written in 1842 and 1844 (Works, vol. 10, London 1986): 21.
43 Vgl. Lefèvre, W. (1984). Die Entstehung der biologischen Evolutionstheorie: 253.
44 a.a.O.: 260.
45 Riedl, R. (1975). Die Ordnung des Lebendigen: 298; Wuketits, F.M. (1980). Kausalitätsbegriff und Evolutionstheorie: 116.
46 Geoffroy Saint-Hilaire, E. (1820). Mémoires sur l'organisation des insectes. Premier mémoire sur un squelette chez les insectes, dont toutes les pièces identiques entre elles dans les divers ordres du système entomologique, correspondent à chacun des os du squelette dans les classes supérieures. Journal complémentaire du dictionnaire des sciences médicales 5, 340-351: 341.
47 Vgl. Amundson, R. (1996). Historical development of the concept of adaptation. In: Rose, M.R. & Lauder, G.V. (eds.). Adaptation, 11-53: 28.
48 Gray, A. (1874). Charles Robert Darwin. Nature 10, 79-81: 81.
49 Darwin, C. (1859). On the Origin of Species: 206.
50 Amundson (1996): 49.
51 Pinker, S. & Bloom, P. (1992). Natural language and natural selection. In: Barkow, J.H., Cosmides, L. und Tooby, J. (eds.). The Adapted Mind. Evolutionary Psychology and the Generation of Culture, 451-493: 454.
52 Amundson (1996): 28.
53 Brandon, R. (2008). Natural Selection. The Stanford Encyclopedia of Philosophy (Fall 2010 Edition). http://plato.stanford.edu/archives/fall2010/entries/natural-selection.
54 Pinker & Bloom (1992): 455.
55 Dawkins, R. (1983). Universal Darwinism. In: Bendall, D.S. (ed.). Evolution from Molecules to Man, 403-425: 409.
56 Rosenberg, A. & McShea, D.W. (2008). Philosophy of Biology. A Contemporary Introduction: 25.
57 Darwin, C. (1859/72). On the Origin of Species: 3; 5; 6; 22 und passim.
58 a.a.O.: 2; 22; 69; 107; 126; passim.
59 a.a.O.: 33; 42; passim.
60 a.a.O.: 133; 164; passim.
61 a.a.O.: 59; 80; 98; passim.
62 a.a.O.: 138.
63 a.a.O.: 61; 89; 102; 112; 180.
64 Darwin, C. [1856-58]. Natural Selection (Charles Darwin's Natural Selection, ed. R.C. Stauffer, Cambridge 1975): 219.
65 Darwin (1859/72): 186.
66 Strickland, H.E. (1840). Observations upon the affinities and analogies of organized beings. Mag. Nat. Hist. 4, 219-226: 222; vgl. Bronn, G.H. (1858). Untersuchungen über die Entwickelungs-Gesetze der organischen Welt während der Bildungs-Zeit unserer Erd-Oberfläche: 489.
67 Haeckel, E. (1866). Generelle Morphologie der Organismen, 2 Bde.: I, 152; II, 286; Weismann, A. (1876). Über die mechanische Auffassung der Natur. In: ders., Studien zur Descendenz-Theorie, Bd. 2, 275-330: 320.
68 Hume, D. (1779). Dialogues Concerning Natural Religion (Oxford 1993): 87.
69 Cuvier, G. (1812). Recherches sur les ossemens fossiles de quadrupèdes. 4 Bde.: I, 58; vgl. ders. (1800). Leçons d'anatomie comparée: 47; auch: Reinke, J. (1901/11). Einleitung in die theoretische Biologie: 126.
70 Darwin, C. (1859). On the Origin of Species: 60.
71 Weismann, A. (1909). Die Selektionstheorie: 66.
72 Simpson, G.G. (1953). The Major Features of Evolution: 160.
73 Vesque, J. (1882). L'espèce végétale considérée au point de vue de l'anatomie comparée. Ann. Sci. Nat. (Bot.) 13, 5-46: 9f.; vgl. Warming, E. (1895). Plantesamfund. Grundtraek af den Ökologiske Plantegeografi (dt. 1896): 3.
74 Hesse, R. (1927). Die Ökologie der Tiere, ihre Wege und Ziele. Naturwiss. 15, 942-946: 943; ders. (1943). Das Tier als Glied des Naturganzen (Tierbau und Tierleben in ihrem Zusammenhang betrachtet, Bd. 2, 2. Aufl.): 7; Rensch, B. (1968). Biophilosophie auf erkenntnistheoretischer Grundlage: 53.
75 Francé, R.H. (1907). Das Leben der Pflanze, I. Abt. Das Pflanzenleben Deutschlands und seiner Nachbarländer, Bd. 2: 102.
76 Francé, R.H. (1926). Harmonie in der Natur: 58.
77 Koepcke, H.-W. (1956). Zur Analyse der Lebensformen. Bonner Zool. Beitr. 7, 151-185: 152.
78 Darlington, C.D. (1940). Taxonomic species and genetic systems. In: Huxley, J. (ed.). The New Systematics, 137-160: 152; Allee, W.C., Emerson, A.E., Park, O., Park, T. & Schmidt, K.P. (1949). Principles of Animal Ecology: 631; vgl. Sinnott, E.W. (1946). Substance or system: the riddle of morphogenesis. Amer. Nat. 80, 497-505; Emerson, A.E. (1954). Dynamic homeostasis: a unifying principle in organic, social, and ethical evolution. Sci. Monthly 78, 67-85: 81.
79 Emerson, A.E. (1942). Ecology and evolution. Chronica Botanica 7, 151-152: 152.
80 Cuénot, L. (1911/21). La génèse des espèces animals: 39 (noch nicht in der 1. Aufl. 1911); ders. (1925). L'adaptation: 265; ders. (1926). Les coaptations. La science moderne 3, 39-48; Corset, J. (1931). Les coaptations chez les insects (= Bull. Biol. France Belgique, Suppl. 13).
81 Stahl, G.E. (1707). De mixti et vivi corporis vera diversitate (in: Theoria medica vera, Halle 1737, 65-132): 76.
82 Stahl, G.E. (1708). Theoria medica vera: 529 (Halle 1737: 399) (Physiologia, Sect. V De sensu, §10), vgl. Cheung, T. (2008). Res vivens. Agentenmodelle organischer Ordnung 1600-1800: 157.
83 Pott, P. (1783). The Chirurgical Works, vol. I: 377 (nach OED).
84 Medawar, P.B. (1951). Problems of adaptation. New Biology 11, 10-26: 22.
85 Waddington, C.H. (1957). The Strategy of the Genes: 152.
86 Luhmann, N. (1984). Soziale Systeme: 56.
87 Luhmann (1984): 589; Lipp, W. (1987). Autopoiesis biologisch, Autopoiesis soziologisch. Wohin führt Luhmanns Paradigmawechsel? Kölner Z. Soziol. Sozialpsychol. 39, 452-470: 463.
88 [Andrews, M.W.] (1808). Observations on the Application of Lunar Caustic to Stricture in the Urethra and Œsophagus. London Medical Review 1, 77-89: 78.
89 Anonymus (1834). The Heart Delineated in its State by

Nature and as Renewed by Grace: 282.
90 Blyth, E. (1837). Ueber die psychologischen Unterschiede zwischen dem Menschen und allen übrigen Geschöpfen, und die sich darauf gründende Verschiedenheit des Einflusses, den der Mensch auf die niedrigern Thiere ausübt, so wie von demjenigen, den Letztere auf einander ausüben (Fortsetzung). Neue Notizen aus dem Gebiete der Natur- und Heilkunde 2, 193-201: 200.
91 Carpenter, W.B. (1839). Principles of General and Comparative Physiology: 423.
92 Kennedy, J. (1851). The Natural History of Man; or, Popular Chapters on Ethnography, vol. 1: 12.
93 Walker, J.B. (1855). God Revealed in the Process of Creation and by the Manifestation of Jesus Christ: 77.
94 Murphy, J.J. (1869). Habit and Intelligence, 2 vols.: I, 313.
95 Harrison, F. (1876). Humanity: a dialogue. Contemporary Review 27, 862-885: 878.
96 Sully, J. (1877). [Rez. Allen's *Physiological Æsthetics*]. Mind 2, 387-392: 390.
97 Litten, M. (1890). Krankheiten des Circulationsapparates. Jahresbericht über die Leistungen und Fortschritte in der gesammten Medicin 24(2), 151-235: 179.
98 Gaupp, O. (1897). Herbert Spencer: 122; vgl. auch Düsing, C. (1884). Die Regulierung des Geschlechtsverhältnisses bei der Vermehrung der Menschen, Tiere und Pflanzen. Jenaische Zeitschrift für Naturwissenschaft 17, 593-940: 683; Hanspaul, F. (1899). Die Seelentheorie und die Gesetze des natürlichen Egoismus und der Anpassung: 284; Wundt, W. (1908). Logik: 643.
99 Plate, L. (1903). Über die Bedeutung des Darwin'schen Selectionsprincips und Probleme der Artbildung: 212.
100 Wuketits, F.M. (1978). Wissenschaftstheoretische Probleme der modernen Biologie: 142.
101 Haeckel (1866): I, 154; II, 224.
102 a.a.O.: I, 156.
103 a.a.O.: II, 192.
104 ebd.
105 ebd.
106 Gössler, K. (1964). Vom Wesen des Lebens: 104.
107 Kölliker, A. (1864). Ueber die Darwin'sche Schöpfungstheorie. Z. wiss. Zool. 14, 174-186: 178; vgl. auch Hertwig, O. (1916). Das Werden der Organismen. Eine Widerlegung von Darwins Zufallstheorie.
108 Nordenskiöld, E.N. (1921-24). Biologiens Historia (dt. Die Geschichte der Biologie, Jena 1926): 478.
109 Troll, W. (1937). Aufgaben und Wege der morphologischen Forschung in der Botanik. In: ders. (1941). Gestalt und Urbild, 91-147: 112.
110 Nietzsche, F. (1885-87). Nachgelassene Fragmente (KSA, Bd. 12): 295.
111 a.a.O.: 304.
112 Bergson, H. (1907). L'évolution créatrice (Paris 1948): 58.
113 Monod, J. (1970). Le hasard et la nécessité (dt. Zufall und Notwendigkeit, München 1975): 28.
114 Sloterdijk, P. (2001). Für eine Philosophie der Überreaktion. In: ders. & Heinrichs, H.J., Die Sonne und der Tod. Dialogische Untersuchungen, 7-45: 32.
115 Goebel, K. (1898/1928). Organographie der Pflanzen 1. Teil. Allgemeine Organographie: 43.
116 Baer, K.E. von (1876). Ueber Darwins Lehre (Reden gehalten in wissenschaftlichen Versammlungen und kleinere Aufsätze vermischten Inhalts, Zweiter Theil, 235-480): 435.
117 Hutchinson, G.E. (1961). The paradox of the plancton. Amer. Nat. 95, 137-145.
118 Darwin, C. (1859/72). On the Origin of Species: 6; 106.
119 Woltereck, R. (1932/40). Grundzüge einer allgemeinen Biologie: 154.
120 Portmann, A. (1956). Biologie und Geist (Freiburg 1963): 140.
121 Vgl. Remane, A. (1952/56). Die Grundlagen des natürlichen Systems, der vergleichenden Anatomie und der Phylogenetik: 242.
122 Osborn, H.F. (1902). The law of adaptive radiation. Amer. Nat. 36, 353-363: 353; vgl. ders. (1902). Bull. Amer. Mus. Nat. Hist. 16: 92.
123 Uexküll, J. von (1940). Bedeutungslehre. In: Streifzüge durch die Umwelten von Tieren und Menschen. Bedeutungslehre (Hamburg 1956), 103-161: 132; vgl. ders. (1937). Die neue Umweltlehre. Ein Bindeglied zwischen Natur- und Kulturwissenschaften. Die Erziehung 13(5), 185-199: 198.
124 von Uexküll (1940): 120.
125 a.a.O.: 145.
126 Uexküll, J. von (1920). Theoretische Biologie: 226f.; ders. (1920/28). Theoretische Biologie (Frankfurt/M. 1973): 318f.
127 Streffer, W. (2003). Magie der Vogelstimmen: 165.
128 Kipp, F.A. (1941). Über die Pfahlstellung der Rohrdommeln und verwandte Erscheinungen (in: Schad, W. (Hg.) (1983). Goetheanistische Naturwissenschaft, Bd. 3. Zoologie, 126-130): 129.
129 Vgl. Pichot, A. (1993). Histoire de la notion de vie: 685.
130 Valéry, P. (1900-45). Bios (Cahiers/Hefte, Bd. 5, Stuttgart 1992, 231-293): 233f.
131 Underwood, G. (1954). Categories of adaptation. Evolution 8, 365-377.
132 Jaeger, G. (1878). Lehrbuch der allgemeinen Zoologie, II. Abth. Physiologie: 221.
133 Huxley, J. (1912). The Individual in the Animal Kingdom: 132.
134 Roux, W. (1880). Ueber die Leistungsfähigkeit der Principien der Descendenzlehre zur Erklärung der Zweckmässigkeiten des thierischen Organismus (Gesammelte Abhandlungen zur Entwickelungsmechanik der Organismen, 2 Bde., I, 102-134): 114f.
135 Roux, W. (1881). Der züchtende Kampf der Theile oder die „Theilauslese" im Organismus (Gesammelte Abhandlungen zur Entwickelungsmechanik der Organismen, 2 Bde., I, 135-422): 157.
136 ebd.
137 Gaskell, P. (1833). The Manufacturing Population of England, its Moral, social, and Physical Conditions, and the Changes which have Arisen from the Use of the Steam Machinery: 165.
138 Spencer, H. (1864). The Principles of Biology, vol.

1: 409.
139 Lockwood, S. (1874). About crabs. Popular Science Monthly 1874 (June), 191-198: 191.
140 Sommerhoff, G. (1950). Analytical Biology.
141 Bock, W. & Wahlert, G. von (1965). Adaptation and the form-function complex. Evolution 19, 269-299: 283.
142 Ruse, M. (1971). Functional statements in biology. Philos. Sci. 38, 87-95: 94f.; ders. (1973). The Philosophy of Biology: 192.
143 Ruse (1971): 93.
144 Nachweise für Tab. 8: Simpson, G.G. (1953). The Major Features of Evolution: 160; Pittendrigh, C.S. (1958). Adaptation, natural selection, and behavior. In: Roe, A. & Simpson, G.G. (eds.). Behavior and Evolution, 390-416: 394; Mayr, E. (1974). Teleologic and teleonomic: a new analysis. Boston Studies in the Philosophy of Science 14, 91-117: 107; Sober, E. (1984). The Nature of Selection: 208; Dobzhansky, T. (1968). On some fundamental concepts of Darwinian biology. In: Dobzhansky, T., Hecht, M.K. & Steere, W.C. (eds.). Evolutionary Biology, vol. 2, 1-34: 7; Reeve, H.K. & Sherman, P.W. (1993). Adaptation and the goals of evolutionary research. Quart. Rev. Biol. 68, 1-32: 9.
145 Ruse (1971): 91.
146 Vgl. z.B. Baublys, K. K. (1975). Comments on some recent analyses of function statements in biology. Philos. Sci. 42, 469-486: 483f.
147 Munson, R. (1972). Biological adaptation: a reply. Philos. Sci. 39, 529-532: 530; vgl. ders. (1971). Biological adaptation. Philos. Sci. 38, 200-215: 205f.
148 Lewontin, R. (1980). Adaptation. In: Sober, E. (ed.) (1984). Conceptual Issues in Evolutionary Biology, 235-251: 244f.
149 a.a.O.: 237.
150 Lewontin, R.C. (1982). Organism and environment. In: Plotkin, H.C. (ed.). Learning, Development, Culture, 151-170: 160; 169.
151 Lewontin, R.C. (1983). The corpse in the elevator. New York Rev. Books 29 (Jan. 20), 34-37: 37.
152 Gutmann, W.F. (1989). Die Evolution hydraulischer Konstruktionen. Organismische Wandlung statt altdarwinistischer Anpassung: 15.
153 a.a.O.: 47.
154 Williams, G.C. (1966). Adaptation and Natural Selection: 11f.
155 Brandon, R. (1978). Adaptation and evolutionary theory. Stud. Hist. Philos. Sci. 9, 181-206: 200; vgl. ders. (1990). Adaptation and Environment: 11ff.; Burian, R.M. (1983). Adaptation. In: Grene, M. (ed.). Dimensions of Darwinism, 287-314; Sober, E. (1984). The Nature of Selection: 196f.
156 Sober (1984): 199.
157 Sober, E. (1993). Philosophy of Biology: 84.
158 Sober (1984): 208.
159 a.a.O.: 210.
160 Vgl. Leroi, A.M., Rose, M.R. & Lauder, G.V. (1994). What does the comparative method reveal about adaptation? Amer. Nat. 143, 381-402: 383.
161 Vgl. Amundson, R. (1996). Historical development of the concept of adaptation. In: Rose, M.R. & Lauder, G.V. (eds.). Adaptation, 11-53: 13.
162 Lillie, R.S. (1915). What is purposive and intelligent behavior from the physiological point of view? J. Philos. Psychol. Sci. Meth. 12, 589-610: 590f.; vgl. ders. (1920). The place of life in nature. J. Philos. Psychol. Sci. Meth. 17, 477-493: 484.
163 Dobzhansky, T. (1968). On some fundamental concepts of Darwinian biology. In: Dobzhansky, T., Hecht, M.K. & Steere, W.C. (eds.). Evolutionary Biology, vol. 2, 1-34: 7; vgl. ders. (1956). What is an adaptive trait? Amer. Nat. 90, 337-347: 347; vgl. auch Lewontin, R. (1978). Adaptation. Sci. Amer. 239, 157-169: 166.
164 Horan, B.L. (1989). Functional explanations in sociobiology. Biol. Philos. 4, 131-158: 135.
165 Reeve, H.K. & Sherman, P.W. (1993). Adaptation and the goals of evolutionary research. Quart. Rev. Biol. 68, 1-32: 9; vgl. auch Leigh Jr., E.G. (2001). Adaptation, adaptationism, and optimality. In: Orzack, H.G. & Sober, E. (eds.). Adaptationism and Optimality, 358-387: 366.
166 Vgl. Fisher, D.C. (1985). Evolutionary morphology: beyond the analogous, the anecdotal, and the ad hoc. Paleobiol. 11, 120-138: 120; 123; Amundson (1996): 44.
167 Kirkpatrick, M. (1987). Sexual selection by female choice in polygynous animals. Ann. Rev. Ecol. Syst. 187, 43-70: 45; vgl. Andersson, M.B. & Bradbury, J.W. (1987). Introduction. In: dies. (eds.). Sexual Selection, 1-8: 2-4.
168 Lorenz, K. (1963). Das sogenannte Böse (Stuttgart 1974): 46.
169 Cronin, H. (1992). Sexual selection: historical perspectives. In: Keller, E.F. & Lloyd, E.A. (eds.). Keywords in Evolutionary Biology, 286-293: 292.
170 Pittendrigh, C.S. (1958). Adaptation, natural selection, and behavior. In: Roe, A. & Simpson, G.G. (eds.). Behavior and Evolution, 390-416: 394.
171 Schaxel, J. (1919/22). Grundzüge der Theorienbildung in der Biologie: 12ff.
172 Vgl. Wagner, G.P. & Altenberg, L. (1996). Complex adaptations and the evolution of evolvability. Evolution 50, 967-976.
173 Kauffman, S. (1991). Antichaos and adaptation. Sci. Amer. 1991 (Aug.), 78-84: 78.
174 Gould, S.J. (1980). Is a new and general theory of evolution emerging? Paleobiology 6, 119-130: 125; Dawkins, R. (1982). The Extended Phenotype. The Gene as the Unit of Selection: 30.
175 Lewontin, R. (1979). Sociobiology as an adaptationist program. Behav. Sci. 24, 5-14: 6.
176 Gruppe, O. (1887). Die griechischen Culte und Mythen in ihren Beziehungen zu den orientalischen Religionen, Bd. 1: xiii:; vgl. 267: »Adaptionismus«; vgl. 702.
177 a.a.O.: 215.
178 ebd.
179 Anonymus (ca. 1932). [Rez. Marloth, R. (1932). The Flora of South Africa, vol. 3, sect. I-II]. Journal of the Botanical Society of South Africa ca. vol. 18 (1932) [Book Reviews].
180 McLean, R.C. & Ivimey-Cook, W.R. (1956). Textbook of Theoretical Botany, vol. 2: 1252.
181 Monod, J. (1970). On values in the age of science. In: Tiselius, A. Nilsson, S. (eds.). The Place of Value in a World

182 Steen, W.J. van der (1983). Methodological problems in evolutionary biology II. Appraisal of arguments against adaptationism. Acta Biotheor. 32, 217-222; Sober, E. (1987). What is adaptationism? In: Dupré, J. (ed.). The Latest and the Best. Essays on Evolution and Optimality, 105-118.
183 Vgl. Gould, S.J. & Lewontin, R.C. (1979). The spandrels of San Marco and the Panglossian paradigm: a critique of the adaptationist programme. Proc. Roy. Soc. Lond. B 205, 581-598: 584f.; vgl. Lewontin, R. (1978). Adaptation. Sci. Amer. 239, 157-169: 160.
184 Darwin, C. (1859). On the Origin of Species: 6; 5. Aufl. 1869: 6.
185 Weismann, A. (1902/04). Vorträge über Deszendenztheorie, 2 Bde.: I, v.
186 Romanes, G.J. (1895). The Darwinism of Darwin and of the Post-Darwinian schools. Monist 6, 1-27.
187 Kellogg, V. (1908). Darwinism To-Day: 381; vgl. Amundson, R. (1996). Historical development of the concept of adaptation. In: Rose, M.R. & Lauder, G.V. (eds.). Adaptation, 11-53: 34.
188 Conn, H.W. (1906). The Method of Evolution: 81f.
189 Cain, A.J. (1951). So-called non-adaptive or neutral characters in evolution. Nature 168, 424.
190 Vgl. Gould & Lewontin (1979): 586.
191 Lewontin, R. (1980). Adaptation. In: Sober, E. (ed.) (1984). Conceptual Issues in Evolutionary Biology, 235-251: 244.
192 Vgl. Curio, E. (1973). Towards a methodology of teleonomy. Experientia 29, 1045-1058.
193 Orzack, S.H. & Sober, E. (1994). Optimality models and the test of adaptationism. Amer. Nat. 143, 361-380.
194 Vgl. Brandon, R.N. & Rausher, M.D. (1996). Testing adaptationism: a comment on Orzack and Sober. Amer. Nat. 148, 189-201; Godfrey-Smith, P. (2001). Three kinds of adaptationism. In: Orzack, H.G. & Sober, E. (eds.). Adaptationism and Optimality, 335-357: 344f.
195 Lang, C., Sober, E. & Strier, K. (2002). Are human beings part of the rest of nature? Biol. Philos. 17, 661-671.
196 Vgl. Maynard Smith, J. (1978). Optimization theory in evolution. Annu. Rev. Ecol. Syst. 9, 31-56; Horan (1989).
197 Vgl. Rosenberg, A. (1985). The Structure of Biological Science: 238f.
198 Vgl. Resnik, D.B. (1989). Sociobiology and panglossianism. Biol. Philos. 4, 182-185: 185.
199 Gould & Lewontin (1979): 594.
200 Vgl. Dennett, D.C. (1987). The Intentional Stance: 265.
201 Godfrey Smith (2001).
202 Pittendrigh, C.S. (1958). Adaptation, natural selection, and behavior. In: Roe, A. & Simpson, G.G. (eds.). Behavior and Evolution, 390-416: 395.
203 Rosenberg (1985): 242.
204 Dennett, D.C. (1995). Darwin's Dangerous Idea. Evolution and the Meanings of Life: 238; vgl. Ahouse, J.C. (1998). The tragedy of a priori selectionism: Dennett and Gould on adaptationism. Biol. Philos. 13, 359-391.
205 Darwin, C. (1859). On the Origin of Species: 60.
206 Aristoteles, Physica 198b.
207 Carpenter, W.B. (1884). The argument from design in the organic world. Mod. Rev. 5: 681.
208 Spencer, H. (1886). Factors of organic evolutioin. Nineteenth century 19, 570-589; 749-770.
209 Romanes, G.J. (1887). The factors of organic evolution. Nature 36, 401-407.
210 Wallace, A.R: (1889). Darwinism: 127; ders. (1869). The origin of species controversy. Nature 1, 105-107; 132-133; vgl. Ridley, M. (1982). Coadaptation and the inadequacy of natural selection. Br. J. Hist. Sci. 15, 45-68.
211 Henderson, J.G. (1872). The former range of the buffalo. Amer. Nat. 6, 79-98: 79.
212 Henry, C.S. (1834). Moral requisites for the knowledge of divine things. Literary and Theological Review 1, 456-476: 469.
213 Bacheler, O. (1831). [Brief vom 19. März 1831 an R.D. Owen]. In: Bacheler, O. & Owen, R.D. (1833). Discussion on the Existence of God, and the Authenticity of the Bible, vol. 1 (2nd ed.), 71-89: 75
214 Watson, H.C. (1846). [Rez. Chambers, R. (1845). Explanations: A Sequel to Vestiges of the Natural History of Creation]. The Phrenological Journal and Magazine of Moral Science 19, 159-175: 170; vgl. auch DePeyster, F. (1869). Address on the Culture Demanded by Age: 17; Gardiner, H.N. (1906). Review: Binet, A. (1905). L'Ame et le corps. Amer. J. Psychol. 17, 422-423: 422.
215 Spencer, H. (1864/98). Principles of Biology, vol. 1: 460 (§130c).
216 Cuénot, L. (1911). La genèse des espèces animales: 306.
217 Davenport, C.B. (1903). The animal ecology of the Cold Spring Sand Spit, with remarks on the theory of adaptation. Univ. Chicago Publ. 10, 1-22.
218 Bertalanffy, L. von (1929). Die Teleologie des Lebens. Biol. gen. 5, 379-394: 390.
219 Gould, S.J. & Vrba, E.S. (1982). Exaptation – a missing term in the science of form. Paleobiol. 8, 4-15: 5.
220 a.a.O.: 6.
221 a.a.O.: 11.
222 Vgl. Griffiths, P. (1992). Adaptive explanation and the concept of a vestige. In: Griffiths, P. (ed.). Trees of Life, 111-131: 117; Dennett, D.C. (1995). Darwin's Dangerous Idea: 281; ders. (1998). Preston on exaptation: herons, apples, and eggs. J. Philos. 95, 576-580: 576.
223 Vgl. Pranger, R. (1990). Towards a pluralistic concept of function. Function statements in biology. Acta Biotheor. 38, 63-71: 68f.
224 Preston, B. (1998). Why is a wing like a spoon? A pluralist theory of function. J. Philos. 95, 215-254: 241.
225 Brosius, J. & Gould, S.J. (1992). On "genomenclature": a comprehensive (and respectful) taxonomy for pseudogenes and other "junk DNA". Proc. Nat. Acad. Sci. U.S.A. 89, 10706-10710.
226 Griffiths (1992): 118.
227 [Fergusson, R.] (1698) View of Eccles: 18 (nach OED).
228 Atkinson's Casket 8 (1833): 179.
229 Hitchcock, E. (1835). The connection between geology and natural religion. The Biblical Repository and Observer 5, 113-138: 122.
230 Anonymus (1845). Farming in Vermont. The Cultiva-

tor 1, 219-221: 220.
231 Allen, R.L. (1847). Domestic Animals: 28.
232 Howard, S. (1854). Remarks on varieties of the domestic ox. Trans. Wisconsin State Agric. Soc. 3, 295-316: 299.
233 Warden, R.B. (1860). A Familiar Forensic View of Man and Law: 31.
234 Sandeman, G. (1896). Problems of Biology: 19.
235 Driesch, H. (1919). Studien über Anpassung und Rhythmus. Biol. Zentralbl. 39, 433-462: 434.
236 Detto, C. (1904). Die Theorie der direkten Anpassung und ihre Bedeutung für das Anpassungs- und Deszendenzproblem: 30f.
237 Simpson, G.G. (1953). The Major Features of Evolution: 160.
238 Dobzhansky, T. (1968). On some fundamental concepts of Darwinian biology. In: Dobzhansky, T., Hecht, M.K. & Steere, W.C. (eds.). Evolutionary Biology, vol. 2, 1-34: 7.
239 Brandon, R. (1978). Adaptation and evolutionary theory. Stud. Hist. Philos. Sci. 9, 181-206: 182; vgl. ders. (1990). Adaptation and Environment: 11ff.
240 Sober, E. (1984). The Nature of Selection: 174; 196.
241 Dobzhansky (1968): 111; Brandon (1978): 200; ders. (1990): 18; Sober (1984): 196.
242 Vgl. auch Walsh, D.M. & Ariew, A. (1996). A taxonomy of functions. Canad. J. Philos. 26, 493-514: 511.
243 Brandon, R. (1981). A structural description of evolutionary theory. In: Asquith, P.D. & Giere, R.N. (eds.). PSA 1980, vol. 2, 427-439: 429.
244 Carpenter, W.B. (1879). Principles of Mental Physiology: §70; 74 (nach OED); vgl. Lindsay, W.L. (1879). Mind in the Lower Animals in Health and Disease: 357; Burdon-Sanderson, J. (1881). On the discoveries of the past half-century relating to animal motion (concluded). Science 2, 510-512: 512.
245 Allman (1874). The present aspects of biology and the method of biological study. Amer. Nat. 8, 34-43: 39.
246 C. [Colburn, H.] (1820). Comparative psychology. The New Monthly Magazine 14, 296-304: 301.
247 Todd, R.B. & Bowman, W. (1845). The Physiological Anatomy and Physiology of Man, vol. 2: 149 (nach OED).
248 Sober (1984): 211; Bechtel, W. (1986). Teleological functional analysis and the hierarchical organization of nature. In: Rescher, N. (ed.). Current Issues in Teleology, 26-48: 30; Resnik (1989): 185; Melander, P. (1997). Analyzing Functions: 82f.
249 Mayr, E. (1974). Teleologic and teleonomic: a new analysis. Boston Studies in the Philosophy of Science 14, 91-117: 107.
250 Locke, J. (1689). An Essay Concerning Human Understanding (Oxford 1979): 331 (II, 27, § 5).
251 Ray, J. (1691). The Wisdom of God Manifested in the Works of the Creation: 102.
252 a.a.O.: 110.
253 Grew, N. (1701). Cosmologia sacra: 24.
254 Wells, W.C. (1813). An account of a female of the white race of mankind, part of whose skin resembles that of a negro. In: ders. (1818). Two Essays: One on Dew and the Other on Single Vision With Two Eyes, 425-439: 435; vgl.
Wells, K.D. (1973). William Charles Wells and the races of man. Isis 64, 215-225: 216.
255 Matthew, T.P. (1831). Naval Timber and Arboriculture: 385 (Appendix); vgl. Limoges, C. (1970). La sélection naturelle. Étude sur la première constitution d'un concept (1837-1859), 155-159: 157.
256 Vgl. Wilson, L.G. (ed.) (1970). Sir Charles Lyell's Scientific Journals of the Species Question: 6.
257 Henderson, L.J. (1913). The Fitness of the Environment; vgl. auch Cicero, De natura deorum 131f.
258 Spencer, H. (1864). The Principles of Biology, vol. 1: 444; ders. (1864/98). The Principles of Biology, vol. 1: 530; 610.
259 Spencer (1864/98): 99.
260 Spencer (1864): 445 (§165).
261 a.a.O.: 445.
262 a.a.O.: 444.
263 Vgl. Schmieder, F. (2010). Vom Survival of the fittest zur Idee der nachhaltigen Entwicklung. In: D'Aprile, I.M. & Mak, R, (Hg.). Aufklärung – Evolution – Globalgeschichte, 155-171; ders. (2009). Überleben und Nachhaltigkeit. Ein problem- und begriffsgeschichtlicher Aufriss. In: Trajekte 9 (Nr. 18), 4-11.
264 Darwin, C. (1859). On the Origin of Species: 471.
265 Darwin, C. (1868). The Variation of Animals and Plants under Domestication, 2 vols.: I, 6; ders. (1859/69). On the Origin of Species: 72; vgl. Paul, D.B. (1988). The selection of the "survival of the fittest". J. Hist. Biol. 21, 411-424.
266 Darwin, C. (1860). [Brief an A.R. Wallace vom 5. Juli 1866] (Correspondence of Charles Darwin, vol. 14, Cambridge 2004): 235f.
267 Sober, E. (1984). The Nature of Selection: 176.
268 Darwin (1859/72): 63.
269 Michod, R.E. (1999). Darwinian Dynamics. Evolutionary Transitions in Fitness and Individuality: 172.
270 Fisher, R.A. (1930/58). The Genetical Theory of Natural Selection: 39; vgl. Grene, M. (1961). Statistics and selection. Br. J. Philos. Sci. 12, 25-42: 34.
271 Fisher (1930/58): 37.
272 Haldane, J.B.S. (1932). The Causes of Evolution: 131.
273 Simpson, G.G. (1953). The Major Features of Evolution: 138.
274 Grene (1961): 35.
275 Dobzhansky, T. (1937/41). Genetics and the origin of species: 196; 199; 210.
276 Huxley, J.S. (1941). Man Stands Alone: 68.
277 Huxley, J.S. (1942/43). Evolution. The Modern Synthesis: 67; vgl. 123; 534.
278 Simpson, G.G. (1949). The Meaning of Evolution: 144.
279 Vgl. Lennox, J.G. (2008). Darwinism and neo-darwinism. In: Sarkar, S. & Plutynski, A. (eds.). A Companion to the Philosophy of Biology, 77-98: 88.
280 Van Valen, L. (1976). Energy and evolution. Evol. Theor. 1, 179-229.
281 Brown, J.L. (1979). Another interpretation of communal breeding in green woodhoopoes. Nature 280, 174; vgl. ders. (1980). Fitness in complex avian social systems.

In: Markl, H. (ed.). Evolution of Social Behaviour. Hypotheses and Empirical Tests, 115-128: 119f.; Brown, J.L. & Brown, E.R. (1981). Kin selection and individual selection in babblers. In: Alexander, R.D. & Tinkle, D. (eds.). Natural Selection and Social Behavior: Recent Results and New Theory, 244-256.
282 Sober, E. (1984). The Nature of Selection: 186; ders. (1993). Philosophy of Biology: 97f.
283 Weber, M. (1998). Die Architektur der Synthese. Entstehung und Philosophie der modernen Evolutionstheorie: 186; vgl. XII.
284 Dawkins, R. (1982). The Extended Phenotype: 179ff.
285 Vgl. z.B. Ayala, F.J. (1970). Teleological explanations in evolutionary biology. Philos. Sci. 37, 1-15: 4.
286 Dobzhansky, T. (1968). On some fundamental concepts of Darwinian biology. In: Dobzhansky, T., Hecht, M.K. & Steere, W.C. (eds.). Evolutionary Biology, vol. 2, 1-34: 7.
287 Gordon, C. & Gordon, F. (1939). The genetical analysis of a sex-linked character in *Drosophila melanogaster* and its bearing on the evolution of secondary sexual characteristics. Proc. Roy. Soc. London Ser. B 127, 487-510: 488; Mills, S.K. & Beatty, J.H. (1979). The propensity interpretation of fitness. Philos. Sci. 46, 263-286: 275.
288 Mills & Beatty (1979): 276.
289 Sober, E. (1981). Evolutionary theory and the ontological status of properties. Philos. Stud. 40, 147-176: 162; vgl. Tomlinson, I.P.M. (1988). Major-gene models of sexual selection under cyclical natural selection. Evolution 42, 814-816: 814; vgl. auch schon Schlesinger, K. & Groves, P.M. (1976). Psychology. A Dynamic Science: 434; Hartl, D.L. (1980). Principles of Population Genetics: 269.
290 Sober, E. (1980). Holism, individualism, and the units of selection. Proc. Philos. Sci. Assoc. 198, vol. 2, 93-121: 103.
291 Crow, J. & Kimura, M. (1956). Some genetic problems in natural populations. Proceedings of the Third Berkeley Symposium on Mathematical Statistics and Probability, vol. IV: Biology and Problems of Health, 1-22: 4.
292 Sober, E. (1993). Philosophy of Biology: 81; ders. (2001). The two faces of fitness. In: Singh, R., Paul, D., Crimbas, C. & Beatty, J. (eds.). Thinking about Evolution, 309-321: 310; Walsh, D.M., Lewens, T. & Ariew, A. (2002). The trials of life: natural selection and random drift. Philos. Sci. 69, 452-473: 460; Ariew, A. (2003). Ernst Mayr's 'ultimate/proximate' distinction reconsidered and reconstructed. Biol. Philos. 18, 553-565: 562.
293 Romanes, G.J. (1892). Darwin and After Darwin, vol. 1. An Exposition of the Darwinian Theory and a Discussion of Post-Darwinian Questions: 267.
294 Cummings, J. (1900). Ethnic factors and the movement of population. Quart. J. Econom. 14, 171-211: 175; 195.
295 Gordon & Gordon (1939): 488.
296 Sober (1981): 162.
297 a.a.O.: 166.
298 Walsh, D.M. (2004). Bookkeeping or metaphysics? The units of selection debate. Synthese 138, 337-361: 347f.; vgl. auch Michod, R.E. (1999). Darwinian Dynamics. Evolutionary Transitions in Fitness and Individuality: 176.
299 Christiansen, F.B. (1983). The definition and measurement of fitness. In: Shorrocks, B. (ed.). Evolutionary Ecology, 65-79: 75; Christiansen, F.B. & Feldman, M. (1986). Population Genetics: 123.
300 Müller, F.M. (1887). The Science of Thought: 100.
301 Eimer, G.T.H. (1897). Die Entwicklung der Arten, Bd. 2. Orthogenesis der Schmetterlinge: 87.
302 Vgl. Weinstein, A. (1980). Morgan and the theory of natural selection. In: Mayr, E. & Provine, W.B. (eds.). The Evolutionary Synthesis. Perspectives on the Unification of Biology, 432-445: 437.
303 Bertalanffy, L. von (1949). Das biologische Weltbild, Bd. 1. Die Stellung des Lebens in Natur und Wissenschaft: 90.
304 Cannon, H.G. (1958). The Evolution of Living Things: 82; vgl. Scriven, M. (1959). Explanation and prediction in evolutionary theory. Science 130, 477-482.
305 Waddington, C.H. (1960). Evolutionary adaptation. In: Tax, S. (ed.). The Evolution of Life, 381-402: 385; vgl. ders. (1957). The Strategy of the Genes: 64f.
306 Smart, J.J.C. (1963). Philosophy and Scientific Realism: 59.
307 Vgl. z.B. Simpson, G.G. (1949). The Meaning of Evolution (London 1950): 221; Crow, J. & Kimura, M. (1970). An Introduction to Population Genetic Theory: 5; Dobzhansky, T. (1970). Genetics of the Evolutionary Process: 101f.
308 Popper, K.R. (1974). Darwinism as a metaphysical research programme. In: Schilpp, P.A. (ed.). The Philosophy of Karl Popper, vol. 1, 133-143: 134.
309 Peters, R.H. (1976). Tautology in evolution and ecology. Amer. Nat. 110, 1-12: 2.
310 Stebbins, G.L. (1977). In defense of evolution: tautology or theory? Amer. Nat. 111, 386-390; Caplan, A.L. (1977). Tautology, circularity and biological theory. Amer. Nat. 111, 390-393; Castrodeza, C. (1977). Tautologies, beliefs, and empirical knowledge in biology. Amer. Nat. 111, 393-394.
311 Scriven (1959): 478; Mills, S.K. & Beatty, J.H. (1979). The propensity interpretation of fitness. Philos. Sci. 46, 263-286: 271f.
312 Emmel, T. (1973). An Introduction to Ecology and Population Biology: 5.
313 Ettinger, L., Jablonka, E. & McLaughlin, P. (1990). On the adaptations of organisms and the fitness of types. Philos. Sci. 57, 499-513.
314 Vgl. Brandon, R. (1978). Adaptation and evolutionary theory. Stud. Hist. Philos. Sci. 9, 181-206: 193; Mills & Beatty (1979): 274; Sober, E. (1984). The Nature of Selection: 43.
315 Burian, R.M. (1983). Adaptation. In: Grene, M. (ed.). Dimensions of Darwinism, 287-314: 302; Sober (1984): 74.
316 Mills & Beatty (1979); Brandon, R. & Beatty, J. (1984). The propensity interpretation of 'fitness' – no interpretation is no substitute. Philos. Sci. 51, 342-347; Sober (1984): 43; Beatty, J. & Finsen, S. (1989). Rethinking the propensity interpretation: a peek inside pandora's box. In: Ruse, M. (ed.). What the Philosophy of Biology Is, 17-30; Richardson, R.C. & Burian, R.M. (1992). A defense of propensity interpretations of fitness. PSA 1992, vol. 1, 349-

362.
317 Darwin, C. (1859). On the Origin of Species: 81.
318 Mills & Beatty (1979): 275.
319 Popper, K.R. (1974). Darwinism as a metaphysical research programme. In: Schilpp, P.A. (ed.). The Philosophy of Karl Popper, vol. 1, 133-143: 143; vgl. Krohs, U. (2006). The changeful fate of a groundbreaking insight: the Darwinian fitness principle caught in different webs of belief. Jahrbuch für Europäische Wissenschaftskultur 2, 107-124: 119.
320 Thoday, J.M. (1953). Components of fitness. Symp. Soc. Exper. Biol. 7, 96-113: 98.
321 Cooper, W.S. (1984). Expected time to extinction and the concept of fundamental fitness. J. theor. Biol. 107, 603-629.
322 Beatty, J. (1992). Fitness: theoretical contexts. In: Fox Keller, E. & Lloyd, E.A. (eds.). Keywords in Evolutionary Biology, 115-119: 119.
323 a.a.O.: 117f.
324 Krimbas, C.B. (2004). On fitness. Biol. Philos. 19, 185-203: 198f.
325 Byerly, H.C. & Michod, R.E. (1991) Fitness and evolutionary explanation. Biol. Philos. 6, 1-22: 11; Michod, R.E. (1999). Darwinian Dynamics. Evolutionary Transitions in Fitness and Individuality: 184f.
326 Michod (1999): 191f.
327 Gould, S.J. (1976). Darwin's untimely burial (Philosophy of Biology, ed. M. Ruse, New York 1989, 93-98): 95; vgl. Lewontin, R. (1980). Adaptation. In: Sober, E. (ed.) (1984). Conceptual Issues in Evolutionary Biology, 235-251: 246.
328 Bock, W. & Wahlert, G. von (1965). Adaptation and the form-function complex. Evolution 19, 269-299: 287.
329 Vgl. Faber, R.J. (1984). Feedback, selection, and function: a reductionist account of goal-orientation. In: Cohen, R. & Wartofsky, M. (eds.). Methodology, Metaphysics and the History of Science, 43-135: 93f.
330 Manser, A.R. (1965). The concept of evolution. Philosophy 40, 18-34: 34; vgl. Barker, A.D. (1969). An approach to the theory of natural selection. Philosophy 44, 271-290.
331 Ruse, M. (1977). Karl Popper's philosophy of biology. Philos. Sci. 44, 638-661; ders. (1982). Darwinism defended.
332 Brandon, R. (1981). A structural description of evolutionary theory. In: Asquith, P.D. & Giere, R.N. (eds.). PSA 1980, vol. 2, 427-439: 432.
333 Williams, M.B. (1970). Deducing the consequences of evolution: a mathematical model. J. theor. Biol. 29, 343-385; vgl. Rosenberg, A. & Williams, M.B. (1986). Fitness as primitive and propensity. Philos. Sci. 53, 412-418.
334 Rosenberg, A. (1982). On the propensity definition of fitness. Philos. Sci. 49, 268-273: 272; ders. (1983). Fitness. J. Philos. 80, 457-473: 463f.
335 Sober, E. (1993). Philosophy of Biology: 74.
336 Michod, R.E. (1999). Darwinian Dynamics. Evolutionary Transitions in Fitness and Individuality: 186.
337 Schaffner, K.F. (1993). Discovery and Explanation in Biology and Medicine: 359.
338 Sober (1993): 71; kritisch dazu: Rosenberg, A. (1996). Sober's *Philosophy of Biology* and his philosophy of biology. Philos. Sci. 63, 452-464.
339 Hartmann, N. (1950). Philosophie der Natur: 646.
340 Illies, C. (2005). Darwin's a priori insight. The structure and status of the principle of natural selection. In: Hösle, V. & Illies, C. (eds.). Darwinism & Philosophy, 58-82.
341 Spaemann, R. & Löw, R. (1981). Die Frage Wozu?: 241; Stegmüller, W. (1969/83). Teleologie, Funktionalanalyse und Selbstregulation. In: ders. Probleme und Resultate der Wissenschaftstheorie und Analytischen Philosophie, Bd. 1, 639-773: 761.
342 Sober, E. (1984). The Nature of Selection: 140.
343 a.a.O.: 88.
344 Rosenberg (1985): 166.
345 Fisher, R.A. (1930). The Genetical Theory of Natural Selection (Variorum ed., Oxford 1999): 37.
346 Krimbas, C.B. (2004). On fitness. Biol. Philos. 19, 185-203: 185f.
347 Sober (1984): 71.
348 a.a.O.: 80.
349 Matthen, M. & Ariew, A. (2002). Two ways of thinking about fitness and natural selection. J. Philos. 99, 55-83: 74.
350 a.a.O.: 56.
351 a.a.O.: 68.
352 Henderson, L.J. (1913). The Fitness of the Environment (dt. Die Umwelt des Lebens, Wiesbaden 1914); vgl. auch Cicero, De natura deorum 131f.
353 Henderson (1913): 68.
354 a.a.O.: 150.
355 Whewell, W. (1833/34). Astronomy and General Physics Considered with Reference to Natural Theology: 141ff.
356 Aristoteles, Phys. 198b17-33.
357 Vgl. Pittendrigh, C.S. (1958). Adaptation, natural selection, and behavior. In: Roe, A. & Simpson, G.G. (eds.). Behavior and Evolution, 390-416: 394: 391.
358 Vgl. Barrow, J.D. & Tipler, F.J. (1986). The Anthropic Cosmological Principle.
359 MacArthur, R.H. & Pianka, E.R. (1966). On optimal use of a patchy environment. Amer. Nat. 100, 603-609; vgl. Pyke, G.H., Pullian, H.R. & Charnov, E.L. (1977). Optimal foraging: a selective review of theory and tests. Quart. Rev. Biol. 52, 137-154; Beatty, J. (1980). Optimal design models and the strategy of model building in evolutionary biology. Philos. Sci. 47, 532-561; Zoglauer, T. (1991). Optimalität der Natur? Philos. Nat. 28, 193-215.
360 Rapport, D.J. (1971). An optimization model of food selection. Amer. Nat. 105, 575-587.
361 Solbrig, O.T. (1976). On the relative advantages of cross- and self-fertilization. Ann. Missouri Bot. Garden 63, 262-276: 262.
362 Orians, G.H. & Horn, H.S. (1969). Overlap in foods and foraging of four species of blackbirds in the potholes of central Washington. Ecology 50, 930-938: 935; Schoener, T.W. (1971). Theory of feeding strategies. Ann. Rev. Ecol. Syst. 2, 369-404: 369.
363 Charnov, E.L. (1976). Optimal foraging: the marginal value theorem. Theor. Pop. Biol. 9, 129-136.
364 Orzack, S.H. & Sober, E. (1994). Optimality models and the test of adaptationism. Amer. Nat. 143, 361-380;

Leigh Jr., E.G. (2001). Adaptation, adaptationism, and optimality. In: Orzack, H.G. & Sober, E. (eds.). Adaptationism and Optimality, 358-387.

365 Krohs, U. (2003). Eine Theorie biologischer Theorien (Manuskript der Habilitationsschrift, Universität Hamburg): 111.

Literatur

Cuénot, L. (1925). L'adaptation.
Dobzhansky, T. (1968). Adaptedness and fitness. In: Lewontin, R.C. (ed.). Population Biology and Evolution: 109-121.
Stern, J.T. Jr. (1970). The meaning of "adaptation" and its relation to the phenomenon of natural selection. Evol. Biol. 4, 39-66.
Munson, R. (1971). Biological adaptation. Philos. Sci. 38, 200-215.
Brandon, R. (1990). Adaptation and Environment.
Burian, R.M. (1992). Adaptation: historical perspectives. In: Fox Keller, E. & Lloyd, E. (eds.). Keywords in Evolutionary Biology, 7-12.
Amundson, R. (1996). Historical development of the concept of adaptation. In: Rose, M.R. & Lauder, G.V. (eds.). Adaptation, 11-53.

Art

Der biologische Begriff der Art (mhd. ›art‹ »angeborene Eigentümlichkeit, Wesen, Natur, Herkunft«) wird für eine Menge von Organismen verwendet, deren Abgrenzung von anderen solcher Mengen nach verschiedenen Kriterien erfolgen kann.

Ursprung der klassischen Termini
Die Zuordnung eines Lebewesens zu einer Art (griech. εἶδος; lat. species) und einer Gattung (griech. γένος; lat. genus) erfolgt schon in der Antike. Die ursprüngliche Bedeutung der griechischen und lateinischen Ausdrücke leitet sich von der äußeren Gestalt oder der Form eines Gegenstandes ab: Das griechische ›εἶδος‹ stellt eine Ableitung aus der indogermanischen Wurzel ›vid‹ »sehen« dar und bezieht sich in der griechischen Umgangssprache auf das, was von einem Gegenstand äußerlich sichtbar ist, seinen Umriss oder seine Form.[1] Dieser Formaspekt eines Gegenstandes ist nach klassischer griechischer Auffassung dasjenige, was ihn zu dem macht, der er ist, was also der Definition des Gegenstandes zugrunde liegt. Die Identifizierung über die Form bezieht sich dabei auf etwas Allgemeines, insofern das *eidos* nicht das Individuelle eines Gegenstandes, sondern das mehreren Gegenständen Gemeinsame, ihre Gestalt nach einem Muster bezeichnet.[2] Eine semantisch verwandte Herkunft hat das lateinische ›species‹, das sich in den späteren romanischen Sprachen und im Englischen wieder findet: Seine Wurzel liegt in dem Verb ›specere‹ »sehen« (das in klassischer Zeit allerdings nicht als Simplex, sondern nur in zusammengesetzten Formen wie ›aspicere‹, ›inspicere‹ oder ›perspicere‹ bezeugt ist). Das dazugehörige Substantiv ›species‹ hat die Grundbedeutung »Ansicht, Erscheinung«. Bereits im Lateinischen wird das Substantiv in erweiterter Bedeutung im Sinne von »gleiche Gestalt, Ähnlichkeit« zum Vergleich verschiedener Gegenstände verwendet. Der Begriff der biologischen Spezies, wie er in

Art (mhd. 12. Jh.) *61*
Rasse (15. Jh.) *104*
Varietät (Bauhin 1596) *112*
Artbildung (Buffon 1753) *99*
Subspezies (Erhart 1780) *114*
binäre Nomenklatur (Duchesne 1796) *97*
monotypisch [Taxon] (Mirbel 1815) *80*
polytypisch [Taxon] (Mirbel 1815) *79*
Schwesterarten (Trattinnick 1819) *76*
Formenkreis (Nees von Esenbeck 1820) *115*
Formenreihe (Nees von Esenbeck 1820) *86*
Pseudospezies (von Uechtritz 1821) *76*
binominale Nomenklatur (Bonaparte 1838) *97*
physiologische Art (Gore 1838) *75*
Artindividualität (Steenstrup 1842) *92*
trinomiale Nomenklatur (Strickland 1845) *98*
Artenumwandlung (Mousson 1849) *101*
geografische Rasse (Bonaparte 1850) *106*
morphologische Art (Huxley 1852) *75*
Superspezies (Watson 1859) *115*
biologische Art (Huxley 1876) *75*
phylogenetische Art (MacAlister 1892) *84*
Formenkette (Sarasin & Sarasin 1899) *79*
evolutionäre Art (Noetling 1900) *83*
sympatrisch (Poulton 1903) *100*
Syngamie (Poulton 1903) *77*
Speziation (Cook 1906) *99*
ökologische Rasse (C.D.H. 1909) *107*
uninonomiale Nomenklatur
(Nelson & Macbride 1913) *99*
Jordanon (Lotsy 1916) *74*
Linneon (Lotsy 1916) *74*
Fortpflanzungsgemeinschaft (Naef 1919) *78*
Ökospezies (Turesson 1922) *85*
Syngameon (Lotsy 1925) *88*
Agamospezies (Turesson 1929) *82*
Rassenkreis (Rensch 1929) *115*
allopatrisch (Mayr 1942) *100*
Binom (Camp 1951) *83*
Verallgemeinerungseinheit (Remane 1952) *82*
Biospezies (Cain 1953) *76*
Morphospezies (Cain 1953) *82*
parapatrisch (de Laubenfels 1953) *100*
Chronospezies (Thomas 1956; George 1956) *85*
Ethospezies (Emerson 1956) *83*
Paraspezies (Moore & Sylvester-Bradley 1956) *76*
polythetisch (Sneath 1962) *80*
peripatrisch (Mayr 1982) *100*
Kladospezies (Ackery & Vane-Wright 1984) *87*
homöostatisches Eigenschaftscluster (Boyd 1988) *89*

Eine Art ist eine Menge von Organismen, die sich in einer oder mehreren Hinsichten ähneln oder die eine kohäsive Einheit bilden. Die Zusammenfassung kann darauf beruhen, dass die Organismen sich in ihrer Gestalt und ihrem Verhalten ähneln (»Morphospezies«), dass sie bei sexueller Fortpflanzung und im ausgewachsenen, gesunden Zustand und bei unterschiedlichem Geschlecht paarweise miteinander fruchtbare Nachkommen zeugen können (»Syngamospezies«), dass sie aufgrund ihres Ursprungs in einem nur ihnen gemeinsamen Vorfahrenorganismus einen (minimalen) Ausschnitt des Stammbaums der Organismen bilden (»Kladospezies«) oder dass sie sich in ihren ökologischen Ansprüchen und Rollen ähneln (»Ökospezies«).

den aristotelischen Schriften zur Zoologie erscheint, wird im klassischen Latein als Lehnübersetzung terminologisch verwendet (Cicero: »genus autem id est, quod sui similis communione quadam, species autem differentis, duas aut pluris complectitur partis«[3]).

Sowohl der griechische als auch der lateinische Ausdruck beziehen sich also ursprünglich auf die äußere Erscheinung einer Sache, nicht auf ihr inneres Wesen. Das Wort ›species‹ kann im Lateinischen sogar die Konnotation von »Täuschung« oder »gefährlicher Illusion« tragen.[4] Im christlichen Kontext kann die *species* einer Sache die bloß akzidentielle Erscheinungsform bezeichnen: In der Eucharistie bleibt die *species* von Brot und Wein zwar unverändert, ihre Essenz verändert sich aber doch zu Fleisch und Blut.

Antike: Art als Klassifikationseinheit
Die auf Platon und Aristoteles zurückgehende Definitionenlehre klassifiziert einen Gegenstand in übergeordnete Gattungen und besondere Arten. Der ↑Mensch wird z.B. in die Gattung »Lebewesen« gestellt, zu der als Artbestimmung die *differentia specifica* des »Vernünftigen« hinzutritt, die ihn gegenüber den anderen Lebewesen auszeichnet: Der Mensch ist also als das vernünftige Lebewesen, *animal rationale*, bestimmt. Die Artbestimmung wird dabei nicht nur als eine klassenlogische Einteilung verstanden, sondern häufig auch als eine Wesensbestimmung des so bezeichneten Gegenstandes. Über sie wird ein essenzielles Merkmal identifiziert, das alle Vertreter einer Art zu einer einheitlichen Gruppe zusammenbindet (vgl. aber die Einschränkung weiter unten).

Von Aristoteles wird die Unterscheidung von ›γένος‹ und ›εἶδος‹ zwar viel verwendet, in seinen zoologischen Schriften gebraucht er diese Differenzierung aber nicht konsequent; so bezeichnet er als ›γένος‹ häufig das, was später ›Art‹ genannt wird und auch Gruppierungseinheiten unterhalb der Ebene der Art werden von Aristoteles ›Gattung‹ genannt (s.u.: ›Varietät‹).[5] In strenger terminologischer Bedeutung erscheint die griechische Bezeichnung für ›Art‹ erst nach der Zeitenwende (bei Dioskurides).[6] Für Aristoteles bildet eine Art in logischer Hinsicht eine spezifische Differenz innerhalb einer Gattung.[7] Auf eine Art wird sprachlich mittels Singularausdrücken referiert (z.B. ›der Strauß‹ oder ›der Kranich‹); Arten haben damit grammatisch den Status von Individuen. Diese Individuen bezeichnet Aristoteles ausdrücklich als Wesenheiten oder Substanzen. Über den Begriff der Art ist das Gemeinsame von verschiedenen einzelnen Dingen bestimmt; so unterscheiden sich verschiedene Menschen (z.B. Sokrates und Koriskos) der Art nach nicht, wie Aristoteles sagt. Für wissenschaftliche Erklärungen bildet das Konzept der Art bei Aristoteles den geeigneten Ausgangspunkt, denn wissenschaftlicher Gegenstand kann nach seiner Überzeugung nur das sein, was ein Moment der Regelmäßigkeit und Allgemeinheit aufweist. Weil verschiedene Arten häufig wiederum viele Gemeinsamkeiten haben und Aristoteles sich aus didaktischen Gründen nicht immer wiederholen will, legt er seinen zoologischen Schriften nicht eine Beschreibung der Arten, sondern meist übergeordneter Kategorien (z.B. ›vierfüßige Tiere‹, ›Vögel‹, ›Schaltiere‹) zugrunde.[8]

Zwar ordnet Aristoteles viele Tiere Arten zu und diskutiert auch die dabei bestehenden Probleme[9]; er liefert aber keine Begründung für die Kriterien seiner Klassifikation.[10] Grundlage seiner Einteilung sind morphologische Merkmale; Aristoteles' Begriff der Art ist daher semantisch eng verwandt mit dem Ausdruck für ›Gestalt‹ (»μορφή«). Der Bezug zu Reproduktionsbarrieren spielt für Aristoteles' Artbegriff dagegen kaum eine Rolle. Nur ausnahmsweise führt er die Fähigkeit zur gemeinsamen Fortpflanzung als Kriterium der Artzugehörigkeit an, z.B. in Bezug auf den syrischen Maulesel.[11] Die gemeinsame Fortpflanzungsfähigkeit bildet für Aristoteles aber nicht das zentrale und durchgängige Kriterium der Zugehörigkeit von zwei Individuen zu einer Art.[12] Die Männchen und Weibchen der vierfüßigen Tiere, die einander ähnlich sind und die Nachkommen miteinander zeugen können, rechnet Aristoteles zwar ausdrücklich zur gleichen Art.[13] Bei vielen anderen Tieren (z.B. Fischen und Schaltieren) nimmt er aber auch dann eine Einteilung in Arten vor, wenn er nicht der Meinung ist, dass bei ihnen verschiedene Geschlechter oder eine sexuelle Fortpflanzung vorkommen.[14] Die ähnliche Gestalt, und nicht die gemeinsame Fortpflanzungsfähigkeit bildet also das durchgehende Kriterium der Artzugehörigkeit. Ausdrücklich stellt Aristoteles sogar fest, dass die Paarung zwar naturgemäß (»κατὰ φύσιν«) zwischen Tieren der gleichen Art (»ὁμογενέσιν«) stattfindet, es aber auch zu Paarungen von Tieren verschiedener Arten (»εἴδει«) geben könne, wenn diese der Größe nach gleich seien und eine gleiche Trächtigkeitsdauer hätten.[15]

Durch die Paarung von Organismen verschiedener Arten können nach Aristoteles ausnahmsweise auch Lebewesen entstehen, die zu neuen Arten gehören (↑Phylogenese). Er stellt insbesondere das Sprichwort »Libyen bringt immer etwas Neues hervor« in diesen Zusammenhang. Die Entstehung neuer Arten durch Hybridisierung ist nach Aristoteles besonders in den trockenen Gebieten Afrikas möglich, weil hier ein Zusammentreffen verschiedenartiger Tiere an den Wasserstellen erfolgt.[16] Von einigen Tieren sagt Aristoteles ausdrücklich, sie seien aus der Vermischung von Tieren verschiedener Abstammung entstanden (»γίγεται δὲ καὶ ἄλλα ἐκ μίξεως μὴ ὁμοφύλων«).[17] Die Konstanz der Arten stellt für Aristoteles aber den Normalfall dar und ist auch von großer theoretischer

Bedeutung, weil die Lebewesen durch die Reproduktion des immer Gleichen eine ewige Bewegung vollführen würden, die der zyklischen Bewegung der Gestirne entspreche. Aus dieser theoretischen Verankerung des Artbegriffs bei Aristoteles ergibt sich also eine Ablehnung von generationenübergreifenden Transformations- und Deszendenztheorien (↑Phylogenese).[18]

Umstritten ist, ob *eidos* bei Aristoteles ein nur relativer Begriff ist, der in Verbindung mit dem Gattungsbegriff auf verschiedenen Ebenen der Klassifikation seine Anwendung findet[19], oder ob er biologische Arten in einem absoluten Sinn bezeichnet, wie dies für die späteren biologischen Taxonomien kennzeichnend ist[20]. Nach P. Pellegrin, der in den 1980er Jahren für die erste Option argumentiert, zielt Aristoteles überhaupt nicht auf eine spezifisch biologische Klassifikation; seine Klassifikation der Tiere stelle lediglich einen Anwendungsfall eines von ihm entwickelten allgemeinen Klassifikationsverfahrens dar. Im Ergebnis sei die aristotelische Tierkunde daher eigentlich eine »Zoologie ohne Arten«.[21]

Den Begriff der Gattung definiert Aristoteles in seiner ›Topik‹ auf folgende Weise: »Gattung ist was von mehreren und der Art nach verschiedenen Dingen bei der Angabe ihres Was oder Wesens prädiziert wird«[22]. Auch die Zuordnung zu einer Gattung enthält also bereits eine Bestimmung des Wesens eines Gegenstands. Die von Aristoteles ›Gattung‹ genannte Klassifikationseinheit bezieht sich nicht in allen Fällen auf eine Ebene oberhalb der Art; in einigen Passagen bezeichnet er auch Varietäten innerhalb einer Art als ›Gattung‹ (s.u.: ›Varietät‹). Als ›Gattung‹ kann bei Aristoteles insgesamt jede Klassifikationseinheit genannt werden, insbesondere eine auf Verwandtschaft beruhende; von der ›Art‹ ist sie unterschieden, weil sie nicht notwendig eine Form- oder Wesensbestimmung einschließt.[23]

Trotz dieser Verbindung des Art- und Gattungsbegriffs zu einer Wesensbestimmung geht Aristoteles aber an keiner Stelle von einer Unveränderlichkeit und Konstanz der Lebewesen in der Generationenfolge aus. Wie die Vorstellung von der Kreuzbarkeit von Individuen verschiedener Arten, der Entstehung neuer Arten (in Afrika) und der Vererbung erworbener Eigenschaften[24] zeigt, wird der Möglichkeit einer Veränderung von Arten vielmehr Raum gegeben. Der Aristoteles-Schüler Theophrast widmet sogar fast ein ganzes Buch seiner Pflanzengeschichte der Frage nach den Wegen der Veränderung der Arten bei Pflanzen.[25] Bis ins Mittelalter gelten die Arten im Anschluss daran vielfach nicht als ewige, fixe, klar umrissene Einheiten, sondern vielmehr als ephemere und variable Gebilde.[26] Es können viele Beispiele für dieses Verständnis von Arten gegeben werden. So behauptet Thomas von Aquin, es würden neue Arten (»novae species«) durch Fäulnisprozesse entstehen[27]; Petrus de Crescentius verfasst 1305 ein Werk, in dem er die Artveränderung bei Kulturpflanzen ausführlich darstellt[28]; eine ähnliche Abhandlung schreibt Levinus Lemnius 1559 unter der Kapitelüberschrift ›Herbas mutationibus‹[29]; ihm folgen im 16. Jahrhundert weitere Werke dieser Art[30]. Erst im 18. Jahrhundert etabliert sich die scharfe Gegenüberstellung von Arten als konstanten Typen und Varietäten als vorübergehenden, variablen Einheiten. Paradoxerweise bildet dieses Bild der Arten als stabilen, unveränderlichen Einheiten den Hintergrund für die Formulierung der Evolutionstheorie: »The earlier belief that species were ephemeral and mutable did not promote a belief in evolution. A scientific theory of evolution became possible only after the stability of species had been established« (Zirkle 1959).[31]

In der Zeit nach Aristoteles, so bereits bei seinem Schüler Theophrast, werden vermehrt nicht nur morphologische Merkmale, sondern zunehmend auch andere (extrinsische und relationale) Merkmale herangezogen, um Arten zu bestimmen. Verbreitung gewinnt v.a. eine Einteilung, die sich an Aspekten der Nützlichkeit orientiert.[32]

Die Unterscheidung von Art und Gattung in logischer Hinsicht erläutert später der Neuplatoniker Poryphyrios näher: Während die Gattung das bezeichne, »was mehreres, der Art nach Verschiedenes nach seiner Wesenheit bezeichnet«, gelte für die Arten, dass sie »zwar vieles bezeichnen, aber nur solches, was sich nicht der Art, sondern nur der Zahl nach unterscheidet«[33]. Die Art ist damit das, »was der Gattung untergeordnet ist« und das, »was mehreres, der Zahl nach Verschiedenes nach seiner Wesenheit bezeichnet«[34]. In diesem Sinne als Zusammenfassung von einander gleichen Individuen (oder besser: nicht voneinander unterschiedenen Exemplaren) wird das Konzept der Art auch in der Neuzeit verwendet (C. Wolff 1728: »Quae similes sunt ad eandem classem referimus, quam *Speciei* nomine insignimus. Est itaque *Species* similitudo individuorum«[35]).

Im Anschluss an das Verfahren der Artzuordnung als Wesensbestimmung bleibt für den biologischen Artbegriff lange Zeit die Vorstellung bestimmend, dass es in der Natur eine begrenzte und bestimmte Anzahl von Arten gebe, denen ein unwandelbarer Wesenskern zukomme. Als Konzept, das eine dynamische Einheit bezeichne, wird der Artbegriff erst seit Ende des 17. Jahrhunderts interpretiert.

Ähnlichkeit und Abstammung

Ansätze für die Bestimmung des biologischen Artbegriffs über das doppelte Kriterium der Ähnlichkeit und gemeinsamen Abstammung finden sich seit dem Epikureanismus im vierten vorchristlichen Jahrhundert. Diese Ansätze können als Vorläufer des späteren Biospeziesbegriffs gelten (Wilkins 2009: »something resembling the biospecies concept existed by the fourth century BCE«[36]). Eine Formulierung im epikureischen Sinne gibt Lukrez im ersten nachchristlichen Jahrhundert (vgl. Tab. 14). Auch bei Aristoteles zeigt sich dieses Verständnis; es manifestiert sich bereits sprachlich in der fortpflanzungsbiologischen und klassifikationslogischen Doppelbedeutung des Terminus ›γένος‹ (Geschlecht/Gattung). Der Zusammenhang der beiden Bedeutungen kann als Ausdruck einer kausalen und rechtfertigenden Beziehung verstanden werden, insofern die gemeinsame Abstammung über Ereignisse der Zeugung als Ursache und Grund für die klassifikatorische Zusammenfassung von Individuen zu einer Gruppe angesehen wird (Nash 1978: »*gonos* ergo *genos*«).[37]

Später heißt es bei Augustinus in seinem Kommentar zur biblischen Genesis: Diejenigen Lebewesen werden zu einer Art gerechnet, die sich ähnlich sind und aus einem gemeinsamen Ursprung stammen (»ut inter se similia atque ad unam originem seminis pertinentia distinguerentur a caeteris«[38]; vgl. Tab. 14). Dieser für das Mittelalter einflussreiche Artbegriff baut auf dem biblischen Schöpfungsbericht auf, indem er die Konstanz der Arten (seit ihrer Schöpfung) betont – er ist damit eindeutig gegen Berichte von Artumwandlungen gerichtet, wie sie sich vielfach in den Tiergeschichten von Plinius und Aelian finden.[39]

Zwei Artbegriffe sind damit unterschieden: ein fortpflanzungsbiologischer, der die gemeinsame Abstammung und Kreuzbarkeit von Organismen zum Maßstab ihrer Artzugehörigkeit erklärt, und ein morphologischer, der nach Ähnlichkeit klassifiziert.

Frühe fortpflanzungsbiologische Artbegriffe

Ende des 16. Jahrhunderts erscheint der fortpflanzungsbiologische Artbegriff in Ansätzen bei A. Cesalpino, insofern er die Propagation durch Samen bei Pflanzen als Grundlage der Artzugehörigkeit betrachtet (»similie ubique simile gignet, secundum naturam, & eiusdem speciei«[40]). Auch J. Locke diskutiert ihn einhundert Jahre später in seinem Hauptwerk von 1689 (»the power of propagation in animals by the mixture of Male and Female, and in Plants by Seeds, keeps the supposed real Species distinct and entire«).[41] Gegenüber der traditionellen Sicht, die von »wesentlichen Merkmalen« für die Unterscheidung von Arten ausgeht (vertreten von den »Aristotelikern« der Systematik, zu denen auch Cesalpino zu rechnen ist; ↑Systematik), hat der auf Fortpflanzung beruhende Artbegriff den Vorteil, auf einem objektiven Mechanismus zu beruhen. Den essenzialistischen Artbegriff lehnt Locke daher auch als methodisch problematisch ab (»these Boundaries of Species, are as Men, and not as Nature makes them«).[42]

Als der eigentliche Begründer des fortpflanzungsbiologischen Artbegriffs gilt aber J. Ray (Wilkins 2009: »Ray is responsible for formulating the first explicitly entirely *biological* notion of species«[43]). Er ist 1686 der Auffassung, das sicherste Kriterium zur Bestimmung von Arten ergebe sich aus den vermittls der Vermehrung aus Samen weitergegebenen Unterschieden. Variationen der Individuen, die aus den Samen einer Pflanze hervorgegangen sind, seien keine Artunterschiede (»Nobis autem diu multumque indagantibus nulla certior occurit quàm distincta propagatio ex semine. Quaecumque ergo Differentiae ex ejusdem seu in individuo, seu specie plantae semine oriuntur, accidentales sunt, non specificae«[44]; vgl. Tab. 14). Organismen, die von dem Samen der gleichen Pflanze stammen, aber Varietäten sind (»varietas«), gehören nach Ray also zur gleichen Art. Aus den Samen einer Pflanze entstehen nach Ray damit stets nur neue Pflanzen derselben Art (»Atquae ex eodem specie semine nunquam proveniunt eæ demum specificae censendæ sunt: aut si ex alterutrius semine non proveniunt, nec unquam semine fatæ transmutantur in se invicem, eæ demum specie destinctæ sunt«).[45] Oder, anders gesagt: Die Arten unterscheidenden Merkmale der Pflanzen haben ihren Ursprung nicht in Umweltbedingungen, sondern allein im Samen der Mutterpflanze (»ex eodem semine proveniat præcedens«).[46] Die Artunterschiede sind nach Ray stabil, insofern sie nicht durch Kultivierung oder Umwelteinflüsse verändert werden können. Das Kriterium der fortpflanzungsbiologischen Einheit stellt Ray also über das der morphologischen Ähnlichkeit. Es ist damit für Ray offenbar nicht nur ein Zeichen, sondern tatsächlich das wesentliche Kriterium der Artzugehörigkeit. Auch für Tiere gilt nach Ray, dass die Organismen einer Art nie aus dem Samen von Organismen einer anderen Art entspringen.

Wenig später diskutiert G.W. Leibniz in seinen naturphilosophischen Dialogen den fortpflanzungsbiologischen Artbegriff und erwägt, Arten durch die Fortpflanzung, d.h. die Abstammung der Individuen zu definieren (vgl. 14).

Realität von Arten?

Neben diesen frühen Versuchen einer Definition

stehen seit der Scholastik immer auch solche Positionen, die eine Realität von Arten grundsätzlich bezweifeln und nur den Individuen realen Status zugestehen. Nach diesen Positionen bilden die Arten nur Namen, die eine zu einem bestimmten Zweck eingeführte Ordnung ermöglichen. Eine derartige nominalistische Position nimmt Ende des 17. Jahrhunderts J. Locke ein. Er diskutiert die Möglichkeit, organischen ebenso wie anorganischen Arten (also Typen von Organismen ebenso wie z.B. Typen von Metallen) keine »reale Essenz« zuzuschreiben, sondern sie für »komplexe Ideen« zu halten: »our distinct Species, are nothing but distinct complex Ideas, with distinct Names annexed to them«[47]. Diese Auffassung ist allerdings nicht vorherrschend. Die meisten Autoren des 17. und 18. Jahrhunderts halten Arten für reale und für ontologisch grundlegende Typen, die von Gott geschaffen wurden. Deutlich ist diese Sicht bei Linné.

Linnés Artbegriff
Der Artbegriff C. von Linnés hat im Laufe seines Lebens eine Wandlung durchgemacht. Seine frühen Darstellungen sind getragen von der traditionellen religiösen Überzeugung eines einmaligen Aktes der göttlichen Schöpfung unveränderlicher Arten, so dass er von einer Konstanz der Arten ausgeht. Bereits in der ersten Auflage der ›Systema naturae‹ (1735) hält Linné fest, dass alle Lebewesen aus Eiern hervorgegangen seien (»viventia singula ex ovo propagari«[48]), dass heute keine neuen Arten gebildet würden (»nullæ species novæ hodienum producuntur«[49]) und dass auf diese Weise eine Serie (»series«) entstehe, die rückwärts gerechnet für jede Art in einem einzigen Vorfahrenpaar ende. Wenig später formuliert Linné dann, dass es so viele Arten gebe, wie zu Beginn der Welt geschaffen worden seien (»Species tot sunt, quot diversas formas ab initio produxit Infinitum Ens«) und dass diese den verschiedenen Formen und Bauweisen der Pflanzen heute entsprächen (»Species tot sunt, quot diversæ formæ seu structuræ Plantarum«), wobei diejenigen abzuziehen seien, die durch die Umstände des Standortes entstanden seien (»Varietates«).[50] In einem Essay aus dem Jahr 1743 nimmt Linné an, dass Gott von jeder Art ein Paar von Organismen geschaffen habe, von der dann alle späteren Organismen abstammen würden.[51]

Eine Wende in Linnés Artkonzept wird durch die Kenntnis von einer Blütenpflanze der Gattung *Peloria* eingeleitet, die in ihren vegetativen Teilen so sehr den Vertretern einer anderen Gattung gleicht, dass Linné annimmt, sie sei durch Hybridisierung entstanden.[52] In einem Brief an A. von Haller berichtet Linné von dieser Pflanze und beschreibt sie als eine »neue Art«, die nicht seit Beginn der Welt vorhanden gewesen sei; es liege eine »Transmutation« von einer Pflanze in eine andere vor.[53] Später weitet Linné seine Auffassung in Bezug auf die Entstehung neuer Arten durch Hybridisierung aus und ist in der Ansicht, die vielen verschiedenen Arten einer Gattung würden von einer ursprünglichen Art abstammen. Die Entstehung der Arten stellt er sich jetzt in zwei Stufen vor: In einem ersten Schritt habe Gott alle Ordnungen und Gattungen erzeugt; in einem zweiten seien dann durch natürliche Kreuzung neue Arten entstanden.[54] In späten Schriften nimmt Linné darüber hinaus auch eine Kreuzung von Prototypen an, aus denen die »natürlichen Ordnungen« hervorgegangen seien.[55] Die Vorstellung einer regelmäßigen Artbildung durch Hybridisierung kann sich Mitte des 18. Jahrhunderts allerdings nicht durchsetzen, v.a. unter dem Einfluss der Experimente von J.G. Koelreuter, die die Sterilität und damit langfristige Instabilität der Hybriden nachweisen.[56]

Arten sind für Linné Fortpflanzungsreihen von Organismen, die sich in bestimmten als wesentlich erachteten Merkmalen gleichen.[57] Die von ihm systematisch identifizierten Klassen von Organismen repräsentieren also keine logischen Gattungsbegriffe, sondern sind als »essenzialistische« Einheiten oder Individuen anzusehen[58], die von Gott in ihrer spezifischen Eigenart geschaffen sind. Die Arten sind für ihn keine Kollektivgebilde, sondern selbst reale Einheiten der Natur. Der christlichen Lehre entsprechend, nimmt Linné daher in seinen frühen Schriften eine Konstanz der Arten an. Jede Art repräsentiere eine mögliche »Form« der Natur. Im Laufe der Generationen könne es aufgrund von Umwelteinflüssen zwar zu Veränderungen der Organismen kommen; diese seien aber durch Veränderung der Lebensbedingungen reversibel, z.B. durch das Umpflanzen einer Pflanze – das Sammeln und Kultivieren von Pflanzen in botanischen Gärten stellt damit eine für Linnés Artbegriff wichtige operationale Basis dar.[59] Als »Formen« der Natur versteht er seine Einteilung der Organismen in Arten (und höhere Taxa) vor einem theologischen Hintergrund als *natürlich*, insofern sie das Ergebnis eines göttlichen Schöpfungsplans darstellten (»natürliches System«; ↑Systematik). In operationaler Hinsicht unterscheidet sich das von Linné angestrebte (aber selbst nicht erreichte) natürliche System von einem künstlichen durch die Berücksichtigung nicht nur eines Merkmals (z.B. die Anzahl der Staub- oder Blütenblätter), sondern vieler oder aller Merkmale.

Weil er von ihrer Realität überzeugt ist, hält Linné es für gerechtfertigt, Abbildungen von Arten zu geben (die für ihn einen ähnlichen Status haben wie die gesammelten Pflanzen in einem Herbar). Abbildungen von taxonomischen Einheiten höherer Ordnung lehnt er dagegen ab (↑Typus). Im Gegensatz zu den Kategorien der Art und Gattung erscheinen Linné die von ihm etablierten höheren Kategorien (die Ordnungen und Klassen; ↑Taxonomie) von geringerer Natürlichkeit: Arten und Gattungen seien das Werk der Natur; Klassen und Ordnungen dagegen das Werk von Natur und Kunst[60]. Linné selbst erwähnt in erster Linie pragmatische Gründe der Übersichtlichkeit, die ihn zur Bildung der höheren Kategorien veranlasst haben.[61]

Als Grund für die Gliederung der Pflanzen und Tiere in Arten gibt Linné an, dass diese aus Eiern gebildet würden (»generari ex ovo«[62]); für die Steine, die in Linnés System das dritte Naturreich bilden, würde dies dagegen nicht gelten: Sie entstünden durch Aneinanderfügung der Teile, nicht aber aus »Eiern«. Dies sei auch der Grund dafür, dass die Steine keine Gliederung in Arten aufweisen, sondern allein Varietäten bilden würden (»omnes lapides varietates«[63]). Die Strukturierung der Welt der Lebewesen in Arten ist für Linné also die Folge des Vorliegens von gegeneinander isolierten Abstammungslinien.

Buffon: Art als Sukzession von Individuen
Gegen den realistischen Artbegriff Linnés wendet sich G. Buffon, indem er nur das zeitliche Nacheinander der sich fortpflanzenden Individuen als Grundlage der Einheit von Arten akzeptiert, die Zusammenfassung von gleichzeitig nebeneinander im Raum lebenden Individuen aber als Fiktion abtut. Reale Einheit der Natur sei letztlich nur das Individuum und seine Ahnen- und Nachkommenreihe (»ce n'est ni le nombre ni la collection des individus semblables qui fait l'espèce, c'est la succession constante & le renouvellement non interrompu de ces individus qui la constituent; […] l'espèce est donc un mot abstrait & général, dont la chose n'existe qu'en considérant la Nature dans la succession des temps«[64]) (vgl. auch Tab. 14). Eine Art bestimmt Buffon knapp als konstante Sukzession von sich fortpflanzenden, einander ähnlichen Individuen (»une succession constante d'individus semblables & qui se reproduisent«[65]). Stärker als vor ihm Ray, dessen Artbegriff dem Buffons ähnelt, betont Buffon die Ähnlichkeit der Organismen einer Art und ihre Fähigkeit, miteinander Nachkommen zu zeugen. In Buffons Artbegriff liegt also eine stärkere Verbindung des fortpflanzungsbiologischen und des morphologischen Kriteriums der Bestimmung von Arten vor. Über Ray hinaus geht Buffon auch insofern, als er die Fähigkeit zur gemeinsamen Fortpflanzung als Kriterium der gemeinsamen Artzugehörigkeit betrachtet: Individuen, die nicht miteinander Nachkommen zeugen können (»ne peuvent rien produire ensemble«), stellt Buffon ausdrücklich in verschiedene Arten (vgl. Tab. 14); die reproduktive Isolation ist für Buffon also der entscheidende Test der Artzugehörigkeit.[66] Trotz seiner nominalistischen Position hinsichtlich der Realität von Arten ist Buffon aber weit davon entfernt, einen populationstheoretischen Artbegriff zu entwickeln; Arten sind für ihn *Typen*, wie er an anderer Stelle ausdrücklich betont; jedes Individuum ist in Buffons Anschauung nach dem Modell des Arttypus gebildet (↑Typus).

Hinsichtlich der Frage der Realität von Arten und Gattungen wandelt sich auch Buffons Auffassung im Laufe seiner wissenschaftlichen Karriere: Zumindest aus pragmatischen Gründen akzeptiert und verwendet er später die Gruppierung von Organismen in Arten und Gattungen.[67]

Andere Naturforscher der zweiten Hälfte des 18. Jahrhunderts schließen sich der Auffassung Buffons an. So erklärt C. de Bonnet die menschlichen Einteilungen der Natur zu bloßen Namen und meint, sie stimmten nicht mit den wirklichen Einteilungen überein, weil innerhalb zweier vom Menschen unterschiedener Arten noch weitere Arten liegen könnten, die die »Stufenleiter« zwischen den Wesen noch enger machen würden.[68]

Es gibt in der zweiten Hälfte des 18. Jahrhunderts allerdings auch Widerstand gegen Buffons Verständnis von Arten ausgehend von Reproduktionsverhältnissen. Der Botaniker A.-L. de Jussieu definiert den Artbegriff 1789 allein aufgrund der Ähnlichkeit von Organismen.[69]

»Nominalgattung« und »Realgattung«: Ähnlichkeit und Abstammung
Eine klare Differenzierung zwischen Arten und Gattungen findet sich bei Buffon nicht. In seinen Schriften ist es nicht eindeutig, ob die Kategorie der Art oder die der Gattung die übergeordnete ist.[70] Eine präzise Differenzierung etabliert sich erst zu Beginn des 19. Jahrhunderts. Im letzten Viertel des 18. Jahrhunderts ist es dagegen vielfach der Ausdruck ›Gattung‹, der gerade zur Erläuterung des Artbegriffs im Sinne Buffons herangezogen wird. Diese Entwicklung nimmt ihren Ausgang von I. Kants Unterscheidung zwischen »Naturgattungen« und »Schulgattungen«, die er in einer kleinen Abhandlung über die »Racen« des Menschen von 1775 trifft.[71] »Naturgattungen« bezeichnen nach Kant Arten im Sinne Buffons, d.h. Mengen von Organismen auf der Grundlage einer

»Natureinteilung nach Stämmen, welche die Thiere nach Verwandtschaften in Ansehung der Erzeugung eintheilt«; »Schulgattungen« nehmen dagegen allein die »Ähnlichkeit« der Organismen zum Maßstab.[72] Aufgrund dieser Unterscheidung, die Kant sehr viel schärfer als Buffon herausarbeitet, hält er die Arten und Gattungen für natürliche Einheiten, die aufgrund einer »physischen Absonderung« entstanden sind; die höheren taxonomischen Einheiten wie Ordnungen und Klassen drücken nach Kant dagegen bloß eine »logische Absonderung« aus, die um der bloßen Vergleichung willen vollzogen werde.[73]

Neben Kant nehmen auch empirisch orientierte Naturforscher die Fähigkeit zur gemeinsamen Zeugung von fruchtbaren Nachkommen als Kriterium der Zugehörigkeit von zwei Individuen verschiedenen Geschlechts zur gleichen Art auf. So ist S.P. Pallas 1780 der Auffassung, zwei verschiedengeschlechtliche Individuen gehörten solange nicht zu einer Art, wie sie keine fruchtbaren Nachkommen miteinander zeugen können und durch konstante Merkmale voneinander unterschieden seien (»lorsque ces deux espéces propagent bien distinctement dans l'état sauvage par des individus des deux sexes, & lorsque ces deux sexes réunis different essentiellement par quelques caractéres constants du type des espéces voisines«).[74]

Im Gegensatz zu Buffon, Kant und Pallas halten aber andere Naturforscher in der zweiten Hälfte des 18. Jahrhunderts an einem auf Ähnlichkeit beruhenden Artbegriff fest. Zu diesen gehört J.F. Blumenbach. Er beschreibt die »natürliche Methode« 1779 als eine Klassifikation, die sich »nicht auf einzelne abstrahirte, sondern auf alle äußere Merkmale zugleich, auf den ganzen Habitus der Thiere« gründet.[75] Über das Kriterium der genealogischen Verwandtschaft, also gemeinsamen Abstammung schreibt Blumenbach nichts. Auch die explizite Bestimmung des Artbegriffs, die Blumenbach gibt, beruht allein auf dem Kriterium der Ähnlichkeit: »Thiere werden zu einer und derselben Spezies (Gattung) gehörig genannt, in wiefern sie an Gestalt und Verhaltensweise so zusammenpassen, daß ihre Verschiedenheit von einander bloß durch Abartung hat entstehen können«.[76] In Bezug auf Artbegriffe, die auf der gemeinsamen Fortpflanzungsfähigkeit oder Abstammung beruhen, weist er auf die praktische Schwierigkeit in der Anwendung des Kriteriums der gemeinsamen Paarung hin: »wie fast ganz nichtig ist die Hoffnung, so viel wilde Thiere, besonders sich selbst überlassen, […] jemals zu dieser Vereinigung zu bringen?«.[77]

Kant wiederholt daher 1785 seinen Vorschlag zur Unterscheidung von Klassifikationen aufgrund von Ähnlichkeit und von Abstammung: Lebewesen, die aus unabhängigen »Erschaffungen« hervorgegangen sind, können nach Kant in eine *Nominalgattung* gestellt werden, »um sie nach gewissen Ähnlichkeiten zu klassificiren« – sie würden aber niemals eine *Realgattung* bilden, »zu welcher durchaus wenigstens die Möglichkeit der Abstammung von einem einzigen Paar erfordert wird«.[78] Mit dieser Unterscheidung differenziert Kant zwischen dem »Geschäft der Naturgeschichte« und dem der »Naturbeschreiber«[79]: Den Ausdruck ›Naturgeschichte‹ nimmt er also insofern ernst, als die Bestimmung von Realgattungen auf dem historischen Kriterium der gemeinsamen Abstammung beruht. Die Unterscheidung von ›Art‹ und ›Gattung‹ ist für Kant allein in der nach Ähnlichkeit klassifizierenden Naturbeschreibung möglich, nicht aber in der Naturgeschichte, in der innerhalb eines Verwandtschaftskreises ein genealogisches Kontinuum besteht: »Art und Gattung sind in der Naturgeschichte (in der es nur um die Erzeugung und den Abstamm zu thun ist) an sich nicht unterschieden. In der Naturbeschreibung, da es bloß auf Vergleichung der Merkmale ankommt, findet dieser Unterschied allein statt«[80].

Kritisiert wird diese Unterscheidung im folgenden Jahr von G. Forster. Forster hält es insbesondere für menschenunmöglich, eine Abgrenzung von taxonomischen Einheiten nach dem Kriterium der gemeinsamen Abstammung zu geben: »in diesem Sinne dürfte die Naturgeschichte wohl nur eine Wissenschaft für Götter und nicht für Menschen seyn. Wer ist Vermögend den Stammbaum auch nur einer einzigen Varietät bis zu ihrer Gattung hinauf darzulegen, wenn sie nicht etwa erst unter unsern Augen aus einer andern entstand?«.[81]

Auch auf diese Kritik reagiert Kant mit einer Präzisierung seiner Vorstellungen: Er vollzieht eine Zuordnung der Gegenüberstellung von *Naturbeschreibung* (»Physiographie«) und *Naturgeschichte* (»Physiogonie«[82]) zu der epistemischen Unterscheidung von *theoretischem Wissen*, das auf Vermögen des *Verstandes* beruht, und den *Ideen der Vernunft*, die auf das Ganze der Erfahrung gehen, aber bloß regulative Urteile hervorbringen.[83] Eine Evolution der Lebewesen von »Wasserthieren« über »Sumpfthiere« zu »Landthieren« hält Kant daher auch für möglich, wenngleich er diese Vorstellung auch ein »gewagtes Abenteuer der Vernunft« nennt[84] (↑Evolution; Phylogenese).

Eine genaue Erläuterung erfährt der Standpunkt Kants in einer Schrift C. Girtanners aus dem Jahr 1796. Wie Kant unterscheidet auch Girtanner zwischen »Naturgeschichte« und »Naturbeschreibung«:

»Geschlecht gebraucht man einmal, wenn eine zusammenhängende Erzeugung deren, welche dieselbe Form haben, statt findet; so sagt man z.B.: so lange das Geschlecht der Menschen ist, d.h. solange ihre Erzeugung ununterbrochen besteht. Ferner gebraucht man Geschlecht von dem, von welchem als dem ersten Bewegenden ausgehend das andere zum Sein gelangt; so nennt man die einen Hellenen von Geschlecht, die anderen Ioner, weil die einen vom Hellen, die andern von Ion als erstem Erzeuger abstammen« (Aristoteles, Metaphysik 1024a).

»Weil [...] alles jetzt von bestimmten Samen erzeugt wird, springt es dorten hervor und steigt in den Räumen des Lichtes, wo der Stoff eines jeden wohnt und Körper des Ursprungs; und darum vermag nicht alles aus allem zu werden, weil in bestimmten Dingen zuhaus ist geschiednes Vermögen« (Lukrez, De rerum natura I, 169-174).

»Nicht viele Arten von Menschen sind entstanden wie von Pflanzen, Gehölzen, Fischen, Vögeln, Schlangen, Haustieren und wilden Tieren, so daß wir auf solche Weise das ›nach Art‹ auffassen müßten, oder wenn es geheißen hätte: stammweise, damit unter sich Ähnliche und zu einem Samenursprung Gehörige von anderen unterschieden werden sollten« (Augustinus, De genesis III, 12, 20).

»Nach langen und gründlichen Untersuchungen erscheint uns kein anderes Kriterium zur Bestimmung von Arten sicherer als die über die Vermehrung mittels Samen weitergegebenen Unterschiede. Alle Variationen der Individuen, die aus den Samen einer Pflanze hervorgehen, sind bloße akzidentelle Variationen und keine Unterschiede, die eine artliche Differenzierung begründen würden« (Ray 1686, I, 40).

»[N]ous définissons l'espece par la generation, de sorte que ce semblable, qui vient ou pourrait estre venu d'une même origine ou semence, seroit d'une même espece« (Leibniz 1704, III, 6, §14).

»Species tot sunt, quot diversas formas ab initio produxit Infinitum Ens« (Linné 1737, §5).

»[O]n doit regarder comme la même espèce celle qui, au moyen de la copulation, se perpétue & conserve la similitude de cette espèce, & comme des espèces différentes celles qui, par les mêmes moyens, ne peuvent rien produire ensemble« (Buffon 1749, 10f.).

»Organisirte Körper, welche zu Einer und derselben Naturgattung (species naturalis) gehören, stehen, durch ihr Zeugungs-Vermögen, unter einander in Verbindung, und sind von Einem Stamme entsprossen« (Girtanner 1796, 4).

»La collection de tous les corps organisés nés les uns des autres, ou de parens communs, et de tous ceux qui leur ressemblent autant qu'ils se ressemblent entre eux, est appelée une espèce« (Cuvier 1798, 11).

»[I]l est utile de donner le nom d'espèce à toute collection d'individus semblables, que la génération perpétue dans le même état, tant que les circonstances de leur situation ne changent pas assez pour faire varier leurs habitudes, leur caractère et leur forme« (Lamarck 1809, I, 75).

»L'espèce est une collection ou une suite d'individus caractérisés par un ensemble de traits distinctifs dont la transmission est naturelle, régulière et indéfinie dans l'ordre actuel des choses« (Geoffroy Saint Hilaire 1859, II, 437).

»[S]pecies are only strongly marked and permanent varieties, and [...] each species first existed as a variety« (Darwin 1859, 469).

»When we call a group of animals, or of plants, a species, we may imply thereby either, that all these animals and plants have some common peculiarity of form and structure [morphological species]; or, we may mean that they possess some common functional character [physiological species]« (Huxley 1860, 543).

»[D]ie schärfste Bestimmung des Artbegriffes [...], nach welcher zu einer Art nur jene Individuen gehören, die unter völlig gleichen Verhältnissen auch völlig gleiche Merkmale zeigen« (Mendel 1866, 6).

»[D]ie Art [...] erscheint in dem grossen Entwicklungsgesetz als ein vorübergehender auf kürzere oder längere Zeitperioden beschränkter und veränderlicher Formenkreis, als der Inbegriff der Zeugungskreise, welche bestimmten Existenzbedingungen entsprechen und unter diesen eine gewisse Constanz der wesentlichen Merkmale bewahren« (Claus 1876, 77).

»Ce mot désigne un groupe d'individus dont les descendants se reproduisent; mais des animaux classés comme d'espèces différentes peuvent se reproduire, et d'autres, compris dans la même, en ont perdu la faculté« (Flaubert 1881, 101).

»Es sind eben Arten nur Gruppen von dergestalt abgeänderten Einzelthieren, dass eine geschlechtliche Mischung zwischen ihnen und anderen Gruppen nicht mehr geschieht oder mit Erfolg unbegrenzt nicht mehr möglich ist« (Eimer 1889, 16).

»[We] look upon a species [...] as an assemblage of individuals which have become somewhat modified in structure, form, and constitution so as to adapt them to slightly different conditions of life; which reproduce their like, and which usually breed together [...;] crossed with their near allies [they] do always produce offspring which are more or less sterile *inter se*« (Wallace 1889, 167).

»A group of individuals which, while fully fertile inter se, are sterile with all other individuals – or, at any rate, do not generate fully fertile hybrids« (Romanes 1895, II, 229).

»A group of individuals which, however many characters they share with other individuals, agree in presenting one or more characters of a peculiar kind, with some certain degree of distinctness« (Romanes 1895, II, 230).

»Zu einer Art gehören sämmtliche Exemplare, welche der in der Diagnose festgestellten Form entsprechen, ferner sämmtliche davon abweichenden Exemplare, die damit durch Zwischenformen so innig verbunden sind, dass sie sich ohne Willkür nicht scharf davon trennen lassen, endlich auch alle Formen, die mit den vorgenannten nachweislich in genetischem Zusammenhang stehen« (Döderlein 1902, 411).

»Zu einer Art gehören sämtliche Exemplare, welche der in der Diagnose festgestellten Form entsprechen, ferner sämtliche davon abweichende Exemplare, die mit jenen durch häufig auftretende Zwischenformen innig verbunden sind, ferner alle, die mit den Vorgenannten nachweislich in genetischem Zusammenhange stehen oder sich fruchtbar mit ihnen paaren« (Plate 1907, 589).

»Das Kriterium des Begriffs Species (= Art) ist [...] ein dreifaches, und jeder einzelne Punkt ist der Prüfung zugänglich: Eine Art hat gewisse Körpermerkmale, erzeugt keine den Individuen andrer Arten gleiche Nachkommen und verschmilzt nicht mit andern Arten« (Jordan 1905, 159).

»[E]ine systematische Kategorie, in welcher man diejenigen organischen Individuen zusammenfaßt, die in bestimmten, relativ konstanten Eigenschaften untereinander übereinstimmen« (Schmidt 1912, 32).

»A species consists of the total of individuals of identical constitution unable to form more than one kind of gametes« (Lotsy 1916, 23).

»[L]a specie [...] viene ad essere costituita da tutto l'internodio che sta fra due successivi sdoppiamenti o, ad ogni modo, da tutto il tratto rettilineo d'evoluzione che s'è prodotto dopo l'ultimo sdoppiamento. Possiamo chiamare ›specie filetica‹ o ›filomero‹ (segmento di phylum) la specie intesa in questo modo« (Rosa 1918, 216).

»Formen, die sich unter natürlichen Bedingungen durch Generationen erfolgreich mit einander paaren, bilden zusammen eine Art, wobei es geichgültig ist, wie groß ihre gegenseitige Ähnlichkeit ist« (Stresemann 1920, 151f.).

»Art ist eine natürliche kontinuierliche Fortpflanzungsgemeinschaft« (Remane 1927, 7).

»The smallest natural populations permanently separated from each other by a distinct discontinuity in the series of biotypes, are called species« (du Rietz 1930, 357).

»A species is a group of similar individuals differing from other groups in a number of more or less true-breeding characters, greater than those which often occur within the limits of a family, and not the direct result of environmental or other nurtural influences. The members of a species are fertile with one another, but not readily with other species« (Thompson 1934, II, 1334).

»Considered dynamically, the species represents that stage of evolutionary divergence, at which the once actually or potentially interbreeding array of forms becomes segregated into two or more separate arrays which are physiologically incapable of interbreeding« (Dobzhansky 1935, 354).

»[T]here is no single criterion of species. Morphological difference; failure to interbreed; infertility of offspring; ecological, geographical, or genetical distinctness – all of those must be taken into account, but none of them singly is decisive. Failure to interbreed or to produce fertile offspring is the nearest approach to a positive criterion« (Huxley 1940, 11).

»Species are groups of actually or potentially interbreeding populations, which are reproductively isolated from other such groups« (Mayr 1942, 120).

»Als A. wird die Gesamtheit aller Einzellebewesen (Individuen) gleicher stammesgeschichtlicher Herkunft (Abstammungsgemeinschaft) innerhalb eines den Lebensansprüchen u. historischen Gegebenheiten entsprechenden Verbreitungsgebietes (Areal) bezeichnet, bei der zumindest räumlich benachbarte Individuen eine Fortpflanzungsgemeinschaft bilden, d.h. miteinander unbeschränkt fruchtbar sind« (Kosmos-Lexikon der Naturwissenschaften 1953, 129).

»Die Grenzen der Art im Zeitlängsschnitt wären [...] durch zwei Artspaltungsprozesse bestimmt: denjenigen, durch den sie als selbständige Fortpflanzungsgemeinschaft geschaffen wurde, und denjenigen, mit dem die leiblichen Nachkommen dieser Ausgangspopulation aufhörten, eine einheitliche Fortpflanzungsgemeinschaft zu sein« (Hennig [1960], 65).

»An evolutionary species is a lineage (an ancestor-descendant sequence of populations) evolving separately from others and with its own unitary evolutionry role and tendencies« (Simpson 1961, 153).

»Die Art ist eine Serie von Individuen, die in der Gesamtheit ihrer typischen Eigenschaften übereinstimmen und in ihren räumlich oder zeitlich aneinander anschließenden Populationen eine meist nur geringfügige fließende Variabilität zeigen« (Schindewolf 1962, 67).

»L'espèce est un ensemble d'êtres vivants qui descendent les uns des autres, dont les genotypes sont très voisins (d'où leur similitude morphologique, physiologique et éthologique) et qui, dans des conditions naturelles, ne s'hybrident pas, pour des causes géniques, anatomiques, éthologiques, spatiales, ou écologiques, avec des êtres vivants de tout autre groupe« (Grassé 1966, 881).

»Art, Spezies, die wichtigste taxonome Einheit (Kategorie) des Systems der Pflanzen und Tiere. Als natürliche Grundeinheit umfaßt die A. die Gesamtheit aller Individuen oder Populationen, die einer potentiellen Fortpflanzungsgemeinschaft angehören, d.h. die A. ist auf Grund stammesgeschichtlicher Herkunft (Abstammungsgemeinschaft) durch mehrere konstante Vererbungsmechanismen morphologisch, physiologisch, embryologisch, verhaltensmäßig u.a. deutlich von allen anderen Abstammungsgemeinschaften geschieden« (ABC Biologie 1967, 49).

»Species [...] are the most extensive units in the natural economy such that reproductive competition occurs among their parts« (Ghiselin 1974, 538).

»A species is a lineage (or a closely related set of lineages) which occupies an adaptive zone minimally different from that of any other lineage in its range and which evolves seperately from all lineages outside its range« (Van Valen 1976, 233).

»A species is a single lineage of ancestral descendant populations of organisms which maintains its identity from other such lineages and which has its own evolutionary tendencies and historical fate« (Wiley 1978, 18).

»Species are the smallest groups that are consistently and persistently distinct, and distinguishable by ordinary means« (Cronquist 1978, 15).

»A ›species‹ is merely a population or group of populations defined by one or more apomorphous features; it is also the smallest natural aggregation of individuals with a specifiable geographic integrity that cannot be defined by any set of analytic techniques« (Rosen 1979, 227).

»Eine Art umfaßt alle zwischen der Aufspaltung der Stammart und der eigenen Aufspaltung in erneut reproduktiv isolierte Tochterarten in Populationen sich realisierende Individuen, die zumindest potentiell miteinander fertile Nachkommen erzeugen können« (Klausnitzer & Richter 1979, 237).

»[A] species is a diagnosable cluster of individuals within which there is a parental pattern of ancestry and descent, beyond which there is not, and which exhibits a pattern of phylogenetic ancestry and descent among units of like kind« (Eldredge & Cracraft 1980, 92).

»[S]pecies are simply the smallest detected samples of self-perpetuating organisms that have unique sets of characters« (Nelson & Platnick 1981, 12).

»We can [...] regard as a species that most inclusive population of individual biparental organisms which share a common fertilization system« (Paterson 1985, 25).

»Eine Art ist [...] der evolutionäre Abschnitt zwischen zwei Speziationen oder aber zwischen einer Speziation und dem Zeitpunkt ihres nachkommenlosen Aussterbens« (Willmann 1985, 133).

»The cohesion species concept is the most inclusive population of individuals having the potential for phenotypic cohesion through intrinsic cohesion mechanisms« (Templeton 1989, 12).

»[E]very modern species definition in a diverse sample either explicitly or implicitly equates species with segments of population lineages. [...] Not just any lineage segment qualifies as a species, however. Instead, a species corresponds with a lineage segment bounded by certain critical events. Authors disagree, however, about which events are critical« (de Queiroz 1999, 50; 53).

»[W]ichtigste Verallgemeinerungseinheit der Biologie und damit grundlegender Begriff der Systematik, Klassifikation und Taxonomie. – Als Arten bezeichnet man Gruppen von Individuen, die durch Abstammungsbande zwischen Elter(n) und Nachkommen [...] gekennzeichnet sind [...] und in Gestalt, Physiologie und Verhalten soweit übereinstimmen, daß sie sich von anderen Individuengruppen abgrenzen lassen. Bei Organismen mit zweigeschlechtlicher Fortpflanzung kommt als entscheidendes Kriterium die Fähigkeit hinzu, gemeinsam fertile Nachkommen [...] zu erzeugen« (Rehfeld 1999, 9).

»Species are reproductively isolated natural populations or groups of natural populations. They originate via the dissolution of the stem species in a speciation event and cease to exist either through extinction or speciation« (Meier & Willmann 2000, 31).

»A species is the least inclusive taxon recognized in a formal phylogenetic classification. As with all hierarchical levels of taxa in such a classification, organisms are grouped into species because of evidence of monophyly. Taxa are ranked as species rather than at some higher level because they are the smallest monophyletic groups deemed worthy of formal recognition, because of the amount of support for their monophyly and/or because of their importance in biological processes operating on the lineage in question« (Mishler & Theriot 2000, 46f.).

»*A species is a lineage separated from other lineages by causal differences in synapomorphies*. The sense in which lineages are separated will vary according to the organisms. In sexual organisms, it will involve the variety of prezygotic and postzygotic isolating mechanisms. In ecospecies it will involve the occupancy of an ecological role in vicariant ecosystems (i.e., in similar roles in each system, interchangeable with each local instance). In agamospecies it will involve approaching the mean ›wildtype‹ genotype through selection against intermediates. In phylospecies, it will mean remaining diagnosably distinct (although I have added the requirement that diagnosis be founded on actual causal mechanisms in the ultimate case). The point here is that there is a pattern of distinctness, on which we can refine our diagnoses to uncover the processes that cause them« (Wilkins 2003, 635).

»[S]pecies are best understood as open or closed, causally integrated processual systems that also instantiate an historically conditioned homeostatic property cluster natural kind« (Rieppel 2009, 33).

Tab. 14. Definitionen des biologischen Artbegriffs.

Die Naturgeschichte lehre, »wie das Urbild einer jeden Stammgattung von Thieren und Pflanzen ursprünglich beschaffen gewesen sei, und wie die Gattungen von ihrer Stammgattung allmählig abgeartet seien«.[85] Die Naturbeschreibung vollziehe dagegen eine Eintheilung der »organisirten Körper, nach dem Linneischen Systeme, in Klassen, Ordnungen, Geschlechter und Arten. Diese Eintheilung der Schule, welche bloß für das Gedächtnis ist, bringt die organischen Geschöpfe unter Titel, nach ihrer *Ähnlich-*

keit, oder nach der Analogie«.[86] Weiter formuliert er: »Die Naturgeschichte, im philosophischen Sinne, theilt die organisirten Körper in Stämme, nach ihren Verwandschaften in Ansehung der Erzeugung. Sie gründet sich auf das gemeinschaftliche Gesetz der Fortpflanzung. Einheit der Gattung ist bei ihr Einheit der zeugenden Kraft. Auf diese Weise entsteht ein Natur-System für den Verstand, eine Eintheilung der organisirten Körper unter Gesetze«.[87] Ausdrücklich definiert Girtanner natürliche Gattungen und Arten auf dieser fortpflanzungsbiologischen Grundlage: »Alle Thiere, oder Pflanzen, die mit einander fruchtbare Junge zeugen, gehören zu Einer physischen Gattung«[88] (vgl. Tab. 14). Girtanner identifiziert die Ausdrücke ›Gattung‹ und ›species‹ miteinander – naheliegend ist dies, weil auf diese Weise die Fortpflanzung (Begattung) als Grundlage der Einteilung betont wird. Über die Abgrenzung von Arten hinaus schlägt Girtanner vor, auch die gesamte Systematik der Lebewesen auf eine genealogische Grundlage zu stellen. Er fordert, es müsse »eine neue Eintheilung des Thierreiches in Klassen, Ordnungen, Gattungen, Rassen, Spielarten und Varietäten, nach der Verwandschaft der Zeugung vorgenommen werden. Wahrscheinlich vergehen noch Jahrhunderte ehe dieß geschehn kann!«[89] Mit dieser Forderung könnte Girtanner als der Gründungsvater der kladistischen Systematik angesehen werden (↑Systematik). Und bemerkenswerterweise nimmt in der von Girtanner aufgelisteten Reihe von taxonomischen Einheiten der Terminus ›Gattung‹ die Stellung ein, die bei Linné die Art (*species*) innehat.

Eine kodifizierte Form, die für die spätere Rezeption von großer Bedeutung ist, gibt J.K.W. Illiger dem Artbegriff Kants und Girtanners. Er definiert im Jahr 1800 in ihrem Sinne (und häufig mit genau Girtanners Formulierungen, aber ohne ihn zu zitieren[90]): »Art, *Species*, [...] ist der Inbegriff aller Individuen, welche fruchtbare Junge miteinander zeugen. Diese Bestimmung der Art scheint die Natur selbst zu diktiren. Wir können die Art nur aus Erfahrungen über die Erzeugung bestimmen, und es ist falsch, wenn man, wie gewöhnlich zu geschehn pflegte, annimmt, daß die Art aus der Abziehung allgemeiner mehrern Individuen gemeinschaftlicher Merkmale entstehe«.[91]

Konstanz und Transformation von Arten
Bei den Biologen, die zu Beginn des 19. Jahrhunderts eine Transformation der Arten im Laufe der Erdgeschichte für möglich erachten und Theorien für den Mechanismus dieses Prozesses vorschlagen, ist ein fortpflanzungsbiologischer Artbegriff verbreitet. Dies gilt insbesondere für J.B. de Lamarck. Er definiert eine Art als eine Menge von ähnlichen Individuen, die durch andere ähnliche Individuen erzeugt wurden (»collection d'individus semblables qui furent produits par d'autres individus pareils à eux«[92]). Lamarck weist aber auch darauf hin, dass es für ihn streng genommen nur Individuen in der Natur gebe; konstante Arten (»espèces constantes«) gebe es dagegen nicht.[93] Die Arten gelten ihm vielmehr als veränderlich (↑Phylogenese).

Die Frage der Konstanz oder Transformation von Arten wird in der ersten Hälfte des 19. Jahrhunderts kontrovers diskutiert. Auf der einen Seite geht G. Cuvier weiterhin von einer göttlichen Schöpfung der Arten und ihrer harmonischen ↑Anpassung an die jeweilige Umwelt aus[94] und definiert eine Art ähnlich wie Linné vor ihm über die Verschränkung der beiden Kriterien der gemeinsamen Abstammung und der Ähnlichkeit: »La collection de tous les corps organisés nés les uns des autres, ou de parens communs, et de tous ceux qui leur ressemblent autant qu'ils se ressemblent entre eux, est appelée une espèce«[95]. Auf der anderen Seite betont Lamarck die Veränderlichkeit der Individuen in einer Abstammungsreihe und schließt daraus, es gebe keine konstanten Arten in der Natur: »ces individus, qui appartenoient originairement à une espèce, se trouvent à la fin transformés en une espèce nouvelle, distincte de l'autre«[96] (Lamarck spricht hier von einer Transformation der Individuen, nicht der Arten; problematisch ist es allerdings, wenn er hier nahe legt, dieselben Individuen würden erst zu einer und dann zu einer anderen Art gehören; vgl. die Diskussion unten zu *Artumwandlung*). Bei Lamarck zeigt sich damit ebenso wie später bei Darwin die Einschätzung der Art als eine historische Einheit: Jede Art hat ihre Geschichte. Er definiert sie als eine Gruppe von sich fortpflanzenden Organismen, die solange gleich bleiben, bis Umweltänderungen Änderungen der organischen Formen nach sich ziehen (»il est utile de donner le nom d'espèce à toute collection d'individus semblables, que la génération perpétue dans le même état, tant que les circonstances de leur situation ne changent pas assez pour faire varier leurs habitudes, leur caractère et leur forme«[97]).

Praxis der Artbestimmung
Die verschiedene Einschätzung des Artbegriffs spiegelt sich auch in der höchst unterschiedlichen Praxis der Abgrenzung von Arten. Ein Extrem bildet der Pionier der Ornithologie, der thüringische Pfarrer C.L. Brehm, der viele verschiedene Arten innerhalb der von Linné abgegrenzten Spezies unterscheidet, z.B. allein 14 Arten von Haussperlingen für seine thüringische Heimatstadt.[98] Brehm charakterisiert die Ar-

ten als Variationen »ein und derselben Grundgestalt«, also auf morphologischer Grundlage. Schon in der zeitgenössischen Kritik wird bemerkt, dass manche der von Brehm identifizierten Arten keine »ächten« Arten seien, sondern vielmehr »climatische oder locale Abänderungen«.[99] Die fehlende Einheitlichkeit in der Abgrenzung und Benennung von Arten führt in der ersten Hälfte des 19. Jahrhunderts zu heftigen Auseinandersetzungen, die seit den 1840er Jahren in die Entwicklung von Regelwerken zur Nomenklatur münden (↑Taxonomie).

Durch die Evolutionstheorie beeinflusste Autoren sind in der zweiten Hälfte des 19. Jahrhunderts häufig dazu geneigt, innerhalb der allgemein anerkannten Arten viele neue Arten zu unterscheiden (»splitters«); ihnen stehen solche Systematiker gegenüber, die die bestehenden umfassenden Arten verteidigen (»lumpers«) und die der Auffassung sind, eine mögliche Transformation der Arten dürfe die Taxonomie nicht beeinflussen, weil Arten solche Einheiten bezeichnen sollten, die sich nicht verändern.[100]

Darwin: Skepsis gegenüber dem Begriff
Die skeptische Sicht auf einen typologisch oder essenzialistisch bestimmten Artbegriff, wie sie sich prägnant bei Buffon findet, verstärkt sich unter dem Einfluss der Evolutionstheorie immer weiter. Der essenzialistische Typusbegriff gerät dabei zunehmend unter einen pauschalen Metaphysikverdacht und wird allenfalls als pragmatisches Instrument zur Ordnung der Mannigfaltigkeit akzeptiert.

Eine Schlüsselrolle in dieser Entwicklung nimmt C. Darwin ein. Auch wenn Darwin den Begriff der Art im Titel seines Hauptwerkes führt, hält er ihn doch nicht für scharf bestimmbar (»It all comes, I believe, from trying to define the undefinable«[101]). Der wesentliche Grund hierfür ist seine Lösung vom typologischen, oder besser »fixistischen« Artkonzept, die ihm anfangs wie ein Verbrechen erscheint (»species are not (it is like confessing a murder) immutable«[102]). In seinem Hauptwerk erläutert Darwin seinen Artbegriff durch die Bestimmung von Arten als Gruppen von Individuen, die einander stark ähneln (»a set of individuals closely resembling each other«[103]); eine genaue Abhebung der Arten von Varietäten sei nicht möglich; die Abgrenzung von Arten beruhe vielmehr auf Konvention (»arbitrarily given«) und erfolge allein aus praktischen Gründen (»for the sake of convenience«)[104]. Zu beziehen ist diese Einschätzung v.a. auf die Unterscheidung von Arten und Varietäten: Zwischen diesen ist für Darwin eine Grenze nicht scharf zu ziehen.[105] Darwins Einstellung zum Artbegriff ist also wesentlich pragmatischer Natur. Abzulehnen ist nach Darwin allein eine essenzialistische Artdefinition, die jeder Art ein Wesensmerkmal zuschreibt, weil die generationenübergreifende Veränderung der Organismen eine solche Definition verbiete.

Als Erwiderung auf Darwins Zurückhaltung in der Bestimmung des Artbegriffs ist ihm vorgehalten worden, dass es ohne einen solchen Begriff keine Evolution geben könne. So urteilt L. Agassiz: »If species do not exist at all, as the supporters of the transmutation theory maintain, how can they vary? And if individuals alone may exist, how can the differences which may be observed between them prove the variability of species?«.[106] Agassiz sieht die Arten ebenso als »ideale Entitäten« an wie die anderen Taxa der Klassifikation (Gattungen, Familien etc.).[107] Darwin reagiert auf die Kritik von Agassiz mit Unverständnis und räumt den Arten eine *Existenz in der Zeit* oder eine *zeitweilige Existenz* (»temporary existence«) ein.[108] Diese Beschereibung findet sich auch bereits 1856 bei dem französischen Ornithologen C. Bonaparte (»existence temporaire«) zu (↑Phylogenese).[109]

Aus den Aufzeichnungen in seinen älteren Notizbüchern wird deutlich, dass Darwin Arten zumindest in einigen Zusammenhängen als reproduktiv isolierte Einheiten ansieht. Darwin erwägt zwei Kriterien zur Bestimmung von Arten, die beide auf einem kausalen Mechanismus und nicht auf bloßer Klassifikation aufgrund von äußerer Ähnlichkeit beruhen: Abstammung von einem gemeinsamen Vorfahren und Fähigkeit zur Erzeugung gemeinsamer Nachkommen (Kreuzbarkeit): »There is only two ways of proving [that two animals belong to the same species:] one when they can proved descendant […], or when placed together they will breed«.[110] Als eine »reale Sache« erscheinen Arten Darwin v.a. ausgehend vom Kriterium der Kreuzbarkeit: »As species is [certain] real thing with regard to contemporaries – fertility must settle it«.[111] Darwin diskutiert insbesondere ethologische Isolationsmechanismen und stellt fest, dass gute Arten morphologisch nicht stark differenziert sein müssen (»species may be good ones & differ scarcely in any external character«; z.B. die Laubsängerarten *Phylloscopus collybita* und *sibiliatrix*).[112] Auch in späteren Werken gibt Darwin nicht die Ähnlichkeit der Individuen, sondern ihre Kreuzbarkeit als den besten Test der Artzugehörigkeit aus (»the absence of fusion affords the usual and best test of specific distinctness«[113]). Die reproduktive Isolation ist für Darwin aber andererseits kein universales Kriterium zur Abgrenzung von Arten: »First crosses between forms, sufficiently distinct to be ranked as species, and their hybrids, are very generally, but not universally, sterile«.[114] Trotz seiner vorsichtigen Einstellung gegenüber einer allgemeinen Definition des Artbegriffs lehnt Darwin das Konzept also nicht ab. Seine Bemerkungen sind vor dem Hintergrund zu verstehen, dass er primär nicht an den wohl definierten Arten und der Konstanz der Arten, sondern im Sinne seiner Theorie der Phylogenese an den Grenzfällen und Übergängen interessiert ist.[115] Von einem allgemeinen populationstheoretischen Artbegriff kann bei Darwin dennoch nicht die Rede sein.[116]

Von seinen Zeitgenossen wird die These der ↑Phylogenese der Organismen, also des genealogischen Zusammenhangs von Organismen verschiedener Arten, relativ schnell akzeptiert. Auf allgemeine Ablehnung, selbst unter seinen Anhängern, stößt dagegen der von Darwin vorgeschlagene Mechanismus der ↑Selektion. Verbunden mit dieser Ablehnung ist auch die Ablehnung eines kontinuierlichen Übergangs von einer Art in eine andere. Am Ende des 19. Jahrhunderts gelten Arten zwar als Stadien eines Evolutionsprozesses, also nicht mehr als unveränderlich und ewig, sie werden aber doch weiterhin als *diskret* angesehen.[117] Der Übergang zwischen Arten wird allgemein als ein Sprung, nicht als ein Fließen verstanden (↑Mutation).

Darwins Einbettung des Artbegriffs in die Theorie der Evolution hat natürlich Konsequenzen für die Definition des Begriffs. Im Anschluss an Darwins Theorie werden am Ende des 19. Jahrhunderts unter Arten historisch entstandene Entitäten verstanden. C. Claus bestimmt eine Art im Sinne Darwins als einen »veränderlichen Formenkreis«, der über gewisse Zeitperioden Bestand hat. Über das Kriterium der Paarung von Organismen verbunden, sei eine Art »der Inbegriff der Zeugungskreise«.[118] Die meisten Artdefinitionen dieser Zeit beruhen auf einer Verbindung morphologischer und genealogischer Kriterien, so auch die im frühen 20. Jahrhundert viel zitierte Definition von L. Döderlein, die später durch L. Plate modifiziert wird (vgl. Tab. 14).[119]

Realität vs. Abstraktheit von Arten
In der zweiten Hälfte des 19. Jahrhunderts ist das ganze Spektrum der Meinungen zum ontologischen Status (›Realität‹ vs. ›Abstraktheit‹) von Arten und höheren Taxa vertreten (vgl. Tab. 15).[120] Einen extremen Standpunkt nehmen C. von Nägeli und F. Heincke ein, indem sie für die Realität aller taxonomischer Kategorien plädieren, weil sie alle »natürliche Einheiten« seien[121], d.h. »in der Natur bestehen«[122].

E. Haeckel sieht dagegen allein die höchsten systematischen Kategorien, d.h. die Stämme als real an. In ihnen seien die Individuen »durch das materielle Band der Blutsverwandtschaft« miteinander verbunden, weil sie von einer »einzigen gemeinsamen Urform« abstammten und auf diese Weise »kontinuierlich zusammenhängende Glieder« einer Einheit bildeten.[123] Den Stamm oder das Phylon hält Haeckel daher »für die einzige reale und für die einzige genau durch ihren Inhalt und Umfang zu definierende Kategorie des Systems«.[124] Alle anderen Kategorien des Systems einschließlich der Spezies bezeichnet er als »willkührliche und subjective Abstractionen«.[125] Die fehlende Realität der Arten ist aber für Haeckel kein großes Problem. Denn die Tatsache, dass Individuen allein nach bestimmten begrifflichen Kriterien zu Arten zusammengefasst werden könnten, ändere nichts an dem Wert einer solchen Zusammenfassung.

Bis ins 20. Jahrhundert ist die Meinung dominierend, dass allein Arten den ontologischen Status der Realität haben, alle anderen Taxa aber abstrakte Einheiten seien. Paradigmatisch formuliert A. Schopenhauer diese Auffassung 1844: »[Es] sind die species das Werk der Natur, die genera das Werk des Menschen: sie sind nämlich bloße Begriffe. Es gibt species naturales, aber genera logica allein«.[126] Von biologischer Seite neigen zu dieser Auffassung die Botaniker F. Delpino und A. Kerner von Marilaun und die Zoologen H. Burmeister, J.D. Dana und F. Brauer.[127] Als Grund für die Realität der Arten wird das »gemeinsame Band« zwischen den Individuen einer Art gesehen, das (bei sexuell sich vermehrenden Organismen) durch die gemeinsame Fortpflanzung gegeben sei.[128]

Ein vierter Standpunkt besteht schließlich in der These, dass allein die Individuen real, alle systematischen Kategorien einschließlich der Art dagegen Abstraktionen seien. Diese Meinung vertreten (ebenso wie anfangs Buffon und Lamarck) u.a. L. Agassiz, C. Claus und M. Möbius.[129] E. Bessey hält die Arten zu Beginn des 20. Jahrhunderts allein für geistige Konzepte (»mental concepts«) ohne tatsächliche Existenz (»no actual existence«) in der Natur: »They are conceived in order to save ourselves the labor of thinking in terms of individuals, and they must be so framed that they do save us labor«[130].

Sofern überhaupt noch eine Debatte über die »Realität« höherer taxonomischer Kategorien seit Mitte des 20. Jahrhunderts geführt wird, ist diese meist durch eine liberale Haltung gekennzeichnet, nach der durchaus nicht nur Arten als reale Einheiten angesehen werden. Nach einer Umfrage unter 48 namhaften Taxonomen im Jahr 1940 ist die große Mehrheit von ihnen der Auffassung, die *Gattung* sei im Vergleich zur Art die »natürlichere Einheit«, und sie entstehe außerdem auf gleiche Weise wie Arten.[131]

		Ontologischer Status von Arten	
		real	konstruiert
Ontologischer Status höherer Taxa	real	*Nägeli 1865*	*Haeckel 1866*
	konstruiert	*Burmeister 1856*	*Claus 1880*

Tab. 15. *Kreuzklassifikation von Standpunkten zur Realität von Arten und höheren Taxa in der zweiten Hälfte des 19. Jahrhunderts.*

Differenzierung des Artbegriffs

Seit Ende des 19. Jahrhunderts werden verschiedene terminologische Vorschläge gemacht, die umfassende und die enge Bedeutung des Artbegriffs voneinander zu trennen. H. de Vries spricht von *Großarten* und *elementaren Arten*, ohne diese aber genauer zu definieren.[132] Gemäß seiner Mutationstheorie ist er lediglich der Ansicht, neue elementare Arten »entstehen plötzlich, ohne Uebergänge«[133] und »sind meist völlig constant, vom ersten Augenblicke ihrer Entstehung an«[134]. J.P. Lotsy begründet 1916 die Unterscheidung zwischen **Linneon** als Bezeichnung für die klassischen Arten im umfassenden rein morphologischen Sinn (»the total of individuals which resemble one another more than they do any other individuals«[135]) und **Jordanon** für den engeren reproduktionsbiologischen Artbegriff (»a group of externally alike individuals which all propagate their kind faithfully, under conditions excluding contamination by crossing with individuals belonging to other groups, as far as these external characters are concerned, with the only exception of noninheritable modifications of these characters«[136]). Der letztere Terminus nimmt Bezug auf den französischen Botaniker A. Jordan (1814-1897), der für Pflanzenarten viele kleine Varietäten beschreibt, die sich nur geringfügig unterscheiden, deren Merkmale aber über Generationen konstant bleiben und die damit eine morphologisch und genetisch einheitliche Gruppe von Individuen bilden. Den Hintergrund von Jordans Praxis der Arteinteilung bilden nicht evolutionäre Überlegungen, sondern der Glaube an die Vielfalt der Schöpfungen Gottes. Lotsy identifiziert die traditionelle Kategorie der Art nicht mit einem seiner beiden neuen Konzepte, sondern führt diese als eine dritte Kategorie ein: Arten (»species«) werden von Lotsy durch die Homogenität der Gameten von Individuen abgegrenzt und können damit nicht aufgrund morphologischer Vergleiche oder Paarungsbeobachtungen bestimmt werden, sondern setzen Kreuzungsversuche mit Hybriden voraus (vgl. Tab. 14).[137]

Arten als »Wirkungseinheiten«?

Bis zur Mitte des 20. Jahrhunderts ist es die herrschende Ansicht, dass der taxonomischen Ebene der Art eine grundsätzlich andere Bedeutung zukomme als den höheren Kategorien. J. Huxley argumentiert, aufbauend auf der Vorstellung der ↑Arterhaltung, dass Arten – im Vergleich zu höheren Taxa – als Einheiten der Natur mit einer größeren Realität und Objektivität anzusehen seien (»species have a greater reality in nature, [...] a greater degree of objectivity, than higher taxonomic categories«). Arten können nach Huxley im Gegensatz zu den höheren Kategorien als abgegrenzte sich selbst erhaltende Einheiten der Natur bestimmt werden (»distinct self-perpetuating units with an objective existence in nature«).[138]

Die angeblich größere »Realität« und »Objektivität« der Kategorie der Art wird also daran festgemacht, dass die Zusammenfassung von Arten auf der Grundlage von beobachtbaren sexuellen Fortpflanzungsereignissen beruht. Die Definition baut damit nicht auf der willkürlichen Entscheidung auf, dass nach dieser oder jener genealogischen Entfernung von einer ›Gattung‹, ›Familie‹, ›Ordnung‹ oder ›Klasse‹ zu reden ist, sondern auf einer tatsächlichen kausalen Interaktion von Organismen. Arten bilden in diesem Sinne »Wirkungseinheiten«, wie sie L. von Bertalanffy 1932 nennt.[139]

Kritisch wird allerdings später darauf hingewiesen, dass meist nicht alle Mitglieder einer Art eine reale Interaktionsgemeinschaft bilden. Organismen und Nachkommenreihen von Organismen können geografisch und zeitlich isoliert voneinander vorkommen, so dass Interaktionen, und damit auch die gemeinsame Fortpflanzung, ausgeschlossen sind. Und auch bei Organismen einer Art, die im gleichen Raum und zur gleichen Zeit vorkommen, kann es ökologische, ethologische oder physiologische Mechanismen der Isolation geben (Rassen, Ökotypen, u.a.), die eine Kreuzung unter natürlichen Bedingungen ausschließen.[140] Eine reale Interaktionsgemeinschaft bilden allein die Mitglieder einer ↑Population, nicht aber einer Art.

Um den Status der realen Interaktionsgemeinschaft zu retten, wird häufig vorgeschlagen, Arten als Menge von Organismen zu definieren, die miteinander Nachkommen zeugen *können*, auch wenn sie dies tatsächlich nicht tun. Diese potenzielle sexuelle Interaktion als Grundlage des Artbegriffs erlaubt zwei Interpretationen: Sie kann so verstanden werden, dass allein die Organismen zu einer Art zusammengefasst werden, die unter natürlichen Bedingungen miteinander Nachkommen zeugen, wenn die räumlichen und zeitlichen Hindernisse entfernt werden (unter Beibehaltung der ethologischen und ökologischen Barrieren). Oder sie kann rein physiologisch so verstanden werden, dass alle die Organismen eine Art bilden, die sich unter irgendwelchen natürlichen oder künstlichen Bedingungen (z.B. künstlicher Befruchtung) miteinander paaren und fertile Nachkommen zeugen können. Weil es sich in beiden Fällen bei den Interaktionen aber immer um mögliche und nicht tatsächliche handelt, können sie nicht dazu dienen, Arten als reale Interaktionsgemeinschaften zu bestimmen. Es besteht damit eine grundsätzliche Schwierigkeit in der Abgrenzung von natürlichen biologischen Arten aufgrund potenzieller Interaktionen. Der Hauptvertreter des »biologischen Artbegriffs«, E. Mayr, rückt daher seit den 1960er Jahren in seinen Definitionen einer Art von der Einschränkung einer bloß potenziellen Interaktion ab (vgl. Tab. 16).

Morphologische, physiologische, biologische Arten
In der zweiten Hälfte des 19. Jahrhunderts wird zunehmend klar, dass sich nicht alle Arten morphologisch deutlich unterscheiden müssen. Es werden daher verschiedene Relativierungen des Artbegriffs vorgenommen. Darwin nennt in seinem Hauptwerk eine Gruppe von Organismen, die untereinander homogen, aber gegen andere Mitglieder der gleichen Art morphologisch abgegrenzt sind (»a well-marked variety«) *beginnende Arten* (»incipient species«).[141] G.H.T. Eimer spricht 1888 von einer »werdenden Art«.[142]

In terminologischer Hinsicht werden verschiedene Versuche unternommen, innerhalb des Artbegriffs Differenzierungen einzuführen und Typen von Arten zu unterscheiden. So differenziert T.H. Huxley 1860 zwischen **morphologischen Arten** und **physiologischen Arten** (»physiological species«) und definiert letztere durch die gemeinsame Fortpflanzungsfähigkeit ihrer Mitglieder (»groups of individuals, which breed freely together, tending to reproduce their like«).[143] In ähnlicher Weise unterscheidet Haeckel 1866 zwischen einem *morphologischen*, *physiologischen* und *genealogischen* Begriff der Spezies.[144] Die Bezeichnungen für diese Kategorien erscheinen z.T. bereits in der ersten Hälfte des 19. Jahrhunderts: C.G.F. Gore unterscheidet 1838 bei Rosen drei physiologische Arten (»physiological species«[145]), wobei sie dabei zugrundelegt, dass Individuen zu einer Art zusammengefasst werden, wenn sie voneinander abstammen und in invariablen Merkmalen einander ähneln (»A species ought to be composed of individuals produced from each other by successive generations, and resembling each other in one or more invariable specific characters«[146]). Den Ausdruck ›morphologische Art‹ führt Huxley 1856 ein; er bestimmt sie als die kleinste Gruppe von Individuen, die über ein nur diesen gemeinsames Merkmal definiert ist (»the smallest group of individuals which can be defined by a common character, and absolutely separated from all other groups by that character, and this might be termed a *morphological species*«).[147] Gruppen, die in der Praxis aufgestellt werden, aber kein absolutes Abgrenzungskriterium in diesem Sinne aufweisen, nennt Huxley 1856 *konventionelle Arten* (»conventional species«).[148]

Huxley verwendet 1876 auch wohl als erster die Formulierung **biologische Arten** (»biological species«). Biologische Aren sind für Huxley dadurch ausgezeichnet, dass sie über ihre Reproduktion eine natürliche Einheit bilden (»ideas derived from the study of the phenomena of generation enter in various ways into the conception of biological species«).[149] Zu einer terminologischen Bezeichnung in Abgren-

»A species consists of a group of populations which replace each other geographically or ecologically and of which the neighboring ones intergrade or hybridize wherever they are in contact or which are potentially capable of doing so (with one or more of the populations) in those cases where contact is prevented by geographical or ecological barriers« (1940, 256).

»Species are groups of actually or potentially interbreeding populations, which are reproductively isolated from other such groups« (1942, 120).

»Species are groups of interbreeding natural populations that are reproductively isolated from other such groups« (1969.1, 26; 1969.2, 314).

»A species is a protected gene pool. It is a Mendelian population that has its own devices (called isolating mechanisms) to protect it from harmful gene flow from other gene pools« (1970, 13).

»A species is a reproductive community of populations (reproductively isolated from others) that occupies a specific niche in nature« (1982, 273).

»A species is an interbreeding community of populations that is reproductively isolted from other such communites« (1992, 222).

»A reproductively isolated aggregate of populations which can interbreed with one another because they share the same isolating mechanisms« (1997, 311).

Tab. 16. Wandlung der Definitionen des »biologischen Artbegriffs« bei Ernst Mayr.

zung von anderen Formen von Arten in der Biologie entwickelt sich der Ausdruck in den 1880er Jahren, und zwar vor dem Hintergrund eines Verständnisses von ›biologisch‹ im Sinne von »ökologisch« (↑Biologie): C.B. Klunzinger führt diese Kategorie 1885 in der Abgrenzung von Forellenarten ein und definiert »biologische Arten« dadurch, dass ihre Mitglieder »sich nur durch den Aufenthaltsort sicher unterscheiden, in der Form aber allerlei Übergänge zu einander zeigen«.[150] Im Anschluss an Klunzinger verwendet auch Eimer die Bezeichnung ›biologische Arten‹ 1888 und versteht sie als »Oertlichkeitsformen«, bei denen die Organismen durch den Einfluss des Aufenthaltsorts verschieden geworden sind.[151] H. Klebahn spricht 1892 in Bezug auf Getreiderostpilze von »mehr biologischen als morphologischen Species«.[152] J. Eriksson identifiziert 1894 bei der gleichen Pilzgruppe verschiedene Typen von physiologischer Reaktion bei Pilzen, die sich in anatomischer Hinsicht gleichen. Auch er erwägt es, diese Formen *biologische Arten* zu nennen und sie von den traditionellen *morphologischen Spezies* abzugrenzen.[153] Bei anderen Organismen wird zwischen Arten differenziert, die sich allein in ihrer Lebensweise unterscheiden.[154]

Arten, deren Mitglieder reproduktiv gegeneinander isoliert sind, die sich aber morphologisch nicht oder kaum unterscheiden, werden **Schwesterarten** (»species sorores«[155]) oder später *Geschwisterarten* (»sibling species«[156]) genannt. Von ›Schwesterarten‹ ist bereits in der ersten Hälfte des 19. Jahrhunderts die Rede (Trattinnick 1819: »Schwesterarten [von Pflanzen], die sich einander wie Zwillinge gleichen«[157]). Von *species sorores* spricht 1893 J. Schroeter in Bezug auf Rostpilze verschiedener Arten, die »nur deshalb als verschiedene Species angesehen werden, weil einzelne Stadien derselben verschiedene Wirte haben müssen«; sie zeigen aber »keine sicheren morphologischen Unterschiede«.[158] Mayr bezieht den Terminus ›Geschwisterarten‹ zunächst allein auf Organismen verschiedener Arten, die in der gleichen geografischen Region vorkommen; später erweitert er die Definition auch auf allopatrisch lebende Organismen verschiedener Arten.[159] Auch von *Ökospezies* (s.u.) oder *ökologischen Rassen* ist in diesem Zusammenhang die Rede, und ihre Bedeutung für Prozesse der Artbildung wird diskutiert.

Pseudospezies und Paraspezies
Vermeintliche Arten, die von älteren Autoren aufgestellt wurden, die aber tatsächlich Organismen verschiedener Arten umfassen, werden seit den 1820er Jahren **Pseudospezies** genannt (von Uechtritz 1821: »Pseudospecies«[160]; Agassiz 1834: »pseudo-species« bei Lachsarten[161]; vgl. auch R.L. 1817: »Pseudo-Art«[162]; Bg 1823: »die Artenzahl [… wird] durch die richtige Vereinigung mancher Pseudoarten […] vermindert«[163]; Griesselich 1830: »Pseudo-Arten« in der Pflanzengattung *Adonis*[164]). T. Dobzhansky bezeichnet daneben 1972 allgemein alle artähnlichen Taxa, die für asexuell sich fortpflanzende Organismen formuliert werden, als ›Pseudospezies‹ (»›Species‹ in asexual or parthenogenetic forms are really pseudospecies, biological phenomena unlike species in sexual outbreeders«).[165] Schließlich sind auch die kulturell bedingten Einheiten des Menschen, die eine weitgehende reproduktive Isolation bedingen, (z.B. Stämme, Nationen, Rassen) mit dem Ausdruck ›Pseudospezies‹ belegt worden (s.u.: Rasse).

Als Ordnungskategorie für Organismen, die fossil nur fragmentarisch überliefert sind, ist der Terminus **Paraspezies** und allgemein *Parataxa* vorgeschlagen worden.[166] Mayr wendet diesen Ausdruck auf solche Taxa an, die – v.a. in ökologischer Hinsicht – Arten ähneln, aber aus asexuell sich vermehrenden Organismen bestehen – also auf die Einheiten, die von anderen Autoren ›Pseudospezies‹ genannt werden.[167]

Artbegriffe im 20. Jh.
Im 20. Jahrhundert bestehen verschiedene Artdefinitionen nebeneinander. Sie finden in unterschiedlichen Kontexten den Schwerpunkt ihrer Anwendung.[168] Zu unterscheiden sind v.a. ein fortpflanzungsbiologischer, morphologischer, evolutionstheoretischer und ökologischer Artbegriff (vgl. Tab. 17).

»Biologischer Artbegriff«
Die größte Verbreitung hat im 20. Jahrhundert der *fortpflanzungsbiologische* (kurz »biologische«) Artbegriff oder noch kürzer: der Begriff der **Biospezies** (engl. »biospecies«)[169]. Kritisiert werden kann diese Bezeichnung vor dem Hintergrund, dass nicht allein die sexuelle Fortpflanzung eine *biologische* Basis für die Abgrenzung von Arten bildet; auch andere Artbegriffe können also biologische Artbegriffe sein.[170] Mayr rechtfertigt die Bezeichnung damit, dass die Fortpflanzung ein eminent biologischer Prozess sei, der nicht-biologischen Körpern gerade fehle.[171] Abgegrenzt wäre dieser Artbegriff damit von solchen Artbegriffen, die unterschiedslos auf universalen Eigenschaften lebender oder lebloser Gegenstände beruhen, z.B. der morphologischen Ähnlichkeit.

Die Fortpflanzung ist jedoch nicht der einzige Prozess, der Organismen von leblosen Gegenständen unterscheidet – auch die gemeinsame Abstammung oder die Besetzung gleicher ökologischer Nischen zählen dazu. Um das Spezifische des Artbegriffs, der auf paarweiser Fortpflanzungsfähigkeit aufbaut, zu bezeichnen, ist es daher treffender, mit P.A. Meglitsch (1954) von einem *genetischen Artbegriff* zu sprechen (»genetic species concept«[172]; dieser Ausdruck wird allerdings zuvor auf einen Artbegriff bezogen, der durch Homogenität auf genetischer Ebene bestimmt ist[173]). Van Valen verwendet 1976 den Ausdruck *reproduktiver Artbegriff* (»reproductive species concept«[174]). Genauer ist aber wohl die Bezeichnung *reproduktionsbiologischer Artbegriff* (bei Arten mit sexueller Fortpflanzung) oder *rekombinationsbiologischer* Artbegriff (für Arten, bei denen die Rekombination von der Reproduktion getrennt ist) oder einfach kurz *Gamospezies* oder noch besser **Syngamospezies**, weil die Fähigkeit zur gemeinsamen Fortpflanzung, die Syngamie, das Kriterium der Zugehörigkeit zu einer Art bildet. Den Ausdruck **Syngamie** führt E.B. Poulton 1903 für das Verhältnis der Kreuzung von Organismen unter natürlichen Bedingungen ein: »Forms which freely inter-breed together [...] may be conveniently called *Syngamic*. [...] Free inter-breeding under natural conditions may be termed *Syngamy*«.[175] Genaugenommen stellt die Syngamie aber nur einen Sonderfall des Mechanismus dar, der die Kohäsion von Arten nach dem biologischen Artbegriff begründet: Zusammengehalten wird eine Art durch den Genfluss zwischen Individuen: Horizontal manifestiert sich dieser durch Rekombination; vertikal durch Reproduktion. Nur bei sexuell sich fortpflanzenden Arten fallen diese beiden Wege zusammen.

Gelegentliche Verwendung findet auch der Ausdruck *Genospezies*. Er wird von C. Raunkiaer bereits 1915 eingeführt (»Geno-Spezies«), allerdings in einem besonderen terminologischen Sinn, nämlich in der Bedeutung von W. Johannsens »reinen Linien« für eine durch Inzucht oder Selbstbefruchtung erzeugte genetisch homogene Gruppe von Individuen oder noch spezieller für einen »homozygotischen Biotyp«.[176] (Sachlich verwandt ist dieser Artbegriff mit dem von A. Meyer 1926 eingeführten Begriff des *Isogenon* für eine Gruppe von Organismen mit gleicher genetischer Zusammensetzung.[177]) G. Turesson verwendet die Bezeichnung ›Genospezies‹ 1922 in einem weiteren Sinn, indem er diese als eine genetisch bestimmte Art allgemein von der Ökospezies als ökologisch bestimmter Art abgrenzt.[178] A.W. Ravin wendet den Begriff der Genospezies (»genospecies«) 1963 auf Bakterien an und versteht darunter – im Gegensatz zu einer *Taxospezies* (»taxospecies«) – eine Gruppe solcher Bakterien, bei denen ein genetischer Transfer stattfindet (»When their respective

Morphospezies (Morphotyp)
Eine Morphospezies ist eine Menge von Organismen, die einen ähnlichen Bau aufweisen sowie ähnliches Verhalten zeigen und darin von anderen Organismen unterschieden sind.

Syngamospezies (Syngamotyp)
Eine Syngamospezies ist eine Menge von Organismen, die nach (paarweiser) sexueller Verbindung miteinander fruchtbare Nachkommen zeugen können.

Kladospezies (Kladotyp)
Eine Kladospezies ist eine Menge von Organismen, die eine Abstammungsgemeinschaft bilden, insofern sie über Fortpflanzungsereignisse miteinander verbunden und reproduktiv gegen andere Organismen isoliert sind, also die Menge von Organismen, die zwischen zwei Ereignissen der nachhaltigen reproduktiven Isolation von Populationen stehen.

Ökospezies (Ökotyp)
Eine Ökospezies ist eine Menge von Organismen, die in ökologischer Hinsicht äquivalent sind, insofern sie gleiche Ressourcen nutzen und in gleicher Weise von anderen Organismen als Ressourcen genutzt werden, die also insgesamt die gleiche ökologische Nische besetzen.

Tab. 17. Vier elementare Artbegriffe. Weil die Abgrenzung von Arten auf dieser Grundlage nach sehr unterschiedlichen Kriterien erfolgt, kann es zu widersprüchlichen Klassifikationen kommen, und es ist fraglich, ob es eine verschiedene Beschreibungs- und Erklärungskontexte übergreifende einheitliche Kategorie der Art überhaupt gibt.

genotypes permit inter-bacterial genetic transfer and recombination, we may say that they belong to the same genospecies«).[179]

Der fortpflanzungsbiologische Artbegriff baut auf den älteren Bestimmungen seit der Antike (u.a. durch Lukrez; vgl. Tab. 14) sowie insbesondere von Ray und Buffon auf, betont aber noch stärker die reproduktive Isolation als Grundlage für die Zusammenfassung von Organismen zu einer Einheit. Die Schranke der gemeinsamen Fortpflanzungsfähigkeit gilt als natürliches Kriterium der Einheitsbildung, weil mit ihr Organismen zu Gruppen zusammengefasst werden, die auch dann biologisch getrennte Einheiten bleiben, wenn sie räumlich zusammen vorkommen. Die natürliche Aufrechterhaltung der Unterschiedenheit von anderen Arten bildet also die entscheidende Grundlage für die Abgrenzung von Arten, so wie es W. Herbert bereits 1841 herausstreicht: »The true meaning of species [...] appears to be the subdivision of the genera or kinds into branches, which naturally maintain themselves distinct even when approximated«[180].

Als eine von insgesamt fünf Varianten zur Definition des biologischen Artbegriffs diskutiert G. Romanes 1895 auch eine fortpflanzungsbiologische Bestimmung (vgl. Tab. 14).[181] Er hält diese allerdings unter den zeitgenössischen Biologen für nicht sehr weit verbreitet. Die Definition, der nach Romanes fast alle seine Kollegen folgen, hat dagegen einen rein morphologischen Ausgangspunkt (vgl. Tab. 14). Zu dieser morphologischen Definition fügt Romanes noch zwei Ergänzungen hinzu, die einerseits auf die Erblichkeit der Merkmale und andererseits auf deren Charakter als Anpassungen abheben.

Eine Art nach dem Biospezieskonzept bildet daher eine ***Fortpflanzungsgemeinschaft***. Diese heute in der Biologie geläufige Bezeichnung erscheint seit Ende des 19. Jahrhunderts, und zwar zuerst im sozialwissenschaftlichen Kontext: A. Schäffle stellt 1881 die »Fortpflanzungsgemeinschaft«[182] bei Tieren im Gegensatz zu einer »Völkerschafts- oder Stammes-Gemeinschaft«[183] und versteht sie als »halb psychisch, halb physisch vermittelte Gemeinschaft der Fortpflanzung als ›Ehe‹ und ›Familie‹«[184]. Der Ausdruck wird hier also im engeren Sinne für das Zusammenleben von Individuen verschiedenen Geschlechts in der Zeit der Aufzucht der Nachkommen verwendet (Schäffle 1900: »eine den Wechsel der Fortpflanzungsgemeinschaft überdauernde Lebensgemeinschaft«).[185] Als populationsbiologisches Konzept im Sinne einer Population von Individuen, die miteinander Nachkommen zeugen (können), gebraucht A. Naef die Bezeichnung 1919.[186] Darüber hinaus hat der Ausdruck viele ähnlich lautende Vorläufer: Leibniz verwendet die Formulierung »tribu de generation«, um den natürlichen Artbegriff zu charakterisieren.[187] E.B. Poulton bezeichnet eine Art 1903 als eine *Kreuzungsgemeinschaft* (»inter-breeding community«).[188] Und Plate nennt eine Art 1914 eine *Paarungsgemeinschaft*.[189] Bei E. Wasmann heißt es 1906, die »systematische Art« sei nicht nur eine »morphologische Einheit«, sondern auch eine »biologische Einheit«, weil sie als »Individuengruppe zugleich ein genetisches Ganzes bildet, indem sie durch erfahrungsgemäße kontinuierliche Generationsreihen regelmäßig denselben Formenzyklus in den Erscheinungen der Keimesentwicklung, der Metamorphose und des Generationswechsels wiederholt«.[190]

Unterschieden ist dieser Artbegriff, der über die gemeinsame Fortpflanzungsfähigkeit von Organismen eingeführt wird, von einem Artbegriff, der Arten als Ausschnitte aus dem phylogenetischen Stammbaum interpretiert (»Kladospezies«; s.u.). Denn das Kriterium der gemeinsamen Fortpflanzungsfähigkeit enthält kein genetisches oder genealogisches Moment. Der biologisch nur selten realisierte Fall, dass zwei Organismen, die nur sehr entfernt über Artaufspaltungen in der Vergangenheit miteinander (genealogisch) verwandt sind, aber sich miteinander paaren können (↑Phylogenese/retikulate Evolution), würde ihre Zugehörigkeit zu einer gemeinsamen fortpflanzungsbiologisch bestimmten Art begründen.[191]

Als Besonderheiten des biologischen Artbegriffs streicht Mayr heraus, dass Arten danach erstens als Populationen und nicht als Typen verstanden werden, dass sie zweitens nicht durch den kontinuierlich variierenden Grad der morphologischen Unterschiedenheit, sondern durch die distinkte Grenze der Reproduktionsbarriere getrennt sind, und dass sie drittens nicht durch intrinsische Merkmale, sondern durch ihre Relation zu anderen Arten bestimmt sind.[192] Vielfach angewandt und definiert wird der biologische Artbegriff bereits in den ersten Jahrzehnten des 20. Jahrhunderts (und vereinzelt bereits im 19. Jahrhundert; vgl. Eimers Definition von 1889 in Tab. 14). Als einer der ersten formuliert ihn in präziser Form E. Stresemann, Mayrs akademischer Lehrer in Berlin. Bereits 1919 wendet sich Stresemann gegen die Bestimmung durch morphologische Kriterien, weil die den Artbildungsprozessen zugrundeliegende »physiologische Divergenz« unabhängig von »morphologischer Divergenz« sei.[193] Den »Prüfstein der Verwandtschaft zweier Formen« sieht Stresemann 1920 im »Bestehen von sexueller Affinität bzw. sexueller Aversion unter natürlichen Bedingungen«.[194] Im Anschluss daran macht Stresemann die über Generationen erfolgreiche Paarung zum Kriterium des Vorliegens einer Art (vgl. Tab. 14).[195] Prägnant ist auch die Bestimmung, die A. Remane 1927 gibt: »Art ist eine natürliche kontinuierliche Fortpflanzungsgemeinschaft«[196].

Zu seiner wirklichen Etablierung gelangt der Begriff der »biologischen Art« aber erst in den 1940er bis 50er Jahren.[197] Mayr definiert ihn seit 1940 in gewissen Variationen, wobei er anfangs allein die Möglichkeit der Kreuzung von Individuen als Kriterium betont, später aber die Unterscheidung von tatsächlicher und potenzieller Kreuzung fallen lässt (vgl. Tab. 16).[198] In seiner anfänglichen Definition von 1940 ist noch nicht das Kriterium der reproduktiven Isolation enthalten, das später zentral wird. Mayr wendet sich sogar anfangs ausdrücklich gegen dieses Kriterium, weil dadurch auch rein räumlich voneinander isolierte Populationen zu verschiedenen Arten gerechnet werden könnten.[199] Um die Möglichkeit allopatrisch existierender Populationen einer Art zuzulassen, schließt Mayr in seiner Definition von 1942 »potenziell« sich miteinander kreuzende Individuen zu einer Art zusammen – eine Art kann damit also auch aus räumlich isolierten Populationen bestehen, die sich nur aufgrund der räumlichen Distanz nicht vermischen. Mit seiner zunehmenden Übernahme populationsgenetischer Anschauungen lässt Mayr die Betonung des Potenziellen der Paarung zwischen Individuen aber fallen und geht in seinen Definitionen des Artbegriffs allein von der tatsächlich bestehenden Isolation aus.[200]

Der entscheidende Aspekt dieser Definitionen liegt in der Bestimmung des reproduktiven Zusammenhalts nach innen und der reproduktiven Isolation nach außen. Für diese Isolation werden besondere Mechanismen verantwortlich gemacht, die Dobzhansky 1937 *Isolationsmechanismen* nennt (↑Evolution). Weil Mayr darunter nur *biologische* Faktoren fasst (z.B. morphologische oder ethologische), müssen Organismen, die sich an geografisch weit entfernten Orten befinden, nicht reproduktiv voneinander isoliert sein und können somit zur gleichen Art gehören. Die biologische *Isolation* kann von der geografischen *Separation* unterschieden werden (↑Evolution), so dass aus der Separation noch keine Isolation folgt.[201] Verbesserungsfähig ist der fortpflanzungsbiologische Artbegriff in Mayrs Formulierung, insofern er kein Kriterium für den Anfang und das Ende einer Art gibt. Die Definition der beiden zeitlichen Einschnitte über Speziationsereignisse kann diesen Mangel beheben (s.u.).

Eine Variante des fortpflanzungsbiologischen Artbegriffs stammt von M. Ghiselin. In ihm wird die reproduktive Konkurrenz als Kriterium der Artzugehörigkeit verwendet: »Species [...] are the most extensive units in the natural economy such that reproductive competition occurs among their parts«[202].

Kennzeichnend für den fortpflanzungsbiologischen Artbegriff ist die Möglichkeit, Organismen zu Arten zusammenzufassen, die nicht ein durchgehendes morphologisches Merkmal gemeinsam haben. Die Ähnlichkeit zwischen den Organismen entspricht also der Form, die L. Wittgenstein *Familienähnlichkeit* nennt und die er mit dem Bild eines gesponnenen Fadens erläutert: »es läuft ein Etwas durch den ganzen Faden, – nämlich das lückenlose Übergehen dieser Fasern«.[203] Gattungen oder Arten, deren Mitglieder in einem Verhältnis der bloß paarweisen Ähnlichkeit stehen, ohne dass ein allen gemeinsames Merkmal angegeben werden kann, werden in der Biologie seit langem beschrieben. A.J.G.C. Batsch bemerkt 1786 zu den ihm bekannten Bandwürmern: »Es ist noch für die Zeit nicht wohl möglich, einen unterscheidenden und allgemeinen Karakter der ganzen Bandwurmgattung zu finden, welche genau auf alle unter diesem Namen zu begreifenden Arten paßt. Sie scheinen in einer Kette aufeinander zu folgen, wo immer ein Glied dem nächsten immer mehr ähnelt; aber das letzte von dem ersteren ganz verschieden ist«.[204] Ein anderes Beispiel ist mit der Gruppe der Heringe gegeben, die F. Heincke 1898 nach der *Methode der kombinierten Merkmale* beschreibt: Auch für diese Gruppe gibt es nicht ein Merkmal, das allen Mitgliedern einer Art gemeinsam ist und das somit als Kriterium der Artzugehörigkeit dienen könnte, so dass jede Art durch eine Kombination mehrerer Merkmale charakterisiert werden muss.[205] F. und P. Sarasin nennen ein verwandtes Ähnlichkeitsverhältnis bei Rassen von Schnecken 1899 **Formenkette** (nicht ›Rassenkette‹, wie manchmal behauptet): »Wir sehen in diesen Ketten eine Art zu einer anderen werden, ein Stück Stammesgeschichte vor unseren Augen sich abspielen«.[206]

Weil solche Arten mehrere morphologische Typen umfassen, spricht Mayr 1942 von **polytypischen** *Arten* (»polytypic species«) und identifiziert diese mit den *Rassenkreisen* älterer Autoren (s.u.: Superspezies).[207] Das Wort ›polytypisch‹ (franz. »polytypique«; engl. »polytypic«) wird bereits im 19. Jahrhundert im biologischen Zusammenhang verwendet. Der Botaniker C.-F. B. Mirbel unterscheidet 1815 zwischen drei Sorten von Gattungen: *systematischen Gattungen* (»genres systématiques«), die Arten von Individuen umfassen, die sich in nur einem Merkmal von anderen Gattungen unterscheiden, *Gattungen der Verkettung oder polytypische Gattungen* (»genres par enchaînement ou polytypes«), die sich aus Arten zusammensetzen, deren Mitglieder durch paarweise Ähnlichkeiten miteinander verbunden sind (zwischen denen also eine Familienähnlichkeit im Sinne Wittgensteins besteht), und schließlich *Gattungen von Gruppen oder monotypische Gattungen*, die Mirbel als die systematisch zufriedenstellendste Gruppe ansieht, weil bei ihnen eine Übereinstimmung in vielen Merkmalen zwischen den Mitgliedern der verschiedenen Arten besteht (»une réunion d'êtres étroitement liés par une multitude de rapports«).[208] Erst am Ende des 19. Jahrhunderts wird der Ausdruck ins Englische übernommen und auf Gattungen und höhere taxonomische Einheiten bezogen (Weed 1894: »polytypic«).[209] Ende des 19. Jahrhunderts bezeichnet der Ausdruck über seine taxonomische Bedeutung hinaus eine besondere Form der Evolution, nämlich eine divergierende Evolution (Gulick 1888: »divergent evolution«), die zu Artaufspaltungen führt (im Gegensatz zur Transformation einer Art ohne Artaufspaltung, der *monotypischen* Evolution; ↑Evolution/Isolation).[210] Wegen der Uneindeutigkeit des Wortes schlägt P.H.A. Sneath 1962 in Bezug auf Arten die Bezeichnung *polythetisch* (»polythetic«) vor, die von vielen übernommen wird.[211]

Der Ausdruck *monotypisch* wird ebenfalls 1815 von Mirbel eingeführt (s.o.) und verbreitet sich seit Mitte des 19. Jahrhunderts. Neben der Bedeutung in Mirbels Sinn wird er auch gebraucht, um Gattungen oder höherstufige taxonomische Einheiten zu bezeichnen, die nur eine Art enthalten (Beinling 1858: »Von den 5 Gattungen [von Koniferen], denen die 7 Arten angehören, sind 4 monotypisch«[212]). Ein *monotypisches Taxon* ist also eine systematische Gruppe, die nur *ein* Taxon eines niederen taxonomischen Rangs enthält (z.B. enthält die Ordnung der Röhrenzähner, *Tubulidentata*, nur eine Familie mit nur einer rezenten Gattung mit nur einer Art, dem Erdferkel, *Orycteropus afer*).[213]

In mengentheoretischer Hinsicht ist diese Konzipierung von Taxa insofern problematisch, als sie dem Axiom der Extensionalität widerspricht, dem zufolge Mengen, die die gleichen Elemente enthalten, die gleichen Mengen sind (»Greggs Paradox«): Mengentheoretisch ist die Ordnung der Röhrenzähner also identisch mit der Art des Erdferkels.[214] Umgangen werden kann dieses Paradoxon u.a. durch intensionale, nicht extensionale Definitionen von Taxa: Ein Taxon wird danach nicht durch Aufzählung seiner Mitglieder, sondern durch einen Katalog von Merkmalen charakterisiert (die Mitglieder der Ordnung *Tubulidentata* werden also z.B. durch andere Merkmale charakterisiert als die Mitglieder der Art *Orycteropus afer*).[215]

Strittig ist, ob der Artbegriff, der auf der Kreuzbarkeit von Individuen beruht, als *relational* beschrieben werden sollte. Er ist sicher insofern relational, als Relationen (der Paarung) zwischen den Individuen ausschlaggebend für die Artdefinition sind. Mayr ist darüber hinaus der Auffassung, dass eine durch Kreuzbarkeit der Individuen definierte Art auch nur relativ zu einer anderen Art bestimmt werden kann: »A population is a species only with respect to other populations«.[216] Ebenso wie ›Bruder‹ bezeichnet ›Art‹ für Mayr eine Relation, die nicht durch inhärente Eigenschaften, sondern durch eine Beziehung zu anderen Gegenständen bestimmt ist. Auf der anderen Seite kann gerade die Kreuzbarkeit als ein nicht extern relationales Kriterium der Artzugehörigkeit verstanden werden, weil die Frage der Kreuzung zwischen Organismen nicht den Vergleich mit einer Außengruppe voraussetzt. Um diesen wesentlich intrinsischen Charakter der Artabgrenzung nach dem reproduktionsbiologischen Artbegriff besser auf den Begriff zu bringen, wird vorgeschlagen, das Konzept nicht ausgehend von der *Isolation* von Arten, also der *Wirkung* der Artbildung, sondern ausgehend von der *Erkennung* (»recognition«) von Artgenossen als Paarungspartner, also der *Ursache* der Kohärenz einer Population, zu benennen. Statt von einem *Isolationskonzept* (»isolation concept of species«) zu sprechen, wird daher die Bezeichnung *Erkennungskonzept* (»recognition concept of species«) vorgeschlagen: Jeder Art liege auf Seiten der Individuen ein *spezifisches Partnererkennungssystem* (Paterson 1978: »specific mate recognition system«, »SMRS«) zugrunde.[217] Im Gegensatz zur Artabgrenzung aufgrund von Kriterien der Ähnlichkeit oder gemeinsamen Abstammung ist demnach die Definition von Arten aufgrund des Kriteriums der Kreuzbarkeit gerade nicht als eine relationale Bestimmung zu verstehen. Arten sind auf dieser Grundlage natürliche Einheiten, die als *selbstdefinierend* (»self-defining«) anzusehen sind.[218]

Probleme des Biospezies-Konzepts
Eine prinzipielle Herausforderung stellen für die fortpflanzungsbiologische Artdefinition solche Organismen dar, die sich nicht (nie) sexuell fortpflanzen. Von solchen Organismen ist gesagt worden, auf sie sei der Artbegriff nicht anwendbar – Hennig ist der Auffassung, bei solchen Organismentypen fehle eine »artliche Gliederung«[219], und andere prominente Autoren wie T. Dobzhansky, M. Ghiselin, L. Van Valen und D. Hull äußern sich ähnlich[220]. Weil das Vorhandensein oder Fehlen der sexuellen Fortpflanzung ein ganz unterschiedliches Verhältnis zwischen Individuen begründet, erscheint es unangemessen, zur Beschreibung dieses Verhältnisses in beiden Fällen den gleichen Begriff zu verwenden.[221] Vorgeschlagen wird aber auch, für die sich allein asexuell fortpflanzenden Organismen entweder zu einem morphologischen Artbegriff zurückzukehren oder die nebeneinander laufenden Abstammungslinien als Arten aufzufassen[222] oder schließlich andere Kriterien der Abgrenzung vorzunehmen (z.B. das Vorhandensein gleicher Selektionsdrücke oder das Vorliegen gleicher Entwicklungszwänge)[223].

Das Fehlen der sexuellen Fortpflanzung bei einigen oder sogar vielen Organismen sollte allerdings nicht als Argument gegen die Bildung eines fortpflanzungsbiologischen Artbegriffs verstanden werden: Die sexuelle Fortpflanzung stellt eine Kohäsion unter den Mitgliedern nicht nur einer, sondern auch verschiedener Populationen her, die bei der asexuellen Fortpflanzung nicht gegeben ist. Diese Form der Bindung zu einem natürlichen System wird durch das Biospezieskonzept auf den Begriff gebracht. Die Anwendung des Biospezieskonzepts auf asexuell sich fortpflanzende Organismen ist darüber hinaus nicht prinzipiell ausgeschlossen: Asexuelle Organismen stammen in der Regel von sexuell sich fortpflanzenden (»biparentalen«) Organismen ab. Nach dem Kriterium des Biospezieskonzepts sind die asexuellen Organismen daher so lange zu der sexuell sich vermehrenden Mutterart zu stellen, wie keine reproduktive Isolation auftritt. Erst mit der Rückkehr zur sexuellen Fortpflanzung und dem Ausbleiben einer Vermischung mit den Nachkommen aus der ursprünglichen Mutterpopulation, also dem Auftreten einer reproduktiven Isolation, ist eine neue Biospezies entstanden (vgl. Abb. 16).[224]

Ein weiteres Problem des fortpflanzungsbiologischen Artbegriffs ergibt sich aus dem häufig graduellen Charakter der Artbildung: In einer Transformationsreihe von Organismen einer Art zu einer anderen kann es intermediäre Formen geben, die sowohl mit den Organismen der ursprünglichen Art als auch mit denen der abgeleiteten Art Nachkommen zeugen können, ohne dass die extremen Formen untereinander dazu in der Lage sind. Die intermediären Formen könnten hier also zu zwei Arten gerechnet werden (Problem des »Rassenkreises« oder der »Ringarten«; s.u.: Superspezies). Konsequent ist es hier allerdings, alle Populationen, die in einem Rassenkreis verbunden sind, zur gleichen Art zu rechnen, auch wenn zwischen einzelnen von ihnen reproduktive Isolation besteht. Denn vermittelt über die intermediären Populationen besteht eben doch ein Genfluss.[225]

Aus einer kladistischen Perspektive wird an dem reproduktionsbiologischen Artbegriff kritisiert, dass auf seiner Grundlage auch nicht-monophyletische Gruppen zu einer Art zusammengefasst werden können, nämlich Gruppen von Organismen, bei denen die Kreuzbarkeit nicht auf der gemeinsamen Abstammung beruht, sondern sekundär entstanden ist. Das Kriterium des reproduktionsbiologischen Artbegriffs, die Paarungsfähigkeit, ist also kein zwingender Grund für den monophyletischen Charakter einer Gruppe.[226]

Weitere Probleme des fortpflanzungsbiologischen Artbegriffs betreffen Schwierigkeiten der Anwendung in der Praxis (in der Kreuzungsversuche oft nur mit großem Aufwand durchzuführen sind)[227] sowie die fehlende zeitliche Dimensionierung, die eine Anwendung auf fossile Organismen erschwert[228] und ihn damit für paläontologische Fragestellungen

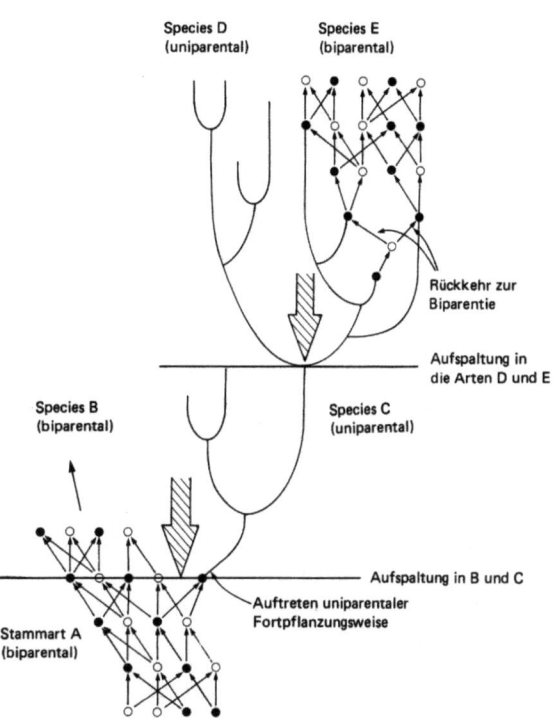

Abb. 16. Anwendung des Biospezies- (besser: des Syngamospezies-) Konzepts auf Stammlinien mit asexueller (uniparentaler) Fortpflanzung. Innerhalb einer Population der Stammart A von Organismen, die sich sexuell (biparental) fortpflanzen, entstehen Organismen, die sich asexuell (uniparental) fortpflanzen. Weil sie reproduktiv von der Stammpopulation isoliert sind, bildet das Auftreten dieser Organismen ein Speziationsereignis, das aus der Stammart A die beiden Tochterarten B (biparentale Fortpflanzung) und C (uniparentale Fortpflanzung) entstehen lässt. Die Rückkehr von einigen Individuen der Art C zu der biparentalen Fortpflanzung entspricht einem zweiten Speziationsereignis, bei dem aus einer Population der Art C Individuen der beiden Tochterarten D (uniparental) und E (biparental) hervorgehen. Die genaue Artgrenze zwischen den Arten D und E verläuft zunächst innerhalb einer Gruppe von ausschließlich uniparental sich fortpflanzenden Organismen. Uniparentale Organismen mit gemeinsamen Vorfahren gehören also so lange zur gleichen Art, bis biparentale Organismen auftreten, die reproduktiv von den uniparentalen Organismen isoliert sind. Symbole: ausgefüllte Kreise: Weibchen, offene Kreise: Männchen, Pfeile: Fortpflanzungsereignis (aus Willmann, R. (1985). Die Art in Raum und Zeit: 72).

wenig geeignet erscheinen lässt[229] (vgl. aber unten: Chronospezies).

Artgliederung als Selektionsprodukt
Die sexuelle Fortpflanzung von Organismen eröffnet nicht nur die Möglichkeit der Definition eines Artbegriffs, sie kann darüber hinaus auch eine Erklärung für das Vorhandensein von Fortpflanzungsbarrieren

und damit für die Gliederung der organischen Welt in diskontinuierliche Ähnlichkeitsgruppen, eben die Arten, liefern. Nur dort, wo Rekombinationen von genetischem Material möglich sind, ist die Notwendigkeit der Abgrenzung von Organismen fremder Typen gegeben. Denn mit der Möglichkeit von Rekombinationen zwischen Individuen in der Sexualität geht die Gefahr der Zerstörung eines harmonischen Genoms einher, so dass ein Vorteil für die Ausbildung von Kreuzungsbarrieren besteht. Die Gliederung der genetischen Variation in Arten kann damit als eine Folge der Selektion in Richtung der Stabilisierung eines integrierten Genoms gedeutet werden. Besonders Mayr weist darauf immer wieder hin: »The division of the total genetic variability of nature into discrete packages, the so called species, which are separated from each other by reproductive barriers, prevents the production of too great a number of disharmonious incompatible gene combinations. This is the basic biological meaning of species«.[230]

Morphologischer Artbegriff
Ein *morphologischer* Artbegriff, also der Begriff *morphologischer Arten* (»morphological species«[231]), kurz der Begriff der **Morphospezies**[232], der die Organismen nach ihrer Ähnlichkeit einteilt, wird v.a. für solche Gruppen empfohlen, die sich nicht sexuell fortpflanzen, die so genannten **Agamospezies**[233].[234] Nach dem morphologischen Artbegriff ist das Kriterium der Artzugehörigkeit die morphologische Ähnlichkeit zwischen Organismen: Arten sind dann Mengen von Organismen, die einander ähneln und von anderen Lebewesen unterschieden sind. Wegen der diskontinuierlichen Variation vieler Merkmale ist eine Arteinteilung allein aufgrund der morphologischen Ähnlichkeit oft gut möglich. Ursprünglich bildet die morphologisch-typologische Definition der Art den grundlegenden Ansatz; bis in die 1930er Jahre ist sie fast ebenso verbreitet wie die fortpflanzungsbiologische. Eine starke morphologische Komponente hat z.B. die Artdefinition von G.E. du Rietz aus dem Jahr 1930 (vgl. Tab. 14).

In den meisten praktischen Kontexten erfolgt die Klassifikation auch heute noch ausgehend von einem morphologischen Artbegriff. Vor allem in der Botanik wird dieser Artbegriff bis in die Gegenwart als das basale Konzept verstanden. So enthalten zahlreiche Vorschläge zur Begriffsbestimmung eine starke morphologische Komponente (vgl. z.B. Grassé 1966: Tab. 14). A. Cronquist definiert Arten 1978 allgemein als die kleinsten (taxonomischen) Gruppen, die konsistent und persistent verschieden sind und durch übliche Methoden unterschieden werden können (vgl. Tab. 14).[235] Ebenso wie Grassé vereint auch F. Ehrendorfer in seiner Definition von 1984 morphologische und reproduktionsbiologische Aspekte: »Die taxonomische Kategorie der Species sollte auf solche kleinste Sippeneinheiten bezogen werden, welche sich von allen anderen Sippeneinheiten in ausreichendem Maß durch exo- bzw. endogene Isolation abheben und durch erbliche, konstante und praktikable Merkmale trennen lassen«.[236] Und K.C. Nixon und Q.D. Wheeler schlagen in ihrer Definition von 1990 das Vorliegen einer einmaligen Merkmalskombination als Bestimmungsgrund vor: »the smallest aggregation of populations (sexual) or lineages (asexual) diagnosable by a unique combination of character states in comparable individuals (semaphoronts)«.[237] Ein streng morphologisch bestimmter Artbegriff ist schließlich mit dem Ansatz der taxonomischen Schule der *Phänetik* verbunden (↑Systematik): Danach entscheiden allein die Formmerkmale darüber, zu welcher Art ein Organismus gerechnet wird.

In ontologischer Hinsicht halten M. Mahner und M. Bunge einen über die Merkmale von Organismen eingeführten Artbegriff für grundlegender als einen rein reproduktionsbiologischen. Sie werten die sexuelle Reproduktion als eine sowohl in logischer als auch in historischer Hinsicht abgeleitete Eigenschaft.[238] Auf grundlegender Ebene sei eine biologische Art als eine *natürliche Art* (»natural kind«) zu interpretieren, die über eine Menge gesetzmäßiger Eigenschaften zu definieren sei.[239] In der Argumentation der Autoren ist ein Organismus nicht Vertreter einer bestimmten Art, weil er sich nicht mit einem Organismus dieser Art paaren kann, sondern er kann sich mit diesen Organismen nicht paaren, weil er in einer anderen Art ist.[240] Mahner und Bunge warnen vor der Verwechslung von Definition und Kriterium (oder Indikator oder Symptom) der Artzugehörigkeit.[241] Die Möglichkeit der Paarung sei immer nur ein (operationales) Kriterium der Artzugehörigkeit, nie aber Grund der Artdefinition. Sachlich schließen Mahner und Bunge an ältere Auffassungen an, nach der Arten als **Verallgemeinerungseinheiten** verstanden werden, d.h. als Mengen von Gegenständen, die aufgrund ihrer Gemeinsamkeiten zusammengefasst werden. A. Remane verwendet diesen Ausdruck seit 1934 (»[Es] ist der Artbegriff die wichtigste Verallgemeinerungseinheit in der Biologie, ebenso wichtig wie der Begriff des Elementes und der reinen Verbindung in der Chemie«[242]); 1952 bezeichnet er die Art als »Verallgemeinerungseinheit ersten Ranges«, denn »man betrachtet alle Individuen der Art als ›isoreagent‹«.[243]

Gegen diese Meinung kann aber zumindest darauf verwiesen werden, dass für die Erhaltung (wenn auch nicht für die Entstehung) des Neuen die (relationale) Eigenschaft von Organismen entscheidend ist, mit einigen anderen Organismen Nachkommen zeugen zu können und mit anderen nicht. Bei sexuell sich fortpflanzenden Organismen ist es in erster Linie die reproduktive Isolation einer Gruppe von Organismen von einer anderen, die die Konstanz der neuen Merkmale, über die die Art definiert werden kann, über Generationen hinweg ermöglicht. So unverzichtbar also der (nicht-relationale) ontologische Artbegriff für die Bestimmung der Entstehung des Neuen sein mag, so wichtig sind biologische Arten (bei sexuell sich fortpflanzenden Organismen) für die Konstanz und Stabilisierung des neu Entstandenen.

Das grundlegende Problem aller nicht-relationalen merkmalsbezogenen Artbegriffe bleibt die Willkür in der Festlegung der Merkmale, die die Arten definieren. Weil die Merkmale nicht selten kontinuierlich variieren und weil verschiedene Merkmale zu sehr unterschiedlichen Einteilungen führen können, ist eine objektive Klassifikation selten möglich. Es lässt sich auf dieser Grundlage also kein allgemeiner theoretischer Rahmen für die Festlegung von Artgrenzen geben, so dass die Grenzziehung stets eine subjektive Entscheidung darstellt.[244]

In forschungspraktischer Hinsicht ist es aber immer noch üblich, Arten ausgehend von Museumsmaterial, d.h. allein auf morphologischer Grundlage, zu bestimmen. In Abgrenzung von den eigentlich realen und objektiv in der Natur vorliegenden Arten als reproduktiv isolierte Populationen schlägt W.H. Camp 1951 vor, diese pragmatisch, ohne experimentelle Grundlage definierten Arten **Binome** zu nennen: »The binom […] is a tentatively defined taxon consisting of one or more specimens in a museum collection to which a binomial has been attached, but about which biogenetic patterns we have no experimental information«[245].

Ethospezies
Allein in der Zoologie ist es verbreitet, Organismen aufgrund ihres Verhaltens, das für die Aufrechterhaltung der genetischen Isolation verantwortlich ist, in Arten zu gliedern. Das entsprechende Konzept dazu ist der Terminus der **Ethospezies** (engl. »Ethospecies«[246]). Schon Darwin diskutiert die Abgrenzung von Arten allein aufgrund der Verschiedenheit des Verhaltens der Organismen (s.o.).

Evolutionstheoretischer Artbegriff
Einen *evolutionstheoretischen* Artbegriff vertritt im 19. Jahrhundert schon C. Claus (s.o.); später folgt ihm darin T. Dobzhansky, indem er eine Art als das Stadium eines Evolutionsprozesses ansieht (vgl. Tab. 14).[247] Der Ausdruck *evolutionäre Art* (engl. »evolutionary species«) wird seit Beginn des 20. Jahrhunderts vereinzelt verwendet[248] (bisher wenig verbreitet ist die Kurzform *Evospezies*, die J.S. Wilkins 2006 einführt[249]). In einer speziellen paläontologischen Bedeutung gebraucht F. Noetling im Jahr 1900 den Ausdruck ›evolutionäre Art‹, nämlich für die besondere Kategorie von Arten, die sich im fossilen Befund schnell wandeln; diese befinden sich nach Noetling in einem bestimmten evolutionären Stadium, einem »permanenten Jugendstadium« (»permanent juvenile stages of recent species«[250]). Der Ausdruck wird zu Anfang des Jahrhunderts manchmal auch einfach synonym zu ›biologischer Art‹ verwendet, so z.B. von O.F. Cook (1904: »The evolutionary species is not a complex of characters or a mere aggregation of similar plants or animals; it is a protoplasmic network held together by the interbreeding of the component individuals«[251]; 1906: »A species, that is, a normal, natural, evolutionary species, is a large, coherent group of freely interbreeding organisms«[252]). B.L. Clark bezeichnet mit diesem Wort 1945 eine Reihe direkt voneinander abstammender Unterarten (»An evolutionary species may be defined as a series of successive species or subspecies each one having been derived from one preceding it and ancestral to the following one«[253]). Deutlich formuliert G.G. Simpson diesen Gedanken 1951 und definiert: »[An evolutionary species is] a phyletic lineage (ancestral-descendent sequence of interbreeding populations) evolving independently of others, with its own separate and unitary evolutionary role and tendencies«[254] (vgl. Tab. 14). Auf Schwierigkeiten stößt hier jedoch die genaue Bestimmung dessen, was mit einer »einmaligen evolutionären Rolle« gemeint ist. Nicht deutlich klarer ist die Formulierung von P.A. Meglitsch, bei dem es 1954 heißt, eine Art sei eine Population, die als Einheit evolviere: »The species, in case of uniparental and biparental organisms, may be visualized as a natural population, evolving as a unit in actuality, or retaining the capacity to evolve as a unit if artificial barriers are removed«.[255] Eine andere Variante dieser Definition gibt E.O. Wiley 1978, indem er eine Art als eine Abstammungslinie mit eigenem historischen Schicksal und evolutionären Tendenzen bestimmt (vgl. Tab. 14).[256] Wileys Definition hat gegenüber Simpsons den Vorteil, nicht einen Wandel der Arten vorauszusetzen.

Weil ein Artbegriff dieses Typs auf der Phylogenese von Organismen beruht, kann er auch *phylogenetischer Artbegriff* (Meglitsch 1954: »phylogenetic species concept«[257]) genannt werden. Von

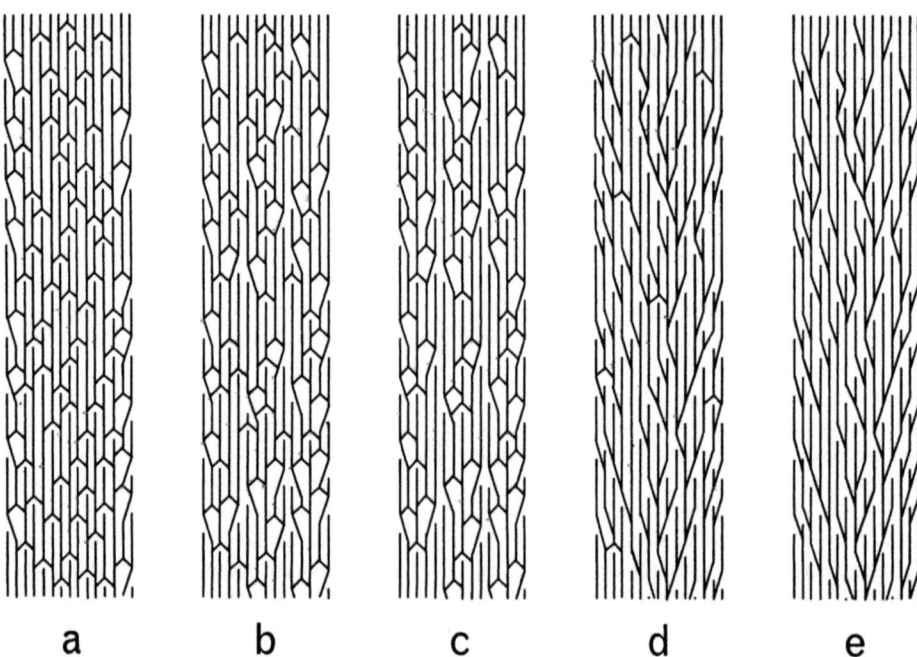

Abb. 17. *Schematische Darstellung von Arten mit unterschiedlichem Grad der Sexualität zwischen den Individuen: a: rein sexuelle Fortpflanzung; e: rein asexuelle Fortpflanzung; dazwischen Mischformen. Senkrecht verlaufende Striche stehen für Individuen; seitliche Verbindungen zwischen ihnen für sexuelle Vereinigungen. Die vertikale Achse der Diagramme repräsentiert den zeitlichen Verlauf (Späteres oben); die horizontale Achse die morphologische Differenzierung (aus Brothers, D.J. (1985). Species concepts, speciation, and higher taxa. In: Vrba, E.S. (ed.). Species and Speciation, 35-42: 37).*

phylogenetischen Arten (»phylogenetic species«) ist bereits seit Ende des 19. Jahrhunderts die Rede. A. Weismann spricht 1886 von »phylogenetischen Arten-Reihen«.[258] A. MacAlister gebraucht die Formulierung ›phylogenetische Art‹ 1892 als Kategorie zur Bezeichnung einer Gruppe von Menschen (der Kelten), die im Gegensatz zu anderen Kategorien, nämlich ethnisch oder sprachwissenschaftlich definierten Arten steht.[259] O.F. Cook versteht unter einer phylogenetischen Art 1899 einen Abschnitt einer Abstammungslinie (»phylogenetic species«: »a division or section of a line of biological succession«).[260] M.J. Donoghue, der diese Bezeichnung 1985 aufgreift, unterscheidet für Definitionen von Arten zwischen dem Aspekt der *Gruppierung* von Organismen (»grouping«) und dem Aspekt der *hierarchischen Einordnung* (»ranking«) der so gebildeten Gruppe[261] (vgl. die Definition in Tab. 14 von Mishler und Theriot[262]). Dieser Unterscheidung liegt die Differenzierung von Arten als Taxa und als Kategorien zugrunde (s.u.). Auf phylogenetischer Grundlage geben B.D. Mishler und R.N. Brandon eine Artdefinition, die diese beiden Aspekte unterscheidet: Das Kriterium der Gruppierung besteht danach in der *Monophylie*, d.h. in der Abstammung von einem nur den zu der Art zusammengefassten Organismen gemeinsamen Vorfahren (↑Phylogenese), das Kriterium des Ranking wird dagegen pragmatisch gewählt und unterscheidet sich für verschiedene Gruppen (für viele, aber nicht für alle Gruppen ist es die reproduktive Isolation). Die Definition lautet: »A species is the least inclusive taxon recognized in a classification, into which organisms are grouped because of evidence of monophyly [...], that is ranked as a species because it is the smallest ›important‹ lineage deemed worthy of formal recognition, where ›important‹ refers to the action of those processes that are dominant in producing and maintaining lineages in a particular case«[263].

Für den reproduktionsbiologischen Artbegriff fallen die beiden Aspekte der Gruppierung und der hierarchischen Einordnung zusammen: Die Fähigkeit zur gemeinsamen Erzeugung von Nachkommen gilt sowohl als Kriterium der Gruppierung als auch der Einordnung.[264] Weil eine Paarungsfähigkeit von Individuen prinzipiell aber auch bei Organismen vorliegen kann, die nicht Mitglied einer monophyletischen Gruppe sind (s.o.), muss der reproduktionsbiologische Artbegriff zumindest eingeschränkt werden – wenn an der Monophylie als Gruppierungskriterium festgehalten werden soll.

Weil Arten im Rahmen phylogenetischer Bestimmungen als Segmente des Stammbaums (oder des Stammnetzes; ↑Phylogenese) aller Lebewesen bestimmt sind, ist auch von dem Konzept der *Art als Stammlinie* (»general lineage concept of species«) gesprochen worden (vgl. Tab. 14).[265] Nicht spezifiziert ist in diesem Konzept allerdings, auf welcher kausalen Grundlage die Stammlinien gegeneinander abgegrenzt sind. Nicht allein die monophyletische Einheit einer Stammlinie kann einen Grund ihrer Abgrenzung bilden. Daneben ist auch die reproduktive Trennung aufgrund biologischer Isolationsmechanismen (die von der Monophylie unabhängig sein kann) oder die ökologische Differenzierung der Organismen ein möglicher Grund. Nicht nur monophyletische, sondern auch poly- oder paraphyletischen Taxa können also Stammlinien bilden (vgl. Abb. 18).

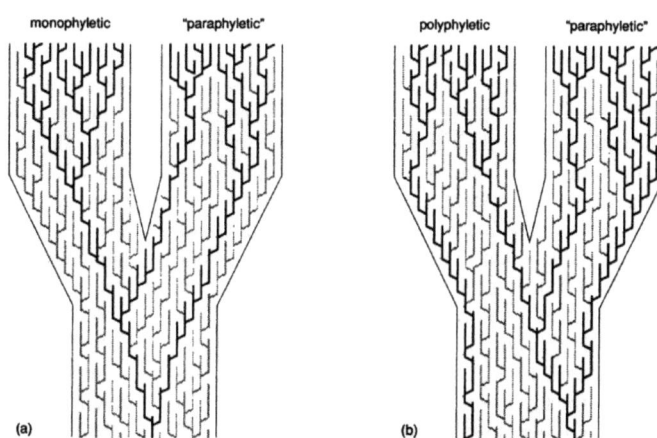

Abb. 18. Stammlinien von asexuell sich fortpflanzenden Organismen. Die vertikale Richtung repräsentiert die Zeit; Individuen sind als vertikale Striche dargestellt; Reproduktionsereignisse durch kurze schräge Verbindungen zwischen den vertikalen Strichen; Stammlinien, die bis zum jüngsten Zeitpunkt (oben) fortbestehen, sind fett hervorgehoben. In der linken Grafik ist die Art auf der rechten Seite der Spaltung paraphyletisch, weil eine ihrer Komponenten einen gemeinsamen Vorfahren mit einer anderen Stammlinie teilt (der der linken monophyletischen Art), der später lebt als der gemeinsame Vorfahre mit der anderen Komponente der rechten paraphyletischen Art. In der rechten Grafik ist die Art auf der linken Seite der Spaltung polyphyletisch, weil die Stammlinien, aus denen sie sich zusammensetzt, nur entfernt miteinander verbunden sind (aus Queiroz, K. de (1999). The general lineage concept of species and the defining properties of the species category. In: Wilson, R. (ed.). Species. New Interdisciplinary Essays, 49-89: 58).

Der zeitlich nicht-dimensionierte reproduktionsbiologisch definierte Artbegriff (Mayr 1949: »non-dimensional species«[266]) kann in das Konzept von der Art als Stammlinie integriert werden, insofern er auf Einheiten bezogen wird, die zeitliche Querschnitte von Arten im Sinne von Stammlinien bilden. Eine besondere Affinität hat das Verständnis von Arten als Stammlinien zur Auffassung von Arten als Individuen (s.u.): Eine Art als Stammlinie bildet ebenso wie ein Organismus als Individuum ein Segment in der Kette von Transformationsformen organisierter biologischer Systeme. Der Wechsel der Gestalt von Organismen, die genealogisch miteinander verbunden sind (»Anagenese«; ↑Fortschritt), ist daher ebenso wenig ein notwendiges Kriterium der Abgrenzung von Arten, wie die Metamorphose im Leben eines Organismus ein Kriterium für die Abgrenzung von Individuen, d.h. für die Teilung des Lebens eines metamorphisierenden Individuums in mehrere Individuen, ist.[267] In Stammlinien können also morphologische Veränderungen von Organismen vorliegen, ohne dass es zu einer Abgrenzung von Arten kommen muss. Problematisch ist an dem Verständnis von Arten als Stammlinien aber, dass in der Regel nicht nur für *Linien* der Abstammung, sondern auch für *Bäume* oder *Netze* der Verwandtschaft (bei sexueller Reproduktion) die Abgrenzung von Arten vorgenommen wird (so auch in Abb. 18).

Ökologischer Artbegriff

Ein *ökologischer* Artbegriff schließlich versammelt Organismen zu einer Art, die eine ähnliche ökologische ↑Rolle (Nische) in einem Ökosystem wahrnehmen. Bereits Ende des 19. Jahrhunderts ist von einer *ökologischen Spezies*[268] oder auch *biologischen Art* in diesem Sinne (im Gegensatz zu einer »naturhistorischen Art«)[269] (s.o.) die Rede. Auch der Ausdruck *Umweltart* (»environmental species«) wird seit Beginn des 20. Jahrhunderts gelegentlich verwendet.[270] 1922 prägt Turesson für Gruppen von Organismen, die in ökologischer Hinsicht zusammengefasst werden können, – »the Linnean species from an ecological point of view«, wie er sagt[271] – den Ausdruck **Ökospezies** (»ecospecies«). L. Van Valen vertritt einen solchen Begriff, indem er Arten als Stammlinien bestimmt, die eine spezielle adaptive Zone besetzen und daher eine von allen anderen Linien unterschiedene Evolutionsgeschichte aufweisen (vgl. Tab.

14).[272] Auch Mayr integriert diesen Aspekt von Arten in seine späteren Definitionen des Artbegriffs (s.o.).

Die Bedeutung des ökologischen Artbegriffs wird v.a. von Zoologen betont. Die Besetzung einer einheitlichen ökologischen Nische wird für die morphologische Gleichartigkeit von Organismen verantwortlich gemacht, die sich nicht sexuell fortpflanzen oder die über ein weites Areal verstreut und isoliert vorkommen.[273] Für solche Organismen kann trotz erstaunlich geringen genetischen Austauschs eine anhaltende Ähnlichkeit vorliegen.[274] Der Vorzug des ökologischen Artbegriffs liegt damit in seiner Anwendbarkeit auf Organismen, die sich nicht sexuell fortpflanzen, auf die der biologische Artbegriff also nicht (oder nur eingeschränkt) anwendbar ist.[275] Außerdem wird sein Vorteil darin gesehen, dass er wegen seiner ökologischen Grundlage die treibenden Kräfte der Artbildung benennt.[276]

Ein Problem dieses Artbegriffs betrifft allerdings die sich aus ihm ergebende Schwierigkeit in der Darstellung vieler ökologischer Modelle, die auf der Koexistenz von Konkurrenten verschiedener Arten beruhen.[277] Wenn Arten über ihre Nische bestimmt werden, muss die Konkurrenz von Organismen, für die keine Nischendifferenz festgestellt wird, immer als innerartliche Konkurrenz beschrieben werden. Es erscheint daher sinnvoller, das ökologische Artkonzept nicht als eine Alternative, sondern als eine Komponente eines umfassenden biologischen Artbegriffs zu verstehen.[278]

»Chronospezies«

Ein besonderes Problem stellt die Anwendung des Artbegriffs auf Organismen verschiedener Generationen dar, auf Organismen also, die in vielen Fällen nicht zeitgleich existieren. Problematisch ist diese Anwendung für den (fortpflanzungs-)biologischen Artbegriff, weil dieser nur für synchron existierende Organismen definiert ist. In besonderer Zuspitzung erscheint das Problem in der Paläontologie mit dem Zugang zu einer Serie von Formen, die allein in diachroner zeitlicher Erstreckung vorliegen und die W. Waagen 1869 – unter Verwendung eines in unspezifischer Bedeutung verbreiteten älteren Ausdrucks (Nees von Esenbeck 1820)[279] – *Formenreihe* nennt[280] (später auch *Formenkette* genannt[281]). Verbreitet ist die Auffassung, dass auf eine solche Reihe der biologische Artbegriff nicht anwendbar ist, weil in dem zeitlichen Kontinuum von Formen nur künstlich scharfe Grenzen gezogen werden können.[282] Die Biospezies gilt allgemein als in der Zeit nicht dimensioniert, weil die Kriterien der Fortpflanzungsgemeinschaft und Fortpflanzungsisolation nur im Zeitquerschnitt definiert sein können.[283] Diese fehlende zeitliche Dimensionierung wird insgesamt immer wieder als eine Schwäche des Biospezieskonzepts angesehen, weil ohne zeitliche Dimension bestimmte Begriffe für eine Wissenschaft mit einer stark historischen Komponente wie die Evolutionsbiologie offensichtlich unangemessen sind.[284] Eine – in den Augen von vielen die einzig tragfähige – objektive zeitliche Dimensionierung des Artkonzepts kann über Speziationsereignisse erfolgen.

Wird für eine Abgrenzung von Arten bei zeitlich aufeinanderfolgenden Organismen plädiert, dann werden solche Arten häufig als **Chronospezies** bezeichnet. Dieses Wort erscheint zuerst in den 1950er Jahren[285]; Vorläufer sind die Konzepte der »chronologischen Subspezies« von Huxley 1938[286], der »Chronokline« von Simpson 1943[287] und der »chronologischen Superspezies« von P. Sylvester-Bradley 1954[288]. Zur Abgrenzung der Chronospezies, d.h. als Kriterium der Artzugehörigkeit, wird häufig entweder die morphologische Distanz zwischen den Formen verwendet[289] oder die hypothetische Frage zur Grundlage vorgeschlagen, ob reproduktive Isolation bestanden hätte, wenn die Organismen gleichzeitig existiert hätten[290].

Kritisiert werden diese beiden Kriterien aber, weil sie ein Moment der Willkür enthalten: ersteres, weil die morphologische Differenz nicht immer einen guten Indikator für reproduktive Isolation darstellt; letzteres, weil es hypothetischen Charakter hat. Eine objektive Abgrenzung ist, zumindest für die Anhänger des Konzepts der ›Kladospezies‹, durch die Aufspaltung von Arten in reproduktiv gegeneinander isolierte Tochterarten gegeben.

Kladospezies: »Hennigscher Artbegriff«

In den merkmalsbezogenen Ansätzen zur Bestimmung von Arten (als Chronospezies) finden sich Restbestände eines typologischen Artbegriffs.[291] Die strenge Anwendung des Kriteriums der reproduktiven Isolation verlangt es, eine Art an ihrem zeitlichen Anfang und Ende über Ereignisse der Aufspaltung (Speziation) zu definieren. Eine Bestimmung des Artbegriffs auf dieser Grundlage geben im 20. Jahrhundert einige Autoren (z.B. Rosa 1918; Hennig 1960 und Klausnitzer & Richter 1979; vgl. Tab. 14). Dieser Artbegriff entspricht dem fortpflanzungsbiologischen Artbegriff mit der Erweiterung um das Kriterium der Speziation zur Bestimmung der zeitlichen Grenze einer Art. Die wesentliche Übereinstimmung beider Artbegriffe liegt in dem Verzicht auf einen Bezug zu intrinsischen (morphologischen, physiologischen oder ethologischen) Merkmalen der Individuen; beide Definitionen sind strikt relational, d.h. an der (reproduktiven) Relation eines Individuums zu anderen Individuen orientiert. Weil sie auf Vorarbeiten von Hennig aufbauen, sind die zuletzt gegebenen Definitionen *Hennigscher Artbegriff* (Davis 1995: »Hennigian species concept«) genannt worden.[292] Für diesen Artbegriff ist die Aufspaltung von Populationen in reproduktiv isolierte Teile (Kladogenese) zentral. Eine auf diese Weise bestimmte Art kann deshalb auch *internodale Art* (Kornet 1993: »internodal species concept«[293]), **Kladospezies** (Ackery & Vane-Wright 1984: »cladospecies«[294]) oder *Phylospezies* (Rosa 1918: »specie filetica«[295]; Ereshefsky 1992: »phylospecies«[296]) genannt werden. Methodisch ermittelt werden können Kladospezies durch das Vorhandensein von Autapomorphien (bei monotypischen Arten) oder Synapomorphien (bei polytypischen Arten).

Dem hennigschen Artbegriff folgend, ist R. Willmann 1985 der Auffassung, dass allein die tatsächliche reproduktive Trennung von Populationen als Endpunkt einer Art in der diachronen Entwicklung dienen kann: »Speziationsereignisse bilden im Zeitablauf die objektiven Artgrenzen. [...] Eine Art hört also in jenem Augenblick auf zu existieren, in dem Nachkommen einer Fortpflanzungsgemeinschaft zwei Gruppen von Populationen bilden, die reproduktiv voneinander isoliert sind«[297]. Ohne Speziation, d.h. ohne Auftreten von reproduktiven Barrieren endet also keine Art (es sei denn, sie stirbt aus) – auch dann nicht, wenn sich die Individuen zu einem späteren Zeitpunkt erheblich von den Individuen der gleichen Abstammungsgemeinschaft zu einem früheren Zeitpunkt unterscheiden. Der Artbegriff kann nach Willmann damit auf folgende Weise definiert werden: »Eine Art ist [...] der evolutionäre Abschnitt zwischen zwei Speziationen oder aber zwischen einer Speziation und dem Zeitpunkt ihres nachkommenlosen Aussterbens«[298].

Strittig ist an der Definition der Kladospezies die so genannte Frage nach dem »Fortleben der Stammart« nach einem Speziationsereignis. Auf der einen Seite wird dafür argumentiert, dass eine Art sich in Bezug auf die genetische und morphologische Konstitution ihrer Organismen bei der Abspaltung und reproduktiven Isolation einer Population nicht oder nur minimal ändern kann, so dass die Rede von einem Fortleben der Stammart nach der Abspaltung einer Tochterart Sinn macht[299]; auf der anderen Seite wird aber schon lange dafür plädiert, Arten zeitlich durch reproduktive Aufspaltungsereignisse zu begrenzen[300], und es wird betont, dass es aus logischen Gründen unabdingbar ist, die Stammart mit ihrer Aufspaltung in zwei reproduktiv getrennte Populationen aufzulösen[301].

Abzulehnen ist auf der Grundlage des Kladospezieskonzepts auch die häufig vertretene Vorstellung[302], es könne aufeinander folgende Arten geben, ohne dass es zu Abspaltungen von Arten komme (»phyletische Speziation« im Gegensatz zur »kladogenetischen Speziation« durch Aufspaltung einer Art[303]). Ausgeschlossen ist dies, wenn Arten allein durch reproduktive Isolation von gleichzeitig bestehenden Populationen begrenzt werden.

Auf der Grundlage des Begriffs der Kladospezies sind solche Gruppen von untereinander kreuzbaren Organismen, die in der Vergangenheit ausgestorben sind oder noch lebende Vertreter in der Gegenwart haben, als *unvollständige Arten* (»incomplete species«) zu betrachten[304]; zu vollständigen Spezies werden sie erst durch ihr Ende in einem Speziationsereignis. Alle lebenden Organismen gehören danach also definitionsgemäß zu unvollständigen Arten.

Kritisiert wird an dem Kladospezieskonzept u.a. die Forderung nach absoluter reproduktiver Isolierung von Arten. E.O. Wiley und R.L. Mayden weisen darauf hin, dass nach diesem Kriterium sehr viel weniger Arten als gewöhnlich angenommen existieren. Unter den traditionell als Arten abgegrenzten Gruppen von nordamerikanischen Süßwasserfischen seien viele von ihren evolutionär nahe verwandten Nachbargruppen nicht durch biologische Mechanismen, sondern allein durch geografische Barrieren isoliert.[305] Trotz gelegentlichen Genflusses zwischen diesen Schwesterarten könnten sie aber als weitgehend getrennte »tokogenetische Systeme« beschrieben werden (»two evolutionary species may have members that occasionally hybridize and [...] may exchange genes through backcrossing. Such hybridization events constitute tokogenetic events between two tokogenetic systems«[306]). In die gleiche Richtung weisend, bemerken B.D. Mishler und E.C. Theriot, dass eine absolute genetische Isolation zwischen taxonomischen Gruppen bei Pflanzen erst auf der Ebene von Familien und noch nicht auf der Artebene bestehen.[307] Betont wird außerdem, dass Artbildungsprozesse kontinuierlich verlaufen und vielfach keine diskreten Grenzen vorliegen, wie dies von manchen Vertretern der kladistischen Systematik behauptet wird (Maclaurin & Sterelny 2008: »speciation is a matter of degree«[308]).

Syngameon: Hybridisierende »Spezies«
Eine Konsequenz des fortpflanzungsbiologischen Artbegriffs ist es, dass die Rede von einer »Hybridisierung von Spezies« keinen Sinn macht: Wenn es zu Hybriden zwischen Organismen kommt, dann sind diese definitionsgemäß zur gleichen Art zu rech-

nen. Getrennte Arten liegen erst dann vor, wenn die reproduktiven Isolationsmechanismen voll wirksam sind.[309] Insbesondere in der Botanik hat dies zur Folge, dass ganze Untergattungen (z.B. der Weiden, Birken oder Eichen) als eine Biospezies zu werten sind.[310] Es wird vorgeschlagen, die Fortpflanzungsgemeinschaft, die zwischen morphologisch etablierten »Arten« besteht, als **Syngameon** zu bezeichnen. Diesen Ausdruck führt Lotsy 1925 ein und bezieht ihn auf die Artengruppe der Birken (»we have in *Betula* one very large pairing-community, one syngameon«).[311] V. Grant bestimmt ein Syngameon 1957 als die umfassendste Paarungsgemeinschaft, zu der ein Organismus gehört (»a hybridising group of species; the most inclusive interbreeding population«[312]). Die innerhalb eines Syngameons unterscheidbaren morphologischen Typen können mit Lotsy *Linneon* (s.o.) genannt werden (»groups of individuals which have a strong resemblance with one another«). Mit diesem begrifflichen Vorschlag sind die beiden Kriterien, die seit langem im Artbegriff zusammenlaufen, die Paarungsfähigkeit und die Ähnlichkeit, terminologisch getrennt.

In eine ähnliche Richtung zielend, schlägt T.M. Sonneborn 1957 den Ausdruck *Syngen* vor.[313] Er versteht darunter den »gemeinsamen Genpool« von Organismen. Im Gegensatz zu Arten müssen sich zwei Organismen verschiedener Syngene nicht durch einfache Merkmale unterscheiden. Das Syngen bildet nach Sonneborn eine Einheit der Evolution, die Art dagegen eine Einheit der taxonomischen Identifikation.

Pluralistische Artdefinitionen
Die verschiedenen Anwendungskontexte des Artbegriffs legen jeweils unterschiedliche Anforderungen und Kriterien zur Abgrenzung von Arten zugrunde. So wird von Arten als Einheiten der Evolution erwartet, dass sie als kohäsive, raum-zeitliche kontinuierliche Gegenstände vorliegen (so dass hier eine Affinität zur Vorstellung von Arten als Individuen vorliegt), Arten als Einheiten der Klassifikation sollen dagegen in erster Linie in einem hierarchischen System systematisierbare Gegenstände (im Sinne von Gegenstandsklassen) sein. Weil die verschiedenen Artbegriffe in unterschiedliche Beschreibungs- und Erklärungskontexte eingebettet sind, ist es fraglich, ob es die einheitliche Kategorie der Art über verschiedene Kontexte hinweg überhaupt gibt. Und selbst innerhalb eines Bereichs, z.B. der Evolutionstheorie oder Taxonomie, kann der Artbegriff für verschiedene Typen von Organismen variieren. Daher geben sich viele Biologen mit einer pragmatischen Artdefinition zufrieden, die je nach Kontext variieren kann.[314] Als ein wesentliches Ziel der Unterscheidung von Arten erscheint manchem die »optimale Organisation der taxonomischen Information«; Arten sollen also als »Einheiten der Klassifikation« in einem »Referenzsystem für die Katalogisierung der biologischen Diversität« dienen – auch wenn sich für ihre Abgrenzung kein einheitlicher biologischer Mechanismus angeben lasse.[315]

In einem pluralistischen Ansatz kann eine Art verstanden werden als eine Gruppe von Organismen, die sich in Bezug zu einem bestimmten Prozess als eine Ganzheit verhält.[316] Die Organismen einer solchen Gruppe ähneln einander (»phenotypic cohesion«), weil innerhalb der Gruppe verschiedene interne Mechanismen des Zusammenhalts, der *Kohäsion* (»intrinsic cohesion mechanisms«) bestehen können (vgl. Templetons Definition des Kohäsionskonzept von Arten in Tab. 14).[317] Die kohäsiven Kräfte bedingen es, dass die Organismen einer Art sich als *Einheit* in Bezug auf die (evolutionären) Gesetze hinter diesen Kräften verhalten (»act as units with respect to the laws of evolution«[318]). Ein für die Kohäsion besonders relevanter Prozess ist der der sexuellen Reproduktion – aber er ist nicht der einzige biologische Prozess, der den Zusammenhalt von Organismen in einer Gruppe bedingen und einen einheitlichen Namen rechtfertigen kann. Die wichtigsten anderen Prozesse sind die gemeinsame Abstammung und die gleichgerichtete ökologische Anpassung aufgrund ähnlicher Selektionsdrücke. Weil hier verschiedene Mechanismen des Zusammenhalts bestehen können, stellen die biologischen Arten in den Augen mancher Autoren keine *natürlichen Arten* (»natural kinds«) dar, wie dies z.B. für die chemischen Elemente gilt, die über ein einziges essenzielles Merkmal (ihre Ordnungszahl) definiert sind.[319]

Wie J. Huxley 1940 festhält, gibt es also nicht ein einziges Artkriterium (vgl. Tab. 14). In verschiedenen Kontexten werden morphologische, ethologische oder ökologische Unterschiede zwischen Individuen der Artbestimmung zugrunde gelegt; das Kriterium, das eine objektive Abgrenzung rechtfertigt, ist der Austausch von genetischem Material über sexuelle Fortpflanzung. Huxley schränkt allerdings auch dieses Kriterium ein, als er bei Pflanzen sehr verschiedene Formen auch dann als Arten ansehen möchte, wenn sie sich miteinander kreuzen (»To deny many of these forms specific rank just because they can interbreed is to force nature into a human definition, instead of adjusting your definition to the facts of nature «[320]). Als Konsequenz aus den verschiedenen Kriterien, über die eine Art bestimmt werden kann, können bereichsspezifische Artbegriffe identifiziert werden: In der Taxonomie wird ein anderer Artbegriff zugrunde gelegt als in der Biodiversitätsforschung oder der Evolutionstheorie.

In historischer Perspektive könnte der Artbegriff damit insgesamt als ein Restbestand einer älteren platonischen Tradition interpretiert werden, die nicht die konkret gegebenen individuellen Organismen, sondern die reifizierten Formen oder Substanzen der Arten als die letzten Wesenheiten ansieht: Werden Arten als derartige natürliche Wesen verstanden – wie es sich in dem Streben nach einer einheitlichen Definition des Begriffs ausdrückt –, dann enthält die Logik des Konzepts offensichtlich Elemente eines *top down*-Ansatzes, der das Besondere ausgehend von dem Allgemeinen zu bestimmen versucht. Für die moderne Taxonomie ist demgegenüber ein *bottom up*-Ansatz kennzeichnend, der von den Organismen als der unmittelbar gegebenen Realität ausgeht und von diesen zu abgeleiteten taxonomischen Gruppen fortschreitet.[321] Oder, anders gesagt, ›Art‹ ist nach moderner Auffassung ebenso wie die höheren taxonomischen Kategorien ein Klassifikationsbegriff und kein essenzialistischer Begriff zur Bestimmung des Wesens eines Gegenstandes.

Trotz der Schwierigkeiten einer einheitlichen Definition gilt die Art weiterhin als ein zentrales Konzept der Biologie, das in den Augen vieler Biologen Allgemeinaussagen mit gesetzesartigem Charakter ermöglicht (s.u.).[322] In den Worten Mayrs bilden die Arten die »realen Einheiten der Evolution«; jede Art sei ein »biologisches Experiment«.[323] In pluralistischen Ansätzen ist der Anspruch, diese realen Einheiten in einem einheitlichen theoretischen Rahmen zu verstehen, aufgegeben worden. Aber bei weitem nicht alle Biologen und Biophilosophen sind zu diesem Schritt bereit. Sie beschreiben die pluralistische Interpretation des Artbegriffs stattdessen als die Nullhypothese, die es zu widerlegen gelte.[324]

Arten als homöostatische Eigenschaftscluster?
Ein Versuch, die unterschiedlichen Ansätze zur Abgrenzung von Arten in einem einheitlichen Konzept zum Ausdruck zu bringen, erfolgt mittels des Begriffs **homöostatisches Eigenschaftscluster** (»homeostatic property cluster«). Der Ausdruck wird 1988 von R.N. Boyd zunächst im moralphilosophischen Zusammenhang eingeführt[325]; 1991 aber auf eine allgemeinere Grundlage gestellt[326]. Für Boyd besteht über dieses Konzept die Möglichkeit, natürliche Arten (»natural kinds«) zu definieren, ohne auf einen Essenzialismus zurückzugreifen: Im Gegensatz zu traditionellen natürlichen Arten werden homöostatische Eigenschaftscluster nicht durch wesentliche Merkmale zusammengehalten, die ausnahmslos allen Mitgliedern des Clusters zukommen, sondern lediglich durch mehrere miteinander korrelierte Merkmale, von denen jedes Mitglied des Clusters mindestens eines aufweist. Bedingt wird die Bildung eines solchen Clusters, d.h. das gehäufte gemeinsame Vorkommen der Merkmale, durch einen einheitlichen Prozess. Das Cluster wird daher auch nicht extensional, über die Menge der Merkmale von Gegenständen, sondern durch den Prozess individuiert, der das gemeinsame Vorkommen der Merkmale bedingt hat. Aufgrund dieses Verfahrens der Clusterbestimmung kann es extensional unscharfe Grenzen haben, insofern bei einigen Gegenständen unklar ist, ob sie zu dem Cluster zu rechnen sind oder nicht. Wegen dieser prozessorientierten, nicht extensionalen Bestimmung der Grenzen sind homöostatische Eigenschaftscluster besonders geeignet, um auf in der Zeit veränderliche Einheiten bezogen zu werden: »The homeostatic property cluster which serves to define *t* is not individuated extensionally. Instead, property clusters are individuated like (type or token) historical objects or processes: certain changes over time (or in space) in the property cluster or in the underlying homeostatic mechanism preserve the identity of the defining cluster«.[327] Die Eigenschaften, die das Cluster definieren, können sich damit auch über die Zeit verändern. Diese Distanz zu essenzialistischen Vorstellungen und Offenheit für Variabilität macht das Konzept des homöostatischen Eigenschaftsclusters attraktiv für einen Bezug auf Arten.[328] Es findet daher in den letzten Jahren viele Anhänger, z.B. O. Rieppel und seiner Vorstellung von Arten als *kausal integrierten Prozesssystemen* (2009: »causally integrated processual systems«).[329]

Kritisch wird gegen die Anwendung des Konzepts des homöostatischen Eigenschaftsclusters auf Arten aber eingewendet, dass es durch seine Fixierung auf Eigenschaften ungeeignet sei, den phylogenetischen Charakter von Arten darzustellen.[330] Kritisiert wird dabei besonders, dass die Anhänger der Vorstellung von Arten als homöostatischen Eigenschaftsclustern ausdrücklich auch para- und polyphyletische Taxa als homöostatische Eigenschaftscluster akzeptieren, wenn diese durch einen homöostatischen Mechanismus zusammengehalten werden (Boyd 1999: »there is no particular reason to believe that [...] homeostatic property cluster definitions will honor strict monophyly«[331]). Diese Toleranz sei aber unvereinbar mit einer strikt kladistischen Systematik. Die Kritiker der Anwendung des Konzepts des homöostatischen Eigenschaftsclusters auf Arten wollen daran festhalten,

Art

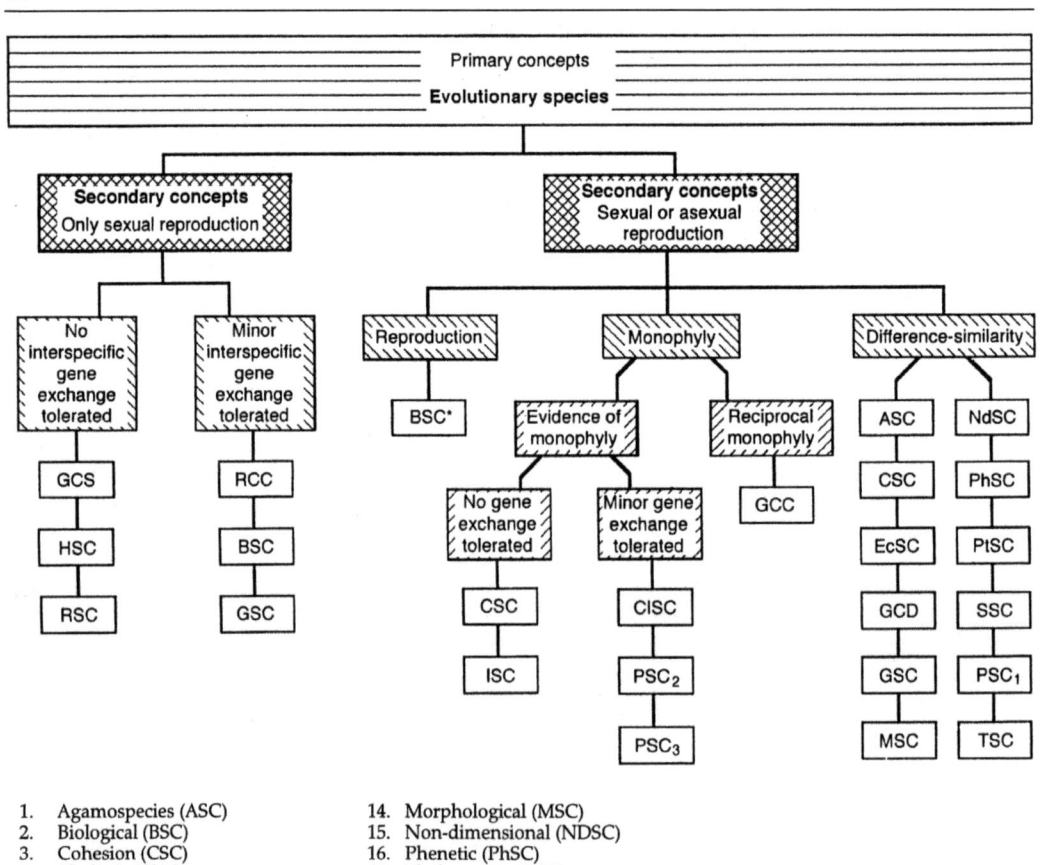

1. Agamospecies (ASC)
2. Biological (BSC)
3. Cohesion (CSC)
4. Cladistic (ClSC)
5. Composite (CpSC)
6. Ecological (EcSC)
7. Evolutionary Significant Unit (ESU)
8. Evolutionary (ESC)
9. Genealogical Concordance (GCC)
10. Genetic (GSC)
11. Genotypic Cluster Definition (GCD)
12. Hennigian (HSC)
13. Internodal (ISC)
14. Morphological (MSC)
15. Non-dimensional (NDSC)
16. Phenetic (PhSC)
17. Phylogenetic (PSC)
 1. Diagnosable Version (PSC$_1$)
 2. Monophyly Version (PSC$_2$)
 3. Diagnosable and Monophyly Version (PSC$_3$)
18. Polythetic (PtSC)
19. Recognition (RSC)
20. Reproductive Competition (RCC)
21. Successional (SSC)
22. Taxonomic (TSC)

Abb. 19. Übersicht über aktuelle Artkonzepte. Den Ausgangspunkt der Gliederung bildet das Evolutionäre Artkonzept (oben), die weitere Differenzierung folgt nach den Kriterien der Forderung oder Toleranz eines Artkonzepts im Hinblick auf (1) bestimmte Reproduktionstypen (z.B. Anwendbarkeit nur auf sexuell sich reproduzierende Organismen), (2) den Genfluss zwischen Organismen, (3) der Monophylie und (4) der diagnostischen Ähnlichkeit von Organismen. Einige Artkonzepte erscheinen mehrfach in der Übersicht, weil sie Mischformen darstellen. BSC* bezieht sich auf das »Biologische Spezieskonzept« modifiziert für asexuell sich fortpflanzende Organismen; für die weiteren Abkürzungen siehe die Tabelle unten (aus Mayden, R.L. (1997). A hierarchy of species concepts: the denouement in the saga of the species problem. In: Claridge, M.F., Dawah, H.A. & Wilson, M.R. (eds.). Species. The Units of Biodiversity, 381-423: 420).

Arten primär als historische Entitäten zu verstehen, die durch eine gemeinsame Abstammungsgeschichte, nicht durch gemeinsame Eigenschaften der Mitglieder eines Taxons zusammengehalten werden. Sie lehnen damit zwar einen *Eigenschaftsessenzialismus* (»qualitative essentialism«) ab, wollen aber an einem *Ursprungsessenzialismus* (Rieppel 2006: »origin essentialism«[332]) festhalten.[333]

Einen prinzipiell ähnlichen Ansatz verfolgt 1999 P. Griffiths, indem er biologische Arten als *natürliche Arten mit historischen Essenzen* (»natural kinds with historical essences«) bestimmt.[334] Natürliche Arten sind die biologischen Arten (und höherrangigen Taxa) für Griffiths, weil sie Mengen von einheitlichen Gegenständen sind, für die sich jeweils Gesetze formulieren lassen; für das Taxon der Vögel beispielsweise das Gesetz, dass Vögel ihre Beute visuell orten. Diesem Gesetz liege ein kausaler homöostatischer Mechanismus zugrunde, der historische Gründe hat, sich aber im Laufe der Zeit auch ändern kann. Arten (und höhere Taxa) sind also Klassen von Organismen, die aufgrund des gemeinsamen Erbes von bestimmten Entwicklungsressourcen einander ähnlich sind; es sind aber keine strukturellen und unabänderlichen Faktoren, also strukturelle Essenzen, sondern kontingente, in der langen gemeinsamen Vergangenheit liegende Ursachen, d.h. historische Essenzen, die die Ähnlichkeit bedingen.

Arten als Individuen oder Klassen

Eine intensiv geführte wissenschaftstheoretische Debatte kreist seit Mitte der 1960er Jahre um die Frage, ob biologische Arten in ontologischer Hinsicht als Individuen oder Klassen zu betrachten sind. Die klassische ältere Position sieht den Artbegriff als Klassifikationsmittel zur systematischen Gruppierung von Organismen; Arten sind danach im logischen Sinne Klassen oder Mengen von Entitäten. Aber schon Buffons Bestimmung von Arten als genealogische Einheiten, die über Eltern-Nachkommen-Relationen zusammengehalten werden (s.o.), weist in eine andere Richtung: dem Verständnis von Arten als Individuen.[335] Die ontologische Einschätzung von Arten als Individuen im Sinne von strukturierten Ganzheiten oder als logische Klassen im Sinne von kohäsiven Mengen hängt eng mit dem zugrunde gelegten Artbegriff zusammen. Die Komplexität des Artbegriffs mit seinen unterschiedlichen Aspekten hat eine endgültige Klärung der Frage bisher verhindert.[336]

19. Jh.: »Leben« der Arten

Von einer »Geschichte der Arten« spricht G.L.L. Buffon programmatisch 1749 im ersten Band seiner ›Histoire naturelle‹ (»l'histoire d'un animal doit être non pas l'histoire de l'individu, mais celle de l'espèce entière de ces animaux«).[337]. Zu dieser Geschichte zählen u.a. der für die Individuen einer Art typische Zeitpunkt der Empfängnisfähigkeit, die Geburten, Anzahl der Jungen, Brutpflege etc., insgesamt also diejenigen Eigenschaften, die später zur ↑Lebensgeschichte einer Art gerechnet werden. In ähnlicher Bedeutung spricht der Philosoph C.G. Bardili 1795 von einem »Leben der Gattung« und rechnet dazu die Triebe der Fortpflanzung und Jungenfürsorge.[338] Auch hier ist das Leben der Gattung also noch ausgehend von Vermögen der Individuen entwickelt.

Anders dagegen bei C.F. Kielmeyer, der 1793 das »Leben der Gattung« als eine über den Individuen stehende Form des Lebens ansieht, ein »größeres System«, das »in größeren Zeitperioden in einer Entwicklungsbahn fortschreitet«.[339] Zu Beginn des 19. Jahrhunderts etabliert sich die Konzipierung von Arten als Individuen ausgehend von der Parallele von Individuum und Art, die in den romantischen Entwürfen einer Mikrokosmos-Makrokosmos-Analogie gezogen wird. In diesem Sinne behauptet G.R. Treviranus 1805, »daß jede Art, wie jedes Individuum, gewisse Perioden des Wachsthums, der Blüthe und des Absterbens hat, daß aber ihr Absterben nicht Auflösung, wie bey dem Individuum, sondern Degeneration ist«[340]. In der gleichen Absicht der Parallelisierung von Arten mit Individuen stellt G. Brocchi 1814 die These auf, dass es ein Altern der Arten gebe und sie allmählich aufgrund physiologischer Schwäche zugrunde gingen.[341] A.F. Spring formuliert dies 1838 so: »wie die Individuen, so haben auch die Arten einen Lebensverlauf, einen Anfang und ein (scheinbares) Ende«.[342] Er ist daher auch der Auffassung, »daß viele Arten schon ausgestorben [sind], andere noch kommen möchten«.[343] Und allgemein hält er fest: »Die Arten *sind* nicht, sondern sie *werden*. Sie leben und ringen, wie die Individuen, einer auf ihrer Stufe erreichbaren Vervollkommnung entgegen«.[344]

Mitte des 19. Jahrhunderts wird aber auch Widerspruch gegen diese Analogisierung von Arten und Individuen eingelegt. E. Forbes argumentiert 1852, die Analogie sei insofern nicht haltbar, als Arten ohne Wandel ihrer Umweltbedingungen unendlich bestehen könnten (»unlike the individual, it [the species] is continued indefinitely so long as conditions [are] favourable to its diffusion and prosperity«).[345] Im Anschluss daran argumentiert V. Carus 1854, »dass, wenn man die Art, diese ›relative Realität‹ [Forbes] als ein lebendes Wesen ansieht, aus dem Functionskreise des Lebens nur die Function der Selbsterhaltung übrig bleibt, indem die Fortpflanzung der Individuen keine Fortpflanzung oder Vermehrung der Art, sondern nur einen Wechsel der materiellen Träger derselben, den Stoffwechsel der Species bildet«.[346]

Auch C. Darwin steht der Auffassung, Arten würden wie Individuen einen Lebenszyklus aufweisen, anfangs nahe; in seinem Hauptwerk lehnt er diese Auffassung jedoch ab. Den Charakter von Individuen haben die Arten nach Darwin allein insofern, als sie nach seiner Auffassung eine über Abstammungsverhältnisse zwischen Individuen verbundene genealogische Einheit bilden: Wenn die unabhängig erfolgende Entstehung von Organismen der gleichen Art an zwei verschiedenen Orten der Erde nachgewiesen würde, wäre seine ganze Theorie widerlegt, so Dar-

Räumliche Grenzen
Die Mitglieder einer Art besiedeln ein konkretes Areal mit einer definierten äußeren Grenze.

Zeitliche Grenzen
Arten haben einen definierten zeitlichen Beginn in einem Speziationsereignis, durch das ihre Mitglieder von den Mitgliedern anderer Arten reproduktiv isoliert werden, und ein definiertes zeitliches Ende durch ihr Aussterben oder durch ein weiteres Speziationsereignis.

Integration
Zwischen den Mitgliedern einer Art (aber nicht allen!) bestehen Interaktionen, d.h. relevante wechselseitige Wirkungen (z.B. in Form von gemeinsamer Fortpflanzung bei sexuellen Organismen).

Kohäsion
Die Mitglieder einer Art haben einen Zusammenhalt, insofern sie sich in einigen Prozessen als eine Einheit verhalten, auch wenn diese nicht in einem wechselseitigen Einfluss, sondern einer gemeinsamen Reaktion auf eine äußere Kraft, z.B. eine Umweltänderung besteht.

Tab. 18. Vier Kriterien, die dafür sprechen, biologische Arten ontologisch als Individuen, und nicht als Klassen anzusehen (nach Mishler, B.D. & Brandon, R.N. (1987). Individuality, pluralism, and the phylogenetic species concept. Biol. Philos. 2, 397-414: 399f.).

win am Ende seines von ihm nicht veröffentlichten »Big Book«.[347]

Individualität durch gemeinsame Abstammung
Die Interpretation von Arten als Individuen verbreitet sich nach der Etablierung der Evolutionstheorie im 19. Jahrhundert. Einerseits kann unter Voraussetzung der Evolutionstheorie die gemeinsame Abstammung aller Organismen einer Art oder Unterart als ein Kriterium der Individualität verwendet werden, wie dies R. Virchow nahe legt, wenn er feststellt: »So stammen, wie man weiß, fast sämmtliche Trauerweiden Europa's von einem Baume, der im vorigen Jahrhundert aus Asien nach England kam. Sie alle sind zusammengehörige Theile. Bilden sie ein Individuum?«[348]. Andererseits kann das Entstehen und Vergehen von Arten im Laufe der Erdgeschichte mit dem Leben eines individuellen Organismus parallelisiert werden. Analog zum Leben eines Organismus kann dann von der Geburt und dem Tod einer Art gesprochen werden (↑Tod/Artensterben). In diesem Sinne urteilt Nägeli 1865, eine Art »stirbt also in der That aus wie ein Individuum; die neue Art entwickelt sich, ebenfalls wie ein Individuum, aus einem kleinen Keime, den man ihr Verbreitungscentrum nennt«[349]. Nägeli hält es daher für gerechtfertigt, vom »Aussterben« und »Tod einer Art« zu sprechen.[350]

Schon bald nachdem Darwin mit der Selektionstheorie einen plausiblen Weg angeben konnte, wie Organismen verschiedener Arten entstanden sind, wird ausgehend von der damit erfolgten historischen Sicht auf die Arten diesen der Status von Individuen zugeschrieben. Bereits Haeckel entwickelt einen »Begriff der Species als einer genealogischen Individualität«[351]. Trotzdem spricht er den Arten keine Realität zu (s.o.). Allein die größeren Einheiten des phylogenetischen Systems, die Stämme oder Phyla, stellt Haeckel sich als reale genealogische Individuen vor, die durch »das materielle Band der Blutsverwandtschaft«[352] verbunden sind.

Diese Einschätzung von Arten und höheren systematischen Kategorien als Individuen wird von vielen Autoren nach Haeckel geteilt. Bereits seit den 1840er Jahren bringen einige Autoren die Individualität von Arten mit dem Wort ***Artindividualität*** zum Ausdruck. J. Steenstrup erwägt diese Bezeichnung 1842 im Rahmen seiner Beschreibungen des ↑Generationswechsels, weil bei diesem Phänomen das Charakteristische der Art nicht durch eine Erwachsenenform eines Organismus allein deutlich wird. Es besteht nach Steenstrup beim Generationswechsel »von Seiten der Individuen ein Mangel an vollständiger Individualität als Artrepräsentanten, an Artindividualität«.[353] Auch bei anderen Autoren in der Jahrhundertmitte erscheint der Ausdruck. Im Sinne eines feststehenden Terminus benutzt ihn K.B. Reichert in einer Abhandlung aus dem Jahr 1852. Er erläutert den Begriff als »die ganze Entwickelungsreihe von Zuständen« und »Lebensgeschichte« der Individuen einer Art[354]; häufig erscheint bei Reichert auch die Formulierung »die Lebensgeschichte der Art-Individualität«[355] (vgl. auch Leuckart 1851 unter Verweis auf Steenstrup[356]).

Programmatisch verwendet 1912 J. Huxley diese Formulierung (»species-individuality«): Arten sind für Huxley wegen des zeitlichen Nacheinanders der Teile eine Individualität in der Zeit (»individuality in time«) und stehen damit im Gegensatz zur räumlichen Individualität (»spatial individuality«) eines Organismus, bei der alle Teile des Ganzen synchron koexistieren.[357] O. Hertwig spricht 1917 vom »Lebensprozeß der Art«.[358]

Auch von philosophischer Seite wird dieser Gedanke aufgegriffen. N. Hartmann sieht 1950 in jeder Art etwas »Einmaliges« im Realzusammenhang der Welt. Er führt aus: »Das Stammesleben einer Art spielt sich in der Zeit ab, hat in ihr seine Dauer, seinen Anfang und sein Ende (Artentstehung und Artentod); es hat auch seine Lebensgeschichte, hat seine Schicksale und Wandlungen, seine Gefahren und seinen Kampf um die Existenz, sein Aufblühen und Niedergehen«[359]. Er hält es daher für berechtigt, von einem »Leben der Arten« zu sprechen[360] (↑Arterhaltung). Für Hartmann verfügt eine Art sogar in höherem Maße über eine Individualität als ein einzelner Organismus. Denn der Organismus bleibe immer ein Exemplar unter vielen, er teile mit seinen Artgenossen das stereotyp ablaufende Muster seiner Entwicklung und seines Lebensschicksals. »Das Gesamtleben der Art dagegen ist in seiner Ganzheit wirklich nur eines. Es hat genau die Einzigkeit und unwiederholbare Einmaligkeit, die das in ihm auftretende Individuum nicht hat und als bloßes Exemplar auch nicht haben kann. Erst das Leben der Art ist ein wirklich individuelles«[361]. Für Hartmann spielen die einzelnen Organismen im »Leben der Art« eine ähnliche Rolle wie der wechselnde Stoff im Stoffwechsel des Organismus. Es besteht für ihn eine Stufenordnung, in der die Verhältnisse der niederen Stufe des Organismus sich in der höheren Stufe der Art wiederholen. Zwar stellt sich Hartmann dagegen, die Art selbst als »Organismus höherer Ordnung« anzusehen[362]; eine Analogie besteht aber doch insofern, als er streng parallelisiert: Das Individuum erhalte sich durch das Gleichgewicht von Assimilation und Dissimilation, und die Art erhalte sich durch das Gleichgewicht von Fortpflanzung und Tod[363]. So wie die Labilität der Stoffe im Organismus, d.h. der Stoffwechsel, den Organismus möglich mache, so treibe die Art einen Stoffwechsel großen Stils aufgrund der Labilität der Organismen, und auch die Arten seien selbst wieder nicht konstant, sondern wechselten im Laufe der Phylogenese einander ab.[364]

Aufgegriffen werden diese eher philosophischen Analysen 1950 durch W. Hennig in seiner grundlegenden Monografie zur phylogenetischen Systematik. Dort argumentiert er, Arten (und auch die höheren taxonomischen Gruppen) würden ebenso wie Organismen aus der Teilung von Einheiten hervorgehen und seien daher ebenso wie Organismen als Individuen anzusehen. Explizit formuliert Hennig 1950 die Auffassung, »daß auch die Gruppenkategorien höherer Ordnung ›Individuen‹ in ontologischem Sinne sind, und somit auch reales Sein, reale Existenz besitzen«.[365] Ähnliche Auffassungen finden sich seit 1972 bei R. Löther (2004: »Die Arten sind ihrem Wesen nach keine logischen Klassen von Individuen […], sondern objektiv-reale, materielle Systeme und im Sinne der Logik Individuen«).[366]

Ghiselin und Hull: Arten als »Abstammungslinien«
Die Ausführungen der deutschsprachigen Autoren finden international wenig Beachtung. Zu einer intensiv geführten Debatte entwickelt sich die Frage nach dem ontologischen Status von Arten erst seit Mitte der 1960er Jahre. Den Ausgangspunkt bildet die These M. Ghiselins aus dem Jahr 1966, der zufolge biologische Arten logisch gesehen Individuen seien (»Biological species are, in the logical sense, individuals«[367]). Ghiselin versteht die Organismen als Teile der Arten als Ganzheiten, nicht als Elemente einer Klasse.[368]

Neben Ghiselin ist D. Hull einer der Hauptvertreter der These von Arten als Individuen. Er bestimmt Arten als *Abstammungslinien* (»lineages«; ↑Phylogenese: »Species as the result of selection are necessary lineages, not sets of similar organisms«[369]). Für die Interpretation der Arten als Individuen spricht nach Hull der historische Charakter von Arten: Sie bilden raumzeitliche Konkreta mit einer internen Kohärenz, einem definierten Beginn und einem definierten Ende ihrer Existenz.[370] Und wie Individuen können sie sich auch aufspalten (fortpflanzen) und ihnen ähnliche neue Arten bilden. Es lassen sich also verschiedene Kriterien formulieren, nach denen biologische Arten ontologisch den Status von Individuen haben (vgl. Tab. 18). In der Evolutionsbiologie werden Arten in der Auffassung Hulls schon immer als Individuen behandelt. Hull fasst es außerdem als Beleg für den ontologischen Status von Arten als Individuen auf, dass keine raumzeitlich unbeschränkten Gesetze über biologische Arten formuliert werden können (s.u.).[371] Es gebe keine essenziellen Eigenschaften, die Art definieren und die in einem Holotyp festgelegt werden könnten (↑Typus).

Neben der Art wird nicht selten allgemein allen monophyletischen Gruppen der Status von Individuen zugeschrieben. So meint P. Ax 1984, als geschlossene Abstammungsgemeinschaft seien die Art und andere monophyletische Gruppen »keine Klassen und damit keine Kunstprodukte menschlicher Imagination, sondern reale, individuenähnliche Einheiten der Natur mit einer historischen Kontinuität«.[372] Aufgrund seines individualistischen Verständnisses von Arten geht Ax nicht nur von einem Leben von Individuen, sondern auch von Arten aus und kann unbekümmert von der »Lebensspanne von Arten« sprechen.[373]

Arten als Klassen
Der Ansicht, Arten seien Individuen, stehen die Vertreter eines klassenlogischen Standpunktes gegenüber. Sie argumentieren, dass es in logischer Hinsicht Schwierigkeiten bereite, Arten als Individuen oder Ganzheiten aufzufassen. J.R. Gregg ist bereits 1950 der Auffassung, Arten seien nicht Individuen, son-

dern Klassen, weil das Verhältnis von Organismen zu ihrer Art nicht das eines Teils zu einem Ganzen, sondern das eines Elements zu einer Menge sei.[374] J.H. Woodger unterscheidet daraufhin einen Artbegriff nach Linné und einen nach Darwin: Für Linné seien die Arten abstrakte und zeitlose Einheiten der Klassifikation, für Darwin dagegen konkrete Gegenstände mit einem Anfang in der Zeit.[375]

Eine der Schwierigkeiten der Teil-Ganzes-Relation (im Gegensatz zur Element-Menge-Relation) in Bezug auf Arten besteht in dem Charakter der Transitivität dieser Relation: Wenn ein Organismus als ein Teil des Ganzen einer Art angesehen wird, dann müssten auch die Teile des Organismus, also z.B. seine Organe, Teile der Art sein – dies widerspricht aber der geläufigen biologischen Sicht.[376] Es besteht also eine ontologische Differenz im Verhältnis von Organismen zu ihren Organen im Vergleich zu Arten zu ihren Individuen: Organe stehen in einer ›Teil-von‹-Relation zu einem Organismus, Individuen aber in einer ›sind-ein‹-Relation zu einer Art.[377] Auch die vermeintlich größere Nähe des nominalistischen Verständnisses von Arten und höheren Taxa als Individuen zur Evolutionstheorie erweist sich bei näherem Hinsehen als trügerisch: Die Konzipierung eines Taxons (z.B. der Art *Homo sapiens*) als *Teil* eines umfassenderen Taxons (z.B. der Säugetiere) vermag die Relation der Abstammung der Art aus ihren Vorläuferarten nicht besser darzustellen als die Konzipierung von Arten und höheren Taxa als Klassen. Denn eine Ganzheit geht ihren Teilen ebenso wenig in zeitlicher Hinsicht voraus wie eine Klasse ihren Elementen.[378]

Ein verbreitetes Argument für die Individualität von Arten lautet, dass nur Individuen, nicht aber Klassen eine Transformation erfahren können und damit möglicher Gegenstand der Evolution seien.[379] Es spricht allerdings nichts dagegen, eine Evolution auch vor dem Hintergrund von Arten als Klassen zu verstehen: Evolution kann beschrieben werden als die Änderung der Verteilung von Individuen über Arten (als Klassen); die Zuordnung eines Organismus zu einer anderen Art als dessen Eltern bedeutet dann einen (transspezifischen) Evolutionsschritt.[380]

Gegen die Interpretation von Arten als Individuen spricht außerdem die Tatsache, dass Arten keine durch kausale Relationen zusammengehaltenen Systeme darstellen. Es wird daher argumentiert, dass nicht Arten, sondern Populationen Systeme aus kausal interagierenden Komponenten bilden; Populationen stellen danach also die eigentlich kohäsiven Gruppen dar.[381] Allerdings ist für eine ↑Population gerade kennzeichnend, dass sie ein räumliches Aggregat von Individuen bildet, aus dem beständig Individuen verschwinden und andere hinzutreten. Außerdem hat die Population als Individuum keine scharf definierten Grenzen. Wenn Populationen also als Individuen verstanden werden sollen, dann bilden sie zumindest sehr besondere Individuen.

Der Individuencharakter von Arten erstreckt sich auch nur auf einige Aspekte des Begriff des ↑Individuums: Ihre raum-zeitliche Konkretheit haben Arten zwar mit konventionellen Individuen gemeinsam; In-dividuen im Wortsinne sind Arten aber nicht, weil ihre Teile räumlich voneinander entfernt werden können und sie trotzdem ihre Identität als Art behalten können – im Gegensatz zu organismischen Individuen, die ihren Charakter des ↑Organismus durch die Trennung der Teile verlieren.

Schließlich bereitet das Verständnis von Arten als Individuen im Rahmen einer Evolutionstheorie insofern Schwierigkeiten, als damit die Arten als in der Zeit sich entfaltende, diachrone Entitäten konzipiert sind, die in diesem Verständnis nicht mehr als die Bezugspunkte für die Feststellung einer Veränderung im Laufe der Evolution dienen können.[382] Werden Arten als Individuen im Sinne von Abstammungslinien verstanden, dann stellen sie in ontologischer Hinsicht keine Kontinuanten dar, die zu einem Zeitpunkt ihrer Existenz ganz da sind, sondern sie haben eine raumzeitliche, vierdimensionale Entfaltung (»Perdurantismus«). In dieser Bestimmung können die Arten gerade nicht, wie Hull argumentiert (»Species lineages [...] are the things which evolve«[383]), die Einheiten der Evolution sein, weil es wenig Sinn macht, von einem bereits über seine zeitliche Erstreckung bestimmten Gegenstand zu sagen, er unterliege wiederum einer zeitlichen Veränderung. Um von einer Veränderung sprechen zu können, muss es vielmehr etwas – einen Kontinuanten – geben, der in der Zeit persistiert (↑Phylogenese/Stammlinie). Es ist möglich, eine Art als diesen Kontinuanten aufzufassen, damit wäre sie allerdings nicht als eine vier-, sondern eine dreidimensionale Entität bestimmt, die zu jedem Zeitpunkt ihrer Existenz ganz da wäre.

Essenzialismus des Artbegriffs
Von Seiten derjenigen, die Arten als Individuen auffassen, wird der Konzeption von Arten als Klassen ein fehlgeleiteter »Essenzialismus« vorgeworfen: Als historische Entitäten würden Arten nicht über wesentliche Eigenschaften verfügen, sondern in ihnen seien Individuen allein über ihre genealogischen Beziehungen zu einer Einheit zusammengebunden. D. Hull argumentiert in diesem Sinne 1978, es könne überhaupt keine intrinsische Wesensbestimmung

von Arten gegeben werden, so dass es beispielsweise auch auch kein Wesen des ↑Menschen gebe: »If species are interpreted as historical entities, then particular organisms belong in a particular species because they are part of that genealogical nexus, not because they possess any essential traits. No species has an essence in this sense. Hence there is no such thing as human nature«.[384]

Die genaue Bedeutung von »Essenzialismus« in diesem Vorwurf ist jedoch nicht klar. In gewisser Weise ist auch die Definition einer Art über das Kriterium der Zugehörigkeit der Individuen zu einem »genealogischen Netzwerk« essenzialistisch, weil auch dieses Kriterium eine eindeutige Zuordnung eines Individuums zu einer Art ermöglicht. Dieses essenzialistische Kriterium beruht nur nicht auf intrinsischen, sondern auf relationalen Eigenschaften. Darüber hinaus weist der genealogische Artbegriff auch bereits insofern essenzialistisch-typologische Elemente auf, als er auf ein Kriterium für das Vorliegen eines Fortpflanzungsaktes angewiesen ist. Rein kausal lässt sich dieses nicht finden, weil von einem Organismus viele Ketten von Wirkungen ausgehen und viele Dinge produziert werden. Zur Bestimmung der Hervorbringung eines Produkts durch einen Organismus als einen Akt der Fortpflanzung (über den dann genealogische Beziehungen begründet werden können) bedarf es also einer typologisch-essenzialistischen Bestimmung der Ähnlichkeit zwischen dem Organismus und seinem Produkt (als Nachkommen).

Einer seit den 1950er Jahren verbreiteten Auffassung zufolge war das in der Zeit vor Darwin vorherrschende Verständnis von Arten »essenzialistisch«, insofern es von festen Typen für jede Art ausging (Amundson 2005: »essentialism story«[385]). Es sind bekannte Biologen und Biophilosophen, die diese historische Interpretation vertreten: A.J. Cain zieht 1958 eine lange historische Linie von Aristoteles zu Linné, indem er das aristotelische Verfahren der Definition mittels Angabe eines *genus proximum* und einer *differentia specifica* als Grundlage der Artbestimmung bei Linné ansieht[386]; E. Mayr stellt 1959 der vordarwinschen essenzialistischen Taxonomie die spätere, am »Populationsdenken« orientierte gegenüber (↑Population)[387]; und D. Hull sieht 1965 auf den bei Aristoteles begründeten Essenzialismus eine Phase des zweitausendjährigen Stillstands folgen (»The effect of essentialism on taxonomy – two thousand years of stasis«).[388]

Tatsächlich sind in der Biologie aber bereits seit Ende des 18. Jahrhunderts polytypische Anschauungen von Arten verbreitet, u.a. bei J.B. de Lamarck, A.-L. de Jussieu und C.-F. B. Mirbel, die Arten nicht als morphologisch klar definierte Cluster, sondern eher als kontinuierliche Serien sehen (s.o.).[389] Außerdem ist es auch nicht richtig, dass alle Artbegriffe vor Darwin morphologisch-typologisch begründet waren. Bereits seit der Antike (vgl. Tab. 14) spielt vielmehr das Moment der genealogischen Verbundenheit der Individuen einer Art eine immer wiederkehrende Rolle (Wilkins 2009: »generative conception of species«[390]). Und schließlich muss mit einem essenzialistisch-typologischen Denken nicht unbedingt ein »Fixismus« im Sinne der Behauptung der Unveränderlichkeit von Arten verbunden sein. »Essenzialistisch« kann die Bestimmung einer Art durch die Angabe von wesentlichen Eigenschaften ihrer Individuen auch dann sein, wenn von einer Evolution des Lebens mit der Entstehung neuer Arten ausgegangen wird (↑Typus).[391]

Mahner & Bunge: Biologische als natürliche Arten
Besonders nachdrücklich wird in den letzten Jahren von Mahner und Bunge dafür plädiert, Arten nicht als Individuen, sondern als Klassen von Gegenständen zu deuten.[392] Biologische Arten verstehen die Autoren als die abstrakten Gegenstände, die es überhaupt erst erlauben, von der Evolution der Organismen zu reden, weil sie die klassifizierenden Ordnungseinheiten abgeben, relativ zu denen eine Veränderung von Organismen festgestellt werden kann. Evolution könne es nur geben, wie Mahner es formuliert, wenn Arten nicht evolvieren, weil Arten als Klassen verstanden werden müssen, um Veränderungen feststellen zu können, und Klassen nicht evolvieren können, weil sie keine materiellen Gegenstände sind.[393]

In Anlehnung an das Konzept natürlicher Arten (»natural kinds«) wird eine biologische Art als »eine Klasse gesetzmäßig äquivalenter Gegenstände«[394] aufgefasst. Mahner und Bunge sprechen in diesem Zusammenhang vom *ontologischen Artbegriff*.[395] Die Feststellung der gesetzmäßigen Äquivalenz wird durch die Lokalisation der Organismen in einem »gesetzmäßigen Zustandsraum« ermöglicht, dessen Achsen Eigenschaften der Organismen repräsentieren. Die Bestimmung einer Art besteht in der Angabe des Wertebereichs auf diesen Achsen: Für die Art ›Stubenfliege‹ kann etwa eine Achse als Größendimension definiert sein und als zulässige Werte der Bereich von 6 bis 9 mm angegeben werden. Bringt eine Stubenfliege nun einen Organismus hervor, dessen Größe außerhalb dieses Bereichs liegt, dann ist nach dieser Definition ein Organismus einer neuen Art gebildet worden.

Weil dieses Kriterium nicht spezifiziert ist, können nach dieser Definition auch die höheren taxonomischen Einheiten (z.B. die Klasse der Säugetiere) als Art verstanden werden. Auch für diese Gruppen lassen sich Gesetze formulieren, die die Mitglieder zu einer einheitlichen Gruppe zusammenfassen. Es gibt in dem ontologischen Artbegriff also keine Auszeichnung der taxonomischen Einheit der Art vor anderen taxonomischen Einheiten.[396]

Das Kriterium der gesetzmäßigen Äquivalenz enthält für diesen Artbegriff die Möglichkeit, auch Organismen, die in verschiedenen genealogischen Verwandtschaftskreisen entstanden sind, zur gleichen (logischen) Art zu rechnen. Der Artbegriff nähert sich auf diese Weise wieder dem morphologischen Typusbegriff an. Zur gleichen Art in dieser Hinsicht können dann z.B. Fische und Wale gezählt werden, weil sie eine Äquivalenz in ihrer äußeren, an das Leben unter Wasser angepassten Form aufweisen: »Es kann Organismen geben, die zur selben Art im logischen Sinne gehören und trotzdem verschiedenen genealogischen Ursprung haben«, wie A. Stöhr bereits 1909 bemerkt.[397]

Gegen einen rein morphologisch bestimmten Artbegriff spricht allerdings, dass morphologische Einheitlichkeit häufig nicht einmal im Leben eines Organismus vorliegt und außerdem umgekehrt morphologisch sehr ähnliche Organismen nicht unbedingt zu einer Art zusammengefasst werden sollten: So durchlaufen einige Organismen in ihrem Leben Phasen von vollkommen unterschiedlichem Aussehen (Metamorphose), während andere Organismen, die sich morphologisch nicht unterscheiden, zu verschiedenen biologischen Arten gezählt werden können, weil sie keine Nachkommen miteinander zeugen können (Zwillingsarten).[398]

Neben morphologischen oder anderen intrinsischen Merkmalen von Organismen können aber auch relationale Merkmale als Kriterien der Zugehörigkeit zu einer Art im Sinne einer Klasse herangezogen werden. So kann die Fähigkeit zur gemeinsamen Fortpflanzung, d.h. die Fähigkeit eines Organismus, mit anderen (gegengeschlechtlichen) Organismen Nachkommen zeugen zu können, als das Kriterium der nomologischen Äquivalenz verstanden werden, das biologische Arten auszeichnet.[399] Nach Mahner und Bunge ist die Fähigkeit zur Paarung mit anderen Organismen allerdings eine Eigenschaft, die sowohl logisch als auch zeitlich der Zugehörigkeit zu einer (über nicht-relationale Kriterien definierten) natürlichen Klasse nachfolgt (s.o.).

Gesetze über Arten
Viele Vertreter der Auffassung von Arten als Individuen werten es als ein Argument für ihre Konzeption, dass über Individuen einer Art keine Gesetze formuliert werden können.[400] Dies wird jedoch von anderer Seite bezweifelt[401]: Allgemein kann eine Artbeschreibung verstanden werden als eine Menge von Aussagen über das Gemeinsame von verschiedenen Naturkörpern (den Organismen einer Art). Diese Aussagen können durchaus den Status bereichsspezifischer Gesetze haben (ebenso wie die meisten Gesetze der Physik). Ein solches regionales Naturgesetz bezeichnet z.B. die Weise, wie sich die Organismen einer Schmetterlingsart entwickeln, wie der Blutkreislauf eines Säugetiers arbeitet oder wie eine Ameise sich mit ihren Artgenossen verständigt. Innerhalb einer Art verlaufen diese Prozesse an den einzelnen Organismen normalerweise gleich, es sei denn, der einzelne Organismus »schlägt aus der Art«. Mit der Entstehung einer neuen Art ist daher auch die Revision dieser artspezifischen Gesetze verbunden: »Alle Artbildung ist zugleich Gesetzesbildung«, wie es 1950 bei N. Hartmann heißt.[402] Vor allem solche Eigenschaften von Organismen können Elemente von Gesetzesaussagen sein, die eng mit ihrer Konstitution verbunden sind, deren Änderung also entweder zur Lebensunfähigkeit der Organismen oder zum Entstehen eines Organismus einer anderen Art führt.[403]

Die Konzeption der Phylogenese als eines einmaligen, nicht in Gesetzen, sondern allein in individualisierenden Begriffen zu beschreibenden Prozesses steht im Hintergrund des individualistischen Standpunktes in der Auseinandersetzung um den ontologischen Status von Arten. Wegen dieser individualisierenden Begriffsbildung zieht H. Rickert zu Beginn des 20. Jahrhunderts die radikale Konsequenz, das Studium des Werdegangs der Organismen auf der Erde aus der eigentlichen Biologie, die als Naturwissenschaft auf eine generalisierende Begriffsbildung angewiesen sei, auszuschließen und es in die Nähe der Geschichtswissenschaften zu rücken[404] (das Verhältnis von Phylogenese und Biologie wäre analog zu dem von Kosmogenese und Physik). Insofern die biologischen Arten und auch höheren Taxa also als Individuen betrachtet werden, wären sie in dieser Sichtweise kein biologischer Gegenstand im engeren Sinne mehr. Weil Arten aber nicht nur einmalige Produkte der Evolution sind, sondern darüber hinaus viele Individuen umfassen, ist es andererseits gerade möglich, auf der Grundlage des Konzepts der Art lokal gültige Gesetze zu formulieren.

Arten als beides: Individuen und Klassen
Es erscheint daher konsequent, wenn manche Autoren in den letzten Jahren die beiden Perspektiven auf

Arten – ihr Verständnis als Individuen und als Klassen – nicht für einander wechselseitig ausschließend, sondern miteinander kompatibel halten. Je nach Kontext der Fragestellung sei die eine oder andere Perspektive angemessen (Rieppel 2007: »species are not either individuals, or natural kinds. Instead, species are complex wholes (particulars, individuals) that instantiate a specific natural kind«).[405]

Binäre Nomenklatur
Die Bezeichnung ›binäre Nomenklatur‹ für die Kennzeichnung einer biologischen Art durch einen Gattungs- und einen Artnamen kommt zu Beginn des 19. Jahrhunderts auf. Sie wird seit Ende des 18. Jahrhunderts verwendet (Duchesne 1796: »nomenclature binaire«[406]; Cuvier 1807: »nomenclature binaire«: »désignent chaque espèce sous des noms générique et spécifique«[407]). Seit den 1830er Jahren erscheint sie im Englischen (Lee 1833: »binary nomenclature«[408]) und spätestens seit den 1860er Jahren im Deutschen (Haeckel 1866: »binäre Nomenclatur«[409]).

Als äquivalent mit dieser Bezeichnung erscheint seit den 1830er Jahren der Terminus **binominale Nomenklatur** (engl. Bonaparte 1838: »binominal nomenclature«[410]). Auch im Code des Internationalen Geologischen Kongresses im Jahr 1881 wird diese Formulierung verwendet (»nomenclature binominale«).[411] Daneben ist später auch von der *binomialen Nomenklatur* die Rede. Dieser Ausdruck wird bereits im britischen Code von H.E. Strickland aus dem Jahr 1842 und später in dem Code der Nomenklatur der ›American Association for the Advancement of Science‹ von 1877 und der ›American Ornithological Union‹ von 1886 verwendet (↑Taxonomie/Code).[412]

Eine im Jahr 1881 berufene Kommission der Zoologischen Gesellschaft von Frankreich unterscheidet dann zwischen der binären und binominalen Nomenklatur und stellt im ersten Artikel der von ihr erarbeiteten Regeln fest: »La nomenclature adoptée pour les êtres organisés est binaire et binominale«[413]. Hintergrund dieser Unterscheidung ist die Tatsache, dass bei Linné und einigen seiner Vorläufer zwar ein klares Bewusstsein von der Zweiteilung der Kategorien in der Benennung der Arten vorhanden ist, insofern sie zwischen der Gattungs- und der Artebene im Artnamen unterscheiden (Binarität); diese kategoriale Zweiteilung findet aber nicht immer ihren Ausdruck in der Verwendung von nur zwei Wörtern in der Artbezeichnung, nämlich jeweils einem Wort für den Gattungs- und den Artnamen (Binominalität). Linnés Artbezeichnungen sind vielmehr häufig zwar binär, aber poly- oder besser gesagt plurinominal, weil der Artname aus vielen Wörtern besteht.[414] Die Unterscheidung spiegelt die Zweiheit der Kategorien in der Benennung von natürlichen Personen in westlichen Gesellschaften (die Unterscheidung von Vor- und Nachnamen), die nicht notwendig eine Zweiheit von Wörtern beinhaltet (weil eine Person mehrere bzw. aus mehreren Wörtern zusammengesetzte Vor- und Nachnamen haben kann).

Die Differenzierung zwischen binärer und binominaler Nomenklatur findet Eingang in die ersten Regelwerke der Nomenklatur, die auf den internationalen zoologischen Kongressen in Paris 1889 und in Moskau 1892 angenommen werden.[415] Die ›Deutsche Zoologische Gesellschaft‹, die auf ihrer 3. Jahrestagung 1893 einen eigenen Code der Nomenklatur verabschiedet, verwendet in diesem Code allein den Ausdruck »binäre Nomenclatur« und hebt damit die Differenzierung auf.[416] In den späteren mehrsprachigen Internationalen Codes der zoologischen Nomenklatur werden beide Bezeichnungen nebeneinander verwendet. Auf dem Internationalen Zoologischen Kongress in Paris 1948 wird schließlich die Äquivalenz der Ausdrücke ›binäre Nomenklatur‹ und ›binomiale Nomenklatur‹ festgelegt.[417]

Die klassische Unterscheidung von Art und Gattung spiegelt sich in der bis heute üblichen taxonomischen Einordnung der Organismen mittels der binären Nomenklatur. Eine hierarchische Ordnung der Pflanzen in Gattungen und Arten wird seit der Antike (z.B. von Theophrast) vollzogen. Klar ausgesprochen findet sich der Unterschied zwischen den Kategorien der Gattung und Art Mitte des 16. Jahrhunderts in den botanischen Schriften C. Gessners.[418] Eine sich verfestigende Methode der Benennung von Organismen entwickelt sich daraus seit dem 17. Jahrhundert. Vereinzelt angewandt wird die binäre (und binominale) Nomenklatur bereits von dem Schweizer Botaniker C. Bauhin[419]; sie findet sich auch in den meisten Namen, die J. Jungius den von ihm unterschiedenen Pflanzen gibt[420]. Regelmäßig angewandt wird sie aber erst seit dem ausgehenden 17. Jahrhundert von P. Magnol[421] und J.P. de Tournefort[422]. Linné ist sich in seiner Klassifikation der Organismen von Anfang an der Unterscheidung zwischen der Ebene der Gattung und der Art bewusst[423] – mit der alten Differenzierung kann man also sagen, dass seine Nomenklatur seit 1735 binär ist; allerdings gebraucht er für die Artnamen anfangs vielfach mehrere Namen. Die binominale Nomenklatur verwendet Linné in weiten Teilen ab der 6. Auflage der ›Systema naturae‹ von 1748, wirklich konsequent aber erst 1753 für das ganze Pflanzenreich und für alle Organismen in der 10. Auflage der ›Systema naturae‹ von 1758[424],[425]

Mit der allgemeinen Etablierung der binären Nomenklatur in der Mitte des 18. Jahrhunderts beginnt die einheitliche Benennung aller beschriebenen Arten durch verschiedene Autoren; abgelöst wird damit die bis dahin übliche Praxis der Verwendung unterschiedlicher und sehr langer Artnamen durch verschiedene Autoren.

In der konsequenten Verwendung der binären Nomenklatur durch Linné manifestiert sich auch ein neues Verständnis von den Namen taxonomischer Einheiten. Die Namen werden nicht mehr als Mittel zur Bezeichnung des »Wesens« dieser Einheiten (z.B. der Arten) gedeutet, sondern als arbiträre Zeichen, die lediglich der Benennung dienen, aber keine essenzialistischen Bezüge aufweisen. In Linnés Praxis der Benennung von Arten zeigt sich dieses Verständnis allerdings nur teilweise, weil er vielfach deskriptive Ausdrücke für die Artnamen verwendet (nicht zuletzt aus mnemotechnischen Gründen).[426] Zu einer expliziten Kontroverse in dieser Frage kommt es in den 1830er Jahren, ausgehend von der Feststellung H. Stricklands, die Artnamen seien als Eigennamen anzusehen und stellten insofern arbiträre Zeichen dar (»the object of the specific name is precisely the same as that of all names whatever; which have been defined to be, ›arbitrary signs adopted to represent real things or conceptions‹. Hence, the use of names is, in fact, nothing more than a kind of memoria technica (artificial memory)«).[427] Es ist nach Strickland daher nicht notwendig, dass die Artnamen irgendeine wörtliche Bedeutung hätten (»it is not [...] essential that the meaning of the name should precisely designate the species; or, indeed, that it should have any meaning at all«).[428] Diese Befreiung der Artnamen von essenzialistischen Bezügen ermöglicht eine konsequente Anwendung des *Prioritätsprinzips* in der Benennung von Arten und anderen Taxa: Gültig ist nicht derjenige Name, der das Taxon am besten beschreibt oder sein Wesen benennt, sondern derjenige, der zuerst für diese Gruppe vorgeschlagen wurde. Die Weichen sind damit auch gestellt für eine rein auf Konvention beruhende Abgrenzung von Arten, einem Verfahren das später als der *zynische Artbegriff* bezeichnet wird: Eine Art ist dasjenige was kompetente Naturforscher dazu erklären (Kitcher 1984: »The most accurate definition of ›species‹ is the cynic's. Species are those groups of organisms which are recognized as species by competent taxonomists. Competent taxonomists, of course, are those who can recognize the true specie«[429]; Darwin 1859: »[Phillips, the palaeontologist, said:] At last I have found out the only true definition, – ›any form which has ever had a specific name!‹«[430]). Nicht falsch ist daran, dass Arten primär als Knoten im Kommunikationsnetzwerk von Biologen fungieren und in diesem Netzwerk definiert werden.[431]

In nuce enthält die binäre Nomenklatur das Prinzip der *enkaptischen Klassifikation* (↑Hierarchie), insofern eine Art in nur eine Gattung gestellt wird, jede Gattung wiederum nur einer Familie zugewiesen wird usw. (allerdings werden innerhalb verschiedener Gattungen häufig die gleichen Bezeichnungen zur Differenzierung der Arten verwendet, vgl. z.B. *Dendrocopos major* und *Parus major*).

Trinomiale Nomenklatur
Besonders für Vögel etabliert sich bereits in der ersten Hälfte des 19. Jahrhunderts eine dreigliedrige Namensgebung zur Klassifikation. C.F. Bruch erwägt es 1828, für Vögel eine »dreyfache Nomenclatur einzuführen«, um damit Unterarten zu benennen und der Flut neuer Artnamen Einhalt zu gebieten.[432] Der erste Ornithologe, der eine trinominale Nomenklatur regelmäßig verwendet, ist 1844 H. Schlegel.[433] Auch Darwin favorisiert sie in einem Brief an J.D. Hooker aus dem Jahr 1865 (»I have sometimes [...] speculated on what nomenclature would come to, and concluded that it would be trinomial«[434]). In dem Code der Nomenklatur der Amerikanischen Ornithologischen Union aus dem Jahr 1886 (↑Taxonomie/Code) wird dieser Gepflogenheit Rechnung getragen und die trinominale Nomenklatur offiziell akzeptiert.[435] Die Formulierung **trinomiale Nomenklatur** erscheint seit den 1840er Jahren (Strickland 1845: »trinomial nomenclature«: »so as always to indicate every species by its generic and subgeneric as well as by its specific name«[436]; 1881 auch »trinomal name«[437]).

Je nachdem, ob die Unterarten als Kategorie eigenen Rangs betrachtet werden oder nicht, ist die trinomiale Nomenklatur ›binär‹ oder ›ternär‹ zu nennen. Den Ausdruck *ternäre Nomenklatur* verwendet A.G. Nathorst 1886, und zwar äquivalent zu ›trinomiale Nomenklatur‹.[438]

Uninomiale Nomenklatur
In die Kritik geraten ist die binomiale Nomenklatur in den letzten Jahren seitens der streng phylogenetisch ausgerichteten Systematik. Anstelle des Internationalen Codes der Nomenklatur wird von dieser Seite ein eigenes Regelwerk vorgestellt, der *PhyloCode*.[439] Der PhyloCode verzichtet auf die Einführung von standardisierten systematischen Rangstufen (Gattung, Familie, Ordnung, Klasse etc.) – weil diesen jegliche ontologische und objektive Grundlage fehle – und fasst stattdessen jede monophyletische Gruppe zu einem Taxon zusammen, ohne diesem aber

zwangsläufig einen Namen zu geben. Arten werden nach dem PhyloCode ebenso wie die anderen Rangstufen mit nur einem Namen belegt (***uninominale Nomenklatur***; engl. »uninomial nomenclature«[440]). Vorgeschlagen wird u.a. auf den Gattungsnamen in der Artbezeichnung zu verzichten: Aus *Homo sapiens* würde so z.B. die Art *Sapiens*. Allein zur Angabe der genealogischen Verhältnisse könnten polynomiale Ausdrücke vergeben werden, z.B. *Sapiens Homo* oder *Sapiens Homo Homidae Primates Mammalia Vertebrata Metazoa Eucaroyta*.[441] Auf diese Weise wird auch dafür argumentiert, der Kategorie der Spezies keine besondere Stellung in der taxonomischen Hierarchie zuzuschreiben: »Species are not special«[442]. Sie würden auf gleiche Weise wie andere Taxa identifiziert und sollten daher auch in gleicher Weise mit einem uninomialen Wort benannt werden. Weil diese umfassende Revision aber zumindest eine phasenweise Instabilität in der Benennung von Arten hätte, hat der Ansatz viele Kritiker.[443]

Artbildung

Das deutsche Wort ›Artbildung‹ findet sich vereinzelt seit dem zweiten Jahrzehnt des 19. Jahrhunderts. Bis in die 1860er Jahre ist die Bedeutung des Ausdrucks aber noch nicht auf den biologischen Prozess der Entstehung von Arten festgelegt. Das Wort erscheint anfangs entweder in nicht ganz klarer Bedeutung (Nitzsch 1818: »dass bei parasitischen Insektengattungen eine freiere Artbildung herrsche oder angenommen werden müsse«[444]), noch nicht im engeren biologischen Zusammenhang (Weinholtz 1843[445]; Steinhart 1852: »Artbildung oder […] Schöpfung des Einzelnen nach Gattungen und Arten [bei dem spätantiken Philosophen Proklos]«[446]) oder im biologischen Kontext einfach noch nicht im Sinne des Prozesses der Entstehung neuer Arten (Nees von Esenbeck 1833[447]; Müller 1853[448]; Meyer1855[449]). In der später dominanten Bedeutung zur Bezeichnung der phylogenetischen Entstehung neuer Arten ausgehend von bestehenden erscheint das Wort seit den 1860er Jahren (R. Wagner 1862: »physiologische Artbildung«[450]; Meyer 1866: »ob diese Variabilität, angewandt auf die Artbildung, eine feste Begrenzung findet«[451]). Zu einem einschlägigen Terminus wird der Ausdruck aber erst mit den Arbeiten A. Weismanns seit Ende der 1860er Jahre (1868: »Ueber den Einfluss der Wanderung und räumlichen Isolirung auf die Artbildung«[452]) und später bei M. Wagner (1875: »Der Naturprocess der Artbildung«) und L. Plate (1900)[453].

Der äquivalente Fachterminus ***Speziation*** findet seit Beginn des 20. Jahrhunderts Verwendung und wird als Entstehung von Arten durch Teilung definiert (Cook 1906: »the origination or multiplication of species by subdivision«[454]; vgl. auch Hallier 1865 »Darwin's Lehre und die Specification«[455]). Im Deutschen ist im 20. Jahrhundert neben den Ausdrücken ›Artbildung‹ und ›Speziation‹ auch der Begriff ›Artentstehung‹ verbreitet.[456] Im Allgemeinen wird unter einer Artbildung der Prozess verstanden, in dem eine neue biologische Art entsteht, d.h. in dem Organismen gebildet werden, die zu einer anderen Art gehören als ihre Vorfahren.

Der Doktrin der Konstanz der Arten entsprechend, wird eine Artbildung in der Natur bis zum Beginn des 19. Jahrhunderts meist abgelehnt. Trotzdem finden sich in diese Richtung gehende Überlegungen schon vorher (↑Phylogenese). So erwägt Maupertuis 1751 die Entstehung einer neuen Art (»nouvelle espece«) durch die zufällige Variation bestehender Arten (↑Selektion).[457] Und Buffon entwickelt wenig später ein ähnliches dynamisches Verständnis der organischen Natur, wenn er von den »Bewegungen« oder dem »Marsch der Natur« (»la marche de la Nature«) spricht[458] und meint, *neue Arten* (»espèces nouvelles«[459]) oder neue Familien könnten im Laufe der Zeit gebildet worden sein (»produites par le temps«[460]), insbesondere – und das bringt die Begrenztheit seiner Evolutionstheorie zum Ausdruck – durch Degenerationen bestehender Familien. Buffon verwendet hier auch bereits den späteren Terminus ›Artbildung‹ (»production d'une espèce«[461]; bei Geoffroy Saint-Hilaire 1822 »génération des espèces«[462]).

Eine qualitative Beschreibung, wie sich die Bildung von Arten in der Natur vollziehen kann, gibt L. von Buch 1825: »Die Individuen der Gattungen auf Continenten breiten sich aus, entfernen sich weit, bilden durch Verschiedenheit der Standörter, Nahrung und Boden Varietäten, welche, in ihrer Entfernung nie von andern Varietäten gekreuzt und dadurch zum Haupttypus zurückgebracht, endlich constant und zur eigenen Art werden«[463].

Mit Darwin hat sich unter Biologen die Formulierung fester etabliert, biologische Arten seien nicht unveränderlich, sie würden vielmehr im Laufe ihrer Geschichte Modifikationen unterliegen und eine Transformation durchmachen und stünden daher in einem Verhältnis der Deszendenz zueinander.[464] Darwin spricht zwar von einer Produktion neuer Arten (»production of new species through natural selection«[465]), die kurze Formel ›Artbildung‹ (»speciation«) verwendet er dagegen noch nicht.

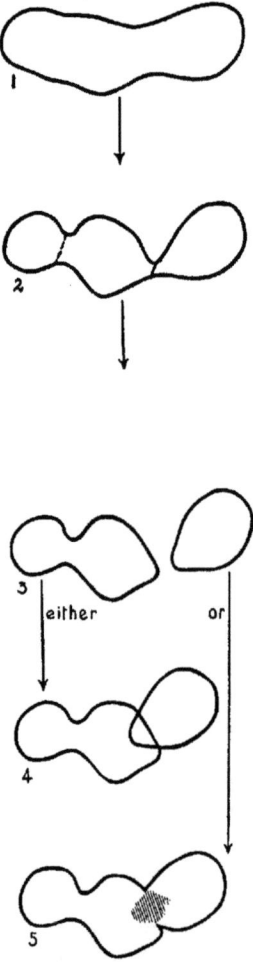

Abb. 20. Schema der Artbildung durch geografische Separation und Isolation von Populationen. Stufe 1: Das von den Organismen einer Art besiedelte zusammenhänge geografische Areal. 2: Durch Differenzierung in Unterarten hat sich das Areal in Regionen geteilt, zwischen denen ein nur geringer genetischer Austausch erfolgt. 3: Die Individuen verschiedener Regionen sind genetisch vollständig gegeneinander isoliert (z.B. aufgrund geographischer Barrieren). 4: Nach Expansion des von den Individuen verschiedener Regionen besiedelten Bereichs kommt es trotz geographischer Überlappung der Regionen zu keiner Kreuzung der Individuen: Durch biologische Kreuzungsbarrieren sind zwei biologisch getrennte Arten entstanden. 5: Die Unvollständigkeit der biologischen Barrieren führt zur Ausbildung einer Hybridzone im Überlappungsbereich der beiden Unterarten (aus Mayr, E. (1942). Systematics and the Origin of Species: 160).

Formen der Artbildung

Nach geografischen Kriterien werden seit Mayr (1942) zwei Formen der Artbildung voneinander unterschieden, die sympatrische und die allopatrische Artbildung. Die Gegenüberstellung beruht auf der Frage, ob die Populationen der beiden Arten ein gemeinsames Areal besiedeln oder nicht (vgl. Abb. 20): »Two forms or species are sympatric, if they occur together, that is if their areas of distribution overlap or coincide. Two forms (or species) are allopatric, if they do not occur together, that is if they exclude each other geographically«[466]. Der Ausdruck *sympatrisch* (»sympatric«) und das dazugehörige Substantiv *Sympatrie* (»sympatry«) werden von Poulton 1903 geprägt.[467] Mayr bildet parallel dazu die Form *allopatrisch* (Poulton wählt als Gegenbegriff den Ausdruck *Asympatrie*, der sich aber nicht durchsetzt). Als eine dritte Form des Musters des geografischen Vorkommens von Arten wird später die Kategorie der *parapatrischen* (»parapatric«[468]) Artbildung oder *Parapatrie* (»parapatry«) eingeführt. Für E. Mayr sind solche sehr ähnlichen Arten parapatrisch, zwischen denen zwar Isolationsmechanismen vorliegen, die sich also nicht kreuzen, deren Verbreitungsgebiet sich aber dennoch nicht überlappt. Die parapatrischen Arten schließen vielmehr in ihrer Verbreitung unmittelbar aneinander an und werden als Ergebnis der sekundären Ausbreitung von ursprünglich isolierten Arten interpretiert.[469] Eine vierte Form der Artbildung folgt dem von Mayr beschriebenen Muster des Gründerprinzips: Wenige Individuen an der Peripherie des Verbreitungsgebiets der Art begründen eine neue Art. Mayr nennt diese Form der Artbildung 1982 *peripatrische* Speziation.[470] Daneben können noch andere Formen der Artbildung unterschieden werden: M.J.D. White spricht 1968 von der *stasipatrischen* Artbildung, wenn sich ein zytogenetischer Isolationsmechanismus (z.B. eine Chromosomenumbildung) über eine bestehende Population ausbreitet.[471] Im Gegensatz zur allopatrischen Artbildung erfolgt hier keine räumliche Trennung der entstehenden Arten, sondern eine innere Differenzierung einer bestehenden Art.

Über die Bedeutung der allopatrischen Artbildung für die Evolution besteht wenig Zweifel; in welchem Ausmaß aber daneben auch sympatrische Artbildungen erfolgen (z.B. durch disruptive Selektion oder aufgrund genetischer Barrieren wie Polyploidie), ist bis in die Gegenwart umstritten.[472] Darwin hält die sympatrische Artbildung für einen verbreiteten Mechanismus (»I do not doubt that over the world far more species have been produced in continuous than in isolated areas«[473]) und gerät darüber in eine Auseinandersetzung mit M. Wagner, in der Darwin aber nicht auf empirische Belege verweisen kann[474] (↑Evolution/Isolation). Im 20. Jahrhundert wird die

Rolle der sympatrischen Speziation besonders unter dem Einfluss der Arbeiten von Mayr meist als gering eingeschätzt.[475] Dass sympatrische Artbildung überhaupt vorkommt, kann anhand der Evolution von Fischen in mittelamerikanischen Seen zumindest sehr wahrscheinlich gemacht werden.[476]

Ontologie der Artbildung
Vielfach ungeklärt bleibt, an welcher Entität sich eigentlich der Prozess der Artbildung vollzieht. Viele Autoren meinen, dies seien die Populationen oder Abstammungslinien. Denn die Bildung von Arten bewege sich in zeitlichen Dimensionen, die über das Leben eines einzelnen Organismus hinausgehen. Andererseits wird aber dafür argumentiert, dass es die Organismen sind, an denen sich eine Artbildung vollzieht, weil es Eigenschaften der Organismen sind, über die die Arten definiert sind.[477] Im Zuge der Bildung von Arten muss sich aber kein einzelner Organismus wandeln, weil sich die Entstehung einer neuen Art gerade an der Grenze der Generationen vollzieht (s.u.). Unter Voraussetzung des Verständnisses von Arten als Klassen kann die Rede von der Entstehung einer Art übersetzt werden in die Aussage, eine Menge enthalte Elemente, die vorher keine hatte. Die Art als biologischer Klassenbegriff ist dabei vom Begriff des Stammes klar abgegrenzt, wie schon R. Kroner 1913 bemerkt: »Die Klasse [...] hat zeitlose systematische Geltung, sie bleibt dieselbe, ob viel, ob wenig Exemplare unter ihren Begriff fallen, oder ob der Stamm gänzlich ausstirbt; ihre Begriffsmerkmale sind konstant, sie können nicht geändert werden, ohne daß der Begriff seine Geltung verliert«.[478]

Artumwandlung
Der Ausdruck ›Artumwandlung‹ erscheint zuerst in der Form ›Artenumwandlung‹ Mitte des 19. Jahrhunderts (Mousson 1849: »die geologisch so wichtige Frage der Artenumwandlung«[479]; Anonymus 1850: »Artumwandlung«[480]). Er verbreitet sich erst in den 1920er Jahren und wird bis in die Gegenwart verwendet.[481]

Der alte Ausdruck, mit dem eine Umwandlung der Arten auf den Begriff gebracht wird, lautet *Transmutation* (»transmutatio«; ↑Mutation). Er wird u.a. 1557 von J.C. Scaliger (↑Phylogenese) und 1627 von F. Bacon in Bezug auf Lebewesen verwendet.[482] Lamarck gebraucht den Ausdruck ›Transformation‹ und bezieht diesen (zumindest an exponierter Stelle) auf die Individuen, nicht die Arten: »ces individus, qui appartenoient originairement à une espèce, se trouvent à la fin transformés en une espèce nouvelle, dis-

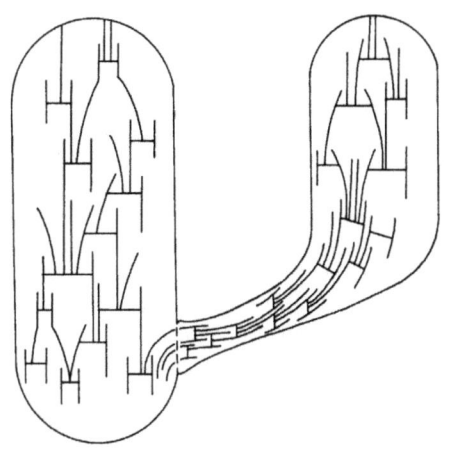

Abb. 21. Schema der Artbildung bei sexuell sich fortpflanzenden Organismen: Die vertikalen Linien repräsentieren einzelne Individuen, die horizontalen Linien ihre sexuelle Verbindung, aus der neue Individuen hervorgehen. Im Bereich der Artaufspaltung sind die vertikalen Linien zu horizontalen gebogen, um die ausgeprägte morphologische Transformation zum Ausdruck zu bringen (Ausschnitt aus Eldredge, N. & Cracraft, J. (1980). Phylogenetic Patterns and the Evolutionary Proces: 91).

tincte de l'autre«[483]. Nach dieser Passage bei Lamarck *entstehen* also neue Arten, ohne dass diese sich selbst verändern; der Wandel betrifft allein die Organismen. An anderer Stelle lehnt Lamarck die Vorstellung von *konstanten Arten* (»espèces constantes«[484]) in der Natur aber ausdrücklich ab.

Nach einer bis in die Gegenwart vielfach vertretenen wissenschaftshistorischen These wird eine Artumwandlung bis zur Entwicklung der phylogenetischen Theorien im 19. Jahrhundert ausdrücklich abgelehnt. Tatsächlich äußern sich die meisten älteren Autoren dazu aber nicht explizit. Viele ältere Theorien erscheinen zumindest vereinbar mit der Annahme der Entstehung neuer Arten in der Evolution (↑Phylogenese). Der Ursprung der Vorstellung von Arten als ewige und unveränderliche Einheiten (»Fixismus«) liegt nach der Auffassung der meisten jüngeren Wissenschaftshistoriker im präformistischen Denken des späten 17. Jahrhunderts, u.a. bei J. Ray.[485] Doktrinäre Gestalt gewinnt der Fixismus aber erst als Reaktion auf den Darwinismus im späten 19. Jahrhundert und nicht schon in den Theorien, die Darwin vorausgehen.[486]

Im Anschluss an Lamarck und diverse Vorläufer im 18. Jahrhundert (↑Phylogenese) setzt sich in der ersten Hälfte des 19. Jahrhunderts die Überzeugung von einer langen Geschichte der Erde durch. Eine

Reihe von Biologen (darunter viele Botaniker) sind der Auffassung, es komme im Verlaufe dieser Geschichte auch zur Umwandlung von Arten.[487] Der Ausdruck hat viele ähnlichlautende Vorläufer und Varianten, z.B. *Umwandlung der Arten* (Anonymus 1843; Schaaffhausen 1853)[488], *Artveränderlichkeit* (von Nägeli 1865)[489], *Artumbildung* (Seidlitz 1878-79)[490] und *Artwandlung* (Przibram 1910)[491]. Deutlich heißt es auch bei F. Unger 1852, »eine Pflanzenart muß aus der andern hervorgehen«.[492] Unger definiert eine Art als »Inbegriff sämmtlicher durch Zeugung unter einander verbundener Individuen« und meint, eine Art habe »einen Anfangspunct, ein Acme und ein Ende«.[493] H. Schaaffhausen weist 1853 darauf hin, dass Artumwandlungen in der Natur häufig sein können, auch wenn wir sie nicht beobachten: »Man darf die Umwandlung von Arten nicht deshalb leugnen, weil uns recht auffallende Beispiele derselben fehlen«, denn es lasse sich nur wenig schließen aus »der kurzen Zeit unserer Beobachtungen«[494].

C. Darwin beginnt sein erstes Notizbuch über die Artumwandlung im Juli 1837 und spricht dort gelegentlich von ›Transmutation‹ (»transmutation«).[495] Auch in seinem Hauptwerk verwendet Darwin, wenn auch selten und erst ab der vierten Auflage von 1866, die Formulierung *Transformation der Arten* (»transformation of species«[496]; in den Notizbüchern und seit 1859 auch »transmutation of species«[497]). H. Spencer bezeichnet die Annahme eines Artenwandels (»transmutation of species«) 1852 als die Theorie der Evolution (»Theory of Evolution«).[498] Im 20. Jahrhundert entwickelt sich diese Auffassung des Wandels von Arten als dem Kerngedanken der Evolutionstheorie zu einer festen Formel. Bei J.S. Huxley heißt es 1912: »If Evolution has taken place, then species are no more constant or permanent than individuals«[499]. In der Evolution werden die Arten nach Huxley instabil (»the species becomes unstable«) und neue Arten entstehen.

Allein vor dem Hintergrund des Artbegriffs in seiner Verwendung im Kontext der Systematik werden Zweifel an dieser Rede geäußert. O. Hertwig fragt 1916: »Wie würde sich überhaupt eine Systembildung durchführen lassen, wenn die Repräsentanten einer Art nicht unter einen einheitlichen Begriff, aus dem sich die systematische Artkonstanz ergibt, gebracht werden können?«[500] Arten, wie sie in der Systematik beschrieben werden, sind danach also als konstant anzusehen – ohne dass damit die langfristige Veränderung von Organismen im Laufe der Evolution bestritten wird (s.u.).

N. Hartmann formuliert 1950 etwas paradox: »Die Artumbildung ist der Modus der Lebenserhaltung im Leben der Arten«.[501] Das »Leben« erhält sich also über den Artenwandel hinweg, und die Artumwandlung wird als zweckmäßiges Mittel für die Erhaltung des Lebens gedeutet: Die Labilität der Arten ermöglicht eine flexible Anpassung der Organismen an eine sich verändernde Umwelt.[502]

Heute bezeichnet der Prozess der Artumwandlung vor allem die Veränderung von Organismen in zeitlich aufeinander folgenden Populationen, die zu verschiedenen Arten gezählt werden, ohne dass die Organismen der getrennten Arten gleichzeitig nebeneinander bestehen (Transformation ohne Diversifikation).[503] In diesem Sinne entspricht der Begriff dem Ausdruck *Artabwandlung*, den R. Kaufmann 1933 einführt (Artumwandlung ohne Aufspaltung) und von der umfassenderen *Artumbildung* abgrenzt.[504] Es kann allerdings mit guten Gründen bestritten werden (s.o.), dass morphologisch verschiedene Organismen, die Teil einer Abstammungslinie sind und zu verschiedenen Zeiten leben, die aber nicht durch Speziationsereignisse im Sinne der Bildung von Reproduktionsbarrieren getrennt sind, zu verschiedenen Arten gerechnet werden sollten. Denn durch rein morphologisch-physiologische Umwandlung ohne Reproduktionsbarrieren entstehen keine neuen Biospezies.[505] Eine Artumwandlung schließt demzufolge keine Artentstehung ein; dies ist nur bei der Artaufspaltung (Speziation) der Fall: »Es entsteht also niemals eine Art für sich allein, sondern stets ein Artenpaar« (Willmann 1985)[506].

Semantische Schwierigkeiten
Semantisch interessant ist das Wort ›Artumwandlung‹, weil die langfristige Veränderung des Lebens auf der Erde gerade ohne eine Artumwandlung, ja selbst ohne eine Wandlung von Organismen stattgefunden haben kann. Die Arten wandeln sich streng genommen nicht, ja die Konstanz der Arten ist die Voraussetzung dafür, dass überhaupt von einer Evolution gesprochen werden kann, weil die Arten die Referenzpunkte für die Feststellung einer Veränderung bilden. In den letzten Jahren weisen M. Mahner und M. Bunge auf diesen Punkt hin: »the very concept of evolution presupposes the concept of species as (natural or, at least, biological) kinds […] and such kinds are constructs, hence neither mutable nor immutable«.[507] Mahner begründet 1998 in einem Aufsatz die These, dass »es Evolution nur dann gibt, wenn Arten nicht evolvieren« damit, dass Arten seiner Meinung nach als Klassen von Gegenständen zu verstehen seien und dass »nur materielle Gegenstände evolvieren können, aber nicht Klassen, die ja abstrakte Objekte sind«.[508] M. Weingarten äußert sich

bereits 1993 ähnlich: »Arten, die über die *Gleichheit oder Identität von Merkmalen* definiert werden, können aus logischen Gründen nicht als veränderlich verstanden werden: würde Veränderlichkeit der artkonstituierenden Merkmale zugelassen, dann hätte man es nicht mehr mit diskreten Einheiten zu tun, sondern mit einem Kontinuum einzelner jeweils leicht verschiedener Individuen«.[509]

Was ist die Einheit der Evolution?
Zu der Frage, welche Entität es ist, die sich im Laufe der Evolution verändert, gibt es verschiedene Auffassungen. Verbreitet ist es, den *Organismus* als die Einheit der Evolution anzusehen. Gegen diese Auffassung kann aber darauf verwiesen werden, dass sich nach der Selektionstheorie in einem Evolutionsprozess kein einziger einzelner Organismus verändern muss. Der Transformationsschritt, der einen Organismus zu einem neuartigen Organismus macht, fällt nicht in die Lebensspanne eines einzelnen Organismus, sondern steht am Anfang des Lebens eines Organismus und liegt damit genau zwischen den Generationen. Die Evolution besteht also nicht in der Veränderung einzelner Organismen, sondern in der Entstehung von Organismen, die in eine andere Klasse fallen als ihre Vorfahren. Daraus könnte geschlossen werden, dass es offenbar kennzeichnend für die Transformationen in der Evolution ist, dass sie nicht in Änderungen einzelner Entitäten, sondern in der Entstehung von neuen Entitäten bestehen, die zu anderen Arten als ihre Vorfahren gehören.

Andere Autoren, wie M. Bunge, sind der Meinung, die *Population*, sei die Einheit der Evolution.[510] Aber zumindest für den Prozess der transspezifischen Evolution gilt dies sicher nicht. Denn in einem Evolutionsschritt, der eine Artbildung einschließt, entsteht definitionsgemäß eine neue Population aufgrund der auftretenden Kreuzungsbarriere.

Um Prozesse der Artbildung zu beschreiben, kann entweder eine vierdimensionale Entität als ›Stammbaum‹ oder ›genealogisches Netzwerk‹ bestimmt werden (↑Phylogenese) – dann aber sind der Stammbaum und das Netzwerk nicht selbst wieder die Entitäten, die einem zeitlichen Wandel unterliegen (weil sie bereits zeitlich dimensioniert sind) – oder es wird ein neuer Terminus für den Kontinuanten eingeführt, der sich über einen Prozess der Artbildung hinweg als derselbe erhält – analog zu einem Organismus, der sich über seine Formveränderungen (in einer Metamorphose) hinweg als derselbe erhält. Ein solcher Terminus könnte *Metadem* sein (↑Individuum). Ein Metadem wäre dann zu bestimmen als eine Gruppe von genealogisch miteinander verbundenen Organis-

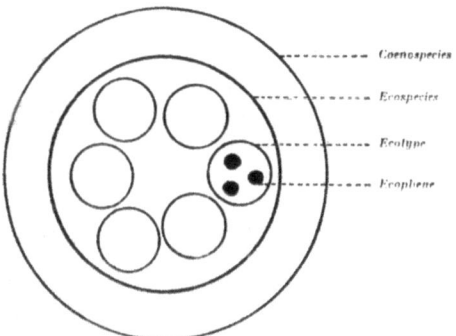

Abb. 22. Typen unterhalb der Ebene der Art. Die Erscheinungsform eines einzelnen Organismus in einer bestimmten Umwelt ist sein »Ökophän« (»Ecophene«: symbolisiert als schwarzer Punkt). Mehrere Ökophäne können zu einem habitattypischen »Ökotyp« (»Ecotype«) zusammengefasst werden. Alle Ökotypen aus den verschiedenen Biotopen, wie sie in der Natur vorkommen, bilden zusammen die »Ökospezies« (»Ecospecies«). Das gesamte Potenzial eines Genotyps einschließlich seiner nicht in der Natur vorkommenden Formen kann schließlich »Zönospezies« (»Coenospecies«) genannt werden (aus Turesson, G. (1922). The genotypical response of the plant species to the habitat. Hereditas 3, 211-350: 344).

men, die sich im Laufe der Evolution in ihrer Zusammensetzung verändern, insofern sie aufgrund von Prozessen der Artbildung sukzessive Organismen verschiedener Arten umfasst, die aber trotz dieser Änderungen die gleiche bleibt, d.h. als ein bestimmter individueller Kontinuant bestehen bleibt. Nicht die Arten und nicht die Populationen und auch nicht die Organismen, sondern die Metademe sind danach also die Entitäten, die sich im Laufe der Evolution verändern und die in diesem Sinne die Einheiten der Evolution bilden. Jede monophyletische Gruppe (Monophylon) ist somit, als Individuum verstanden, ein Metadem. Und nicht »Artumwandlung«, sondern *Metademwandel* ist der Prozess, der die Evolution charakterisiert.

Aufgrund der genealogischen Verbundenheit aller Lebewesen bilden diese zusammen ein Metadem. Die Summe aller Lebewesen auf der Erde (»das Leben«; ↑Leben) kann damit auch als die Einheit der Evolution angesehen werden: Evolution besteht darin, dass sich das Leben auf der Erde im Laufe seiner Geschichte in der Weise verändert, dass Formen des Lebens entstehen, die in getrennte Arten geordnet werden können – dabei müssen sich aber weder die einzelnen Organismen noch die Populationen oder Arten ändern.

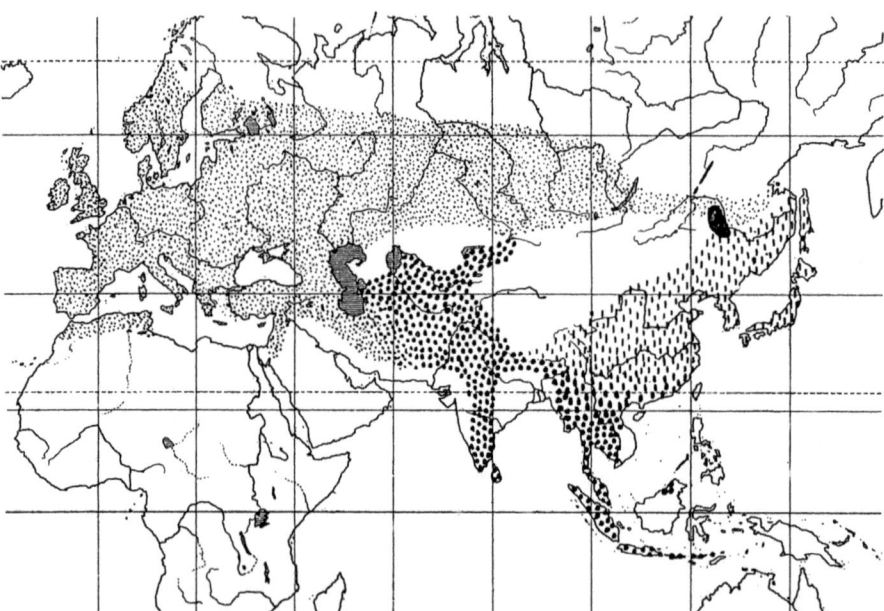

Abb. 23. »Verbreitungsgebiet des Rassenkreises Parus major (etwas schematisiert)«. Die verschiedenen Punktierungen stehen für das Verbreitungsgebiet der unterschiedlichen Unterarten der Kohlmeise. Unterschieden werden drei »Rassengruppen«: die europäische, grünrückige major-*Gruppe (fein punktiert), die die südostasiatische, graue* bokharensis-*Gruppe (grob punktiert) sowie die chinesische und japanische, gelbnackige* minor-*Gruppe (gestrichelt). In den Übergangsgebieten in Iran, dem nördlichen Hinterindien und Südchina bestehen die Rassen ohne Kreuzungen nebeneinander (aus Rensch, B. (1933). Zoologische Systematik und Artbildungsproblem. Zool. Anz. (Suppl.) 6, 19-83: 32).*

Rasse

Das Wort ›Rasse‹ hat eine ungeklärte Etymologie. Es geht wahrscheinlich auf das altitalienische (ursprünglich maskuline) ›l'arraz‹ »Rasse« zurück, das wiederum von dem französischen ›haraz‹ (›haras‹) mit der Bedeutung »Gruppe von Hengsten und Stuten, die zur Zucht gehalten werden« abstammt.[511] Auch eine Ableitung von dem lateinischen ›ratio‹[512] oder aus dem Arabischen (arab. ›ras‹ »Kopf, Stück«) wird vorgeschlagen. Das Wort ist seit dem 14. Jahrhundert im Spanischen und Italienischen (»razza«) und seit dem frühen 16. Jahrhundert im Französischen (»race«) mit der Bedeutung »Geschlecht, Abstammung« verbreitet. Seit dem späten 18. Jahrhundert bildet es eine Kategorie zur taxonomischen Klassifikation von Organismen unterhalb der Ebene der Art – mit politisch fatalen Konsequenzen in der Anwendung auf den Menschen.[513]

Zentral für den Rassebegriff – insbesondere in seinem späteren Bezug auf den Menschen – ist der Ansatz der »Rückführung von kulturellen Eigenschaften auf die Natur« (Nirenberg 2003)[514], d.h. der »Biologisierung von sozialen Distinktionen« (Becker 2005)[515]. Die Unterschiede in den äußeren Eigenschaften und Verhaltensgewohnheiten von Individuen einer Art werden aus einer genealogisch-reproduktionsbiologischen Perspektive gedeutet und erklärt.

Die Etablierung von ›Rasse‹ als dominante Kategorie zur Klassifikation von Menschen nach der Hautfarbe – d.h. nach einem erblichen, rein körperlichen Merkmal, das einer individuellen Entscheidung und Verfügung entzogen ist – vollzieht sich erst in der Neuzeit; vorher sind es zahlreiche andere Merkmale, die in der Beschreibung von Menschen im Vordergrund stehen, z.B. seine Glaubenszugehörigkeit oder seine soziale Stellung.[516] Auch ›Rasse‹ ist im Spanien des 14. und 15. Jahrhunderts in erster Linie eine Kategorie zur Unterscheidung von Menschen unterschiedlicher Religionszugehörigkeit und steht im Kontext der kulturellen Ausgrenzung von Muslimen und Juden.[517] Der Ausdruck wird dabei bereits zu Beginn des 15. Jahrhunderts verwendet, um aus der Abstammung begründete Mängel zu bezeichnen; er weist also früh eine abwertende Konnotation auf.[518] Neben dieser abwertenden Bedeutung wird er aber auch neutral verwendet und mit einem in die eine oder andere Richtung weisenden wertenden

Adjektiv versehen (Martínez de Toledo 1438: »buena rraça« und »vil rraça«[519]).

Spätestens seit den 1430er Jahren wird das Wort auf die Abstammungslinien von gezüchteten Haustieren, anfangs v.a. von Pferden, bezogen (bei Manuel Dies: »bona raça o casta de cavalls«[520]). Auffallend ist, dass bereits im Spanien des 15. Jahrhunderts der Ausdruck ›Rasse‹ in Bezug auf Tiere als Qualitätsmerkmal verwendet wird (vgl. ›bona raça‹, ›reinrassig‹); in Bezug auf den Menschen aber als Abwertung erscheint: So heißt es in einem spanischen Wörterbuch aus dem Jahr 1611 ausdrücklich, dass ›Rasse‹ bei menschlicher Abstammung negativ gemeint sei, z.B. bei den Rassen der Mauren oder Juden (»Raza en los linages se toma en mala parte, como tener aguna raza de moro o judío[521]).

Ende des 17. Jahrhunderts etabliert sich die heutige Bedeutung »Unterabteilung einer Art«, besonders des Menschen.[522] In einer wissenschaftlichen Abhandlung zur Typisierung des Menschen verwendet zuerst F. Bernier 1684 den Ausdruck und verbindet ihn mit geografischen Verbreitungsschwerpunkten der unterschiedenen Typen.[523] Im 18. Jahrhundert ist dies die herrschende Bedeutung.[524] Für die Einteilung des Menschen in Rassen wird die Gliederung C. von Linnés grundlegend; Linné spricht in diesem Zusammenhang allerdings nicht von ›Rassen‹, sondern von ›Varietäten‹

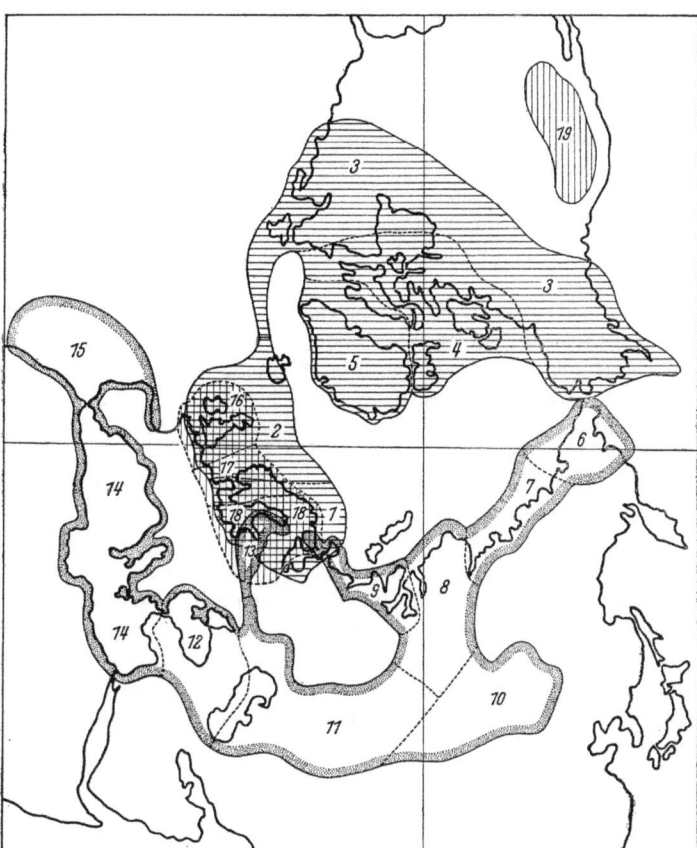

Abb. 24. *»Schematische Verbreitungskarte der Unterarten des Formenkreises* Larus argentatus-cachinnans-fuscus«. *Der Kartenausschnitt zeigt die zirkumpolare Region um den Nordpol; jede Zahl steht für eine Möwenunterart. Die 19 unterschiedenen Unterarten werden drei Arten zugeordnet, der Silbermöwe (*Larus argentatus *Pontopp.: Nr. 1-5), der Steppenmöwe (*Larus cachinnans *Pall.: Nr. 6-15) und der Heringsmöwe (*Larus fuscus *L.: Nr. 16-19). Die Unterarten dieser Arten sind durch Überschneidungen im Verbreitungsgebiet und Bastardbildungen miteinander verbunden. Die beiden im baltischen Raum nebeneinander bestehenden Formen, die Silbermöwe (*Larus argentatus*) und Heringsmöwe (*Larus fuscus*) kreuzen sich bis zur Mitte des 20. Jahrhunderts nicht miteinander. Seitdem bildeten sich jedoch Bastardpopulationen zwischen den ökologisch einander nahestehenden L.* argentatus *und L.* cachinnans, *nicht aber zwischen L.* argentatus *und L.* fuscus. *Durch den Genfluss, der über die anderen Unterarten vermittelt ist, sind aber auch sie keine genetisch getrennten Populationen und müssen zu derselben Art gerechnet werden (aus Stresemann, E. & Timoféeff-Ressovsky, N.V. (1947). Artentstehung in geographischen Formenkreisen, I. Der Formenkreis* Larus argentatus-cachinnans-fuscus. *Biol. Zentralbl. 66, 57-76: 59).*

(s.u.). Bereits in der ersten Auflage seines ›Systema naturae‹ (1735) nimmt Linné eine Vierteilung der menschlichen Art vor, in der zehnten Auflage dieses Werks von 1758 stellt Linné neben den *Homo sapiens* eine andere Menschenart, den *Homo troglodytes* (*H. nocturnus*), einen behaarten Menschen ferner Länder, den Linné nach vagen Reisebeschreibungen konstruiert (↑Mensch). Die Vierteilung der menschlichen Art in eine europäische, amerikanische, asiatische und afrikanische Varietät folgt bei Linné klar geografischen Kriterien.[525] Diese Klassifikation wird von Linné korreliert mit der Hautfarbe, Charaktertypen und dem Körperbau.[526] Dass dabei die Hautfarbe eine so prominente Rolle spielt, ist im Rahmen der Naturgeschichte des 18. Jahrhunderts verwunderlich, denn die Farbe gilt allgemein als ein für Klassifikationszwecke unzuverlässiges, weil variables und nicht leicht zu objektivierendes Merkmal.[527]

Buffon definiert eine Rasse 1778 als eine »konstante Varietät«, d.h. eine Variation, die vererbt wird: »Les races dans chaque espèce d'animal ne sont que des variétés constantes qui se perpétuent par la génération«.[528] In dieser Bedeutung wird das Wort in der zweiten Jahrhunderthälfte auch ins Deutsche übernommen – und zwar als einem der ersten 1775 von I. Kant.[529]

Kant definiert eine Rasse als Gruppe von Organismen eines »gemeinschaftlichen Stammes«, die über »erbliche Charaktere« einander ähneln und von anderen Organismen des gleichen Stammes unterschieden sind: »Der Begriff einer Race ist also: der Klassenunterschied der Thiere eines und desselben Stammes, so fern er unausbleiblich erblich ist«[530]. Später bestimmt Kant eine Rasse als eine »Abartung« und grenzt sie ab von der »Ausartung« (Degeneration).[531] Er stellt hier auch die Rasse der *Varietät* (s.u.) gegenüber: Während eine Eigenschaft einer Rasse vererbt wird, eine »unausbleibliche erbliche Eigenthümlichkeit« ist, wie Kant sagt, ist eine Varietät nicht immer erblich, für sie gilt, dass sie »sich nicht unausbleiblich fortpflanzt« und daher auch für klassifikatorische Zwecke ungeeignet ist[532].

Die Unterscheidung von Rasse und Varietät wird später von J.F. Blumenbach übernommen. Er definiert sie zusammenfassend wie folgt: »Rassen und Spielarten (varietates) sind diejenigen Abweichungen der ursprünglichen specifiken Gestaltung der einzelnen Gattungen organisirter Körper, so diese durch die allmähliche Ausartung Degeneration erlitten haben«[533]. Neben diesen Bestimmungen besteht im 18. Jahrhundert eine Vielzahl anderer Definitionen für das Konzept einer Rasse.[534] In der Unterscheidung von vier Rassen des Menschen folgt Blumenbach 1775 Linné; später propagiert er dagegen eine Fünfteilung (↑Mensch). Ausgeprägter als Linné verbindet Blumenbach mit der Einteilung eine klare Wertung und Hierarchie mit der europäischen Rasse an der Spitze.[535]

Im 19. Jahrhundert wird von verschiedener Seite eingeräumt, dass eine eindeutige Definition des Rassenbegriffs nicht gegeben werden kann. E. Haeckel unterscheidet nach dem »Grade der Constanz der wesentlichen Differentialcharaktere« zwischen Varietät, Rasse und Subspezies und meint, die Varietät habe »den höchsten, die Rasse den mittleren, die Subspecies den niedersten Grad der Veränderlichkeit«.[536]

Besonders im allgemeinen Sprachgebrauch werden auch höhere taxonomische Kategorien, besonders Arten, als ›Rassen‹ bezeichnet. So wird im Englischen bereits seit Ende des 16. Jahrhunderts die Formulierung ›die menschliche Rasse‹ (»the human race«) (im Singular) verwendet[537]; im Deutschen erscheint diese Formel erst seit der zweiten Hälfte des 19. Jahrhunderts häufiger (Bastian 1860: »die menschliche Race«)[538].

Geografische, biologische und ökologische Rassen
Verbreitung innerhalb der Biologie findet seit Mitte des 19. Jahrhunderts die Vorstellung von **geografischen Rassen**. In Versuchen, v.a. an Pflanzen, wird festgestellt, dass die lokalen Unterschiede zwischen Pflanzen verschiedener Standorte zumindest teilweise unabhängig von Klima und Boden sind und vererbt werden.[539] Der Sache nach handeln bereits Linné, Buffon, Blumenbach, Pallas, von Buch und Gloger davon.[540] Der Ausdruck erscheint aber erst in den 1850er Jahren, zuerst im Französischen, weitgehend in der Bedeutung von »Art« (Bonaparte 1850: »Le genre *Pica* dans son acception la plus restreinte contient encore une dizaine d'espèces ou races géographiques et constantes«[541]; Blasius 1857: »ein nicht scharf zu trennendes Schema einer örtlichen oder geographischen Rasse [von Nagetieren]«[542]; Darwin 1859: »many of those birds and insects in North America and Europe, which differ very slightly from each other, have been ranked by one eminent naturalist as undoubted species, and by another as varieties, or, as they are often called, as geographical races«[543]).

B. Rensch definiert 1929: »Eine geographische Rasse ist ein Komplex von untereinander unbegrenzt fruchtbaren und morphologisch gleichen oder nur im Rahmen der individuellen, ökologischen und jahreszeitlichen Variabilität verschiedenen Individuen, deren charakteristische Merkmale erblich sind und in deren Verbreitungsgebiet keine andere geografische Rasse des gleichen Rassenkreises lebt. Eine geographische Rasse geht gleitend in die Nachbarrassen über oder sie ist von denselben durch so geringe morphologische Differenzen getrennt, daß eine unmittelbare stammesgeschichtliche Entstehung der Rassen auseinander angenommen werden kann«.[544]

Wie in diesem Zitat deutlich wird, spielt der Rassebegriff im 20. Jahrhundert eine wichtige Rolle in Diskussionen um die Entstehung von Arten. Es wird festgestellt, dass die Organismen verschiedener Rassen sich nicht notwendig morphologisch unterscheiden müssen, sondern allein verschiedene Umweltansprüche oder Verhalten haben können. Vielfach wird in diesem Zusammenhang von *physiologischen Rassen* (»physiological races«[545]) oder *biologischen Rassen* gesprochen[546].

Parallel dazu etabliert sich seit Ende des ersten Jahrzehnts des 20. Jahrhunderts der Ausdruck **ökologische Rassen**[547] (engl. »ecological races«: »there may be physiological or ecological races within a species, and such races would respond differently to their environment«[548]; Plate 1914: »physiologische und ökologische Rassen«[549]). D. Geyer benutzt ›ökologische Rasse‹ 1923 im Sinne von »Spielart«, »Varietät« oder »Standortsform«, deren Angehörige aufgrund ihrer »ökologischen Bedingtheit« von den typischen Vertretern der Art abweichen.[550] A. Remane stellt 1926 der »ökologischen Rasse« oder dem »Ökotypus« die »geographische Rasse« oder den »Geotypus« gegenüber; beide bilden in der Einteilung Remanes zwei Formen von *heterotopen Varietäten*, die er von den nicht räumlich getrennt vorkommenden *homotopen Varietäten* (Aberrationen und individuellen Varianten) abgrenzt.[551] Ebenso wie Remane unterscheidet auch Rensch 1929 zwischen geografischen und ökologischen Rassen: Ökologische Rassen liegen z.B. bei Schnecken vor, wenn

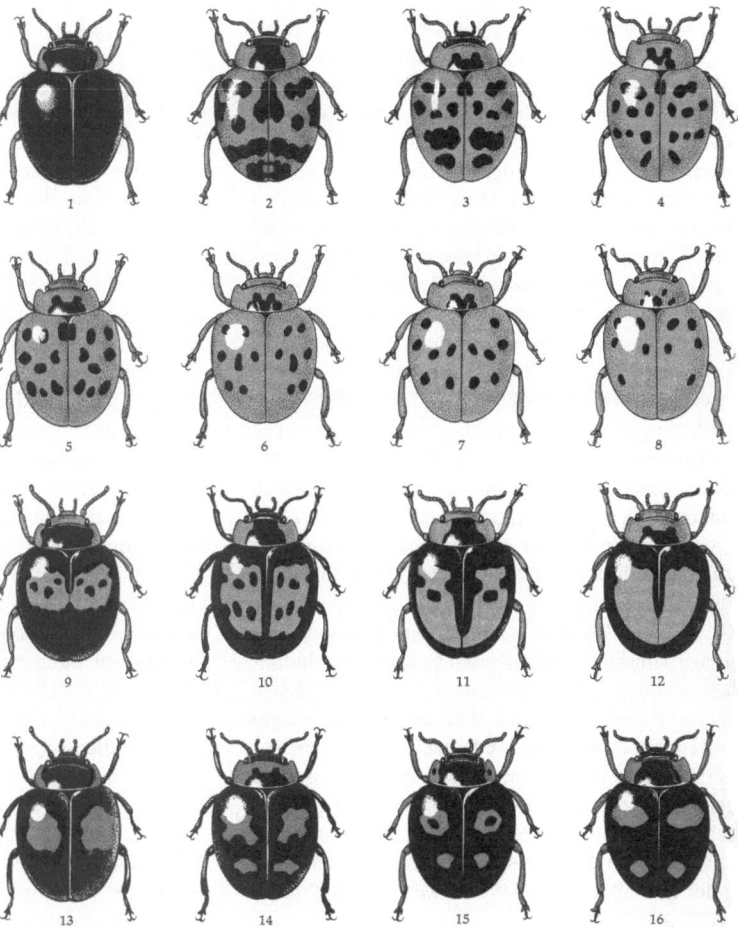

Abb. 25. *Innerartliche Variation der Färbung bei dem Marienkäfer* Harmonia axyridis. *Käfer dieser Art kommen in Sibirien, China, Korea und Japan vor. Im Westen des Verbreitungsgebiets dominiert die vollständig schwarze Form (1), weiter im Osten erscheint ein Phänotyp mit schwarzen Punkten auf gelbem Hintergrund (2-8), ganz im Osten herrschen dunkle Formen mit roten Punkten vor (13-16) (aus Ayala, F.J. & Kiger, J.A. (1980). Modern Genetics: 608; die Art wird seit den 1920er Jahren von T. Dobzhansky untersucht; vgl. Dobzhansky, T. (1924). Die geographische und individuelle Variabilität von* Harmonia axyridis *Pall. in ihren Wechselbeziehungen. Biol. Zentralbl. 44, 401-421: 405).*

diese in stark besonnten Gebieten stärkere Schalen aufweisen als an schattigen Orten. Auch die ökologischen Rassen haben nach Rensch eine genetische Grundlage, denn sie beruhen auf erblichen Anpassungen an die jeweiligen Umweltbedingungen. Rensch geht bis zur Mitte der 1930er Jahre sogar noch von einem lamarckistischen Mechanismus für die Entstehung von Rassen aus: Zur Erklärung der genauen Entsprechung von »Rassenareal« und »klimatischem Areal« reichten die Mechanismen der Mutation und Selektion nicht aus, und es sei die »Annahme einer direkten klimatischen Bewirkung« begründet.[552] Die direkte Wirkung der Umwelt stellt sich Rensch so vor, »daß die erblichen geographischen Rassen ursprünglich als Phaenovarietäten entstanden, welche durch die auf eine große Zahl von Generationen stets gleichsinnig wirkenden klimatischen Faktoren allmählich erbfest wurden«.[553]

Auf genetischer Grundlage definiert T. Dobzhansky Rassen 1937 als Populationen einer Art mit unterschiedlichem Genbestand (»Genetic Conception of a Race«: »a group of individuals which inhabits a certain territory and which is genetically different from other geographically limited groups«[554]; 1944: »Races are defined as populations differing in the incidence of certain genes, but actually exchanging or potentially able to exchange genes across whatever boundaries separate them«[555]). Dobzhansky betont dabei, dass Rassen weniger über das Vorkommen oder Fehlen bestimmter Gene abgegrenzt werden können als vielmehr über die *Häufigkeit* von Genen. Weil diese Häufigkeit aber in ständiger Veränderung begriffen sei, seien die Grenzen von Rassen im beständigen Fluss: »what is essential about races is not their state of being, but that of becoming«.[556] Die Abgrenzung von Rassen auf genetischer Ebene muss nach Dobzhansky keinen Audruck auf der Ebene phänotypischer Merkmalskomplexe finden: »The fundamental units of racial variability are populations and genes, not the complexes of characters which connote in the popular mind a racial distinction«.[557]

Mit dem Begriff der ökologischen Rasse ist die Differenzierung von ökologischen Typen innerhalb einer Art bestimmt, die zu einer Spaltung dieser Art, d.h. zu einer Artbildung führen kann. Die in ökologischer Hinsicht differenzierten Gruppen von Individuen werden auch als *Ökoisolate* mit verschiedenen *Ökogenotypen* bezeichnet und als Anfangsstadien von Isolationsprozessen gedeutet.[558] Mayr geht davon aus, dass jede geografische Variation Ausdruck einer ökologischen Differenzierung ist und behauptet 1947, jede Rasse sei zugleich eine geografische und eine ökologische Rasse und entspreche dem, was in der Botanik *Ökotyp* genannt werde (↑Modifikation).[559]

Von einigen Autoren der ersten Hälfte des 20. Jahrhunderts wird der Rassebegriff in erster Linie für geografisch definierte taxonomische Gruppen verwendet; abgelehnt wird dagegen eine Bestimmung von Rassen in evolutionstheoretischer Hinsicht als »unfertige Arten«. Zu diesen Autoren zählt der Ornithologe O. Kleinschmidt, der eine Rasse als eine »geographische Verschiedenheit« definiert und sie damit abgrenzt von der »Spielart (Varietät)« als »zufälliger Verschiedenheit« und der Art (oder des »Formenkreises«; s.u.) als »Wesensverschiedenheit«.[560]

Rassen des Menschen im 20. Jh.
Bis ins 20. Jahrhundert hält sich eine typologische Vorstellung von Rassen als ursprünglich reinen Typen, die im Laufe ihrer Entwicklung eine Vermischung erfahren haben. Im 19. Jahrhundert – so 1859 bei L. Agassiz[561] – ist diese typologische Vorstellung mit der Annahme von geografisch getrennten Schöpfungsakten verbunden. Im 20. Jahrhundert werden rein morphologische Charakterisierungen von Rassen als getrennte Einheiten versucht (z.B. 1926 von E.A. Hooton[562]). Konstruiert wird auf diese Weise das Bild einer Rasse als einer diskreten und in sich homogenen Einheit. Nach der Entdeckung der Blutgruppen werden auch diese zur Abgrenzung von Rassen herangezogen. Auf der Grundlage »biochemischer Rassenindizes« werden Systeme von drei (Hirschfeld & Hirschfeld 1919[563]), sechs (Ottenberg 1925[564]) oder sieben Rassen (Snyder 1926[565]) vorgeschlagen.

Gegen diese typologischen Klassifikationsversuche richtet sich aber auch früh Kritik (u.a. 1865 von T.H. Huxley, 1900 von J. Deniker und 1936 von J.S. Huxley und A.C. Haddon).[566] M.F. Ashley Montagu schlägt 1942 vor, den Ausdruck ›Rasse‹ ganz aufzugeben und stattdessen von *ethnischen Gruppen* (»ethnic groups«) zu sprechen. Gegen die Verwendung von ›Rasse‹ spricht nach Montagu, dass der Ausdruck zu viele nichtbiologische Konnotationen aufgenommen hat.[567]

Trotz dieser Kritik ist die Ordnung der menschlichen Variation in Rassen aber bis in die 1960er Jahre unter Anthropologen weit verbreitet. Grundlage für die Einteilung bilden entweder morphologische Merkmale (1950 bei Coon, Garn und Birdsell mit der Unterscheidung von 30 Rassen[568]) oder genetische Eigenschaften (in dem System von W.C. Boyd von 1950/58 mit der Abgrenzung von 6 bzw. 13 Rassen[569]).

Kritik an der Anwendung des Rassebegriffs auf die Variation menschlicher Populationen kommt besonders von sozialwissenschaftlicher Seite. Die UNESCO organisiert 1949 eine interdisziplinäre Konferenz zum Rassebegriff, die zu einer im folgenden Jahr veröffentlichten Erklärung führt (vgl. Tab. 19). In dieser Erklärung, für die Ashley Montagu als Berichterstatter fungiert, wird empfohlen, auf den Rassebegriff wegen der Gefahr seiner Missverständlichkeit zu verzichten und ihn durch den Ausdruck ›ethnische Gruppe‹ zu ersetzen.[570] Weil bekannte Evolutionsbiologen und Genetiker Kritik an dieser Erklärung üben, veranstaltet die UNESCO eine zweite Konferenz, erneut unter der Leitung von Ashley Montagu, die 1951 zur Veröffentlichung eines zweiten ›Statement on Race‹ der UNESCO führt (›Statement on the Nature of Race and Race Differences‹). Diese zweite Erklärung unterscheidet sich allerdings nur in wenigen Punkten grundlegend von der ersten.[571] Gemeinsam ist beiden Erklärungen eine evolutionstheoretische Sicht auf Rassen als partiell isolierte Populationen, die über die Häufigkeit von Genen charakterisiert werden können, und die Ablehnung der Gleichsetzung von Rassen mit Kulturen.

Die zweite Erklärung enthält allerdings keine Empfehlung zum Verzicht auf den Rassebegriff, und in ihr ist auch nicht mehr die Passage der ersten Erklärung enthalten, die den Begriff als einen ›sozialen Mythos‹ bezeichnet (1950: »For all practical social purposes ›race‹ is not so much a biological phenomenon as a social myth«[572]).

Gegen die Aufgabe des Rassebegriffs von biologischer Seite und für die Beibehaltung auch in Bezug auf den Menschen sprechen sich seit den 1940er Jahren besonders L.C. Dunn und T. Dobzhansky aus, die beide später auch an der zweiten UNESCO-Deklaration beteiligt sind.[573] Sie argumentieren, der Rassebegriff habe in der Biologie eine klare evolutionstheoretische Bedeutung und dem Begriffsmissbrauch sei besser durch Aufklärung über seine theoretische Verankerung als durch Verzicht auf das Wort zu begegnen. Dobzhansky wendet sich dabei 1962 besonders gegen die bloße Wortpolitik der Ersetzung von ›Rasse‹ durch ›ethnische Gruppe‹ und argumentiert, nicht in der Anerkennung von Rassen, sondern im Schluss vom Vorhandensein von Rassen auf die Rechtfertigung von Rassendiskriminierung liege der eigentliche Rassismus: »Ethnic groups are biologically the same phenomenon as races, subspecies, and breeds. To imply that if man had races, then race prejudice would be justified is to justify race prejudice«.[574]

Zu einer nachhaltigen Erschütterung des Rassebegriffs kommt es erst seit den frühen 1960er Jahren. F. Livingstone argumentiert 1962, das Konzept zeichne ein unangemessen statisches Bild der natürlichen Variation des Menschen. Das typologische Konzept der Rasse sei nicht kompatibel mit der eine Dynamik beschreibenden Evolutionstheorie.[575] Nicht die künstlich geschaffenen Einheiten der Rassen, sondern allein die Verteilung und Dynamik individueller Merkmale sei geeignet, die Selektionskräfte in menschlichen Populationen zu untersuchen.[576] Livingstone spricht in diesem Zusammenhang von Merkmals-*Klinen*, die an die Stelle des Rassenbegriffs treten sollten.[577]

Aufgrund seiner starken politischen Instrumentalisierung in der NS-Zeit ist das Wort ›Rasse‹ in der zweiten Hälfte des 20. Jahrhunderts aus dem öffentlichen Sprachgebrauch in Deutschland (im Gegensatz zu den USA) weitgehend verschwunden (wenn auch nicht die soziale Konsequenz seiner Verwendung). In nur noch wenigen Biologie-Lehrbüchern wird der Ausdruck auch in Bezug auf den Menschen noch verwendet. Der Anthropologe R. Knußmann verteidigt 1996 die weitere Verwendung des Rassebegriffs, denn es gibt seiner Meinung nach unbestreitbar »eine phylogenetisch bedingte geographische Differenzierung, in der sich verschiedene – wenn auch durch

1. Scientists have reached general agreement in recognizing that mankind is one: that all men belong to the same species, *Homo sapiens*. It is further generally agreed among scientists that all men are probably derived from the same common stock; and that such differences as exist between different groups of mankind are due to the operation of evolutionary factors of differentiation such as isolation, the drift and random fixation of the material particles which control heredity (the genes), changes in the structure of these particles, hybridization, and natural selection. In these ways groups have arisen of varying stability and degree of differentiation which have been classified in different ways for different purposes.

2. From the biological standpoint, the species *Homo sapiens* is made up of a number of populations, each one of which differs from the others in the frequency of one or more genes. Such genes, responsible for the hereditary differences between men, are always few when compared to the whole genetic constitution of man and to the vast number of genes common to all human beings regardless of the population to which they belong. This means that the likenesses among men are far greater than their differences.

3. A race, from the biological standpoint, may therefore be defined as one of the group of populations constituting the species *Homo sapiens*. These populations are capable of inter-breeding with one another but, by virtue of the isolating barriers which in the past kept them more or less separated, exhibit certain physical differences as a result of their somewhat different biological histories. These represent variations, as it were, on a common theme.

4. In short, the term ›race‹ designates a group or population characterized by some concentrations, relative as to frequency and distribution, of hereditary particles (genes) or physical characters, which appear, fluctuate, and disappear in the course of time by reason of geographic and/or cultural isolation. The varying manifestations of these traits in different populations are perceived in different ways by each group. What is perceived is largely preconceived, so that each group arbitrarily tends to misinterpret the variability which occurs as a fundamental difference which separates that group from all others.

Tab. 19. Die ersten vier Punkte des ›Statement by Experts on Race‹ der UNESCO von 1950. Die Erklärung geht auf ein Treffen von Wissenschaftlern verschiedener Disziplinen und Herkunftsländer im Unesco-Haus in Paris im Dezember 1949 zurück. An dem Treffen nahmen teil: E. Beaglehole, J. Comas, L.A. Costa Pinto, E.F. Frazier, M. Ginsberg, H. Kabir, C. Levi-Strauss und M.F. Ashley-Montagu (»Rapporteur«). Nach Kritik durch bekannte Genetiker und Evolutionsbiologen überarbeitet Ashley-Montagu die Erklärung in die 1950 veröffentlichte obenstehende Form (aus UNESCO (ed.) (1953/58). The Race Concept. Results of an Enquiry: 89f.).

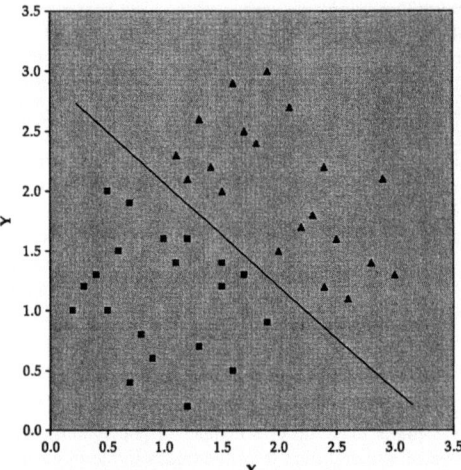

Abb. 26. *Grafisches Modell einer Clusteranalyse einer Population von Individuen, die sich in zweidimensionaler Perspektive eindeutig in zwei Typen gliedern, obwohl die Variation aus der Perspektive der isoliert betrachteten Merkmale zwischen den Gruppen kleiner ist als innerhalb jeder Gruppe. Vereinfacht gesagt ist in diesem Beispiel die Variation innerhalb einer Gruppe relativ groß, weil die Variationsbreite groß ist (mit Werten zwischen 0 und 2.0 bzw. 1.0 und 3.0 für die beiden Größen X und Y); zwischen den Gruppen ist die Variation dagegen relativ klein, weil die Werte der beiden Größen für viele Individuen in den Überlappungsbereich beider Gruppen fallen (mit Werten von X und Y zwischen 1.0 und 2.0), relativ wenige dagegen in einen Bereich, in den die Individuen der anderen Gruppe nicht fallen (mit Werten von X und Y kleiner als 1.0 bzw. größer als 3.0). Illustriert wird damit Lewontins Fehlschluss, der von der relativ kleinen Variation zwischen ethnischen Gruppen auf das Nichtvorhandensein dieser Gruppen schließt (aus Sesardic, N. (2010). Race: a social destruction of a biological concept. Biol. Philos. 25, 143-162: 149).*

Übergänge miteinander verbundene – genetisch determinierte Schwerpunkte erkennen lassen«.[578] Diese Schwerpunkte will Knußmann als »Rassen« bezeichnen. Gegenüber einer »typologischen« Definition, die von Merkmalsverteilungen ausgeht, bevorzugt Knußmann eine »populationsgenetische« Definition. Danach ist eine Rasse »eine Population (Fortpflanzungsgemeinschaft), die sich von anderen Populationen derselben Subspecies im Genpool wesentlich unterscheidet«.[579] Rassen sind nach Knußmann also auf genetisch-erbbiologischer Grundlage zu definieren: Als »Erbgemeinschaft« stehe eine »Rasse« im Gegensatz zu einem »Volk« als »Traditionsgemeinschaft«.[580]

In Anlehnung an eine UNESCO-Deklaration veröffentlicht der ›Verband Deutscher Biologen‹ (VDBiol) 1996 eine Stellungnahme in der es heißt:

»›Rassen‹ sind nicht als solche existent, sie werden durch die angewandte Sichtweise konstituiert. [...] Die Einteilung und Benennung von Unterarten und Rassen täuscht eine Exaktheit vor, die der tatsächlich gegebenen genetischen Vielfalt nicht entspricht. [...] Das zähe Festhalten vieler Menschen (darunter auch Biologen) an Rassekonzepten ist nicht wissenschaftlich, sondern sozialpsychologisch begründet«.[581] Auch amerikanische Institutionen, so die ›American Association of Physical Anthropology‹, verabschieden Mitte der 1990er Jahre den biologischen Rassebegriff in Bezug auf den Menschen (»Pure races, in the sense of genetically homogenous populations, do not exist in the human species today, nor is there any evidence that they have ever existed in the past«).[582]

Vorgehalten wird dem Rassebegriff einerseits seine angeblich »essenzialistische« Grundlage, nach der es wesentliche Merkmale seien, die die Angehörigen einer Rasse auszeichneten, und andererseits die Annahme von scharfen Grenzen zwischen den Rassen.[583] Ein derart (miss)verstandener Rassebegriff entspricht jedoch nicht dem seit dem 18. Jahrhundert verbreiteten wissenschaftlichen Gebrauch.[584] Bereits J.F. Blumenbach bemerkt 1775, die Varietäten (d.h. die Rassen) des Menschen würden so ineinander übergehen, dass keine scharfen Grenzen zwischen ihnen gezogen werden könnten (»omnes inter se confluere quasi et sensim unam in alteram transire hominum varietatem videbis ut vix ac ne vix quidem limites inter eas constituere poteris«).[585] Die eingestandene Unschärfe der Grenzen hat Blumenbach und seine Nachfolger aber nicht davon abgehalten, Varietäten oder Rassen gegeneinander abzugrenzen.

Statistisch rekonstruierbar ist der Rassebegriff allerdings nicht durch die Fixierung auf wenige Merkmale, die als das »Wesen« eines Typs ausgezeichnet werden, sondern durch die Einbeziehung vieler Merkmale, z.B. mittels statistischer Verfahren der Clusteranalyse. Solche Untersuchungen können eine Musterbildung offenbaren, die durch die Analyse eines einzigen Merkmals nicht sichtbar werden (vgl. Abb. 26). Über diese statistischen Verfahren definierte Rassen haben auch nur vor einem statistischen Hintergrund Realität: Für ein einzelnes Individuum kann es uneindeutig sein, welcher Population es zuzurechnen ist.

Einige Autoren verteidigen den Rassebegriff daher in den letzten Jahren als ein solides wissenschaftliches Konzept. R.O. Andreasen schlägt dabei 1998 vor, Rassen im Rahmen eines kladistischen Ansatzes (↑Systematik) als Gruppen von Individuen, die durch genealogische Verbindungen zusammengehalten werden, zu verstehen (»Races are monophyletic groups; they are ancestor-descendant sequences of breeding populations, or groups of such sequences, that share a common origin«).[586] Die Grenzen zwischen den Gruppen sind dabei zwar nicht so scharf wie im Falle der Abgrenzung von Arten, weil zwischen Individuen verschiedener Rassen einer Art definitionsgemäß Kreuzungen stattfinden können, trotzdem kann es zur Bildung von realen (genealogisch, genetisch oder morphologisch definierten) Gruppen kommen, wenn auch mit unscharfen Rändern (»geographical subspecies might be real, even if the boundaries between them are vague«[587]).

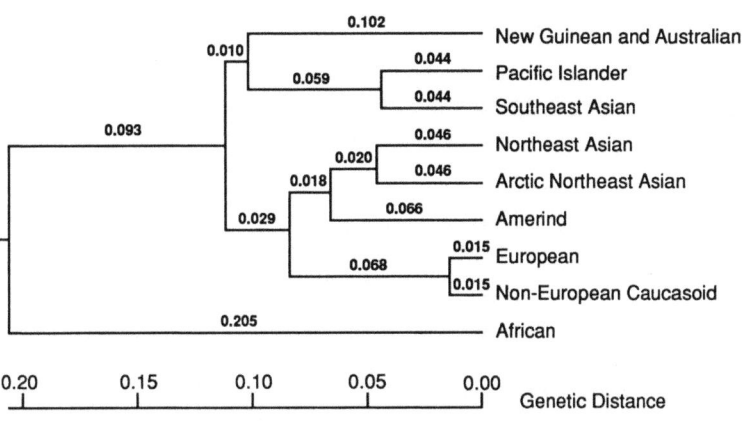

Abb. 27. Ein Kladogramm geografischer Populationen des Menschen, ermittelt aus der genetischen Distanz von 120 verschiedenen Genen in 42 lokalen Populationen. Die auf dieser Datengrundlage ermittelten Gruppen (»Varietäten« oder »Rassen«) entsprechen nicht genau den traditionellen »Rassen«; v.a. die asiatischen Populationen gliedern sich in verschiedene Untergruppen. R.O. Andreasen interpretiert diese Gruppen als genealogische Einheiten, die geografisch weitgehend gegeneinander isolierten Populationen entsprechen und die die verschiedenen Auswanderungswellen der frühen Menschen aus Afrika reflektieren (aus Cavalli-Sforza, L.L., Menozzi, P. & Piazza, A. (1994). The History and Geography of Human Genes: 80).

M. Pigliucci und J. Kaplan verteidigen 2003 ebenfalls die Anwendung des Rassebegriffs auf den Menschen; sie schlagen jedoch vor, Rassen nicht als genealogische (kladistische) Einheiten zu verstehen, sondern als *Ökotypen* (»ecotypes«; ↑Modifikation), die als Anpassungen an bestimmte Umweltverhältnisse entstanden sind. Ein einheitlicher Ökotyp, z.B. die Gruppe der Menschen dunkler Hautfarbe, kann nach Auffassung der Autoren unabhängig voneinander zu verschiedenen Zeiten entstanden sein; eine so verstandene »Rasse« kann also polyphyletischen Ursprungs sein (im Sinne einer ↑Analogie).[588]

Rasse und Kultur
Die Vorstellung einer linearen Abhängigkeit zwischen Rassen als biologischen Determinationsfaktoren und Kulturen als ihren sozialen Resultanten weicht in der zweiten Hälfte des 20. Jahrhunderts einem komplexen Bild der Interdependenz zwischen biologischen und kulturellen Faktoren. Selbst wenn ein kausaler Zusammenhang von Rasse und Kultur hergestellt wird – wie dies etwa C. Lévi-Strauss noch 1972 vornimmt –, so ist dieser alles andere als einfach: Statt von einer Determination der Kultur durch die »Rasse« wird von einer Wechselwirkung von organischer und kultureller Evolution ausgegangen (↑Kultur/Kulturelle Evolution). Weil die Grenzen einer Kultur durch diese selbst festgelegt werden, ist die »Rasse« dabei eher eine Funktion der Kultur als umgekehrt – und zwar nicht nur in semantischer, sondern auch in genetischer Hinsicht, denn es gilt, wie es Lévi-Strauss 1972 formuliert, »daß jede Kultur genetische Anlagen selektiert, die auf dem Wege der Rückwirkung Einfluß auf die Kultur ausüben, die anfangs zu ihrer Verstärkung beigetragen hatte«.[589]

Genetische Typen beim Menschen
Die empirische Frage, ob sich beim Menschen mehr oder weniger diskrete genetische Typen unterscheiden lassen können, wird bis in die Gegenwart kontrovers diskutiert. Eine häufig gegen die Abgrenzbarkeit solcher genetischer Typen (»Rassen«) beim Menschen ins Feld geführte Tatsache besteht darin, dass etwa 85% der gesamten genetischen Variation des Menschen auf individuellen Unterschieden innerhalb einer Population oder ethnischen Gruppe beruht und nur etwa 15% auf Unterschieden zwischen verschiedenen Gruppen.[590] Der Schluss von diesen Daten auf die Unmöglichkeit der Abgrenzung von genetischen Typen ist jedoch ein Fehlschluss (»Lewontin's fallacy«).[591] Zu berücksichtigen ist nämlich, dass viele der Variationen miteinander korreliert sind, die Variationen der verschiedenen Loki, auf deren Auswertung die statistischen Aussagen beruhen, also nicht unabhängig voneinander sind.[592] Die Variationsanalyse ist also nur mit Vorsicht für eine Klassifikation verwendbar. Aufschlussreicher als die Frage nach dem Anteil der Variation auf Gruppen- oder Individuenebene

ist die Frage nach der Wahrscheinlichkeit nach der genetischen Ähnlichkeit zwischen zwei Individuen. Diese ist bei Individuen aus einer ethnischen Gruppe sehr viel höher als bei Individuen verschiedener Gruppen.[593]

Umfangreiche Untersuchungen der genetischen Vielfalt des Menschen haben in den letzten Jahren gezeigt, dass die genetische Variation tatsächlich geografisch strukturiert ist, so dass die genetische Einordnung von Individuen mit ihrer geografischen Herkunft korreliert.[594] Im Vergleich zu anderen Arten bilden die Menschen jedoch eine genetisch sehr homogene Gruppe: Der durchschnittliche Anteil von unterschiedlichen Nukleotiden bei zwei zufällig ausgewählten Menschen liegt bei 1-1,5‰, und damit deutlich unter den Werten anderer Arten.[595] Der Grund hierfür ist offenbar der Ursprung aller Menschen in einer relativ kleinen Population, die in nicht sehr ferner Vergangenheit existiert hat.[596] Den größten Engpass in der Populationsgröße erfährt der Mensch offenbar vor etwa 75.000 Jahren nach der Explosion des Mount Toba auf Sumatra, der größten Vulkanexplosion der letzten 400 Millionen Jahre, die einen Temperaturabfall um bis zu 20 Grad Celsius zur Folge hatte und eine sechsjährige Winterzeit über weite Regionen der Erde auslöste. Dieser Vulkanausbruch führte nach genetischen Daten zu einer Reduktion der Populationsgröße des Menschen von über 100.000 Individuen auf vielleicht nur 2.000.[597] Auch vor diesem Flaschenhals in der Populationsgröße gab es offenbar Engpässe: Neuere genetische Untersuchungen legen nahe, dass die Weltpopulation des *Homo erectus* vor 1,2 Millionen Jahren trotz seiner weiten Verbreitung von Afrika bis Ostasien um die 18.500 (und nicht mehr als 26.000) fortpflanzungsfähige Individuen umfasste.[598] Über sehr lange Zeiträume seiner Geschichte war der Mensch also eine vom Aussterben bedrohte Art. Der letzte Flaschenhals vor rund 75.000 Jahren kann auch zur Erklärung der oberflächlich bestehenden Diversität der menschlichen Populationen bei nur geringer genetischer Variation dienen: Die extremen Umweltbedingungen nach dem Vulkanausbruch führten zu einer weitgehenden Isolation bestehender Population und damit einem großen Einfluss genetischer Drift (↑Evolution).

Trotz der relativ großen genetischen Einheitlichkeit führen auch kulturelle Differenzierungen zu einer phasenweise weitgehenden reproduktiven Isolation von sozialen Gruppen beim Menschen, sei es zwischen Stämmen, Nationen, Religionsgemeinschaften oder sozialen Kasten. Es wird daher von kulturell bedingten *Pseudospezies* (zu diesem Begriff s.o.) innerhalb der Spezies des Menschen gesprochen:»sociogenetic evolution has split mankind into pseudospecies, into tribes, nations and religions, castes and classes which bind their members into a pattern of individual and collective identity, but alas, reinforce that pattern by a mortal fear of and a murderous hatred for other pseudo-species« (Erikson 1965)[599].

Varietät

Das mittellateinische Wort ›varietas‹ taucht im Mittelalter in verschiedenen Bedeutungen auf, z.B. im Sinne von »Krankheit« oder »Streit«.[600] Seit Mitte des 16. Jahrhundert wird es in Pflanzenbeschreibungen im noch nicht terminologischen Sinne für die Veränderung einzelner Teile einer Pflanze gebraucht (Paglia 1546: »florum varietate«[601]; »Fatemur enim ipium esse cyperi speciem: sed à varietate formæ radicum ipsorum, alterum rotundum, alterum verò cyperum longum appellamus«[602]). Besonders auf standortbedingte Veränderungen wird der Ausdruck bezogen (Fuchs 1546: »Chameleon [d.i. der Straußsaflor, *Carthamus corymbosus* L.] verò dictus est à varietate foliorum, quæ pro terræ & locorum differentia, aut admodum viridia, aut subalba, aut cœrulea, aut rubra inveniuntur«[603]). Wohl erst in der zweiten Hälfte des 16. Jahrhunderts werden nicht nur Teile von Pflanzen, sondern auch ganze Pflanzen als ›Varietäten‹ bezeichnet, allerdings zunächst im Sinne von ›Art‹ (Clemens I. 1569: »arborum varietate«[604]; Vermigli 1576: »terra ornata omni genere & varietate plantarum, animantium, herbarum, florum«[605]). In den Pflanzenbüchern des 16. Jahrhunderts wird der Ausdruck ›varietas‹ aber nicht nur auf Pflanzen, sondern auch auf die Orte und Bedingungen ihres Vorkommens angewandt (Mattioli 1562: »id evenire existimamus, climatum, & regionum varietate, vel etiam quòd maritimæ plura sint genera«[606]; »id locorum regionúmque varietate evenire posse«[607]). Am Ende des 16. Jahrhundert ist es C. Bauhin, der den Ausdruck in der später dominanten Bedeutung für taxonomische Gruppen von Pflanzen auf oder unterhalb der Ebene der Art gebrauchte (1596: »Tuliparum varietates«[608]; »Verùm tantus est naturæ lusus in Graminibus, ut præter varietates à priscis & neotericis propositas, plures adhuc dentur species«[609]).

Zu einem festen biologischen Terminus wird das Wort in der ersten Hälfte des 17. Jahrhunderts; seit dieser Zeit erscheint es v.a. in der Beschreibung von Pflanzen (Parkinson 1629: »Many more sorts of varieties of these kindes [of Wolfsbanes, *Aconitum*] there are, but these onely [...] are noursed up in Florists Gardens for pleasure«).[610] Es bezeichnet hier geringfügige Abweichungen der Gestalt eines Organismus von dem Arttypischen, die dauerhaft oder sogar erblich sind.

Bereits Aristoteles erkennt die Möglichkeit der Klassifikation von Organismen unterhalb der Ebene der Art. So gibt er Unterteilungen innerhalb einer Art u.a. für Ziegen[611], Rinder[612], Hirsche[613], Löwen[614], Schafe[615] und Schweine[616] an.[617] Er verwendet für die subspezifischen taxonomischen Einheiten meist den Ausdruck ›Gattung‹ (»γένος«).[618] Der Ausdruck verweist auf die Annahme einer genealogischen Verbundenheit der damit zusammengefassten Organismen.

Ausgehend von Untersuchungen an Fossilien entwickelt R. Hooke in den 1660er Jahren Vorstellungen über die Abwandlung von Arten im Laufe der Erdgeschichte. Er hält sowohl das Aussterben von Arten als auch die Entstehung von Modifikationen innerhalb einer Art für möglich; letztere bezeichnet er als ›Varietäten‹ (»there may have been divers new varieties generated of the same Species«[619]). Die Varietäten entstehen nach Hooke als Reaktion auf Umweltänderungen (des Klimas und der Ernährung).

J. Ray verwendet den Ausdruck ›Varietät‹ (»varietas«) seit den 1670er Jahren zur Bezeichnung einer Pflanze (oder einer Gruppe von Pflanzen), die über Eigenschaften verfügt, die vom Arttypischen abweichen und die nicht an ihre Nachkommen weitergegeben werden. Im Gegensatz zu den Arteigenschaften sieht er die besonderen Eigenschaften der Varietäten als »accidentell« an und führt sie auf Klima, Ernährung oder Lebensweise zurück.[620]

Für Linné sind Varietäten (»Varietates«) solche Pflanzen, deren Verschiedenheit von dem Arttypischen durch den Wuchsort oder die Umstände (»locus vel casus«) bedingt sind.[621] 1751 versteht Linné unter Varietäten verschieden gestaltete Pflanzen, die zur gleichen Art gehören und aus dem gleichen Samen stammen, und deren Verschiedenheit nicht durch innere Eigenschaften, sondern durch äußere Einflüsse der Umwelt bedingt ist, z.B. durch Klima, Boden, Hitze oder Wind; die Veränderungen der Varietäten sind für Linné durch eine Veränderung des Standortes wieder rückgängig zu machen (»varietates tot sund, quot differentes plantae ex ejusdem speciei […] semine sunt productae. […] Varietates est planta mutata a caussa accidentali: Climate, Solo, Calore, Ventis, &c. reducitur itaque in solo mutato«[622]). Linnés Varietäten entsprechen also den heute so genannten ↑Modifikationen. Manchen seiner früheren Varietäten gibt Linné allerdings später den Status von Arten. Als eine der Hauptaufgaben eines Botanikers sieht Linné die »Rückführung« der Varietäten auf Arten, d.h. die Zuordnung einer Varietät zu einer Art.[623] Als Methode der Identifizierung von Varietäten empfiehlt Linné das Verfahren, das auch viele Varietäten hervorgebracht hat: den Anbau (»Cultura«) der Pflanzen.[624] – Im Gegensatz zu seiner Darstellung bei Pflanzen bestimmt Linné in seiner Diskussion von Varianten bei Tieren auch erbliche Typen unter dem Begriff der Varietät (z.B. Rassen von Rindern und Hunden).[625]

Im Anschluss an Linné gibt C.L. Willdenow Ende des 18. Jahrhunderts als operationales Kriterium der Bestimmung einer Form als Varietät an, dass sie in den meisten Fällen leicht »aus dem Samen in die eigentliche Art, von der sie abstammt, wieder übergeht«.[626] Die eine Varietät kennzeichnenden Eigenschaften werden also als nicht erblich angesehen.

G. Cuvier bestimmt die Varietäten (»variétés«) 1798 als Organismen einer Art, die sich durch akzidentelle Ursachen (»causes accidentelles«) voneinander unterscheiden. Im Gegensatz zu Organismen verschiedener Arten könnten die Varietäten einer Art miteinander fruchtbare Nachkommen zeugen.[627]

Eine einflussreiche Einteilung der Varietäten nimmt A.-P. de Candolle im zweiten Jahrzehnt des 19. Jahrhunderts vor. Er unterscheidet bei Pflanzen drei verschiedene Typen: *lokale Varietäten* (»variétés locales«), deren abweichende Wuchsform er auf den lokalen Standort, v.a. die besonderen Bodenverhältnisse zurückführt, *permanente Varietäten* (»variétés permanentes par extension«), die zwar für ein einzelnes Individuum und dessen vegetative Ableger typisch sind, sich aber nicht auf die Samen vererben (»ne se conservent point par les graines«), und schließlich die *Rassen* oder *im Samen permanenten Varietäten* (»variétés permanentes par les graines«), die sich vererben (»variétés héréditaires«).[628] Mit dieser Einteilung wird die alte Gegenüberstellung von Varietäten und Rassen also aufgehoben; als Varietäten können sowohl durch Umwelteinflüsse bedingte als auch erbliche Veränderungen eines Organismus (oder dieser Organismus selbst) gegenüber einem Referenzorganismus (z.B. einem für die Art typischen) bezeichnet werden. Der Ornithologe C.L. Gloger spricht im ersten Sinne 1827 von »climatischen oder durch andere Einflüsse entstandenen Varietäten«.[629] Bis zur Mitte des Jahrhunderts verwischt sich aber (besonders im Hinblick auf Pflanzen) die Unterscheidung zwischen Arten und Varietäten immer mehr.

Darwin bezweifelt – v.a. unter dem Einfluss von botanischen Arbeiten, die bestreiten, dass es eine natürliche Grenze zwischen Arten und Varietäten gebe[630] – die klare Bestimmbarkeit des Begriffs einer Varietät. Nach dem Eindruck E. Mayrs macht Darwin in seinem Hauptwerk einen sehr ambivalenten

Gebrauch von dem Wort, indem er es genauso oft auf individuelle Variationen wie auf Subspezies oder andere geografisch definierte Untereinheiten einer Art beziehe[631]; andererseits bezeichnet Darwin das Material, an dem die Selektion angreift, doch immer als ›Variation‹ und die sich bildenden Arten als ›Varietäten‹[632]. Insgesamt kann in dem Ansatz Darwins eine »Aufwertung des Begriffs ›Varietät‹«[633] gesehen werden, weil er entschieden davon abrückt, Arten als die einzig realen und konstanten Ähnlichkeitseinheiten zu verstehen: Im Rahmen seiner Transformationstheorie sind gerade die Variationen als die Abweichungen vom Arttypischen von Bedeutung, insofern sie die Ansatzpunkte des langfristigen Wandels der Arten bilden.

Ähnlich wie Darwin bezweifelt auch A.R. Wallace eine klare Unterscheidbarkeit von Arten und Varietäten. Für Wallace, der seinen Lebensunterhalt vom Sammeln und Verkauf exotischer Tiere bestreitet, ist die korrekte Bestimmung eines Tiers von großer Bedeutung; daher sucht er in dieser Frage den Rat anderer Naturforscher, u.a. den von Darwin. Nachdem auch Darwin ihm keine definitive Antwort geben kann, veröffentlicht Wallace seine Ansichten über »permanente und geografische Varietäten« und vertritt darin die Meinung, es gebe keine prinzipielle Differenz zwischen Arten und Varietäten.[634] Den Prozess der Evolution stellt sich Wallace als eine allmähliche Ersetzung von bestehenden Arten durch konkurrenzüberlegene Varietäten vor – und wird damit neben Darwin zum Mitbegründer der Selektionstheorie (↑Selektion). Anders als Darwin, der die Selektion vor allem auf der Ebene der Individuen ansiedelt, ist für Wallace die Ebene der Varietäten die eigentlich entscheidende für den Evolutionsprozess.

Der nicht allein umweltbedingte, sondern erbliche Charakter von Varietäten, wie er sich in Kultivierungsversuchen von Pflanzen gezeigt hat, wird Ende des 19. Jahrhunderts mit dem Ausdruck *physiologische Varietät* bestimmt. A. Cieslar integriert diesen Begriff in ein Evolutionsmodell und meint, dass die erblichen Eigenschaften der physiologischen Varietäten »im Laufe unendlich langer Zeiträume unter dem Einflusse specifischer Standortfactoren« entstanden seien.[635]

C. von Nägeli identifiziert 1865 ausdrücklich eine Varietät mit einer Rasse; die Unterschiede zwischen »constanten Varietäten« sind nach Nägeli durch »innere Ursachen bedingt«, und damit »nicht die Folge und der Ausdruck der äussern Agentien«.[636] Eine bis in die Gegenwart wirksame Unterscheidung von Varietäten und Modifikationen führt Nägeli 1884 ein. Die Varietät bezieht sich danach – entgegen dem alten Wortverständnis, wie es sich z.B. bei Linné zeigt – auf alle erblichen Eigenschaften eines Organismus, die von den typischen Arteigenschaften abweichen. Allein die ↑Modifikationen sind nach Nägelis Definition durch äußere Einflüsse bedingt.[637].

Bis zum Ende des 19. Jahrhunderts bildet die Einheit der Varietät die wichtigste systematische Kategorie unterhalb der Ebene der Art. Sie wird erst allmählich durch den Begriff der Subspezies (s.u.) ersetzt. Sofern beide Begriffe nebeneinander bestehen, bezieht sich eine Varietät meist auf geringere Abweichungen vom Typischen als eine Subspezies. In den USA wird der Begriff der Varietät weiterhin viel verwendet und ähnelt in seiner Bedeutung dem in Europa häufiger verwendeten Ausdruck ›Subspezies‹.[638]

Subspezies
Den Terminus ›Subspezies‹ führen F. Erhart 1780[639] und wohl unabhängig davon E.J.C. Esper 1781[640] ein. Esper identifiziert die Subspezies mit den Rassen (»Subspezies (Untergattungen, Races)«) und stellt sie den Variationen (»variationes (Abarten)«) und den Varietäten (»Varietates (Abänderungen, Varietäten)«) gegenüber. J.J. Römer versteht unter einer »Subspecies« 1816 eine »Abart«; für diese sei charakteristisch, dass sich »die einmal veränderte Form bey der Fortpflanzung erhält, die Abweichung also erblich ist«.[641] Unterschieden wird eine Subspezies von einer Varietät (s.o.). Die eine Subspezies kennzeichnenden Merkmale gelten im Gegensatz zu denen einer Varietät als erblich. Für Darwin stellen die Subspezies ebenso wie geografische Rassen lokale Formen dar, die räumlich isoliert auftreten und konstante, aber nicht wesentlich voneinander abweichende Merkmale aufweisen. Die Angabe eines klaren Kriteriums der Unterscheidung von Spezies, Subspezies und Varietäten ist nach Darwin nicht möglich.[642] Haeckel differenziert 1866 zwischen »Unterarten (Subspecies)« und »Spielarten (Varietates)«, räumt aber ebenfalls gleichzeitig ein, dass eine scharfe Abgrenzung kaum möglich ist. Die Varietät will er durch weniger »wesentliche« Merkmale charakterisieren, d.h. solche, die weniger konstant auftreten und häufigeren Abwandlungen unterliegen.[643] Daneben sind seit dem 19. Jahrhundert verschiedene andere Versuche der Abgrenzung der Kategorien unterhalb der Ebene der Art unternommen worden.[644]

Mit dem Einsetzen theoretischer und empirischer Studien zur Populationsgenetik zu Beginn des 20. Jahrhunderts erlangt der Begriff der Subspezies eine wichtige theoretische Stellung: Von verschiedenen

Autoren wird die Subspezies als die für Evolutionsprozesse wesentliche taxonomische Ebene angesehen.[645] Dokumentiert wird die Variation der Formen innerhalb einer Art durch die Anlage umfangreicher Sammlungen.

Heute werden v.a. durch geografische Barrieren getrennte Populationen von morphologisch, ethologisch oder zytologisch unterschiedenen Organismen, die zur gleichen Art gehören, als ›Subspezies‹ bezeichnet (vgl. auch Abb. 23 und 24).[646] Mayr definiert eine Subspezies 1969 als geografisch zusammenhängendes Aggregat von Populationen einander ähnlicher Organismen (»an aggregate of phenotypically similar populations of a species, inhabiting a geographic subdivision of the range of a species, and differing taxonomically from other populations of the species«[647]). Die Abgrenzung von Subspezies hat nach Mayr allein einen Wert für die Taxonomie, nicht aber für evolutionäre Studien.[648] Botaniker und amerikanische Taxonomen verwenden statt des in Europa verbreiteten Ausdrucks ›Subspezies‹ häufig die Bezeichnung ›Varietät‹ (s.o.).[649] Seit dem 19. Jahrhundert ist es auch verbreitet, den Ausdruck ›Varietät‹ für individuelle Variationen innerhalb einer Population und ›Subspezies‹ für geografische Rassen zu verwenden.[650]

Superspezies
Der Botaniker H.C. Watson führt den Ausdruck ›Superspezies 1859 ein (»The term super-species may [...] suffice for the moment in contrast against that of sub-species«); er identifiziert als Superart die Brombeere (R. fruticosus, – a super-species, or aggregate«).[651] J.T. Boswell Syme gebraucht den Ausdruck 1863 für eine Art, die aus mehreren Unterarten (»subspecies«) besteht (Einteilung der europäischen Gladiolen in »three species, two of which are super-species«).[652] Der Terminus wird damit hier also nicht eindeutig für eine taxonomische Einheit oberhalb der Ebene der Art verwendet. Auch im ersten Jahrzehnt des 20. Jahrhunderts, in dem der Ausdruck wiederholt gebraucht wird, wird ihm keine klare Definition gegeben (»superspecies«: »a group of forms ambiguous in rank, between a variety and a species«[653]).

In der zweiten Hälfte des 20. Jahrhunderts wird der Terminus vielfach auf einen Aufsatz von E. Mayr aus dem Jahr 1931[654] und eine unabhängig davon stehende Verwendung bei F.A. Schilder von 1952[655] zurückgeführt. Sie ersetzen mit ihren Beiträgen die älteren Begriffe ›Formenkreis‹ und ›Rassenkreis‹. *Formenkreis* ist ein Ausdruck, der seit der ersten Hälfte des 19. Jahrhunderts (v.a. in Bezug auf Pflanzen) verwendet wird (Nees von Esenbeck 1820: »Formenkreis des Pilzreichs«[656]) und in einem terminologischen Sinn 1866 bei E. Haeckel[657] und 1900 Bei O. Kleinschmidt[658] erscheint. Aufgrund seiner Ablehnung der Evolutionstheorie versteht Kleinschmidt Rassenkreise ausschließlich als geografische Einheiten, nicht als Resultante oder Stadium von Evolutionsprozessen.[659]

Im Gegensatz dazu steht der Terminus *Rassenkreis* von Anfang an in einem evolutionsbiologischen Kontext. Er wird 1926 von B. Rensch für eine »aus vielen früheren Arten hervorgegangene Großart« eingeführt, und er beschreibt Rassenkreise als die »zoogeographischen Grundeinheiten«.[660] 1929 definiert Rensch: »Ein Rassenkreis ist ein Komplex geographischer Rassen, die sich unmittelbar auseinander entwickelt haben, geographisch einander vertreten und von denen jeweils die benachbarten miteinander unbegrenzt fruchtbar sind«.[661] Als Beispiele von Rassenkreisen diskutiert Rensch Arten von Mollusken und Vögeln, die über ein großes Areal verbreitet sind, wie etwa die Kohlmeise (vgl. Abb. 23). Rassenkreise in diesem Sinne werden mindestens seit dem späten 18. Jahrhundert beschrieben. Strittig ist, ob die Populationen eines Rassenkreises als unabhängige Arten zu werten sind, weil zwischen einigen Populationen kein Genfluss besteht (»Ringarten«). Weil die Populationen aber voneinander nicht vollständig reproduktiv isoliert sind, wird meist dafür plädiert, sie als *eine* Art zu betrachten (s.o.).

Mayr definiert eine Superspezies 1963 als monophyletische Gruppe von allopatrischen Arten, die zu verschieden sind, um sie als eine einzige Art anzusehen (»monophyletic group of entirely or essentially allopatric species that are too distinct to be included in a single species«)[662]. Die Verschiedenheit sollte sich, dem Biospezies-Konzept folgend, in erster Linie auf die reproduktive Isolation der Arten beziehen. Um den gemeinsamen historischen Ursprung von Arten, die zu einer Superspezies gerechnet werden, besser herauszustellen, definiert D. Amadon eine Superspezies 1966 als Gruppe von allopatrischen Arten, die ehemals Rassen waren (»Superspecies – A group of entirely or essentially allopatric taxa that were once races of a single species but which now have achieved species status«).[663]

Nachweise

1 Vgl. Bordt, M. (2002). eidos. In: Horn, C. & Rapp, C. (Hg.). Wörterbuch der antiken Philosophie, 119-122: 119f.
2 a.a.O.: 120.
3 Cicero, De oratore I, 189; vgl. Varro, De re rustica 3, 3, 3; vgl. Kullmann, W. (1998). Aristoteles und die moderne Wissenschaft: 27.
4 Zirkle, C. (1959). Species before Darwin. Proc. Amer. Philos. Soc. 103, 636-644: 638f.
5 Vgl. Balme, D.M. (1962). Genos and eidos in Aristotle's biology (dt. in: Seeck, G.A. (Hg.) (1975). Die Naturphilosophie des Aristoteles, 139-171); Granger, H. (1980). Aristotle and the genus-species relation. South. J. Philos. 18, 37-50.
6 Krafft, F. (1974). Gattung. Hist. Wb. Philos. 3, 25-27: 26.
7 Aristoteles, Topik 143b.
8 Aristoteles, De part. anim. 644a34; vgl. Rapp, C. & Wagner, T. (2005). eidos. In: Höffe, O. (Hg.). Aristoteles-Lexikon, 147-158: 156.
9 Aristoteles, De part. anim. 642b5-644b20.
10 Vgl. Lewes, G.H. (1864). Aristotle: 293f.; Lones, T.E. (1912). Aristotle's Researches in Natural Science: Kap. 15; Egerton, F.N. (1968). Ancient sources for animal demography. Isis 59, 175-189: 184.
11 Aristoteles, Hist. anim. 491a2ff.; vgl. Cho, D.-H. (2010). Beständigkeit und Veränderlichkeit der Spezies in der Biologie des Aristoteles. In: Föllinger, S. (Hg.). Was ist ‚Leben'? Aristoteles' Anschauungen zur Entstehung und Funktionsweise von Leben, 299-313: 301.
12 Vgl. Krafft, F. (1971). Art. Hist. Wb. Philos. 1, 526-527: 527.
13 Aristoteles, De gen. anim. 730b 33ff.; Metaphysica 1058a29ff.
14 Aristoteles, Hist. anim. 537b22ff.; 539a27ff.
15 Aristoteles, De gen. anim. 746a29-31.
16 Aristoteles, Hist. anim. 606b20; De gen. anim. 746b7; vgl. Plinius, Naturalis historia viii, 17, 42; Feinberg, H.M. & Solodow, J.B. (2002). Out of Africa. J. African Hist. 43, 255-261.
17 Aristoteles, Hist. anim. 607a1-2; vgl. De gen. anim. 746b10.
18 Vgl. Falcon, A. (2005). Aristotle and the Science of Nature. Unity without Uniformity: 9; Depew, D.J. (2008). Consequence etiology and biological teleology in Aristotle and Darwin. Stud. Hist. Philos. Biol. Biomed. Sci. 39, 379-390: 389.
19 Nobis, H.M. (1974). Gattung. Hist. Wb. Philos. 3, 27-30: 27; Pellegrin, P. (1982). La classification des animaux chez Aristote. Statut de la biologie et unite de l'aristotélisme, 73-137.
20 Krafft, F. (1974). Gattung. Hist. Wb. Philos. 3, 25-27: 26; Cho, D.-H. (2003). Ousio und Eidos in der Metaphysik und Biologie des Aristoteles.
21 Pellegrin, P. (1985). Zoology without species. In: Gotthelf, A. (ed.). Aristotle on Nature and Living Things: Philosophical and Historical Studies Presented to David M. Balme on his Seventieth Birthday, 95-115; vgl. ders. (1982).
22 Aristoteles, Topik 102a31ff.
23 Vgl. Balme, D. (1991). Introduction. In: Aristotle, History of Animals, Book VII-X, 1-50: 16; Cho, D.-H. (2010). Beständigkeit und Veränderlichkeit der Spezies in der Biologie des Aristoteles. In: Föllinger, S. (Hg.). Was ist ‚Leben'? Aristoteles' Anschauungen zur Entstehung und Funktionsweise von Leben, 299-313: 301.
24 Aristoteles, De gen. anim. 721b.
25 Theophrast, Historia plantarum, 2. Buch.
26 Vgl. Zirkle, C. (1959). Species before Darwin. Proc. Amer. Philos. Soc. 103, 636-644: 639-641.
27 Thomas von Aquin (1266-73). Summa theologiae: I, q. 73, art. 1, ad. 3.
28 Petrus de Crescentius (1305). Opus ruralium commodorum.
29 Levinus Lemnius (1559). Occulta naturae miracula.
30 Heresbach, K. (1570). Rei rusticae libri quatuor; Scaliger, J.C. (1584). Aristotelis liber qui X. historiarum (animalium) inscribitur, latine et commentariis; Martin del Rio (1599). Disquisitionum magicarum libri sex; vgl. Zirkle (1959): 641.
31 Zirkle (1959): 643.
32 Theophrast, Historia plantarum VI, 6, 2; vgl. Krafft (1971): 527.
33 Porphyrios, Eisagoge (dt. in: Rolfes, E. (Übers.). Aristoteles, Kategorien, Lehre vom Satz (Organon I/II), Porphyrius, Einleitung in die Kategorien, Hamburg 1925/74): 12f.
34 a.a.O.: 14.
35 Wolff, C. (1728). Philosophia rationalis, sive logica: 132 (§44).
36 Wilkins, J.S. (2009). Species. A History of the Idea: 24f.; vgl. 227.
37 Nash, L.L. (1978). Concepts of existence. Greek origins of generational thought. Daedalus 107 (4), 1-21: 1; vgl. Parnes, O., Vedder, U. & Willer, S. (2008). Das Konzept der Generation. Eine Wissenschafts- und Kulturgeschichte: 32.
38 Augustinus, De genesi ad litteram (Patrologia Latina 34, 245-486): 288 (III, 12, Nr. 20).
39 Vgl. Nobis, H.M. (1971). Art. Hist. Wb. Philos. 1, 527-531: 528.
40 Cesalpino, A. (1583). De planti libri XVI: I, 26; vgl. Sloan, P.R. (1972). John Locke, John Ray, and the problem of the natural system. J. Hist. Biol. 5, 1-53: 25.
41 Locke, J. (1689/1700). An Essay Concerning Human Understanding (Oxford 1979): 451 (III, 6, 23); vgl. Cain, A.J. (1997). John Locke on species. Archives of Natural History 24, 337-360.
42 Locke (1689/1700): 457 (III, 6, 30).
43 Wilkins (2009): 67; vgl. Cain, A.J. (1999). John Ray on the species. Archives of Natural History 26, 223-238: 223.
44 Ray, J. (1686). Historia plantarum, 3 Bde.: I, 40 (I, xx).
45 ebd.; vgl. Zimmermann, W. (1953). Evolution. Die Geschichte ihrer Probleme und Erkenntnisse: 139; Mayr, E. (1982). The Growth of Biological Thought: 256f.
46 Ray, J. (1670). Catalogus plantarum angliae: 11; vgl. ders. (1674). A discourse on the specific differences in plants (in: Gunther, R.W.T. (ed.). Further Correspondence of John Ray, London 1928, 77-83).
47 Locke (1689/1700): 448 (III, 6, 13).

48 Linné, C. von (1735). Systema naturae: [1] (§1).
49 ebd.
50 Linné, C. von (1737). Genera plantarum: [2] (§5).
51 Linné, C. von (1743). Oratio de telluris habitabilis incremento (Amoenitates academicae, Bd. II, 430-472): 437f.; vgl. Larson, J.L. (1968). The species concept of Linnaeus. Isis 59, 291-299: 292.
52 Linné, C. von (1744). Dissertatio botanica de Peloria (Amoenitates academicae, Bd. I, 55-73): 55f.; vgl. Larson (1968): 293f.; ders. (1971). Reason and Experience. The Representation of Natural Order in the Work of Carl Linnaeus: 90-103.
53 Smith, J.E. (ed.) (1821). A Selection of the Correspondence of Linnaeus and Other Naturalists form the Original Manuscripts, vol. II: 375f.; vgl. Larson (1968): 294.
54 Linné, C. von (1756). Disquisitio de sexu plantarum; ders. (1735/88). Systema naturae: viiif.
55 Linné, C. von (1762). Fundamentum fructificationis; ders. (1737/64). Genera plantarum; vgl. Zimmermann (1953): 201ff.; Jahn, I. (1998). Biologische Fragestellungen in der Epoche der Aufklärung (18. Jh.). In: dies. (Hg.). Geschichte der Biologie, 231-273: 238f.
56 Koelreuter, J.G. (1761-66). Vorläufige Nachricht von einigen das Geschlecht der Pflanzen betreffenden Versuchen und Beobachtungen.
57 Linné, C. von (1737). Genera plantarum: Ratio operis §5.
58 Vgl. Cain, A.J. (1956-57). Logic and memory in Linnaeus's system of taxonomy. Proc. Linn. Soc. London 169, 144-163.
59 Linné, C. von (1751). Philosophia botanica: 285; vgl. Müller-Wille, S. (2001). Gardens of paradise. Endeavour 25, 49-54.
60 Linné, C. von (1736). Fundamenta botanica: 19 (§162).
61 Linné (1751): §161.
62 Linné, C. von (1749/87). Oeconomia naturae (in: Ammoenitates academicae, Bd. 2, 3. Aufl., 2-58): 9f.; nach Müller-Wille, S. (1999). Botanik und weltweiter Handel. Zur Begründung eines Natürlichen Systems der Pflanzen durch Carl von Linné (1707-78): 130.
63 Linné, C. von (1735/48). Systema naturae: 219 (§2); vgl. Müller-Wille (1999): 117.
64 Buffon G.L.L. (1753). L'âne. In: Histoire naturelle générale et particulière, Bd. 4 (Œuvres philosophiques de Buffon, Paris 1954, 353-358): 355f.; vgl. ders. (1749). Histoire naturelle, générale et particulière, Bd. 2, 10f.
65 Buffon (1753): 356; vgl. Lovejoy, A.O. (1911). Buffon and the problem of species. Pop. Sci. Monthly 79, 464-473; 554-567; Farber, P.L. (1972). Buffon and the concept of species. J. Hist. Biol. 5, 259-284; Sloan, P.R. (1976). The Buffon-Linnaeus controversy. Isis 67, 356-375.
66 Vgl. Wilkins, J.S. (2009). Species. A History of the Idea: 77f.
67 Vgl. Roger, J. (1963). Les sciences de la vie dans la pensée Francaise du XVIIe et XVIIIe siècle: 566.
68 Bonnet, C. de (1764-65). Contemplation de la nature (Œuvres, Bd. 7-9, Neuchâtel 1781): I, 53.
69 Jussieu, A.-L. de (1789). Genera plantarum: 340; 356f.; vgl. Wilkins (2009): 81f.
70 Vgl. Sloan, P.R. (1979). Buffon, German biology, and the historical interpretation of biological species. Br. J. Hist. Sci. 12, 109-153: 119.
71 Vgl. Sloan (1979); Larson, J.L. (1996). Interpreting Nature. The Science of Living Form from Linnaeus to Kant: 86ff.
72 Kant, I. (1775). Von den verschiedenen Racen der Menschen (AA, Bd. II, 427-443): 429.
73 Kant, I. (1788). Über den Gebrauch teleologischer Principien in der Philosophie (AA, Bd. VIII, 157-184): 163.
74 Pallas, S.P. (1780). Mémoire sur la variation des animaux. Acta Acad. Sci. Petrop. 2, 69-102: 101; vgl. ders. (1766). Elenchus zoophytorum.
75 Blumenbach, J.F. (1779). Handbuch der Naturgeschichte: 57 (§54).
76 Blumenbach, J.F. (1775/95). De generis humani varietate nativa (dt. Über die natürlichen Verschiedenheiten im Menschengeschlechte, übers. v. J.G. Gruber, Leipzig 1798): 59 (§23).
77 a.a.O.: 60 (§23)
78 Kant, I. (1785). Bestimmung des Begriffs einer Menschenrace (AA, Bd. VIII, 89-106): 102.
79 ebd.
80 a.a.O.: 100.
81 Forster, G. (1786). Noch etwas über die Menschenraßen. Teutscher Merkur 1786 (4. Quart.), 57-86: 80.
82 Kant, I. (1788). Über den Gebrauch teleologischer Principien in der Philosophie (AA, Bd. VIII, 157-184): 163.
83 Vgl. Sloan, P.R. (1979). Buffon, German biology, and the historical interpretation of biological species. Br. J. Hist. Sci. 12, 109-153: 133f.
84 Kant, I. (1790/93). Kritik der Urtheilskraft (AA, Bd. V, 165-485): 419.
85 Girtanner, C. (1796). Ueber das kantische Prinzip für die Naturgeschichte: 2.
86 a.a.O.: 3.
87 ebd.
88 a.a.O.: 4.
89 a.a.O.: 54.
90 Vgl. Sloan (1979): 153.
91 Illiger, J.K.W. (1800). Versuch einer systematischen vollständigen Terminologie für das Thierreich und Pflanzenreich: xxvi; vgl. Mayr, E. (1968). Illiger and the biological species concept. J. Hist. Biol. 1, 163-178; ähnlich lautend: Plate, L. (1914). Prinzipien der Systematik mit besonderer Berücksichtung des Systems der Tiere. In: Hertwig, R. & Wettstein, R. von (Hg.). Abstammungslehre, Systematik, Paläontologie, Biogeographie (=Kultur der Gegenwart, Bd. 3, 4, 4), 92-164: 116.
92 Lamarck, J.B. de (1809). Philosophie zoologique, 2 Bde.: I, 54.
93 Lamarck, J.B. de (1802). Recherches sur l'organisation des corps vivans: 141.
94 Vgl. Coleman, W. (1962). Georges Cuvier, biological variation and the fixity of species. Arch. Int. Hist. Sci. 15, 315-331.
95 Cuvier, G. (1798). Tableau élémentaire de l'histoire naturelle des animaux: 11.

96 Lamarck (1809): I, 63.
97 a.a.O.: I, 75.
98 Brehm, C.L. (1826). Etwas über Brehms neue Vögelarten. Isis 18, 190-203; vgl. Stresemann, E. (1951). Die Entwicklung der Ornithologie. Von Aristoteles bis zur Gegenwart: 313f.; Mayr, E. (1982). The Growth of Biological Thought: 263.
99 Faber (1826). Einige Bemerkungen über Hn. Brehms neue Arten der hochnordischen Schwimmvögel. Isis 18, 317-326: 319f.
100 Hooker, J.D. (1853). Flora Novae-Zelandicae, Part I: Flowering Plants; Candolle, A.L. de (1855). Géographie raisonnée, Bd. 2; ders. (1862). Étude sur l'espèce à l'occasion d'une revision de la famille des Cupulifères. Bibliot. Univ. Arch. Sci. Phys. Nat. 15, 211-237; vgl. Stevens, P.F. (1992). Species: historical perspectives. In: In: Fox Keller, E. & Lloyd, E.A. (eds.). Keywords in Evolutionary Biology, 302-311: 308.
101 Darwin, C. [1856]. [Brief an J.D. Hooker vom 24. Dez. 1856] (The Life and Letters of Charles Darwin, 3 vols., ed. F. Darwin, London 1887): II, 88.
102 Darwin, C. [1844]. [Brief an J.D. Hooker vom 11. Jan. 1844] (More Letters of Charles Darwin, vol. 1, London 1903, 39-41): 41.
103 Darwin, C. (1859). On the Origin of Species: 52.
104 ebd.
105 Wilkins, J.S. (2009). Species. A History of the Idea: 144.
106 Agassiz, L. (1860). Contributions to the Natural History of the United States of America, vol. 3: 89f.; vgl. ders. (1860). On the origin of species. Amer. J. Sci. 30, 142-154: 143; Beatty, J. (1982). What's in a word? Coming to terms in the Darwinian revolution. J. Hist. Biol. 15, 215-239.
107 Agassiz, L. (1859). Essay on Classification.
108 Darwin, C. (1860). [Brief an Asa Gray vom 11. Aug. 1860] (The Life and Letters of Charles Darwin, 3 vols. ed. F. Darwin, London 1887): II, 124.
109 Bonaparte, C. (1856). Considérations sur l'espèce. Revue et magasin de zoologie pure et appliquée 2. sér. 8, 292-295: 293.
110 Darwin, C. (1836-44). Notebooks. In: Barrett, P.H. et al. (eds.) (1987). Charles Darwin's Notebooks, 1836-1844: 200 (B 122).
111 a.a.O.: 285 (C 152).
112 Darwin (1836-44): 224 (B 213); vgl. Kottler, M.J. (1978). Charles Darwin's biological species concept and theory of geographic speciation: the transmutation notebooks. Ann. Sci. 35, 275-297: 279; Mayr, E. (1982). The Growth of Biological Thought: 266.
113 Darwin, C. (1871/74). The Descent of Man: 174.
114 Darwin, C. (1859). On the Origin of Species: 276; vgl. Wilkins (2009): 151f.
115 Vgl. Kottler (1978): 297.
116 Vgl. Ghiselin, M.T. (1969). The Triumph of the Darwinian Method: 101; Beatty, J. (1982). What's in a word? Coming to terms in the Darwinian revolution. J. Hist. Biol. 15, 215-239.
117 Hull, D. (1974). Philosophy of Biological Science: 52.
118 Claus, C. (1876). Grundzüge der Zoologie, 3. Aufl.: 77.
119 Nachweise für Tab. 14: Aristoteles, Metaphysik (übers. v. H. Bonitz, Berlin 1890): 1024a; Lukrez, De rerum natura (dt. Welt aus Atomen, übers. v. K. Büchner(1973), Stuttgart 1994): 19 (I, 169-174); Augustinus, De genesi ad litteram (dt. Über den Wortlaut der Genesis, übers. v. C.J. Perl, Paderborn 1961, Bd. 1): 92 (III, 12, 20); Ray, J. (1686). Historia plantarum, 3 Bde.: I, 40 (I, xx); Leibniz, G.W. (1704). Nouveaus essais sur l'entendement humain (Philosophische Schriften, Bd. 3, Frankfurt/M. 1996): II, 94 (III, 6, §14); Linné, C. von (1737). Genera plantarum: [2] (§5); Buffon, G.L.L. (1749). Histoire naturelle, générale et particulière, Bd. 2: 10f.; Girtanner, C. (1796). Ueber das kantische Prinzip für die Naturgeschichte: 4; Cuvier, G. (1798). Tableau élémentaire de l'histoire naturelle des animaux: 11; Lamarck, J.B. de (1809). Philosophie zoologique, 2 Bde.: I, 75; Geoffroy Saint Hilaire, I. (1859). Histoire naturelle générale des règnes organiques: II, 437; Darwin, C. (1859). On the Origin of Species: 469; Huxley, T.H. (1860). Darwin on the origin of species. Westminster Review N.S. 17, 541-570: 543; Mendel, G. (1866). Versuche über Pflanzenhybriden (Braunschweig 1970): 6; Claus, C. (1876). Grundzüge der Zoologie, 3. Aufl.: 77; Flaubert, G. (1881). Bouvard et Pécuchet. Œuvre posthume: 101; Eimer, G.H.T. (1889). Die Artbildung und Verwandtschaft bei den Schmetterlingen: 16; Wallace, A.R. (1889). Darwinism: 167; Romanes, G. (1895). Darwin and After Darwin. An Exposition of the Darwinian Theory and a Discussion of the Post-Darwinian Questions, vol. 2. Post-Darwinian Questions. Heredity and Utility: 229; 230; Döderlein, L. (1902). Über die Beziehungen nahe verwandter „Thierformen" zu einander. Z. Morph. Anthrop. 4, 394-442: 411; Plate, L. (1907). Die Variabilität und die Artbildung nach dem Princip geographischer Formenketten bei den Cerion-Landschnecken der Bahama-Inseln. Arch. Rassen- Gesellschaftsbiol. 4, 433-470; 581-614: 589; Jordan, K. (1905). Der Gegensatz zwischen geographischer und nichtgeographischer Variation. Z. wiss. Zool. 83, 151-210: 19; Schmidt, H. (1912). Wörterbuch der Biologie: 32; Lotsy, J.P. (1916). Evolution by Means of Hybridization: 23; Rosa, D. (1918). Ologenesi (ed A. La Vergata, Florenz 2001): 216; Stresemann, E. (1920). Die taxonomische Bedeutung qualitativer Merkmale. Der ornithologischer Beobachter 17 (10), 149-152: 151f.; Remane, A. (1927). Art und Rasse. Verhandl. Ges. Phys. Anthropol. 1927, 2-33: 7; du Rietz, G.E. (1930). The fundamental units of biological taxonomy. Svensk. Botan. Tidskr. 24, 333-428: 357; Thompson, J.A. (1934). Biology for Everyman, 2 vols.: II, 1334; Dobzhansky, T. (1935). A critique of the species concept in biology. Philos. Sci. 2, 344-355: 354; Huxley, J.S. (1940). Introductory: Towards the new systematics. In: ders. (ed.) The New Systematics (Oxford 1952), 1-46: 11; Mayr, E. (1942). Systematics and the Origin of Species: 120; Anonymus (1953). Art. Kosmos-Lexikon der Naturwissenschaften, mit besonderer Berücksichtigung der Biologie, Bd. 1, 129-130: 129; Hennig, W. [1960]. Phylogenetische Systematik (Berlin 1982): 65; Simpson, G.G. (1961). The Principles of Animal Taxonomy: 153; Schindewolf, O.H. (1962). „Neue Systematik". Palaeontol. Z. 36,

59-78: 67; Grassé, P.-P. (1966). L'évolution. In: ders. et al. (ed.). Biologie générale, 754-963: 881; Anonymus (1967). Art In: Stöcker, F.W. & Dietrich, G. (Hg.). Brockhaus ABC Biologie: 49-50: 49; Ghiselin, M. (1974). A radical solution to the species problem. Syst. Zool. 23, 536-544: 538; Van Valen, L. (1976). Ecological species, multispecies, and oakes. Taxon 25, 233-239: 233; Wiley, E.O. (1978). The evolutionary species concept reconsidered. Syst. Zool. 27, 17-26: 18; Cronquist, A. (1978). Once again, what is a species? In: Knutson, L. (ed.). Biosystematics in Agriculture, 3-20: 15; Rosen, D.E. (1979). Fishes from the uplands and intermontane basins of Guatemala: revisionary studies and comparative biogeography. Bull. Amer. Mus. Nat. Hist. 162, 267-376: 277; Klausnitzer, B. & Richter, K. (1979). Bemerkungen zum Artkonzept und zur Phylogenie der Arten. Z. zool. Syst. Evolutionsforsch. 17, 236-241: 237; Eldredge, N. & Cracraft, J. (1980). Phylogenetic Patterns and the Evolutionary Process: 92; Nelson, G. & Platnick, N.I. (1981). Systematics and Biogeography. Cladistics and Vicariance: 12; Paterson, H.E.H. (1985). The recognition concept of species. In: Vrba, E.S. (ed.). Species and Speciation, 21-29: 25; Willmann, R. (1985). Die Art in Raum und Zeit: 133; Templeton, A.R. (1989). The meaning of species and speciation: a genetic perspective. In: Otte, D. & Endler, J.A. (eds.). Speciation and its Consequences, 3-27: 12; de Queiroz, K. (1999). The general lineage concept of species and the defining properties of the species category. In: Wilson, R. (ed.). Species, 49-89: 50; 53; Rehfeld, K. (1999). Art. Lexikon der Biologie, Bd. 2, 9-11: 9; Meier, R. & Willmann, R. (2000). The Hennigian species concept. In: Wheeler, Q. & Meier, R. (eds.). Species Concepts and Phylogenetic Theory. A Debate, 30-43: 31; Mishler, B.D. & Theriot, E.C. (2000). The phylogenetic species concept (sensu Mishler and Theriot): monophyly, apomorphy, and phylogenetic species concepts. In: Wheeler, Q. & Meier, R. (eds.). Species Concepts and Phylogenetic Theory. A Debate, 44-54: 46f.; Wilkins, J.S. (2003). How to be a chaste species pluralist-realist: the origins of species modes and the synapomorphic species concept. Biol. Philos. 18, 621-638: 635; Rieppel, O. (2009). Species as a process. Acta Biotheor. 57, 33-49: 33.
120 Vgl. Plate, L. (1914). Prinzipien der Systematik mit besonderer Berücksichtigung des Systems der Tiere. In: Hertwig, R. & Wettstein, R. von (Hg.). Abstammungslehre, Systematik, Paläontologie, Biogeographie (=Kultur der Gegenwart, Bd. 3, 4, 4), 92-164: 115f.
121 Nägeli, C. von (1865). Entstehung und Begriff der naturhistorischen Art: 33
122 Heincke, F. (1898). Naturgeschichte des Herings I. Die Lokalformen und die Wanderungen des Herings in den europäischen Meeren: XC.
123 Haeckel, E. (1866). Generelle Morphologie der Organismen, 2 Bde.: II, 393.
124 a.a.O.: 394.
125 ebd.
126 Schopenhauer, A. (1819-44/58). Die Welt als Wille und Vorstellung (Sämtliche Werke, hg. v. W. von Löhneysen, Bd. I & II, Stuttgart/Frankfurt/M. 1960): II, 471 (III, Kap. 29).

127 Delpino, F. (1867). Pensieri sulla biologia; Kerner von Marilaun, A. (1898). Pflanzenleben, Bd. 2; Burmeister, H. (1856). Zoonomische Briefe, Bd. I: 8; Dana, J.D. (1857). Thoughts on species. Amer. J. Sci. Arts (2) 24: 315; Brauer, F. (1885). Systematisch-zoologische Studien I. System und Stammbaum. Sitzungsber. Akad. Wiss. Wien (Math.-Naturw. Cl.) 91, I, 237-272: 242.
128 Plate (1914): 117.
129 Agassiz, L. (1857). Essay on Classification; Claus, C. (1880). Kleines Lehrbuch der Zoologie: 114; Möbius, M. (1890). Bildung und Bedeutung der Gruppenbegriffe unserer Tierstämme. Sitzungsber. Akad. Wiss. Berlin 1890, 845-851.
130 Bessey, E. (1908). Taxonomic aspect of the species question. Amer. Nat. 42, 218-224: 218.
131 Anderson, E. (1940). The concept of the genus, II. A survey of modern opinion. Bull. Torrey Bot. Club 67, 363-369: 366.
132 de Vries, H. (1901-03). Die Mutationstheorie, 2 Bde.: I, 121; vgl. Spillman, W.J. (1908). An interpretation of elementary species. Science 27, 896-898.
133 de Vries (1901-03): I, 174.
134 a.a.O.: I, 175.
135 Lotsy, J.P. (1916). Evolution by Means of Hybridization: 22.
136 a.a.O.: 27.
137 a.a.O.: 23.
138 Huxley, J.S. (1940). Introductory: Towards the new systematics. In: ders. (ed.) The New Systematics (Oxford 1952), 1-46: 3f.
139 Bertalanffy, L. von (1932). Theoretische Biologie, Bd. 1: 272; vgl. Hennig, W. (1950). Grundzüge einer Theorie der phylogenetischen Systematik: 117.
140 Vgl. Thorpe, W.H. (1940). Ecology and the future of systematics. In: Huxley, J.S. (ed.) The New Systematics (Oxford 1952), 341-364.
141 Darwin, C. (1859). On the Origin of Species: 52.
142 Eimer, G.H.T. (1888). Die Entstehung der Arten auf Grund von Vererben erworbener Eigenschaften nach den Gesetzen organischen Wachsens: 119.
143 Huxley, T.H. (1860). Darwin on the origin of species. Westminster Review N.S. 17, 541-570: 555 (Collected Essays, vol. 2, London 1893, 22-79: 50).
144 Haeckel (1866): II, 332ff.
145 Gore, C.G.F. (1838). The Rose-Fancier's Manual: 67.
146 a.a.O.: 64.
147 Huxley, T.H. (1856). Lectures on general natural history, lecture II. Medical Times and Gazette 12, 481-484: 483.
148 ebd.
149 Huxley, T.H. (1876). Species. The American Cyclopaedia, vol. 15, 233-236: 234; ders. (1876). What are species? Popular Science Monthly 1876 (Aug.) 409-415: 411.
150 Klunzinger, C.B. (1885). Über Bach- und Seeforellen. Jahreshefte des Vereins für Vaterländische Naturkunde in Württemberg 41, 266-288: 283.
151 Eimer (1888): 113f.
152 Klebahn, H. (1892). Kulturversuche mit heteröcischen Uredineen. Z. Pflanzenkrankh. 2, 258-275; 332-343: 274;

vgl. ders. (1898). Ueber den gegenwärtigen Stand der Biologie der Rostpilze. Botan. Zeitung 56, 145-158: 147.
153 Eriksson, J. (1894). Ueber die Specialisirung des Parasitismus bei den Getreiderostpilzen. Ber. Deutsch. Bot. Ges. 12, 292-331: 329f.
154 Cholodkovsky, N. (1900). Über den Lebenszyklus der Chermes-Arten und die damit verbundenen allgemeinen Fragen. Biolog. Zentralbl. 20, 265-283.
155 Schroeter, J. (1893). Zur Entwickelungsgeschichte der Uredineen. Schles. Ges. f. vaterl. Cultur. 71 (II. b: botan. Sect.), 31-32: 31.
156 Mayr, E. (1940). Speciation phenomena in birds. Amer. Nat. 74, 249-278: 258; vgl. ders. (1942). Systematics and the Origin of Species: 116; 151.
157 Trattinnick, L. (1819). Die Dattelpalme, eine Bewohnerin des österreichischen Kaiserthumes. In: Sartori, F. (Hg.). Österreichs Tibur, oder Natur- und Kunstgemählde aus dem österreichischen Kaiserthume, 129-142: 139.
158 Schroeter (1893): 31.
159 Mayr, E. (1948). The bearing of the new systematics on genetical problems: the nature of species. Adv. Genet. 2, 205-237: 226.
160 Uechtritz, M. von (1821). Pflanzenvarietäten, beobachtet auf einer im Sommer 1819 unternommenen Reise. Flora, oder Allgemeine Botanische Zeitung 4, 573-588: 576.
161 [Agassiz, J.-L. R.] (1834). [Observations upon the different species of the genus Salmo which frequent the various rivers and lakes of Europe]. Edinburgh New Philos. J. 17, 380-385: 384; [ders.] (1835). Remarks on the different species of the genus Salmo which frequent various rivers and lakes in Europe. Report of the Meeting of the British Association for the Advancement of Science 4, 617-623: 622; Anonymus (1872). Ornithological Blunders. Amer. Nat. 6, 303; Howe, E.C. (1881). *Carex sulivantii*, Boot., A hybrid. Bot. Gaz. 6, 169-170: 169; Berry, E.W. (1929). [Rez. Weigelt, J. (1928). Die Pflanzenreste des mitteldeutschen Kupferschiefers und ihre Einschaltung ins Sediment]. Science 69, 602-603: 603.
162 R.L. (1817). [Rez. Ochsenheimer, F. (1807-). Die Schmetterlinge von Europa]. Jenaische Allgemeine Literatur-Zeitung 1817 (1), 289-295: 289.
163 Bg. (1823). [Rez. Sebastiani, A. & Mauri, E. (1818). Florae Romanae prodromus; u.a.]. Göttingische Gelehrte Anzeigen 1823 (1), 673-678: 678.
164 Griesselich (1830). Pflanzengenera und Species, deren Recht als solche unbegründet ist. Magazin für Pharmacie 31, 195-218: 211.
165 Dobzhansky, T. (1972). Species of *Drosophila*. Science 177, 664-669: 664.
166 Moore, R.C. & Sylvester-Bradley, P.C. (1956). Problem of scientific nomenclature applicable to fragmentary fossils. J. Paleontol. 30, 999.
167 Mayr, E. (1987). The ontological status of species: scientific progress and philosophical terminology. Biol. Philos. 2, 145-166: 166.
168 Vgl. Kitcher, P. (1984). Species. Philos. Sci. 51, 308-333; Rosenberg, A. (1985). The Structure of Biological Science: 180ff.

169 Cain, A.J. (1953). Geography, ecology and coexistence in relation to the biological definition of species. Evolution 7, 76-83: 82; ders. (1954). Animal Species and their Evolution (dt. 1959): 60; 166.
170 Van Valen, L. (1976). Ecological species, multispecies, and oakes. Taxon 25, 233-239: 233; Sucker, U. (1978). Philosophische Probleme der Arttheorie: 2.
171 Mayr, E. (1969.1). Principles of Systematic Zoology: 26.
172 Meglitsch, P.A. (1954). On the nature of the species. Syst. Zool. 3, 49-65: 54.
173 Mayr, E. (1942). Systematics and the Origin of Species: 118.
174 Van Valen (1976): 233.
175 Poulton, E.B. (1903). What is a species? Proc. Roy. Entomol. Soc. Lond., lxxvii-cxvi: xc.
176 Raunkiaer, C. (1915). Art (Zoologe og Botanik). In: Salmonsens Konversationslexikon (Kopenhagen), Bd. 2, 156-157: 157; vgl. ders. (1918). Über den Begriff der Elementarart im Lichte der modernen Erblichkeitsforschung. Z. indukt. Abstamm. Vererbungsl. 19, 225-240: 231.
177 Meyer, A. (1926). Logik der Morphologie im Rahmen einer Logik der gesamten Biologie: 146.
178 Turesson, G. (1922). The species and the variety as ecological units. Hereditas 3, 100-113: 101f.
179 Ravin, A.W. (1963). Experimental approaches to the study of bacterial phylogeny. Amer. Nat. 97, 307-318: 308.
180 Herbert, W. (1837). Amaryllidaceae: 341.
181 Romanes, G. (1895). Darwin and After Darwin. An Exposition of the Darwinian Theory and a Discussion of the Post-Darwinian Questions, vol. 2. Post-Darwinian Questions: Heredity and Utility: 229ff.; vgl. Wilkins, J.S. (2009). Species. A History of the Idea: 167.
182 Schäffle, A. (1881). Bau und Leben des socialen Körpers, Bd. 1, 2. Aufl.: xi; 214 (noch nicht in der 1. Aufl. 1875).
183 a.a.O.: 214.
184 a.a.O.: 25.
185 Schäffle, A. (1900). Zur sozialwissenschaftlichen Theorie des Krieges, erster Artikel. Auseinandersetzung mit den Abrüstungsfreunden. Zeitschrift für die gesamte Staatswissenschaft 56, 218-278: 273.
186 Naef, A. (1919). Idealistische Morphologie und Phylogenetik: 44.
187 Leibniz, G.W. (1704). Nouveaus essais sur l'entendement humain (Philosophische Schriften, Bd. 3, Frankfurt/M. 1996): II, 50 (III, 3, § 14).
188 Poulton, E.B. (1903). What is a species? Proc. Roy. Entomol. Soc. Lond., lxxvii-cxvi: xciv.
189 Plate (1914): 128.
190 Wasmann, E. (1904/06). Die moderne Biologie und die Entwicklungstheorie: 315f.
191 Vgl. Meyer (1926): 136.
192 Mayr, E. (1982). The Growth of Biological Thought: 272.
193 Stresemann, E. (1919). Über die europäischen Baumläufer. Verh. Orn. Ges. Bayern 14, 39-74: 66; vgl. ders. (1919). Zur Frage der Entstehung neuer Arten durch Kreuzung. Cl. Nederl. Vogelk. Jaarber. 9, 24-32; Haffer, J.,

Rutschke, E. & Wunderlich, K. (2000/04). Erwin Stresemann: 173f.
194 Stresemann, E. (1920). Die taxonomische Bedeutung qualitativer Merkmale. Der ornithologische Beobachter 17 (10), 149-152: 151; ebenso in ders. (1921). Die Spechte der Insel Sumatra. Archiv für Naturgeschichte 87 (7), Abt. A, 64-120: 65.
195 Stresemann (1920): 151f.; ders. (1921): 65.
196 Remane, A. (1927). Art und Rasse. Verhandl. Ges. Phys. Anthropol. 1927, 2-33: 7; vgl. auch Dobzhansky, T. (1937). Genetics and the Origin of Species: 312.
197 Mayr (1982): 272.
198 Nachweise für Tab. 16: Mayr, E. (1940). Speciation phenomena in birds. Amer. Nat. 74, 249-278: 256; ders. (1942). Systematics and the Origin of Species: 120; ders. (1969.1). Principles of Systematic Zoology: 26; ders. (1969.2). The biological meaning of species. Biol. J. Linn. Soc. 1, 311-320: 314; ders. (1970). Populations, Species, and Evolution: 13; ders. (1982): 273; ders. (1992). A local flora and the biological species concept. Amer. J. Bot. 79, 222-238: 222; ders. (1997). This is Biology: 311.
199 Vgl. Beurton, P. (2002). Ernst Mayr through time on the biological species concept – a conceptual analysis. Theor. Biosci. 121, 81-98: 83.
200 a.a.O.: 86.
201 Willmann, R. (1985). Die Art in Raum und Zeit: 17.
202 Ghiselin, M. (1974). A radical solution to the species problem. Syst. Zool. 23, 536-544: 538.
203 Wittgenstein, L. (ca. 1945). Philosophische Untersuchungen (Frankfurt/M. 1984): 277ff. (§66ff.); vgl. Musil, R. (ca. 1942). Der Mann ohne Eigenschaften (Reinbek 1981): 1173; 1224.
204 Batsch, A.J.G.C. (1786). Naturgeschichte der Bandwurmgattung überhaupt und ihrer Arten insbesondere, nach den neuern Beobachtungen in einem systematischen Auszuge verfaßt: 17.
205 Heincke, F. (1898). Naturgeschichte des Herings I. Die Lokalformen und die Wanderungen des Herings in den europäischen Meeren: XXVIII.
206 Sarasin, F. & Sarasin, P. (1899). Die Landmollusken von Celebes: 229.
207 Mayr (1942): 111; ders. (1955). Karl Jordan's contributions to current concepts in systematics and evolution (In: ders., Evolution and the Diversity of Life, Cambridge, Mass. 1997, 485-492): 487; Beckner, M. (1959). The Biological Way of Thought (Berkeley 1968): 22.
208 Mirbel C.-F.B. (1815). Éléments de physiologie végétal, 2 Bde.: I, 482; vgl. ders. (1810). Considérations sur la manière d'étudier l'histoire naturelle des végétaux, servant d'introduction à une travail anatomique, physique et botanique sur la famille des Labiées. Ann. Mus. Hist. Nat. 15, 110-141: 128f.; vgl. Stevens P.F. (1994). The Development of Biological Systematics: Antoine-Laurent de Jussieu, Nature, and the Natural System: 78.
209 Weed, C.M. (ed.) (1894). Entomology. Amer. Nat. 28, 1050-1062: 1052.
210 Gulick, T. (1888). Divergent evolution through cumulative segregation. J. Linn. Soc. Zool. 20, 189-274: 201.
211 Sneath, P.H.A. (1962). The construction of taxonomic groups. In: Microbial Classification, 12. Symposium, Society of General Microbiology, 289-332: 291; vgl. Sokal, R.R. & Sneath, P.H.A. (1963). Principles of Numerical Taxonomy: 15; Mayr, E. (1969.1). Principles of Systematic Zoology: 83.
212 Beinling, T.R.B. (1858). Ueber die geographische Verbreitung der Coniferen: 7; vgl. auch Gray, A. (1860). Remarks on the botany of Japan, in its relations to that of North America. Edinb. New Philos. J. 11, 159-163: 162; ders. (1871). In: F.J.B. (1871). Herbarium suggestions. Bull. Torrey Bot. Club 2, 9; Gill, T.N. (1878). Note on the Ceratiidae. Proc. U.S. Natl. Mus. 1(33), 227-231: 231.
213 Ruse, M. (1973). The Philosophy of Biology: 153.
214 Gregg, J.R. (1954). The Language of Taxonomy: 64ff.
215 Ruse (1973): 153.
216 Mayr, E. (1963). Animal Species and Evolution: 19.
217 Paterson, H.E.H. (1978). More evidence against speciation by reinforcement. South Afr. J. Sci. 74, 369-371: 369; ders. (1985). The recognition concept of species. In: Vrba, E.S. (ed.). Species and Speciation, 21-29: 24.
218 Lambert, D.M., Michaux, B. & White, C.S. (1987). Are species self-defining? Syst. Zool. 36, 195-205.
219 Hennig, W. (1950). Grundzüge einer Theorie der phylogenetischen Systematik: 282.
220 Dobzhansky, T. (1935). A critique of the species concept in biology. Philos. Sci. 2, 344-355: 355; Ghiselin, M. (1974). A radical solution to the species problem. Syst. Zool. 23, 536-544: 539; Van Valen, L. (1976). Ecological species, multispecies, and oakes. Taxon 25, 233-239; Hull, D. (1980). Individuality and selection (in: ders., The Metaphysics of Evolution, Albany 1989, 89-109): 107.
221 Meier, R. & Willmann, R. (2000). The Hennigian species concept. In: Wheeler, Q. & Meier, R. (eds.). Species Concepts and Phylogenetic Theory. A Debate, 30-43: 32.
222 Hull (1980): 107.
223 Mishler, B.D. & Brandon, R.N. (1987). Individuality, pluralism, and the phylogenetic species concept. Biol. Philos. 2, 397-414: 406; Ereshefsky, M. (1998). Species pluralism and anti-realism. Philos. Sci. 65, 103-120.
224 Vgl. Willmann, R. (1985). Die Art in Raum und Zeit: 70f.
225 Remane (1927): 4f.; Klausnitzer, B. & Richter, K. (1979). Bemerkungen zum Artkonzept und zur Phylogenie der Arten. Z. zool. Syst. Evolutionsforsch. 17, 236-241; Willmann (1985): 48.
226 Vgl. Rosen, D.E. (1978). Vicariant patterns and historical explanations in biogeography. Syst. Zool. 27, 159-188; Donoghue, M.J. (1985). A critique of the biological species concept and recommendations for a phylogenetic alternative. Bryologist 88, 172-181: 177.
227 Sokal, R.R. & Crovello, T.J. (1970). The biological species concept: a critical evaluation. Amer. Nat. 104, 127-153.
228 Simpson, G.G. (1951). The species concept. Evolution 5, 285-298.
229 Vgl. Rosenberg, A. (1985). The Structure of Biological Science: 196.
230 Mayr, E. (1969.2). The biological meaning of spe-

cies. Biol. J. Linn. Soc. 1, 311-320: 316; vgl. ders. (1948). The bearing of the new systematics on genetical problems: the nature of species. Adv. Genet. 2, 205-237: 223f.; ders. (1996). What is a species, and what is not? Philos. Sci. 63, 262-277: 264; Regelmann, J.-P. (1982). Historische und funktionelle Biologie: Die Unzulänglichkeit einer Systemtheorie der Evolution. Acta Biotheor. 31, 205-235: 211.
231   Huxley (1860): 50.
232   Cain (1953): 82; ders. (1954; dt. 1959): 60; 164; vgl. Thomas, G. (1956). The species conflict – abstractions and their applicability. In: Sylvester-Bradley, P.C. (ed.). The Species Concept in Paleontology, 17-31: 23; George, T.N. (1956). Biospecies, chronospecies and morphospecies. In: Sylvester-Bradley, P.C. (ed.). The Species Concept in Paleontology, 123-137: 134.
233   Turesson, G. (1929). Zur Natur und Begrenzung der Arteinheiten. Hereditas 12, 323-334: 330; Cain (1953): 82; ders. (1954; dt. 1959): 128; 167.
234   Vgl. z.B. Mayr, E. (1963). Animal Species and Evolution: 28.
235   Cronquist, A. (1978). Once again, what is a species? In: Knutson, L. (ed.). Biosystematics in Agriculture, 3-20: 15.
236   Ehrendorfer, F. (1984). Artbegriff und Artbildung in botanischer Sicht. Z. zool. Syst. Evolutionsforsch. 22, 234-263: 259.
237   Nixon, K.C. & Wheeler, Q.D. (1990). An amplification of the phylogenetic species concept. Cladistics 6, 211-223: 218.
238   Mahner, M. & Bunge, M. (1997). Foundations of Biophilosophy: 255; 315.
239   a.a.O.: 154; 220.
240   a.a.O.: 255; 314.
241   a.a.O.: 315; vgl. Mahner, M. (1993). What is a species? A contribution to the never ending species debate in biology. J. Gen. Philos. Sci. 24, 103-126: 115.
242   Remane, A. (1934). [Rez. Rensch, B. (1934). Kurze Anweisung für zoologisch-systematische Studien]. Der Biologe 3, 326; ders. (1941). Die Abstammungslehre im gegenwärtigen Meinungskampf. Archiv für Rassen- und Gesellschafts-Biologie 35, 89-122: 97.
243   Remane, A. (1952). Die Grundlagen des natürlichen Systems, der vergleichenden Anatomie und der Phylogenetik: 3; vgl. Scheel, M. (1961). Die Anwendung moderner Lochkartenverfahren für den Aufbau von Pflanzen-Bestimmungsschlüsseln. Acta Biotheor. 14, 61-98: 63.
244   Herre, W. (1974). Gedanken über die Beziehungen zwischen Morphologie, Genetik und Evolution. Zool. Jahrb. Anat. 22, 197-219: 199; 204; Willmann, R. (1985). Die Art in Raum und Zeit: 75.
245   Camp, W.H. (1951). Biosystematy. Brittonia 7, 113-127: 120.
246   Emerson, A.E. (1956). Ethospecies, ethotypes, taxonomy, and evolution of Apicotermes and Allognathotermes (Isoptera, Termitidae). American Museum Novitates No. 1771; Mayr, E. (1982). The Growth of Biological Thought: 279.
247   Dobzhansky (1935): 354; vgl. ders. (1937): 312.
248   Harper, R.A. (1923). The species concept from the point of view of a morphologist. Amer. J. Bot. 10, 229-233: 231.
249   Wilkins, J.S. (2006). The concept and causes of microbial species. Stud. Hist. Philos. Life Sci. 28, 389-408: 392; ders. (2009). Species. A History of the Idea: 203.
250   Noetling, F. (1900). The Miocene of Burma: 75; vgl. ders. (1900). [Memoir on the tertiary fauna of India]. General Report on the Work Carried on by the Geological Survey of India for the Period from 1899 to 1900, 16-20: 18.
251   Cook, O.F. (1904). Evolution not the origin of species. Popular Science Monthly 1904 (März), 445-456: 456.
252   Cook, O.F. (1906). Aspects of kinetic evolution. Proceedings of the Washington Academy of Sciences 8, 197-404: 357.
253   Clark, B.L. (1945). Problems of speciation and correlation as applied to mollusks of the marine Cenozoic. J. Paleontol. 19, 158-172: 165.
254   Simpson (1951): 289; vgl. ders. (1961). The Principles of Animal Taxonomy: 153.
255   Meglitsch, P.A. (1954). On the nature of the species. Syst. Zool. 3, 49-65: 64.
256   Wiley, E.O. (1978). The evolutionary species concept reconsidered. Syst. Zool. 27, 17-26: 18.
257   Meglitsch (1954): 50; Donoghue (1985): 177.
258   Weismann, A. (1886). Die Bedeutung der sexuellen Fortpflanzung für die Selections-Theorie: 86.
259   MacAlister, A. (1892). [Opening address]. Nature 46, 378-382: 379; ders. (1893). The study of man. Popular Science Monthly 1893 (Jan.), 303-318: 307.
260   Cook, O.F. (1899). Four categories of species. Amer. Nat. 33, 287-297: 293; vgl. auch Brown, A.E. (1906). Ontogenetic species and convergent genera. Science 23, 146-147: 146.
261   Donoghue (1985): 175f.; Mishler & Brandon (1987).
262   Mishler, B.D. & Theriot, E.C. (2000). The phylogenetic species concept (sensu Mishler and Theriot): monophyly, apomorphy, and phylogenetic species concepts. In: Wheeler, Q. & Meier, R. (eds.). Species Concepts and Phylogenetic Theory. A Debate, 44-54: 46f.
263   Mishler & Brandon (1987): 406.
264   Donoghue (1985): 175.
265   de Queiroz, K. (1998). The general lineage concept of species, species criteria, and the process of speciation. In: Howard, D.J. & Berlocher, S.H. (eds.). Endless Forms: Species and Speciation, 57-75; ders. (1999). The general lineage concept of species and the defining properties of the species category. In: Wilson, R. (ed.). Species, 49-89.
266   Mayr, E. (1949). The species concept: semantics versus semantics. Evolution 3, 371-372: 371.
267   de Queiroz (1999): 69.
268   Pfeffer, W. (1881/97-1904). Pflanzenphysiologie. Ein Handbuch der Lehre vom Stoffwechsel und Kraftwechsel in der Pflanze, 2 Bde.: II, 239.
269   Migula, W. (1897). System der Bakterien, Bd. 1: 224.
270   Brown, A.E. (1906). Ontogenetic species and convergent genera. Science 23, 146-147: 146.
271   Turesson, G. (1922). The species and the variety as ecological units. Hereditas 3, 100-113: 102; vgl. ders. (1922). The genotypical response of the plant species to the

habitat. Hereditas 3, 211-350: 344.
272 Van Valen, L. (1976). Ecological species, multispecies, and oakes. Taxon 25, 233-239: 233.
273 Sudhaus, W. (1984). Artbegriff und Artbildung in zoologischer Sicht. Z. zool. Syst. Evolutionsforsch. 22, 183-211: 186.
274 Vgl. Ehrlich, P.R. & Raven, P.H. (1969). Differentiation of populations. Science 165, 1228-1232.
275 Mayr, E. (1969). Principles of Systematic Zoology: 31; ders. (1982). The Growth of Biological Thought: 283.
276 Andersson, L. (1990). The driving force: species concepts and ecology. Taxon 39, 375-382.
277 Rosenberg, A. (1985). The Structure of Biological Science: 200.
278 Grant, V. (1992). Comments on the ecological species concept. Taxon 41, 310-312.
279 Nees von Esenbeck, C.G. (1820). Handbuch der Botanik, Bd. 1: 153; Nees von Esenbeck, C.G., Hornschuch, C.F. & Sturm, J. (1827). Bryologia Germanica, Teil 2, 1: 24.
280 Waagen, W. (1869). Die Formenreihe des *Ammonites subradiatus*. Versuch einer paläontologischen Monographie. In: Benecke, E.W. (Hg.). Geognostisch-Paläontologische Beiträge, Bd. 2, 179-256; auch: Neumayr, M. & Paul, C.M. (1875). Die Congerien- und Paludinenschichten Slavoniens und deren Faunen. Abh. k.k. geolog. Reichsanst. Wien 7, 3.
281 Sarasin, F. & Sarasin, P. (1899). Die Landmollusken von Celebes: 229.
282 Neumayr (1880): 208f.; Naef (1919): 45; Simpson, G.G. (1943). Criteria for genera, species, and subspecies in zoology and paleozoology. Ann. New York Acad. Sci. 44, 145-178: 171f.; ders. (1961): 150; Senglaub, K. (1969). [Über den Artbegriff]. Ber. deutsch. Ges. geol. Wiss. A Geol. Paläontol. 14, 353-354: 354.
283 Bock, W.J. (1979). The synthetic explanation of macroevolutionary change. A reductionistic approach. Bull. Carnegie Mus. Nat. Hist. 13, 20-69: 28f.
284 Meier, R. & Willmann, R. (2000). The Hennigian species concept. In: Wheeler, Q. & Meier, R. (eds.). Species Concepts and Phylogenetic Theory. A Debate, 30-43: 37.
285 Thomas, G. (1956). The species conflict – abstractions and their applicability. In: Sylvester-Bradley, P.C. (ed.). The Species Concept in Paleontology, 17-31: 23; George, T.N. (1956). Biospecies, chronospecies and morphospecies. In: Sylvester-Bradley, P.C. (ed.). The Species Concept in Paleontology, 123-137; Nitecki, M.H. (1957). What is a paleontological species? Evolution 11, 378-380: 380.
286 Huxley, J.S. (1938). Species formation and geographic isolation. Proc. Linn. Soc. London 150, 253-265: 255; Sylvester-Bradley, P. (1951). The subspecies in paleontology. Geol. Mag. 88, 88-102: 91.
287 Simpson (1943): 174.
288 Sylvester-Bradley, P. (1954). The superspecies. Syst. Zool. 3, 145-146.
289 Hull, D. (1965). The effect of essentialism on taxonomy. Two thousand years of stasis (II). Brit. J. Philos. Sci. 16, 1-18: 9f.
290 Plate (1914): 130.
291 Willmann (1985): 122f.
292 Davis, J.I. (1995). Species concepts and phylogenetic analysis. Syst. Bot. 20, 555-559: 556; Meier & Willmann (2000).
293 Kornet, D. (1993). Permanent splits as speciation events: a formal reconstruction of the internodal species concept. J. theor. Biol. 164, 407-435.
294 Ackery, P.R. & Vane-Wright, R.I. (1984). Milkweed Butterflies, Their Cladistics and Biology. Brit. Mus. (Nat. Hist.) Publ. No. 893: 21; Donoghue (1985): 178f.
295 Rosa, D. (1918). Ologenesi (ed A. La Vergata, Florenz 2001): 216.
296 Ereshefsky, M. (1992). Eliminative pluralism. Philos. Sci. 59, 671-690: 680; ders. (1999). Species and the Linnian hierarchy. In: Wilson, R. (ed.). Species, 285-305: 295.
297 Willmann, R. (1985). Die Art in Raum und Zeit: 118f.
298 a.a.O.: 133.
299 Simpson, G.G. (1951). The species concept. Evolution 5, 285-298: 293; Mayr, E. (1974). Cladistic analysis or cladistic classification? Z. zool. Syst. Evolutionsforsch. 12, 94-128: 110; ders. (1982). The Growth of Biological Thought: 229.
300 Remane (1927): 32; Hennig (1950): 102.
301 Bonde, N. (1977). Cladistic classification as applied to vertebrates. In: Hecht, M., Goody, P. & Hecht, B. (eds.). Major Patterns in Vertebrate Evolution, 741-804: 754; Willmann (1985): 118ff.
302 Z.B. Simpson (1961), Mayr (1974): 109.
303 Mahner, M. & Bunge, M. (1997). Foundations of Biophilosophy: 320.
304 Griffiths, G.C.D. (1974). On the foundations of biological systematics. Acta Biotheor. 23, 85-131: 116.
305 Wiley, E.O. & Mayden, R.L. (2000). A critique of the evolutionary species concept perspective. In: Wheeler, Q. & Meier, R. (eds.). Species Concepts and Phylogenetic Theory. A Debate, 146-158: 157.
306 Wiley, E.O. & Mayden, R.L. (2000). A defense of the evolutionary species concept. In: Wheeler, Q. & Meier, R. (eds.). Species Concepts and Phylogenetic Theory. A Debate, 198-208: 205.
307 Mishler, B.D. & Theriot, E.C. (2000). A defense of the phylogenetic species concept (*sensu* Mishler and Theriot): monophyly, apomorphy, and phylogenetic species concepts. In: Wheeler, Q. & Meier, R. (eds.). Species Concepts and Phylogenetic Theory. A Debate, 179-184: 179.
308 Maclaurin, J. & Sterelny, K. (2008). What is Biodiversity?: 38; ähnlichlautend Reif, W.-E. (2004). Problematic issues of cladistics: 2. The Hennigian species concept. Neues Jahrbuch für Geologie und Paläontologie, Abhandlungen 231, 37-65.
309 Mayr, E. (1957). Die denkmöglichen Formen der Artenstehung. Rev. Suisse Zool. 64, 219-235: 223; Willmann, R. (1985). Die Art in Raum und Zeit: 46; 121.
310 Ehrendorfer, F. (1984). Artbegriff und Artbildung in botanischer Sicht. Z. zool. Syst. Evolutionsforsch. 22, 234-263.
311 Lotsy, J.P. (1925). Species or Linneon? Genetica 7, 487-506: 496.
312 Grant, V. (1957). The plant species in theory and practice. In: Mayr, E. (ed.). The Species Problem. Amer.

Assoc. Adv. Sci. Publ. 50, 39-80: 67.
313 Sonneborn, T.M. (1957). Breeding systems, reproductive methods, and species problems in Protozoa. In: Mayr, E. (ed.). The Species Problem, 155-324: 201; 295.
314 Kitcher, P. (1984). Species. Philos. Sci. 51, 308-333: 320ff.; Mishler, B.D. & Donoghue, M.J. (1982). Species concepts: a case for pluralism. Syst. Zool. 31, 491-503; Mishler & Brandon (1987).
315 Dupré, J. (1999). On the impossibility of a monistic account of species. In: Wilson, R.A. (ed.). Species, 3-22: 9; 18.
316 Holsinger, K.E. (1984). The nature of biological species. Philos. Sci. 51, 293-307: 295.
317 Templeton, A.R. (1989). The meaning of species and speciation: a genetic perspective. In: Otte, D. & Endler, J.A. (eds.). Speciation and its Consequences, 3-27: 12.
318 Williams, M.B. (1992). Species: current usages. In: Fox Keller, E. & Lloyd, E.A. (eds.). Keywords in Evolutionary Biology, 318-323: 322.
319 Rosenberg, A. (1985). The Structure of Biological Science: 201f.
320 Huxley, J.S. (1942). Evolution. The Modern Synthesis: 162.
321 Vgl. Wilkins, J.S. (2009). Species. A History of the Idea: 233.
322 Vgl. Sucker, U. (1978). Philosophische Probleme der Arttheorie.
323 Mayr, E. (1963). Animal Species and Evolution: 620f.
324 Sober, E. (1984). Sets, species, and evolution: comments on Philip Kitcher's "Species". Philos. Sci. 51, 334-341: 341.
325 Boyd, R.N. (1988). How to be a moral realist. In: Sayre-McCord, G. (ed.). Essays on Moral Realism, 181-228: 181; 196ff.
326 Boyd, R. (1991). Realism, anti-foundationalism, and the enthusiasm for natural kinds. Philos. Stud. 61, 127-148.
327 Boyd (1988): 217f; vgl. ders. (1999). Homeostasis, species, and higher taxa. In: Wilson, R.A. (ed.). Species. New Interdisciplinary Essays, 141-185: 144.
328 Boyd (1999); Brigandt, I. (2009). Natural kinds in evolution and systematics: metaphysical and epistemological considerations. Acta Biotheor. 57, 77-97: 79f.
329 Rieppel, O. (2009). Species as a process. Acta Biotheor. 57, 33-49: 33; vgl. ders. (2007). Species: kinds of individuals or individuals of a kind. Cladistics 23, 373-384; Keller, R., Boyd, R. & Wheeler, Q. (2003). The illogical basis of phylogenetic nomenclature. Bot. Rev. 69, 93-110.
330 Ereshefsky, M. (2007). Foundational issues concerning taxa and taxon names. Syst. Biol. 56, 295-301: 296.
331 Boyd (1999): 182.
332 Rieppel, O. (2006) The PhyloCode: a critical discussion of its theoretical foundation. Cladistics 22, 186-197: 191.
333 Ereshefsky (2007): 297.
334 Griffiths, P.E. (1999). Squaring the circle: natural kinds with historical essences. In: Wilson, R. (ed.). Species. New Interdisciplinary Essays, 209-228.
335 Vgl. Gayon, J. (1996). The individuality of the species. A Darwinian theory? From Buffon to Ghiselin and back to Darwin. Biol. Philos. 11, 215-244.
336 Vgl. Crane, J.K. (2004). On the metaphysics of species. Philos. Sci. 71, 156-173.
337 Buffon, G.L.L. (1749). Premier discours. La manière d'étudier & de traiter l'Histoire Naturelle. In: Histoire naturelle générale et particulière, Bd. 1, 1-62: 30.
338 Bardili, C.G. (1795). Allgemeine praktische Philosophie: 34.
339 Kielmeyer, C.F. (1793). Über die Verhältniße der organischen Kräfte unter einander in der Reihe der verschiedenen Organisationen, die Gesetze und Folgen dieser Verhältnisse: 5.
340 Treviranus, G.R. (1805). Biologie oder Philosophie der lebenden Natur für Naturforscher und Ärzte, Bd. 3: 225f.
341 Brocchi, G. (1814). Conchiologia fossile subapennina con osservazioni geologiche; vgl. Egerton, F.N. (1971). The concept of competition in nature before Darwin. Actes XIIe Congr. Int. Hist. Sci. Paris 1968, Bd. VII, 41-46: 45.
342 Spring, A.F. (1838). Ueber die naturhistorischen Begriffe von Gattung, Art und Abart und über die Ursachen der Abartungen in den organischen Reichen: 46.
343 ebd.
344 a.a.O.: 49.
345 Forbes, E. (1852). On the supposed analogy between the life of an Individual and the duration of a species. Annals and Magazine of Natural History, including Zoology, Botany, and Geology 10 (2nd Ser.), 59-62: 61.
346 Carus, V. (1854). System der thierischen Morphologie: 279.
347 Darwin, C. [1856-58]. Natural Selection (Charles Darwin's Natural Selection, ed. R.C. Stauffer, Cambridge 1975): 566.
348 Virchow, R. (1859). Atome und Individuen (Vier Reden über Leben und Kranksein, Berlin 1862, 35-76): 63.
349 Nägeli (1865): 37.
350 ebd.
351 Haeckel (1866): II, 353.
352 a.a.O.: 393.
353 Steenstrup, J. (1842). Ueber den Generationswechsel: 118.
354 Reichert, K.B. (1852). Die monogene Fortpflanzung: 8.
355 a.a.O.: 14; 18; 35 etc.
356 Leuckart, R. (1851). Ueber den Polymorphismus der Individuen oder die Erscheinung der Arbeitstheilung in der Natur: 37; vgl. 33; ders. (1865). Zur Entwickelungsgeschichte der *Ascaris nigrovenosa*. Archiv für Anatomie, Physiologie und wissenschaftliche Medicin 1865, 641-658: 658.
357 Huxley, J. (1912). The Individual in the Animal Kingdom: 25.
358 Hertwig, O. (1917). Das genealogische Netzwerk und seine Bedeutung für die Frage der monophyletischen oder der polyphyletischen Abstammungshypothese. Arch. mikroskop. Anat. 89, 227-242: 239; vgl. auch Meyer (1926): 132.
359 Hartmann, N. (1950). Philosophie der Natur: 566.

360 a.a.O.: 616.
361 a.a.O.: 566.
362 a.a.O.: 565.
363 a.a.O.: 668.
364 a.a.O.: 573; 651.
365 Hennig, W. (1950). Grundzüge einer Theorie der phylogenetischen Systematik: 115.
366 Löther, R. (2004). Zeit und Evolution der Lebewesen. Sitzungsberichte der Leibniz-Sozietät 68, 67-78: 70; vgl. ders. (1990). Species and monophyletic taxa as individual substantial systems. In: Baas, P., Kalkman, K. & Geesink, R. (eds.). The Plant Diversity of Malesia, 371-378; ders. (1972). Die Beherrschung der Mannigfaltigkeit. Philosophische Grundlagen der Taxonomie.
367 Ghiselin, M. (1966). On psychologism in the logic of taxonomic controversies. Syst. Zool. 15, 207-215: 208.
368 Ghiselin (1974).
369 Hull, D. (1978). A matter of individuality. Philos. Sci. 45, 335-360: 343.
370 Hull, D. (1976). Are species really individuals? Syst. Zool. 25, 174-191; ders. (1978); ders. (1987). Genealogical actors in ecological roles. Biol. Philos. 2, 168-184.
371 Hull (1978): 353f.
372 Ax, P. (1984). Das phylogenetische System: 34.
373 Ax, P. (1988). Systematik in der Biologie: 27.
374 Gregg, J.R. (1950). Taxonomy, language and reality. Amer. Nat. 84, 419-435.
375 Woodger, J.H. (1952). From biology to mathematics. Brit. J. Philos. Sci. 3, 1-21: 19.
376 Mahner, M. & Bunge, M. (1997). Foundations of Biophilosophy: 264.
377 Vgl. Smith, B. & Klagges, B.R.E. (2005). Philosophie und biomedizinische Forschung. Allg. Z. Philos. 30, 5-26.
378 Mahner & Bunge (1997): 265.
379 Hull (1976); ders. (1978); ders. (1981). Kitts and Kitts and Caplan on species. Philos. Sci. 48, 141-152: 146.
380 Kitcher, P. (1984). Species. Philos. Sci. 51, 308-333: 311; vgl. ders. (1987). Ghostly whispers: Mayr, Ghiselin, and the "philosophers" on the ontological status of species. Biol. Philos. 2, 184-192.
381 Bunge, M. (1981). Biopopulations, not biospecies, are individuals and evolve. Behav. Brain Sci. 4, 284-285.
382 Mahner, M. (1998). Warum es Evolution nur dann gibt, wenn Arten nicht evolvieren. Theor. Biosci. 117, 173-199; ders. (2005). Biologische Klassifikation und Artbegriff. In: Krohs, U. & Toepfer, G. (Hg.). Philosophie der Biologie, 228-244: 236.
383 Hull (1978): 347.
384 Hull, D. (1978). A matter of individuality. Philos. Sci. 45, 335-360: 358.
385 Amundson, R. (2005). The Changing Role of the Embryo in Evolutionary Thought: 24.
386 Cain, A.J. (1958). Logic and memory in Linnaeus' system of taxonomy. Proc. Linn. Soc. Lond. 169, 144-163; vgl. Winsor, M.P. (2001). Cain on Linnaeus: the scientist-historian as unanalysed entity. Stud. Hist. Philos. Biol. Biomed. Sci. 32, 239-254.
387 Mayr, E. (1959). Darwin and the evolutionary theory in biology. In: Evolution and Anthropology. A Centennial Appraisal, 1-10.
388 Hull, D. (1964-66). The effect of essentialism on taxonomy – two thousand years of stasis. Brit. J. Philos. Sci. 15, 314-326 & 16, 1-18.
389 Vgl. Winsor, M.P. (2003). Non-essentialist methods in pre-Darwinian taxonomy. Biol. Philos. 18, 387-400: 391f.
390 Wilkins, J.S. (2009). Species. A History of the Idea: x; ders. (2010). What is a species? Essences and generation. Theor. Biosci. 129, 141-148: 144.
391 Vgl. Amundson (2005): 209; Wilkins (2009): 5.
392 Mahner, M. (1993). What is a species? A contribution to the never ending species debate in biology. J. Gen. Philos. Sci. 24, 103-126; Mahner (1998); Mahner & Bunge (1997).
393 Mahner (1998): 173.
394 a.a.O.: 179.
395 Mahner & Bunge (1997): 222.
396 a.a.O.: 222; 239.
397 Stöhr, A. (1909). Der Begriff des Lebens: 281.
398 Wolters, G. (1996). Spezies. In: Mittelstraß, J. (Hg.). Enzyklopädie Philosophie und Wissenschaftstheorie, Bd. 4, 26-30: 28.
399 Mahner & Bunge (1997): 232.
400 Vgl. z.B. Hull (1978): 353f.
401 Vgl. auch Kitcher, P. (1984). Species. Philos. Sci. 51, 308-333: 312f.; Dupré, J. (1992). Species: theoretical contexts. In: Fox Keller, E. & Lloyd, E.A. (eds.). Keywords in Evolutionary Biology, 312-317: 313.
402 Hartmann, N. (1950). Philosophie der Natur: 709.
403 Vgl. Heuer, P. (2008). Art, Gattung, System. Eine logisch-systematische Analyse biologischer Grundbegriffe: 178f.
404 Rickert, H. (1896-1902/1929). Die Grenzen der naturwissenschaftlichen Begriffsbildung: 252; 462f
405 Rieppel, O. (2007). Species: kinds of individuals or individuals of a kind. Cladistics 23, 373-384: 373; vgl. ders. (2009). Species as a process. Acta Biotheor. 57, 33-49: 45; Brigandt, I. (2009). Natural kinds in evolution and systematics: metaphysical and epistemological considerations. Acta Biotheor. 57, 77-97: 86.
406 Duchesne, A.-N. (1796). Sur l'etablissment d'une nomenclature européenne d'histoire naturelle. Magasin encyclopédique: ou Journal des sciences, des lettres et des arts 1, 147-160: 148; 149; ders. (1801). Mémoires des sociétés savantes et littéraires de la république française 2, 81-90: 87.
407 Cuvier, G. (1807). Mémoire sur les ossemens d'oiseaux qui se trouvent dans les carrières de pierres à plâtre des environs de Paris. Annales du Muséum d'histoire naturelle 1807, 336-395: 374; ders. (1817). Le règne animal distribué d'après son organisation, Bd. 1: xvii; Pujoulx, J.B. (1813). Minéralogie à l'usage des gens du monde: 7.
408 Lee, R. (1833). Memoirs of Baron Cuvier: 30; Mill, J.S. (1846). A System of Logic, Ratiocinative and Inductive: 442.
409 Haeckel (1866): II, 323; Rádl, E. (1905-09). Geschichte der biologischen Theorien, 2 Bde.: I, 140.
410 Bonaparte, C.L.J.L. (1838). A geographical and comparative list of the birds of Europe and North America: vi; Gray, G.R. (1842). Appendix to A List of the Genera of

Birds: iv.
411 Douvillé, H. (1881). Règles proposées par le comité de la nomenclature paléontologique. Compt. Rend. Congr. Géol. Internat. 2. Sess., 594-595: Art. 1.
412 Strickland, H.E. et al. (1842). Report of a Committee Appointed to Consider of the Rules by which the Nomenclature of Zoology may be Established on a Uniform and Permanent Basis; Dall, W.H. (1877). Nomenclature in zoology and botany. Proc. Amer. Assoc. Adv. Sci. 7-56; American Ornithologists' Union (1886). The Code of Nomenclature and Check-List of North American Birds; vgl. Stejneger, L. (1926). A chapter in the history of zoological nomenclature. Smithsonian Misc. Coll. 77, 1-21: 7.
413 Chaper, M. (1881). Règles applicables à la nomenclature des êtres organisés proposés par la Société Zoologique de France: Art. 1.
414 Vgl. Stejneger (1926).
415 Blanchard, R. (1890). Règles de la nomenclature des êtres organisés, adoptées par le Congrès International de Zoologie. Compt. Rend. Congr. Int. Zool., 419-424; Règles de la nomenclature des êtres organisés, adoptées par les Congrès Internationaux de Zoologie (Paris 1889; Moscow 1892). Congr. Int. Zool. (1892) 2. Teil, Suppl. 72-83.
416 Bütschli, O. et al. (1894). Regeln für die wissenschaftliche Benennung der Thiere. Verh. Deutsch. Zool. Ges. 3, 89-98.
417 Vgl. Linsley, E.G. & Usinger, R.L. (1959). Linnaeus and the development of the International Code of Zoological Nomenclature. Syst. Zool. 8, 39-47: 43.
418 Vgl. Arber, A. (1912/38). Herbals. Their Origin and Evolution. A Chapter in the History of Botany 1470-1670: 168.
419 Bauhin, C. (1623). Pinax theatri bontanici.
420 Jung, J. (1662). De plantis doxoscopiae.
421 Magnol, P. (1676). Botanicum Monspeliense.
422 Tournefort, J.P. de (1694). Élémens de botanique ou méthode pour connaître les plantes, 9 Bde.
423 Vgl. Bremekamp, C.E.B. (1953). Linné's views on the hierarchy of the taxonomic groups. Acta Bot. Neer. 2, 242-253.
424 Linné, C. von (1753). Species plantarum, 2 Bde.; ders. (1735/58). Systema naturae.
425 Vgl. Heller, J.I. (1964). The early history of binomial nomenclature. Huntia 1, 33-70; Guédès, M. (1978). La genèse de la systématique binaire. Hist. Nat. 12-13, 97-110.
426 Vgl. McOuat, G. (1996). Species, rules and meaning: the politics of language and the ends of definitions in 19th century natural history. Stud. Hist. Philos. Sci. 27, 473-519: 479f.
427 Strickland, H. (1835). On the arbitrary alteration of established terms in natural history. Mag. Nat. Hist. 8, 36-40: 37.
428 a.a.O.: 38.
429 Kitcher, P. (1984). Species. Philos. Sci. 51, 308-333: 308; vgl. auch schon Regan, C.T. (1926). Organic evolution. Report of the British Association for the Advancement of Science 93 (1925), 75-86: 75.
430 Darwin, C. [Brief an Asa Gray vom 29. Nov. 1859).

] (More Letters of Charles Darwin, 2 vols., London 1903, vol. I, 126-127): 127; vgl. Wilkins, J.S. (2009). Species. A History of the Idea: 135; 169; 222f.
431 McOuat (1996): 511.
432 Bruch, C.F. (1828). Ornithologische Beyträge. Isis 21, 718-734: 725.
433 Schlegel, H. (1844). Kritische Übersicht der europäischen Vögel.
434 Darwin, C. (1865). [Brief an J.D. Hooker vom 17. April 1865] (More Letters of Charles Darwin, 2 vols., London 1903, I, 474f.): 474.
435 American Ornithologists' Union (1886).
436 Strickland, H.E. (1845). Report on the progress and present state of ornithology. Report of the British Association of the Advancement of Science 14, 170-221: 219; vgl. auch Anonymus (1881). The British Museum catalogue of birds. Nature 24, 239-241: 240.
437 Seebohm, H. (1881). Catalogue of the Passeriformes, or Perching Birds in the Collection of the British Museum, Cichlomorphæ, Part II: x.
438 Nathorst, A.G. (1886). Ueber die Benennung fossiler Dikotylenblätter. Botan. Centralbl. 25, 21-25; 52-55; 89-91: 54.
439 www.ohiou.edu/phylocode; vgl. Pennisi, E. (2001). Linnaeus's last stand? Science 291, 2304-2307.
440 Nelson, A. & Macbride, J.F. (1913). Western plant studies II. Bot. Gaz. 56, 469-479: 471.
441 Mishler, B. (1999). Getting rid of species? In: Wilson, R. (ed.). Species, 307-315: 312.
442 a.a.O.: 309.
443 Cain, A. (1959). Taxonomic concepts. Ibis 101, 302-318; Griffiths, G. (1976). The future of Linnaean nomenclature. Syst. Zool. 25, 168-173: 272.
444 Nitsch, C.L. Die Familiest und Gattungen der Thierinsekten (insecta epizoica) als Prodromus einer Naturgeschichte derselben. Magazin der Entomologie 3, 261-316: 273.
445 Weinholtz, K. (1843). Die speculative Methode und die natürliche Entwicklungsweise: 112.
446 Steinhart, C. (1852). Proclus. Real Encyclopädie der classischen Alterthumswissenschaft, Bd. 6, 62-76: 71.
447 Nees von Esenbeck, C.G. (1833). Naturgeschichte der europäischen Lebermoose, Bd. 1: 344.
448 Müller, K. (1853). Deutschlands Moose: 61.
449 Meyer, J.B. (1855).Aristoteles Thierkunde: 343.
450 Wagner, R. (1863). Bericht über die Arbeiten in der allgemeinen Zoologie im Jahre 1862. Archiv für Naturgeschichte 29 (II), 1-32: 16.
451 Meyer, J.B. (1866). Der Darwinismus. Preussische Jahrbücher 17, 272-302: 283.
452 Weismann, A. (1868). Über die Berechtigung der Darwin'schen Theorie: 32; vgl. ders. (1872). Ueber den Einfluss der Isolirung auf die Artbildung.
453 Wagner, M. (1875). Der Naturprocess der Artbildung. Das Ausland 1875, 425-428; Plate, L. (1900/03). Über die Bedeutung des Darwin'schen Selectionsprincips und Probleme der Artbildung.
454 Cook, O.F. (1906). Factors of species-formation. Science 23, 506-507: 506.

455 Hallier, E. (1865). Darwin's Lehre und die Specification.
456 Eickstedt, E. von (1934). Rassenkunde und Rassengeschichte: 88; Conrard-Martius, H. (1938). Ursprung und Aufbau des lebend. Kosmos: 155; 243; 286: »Artentstehung auf dem Wege der Mutation« (nach DWB Arch.).
457 Maupertuis, P.L.M. (1751). Système de la nature (Œuvres, Bd. 2, Lyon 1768, 135-168): 164 (§ XLV).
458 Buffon (1753): 355.
459 a.a.O.: 355; vgl. 353.
460 a.a.O.: 354.
461 a.a.O.: 357.
462 Geoffroy Saint-Hilaire, É. (1822). Philosophie anatomique, Bd. 2. Des monstruosités humaines: 121.
463 Buch, L. von (1825). Physicalische Beschreibung der Canarischen Inseln: 132f.
464 Vgl. Darwin, C. (1859). On the Origin of Species: 6.
465 a.a.O.: 105.
466 Mayr, E. (1942). Systematics and the Origin of Species: 148f.
467 Poulton, E.B. (1903). What is a species? Proc. Roy. Entomol. Soc. Lond., lxxvii-cxvi: xc.
468 Laubenfels, M.W. de (1953). Trivial names. Syst. Zool. 2, 42-45: 45.
469 Mayr, E. (1969.3). Bird speciation in the tropics (In: ders., Evolution and the Diversity of Life, Cambridge, Mass. 1997, 176-187): 176; 183; ders. (1969.1). Principles of Systematic Zoology: 53.
470 Mayr, E. (1982.2). Speciation and macroevolution. Evolution 36, 1119-1132: 1122.
471 White, M.J.D. (1968). Models of speciation. Science 159, 1065-1070: 1068.
472 Vgl. White, M.J.D. (1978). Modes of Speciation; Futuyma, D.J. & Mayer, G.C. (1980). Non-allopatric speciation in animals. Syst. Zool. 29, 254-271; Coyne, J. & Orr, H.A. (2004). Speciation.
473 Darwin, C. [1856-58]. Natural Selection (Charles Darwin's Natural Selection, ed. R.C. Stauffer, Cambridge 1975): 254; vgl. ders. (1859/72): 81.
474 Vgl. Mayr, E. (1992). Darwin's principle of divergence. J. Hist. Biol. 25, 343-359: 354.
475 Mayr, E. (1959). Isolation as an evolutionary factor. Proc. Amer. Philos. Soc. 103, 221-230; ders. (1963): 449f.
476 Barluenga, M. et al. (2006). Sympatric speciation in Nicaraguan crater lake cichlid fish. Nature 439, 719-723.
477 Cracraft, J. (1989). Species as entities of biological theory. In: Ruse, M. (ed.). What the Philosophy of Biology Is, 31-52: 47; Mahner, M. & Bunge, M. (1997). Foundations of Biophilosophy: 317.
478 Kroner, R. (1913). Zweck und Gesetz in der Biologie: 105.
479 Mousson, A. (1849). Die Land und Süsswasser-Mollusken von Java. Nach den Sendungen des Herrn Seminardirektors Zollinger zusammengestellt und beschrieben: ii; Fraas, C. (1852). Geschichte der Landwirthschaft: 548; Peschel, O. (1874). Völkerkunde: 17.
480 Anonymus (1850). [Rez. Mousson, A. (1849). Die Land- und Wusswasser-Mollusken von Java]. Gelehrte Anzeigen (Königlich-bayerische Akademie der Wissenschaften) 30 (Nr. 113), 905-907: 905.
481 Seligmann, E. (1926). Artumwandlung in der Enteritisgruppe. Zentralbl. Bakteriol. Parasitenk. Infektionskr. Hygiene. 1. Abt. Med.-hygien. Bakteriol. Virusf. Parasitol. 99, 263-266; Boeker, H. (1935). Artumwandlung durch Umkonstruktion, Umkonstruktion durch aktives Reagieren der Organismen; Kühn, A. (1935). Physiologie der Vererbung und Artumwandlung. Naturwiss. 23, 1-10; Mayr, E. (1963). Animal Species and Evolution (dt. Artbegriff und Evolution, Hamburg 1967): 341; 453.
482 Scaliger, J.C. (1557). Exotericarum exercitationum liber xv: fol. 386r; Bacon, F. (1627). Sylva sylvarum or Natural History (Works, vol. II, London 1859, 325-680): 507 (§ 525); zu Scaliger vgl. Blank, A. (2010). Biomedical Ontology and the Metaphysics of Composite Substances 1540-1670: 61ff.
483 Lamarck, J.B. de (1809). Philosophie zoologique, 2 Bde.: I, 63.
484 Lamarck, J.B. de (1802). Recherches sur l'organisation des corps vivans: 141.
485 Vgl. Amundson, R. (2005). The Changing Role of the Embryo in Evolutionary Thought: §2.2; Wilkins, J.S. (2009). Species. A History of the Idea: 95.
486 Wilkins (2009): 102.
487 Link, H.F. (1821-22). Die Urwelt und das Alterthum erläutert durch Naturkunde, 2 Bde.; Voigt, S.F. (1823). System der Natur und ihrer Geschichte.
488 Anonymus (1843). [Rez. Agassiz, L., Bericht über die fossilen Fische des Old Red Sandstone]. Neues Jahrbuch für Mineralogie, Geognosie, Geologie und Petrefakten-Kunde 1843, 750-751: 750; Schaaffhausen, H. (1853). Ueber Beständigkeit und Umwandlung der Arten. Verh. naturhist. Ver. preuss. Rheinl. Westphal. 10, 420-451; Seidlitz, G. (1871). Die Darwin'sche Theorie: 26.
489 Nägeli, C. von (1865). Entstehung und Begriff der naturhistorischen Art: 32.
490 Seidlitz, G. (1878-79). Die „naturwissenschaftlichen Streitfragen" Moritz Wagner's. Kosmos 4, 324-329: 325; Kaufmann, R. (1933). Variationsstatistische Untersuchungen über die „Artabwandlung" und „Artbildung" an der oberkambrischen Trilobitengattung Olenus Dalm. Abh. Geol. Paläont. Inst. Univ. Greifswald.
491 Przibram, H. (1910). Phylogenese. Eine Zusammenfassung der durch Versuche ermittelten Gesetzmäßigkeiten tierischer Art-Bildung (Arteigenheit, Artübertragung, Artwandlung).
492 Unger, F. (1852). Versuch einer Geschichte der Pflanzenwelt: 344.
493 a.a.O.: 345.
494 Schaaffhausen (1853): 433.
495 Darwin, C. (1836-44). Notebooks (Charles Darwin's Notebooks, 1836-1844, eds. Barrett, P.H. et al., Cambridge 1987): B227; vgl. Darwin, F. (ed.) (1887). The Life and Letters of Charles Darwin 3 Bde.: I, 276.
496 Darwin, C. (1859/66). On the Origin of Species: xiii.
497 Darwin, C. (1859). On the Origin of Species: 302.
498 Spencer, H. (1852). The development hypothesis (Essays, vol. 1, New York 1901, 1-7): 1.
499 Huxley, J. (1912). The Individual in the Animal King-

dom: 27.
500 Hertwig, O. (1916). Das Werden der Organismen. Eine Widerlegung von Darwin's Zufallstheorie: 275.
501 Hartmann, N. (1950). Philosophie der Natur: 616.
502 Vgl. a.a.O.: 605, 616, 669.
503 Lexikon der Biologie, Bd. 2 (Heidelberg 1999): 11 (Artbildung).
504 Kaufmann, R. (1933). Variationsstatistische Untersuchungen über die „Artabwandlung" und „Artumbildung" an der oberkambrischen Trilobitengattung *Olenus* Dalm. Abh. Geol. Paläont. Inst. Univ. Greifswald.
505 Willmann, R. (1985). Die Art in Raum und Zeit: 129.
506 a.a.O.: 67.
507 Mahner, M. & Bunge, M. (1997). Foundations of Biophilosophy: 320.
508 Mahner, M. (1998). Warum es Evolution nur dann gibt, wenn Arten nicht evolvieren. Theor. Biosci. 117, 173-199: 179.
509 Weingarten, M. (1993). Organismen – Objekte oder Subjekte der Evolution?: 98.
510 Bunge (1981).
511 Gómez de Silva, G. (1985). Elsevier's Concise Spanish Etymological Dictionary: 449.
512 Spitzer, L. (1941). Ratio > race. Amer. J. Philol. 62, 129-143.
513 Vgl. Marks, J. (1995). Human Biodiversity. Genes, Race, and History; Augstein, H.F. (ed.) (1996). Race. The Origins of an Idea, 1760-1850; Gates, N.E. (1997). The Concept of 'Race' in Natural and Social Science; Cartmill, M. (1998). The status of the race concept in physical anthropology. Amer. Anthropol. 100, 651-660; Smedley, A. (1999). Race in North America. Origin and Evolution of a Worldview; Sarich, V. & Miele, F. (2003). Race. The Reality of Human Differences; Caspari, R. (2003). From types to populations: a century of race, physical anthropology, and the American Anthropological Association. Amer. Anthropol. 105, 65-76; Lieberman, L., Kirk, R.C. & Littlefield, A. (2003). Perishing paradigm: Race 1931-99. Amer Anthropol. 105, 110-113; Mielke, J.H., Konigsberg, L.W. & Relethford, J.H. (2006). Human Biological Variation.
514 Nirenberg, D. (2003). Das Konzept von Rasse in der Forschung über mittelalterlichen iberischen Antijudaismus. In: Cluse, C., Haverkamp, A. & Yuval, I.J. (Hg.). Jüdische Gemeinden und ihr christlicher Kontext in kulturräumlich vergleichender Betrachtung von der Spätantike bis zum 18. Jahrhundert, 49-74: 61.
515 Becker, T. (2005). Mann und Weib – schwarz und weiß. Die wissenschaftliche Konstruktion von Geschlecht und Rasse 1600-1950: 31.
516 Vgl. Groebner, V. (2007). Mit dem Feind schlafen. Nachdenken über Hautfarbe, Sex und ›Rasse‹ im spätmittelalterlichen Europa. Histor. Anthropol. 15, 327-338.
517 Vgl. Nirenberg (2003).
518 Imperial, Francisco (1407). [Gedicht an den König]; vgl. Nirenberg (2003): 61.
519 Martínez de Toledo, A. [1438]. Corbacho, o reprobacíon del amor mundano (Barcelona 1971): 59f. (Kap. 18); vgl. Hering Torres, M.S. (2006). Rassismus in der Vormoderne. Die „Reinheit des Blutes" im Spanien der Frühen Neuzeit: 219.
520 Dies, Manuel (1424-36). Libre de la menescalia. Hs. València, Biblioteca General i Històrica de la Universitat, ms. 631, lib. 1, cap. 1; vgl. Nirenberg (2003): 63.
521 Covarrubias, Sebastian de (1611). Tesoro de la lengua castellana o Española: Stichwort ›raza‹.
522 Anonymus (1684). Les différentes espèces ou races d'homme. J. des Savans 1684, 135-140; vgl. Oberhummer, E. (1928-29). Herkunft und Bedeutung des Wortes Rasse. Anz. Akad. Wiss. Wien Phil.-Hist. Kl. 65, 205-215: 208.
523 Bernier, F. (1684). Nouvelle division de la terre par les différentes espèces ou races d'homme qui l'habitent.
524 Maupertuis, P.L.M. (1745). Vénus physique (Œuvres, Bd. 2, Lyon 1768, 1-133): 97.
525 Vgl. Gould, S.J. (1996). The Mismeasure of Man.
526 Vgl. Marks, J. (1995). Human Biodiversity. Genes, Race, and History: 50.
527 Vgl. Rheinberger, H.-J. & Müller-Wille, S. (2009). Vererbung. Geschichte und Kultur eines biologischen Konzepts: 143.
528 Buffon, G.L.L. de (1778). Époques de la nature (Œuvres philosophiques, Paris 1954, 117-229): 195.
529 Kant, I. (1775). Von den verschiedenen Racen der Menschen (AA, Bd. II, 427-443).
530 Kant, I. (1785). Bestimmung des Begriffs einer Menschenrace (AA, Bd. VIII, 89-106): 100; vgl. Barkhaus, A. (1994). Kants Konstruktion des Begriffs der Rasse und seine Hierarchisierung der Rassen. Biol. Zentralbl. 113, 197-203; Shell, S.M. (2006). Kant's concept of a human race. In: Eigen, S. & Larrimore, M.J. (eds.). The German Invention of Race, 55-72; Zammito, J. (2006). Policing polygeneticism in Germany, 1775 (Kames,) Kant, and Blumenbach. In: Eigen, S. & Larrimore, M.J. (eds.). The German Invention of Race, 35-54.
531 Kant, I. (1788). Über den Gebrauch teleologischer Principien in der Philosophie (AA, Bd. VIII, 157-184): 163.
532 Kant (1788): 165.
533 Blumenbach, J.F. (1779/1807). Handbuch der Naturgeschichte: 25 (§15); vgl. auch Eigen, S. (2005). Self, race, and species: J. F. Blumenbach's atlas experiment. German Quarterly 78, 277-298.
534 Vgl. Bernasconi, R. (ed.) (2001). Concepts of Race in the Eighteenth Century, 8 vols.
535 Vgl. Gould (1996); Mielke, J.H., Konigsberg, L.W. & Relethford, J.H. (2006). Human Biological Variation: 7f.
536 Haeckel (1866): II, 339.
537 Sidney, P. (c. 1580). The Psalmes of David (Übers.): XXI, x (nach OED).
538 Bastian, A. (1860). Der Mensch in der Geschichte, Bd. 3: 183: »der menschlichen Raçe«; Braun, J. (1864). Naturgeschichte der Sage, Bd. 1: 401: »menschliche Raçe«.
539 Kienitz, H. (1879). Botanische Untersuchungen, Bd. 2.1. Vergleichende Keimversuche mit Waldbaum-Samen aus klimatisch verschieden gelegenen Orten Mitteleuropa's: 3f.; Vgl. Langlet, O. (1971). Two hundred years of genecology. Taxon 20, 653-722: 672ff.
540 Vgl. z.B. Linné, C. von (1739). Röm om Wäxters Plantering, Grundat Na Naturen. Svensk. Wetensk. Acad.

Handl. 1; Pallas (1780); ders. (1811-35). Zoographia Rosso-Asiatica, 3 Bde.; Buch (1825); Gloger, C.L. (1833). Das Abändern der Vögel durch Einfluss des Klimas; vgl. Mayr, E. (1982). The Growth of Biological Thought: 560.
541 Bonaparte, C.L. (1850). Revue critique de l'ornithologie européene: 43.
542 Blasius, J.H. (1857). Naturgeschichte der Säugethiere Deutschlands und der Angrenzenden Länder von Mitteleuropa: 355.
543 Darwin, C. (1859). On the Origin of Species: 48.
544 Rensch, B. (1929). Das Prinzip geographischer Rassenkreise und das Problem der Artbildung: 11.
545 Transeau, E.N. (1909). The relation of the climatic factors to vegetation. Amer. Nat. 43, 487-493: 492.
546 Thorpe, W.H. (1928). Biological races in *Hyponomeuta padella*. J. Linn. Soc. Zool. 36, 621-634; ders. (1930). Biological races in insects and allied groups. Biol. Rev. 5, 177-212.
547 Plate, L. (1914). Prinzipien der Systematik mit besonderer Berücksichtigung des Systems der Tiere: 159; Rensch (1929): 65; Stresemann, E. (1944). Ökologische Sippen-, Rassen- und Artunterschiede bei Vögeln. J. Ornithol. 91, 305-324: 309.
548 C.D.H. (1909). Present problems in plant ecology [Review]. Forestry Quarterly 7, 445-447: 447; vgl. Ortmann, A.E. (1918). The Nayades (freshwater mussels) of the upper Tennessee drainage. Proc. Amer. Philos. Soc. 57, 521-626: 534; 547; Mayr, E. (1942). Systematics and the Origin of Species: 193.
549 Plate, L. (1914). Prinzipien der Systematik mit besonderer Berücksichtigung des Systems der Tiere. In: Hertwig, R. & Wettstein, R. von (Hg.). Abstammungslehre, Systematik, Paläontologie, Biogeographie (=Kultur der Gegenwart Bd. 3, 4, 4), 92-164: 159.
550 Geyer, D. (1923). Die Quartärmollusken und die Klimafrage. Paläontologische Z. 5, 72-94: 88.
551 Remane, A. (1926). Art und Rasse. Verhandlungen der Gesellschaft für physische Anthropologie 2, 2-33: 19.
552 Rensch (1929): 160.
553 a.a.O.: 167; vgl. Potthast, T. (2003). „Rassenkreise" und die Bedeutung des „Lebensraums". Zur Tier-Rassenforschung in der Evolutionsbiologie. In: Schmuhl, H.-W. (Hg.). Rassenforschung an Kaiser-Wilhelm-Instituten vor und nach 1933, 275-308: 288ff.
554 Dobzhansky, T. (1937). Genetics and the Origin of Species: 61.
555 Dobzhansky, T. (1944). On species and races of living and fossil man. Amer. J. Phys. Anthropol. 2, 251-265: 265.
556 Dobzhansky (1937): 63.
557 a.a.O.: 62.
558 Promptov, A.N. (1934). Über ökologische Faktoren der Isolation bei Vögeln [russ.]. Zool. J. (Moskau) 13, 616-628.
559 Mayr, E. (1947). Ecological factors in speciation. Evolution 1, 263-288; ders. (1963). Animal Species and Evolution: 455; vgl. Thorpe, W.H. (1945). The evolutionary significance of habitat selection. J. Anim. Ecol. 14, 67-70.
560 Kleinschmidt, O. (1933). Kurzgefaßte deutsche Rassenkunde: 8.

561 Agassiz, L. (1859). An Essay on Classification.
562 Hooton, E.A. (1926). Methods of racial analysis. Science 63, 75-81; ders. (1936). Plain statements about race. Science 83, 511-513.
563 Hirschfeld, L. & Hirschfeld, H. (1919). Serological differences between the blood of different races: the result of researches on the Macedonian front. Lancet 197, 675-679.
564 Ottenberg, R. (1925). A classification of human races based on geographic distribution of the blood groups. J. Amer. Med. Assoc. 84, 1393-1395.
565 Snyder, L.H. (1926). Human blood groups: their inheritance and racial significance. Amer. J. Physic. Anthropol. 9, 233-263.
566 Vgl. Huxley, T.H. (1865). On the methods and results of ethnology. In: Man's Place in Nature and Other Anthropological Essays; Deniker, J. (1900). The Races of Man; Huxley, J.S. & Haddon, A.C. (1936). We Europeans.
567 Ashley Montagu, M.F. (1942). The genetical theory of race, and anthropological method. Amer. Anthropol. 44, 369-375; ders. (1942). Man's Most Dangerous Myth. The Fallacy of Race: 74; ders. (1945). On the phrase "ethnic group" in anthropology. Psychiatry 8, 27-33; ders. (1962). The concept of race. Amer. Anthropol. 64, 919-928.
568 Coon, C.S., Garn, S.M. & Birdsell, J.B. (1950). Races. A Study of the Problem of Race Formation in Man.
569 Boyd, W.C. (1950/58). Genetics and the Races of Man.
570 Ashley Montagu, M.F. et al. (1950). Statement on race. In: UNESCO (ed.) (1953/58). The Race Concept. Results of an Enquiry, 89-94: 90 (Art. 6).
571 Vgl. Gayon, J. (2003). Do biologists need the expression 'human races'? UNESCO 1950-51. In: Rozenberg, J.J. (ed.). Nuremberg Revisited. Bioethical and Ethical Issues Surrounding the Trials and Code of Nuremberg, 23-48.
572 Ashley Montagu et al. (1950): 92 (Art. 14).
573 Dunn, L.C. & Dobzhansky, T. (1946). Heredity, Race and Society.
574 Dobzhansky, T. (1962). Mankind Evolving – The Evolution of the Human Species (New Haven 1975): 269.
575 Livingstone, F.B. (1962). On the non-existence of human races. Current Anthropol. 3, 279-281.
576 Brace, C.L. (1964). On the race concept. Current Anthropol. 5, 313-320.
577 Livingstone (1962): 279.
578 Knußmann, R. (1980/96). Vergleichende Biologie des Menschen. Lehrbuch der Anthropologie und Humangenetik: 406; vgl. Palm, K. (2010). Der ›Rasse‹begriff in der Biologie nach 1945. In: Nduka-Agwu, A. & Hornscheidt, A.L. (Hg.). Rassismus auf gut Deutsch. Ein kritisches Nachschlagewerk zu rassistischen Sprachhandlungen, 351-357: 355.
579 Knußmann (1996): 406.
580 a.a.O.: 407.
581 Unesco-Workshop (1996). Stellungnahme zur Rassenfrage. Vielfalt der Menschen – aber keine Rassen. Biologen in unserer Zeit 5, 71-72: 71; vgl. Palm (2010): 356.
582 Hagen, E. (1996). Biological aspects of race. Amer. J. Physical Anthropol. 101, 569-570: 569; vgl. Palm (2010):

356; Gayon, J. (2003). Do biologists need the expression 'human races'? UNESCO 1950-51. In: Rozenberg, J.J. (ed.). Nuremberg Revisited. Bioethical and Ethical Issues Surrounding the Trials and Code of Nuremberg, 23-48.
583 Vgl. Zack, N. (2002). Philosophy of Science and Race: 63.
584 Vgl. Sesardic, N. (2010). Race: a social destruction of a biological concept. Biol. Philos. 25, 143-162: 145.
585 Blumenbach, J.F. (1775/95). De generis humani varietate: 41.
586 Andreasen, R.O. (1998). A new perspective on the race debate. Brit. J. Philos. Sci. 49, 199-225: 214; vgl. ders. (2000). Race: biological reality or social contract? Philos. Sci. 67, S653-S666; ders. (2004). The cladistic race concept: a defense. Biol. Philos. 19, 425-442.
587 Andreasen (1998): 204.
588 Pigliucci, M. & Kaplan, J. (2003). On the concept of biological race and its applicability to humans. Philos. Sci. 70, 1161-1172.
589 Lévi-Strauss, C. (1972). Race et culture (dt. Rasse und Kultur, in: ders. (1985). Der Blick aus der Ferne, 21-52): 45; vgl. 38.
590 Lewontin, R.C. (1972). The apportionment of human diversity. In: Dobzhansky, T., Hecht, M.K. & Steere, W.C. (eds.). Evolutionary Biology, vol. 6, 381-398.
591 Edwards, A.W.F. (2003). Human genetic diversity: Lewontin's fallacy. BioEssays 25, 798-801.
592 Vgl. Mitton, J.B. (1977). Genetic differentiation of races of man as judged by single-locus and multilocus analyses. Amer. Nat. 111, 203-212; ders. (1978). Measurement of differentiation: reply to Lewontin, Powell, and Taylor. Amer. Nat. 112, 1142-1144.
593 Witherspoon, D.J. et al. (2007). Genetic similarities within and between human populations. Genetics 176, 351-359: 357; Sesardic (2010): 154.
594 Rosenberg, N.A. et al. (2002). Genetic structure of human populations. Science 298, 2381-2385; Jorde, L.B. & Wooding, S.P. (2004). Genetic variation, classification and 'race'. Nature Genetics Suppl. 36, S28-S33; Serre, D. & Pääbo, S. (2004). Evidence for gradients of human genetic diversity within and among continents. Genome Res. 14, 1679-1685.
595 Li, W.H. & Sadler, L.A. (1991). Low nucleotide diversity in man. Genetics 129, 513-523; Schindanandam, R. et al. (2001). A map of human genome sequence variation containing 1.42 million single nucleotide polymorphisms. Nature 409, 928-933.
596 Harpending, H.C. et al. (1998). Genetic traces of ancient demography. Proc. Nat. Acad. Sci. USA 95, 1961-1967.
597 Vgl. Gibbons, A. (1993). Pleistocene population explosions. Science 262, 27-28: 27; Rampino, M.R. & Self, S. (1993). Bottleneck in the human evolution and the Toba eruption. Science 262, 1955; Ambrose, S.H. (1998). Late pleistocene human population bottlenecks, volcanic winter, and differentiation of modern humans. J. Hum. Evol. 34, 623-651.
598 Huff, C. et al. (2010). Mobile elements reveal small population size in the ancient ancestors of *Homo sapiens*.
Proc. Nat. Acad. Sci. USA 107(5), 1-6.
599 Erikson, E.H. (1965). Psychoanalysis and ongoing history: Problems of identity, hatred and nonviolence. Amer. J. Psychiatry 122, 241-250: 246.
600 Vgl. Mediae Latinitatis Lexicon Minus (1976/2002), 2 Bde.: II, 1383f.
601 Paglia, A. (1546). In Antidotarium Joannis filii Mesuae censura: 448.
602 a.a.O.: 450.
603 Fuchs, L. (1546). De historia stirpium commentarii insignes: 299; ebenso in der Auflage von 1549: 837; aber nicht in der 1. Auflage von 1542.
604 Clemens I. (1569). Opera […] omnia: 301; vgl. 316.
605 Vermigli, P.M. (1576). Loci communes: 622.
606 Mattioli, P.A. (1562).Commentarii in P. Dioscoridis libros de materia medica: 92.
607 a.a.O.: 376.
608 Bauhin, C. (1596). Phytopinax seu Enumeratio plantarum ab herbarijs nostro seculo: 91.
609 a.a.O.: 2.
610 Parkinson, J. (1629). Paradisi in sole paradisus terrestris, or A Garden of all Sorts of Pleasant Flowers: 215; vgl. ders. (1640). Theatrum botanicum: 63 u. passim; Browne, T. (1657). Nature's Cabinet Unlock'd: 120.
611 Aristoteles, Hist. anim. 606a13ff.; 612a3ff.
612 a.a.O.: 506a9f.; 606a15f.
613 a.a.O.: 506a23f.; 578b26ff.
614 a.a.O.: 629b33ff.
615 a.a.O.: 522b23ff.; 606a13f.
616 a.a.O.: 499b12ff.
617 Vgl. Cho, D.-H. (2010). Beständigkeit und Veränderlichkeit der Spezies in der Biologie des Aristoteles. In: Föllinger, S. (Hg.). Was ist ‚Leben'? Aristoteles' Anschauungen zur Entstehung und Funktionsweise von Leben, 299-313: 304.
618 Vgl. Louis, P. (1964). Aristote, Histoire des animaux, Bd. 1: 169; Balme, D. (1991). Introduction. In: Aristotle, History of Animals, Book VII-X, 1-50: 16.
619 Hooke, R. (1668). A Discourse of Earthquakes (The Posthumous Work, London 1705, 279-450): 327.
620 Ray (1674): 80; ders. (1686). Historia generalis plantarum, Bd. 1; vgl. Zimmermann (1953): 140.
621 Linné, C. von (1737). Genera plantarum: [2] (§5).
622 Linné, C. von (1751). Philosophia botanica: 100 (§158).
623 Linné (1735): [1] (§11).
624 Linné (1751): 247 (§316); vgl. Müller-Wille, S. (1999). Botanik und weltweiter Handel. Zur Begründung eines Natürlichen Systems der Pflanzen durch Carl von Linné (1707-78): 284ff.
625 a.a.O.: 204 (§259).
626 Willdenow, C.L. (1792/1821). Grundriss der Kräuterkunde: 288 (§191).
627 Cuvier (1798): 11f.
628 Candolle, A.-P. de (1813/19). Théorie élémentaire de la botanique: 202-205 (§166-168); vgl. ders. (1832). Physiologie végétale, 3 Bde.: II, 689ff.
629 Gloger, C.L. (1827). Etwas über die Aufstellung neuer Vogelarten durch Hn. Brehm zum Grunde liegende Ansicht

630 Herbert, W. (1837). Amaryllidaceae: 341.
631 Mayr, E. (1982). The Growth of Biological Thought: 415.
632 Stamos, D.N. (2003). The Species Problem. Biological Species, Ontology, and the Metaphysics of Biology: 225.
633 Pulte, H. (2001). Variation. Hist. Wb. Philos. 11, 548-554: 549.
634 Wallace, A.R. (1858). Note on the theory of permanent and geographical varieties. The Zoologist 16, 5887-5888.
635 Cieslar, A. (1899). Neues aus dem Gebiet der forstlichen Zuchtwahl. Centralbl. ges. Forstwiss. 21: 115; vgl. Langlet (1971): 677.
636 Nägeli, C. von (1865). Ueber den Einfluss äusserer Verhältnisse auf die Varietätenbildung im Pflanzenreiche. Sitzungsber. Königl. Bayer. Akad. Wiss. 2, 228-284: 231.
637 Nägeli, C. von (1884). Mechanisch-physiologische Theorie der Abstammungslehre: 263.
638 Vgl. Hamilton, C.W. & Reichard, S.H. (1992). Current practice in the use of subspecies, variety, and forma in the classification of wild plants. Taxon 41, 485-498.
639 Erhart, F. (1780). Versuch eines Verzeichnisses der um Hannover wildwachsenden Pflanzen. Hannov. Mag. 18, 209-253: 213; vgl. ders. (1784). Botanische Bemerkungen. Hannov. Mag. 22, 113-128; 129-144; 161-176: 169; vgl. auch Fuchs, H.P. (1958). Historische Bemerkungen zum Begriff der Subspezies. Taxon 7, 44-52.
640 Esper, E.J.C. (1781). De varietatibus specierum in naturae productis. Sectio I.: 19 (§XIV).
641 Römer, J.J. (1816). Versuch eines möglichst vollständigen Wörterbuchs der botanischen Terminologie: 575.
642 Darwin, C. (1859/72). On the Origin of Species: 41f.
643 Haeckel (1866): II, 338.
644 Vgl. Semenov-Tian-Shansky, A. (1910). Die taxonomischen Grenzen der Art und ihrer Unterabteilungen. Versuche einer genauen Definition der unteren systematischen Kategorien.
645 Clausen, J. (1922). Studies on the collective species *Viola tricolor* L. II. Bot. Tidsschr. 37, 363-416; Turesson, G. (1922). The species and the variety as ecological units. Hereditas 3, 100-113.
646 Meikle, R.D. (1957). "What is the subspecies?" Taxon 6, 102-105.
647 Mayr, E. (1969.1). Principles of Systematic Zoology: 41.
648 Mayr, E. (1982). The Growth of Biological Thought: 289.
649 Vgl. Hamilton, C.W. & Reichard, S.H. (1992). Current practice in the use of subspecies, variety, and forma in the classification of wild plants. Taxon 41, 485-498.
650 Vgl. Mayr, E. (1942). Systematics and the Origin of Species: 108ff.; ders. (1982): 289.
651 Watson, H.C. (1859). Cybele Britannica, or, British Plants and their Geographical Relations, vol 4: 48.
652 Boswell Syme, J.T. (1863). Remarks on *Gladiolus illyricus*, Koch, and its allies. J. Bot. British Foreign 1, 130-134: 133.
653 Jackson, B.D. (1905). A Glossary of Botanic Terms: 259; Burgess, E.S. (1906). Species and Variations of Biotin Asters (=Memoirs of the Torrey Botanical Club, vol. 13): 8; Trelease, W. (1910). Species in agave. Proc. Amer. Philos. Soc. 49, 232-237: 235.
654 Mayr, E. (1931). Notes on Halcyon chloris and some of its subspecies. Amer. Mus. Novit. 1931, no. 469, 1-10: 2.
655 Schilder, F.A. (1952). Einführung in die Biotaxonomie (Formenkreislehre). Die Entstehung der Arten durch räumliche Sonderung: 2.
656 Nees von Esenbeck, C.G. (1820). Handbuch der Botanik: 209; ders. (1825). Anmerkung. In: ders. (Hg.). Robert Brown's Vermischte Botanische Schriften, Bd. 1: 20ff.
657 Haeckel, E. (1866). Generelle Morphologie der Organismen, 2 Bde.: II, 338.
658 Kleinschmidt, O. (1900). Arten oder Formenkreise? J. Ornith. 48, 134-139; ders. (1926). Die Formenkreislehre und das Weltwerden des Lebens.
659 Vgl. Potthast, T. (2003). „Rassenkreise" und die Bedeutung des „Lebensraums". Zur Tier-Rassenforschung in der Evolutionsbiologie. In: Schmuhl, H.-W. (Hg.). Rassenforschung an Kaiser-Wilhelm-Instituten vor und nach 1933, 275-308: 280f.
660 Rensch, B. (1926). Rassenkreisstudien bei Mollusken. Der Rassenkreis der Felsenschnecke *Campylaea zonata* Studer. Zool. Anz. 67, 253-263: 254.
661 Rensch, B. (1929). Das Prinzip geographischer Rassenkreise und das Problem der Artbildung: 13.
662 Mayr, E. (1963). Animal Species and Evolution: 672.
663 Amadon, D. (1966). The superspecies concept. Syst. Zool. 15, 245-249: 245.

Literatur

Sloan, P.R. (1970). The History of the Concept of the Biological Species in the Seventeenth and Eighteenth Centuries, and the Origin of the Species Problem. Phil. Diss. Univ. of California, San Diego.

Willmann, R. (1985). Die Art in Raum und Zeit. Das Artkonzept in der Biologie und Paläontologie.

Atran, S. et al. (1987). Histoire du concept d'espèce dans les sciences de la vie.

Grant, V. (1994). Evolution of the species concept. Biol. Zentralbl. 113, 401-415.

Wilson, R.A. (ed.) (1999). Species.

Wheeler, Q. & Meier, R. (eds.) (2000). Species Concepts and Phylogenetic Theory. A Debate.

Lherminer, P. & Solignac, M. (2000) L'espèce: definitions d'auteurs. Comptes rendus de l'Académie des sciences de Paris/Sciences de la vie 323, 153-165.

Stamos, D.N. (2003). The Species Problem. Biological Species, Ontology, and the Metaphysics of Biology.

Heuer, P. (2008). Art, Gattung, System. Eine logisch-systematische Analyse biologischer Grundbegriffe.

Wilkins, J.S. (2009). Species. A History of the Idea.

Wilkins, J.S. (2009). Defining Species. A Sourcebook from Antiquity to Today.

Arterhaltung

Der Ausdruck ›Arterhaltung‹ erscheint in der deutschsprachigen Biologie seit den 1830er Jahren (Hübener 1834: »Bei allen übrigen Gattungen der Lebermoose waltet zur Arterhaltung die weibliche Sphäre vor«[1]; Schilling 1840: »[es] enthält die Blüthe die zur Fortpflanzung (Arterhaltung) bestimmten Organe«[2]; Schödler 1846: »Ein wahres Eierlegen […], dem die Function der Arterhaltung obliegt«[3]; Kner 1849: »Selbst- und Arterhaltung durch Ernährung, Wachsthum und Fortpflanzung«[4]).

Antike Ursprünge
Das Prinzip der Arterhaltung ist anlog zu dem der ↑Selbsterhaltung gebildet und geht in dieser strengen Parallelstellung auf die Philosophie der Stoa zurück. Bereits bei den älteren griechischen Philosophen kündigt sich die Parallelisierung an (↑Funktion). Xenophon nimmt eine Einteilung der Triebe vor, indem er neben der »Begierde nach Leben« (Selbsterhaltung) den »Trieb nach Nachkommenschaft« und den »Trieb zur Aufzucht der Jungen« (Arterhaltung) stellt.[5] Nach Platon sind den Tieren Fähigkeiten und Leistungen verliehen, »dem Geschlecht zur Erhaltung« (»σωτηρίαν τῷ γένει«).[6] Der begehrende Teil der Seele (»ἐπιθυμητικόν«), der in der Seelenlehre Platons als dritter und unterster Teil neben dem überlegenden und »muthaften« Seelenteil steht, betrifft die Ernährung (»τροφή«) und Erzeugung (»γέννησις«).[7] Der grundlegende Charakter dieser beiden Funktionen wird auch von Aristoteles hervorgehoben. In seiner Tierkunde merkt Aristoteles an: »Den einen Teil also ihres [d.i. der Tiere] Lebensinhaltes bilden die Mühen um ihre Nachkommenschaft, einen weiteren die um ihre Ernährung. Um diese beiden Angeln dreht sich ja nun einmal aller Eifer und Leben«.[8] Ähnlich heißt es in ›De anima‹, Zeugung und Nahrungsverwertung seien die natürlichsten Leistungen für alles Lebende.[9] Sie werden von Aristoteles als Ausdruck eines einheitlichen Seelenvermögens gesehen, der Nährseele (»θρεπτική ψυχή«).

> Die Arterhaltung ist der Effekt derjenigen Aktivitäten eines Organismus, die eine Sicherung des Bestands seiner Art nach sich ziehen, insbesondere solcher Aktivitäten, die nicht seiner eigenen Erhaltung, sondern der Erhaltung oder Erzeugung seiner Artgenossen dienen (z.B. Fortpflanzung, Brutpflege und Sozialverhalten). Es handelt sich in der Regel um ein allein deskriptiv angemessenes Konzept, dem kein spezifischer biologischer Mechanismus zugrundeliegt – außer in solchen (umstrittenen) Fällen, in denen Arten als Ebene der Selektion fungieren.

> Arterhaltung (Hübener 1834) *132*

Hinsichtlich der Frage nach dem Verhältnis der beiden Grundprinzipien bzw. den obersten Naturzwecken der Selbsterhaltung und Fortpflanzung besteht die antike Antwort in der Regel darin, die Selbsterhaltung als Mittel zum Zweck der Art- bzw. Gattungserhaltung zu verstehen. In ›De anima‹ stellt Aristoteles heraus, dass der lebende und in seiner Konzeption damit auch beseelte Körper nicht kontinuierlich am »Ewigen und Göttlichen« teilzunehmen vermag, sondern nur insofern er ein ihm Gleichartiges herstellt, sich also fortpflanzt und damit sein *eidos* erhält: »Es [das Beseelte, d.h. das Lebende] erhält (bewahrt) sein Wesen (Substanz) und besteht solange, als es sich nährt, und bewirkt die Erzeugung nicht des Ernährten, sondern eines von der Art des Ernährten; denn dessen Wesen besteht schon, und kein Wesen erzeugt sich selbst, sondern erhält sich ‹in ihm›«.[10]

Cicero unterscheidet das Bestreben, sich selbst zu erhalten (»conservandi sui«), das sich in der Aufnahme von Nahrung und der Abwehr von Gefahren zeige, vom Bestreben der Erhaltung der Gattung (»conservatio […] generis«), das sich in Fortpflanzung und Brutpflege manifestiere.[11] In einem Kommentar des Neuplatonikers Porphyrios erklärt David im 6. nachchristlichen Jahrhundert die Fähigkeit zur Erhaltung der Art (»σώζειν τὸ οἰκεῖον εἶδος«[12]) zu dem zentralen Merkmal eines ↑Individuums: Weil die Teile eines Organismus (z.B. die organischen Teile von Sokrates) diese Fähigkeit nicht besitzen, weil sie nach ihrer Trennung von den anderen Teilen zu Gegenständen anderer Art werden, gelten sie nicht als Individuen.

Beeinflusst durch die stoische Philosophie der ↑Selbsterhaltung, ordnet Galen die Erhaltung der Gattung neben die Erhaltung des (individuellen) Lebens und sieht diese beiden zusammen mit dem guten Leben, das er mit den Sinnesvermögen in Verbindung bringt, als die drei höchsten Nützlichkeiten, im Hinblick auf die jedem Teil des Körpers der Tiere und Menschen eine Funktion zugeschrieben werden kann.[13]

In der Scholastik werden die Termini Selbsterhaltung (»conservatio sui« oder »conservatio individui«) und Arterhaltung (»conservatio speciei«) zu einem viel verwendeten Begriffspaar (↑Funktion/Dualismus der ultimaten Funktionen). So wie die Ernährung als Ausdruck der Selbsterhaltung gilt, wird die Fortpflanzung (»generatio«) auf die Arterhaltung bezogen. Eine explizite Gegenüberstellung findet sich bei

Thomas von Aquin[14] und bei Albertus Magnus. Letzterer ordnet die Arterhaltung noch über die Selbsterhaltung und erklärt mit dieser höchsten Stellung auch das große Lustgefühl, das mit der Fortpflanzung verbunden ist: (»natura ordinavit nutrimentum propter salvationem individui et opus venereum [coitus sive generatio] propter salvationem speciei. Et ideo istis operationibus natura adiuncit maximas delectationes, et quanto magis intendit salvationem speciei quam individui, tanto maiorem delectationem ordinavit in opere venereo quam in opera nutritivae«).[15]

Dualismus von Selbst- und Arterhaltung
Ohne zu einer endgültigen terminologischen Fixierung zu gelangen, wird der Dualismus in den beiden höchsten Zwecken zur Beurteilung und Erklärung der organischen Prozesse auch in der Neuzeit vielfach auf den Begriff gebracht. Er findet sich zu Beginn des 18. Jahrhunderts u.a. bei B. Mandeville und G.W. Leibniz (↑Funktion: Tab. 91). Die Rede von der ›Erhaltung der Art‹ beginnt sich Mitte des 18. Jahrhunderts zu einer feststehenden Formel zu entwickeln. Sie findet sich zu dieser Zeit u.a. bei Maupertuis im Kontext der Diskussion von Vererbungsphänomenen (»la conservation des especes, & la ressemblance aux parens«).[16] Wenig später stellt H.S. Reimarus in seiner Einteilung der Verhaltensweisen der Tiere, der »Kunsttriebe« wie er sagt, folgende Gliederung an den Anfang: »Alle Kunsttriebe aller Thiere zielen 1) entweder auf das Wohl und die Erhaltung eines jeden Thieres nach seiner Lebensart; oder 2) auf die Wohlfahrt und Erhaltung des Geschlechtes oder der Nachkommen«.[17] Als ein spezifisch biologisches Prinzip erscheint die Arterhaltung, insofern D. Hume 1779 feststellt, dass der Mensch durchaus Handlungen vollführt, die jenseits der Arterhaltung stehen: »Our sense for music, harmony, and indeed beauty of all kinds, gives satisfaction, without being absolutely necessary to the preservation and propagation of the species«.[18]

I. Kant unterscheidet in seinen anthropologischen Schriften aus den 1790er Jahren eine dreifache »Anlage für die Thierheit im Menschen«: Selbsterhaltung, Fortpflanzung der Art und den Trieb zur Gemeinschaft. Die »Fortpflanzung seiner Art« erfolgt nach Kant »durch den Trieb zum Geschlecht, und zur Erhaltung dessen, was durch Vermischung mit demselben erzeugt wird«.[19] Später spricht Kant auch einfach von der »Erhaltung der Art«[20] als einem Antrieb der Natur im Menschen: »So wie die Liebe zum Leben von der Natur zur Erhaltung der Person, so ist die Liebe zum Geschlecht von ihr zur Erhaltung der Art bestimmt; d.i. eine jede von beiden ist Naturzweck«[21]. Diese beiden obersten Naturzwecke schreibt Kant nicht nur dem Menschen, sondern auch den anderen Lebewesen zu. So formuliert er bereits 1786: »Nächst dem Instinct zur Nahrung, durch welchen die Natur jedes Individuum erhält, ist der Instinct zum Geschlecht, wodurch sie für die Erhaltung jeder Art sorgt, der vorzüglichste«.[22]

Im Anschluss an Kant verbreitet sich die Formel von der »Erhaltung der Art« und erscheint in vielen Varianten. Bei C.C.E. Schmid heißt es 1799: »wie das Individuum sich erhält: so auch die Gattung«[23]; und weiter: »Der Zweck des Organismus ist gedoppelt. Die organischen Verrichtungen werden sonach weiter abgetheilt in individuelle, d.i. solche, welche auf die Erhaltung des organischen Individuums abzwecken, und generische (functiones sexus), welche sich auf die Erhaltung der Gattung, als ihren Zweck, beziehen«[24] (↑Funktion).

Der Dualismus von Selbsterhaltung und Erhaltung der Art wird später allerdings dadurch aufgehoben, dass die Erhaltung der Art nicht selten als eine Form der Selbsterhaltung interpretiert wird. So versteht G.W.F. Hegel die Reproduktion als eine Weise der Selbsterhaltung des Organismus. Sie sei »Selbsterhaltung überhaupt«, weil in ihr nicht nur einzelne Teile des Organismus erhalten werden, sondern der Organismus als Ganzes sich neu hervorbringt: Die Reproduktion ist nach Hegel »die Aktion dieses *ganzen* in sich reflektierten Organismus«.[25] Ähnlich heißt es bei Burdach 1837: »Bei der Zeugung wirkt […] das Einzelne für das Ganze, das Individuum für die Gattung, damit, wenn es selbst untergegangen ist, diese fortbestehe. Das Zeugen ist also eine Selbsterhaltung im Sinne der Universalität, ein Heraustreten des Lebens über die Schranken der Individualität«.[26]

Trotz dieser terminologischen Schwierigkeiten bleibt es aber die geläufige Einstellung von Philosophen und Biologen, von zwei höchsten Zwecken im Bereich des Organischen auszugehen. So stellt A. Schopenhauer als die beiden stärksten Antriebe für das Verhalten der Lebewesen den »Hunger« und den »Begattungstrieb« nebeneinander.[27] Er erläutert an anderer Stelle: »Als die entschiedene, stärkste Bejahung des Lebens bestätigt sich der Geschlechtstrieb auch dadurch, daß er dem natürlichen Menschen, wie dem Tier der letzte Zweck, das höchste Ziel seines Lebens ist. Selbsterhaltung ist sein erstes Streben, und sobald er für diese gesorgt hat, strebt er nur nach Fortpflanzung des Geschlechts: mehr kann er als bloß natürliches Wesen nicht anstreben«.[28] Beide Grundtriebe sind in der Metaphysik Schopenhauers Ausdruck eines allgemeinen »Willens zum Leben«. Die beiden Prinzipien sind bei Schopenhauer aller-

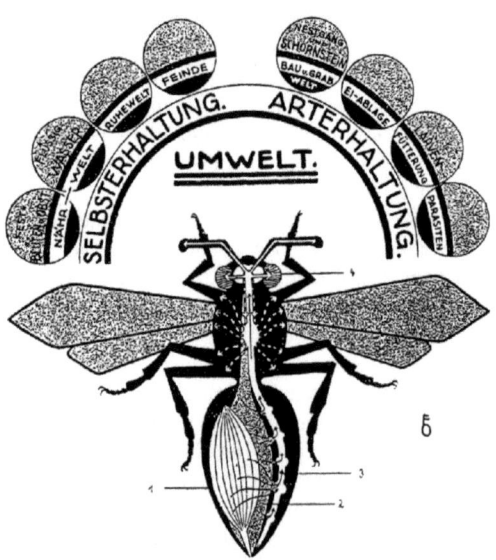

Abb. 28. Schematische Darstellung der Lebensfunktionen einer Faltenwespe in ihrer Umwelt. Den Funktionen der »Selbsterhaltung« (Nahrungs- und Flüssigkeitsaufnahme, Ruhe, Feindabwehr) sind die Funktionen der »Arterhaltung« (Nestbau, Eiablage, Larvenfütterung, Parasitenabwehr) gegenübergestellt. Beschriftung: 1. Geschlechtsorgan, 2. Darmtrakt, 3. Zentralnervensystem des Körpers, 4. Zentralnervensystem des Kopfes mit Sinnesorganen (aus Legewie, H. (1931). Organismus und Umwelt. In: Thurnwald, R. (Hg.). Forschungen zur Völkerpsychologie und Soziologie, Bd. X, 1. Arbeiten zur biologischen Grundlegung der Soziologie, 1-282: 79).

dings nicht einfach nebeneinandergeordnet, sondern die Arterhaltung ist in gewisser Weise das mächtigere Prinzip der Erklärung. Denn Schopenhauer ist der Auffassung, dass das »metaphysische Substrat des Lebens« der Tiere sich unmittelbar erst in der Gattung offenbare, und dem Individuum daher nur ein »sekundäres Dasein« zukomme.[29] Für das Tier gelte, »daß sein wahres Wesen unmittelbarer in der Gattung als im Individuo liegt, daher es nötigenfalls sein Leben opfert, damit in den Jungen die Gattung erhalten werde«.[30] Weil die Instinkte der Tiere oftmals gegen die Belange der Selbsterhaltung des Individuums wirksam sind, nennt Schopenhauer sie einen »Wahn«, »vermöge dessen ihm als ein Gut für sich selbst erscheint, was in Wahrheit bloß eines für die Gattung ist«[31]; das Individuum wird »der Betrogene der Gattung«[32].

Antagonismus von Selbst- und Arterhaltung
H. Spencer stellt in seinen ›Principles of Biology‹ (1864-67) die beiden organischen Grundfunktionen der Selbsterhaltung und der Fortpflanzung als einen strengen Antagonismus dar. Es ist für ihn ein Prinzip a priori, dass diese beiden Funktionen – er fasst sie zusammen als die beiden Wege der Erhaltung der Art – in einem inversen Verhältnis zueinander stehen, die Zunahme des einen gehe stets auf Kosten des anderen: »power to maintain individual life and power to multiply [...] cannot do other than vary inversely: one must decrease as the other increases«.[33] Empirische Beispiele sollen dieses »Gesetz« belegen: Bei Mäusen liege eine hohe Vermehrungsfähigkeit in Verbindung mit einer geringen Kraft des einzelnen Organismus zur Selbsterhaltung vor; beim Menschen sei es umgekehrt. Höherentwicklung zu komplexen Organismen, bestehend aus vielen differenzierten Organen, ist für Spencer nur durch das Überwiegen der Selbsterhaltungskräfte gegenüber denen der Reproduktion möglich. Denn die Perfektionierung der Arbeitsteilung der Teile in einem Organismus hänge davon ab, dass diese Teile in einer Einheit verbunden bleiben; Trennung der Teile eines Organismus durch schnelle Vermehrung stehe dem aber entgegen (»progress towards mutual dependence of parts is prevented by the parts becoming independent«[34]). Der allgemeine Fortschritt der Evolution hängt für Spencer daher an einem Zurückdrängen der Reproduktionsfähigkeit: »other things being equal, advancing evolution must be accompanied by declining fertility«[35] – eine Gedanke, der in vielen weiteren Varianten von Spencer formuliert wird.

Heute wird der Gedanke, dass Selbsterhaltung und Reproduktion als die zwei wesentlichen Komponenten der Fitness eines Organismus nicht gleichzeitig maximiert werden können als »trade-off« im Rahmen der Analyse von Lebensgeschichtsstrategien diskutiert (↑Lebensgeschichte).

›Arterhaltung‹ als Terminus
Im Deutschen etabliert sich ›Arterhaltung‹ als prägnanter Terminus nach den vereinzelten frühen Verwendungen seit den 1830er Jahren (s.o.) in der Mitte des Jahrhunderts. Er erlangt dabei eine exponierte theoretische Stellung und wird neben die ↑Selbsterhaltung als der zweite grundlegende Funktionsbezug biologischer Phänomene gestellt. G.H. Schneider gebraucht den Ausdruck 1880 in einem systematischen Überblick über die Instinkte der Tiere gleich zu Beginn seiner Abhandlung: »Alle instinctiven Triebe und zweckbewußten Willensäußerungen dienen entweder der Erhaltung des eigenen Lebens oder der Erzeugung und Pflege der Nachkommenschaft. Die individuelle Erhaltung wird durch den Nahrungserwerb und durch die Schutzbewegungen, die

Arterhaltung dagegen durch die Liebeswerbung und die Brutpflege ermöglicht; und auf diese vier Grundprincipien lassen sich alle die mannigfachen Aeußerungen des thierischen und menschlichen Willens zurückführen«[36] (↑Verhalten). Die Arterhaltung ist für Schneider der ultimate funktionale Gesichtspunkt, von dem aus alle Verhaltensweisen zu deuten sind. So formuliert er bereits 1879: »Die Erhaltung der Art erweist sich als der Endzweck aller thierischer Bewegungen«.[37]

Nach der Verwendung bei Schneider verbreitet sich das Wort und wird u.a. von Nietzsche gebraucht.[38] In biologischen Schriften wird, der philosophischen Tradition folgend, die Arterhaltung meist der Selbsterhaltung gegenübergestellt. E. Haeckel unterscheidet z.B. ebenso wie Schneider »die Triebe der Selbsterhaltung (Schutz und Ernährung) und der Arterhaltung (Fortpflanzung und Brutpflege)«[39].

Selbst- und Arterhaltung bei Freud
Die Gegenüberstellung von Selbsterhaltung und Arterhaltung – von Hunger und von Liebe (Schiller) – gewinnt bei S. Freud zentralen Status für seine Theorie psychischer Dynamik. Freud spricht von der Dualität von »Ich- oder Selbsterhaltungstrieben« und »Sexualtrieben«.[40] Die Entstehung von Neurosen führt Freud auf diesen Konflikt zurück. Beide Triebe kommen für Freud darin überein, dass es sich um konservierende Triebe handelt, die im Sinne der Erhaltung eines Zustandes wirken: Die Ichtriebe sorgen für die Erhaltung der Integrität des Individuums, während die Sexualtriebe »das Leben selbst für längere Zeiten erhalten«[41] bzw. für die »Erhaltung der Art«[42] sorgen. Obwohl seine Theorie psychischer Vorgänge auf der Dualität dieser beiden (biologischen) Triebe aufbaut und insofern auf sie angewiesen ist, ist sich Freud darüber im Klaren, dass es sich bei der Zweiheit von Selbsterhaltung und Arterhaltung um eine nur vorübergehende Gegenüberstellung handeln könne, die lediglich dem Stand der theoretischen Biologie seiner Zeit geschuldet ist. Er schreibt von ihnen zurückhaltend, dass sie »unabhängig voneinander scheinen, unseres Wissens noch keine gemeinsame Ableitung erfahren haben«[43]; und weiter: »Zukünftiger Wissenschaft bleibt es vorbehalten, die jetzt noch isolierten Daten zu einer neuen Einsicht zusammenzusetzen. Es ist nicht die Psychologie, sondern die Biologie, die hier [im »biologischen Gegensatz zwischen Selbsterhaltung und Arterhaltung«] eine Lücke zeigt«[44]. In anderen Entwürfen von Freuds Triebtheorie wird die fundamentale biologische Dualität von einer anderen Gegenüberstellung abgelöst, nämlich der von »Libido« und »Aggression« bzw. von »Eros« und »Thanatos«

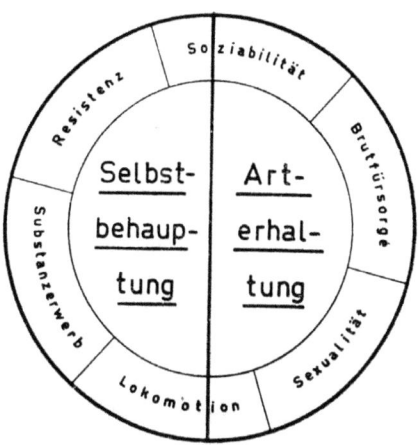

Abb. 29. Einteilung der biologischen Grundfunktionen ausgehend von der Unterscheidung von Selbstbehauptung und Arterhaltung: Ernährung (»Substanzerwerb«) und Schutz (»Resistenz«) sind die beiden allein der Selbstbehauptung zugeordneten Funktionen; »Sexualität« und »Brutfürsorge« bilden die wesentlichen Funktionen der Arterhaltung; »Soziabilität« und »Lokomotion« spielen dagegen in beiden Kontexten eine Rolle (aus Koepcke, H.-W. (1971-74). Die Lebensformen, 2 Bde.: I, 154; eine spanische Version dieser Grafik in: Koepcke, H.-W. (1957). Discusión sobre la forma de representar el nexo biocenótico. Scientia (Lima) 4 (3), 8-15: 10).

(»Destruktionstrieb«). Aus der (biologischen) Dualität von Hunger und Liebe[45] wird – in Anlehnung an Empedokles – Liebe und Hass. Selbsterhaltungs- und Arterhaltungstrieb bilden jetzt eine Differenzierung innerhalb des Eros.[46] Als Zwischenstufe dieser Transformation der Grundtriebe in Freuds Theorie kann gelten: »die Scheidung zwischen Ichtrieben = Todestrieben und Sexualtrieben = Lebenstrieben«.[47] Die Unterscheidung von Lebenstrieb und Todestrieb entwirft Freud ausgehend von der Organisation des Organismus: So wie der Lebenstrieb auf die Bildung immer größerer Einheiten ausgerichtet sei, bestehe der Todestrieb in der Tendenz der Auflösung dieser Zusammenhänge und damit der Regression des Organischen zum Anorganischen. Das Leben besteht für Freud in einem »Mit- und Gegeneinanderwirken der beiden Grundtriebe«[48]; es sei daher nur zu verstehen als ein Kampf und Kompromiss zwischen den beiden Grundtendenzen.

Unterordnung der Art- unter die Selbsterhaltung
Einen Vorschlag zu der von Freud geforderten Vereinheitlichung der beiden Prinzipien der Art- und Selbsterhaltung macht W. Ostwald bereits 1902: Es

erscheint ihm »methodisch zweckmässiger auch die Fortpflanzung als einen Theil der Selbsterhaltung aufzufassen«[49] als sie gleichberechtigt neben die Selbsterhaltung zu stellen. Er begründet dies mit der grundsätzlichen Schwierigkeit, das Individuum von der Gemeinschaft zu trennen. Das für das Organische überhaupt kennzeichnende Merkmal, die Selbsterhaltung, gehe in der Fortpflanzung vom Individuum auf die Familie, den Stamm und schließlich das gesamte Reich der Lebewesen über.

Provokant fragt auch R. Ehrenberg 1923: »Sollte im Ernst ein Begriff – die Art – über das Seiende – die Individuen – dominieren können?«.[50]

Nicht unüblich ist es bis in die 1970er Jahre außerdem, den Ausdruck ›Arterhaltung‹ einfach im Sinne einer verkürzten Redeweise zur Bezeichnung der Erhaltung von Individuen einer Art zu verwenden. Die Formulierungen ›zum Wohl der Art‹ erscheinen auch bei C. Darwin als eine Kurzformel mit der Bedeutung »zum Wohle der Individuen einer Art, die durch ein bestimmtes Merkmal gekennzeichnet sind« (»accumulated by natural selection for the benefit of the species«[51]; »natural selection making an occasional habit permanent, if of advantage to the species«[52]).

N. Hartmann: Artumbildung als Lebenserhaltung
In der Naturphilosophie N. Hartmanns ist das Prinzip der Arterhaltung in eine umfassende Theorie zur Erhaltung und Transformation des Lebens integriert. »Arterhaltung« bewegt sich dabei allein auf einer bestimmten Ebene der Analyse; auf einer höheren Ebene ist nach Hartmann aber nicht die Erhaltung, sondern gerade der Wandel der Arten ein biologisch grundlegendes Prinzip: »Die Artumbildung ist der Modus der Lebenserhaltung im Leben der Arten«[53]. Im Hinblick auf den Fortbestand des Lebens sei gerade die Labilität der Organismen und der Arten als zweckmäßig anzusehen, denn sie ermögliche eine flexible Anpassung der Organismen an eine sich verändernde Umwelt.[54] Hartmann erkennt in dieser Umwandlung der labilen Formen auf einer niederen Ebene zwecks der Erhaltung des Lebens auf einer höheren Ebene ein »Gesetz des organischen Gleichgewichts«[55]. Für dieses Gesetz findet Hartmann auf drei verschiedenen Ebenen der Organisation eine Bestätigung: Die organischen Stoffe wechseln zur Erhaltung des Organismus; die Organismen wechseln zur Erhaltung der Art; und die Arten wechseln zur Erhaltung des Lebens.[56] Das Leben selbst erhält sich so nicht in einer konstanten Form, sondern im Wandel der Formen. Alle Erhaltung der Formen münde schließlich in einen Wandel der Formen: »Die Stufenfolge der Gleichgewichte läuft nach oben zu in ein nicht mehr reparables Ungleichgewicht aus«.[57]

Diese 1950 formulierten Vorstellungen finden sich bereits in Hartmanns früher Schrift zur Philosophie der Biologie von 1912 angedeutet. Dort formuliert er ein »Reproduktionsgesetz« als ein »Grundgesetz des Lebens«: »jede Art der Selbstwiederbildung bedeutet Selbsterhaltung des Lebens, aber nicht derselben, sondern der nächsthöheren Stufe«. In der Fortpflanzung gelte: »Das Individuum wird zum Mittel, zum vorübergehend funktionierenden Organ. Das Leben der Gattung ordnet sich ihm über. Es weist ihm seine Teilfunktion innerhalb der höheren Systemeinheit an. Das Individuum verschwindet in der Gattung: diese bleibt stabil in der Labilität des Individualgleichgewichts. Sie treibt mit dem Individuum gleichsam einen Stoffwechsel«.[58]

Hinsichtlich der Unterordnung der Erhaltung des Individuums unter die der Art spricht Hartmann 1951 davon, im »Geschlechtsinstinkt« werde das Individuum »überlistet von der Zwecktätigkeit des Artlebens«, indem es gegenüber der Art den »Dienst der Fortpflanzung« leiste.[59]

Kritik am Konzept der Arterhaltung
Zu einer umfassenden Kritik am Konzept der Arterhaltung kommt es seit Mitte der 1960er Jahre. Die Kritik richtet sich dabei vor allem gegen zwei Punkte: Hinterfragt wird einerseits die Bedeutung von ›Erhaltung‹ angesichts eines (abstrakten) Gegenstandes wie einer Art, und andererseits wird betont, dass die entscheidende Ebene, auf der Selektionsprozesse wirksam sind, nicht die Art, sondern Organisationsebenen unterhalb des Organismus, in erster Linie das Gen, seien. Kybernetik und Selektionstheorie bilden also den jeweiligen Hintergrund der Kritik.

Im Rahmen einer von kybernetischen Modellen der Selbstregulation ausgehenden Kritik wird herausgestellt, dass eine Art nicht wie ein Individuum ein konkretes kausales System ist, von dem es Sinn macht zu sagen, in ihm liegen Mechanismen der Erhaltung vor, die analog zu den kybernetischen Selbstregulationsprozessen eines Organismus zu beschreiben sind. Bereits vor der evolutionstheoretischen Delegitimierung des Konzepts bringt W.E. Agar diese Kritik auf den Punkt, indem er 1938 feststellt, für die Arterhaltung lasse sich im Gegensatz zur Selbsterhaltung und Fortpflanzung des Organismus kein »Agent« angeben.[60]

Während die Erhaltung des Organismus als ein Regulationsvorgang modelliert werden kann, könnte die Erhaltung der Art als ein Epiphänomen beschrieben werden. Die Selbsterhaltung des Organismus besteht in dem Beitrag eines Prozesses zur Aufrechterhaltung eines komplexen Prozessgefüges, von dem dieser selbst ein Teil ist – der Prozess ist dabei so real und konkret wie das Prozessgefüge. In der Relation des Organismus zu der Art, die er in seiner Fortpflanzung erhält, werden dagegen zwei sehr heterogene Glieder aufeinander bezogen: der Organismus als konkrete Einheit und die Art – wenn Arten als Klassen aufgefasst werden (↑Art) – als abstrakte Zusammenfassung von Organismen oder – wenn Arten als Individuen gesehen werden – als räumlich und zeitlich weit zerstreutes Individuum, das keinen physisch kohärenten Körper bildet.

Die zweite Kritik entfaltet sich im Zuge der Etablierung der Soziobiologie (↑Sozialverhalten) und der Betonung der genetischen Ebene als Erklärungsgrundlage für individuell schädliches Verhalten (↑Selektion/Genselektion). Dass jede selektionstheoretische Erklärung nicht mit einem »Wohl der Art« argumentieren kann, streicht R.A. Fisher, einer der geistigen Väter der genzentrierten Sicht der Evolution, in aller Deutlichkeit heraus: »Natural Selection can only explain these instincts [the instincts of reproduction] in so far as they are individually beneficial, and leaves entirely open the question as to whether in the aggregate they are beneficial or to an injury of the species«.[61] Es führt danach also grundsätzlich in die Irre, die Reproduktion als einen Prozess der Erhaltung zu deuten. Denn Evolution wird ebensowenig wie die Erhaltung einer Art – aber im Gegensatz zur Selbsterhaltung von Organismen – als kybernetisch regulierter Prozess verstanden. Als das, worauf der Evolutionsprozess gerichtet ist, gilt allein die Verbreitung bestimmter Merkmale in einer Population. Für die Verbreitung von Merkmalen ist sowohl das individuelle Überleben eines Organismus als auch seine Reproduktion ausschlaggebend. Diese beiden Größen werden von Fisher daher miteinander kombiniert und aus ihnen der *reproduktive Wert* (»reproductive value«[62]; ↑Selektion) gebildet. Die Maximierung dieser Größe, und nicht die Erhaltung einer umfassenden Entität (die wie ›Art‹ auch noch als abstrakter Gegenstand, als Klasse von Objekten zu deuten ist), bildet im Rahmen der Selektionstheorie die Erklärungsgrundlage für biologische Prozesse und insbesondere individuelles Verhalten von Organismen. Aufgrund dieser Entwicklung lässt sich sagen, dass das Konzept der *Fitness* (↑Anpassung) an die Stelle des Prinzips der Arterhaltung getreten ist. W. Wickler und U. Seibt formulieren es so, dass die Arterhaltung »nur eine Folgeerscheinung« sei: »die Erhaltung und Fortpflanzung des eigenen Erbgutes hat Priorität vor der Erhaltung der Artgenossen ganz allgemein«.[63]

Auch von ganz anderer Seite wird das Konzept der Arterhaltung kritisiert: Ausgehend von dem Reichtum der Formen und der Schönheit der Organismen argumentieren einige Biologen und nicht wenige Schriftsteller, in der Fixierung auf die Arterhaltung als Erklärungsprinzip liege eine funktionalistische Verkürzung der Betrachtung des Organischen. Selbst K. Lorenz hält es 1943 für möglich, bei Tieren eine »Schönheit«, die »um ihrer selbst willen da ist« und insofern einen »Selbstzweck« darstellt, anzunehmen.[64] Er meint, es sei ein »Vorurteil«, dass »schlechterdings jede Einzelheit durch die Forderungen arterhaltender Zweckmäßigkeit erklärbar sein müsse« und räumt die Möglichkeit von Merkmalen ein, die »für die Arterhaltung der betreffenden Wesen sicher gleichgültig, vielleicht sogar abträglich sind«. Wie beim Menschen sieht Lorenz die Schönheit der Lebewesen dann am ausgeprägtesten verwirklicht, wenn sie anscheinend nicht auf einen biologischen Zweck ausgerichtet ist, z.B. bei einem Vogel, der sein Lied singt, ohne ein Revier verteidigen zu müssen, d.h. wenn er »vom Ernst des Lebens gleichsam abgerückt« ist.[65] A. Portmann schließt sich dieser Auffassung an und will der Selbst- und Arterhaltung ein analoges Prinzip der ↑Selbstdarstellung an die Seite stellen: »Selbstdarstellung muß als eine der Selbsterhaltung und der Arterhaltung gleichzusetzende Grundtatsache des Lebendigen aufgefaßt werden«.[66] Mancher naturverbundene Schriftsteller macht sich eine solche Sicht zu eigen, etwa H. Hiltbrunner 1943: »Noch allzu sehr ist unser Bild von der Natur durch die berühmte Zweckmäßigkeit geknechtet. Auch im Weltbild des Spechtes gibt es noch anderes als nur Fraß und Arterhaltung, des bin ich gewiß«.[67]

Arterhaltung als Erklärungsprinzip in der Ethologie
Unmittelbar motiviert ist die evolutionstheoretisch fundierte Kritik am Konzept der Arterhaltung durch Ansätze zu einer Theorie der Gruppenselektion (↑Selektion) in den frühen 1960er Jahren (v.a. einer umfangreichen Arbeit von V.C. Wynne-Edwards).[68] Im deutschen Sprachraum sind es die Gründerväter der Vergleichenden Verhaltensforschung, die ausgiebig vom Konzept der Arterhaltung Gebrauch machen. K. Lorenz verwendet den Ausdruck seit seinen frühen Untersuchungen über das Sozialverhalten der Rabenvögel in den 1930er Jahren (»Die [...] Rücksichtnahme auf alle Mitglieder der Schar [von Dohlen] ist dadurch arterhaltend, daß sie verhindert, daß die Schar geteilt wird«[69]; »Reflex im Sinne der Arterhaltung«[70]). Besonders auch im Zusammenhang der Er-

klärung von innerartlichem Kampfverhalten wendet Lorenz den Begriff an: Die Etablierung von Kommentkämpfen und »Tötungshemmungen« (z.B. beim Wolf) erfolge »im Sinne der Arterhaltung« und sei Ausdruck einer biologisch fundamentalen »arterhaltenden Zweckmäßigkeit«.[71] Lorenz' bekannte Monografie von 1963 ›Das sogenannte Böse‹ ist in weiten Teilen dem Projekt gewidmet, »die arterhaltende Leistung der Aggression« nachzuweisen.[72] Nach der durchschlagenden Kritik an dem Konzept hat sich Lorenz in späteren Schriften dieses Ausdrucks weitgehend enthalten[73] – ohne jedoch den Begriff explizit zu diskutieren.

Lorenz' Schüler I. Eibl-Eibesfeldt bemerkt 1980, dass der Begriff der Arterhaltung »nicht ganz präzise« sei, weil es nur auf kurze Sicht so aussehe, als ob sich die Arten erhielten; langfristig erhalte sich aber nicht die Art, sondern der »Lebensstrom«.[74] Nach der Konstituierung des soziobiologischen Paradigmas Mitte der 60er Jahre[75] taucht der Ausdruck ›Arterhaltung‹ nur noch sehr vereinzelt in biologischen und biophilosophischen Schriften auf[76].

Mehrdeutigkeit von ›Arterhaltung‹
Viele der Auseinandersetzungen um dieses Konzept beruhen darauf, dass ›Arterhaltung‹ selbst kein eindeutiger und klarer Begriff ist. Er muss nicht, wie viele Kritiker unterstellen, in gleicher Weise wie die Selbsterhaltung eines einzelnen Organismus verstanden werden. Viele Autoren, die sich des Ausdrucks bedienen, meinen mit ihm nicht, dass die Organismen die Art, der sie angehören, ebenso kybernetisch geregelt in ihrem Bestand stabilisieren wie dies von den Organen eines Organismus gilt. Meist ist die Bezeichnung doch nur Ausdruck der Verlegenheit, solche Phänomene des Organischen auf einen Begriff bringen zu wollen, die offensichtlich nicht funktional auf die Selbsterhaltung des Organismus hingeordnet werden können. Dies gilt insbesondere für die mit der Fortpflanzung in Verbindung stehenden Strukturen und Prozesse (Sexualität, Brutpflege etc.). Derart als rein deskriptives Konzept verstanden, ist gegen den Begriff wenig einzuwenden. Im Rahmen einer Selektionstheorie kann der Begriff den Umstand bezeichnen, dass in vielen Fällen nicht der einzelne Organismus die Einheit ist, für deren Erhalt die Selektion wirkt, sondern sein Typus (oder eben seine Art; ↑Selektion/Artenselektion), dessen (selektierte) Eigenschaften in ihm und in seinen Nachkommen (z.B. in Form von Genen) verkörpert sind. Eine genzentrierte Sicht der Selektion ist also mit dem Konzept der Arterhaltung nicht grundsächlich unvereinbar.

Unterordnung der Selbst- unter die Arterhaltung
In diesem Sinne kann die Arterhaltung tatsächlich als höchster funktionaler Gesichtspunkt zur Deutung organischer Phänomene, als die letzte Integrationsstufe aller Funktionsbezüge dienen. Dieser ist funktional auch die Selbsterhaltung (im Sinne der Erhaltung eines individuellen Organismus) unterzuordnen. Denn die Selbsterhaltung eines Organismus kann als ein Mittel für die (genselektierte) Erhaltung und Ausbreitung von Eigenschaften und damit von Typen von Organismen verstanden werden. Sie bildet aber nur ein Mittel neben der Fortpflanzung, denn maximiert wird in der Evolution die relative (d.h. mit den Konkurrenten zu vergleichende) Fortpflanzungsrate, nicht die (relative) Lebensdauer eines Organismus. Das individuelle Leben ist in dieser evolutionstheoretischen Sicht nichts als ein Mittel, das bezogen ist auf den Zweck der Arterhaltung, im Sinne der Reproduktion von Eigenschaften der Organismen. Fraglich ist allerdings, ob es sinnvoll ist, diesen höchsten organischen Zweck auch heute noch ›Arterhaltung‹ zu nennen, auch wenn in der Tradition dieser Ausdruck nicht selten so verstanden wurde.

Nachweise

1 Hübener, J.W.P. (1834). Hepaticologia Germanica: oder, Beschreibung der deutschen Lebermoose: 35.
2 Schilling, S. (1840). Gemeinnütziges Handbuch der Botanik oder Gewächskunde: 12.
3 Schödler, J.E. (1846). Ueber *Acanthocercus rigidus*, ein bisher noch ungekanntes Entomostracon aus der Familie der Cladoceren. Arch. Naturgesch. 12 (1), 301-374: 371.
4 Kner, R. (1849). Lehrbuch der Zoologie zum Gebrauche für höhere Lehranstalten: 55; vgl. auch Günther, A.F. (1848). Lehrbuch der allgemeinen Physiologie des Menschen, Bd. 2: 1119; Carus, J.V. (1853). System der thierischen Morphologie: 295.
5 Xenophon, Memorabilia 1, 4, 7; vgl. Dierauer, U. (1977). Tier und Mensch im Denken der Antike: 58.
6 Platon, Protagoras 321b.
7 Platon, Politeia 436a.
8 Aristoteles, Hist. anim. 589a.
9 Aristoteles, De anima 415a.
10 a.a.O.: 416b.
11 Cicero, De natura deorum 122-130 (II, xlvii-lii); vgl. Reinhardt, K. (1921). Poseidonios: 250ff.
12 David, In Porphyrii Isagogen: 98, 3ff.
13 Galen, De usu partium corporis humani (engl.: Tallamdge May, M. (ed.), 2 vols, Ithaca, N.Y. 1968): I, 292 (VI, 7); vgl. II, 620 (XIV, 1).
14 Thomas von Aquin (1254-56). In IV. sententiarum 26, 1, 2, ag 3; 36, 1, 2, co 5; ders. (1259-64). Summa contra gentiles III, 122; ders. (1266-73). Summa theologiae I, 18, 3 ad 3; II, 94, 2 co.
15 Albertus Magnus, Quaestiones de animalibus (Opera omnia, Bd. 12, Aschendorff 1955): 155 (5. Buch, 3. Frage).
16 Maupertuis, P.L.M. (1751). Système de la nature (Œuvres, Bd. 2, Lyon 1768, 135-184): 159.
17 Reimarus, H.S. (1760/62). Allgemeine Betrachtungen über die Triebe der Thiere, hauptsächlich über ihre Kunsttriebe: 102.
18 Hume, D. (1779). Dialogues Concerning Natural Religion (Oxford 1993): 100f. (Part X).
19 Kant, I. (1793/94). Die Religion innerhalb der Grenzen der bloßen Vernunft (AA, Bd. VI, 1-202): 26.
20 Kant, I. (1797/98). Metaphysik der Sitten (AA, Bd. VI, 203-493): 420.
21 a.a.O.: 424.
22 Kant, I. (1786). Muthmaßlicher Anfang der Menschengeschichte (AA, Bd. VIII, 107-123): 112.
23 Schmid, C.C.E. (1798-1801). Physiologie philosophisch bearbeitet, 3 Bde.: II, 271.
24 a.a.O.: 481.
25 Hegel, G.W.F. (1807/31). Phänomenologie des Geistes (Werke, Bd. 3, Frankfurt/M. 1986): 204.
26 Burdach, K.F. (1837). Der Mensch nach den verschiedenen Seiten seiner Natur: 467.
27 Schopenhauer, A. (1819-44/58). Die Welt als Wille und Vorstellung (Sämtliche Werke, Bd. I-I, Stuttgart/Frankfurt/M. 1960): II, 457.
28 a.a.O.: I, 451.
29 a.a.O.: II, 653.
30 a.a.O.: II, 658.
31 a.a.O.: II, 688.
32 a.a.O.: II, 691.
33 Spencer, H. (1864-67/98-99). The Principles of Biology, 2 vols: II, 421.
34 a.a.O.: 427.
35 a.a.O.: 431.
36 Schneider, G.H. (1880). Der thierische Wille: 1.
37 Schneider, G.H. (1879). Zur Entwickelung der Willensäußerungen im Thierreich. Vierteljahrsschrift für wissenschaftliche Philosophie 3, 176-205; 294-307: 178.
38 Nietzsche, F. (1882). Die fröhliche Wissenschaft (KSA, Bd. 3, 343-651): 369.
39 Haeckel, E. (1899/1903). Die Welträthsel: 53.
40 Freud, S. (1915). Triebe und Triebschicksale (Gesammelte Werke, Bd. X, Frankfurt/M. 1999, 209-232): 216f.
41 Freud, S. (1920). Jenseits des Lustprinzips (Gesammelte Werke, Bd. XIII, Frankfurt/M. 1999, 1-69): 43.
42 Freud (1915): 218.
43 Freud, S. (1933). Neue Folge der Vorlesungen zur Einführung in die Psychoanalyse (Gesammelte Werke, Bd. XV, Frankfurt/M. 1999): 102.
44 Freud, S. (1938). Abriss der Psychoanalyse (Gesammelte Werke, Bd. XVII, Frankfurt/M. 1999, 63-138): 113.
45 Freud (1920): 55.
46 Freud (1938): 71.
47 Freud (1920): 57.
48 Freud (1938): 71.
49 Ostwald, W. (1902). Vorlesungen über Naturphilosophie: 316.
50 Ehrenberg, R. (1923). Theoretische Biologie vom Standpunkt der Irreversibilität des elementaren Lebensvorganges: 19.
51 Darwin, C: (1859). On the Origin of Species: 153.
52 a.a.O.: 219; vgl. Wilkins, J. (2009). Species. A History of the Idea: 149.
53 Hartmann, N. (1950). Philosophie der Natur: 616.
54 a.a.O.: 605; 616; 669.
55 a.a.O.: 673.
56 a.a.O.: 651.
57 a.a.O.: 674.
58 Hartmann, N. (1912). Philosophische Grundfragen der Biologie (Kleinere Schriften, Bd. 3, Berlin 1958, 78-185): 114.
59 Hartmann, N. (1951). Teleologisches Denken: 87.
60 Agar, W.E. (1938). The concept of purpose in biology. Quart. Rev. Biol. 13, 255-273: 260.
61 Fisher, R.A. (1930/58). The Genetical Theory of Natural Selection: 50.
62 a.a.O.: 27.
63 Wickler, W. & Seibt, U. (1977). Das Prinzip Eigennutz (München 1981): 94.
64 Lorenz, K. (1943). Die angeborenen Formen möglicher Erfahrung. Z. Tierpsychol. 5, 235-409: 393.
65 Lorenz (1943): 394.
66 Portmann, A. (1957). Die Erscheinung der lebendigen Gestalten im Lichtfelde. In: Ziegler, K. (Hg.). Wesen und Wirklichkeit des Menschen, 29-41: 40.
67 Hiltbrunner, H. (1943). Frühlingsvögel. In: ders., Trost der Natur, 159-168: 162f.

68 Wynne-Edwards, V.C. (1962). Animal Dispersion in Relation to Social Behaviour.
69 Lorenz, K. (1931). Beiträge zur Ethologie sozialer Corviden (Über tierisches und menschliches Verhalten, Bd. 1, 13-69): 17.
70 Lorenz, K. (1932). Betrachtungen über das Erkennen der arteigenen Triebhandlung der Vögel (Über tierisches und menschliches Verhalten, Bd. 1, 70-114): 112.
71 Lorenz, K. (1957). Über das Töten von Artgenossen. In: Dennert, W. (Hg.). Die Natur – das Wunder Gottes, 262-281: 262.
72 Lorenz, K. (1963). Das sogenannte Böse (München 1974): 8.
73 Vgl. z.B. Lorenz, K. (1978). Vergleichende Verhaltensforschung.
74 Eibl-Eibesfeld, I. (1967/80). Grundriß der vergleichenden Verhaltensforschung. Ethologie: 417.
75 Hamilton, W.D. (1964). The genetical evolution of social behaviour. I, II. J. theor. Biol. 7, 1-52; Williams, G.C. (1966). Adaptation and Natural Selection. A Critique of Some Current Evolutionary Thought.
76 Vgl. z.B. Monod, J. (1970). Le hasard et la nécessité (dt. Zufall und Notwendigkeit, München 1975): 31; Koepcke, H.-W. (1971-74). Die Lebensformen, 2 Bde.: II, 844; Lorenz (1978): 25; Wuketits, F.M. (1982). Das Phänomen der Zweckmäßigkeit im Bereich lebender Systeme. Biologie in unserer Zeit 139-144: 143; Penzlin, H. (1987). Das Teleologie-Problem in der Biologie. Biol. Rundschau 25, 7-26: 13.

Bakterium

Den Ausdruck ›Bakterium‹ zur Bezeichnung stäbchenförmiger kleiner Organismen (zu lat. ›bacterium‹ und griech. ›βακτήριον‹ »Stöckchen, Stäbchen«) prägt C.G. Ehrenberg 1828. Ehrenberg führt den Ausdruck ›Bacterium‹ als Bezeichnung für eine Gattung (mit den beiden Arten *Bacterium simplex* und *Bacterium triloculare*) ein, die er neben die bestehenden von z.B. *Bacillaria*, *Monas* und *Vibrio* stellt und in die Familie der *Vibrioniorum* ordnet. Die Gattung charakterisiert Ehrenberg wie folgt: »Corpus polygastricum? anenterum? nudum, oblongum, fusiforme aut filiforme, rectum, monomorphum (contractione nunquam dilatatum), parum flexile (nec aperte undatum), transverse in multas partes sponte dividuum«.[1] In seinem späteren Werk auf Deutsch beschreibt Ehrenberg die Bakterien als »Gliederstäbchen«, innerhalb der Familie der »Zitterthierchen«.[2] Von den anderen Vertretern dieser Familie unterscheidet Ehrenberg die Bakterien durch ihre »unbiegsame Form« und die »queere Selbsttheilung«.

Von den Spaltpilzen zu den Bakterien

Die Bezeichnung bezieht sich also zunächst allein auf eine Gattung von kleinen, über ihr besonderes Aussehen bestimmten Mikroorganismen. Zusammenfassend läuft die Gruppe, die heute ›Bakterien‹ genannt wird, anfangs unter anderen Bezeichnungen. C. von Nägeli führt für sie 1857 den Titel *Schizomycetes* (Spaltpilze) ein.[3] Er zählt sie später neben den Schimmelpilzen und den Sprosspilzen als dritte Gruppe zu den *Niederen Pilzen*.[4] Auch wenn es manchmal »zweifelhafte Gebilde« gibt, sieht Nägeli die Spaltpilze wegen ihrer Art des Wachstums und der Fortpflanzung als Pflanzen an.[5]

Im Anschluss an H. Hoffmann, der 1869 die Pilze und Hefen von den niederen Mikroorganismen abgrenzt und allein für letztere den Ausdruck ›Bacterien‹ reserviert[6], setzt es sich in den 1870er Jahren durch, die Bezeichnung ›Bakterien‹ auf alle Organismen, die von ihrer Größe und ihrem Auftreten der einen Gattung von Bakterien gleichen, auszuweiten.[7] F. Cohn klassifiziert die Bakterien genau wie die anderen Organismen nach Gattungen und Arten und weist die hohe Hitzeresistenz ihrer Sporen nach.[8] Seine Einteilung der Bakterien nach ihrer äußeren Form in Kugel-, Stäbchen-, Faden- und Schraubenbakterien bleibt bis zur Mitte des 20. Jahrhunderts

> Ein Bakterium ist ein kleiner, relativ einfach gebauter Organismus, der durch besondere zytologische Merkmale gekennzeichnet ist (v.a. das Fehlen eines echten Zellkerns und der Plastiden).

Mikroskop (Faber 1625)	*147*
Bakterium (Ehrenberg 1829)	*141*
Moneren (Haeckel 1866)	*146*
Bakterienkolonie (Schwarz 1870)	*142*
Mikroben (Sédillot 1878)	*141*
Bakteriologie (Anonymus 1884)	*141*
Mikrobiologie (Pasteur 1888)	*141*
Archaebakterien (Woese & Fox 1977)	*144*
Eubakterien (Woese & Fox 1977)	*144*
Progenot (Woese & Fox 1977)	*145*
Nanobakterien (Anderson 1984)	*146*
Protogenot (Benner & Ellington 1990)	*145*
Nanoben (Uwins, Webb & Taylor 1998)	*146*

grundlegend. Die Abweichung von der Bezeichnung ›Spaltpilze‹ seit den 1880er Jahren wird damit begründet, dass die Bakterien auch Organismen umfassen, die nicht zu den Pilzen zu rechnen sind, weil sie über Chlorophyll verfügen.[9] Als Bezeichnung für ein hochrangiges Taxon konkurriert der Name ›Bakterien‹ mit dem von Haeckel geprägten Ausdruck ›Moneren‹ (s.u.).

Seit den 1880er Jahren wird das Studium der Bakterien unter dem Namen **Bakteriologie** (engl. »bacteriology«) zusammengefasst.[10] Vor allem von medizinischer Seite werden die Bakterien seit der Wortprägung durch L. Sédillot im Jahr 1878 auch **Mikroben** genannt.[11] Als Ableitungen davon sind die Termini *Mikroorganismus*[12] (↑Einzeller) und **Mikrobiologie** (engl. 1880: »micro-biology«[13]; 1888: »microbiology«[14]) eingeführt worden. Die Mikrobiologie umfasst zunächst das Studium aller nur mikroskopisch sichtbaren Organismen, also die Einzeller, Bakterien und Viren; später wird der Ausdruck v.a. für die Biologie der Bakterien und Viren verwendet.

Frühe Beobachtungen und Klassifikationen

Wer der erste Mensch ist, der Bakterien durch ein Mikroskop direkt beobachtet hat, ist umstritten. Vielleicht ist es A. Kircher, der seit den 1650er Jahren mit Mikroskopen vielfältige Untersuchungen durchführt.[15] Bekannter geworden sind aber die Bakterienstudien A. van Leeuwenhoeks wenige Jahre später. Die erste Beobachtung der Bakterien gibt Leeuwenhoek für den 24. April 1676 an – ein Datum, das damit einigen als »Geburtstag der Bakteriologie« gilt.[16] Die von Leeuwenhoek durch die von ihm selbst geschliffenen Linsen beobachteten Bakterien sind noch viel kleiner als die von ihm beschriebenen Einzeller. Aus seinen Maßangaben lässt sich schließen, dass sie eine Länge von 2-3 µm haben. Seine Beschreibungen dieser Organismen und spätere Zeichnungen von 1683 (vgl. Abb. 30)[17] lassen keinen Zweifel daran, dass es sich dabei um Bakterien handelt. Van Leeu-

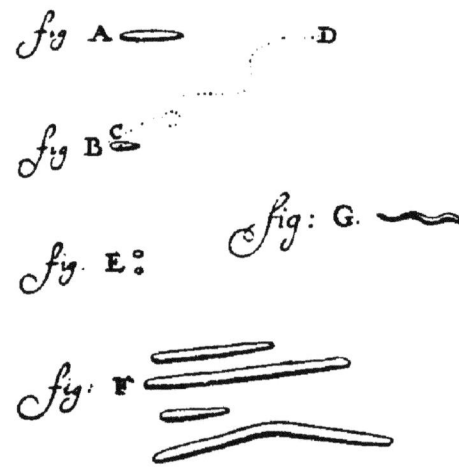

Abb. 30. *Zeichnungen von Bakterien aus dem Mund (aus Leeuwenhoek, A. van (1683). [Brief Nr. 76 vom 17. Sept. 1683]. Collected Letters, vol. 4 (1952): Fig. XIIIb).*

wenhoek nennt die von ihm beobachteten Lebewesen *Animalcules* (»kleine Tierchen«), *Beesjes* (»Biester«) oder *cleijne Schepsels* (»kleine Kreaturen«).

Die taxonomische Einordnung der Bakterien erfolgt zunächst zusammen mit den Einzellern und anderen Mikroorganismen in einer Gruppierung. C. von Linné ordnet sie 1758 in das von ihm ›Chaos‹ genannte Taxon ein.[18] Verschiedene Typen von Bakterien beschreibt der dänische Mikrobiologe O.F. Müller in seinen Büchern von 1773 und 1783. In seinen Zeichnungen unterscheiden sich eindeutig die drei Grundformen von Kugel, Stäbchen und Schraube. Auch terminologisch differenziert Müller die Bakterien und führt verschiedene bis in die Gegenwart erhaltene Gattungsbezeichnungen ein, z.B. *Monas*, *Vibrio*, *Bacillus* und *Spirillum*.[19] Die bis heute zur Klassifizierung der Bakterien wichtige *Gramfärbung* wird 1884 von dem dänischen Bakteriologen H.C.J. Gram eingeführt.[20]

Bakterien als Krankheitserreger
Die Beteiligung der Bakterien an der Auslösung von Krankheiten wird seit Mitte des 19. Jahrhunderts untersucht. Stäbchenförmige Körper (»Bazillen«) im Blut von an Milzbrand erkrankten Tieren weisen A. Pollender 1849 und einige Jahre später F. Brauell nach.[21] C.J. Davaine gelingt 1863 im Tierversuch die Übertragung der Erreger des Milzbrands, die er ›Bakterien‹ (»bactéries«) nennt.[22] Bei Davaine ist allerdings nicht immer klar, ob er die Krankheitserreger als lebende Organismen oder als bloße Fermente

versteht. Den vollständigen Lebenszyklus des Milzbranderregers klärt R. Koch 1876 auf.[23] Die Fotografie der Bakterien (vgl. Abb. 32[24]) und verbesserte Nährmedien, Färbe- und Konservierungsmethoden[25] ermöglichen Koch wenig später die Aufklärung der Ätiologie anderer bakterieller Krankheiten, z.B. 1882 der Tuberkulose[26] und 1884 der Cholera[27]. Es gelingt Koch, die spezifische pathologische Wirkung einer jeden Bakterienart durch die Beobachtung nachzuweisen, dass die in den befallenen Organismen lebenden Bakterien zur gleichen Form gehören wie diejenigen in der Infektionsflüssigkeit, und dass auch während der Übertragung von einem Organismus auf einen anderen die Bakterien sich nicht verändern. Als Ergebnis seiner Versuche stellt Koch das Prinzip der Spezifität der Krankheitserreger auf: »es entsprach also in jeder Beziehung einer bestimmten Krankheit auch eine bestimmte Form von Bakterien«[28].

Koch setzt als Nährmedium ursprünglich Gelatine ein; sein Mitarbeiter W. Hesse und dessen Frau schlagen 1882 vor, das aus Algen gewonnene »Agar-Agar« als Medium einzusetzen.[29] Die in den Nährmedien erscheinenden, makroskopisch sichtbaren Gruppen von Bakterien werden seit den 1870er Jahren als **Bakterienkolonien** bezeichnet (Schwarz 1870: »Bakterien-Kolonie«[30]; Klebs 1873: »Bacterien-Colonien«[31]).

Von den Bakterien als den einfachsten bekannten Lebewesen wird bis zum Ende des 19. Jahrhunderts häufig angenommen, dass sie durch ↑*Urzeugung* entstehen. Eine Vermehrung durch Teilung wird aber auch bereits von Ehrenberg beobachtet und als »Quertheilung« 1852 durch M. Perty beschrieben[32]. Zunehmend fraglich wird die Urzeugung der Bakterien, nachdem seit Mitte der 1870er Jahre Techniken der Isolation und Züchtung von Bakterien auf festen Nährmedien etabliert werden. Deutlich wird dabei, dass eine Kolonie sich nicht spontan bildet, sondern als Klon von mindestens einem Ursprungsorganismus entsteht.

Wegen der großen Variation der Bakterien wird den äußeren Lebensbedingungen Ende des 19. Jahrhunderts eine wichtige Rolle in der Ausbildung der Formen von Bakterien zugeschrieben. Es wird vermutet, dass es nur wenige Arten von Bakterien gibt, die sich je nach Umweltbedingungen verändern können[33] (»Pleomorphismus«; ↑Metamorphose).

Symbiontische und ökologische Rolle
Nicht nur als Krankheitserreger, sondern auch als Partner in einer Symbiose mit anderen Organismen spielen Bakterien eine wichtige Rolle. Das im Darm des Menschen lebende und für die Verdauung

wichtige *Kolibakterium*, das später *Escherichia coli* genannt wird, beschreibt T. Escherich 1887 (»Bacterium coli commune«).[34] Den Nachweis der Unentbehrlichkeit von Darmbakterien für Wirbeltiere führt M. Schottelius 1899 durch die sterile Aufzucht von Hühnchen, die nur dann überlebten, als ihrem Futter Darmbakterien anderer Hühner zugefügt wurden.[35]

Die vielfältigen Stoffwechselwege der Bakterien zur Energiegewinnung werden seit der zweiten Hälfte der 1880er Jahre genauer untersucht. S.N. Vinogradskij zeigt, dass einige Bakterien über die Oxidation von Schwefel Energie gewinnen können (*Schwefelbakterien*)[36], andere dagegen die Oxidation von Ammonium zu Nitrit (*Nitritbakterien*) oder von Nitrit zu Nitrat (*Nitratbakterien*) bewerkstelligen[37]. Auch die Fähigkeit der Bakterien der Gattung *Clostridium*, den Stickstoff aus der Luft zu fixieren, wird von Vinogradskij erkannt.[38] Für die Gattung *Azotobacter* weist M. W. Beijerinck die gleiche Fähigkeit nach und zeigt außerdem, dass einige stickstofffixierende Bakterien in den Wurzeln von Pflanzen als Symbionten leben[39].

Auch die entscheidende Rolle der Bakterien für die Zersetzung der organischen Substanz von Pflanzen und Tieren nach deren Tod und die Rückführung ihrer Bausteine in den biogeochemischen ↑Kreislauf wird teilweise bereits im 19. Jahrhundert aufgeklärt.[40] Einen ersten Schritt in dieser Richtung vollziehen F.T. Kützing und wenig später T. Schwann in den 1830er Jahren, indem sie die Beteiligung von Mikroorganismen an der Verwesung und Fäulnis nachweisen.[41] Unter dem Einfluss von J. Liebig, der die Zersetzung für einen rein chemischen Prozess der Oxidation hält, wird die Rolle der Mikroorganismen aber nur langsam aufgeklärt.[42] Endgültig widerlegt wird die Auffassung Liebigs erst durch die Arbeiten L. Pasteurs zum Stoffwechsel von Hefen und anderen Mikroorganismen[43]; 1864 beschreibt er die von Klützing entdeckten Essigsäurebakterien.

Die wichtige Bedeutung der Bakterien bei der Zersetzung organischen Materials kann dazu führen, dass die Bezeichnung ›Bakterien‹ allgemein für die ökologische Rolle der Zersetzung in Ökosystemen verwendet wird: Dies gilt z.B. für die frühe Darstellung des ökologischen Nahrungskreislaufs im Ökosystem eines Sees durch A. Thienemann (↑Ernährung: Abb. 118), die durch R. Lindeman in Abwandlung übernommen wird (vgl. Abb. 119).

In ihrem ganzen Ausmaß wird die entscheidende Rolle der Bakterien für die Ökosysteme der Erde erst in den letzten Jahren deutlich. Schätzungen gehen davon aus, dass sich die Anzahl der Prokaryoten auf der Erde in der Größenordnung von $4-6 \times 10^{30}$ bewegen: Sie bilden damit »the unseen majority«[44] (und

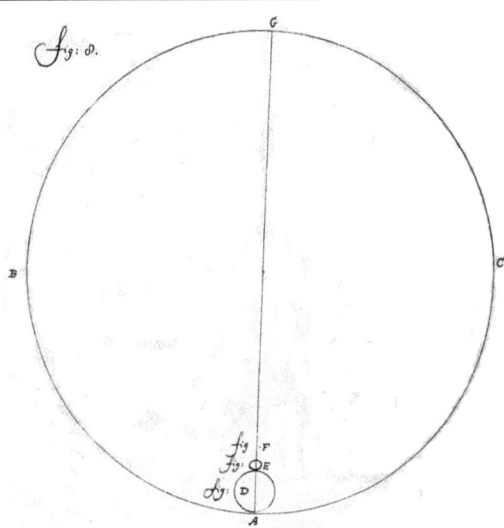

Abb. 31. Zeichnung zur Veranschaulichung der Größe von Bakterien. Der große Kreis gibt die Größe eines Sandkorns an (Durchmesser 400 µm); der kleinste Kreis diejenige eines Bakteriums (Durchmesser 1 µm) (aus Leeuwenhoek, A. van (1680). Brief vom 12. Nov. 1680 (Collected Lettters Bd. 3 (1948): Tab. XLI, Fig. XXXVI).

übersteigen in ihrer Anzahl die geschätzte Anzahl der Sterne im Universum (10^{24}) und der Sandkörner an irdischen Stränden (10^{20}) um mehrere Größenordnungen). Eine kleine Handvoll Waldboden (100g) enthält so viele Prokaryoten, wie es Menschen auf der Erde gibt.[45] Die Prokaroyten machen auch einen großen Teil der organisch gebundenen Biomasse aus (nämlich etwa $3,5-5,5 \times 10^{17}$g Kohlenstoff, d.h. geschätzte 60-100% des durch Pflanzen gebundenen Kohlenstoffs auf der Erde). Auch für den Stoffwechsel und selbst die Genregulation mehrzelliger Organismen sind Bakterien als Endosymbionten von entscheidender Bedeutung (↑Symbiose). So befinden sich in und auf einem einzelnen Menschen mehr Bakterien als der Körper eigene Zellen hat (in der Größenordnung von 10^{14} Bakterien aus 4-500 Arten im Vergleich zu 10^{13} Körperzellen).

Aufgrund ihrer reinen Menge und Masse, aber auch wegen der Vielfalt der biochemischen Wege, die in ihnen ablaufen, bilden die Bakterien ein entscheidendes Element in den ökologischen Kreisläufen der Erde. Es wird sogar argumentiert, dass sie sowohl notwendig als auch hinreichend für das Funktionieren der biogeochemischen Zyklen der Biosphäre sind. Man kann sie daher als die einzige ökologisch autarke Gruppe von Organismen betrachten; ihr Bestehen kann ohne die Existenz der Eukaryoten auskommen.[46]

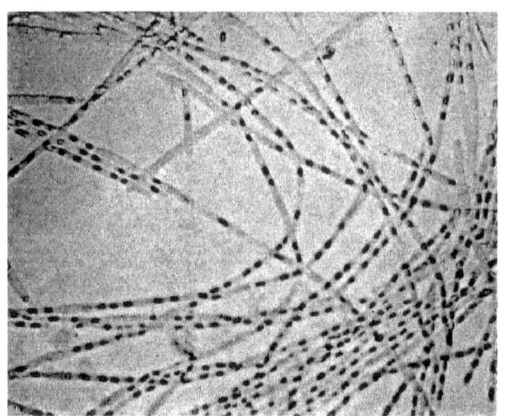

Abb. 32. Frühe Fotografie von Bakterien: »Milzbrandbacillen«, die in einer Mischung von Milzsubstanz und Blutserum zu langen Fäden ausgewachsen sind und Sporen gebildet haben (aus Koch, R. (1877). Untersuchungen über Bacterien, VI. Verfahren zur Untersuchung, zum Conserviren und Photographieren der Bacterien. In: Cohn, F. (Hg.). Beiträge zur Biologie der Pflanzen 2, 399-434: Taf. XVI, 3).

Diversität und Phylogenese
Auch die Diversität der Bakterien ist von ungeahntem Ausmaß. Schätzungen der Anzahl von Bakterienarten bewegen sich in der Größenordnung von 10^5 bis 10^7 [47] (oder sogar bis 10^8 [48] oder, nach jüngsten Schätzungen aufgrund mariner Untersuchungen, 10^9 [49]). Allerdings ist der für vielzellige Organismen entwickelte Artbegriff kaum auf Bakterien anwendbar, weil sie keine Sexualität im eigentlichen Sinne aufweisen. C.B. van Niel hält 1955 die Anwendung der taxonomischen Kategorien von Arten, Gattungen, Familien und Ordnungen auf Bakterien für eine bloße Fassade, und er plädiert daher dafür, Bakterien überhaupt nicht in Arten (»species«) zu klassifizieren, sondern stattdessen von *Biotypen* (»biotypes«) zu sprechen.[50] Dieser Vorschlag setzt sich allerdings nicht durch. Die geläufige Definition einer Bakterienart bezieht sich auf die Hybridisierung von DNA-Strängen zweier Bakterienstämme, die bis zu einer Temperaturerhöhung um 5°C stabil bleibt.[51] Würde auf gleicher Grundlage jedoch auch die Taxonomie der Wirbeltiere betrieben, dann müssten zahlreiche wohlunterschiedene Arten zu einer Art zusammengefasst werden.[52] Die Diversität der Bakterien lässt sich also eher auf genetischer Ebene als auf der Basis von »Arten« angeben.[53] Wegen der Häufigkeit des »lateralen« oder »horizontalen« Gentransfers zwischen Bakterien der gleichen Generation ist vorgeschlagen worden, alle Bakterien nicht als getrennte Arten, sondern als einen großen »Superorganismus« anzusehen (↑Organismus).[54] Die bakterielle Welt erscheint insgesamt als eine Einheit, die als Ganze evolviert ist und in der die Abgrenzung von Arten kaum möglich ist.[55] Jedenfalls lässt der regelmäßige Austausch von Genen zwischen Bakterien die Aussicht auf die Möglichkeit, einen »Stammbaum« der Bakterien zu erstellen, sehr fraglich erscheinen.[56]

Einflussreiche Bakteriologen aus der Mitte des 20. Jahrhunderts sind der Auffassung, dass die Bakterien insgesamt eine monophyletische Gruppe bilden.[57] Neben der Annahme einer phylogenetischen Ursprünglichkeit wird seit den 1970er Jahren auch die Möglichkeit diskutiert, dass die Bakterien als Reduktionsformen der Eukaryoten entstanden sind.[58] Der Bakteriologe K.A. Bisset vertritt diese Auffassung 1973 ausdrücklich (»bacteria [...] are almost certainly derived from other, more primitive, flagellate protista«).[59] Bisset verbindet diese These mit einer Kritik an der Charakterisierung der Bakterien allein über negative Merkmale (Fehlen des Zellkerns, der Mitose und echter Sexualität). Klassifikationen aufgrund des Fehlens von Merkmalen hätten in der Biologie keinen Bestand (»Positive groupings, based on negative criteria, are seldom durable in biology«).[60] Andere Biologen, unter ihnen 1998 E. Mayr, verteidigen dagegen die Prokaryoten-Eukaryoten-Zweiteilung und halten Klassifikationen aufgrund des Fehlens von Merkmalen generell für zulässig (»The nonpossession of a character is as positive a character in any traditional classification as is its possession (except in cases when the loss of a character can be determined with certainty)«).[61]

Klassifikation in der 2. Hälfte des 20. Jh.
Die Einheitlichkeit der Gruppe der Bakterien gilt bis in die 1970er Jahre als gesichert. Vor allem das Fehlen eines echten Zellkerns begründet ihre Unterschiedenheit von allen anderen Organismen: »The distinctive property of bacteria and blue-green algae is the procaryotic nature of their cells. It is on this basis that they can be clearly segregated from all other protists (namely, other algae protozoa and fungi), which have eucaryotic cells«[62]. Wegen ihrer Form als »zelluläre Entititäten« werden die Bakterien von den zitierten Autoren zu den Protisten gerechnet; meist werden sie jedoch von diesen unterschieden. Erst in den 70er Jahren wird deutlich, dass es innerhalb der Bakterien eine Gruppe gibt, die **Archaebakterien** (»archaebacteria«), die in gewissen Merkmalen den Eukaryoten stärker ähneln als den anderen Bakterien, die diesen als **Eubakterien** (»eubacteria«) gegenübergestellt werden.[63] Viele Archaebakterien sind durch die Fähigkeit ausgezeichnet, in extremen Umweltbedingungen (Hitze, hohe Salzkonzentration) überleben

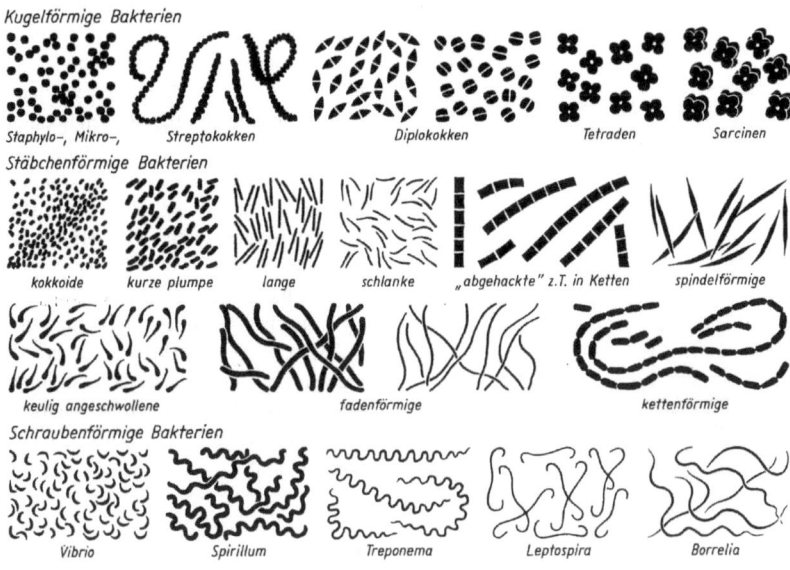

Abb. 33. Gestalten von Bakterien (aus Urania Pflanzenreich. Viren, Bakterien, Algen, Pilze, 1991: 107).

zu können; andere weisen eine einmalige Stoffwechselphysiologie auf, insofern sie ihre Energie aus der Umsetzung von Wasserstoff und Kohlendioxid in Methan gewinnen.[64] Ihre isolierte phylogenetische Stellung wird mit Stammbäumen begründet, die auf der Ähnlichkeit der ribosomalen RNA beruhen. C.R. Woese et al. schlagen 1990 aufgrund ihrer RNA-Analysen vor, die Bakterien, Moneren bzw. Prokaryoten als einheitliche Gruppe aufzulösen und alle Organismen in die drei »Domänen« *Bacteria*, *Archaea* und *Eucarya* zu gliedern (↑Taxonomie).[65] Diese Einteilung ist jedoch umstritten, weil es auf struktureller Ebene viele Ähnlichkeiten zwischen Eubakterien und Archaebakterien gibt. Außerdem existiert innerhalb der Archaebakterien offenbar eine Gruppe, deren Vertreter den Eukaryoten ähnlicher sind als den anderen Archaebakterien.[66]

Genot, Progenot, Protogenot
Aufgrund von Unterschieden im Mechanismus der Translation unterscheidet C.R. Woese zwei Typen von Organismen, die er **Progenot** (»progenote«[67]) und *Genot* (»genote«[68]) nennt. Der Progenot bildet nach Woese ein theoretisches Konstrukt eines Organismus, der noch über keine scharfe Trennung von Genotyp und Phänotyp verfügt. Weil die Organismen dieses Typs nur einen rudimentären Translationsmechanismus haben, können sie ihre Proteine nicht genau reproduzieren und bleiben damit weit unter der Komplexität der heutigen Prokaryoten. Der *universelle Vorfahre* (»universal ancestor«[69]) aller heutigen Pro- und Eukaryoten (zusammen: den »Genoten«) entsprach nach Woese dem Typ des Progenots. Nicht die Prokaryoten, sondern die Progenoten bildeten also die Vorfahren der Eukaryoten.

Um den Progenot als Organisationstyp von der (natürlich paraphyletischen) taxonomischen Gruppe der Vorfahren abzugrenzen, ist für diese Gruppe der Vorfahren aller rezenten Lebewesen der Begriff **Protogenot** (»protogenote«) geprägt worden[70] – eine Benennung, die umstritten ist, weil sie verwirrende Ähnlichkeit mit dem zytologisch definierten Ausdruck ›Progenot‹ aufweise[71].

Extreme Lebensformen
In Bezug auf Größe und Lebensbedingungen befinden sich unter den Bakterien die außergewöhnlichsten Lebensformen, die bekannt sind. Die kleinsten selbständig vermehrungsfähigen Organismen sind Bakterien der Mycoplasma-Gruppe. Sie sind kleiner als 1 µm und leben als Schmarotzer auf anderen Organismen, z.B. auf den Häuten der Atemwege und des Genitalsystems von Säugetieren und Vögeln. Unter den Bakterien aus der Mycoplasma-Gruppe befindet sich auch der Organismus, der über das kleinste bisher gefundene Genom verfügt: Das vollständig sequenzierte Genom von *Mycoplasma genitalium* umfasst 580.000 Basenpaare, die sich auf 517 Gene verteilen, von denen wiederum 480 für ein Protein kodieren (von rund 100 dieser Proteine ist allerdings

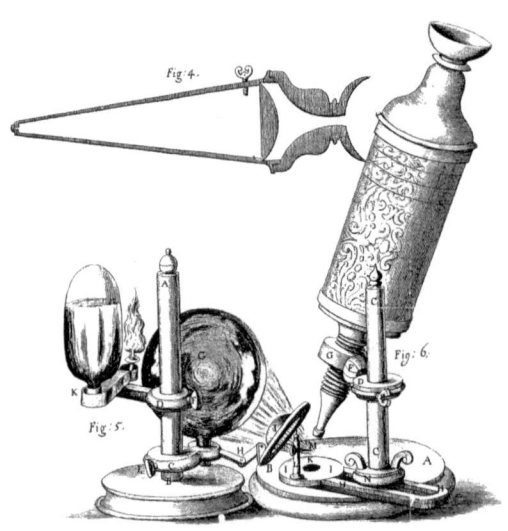

Abb. 34. Die erste Darstellung eines Mikroskops. Rechts (Fig. 6) das Mikroskop, links (Fig. 5) die Beleuchtungseinrichtung, oben (Fig. 4) Querschnitt durch das Mikroskop (aus Hooke, R. (1665). Micrographia (New York 1961): Schem. I).

nicht bekannt, welche Funktion sie haben). Mutationsversuche, die nachweisen sollten, welche Gene für das Bakterium unter Laborbedingungen lebensnotwendig sind, zeigen, dass zwischen 265 und 350 Genen das minimale Genom für *Mycoplasma genitalium* ausmachen.[72] Zum Vergleich: Das Genom der Taufliege *Drosophila melanogaster* umfasst etwa 10^8 Basenpaare und 13.600 Gene; das Genom eines Menschen weist drei Milliarden Basenpaare und ca. 30-40.000 (proteincodierende) Gene auf; und einfache Viren, die aber meist nicht als selbständige Lebewesen zählen, weil sie für ihre Reproduktion auf andere Organismen angewiesen sind, haben ein Genom von nur einigen Tausend Basenpaaren.

Die Existenz selbständiger Lebewesen, die kleiner als 0,2 μm sind, der sogenannten **Nanobakterien** oder *Nannobakterien*, ist umstritten.[73] Sie sollen bis zu 20 nm klein sein können und damit etwa die Größe eines Ribosomen der Eukaryonten erreichen (zum Vergleich: die DNA-Doppelhelix hat einen Durchmesser von 2 nm, 100 Basenpaare entsprechen etwa einer Länge von 30 nm). Bakterienartige Abdrücke von dieser Größe sind in Gesteinen festgestellt worden (u.a. auch vom Mars[74]). Auf der Erde werden Nanobakterien als Minaturformen von Bakterien unter extremen ökologischen Bedingungen beschrieben.[75] Außerdem soll ähnlichen Organismen, die im Blut nachweisbar sind, eine Rolle bei der Pathogenese von Nierensteinen und anderen Krankheiten zukommen.[76] Untersuchungen an Labororganismen von Sandsteinen aus Australien legen das Vorhandensein von DNA nahe.[77] Weil die systematische Stellung dieser vermuteten Organismen noch nicht geklärt ist, ihre Verwandtschaft zu den Bakterien also noch unsicher ist, werden sie auch als **Nanoben** bezeichnet.[78] Der bisher rein morphologisch vorliegende Befund der Nanoorganismen, d.h. der noch nicht nachgewiesene Stoffwechsel, und die extreme Kleinheit – Organismen, die kleiner als 0,1 μm sind, gelten aus theoretischen Gründen als unmöglich – machen ihre Existenz hoch umstritten.[79] Neuere Untersuchungen legen aber nahe, dass es sich bei ihnen nicht um Lebewesen handelt, sondern um kleine Kalkstücke, die von Proteinen und anderen organischen Molekülen umhüllt sind.[80]

Moneren
O.F. Müller bezeichnet 1773 das »kleinste und einfachste Tierchen«, das ihm das einfache Mikroskop zeigt, als *Monas* (»Animalculum omnium, quæ microscopium simplex offert, minimum, simplicissimum«).[81] C.G. Ehrenberg gebraucht diesen Ausdruck 1838 für die erste Gattung der Familie der Monadinen (»Monadina«). Eine »Monade« (lat. »monas«) charakterisiert Ehrenberg durch ihren kugeligen bis länglichen Körper, der bei der Fortbewegung keine Verformung zeigt und außerdem nicht über Füße, Haare oder einen Schwanz verfügt und sich nicht zu einem Verband aus mehreren Individuen »in Form einer Beere« zusammenlagert (wie viele andere »Infusionsthierchen«).[82]

E. Haeckel rechnet 1866 die ihm bekannten Organismen von der Größe der Bakterien, aber auch einige größere, die er als ›Amoeben‹ bezeichnet, zur Gruppe der *Moneren* (von griech. ›μονήρης‹ »einfach«).[83] Er versteht darunter, »vollkommen homogene Organismen«[84], die keine Organe haben, die also eigentlich nichts anderes seien als »in sich ganz gleichartige Eiweissklumpen«[85]. Taxonomisch stellt er sie in das neben Pflanzen und Tieren stehende dritte Reich der Protisten (↑Einzeller). In Haeckels Stammbaum der Organismen nehmen die Moneren den basalen Bereich des Stamms ein; zu ihnen zählen also auch die allen Organismen gemeinsamen Vorfahren. Nachdem F. Cohn 1875 die große Ähnlichkeit zwischen Bakterien und Blaualgen erkennt, und beide in der Gruppe der *Schizophyta* zusammenfasst, ordnet Haeckel auch die Blaualgen in die Gruppe der Moneren (so in seinen ›Lebenswundern‹ von 1904[86]).

Von allen anderen Organismen sind die Moneren durch das Fehlen eines echten Zellkerns unterschieden. H.F. Copeland gliedert sie deshalb aus den Protisten aus und stellt sie als vierte Gruppe neben diese und die Pflanzen sowie die Tiere (↑Taxonomie).[87] Auch in späteren Klassifikationen, so bei Whittaker[88], Margulis[89] und Leedale[90] behalten sie diesen Status eines »Reichs«.

Prokaryoten/Eukaryoten
Der erste, der die terminologische Unterscheidung von Prokaryoten und Eukaryoten trifft, ist 1925 der französische Meeresbiologe E. Chatton (↑Taxonomie).[91] Für Chatton ist dies eine Unterteilung innerhalb der Protisten; erst später werden die Prokaryoten aus den Protisten ausgegliedert (↑Einzeller). Die von Chatton vorgeschlagene Unterscheidung von Prokaryoten und Eukaryoten setzt sich erst lange Zeit nach seiner Publikation durch. In den 1930er Jahren übernimmt A. Lwoff die Unterscheidung als Zweiteilung innerhalb der Protisten (»*Protistes Procaryotes*, dépourvus de noyau défini et de mitochondries individualisées: Bactéries et forms affines«; »*Protistes Eucaryotes*, pourvus d'un noyau et de mitochondries«) (↑Taxonomie).[92]

Erst nachdem elektronenmikroskopisch klar unterschieden werden kann zwischen Organismen aus Zellen mit einem Kern, der von einer Membran umschlossen wird, und anderen, die einen solchen Kern nicht besitzen, etabliert sich die Unterscheidung. Sie wird allgemein verbreitet, nachdem E.C. Dougherty sie 1957 erneut vorschlägt[93] und R.Y. Stanier und Kollegen sie 1963 in ihr Lehrbuch aufnehmen[94]. Die Eukaryoten verfügen über einen echten membranumspannten Zellkern und andere Zellorganellen, die sich bei den einfacher gebauten Prokaryoten nicht finden Die zellkernartige Struktur der Bakterien und Blaualgen (er nennt sie zusammen *Monera*) bezeichnet Dougherty als *Prokaryon*, den der höher organisierten Organismen *Eukaryon*.

In der deutschen Schreibung etabliert sich neben der englischen Version ›Prokaryot‹/›Eukaryot‹ auch die Version *Prokaryont/Eukaryont*. G. Wagner und T. Börner empfehlen 1977 aus philologischer Sicht auch für das Deutsche die Schreibung ›Prokaryot‹/›Eukaryot‹ (wegen der Herleitung vom griechischen Adjektiv ›καρυοτός‹ »kernartig«).[95]

Mikroskop
Zur Bezeichnung optischer Instrumente (bestehend aus mehreren Linsen) zur Beobachtung sehr kleiner Gegenstände erscheint der Ausdruck ›Mikroskop‹ vereinzelt seit Mitte der 1620er Jahre im Kreis der italienischen ›Accademia dei Lincei‹ (der Luchsäugigen), zuerst in einem Brief G. Fabers vom 13. April 1625.[96] Das Wort stellt eine Parallelbildung zu dem ein Jahrzehnt älteren ›Teleskop‹ dar. Erst seit Mitte des 17. Jahrhunderts wird das Wort häufiger verwendet (engl. Wilkins 1648: »We see what strange discoveries of extream minute bodies, (as lice, wheal-worms, mites, and the like) are made by the Microscope, wherein their severall parts (which are altogether invisible to the bare eye) will distinctly appear«[97]; Highmore 1651: »Microscope«[98]).

Eine optische Vergrößerung mittels wassergefüllter Glasschalen und -kugeln wird bereits in der Antike, so bei Plinius und Seneca, beschrieben (Seneca: »Die kleinsten, kaum lesbaren Buchstaben sehen wir größer und schärfer, als sie in Wirklichkeit sind, durch eine mit Wasser gefüllte, gläserne Kugel«).[99] Die Ursprünge von Mikroskopen mit mehrern Linsen gehen aber auf die Jahre um 1600 zurück, ohne dass ein einzelner Erfinder des Mikroskops benannt werden kann.[100] Frühe Experimente mit mehreren vergrößernden Linsen macht C.J. Drebbel 1605. Die älteste Überlieferung einer Abbildung eines Mikroskops bezieht sich auf ein Mikroskop Drebbels und findet sich als grobe handschriftliche Skzzize in einem Tagebucheintrag I. Beeckmans aus dem Jahr 1631.[101] Auch Galilei entwickelt 1609 ein aus einer konvexen und einer konkaven Linse zusammengesetztes Mikroskop (das »Occhialino«). Als erste mittels eines Mikroskops erstellte Abbildung gilt die Darstellung von Bienen durch F. Stelluti von 1625 (↑Morphologie: Abb. 323). Die erste im Druck erschienene Darstellung eines zweilinsigen Mikroskops, die dessen Aufbau genau dokumentiert, stammt von R. Hooke aus dem Jahr 1665 (vgl. Abb. 34). Linsen besonders guter Qualität fertigt A. van Leeuwenhoek ab 1680 an; seine Mikroskope erreichen eine etwa 270-fache Vergrößerung. Zur Verbesserung des Kontrasts vorhandener Strukturen setzt van Leeuwenhoek Farbstoffe ein. Die mithilfe von Mikroskopen durchgeführten anatomischen Untersuchungen von M. Malpighi und N. Grew markieren Höhepunkte der frühen Mikroskopierkunst (u.a. Entdeckung der Blutkapillaren durch Malpighi; ↑Kreislauf).

Eine wesentliche Innovation in der Mikroskopiertechnik stellt die Entwicklung von achromatischen Linsensystemen zur Korrektur von Farbfehlern im frühen 19. Jahrhundert dar. V. und C. Chevalier bauen 1824 ein achromatisches Mikroskop mit einem Objektiv aus mehreren Linsenpaaren, das von J.J. Lister 1830 weiter verbessert wird. Mittels dieser achromatischen Mikroskope können bahnbrechende Beobachtungen im Bereich der Feinstruktur von Pflanzen und Tieren gemacht werden, v.a. die Entdeckung der ↑Zellen als universalen Bausteinen der Lebewesen am Ende der 1830er Jahre. Die Grundlagen der physikalischen Theorie des Lichtmikroskops legt 1873 E. Abbe aus Jena.[102] Mit seiner Konstruktion von Mikroskopen, die das Phänomen der Beugung systematisch berücksichtigt, kann eine wesentlich höhere Auflösung erzielt werden als mit den auf Erfahrungswerten beruhenden älteren Kostruktionen.

Eine weitere Revolution der Mikroskopiertechnik vollzieht sich mit der Erfindung des Elektronenmikroskops durch A.F.E. Ruska, M. Knoll und B. von Borries im Jahr 1938 (↑Virus: Abb. 560).

Weil das mikroskopische Bild nicht in einer einfachen Vergrößerung des mit bloßem Auge zu Sehendem besteht, sondern auch nicht direkt mit dem Objekt verbundene Phänomene als Nebenprodukte des optischen Systems (»Artefakte«) zeigt, spielen in der Deutung der mikroskopischen Abbildungen antirealistische Einschätzungen schon immer eine gewisse Rolle. Diese können so weit gehen, dass der Einsatz von Mikroskopen gänzlich abgelehnt wird, wie etwa zu Beginn des 19. Jahrhunderts von X. Bichat. Auf grundsätzlich anderen physikalischen Phänomenen als das Sehen mit dem bloßen Auge beruht die Lichtmikroskopie seitdem sie mit den Mikroskopen Abbes die Beugung systematisch berücksichtigt. Nicht mehr die bloße Reflexion des Lichts, sondern Transmission, Absorption und Beugung bestimmen das gesehene Bild. Um die konstruktiven Elemente im mikroskopischen Bild zu betonen, kann man mit I. Hacking auf Distanz zu einer bloßen »Zuschauertheorie des Mikroskopierens« gehen: »Nicht durch bloßes Hinschauen, sondern durch aktives Handeln lernt man etwas durch ein Mikroskop sehen«.[103]

Nachweise

1 Ehrenberg, C.G. (1828). Die geographische Verbreitung der Infusionsthierchen in Nord-Africa und West-Asien: 15 [?]; vgl. ders. & Hemprich, F.W. (1829). Symbolae physicae, Bd. 9: Animalia evertebrata: Phytozoa: Polygastrica et Rotatoria; Abb.: Tab. I et II.
2 Ehrenberg, C.G. (1838). Die Infusionsthierchen als vollkommene Organismen. Ein Blick in das tiefere organische Leben der Natur: 75.
3 Nägeli, C. von (1857) in: Caspary, R. (1857). Bericht über die botanische Sektion der 33. Versammlung deutscher Naturforscher und Aerzte. Bot. Zeitung 15, 749-776: 760.
4 Nägeli, C. von (1877). Die niederen Pilze in ihren Beziehungen zu den Infectionskrankheiten und der Gesundheitspflege: 3.
5 a.a.O.: 4.
6 Hoffmann, H. (1869). Ueber Bacterien. Bot. Zeitung 27, 233-242; 249-257; 265-272; 281-291; 305-314; 321-332.
7 Vgl. Cohn, F. (1872). Ueber Bacterien, die kleinsten lebenden Wesen; Cienkowski, L. (1877). Zur Morphologie der Bacterien; Kuehn, P. (1879). Ein Beitrag zur Biologie der Bacterien; Bary, A. de (1884). Vergleichende Morphologie und Biologie der Pilze, Mycetozoen und Bacterien; ders. (1885). Vorlesungen über Bacterien.
8 Cohn (1872).
9 De Bary (1884): 490.
10 Anonymus (1884). Review: Magnin, A. & Sternberg, G.M. (1883). Bacteria. Science 3, 362-364: 362; Anonymus (1884). Athenæum 1884: 281; Crookshank, E.M. (1886). Manuel pratique de bactériologie basée sur les méthodes de Koch; Centralblatt für Bacteriologie und Parasitenkunde (Jena) 1.1887-; Du Bois-Reymond, E. (1892). Ansprache an Se. Exzellenz Hrn. von Helmholtz zur Feier seines fünfzigjährigen Doktorjubiläums in der Gesamtsitzung der Akademie der Wissenschaften am 3. November 1892 (Reden 2. Aufl., Bd. 2, Leipzig 1912, 643-648): 644.
11 Sédillot, L. (1878). De l'influence des découvertes de M. Pasteur sur le progrès de la chirurgie. Compt. Rend. Acad. Sci. Paris 86, 634-640: 634.
12 MacCormac, W. (1880). Antiseptic Surgery: 105 (nach OED 1989).
13 [Lapham, W.G.] (1880). [The Relation of Medium-Power Objectives to Micro-Biology]. Meeting of the American Society of Microscopists at Detroit. Science 13, 160.
14 Pasteur, L. (1888) nach Boutibonnes, P. (1999). Microorganisme. Dict. Hist. Phil. Sci. 643-648: 647; Pop. Sci. Monthly 33 (1888), 341 (nach OED 1989); Anonymus (1889). Health Matters: The Pasteur Institute. Science 13, 87.
15 Kircher, A. (1658). Scrutinium pestis; vgl. Riley, W.A. (1910). Earlier references to the relation of flies to disease. Science 31, 263-264; vgl. aber Torrey, H.B. (1938). Athanasius Kircher and the progress of medicine. Osiris 5, 246-275: 254f.
16 Smit, P. & Heniger, J. (1975). Antoni van Leeuwenhoek (1632-1723) and the discovery of bacteria. Antonie van Leeuwenhoek 41, 217-228: 221; vgl. Leeuwenhoek, A. van (1676). Brief vom 9. Okt. 1676 (Collected Letters, vol.

2 (1941): 91; 95).
17 Leeuwenhoek, A. van (1683). [Brief vom 17. Sept. 1683]; vgl. Porter, J.R: (1976). Antony van Leeuwenhoek: Tercentenary of his discovery of bacteria. Bact. Rev. 40, 260-269.
18 Linné, C. von (1735/59). Systema naturae.
19 Müller, O.F. (1773). Vermium terrestrium et fluviatilium seu animalium infusorium, helminthicorum et testaceorum, non marinorum succinata historia, vol. I: Monas; Vibrio; ders. (1786). Animalcula infusoria: 1 [Monas]; 45 [Vibrio, Bacillus].
20 Gram, H.C.J. (1884). Ueber die isolierte Färbung der Schizomyceten in Schnitt- und Trockenpräparaten. Fortschr. Med. B2, 198-202.
21 Pollender, A. (1855). Microscopische und microchemische Untersuchungen des Milzbrandblutes, so wie über Wesen und Kur des Milzbrandes. Vierteljahrsschr. gerichtl. öffentl. Med. 8, 103-114; Brauell, F. (1857). Versuche und Untersuchungen betreffend den Milzbrand des Menschen und der Thiere. Arch. path. Anat. Physiol. 14, 432-466.
22 Davaine, C.J. (1863). Recherches sur les infusoirs du sang dans la maladie connue sous le nom de sang de rate. Comp. Rend. Acad. Sci. Paris 57, 220-223; 351-353; 386.
23 Koch, R. (1876). Die Aetiologie der Milzbrandkrankheit, begründet auf die Entwicklungsgeschichte des Bacillus Anthracis. Beitr. Biol. Pflanzen 2, 277-310.
24 Vgl. Schlich, T. (1997). Repräsentationen von Krankheitserregern. Wie Robert Koch Bakerien als Krankheitserreger dargestellt hat. In: Rheinberg, H.-J., Hagner, M. & Wahrig-Schmidt, B. (Hg.). Räume des Wissens: Spur, Codierung Repräsentation, 165-190.
25 Koch, R. (1877). Verfahren zur Untersuchung, zum Conservieren und Photographieren der Bacterien. Beitr. Biol. Pflanzen 2, 399-434.
26 Koch, R. (1882). Die Aetiologie der Tuberkulose. Berl. klin. Wochenschr. 19, 221-230; ders. (1884). Die Aetiologie der Tuberkulose. Mitt. kaiserl. Gesundheitsamte 2, 1-88.
27 Koch, R. (1884). Conferenz zur Erörterung der Cholerafrage. Berl. klin. Wochenschr. 21, 478-483.
28 Koch, R. (1878). Untersuchungen über die Aetiologie der Wundinfectionskrankheiten: 70.
29 Koch (1882): 225; vgl. Hitchins, A.P. & Leikind, M.C. (1939). The introduction of agar-agar into bacteriology. J. Bacteriol. 37, 485-493.
30 Schwarz, E. (1870). Ueber den sogenannten blauen Eiter. Wiener medizinische Presse 11, 241-245: 244.
31 Klebs, E. (1873). Beiträge zur Kenntnis der Micrococcen. Arch. exp. Pathol. Pharmakol. 1, 32-64: 50.
32 Perty, M. (1852). Zur Kenntniss kleinster Lebensformen nach Bau, Funktionen, Systematik.
33 Hallier, E. (1866). Die pflanzlichen Parasiten des menschlichen Körpers; ders. (1868). Parasitologische Untersuchungen bezüglich auf die pflanzlichen Organismen bei Masern, Hungertyphus, Darmtyphus, Blattern, Kuhpocken, Schafpocken, Cholera nostras etc.; Billroth, T. (1874). Untersuchungen über die Vegetationsformen der *Coccobacteria septica*; Zopf, W. (1883). Die Spaltpilze.
34 Escherich, T. (1887). Über Darmbacterien im Allgemeinen und diejenigen der Säuglinge im Besonderen. Centralbl. Bakteriol. Parasitenk. 1, 705-713: 707.
35 Schottelius, M. (1899). Die Bedeutung der Darmbacterien für die Ernährung. Arch. Hyg. 34, 210-243.
36 Vinogradskij, S.N. (1887). Ueber Schwefelbakterien. Bot. Zeitung 45, 606-610.
37 Vinogradskij, S.N. (1890-91). Recherches sur les organismes de la nitrification. Ann. Inst. Pateur 4, 213-231; 257-275; 760-771; 5, 92-100, 577-616; ders. (1890). Sur les organismes de la nitrification. Comp. Rend. Acad. Sci. Paris 110, 1013-1016.
38 Vinogradskij, S.N. (1893). Sur l'assimilation de l'azote gazeux de l'atmosphère par les microbes. Comp. Rend. Acad. Sci. Paris 116, 1385-1392.
39 Beijerinck, M.W. (1888). Die Bacterien der Papilionaceen-Knöllchen. Bot. Zeitung 46, 725-735; 741-750; 757-771; 781-790; 797-804.
40 Vgl. Brock, T.D. (ed.) (1961). Milestones in Microbiology; Le Chevalier, H.A. & Solorotovsky, M. (1965). Three Centuries of Microbiology; Collard, P. (1976). The Development of Microbiology.
41 Kützing, F.T. (1837). Organische Untersuchungen über die Hefe und Essigmutter. J. prakt. Chem. 11, 381-409; Schwann, T. (1837). Vorläufige Mittheilung, betreffend Versuche über die Weingährung und Fäulnis. Ann. Phys. Chem. 41, 184-193.
42 Liebig, J. (1839). Über die Erscheinungen der Gährung, Fäulnis und Verwesung.
43 Pasteur, L. (1857). Mémoire sur la fermentation appelé lactique. Comp. Rend. Acad. Sci. Paris 45, 913-916; ders. (1857). Mémoire sur la fermentation alcoolique. Comp. Rend. Acad. Sci. Paris 45, 1032-1036; ders. (1858). Mémoire sur la fermentation de l'acide tartrique. Comp. Rend. Acad. Sci. Paris 46, 615-618.
44 Whitman, W.B., Coleman, D.C. & Wiebe, W.J. (1998). Prokaryotes: the unseen majority. Proc. Nat. Acad. Sci. U.S.A. 95, 6578-6583.
45 Richter, D.D. & Markewitz, D. (1995). How deep is soil? Bioscience 45, 600-609.
46 Zavarzin, G.A. (2003). Coming-into-being of the system of biogeochemical cycles. Paleontol. J. 6, 16-24; ders. (2007). Microbial biosphere. Paleontol. J. 40, Suppl. 4, S425-S433.
47 Hammond, P.M. (1995). Described and estimated species numbers: an objective assessment of current knowledge. In: Allsopp, D., Hawksworth, D.L. & Colwell, R.R. (eds.). Microbial Diversity and Ecosystem Function, 29-71.
48 Tudge, C. (2002). The Variety of Life: 8.
49 Vgl. Hance, J. (2010). Close to a billion species: ocean exploration reveals shocking diversity of tiny marine life. mongabay.com, April 19, 2010; Schuh, H. (2010). Warum wissen wir so wenig über das Meer? Die Zeit Nr. 30 (22. Juli 2010), 29-30.
50 Niel, C.B. van (1955). Classification and taxonomy of the bacteria and blue green algae. In: Kessel, E.L. (ed.). A Century of Progress in the Natural Sciences, 1853-1953, 89-114.
51 Wayne, L.G. et al. (1987). Report of the ad hoc committee on reconciliation of approaches to bacterial systematics. Int. J. System. Bacteriol. 37, 463-464.

52 Sibley, C.G., Ahlquist, J.A. & Monroe, B.L. (1988). A classification of the living birds of the world, based on DNA-DNA hybridization studies. Auk 105, 409-423.
53 Woese, C.R. (1998). Default taxonomy: Ernst Mayr's view of the microbial world. Proc. Nat. Acad. Sci. U.S.A. 95, 11043-11046: 11045f.
54 Sonea, S. & Panisset, P. (1983). The New Bacteriology: 21f.; Sonea, S. & Mathieu, L.G. (2000). Prokaryotology; vgl. Ruiz-Mirazo, K., Etxeberria, A., Moreno, A. & Ibáñez, J. (2000). Organisms and their place in biology. Theor. Biosci. 119, 209-233: 224.
55 Sonea, S. (1988). A bacterial way of life. Nature 331, 216.
56 Martin, W. (1999). Mosaic bacterial chromosomes: a challenge en route to a tree of genomes. Bioessays 21, 99-104; Doolittle, W.F. (2000). Uprooting the tree of life. Sci. Amer. Feb. 2000, 90-95.
57 Stanier, R.Y., Doudoroff, M. & Adelberg, E.A. (1957/63). The Microbial World; dagegen aber Pringsheim, E.G. (1949). The relationship between bacteria and mycophyceae. Bacteriol. Rev. 13, 47-98; vgl. Sapp, J. (2005). The prokaryote-eukaryote dichotomy: meanings and mythology. Microb. Molec. Biol. Rev. 69, 292-305: 295.
58 Stanier, R.Y. (1970). Some aspects of the biology of cells and their possible evolutionary significance. In: Charles, H.P. & Knight, B.C. (eds.). Organization and Control and Prokaryotic Cells, 1-38.
59 Bisset, K.A. (1973). Do bacteria have a nuclear membrane? Nature 241, 45.
60 ebd.
61 Mayr, E. (1998). Two empires or three? Proc. Nat. Acad. Sci. USA 95, 9720-9723: 9721; vgl. Sapp (2005): 303f.; zur Zulässigkeit fehlender Merkmale für die Klassifikation, vgl. Ax, P. (1988). Systematik in der Biologie: 74.
62 Stanier, R.Y. & Niel, C.B. van (1962). The concept of a bacterium. Arch. Mikrobiol. 42, 17-35: 20f.
63 Woese, C.R. & Fox, G.E. (1977). Phylogenetic structure of the prokaryotic domain: the primary kingdoms. Proc. Natl. Acad. Sci. U.S.A. 74, 5088-5090.
64 Howland, J.L. (2000). The Surprising Archaea. Discovering Another Domain of Life.
65 Woese, C.R., Kandler, O. & Wheelis, M.L. (1990). Towards a natural system of organisms: Proposal for the domains Archaea, Bacteria, and Eucarya. Proc. Natl. Acad. Sci. U.S.A. 87, 4576-4579.
66 Koonin, E.V. et la. (1997). Comparison of archaeal and bacterial genomes: computer analysis of protein sequences predicts novel functions and suggests a chimeric origin of Archaea. Molec. Microbiol. 25, 619-637; Gupta, R. (1998). Protein phylogenies and signature sequence: a reappraisal of evolutionary relationships among Archaebacteria, Eubacteria, aund Eukaryotes. Microbiol. Molec. Biol. Rev. 62, 1435-1491.
67 Woese, C.R. & Fox, G.E. (1977). The concept of cellular evolution. J. Molec. Evol. 10, 1-6: 3.
68 Woese, C.R. (1987). Bacterial evolution. Microbiol. Rev. 51, 221-271: 263.
69 ebd.
70 Benner, S.A. & Ellington, A.D. (1990). "Progenote" or "Protogenote"? Science 248, 943-944: 943.
71 Popper, K.R. & Wächtershäuser, G. (1990). Progenote or Protogenote? Science 250, 1070.
72 Hutchison, C.A. III et al. (1999). Global transposon mutagenesis and a minimal mycoplasma genome. Science 286, 2165-2169: 2166.
73 Folk, R.L. (1993). SEM imaging of bacteria and nannobacteria in carbonate sediments and rocks. J. Sediment. Petrology 63, 990-999; vgl. Vainshtein, M.B. (2000). Nannobacteria. Microbiol. 69, 129-138.
74 McKay, D.S. et al. (1996). Search for past life on Mars: possible relic biogenic activity in Martian meteorite ALH84001. Science 273, 924-926.
75 Anderson, J.M. (1984). Review: Mashall, K.C. (1982). Advances in Microbial Ecology. J. Appl. Ecol. 21, 390-391: 390.
76 Kajander, E.O. et al. (1994). Comparison of staphylococci and novel bacteria like particles from blood. Zentralbl. Bakteriol. 26, 147-149.
77 Uwins, P.J.R., Webb, R.I. & Taylor, A.P. (1998). Novel nano-organisms from Australian sandstones. Amer. Mineralog. 83, 1541-1550.
78 a.a.O.: 1541.
79 Maniloff, J. (1997). Nannobacteria: size limits and evidence. Science 276, 1776.
80 Martel, J. & Young, J.D. (2008). Purported nanobacteria in human blood as calcium carbonate nanoparticles. Proc. Nat. Acad. Sci. U S A. 105 (14), 5549-5554.
81 Müller, O.F. (1773). Vermium terrestrium et fluviatilium seu animalium infusiorum, helminthicorum et testaceorum, non marinorum succinata historia, vol. I: 25.
82 Ehrenberg, C.G. (1838). Die Infusionsthierchen als vollkommene Organismen: 3.
83 Haeckel, E. (1866). Generelle Morphologie der Organismen, Bd. 1: 135.
84 a.a.O.: 133.
85 a.a.O.: 135.
86 Haeckel, E. (1904). Die Lebenswunder: 217ff.
87 Copeland, H.F. (1938). The kingdoms of organisms. Quart. Rev. Biol. 13, 383-420.
88 Whittaker, R.H. (1969). New concepts of kingdoms of organisms. Science 163, 150-160.
89 Margulis, L. (1971). Whittaker's five kingdoms of organisms: minor revisions suggested by consideration of the origin of mitosis. Evolution 25, 242-245.
90 Leedale, G.F. (1974). How many are the kingdoms of organisms? Taxon 23, 261-270.
91 Chatton, E. (1925). *Pansporella perplexa*, amoebien à spores, protégées parasite des daphnies. Réflexions sur la biologie et la phylogénie des protozoaires. Ann. Sci. Nat. Zool. (sér. 10) 8, 5-84: 76f.
92 Lwoff, A. (1932). Recherches biochimiques sur la nutrition des protozoaires: 3; ders. (1938). Remarques sur la physiologie comparée des protistes eucaryotes. Les leucophytes et l'oxytrophie. Arch. Protistenk. 90, 194-209: 194.
93 Dougherty, E.C. (1957). Neologisms needed for the structure of primitive organisms I. Types of nuclei. J. Protozool. (Suppl.) 4, 14.
94 Stanier, R.Y., Doudoroff, M. & Adelberg, E.A.

(1957/63). The Microbial World.

95 Wagner, G. & Börner, T. (1977). Zur Etymologie von „Prokaryota" und „Eukaryota". Biol. Rundsch. 15, 121-123.

96 Faber, G. [Brief an F. Cesi vom 13. April 1625]. Accademia dei Lincei (Rom), Carteggio 841, p. 1038 (Abdruck in G. Galilei, Opere, ed. A. Favaro, Florenz 1968, vol. XIII, 264); vgl. Gabrieli, G. (1940). Voci lincee nella lingua scientifica italiana. Lingua Nostra 2, 87-91: 89 (auch in: Contributi alla storia della Accademia dei Lincei, Rom 1989, 2 Bde., I, 373-384); Lüthy, C.H. (1996). Atomism, lynceus, and the fate of seventeenth-century microscopy. Early Science and Medicine 1, 1-27: 1; Freedberg, D. (2002). The Eye of the Lynx. Galileo, his Friends, and the Beginnings of Modern Natural History: 153.

97 Wilkins, J. (1648). Mathematicall Magick, 2 vols.: I, 115f. (Kap. xvi).

98 Highmore, N. (1651). The History of Generation. Examining the Several Opinions of Divers Authors: 70.

99 Seneca, Naturales quaestiones I, 6.5 (übers. M.F.A. Brok, Darmstadt 1995: 61).

100 Vgl. Bradbury, S. (1967). The Evolution of the Microscope; Turner, G.L'E. (1972). Essays on the History of the Microscope; Schmith, E.-H. (1989). Handbuch zur Geschichte der Optik, Erg.-Bd. 2: Das Mikroskop; Wilson, C. (1995). The Invisible World. Early Modern Philosophy and the Invention of the Microscope; Ruestow, E. (1996). The Microscope in the Dutch Republic; Fournier, M. (1996). The Fabric of Life. Microscopy in the Seventeenth Century.

101 Vgl. Bardell, D. (2004).The invention of the microscope. Bios 75, 78-84: 82.

102 Abbe, E. (1873). Beiträge zur Theorie des Mikroskops und der mikroskopischen Wahrnehmung. Arch. mikroskop. Anat. 9, 413-468.

103 Hacking, I. (1983). Representing and Intervening. Introductory Topics in the Philosophy of Natural Science (dt. Einführung in die Philosophie der Naturwissenschaften, Stuttgart 1996): 315.

Literatur

Bulloch, W. (1938). The History of Bacteriology.

Grainger, T.H. (1958). A Guide to the History of Bacteriology.

Stanier, R.Y. & Niel, C.B. van (1962). The concept of a bacterium. Arch. Mikrobiol. 42, 17-35.

Collard, P. (1976). The Development of Microbiology.

Sapp, J. (2005). The prokaryote-eukaryote dichotomy: meanings and mythology. Microb. Molec. Biol. Rev. 69, 292-305.

Balz

Das im germanischen Sprachbereich nur im Deutschen gebräuchliche Wort mit der Bedeutung »Werbungsverhalten bestimmter Vögel während der Paarungszeit« lässt sich bis ins 14. Jahrhundert zurückverfolgen (mhd. ›balz‹, auch ›valz‹). Der Ausdruck erscheint zuerst als Bezeichnung für den Ort des Paarungsverhaltens des Birk- und Auerwildes (1340 als Flurname in der Wetterau: »ame hanen baltzen«[1]; Mitte des 14. Jahrhunderts auch in dem Liebesgedicht ›Die Jagd‹ von Hadamar von Laber[2]). Die Herkunft des Wortes ist unklar, vermutet wird einerseits eine lautnachahmende Wurzel (abgeleitet von ›Ball‹: »Anschlag der Jagdhunde« oder lat. ›balbutire‹: »zwitschern«), anderseits eine Ableitung von mhd. ›balzer‹: »Schopf« und neuhd. ›schopfen‹ für den Paarungsvorgang des Haushuhns, bei dem der Hahn die Henne am Federschopf des Kopfes packt.[3] Im Gegensatz zu den verbreiteten Bezeichnungen in anderen Sprachen ist der deutsche Ausdruck nicht als eine Übertragung aus dem menschlichen Bereich entstanden, sondern hat seine ursprüngliche Verwendung in Bezug auf Tiere und wird erst danach auf den Menschen übertragen.

Das Balzverhalten der Säugetiere, insbesondere der Hirsche, wird im Deutschen meist als *Brunft* bezeichnet (seit dem 13. Jahrhundert, mhd. ›brunft‹, abgeleitet von ahd. ›breman‹ »brüllen«). Der klassische griechische Ausdruck ›μνηστευμα‹ »Werben, Freien, Huldigen« hat seine Verankerung in der sozialen Praxis des Menschen. Das lateinische Verb ›conciliare‹ »zusammenbringen, vereinen« steht gelegentlich in einem Kontext, in dem es sich auf das Werbeverhalten (von Männern) bezieht (Catull: »conciliata viro«[4]).

Der englische Ausdruck ›courtship‹ ist für das Werbeverhalten des Menschen (v.a. der Männer) seit Ende des 16. Jahrhunderts in Gebrauch (z.B. bei W. Shakespeare[5]). Auf Tiere (v.a. Vögel) wird er seit dem 17. Jahrhundert übertragen, anfangs v.a. in poetischen Werken (Glapthorne 1639: »idle courtship: the birds and beasts will do it,/To sate their appetites«[6]; J. Thomson 1730: »in fluttering courtship [of birds]«[7]; 1769: »in Courtship to their Mates/Pour forth their little Souls«[8]; O. Goldsmith 1774: »every meadow and marsh resounds with their [birds'] different calls, to courtship or to food«[9]). Zu einem Terminus der Biologie, über den eine charakteristische Klasse von (funktional bestimmten) Verhaltensweisen ausgegliedert und benannt wird, entwickelt sich

> Die Balz ist ein Verhalten, das der Anlockung von Geschlechtspartnern und der Vorbereitung des Akts der sexuellen Fortpflanzung dient.

> Balz (mhd. 14. Jh.) *152*
> Weibchenwahl (Goldsmith 1774) *152*
> epigam (Poulton 1890) *153*
> Instinktverschränkung (Alverdes 1925) *153*
> Balzmerkmale (Richards 1927) *153*
> sozialer Auslöser (Lorenz 1935) *153*

der Begriff seit Ende des 19. Jahrhunderts. Daneben ist im Englischen seit dem 19. Jahrhundert in ähnlicher Bedeutung der Ausdruck ›display‹ verbreitet.[10]

Beschreibungen und Erklärungen
Ein ausgeprägtes Balzverhalten zeigen einige Hühnervögel, so die Birk- und Auerhühner, auf deren Verhalten der Ausdruck zuerst bezogen wurde. C. Darwin beschreibt die verschiedenen Formen des Balzens (»courtship«) bei Vögeln, Reptilien und Insekten.[11] Als Erklärung für die auffälligen Strukturen (z.B. Geweihe der Hirsche, das Rad des Pfaus), Färbungen und Verhaltensweisen, die bei der Balz zum Einsatz kommen, führt Darwin seine Theorie der »sexuellen Selektion« an (↑Selektion). Es sind nach dieser Theorie die Weibchen, die eine Wahl unter den Männchen treffen. Darwin verwendet auch bereits Formulierungen, die dem späteren Terminus der **Weibchenwahl** (»female choice«) entsprechen (1871: »choice on the part of the female«[12]; 1874: »choice of the female«[13]). Im biologischen Kontext erscheint dieser Begriff in Beschreibungen des Balzverhaltens von Vögeln Ende des 18. Jahrhunderts (Goldsmith 1774: »violent contests between the males [of the ruff, d.h. der Kampfläufer], for the choice of the female«[14]). Etwa zur gleichen Zeit wird der Ausdruck auch in literarischen Texten im Englischen verwendet (Hoole 1785: ›female choice‹[15]).

Die Annahme einer solchen Wahl kann nach Darwin viele empirische Befunde erklären: »The males sedulously court the females, and […] take pains in displaying their beauty before them. Can it be believed that they would thus act to no purpose during their courtship? And this would be the case, unless the females exert some choice and select those males which please or excite them most. If the female exerts such choice, all the above facts on the ornamentation of the males become at once intelligible by the aid of sexual selection«[16]. Die Wahl durch das Weibchen kann nach Darwin so unbewusst erfolgen wie die Selektion in der Natur allgemein wirke; er schränkt daher auch ein, es sei genauer, lediglich von der Analogie einer Wahl zu sprechen (»we can judge of choice being exerted, only by analogy«).[17]

Detaillierte Untersuchungen zum Ablauf des Balzverhaltens bei verschiedenen Vögeln werden nach der Etablierung der Ethologie als Disziplin in den ersten Jahrzehnten des 20. Jahrhunderts durchgeführt. So untersucht J. Huxley das Werbeverhalten des Haubentauchers und bemüht sich dabei, die stereotyp wiederkehrenden Verhaltenselemente zu identifizieren.[18] K. Lorenz stellt seit den 1930er Jahren vergleichende Studien am Balzverhalten von Schwimmenten verschiedener Arten an, bei denen er zur Feststellung von Homologien gelangt (↑Ethologie: Abb. 122).[19] Später wird die komplexe Steuerung des Balzverhaltens durch das Zusammenspiel verschiedener äußerer Reize (Tageslänge, Anwesenheit des Partners) und innerer Faktoren (Hormone) analysiert.[20]

Dem Balzverhalten werden neben der Funktion der Zusammenführung der Geschlechter auch eine Bedeutung in der Überwindung von Flucht- und Angriffsinstinkten[21] und in der zeitlichen Synchronisation der Partner[22] zugeschrieben. Lorenz analysiert die stereotype Abfolge der Verhaltensweisen bei der Balz vieler Vögel als Sequenz von *sozialen Auslösern*, die in den Stellungen des Partners gegeben sind. Die Bewegung des einen Partners wirkt hier als Auslöser des Verhaltens für den anderen Partner.[23] Bereits Alverdes hatte vorher das komplexe Wechselspiel von Bewegungen im sozialen Kontext (von Insektenstaaten) beschrieben und als *Instinktverschränkung* bezeichnet.[24] Zur Verdeutlichung der Signale werden viele Bewegungen in der Balz »übertrieben« ausgeführt; schon J. Huxley spricht daher 1914 von der Balz als einem *Ritual* (↑Kommunikation/Ritualisierung).

Typen der Balz
Gemäß dem Ablauf der Balz versucht Lorenz eine Typisierung von verschiedenen Balzformen vorzunehmen: er unterscheidet einen Eidechsen-, Labyrinthfisch- und Cichlidentyp.[25] In einer umfangreicheren Systematik gliedert H.-W. Koepcke in den 1970er Jahren die Balz nach den angesprochenen Sinnesorganen in eine optische, akustische, chemische und haptische Balz und stellt daneben noch den Gebrauch von Balzobjekten sowie eine architektonische Balz (z.B. bei den Laubenvögeln) und Verfolgungsbalz.[26]

Weil die während der Balz ausgesendeten Signale eine Verminderung des Schutzes bedeuten können, werden sie bei vielen Organismen außerhalb des Kontextes der Balz versteckt (z.B. die Flügelbinden der Enten). Auch die architektonische Balz der Laubenvögel kann interpretiert werden als eine »Externalisierung« der Werbesignale, die den balzenden Organismus selbst nicht mit auffälligen Signalen belasten.

Abb. 35. Phase aus der Balz der Haubentaucher (aus Huxley, J.S. (1914). The courtship habits of the great crested grebe (Podiceps cristatus). Proc. Zool. Soc. Lond. 1914, 491-562: Pl. II).

Epigame Merkmale und Selektion
Weil die Balz mit einer Annäherung von Artgenossen verbunden ist, die miteinander im Konflikt stehende Antriebe der Flucht und des Angriffs hervorrufen kann, können in ihr viele Elemente eines *Übersprungverhaltens* identifiziert werden (↑Funktion).[27] Die morphologischen Strukturen und Verhaltenselemente, die im Zusammenhang mit der Balz und Paarung stehen, werden von O.W. Richards 1927 und J. Huxley 1938 als *epigamische* oder **epigame** Merkmale (»epigamic characters«) bezeichnet.[28] E.B. Poulton nennt bereits 1890 bei der Balz gezeigte Farben (»colours displayed in courtship«) ›epigame Farben‹ (»epigamic colours«[29]) (von griech. γάμος »Hochzeit, Paarung«). Später greift u.a. K. Lorenz diesen Begriff auf (»epigame Ausdrucksbewegungen«[30]). Weil sie z.T. allein einem Geschlecht zukommen, bilden sie häufig sekundäre Geschlechtsmerkmale (↑Geschlecht). Allgemein können sie auch als **Balzmerkmale** (Richards 1927: »display-characters«[31]) oder, weil sie häufig die Funktion der Anlockung des Geschlechtspartners haben, als *Attraktivitätsmerkmale* (Hejj 1996)[32] bezeichnet werden (↑Geschlecht). Richards unterscheidet 1927 zwischen solchen Balzmerkmalen, die von beiden Geschlechtern während der Balz gezeigt werden, und anderen, die nur den Organismen eines Geschlechts eigen sind, die also Elemente des Sexualdimorphismus darstellen.[33]

Huxley erklärt die Entstehung der epigamen Merkmale im Rahmen der von Darwin so genannten ›sexuellen Selektion‹. Er gliedert die sexuelle Selektion aber, anders als Darwin, in zwei Komponenten: eine *epigame Selektion* (»epigamic selection«), die Merkmale betrifft, welche beide Geschlechter aufweisen, und eine *intra-sexuelle Selektion* (»intra-sexual selection«), die sich allein auf die Merkmale eines Geschlechts bezieht (»selection involving competition between individuals of one sex in the struggle for reproduction«).[34] Die intra-sexuelle Selektion stellt für Huxley eine Form der intra-spezifischen Selektion dar, die zwar den Individuen, aber nicht der Art einen Vorteil verschafft (»promoting individual success without advantage to the type«).[35] Der Mechanismus der intra-sexuellen Selektion wird – im Anschluss an Darwin – auf die Wahl der Männchen durch die Weibchen zurückgeführt (»it is the female which exercises the choice«[36]). Beschrieben wird dieses Wahlverhalten nicht nur bei Vögeln und anderen Wirbeltieren, sondern z.B. auch bei der Fruchtfliege *Drosophila*.[37]

Eine soziobiologische Interpretation des Balzverhaltens und der Wahl durch die Weibchen erfolgt seit Mitte des 20. Jahrhunderts. Ausgangspunkt dieser Interpretation ist die Tatsache, dass meist die Männchen, d.h. die Angehörigen desjenigen Geschlechts, das die kleineren Gameten liefert, das ausgeprägtere Balzverhalten zeigen. A.J. Bateman schließt 1948 daraus, dass die Fertilität der Weibchen durch die begrenzte Kapazität der Produktion von Eiern limitiert ist, die der Männchen jedoch durch die Anzahl der Kopulationen. Diese Verhältnisse werden als Erklärung dafür angeführt, dass die Männchen in ihrem Paarungsverhalten sehr viel weniger zwischen den Partnern diskriminieren als die Weibchen: »Males must therefore be inherently subject to stronger selection than females, which must be due to a more intense intra-sexual action«[38]. R.L. Trivers argumentiert in den 1970er Jahren weiter in dieser Richtung und erklärt auch den Unterschied der Geschlechter in Bezug auf die »Investition« in die Nachkommen aus den anfänglichen Unterschieden der Investition in die Gameten (↑Brutpflege: Abb. 79).[39]

Nachweise

1 Salbuch des Klosters Engelthal; nach Kehrein, J. & Kehrein, F. (1871). Wörterbuch der Weidmannsprache für Jagd- und Sprachfreunde: 50.
2 Hadamar von Laber, Die Jagd: Strophe 212; nach Trübner, Deutsches Wörterbuch, Bd. 1 (1939): 222f.
3 Webinger, A. (1935). Zu „Balz" und „balzen". Z. Volkskde. 7, 160-161.
4 Catull 68, 130.
5 Shakespeare, W. (1596). The Merchant of Venice: II, viii, 44.
6 Glapthorne, H. (1639). The Tragedy of Albertus Wallenstein: 35.
7 Thomson, J. (1730). The Seasons: 30 (Vers 573).
8 Thomson, J. (1730/44). The Seasons: 28 (Vers 616f.).
9 Goldsmith, O. (1774). A History of the Earth and Animated Nature (1776), vol. VI: 26.
10 Vgl. z.B. Beilby, R. (1804/16). A History of British Birds, vol. 1: 292; 297.
11 Darwin, C. (1872). The Expression of the Emotions in Man and Animals: 94.
12 Darwin, C. (1871). The Descent of Man, and Selection in Relation to Sex: 273.
13 Darwin, C. (1871/74). The Descent of Man, and Selection in Relation to Sex: 210 (FN).
14 Goldsmith, O. (1774). A History of the Earth and Animated Nature, vol. 6: 31; übernommen in Ward, S. (1775). The Natural History of Birds, vol. III: 171.
15 Hoole, J. (Übers.) (1785). Orlando Furioso (1532): vol. 4: 27 (XXX, 517); Aiken, J. (1794). The female choice. A tale. In: ders., (ed.). Evenings at Home, 237-240.
16 Darwin (1871/74): 342.
17 a.a.O.: 421.
18 Huxley, J.S. (1914). The courtship habits of the great crested grebe (Podiceps cristatus). Proc. Zool. Soc. Lond. 1914, 491-562.
19 Lorenz, K. (1939). Vergleichendes über die Balz der Schwimmenten. J. Ornithol. 87, 172-174.
20 Hinde, R.A. (1965). Interaction of internal and external factors in integrations of canary reproduction. In: Beach, F.A. (ed.). Sex and Behavior, 381-415.
21 Tinbergen, N. (1959). Einige Gedanken über »Beschwichtigungsgebärden«. Z. Tierpsychol. 16, 651-665.
22 Wickler, W. (1962). Ei-Atrappen und Maulbrüten bei afrikanischen Cichliden. Z. Tierpsych. 19, 129-164: 133.
23 Lorenz, K. (1935). Der Kumpan in der Umwelt des Vogels (Über tierisches und menschliches Verhalten, Bd. I, München 1965, 115-282): 208.
24 Alverdes, F. (1925). Tiersoziologie: 57.
25 Lorenz (1935): 214ff.
26 Koepcke, H.-W. (1971-74). Die Lebensformen, 2 Bde.: II, 1168ff.
27 Vgl. Lorenz, K. (1941). Vergleichende Bewegungsstudien an Anatinen (Über tierisches und menschliches Verhalten, Bd. II, München 1965, 13-113): 20f.
28 Richards, O.W. (1927). Sexual selection and allied problems in the insects. Biol. Rev. 2, 298-360: 299; Huxley, J.S. (1938). Darwin's theory of sexual selection and the data

subsumed by it, in the light of recent research. Amer. Nat. 72, 416-433: 429.
29 Poulton, E.B. (1890). The Colours of Animals: 338.
30 Lorenz (1941): 24.
31 Richards (1927): 300; Huxley (1938): 421; 431.
32 Hejj, A. (1996). Traumpartner. Evolutionspsychologische Aspekte der Partnerwahl: 40; Menninghaus, W. (2003). Das Versprechen der Schönheit: 80.
33 Richards (1927): 299.
34 Huxley (1938): 431.
35 a.a.O.: 417.
36 Bateman, A.J. (1948). Intra-sexual selection in *Drosophila*. Heredity 2, 349-368: 351.
37 Rendel, J.M. (1944). Genetics and cytology of *Drosophila subobscura*. II. Normal and selective matings in *D. subobscura*. J. Genet. 46, 287-295.
38 Bateman (1948): 367; vgl. Snyder, B.F. & Gowaty, P.A. (2007). A reappraisal of Bateman's classic study of intrasexual selection. Evolution 61 (11), 2457-2468.
39 Trivers, R.L. (1972). Parental investment and sexual selection. In: Campbell, B. (ed.). Sexual Selection and the Descent of Man, 136-179: 138f.

Bedürfnis

Das Substantiv ›Bedürfnis‹ (15. Jh.: ›bedurfnusse‹) leitet sich von dem Verb ›dürfen‹ ab, das ursprünglich die Bedeutung »brauchen, nötig haben« hat. Es bezieht sich damit auf einen subjektiv erfahrenen oder objektiv vorliegenden Mangelzustand. Der Ausdruck ›Bedarf‹ ist im 17. Jahrhundert allgemein verbreitet[1], im 18. Jahrhundert aber nur noch in der Handelssprache gebräuchlich. J.H. Campe fordert 1794, das Wort ›Bedürfnis‹ wieder in die allgemeine Sprache aufzunehmen und bezeichnet damit »den Zustand, da man etwas bedarf, nicht auch die Sache, die man bedarf«.[2] Der Unterschied zwischen dem »Zustand, worinn man einer Sache bedarf« und der »Sache selbst, deren man bedarf«, findet sich bereits im Eintrag ›Bedürfniß‹ von J.C. Adelungs Wörterbuch von 1774.[3] Einflussreich bis in die Gegenwart ist F.B.W. von Hermanns Bestimmung des Bedürfnisbegriffs aus dem Jahr 1870. Danach ist ein Bedürfnis ein »Gefühl oder Bewußtsein eines Mangels […], welcher den Gang des Lebens beengt, behindert, gefährdet, verbunden mit dem Streben demselben abzuhelfen« oder kurz: ein »Gefühl eines Mangels mit dem Streben, ihn zu beseitigen«.[4]

Im Rahmen seiner Verwendung in psychologischen und soziologischen Theorien sind es eine Reihe von Bestimmungsmomenten, die mit dem Begriff verbunden werden: (1) ein psychisches, subjektives Erleben einer dranghaften Unruhe, (2) eine »Bildbesetzung« des Dranges im Sinne einer »Eingrenzung und Vereinseitigung auf spezifische Erfüllungsobjekte« (Gehlen 1956)[5], (3) ein Antriebscharakter, der eine Antizipation zukünftiger Zustände enthält, (4) ein Richtungsmoment, das die Ausrichtung auf konkrete Ziele bewirkt, (5) eine Objektbesetzung, die das Bedürfnis an konkrete Objekte der Außenwelt bindet und (6) die Möglichkeit der Erzeugung von Bedürfnissen durch Angebote.[6] Eine darauf aufbauende allgemeine Definition des Bedürfnisbegriffs gibt H. Krauch 1981: »Bedürfnisse sind in als mangelhaft empfundenen Situationen entstehende Bereitschaften zu Handlungen, die sich auf Zustände richten, die als günstiger gelten«.[7]

Antike
Seit der Antike werden Lebewesen als konstitutionell offene Systeme entworfen, die für ihren Bestand von

> Bedürfnis (15. Jh.) *156*
> Innerlichkeit (von Berger 1821) *163*
> offenes System (Lotze 1856) *161*
> Appetenzverhalten (Craig 1918) *162*
> Leerlaufreaktion (Lorenz 1935) *162*

der Umwelt abhängen, und insofern über Bedürfnisse verfügen. In subjektiver Hinsicht wird ein Bedürfnis beschrieben als eine Motivation zu einem auf ein bestimmtes Ziel ausgerichteten Verhalten, d.h. als ein Begehren. In Platons Seelenlehre ist das Begehrende (»ἐπιτυμητικόν«) der Teil der Seele, der mit den körperlich-natürlichen Bedürfnissen verbunden ist; es stellt das dar, »womit sie verliebt ist und hungert und durstet und von den übrigen Begierden umhergetrieben wird«.[8] Über einen begehrenden Seelenteil verfügen nach Platon (ebenso wie nach den Vorsokratikern Empedokles und Anaxagoras[9]) neben den Menschen und Tieren auch die ↑Pflanzen, insofern auch ihnen angenehme und unangenehme Empfindungen zukommen und sie nach Nahrung und Licht streben.[10] Über ihr Vermögen des Begehrens sind damit also alle Lebewesen natürlicherweise miteinander verbunden.

Aristoteles denkt das Begehren oder Streben immer geknüpft an den wahrnehmenden Teil der Seele: »Wo nämlich Wahrnehmung vorliegt, da auch Schmerz und Lust, und wo diese, da auch notwendigerweise Begehren«.[11] Weil jedes Lebewesen (= Tier) für Aristoteles auf seine Ernährung angewiesen ist und daher eine Nährseele besitzt, kommt ihm auch notwendig ein Vermögen zur Wahrnehmung seiner Nahrung (Tastsinn) zu.[12] Das Begehren im Tastsinn bezieht sich auf die Ernährung, ohne die sich das Lebewesen nicht erhalten kann. Aristoteles argumentiert daher, es müsse »der Körper des Lebewesens tastfähig sein, wenn das Lebewesen sich erhalten soll«.[13] Zu seiner Selbsterhaltung auf Nahrung angewiesen, bildet ein Lebewesen bei Aristoteles also ein offenes System. Das Begehren betrifft dabei die Mittelstelle zwischen dem Körper des Lebewesens und dem begehrten Objekt in seiner Umwelt; es löst die Bewegung des Lebewesens aus, indem es dieses zu dem begehrten Objekt hinführt: »Das Begehrte […] bewegt, ohne selbst bewegt zu werden […]; das Begehren ist das Bewegende und zugleich Bewegte […]; das Lebewesen aber ist das Bewegte«.[14] Die Auslösung der Bewegung durch das Begehren setzt dabei eine Vorstellung des Begehrten voraus, sei es als Wahrgenommenes oder als Gedachtes.[15] Als ein nicht vernunftgeleitetes Streben ist das Begehren nach Aristoteles den Tieren und Menschen gemeinsam[16]; es richtet sich auf die Gegenwart und hat insofern keine Beziehung

> Ein Bedürfnis ist der innere Zustand eines Organismus, der sich daraus ergibt, dass er für sein Überleben und seine Fortpflanzung auf Elemente oder Bedingungen in seiner Umwelt angewiesen ist (z.B. Hunger als Bedürfnis nach Nahrung).

zur Zeit.[17] Aristoteles sieht die Pflanzen ausdrücklich nicht als Lebewesen an und spricht ihnen das Begehren aufgrund des Fehlens von Wahrnehmung und Fortbewegung ab; ebenso wie die tote Materie würden sie lediglich Veränderungen erleiden.[18]

Auch spätere antike Autoren schließen sich der aristotelischen Sicht an und lehnen ein Begehren bei Pflanzen ab (so z.B. im 1. Jahrhundert vor Christus Nicolaus Damascenus[19]). Bis in die Hochscholastik und Renaissance bleibt es die Lehrmeinung, dass das Begehren gerade Pflanzen und Tiere voneinander unterscheidet: »Dico igitur, plantas nec sensum nec desiderium habere«, heißt es bei Albertus Magnus[20]. Den Pflanzen wird ein Begehren abgesprochen, weil sie über keine Sinnesempfindung und kein Vorstellungsvermögen verfügen.

Neuzeit
Nach der Lehre R. Descartes stellt das Begehren eine Leidenschaft der Seele dar. Das Begehren (»desir«) bezieht sich sowohl auf das Verlangen nach einem abwesenden Gut als auch auf den Fortbestand von etwas Gegenwärtigem oder auf die Abwesenheit eines Übels, sei es gegenwärtig oder zukünftig.[21] Descartes stellt das Begehren in den Dienst der Erhaltung (»conservatio«) des Körpers, wenn er z.B. das Bedürfnis des Trinkens durch eine Trockenheit der Kehle ausgelöst sieht, die durch das Trinken kompensiert wird.[22] Mit der traditionellen Seelenlehre brechend, erkennt Descartes aber den Pflanzen und Tieren keine Seele mehr zu. Wenn Descartes das Vermögen des Begehrens an eine Seele bindet, bleibt bei ihm also offen, wie Tiere dazu in der Lage sind.

J. Locke folgt Descartes zumindest in Bezug auf die Pflanzen, denen er eine ↑Wahrnehmung abspricht: Deren Vorliegen oder Fehlen markiert seiner Meinung nach die Grenze zwischen dem Reich der Tiere und Pflanzen (»Perception […] puts the distinction betwixt the animal Kingdom, and the inferior parts of Nature«).[23] Die angebliche Sensibilität der Pflanzen (»sensitive plants«) erklärt Locke dagegen für einen bloßen Mechanismus (»bare Mechanism«) und vergleicht sie mit anorganischen Vorgängen wie dem Verkürzen eines Seils bei Feuchtigkeit.[24]

Gegen diese rein mechanistischen Theorien der Bewegungen und Wahrnehmungen (bei Pflanzen), wie sie im 17. Jahrhundert vorherrschend sind, wendet G.W. Leibniz zu Beginn des 18. Jahrhunderts ein, dass auch die Pflanzen eine Art Perzeption und Begehrung besitzen (»il y a quelque perception et appetition encor dans les plantes à cause de la grande analogie, qu'il y a entre les plantes et les animaux«).[25] Diese Vermögen schreibt ihnen Leibniz zu, weil sie über eine »individuelle Identität« (»identité individuelle«) verfügen, die in der Organisation ihrer Lebensverrichtungen besteht und die von einem inneren Prinzip getragen wird, das er *Monade* nennt.[26]

In der Mitte des 18. Jahrhunderts bilden für den französischen Biologen A. de Condillac die Bedürfnisse (»besoins«) die Antriebe für die Bewegungen der Tiere. Die Wiederkehr der immer gleichen Bedürfnisse führt nach Condillac zur Etablierung und sicheren Ausführung bestimmter Bewegungsweisen. Die Bedürfnisse rufen auf der einen Seite bestimmte Vorstellungen (»idées«) hervor, auf der anderen Seite die ihnen entsprechenden Bewegungen.[27] Die Bedürfnisse fungieren auf diese Weise als Schaltstelle zwischen (mentalen) Vorstellungen und (real-kausalen) Bewegungen zur Befriedigung der Vorstellungen. D. Diderot sieht darüber hinaus nicht nur zwischen Bedürfnissen und Bewegungen eine kausale Beziehung, sondern auch zwischen Bedürfnissen und den Organen, die ihre Befriedigung ermöglichen. Organe werden in den Worten Diderots durch das Vorliegen von Bedürfnissen gebildet: »les organes produisent les besoins, et réciproquement les besoins produisent les organes«[28] – eine frühe lamarckistische Vorstellung (↑Lamarckismus).

Dass ein Begehren mit einer definierten Zielvorstellung verbunden ist, macht I. Kant deutlich. Die vorgestellt Antizipation des Ziels kann damit als Motivation für das Handeln verstanden werden. Weil nach Kant auch die Tiere nach Vorstellungen handeln[29], kann er daran eine allgemeine Begriffsbestimmung von ↑›Leben‹, ausgehend vom Begriff des Begehrens anschließen: »Leben ist das Vermögen eines Wesens, nach Gesetzen des Begehrungsvermögens zu handeln. Das Begehrungsvermögen ist das Vermögen desselben, durch seine Vorstellungen Ursache von der Wirklichkeit der Gegenstände dieser Vorstellungen zu sein«[30].

In den naturphilosophischen Lehren des deutschen Idealismus wird das Verhältnis des Organismus zu seiner Umwelt als ein dialektisches Verhältnis von Subjekt und Außenwelt interpretiert. Aufbauend auf Kants Begriff eines Naturzwecks (↑Zweckmäßigkeit) wird der Organismus als ein System aus sich wechselseitig bedingenden Teilen gedeutet; hinzu kommt die Betonung der notwendigen Offenheit dieses Systems. Hegel schreibt: »Nach einer Seite ist der Organismus unendlich, indem er ein Kreis der reinen Rückkehr in sich selbst ist, aber er ist zugleich gespannt gegen die äußerliche unorganische Natur und hat Bedürfnisse. Hier kommt das Mittel von außen: der Mensch bedarf Luft, Licht, Wasser; er verzehrt auch andere Lebendige, Tiere, die er dadurch zur

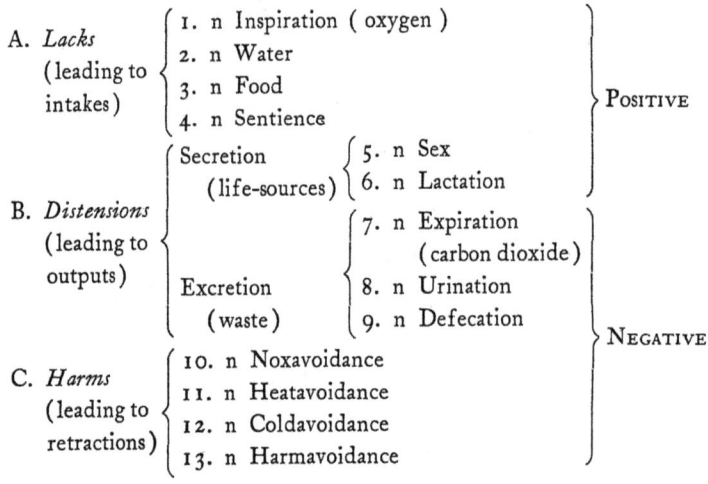

Abb. 36. *Schema der primären Bedürfnisse;* »n« *steht für* ›need‹ *(aus Murray, H.A. (1938). Explorations in Personality: 79).*

unorganischen Natur, zum Mittel macht«[31]. Und an anderer Stelle heißt es, »der tierische Organismus erhalte sein Fürsichsein nur durch steten Prozeß in sich selbst und gegen eine ihm unorganische Natur, welche er verzehrt, verdaut, sich assimiliert, das Äußere in Inneres verwandelt, und dadurch erst sein Insichsein wirklich macht. [...] Dies in sich beschlossene System hat zu seinem einzigen Zwecke die Selbsterhaltung des Lebendigen durch diesen Prozeß, und das tierische Leben besteht deshalb nur in einem Leben der Begierde«[32]. Die Begierden und Bedürfnisse der Tiere sind nach Hegel durch ihre innere Natur bestimmt und begrenzt: »Das Tier hat einen beschränkten Kreis von Mitteln und Weisen der Befriedigung seiner gleichfalls beschränkten Bedürfnisse«[33] (↑Nische). Das Angewiesensein auf die Umwelt ist nach Hegel für die Lebewesen so elementar, dass sie geradezu darüber bestimmt werden können: »Nur ein Lebendiges fühlt Mangel«[34]; der »Trieb« als Motivation für die Aktivität eines Lebewesens sei daher eine »Thätigkeit des Mangels«[35].

Vom Begehren der Seele zur Offenheit des Systems
Zentrale biologische Bedeutung für eine Theorie der Veränderung der Organismen gewinnt der Begriff des Bedürfnisses bei J.B. de Lamarck. Nach Lamarck führt die anhaltende Veränderung der Erdoberfläche zur Veränderung der inneren Empfindungen (»sentiment intérieur«) und zur Erzeugung neuer Bedürfnisse (»besoins«) der Organismen. Die neuen Bedürfnisse drücken sich in einem verstärkten oder vernachlässigten Gebrauch bestimmter Organe aus, die daraufhin stärker oder weniger stark ausgebildet werden und in dieser Ausprägung an die Nachkommen vererbt werden.[36] Die in dem Leben eines Individuums neu auftretenden Bedürfnisse bedingen also, vermittelt über den verstärkten Gebrauch, eine Vererbung erworbener Eigenschaften (↑Lamarckismus).

Bis zur zweiten Hälfte des 19. Jahrhunderts ist es die vorherrschende Auffassung, ein Bedürfnis komme allein den Tieren, nicht aber den Pflanzen zu. Diese Zuschreibung wird vorgenommen, weil das Vorhandensein von Bedürfnissen an Fähigkeiten der ↑Wahrnehmung, ↑Empfindung oder Vorstellung geknüpft wird – und diese werden den Pflanzen traditionell abgesprochen. Das Leben der Pflanzen wird durch die Umwelt determiniert vorgestellt. L. Oken sagt von der Pflanze: »Sie bewegt sich nur durch einen fremden Reiz«[37]; »Die höchste Geistesoperation, welcher die Pflanze fähig ist, ist Reizbarkeit«[38]. Anders dagegen das Tier: »Das Tier kann sich aus Mangel an Reiz bewegen«[39]. Plausibel wird diese Beschränkung der Fähigkeit zu Bedürfnissen auf Tiere, insofern unter Bedürfnissen psychische Zustände – im Sinne eines Begehrens – verstanden werden: Ohne psychisches (mentales) System können Pflanzen solche Zustände klarerweise nicht zukommen. Dieses Begriffsverständnis wandelt sich aber in der Jahrhundertmitte: Bedürfnisse werden zunehmend als Systemzustände verstanden, als Ausdruck der besonderen Organisation offener Systeme. Die Systemoffenheit wird nicht mehr allein Lebewesen mit einem komplexen Nervensystem und einem Bewusstsein zugeschrieben, sondern jedem System, das über einen Mangel verfügen kann, unabhängig davon, ob dieser Mangel mental vorgestellt und bewusst erlebt wird oder nicht.

Einen Beitrag zu dieser Verallgemeinerung des Bedürfniskonzepts liefert A. Schopenhauers Willensmetaphysik. Zwar verwendet Schopenhauer noch den ursprünglich an menschliche Bewusstseinsvorgänge gebundenen Begriff des Willens – sofern er damit aber ein für den Bereich des Organischen universales Prinzip verbindet, löst er den Begriff aus seiner psycholo-

I. Physiologische Bedürfnisse (»viscerogenic needs«)
A. auf einen Mangel bezogen (»lacks«)
1. Sauerstoff (»inspiration«)
2. Wasser (»water«)
3. Nahrung (»food«)
4. Sinnlichkeit (»sentience«)

B. auf Absonderungen bezogen (»distensions«)
5. Sexualität (»sex«)
6. Milchabgabe (»lactation«)
7. Abgabe verbrauchter Luft (»expiration«)
8. Urinabgabe (»urination«)
9. Kotabgabe (»defecation«)

C. Schutz
10. Vermeidung von Vergiftung (»noxavoidance«)
11. Vermeidung von Überhitzung (»heatavoidance«)
12. Vermeidung von Unterkühlung (»coldavoidance«)
13. Vermeidung von Verletzung (»harmavoidance«)

II. Psychische Bedürfnisse (»psychogenic needs«)
A. primär auf unbelebte Objekte bezogen
1. Erwerb (»acquisition«)
2. Erhaltung (»conservance«)
3. Ordnung (»order«)
4. Behalten (»retention«)
5. Aufbauen (»construction«)

B. auf Ansehen und Prestige bezogen
6. Geltungsdrang (»recognition«)
7. Leistung (»achievement«)
8. Selbstdarstellung (»exhibition«)

C. auf den Statuserhalt bezogen
9. Vermeidung von Erniedrigung (»Infavoidance«)
10. Selbstrechtfertigung (»defendance«)
11. Hartnäckigkeit (»counteraction«)

D. auf Dominanz und Unterwerfung bezogen
12. Machtausübung (»dominance«)
13. Ehrerbietung (»deference«)
14. Zustimmung (»similance«)
15. Unabhängigkeit (»autonomy«)
16. Individualität (»contrarience«)

E. sado-masochistische Bedürfnisse
17. Aggression (»aggression«)
18. Erniedrigung (»abasement«)

F. soziale Akzeptanz
19. Tadelvermeidung (»blamavoidance«)

G. auf persönliche Beziehungen bezogen
20. sozialer Anschluss (»affiliation«)
21. Zurückweisung (»rejection«)
22. Fürsorge (»nurturance«)
23. Hilfesuchen (»succorance«)

H. Entspannung
24. Spiel (»play«)

I. Lernen und Lehren
25. Wissen und Information (»cognizance«)
26. Unterrichten (»exposition«)

Tab. 20. Liste von physiologischen und psychischen Bedürfnissen des Menschen (nach Murray, H.A. (1938). Explorations in Personality: 79-83).

gischen Verankerung: Die Bedürfnisse aller Organismen werden vielmehr als Ausdruck eines universalen organischen Willens konzipiert, der eben auch die einfach strukturierten Lebensformen umfasst: »ein Verlangen, Begehren, Wollen oder Verabscheuen, Fliehen, Nichtwollen ist jedem Bewußtsein eigen: der Mensch hat es mit dem Polypen gemein«[40].

Auf dieser Grundlage können auch den Pflanzen Bedürfnisse zugeschrieben werden, so wie dies explizit G.T. Fechner in seiner Abhandlung über das ›Seelenleben der Pflanzen‹ tut. Das Bedürfnis der Pflanzen ist nach Fechner allerdings lediglich ein »gegenwärtig gefühltes Bedürfnis« ohne »Bewußtsein des Zukünftigen«.[41]

In einem bereits systemtheoretischen Sinne verwendet H. Lotze den Begriff des Bedürfnisses 1856 im Zusammenhang seiner Lehre der Selbsterhaltung des Organismus durch »Compensation der Störungen«, die seine Teile erleiden. Die Bedürfnisse erwachsen danach aus der Ausrichtung des Organismus auf seine Selbsterhaltung.[42]

Einen systemtheoretischen Unterton hat auch die enge Verbindung zwischen einem Bedürfnis und seiner Befriedigung, die der Physiologe E. Pflüger 1877 in seinem »Gesetz der teleologischen Mechanik« zieht: »Die Ursache jeden Bedürfnisses eines lebendigen Wesens ist zugleich die Ursache der Befriedigung des Bedürfnisses«[43] (in seiner Grundstruktur wird dieser Zusammenhang ein Jahrhundert zuvor von Condillac formuliert; s.o.[44]). Problematisch ist diese Formulierung allerdings, weil der Begriff des Bedürfnisses selbst im Sinne einer Ursache verstanden werden kann (so wie bei Kant; s.o.). Meist wird die Verbindung von Bedürfnis und Befriedigung nicht so aufgefasst, dass beiden eine gemeinsame Ursache zugrunde läge, sondern es wird vielmehr eine einzige Ursache-Wirkungs-Relation mit dem Bedürfnis auf der Seite der Ursache und der Befriedigung auf der Seite der Wirkung angenommen. Das Bedürfnis der Nahrungsaufnahme (Hunger) wirkt z.B. als Ursache zur Befriedigung dieses Bedürfnisses (der erfolgenden Nahrungsaufnahme).

20. Jh.: Listen und Systeme von Bedürfnissen
Systematische Untersuchungen zur Theorie von Bedürfnissen gehen im 20. Jahrhundert in der Regel von der Psychologie aus. Die für die Biologie zentralen »primären« oder »physiologischen« Bedürfnisse werden meist aus einer Klassifikation der Instinkte entwickelt. Dies gilt etwa für die auf ein System von Bedürfnissen bezogene Einteilung der Instinkte durch W. McDougall (von 1908 und 1932) und E.C. Tolman (1926) (↑Instinkt: Tab. 128 und 129).

Eine explizite Klassifikation von Bedürfnissen (»needs«) schlägt H.A. Murray 1938 vor. Murrays Klassifikation geht von Typen der Verhaltensmotivation bei Personen in unterschiedlichen Umweltsituationen aus. Allgemein definiert wird ein Bedürfnis von Murray als eine Kraft in der Hirnregion (»a force (the physico-chemical nature of which is unknown) in the brain region«), die die Vermögen der Wahrnehmung, Verarbeitung und Handlung in einer Weise organisiert, so dass eine unbefriedigende Situation transformiert wird (»which organizes perception, apperception, intellection, conation and action in such a way as to transform in a certain direction an existing, unsatisfying situation«).[45] Murray gliedert die Bedürfnisse in primäre (»viszerogene«; vgl. Abb. 36) und sekundäre (»psychogene«). Die erste Gruppe wird weiter unterteilt in zyklische (wie die Bedürfnisse nach Nahrung, Wasser, Urinieren, Sex) und regulatorische (wie Kältevermeidung). Für die psychogenen Bedürfnisse gibt Murray eine lange Liste von Begriffen, deren Bezeichnungen und Abgrenzungen anhand zahlreicher psychologischer Fragebogen und Tests ermittelt und verfeinert wurden (vgl. Tab. 20).[46]

Bekannter als das komplexe Schema Murrays ist der Ansatz A. Maslows, die menschlichen Bedürfnisse in Gruppen zu gliedern und in einer Hierarchie der Dringlichkeit zu ordnen.[47] Die Hierarchie wird später häufig als Pyramide dargestellt (»Maslowsche Bedürfnispyramide«). Der Aufbau der Pyramide folgt dem Prinzip, dass zur Aktivierung der höheren Bedürfnisse zunächst die der niederen Ebenen befriedigt sein müssen. Die Pyramide hat fünf Ebenen: (1) *physiologische Bedürfnisse* (»physiological needs«: Hunger, Durst, Sexualität etc.), (2) *Sicherheitsbedürfnisse* (»safety needs«: nach Schutz vor Schmerz, Furcht etc.), (3) *Bedürfnisse nach sozialen Bindungen* (»belongingness and love needs«: nach Geborgenheit, Zärtlichkeit, Liebe etc.), (4) *Bedürfnis nach Selbstachtung* (»esteem needs«: nach Zustimmung, Leistung, Geltung), (5) *Bedürfnis nach Selbstverwirklichung* (»need for self-actualization«: Selbsterfüllung in der Realisierung der eigenen Möglichkeiten).

Von biologischer Seite existieren nur wenige Ansätze zur systematischen Darstellung der Bedürfnisse von Lebewesen. Konsens besteht allein darin, die beiden ultimaten Funktionen aller Lebewesen in Selbsterhaltung und Fortpflanzung zu sehen (↑Funktion: Tab. 91). F.M. Lehmann gibt 1935 eine »Rangordnung der Lebensvorgänge« an, die in folgender Reihe besteht: Stoffwechsel, Formwechsel, Regeneration, Teilung und Zeugung.[48] Ein moderner Vorschlag stammt von G. Tembrock, der 1980 von den »Umweltansprüchen« eines Organismus spricht und diese in Raum-, Zeit-, Stoffwechsel-, Schutz-, Partner- und Informationsansprüche gliedert.[49]

Jonas: »Selbstbesorgtheit alles Lebens«
Eine zentrale Rolle spielt das Konzept des Bedürfnisses in der Philosophie des Organischen von H. Jonas. Für Jonas bilden die Bedürfnisse denjenigen Aspekt der Lebewesen, die sie von zielverfolgenden kybernetischen Maschinen unterscheiden: »Lebende Dinge sind Geschöpfe des Bedürfnisses und handeln aufgrund von Bedürfnissen. Das Bedürfnis gründet einerseits in der *Notwendigkeit* ständiger Selbsterneuerung des Organismus mittels des Stoffwechsels, andererseits im elementaren *Drang* des Organismus, auf solche prekäre Weise sein Dasein fortzusetzen«[50]. In dem Bedürfnis manifestiere sich so eine »fundamentale Selbstbesorgtheit alles Lebens«, das sowohl die Teleologie des Organischen im Sinne seiner Umweltbezogenheit bedinge (»Selbsttranszendierung durch die Bedürftigkeit«[51]) als auch die »Dimension der Innerlichkeit« (s.u.) der Lebewesen begründe (»das absolute Interesse des Organismus an seinem eigenen Dasein«[52]). Die Bedürftigkeit offenbart sich nach Jonas besonders ausgeprägt bei den Tieren, weil diese von solcher organischen Nahrung abhängen, deren unmittelbare Anwesenheit in ihrer Umwelt nicht garantiert ist. Ihr Leben sei daher durch eine »Mittelbarkeit« und »Lücke« zwischen Bedürfnis und Befriedigung gekennzeichnet. Weil die Pflanzen dagegen in dauerndem Kontakt mit ihrer Nahrung stehen, gebe es in ihrem Leben keine Lücke, über die hinweg Bedürfnisse fühlbar würden: »Unmittelbarkeit ist hier garantiert durch ständige Kontiguität zwischen Aufnahmeorgan und äußerem Vorrat«[53].

Das Verhältnis von Offenheit und Geschlossenheit des Systems eines Organismus beschreibt Jonas als »paradoxe Tatsache«[54], weil ein Lebewesen seine Geschlossenheit nur um den Preis seiner Offenheit erhalten könne. Die autonome, sich nach eigenen Gesetzen verhaltende Formung der Stoffe im Organismus sei doch nur möglich, indem der Organismus auf seine Umwelt bezogen ist, von der er seine Nahrung erhält. Die Absonderung von der Natur korreliert im Organismus mit der Einbindung in die Natur. Selbständigkeit gehe mit Abhängigkeit, Autonomie mit Dependenz einher: »So hat die Selbständigkeit gegenüber der Natur, gesetzt und behauptet in der Eigenkausalität des Organismus – einer außermechanischen Autonomie –, ihren genauen Preis in existentieller Abhängigkeit von der Natur, die dem stabilen Sein des leblosen Stoffes durchaus fremd ist [...]: Geschlossenheit der Funktionsganzheit nach innen – ist im Vollzug der Funktionalität selber korrelative Offenheit zur Welt«.[55]

Die Autonomie des Organismus, seine Absonderung von der allgemeinen Natur durch die ihm eigenen Gesetze bedingt es für Jonas auch, dass der Organismus in einer »prekären« Lage der jederzeit möglichen Vernichtung steht: »So in der Schwebe zwischen Sein und Nichtsein besitzt der Organismus sein Sein nur auf Bedingung und auf Widerruf«.[56] Mit der besonderen Anordnung der Materie, die den Organismus ausmacht, sei auch immer die mögliche Zerstörung dieser Anordnung gegeben. Das Sein des Organismus schließe seine Gefährdung und damit die spätere Möglichkeit des Nichtseins ein. Nach Jonas begründet der Organismus überhaupt erst die Kategorie des Nichtseins in der Natur.[57]

Im Anschluss an diese Konzipierung des Bedürfnisbegriffs zur Bezeichnung eines für alle Lebewesen grundlegenden Verhältnisses ist vorgeschlagen worden, auch die Teleologie des Organischen und die Funktionsbegrifflichkeit in der Biologie aus der Bedürfnisstruktur von Lebewesen abzuleiten. Lebewesen sind ihrer Natur nach Gegenstände, die einen Mangel leiden können und die zu ihrem Fortbestehen auf ein Verhalten der Behebung dieses Mangels angewiesen sind. Sie sind also in ihrer Erhaltung ständig bedroht und daher in ihrem Verhalten auf ihr Wohl bezogen. Es lassen sich damit Zustände von Lebewesen als *für sie selbst gut* auszeichnen und diese Zustände können als die Ziele ihres Verhaltens bestimmt werden. Jedes Verhalten, das einen Beitrag zum Wohl des Lebewesens leistet, kann in der biologischen Beschreibung als eine Funktion gedeutet werden.[58]

Begehren und Bedürfnis
Von Seiten der konstruktiven Wissenschaftstheorie bemüht man sich seit Anfang der 1970er Jahre um die Begründung einer terminologischen Unterscheidung zwischen Begehren und Bedürfnis.[59] Nicht jedem Begehren entspricht danach auch ein Bedürfnis. Letzterer Begriff wird als der engere verstanden, denn er soll das zum Leben Nötige bezeichnen. Eingestanden wird allerdings, dass sich keine scharfe und allgemeingültige Grenze zwischen dem angeben lässt, was begehrt, d.h. bewusst und absichtlich anstrebt wird, und dem, dessen ein Organismus bedarf, d.h. was als Zweck (sozial) anerkannt ist. Auch die Unterscheidung von Handeln und ↑Verhalten wird an der Gegenüberstellung von Bedürfnis und Begehren festgemacht: Allein dem Handeln liegt danach ein Begehren zugrunde. – Wird die Evolutionstheorie als grundlegende biologische Theorie vorausgesetzt, ist dieser Unterschied für die Biologie allerdings nicht relevant: Den Organismen ist alles, was sie anstreben, auch ein Bedürfnis, insofern es zu ihrer Fitness beiträgt. Ein Begehren, das sie aus dieser naturalen Einbindung befreien würde, würde sie aus der (evolutionstheoretisch fundierten) Biologie herausstellen.

Vom Begriff des Begehrens ist die Rede von Bedürfnissen auch unterschieden, weil sie nicht nur auf intentional sich verhaltende Lebewesen (Tiere), sondern auch auf nicht-lebende Wesen bezogen wird. Im Rahmen soziologischer Analysen etwa werden sozialen Systemen Bedürfnisse zugeschrieben. Seit den 1950er Jahren existiert eine intensiv geführte Debatte über die funktionalen Anforderungen jeder Gesellschaft (Aberle et al. 1950: »functional prerequisites of any society«).[60] Auch N. Luhmann spricht 1962 im Anschluss an diese Diskussionen um den soziologischen Funktionalismus von den »Bedürfnissen« sozialer Systeme.[61]

Offenes System
Der Ausdruck ›offenes System‹ (engl. »open system«) wird bis in die 1920er Jahre in verschiedenen speziellen Kontexten gebraucht, z.B. in Bezug auf den Blutkreislauf von Krebstieren, der im Gegensatz zum geschlossenen System bei Wirbeltieren ein offenes System bildet.[62] Als grundlegender Terminus zur Beschreibung der energetischen Situation von Lebewesen etabliert er sich seit 1925, zuerst in den Schriften des Physiologen W.B. Cannon.[63] Diese allgemeine terminologische Bedeutung kündigt sich bereits Mitte des 19. Jahrhunderts bei H. Lotze an, der 1856 schreibt: »der lebendige Körper ist ein [...] offenes System von Theilen, gegen die Einwirkungen des Äußern nicht abgeschlossen, sondern ihre beständig regelmäßige Wiederkehr zu seiner Entwicklung erwartend«[64] (2. Aufl. 1869: »sondern ihrer zu seiner Entwicklung bedürftig«[65]).

Der Sache nach wird die energetische und stoffliche Offenheit der Organismen bereits seit Jahrhunderten thematisiert (↑Stoffwechsel). Eine präzise Formulierung wird durch die Etablierung der chemischen Thermodynamik in der zweiten Hälfte des 19. Jahrhunderts ermöglicht. Auf der Grundlage thermodynamischer Ansätze ist ein Organismus bei W. Ostwald zu Beginn des 20. Jahrhunderts als offenes System konzipiert (ohne dass Ostwald aber die Formulierung ›offenes System‹ verwendet). Ein »nie fehlendes Kennzeichen« eines Lebewesens ist für Ostwald der »Energiestrom«[66], der es in die Lage einer »stationären« Erhaltung seines Zustandes bringe. Der Energiestrom sei die Voraussetzung für die aktive Selbsterhaltung des Systems, denn: »Es ist einleuchtend, dass ein im Energiegleichgewicht befindliches Gebilde gegen die Einflüsse der Umgebung nicht aktiv reagiren kann«[67]. Weil der Organismus wesentlich aus der Umsetzung chemischer Energieformen besteht, hält Ostwald fest: »Der Organismus ist also wesentlich ein Complex chemischer Energien, deren Umwandlung in andere Formen sich derart regelt, dass ein stationärer Zustand entsteht«.[68]

Eine thermodynamische Charakterisierung von Organismen als Systeme, die mit ihrer Umwelt nicht im Gleichgewicht stehen und auf Energiezufuhr angewiesen sind, formuliert seit 1920 der ungarische Biologe E. Bauer. Er bemüht sich auf dieser Grundlage auch um eine allgemeine »Definition des Lebewesens«. Nach Bauer sind es drei Kriterien, die zusammen notwendig und hinreichend für das Vorliegen eines Lebewesens sind: (1) das fehlende thermodynamische Gleichgewicht eines Systems mit seiner »Umgebung«, (2) die Zufuhr von Energie zu dem System und (3) die Ausnutzung der zugeführten Energie im Sinne der Aufrechterhaltung des Systemzustandes fern des Gleichgewichts: »jedes Körpersystem, das nicht im Gleichgewichtszustande ist und so eingerichtet ist, daß die Energieformen seiner gegebenen Umgebung zu solchen Energieformen in demselben umgewandelt werden, welche bei der gegebenen Umgebung *gegen* den Eintritt des Gleichgewichtszustandes wirken, nennen wir ein Lebewesen«.[69] Bauer spricht 1920 allerdings noch nicht von einem ›offenen System‹.

Weite Verbreitung findet der Ausdruck ›offenes System‹ durch die Verwendung in der allgemeinen Systemtheorie L. von Bertalanffys.[70] Allgemein sind offene Systeme nach von Bertalanffy durch die »Ein- und Ausfuhr von Materialien«[71] gekennzeichnet. Die Organismen sind danach offen, weil sie für ihre Erhaltung auf den Austausch von Stoffen und Energie mit der Umwelt angewiesen sind. Nur insofern Organismen als offene Systeme beschrieben werden, sind sie nach von Bertalanffy zur Verrichtung von Arbeit in der Lage. Von Bertalanffy gelangt zum Konzept des offenen Systems ausgehend von der Darstellung chemischer Gleichgewichtssysteme. Das ↑Gleichgewicht in einem Organismus sei zwar ebenso wie das chemische Gleichgewicht als ein konstantes Verhältnis von Massen verschiedener Teilchen darstellbar, im Gegensatz zu einem chemischen Gleichgewicht stelle es sich aber nicht spontan ein, sondern bedürfe der Energiezufuhr von außen – um arbeitsfähig zu sein, stehe der lebende Organismus also in einem *dynamischen Gleichgewicht*[72].

Die Unterscheidung zwischen einem echten chemischen Gleichgewicht und dem dynamischen Gleichgewicht – dem »steady state« –, in dem sich die Lebewesen als offene Systeme befinden, wird in den 1930er Jahren von verschiedener Seite zu bestimmen versucht (↑Gleichgewicht).[73] Der Begriff ›dynamisches Gleichgewicht‹ für den Ausgleich von aufbauenden und abbauenden Prozessen im Organismus erscheint im naturphilosophischen Kontext seit Ende des 18. Jahrhunderts (Schelling 1798), als thermodynamisch-physiologischer Terminus seit 1920 (Lillie 1920: »dynamic equilibrium«[74]; Rignano 1930: »dynamic stationary equilibrium«[75]).

Appetenzverhalten
Der Begriff des Appetenzverhaltens (engl. »appetitive behavior«) wird 1918 von W. Craig eingeführt.[76] Verstanden wird darunter ein ohne äußere Reize spontan auftretendes Suchverhalten nach einem Reiz zur Auslösung eines anderen Verhaltens, der Endhandlung (»consummatory action«).

K. Lorenz übernimmt den Ausdruck von Craig und stellt ihn in Zusammenhang mit den von ihm beobachteten Phänomenen der »Schwellenerniedrigung und Leerlaufreaktion« von Verhaltensweisen, d.h. der situationsunangemessenen Auslösung eines Verhaltens, wenn die adäquaten Reize längere Zeit ausbleiben.[77] Obwohl Lorenz immer betont, dass ein Verhalten »auf Leerlauf« ohne einen äußeren Reiz abläuft, verwendet er anfangs doch stets die Bezeichnung **Leerlaufreaktion**.[78] Erst seit 1950 geht er zu den Termini Leerlauf*bewegung*[79] oder Leerlauf*aktivität*[80] über. Nicht zuletzt in dieser anfänglichen Wortwahl zeigt sich die starke Prägung, die Lorenz durch das mechanistische Reflexmodell zur Erklärung des Verhaltens erfahren hat (↑Ethologie).[81]

Bereits von den klassischen Autoren der römischen Antike wird das Begehren der Tiere nach bestimmten äußeren Zuständen als ihr *appetitus* bezeichnet (vgl. lat. ›appetere‹ »erstreben, aufsuchen«). Cicero verwendet dieses Wort für einen von der Natur verliehenen Trieb, der die Tiere zur Annäherung an gesunde Dinge und zur Entfernung von gefährlichen Dingen veranlasst (»accessum ad res salutares a pestiferis recessum«).⁸² In der Hochscholastik bei Albertus Magnus wird der *appetitus* als eine Eigenschaft der *anima vegetabilis* verstanden, die aber nur bei Wesen mit Sinnlichkeit vorkommen, also nicht bei Pflanzen.⁸³

Im Anschluss an diese Verwendungen erscheint der Ausdruck auch bei neuzeitlichen Autoren: R. Descartes hat einen Begriff von »appetits naturels« und zählt diese zu den Wahrnehmungen (»perceptions«). Sie verbinden den Menschen nicht mit äußeren Objekten, sondern setzen ihn mit seinem Körper in Beziehung; zu ihnen gehören die Gefühle von Hunger und Durst.⁸⁴ Eine besondere Exposition erfährt der Begriff der Appetenz in der Metaphysik von Leibniz. Als Streben oder *appetitus* (»Appetition«) bezeichnet er ein »inneres Prinzip«, das den Übergang der Monade von einer Perzeption zu einer anderen bewirkt. Es stellt ein Begehren dar, das einen Gegenstand von innen heraus zu einer Veränderung veranlasst.⁸⁵

Weil es sich um ein innerorganismisches Geschehen handelt, das dem Appetenzverhalten zugrunde liegt, ist das Konzept verwandt mit dem Begriff der ↑Empfindung und unterschieden von dem der Wahrnehmung. Empfindungen und Appetenzen (Stimmungen) betreffen nicht das Organismus-Umwelt-Verhältnis, sondern stellen einen *Zustand* eines Organismus dar.

Innerlichkeit

Das Wort »Innerlichkeit« wird im 18. Jahrhundert offenbar von Klopstock geprägt, um eine poetische Darstellungsweise zu bezeichnen, der es um das Innere einer Sache geht.⁸⁶ Es wird auch von Goethe verwendet und erscheint dann wiederholt bei Hegel zur Kennzeichnung des Verhältnisses von Innen und Außen, von Individualität und Allgemeinheit⁸⁷. Die Innerlichkeit ist bei Hegel v.a. das individuelle Geistige in der Empfindung, das sich von der äußeren Wirklichkeit abgrenzt. Diese Grenzziehung wird terminologisch auch durch das Begriffspaar Innenwelt/Außenwelt markiert (↑Umwelt).

Bei J.E. von Berger wird die Innerlichkeit 1821 zu einem universalen Merkmal der Lebewesen, die ihnen im Gegensatz zu den leblosen Naturkörpern zukomme und die er mit deren Fähigkeit zur Empfindung in Zusammenhang bringt. Nach von Berger ist »die allgemeine Idee des eigentlichen oder individuellen Lebens die einer vom dunkelsten Anfang bis zur vollendeten Klarheit sich steigernden Innerlichkeit und Freiheit«.⁸⁸

Zu einem etablierten Terminus mit einer spezifischen biologischen (oder zumindest biophilosophischen) Bedeutung wird das Wort erst im 20. Jahrhundert. Es wird dabei von verschiedenen Autoren unterschiedlich aspektiert. J. von Uexküll spricht 1909 von der »Innenwelt« der Tiere, betrachtet sie als durch ihren Bauplan hervorgebracht und hält sie für maßgeblich im Hinblick darauf, was jeweils als ihre spezifische ↑Umwelt zu gelten habe.⁸⁹

Der Entwicklungsbiologe W. Roux ist 1915 der Auffassung, durch ihre »Selbsttätigkeit« verfügten Lebewesen über ein eigenes »Selbst« und eine »Innerlichkeit«.⁹⁰ Diese Eigenschaft betreffe das »Wesen« des Lebens und komme den Lebewesen noch zusätzlich zu ihren einzelnen Vermögen zu, also zusätzlich zu Stoffwechsel, Wachstum, Bewegung, Vermehrung und Vererbung. »Innerlichkeit« und »Selbsttätigkeit« (»Autoergie«) stehen bei Roux in einem direkten Zusammenhang: Prozesse und Faktoren in den Lebewesen selbst determinieren, welche äußeren Größen für sie wirksam werden sollen. Neben der »Selbstbewegung« schreibt Roux den Lebewesen noch eine ganze Reihe weiterer auf das »Selbst« (↑Regulation) gerichteter Vermögen zu, so »Selbstveränderung«, »Selbstausscheidung«, »Selbstaufnahme«, »Selbstassimilation«, »Selbstwachstum«, »Selbstvermehrung« und »Selbstentwicklung«. Diese »Selbstleistungen« bewirken in ihrer Gesamtheit nach Roux die »Selbsterhaltung« der Lebewesen.⁹¹

Für R. Woltereck macht 1940 die »INNEN-Dimension des Lebendigen« die besondere, materiell nicht aufhebbare Eigenart der Organismen aus. Sie äußere sich in einem Gerichtetsein der organischen Vorgänge und in einem Zueinanderpassen (Harmonie) der Einzelabläufe.⁹² Das Innere der Lebewesen offenbare seinen Charakter »als eines im Grunde subjektiven und nicht-materiellen INNEN-Geschehens, von dem ein Beispiel im eigenen Empfinden, Denken und Wollen uns unmittelbar bekannt ist«.⁹³ Woltereck unterscheidet ein »Gerichtetsein der Lebensvorgänge« (in die Umwelt) von einem »Zueinanderpassen vieler Einzelabläufe«.⁹⁴ Die Innen-Dimension macht Woltereck dabei nicht von dem Vorliegen eines psychischen Apparates abhängig, weshalb er von der »apsychischen Integrität« sprechen kann.⁹⁵ Als ein Wesen mit einer Innerlichkeit verfüge der Organismus über ein Bild seiner Welt; er verhalte sich entsprechend dieses Bildes zweckmäßig und er verfolge Absichten, die durch seinen inneren Zustand motiviert seien.

Einen zentralen Begriff bildet ›Innerlichkeit‹ in der Theorie des Organischen von A. Portmann. Die Innerlichkeit ist danach eine Eigenschaft, die allen Lebewesen zukommt: »Die Innerlichkeit der Lebewesen beruht auf einer Eigenart aller lebenden Substanz: der Reizbarkeit, also der Möglichkeit, Vorgänge der Umgebung umzuformen in Erregungen«.⁹⁶ Die Erkenntnis der Innerlichkeit der Organismen ist nach Portmann allein durch eigene Erfahrung möglich: »Eigenschaften der Innerlichkeit, Qualitäten von Sinneserlebnissen kennen wir nur, soweit wir selber, wir Menschen, dafür bewußte Empfindungen haben«⁹⁷. Wegen der Erkenntnis der Innerlichkeit durch die eigene Erfahrung nimmt für Portmann die Möglichkeit zur Erkenntnis fremder Lebensformen in dem Maße ab, in dem deren Organisation unserer unähnlich wird.

Schließlich liegt auch für H. Jonas die »Dimension der Innerlichkeit« dem Organischen überhaupt zugrunde: »Es gibt keinen Organismus ohne Teleologie; es gibt keine Teleologie ohne Innerlichkeit«⁹⁸. Die Innerlichkeit der Lebewesen entsteht nach Jonas aus ihrer konstitutiven »Bedürftigkeit«, ihrem »Interesse« an Selbsterhaltung. Weil die Organismen als offene Systeme entworfen werden müssen, die zu ihrer Erhaltung eines Stoffwechsels und daher einer Stoffzufuhr bedürfen, und sie die für sie notwendige Beziehung zur Außenwelt selbst regulieren, verfügen sie nach Jonas über eine Innerlichkeit. Jonas verbindet die Betonung der Kategorie der Innerlichkeit mit einer Kritik am Externalismus des Behaviorismus und dem Plädoyer für einen Internalismus zur Erklärung organischer Vorgänge: »Die Pein des Hungers, die Leidenschaft der Jagd, die Wut des Kampfes, der Schrecken der Flucht, der Reiz der Liebe – diese und nicht die durch Rezeptoren übermittelten Daten begaben Gegenstände mit dem Charakter von Zielen (positiven oder negativen) und machen das Verhalten zweckgerichtet. [...] Das kybernetische Modell reduziert tierische Natur auf die zwei Faktoren der Wahrnehmung und Bewegung, während sie in Wirklichkeit aus der Triade Wahrnehmung, Bewegung und Gefühl zusammengesetzt ist«.⁹⁹

Ob aber wirklich allen Lebewesen, also auch den Pflanzen, sinnvoll eine Innerlichkeit zugeschrieben werden sollte, ist ebenso strittig wie die Zuschreibung von Bedürfnissen. H. André ist 1924 der Auffassung, die Abhängigkeit der Pflanzen von der Umwelt bedinge, »daß wir ihr sinnvoll keine von innen heraus beherrschte Leiblichkeit und ihr psychisches Korrelat, ein sensitives Wahrnehmungs- und Empfindungsleben zuschreiben können«.¹⁰⁰ Ähnlich urteilt H. Conrad-Martius 1934: »Tiere *haben* ein nach innen hinein gestaltetes Selbst, Pflanzen *nicht*«.¹⁰¹

Nachweise

1 Vgl. Henisch, G. (1616). Teutsche Sprache und Weißheit; Stieler, C. (1691). Der teutschen Sprache Stammbaum und Fortwachs oder teutscher Sprachschatz.
2 Campe, J.H. (1794/1807). Über die Reinigung und Bereicherung der deutschen Sprache: 48; vgl. Müller, J.B. (1971). Bedürfnis und Gesellschaft: 160.
3 Adelung, J.C. (1774). Grammatisch-critisches Wörterbuch der hochdeutschen Mundart, Bd. 1: 698.
4 Hermann, F.B.W. von (1832/70). Staatswirtschaftliche Untersuchungen (München 1874): 5 (nicht in der 1. Aufl.!); vgl. Čuhel, F. (1907). Zur Lehre von den Bedürfnissen. Theoretische Untersuchungen über das Grenzgebiet der Ökonomik und Psychologie: 78-80.
5 Gehlen, A. (1956). Urmensch und Spätkultur: 82.
6 Vgl. Krauch, H. (1981). Bedürfnisse und Handeln. In: Lenk, H. (Hg.). Handlungstheorie – interdisziplinär, Bd. III, 1. Verhaltenswissenschaftliche und psychologische Handlungstheorien, 235-282: 241.
7 a.a.O.: 236.
8 Platon, Politeia 439d.
9 Empedokles, Fragm. 31 B110; Anaxagoras, Fragm. 59A117.
10 Platon, Timaios 77b.
11 Aristoteles, De an. 413b; vgl. 414b; 434a.
12 a.a.O.: 415a; 435b.
13 a.a.O.: 434b.
14 a.a.O.: 433b11-18.
15 a.a.O.: 433b27-30; vgl. ders. Physica 253a11-21.
16 Aristoteles, Ethica Nicomachea 1102b13ff.
17 Aristoteles, De an. 433b8.
18 Aristoteles, De an. 424b3; De part. anim.: 681a.
19 Nicolaus Damascenus (1. Jh. v. Chr.). De plantis (engl. Amsterdam 1989): 130.
20 Albertus Magnus, Historiae naturalis pars XVIII, De vegetabilibus libri VII (Berlin 1867): 10; vgl. Ingensiep, H.W. (2001). Geschichte der Pflanzenseele. Philosophische und biologische Entwürfe von der Antike bis zur Gegenwart: 161.
21 Descartes, R. (1649). Les passions de l'ame. (Œuvres, Bd. XI, Paris 1909, 291-497): 392.
22 Descartes, R. (1641). Meditationes de prima philosophia (Œuvres, Bd. VII, 1-561): 88 (VI, 22).
23 Locke, J. (1689). An Essay Concerning Human Understanding (Oxford 1979): 147 (II, ix, §11).
24 a.a.O.: 148 (II, ix, §11).
25 Leibniz, G.W. (1704). Nouveaus essais sur l'entendement humain (Philosophische Schriften, Bd. 3, Frankfurt/M. 1996): I, 166 (II, ix, §11); vgl. Ingensiep (2001): 241.
26 a.a.O.: I, 396 (II, xxvii, §5); vgl. Locke (1689): 330f. (II, xxvii, § 3f.).
27 Condillac, E.B. de (1755). Traité des animaux (Paris 1987): 473.
28 Diderot, D. (1769). Le rêve d'Alembert (Œuvres complètes, Bd. 17, Paris, 1987, 87-209): 136.
29 Kant, I. (1790/93). Kritik der Urteilskraft (AA, Bd. V, 165-485): 464.

30 Kant, I. (1788). Kritik der praktischen Vernunft (AA, Bd. V, 1-163): 9.
31 Hegel, G.W.F. (1831). Vorlesungen über die Philosophie der Religion (Werke, Bd. 16-17, Frankfurt/M. 1986): II, 509.
32 Hegel, G.W.F. (1820/29). Vorlesungen über die Ästhetik (Werke, Bd. 13-15, Frankfurt/M. 1986): I, 192f.
33 Hegel, G.W.F. (1820). Grundlinien der Philosophie des Rechts (Werke, Bd. 7, Frankfurt/M. 1978): 347 (§190).
34 Hegel, G.W.F. (1817/30). Enzyklopädie der philosophischen Wissenschaften im Grundrisse (Werke, Bd. 8-10, Frankfurt/M. 1986): II, 469 (§359).
35 Hegel, G.W.F., Fragment Zum Mechanismus, Chemismus und Erkennen (Gesammelte Werke, Bd. 12, Wissenschaft der Logik, Bd. 2. Die subjektive Logik (1816), Hamburg 1981, 259-312): 280; vgl. Illetterati, L. (1996). Figure del limite. Esperienze e forme della finitezza: Kap. 3.
36 Lamarck, J.B. de (1809). Philosophie zoologique, 2 Bde: I, 232ff.
37 Oken, L. (1809-11/30). Lehrbuch der Naturphilosophie: Nr. 148f.; nach Ingensiep, H.W. (2001). Geschichte der Pflanzenseele: 341.
38 Oken (1809-11/30): Nr. 173.
39 a.a.O.: Nr. 151.
40 Schopenhauer, A. (1819-44/58). Die Welt als Wille und Vorstellung (Stuttgart & Frankfurt/M. 1960, 2 Bde.): II, 263.
41 Fechner, G.T. (1848/99). Nanna oder über das Seelenleben der Pflanzen: 235f.
42 Lotze, H. (1856-64). Mikrokosmus, 3 Bde.: I, 135.
43 Pflüger, E.F.W. (1877). Die teleologische Mechanik der lebendigen Natur: 37.
44 Condillac, E.B. de (1755). Traité des animaux (Paris 1987): 473; vgl. Rádl, E. (1909). Geschichte der biologischen Theorien in der Neuzeit, Bd. 2: 428.
45 Murray, H.A. (1938). Explorations in Personality: 123f.
46 Vgl. Heckhausen, H. (1980/89). Motivation und Handeln: 67f.
47 Maslow, A.H. (1943). A theory of human motivation. Psychol. Rev. 50, 370-396; ders. (1954). Motivation and Personality: 80-92.
48 Lehmann, F.M. (1935). Logik und System der Lebenswissenschaften: 87.
49 Tembrock, G. (1968/80). Grundriß der Verhaltenswissenschaften: 49.
50 Jonas, H. (1953/66). A critique of cybernetics (dt. in: Das Prinzip Leben. Ansätze zu einer philosophischen Biologie, Frankfurt/M. 1994, 195-220): 218f.
51 Jonas, H. (1951/66). Is God a mathematician? (dt. in: Das Prinzip Leben. Ansätze zu einer philosophischen Biologie, Frankfurt/M. 1994, 127-178): 160.
52 Jonas (1951/66): 161.
53 Jonas, H. (1953). Motility and emotion (dt. in: Das Prinzip Leben, Frankfurt/M. 1994, 179-194): 189.
54 Jonas, H. (1973). Über die Thematik einer Philosophie des Lebens (in: Das Prinzip Leben, Frankfurt/M. 1994, 13-22): 19.
55 Jonas (1953): 182.
56 Jonas (1973): 19.
57 ebd.
58 Vgl. Weber, A. (2003). Natur als Bedeutung; Schark, M. (2003). Lebewesen versus Dinge. Eine metaphysische Studie (Phil. Diss., Humboldt-Universität Berlin): 471ff.
59 Vgl. Kamlah, W. (1973). Philosophische Anthropologie. Sprachkritische Grundlegung und Ethik: 52ff.; Lorenzen, P. (1987). Lehrbuch der konstruktiven Wissenschaftstheorie: 263.
60 Vgl. Aberle, D.F., Cohen, A. K., Davis, A.K., Levy, M.J. Jr. & Sutton, F.X. (1950). The functional prerequisites of a society. Ethics 40, 100-111; Levy, M.J. Jr. (1952). The functional requisites of any society. In: ders. The Structure of Society, 149-197; Fallding, H. (1963). Functional analysis in sociology. Amer. Sociol. Rev. 28, 5-13.
61 Luhmann, N. (1962). Funktion und Kausalität. Kölner Z. Soziol. Sozialpsychol. 14, 617-644: 619.
62 Abbott, J.F. (1914). The Elementary Principles of General Biology: 117.
63 Cannon, W.B. (1925). Some general features of endocrine influence on metabolism. Trans. Cong. Amer. Pys. Surg. 13, 31-53: 31 (Reprint in: Langley, L.L. (ed.). Homeostasis. Origins of the Concept, Dowden 1973, 223-245): 223; ders. (1926). Physiological regulation of normal states. Some tentative postulates concerning biological homeostasis (Reprint in: Langley (ed.) (1973), 246-249): 246; ders. (1929). Organization for physiological homeostasis. Physiol. Rev. 9, 399-431: 400.
64 Lotze, H. (1856). Mikrokosmus. Ideen zur Naturgeschichte und Geschichte der Menschheit, Bd. 1.: 86.
65 Lotze, H. (1869). Mikrokosmus, Bd. 1, 2. Aufl.: 90.
66 Ostwald, W. (1902). Vorlesungen über Naturphilosophie: 313.
67 a.a.O.: 315.
68 a.a.O.: 319.
69 Bauer, E. (1920). Die Definition des Lebewesens auf Grund seiner thermodynamischen Eigenschaften und die daraus folgenden biologischen Grundprinzipien. Naturwiss. 8, 338-340: 339; vgl. ders. (1930). Fiziczeskie Osnovy v Biologii; ders. (1935). Teoretičeskaja Biologija; Brauckmann, S. (2000). The organism and the open system. Ervin Bauer and Ludwig von Bertalanffy. Ann. New York Acad. Sci. 901, 291-300.
70 Bertalanffy, L. von (1940). Der Organismus als physikalisches System betrachtet. Naturwiss. 28, 521-531: 521; ders. (1969). Das Modell des offenen Systems. Nova Acta Leopoldina 33 (Nr. 184), 73-87.
71 von Bertalanffy (1940): 521.
72 a.a.O.: 524.
73 Hill, A.V. (1930). Membrane phenomena in living matter: equilibrium or steady state. Trans. Faraday Soc. 26, 667-673; Burton, A.C. (1939). The properties of the steady state compared to those of equilibrium as shown in characteristic biological behavior. J. cellul. comp. Physiol. 14, 327-349.
74 Lillie, R.S. (1920). The place of life in nature. The Journal of Philosophy, Psychology and Scientific Methods 17, 477-493: 483.
75 Rignano, E. (1930). The Nature of Life: 7.
76 Craig, W. (1918). Appetites and aversions as constitu-

ents of instincts. Biol. Bull. (Woods Hole) 34, 91-107: 93.
77 Lorenz, K. (1937). Über den Begriff der Instinkthandlung. Folia Biotheor. 2, 17-50: 28.
78 Lorenz, K. (1935). Der Kumpan in der Umwelt des Vogels (Über tierisches und menschliches Verhalten, Bd. I, München 1965, 115-282): 190.
79 Lorenz, K. (1950). Ganzheit und Teil in der tierischen und menschlichen Gemeinschaft (Über tierisches und menschliches Verhalten, Bd. II, München 1965, 114-200): 135.
80 Lorenz, K. (1978). Vergleichende Verhaltensforschung: 5; 102.
81 Vgl. Kalikov, T.J. (1975). History of Konrad Lorenz's ethological theory, 1927-1939. Stud. Hist. Philos. Sci. 6, 331-341.
82 Cicero, De natura deorum 2, 34; vgl. De finibus bonorum et malorum 5, 42.
83 Albertus Magnus, De Anima: Tr. 2; vgl. Ingensiep, H.W. (2001). Geschichte der Pflanzenseele: 155.
84 Descartes, R. (1649). Les passions de l'ame. (Œuvres, Bd. XI, Paris 1909, 291-497): 346.
85 Leibniz, G.W. (1714). Les principes de la philosophie ou la monadologie (Philosophische Schriften, Bd. 1, Frankfurt/M., 438-482): 444; vgl. auch ders. (1705). Considérations sur les principes de vie, et sur les natures plastiques (Philosophische Schriften, Bd. 4, Frankfurt/M. 1996, 327-347): 330.
86 Vgl. Heydebrand, R. von (1976). Innerlichkeit. In: Hist. Wb. Philos. 4, 386-388.
87 Vgl. z.B. Hegel, G.W.F. (1807/31). Phänomenologie des Geistes (Frankfurt/M. 1970): 53; 222.
88 Berger, J.E. von (1821). Allgemeine Grundzüge zur Wissenschaft, Bd. 2: 458.
89 Uexküll, J. von (1909). Umwelt und Innenwelt der Tiere: 6.
90 Roux, W. (1915). Das Wesen des Lebens. In: Chun, C. & Johannsen, W. (Hg.). Die Kultur der Gegenwart, Teil 3, Abt. 4, Bd. 1. Allgemeine Biologie, 173-187: 179.
91 ebd.
92 Woltereck, R. (1932/40). Grundzüge einer allgemeinen Biologie. Die Organismen als Gefüge/Getriebe, als Normen und als erlebende Subjekte: 558.
93 Woltereck, R. (1940). Ontologie des Lebendigen: 20.
94 Woltereck (1932/40): 558; vgl 562.
95 a.a.O.: 556.
96 Portmann, A. (1949/55). Probleme des Lebens: 27.
97 a.a.O.: 24.
98 Jonas, H. (1951/66). Is God a mathematician? (dt. in: Das Prinzip Leben. Ansätze zu einer philosophischen Biologie, Frankfurt/M. 1994, 127-178): 169.
99 Jonas, H. (1953/66). A critique of cybernetics (dt. in: Das Prinzip Leben. Ansätze zu einer philosophischen Biologie, Frankfurt/M. 1994, 195-220): 219.
100 André, H. (1924). Der Wesensunterschied von Pflanze, Tier und Mensch: 29f.
101 Conrad-Martius, H. (1934). Die »Seele« der Pflanze: 43.

Befruchtung
Das deutsche Wort ›Befruchtung‹ ist eine Ableitung aus ›Frucht‹, das eine Entlehnung von dem lat. ›fructus‹ »Frucht« (zu frui »genießen«) ist. Es erscheint in der zweiten Hälfte des 17. Jahrhunderts, zuerst wohl 1691 bei J.N. Pfitzer, der zum männlichen Samen des Menschen schreibt: »Der Saamen nun/ welcher uns in das Gesicht fällt/ ist nicht eben derjenige/ so uns die Befruchtung einreicht/ sondern vielmehr das Vehiculum, welches denjenigen geistigen Theil / welcher solche Wunder würket / mit sich führt und an gehörige Ort überbringet«.[1] Der Ausdruck erscheint anfangs allerdings selten, 1716 in einer Übersetzung des französischen ›fécondité‹[2] auch in Bezug auf Pflanzen: »So muß also jede Pflanze in dem Saamkorn in sich halten die Befruchtung, welche von dem Vater herkommt, und die Nahrung, welche die Mutter dazu hergiebet.«[3] A.G. Kästner gibt 1748 die Auffassung Linnés wieder, »daß die Befruchtung […] von einer [Pflanze] auf die andere gehen könnte, wenn ihrer verschiedene neben einander ohngefähr zu gleicher Zeit blühten«.[4] Bei B. Erhart heißt es 1759: »da es gleichwohl noch manche […Pflanzen gibt, denen] entweder das weibliche oder männliche Glied fehlet, so müssen diese beständig unfruchtbar bleiben, jene aber erst die Befruchtung von diesen empfangen«.[5] Eine ältere Form lautet ›Befruchtigung‹. Durch den Vorgang der Befruchtung verschmelzen der männliche und weibliche Teil zu einem sich entwickelnden Keim oder einer Frucht.

Der ältere Terminus für den Prozess ist im klassischen Griechisch ›ἔγκυον ποιεῖν‹ (»schwanger machen, befruchten«) (auch bei Pflanzen[6]), im klassischen Latein und in der Scholastik ›fecundatio‹[7] (von lat. ›fecundus‹ »fruchtbar«), im Englischen ›fertilization‹[8].

Frühe Beschreibungen und Vermutungen
Direkt beobachtbar wird der Vorgang der Befruchtung erst mittels mikroskopischer Methoden. Anhand seiner Konsequenzen, der Entstehung makroskopisch sichtbarer »Früchte« und schließlich neuer Organismen, ist das Phänomen aber basal für die meisten Lebensformen und lange bekannt. Über den genauen Mechanismus der Befruchtung dominieren bis ins 19. Jahrhundert Spekulationen. Sehr wirkmächtig ist die Auffassung des Aristoteles, nach der die Lebewesen im Wesentlichen aus dem männlichen Samen hervorgehen und der weibliche Körper lediglich die

Befruchtung (Pfitzer 1691) 167
Fortpflanzungszellen (Nägeli 1842) 169
Geschlechtszellen (Valentin 1842) 169
Gamet (Strasburger 1877) 169
Zygote (Strasburger 1877) 169
Isogamie (de Bary 1881) 169
Anisogamie (Hartog 1891) 169
diploid (Strasburger 1905) 169
haploid (Strasburger 1905) 169
Gamophase (Winkler 1920) 169
Zygophase (Winkler 1920) 169

Bereitstellung der Stoffe und die Ernährung des Keimes übernimmt. Aristoteles bezieht den Dualismus von Form und Materie auf den Beitrag der beiden Geschlechter in der Hervorbringung neuer Lebewesen: So wie der Zimmermann das Holz bearbeite, um daraus ein Möbelstück zu formen, setze der männliche Samen den Entwicklungsprozess des Keims in Gang und gebe diesem seine Gestalt.[9] Der männliche Same transportiere nicht nur die Potenz für die Strukturen des Embryos[10], sondern enthalte darüber hinaus auch den Mechanismus zur Umwandlung der Potenz des weiblichen Beitrags in eine Aktualität[11] (»Dornröschennarrativ«[12]).

A. van Leeuwenhoek beobachtet die Vereinigung von Ei und Samenzelle des Frosches Ende des 17. Jahrhunderts mit Hilfe des Mikroskops. Wie Aristoteles ist er aber der Auffassung, dass das Leben allein von den männlichen Samen komme und dass das Ei des Weibchens lediglich die Nahrung liefere. Vehement bekämpft wird diese Auffassung von R. de Graaf in der zweiten Hälfte des 17. Jahrhunderts, u.a. mit dem stichhaltigen Argument, in den Nachkommen vieler Organismen zeigten sich Eigenschaften, die auch ihre Mutter, nicht aber der Vater habe. Über die relative Bedeutung von Ei und Samen bei der Erzeugung der Nachkommen entfacht im 18. Jahrhundert ein Streit, bei dem die *Ovisten* als Verfechter der besonderen Bedeutung des Eies für die Vererbung auf der einen Seite den *Animalkulisten* auf der anderen Seite gegenüberstehen (↑Entwicklung). Verbesserungen der mikroskopischen Technik ermöglichen immer bessere Beschreibungen der Befruchtungsprozesse. So kann L. Spallanzani in den 1770er Jahren bei der Befruchtung von Salamandern und anderen Tieren beobachten, dass in der geschlechtlichen Fortpflanzung ein physischer Kontakt zwischen einer Samenzelle und einer Eizelle stattfinden muss.[13] Spallanzani ist auch der erste, der erfolgreiche Versuche zur künstlichen Befruchtung bei Amphibien, einem Insekt und beim Hund durchführt.[14]

Aufschlüsse über die Notwendigkeit einer Befruchtung auch bei Pflanzen geben die sehr alten Beobachtungen einer fehlenden Fruchtreife von iso-

> Die Befruchtung ist die Vereinigung von Zellen verschiedener Organismen zum Zweck der sexuellen Fortpflanzung.

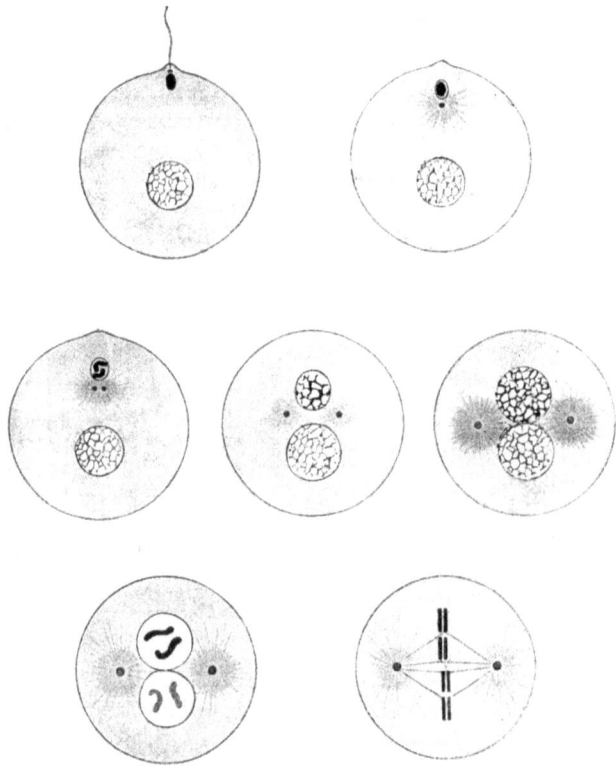

Abb. 37. Schematische Darstellung der Vorgänge bei der Befruchtung von Wirbeltieren. Die Samenzelle dringt in die Eizelle ein; das von ihr mitgeführte »Centrosom« wandert in die Mitte der Eizelle und teilt sich. Zwischen den beiden Produkten bildet sich ein »Spindelapparat«, der eine Verbindung zu den Chromosomen herstellt, die in den Kernen von Ei- und Samenzelle sichtbar geworden sind. Bei der anschließenden Zellteilung erhält jede Tochterzelle zum Teil väterliche und zum Teil mütterliche Chromosomen (aus Boveri, T. (1902). Das Problem der Befruchtung: 18).

komme es zu einer Verschmelzung von polaren Prinzipien der Natur, und diese Verschmelzung wird als Voraussetzung für die Bildung neuen Lebens angesehen (↑Geschlecht).

Nach der Entdeckung der mannigfaltigen Fortpflanzungsweisen, die keine Befruchtung einschließen (z.B. die Parthenogenese; ↑Fortpflanzung; ↑Generationswechsel), stellt R. Leuckart 1858 fest, dass der Physiologie offenbar ein Gesetz verlorengegangen sei und die Rolle des männlichen Samens nicht so unverzichtbar für die Entstehung neuen Lebens ist, wie es lange geglaubt wurde.[18]

Integration in die Zelltheorie
Nach Fortschritten in der Mikroskopier- und Färbetechnik können die Vorgänge bei der Befruchtung seit Mitte des 19. Jahrhunderts detailliert untersucht werden. Die Forschung profitiert dabei wesentlich von der Anwendung der Zelltheorie: R. Remak zeigt 1852, dass die Eier der Frösche aus jeweils nur einer Zelle bestehen[19], und C. Gegenbaur weitet diese Einsicht 1861 auf alle Wirbeltiere aus, indem er nachweist, dass der Dotter keine Zellen enthält[20]. Samenzellen in befruchteten Eiern werden von M. Barry (1840)[21] und G. Newport (1853)[22] nachgewiesen; sie können den Befruchtungsvorgang selbst jedoch nicht beobachten. O. Bütschli stellt dann 1873 zwei Kerne im befruchteten Ei von Nematoden fest.[23] Ein Jahr später beschreibt L. Auerbach die Verschmelzung dieser beiden Kerne.[24] Detaillierte Studien zur Befruchtung stellt O. Hertwig wenig später an Seeigeln an und klärt damit endgültig die Natur der Befruchtung als Verschmelzung der Kerne von Samen- und Eizelle auf.[25] Hertwig zeigt u.a., dass nur eine Samenzelle in das Ei eindringt, dass der zweite Kern innerhalb der befruchteten Eizelle von der Samenzelle stammt, dass die Kerne der Ei- und Samenzelle verschmelzen und dass die Kerne aller Zellen späterer Stadien der Keimesentwicklung aus der Teilung des Kerns der befruchteten Eizelle hervorgehen. Hertwig kann damit als erste These seiner Habilitationsschrift von 1876 formulieren: »Die Befruchtung beruht auf der

lierten weiblichen Bäumen der Dattelpalme. Schon Assyrer und Babylonier kannten den Vorgang der künstlichen Befruchtung dieser Pflanze und haben ihn auf Flachreliefs abgebildet.[15] Später dienen Versuche der künstlichen Befruchtung zum Nachweis der allgemeinen Sexualität bei Pflanzen (↑Geschlecht). Wissenschaftliche Versuche zur Kreuzung verschiedener Varietäten und Arten werden seit Beginn des 18. Jahrhunderts durchgeführt, so von C. Mather an Maispflanzen und von T. Fairchild durch die Kreuzung der Garten- mit der Bartnelke.[16] Eine Aufsehen erregende künstliche Befruchtung gelingt 1749 bei einer isoliert in Berlin stehenden weiblichen Dattelpalme (*Chaemerops*), in dem sie mit dem Pollen eines in Leipzig wachsenden Baums bestäubt wird.[17]

Im Rahme der Romantischen Naturphilosophie zu Beginn des 19. Jahrhunderts gilt die Befruchtung als ein basales Prinzip des Lebens: In der Befruchtung

Verschmelzung von geschlechtlich differenzirten Zellkernen«.[26] Kurz darauf beobachtet H. Fol erstmals das Eindringen der Samenzelle in die Eizelle bei Seesternen.[27]

Die Befruchtungsprozesse bei Pflanzen werden seit den 1850er Jahren aufgeklärt. G. Thuret erzeugt 1852 eine experimentelle Befruchtung durch die Mischung von Gameten diözischer Algen.[28] N. Pringsheim beobachtet 1856 die Verschmelzung der Gameten bei der Befruchtung einer anderen Algenart direkt.[29] Um die Befruchtung der bedecktsamigen Pflanzen (Angiospermen) entsteht um die Mitte des 19. Jahrhunderts ein akademischer Streit. Er dreht sich um die Frage, welche Rolle dem Pollenschlauch, den G.B. Amici erstmals 1823/24 als Auswuchs der Pollenkörner beobachtet[30], und der Samenanlage zukommt. M.J. Schleiden meint 1837, der Embryo entstehe aus dem Pollenschlauch selbst und die Samenanlage liefere nur Nährmaterial[31]; er wird in dieser Auffassung von S. Endlicher und F. Unger[32] sowie H. Schacht[33] unterstützt. Die richtige Theorie dagegen, dass sich der Embryo nach der Befruchtung des weiblichen Gameten durch den Pollen in der Samenanlage bildet, vertreten F.J.F. Meyen[34], G.B. Amici[35], W. Hofmeister[36] und L. Radlkofer[37]. Die genaue Befruchtung der Eizelle durch die Spermazellen im Pollenschlauch wird erst 1884 durch E. Strasburger beschrieben.[38] Den Charakter der »doppelten Befruchtung« der bedecktsamigen Pflanzen, also die Verschmelzung nicht nur der generativen Kerne, sondern auch des zweiten im Pollenschlauch enthaltenen Spermakerns mit dem Embryosackkern, woraus das Nährgewebe im Samen hervorgeht, klären S. Nawašin[39] und L. Guignard[40] Ende des Jahrhunderts unabhängig voneinander auf.[41]

Der Nachweis der im Prinzip parallelen Verhältnisse der Befruchtung bei Pflanzen und Tieren liefert – ebenso wie die Zellenlehre, auf der er aufbaut – einen wichtigen Beitrag zur konzeptionellen und sachlichen Vereinheitlichung der ↑Biologie.

Gamet und *Zygote*

Der Ausdruck ›Gamet‹ (abgeleitet von griech. ›γαμέτης‹ »Gatte«) wird von E. Strasburger 1877 geprägt.[42] Es wird damit eine Fortpflanzungszelle bezeichnet, die in einer sexuellen Vereinigung mit einer anderen die befruchtete Eizelle, die Zygote (s.u.), bildet. Strasburger nennt die Gameten die »sich miteinander vereinigenden Protoplasmamassen«. Indem der Ausdruck bald im Englischen aufgenommen wird[43], verbreitet er sich international. Ein älterer Ausdruck, der ›Gamet‹ entspricht, lautet **Geschlechtszellen**, der bereits seit 1842 erscheint.[44] M. Wichura, der ihn 1865 für Pflanzen einführt, versteht darunter die Zellen, die die Funktion haben, »das Individuum fortzupflanzen«, bei Pflanzen seien dies »Keimbläschen« und »Pollenschlauch«.[45] In ähnlicher Bedeutung wird seit den 1840er Jahren der Ausdruck *Fortpflanzungszellen* verwendet (Nägeli 1842; Schleiden 1843)[46], den auch G. Mendel in seinem berühmten Aufsatz aus dem Jahr 1866 gebraucht[47] (synonym dazu verwendet Mendel auch den Ausdruck *Befruchtungszellen*, den er wohl von seinem akademischen Lehrer F. Unger übernimmt[48]).

A. de Bary unterscheidet 1881 bei sexuell sich fortpflanzenden Algen eine Form der Fortpflanzung mit gleichgeformten Gameten, die er *isogam* nennt (»Copulation ganz gleichwerthiger Gameten«), von dem *oogamen* Typ, bei der geschlechtlich differenzierte Gameten miteinander verschmelzen (»Vereinigung scharf differenzirter Eier mit Samenkörpern«).[49] Für das erste Phänomen führt de Bary den Terminus *Isogamie* ein.[50] Als Gegenbegriff dazu etabliert sich Ende des 19. Jahrhunderts neben dem Begriff der *Oogamie* zur Bezeichnung einer Differenzierung der Gameten, bei der die Eizelle zu keinem Zeitpunkt selbstbeweglich ist (wie bei den meisten Tieren), der Begriff der *Anisogamie* für die Vereinigung von zwei Gameten, die sich allein in ihrer Größe unterscheiden.[51]

Gleichzeitig mit dem Terminus ›Gamet‹ führt Strasburger auch den Begriff *Zygote* ein. Sie stellt nach Strasburger das »Copulationsproduct« aus der Verschmelzung der beiden Gameten dar. Weil die Zygote den doppelten Satz an Chromosomen gegenüber den Gameten enthält, wird der Zustand ihres Kerns seit 1905 als *diploid* im Vergleich zum **haploiden** Kern der Gameten bezeichnet (»Haploid und Diploid«, bzw. »haploidische und diploidische Generation«[52]). H. Winkler spricht 1920 allgemeiner von der *Zygophase* nach dem Befruchtungsvorgang und der *Gamophase*, in der sich die Gameten und ihre Abkömmlinge vor der Befruchtung befinden (↑Lebensgeschichte).[53]

Befruchtung

Nachweise

1 Pfitzer, J.N. (1691). Zwey sonderbare Bücher von der Weiber Natur: 86; vgl. 94; 190; 318 (jeweils in den Anmerkungen; diese sind noch nicht in der 1. Aufl., Nürnberg 1673 enthalten!).
2 Le Lorrain de Vallemont, P. (1708). Curiositez de la nature et de l'art sur la vegetation, ou l'agriculture, et le jardinage dans leur perfection: 47.
3 Le Lorrain de Vallemont, P. (1716). Merkwürdigkeiten der Natur und Kunst in Zeugung, Fortpflanzung und Vermehrung der Gewächse oder Ackerbau und die Gärtnerey in ihrer Vollkommenheit (Übers. F. L. von Breßler): 46f.
4 Kästner, A.G. (1748). Anmerkungen über die muthmaßlichen Gedanken von dem Staube der Pflanzen. Hamburgisches Magazin 3(1), 11-24: 23; vgl. auch Anonymus (1733). Bericht von Wahl-, Salb- und Krönungs-Ceremonien: 2: »Befrucht- und Nahrung« [in Bezug auf Pflanzen]; Henckel, J.F. (1761). Abhandlung von der Geburtshülfe: 65 (§134); 73 (§150); Lüder, F.H.H. (1777). Briefe über die Anlegung und Wartung eines Blumengartens: 145; Schkuhr, C. (1791). Botanisches Handbuch, Bd. 2: 152 (aus DWB Arch.); Kölreuter, J.G. (1775). Historie der versuche, welche von dem jahr 1691 an bis auf das jahr 1752 über das Geschlecht der Pflanzen angestellt worden sind. Acta Acad. Theodoro-Palatinae, Bd. 3: 39.
5 Erhart, B. (1759). Oeconomische Pflanzenhistorie, Bd. 7, 86f. (§43).
6 Aristoteles, Hist. anim. 595b27.
7 Thomas von Aquin (1254-56). In IV Sententiarum distinctio: 4, qu. 2, art. 2, quaestiunc. 4.
8 Nelson, H. (1852). The reproduction of the *Ascaris mystax*. Philos. Trans. Roy. Soc. Lond. 142, 563-594: 575; Whewell, W. (1857). History of the Inductive Sciences, 3 vols.: III, 223.
9 Aristoteles, De gen. anim. 729bff.; vgl. Balss, H. (1936). Die Zeugungslehre und Embryologie in der Antike. Eine Übersicht. Quell. Stud. Gesch. Nat. Med. 5, 193-274.
10 Aristoteles, De gen anim. 737a20.
11 a.a.O.: 740b20ff.
12 Vgl. Martin, E. (1991). The egg and the sperm. How science has constructed a romance based on stereotypical male-female roles. Signs 16, 485-501; Palm, K. (2005). Lebenswissenschaften. In: Braun, C. von & Stephan, I. (Hg.). Gender@Wissen. Ein Handbuch der Gender-Theorien, 180-199: 189.
13 Spallanzani, L. (1776). Osservazioni e sperienze intorno ai vermicelli spermatici in opuscoli di fisica animale e vegetabile; vgl. Sandler, I. (1973). The re-examination of Spallanzani's interpretation of the role of the spermatic animalcules in fertilization. J. Hist. Biol. 6, 193-223; Castellani, C. (1973). Spermatozoan biology from Leeuwenhoek to Spallanzani. J. Hist. Biol. 6, 37-68; Medvei, V.C. (1982/93). The History of Clinical Endocrinology: 101ff.
14 Spallanzani, L. (1779). Fecondazione artificiale. Prodromo della Nuova Encyclopedia Italiana, 129-134; ders. (1782). Dissertations di fisica animale, e vegetabile; vgl. Medvei (1982/93): 104.
15 Vgl. Roberts, H.F. (1929). Plant Hybridization before Mendel: 1-12; Zirkle, C. (1935). The Beginnings of Plant Hybridization: 3-7.
16 Vgl. Zirkle (1935): 103.
17 Gleditsch, J.G. (1751). Essai d'une fécondation artificielle, fait sur l'espece de palmier qu'on nomme Palma dactylifera folio flabelliformi. Hist. Acad. Roy. Sci. Bell. Lettr. 103-108.
18 Leuckart, R. (1858). Zur Kenntniss des Generationswechsels und der Parthenogenesis bei den Insekten: 110f.; vgl. Churchill, F.B. (1979). Sex and the single organism: biological theories of sexuality in mid-nineteenth century. Stud. Hist. Biol. 3, 139-177: 162f.
19 Remak, R. (1852). Über extracellulare Entstehung thierischer Zellen und über Vermehrung derselben durch Theilung. Arch. patholog. Anat. Physiol. wiss. Med. 19, 47-92.
20 Gegenbaur, C. (1861). Untersuchungen über den Bau und die Entwicklung der Wirbelthier-Eier mit partieller Dottertheilung. Arch. Anat. 491-529.
21 Barry, M. (1840). On the first changes consequent on fecundation in the mammiferous ovum. Phil. Trans. Roy. Soc. 1840, 129-130; ders. (1840). Researches in embryology: 3rd series, being a contribution to the physiology of cells. Phil. Trans. Roy. Soc. 1840, 529-594.
22 Newport, G. (1853). On the impregnation of the ovum in the Amphibia (second series revised); and on the direct agency of the spermatozoon. Philos. Trans. Roy. Soc. 1853, 233-290.
23 Bütschli, O. (1873). Beiträge zur Kenntnis der freilebenden Nematoden. Verh. Kaiserl. Leop.-Carol. Akad. Naturf. 36 (5), 1-124.
24 Auerbach, L. (1874). Organologische Studien.
25 Hertwig, O. (1876-78). Beiträge zur Kenntnis der Bildung, Befruchtung und Theilung des thierischen Eies, 3 Teile. Morpholog. Jahrb. 1, 347-434; 3, 1-86; 271-279; 4, 156-175; 177-213.
26 Zitiert nach Hertwig, O. (1884). Das Problem der Befruchtung und der Isotropie des Eies, eine Theorie der Vererbung: 1; vgl. Nordenskiöld, E.N. (1921-24). Biologiens Historia (dt.: Die Geschichte der Biologie, Jena 1926): 552.
27 Fol, H. (1879). Recherches sur la fécondation et le commencement de l'hénogénie chez divers animaux. Mem. Soc. Phys. Hist. Nat. Génève 26, 89-397; vgl. ders. (1876). Sur le commencement de l'hénogénie chez divers animaux. Arch. Sci. Phys. Nat. 58, 439-472.
28 Thuret, G. (1852). Notes sur la fécondation des Fucacées. Mém. Soc. Sci. Nat. Cherbourg 1, 161-167; ders. (1853). Sur la fécondation des Fucacées. Compt. Rend. Hebd. Séances Acad. Sci. 36, 745-748.
29 Pringsheim, N. (1856). Über die Befruchtung und den Generationswechsel der Algen. Monatsber. Königl. Preuss. Akad. Wiss. Berlin 1856, 225-237: 231.
30 Amici, G.B. (1830). Note sur le mode d'action du pollen sur le stigmate; extrait d'une lettre de M. Amici à M. Mirbel. Ann. Sci. Nat. sér. I, 21, 329-332: 331.
31 Schleiden, M.J. (1837). Einige Blicke auf die Entwicklungsgeschichte des vegetabilischen Organismus bei den Phanerogamen. Arch. Naturgesch. 3, I, 290-320.

32 Endlicher, S. & Unger, F. (1843). Grundzüge der Botanik: 298.
33 Schacht, H. (1850). Entwickelungs-Geschichte der Pflanzen-Embryonen. Verh. Eerste Kl. Kon. Ned. Inst. Wetensch. Amsterdam. 3. Reihe 2, 1-234.
34 Meyen, F.J.F. (1840). Noch einige Worte über den Befruchtungsakt und die Polyembryonie bei den höheren Pflanzen.
35 Amici, G.B. (1847). Sulla fecondazione delle orchidee. Atti Ruinione Sci. Ital. 8, 544-552.
36 Hofmeister, W. (1847). Untersuchungen des Vorganges bei der Befruchtung der Oenothereen. Bot. Zeitung 5, 785-792; vgl. ders. (1849). Die Entstehung des Embryos der Phanerogamen.
37 Radlkofer, L. (1856). Die Befruchtung der Phanerogamen. Ein Beitrag zur Entscheidung des darüber bestehenden Streites.
38 Strasburger, E. (1884). Neue Untersuchungen über den Befruchtungsvorgang bei den Phanerogamen als Grundlage für eine Theorie der Zeugung: 62.
39 Nawašin, S. (1898). [Resultate einer Revision der Befruchtungsvorgänge bei *Lilium*, *Martagon* und *Fritillaria tenella*. russ.] Izv. Akad. nauk. St. Petersburg Ser. 5, 9, 377-382; vgl. ders. (1900). Ueber die Befruchtungsvorgänge bei einigen Dicotyledonen (Vorläufige Mittheilung). Ber. Deutsch. Bot. Ges. 18, 224-230.
40 Guignard, L. (1899). Sur les anthérozoides et le double copulation sexuelle chez les végétaux angiospermes. Compt. Rend. Hebd. Séances Acad. Sci. 128, 864-871.
41 Vgl. Lorch, J. (1966). The discovery of sexuality and fertilization in higher plants. Janus 16, 212-235; Scholz, H. (1993). Analogie-Modelle und theoretische Konzepte im Streit um die Befruchtung und Embryogenese der Samenpflanzen. Biol. Zentralbl. 112, 199-206.
42 Strasburger, E. (1877). Ueber Befruchtung und Zelltheilung. Jenaische Z. Naturwiss. 11, 436-536: 439; vgl. De Bary, A. & Strasburger, E. (1877). *Acetabularia mediterranea*. Bot. Zeitung 55, 713-728; 729-743; 745-758: 756.
43 Vines, S.H. (1886). In: Encycl. Brit. XX, 425 (nach OED 1989).
44 Valentin, G.G. (1842). Repertorium für Anatomie und Physiologie: 291.
45 Wichura, M. (1865). Die Bastardbefruchtung im Pflanzenreich erläutert an den Bastarden der Weiden: 88.
46 Nägeli, K. von (1842). Botanische Beiträge. Linnaea 16, 237-285: 267; Schleiden, M. (1843). Grundzüge der wissenschaftlichen Botanik, Bd. 2. Morphologie und Organologie: 561.
47 Mendel, G. (1866). Versuche über Pflanzen-Hybriden. Verhandlungen des Naturforschenden Vereines Brünn 4, 3-47: 41.
48 Unger, F. (1855). Anatomie und Physiologie der Pflanzen: 385; vgl. auch Braun, A. (1851). Betrachtungen über die Erscheinung der Verjüngung in der Natur: 154.
49 Bary, A. de (1881). Zur Systematik der Thallophyten. Bot. Zeitung 39, 1-17; 33-36: 3.
50 a.a.O.: 4; vgl. in anderer Bedeutung: Cornay, J.E. (1863). École des races et exposition des principes de généanomie: 104.
51 Hartog, M. (1891). [An outline classification of sexual and allied modes of protoplasmic rejuvenescence]. Nature 44, 483-484: 484.
52 Strasburger, E. (1905). Typische und allotypische Kernteilung. Ergebnisse und Erörterungen. Pringsheim Jahrb. Wiss. Bot. 42, 1-71: 62; vgl. Hartmann, M. (1909). Autogamie bei Protisten und ihre Bedeutung für das Befruchtungsproblem: 11.
53 Winkler, H. (1920). Verbreitung und Ursache der Parthenogenesis im Pflanzen- und Tierreiche: 192.

Literatur

Hertwig, O. (1917). Dokumente zur Geschichte der Zeugungslehre. Arch. mikroskop. Anat. 90, Abt. II, 1-168.

Bewusstsein

›Bewusstsein‹ ist zunächst ein primär philosophischer Terminus, den C. Wolff 1719 einführt[1] und der als Übersetzung v.a. des cartesischen Begriffs der *conscientia* dient. Der Sache nach lässt sich der Begriff des Bewusstseins bis in die Antike zurückverfolgen, insofern die Selbsterkenntnis der Vernunft und das Reflexionswissen bereits vielfach thematisiert und unterschiedlich auf den Begriff gebracht werden, bei Platon und Aristoteles u.a. in der Rede von der Erkenntnis der Erkenntnis (»νόησις νοήσεως«).[2]

Conscientia

Das lateinische Wort ›conscientia‹ bedeutet ursprünglich so viel wie »Mit-Wissen« und hat seine Verwendung u.a. in Gerichtsreden, in denen es um ein von mehreren Menschen geteiltes Wissen geht, z.B. um das gemeinsame Wissen von Täter und Zeuge.[3] Bereits früh wird der Ausdruck ebenso in anderen Kontexten verwendet und kann dabei auch auf ein mit Gott geteiltes Wissen bezogen werden. Diese letztere Bedeutung erlangt im christlichen Mittelalter besonderen Stellenwert: Bei Augustinus ist die *conscientia* ein Wissen über die Taten eines Menschen, das anderen Menschen weitgehend verschlossen ist und über das er selbst nicht verfügt, das vielmehr allein Gott bekannt ist.[4] Entscheidend für die spätere Entwicklung ist das Moment der epistemischen Unzugänglichkeit der *conscientia*, das nach Augustinus auch die Verurteilung eines anderen Menschen durch seine Mitmenschen erschwert. In der Folgezeit erfährt der Ausdruck eine Bedeutungsverschiebung hin zu einer starken Betonung von moralischen Bezügen. So erscheint die *conscientia* bei Thomas von Aquin als ein moralisches Wissen und Urteilsvermögen, das sich auf einzelne Handlungen bezieht und diese begleitet.[5]

Selbstwahrnehmung (Cudworth 1678) *175*
Bewusstsein (Wolff 1719) *172*
mentale Repräsentation (d'Olivet 1721) *182*
Geist der Tiere (Batsch 1801) *193*
Selbstkonzept (Baldwin 1892) *187*
Empathie (Titchener 1909) *189*
Probehandeln (Freud 1911) *182*
Metakognition (Krapiec 1960) *197*
Bereitschaftspotenzial (Kornhuber & Deecke 1965) *186*
reflektierende Selbstbewertung (Frankfurt 1971) *185*

Das Bewusstsein ist zunächst das unmittelbare subjektive Erleben von eigenen körperlichen und mentalen Zuständen und Vorgängen eines Organismus. Aufgrund der expliziten Form dieses Erlebens kann das Bewusstsein darüber hinaus eine objektivierende Tendenz des Erlebens einschließen, insofern es das bloß subjektive, inexplizite (»unbewusste«) Empfinden in einer intersubjektiv etablierten Kodierung (einer Sprache) erschließt und vergegenständlicht. In dieser expliziten Form ist das Bewusstsein ein Vermögen eines Organismus, nicht nur die eigenen Einstellungen und Bedürfnisse sowie das eigene Handeln und dessen Ziele vorzustellen, sondern auch alternative Zustände und Handlungsoptionen zu durchdenken sowie Gegenstände der Umwelt und abstrakte Relationen in Form von symbolischen Repräsentationen und begrifflichen Operationen abzubilden.

In dem neuzeitlichen erkenntnistheoretischen Zusammenhang rückt diese seit der Scholastik bestehende semantische Verbindung der *conscientia* zu dem ethischen Begriff des Gewissens in den Hintergrund. R. Descartes liefert für diese Entwicklung entscheidende Impulse: Er versteht das Bewusstsein – Descartes verwendet den Ausdruck *conscientia* allerdings nur selten – als ein begleitendes Wissen, das neben bestimmten Akten abläuft und das die Versicherung für den Handelnden enthält, dass er es ist, der die Akte vollzieht. Entgegen der scholastischen Tradition bezieht sich die *conscientia* bei Descartes nicht mehr auf ein moralisches Wissen, sondern auf das Wissen von der Wahrheit eines Gedankens, also auf einen erkenntnistheoretischen Kontext.[6] Im Einzelnen bringt Descartes das Bewusstsein mit den Vermögen der Intelligenz, des Willens, der Einbildung und des Fühlens in Zusammenhang.[7] Weil Descartes auch den Tieren zumindest ein Fühlen (»sensus«) zugesteht (↑Gefühl),[8] ist nicht vollständig ausgeschlossen, dass auch sie über ein Bewusstsein verfügen.

Antike: Intelligenz auch bei Tieren

Die Frage, ob allen Organismen oder zumindest allgemein den Tieren oder nur einigen von ihnen oder nur dem Menschen oder auch nur einigen Menschen oder schließlich nur jeweils sich selbst Bewusstsein zugeschrieben werden soll, ist eine alte Streitfrage. In ihrer terminologischen Konzentration auf den Begriff des Bewusstseins stellt sie sich allerdings erst seit Leibniz. Vorher wird das Thema unter dem Titel der *Vernunft* oder der ↑*Intelligenz* der Tiere abgehandelt.

Nach den Auffassungen der antiken Philosophen wird der Verstand oder die Vernunft oft durchaus nicht als Privileg des Menschen angesehen. So heißt es in einem Fragment des Vorsokratikers Epicharm: »die Weisheit ist nicht nur bei einer Gattung vorhanden, sondern alles was da lebt, hat auch Verstand [γνώμα]«.[9] Ähnlich sagt auch Empedokles in Bezug auf die Pflanzen und Tiere: »sie alle haben Einsicht und Anteil an Erkenntnis«.[10]

Bereits Aristoteles stellt das Problem als eine Streitfrage dar und hält es weitgehend offen, »ob die Spinnen, die Ameisen und dergleichen ihre Leistungen einem Verstand oder sonst etwas anderem verdanken«.[11] Wegen der Zweckmäßigkeit der natürlichen Fähigkeiten dieser Organismen tendiert Aristoteles an dieser Stelle dazu, die Frage positiv zu beantworten. Auf der anderen Seite teilt er die Lebewesen aber doch danach ein, welche Seelenvermögen ihnen zukommen: den Pflanzen allein eine nutritive Seele, den Tieren eine sensitive Seele und einigen Lebewesen darüber hinaus eine intellektive Seele. Zu letzteren gehört der Mensch, aber selten sagt Aristoteles, dass allein der Mensch diese Seele besitzt. An einer Stelle heißt es unmissverständlich, allein der Mensch sei zur Überlegung fähig, d.h. nur er könne sich bewusst etwas ins Gedächtnis zurückrufen.[12] Meistens urteilt Aristoteles aber komparativ: Der Mensch habe mehr Intelligenz als die Tiere bzw. er sei das klügste unter den Lebewesen.[13] Auch zu vielen Tieren, z.B. den Bienen und blutführenden Tieren sagt er, sie hätten Verstand (»φρόνησις«) und Würde (»καλός«).[14]

Die kognitiven Fähigkeiten, die einem Bewusstsein und Selbstbewusstsein entsprechen, folgen bei Aristoteles aus dem Postulat eines übergeordneten Vermögens, das alle Sinneswahrnehmungen begleitet (»ein allgemeines Vermögen, das allen Sinnen zukommt, durch das wir wahrnehmen, daß wir sehen und hören«).[15] Nach Aristoteles gibt es einen *gemeinsamen Sinn* (»κοινὴ αἴσθησις«[16]) zur Wahrnehmung des Gemeinsamen an Objekten; der Sitz dieses zentralen Wahrnehmungsorgans ist nach Aristoteles das Herz.

Auch Seneca schreibt den Tieren eine Selbstwahrnehmung der eigenen körperlichen Verfassung (»constitutionis suae sensus«[17]) zu, weil sie zu geschickten Bewegungen ihrer Gliedmaßen in der Lage sind. Darüber hinaus spricht Seneca den Tieren auch eine Kenntnis und ein Verstehen (»intellectus«[18]) dessen zu, was ihnen nutzt oder schadet. Die Quelle für diese Kenntnisse sieht Seneca nicht in einem individuell erworbenen Lernen, sondern in einer naturgegebenen Sorge (»caritas sui«[19]). Das Verhalten der Tiere könne sich daher ohne Denken (»cogitatio«) und ohne Überlegung (»consilium«[20]) vollziehen (↑Instinkt).

Ähnlich heißt es auch bei Plutarch, einige Tiere verfügten zwar über eine Intelligenz[21]; diese sei aber von der Vernunft des Menschen unterschieden, denn ein Hund beispielsweise wäge nicht ab, operiere nicht mit logischen Schlüssen, die Disjunktionen und Konjunktionen von Sätzen enthalten, sondern sein Verhalten sei vielmehr direkt von der Sinnlichkeit geleitet.[22]

Scholastik
Dieser in der Antike herrschenden Auffassung schließen sich auch die meisten Gelehrten der Scholastik an: Sie sprechen den Tieren nicht jedes Denkvermögen ab, unterscheiden dieses aber deutlich von dem des Menschen. Thomas von Aquin ist der Meinung: »Alle Tiere besitzen im natürlichen Instinkt eine gewisse Teilhabe an der Klugheit und der Vernunft [prudentiae et rationis]«.[23] In seiner Einteilung der Seelenvermögen folgt Thomas weitgehend Aristoteles. Die menschliche Vernunftseele (»anima intellectiva«) ist für ihn dadurch ausgezeichnet, dass sie (körperlose) Allgemeinheiten erfassen kann, und sie besitze damit »eine Kraft, die auf Unendlichkeit geht«.[24] Im Gegensatz zu den vergänglichen, auf die jeweilige Wahrnehmung gerichteten Seelen der Tiere sei die menschliche Seele daher nicht vergänglich und verfüge über eine Selbständigkeit (Subsistenz).[25] Allein dem Menschen schreibt Thomas auch das vollständige Vermögen des Urteilens über das eigene Urteilen (»Iudicare [...] de iudicio suo«) und damit ein *Reflektieren* zu, wie er es nennt (s.u.).[26]

		Gegenstandsbezug	
		einzelne Akte oder Zustände	ganzes Subjekt
Grammatische Struktur	intransitiv (bei Bewusstsein sein)	*Eindrücke-bei-Bewusstsein-Haben (Meine Wahrnehmung, Stimmung etc. habe ich bei Bewusstsein.)*	*Bei-Bewusstsein-Sein (Ich habe Bewusstsein, Bäume nicht; ich bin bei Bewusstsein.)*
	transitiv (von etwas Bewusstsein haben)	*Akt- oder Zustandsbewusstsein (Mir ist meine Wahrnehmung, Stimmung etc. bewusst.)*	*Selbstbewusstsein (Ich bin mir bewusst.)*

Tab. 21. Kreuzklassifikation von vier Typen des Bewusstseins.

Abb. 38. Darstellung verschiedener mentaler Bereiche aus dem frühen 17. Jahrhundert. Unterschieden werden eine auf Wahrnehmungen, Vorstellungen und den Intellekt bezogene Welt (»Mundus sensibilis«, »Mundus imaginabilis« und »Mundus Intellectualis«). Diese befinden sich zwar außerhalb des menschlichen Kopfes, haben aber in diesem ihre jeweiligen und miteinander verbundenen Entsprechungen (aus Fludd, R. (1619). Utriusque cosmi maioris scilicet et minoris metaphysica, Bd. II: 217 (Tract. I, sect. I, lib. X: De triplici animae in corpore visione).

Frühe Neuzeit: Entwicklung der Terminologie
Die Situation der üblichen Zuschreibung von Vernunft und anderen geistigen Vermögen zu Tieren ändert sich in der Frühen Neuzeit. Radikal in der Ablehnung der Vernunft der Tiere ist insbesondere R. Descartes. Er betont, dass die Tiere nicht nur weniger Verstand (»raison«) als der Mensch haben, wie die Tradition seit Aristoteles behauptete, sondern dass sie gar keinen haben.[27] Als Grund für diese Ablehnung sieht Descartes v.a. das fehlende Sprachvermögen der Tiere an.

Auch wenn Descartes' Versuch der klaren Grenzziehung wenig Akzeptanz findet, hinterlässt er doch seine Spuren und schärft insbesondere das Bewusstsein für den terminologischen Klärungsbedarf in dieser Frage. Die Rede von der Vernunft der Tiere wird nach Descartes insgesamt problematisch, ohne dass sie aber ganz aufgegeben wird. T. Hobbes ist der Ansicht, dass die Tiere zwar auf der einen Seite des Verstandes entbehren, weil sie nicht über Wörter mit festgesetzten Bedeutungen verfügen würden,[28] auf der anderen Seite spricht er aber doch wenig später im Zusammenhang mit der Planmäßigkeit und Zweckmäßigkeit der Bewegungen der Tiere von der »tierischen Vernunft« (»intellectum animalem«)[29].

In G.W. Leibniz' lateinischen und französischen Schriften gewinnt der Begriff des Bewusstseins eine terminologische Rolle im Streit um die Intelligenz der Tiere. Leibniz macht den Unterschied zwischen Mensch und Tier daran fest, dass die Tiere über kein Bewusstsein (»conscience«) verfügen. Ausgehend von Descartes' unscharfer Trennung von ›perceptio‹ und ›cogitatio‹ schlägt er eine begriffliche Differenzierung vor, indem er einander gegenüberstellt: die *Perzeption*, die einen durch Wahrnehmung eines Dinges der Außenwelt veranlassten inneren Zustand bezeichnet: »l'état interieur de la Monade representant les choses externes«, und die *Apperzeption*, die das reflexive Bewusstsein dessen meint (»la Conscience, ou la connoissance reflexive de cet état interieur«).[30] An anderer Stelle heißt es dann ausdrücklich, die Tiere hätten zwar Perzeptionen (bzw. Empfindung: »sentiment«), daraus folge jedoch nicht, dass sie auch über die Fähigkeiten des Denkens und der Reflexion (bzw. der Vernunft: »raison«) verfügten.[31] Das Bewusstsein ist bei Leibniz damit festgelegt auf ein spezifisch menschliches reflexives Wissen von den eigenen inneren Zuständen.

Die reflexive Struktur des Bewusstseins kann als Basis zur Formulierung der ersten Gewissheiten am Anfang jeden Wissens formuliert werden. So heißt der erste Satz von C. Wolffs Metaphysik von 1720: »Wir sind uns bewust. Daran kan niemand zweiffeln« (vgl. Tab. 22).[32]

Beide Einschränkungen – die Reservierung für den Menschen und die reflexive Struktur – werden aber bereits in der ersten Hälfte des 18. Jahrhunderts wieder relativiert: Bewusstsein bei Tieren wird nicht prinzipiell ausgeschlossen und auch äußere Gegenstände gelten als mögliche Objekte des Bewusstseins.

Es etabliert sich darüber hinausgehend ein weites Verständnis des Bewusstseinsbegriffs, das nicht nur innere Zustände umfasst, sondern sich auch auf die Gegebenheit äußerer Gegenstände beziehen kann. In den Gelehrtendiskussionen über eine Tierseele in der ersten Hälfte des 18. Jahrhunderts wird den Tieren von der einen Seite Verstand zuerkannt, d.h. die Fähigkeit, nach Sinnesempfindungen urteilen zu können – und sogar eine Vernunft von niedriger Art soll den Tieren zukommen.[33]

Selbstbewusstsein
Weil das Bewusstsein eine Leistung desjenigen mentalen Systems ist, auf das es sich selbst wieder bezieht, gilt die Möglichkeit einer Zuschreibung von Bewusstsein zu anderen Wesen vielfach als fraglich: Bewusstsein ist insofern immer und ausschließlich ein Selbstbewusstsein.

Seit der Scholastik werden solche Vermögen, die nicht auf äußere Wahrnehmung, sondern auf innere Erlebnisse bezogen sind, als *innere Sinne* (»sensus interiores«) bezeichnet – anfangs in der Dreizahl von Phantasie, Denken und Gedächtnis, später auf fünf Sinne ausgeweitet.[34] Im Anschluss an diese inneren Sinne ist auch das Bewusstsein als eine *Selbstwahrnehmung* entworfen worden. So heißt es etwa bei J. Locke: »Consciousness is the perception of what passes in a man's own mind«.[35] In England verbreitet sich der Begriff der **Selbstwahrnehmung** (»self-perception«) bereits Mitte des 17. Jahrhunderts.[36] R. Cudworth spricht von einem Bewusstsein seiner selbst (»conscious of It Self«; »Reflexive upon its whole Self«; »self-moving«[37]; vgl. auch »one Self-Active, Living, Power, Substantial or Inside-Being, that Containeth, Holdeth and Connecteth all together«[38]).

Der Ausdruck ›Selbstbewusstsein‹ wird erst im 17. Jahrhundert geprägt, und zwar als zentraler Terminus der Subjektsphilosophie, nach der die Reflexion des denkenden Subjekts zum höchsten Erkenntnisprinzip erhoben wird.[39] Spinoza und Leibniz, bei denen sich frühe Nachweise des Ausdrucks finden (»conscientia sui«[40]), verwenden das Wort für ein unmittelbares Wissen von Bewusstseinsinhalten.

Darauf aufbauend macht die philosophische Tradition den Bewusstseinsbegriff zu einem Prinzip der Einheit des erkennenden Subjektes. I. Kant spricht von der »ursprünglich-synthetischen Einheit der Apperception«; es gebe ein »Ich denke«, das »alle meine Vorstellungen begleiten können« müsse, damit eine einheitliche Erkenntnis möglich werde.[41] Das Selbstbewusstsein wird so konzipiert als Bedingung für die Möglichkeit der Zusammenfassung von Vorstellungen zu einer Einheit.

»Wir sind uns bewust. Daran kan niemand zweiffeln / der nicht seiner Sinnen völlig beraubet ist: und wer es leugnen wolte / derjenige würde mit dem Munde anders vorgeben / als er bey sich befindet / könte auch bald überführet werden / daß sein Vorgeben ungereimet sey. Denn wie wolte er mir etwas leugnen / oder in Zweiffel ziehen / wenn er sich nicht bewust wäre? Wer sich nun aber bewust ist / derselbige ist. Und demnach ist klar / daß wir sind«.

Tab. 22. Die subjektive Gewissheit des Bewusstseins (aus Wolff, C. (1720). Vernünfftige Gedanken von Gott, der Welt und der Seele des Menschen, auch allen Dingen überhaupt, 2 Bde.: I, 1f.).

18. Jh.: Bewusstsein zwischen Vernunft und Natur
Über den auf Tiere bezogenen Materialismus Descartes' hinausgehend, sind im 18. Jahrhundert reduktionstische Strömungen wirksam und einflussreich. Sie zielen darauf ab, auch das Bewusstsein als Folge der Anordnung materieller Teile des Körpers, und nicht mittels der Seelenbegrifflichkeit, zu erklären. Zu besonderem Ruhm gelangt die radikale Sicht J.O. de La Mettries, der – Descartes' Dualismus von Körper und Seele überwindend – auch alle Seelenregungen als Ausdruck physiologischen Geschehens deutet: »toutes les fonctions de l'Ame dépendent tellement de la propre Organisation du Cerveau et de tout le Corps, qu'elles ne sont visiblement que cette Organisation même«.[42] Er kann daher provokant verkünden: »L'Homme est une Machine«.[43] La Mettries Position läuft allerdings nicht auf einen einfachen mechanistischen Reduktionismus hinaus, denn immerhin ist es bei ihm der Begriff der ↑Organisation, der an die Stelle der traditionellen Seelenbegrifflichkeit treten soll, um auch die Hirnfunktionen zu erklären.

Für den Grafen Buffon verfügen die Tiere zwar auch über einen äußeren und inneren Sinn, nicht aber über Denken und Reflexion; diese seien für ihre Bewegungen und ihr Streben (»appétit«) auch nicht notwendig. Außerdem meint Buffon, den Tieren fehle es an einem Bewusstsein des Vergangenen und der Fähigkeit des Vergleichens von Empfindungen; ein Bewusstsein ihrer aktuellen Existenz (»conscience de leur existence actuelle«) gesteht er ihnen aber doch zu. Tiere haben nach Buffon auch die Empfindung von Lust und Schmerz; die Unterscheidung von ›gut‹ und ›schlecht‹ würden sie aber nur als ›angenehm‹ und ›unangenehm‹ kennen.[44]

Am Konzept der Reflexion als Zurückwenden der Wahrnehmung auf den inneren Zustand richtet sich in der zweiten Hälfte des 18. Jahrhunderts der Begriff der Vernunft aus. Der Hamburger Theologie

»Consciousness is the perception of what passes in a man's own mind« (Locke 1689/1700, 115).

»[E]in jegliches lebendiges Thier [hat], vermöge seiner Empfindung, ein undeutliches Bewußtsein der Veränderungen in den Nerventheilen seines Körpers, und ihrer Beschaffenheit« (Reimarus 1760/62, 54).

»Das Unterscheidungselement des Geistes ist Bewusstsein, das Zeugnis des Bewusstseins ist das Vorhandensein einer Wahl und der Beweis für die Existenz der Wahl liegt in dem voraufgehenden Schwanken zwischen zwei oder mehreren Alternativen« (Romanes 1883, 11).

»Bewußt zu sein, das heißt in jedem Augenblick die Beziehung herzustellen zwischen dem, was man denkt oder tut, und dem, was man denken oder tun könnte« (Valéry 1894, 389).

»Keine Behauptung über das Bewußtsein bei Tieren läßt sich durch Beobachtung oder Versuch beweisen oder widerlegen. Es gibt keine Vorgänge in dem Verhalten der Organismen, die nicht ebensogut zu verstehen wären ohne die Annahme, daß sie von Bewußtseinsvorgängen begleitet sind, als mit dieser Annahme« (Jennings 1906, 531f.).

»[O]n définirait la conscience de l'être vivant une différence arithmétique entre l'activité virtuelle et l'activité réelle. Elle mesure l'écart entre la représentation et l'action« (Bergson 1907, 145).

»[T]he functional capacity to detect misrepresentation is necessary (although perhaps still not sufficient) for consciousness of content« (Allen 1997, 237).

»[A] conscious event is a brain activity consisting in monitoring (recording, analyzing, controlling, or keeping track of) some other activity in the same brain« (Mahner & Bunge 1997, 209).

»Daß ein mentaler Zustand M bewußt ist, kann zumindest zweierlei heißen.
Es kann erstens heißen, daß eine Person, die im mentalen Zustand M ist, auch *weiß*, daß sie in M ist. [...]
Und es kann zweitens heißen, daß der Zustand M einen *phänomenalen* Charakter besitzt, d.h. daß es sich auf eine bestimmte Weise anfühlt, in diesem Zustand zu sein« (Beckermann 1999, 9).

»Bewusstsein lässt sich bestimmen als Eigenschaft von geistigen Prozessen wie Gedanken, Wunschvorstellungen, Wahrnehmungsakten oder Emotionen [...], durch die diese dem Subjekt dieser Prozesse unmittelbar zugänglich werden. Das Subjekt kann daher ohne weitere Schlussfolgerungen über diese Zustände berichten bzw. sich an sie erinnern. Dieser Zugang beschränkt sich auf die Perspektive der ersten Person« (Pauen 2009, 304).

»Bewusstsein ist das *Erscheinen einer Welt*. [...] Das menschliche Bewusstsein unterscheidet sich von anderen biologisch evolvierten Phänomenen grundlegend dadurch, dass es eine Wirklichkeit dazu bringt, in sich selbst zu erscheinen. Es erzeugt Innerlichkeit: Der Vorgang des Lebens ist sich selber selbst bewusst geworden. [... Es] kann ein Tier, das nicht logisch denken und auch keine Sprache sprechen kann, zweifellos transparente phänomenale Zustände haben – und mehr bedarf es nicht, um eine Welt im Bewusstsein erscheinen zu lassen« (Metzinger 2009, 31f.).

Tab. 23. Definitionen und Erläuterungen des Bewusstseinsbegriffs.

H.S. Reimarus bringt die Begriffe in Zusammenhang und nutzt sie zur Grenzziehung zwischen Mensch und Tier, indem er erläutert, »daß die Vernunft in einer Kraft zu reflektieren bestehe, und daß die Thiere keinen einzigen Grad der Vernunft besitzen«.[45] Die Reflexion versteht er dabei als »Kraft, die Dinge, nach aus einander gesetzter Vorstellung, mit einander zu vergleichen«. Zwar erkennt Reimarus den Tieren keine Vernunft und auch kein Vermögen zur Bildung von Begriffen zu, aber doch ein Bewusstsein. So heißt es, es habe »ein jegliches lebendiges Thier, vermöge seiner Empfindung, ein undeutliches Bewußtsein der Veränderungen in den Nerventheilen seines Körpers, und ihrer Beschaffenheit«[46] und damit auch ein Gefühl der Lust und Unlust.

Deutlich wird in dieser Auffassung die bis in die Gegenwart anhaltende, in den Begriff des Bewusstseins eingeschriebene Zwischenstellung zwischen einer naturalen und einer spezifisch anthropologischen Perspektive. Diese Zwischenstellung ist es, die den Begriff für die neurowissenschaftliche Analyse von geistigen Prozessen so zentral macht.

19. Jh.: Grade des Bewusstseins
Auch bei idealistisch ausgerichteten Philosophen des 19. Jahrhunderts ist die Vorstellung von einem »tierischen Bewusstsein« nicht selten. Sie findet sich z.B. bei J.G. Fichte, G.W.F. Hegel[47] und L. Feuerbach. Fichte beurteilt 1806 allgemein die Instinkte als ein Bewusstsein, allerdings eines ohne Vernunft: »Der Instinkt ist blind, ein Bewußtseyn, ohne Einsicht der Gründe«.[48] Auch Feuerbach schränkt in den 1840er Jahren ein, dass den Tieren nur ein Bewusstsein im engeren Sinne zukomme, nämlich »im Sinne des Selbstgefühls, der sinnlichen Unterscheidungskraft, der Wahrnehmung und selbst Beurteilung der äußern Dinge nach bestimmten sinnfälligen Merkmalen«.[49] Weil die Tiere aber kein »Bewußtsein der Gattungen« hätten, sie also von sich selbst und von anderen Gegenständen nicht als Gattung wüssten, dürfe ihnen

nicht ein Bewusstsein im strengen Sinne zuerkannt werden.

In ähnlichem Sinne spricht A. Schopenhauer den Tieren einen »vernunftlosen Intellekt« zu: »Die Tiere haben Verstand, ohne Vernunft zu haben, mithin anschauliche, aber keine abstrakte Erkenntnis«.[50] Weil ihnen allgemeine Begriffe mangelten, sei das Bewusstsein der Tiere »eine bloße Sukzession von Gegenwarten«. Auch ein »Bewußtsein des eigenen Selbst«[51] erkennt Schopenhauer den Tieren zu.[52] Insgesamt verfügt er über einen naturalistischen Begriff von Bewusstsein: Es ist für ihn durch den Intellekt bedingt und dieser ist wiederum als eine »Funktion des Gehirns«[53] bestimmt. Abhängig vom Grad der Zentralisation des Nervensystems gebe es verschiede »Grade des Bewußtseins«[54]: angefangen von dem »ganz schwachen Analogon von Bewußtsein«[55] bei Pflanzen über die verschiedenen Stufen der »reflexionslosen Erkenntnis« der Tiere bis zum Vermögen des begrifflichen Bewusstseins des Menschen. Der zentrale Punkt im Bewusstsein der Tiere wie der Menschen ist für Schopenhauer der Wille (↑Bedürfnis): »ein Verlangen, Begehren, Wollen oder Verabscheuen, Fliehen, Nichtwollen ist jedem Bewußtsein eigen: der Mensch hat es mit dem Polypen gemein. Dieses ist demnach das Wesentliche und die Basis jedes Bewußtseins«.[56] An der teleologischen Gerichtetheit und Intentionalität ist auch der Bewusstseinsbegriff des Physiologen E. Pflüger orientiert. Er geht so weit, selbst dem Rückenmark der Wirbeltiere ein Bewusstsein zuzuschreiben, eben weil es die Steuerung von gerichteten Bewegungen leistet (↑Verhalten).[57]

Trotz der verbreiteten Vorstellung einer Graduierung des Bewusstseins lehnen es die meisten Physiologen des 19. Jahrhunderts ab, Bewusstsein auch den Pflanzen zuzuschreiben. So spricht J. Müller in dem einflussreichen ›Handbuch der Physiologie‹ in den 1830er Jahren den Pflanzen sowohl Empfindung als auch Bewusstsein ab: »Die Pflanzen sind reizbar, aber nicht empfindlich; so sind die Muskeln auch vom Körper getrennt noch reizbar, aber nicht empfindlich. Dass aber Empfindung in den Pflanzen stattfindet, kann ohne Aeusserungen des Bewusstseyns nicht statuirt werden«.[58] Mit Hilfe des Begriffs des Bewusstseins differenziert Müller zwischen den Fähigkeiten der Reizbarkeit und der Empfindungsfähigkeit. Das Konzept des Bewusstseins tritt damit an die Stelle des Begriffs der Seele, der Mitte des 18. Jahrhunderts bei A. von Haller genau diese differenzierende Rolle einnimmt.

Auch für R. Virchow besteht kein Anlass, für die Pflanzen und »eine große Zahl von Thieren« Bewusstsein anzunehmen. Virchow beurteilt das Bewusstsein als eine Art Epiphänomen der materiellen Organisation eines Lebewesens: Er versteht es nicht als steuernde Instanz des Organismus, sondern vielmehr als Resultante der physiologischen Organisation. In den Worten Virchows: »Das Bewußtsein ist daher nur die subjective, aber nicht die objective Einheit des Individuums. Das Bewußtsein ist nicht das Bewegende, sondern das Bewegte; es ist nicht die wirkende Macht im Körper, durch welche der Plan der Organisation, der Zweck des Individuums verwirklicht wird; gerade umgekehrt erscheint es uns als das letzte und höchste Ergebniß des Lebens, als die edelste Frucht der langen Kette ineinander greifender Vorgänge, welche die Geschichte des Individuums ausmachen«.[59]

Seit Mitte des 19. Jahrhunderts ist ›Bewusstsein‹ ein von Biologen in Bezug auf Tiere regelmäßig verwendeter Ausdruck. Er wird allerdings sehr unterschiedlich verstanden; häufig wird er mit der Fähigkeit zur Wahl zwischen Handlungsalternativen in Verbindung gebracht (vgl. Tab. 23).[60] Selbst beiläufige Zuschreibungen von Bewusstsein zu Tieren sind nicht unüblich: So spricht A. Weismann 1864 vom »Bewusstsein« einer Fliegenlarve, insofern diese auf Reize reagiert.[61]

Bewusstsein als Evolutionsprodukt
Im Anschluss an C. Darwins Evolutionstheorie gehen Biologen in der zweiten Hälfte des 19. Jahrhunderts von einer kontinuierlichen Steigerung der kognitiven Fähigkeiten der Organismen im Laufe der Evolution aus. Darwin selbst postuliert parallel zur Entfaltung der morphologischen und physiologischen Merkmale in der Evolution eine graduelle Entwicklung der mentalen Fähigkeiten. Auch in dem Schritt vom Menschaffen zum Menschen erblickt er keine prinzipielle Zäsur: »there is a much wider interval in mental power between one of the lowest fishes, as a lamprey or lancelet, and one of the higher apes, than between an ape and man«.[62] Ausdrücklich bezweifelt Darwin, dass es einen grundsätzlichen Unterschied (»fundamental difference«) in den mentalen Fähigkeiten des Menschen und der höheren Tiere gebe.[63] Allerdings gesteht er seine grundsätzlichen Schwierigkeiten in der Anwendung mentalistischer Begriffe wie ›Bewusstsein‹ ein: »I have often felt much difficulty about the proper application of the terms, will, consciousness, and intention«.[64] In der Evolution des Verhaltens geht Darwin von einem lamarckistischen Modell aus, nach dem zunächst durch den Willen geleitete Verhaltensweisen allmählich zu Instinkten werden können: »Actions, which were at first voluntary, soon became habitual, and at last heredita-

ry, and may then be performed even in opposition to the will«.[65] Ähnlich wie Darwin sieht es auch G.H. Schneider: Die in heutigen Tieren unbewusst ablaufenden komplexen Bewegungsmuster sind entstanden aus ursprünglich bewussten und zur Gewohnheit gewordenen Verhaltensweisen, aus einem »bewußten Trieb«, wie Schneider sagt.[66]

Besonders prägnant kommt der historisierende und naturalisierende Zugang zum Phänomen des Bewusstseins in der Psychologie H. Spencers zum Ausdruck. Spencer ist der Ansicht, ein Verständnis des Geistes sei allein ausgehend von seiner Evolution möglich.[67] Von den Einzellern zum Menschen lasse sich eine kontinuierliche Entfaltung des Bewusstseins feststellen. Die Zuschreibung des Bewusstseins zu den Tieren ruhe dabei auf der gleichen Grundlage wie die Zuschreibung des Bewusstseins zu anderen Menschen: Wenn man bereit sei, neben dem jeweils eigenen Bewusstsein auch anderen Menschen ein Bewusstsein zuzugestehen, dann müsse man das gleiche auch gegenüber den Tieren einräumen.[68] Spencer betrachtet das Bewusstsein als eine komplexe Kombination von elementaren Gefühlen, die den eigenen Körper eines Organismus oder sein Verhältnis zur Umwelt betreffen können.[69] Weil das Bewusstsein als eine Funktion des Nervensystems anzusehen sei, müsse sein Entstehen aus der Betrachtung der Evolution des Nervensystems nachvollzogen werden. Die nervenphysiologische Grundlage des Bewusstseins stellt für Spencer die Zusammenführung der Reize aus zahlreichen verschiedenen Ganglien in einem zentralen Ganglion dar, das eine Integration der eingehenden Reize leistet. In der Entwicklung des noch undifferenzierten Nervensystems der einfachen Tiere hin zu den komplexen, differenzierten Formen erkennt Spencer sein allgemeinen Gesetzes der ↑Evolution wieder, nach dem die Entwicklung stets von einer unbestimmten inkohärenten Homogenität zu einer bestimmten kohärenten Heterogenität verläuft.[70]

Eine ebenso phylogenetische Perspektive auf das Bewusstsein wie Spencer hat der frühe britische Ethologe G.J. Romanes.[71] Romanes verwendet (wohl im Anschluss an Wundt; s.u.) als objektives »Kriterium des Bewusstseins« – für das subjektiv empfundene (Selbst-)Bewusstsein vermag er kein Verhaltenskriterium anzugeben – die Flexibilität eines Verhaltens, d.h. das Vorliegen einer »Wahl« zwischen mehreren Handlungsalternativen: »Das Unterscheidungselement des Geistes ist Bewusstsein, das Zeugnis des Bewusstseins ist das Vorhandensein einer Wahl und der Beweis für die Existenz der Wahl liegt in dem voraufgehenden Schwanken zwischen zwei oder mehreren Alternativen«.[72] Allerdings hält Romanes sein Kriterium für nur hinreichend und nicht notwendig, weil es auch ein ohne Wahl ablaufendes (»sicheres«) bewusstes Handeln gebe. Das Erscheinen des ersten Bewusstseins in der Evolution des Lebens verlegt Romanes mit Spencer in den Moment der Entstehung von Zentren zur Koordination von Reizen, wie er sie schon in einfachen Reflexzentren verwirklicht sieht.[73] Weil sich solche Zentren bereits bei einfachen Tieren, wie Stachelhäutern und Ringelwürmern finden, schreibt Romanes ihnen auch ein Bewusstsein zu. Ein Bewusstsein liegt bei Tieren nach Romanes immer dann vor, wenn ihr Verhalten geplant wirkt. Die Grundlage der Zuschreibung beruht dabei auf einem Vergleich des beobachteten Verhaltens mit dem eigenen Verhalten, so wie es aus dem inneren Erleben bekannt ist – ein Verfahren, das Romanes nicht als ›objektiv‹ oder ›subjektiv‹, sondern als »ejektiv« bezeichnet.

In Deutschland ist es anfangs v.a. E. Haeckel, der die Evolutionstheorie propagiert und als Grundlage für ein monistisches Lehrgebäude nimmt. Er betrachtet das Bewusstsein und die Vernunft als in der Evolution gewordene Vermögen, die hervorgegangen seien aus »der Integration oder Zentralisation, der Assoziation oder Vereinigung der früher getrennten Funktionen«.[74] Den Pflanzen und niederen Tieren schreibt Haeckel noch kein Bewusstsein zu, weil sie über kein zentralisiertes Nervensystem verfügen. »Erst auf den höchsten Entwicklungsstufen der tierischen Organisation entwickelt sich das Bewußtsein als eine besondere Funktion eines bestimmten Zentralorgans des Nervensystems«.[75] Haeckel erläutert diese Funktion als eine »subjektive Spiegelung der objektiven inneren Vorgänge im Neuroplasma der Seelenzellen«.[76] Haeckel spricht von der »Naturerscheinung des Bewußtseins« und meint, es sei »ein physiologisches Problem und als solches auf die Erscheinungen im Gebiete der Physik und Chemie zurückzuführen«. Wie Darwin ist auch Haeckel der Überzeugung, das Bewusstsein des Menschen sei von dem der Tiere »nur dem Grade, nicht der Art nach verschieden«.[77]

Weiter und enger Bewusstseinsbegriff
Strittig ist in der zweiten Hälfte des 19. Jahrhunderts die Erforschbarkeit des Bewusstseins mittels naturwissenschaftlicher Methoden. Skeptisch äußert sich E. Du Bois-Reymond in einer berühmten Rede aus dem Jahr 1872, in der er das Wesen von Materie, Kraft und Bewusstsein dem Bereich des *Ignorabimus*, d.h. des Unerkennbaren zurechnet (im Gegensatz zum Phänomen des ↑Lebens, das zwar noch unerkannt, »Ignoramus«, aber zumindest erkennbar sei).[78] T.H.

Huxley ist dagegen zu gleicher Zeit der Auffassung, ein mechanisches Äquivalent des Bewusstseins werde irgendwann geschaffen werden können: »we shall, sooner or later, arrive at a mechanical equivalent of consciousness, just as we have arrived at a mechanical equivalent of heat«[79]. Huxley betrachtet das Bewusstsein als ein Epiphänomen physiologischer Prozesse: Das Bewusstsein der Tiere sei wie der Pfeifton einer Dampfmaschine ein Nebenprodukt körperlicher Funktionen (»a collateral product of its working«).[80] Nach Huxley haben Bewusstseinsprozesse auch keinen direkten kausalen Einfluss auf die physische Welt, sie seien vielmehr allein »Symbole« der physiologischen Vorgänge: »the feeling we call volition is not the cause of a voluntary act, but the symbol of that state of the brain which is the immediate cause of the act«.[81]

Komplex ist die begriffliche Situation aber vor allem auch deswegen, weil ›Bewusstsein‹ nicht nur auf die höchststufigen mentalen Vermögen von hochentwickelten Wirbeltieren bezogen wird, sondern auch mit den einfachsten Lebensäußerungen von Organismen in Verbindung gebracht wird. So betrachtet der Psychologe W. Wundt das Bewusstsein als die Fähigkeit zur Wahl zwischen verschiedenen Mitteln, um ein Ziel zu erreichen. Das Bewusstsein bestehe in einem »Gegeneinanderabwägen« verschiedener Motive.[82] Eine solche Fähigkeit sieht Wundt bei den einfachsten Lebewesen gegeben; Versuche mit enthaupteten Wirbeltieren (Fröschen) würden belegen, dass ein zentralisiertes Nervensystem für eine Wahl zwischen verschiedenen Mitteln nicht notwendig sei.[83] Wundt verfügt also über einen weiten Bewusstseinsbegriff, für den gilt: »Selbst die niedersten Protozoen äussern ihre Triebe durch Handlungen, die ein gewisses Bewusstsein verrathen«.[84] Wesentlich charakterisiert wird das Bewusstsein von Wundt darüber hinaus durch die Leistung der Synthese verschiedener psychischer Akte; das Bewusstsein sei ein Ausdruck für »das Beisammensein der seelischen Erlebnisse selbst«.[85] Verschiedene Grade des Bewusstseins können nach Wundt danach unterschieden werden, je enger der hergestellte Zusammenhang zwischen zeitlich aufeinander folgenden psychischen Ereignissen ist. Auf der untersten Ebene zerfalle das Bewusstsein in eine Abfolge »isolierter Bruchstücke ohne irgendeinen Zusammenhang«; in höheren Lebensformen könne das Bewusstsein aber Erlebnisse aus der ganzen Lebensspanne des Individuums aufeinander beziehen und umfassen.

Im Gegensatz zum weiten Bewusstseinsbegriff Wundts werden von anderen Physiologen die beobachteten Phänomene unter anderen Begriffen beschrieben. Der Neurophysiologe F. Goltz spricht von den *Selbstregulierungen* (↑Regulation) im Nervensystem des Frosches und meint, dass »der enthirnte Frosch nichts ist als ein Complex von einfachen Reflexmechanismen«, für den die Anwendung der Begriffe ›Bewusstsein‹ oder ›Intelligenz‹ unangemessen sei.[86]

Das Kriterium der Wahl zwischen mehreren Verhaltensoptionen als Kennzeichen von Bewusstsein hat, nach Wundt eine weite Verbreitung gefunden. Auch in literarisch-philosophische Kreise findet diese Bestimmung Eingang. So formuliert P. Valéry: »Bewußt zu sein, das heißt in jedem Augenblick die Beziehung herzustellen zwischen dem, was man denkt oder tut, und dem, was man denken oder tun könnte«.[87]

Eine naturalistische Interpretation des Bewusstseins gibt W. James, indem er es als selektierende Einheit (»selecting agency«) versteht, die zwischen mehreren, selbst erzeugten Vorstellungs- und Handlungsmöglichkeiten auswählt und damit insgesamt eine Kontroll- und Regulationsinstanz darstellt: »the distribution of consciousness shows it to be exactly such as we might expect in an organ added for the sake of steering a nervous system grown too complex to regulate itself«.[88] Diese Vorstellung des Bewusstseins als Steuerinstanz ist in neuerer Zeit insbesondere von K. Popper vertreten worden. Er sieht das Bewusstsein als hervorgebracht durch einen physischen Zustand an; gleichzeitig kontrolliert es aber seine physische Grundlage: »states of consciousness (the ›mind‹) control the body, and interact with it«.[89]

Eine einflussreiche Maxime zur Zuschreibung von Bewusstsein bei Tieren formuliert C.L. Morgan 1894. Danach sollen höherstufige psychische Vermögen nur dann zugeschrieben werden, wenn das damit zu erklärende Verhalten nicht durch niederstufige Vermögen erklärt werden kann (»Morgans Kanon«): »In no case may we interpret an action as the outcome of the exercise of a higher psychical faculty, if it can be interpreted as the outcome of the exercise of one which stands lower in the psychological scale«).[90] Morgan wendet sich mit dieser Maxime gegen die leichtfertige Anwendung von Kategorien zur Bezeichnung komplexer mentaler Vermögen auf Tiere mit nur einem einfachen Nervensystem. Viele von Morgans Zeitgenossen, insbesondere G.J. Romanes (s.o.), machen von dieser Übertragung intensiven Gebrauch.

Die Angemessenheit von Morgans Maxime ist umstritten. Fraglich ist zum einen, ob eine klare Unterscheidung zwischen höheren und niedrigen seelischen Vermögen getroffen werden kann. Eine mögliche Interpretation besteht darin, ein höheres Vermögen durch das Einschließen eines niederen Vermögens zu definieren.[91] Die Ausbildung eines Selbstbewusstseins wäre damit z.B. höherstufig gegenüber dem Vermögen des Gedächtnisses oder des Bewusstseins, weil es diese einschließt. Wird die Maxime außerdem als Ausdruck eines methodischen Sparsamkeitsprinzips (»parsimony«) interpretiert, dann bedürfte dieses Prinzip einer weiteren Begründung. Denn, weil die Natur selbst nicht immer sparsam in Verursachungen ist, ist auch die Maxime der Sparsamkeit in Erklärungen nicht immer angemessen. Allein zusätzliche Hintergrundinformationen über das Verhalten eines Organismus lassen in einem gegebenen Fall den Verzicht auf die Annahme höherstufiger psychischer Vermögen berechtigt erscheinen. Nur dann also, wenn bestimmte Verhaltensweisen, die mit einem höherstufigen psychischen Vermögen verbunden werden, regelmäßig ausbleiben, ist es angemessen, auf die Zuschreibung dieses Vermögens in den Verhaltenserklärungen zu verzichten.[92]

Frühes 20. Jh.: Irrelevanz des Begriffs
Mit der Konsolidierung der begrifflichen und instrumentellen Methodik der Ethologie zu Beginn des 20. Jahrhunderts verliert der Begriff des Bewusstseins zeitweilig seine Relevanz für die Biologie. Die Ethologen dieser Zeit können mit dem Konzept nicht viel anfangen und erklären es für überflüssig oder sogar schädlich auf dem Weg der Entwicklung einer »objektivierenden Nomenklatur in der Physiologie des Nervensystems«[93]. Bezeichnend für die Zeit ist die Auffassung H.E. Zieglers, dem zufolge der Begriff des Bewusstseins sich »in der vergleichenden Psychologie als völlig werthlos« erweise[94] oder die Meinung von H.S. Jennings: »Es liegt auf der Hand, daß es keinen objektiven Beweis für die Existenz oder Nichtexistenz des Bewußtseins geben kann, denn das Bewußtsein ist gerade etwas, was objektiv nicht wahrgenommen werden kann. Keine Behauptung über das Bewußtsein bei Tieren läßt sich durch Beobachtung oder Versuch beweisen oder widerlegen. Es gibt keine Vorgänge in dem Verhalten der Organismen, die nicht ebensogut zu verstehen wären ohne die Annahme, daß sie von Bewußtseinsvorgängen begleitet sind, als mit dieser Annahme«.[95] Ähnlich sieht es in den 1930er Jahren J.A. Bierens de Haan, für den ein Tier zwar ein »erkennendes, fühlendes und strebendes Subjekt« ist, ob es über Bewusstsein verfüge, sei jedoch unerkennbar.[96] Programmatisch wird der Verzicht auf das Konzept des Bewusstseins und anderer psychologischer Begriffe wie ›Empfindung‹, ›Wahrnehmung‹, ›Vorstellung‹, ›Wunsch‹ und ›Denken‹ in der Position des Behaviorismus (↑Verhalten). So sieht J.B. Watson, der Begründer des Behaviorismus, in dem Konzept des Bewusstseins dann auch einen weder erklärbaren noch brauchbaren Begriff.[97]

Neben kritischer Distanz zum Begriff des Bewusstseins ist der Beginn des 20. Jahrhunderts aber auch von vielen populären Darstellungen über das »Denken der Tiere« gekennzeichnet.[98] Besonders bekannt geworden ist der »Kluge Hans«, ein Pferd, das angeblich rechnen konnte (↑Kommunikation). Mit der Konsolidierung der Evolutionstheorie verbreitet sich auch die Auffassung, mentale Vermögen seien in der Phylogenese ebenso wie körperliche Strukturen einer allmählichen Veränderung unterworfen (Jennings 1906: »Soweit sich objektiv feststellen läßt, besteht kein qualitativer Unterschied, sondern eine vollkommene Kontinuität zwischen dem Verhalten der niederen und höherer Organismen«[99]). Viele Biologen neigen daher zu einem graduierbaren Begriff von Bewusstsein. Ein Organismus kann danach ein mehr oder weniger bewusstes Wesen sein und sich in Phasen mehr oder weniger ausgeprägter Bewusstheit befinden. Einen solchen Bewusstseinsbegriff vertritt H. Bergson in seiner bekannten Definition des Bewusstseins als eines Vermögens, nicht unmittelbar in Handlungen mündende Vorstellungen zu entwickeln: »une différence arithmétique entre l'activité virtuelle et l'activité réelle. Elle mesure l'écart entre la représentation et l'action«.[100]

Bewusstsein, Vorbewusstsein, Unterbewusstsein
Auch in der Humanpsychologie ist der Begriff des Bewusstseins zu Beginn des 20. Jahrhunderts umstritten. Von einigen wird er als der eigentliche Gegenstand der Psychologie verstanden (T. Lipps 1903: »Die Psychologie ist die Lehre vom Bewußtsein und den Bewußtseins-Erlebnissen«[101]). Diese Bestimmung wird aber in dem Maße überholt, in dem auch und gerade das »Unbewusste« und »Unterbewusste« zum Gegenstand der Psychologie werden. S. Freud differenziert das Unbewusste in seiner ›Traumdeutung‹ (1900) in einen Bereich, den er »bewusstseinsunfähig«[102] nennt und einen anderen, der das »Vorbewußte«[103] bildet, aus dem also Vorstellungen in das Bewusstsein gelangen können. Die Unterscheidung von »Ober- und Unterbewußtsein« lehnt Freud ab, weil er meint, auf diese Weise werde die Gleichstellung des Bewussten mit dem Psychischen befördert. Das Bewusstsein stellt sich Freud als eine Art Sinnesorgan vor, durch das unbewusste Vorstellungen wahrgenommen werden (»Bewußtseinswahrnehmung«).[104] Die Zuschreibung von Bewusstsein zu anderen Personen lehnt Freud nicht ab, hält sie aber für »unsicher«.[105]

›Bewusstsein‹ in der Ethologie
Die Gründerväter der Ethologie sind der Auffassung, dass zumindest einigen hoch entwickelten nichtmenschlichen Wirbeltieren ein Bewusstsein zugeschrieben werden könne. Allerdings bedienen sie sich auffallend selten dieses Ausdrucks. Weder bei N. Tinbergen, noch bei K. Lorenz oder I. Eibl-Eibesfeldt taucht das Wort ›Bewusstsein‹ an exponierter Stelle in ihren Hauptwerken auf. Dahinter steht offenbar die philosophische Tradition des Begriffs, die das Bewusstsein als etwas exklusiv Menschliches betrachtet und nach der ein naturwissenschaftlicher Zugang zum Fremdpsychischen als fraglich empfunden wird. Ausdrücklich bemerkt der Verhaltensforscher O. Koehler 1968, »aus erkenntnistheoretischen Gründen spricht ›man‹ vom tierischen Bewußtsein möglichst nicht«.[106] Weil die Vergleichenden Verhaltensforscher an den gemeinsamen Ursprüngen und Mechanismen des Verhaltens aller Tiere interessiert sind, steht der Begriff innerhalb ihres Programms nur am Rande.

Eine ausdrückliche Reflexion auf den Begriff des Bewusstseins stellt der britische Ethologe W.H. Thorpe in den 1960er und 70er Jahren an. Thorpe nimmt ein Bewusstsein für Säugetiere und Vögel an, v.a. insofern als sie über die Fähigkeit zum *einsichtigen Lernen* (»insight learning«) verfügen.[107] Er verwendet allerdings keinen einheitlichen Begriff von Bewusstsein: Einerseits verbindet er es mit der Fähigkeit zu einsichtigem Lernen, andererseits ist er der Ansicht, dem Bewusstsein liege eine Aufmerksamkeit und Sensibilität gegenüber inneren Vorgängen, ein Bewusstsein des eigenen Selbst und eine Ganzheit zugrunde.[108] Zu den verschiedenen Aspekten des Bewusstseins bei Tieren gehört nach Thorpe das Vorliegen von inneren Auslösern von Verhalten, die Fähigkeit zum Umgang mit Symbolen und abstrakten Repräsentationen, die Antizipation und Erwartung von Ereignissen, die Aufmerksamkeit auf das eigene Selbst sowie ästhetische und ethische Einstellungen. In unterschiedlichem Ausmaß seien diese Aspekte bei verschiedenen Tieren verwirklicht, so dass Thorpe resümieren kann, Bewusstsein sei ein im Tierreich verbreitetes Phänomen: »consciousness at one grade or another is a widespread feature of animal life«.[109] Bestritten wird allerdings von anderer Seite, ob zur Beschreibung der von Thorpe angeführten Aspekte im biologischen Kontext auf das Konzept des Bewusstseins zurückgegriffen werden muss.[110]

Einer der Haupteinwände gegen die Verwendung des Bewusstseinsbegriffs in der Tierethologie ist die Schwierigkeit, das Vorhandensein von Bewusstsein an regelmäßig auftretenden Verhaltensmerkmalen festmachen zu können. Es gibt offensichtlich kein eindeutiges Verhaltenskriterium, das es erlaubt, ein bewusst ausgeführtes Verhalten von einem unbewusst ausgeführten systematisch zu unterscheiden.[111] Dies gilt auch für Verhaltensweisen des Menschen. Beim Menschen wird die Sicherheit und Gleichförmigkeit in der Ausführung einer Bewegung in der Regel als ein Zeichen für dessen Unbewusstheit gewertet. Denn routiniert und als ›unbewusst‹ bezeichnete Bewegungsmuster (wie Schnürsenkelbinden, Autofahren etc.) laufen in der Regel reibungsloser und gleichförmiger ab als bewusst vollzogene. Daraus könnte geschlossen werden, dass das Bewusstsein seine Hauptfunktion in solchen neuartigen Situationen hat, in denen komplexe Entscheidungen eine Rolle spielen: »Perhaps, then, the function of consciousness is to solve problems of a sort that demand new lines of thinking, to rearrange the brain's view of the world« (Dawkins 1995)[112]. Sinnvoll könnte es sogar sein, das Bewusstsein über diese Funktion zu definieren und damit bloße Gefühls- oder Wahrnehmungszustände aus dem Phänomenbereich des Bewusstseins auszuschließen. Nicht schon das Gefühl ›Schmerz‹ oder der Farbeindruck ›rot‹ wäre dann etwa ein Bewusstseinszustand, sondern erst das darauf folgende Abwägen von Verhaltensalternativen (z.B. die Ampel doch zu überqueren, weil kein Fahrzeug in Sicht ist).

Kognitive Ethologie
Zu einem eigenen Forschungsfeld entwickelt sich die Frage nach den Formen des Bewusstseins bei Tieren in der so genannten *Kognitiven Ethologie* (↑Ethologie). Dass zumindest einige Tiere über gewisse Formen des Bewusstseins verfügen, gilt in der Kognitiven Ethologie als ausgemacht. So plädiert dann auch D. Griffin, einer der Begründer dieser Richtung der Ethologie, eindeutig für eine Zuschreibung von Bewusstsein bei Tieren. Griffin definiert Bewusstsein 1976 als Fähigkeit des Nachdenkens über Objekte oder Ereignisse, die nicht anwesend sein müssen (»ability to think about objects and events, whether or not they are part of the immediate situation«[113]). 1992 unterscheidet er zwischen *Wahrnehmungsbewusstsein* (»perceptual consciousness«), das Gedächtnis, Antizipationen zukünftiger Ereignisse und das mentale Vergegenwärtigen nicht anwesender Objekte einschließt, und *Reflexionsbewusstsein* (»reflective consciousness«), das in der reflexiven Beziehung auf eigene mentale Ereignisse, wie Gedanken und Gefühlen besteht.[114] Griffin nennt drei Kriterien, mittels derer auf ein Bewusstsein geschlossen werden kann: die Anpassungsfähigkeit des Verhaltens an

neue, unbekannte Situationen, neurophysiologische Korrelate und die Vielfältigkeit der Kommunikation.[115] Besonders das letzte Kriterium hält Griffin für wichtig, weil es in der Praxis ein aufschlussreiches Fenster in den Geist der Tiere darstellt (»a window on animal minds«).

Ein Problem von Griffeins Definition des Bewusstseinsbegriffs ist allerdings, dass es unklar ist, was es heißt, ein Organismus denke. Denkt eine Amöbe, die sich auf der Suche nach Nahrung befindet? Als wichtiges Element des Bewusstseins wird von einigen Ethologen eine abstrakte Beziehung des Organismus zu sich selbst gesehen, eine integrierende Repräsentation seiner inneren Zustände (im Sinne von Griffins Reflexionsbewusstsein). Sie besteht in einer intentionalen Beziehung einer internen Repräsentation auf eine andere (»aboutness relationship«). Über eine solche *Selbstbeziehung* können im Prinzip sehr einfach gebaute Organismen und auch eine Maschine verfügen, die, vermittelt über ein sensorisches und motorisches System, also über eigene Erfahrungen, ein strukturiertes Bild von der Welt entwickelt haben.[116] Das Bewusstsein besteht danach also in einer Selbstbeziehung eines psychischen Systems: Bewusstseinsprozesse sind solche Vorgänge eines psychischen Systems, die andere Vorgänge des gleichen Systems repräsentieren. Oder, wie es M. Mahner und M. Bunge 1997 definieren: »a conscious event is a brain activity consisting in monitoring (recording, analyzing, controlling, or keeping track of) some other activity in the same brain«.[117]

Drei wesentliche Momente des Bewusstseins kommen in einer anderen Bestimmung des Begriffs im Anschluss an Griffen zum Ausdruck: dem Bewusstsein als *unmittelbare subjektive Aufmerksamkeit* (»immediate subjective awareness«).[118] Bewusstsein ist *unmittelbar*, weil es in einer jeweiligen Gegenwart vorliegt; es ist *subjektiv*, weil es eine Erlebnisqualität aufweist; und es kann mit dem wenig spezifischen Begriff der *Aufmerksamkeit* beschrieben werden, weil es ein breites Spektrum von Phänomenen – von primären Sinneseindrücken bis zu komplexen Denkoperationen – einschließt. Wie erwähnt, könnte es aber sinnvoll sein, bloße Sinneseindrücke (›rot‹) oder Empfindungen (›Schmerz‹) aus dem Bereich der Bewusstseinsphänomene auszuschließen und erst das reflektierte und begründete Abwägen von Handlungsalternativen als ›Bewusstsein‹ zu definieren (Dawkins 1995: »a rational part of our brain assumes control over a more emotional part«[119]). Die nach jetzigen Definitionen sehr heterogene Klasse von Phänomenen, die unter dem Begriff des Bewusstseins zusammengefasst werden, könnte dadurch eine Homogenisierung erfahren. Subjektives Erleben wäre damit nur insofern ein Teil des Bewusstseins, als es an abwägenden und begründenden Entscheidungen beteiligt wäre.

Insofern das Bewusstsein einen Raum für das Irreale, bloß symbolisch-gedanklich Präsente bildet, indem es also in der internen symbolischen Repräsentation von Zuständen der Welt und des Selbst besteht, ermöglicht es ein mentales Durchspielen von Situationen, ohne sie durchleben zu müssen. Bereits S. Freud spricht 1911 vom Denken in diesem Sinne als einem ***Probehandeln***.[120] H. von Foerster stellt diesen Aspekt des Bewusstseins klar heraus, indem er auf den evolutionären Vorteil eines solchen bloß gedanklichen Handelns hinweist: »The enormous advantage of organisms that are able to manipulate symbols over those who can only react to signs is that all logical operations have not to be acted out, they can be computed«[121]. Was symbolisch »ausgerechnet« oder »durchdacht« werden kann, muss nicht durchlebt werden. Fehler des Handelns, die nicht selten tödlich sind, können durch Fehler des Denkens, die reversibel sind, ersetzt werden.

Das für Überlegungen dieser Art wichtige Konzept der ***mentalen Repräsentation*** erscheint im 18. Jahrhundert, zuerst im Französischen in der Übersetzung einer Formulierung Ciceros (Cicero: »anteceptam animo rei quandam informationem«[122]; d'Olivet 1721: »Sans avoir l'idée d'une chose, c'est à dire, sans en avoir une représentation mentale, vous ne âuriez la concevoir, ni en parler, ni en disputer«[123]). Der Ausdruck steht bis zur Jahrhundertmitte v.a. in einem theologischen Kontext zur Bezeichnung eines bloß vorgestellten, spirituellen Ereignisses (Anonymus 1762: »Christ was at this time carried into the wilderness […] in a spiritual manner, in vision or mental representation, under a divine inspiration«[124]; »the Devil was not really and personally present with Christ, but only in mental representation«[125]). In neutraler philosophischer Terminologie erscheint die Formulierung seit den 1770er Jahren (Richard 1773: »L'idée est essentiellement une représentation mentale d'un objet«[126]; Chrichton 1798: »mental representation […] mean[s] the effect which an external object produces on our mind, so that we become conscious of its existence«[127]). In dieser Bedeutung erscheint sie 1865 bei J.S. Mill.[128]

Auch viele Kognitionsforscher der Gegenwart betrachten das Bewusstsein als ein Mittel zur Erzeugung eines »internen Weltmodells«, dessen wesentliche Funktion in der Handlungsplanung liegt.[129] G. Roth spricht davon, dass sich im Bewusstsein ein »Spiel der Gedankenkräfte« entfalten könne; von

Bedeutung sei dieses Spiel v.a. in neuartigen Situationen, die nicht routiniert bewältigt werden könnten: »Das kognitive System ist wie ein Beraterstab, das in schwierigen Situationen herangezogen wird, in denen der Routineverstand nicht mehr ausreicht«.[130] Im kognitiven System finde ein Überlegen und Abwägen von Argumenten statt, die eigentliche Entscheidung über die Handlungsoptionen werde aber in dem für Gefühle zuständigen »limbischen System« gefällt (↑Gefühl).

Inwieweit mentale Repräsentationen und andere symbolische Operationen, die als ein ›Denken‹ zu werten sind, auch bei Tieren verwirklicht sind, ist bis in die Gegenwart eine stark diskutierte Frage (↑Intelligenz).[131] Eine Argumentation für das Vorliegen von Bewusstsein zumindest bei Menschenaffen geht von dem Befund aus, dass diese Leistungen zeigen, die Menschen nur bewusst vollbringen können (z.B. das Lösen schwieriger Probleme, die Planung längerer Handlungsketten oder das Selbsterkennen im Spiegel).[132] Daneben sprechen auch die großen Ähnlichkeiten zwischen den Gehirnen von Menschen und Menschenaffen in neuroanatomischer Hinsicht (v.a. durch die komplexe Großhirnrinde mit einer hohen Dichte von Nervenzellen) für ein Bewusstsein bei Menschenaffen.

Eine Hypothese zum funktionalen Hintergrund der Entstehung des Bewusstseins formuliert der kognitive Ethologe C. Allen 1997. Nach dieser Hypothese dient das Bewusstsein bei Organismen, die über mehrere Sinnesmodalitäten (z.B. visuelle, akustische, olfaktorsche, taktile) verfügen, der Entdeckung von Fehlrepräsentationen über die äußere Welt. Das Bewusstsein wird also als die mentale Einrichtung verstanden, in der die Inhalte (»content«) der Repräsentationen aus den verschiedenen Modalitäten miteinander vergleichbar gemacht werden, so dass Widersprüche erkannt werden können (»an ability to detect reprentational error is an ingredient of consciousness of content«; vgl. Tab. 23).[133]

Systemtheoretische Bewusstseinstheorien
Neben den verhaltenswissenschaftlichen Analysen des Bewusstseins stehen im 20. Jahrhundert andere, von den ingenieurwissenschaftlichen Fächern ausgehende Ansätze. Eine kybernetische Theorie des Bewusstseins versucht K.W. Deutsch Anfang der 1950er Jahre zu entwickeln. Ein Bewusstsein besteht danach in einem Gefüge von internen Rückkopplungen sekundärer Botschaften (»secondary messages«) in einem System. Die sekundären Botschaften beziehen sich auf Veränderungen von Teilen des Systems. (Die primären Botschaften ergeben sich nach der Terminologie Deutschs dagegen aus der Interaktion des Systems mit seiner Umwelt.)[134] Nach dieser Definition besteht das Bewusstsein also in der Reflexivität eines Systems im Sinne der Wahrnehmung seiner eigenen Zustände. Weil selbst die einfachsten Organismen ihre inneren Zustände rezipieren, würde ihnen daher auch ein Bewusstsein zukommen.

In ähnlich funktionaler Weise interpretiert H.W. Smith 1959 das Bewusstsein als eine in der Evolution entstandene Leistung des Zentralnervensystems, die in der Erzeugung eines Kontinuums von Erfahrung besteht. Im Gegensatz zur Isolation und Kurzzeitigkeit der Impulse der sensorischen und motorischen Bahnen des peripheren Nervensystems erzeugten die mit dem Bewusstsein verbundenen Prozesse des Zentralnervensystems einen kontinuierlichen Strom von Empfindungen, in dem die sinnlichen Eindrücke zeitlich eingeordnet werden könnten.[135] Das Bewusstsein beziehe Erfahrungen der Vergangenheit auf eine antizipierte Zukunft. Diese Leistung hat sich nach Smith in der Evolution allmählich herausgebildet; auch einfach gebauten rezenten Organismen komme sie nicht zu.

Ansätze, den Begriff des Bewusstseins als nichtbegriffliches subjektives Erlebnis zu beschreiben und ihn in die Analyse von Verhaltenssteuerungen zu integrieren, bestehen bis in die Gegenwart. In diese Richtung geht die Zuschreibung eines Bewusstseins zu Tieren mit einem relativ einfachen Nervensystem (wie Bienen) durch M. Tye. Nach dieser Theorie besteht das Bewusstsein in besonderen neuronalen Zuständen, die Tye PANIC-Zustände nennt, d.h. Zustände, die verfügbar (»poised«), abstrakt (»abstract«), nichtbegrifflich (»nonconceptual«) und intentional (»intentional«) sind und einen Gehalt (»content«) besitzen.[136] Die Verfügbarkeit dieser Zustände besteht darin, dass sie für den Vollzug bestimmter kognitiver Leistungen bereitstehen. Nicht der subjektiv erfahrbare phänomenale Gehalt, sondern die Einbettung dieser Zustände in die Steuerung des Verhaltens macht sie zu Bewusstseinszuständen. Auf der Grundlage dieser Definition schreibt Tye allen Wirbeltieren und manchen wirbellosen Tieren (wie z.B. Bienen) ein Bewusstsein zu, nicht dagegen Pflanzen und Einzellern wie Amöben, weil diese nicht ein flexibles, durch Lernen modifizierbares Verhalten zeigen und nicht über Meinungen und auf die Zukunft gerichtete Wünsche verfügen würden.[137] Höher entwickelte Tiere hätten dagegen ein nicht-begriffliches phänomenales Bewusstsein; ihnen schreibt Tye Einstellungen und Entscheidungen ausgehend von bestimmten Informationen zu, und sie seien daher als »Subjekte phänomenal bewußter Erfahrungen« anzusehen.[138]

Weil sie ihre Erfahrungen aber nicht auf Begriffe bringen, spricht Tye ihnen ein »kognitives Bewußtsein« ab; sie würden gleichsam im Zustand eines abgelenkten Autofahrers operieren, der seinen visuellen Eindrücken keine (bewusste, reflektierte, begriffliche) Aufmerksamkeit schenkt. Lebewesen, die sich dauerhaft in diesem vorbegrifflichen, nicht kognitiven Zustand befinden, schreibt Tye auch die Fähigkeit zu leiden ab, denn: »Leiden verlangt ein kognitives Bewußtsein vom Schmerz«.[139]

Hartmann: das »ungeistige Bewußtsein« der Tiere
Auch von philosophischer Seite wird im 20. Jahrhundert meist zugestanden, dass zumindest einige Tiere ein Bewusstsein haben. N. Hartmann spricht 1949 von dem »ungeistigen Bewußtsein« der höheren Tiere, das in einer »praktischen Findigkeit« oder einer »Intelligenz« besteht, aber im Gegensatz zum »Geist« »fest an den Dienst der vitalen Bedürfnisse gebunden bleibt und keinerlei autonome Intention zeigt«.[140] So wenig wie der Geist nach Hartmann aus dem Bewusstsein zu verstehen ist, ist er auch nicht an das Bewusstsein gebunden; es gibt also auch unbewusste Leistungen des Geistes.

Ähnlich denkt G. Jacoby 1961: »Ein Storch suchte seine Störchin, die durch Berührung mit einer Starkstromleitung getötet war, vergebens monatelang und nahm, da er sie nicht fand, den Herbstflug nach Süden mit den anderen Störchen nicht auf. Wahrscheinlich spielten dabei gefühlsmäßige Unausgeglichenheiten eine Rolle. Wie bei uns. Aber die gibt es nicht ohne Bewußtsein. Sie werden erlebt. Der Storch erlebte, daß seine Gefährtin fehlt«.[141] Jacoby erkennt vielen Tieren nicht nur ein Bewusstsein im Sinne eines subjektiven Erlebens und längerfristigen Gestimmtseins zu, sondern auch eine Sprache und ein Vermögen zur Abstraktion und zur Bildung von »Allgemeinbegriffen«, z.B. weil auch sie allgemein zwischen Beute- und Feindorganismen unterscheiden können. Was die Entwicklung zur Kultur des Menschen auszeichnet, ist nach Jacoby allein die Lösung der »Ichsprache« der Tiere von ihrer Bindung an die besondere Situation und an das Empfinden des Sprechenden (↑Kommunikation). Die Sprache entwickelt sich so zu einer »Sachsprache«, die etwas »Selbständiges« darstellt, weil ihre Inhalte zu einem sozialen Gut werden und die Sphäre des »Geistes« verkörpern: »Das Tier hat nur Bewußtsein. Erst der Mensch hat Geist«.[142]

Auf der anderen Seite wird der Terminus ›Bewusstsein‹ aber auch von nicht wenigen Philosophen weiterhin als ein genuin auf den Menschen bezogenes Konzept verstanden; er bezeichne ein »wesentliches menschliches Grundphänomen« (Diemer 1971)[143] oder er gilt, insbesondere in transzendentalphilosophischen Ansätzen, als »der zentrale Begriff der theoretischen Philosophie« (Jacobs 1973)[144]. Auch von der Philosophischen Anthropologie wird der Ausdruck verwendet, um die spezifisch menschliche Lebensform zu bestimmen, deutlich etwa in den Darstellungen A. Gehlens.

Bewusstsein und Besonnenheit
Gehlen sieht in dem »Hiatus« zwischen dem durch äußere Wahrnehmung ausgelösten Bedürfnis und der darauf folgenden durch inneren Antrieb motivierten Erfüllung ein spezifisches Humanum.[145] Der durch Bedürfnishemmung und -verschiebung eröffnete Zwischenraum stelle den Ort der menschlichen Weltorientierung und Handlung dar. Bei Tieren liege im Gegensatz dazu eine unmittelbarere und direktere Verbindung von Bedürfnis und Befriedigung vor.

Dieser Raum des Denkens und der Reflexion, der zwischen Bedürfnis und Handlung liegt, wird in der Philosophiegeschichte immer wieder als ein Charakteristikum des ↑Menschen herausgestellt. Verschiedene Begriffe werden für diesen Raum des Denkens gefunden: Thomas von Aquin reserviert für den Menschen die Fähigkeit, das eigene Urteilen wiederum zu beurteilen, das den Tieren ebenso wie das damit zusammenhängende Vermögen des freien Willens gerade fehle (»nec bruta iudicant de suo iudicio, sed sequuntur iudicium sibi a Deo inditum. Et sic non sunt causa sui arbitrii, nec libertatem arbitrii habent. Homo vero per virtutem rationis iudicans de agendis, potest de suo arbitrio iudicare, in quantum cognoscit rationem finis et eius quod est ad finem«).[146] Über das eigene Urteilen zu urteilen ist nach Thomas allein Sache der Vernunft, und er spricht hier von einem *Reflektieren* (»Iudicare autem de iudicio suo est solius rationis, quae super actum suum reflectitur, et cognoscit habitudines rerum de quibus iudicat, et per quas iudicat«).[147]

J. Locke schreibt dem Menschen ein besonderes Vermögen zu, der unmittelbaren Befriedigung von Bedürfnissen und Wünschen widerstehen zu können und diese zu »suspendieren« (»a power to suspend the prosecution of this or that desire«). Über dieses Suspensionsvermögen werde ein Abstand zu den Bedürfnissen gewonnen und es entstehe ein Raum der Distanz zu den unmittelbaren Antrieben, in dem ein Abwägen und eine Beurteilung der Motive möglich werde (»we have opportunity to examine, view, and judge, of the good or evil of what we are going to do«).[148] Für Locke steht dieses Suspensionsvermögen in unmittelbarer Verbindung zur Freiheit des Menschen: Freie Handlungen sind dadurch ausgezeichnet, dass ihnen ein Innehalten und ein Überlegen, also ein Abwägen von Gründen vorausgeht (s.u.).

J.G. Herder verwendet 1772 den Ausdruck *Besonnenheit*, um den Menschen im Gegensatz zum Tier zu charakterisieren.[149] Besonnenheit bedeutet hier Distanzierungs- und Reflexionsfähigkeit: Der Mensch ist für Herder das Geschöpf, das nicht nur erkennt, »sondern auch weiß, daß es erkenne«.[150] M. Heidegger charakterisiert die Seinsart der Tiere später im Gegensatz dazu als *Benommenheit*: Das Tier »benimmt sich« in einer Umgebung, es verfüge aber über keine Welt.[151] In seiner Umgebung ist es unmittelbar orientiert durch eine »Getriebenheit in die jeweiligen Triebe«: »Das Tier ist umringt vom Ring der wechselseitigen Zugetriebenheit seiner Triebe«.[152] Bei I. Kant heißt es in seiner Metaphysik-Vorlesung, der Mensch sei im Gegensatz zum Tier durch ein »Bewußtseyn seiner Selbst« ausgezeichnet und er verfüge über »Erkenntniß durch Reflexion«.[153]

Nicht auf das Erkennen, sondern auf das Handeln bezieht H. Frankfurt im 20. Jahrhundert die Reflexivität des Menschen, wenn er ihm die exklusive Fähigkeit der *reflektierenden Selbstbewertung* (»capacity for reflective self-evaluation«) zuschreibt, die sich in der Bildung von *Wünschen zweiter Stufe* (»second-order desires«) manifestiere.[154] Der Mensch handelt danach nicht nur nach seinen Bedürfnissen, sondern er kann auch auf Distanz zu diesen Bedürfnissen gehen und sie einer Evaluation unterziehen und damit bestimmen, ob sie handlungswirksam werden sollen oder nicht. Er kann sich wünschen, dass manche Wünsche ihn bestimmen, andere dagegen nicht. Die Evaluation kann dabei auch als Aspekt des Wunsches selbst beschrieben werden und nicht als ein Wunsch höherer Ordnung.[155] Im Anschluss an Frankfurt sehen auch viele andere Philosophen der Gegenwart eine spezifisch menschliche Fähigkeit in der Ausbildung einer distanzierten Selbstbetrachtung, deren Ort als das Bewusstsein bestimmt werden kann. So macht E. Tugendhat den Zwischenraum »zwischen Wahrnehmung und Absicht einerseits und Handlung andererseits« als den Ort der *Überlegung* aus, in dem sich das Menschliche zeige.[156]

Bewusstsein als »Raum der Gründe«?

In der Konsequenz dieser Ansichten liegt es nahe, das Bewusstsein nicht primär als einen neurophysiologisch bestimmten Bereich anzusehen, der nach Ursache-Wirkungs-Zusammenhängen strukturiert ist, sondern vielmehr als einen Raum, in dem sich eine davon unabhängige Ordnung von Gründen und logischen Abhängigkeiten entfaltet. Kurz: Das Bewusstsein könnte als der »Raum der Gründe« gelten, über den die spezifisch menschliche sich rechtfertigende Handlungssteuerung geleistet wird. W. Sellars führt das inzwischen viel verwendete Konzept des »Raums der Gründe« 1956 ein, um den Begriff des Wissens näher zu bestimmen: Ein Wissen besteht nach Sellars nicht in einer kausalen empirischen Einbettung eines Phänomens, sondern in seiner Einordnung in einen logischen Raum der Gründe und Rechtfertigungen (»in characterizing an episode or a state as that of knowing, we are not giving an empirical description of that episode or state; we are placing it in the logical space of reasons, of justifying and being able to justify what one says«[157]). Das Bewusstsein könnte damit als ein Vermögen verstanden werden, das es einem Lebewesen ermöglicht, an dem Raum der Gründe teilzuhaben, seine bewussten Entscheidungen durch die Teilhabe an diesem Raum zu treffen. In der gegenwärtigen Debatte um die Willensfreiheit des Menschen wird auch die menschliche Freiheit auf eine Bestimmbarkeit von Handlungen durch Gründe zurückgeführt, oder wie es A. Beckermann 2005 formuliert: »Eine Entscheidung ist dann frei, wenn sie auf einem Prozeß beruht, der für Gründe zugänglich ist«[158].

Gründe werden dabei selbst nicht als mentale Zustände oder Prozesse verstanden, sondern vielmehr als Operationen in einem Raum von abstrakten Gegenständen. Gründe und Ursachen stellen daher kategorial etwas Unterschiedliches dar.[159] Jede konkrete begründete Willensentscheidung im Sinne eines psychischen Ereignisses (Deliberation) kann als eine Instantiierung einer Begründung angesehen werden; die bewusste Willensentscheidung selbst stellt einen kausalen Prozess dar – der Grund, der in ihr aktualisiert wird, ist aber gerade kein kausales Ereignis. Das Besondere von Bewusstseinsvorgängen könnte somit bestimmt werden durch den Bezug zu einer abstrakten symbolischen Ordnung. Gerade nicht der subjektive (psychologische) Charakter, sondern der Bezug zu einer objektiv vorhandenen, sozial entstandenen und vermittelten explanativen und normativen Ordnung, dem objektiven Geist, könnte als Wesen des Bewusstseins gelten, insofern es der Ort ist, in dem Handlungen auf Gründe bezogen werden. In seiner nichtkausalen Ordnung könnte der objektive Geist, d.h. der Raum der Gründe, eine Selbständigkeit gegenüber dem Ereignishaften des Physischen und des Mentalen behaupten.[160]

Bewusstsein und Freiheit

Die neurophysiologische Forschung hat das Bewusstsein zumindest in einigen Kontexten als ein Phänomen erkannt, das erst nachträglich zur Auslösung einer Handlung hinzutritt: Auf neuronaler Ebene lässt sich in einigen Kontexten die Entscheidung für eine Handlung (z.B. eine Handbewegung) bereits nachweisen (in Form eines **Bereitschaftspotenzials**[161]), bevor sie in das Bewusstsein der Versuchsperson getreten ist oder genauer: bevor sie dieses Bewusstsein artikulieren kann (»Libet-Experiment«).[162] Vielfach wird aus diesen Experimenten auf die Unfreiheit der handelnden Person geschlossen: Die Person vollziehe nur das, was zuvor im Gehirn entschieden worden sei.

Zunächst ist mit den Versuchsergebnissen Libets aber noch nicht das Phänomen der Freiheit bedroht, sondern allein die Willensfreiheit: Die Freiheit der Handlung im Sinne ihrer Determination durch zentrale Persönlichkeitsmerkmale könnte auch auf unbewusster Ebene liegen (↑Regulation/Autonomie). Darüberhinaus könnte das Bereitschaftspotenzial aber auch einfach Ausdruck von Prozessen der Entscheidungsfindung sein, von Prozessen des Überlegens und Abwägens von Gründen.[163] Jedenfalls widerspricht die Verursachung einer Handlung durch messbare Vorgänge auf neurophysiologischer Ebene nicht der Möglichkeit der Freiheit der Handlung. Problematisch ist vielmehr die Vorstellung, im Bewusstsein entfalte sich ein kausal nicht eingebetteter spontaner Willensimpuls – der freie Willensakt als Beginn einer Kausalkette –, denn Kausalprozesse haben grundsätzlich keinen Anfang, sondern laufen durch Ereignisse wie Handlungen hindurch.[164] In der »libertarischen Freiheitsauffassung« G. Keils wird die Freiheit folglich nicht als Fähigkeit zum Beginnen einer Kausalkette, sondern als Fähigkeit zum Anderskönnen und damit zum Fortsetzen des Überlegens rekonstruiert, denn: »Anderskönnen ist wesentlich ein Weiterüberlegenkönnen«.[165]

Auch eine freie Handlung hat eine Ursache; auf neurophysiologischer Ebene kann diese Ursache in den Bereichen des Gehirns liegen, die ein Bewusstsein verkörpern oder in denen, deren Aktivität erst später von einem Bewusstsein begleitet ist. In beiden Fällen ist das Subjekt mit seinem Gehirn der Urheber der Handlung, und eine kulturelle Überformung der Auslösung mittels Erziehung ist möglich.

Subjektivität von Bewusstsein
In den gegenwärtigen Diskussionen steht eine Klärung des Verhältnisses von Bewusstsein und »objektivem Geist« nicht im Mittelpunkt, dominierend sind vielmehr solche Ansätze, die das Bewusstsein als ein Phänomen verstehen, das sich aus der Komplexität des Gehirns, also eines Naturgegenstandes ergibt. Das Bewusstsein wird damit als ein naturaler Gegenstand behandelt, der mit den Methoden der Biologie untersucht werden kann.

Ein spezifisches Problem der naturwissenschaftlichen Erforschung von Bewusstsein ergibt sich aber daraus, dass Bewusstsein zunächst ein Phänomen ist, das allein in unmittelbarer Anschauung zugänglich ist: Bewusstsein ist zuallererst ein pures Erleben, etwas Privates und Persönliches, das in einer Ich-Perspektive begründet ist; zu seinem Bewusstsein hat jedes einzelne Individuum einen *privilegierten Zugang*. Selbst Neurowissenschaftler wie G. Roth definieren das Bewusstsein auf diese Weise: Das Bewusstsein umfasst nach Roth »alle Zustände, die von einem Individuum *erlebt* werden«.[166]

Weil das Bewusstsein – verstanden als Selbstwahrnehmung, wie es schon Locke definiert (s.o.) – eine Leistung desjenigen mentalen Systems ist, auf das es sich selbst wieder bezieht, ist die Möglichkeit einer Zuschreibung von Bewusstsein zu anderen Wesen (seien es andere Menschen oder Tiere) stets problematisch (das »Problem des Fremdpsychischen«). Die konstitutionelle Subjektivität des Bewusstseins erschwert auf diese Weise die Integration des Phänomens in ein naturwissenschaftliches Weltbild. Besonders deutlich wird dies an dem qualitativen Erlebnischarakter von bewussten Ereignissen: In seiner wissenschaftlich objektiven Darstellung wird der phänomenale Gehalt des Bewusstseins von etwas ganz Nahem zu etwas sehr Fernem, von etwas unmittelbar Erfahrenem zu etwas apparativ und theoretisch Vermitteltem. Trotz dieser Probleme bildet das Thema ›Bewusstsein‹ aber ein Beispiel für die sehr erfolgreiche Zusammenarbeit von Geistes- und Naturwissenschaften, die in die Formierung neuer theoretischer und disziplinärer Strukturen mündet.

Das Verhältnis von subjektiver Empfindung und objektiver Beschreibung des Bewusstseins wird in verschiedenen Theorien zu erklären versucht. Der *radikale Materialismus* (Eliminativismus) hält die subjektive Empfindung für eine defiziente Form der Bestimmung der Inhalte des Bewusstseins; die eigentlich angemessene Beschreibung sei die neurophysiologische. Der *Epiphänomenalismus* erklärt die subjektiven Bewusstseinserlebnisse für real, aber für sekundäre Phänomene, die von physischen Prozessen hervorgebracht sind, nicht unabhängig von diesen bestehen können und keine eigene kausale Wirksamkeit entfalten können. Der *Parallelismus* lässt die subjektiven und neurophysiologischen Aspekte des Bewusstseins als gleichberechtigt nebeneinander bestehen. Die *Identitätstheorie* schließlich geht von der Identität der psychischen und physischen Prozesse aus; sie werden für zwei Aspekte der gleichen

Sache gehalten, zwei verschiedene Beschreibungen des gleichen Gegenstandes.

Bewusstsein als Selbstwahrnehmung?
Als eine Komponente des Bewusstseins wird traditionell die Fähigkeit zur *Selbsterkenntnis* gesehen. Experimentelle Untersuchungen dazu, inwiefern diese Fähigkeit, zumindest in Ansätzen, bei Tieren vorliegt, werden seit den späten 60er Jahren durchgeführt. Bekannt werden v.a. die Versuche von G.G. Gallup, der das Verhalten von Schimpansen vor einem Spiegel beobachtet und dabei feststellt, dass sie das reflektierte Bild mit ihrem Körper identifizieren (vgl. Abb. 39).[167] Visuelle Markierungen, die unter Narkose angebracht wurden und die nur über den Spiegel wahrnehmbar sind, werden von den Schimpansen spontan mittels des Spiegels untersucht. Auch Orang-Utans sind zu einer Selbstwahrnehmung dieser Art befähigt, nicht jedoch Gorillas und andere Affen wie Makaken oder Rhesusaffen.[168] Sie zeigen gegenüber ihrem Spiegelbild nur das typische auf den Artgenossen bezogene Verhalten; sie identifizieren also das Spiegelbild nicht mit ihrem Körper. Gallup schließt aus seinen Versuchen auf eine *Selbstwahrnehmung* oder *Selbsterkennung* (»self-recognition«) und ein **Selbstkonzept** (»self-concept«) bei den von ihm untersuchten Schimpansen.[169]

Der Begriff des Selbstkonzepts erscheint vor seiner Verwendung in biologischen Theorien durch Gallup seit Ende des 19. Jahrhunderts in der Psychologie (Baldwin 1892: »My notion of this memory is a self-percept, but my notion of my capability to recall my past acquisitions is a self-concept«[170]; Titchener 1899[171]). Der Begriff ist aber schon in der Psychologie sehr umstritten, weil mit ihm verschiedene, nicht klar gefasste Bedeutungen verbunden werden.[172] Nach Gallup ist das Selbstkonzept Ausdruck eines Sinns für die eigene Identität (»a sense of identity«), d.h. einer Repräsentation der Kontinuität des eigenen Körpers in Raum und Zeit auf neuronaler Ebene. Vermittelt wird die Erfahrung der Identität des eigenen Körpers über die Konvergenz der Eindrücke verschiedener Sinnesorgane (»cross-modal perception«). Das Selbstkonzept soll Ausdruck eines nach innen gerichteten Bewusstseins (»Selbstbewusstsein«) sein, das analog zur Aufmerksamkeit für Objekte der Umwelt (»Bewusstsein«) zu verstehen ist.

Die Interpretation der Versuchsergebnisse Gallups ist allerdings umstritten. So konnten ähnliche Verhaltensweisen der »Selbstwahrnehmung« auch bei Tauben beobachtet werden.[173] Die Spiegelversuche werden insgesamt als ungeeignet zur Feststellung einer Selbsterkennung kritisiert: Die spiegelgeleiteten Körperuntersuchungen der Versuchstiere könnten allenfalls ein über visuellen Input rückgekoppeltes Verhalten beweisen, nicht aber das Vorhandensein eines echten Selbstkonzepts.[174] Die Versuchstiere beziehen offenbar korrekt das visuelle Bild im Spiegel auf ihren Körper, so wie sie ihn taktil erfahren; ein abstraktes Selbstkonzept ist dafür aber nicht notwendig. Zugeschrieben werden kann den Tieren also ein »Körperbewusstsein«, d.h. »ein Empfinden, welche Teile der Umgebung zum eigenen Körper gehören« (Bremer 2005) – ein mentales Selbstbewusstsein im Sinne einer »Theorie des Geistes«, die sich selbst und andere als intentional handelnde Wesen versteht, muss damit aber nicht verbunden sein.[175] Die Debatte über die Interpretation der Ergebnisse hält daher an.[176]

Fraglich bleibt insbesondere, ob die Form des »Selbsterkennens« im Spiegel schon als ein Zeichen für Bewusstsein oder selbst als eine Art des Bewusstseins zu werten ist. Das Bewusstsein des Menschen jedenfalls ist über die Kompetenz der Selbstwahrnehmung hinaus mit den sprachlich vermittelten Kompetenzen der Selbstbewertung und Rechtfertigung verknüpft (»Wünschen zweiter Ordnung« und »reflektierende Selbstbewertung«, s.o.). Diese hängen essenziell an symbolischen Operationen, mittels derer eine Distanzierung von faktischen Situationen und eine abstrakte gedankliche Verfügung über das eigene Ich ermöglicht wird. Der Mensch verfügt nicht nur über ein Bewusstsein von Dingen der Außenwelt (»Bewusstsein-1«), sondern auch über ein Bewusstsein von seinem Bewusstsein (»Bewusstsein-2«).[177] Zu unterscheiden ist hier also zwischen *Bewusstsein* und *Selbstbewusstsein* – eine Unterscheidung, deren Sinn von anderer Seite bestritten wird[178].

M. Bunge schlägt 1980 vor, ›Bewusstsein‹ zur Unterscheidung von ›Aufmerksamkeit‹ (»awareness«) an die Fähigkeit des Denkens zu binden (»*b* is conscious of brain process *x* in *b* iff *b* thinks of *x*«).[179] Das Bewusstsein hat danach wesentlich eine reflexive Struktur; es ist ein Wissen von Zuständen oder Vorgängen des eigenen Körpers, also ein *Selbstwissen* (»self-knowledge«).[180] Wie jedes andere Wissen sei das Bewusstsein damit unvollständig und fehlbar (»fallible«) – von einer Untrüglichkeit des Wissens in Form des Bewusstseins kann damit keine Rede sein. *Selbstbewusstsein* bestimmt Bunge als eine besondere Form des Bewusstseins, nämlich als das Bewusstsein von eigenen Bewusstseinszuständen in der Vergangenheit (»An animal [...] has (or is in a state of) self-consciousness iff it is conscious of some of its own past conscious states«).[181] Im Unterschied zum Bewusstsein hält Bunge das Selbstbewusstsein für eine spezifisch menschliche Fähigkeit.

Abb. 39. Selbst-Wahrnehmung (»self-recognition«) bei Tieren. Einige Schimpansen können durch ihr Spiegelbild zu übertriebenem mimischen Spiel (oben) und zur Untersuchung von sonst nicht sichtbaren Körperpartien (unten) veranlasst werden (Photos von D. Bierschwale aus Povinelli, D.J. (2000). Folk Physics for Apes: 330).

Es gibt daneben Vorschläge, auch nicht-sprachfähigen Lebewesen eine Form von Selbstbewusstsein zuzuschreiben, nämlich in Form von nicht-begrifflicher Selbsterfahrung (»self-awareness«), die sich in Sinneserfahrungen und körperlichen Eigenwahrnehmungen zeigt.[182] Explizit bindet R. Brandt 2009 das Vorliegen von Bewusstsein an ein »Selbstgefühl« oder eine »psychologische Selbstbeziehung«: »Wenn Tiere Lust und Schmerz empfinden, dann selbstverständlich nicht im Zustand der Narkose und der Ohnmacht sondern des Bewußtseins. Bewußtsein in diesem Wortgebrauch ist nichts anderes als eine nicht weiter erklärbare psychische Präsenz mit bestimmten Inhalten. Das Beutetier ist dem Jagdtier präsent wie dem verwundeten Tier sein Schmerz«.[183] Jede selbstreferenzielle Vergegenwärtigung des eigenen Empfindens bildet damit bereits eine Form des Bewusstseins. Tiere verfügen nach Brandt über dieses Vermögen auch ohne Begriffe und ohne die Fähigkeit zu denken, einfach aufgrund ihres Schmerz- und Lustempfindens: »Schmerz und Lust ohne Bewußtsein des Schmerzes und der Lust sind sowenig vorstellbar wie ein Berg ohne Tal, sie bilden eine analytische Einheit«.[184] Es wird damit also zu einer begrifflichen Wahrheit, dass leidensfähige Organismen über ein Bewusstsein verfügen. Das Bewusstsein bildet den Raum der ichbezogenen Emotionen, nicht der Begriffe und Argumente. Trotz der Anerkennung des Bewusstseins kann Brandt den Tieren daher die Fähigkeit des Denkens absprechen (↑Intelligenz).

Soziale Dimension des Bewusstseins
In seinem Kern betrifft das Bewusstsein zwar eine Beziehung eines Lebewesens zu sich selbst, für die Entstehung dieser Selbstbeziehung ist aber das Verhältnis zu anderen Lebewesen entscheidend. Nach Ansicht vieler Forscher erfolgt die natürliche Evolution des Bewusstseins im sozialen Kontext.[185] Ein Bewusstsein wird wichtig, wenn für ein Individuum Einsichten in die Stimmungen und Intentionen anderer Mitglieder der Gruppe Bedeutung gewinnen. Vorteile können sich ergeben, wenn ein Individuum sein eigenes Verhältnis zu anderen Gruppenmitgliedern mit dem dieser Mitglieder zueinander in Beziehung setzen kann. Die Voraussetzung hierfür ist auf der einen Seite ein einfaches Selbstbild.[186] Auf der anderen Seite ist die »soziale Intelligenz« entscheidend für das Leben in der Gruppe: die Fähigkeit, sich in die Vorstellungen des Gegenübers hineinzuversetzen, also das Vermögen, das mentale System eines anderen im eigenen mentalen System zu repräsentieren. E. Sober nennt dieses Vermögen *Intentionalität zweiter Ordnung* (»second-order intentionality«).[187]

Verbreiteter ist es aber, hier von einem *Verstehen des Fremdpsychischen* oder *einer Theorie des Geistes* (»theory of mind«[188]) zu sprechen.[189] Die Mitglieder einer sozialen Gruppe nicht nur nach ihrem momentanen Verhalten zu beurteilen, sondern auch nach ihren vielleicht verdeckten Intentionen und dabei die Intentionen dritter, vierter und weiterer Gruppenmitglieder zu berücksichtigen, erfordert komplexe mentale Verarbeitungen und neuronale Strukturen. Auch die Entwicklung der menschlichen Sprache (↑Kommunikation) wird auf dieser Grundlage zu erklären versucht.

Inwiefern nicht nur der Mensch, sondern auch Tiere zu einem Verstehen des Fremdpsychischen in der Lage sind, wird in den letzten Jahren mittels zahlreicher Versuchsaufbauten untersucht (vgl. Abb. 40). Entscheidend für die Ausbildung einer Theorie des Geistes ist die Fähigkeit der Unterscheidung zwischen der eigenen Wahrnehmungsperspektive und der Perspektive eines anderen. Auch beim Menschen lernen Kinder diese Unterscheidung erst, z.B. durch die Einsicht, dass sie sich nicht einfach verstecken können, indem sie die Augen schließen.[190] Aber selbst wenn in Versuchen mit Schimpansen und anderen Tieren nachgewiesen werden sollte, dass sie ihren eigenen Kenntnisstand von ihren Kenntnissen des Wissens und Nichtwissens ihrer Artgenossen unterscheiden und diesen Unterschied strategisch berücksichtigen können, folgt daraus noch nicht, dass sie tatsächlich Überlegungen über den Bewusstseinszustand der anderen anstellen. Zumindest auf der Grundlage der bisherigen Ergebnisse scheint es doch angemessener zu sein, die Rede vom Nachdenken über den Bewusstseinszustand (»mental state«) eines anderen für den Menschen zu reservieren.[191]

Viele Untersuchungen deuten also auf einen entscheidenden Zusammenhang zwischen der Fähigkeit zum Perspektivwechsel und der Entwicklung des Bewusstseins (vgl. Abb. 40). Eine besondere Terminologie für die anfangs als spezifisch menschlich angesehene Fähigkeit des Nachempfindens der Situation eines anderen entwickelt sich seit Beginn des 20. Jahrhunderts. T. Lipps nimmt 1903 den von R. Vischer 1873 im ästhetischen Kontext[192] verwendeten Begriff der *Einfühlung* in seine psychologische Theorie des Bewusstseins auf (»Das Wissen von fremden Ichen«)[193]. Titchener übersetzt dieses Wort dann 1909 mit dem seither einschlägigen Terminus der **Empathie** (»empathy«).[194] Experimentell wird in den letzten Jahren die allmähliche Herausbildung des Vermögens des Perspektivenwechsels bei Kindern[195] und dessen neurologische Grundlage[196] nachgewiesen worden. Eine entscheidende Rolle spielen dabei offenbar die so genannten *Spiegelneurone* (»mirror neurons«)[197], die eine Aktivität sowohl bei der Ausführung einer eigenen Handlung als auch bei der Beobachtung von Handlungen anderer oder der bloßen Vorstellung der Handlung zeigen. Inzwischen wird der Begriff der Empathie auch auf die Interaktion vieler Tiere bezogen.[198]

»Social Brain«-Hypothese
Die Bedeutung des Sozialen für die Entwicklung der für das Bewusstsein verantwortlichen neuronalen Strukturen lässt sich auch in einem zwischenartlichen Vergleich belegen: Bei Affen kann eine Korrelation zwischen der Größe des Neocortex und der Gruppengröße, in der die Affen leben, nachgewiesen werden (↑Intelligenz: Abb. 227).[199] Nach der auf diesen Daten aufbauenden Hypothese des *sozialen Gehirns* (»social brain«) ist der Neocortex nicht im Dienste einer verbesserten ökologischen Anpassung, sondern als Werkzeug für ein Leben in komplexen sozialen Gruppen selektiert worden (B.I. DeVore ca. 1973: »Primates literally have a ›social brain‹«[200]).

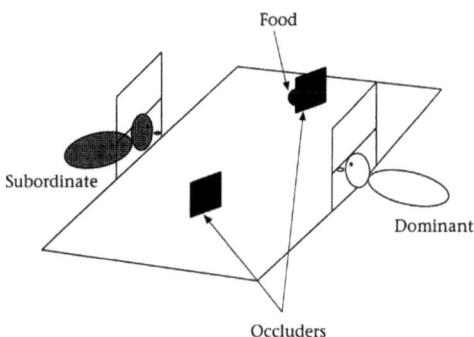

Abb. 40. Versuchsaufbau zur Untersuchung der Ausrichtung des Verhaltens der rangniederen Tiere (links) nach ihrem Wissen über die Kenntnis des dominanten Tiers (rechts). Schimpansen richten in diesem Versuch ihr Verhalten so aus, dass sie ihr Wissen von dem Wissen (und Nichtwissen) des Artgenossen gezielt einsetzen: Wenn ein rangniederer Schimpanse beobachtet, wie der ranghöhere über den Ort des Futters falsch informiert ist, weil das Futter an einen anderen Ort gebracht wurde, nachdem er gesehen hatte, wie es ursprünglich an einem Ort abgelegt wurde, dann verhält sich der rangniedere Schimpanse so, dass er dieses Wissen von der irrigen Annahme des ranghöheren Schimpansen zu seinem Vorteil ausnutzt, um an das Futter zu gelangen. Schimpansen wird daher eine »Theorie des Geistes« (»theory of mind«) zugeschrieben (aus Hare, B., Call, J. & Tomasello, M. (2001). Do chimpanzees know what conspecifics know? Anim. Behav. 61, 139-151: 142).

Die »soziale« Dimension des Gehirns zeigt sich auch darin, dass in Isolation aufgewachsene Primaten in der Regel nicht ihr volles Verhaltensrepertoire entfalten können. Die Entwicklung zu einem ethologisch und emotional reifen Individuum setzt also einen sozialen Kontext voraus. Für die Bewältigung des außersozialen Lebens ist dagegen ein großer Neocortex nicht in gleicher Weise notwendig. Dies belegen Daten, denen zufolge die Korrelation der Größe des Neocortexes mit Parametern, die eine Orientierung in der nicht-sozialen Umwelt betreffen (z.B. Reviergröße und Ernährungsweisen), sehr viel schlechter ist als die mit der Größe der sozialen Gruppe. Erst soziale Techniken wie taktische Allianzen und Täuschungen erfordern also offenbar komplexe neuronale Strukturen wie einen großen Neocortex.

Pluralität der Bewusstseinsdefinitionen
Das Problem des Bewusstseins gehört in der Gegenwart zu den am intensivsten diskutierten Fragen im Grenzbereich der Natur- und Geisteswissenschaften.[201] In historischer Perspektive bildet die Auseinandersetzung die aktuelle Version der Debatte um das

1. Wahrnehmung von Vorgängen in der Umwelt und im eigenen Körper
2. mentale Zustände und Tätigkeiten wie Denken, Vorstellen und Erinnern
3. Emotionen, Affekte, Bedürfniszustände
4. Erleben der eigenen Identität und Kontinuität
5. »Meinigkeit« des eigenen Körpers
6. Autorschaft und Kontrolle der eigenen Handlungen und mentalen Akte
7. Verortung des Selbst und des eigenen Körpers in Raum und Zeit
8. Realitätscharakter von Erlebtem und Unterscheidung zwischen Realität und Vorstellung

Tab. 24. Die Vielfalt der Bewusstseinszustände (nach Roth, G. (2001). Fühlen, Denken, Handeln: 197).

Leib-Seele-Problem, d.h. um das Verhältnis von körperlichen Phänomenen, wie sie in den Naturwissenschaften beschrieben und erklärt werden (z.B. ›Neuronenaktivität‹), und geistig-seelischen Phänomenen, wie sie unmittelbar erlebt und in den Geistes- und Humanwissenschaften kategorisiert werden können (z.B. ›Schmerzgefühl‹, ›Verantwortung‹).

Ein einheitlicher Begriff von Bewusstsein ist in der Vielschichtigkeit der Debatten kaum noch auszumachen. Es gibt eine breite Palette von Auffassungen zu diesem Begriff: Einige binden das Bewusstsein an eine Sprachkompetenz und sprechen es den Tieren gänzlich ab.[202] Andere vertreten dagegen einen weiten Bewusstseinsbegriff, unter den alle Formen der subjektiven Empfindung fallen.[203] Und schließlich gibt es extreme Standpunkte, die auch den Pflanzen ein Bewusstsein zusprechen[204] und mit B. Rensch argumentieren, dass »alles Lebendige« durch Bewusstseinsvorgänge gekennzeichnet sei.[205] Die gegenwärtige, selbst für einen Grundbegriff ungewöhnliche Unschärfe des Bewusstseinsbegriffs hängt wesentlich mit seiner Entwicklung in den letzten Jahrzehnten zusammen: Durch die Fortschritte der Hirnforschung ist es möglich geworden, neuronale Prozesse, die mit dem Phänomen des Bewusstseins in Verbindung stehen, empirisch zu untersuchen Der Begriff entwickelte sich damit von einem zunächst primär philosophischen Terminus zu einem Konzept, das einen interdisziplinär erforschten Gegenstand bezeichnet. Weil die dabei beteiligten Wissenschaften verschiedene Vorstellungen von diesem Gegenstand transportieren, ist das Konzept insgesamt unscharf geworden.

Angesichts der Vielfalt an Verständnismöglichkeiten sind Klassifikationen von verschiedenen Arten des Bewusstseins vorgeschlagen worden. Nach einer verbreiteten Einteilung werden vier Bedeutungen von ›Bewusstsein‹ unterschieden[206]: 1. Bewusstsein als Wachheit (»bei Bewusstsein sein«); 2. kognitives oder intentionales Bewusstsein (Bewusstsein, das auf einen Gegenstand gerichtet ist; z.B. »fühlen, dass«; »wünschen, dass«); 3. phänomenales Bewusstsein (die Erfahrung, wie etwas ist, z.B. wie etwas schmeckt); 4. Selbstbewusstsein (Bewusstsein seiner selbst als ein und derselben Entität über die Zeit hinweg). Neben dieser existieren andere Einteilungen, die deutlich machen, dass Bewusstsein alles andere als ein einheitliches Phänomen ist, sondern vielmehr ein Konstrukt, das eine Vielzahl sehr unterschiedlicher mentaler Zustände und Phänomene bezeichnen kann (vgl. Tab. 24).

Auch die neurobiologische Forschung hat mittels verschiedener Verfahren (z.B. durch die Untersuchung von Patienten mit partiell zerstörten Gehirnen) eine Differenzierung unterschiedlicher Formen des Bewusstseins vorgenommen. Unterschieden wird z.B. zwischen einem *Kernbewusstsein*, das einen Organismus mit einem Gefühl seiner selbst im Hier und Jetzt versieht, und einem *erweiterten Bewusstsein*, das darüber hinaus eine Identität als Person über die Zeit vermittelt sowie ein Bewusstsein der gelebten Vergangenheit und der antizipierten Zukunft zur Verfügung stellt.[207] Unterschiedliche Hirnregionen sind an der Ausbildung dieser zwei Formen des Bewusstseins beteiligt, so dass die Beeinträchtigung des erweiterten Bewusstseins das Kernbewusstsein nicht tangieren muss. Das Kernbewusstsein lässt sich in einem neurobiologischen Modell als das Verhältnis von zwei neuronalen Netzen beschreiben, von denen das eine den Organismus und das andere das Objekt beschreibt, auf das dieser sich bezieht. Ein darüber geordnetes Netz (»Karte zweiter Ordnung«) stellt die Verbindung zwischen diesen beiden Netzen her und erzeugt auf diese Weise das Selbstgefühl des Organismus, dass er es ist, der sich im betreffenden Moment auf ein Objekt bezieht.[208] Bemerkenswerterweise hängt die Ausbildung des Bewusstseins – anders als andere kognitive Leistungen, wie verfeinerte Wahrnehmungsfunktionen, Sprache oder Intelligenz – nicht an den phylogenetisch jüngeren Regionen der Großhirnrinde, sondern ist in älteren Regionen »in der Tiefe des Gehirns« verankert.[209]

Von Seiten der empirischen Forschung wird schließlich auch dafür plädiert, auf eine genaue Definition des Bewusstseinsbegriffs wegen der noch unzureichenden Kenntnis der Phänomene zu verzichten. Es bestehe die Gefahr einer »vorschnellen Definition«, die für den Gegenstand unangemessene

Abgrenzungen einführen würde. Es werden deshalb bewusst vage Definitionen vorgeschlagen, wie z.B. »ein unmittelbares Wissen« um das eigene Befinden.[210]

Ontologie des Bewusstseins
Die Unschärfe des Begriffs in der gegenwärtigen Verwendung zeigt sich auch in der ungeklärten Frage, welcher ontologischen Kategorie ›Bewusstsein‹ eigentlich angehört: Ist es ein Zustand, ein Prozess, eine Eigenschaft oder etwas ganz anderes? Für jede dieser Möglichkeiten ist in der Vergangenheit explizit oder implizit argumentiert worden. M. Pauen definiert den Begriff in einem neueren Handbucharktikel ausdrücklich als Eigenschaft (vgl. Tab. 23). Tatsächlich wird ›Bewusstsein‹ nicht selten im Sinne eines Attributs verwendet: Es kann als eine Eigenschaft meiner Überzeugungen, Wünsche, Wahrnehmung oder Emotionen verstanden werden, dass sie mir bewusst sind oder nicht. Denkbar wäre es auch, ›Bewusstsein‹ analog zu ↑›Leben‹ als eine eigene Seinsform zu verstehen, als eine Weise zu sein. In die Richtung eines solchen Verständnisses weist die Redeweise von einem *Bewusstseinsleben*.[211] Das Bewusstsein wäre dann das Sein eines Wesens über einen gewissen Zeitraum; es wäre nicht die bloße Eigenschaft oder der Zustand eines auch unabhängig vom Bewusstsein existierenden Wesens, sondern es würde vielmehr die Identitätsbedingungen eines Wesens festlegen, es wäre die essenzielle Grundlage des Seins dieses Wesens.

Das Bewusstsein eines Menschen als die Dimension des Subjekts, »in der das Wissen anzusiedeln ist«[212], kann allerdings nicht primär als ein Prinzip der Individuierung verstanden werden (im Gegensatz zu ›Lebewesen‹ oder ›Organismus‹), weil die bewussten Erlebnisse eine nicht bloß individuell-seelische (psychische), sondern auch eine kollektiv-geistige (kulturelle) Dimension aufweisen, insofern sie als explizites Wissen sprachlich kategorial geordnet sind. Das Bewusstsein ist in diesem Verständnis also immer ein Sein in einer begrifflich strukturierten und durch eine jeweilige Kultur mitdeterminierten Sphäre. Weil es in dieser Sphäre vielfältige Bezüge und keine scharfen Grenzen gibt, lässt sich ein Bewusstsein nicht scharf gegenüber anderen abgrenzen (im Gegensatz zur scharfen Abgrenzbarkeit von Organismen gegeneinander). In dieser Hinsicht, als Medium des Wissens, Überlegens und Begründens, ist das Bewusstsein also durch überindividuelle Vernetzung gekennzeichnet; selbst das persönlichste Erleben wird, wenn es bewusst gemacht wird, mittels der überpersönlichen, sozial konstituierten Kategorien der Sprache erschlossen.

1. Qualitativer Charakter
Bewusstseinsinhalte erscheinen als qualitative Empfindungen, z.B. als Rotempfindung, Schmerz oder Wunsch. Sie sind damit von quantitativen Messwerten und an äußeren Objekten zu beobachtenden Zuständen unterschieden.

2. Phänomenale Struktur
Im Bewusstsein erscheint die Welt in vielfacher Hinsicht geordnet und strukturiert, etwa durch die Konzepte Raum, Zeit, Kausalität, Körper, Selbst und Welt.

3. Subjektivität
Bewusstseinsphänomene weisen eine spezifische Form der epistemischen Zugänglichkeit (und Beschränkung auf), weil sie aus der Perspektive der ersten Person erlebt werden.

4. Eigenperspektive der Organisation
Bewusstseinserlebnisse existieren nicht als isolierte mentale Ereignisse, sondern als kohärente und integrierte Zustände eines Subjekts.

5. Einheit
Das Bewusstsein weist verschiedene Formen der Einheit auf, z.B. kausale Einheit der Steuerung von Handlungen, intentionale Einheit der Zusammenfassung verschiedener Inhalte oder die Herstellung der Einheit eines Objekts ausgehend von den Daten verschiedener Sinnesmodalitäten.

6. Intentionalität und Transparenz
Bewusstseinseinstellungen (aber nicht nur diese) sind vielfach intentional, d.h. gerichtet auf einen Gegenstand. Verbunden damit ist ihre Transparenz, d.h. die Unsichtbarkeit der mentalen Vermitteltheit der äußeren Objekte und der Anschein, diese würden direkt zugänglich sein: Im Bewusstsein gegeben erscheinen die äußeren Objekte, nicht die eigenen körperlichen und sinnlichen Zustände, über die diese erfahren werden. Auch Gedanken und Vorstellungen erscheinen im Bewusstsein als unmittelbar gegeben, und nicht als über eigene mentale Prozesse vermittelt.

7. Dynamischer Fluss
Das Bewusstsein ist ein autopoietisches, d.h. sich selbst erzeugendes und organisierendes System, das sich nach Maßgabe interner und externer Kohärenz beständig selbst transformiert.

Tab. 25. Sieben Merkmale des Bewusstseins (nach Van Gulick, R. (2004). Consciousness. The Stanford Encyclopedia of Philosophy (Winter 2009 Edition), http://plato.stanford.edu/archives/win2009/entries/consciousness/).

Im Bewusstseinsbegriff sind offensichtlich zwei einander entgegengesetzte Aspekte des seelisch-geistigen Seins des Menschen miteinander verbunden: Das Bewusstsein ist (in der Dimension des Seelischen) Inbegriff des Individuellen und exklusiv in Ich-Perspektive Zugänglichen und zugleich (in der

Dimension des Geistigen) Inbegriff des Expliziten, des ausdrücklich Präsenten und Gewussten, das die Form der Ausdrücklichkeit am klarsten hat, wenn es kategorial geordnet und sprachlich verfasst ist, d.h. in überindividuell konstituierten Kategorien vorliegt. Diese Ambivalenz des Begriffs liegt offensichtlich auch den Streitigkeiten um ein Bewusstsein bei außermenschlichen Lebewesen, die nicht über eine propositionale Sprache verfügen, zugrunde. Im Sinne eines Vorhandenseins von bloß erlebten Eindrücken, Empfindungen, Einstellungen und Bedürfnissen ist Bewusstsein etwas fast universal Biologisches (oder zumindest Zoologisches), das den Lebewesen von sehr vielen Arten zukommt; in der Form des maximal Expliziten, begrifflich Strukturierten, das in einer Sprache vorliegt, die kollektiv und kulturell konstituiert ist, kommt es dagegen allein dem Menschen zu.

Bewusstsein und Bioethik
Nicht nur in theoretischer Hinsicht ist der Begriff des Bewusstseins ins Zentrum von langandauernden Auseinandersetzungen geraten, auch in den bioethischen Debatten der Gegenwart spielt er eine wichtige Rolle (↑Bioethik). Denn es wird ein enger Zusammenhang zwischen Lebenswert und Bewusstsein diskutiert: Das Bewusstsein wird als diejenige Eigenschaft eines Lebewesens gesehen, die ihm eine ethische Relevanz verleiht. Im Rahmen des utilitaristischen Ansatzes P. Singers kann nur solchen Wesen, die über bewusste Erlebnisse verfügen, ein Wert zugeschrieben werden, weil nur sie in der Lage sind, ihr eigenes Leben zu schätzen. Voraussetzung für die Zuschreibung eines Lebenswerts sei »ein gewisses Bewusstsein seiner selbst als eines in der Zeit existierenden Wesens oder eines kontinuierlichen geistigen Selbst«.[213] Integraler Bestandteil des Bewusstseins ist damit neben dem Vermögen zur Empfindung von Lust und Unlust die Fähigkeit zur Integration der Erlebnisse, zur Verbindung von Vergangenheit und Zukunft in einem zusammenhängenden Erlebnisstrom. Mindestens allen Wirbeltieren, angefangen von den Fischen, schreibt Singer das Vorhandensein eines Bewusstseins zu – auch wenn sie damit nicht unbedingt Personen im Sinne von rationalen und selbstbewussten Wesen sind.[214] Bekanntlich zieht Singer aus dem Kriterium der Empfindungsfähigkeit und des Bewusstseins als Maßstab für den Wert eines individuellen Lebens höchst umstrittene Konsequenzen: Er schlägt vor, »dem Leben eines [menschlichen] Fötus keinen größeren Wert zuzubilligen als dem Leben eines nichtmenschlichen Lebewesens auf einer ähnlichen Stufe der Rationalität, des Selbstbewußtseins, der Bewußtheit, der Empfindungsfähigkeit, usw.«.[215]

Bewusstsein als evolutionäre Anpassung?
Als besonders verbreitet und einflussreich erweisen sich in den letzten Jahren biologische Theorien des Bewusstseins, in denen dieses als ein System mit einer adaptiven Funktion für Überleben und Fortpflanzung eines Organismus gedeutet wird. Das Bewusstsein sei ebenso wie die Emotionen »dem Überleben eines Organismus verpflichtet«, wie es A. Damasio 1999 formuliert.[216] Auch der Standpunkt J.R. Searles, der »biologische Naturalismus«, wie er ihn nennt, stellt eine solche biologische Bewusstseinstheorie dar: »Geistige Phänomene werden von neurophysiologischen Vorgängen im Hirn verursacht und sind selbst Merkmale des Hirns. [...] Geistige Ereignisse und Vorgänge gehören genauso zu unserer biologischen Naturgeschichte wie Verdauung, Mitose, Meiose oder Enzymsekretion«.[217] Vor dem Hintergrund unserer evolutionstheoretischen Annahmen kann der enorme Energieverbrauch der neuronalen Prozesse, die an der Erzeugung des Bewusstseins beteiligt sind, nach Searle nicht anders erklärt werden als damit, dass das Bewusstsein eine biologisch funktionale Rolle zumindest in seiner frühen Evolution gespielt hat.[218] Eine der adaptiven Funktionen des Bewusstseins, insbesondere des Ich-Bewusstseins, wird – gemäß der »social brain«-Hypothese – im strategischen Gruppenverhalten von Organismen gesehen: Über das Ich-Bewusstsein wird ein Blick von außen auf das eigene Verhalten möglich; der Organismus kann sich so der eigenen Rolle in einem Gruppenverband vergegenwärtigen und dementsprechend verhalten. Insofern für das Gruppenverhalten die Ausnutzung der Annahmen und Erwartungen der anderen Gruppenmitglieder von entscheidender Bedeutung ist, wird das Bewusstsein im Zusammenhang mit einer »machiavellischen Intelligenz« gesehen.[219]

Bewusstsein und die Grenzen der Biologie
Gegenüber diesen biologischen Theorien des Bewusstseins muss aber betont werden, dass viele Leistungen des Bewusstseins gerade nicht im Sinne einer biologischen Funktionalität wirken. Eine wesentliche Eigenschaft des Bewusstseins liegt in seiner Potenz zur Distanzierung von der biologischen Funktionalität. Erreicht wird diese Distanzierung durch begriffliches Denken, das abstrakte Konzepte einschließt, die eine handlungsleitende und -organisierende Funktion wahrnehmen können (den »Raum der Gründe«, s.o.). Indem das Bewusstsein den Ort der Gründe und der kulturellen Ordnungen in Form von symbolischen Relationen und begrifflichen Operationen in einem Organismus repräsentiert, bezeichnet es ein Phänomen, das nicht mehr rein biologisch verstanden wer-

den kann. Das Bewusstsein ist vielmehr der Bereich eines Organismus, in dem Verhaltensdispositionen entwickelt werden, die gerade die biologische Ordnung überschreiten, indem sie sich von der für die Biologie methodisch fundamentalen Ausrichtung allen Verhaltens auf die Funktionen der Selbsterhaltung und Fortpflanzung lösen können.

Biologisch gesehen können die Leistungen des Bewusstseins also als ein »Epiphänomen« gelten, das gerade nicht funktional sein muss, sondern durch seine mögliche biologische Dysfunktionalität ausgezeichnet ist.[220] Die neuronalen Strukturen, die für die Ausbildung des Bewusstseins verantwortlich sind, haben sich selbst erst in einem »interzerebralen Diskurs« herausgebildet, der eine ausgeprägte soziale Dimension aufweist. Dieser eine neuronale Strukturierung bewirkende Diskurs ist selbst das Ergebnis einer kulturhistorischen Tradition und hat damit nicht nur eine evolutionäre Vergangenheit, sondern auch eine kulturelle *Geschichte*. Zur Erklärung der neuronalen Strukturen, die dem Bewusstsein zugrunde liegen, reicht damit eine rein neurologische Perspektive nicht aus.[221] Die Neurologie des Bewusstseins und Selbstbewusstseins hat immer auch eine kulturgeschichtliche Dimension, weil es die kulturelle Geschichte ist, die die neuronalen Strukturen des Bewusstseins geformt hat. Bei aller neuronalen Verankerung ist das Bewusstsein also sowohl hinsichtlich seiner Entstehung als auch hinsichtlich seiner Wirkung und Funktion ein mehr als biologisches Phänomen.

Geist der Tiere?
Im Zuge der Naturalisierungsversuche des Bewusstseinsbegriffs sehen sich auch andere Konzepte einer biologischen Interpretation ausgesetzt. Zu diesen gehört der Begriff des Geistes. Seit dem Mittelalter wird das deutsche Wort ›Geist‹ als Übersetzung des lateinischen ›spiritus‹ eingesetzt. Dieser letztere Ausdruck ist seit der Antike in Gebrauch, um ein zwischen Seele und Körper vermittelndes Prinzip zu bezeichnen. Der *spiritus* wird dabei meist als feinstofflich vorgestellt, etwa in Form von vielen kleinen Lebensgeistern, die durch den Körper strömen (↑Vitalismus). Vom 17. zum 18. Jahrhundert wandelt sich das Konzept im Rahmen der physiologischen Theorien insofern, als die vielen Lebensgeister zu dem einen ›Geist‹ werden; dieser bleibt aber nach herrschender Auffassung – stärker als die Seele – im Körperlichen verankert. Der deutsche Ausdruck **Geist der Tiere** steht im 18. Jahrhundert durchgehend in diesem Kontext. Er erscheint im frühen 18. Jahrhundert (Petersen 1710: »der Lebens-Geist der Thiere habe von Gott seinen Ursprung«[222]). 1725 wird er in der Übersetzung einer Schrift des französischen Alchemisten P.J. Fabre aus der Mitte des 17. Jahrhunderts verwendet. Darin wird festgestellt, dass »der Geist der Thiere und Animalien die allerdünnest und subtileste Substanz der Animalien ist/ welchen die Seele und Forma der Animalien zur Vollziehung aller ihrer Verrichtungen [functiones] gebrauchet«[223] (im Original von 1646: »spiritus animalium est tenuissima & subtilissima animalia substantia«[224]). Dem Geist wird eine Bedeutung für die physiologischen Prozesse des Körpers und dessen »Putrefaktion«, d.h. seine Zersetzung, zugeschrieben (»Bey Verrichtung der Putrefaction der Thiere/ wird der Geist der Thiere höchstnöthig erfordert/ derselben Seele aber auf keinerley Weise«[225]).

Auch im theologischen Zusammenhang wird das Konzept des Geists der Tiere im 18. Jahrhundert diskutiert. Dabei geht es in Auseinandersetzung mit Schriften des Alten Testaments (»der Geist der Tiere war in den Rädern«[226]) u.a. um Fragen wie diejeni-

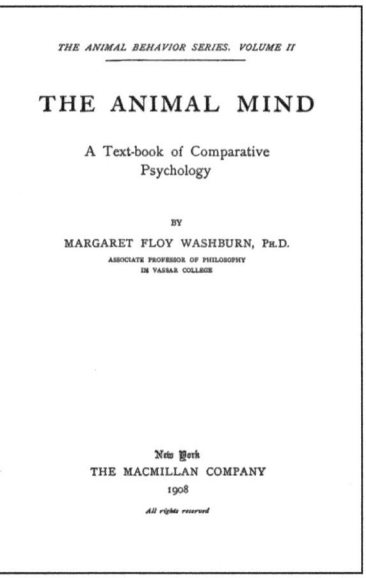

Abb. 41. ›The Animal Mind‹ von 1908 und ›Der Geist der Tiere‹ von 2005 – die regelmäßige Zuschreibung von ›Geist‹ in Bezug auf Tiere erfolgt im Deutschen hundert Jahre später als im Englischen mit dem Ausdruck ›mind‹.

ge, »ob der Geist der Thiere lebendig bleibe, wie der Geist der Menschen« (Boysen 1763)[227], oder diese: »Wo soll dieser Geist der Thiere, welcher in ihnen Klugheit Fürsichtigkeit und viele andere wunderbare Eigenschaften sehen läßt, nach dem Tode hinkommen, wer kann ihn zerstören und zu nichte machen?« (Anonymus 1779)[228].

In biologischer Bedeutung, verstanden als ein primär auf Mentales, d.h. Bewusstseinsvorgänge, bezogenes Konzept, erscheint der Ausdruck erst im frühen 19. Jahrhundert. 1801 verwendet ihn der Botaniker und Mediziner A.J.G.C. Batsch: »Durch die Nerven wirkt das unbekannte, empfindende Wesen, der Geist der Thiere, auf die Muskeln, deren Verkürzung und Verlängerung abwechselnde Bewegungen hervorbringt«.[229] In der biologischen Bedeutung positioniert sich der Begriff zwischen dem älteren allgemein-physiologischen Verständnis im Sinne von feinstofflichen Lebensgeistern und dem theologischen Verständnis, das auf die Etablierung eines nicht unbedingt körperlichen Einheits- und Kontinuitätsprinzips eines lebendigen Individuums gerichtet ist. Mit dem neuen Geistbegriff des 19. Jahrhunderts wird den Tieren die Fähigkeit zur ↑Wahrnehmung, ↑Empfindung und ↑Selbstbewegung zuerkannt sowie die Fähigkeit zur Steuerung ihres Verhaltens durch Prozesse der Verarbeitung ihrer Eindrücke und Antriebe. Im Vergleich zu den vielen kleinen Lebensgeistern der älteren Physiologie werden mit dem Geist im 19. Jahrhundert also spezifischere und zentralisierende Funktionen verbunden – Aspekte, die in dem theologischen Konzept enthalten waren. An die theologische, aber auch die philosophische Tradition anschließen wird im frühen 19. Jahrhundert auch die Abgrenzung des Tier- vom Menschengeist betont. So schreibt G.A. von Seckendorf 1812: »Wäre auch der Geist der Thiere einer Vervollkommung bis zur Vernunft fähig, so ist er es doch nicht, so lange er an so rauhe Sinnlichkeit gebunden ist, wie wir sie dermalen an den Thieren wahrnehmen«.[230]

Eine im Prinzip ähnliche Entwicklung vollzieht sich in anderen europäischen Sprachen: Der Geistbegriff verliert im 18. Jahrhundert zunehmend seine Einbettung in die physiologischen Theorien der Reizung und Bewegungsauslösung; der Geist wird damit auch immer weniger als feines stoffliches Fluidum vorgestellt und nimmt eher die Rolle eines funktionalen Prinzips ein, das nicht allgemein mit organischen Bewegungsvorgängen, sondern mit mentalen Prozessen oder der Steuerung des Verhaltens durch Instinkt und Bewusstsein verbunden wird. So identifiziert der französische Geistliche M.A. Sicard 1797 den Geist der Tiere mit ihrem arttypischen Instinkt.

Die Tiere einer Art würden sich in ihrem Geist daher nicht voneinander unterscheiden; er ermögliche den Tieren keine individuellen Entscheidungen, sondern richte ihr Verhalten allein auf ihre Selbsterhaltung aus: »J'appelle cette force [la force de conservation] Instinct. C'est-là l'esprit des animaux; esprit sans combinaison et sans perfectibilité; esprit sans liberté et nécessaire; esprit particulier à chaque espece, et commun, sans aucune différence, à tous les individus de la même espece; esprit qui n'a jamais pour but que la conservation de l'individu, quelles qu'en soient les diverses modifications«.[231]

Auch im Englischen erscheint der Ausdruck ›animal mind‹ bereits seit Beginn des 18. Jahrhunderts, so z.B. als spielerische Formulierung in einem Theaterstück (Johnson 1717: »What a delightful Mixture this Animal's Mind is made of«[232]). Als einen Teil des menschlichen Geistes sieht 1779 Lord Monboddo den *animal mind*; er stellt ihn (in Parallele zu Aristoteles) neben den vegetativen und intellektuellen Geist und ordnet ihm u.a. die Phantasie zu.[233] Der englische Ausdruck ›mind‹ hat schon zu Beginn des 19. Jahrhunderts (und bis in die Gegenwart; s.u.) eine größere Nähe zum Konzept der Seele als das deutsche ›Geist‹. So wird auch J.G. Herders Begriff der »Thierseele«[234] (1785) mit »animal mind«[235] (1803) übersetzt.

Im Laufe des 19. Jahrhunderts bildet ›animal mind‹ eine wiederholt, wenn auch nicht häufig auftretende Formel. Sie wird nicht selten programmatisch verwendet, um auf die Ähnlichkeit von Mensch und Tier im Hinblick auf mentale Fähigkeiten zu verweisen: 1817 heißt es bei J. Elliotson zum »animal mind«: »animals are as fully endowed with mind, – with a consciousness of personality, with feelings, desire and will, as man«[236]. Elliotson betont dabei auch, dass der Zugang zum Geist anderer methodisch problematisch ist und am sichersten über seine Manifestation in den funktionalen Lebensäußerungen erfolgen könne: »we know it [i.e. animal mind] only as a function and property of certain living organized matter – brain«.[237]

In Folge der Evolutionstheorie etabliert es sich in der zweiten Hälfte des 19. Jahrhunderts, auch die geistigen Vermögen des Menschen in Kontinuität mit den Leistungen der Tiere zu sehen. So verwendet C.S. Wake 1873 den Ausdruck ›Geist der Tiere‹ (»animal mind«) und diskutiert die zu seiner Zeit verbreitete Annahme, der menschliche Geist unterscheide sich nur dem Grade nach von dem der Tiere (»the assumption that the mind of man differs from that of the animal only in the degree of its activity«). Die Fähigkeit des vernunftgeleiteten Überlegens

(»the power of reasoning«) schreibt Wake auch den höheren Säugetieren zu.²³⁸ Bei C. Güttler heißt es in diesem Sinne 1884: »Nicht nur der Leib, sondern auch der Geist der Thiere verdankt einem allmählichen Entwickelungsprocesse seine Entstehung. Der Menschengeist ist nur eine höhere Differenzirung der Empfindung des Infusoriums«.²³⁹ Für die seit Beginn des 20. Jahrhunderts sich konsolidierende vergleichende Verhaltensforschung bildet »animal mind« im englischen Sprachraum einen festen Terminus.²⁴⁰

Auch im Französischen etabliert sich die Formulierung ›l'esprit des bêtes‹ seit Mitte des 19. Jahrhunderts. Richtungsweisend ist v.a. eine Monografie von A. Toussenel, die seit 1848 in mehreren Auflagen erscheint.²⁴¹

Im Gegensatz dazu taucht im Deutschen der Ausdruck ›Geist der Tiere‹ an der prominenten Stelle eines Buchtitels erst zu Beginn des 21. Jahrhunderts auf (vgl. Abb. 41).²⁴² Hinter dieser Ungleichzeitigkeit stehen unterschiedliche begriffliche Traditionen in den verschiedenen Sprachen und auch ein Übersetzungsproblem: Das englische ›mental‹ kann sowohl mit ›geistig‹ als auch mit ›seelisch‹ übersetzt werden; ebenso hat der Ausdruck ›mind‹ eine zwischen den deutschen Begriffen ›Seele‹ und ›Geist‹ changierende Bedeutung (was die Übersetzer von Standardwerken der kognitiven Ethologie zum Verfassen von Anmerkungen veranlasst²⁴³). Anschlussfähig ist die englischsprachige Debatte um den Geist der Tiere an die mittelalterlichen Auseinandersetzungen um die mentalen Fähigkeiten von Tieren und natürlich an die »Tierpsychologie« des 18. und 19. Jahrhunderts – nicht aber an die deutschsprachige Geistphilosophie des 19. und 20. Jahrhunderts, die in der Rede vom ›Geist der Tiere‹ einfach einen begrifflichen Selbstwiderspruch sehen muss. Es ist daher nicht erstaunlich, dass es ein Spezialist für mittelalterliche und frühneuzeitliche Philosophie ist, der auch für das Deutsche den Tigersprung des Geistbegriffs in Bezug auf Tiere vom Mittelalter ins 21. Jahrhundert wagt.

In der ersten Hälfte des 19. Jahrhunderts kommt die Formulierung ›Geist der Thiere‹ vereinzelt vor.²⁴⁴ Erwähnt werden »geistige« Vermögen von Tieren gelegentlich im Vergleich zu den Fähigkeiten der Pflanzen. So argumentiert H. Lotze 1856 der »thierische Organismus« bilde »keinen abgeschlossenen Kreislauf der Verrichtungen«, weil in ihm, im Gegensatz zur Pflanze, »immer Elemente des geistigen Lebens zwischen die Leistungen der körperlichen Organe treten und Lücken ausfüllen, welche der Zusammenhang der Lebensvorgänge zwischen seinen einzelnen Gliedern läßt«.²⁴⁵ Ähnliche Überlegungen finden sich Mitte des 20. Jahrhunderts bei H. Jonas, der sie mit der »Dimension der Innerlichkeit« und »Bedürftigkeit« der Tiere in Zusammenhang bringt (↑Bedürfnis). Das Leben der Tiere sei allgemein durch eine »Mittelbarkeit« und »Lücke« zwischen Bedürfnis und Befriedigung gekennzeichnet: »Das große Geheimnis tierischen Lebens liegt genau in der Lücke, die es zwischen unmittelbarem Anliegen und mittelbarer Befriedigung offenzuhalten vermag, d.h. in dem Verlust der Unmittelbarkeit, dem der Gewinn an Spielraum entspricht«.²⁴⁶ Weil die Pflanzen dagegen in dauerndem Kontakt mit ihrer Nahrung stehen, gebe es in ihrem Leben keine Lücke, über die hinweg Bedürfnisse fühlbar würden.²⁴⁷

Meist dient ›Geist‹ im 19. und 20. Jahrhundert als ein Distinktionsmerkmal von Mensch und Tier: Empfinden und Bewusstsein verbindet den Menschen mit den Tieren, der Geist aber trennt sie – dies ist die herrschende Begriffskonstellation (die sich z.B. 1949 bei N. Hartmann findet; s.o.). Einige Autoren sehen es aber umgekehrt: Der Fürst H. zu Wied schreibt 1859 den Tieren gerade einen Geist und kein Bewusstsein zu; er hält es für berechtigt, »den Instinct den unbewußten Geist der Thiere zu nennen«.²⁴⁸

Ein anderer der wenigen deutschsprachigen Autoren, die Mitte des 19. Jahrhunderts bedenkenlos den Tieren »Geist« zusprechen, ist der »Tiervater« A.E. Brehm. In dem ersten Band seines ›Illustrirten Thierlebens‹ von 1864 schreibt er einigen Tieren u.a. »Erkenntniß, Wahrnehmungsgabe, Urtheil, Schlußfähigkeit« zu und spricht auf dieser Grundlage von dem »Geiste des Menschen und dem des Thieres« und dem »Thiergeiste«²⁴⁹: »Das kluge Thier rechnet, bedenkt, erwägt, ehe es handelt, das gefühlvolle setzt mit Bewußtsein Freiheit und Leben ein, um seinem inneren Drange zu genügen«.²⁵⁰

In seiner Abhandlung über ›Das Geistesleben der Thiere‹ von 1876 rechtfertigt L. Büchner seine Begrifflichkeit mit dem Hinweis, »daß zwischen dem Denken, Wollen und Empfinden des Menschen und demjenigen der Thiere die frappanteste Aehnlichkeit und ein oft nur gradweiser Unterschied stattfindet«²⁵¹. Er ist der Meinung, »daß dasselbe geistige Princip, mag man es nun Vernunft, Verstand, Seele oder Instinkt nennen, die ganze organische Stufenleiter, wenn auch in den mannigfaltigsten Abstufungen und Abänderungen, von Unten bis Oben und von Oben bis Unten durchdringt«²⁵². Nachhaltig von der darwinschen Evolutionstheorie geprägt, stellt Büchner es als eine »veraltete Meinung« dar, »daß die Thiere von dem Menschen durchaus und grundsätzlich verschiedene Wesen seien«²⁵³. Intelligenz und Instinkt seien gleichermaßen bei Tieren wie bei Menschen zu finden. Büchner belegt diese These v.a. anhand der Darstellung des Lebens der »intelligenten Insekten«[254]; wie ihm überhaupt »die Staaten und Thaten der Kleinen« – so der Untertitel seines Werks – die anschaulichsten Beispiele für das tierische Geistesleben geben. Wie aus diesen Zitaten ersichtlich ist, verfügt Büchner offenbar über einen weiten Begriff des Geistes. Bereits individuelle Akte des Empfindens und Wollens ordnet er dem »Geistesleben« zu; ein Bezug zum Aspekt der Kollektivität des Geistes liegt bei Büchner darin, dass er vornehmlich den staatenbildenden Insekten Geistesvermögen zuschreibt. Andererseits scheint das Geistige bei Büchner allgemein mit der Lebendigkeit verbunden zu sein, insofern er der Meinung ist, »daß geistige Entwicklung als eine allgemeine Eigenschaft der organisirten Materie betrachtet werden muß«.[255]

Etwas vorsichtiger als Büchner ist W.L. Lindsay mit der Zuschreibung von Geist zu Tieren in seiner wenig später erscheinenden Monografie zum Thema. Auch er ist zwar der Meinung, sowohl die normalen Phänomene des Geistes (»mind«) als auch die krankhaften Störungen (»mental disorders«) seien bei Mensch und Tier im Prinzip gleich.[256] Er räumt aber andererseits ein, dass alles eine Frage der Definition sei. Seiner Definition nach gehören dazu auch solche individuellen Fähigkeiten wie Wahrnehmung, Empfindung, Gefühl, Instinkt, Wissen, Gedächtnis, Denken und Bewusstsein.[257] Weil solche Fähigkeiten bereits bei den am einfachsten strukturierten, zu seiner Zeit bekannten Organismen, den Einzellern, vorliegen, verfügen diese nach Lindsay auch über Geist: Sie strebten nach Nahrung, empfänden eine Gefahr und wollten sich schützen. Die geistigen Fähigkeiten, die Lindsay bei wirbellosen Tieren diagnostiziert, umfassen darüber hinaus u.a.: Kooperation, Arbeitsteilung, Gehorsam, Verstehen von Sprache, militärische Organisation und Disziplin, Machtbewusstsein, rechtmäßige Bestrafung, Voraussicht, Respekt vor den Toten und Bestattungsformen.[258] Eine besonders ausgezeichnete Stellung hinsichtlich geistiger und moralischer Fähigkeiten (»intellectually and morally«) kommt nach Lindsay wiederum den Insekten zu. Er stellt sie über alle anderen Wirbellosen und auch über die meisten Säugetiere und »bestimmte Rassen des Menschen« (einschließlich vieler Menschen in den modernen Zentren der Zivilisation).[259] Die Unschärfe und Weite der von Lindsay verwendeten Begriffe zeigt sich darin, dass er vielen Vögeln und Säugetieren eine artikulierte Sprache, einschließlich Konversation, fürsorgende Humanität, Gesetze, gerichtliche Verurteilungen, ästhetischen Geschmack und Handel auf der Grundlage von Geldwirtschaft zuschreibt.[260]

Im Deutschen bleibt dieses weite Verständnis der Wörter aber die Ausnahme. Meist bleibt ›Geist‹, auch bei Biologen, ein auf die Welt des Menschen beschränkter Ausdruck. So konstatiert H.R. Rüegg 1864: »Wir sprechen mit Recht von Thier- und Menschenseelen, nicht aber von einem Geist der Thiere. Der Geist ist etwas spezifisch Menschliches«.[261] Ebenso schreibt der Jesuit und verdiente Insektenforscher E. Wasmann 1883 einigen Insekten aufgrund ihres »sinnlichen Erkenntnis- und Strebevermögens«[262] zwar eine »Seele« zu, wegen ihrer »Überlegungsunfähigkeit«, d.h. ihrer Unfähigkeit, »Begriffe zu vergleichen«,[263] spricht er ihnen aber »Geist« ab: »das Seelenleben der Thiere ist nie und nimmer ein Geistesleben«[264]. Und der Zoologe G. Jäger spricht 1885 zwar von einem »Geist der Thiere«; er fügt aber gleich die Einschränkung hinzu: »Das Thier ist unvernünftig, der Mensch vernünftig«; dem Tier wird eine bloße »Vorstellungsassociation« für »das sachliche oder praktische Denken« zugeschrieben, das »logische Denken«, das sich »von Wort zu Wort bewegt«, sei den Tieren aber nicht möglich.[265] Und ähnlich heißt es 1902 bei M. Heynacher: »Man spricht von Tierseele. […] Aber vom Geist der Tiere und Pflanzen zu reden widerspricht unserem Sprachgefühl. Seele ist der übergeordnete Begriff; Geist ist die vernünftige Seele. Geist wird dem Menschen zugeschrieben, insofern er mehr ist als ein Naturwesen, insofern er die Natur überwindet und sich über sie erhebt«.[266]

›Geist‹ steht im Deutschen bis zum Ende des 20. Jahrhunderts in der Regel für eine überindividuelle Ordnung, die nicht etwas Psychisch-Individuelles bezeichnet, sondern auf die Sphäre der Kultur verweist. Mit M. Scheler lässt sich sagen, Geist ist »ein allem und jedem Leben überhaupt, auch dem Leben im Menschen entgegengesetztes Prinzip: eine echte neue Wesenstatsache, die als solche überhaupt nicht auf die ›natürliche Lebensevolution‹ zurückgeführt werden kann«.[267] Vor dem Hintergrund der Dominanz dieser Auffassung erfährt H. Jonas mit seinen dagegen gerichteten Thesen in den 1970er Jahren erheblichen Widerstand. Es bildet eine der zentralen (und umstrittensten) Thesen der Naturphilosophie Jonas', »daß das Organische schon in seinen niedersten Gebilden das Geistige vorbildet und daß der Geist noch in seiner höchsten Reichweite Teil des Organischen bleibt«.[268] In der jüngeren Debatte werden ähnliche Thesen von E. Thompson vertreten. ›Leben‹ und ›Geist‹ sind für Thompson aufgrund der gleichen Struktur der Selbstbezüglichkeit eines Systems – eines autopoietischen physiologischen Systems im Fall des Lebens und eines selbstorganisierenden mentalen Systems im Fall des Geistes

– eng miteinander verwandt (»Mind is life-like and life is mind-like«).²⁶⁹

Mit der Rezeption der angloamerikanischen Debatte über ›animal mind‹ beginnt sich das Wortverständnis in der Gegenwart aber zu ändern. Nach einem Überblick über die gegenwärtige englischsprachige Diskussion über das Geistige bei Tieren kommen D. Perler und M. Wild in ihrer Textsammlung über den ›Geist der Tiere‹ 2005 zu dem Urteil, dass es keine Frage des Alles-oder-Nichts sei, »ob ein Lebewesen einen Geist hat«; es gebe vielmehr verschiedene »Arten des Geistes«.²⁷⁰ Sowohl in der Alltagsansicht als auch in der empirischen Forschung sei das kognitive Vokabular zur Beschreibung des komplexen Verhaltens von Tieren so fest verankert, dass es nicht ratsam erscheine, das Geistige den Tieren ganz abzusprechen.

Als »geistige Merkmale« erscheinen Wild »Bewusstsein, Denken, Wissen, Handlung, Personalität und Moralität«.²⁷¹ Alle diese Merkmale seien auch bei Tieren vorhanden, so dass Wild im Rahmen seiner »Tierphilosophie« behaupten kann: »Schon als Tier hat der Mensch Geist«.²⁷² Außerdem ist Wild der Auffassung, dem Hauptstrom der klassischen Philosophie entgegen gerichtet, dass Sprache für geistige Merkmale nicht konstitutiv sei: »Die Sprachfähigkeit ist keine notwendige Bedingung für geistige Merkmale«.²⁷³ Geistig könnten Tiere sein, weil sie einerseits über Bewusstsein und andererseits über ein nichtbegriffliches Denken verfügten: Ersteres bestehe in qualitativen subjektiven Erlebnissen und letzteres in der Repräsentation von Dingen der Umwelt, verbunden mit einem dem entsprechenden funktionalen Verhalten (↑Intelligenz).

In die gleiche Richtung der engen Verknüpfung des Geistigen mit dem Seelischen weisen alle Explikationen von ›Bewusstsein‹ als etwas, das einerseits individuell-prozedural ist, sich aber andererseits im Bereich des Geistigen bewegt. So definiert M. Pauen 2009: »Bewusstsein lässt sich bestimmen als Eigenschaft von geistigen Prozessen wie Gedanken, Wunschvorstellungen, Wahrnehmungsakten oder Emotionen […], durch die diese dem Subjekt dieser Prozesse unmittelbar zugänglich werden«.²⁷⁴

Nicht zu vernachlässigen ist allerdings, dass ›Geist‹ auf weit mehr verweist als auf kognitive oder mentale Prozesse eines Individuums, nämlich auf eine Sphäre der überindividuellen Repräsentation von Gedanken, Gründen und Werten. Sinnvoll erscheint es daher, zumindest die Fähigkeit des echten Denkens als Voraussetzung für die Zuschreibung von ›Geist‹ zu verwenden. Nach D. Davidson können nur solche Wesen im eigentlichen Sinne denken, die auch über den Begriff eines Gedankens verfügen (»have the concept of a thought«).²⁷⁵ Ein abstraktes Verfügen über Begriffe und Annahmen, also eine Sprache, ist damit Voraussetzung für Denken (und ein »nichtbegriffliches Denken« kann es mit diesem Begriff es Denkens nicht geben; ↑Intelligenz). Denken entsteht erst im Rahmen eines (kollektiven) Systems von Überzeugungen, Schlüssen und Interpretationen und kann nicht als ein isolierter (individueller) Akt vorliegen. R. Brandt kann daher jüngst schreiben: »Den Tieren fehlen vor allem zwei Voraussetzungen des Urteilens und Denkens: Sie verfügen über keine geeigneten Begriffe, und sie kennen keine gemeinsame Öffentlichkeit, die durch das Zeigen geschaffen und im Urteil vertieft wird«.²⁷⁶ Es greift insofern zu kurz, ›Geist‹ individualistisch zu verstehen, als Verarbeitung von Information im kognitiven System eines Individuums. Vernachlässigt wird bei dieser Rede, dass der Geist – im Gegensatz zu dem mit dem alten Begriff der ›Seele‹ Bezeichneten – gerade nicht in einem einzelnen Organismus zu lokalisieren ist, sondern im kulturellen Raum, in einem Raum, in dem er eine determinierende Wirkung entfaltet, die unabhängig von anderen, insbesondere unabhängig von biologischen Determinationen stehen kann. Die Rede vom Geist der Tiere ist also problematisch, weil die Seele und das Bewusstsein der Tiere keine Sphäre der Sprache entwickelt hat, in dem Sinne, dass in ihr eine mentale Repräsentation von Handlungen und Handlungszwecken vorliegt, die eine Distanzierung von den biologischen Referenzen der Überlebensdienlichkeit ermöglichen würde. Der vermeintliche Geist der Tiere ist immer an das Individuum gebunden, er ist Mittel für dessen biologische Zwecke.

Metakognition

Weil ›Bewusstsein‹ und ›Geist‹ inzwischen vielfach als zu unscharfe Begriffe erscheinen, als dass mit ihnen präzise argumentiert werden könnte, sind neue Termini vorgeschlagen worden. Unter diesen befindet sich der Ausdruck **Metakognition**, der in der Psychologie seit Anfang der 1960er Jahre für ein Wissen vom eigenen Wissen und den eigenen Denkprozessen verwendet wird (Krapiec 1960: »What is sometimes insoluble in the first stage of cognition may be solved in a second stage, in some meta-cognition. The mind reflecting on itself may reveal to me the conditions of my cognitive functioning and the nature of my act of cognition, and in this way may establish itself immanently«²⁷⁷; Gleitman et al. 1972: »The lower-order process often proceeds without any meta-cognition […] Examples of meta-cognition in memory are recollection […] and intentional learning«²⁷⁸).

Anfangs ist das Konzept der Metakognition in erster Linie mit Gedächtnisleistungen auf einer Metaebene verbunden, nämlich der Frage, ob sich eine Person an etwas erinnern kann oder nicht.[279] Es besteht auch eine enge Verbindung zu Diskussionen über eine *Theorie des Geistes* (»theory of mind«; s.o.), insofern diese Theorie anfangs nicht nur auf die Zuschreibung von Wissen zu anderen, sondern auch auf die Zuschreibung von mentalen Zuständen zu sich selbst bezogen wurde (Premack & Woodruff 1978: »An individual has a theory of mind if he imputes mental states to himself and others«[280]). Heute wird unter der Theorie des Geistes dagegen meist allein die Zuschreibung eines mentalen Zustandes zu anderen Individuen und unter Metakognition die Zuschreibung eines Wissens zu sich selbst im Sinne einer Introspektion oder Selbstreflexion verstanden.[281]

Bei Tieren sind in den letzten Jahren viele Experimente mit dem Ziel des Nachweises einer Metakognition durchgeführt worden.[282] Weil eine sprachliche Auskunft bei Tieren ausgeschlossen ist, wurden dabei verschiedene Paradigmen etabliert, über die ein indirekter Aufschluss über die Metakognition erzielt werden sollte. Am bekanntesten ist das *Unsicherheitsparadigma*, bei dem ein Individuum hintereinander mit zwei Reizen, z.B. zwei Tönen, konfrontiert wird und dann eine Belohnung erhält, wenn es richtig entscheidet (über eine definierte Reaktion, z.B. einen Tastendruck), dass sich beide Reize gleichen. Neben der Entscheidung für die Gleichheit der Reize kann das Individuum sich aber auch für den Abbruch des Versuchs entscheiden und erhält dann eine geringere Belohnung. Bei Delphinen wurde nun gezeigt, dass sie sich signifikant häufiger für einen Versuchsabbruch entscheiden, wenn die beiden Reize sich stark ähneln, sich also in einem Unsicherheitsintervall bewegen. Geschlossen wurde aus diesem Ergebnis, dass Delphine einen Zugriff auf die Sicherheit des eigenen Urteilens haben.[283] Kritisch wird aber gegen den Versuchsaufbau eingewandt, dass auch eine einfache Wiedererkennung des Reizes die Versuchsergebnisse erklären könnte.[284]

Andere Versuche wurden daher entworfen, die nicht eine Reaktion auf äußere Reize zur Grundlage haben, sondern ein Erinnern von eigenen Gedächtnisinhalten. In einem Versuch mit Rhesusaffen wurde untersucht, ob sie ein Wissen darüber haben, dass sie sich an ein bestimmtes visuelles Muster erinnern: In einer Versuchsreihe wurde vor das wiederholte Zeigen des Musters ein Zwischenschritt geschaltet, bei dem die Affen entscheiden konnten, ob sie den Versuch zu Ende führen möchten, um an die Belohnung zu gelangen. Bei einem Rhesusaffen konnte auf diese Weise tatsächlich nachgewiesen werden, dass seine Fehlerquote geringer ist, wenn er die Möglichkeit des Versuchsabbruchs hat, als wenn er gezwungen wurde, den Versuch zu Ende zu bringen. Es sieht in diesem Fall also so aus, dass der Affe einen Zugriff auf sein eigenes Wissen hat und dieses Metawissen dazu benutzt, sein Verhalten zu steuern: »Rhesus monkeys know when they remember«.[285]

Nachweise

1 Wolff, C. (1719). Vernünfftige Gedancken von Gott, der Welt und der Seele des Menschen, auch allen Dingen überhaupt: I, c. 3, §194.
2 Vgl. Platon, Charmides 171c; Aristoteles Metaphysica 1074b; Ethica Nicomachea 1170a; vgl. dazu Krämer, H.J. (1984). Noesis Noeseos. In: Hist. Wb. Philos. 6, 871-873.
3 Kähler, M. (1878). Das Gewissen: 48.
4 Augustinus, Contra cresconium (Corpus Scriptorum Ecclesiaticorum Latinorum, Bd. 52): 379f. (2, 17f.); ders., Enarrationes in Psalmos 76, 18 (Corpus Christianorum, Series Latina, Bd. 39): 1176; vgl. Hennig, B. (2006). Conscientia bei Descartes. Z. philos. Forsch. 60, 21-36: 28.
5 Thomas von Aquin (1266-73). Summa theologiae: 79, 13 c.a.; vgl. Hennig (2006): 29.
6 Vgl. Hennig (2006): 33.
7 Descartes, R. (1641). Meditationes de prima philosophia (Œuvres, Bd. 7): 176.
8 Descartes, R. (1649). Descartes a Morus (Œuvres, Bd. 5, 267-279): 278.
9 Diels, H. & Kranz, W. (Hg.) (1903/51-52). Die Fragmente der Vorsokratiker, 3 Bde.: I, 198 (23, B4).
10 Empedokles, Fragm. 110, 10.
11 Aristoteles, Physik 199a.
12 Aristoteles, Hist. anim. 488b24-26.
13 Vgl. z.B. Aristoteles, De part. anim. 687a; De an. 421a.
14 Vgl. z.B. Aristoteles, De part. anim. 648a.
15 Aristoteles, De somnum et vigilium 455a12-17; vgl. De an. 425b12-15.
16 Aristoteles, De an. 425a27
17 Seneca, Epistulae ad Lucilium (Philosophische Schriften, Bd. 4, Darmstadt 1984): 802 (Ep. 121).
18 a.a.O.: 810.
19 a.a.O.: 814.
20 a.a.O.: 812.
21 Plutarch, Bruta ratione uti.
22 Plutarch, De sollertia animalium 969B.
23 Thomas von Aquin (1267-73). Summa theologiae: I, qu. 96, art. 1.
24 a.a.O.: I, qu. 76, art. 5.
25 a.a.O.: I, qu. 75, art. 6.
26 Thomas von Aquin, Quaestiones disputatae de veritate 24, 2.
27 Descartes, R. (1637). Discours de la méthode (Œuvres, Bd. 6, 1-78): 58.

28 Hobbes, T. (1658). De homine: 10, 1.
29 a.a.O.: 12, 5.
30 Leibniz, G.W. (1714). Les principe de la nature et de la grâce, fondés en raison (Philosophische Schriften, Bd. 1, Frankfurt/M. 1996, 414-438): 420; vgl. ders. (1714). Les principes de la philosophie ou la monadologie (Philosophische Schriften, Bd. 1, Frankfurt/M. 1996, 438-482): 444 (§14).
31 Leibniz, G.W. (1704). Nouveaus essais sur l'entendement humain, 2 Bde. (Philosophische Schriften, Bd. 3, Frankfurt/M. 1996): I, 154; vgl. ders. (1705). Considérations sur les principes de vie, et sur les natures plastiques (Philosophische Schriften, Bd. 4, Frankfurt/M. 1996, 327-347): 338.
32 Wolff, C. (1720). Vernünfftige Gedancken von Gott, der Welt und der Seele des Menschen, auch allen Dingen überhaupt, 2 Bde.: I, 1.
33 Winkler, J.H. (1742-45). Philosophische Untersuchungen von dem Seyn und dem Wesen der Seele der Thiere, 4 Teile: II, 93.
34 Vgl. Scheerer, E. (1995). Sinne, die. Hist. Wb. Philos. 9, 824-869: 838.
35 Locke, J. (1689/1700). An Essay Concerning Human Understanding (Oxford 1979): 115 (Book 2, Chap. 1, §19).
36 Cudworth, R. (1678). The True Intellectual System of the Universe: 160.
37 a.a.O.: 774.
38 a.a.O.: 826; vgl. 831; 749f.
39 Vgl. Jaeschke, W. (1995). Selbstbewußtsein. Hist. Wb. Philos. 9, 352-371.
40 Spinoza, B. (1677). Ethica (Hamburg 1994): 137 (III, 30); Leibniz, G.W. (1676). De formis seu attributis Dei (AA, Bd. VI/3): 513f.
41 Kant, I. (1781/87). Kritik der reinen Vernunft (AA, Bd. III): B 131f.; vgl. A 111.
42 La Mettrie, J.O. de (1747). L'Homme machine (Hamburg 1990): 94.
43 a.a.O.: 26.
44 Buffon, G.L.L. (1753). Discours sur la nature des animaux (Œuvres philosophiques, Paris 1954, 317-350): 329.
45 Reimarus, H.S. (1760/62). Allgemeine Betrachtungen über die Triebe der Thiere, hauptsächlich über ihre Kunsttriebe: 49 (§30).
46 a.a.O.: 54 (§33).
47 Hegel, G.W.F. (1807/31). Phänomenologie des Geistes (Frankfurt/M. 1986): 389.
48 Fichte, J.G. (1806). Die Grundzüge des gegenwärtigen Zeitalters: 13.
49 Feuerbach, L. (1841/49). Das Wesen des Christentums: 35.
50 Schopenhauer, A. (1819-44/58). Die Welt als Wille und Vorstellung (Sämtliche Werke, Bd. 2, Stuttgart/Frankfurt/M. 1960): 81 (Erg., Kap. 5).
51 a.a.O.: 359 (Kap. 22).
52 Vgl. Schopenhauer, A. (1836/54). Über den Willen in der Natur (Sämtliche Werke, Bd. 3, Stuttgart/Frankfurt/M. 1962, 299-479): 400.
53 Schopenhauer (1819-44/58): 259 (Kap. 19).
54 a.a.O.: 364 (Kap. 22); vgl. 620 (Kap. 41).

55 a.a.O.: 183 (Kap. 15).
56 a.a.O.: 263 (Kap. 19).
57 Pflüger, E. (1853). Die sensorischen Functionen des Rückenmarks der Wirbelthiere; ders. (1877). Die teleologische Mechanik der lebendigen Natur. Pflügers Arch. ges. Physiol. 15, 57-103.
58 Müller, J. (1833/37). Handbuch der Physiologie des Menschen, Bd. 1: 41.
59 Virchow, R. (1859). Atome und Individuen (Drei Reden über Leben und Kranksein, München 1971, 33-67): 62f.
60 Nachweise zu Tab. 23: Locke, J. (1689/1700). An Essay Concerning Human Understanding (Oxford 1979): 115; Reimarus, H.S. (1760/62). Allgemeine Betrachtungen über die Triebe der Thiere, hauptsächlich über ihre Kunsttriebe: 54; Romanes, G.J. (1883). Mental Evolution in Animals (dt. Die Geistige Entwicklung im Tierreich, Leipzig 1885): 11; Valéry, P. (1894). [Journal de Bord I, 17]. Zitiert nach: Köhler, H. & Schmidt-Radefeldt, J. (Hg.) (1990). Cahiers/Hefte, Bd. 4: 389; Jennings, H.S. (1906). The Behavior of the Lower Organisms (dt. Das Verhalten der niederen Organismen, Leipzig 1910): 531f.; Bergson, H. (1907). L'évolution créatrice (Paris 1948): 145; Allen, C. (1997). Animal cognition and animal minds. In: Carrier, M. & Machamer, P (eds.). Mindscapes. Philosophy, Science, and the Mind, 227-244: 237; Mahner, M. & Bunge, M. (1997). Foundations of Biophilosophy: 209; Beckermann, A. (1999). Analytische Einführung in die Philosophie des Geistes: 9; Pauen, M. (2009). Bewustsein. In: Bohlken, M. & Thies, C. (Hg.). Handbuch Anthropologie, 304-308: 304; Metzinger, T. (2009). The Ego Tunnel. The Science of the Mind and the Myth of the Self (dt. Der Egotunnel. Eine neue Philosophie des Selbst: Von der Hirnforschung zur Bewusstseinsethik, Berlin 2009): 31f.
61 Weismann A (1864) Die Entwicklung der Dipteren: 239.
62 Darwin, C. (1871). The Descent of Man: 35.
63 ebd.
64 Darwin, C. (1872). The Expression of the Emotions in Man and Animals: 357; vgl. Smith, C.U.M. (1978). Charles Darwin, the origin of consciousness, and panpsychism. J. Hist. Biol. 11, 245-267; Richards, R.J. (1987). Darwin and the Emergence of Evolutionary Theories of Mind and Behavior.
65 Darwin (1872): 357.
66 Schneider, G.H. (1880). Der thierische Wille: 154f.
67 Spencer, H. (1855/70-72). Principles of Psychology, 2 vols.: I, 291; vgl. Smith, C.U.M. (1982). Evolution and the problem of mind: part I. Herbert Spencer. J. Hist Biol. 15, 55-88.
68 Spencer (1855/70-72): I, 98.
69 a.a.O.: I, 192
70 a.a.O.: I, 189.
71 Romanes, G.J. (1882). Animal Intelligence.
72 Romanes, G.J. (1883). Mental Evolution in Animals (dt. Die Geistige Entwicklung im Thierreich, Leipzig 1885): 11.
73 a.a.O.: 77.
74 Haeckel, E. (1899/1919). Die Welträtsel: 141.
75 a.a.O.: 180.

76 a.a.O.: 194.
77 a.a.O.: 270f.
78 Du Bois-Reymond, E. (1872). Über die Grenzen des Naturerkennens (Vorträge über Philosophie und Gesellschaft, Hamburg 1974, 54-77): 64f.
79 Huxley, T.H. (1870). On Descartes' "Discourse touching the method of using one's reason rightly and of seeking scientific truth" (Method and Results, New York 1898, 166-198).
80 Huxley, T.H. (1874). On the hypothesis that animals are automata and its history (Method and Results, New York 1898, 199-250): 240.
81 a.a.O.: 244.
82 Wundt, W. (1863). Vorlesungen über die Menschen- und Thierseele, 2 Bde.: II, 421; vgl. 427.
83 a.a.O.: 434.
84 Wundt, W. (1874). Grundzüge der physiologischen Psychologie: 812.
85 Wundt, W. (1863/1911). Vorlesungen über die Menschen- und Tierseele: 396.
86 Goltz, F. (1869). Beiträge zur Lehre von den Functionen der Nervencentren des Frosches: 87; 130; 83f.
87 Valéry, P. (1894). [Journal de Bord I, 17]. Zit. nach: Köhler, H. & Schmidt-Radefeldt, J. (Hg.) (1990). Cahiers/Hefte, Bd. 4: 389.
88 James, W. (1890). Principles of Psychology (Cambridge, Mass. 1983): 147.
89 Popper, K.R. (1965). Of clouds and clocks. In: Objective Knowledge (Oxford 1972, 206-255): 251.
90 Lloyd Morgan, C. (1894). Introduction to Comparative Psychology: 53; vgl. Graham, G. (1993). Philosophy of Mind: 82ff.
91 Sober, E. (1998). Morgan's canon. In: Cummins, D.D. & Allen, C. (eds.). The Evolution of Mind, 224-242: 236.
92 a.a.O.: 239f.; vgl. auch Allen-Hermann, S. (2005). Morgan's canon revisited. Philos. Sci. 72, 608-631; Fitzpatrick, S. (2005). Doing away with Morgan's canon. Mind & Language 23, 224-246.
93 Beer, T., Bethe, A. & Uexküll, J. von (1899). Vorschläge zu einer objektivierenden Nomenklatur in der Physiologie des Nervensystems. Biolog. Centralbl. 19, 517-521.
94 Ziegler, H.E. (1892). Über den Begriff des Instinkts. Verh. Deutsch. Zool. Ges. 2, 122-136: 123.
95 Jennings, H.S. (1906). The Behavior of the Lower Organisms (dt. Das Verhalten der niederen Organismen, Leipzig 1910): 531f.
96 Bierens de Haan, J.A. (1935). Die tierpsychologische Forschung. Ihre Ziele und Wege: 88; 86.
97 Watson, J.B. (1930). Behaviorism (dt. Der Behaviorismus, Stuttgart 1930): 19.
98 Vgl. Sokolowsky, A. (1910). Aus dem Seelenleben höherer Tiere; Krall, K. (1912). Denkende Tiere; Máday, S. von (1914). Gibt es denkende Tiere?
99 Jennings (1906; dt. 1910): 531.
100 Bergson, H. (1907). L'évolution créatrice (Paris 1948): 145.
101 Lipps, T. (1903). Leitfaden der Psychologie: 1.
102 Freud, S. (1900). Die Traumdeutung (Gesammelte Werke, Bd. II/III, Frankfurt/M. 1999): 619.
103 a.a.O.: 546.
104 a.a.O.: 620.
105 Freud, S. (1913). Das Unbewußte (Gesammelte Werke, Bd. X, 263-303): 268.
106 Koehler, O. (1943/68). Die Aufgabe der Tierpsychologie: 40.
107 Thorpe, W.H. (1974). Animal Nature and Human Nature: 306f.
108 Thorpe, W.H. (1966). Ethology and consciousness. In: Eccles, J.C. (ed.). Brain and Conscious Experience, 470-505: 471.
109 a.a.O.: 495.
110 Vgl. die Diskussion im Anschluss an Thorpes Darstellung: a.a.O.: 503.
111 Vgl. Dawkins, M.S. (1986/95). Unravelling Animal Behaviour: 139f.
112 a.a.O.: 142.
113 Griffin, D.R. (1976). The Question of Animal Awareness: 5.
114 Griffin, D.R. (1992). Animal Minds: 10.
115 a.a.O.: 27.
116 Macphail, E.M. (1998). The Evolution of Consciousness: 231f.
117 Mahner, M. & Bunge, M. (1997). Foundations of Biophilosophy: 209.
118 Dawkins (1986/95): 138; vgl. Griffin, D.R. (1992/2001). Animal Minds: 4f.
119 Dawkins (1986/95): 143.
120 Freud, S. (1911). Formulierungen über die zwei Prinzipien des psychischen Geschehens (Gesammelte Werke, Bd. 8, 229-238): 233.
121 Foerster, H. von (1966). From stimulus to symbol. The economy of biological computation. In: Buckley, W. (ed.) (1968). Modern Systems Research for the Behavioral Scientist. A Sourcebook, 170-181: 180; vgl. auch Griffin, D.R. (1984). Animal thinking. Amer. Sci. 72, 456-464: 463.
122 Cicero, De natura deorum I, 43.
123 Olivet, P.J. de (1721). Entretiens de Ciceron sur la nature des dieux, Bd. 1: 61.
124 Anonymus (1762). [Rez. Farmer, H. (1761). An Enquiry into the Nature and Design of Christ's Temptation in the Wilderness]. The Monthly Review 25, 130-141: 133f.
125 a.a.O.: 134.
126 Richard, C.-L. (1773). La nature en contraste avec la religion et la raison: 303.
127 Chrichton, A. (1798). An Inquiry into the Nature and Origin of Mental Derangement, 2 vols.: I, 293; vgl. 300.
128 Mill, J.S. (1865). An Examination of Sir William Hamilton's Philosophy (Collected Works, vol. 9, 1979): 313 (Kap. XVII).
129 Roth, G. (2000). Bewußtsein. In: Lexikon der Neurowissenschaft, Bd. 1, 172-176: 173.
130 Roth, G. (2001). Fühlen, Denken, Handeln: 448.
131 Vgl. z.B. Fodor, J. (1986). Why paramecia don't have mental representations. Midwest Studies in Philosophy 9, 3-23; Allen, C. & Hauser, M.D. (1991). Concept attribution in nonhuman animals: theoretical and methodological problems in ascribing complex mental processes. Philos. Sci. 58, 221-240.

132 Roth (2000): 175.
133 Allen, C. (1997). Animal cognition and animal minds. In: Carrier, M. & Machamer, P (eds.). Mindscapes. Philosophy, Science, and the Mind, 227-244: 238; vgl. Allen, C. & Bekoff, M. (1997). Species of Mind. The Philosophy and Biology of Cognitive Ethology: 152f.
134 Deutsch, K.W. (1951). Mechanism, teleology, and mind. Philos. Phenomenol. Res. 12, 185-223: 205.
135 Smith, H.W. (1959). The biology of consciousness. In: Brooks, C.M. & Cranfield, P.F. (eds.). The Historical Development of Physiological Thought, 109-136: 126.
136 Tye, M. (1998). Das Problem primitiver Bewusstseinsformen: Haben Bienen Empfindungen? In: Esken, F. & Heckmann, D. (Hg.). Bewusstsein und Repräsentation, 91-122: 96.
137 a.a.O.: 92; 107f.
138 a.a.O.: 119.
139 ebd.
140 Hartmann, N. (1933/49). Das Problem des geistigen Seins: 48.
141 Jacoby, G. (1961). Beiträge zu der Frage nach dem Übergange von dem tierischen Bewusstsein zu dem menschlichen, von der Tiersprache zu der Menschensprache. In: Erdmann, G. & Eichstaedt, A. (1961). Worte und Werte. Bruno Markwardt zum 60. Geburtstag, 142-152: 144.
142 Jacoby (1961): 149.
143 Diemer, A. (1971). Bewußtsein. Hist. Wb. Philos. 1, 888-896: 888.
144 Jacobs, W.G. (1973). Bewußtsein. Handb. philosoph. Grundbegr. 1, 232-246: 234.
145 Gehlen, A. (1940/62). Der Mensch. Seine Natur und seine Stellung in der Welt: 53; 335.
146 Thomas von Aquin, Quaestiones disputatae de veritate 24, 1, co.
147 a.a.O.: 24, 2.
148 Locke (1689/1700): 263 (Book 2, Chap. 21, §47).
149 Herder, J.G. (1772). Abhandlung über den Ursprung der Sprache (Werke, Bd. 1, hg. v. U. Gaier, Frankfurt/M. 1985, 695-810): 719.
150 ebd.
151 Heidegger, M. (1929-30). Die Grundbegriffe der Metaphysik. Welt – Endlichkeit – Einsamkeit (Gesamtausg., Bd. II, 29-30, Frankfurt/M. 1983): 347f.
152 a.a.O.: 361; 363.
153 Kant, I. (ca. 1780). Vorlesungen über Metaphysik (L1) (Pölitz) (AA, Bd. XXVIII, 1, 193-350): 276.
154 Frankfurt, H.G. (1971). Freedom of the will and the concept of a person. J. Philos. 68, 5-20: 7.
155 Kusser, A. (2000). Zwei-Stufen-Theorie und praktische Überlegung. In: Betzler, M. & Guckes, B. (Hg.). Autonomes Handeln. Beiträge zu Harry G. Frankfurt, 85-99: 97.
156 Tugendhat, E. (2000). Moral in evolutionstheoretischer Sicht (Aufsätze 1992-2000, Frankfurt/M. 2001, 199-224): 208.
157 Sellars, W. (1956). Empiricism and the Philosophy of Mind (Cambridge, Mass. 1997): 76.
158 Beckermann, A. (2005). Neuronale Determiniertheit und Freiheit. In: Köchy, K. & Stederoth, D. (Hg.). Willensfreiheit als interdisziplinäres Problem, 289-304: 299; vgl. auch Nida-Rümelin, J. (2007). Freiheit als naturalistische Unterbestimmtheit von Gründen. In: Heilinger, J. (Hg.). Naturgeschichte der Freiheit, 229-245: 231; Sturma, D. (2001). Person und Menschenrechte. In: ders. (Hg.). Person, 337-362: 345.
159 Vgl. Merkel, R. (2006). Handlungsfreiheit, Willensfreiheit und strafrechtliche Schuld. Vorläufige Vorschläge zur Ordnung einer verworrenen Debatte. In: Fink, H. & Rosenzweig, R. (Hg.) (2006). Freier Wille - frommer Wunsch? Gehirn und Willensfreiheit, 135-191: 162f.
160 Vgl. Habermas, J. (2004). Freiheit und Determinismus. Deutsche Z. Philos. 52, 871-890: 887.
161 Kornhuber, H.H. & Deecke, L. (1965). Hirnpotentialänderungen bei Willkürbewegungen und passiven Bewegungen des Menschen: Bereitschaftspotential und reafferente Potentiale. Pflügers Arch. Ges. Physiol. 284, 1-17.
162 Libet, B., Gleason, C.A., Wright, E.W. Jr. & Pearl, D.K. (1983). Time of conscious intention to act in relation to onset of cerebral activity (readiness-potential). Brain 106, 623-642; Libet, B. (1985). Unconscious cerebral initiative and the role of conscious will in voluntary action. Behav. Brain Sci. 8, 529-566; vgl. Gomes, G. (1998). The timing of conscious experience: a critical review and reinterpretation of Libet's research. Consciousn. Cogn. 7, 559-595; Trevena, J.A. & Miller, J. (2002). Cortical movement preparation before and after a conscious decision to move. Consciousn. Cogn. 11, 162-190.
163 Vgl. Rosenthal, D. (2002). The timing of conscious states. Consciousness and Cognition 11, 215-220: 217f.; Beckermann (2005): 303.
164 Vgl. Keil, G. (2007). Willensfreiheit: 173ff.
165 Keil, G. (2009). Willensfreiheit und Determinismus: 91; vgl. ders. (2007): 130ff.
166 Roth, G. (2000). Bewußtsein. In: Lexikon der Neurowissenschaft, Bd. 1, 172-176: 172.
167 Gallup, G.G. Jr. (1968). Mirror-image stimulation. Psychol. Bull. 70, 782-794; ders. (1970). Chimpanzees: self-recognition. Science 167, 86-87.
168 Lethmate, J. & Dücker, G. (1973). Untersuchungen zum Selbsterkennen im Spiegel bei Orang-Utans und einigen anderen Affenarten. Z. Tierpsychol. 33, 248-269; Suarez, D. & Gallup, G:G. (1981). Self-recognition in chimpanzees and orangutans, but not in gorillas. J. Hum. Evol. 10, 175-188; Ledbetter, D.H. & Bensen, J.A. (1982). Failure to demonstrate self-recognition in gorillas. Amer. J. Primatol. 2, 307-310; vgl. Anderson, J.R. (1984). The development of self-recognition: a review. Develop. Psychobiol. 17, 35-49.
169 Gallup, G.G. Jr. (1977). Self-recognition in primates. A comparative approach to the biderectional properties of consciousness. Amer. Psychol. 32, 329-338: 333f.
170 Baldwin, J. (1892). Psychology Applied to the Art of Teaching: 78.
171 Titchener, E.B. (1898/99). A Primer of Psychology: 226; Tower, C.V. (1903). An interpretation of some aspects of the self. Philos. Rev. 12, 16-36: 16.
172 Vgl. Epstein, S. (1973). The self-concept revisited, or a theory of a theory. Amer. Psychol. 28, 404-416.
173 Epstein, R., Lanza, R.P. & Skinner, B.F. (1981). "Self-awareness" in the pigeon. Science 212, 695-696.

174 Heyes, C.M. (1994). Reflections on self-recognition in primates. Anim. Behav. 47, 909-919; dies. (1995). Self-recognition in primates: further reflections create a hall of mirrors. Anim. Behav. 50, 1533-1542; Mitchell, R.W. (1993). Mental models of mirror self-recognition: two theories. New Ideas Psychol. 11, 195-325.
175 Bremer, M. (2005). Tierisches Bewusstsein als Testfall für die Kognitionswissenschaften. In: Herrmann, C.S. et al. (Hg.). Bewusstsein. Philosophie, Neurowissenschaften, Ethik, 286-308: 305.
176 Taylor Parker, S., Mitchell, R.W. & Boccia, M.L. (eds.) (1994). Self-Awareness in Animals and Humans; Povinelli, D.J., Gallup, G.G., Eddy, T.J., Bierschwale, D.T., Engstrom, M.C., Perilloux, h.K. & Toxopeus, I.B. (1997). Chimpanzees recognize themselves in mirrors. Anim. Behav. 53, 1083-1088; Bos, R. van den (1999). Reflections on self-recognition in nonhuman primates. Anim. Behav. 58, F1-F9.
177 Bickerton, D. (1995). Language and Human Behaviour: 126ff.
178 Smith, D.W. (1986). The structure of (self-) consciousness. Topoi 5, 149-156.
179 Bunge, M. (1980). The Mind-Body Problem: 175.
180 a.a.O.: 178.
181 a.a.O.: 186.
182 Bermúdez, J.L. (1998). The Paradox of Self- Consciousness.
183 Brandt, R. (2009). Können Tiere denken? Ein Beitrag zur Tierphilosophie: 105.
184 a.a.O.: 106.
185 Jolly, A. (1966). Lemur social behavior and primate intelligence. Science 153, 501-506; Humphrey, N.K. (1976). The social funtion of intellect. In: Bateson, P.P.G. & Hinde, R.A. (eds.). Growing Points in Ethology, 303-317; Macphail (1998): 234.
186 Crook, J.H. (1983). On attributing consciousness to animals. Nature 303, 11-14: 14.
187 Sober, E. (1998). Morgan's canon. In: Cummins, D.D. & Allen, C. (eds.). The Evolution of Mind, 224-242: 238.
188 Premack, D. & Woodruff, G. (1978). Does the chimpanzee have a theory of mind? Behav. Brain Sci. 4, 515-526; Leslie, A.M. (1987). Pretense and representation: the origins of 'theory of mind'. Psychol. Rev. 94, 412-426.
189 Dunbar, R.I.M. (1998). Theory of mind and the evolution of language. In: Hurford, J.R., Studdert-Kennedy, M. & Knight, C. (eds), Approaches to the Evolution of Language: Social and Cognitive bases, 92-110: 102.
190 Vgl. Pauen, M. (2000). Selbstbewusstsein: Ein metaphysisches Relikt? In: Newen, A. & Vogeley, K. (Hg.). Selbst und Gehirn. Menschliches Selbstbewusstsein und seine neurobiologischen Grundlagen, 101-121: 116.
191 Povinelli, D.J. & Vonk, J. (2003). Chimpanzee minds: Suspiciously human? Trends Cogn. Sci. 7, 157-160.
192 Vischer, R. (1873). Über das optische Formgefühl: Ein Beitrag zur Ästhetik. In: Drei Schriften zum Ästhetischen Formproblem.
193 Lipps, T. (1903). Einfühlung, innere Nachahmung, und Organempfindungen. Arch. ges. Psychol. 1, 185-204; ders. (1905). Weiteres zur Einfühlung. Arch. ges. Psychol. 4, 465-519; ders. (1907). Das Wissen von fremden Ichen. Psycholog. Unters. 1, 694-722: 713.
194 Titchener, E. (1909) Lectures on the Experimental Psychology of the Thought-Processes: 21; 185.
195 Tomasello, M. (1999). The Cultural Origins of Human Cognition.
196 Carrr, L. et al. (2003). Neural mechanisms of empathy in humans: a relay from neural systems for imitation to limbic areas. Proc. Nat. Acad. Sci. U.S.A. 100 (9), 5497-5502.
197 di Pellegrino, G., Fadiga, L., Fogassi, L., Gallese, V. & Rizzolatti, G. (1992). Understanding motor events: A neurophysiological study. Exp. Brain Res. 91, 176–180.
198 Preston, S.D. & de Waal, F.B.M. (2002). Empathy: Its ultimate and proximate bases. Behav. Brain Sci. 25, 1-72.
199 Dunbar, R.I.M. (1992). Neocortex size as a constraint on group size in primates. J. Human Evol. 20, 469-493; ders. (1993). Coevolution of neocortical size, group size and language in humans (with commentary). Behav. Brain Sci. 16, 681-735; Barton, R. (1996). Neocortex size and behavioural ecology in primates. Proc. Roy. Soc. Lond. B 263, 173-177.
200 DeVore, B.I. [ca. 1973]. Primate behavior and social evolution (Manuskript); nach Geertz, C. (1973). The Interpretation of Cultures: 68; vgl. Humphrey, N.K. (1976). The social function of intellect. In: Bateson, P.P.G. & Hinde, R.A. (eds.). Growing Points in Ethology, 303-317; Brothers, L. (1990). The social brain: a project for integrating primate behavior and neurophysiology in a new domain. Concepts Neurosci. 1, 27-51; Barton, R.A. & Dunbar, R.I.M. (1997). Evolution of the social brain. In: Whiten, A. (ed.). Machiavellian Intelligence II, 240-263; im anderen Kontext: Gazzaniga, M.S. (1985). The Social Brain. Discovering the Networks of the Mind; früher Nachweis des Ausdrucks »social brain« in anderem Kontext: Courtney, L. (1891). The difficulties of socialism. Economic J. 1, 174-188: 184.
201 Vgl. Metzinger, T. (Hg.) (2001). Bewusstsein; Pauen, M. (1999/2001). Das Rätsel des Bewusstseins; Searle, J.R. (2002). Consciousness. Ann. Rev. Neurosci. 23, 557-578.
202 Vgl. z.B. MacPhail, E.M. (1998). The Evolution of Consciousness.
203 Roth, G. (2000). Bewußtsein. In: Lexikon der Neurowissenschaft, Bd. 1, 172-176: 172.
204 Vgl. Nagel, A.H.M. (1997). Are plants conscious? J. Consciousn. Stud. 4, 215-230.
205 Rensch, B. (1947). Neuere Probleme der Abstammungslehre: 328.
206 Vgl. Lanz, P. (1996). Das phänomenale Bewußtsein: 75; Pauen, M. (2001). Grundprobleme der Philosophie des Geistes: 30.
207 Damasio, A.R. (2000). Eine Neurobiologie des Bewusstseins. In: Newen, A. & Vogeley, K. (Hg.). Selbst und Gehirn. Menschliches Selbstbewußtsein und seine neurobiologischen Grundlagen, 315-331: 318f.
208 a.a.O.: 324ff.
209 a.a.O.: 329.
210 Dawkins, M.S. (1993). Through Our Eyes Only? The Search for Animal Consciousness (dt. Die Entdeckung des tierischen Bewußtseins, Heidelberg 1994): 17.
211 Jaeger, O.H. (1859). Die Freiheitslehre als System der

Philosophie: 270; 311; Lipps, T. (1907). Psychologische Untersuchungen, Bd. 1: 179; Flach, W. (1994). Grundzüge der Erkenntnislehre. Erkenntniskritik, Logik, Methodologie: 629; Schwemmer, O. (1997). Die kulturelle Existenz des Menschen: 99.
212 Flach (1994): 150.
213 Singer, P. (1979/93). Practical Ethics (dt. Praktische Ethik, Stuttgart 1994): 235.
214 a.a.O.: 159.
215 a.a.O.: 197.
216 Damasio, A.R. (1999). The Feeling of What Happens (dt. Ich fühle, also bin ich. Die Entschlüsselung des Bewusstseins, München 2002): 74.
217 Searle, J.R. (1992). The Rediscovery of the Mind (dt. Die Wiederentdeckung des Geistes, Frankfurt/M. 1996): 13.
218 Searle, J.R. (2004). Freiheit und Neurobiologie: 50.
219 Whiten, A. & Byrne, R. (eds.) (1988). Machiavellian Intelligence.
220 Vgl. Singer, W. (1984). Neurobiologische Anmerkungen zum Wesen und zur Notwendigkeit von Kunst. Zitiert nach: ders. (2001). Der Beobachter im Gehirn, 211-234: 213; vgl. 225.
221 Vgl. Singer, W. (2000). Ein neurobiologischer Erklärungsversuch zur Evolution von Bewußtsein und Selbstbewusstsein. In: Newen, A. & Vogeley, K. (Hg.). Selbst und Gehirn. Menschliches Selbstbewußtsein und seine neurobiologischen Grundlagen, 333-351: 340; 350.
222 Petersen, J.W. (1710). Die Wiederbringung aller Dinge auß der Heiligen Schrift, Bd. 3: 260.
223 Fabre, P.J. (1646; dt. 1725). Die Universal-Chymie oder Anatomie der gantzen Welt. In: Auserlesene chymische Schrifften: 575.
224 Fabre, P.J. (1646). Panchymici, seu, Anatomia totius Universi Opus: 530.
225 Fabre (1646; dt. 1725): 654.
226 Ezechiel 1, 20; vgl. auch 1. Kor. 12, 11.
227 Boysen, F.E. (1763). Kritische Erleuterungen des Grundtextes der heiligen Schriften Altes Testaments, Bd. 8: 737.
228 Anonymus (1779). Hermetisches A.B.C. derer ächten Weisen alter und neuer Zeiten vom Stein der Weisen, vierter Theil: 143.
229 Batsch, A.J.G.C. (1801). Grundzüge der Naturgeschichte des Thier-Reichs, Bd. 1: 69.
230 Seckendorf, G.A. von (1812). Kritik der Kunst: 181.
231 Sicard, R.A. (1797). Manuel de l'enfance: 184.
232 Johnson, C. (1717). The Masquerade. A Comedy: 7.
233 Monboddo, Lord J.B. (1779-82). Antient Metaphysics, or, The Science of Universals, 2 vols.: I, 173; 193; vgl. II, 201.
234 Herder, J.G. (1785). Ideen zur Philosophie der Geschichte der Menschheit, Bd. 1: 154.
235 Herder, J.G. (1803). Outlines of a Philosophy of the History of Man (übers. v. T. Churchill), vol. 1: 103.
236 Elliotson, J. (1815/17). Notes. In: ders. (Hg.). J.F. Blumenbach, The Institutions of Physiology: 45f.
237 a.a.O.: 48.
238 Wake, C.S. (1873). Man and the ape. J. Anthropol. Inst. Great Brit. Irel. 2, 315-330: 318.
239 Güttler, K. (1884). Lorenz Oken und sein Verhältniss zur modernen Entwickelungslehre. Ein Beitrag zur Geschichte der Naturphilosophie: 62.
240 Washburn, M.F. (1908/30). The Animal Mind. A Text-Book of Comparative Psychology; Pitt, F. (1927). Animal Mind; Morgan, C.L. (1930). The Animal Mind; Griffin, D.R. (ed.) (1982). Animal Mind – Human Mind; ders. (1992). Animal Minds.
241 Toussenel, A. (1848/84). L'esprit des bêtes; vgl. auch: Meunier, V. [1890]. L'esprit et le coeur des bêtes.
242 Perler, D. & Wild, M. (Hg.) (2005). Der Geist der Tiere; Wild, M. (2006). Die anthropologische Differenz. Der Geist der Tiere in der Frühen Neuzeit bei Montaigne, Descartes und Hume.
243 Walther, E.M. (1985). Anmerkungen des Übersetzers. In: Griffin, D.R., Wie Tiere denken (München 1991, 281-283): 282.
244 Rixner, T.A. & Siber, T. (1820). Leben und Lehrmeinungen berühmter Physiker am Ende des XVI. und am Anfange des XVII. Jahrhunderts, Bd. 3: 250.
245 Lotze, H. (1856). Mikrokosmos. Ideen zur Naturgeschichte und Geschichte der Menschheit, Bd. 1: 148.
246 Jonas, H. (1953). Motility and emotion (dt. in: Das Prinzip Leben, Frankfurt/M. 1994, 179-194): 187.
247 a.a.O.: 189.
248 Wied, H. zu (1859). Das unbewusste Geistesleben und die göttliche Offenbarung, Bd. 1: 62.
249 Brehm, A.E. (1864). Illustrirtes Thierleben, Bd. 1: XXVII.
250 a.a.O.: XXVIII.
251 Büchner, L. (1876). Aus dem Geistesleben der Thiere oder Staaten und Thaten der Kleinen: VI.
252 ebd.
253 a.a.O.: VII.
254 a.a.O.: VI.
255 a.a.O.: 9.
256 Lindsay, W.L. (1879). Mind in the Lower Animals in Health and Disease: xii.
257 a.a.O.: 51f.
258 a.a.O.: 58f.
259 a.a.O.: 67; vgl. 15.
260 a.a.O.: 72-77.
261 Rüegg, H.R. (1862/64). Grundriss der Seelenlehre: 2.
262 Wasmann, E. S.J. (1884). Der Trichterwickler: 116
263 a.a.O.: 94.
264 a.a.O.: 116.
265 Jäger, G. (1885). Geist. In: Reichenow, A. (Hg.). Handwörterbuch der Zoologie, Anthropologie und Ethnologie, Bd. 3, 349-362: 359.
266 Heynacher, M. (1902). Wie spiegelt sich die menschliche Seele in Goethes Faust?: 25.
267 Scheler, M. (1928). Die Stellung des Menschen im Kosmos (Bonn 1991): 37f.
268 Jonas, H. (1973). Einleitung. Über die Thematik einer Philosophie des Lebens (Das Prinzip Leben, Frankfurt/M. 1994, 13-22): 15.
269 Thompson, E. (2007). Mind in Life. Biology, Phenomenology, and the Sciences of the Mind: 128.

270 Perler, D. & Wild, M. (2005). Der Geist der Tiere – eine Einführung. In: dies. (Hg.). Der Geist der Tiere, 10-74: 71.
271 Wild, M. (2008). Tierphilosophie zur Einführung: 33.
272 a.a.O.: 34.
273 ebd.
274 Pauen, M. (2009). Bewusstein. In: Bohlken, M. & Thies, C. (Hg.). Handbuch Anthropologie, 304-308: 304.
275 Davidson, D. (1975). Thought and talk. In: Guttenplan, S. (ed.). Mind and Language, 7-23: 22.
276 Brandt, R. (2009). Können Tiere denken?: 10.
277 Krapiec, A.M. (1960). The problem of cognition. In: Caponigri, A.R. (ed.). Modern Catholic Thinkers. An Anthology (Reprint New York 1970, 548-562): 551.
278 Gleitman, L.R., Gleitman, H. & Shipley, E.F. (1972). The emergence of the child as grammarian. Cognition 1, 137-164: 161.
279 Flavell, J.H. (1979). Metacognition and cognitive monitoring: a new area of cognitive developmental inquiry. Amer. Psychol. 34, 906-911.
280 Premack, D. & Woodruff, G. (1978). Does the chimpanzee have a theory of mind? Behav. Brain Sci. 4, 515-526: 515.
281 Vgl. Terrace, H.S. & Metcalfe, J. (2005). The Missing Link in Cognition: Origins of Self-Reflective Consciousness.
282 Vgl. Fischer, J. (2007). Metakognition bei Tieren. In: Heilinger, J. (Hg.). Naturgeschichte der Freiheit, 95-116; Smith, J.D. (2009). The study of animal metacognition. Trends in Cognitive Sciences 13, 389-396.
283 Smith, J.D. et al. (1995). The uncertain response in the Bottlenosed Dolphin (Tursiops truncatus). J. Exper. Psychol. (General) 124, 391-408; vgl. Smith, J.D., Shields, W.E. & Washburn, D.A. (2003). The comparative psychology of uncertainty monitoring and metacognition. Behav. Brain Sci. 26, 317-339.
284 Metcalfe, J. (2003). Drawing the line on metacognition. Behav. Brain Sci. 26, 350-351.
285 Hampton, R. (2001). Rhesus monkeys know when they remember. Proc. Nat. Acad. Sci. U.S.A. Biol. Sci. 98, 5359-5362.

Literatur

Griffin, D.R. (1976). The Question of Animal Awareness.
Griffin, D.R. (1984). Animal Thinking.
Boakes, R. (1984). From Darwin to Behaviorism. Psychology and the Minds of Animals.
Schütt, H.-P. (Hg.) (1990). Die Vernunft der Tiere.
Arzt, V. & Birmelin, I. (1993). Haben Tiere ein Bewußtsein?
Dawkins, M.S. (1993). Through Our Eyes Only? The Search for Animal Consciousness (dt. Die Entdeckung des tierischen Bewußtseins, Heidelberg 1993).
Gould, J.L. & Gould, C.G. (1994). Animal Mind (dt. Bewußtsein bei Tieren, Heidelberg 1997).
Vauclair, J. (1996). Animal Cognition. An Introduction to Modern Comparative Psychology.
Bekoff, M. (ed.) (1996). Readings in Animal Cognition.
Allen, C. & Bekoff, M. (1997). Species of Mind: The Philosophy and Biology of Cognitive Ethology.
Cartmill, M. (2000). Animal consciousness: some philosophical, methodological, and evolutionary problems. Amer. Zool. 40, 835-846.
Düßmann, O. (2001). Kritik der kognitiven Ethologie.
Perler, D. & Wild, M. (Hg.) (2005). Der Geist der Tiere.
Wild, M. (2006). Die anthropologische Differenz. Der Geist der Tiere in der Frühen Neuzeit bei Montaigne, Descartes und Hume.

Bioethik

Der Ausdruck ›Bioethik‹ wird vereinzelt seit der ersten Hälfte des 20. Jahrhunderts verwendet und steht schon früh in zwei verschiedenen Kontexten: einerseits Diskussionen zum moralischen Status nicht-menschlicher Lebensformen und andererseits ethischen Fragen, die die Grenzbereiche des menschlichen Lebens bei Geburt, Krankheit und Tod betreffen. Zu einem eigenen Forschungsfeld entwickelt sich die Bioethik seit den frühen 1970er Jahren.

Einführung des Wortes
Von einer »Bio-Ethik« spricht zuerst F. Jahr in einem wenig bekannten Aufsatz in einer populärwissenschaftlichen Zeitschrift aus dem Jahr 1927. Nach Jahr besteht die Bioethik in der »Annahme sittlicher Verpflichtungen nicht nur gegen den Menschen, sondern gegen alle Lebewesen«.[1] Eine solche Verpflichtung ergibt sich für Jahr aus der naturwissenschaftlichen Erkenntnis der Verbundenheit von Mensch und Tier. Er stellt die »bio-ethische Forderung« auf: »Achte jedes Lebewesen grundsätzlich als einen Selbstzweck, und behandle es nach Möglichkeit als solchen!«.[2]

Unabhängig von der älteren Wortverwendung wird das Wort ›Bioethik‹ erneut 1970 von dem amerikanischen Mediziner V.R. Potter eingeführt.[3] Potter verbindet mit diesem Titel das Programm für eine neue Wissenschaft, die biologisches Wissen mit dem Wissen vom Wertesystem des Menschen verbindet. Die neue Disziplin soll eine Brücke zwischen der Biologie und den Geisteswissenschaften schlagen. Potters Ausgangspunkt ist dabei ein anthropozentrischer. Ziel der Bioethik ist es, einen Beitrag zur Sicherung des langfristigen Überlebens der Menschheit zu leisten: »Bioethics would attempt to balance cultural appetites against physiological needs in terms of public policy«.[4]

Medizinische Bioethik seit den 1970er Jahren
Allgemeine Diskussionen um die Rechte von Patienten und die öffentliche Kontrolle des ärztlichen Handelns sowie Debatten um konkrete Fragen wie die der Abtreibung und Empfängnisverhütung führen in den frühen 70er Jahren zu einer Institutionalisierung der medizinischen Bioethik in Form von Bioethik-Zentren. Die ersten Zentren dieser Art entstehen in

> Nachhaltigkeit (Frank 1789) *221*
> Würde der Tiere (Smith 1789) *214*
> Tierethik (Harbaugh 1854) *218*
> Naturschutz (Rudorff 1888) *219*
> Artenschutz (Anonymus 1896) *222*
> biozentrisch (Meldola 1899) *207*
> Eigenwert (Simmel 1902) *214*
> Biopolitik (Harris 1912) *223*
> Bioethik (Jahr 1927) *205*
> Umweltschutz (Anonymus 1945) *222*
> ökologische Ethik (Glikson 1955) *219*
> Umweltethik (Tysen 1969) *219*
> Evolutionäre Verantwortung (Frankel 1970) *222*
> Tiefenökologie (Naess 1973) *216*
> Unverfügbarkeit (Eibach 1980) *217*
> physiozentrisch (Meyer-Abich 1982) *207*
> pathozentrisch (Teutsch 1985) *207*
> Ratiozentrik (Grünewald 1988) *207*
> Prozessschutz (Sturm 1993) *222*

den USA. Im September 1970 eröffnet in New York das ›Institute of Society, Ethics and the Life Sciences‹, das spätere ›Hastings Center‹. Die Absicht dieser Neugründung ist es, einen akademischen Raum zu schaffen, in dem die Fragen der Bioethik, die gleichzeitig Medizin, Recht, Sozialwissenschaften und Philosophie betreffen, interdisziplinär behandelt werden können.[5] Wenig später entsteht an der Georgetown University in Washington D.C. ein Institut, das den Titel ›Bioethik‹ im Namen trägt, das ›Joseph and Rose Kennedy Institute for the Study of Human Reproduction and Bioethics‹.[6] Mit der Bioethik sind in diesen Instituten in erster Linie Fragen zu konkreten medizinethischen Problemen und Dilemmata verbunden, v.a. solchen, die sich aus dem rasanten technologischen Fortschritt der Medizin ergeben: Fragen zur pränatalen Diagnostik, genetischen Identifikation von Krankheiten oder Sterbehilfe. Die in Deutschland etablierten Zentren der Bioethik stellen meist keine eigenständigen Institute dar, sondern sind Kliniken angegliedert.

Nicht nur auf die Heilung eines Patienten bezogene ärztliche Praktiken, also medizinische Fragen, sind Gegenstand der Bioethik, sondern auch Fragen zur genetischen Veränderung von Pflanzen und Tieren und zur Selbstgestaltung der Gattung Mensch, d.h. zur *Anthropotechnologie* (P. Sloterdijk 1999).[7] Bei der genetischen Gestaltung des Menschen handelt es sich biologisch gesehen um die Rückverlagerung der Selbstgestaltung um eine Stufe, von der Phase der postnatalen Entwicklung in der Erziehung in die Phase der pränatalen Entwicklung. Eine grundsätzliche Schwierigkeit betrifft die fehlende Freiwilligkeit bei solchen Veränderungen (die aller-

> Die Bioethik ist der Teil der Ethik, der sich mit dem moralischen Status von nicht-sprach- und vernunftbegabten Lebewesen oder ökologischer Systeme befasst, z.B. Pflanzen, Tieren, menschlichen Embryonen, Lebensgemeinschaften oder Landschaften. Auch die Medizinethik ist Teil der Bioethik.

dings auch in Erziehungsangelegenheiten meist nicht gegeben ist). Kritisiert wird die genetische »Umkonstruktion des Menschen« vor dem Hintergrund der damit erfolgenden Einschränkung der individuellen menschlichen Freiheit bereits in den 1960er Jahren (Siegmund 1965: »Tatsächlich bedeutet die Manipulierung des Menschen als bloßer ›Biomasse‹ die vollendete Verkennung der menschlichen Persönlichkeit in ihrem Eigenstand und ihrer Eigenverantwortung. Des Menschen Höchstes ist seine menschliche Freiheit«[8]). Von biologischer Seite wird aber immer auch auf die großen mit der genetischen Manipulation verbundenen Hoffnungen hingewiesen. So bemerkt W. Wieser 1966, es werde sich »der kontrollierende, von manchen als antihumanitär empfundene Eingriff in die menschliche Erbanlage vielleicht schon in naher Zukunft als die revolutionierendste und hoffnungsvollste aller medizinischen Methoden erweisen«.[9]

Genetische Manipulation kann zwar als eine Selbstgestaltung des Menschen verstanden werden. Sie ist aber doch nur eine Selbstgestaltung der Gattung; für das Individuum ist sie eine Fremdgestaltung. Denn für den einzelnen, in seinen Genen manipulierten Menschen stellt sich die Gestaltung immer als eine Voraussetzung seiner Existenz dar, nie als etwas, zu dem er eine souveräne, auch ablehnende Haltung einnehmen kann, ohne sich damit selbst abzulehnen. Er kann zu ihr immer nur im Nachhinein eine wertende Stellung einnehmen. Außerdem ist das Verhältnis des Menschen zu sich selbst in einem erheblichen Maße gestört, wenn er sich als durch den Willen eines anderen entworfen wahrnehmen muss. Die für jede Moral grundlegenden Voraussetzungen der Reziprozität der kommunikativen Verständigung und der Zurechenbarkeit von Handlungen werden damit fragwürdig.[10]

Ärztliche Gelöbnisse
Als Grundlage und Richtlinie des ärztlichen Handelns wird eine Kodifizierung der Bioethik seit der Antike versucht. Am bekanntesten ist der *Eid des Hippokrates*, in dem der Arzt sich dazu verpflichtet, seine Verordnungen »zum Heil des Kranken« und nicht zu seinem Schaden einzusetzen. Gelobt wird in dem Eid außerdem, kein Mittel zu geben, das den Tod herbeiführt, selbst dann nicht, wenn der Arzt darum gebeten wird. In das Tötungsverbot ist ausdrücklich auch das »keimende Leben« eingeschlossen: Der Arzt gelobt, keiner Frau ein Abtreibungsmittel zu geben.[11] Eine durch den Utilitarismus inspirierte Fassung des Arztgelöbnisses schlägt der englische Arzt T. Percival 1803 vor. Auch in dieser Formulierung wird die Entscheidung über die Behandlung wesentlich dem Arzt übertragen, nicht dem Kranken. Der ethische Code der Amerikanischen Medizinischen Gesellschaft aus dem Jahr 1847 baut auf dem Vorschlag Percivals auf. Der bis heute gültige so genannte *Internationale Code* wird 1948 vom Internationalen Ärztebund aufgestellt und ist der deutschen Berufsordnung für Ärzte vorangestellt. Dieses Gelöbnis enthält eine Verpflichtung, das Handeln in den »Dienst der Menschlichkeit« zu stellen und die »Erhaltung und Wiederherstellung der Gesundheit« der Patienten als oberstes Gebot anzunehmen. In der ärztlichen Behandlung dürfe kein Unterschied nach Religion, Nationalität, Rasse, Parteizugehörigkeit oder sozialer Stellung gemacht werden.

Seit Mitte der 1950er Jahre rücken zunehmend die Rechte der Patienten in den Mittelpunkt der ethischen Debatte, so durch die Schriften von J.F. Fletcher und P. Ramsey, letzterer in einem Werk, das für die moderne Bioethik als grundlegend gilt.[12] In der jüngeren bioethischen Debatte hat sich besonders der Ansatz einer prinzipiengeleiteten Bioethik etabliert (»Prinzipismus«). Die einflussreiche Studie von T. Beauchamp und J. Childress schlägt vier Prinzipien der medizinischen Bioethik vor: das Autonomie-Prinzip, das Nicht-Schadens-Prinzip, das Wohltuens-Prinzip und das Prinzip der Gerechtigkeit.[13] Mit dem Autonomie-Prinzip ist die Verantwortung für eine Behandlung dem Urteil des Patienten überlassen: Er kann auf sie verzichten, selbst wenn dies seinem Körper schadet. Für Zweifelsfragen der ärztlichen Praxis hat sich an vielen Krankenhäusern und in der Politikberatung das Instrument der *Ethikkommission* gebildet.[14]

Ethischer Schutz nicht-personaler Wesen?
Einen Schwerpunkt der gegenwärtigen Diskussion der Bioethik bildet die Kontroverse um die *unbedingten Lebensrechte* oder die *Würde* nicht-personaler Lebensformen, die biologisch zur Gattung Mensch gehören, z.B. Embryonen (und Feten; ↑Entwicklung/Embryo), Säuglinge oder geistig schwer Behinderte und nicht sprachlich artikulationsfähige Menschen. Mit einer ganzen Reihe von Argumenten wird für die Schutzwürdigkeit dieser menschlichen Lebensformen plädiert. Unterschieden wird das Spezies-, das Kontinuums-, das Identitäts- und das Potenzialitätsargument: Embryonen gelten danach als schutzwürdig, weil sie zur biologischen Art des Menschen gehören, sich in einem kontinuierlichen Entwicklungsgang zu personalen Menschen bilden, in entwicklungsgeschichtlicher und genetischer Hinsicht also mit diesem identisch sind und seine ethisch relevanten Vermögen bereits potenziell enthalten.[15] Die ersten drei dieser Argumente gelten als nicht so stark wie das

letzte[16], weil die Schutzwürdigkeit in der Regel an einer Eigenschaft des Menschseins festgemacht wird, die (1) nicht zur biologischen Speziesausstattung des Menschen gehört, für die die biologische Artzugehörigkeit also irrelevant ist, die (2) nicht bereits mit der biologischen Zeugung vorliegt und die (3) nicht die individuelle Identität eines Menschen als biologischen Organismus betrifft. Auch gegen das Potenzialitätsargument für die ethische Schutzwürdigkeit von Wesen in (noch) nicht personalen Lebensphasen wird eine Reihe von Überlegungen eingewandt: Zum einen wird argumentiert, dass die Potenzialität zur Entwicklung eines personalen Menschen auch auf Spermien und Eizellen erweitert werden könnte, so dass mit dem Potenzialitätsargument auch diesen ein Schutzanspruch zugeschrieben werden müsste – was aber meist abgelehnt wird.[17] Zum anderen wird eingewandt, dass unklar sei, warum einem Potenzial zu einer Eigenschaft die gleiche ethische Bedeutung zukommen sollte wie der Aktualisierung dieser Eigenschaft.[18] Die Offenheit der Diskussion wird daran deutlich, dass die Praxis der Rechtsprechung in diesen Fragen nicht selten inkonsequent ist.

Der expandierende Kreis der Bioethik
In der weiteren Bedeutung drücken sich bioethische Aussagen in der Forderung aus, nicht den Menschen, sondern das Leben als den eigentlichen Träger von Werten und damit als Gegenstand moralischer Verpflichtungen zu sehen. Im Rahmen einer Bioethik wird also für die Verabschiedung der *Anthropozentrik* und die Etablierung einer *Biozentrik* der Ethik plädiert. Die Gegenüberstellung von Anthropozentrik und Biozentrik ist seit Ende des 19. Jahrhunderts verbreitet. 1899 spricht R. Meldola von einer **biozentrischen** (»biocentric«) Einstellung.[19] Anthropozentrik und Biozentrik können als zwei Positionen in einem Spektrum angesehen werden, das die bioethischen Standpunkte nach dem Umfang der Klassen von Objekten klassifiziert, denen ein ethischer Wert zugeschrieben wird (»Reichweite der Ethik«). Die Positionen reichen von der Wertzuschreibung allein der eigenen Person (»Egozentrik«) bis hin zu der Wertzuschreibung zu allen Objekten (»Physiozentrik«; »Holismus«). Dargestellt werden kann dieses Spektrum an Positionen als ein expandierender Kreis (»expanding circle«). Das Bild eines solchen sich erweiternden Kreises hat antike Ursprünge: Der Stoiker Hierokles spricht im 2. Jahrhundert von einem wachsenden Kreis des ethischen Zugehörigkeitsgefühls, der am Ende zumindest alle Menschen umfasse[20] (vgl. Abb. 42).[21] Neben Biozentrik und Anthropozentrik stehen im Spektrum bioethischer Positionen die

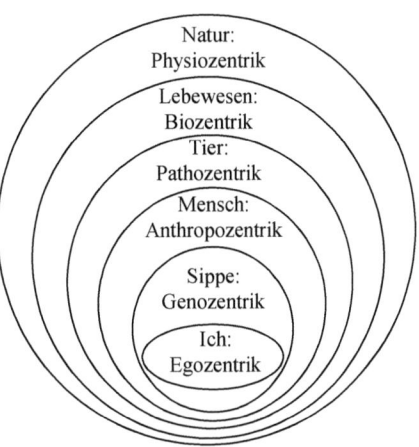

Abb. 42. Der sich erweiternde Bereich der ethischen Verantwortung bei verschiedenen Stufen der Rücksichtnahme auf andere Lebewesen und schließlich auf die Natur insgesamt.

Standpunkte der **pathozentrischen** Ethik, die allen leidensfähigen Lebewesen Schutzrechte zugesteht (Teutsch 1985)[22], und die **physiozentrische** Ethik, die die moralische Relevanz auf die ganze Natur ausweitet und den Menschen als ein Glied des Naturganzen darstellt (Meyer-Abich 1986)[23]. Der Ausdruck ›physiozentrisch‹ (engl. »physiocentric«) wird seit Ende des 19. Jahrhunderts verwendet, anfangs in einem nicht primär ethischen Sinn, z.B. zur Kennzeichnung einer philosophischen Grundeinstellung (Meyer 1893: »physiocentric philosophies« im Gegensatz zu »anthropocentric and biocentric [philosophies]«[24]) oder in Bezug auf die hellenistische Periode der griechischen Philosophie (Snider 1903).[25] L.O. Kattsoff charakterisiert über den Ausdruck 1944 ein Menschenbild, das von der physischen Welt ausgeht und im Gegensatz zu einem ›homozentrisch‹ (»homocentric«) genannten Ansatz steht.[26] Im bioethischen Sinn verwendet K.M. Meyer-Abich seit 1982 das Wort: Als ›physiozentrisch‹[27] charakterisiert er diejenige Einstellung der »menschlichen Herrschaft in der Natur«, in der es gilt, »die Natur ›um ihrer selbst willen‹ mitzubedenken«[28]. Am anderen Ende des Extrems steht die **Ratiozentrik**, die in den Kreis der ethisch relevanten Subjekte allein die zum vernünftigen Handeln und zu einer Selbstverpflichtung befähigten Lebewesen, d.h. Personen, einschließt.[29] Allerdings kann im Rahmen einer Ratiozentrik durchaus für die moralische Relevanz anderer Lebewesen argumentiert werden; diese bilden dann aber eben keine (Ko-)Subjekte, sondern lediglich Objekte der Moral. Diese Einstufung muss aber wiederum keine Unterschiede im Grad der Verbindlichkeit von Pflichten diesen Wesen gegenüber bedingen.[30] Aus der Tatsache, dass Tiere nie Subjekte der Moral sein können, weil sie eben nicht kommunikativ an der Begründung von moralischen Normen beteiligt sind, muss keine Geringschätzung von ihnen als moralische Objekte folgen. Selbst eine anthropozentrisch ansetzende Ethik muss also in ihren Konsequenzen nicht durchweg anthropozentrisch sein.[31]

In ratiozentrischer Perspektive stellt es eine kulturrelative, in Verfahren der gesellschaftlichen Konsensbildung zu klärende Frage dar, inwieweit Lebewesen, die nicht selbst am ethischen Diskurs beteiligt sind, als Objekte von Moral in Frage kommen und insofern ein Lebensrecht erhalten. Einen unbedingten, kulturübergreifenden Schutz genießen dagegen allein die moralischen Subjekte, die sich am moralischen Diskurs selbst beteiligen können. Denn allein von ihrer Begründungskompetenz hängt die Grundlage und jede Veränderung des Werte- und Rechtssystems ab. In einem nachmetaphysischen Zeitalter, in dem nicht mehr auf eine letztbegründete Ethik zurückgegriffen werden kann, stellen die rationalen Diskursteilnehmer somit die entscheidende Ressource für die Formulierung der Ethik dar.

Antike Wurzeln der Biozentrik
Ihre historischen Wurzeln hat die biozentrische Forderung der Ethik in der Antike. Sie steht insgesamt in einer Traditionslinie, die als ›arkadisch‹ bezeichnet werden kann und die einer ›imperialen‹, auf die Herrschaft des Menschen über die Natur zielenden Tradition gegenübersteht.[32] Bereits bei dem Vorsokratiker Empedokles findet sich die Aufforderung, auf das Verzehren von Fleisch zu verzichten, weil die Tiere als unsere Verwandten einen Schutz genießen sollten.[33] Empedokles begründet diese Forderung weiter mit der Annahme einer Seelenwanderungslehre, nach der die Seelen der Menschen in einem Tier wiedergeboren werden könnten. Die Rücksichtnahme auf die Seele des Menschen impliziert damit auch eine Rücksichtnahme auf die Tiere. Bei den Pythagoreern sind auch die Pflanzen mitunter in die Reinkarnationslehren einbezogen, so dass auch der Verzehr von ihnen problematisch wird.[34] Allerdings wird mittels der Seelenwanderungslehre von einigen Autoren auch anders herum argumentiert: Durch das Töten der Tiere würde ihren Seelen zu einer schnelleren Menschwerdung verhelfen.[35]

Ansätze zu bioethischen Positionen, die einen Schutz auch der außermenschlichen Natur fordern, finden sich auch bei Aristoteles. Denn eine körperliche Integrität und die Fähigkeit zum Wohlbefinden und zur Schädigung spricht Aristoteles auch den anderen Lebewesen zu. Die Untersuchung der Tiere und Pflanzen bildet für Aristoteles ausdrücklich auch keinen niederen, sondern vielmehr einen »schönen«, also wertvollen Gegenstand; eine Verwandtschaft zwischen vielen Tieren und dem Menschen sieht Aristoteles darin, dass beide aus den gleichen Bestandteilen wie Blut, Fleisch und Knochen bestehen.[36] Wenig später plädiert Theophrast dafür, die ethische Gemeinschaft über den Menschen hinaus auf alles Lebende (d.h. alle Tiere; ↑Leben) zu erweitern. Die Empfindung der Verwandtschaft verbiete es, die übrigen Lebewesen zu töten.[37] Weil Theophrast hier nicht im Rahmen einer Seelenwanderungslehre argumentiert, verbirgt sich hinter seinem Plädoyer für einen Schutz der Tiere kein Anthropozentrismus. Bei Theophrast finden sich damit Ansätze für eine tatsächlich bioethische Position, insofern er das *Leben* der Tiere – das er als ein wertvolleres Gut als die aus dem Boden sprießenden Gewächse bezeichnet – als Argument für ihre Schutzwürdigkeit anführt.[38] Das Opfern von Früchten der Pflanzen rechtfertigt Theophrast im Gegensatz zum Opfern von Tieren damit, dass dabei den Pflanzen nicht als Ganzen das Leben genommen werde und dass das Ernten der Früchte nicht gegen den Willen der Pflanzen erfolge, weil sie selbst ihre Früchte abwerfen.[39]

Eher skeptisch gegenüber der ethischen Relevanz der Tiere und Pflanzen zeigen sich die Stoiker. In scharfem Kontrast zu stoischen Auffassungen plädiert aber Plutarch im ersten nachchristlichen Jahrhundert für die Schonung und den Schutz von Tieren (allerdings ohne große praktische Konsequenzen, denn Tiere werden in den römischen Arenen in großen Mengen zur Belustigung hingeschlachtet, ohne dass sich – abgesehen von vereinzelten Kritiken[40] – eine Protestbewegung dagegen formierte).[41] Plutarch beklagt selbst das Töten von Tieren zu Ernährungszwecken und weist darauf hin, dass der Mensch auf Fleischnahrung nicht angewiesen sei, sondern diese allein der Lustbefriedigung diene.[42] Auch die Möglichkeit einer Seelenwanderung führt Plutarch als Argument in die Debatte ein: Diese Lehre sieht er zwar nicht als gesichert an, es sei aber klüger, die Lehre irrtümlich anzunehmen und auf Fleischnahrung zu verzichten, als sie irrtümlich abzulehnen und Fleisch zu essen, denn die Konsequenzen seien in diesem Fall fataler als in jenem.[43] Schließlich führt Plutarch auch das später so genannte »Verrohungsargument« an (s.u.): Das Schlachten von Tieren gewöhne den Menschen an brutales Verhalten gegenüber Lebewesen und sei damit einem rücksichtsvollen und empathischen Miteinander auch unter Menschen abträglich[44]; umgekehrt pflege eine Fürsorge für die Tiere auch die Anlagen für eine Liebe zu den Mitmenschen[45]. Eine ethische Bedeutung von Pflanzen sieht Plutarch allerdings nicht. Diese Kontrastierung der ethischen Relevanz von Tieren und Pflanzen scheint bei Plutarch aus einem strategischen Argument zu stammen: Würde auch die Schonung der Pflanzen als ein moralisches Gebot angesehen werden, dann befände sich der Mensch in einem unlösbaren Konflikt, weil er doch zu seiner Ernährung zumindest auf Pflanzen angewiesen ist. Die ethische Relevanz der Pflanzen ist also quasi das bioethische Bauernopfer, um für einen umfassenden Tierschutz plausibel argumentieren zu können. Begründet wird die moralische Unbedenklichkeit des Tötens von Pflanzen allerdings meist mit der fehlenden Sinnlichkeit und Empfindungsfähigkeit der Pflanzen.[46]

Der Schluss von der fehlenden Sinnlichkeit der Pflanzen auf ihre ethische Irrelevanz kann unter Voraussetzung der christlichen Lehren aber Probleme bereiten. Denn gerade die Sinnlichkeit trägt nach christlicher Lehre zur Verunreinigung des Seelenlebens bei. Augustinus kann daher in einer seiner antimanichäischen Frühschriften fragen: »warum haltet ihr es für ein größeres Unrecht, Lebewesen (»animalia«) zu töten als Pflanzen, wo letztere für euch doch scheinbar eine reinere Seele (»puriorem animam«) haben als Fleisch?«.[47]

Theozentrismus des Christentums
Aus der Sicht des Christentums werden die Pflanzen und Tiere in erster Linie als Diener des Menschen und zu seinem Nutzen verstanden. Thomas von Aquin beruft sich in diesem Zusammenhang auf eine bekannte Stelle der Politik des Aristoteles, der zufolge die Pflanzen um der Tiere willen und beide um des Menschen willen da sind[48], und er kann in gleicher Weise auf die Darstellung der Bibel verweisen, nach der die Pflanzen zur Nahrung des Menschen von Gott erschaffen wurden[49]. Das Leben der Pflanzen und Tiere entbehrt also jedes Selbstzwecks und wird als bloßes Mittel in der teleologisch-theologischen Seinsordnung interpretiert.[50] Rechtliche Relevanz haben die Tiere im Mittelalter in erster Linie insofern, als sie die Eigentumsinteressen des Menschen betreffen; von einer Tierschutzgesetzgebung kann nicht gesprochen werden.[51] Allerdings ist das Weltbild des christlichen Mittelalters nicht im eigentlichen Sinne anthropozentrisch, denn auch der Mensch interpretiert sein Leben als auf Gott ausgerichtet und sieht sich selbst in seiner Struktur und seinem Ursprung analog zu den anderen Lebewesen als Gottes Schöpfung.[52]

Als »kulturelle Handlungshemmung« im Umgang mit der Natur wirkt bis in die Renaissance das Bild von der Natur als lebendigem Organismus und als nahrungsspendende Mutter.[53] Allerdings nimmt der Bergbau im 15. und 16. Jahrhundert einen steilen Aufschwung, so dass von einer Hemmung der Naturausbeutung manchmal wenig zu spüren ist. Die mahnenden Worte M. de Montaignes stellen daher eher eine Ausnahme dar: Am Ende des 16. Jahrhunderts ist er der Auffassung, es bestehe eine Gemeinschaft (»quelque commerce«) und gegenseitige Verpflichtung (»obligation mutuelle«) zwischen dem Menschen und denjenigen anderen Lebewesen, die für seine Gnade und sein Wohlwollen (»la grâce et la bénignité«) empfänglich seien.[54] Es sei eine bloße »leere Einbildung«, die den Menschen dazu verleite, sich von dem »Haufen« der übrigen Geschöpfe abzusondern und eine Sonderstellung anzumaßen (»qu'il se trie soi-même et sépare de la presse des autres créatures«).[55] Die Fähigkeiten und Kräfte, die der Mensch den Tieren, seinen »Brüdern und Gefährten«, zubillige, beruhen nach Montaigne auf einer bloß willkürlichen Zuschreibung.

Frühe Neuzeit: mechanistisches Weltbild
Der Übergang von einem organizistischen zu einem mechanistischen Weltbild im 17. Jahrhundert stellt insofern lediglich eine Anpassung der Theorie an eine schon akzeptierte Praxis dar.[56] Besonders prominent wird die mechanistische Theorie des Lebens in der Philosophie R. Descartes', weil er die nichtmenschlichen Lebewesen als lebendige Automaten interpretiert (↑Organismus/Mechanismus) und damit ethisch neutralisiert. Selbst innerhalb holistischer ontologischer Entwürfe, die weit entfernt von einer einfachen Anthropozentrik stehen, kann den Tieren ein Recht auf ihr Leben bestritten werden: B. Spinoza ist der Ansicht, der Schutz der Tiere sei »mehr in einem eitlen Aberglauben und in weibischer Barmherzigkeit als in der gesunden Vernunft begründet«. Die Empfindungsfähigkeit der Tiere sei kein Argument gegen die Praxis, die Tiere »nach Belieben zu gebrauchen«[57].

An der Einstufung der Pflanzen und Tiere als ethisch neutral ändert sich bis in die Neuzeit im Wesentlichen wenig. Sogar Autoren, die für die Zuschreibung einer Seele zu den Pflanzen argumentieren, wie der Stahl-Schüler M. Alberti, lehnen eine Einbeziehung der Pflanzen in die moralische Ordnung ab – und zwar unter Berufung auf die christliche Lehre.[58] C. von Linné begründet das Fehlen eines Mitleids (»commiseratio«) gegenüber Pflanzen wenig später damit, dass diese kein Widerstreben (»nolle«) zeigten (also keine Interessen hätten, s.u.).[59] Zeitgenossen Linnés sehen es allerdings anders und begründen das Gebot der moralischen Berücksichtigung der Pflanzen mit ihrer Leidensfähigkeit.[60] Die Argumentationen gegen eine ethische Relevanz der Pflanzen und Tiere stehen im 18. Jahrhundert meist unter einem theologischen Vorzeichen. Verschiedene Argumente lassen sich unterscheiden[61]: Gegen die moralische Relevanz der Tiere spreche zunächst, dass einem weisen Schöpfergott nicht daran gelegen sein könne, den Menschen in moralische Konflikte zu stürzen, indem er dem Menschen einerseits aufträgt, über die anderen Lebewesen zu herrschen, diese aber andererseits auch über einen moralischen Stellenwert verfügen. Ein anderes Argument stützt sich darauf, dass auch die Seele der Tiere durch ihr sinnliches Leben gesündigt habe und daher zu Recht durch den Menschen bestraft werden dürfe.[62] Im Rahmen eines dritten Arguments schließlich wird das Töten der Tiere als Möglichkeit der Befreiung und des Aufstieg ihrer Seelen interpretiert.[63]

Fehlende Rechtsgemeinschaft Mensch-Tier
Weniger theologische Argumente gegen die Einbeziehung der Tiere in die ethische Gemeinschaft werden in der deutschen Frühaufklärung seit Ende des 17. Jahrhunderts ausgehend von rechtstheoretischen Überlegungen vorgebracht. S. Pufendorf und C. Thomasius begründen ihre Ablehnung von Rechtspflichten des Menschen gegenüber den Tieren mit der fehlenden Rechtsgemeinschaft zwischen ihnen.[64] Nach Pufendorf besteht kein Recht und keine wechselseitige Verbindlichkeit zwischen Menschen und Tieren (»nullum hominibus brutisque jus, nullaque obligatio invicem intercedat«[65]). Denn die Tiere seien zu keiner »aus Bündnissen entstehenden Pflicht gegen den Menschen fähig«[66] (»neque illa obligationis ex pacto oriundae adversus homines sunt capacia«[67]). Pufendorf spricht daher von der »Ermangelung gemeinschafftlichen Rechtes«[68] zwischen Menschen und Tieren (»defectu communis juris inter homines & bruta«[69]). An anderer Stelle heißt es bei Pufendorf, die nicht-menschlichen Lebewesen seien nicht Teil dieser Gemeinschaft, weil sie nicht über Vernunft und einen freien Willen verfügen würden und damit keine *persona moralia* seien.[70] Allenfalls eine indirekte Pflicht des Menschen in Bezug auf die leidensfähigen Lebewesen sieht Thomasius, insofern aus den »Pflichten des Menschen gegen sich selbst« die Forderung folge, dass der Mensch seine »Gemüths- und Leibesgüter« durch den »Gebrauch« der anderen Kreaturen nicht »verderbe«, dass er also durch die Grausamkeit im Umgang mit den Tieren nicht selbst verrohe.[71]

Das Argument der fehlenden Rechtsgemeinschaft findet sich im Ansatz bereits bei Aristoteles: Er bestreitet die Möglichkeit einer Rechtsgemeinschaft zwischen Mensch und Tier, weil die Tiere nicht wie der Mensch um des Guten willen, sondern allein aus Leidenschaft handeln bzw. sich verhalten würden und daher keine Verträge abschließen könnten.[72] Aristoteles' Schüler Theophrast bezieht dagegen den entgegengesetzten Standpunkt, indem er die Verwandtschaft von Tier und Mensch betont.[73] Die Epikureer und Stoiker sind wieder auf Seiten Aristoteles', insofern sie eine Rechtsgemeinschaft zwischen Mensch und Tier bestreiten, weil jeder Rechtsanspruch der Tiere gegen die Menschen daran scheitere, dass sie aufgrund ihrer mangelnden Sprachfähigkeit keine Verträge abschließen könnten.[74]

Kants Bioethik
Dieses »Verrohungsargument« – dessen Ursprünge mindestens bis in die Scholastik zurückreichen[75] – führt auch I. Kant einhundert Jahre später im Zusammenhang mit seiner Vernunftethik an. Ebenso wie seine rechtsphilosophischen Vorläufer betrachtet Kant allein das Vernunftvermögen als Kriterium der ethischen Zurechnungsfähigkeit. Für Kant gibt es daher keine Pflichten »gegen«, sondern nur »in Ansehung« von nicht vernunftbegabten Lebewesen. Die »Pflichten in Ansehung« der Tiere werden durch das »Mitgefühl an ihrem Leiden« und die Pflicht gegen sich selbst, die sinnlichen Anlagen zu kultivieren, begründet.[76] Nicht allein in Bezug auf die Tiere, sondern zum Schutz der außermenschlichen Natur insgesamt versteht Kant das Gebot, das Schöne in der Natur nicht zu zerstören, als eine Pflicht« gegen sich selbst, »weil es [das Zerstören] dasjenige Gefühl im Menschen schwächt oder vertilgt, was zwar nicht für sich allein schon moralisch ist, aber doch diejenige Stimmung der Sinnlichkeit, welche die Moralität sehr befördert, wenigstens dazu vorbereitet, nämlich etwas auch ohne Absicht auf Nutzen zu lieben (z.B. die schöne Krystallisationen, das unbeschreiblich Schöne des Gewächsreichs)«[77]. Aufgrund seines zentralen Bezugs auf die Vernunft stellt Kants Ethik der Natur weniger eine Anthropozentrik als vielmehr eine *Ratiozentrik* dar (s.o.).[78]

Bioethik im Utilitarismus
Eine gänzlich andere Argumentationslinie zur Begründung einer Bioethik wird ausgehend von einem utilitaristischen Hintergrund entwickelt. Hier ist es nicht die drohende Verrohung des Menschen oder die mögliche Vernünftigkeit der Tiere, die deren moralische Relevanz begründet, sondern allein ihre Leidensfähigkeit.

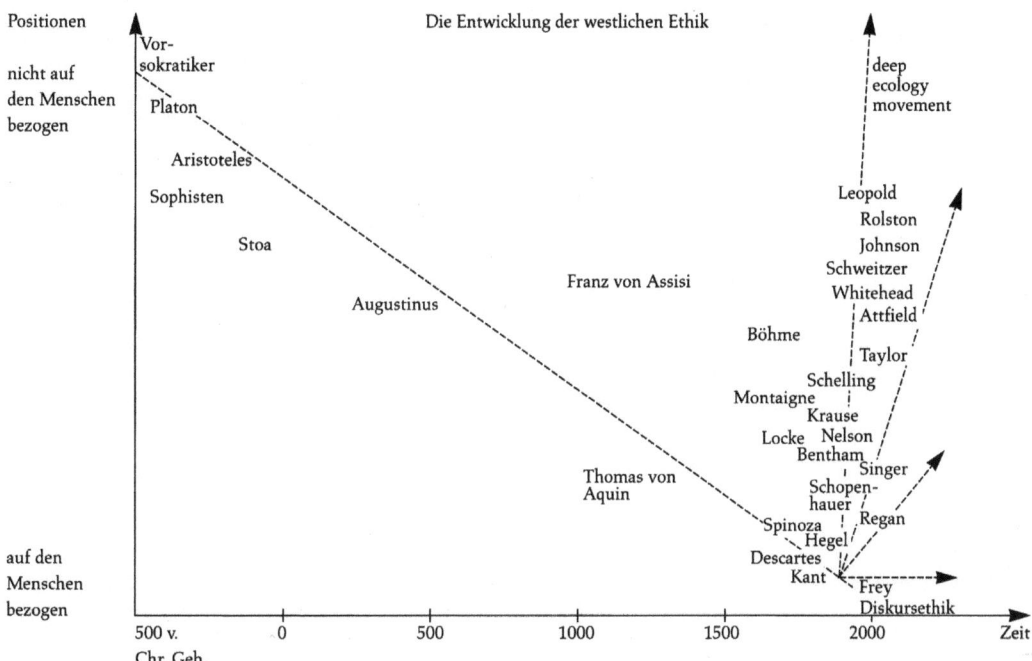

Abb. 43. Das Spektrum ethischer Positionen zwischen Anthropozentrik (unten) und Physiozentrik (oben) und von der Antike (links) bis in die Gegenwart (rechts) (aus Pfordten, D. von der (1996). Ökologische Ethik. Zur Rechtfertigung menschlichen Verhaltens gegenüber der Natur: 96).

Ihre modernen Ursprünge hat diese Bewegung in der individualistisch-liberalistischen Rechtspraxis der angelsächsischen Welt. Der 1641 aufgestellte »Body of Liberties« für Massachusetts enthält in Artikel 92 das Verbot des Tyrannisierens und Quälens von Nutztieren – und ist insofern immer noch eine anthropozentrische Komponente.[79] Frei von dieser Anthropozentrik sind die berühmten Worte J. Benthams zur Frage der moralischen Berücksichtigung von nichtmenschlichen Lebewesen: »the question is not, Can they *reason*? nor Can they *talk*? but, Can they *suffer*?«[80]. Im Rahmen einer utilitaristischen Begründung hat die Bioethik ihre Wurzel in der Leidensfähigkeit von Organismen; insofern sie leiden, wird ihnen auch die Fähigkeit zum Glück zugeschrieben. Das moralische Kalkül zur Bewertung einer Handlung hat die Folgen einer Handlung für alle leidensfähigen Wesen gemäß dem Grundsatz »das größte Glück der größten Zahl« zu berücksichtigen. Diese Rechtfertigungen der Einbeziehung der Tiere in die Ethik, die auf ihrer Empfindungsfähigkeit ruhen (*Pathozentrik*), werden im letzten Drittel des 18. Jahrhunderts v.a. von englischen Philosophen entwickelt.[81] Im Anschluss daran werden moralische Pflichten des Menschen gegenüber Tieren konstatiert.[82]

Solche Forderungen finden ihre Anhänger auch in Deutschland. So fordert W. Dietler 1787 eine »Gerechtigkeit gegen Thiere«, die er mit ihrer Empfindungsfähigkeit und ihrem Dasein als »fühlende Mitwesen« begründet. Neben dem utilitaristisch begründeten Schutz vor Leiden steht auch die Vorstellung einer harmonischen Ordnung der Natur als Ganzer im Hintergrund der Argumentation Dietlers: Rechtmäßig seien allein Handlungen, die »das Gleichgewicht und Bedürfnis des Ganzen« nicht stören.[83] Ähnlich sieht es 1793 der dänische Theologe L. Smith: Er schreibt dem Tier alle die Vermögen zu, die traditionell dem Menschen vorbehalten blieben, so die Urteilsfähigkeit, »ein Gefühl von seiner persönlichen Identität«, Selbstbewusstsein, Wille und ein Empfinden von Freude und Schmerz. Daraus schließt Smith: »Das Thier hat also sein Recht gegen den Menschen, ebensowohl als dieser sein Recht gegen seinen Nebenmenschen und das Thier hat«.[84]

Fraglich bleibt in diesen Ansätzen die moralische Stellung solcher Organismen, denen eine Leidensfähigkeit nicht zugestanden wird, z.B. den Pflanzen. Während Bentham sich diesem Problem noch nicht stellt, wird von einigen seiner Zeitgenossen auch den Pflanzen die Fähigkeit des Erlebens von Leid und

Glück zugeschrieben und damit die Begründung ihrer ethischen Relevanz angestrebt.[85]

Im Allgemeinen gelten aber die Pflanzen bis in die Gegenwart als nicht leidensfähige Lebewesen, und sie werden daher auch im Rahmen eines utilitaristischen Handlungskalküls nicht berücksichtigt. In seiner *Angewandten Ethik* (»Applied Ethics«), von der die Bioethik einen Teil bildet, schließt z.B. P. Singer die Pflanzen wegen ihrer fehlenden Empfindungsfähigkeit (»boundary of sentience«) aus dem Kreis der ethisch relevanten Lebewesen aus.[86] M. Fox spricht 1978 von einer »Gemeinschaft der Leidenden (»fellowship of suffering«) in Bezug auf Mensch und Tier – und unter Ausschluss der Pflanzen.[87] Begründet wird diese Leidensgemeinschaft mit dem »Katzschen Gesetz«, nach dem Mensch und Tier eine ähnliche Gefühlsausstattung haben (↑Gefühl).[88]

Bioethik und Evolution
Einen erheblichen Einfluss auf den bioethischen Diskurs hat C. Darwins Feststellung und Begründung eines phylogenetischen Zusammenhangs aller Lebewesen auf der Erde. Darwin selbst spricht davon, dass wir nicht nur in unseren Krankheiten und Schmerzen mit den Tieren verbunden seien (»animals, our fellow brethren in pain, deseases, death, suffering and famine«), sondern eben auch in unserem genealogischen Ursprung (»our origin in one common ancestor – we may be all netted together«).[89] Im Anschluss daran, wird es als ein bioethischer Fortschritt verstanden, die isolierte Stellung des Menschen naturwissenschaftlich überwinden zu können und ihn als ein Glied in eine Gemeinschaft von Gleichgestellten zu integrieren.[90] Einer der frühen Protagonisten dieser Linie ist H. Salt, indem er in den 1930er Jahren die biologische Verwandtschaft unter den Lebewesen als Maßstab des moralischen Systems ansieht und sich dagegen ausspricht, die Tiere (im Englischen) ›brutes‹ zu nennen: »the basis of any real morality must be the sense of Kinship between all living beings«.[91] Bis in die Gegenwart wird es von einigen Autoren als eine Lehre aus der darwinschen Theorie angesehen, dass der Mensch seine Sonderstellung auch in ethischer Hinsicht aufzugeben habe (Rachels 1990: »Darwinism leads inevitably to the abandonment of the idea of human dignity [... i.e.] the moral doctrine which says that humans and other animals are in different moral categories; that the lives and interests of human beings are of supreme moral importance«[92]).

Fähigkeit zu Interessen
Neben der Vernunft und der Leidensfähigkeit sind noch weitere Begriffe als Basis für eine bioethische Argumentation vorgeschlagen worden. Darunter befindet sich der Begriff des *Interesses*.[93] Das Vorliegen eines Interesses wird zwar von einigen Autoren an eine Empfindungs- und Leidensfähigkeit geknüpft – und in der Folge dessen Pflanzen ein Interesse abgesprochen –, diese Bindung muss aber nicht bestehen.[94] H. Jonas spricht z.B. in Bezug auf alle Lebewesen von dem »absoluten Interesse des Organismus an seinem eigenen Dasein«.[95] Im Allgemeinen wird aber allein Tieren ein Interesse zugestanden. Aus dem Interesse an der eigenen Erhaltung wird versucht, den Selbstzweckcharakter von Lebewesen zu begründen und im Anschluss daran auf sie den kategorischen Imperativ Kants zu beziehen.[96] Wird eine Begründung des Interesses ausgehend von der Empfindungsfähigkeit versucht, dann kann das Interesse ebenso wie die Empfindungsfähigkeit in Graden zugeschrieben werden. Diese Graduierung des Interesses variiert nicht allein zwischen den Arten, sondern auch innerhalb einer Art, denn das Interesse am Leben ist ein Merkmal eines einzelnen Individuums. Die Folge davon ist, dass beispielsweise einigen geistig schwer behinderten Menschen ein geringeres Interesse am Leben als einigen Tieren zuerkannt wird – eine These P. Singers, die viele Kontroversen ausgelöst hat. Gegenstand heftigster Auseinandersetzung ist beispielsweise Singers Vorschlag, »dem Leben eines [menschlichen] Fötus keinen größeren Wert zuzubilligen als dem Leben eines nichtmenschlichen Lebewesens auf einer ähnlichen Stufe der Rationalität, des Selbstbewußtseins, der Bewußtheit, der Empfindungsfähigkeit usw.«.[97]

Ein Vorzug der Ethikbegründung mittels des Konzeptes des Interesses liegt darin, dass auf diese Weise der Wert eines Lebewesens aus der Perspektive dieses Lebewesens selbst vorgenommen wird. Problematisch bleibt aber die Interessenzuschreibung in solchen Fällen, in denen ein Lebewesen keinen Begriff von sich oder seinem zukünftigen Leben hat. Zu unterscheiden ist zumindest zwischen dem Interesse eines Lebewesens, das sich allein auf seine Erhaltung in der Gegenwart bezieht und einem anderen übergreifenden Lebensinteresse, das das langfristige Verfolgen von Zielen betrifft.[98] Diese Unterscheidung wird 1979 von R. Frey betont, der nur Interesse im Sinne von *Wünschen*, nicht aber im Sinne von *Bedürfnissen*, die auch anorganischen Gegenständen wie Maschinen zukämen (z.B. ein Traktor, dem Öl fehlt), als moralisch relevant erachtet. Die moralisch relevante Form der Interessen, also die Fähigkeit zu Wünschen spricht Frey den Tieren ab, weil diese an die Kompetenz des Sprechens und des Habens von Überzeugungen gebunden sei.[99]

1. Schönheit des Überschaubaren
In Organismen, also individuellen organischen Gestaltungen, erscheint die Natur in Form von ganzheitlichen Einheiten, die in ihrer zeitlichen und räumlichen Erstreckung meist scharf begrenzt sind und die durch ihre Aktivitäten die Idenittät des eigenen Körpers bewahren. Selbst ihre oft vielfältigen Tätigkeiten folgen dabei einer ausrechenbaren Regelmäßigkeit und einer klaren funktionalen Ordnung, die auf die immer gleichen Ziele, die Selbsterhaltung und Fortpflanzung, gerichtet sind.

2. Genealogische Verbundenheit
Die Pflanzen und Tiere sind biologische Verwandte des Menschen, weil sie aus einer gemeinsamen Phylogenese hervorgegangen sind. Sie können also als Schwestern und Brüder betrachtet werden, mit denen der Mensch eine gemeinsame Familie bildet. Insofern die rezenten Lebewesen verschiedene Stadien in der Evolutionsgeschichte repräsentieren, kann die Betrachtung der unterschiedlichen Formen des Lebens als ein Blick in die eigene Vergangenheit empfunden werden.

3. Gemeinsame organische Verfassung
Die gemeinsame organische Verfassung verbindet den Menschen mit allen anderen Lebewesen in struktureller Hinsicht. Die Gemeinsamkeiten erstrecken sich vom biochemischen Aufbau aus Kohlehydraten, Proteinen, Fetten und anderen Grundstoffen über die anatomische Gliederung in Zellen, Gewebe und Organe bis hin zu ethologischen Gemeinsamkeiten aufgrund des gleichen Inventars an funktionalen Verhaltensweisen wie Ernährung, Fortpflanzung und Fürsorge für die Nachkommen.

4. Dankbarkeit
Weil die Mikroorganismen, Pflanzen und Tiere die lebensfreundlichen Bedingungen auf der Erde entscheidend mitgeprägt haben und die ökologischen Systeme aufrechterhalten, ist die Existenz des Menschen von ihnen abhängig. Dieses anhaltende Angewiesensein auf die anderen Lebensformen kann Dankbarkeit motivieren.

5. Voyeurismus
Das verborgene Leben und die Heimlichkeit des Verhaltens vieler Tiere bringt es mit sich, dass ihre Betrachtung eine voyeuristische Lust befriedigt. Die Enthüllung auch der verborgensten Lebensäußerungen durch das Kameraauge des Tierfilmers kann als Triumph der menschlichen List über den Versuch des Tieres, sein Geheimnis und seine Intimität zu bewahren, wahrgenommen werden.

6. Selbstbespiegelung
Die organische Welt bietet ein Universum an Verhaltensmustern, emotionalen Stilen und sozialen Rollen, das der Ausbildung der eigenen Identität und der Zuschreibung Fremder dienen kann.

7. Überlegenheitsgefühl
Einblicke in die funktionale Ordnung und das Gleichmaß im Leben der Tiere können ebenso zu einem Gefühl der Überlegenheit führen wie ihre tatsächliche Beherrschung und Ausnutzung für menschliche Zwecke. Einsichten in die Distanzlosigkeit, mit der die Tiere ihren Zielen nachgehen, bieten für den Beobachter die Möglichkeit zur Reflexion und Distanzierung gegenüber den eigenen Zielen.

8. Faszination der Fremdheit
Die Natur erscheint vielfach als das faszinierende Fremde, das eigenen Gesetzen folgt und nicht den Konventionen und Erwartungen menschlicher Umgangsformen entspricht. Kennzeichnend ist dabei die Gleichzeitigkeit einer ursprünglichen, seit Kindertagen vorhandenen Vertrautheit mit der Natur und der Erfahrung des unerfassbar Geheimnisvollen und Verschlossenen, das die Natur als geradezu heilig erscheinen lässt. Gleichzeitig gewährt die Natur also vertraute Geborgenheit und demonstriert gleichgültige Überlegenheit.

9. Fehlender Erwartungsdruck
Die Natur ist das Gegenüber, dem nicht mit der Erwartung der Erwiderung und Reziprozität begegnet wird. Diese von vornherein antizipierte Asymmetrie der Kommunikation ermöglicht einen Kontakt, der auch ohne die Notwendigkeit der eigenen Artikulation vollzogen werden kann. Erfolgt diese doch, kann sie sich als einsames, tiefes Fühlen oder als Selbstgespräch mit der Natur als einer großen wehrlosen Projektionsfläche gestalten. Die Naturliebe entfaltet sich so gerade in Opposition zu einer differenzierten, öffentlichen, mit universalistischem Anspruch auftretenden Kommunikation und stellt sich ihrem Wesen nach als privates, esoterisches Erlebnis dar.

10. Fehlende narzisstische Besetzung
Das Naturerlebnis ist – aufgrund fehlender Erwartungen einer Reziprozität – in der Regel frei von den Verletzungen und Zurückweisungen, die in der Interaktion mit den menschlichen Bezugsobjekten, anfangs v.a. der Mutter, immer gegeben sind. Tiere und Pflanzen bilden demgegenüber narzisstisch nicht besetzte Objekte. Die Verbundenheit zur Natur kann somit einer Abwendung aus Frustration von den Menschen entsprechen.

Tab. 26. *Zehn Gründe und psychologische Aspekte der menschlichen Wertschätzung der organischen Natur.*

Biozentrismus im 20. Jh.
Eine umfassende moralische Verpflichtung zum Schutz alles Lebenden – also eine *biozentrische* Position der Bioethik – propagiert A. Schweitzer in der ersten Hälfte des 20. Jahrhunderts in seiner Ethik der *Ehrfurcht vor dem Leben*. Diese Ehrfurcht besteht nach Schweitzer darin, »daß ich die Nötigung erlebe, allem Willen zum Leben die gleiche Ehrfurcht vor dem Leben entgegenzubringen wie dem eigenen. Damit ist das denknotwendige Grundprinzip des Sittlichen gegeben. Gut ist, Leben erhalten und Leben fördern; böse ist, Leben vernichten und Leben

hemmen«.[100] Die Einstellung der Ehrfurcht fungiert bei Schweitzer nicht in erster Linie als ein ethisches Prinzip für eine Letztbegründung moralischen Handelns, sondern ist Ausdruck einer religiös-mythischen Einstellung zum Lebendigen.

Eine moderne Variante der biozentrischen Auffassung wird seit den 1980er Jahren von P. Taylor vertreten.[101] Taylor argumentiert, lebende Systeme würden eine besondere moralische Stellung einnehmen, weil sie zerstört werden können und ein Interesse an ihrer Erhaltung haben; sie seien daher im Gegensatz zu leblosen Körpern als *teleologische Zentren* aufzufassen (»Each individual organism is conceived of as a teleological center of life pursuing its own good in its own way«[102]).

Eigenwerte und Würde der Tiere
Um den immanenten Charakter des Werthaften der Lebewesen zum Ausdruck zu bringen, ist von ihren **Eigenwerten** die Rede.[103] Der Begriff des Eigenwerts erscheint vereinzelt bereits in den Wertlehren des 19. und frühen 20. Jahrhunderts; dort wird er aber meist gerade den Kulturgütern im Unterschied zu natürlichen Gegenständen zugeschrieben.[104] G. Simmel und N. Hartmann sehen aber ausdrücklich auch im Leben als solchem einen Eigenwert realisiert und sprechen vom *Eigenwert des Lebens*; sie versuchen diesen relativ zu den Kulturgütern zu begründen.[105] In der englischsprachigen Literatur wird anstelle des Ausdrucks ›Eigenwert‹ meist die Formulierung *intrinsischer Wert* (»intrinsic value«) von nicht-menschlichen Lebewesen oder Arten verwendet.[106]

Gegen die Vorstellung von intrinsischen Werten wird eine ganze Reihe von Argumenten angeführt.[107] Eine Kritik richtet sich gegen das dahinter stehende atomistische Bild von isolierten werthaften Gegenständen in der Welt. Gerade aus einer ökologischen Perspektive, so wird argumentiert, sollte klar sein, dass alle Dinge miteinander zusammenhängen und auch Werte sich nur relational bestimmen lassen.[108] Bezweifelt wird in Verbindung damit auch, dass Werte überhaupt unabhängig von menschlichen Werturteilen bestehen. Eine andere Kritik richtet sich gegen die Notwendigkeit der Annahme von intrinsischen Werten, weil für die zentralen Belange des Naturschutzes genauso gut und außerdem öffentlichkeitswirksamer mit extrinsischen Werten argumentiert werden könnte.[109] Verteidigt wird das Konzept des intrinsischen Wertes dagegen mit dem Hinweis, dass die Unterscheidung zwischen intrinsischen und extrinsischen Werten in der Ethik und im Alltagshandeln gut etabliert ist und dass nicht wenige Menschen der Natur offensichtlich Gefühle der Achtung und des Respekts entgegenbringen, die als unangemessene Einstellungen bestimmt werden müssten, wenn Naturgegenständen ein intrinsischer Wert generell abgesprochen würde.[110]

Alternativ zur Rede von den Eigenwerten wird von einer **Würde der Tiere** oder aller Kreaturen insgesamt gesprochen.[111] Der Ausdruck ›Würde der Tiere‹ erscheint am Ende des 18. Jahrhunderts. Als erster verwendet ihn wohl der dänische Theologe L. Smith (1789: »Die Würde der Thiere ist demnach diese, daß sie als mitwürkende Substanzen zu dem großen Ziel der Vollkommenheit, geachtet werden können, welches der Schöpfer für alle seine Geschöpfe bestimte«[112]; 1791: »Die absolute Würde der Thiere besteht darin, daß sie lebendige, empfindende, intellektuelle Wesen sind, deren jedes für sich bestimmt ist, glücklich zu seyn, weil sie Fähigkeiten und Anlagen haben, Glückseligkeit zu genießen, und durch ihr Daseyn in Besitz von Freude und Glück gesetzt wurden«[113]). Im pädagogischen Kontext erscheint der Ausdruck 1791 in einem Aufsatz von Götze ›Ueber die beste Methode, Kinder von dem gewöhnlichen Kinderfehler: Thiere zu martern, abzubringen‹ (1791).[114] Im 20. Jahrhundert wird v.a. die Rechtfertigung der Würde der Kreatur in der Schöpfungstheologie K. Barths sehr einflussreich.[115]

Ihren prominentesten Ort hat die Formel von der *Würde der Kreatur* zurzeit in der Schweizerischen Bundesverfassung (Art. 120, Abs. 2).[116] Die Begründung der Würde der Kreatur unterscheidet sich meist von der Begründung der Würde des Menschen: Differenzieren lässt sich zwischen einer *dignitas-Tradition* für die Menschenwürde, die auf die Fähigkeit zur Selbstverpflichtung des Menschen verweist, und einer *bonitas-Tradition* der Tierwürde, der das Streben nach Unversehrtheit und Wohl des Organismus zugrunde liegt.[117]

In der deutschen Verfassungstradition wird unter ›Würde‹ stets die Menschenwürde verstanden. Tiere fallen allein unter eine Schutzgesetzgebung. Mit der Verfassungsänderung aus dem Jahr 2002 hat der Tierschutz den Status eines Staatsziels.[118] Es heißt in Artikel 20a: »Der Staat schützt auch in Verantwortung für die künftigen Generationen die natürlichen Lebensgrundlagen und die Tiere im Rahmen der verfassungsmäßigen Ordnung durch die Gesetzgebung und nach Maßgabe von Gesetz und Recht durch die vollziehende Gewalt und die Rechtsprechung«. Die drei Wörter »und die Tiere« sind durch eine Abstimmung im Bundestag am 17.5.2002 dem Artikel hinzugefügt worden.

Kritik am Biozentrismus
Die Kritik an biozentrischen Standpunkten greift unter anderem an der Frage an, wie in moralisch relevanter Weise zwischen lebenden und leblosen Körpern unterschieden werden kann. Es wird argumentiert, dass auch nicht-lebende Gegenstände in gewisser Weise geschädigt werden können (z.B. Steine wie Stalaktiten). Werden von den Verfechtern biozentrischer Standpunkte die intrinsischen Ziele, Zwecke oder Interessen von Lebewesen ins Feld geführt, dann verweisen Kritiker auf das Fehlen einer klaren Bestimmung der Grenze zwischen teleologisch und nicht teleologisch organisierten Systemen (↑Zweckmäßigkeit). Viele Kritiker des Biozentrismus sind sich darin einig, dass nicht in allen Fällen einem Lebewesen der größere moralische Wert gegenüber einem leblosen Körper zuzuerkennen sei.[119]

Vertreter einer utilitaristischen Ethik wie P. Singer wenden darüber hinaus gegen die biozentrische Position ein, dass nicht die Lebendigkeit als solche den moralisch relevanten Punkt treffe, sondern vielmehr andere, durch die Lebendigkeit erst ermöglichte Vermögen von Lebewesen, wie z.B. Empfindungsfähigkeit und Bewusstsein. Diese eigentlich ethisch relevanten Eigenschaften kämen aber durchaus nicht allen Lebewesen zu. So sei es »zumindest unklar, warum wir größere Achtung vor einem Baum als vor einem Stalaktiten oder größere Achtung vor einem einzelligen Organismus als vor einem Berg empfinden sollten«.[120]

In ähnlicher Weise, aber eingeschränkt auf den Bereich der Lebewesen, argumentiert T. Regan, Rechte und »inhärente Werte« ließen sich nur für ein Wesen begründen, das ein »empfindendes Subjekt eines Lebens« (»experiencing subject of a life«) ist, d.h. ein Wesen, das individuelle Erfahrungen macht und über ein »individuell erlebtes Wohlergehen« verfügt – nach Regan zählen dazu durchaus viele Tiere, nicht aber die Pflanzen und niederen Tiere.[121]

In extremer Weise spricht P. Carruthers den Tieren im Allgemeinen ein phänomenales Bewusstsein und damit ein bewusstes Schmerzempfinden gänzlich ab; aufgrund ihrer fehlenden kognitiven und sprachlichen Kompetenzen seien die Tiere nur zu einem unbewussten Leiden ohne Subjektivität (»suffering without subjectivity«) in der Lage.[122]

E. Tugendhat weist 1990 außerdem darauf hin, dass die Ausdehnung der Grenzen der moralischen Gemeinschaft nicht »ohne Verlust an moralischem Gewicht« erfolgen könne.[123] In dem Maße, in dem der Bereich der Objekte der Moral ausgeweitet wird, erfolgt danach also eine Verminderung des »moralischen Gewichts« der einzelnen Beziehung und der moralischen Verpflichtung insgesamt.

»Einer meiner Freunde ist Tierarzt in einem Zoo, und er hatte mich zu einem Rundgang eingeladen. Sein besonderer Wunsch war es, mich mit dem weiblichen Orang-Utan bekanntzumachen. Es war ein sehr heißer Tag, ich hatte meine Jacke ausgezogen und die Hemdsärmel hochgerollt. Als ich ihren Käfig betrat, nahm sie meine Hand und hielt sie in festem Griff. Dann hielt sie mein linkes Handgelenk fest und glitt mit dem Finger an einer tiefen, deutlich sichtbaren Narbe an meinem linken Unterarm entlang, während sie mir direkt in die Augen blickte. Dann ergriff sie mein rechtes Handgelenk, strich mit demselben Finger über den unbeschädigten Unterarm und sah mich fragend an. Dann wiederholte sie das gleiche entlang der Narbe. Das Gefühl, daß sie mich nach der Bedeutung der Narbe fragte, wie ein Kind es tun würde, war unwiderstehlich: so unwiderstehlich, daß ich mich dabei erwischte, wie ich ihr antwortete, so als würde ich mit einem Ausländer sprechen, der nur begrenzt Englisch versteht: ›Alte Narbe‹, sagte ich. ›Operation. Die Ärzte haben es getan.‹ Mich überkam eine Woge der Frustration, daß ich ihr nicht antworten konnte. Ich muß gestehen, daß ich während der nächsten Stunden irgendwie benommen war, so sehr überwältigte mich die Tatsache, daß ich, wenn auch nur für Augenblicke, die Spezies-Barriere übersprungen hatte. Noch heute kann ich an diesen Augenblick weder denken noch darüber sprechen, ohne einen Schauer der Ehrfurcht und der Großartigkeit zu verspüren.«

Tab. 27. Eine Begegnung zwischen Mensch und Menschenaffe (aus Rollin, B.E. (1983). Der Aufstieg der Menschenaffen: Erweiterung der moralischen Gemeinschaft. In: Cavalieri, P. & Singer, P. (Hg.) (1994). Menschenrechte für die großen Menschenaffen, 315-336: 328).

Bioethischer Gradualismus
Entsprechend der abgestuften Verwirklichung des als wertvoll beurteilten Vermögens wird auch eine »abgestufte Solidarität« des Menschen gegenüber den Tieren gefordert. O. Höffe formuliert es 1984 so: »Tiere bei denen auf ihrer Organisationsstruktur (Haut- und Gehirnstruktur) ein qualitativ höherer Grad von Schmerz- und Angstfähigkeit zu erwarten ist, verdienen eine größere Rücksicht als Tiere mit einem qualitativ geringeren Grad von Schmerzfähigkeit«[124]. Dieser *Gradualismus* in der Tierethik findet heute viele Anhänger.[125]

Probleme ergeben sich allerdings bei der Feststellung und Quantifizierung der Schmerzempfindlichkeit der Organismen verschiedener Tierarten. Daneben ist auch die Frage nach der Bewertung von Erinnerung und Antizipation von Schmerzen offen. P. Singer argumentiert in seiner ›Praktischen Ethik‹ (1979/93), Menschen würden aufgrund ihrer ausgeprägten Fähigkeit zur Erinnerung und zur Planung ihrer zukünftigen Aktivitäten nicht nur über ein *bio-*

logisches Leben, sondern auch über ein *biografisches Leben* verfügen.[126] Weil jeder Mensch, als *Person*, dazu fähig sei, »Wünsche hinsichtlich seiner eigenen Zukunft zu haben«, ende mit dem Tod eines Menschen nicht nur das Leben eines empfindungsfähigen Wesens (wie eines Tieres), sondern auch das eines planenden und hoffenden Wesens.[127] Aufgrund des fehlenden individuellen biografischen Bewusstseins bei (den meisten) Tieren sei der schmerzfreie Tod eines solchen Tieres moralisch unbedenklich, wenn er nur durch die Erzeugung eines Tieres der gleichen Art kompensiert werde: »Wenn also Fische in bewußtlosem Zustand getötet und durch eine ähnliche Zahl anderer Fische ersetzt würden [...], gäbe es – aus Sicht des Fischbewußtseins – keinen Unterschied zu dem Fisch, der ein Bewußtsein verliert und wiedergewinnt«.[128]

In ähnlicher Weise hält D. Birnbacher 1980 das Selbstbewusstsein und die Reflexionsfähigkeit des Menschen hinsichtlich der Gewichtung von Schmerzen für relevant, denn der menschliche Schmerz werde dadurch »mehrfach gespiegelt und dadurch verstärkt«.[129] Der Mensch sei seinen Schmerzen »in unverwechselbarer Weise ausgeliefert und anheimgegeben«. Umgekehrt könne aber auch argumentiert werden, die ohne Reflexionsfähigkeit ausgestatteten Tiere seien ihren Schmerzen insofern stärker ausgeliefert, als sie weniger Möglichkeiten hätten, diese zu beseitigen oder zu lindern oder das Ende der Schmerzen zu antizipieren.[130] So wie es eine Entlastung des Tieres ist, dass es möglichen Schmerz nicht antizipieren kann, so ist es seine Belastung, dass es dessen Ende nicht antizipieren kann. Es ergibt sich also keine eindeutige Antwort auf die Frage, was schwerer wiegt.

Physiozentrismus, Ökoethik und Tiefenökologie
Über eine biozentrische Position hinausgehend, fordern *physiozentrische* Standpunkte eine moralische Berücksichtigung auch der anorganischen Natur. Einer der profiliertesten Vertreter im 20. Jahrhundert ist A. Leopold, der 1949 in seiner *Land-Ethik* (»land-ethic«) den moralischen Status von Boden, Wasser, Pflanzen und Tieren, d.h. zusammen dem *Land* behauptet.[131] Der Grundsatz der Landethik von Leopold lautet, dass etwas richtig ist, wenn es helfe, die Integrität, Stabilität und Schönheit eines ökologischen Gemeinwesens zu bewahren (»A thing is right when it tends to preserve the integrity, stability, and beauty of the biotic community«).[132] Diese Position wird bis in die Gegenwart verteidigt[133] und in der sogenannten *ökologischen Ethik* oder *Ökoethik*[134] ausgebaut (s.u.): Unabhängig vom Nutzen für den Menschen wird den natürlichen Systemen ein Wert zugeschrieben. Die Frage, ob Ökosystemen als Ganzen ein Wert zukommt – oder sie sogar die eigentlichen Träger von Werten seien (»Ökozentrik«) – oder nur insofern sie aus wertvollen Lebewesen zusammengesetzt sind, wird im Anschluss daran kontrovers diskutiert.[135]

Programmatisch nennt sich die Bewegung, die die Gefährdung der Umwelt (im Sinne der Selbstgefährdung des Menschen) auf grundsätzliche Einstellungen des Handelns und der Werteorientierung zurückführt, *Tiefenökologie* (»deep ecology«).[136] In ideologischer Hinsicht wird die liberale, kapitalistische Wirtschaft und die Technologisierung der Welt[137] oder das christliche Gebot der Unterwerfung der Natur[138] als Grund für die ökologische Selbstgefährdung des Menschen gesehen.

Vermittelnde Positionen
Die schroffe Gegenüberstellung von Anthropozentrik und nicht-anthropozentrischer Ethik, wie der Biozentrik, die kein Drittes zwischen diesen beiden Alternativen kennt, wird zwar bis in die Gegenwart vertreten, aber auch vermittelnde Positionen beginnen sich zu entwickeln. Nach diesen vermittelnden Standpunkten sind die nichtmenschlichen Lebewesen zwar nicht als Subjekte der Moral zu verstehen – weil sie sich nicht zu Handlungen verpflichten können und nicht an der Diskursgemeinschaft teilhaben – deshalb fallen sie aber noch nicht völlig aus der Sphäre der Moral heraus.[139] Unumstritten ist ihr instrumenteller Wert für das Überleben des Menschen und auch in ästhetischer Hinsicht verkörpern sie Werte – es kann also »intrinsische außermoralische Werte«[140] geben. Es gibt außerdem eine starke affektive Bindung an alles Lebendige, die sich etwa aus dem Gefühl der gemeinsamen organischen Verfasstheit ergeben kann: dem Vorliegen von Bedürfnissen und Interessen, dem Streben nach Selbsterhaltung und der Verbundenheit in einer gemeinsamen Evolutionsgeschichte. Diese affektive Komponente muss aber nicht die rationalen Fundamente der Moral betreffen; ihr mangelt vor allem der symmetrische Charakter der wechselseitigen Anerkennung, der für die sozialen Aspekte der Begründung der Ethik fundamental ist.

Die Diskussion läuft also darauf hinaus, abgestufte intrinsische Werte in der Natur anzuerkennen und diese in einem Interessenkalkül gegeneinander abzuwägen.[141] Die von nicht wenigen Autoren in begründungstheoretischer Hinsicht als unausweichlich angesehene Anthropozentrik (oder Ratiozentrik) – B. Irrgang spricht von der »methodisch unhintergehbaren Anthropozentrik jedweder Ethik«[142], D. Böhler von einem »unvermeidlichen geltungslogischen Anthropozentrismus der Ethik«[143] – wird dabei verbunden mit einer Lösung von der Anthropozentrik in Bezug auf die Objekte des Schutzes. Einigkeit besteht in der Diskussion weitgehend darüber, dass eine unkritische Anthropozentrik gerade für das Überleben des Menschen problematisch ist. Es lässt sich hier geradezu von einem Paradox der Anthropozentrik sprechen: »Die anthropozentrische Denkweise selbst ist es, die droht, den Menschen zu zerstören«, wie es R. Spaemann 1978 formuliert.[144] Ähnlich heißt es 1984 bei K.M. Meyer-Abich: »Die Anthropozentrik kann den Menschen nicht schützen«.[145] Selbst im Begründungszusammenhang einer vernunftzentrierten Auffassung wie der Diskursethik wird eingeräumt, »daß eine neuartige Haltung des Respekts oder selbst der *Ehrfurcht vor der Natur* [...] in einem bestimmten Sinne unentbehrlich sein mag: nämlich als *Motivation* für die Akzeptanz und die Realisierung jener Verhaltensänderungen, die tatsächlich von jeder Ethik der Mitverantwortung zu fordern sind, die als angemessene Antwort auf die ökologische Krise gelten dürfte«.[146] Die emotionale Komponente in der Motivation des menschlichen Handelns bedinge es, dass nur eine Haltung des Respekts gegenüber der Natur den Menschen vor der drohenden Selbstzerstörung bewahre, so das Argument. Weil die instrumentelle Betrachtung der Natur zur Gefährdung der Lebensgrundlage des Menschen geführt habe, wird in einer strategischen Überlegung davon abgerückt, die Natur allein als Mittel zur Beförderung menschlicher Interessen zu verstehen, auch wenn argumentativ die anthropozentrische Position nicht verlassen wird. Der bio- oder physiozentrische Standpunkt muss also allein für pädagogische Maßnahmen eingenommen werden: um im Handeln der verantwortlichen Agenten die Einsicht in deren Abhängigkeit vom Ganzen der Natur zu verankern.

Rechte der Natur und Unverfügbarkeit
Seit Mitte des 19. Jahrhunderts finden die tierethischen Überlegungen Berücksichtigung in der Rechtsprechung. So stellt Sachsen als erstes deutsches Land 1838 die boshafte und mutwillige Tierquälerei unter Strafe.[147] Ende des 20. Jahrhunderts wird darüber hinaus die Anerkennung nicht nur von Schutzrechten, sondern auch von Individualrechten für zumindest die Großen Menschenaffen gefordert (»Great Ape Project«).[148] S. Wise und andere argumentieren engagiert dafür, dass die Menschenaffen und andere Tiere wie Delphine, Elefanten und einige Papageien über Fähigkeiten des Wünschens und des intentionalen Handelns verfügen und außerdem ein Bild von sich selbst haben würden. Diese Fähigkeiten würden zu

1	Anthropozentrische Argumente: Nutzen der Natur für den Menschen
1.1	Natur als Lebensgrundlage: Abhängigkeit des Menschen von der Natur: Nachhaltigkeit
1.2	Natur als Erholung: Entspannung- und Erlebnisqualität von Natur
1.3	Natur als Heimat: charakteristische Eigenart der Natur als Teil der eigenen Identität
1.4	Naturästhetik: Schönheit und Erlebnispotenzial von Natur
1.5	Naturerfahrung als Sensibilisierung: Naturbeobachtung als ästhetische Schulung
1.6	Natur als Differenz zur Kultur: Natur als wertvoller Gegensatz zur Welt der Artefakte
1.7	Biophilie: Natur als Ursprung und Partner des Menschen in Evolution und Koevolution
1.8	Rechte von und Pflichten gegenüber zukünftigen Generationen
2	Physiozentrische Argumente: Eigenwert der Natur
2.1	Pathozentrismus: Schutz der Tiere (und Pflanzen) als empfindungsfähige Wesen
2.2	Biozentrismus: Eigenwert der belebten Natur
2.3	Ökozentrismus: Wert intakter Ökosysteme als funktionale Ganzheiten

Tab. 28. Typen von Begründungen für den Naturschutz (in Anlehnung an: Körner, S., Nagel, A. & Eisel, U. (2003). Naturschutzbegründungen; Ott, K. (2004). Begründungen, Ziele und Prioritäten im Naturschutz. In: Fischer, L. (Hg.). Projektionsfläche Natur, 277-321).

einer »praktischen Autonomie« der Tiere führen, die es rechtfertigen würde, ihnen grundlegende Rechte einzuräumen (die ebenso wie für unmündige Menschen advokatorisch vertreten werden müssten).[149]

Ein ursprünglich juristischer Terminus dient in den bioethischen Debatten seit Ende der 1980er Jahre zur Bezeichnung des besonderen Status von natürlich gewachsenen Einheiten wie den Lebewesen: der Begriff der **Unverfügbarkeit**. Das Wort entstammt der juristischen Sprache, insbesondere dem Erbrecht (Rumpf 1824: »Indisponibel, l. unverfügbar, worüber man nicht frei schalten kann«[150]; Mozin et al. 1842: »Indisponibilité, [...] Jur. [...] Unverfügbarkeit, Unveräußerlichkeit, Unvermachbarkeit«[151]; Heffter 1844: »wie schwer ein politisches Testament, ein Testament über das Unverfügbare!«[152]; Gaume 1845: »Augustus und die römische Gesetzgebung hatten [...] ihr Vermögen [d.i. das Vermögen einer Frau ...] mit Unverfügbarkeit belegt«[153]; König 1846: »Das reine Einkommen von dem unverfügbaren Waldkapitale steht meist bedeutend niedriger, als der gewerbliche Zinsfuß«[154]; Morgenstern 1849: »die Unverfügbarkeit der Erbgüter«[155]; Sohm 1906: »Das Eigentümliche der personenrechtlichen Rechte ist [...]

ihre Unverfügbarkeit«[156]). In der ersten Hälfte des 20. Jahrhunderts erscheint der Ausdruck neben seinem juristischen Gebrauch auch im theologischen Kontext (vgl. z.B. Bultmann 1949: »die unbegreifliche, dem Denken unverfügbare Übermacht Gottes«[157]; »in der Sphäre des Alten Testaments [ist] das Bewußtsein der Unverfügbarkeit der Welt stark und lebendig geblieben«[158]). Im Kontext der ethischen Debatten um die Gentechnik und den Naturschutz ist der Ausdruck spätestens seit 1980 in Gebrauch (Eibach 1980: »Unverfügbarkeit der Natur? Ist es, und wenn ja, mit welcher Legitimation ist es erlaubt, so tiefgreifend in die Natur einzugreifen, wie es durch die Gentechnik möglich ist?«[159]; Altner 1980: »[In der Genmanipulation] wird die Ignorierung der unverfügbaren Geschichtlichkeit des Lebens auf die Spitze getrieben«[160]; Habermas 2001: »die Unverfügbarkeit eines kontingenten Befruchtungsvorgangs«[161]; »[Durch die Gentechnik verlieren] Zeugung und Geburt jenes für unser normatives Selbstverständnis wesentliche Element der naturwüchsigen Unverfügbarkeit«[162]). Die Unverfügbarkeit des natürlich Gewordenen, die sich in ihrem natürlichen, nicht durch eine zielesetzende Instanz geplanten Ursprung zeigt, gilt als Argument für den besonderen moralischen Status der Lebewesen im Vergleich zu technisch erzeugten Gegenständen.

Die der Natur zugeschriebene Unverfügbarkeit oder Erhabenheit kann als ein Aspekt in einer ganzen Reihe von psychologischen Motiven und Gründen für die menschliche Naturverbundenheit, insbesondere auch die Tier- und Pflanzenliebe verstanden werden (vgl. Tab. 26).

Natur als zweckfreie ästhetische Ressource
Für die Unverfügbarkeit schutzwürdiger Naturgüter oder von Bereichen der Natur (Schutzgebieten) kann nicht nur aus deren Perspektive, sondern auch aus der Perspektive des Menschen argumentiert werden. Denn diese Güter oder Bereiche ermöglichen eine Erfahrung von natürlichen Verhältnissen und Zweckrelationen, die jenseits der vom Menschen gesetzten Ziele liegen. A. Krebs schreibt im Jahr 2000 dieser Erfahrungsmöglichkeit eine sinnliche, ästhetischkontemplative und identitätsstiftende Bedeutung zu, die es für zukünftige Generationen zu erhalten gelte. Es stelle »gerade die Tatsache, daß (insbesondere die wilde) Natur als das nicht vom Menschen Gemachte keine Spuren menschlicher Zwecksetzung aufweist, eine ästhetische Attraktion dar, die Kunstwerke nicht bieten und prinzipiell nicht bieten können«.[163] Weil die Natur für sich genommen nicht in den universalen Zweckzusammenhang der menschlichen Welt eingebunden sei, stelle sie der ästhetisch-kontemplativen Betrachtung einen Bereich der »nicht-funktionalen Wahrnehmung« bereit.[164]

Allerdings kann gefragt werden, ob in einer Welt, in der auch Gebiete zum Schutz der Natur und Programme zum Schutz einzelner Organismen und Arten aktiv vom Menschen betrieben werden, die unberührte Natur überhaupt noch vorhanden ist und ob in einer Landschaft oder einem Lebewesen einer seltenen Art überhaupt noch die Unverfügbarkeit der Natur und nicht vielmehr ein Schutzobjekt gesehen werden kann. In diesem Sinne sind wir an einem Punkt angelangt, in dem es die Natur als solche auf der Erde nicht mehr gibt. Alle Wesen sind nur noch »Existenzen von unseren (technischen) Gnaden«, so dass »ich in einer Welt lebe, in der ich, selbst wenn ich ein Rotkehlchen sehe, die gesamte zivilisatorische Menschheit in diesem Rotkehlchen mitsehen muss. […] Es gibt nichts mehr ohne uns. Wir sind in allem«, wie es der Schriftsteller Andreas Maier 2011 resigniert formuliert.[165]

Tierethik
Seit dem 19. Jahrhundert wird die Debatte um die ethische Einstellung gegenüber Tieren unter dem Titel ›Tierethik‹ geführt. I. Bregenzer formuliert das Thema der Tierethik 1894 als die »sittlichen und rechtlichen Beziehungen zwischen Mensch und Thier«.[166] Im Englischen erscheint der Begriff in dieser Bedeutung ein knappes halbes Jahrhundert früher (Harbaugh 1854: »[Audubon] wished to draw and describe the bird [a Mississippi Kite] for the benefit of science; and thus his love of knowledge rose higher than his love of charity [and he shot two birds]. The poor birds became martyrs to science. It is a question of animal ethics«[167]).

Im Englischen erscheint der Ausdruck auch bereits in der ersten Hälfte des 19. Jahrhunderts; er wird zu dieser Zeit aber auf das Verhalten von Tieren untereinander bezogen (Anonymus 1829: »Animal Ethics. Instincts of the missel thrush«[168]). Auch die englischsprachige Debatte um die »Tierethik« am Ende des 19. Jahrhunderts ist vielfach auf die Frage nach dem ethischen Verhalten der Tiere untereinander konzentriert, also auf die Frage nach einer Ethik unter Tieren. So formuliert H. Spencer 1890 eine ›Tierethik‹ (»Animal-Ethics«), in der es genau um dieses zwischentierliche Verhalten geht: »there is a conduct proper to each species of animal, which is the relativeley good conduct – a conduct which stands toward that species as the conduct we morally approve stands toward the human species«[169]. Spencer versucht einige allgemeine Prinzipien einer Tierethik dieser Art aufzustellen, so die Richtlinie, dass das Ziel des Verhaltens der Schutz der Art insgesamt, und nicht das Wohl einzelner Individuen ist (weil in der Natur die Selbsterhaltung der Arterhaltung untergeordnet sei). Nach dem Gesetz der subhumanen Gerechtigkeit (»law of sub-human justice«) erhalte jedes Individuum die Fürsorge und Strafe, die seiner eigenen Natur entspreche.[170] In der Diskussion dieser »Tierethik« wird es aber auch als problematisch empfunden, überhaupt von ›Tierethik‹ zu sprechen (Bruce 1897: »a very questionable use of language«), weil die Ausrichtung des Verhaltens der Tiere auf Selbst- und Arterhaltung doch nicht ›ethisch‹ im eigentlichen Sinne genannt werden könne.[171] Seit Beginn des 20. Jahrhunderts wird auch im Englischen unter der Tierethik primär das moralische Verhältnis des Menschen zu den Tieren verstanden.

In der neueren Diskussion um eine Tierethik seit den 1980er Jahren geht es u.a. um die Frage, ob Tieren oder allgemein Lebewesen ein intrinsischer Wert zukomme und was damit gemeint sein könne.[172] Es wird auch dafür argumentiert, dass nicht nur Individuen, sondern auch Arten von Tieren und Pflanzen einen moralischen Status haben.[173] Unstrittig ist aber, dass aufgrund der ökologischen Abhängigkeiten voneinander eine »Schicksalsgemeinschaft zwischen Tier und Mensch« (Bodenstein 1982) besteht.[174]

Umweltethik

Der Ausdruck ›Umweltethik‹ (engl. »environmental ethics«) wird 1969 von F. Tysen, einem Mitglied des kalifornischen ›Environmental Quality Study Council‹ (EQSC) geprägt. Tysen schlägt bei einem Treffen des Council am 10. April 1969 vor, der Council solle Regeln einer »Umweltethik« entwickeln.[175] Das Wort etabliert sich in den frühen 1970er Jahren.[176] Es wird weitgehend gleichbedeutend mit dem Ausdruck **ökologische Ethik** (»ecological ethics«) verwendet, der bereits seit den 50er Jahren auftritt (Glikson 1955: »ecological ethics are also the ethics of Regional Planning«[177]).

Im Unterschied zur Bioethik Potters, die ein auf den Menschen gerichtetes Ziel verfolgt, wird bei den späteren bio- oder physiozentrischen Standpunkten nicht mehr das Überleben des Menschen als alleiniger Wert gesehen, sondern den Tieren und Pflanzen oder der Natur insgesamt ein Eigenwert zugeschrieben. Ansichten dieser Richtung beginnen sich parallel zu der Bioethik in den frühen 70er Jahren zu entwickeln.[178]

Zu den Hauptvertretern einer ökologischen Ethik zählen in den Vereinigten Staaten J.B. Callicott[179], Holmes Rolston III[180] und P.W. Taylor[181] sowie in Deutschland K.M. Meyer-Abich[182]. Auch die Diskursethik nimmt sie auf und fordert advokatorische Vertretung der Natur in den ethischen Diskursen des Menschen.[183]

Naturschutz

Das Wort ›Naturschutz‹ wird seit 1888 von E. Rudorff, zunächst allein in seinen Tagebüchern, verwendet.[184] Der Begriff wird geprägt im Zusammenhang mit der Landschafts- und Naturdenkmalpflege. Für Rudorff steht der Naturschutz in Verbindung zum *Heimatschutz*, in dem es ihm um den ganzheitlichen Schutz der heimatlichen Landschaft als dem Lebensraum des Menschen geht.

Parallel zu den Bemühungen Rudorffs um eine Verankerung des Naturschutzes im öffentlichen Bewusstsein stehen die Versuche von H. Conwentz, das gleiche Ziel von einem naturwissenschaftlichen Hintergrund aus zu erreichen. Conwentz geht dabei vom Begriff des *Naturdenkmals* aus, der sich bereits im 18. Jahrhundert zusammen mit der Rede von *Monumenten der Natur* findet, z.B. bei Alexander von Humboldt in Bezug auf alte imposante Bäume.[185] Conwentz' Denkschrift über die Gefährdung der Naturdenkmäler[186] geht der 1906 erfolgten Einrichtung der ersten »Staatlichen Stelle für Naturdenkmalpflege« in Preußen voraus. Conwentz wird der erste Leiter dieser Stelle.

Für eine Schutzwürdigkeit von Naturregionen oder einzelner Organismen wird seit der Antike argumentiert. Platon beschreibt die Folgen der Entwaldung und Bodenerosion auf der Halbinsel Attika in drastischen Worten.[187] Der Schutz vielfältiger und charakteristischer Landschaften wird v.a. in Zeiten ihrer fortschreitenden Zerstörung durch den Menschen gefordert. Häufig bildet dabei das vitale, ästhetische und ökonomische Interesse des Menschen das eigentliche Ziel der Argumentation; die schöne oder produktive Natur wird als Mittel für ein gesundes und erfülltes menschliches Leben gesehen.

Bereits im 16. und 17. Jahrhundert werden vereinzelte chemische Belastungen der Umwelt durch menschliche Aktivitäten beklagt, z.B. der Smog in London in einer Flugschrift aus dem Jahr 1661.[188] Seit der industriellen Revolution in der zweiten Hälfte des 18. Jahrhunderts ist die Belastung der Umwelt durch industrielle Produktion omnipräsent geworden. Für einen Schutz der urwüchsigen oder mäßig kultivierten Landschaft wird im 19. Jahrhundert in erster Linie von Seiten des städtischen Bürgertums argumentiert. C. Fraas, der sich um eine Renaturie-

Abb. 44. Naturschutz und Umweltschutz (Zeichnungen von Helgard Uhrmeister; aus Falter, R. (2006). Natur prägt Kultur. Der Einfluß von Landschaft und Klima auf den Menschen. Zur Geschichte der Geophilosophie: 542).

rung griechischer Karstgebiete bemüht, prangert die Entwaldung weiter Gebiete im Mittelmeerraum als menschlichen Raubbau an der Natur an.[189]

Im späten 19. und frühen 20. Jahrhundert finden sich Klagen über die destruktiven Eingriffe des Menschen in die Natur und Plädoyers für den Naturschutz gerade auch bei den klassischen Gründungsvätern der Ökologie, die detaillierte Beschreibungen von Biozönosen und Ökosystemen liefern. Ökologische Einsichten werden mit Anmerkungen zum Naturschutz verwoben. K. Möbius, der Begründer des Biozönsebegriffs bemerkt 1877: »Durch Überfischung hat man eine Menge der fruchtbarsten westeuropäischen Austernbänke verödet. Der frühere Fischreichtum vieler süßer Gewässer ist durch schonungsloses Wegfangen der kaum geschlechtsreif gewordenen Fische verschwunden«.[190] Und bei V.E. Shelford heißt es 1913 drastisch: »Man is the master of all destroyers. Where are the bison, the beaver, the elk, the thousand and one denizens of the primeval forest and prairie?«[191]

Schutzverordnungen

Die spätmittelalterlichen Schutzverordnungen von Wald und Forst in Deutschland haben einen ökonomischen Hintergrund. Als erstes Gebiet Deutschlands, das um seiner Schönheit willen geschützt wird, gilt der ›Drachenfels‹ im Siebengebirge, der bereits 1836 unter Schutz gestellt wird. Großflächige Schutzgebiete mit urwüchsiger Landschaft werden – zuerst in den USA – als *Nationalparks* ausgezeichnet, der erste von ihnen der ›Yellowstone-Nationalpark‹ wird 1872 gesetzlich geschützt. Die ersten Nationalparks in Europa werden 1909 in Schweden und 1914 in der Schweiz ausgewiesen.

Während der Naturschutzgedanke anfangs in enger Verbindung zum Heimatschutz steht und insofern als nationale Aufgabe verstanden wird, kommt es am Ende des ersten Jahrzehnts des 20. Jahrhunderts zu ersten internationalen Konferenzen. Vor allem unter dem Vorzeichen der Natur als Vorbild künstlerischer Gestaltung, u.a. angeregt durch den Dichter J. Lahor, wird 1909 in Paris der ›Erste Internationale Kongress für Landschaften‹ abgehalten. Als Begründer des internationalen Naturschutzes gilt der Schweizer Paul Sarasin, der 1908 auf dem 8. Internationalen Zoologenkongress in Graz zur Gründung einer »Internationalen Kommission für Naturschutz« aufruft. Die ›Erste Internationale Naturschutzkonferenz‹ wird 1913 in Bern abgehalten; auf dieser Konferenz wird eine beratende Kommission für den internationalen Naturschutz mit Sitz in Bern gegründet.[192]

Durch den Ersten Weltkrieg werden die Versuche der Institutionalisierung des internationalen Naturschutzes zunächst unterbrochen; die rechtliche Verankerung des Naturschutzes wird aber auf nationaler Ebene fortgeführt. So wird 1919 die Schutzwürdigkeit von Naturdenkmälern und Landschaft in der Weimarer Verfassung festgestellt und der Naturschutz damit als Staatsaufgabe anerkannt. Die »Reichsstelle für Naturschutz« gibt ab 1922 die Zeitschrift ›Naturschutz. Monatsschrift für alle Freunde der deutschen Heimat‹ heraus. Auf Betreiben von W. Bode, F. Ecker und H. Löns werden Teile der Lüneburger Heide 1920 zum ersten deutschen »Naturschutzpark« erklärt. Bis 1933 werden in Preußen insgesamt etwa 400 Naturschutzgebiete ausgewiesen. 1935 wird das erste Reichsnaturschutzgesetz erlassen, das bis zum Inkrafttreten des Bundesnaturschutzgesetzes (BNatG) 1976 wirksam ist. In Artikel 75 des Grundgesetzes von 1949 behält sich der Bund das Recht vor, Rahmenvorschriften über »den Naturschutz und die Landschaftspflege« zu erlassen. 1994 machen die 5.314 Naturschutzgebiete der Bundesrepublik Deutschland etwa 1,9% der Landesfläche aus. Beiträge zur Geschichte des Naturschutzes leistet die ›Stiftung Naturschutzgeschichte‹.[193]

Auch die internationalen Bemühungen finden in den 20er Jahren ihre Fortführung, u.a. mit dem

›Ersten Internationalen Kongress für Naturschutz‹ 1923 in Paris und der Gründung des ›Internationalen Büros für Naturschutz‹ 1928 in Brüssel. Weltweit gibt es 1939 etwa 300 Nationalparks.[194] Unter der Schirmherrschaft der UNESCO wird 1948 die ›International Union for the Protection of Nature‹ (IUPN) gegründet (1956 umbenannt in ›International Union for Conservation of Nature and Natural Resources‹, IUCN). Auf der Stockholmer Umweltschutzkonferenz im Jahr 1972 wird das ›United Nations Environmental Programme‹ (UNEP) mit Sitz in Nairobi gegründet, das künftig alle Aktivitäten der UNO im Bereich des Naturschutzes koordiniert.[195]

Nachhaltigkeit
Für die Verbindung von Schutz mit einer dauerhaften Nutzung der Natur hat sich der Begriff der **Nachhaltigkeit** etabliert. Das Wort stammt ursprünglich aus der Forstwirtschaft, in der sich ein Regelungsbedarf für die Nutzung des durch Raubbau geschädigten Waldes seit dem Mittelalter stellt. Die Forderung nach Nachhaltigkeit entwickelt sich dabei in einem vom Geist des Merkantilismus getragenen ökonomischen Denken, das auf eine gleichzeitige Steigerung von Wohlstand und Einnahmen gerichtet ist. Formulierungen von Nachhaltigkeitsprinzipien (ohne das Wort zu verwenden) finden sich seit dem 16. Jahrhundert, z.B. in der kursächsischen Forstordnung von 1560, der Rheinpfälzer Forstordnung von 1572 oder der Reichenhaller Forstordnung von 1661.[196] Die Reichenhaller Forstordnung entstand als Reaktion auf den hohen Holzeinschlag, der im Zusammenhang mit der Salzgewinnung erfolgte. In dieser Ordnung wird der Gedanke des »ewigen Waldes« formuliert, der den Kern des Nachhaltigkeitsprinzips enthält: »Gott hat die Wäldt für den Salzquell erschaffen, auf daß sie ewig wie er continuieren mögen / also solle der Mensch es halten: ehe der alte ausgehet, der junge bereits wieder hergewaxen ist«.[197] 1713 fordert der Oberberghauptmann in Kursachsen, H.C. von Carlowitz, angesichts einer drohenden Holzknappheit eine »continuirliche, beständige und nachhaltende Nutzung« der Wälder.[198] Das Substantiv ›Nachhaltigkeit‹ erscheint spätestens Ende des 18. Jahrhunderts (Frank 1789: »die Nachhaltigkeit des Gemeinwaldes«).[199] Es bildet einen wichtigen Grundsatz für die Forstwirtschaft im 19. Jahrhundert. K. Gayer formuliert es 1882 als das »Nachhaltsprinzip«, die »gleichförmige Bewahrung der Produktionsmittel« mit der »haushälterischen Nutzung derselben« zu verbinden.[200] Bezogen auf den Waldbau beinhaltet das Prinzip also die Forderung, in einem Zeitraum nicht mehr Holz einzuschlagen als nach-

wächst. Bis in die 1980er Jahre ist das Wort in erster Linie in der Forstwirtschaft verbreitet.[201] G. Speidel definiert 1972: »Als ›Nachhaltigkeit‹ soll die Fähigkeit des Forstbetriebs bezeichnet werden, dauernd und optimal Holznutzungen, Infrastrukturleistungen und sonstige Güter zum Nutzen der gegenwärtigen und künftigen Generationen hervorzubringen«.[202] Das Ziel der Nachhaltigkeit wird im Bundeswaldgesetz festgesetzt.[203]

Seit den 1970er Jahren wird das Konzept auch auf jede andere Form der Naturnutzung und die Entwicklungspolitik bezogen (für letztere insbesondere als Folge der 1983 eingesetzten ›Brundtland-Kommission‹ der Vereinten Nationen zu »Umwelt und Entwicklung«). Der englische Ausdruck ›sustainable‹ erscheint bereits im ersten Bericht des ›Club of Rome‹ über ›Die Grenzen des Wachstums‹ (1972): »We are searching for a model output that represents a world system that is […] sustainable without sudden and uncontrollable collapse«[204] (in der deutschen Übersetzung von 1972: »aufrechterhaltbar«[205]). Im Deutschen wird der Ausdruck ›Nachhaltigkeit‹ erst in den 1980er Jahren in die allgemeine ökologische Debatte eingeführt, nachdem für eine geeignete Übersetzung des englischen ›sustainability‹ gesucht wurde.[206]

Seit den 1980er Jahren erfährt der Begriff eine Ausweitung seiner Bedeutung. Nicht nur die Sicherung der ökonomischen Nutzung, sondern auch die ökologische Vielfalt gilt als Aspekt der Nachhaltigkeit. Neben die ökonomische und ökologische Nachhaltigkeit wird außerdem die soziale Nachhaltigkeit gestellt (»Drei-Säulen-Modell der Nachhaltigkeit«). Eine »starke Nachhaltigkeit« liegt im Gegensatz zu einer »schwachen Nachhaltigkeit« vor, wenn eine Kompensation zwischen den drei Aspekten der Nachhaltigkeit ausgeschlossen ist, wenn also z.B. Einbußen an ökologischer Nachhaltigkeit nicht durch Gewinne an ökonomischer Nachhaltigkeit ausgeglichen werden können. Für eine Politik der starken Nachhaltigkeit sprechen u.a. einige historische Beispiele zur Substitutionsunmöglichkeit von Naturkapital, wie der Fall der Südseeinsel Nauru, auf der die Gewinne des massiven Abbaus der Phosphatvorkommen zwar mittelfristig in Fonds angelegt wurden und zu einem temporären Wohlstand der Bevölkerung führten, langfristig durch Finanzkrisen aber doch verloren gingen.[207] Für die starke Nachhaltigkeit sprechen außerdem das Unwissen über die Präferenzen der Menschen späterer Generationen und der voraussichtlich geringere Schaden beim Nichteintreffen der empirischen Voraussagen im Vergleich zum Nichteintreffen der empirischen Annahmen der Gegenhypothese der schwachen Nachhaltigkeit:

Prozessschutz

Eine besondere Variante des Nuturschutzes läuft seit Anfang der 1990er Jahre unter der Bezeichnung **Prozessschutz**.[209] Entwickelt wird dieses Konzept für eine naturschutzgerechte Waldwirtschaft, in der der natürlichen Dynamik von Sukzessionen des Systems Raum gegeben wird. Ziel des Prozessschutzes ist es, über das Zulassen von zufälligen Störungen ein Mosaik von nebeneinander bestehenden unterschiedlichen Formen und Phasen eines Ökosystems zu ermöglichen. Im Sinne des Prozessschutzes wird bereits seit Beginn der 1970er Jahre die Unterschutzstellung von großen Gebieten gefordert, in denen nicht nur ein Erhalt der vorhandenen biologischen Ressourcen, sondern auch die Evolution neuer Formen möglich ist. O.H. Frankel spricht in diesem Zusammenhang von der *evolutionären Verantwortung* (engl. »evolutionary responsibility«) des Menschen.[210]

Die Etablierung des Prozessschutzes als eines Ziels von Naturschutz kann als eine Reaktion auf die Ablösung des verbreiteten Gleichgewichtsdenkens in der Ökologie durch dynamische Modelle interpretiert werden (↑Gleichgewicht).[211]

Umweltschutz

Angelehnt an das englische ›environmental protection‹[212] wird der Ausdruck ›Umweltschutz‹ Ende der 1960er Jahre geprägt. Er wird anlässlich der Gründung einer Abteilung im Bundesinnenministerium 1969 in die deutsche Sprache eingeführt (durch den FDP-Politiker Peter Menke-Glückert).[213] Im Gegensatz zum Naturschutz handelt der Umweltschutz in erster Linie nicht von der zu schützenden Landschaft einschließlich der in ihr lebenden Organismen, sondern von ihren (abiotischen) Lebensbedingungen. Im Umweltschutz geht es also um die Begrenzung der Umweltbelastung durch Chemikalien, Strahlen, Lärm und andere Faktoren.

Vor diesem auf Schutzbemühungen des Menschen gerichteten Gebrauch erscheint das Wort ›Umweltschutz‹ in der Biologie bereits zur Bezeichnung von Schutzeinrichtungen von Tieren gegenüber schädigenden Einflüssen der Umwelt (Przibram 1929: »Körperbedeckung (Umweltschutz)«).[214]

Großen Einfluss auf die Verankerung des Umweltschutzgedankens im öffentlichen Bewusstsein hat R. Carsons Buch ›Silent Spring‹ (1962), in dem auf die Folgen der Belastung der Umwelt durch Chemikalien (u.a. DDT) durch Landwirtschaft und Industrie aufmerksam gemacht wird. Die globale Dimension der Probleme des Umweltschutzes wird seit Mitte des 20. Jahrhunderts gesehen.[215] Ein Symposium in Princeton im Jahr 1955 bringt das Krisenbewusstsein zu einem frühen Zeitpunkt zum Ausdruck.[216] Politisch wirksam wird die Umweltschutzbewegung in den USA durch die Verabschiedung von Umweltschutzgesetzen, so z.B. die ›Clean Water Acts‹ von 1960, 1965 und 1972, die ›Clean Air Acts‹ von 1963, 1967 und 1970 und den ›National Environmental Policy Act‹ von 1969.[217]

Artenschutz

Eine Komponente des Naturschutzes bildet der Artenschutz. Im Englischen ist der Ausdruck ›Artenschutz‹ im Kontext des Naturschutzes seit Ende des 19. Jahrhunderts in Gebrauch (Anonymus 1896: »Through the co-operation of some private persons interested in the preservation of species and the Linnean and other societies of New York, protection has been afforded to the terns on Great Gull Island, Long Island Sound«).[218] Im Deutschen verbreitet sich der Terminus erst seit Anfang der 1970er Jahre.[219]

Im Artenschutz werden Organismen geschützt, die seltenen und vom Aussterben bedrohten Arten angehören. Listen dieser Arten werden seit Beginn des 20. Jahrhunderts publiziert.[220] Im Rahmen einer internationalen Konvention wird eine solche Liste erstmals im Anhang der Londoner Konvention zum Schutz der Flora und Fauna Afrikas von 1933 angeführt. Die IUPN nimmt die Arbeit an der Erstellung einer Liste bedrohter Arten 1950 auf; herausgegeben von der ›Survival Service Commission‹ unter dem Vorsitz von H.J. Coolidge erscheinen die ersten beiden Bände der *Roten Liste* (»Red Data Book«) der Säugetiere und Vögel als Loseblattsammlung 1966 zur IUCN-Generalversammlung in Luzern. Auf der Grundlage der Roten Liste wird 1975 ein ›Übereinkommen über den internationalen Handel mit gefährdeten Arten freilebender Tier und Pflanzen‹, das so genannte *Washingtoner Artenschutzübereinkommen* (WA) verabschiedet.[221]

G. Caughley identifiziert 1994 zwei grundsätzlich verschiedene Paradigmen des Artenschutzes: das *Paradigma der abnehmenden Populationen* (»declining-population paradigm«) und das *Paradigma der kleinen Populationen* (»small-population paradigm«).[222] Das erste Paradigma ist seinem Wesen nach vergangenheitsorientiert, insofern es die Veränderung von Populationsgrößen feststellt; das zweite

Paradigma ist dagegen zukunftsorientiert, indem es die geringe Größe einer Population als Indikator eines Handlungsbedarfs im Sinne des Artenschutzes wertet. Die beiden Paradigmen sind unabhängig voneinander.

Biopolitik
Der Ausdruck ›Biopolitik‹ erscheint im zweiten Jahrzehnt des 20. Jahrhunderts. Als erster verwendet ihn wohl G.W. Harris im Titel eines englischen Zeitschriftenaufsatzes vom Dezember 1911 (»Bio-Politics«). Harris versteht die Biopolitik im Sinne einer vom Staat organisierten Raumpolitik und Eugenik (»By the term ›bio-politics‹ we mean a policy which should consider two aspects of the nation: in the first place, the increase of populations and competition; in the second place, the individual attributes of the men who are available for filling places of responsibility in the State«).[223]

In programmatischer Absicht verwendet der schwedische Geograf und Staatswissenschaftler R. Kjellén das Wort 1920 (und auf ihn wird der Begriff vielfach zurückgeführt). Kjellén geht es dabei um den Vergleich von sozialen und politischen Einheiten mit Lebewesen und die Verwendung dieses Vergleichs für Maßnahmen der politischen Steuerung. Kjellén definiert die Biopolitik als die Wissenschaft, die »das Leben der Gesellschaft« zum Gegenstand hat und in der die »Abhängigkeit von den Gesetzen des Lebens« für die Gesellschaft dargestellt werden soll. Insbesondere geht es in Kjelléns Biopolitik um den »Bürgerkrieg der sozialen Gruppen«, in dem sich zwischen diesen Gruppen »die Rücksichtslosigkeit des Lebenskampfes um Dasein und Wachstum« sowie »innerhalb der Gruppen ein kräftiges Zusammenarbeiten für das Dasein« zeige.[224] Bereits 1917 bezeichnet Kjellén die »Lehre über einen völkischen Organismus« als *Demopolitik* (aber noch nicht als ›Biopolitik‹) und untergliedert diese in eine Unterdisziplin des »Volkskörpers« (»Physiopolitik) und eine andere der »Volksseele« (»Psychopolitik«).[225]

1927 erscheint eine von der Medizinischen Fakultät der Universität Cluj in Rumänien herausgegebene Zeitschrift, die den Ausdruck im Titel führt (›Buletin Eugenic si Biopolitic‹).[226] Im Sinne der Analogie von Lebewesen und Gesellschaft und mit dem Ziel einer Volkstumspolitik wird das Wort seit den 1930er Jahren häufiger verwendet (Roberts 1938: Biopolitics […] The Physiology, Pathology and Politics of the Social and Somatic Organism«).[227]

Nach dem Zweiten Weltkrieg wird der Begriff aus seinem volkstumspolitischen und rassenideologischen Kontext gelöst und als soziologische oder politologische Kategorie gebraucht. Der Arzt A. Starobinski verkehrt dabei 1960 die alte Analogie von Gesellschaft und Lebewesen in ihr Gegenteil: Das Leben könne nicht mehr als Vorbild des Politischen dienen, sondern die politische Gestaltung müsse gerade als Gegenentwurf zum *bios* entworfen werden.[228] Als früher Beitrag zur Begründung von ›Biopolitik‹ als politologische Kategorie gilt ein Aufsatz von L. Caldwell aus dem Jahr 1964.[229] Der biopolitische Diskurs im angloamerikanischen Sprachraum der 1960er und frühen 1970er Jahre ist naturalistisch geprägt. Die Sphäre des Politischen soll auf Grundlage des biologischen Verhaltens des Menschen und seiner evolutionären Entstehung verstanden werden.[230]

Zu einem Schlagwort in Diskussionen einer weiteren Öffentlichkeit wird das Wort aber erst mit den Arbeiten M. Foucaults seit Mitte der 1970er Jahre. Nach Foucault betrifft die Biopolitik die staatliche Bevölkerungspolitik, die nicht einzelne Individuen, sondern die ganze Population einer Region betrifft, und zwar insbesondere die Regulierung der Populationsgröße durch Maßnahmen der Steuerung von Geburten- und Sterberate sowie der Gesundheitsmedizin (»Biomacht«). Foucault datiert den Beginn einer derartigen »Biopolitik der Rasse«, die sich von den einzelnen Körpern löst und das Kollektiv im Blick hat, auf das Ende des 18. Jahrhunderts.[231]

Aufgegriffen wird Foucaults Begriff der Biopolitik 1995 von G. Agamben. Nach Agamben manifestiert sich in der Biopolitik die politische Macht über Leben und Tod. Von einer eigentlichen Biopolitik könne erst in der Moderne die Rede sein; die »Politisierung des nackten Lebens als solches« stellt für Agamben sogar ein entscheidendes Charakteristikum der Moderne dar.[232] Für die antike Welt sei die Differenz von zwei Lebensbegriffen kennzeichnend: ›ζωή‹ zur Bezeichnung der einfachen Tatsache des Lebens und ›βίος‹ für die besondere Art und Weise des Lebens. Eine politische Kategorie sei dabei allein letzteres gewesen. Für die Entwicklung in der Moderne sei dagegen kennzeichnend, dass »das nackte Leben […] immer mehr mit dem politischen Raum zusammenfällt«.[233] In seinen umstrittenen Thesen analysiert Agamben die politische Macht über das bloße Leben (↑Leben), den totalitären Zugriff auf die individuelle biologische Existenz eines Menschen, als den ursprünglichen Ausnahmezustand, der in der Moderne zum Regelfall geworden sei (mit dem »Lager« als paradigmatischem Fall).

Nachweise

1 Jahr, F. (1927). Bio-Ethik. Kosmos 24, 2-4: 2.
2 a.a.O.: 4.
3 Potter, V.R. (1970). Bioethics, the science of survival. Persp. Biol. Med. 14, 127-153; vgl. ders. (1971). Bioethics – Bridge to the Future.
4 Potter (1971): 26.
5 Callahan, D. (1973). Bioethics as a discipline. Hastings Center Studies 1(1), 66-73.
6 Hellegers, A. (1971). Bioethics center formed. Chemical Engineer. News 7; vgl. Reich, W.T. (1994). The word "bioethics": its birth and the legacies of those who shaped it. Kennedy Institute Eth. J. 4, 319-335; ders. (1995). The word "bioethics": the struggle over its earliest meanings. Kennedy Institute Eth. J. 5, 19-34.
7 Sloterdijk, P. (1999). Regeln für den Menschenpark. In: ders., Nicht gerettet. Versuche nach Heidegger (Frankfurt/M. 2001, 302-337): 330; vgl. ders. (2009). Du musst dein Leben ändern. Über Anthropotechnik.
8 Siegmund, G. (1965). Umkonstruktion des Menschen? Hochland 57, 476-482: 481.
9 Wieser, W. (1966). Einleitung. In: Jungk, R. & Mundt, H.J. (Hg.). Das umstrittene Experiment: Der Mensch, 7-26: 24.
10 Habermas, J. (2001). Die Zukunft der menschlichen Natur. Auf dem Weg zu einer liberalen Eugenik?: 90.
11 Hippokrates, Von der heiligen Krankheit und andere ausgewählte Schriften (Übers. W. Capelle, Zürich 1955): 211f.; vgl. Lichtenthaeler, C. (1984). Der Eid des Hippokrates. Ursprung und Bedeutung.
12 Fletcher, J.F. (1954). Morals and Medicine. The Moral Problem of the Patient's Right to Know the Truth, Contraception, Artificial Insemination, Sterilization, Euthanasia; Ramsey, P. (1970). The Patient as Person. Explorations in Medical Ethics.
13 Beauchamp, T. & Childress, J. (1979/2001). Principles of Biomedical Ethics.
14 Vgl. Toellner, R. (1990). Die Ethikkommission in der Medizin: Problemgeschichte, Aufgabenstellung, Arbeitsweise, Rechtsstellung und Organisationsformen medizinischer Ethikkommissionen; Daele, W. van der (1997). Die Kontrolle der Forschung am Menschen durch Ethikkommissionen.
15 Vgl. Damschen, G. & Schönecker, D. (Hg.) (2003). Der moralische Status menschlicher Embryonen. Pro und contra Spezies-, Kontinuums-, Identitäts- und Potentialitätsargument.
16 Schark, M. (2010). Zur moralischen Relevanz des Menschseins. Schutzwürdigkeit menschlicher Embryonen aufgrund ihrer Gattungszugehörigkeit? In: Dabrock, P., Denkhaus, R. & Schaede, S. (Hg.). Gattung Mensch. Interdisziplinäre Perspektiven, 297-324: 304.
17 Vgl. Schöne-Seifert, B. (2003). Contra Potentialitätsargument. Probleme einer traditionellen Begründung für embryonalen Lebensschutz. In: Damschen, G. & Schönecker, D. (Hg.). Der moralische Status menschlicher Embryonen, 169-186: 173.
18 Vgl. Kaminsky, S.C. (1998). Embryonen, Ethik und Verantwortung: 99ff.; Steigleder, K. (2003). Die Unterscheidung zwischen Menschen und Personen. Zur Debatte in der Medizinethik. Jahrbuch für Wissenschaft und Ethik 8, 95-115: 103; 108ff.
19 Meldola, R. (1899). An evolutional polemic. Nature 59, 217-219: 217; vgl. auch Goldscheid, R. (1911). Höherentwicklung und Menschenökonomie. Grundlegung der Sozialbiologie: 662; Bailey, L.H. (1915). The Holy Earth: 30f.
20 Hierokles, [Ethische Elementarlehre (Papyrus 9780)] (hg. v. H. von Arnim, Berlin 1906): 61f.
21 Vgl. Frankena, W.K. (1979). Ethics and the environment. In: Goodpaster, K.E. & Sayre, K.M. (eds.). Ethics and the Problems of the 21st Century, 3-20: 5f.; Singer, P. (1981). The Expanding Circle; Meyer-Abich, K.M. (1982). Vom bürgerlichen Rechtsstaat zur Rechtsgemeinschaft mit der Natur. Bedingungen einer verfassungsmäßigen Ordnung der menschlichen Herrschaft in der Naturgeschichte. Scheidewege 12, 581-605: 588; Teutsch, G.M. (1988). Schöpfung ist mehr als Umwelt. In: Bayertz, G. (Hg.). Ökologische Ethik, 55-65: 59-61; Pfordten, D. von der (2000). Eine Ökologische Ethik der Berücksichtigung anderer Lebewesen. In: Ott, K. & Gorke, M. (Hg.). Spektrum der Umweltethik, 41-65: 44.
22 Teutsch, G.M. (1985). Lexikon der Umweltethik: 83.
23 Meyer-Abich, K.M. (1986). Dreißig Thesen zur praktischen Naturphilosophie. In: Lübbe, H. & Ströker, E. (Hg.). Ökologische Probleme im kulturellen Wandel, 100-108: 102.
24 Meyer, A. (1893). Perspectives. Neurological work at Zurich (Collected Papers, vol. 1. Neurology, Baltimore 1950, 223-248): 238.
25 Snider, D.J. (1903). Ancient European Philosophy: 379.
26 Kattsoff, L.O. (1944). Physics and reality. Philos. Phenomenol. Res. 5, 108-120: 109.
27 Meyer-Abich, K.M. (1982.1). Bedingungen einer gerechten Verfassung der menschlichen Herrschaft in der Natur nach dem Gleichheitsprinzip. In: Rapp, F. & Durbin, P.T. (Hg.). Technikphilosophie in der Diskussion, 171-201: 172; ders. (1982.2). Geschichte der Natur in praktischer Absicht. In: Rudolph, E. & Ströve, E. (Hg.). Geschichtsbewusstsein und Rationalität. Zum Problem der Geschichtlichkeit in der Theoriebildung, 105-175: 138.
28 Meyer-Abich (1982.1): 171.
29 Grünewald, B. (1988). Natur und praktische Vernunft. Enthält die Kantische Moralphilosophie Ansatzpunkte für eine Umwelt-Moral? In: Ingensiep, H.W. & Jax, K. (Hg.). Mensch, Umwelt und Philosophie, 95-106: 105; Pfordten, D. von der (1996). Ökologische Ethik. Zur Rechtfertigung menschlichen Verhaltens gegenüber der Natur: 44.
30 Vgl. Kettner, M. (1995). Wie ist eine diskursethische Begründung ökologischer Rechts- und Moralnormen möglich? In: Nida-Rümelin, J. & Pfordten, D. von der (Hg.). Ökologische Ethik und Rechtstheorie, 301-324: 311f.; Tugendhat, E. [1990]. Wer sind alle? In: Krebs, A. (Hg.) (1997). Naturethik, 100-110: 107.
31 Seel, M. (1991). Ästhetische Argumente in der Ethik der Natur. Deutsche Z. Philos. 39, 901-913: 913.
32 Worster, D. (1977/94). Nature's Economy. A History of

Ecological Ideas: 30.
33 Empedokles, Fragm. 136.
34 Vgl. Zander, H. (1999). Geschichte der Seelenwanderung in Europa: 60; 62.
35 Herakleides Pontikos bei Porphyrios, De abstinentia I, 19; 26; vgl. Haußleiter, J. (1935). Der antike Vegetarismus: 135f.; 204; Lorenz, G. (2000). Tiere im Leben der alten Kulturen: 333.
36 Aristoteles, De part. anim. 645a; vgl. Westra, L. (1997). Aristotelian roots of ecology: causality, complex systems theory, and integrity. In: Robinson, T.M. & Westra, L. (eds.). The Greeks and the Environment, 83-98.
37 Theophrast, Über die Frömmigkeit: Fragm. 12; vgl. Pötscher, W. (1964). Theophrasts ΠΕΡΙ ΕΥΣΕΒΕΙΑΣ.
38 Theophrast, Über die Frömmigkeit: Fragm. 7, 10ff.; vgl. Lorenz (2000): 335.
39 Theophrast, Über die Frömmigkeit: Fragm. 7.
40 Plutarch, De sollertia animalium 965A; Cicero, Ad familiares 7, 1, 3.
41 Plutarch, Cato Maior 339c; De esu carnium; vgl. Haussleiter, J. (1935). Der Vegetarismus in der Antike; Dierauer, U. (1977). Tier und Mensch im Denken der Antike. Studien zur Tierpsychologie, Anthropologie und Ethik: 285ff.; Ingensiep, H.W. (2001). Geschichte der Pflanzenseele: 90ff.
42 Plutarch, De esu carnium 994E; 997A-B.
43 a.a.O. 998D; F.
44 a.a.O. 998 A-C; vgl. Plutarch, De sollertia animalium 959D-E.
45 Plutarch, De esu carnium 996A; Cato Maior 339c.
46 Augustinus, De civitate dei (dt. München 1985): 38f. (I, 20).
47 Augustinus, De moribus ecclesiae catholicae et de moribus manichaeorum (Paderborn 2004): II , 60; vgl. Ingensiep (2001): 117.
48 Aristoteles, Politica 1256b 15-21.
49 Genesis 1, 29f.; 9, 3.
50 Thomas von Aquin, Summa theologiae: II, II, 64, 1; vgl. Metz, J.B. (1962). Christliche Anthropozentrik. Über die Denkform des Thomas von Aquin.
51 Heine, G. (1986). Ökologie und Recht in historischer Sicht; Lübbe, H. & Ströker, E. (Hg.). Ökologische Probleme im kulturellen Wandel, 116-134: 125; Hahn, U. (1980). Die Entwicklung des Tierschutzgedankens in Religion und Geistesgeschichte: 34f.; 120.
52 Vgl. Gurjewitsch, A.J. (1978/86). Das Weltbild des mittelalterlichen Menschen: 61f.
53 Merchant, C. (1980). The Death of Nature. Women, Ecology and the Scientific Revolution (dt. München 1987): 20.
54 Montaigne, M. de (1580). Essais (3 Bde., Paris 1998, hg. v. A. Tournon): II, 167 (II, 11).
55 a.a.O.: II, 191 (II, 12).
56 Pfordten, D. von der (1996). Ökologische Ethik: 79.
57 Spinoza, B. (1677). Ethica, ordine geometrico demonstrata (dt. Hamburg 1994): 221 (IV, 37).
58 Alberti, M. (1721). Abhandlung von der Seele des Menschen, der Thiere und Pflanzten, 2 Theile: II, 266.
59 Linné, C. von (1760). Politia naturae (dt. in Werdegang der Biologie, hg. v. J. Anker & S. Dahl, Leipzig 1938), 274-279: 278.
60 Vgl. z.B. Unzer, J.A. (1766). Vom Gefühle der Pflanzen. In: Sammlung kleiner Schriften, 242-255: 251f.
61 Vgl. Ingensiep, H.W. (1996). Tierseele und tierethische Argumentationen in der deutschen philosophischen Literatur des 18. Jahrhunderts. Int. Z. Gesch. Ethik Naturwiss. Techn. Med. 4, 103-118.
62 Alberti (1721): 216ff.
63 Meier, G.F. (1749). Versuch eines neuen Lehrgebäudes von den Seelen der Thiere: 117f.
64 Pufendorf, S. (1672/84). De jure naturae et gentium (2 Bde., hg. v. F. Böhling, Berlin 1998): I, 352 (Liber IV, Cap. 3, §5); vgl. ders. (1672/84). De jure naturae et gentium (dt. Vom Natur- und Völcker-Rechte, Frankfurt/M. 1711): 851; Thomasius, C. (1688). Institutiones Jurisprudentiae Divinae (dt. Halle 1709): 252.
65 Pufendorf (1672/84): 352.
66 Pufendorf (1672/84; dt. 1711): 851.
67 Pufendorf (1672/84): 352.
68 Pufendorf (1672/84; dt. 1711): 851.
69 Pufendorf (1672/84): 352.
70 Pufendorf (1672; dt. 1711): 304.
71 Thomasius (1688): 252f.
72 Aristoteles, Ethica Nicomachea 1161b1-3.
73 Theophrast, Über die Frömmigkeit (De abstinentia 3, 25); vgl. Dierauer, U. (1977). Tier und Mensch im Denken der Antike: 173ff.
74 Epikur, Sententiae selectae 31-33; Hermarchos bei Porphyrios, De abstinentia 1, 12 (95, 16-28); Diogenes Laertios 7, 129; Augustinus, De moribus 2, 54, 59; vgl. Dierauer (1977): 244.
75 Thomas von Aquin (1267-73). Summa theologiae: I, II, qu. 102 a6 ad8.
76 Kant, I. (1797/98). Metaphysik der Sitten (AA, Bd. VI, 203-493): 443.
77 ebd.
78 Vgl. Grünewald, B. (1988). Natur und praktische Vernunft. Enthält die Kantische Moralphilosophie Ansatzpunkte für eine Umwelt-Moral? In: Ingensiep, H.W. & Jax, K. (Hg.). Mensch, Umwelt und Philosophie, 95-106: 105; Pfordten, D. von der (1996). Ökologische Ethik: 44.
79 Vgl. Nash, R.F. (1989). The Rights of Nature. A History of Environmental Ethics: 18.
80 Bentham, J. (1789). An Introduction to the Principles of Morals and Legislation (London 1970): 283 (Kap. 17, 1, Abschn. 4, Anm.).
81 Primatt, H. (1776). The Duty of Mercy and the Sin of Cruelty to Brute Animals; vgl. Thomas, K. (1983). Man and the Natural World. A History of the Modern Sensibility.
82 Lawrence, J. (1796). A Philosophical Treatise of Horses and on the Moral Duties of Man towards the Brute Creation.
83 Dietler, W. (1787). Gerechtigkeit gegen Thiere: 34; 29.
84 Smith, L. (1789/93). Versuch eines vollständigen Lehrgebäudes der Natur und Bestimmung der Thiere und der Pflichten des Menschen gegen die Thiere: 394.
85 Vgl. Percival, T. (1784). Speculations on the Perceptive Power of Vegetables (Works II, London 1807, 419-434): 420.

86 Singer, P. (1981). The Expanding Circle. Ehics and Sociobiology: 123.
87 Fox, M. (1978). What future for man and earth? Toward a biospiritual ethic. In: Morris, R.K. & Fox, M. (eds.). On the Fifth Day. Animal Rights and Human Ethics, 219-230: 222.
88 Hediger, H. (1967). Verstehens- und Verständigungsmöglichkeiten zwischen Mensch und Tier. Psychologie 26, 234-255: 242.
89 Darwin, C. (1837). [Notebooks on the Transmutation of Species]. In: G. de Beer (ed.) (1960). Bull. Brit. Mus. (Nat. Hist.) Hist. Ser. 2, 3-5: I, 69; vgl. ders. (1837-38). Notebook B. In: Barrett, P.H. et al. (eds.) (1987). Charles Darwin's Notebooks, 1836-1844, 167-236: 228 (B 231).
90 Evans, E.P. (1894). Ethical relations between man and beast. Pop. Sci. Month. 1894, 634-646; Hudson, W.H. (1923). Birds and Man: 253; vgl. Worster, D. (1977/94). Nature's Economy: 185.
91 Salt, H. (1935). The Creed of Kinship: viii; vgl. Worster (1977/94): 186f.
92 Rachels, J. (1990). Created from Animals. The Moral Implications of Darwinism: 171.
93 Nelson, L. (ca. 1916). System der philosophischen Ethik und Pädagogik (Gesammelte Schriften, Bd. V, Hamburg 1949): 168f.; Feinberg, J. (1974). The rights of animals and unborn generations (dt. in: Birnbacher, D. (Hg.) (1991). Ökologie und Ethik, 140-179): 153; Pfordten, D. von der (1996). Ökologische Ethik: 237ff.
94 Vgl. Singer, P. (1976). Animal Liberation; Frey, R.G. (1977). Interests and animal rights. Philos. Quart. 27, 254-259; Kantor, J.E. (1980). The 'interests' of natural objects. Envir. Eth. 2, 163-171; Ricken, F. (1987). Anthropozentrismus oder Biozentrismus? Theol. Philos. 62, 1-21: 15.
95 Jonas, H. (1951/66). Is God a mathematician? (dt. in: Das Prinzip Leben. Ansätze zu einer philosophischen Biologie, Frankfurt/M. 1994, 127-178): 161.
96 Lenk, H. (1983). Verantwortung für die Natur. Allg. Z. Philos. 8, 1-18: 3f.; Ricken (1987): 7f.
97 Singer, P. (1979/93). Practical Ethics (dt. Praktische Ethik, Stuttgart 1994): 197.
98 Benson, J. (1978). Duty and the beast. Philos. 53, 529-549: 533f.
99 Fry, R. (1979). Rights, interests, desires and beliefs (dt. Rechte, Interessen, Wünsche und Überzeugungen, in Krebs, A. (Hg.). Naturethik, Frankfurt/M. 1997, 76-91): 82; vgl. aber Fry, R. (2003). Animals. In: LaFollette, H. (ed.). The Oxford Handbook of Practical Ethics, 161-187: 174.
100 Schweitzer, A. (1923). Kultur und Ethik (München 1960): 331.
101 Taylor, P.W. (1981). The ethics of respect for nature. Environm. Eth. 3, 197-218; ders. (1986). Respect for Nature.
102 Taylor (1981): 207.
103 Altner, G. (1991). Naturvergessenheit. Grundlagen einer umfassenden Bioethik: 217; Gorke, M. (1999). Artensterben. Von der ökologischen Theorie zum Eigenwert der Natur.
104 Jahn, F.L. & Eiselen, E. (1816). Die deutsche Turnkunst: 170; Dessoir, M. (1906). Ästhetik: 29; 320; Scheler, M. (1913-16). Der Formalismus in der Ethik und die materiale Wertethik (Bern 1966): 118; Rickert, H. (1924). Kant als Philosoph der modernen Kultur: 37.
105 Simmel, G. (1902). Zum Verständnis Nietzsches. Das freie Wort 2, 6-11; ders. (1907). Schopenhauer und Nietzsche: 7; Hartmann, N. (1926/49). Ethik: 254.
106 Vgl. Weston, A. (1985). Beyond intrinsic value – pragmatism in environmental ethics. Environm. Eth. 7, 321-339; Callicott, J.B. (1985). Intrinsic value, quantum theory, and environmental ethics. Environm. Eth. 7, 257-275; Callicott, J.B. (1986). On the intrinsic value of nonhuman species. In: Norton, B.G. (ed.). The Preservation of Species, 138-172; O'Neill, J. (1992). The varieties of intrinsic value. Monist 75, 119-137.
107 Vgl. Meyer, K. (2003). Der Wert der Natur. Begründungsvielfalt im Naturschutz: 74ff.; McShane, K. (2007). Why environmental ethics shouldn't give up on intrinsic value. Environmental Ethics 29, 43-61: 44ff.
108 Weston, A. (1985). Beyond intrinsic value – pragmatism in environmental ethics. Environmental Ethics 7, 321-339; Morito, B. (2003). Intrinsic value: a modern albatross for the ecological approach. Environmental Values 12, 317-336.
109 Light, A. (2002). Contemporary environmental ethics: from metaethics to public philosophy. Metaphilosophy 33, 426-449.
110 McShane (2007): 60f.
111 Baranzke, H. (2002). Würde der Kreatur? Die Idee der Würde im Horizont der Bioethik.
112 Smith, L. (1789). Tanker om Dyrenes Natur og Bestemmelse og Menneskets Pligter mod Dyrene (dt. Über die Natur und Bestimmung der Thiere wie auch von den Pflichten der Menschen gegen die Thiere, Kopenhagen 1790): 49; vgl. 45.
113 Smith, L. (1791). Forsøg til en fulstandig laerebygning om dyrenes Natur og bestemmelse Menneskets Pligter mod dyrene (dt. Versuch eines vollständigen Lehrgebäudes der Natur und Bestimmung der Thiere und der Pflichten des Menschen gegen die Thiere, Kopenhagen 1793): 331f.; vgl. Baranzke (2002): 263
114 Götze (1791). Ueber die beste Methode, Kinder von dem gewöhnlichen Kinderfehler: Thiere zu martern, abzubringen. In: Zerrenner, H.G. (Hg.). Der deutsche Schulfreund, Bd. 1, 93-102: 95.
115 Barth, K. (1947/57). Die kirchliche Dogmatik, Bd. 3. Die Lehre von der Schöpfung: 198; vgl. Baranzke (2002): 288.
116 Vgl. Baranzke (2002): 35.
117 a.a.O.: 53ff.
118 Vgl. Caspar, J. (1998). Tierschutz in die Verfassung? Z. Rechtspol. 31, 441-446.
119 Watson, R.A. (1983). A critique of anti-anthropocentric biocentrism. Envir. Eth. 5, 245-256; Ricken, F. (1987). Anthropozentrismus oder Biozentrismus? Theol. Philos. 62, 1-21; Paske, G. (1989). The life principle: a (metaethical) rejection. J. Appl. Philos. 6, 219-225.
120 Singer, P. (1979/93). Practical Ethics (dt. Praktische Ethik, Stuttgart 1994): 354.
121 Regan, T. (1984). The Case for Animal Rights; ders.

(1985). The case for animal rights (dt. Wie man Rechte für Tiere begründet, in: Krebs, A. (Hg.). Naturethik, Frankfurt/M. 1997, 33-46): 42.
122 Carruthers P. (1992). The Animal Issue; ders. (1998). Animal subjectivity. Psyche 4(3), 1-7; ders. (2004). Suffering without subjectivity. Philos. Stud. 120, 1-22.
123 Tugendhat, E. [1990]. Wer sind alle? In: Krebs, A. (Hg.) (1997). Naturethik, 100-110: 107.
124 Höffe, O. (1984). Der wissenschaftliche Tierversuch: eine bioethische Fallstudie. In: Ströker, E. (Hg.). Ethik der Wissenschaften? Philosophische Fragen, 117-150: 136.
125 Vgl. Irrgang, B. (1997). Forschungsethik, Gentechnik und neue Biotechnologie.
126 Singer (1979/93): 166; vgl. Rachels, J. (1986). The End of Life. Euthanasia and Morality: 32; 36.
127 Singer (1979/93): 123.
128 a.a.O.: 167.
129 Birnbacher, D. (1980). Sind wir für die Natur verantwortlich? In: Birnbacher, D. (Hg.). Ökologie und Ethik, 103-139: 120.
130 a.a.O.: 137.
131 Leopold, A. (1949). The Land Ethic. In: A Sand County Almanac, 95-109.
132 a.a.O.: 108.
133 Callicott, J.B. (1989). In Defense of the Land Ethic.
134 Sojka, K. (1987). Öko-Ethik. Naturschutz – Tierschutz – Lebensschutz; Eco-Ethics International Union (ed.) (2004). Humanity can Survive only with a new Concept of Ethics: Eco-Ethics.
135 Cahen, H. (1988). Against the moral considerability of ecosystems. Envir. Eth. 10, 195-216.
136 Naess, A. (1973). The shallow and the deep, long range ecology movement: a summary. Inquiry 16, 95-100: 95; vgl. ders. (1984). A defence of the deep ecology movement. Envir. Eth. 6, 265-270; Tobias, M.I. (ed.) (1985). Deep Ecology; Devall, B. & Sessions, G. (1985). Deep Ecology. Living as if Nature Mattered; Fox, W. (1986). Approaching Deep Ecology; Johnson, L.E. (1991). A Morally Deep World: An Essay on Moral Significance and Environmental Ethics; Gottwald, F.-T. (Hg.) (1995). Tiefenökologie. Wie wir in Zukunft leben wollen.
137 McCloskey, M. (1970). Foreword. In: Mitchell, J.G. & Stallings, C. (eds.). Ecotactics: 11; Ophuls, W. (1977). Ecology and the Policy of Scarcity Revisited: 3.
138 White, L. (1967). The historical roots of our ecological crisis. Science 155, 1203-1207; vgl. Eckberg, D.L. & Blocker, T.J. (1989). Varieties of religious involvement and environmental concerns: testing the Lynn White thesis. J. Sci. Stud. Relig. 28, 509-517; Lee, D.R. (1994). Christianity and western attitudes towards the natural environment. Hist. Europ. Ideas 10, 513-524.
139 Höffe, O. (1993). Moral als Preis der Moderne: 215.
140 Nida-Rümelin, J. (1989). Ökologische Ethik – eine Einführung mit Literaturhinweisen. Prima Philos. 2, 169-183: 171.
141 Bayertz, K. (1987). Naturphilosophie als Ethik. Philos. Nat. 24, 157-185: 175.
142 Irrgang, B. (1990). Hat die Natur ein Eigenrecht auf Existenz? Philosoph. Jahrb. 97, 327-339: 327.
143 Böhler, D. (1991). Mensch und Natur: Verstehen, Konstruieren, Verantworten. Deutsche Z. Philos. 39, 999-1019: 1008.
144 Spaemann, R. (1978). Naturteleologie und Handlung. Z. philos. Forsch. 32, 481-493: 491.
145 Meyer-Abich, K.M. (1984). Wege zum Frieden mit der Natur. Praktische Naturphilosophie für die Umweltpolitik: 47.
146 Apel, K.-O. (1994). Die ökologische Krise als Herausforderung für die Diskursethik. In: Böhler, D. (Hg.) (1994). Ethik für die Zukunft. Im Diskurs mit Hans Jonas, 369-404: 386.
147 Vgl. Hahn, U. (1980). Die Entwicklung des Tierschutzgedankens in Religion und Geistesgeschichte: 120ff.
148 Cavalieri, P. (1994) (ed.). The Great Ape Project. Equality Beyond Humanity.
149 Wise, S. (2000). Rattling the Cage; ders. (2002). Drawing the Line; vgl. Malik, K. (2000). Rights and wrongs. Nature 406, 675-676.
150 Rumpf, J.D.F. (1824). Vollständiges Wörterbuch zur Verdeutschung der in unsere Schrift- und Umgangs-Sprache eingeschlichenen, fremden Ausdrücke: 129.
151 Mozin, D.J. et al. (1842). Dictionnaire complet des langues française et allemande, Bd. 2: 90; vgl. Schmidt, J.A.E. (⁷1844). Vollständigstes französisch-deutsches und deutsch-französisches Handwörterbuch, Bd. 1: 513.
152 Heffter, A.W. (1844). Das europäische Völkerrecht der Gegenwart: 401.
153 Gaume, J.J. (1845). Geschichte der häuslichen Gesellschaft bei allen alten und neuen Völker, Bd. 2: 217.
154 König, G. (1846). Die Forst-Mathematik in den Grenzen wirthschaftlicher Anwendung: 580.
155 Morgenstern, L. (1849). Grundzüge des Münster'schen ehelichen Güterrechts: 4
156 Sohm, R. (1906). Bürgerliches Recht. In: Stammler, R. et al., Systematische Rechtswissenschaft, 1-91: 20; vgl. auch Kuhn, W. (1926). Die Unverfügbarkeit des Gesellschaftsurteils, gemäß 719 BGB insbesondere in der Rechtsprechung und die Verfügung des Miterben über seinen Anteil am Nachlaß gemäß 2033 BGB; Merendino, R.P. (1969). Der unverfügbare Gott: biblische Erwägungen zur Gottesfrage; Kube, H. (1999). Eigentum an Naturgütern. Zuordnung und Unverfügbarkeit.
157 Bultmann, R. (1949). Das Urchristentum im Rahmen der antiken Religionen: 14; vgl. 20.
158 a.a.O.: 115.
159 Eibach, U. (1980). Leben als Schöpfung aus Menschenhand? Ethische Aspekte genetischer Forschung und Technik. Zeitschrift für evangelische Ethik 24, 111-130: 116.
160 Altner, G. (1980). Zwischen Leben und Tod. Zum Zeitbegriff der Evolutionstheorie. Scheidewege 10, 338-349: 344.
161 Habermas, J. (2001). Die Zukunft der menschlichen Natur. Auf dem Weg zu einer liberalen Eugenik?: 29.
162 a.a.O.: 32; vgl. Ernst, S. (1988). Die Unverfügbarkeit des menschlichen Lebens; Körtner, U.H.J. (2001). Unverfügbarkeit des Lebens? Grundfragen der Bioethik und der medizinischen Ethik; Kemper, A. (2001). Unverfügbare

Natur. Ästhetik, Anthropologie und Ethik des Umweltschutzes.
163   Krebs, A. (2000). Wieviel Natur schulden wir der Zukunft? In: Mittelstraß, J. (Hg.). Die Zukunft des Wissens, 313-334: 331.
164   ebd.
165   Maier, A. (2011). Natur war gestern. Die Zeit Nr. 13 v. 24. März 2011, 49.
166   Bregenzer, I. (1894). Thier-Ethik: Darstellung der sittlichen und rechtlichen Beziehungen zwischen Mensch und Thier.
167   Harbaugh, H. (1854). The birds of the bible, no. xx. The kite. The Guardian 5, 262-264: 264.
168   Anonymus (1829). Animal ethics. Instincts of the missel thrush. The Athenaeum and Literary Chronicle 1 (Nr. 73), 174.
169   Spencer, H. (1890). On justice. Popular Science Monthly 37, 19-32: 19.
170   a.a.O.: 23.
171   Bruce, A.B. (1897). The Providential Order of the World: 37.
172   Callicott, J.B. (1986). On the intrinsic value of non-human species. In: Norton, B.G. (ed.). The Preservation of Species, 138-172; Katz, E. (1987). Searching for intrinsic value. Environ. Eth. 9, 231-241; O'Neill, J. (1992). The varieties of intrinsic value. Monist 75, 119-137; Elliot, R. (1992). Intrinsic value, environmental obligation and naturalness. Monist 75, 138-160.
173   Rolston, H. III (1985). Duties to endangered species. Biosci. 35, 718-726; Norton, B.G. (ed.) (1986). The Preservation of Species; Varner, G.E. (1987). Do species have standing? Environ. Eth. 9, 57-72; Johnson, L.E. (1992). Toward the moral considerability of species and ecosystems. Environ. Eth. 14, 145-157.
174   Bodenstein, W. (1982). Das Lebensrecht des Tieres und die Schuld des Menschen. In: Hellfaier, K.A. (Hg.). Tier und Mensch, 7-24: 7.
175   Minutes of the EQSC Meeting of April 10, 1969: 26 in: Krier, J.E. (1971). Environmental watchdogs: some lessons from a ›study‹ council. Stanford Law Rev. 23, 623-675: 649.
176   Scoby, D.R. (ed.) (1971). Environmental Ethics. Studies of Man's Self-Destruction; Barbour, I.C. (ed.) (1973). Western Man and Environmental Ethics. Attitudes towards Nature and Technology; Routley, R. (1973). Is there a need for a new, an environmental ethic? Proc. XV. World Congr. Philos., vol. 1, 205-210.
177   Glikson, A. (1955). Regional Planning and Development: 28; 29; vgl. Zelinsky, W. (1961). Review: Vogt, W. (1960). People! Challenge to Survive. Geograph. Rev. 51, 591-593: 592; Stone, J.H. (1969). A national institute of ecology: a critique. Ecology 50, 939; Rolston, H. III (1974-75). Is there an ecological ethics? Ethics 85, 93-109; Sachsse, H. (1976). Der Mensch als Partner der Natur. Überlegungen zu einer nachcartesianischen Naturphilosophie und ökologischen Ethik. In: Kaltenbrunner, G.-K. (Hg.). Überleben und Ethik. Die Notwendigkeit, bescheiden zu werden, 27-54.
178   Vgl. Adams, E.M. (1972). Ecology and value theory. South. J. Philos. 10, 3-6.

179   Callicott, J.B. (1989). In Defense of the Land Ethic. Essays in Environmental Philosophy.
180   Rolston, H. III (1988). Environmental Ethics. Duties to and Values in the Natural World.
181   Taylor, P.W. (1986). Respect for Nature. A Theory of Environmental Ethics.
182   Meyer-Abich, K.M. (1984). Wege zum Frieden mit der Natur. Praktische Naturphilosophie für die Umweltpolitik.
183   Habermas, J. (1991). Erläuterungen zur Diskursethik: 220; Apel, K.-O. (1994). Die ökologische Krise als Herausforderung für die Diskursethik. In: Böhler, D. (Hg.) (1994). Ethik für die Zukunft. Im Diskurs mit Hans Jonas, 369-404; Ott, K. (1994). Ökologie und Ethik. Ein Versuch praktischer Philosophie: 103ff.
184   Rudorff, E. [1888]. Tagebucheintrag vom 9.11.1888; vgl. Klose, H. (1939). Ernst Rudorffs Heimatland unter Landschaftsschutz. Naturschutz 20 (6), 117-121: 121; ders. (1957). Fünfzig Jahre Staatlicher Naturschutz. Ein Rückblick auf den Weg der deutschen Naturschutzbewegung; Schoenichen, W. (1954). Naturschutz, Heimatschutz. Ihre Begründung durch Ernst Rudorff, Hugo Conwentz und ihre Vorläufer: 139; Knaut, A. (1990). Der Landschafts- und Naturschutzgedanke bei Ernst Rudorff. Natur Landsch. 65, 114-118; Bogner, T. (2004). Zur Bedeutung von Ernst Rudorff für den Diskurs über Eigenart im Naturschutz. In: Fischer, L. (Hg.). Projektionsfläche Natur, 105-134; Lekan, T.M. (2004). Imaging the Nation in Nature. Landscape Preservation and German Identity.
185   Vgl. Schoenichen (1954): 214f.
186   Conwentz, H. (1904). Die Gefährdung der Naturdenkmäler und Vorschläge zu ihrer Erhaltung.
187   Platon, Kritias 111b-d; vgl. Hughes, J.D. (1979). Ecology in ancient Greece. Inquiry 18, 115-125: 121.
188   Vgl. Lersner, H. von (1998). Umweltschutz. In: Korff, W., Beck, L. & Mikat, P. (Hg.). Lexikon der Bioethik, Bd. 3, 662-664: 662.
189   Fraas, C. (1847). Klima und Pflanzenwelt in der Zeit.
190   Möbius, K. (1877). Die Auster und die Austernwirtschaft. Zit. nach: Leps, G. (Hg.) (1986). Zum Biozönose Begriff. Kapitel aus „Die Auster und die Austernwirtschaft": 86.
191   Shelford, V.E. (1913). Animal Communities in Temperate America as Illustrated in the Chicago Region. A Study in Animal Ecology (Chicago 1937): 11.
192   Vgl. Henke, H. (1990). Grundzüge der geschichtlichen Entwicklung des internationalen Naturschutzes. Natur Landsch. 65, 106-112: 110.
193   Stiftung Naturschutzgeschichte (Hg.) (2000). Wegmarken. Beiträge zur Geschichte des Naturschutzes; dies. (2001). Natur im Sinn. Beiträge zur Geschichte des Naturschutzes.
194   Henke (1990): 107.
195   a.a.O.: 111.
196   Vgl. Meurer, N. (1576). Jagd- und Forstrecht; Bülow, G. von (1962). Die Südwälder von Reichenhall; Karafyllis, N.C. (2002). „Nur soviel Holz einschlagen, wie nachwächst" – Die Nachhaltigkeitsidee und das Gesicht des deutschen Waldes im Wechselspiel zwischen Forstwissen-

schaft und Nationalökonomie. Technikgeschichte 69, 247-274: 252f.
197 Nach Bülow, G. von (1962). Die Sudwälder von Reichenhall: 290; Hasel, K. & Schwartz, E. (1985/2002). Forstgeschichte: 307.
198 Carlowitz, H.C. von (1713). Sylvicultura oeconomica, oder Hausswirthliche Nachricht und Naturmässige Anweisung zur Wilden Baum-Zucht: 106.
199 Frank, J.P. (1789). System der landwirthschaftlichen Polizey, Bd. 1: 363; vgl. auch Anonymus (1790). Versuch einer Widerlegung der irrigen Meynung verschiedener Forstmänner, daß die Forstwissenschaft auf keinen festen und unumstößlichen Grundsätzen und Hauptstücken beruhe; mithin nicht nach solchen erlernt werden könne. Forst-Archiv 8, 1-123: 31; Hartig, G.L. (1795). Anweisung zur Taxation und Beschreibung der Forste, oder zur Bestimmung des Holzertrages der Wälder: 81 (vgl. auch 2. Aufl. 1804: 1); André, E. (1823). Versuch einer zeitgemässen Forstorganisation, Teil: 1: Innere Forstorganisation, enth. d. vollkomm. Sicherstellung der Nachhaltigkeit.
200 Gayer, K. (1880/82). Der Waldbau: 5.
201 Vgl. Hitz, H.-W. (1989). Die Entwicklung des Nachhaltigkeitsbegriffes und heutige gesetzliche Grundlagen der Nachhaltigkeit (Dipl.-Arb. Göttingen); Kretschmer, M. (1999). Bedeutungswandel des Nachhaltigkeitsbegriffs; Grober, U. (2002). Tiefe Wurzeln. Eine kleine Begriffsgeschichte von ›sustainable development‹ – Nachhaltigkeit. Natur Kultur 3, 116-127.
202 Speidel, G. (1972). Planung im Forstbetrieb: 54.
203 Bundeswaldgesetz in der Fassung vom 2. Mai 1975, geändert durch Gesetz vom 27.7.1984: §11.
204 Meadows, D. (1972/74). The Limits to Growth: 158.
205 Meadows, D. (1972). Die Grenzen des Wachstums (übers. v. H.-D. Heck, Stuttgart 1972): 142.
206 Ministerium für Umwelt, Energie und Verkehr Saarbrücken (Hg.) (1986-99). Unsere Umwelt: Wege zur Nachhaltigkeit; Hennig, R. (1989). Nachhaltigkeit als Prinzip verantwortungsvoller Naturnutzung; vgl. Tremmel, J. (2003). Nachhaltigkeit als politische und analytische Kategorie. Der deutsche Diskurs um nachhaltige Entwicklung im Spiegel der Interessen der Akteure.
207 Vgl. Ott, K. & Döring, R. (2006). Grundlinien einer Theorie „starker" Nachhaltigkeit. In: Köchy, K. & Norwig, M. (Hg.). Umwelt-Handeln. Zum Zusammenhang von Naturphilosophie und Umweltethik, 89-127: 110.
208 a.a.O.: 113f.
209 Sturm, K. (1993). Prozeßschutz – ein Konzept für naturschutzgerechte Waldwirtschaft. Z. Ökol. Natursch. 2, 181-192; vgl. Gorke, M. (2003). Prozessschutz aus Sicht einer holistischen Ethik. Natur und Kultur 7, 88-107.
210 Frankel, O.H. (1970). Variation – the essence of life. Proc. Linn. Soc. New South Wales 95, 158-169: 168; ders. (1974). Genetic conservation: our evolutionary responsibility. Genetics 78, 53-65.
211 Vgl. Potthast, T. (2004). Die wahre Natur ist Veränderung. Zur Ikonoklastik des ökologischen Gleichgewichts. In: Fischer, L. (Hg.). Projektionsfläche Natur, 193-221: 214f.
212 Climate Zones for Eastern Asia. Japan and adjacent regions. Based upon the National Geographic Society's map of Japan for the National Geographic Magazine. A.M.S. 5101. Compiled by the Climatology and Environmental Protection Section, Research and Development Branch of the Office of the Quartermaster General. Washington, D.C. 1945.
213 Lersner, H. von (1998). Umweltschutz. In: Korff, W., Beck, L. & Mikat, P. (Hg.). Lexikon der Bioethik, Bd. 3, 662-664: 662.
214 Przibram, H. (1929). Schutz und Angriffswaffen der Protozoen. In: Bethe, H. et al. (Hg.). Handbuch der normalen und pathologischen Physiologie mit Berücksichtigung der experimentellen Pharmakologie, Bd. 13. Schutz und Angriffseinrichtungen, Reaktionen auf Schädigungen, 1-19: 1.
215 Osborn, F. (1948). Our Plundered Planet; Vogt, W. (1948). Road to Survival; Meggers, B.J. (B.J.). Environmental limitations on the development of culture. Amer. Anthropol. 56, 801-824; vgl. Worster, D. (1977/94). Nature's Economy: 352f.
216 Thomas, W.L. Jr. (ed.) (1956). Man's Role in Changing the Face of the Earth.
217 Vgl. Worster (1977/94): 355.
218 Anonymus (1896). Minor paragraphs. Popular Science Monthly 1896 (Feb.), 575.
219 Vgl. Artenschutz. Aktuelle Probleme des Schutzes von Pflanzen- und Tierarten. Vorträge des 1. Artenschutz-Seminars in der Bundesrepublik Deutschland, 9.-11.11.1971, Ingolstadt; Nickel, U. (1972). Artenschutz.
220 Hornaday, W.T. (1913). Our Vanishing Wildlife; Harper, F. (1945). Extinct and Vanishing Mammals of the Old World.
221 Henke, H. (1990). Grundzüge der geschichtlichen Entwicklung des internationalen Naturschutzes. Natur Landsch. 65, 106-112: 109.
222 Caughley, G. (1994). Directions in conservation biology. J. Anim. Ecol. 63, 215-244: 215.
223 Harris, G.W. (1912). Bio-Politics. The New Age 10, 197; vgl. Stanescu, V. (2011). Dying from Improvement. Biopolitics, Neoliberalism, and the New Eugenics: 20 (http://stanford.academia.edu).
224 Kjellén, R. (1920). Grundriss zu einem System der Politik: 94; vgl. Esposito, R. (2004). Bíos. Biopolitica e filosofia; Muhle, M. (2007). Eine Genealogie der Bio-Politik. Eine Untersuchung des Lebensbegriffs bei Michel Foucault und Georges Canguilhem (Diss. Kulturwiss. Fak., Univ. Frankfurt/Oder).
225 Kjellén, R. (1917). Der Staat als Lebensform: 95; vgl. 150f.; noch nicht in der schwed. Originalausgabe von 1916, Staten som lifsform: 77; 120.
226 Buletin eugenic si biopolitic [Organe mensuel de la section médicale et biopolitique de ›Astra‹, publie par les Professeurs de la Faculté de Médecine]; vgl. Contributions botaniques de Cluj 1927, 152.
227 Roberts, M. (1938). Biopolitics. An Essay on the Physiology, Pathology and Politics of the Social and Somatic Organism.
228 Starobinski, A. (1960). La biopolitique. Essai d'interprétation de l'histoire de l'humanité et des civilisa-

tions.

229 Caldwell, L. (1964). Biopolitics. Science, ethics, and public policy Yale Review 56, 1-16.

230 Somit, A. (1972). Biopolitics. British Journal of Political Science 2, 209-238; vgl. Esposito (2004); Muhle (2007).

231 Foucault, M. [1975-76]. Il faut défendre la société. Cours au Collège de France, 1975-1976 (Paris 1997) (engl. Society must be Defended, New York 2003): 243; vgl. ders. [1978-79]. Naissance de la biopolitique. Cours au Collège de France, 1978-1979 (Paris 2004) (dt. Die Geburt der Biopolitik, Frankfurt/M. 2006).

232 Agamben, G. (1995). Homo Sacer. Il potere sovrano e la nuda vita (dt. Homo sacer. Die Souveränität der Macht und das nackte Leben, Frankfurt/M. 2002): 14.

233 a.a.O.: 19.

Literatur

Potter, V.R. (1971). Bioethics – Bridge to the Future.
Kieffer, G.H. (1975). Ethical Issues in the Life Sciences.
Reich, W.T. (ed.) (1978). Encyclopedia of Bioethics, 4 vols.
Nash, R.F. (1989). The Rights of Nature. A History of Environmental Ethics
Brennan, A. (ed.) (1995). The Ethics of the Environment.
Jonsen, A.R. (1998). The Birth of Bioethics.
Korff, W., Beck, L & Mikat, P. (Hg.) (1998). Lexikon der Bioethik, 3 Bde.
Stevens, M.L.T. (2001). Bioethics in America. Origins and Cultural Politics.
Düwell, M. & Steigleder, K. (Hg.) (2003). Bioethik. Eine Einführung.

Biogeografie
Die Biogeografie, die Lehre von der geografischen Verbreitung und Verteilung der Organismen auf der Erde, geht in ihren sachlichen Anfängen auf die Antike zurück. Das Wort zur Bezeichnung der Sache wird Ende des 19. Jahrhunderts eingeführt.

Wortgeschichte
Das Wort erscheint zuerst im Titel eines Aufsatzes von H. Jordan aus dem Jahr 1883: ›Zur Biogeographie der nördlich gemäßigten und arktischen Länder‹.[1] Der meist für die Wortprägung verantwortlich gemachte Geograf F. Ratzel verwendet den Ausdruck erst einige Jahre später. Bei Ratzel findet sich das Adjektiv ›biogeografisch‹ erstmals 1888 in einem Brief und einem Vortrag.[2] Im gleichen Jahr erscheint auch der Ausdruck ›Biogeografen‹.[3] Das Substantiv ›Biogeografie‹ wird in den folgenden Jahren von Ratzel[4] und – unter Bezug auf ihn – von F. Regel[5] sowie in einem amerikanischen Aufsatz[6] verwendet.

Vor ›Biogeografie‹ sind andere Bezeichnungen für dieses Teilgebiet der Biologie vereinzelt in Gebrauch. E. Haeckel spricht 1866 von der **Chorologie** (von griech. ›χώρα‹ »Raum, Ort«) als einem Teilgebiet der Ökologie, der »Wissenschaft von der räumlichen Verbreitung der Organismen, von ihrer geographischen und topographischen Ausdehnung über die Erdoberfläche«.[7] Später stellt er die Chorologie neben die Ökologie unter die »Relations-Physiologie«, in der es um die Relationen der Organismen zu ihrer Umwelt gehe.[8] 1872 verwendet C. Kingsley die Bezeichnung *Biogeologie* für die Lehre von der räumliche Verteilung der Lebewesen und deren Ursachen: »Bio-geology begins with asking every plant or animal you meet, large or small, not merely, What is your name? but, How did you get here? By what road did you come? What was your last place of abode? And now you are here, how do you get your living?«.[9] In seiner Einteilung der biologischen Subdisziplinen von 1942 stellt E. Ungerer die Chorologie neben die »Chronologie« (d.h. Phylogenie) in eine zweite Sektion einer allgemeinen »Verteilungslehre«, nämlich diejenige, in der es um die *räumliche* Verteilung der Organismen geht (↑Biologie: Abb. 61).[10] Der Titel ›Biogeografie‹ setzt sich seit Mitte des 20. Jahrhunderts durch.[11]

Vor der Begründung einer allgemeinen Lehre der Biogeografie stehen die Disziplinen der Pflanzen- und

Flora (Boym 1656) *237*
Fauna (Linné 1746) *237*
Ausbreitung (Reimarus 1773) *234*
Verbreitung (Zimmermann 1778) *234*
Pflanzengeografie (Giraud-Soulavie 1780) *231*
Tiergeografie (Giraud-Soulavie 1780) *232*
endemisch (De Candolle 1820) *241*
Areal (Schouw 1822) *232*
Verbreitungsgebiet (Anonymus 1823) *234*
vikarierend (Unger 1836) *242*
Floristik (Beilschmied 1837) *239*
Invasion (Darwin 1839) *246*
Faunistik (Küster 1852) *239*
disjunkte Arten (de Candolle 1855) *242*
Chorologie (Haeckel 1866) *231*
Geobotanik (Grisebach 1866) *231*
Biogeografie (Jordan 1883) *231*
Lebenszonen (Merriam 1890) *246*
Heimatgebiet (Thompson Seton 1909) *235*
Aktionsraum (Anonymus 1937-39) *234*
Arealsystem (Müller 1976) *233*
Lebensspur (Baker 1978) *235*

Tiergeografie getrennt nebeneinander. Auch die Ausdrücke ›Pflanzengeografie‹ und ›Tiergeografie‹ sind älter als ›Biogeografie‹. F.C. Lesser spricht schon 1751 von einer »botanischen Geographie«, wobei er sich auf ein Manuskript zu einer Flora von Japan von C. Mentzel (1622-1701) bezieht.[12] J.L.G. Soulavie verwendet **Pflanzengeografie** in einer kleinen Abhandlung aus dem Jahr 1780 (»Géographie Physique des Végétaux«; ›géographie des végétaux‹[13]; 1793: »géographie des plantes«[14]). A. von Humboldt hält 1816 neben Mentzel, Soulavie und B.H. de Saint-Pierre für diejenigen, die den Ausdruck geprägt haben.[15] In lateinischer Form findet sich das Wort 1800 bei Stromeyer (»geographica vegetabilium«)[16] und später bei von Humboldt (»Geographiam plantarum«[17]). Auch im Französischen etabliert es sich in den ersten Jahrzehnten des 19. Jahrhunderts – unter vielfachem Bezug auf von Humboldt (von Humboldt 1805: »Géographie des plantes équinoxiales«[18]; Lacroix 1811: »géographie des plantes«[19]). In der deutschen Sprache setzt sich der Ausdruck durch die Verwendung bei von Humboldt seit 1797 durch (zunächst als »Geographie der Pflanzen«).[20] Die Kurzform ›Pflanzengeografie‹ erscheint im ersten Jahrzehnt des 19. Jahrhunderts (von Humboldt 1803: »Pflanzen-Geographie«[21]; I.F. Schouw 1822-24: »Plantegeografie«; dt. 1824: »Pflanzengeographie«[22]).

Für die botanische Geografie führt A. Grisebach 1866 die Bezeichnung **Geobotanik** ein.[23] Grisebach gliedert die allgemeine Geobotanik in die topofische, klimatologische und geologische Geobotanik (wobei letztere v.a. das erdgeschichtliche Vorkom-

> Die Biogeografie ist die Teildisziplin der Biologie, die sich mit der geografischen Verbreitung und Verteilung von Organismen auf der Erde befasst sowie deren historische und ökologische Ursachen untersucht.

men von Pflanzen untersucht). Der Ausdruck verbreitet sich allgemein im 20. Jahrhundert – ausgedrückt auch darin, dass E. Rübel 1918 in Zürich ein ›Geobotanisches Forschungsinstitut‹ gründet.

Bei Soulavie findet sich 1780 auch eine Vorläuferform für **Tiergeografie** (»Géographie Physique des Animaux«[24]). Im Lateinischen verwendet E.A.W. Zimmermann bereits 1777 die Formulierung ›geografische Zoologie‹; der Titel seines Werks enthält auch bereits eine Definition des Feldes: »die Wohnsitze und Wanderungen der Vierfüßer umfassend« (»Specimen zoologiae geographicae, quadrupedum domicilia et migrationes sistens«).[25] Den Terminus ›Tiergeografie‹ verwendet wohl als erster A. von Humboldt, seit 1801 auf Französisch (»la géographie des animaux et des végétaux«[26]), seit 1807 auch auf Deutsch[27]. Anfang des 19. Jahrhunderts wird das Forschungsfeld in verschiedenen Formulierungen umschrieben (Lacroix 1811: »géographie des animaux«[28] von Humboldt 1815: »Geographia zoologica«[29]; Bentham 1823: »Géographie animale«[30]; Anonymus 1829: »animal geography«[31]; Agassiz 1845: »géographie des animaux«[32]). Der später im Englischen gebräuchliche Ausdruck *Zoogeografie* (engl. »zoogeography«) erscheint erst seit den 1820er Jahren (Anonymus 1829: »die Zoogeographie als Wissenschaft«[33]; Hartig & Hartig 1836: »Zoo-Geographie«[34]; engl.: Baird 1851: »Zoogeography, or the geographical distribution of animals, teaches the circumstances and positions under which animals occur, both as regards individual species, genera, or larger groups«[35]).

Zur Gliederung der Tiergeografie in Teilgebiete bestehen verschiedene Vorschläge nebeneinander. H. Berghaus unterscheidet 1843 zwischen einer »zoologischen Geographie«, die von den geografischen Regionen der Erde ausgeht und für diese die charakteristischen Tierarten angibt, und einer »Geographie der Thiere«, die umgekehrt für jede Tiergruppe ihre geografische Verteilung angibt.[36] 1851 bezeichnet Berghaus den ersten Ansatz auch als »allgemeine« und den zweiten als »specielle« zoologische Geografie.[37] R. Hesse unterscheidet 1924 zwischen vier Teilgebieten: die »aufzeichnende (registrierende) Tiergeographie«, die »ordnende Tiergeographie« (hierzu insbesondere der »vergleichende« Ansatz), die »kausale Tiergeographie« (hierzu auch die »historische Tiergeographie«) und schließlich die »ökologische Tiergeographie«, als deren Gegenstand Hesse angibt: »die Tiere in ihrer Abhängigkeit von den Bedingungen ihres Lebensgebietes, in ihrem ›Angepaßtsein‹ an ihre Umwelt, ohne Rücksicht auf die geographische Lage dieses Lebensgebietes«.[38] In der zweiten Hälfte des 20. Jahrhunderts findet besonders die Differenzierung G. de Lattins von 1967 Verbreitung, der zwischen der »deskriptiven Zoogeographie« und der »kausalen Zoogeographie« unterscheidet, wobei er letztere weiter unterteilt in die »ökologische« und »historische Zoogeographie«.[39]

Areal und Arealsysteme
Den Grundbegriff der Biogeografie bildet der Ausdruck **Areal**. Das Wort wird im Deutschen seit dem späten 18. Jahrhundert verwendet und bildet eine Ableitung vom mittellateinischen ›arealis‹ mit der Bedeutung »den Flächeninhalt betreffend, auf die Grundfläche bezogen«.[40] Im biologischen Zusammenhang erscheint es seit Beginn des 19. Jahrhunderts, zuerst aber allein in Bezug auf den Menschen.[41] Offensichtlich ist der Ausdruck als unmittelbare Übertragung aus dem politischen Kontext in die Biologie gekommen. J.F. Schouw gebraucht ihn 1822 vornehmlich als politische Kategorie (»Derjenige Theil von Südafrika der botanisch untersucht ist, beträgt kaum 1/10 von dem Areal Europens«[42]), ansatzweise aber auch bereits als biologische (»In Südafrika nehmen 280 Arten von *Erica* vielleicht kein so großes Areal [dän.: »stort et Areal«] ein als die einzige Art *E. vulgaris* in dem nördlichen Europa«[43]). Zu einem regelmäßig gebrauchten biologischen Terminus entwickelt sich der Ausdruck erst seit den 1830er Jahren, und zwar ausgehend von der Pflanzengeografie (Meyen 1836: »Das Areal einer Pflanze, oder deren Verbreitungs-Bezirk ist entweder ununterbrochen oder unterbrochen«[44]). In einer Rezension heißt es 1853: »In der Pflanzengeographie ist es eine der ersten und wichtigsten Voraussetzungen [...], daß jede Pflanzenart nur eine einzige Heimath habe, von welcher sie sich entweder durch eigene oder durch fremde Kräfte auf dem Erdboden über ihr allmälig gewonnenes Areal ausgebreitet hat«.[45] Auch der Ausdruck *Verbreitungsareal* findet seit der zweiten Hälfte des 19. Jahrhunderts gelegentlich Verwendung.[46]

Ein Areal kann definiert werden als die von den Mitgliedern einer Art (oder eines anderen Taxons) besiedelte geografische Region. Insofern die Art (oder ein anderes Taxon oder auch eine Pflanzengesellschaft) eine zeitliche Dimension aufweist, kann auch das Konzept des Areals zeitlich dimensioniert verstanden werden. Ein Areal wäre dann zu bestimmen als die vierdimensionale Raum-Zeit-Einheit, die von den Mitgliedern einer Art besiedelt wurden und werden. In der Biogeografie ist es aber üblich, das Areal rein räumlich zu verstehen und von der Ausweitung oder Verringerung des Areals einer Art zu sprechen. Wie ein ↑Individuum stellt ein Areal also einen Kontinuanten dar, der zu jedem Zeitpunkt sei-

Das *Arealsystem* ist die Daseinsweise der Art in Raum und Zeit als ein genetisch autonomes, adaptives und autoregulatives Teilsystem der Biosphäre, das sich durch die Wechselwirkungen zwischen der Organisation der Art und ihrer Umwelt herausbildet und entwickelt.

Das *Verbreitungsgebiet* (das Territorium) ist das dynamische, dreidimensionale Erscheinungsbild des Arealsystems; es kann aus mehreren Teilräumen bestehen, deren wichtigster das Areal als Fortpflanzungsraum der Art ist.

Das *Areal* ist der Teilraum des Territoriums (des Verbreitungsgebietes) (als des dynamischen dreidimensionalen Erscheinungsbildes eines Arealsystems), in dem ohne ständigen Zuzug von außen her dauhaft die Fortpflanzung der Art erfolgt.

Der *Wohnraum* ist der Teilraum des Verbreitungsgebietes, der dauerhaft zum Aufenthalt genutzt wird.

Der *Verkehrsraum* ist der Teilraum des Verbreitungsgebietes, der zur Fortbewegung genutzt wird.

Der *Wanderraum* ist der Teilraum des Verbreitungsgebietes, der während regel- oder unregelmäßiger Wanderungen genutzt wird.

Der *Spielraum* ist der Teilraum des Verbreitungsgebietes, der nur vorübergehend, zuweilen sehr kurzzeitig zum Aufenthalt genutzt wird.

Der *Nahrungs-*, *Ernährungs-* oder *Weideraum* ist der Teilraum des Verbreitungsgebietes, der dauerhaft oder zeitweise den wesentlichen Teil der Nahrung liefert.

Das *Überwinterungsgebiet* ist der Teilraum des Verbreitungsgebietes, der ständig oder zeitweise zur Überwinterung genutzt wird.

Das *Vorkommen* (die *Station*) bezeichnet [...] die Relationen von Komponenten einer Tierart, d.h. von bestimmten oder allen Individuen und Populationen, zu Raum, Zeit und Umwelt.

Die *Verbreitung* (*Distribution*) bezeichnet [...] den Raum, den bestimme oder alle Vorkommen einer Tierart einnehmen.

Die *Verteilung* (*Dispersion*) bezeichnet [...] die räumliche Anordnung bestimmter oder aller Vorkommen einer Tierart in ihrem Verbreitungsgebiet.

Die *Ausbreitung* (*Extension*) bezeichnet [...] das Auffüllen bisher ungenutzter Räume des Territoriums einer Tierart und dessen Erweiterung durch zusätzliche Vorkommen.

Die *Zerstreuung* (das *Dispersal*, *intraterritoriale Ausbreitung*) ist eine Form der Ausbreitung, die zur Auffüllung bisher ungenutzter Räume des Territoriums einer Tierart durch zusätzliche Vorkommen führt.

Die *Erweiterung* (*Expansion, extraterritoriale Ausbreitung*) ist eine Form der Ausbreitung, die zur Ausdehnung des Territoriums einer Tierart durch zusätzliche Vorkommen führt.

Die *Wanderung* (*Migration*) ist [...] eine periodische oder aperiodische Ortsveränderung von oft zahlreichen Vorkommen einer Tierart, die zur Ausbreitung beitragen kann.

Tab. 29. *Grundbegriffe der Biogeografie (aus Wallaschek, M. (2009-10). Fragmente zur Geschichte und Theorie der Zoogeographie, Bd. 1. Die Begriffe Zoogeographie, Arealsystem und Areal: 42; 46f.; Bd. 3. Die Begriffe Verbreitung und Ausbreitung: 21; 22; 24; 28).*

ner Existenz ganz da ist. Die Lehre von den Arealen wird seit einer umfangreichen Einführung in die Verbreitung mitteleuropäischer Pflanzen durch H. Meusel aus dem Jahr 1943 *Arealkunde* genannt.[47]

Abgeleitet von ›Areal‹ führt P. Müller 1976 den Terminus **Arealsystem** ein. Er definiert: »Unter Arealsystem verstehen wir ein von der ökologischen Valenz, genetischen Variabilität und Phylogenie von Populationen und der räumlich und zeitlich wechselnden Wirkungsweise abiotischer und biotischer Faktoren bestimmtes adaptives Teilsystem der Biosphäre, das sowohl ökologische als auch phylogenetische Funktionen besitzt und dessen flächenhafte Ausdehnung durch ein dreidimensionales Verbreitungsgebiet unterschiedlicher Größe und Struktur gekennzeichnet werden kann«.[48] In seiner Monografie zur ›Tiergeographie‹ (1977) erläutert Müller ergänzend, Arealsysteme seien »lebendige Teilsysteme unserer Landschaften«.[49] In dieser Formulierung unterscheidet sich ein Arealsystem also kaum von einem ↑Ökosystem. Sinnvoll erscheint es, ein Arealsystem immer relativ zu einer taxonomischen (oder biozönotischen) Einheit zu definieren, z.B. als »Daseinsweise der Art in Raum und Zeit« (Wallaschek 2009; vgl. Tab. 29). Auch Müller grenzt den Begriff in dieser Weise später ein, indem er ein Arealsystem 1981 bestimmt als »Teil des Verbreitungsgebietes einer Art«.[50] In einer solchen Bestimmung ist ein Arealsystem aber nicht notwendig ein System im strengen Sinne, das über die Interaktion seiner Komponenten definiert ist (wie ein Ökosystem), sondern vielmehr eine raumzeitliche Einheit, deren Grenzen über die räumliche und zeitliche Erstreckung einer taxonomischen oder biozönotischen Einheit, d.h. über das Vorkommen der Organismen eines Taxons oder einer Biozönose, gegeben ist. Es stellt also, mit anderen Worten, eine biogeografische und keine ökologische oder lebende Einheit dar (und ist daher auch keine »Daseinsweise«). Der

Unterschied zwischen Areal und Arealsystem besteht danach also allein darin, dass zum Arealsystem die zeitliche Dimension hinzukommt. Soll ein Arealsystem dagegen ausdrücklich als System verstanden werden, dann könnte es definiert werden als das System aller Individuen einer Art (gruppiert in Populationen), betrachtet im Hinblick auf ihre raum-zeitliche Einheit als ein kohärentes Gefüge von Dependenzen (z.B. Deszendenzen) und Interaktionen. So gesehen ist ein Arealsystem nichts anderes als eine Art, betrachtet aus einer biogeografischen Perspektive.

Verbreitung und Ausbreitung
Für die statischen Verhältnisse der geografischen Verteilung der Organismen einer Art wird der Ausdruck **Verbreitung** verwendet (Zimmermann 1778: »ihre Verbreitung [d.h. diejenige einiger Tierarten] kann ziemlich nach dem physikalischen Klima bestimmt werden«[51]; Treviranus 1803: »Geographische Verbreitung der Pflanzen«[52]; Schwab 1813: »Einen vorzüglichen Einfluß auf die Verbreitung der Thiere hat die Wärme«[53]; franz. Thuillier 1790: ›distribution‹[54]; engl. Anderson 1792: ›distribution‹[55]). Der Raum des Vorkommens der Mitglieder eines Taxons ist das **Verbreitungsgebiet** – ein Terminus, der in den 1820er Jahren erscheint, sich aber erst später allgemein etabliert.[56] In der Übersetzung einer dänischen Besprechung von J.F. Schouws ›Grundzügen einer allgemeinen Pflanzengeographie‹ wird der Terminus 1823 wie folgt definiert: »Das Vegetationsgebiet, oder das Verbreitungsgebiet (extensio, Vorekreds), ist der Erstreckungsbezirk der Arten, Geschlechter und größeren Gruppen, nach Länge und Breite, und nach der Höhe über dem Meeresspiegel«.[57] Schouw selbst verwendet in seiner eigenen Übersetzung seines Werks 1823 allerdings nicht den Ausdruck ›Verbreitungsgebiet‹, sondern den Terminus *Verbreitungsbezirk* und erläutert: »Die Orts-Verhältnisse, welche nur der Art oder höheren Gruppe zukommen, sind entweder ihre Verbreitungsverhältnisse (Begrenzungsverhältnisse), sowohl in Hinsicht der geographischen Breite und Länge, als der Höhe über dem Meere; Verhältnisse die man unter dem gemeinschaftlichen Namen *Verbreitungsbezirk* [im dän. Original: »Vorekreds«[58]] begreifen kann; oder es sind die Ortsverhältnisse in welchen die Individuen der nämlichen Art, die Arten der nämlichen Gattung oder die Gattungen der nämlichen Familie zu einander stehen; oder mit andern Worten die Weise, auf welche die einer jeden Pflanzenform untergeordneten Formen oder Individuen auf der Oberfläche der Erde vertheilt sind und diese Verhältnisse lassen sich wohl unter dem Namen *Vertheilungsweise* [dän. »Fordelingsmaade«] begreifen«.[59] Das Verbrei-

tungsgebiet unterscheidet Schouw von dem *Vorkommen*, das die ökologischen Verhältnisse am Wuchsort einer Pflanze bezeichnet (↑Biotop).

Ausbreitung ist demgegenüber der auf den dynamischen Aspekt des Areals bezogene Terminus, der den Prozess der Vergrößerung der Verbreitung (»Arealerweiterung«[60]) eines Taxons bezeichnet. Der Ausdruck erscheint seit den 1770er Jahren (Reimarus 1773: »Die Ausbreitung der Pflanzen über den Erdboden wird durch mancherley Wege der vorbestimmten Naturordnung befördert. Denn, außer was Menschen und Thiere, vorsehlich oder unwissend, von dem Saamen an ferne Oerter bringen; so kriechen und schleichen einige Pflanzen unter der Erde immer weiter und weiter, da sie aus ihren Wurzeln neue Schößlinge treiben«[61]). Er wird früh auch auf Seuchen bezogen (1776)[62] oder im Sinne von »Vermehrung« gebraucht (Borowski 1781: »In der Haushaltung der Natur haben die Vögel wichtige Geschäfte. […] Sie verzehren die Aeser mancher größern Thiere, oder Schlangen, Feldmäuse und dergleichen, deren Ausbreitung schädlich ist«[63]; im handschriftlichen Nachlass bei Kant: »Die Bestimmung der Thierheit ist Fortpflanzung und Ausbreitung«[64]). Regelmäßig taucht das Wort erst seit dem 19. Jahrhundert in Bezug auf Pflanzen und Tiere auf[65] (im Englischen ›dispersal‹ bei C. Darwin 1842 in Bezug auf Felsblöcke[66], 1856 bei Pflanzen[67]).[68] Die Ausbreitung ergibt sich aus dem spezifisch organischen und funktionalen, d.h. positiv selektierten Vermögen von Organismen, durch aktive Lokomotion oder unter Ausnutzung anderer Kräfte neue Räume zu besiedeln. Die terminologische Unterscheidung von ›Verbreitung‹ und ›Ausbreitung‹ ist besonders in der Tiergeografie etabliert; in der Pflanzengeografie wird dagegen auch der Vorgang der Arealerweiterung oft als ›Verbreitung‹ bezeichnet.[69]

Aktionsraum und Heimatgebiet
Der zu ›Areal‹ äquivalente Ausdruck, der sich auf die Ebene der Individuen bezieht, lautet **Aktionsraum**. Der Aktionsraum ist also der Raum, in dem sich ein Individuum im Laufe seines Lebens aufhält (Trepl 2007: »Den Begriff Aktionsraum gebrauchen wir für den gesamten geographischen Raum, in dem die Aktivitäten des Organismus stattfinden«[70]). Der Ausdruck erscheint seit den 1930er Jahren, anfangs noch nicht als fester Terminus (Anonymus 1937-39: »an activity range in fall of .5 to 1.8 acres«[71]; Timofeeff-Ressovsky 1940: »the considerably smaller activity-range found in the starling *Sturnus vulgaris*«[72]; Blair 1943: »activity range«[73]). Definiert wird der Aktionsraum durch den Weg, den ein Organismus im Laufe

seines Lebens zurücklegt, seine **Lebensspur** (Baker 1978: »lifetime track: the path traced out in space by an individual between birth and death«[74]). Daraus ergibt sich eine *Lebensfläche* (»lifetime range: the total area (or volume) of space perceived by an individual between birth and death«[75]). Zu unterscheiden ist der Aktionsraum von dem **Heimatgebiet** (engl. »home range«) eines Organismus (die Differenzierung wird allerdings nicht immer vollzogen[76]). Der Ausdruck ›Heimatgebiet‹ erscheint zuerst Anfang der 1870er Jahre in den USA für den zu einer Ranch gehörende Landfläche, auf der Herden freilebender Haustiere (meist Rinder oder Schafe) gehalten werden (Hutchinson 1871: »their flocks [of sheep] can stay on the ›home range‹ for several months«[77]). Erst im frühen 20. Jahrhundert wird der Ausdruck auf Wildtiere übertragen. E. Thompson Seton verwendet ihn regelmäßig in seinem Werk über die ›Life-Histories of Northern Animals‹ (1909) (»home-range of each individual«[78]); daneben gebraucht er die gleichbedeutenden Ausdrücke *Heimatregion* (»home region«) und *Heimatlokalität* (»home locality«)[79]. ›Heimatgebiet‹ wird 1913 von dem Ökologen V.E. Shelford übernommen (für die »prairie deer-mouse (*Peromyscus bairdii*)«: »its home range is about 100 yds.«[80]). In der späteren terminologischen Bedeutung umfasst das Heimatgebiet allein das »normale Aufenthaltsgebiet«[81] eines Individuums. Regelmäßig wandernde Organismen können mehrere Heimatgebiete haben (etwa ein »Sommerquartier« und ein »Winterquartier«; vgl. Thompson Seton 1909: »No wild animal roams at random. All have a certain range that they consider home. Some have two of these, one for summer, the other for winter, and these are called migratory animals«[82]). Nicht alle Organismen müssen aber über ein Heimatgebiet verfügen. Nomadisierende Individuen haben allein einen Aktionsraum.

Anfänge in Antike und Früher Neuzeit
Zwar diskutiert auch Aristoteles an einigen Stellen seines Werks die geografische Verteilung von Tieren und gibt als Ursache dafür die Verfügbarkeit von Nahrung und Klimabedingungen an.[83] Als eigentlicher Begründer der Biogeografie in der Antike gilt aber sein Schüler Theophrast. Durch den Alexanderfeldzug gelangt Theophrast zu Kenntnissen über die indische Vegetation und versucht diese zu interpretieren.[84]

Von den »Vätern der Botanik« in der Frühen Neuzeit gibt erstmals Hieronymus Bock in seinem Kräuterbuch (1539) den Fundort der behandelten Pflanzen an. In seinem Tierbuch stellt C. Gessner seit 1551 gleichfalls das Vorkommen der von ihm beschriebe-

Abb. 45. Verbreitungskarte vierfüßiger Wirbeltiere in Nordeuropa. Ausschnitt aus einer »zoologischen Weltcharte« (aus Zimmermann, E.A.W. (1778-83). Geographische Geschichte des Menschen, und der allgemein verbreiteten vierfüßigen Thiere mit einer hierzu gehörigen Zoologischen Weltcharte, 3 Bde.).

nen Tiere dar.[85] Auch der weitgereiste P. Belon macht Angaben über die Verbreitung der von ihm beschriebenen Vogelarten.[86] Auffallende Pflanzen und Tiere der Neuen Welt werden in ihrer Verbreitung 1557 durch H. Staden beschrieben. Nachdem J.P. de Tournefort zu Beginn des 18. Jahrhundert bereits eine Gliederung der Vegetation am Ararat vornimmt und die Höhenstufen mit den Klimazonen von den Tropen zur Arktis vergleicht[87], liefert A. Haller in seinem Werk über die Pflanzenwelt der Schweiz (1742) die bis zu seiner Zeit klarste Darstellung der klimatisch bedingten Höhengliederung der Vegetation im Gebirge[88].

Frühe Modelle von Schöpfung und Migration
Ausgangspunkt der frühneuzeitlichen biogeografischen Vorstellungen bildet die Annahme einer Schöpfung nach dem biblischen Bericht. Weil ange-

nommen wird, dass von Gott nur wenige Exemplare einer Art an einem Ort (dem Paradies) geschaffen wurden, waren die Schöpfungsvorstellungen in der Regel verbunden mit der Annahme von umfangreichen Migrationen der Nachkommen der ersten Lebewesen über die ganze Erde. Von einigen Gelehrten des 17. Jahrhunderts wird diese Kreations- und Migrationstheorie allerdings als unwahrscheinlich abgelehnt, weil sie bezweifeln, dass die Individuen vieler Arten weite Wanderungen unternehmen können. Sie schlagen stattdessen an Stelle nur eines Schöpfungsereignisses wiederholte Schöpfungsakte vor.[89] Mit diesem Vorschlag ist ein erster Schritt hin zu einer säkularen Biogeografie getan, indem eine historische und geografische Dimension in die Schöpfungslehre eingeführt wird.

Ursprung aller Arten in einem Schöpfungszentrum
Biogeografisches Wissen ist aber auch schon in der genaueren Beschreibung des angenommenen Schöpfungszentrums enthalten. Dieses Zentrum wird von vielen Autoren auf einen Berg in den Tropen verlegt. So stellt sich C. von Linné in einer ›Rede über die Ausbreitung der bewohnbaren Erde‹ (1744) den Garten Eden als eine gebirgige Insel in Äquatornähe vor, auf der die Lebewesen der arktischen Breiten auf dem Gipfel, die der tropischen Regionen am Bergfuß und die aus gemäßigten Gegenden in der Mitte leben.[90] Als argumentativ überzeugend erscheint die Annahme eines solchen Schöpfungszentrums, weil über die Höhenstufen eines tropischen Berges verteilt viele Klimazonen und die unterschiedlichsten ökologischen Verhältnisse auf kleinem Raum konzentriert vorliegen. Von diesem ursprünglichen »Paradies« haben sich nach Linné alle Lebewesen über die Erde ausgebreitet. (Eine ähnliche Vorstellung findet sich bereits bei J.P. de Tournefort[91] und in einer zu Beginn des 18. Jahrhunderts veröffentlichten anonymen Schrift.[92])

Als hinderlich für die allgemeine Anerkennung eines Schöpfungszentrums im Sinne Linnés erweisen sich allerdings insbesondere zwei Faktoren: auf der einen Seite die bemerkenswert ökologischen Argumentationen Linnés, die von einer genauen Anpassung der Organismen verschiedener Arten an ihre jeweilige ökologische Umwelt ausgehen (↑Nische), und auf der anderen Seite die Erfahrung, dass die lokalen Faunen und Floren sich erheblich unterscheiden, so dass eine Erklärung der gesamten Verteilung der Verschiedenheiten allein durch Migration als unwahrscheinlich erscheint. Wenn die Organismen jeweils perfekt an ihre Umwelt angepasst sind und eine spezifische Rolle in einem Ökosystem spielen, wie soll dann ausgehend von einem isolierten Ort ihre Ausbreitung über die ganze Erde möglich sein? Und wenn andererseits verschiedene geografische Regionen sich in ihrer Pflanzen- und Tierwelt stark unterscheiden, wieso sollte dann von nur einem Schöpfungszentrum ausgegangen werden? Aufgrund dieser Schwierigkeiten erlangt in der zweiten Hälfte des 18. Jahrhunderts die Hypothese von mehreren Schöpfungszentren ihre Plausibilität.

Pluralisierung der Ursprungsorte
Den unmittelbaren empirischen Hintergrund für die Entwicklung neuer Theorien über die Verbreitung der Organismen auf der Erde und deren Gründe bilden oftmals die Erfahrungen von der überraschenden Andersartigkeit der Flora und Fauna in den außereuropäischen Regionen, von denen die europäischen Forscher durch umfangreiche Reisen Kenntnis erlangen. Überraschend waren diese Befunde insbesondere deswegen, weil sie einerseits offenbarten, dass die regionalen Gegebenheiten, v.a. das Klima, einen erheblichen Einfluss auf die lokale Flora und Fauna hat und dass andererseits selbst bei ähnlichem Klima doch sehr unterschiedliche Lebewesen in verschiedenen Regionen vorkommen.

Der erste, der diese Erfahrungen zu einer umfangreichen Theorie verarbeitet, ist G. Buffon. Buffon nimmt an, dass die Tiere an den Polen der Erde gebildet wurden und sich von dort ausbreiteten und unter dem Einfluss wechselnder Klimabedingungen veränderten. Am Ende dieses Prozesses verfügt jede Tierart nach Buffon über eine Heimat (»patrie d'origine«), deren Klima, Boden und Relief ihr gemäß sei. Wegen des Primats der physischen Ursachen und der Annahme einer starken Variabilität der Arten wird jede Tierart geradezu zu einem Produkt ihrer regionalen Umwelt erklärt.[93] Aufgrund seiner Überzeugung vom starken Einfluss der geografischen Region auf die Gestalt eines Organismus und der Zuschreibung einer Heimat zu jeder Art, d.h. der Gliederung der Erde in regionale »Faunen« ist Buffon der »Gründer«[94] oder »Nestor«[95] der Biogeografie genannt worden. Die besondere Bedeutung von Klima und anderen geografischen Faktoren für die lokalen Unterschiede zwischen Tierarten und Menschenrassen wird aber natürlich auch bereits vor Buffon betont, so etwa in einer anonym zu Beginn des 18. Jahrhunderts veröffentlichen Schrift[96] oder auch schon in den Schriften arabischer Gelehrter des Mittelalters oder bei Aristoteles in der Antike (↑Umwelt/Umweltdetermination).

Auf zunehmende Ablehnung stößt unter den Naturforschern seit Mitte des 18. Jahrhunderts die Vorstellung eines Gartens Eden als dem einzigen Ursprungsort aller Lebewesen. Für J.G. Gmelin erscheint es 1747 unter dieser Voraussetzung nur schwer begreiflich, warum ähnliche Arten in weit voneinander entfernten Gebieten, wie den Alpen und Sibirien, entstehen konnten; für wahrscheinlicher hält er die Annahme, Gott habe in verschiedenen Regionen Pflanzen gleicher Art ausgesät.[97] Und J.E. Fischer führt gegen diese Auffassung 1771 die biogeografische Erfahrung in Bezug auf die Landtiere an, »daß jedem derselben gewisse Gegenden auf der Erdkugel angewiesen sind, davon sie sich niemals weit entfernen«.[98] Er vertritt daher die Meinung, »daß alle Thiere durch die allmächtige Hand des Schöpfers, jedes nach seiner Art, in dem jedem angemessenen Klimat, überall auf dem Erdboden, und auf einmal hervorgekommen sind, und daß, wenn sich Thiere von einerley Art in verschiedenen Theilen des Erdbodens finden, die auf keinerley Weise von dem einen in den andern haben können versetzt werden, von diesen Gattungen mehr als ein Paar, theils in der alten, theils in der neuen Welt erschaffen seyn muß«.[99]

Nicht nur ein Schöpfungszentrum, sondern vielmehr mehrere Ursprungsorte für alle Pflanzen und Tiere nimmt auch E.A.W. Zimmermann an, der Verfasser des ersten biogeografischen Werks in deutscher Sprache. Statt umfangreiche Migrationen von einem Schöpfungszentrum zu postulieren, hält es Zimmermann für plausibler, davon auszugehen, dass die Lebewesen dort geschaffen wurden, wo sie gegenwärtig auch leben. So behauptet er 1783, es seien »die Thiere gleich zu Anfang über die Erde vertheilt, jedes in sein ihm zukommendes Clima gesetzt worden«.[100] Ebenso wie Fischer führt er als Grund für diese Sicht die Beobachtung an, dass die Tiere nur in den jeweils eigenen Klimaten gedeihen. Zimmermann verwirft daher die Idee, »zu Anfange nur ein einziges Paar Thiere von jeder Art geschaffen zu denken«.[101] Denn die Raubtiere hätten in einem solchen Szenario schon in den ersten Stunden nach der Schöpfung mehrere andere Tiere ausgerottet. Deutlicher als Buffon behauptet Zimmermann aber auch, dass das Klima und die regionalen Verhältnisse allein nicht ausreichen, um das Muster der Verteilung der Organismen zu erklären; er meint, es müssten zusätzlich historische Faktoren Berücksichtigung finden. Zimmermann gilt damit als der Begründer der historischen Biogeografie.[102] Bekannt ist das Werk Zimmermanns auch deswegen, weil es bereits eine Weltkarte enthält, die die geografische Verbreitung einzelner Tierarten wiedergibt (vgl. Abb. 45).

Eine weitere Verankerung der historischen Perspektive in der Biogeografie erfolgt unter dem Einfluss der Schriften K.L. Willdenows am Ende des Jahrhunderts. Willdenow geht von großen Veränderungen der Erdgestalt an einem Ort in der Vergangenheit aus und nimmt damit korrespondierende historische Veränderungen der Pflanzen an diesem Ort an. Die historische Entwicklung wird damit zu einem ebenso wichtigen Faktor der Biogeografie wie das aktuelle Klima.[103]

Regionale Floren und Faunen
Mit zunehmendem Bewusstsein von der regionalen Verschiedenheit der Tier- und Pflanzenwelt entstehen seit der Mitte des 18. Jahrhunderts zahlreiche Monografien zum Bestand an Lebewesen einer Region. Diese werden für die ↑Pflanzen **Flora** genannt (abgeleitet von dem Namen einer altrömischen Frühlingsgöttin in Anlehnung an lat. ›flos‹ »Blume«). Das Wort erscheint seit Beginn des 17. Jahrhunderts, zunächst allein im Zusammenhang mit Gartenpflanzen.[104] Seit Mitte des 17. Jahrhunderts wird der Ausdruck dann in erweiterter Bedeutung als Titelstichwort in Pflanzenbeschreibungen und v.a. regionalen Bestandsaufnahmen der Pflanzenwelt gebraucht, so 1648 in der ›Flora Danica‹ von S. Paulli.[105] Im 17. Jahrhundert sind in den regionalen Floren aber meist sowohl im Garten als auch wild wachsende Pflanzen abgehandelt. Eine Trennung dieser beiden Elemente setzt sich erst allmählich durch, angefangen mit zwei Werken von M. Hoffmann aus den 1660er Jahren.[106] Wird von der nicht sehr bedeutenden ›Flora Sinensis‹ (1654) von M. Boym abgesehen, dann kann die Neubearbeitung von J. Loesels Werk über die in Preußen natürlich wachsenden Pflanzen (›Plantae in Borussia sponte nascentes‹, 1654), die ›Flora Prussica‹ (1703) von J. Gottsched, als »Geburtsjahr der Bezeichnung ›Flora‹ in ihrer jetzigen Bedeutung« gelten[107]. Dieses Werk zieht zahlreiche Nachfolgeuntersuchungen unter ähnlichem Titel nach sich.[108] Mit Linnés ›Flora Lapponica‹ (1737) und ›Flora Suecica‹ (1745) setzt sich der Ausdruck in der Bedeutung einer regionalen Pflanzenkunde dann endgültig durch.[109] Eine insbesondere der Theorie der geografischen Verbreitung von Pflanzen gewidmete Schrift verfasst Linné 1754.[110]

Parallel zur Botanik wird in der Zoologie der Bestand der Tiere einer Region als **Fauna** bezeichnet (abgeleitet von dem Namen einer römischen Waldgöttin, einer Frau, Schwester oder Tochter von Faunus). Die Bezeichnung kommt in der Mitte des 18. Jahrhunderts auf – angefangen mit Linnés ›Fauna Suecica‹ (1746) – und etabliert sich schnell.[111] Im Deutschen wird der Ausdruck spätestens seit Zimmermanns großem Werk zur Tiergeografie aus den Jahren 1778-83 verwendet (1783: »Fauna von Sumatra«).[112] Definiert werden kann der Begriff mit L.K.

Schmarda (1853) als »Summe aller Thierformen einer Gegend oder eines großen Terrains«.[113] Die moderne Biogeografie unterscheidet verschiedene Entstehungsweisen einer Fauna, z.B. die autochthone adaptive Radiation einer taxonomischen Gruppe, die kontinuierliche Kolonisierung ausgehend von einer oder verschiedener Regionen sowie die Vermischung mehrerer Faunen.[114]

Mitte des 19. Jahrhunderts erscheinen die Ausdrücke *Faunistik* (Küster 1852[115]) und *Floristik* (Beilschmied 1837[116]) für Untersuchungen zum Spektrum der Tier- bzw. Pflanzenarten einer Region.[117] Eine Fauna hat nicht nur eine räumliche, sondern auch eine zeitliche Dimension. M. Wallaschek definiert dementsprechend 2010: »Fauna bezeichnet in der Zoogeographie ausgewählte oder sämtliche Tierarten eines konkreten Raum-Zeit-Abschnittes«; und: »Die Faunistik ist ein Teilgebiet der Zoogeographie, das die Erfassung (Exploration) und Darstellung (Deskription) der Fauna betreibt«.[118]

Charakteristisch für die regional orientierten Floren und Faunen ist es, die Lebewesen einer geografischen Einheit als einmalige und charakteristische Kombinationen von Arten zu beschreiben. Herausgearbeitet werden damit die Integrität der Artenkombination an einem Ort und die regionalen Unterschiede.[119] Weil Pflanzen in der Regel einfacher zu konservieren, zu vergleichen und zu bestimmen sind als Tiere, entstehen im 18. Jahrhundert mehr regionale Studien über Pflanzen als über Tiere. Außerdem gilt die Verteilung der Pflanzen, in enger Korrespondenz mit klimatischen Unterschieden, als Schlüssel zum Verständnis der großräumigen Variation der Landschaft und geografischer Muster der Natur.

Die meisten Floren und Faunen des 18. Jahrhunderts sind an politischen Grenzen orientiert und stellen somit die Pflanzen- und Tierwelt eines politisch umgrenzten Raums dar. Es wächst aber parallel zur Erstellung der Werke einer national orientierten Biogeografie die Einsicht, dass die naturräumliche Gliederung Europas meist nicht den politischen Grenzen folgt. Vertreten wird diese letztere Auffassung besonders von T. Mayer in Göttingen, dem ersten Professor für Geografie überhaupt.[120]

Eine Einteilung der Vegetation Europas in »fünf Hauptfloren« findet sich 1792 in der Kräuterkunde von K.L. Willdenow.[121] Willdenow nimmt die Gebirge als Diversitäts- und Ausbreitungszentren an und deutet diskontinuierliche Areale von Arten als Ergebnis einer Trennung von ursprünglich zusammenhängenden Verbreitungsgebieten. Er erklärt die geografischen Unterschiede aber auch unter Verweis auf verschiedene Schöpfungsakte Gottes.

Latitudinaler Diversitätsgradient
Eine der ersten (und eine der wenigen) allgemeinen Regelmäßigkeiten der Biogeografie wird in den letzten Jahrzehnten des 18. Jahrhunderts wiederholt festgestellt: die Abnahme der Biodiversität von den Tropen zu den polaren Regionen. Drastisch hält dies J.R Forster fest, der J. Cook auf dessen zweiter Weltumsegelung (1772-75) begleitet: »The animal world, from being beautiful, rich, enchanting in the tropics, falls into deformity, poverty and disgustfulness in the Southern coasts«.[122] In diesen Berichten kommt die alte Vorstellung der Tropen als Zentrum der Schöpfung noch immer zum Ausdruck. Als der entscheidende Faktor, der die üppige Lebensvielfalt in den Tropen bedingt, gilt die Temperatur. Ausdrücklich stellt K.L. Willdenow am Ende des 18. Jahrhunderts fest, »daß die Vegetation nach den Graden der Wärme vermehrt wird«, d.h. dass die Flora in äquatornahen Regionen reicher ist.[123] Im 20. Jahrhundert wird diese umgekehrte Korrelation von geografischer Breite und Artenreichtum einer Region *latitudinaler Diversitätsgradient* genannt und als eines der ältesten Gesetze der Ökologie verstanden.[124] Quantitativ erfasst wird der Diversitätsgradient seit Beginn des 19. Jahrhunderts für verschiedene Gruppen von Pflanzen und Tieren (vgl. Abb. 47; 48).

A. von Humboldt
Eine zentrale Figur in der disziplinären Etablierung der Biogeografie ist Alexander von Humboldt. Im Anschluss an seine Reise durch Südamerika entwickelt er allgemeine Vorstellungen über die Höhengliederung der Vegetation in den Bergen und über die Verteilung des Artenreichtums auf der Erde.[125] In diesem Zusammenhang bemüht er sich, allgemeine Muster der Artenverteilung auf der Erde aufzustellen (vgl. Abb. 47). So stellt er fest (wie vor ihm bereits Tournefort und Linné), dass die Zonierung der Pflanzenformationen in den Höhenstufen eines Gebirges der Zonierung in den Klimazonen entlang der Breitengrade entspricht.

Vor allem die Grundlagen der *Pflanzensoziologie* (↑Biozönose) werden durch von Humboldts Untersuchungen zu einer ›Physiognomik der Gewächse‹ (1808) gelegt. In dieser Schrift untersucht er den gestaltprägenden Charakter der Vegetation einer Landschaft. Als unmittelbarer Vorläufer zu von Humboldts Ansatz gilt nicht die ältere pflanzengeografische Literatur, sondern die Literatur zur englischen Gartenkunst.[126] Von Humboldt beabsichtigt, mit der physiognomischen Gliederung der Vegetation eine Systematik vorzulegen, die nicht der taxonomischen Einteilung folgt, sondern eine ganz eigene Klassifikation

Biogeografie

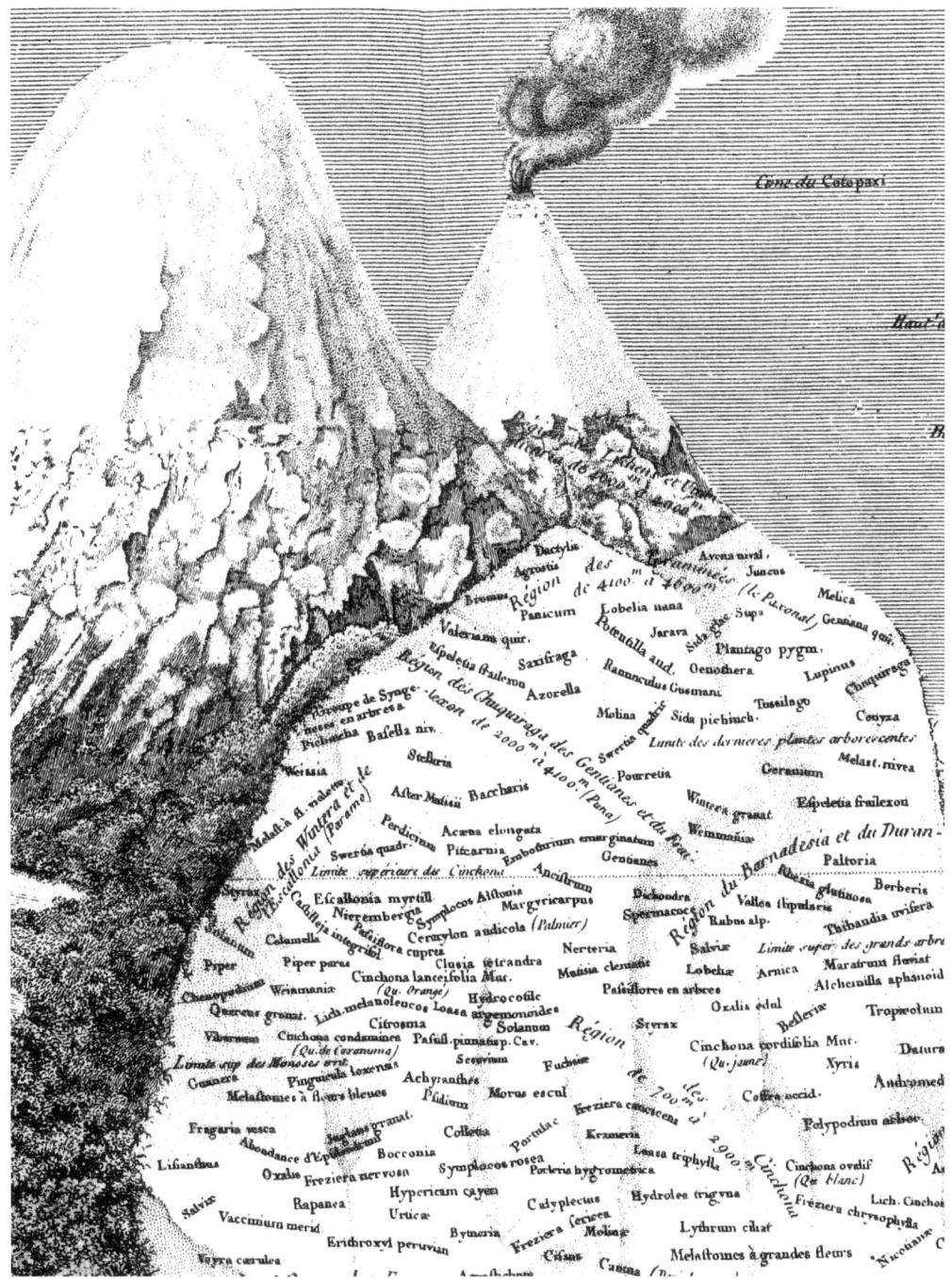

Abb. 46. Höhenprofil des Chimborazo, den A. von Humboldt und A. Bonpland im Juni 1802 besteigen. Für die verschiedenen Höhenstufen gibt Humboldt die Namen charakteristischer Pflanzen an und definiert Pflanzenregionen (z.B. die »Région des Cinchona« zwischen 700 und 2.900 m) (Ausschnitt aus Humboldt, A. von & Bonpland, A. (1808). Géographie des plantes équinoxiales. Tableau physique des Andes et pays voisins, Hildesheim 1972).

FAMILIÆ NATURALES.	NUMERUS SPECIERUM in			RATIO CUJUSQUE FAMILIÆ ad universam copiam Phanerogamarum in		
	Gallia.	Germania.	Laponia.	Gallia.	Germania.	Laponia.
Cyperoideæ.	134.	102.	55.	$\frac{1}{27}$	$\frac{1}{18}$	$\frac{1}{9}$
Gramineæ.	284.	143.	49.	$\frac{1}{13}$	$\frac{1}{13}$	$\frac{1}{10}$
Junceæ.	42.	20.	20.	$\frac{1}{85}$	$\frac{1}{94}$	$\frac{11}{21}$
Tres fam. præcedentes.	460.	265.	124.	$\frac{1}{8}$	$\frac{1}{7}$	$\frac{1}{4}$
Orchideæ.	54.	44.	11.	$\frac{1}{67}$	$\frac{1}{43}$	$\frac{1}{45}$
Labiatæ.	149.	72.	7.	$\frac{1}{24}$	$\frac{1}{25}$	$\frac{1}{71}$
Rhinantheæ et Scrophul.	147.	76.	17.	$\frac{1}{24}$	$\frac{1}{24}$	$\frac{1}{29}$
Boragineæ.	49.	26.	6.	$\frac{1}{74}$	$\frac{1}{72}$	$\frac{1}{81}$
Ericeæ et Rhodod.	29.	21.	20.	$\frac{1}{125}$	$\frac{1}{90}$	$\frac{1}{25}$
Compositæ	490.	233.	38.	$\frac{1}{7}$	$\frac{1}{8}$	$\frac{1}{13}$
Umbelliferæ.	170.	86.	9.	$\frac{1}{24}$	$\frac{1}{22}$	$\frac{1}{55}$
Cruciferæ	190.	106.	22.	$\frac{1}{19}$	$\frac{1}{18}$	$\frac{1}{23}$
Malvaceæ.	25.	8.	o.	$\frac{1}{145}$	$\frac{1}{235}$	o.
Caryophylleæ	165.	71.	29.	$\frac{1}{22}$	$\frac{1}{27}$	$\frac{1}{17}$
Leguminosæ	230.	96.	14.	$\frac{1}{14}$	$\frac{1}{18}$	$\frac{1}{35}$
Euphorbiæ.	51.	18.	1.	$\frac{1}{91}$	$\frac{1}{104}$	$\frac{1}{497}$
Amentaceæ	69.	48.	23.	$\frac{1}{52}$	$\frac{1}{39}$	$\frac{1}{21}$
Coniferæ.	19.	7.	3.	$\frac{1}{192}$	$\frac{1}{269}$	$\frac{1}{165}$
Phanerogamæ.	3645.	1884.	497.	o.	o.	o.

Gallia, lat. 42½° — 51° Calor med. annuus 16°,7 — 11°. (Calor medius æstatis 24° — 19°. Menses quorum calor med. 11° superat : Mart. — Nov. et Mai. — Sept.)
Germania, lat. 46° — 54°. Cal. med. 12°⅖ — 8°½ (Cal. æstiv. medius 21° — 18°. Menses quorum cal. med. 11° superat: Apr. — Oct. et Mai. — Sept.)
Laponia, lat. 64° — 71°. Cal. med. + 1° ad — 8°,8. (Cal. med. æst. 13° — 7°. Mens. ultra 11°: Jun. — Aug. et Jun. — Jul.)

Abb. 47. Die Diversität und relative Häufigkeit von Pflanzenfamilien in Ländern verschiedener Klimazonen – ein Beispiel für A. von Humboldts »botanische Arithmetik«. Dargestellt sind der Artenreichtum verschiedener Pflanzenfamilien in Frankreich, Deutschland und Lappland und der relative Anteil der Arten dieser Familien an der gesamten Flora der entsprechenden Regionen. Durch die Angabe der relativen Artenhäufigkeiten wird die Flora nicht als ein bloßes Aggregat von unzusammenhängenden Arten, sondern als ganzheitliches Gefüge interpretiert, das über bestimmte, regional häufige Pflanzenfamilien charakterisiert werden kann. So ist die erste Familie in der Tabelle, die Familie der Sauergräser, in Lappland zwar im Vergleich zu anderen Regionen relativ artenarm, die Anzahl der Arten macht aber doch einen großen relativen Anteil (1/9) der regionalen Flora aus (aus Humboldt, A. von (1815). Prolegomena. In: Voyage de Humboldt et Bonpland, Teil 6, Botanique. Nova genera et species plantarum, Bd. 1: XI).

der Pflanzen darstellt. So formuliert er programmatisch: »der botanische Systematiker trennt eine Menge von Pflanzengruppen, welche der Physiognomiker sich gezwungen sieht, mit einander zu verbinden«.[127] Für die Systematik des Physiognomikers sei nicht die Anatomie der Blüten und Früchte entscheidend, sondern der Totaleindruck einer Gegend; von Humboldt spricht daher von den »Pflanzengestalten«. Die ihm aus eigener Anschauung bekannte Vegetation der Alten und Neuen Welt gliedert von Humboldt in 19 »Pflanzenformen«.[128] Neben solchen Einheiten,

die heute als »Lebensformtypen« bezeichnet werden können, wie Gras, Lianen oder Heidekräuter (↑Lebensform), befinden sich unter diesen Formen allerdings auch andere, die sich in erster Linie aus taxonomischen Verhältnissen ergeben wie z.B. ›Malven‹, ›Farn‹ oder ›Lilien‹.

Besonders an seiner Einteilung der Vegetationsformen nach der Physiognomik und dem Gesamteindruck wird die ästhetische Grundlage der humboldtschen pflanzensoziologischen Klassifikation deutlich. Von Humboldt streicht dies selbst heraus: »Dem Künstler ist es gegeben, die Gruppen zu gliedern«.[129] Insgesamt ist der Ansatz von Humboldts durch das Nebeneinander einer holistischen und analytischen Perspektive gekennzeichnet; ein ausgeprägter »Wille zum Ganzen« steht neben einer versessenen Liebe fürs Detail und fürs Messbare. Die Gleichzeitigkeit von Ästhetik und Naturforschung führt dabei zu nicht wenigen »Aporien der Forschung« (H. Böhme 2001).[130]

Das Hauptaugenmerk in von Humboldts *Geografie der Pflanzen* (»geographia plantarum«; s.o.) liegt darauf, mit seinen Einteilungen die »Assoziationen« von Pflanzen als kohärente Gefüge darzustellen, die eine ökologische Einheit bilden (↑Biozönose). Die Assoziationen stellen demnach also keine zufälligen Ansammlungen von Pflanzen dar und entstehen auch nicht aus der bloßen Überlappung der individuellen Ansprüche von Pflanzen an die Umwelt, sondern werden vielmehr als ganzheitliche Gefüge vorgestellt, die Mustern folgen und sich in Gesetzen beschreiben lassen. Quantitativ versucht von Humboldt diese Gesetze in einer *botanischen Arithmetik* (»arithmetica botanica«[131]) zu erfassen: Für jede Pflanzenfamilie stellt er einen typischen relativen Anteil der Arten an der Flora einer Region fest (vgl. Abb. 47). Nach dem Vorbild von Humboldts entstehen in den ersten Jahrzehnten des 19. Jahrhunderts zahlreiche statistische Erhebungen zur regionalen Verteilung von Pflanzen und solchen Tieren, die sich leicht in großen Mengen zählen lassen (besonders Insekten; vgl. Abb. 48) – ohne dass immer klar ist, welche Aussagen mit den Tabellen getroffen werden sollen, geschweige denn, welche erklärenden Theorien dadurch eine Stützung erfahren.[132]

Insgesamt werden die spekulativen und narrativen Momente der frühen Biogeografie am Ende des 18. Jahrhunderts durch in stärkerem Maße erklärende und experimentelle Ansätze ersetzt. Auf empirischer Grundlage ermittelt H.B. de Saussure 1779 die Höhengrenzen von Pflanzen der Alpen.[133] Eine neue Erfahrungsbasis liefert die landwirtschaftliche Praxis in den Überseegebieten, die den erheblichen Einfluss des Klimas und Bodens auf das Gedeihen der Pflanzen und Tiere zeigt.[134]

Zu Beginn des 19. Jahrhunderts finden sich auch bereits vereinzelt Interpretationen der Biogeografie im Sinne der späteren ↑Ökologie, indem auf das wechselseitige Verhältnis von Organismen und ihrer Umwelt verwiesen wird (↑Wechselseitigkeit). Die Organismen erscheinen in dieser Perspektive nicht als passives Material, das sich den äußeren Bedingungen fügt, sondern als aktives Element in einem System von interagierenden Teilen (so z.B. bei Cuvier).[135]

Verselbständigung der Biogeografie
Zu einer systematischen und eigenständigen Wissenschaft wird die Pflanzengeografie durch ein grundlegendes Werk des dänischen Botanikers J.F. Schouw aus dem Jahr 1822.[136] Schouws Atlas der Pflanzenverbreitung enthält zahlreiche pflanzengeografische Karten und es wird darin wiederum der Versuch der Aufteilung der Erdoberfläche in pflanzengeografische Regionen unternommen. Schouw bemüht sich um eine Abgrenzung der Pflanzengesellschaften aufgrund ihrer konstanten Zusammensetzung und der Dominanz einzelner Arten (↑Biozönose).

Im französischen Sprachraum sind es v.a. die Arbeiten von A.P. de Candolle, die eine Synthese des Wissens von der Pflanzengeografie versuchen und ähnlich wie Willdenow und Schouw zu einer Abgrenzung *botanischer Regionen* kommen.[137] De Candolle prägt den Ausdruck **endemischer** (»endémique«) Gattungen und Familien für Gruppen von Arten, die allein in einer begrenzten geografischen Region vorkommen (»certains genres, certaines familles, dont toutes les espèces croissent dans un seul pays«[138]). Im Gegensatz zu von Humboldt, der das Zusammensein verschiedener Pflanzen als Ausdruck einer Harmonie der Natur interpretiert, betont de Candolle die ↑Konkurrenz unter den Pflanzen, er spricht in diesem Zusammenhang von einem permanenten Kampf (»lutte perpétuelle«) um Raum und Nahrung[139] – ein Ansatz, auf den später Darwin verweist[140]. Bedeutsam ist die Differenzierung zwischen dem räumlich bestimmten Wohn- oder *Fundort* (»habitation«) und dem ökologisch bestimmten *Standort* (»station«) einer Pflanze, die de Candolle 1813 einführt (↑Biotop).[141] In der weiteren Entwicklung trennen sich auf dieser Grundlage die Disziplinen der räumlich orientierten Biogeografie und der die physischen und biologischen Bedingungen an einem Ort untersuchenden (Aut-)Ökologie.

Der jüngere A. de Candolle verfolgt die pflanzengeografischen Studien seines Vaters weiter und legt dabei besonderes Gewicht auf die kausale Analyse der Pflanzenverteilung. Neben dem Klima, das traditionell als entscheidender Faktor angeführt wird, betont de Candolle die Rolle der langfristigen Entwicklung der Vegetation an einem Ort, also die historische Dimension, und den Einfluss des Bodens für die Vegetation.[142] Bezüglich des letzten Punktes folgt er den Anregungen J. Thurmanns, der in seinen Untersuchungen die große Rolle der Gesteinsarten für den Wasser- und Wärmehaushalt des Bodens und damit für die Wachstumsbedingungen von Pflanzen herausarbeitet.[143]

Die Diskussionen über die Ursachen der Verteilung der Organismen im Raum sind in der ersten Hälfte des 19. Jahrhunderts von der Auseinander-

PAYS.	ESPÈCES.	GENRES.	NOMBRE DES ESPÈCES PAR GENRE.
Sibérie.	465	169	2, 7
Europe.	5,677	715	7, 9
Amérique boréale.	2,403	541	4, 4
Amérique méridionale.	8,112	1,209	6, 7
Afrique.	2,942	674	4, 3
Nouvelle-Hollande.	320	162	2, •

Abb. 48. *Latitudinaler Diversitätsgradient: Anzahl zu dieser Zeit bekannter Arten und Gattungen von Insekten in Regionen verschiedener Klimazonen. Richtung Äquator nimmt die Diversität der Arten und Gattungen sowie die Anzahl der Arten in einer Gattung zu (aus Lacordaire, M.T. (1834-38). Introduction à l'entomologie, 2 Bde.: II, 570).*

setzung zwischen theologisch und streng naturwissenschaftlich argumentierenden Autoren geprägt. Im Wesentlichen ahistorisch und als Ausdruck eines göttlichen Plans sehen u.a. L. Agassiz, W. Swainson und P.L. Sclater die geografische Verteilung der Arten.[144] Dagegen sehen andere die Verteilung der Organismen im Raum nicht allein als Ergebnis eines göttlichen Schöpfungsaktes, sondern nehmen natürliche Gesetze zu ihrer Erklärung an. Historische Elemente zur Erklärung der Verteilung der Lebewesen finden sich u.a. in solchen Lehren, die auf der Annahme einer Katastrophentheorie aufbauen. Bei J.C. Prichard[145] findet sich die Vermutung, nach dem Ende einer Katastrophe wie der Sintflut sei es zu einer Ausbreitung (und Neuschöpfung) der übriggebliebenen Arten gekommen, wobei jede Region durch solche Arten wiederbesiedelt wurde, die den entsprechenden Umweltbedingungen angepasst sind. Die Annahme, dass Migration ausgehend von einem Entstehungs- oder Schöpfungszentrum der Grund für die Verteilung der Organismen im Raum ist, findet sich bei verschiedenen Autoren, z.B. bei C. von Linné, W. Kirby und W. Swainson.[146] Ausgebaut wird dieser Ansatz besonders von C. Lyell, der die biogeografischen Regionen nicht mehr als Ausdruck eines göttlichen Schöpfungsplans, sondern von natürlichen Prozessen der Erdentstehung und Migrationen der Lebewesen betrachtet.[147] Die Verteilung der Organismen nicht mehr allein als Ergebnis des gegenwärtigen Klimas und anderer Umweltbedingungen zu sehen, sondern historische Faktoren in Rechnung zu stellen, ist ein Ansatz, der sich in der Mitte des 19. Jahrhunderts bereits vor der Formulierung der Evolutionstheorie ankündigt,[148] um dann danach zum dominanten Interpretationsschema zu werden.

Arten mit disjunktem Areal
Einen wichtigen Beitrag zur Etablierung historischer Ansätze in der Biogeografie liefert die zunehmende Kenntnis des genauen räumlichen Vorkommensmusters von Pflanzen und Tieren bestimmter Arten. Naheliegend ist es insbesondere, für die Erklärung der Verteilung von Arten, die räumlich voneinander isolierte Regionen besiedeln, historische Gründe anzuführen. Organismen einer Art, die ein nicht zusammenhängendes Gebiet besiedeln, gehören nach A. de Candolle zu den **disjunkten Arten** (1855: »espèces disjointes«: »certaines espèces dont les individus se trouvent divisés entre deux ou plusieurs pays séparés, et qui cependant être envisagées comme ayant été transportées de l'un à l'autre«).[149] De Candolle gibt eine historische Erklärung für dieses Phänomen (»l'effet de causes antérieures à l'ordre de choses actuel«).[150] Der Sache nach entsprechend unterscheidet Schouw schon vorher zwischen »extensio continua« und »extensio interrupta«.[151] C. Schröter spricht 1913 von »Disjunktion«.[152]

Richtungsweisende Erklärungen für das Phänomen disjunkter Areale geben Mitte des 19. Jahrhunderts E. Forbes und C. Darwin. Forbes führt das Phänomen der disjunkten Areale auf geologische Prozesse der Hebung und Senkung von Gebirgen zurück, durch die anfangs verbundene Areale zu späteren Zeiten durch Barrieren (etwa ein Meer) getrennt werden.[153] Darwin geht dagegen allein von klimatischen Veränderungen aus, durch die Populationen von Organismen, die anfangs ein geschlossenes Areal besiedelt haben, isoliert werden (z.B. Populationen von kälteliebenden Organismen auf Bergspitzen nach einer Phase der Klimaerwärmung).[154]

Vikariante Arten
Ein anderes für die beschreibende Biogeografie zentrales Konzept ist das der **vikarianten** Arten. Das lateinische Adjektiv ›vicarus‹ mit der Bedeutung »stellvertretend« wird seit dem 19. Jahrhundert in verschiedenen Varianten in der Biologie verwendet. In den ersten Jahrzehnten kommt es dabei vereinzelt im physiologischen Kontext vor: So wird 1809 die These aufgestellt, es vertrete »die Leber bei dem Kinde im Mutterleibe die Stelle der Lungen«, und diese Vertretung sei eine »vicarirende Eigenschaft«

Sclater 1858 Wallace 1876 (»zoologische Regionen«)	1. Paläarktisch (Afrika nördlich des Atlas, Europa, Kleinasien, Persien, Asien nördlich des Himalaya), 2. Äthiopisch (Afrika südlich des Atlas), 3. Indisch (Asien südlich des Himalya), 4. Australisch (Australien, Tasmanien, Papua, pazifische Inseln), 5. Nearktisch (Grönland, Nordamerika), 6. Neotropisch (Mittel- und Südamerika)
Drude 1889 (»Florenreiche«)	1. Ozeanisch: Meere und Küsten; 2. Nordisch: Arktis, Mittel- und Osteuropa, Sibirien, Kanada; 3. Innerasien; 4. Mittelmeerregion und Orient; 5. Ostasien; 6. Mittleres Nordamerika; 7. Tropisches Afrika; 8. Ostafrikanische Inseln; 9. Indisch: Indien, Südostasien, Nordaustralien; 10. Tropisches Amerika; 11. Kapland (Südafrika); 12. Australien (außer Nordaustralien); 13. Neuseeland; 14. Andenraum; 15. Antarktis
Walter 1986 (»Zonobiome«)	1. Äquatoriales mit Tageszeitenklima, 2. Tropisches mit Sommerregen, 3.Subtropisches Arides, 4. Winterfeuchtes mit Sommerdürre, 5. Warmtemperiertes (Ozeanisches), 6. Typisch Gemäßigtes mit kurzen Frostperioden (Nemorales), 7. Arid-gemäßigtes mit kalten Wintern (Kontinentales), 8. Kalt-Gemäßigtes mit kühlen Sommern (Boreales), 9. Arktisches einschließlich Antarktisches

Tab. 30. *Drei Gliederungen der Erde in biogeografische Einheiten nach drei verschiedenen Kriterien: der Verteilung von Wirbeltiergruppen, von Pflanzengruppen und von Ökosystemtypen (nach Sclater, P.L. (1858). On the general geographical distribution of the members of the class Aves. J. Linn. Soc. Zool. 2, 130-145; Wallace, A.R. (1876). The Geographical Distribution of Animals; Drude, O. (1889). Die Florenreiche der Erde; Walter, H. (1976). Die ökologischen Systeme der Kontinente (Biogeosphäre). Prinzipien ihrer Gliederung mit Beispielen).*

der Leber[155] (1824: Wiederholung der These, dass die Leber »vicariirend die Function der Lungen übernimmt«[156]).

Die biogeografische Verwendung kommt in den 1830er Jahren auf: Als ›vikariierend‹ wird das Verhältnis von verschiedenen Arten bezeichnet, die einander in verschiedenen geografischen Regionen »vertreten«, d.h. Arten, deren Organismen einander (in ökologischer Hinsicht) ähneln und bei denen eine an Orten vorkommt, an denen die andere jeweils fehlt. F. Unger nennt solche Arten 1836 »vicarirende Species« und bezieht das »stellvertretende« Verhältnis auf unterschiedliche Bodenarten: Verschiedene Arten der gleichen Gattung vertreten einander auf unterschiedlichen Bodentypen.[157] M. Wagner verwendet den Terminus 1868 dann für Tiere: »›vikarirende‹ (stellvertretende) Spezies« nennt er »in der Form ungemein ähnliche, oft benachbarte, in ihrem Standort aber doch getrennte Arten, die sich in ihrem geografischen Vorkommen gleichsam einander ersetzen«[158]. Später setzt sich die Wortform ›vikariant‹ und das Substantiv ›Vikarianz‹ (engl. »vicariance«) durch.[159] Das Phänomen der Vikarianz wird bereits Ende des 18. Jahrhunderts genau beschrieben. So gibt Willdenow eine Liste von Pflanzenarten, die einander in verschiedenen Kontinenten vertreten, die also zu ähnlichen Lebensformtypen gehören und unter ähnlichen Umweltverhältnissen gedeihen.[160] In der späteren Ökologie des 20. Jahrhunderts wird die Vikarianz weitgehend unter dem Begriff der ↑Nische diskutiert.

Pflanzen- und Tiersoziologie
Von A. Grisebach wird von Humboldts Ansatz zu einer umfassenden Darstellung der ›Vegetation der Erde‹ (1872) ausgebaut. In ihr sind die verschiedenen »Pflanzenformationen« und »Vegetationsformen« (↑Biozönose) in ihrem einheitlichen physiognomischen Charakter beschrieben. Diese Ansätze

I. Üppige tropische Regen- und Monsunwälder
II. Weniger üppige Regen- und namentlich Monsunwälder
III. Xerophile Gehölze von tropischem Gepräge (Sonnenwälder und namentlich Dorngehölze)
IV. Temperierte Regenwälder
V. Hartlaubgehölze
VI. Sommerwälder
VII. Grasfluren (Savannen, Steppen, Wiesen), gehölzfrei oder nur mit schmalen Galeriegehölzen an Wasserläufen
VIII. Grasfluren als klimatische Formationen, Gehölze als edaphische Formationen (hygrophil längs der Gewässer, in Mulden etc., xerophil auf sehr durchlässigen Böden), bald ziemlich reich, bald weniger reich vertreten
IX. Parkartige Landschaften aus Wäldern und Wiesen bestehend, in den winterkalten Gürteln der temperirten Zonen
X. Wüsten
XI. Alpine Wüsten
XII. Tundren
XIII. Halbwüsten

Tab. 31. *Die »wichtigsten Formationstypen der Erde« (nach Schimper, A.F.W. (1898). Pflanzen-Geographie auf physiologischer Grundlage: Karte 3).*

Temperatur- und Feuchtig- keitsverhält- nisse in entscheidenden Lebensperioden		Lebensräume ohne geschlossene Vegetationsdecke	Gras- und Krautfluren	Wälder (und hohe Strauchformationen)
Varianten:		1. LITORAEA		2. HYLAEA
Faktor im Überfluß: Nässe	warm	Kahle Ufer- und Strandzonen der Tropen und Subtropen (im Wasserbereich)	tropische und subtropische Über- schwemmungsgebiete, Salz- und Sumpfwiesen	Tropische, subtro- pische, montane Regenwälder. [Mangrovewälder]
			Röhrichte, Wiesen- moore, Sumpf- und	3. SILVAEA
	kühl	Kahle Ufer- und Strand- zonen der gemäßigten Klimagebiete (im Wasserbereich)	Salzwiesen der gemäßig- ten Gebiete. Subark- tische und subalpine Hochstaudenwiesen	Mesophile Sommerlaubwälder, Bruch- und Sumpf- wälder
		4. TUNDRA		5. TAIGA
Faktor im Überfluß: Kälte	trocken bis feucht	Kältewüsten (subnivale Polster- pflanzenzone, Felshänge)	Nordische und alpine Grasheiden, arktische und maritime Zwerg- strauchheiden	Nordische Koniferen- wälder, subalpine Nadelwälder
	naß	Gletscher- und Schnee- randzonen (Schnee- böden, Schneetälchen)	Tundramoore, baum- lose Hochmoore	Waldhochmoore
		6. WÜSTE	7. STEPPE	8. SKLERAEA
Faktor im Überfluß: Trockenheit	heiß	Stein-, Lehm-, Löß-, Sand-Wüsten und Halbwüsten. (Lomas)	Baum-, Kraut- und Grassteppen	Trockene Dorn- und Savannenwälder
	warm	Flugsanddünen, Harte Steilwände. Felsenheiden	Steppenheiden. Sandgrasheiden	Hartlaubgehölze, Kiefernheidewälder, Steppenlaubwälder, Trockenstrauchheiden

Abb. 49. Übersicht über die wichtigsten Lebensstätten der Erde mit besonders unterschiedlichen Lebensgemeinschaften (»Bioregionen«). Die Einteilung orientiert sich an Formationstypen von Pflanzen (aus Tischler, W. (1955). Synökologie der Landtiere: 2; vgl. die ähnliche Darstellung in ders. (1951). Zur Synthese biozönotischer Forschung. Acta Biotheor. 9, 135-162: 141).

der großräumigen Gliederung der Vegetation laufen parallel zu regionalen Studien zur Feststellung von Pflanzenassoziationen. Mit einer Arbeit zu einer lokalen Flora aus dem Jahr 1835 gilt der Schweizer Botaniker O. Heer als eigentlicher Begründer der Pflanzensoziologie im Sinne einer Darstellung der charakteristischen Zusammensetzung von Pflanzen verschiedener Arten zu konstant auftretenden Assoziation.[161]

Auch für die Zoologie wird seit Mitte des 19. Jahrhunderts eine Einteilung des Vorkommens von Tieren in ökologische Großregionen vorgenommen. Die Gliederung baut auf dem Befund auf, dass in räumlich weit getrennten Regionen der Erde Tierarten mit ähnlichem Aussehen und mit ähnlichen Umweltan-

sprüchen vorkommen, die aber nur wenig miteinander verwandt sind.[162]

Biogeografie und Evolutionstheorie
Gerade die umgekehrte Beobachtung bildet aber für C. Darwin einen wichtigen Anstoß für die Formulierung der Evolutionstheorie: die Unähnlichkeit von Tierarten in geografisch weit voneinander entfernten Regionen mit ökologisch ähnlichen Umweltbedingungen. Diese Beobachtung widerspricht der Annahme einer Einrichtung der Welt durch einen weisen Schöpfergott, der jedes Lebewesen optimal an seine Umweltbedingungen angepasst hat. A.P. de Candolle nimmt als Erklärung für diese Beobachtung an, dass die Umweltbedingungen an verschiedenen Orten

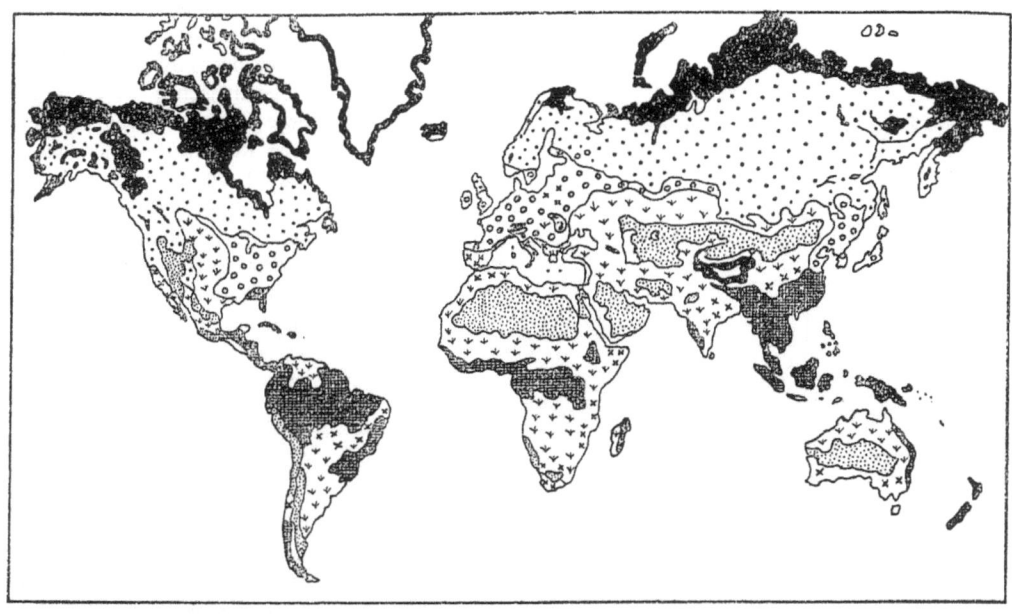

Tundra　Taiga　Silvaea　Hylaea　Wüste　Steppe　Skleraea

Abb. 50. Verteilung der Bioregionen auf der Erde (aus Tischler, W. (1955). Synökologie der Landtiere: 196).

nicht exakt übereinstimmen[163]; C. Lyell führt daneben auch biologische Interaktionen wie Konkurrenz an.[164] Auch Darwin konstatiert, dass die gegenwärtige Verteilung der Tierarten nicht durch Unterschiede in den Umweltbedingungen (»physical conditions«) erklärt werden könne.[165] Statt einer geplanten Anpassung nimmt er daher einen historischen Prozess der langsamen geografischen Ausbreitung von Organismen an und betont die Wichtigkeit von Barrieren (»importance of barriers«) für diesen Prozess und das entstandene Muster der Verteilung. Motiviert sind Darwins Ansichten in erster Linie durch seine Weltreise auf der ›Beagle‹, insbesondere seine Beobachtungen auf vulkanischen Inseln und Atollen, durch die er von dem großen Einfluss geologischer Prozesse auf die Gestalt der Pflanzen- und Tierwelt einer Region überzeugt wird. Darwin sieht dabei ein, welche Bedeutung eine langfristige erdgeschichtliche Perspektive für die Erklärung der Entstehung und geografischen Verteilung der Lebewesen auf der Erde hat.[166]

Auch für A.R. Wallace sind seine biogeografischen Kenntnisse von großer Bedeutung für die Formulierung seiner Fassung der Evolutionstheorie. Wallace übernimmt die 1858 von P.L. Sclater vorgeschlagene Einteilung der Erde in sechs zoogeografische Regionen, die dieser auf der Basis der Verteilung von Vogelgruppen entwickelt (paläarktische, nearktische, indische, äthiopische, neotropische und australische Region[167]) und befasst sich v.a. mit der Abgrenzung der Indo-Malayischen von der Australischen Region (»Wallace-Linie«)[168]. In einer umfangreichen Monografie begründet Wallace später die Abgrenzung der Regionen mit der Verteilung vieler terrestrischer Wirbeltiergruppen.[169] Über die charakteristischen Unterschiede zwischen den biogeografischen Regionen entwickelt Wallace einflussreiche Theorien. So führt er beispielsweise den Artenreichtum der Tropen auf die lange Konstanz der dort bestehenden Lebensbedingungen zurück (↑Diversität): »The equatorial regions are then, as regards their past and present life histories, a more ancient world than that represented by the temperate zones, a world in which the laws which have governed the progressive development of life have operated with comparatively little check for countless ages, and have resulted in those infinitely varied and beautiful forms«.[170]

Dynamische Aspekte der Biogeografie verbinden sich in den letzten Jahrzehnten des 19. Jahrhunderts

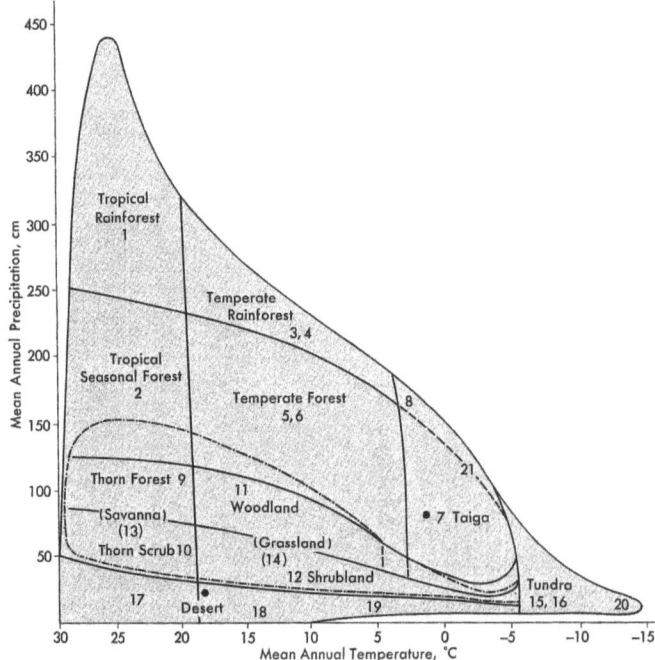

Abb. 51. Abhängigkeit der wichtigsten Vegetationstypen (»Formationstypen«) von den Klimafaktoren Temperatur (mittlere Jahrestemperatur: horizontale Achse) und Niederschlag (mittlere Jahresniederschläge: vertikale Achse) (aus Whittaker, R.H. (1970). Communities and Ecosystems: 65).

mit der Vorstellung der Arealausbreitung, also der Neubesiedlung von geografischen Räumen durch Vertreter einer Art. Seit Ende der 1830er Jahre wird für diesen Vorgang, v.a. wenn er sich schnell vollzieht, der Ausdruck **Invasion** verwendet (Darwin 1839: »an invasion on so grand a scale of one plant [*Cynara cardunculus*] over the aborigines«[171]; Anonymus 1853: »l'invasion en Angleterre d'une espèce américaine, *l'Anacharis Alsinastrum*«[172]; de Candolle 1855: »l'invasion moderne d'autres espèces en Italie«[173]; Belke 1859: »La sauterelle de passage (Oedipoda migratoria), a fait invasion en Podolie«[174]; Anonymus 1861: »Mus musculus has followed its larger brother in its invasion of Amoorland«[175]; Spencer 1864: »the invasion of territory«[176]; Goeze 1882: »Pflanzen-Invasionen«[177]). Bei den älteren Autoren steht der Ausdruck rein deskriptiv für einen neutral beschriebenen Prozess. Später verbindet sich mit ihm häufig eine negative Konnotation (insbesondere, wenn die Invasion unter dem Einfluss des Menschen erfolgt), weil die Invasionsarten im Verdacht stehen, eingespielte ökologische Systeme zu stören. C. Eltons Buch über die Ökologie der Invasionen von 1958 gilt als Startpunkt der Invasionsforschung als eigener Disziplin.[178]

Unterscheidung biogeografischer Regionen
Neben der von Sclater und Wallace vorgeschlagenen Gliederung der Erde in sechs große biogeografische Regionen werden am Ende des 19. Jahrhunderts noch weitere Einteilungsvorschläge gemacht. Die Großeinteilung der biogeografischen Regionen auf botanischer Grundlage ist meist stark an den Klimazonen orientiert. So unterscheidet O. Drude 1889 zwischen einem ozeanischen, borealen, australen und tropischen »Florenreich«.[179]

Vor allem ausgehend von dem Umweltfaktor der Temperatur entwirft C.H. Merriam am Ende des 19. Jahrhunderts seine Einteilung Nordamerikas in **Lebenszonen**. Merriam verwirft die alte Einteilung in westliche, mittlere und östliche Areale und schlägt eine erste biogeografische Gliederung Nordamerikas in eine nördliche boreale und eine südliche subtropische *Lebensregion* vor. Diese Lebensregionen unterteilt er weiter in insgesamt sieben Lebenszonen (»life zones«: »tropical«, »lower austral«, »upper austral«, »transition«, »Canadian«, »Hudsonian« und »arctic-alpine«).[180]

Neue Impulse durch die Theorie der Kontinentaldrift
Die Entwicklung der Theorie der Kontinentaldrift seit 1912 durch A. Wegener liefert der Biogeografie ein vereinheitlichendes Schema, das zur Erklärung vieler einzelner Befunde zur Verbreitung von Verwandtschaftskreisen bei Pflanzen und Tieren dient.[181] Wegener selbst führt einige dieser Befunde als Stütze seiner Theorie an, z.B. das Vorkommen von Süßwasserfischen aus der Familie der Barsche in Europa und dem Osten Nordamerikas, nicht aber im Westen Nordamerikas und Ostasien – eine Einwanderung über die Beringstraße ist also unwahrscheinlich. Ein ähnliches Verbreitungsmuster findet sich bei Gartenschnecken und Pflanzen, die nur in Westeuropa und dem Osten Nordamerikas vorkommen.[182]

Einbindung in die Theorie der Ökologie
Eine theoretische Konsolidierung erfährt die Subdisziplin der Biogeografie durch die Einbindung in die Ökologie, wie sie von botanischer Seite durch A. Schimper[183] und J. Warming[184] und von zoologischer

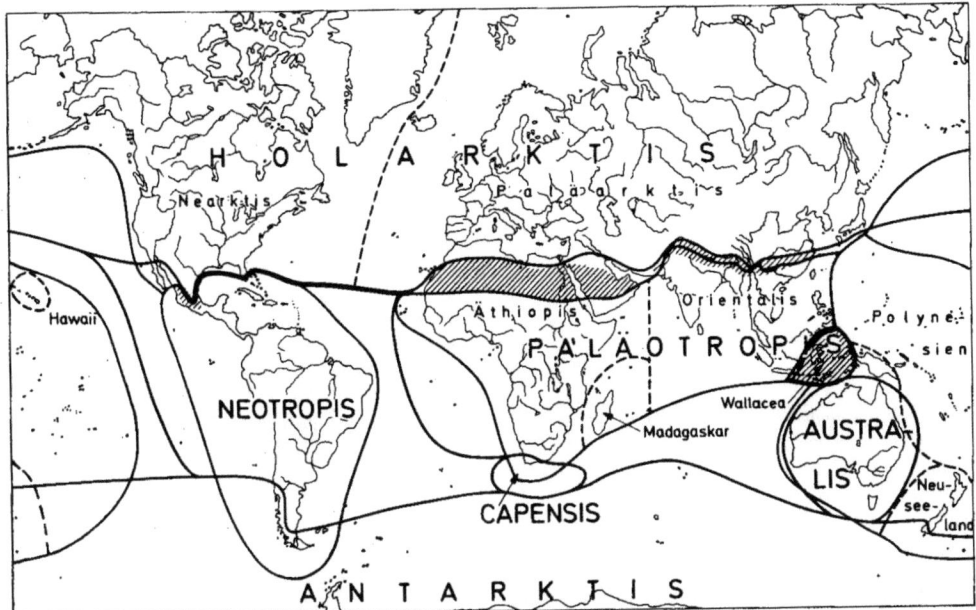

Abb. 52. Florenreiche (in Großbuchstaben) und Tierregionen (in Kleinbuchstaben) der Erde. Dem Florenreich der Australis entspricht die Tierregion der Notogaea. Übergangsgebiete zwischen den Tierregionen schraffiert (aus Walter, H. & Breckle, S.-W. (1983/91). Ökologie der Erde Bd. 1: 12).

Seite durch L.G. Semper[185] und R. Hesse[186] vollzogen wird. Das Geschehen der großräumigen Etablierung und Ausbreitung von Organismen wird als Ergebnis kleinräumiger Prozesse der Konkurrenz innerhalb einer Gemeinschaft und unterschiedlicher Fortpflanzungsstrategien gedeutet. In der zweiten Hälfte des 20. Jahrhunderts mündet dieser Ansatz der Biogeografie in mathematische Modelle der ↑Konkurrenz, ↑Koexistenz und ↑Diversität [187] und läuft unter der Bezeichnung *ökologische Geografie* (Mac Arthur 1972: »ecological geography«[188]) oder *ökologische Biogeografie*.

Auch wichtige Einsichten und Konzepte der allgemeinen Ökologie werden anhand biogeografischer Ansätze entwickelt; als besonders fruchtbar erwies sich dabei die Biogeografie von Inseln (vgl. Abb. 53).[189] Entgegen der älteren Tradition werden in dem bekannten Modell der Inselbiogeografie von R.H. MacArthur und E.O. Wilson nicht langfristige evolutionäre Faktoren – wie etwa Speziationsereignisse oder zufällige historische Entwicklungen[190] –, sondern aktuell wirksame ökologische Bedingungen für die zu beobachtende Verbreitung von Arten verantwortlich gemacht.

Ein wichtiges ökologisches Konzept, das mittels der Inselbiogeografie getestet wurde, ist das Modell der *r*- und *K*-Selektion (↑Lebensgeschichte). Die ersten Daten zur Entwicklung und zum Test des Modells stammen von der natürlichen Fauna der Inseln der Karibik. E.O. Wilson und D. Simberloff schaffen in späteren Versuchen kontrollierte Bedingungen auf kleinen, künstlich erzeugten und mit Gas entvölkerten (»defaunierten«) Inseln in den Florida Keys und beobachten die Prozesse der Rekolonisierung.[191] Bemerkenswert ist dabei die Stabilität eines einmal

1. Tropische und subtropische feuchte Laubwälder
2. Tropische und subtropische trockene Laubwälder
3. Tropische und subtropische Koniferenwälder
4. Gemäßigte Laub- und Mischwälder
5. Gemäßigte Nadelwälder
6. Boreale Wälder/Taiga
7. Tropische und subtropische Graslander, Savannen und Buschländer
8. Gemäßigte Graslander, Savannen und Buschländer
9. Überflutete Graslander und Savannen
10. Montane Gras- und Buschländer
11. Tundra
12. Mediterrane Wälder und Strauchländer
13. Wüsten und trockene Buschländer
14. Mangroven

Tab. 32. Einteilung der terrestrischen Ökoregionen der Erde in 14 Biome (nach Olson, D.M. et al. (2001). Terrestrial ecoregions of the worlds: a new map of life on earth. BioScience 51, 933-938: 934).

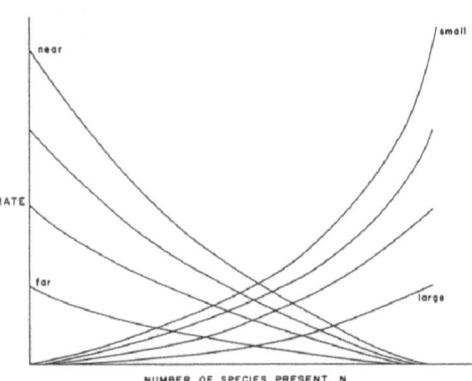

Abb. 53. Gleichgewichtsmodell der Inselbiogeografie. Dargestellt ist die Rate der Besiedlung von Inseln durch neue Arten (die links oben beginnenden Kurven) und die Rate des Aussterbens (die links unten beginnenden Kurven), beide in Abhängigkeit von der Anzahl der auf der Insel vorhandenen Organismenarten. Mit wachsender Anzahl von vorhandenen Arten sinkt die Besiedlungsrate und steigt die Aussterberate. Nahe Inseln werden schneller besiedelt als ferne, und auf kleineren Inseln ist die Aussterbewahrscheinlichkeit größer als auf großen. Die tatsächliche Artenzahl ergibt sich als Resultante aus den gegenläufigen Tendenzen. Nach diesem Modell sind es aktuelle ökologische Prozesse, die die geografische Verteilung von Arten bestimmen, nicht dagegen historische, evolutionär über lange Zeiträume wirksame Faktoren (aus MacArthur, R.H. & Wilson, E.O. (1963). An equilibrium theory of insular zoogeography. Evolution 17, 373-387: 377).

eingestellten Gleichgewichts von Arten trotz einer hohen Rate des Artenwechsels: In der Besiedlung der künstlichen Inseln verdrängten die Organismen einer Art solche anderer Arten, bevor sie selbst wieder verdrängt wurden – die Gesamtzahl der Arten blieb auf den Inseln aber weitgehend konstant. Mit diesen Untersuchungen hat sich die Biogeografie zu einer experimentellen ökologischen Disziplin entwickelt.[192]

Heute hat die Biogeografie einen nicht ganz klaren Status innerhalb der biologischen Disziplinen. Es gibt zwar seit 1974 ein eigenes Organ für die Subdisziplin[193], aber ihre Institutionalisierung ist insofern problematisch, als ihre theoretischen Grundlagen weitgehend auf der Populationsbiologie (↑Population) beruhen. Aufgrund ihres weiten Spektrums an Ansätzen und Fragestellungen gilt die Biogeografie als die am wenigsten eng umrissene Teildisziplin der Biologie (»the least well defined, derived discipline in contemporary biology«).[194]

Nachweise

1 Jordan, H. (1883). Zur Biogeographie der nördlich gemäßigten und arktischen Länder. Biolog. Centralbl. 3 (Nr. 6), 174-180. [In der Überschrift des Originalartikels steht das Wort ›Biographie‹; im Inhaltsverzeichnis und der Kopfzeile der Zeitschrift lautet der Ausdruck aber ›Biogeographie‹, und der Verfasser spricht von einem »biogeographischen Standpunkt« (180); die angekündigte Fortsetzung des Aufsatzes ist offenbar nicht erschienen.]

2 Ratzel, F. [1888]. [Brief an H. Eisig vom 31.1.1888]; ders. (1888). Die Anwendung des Begriffs »Oekumene« auf geographische Probleme der Gegenwart. Berichte über die Verhandlungen der Königlich-Sächsischen Gesellschaft der Wissenschaften zu Leipzig, philologisch-historische Klasse 40, 137-180: 137; vgl. Müller, G.H. (1986). Das Konzept der »Allgemeinen Biogeographie« von Friedrich Ratzel (1844-1904). Eine Übersicht. Geogr. Z. 74, 3-14; ders. (1986). Friedrich Ratzel (1844-1904) als Begründer der »Allgemeinen Biogeographie«. Medizinhist. J. 21, 147-158; ders. (1996). Friedrich Ratzel: 79.

3 Reiter, H. (1888). Nochmals die Südpolarfrage und ihre Bedeutung für die genetische Gliederung der Erdoberfläche. Z. wiss. Geogr. 6, 89-90: 89.

4 Ratzel, F. (1891). Anthropogeographie, Teil 2. Die geographische Verbreitung des Menschen: ix.

5 Regel, F. (1895). Thüringen: ein geographisches Handbuch, Teil 2. Biogeographie: Pflanzen- und Tierverbreitung, Die Bewohner.

6 Townsend, C.H.T. (1895). On the biogeography of Mexico, Texas, New Mexico, and Arizona. Trans. Texas Acad. Sci. 1, 71-96.

7 Haeckel, E. (1866). Generelle Morphologie der Organismen, 2 Bde.: II, 287.

8 Haeckel, E. (1870). Ueber Entwickelungsgang und Aufgabe der Zoologie. Jenaische Z. Med. Naturwiss. 5, 353-370: 365.

9 Kingsley, C. (1872). Bio-geology. J. Bot. Brit. Foreign N.S. 1, 53-57: 53; vgl. Seibold, I. (1992). Der Weg der Biogeologie. Johannes Walther 1860-1937.

10 Ungerer, E. (1942). Die Erkenntnisgrundlagen der Biologie. Ihre Geschichte und ihr gegenwärtiger Stand. In: Gessner, F. (Hg.). Handbuch der Biologie, Bd. I, 1, 1-94: 66.

11 Vgl. Dansereau, P. (1957). Biogeography. An Ecological Perspective.

12 Lesser, F.C. (1751). Nachricht von einer von D. Menzeln angegebenen botanischen Geographie. Phys. Belust. 5, 321-327.

13 Soulavie, J.L.G. (1780). Géographie de la nature: 11.

14 Soulavie, J.L.G. (1793). Mémoires du maréchal duc de Richelieu, pair de France, Bd. 9: 440.

15 Humboldt, A. von (1816). Ueber die Gesetze, welche man in der Verteilung der Pflanzenfamilien beobachtet. Journal für Chemie und Physik 18, 129-145: 130.

16 Stromeyer, F. (1800). Commentatio inauguralis sistens historiae vegetabilium geographicae specimen.

17 Humboldt, A. von (1815). Prolegomena. In: Voyage de Humboldt et Bonpland, Teil 6, Botanique. Nova genera et

species plantarum, Bd. 1: IX.
18 Humboldt, A. von (1805). Géographie des plantes équinoxiales; ders. (1807). Essai sur la géographie des plantes.
19 Lacroix, F. (1811). Introduction à la géographie mathématique et critique: 392.
20 Humboldt, A. von (1797). Versuche über die gereizte Muskel- und Nervenfaser, Bd. 2: 256; ders. (1805). Geographie der Pflanzen in den Tropenländern; ders. (1807). Ideen zu einer Geographie der Pflanzen nebst einem Naturgemälde der Tropenländer.
21 Humboldt, A. von (1803). [Brief an Delambre vom 25. Nov. 1802]. Französische Annalen für die allgemeine Naturgeschichte, Physik, Chemie, Physiologie und ihre gemeinnützigen Anwendungen 2, 47-56: 56; ders. (1807): 3; Esenbeck, N. von (1820). Handbuch der Botanik, Bd. 1: 62.
22 Schouw, J.F. (1822). Grundtræk til en almindelig Plantegeographie (dt. Grundzüge einer allgemeinen Pflanzengeographie, Berlin 1823).
23 Grisebach, A. (1866). Der gegenwärtige Standpunkt der Geographie der Pflanzen. Geogr. Jahrb. 1, 373-402: 373.
24 Soulavie, J.L.G. (1780). Géographie de la nature: 14.
25 Zimmermann, E.A.G. (1777). Specimen zoologiae geographicae, quadrupedum domicilia et migrationes sistens.
26 Humboldt, A. von (1801). Esquisse d'un tableau géologique de l'Amérique méridionale. Journal de physique, de chimie, d'histoire naturelle et des arts 53, 30-60: 34; ders. (1805). Essai sur la géographie des plantes ; accompagné d'un tableau physique des régions équinoxiales: 138.
27 Humboldt, A. von (1807). Ideen zu einer Geographie der Pflanzen nebst einem Naturgemälde der Tropenländer: 166; vgl. auch Anonymus (1826). [Rez. Couch, J. (1822). Some particulars of the natural history of fishes found in Cornwall. Trans. Linn. Soc. Lond. 14, 69-92]. Göttingische gelehrte Anzeigen 1751 (176. St.): 1751; Reuter (1840). [Rez. Ritter, K. (1822-38). Die Erdkunde im Verhältnisse zur Natur und Geschichte des Menschen]. Neue Jahrbücher für Philologie und Pädagogik 10, 153-201: 194; Semper, C. (1879). Ueber die Aufgaben der modernen Thiergeographie; Thome, O.W. (1881). Die Erde und ihr organisches Leben, Bd. 2. Thier- und Pflanzen-Geographie.
28 Lacroix (1811): 394.
29 Humboldt (1815): XII.
30 Bentham, J. (1823). Essai sur la nomenclature et la classification des principales branches d'art et science: 111.
31 Anonymus (1829). [Rez. Humboldt, A. von (1828). Tableaux de la nature; Bory de St. Vincent Les articlés mer, et montagne]. Monthly Review 11, 200-214: 208.
32 Agassiz, L. (1845). Notice sur la géographie des animaux.
33 Anonymus (1829). [Rez. Minding, J. (1829). Ueber die geographische Vertheilung der Säugethiere]. Allgemeines Repertorium der neuesten in- und ausländischen Literatur 3-4, 257-258: 257; Ausdruck offenbar nicht in dem rezensierten Werk!
34 Hartig, G.L. & Hartig, T. (1834). Forstliches und forstnaturwissenschaftliches Conversations-Lexicon: 969.
35 Baird, S.F. (Übers.) (1851). Iconographic Encyclopaedia of Science, Literature, and Art, vol. 2: 211 (dt. Original: J.G. Heck (1849). Bilder-Atlas zum Conversations-Lexikon. Ikonographische Encyklopädie der Wissenschaften und Künste, 10 Abth.).
36 Berghaus, H. (1843). Grundriss der Geographie: 229.
37 Berghaus, H. (1851). Allgemeiner zoologischer Atlas oder Atlas der Thier-Geographie: 1f.; vgl. Wallaschek, M. (2009). Fragmente zur Geschichte und Theorie der Zoogeographie, Bd. 1. Die Begriffe Zoogeographie, Arealsystem und Areal: 15.
38 Hesse, R. (1924). Tiergeographie auf ökologischer Grundlage: 2-6.
39 Lattin, G. de (1967). Grundriss der Zoogeographie: 18-20.
40 Deutsches Fremdwörterbuch, Bd. 2 (1996): 185; Mittellateinisches Wörterbuch, Bd. 1 (1967): 921.
41 Ritter, C. [1806]. Sechs Karten von Europa, VI. Areal-Grösse, Volksmenge, Bevölkerung und Verbreitung der Volksstämme in Europa.
42 Schouw, J.F. (1822). Grundtræk til en almindelig Plantegeographie: 388 (dt. Grundzüge einer allgemeinen Pflanzengeographie, Berlin 1823: 436).
43 ebd.
44 Meyen, F.J.F. (1836). Grundriss der Pflanzengeographie: 107; Wittich, C. (1889). Pflanzen-Areal-Studien. Die geographische Verbreitung unserer bekanntesten Sträucher.
45 Gr. [A. Grisebach?] (1853). [Rez. Tiedemann, F. (1854). Geschichte des Tabaks und anderer ähnlicher Genußmittel]. Göttingische Gelehrte Anzeigen 170, 1697-1708: 1700.
46 A.W.E. (1867). [Rez. De papyro. Particula I.. Geographica continens. Dissertatio inauguralis botanica, auctore Hermanno Zimmermann]. Flora allg. bot. Zeitung 50, 397-399: 397.
47 Meusel, H. (1943). Vergleichende Arealkunde. Einführung in die Lehre von der Verbreitung der Gewächse mit besonderer Berücksichtigung der mitteleuropäischen Flora, 2 Bde.
48 Müller, P. (1976). Voraussetzungen für die Integration faunistischer Daten in die Landesplanung der Bundesrepublik Deutschland. Schriftenreihe für Vegetationskunde, Heft 10. Veränderungen der Flora und Fauna in der Bundesrepublik Deutschland, 27-47: 29; wörtlich übernommen in: Müller, P. (1981). Arealsysteme und Biogeographie: 103.
49 Müller, P. (1977). Tiergeographie. Struktur, Funktion, Geschichte und Indikatorbedeutung von Arealen: 9.
50 Müller (1981): 103.
51 Zimmermann, E.A.W. (1778-83). Geographische Geschichte des Menschen und der allgemein verbreiteten vierfüßigen Thiere, 3 Bde.: I, 20 (insgesamt mindestens 34 Vorkommnisse des Ausdrucks).
52 Treviranus, G.R. (1803). Biologie, oder Philosophie der lebenden Natur für Naturforscher und Aerzte, Bd. 2: 44.
53 Schwab, K.L. (1813). Versuch eines Lehrbuches der allgemeinen Naturgeschichte: 146.; vgl. auch Wilmsen, F.P. (1821). Handbuch der Naturgeschichte für die Jugend und ihre Lehrer, Bd. 1: 7; Lindley, J. (1833). Einleitung in das natürliche System der Botanik oder systematische Uebersicht der Organisation, natürlichen Verwandtschaften und geographischen Verbreitung des ganzen Pflanzenreichs,

nebst Angabe des Nutzens der wichtigsten Arten in der Heilkunde, den Künsten und der Haus- und Feldwirthschaft.
54   Thuillier, J.L. (1790). Flore des environs de Paris, ou distribution méthodique des plantes qui y croissent naturellement, exécutée d'après le système de Linnaeus.
55   Anderson, J. (1792). The Conclusion of Letters on the Culture of Silk, with Additional Accounts of Both Kinds of Bread Fruit Trees and the Distribution of Nopal Plants, on the Coast of Coromandel.
56   Berghaus, H. (1839). Berghaus' Physikalischer Atlas, 5, 2: Verbreitungsgebiete der wichtigsten Kulturgewächse nebst Andeütungen über den Verlauf der Isotheren und Isochimenen; Caspary, R. (1873). Ueber einige Spielarten, die mitten im Verbreitungsgebiet der Stammarten entstanden sind: die Schlangenfichte (*Picea excelsa* Link var. *virgata*), Pyramideneiche (*Quercus pedunculata* W. var. *fastigiata* Loud. [*Q. fastigiata* Lamarck als Art]) u. Andere; Voigt, W. [1895]. *Planaria gonocephala* als Eindringling in das Verbreitungsgebiet von *Planaria alpina* und *Polycelis cornuta*.
57   Anonymus (1823). [Rez. Schouw, J.F. (1823). Grundzüge einer allgemeinen Pflanzengeographie]. Notizen aus dem Gebiete der Natur- und Heilkunde 5, 65-72: 67; ebenso: Anonymus (1823). Magazin für die neuesten Erfahrungen, Entdeckungen und Berichtigungen im Gebiete der Pharmacie 4, 86-98: 89.
58   Schouw, J.F. (1822). Grundtræk til en almindelig Plantegeographie: 127.
59   Schouw, J.F. (1822). Grundtræk til en almindelig Plantegeographie (dt. Grundzüge einer allgemeinen Pflanzengeographie, Berlin 1823): 140f.
60   Sedlag, U. & Weinert, E. (1987). Biogeographie, Artbildung und Evolution: 47.
61   Reimarus, H.S. (1773). Angefangene Betrachtungen über die besondern Arten der thierischen Kunsttriebe: 9.
62   Karl I., Herzog von Braunschweig-Lüneburg (1776). Von Gottes Gnaden, Carl, Herzog zu Braunschweig und Lüneburg, Fügen hiemit zu wissen: Als nach verschiedenen eingekommenen unterthänigsten Berichten, bey der zu Verhütung der Ausbreitung der Hornvieh-Seuche von uns gnädigst verordneten diesjährigen Separirung [Verordnung, die Separierung von Viehherden auf Koppelweiden betreffend]; Anonymus (1777). Vorschläge zu Verhütung der Hornviehseuche und denen zu mehrerer Ausbreitung dienlichsten Verwarungsmitteln.
63   Borowski, G.H. (1781). Gemeinnützige Naturgeschichte des Thierreichs, Bd. 2: 55.
64   Kant, I., Kant's handschriftlicher Nachlaß (AA, Bd. XIV-XXIII): XV, 782.
65   von Bülow-Rieth (1831). Neue Beobachtungen über die Nonne, *Phalaena monacha*, und über die zweckmässigsten Mittel, ihre Ausbreitung zu verhindern.
66   Darwin, C. (1842). On the distribution of the erratic boulders and on the contemporaneous unstratified deposits of South America. [Read 14 April 1841] Trans. Geol. Soc. Part 2, 3 (78), 415-431: 426: für Felsblöcke; Bates, H.W. (1864). The Naturalist on the River Amazon: 17.
67   Darwin, C. (1857). On the action of sea-water on the germination of seeds. [Read 6 May 1856] J. Proc. Linn. Soc. London (Bot.) 1, 130-140: 134.
68   Vgl. Christiansen, W. (1954). Verbreitung – Ausbreitung. Ber. Deutsch. Bot. Ges. 67, 344-345.
69   Sedlag & Weinert (1987): 308.
70   Trepl, L. (2007). Allgemeine Ökologie, Bd. 2. Population: 221.
71   Anonymus (1937-39). Wildlife Review: p. 12.
72   Timofeeff-Ressovsky, N. (1940). Mutations and geographical variation. In: Huxley, J. (1940). The New Systematics, 73-136f. 112.
73   Blair, A.P. (1943). Population structure in toads. Amer. Nat. 77, 563-568: 563.
74   Baker, R.R. (1978). The Evolutionary Ecology of Animal Migration: 27.
75   ebd.; vgl. ders. (1982). Migration; Trepl (2007): 221f.
76   Schwerdtfeger, F. (1968/79). Ökologie der Tiere, Bd. 2. Demökologie: 110.
77   Hutchinson, C.C. (1871). Resources of Kansas. Fifteen Years Experience: 129; vgl. Dodge, J.R. (1871). Report of statistical and historical investigations of the progress and results of the Texas cattle disease. In: Report of the Commissioner of Agriculture on the Disease of Cattle in the United States, 175-202: 186.
78   Thompson Seton, E. (1909). Life-Histories of Northern Animals, 2 vols. (London 1910): I, 26; vgl. ders. (1920). For a methodic study of life-histories of mammals. J. Mammal. 1, 67-69: 68.
79   Thompson Seton (1909): I, 26; I, 74.
80   Shelford, V.E. (1913). Animal Communities in Temperate America: 286.
81   Trepl (2007): 221f.
82   Thompson Seton (1909): I, 153; vgl. I, 26.
83   Aristoteles, Hist. anim. Buch 8, Kap. 18; 19; 28; vgl. Hofsten, N. von (1916). Zur Geschichte des Diskontinuitätsproblems in der Biogeographie. Zool. Ann. 7, 197-353: 201ff.
84   Vgl. Bretzl, H. (1903). Botanische Forschungen des Alexanderzuges; Regenbogen, O. (1940). Theophrastos. Paulys Real-Encyclopädie d. class. Altertumswiss., Suppl.-Bd. 7, 1354-1562: 1459ff.
85   Gessner, C. (1551-1587). Historiae animalium, 5 Bde.
86   Belon, P. (1555). L'histoire de la nature des oiseaux.
87   Tournefort, J.P. de (1717). Relation d'un voyage du Levant, 2 Bde.: II, 357ff.
88   Haller, A. von (1742). Enumeratio methodica stirpium Helvetiae indigenarum.
89   La Preyère, I. de (1655). Praeadamitae; van der Myl, A. (1667). De origine animalium et migratione populorum; vgl. Browne, J. (1983). The Secular Ark. Studies in the History of Biogeography: 13f.
90   Linné, C. von (1744). Oratio de Telluris habitabilis incremento; vgl. Egerton, F.N. (1973). Changing concepts of the balance of nature. Quart. Rev. Biol. 48, 322-350: 335; Frängsmyr, T. (1983). Linnaeus as a geologist. In: ders. (Hg.). Linnaeus. The Man and his Work, 110-155.
91   Vgl. Browne (1983: 18.
92   Anonymus (1713): 392; nach Vartanian (1953): 278.
93   Buffon, G.L.L. (1756). Histoire naturelle, Bd. 6: 59f.; ders. (1766). De la dégénération des animaux (Œuvres com-

plètes, Bd. IV, Paris 1868, 127-144): 132; ders. (1779). Les époques de la nature; vgl. Mayr, E. (1982). The Growth of Biological Thought: 335; Browne (1983): 23f.
94   Mayr (1982): 336; vgl. 440.
95   Lefèvre, W. (1984). Die Entstehung der biologischen Evolutionstheorie: 122.
96   Anonymus (1713). Recherches curieuses: 393ff.; nach Vartanian, A. (1953). Diderot and Descartes: 278.
97   Gmelin, J.G. (1747). Flora Sibirica, Bd. 1: cvif.; cx; vgl. Larson, J.L. (1996). Interpreting Nature. The Science of Living Form from Linnaeus to Kant: 106.
98   Fischer, J.E. (1771). Muthmaßliche Gedanken von dem Ursprunge der Amerikaner. Neue nordische Beyträge zur physikalischen und geographischen Erd- und Völkerbeschreibung, Naturgeschichte und Oekonomie 3 (1782), 289-322: 321; vgl. Larson (1996): 126.
99   a.a.O.: 322.
100 Zimmermann, E.A.W. (1778-83). Geographische Geschichte des Menschen und der allgemein verbreiteten vierfüßigen Thiere, 3 Bde.: III, 192.
101 ebd.
102 Vgl. Mayr (1982): 442.
103 Vgl. Larson (1996): 114.
104 Sweert, E. (1612). Florilegium; Fürer, J.L. (1616). [Brief an C. Bauhin vom 14. März 1616]; Theatrum Florae (1622); Ferrari, G.B. (1633). Flora seu de florum cultura libri IV; Rea, J. (1665). Flora, seu de florum cultura; vgl. Wein, K. (1932). Die Wandlungen im Sinn des Wortes „Flora". Repert. Spec. Nov. Regni Veg. Beih. 66, 74-87: 76.
105 Paulli, S. (1648). Flora Danica; Boym, M.P. (1656). Flora Sinensis; Elsholtius, I.S. (1663). Flora Marchica; Commelin, C. (1696). Flora Malabarica; vgl. Wein (1932): 79f.
106 Hoffmann, M. (1660/77). Florae Altdorffinae deliciae hortenses; ders. (1662). Florae Altdorffinae deliciae sylvestres; vgl. auch Leopold, J.D. (1728). Deliciae sylvestres florae Ulmensis.
107 Wein (1932): 82.
108 Meyenberg, H.J. (1712). Flora Einbeccensis; Helwing, G.A. (1712). Flora quasimodogenita; Linder, J. (1716). Flora Wiksbergensis; Wipacher, D. (1726). Flora Lipsiensis bipartita.
109 Vgl. Gronovius, J.F. (1739-43). Flora Virginica; Linné, C. von (1747). Flora Zeylandica; Gmelin, J.G. (1747-69). Flora Sibirica; ders. (1755). Flora Orientalis; Hill, J. (1760). Flora Britanica; Oder, G.C. (1766-99). Flora Danicae; Forster, J.R. (1771). Flora Americae Septentrionalis; Scopoli, G. (1772). Flora Carniolica; Jacquin, N.J. von (1773-78). Flora Austriacae; Weston, R. (1775). English Flora; Lamarck, J.B. (1778). Flore Française.
110 Linné, C. von (1754/59). Stationes plantarum (in: Ammoenitates academicae, 64-87).
111 Linné, C. von (1746). Fauna Suecica; Müller, O.F. (1764). Fauna Insectorum Fridrichsdalina; Hammer, C. (1775). Fauna Norvegica eller Norsk Dyr-Rige; Fabricius, O. (1780). Fauna Groenlandica; Scopoli, G. (1786-88). Deliciae florae et faunae Insubricae; Goeze, J.A.E. (1791-1803). Europäische Fauna oder Naturgeschichte der europäischen Thiere; Panzer, G.W.F. (1793-1813). Fauna insectorum Germanicae.
112 Zimmermann, E.A.W. (1778-83). Geographische Geschichte des Menschen und der allgemein verbreiteten vierfüßigen Thiere, 3 Bde.: III, 62; Goeze, J.A.E. (1791-1803). Europäische Fauna oder Naturgeschichte der europäischen Thiere.
113 Schmarda, L.K. (1853). Die geographische Verbreitung der Thiere: 89.
114 Mayr, E. (1965). What is a fauna? Zool. Jahrb. Syst. 92, 473-486.
115 Küster, H.C. (1852). Beiträge zur europäischen Rhynchotenfauna. Entomologische Zeitung 13, 386-397: 387; Cabanis, J. (1855). [Rez. Dubois, C.F. (1854). Planches colorés des oiseaux de la Belgique et de leurs oeufs]. J. Ornithol. 3, 265; Fickert, C. (1875). Myriopoden und Araneiden vom Kamme des Riesengebirges. Ein Beitrag zur Faunistik der subalpinen Region Schlesiens.
116 Beilschmied, C.T. (1837). Vorwort. In: Watson, H.C. (1837). Bemerkungen über die geographische Vertheilung und Verbreitung der Gewächse Grossbritanniens (übers. v. C.T. Beilschmied), viii-xv: xii; Berghaus, H. (1838). [Rez. Watson, H.C. (1837). Bemerkungen über die geographische Vertheilung und Verbreitung der Gewächse Grossbritanniens, übers. v. C.T. Beilschmied]. Annalen der Erd-, Völker- und Staatenkunde 5, 97-121: 98; Koenig, K. (1892). Die Zahl der im Königreiche Sachsen heimischen und angebauten Blütenpflanzen (ein Beitrag zur Floristik des Königreichs Sachsen); Loew, E. (1894). Blütenbiologische Floristik des mittleren und nördlichen Europa sowie Grönlands.
117 Vgl. Wallaschek, M. (2010). Fragmente zur Geschichte und Theorie der Zoogeographie, Bd. 2. Die Begriffe Fauna und Faunistik.
118 a.a.O.: 11; 17.
119 Vgl. Browne, J. (1983): 31; 34.
120 Mayer, T. (1748). Geographischer Entwurf der beyden Freyen Reichs-Herrschaften Sulzbürg und Pirbaum; vgl. Browne (1983): 49.
121 Willdenow, K.L. (1792/99). Grundriss der Kräuterkunde: 372.
122 Forster, J.R. (1778). Observations Made During a Voyage Round the World: 184.
123 Willdenow (1792/99): 346.
124 Hawkins, B.A. (2001). Ecology's oldest pattern? Endeavour 25, 133-134.
125 Humboldt, A. von (1807). Ansichten der Natur; ders. (1807). Essai sur la géographie des plantes.
126 Vgl. Hard, G. (1970). Der ›Totalcharakter der Landschaft‹. Re-Interpretation einiger Textstellen bei Alexander von Humboldt. Geograph. Z. Beih. 49-73: 67.
127 Humboldt, A. von (1808). Ideen zu einer Physiognomik der Gewächse. In: Ansichten der Natur, 157-278: 181.
128 a.a.O.: 182ff.
129 a.a.O.: 200.
130 Böhme, H. (2001). Ästhetische Wissenschaft. Aporien der Forschung im Werk Alexander von Humboldts. In: Ette, O. u.a. (Hg.). Alexander von Humboldt – Aufbruch in die Moderne, 17-33.
131 Humboldt, A. von (1815). Prolegomena. In: Voyage de Humboldt et Bonpland, Teil 6, Botanique. Nova genera

et species plantarum, Bd. 1: XII.
132   Vgl. Browne, J. (1983). The Secular Ark: 58ff.; 75f.
133   Saussure, H.D. (1779-96). Voyages dans les Alpes, 4 Bde.
134   Vgl. Lefèvre, W. (1984). Die Entstehung der biologischen Evolutionstheorie: 127ff.
135   Vgl. z.B. Cuvier, G. (1817). Le règne animal, 4 Bde.: I, 6.
136   Schouw, J.F. (1822). Grundtræk til en almindelig Plantegeographie (dt. Grundzüge einer allgemeinen Pflanzengeographie, Berlin 1823).
137   De Candolle, A.P. (1820). Géographie botanique. In: Cuvier, F. (ed.). Dictionnaire des sciences naturelles, Bd. 18, 359-422; vgl. Nelson, G. (1978). From Candolle to Croizat: Comments on the history of biogeography. J. Hist. Biol. 11, 269-305.
138   De Candolle (1820): 412.
139   a.a.O.: 384.
140   Darwin, C. (1859/72). On the Origin of Species: 53.
141   De Candolle, A.P. de (1813/19). Théorie élémentaire de la botanique: 462; vgl. ders. (1820): 383.
142   de Candolle, A. de (1855). Géographie botanique raisonnée, 2 Bde.
143   Thurmann, J. (1849). Essai de phytostatique appliquée à la chaîne du Jura.
144   Vgl. Kinch, M.P. (1980). Geographical distribution and the origin of life: development of early nineteenth-century British explanations. Journal of the History of Biology 13, 91-119: 111.
145   Prichard, J.C. (1813). Researches into the Physical History of Mankind.
146   Vgl. Kinch (1980): 108.
147   Lyell, C. (1830-33). Principles of Geology, 3 vols.: II.
148   Vgl. de Candolle (1855).
149   a.a.O.: II, 993.
150   ebd.
151   Schouw, J.F. (1822). Grundtræk til en almindelig Plantegeographie (dt. Grundzüge einer allgemeinen Pflanzengeographie, Berlin 1823): 168.
152   Schröter, C. (1913). Genetische Pflanzengeographie. In: Korschelt, E. et al. (Hg.). Handwörterbuch der Naturwissenschaften, Bd. 4, 907-942: 914.
153   Forbes, E. (1846). On the connexion between the distribution of the existing fauna and flora of the British Isles, and the geological change which have affected their area, especially during the epoch of the northern drift. Mem. Geol. Surv. Great Brit. 1, 336-432: 388f.
154   Darwin, C. [1844]. [Essay of 1844]. In: Beer, G. de (ed.) (1958). Charles Darwin and Alfred Russel Wallace – Evolution by Natural Selection, 89-254: 180f.; vgl. Browne, J. (1983). The Secular Ark: 122-127.
155   Schaeffer, J.C.G. (1809). Die Zeit- und Volkskrankheiten des Jahres 1808 in und um Regensburg (Anfang). J. pract. Heilkunde 29, 70-114: 98.
156   Schweigger-Seidel, F.W. (1824). Die Natur und der Ursprung unserer Sommerfieber, aus physikalisch-chemischem Standpunkte betrachtet. J. Chem. Physik 42, 130-181: 162.

157   Unger, F. (1836). Ueber den Einfluss des Bodens auf die Vertheilung der Gewächse: 192.
158   Wagner, M. (1868). Die Darwin'sche Theorie und das Migrationsgesetz der Organismen. In: ders. (1889). Die Entstehung der Arten durch räumliche Sonderung, 47-97: 56.
159   MacFadyen, A. (1957). Animal Ecology: 223.
160   Vgl. z.B. Willdenow, K.L. (1792/99). Grundriss der Kräuterkunde: 347f.
161   Heer, O. (1834). Vegetationsverhältnisse des südöstlichen Theils des Kantons Glarus.
162   Vgl. Molina, G. (1999). Biogéographie. Dict. Hist. Phil. Sci., 120-122: 120.
163   De Candolle, A.P. (1820). Géographie botanique. In: Cuvier, F. (ed.). Dictionnaire des sciences naturelles, Bd. 18, 359-422: 402.
164   Vgl. Egerton, F.N. (1968). Studies of animal populations from Lamarck to Darwin. J. Hist. Biol. 1, 225-259: 232ff.
165   Darwin, C. (1859/72). On the Origin of Species: 389 (Kap. XII).
166   Vgl. Browne, J. (1983). The Secular Ark: 182-186.
167   Sclater, P.L. (1858). On the general geographic distribution of the members of the class Aves. J. Linn. Soc. Zool. 2, 130-145.
168   Wallace, A.R. (1859). On the geographical distribution of birds. Ibis 1859, 449-454.
169   Wallace, A.R. (1876). The Geographical Distribution of Animals.
170   Wallace, A.R. (1878). Tropical Nature and Other Essays: 123.
171   Darwin, C. (1839). Narrative of the Surveying Voyages of His Majesty's Ships Adventure and Beagle between the years 1826 and 1836: 138.
172   Anonymus (1853). [Rez. Marshall, W. (1852). The New Water Weed, *Anacharis Alsinastrum*]. Archives des sciences physiques et naturelles 24, 196-197: 196; vgl. Anonymus (1853). Alarming invasion. Chambers's Edinburgh Journal 19, 372-373.
173   de Candolle, A. (1855). Géographie botanique raisonnée, Bd. 2: 626; vgl. 680; 708; 722; 760; 1062; 1120.
174   Belke, G. (1859). [Brief]. Bulletin de la Société Impériale des Naturalistes du Moscou 32, 579-585: 581.
175   Anonymus (1861). [Rez. Schenk, L. Von (1858). The Mammals of Amoorland. Reisen und Forschungen im Amurlande in den Jahren 1854-56]. The Natural History Review 1, 13-21: 17.
176   Spencer, H. (1864). The Principles of Biology, vol. 1: 315.
177   Goeze, E. (1882). Pflanzengeographie für Gärtner und Freunde des Gartenbaues: 109.
178   Elton, C. (1958). The Ecology of Invasions by Animals and Plants; Vgl. Rejmánek, M. et al. (2002). Biological invasions: politics and the discontinuity of ecological terminology. Bull. Ecol. Soc. Amer. 83, 131-133.
179   Drude, O. (1889). Die Florenreiche der Erde.
180   Merriam, C.H. (1890). Results of a biological survey of the San Francisco mountain region and the desert of the Little Colorado, Arizona. U.S.D.A., Div. Ornithol. & Mammal., N.A. Fauna, 3, 1-136: 2; 20; ders. (1892). The geo-

graphical distribution of life in North America, with special reference to the Mammalia. Proc. Biol. Soc. Wash. 7, 1-64; ders. (1899). Life zones and crop zones of the United States. U.S.D.A., Div. Biol. Surv. Bul. 10, 9-79; vgl. Daubenmire, R. (1938). Merriam's life zones of North America. Quart. Rev. Biol. 13, 327-332; Peterson, R.T. (1942). Life zones, biomes, or life forms? Audubon 44, 21-30; Shelford, V.E. (1945). The relative merits of the life zone and biome concepts. Wilson Bulletin 57, 248-252.

181 Wegener, A. (1912). Die Entstehung der Kontinente. Geol. Rundsch. 3, 276-292; ders. (1912). Die Entstehung der Kontinente. Peterm. Mitteil. 185-195; 253-256; 305-309; ders. (1915). Die Entstehung der Kontinente und Ozeane.

182 Wegener (1915): 60.

183 Schimper, A. (1898). Pflanzen-Geographie auf physiologischer Grundlage.

184 Warming, E. (1895). Plantesamfund. Grundtræk af den Ökologiske Plantegeografi (dt. Berlin 1896).

185 Semper, L.G. (1880). Die natürlichen Existenzbedingungen der Thiere.

186 Hesse, R. (1924). Tiergeographie auf ökologischer Grundlage.

187 MacArthur, R.H. & Wilson, E.O. (1967). The Theory of Island Biogeography.

188 MacArthur, R. (1972). Geographical Ecology.

189 MacArthur, R.H. & Wilson, E.O. (1963). An equilibrium theory of insular zoogeography. Evolution 17, 373-387; dies. (1967).

190 Hamilton, T.H. & Rubinoff, I. (1963). Isolation, endemism, and multiplication of species in the Darwin's finches. Evolution 17, 388-403; dies. (1967). On predicting insular variation in endemism and sympatry for the Darwin finches in the Galapagos Archipelago. Amer. Nat. 101, 161-171.

191 Wilson, E.O. & Simberloff, D. (1969). Experimental zoogeography of islands: defaunation and monitoring techniques. Ecology 50, 267-278; Simberloff, D. & Wilson, E.O. (1969). Experimental zoogeography of islands: the colonization of empty islands. Ecology 50, 278-296; dies. (1970). Experimental zoogeography of islands: a two-year record of colonization. Ecology 51, 934-937.

192 Vgl. Lubchenco, J. & Real, L.A. (1991). Manipulative experiments as tests of ecological theory. In: Real, L.A. & Brown, J.H. (eds.). Foundations of Ecology, 715-733: 727.

193 Journal of Biogeography (Oxford) 1.1974-.

194 International Biogeography Symposium 1981; vgl. Browne, J. (1983). The Secular Ark: 225.

Literatur

Nelson, G. (1978). From Candolle to Croizat: Comments on the history of biogeography. J. Hist. Biol. 11, 269-305.

Müller, P. (1981). Arealsysteme und Biogeographie.

Browne, J. (1983). The Secular Ark. Studies in the History of Biogeography.

Schmithüsen, J. (1985). Vor- und Frühgeschichte der Biogeographie. Biogeographica 20.

Müller, G.H. (1986). Das Konzept der »Allgemeinen Biogeographie« von Friedrich Ratzel (1844-1904). Eine Übersicht. Geogr. Z. 74, 3-14.

Wallaschek, M. (2009). Fragmente zur Geschichte und Theorie der Zoogeographie, Bd. 1. Die Begriffe Zoogeographie, Arealsystem und Areal.

Wallaschek, M. (2010). Fragmente zur Geschichte und Theorie der Zoogeographie, Bd. 3. Die Begriffe Verbreitung und Ausbreitung.

Biologie

›Biologie‹ (abgeleitet von griech. ›βίος‹ »Leben, Lebenszeit, Lebenswandel (des Menschen)« ist ein Wort, das sich in seiner lateinischen Form bis ins späte 17. Jahrhundert zurückverfolgen lässt.[1] Bis zum Ende des 18. Jahrhunderts wird es allerdings nicht in seiner heutigen Bedeutung im Sinne einer Lehre von der belebten Natur, sondern zur Bezeichnung des individuellen Lebens und der Biografie eines Menschen verwendet. In diesem Sinne erscheint es zur Darstellung des »schnellfliegenden menschlichen Lebens« 1666 bei Johannes Olearius[2] und einige Jahre später bei J.C. Herrward in einer Leichenpredigt auf den Herzog von Sachsen-Anhalt[3]. Im Sinne von »Biografie« erscheint das Wort dann auch in den lateinischen Texten C. von Linnés (schon 1736); »biologi« bezeichnet bei Linné die Lebensbeschreibung berühmter Botaniker.[4] Offenbar durch Linné angeregt und außerhalb des Lateinischen findet sich das Wort wieder bei dem Erfurter Botaniker J.J. Planer in einer Schrift aus dem Jahr 1771.[5] Planer versteht unter »Biologie« eine Zusammenstellung botanischer Eponyme, also Bezeichnungen taxonomischer Einheiten, die nach einem berühmten Botaniker benannt sind.

Der erste, der das Wort für eine allgemeine Lebenslehre verwendet, ist nach neueren Erkenntnissen der Wolffianer M.C. Hanov im Jahr 1766 im dritten Band seiner Naturphilosophie, in der er die Biologie neben die Geologie und über die beiden Disziplinen der Zoologie und Botanik (»Phytologie«) ordnet.[6] Im Deutschen und Französischen erscheint der Ausdruck mit der heutigen Bedeutung um 1800; in der englischen Sprache im Jahr 1819 in einem Lehrbuch von W. Lawrence.[7]

Zoografie (Freig 1579) *271*
Phytografie (Hernández 1649) *271*
Biologie (Hanov 1766) *254*
Bionomie (Hanov 1766) *268*
Organologie (Feuereisen 1780) *270*
Zoonomie (E. Darwin 1794) *271*
Organonomie (Schmid 1798) *271*
Lebenskunde (Busch 1806) *268*
Organografie (Goldbeck 1806) *271*
allgemeine Biologie (Bartels 1808) *273*
spezielle Biologie (Carus 1811) *273*
biologische Philosophie (Lamarck 1815) *275*
Lebenswissenschaft (Pierer 1816) *267*
analytische Biologie (Anonymus 1835) *274*
Philosophie der Biologie (Whewell 1840) *274*
Biologismus (Perty 1861) *267*
synthetische Biologie (Doherty 1864) *274*
universale Biologie (Anonymus 1873) *274*
theoretische Biologie (Anonymus 1882) *272*
Metabiologie (F.G. 1884) *266*
Protobiologie (McEwen 1886) *266*
Bionomik (Lankester 1889) *270*
Symbiologie (Stöhr 1897) *286*
biotisch (Stejneger 1901) *268*
biotische Faktoren (Whitford 1901) *268*
Biophilosophie (Driesch 1910) *276*
kritische Biologie (Driesch 1911) *273*
Leitwissenschaft (Goldscheid 1915) *265*
Idiobiologie (Gams 1918) *286*
Zönobiologie (Gams 1918) *286*
Organismik (Lewin 1922) *271*
abiotische Faktoren (Schaxel 1922) *268*
Parabiologie (Prübusch 1929) *266*
rationale Biologie (Oelze & Schmith 1937) *273*
Biowissenschaften (Anonymus 1951) *268*
Synbiologie (Schwenke 1953) *286*
Exobiologie (Lederberg 1960) *271*

Aristotelische Biologie

Als Begründer der wissenschaftlichen Biologie gilt Aristoteles, der »Vater der Biologie« – wie er seit Ende des 19. Jahrhunderts genannt wird[8]. Zwar werden auch schon vor Aristoteles Beschreibungen und Analysen biologischer Sachverhalte gegeben[9], Aristoteles ist aber der erste, der systematisch geschlossene Monografien zur Biologie verfasst und einen methodischen Ansatz verfolgt, in dem er detaillierte empirische Untersuchungen mit dem Ziel der Generalisierung und Typisierung sowie einem durchgehenden Begründungsanspruch verbindet[10] (vgl. Tab. 33).

> Die Biologie ist die Naturwissenschaft der Organismen, ihrer Teile und Teilprozesse, ihrer überindividuellen Dynamik (in der Evolution) und ihrer überindividuellen Verbände (in Biozönosen und Ökosystemen).

Die biologischen Schriften von Aristoteles machen zwei Drittel seines naturphilosophischen Werks aus. Aristoteles rechtfertigt diese schwerpunktmäßige Beschäftigung mit der Biologie damit, dass uns die Tiere und Pflanzen näher stünden und uns verwandter seien als die Gestirne; außerdem verspreche die Beschäftigung mit ihnen einen größeren wissenschaftlichen Ertrag, weil sie besser erkennbar seien; schließlich werde an den Lebewesen die teleologische Ordnung der Natur besonders deutlich.[11] Die biologischen Ausführungen Aristoteles' betreffen Form (↑Anatomie), Funktion (↑Physiologie) und vor allem das ↑Verhalten der Lebewesen. Die Lebendigkeit der Lebewesen bindet Aristoteles an das Vorhandensein einer Seele; diese ist nach seiner Vorstellung fest mit dem lebenden Körper verbunden und führt keine von ihm unabhängige Existenz.[12] Die Gliederung der Seele in einen ernährenden, einen wahrnehmenden und einen denkenden Teil[13] enthält einerseits eine Einteilung der grundlegenden Tätigkeiten der Lebewesen, andererseits liegt sie der Einteilung der Lebewesen in Pflanzen, Tiere und Menschen zugrunde.

Insgesamt enthält der methodische Ansatz von Aristoteles einige wichtige Neuerungen gegenüber seinen naturphilosophischen Vorgängern. Neuartig in der Darstellung ist das völlige Fehlen von Beschreibungen individueller Einzelfälle; an deren Stelle tritt die Konzentration auf das Typische und Charakteristische einer Art oder Klasse. Im Zusammenhang damit steht das aristotelische Verständnis von Wissenschaft als theoretischer Bemühung, die auf das Allgemeine und Unveränderliche einer Sache gerichtet ist. Die Tierkunde kennzeichnet Aristoteles ausdrücklich als eine Naturwissenschaft (»φύσικη ἐπιστήμη«).[14] Entgegen den eigenen Vorgaben in seinen wissenschaftstheoretischen Schriften (v.a. den ›Analytica posteriora‹), nach denen eine Wissenschaft axiomatisch organisiert ist und ihr Begründungsverfahren wesentlich in syllogistischen Schlüssen besteht[15], verwendet Aristoteles in seinen zoologischen Schriften zumindest nicht explizit solche Schlussfiguren. Einige Passagen besonders der Schrift über die Teile der Tiere lassen sich aber so interpretieren, dass seine Argumentation in groben Zügen diesem Muster folgt.[16] Trotzdem ist nicht zu bestreiten, dass die zoologischen Schriften des Aristoteles in weiten Teilen wenig theoriegeleitete Faktensammlungen enthalten, die außerdem häufig nicht in Erklärungen eingebettet sind.

Im Mittelalter und der Frühen Neuzeit bilden die aristotelischen Lehren einen zentralen Bezugspunkt biologischen Denkens. Von Seiten einflussreicher Biologen wird Aristoteles z.T. bis ins 19. Jahrhundert eine Wertschätzung entgegengebracht. So urteilt beispielsweise C. Darwin einige Monate vor seinem Tod, Linné und Cuvier, seine beiden Götter, seien im Vergleich zu Aristoteles doch bloße Schuljungen (»Linnaeus and Cuvier have been my two gods, though in very different ways, but they were mere school-boys to old Aristotle«[17]). Allerdings hat Darwin die aristotelischen Schriften auch erst kurz vor seinem Tod kennengelernt; seine Wertschätzung bezieht sich auf die genaue Beobachtungsgabe des Aristoteles, sein einleuchtendes Schema zur systematischen Klassifikation der Tiere und seine durchgehend funktionalistische Perspektive, die die Teile der Tiere ausgehend von ihren Funktionen beschreibt.[18] Im 20. Jahrhundert gibt es von biologischer Seite allerdings auch nicht wenige eindeutige Ablehnungen der aristotelischen Schriften, besonders drastisch formuliert werden sie 1983 von P. und J. Medawar, die darin

1. Empirismus
Weil die Wahrnehmung in der Regel als zuverlässig gilt (Realismus), kann sie die Basis der Wissenschaft bilden, von der ausgehend mittels des Verfahrens der Induktion (»ἐπαγωγή«) allgemeine Aussagen getroffen werden.

2. Wissenschaft des Typischen
Weil die Wissenschaften von dem Allgemeinen und Unveränderlichen einer Sache handeln, sind nicht individuelle Lebewesen, sondern Tierklassen (Arten, Gattungen etc.) Gegenstand der Untersuchungen.

3. Durchgehender Begründungsanspruch
Klar unterschieden wird die Darstellung des *Dass* (der Phänomene) und des *Weshalb* (der Erklärungen). Ersteres wird zuerst dargestellt; die Erklärung oder der Beweis im Rahmen einer axiomatischen Argumentation gilt aber als das eigentliche Ziel der Wissenschaft. Formale Deduktionen, die Grundform des Beweises, werden aber häufig nicht explizit vorgestellt, sondern erscheinen in nicht-formalisierter Weise als lockere Schlussfolgerungen.

4. Enzyklopädische Faktensammlung
Die Schriften enthalten in weiten Teilen Faktensammlungen, die wenig theoriegeleitet dargestellt und häufig nicht in Erklärungen eingebettet sind (phänomenologische Wissenschaft). In der ›Historia animalium‹ wird die Induktion, die in den methodischen Schriften als Grundlage der wissenschaftlichen Argumentation gilt, nicht ein einziges Mal erwähnt.

5. Primat der Finalursachen
Von den vier Ursachetypen, die die Form, die Materie, die Wirkung und den Zweck eines Gegenstands betreffen, spielt in der Biologie die Finalursache die entscheidende Rolle, weil sie »den Begriff hergibt«, also das Wesen des Gegenstandes betrifft und damit in seine Definition eingeht. Durch die Annahme eigener Prinzipien für verschiedene Wissenschaften ergibt sich ein wissenschaftstheoretischer Antireduktionismus, der von einer Pluralität von Wissenschaften ausgeht.

6. Geringe Bedeutung des Experiments und der Quantifizierung
Im Vergleich zur Beobachtung kommt dem Experiment und der mathematischen Modellierung nur geringe Bedeutung zu (mit einigen Ausnahmen, z.B. in der Embryologie mit der Untersuchung der Hühnchenentwicklung im Ei).

Tab. 33. *Kennzeichen der wissenschaftlichen Tierkunde des Aristoteles, die diese von ihren Vorgängern oder der neuzeitlichen Wissenschaft unterscheiden.*

nichts als ein langweiliges Gemisch aus Gerüchten, unvollständigen Beobachtungen, Wunschdenken, und einer an Dummheit grenzenden Leichtgläubigkeit sehen (was sie allerdings nicht davon abhält, den Namen des Aristoteles als Werbeträger für ihr Buch

Biologie

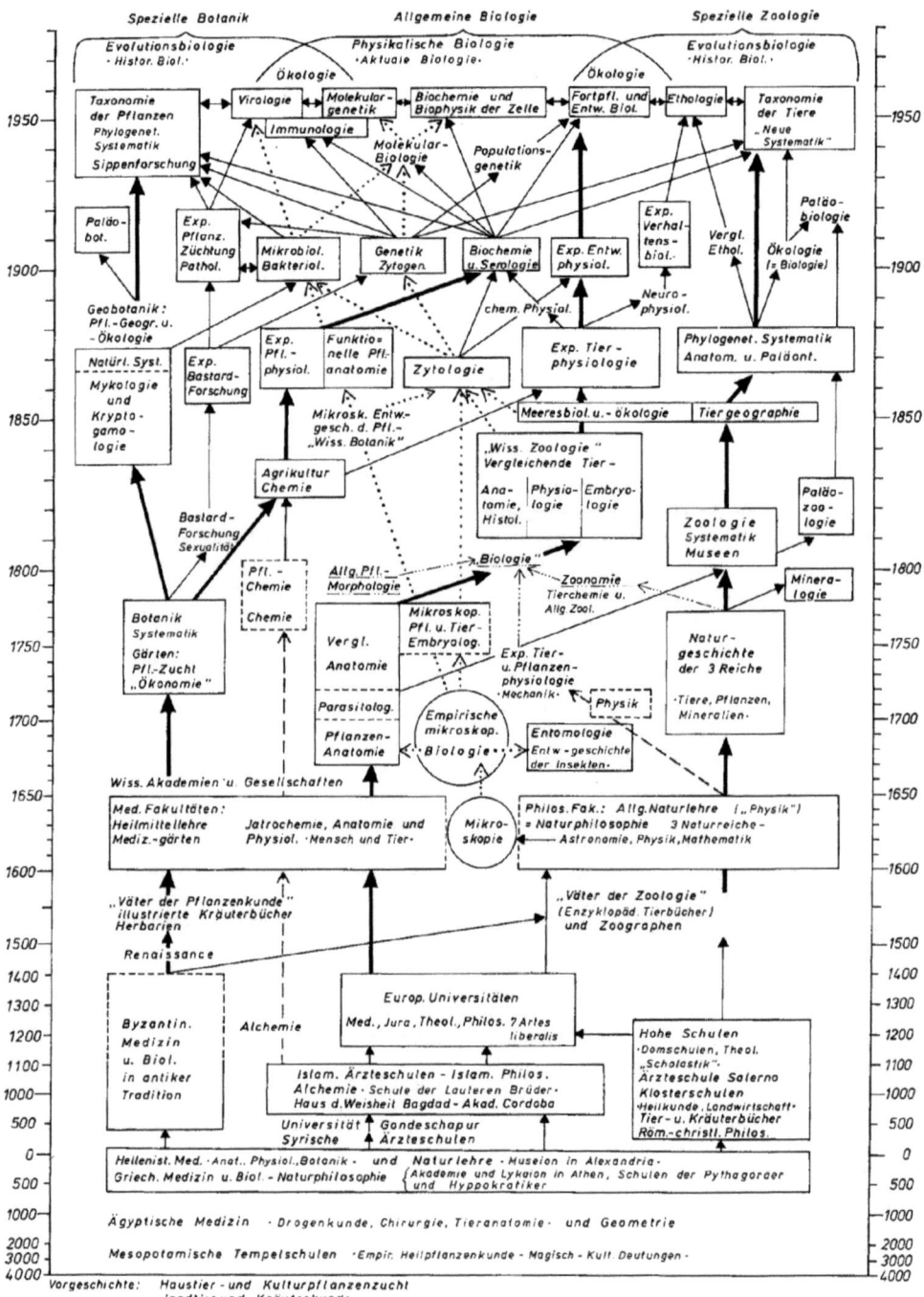

Abb. 54. Historische Entwicklung biologischer Forschungsrichtungen und der Zeitpunkt ihrer universitären Institutionalisierung (aus Jahn, I. (Hg.) (1982/98). Geschichte der Biologie: 25).

Paradigma	Hauptvertreter und Hauptwerke
16. Jahrhundert	
Beschreibende Enzyklopädistik	O. Brunfels (1532-37). *Contrafayt Kreüterbuch*
	C. Gesner (1551-58; 1587). *Historiae animalium*
Physiologie des Menschen	J. Fernel (1542). *Physiologiae libri VII*
Anatomie des Menschen	A. Vesal (1543). *De humani corporis fabrica*
Vergleichende Anatomie	V. Coiter (1575). *Diversorum animalium sceletorum explicationes*
Systematische Botanik	A. Cesalpin (1583). *De plantis*
17. Jahrhundert	
Embryologie	G. Fabricius (1621). *De formatione ovi et pulli*
Mechanistische Physiologie	W. Harvey (1628). *Excitatio anatomica de motu cordis et sanguinis*
	A. Borelli (1685). *De motu animalium*
Pflanzenanatomie	M. Malpighi (1675-79). *Anatomia plantarum*
	N. Grew (1682). *The Anatomy of Plants*
Pflanzensystematik	J. P. de Tournefort (1694). *Élémens de botanique*
18. Jahrhundert	
Vitalismus	G.E. Stahl (1708). *Theoria medica vera*
Experimentelle Physiologie	H. Boerhaave (1708). *Institutiones medicae*
	A. von Haller (1747). *Primae lineae physiologiae*
Systematik	C. von Linné (1735). *Systema naturae*
Naturgeschichte	G.L.L. Buffon (1749-89). *Histoire naturelle générale et particulière*
	C. de Bonnet (1762). *Considérations sur les corps organisés*
19. Jahrhundert	
Gewebelehre	X. Bichat (1802). *Anatomie générale*
Vergleichende Anatomie	G. Cuvier (1800-05). *Leçons d'anatomie comparée*
Biogeografie	A. von Humboldt (1808). *Ideen zu einer Physiognomik der Gewächse*
Deszendenztheorie	J.B. de Lamarck (1809). *Philosophie zoologique*
Theorie der Systematik	A.-P. de Candolle (1813). *Théorie élémentaire de la botanique*
Entwicklungsbiologie	K.E. von Baer (1828-37). *Über Entwickelungsgeschichte der Thiere*
Zellenlehre	T. Schwann (1839). *Mikroskopische Untersuchungen*
	M.J. Schleiden (1842-43). *Grundzüge der wissenschaftlichen Botanik*
Selektionstheorie	C. Darwin (1859). *On the Origin of Species*
	A.R. Wallace (1889). *Darwinism*
Züchtungsforschung	G. Mendel (1866). *Versuche über Pflanzen-Hybriden*
Physiologische Regulation	C. Bernard (1865). *Introduction à l'étude de la médecine expérimentale*
Zellteilung	E. Strasburger (1882). *Ueber den Theilungsvorgang der Zellkerne*
Entwicklungsmechanik	W. Roux (1885). *Beiträge zur Entwickelungsmechanik des Embryo*
Neodarwinismus	A. Weismann (1885). *Die Continuität des Keimplasma's*
20. Jahrhundert	
Genetik	W. Bateson (1902). *Mendel's Principles of Heredity*
	T.H. Morgan (1919). *The Physical Basis of Heredity*
Ökologie	E. Warming (1895). *Plantesamfund*
	C. Elton (1927). *Animal Ecology*
Synthet. Theorie der Evolution	R.A. Fisher (1930). *The Genetical Theory of Natural Selection*
	T. Dobzhansky (1937). *Genetics and the Origin of Species*
	E. Mayr (1942). *Systematics and the Origin of Species*
Systemtheorie	L. von Bertalanffy (1932-42). *Theoretische Biologie*
Vergl. Verhaltensforschung	K. Lorenz (1939). *Vergleichende Verhaltensforschung*
	N. Tinbergen (1951). *The Study of Instinct*
Soziobiologie	W.D. Hamilton (1964). *The genetical evolution of social behaviour*
Molekularbiologie	H. Krebs & W. Johnson (1937). *Citric acid in intermediate metabolism*
	J. Watson & F. Crick (1953). *Molecular structure for deoxyribonucleic acids*
	M. Nirenberg (1966). *The RNA code and protein synthesis*
Symbiogenese	L. Margulis (1970). *Origin of Eukaryotic Cells*

Tab. 34. Paradigmen und Hauptwerke in der Entwicklung der neuzeitlichen Biologie.

zu verwenden): »The biological works of Aristotle are a strange and generally speaking rather tiresome farrago of hearsay, imperfect observation, wishful thinking, and credulity amounting to downright gullibility. [...] Sometimes of course Aristotle is right; his writings were so voluminous he could hardly fail to be correct sometimes [...]. We do not believe that anyone who decides not to read the works of Aristotle the biologist will risk spiritual impoverishment«.[19]

Verschwinden von Aristoteles' Forschungsprogramm
Obwohl die aristotelischen Schriften in der Antike bekannt sind und geachtet werden, wird sein biologisches Forschungsprogramm, das auf eine systematische und theoretische Wissenschaft der Tiere gerichtet ist, doch nicht weiter verfolgt. Dieses Verschwinden gilt als ein »hellenistisches Mysterium« (Lennox 1995).[20] Allein Theophrast, ein unmittelbarer Schüler von Aristoteles, überträgt dessen Prinzipien auf das Studium der Pflanzen und wird damit zum Begründer der Botanik.

Alle späteren antiken Naturforscher, selbst Plinius und Galen, zeigen dagegen wenig Verständnis für die methodische Organisation des biologischen Wissens bei Aristoteles, etwa der Unterscheidung des *Wissens, dass* vom *Wissen, warum* oder der geforderten axiomatischen Ordnung des Wissens und der Betonung des syllogistischen Schlusses als Grundlage der systematischen Gestalt einer Wissenschaft. Die erste nacharistotelische Abhandlung der Biologie in diesem Sinne ist erst wieder die Schrift ›De animalibus‹ von Albertus Magnus aus dem 12. Jahrhundert.

Biologie in Mittelalter und Früher Neuzeit
Im Mittelalter und in der Frühen Neuzeit existiert keine Biologie im eigentlichen Sinne. Studien zu biologischen Sachverhalten werden nicht in einem einheitlichen methodischen und theoretischen Rahmen durchgeführt, sondern erfolgen getrennt nach verschiedenen Gegenständen und Fragestellungen. So steht die Botanik (↑Pflanze) weitgehend isoliert von der Zoologie (↑Tier), und die ↑Anatomie und ↑Morphologie werden noch nicht mit durchgehendem Bezug zur ↑Physiologie (oder gar ↑Evolutionsbiologie) betrieben.

Auch die methodische Eigenständigkeit und systematische Unterschiedenheit biologischer Ansätze gegenüber solchen der Physik wird erst im 18. Jahrhundert herausgearbeitet. Insbesondere der in der Naturphilosophie der Frühen Neuzeit dominante monistische Standpunkt des mechanistischen Paradigmas erschwert die Herausbildung der Biologie als eigenständiger Wissenschaft. Denn die mechanistischen Theorien des Lebens sind dadurch gekennzeichnet, dass in ihnen das Leben als eine Erscheinungsform der Materie verstanden wird, die durch keine anderen Prinzipien erkannt wird als die unbelebte Materie. Die Ergebnisse dieses mechanistischen Ansatzes leisten damit einen entscheidenden Beitrag zur Integration der Analyse der Lebensphänomene in die Naturwissenschaft, ja von mechanistischer Seite kann der Beginn der wissenschaftlichen Biologie mit dem Anfang der Betrachtung des Organismus mit physikalischen Augen angesetzt werden. Dementsprechend kann die quantifizierende Betrachtung des Organismus als der eigentliche Schritt zur naturwissenschaftlichen Biologie verstanden werden. Diesen Schritt nimmt W. Harvey, der »Galilei der modernen Biologie«[21], in seinen Untersuchungen des Blutkreislaufs von 1628 (↑Physiologie; Kreislauf). Anderen gelten dagegen erst die Arbeiten von A.L. de Lavoisier und P.S. de Laplace über die qualitative und quantitative Identität der Wärme in einem tierischen Körper und in der Verbrennung einer Kerze bzw. die von A. Seguin und Lavoisier über die Natur der Respiration am Ende des 18. Jahrhunderts als Initialzündung der Biologie.[22] In beiden Fällen ist es eine eigentlich physikalische Betrachtung der Organismen, die an den Anfang der Biologie gestellt wird. Mit dem Ende des 18. Jahrhunderts bildet sich dagegen bei Naturforschern und Philosophen ein Bewusstsein von der methodischen Eigenart der Biologie heraus, das diese zu einer eigenständigen Wissenschaft macht.

›Biologie‹ um 1800
Häufig wird die Auffassung vertreten, der Ursprung des Wortes ›Biologie‹ stehe im Zusammenhang mit der Abwendung von der klassifikatorisch verfahrenden beschreibenden Naturgeschichte des 18. Jahrhunderts und markiere den Beginn einer auf Erklärung abzielenden Theorie des Lebens. Tatsächlich wird das Wort ›Biologie‹ an der Wende des 18. zum 19. Jahrhundert mehrfach, z.T. in exponierter Weise verwendet. Vier Autoren sind in diesem Zusammenhang von Bedeutung (vgl. Tab. 35):

T.G.A. Roose, ein Schüler Blumenbachs, gebraucht den Ausdruck beiläufig in seiner Schrift ›Grundzüge der Lehre von der Lebenskraft‹ von 1797.[23] Danach findet es sich 1800 bei C.F. Burdach im Sinne einer allgemeinen »Lebenslehre«, die die medizinischen Aspekte des Menschen betrifft.[24] An exponierter Stelle erscheint es erstmals 1802 bei dem Bremer Mediziner G.R. Treviranus als Titel eines mehrbändigen Werkes. Die Gegenstände der Biologie oder »Lebenslehre« sind nach Treviranus »die verschiedenen Formen und Erscheinungen des Lebens [...], die

Bedingungen und Gesetze, unter welchen dieser Zustand statt findet, und die Ursachen, wodurch derselbe bewirkt wird«[25]. Im gleichen Jahr verwendet J.B. de Lamarck den Ausdruck in seiner ›Hydrogéologie‹, in der er die Physik der Erde in drei Teile einteilt: die Meteorologie, die Hydrogeologie und die Biologie, wobei er die Biologie bestimmt als die Theorie der lebenden Körper (»la théorie des corps vivans«[26]). In einer späteren unveröffentlichten Schrift definiert Lamarck die Biologie als Lehre vom Ursprung, der Entwicklung, der Vielfalt und der Funktionen der Lebewesen (»Rechercher quelle est l'origine des Corps vivans et quelles sont les Causes principales de la diversité de ces corps, des développement de leur organisation et de leurs facultés«).[27] Die Einführung des Ausdrucks ›Biologie‹ durch Lamarck hängt mit seiner Bestimmung der Lebewesen als organisierte Systeme zusammen (↑Organisation); im Hinblick auf ihre Organisiertheit gelten die Pflanzen und Tiere als unterschieden von der leblosen Materie. Lamarck ist der Ansicht, ihnen kämen Merkmale zu, die ihnen exklusiv eigen seien (»exclusivement propres«); es bestehe dagegen ein extremer Unterschied (»extrême différence«) zwischen den Pflanzen und Tieren auf der einen Seite und den leblosen Körpern auf der anderen Seite.[28] Mit Lamarck wird daher die noch für Linné bestimmende traditionelle Einteilung der Natur in drei Reiche (Mineralien, Pflanzen und Steine) aufgegeben und statt dessen eine Zweiteilung in den Zweig der Lebewesen auf der einen Seite und der leblosen Körper auf der anderen Seite vorgenommen. Für Lamarck ist diese Zweiteilung so grundlegend, dass er später vorschlägt, den Terminus ›Natur‹ allein auf die lebendigen Wesen zu beziehen und die leblosen physikalischen Körper als ›Universum‹ zusammenzufassen.[29]

Ursprung der Biologie um 1800?
Nach einer verbreiteten These der Historiografie der Biologie entstand die Biologie als einheitlicher Theoriebereich überhaupt erst um 1800 (Sonntag 1991: »Vor dem späten 18. Jahrhundert gibt es keine Biologie«[30]). Erst zu dieser Zeit wurden nach dieser These die Gemeinsamkeiten zwischen Pflanzen und Tieren so klar gesehen, dass sie als ein einheitlicher Bereich der Natur konzipiert wurden (wie von Lamarck). So heißt es 1966 bei M. Foucault: »Bis zum Ende des achtzehnten Jahrhunderts existiert in der Tat das Leben nicht, sondern lediglich Lebewesen. Diese bilden eine oder vielmehr mehrere Klassen in der Folge aller Dinge auf der Welt«.[31] Begriffsgeschichtlich lässt sich die These insoweit stützen, als neben ›Biologie‹ auch noch zahlreiche andere zentrale biologische

»De rebus viventibus« (Hanov 1766, 463).

»Lehre von der Lebenskraft« (Roose 1796, Titel; III).

»Lebenslehre des Menschen« (Burdach 1800, 62).

»[L'étude des questions] qui appartiennent à l'origine et aux développement d'organisation des corps vivans«; »la théorie […] des corps vivans« (Lamarck 1801-02, 8).

»[D]ie Lehre von der lebenden Natur«; »Die Gegenstände unserer Nachforschungen werden die verschiedenen Formen und Erscheinungen des Lebens seyn, die Bedingungen und Gesetze, unter welchen dieser Zustand statt findet, und die Ursachen, wodurch derselbe bewirkt wird« (Treviranus 1802, 4).

Tab. 35. Frühe Verwendungen und Bestimmungen des Ausdrucks ›Biologie‹.

Konzepte in dieser Zeit eine theoretische Konsolidierung erfahren haben, so etwa die Begriffe des ↑*Organismus* oder der ↑*Entwicklung*, die gleichermaßen auf Pflanzen und Tiere bezogen werden. Um 1800 vollzieht sich damit eine Verbindung von mehreren bis dahin weitgehend getrennt verlaufenden Forschungsgebieten, z.B. der *Botanik* und *Zoologie*, oder auch der beschreibenden und klassifizierenden *Naturgeschichte* und der auf die Analyse der Funktionen des individuellen Organismus ausgerichteten *Physiologie*.

Mit diesen Verbindungen wächst auch das Bewusstsein von der theoretischen und methodischen Einheitlichkeit des biologischen Wissensfeldes. Die Biologie tritt um 1800 als eigenständige Disziplin auf, insofern sie ihr Wissen als Einheit ausweisen kann und gegen die anderen Wissenschaften abzugrenzen vermag. Sie entwickelt dazu ein Wissen zweiter Ordnung, eine Methodologie, welche Grundsätze über den Zusammenhalt und den weiteren Erwerb des biologischen Wissens enthält. Die Auszeichnung der teleologischen Perspektive (mittels des Konzepts der ↑Organisation) als einer für die Biologie legitimen und fundamentalen Fragerichtung spielt dabei eine wichtige Rolle (↑Zweckmäßigkeit). Biologisches Wissen ist in diesem Sinne noch nicht die isolierte und vereinzelte Kenntnis von biologischen Sachverhalten, wie z.B. das Wissen um das Vorhandensein und den Mechanismus des Blutkreislaufs im 17. Jahrhundert. Vielmehr macht erst die systematische Geschlossenheit und Integrität des Wissens es zu einem besonderen wissenschaftlichen Wissen. Weil diese Integration des biologischen Wissens, insbesondere die Vereinigung von Botanik und Zoologie, in einer einheitlichen Lehre des Organismus – und dessen Feinbau aus *Zellen* und Entstehung in der *Evolution* – eigentlich erst im 19. Jahrhundert erfolgt, kann nach Auffassung vieler Biologiehistoriker erst seit diesem Jahrhundert von der ›Biologie‹ im eigentlichen Sinne gesprochen werden.[32] Nach W. Lepenies erfolgt um 1800 der »Übergang von einer Wissenschaft der Lebewesen zu einer Wissenschaft des Lebens«; und dieser Übergang werde terminologisch durch die Einführung des Ausdrucks ›Biologie‹ markiert.[33]

Nach einer anderen Auffassung steht die Etablierung des Ausdrucks ›Biologie‹ in einem der heutigen Bedeutung verwandten Sinn um 1800 dagegen nicht mit der disziplinären Konsolidierung der Biologie in Verbindung, sondern stellt allein eine seit den ersten Jahrzehnten des 20. Jahrhunderts erfolgende retrospektive historiografische Konstruktion im Sinne einer Selbstvergewisserung der eigenen Vorgeschichte dar.[34]

Gegen eine solche Sicht spricht allerdings, dass man sich gerade in der Zeit um 1800 verstärkt um eine begriffliche Fassung der Abgrenzung des Lebendigen vom Leblosen in der Natur bemüht. Nicht zuletzt Kants Exposition des Organismusbegriffs von 1790, die von vielen zeitgenössischen Biologen rezipiert wird, trägt zur Konstituierung einer Wissenschaft bei, die sich ihres einheitlichen Gegenstandes bewusst ist. Wird also der Begriff des Organismus als der grundlegende biologische Begriff verstanden und folgt man der Einschätzung, dass dieser Begriff gerade Ende des 18. Jahrhunderts eine entscheidende Exposition und Explikation erfährt, dann ist diese Zeit zumindest für die konzeptionelle Etablierung der Wissenschaft der Biologie als entscheidend anzusehen.

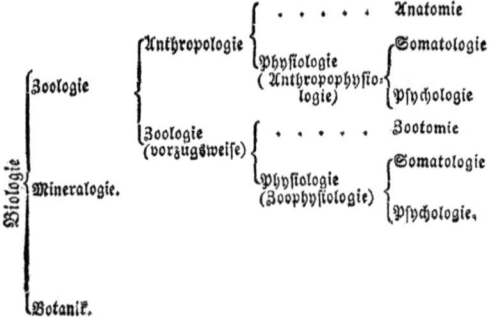

Abb. 55. Eine frühe Einteilung der Biologie in Subdisziplinen (aus Berthold, A.A. (1829). Lehrbuch der Physiologie des Menschen und der Thiere, Theil 1: 5).

Erste Hälfte des 19. Jh.
Die Etablierung der Biologie als neuer einheitlicher Wissenschaftszweig vollzieht sich allerdings langsam und nicht als plötzlicher revolutionärer Umschlag. Von den romantischen Naturphilosophen wird er in den ersten Jahren des 19. Jahrhunderts – analog zum Begriff des ↑Lebens – nicht selten auf die gesamte Natur ausgeweitet. »Es giebt kein anderes Seyn, als das Leben«, wie es J.G. Fichte 1806 formuliert[35] – die Biologie kann damit als eine umfassende Seinslehre konzipiert werden. L. Oken definiert in seinem ›Abriss des Systems der Biologie‹ (1805) die Biologie zwar als »die Naturphilosophie der organisirten Leiber«, da die »organische Welt« aber ein »Abbild« der unorganischen sei, müssten in einer Darstellung der Biologie auch die anorganischen Verhältnisse enthalten sein.[36] Der Ausdruck ›Biologie‹ verbreitet sich jedoch insgesamt erst allmählich in den ersten Jahrzehnten des 19. Jahrhunderts. Bis Ende der 1820er Jahre entstehen nur wenige Abhandlungen, in denen das Wort erscheint (z.B. Pierer 1816[37]; Fodéra 1826[38]; Berthold 1829; vgl. Abb. 55). Nicht selten bezeichnet ›Biologie‹ dabei auch nicht die vollständige Lebenslehre, sondern nur einen Aspekt von ihr. So gliedert F.F. Runge die Lehre der Pflanzen oder »Phytologie«, wie er sie nennt, (↑Pflanze) in die drei Teile der »Wissenschaft vom pflanzlichen Leben: Phyto-Biologie«, der »Wissenschaft vom pflanzlichen Stoff: Phyto-Stöchiologie« und der »Wissenschaft von der pflanzlichen Form: Phyto-Morphologie«.[39] Später in seinem Werk identifiziert Runge die Phyto-Biologie mit der »Phytophysiologie«.[40]

Zu allgemeiner Verbreitung findet der Ausdruck erst durch A. Comtes System der positiven Philosophie (1838), in dem die Biologie – das Wort übernimmt Comte von D. de Blainville (s.u.) – den Bereich zwischen natürlicher und sozialer Physik (= Soziologie) markiert.[41] Die vorzüglichste biologische Methode ist nach Comte der vergleichende Ansatz; der Begriff des Lebens wird über das Verhältnis des Organismus zu seiner ↑Umwelt bestimmt. Endgültig verankert wird der Ausdruck ›Biologie‹ im Französischen durch die von C. Robin 1849 erfolgte Gründung der französischen ›Gesellschaft für Biologie‹ (»Société de Biologie«).[42]

Biologie als Ökologie
Allerdings wird bis zum Ende des 19. Jahrhunderts unter ›Biologie‹ nicht immer die umfassende Lehre des Lebens im heutigen Sinne verstanden. So bestimmt D. de Blainville bereits 1829 die *Zoobiologie* (»zoobiologie«) als Lehre von den organischen Prozessen, die als Reaktion aufgrund äußerer Einflüsse

auf die Organismen erfolgen (»par suite de l'influence exercée sur eux par le monde extérieur«), und grenzt sie von fünf weiteren Unterdisziplinen der Zoologie ab, nämlich der Taxonomie (»zootaxie«), Anatomie (»zootomie«), Ethologie (»zooéthique«), Tierheilkunde (»zooiatrie«) sowie Tierhaltung und -zucht (»zoonomique«).[43] Andererseits plädiert Blainville aber auch dafür, den Ausdruck ›Biologie‹ an Stelle von ›Physiologie‹ für eine allgemeine Lehre des Lebens (»science de la vie«) zu verwenden und sieht als ihren Gegenstand die Phänomene des Lebens in ihrer Erzeugung und Beziehung zu der (inneren) Organisation und den äußeren Umständen.[44] Entgegen diesem Vorschlag gebraucht Blainville aber, der älteren Tradition gemäß, im Titel seines Werks nicht den Ausdruck ›Biologie‹, sondern die Formulierung ›allgemeine Physiologie‹ (»physiologie générale«).

In eine ähnliche Richtung weist die Einengung der Bedeutung des Wortes ›Biologie‹, die der Botaniker F. Delpino 1867 vorschlägt, indem er das damit Bezeichnete als eine besondere Disziplin der Lebenswissenschaften versteht, die neben den Disziplinen der Morphologie, Physiologie und Systematik steht. Delpino identifiziert die Biologie weitgehend mit Haeckels *Ökologie*.[45] Von anderen Botanikern wird diese Begriffsverwendung Delpinos übernommen.[46] Auch der Zoologe G. Jaeger verfügt 1871 über einen eingeschränkten Biologiebegriff, wenn er die Biologie eine »äussere Physiologie« nennt und damit die »Lehre von den Beziehungen des einzelnen Thieres zur Aussenwelt« bezeichnet, die er neben die innere Physiologie, die Psychologie, die Morphologie und die Morphogenie stellt.[47] Im sachlichen Anschluss daran ist später die Ethologie mit der Biologie identifiziert worden, so z.B. 1898 von F. Dahl. Nach Dahl hat die Biologie im Sinne einer Ethologie mit den »Lebensgewohnheiten« der Tiere, insbesondere mit ihrem »Verhältnis zu den äußeren Lebensbedingungen« zu tun.[48] Analog dazu versteht im Jahr 1901 E. Wasmann die Biologie »im engeren Sinne« als die »Lehre von der äußeren Lebensweise der Organismen«[49] und definiert: »Die Biologie ist die Lehre von den äußeren Lebensthätigkeiten, die den Organismen als Individuen zukommen, und die zugleich auch ihr Verhältnis zu den übrigen Organismen und zu den anorganischen Existenzbedingungen regeln«[50].

Heute findet sich diese eingeschränkte Bedeutung des Ausdrucks ›Biologie‹ noch vereinzelt, wenn von der »Biologie einer Art« gesprochen wird und damit die Lebensweise der Organismen und deren Einbindung in ein Ökosystem bezeichnet wird.[51] Der integrative Biologiebegriff, der alle Aspekte der Lebewesen umfasst, ist aber auch schon Ende des 19. Jahrhunderts

verbreitet. So schlägt der Morphologe C. Gegenbaur 1876 vor, ›Biologie‹ als Oberbegriff für die Disziplinen der Morphologie und Physiologie zu verwenden.[52] Dieses Verständnis des Begriffs im »umfassendsten Sinne« setzt sich als dominante Bedeutung durch: Haeckel empfiehlt 1890, als ›Biologie‹ die »gesammte organische Naturwissenschaft, im Gegensatz zur anorganischen, der Abiologie« zu bezeichnen.[53]

Organisation
Die grundlegenden Gegenstände der Biologie, die Lebewesen, sind organisierte Systeme, also Einheiten aus wechselseitig voneinander abhängigen Teilen.

Regulation
Organismen sind dynamische Systeme, die Mechanismen zu ihrer eigenen Erhaltung aufweisen (Regelungs- und Steuerungseinheiten).

Offenheit
Organismen und biologische Gegenstände auf anderen Hierarchieebenen (z.B. Ökosysteme) sind offene Systeme, die zu ihrer Erhaltung auf die Aufnahme von Energie und den Austausch von Stoffen angewiesen sind.

Historizität
Organismen stehen in einem Verhältnis der Abstammung zueinander. Im Regelfall folgt auch die biologische Bildung von Klassen dieser Gegenstände solchen Eigenschaften, die sich aus ihrer jeweiligen Geschichte ergeben (die Artzugehörigkeit folgt z.B. dem direkten historischen Kriterium des Deszendenzzusammenhangs oder dem indirekt historischen Kriterium der Gemeinsamkeit von kontingenten tradierten Eigenschaften).

Individualität
Aufgrund ihrer Komplexität bilden die biologischen Gegenstände keine homogenen Klassen, sondern sind durch Einzigartigkeit und damit nur begrenzte Vergleichbarkeit gekennzeichnet.

Modularität
Die Körper von Organismen sind aus einer begrenzten Anzahl von Grundbausteinen aufgebaut, die in struktureller Variation und hierarchischer Ordnung eingesetzt werden (z.B. Nukleotide der DNA, Aminosäuren der Proteine, Zell- und Gewebstypen, Segmente der Arthropoden, Wirbel der Wirbeltiere).

Diversität
Die biologischen Gegenstände lassen sich in eine sehr große Menge von Ähnlichkeitsklassen (Arten) gliedern: Im Gegensatz zu den nur etwa 10^3 Objektklassen der Physik weist die Biologie in der Größenordnung von 10^{10} Objektklassen auf (geschätzte Anzahl der Arten in der Erdgeschichte).

Tab. 36. Zentrale Konzepte zur Analyse der Gegenstände der Biologie, die ihrer Abgrenzung von der Physik zugrunde liegen.

Bis zum Ende des 19. Jahrhunderts steht der Ausdruck ›Biologie‹ selten an zentraler Stelle zur Bezeichnung einer naturwissenschaftlichen Lehre des Lebens. Viele Biologen verwenden ihn nur sehr sporadisch. C. Darwin etwa gebraucht ihn erst nach dem Erscheinen von Spencers ›Principles of Biology‹ (1864-67) in seinen Schriften ab 1868[54] – zu einem regelmäßigen Terminus entwickelt er sich bei Darwin aber nicht.

»Autonomie« der Biologie?
Die Erfolge der Physiologie in der kausalen Erklärung der Lebenserscheinungen in der zweiten Hälfte des 19. Jahrhunderts führen zur Dominanz des mechanistischen Paradigmas und der endgültigen Ablösung von Lehren der Lebenskraft und besonderer vitalistischer Prinzipien. Besonders deutlich zeigt sich die mechanistische Grundeinstellung bei dem französischen Physiologen C. Bernard, der sich mit seiner Meinung in der Nachfolge von Descartes, Leibniz und Lavoisier sieht. Bernard ist der Auffassung, es gebe nur einen Mechanismus in der Natur, dem auch die biologischen Prozesse unterliegen würden: »[I]l n'y a au monde qu'une seule mécanique, une seule physique, une seule chimie, communes à tous les êtres de la nature. Il n'y a donc pas deux ordres des sciences«.[55] Biologie und Physik liegen nach Bernard die gleichen Prinzipien und Methoden der Erkenntnis zugrunde; die Unterschiede seien lediglich auf Grade der Komplexität zurückzuführen: »Les sciences des corps vivants et celles des corps bruts ont pour base les mêmes principes et pour moyens d'études les mêmes méthodes d'investigation«.[56] Auch C.S. Peirce ordnet in seiner Klassifikation der Wissenschaften von 1904 die Biologie zusammen mit der Chemie und Kristallografie der Physik unter, genauer der »klassifizierenden Physik«, die er wiederum neben die »nomologische« und die »deskriptive Physik« stellt.[57]

In dem mechanistischen Programm zur Erforschung des Lebens geht es nicht mehr um die Erkenntnis eines einheitlichen »Prinzips des Lebens« oder einer vitalistischen Grundkraft, sondern schlicht um die Mechanismen, die sich an lebenden Körpern zeigen. Das, was das Leben ausmacht, verdankt sich diesem Forschungsprogramm zufolge nicht einer spezifischen *Ursache*, sondern stellt eine *Wirkung* dar, die sich aus dem besonderen Zusammenspiel der für alle Materie gültigen Kräfte ergibt. Nur die Pluralität dieser Einzelkräfte steht der empirischen Untersuchung offen. Die Einheitlichkeit des Lebens muss also in der wissenschaftlichen Analyse in eine Vielfalt von Kräften aufgelöst werden.

Nur an der Wende des 19. zum 20. Jahrhundert wird diese generelle Tendenz des biologischen Forschungsprogramms durch eine kurze Renaissance des ↑Vitalismus überlagert. Besonders H. Driesch propagiert dabei die »Autonomie« der Biologie als »selbständige Grundwissenschaft«[58] auf der Grundlage des Postulats einer besonderen außerphysikalischen Kraft der Lebewesen.

Nicht dieses Postulat, aber die Rede von der »Autonomie der Biologie« und der Versuch, sie zu begründen, haben sich bis in die Gegenwart erhalten.[59] Die Wege zu diesem Ziel unterscheiden sich erheblich. Die funktionale Sprache der Biologie (↑Funktion; Zweckmäßigkeit), die Geschichtlichkeit des Lebens (↑Phylogenese) oder die besonderen Gesetze, die sich in der Evolutionstheorie formulieren lassen (↑Evolution; Selektion) werden als Grund für die Selbständigkeit der Biologie gegenüber der Physik angeführt. Auch die reine Komplexität der biologischen Gegenstände rechtfertigt in der Ansicht einiger Autoren die wissenschaftliche Eigenständigkeit der Biologie. So ist A. Rosenberg der Auffassung, die Biologie stelle eine »instrumentelle« Wissenschaft dar, weil wir angesichts der Komplexität des Gegenstandes nur heuristische Modelle mit begrenzter Anwendbarkeit geben könnten, die dahinter liegenden grundlegenden Gesetze aber – anders als in der Physik – nicht erkennen könnten: »the level of complexity becomes so great that creatures of our cognitive and computational abilities cannot move from models and approximations to the nomological generalizations governing the biological processes«[60]. Als ein Grund der Komplexität der biologischen Gegenstände führt Rosenberg die »Blindheit« der Selektion für Strukturen an. Es seien die Effekte und Funktionen, für die eine Struktur selektiert werde. Die gleiche Wirkung könne aber durch vielfältige Strukturen verwirklicht werden: »above the level of the molecule, nature isn't simple anymore, and it isn't simple because of the blindness to structural differences of selection for functions«[61] (↑Diversität). Weil die Selektion auf Funktionen ausgerichtet ist, lassen sich allein funktionale Verallgemeinerungen aussagen – etwa in dem allgemeinen Satz: alle Organismen sind auf Selbsterhaltung und Fortpflanzung ausgerichtet (↑Funktion) – Gesetze über Strukturen lassen sich aber nicht formulieren.

Die methodologische »Autonomie« der Biologie beruht nach Auffassung vieler Philosophen der Biologie aus der zweiten Hälfte des 20. Jahrhunderts wesentlich darauf, dass die biologischen Systematisierungen und Erklärungen häufig unabhängig von den Details physikalischer Erklärungen sind[62]: »Biological categories allow us to recognize similarities between physically distinct systems« (Sober 1993).⁶³ Für jedes einzelne biologische Ereignis lässt sich zwar eine physikalische Beschreibung und Erklärung geben (ontologischer Monismus); die Zusammenfassung dieser Ereignisse zu einer einheitlichen Klasse erfolgt aber nicht mittels physikalischer Konzepte (methodologischer Pluralismus). So fassen die meisten funktionalen Kategorien Ereignisse zu einer einheitlichen Kategorie zusammen, die in physikalischer Beschreibung nichts miteinander gemeinsam haben, z.B. in physikalischer Hinsicht höchst heterogene Ereignisse zu den Kategorien der Nahrungsaufnahme, des Schutzes oder der Brutpflege.⁶⁴

Die biologischen Beschreibungen von Gegenständen und Prozessen sind somit nicht in einfacher Weise auf physikalische Beschreibungen abzubilden. Besonders deutlich wird dies daran, dass für die biologische Beschreibung eines Prozesses als eine Einheit die physikalischen Erhaltungssätze nicht gelten müssen. In einer Formulierung von U. Krohs gesprochen, ist es für biologische Theorien charakteristisch, *zweisortige Theorieelemente* zu enthalten, nämlich einerseits solche, für die die Erhaltungssätze gelten und andererseits solche, für die sie nicht gelten. In dem in biologischer Beschreibung einheitlichen Prozess der Signalübertragung können beispielsweise die Signale und Informationseinheiten sehr unterschiedlich physikalisch realisiert sein; ihre Umwandlungen müssen daher nicht den physikalischen Erhaltungssätzen unterliegen.⁶⁵ Es gibt also in der physikalischen Betrachtung kein konstantes Korrelat für ein biologisch einheitliches Signal. Allein in einem abstrakten biologischen Modell, eben der Beschreibung des Prozesses als ›Signalübertragung‹, bleibt eine Entität über alle physikalischen Umwandlungen hinweg als identische erhalten (als ›Signal‹ oder ↑›Information‹).

Biologie als Natur- und Geschichtswissenschaft
Mit der Anerkennung von Darwins Evolutionstheorie gewinnt die historische Perspektive eine grundlegende Bedeutung für die Biologie, die in allen Fragen eine relevante Dimension darstellt. T. Dobzhansky fasst diese Einsicht 1964 in die bekannte Feststellung, in der Biologie mache nichts Sinn, wenn es nicht im Lichte der Evolution betrachtet werde (↑Evolution).⁶⁶ Bereits in der unmittelbaren Nachfolge Darwins wird die methodische Relevanz seiner Theorie erkannt. So bezeichnet E. Haeckel die Biologie 1877 als ›Historische Naturwissenschaft‹.⁶⁷ Haeckel versteht diese Bezeichnung ebenso wie den alten Ausdruck ›Naturgeschichte‹ als »Ehrentitel«,

1. Begriffe
Evolution, Organismus, Selbstorganisation, Regulation (Regelkreis), Gleichgewicht, Ganzheit, Individualität, Modularität, Hierarchie, Teleologie

2. Methoden
Systemanalyse: Dekomponierung eines komplexen Systems in Subsysteme

Komparative Methoden: Vergleichende Anatomie, Vergleichende Verhaltensforschung etc.

Genetisch-evolutionäre Methoden: Erklärung komplexer Systeme aus ihrer unmittelbaren und ihrer lange zurückliegenden Geschichte

Selektionserklärungen: Erklärung der Entstehung und Erhaltung komplexer Systeme ohne Annahme einer Gestaltung von außen und Intentionalität

Synergiemodelle: Erklärung komplexer Strukturen durch Interaktionen, Rückkopplungen und Emergenzen

Ökologisches Denken: Kontextualisierung von Entitäten und Prozessen

3. Forschungspraxis
Kooperation hochspezialisierter Arbeitsgruppen
Nutzung aller Nachbardisziplinen als Hilfswissenschaften

4. Soziale Relevanz
Evolutionstheorie für das menschliche Selbstverständnis
Ökologie zur nachhaltigen Wirtschaft in der Biosphäre
Genetik und Biomedizin zur Heilung von Krankheiten und Steigerung der physiologischen Effizienz (»Enhancement«)

Tab. 37. Die Biologie als »Leitwissenschaft«: Begriffe, Methoden und Forschungspraktiken mit großer Strahlkraft in andere Disziplinen sowie die große soziale Relevanz biologischer Forschung.

denn er ist der Überzeugung: »das wissenschaftliche Verständniss der organischen Formen gewinnen wir nur durch ihre Entwickelungsgeschichte«.⁶⁸

Ende des 19. Jahrhunderts erfährt die Gegenüberstellung der auf generalisierende Erkenntnis gerichteten *Naturwissenschaft* und der an individuellen Beschreibungen orientierten *Geisteswissenschaften* eine besondere Schärfung im Rahmen des Neukantianismus. Aufgrund ihrer anerkannten historischen Dimension lässt sich die Biologie in dieser Gegenüberstellung nicht eindeutig verorten; sie weist Bezüge zu beiden Seiten auf, wie insbesondere der Neukantianer H. Rickert in seinem Werk über ›Die Grenzen der naturwissenschaftlichen Begriffsbildung‹ (1896-1902/1929) feststellt: »Unter logischen Gesichtspunkten müssen wir [...] zwischen historischer und naturwissenschaftlicher Biologie so unterscheiden, daß die eine den einmaligen Entwicklungsgang der Lebewesen individualisierend, die andere das biologische Material überhaupt generalisierend behandelt«.[69] Weil die naturwissenschaftliche Biologie nach Rickert auf die historische Methode zu verzichten hat, d.h. von der einmaligen Entwicklungsgeschichte des Lebens abstrahieren muss, um die allgemeinen Prinzipien und Gesetze des Lebendigen formulieren zu können, plädiert Rickert dafür, die Erforschung der organischen Stammbäume nicht der naturwissenschaftlichen Biologie, sondern methodisch der Biologie als Geschichtswissenschaft zuzuordnen. Denn es gehe dabei um »einen einmaligen Werdegang in seiner Individualität«[70] und die individualisierende Begriffsbildung sei Sache der Geschichtswissenschaft. An anderer Stelle nennt Rickert die »stammesgeschichtliche Biologie« aber auch eine »historische oder individualisierende Naturwissenschaft«.[71]

Von anderen neukantianischen Autoren wird nicht nur in den biologischen Darstellungen der stammesgeschichtlichen Entwicklung, sondern auch bereits in dem Organismusbegriff ein Bezug zu individualisierender und wertbezogener, und damit nicht mehr im engeren Sinne naturwissenschaftlichen Begriffsbildung gesehen. Ähnlich wie Rickert sieht es sein Kollege R. Kroner, wobei er nicht nur die stammesgeschichtliche Entwicklung der Lebewesen im Blick hat, sondern auch bereits zum Verständnis eines einzelnen Organismus die historische Perspektive für unumgänglich hält. Er stellt in seiner Abhandlung über ›Das Problem der historischen Biologie‹ 1919 fest, »daß die Naturwissenschaft, sobald sie ihr Augenmerk auf das Lebendige richtet, gezwungen wird, über die engeren Grenzen ihrer [generalisierenden] Begriffsbildung hinauszugehen und sich dem historischen Denken um einen großen Schritt zu nähern: die historische Individualität und Einmaligkeit findet nicht nur im Sinne der Besonderheit, sondern auch in dem der Werthaftigkeit, Unzerteilbarkeit und Originalität [eines Organismus] ihr Analogon im Gebiete der Biologie«.[72] Auch der Allgemeinbegriff der ↑Art – »das spezifisch biologische Prinzip der Gesetzmäßigkeit« und »sozusagen ein abstrakter Organismus« – werde durch die deszendenztheoretische Vorstellung einer »Abstammung der Arten« wiederum als Konzept zur Bezeichnung einer historischen und individuellen Einheit betrachtet.[73]

Seit den 1920er Jahren wird die historische Dimension der Biologie über die Schlagworte der *Geschichtlichkeit* (Schaxel 1922)[74] oder *Historizität* (Ballauff 1949)[75] auf den Begriff gebracht – Ausdrü-

cke, die ursprünglich zur Kennzeichnung der Welt des Menschen im Gegensatz zur Konstitution der nicht-menschlichen Natur verwendet wurden (↑Evolution).

Es gibt allerdings auch kritische Stimmen, die sich gegen die Auffassung wenden, die methodische Eigenständigkeit der Biologie habe wesentlich mit der Historizität ihrer Gegenstände zu tun. Seit den 1920er Jahren wird besonders ausgehend von der Gestalttheorie und der späteren Systemtheorie des Organischen (↑Ganzheit) für eine Eigenständigkeit jenseits der Historizität argumentiert. So urteilt R. Ehrenberg 1923:»Man muß sich einmal das Absonderliche dieser Einstellung klarmachen: der Anspruch, daß Biologie eine Wissenschaft sui generis sei, daß es spezifisch-biologische Gesetzmäßigkeit gebe, soll sich nicht auf ein aller Lebens*wirklichkeit* Gemeinsames gründen, sondern auf die Konstruktion einer *Geschichte* des Lebens auf der Erde.«[76]

Von den meisten Biologen wird ihre Disziplin heute als reine Naturwissenschaft verstanden. Einige erkennen aber an, dass die Biologie methodische Elemente auch einer Geschichtswissenschaft enthält, insofern sie Strukturen von Organismen aus ihrer einmaligen Geschichte erklärt. Ausdrücklich konstatiert dies D.G. Homberger 1998: »Die Biologie ist […] eine Wissenschaft, die Forschungsobjekte und Methoden sowohl der Naturwissenschaften als auch der Geschichtswissenschaften in sich vereinigt«.[77] Die Biologie könne daher als »Brückenwissenschaft zwischen Natur- und Geisteswissenschaften« fungieren.[78]

Einheit der Biologie?
Im 20. Jahrhundert differenzieren sich weitere Zweige der Biologie heraus, die nicht immer mit starker Verbindung nebeneinander bestehen. Nicht nur hinsichtlich ihres Gegenstandes, sondern v.a. hinsichtlich ihrer Arbeitsmethoden und Forschungspraxen unterscheiden sich insbesondere die naturhistorisch orientierten Fächer wie die ↑Ethologie und ↑Ökologie erheblich von der modernen ↑Genetik und ↑Molekularbiologie, deren Praxis sich im Labor vollzieht (Pringle 1963: »the two biologies«[79]). Konzeptionell zusammengehalten werden diese Subdisziplinen durch einige zentrale Grundbegriffe und Theorien, so den Begriff des ↑Organismus und die Theorie der ↑Evolution. Andererseits bilden aber auch die grundlegenden Theorien der Biologie keine geschlossene Einheit, sondern vereinen – ebenso wie das Konzept ↑›Leben‹ – mehrere nebeneinander bestehende Aspekte. So muss eine Theorie des Organismus beispielsweise nicht notwendig in eine Evolutions-

theorie integriert werden und die Evolutionstheorie kann umgekehrt, wie dies historisch tatsächlich der Fall war, weitgehend unabhängig von einer differenzierten Theorie des Organismus formuliert werden. Integrierende Ansätze werden seit den 1970er Jahren ausgehend von Theorien der ↑Selbstorganisation formuliert. Traditionell bildet auch das Konzept der *Erhaltung* (und damit die Theorie der ↑Regulation) ein Brückenelement, das zwischen einem um den Organismusbegriff zentrierten Ansatz und einer auf die Reproduktion (und damit Transformation) von Organismen gerichteten Theorie vermittelt: Als eine Form der Erhaltung gelten traditionell sowohl alle (funktionalen) Aktivitäten und Prozesse eines Organismus (↑Selbsterhaltung) als auch alle auf seine Fortpflanzung bezogenen (↑Arterhaltung).

Trotz der verbindenden Elemente bleiben aber einige Forschungstraditionen weitgehend unabhängig voneinander nebeneinander bestehen. R.G. Winther beschreibt 2006 zwei dieser Traditionen als die »formale« und »kompositionale« Biologie: Die *formale Biologie* (»formal biology«) ist nach Winther ähnlich wie die Physik und Chemie um abstrakte, mathematisch formulierte Theorien organisiert (z.B. die Populationsgenetik), die *kompositionale Biologie* (»compositional biology«) geht dagegen von einem Inventar an Prozessen und Strukturen aus, die nicht von einer organisierenden Theorie erschlossen werden, sondern allein in lokal gültigen Mechanismen theoretisch geordnet werden (z.B. in der Anatomie, Physiologie, Entwicklungsbiologie und Molekularbiologie).[80] Die traditionelle Stärke der kompositionalen Biologie kann auch als ein Ausdruck dafür gesehen werden, dass sich nur wenige allgemeingültige Gesetze über alle Organismen formulieren lassen und dass es für die Forschung fruchtbar ist, nur für jeweils bestimmte Kontexte gültige lokale Modelle und »Mechanismen« zu formulieren (↑Organismus/Mechanismus: »Neue mechanistische Philosophie«).

»Entzauberung der Biologie« seit Mitte des 20. Jh.
Bis zur Mitte des 20. Jahrhunderts haftet vielen zentralen Fragen der Biologie die Aura des Unerforschlichen und Geheimnisvollen an. Mit den spektakulären Entdeckungen der Genetik und Molekularbiologie erfüllt sich aber ein Forschungsprogramm, das die »Geheimnisse des Lebens« immer mehr ausleuchtet und an die Stelle der beschreibenden und vergleichenden Ansätze analytische und erklärende Modelle setzt. Traditionell ist die Dominanz des Beschreibenden in der Biologie nicht selten mit einer verklärend-romantischen Sicht verbunden. Wenn die Biologie für jede Frage an das Leben aber eine biochemische oder evolutionstheoretische Antwort parat hält, dann kann sich diese Sicht immer weniger entfalten. Mit dem Verlust des Geheimnisvollen des Lebendigen wächst auf der anderen Seite die technologische Inanspruchnahme der Biologie. Die Biologie wird – durch die Verschmelzung mit der Medizin in der *Biomedizin* (deutsch erst seit den 1970er Jahren[81]; engl. 1923: »biomedicine«: »clinical medicine based on the principles of physiology and biochemistry«[82]) – zu einer technischen Wissenschaft, in der es darum geht, die belebte Natur, insbesondere die menschliche Natur, nach den Zielen des Menschen zu verändern. Nur in einigen wenigen Zweigen der Biologie, die aber große öffentliche Aufmerksamkeit genießen, lebt das mit der Wissenschaft des Lebens einmal verbundene romantische Naturgefühl fort. Dies gilt v.a für die vergleichende Verhaltensforschung (↑Ethologie). Bezeichnenderweise ist der Biologe, der wie kein anderer in der zweiten Hälfte des 20. Jahrhunderts zu Popularität gekommen ist, der Verhaltensforscher Konrad Lorenz. Lorenz' Forschungen sind von der Absicht geleitet, als einzelner Forscher auf der direkten Begegnung mit dem ganzen Tier in seiner natürlichen Umwelt eine Wissenschaft zu begründen. Im 21. Jahrhundert spielen diese Ansätze in der öffentlichen Darstellung der Biologie im Tierfilm weiterhin eine große Rolle – wissenschaftlich sind sie jedoch eine Marginalie.

»Jahrhundert-«, »Leit-« und »Schlüsselwissenschaft«
Mit den großen Erfolgen und Verheißungen der biomedizinischen Forschung in der zweiten Hälfte des 20. Jahrhunderts wird die Biologie am Ende des Jahrhunderts zur *Jahrhundertwissenschaft* erklärt (Vollmer 1991).[83] Aufgrund ihres systemischen Ansatzes, der auf interdependente Strukturen zielt und ein vernetztes Denken voraussetzt, gilt die Biologie vielfach auch als *Schlüsselwissenschaft*[84] oder *Leitwissenschaft*[85] (vgl. Tab. 37). Als **Leitwissenschaft** einer Epoche werden seit dem frühen 19. Jahrhundert sehr unterschiedliche Disziplinen bezeichnet, u.a. die Philosophie, Mathematik, Wirtschaftslehre, Pädagogik und Ökologie (Heynig 1824: »[Es] ist und bleibt die Philosophie bei jeder Betrachtung die Grund- und Leitwissenschaft, die Wissenschaft schlechthin!«[86]; Kretschmayr 1906: »Die Leitwissenschaft aber wurde [in der Renaissance] die Wissenschaft von Zeit und Raum schlechtweg, die Mathematik«[87]; Goldscheid 1915: »Phase, in der die Wirtschaftslehre die Rolle der Leitwissenschaft spielte«[88]; Schlieben-Lange 1973: »Pädagogik als Leitwissenschaft«[89]; Amery 1977: »Vordringen der Ökologie als einer neuen politischen und gesellschaftlichen Leitwissenschaft«[90]).

Die Biologie wird seit Beginn des 20. Jahrhunderts ›Leitwissenschaft‹ genannt, zuerst wohl von dem Begründer der »Sozialbiologie«, R. Goldscheid 1915: »Jedes Zeitalter hat seine Leitwissenschaft. In unseren Tagen spielt die Biologie diese Rolle. Das Leben ist zum Zentralbegriff der Forschung aufgestiegen«[91] (vgl. auch Bergmann 1922: »während der frühere Materialismus Physiologie und Chemie zu Leitwissenschaften erkor, scheint im späteren neben der Physik (Ostwald) die Biologie (Haeckel) die entscheidende Rolle zu spielen«[92]).

Mit Blick auf die Biologie definiert E.-M. Engels eine Leitwissenschaft im Jahr 2000 als eine Wissenschaft, »die zu einer bestimmten Zeit innerhalb einer Gesellschaft oder über deren Grenzen hinaus auf Grund ihres theoretischen und ggf. auch technologischen Innovationspotentials den Ton angibt. Dies kann auch die gesellschaftliche Relevanz einer Wissenschaft im Sinne ihres Risiko- und Besorgnispotentials mit einschließen«.[93] Als Leitwissenschaft der Gegenwart kann die Biologie also gelten, weil sie einerseits Konzepte und Denkfiguren entwickelt, die von anderen Disziplinen aufgenommen werden, und weil von ihr Lösungsbeiträge für zentrale Probleme, wie die drängenden ökologischen Fragen, erwartet werden, darüber hinaus aber andererseits auch, weil der Fortschritt der Biologie in manchen Fällen eher die Rolle des Verursachers der Probleme hat, so z.B. in gentechnischen Fragen. Den Charakter einer Leitwissenschaft hat die Biologie also auch insofern, als in ihr in zunehmendem Maße faktische mit normativen Fragen verbunden sind, am deutlichsten in der biomedizinischen Forschung, in der Motivation und Konsequenzen der Forschung eine unmittelbare normative Dimension aufweisen.

Meta-, Proto- und Parabiologie
Die metawissenschaftliche Analyse der Biologie, die in Teilen der alten »Theoretischen Biologie« entspricht, wird seit Ende des 19. Jahrhunderts **Metabiologie** genannt. In einer Rezension der französischen Übersetzung von W. Preyers ›Elementen der allgemeinen Physiologie‹ von 1884 wird die Metabiologie in einem Atemzug mit Metaphysik genannt (»La métaphysique et la métabiologie«).[94] Kurz zuvor erscheint der Ausdruck (»métabiologie«) allerdings auch als Gegensatz zu ›Protobiologie‹ in der Bedeutung »Biologie der Mehrzeller« (Lapham 1880).[95] L. Stein ist 1899 der Auffassung, die Position mancher »Neovitalisten« (Rindfleisch, Bunge, Fano) stelle »einen Rückfall in die Mystik, eine Art von Metabiologie dar«.[96] R. Eislers Wörterbuch definiert die »Metabiologie« 1904 als »Logik und Metaphysik der biologischen Erscheinungen«.[97] Neben metawissenschaftlichen und weltanschaulichen Betrachtungen[98] werden anfangs unter diesem Titel besonders lebensphilosophisch und religiös inspirierte grundlegende Lehren biologischer Erscheinungen zusammengefasst[99]. Das Wort wird später als Bezeichnung für die Methodologie der Biologie insgesamt verwendet, so z.B. von A. Meyer-Abich, der 1963 darunter eine Darstellung der »transzendentalen Prinzipien« und »Ideen« der Biologie versteht.[100]

Von konstruktivistischer Seite wird eine analoge Grundlagenlehre **Protobiologie** genannt (Hucklenbroich 1978; Weingarten 1985).[101] P. Janich versteht unter der Protobiologie 1995 »die der empirischen Biologie methodisch vorausgehende Prototheorie zur Definition biologischer Grundbegriffe«.[102] Die von Janich angestrebte »methodische Biologiebegründung« setzt bei »Handlungen von Menschen« an und »sucht durch Rückgang auf lebensweltliche, erfolgreiche Praxen des Unterscheidens und Einwirkens in die Natur (z.B. in Praxen der Tier- und Pflanzenzüchter, der Heilkundigen, der Ärzte, der Anatomen und der Metzger) eine Gegenstandskonstitution für die Wissenschaft Biologie zu rekonstruieren«.[103] Für eine allgemeine Philosophie der Biologie ist der Ausdruck im Englischen bereits seit den 1880er Jahren in Gebrauch (McEwen 1887: »Protobiology, or The Philosophy of Life«; vgl. ders. 1886: »Protobiology, or The Source of Organic Life«[104]). Meist wird der Ausdruck allerdings auf diejenigen Teile der empirischen Biologie bezogen, die es mit einzelligen Lebewesen (den »Protisten«; ↑Einzeller) oder mit Vorläuferstrukturen von Lebewesen zu tun haben, z.B. auf Forschungen zu Viren. In diesem Sinne wird das Wort seit Ende des 19. Jahrhunderts verwendet, zuerst im Französischen (Lapham 1880: »protobiologie« für die Biologie der Einzeller im Gegensatz zur »Metabiologie«[105]). Seit den 1920er Jahren steht der Ausdruck unter dem Einfluss von F. d'Herelles Studien über die Biologie der Viren (»protobiologie«: »l'étude des Ultravirus«).[106] D'Herelle ist von 1928-34 Professor des ›Department of Protobiology‹ an der Universität Yale.[107] Im Anschluss an d'Herelle wird die Protobiologie definiert als »Lehre von den ›Protobien‹, also den Ultraviren als den ersten einfachsten Lebewesen«.[108] Der Ausdruck wird später auch bezogen auf das Studium von lebensähnlichen chemischen Strukturen (z.B. sich selbst replizierenden Kristallen)[109] oder vom molekularen Selbstaufbau (»self-assembly«) von Proteinen[110].

Seit den 1920er Jahren wird analog zur ›Parapsychologie‹ der Ausdruck **Parabiologie** verwendet. F. Prübusch versteht darunter 1929 eine »ergänzende

Wissenschaft vom (anomalen) Leben«.[111] Er gliedert die Parabiologie in die »Paraskopie«, zu der er u.a. die »Telepathie«, das »Hellsehen« und die »Astrologie« rechnet, und die »Paraphysik«, die u.a. die »Paradynamik«, die »Parakinetik« und den »Echten Spuk« umfasst.[112] Für J. von Uexküll (1950) verfolgt die Parabiologie einen der Biologie nebengeordneten Ansatz: Während die Biologie das äußerlich wahrnehmbare, objektiv beschreibbare Verhalten analysiert, betrifft die »Parabiologie« die inneren, subjektiven Vorgänge: »Die parabiologische Reaktion eines Lebewesens ist dadurch charakterisiert, daß der außenstehende Beobachter sie nicht wahrzunehmen vermag«.[113] Insbesondere das »Merken« eines Organismus, das insgesamt seine artspezifische »Merkwelt« ausmacht (↑Umwelt), rechnet von Uexküll zu den parabiologischen Erscheinungen. F. Mainx bezeichnet als ›Parabiologie‹ 1955 dagegen den Versuch, die Biologie auf spekulativ-metaphysischen Prinzipien aufzubauen (z.B. im Vitalismus).[114]

Der dazu komplementäre Ansatz, eine Metaphysik und Weltanschauung auf biologischen Erkenntnissen zu begründen, heißt seit Mitte des 19. Jahrhunderts ***Biologismus***. Der Ausdruck wird anfangs allerdings meist auf innerbiologische Strömungen bezogen, die fragwürdige Prinzipien zur Erklärung von Lebensphänomenen annehmen (Perty 1861: »Hypnotismus oder Biologismus, Elektrobiologie«[115]; Anonymus 1864: »the intolerable collection of childish and profane nonsense, Swedenborgianism, mesmerism, biologism, and blasphemy«[116]). In der heutigen Bedeutung der Übertragung biologischen Denkens in außerbiologische Bereiche erscheint das Wort seit den 1880er Jahren (Werner 1886: »mechanistisch-materialistischen Biologismus«).[117] Im Englischen dient der Ausdruck (»biologism«) 1902 zur Bezeichnung einer ethischen Position, die gegen den kategorischen und für einen »konditionalen Imperativ« eintritt und die abgegrenzt wird von einem »egoistischen Hedonismus« und »Utilitarismus«.[118] Seit den 1920er Jahren setzt sich die heutige Bedeutung durch (Anonymus 1924: »When we try to force all the facts of human society into frameworks of zoology we are guilty of a biologism«[119]).

Lebenswissenschaft
Alternativ zu ›Biologie‹ sind seit langem andere Bezeichnungen in Gebrauch. Eine der möglichen direkten Übersetzungen, der Ausdruck ›Lebenswissenschaft‹ – deren griechische und lateinische Entsprechung in der Antike noch kein *terminus technicus* ist[120] – wurde zunächst in einem speziell auf das menschliche Leben bezogenen Sinn geprägt. C. Meiners versteht im Jahr 1800 darunter allgemein eine Lehre der Ethik oder der Klugheit und Weisheit der Lebensführung.[121] In der ersten Hälfte des 19. Jahrhunderts wird der Terminus aber auch auf das Leben aller Organismen bezogen und damit als Synonym für ›Biologie‹ verwendet (Pierer 1816).[122]

In der ersten Hälfte des 20. Jahrhunderts – u.a. unter dem Einfluss der Lebensphilosophie – weist der Begriff eine besondere Bindung an die Verhältnisse des menschlichen Lebens, und damit zur Psychologie und Pädagogik, auf.[123] Selbst der Biologe L. von Bertalanffy verbindet mit dem Begriff der Lebenswissenschaft 1930 »den Ruf nach einer Überwindung der Technik«, die zur »Verachtung und Vernichtung menschlichen Lebens« geführt habe. Die künftige Entwicklung müsse »das Leben in den Mittelpunkt der Kultur« stellen und zur »Erhaltung, Erhöhung und Steigerung« des menschlichen Lebens beitragen. Aufgabe der Lebenswissenschaft sei dabei nicht allein die Vermehrung der »Kenntnisse vom Lebensgeschehen«, sondern auch »die geistige Bearbeitung dieser Ergebnisse«.[124] Für das ↑»Leben« ist damit also nicht allein die naturwissenschaftliche Lebenswissenschaft, die Biologie, zuständig, sondern auch andere Disziplinen haben Phänomene des Lebens zum Thema. Ein zentraler Bestandteil der Lebenswissenschaft im Sinne von Bertalanffys ist die von ihm selbst betriebene »Theoretische Biologie« (s.u.).

Seit den 1930er Jahren wird in einem übergreifenden Sinne häufig von den *Lebenswissenschaften* im Plural gesprochen[125]. Die englischen Ausdrücke ›life-science‹[126] bzw. ›life sciences‹[127] finden sich bereits seit Ende des 19. Jahrhunderts.

Zu einem festen Begriff wissenschaftlicher Antragsrhetorik und öffentlicher Debatten wird der Ausdruck ›Lebenswissenschaften‹ seit den 1990er Jahren. Das Bundesministerium für Bildung und Forschung erklärt das Jahr 2001 zu dem »Jahr der Lebenswissenschaften«. In zahlreichen Festreden wird betont, die ›Lebenswissenschaften‹ seien mehr als die Biologie und viele kritische Fragen, z.B. die nach den Grenzen der Kategorie ›Mensch‹, könnten gerade nicht allein von der Biologie beantwortet werden.[128] In kritischer Auseinandersetzung mit dem inflationären öffentlichen Gebrauch dieses Ausdrucks wird ›Lebenswissenschaft‹ – gerade im Gegensatz zum technischen ›Biologie‹ – eine »vitalistische Aura« und ein »leuchtendes Ungefähr« zugeschrieben, in dem einerseits die Lebensphilosophie des frühen 20. Jahrhunderts mit ihrer Betonung des Dynamischen gegenüber dem Statischen der Technik nachhalle und andererseits ein »metaphysischer Mehrwert« und »metaphorischer Dunst« transportiert werde, der eine Beschwörung des Großen und Ganzen des Leben selbst enthalte.[129]

Der Plural der ›Lebenswissenschaften‹ deutet bereits an, dass damit eine Gruppe von Disziplinen und keinesfalls die Biologie allein gemeint ist. Welche Disziplinen aber noch darunter zu fassen sind, bleibt meist ungeklärt. Zumindest die Medizin wird in die Lebenswissenschaften in der Regel mit eingeschlossen; implizit enthalten ist darüber hinaus häufig eine Auseinandersetzung mit Wertfragen, die aus der Biologie, ihrem Selbstverständnis als Naturwissenschaft gemäß, in der Regel ausgeschlossen sind. Durch die Fokussierung auf das Biomedizinische des Menschen und eventuell die damit verbundenen ethischen und sozialen Fragen kann ›Lebenswissenschaften‹ andererseits aber auch eine Einengung gegenüber dem Biologiebegriff implizieren.

Jüngeren Datums ist auch die Prägung des Ausdrucks **Biowissenschaft** (ebenfalls häufig im Plural). Er geht wahrscheinlich zurück auf die Gründung des »Bio-Sciences Newsletter«, der seit 1951 vom ›American Institute of Biological Sciences‹ (AIBIS; seit 1948) herausgegeben wird.[130] Zur Etablierung des Begriffs tragen die Gründung einer Zeitschrift (›BioScience‹) und seine Verwendung in Ordnungssystemen von Bibliotheken seit den 1960er Jahren bei.[131]

Im 19. Jahrhundert ist das Wort **Lebenskunde** aufgekommen, das allerdings nicht immer in einem biologischen Sinn verwendet wird.[132] Als Synonym für ›Biologie‹ erscheint es aber auch bereits seit dem ersten Jahrzehnt des 19. Jahrhunderts (Busch 1806: »Unter der Lebenskunde verstehen wir den ganzen Inbegriff derer Kenntnisse, welche der Thierarzt von dem thierischen Körper im gesunden Zustand haben muß«[133]; Pierer 1816: »Biologie, (Biologia), Lebenslehre, Lebenskunde, Lebenswissenschaft, Biosophie, (Biosophia), derjenige Theil der Physiologie, der das Leben in seinen allgemeinen Beziehungen zum Gegenstand hat, oder die Naturerscheinungen aus einem obern Princip der Lebensthätigkeit wissenschaftlich darstellt«[134]). Erst seit Beginn des 20. Jahrhunderts wird es in dieser Bedeutung aber häufiger verwendet.[135]

biotisch

Neben dem Adjektiv ›biologisch‹ ist in der Biologie auch das Wort ›biotisch‹ verbreitet. Das Wort erscheint zwar schon zu Beginn des 17. Jahrhunderts in der englischen Sprache im Sinne von »dem gewöhnlichen Leben zugehörig, sekular«[136]; es wird aber vor dem 20. Jahrhundert nur selten gebraucht (vereinzelt in Wörterbüchern, so 1842 in einem deutsch-französischen Wörterbuch: »Biotique, adj. [...] biotisch, Lebens., bioticus«[137], und 1870 in einem Fremdwörterbuch erläutert als »das Leben betreffend«[138]).

In einem terminologischen Sinn für die Biologie verwendet L. Stejneger den Ausdruck 1901, indem er ihn von seinem Konzept ›Biota‹ zur Bezeichnung der Summe der Lebewesen einer Region oder zeitlichen Epoche ableitet (↑Biosphäre); ›biotisch‹ meint dann also: »die Lebewesen einer Region oder Epoche betreffend«.[139] In der Ökologie ist seit Beginn des Jahrhunderts von den **biotischen Faktoren** (z.B. der Konkurrenz zwischen Organismen) an einem Standort die Rede (Whitford 1901: »biotic factors«).[140] Der Botaniker F. Clements unterscheidet 1905 zwischen *physischen* (»physical«) und *biotischen Faktoren* (»biotic factors«) eines Habitats. Erstere unterteilt er weiter in klimatische (Wasser, Licht, Temperatur, Wind) und edaphische (Bodeneigenschaften einschließlich Höhe, Neigung, Exposition); letztere bilden nach Clements einfach die Pflanzen und Tiere eines Habitats.[141] Als Gegenbegriff zu ›biotische Faktoren‹ an einem Standort etabliert sich in den 1920er Jahren in der Ökologie der Begriff **abiotische Faktoren** (Schaxel 1922; Trapnell 1933: »abiotic factors«).[142] Schaxel rechnet dazu »die Faktoren des Lebensraums«, d.h. sie liegen »im Substrat und im Medium des Einzelwesens«.[143] Als die wichtigsten abiotischen Faktoren gelten allgemein Klima und Boden. Mindestens seit den 1920er Jahren wird im englischen Sprachraum von *biotischen Gemeinschaften* gesprochen (»biotic communities«)[144] – weitgehend analog zu dem deutschen ↑Biozönose.

Sinnvoll ist auch die Verwendung des Wortes im Sinne einer Kennzeichnung von etwas, das in einem lebensweltlichen Sinne auf Lebensphänomene bezogen ist, ohne aber schon in die Theorien der Biologie als Wissenschaft einbezogen zu sein oder von dort aus entwickelt zu werden (›biotisch‹ im Gegensatz zu ›biologisch‹). Die Differenzierung zwischen ›biotisch‹ und ›biologisch‹ wäre dann also Ausdruck der »Unterscheidung von Objektbereich und Wissenschaft zur Erforschung des Objektbereichs«.[145]

Bionomie

Der Ausdruck ›Bionomie‹ wird ebenso wie ›Biologie‹ von dem Wolffianer M.C. Hanov bereits 1766 verwendet. Die Bionomie handelt nach Hanov von den »allgemeinen Gesetzen des Lebendigen« und umfasst damit sowohl Gesetze der Pflanzen als auch der Tiere.[146]

Auch C.F. Burdach, der später zur Verbreitung des Wortes ›Biologie‹ beiträgt, spricht von einer ›Bionomie‹. 1809 verwendet Burdach die beiden Ausdrücke ›Biologie‹ und ›Bionomie‹ nebeneinander.[147] Sie dienen ihm zur Bezeichnung einer speziellen Naturwissenschaft, die er in seinem System der Wissenschaften der »Geologie«, d.h. der Lehre von den Erscheinungen auf der Erde, unterordnet und die neben der »Oryktologie« (Mineralogie) zur »Stereologie«, d.h. der »Lehre von den festen Gestaltungen«, gehört. Die Gegenstände der Bionomie, die Organismen, sind nach Burdach »durch ein innres Princip der Totalität belebt, und zu einem individuellen Ganzen erhoben«[148].

Für A. Comte bildet die Bionomie einen Teil der Biologie, nämlich die »dynamische Biologie« oder eigentliche Physiologie (»physiologie proprement dite«[149]). Der Bionomie sind bei Comte die beiden Teile der statischen Biologie, die Biotomie und die Biotaxie, koordiniert (Comte folgt hierin H.-M.D. de Blainville): Erstere hat die Strukturen und Anordnungen der Teile eines einzelnen Organismus zum Gegenstand, letztere beschäftigt sich mit der vergleichenden Untersuchung verschiedener Organismen der großen biologischen Hierarchie (»grande hiérarchie biologique«). Trotz der behaupteten Koordination der drei Teildisziplinen der Biologie ordnet Comte die Bionomie den beiden Teilen der statischen Biologie unter, weil physiologische Untersuchungen seiner Meinung nach die Kenntnis der anatomischen Verhältnisse voraussetzen. Andererseits betont er an anderer Stelle ausdrücklich die wechselseitige Abhängigkeit und Untrennbarkeit von Anatomie und Physiologie.[150]

In der zweiten Hälfte des 19. Jahrhunderts wird der Ausdruck in verschiedenen Bedeutungen verwendet. W. Preyer bezeichnet als ›Bionomie‹ 1883 »die generelle Physiologie oder allgemeine Funktionenlehre«.[151] Er hält dieses Wort für geeignet, um »die allgemeinen Gesetzmäßigkeiten aller Lebensprozesse« zu bestimmen.[152] Seit W. Haackes Begriffsbestimmung aus der zweiten Hälfte der 1880er Jahre wird der Titel ›Bionomie‹ daneben immer wieder für die Betonung der engen Verbindung von Morphologie und Physiologie verwendet (s.u.). Haacke bezeichnet als ›Bionomie‹ allgemein die Wissenschaft, die Statik (Morphologie) und Dynamik (Physiologie) der Organismen umfasst.[153] Die Morphologie als Lehre der Statik ist für Haacke nur ein spezieller Fall der Physiologie, nämlich der, bei dem sich verschiedene Kräfte im Gleichgewicht halten.

Eine andere, bis in die Gegenwart wirksame Bedeutung des Ausdrucks, entwirft E. Haeckel. Zwar behauptet Haeckel, ›Bionomie‹ schon 1866 als gleichbedeutend mit ›Ökologie‹ verwendet zu haben[154], tatsächlich findet sich das Wort allerdings erst später in seinen Schriften. Er verwendet es u.a. in seiner ›Systematischen Phylogenie‹ (1894-96)[155] und in der 9. Auflage der ›Natürlichen Schöpfungsgeschichte‹ (1898).[156] Dort will er mit der Bionomie die Biologie »im engeren Sinne« bezeichnen. Sie sei die »Lehre von der Anpassung der Organismen an ihre Umgebung«.[157] Gemeint sind damit v.a. die durch die Selektion geformten und vererbten Merkmale der Organismen, weniger die individuellen (physiologischen und das Verhalten betreffenden) Veränderungen. Die Bionomie liefert nach Haeckel die mechanischen Erklärungen der ökologischen Erscheinungen. Später identifiziert Haeckel die Bionomie mit der Ökologie und gleichzeitig mit der Ethologie.[158]

Im haeckelschen Sinn übernimmt zu Beginn des 20. Jahrhunderts E. Wasmann den Ausdruck, wenn er die Bionomie 1906 als die Lehre von der »Lebensweise der Tiere und Pflanzen« definiert.[159] Die »Tierbionomie« umfasst nach Wasmann »die Kunde von der Ernährungsweise der Tiere (Trophologie) und die Kunde von ihrer Wohnungsweise (Ökologie) sowie von ihrer örtlichen Verbreitung (Tiergeographie), ferner die biologische Parasitenkunde und die Kunde von der Vergesellschaftung (Symbiose) verschiedener Tiere untereinander oder mit bestimmten Pflanzen«.[160] Ebenso wie Wasmann versteht auch F. Dahl 1910 unter ›Bionomie‹ die »Lehre von der Lebensweise der Tiere«.[161] Die Bionomie behandele insbesondere das Verhältnis der Organismen zu ihrer Umwelt. Nach Dahl umfasst die Bionomie sowohl die Ethologie als auch die Ökologie.

A. Naef schlägt 1923 vor, die »Lehre von der spezifischen Wirkungsweise der Organismen« *Bionomik* zu nennen (für dieses Wort s.u.). Er stellt diese Disziplin, die die Eigengesetzlichkeit der Lebewesen behandeln soll, einer *Biomechanik* gegenüber, die nichts als eine »auf den Organismus angewandte Physik und Chemie« darstelle.[162] Ähnlich gelagert ist K.E. Rothschuhs Unterscheidung von *Biotechnik* zur Bezeichnung der »kausalen Zusammenhänge im Organismus«[163] und *Bionomie* als Lehre der funktionalen Anordnung der kausalen Mechanismen im Sinne ihrer wechselseitigen Bezogenheit und Dienlichkeit füreinander[164]. In einer älteren Schrift heißt es bei Rothschuh allgemein: »Bionomie = Lebensgesetzlichkeit«.[165] Kausalanalyse und Bedeutungsanalyse stehen sich in der späteren Darstellung als zwei komplementäre Ansätze der Biologie gegenüber. Der Organismus ergebe sich in der Synthese der beiden Wege: »Der Organismus ist ein bionom überformtes Kausalsystem«.[166]

Am einflussreichsten ist in der zweiten Hälfte des 20. Jahrhunderts ein Verständnis von ›Bionomie‹, das von der Konstruktionsmorphologie ausgeht: Besonders von Biologen, die am Frankfurter Senckenberg-Museum tätig sind, wird der Ausdruck viel verwendet.[167] Sie schließen dabei sachlich an die Arbeiten H. Webers aus den 1950er Jahren an, der mit seinem synthetischen Konzept der »Konstruktionsmorphologie« darauf zielt, die alte »unglückselige vermeintliche Antinomie Morphologie *gegen* Physiologie« zu überwinden (↑Morphologie).[168] Im Mittelpunkt der Analysen der Frankfurter Biologen steht dabei die Vermittlung der Statik und Dynamik von Organismen, die über ein »Hydroskelett« verfügen, bei denen also der Antagonismus kontraktiler Elemente über die Beteiligung flüssigkeitserfüllter Hohlräume des Körpers erfolgt.[169] Organismen werden in dieser Sicht zu Umwandlern von chemischer in mechanische Energie. Allgemein verwendet W.F. Gutmann den Begriff der Bionomie dabei im Sinne der »Fähigkeit zur selbstversorgenden energiewandelnden Aktion«[170] bzw. noch allgemeiner für die »Leistungsfähigkeit, die Überleben garantiert und Fortpflanzung ermöglicht«[171]. Die Integration der verschiedenen Leistungen wird als ein *Bionomiekreislauf* beschrieben, der in einem selbständigen Lebewesen nach dessen Geburt vorliegt.[172]

Der Ausdruck ›Bionomie‹ trägt heute neben der konstruktionsmorphologischen Bedeutung auch noch die alte im Sinn einer Lehre von den Anpassungen und der Lebensweise von Organismen einer Art.[173]

Bionomik
Der Ausdruck ›Bionomik‹ (engl. »bionomics«) geht auf den britischen Zoologen E.R. Lankester zurück, der ihn 1888 prägt.[174] Lankester fasst darunter viele angewandte Zweige der Biologie zusammen (Landwirtschaft, Gartenbau, Fischerei, Züchtungspraxis), außerdem die ältere beschreibende Naturkunde (im Sinne eines »field-naturalist«), v.a. aber die Wissenschaft der Anpassungen (»science of organic adaptations«). Ein früher Vertreter der Bionomik ist nach Lankester G.L.L. Buffon, weil er die Organismen in ihrem Verhalten und in ihren Anpassungen an die Umwelt beschreibt und damit gegenüber einem rein klassifizierenden Ansatz auf Distanz geht. Der eigentliche Gründungsvater der Bionomik sei aber C. Darwin: Seine Theorie der Selektion habe eine wissenschaftliche Grundlage für die Erklärung der organischen Anpassungserscheinungen gegeben.

Eine Institutionalisierung erfährt diese biologische Disziplin durch die Einrichtung einer »Bionomics«-Abteilung an der Universität Stanford, die V.L. Kellogg 1898-1914 leitet. Kelloggs Absicht ist es, mit Hilfe dieser Wissenschaft die »Gesetze der Evolution« aufzudecken.[175] Der Ansatz der Bionomik wird besonders verbunden mit dem experimentellen Studium von Organismen unter kontrollierten Bedingungen, die so weit wie möglich den natürlichen Lebensbedingungen entsprechen. Der Terminus wird im späteren 20. Jahrhundert aber nur noch wenig verwendet.

Organologie
Der Begriff ›Organologie‹ erscheint als bloßes Schlagwort vereinzelt seit Ende des 18. Jahrhunderts (Feuereisen 1780: »Pflanzen-Organologie, oder: Etwas aus dem Pflanzenreiche, insonderheit die sonderbare Würkungen des Nahrungssaftes in den Gewächsen«[176]; von Eckartshausen 1795: »Organologie der Natur, oder Lehre der Formenstätte der Natur«[177]). Eine etwas präzisere Bestimmung gibt C.A. Wilmans 1799 dem Begriff, indem er ihn fasst als »Lehre von der Organisation des Menschenkörpers in seinem gesunden Zustande«.[178] Wilmans versteht die Organologie als eine beschreibende Lehre und setzt sie neben eine »Dynamologie«, die es mit den physiologischen Prozessen in einem Organismus zu tun hat. Untergliedert wird die Organologie bei Wilmans in eine chemische Lehre des Menschenkörpers (»Historia materiae mixtae. Chemia animalis«) und eine anatomische Formenlehre (»Historia materiae formatae«).

Weitgehend synonym mit der heutigen Biologie wird die Organologie wenig später konzipiert, so 1810 von dem romantischen Naturphilosophen L. Oken.[179] Das Wort findet sich in verschiedenen Aspektierungen bei einigen (oft französischen) Naturforschern wieder. I. Geoffroy Saint-Hilaire sieht es 1854 als ein Teilgebiet der Biologie an, die *organologischen Gesetze* (»lois organologiques«) zu untersuchen; diese betreffen die inneren Verhältnisse der Organismen (»êtres organisés en eux mêmes ou dans leurs organes«) (für die anderen Teilgebiete der Biologie bei Geoffroy s.u.).[180]

M.J. Schleiden teilt die Botanik 1842-43 in vier Bereiche: Neben die »Stofflehre«, »Zellenlehre« und »Morphologie« stellt er die »Organologie«, die er bestimmt als »die Lehre von dem Leben der ganzen Pflanze als solcher und ihrer einzelnen Organe«[181]. Bei E. Haeckel ist die Organologie die Lehre von der Zusammensetzung des Organismus aus größeren, d.h. mit bloßem Auge sichtbaren »Formbestandtheilen«.[182] Aufbauend auf vitalistischen Vorstellungen ist die Organologie im 20. Jahrhundert als eine philosophische Theorie formuliert worden.[183]

Neben ›Organologie‹ werden seit dem Ende des 18. Jahrhunderts einige andere ähnlichlautende Ausdrücke verwendet. Im Sinne der heutigen Biologie spricht C.C.E. Schmid 1798 von einer **Organonomie**.[184] Im 20. Jahrhundert wird für die »organismische Biologie« oder spezieller für das Studium der raum-zeitlichen Organisation des Organismus (Morphologie und Physiologie) auch die Bezeichnung **Organismik** vorgeschlagen (Lewin 1922).[185]

Organografie

Das Wort wird außerhalb der Biologie bereits im frühen 17. Jahrhundert im Sinne der Musikinstrumentenlehre verwendet (lat. »organographia«).[186] In der Biologie erscheint es zu Anfang des 19. Jahrhunderts (1806 bei J.C. Goldbeck: »Die Organographie des Menschen oder Beschreibung seiner organischen Modificationen im Raume«).[187] Wenig später findet es sich bei A.-P. de Candolle für eine beschreibende Lehre in der Botanik.[188] De Candolle fasst die Organografie als die gegenüber der Anatomie umfassendere Disziplin auf, weil sie nicht nur von den inneren Organen der Pflanze, sondern auch ihren äußeren handelt. Es geht in ihr allgemein um eine Beschreibung der Struktur von Pflanzenorganen. Das Wort wird Ende des 19. Jahrhunderts übernommen von A. de Candolle[189] und K. Goebel[190]. In der Zoologie wird der Ausdruck kaum verwendet und er konnte sich auch in der Botanik nicht durchsetzen.

Das Wort ist parallel gebildet zu dem älteren Ausdruck **Zoografie**, das seit dem späten 16. Jahrhundert in biologischer Bedeutung verwendet wird (Freig 1579: »De zoographia animantium terrestrium«[191]; und vorher in außerbiologischer: Agobardus Lugdunensis 9. Jh.: »zoographia, id est viva scriptura vocatur«[192]). Der vergleichende Anatom M.A. Severinus gebraucht das Wort 1645 im Sinne einer »allgemeinen Betrachtung der Tiere«.[193] Auch von einer **Phytografie** ist seit Mitte des 17. Jahrhunderts, v.a. als Titel bebilderter Pflanzenbücher, die Rede (Hernández 1649[194]; Martin 1735: »Phytography, or the Philosophy of Plants and Vegetables, of Vegetation, of their Production, of the Seed, and Seed-Plant, of the Root, of the Blade, Stalk and Trunck, of the Bud, Leaves, and Flowers, of the Fruit, of the Perspiration of Plants, etc.«[195]).

In der Organografie können insgesamt die beschreibenden Disziplinen der Biologie – die Systematik, Phylogenie, Biogeografie und Morphologie – zusammengefasst werden. Diese Zuweisung nimmt bereits C.C.E. Schmid 1798 vor, wenn er die »Zoologie« in einen »wissenschaftlichen« oder »philosophischen« und einen »historischen« Teil gliedert.[196] Einander gegenübergestellt sind damit die »Zoonomie« (bzw. »Organonomie«[197]), welche die Erkenntnis der das Leben der Tiere (bzw. der Lebewesen) bestimmenden Gesetze betrifft, und die »Zoographie« (bzw. Organografie).

Zoonomie

Seit Ende des 18. Jahrhunderts wird statt des späteren ›Bionomie‹ gelegentlich ›Zoonomie‹ verwendet. E. Darwin gibt seinem biologischen Grundlagenwerk den Titel ›Zoonomia, or, the Laws of Organic Life‹ (1794-96). J.W. Goethe versteht unter ›Zoonomie‹ die »Betrachtung des Ganzen insofern es lebt und diesem Leben eine besondere physische Kraft unterlegt wird«.[198] Er unterscheidet eine »körperliche« von einer »geistigen« Zoonomie.[199] C.C.E. Schmid ordnet die Zoonomie, die »Wissenschaft der Gesetze einer thierischen Natur«[200], der allgemeinen Lehre der »Zoologie (Thierkenntniß)«[201] unter. Die Zoologie enthält bei Schmid neben ihrem »wissenschaftlichen« oder »philosophischen« Teil einen historischen Teil, der aus »Thierbeschreibung« (»Zoographie«) und »Thiergeschichte« (»Zoohistorie«) besteht.[202] Für die Gesetzeswissenschaft, die nicht nur die Tiere, sondern auch die Pflanzen umfasst, schlägt Schmid das Wort *Organonomie* vor (s.o.), die »Wissenschaft einer organischen Natur überhaupt«.[203] Bei C.F. Burdach bildet die Zoonomie 1809 neben der »Zoomorphologie« und »Zoochemie« die dritte Abteilung der »Zoologie«, die zusammen mit der »Phytologie« oder »Botanik« (die ebenfalls in die drei Abteilungen »Phytomorphologie«, »Phytochemie« und »Phytonomie« zerfällt) die »Organologie. (Biologie. Bionomie)« bildet.[204]

Exobiologie

Die Lehre vom Leben außerhalb der Erde hat verschiedene Bezeichnungen erhalten. Am weitesten verbreitet ist der Ausdruck ›Exobiologie‹, den J. Lederberg 1960 ins Englische einführt (zuvor im Russischen?).[205] Vorher wird das Wort *Xenobiologie* in gleicher Bedeutung verwendet.[206]

Die Möglichkeit von Leben außerhalb der Erde wird seit der Antike immer wieder erwogen. Aufgrund mangelnder Daten sind diese Überlegungen aber bis ins 20. Jahrhundert Spekulationen. Eine Möglichkeit des Nachweises außerirdischen Lebens besteht in der Untersuchung von Gestein erdfremden Ursprungs. Diesen Weg geht C.B. Lipman, der 1932

Meteoriten untersucht und meint, lebende Bakterien darin nachweisen zu können.[207] Die Untersuchungen Lipmans werden allerdings scharf kritisiert.[208]

In der zweiten Hälfte des 20. Jahrhunderts halten die meisten Naturwissenschaftler die Existenz außerirdischen Lebens für wahrscheinlich. Besondere Aufmerksamkeit ist dabei der Suche nach *intelligentem* Leben im Kosmos gewidmet.[209] Der Physiker E. Fermi weist in den 1950er Jahren auf den Widerspruch hin, dass zwar alle physikalischen Gesetze für die Existenz und Häufigkeit intelligenten Lebens auch außerhalb der Erde sprechen, die Erfahrung aber keinen Beleg dafür liefert (»Fermi-Paradox«). Nachdem G. Cocconi und P. Morrison 1959 Verfahren zum Nachweis extraterrestrischer Intelligenz theoretisch vorstellen[210], führt F. Drake eine erste Suche mittels eines Radioteleskops im Jahr 1960 durch (»Ozma-Projekt«). Auf einem Treffen einer Gruppe von Astronomen, die sich selbst »Order of the Dolphin« nennen, entwickelt Drake 1961 eine Formel, die der Abschätzung der Anzahl von Zivilisationen in der Milchstraße dient. Diese lautet: $N = R^* \cdot f_p \cdot n_e \cdot f_l \cdot f_i \cdot f_c \cdot L$ (»Drake-Gleichung«). Dabei ist R^* die Anzahl der pro Jahr neu entstehenden Sterne (Drakes Schätzung: 10), f_p der Anteil der Sterne mit Planeten (0,5), n_e die durchschnittliche Anzahl an Planeten jedes dieser Sterne, die der Erde ähneln, d.h. die lebensermöglichende Bedingungen aufweisen (2), f_l die Wahrscheinlichkeit für die Entstehung von Leben auf einem solchen Planeten (1), f_i die Wahrscheinlichkeit für die Entwicklung von Intelligenz auf diesen Planeten (0,01), f_c der zur Kommunikation fähige und willige Anteil dieser intelligenten Zivilisationen (0,01) und L schließlich die Lebensdauer einer solchen Zivilisation in Jahren (10). Die meisten geschätzten Werte von Drake gelten heute als sehr niedrig, strittig ist v.a. der Wert für die Lebensdauer einer Zivilisation (L). Ausgehend von den Erfahrungen mit irdischen Zivilisationen wird eine mittlere Lebensdauer von 420 Jahren angenommen; verbunden mit modernen Werten für die anderen Faktoren ($R^*=10$; $f_p=0,5$; $n_e=0,2$; $f_l=0,2$; $f_i=0,2$; $f_c=0,2$) ergibt dies eine Schätzung von $N=3,36$ Zivilisationen in unserer Galaxis.[211] Die Tatsache, dass die Menschen noch keinen Kontakt zu außerirdischen Zivilisationen haben, obwohl diese doch einen Vorsprung von einigen Jahrmilliarden gegenüber der Entwicklung des Lebens auf der Erde haben könnten, kann als Indiz dafür genommen werden, dass intelligentes und zivilisatorisches Leben ein hohes Potenzial an Selbstzerstörung besitzt und nicht sehr langlebig ist (↑Tod).

Empirische Untersuchungen zu extraterrestrischem Leben beziehen sich in den 1960er Jahren vielfach auf Beobachtungen in Bezug auf den Mars.[212] Direkte Evidenz von extraterrestrischem Leben soll der Nachweis von organischen Verbindungen wie Aminosäuren und Kohlenwasserstoffen auf Meteoriten erbringen.[213] Daneben bewegt sich die exobiologische Forschung auf sehr unterschiedlichen Feldern und betrifft z.B. experimentelle Untersuchungen zum Wachstum von Pflanzen unter möglichen außerirdischen Bedingungen[214] oder Überlegungen zu Leben auf Silikatbasis[215]. Seit 1984 wird die Suche nach außerirdischer Intelligenz (»Search for Extra-Terrestrial Intelligence«) insbesondere von dem in Kalifornien ansässigen SETI-Institut gefördert und organisiert.

Theoretische Biologie

Die Bezeichnung ›Theoretische Biologie‹ (engl. »theoretical biology«) erscheint seit dem Ende des 19. Jahrhunderts und wird zunächst eher beiläufig verwendet.[216] In programmatischer und terminologischer Absicht wird sie 1901 durch den Botaniker J. Reinke ins Deutsche eingeführt. Reinke erläutert seinen neuen Begriff: »Die Ergebnisse der empirischen Biologie sind das Object der theoretischen. Es hat aber die theoretische Biologie nicht nur die Grundlage des biologischen Geschehens festzustellen, sondern auch die Grundlagen zu prüfen, auf denen unsere biologischen Anschauungen ruhen. Der Werth theoretisch-biologischer Erörterungen ist danach zu bemessen, dass eine Erkenntniss umso wichtiger ist, je allgemeiner sie ist, je weiter ihre Tragweite, je mehr Einzelheiten sie umspannt«[217]. Die theoretische Biologie geht also von den Resultaten der empirischen Biologie aus, zielt darauf ab, die allgemeinen Lebensprinzipien zu identifizieren und bewertet darauf aufbauend die Ergebnisse der empirischen Forschung.

In der ersten Hälfte des 20. Jahrhunderts werden verschiedene Monografien zur Theoretischen Biologie verfasst, u.a. von J. von Uexküll[218], R. Ehrenberg[219], K.E. Rothschuh[220] und L. von Bertalanffy[221]. Der Akzent verschiebt sich dabei zunehmend von philosophisch-weltanschaulichen Darstellungen hin zu stärker an den Theorien der Biologie orientierten Ansätzen. L. von Bertalanffy ist 1930 der Ansicht, Aufgabe der Theoretischen Biologie sei die »Zusammenfassung des heute in den biologischen Einzelfächern vorhandenen, theoretischen Wissens, verbunden mit dem Versuche, dasselbe in einen einheitlichen Zusammenhang einzuordnen«.[222] Die Theoretische Biologie solle daher genauso als eine Naturwissenschaft behandelt werden wie die Theoretische Physik.[223]

Erst in der Zeit nach dem Zweiten Weltkrieg entwickelt sich die Theoretische Biologie zu einer mehr und mehr mathematischen Teildisziplin, in der es um die quantitative Modellierung biologischer Prozesse geht. Die Reflexionen auf die begrifflichen und theoretischen Grundlagen der Biologie werden dagegen eher der *Wissenschaftstheorie der Biologie* zugeordnet.[224]

Gegenwärtig bestehen drei Richtungen in der Verwendung des Terminus ›Theoretische Biologie‹ nebeneinander: International am verbreitetsten ist das Verständnis der Theoretischen Biologie als mathematischer Biologie. Daneben besteht, besonders im Deutschen, aber auch die Bedeutung, die Reinke dem Begriff gegeben hat, der zufolge die Aufgabe der Theoretischen Biologie in den Verallgemeinerungen der biologischen Erkenntnisse und insbesondere der Bestimmung der allgemeinen Lebensmerkmale besteht. Schließlich wird unter der Theoretischen Biologie gelegentlich auch die philosophische Analyse biologischer Begriffe und Theorien, also die Wissenschaftstheorie der Biologie, verstanden. Von deutschsprachigen Biologen wird meist das zweite Verständnis bevorzugt, dem zufolge die Theoretische Biologie eine Teildisziplin der Biologie darstellt, nicht der Mathematik oder Philosophie. So definiert R. Hagemann 1989: »Die Theoretische Biologie ist die Wissenschaft von den allgemeinen Gesetzmäßigkeiten der Lebenserscheinungen. Ihre Aufgabe ist das Auffinden, Herausarbeiten und Formulieren exakter biowissenschaftlicher Gesetzmäßigkeiten von sehr allgemeinem Charakter«[225]; ihr Inhalt sei im Wesentlichen weder »Naturphilosophie« oder »Metaphysik« noch »mathematische Biologie«. Ähnlich heißt es 1993 bei H. Penzlin, mit dem Begriff der Theoretischen Biologie sei »diejenige Teildisziplin der Biologie gekennzeichnet, die sich mit den allgemeinsten Eigenschaften und Leistungen aller lebendigen Systeme beschäftigt, durch die sie sich von allem Anorganischen im Wesen unterscheidet«.[226] Um die Theoretische Biologie von der *Allgemeinen Biologie* (s.u.) zu unterscheiden, erscheint es sinnvoll, ihren Gegenstand nicht auf die allgemeinsten Lebenserscheinungen einzugrenzen. Ein solches weiteres Verständnis des Terminus stimmt auch damit überein, dass er weiterhin vielfach für mathematische Modellierungen spezieller biologischer Vorgänge verwendet wird.

In der ersten Hälfte des 20. Jahrhunderts ist es verbreitet, die theoretische Biologie in drei Strömungen zu gliedern, von denen die beiden ersten ›Mechanismus‹ und ›Vitalismus‹ genannt werden. Die dritte, einzig akzeptable Orientierung hat verschiedene Bezeichnungen erfahren: A. Naef spricht von der *kritischen Biologie* und bindet sie an die »idealistische Morphologie«[227]; Meyer-Abich nennt die dritte Richtung später *Holismus* (↑Ganzheit).[228] Der Ausdruck **kritische Biologie** wird allerdings auch von dezidierten Vitalisten, so 1911 von H. Driesch für sich in Anspruch genommen (»Unsere kritische Biologie ist wahrhaft bedeutsam von allem Anfang an. Ja, sie steht nicht an, sich als die bedeutsamste Naturwissenschaft zu proklamieren, ob sie schon keine Maschinen und Brücken bauen lehrt«).[229] J. Schaxel versteht die »kritische Biologie« 1917 aber ausdrücklich als Alternative zu Drieschs Vitalismus.[230]

Für eine der Theoretischen Biologie ähnliche Lehre schlagen E. Oelze und O. Schmith 1937 die Bezeichnung **rationale Biologie** vor. Die zu ihr gehörenden Untersuchungen sollen nach Auffassung der Autoren »nicht unmittelbar zur Biologie gehören, sondern mehr die philosophischen Voraussetzungen betreffen, die die Biologie als Wissenschaft fundieren sollen«.[231] Die Autoren zielen damit auf eine »transzendentale Erörterung der Begriffe und Grundsätze«[232], und sie wollen dabei insbesondere in Bezug auf den Begriff des Lebens »eine möglichst klare Unterscheidung zwischen dem bloß empirischen Inhalte dieses Begriffes und seiner reinen verstandesmäßigen Form«[233] bedenken. Als einen Grundsatz der rationalen Biologie sehen sie z.B. die Ansicht, dass »alle Lebensäußerungen, wie Atmung, Ernährung, organisches Wachstum, Fortpflanzung, Empfindung und Bewußtsein« an ein Substrat gebunden seien, das sie die »biologische Seele« oder »das transzendentale Subjekt aller Lebenserscheinungen« nennen.[234] (C.H. Merriam verwendet diesen Ausdruck 1893 für eine von der Laborforschung wegführende und an der Systematik orientierte Biologie.[235])

Älter ist der Titel **allgemeine Biologie**. Er erscheint im ersten Jahrzehnt des 19. Jahrhunderts, zuerst wohl in E. Bartels' ›Systematischem Entwurf einer allgemeinen Biologie‹ (1808).[236] C.G. Carus unterscheidet 1811 zwischen einer die allgemeinen Grundlagen darstellenden allgemeinen Biologie (»Biologia generalis«) und einer auf einzelne Naturgegenstände bezogen **speziellen Biologie** (»Biologia specialis«).[237] Bei Carus steht diese Unterscheidung auf einer romantisch-naturphilosophischen Grundlage mit einem umfassenden Biologiebegriff (s.o.): Die allgemeine Biologie beinhaltet danach ebenso die Prinzipien der Kosmologie und Geologie wie die spezielle Biologie es neben den organischen auch mit den besonderen anorganischen Körpern zu tun hat. Die Gegenüberstellung einer auf die allgemeinen Prinzipien und einer auf die besonderen

Erscheinungsformen gerichteten Lehre ist aber von Carus vollzogen worden. Bereits im ersten Lexikonartikel überhaupt zu dem Lemma ›Biologie‹ aus dem Jahr 1816 wird die Einteilung in »Allgemeine Biologie« und »Specielle Biologie« unter Verweis auf Carus übernommen: Erstere befasse sich mit dem »Leben im allgemeinen«, letztere mit »einzelnen Formen«.[238] Im Laufe des 19. Jahrhunderts verbreitet sich diese Unterscheidung, und die Bezeichnung ›allgemeine Biologie‹ wird für jede nicht auf einzelne systematische Gruppen bezogene biologische Darstellung verwendet.[239] Enthalten sind im allgemeinen Teil der Lehrbücher Beschreibungen und Theorien zum grundlegenden Aufbau und den verschiedenen Organsystemen der Organismen einer Gruppe. Seit Ende des 19. Jahrhunderts verfügen die Lehrbücher zur allgemeinen Biologie über einen ähnlichen Aufbau: Dargestellt werden (1) die Hierarchieebenen der Struktur von Organismen, über Zellen, Gewebe, Organe und Organsysteme bis zur äußeren Gestalt, (2) die grundlegenden, definierenden Eigenschaften der Lebewesen wie Stoffwechsel, Entwicklung und Fortpflanzung sowie (3) ein knapper Überblick über die Evolution und Systematik der bestehenden Lebensformen.[240] Zu Beginn des 20. Jahrhunderts entsteht eine ganze Reihe von Werken mit dem Titel ›Allgemeine Biologie‹, die meist eine populäre Einführung in die Biologie darstellen.[241] Um die Verankerung der allgemeinen Biologie als Lehrgegenstand an den Universitäten, insbesondere im Kurrikulum der Mediziner, bemüht sich J. Schaxel seit Ende des zweiten Jahrzehnts des 20. Jahrhunderts.[242] Eine institutionelle Verankerung findet die ›Allgemeine Biologie‹ aber zunächst v.a. außerhalb der Universitäten, z.B. in dem im April 1916 in Berlin-Dahlem eröffneten ›Kaiser-Wilhelm-Institut für Biologie‹.[243] Im Verlauf des 20. Jahrhunderts ist die Allgemeine Biologie auch mit der theoretischen Biologie identifiziert worden. Als ihre Aufgabe wird dann angegeben, die »allgemeinen Wesenszüge« der Lebensphänomene zu erfassen.[244]

Von einer **universalen Biologie**, die sich auch auf das Leben außerhalb der Erde beziehen kann, ist seit den 1870er Jahren die Rede (Anonymus 1873: »the physiology of plants and animals have become coalesced in universal biology«).[245]

Für den Ansatz zur Formulierung einer umfassenden und systematischen Biologie verwendet H. Doherty 1864 den Ausdruck **synthetische Biologie** (»synthetic biology«).[246] Seit Beginn des 20. Jahrhunderts ist damit meist eine auf die Erzeugung von künstlichem Leben gerichtete Biologie gemeint (Léduc 1910: »biologie synthétique«).[247] Einen großen Aufschwung nimmt die synthetische Biologie hundert Jahre später mit der Möglichkeit, Organismen aus dem Zusammenbau verschiedener Genome zu erzeugen. In weniger terminologischer Absicht wird seit den 1830er Jahren der Ausdruck **analytische Biologie** verwendet (Anonymus 1835: »die analytische Biologie des Verfs.«[248]). Meist ist damit jede auf die Zergliederung und kausale Erklärung aus den Teilen zielende Richtung der Biologie gemeint (Ritter 1908: »analytical biology«).[249] Im Wesentlichen eine Wissenschaftstheorie der Biologie ist dagegen die von G. Sommerhoff 1950 dargestellte ›Analytische Biologie‹.[250]

Philosophie der Biologie
Ausgehend von der englischsprachigen Welt verbreitet sich seit den 1920er Jahren mit ähnlicher Bedeutung der Ausdruck ›Philosophie der Biologie‹.[251] Die Formel geht auf W. Whewell zurück, der sie 1840 einführt (»one main inquiry belonging to the Philosophy of Biology is concerning the Fundamental Idea or Ideas which the science [i.e. »the Science of Life«] involves«).[252] Whewell ordnet die Philosophie der Biologie als Teil der Philosophie der Naturwissenschaften ein und stellt sie neben die Philosophie der Physik. Vereinzelt wird der Ausdruck ›Philosophie der Biologie‹ auch im Deutschen bereits im 19. Jahrhundert gebraucht (F.R. 1878: »Spencer's Philosophie der Biologie«[253]). Regelmäßig und in terminologischer Verwendung taucht die Formulierung aber erst im 20. Jahrhundert auf. Bekannt wird sie besonders durch die Publikationen von D. Hull und M. Ruse seit Ende der 1960er Jahre.[254]

Den Gegenstand dieses Forschungsfeldes bilden trotz des allgemeinen Titels meist wissenschaftstheoretische, weniger ethische oder andere Felder der Philosophie berührende Fragen der Biologie. Die Philosophie der Biologie ist traditionell stark an der Evolutionstheorie orientiert: Viel diskutiert werden in den 1970er und 80er Jahren der Anpassungsbegriff und der Vorwurf der Tautologie des Selektionsprinzips (↑Anpassung). Daneben spielt die Genetik, besonders in der Frage der möglichen Reduktion der klassischen auf die molekulare Genetik, und die Systematik mit den Auseinandersetzungen zwischen der numerischen, kladistischen und evolutionären Schule der Systematik eine zentrale Rolle.

Die Philosophie der Biologie ist nicht mehr die Philosophie eines einzelnen Forschers, wie in der ersten Hälfte des 20. Jahrhunderts die Theoretische Biologie, sondern ein von vielen getragenes gemeinsames Projekt. Nicht nur hinsichtlich der Themen, sondern auch hinsichtlich des Forschungsstils besteht damit in der Philosophie der Biologie eine Annäherung von Natur- und Geisteswissenschaften. Programmatisch beansprucht M. Ruse 1988 für sich keine speziellen Verdienste, sondern ordnet sich vielmehr in eine ohnehin ablaufende Dynamik des Forschungsprozesses ein (»I do not claim any special virtues here, for what is significant is that I am one of a very large and growing number of people who have turned in like manner to biology to further their philosophical understanding«).[255]

Methodisch besteht weitgehende Einigkeit unter den Philosophen der Biologie, dass eine ihrer wesentlichen Aufgaben in der Analyse von Begriffen und der Rekonstruktion von Theorien besteht. Die Philosophie der Biologie ist damit Teil der Wissenschaftstheorie und entwickelt ein im Vergleich zu dem Anspruch einer »Grundlegung« der Biologie der älteren Philosophen eher bescheidenes Selbstverständnis. Die meisten Philosophen der Biologie gehen von einer sachlichen und methodischen Kontinuität von Biologie und Philosophie aus und wenden sich gegen eine »Inselkonzeption« der Philosophie (Chuchland 1986: »the insular view of philosophy«[256]). A. Rosenberg schreibt in seiner Einführung in das Feld von 1985, die Wissenschaftsphilosophie sei Teil der Wissenschaft selbst (»the philosophy of science is part and parcel of that science itself«[257]). Die Fragen der Philosophen würden sich prinzipiell nicht von denjenigen der Naturwissenschaftler unterscheiden. Die Philosophie ist nach diesem Verständnis als Wissenschaftstheorie also von den empirischen Wissenschaften abhängig und folgt diesen nach.[258]

Konzeptionell zeigt sich diese Abhängigkeit auch darin, dass die zahlreichen Handbücher zur Philosophie der Biologie, die im ersten Jahrzehnt des 21. Jahrhunderts erscheinen, in ihrer Kapiteleinteilung ähnlich wie ein Lehrbuch der Biologie aufgebaut sind.[259] Traditionelle philosophische Fragen der Biologie, wie die Teleologie oder die Ontologie von Organismen, sind weitgehend marginalisiert.

Trotz dieser starken Bindung an die Biologie haben die Gründungsväter der Philosophie der Biologie, v.a. D. Hull, anfangs starke Zweifel am Wert ihrer Untersuchungen für die Biologie. Philosophen der Biologie können nach Hull Probleme in biologischen Theorien entdecken, explizieren oder sogar lösen, und sie können die Konsequenzen ihrer Ergebnisse für die Biologie und andere Wissenschaften aufzeigen und kommunizieren. Aber sie haben dies, so meint Hull Ende der 1960er Jahre, bisher nicht getan. Hull diagnostiziert daher eine nur geringe wechselseitige Relevanz zwischen der Philosophie und der Philosophie der Biologie (»thus far it is not very relevant to biology, nor biology to it«[260]). Mit dem Boom der Disziplin in den letzten Jahren gilt die Philosophie der Biologie aber als eines der besten Beispiele für eine gelungene Kooperation zwischen einer Geistes- und einer Naturwissenschaft.

P. Griffiths gliedert den Gegenstand der Philosophie der Biologie 2008 in drei Fragekomplexe: (1) Allgemeine Fragen der Wissenschaftstheorie in Anwendung auf die Biologie, also etwa zur Theorienstruktur und Theoriendynamik oder zum Reduktionismus; (2) Konzeptionelle Fragen innerhalb der Biologie, die die Definition oder Konsistenz der Begriffe betreffen, z.B. für ›Gen‹, ›Art‹, ›Fitness‹, ›ökologisches Gleichgewicht‹ oder ›Bewusstsein‹; und (3) Traditionelle philosophische Probleme, die durch den Fortschritt der Biologie eine Veränderung erfahren, z.B. das Leib-Seele-Problem und die Teleologieproblematik.[261]

Vor der Etablierung der Philosophie der Biologie als mächtiger eigenständiger Disziplin, laufen die Bemühungen um eine philosophische Klärung und Deutung biologischer Erkenntnisse unter anderen Titeln. J.B. de Lamarck führt 1815 den Ausdruck **biologische Philosophie** ein (»Philosophie biologique«) und versteht diesen im Sinne einer Wissenschaft der Prinzipien des Organischen.[262] Die Bezeichnung wird 1838 von A. Comte übernommen[263] und erscheint in der zweiten Jahrhunderthälfte im Englischen und Deutschen (Feuchtersleben 1852: »biological philosophy«[264]; G-sch 1857: »biologische Philosophie«: im Sinne einer Erkenntnis der Prinzipien der Biologie, die über die bloße Sammlung empirischen Materials, über die Tätigkeit, »anatomische und zoologische Einzelheiten zusammenzutragen« hinausgeht[265]).

		Richtung der Betrachtung	
		ausgehend von der Biologie	ausgehend von der Philosophie
Gegenstand	Detailfragen	*Theoretische Biologie* (z.B. Vererbungsmechanismus, Evolutionsmodell)	*Philosophie der Biologie* (z.B. Organismusbegriff, Theorienreduktion)
	globale Fragen	*Allgemeine Biologie* (Prinzipien des Lebens)	*Biophilosophie* (Ontologie u. Ethik von Lebewesen, Leib-Seele-Relation)

Tab. 38. *Kreuzklassifikation von vier Disziplinen, die allgemeine oder philosophische Fragen der Biologie zum Gegenstand haben.*

Daneben ist auch der Terminus *Biophilosophie* in Gebrauch, den H. Driesch 1910 einführt (»[Ethisches Wissen] ist nur möglich im Rahmen einer teleologisch orientierten Biologie und Biophilosophie, welche nach dem Ganzen der belebten Natur fragt«).[266] Im 20. Jahrhundert wird dieser Ausdruck ausgehend von sehr unterschiedlichen Ansätzen verwendet.[267] Gelegentlich wird der Titel ›Biophilosophie‹ explizit in Opposition zu ›Philosophie der Biologie‹ in Stellung gebracht, insofern mit ihm über eine »Methodologie oder Wissenschaftstheorie der Biologie« hinaus methodenkritische und ontologische Fragen verbunden werden, die im Anschluss an H. Jonas auch den »Innenaspekt« und die »Subjektivität« von Organismen sowie ausdrücklich ethische Dimensionen einschließen (Köchy 2008).[268] Die deutschsprachigen Ansätze einer Biophilosophie legen der Tradition gemäß außerdem weiterhin ein starkes Gewicht auf Grundlegungsfragen (Organismusbegriff, Teleologie). Will man das Verhältnis der Biophilosophie zur Philosophie der Biologie und zur Theoretischen sowie Allgemeinen Biologie bestimmen, dann bietet es sich an, die Biophilososphie als eine von der Philosophie ausgehende Betrachtung fundamentaler Fragen des Lebendigen zu definieren (vgl. Tab. 38).

Gliederung der Biologie in Subdisziplinen
In der Biologie hat bis heute kein einheitliches System ihrer Subdisziplinen entwickelt. Verschiedene Klassifikationsschemata, die sich an jeweils ganz anderen Einteilungsgesichtspunkten orientieren, bestehen nebeneinander. In einer Übersicht über die Klassifikationen lassen sich fünf verschiedene Kriterien der Einteilung voneinander unterscheiden (vgl. Tab. 39).[269]

Botanik und Zoologie: Pflanze und Tier
Am verbreitetsten ist die Einteilung der Biologie gemäß den augenfälligsten Eigenschaften der Organismen. Populär ist bereits vor der Etablierung der Biologie als einheitlicher Wissenschaft die Zweiteilung in Botanik und Zoologie. Ein ganzes Merkmalsbündel folgt diesem Zweierschema: Die ↑Pflanzen, als die Gegenstände der Botanik, verfügen nicht über die Fähigkeit der aktiven Ortsbewegung; sie sind durch einen offenen (und modularen) Bautyp ausgezeichnet, insofern sie Zeit ihres Lebens wachsen und sich in ihrer Form den jeweiligen Umweltbedingungen anpassen; ihre der Ernährung dienenden Oberflächen entfalten sich nach außen (Sproß- und Wurzelsystem); und sie verfügen über kein schnelles Reizleitungssystem. Bei den ↑Tieren, als den Gegenständen der Zoologie, ist es im Unterschied dazu jeweils anders: sie sind zur aktiven Fortbewegung befähigt; sie haben eine definierte Körperform, die sie weitgehend unabhängig von den Umweltbedingungen ausbilden; sie ernähren sich heterotroph, sind also auf organische Substanzen als Nahrung angewiesen; ihre der Ernährung dienenden Oberflächen entfalten sich nach innen (Magen-Darm-Trakt); und sie verfügen mit dem Nervensystem über ein schnelles Reizleitungssystem. Aber so klar Pflanzen und Tiere einander in einigen paradigmatischen Fällen auch gegenüberstehen mögen – die Unterscheidung hinsichtlich ihrer Merkmale ist doch ein klassisches Beispiel für eine »fuzzy logic«, denn es lassen sich Mischformen finden, deren Klassifikation schwer fällt, z.B. die Korallen, die sesshaft sind, einem pflanzentypischen offenen Bautyp angehören und ihre trophischen Oberflächen nach außen entfalten, aber in der Regel zu keiner autotrophen Ernährung befähigt sind und über ein einfaches Nervensystem verfügen.[270]

Die aufgezählten Merkmale der Pflanzen und Tiere stehen nicht unabhängig voneinander, sondern sind vielfach aufeinander bezogen. Zur Erklärung des Merkmalssyndroms der beiden Organismenreiche

---

Gliederung nach Gegenständen
Botanik: Lehre von den Pflanzen
Zoologie: Lehre von den Tieren
Mykologie: Lehre von den Pilzen
Protistologie: Lehre von den Einzellern
Bakteriologie: Lehre von den Bakterien

Gliederung nach Form- und Funktionsaspekten
Morphologie: Lehre von den organischen Formen
Physiologie: Lehre von den organischen Funktionen

Gliederung nach Hierarchieebenen
Zytologie: Zelllehre
Histologie: Gewebelehre
Anatomie: Lehre von den inneren Organen
Morphologie: Lehre von der Gestalt der Organismen
Populationsbiologie: Lehre von den Populationen
Ökologie: Lehre von den Ökosystemen

Gliederung nach Ursachetypen
Ontogenie: Lehre von der individuellen Entwicklung
Phylogenie: Lehre von der phylogenet. Entstehung
Physiologie: Lehre von den proximaten Funktionen
Selektion: Lehre von den ultimaten Funktionen

Systemtheoretische Gliederung
Physiologie: Lehre von den Innenbeziehungen des Org.
Ethologie: Lehre von den Außenbeziehungen des Org.
Populationsbiologie: Populations- u. Evolutionslehre
Ökologie: Ökosystemlehre

Tab. 39. Übersicht über verschiedene Dimensionen der Gliederung der Biologie in Subdisziplinen.

kann das physiologische Merkmal der unterschiedlichen Ernährungsweise an den Anfang der Begründungskette gestellt werden: Aus der Autotrophie der Pflanzen erklärt sich ihre große äußere Oberfläche, diese bedingt ihre stationäre Lebensform, die wiederum nur eine langsame Reizleitung erforderlich macht. Aber die Kette der Begründung ließe sich auch bei einem anderen Merkmal beginnen. Die charakteristischen Eigenschaften hängen vielfach miteinander zusammen und stehen in einem Verhältnis der wechselseitigen Stützung zueinander.

Daneben lässt sich die typisierende Unterscheidung von Pflanze und Tier auch als eine Kompensation der fehlenden bauplanmäßigen Flexibilität des Tieres durch eine zunehmende Verhaltensplastizität kennzeichnen.[271] Ein kompensatorisches Verhältnis zwischen den beiden Formen der Flexibilität, d.h. der auf den Bauplan bezogenen und der auf das Verhalten bezogenen, wird dadurch nahegelegt, dass sie tatsächlich nicht zusammen in einem Organismus auftreten. Die extreme organische Differenzierung der Tiere, die die Grundlage für ihr komplexes Verhalten ist, ist nicht zu vereinbaren mit der Flexibilität des Bauplans der Pflanzen, weil diese Flexibilität die Koordination der Teile in dem integrierten Ganzen stören würde. Die Flexibilität des Bauplans der Pflanzen hat auch Konsequenzen für das Verhältnis der Teile zum Ganzen des Organismus. Pflanzen weisen in der Regel eine geringere Integration als Tiere auf, weil es möglich ist, dass sich Teile ablösen, um einen selbständigen Organismus aufzubauen. Der modulare Aufbau der Pflanzen steht in Kontrast zu dem stärker zentralisierten Bauplan der Tiere (↑Pflanze; Morphologie). Es besteht damit insgesamt eine gewisse Berechtigung, Pflanze und Tier nicht nur als phylogenetische Einheiten zu betrachten, sondern sie auch als Lebensformtypen zu sehen, die in unterschiedlichen Verwandtschaftszusammenhängen auftreten können.

In der entscheidend durch die Evolutionstheorie geprägten heutigen Biologie wird die Unterscheidung von Pflanze und Tier aber meist als eine stammesgeschichtliche Einteilung verstanden; es werden mit ihr also Verwandtschaftsverhältnisse markiert. Schwierigkeiten mit dem Zweierschema ergeben sich u.a. daraus, dass es zahlreiche Übergangsformen gibt, und dass große Gruppen wie die ↑Pilze, die ↑Einzeller und die Prokaryoten (↑Bakterien) taxonomisch weder zu den Pflanzen noch zu den Tieren gehören. Den Reichen der Pflanzen und Tiere wäre also mindestens noch ein drittes und viertes Reich nebenzuordnen.

Abgesehen von diesen faktischen Klassifikationsproblemen erscheint es grundsätzlich fraglich, ob es sinnvoll ist, die Systematik der biologischen Disziplinen an der kontingenten Mannigfaltigkeit der biologischen Formen auszurichten. S. Tschulok nennt solche Einteilungen der Biologie, die sich auf der Verschiedenheit der Objekte gründen, 1910 »praktisch wertvoll«, aber er billigt ihnen »keinen logischen Wert« zu.[272] Als Plädoyer für eine methodologische Basis der Einteilung gibt er als Direktive aus, dass es »nicht auf die Klassifikation der Erscheinungen der Organismenwelt, sondern auf eine Klassifikation der Art der Beschäftigung der Naturwissenschaftler mit jenen Objekten ankommt«.[273]

Morphologie und Physiologie: Form und Funktion
Eine andere verbreitete Einteilung hat einen universalen Ansatz, indem sie die Unterscheidung von Form (Struktur) und Funktion zugrunde legt. Seit der Frühen Neuzeit bildet diese Unterscheidung die Grundlage für die Gegenüberstellung von Morphologie (Anatomie) und Physiologie.

Zoologie (Naturgeschichte der Thiere in weiterm Sinne).
I. Zoonomie. Natur des Thieres.
  A. Form (Anatomie im weitern Sinne)
    a. der Elementar-Gewebe: Histographie ⎫ 2) Zootomie
    b. der Organe: Organographie ⎭
  B. Stoff (physikalisch und hauptsächlich chemisch) . . . . 3) Zoophysik / Zoochemie
  C. Verrichtungen der Organe:
    (Ernährung, Zeugung, Bewegung, Empfindung) . . . . . . 4) Zoophysiologie
  D. Veränderungen der typischen Formen der Organe . . . . 5) Morphologie
  E. Verrichtungen der Seele . . . . . 6) Psychologie
II. Zoognosie: die Thiere als natürliche Individuen (Zoologie im engeren Sinne).
  F. Beschreibung der Thiere für sich.
    a. Allgemeines (Stetes) . . . . . 7) Zoographie
    b. Organische Entwickelung: Zoomorphose
    c. Geistige Thätigkeit nach außen (Thier-Oekonomie) . . . . 8) Vergleich. Biographie
  G. Verbreitung der Thiere.
    a. im Raum (unter dem Einfluß der Außenwelt) . . . . 9) Geozoologie / Thier-Geographie
    b. in der Zeit . . . . 10) Thier-Geschichte
  H. Beschreibung im Vergleich mit allen andern Thieren . . . . 11) Taxonomie; Syst. Beschreibung.
    * * *
Entwickelung der Wissenschaft . . . . 1) Geschichte der Zoologie.

Abb. 56. Gliederung der Zoologie in Subdisziplinen (aus Bronn, H.G. (1850). Allgemeine Zoologie: 2).

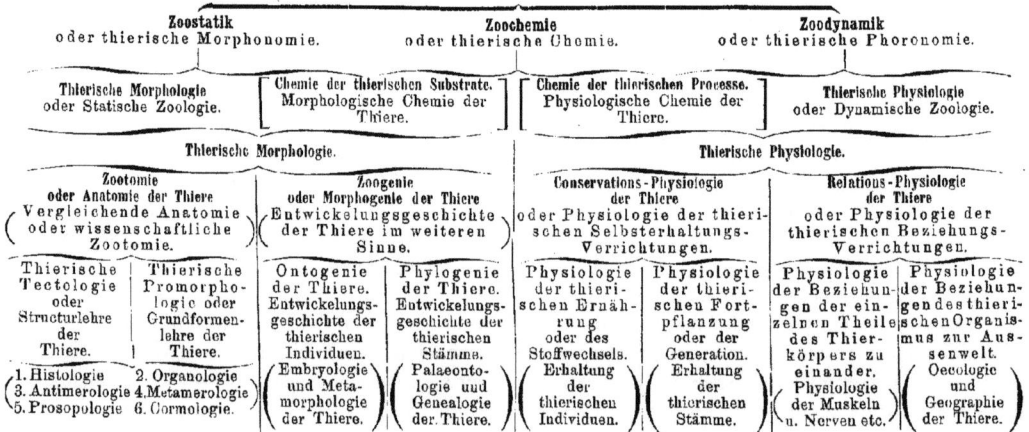

Abb. 57. Gliederung der Biologie in Subdisziplinen (aus Haeckel, E. (1866). Generelle Morphologie der Organismen, 2 Bde.: I, 238).

System der Biologie

	I. Lehre von den Einzelorganismen = Idiobiologie		II. Lehre von den Organismengesellschaften = Biocœnologie	
	a) Statik	b) Dynamik	a) Statik	b) Dynamik
A. Verhalten der Teile, zueinander (1) und zur Umwelt (2)	Morphologie	Physiologie (1) Autökologie (2)	Qualitative und quantitative Analyse[2]) der Organismengesellschaften	Symphysiologie (1) (= Korrelationslehre)[3]) Synökologie s. str. (2)
B. Einteilung der Vielheit	morphologische Systematik	autökologische Systematik[1])	biocœnologische Systematik[4]) (topographisches Vegetationssystem)	Synökologische Systematik s. str.[5]) (ökologisches Vegetationssystem)
C. Verteilung auf der Erde	Lehre von der räumlichen Verbreitung (Areale) der Arten = Autochorologie	Lehre von der Arealveränderung der Arten = Epiontologie s. str.	Lehre von der räumlichen Verbreitung der Organismengesellschaften = Synchorologie	Lehre von den localen Sukzessionen[6])
D. Verteilung in der Erdgeschichte	Stratigraphie = Autochronologie	Phylogenetik	Synchronologie	Lehre von den säkulären Sukzessionen[7])

Abb. 58. Gliederung der Biologie in Subdisziplinen (aus Gams, H. (1918). Prinzipienfragen der Vegetationsforschung. Ein Beitrag zur Begriffsklärung und Methodik der Biocoenologie. Vierteljahrsschr. Naturforsch. Ges. Zürich 63, 293-493: 298).

Das System der Biologie.

		Forschungsgegenstand	
		Einzelorganismen (Flora und Fauna)	Organismengesellschaften (Vegetation)
		Idiobiologie (Grundeinheit: Die Arten)	Biosoziologie (Grundeinheit: Die Assoziationen)
Forschungsprobleme	1. Feststellen, Charakterisieren und Ordnen der Einheiten	Systematik (Taxonomie)	Systematische (taxonomische) Biosoziologie (Gesellschaftssystematik)
	2. Äußere und innere Gestalt der Einheiten	Morphologie	Analytische Biosoziologie (Gesellschaftsmorphologie)
	3. Die Lebensvorgänge der Einheiten	Physiologie	(Physiologische Biosoziologie, Symphysiologie)
	4. Entstehung und Veränderungen der Einheiten	(Auto-)Genetik	Genetische Biosoziologie, Syngenetik
	5. Die Verteilung der Einheiten im Raume	Autochorologie	Chorologische Biosoziologie, Synchorologie
	6. Die Umgebung der Einheiten und ihr Einfluß auf sie	Autökologie	Ökologische Biosoziologie, Synökologie
	7. Die Verteilung der Einheiten in der Zeit	Autochronologie (Paläontologie)	Chronologische Biosoziologie, Synchronologie (Paläosoziologie, Sukzessionsforschung)

Abb. 59. Gliederung der Biologie in Subdisziplinen, der Vorschlag kombiniert die Einteilung von Tschulok und Gams miteinander (aus Du Rietz, G.E. (1921). Zur methodologischen Grundlage der modernen Pflanzensoziologie: 28).

Einteilung der Biologie

I. Analytische Biologie

Morphologie	Physiologie	Entwicklungsgeschichte	Entwicklungsmechanik	Genetik	Systematik	Tiergeographie, Paläontologie
Der Organismus				Die Organismen		
Form	Funktion	Werden		Formen		Verteilung in Raum und Zeit

II. Synthetische Biologie

Allgemeine[1]) und theoretische[2]) Biologie	Ökologie
Der Organismus	Der Organismus und die Organismen
Leben	Sein

III. Angewandte Biologie

[1]) Im Sinne Woltereecks.
[2]) Im Sinne v. Bertalanffys.

Abb. 60. Gliederung der Biologie in Subdisziplinen (aus Friederichs, K. (1937). Ökologie als Wissenschaft von der Natur oder Biologischen Raumforschung: 92).

Biologie

Überblick über die Gliederung der Biologie als theoretischer Wissenschaft nach ihren Grundfragen

Teilfragen	Zusammenhangsfragen	
	I. Schicht (A–B)	II. Schicht (A–B–C)
A. Gefügelehre (Morphologie und Systematik) 1. Bausteinlehre (Elementaranalyse der Formbestandteile) 2. Grundformenlehre (Vergleichende Morphologie) 3. Einteilungslehre (Systematik)	A (→ B): (Physiologische Morphologie i. w. S.) 1. Formstufenlehre (Vergleichende Keimesgeschichte) 2. Lehre von den Leistungsformen (Physiologische Morphologie i. e. S.) 3. Lehrstück von den „physiologischen Merkmalen" in der Einteilungslehre	1. Lehre vom Lebenshaushalt (Ökologie) a) Umweltlehre i. e. S. (Autökologie) b) Mitweltlehre (Synökologie)
B. Geschehenslehre (Physiologie) 1. Vorgangslehre (Elementaranalyse der physikalischen und chemischen Vorgänge) 2. Leistungslehre a) Betriebsleistungen b) Verhaltens- (Bewegungs-) leistungen	B (→ A): (Formphysiologie) 1. Vorgangslehre der Formbildung 2. Lehre von den Formbildungsleistungen 3. Erblehre 4. Abänderungslehre (Variationslehre)	2. Geschichtslehre (Historische Biologie) a) Stammesgeschichte b) Geschichte des Lebenshaltes (Historische Ökologie)
C. Verteilungslehre 1. Lehre von der räumlichen Verteilung (Chorologie) a) Gebietslehre b) Formale Gesellschaftslehre (formale Soziologie) 2. Lehre von der zeitlichen (und räumlich-zeitlichen) Verteilung (Chronologie)		3. Theoretische Biologie Abschluß der biologischen Theorie durch Gewinnung der allgemeinsten Gesetzmäßigkeiten des organischen Lebens und der Grundlagen zu ihrer Erklärung; Beziehungen zu anorganischer Naturwissenschaft, Psychologie, Gemeinschaftswissenschaften und zu Philosophie als Wissenschaftslehre und als Wirklichkeitslehre (Weltanschauung).

Abb. 61. Gliederung der Biologie als theoretischer Wissenschaft nach ihren Grundfragen (aus Ungerer, E. (1942). Die Erkenntnisgrundlagen der Biologie. Ihre Geschichte und ihr gegenwärtiger Stand. In: Gessner, F. (Hg.). Handbuch der Biologie, Bd. I, 1, 1-94: 66).

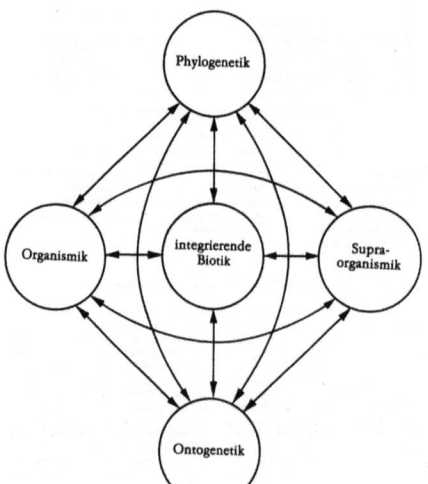

Abb. 62. Gliederung der Biologie in Subdisziplinen. Die hier als Kreise dargestellten biologischen Disziplinen betreffen vier Aspekte der Organismen und eine integrierende Sicht: Die Organismik thematisiert die raum-zeitliche Organisation der Organismen (Morphologie und Physiologie); die Ontogenetik ihren Individualzyklus (Entwicklungsbiologie); die Supraorganismik die Zugehörigkeit des Organismus zu überindividuellen (supraorganismischen) Systemen (Ökosystemen); die Phylogenetik die Stellung des Organismus in der Evolution (Phylogenese) und die Integrierende Biotik schließlich umfasst die methodischen Ansätze, in denen die anderen Aspekte integriert sind (Genetik, Biophysik und Biokybernetik) (aus Löther, R. (1972). Die Beherrschung der Mannigfaltigkeit. Philosophische Grundlagen der Taxonomie: 50).

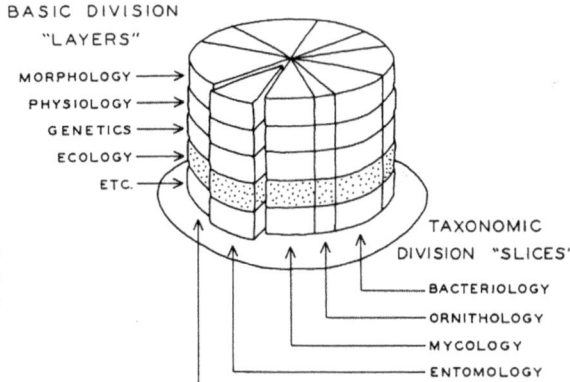

Abb. 63. Gliederung der Biologie nach Integrationsebenen und taxonomischen Gruppen in der Art eines Schichtkuchens. Horizontal: Integrationsebenen, vertikal: taxonomische Gruppierungen (aus Odum, E.P. (1953). Fundamentals of Ecology: 4).

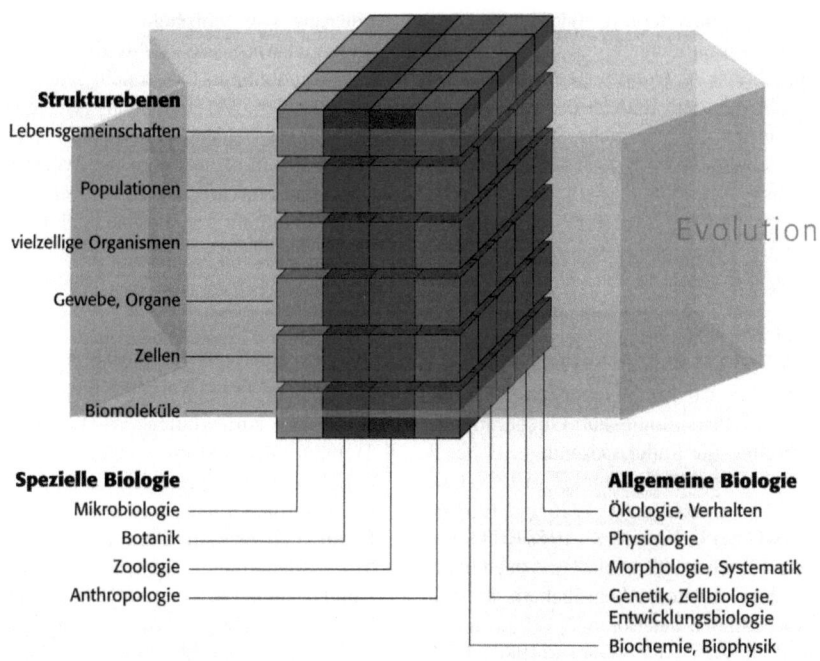

Abb. 64. Gliederung der Biologie in Subdisziplinen nach vier Dimensionen : (1) den Fächern der Speziellen Biologie, die der Taxonomie der Organismen folgen, (2) den Fächern der Allgemeinen Biologie, die methodisch und hinsichtlich ihrer Fragestellungen differenziert sind, (3) den organischen Strukturebenen, die sich aus der hierarchischen räumlichen und strukturellen Ordnung der organischen Bausteine ergeben, und schließlich (4) der Evolution, die den anderen Aspekten eine historische Dimension verleiht und stets einen Ansatz für die (ultimate) kausale Erklärung von biologischen Phänomenen liefert (aus Campbell, N.A. & Reece, J.B. (1987/2002). Biology (dt. München 2003): xlvi; nach einem Vorbild, das die ersten drei Dimensionen enthält, in: Haß, H. et al. [Fachdidaktische Kommission] (1998). Lehrplan Biologie, Grund- und Leistungsfach, Jahrgangsstufen 11-13 der gymnasialen Oberstufe des Landes Rheinland-Pfalz: 13; ähnlich auch Meyer-Abich, A. (1945). Kriterien und Komponenten des Systems der Biologie. Arch. Hydrobiol. 40, 1027-1062: 1053).

Verfasser	Simpson et al.	Grassé et al.	Czihak et al.	Campbell et al.	Purves et al.
Erscheinungsjahr	(1957)	(1966)	(1976)	(1987/90)	(1983/2006)
Umfang (Seiten)	845	998	837	1165	1577
Themen (Seitenanteil in %)					
Zellbiologie	9	19	16	11	12
Integration und Regulation	13		17		
Fortpflanzung und Sexualität	7	23	8		
Vererbung	7	15	6	15	17
Entwicklung	2	18	9		4
Evolution	7	21	6	7	7
Systematik	17		1	15	13
Form und Funktion der Pflanzen			8	9	8
Form und Funktion der Tiere			9	23	18
Verhalten	4		5	2	2
Ökologie	10		8	8	6
Biogeografie	5		3		2
Phylogenese	8				

Tab. 40. Das Spektrum der Themen der Biologie und seine Veränderung im Spiegel führender Lehrbücher seit Mitte des 20. Jahrhunderts.

Eine strikte Gegenüberstellung wird meist vermieden und die Zusammengehörigkeit von beiden betont. So beschreibt A. Comte das Verhältnis von Anatomie und Physiologie 1838 als das einer intimen Kombination, in der die eine nicht ohne die andere existieren könne, ohne ihren wissenschaftlichen Status zu verlieren.[274] Die Trennung von Anatomie und Physiologie erscheint ihm daher als ein »Laster«. Trotz ihres engen Zusammenhalts bleibt die Einteilung der Biologie in Anatomie und Physiologie aber das ganze 19. Jahrhundert über bestehen. So wird sie u.a. von H. Spencer und E. Haeckel (vgl. Abb. 57) zur Gliederung der Biologie verwendet.[275] Auch im 20. Jahrhundert ist die Gegenüberstellung von Morphologie und Physiologie zur Gliederung der Biologie verbreitet. Sie findet sich u.a. 1903 bei R. Burckhardt[276], 1910 bei S. Tschulok[277], 1912/31 bei R. Hesse[278], 1918 bei H. Gams[279], 1926 und 1963 bei A. Meyer[280], 1942 bei E. Ungerer[281], 1958 bei O. Stocker[282], 1968 bei Rochhausen et al.[283] und auch in den an Universitäten verbreiteten Lehrbüchern, so in E. Strasburgers »Lehrbuch der Botanik« (1998) und in R. Siewings »Lehrbuch der Zoologie« (1980). Nicht selten wird die Zweiteilung in Anatomie und Physiologie um eine dritte grundlegende Subdisziplin ergänzt. In dieser Rolle erscheinen u.a. die Lehre der Umweltbeziehung des Organismus (Ökologie) (Hesse 1912/31), die Phylogenie (Meyer 1926) oder eine »Verteilungslehre« (Ungerer 1942; vgl. Abb. 61).

Problematisch an der Zweiteilung der Biologie in Morphologie und Physiologie ist vor allem, dass in der Biologie stets die Interaktion von Form und Funktion von Interesse ist. Vielfach wird die Polarisierung von Morphologie und Physiologie daher gleich im Anschluss an ihre Einführung auch wieder zurückgenommen. So streicht schon H. Spencer die notwendigen Verbindungen (»necessary connexions«[284]) der beiden Seiten heraus und führt als dritte Subdisziplin die Lehre der Wechselwirkung von Form und Funktion ein. Umstritten ist die strikte Gegenüberstellung von Form und Funktion vor allem deshalb, weil sie sich an der aus der Physik übernommenen Unterscheidung von Materie und Bewegung (oder allgemeiner von Raum und Zeit) orientiert.[285] J.S. Haldane meint 1931 sogar, wir würden, »wenn wir Morphologie und Physiologie voneinander trennen, in einen wenn auch vielleicht verschleierten Vitalismus zurückfallen«.[286] Die Schwierigkeit der Trennung der Aspekte von Form und Funktion des Organismus wird besonders daran deutlich, dass seine Teile, die Organe, weder als reine Strukturen im Raum noch als reine Ereignisse in der Zeit beschrieben werden können. Sie sind immer beides zugleich – und wenn es auch ungewöhnlich erscheint, z.B. das Herz als ein Ereignis zu bezeichnen, so ist es doch nicht weniger einseitig, als es als eine reine Struktur anzusehen (Woodger 1929: »Obviously the heart is an event«[287]).

Um die enge Verschränkung von Morphologie und Physiologie zum Ausdruck zu bringen, haben verschiedene Autoren eine neue Disziplin vorgeschlagen, die gerade die *Einheit* von Morphologie und Physiologie zu ihrer Grundlage hat. Unter ihnen ist der Haeckel-Schüler W. Haacke, der die Wissenschaft, die Statik (Morphologie) und Dynamik (Physiologie) der Organismen umfasst, *Bionomie* nennt

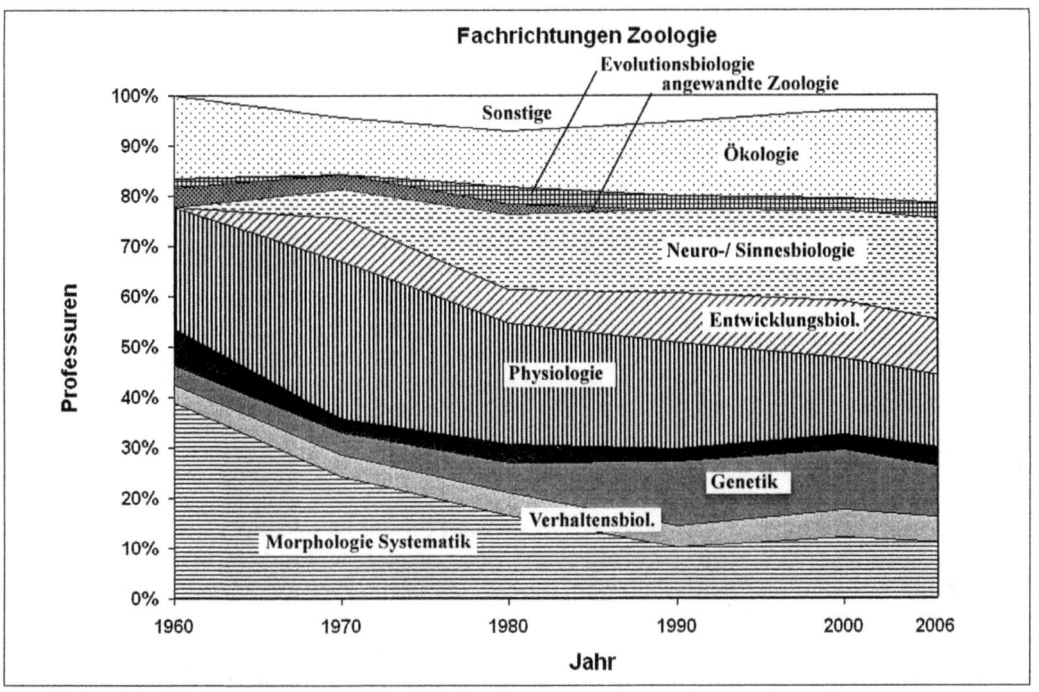

Abb. 65. Veränderungen des Fächerspektrums der Zoologie in den letzten 50 Jahren, gemessen über den Anteil der Professuren einer Fachrichtung an westdeutschen Universitäten. Datengrundlage bilden die Vorlesungsverzeichnisse von 20 westdeutschen Universitäten, die im Abstand von zehn Jahren zwischen 1960 bis 2006 ausgewertet wurden. Absolut nahm in diesem Zeitraum die Anzahl der zoologischen Professuren von 54 (1960) auf 230 (2006) zu, mit einem starken Anstieg zwischen 1970 und 1980. Einige Subdisziplinen verzeichnen dabei ein überproportional starkes Wachstum, z.B. die Neuro- und Sinnesbiologie von 0 auf 21% und die Genetik von 5,7 auf 8,7%. Daneben gibt es zwei große Verlierer: Der Anteil der Physiologieprofessuren, deren Gegenstand nicht schwerpunktmäßig die Neuro- oder Sinnesphysiologie ist, sank von 31,4 auf 13,5 Prozent. Den stärksten Rückgang verzeichnet die Morphologie und Systematik von knapp 40 auf gut 10% der zoologischen Professuren (aus Wägele, J.W. & Bode, H.-J. (2007). Fünf Jahrzehnte Zoologie an deutschen Hochschulen. Lehrstuhlentwicklung und Beitrag der DFG. In: Wägele, J.W. (Hg.). Höhepunkte der zoologischen Forschung im deutschen Sprachraum, 11-20: 15).

(s.o.). Er argumentiert, die beiden Seiten könnten nicht in Isolation voneinander studiert werden, denn »[d]ie Funktionen können nicht unabhängig von den Formen bestehen«.[288] Explizit auf die Zusammenführung von Morphologie und Physiologie gerichtet ist auch Ungerers Lehre der *Physiologischen Morphologie* (↑Morphologie).[289] In ihr gehe es um die »Beziehung der Formteile auf den ›Leistungsplan‹ des Organismus«.[290] Schließlich zielt auch die von H. Weber begründete *Konstruktionsmorphologie* auf eine Vereinigung von Morphologie und Physiologie. Weber erläutert: »Unter Konstruktion ist dabei die Einheit aus Bau und Leistung zu verstehen, mit Einschluß ihrer Dynamik, ihres Werdens und der Dynamik ihres Werdens«.[291] Weber hofft mit diesem neuen synthetischen Ansatz, die alte »unglückselige vermeintliche Antinomie Morphologie *gegen* Physiologie« zu überwinden.[292]

Organische Hierarchieebenen: vom Makromolekül zum Ökosystem
Eine andere verbreitete Klassifikation orientiert sich an der strukturellen Hierarchie der Organismen. Am Ende des 19. Jahrhunderts ist es die Unterscheidung der Ebenen von Zellen und Geweben, die diese Einteilung der Wissenschaft vorbereitet. So gibt O. Hertwig der ersten Auflage seines mehrfach wieder aufgelegten Lehrbuchs der Biologie den Titel ›Die Zelle und die Gewebe‹ (1893-98). Wie er im Vorwort deutlich macht, versteht er diesen Titel als Absage an die verbreitete Gliederung der Biologie in Anatomie und Physiologie. Die Einheitlichkeit der Phänomene des Lebens werde insbesondere auf der Ebene der Zellen durch die Scheidung in Anatomie und Physiologie eher künstlich getrennt als systematisch erschlossen. Nach der Erweiterung der Hierarchieebenen in Richtung der kleineren und größeren Dimensionen wird

die strukturell-organisatorische Ordnung des Lebens im 20. Jahrhundert als eine vielstufige Hierarchie präsentiert: Den Organisationsebenen von *Makromolekülen, Zellen, Geweben, Organen, Organismen, Populationen* und *Ökosystemen* entsprechend (↑Hierarchie)[293], wird die Biologie eingeteilt in *Biochemie, Zytologie, Histologie, Organologie, Morphologie, Populationsbiologie* und *Ökologie* (vgl. Abb. 63 und 64).[294] Diese Einteilung nach Integrationsniveaus hat allerdings einen eingeschränkten Anwendungsbereich, weil sich nicht bei allen Lebewesen diese Hierarchieebenen unterscheiden lassen (z.B. nicht bei den Einzellern).

Komplexe Gliederungen der Biologie
Komplexe Gliederungen der Biologie gehen nicht von einem einheitlichen Kriterium aus, sondern legen verschiedene zugrunde. Eine Einteilung dieser Art schlägt S. Tschulok 1910 vor. Er orientiert sich dabei an den Vorarbeiten von Haeckel und präsentiert eine Einteilung der Biologie in sieben Subdisziplinen: »1. Die Verteilung der Organismen auf Gruppen nach dem Grade ihrer Ähnlichkeit (Klassifikation, Taxonomie). 2. Die Gesetzmäßigkeiten der Gestalt (Morphologie). 3. Die Lebensvorgänge in den Organismen (Physiologie). 4. Die Anpassungen der Organismen an die Außenwelt (Ökologie). 5. Die Verteilung der Organismen im Raume (Chorologie). 6. Das zeitliche Auftreten der Organismen in der Erdgeschichte (Chronologie). 7. Die Herkunft der organischen Wesen (Genetik).«[295] Tschulok hält diese sieben Disziplinen für notwendig und hinreichend zur »vollständigen Erkenntnis eines Lebewesens und aller Lebewesen«.[296]

Proximat/ultimat und die »vier Fragen der Biologie«
Eine andere verbreitete Einteilung der Biologie geht von vier Fragen aus, die gegenüber jedem biologischen Gegenstand gestellt werden können. Als Urheber dieser berühmten vier Fragen der Biologie gelten N. Tinbergen (1963) oder E. Mayr (1961). Aber bereits 1926 gliedert A.L. Thomson die Ursachen des Vogelzugs in vier entsprechende Kategorien: den Überlebenswert (»survival value«) für den einzelnen Vogel, den selektiven Vorteil, den der Zug in der Vergangenheit der Evolutionsgeschichte der Vogelart bedeutete, die periodische Stimulierung des Vogels und die Art, in der der Zug durchgeführt wird.[297] In einem kurz darauf erscheinenden Aufsatz referiert Mayr diese Einteilung zustimmend[298] – ausführlich und mit entsprechender Resonanz kommt er auf das Thema aber erst 30 Jahre später wieder zu sprechen[299]. 1961 unterscheidet Mayr vier gleichberechtigte Ursachen zur Erklärung des Vogelzugs: eine *ökologisch-funktionale* Ursache, die die verschlechterte Ernährungssituation in dem Gebiet, von dem der Vogel wegzieht, betrifft; eine *genetische* Ursache, die sich auf die genetische Konstitution bezieht, die der Vogel in seiner Evolutionsgeschichte erworben hat; eine *innere physiologische* Ursache, die die inneren Mechanismen der Auslösung des Zugverhaltens betrifft; und schließlich eine *äußere physiologische* Ursache, die sich auf einen äußeren Stimulus wie das Wetter bezieht.[300] Die ersten beiden Ursachen fasst Mayr als *ultimate* Ursachen zusammen, weil sie auf die Evolutionsgeschichte des Organismus zurückgehen und ihren Ursprung damit nicht in der Lebensspanne des einzelnen Organismus haben. Demgegenüber werden die beiden letzten Ursachen als *proximat* bezeichnet, weil sie nicht auf Ereignisse vor das Leben des betreffenden Organismus zurückgehen (für die Geschichte der Unterscheidung proximater und ultimater Ursachen ↑Funktion). Mayr legt nahe, dass auf dieser Einteilung eine konsequente Wissenschaftssystematik der Biologie gegründet werden kann.[301]

In ähnlicher Absicht wie Mayr unterscheidet J. Huxley bereits 1942 drei verschiedene Aspekte biologischer Gegenstände, einen *mechanistisch-physiologischen* Aspekt (»how is the organ constructed, how does the process take place?«), einen *adaptiv-funktionalen* Aspekt (»what is the functional use of the organ or process, what is the biological meaning or value to the organism or the species?«) und einen *historischen* Aspekt (»what is the temporal history of the organ or process, what has been its evolutionary course?«).[302]

1963 greift N. Tinbergen die Einteilung Mayrs auf und erweitert sie in der Weise, dass er den historischen Aspekt von Huxley in einen ontogenetischen und einen phylogenetischen Teil differenziert. Tinbergen nennt die vier Probleme, die für die Biologie, und hier insbesondere für die Ethologie, grundlegend sind *Verursachung, Überlebenswert, Ontogenie* und *Evolution* (↑Funktion: Tab. 92).[303]

Eine eingeschränkte Allgemeinheit hat eine auf diesen »Fragen« oder »Problemen« der Biologie beruhende Einteilung, weil sie auf einer besonderen biologischen Teilwissenschaft, der Ethologie, beruht. Bestimmte Themen, wie die Ökologie, finden hier also keine Berücksichtigung. Bereits Tinbergen weist außerdem auf die Überlappung der einzelnen Bereiche hin. So betreffe die Frage des Überlebenswertes (die Tinbergen an anderer Stelle mit der nach der Funktion identifiziert) auch die der Ontogenie, und die Ontogenie lasse sich außerdem auch nicht immer von der Physiologie trennen, was sich besonders bei gelerntem Verhalten zeige.[304]

Systemtheoretische Einteilungen der Biologie
Als systemtheoretisch können solche Einteilungen der Biologie gelten, die sich von der Opposition von Form und Funktion lösen und auch nicht die organischen Hierarchien in den Mittelpunkt stellen, sondern die vom Begriff des Organismus als einem System von wechselseitig voneinander abhängigen Teilen ausgehen. In diese Richtung weist die in ihrem Muster bemerkenswerte Einteilung der Biologie von Hegel. Sie bildet sich ausgehend von Hegels Begriff des Organismus: »Der Organismus ist [...] zu betrachten a) als die individuelle Idee, die in ihrem Prozesse sich nur auf sich selbst bezieht und innerhalb ihrer selbst sich mit sich zusammenschließt, – die Gestalt; b) als Idee, die sich zu ihrem Anderen, ihrer unorganischen Natur verhält und sie ideell in sich setzt, – die Assimilation; c) die Idee, als sich zum Anderen, das selbst lebendiges Individuum ist, und damit im Anderen zu sich selbst verhaltend, – Gattungsprozeß«.[305] Hier ist nicht mehr von Form und Funktion, sondern von dem Selbst und dem Anderen die Rede, und diese Unterscheidung stellt die Grundlage für Hegels Gliederung dar. Am Anfang der Einteilung steht der Selbstbezug des Organismus, dieser ist es, der den Ansatz der Biologie begründet. Der Umweltbezug zwecks der Selbsterhaltung (z.B. der Ernährung) und der Bezug zum Artgenossen zwecks der Fortpflanzung sind die beiden sich anschließenden Themen. Die drei Ideen können den heutigen Disziplinen Physiologie, Ethologie und Genetik (Fortpflanzungsbiologie) zugeordnet werden.

Hegels Dreiteilung findet eine Parallele in I. Kants Erläuterung seines Begriffs eines Naturzwecks in der ›Kritik der Urteilskraft‹ (1790). Am Beispiel eines Baumes führt Kant aus, dass ein Organismus in dreifacher Hinsicht als Naturzweck anzusehen ist[306]: erstens in der Erzeugung eines anderen Baumes der gleichen Art (Fortpflanzung, d.h. Gattungsprozess), zweitens in seinem Wachstum (Ernährung, d.h. Assimilation) und drittens in der wechselseitigen Abhängigkeit seiner Teile (Ganzheit, d.h. Gestalt). Kants Dreiteilung orientiert sich wiederum an einer Passage bei J.F. Blumenbach, der 1781 alle »Generation, Nutrition und Reproduction« als Ausdruck eines Bildungstriebes sieht.[307] Auch die Gliederung der ersten Kapitel von G.L.L. Buffons ›Histoire générale des animaux‹ (1749) weist eine ähnliche Einteilung auf (1. »Comparaison des Animaux & des Végétaux« [innere Organisation], 2. »De la Reproduction en général« [Fortpflanzung], 3. »De la nutrition & du developpement« [Ernährung und Wachstum]).[308]

Mitte des 19. Jahrhunderts findet sich eine damit verwandte systemtheoretische Einteilung bei I. Geoffroy Saint Hilaire. Er schlägt ebenfalls eine Dreiteilung der Biologie vor, die auf drei Typen von Gesetzen beruht: den *organologischen Gesetzen* (»lois organologiques«), die die inneren Verhältnisse der Organismen betreffen (»êtres organisés en eux mêmes ou dans leurs organes«), den *ethologischen Gesetzen* (»lois éthologiques«), die es mit den äußeren Manifestationen der Organismen zu tun haben (»manifestations vitales extérieurs des êtres organisés«), und den *geonomischen Gesetzen* (»lois géonomiques«), die die Beziehungen der Organismen zur Umwelt bzw. ihre geografische Verteilung betreffen (»distribution successive et actuelle des êtres organisés à la surface du globe terrestre«).[309] Für die moderne Terminologie prägt Geoffroy hier den Ausdruck ↑›Ethologie‹ und kontrastiert diese Wissenschaft der äußeren Lebenserscheinungen – oder genauer der Außenbeziehungen des Organismus – mit dem Studium der inneren Verhältnisse der Teile des Organismus, das den Gegenstand der Physiologie bildet.

Der Sache nach liegt die Unterscheidung von Physiologie und Ethologie schon bei X. Bichat (1800) vor. Denn Bichat stellt dem »organischen Leben«, das wesentlich in Stoffwechselvorgängen besteht, das »animalische Leben« gegenüber, in dem der Organismus »außerhalb seiner existiert« (»existe hors de lui«) und das in den Fähigkeiten der Sinneswahrnehmung, Lokomotion und Kommunikation besteht.[310] Ähnlich bestimmt auch der Physiologe F. Magendie die von ihm spezifizierten Beziehungsfunktionen (»fonctions de relations«) 1816 durch ihren Bezug zu den Umweltobjekten (»rapport avec les objets en-

		Art der Beziehung		
		Konstitution des Gegenstandes (Systemausgliederung)	Umweltbezug des Gegenstandes (Systemregulation)	
Gegenstand	Individuum	*Physiologie (Allelologie)*	*Ethologie (Perilogie)*	*Idiobiologie*
	Population	*Populationsbiologie (Demologie)*	*Ökologie (Meta-Allelologie)*	*Symbiologie*
		Systembiologie	*Homöostasebiologie*	

Tab. 41. Kreuzklassifikation zur Gliederung der Biologie nach systemtheoretischen Kriterien.

vironnans«).³¹¹ Mitte des 19. Jahrhunderts wird diese Gegenüberstellung von C. Robin aufgenommen, und zwar durch Abgrenzung der Physiologie von einer Wissenschaft der Einflüsse der Umwelt auf die Organismen, die keinen besonderen Namen erhält (»science qui étudie l'influence du milieu, ou si l'on veut des agents extérieurs sur l'être vivant«).³¹² Mit der Namensgebung der Ethologie durch I. Geoffroy Saint-Hilaire und ihrer wissenschaftlichen Etablierung in der zweiten Hälfte des 19. Jahrhunderts wird die systemtheoretische Einteilung der Biologie in Physiologie und Ethologie allgemein anerkannt.

Schließlich lassen sich auch antike Wurzeln für die systemtheoretischen Einteilungen der Biologie finden. Denn bereits der römische Arzt Galen gliedert die Körperteile der Tiere nach drei Funktionsbereichen: der Erhaltung des individuellen Lebens (z.B. Gehirn, Herz, Leber), dem Wohlbefinden und der Sinne, die die Relation zur Umwelt betreffen (z.B. Augen, Ohren, Nase, Hand), sowie der Fortpflanzung und der Erhaltung der Art (z.B. die inneren und äußeren Geschlechtsorgane).³¹³

Organismus-Umwelt, Individuum-Population
Die Unterscheidung von Prozessen, die innerhalb eines Organismus stattfinden, und solchen, die auf die Organismus-Umweltrelation bezogen sind, bildet den Ansatzpunkt für eine systemtheoretische Einteilung der biologischen Subdisziplinen: Die *Physiologie* (oder »Allelologie; ↑Physiologie) untersucht den Organismus als ein sich selbst organisierendes Regulationssystem von Seiten seiner Geschlossenheit als funktionale und morphologische Einheit. Die *Ethologie* untersucht dieses System dagegen im Hinblick auf seine Offenheit und Relation zur Umwelt.

Mit der Etablierung der Populationsbiologie und Ökologie zu Beginn des 20. Jahrhunderts etabliert sich daneben die Unterscheidung von Individuum und Population als eine grundlegende Distinktion der Biologie. Berücksichtigung findet diese Unterscheidung in der Gliederung der Biologie durch H. Gams im Jahr 1918 (vgl. Abb. 58). Gams' oberste Einteilung trifft eine Zuordnung der biologischen Subdisziplinen zur **Idiobiologie** (»Lehre von den Einzelorganismen«) auf der einen Seite und *Biozönologie* (»Biocœnologie«; engl. später »biocoenology«³¹⁴) oder **Zönobiologie** (»Cœnobiologie«: »Lehre von den Organismengesellschaften«) auf der anderen Seite (↑Biozönose).³¹⁵

Analog zur ›Physiologie‹ für den Einzelorganismus verwendet Gams den Ausdruck *Symphysiologie* (»Korrelationslehre«) für die Dynamik der Organismengesellschaften.³¹⁶ Später ist für diesen Zweig der Biologie auch von der **Synbiologie** (Schwenke 1953³¹⁷; engl. Bakker 1964: »synbiology«³¹⁸) (↑Symbiose) die Rede. Bereits seit Ende des 19. Jahrhunderts ist der Ausdruck **Symbiologie** in Gebrauch: Der Philosoph A. Stöhr verbindet mit diesem Begriff 1897 eine ökologische Bedeutung und definiert die Symbiologie als eine Disziplin, »welche die Wirkung eines Lebewesens auf ein anderes und die Rückwirkung des letzteren auf das erstere erforscht«.³¹⁹ Von Seiten biologischer Autoren wird der Ausdruck seit den 1930er Jahren erneut vorgeschlagen (Dudich 1938; Friederichs 1957; Balogh 1958; Stugren 1986).³²⁰

U.A. Corti differenziert 1925 allgemein zwischen »Idiologie (Lehre von den Einzelwesen)« und »Eidologie (Lehre von den Arten)« und speziell für die Biologie zwischen *Idiobiologie* und *Eidobiologie* (letzere abgeleitet von griech. ›εἶδος‹ »Art, Spezies«).³²¹

Der grundlegende Begriff der Synbiologie ist der der ↑Population: eine Gruppe von Organismen, die gemeinsam eine (Nahrungs-)Ressource nutzen und zusammen Nachkommen zeugen können. Das Konzept der Population bildet die grundlegende Einheit zur Erklärung der Veränderung von Organismen in der Evolutionstheorie, die damit einen Zweig der *Populationsbiologie* (oder »Demologie«) bildet (↑Population). Die Wechselwirkung von Populationen verschiedener Arten stellt schließlich den Gegenstand der *Ökologie* dar: Sie klärt, inwieweit die systematischen Wirkungen von verschiedenartigen Organismen auf einander als Komponenten von organisierten und regulierten (Super-)Systemen beurteilt werden können (↑Ökosystem).

Die sich damit ergebende Vierteilung der Biologie lässt sich in einer Kreuztabelle überblicken (vgl. Tab. 41).³²² Die Unterscheidung der vier Grunddisziplinen der Biologie kann auch mittels einfacher Grafiken verdeutlicht werden (↑Vorwort: Abb. 4). Die Physiologie betrifft die Wechselbedingung der Teile in einem organisierten System, das als Kreislauf mit vier aufeinander wirkenden Teilen symbolisiert werden kann; die Ökologie behandelt die dazu parallele Organisation organisierter Systeme (oder auch von Populationen organisierter Systeme); die Ethologie hat es mit der vom Organismus ausgehenden Regulation der Wirkung der Umwelt auf ihn zu tun; und die Populationsbiologie schließlich behandelt die Prozesse der Populationskonstitution und -regulation, an erster Stelle die Fortpflanzung; sie beschreibt damit auch das Phänomen der Evolution, das in seiner einfachsten Form als differenzielle Reproduktion von zwei Typen symbolisiert werden kann.

Nachweise

1 Vgl. Kanz, K.T. (2002). Von der BIOLOGIA zur Biologie. Zur Begriffsentwicklung und Disziplingenese vom 17. bis zum 20. Jahrhundert. Verh. Gesch. Theor. Biol. 9, 9-30.
2 Olearius, J. (1666). Biologia. Das schnellfliegende menschliche Leben unter ausser und in dem sichtbaren geistlichen und ewigen Freuden-Himmel; ders. (1669). Gymnasium Euthanasias. Christliche Sterbeschule in welcher die nothwendige Vorbereitung Schuldige Erweisung und freudenreiche Erfolgung der unfehlbaren seligen Sterbekunst nebst beygefügter Nosographia und beständigen Krancken-Trost wie auch Biologia und Diaeta Betrachtung des schnellfliegenden menschlichen Lebens und nothwendigen Anstalt desselben aus Gottes Wort gezeigt wird.
3 Herrward, J.C. [1686]. Biologia. Das schnellfliegende menschliche Leben [Leichenpredigt auf Johann Georg I., Herzog von Sachsen-Anhalt].
4 Linné, C. von (1736). Bibliotheca botanica (München 1968): 148; vgl. Barsanti, G. (1994). Lamarck and the birth of biology 1740-1810. In: Poggi, S. & Bossi, M. (eds.). Romanticism in Science. Science in Europe, 1790-1840, 47-74: 56.
5 Planer, J.J. (1771). Versuch einer teutschen Nomenclatur der Linneischen Gattungen zur Uebersetzung der Generum plantarum Linnei; vgl. Kanz, K.T. (2000). Zur Frühgeschichte des Begriffs »Biologie«. Die botanische Biologie (1771) von Johann Jakob Planer (1743-1789). In: Höxtermann, E., Kaasch, J., Kaasch, M. & Kinzelbach, R.K. (Hg.). Berichte zur Geschichte der Hydro- und Meeresbiologie und weitere Beiträge zur 8. Jahrestagung der DGGTB in Rostock 1999, 269-282: 272.
6 Hanov, M.C. (1766). Philosophiae naturalis sive physicae dogmaticae, tomus III, continens geologiam, biologiam, phytologiam generalem et dendrologiam vel terrae, rerum viventium et vegetatium in genere, atque arborum scientiam; vgl. McLaughlin, P. (2002). Naming biology. J. Hist. Biol. 35, 1-4.
7 Lawrence, W. (1819/44). Lectures on Physiology, Zoology and the Natural History of Man: 42; vgl. OED; Schiller, J. (1980). Physiology and Classification: 92.
8 Rauber, A. (1896). Die Lehren von Victor Hugo, Leo Tolstoj und Emile Zola über die Aufgaben des Lebens vom biologischen Standpunkte aus betrachtet: 12.
9 Vgl. Herzhoff, B. (1999). Das Erwachen des biologischen Denkens bei den Griechen. In: Wöhrle, G. (Hg.). Geschichte der Mathematik und der Naturwissenschaften in der Antike, Bd. 1. Biologie, 13-49; Eijk, P. J. van der (1999). Hippokratische Beiträge zur antiken Biologie. In: Wöhrle, G. (Hg.). Geschichte der Mathematik und der Naturwissenschaften in der Antike, Bd. 1. Biologie, 50-73; Görgemanns, H. (1999). Biologie bei Platon. In: Wöhrle, G. (Hg.). Geschichte der Mathematik und der Naturwissenschaften in der Antike, Bd. 1. Biologie, 74-88; Fuente Freyre, J.A. de la (2002). La biología en la antigüedad y la edad media.
10 Vgl. Grene, M. (1972). Aristotle and modern biology. J. Hist. Ideas 33, 395-424; Kullmann, W. (1979). Die Teleologie in der aristotelischen Biologie; ders. (1998). Aristoteles und die moderne Wissenschaft.
11 Aristoteles, De part. anim. 644b-645a.
12 Aristoteles, De anima 412a ff.; vgl. Hilt, A. (2005). Ousia, Psyche, Nous. Aristoteles' Philosophie der Lebendigkeit.
13 Aristoteles, De an. 411b; 413b; De part. anim. 682a f.
14 Aristoteles, De part. anim. 640a2.
15 Vgl. Detel, W. (1993). Erläuterungen zu Aristoteles' Analytica posteriora. In: Aristoteles, Werke in deutscher Übersetzung, Bd. 3, Teil II.
16 Vgl. Gotthelf, A. (1987). First principles in Aristotle's Parts of Animals. In: Gotthelf, A. & Lennox, J.G. (eds.). Philosophical Issues in Aristotle's Biology, 167-198; Detel, W. (1997). Why all animals have a stomach. Demonstration and axiomatization in Aristotle's *Parts of Animals*. In: Kullmann, W. & Föllinger, S. (Hg.). Aristotelische Biologie, 63-84; Lennox, J.G. (2001). Putting philosophy of science to the test: the case of Aristotle's biology. In: ders. (2001). Aristotle's Philosophy of Biology, 98-109.
17 Darwin, C. [Brief an W. Ogle vom 22. Feb. 1882]; vgl. Gotthelf, A. (1999). Darwin on Aristotle. J. Hist. Biol. 32, 3-30: 4.
18 Vgl. Gotthelf (1999): 21.
19 Medawar, P. & Medawar, J. (1983). Aristotle to Zoos. A Philosophical Dictionary of Biology: 28f.
20 Lennox, J.G. (1995). The disappearance of Aristotle's biology: a Hellenistic mystery. In: ders. (2001). Aristotle's Philosophy of Biology, 110-125.
21 Meyer, A. (1934). Ideen und Ideale der biologischen Erkenntnis: 25.
22 Loeb, J. (1911). Das Leben. Vortrag gehalten auf dem Ersten Monisten-Kongress: 6f.
23 Roose, T.G.A. (1797). Grundzüge der Lehre von der Lebenskraft: III; vgl. Dittrich, M. (1974). Progressive Elemente in den Lebensdefinitionen der romantischen Naturphilosophie. Communicationes de Historia Artis Medicinae, Budapest 73/74, 73-85: 80.
24 Burdach, C.F. (1800). Propädeutik zum Studium der gesammten Heilkunst: 62.
25 Treviranus, G.R. (1802). Biologie oder Philosophie der lebenden Natur für Naturforscher und Aertzte, Bd. 1: 4.
26 Lamarck, J. B. de (1801-02). Hydrogéologie, ou recherches sur l'influence qu'ont les eaux sur la surface du globe terrestre: 8; vgl. Barsanti, G. (1994). Lamarck and the birth of biology 1740-1810. In: Poggi, S. & Bossi, M. (eds.). Romanticism in Science. Science in Europe, 1790-1840, 47-74: 56.
27 Lamarck, J.B. de [ca. 1812]. Biologie ou considerations sur la nature, les facultés, les développemens et l'origine des corps vivans (Druck in: Grassé, P.-P. (1944). La biologie. Texte inédit de Lamarck. Rev. scientif. 82, 267-276): 269.
28 Lamarck, J.B. de (1809). Philosophie zoologique, 2 Bde.: I, 382; 377; vgl. ders. [ca. 1812]: 271.
29 Lamarck, J.B. de (1815-22). Histoire des animaux sans vertèbres, 7 Bde.: I, 315.
30 Sonntag, M. (1991). Die Seele und das Wissen vom Lebenden. Zur Entstehung der Biologie im 19. Jahrhundert. In: Jüttemann, G., Sonntag, M. & Wulf, C. (Hg.). Die Seele. Ihre Geschichte im Abendland, 293-318: 295.

31 Foucault, M. (1966). Les mots et les choses (dt. Die Ordnung der Dinge, Frankfurt/M. 1974): 207.
32 Mayr, E. (1982). The Growth of Biological Thought: 36.
33 Lepenies, W. (1976). Das Ende der Naturgeschichte: 29.
34 Kanz, K.T. (2006). „ ... die Biologie als die Krone oder der höchste Strebepunct aller Wissenschaften." Zur Rezeption des Biologiebegriffs in der romantischen Naturforschung (Lorenz Oken, Ernst Bartels, Carl Gustav Carus). NTM 15, 77-92.
35 Fichte, J.G. (1806). Ueber das Wesen des Gelehrten (AA, Bd. I, 8, 37-139): 71.
36 Oken, L. (1805). Abriß des Systems der Biologie: ix.
37 Pierer, J.F. (1816). Biologie. In: Medizinisches Realwörterbuch, Bd. 1, 771-773: 772; vgl. Kanz (2006): 85.
38 Fodéra, M. (1826). Discours sur la biologie, ou science de la vie.
39 Runge, F.F. (1821). Materialien zur Phytologie, 2. Lieferung: 3f. (Kap. 1)
40 a.a.O.: 37.
41 Comte, A. (1838). La philosophie chimique et la philosophie biologique. In: Cours de philosophie positive, Bd. 3.
42 Vgl. Robin, C. (1850). [Vorwort]. Comptes rendus des séances et mémoires de la Société de Biologie pendant l'année 1849, i-xi
43 Blainville, D. de (1829). Cours de physiologie générale et compare, Bd. 1: 2-5.
44 a.a.O.: 18f.
45 Delpino, F. (1867). Pensieri sulla biologia vegetale, sulla tassonomia, sul valore tassonomico dei caratteri biologici, e proposta di un genere nuova. Nuovo Cimento, Giorn. Fis. Chim. Stor. Nat. 25, 284-304; 321-398.
46 Vgl. Wiesner, J. (1889). Biologie der Pflanzen; Ludwig, F. (1895). Lehrbuch der Biologie der Pflanzen.
47 Jaeger, G. (1871). Lehrbuch der allgemeinen Zoologie I. Abth. Zoochemie und Morphologie: VI f.
48 Dahl, F. (1898). Experimentell-statistische Ethologie. Verh. Deutsch. Zool. Ges. 8, 121-131: 122.
49 Wasmann, E. (1901). Biologie oder Ethologie? Biol. Centralbl. 21, 391-400: 399.
50 a.a.O.: 397; ähnlich auch: Doflein, F. (1901/16). Lehrbuch der Protozoenkunde: 303.
51 Vgl. z.B. Haeckel, E. (1872). Biologie der Kalkschwämme; Bischoff, H. (1927). Biologie der Hymenopteren. Eine Naturgeschichte der Hautflügler; Frahm, J.-P. (2001). Biologie der Moose.
52 Gegenbaur, C. (1876). Die Stellung und Bedeutung der Morphologie. Morphol. Jahrb. 1, 1-19: 17.
53 Haeckel, E. (1890). Plankton-Studien. Vergleichende Untersuchungen über die Bedeutung und Zusammensetzung der pelagischen Fauna und Flora: 19.
54 Darwin, C. (1868). The Variation of Animals and Plants under Domestication, vol. 2: 75 und passim.
55 Bernard, C. (1875). Définition de la vie. Les théories anciennes et la science moderne. In: ders. (1878). La science expérimentale, 149-212: 182.
56 a.a.O.: 183.

57 Peirce, C.S. [1904]. [Classification of science]. In: Pape, H. (1993). Final causality in Peirce's semiotics and his classification of the sciences. Trans. C.S. Peirce Soc. 29, 581-607: 607.
58 Driesch, H. (1893/1911). Die Biologie als selbständige Grundwissenschaft und das System der Biologie; ders. (1909/28). Philosophie des Organischen: 125.
59 Sapper, K. (1935-36). Die Biologie als autonome Wissenschaft, 2 Teile. Acta Biotheor. 1 & 2, 41-46 & 12-18; Ayala, F.J. (1968). Biology as an autonomous science. Amer. Sci. 56, 207-221; Rosenberg, A. (1985). The Structure of Biological Science: 13; Mayr, E. (2005). What Makes Biology Unique? Considerations on the Autonomy of a Scientific Discipline.
60 Rosenberg, A. (1994). Instrumental Biology or the Disunity of Science: 6.
61 a.a.O.: 34.
62 Lange, M. (2004). The autonomy of functional biology: a reply to Rosenberg. Biol. Philos. 19, 93-109: 108.
63 Sober, E. (1993). Philosophy of Biology: 77.
64 Vgl. Toepfer, G. (2004). Zweckbegriff und Organismus: 368ff.
65 Krohs, U. (2004). Eine Theorie biologischer Theorien: 149f.; 176.
66 Dobzhansky, T. (1964). Biology, molecular and organismic. Amer. Zool. 4, 443-452: 449; vgl. ders. (1973). Nothing in biology makes sense except in the light of evolution. Amer. Biol. Teach. 35, 125-129.
67 Haeckel, E. (1877). Ueber die heutige Entwickelungslehre im Verhältnisse zur Gesammtwissenschaft. Amtl. Ber. 50. Vers. Deutsch. Naturf. Ärzte 50, 14-22: 16.
68 a.a.O.: 15.
69 Rickert, H. (1896-1902/1929). Die Grenzen der naturwissenschaftlichen Begriffsbildung. Eine logische Einleitung in die historischen Wissenschaften: 260.
70 ebd.
71 a.a.O.: 617.
72 Kroner, R. (1919). Das Problem der historischen Biologie: 34f.
73 a.a.O.: 29.
74 Schaxel, J. (1919/22). Grundzüge der Theorienbildung in der Biologie: 261.
75 Ballauff, T. (1949). Das Problem des Lebendigen: 58; Heberer, G. (1960). Die Historizität als Wesenszug des Lebendigen. Philos. nat. 6, 145-152: 145.
76 Ehrenberg, R. (1923). Theoretische Biologie vom Standpunkt der Irreversibilität des elementaren Lebensvorganges: 2.
77 Homberger, D.G. (1998). Was ist Biologie? In: Dally, A. (Hg.). Was wissen Biologen schon vom Leben? Loccumer Protokolle 14, 11-28: 17.
78 a.a.O.: 18.
79 Pringle, J.W.S. (1963). The Two Biologies. Inaugural Lecture, Oxford.
80 Winther, R.G. (2006). Parts and theories in compositional biology. Biol. Philos. 21, 471-499: 495.
81 Elektromedizin, Biomedizin und Technik [Zeitschrift]. Berlin 1970.
82 Dorland, W.A.N. (1923). The American Illustrated Me-

dical Dictionary (12. Aufl.): 172.
83   Vollmer, G. (1991). Die vierte bis siebte Kränkung des Menschen. Gehirn, Evolution und Menschenbild. Philos. Nat. 29, 118-134: 131; vgl. Präve, P. (Hg.) (1992). Jahrhundertwissenschaft Biologie?!; Sitte, P. (Hg.) (1999). Jahrhundertwissenschaft Biologie.
84   Sitte, P. (2003). Die Biologie als Schlüsselwissenschaft in der modernen Gesellschaft.
85   Bammé, A. (1989). Wird die Biologie zur Leitwissenschaft des ausgehenden 20. Jahrhunderts? Naturwiss. 76, 441-446; vgl. Potthast, T. (2007). Was bedeutet „Leitwissenschaft"? Und übernehmen Biologie oder die „Lebenswissenschaften" diese Funktion für das 21. Jahrhundert? In: Berendes, J. (Hg.) Autonomie durch Verantwortung. Impulse für die Ethik in den Wissenschaften, 285-318.
86   Heynig, J.G. (1824). Der teutsche Sokrates aus dem Voigtland, Bd. 7: 11.
87   Kretschmayr, H. (1906). Lamprechts „Deutsche Geschichte". Österreichische Rundschau 6, 241-252: 243.
88   Goldscheid, R. (1915). Die Organismen als Ökonomismen. In: Adler, M. (Hg.). Festschrift für Wilhelm Jerusalem zu seinem 60. Geburtstag, 81-99: 82.
89   Schlieben-Lange, B. (1958/73). Soziolinguistik. Eine Einführung: 57.
90   Amery, C. (1977). Bekennen Sie sich zu den besten Traditionen des europäischen Katholizismus! An die Deutsche Bischofskonferenz in Fulda. In: Duve, F., Böll, H. & Staeck, K. (Hg.). Briefe zur Verteidigung der Republik, 11-15: 12; Trepl, L. (1983). Ökologie – eine grüne Leitwissenschaft? Über Grenzen und Perspektiven einer modischen Disziplin. Kursbuch 74, 6-27; ders. (1987) Geschichte der Ökologie: 226.
91   Goldscheid (1915): 81.
92   Bergmann, E. (1922). Der Geist des XIX. Jahrhunderts: 81.
93   Engels, E.-M. (2000). Darwins Popularität im Deutschland des 19. Jahrhunderts. Die Herausbildung der Biologie als Leitwissenschaft. In: Barsch, A. & Hejl, P.M. (Hg.). Menschenbilder. Zur Pluralisierung der Vorstellung von der menschlichen Natur (1850-1914), 91-145: 92.
94   F.G. (1884). [Rez. Preyer, W. (1884). Éléments de physiologie générale]. Le Livre 5, 772-773: 773.
95   Lapham, W.-G. (1880). Le Pelomyxa palustris. Journal de Micrographie 4, 290-296: 295.
96   Stein, L. (1899). Gefühlsanarchie. Beitrag zur Psychologie des Mysticismus. Deutsche Revue über das gesamte nationale Leben der Gegenwart 24 (Nov.), 164-188: 184; ebenso ders. (1899). An der Wende des Jahrhunderts: 325.
97   Eisler, R. (1904). Wörterbuch der philosophischen Begriffe, Bd. 1: 656.
98   Glaser, O. (1915). Review: Uexküll, J. von (1913). Bausteine einer biologischen Weltanschauung. Science 41, 324-327: 326.
99   Shaw, G.B. (1921). Back to Methuselah, a Metabiological Pentateuch (Leipzig 1922): 71.
100   Meyer-Abich, A. (1963). Geistesgeschichtliche Grundlagen der Biologie: 291; vgl. auch: Wheeler, W.M. (1923). The dry-rot of our acacemic biology. Science 57, 61-71: 67; Lehmann, F.M. (1935). Logik und System der Lebenswissenschaften: 102.
101   Hucklenbroich, P. (1978). Theorie des Erkenntnisfortschritts. Zum Verhältnis von Erfahrung und Methoden in den Naturwissenschaften: 354; Weingarten, M. (1985). Evolutionstheorien – Orthogenese – Organismus. Einige Materialien. In: Bayertz, K. (Hg.) Organismus und Selektion – Probleme der Evolutionsbiologie (= Aufsätze und Reden der senckenbergischen naturforschenden Gesellschaft 35), 39-56: 52; 53; vgl. Gutmann, W.F. (1993). Wissenschaftstheoretische Grundlagen der Biotheorie. Biol. Zentralbl. 112, 108-115: 109; 112; 113; Gutmann, M. (1996). Die Evolutionstheorie und ihr Gegenstand: 153; Weingarten, M. (1995). Prototheorien in der Biologie – Grundzüge. In: Jelden, E. (Hg.). Prototheorien – Praxis und Erkenntnis?, 135-146.
102   Janich, P. (1995). Protobiologie. In: Enzyklopädie Philosophie und Wissenschaftstheorie, Bd. 3, 368-369: 368.
103   ebd.
104   McEwen, J.W. (1887). Protobiology, or The Philosophy of Life; ders. (1886). Protobiology, or The Source of Organic Life.
105   Lapham, W.-G. (1880). Le Pelomyxa palustris. Journal de Micrographie 4, 290-296: 295; vgl. auch Anonymus (1898). [Rez: Le Dantec, F. (1897). La forme spécifique. Types d'êtres unicellulaires]. Revue scientifique 9 (4. sér.), 127.
106   d'Herelle, F. (1925). Les ultravirus et l'immunité antivirulique. Nederlandsch maandschrift voor geneeskunde 13, 33-68; 69-110: 74.
107   Anonymus (1949). News and notes. Science 109, 298; Rakieten, M.L. (1932). The preservation of a polyvalent Staphylococcus bacteriophage. Science 76, 85-86: 86.
108   Pesch, K.L. (1926). [Rez. d'Herelle, F. (1925). Les ultravirus et l'immunité antivirulique]. Zentralblatt fuer die gesamte Hygiene und ihre Grenzgebiete 12, 449.
109   Cairns-Smith, A.G., Kaplan, I.R. & Fellgett, P. (1975). A case for an alien ancestry. Proc. Roy. Soc. London Ser. B 189, 249-274: 269.
110   Matsuno, K., Dose, K., Harada, K. Rohlfing, D.L. (eds.) (1984). Molecular Evolution and Protobiology.
111   Prübusch, R. (1929). Zur Systematik und Nomenklatur in der Parabiologie. Z. Parapsychol. 56, 697-713: 710.
112   a.a.O.: 708.
113   Uexküll, J. von (1950). Das allmächtige Leben: 37.
114   Mainx, F. (1955). Foundations of Biology: 58ff.
115   Perty, M. (1861). Die mystischen Erscheinungen der menschlichen Natur: 150.
116   Anonymus (1864). [Rez. De Morgan, S.E. (1863). From Matter to Spirit]. Church and State Review 4, 174-176: 176.
117   Werner, K. (1886). Die italienische Philosophie des neunzehnten Jahrhunderts, Bd. 5. Die Selbstvermittelung des nationalen Culturgedankens in der neuzeitlichen italienischen Philosophie: 220; vgl. Eucken, R. (1912). Erkennen und Leben: 52; Schaxel, J. (1919/22). Grundzüge der Theorienbildung in der Biologie: 217; Bauch, B. (1923). Wahrheit, Wert und Wirklichkeit: 497.
118   Anonymus (1902). Proceedings of the First Meeting of the American Philosophical Association. Philos. Rev. 11,

264-283: 279.
119 Public Opinion 25 Jan. 1924: p. 81; nach OED.
120 Markschies, C. (2005). Ist Theologie eine Lebenswissenschaft?: 6.
121 Meiners, C. (1800). Allgemeine kritische Geschichte der ältern und neuern Ethik oder Lebenswissenschaft; nebst einer Untersuchung der Fragen: Gibt es dann auch wirklich eine Wissenschaft des Lebens? Wie sollte ihr Inhalt, wie ihre Methode beschaffen seyn?
122 Pierer, J.F. (1816). Biologie. In: Medizinisches Realwörterbuch, Bd. 1, 771-773: 771; vgl. auch Runge, F.F. (1824). Zur Lebens- und Stoffwissenschaft des Thieres.
123 Klages, L. (1921). Vom Wesen des Bewußtseins: aus einer lebenswissenschaftlichen Vorlesung; Lutz, K. (1927). Erziehung und Leben: die Begründung einer lebenswissenschaftlichen Pädagogik.
124 Beratalanffy, L. von (1930). Lebenswissenschaft und Bildung: 8.
125 Lehmann, F.M. (1935). Logik und System der Lebenswissenschaften; Junge, R. (1937). System der Lebensphilosophie. Eine Einheitswissenschaft als Grundlage aller spezifischen Lebenswissenschaften.
126 Anonymus (1884). The biological institute at Philadelphia. Science 3, 617-618: 618; Hunter, G.W. (1941). Life Science. A Social Biology; Claus, W.D. (ed.) (1958). Radiation, Biology and Medicine. Selected Reviews in the Life Sciences; Graubard, M.A. (1959). The Foundations of Life Science.
127 Norton, W.H. (1901). The relation of physical geography to other science subjects. Science 14, 205-210: 210.
128 Markl, H. (2001). Freiheit, Verantwortung, Menschenwürde: Warum Lebenswissenschaften mehr sind als Biologie. Jahrbuch der Max-Planck-Gesellschaft 2001, 11-23: 13f.
129 Assheuer, T. (2002). Das Leben wird's richten. Die Zeit 10/2002.
130 Cullinan, F.P. (1952). Annual Meeting of the American Institute of Biological Sciences. AIBIS Bulletin 2, 20-24: 20; vgl. Anonymus (1951). News and Notes. Science 113, 613-616: 615: »Bio Sciences Group« des Office of Naval Research.
131 BioScience (Washington, D.C.) 1.1964-; Technische Informationsbibliothek Hannover (Hg.) (1965). Verzeichnis der im Lesesaal der Abteilung Chemie, Geo- und Biowissenschaften aufgestellten Zeitschriften; Marienfeld, H. (1969). Biowissenschaften, Biotechnik: Biosciences, biotechnology: Bibliographie – Bibliographies; Dahm, E. (1974). Objektive Entwicklungsprozesse im Fortschritt der wissenschaftlichen Erkenntnis und interdisziplinären Forschung. In: Kröber G. et al. (Hg.). Wissenschaft und Forschung im Sozialismus, 517-534: 517f.
132 Montaigne, M. (1817). Stimme der Wahrheit und Weisheit aus der Vorzeit. Ein Beitrag in anthropologischer Hinsicht für die praktische Welt- und Lebenskunde, zum Hausbedarf für Jedermann; Reich, G.C. (1847). Lehr-Versuch der Lebenskunde, in Berichtigung ihrer Rechnungsfehler, und möglichst richtiger Beantwortung der allerwichtigsten Lebensfragen.
133 Busch, J.D. (1806). System der theoretischen und practischen Thierheilkunde, Bd. 1: 15.
134 Pierer, J.F. (1816). Biologie. In: Medizinisches Realwörterbuch, Bd. 1, 771-773: 771f.; vgl. auch Jourdan, A.J.L. (1837). Dictionnaire des termes usités dans les sciences naturelles: 84.
135 Foerster, F.W. (1904). Lebenskunde. Ein Buch für Knaben und Mädchen; Teichmann, E. (1905). Vom Leben und vom Tode. Ein Kapitel aus der Lebenskunde.
136 Melvill, J. (1600). The diary of Mr. James Melvill, 1556-1601 (Edinburgh 1842): 331.
137 Schuster, C.W.T. (1842). Neues und vollständiges Wörterbuch der deutschen und französischer Sprache: 121.
138 Kaltschmidt, J.H. (1843/70). Neuestes und vollständigstes Fremdwörterbuch: 114.
139 Stejneger, L. (1901). Scharff's history of the European fauna. Amer. Nat. 35, 87-116: 89.
140 Whitford, H.N. (1901). The genetic development of the forests of northern Michigan; a study in physiographic ecology. Bot. Gaz. 31, 289-325: 293.
141 Clements, F. (1905). Research Methods in Ecology: 19; ders. (1907). Plant Physiology and Ecology: 5.
142 Schaxel, J. (1922). Grundzüge der Theorienbildung in der Biologie (2. Aufl.): 332; vgl. 350 [noch nicht in der 1. Aufl. 1919!]; Schmid, E. (1923). Vegetationsstudien in den Urner Reußtälern: 5; 11; 12; Escherich, K. (1930). Das neue Gesicht der Forstentomologie. Forstwiss. Zentralbl. 128, 525-546: 526; Trapnell, C.G. (1933). Vegetation types in Godthaab fjord: in relation to those in other parts of West Greenland, and with special reference to Isersiutilik. J. Ecol. 21, 294-334: 297; Peus, F. (1954). Auflösung der Begriffe »Biotop« und »Biozönose«. Deutsch. Entomol. Z. N.F. 1, 271-308: 275; Wurmbach, H. (1957). Lehrbuch der Zoologie, Bd. 1. Allgemeine Zoologie und Ökologie: 358.
143 Schaxel (1919/22): 332.
144 Johnson, M.S. (1926). Activities and Distribution of Certain Wild Mice in Relation to Biotic Communities.
145 Janich, P. (1999). Kritik des Informationsbegriffs in der Genetik. Theor. Biosci. 118, 66-84: 80; vgl. Gutmann, M. (2005). Biologie und Lebenswelt. In: Krohs, U. & Toepfer, G. (Hg.). Philosophie der Biologie, 400-417: 404.
146 Hanov, M.C. (1766). Philosophiae naturalis sive physicae dogmaticae, tomus III, continens geologiam, biologiam, phytologiam generalem et dendrologiam vel terrae, rerum viventium et vegetatium in genere, atque arborum scientiam; vgl. McLaughlin, P. (2002). Naming biology. J. Hist. Biol. 35, 1-4.
147 Burdach, C.F. (1809). Der Organismus menschlicher Wissenschaft und Kunst: 21; 60; vgl. Schmid, G. (1935). Über die Herkunft der Ausdrücke Morphologie und Biologie. Nova Acta Leopoldina N.F. 2, 597-620: 607.
148 Burdach (1809): 21.
149 Comte, A. (1838). La philosophie chimique et la philosophie biologique. In: Cours de philosophie positive, Bd. 3: 375.
150 a.a.O.: 239.
151 Preyer, W. (1883). Elemente der allgemeinen Physiologie: 21.
152 ebd.
153 Haacke, W. (1886-87). Biologie, Gesammtwissen-

schaft und Geographie. Biol. Centralb. 6, 705-718: 711.
154 Haeckel, E. (1916). Fünfzig Jahre Stammesgeschichte. Zitiert nach: Heberer, G. (Hg.) (1968). Der gerechtfertigte Haeckel, 365-402: 372.
155 Haeckel, E. (1894-96). Systematische Phylogenie, 3 Bde.: I, 2; vgl. auch ders. (1891). (1874/91). Anthropogenie oder Entwicklungsgeschichte des Menschen: 96.
156 Haeckel, E. (1868/98). Natürliche Schöpfungsgeschichte, 2 Bde.: II, 793; noch nicht in der 7. Aufl. (1879)!
157 ebd.
158 Haeckel. E. (1874/1903). Anthropogenie oder Entwicklungsgeschichte des Menschen, 2 Bde.: I, 100.
159 Wasmann, E. (1906). Die moderne Biologie und die Entwicklungstheorie: 5.
160 a.a.O.: 6.
161 Dahl, F. (1910). Anleitung zu zoologischen Beobachtungen: 3.
162 Naef, A. (1923). Kritische Biologie und ihre Gliederung. Vierteljahrsschrift der Naturforschenden Gesellschaft in Zürich 68, 329-334: 330.
163 Rothschuh, K. (1959). Theorie des Organismus. Bios. Psyche. Pathos: 53.
164 a.a.O.: 68.
165 Rothschuh, K.E. (1936). Theoretische Biologie und Medizin: 118.
166 Rothschuh (1959): 75; vgl. auch ders. (1971). Bionomie. Hist. Wb. Philos 1, 945-947.
167 Gutmann, W.F. & Bonik, K. (1981). Kritische Evolutionstheorie: 14; 114; Gutmann, W.F. (1989). Die Evolution hydraulischer Konstruktionen. Organismische Wandlung statt altdarwinistischer Anpassung: 32; Gutmann, M. (1996). Die Evolutionstheorie und ihr Gegenstand: 246; Janich, P. & Weingarten, M. (1999). Wissenschaftstheorie der Biologie: 213.
168 Weber, H. (1954). Stellung und Aufgaben der Morphologie in der Zoologie der Gegenwart. Verh. deutsch. Zool. Ges. 1954 (= Zool. Anz. Suppl. 18), 137-159: 138.
169 Vgl. Gutmann, W.F. (1972). Die Hydroskelett-Theorie. Aufs. Reden senckenb. naturf. Ges. 21; vgl. Hertler, C. (2001). Morphologische Methoden in der Evolutionsforschung.
170 Gutmann (1989): 35.
171 Gutmann & Bonik (1981): 14.
172 a.a.O.: 114.
173 Hofmann, C. (1938). Freilandstudien über Auftreten, Bionomie, Ökologie und Epidemiologie der Weißtannenlaus *Dreyfusia <Chermes> nüsslini* C.B.; Kotter, H. (2006). Bionomie und Verbreitung der autochthonen Fiebermücke *Anopheles plumbeus* (Culicidae) und ihrer Vektorkompetenz für *Plasmodium falciparum*, Erreger der Malaria tropica.
174 Lankester, E.R. (1888). Zoology. In: Encyclopaedia Britannica (9th ed.) 24, 799-820: 803.
175 Vgl. Largent, M.A. (1999). Bionomics: Vernon Lyman Kellogg and the defence of darwinism. J. Hist. Biol. 32, 465-488.
176 Feuereisen, K.G. (Hg.) (1780). Pflanzen-Organologie, oder: Etwas aus dem Pflanzenreiche, insonderheit die sonderbare Würkungen des Nahrungssaftes in den Gewächsen.

177 Eckhartshausen, K. von (1795). Probaseologie oder praktischer Theil der Zahlenlehre der Natur: 201.
178 Wilmans, C.A. (1799). Ueber medicinische Kunst und ihre Methodologie. Arch. Physiol. 3, 202-348: 256.
179 Oken, L. (1810). Lehrbuch der Naturphilosophie, Bd. 2: 19.
180 Geoffroy Saint Hilaire, I. (1854-62). Histoire naturelle générale des règnes organiques, 3 Bde.: I, XXIf.
181 Schleiden, M.J. (1842-43). Grundzüge der wissenschaftlichen Botanik nebst einer methodologischen Einleitung als Anleitung zum Studium der Pflanze, 2 Bde.: II, 436.
182 Haeckel, E. (1866). Generelle Morphologie der Organismen, 2 Bde.: I, 43.
183 Feyerabend, O. (1939/56). Das organologische Weltbild; vgl. Jacob, W. (1984). Organologie. Hist. Wb. Philos. 6, 1362-1363.
184 Schmid, C.C.E. (1798-1801). Physiologie philosophisch bearbeitet, 3 Bde.: I, 69; vgl. auch Schelver, F.J. (1800). Elementarlehre der organischen Natur, Theil 1. Organonomie.
185 Lewin, K. (1922). Der Begriff der Genese in Physik, Biologie und Entwicklungsgeschichte: 73; Löther, R. (1972). Die Beherrschung der Mannigfaltigkeit. Philosophische Grundlagen der Taxonomie: 49f.
186 Praetorius, M. (1619). De organographia.
187 Goldbeck, J.C. (1806). Die Metaphysik des Menschen: Überschrift 2. Kapitel.
188 Candolle, A.-P. de (1813). Théorie élémentaire de la botanique: 19; ders. (1827). Organographie végétale, 2 Bde.
189 Candolle, A. de (1880). La phytographie ou l'art de décrire les végétaux considerés sous différentes points de vue.
190 Goebel, K. (1898-1901). Organographie der Pflanzen, insbesondere der Archegoniaten und Samenpflanzen.
191 Freig, J.T. (1579). Quæstiones physicæ: 1075.
192 Agobardus Lugdunensis (9. Jh.). De picturis et imaginibus: 21; vgl. auch Châteillon, S. (1578). Sebastianis Castellionis defensio (in: Sebastiani Castellionis Dialogi): 24.
193 Severinus, M.A. (1645). Zootomia Democritea: 125; vgl. Bäumer, Ä. (1991). Geschichte der Biologie, Bd. 2: 257ff.; auch Schmid (1798-1801): I, 19.
194 Hernández, F. (1649). Rerum medicarum Novæ Hispaniæ thesaurus seu Plantarum animalium mineralium Mexicanorium historia: 939; Plukenetius, L. (1691). Phytographia sive stirpium illustriorum; Munting, A. (1702). Phytographia curiosa, exhibens arborum, fruticum, herbarum et florum icones; Wildenow, C.L. (1794). Phytographia seu descriptio rariorum minus cognitarum plantarum; Heusinger, K.F. von (1822). System der Histologie, Theil 1: 8.
195 Martin, B. (1735). The Philosophical Grammar: 244; vgl. auch Las, M. De (1783). Phytographie universelle; Bertholon, P. (1783). De l'électricité des végétaux: 280.
196 Schmid (1798-1801): I, 19.
197 a.a.O.: 69.
198 Goethe, J.W. von (ca. 1796). Betrachtung über Morphologie (LA, Bd. I, 10, 137-144): 139.
199 a.a.O.: 142.

200 Schmid (1798-1801): I, 2.
201 a.a.O.: 12.
202 a.a.O.: 19.
203 a.a.O.: 68.
204 Burdach, C.F. (1809). Der Organismus menschlicher Wissenschaft und Kunst: 60f.
205 Lederberg, J. (1960). Exobiology: approaches to life beyond the earth. Science 132, 393-400; vgl. Space Res. 1 (1960), 1153; Daily Tel. 14. Jan. 1960, 11/1 (nach OED 1989).
206 Heinlein, R.A. (1954). The Star Beast; Heinlein, R.A. & Wooster, H. (1961). "Xenobiology". Science 134, 223-225; vgl. Freitas, R.A. Jr. (1983). Naming extraterrestrial life. Nature 301, 106.
207 Lipman, C.B. (1932). Are there living bacteria in stony meteorites? Amer. Mus. Novitates 588.
208 Farrell, M.A. (1933). Living bacteria in ancient rocks and meteorites. Amer. Mus. Novitates 645.
209 Shklovskii, I.S. & Sagan, C. (1966). Intelligent Life in the Universe; Sullivan, W. (1966). We Are Not Alone.
210 Cocconi, G. & Morrison, P. (1959). Searching for interstellar communications. Nature 184, 844-846.
211 Shermer, M. (2002). Why ET hasn't called. Sci. Amer. Aug./2002, 33.
212 Salisbury, F.B. (1962). Martian biology. Science 136, 17; Sinton, W.M. (1963). Evidence of the existence of life on Mars. Adv. Astron. Sci., 15, 543.
213 Kvenvolden, K. et al. (1970). Evidence for extraterrestrial animo-acids and hydrocarbons in the Murchison meteorite. Nature 228, 923-926.
214 Siegel, S.M.L. et al. (1963). Martian biology: the eperimentalist's approach. Nature 197, 329-331.
215 Schulze-Makuch, D. & Irwin, L.N. (2004). Life in the Universe: Expectations and Constraints; dies. (2006). The prospect of alien life in exotic forms on other worlds. Naturwissensch. 93, 155-172.
216 Anonymus (1882). Zoology. Amer. Nat. 16, 813-822: 813; Bessey, C.E. (1888). Review: Davis, J.R.A. (1888). A Text-Book of Biology. Amer. Nat. 22, 1096-1097: 1096.
217 Reinke, J. (1901). Einleitung in die theoretische Biologie: III.
218 Uexküll, J. von (1920/28). Theoretische Biologie.
219 Ehrenberg, R. (1923). Theoretische Biologie vom Standpunkt der Irreversibilität des elementaren Lebensvorganges.
220 Rothschuh, K.E. (1936). Theoretische Biologie und Medizin.
221 Bertalanffy, L. von (1932-42). Theoretische Biologie, 2 Bde.
222 Beratalanffy, L. von (1930). Lebenswissenschaft und Bildung: 9.
223 a.a.O.: 11.
224 Oeser, E. (1974). System, Klassifikation, Evolution. Historische Analyse und Rekonstruktion der wissenschaftstheoretischen Grundlagen der Biologie; Wuketits, F.M. (1978). Wissenschaftstheoretische Probleme der modernen Biologie; Janich, P. & Weingarten, M. (1999). Wissenschaftstheorie der Biologie.
225 Hagemann, R. (1989). Inhalt und Prinzipien einer „Theoretischen Biologie". In: Kolloquium „Die Problematik der theoretischen Biologie", 46-52: 47f.
226 Penzlin, H. (1993). Was ist theoretische Biologie? Biol. Zentralbl. 112, 100-107: 100.
227 Naef, A. (1923). Kritische Biologie und ihre Gliederung. Vierteljahrsschr. Naturf. Ges. Zürich 68, 329-334.
228 Meyer, A. (1934). Ideen und Ideale der biologischen Erkenntnis.
229 Driesch, H. (1893/1911). Die Biologie als selbständige Grundwissenschaft und das System der Biologie: 24.
230 Schaxel, J. (1917). Mechanismus, Vitalismus und kritische Biologie. Biol. Zentralbl. 37, 188-196; ders. (1919). Grundzüge der Theorienbildung in der Biologie: 123.
231 Oelze, E. & Schmith, O. (1937). Transzendentale Grundlagen der Biologie: 36.
232 a.a.O.: 7.
233 a.a.O.: 11.
234 a.a.O.: 16f.
235 Merriam, C.H. (1893). Biology in our colleges: a plea for a broader and more liberal biology. Science 21, 352-355: 355.
236 Bartels, E. (1808). Systematischer Entwurf einer allgemeinen Biologie. Ein Beitrag zur Vervollkommnung der Naturwissenschaft überhaupt und der Erregungstheorie insbesondere.
237 Carus, C.G. (1811). Specimen biologiae generalis: 16.
238 [Pierer, J.F.] (1816). Biologie. Anatomisch-physiologisches Realwörterbuch, Bd. 1, 771-773: 772; vgl. Kanz, K.T. (2006). „ ... die Biologie als die Krone oder der höchste Strebepunct aller Wissenschaften." Zur Rezeption des Biologiebegriffs in der romantischen Naturforschung (Lorenz Oken, Ernst Bartels, Carl Gustav Carus). NTM 15, 77-92: 85.
239 Agardh, C.A. (1832). Lehrbuch der Botanik, Abt. 2. Allgemeine Biologie der Pflanzen (schwed. Orig. 1832); Bronn, H.G. (1850). Allgemeine Zoologie; Hoppe-Seyler, F. (1877). Physiologische Chemie, Theil 1. Allgemeine Biologie; Delage, Y. (1895/1903). La structure du protoplasma et les théories sur l'hérédité et les grandes problèmes sur la biologie générale; Kassowitz, M. (1899-1906). Allgemeine Biologie, 4 Bde.; Hertwig, O. (1906). Allgemeine Biologie.
240 Vgl. Laubichler, M.D. (2006). Allgemeine Biologie als selbständige Grundwissenschaft und die allgemeinen Grundlagen des Lebens. In: Hagner, M. & Laubichler, M.D. (Hg.). Der Hochsitz des Wissens. Das Allgemeine als wissenschaftliches Wissen, 185-205: 194.
241 Miehe, H. (1915). Allgemeine Biologie; Kammerer, P. (1915). Allgemeine Biologie; Holle, H.G. (1919). Allgemeine Biologie als Grundlage für Weltanschauung, Lebensführung und Politik; ähnlich auch: Goldschmidt, R. (1922). Ascaris. Eine Einführung in die Wissenschaft vom Leben für Jedermann.
242 Schaxel, J. (1919). Über die Darstellung allgemeiner Biologie; ders. (1922). Die allgemeine und experimentelle Biologie bei der Neuordnung des medizinischen Studiums; vgl. Laubichler (2006): 191f.
243 Vgl. Laubichler (2006): 195f.

244 Kaiser, H. & Voigt, W. (1967). Probleme einer allgemeinen oder theoretischen Biologie. Deutsch. Z. Philos. 15, 435-445: 438.
245 Anonymus (1873). The recent progress of natural science. Popular Science Monthly (March 1873), 597-605: 604; vgl. Blackwood, W. (1874). The Philosophy in France and Germany: xix; 488; Verworn, M. (1902). Einleitung. Z. allg. Physiol. 1, 1-18: 6; Kuckuck, M. (1911). L'univers, être vivant. La solution des problèmes de la matière et de la vie à l'aide de la biologie universelle; Häberlin, P. (1957). Leben und Lebensform. Prolegomena zu einer universalen Biologie; Koepcke, H.-W. (1971-74). Die Lebensformen. Grundlagen zu einer universell gültigen biologischen Theorie, 2 Bde.; Sterelny, K. (1997). Universal biology. Br. J. Philos. Sci. 48, 587-601.
246 Doherty, H. (1864). Organic Philosophy or Man's True Place in Nature, vol. 1. Epicosmology: iv.
247 Léduc, S. (1910). Théorie physico-chimique de la vie et generations spontanées: 134; ders. (1912). La biologie synthéthique (dt. 1914: Die synthetische Biologie); engl. Rez.: Dean, B. (1911). Science 33, 304-305: 304: synthetic biology; vgl. Keller, E.F. (2002). Making Sense of Life: 265ff.
248 Anonymus (1835). [Rez. Neumann, K.G. (1832-34). Von den Krankheiten des Menschen, 4 Bde.]. Heidelberger Jahrbücher der Literatur 28, 961-976: 975.
249 Ritter, W.E. (1908). Mr. Rockwell's suggestion of cooperation in ornithological studies. Condor 10, 235-236: 236.
250 Sommerhoff, G. (1950). Analytical Biology.
251 Needham, J. (1928). Recent developments in the philosophy of biology. Quart. Rev. Biol. 3, 77-91; Smith, V.E. (ed.) (1962). Philosophy of Biology.
252 Whewell, W. (1840). The Philosophy of the Inductive Sciences, 2 vols.: II, 4; vgl. Gayon J (2008) De la biologie à la philosophie de la biologie. In: Monnoyeur, F. (Hg.). Questions vitales. Vie biologique, vie psychique, 83-95: 92.
253 F.R. [Friedrich Ratzel?] (1878). [Rez. Spencer, H. (1876). Die Principien der Biologie, 2. Aufl.]. Archiv für Anthropologie. Zeitschrift für Naturgeschichte und Urgeschichte des Menschen 10, 339-341: 340.
254 Hull, D. (1969). What philosophy of biology is not. Synthese 20, 157-184; Ruse, M. (1973). The Philosophy of Biology; ders. (1988). The philosophy of biology comes to age. Philos. Nat. 25, 269-284; Ayala, F. (1974). Introduction. In: Ayala, F. & Dobzhansky, T. (eds.). Studies in the Philosophy of Biology; Simons, P. (1992). Was trägt die Sprachanalyse zur Philosophie der Biologie bei – und umgekehrt? Dialectica 46, 263-280; Krohs, U. & Toepfer, G. (Hg.) (2005). Philosophie der Biologie.
255 Ruse, M. (1988). The philosophy of biology comes of age. Philos. Nat. 25, 269-284: 270.
256 Churchland, P. (1986). The Continuity of philosophy and the sciences. Mind & Language 1, 5-14: 6.
257 Rosenberg, A. (1985). The Structure of Biological Science: 2.
258 Vgl. auch Stegmüller, W. (1973). Probleme und Resultate der Wissenschaftstheorie und Analytischen Philosophie, Bd. 4, 1. Personelle und statistische Wahrscheinlichkeit: 7f.
259 Hull, D.L. & Ruse, M. (eds.) (2007). The Cambridge Companion to the Philosophy of Biology; Matthen, M. & Stephens, C. (eds.) (2007). Philosophy of Biology (Handbook of the Philosophy of Science); Ruse, M. (ed.) (2008). The Oxford Handbook of Philosophy of Biology; Sarkar, S. & Plutynksi, A. (eds.) (2008). A Companion to the Philosophy of Biology (Blackwell Companions to Philosophy); Ayala, F. & Arp, R. (eds.) (2009). Contemporary Debates in Philosophy of Biology; Rosenberg, A. & Arp, R. (eds.) (2009). Philosophy of Biology. An Anthology.
260 Hull (1969): 179.
261 Griffiths, P.E. (2008). Philosophy of Biology. Stanford Encyclopedia of Philosophy (online).
262 Lamarck, J.B. de (1815). Histoire naturelle des animaux sans vertèbres, Bd. 1: 63; vgl. 2. Aufl. 1835: 60.
263 Comte, A. (1838). Cours de philosophie positive, Bd. 3: 673.
264 Feuchtersleben, E. von (1852). The Dietetics of the Soul: 85; Lewes, G.H. (1853). Comte's Philosophy of the Sciences: 261.
265 G-sch (1857). Leben, Gefühl und Seele. Europa: Chronik der gebildeten Welt für das Jahr 1857, 1559-1568: 1566 (engl. Original).
266 Driesch, H. (1910). Über Aufgabe und Begriff der Naturphilosophie. In: Zwei Vorträge zur Naturphilosophie, 21-38: 36; vgl. ders. (1913). Ueber die Bestimmtheit und die Voraussagbarkeit des Naturwerdens. Logos 4, 62-84: 69.
267 Rensch, B. (1968). Biophilosophie auf erkenntnistheoretischer Grundlage; Gilson, E. (1971). D'Aristote à Darwin et retour. Essai sur quelques constantes de la biophilosophie; Bernier, R. & Pirlot, P. (1977). Organe et fonction. Essai de biophilosophie; Wuketits, F.M. (1982). Die Überwindung von Mechanismus und Vitalismus – auf dem Weg zu einer neuen Biophilosophie. Philos. Nat. 19, 371-391; Sattler, R. (1986). Biophilosophy. Analytic and Holistic Perspectives; Vollmer, G. (1995). Biophilosophie; Mahner, M. & Bunge, M. (1997). Foundations of Biophilosophy; Köchy, K. (2003). Perspektiven des Organischen. Biophilosophie zwischen Natur- und Wissenschaftsphilosophie; ders. (2008). Biophilosophie zur Einführung.
268 Köchy (2008): 24; vgl. Jonas, H. (2004). Leben, Wissen, Verantwortung: 54ff.
269 Vgl. Toepfer, G. (2002). Das System der biologischen Disziplinen – Geschichte und Theorie. In: Hoßfeld, U. & Junker, T. (Hg.). Die Entstehung biologischer Disziplinen, Bd. II. Verh. Gesch. Theor. Biol. 9, 69-95; vgl. auch Zirnstein, G. (1978). Einige Aspekte zur spontanen und bewussten Bildung von Spezialdisziplinen in der biologischen Forschung des 19. Jahrhunderts. Rostocker wissenschaftshistorische Manuskripte 2, 69-76: 69f.
270 Vgl. Aristoteles, Hist. anim. 588b.
271 Christensen, W. (1996). A complex system theory of teleology. Biol. Philos. 11, 301-320: 314.
272 Tschulok, S. (1910). Das System der Biologie in Forschung und Lehre. Eine historisch-kritische Studie: 161.
273 a.a.O.: 157.
274 Comte, A. (1838). Biologie. Cours de philosophie positive, Bd. 3, Paris 1908: 160f.

275 Spencer, H. (1864/98). The Principles of Biology, vol. 1: 124f.; Haeckel, E. (1866). Generelle Morphologie der Organismen, 2 Bde.: I, 17ff.
276 Burckhardt, R. (1903). Zur Geschichte der biologischen Systematik. Verh. Naturforsch. Ges. Basel 16, 388-440: 396.
277 Tschulok, S. (1910). Das System der Biologie in Forschung und Lehre: 174.
278 Hesse, R. (1912/31). Biologie. Biologische Wissenschaften. In: Dittler, R. et al. (Hg.). Handwörterbuch der Naturwissenschaften, Bd. 1, 988-995: 993.
279 Gams, H. (1918). Prinzipienfragen der Vegetationsforschung. Ein Beitrag zur Begriffsklärung und Methodik der Biocoenologie. Vierteljahrsschr. Naturforsch. Ges. Zürich 63, 293-493: 296.
280 Meyer, A. (1926). Logik der Morphologie im Rahmen einer Logik der gesamten Biologie: 84; Meyer-Abich, A. (1963). Versuch einer holistischen Klassifikation der Biologie. In: Festschrift Walter Heinrich, 133-148: 136.
281 Ungerer, E. (1942). Die Erkenntnisgrundlagen der Biologie. Ihre Geschichte und ihr gegenwärtiger Stand. In: Gessner, F. (Hg.). Handbuch der Biologie, Bd. I, 1, 1-94: 66.
282 Stocker, O. (1958). Das System der biologischen Wissenschaften und das Problem der Finalität in empirischer und transzendentaler Betrachtung. Philos. Nat. 5, 96-112: 106.
283 Rochhausen, R. et al. (1968). Die Klassifikation der Wissenschaften als philosophisches Problem: 125.
284 Spencer (1864/98): 12.
285 Vgl. Woodger, J.H. (1929). Biological Principles (London 1967): 326ff.; Nagel, E. (1951/61). Mechanistic explanation and organismic biology. In: The Structure of Science, New York 1961, 398-446: 426.
286 Haldane, J.S. (1931). The Philosophical Basis of Biology, dt.: Die philosophischen Grundlagen der Biologie, Berlin 1932: 11.
287 Woodger (1929): 328.
288 Haacke, W. (1886-87). Biologie, Gesammtwissenschaft und Geographie. Biol. Centralb. 6, 705-718: 710.
289 Ungerer (1942): 67.
290 ebd.
291 Weber, H. (1954). Stellung und Aufgaben der Morphologie in der Zoologie der Gegenwart. Verh. deutsch. Zool. Ges. 1954 (= Zool. Anz. Suppl. 18), 137-159: 155.
292 a.a.O.: 138.
293 Vgl. Meyer-Abich, A. (1945). Kriterien und Komponenten des Systems der Biologie. Arch. Hydrobiol. 40, 1027-1062: 1053; Odum, E.P. (1953/59). Fundamentals of Ecology: 6; Rowe, J.S. (1961). The level-of-integration concept and ecology. Ecology 42, 420-427: 422.
294 Lundberg, U. (1981). Ethologie in heutiger Sicht. Biol. Zentralbl. 100, 257-271: 268f.
295 Tschulok, S. (1910). Das System der Biologie in Forschung und Lehre: 197.
296 a.a.O.: 196.
297 Thomson, A.L. (1926). Problems of Bird Migration: 264; vgl. Beatty, J. (1994). The proximate/ultimate distinction in the multiple careers of Ernst Mayr. Biol. Philos. 9, 333-356: 342.
298 Mayr, E. & Meise, W. (1930). Theoretisches zur Geschichte des Vogelzuges. Der Vogelzug 1, 149-172.
299 Mayr, E. (1961). Cause and effect in biology. Science 134, 1501-1506; vgl. auch ders. (1997). This is Biology (dt. Das ist Biologie, Heidelberg 1998): 162.
300 Mayr (1961): 1502f.; ähnlich auch Sherman, P. (1988). The levels of analysis. Anim. Behav. 36, 616-619.
301 Mayr (1997): 166.
302 Huxley, J.S. (1942). Evolution. The Modern Synthesis (London 1944): 40; ähnlich: Orians, G.H. (1962). Natural selection and ecological theory. Amer. Nat. 96, 257-263: 261.
303 Tinbergen, N. (1963). On aims and methods of ethology. Z. Tierpsychol. 20, 410-433; für ähnliche Einteilungen vgl. Hailman, J.P. (1976). Uses of the comparative study of behavior. In: Masterton, R.B., Hodos, W. & Jerison, H. (eds.). Evolution, Brain, and Behavior, 13-22; ders. (1977). Optical Signals; Armstrong, D.P. (1991). Levels of cause and effect as organizing principles for research in animal behaviour. Canad. J. Zool. 69, 823-829; Dewsbury, D.A. (1992). On the problems studied in ethology, comparative psychology, and animal behavior. Ethology 92, 89-107.
304 Tinbergen (1963): 426f.
305 Hegel, G.W.F. (1817/30). Enzyklopädie der philosophischen Wissenschaften im Grundrisse (Werke, Bd. 8-10, Frankfurt/M. 1986): II, 435; vgl. a.a.O.: I, 374ff. und ders. (1812-16/31). Wissenschaft der Logik (Werke, Bd. 5 & 6, Frankfurt/M. 1986): II, 473.
306 Kant, I. (1790/93). Kritik der Urtheilskraft (AA, Bd. V, 165-485): 371.
307 Blumenbach, J.F. (1781). Über den Bildungstrieb und das Zeugungsgeschäfte: 13.
308 Buffon, G.L.L. (1749). Histoire générale des animaux. In: Histoire naturelle générale et particulière, Bd. 2 (Œuvres philosophiques de Buffon, Paris 1954, 233-289): 233; 238; 246.
309 Geoffroy Saint Hilaire, I. (1854-62). Histoire naturelle générale des règnes organiques, 3 Bde.: I, XXIf.
310 Bichat, X. (1800). Recherches physiologiques sur la vie et la mort (Genève 1962): 44.
311 Magendie, F. (1816-17). Précis élémentaire de physiologie, 2 Bde.: I, 23.
312 Robin, C. (1850). [Vorwort]. Comptes rendus des séances et mémoires de la Société de Biologie pendant l'année 1849, i-xi: ivf.
313 Galen, De usu partium corporis humani (engl.: Tallamdge May, M. (ed.), 2 vols, Ithaca, N.Y 1968): II, 620 (XIV, 1).
314 Gause, G.F. (1936). The principles of biocoenology. Quart. Rev. Biol. 11, 320-336: 320.
315 Gams, H. (1918). Prinzipienfragen der Vegetationsforschung. Ein Beitrag zur Begriffsklärung und Methodik der Biocoenologie. Vierteljahrsschr. Naturforsch. Ges. Zürich 63, 293-493: 297.
316 Gams (1918): 298.
317 Schwenke, W. (1953). Biozönotik und angewandte Entomologie (Ein Beitrag zur Klärung der Situation der Biozönotik und zur Schaffung einer biozönotischen Ento-

mologie). Beitr. Ent. 3 (Sonderh.), 86-162: 110; vgl. ders. (1954). Ergebnisse und Aufgaben der ökologischen und biozönologischen Entomologie. Bericht über die Wanderversammlung Deutscher Entomologen 7, 62-80; nicht in Gisin, H. (1949). L'écologie. Acta Biotheor. 9, 89-100!

318 Bakker, K. (1964). Backgrounds of controversies about population theories and their terminologies. Z. angew. Entomol. 53, 187-208: 189.

319 Stöhr, A. (1897). Letzte Lebenseinheiten und ihr Verband in einem Keimplasma, vom philosophischen Standpunkte besprochen: 11.

320 Dudich, E. (1938). [Die innere Gliederung der Biologie; ungar.]. Állat. Közlem 35 (1.2), 83-90; vgl. Székkessy (1940). Zoologischer Bericht 49, 3-4; Friederichs, K. (1957). Der Gegenstand der Ökologie. Stud. gen. 10, 112-144: 115; Balogh, J. (1958). Lebensgemeinschaften der Landtiere: 29; 104; 106; Stugren, B. (1972/86). Grundlagen der allgemeinen Ökologie: 12.

321 Corti, U.A. (1925). Über ein System der Kosmologie. Vierteljahrsschr. naturforsch. Ges. Zürich 70, 254-262: 256.

322 Vgl. auch Toepfer, G. (2002). Das System der biologischen Disziplinen – Geschichte und Theorie. In: Hoßfeld, U. & Junker, T. (Hg.). Die Entstehung biologischer Disziplinen, Bd. II. Verh. Gesch. Theor. Biol. 9, 69-95.

Literatur

Schmid, G. (1935). Über die Herkunft der Ausdrücke Morphologie und Biologie. Nova Acta Leopoldina N.F. 2, 597-620.

Schiller, J. (1971). A propos de la diffusion du terme biologie. In: Schiller, J. (ed.) Colloque International de «Lamarck», 239-242.

Caron, J.A. (1988). "Biology" in the life sciences. A historiographical contribution. Hist. Sci. 26, 223-268.

Barsanti, G. (1995). La naissance de la biologie. Observations, théorie, métaphysiques en France 1740-1810. In: Nature, histoire, société. Essais en homage à Jacques Roger, 197-228.

Toepfer, G. (2002). Das System der biologischen Disziplinen – Geschichte und Theorie. In: Hoßfeld, U. & Junker, T. (Hg.). Die Entstehung biologischer Disziplinen, Bd. II. Verh. Gesch. Theor. Biol. 9, 69-95.

Kanz, K.T. (2002). Von der BIOLOGIA zur Biologie. Zur Begriffsentwicklung und Disziplingenese vom 17. bis zum 20. Jahrhundert. Verh. Gesch. Theor. Biol. 9, 9-30.

Biosphäre

Den Ausdruck ›Biosphäre‹ prägt 1875 der Wiener Geologe E. Sueß zur Bezeichnung der »Oberfläche der Lithosphäre«, auf der das Leben lokalisiert ist.[1] Später wird die Bezeichnung auf die Summe aller Lebensräume der Lebewesen auf der Erde ausgeweitet. Die Biosphäre umfasst also nicht allein die Oberfläche des Festen (der Lithosphäre), sondern auch den von Lebewesen besiedelten Gasraum (also einen Teil der Atmosphäre) und den Flüssigkeitsraum (die Hydrosphäre). Gemeint ist mit der Biosphäre bei Sueß allein der Raum, in dem die Organismen leben, und nicht die Organismen selbst. Später werden aber auch und gerade die Organismen zur Biosphäre gerechnet. Die Biosphäre wird insgesamt als das umfassende Ökosystem der Erde oder als Teil eines einzigen Ökosystems Erde betrachtet. Richtungsweisend sind in dieser Hinsicht die Arbeiten von V.I. Vernadskij in den 1920er Jahren.[2] W.C. Allee et al. formulieren es 1949 so, dass die Lebewesen und ihre Umwelt zusammen ein großes Ökosystem bilden, die Biosphäre: »life and habitat are integrated into an evolving ecosystem [...], ultimately incoporating the entire biosphere of the earth«[3].

Wie genau der Begriff der Biosphäre zu definieren ist, ist bis in die Gegenwart umstritten. Bereits bei Vernadskij sind es nicht allein die Organismen, die zu ihr gerechnet werden, sondern vielmehr alle Faktoren, die eine Transformation der auf die Erde einstrahlenden Energie leisten (s.u.). Eine Definition in diesem Sinne gibt N. Polunin 1972, indem er die Biosphäre bestimmt als das System, das die Erhaltung des Lebens auf der Erde ermöglicht, dieses umfasst die Atmosphäre, Hydrosphäre und Biogeosphäre (mit der von Lebewesen besiedelten Bodenschicht, d.h. der bewohnten Pedosphäre).[4]

In einem anderen Kontext als dem später üblichen wird das Wort ›Biosphäre‹ bereits in der ersten Hälfte des 19. Jahrhundert verwendet: A.F.J.C. Mayer bezeichnet 1827 mit dem Ausdruck die »Lebenskügelchen«, d.h. die von ihm hypothetisch postulierten elementaren Einheiten aller Lebewesen, »die Urwesen alles Lebendigen, die elementarischen Atome, *Molécules*, aus welchen alle andere organischen Wesen zusammengesetzt sind«.[5]

Biosphäre = Biota vs. Ökosphäre
In der Absicht, die Summe aller Organismen (oder das System aller Organismengemeinschaften eines

Biosphäre (Sueß 1875) *296*
Biota (Stejneger 1901) *296*
Biom (Clements 1916) *299*
Ökosphäre (Strughold 1953) *296*
Biostroma (Lawrenko 1964) *296*
Gaia (Lovelock 1972) *300*
Orobiom (Walter 1976) *300*
Pedobiom (Walter 1976) *300*
Zonobiom (Walter 1976) *300*

Planeten) begrifflich klar von dem bewohnten *Raum*, der *Umwelt* oder den *Ermöglichungsbedingungen* der Lebewesen zu unterscheiden, wird zwischen den Begriffen *Biosphäre* und **Ökosphäre** (»ecosphere«) differenziert: Die Biosphäre umfasst danach alle Populationen von Organismen eines Planeten; ›Ökosphäre‹ bezeichnet dagegen deren unmittelbaren Lebensraum.[6] Die Summe der Organismen einer Region oder einer erdgeschichtlichen Periode wird seit Beginn des 20. Jahrhunderts auch mit dem Terminus **Biota** belegt (Stejneger 1901: »the total of animal and plant life of a given region or period«[7]). Die Biosphäre könnte dann als Summe aus Ökosphäre und Biota gefasst werden. Die am weitesten verbreitete Auffassung sieht auch in der Biosphäre – trotz der Bezeichnung – nicht einen Raum, sondern eine Summe von Körpern und Interaktionen (Reiners & Lockwood 2010: »the biosphere is not a place, but a mass«[8]).

Bereits seit den 1950er Jahren ist es verbreitet, unter der ›Biosphäre‹ selbst die Summe aller Lebewesen zu verstehen (Goldschmidt 1954: »the totality of living organisms«).[9] Die Unterscheidung von Biosphäre und Ökosphäre in diesem Sinne wird jedoch nicht konsequent angewandt: Einerseits wird die Biosphäre weiterhin als der von Lebewesen bewohnte Raum und nicht als diese selbst bestimmt, andererseits werden zur Ökosphäre nicht nur dieser Raum, sondern auch die Organismen gerechnet.[10]

Ein anderer terminologischer Vorschlag geht auf den russischen Biologen J.M. Lawrenko zurück, der 1964 anregt, die Gesamtheit der Lebewesen auf der Erde als **Biostroma** (wörtlich »Gewebe des Lebendigen«) zu bezeichnen. Lawrenko führt den Ausdruck in einer Diskussion über die Ebenen der Untersuchung der organischen Welt ein. Er unterscheidet dabei die Ebenen der Moleküle, Zellen, Organismen, Arten, Biozönosen und eben des Biostroma.[11] Der Ausdruck ist v.a. in der russischen Ökologie verbreitet. R. Löther definiert ihn 1991 als »Gewebe des Lebenden, das in der Biosphäre den Planeten Erde umhüllt; oberste der grundlegenden Organisationsformen in der enkaptischen Hierarchie der lebenden

> Die Biosphäre ist der regelmäßig von Organismen besiedelte Bereich der Erde und ihrer Atmosphäre.

Materie. Das B. integriert die Biozönosen, die auf der Erdoberfläche koexistieren, zu einem Gesamtsystem«.[12]

Ursprünglich ist der Begriff der Ökosphäre im kosmologischen Kontext eingeführt worden, um den Bereich der Entfernung von der Sonne zu bezeichnen, in dem auf Planeten Leben möglich ist (»thermal ecosphere«).[13] Bereits Mitte der 1950er Jahre wird das Wort daneben auf einen Bereich des Gasmantels der Erde bezogen, nämlich die untere Troposphäre oder »physiologische Atmosphäre«, d.h. denjenigen Bereich der Troposphäre, in dem Leben möglich ist (»the narrow zone that sets the stage for life on our planet«).[14]

Antike: Die Erde als Lebewesen
Die Vorstellung der Erde als eine integrierte Einheit von Lebewesen und deren Lebensraum hat eine lange Geschichte, die bis in die Antike zurückgeht. Die ältere Geschichte dieses Topos liegt in der Beschreibung des Kosmos als Lebewesen, die sich bereits bei Platon findet.[15] Platon bezeichnet das Weltgefüge als »das vollkommne Lebende«[16], ausgestattet mit einer einzigen Seele[17]. Auch bei anderen Autoren der klassischen Periode finden sich vereinzelt Aussagen in diese Richtung.[18] Als lebendig können die Erde und die Himmelskörper bei den antiken Autoren verstanden werden, weil die Lebendigkeit an die Fähigkeit zur ↑Selbstbewegung geknüpft wird und die Sterne und Planeten – zumindest relativ zur Erde – sich bewegen. Die ältere Stoa hält nicht nur den gesamten Kosmos für ein Lebewesen[19], sie lehnt außerdem die Trennung der Welt in belebte und tote Materie insgesamt ab, weil auch die leblose Materie als beseelt gilt. Die Differenzierung der Natur in organische und anorganische ist also in der Antike nicht selbstverständlich, so dass der Vergleich von Erde und Lebewesen nicht immer als eine Metapher verstanden wird. In eindeutig metaphorischer Verwendung erscheint die Rede von der Erde als Lebewesen aber bei Seneca. Seneca meint, die Erde werde von der Natur nach dem Beispiel des menschlichen Körpers regiert: So wie der Körper mit den Venen und Arterien über zwei Arten der Blutgefäße verfüge, so habe auch die Erde zwei grundsätzlich verschiedene Adernsysteme, von denen das eine mit Wasser, das andere mit Luft gefüllt sei.[20] Eine weitere Analogie sieht Seneca in der Stoffumwandlung des Festen in Flüssiges, zu dem sowohl ein Lebewesen als auch die Erde befähigt sei.

18. Jh.: Die Erde als organisiertes System
Seit dem 18. Jahrhundert wird die Einheit aus den

Abb. 66. Gliederung der Biosphäre in drei abiotische und zwei biotische Komponenten. Die beiden biotischen Komponenten bilden die Biosphäre (nach Obrhel und Obrhelova 1981; aus Stugren, B. (1972/86). Grundlagen der allgemeinen Ökologie: 32).

Lebewesen und abiotischen Komponenten der Erde als ein organisiertes System beschrieben: D. Hume vergleicht die Erde (und das Universum) 1779 mit einem Tier oder organisierten Körper (»organized body«), der gekennzeichnet ist über einen beständigen Stoffkreislauf (»continual circulation of matter«), einen Regulationsmechanismus (»a continual waste in every part is incessantly repaired«) und ein allgemeines Miteinander mit dem Ziel der Erhaltung des Ganzen (»each part or member, in performing its proper offices, operates both to its own preservation and to that of the whole«).[21] In empirischer Hinsicht liefern besonders die Nachweise des tatsächlichen Stoffkreislaufs zwischen den Sphären des Organischen und des Anorganischen die Grundlage für die Auszeichnung der Erde als ein System (↑Kreislauf).

Deutlich herausgestellt wird diese Perspektive auch von I. Kant: Kant spricht in seinem posthumen Werk von der Erde als einem »Natursystem in dem zweckmäßigen Verhältnis verschiedener Arten deren eine um der anderen willen da ist« und die damit eine »Organisirung der Systeme von organisirten Körpern«[22], also eine Organisation zweiter Ordnung, darstellt. Weiter heißt es: »[D]ie organisirende Kraft desselben [d.i. »unseres lebendig gebärenden Globus«] hat auch das Ganze der für einander geschaffenen Pflanzen und Thierarten so organisirt daß sie mit einander als Glieder einer Kette (den Menschen nicht ausgenommen) einen Kreis bilden: nicht blos nach ihrem Nominalcharacter (der Ähnlichkeit), sondern dem Realcharacter (der Causalität) einander zum Daseyn zu bedürfen: welches auf eine Weltorganisation (zu unbekannten Zwecken) selbst des Sternsystems, hinweiset«[23]. Nach Kants Auffassung können also nicht nur die Organismen und auch nicht nur einzelne Systeme auf der Erde (↑Ökosystem), sondern vielmehr auch der gesamte »Erdglob« selbst als ein »organischer Körper« konzipiert werden[24]: Kant spricht von einem »organisirten Weltkörper selbst in Ansehung seiner unorganischen Theile oder auch organischer für einander zum Verbrauch bestimmter organischen Körper«[25].

Zu Beginn des 19. Jahrhunderts etabliert sich diese Sicht auf die Erde als organisiertes System im Rahmen der romantischen Naturphilosophie, die in der Erde einen ↑Organismus sieht (Schelling spricht von dem »allgemeinen Organismus«[26], Hegel von dem »geologischen Organismus der Erde«[27]). Aber auch im engeren naturwissenschaftlichen Bereich hat diese Konzeption viele Anhänger. So gilt vielfach die Beschreibung der Erde durch den schottischen Geologen J. Hutton als der historische Ursprung der Gaia-Hypothese. Hutton ist einer der Hauptvertreter des Plutonismus, d.h. der geologischen Lehre nach der die Oberflächengestaltung der Erde durch Kräfte aus dem Erdinnern bedingt ist. In seinem Hauptwerk von 1795 beschreibt Hutton die Erde ausdrücklich als lebendig – allerdings in erster Linie deshalb, weil sie Lebewesen und ein »System« aus ihnen beherbergt (»this earth as a living world, that is, a world maintaining a system of living animals and plants«).[28] Unter den frühen Biologen gilt J.B. Lamarck als einer der Urheber des Biosphärekonzepts – wenn er auch nicht den Terminus ›Biosphäre‹ verwendet, wie manchmal behauptet wird. Lamarck betrachtet die Erde als eine dynamische Einheit aus den drei Bereichen der Atmosphäre (die nach seiner Einteilung in der »Meteorologie« untersucht wird), der Erdkruste (deren Erforschung er der »Hydrogeologie« zuordnet) und der Lebewesen (die von der »Biologie« untersucht werden).[29]

Im deutschsprachigen Raum beschreibt G.R. Treviranus 1802 den »allgemeinen Organismus« der Erde und charakterisiert ihn durch die wechselseitige Abhängigkeiten seiner Teile, der Mineralien, Pflanzen und Tiere: »Jedes der drey Naturreiche ist […] Mittel und zugleich Zweck, jedes ein Glied einer in sich zurückkehrenden Kette von Veränderungen, worin das mittlere immer Wirkung des vorhergehenden und zugleich Ursache des folgenden ist. […] So wie endlich die leblose Natur dem Pflanzenreiche, und dieses dem Thierreiche seine Nahrung verschafft, so versorgen auch die Thiere wieder die Vegetabilien mit Nahrung, indem sie statt der eingeathmeten atmosphärischen Luft beständig kohlensaures Gas ausathmen, dessen Basis, die Kohlensäure, zum Unterhalte der Pflanzen dienet«.[30]

G.T. Fechner: »lebendige Erde«
Mitte des 19. Jahrhunderts wird die These von der Erde als Lebewesen besonders prägnant von G.T. Fechner vertreten. Die Erde wird von Fechner physikalisch bestimmt als die Gesamtheit oder, wie er schreibt »das System«[31] der über die Schwerkraft zusammengehaltenen irdischen Materie. Fechner bedient sich der alten Analogie zu einer Uhr, um die Organisation der Organismen auf der »lebendigen Erde«[32] zu klären: So wie die Vielzahl der Komponenten einer Uhr, ihre Federn und Räder, das Ziffernblatt und die Zeiger, zu einem gemeinsamen Zweck »wirkend und teleologisch« geordnet zusammengefügt sind, seien auch die Teile der Erde: Menschen, Tiere, Pflanzen, Luft, Meer und Erdreich zu einem »einheitlichen Ganzen« zusammengeschlossen[33]: »Menschen und Thiere sind gerade die Glieder der Erde, in denen die größte verknüpfende und mischende Kraft der gesammten irdischen Stoffe und Verhältnisse liegt«[34]. Auch das Anorganische wird von Fechner in diese wirkende Einheit integriert. Die Erde ist für Fechner »der ganze zweckmäßige Zusammenhang aller Kräfte, alles Wirkens der Erde, Organisches und Unorganisches in Eins fassend«.[35] Jedes Tier und jede Pflanze habe in dem System der Erde seinen »besondern irdischen Standpunkt«; Fechner spricht von der »sich wechselseitig fordernden und nur durch den Wechselzusammenhang bestehenden Fülle« der irdischen Wesen.[36] Es existiere ein »durchgreifend zweckmäßiger Bezug der Organismen zu einander und zum ganzen Gebiet des Irdischen«.[37] Die Vision eines individuellen *Superorganismus* (↑Organismus) von planetarem Ausmaß tauft E. Jünger 1965 auf den sinnigen Namen *Fechneria mirabilis*.[38]

Fechner zieht sich mit seiner Lehre von der belebten Erde die Kritik vieler Zeitgenossen zu. So bezeichnet A. Schopenhauer das »so beliebte Gerede vom Leben des Unorganischen, ja sogar des Erdkörpers« als »durchaus unstatthaft«. Denn: »Nur dem Organischen gebührt das Prädikat Leben. Jeder Organismus aber ist durch und durch organisch, ist es in allen seinen Teilen und nirgend sind diese, selbst nicht in ihren kleinsten Partikeln, aus Unorganischem aggregativ zusammengesetzt. Wäre also die Erde ein Organismus; so müßten alle Berge und Felsen und das ganze Innere ihrer Masse organisch sein und demnach eigentlich gar nichts Unorganisches existieren, mithin der ganze Begriff desselben wegfallen«.[39]

Biogeochemie
Eine breitere empirische Grundlage erhält die Vorstellung der Biosphäre erst im 20. Jahrhundert. Ausgehend von Untersuchungen zu den Stoffkreisläufen in der Biosphäre betonen zu Beginn des Jahrhunderts besonders russische Biologen die Einheit der Biosphäre. Sie wird als ein selbstregulierendes System verstanden, das aus einer biologischen und einer geologischen Komponente besteht, die zusammen eng miteinander verwoben sind. Das Zusammenspiel dieser beiden Komponenten wird in der von V. Vernadskij seit den frühen 20er Jahren so genannten Disziplin der *Biogeochemie* untersucht (↑Kreislauf, biogeochemischer).[40] Besonderes Gewicht legt Vernadskij in seiner Beschreibung der Biosphäre – er übernimmt diesen Ausdruck im Titel seiner Monografie von 1926[41] – auf die Bedeutung der Lebewesen als geologischer Faktor, der die Erde im Laufe der geologischen Perioden in zunehmendem Maße verändert. Den Haupteinfluss der Lebewesen auf die Erde sieht Vernadskij in der Transformation der Strahlungsenergie der Sonne in andere Energieformen. Die Biosphäre wird von ihm geradezu definiert als die Region, in der diese Energietransformation stattfindet: »The biosphere may be regarded as a region of transformers that convert cosmic radiation into active energy in electrical, chemical, mechanical, thermal, and other forms«[42]. Die Transformation der Energie und Materie, die von den Lebewesen geleistet wird und zu neuen Energie- und Materieformen führt, bezeichnet Vernadskij als *biogeochemische* oder *geochemische Energie des Lebens* in der Biosphäre[43]. Obwohl Vernadskij die Gesamtheit der Organismen auf der Erde im Hinblick auf ihre Akkumulation von freier chemischer Energie als ein einziges System (»a unique system«[44]) betrachtet, sieht er die Biosphäre insgesamt nicht als einen Organismus, wie dies vorher und später geläufig ist – und zwar weil viele Phasen der biogeochemischen Kreisläufe – anders als in einem Organismus – ganz ohne Beteiligung biologischer Prozesse ablaufen (z.B. die Verwitterung).[45]

Später beurteilt V.N. Beklemischew die Erde mit ihren Lebewesen insgesamt als einen »Morphoprozess«, der sich aus einer Hierarchie von Systemen unterschiedlichen Organisationsgrades zusammensetzt. Die Totalität der Organismen auf der Erde macht nach Beklemischew insgesamt ein Ganzes aus, das organisiert und reguliert ist: »In der Biosphäre findet ein Kreislauf von Stoffen, Energie und Individuen statt, der von allen lebenden Organismen der Biosphäre gemeinsam getragen und stabilisiert wird und hierdurch die Fortdauer des Lebens auf der Erde garantiert. Mit anderen Worten: Das Leben ist auf planetarem Niveau organisiert. Alle Lebewesen sind Teil eines Ganzen oder die Gesamtsumme der Lebewesen, eine lebende Schicht der Erde.«[46]

	rein organisches System »biotische Einheit«	anorganisches Komplement »topische Einheit«	organisch-anorganisches System »ökische Einheit«
Individuum	*Organismus (Biont)*	*Lebensraum (Ökotop)*	*Synerg*
Population	*Dem*	*Demotop*	*?*
Art	*Spezies*	*Areal*	*?*
lokale Gemeinschaft	*Biozönose*	*Biotop*	*Ökosystem*
regionale Gemeinschaft	*Biom*	*Bioregion*	*Ökom*
globale Gemeinschaft	*Biota*	*Litho-, Hydro-, Aerosphäre*	*Biosphäre*

Tab. 42. Terminologie für rein biotische Systeme, ihr abiotisches (räumliches) Komplement und biotisch-abiotische Systeme auf verschiedenen Ebenen (verändert in Anlehnung an Schwerdtfeger, F. (1975). Ökologie der Tiere, Bd. 3. Synökologie: 11).

Biome
Neben der Verbindung zur Biogeochemie weist die Untersuchung der Biosphäre enge Bezüge zur ↑Biogeografie auf. In biogeografischer Perspektive wird vorgeschlagen, die Biosphäre in verschiedene **Biome** zu gliedern. Ein Biom bildet dabei eine bestimmte einheitliche Landschaftsformation, wie Wüste, Steppe, Savanne, Sommergrüner Laubwald oder Tropischer Regenwald. Üblich ist v.a. eine Gliederung der Biosphäre des Landes in Biome. Der Botaniker F. Clements, auf den der Ausdruck ›Biom‹ zurückgeht, verwendet diesen seit 1916; anfangs in einem eingeschränkteren Sinn, indem er ihn als synonym mit *biotischer Gemeinschaft* (»biotic community«) versteht.[47] Eine allgemeine Definition gibt A.G. Tansley 1935, indem er ein Biom bestimmt als den ganzen Komplex von Organismen einer ökologischen Einheit (»the whole complex of organisms present in an ecological unit«[48]). 1939 betrachten Clements und

Shelford ein Biom als die grundlegende Einheit der ökologischen Gemeinschaften von Pflanzen und Tieren (ein »sozialer Organismus«, also einem Ökosystem entsprechend) und geben auch für die Lebensgemeinschaften des Wassers Biome an.[49]

Um die zonale Gliederung der Biosphäre in einheitliche Biome zum Ausdruck zu bringen, führt H. Walter 1976 den Terminus *Zonobiom* ein. Er versteht darunter »große ökologische Einheiten, die sowohl die Umwelt als auch die biotischen Komponenten einschließen«.[50] Walter unterscheidet neun verschiedene Zonobiome für die Erde, die entsprechend den Klimazonen von dem Tageszeitenklima der Äquatorialzone bis zu dem arktischen bzw. antarktischen Klima der Polregionen reichen. Analog dazu bezeichnet Walter die Gebiete der Gebirgslebensräume, die entsprechend der vertikalen Klimagliederung in Höhenstufen angeordnet sind, als *Orobiome*.[51] Von *Pedobiomen* spricht Walter, wenn die Bodenbeschaffenheit sich in einem Gebiet stärker auf die Lebensgemeinschaft auswirkt als das Klima und somit eine *azonale* Vegetation und Fauna bedingt.[52]

Gaia
In der Theogonie des Hesiod ist Gaia eines der ersten Wesen, das zusammen mit Tartaros, Eros u.a. aus der Leere des ursprünglichen Chaos entsteht. Sie ist die Erzeugerin allen Lebens und Wachstums in der Natur. Aus ihr gehen Uranos (Himmel), Pontos (Meer) und die Gebirge hervor; zusammen mit Uranos zeugt sie die Titanen. Sie ist sowohl die mütterliche Beschützerin als auch die strenge Richterin der Lebewesen. In die Biologie eingeführt wird der Begriff ›Gaia‹ 1972 durch James Lovelock. Er übernimmt den Ausdruck nach einem Gespräch mit dem Dichter William Golding, in dem dieser vorschlägt, die gesamte Erde, sofern sie als ein Lebewesen betrachtet wird, als ›Gaia‹ zu bezeichnen.[53] Lovelock interessiert sich für die globalen Dimensionen des Lebens auf der Erde, nachdem er in den 60er Jahren in dem Viking-Projekt zur Erforschung möglichen Lebens auf dem Mars beschäftigt ist und in diesem Zusammenhang versucht, zu einer Definition zu gelangen, worin das Leben besteht und durch welche Merkmale ein belebter Planet ausgezeichnet ist. Er gelangt dabei zu der Einsicht, dass die gesamte Atmosphäre eines Planeten durch die Wirkung der Lebewesen einer Veränderung unterworfen sein kann, so dass sie eine unwahrscheinliche Zusammensetzung von Gasen aufweist. Im Anschluss daran betrachtet Lovelock die Atmosphäre als Teil eines einzigen planetaren Ökosystems, das er als Lebewesen ansieht, weil es die Fähigkeit zur Selbsterhaltung, d.h. der Regulation seines Zustandes aufweist: »life at an early stage of its evolution acquired the capacity to control the global environment to suit its needs«[54].

Lovelocks Gaia
Der für Lovelock entscheidende Punkt bei der Beschreibung der Erde mit ihren Lebewesen als ein eigenes Lebewesen höherer Ordnung besteht in der Fähigkeit dieses Lebewesens, sich selbst zu erhalten, indem es die Bedingungen für das Leben auf der Erde konstant erhält. Lovelock betrachtet die Erde also als ein kybernetisch geregeltes System, das Rückkopplungsschleifen enthält, die bestimmte globale und für das Leben wichtige Regelgrößen konstant halten. Das Leben auf der Erde ist es in den Darstellungen Lovelocks, das sowohl als die Regelgröße gelten kann, die konstant gehalten wird, als auch als die Stellgröße, die Störungen entgegenwirkt. Der Mechanismus der Regulation erfolge dabei in einer Weise, die Lebewesen und anorganische Komponenten auch in dem Prozess der Evolution miteinander verbindet: »Leben und seine Umgebung sind so eng miteinander verflochten, daß eine Evolution immer Gaia betrifft, nicht die Organismen oder deren Umgebung für sich genommen«.[55]

Ein einfaches Beispiel für einen möglichen Mechanismus der Selbststeuerung eines Umweltfaktors, der Temperatur, durch »Gaia« schlagen Lovelock und seine Mitarbeiter 1987 vor: Das Gas Dimethylsulfid (DMS), das von vielen Meeresalgen produziert wird, gelangt als Sulphat-Aerosol in die Atmosphäre und wirkt dort als ein Keim für die Kondensation von Wasser zu Wolken, die wiederum den Albedo der Erde erhöhen, so dass weniger Wärme die Erde erreicht. Die Algen wirken nach diesem Modell also im Sinne eines Thermostats in einem Regelkreis, indem ihr Wachstum bei hoher Sonneneinstrahlung die Wolkenproduktion anregt und damit die Sonneneinstrahlung mindert.[56]

In Ergänzung (und manchmal im Gegensatz) zu Lovelocks Ansicht, die Organismen seien die entscheidenden Regulatoren des Erdklimas, sind auch anorganische Rückkopplungsmechanismen nachgewiesen worden: So könnte eine Stabilisierung der Temperatur auf der Erdoberfläche durch den CO_2-Gehalt der Atmosphäre auch über die Intensität der Verwitterung von Gesteinen vermittelt sein. Hohe Temperaturen auf der Erdoberfläche führen nach diesem Modell zu einer verstärkten Verwitterung von kalzium- und magnesiumhaltigen Gesteinen, die freigesetzten Kationen reagieren in den Meeren mit dem gelösten CO_2 und binden dieses in Gesteinen, so dass der Gehalt des CO_2 in der Atmosphäre abgesenkt wird und über den Treibhauseffekt die Temperatur vermindert und langfristig reguliert wird.[57] Der CO_2-Gehalt der Atmosphäre fungiert in diesem System als ein anorganischer Regler für die Temperatur auf der Erdoberfläche: Erhöhung der Temperatur führt zu einer Verminderung des CO_2-Gehalts durch verstärkte Bindung des Gases über die Kationen der verwitterten Gesteine; Verminderung der Temperatur zieht dagegen eine kompensierende Steigerung des CO_2-Gehalts der Atmosphäre nach sich.

Allerdings sind gegen diese einfachen Modelle viele Einwände erhoben worden. So ist die Emission von DMS durch die Algen nicht proportional zu der Planktondichte, sondern hängt von vielen anderen Faktoren ab.[58] Andererseits gibt es auch Daten, die die Modelle zur Selbstregulation der Biosphäre bestätigen.[59]

Lovelock legt Wert darauf, das Konzept von Gaia von dem der Biosphäre zu unterscheiden. Die Biosphäre betrachtet er allein als denjenigen Teil der Erde, der den Lebensraum der Lebewesen ausmacht; Gaia bestehe dagegen nicht allein aus einem Raum, sondern mache ein homöostatisch reguliertes System aus.[60] Die Wissenschaft von Gaia bezeichnet Lovelock als *Geophysiologie*.[61] Er betont damit seine Auffassung, dass die Konstanz der Bedingungen auf der Erdoberfläche, z.B. die Kontrolle der Temperatur, nicht allein von anorganischen Regulationsprozessen abhängt, sondern unter Beteiligung von Lebewesen erfolgt.

Gaia als wissenschaftliche Hypothese
In wissenschaftstheoretischer Hinsicht kann der Status der Gaia-Hypothese als testbarer wissenschaftlicher Theorie untersucht werden. Vorgeschlagen wird in diesem Zusammenhang, verschiedene Typen von Gaia-Hypothesen zu unterscheiden[62]: Die schwächste Hypothese stellt die *beeinflussende Gaia* (»influential Gaia«) dar, die in der unstrittigen Behauptung besteht, dass die Lebewesen auf der Erde ihre abiotische Umwelt verändern. Diskutiert wird die langfristige Veränderung der Atmosphäre durch den Einfluss der Lebewesen bereits Mitte des 19. Jahrhunderts, so u.a. von Spencer und Huxley[63]. Die *koevolutionäre Gaia* (»coevolutionary Gaia«) geht nicht von einer einseitigen, sondern einer wechselseitigen Beeinflussung von Lebewesen und Umwelt in der Geschichte der Erde aus; auch diese Hypothese ist wenig strittig. Die *homöostatische Gaia* (»homeostatic Gaia«) behauptet einen stabilisierenden Einfluss der Lebewesen auf die Faktoren der Umwelt. Die *teleologische Gaia* (»teleological Gaia«) beinhaltet darüber hinaus die Annahme, dass die stabilisierende Einfluss der Organismen auf die Umwelt um der Biosphäre willen erfolgt, wie es von Lovelock und L. Margulis ausdrücklich postuliert wird[64]. Und die *optimierende Gaia* (»optimizing gaia«) schließlich besteht in der Annahme, dass die Lebewesen ihre Umwelt in der Weise der Verbesserung ihrer eigenen Lebensbedingungen optimieren – eine Annahme, die Lovelock und Margulis ebenfalls vornehmen[65]. Ein Problem der beiden letzten Hypothesen besteht darin, dass es keine Umweltbedingungen gibt, die für alle Lebewesen in gleicher Weise optimal wären. Das Optimum ist also ausgehend von Systemparametern (z.B. der Stabilität oder Diversität), und nicht im Hinblick auf einzelne Organismen oder Arten zu bestimmen.

Nach der Auffassung vieler ihrer Anhänger handelt es sich bei der Gaia-Hypothese nicht um eine einfache wissenschaftliche Theorie, sondern um eine alternative Sicht auf die Natur. Mit Gaia soll nicht ein isolierter Untersuchungsgegenstand bezeichnet werden, sondern die wechselseitige Bezogenheit aller Erscheinungen aufeinander. Der Ansatz löst sich damit von dem Maschinenmodell der Erklärung, nach dem jeder Prozess als ein Mechanismus erklärt wird (↑Organismus/Mechanismus), und weist stattdessen den Weg für eine Weltsicht der umfassenden Reziprozität und Interdependenz.[66] Die Betonung liegt auf der wechselseitigen Abhängigkeit der Organismen und ihrer Umwelt, insofern »die zu Gaia gehörenden Organismen, genauso wie sich die Zellen unseres Körpers ihre eigene Umgebung erschaffen und vice versa von dieser erzeugt werden, ihre eigenen Milieus hervorbringen und umgekehrt auch von diesen hervorgebracht werden«.[67]

Kritik an der Gaia-Theorie
Kritisch wird gegen die Gaia-Theorie ins Feld geführt, dass die Erde zumindest eine ganz andere Art von Lebewesen ist als die in der Biologie beschriebenen. Als der wesentliche Grund dafür gilt, dass die Erde kein Element innerhalb einer Population von vielen miteinander konkurrierenden Individuen bildet und damit als Ganzer keiner Selektion unterliegt. So argumentiert W.F. Doolittle: »The biosphere, Lovelock's Gaia, is not a replicating individual, and has no coherent heredity. If her parts contribute to global homeostasis, this cannot be for the same reasons that the organs of an animal promote physiological homeostasis – not, that is, because there were ancient populations of proto-Gaias in which those with more self-control left progeny while others perished«.[68] Ähnlich heißt es 1982 bei R. Dawkins: »For the analogy to apply strictly, there would to have been a set of rival Gaias, presumably on dif-

ferent planets. [...] In addition we would have to postulate some kind of reproduction, whereby successful planets spawned copies of their life forms on new planets«.[69] Als Reaktion auf diese Kritik schlägt Lovelock 1983 ein Simulationsmodell zur Selbstregulation der Temperatur auf einem Planeten vor, das nicht auf einem Mechanismus der Selektion beruht (»Daisyworld«).[70]

Auch wenn die Entstehung nichtselektierter Regelkreise möglich ist, bleibt es aber fraglich, ob es tatsächlich die Existenz des Lebens auf der Erde ist, auf die Gaias Regelkreise gerichtet sind. Mit den Belegen für Regulationsprozesse auf globaler Ebene ist Lovelocks These, dass es die für das Leben relevanten Größen (Temperatur, Gaszusammensetzung der Atmosphäre etc.) mit den für das Leben günstigen Werten sind, die auf der Erde stabilisiert sind, noch nicht bewiesen. Denn es bedarf eines eigenen Nachweises, dass diese Regelkreise selbst wiederum im Sinne des Lebenserhalts auf der Erde kontrolliert sind. Es ist wahrscheinlich, dass diese Regelkreise nicht im Hinblick auf den Erhalt des Lebens stabilisiert sind – wie die Regelkreise eines Organismus, der einer Selektion unterlag –, sondern vielmehr ein bloßes Zufallsprodukt darstellen. Gaia würde dann also zwar ein homöostatisches Regulationssystem bilden, aber eben keine funktionale, durch Selektion geformte und allein durch den wechselseitigen Bezug der Teile bestehende organisierte Ganzheit.

Das Verständnis der Erde als Lebewesen oder Organismus – d.h. die These, »daß die Erde als ein selbstschöpferisches, autopoietisches System die biologische Definition eines lebenden Organismus erfüllt«[71] – wird daher auch nicht von allen Anhängern der Gaia-Theorie geteilt (vgl. z.B. L. Margulis 1996: »I reject Jim's statement ›The Earth is alive‹«[72]). Lovelock selbst gibt in späteren Publikationen Vorhersagen und Kriterien für das Scheitern seiner Auffassung an – er versucht diese also als eine wissenschaftliche Theorie zu verteidigen.[73]

Regulation und Organisation der Erde
Die Gaia-Theorie macht deutlich, dass zwischen den Aspekten der Organisation und Regulation eines Systems zu unterscheiden ist. Die Regulation einiger Größen, wie der Temperatur über den CO_2-Gehalt der Atmosphäre, macht die Erde noch zu keinem Organismus. Für einen Organismus ist es kennzeichnend, dass er nur aufgrund der Interaktion seiner Komponenten bestehen kann; diese erzeugen und erhalten sich und das Ganze durch den wechselseitigen kausalen Bezug zueinander (↑Wechselseitigkeit). Die Erde, verstanden als ein Planet, aber bleibt die Erde, auch wenn sie keine Rückkopplungseinrichtungen enthalten würde. Es gehört nicht zu den identitätsstiftenden Eigenschaften der Erde, dass sie eine konstante Temperatur hat. Im Gegensatz dazu würde ein Organismus als Entität aufhören zu existieren, wenn seine Regulationssysteme zusammenbrechen. Gaia kann also nur dann als ein Organismus verstanden werden, wenn sie nicht mit der kosmologischen Einheit der Erde als einer über Gravitation zusammengehaltenen und um die Sonne kreisenden Materiekugel identifiziert wird. Ein Organismus ist Gaia nur insofern, als darunter das verletzliche und zerstörbare globale Ökosystem mit unterschiedlichen von einander abhängigen funktionalen Gliedern verstanden wird.

Biosphäre und Ökosysteme
Verwandt ist die Interpretation der Erde als Lebewesen also mit der älteren Beurteilung von Ökosystemen als Organismen (↑Organismus). Gegenüber der älteren Ansicht hat die Betrachtung der ganzen Erde den Vorteil, dass das erhebliche Problem der Abgrenzung von Ökosystemen hier nicht vorliegt: Alle Organismen auf der Erde, die eine bestimmte funktionale Rolle einnehmen, können als ein »Organ« von Gaia gedeutet werden. So ließen sich in dieser Sicht z.B. die großen trophischen Einheiten als Organe verstehen: die Pflanzen als Primärproduzenten, die Tiere als Konsumenten und die Pilze und Mikroorganismen als Destruenten. So wie die Organe eines konventionellen Organismus bilden auch die Organe von Gaia eine Einheit von wechselseitig aufeinander bezogenen und wechselseitig voneinander abhängigen Teilen – mit allerdings dem Unterschied, dass die Organe von Gaia nicht als morphologisch zusammenhängende Strukturen vorliegen; die funktional einheitlichen Glieder (z.B. alle Primärproduzenten) sind vielmehr über den ganzen Körper verteilt.

Nachweise

1 Suess, E. (1875). Die Entstehung der Alpen: 159.
2 Vernadskij, V.I. (1926). Biosfera (2 Teile., russ.; engl. The Biosphere, New York 1998).
3 Allee, W.C. et al. (1949). Principles of Animal Ecology: 729.
4 Polunin, N. (1972). The biosphere today. In: ders. (ed.). The Environmental Future, 33-52: 34.
5 Mayer, A.F.I.C. (1827). Supplemente zur Lehre vom Kreislaufe, Heft 1: 50f.; vgl. Jourdan, A. (1834). Dictionnaire raisonné, étymologique, synonymique et polyglotte, Bd. 1: 163.
6 Mahner, M. & Bunge, M. (1997). Foundations of Biophilosophy: 172f.; Huggett, R.J. (1999). Ecosphere, biosphere, or Gaia? What to call the global ecosystem. Global Ecol. Biogeograph. 8, 425-431.
7 Stejneger, L. (1901). Scharff's history of the European fauna. Amer. Nat. 35, 87-116: 89.
8 Reiners, W.A. & Lockwood, J.A. (2010). Philosophical Foundations for the Practices of Ecology: 21.
9 Goldschmidt, V.M. (1954). Geochemistry: 355; Mason, B. (1952). Principles of Geochemistry: 193.
10 Vgl. Gillard, A. (1969). On the terminology of biosphere and ecosphere. Nature 223, 500-501.
11 Lavrenko, E.M. (1964). [Die Untersuchungsebene der organischen Welt im Verhältnis zur Kenntnis der Vegetation (russ.)]. Rep. USSR Acad. Sci. Ser. Biol. 29(1), 32-46 (vgl. Bulletin signalétique, Sekt. 17. Biologie et physiologie végétales 25 (1964): 211 (Nr. 25-17-4004)).
12 Löther, R. (1991). Biostroma. In: Hörz, H. et al. (Hg). Philosophie und Naturwissenschaften. Wörterbuch zu den philosophischen Fragen der Naturwissenschaften, 2 Bde.: I, 146.
13 Strughold, H. (1953). The Green and Red Planet: 36; Dole, S.H. & Asimov, I. (1965). Planets for Man: 109.
14 Possony, S.T. & Rosenzweig, L. (1955). The geography of the air. Ann. Amer. Acad. Pol. Soc. Sci. 299, 1-11: 3.
15 Platon, Timaios 30b-c.
16 a.a.O.: 32d.
17 a.a.O.: 34b.
18 Vgl. z.B. Aristoteles, Meteorologica 366b14ff. (II, 8); Hippokrates, De victu I, 10; Pseudo-Hippokrates, περὶ ἑβδομάδων VI, 1; vgl. Althoff, J. (1997). Vom Schicksal einer Metapher: Die Erde als Organismus in Senecas *Naturales Quaestiones*. Antike Naturwissenschaft und ihre Rezeption 7, 95-110: 107f.
19 Zenon Fragm. 110 (Stoicorum veterum fragmenta I, 32, 28ff.); Chrysipp, Fragm. 633ff. (Stoicorum veterum fragmenta II, 191ff.).
20 Seneca, Naturales quaestiones III, 15; vgl. Althoff (1997): 99.
21 Hume, D. (1779). Dialogues Concerning Natural Religion. (Philosophical Works, London 1874, vol. II, 375-468): 416.
22 Kant, I., Opus postumum (AA XXI-XXII): XXI, 566.
23 a.a.O.: XXII, 549; vgl. XXI, 570.
24 a.a.O.: XXI, 196; vgl. 276; XXI, 215.
25 a.a.O.: XXII, 504; vgl. Heimsoeth, H. (1940-41). Kants Philosophie des Organischen in den letzten Systementwürfen. Bl. deutsche Philos. 14, 81-108: 105.
26 Schelling, F.W.J. (1798). Von der Weltseele (AA I, 6): 257; ders. (1799). Erster Entwurf eines Systems der Naturphilosophie für Vorlesungen (AA I, 7): 117.
27 Hegel, G.W.F. (1817/30). Enzyklopädie der philosophischen Wissenschaften im Grundrisse (Werke, Bd. 8-10, Frankfurt/M. 1986): II, 361.
28 Hutton, J. (1795). Theory of the Earth, with Proofs and Illustrations, 2 vols. (Lehre 1972): II, 546f.; vgl. Grinevald, J. (1996). Sketch for a history of the idea of the biosphere. In: Bunyard, P. (ed.). Gaia in Action. Science of the Living Earth, 34-53: 34f.
29 Lamarck, J.B. de (1802). Hydrogéologie: 7f.
30 Treviranus, G.R. (1802). Biologie, Bd. 1: 66f.
31 Fechner, G.T. (1851). Zend-Avesta oder über die Dinge des Himmels und des Jenseits, 2 Bde. (Hamburg 1901): I, 10.
32 ebd.
33 a.a.O.: 13.
34 a.a.O.: 15.
35 a.a.O.: 19.
36 a.a.O.: 23.
37 a.a.O.: II, 45f.
38 Jünger, E. (1965). Grenzgänge (Sämtliche Werke, Bd. 13, Essays VII, Stuttgart 1981, 175-192): 186.
39 Schopenhauer, A. (1819-44/58). Die Welt als Wille und Vorstellung (Sämtliche Werke, Bd. I-II, Stuttgart/Frankfurt/M. 1960): II, 383.
40 Vernadskij, V.I. (1923). Zhivoje Vestchestvo v Khimii Morja. NHTI, Petrograd; ders. (1926); vgl. Ghilarov, A.M. (1995). Vernadsky's biosphere concept: an historical perspective. Quart. Rev. Biol. 70, 193-203; Levit, G.S. & Krumbein, W.E. (2000). The biosphere-theory of V.I. Vernadsky and the Gaia-theory of James Lovelock: a comparative analysis of the two theories and traditions. Zurn. obsc. biol. 61, 133-144.
41 Vernadskij, V.I. (1926). Biosfera (2 Teile., russ.; engl. The Biosphere, New York 1998).
42 a.a.O.: 47 (§8).
43 a.a.O.: 61 (§25).
44 a.a.O.: 58 (§22).
45 Vgl. Levit, G.S. & Krumbein, W.E. (2001). Eine vergessene Seite der Ökologiegeschichte: die Biosphäre als Morphoprozess in der Theorie von V.N. Beklemishev (1890-1962). Verh. Gesch. Theor. Biol. 7, 199-214: 200f.
46 Zit. n.: Levit & Krumbein (2001): 210.
47 Clements, F.E. (1916). Plant Succession: 319; vgl. Phillips, J. (1931). The biotic community. J. Ecol. 19, 1-24: 4; Jax, K. (2002). Die Einheiten der Ökologie: 71f.
48 Tansley, A.G. (1935). The use and abuse of vegetational concepts and terms. Ecology 16, 284-307: 306.
49 Clements, F.E. & Shelford, V.E. (1939). Bio-Ecology: 20ff.; vgl. Carpenter, J.R. (1939). The biome. Amer. Midl. Nat. 21, 75-91.
50 Walter, H. (1976). Die ökologischen Systeme der Kontinente (Biogeosphäre). Prinzipien ihrer Gliederung mit Beispielen: 6.
51 a.a.O.: 14.

52 a.a.O.: 18.
53 Lovelock, J.E. (1972). Gaia as seen through the atmosphere. Atmospheric Environment 6, 579-580: 579.
54 ebd.
55 Lovelock, J.E. (1988). The Ages of Gaia (dt. Das Gaia-Prinzip, Zürich 1991): 43.
56 Charlson, R.J., Lovelock, J.E., Andreae, M.O. & Warren, S.G. (1987). Oceanic phytoplancton, atmospheric sulphur, cloud albedo and climate. Nature 326, 655-661.
57 Walker, J.C.G., Hays, P.B. & Kasting, J.F. (1981). A negative feedback mechanism for the long-term stabilization of earth's surface temperature. J. Geophys. Res. C 86, 9776-9782.
58 Vgl. Lindley, D. (1988). Is the earth alive or dead? Nature 332, 483-484.
59 Schwartzman, D.W., Shore, S., Volk, T. & McMenamin, M. (1994). Self-organization of the earth's biosphere – geochemical or geophysiological? Origins Life Evol. Biosph. 24, 435-450.
60 Lovelock, J. (1988). The Ages of Gaia: 19.
61 Lovelock, J. E. (1989). Geophysiology, the science of Gaia. Rev. Geophys. 27, 215-222.
62 Kirchner, J.W. (1991). The Gaia hypotheses: Are they testable? Are they useful? In: Schneider, S.H. & Boston, P.J. (eds.). Scientists on Gaia, 38-46: 38.
63 Spencer, H. (1844). Remarks upon the theory of reciprocal dependence in the animal and vegetable creations, as regards its bearing upon paleontology. Philos. Mag. J. Sci. 24, 90-94; Huxley, T.H. (1877). Physiography.
64 Lovelock, J.E. & Margulis, L. (1974). Atmospheric homeostasis by and for the biosphere: the gaia hypothesis. Tellus 26, 1-10.
65 Lovelock, J.E. & Margulis, L. (1974). Homeostatic tendencies of the earth's atmosphere. Orig. Life 5, 93-103.
66 Abram, D. (1991). The mechanical and the organic: on the impact of metaphor in science. In: Schneider, S.H. & Boston, P.J. (eds.). Scientists on Gaia, 66-74: 71f.; vgl. Kineman, J.J. (1991). Gaia: hypothesis or worldview? In: Schneider, S.H. & Boston, P.J. (eds.). Scientists on Gaia, 47-65.
67 Sahtouris, E. (1989). Gaia. The Human Journey from Chaos to Cosmos (dt. Gaia. Vergangenheit und Zukunft der Erde, Frankfurt/M. 1993): 82.
68 Doolittle, W.F. (1991). Questioning a metaphor. In: Barlow, C. (ed.). From Gaia to Selfish Genes, 235-236: 235; vgl. ders. (1981). Is nature really motherly? CoEvolution Quarterly 29, 58-63.
69 Dawkins, R. (1982). The Extended Phenotype: 236.
70 Watson, A.J. & Lovelock, J.E. (1983). Biological homeostasis of the global environment: the parable of Daisyworld. Tellus 35B, 284-289.
71 Sahtouris (1989): 83.
72 Margulis, L. (1996). James Lovelock's Gaia. In: Bunyard, P. (ed.). Gaia in Action, 54-64: 54.
73 Lovelock, J.E. (1991). Gaia. The Practical Science of Planetary Medicine; ders. (1996). The gaia hypothesis. In: Bunyard, P. (ed.). Gaia in Action. Science of the Living Earth, 15-33; ders. (2003). The living earth. Nature 426, 769-770.

Literatur

Grinevald, J. (1996). Sketch for a history of the idea of the biosphere. In: Bunyard, P. (ed.). Gaia in Action. Science of the Living Earth, 34-53.

Levit, G.S. & Krumbein, W.E. (2000). The biosphere-theory of V.I. Vernadsky and the Gaia-theory of James Lovelock: a comparative analysis of the two theories and traditions. Journal of General Biology 61, 133-144.

Levit, G.S. & Krumbein, W.E. (2001). Eine vergessene Seite der Ökologiegeschichte: die Biosphäre als Morphoprozess in der Theorie von V.N. Beklemishev (1890-1962). Verh. Gesch. Theor. Biol. 7, 199-214.

Biotop

Als ›Biotop‹ (von griech. ›βίος‹ »Leben« und ›τόπος‹ »Ort, Gebiet«) wird in der Biologie der Raum bestimmt, in dem ein Organismus oder eine ↑Biozönose leben. Der Ausdruck wird 1908 von dem Zoologen F. Dahl eingeführt.[1] Dahl versteht unter Biotopen »Gelände- und Gewässerarten«, die nicht nur Tiere bzw. Pflanzen, sondern alle Organismen betreffen. Eine Biozönose weist nach Dahl eine enge Bindung an ein Biotop auf – das Biotop wird von Dahl gelegentlich sogar nicht nach topografischen Kriterien, sondern über die Ansprüche von Organismen definiert: Ein Biotop wird dann über das Vorkommen der Organismen einer Art charakterisiert und abgegrenzt. In seinen anfänglichen Darstellungen geht Dahl davon aus, dass sich Biotop und Biozönose räumlich nicht decken müssen; ein Biotop könne vielmehr mehrere Biozönosen umfassen.[2] Erst später (besonders unter dem Einfluss von A. Thienemann und K. Friederichs) wird eine strenge räumliche Korrespondenz von Biotop und Biozönose behauptet.[3] Lebensraum (Biotop) und Lebensgemeinschaft (Biozönose) bezeichnen dann zwei Komponenten eines Systems – das später so genannte ↑Ökosystem. Bei Thienemann heißt es 1916: »Jede Lebensgemeinschaft bildet mit dem Lebensraum, den sie erfüllt, eine Einheit, und zwar eine in sich oft so geschlossene Einheit, daß man sie gleichsam als einen Organismus höherer Ordnung bezeichnen kann«[4].

Vor seiner Einführung des Terminus ›Biotop‹ verwendet Dahl bereits den auf Tiere beschränkten Ausdruck ***Zootop*** (Dahl 1903).[5] Parallel dazu wird später auch das Wort ***Phytotop*** gebraucht. Dieses hat allerdings sehr unterschiedliche Bedeutungen: Der Ornithologe U.A. Corti bezieht es 1949 auf den mehr oder weniger homogenen Umwelttyp eines Tieres (»des milieux plus ou moins homogènes«: »l'aérotope, le géotope, l'hydrotope, le phytotope, le zootope …«[6]). ›Phytotop‹ bezeichnet hier also nicht den Lebensraum einer Pflanze, sondern eines Tieres auf oder in einer Pflanze. G. Haase versteht 1967 unter einem ›Phytotop‹ dagegen »Flächen mit gleicher potentieller natürlicher Vegetation«.[7]

Das Vorgängerkonzept von ›Biotop‹ ist im Deutschen der Ausdruck ***Lebensraum***. Dieses Wort wird in Bezug auf den Menschen spätestens seit Anfang des 19. Jahrhunderts verwendet, so 1809 von J.W. Goethe (allerdings im Sinne einer zeitlichen Erstre-

Landschaft (9. Jh.)	*314*
Habitat (Linné 1753)	*306*
Wohnort (Hortensius 1758)	*307*
Standort (Georgi 1765)	*307*
Fundort (Mohr 1803)	*308*
hygrophil (Thurmann 1849)	*313*
xerophil (Thurmann 1849)	*313*
Landschaftsästhetik (Reagles 1857)	*316*
Hekistotherme (de Candolle 1874)	*313*
Megatherme (de Candolle 1874)	*313*
Mesotherme (de Candolle 1874)	*313*
Mikrotherme (de Candolle 1874)	*313*
Plankton (Hensen 1887)	*314*
Benthos (Haeckel 1890)	*314*
Nekton (Haeckel 1890)	*314*
Pleuston (Schröter 1896)	*314*
Lebensraum (Ratzel 1897)	*305*
Xeromorphie (Reinke 1898)	*313*
Zootop (Dahl 1903)	*305*
endolithisch (Bachmann 1904)	*313*
eutroph (Weber 1907)	*312*
mesotroph (Weber 1907)	*312*
oligotroph (Weber 1907)	*312*
Biotop (Dahl 1908)	*305*
Seston (Kolkwitz 1912)	*314*
Edaphon (Francé 1913)	*314*
Neuston (Naumann 1917)	*314*
euzön (Hesse 1924)	*310*
tychozön (Hesse 1924)	*310*
xenozön (Hesse 1924)	*310*
Biotoptypen (Palmgren 1930)	*312*
Landschaftsökologie (Troll 1939)	*315*
Ökotop (Tansley 1939)	*308*
azön (Tischler 1947)	*310*
Zönobionten (Tischler 1947)	*310*
Zönophile (Tischler 1947)	*310*
Phytotop (Haase 1967)	*305*
Biostop (Schellhorn 1969)	*308*
Demotop (Schellhorn 1969)	*308*

> Ein Biotop ist der natürliche Aufenthaltsort eines Organismus und die Summe der Gegenstände und Faktoren an diesem, die dem Organismus das Überleben und Fortpflanzen ermöglichen.

ckung: »den Lebensraum auszufüllen«[8]). Es wird anfangs allein auf den Menschen und dessen Lebensgestaltung bezogen. 1855 schreibt C.H. Schultz-Schultzenstein: »Der Lebensraum ist nicht unendlich kontinuirlich, sondern individualisirt und durch die Wuchstypen der organischen Individuen bestimmt«[9]; eine räumliche Verwendung kündigt sich zuerst in der Völkerkunde an (»tropischer Lebensraum«[10]). Der Ausdruck erlangt aber erst Ende des Jahrhunderts eine naturwissenschaftliche Bedeutung, und zwar ausgehend von der Geografie. F. Ratzel verwendet das Wort 1897 in einem kleinen Aufsatz und später in einer Monografie.[11] Seit den ersten Jahrzehnten des 20. Jahrhunderts wird ein Lebensraum zusammen mit einer Lebensgemeinschaft als eine Einheit betrachtet (↑Ökosystem).[12] In den 1930er Jahren wird der Begriff zu einem politischen Schlagwort und im

Sinne einer völkisch-nationalsozialistischen Politik instrumentalisiert.[13]

Biotop und Nische
Eine enge Bindung von Tier- oder Pflanzenarten an bestimmte Lebensräume wird seit langem beschrieben. Solche Biotopbindungen werden seit der Antike auch bereits zur systematischen Klassifikation von Organismen verwendet, z.B. die grobe Einteilung in Luft-, Wasser- und Landtiere (↑Lebensform). Differenziertere Beschreibungen erscheinen seit Beginn des 18. Jahrhunderts. So unterscheidet Vallisnieri 1713 vier verschiedene Typen von Insekten nach ihrem Lebensraum: auf Pflanzen wohnende, im Wasser lebende, unter Steinen und im Boden lebende und auf Tieren lebende.[14]

Diese Beschreibungen werden im 18. Jahrhundert meist unter physikotheologischem Vorzeichen in ökologische Kontexte integriert: Herausgestellt wird, welchen Beitrag die verschiedenen Formen von Organismen für das Funktionieren des von Gott zweckmäßig eingerichteten Gefüges der Welt spielen (↑Ökosystem). In diesem Zusammenhang steht C. von Linnés Konzept eines speziellen Platzes (»statio«[15]) jedes Organismus. Dieses Konzept hat primär nicht eine topologisch-geografische Dimension, sondern ist eher funktional zu verstehen als Relation von Organismen einer Art zu Organismen anderer Arten (↑Nische). Auch die spätere von C. Darwin verwendete Rede von ›Plätzen‹ (»places in the economy of nature«[16]) zielt auf diesen funktionalen Aspekt.

Habitat
Als räumlich-geografische Angabe zum Vorkommen von Pflanzen macht Linné hinter seinen Pflanzennamen zur Bezeichnung des Fundortes der Pflanze vielfach einen Eintrag, der mit **Habitat** (lat. »bewohnt, ist heimisch«) beginnt (z.B. 1737: »Hæc in solis Alpibus, illa in solis sylvis habitat«[17]; 1745: »Habitat in Alpibus Lapponicis monte Walliwari«[18]; »Habitat in agris ruderatis cultis frequens«[19]). Bereits Ende des 18. Jahrhunderts wird diese ursprüngliche Verbform auch als Substantiv verwendet (1796 im Englischen: »*Habitatio*, the natural place of growth of a plant in its wild state. This is now generally expressed by the word Habitat«[20]; »he has given only the general habitat of pastures«[21]). In diesen Verwendungen kündigt sich bereits die spätere Tendenz an, unter einem Habitat nicht primär die geografische Region des Vorkommens einer taxonomischen Gruppe, sondern vielmehr die an einem Standort herrschenden klimatischen, edaphischen und vegetationskundlichen Verhältnisse zu verstehen (z.B. ›Weide‹).

1751 gibt Linné eine Übersicht über 25 Habitate in diesem Sinn, d.h. Biotoptypen, und ihre jeweils charakteristischen Pflanzengattungen (vgl. Tab. 43). Linné nennt diese allerdings nicht ›Habitate‹, sondern spricht von ›Geburtsorten‹ (»Loca natalia plantarum respiciunt *Regionem, Clima, Solum & Terram*«).[22] Die Typen von Geburtsorten, die Linné nach der Art des Bodens gliedert – z.B. Meer, Sumpf, Wald und Weide – sind offensichtlich keine räumlich-geografischen Einheiten, sondern folgen vornehmlich der Unterscheidung von Lebensformtypen von Pflanzen (↑Lebensform).

Verschiedene Bedeutungen des Habitatbegriffs bestehen bis in die Gegenwart nebeneinander. Im 20. Jahrhundert sind wiederholt Versuche der verbindlichen Definition unternommen worden, von denen sich aber keiner durchgesetzt hat. Einige von diesen Vorschlägen sind folgende: R.H. Yapp bestimmt 1922 ein Habitat als den von einem Organismus (er geht von Pflanzen aus) oder einer Organismengemeinschaft besiedelten Raum einschließlich aller Faktoren, die auf den Organismus oder die Gemeinschaft wirken, aber ihnen äußerlich sind.[23] Zu diesen Faktoren zählen nach Yapp klimatische, edafische, topografisch-physiografische und biotische. Auch der Einfluss anderer Organismen bildet damit also einen Teil des Habitats.

Im Gegensatz zu dieser Bestimmung hat das Wort im deutschen Sprachraum meist eine engere Bedeutung: In der Regel wird unter einem Habitat der eng umgrenzte Raum innerhalb eines Biotops verstanden, der von den Organismen einer Art bewohnt wird. W. Tischler definiert den Begriff 1947 als »Ort innerhalb des Biotops, an dem eine Tierart regelmäßig anzutreffen ist, weil dort die für sie günstigen Lebensbedingungen herrschen«[24]. M.F.D. Udvardy schlägt 1959 vor, ›Habitat‹ nicht nur räumlich zu verstehen, sondern es allgemein auf die Umwelt einer Art (oder eines Organismus) zu beziehen; ›Biotop‹ bilde dagegen die Bezeichnung für die Umwelt einer ökologischen Gemeinschaft.[25] Besonders in der Zoologie ist es – dem Vorschlag Yapps folgend – inzwischen üblich, unter dem Habitat nicht nur abiotische Umweltfaktoren, sondern auch die Gemeinschaft von (vor allem) Pflanzen und Tieren zu verstehen: Als das Habitat eines Tieres gilt z.B. ein bestimmter Waldtyp.[26] Aber auch in der Botanik etablieren sich offenbar Definitionen dieses Typs (z.B. Wagenitz 1996/2003: »Die ökologischen Bedingungen am Wuchsort einer Pflanze (im Gegensatz zu dem geographisch festgelegten Fundort), dazu gehören Klima, Boden und biotische Faktoren, z.B. die Begleitpflanzen, Fraßfeinde, Bestäuber«).[27]

Ein einheitliches Verständnis im Verhältnis der Begriffe ›Habitat‹ und ›Biotop‹ hat sich bisher nicht entwickelt. Vielfach werden beide Ausdrücke synonym verwendet (wobei ›Biotop‹ ein nur im Deutschen verbreiteter Ausdruck ist). Von nicht wenigen Autoren wird aber auch ein Habitat als Teil eines Biotops verstanden. So legt G. Haase 1967 fest:»Biozönose« (»Lebensgemeinschaft«) und »Habitat« (»Umwelt«) bilden zusammen das »Biotop« (»Lebensstätte, Wuchsort«).[28]

R.C. Looijen bezieht im Jahr 2000 den Ausdruck ›Habitat‹ auf Individuen (einer Art) und ›Biotop‹ auf eine Biozönose.[29] Als explizite Definition bietet er an: Ein (realisiertes) Habitat sei die Menge von Umweltfaktoren, unter denen Individuen (einer Art) leben (»the set, or combination, of (values of) biotic and/or abiotic variables occuring at a certain place [...] in which an individual or individuals of a species lives or live«); und ein Biotop sei eine topografische Einheit, in der weitgehend homogene Umweltbedingungen bestehen (»an area (topographical unit) characterized by distinct, more or less uniform biotic and/or abiotic conditions«).[30]

Fundort und Standort
In der Ökologie des 20. Jahrhunderts zählt zum Biotop meist nicht allein der Raum, in dem sich ein Organismus aufhält, sondern auch die abiotischen Bedingungen, die diesen Raum kennzeichnen, z.B. die Oberflächenbeschaffenheit und das Mikroklima.

Eine Trennung des konkret-räumlichen und des abstrakt-physikalischen Aspekts des Biotops ist v.a. in der Botanik durch die Unterscheidung von ›Fundort‹ (Wohnort) und ›Standort‹ verbreitet. Während der *Fundort* allein den räumlichen Ort des Vorkommens einer Pflanze bezeichnet, bezieht sich der *Standort* auf die Gesamtheit der Umweltbedingungen, die am Fundort einer Pflanze herrschen. G.R. Treviranus bringt diese Differenz 1803 durch die Begriffe der »geographischen« und »physischen Verbreitung« zum Ausdruck.[31] A.P. de Candolle unterscheidet 1813 beide Aspekte als *habitatio* und *statio*: »Station (*Statio*), lieu dans lequel un végétal croît spontanément, considéré, quant à sa nature physique, et non quant à sa position géographique, qu'on nomme son *Habitation* ou sa *Patrie* (*Habitatio, Patria*).[32]

Der deutsche Ausdruck **Wohnort** wird seit Mitte des 18. Jahrhunderts auf Tiere und Pflanzen bezogen. Anfangs erscheint er in allgemeiner Bedeutung (Hortensius 1758: »Jede Art hat einen von der Natur bestimten Wohnort, wo sie sich und ihre Jungen am besten pflegen kann«; »Der Hering muß seinen Wohnort verlassen«[33]). Später wird er in zunehmend terminologischer Verwendung in faunistischen Darstellungen von einzelnen Tiergruppen gebraucht. E.J.C. Esper verwendet ihn 1777 regelmäßig in Bezug auf Schmetterlinge, und zwar meist zur Bezeichnung nicht des geografischen Gebiets des Vorkommens, sondern der ökologischen Bedingungen (z.B. »Der liebste Wohnort dieses Zweyfalters [*Aphantopus hyperantus*], sind die Waldungen«[34]). In Bezug auf Pflanzen ist er seit den 1880er Jahren in Gebrauch, vielfach in geografischer Bedeutung (von Paula Schrank 1781: »Der Wohnort [von Pflanzen der Art *Phyteuma spicata*] ist nach Linné auf den helvetischen, österreichischen, französischen, italienischen, und engländischen Alpen, und auf dem Baldus«; »Der Wohnort [von *Lichen fungiflorus*] sind die Wälder um Burghausen«[35]). Terminologischen Status erlangt das Wort durch die Übersetzung des lateinischen ›habitatio‹ (s.o.) als ›Wohnort‹ durch J.K.W. Illiger im Jahr 1800.[36] Illiger fasst darunter sowohl die geografische Verbreitung als auch die Boden- und Klimaverhältnisse, also die Aspekte, die später bei de Candolle geschieden sind.

Von einem **Standort** von Pflanzen ist vielfach bereits seit Mitte des 18. Jahrhunderts die Rede (Georgi 1765: »Der Standort [von Pflanzen der Art *Columnea chinensis*, d.h. *Limnophila chinensis*] ist das Flußufer«; »Ihr Standort [von *Ruellia crispa*] sind unbeschattete Anhöhen« und »Der Standort der Pflanze [*Amomum zerumbet*] ist das schattige Ufer«[37]; Vogel 1767: »Beschreibungen nebst der Dauer, dem Standort, der Blühezeit«[38]). J.J. Bernhardi unterscheidet 1804 einen »absoluten« von einem »relativen« Standort und definiert: »Der absolute Standort ist der Raum, welchen eine Pflanze auf der Erdkugel überhaupt einnimmt, indem wir sie als einen Theil derselben betrachten. Der relative hingegen wird von den Gegenständen, welche sie annächst umgeben, bestimmt.«[39] J.J. Römer unterscheidet 1816 die »Habitatio« oder den »Wohnort« als »die Stelle, wo Pflanzen gewöhnlich wachsen«, von der »Statio« oder dem »Standort« als den physischen Verhältnissen des Bodens und des Klimas, die am Wuchsort herrschen.[40]

Nicht immer wird diese Terminologie allerdings konsequent angewandt. J.F. Schouw übersetzt seinen Terminus für die geografische Verbreitung von Pflanzen einer Art (»locus natalis«) 1823 als ›Standort‹[41]; in anderen Übersetzungen seines Werks wird dies aber als ›Fundort‹ wiedergegeben (Anonymus 1823: »Fundort (locus natalis, Vorested) [...]: die Ortsangaben nach der politischen Ländereintheilung«[42]). Schouw grenzt den von ihm so genannten (geografisch bestimmten) ›Standort‹ von dem

1. Meere (»MARE aqua salsa refertum«)
2. Küsten (»LITTORA maris Arena sive Sabulo«)
3. Quellen (»FONTES scaturiunt aqua gelida purissima«)
4. Fließgewässer (»FLUVII aquam puram, subfrigidam, motu agitatam vehunt«)
5. Flussufer (»RIPAE Fluviorum & Lacuum hyeme sub aqua reconditae«)
6. Seen (»LACUS aqua pura repletae, fundo consistenti gaudent«)
7. Teiche (»STAGNA & Fossae fundo limoso & aqua quieta sunt repleta«)
8. Sümpfe (»PALUDES humo lutosa laxa & aqua referta, aestate siccescunt«)
9. Rasen (»CESPITOSAE Paludes, refertae humo mixta«)
10. Überschwemmungsgebiete (»INUNDATA loca hyeme repleta aqua«)
11. Moore(»ULIGINOSA mihi sunt loca spongiosa«)
12. Hochgebirge(»ALPES, Montes altissimi«)
13. Felsgebiete(»RUPES constant petris«)
14. Hügelländer(»MONTES & Colles sabulosi«)
15. Felder (»CAMPI aprici ventibus expositi«)
16. Wälder(»SILVAE umbrosae terra sabulosa sterili refertae«)
17. Haine (»NEMORA ad radices montium«)
18. Wiesen (»PRATA Herbis luxuriantia«)
19. Weiden (»PASCUA differunt a pratis, quod steriliora, sicciora & magis sabulosa«)
20. Brachland (»ARVA constant agris requietis«)
21. Äcker (»AGRI terra subacta loeta gaudent«)
22. Feldränder (»VERSURAE s. Margines agrorum, tanquam prata stercorata considerantur«)
23. Gärten (»CULTA in Hortis Terra, subacta, mixta fertilissima, promovet plantas Hortulanis invisas, inter olera luxuriantes«)
24. Misthaufen (»FIMETA ex stercore animalium congesta«)
25. Ruderalfluren (»RUDERATA juxta domos, habitacula, vias ac plateas«)

Tab. 43. *Gliederung der Habitate oder »Geburtsorte« von Pflanzen (»Loca natalia plantarum«) nach der Art des Bodens (solum) (nach Linné, C. von (1751). Philosophia botanica: 265-269).*

Vorkommen (dän. »Forekomst«) einer Pflanze ab.[43] Darunter versteht er die ökologischen Verhältnisse am Wuchsort einer Pflanze (»die Ortsverhältnisse, welche nicht nur den Arten, Gattungen oder höheren Pflanzengruppen, sondern auch jedem Individuum einer gewissen Pflanzengruppe, beigelegt werden können, [...] alle äußeren Umstände, unter welchen eine Pflanze vorkommt, [...] also das die Pflanze umgebende Medium (ob Luft oder Wasser), der Boden, worin sie sich befindet, u.s.w«[44]). 1868 verwendet auch M. Wagner den Ausdruck ›statio‹ in »geographischer« Hinsicht im Sinne von »Verbreitungsbezirk«.[45] Weitgehend maßgeblich für das 20. Jahrhundert ist die Bestimmung des Standortbegriffs, die C. Flahault und C. Schröter ihm 1910 geben. Danach ist ein Standort die Gesamtheit der Faktoren, die die Lebensbedingungen einer Art bilden, dazu zählen neben den klimatischen und edaphischen Faktoren auch die von Organismen anderer Arten erzeugten Bedingungen: »un ensemble complet et défini de conditions d'existence, exprimé par l'uniformité de la végétation. La station résume tout ce qui est nécessaire aux espèces qui l'occupent, la combinaison des facteurs climatiques avec les facteurs édaphiques et les rapports réciproques des êtres vivants, c'est-à-dire les rapports de chaque espèce avec le climat, le sol et avec les espèces auxquelles elle est associée«.[46] F. Firbas definiert den Standort 1939 in diesem Sinne als »Gesammtheit aller äußeren Bedingungen, die auf eine Pflanze innerhalb ihres Lebensraumes einwirken (also nicht nur der Ort des Vorkommens)«[47]. Die Fundorte einer Sippe bezeichnen demgegenüber »den Ort ihres Vorkommens«[48].

Seit dem 18. Jahrhundert werden v.a. die geografischen Orte, an denen Mineralien und Fossilien gefunden werden, als *Fundorte* bezeichnet. Für den Aufenthaltsort lebender Organismen kommt der Ausdruck erst später in Gebrauch. Dabei wird er anfangs teilweise in der späteren Bedeutung von ›Standort‹ verwendet (Schmidt 1800: »[Scapoli hat den Strauch] nach dem Fundorte den Nahmen *R. [Rhamnus] rupestris* beygelegt«[49]). Bereits im ersten Jahrzehnt des 19. Jahrhunderts erscheint er aber auch in der späteren rein geografischen Bedeutung (Mohr 1803: »Angabe der Fundorte der verschiedenen Algenarten«[50]; Anonymus 1805: »Fundort und die Blüthe der Pflanzen«[51]). H. Gams schlägt 1918 statt ›Fundort‹ *Wohnort* oder *Lebensraum* vor.[52]

Ökotop
Zur Abgrenzung des Biotops als Umwelt der Biozönose kann die Umwelt eines einzelnen Organismus (oder der Organismen einer Art) als **Ökotop** bezeichnet werden(Vité 1951).[53] Ein **Demotop** ist demgegenüber die Umwelt einer Population; und das **Biostop** die Umwelt der Biosphäre (Schellhorn 1969).[54] Meist wird zwischen diesen Begriffen allerdings nicht differenziert und auch die Umwelt eines Organismus als sein ›Biotop‹ bezeichnet. Eine Motivation für die Einführung des Begriffs des Ökotops lag jedoch in der Tatsache, dass der Lebensraum eines Organismus häufig die räumlichen Grenzen einer bestimmten Biozönose überschreitet (z.B. durch Tag-Nacht-Rhythmen oder jahreszeitli-

che Wanderungen). Der Begriff des Ökotops wird allerdings nicht einheitlich verwendet. Gelegentlich wird er auf konkrete, räumlich spezifizierte Ökosysteme, die »topographisch konkrete Ausbildung« eines Ökosystems bezogen.[55] Von anderen wird er als die komplexe Verbindung von Nische und Habitat der Organismen einer Art verstanden (»the species' relation to the full range of environmental and biotic variables affecting it«; »the ultimate evolutionary context of a species«).[56] A.G. Tansely, der den Ausdruck ›Ökotop‹ (engl. »ecotope«) 1939 erstmals gebraucht, verwendet ihn für die physikalischen Faktoren, die die Heimat von Organismen ausmachen (»the particular portion [...] of the physical world that form a home (οἶκος) for the organisms which inhabit it«).[57]

Viel verwendet wird ›Ökotop‹ seit 1950 in der deutschsprachigen Landschaftsökologie – bei C. Troll und W. Czajka schon seit Mitte der 40er Jahre in Vorlesungen und Gesprächen.[58] 1950 führt Troll den Ausdruck in seinen schriftlichen Veröffentlichungen ein für die »kleinsten Raumgebilde oder Bausteine einer geographischen Landschaft«; sie bildeten »in sich homogene, aber in Mehrzahl vorhandene Standortseinheiten«; äquivalent dazu spricht er von »Landschaftszellen«.[59] Später erläutert Troll den Begriff des Ökotops knapp als »kleinste Landschaftsteile«.[60] Uneinheitlich ist das Verständnis des Begriffs hinsichtlich des Einschlusses von Lebewesen: Einige Autoren verwenden den Ausdruck für eine rein räumliche Einheit – in diese Richtung geht z.B. die Bestimmung von G. Haase 1967, nach dem ein Ökotop »das homogene Areal eines Ökosystem-Typs« bildet –, andere, wie z.B. J. Schmithüsen in seinem Lehrbuch der Vegetationsgeografie von 1959, fassen mit ihm die Einheit aus Biotop und Biozönose (das »Holozön«; ↑Ökosystem)[61].

Neben ›Ökotop‹ sind in der Landschaftskunde zahlreiche andere Termini verbreitet. Besonders russische Geografen führen eine Vielfalt von Ausdrücken ein, die sich später allgemein verbreiten, z.B. *Mikrolandschaft* (I.V. Larin), *Epifazies* (L.G. Ramenskij), *Elementarlandschaft* (Polynov) oder *Geoform* (A.M. Kanonnikov)[62]. In der deutschsprachigen Landschaftsökologie etablieren sich besonders folgende Ausdrücke: *Landschaftsteil* (Passarge 1919[63]), *Mikrolandschaft* (von Kruedener 1926[64]), *Chore* (Penck 1929[65]), *Landschaftselement* (Troll 1943[66]) und *Landschaftszelle* (Paffen 1948[67]). Im Wesentlichen beschränkt auf die abiotischen Verhältnisse wird das Wort *Physiotop* verwendet.[68] Um die Analogie zwischen der Landschaft und einem Mosaik deutlich zu machen, führt J. Schmithüsen 1948 den

1 Abiotische Habitate	
1.1	Geländeteile
1.1.1	Positionstyp (z.B. Tal, Hang)
1.1.2	Expositionstyp (z.B. Süden)
1.1.3	Inklinationstyp (Neigung)
1.1.4	Oberfläche, Gestaltung (z.B. Regen-, Windexposition)
1.2	Gesteinstypen
1.3	Gesteinsformen
1.4	Bodenarten
1.5	Bodentypen
1.6	Bodenprofile
1.7	Herkunft der Gesteine
1.8	Verteilung der Gesteine
1.9	Kunstbauten (z.B. Mauerspalten)
2 Biotische Habitate	
2.1	Phyto-Habitate (Habitate auf oder in Pflanzen)
2.1.1	Fruchtkörper der Pilze
2.1.2	Flechten- und Moospolster
2.1.3	Oberfläche ganzer Pflanzen
2.1.4	Oberflächen-Teile einer Pflanze
2.1.5	Inneres von natürlichen Teilen einer Pflanze
2.1.6	Inneres der von Tieren bewirkten, veränderten Teile einer Pflanze
2.1.7	Inneres abgestorbener Pflanzensubstrate
2.2	Zoo-Habitate (Habitate auf oder in Tieren)
2.2.1	Äußeres von Tieren
2.2.2	Inneres von Tieren
2.2.3	Nester und Bauten von Tieren
2.2.4	Oberfläche und Inneres tierischer Abfallstoffe
2.2.4.1	Kot
2.2.4.2	Aas
2.2.4.3	Gewölle, Wachse, Haare

Tab. 44. *Einteilung terrestrischer Habitate nach ihrer physikalischen oder biotischen Struktur (nach Heydemann, B. (1980). Terrestrische Habitate und ihre Typisierung in Mitteleuropa. Natur Landsch. 55(1), 5-7).*

Terminus *Fliese* ein und spricht von der Landschaft als einem *Fliesengefüge*. Er definiert: »Fliesen sind die naturräumlichen Grundeinheiten der Landschaft, topographische Bereiche, die auf Grund der Gesamtwirkung ihrer physiogeographischen Ausstattung in ihrer ökologischen Standortqualität annähernd homogen sind«.[69] Die Fliesen bilden nach Schmithüsen nicht selbst Teile einer Landschaft, sondern stellen lediglich als räumliche Einheiten deren »physisch-geographisch bedingte standörtliche Grundlage« dar[70]; die Gemeinschaften der Lebewesen in einer Landschaft gehören damit ausdrücklich nicht zu den Fliesen.

Biotopzugehörigkeit und Biotopbindung
Eine Terminologie zur Bezeichnung verschiedener Formen des Verhältnisses von Organismen zu ihrem

1. LEBENSRÄUME IN KÜSTENBEREICHEN UND HALOPHYTISCHE VEGETATION
11. Meeresgewässer und Gezeitenzonen
12. Felsenküsten und Kiesstrände
13. Atlantische Salzsümpfe und -wiesen sowie Salzsümpfe und -wiesen im Binnenland
14. Salzsümpfe und -wiesen des Mittelmeeres und des gemäßigten Atlantiks
15. Halophile und gypsophile Binnenlandsteppen
16. Archipele, Küsten und Landhebungsgebiete des borealen Baltikums

2. DÜNEN AN MEERESKÜSTEN UND IM BINNENLAND
21. Dünen an den Küsten des Atlantiks sowie der Nord- und der Ostsee
22. Dünen an Mittelmeerküsten
23. Dünen im Binnenland (alt und entkalkt)

3. SÜSSWASSERLEBENSRÄUME
31. Stehende Gewässer
32. Fließgewässer

4. GEMÄSSIGTE HEIDE- UND BUSCHVEGETATION

5. HARTLAUBGEBÜSCHE (MATORRALS)
51. Gebüsche des submediterranen und gemäßigten Raumes
52. Baumbestandene Matorrals im Mittelmeerraum
53. Thermo-mediterrane Gebüschformationen und Vorsteppen
54. Phrygane

6. NATÜRLICHES UND NATURNAHES GRASLAND
61. Natürliches Grasland
62. Naturnahes trockenes Grasland und Verbuschungs-Stadien
63. Als Weideland genutzte Hartlaubwälder (Dehesas)
64. Naturnahes feuchtes Grasland mit hohen Gräsern
65. Mesophiles Grünland

7. HOCH- UND NIEDERMOORE
71. Saure Moore mit Sphagnum
72. Kalkreiche Niedermoore
73. Boreale Torfmoore

8. FELSIGE LEBENSRÄUME UND HÖHLEN
81. Geröll und Schutthalden
82. Steinige Felsabhänge mit Felsspaltenvegetation
83. Andere felsige Lebensräume

9. WÄLDER
90. Wälder des borealen Europas
91. Wälder des gemäßigten Europas
92. Sommergrüne mediterrane Laubwälder
93. Mediterrane Hartlaubwälder

Tab. 45. Lebensraumtypen in Europa (gekürzt nach dem Anhang 1 der Richtlinie 92/43/EWG des Rates vom 21. Mai 1992 zur Erhaltung der natürlichen Lebensräume sowie der wildlebenden Tiere und Pflanzen (Version vom 1.5.2004).

Biotop entwickelt sich in der Ökologie des 20. Jahrhunderts. W. Tischler schlägt 1947 eine Differenzierung zwischen der *Biotopzugehörigkeit* und der *Biotopbindung* von Organismen vor.[71] Die erste bezieht sich auf die Regelmäßigkeit der Anwesenheit von Vertretern einer Art in einem Biotop, die zweite auf die Toleranz der Organismen einer Art gegenüber anderen Biotopen. Hinsichtlich der Biotopzugehörigkeit unterscheidet A. Remane 1940 zwischen *Biotopeigenen*, *Biotopverwandten*, *Nachbarn* und *Irrgästen*.[72] Tischler modifiziert diese Einteilung mit der Unterscheidung von *Biotopeigenen (Indigenae)*, *Besuchern (Hospites)*, *Nachbarn (Vicini)* sowie *Irrgästen und Durchzüglern (Alieni)*.[73]

Von einer Biotopbindung soll nach Tischler allein in Bezug auf die biotopeigenen Arten die Rede sein. Für diese entwickelt sich bereits seit den 1920er Jahren eine eigene Terminologie: R. Hesse unterscheidet 1924 zwischen *euzönen* (Organismen mit enger Bindung an ein Biotop), *tychozönen* (Organismen, die auch in anderen Biotopen existieren können) und *xenozönen* Arten (Organismen mit nur geringer Bindung an ein Biotop).[74] Tischler übernimmt 1947 diese Einteilung und ergänzt sie um die vierte Gruppe der *azönen* Arten (Ubiquisten, vage Arten). Die euzönen Arten identifiziert Tischler mit den stenotopen oder stenöken Arten; die tychozönen Arten mit den eurytopen oder euryöken (↑Nische).[75] In einer parallel zu Hesses Gliederung verlaufenden Dreiteilung spricht A. Thienemann 1925 von den -bionten, -philen und -xenen eines jeden Biotops, z.B. den Stygobionten, Stygophilen und Stygoxenen für die Bewohner des unterirdischen Grundwassers.[76] Tischler stellt die **Zönobionten** als die an ein Biotop gebundenen Arten und die **Zönophile** als die ein Biotop stark bevorzugenden Arten als zwei Unterformen der euzönen Arten dar.[77]

Wenig differenziert wird in der ökologischen Terminologie zwischen den Biotopansprüchen einer *Art* und denen eines *Organismus*. Die Organismen einer Art werden als weitgehend gleich in ihren Ansprüchen behandelt. Aufgrund von lokalen Variationen oder Prägungen auf ein Biotop (↑Lernen) kann es aber durchaus Arten aus Organismen geben, die jeweils enge Bindungen an ein bestimmtes Biotop aufweisen, sich in ihren Ansprüchen aber stark unterscheiden (stenöke Organismen einer insgesamt euryöken Art).

Realität von Biotopen?
Ob es ↑Biozönosen und abgrenzbare Biotope als reale Einheiten der Natur wirklich regelmäßig gibt, ist eine in der Ökologie umstrittene Frage. Vehement spricht

sich F. Peus 1954 dagegen aus: »Es gibt keinen Biotop und keine in ihm wohnende Biozönose, die etwas *Geschlossenes* und etwas Selbständiges oder Unabhängiges, eine Autarkie oder eine Ganzheit für sich darstellten.«[78] Denn: »Für sehr viele Biotope (als Gattungs- und Individualbegriff) – man möchte fast vom Regelfall sprechen – gilt der ständige Austausch von Individuen, bisweilen sogar der periodische Wechsel der ganzen Population einer Spezies zwischen verschiedenartigen Biotopen als das einfach Gegebene, Notwendige und Normale«.[79] Weil für die Organismen jeder Art allein ihre spezifische Umwelt relevant ist und darüber hinaus keine realen Einheiten existieren, lehnt Peus den Begriff des Biotops (ebenso wie den der Biozönose) als »entbehrlich und überflüssig« ganz ab.[80] Die ökologische Forschung komme in der Autökologie, d.h. der Untersuchung der Umweltbeziehungen der Organismen einer Art, bereits an ihr Ende.

Entgegen dieser Einschätzung hat der Biotopbegriff aber seinen festen Platz in der ökologischen Literatur. Wie ein Biotop bestimmt und begrenzt wird, hängt dabei von der untersuchten Gruppe von Organismen ab. Es zeigen sich dabei regelmäßige Unterschiede: Bei der Untersuchung von Tieren werden beispielsweise auch die Pflanzen zum Biotop gerechnet; in der Botanik dagegen meist allein die abiotischen Bedingungen.[81]

Relevanz für den Naturschutz
Besondere Relevanz hat die Bestimmung von Biotopen für den Naturschutz. Die Abgrenzung von Biotopen fungiert als ein Instrument des Naturschutzes, das dazu beiträgt, schützenswerte Landschaftsausschnitte zu identifizieren. Die jeweils vorhandenen Biotope spielen bei der Bewertung des konkreten Gebietes eine vermittelnde Rolle, indem sie als Voraussetzung der Besiedlung des Gebietes durch Tiere notwendig (aber noch nicht hinreichend) sind. Die Feststellung der Schutzwürdigkeit erfolgt letztlich aber durch den Nachweis von zu schützenden Pflanzen- und Tierarten. Weil Biotope im Hinblick auf die Besiedlungsmöglichkeiten durch Pflanzen und Tiere bestimmt werden, werden diejenigen Faktoren bei der Abgrenzung von Biotopen herausgearbeitet, die das Vorkommen und die Verteilung der Organismen bestimmen.

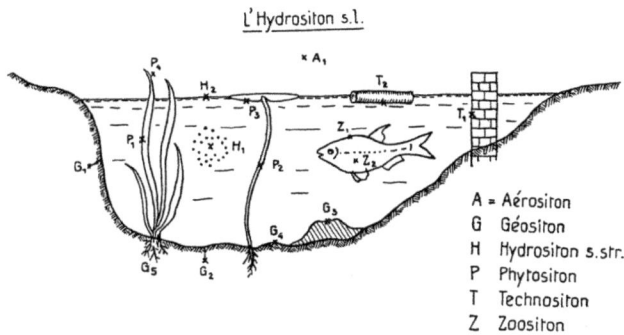

Abb. 67. Die Bereiche des Hydrositons, *d.h. des Lebensraums im und am Wasser, der den Lebewesen ihre Ernährung ermöglicht. Das Hydrositon im weiteren Sinne gliedert sich in den Luftbereich über dem Wasser* (Aerositon), *den Bodenbereich unter Wasser* (Geositon), *den Bereich zwischen Boden und Wasseroberfläche* (Hydrositon im engeren Sinne), *sowie den Bereich in und auf Pflanzen* (Phytositon), *in und auf künstlichen Körpern* (Technositon) *und in und auf Tieren* (Zoositon). *Neben dem für die Ernährung genutzten Aktivitätsbereich* (Sitotop) *steht der für die Fortpflanzung* (Genotop) *und für Verteidigung und Schutz genutzte Aktivitätsbereich* (Hygiotop) *(aus Corti, U.A. (1949).* L'hydrositon. *Verhandlungen der Internationalen Vereinigung für Theoretische und Angewandte Limnologie 10, 112-118: 114).*

Klassifikation von Biotopen und Habitaten
Verschiedene Vorschläge für eine Klassifikation von Habitaten und Biotopen sind gemacht worden. Ausgehend von einer Gemeinschaft bzw. einem einzelnen Organismus unterscheidet R.H. Yapp 1922 einen synökologischen und einen autökologischen Habitatbegriff. Zu ersterem gehören das *Gemeinschaftshabitat* (»communal habitat«), d.h. der Lebensraum, der von einer Gemeinschaft von Organismen (Pflanzen) bewohnt wird, und das *Sukzessionshabitat*, d.h. der Raum und die dort wirksamen Faktoren, die eine sich verändernde Gemeinschaft prägen. Das autökologische Habitat gliedert Yapp in das von einem einzelnen Organismus bewohnte *Individualhabitat* und das *Partialhabitat*, d.h. denjenigen Teil eines Individualhabitats, der während einer Entwicklungsphase eines Organismus genutzt wird.[82]

Eine Dreiteilung der Biotope nach den funktionalen Grundbedürfnissen von Organismen, d.h. nach den organischen Funktionskreisen, (↑Funktion) schlägt der Ornithologe U.A. Corti 1941 vor: Der *Sitotop* (von griech. ›σῖτος‹ »Nahrung«) oder das »Nahrungsfeld« umfasst den Bereich des Biotops, in dem ein Organismus (oder die Organismen einer Art) seine Nahrung gewinnt; der *Hygiotop* (von griech. ›ὑγιεινός‹: »gesund«) bezeichnet den Biotopausschnitt, in dem ein Organismus sich vor Bedrohungen aus der Umwelt schützt (»den Bewegungsraum, Siesta-, Schlaf-, Bade-, Spiel-, Toilettenplätze, Verste-

Abb. 68. Einteilung der Biotope nach dem Aggregatzustand ihrer Medien (aus Koepcke, H.-W. (1971-74). Die Lebensformen. 2 Bde.: I, 271).

cke und Refugien zur Sicherung vor Feinden, Unbilden der Witterung, zum Schutz während der Mauserperioden, bei Krankheiten, beim Vorhandensein von Verletzungen etc.«); und der *Genotop* (von griech. ›γένεσις‹: »Fortpflanzung«) ist der Bereich, in dem ein Organismus seine mit der Fortpflanzung in Zusammenhang stehenden Verrichtungen ausübt (»die Balzorte [...], die Kopulationsplätze, der Nistort, das Feld, in welchem die Jungen zum Selbständigwerden geführt werden usw.«).[83] Nach dem Aggregatzustand und der Stofflichkeit des Milieus unterteilt Corti diese Biotopteile weiter; den Sitotop z.B. in die Bereiche des *Aerositon, Geositon, Hydrositon, Phytositon, Technositon* und *Zoositon* (vgl. Abb. 67).[84]

Ausgehend von den abiotischen Verhältnissen schlagen C.S. Elton und R.S. Miller 1954 eine Einteilung der Habitate in sechs Übergruppen vor: terrestrische, aquatische, aquatisch-terrestrische Übergänge, unterirdische, kulturell geprägte und allgemeine Strukturteile (z.B. Totholz, Kot, Aas).[85] Die Habitate werden weiter hinsichtlich ihrer Formationstypen (z.B. Wüste, Steppe, Buschland, Wald für die terrestrischen Habitate) und vertikalen Zonierung (z.B. Bodenschicht, Krautschicht, Strauchschicht) gegliedert. Für die aquatischen Habitate schlagen die Autoren eine Kreuztabellierung der Formationstypen nach der Größe der Wasserfläche auf der einen Seite und ihrer Bewegtheit auf der anderen Seite vor (z.B. ein Meer als still und groß und ein Wassertropfen als klein und bewegt).[86]

Nach der zeitlichen Konstanz des Systems unterscheidet J.H. Davis 1960 vier große Gruppen von Habitaten: monotone (d.h. konstante), periodische (d.h. zyklisch sich ändernde), erratische (d.h. nicht zyklisch, zufällig sich ändernde) und sequenzielle (d.h. eine Sequenz von Zuständen durchlaufende) Habitate. Innerhalb dieser Gruppen wird weiter nach der substanziellen Art des Mediums in aquatische, terrestrische und biotische Habitate unterschieden.[87]

Eine einfache Gliederung der Biotope nach dem Aggregatzustand der Medien schlägt H.-W. Koepcke 1971 vor: Ein Lebensraum besteht entweder in der Reinform eines Aggregatzustandes: *Gaion* (festes Medium), *Hydron* (flüssiges Medium) und *Aeron* (gasförmiges Medium) oder in einer Grenzzone (z.B. *Aero-Epigaion*) (vgl. Abb. 68).[88]

Für Mitteleuropa wird eine differenzierte Einteilung der Habitate oder **Biotoptypen** (Palmgren 1930)[89] v.a. aus zoologischer Perspektive entwickelt.[90] Besondere Bedeutung erlangen diese Typisierungen seit den 1980er Jahren als Instrument für den praktischen Naturschutz. Verschiedene Einteilungsmöglichkeiten stehen nebeneinander, z.B. eine Einteilung nach der zeitlichen Beständigkeit (temporär–stationär), nach der physikalischen Struktur (abiotisch-biotisch, Phytohabitate-Zoohabitate) oder nach der vertikalen Schichtung (Bodenschicht-Krautschicht-Strauchschicht-Baumschicht).[91] Am geläufigsten ist die oberste Einteilung in Landschaftselemente, die über die physikalische Natur des Substrats charakterisiert werden. B. Heydemann spricht in diesem Zusammenhang von »Biotopkomplexen (Ökosystemkomplexen)«[92] und gibt eine Liste mit 15 Typen: Meer; Meeresküsten; Fließende Binnengewässer; Stehende Binnengewässer; Röhrichte, Verlandungsfluren, Riede, feuchte und nasse Hochstaudenfluren; Moore; Heiden; Trockenrasen, Trockenstaudenfluren und Dünen; Wälder; Gebüsche, Feldgehölze und Hecken; Grünland; Äcker und Feldfluren; Ruderalstellen, Brachländer, Kiesgruben, Wege, Weg- und Straßenränder; Gärten und Parks (anthropogene Mosaikbiotope); Siedlungen und Bauten.[93] Ähnliche Listen werden im Rahmen des europäischen Schutzgebietssystems NATURA 2000 erarbeitet (vgl. Tab. 45).

Nährstoffe, Wasser, Wärme
Eine wichtige Unterscheidung von Biotoptypen bezieht sich auf das Nährstoffangebot. C.A. Weber führt 1907 für die Torfschichten in Mooren die Differenzierung zwischen **eutroph** (nährstoffreich), **oligotroph** (nährstoffarm) und der Zwischenstufe **mesotroph** ein.[94] Parallel dazu gliedert er das Nährstoffbedürfnis von Pflanzen in *eutraphent* (»anspruchsvolle«) *oligotraphent* (»anspruchslose«) und *mesotraphent*. E. Naumann übernimmt diese Einteilung später für seine Typologie von Seen.[95] Die Unterscheidung wird

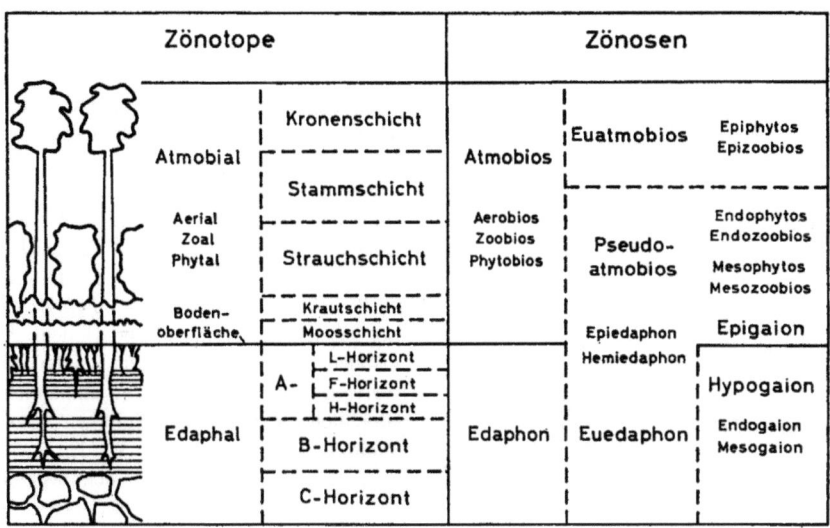

Abb. 69. Gliederung terrestrischer Zönotope und Zönosen (aus Schwerdtfeger, F. (1975). Ökologie der Tiere. Bd. 3. Synökologie: 80).

bis Mitte der 1920er Jahre von Naumann und Thienemann weiter differenziert. Thienemann gliedert die mitteleuropäischen Seen 1925 in drei Haupttypen: die »Klarwasserseen« mit den beiden Typen der oligotrophen und eutrophen Seen und die »Braunwasserseen« bestehend aus dem *dystrophen* Typus (»Humusgewässer«).[96]

Eine andere verbreitete Terminologie bezieht sich auf das Feuchtigkeitsbedürfnis von Organismen (v.a. von Pflanzen): Bereits 1849 unterscheidet J. Thurmann **hygrophile** *Pflanzen* (franz. »plantes hygrophiles«[97]; der Ausdruck im physiologischen Kontext schon in den 1830er Jahren[98]), die die Feuchtigkeit lieben (»aimant l'humidité«), und *xerophile Pflanzen* (»plantes xérophiles«)[99], die auf trockenen Standorten wachsen (»recherchant les stations sèches«). (In einer parallelen Terminologie prägt J.G. Baker 1863 die Ausdrücke *hygrophilous* und *xerophilous* im Englischen.[100]) E. Warming unterscheidet in Anlehnung daran 1895 für Pflanzen zwischen *Hydrophyten*, *Xerophyten*, *Halophyten* (Salzpflanzen) und *Mesophyten*.[101] Die Unterscheidung zwischen *Xerophyten* und *Hydrophyten* führt Warming auf Schouws Werk von 1823 zurück.[102] Warming definiert die Konzepte ausgehend von evolutionären Anpassungsprozessen auf Seiten der Pflanzen: Pflanzen, die an Bedingungen starker Transpiration und geringe Wasserversorgung angepasst sind, nennt er ›Xerophyten‹. Daneben verwendet er auch den Ausdruck **Xeromorphie** (»xeromorphy«[103]; dt. »Xeromorphie« seit 1898 bei J. Reinke[104]; 1897: »xeromorph«[105]) und versteht darunter einen besonderen Komplex von Merkmalen, die als Anpassungen an Standorte mit hoher Sonneneinstrahlung und Trockenheit entstanden sind (z.B. kleine feste Blätter mit dicker Kutikula, eingesenkten Stomata, einer Wachsschicht und feiner Behaarung). Später wird der Ausdruck ›Xerophyten‹ unabhängig von den Anpassungserscheinungen der Pflanzen allgemein für Pflanzen trockener Standorte verwendet. Weil nicht alle Pflanzen dieser Standorte xeromorphen Bau haben, gibt es also Xerophyten ohne Xeromorphie (und bei »physiologischer Trockenheit«[106] auch umgekehrt Xeromorphie bei Nicht-Xerophyten).[107]

Schließlich gliedert A. de Candolle 1874 die Pflanzen nach ihrem Wärmebedürfnis (in der Reihenfolge abnehmender Wärmeliebe) in **Megatherme** (»Mégathermes«), **Mesotherme** (»Mésothermes«), **Mikrotherme** (»Microthermes«) und **Hekistotherme** (»Hékistothermes«).[108]

Endolithische und intraterrestrische Lebensräume
Einen extremen Lebensraum besiedeln solche Organismen, die im Innern von Steinen oder tief in der Erdkruste leben. Seit Beginn des 20. Jahrhunderts werden Flechten beschrieben, von denen zumindest ein Teil der Pilzhyphen im Inneren von Steinen wächst. Die Biotope dieser Organismen oder auch diese Organismen selbst werden als **endolithisch** bezeichnet (Bachmann 1904: »Es ist nur der Rhizoidenteil der Kieselflechten, welcher in den Glimmer eindringt, nie der übrige Thallus; dieser ist epilithisch, nur jener

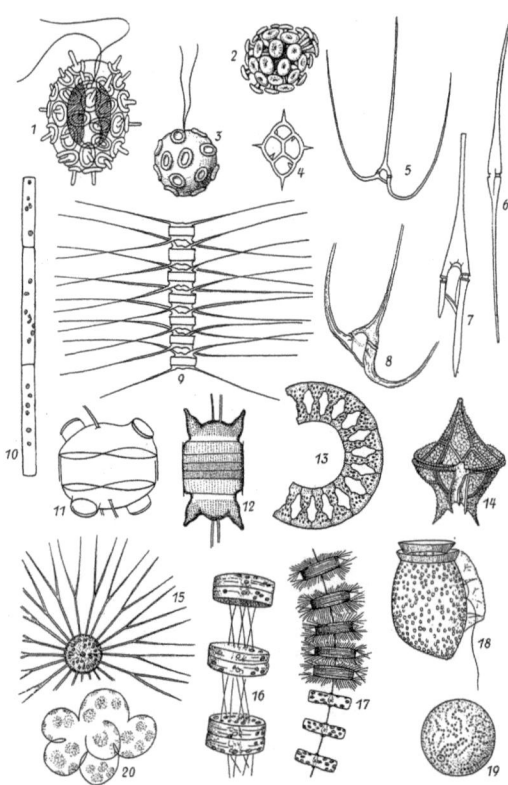

Abb. 70. Die prägende Kraft des Biotops auf die Gestalt von Organismen: Pflanzen des Nordseeplanktons mit Schwebefortsätzen und anderen Einrichtungen zur Verbesserung des Auftriebs (aus Gessner, F. (1940). Meer und Strand: 75).

endolithisch«[109]; engl. 1914: »endolithic lichens«[110]). Wenig später werden diese Pflanzen auch als *Endolithen*[111] (oder *Endolithophyten*[112]) im Gegensatz zu den auf der Oberfläche von Steinen wachsenden *Epilithen* (oder *Epilithophyten*) genannt. Für chemoautotrophe Bakterien, die in und auf Steinen siedeln, wird eine große Bedeutung für die geochemischen Kreisläufe der Erde angenommen.[113] In den letzten Jahren sind Bakteriengemeinschaften nachgewiesen worden, deren Biotop kilometertief in der Erdkruste (»intraterrestrisch«) liegt (»crustal biome«).[114]

Aquatische Habitate
Eine besondere Terminologie hat sich auch für die Biotope der Gewässer entwickelt.[115] Als Lebensgemeinschaften, die an ein besonderes Biotop gebunden sind, werden unterschieden: **Plankton** (Hensen 1887: »Alles was im Wasser treibt, einerlei ob hoch oder tief, ob todt oder lebendig«[116]); *Nekton* (Haeckel 1890: die »activ schwimmenden« Organismen[117]);

Pleuston (Schröter 1896: größere Organismen, die passiv an der Wasseroberfläche treiben)[118]; *Neuston* (Naumann 1917: »Lebensgemeinschaft [von Mikroorganismen] des Oberflächenhäutchens«[119]) und **Benthos** (Haeckel 1890: die bodenbewohnenden Organismen)[120]. Zusammenfassend werden Plankton, Nekton, Pleuston und Neuston einschließlich der anorganischen Schwebekörper im Wasser als **Seston** bezeichnet.[121] Parallel zu den so unterschiedenen Lebensgemeinschaften werden die Biotope gegliedert in *Pleustal* (Wasseroberfläche), *Pelagial* (freies Wasser zwischen Oberfläche und Boden) und *Benthal* (Boden unter Wasser).[122] Das Benthal wird – unter Verwendung von Worten, die allmählich von ihrer allgemeinsprachlichen lateinischen Verwendung zu biologischen Fachbegriffen werden – weiter unterteilt in *Litoral* (Bereich, in dem wurzelnde grüne Pflanzen wachsen), *Sublitoral* (Übergangszone) und *Profundal* (Bereich, in dem keine wurzelnden grünen Pflanzen gedeihen).[123]

Dieser Einteilung entsprechend wird für die auf dem Land lebenden Organismen differenziert zwischen **Edaphon**[124] (im Boden lebende Organismen), *Aerobios* (in der Luft lebende Organismen) und *Atmobios* (auf Landpflanzen oder -tieren wohnende Organismen).[125]

Landschaft
Das Wort ›Landschaft‹ (mhd. lantschaft; ahd. lantscaf[t]) wird im Althochdeutschen bereits seit der Mitte des 9. Jahrhunderts im geografischen Sinne verwendet, so in einer Übersetzung der Tatianischen Evangelienharmonie von 830 an Stelle des lateinischen Wortes ›regio‹.[126] Das deutsche Wort mit der Bedeutung »natürliche Geländeeinheit, abgeschlossenes Gebiet« setzt sich aus den beiden Bestandteilen ›Land-‹ und ›-schaft‹ zusammen, die auch unabhängig voneinander verwendet wurden. ›Land‹ hat ursprünglich die Bedeutung »baumloses, offenes Gebiet, Brache« und ist später durch die Entgegensetzung zu ›Stadt‹ und ›Wasser‹ bestimmt. Das Morphem ›-schaft‹ kommt in unterschiedlichen semantischen Bezügen vor: Allgemein wird es zur Bezeichnung von Vorgängen der planvollen Gestaltung und von Ordnungen als Ergebnis solcher Gestaltungen verwendet. Es besteht vielleicht eine Verbindung zu dem starken Verb ›scepfen‹ »schöpfen, schaffen« oder zu dem Simplex ›scaf‹ »Gefäß«.[127] Eine andere Deutung führt es auf ›schap‹ zurück, die Bezeichnung für ein eisernes Gerät, mit dessen Hilfe im Wald Äste von Bäumen abgehackt und junge Bäume gefällt wurden; mittels der Äste und Stämme

ist ein Zaun um das Wohngebiet geflochten worden, auf den das Wort übertragen wurde. In einer zweiten metonymischen Übertragung wird schließlich das umzäunte Gebiet selbst ›schap‹ genannt.[128]

Erst Ende des 15. Jahrhunderts erhält ›Landschaft‹ die heute dominierende ästhetische Bedeutung im Sinne eines »schönen Naturraums«.[129] In dieser Bedeutung erscheint das Wort zuerst als Terminus in der spätmittelalterlichen Malerei zur Bezeichnung eines »geschauten und dargestellten Naturausschnitts«. Erst ausgehend von der Malerei findet das Wort Eingang in die literarische Darstellung.[130] Nicht mehr großräumige Areale, die politisch oder als Verwaltungseinheiten bestimmt sind, sondern kleine, überschaubare Raumeinheiten werden seitdem ›Landschaft‹ genannt.

Auch die Begriffsbildung bei A. von Humboldt, in dessen Schriften zur ↑Biogeografie der Ausdruck ›Landschaft‹ eine wichtige Rolle spielt, ist von der Theorie der Landschaftsmalerei stark beeinflusst. Humboldt ist um die Abgrenzung geografischer Räume als ganzheitliche Einheiten bemüht und spricht in diesem Zusammenhang vom »Totaleindruck einer Gegend« oder dem »Totaleindruck des Landschaftlichen«.[131] Ausdrücklich weist Humboldt darauf hin, dass die Herstellung des Totaleindrucks eine »Aufgabe der Landschaftsmalerei«[132] oder der »Landschaftsdichtung«[133], also eine ästhetische Frage sei. Auch seine Terminologie hat Humboldt der Kunsttheorie um 1800 entnommen, in der der Ausdruck »Totaleindruck einer Landschaft« eine wichtige Kategorie bildet.[134] In dem ästhetischen Diskurs liegt ebenso wie bei Humboldt der Fokus auf der Aufforderung, sich nicht in Details zu verlieren, sondern die Aufmerksamkeit auf das »Ganze« zu richten. In der Theorie der Ästhetik findet sich die Einteilung von »Eindrücken« in »totale« und »partiale« bereits bei A.G. Baumgarten Mitte des 18. Jahrhunderts.[135]

Als Terminus der geografischen Literatur wird der Begriff ›Landschaft‹ seit Ende des 19. Jahrhunderts verwendet. C. Sauer definiert ihn 1925 als Arealeinheit von interdependenten Phänomenen (»areal unit of interdependent phenomena«).[136] Für die Disziplin, die sich mit dem wissenschaftlichen Studium der Landschaften befasst, etablieren sich die Ausdrücke *Landschaftskunde*[137], *Landschaftsgeografie*[138] oder **Landschaftsökologie**. Den letzten Terminus führt C.

		Bedürfnisqualität	
		Verstehen	Entdecken
Zeitpunkt der Erfüllung des Bedürfnisses	Unmittelbarer Zugang	*Kohärenz* überschaubare Landschaft	*Komplexität* abwechslungsreiche Landschaft
	Verheißener Zugang	*Lesbarkeit* vielfältige Landschaft mit Orientierungsmarken u. Aussichtspunkten	*Geheinmishaftigkeit* unübersichtliche Landschaft mit prospektiven Einsichten wie gekrümmten Wegen

Tab. 46. Kreuztabelle von ästhetischen Qualitäten in der Erfahrung von Landschaft, entwickelt auf der Grundlage der evolutionären Psychologie. In den vier Feldern befindet sich jeweils die Beschreibung eines Landschaftstyps, in der der jeweilige Faktor in hoher Ausprägung vorliegt (in Anlehnung an Kaplan, S. (1992). Environmental preference in a knowledge-seeking, knowledge-using organism. In: Barkow, J.H., Cosmides, L. & Tooby, J. (eds.). The Adapted Mind, 581-598: 587f.).

Troll 1939 ein und definiert ihn, ausgehend von der »Luftbildforschung«, als »Raumökologie der Erdoberfläche«.[139] Kennzeichnend für die Landschaftsökologie ist nach Troll ihr interdisziplinärer Ansatz: Sie vereint Aspekte der Vegetationskunde, Geografie und Ökologie in sich.[140] Ein Wegbereiter der ökologisch-ethischen Landschaftsforschung des 20. Jahrhunderts ist in Nordamerika A. Leopold mit der von ihm formulierten ›Land-Ethics‹ von 1949 (s.o.).[141]

Landschaft als »ästhetische Utopie«
Die Kategorie der Landschaft kann heute geradezu als eine »ästhetische Utopie« gelten: »die Utopie einer ästhetisch und emotional befriedigenden, zugleich aber auch intensiven, intimen und ›ganz persönlichen‹ Beziehung zur dinglichen Umwelt des alltäglichen Lebens«.[142] J. Ritter definiert sie 1963 als »Natur, die im Anblick für einen fühlenden und empfindenden Betrachter ästhetisch gegenwärtig ist«.[143] Noch nicht dem täglich in der Natur lebenden Menschen zeige sich die Landschaft, sondern erst demjenigen, der sich ihr »ohne praktischen Zweck in ›freier‹ genießender Anschauung zuwendet«.[144] Die Naturbeherrschung bildet so die Voraussetzung ihrer ästhetischen Wahrnehmung. Obwohl der Mensch in der ästhetischen Sicht auf die Natur also von ihr (ökonomisch) entkoppelt und nur sehr vermittelt auf sie angewiesen ist, macht es auf der anderen Seite doch das Besondere der ästhetischen Erfahrung der Landschaft aus, dass sie als konkreter Raum den sinnlich wahrnehmenden Leib »umfängt«.[145] Landschaft ist also nur lebensweltlich erfahrbare Natur: »Landschaft ist von ästhetischer Natur umformte Lebenswirklichkeit des Menschen« (Seel 1991).[146]

Der Schutz der Natur in ihrer großräumigen Schönheit – der ***Landschaftsästhetik***[147] (Reagles 1857: »landscape aesthetics«[148]) wie es heißt – wird als eine Aufgabe des Naturschutzes diskutiert.[149] Unter ästhetischem Vorzeichen kann mittels des Konzeptes der Landschaft für den Schutz ganzer Ökosysteme argumentiert werden.

Der Begriff des Ökosystems wird aber manchmal auch als Gegenbegriff zu ›Landschaft‹ verstanden, weil Ökosysteme als funktionale Einheiten gesehen werden, die als künstliche Einheiten gelten und aufgrund eines bestimmten Interesses (der Verwertung) »konstruiert« seien (»Artefakte«) – eine Landschaft sei aber dagegen ein ganzheitlicher »Organismus«, in dem die Teile sich selbst erzeugen und damit nicht für äußere Nutznießer, sondern nur für einander, d.h. für sich selbst Zwecke seien.[150]

Nachweise

1 Dahl, F. (1908). Grundsätze und Grundbegriffe der biocönotischen Forschung. Zool. Anz. 33, 349-353: 351.
2 Dahl, F. (1908). Kurze Anleitung zum wissenschaftlichen Sammeln und zum Konservieren von Tieren: 11f.
3 Thienemann, A. (1918). Lebensgemeinschaft und Lebensraum. Naturwiss. Wochenschr. N.F. 17, 281-290; 297-303; Friederichs, K. (1930). Die Grundfragen und Gesetzmäßigkeiten der land- und forstwirtschaftlichen Zoologie, insbesondere der Entomologie, Bd. 1: 26; vgl. Jax, K. (2002). Die Einheiten der Ökologie: 48ff.
4 Thienemann, A. & Kieffer, J.J. (1916). Schwedische Chironomiden. Arch. Hydrobiol. Suppl. 2, 483-553: 485; vgl. ders. (1918): 300.
5 Dahl, F. (1903). Winke für ein wissenschaftliches Sammeln von Thieren. Sitzungsber. Ges. naturf. Freunde Berlin 1903, 444-475: 450.
6 Corti, U.A. (1949). L'hydrositon. Verhandlungen der Internationalen Vereinigung für Theoretische und Angewandte Limnologie 10, 112-118: 113.
7 Haase, G. (1967). Zur Methodik großmaßstäbiger landschaftsökologischer und naturräumlicher Erkundung. In: Neef, E. (Hg.). Probleme der landschaftsökologischen Erkundung und naturräumlichen Gliederung, 35-128: 93; Leser, H. (1984). Zum Ökologie-, Ökosystem- und Ökotopbegriff. Natur Landsch. 59, 351-357: 352.
8 Goethe, J.W. von (1809). Die Wahlverwandtschaften (HA, Bd. 6, 242-490): 359.
9 Schultz-Schultzenstein, C.H. (1855). Die Bildung des menschlichen Geistes durch Kultur der Verjüngung seines Lebens: 795.
10 Peschel, O. (1874). Völkerkunde: 21; vgl. 58; 397.
11 Ratzel, F. (1897). Ueber den Lebensraum. Eine biogeographische Skizze. Die Umschau 1 (21), 363-367; ders. (1901). Der Lebensraum. Eine biogeographische Studie;

nicht in: ders. (1897). Politische Geographie!; vgl. Müller, G.H. (1996). Friedrich Ratzel: 101.
12 Thienemann (1918); ders. (1928). Lebensraum und Lebensgemeinschaft. Aus der Heimat 41, 33-51; ders. (1935). Lebensgemeinschaft und Lebensraum. Unterrichtsbl. Math. Naturwiss. 41, 337-350.
13 Vgl. Flohr, E.F. (1942). Versuch einer Klärung des Begriffs Lebensraum. Geogr. Z. 48, 393-404; Schmitthenner, H. (1942). Zum Begriff „Lebensraum". Geogr. Z. 48, 405-417; Schrepfer, H. (1942). Was heisst Lebensraum? Geogr. Z. 48, 417-424.
14 Vallisnieri (1713); nach Mayr (1982): 188.
15 Linné, C. von (1754/59). Stationes plantarum (in: Ammoenitates academicae, 64-87).
16 Darwin, C. (1856-58). Manuscript 10.2 (Chap. 6 »On Natural Selection«), fol. 11; 34; vgl. Stauffer, R.C. (1960). Ecology in the long manuscript version of Darwin's Origin of Species and Linnaeus' Oeconomy of Nature. Proc. Amer. Philos. Soc. 104, 235-241: 240: 237.
17 Linné, C. von (1737). Flora lapponica: 325.
18 Linné, C. von (1745). Flora suecica: 6.
19 a.a.O.: 7.
20 Withering, W. (1787/96). An Arrangement of British Plants, 4 vols. (3. ed.): I, 62 (Dictionary of Botanical Terms).
21 a.a.O.: II, 167.
22 Linné, C. von (1751). Philosophia botanica: 263 (Nr. 334).
23 Yapp, R.H. (1922). The concept of habitat. J. Ecol. 10, 1-17: 12.
24 Tischler (1947): 50; ähnlich Friederichs, K. (1957). Der Gegenstand der Ökologie. Stud. gen. 10, 112-144: 132.
25 Udvardy, M.F.D. (1959). Notes on the ecological concepts of habitat, biotope and niche. Ecology 40, 725-728: 726.
26 Vgl. Whittaker, R.H., Levin, S.A. & Root, R.B. (1973). Niche, habitat, and ecotope. Amer. Nat. 107, 321-338: 326.
27 Wagenitz, G. (1996/2003). Wörterbuch der Botanik: 135.
28 Haase, G. (1967). Zur Methodik großmaßstäbiger landschaftsökologischer und naturräumlicher Erkundung. In: Neef, E. (Hg.). Probleme der landschaftsökologischen Erkundung und naturräumlichen Gliederung, 35-128: 72; ebenso in: Schmithüsen (1959): 78.
29 Looijen, R.C. (2000). Holism and Reductionism in Biology and Ecology: 203.
30 a.a.O.: 204.
31 Treviranus, G.R. (1803). Biologie, oder Philosophie der lebenden Natur für Naturforscher und Aerzte, Bd. 2: 31.
32 De Candolle, A.P. (1813/19). Théorie élémentaire de la botanique: 462; vgl. ders. (1820). Géographie botanique. In: Cuvier, F. (ed.). Dictionnaire des sciences naturelles, Bd. 18, 359-422: 383.
33 Hortensius (1758). Gedanken, woher es komme, daß nicht in allen Wassern allerley Leich, insonderheit von Karpen aufkommen könne. Nützliche Sammlungen vom Jahre 1757 (75. Stück vom 19. Sept. 1757), 1177-1192: 1180; 1187; vgl. auch Lambert, J.H. (1761). Cosmologische Briefe über die Einrichtung des Weltbaues: 64; Borowski, G.H.

(1782). Gemeinnützige Naturgeschichte des Thierreichs, Bd. 4: 4f.
34 Esper, E.J.C. (1777). Die Schmetterlinge in Abbildungen nach der Natur, Bd. 1: 81; vgl. 82; 26; 27; 38; 43; 61; 75; 80; 112; 135; 159; 173; 208; 222; 292; 313; 314; 337; 347.
35 Paula Schrank, F. von (1781). Eine Centurie botanischer Anmerkungen zu des Ritters Linné *Species Plantarum*: 18; 64; vgl. 24; vgl. auch Palm, J.J. (1797). Ankündigung: Hoffmann, G.F. (1798). Deutschlands Flora oder botanisches Taschenbuch, Bd. 3. Arch. Bot. 1, 166 -167: 166; Tretzel, G.F. (1798). [Sammlungen deutscher Gewächse] Arch. Bot. 1, 167-169: 168; wohl auch schon in: Hoffmann, G.F. (1795). Deutschlands Flora oder botanisches Taschenbuch, zweiter Jahrgang.
36 Illiger, J.K.W. (1800). Versuch einer systematischen vollständigen Terminologie für das Thierreich und das Pflanzenreich: 126.
37 Georgi, J.G. (Übers.) (1765). Herrn Peter Osbeck, Reise nach Ostindien und China: 300; 313 bzw. 363; im Original: Osbeck, P. (1757). Dagbok öfwer en Ostindisk resa åren 1750, 1751, 1752: 230: »Habitat ad ripam fluminis«; 240: »Habitat in lucis editis«; 277: »Herba in umbrosis ad litora«.
38 Vogel, R.A. (1767). [Rez. Hortus Kewensis]. Rudolph Augustin Vogels neue medicinische Bibliothek 7, 429-430: 430.
39 Bernhardi, J.J. (1803). Anleitung zur Kenntniß der Pflanzen: 150f.
40 Römer, J.J. (1816). Versuch eines möglichst vollständigen Wörterbuchs der botanischen Terminologie: 262; 559.
41 Schouw, J.F. (1822). Grundtræk til en almindelig Plantegeographie (dt. Grundzüge einer allgemeinen Pflanzengeographie, Berlin 1823): 142.
42 Anonymus (1823). [Rez. Schouw, J.F. (1823). Grundzüge einer allgemeinen Pflanzengeographie]. Notizen aus dem Gebiete der Natur- und Heilkunde 5, 65-72: 67; ebenso: Anonymus (1823). Magazin für die neuesten Erfahrungen, Entdeckungen und Berichtigungen im Gebiete der Pharmacie 4, 86-98: 89.
43 Schouw (1822): 127.
44 Schouw (1822; dt. 1823): 140.
45 Wagner, M. (1868). Die Darwin'sche Theorie und das Migrationsgesetz der Organismen: 17.
46 Flahault, C. & Schröter, C. (1910). Rapport sur la nomenclature phytogéographique. 3rd Int. Congr. Bot., 131-142: 137.
47 Firbas, F. (1939). Anhang. Pflanzengeographie. In: Strasburger, E. (Begr.). Lehrbuch der Botanik, 20. Aufl., 561-585: 561.
48 Ehrendorfer, F. (1971). Geobotanik. In: Strasburger, E. (Begr.). Lehrbuch der Botanik, 30. Aufl., 746-774: 746.
49 Schmidt, F. (1800). Österreichs allgemeine Baumzucht, Bd. 3: 33.
50 Mohr, D.M.H. (1803). [Verzeichnis der um Göttingen gesammelten Wasseralgen]. Journal für die Botanik 1, 470-478: 477.
51 Anonymus (1805). Französische Literatur des elften und zwölften Jahres (1803-1804), VIII. Naturgeschichte.

Allgemeine Literatur-Zeitung, 4, 1529-1533: 1531; vgl. Eschscholtz, J.F. (1829). System der Acalephen: Eine ausführliche Beschreibung aller medusenartigen Strahlthiere: 145; Endrulat, B. (1854). Zur Fauna der Nieder-Elbe: Verzeichnis der bisher um Hamburg gefundenen Käfer; mit Angabe der Fundorte und sonstiger Bemerkungen; Bachlechner, G. (1859). Verzeichnis der phanerogamen Pflanzen, welche in der Gegend von Brixen wild wachsen, mit Angabe einiger Fundorte und der Blüthezeit, um den Studierenden das Auffinden derselben zu erleichtern.
52 Gams, H. (1918). Prinzipienfragen der Vegetationsforschung. Ein Beitrag zur Begriffsklärung und Methodik der Biocœnologie. Vierteljahrsschr. Naturf. Ges. Zürich 63, 293-493: 307.
53 Vité, P. (1951). Der Begriff des spezifischen Lebensraumes in der Ökologie. Biol. Zentralbl. 70, 535-537: 535; vgl. aber Leser (1984): 356 und schon G.N. Vysotski in Sukačev, V.N. (1944). [On the principle of genetic classification in biocenology]. Zhur. Obshchei Biol. 5, 213-227 (russ.; engl. in Ecology 39 (1958), 364-367): 364.
54 Schellhorn, M. (1969). Probleme der Struktur, Organisation und Evolution biologischer Systeme: 28.
55 Neef, E. (1970). Zu einigen Begriffen der Ökologie. Arch. Naturssch. Landschaftsforsch. 10, 233-240: 235.
56 Whittaker, R.H., Levin, S.A. & Root, R.B. (1973). Niche, habitat, and ecotope. Amer. Nat. 107, 321-338: 325; 334.
57 Tansley, A.G. (1939). The British Islands and their Vegetation (reprint with corrections in 2 vols., Cambridge 1949): 228; vgl. Anker, P. (2001). Imperial Ecology: 219.
58 Schmithüsen, J. (1948). „Fliesengefüge der Landschaft" und „Ökotop". Vorschläge zur begrifflichen Ordnung und zur Nomenklatur in der Landschaftsforschung. Ber. deutsche Landeskunde 5, 74-83: 82f.
59 Troll, C. (1950). Die geographische Landschaft und ihre Erforschung. Stud. Gen. 3, 163-181: 170.
60 Troll, C. (1966). Landschaftsökologie als geographisch-synoptische Naturbetrachtung. In: Paffen, K. (Hg.) (1973). Das Wesen der Landschaft, 252-267: 263.
61 Schmithüsen, J. (1959). Allgemeine Vegetationsgeographie: 78.
62 Vgl. Billwitz, K. (1963). Die sowjetische Landschaftsökologie. Peterm. Geogr. Mitt. 107, 74-79.
63 Passarge, S. (1919). Die Grundlage der Landschaftskunde, Bd. 1.
64 Kruedener, A. von (1926). Waldtypen als kleinste natürliche Landschaftseinheiten bzw. Mikrolandschaften.
65 Penck, A. (1929). Neuere Geographie.
66 Troll, C. (1943). Methoden der Luftbildforschung. Sitzungsber. europ. Geogr. 1942.
67 Paffen, K.H. (1948). Ökologische Landschaftsgliederung. Erdkunde 2, 167-174.
68 Neef, E., Schmidt, G. & Lauckner, M. (1961). Landschaftsökologische Untersuchungen an verschiedenen Physiotopen in Nordwestsachsen. Abhandl. Sächs. Akad. Wiss. Leipzig 47, H. 1.
69 Schmithüsen (1948): 79.
70 a.a.O.: 82.
71 Tischler, W. (1947). Über die Grundbegriffe synökolo-

gischer Forschung. Biol. Zentralbl. 66, 49-56: 50f.
72 Remane, A. (1940). Einführung in die zoologische Ökologie der Nord- und Ostsee. In: Grimpe, G. (Hg.). Die Tierwelt der Nord- und Ostsee, Bd. Ia: 36f.
73 Tischler (1947): 51.
74 Hesse, R. (1924). Tiergeographie auf ökologischer Grundlage: 147f.
75 Tischler (1947): 53.
76 Thienemann, A. (1925). Die Binnengewässer Mitteleuropas: 31.
77 Tischler (1947): 53.
78 Peus, F. (1954). Auflösung der Begriffe »Biotop« und »Biozönose«. Deutsche Entomol. Z. N.F. 1, 271-308: 295.
79 a.a.O.: 296.
80 a.a.O.: 289f.
81 Tischler, W. (1976/79). Einführung in die Ökologie: 88.
82 Yapp, R.H. (1922). The concept of habitat. J. Ecol. 10, 1-17: 13.
83 Corti, U.A. (1941). Zur Analyse des Biotop-Begriffes. Schweiz. Arch. Orn. 1, 544-549: 545f.
84 Corti (1941): 545; vgl. ders. (1949). L'hydrositon. Verhandlungen der Internationalen Vereinigung für Theoretische und Angewandte Limnologie 10, 112-118.
85 Elton, C.S. & Miller, R.S. (1954). The ecological survey of animal communities: with a practical system of classifying habitats by structural characters. J. Ecol. 42, 460-496: 480ff.
86 a.a.O.: 488.
87 Davis, J.H. (1960). Proposals concerning the concept of habitat and a classification of types. Ecology 41, 537-541.
88 Koepcke, H.-W. (1971-74). Die Lebensformen, 2 Bde.: I, 271.
89 Palmgren, P. (1930). Quantitative Untersuchungen über die Vogelfauna in den Wäldern Südfinnlands. Acta Zoologica Fennica 7, 5-169: 63; 144; 153; Thienemann, A. (1939). Grundzüge einer allgemeinen Ökologie. Arch. Hydrobiol. 35, 267-285: 274; Vité, J.-P. (1950). Die ökologische Gliederung des Waldes. Verh. deutsch. Zool. 43, 265-268: 265.
90 Vgl. Dahl (1903): 450-458; Friese, G., Müller, H.J., Dunger, W., Hempel, W. & Klausnitzer, B. (1973). Habitatskatalog für das Gebiet der DDR. Entomolog. Nachr. 17(4-5), 41-77; Blana, E. & Blana, H. (1974). Die Lebensräume unserer Vogelwelt. Beitr. Avifauna Rheinl. 2, 1-36.
91 Heydemann, B. (1980). Terrestrische Habitate und ihre Typisierung in Mitteleuropa. Natur Landsch. 55(1), 5-7; vgl. Blab, J. (1988). Möglichkeiten und Probleme einer Biotopgliederung als Grundlage für die Erfassung von Zoozönosen. Mitt. Bad. Landesver. Naturkunde Natursch. N.F. 14, 567-575.
92 Heydemann, B. & Müller-Karch, J. (1980). Biologischer Atlas Schleswig-Holstein: 200.
93 Heydemann, B. (1997). Neuer biologischer Atlas. Ökologie für Schleswig-Holstein und Hamburg: 472f.; vgl. Heydemann, B. & Nowak, E. (1980). Katalog der zoologisch bedeutsamen Biotope (Ökosysteme) Mitteleuropas. Natur Landsch. 55(1), 7-9; Heydemann & Müller-Karch (1980): 200; Riecken, U. & Blab, U. (1989). Biotope der Tiere in Mitteleuropa. Verzeichnis zoologisch bedeutsamer Biotoptypen und Habitatqualitäten in Mitteleuropa einschließlich typischer Tierarten als Grundlage für den Naturschutz.
94 Weber, C.A. (1907). Aufbau und Vegetation der Moore Norddeutschlands. Bot. Jahrb. 40, Beibl. 90, 19-34: 26f.
95 Naumann, E. (1917). Undersökninger öfver Fytoplankton och under den pelagiska regionen försiggående Gyttje- och Dybildningar inom vissa syd- och mellansvenska urbergsvatten.
96 Thienemann, A. (1925). Die Binnengewässer Mitteleuropas: 200f.
97 Thurmann, J. (1849). Essai de phytostatique appliqué à la chaîne du Jura, Bd 1: 268.
98 Agardh, C.A. (1830). Lärobok i botanik (dt. Lehrbuch der Botanik. Organographie der Pflanzen, übers. v. L. Meyer, Kopenhagen 1831): 87; 88; 89; Bunge, A. von (1838). [Fußnote des Übersetzers]. In: De Candolle, A.P. (1838). Anleitung zum Studium der Botanik oder Grundriss dieser Wissenschaft, Bd. 1: 180.
99 Thurmann (1849): 268; De Candolle, A.P. (1874). Constitution dans le règne végétal de groupes physiologiques applicables à la géographie botanique, ancienne et moderne. Arch. Sci. Phys. Nat. 50, 5-42: 9; Henfrey, A. (1857/78). An Elementary Course of Botany: 661 (nach OED 1989).
100 Baker, J.G. (1863). North Yorkshire. Studies of its Botany, Geology, Climate and Physical Geography: 189; 316 (nach OED 1989).
101 Warming, E. (1895). Plantesamfund. Grundtraek af den Ökologiske Plantegeografi (dt. 1896): 116f.; vgl. Seddon, G. (1974). Xerophytes, xeromorphs and sclerophylls: the history of some concepts in ecology. Biol. J. Linn. Soc. 6, 65-87.
102 Warming, E. (1895/1909). Oecology of Plants: 101.
103 a.a.O.: 193.
104 Reinke, J. (1898). Die Assimilationsorgane der Asparageen. Jahrb. wiss. Bot. 31, 207-272: 252; ders. (1901). Einleitung in die theoretische Biologie: 113; ders. (1905). Philosophie der Botanik: 113; Engler, A. (1902). Die natürlichen Pflanzenfamilien nebst ihren Gattungen und wichtigeren Arten, Teil 1, Abt. 4: 244.
105 Reinke, J. (1897). Untersuchungen über die Assimilationsorgane der Leguminosen (Forts.). Jahrb. wiss. Bot. 30, 529-614: 529.
106 Warming (1895/1909): 134.
107 Vgl. Seddon (1974): 74.
108 De Candolle (1874): 8-14.
109 Bachmann, E. (1904). Die Beziehungen der Kieselflechten zu ihrem Substrat. Ber. Deutsch. Bot. Ges. 22, 101-104: 101.
110 Darbishire, O.V. (1914). Some remarks on the ecology of lichens. J. Ecol. 2, 71-82: 74.
111 Diels, L. (1914). Die Algen-Vegetation der Südtiroler Dolomitriffe. Ber. Deutsch. Bot. Ges. 32, 502-526: 507.
112 a.a.O.: 513.
113 Edwards, K.J., Bach, W. & Rogers, D:P. (2003). Geomicrobiology of the ocean crust: A role for chemoautotrophic Fe-bacteria. Biol. Bull. 204, 180-185.
114 Lin, L.H. et al. (2006). Long-term sustainability of a high-energy, low-diversity crustal biome. Science 314, 479-482.

115 Vgl. Naumann, E. (1931). Limnologische Terminologie.
116 Hensen, V. (1887). Ueber die Bestimmung des Plankton's oder des im Meere treibenden Materials an Pflanzen und Thieren. Fünfter Bericht der Kommission zur wissenschaftlichen Untersuchung der deutschen Meere zu Kiel, 1-108: 1.
117 Haeckel, E. (1890). Plankton-Studien. Vergleichende Untersuchungen über die Bedeutung und Zusammensetzung der pelagischen Fauna und Flora: 20.
118 Schröter, C. & Kirchner, O. (1896). Die Vegetation des Bodensees, Erster Theil: 14; vgl. Schröter, C. (1902). Die Vegetation des Bodensees, Zweiter Theil: 76.
119 Naumann, E. (1917). Beiträge zur Kenntnis des Teichnannoplanktons, II. Über das Neuston des Süßwassers. Biol. Centralbl. 37, 98-106: 99.
120 Haeckel (1890): 19.
121 Kolkwitz, R. (1912). Plankton und Seston. Ber. Deutsch. Bot. Ges. 30, 334-346: 341.
122 Thienemann, A. (1926). Der Nahrungskreislauf im Wasser. Verh. Deutsch. Zool. Ges. 31, 29-79: 51; Remane, A. (1940). Einführung in die zoologische Ökologie der Nord- und Ostsee. In: Grimpe, G. (Hg.). Die Tierwelt der Nord- und Ostsee, Bd. Ia: 41f.
123 Wesenberg-Lund, C. (1908). Plankton Investigations of the Danish Lakes, General Part: 324; Thienemann, A. (1925). Die Binnengewässer Mitteleuropas: 127.
124 Francé, R. (1913). Das Edaphon.
125 Tischler, W. (1949). Grundzüge der terrestrischen Tierökologie: 31.
126 Vgl. Trübners Deutsches Wörterbuch, Bd. 4 (1943): 359-361.
127 Vgl. Müller, G. (1977). Zur Geschichte des Wortes Landschaft. In: Wallthor, A.H. von & Quirin, H. (Hg.). „Landschaft" als interdisziplinäres Forschungsproblem, 4-13; Meineke, B. (1991). Althochdeutsche -scaf(t)-Bildungen.
128 de Smidt, J. (2004). Beitrag der Begriffe Landschaft und Liebe zum Schutz der Heimat. Mitteilungen aus der NNA 15, Sonderh. 2, 18-21: 18.
129 Vgl. Lobsien, E. (2001). Landschaft. In: Barck, K. et al. (Hg.). Ästhetische Grundbegriffe, Bd. 3, 617-665.
130 Gruenter, R. (1953). Landschaft. Bemerkungen zur Wort- und Bedeutungsgeschichte. German.-roman. Monatsschr. 34, 110-120.
131 Humboldt, A. von (1845-62). Kosmos, 5 Bde.: II, 92; 97; vgl. Hard, G. (1970). Der ›Totalcharakter der Landschaft‹. Re-Interpretation einiger Textstellen bei Alexander von Humboldt. In: Alexander von Humboldt. Eigene und neue Wertungen der Reisen, Arbeit und Gedankenwelt (=Geograph. Z. Beih.), 49-73: 51.
132 von Humboldt (1845-62): II, 92f.
133 a.a.O.: II, 72.
134 Semler, G.C. (1800). Untersuchung über die höchste Vollkommenheit in den Werken der Landschaftsmalerei, 2 Bde.: II, 212; vgl. I, 70; vgl. Hard (1970): 57f.
135 Meier, G.F. (1749). Anfangsgründe aller schönen Wissenschaften, Bd. 2: 11f.; vgl. Hard (1970): 62.
136 Sauer, C. (1925). The morphology of landscape. Univ. Calif. Publ. in Geogr. 2, 19-53; nach Troll, C. (1966). Landschaftsökologie als geographisch-synoptische Naturbetrachtung. In: Paffen, K. (Hg.) (1973). Das Wesen der Landschaft, 252-267: 255.
137 Oppel, A. (1884). Landschaftskunde. Versuch einer Physiognomik der gesamten Erdoberfläche; Wimmer, J. (1885). Historische Landschaftskunde.
138 Passarge, F. (1913). Physiogeographie und vergleichende Landschaftsgeographie. Mitt. Geogr. Ges. Hamburg 27, 119-151.
139 Troll, C. (1939). Luftbildplan und ökologische Bodenforschung. Z. Gesellschaft Erdkunde Berlin 1939, 241-298: 297; vgl. auch ders. (1950). Die geographische Landschaft und ihre Erforschung. Stud. Gen. 3, 163-181: 173.
140 Troll (1939): 268.
141 Leopold, A. (1949). The Land Ethic. In: A Sand County Almanac, 95-109.
142 Hard, G. (1983). Zu Begriff und Geschichte der »Natur« in der Geographie des 19. und 20. Jahrhunderts. In: Großklaus, G. & Oldemeyer, E. (Hg.). Natur als Gegenwelt. Beiträge zur Kulturgeschichte der Natur, 139-167: 152.
143 Ritter, J. (1963). Landschaft. Zur Funktion des Ästhetischen in der modernen Gesellschaft (in: ders., Subjektivität, Frankfurt/M. 1974, 141-190): 150.
144 a.a.O.: 151.
145 Seel, M. (1991). Eine Ästhetik der Natur: 221.
146 a.a.O.: 222.
147 Wöbse, H.H. (1981). Landschaftsästhetik – Gedanken zu einem zu einseitig verwendeten Begriff. Landschaft Stadt 13, 152-160; Nohl, W. (1988). Philosophische und empirische Kriterien der Landschaftsästhetik. In: Ingensiep, H.W. & Jax, K. (Hg.). Mensch, Umwelt und Philosophie, 33-49.
148 Reagles, C. (1857). Landscape aesthetics. With relation to rural homes. The Working Farmer 9, 256-257; vgl. Hawes, L. (1965). Review: Barbier, C.P. (1963). William Gilpin, his Drawings, Teaching, and Theory of the Picturesque. Art Bull. 47, 383-388: 387.
149 Norddeutsche Naturschutzakademie (Hg.) (1993). Landschaftsästhetik – eine Aufgabe für den Naturschutz? NNA Berichte 6, Heft 1.
150 Trepl, L. & Voigt, A. (2005). Landschaft als Organismus. Zwischen Naturwissenschaft und Ästhetik. Polit. Ökol. 96 (Landschaftskult), 28-30: 30.

Literatur

Yapp, R.H. (1922). The concept of habitat. J. Ecol. 10, 1-17.

Udvardy, M.F.D. (1959). Notes on the ecological concepts of habitat, biotope and niche. Ecology 40, 725-728.

Davis, J.H. (1960). Proposals concerning the concept of habitat and a classification of types. Ecology 41, 537-541.

Biozönose

Der Ausdruck ›Biozönose‹ wird von dem Meeresbiologen K. Möbius 1877 eingeführt. Möbius gelangt zu dem neuen Begriff ausgehend von seinen Studien über die Austernbänke der Nordseeküste, deren ökonomische Nutzbarmachung er im Auftrag der preußischen Regierung untersucht. Die Ansammlung von Organismen verschiedener Arten erscheint Möbius als eine »Gemeinschaft« und er konstatiert: »Die Wissenschaft besitzt noch kein Wort für eine solche Gemeinschaft von lebenden Wesen, für eine den durchschnittlichen äusseren Lebensverhältnissen entsprechende Auswahl und Zahl von Arten und Individuen, welche sich gegenseitig bedingen und durch Fortpflanzung in einem abgemessenen Gebiet dauernd erhalten. Ich nenne eine solche Gemeinschaft *Biocoenosis* oder *Lebensgemeinde*. Jede Veränderung irgendeines mitbedingenden Faktors einer Biocönose bewirkt Veränderungen anderer Faktoren derselben«.[1]

In ihrer ursprünglichen Bestimmung ist die Biozönose von Möbius auf die Wechselwirkung zwischen Organismen eingeschränkt worden. In späteren Schriften bezieht Möbius aber auch das anorganische »Medium« als ein Element der Biozönose mit ein. 1886 definiert er die Biozönose wenig glücklich als »die Gesamtheit aller Einwirkungen des Wohngebietes, von denen die Eigenschaften und die daselbst zur Ausbildung gelangende Anzahl der Individuen einer Species mit bedingt werden«.[2]

Das Studium der Biozönosen insgesamt wird von dem Botaniker H. Gams 1918 ***Biozönologie*** genannt.[3] Später verbreitet sich v.a. der Ausdruck ***Biozönotik*** (Thienemann 1918).[4] Die Biozönotik wird von einigen Autoren als »biologische Gemeinschaftslehre« verstanden und mit der Synökologie identifiziert (↑Ökologie).[5]

Möbius: gegenseitige Bedingung
Möbius spricht sowohl von Arten als auch von einzelnen Organismen, die sich in einem Verhältnis der gegenseitigen Bedingung befinden. Die Wechselseitigkeit in den ökologischen Verhältnissen ähnelt in der Beschreibung durch Möbius der Wechselseitigkeit der physiologischen Verhältnisse, d.h. der Beziehung von Organen in einem Organismus. Analog zu

Eine Biozönose ist die Gesamtheit der Organismen verschiedener Arten in einer lokalen Einheit, insbesondere insofern sie miteinander interagieren oder sogar ein System von wechselseitig voneinander abhängigen Populationen, d.h., oberhalb der Ebene der Organismen, ein organisiertes System zweiter Ordnung bilden.

Assoziation (Amoreux 1785) *321*
Pflanzengesellschaft (A.J. 1786) *322*
Charakterpflanzen (Grisebach 1838) *335*
Formation (Grisebach 1838) *321*
Charakterarten (Schinz 1847) *335*
dominant (Allen 1870) *336*
Biozönose (Möbius 1877) *320*
Gemeinschaft (Möbius 1877) *323*
Lebensgemeinschaft (Junge 1885) *324*
Pflanzenverein (Warming 1896) *322*
Tierökologie (Jordan & Kellogg 1900) *334*
Biosynözie (Enderlein 1908) *336*
Associes (Clements 1916) *322*
Biozönologie (Gams 1918) *320*
Biozönotik (Thienemann 1918) *320*
Phytozönose (Gams 1918) *334*
Synusie (Gams 1918) *335*
Zoozönose (Gams 1918) *334*
Isozönose (Gams 1918) *335*
Gilde (Tansley 1920) *336*
Gemeinschaftsökologie (Blake 1926) *323*
Ökokline (Clements 1934) *335*
Formationstyp (Tansley 1939) *335*
Taxozön (Chodorowski 1959) *335*
Zönokline (Whittaker 1960) *335*
Mikrobozönosen (Sukačev 1961) *334*
Schlüsselarten (Paine 1969) *336*
Schlüsselmutualisten (Gilbert 1980) *336*

dem homöostatischen Gleichgewicht in einem Organismus spricht Möbius von dem »biocönotischen Gleichgewicht«[6], das sich in dem kompensatorischen Ausgleich von Vermehrungen der Organismen einer Art im »Übermaß« durch die Wirkung »biocönotischer Kräfte«[7] wieder einstellt. Für Möbius ist das organisierende Prinzip der Biozönose die gegenseitige Erhaltung der Individuen verschiedener Arten; in Umgehung des Begriffs der Zweckmäßigkeit bezeichnet er Prozesse, die in diesem Sinne wirken, als »erhaltungsmässig«[8] (↑Selbsterhaltung).

Möbius gewinnt die Erkenntnis der gegenseitigen Bedingung von Organismen und des biozönotischen Gleichgewichts nicht durch detaillierte Untersuchungen der Interaktion von Organismen verschiedener Arten. »Vorformen von Experimenten« finden sich bei ihm lediglich in Bezug auf die Hälterung von Meerestieren bei unterschiedlichen physikalisch-chemischen Bedingungen des Wassers (z.B. des Salzgehalts).[9] Seine Ausgangsdaten für die Feststellung von Beziehungen zwischen den Organismen scheinen in kaum mehr als den Fangergebnissen der Austernfischer zu bestehen, die ihre Beute mit Schleppnetzen gewinnen. Diese ergaben eine erhöhte Anzahl und Diversität von Organismen in den Austernbänken gegenüber den dazwischen liegenden Meeresräumen.

Von einer präzisen Untersuchung der Beziehungen kann also keine Rede sein. Das Konzept der Biozönose scheint eher theoretischen Überlegungen zu entspringen, die Möbius anhand der Austernbank illustriert. Auch berichtet Möbius in seinen Beispielen stets von einseitigen Bedingungsverhältnissen: Er zählt z.b. die zahlreichen Arten von Organismen auf, die die Schalen der Austern als Verankerungsort nutzen – einen Nutzen der Auster daraus, der erst die Rede von einem Sich-gegenseitig-Bedingen rechtfertigen würde, erwähnt er allerdings nicht. Umgekehrt ernähren sich die Austern vom Plankton, sind also durch dieses in gewisser Weise bedingt. Unklar bleibt bei Möbius aber, inwiefern die Austern das Plankton bedingen. Das Konzept eines ökologischen Abhängigkeitskreislaufs, das hinter der Rede von der gegenseitigen Bedingung steht, (↑Kreislauf) stellt Möbius also selbst nicht klar dar.

Ursprünge im 18. Jh.: Linné, Buffon und Kant
Die neuzeitlichen Ursprünge der Vorstellung von Lebensgemeinschaften als geordneten Wirkungsgefügen finden sich in physikotheologischen Naturkonzeptionen. C. von Linné entwickelt Mitte des 18. Jahrhunderts das Bild eines Wirkungsnetzes (»nexus inter se«) der Lebewesen innerhalb einer wohlgeordneten »Ökonomie der Natur« (↑Ökologie).[10] Das Miteinander der Lebewesen vergleicht Linné mit einer Gemeinschaft, in der sich die Mitglieder »gegenseitig die Hände geben«. Auch die Vorstellung, dass sich die ökologischen Abhängigkeiten in einem ↑Kreislauf bewegen, entwickelt Linné später.[11] Bei G.L.L. Buffon findet sich Mitte des 18. Jahrhunderts auch bereits die Vorstellung von einem ökologischen System, z.B. von einem Wald, nicht als Ansammlung von Individuen, sondern als eigenständige Einheit und Ganzheit, in der einzelnen Gliedern eine funktionale Rolle für das Ganze zukommt, den Vögeln z.B. die Funktion der Verbreitung von Samen.[12] Auch I. Kant entwickelt in seinem posthumen Werk die Vorstellung von organisierten Systemen aus Organismen verschiedener Arten. So spricht er von einem »Natursystem in dem zweckmäßigen Verhältnis verschiedener Arten deren eine um der anderen willen da ist« und das damit eine »Organisirung der Systeme von organisirten Körpern«[13], also eine Organisation zweiter Ordnung, darstellt. Kant bezieht diese Vorstellung aber vor allem auf die Interaktion der Organismen auf einem globalen Maßstab und nicht auf lokale Lebensgemeinschaften (↑Biosphäre).

Überlagert wird das Bild der organischen Gemeinschaften als eines Miteinanders der Organismen aber von der Annahme, dass die ↑Konkurrenz ein ebenso wichtiger Faktor wie die Kooperation in der Gestaltung der organischen Natur ist. Schon Linné weist darauf hin; besonders deutlich wird diese Seite aber in den ökologischen Vorstellungen entwickelt, wie sie von der Selektionstheorie Darwins ausgehen.

Assoziation, Formation, Gesellschaft, Verein
Eine Terminologie zur Benennung von Organismengemeinschaften mit einer charakteristischen Artenzusammensetzung bildet sich schon früh innerhalb der Pflanzenkunde. Bereits Mitte des 18. Jahrhunderts wird der Ausdruck **Assoziation** in Bezug auf parasitische Pflanzen, die mit einer Wirtspflanze verbunden sind, gebraucht (Anonymus 1751: »ces plantes semblent avoir formé une espèce d'association, pour vivre toutes aux dépens de celles quelles attaquent«[14]). J. Amoreux verwendet das Wort 1785 allgemein im Hinblick auf eine »Physik der Gewächse« für eine Gruppe von zusammen vorkommenden Pflanzen verschiedener Arten (»die Zusammenstellung (Association) der Pflanzen an einem und eben demselben Orte«).[15] Von weitreichendem Einfluss wird aber erst die Verwendung dieses Ausdrucks durch A. von Humboldt zu Beginn des 19. Jahrhunderts (1807: ›association‹ in der französischen Originalschrift; im Deutschen als »Gruppierung« übersetzt).[16] Humboldts Einteilung der Pflanzenassoziationen auf der Grundlage einer »Physiognomik der Gewächse« geht dabei weniger von der älteren pflanzengeografischen Literatur aus als vielmehr von der Literatur zur englischen Gartenkunst, in der eine Einteilung nach dem Habitus im Gegensatz zu einer taxonomischen Systematik seit dem späten 18. Jahrhundert verbreitet ist.[17] Humboldts Gliederung stellt eine frühe Übersicht über die Klassifikation von Organismen nach ihrer ↑Lebensform dar.

Etwas weiter als Humboldt fasst später H. Grisebach seinen Terminus der *pflanzengeografischen* **Formation**, den er 1838 einführt. Er versteht darunter »eine Gruppe von Pflanzen, die einen abgeschlossenen physiognomischen Character trägt, wie eine Wiese, ein Wald u.s.w.«[18]. Eine Formation könne in manchen Fällen durch eine einzelne Art charakterisiert werden, in anderen dagegen »durch einen Complex von vorherrschenden Arten derselben Familie«. 1872 verwendet Grisebach den Begriff der Formation dazu, die Vegetation der Erde in 54 »Vegetationsformen« einzuteilen (z.B. »Palmen«, »Nadelhölzer«, »Lorbeerform«).[19] Grisebachs Begriff ist angelehnt an die Einteilung der Vegetation bei Linné, der 1751 25 Habitate unterscheidet und ihre jeweils charakteristischen Gattungen anführt (↑Biotop: Tab. 43)[20], und an von Humboldts Unterscheidung von

19 »Pflanzenformen«[21]. Eine spätere, einflussreiche Liste von »Formationstypen« gibt A.F.W. Schimper 1898 (↑Biogeografie: Tab. 31). Für Schimper sind Formationen »Parcellen von einheitlichem ökologischen und floristischen Typus, deren Eigenthümlichkeiten sich bei gleich bleibendem Klima auf gleichen Bodenarten genau wiederholen«.[22] Den beiden Faktoren von Klima und Boden gemäß unterscheidet Schimper zwischen zwei »ökologischen Formationsgruppen«: den »klimatischen oder Gebietsformationen« und den »edaphischen oder Standortsformationen«.[23]

Am Ende des 19. Jahrhunderts ist Grisebachs Ausdruck weit verbreitet, wird aber in sehr unterschiedlichem Sinne verwendet. Wegen seiner unspezifischen Bedeutung werden als Grundeinheit der Vegetationskunde andere Begriffe vorgeschlagen: Bereits seit den 1780er Jahren findet sich die Rede von *Pflanzengesellschaften* (A.J. 1786: »the attachment of plants to situations, and the vegetable societies, as they may be called, formed by means of this conncetion«[24]; dt. Übers. 1787: »Pflanzengesellschaften«[25]). Im 19. Jahrhundert wird der Ausdruck zwar auch verwendet (1830: »Pflanzengesellschaft« als Übersetzung für »set of vegetables«[27]; Kohl 1840: »Pflanzengesellschaften, die in der Steppe vorkommen«[28]), erst zu Beginn des 20. Jahrhunderts etabliert er sich aber als Standardterminus in der Vegetationskunde[29]. Die weite Verbreitung ist auch dadurch bedingt, dass er in der englischsprachigen Botanik seit H.C. Cowles Arbeiten von der Jahrhundertwende verwendet wird (»plant societies«).[30] Daneben wird auch der Ausdruck *Pflanzenverein* gebraucht, den E. Warming 1895 einführt und definiert als Vereinigungen von Pflanzen »mit derselben Zusammensetzung von Lebensformen und mit demselben Äußeren«.[31] Im 20. Jahrhundert werden v.a. kleinräumige Assoziationen von Organismen verschiedener Arten als *Lebensvereine* bezeichnet. K. Friederichs versteht 1927 insbesondere die Gruppe von Organismen, die durch eine ↑Symbiose zusammengeschlossen sind, als einen »Lebensverein«.[32]

Auch der alte Begriff *Assoziation* wird wieder aufgegriffen. C. Flahault und C. Schröter definieren eine pflanzliche Assoziation 1910 allein aufgrund ihrer floristischen Zusammensetzung und grenzen sie von der *Formation* ab, die aus unterschiedlichen Assoziationen zusammengesetzt sei und nicht floristisch durch die Artenzusammensetzung, sondern die vertretenen Lebensformen und die Umweltbedingungen charakterisiert wird.[33] Ähnlich lautend, aber nicht auf die Umweltbedingungen bezogen, ist die Bestimmung des Formationsbegriffs, die C.E. DuRietz und Kollegen 1918 geben: »Eine Formation ist eine Pflanzengesellschaft von bestimmter Physiognomie, d.h. Übereinstimmung betreffs der vorwaltenden Lebensformen. Sie ist also eine Einheit höheren Ranges als die Assoziation und umfasst die in ihren Lebensformen übereinstimmenden Assoziationen«.[34] Eine Assoziation wird dagegen bestimmt als »eine Pflanzengesellschaft von bestimmter floristischer Zusammensetzung und Physiognomie«.[35] A.G. Tansley will die Formation 1920 als eine übergeordnete Sukzessionseinheit verstehen: »a set of communities related developmentally and culminating in one or more associations«.[36] Eine nur transitorisch bestehende Assoziation nennt Tansley im Anschluss an F.E. Clements[37] *Associes*.[38] Auch wenn Tansley betont, bei Assoziationen handle es sich um »Quasi-Organismen«, die wie ein ↑Organismus eine Individualität besitzen und ein stabiles Gleichgewicht mit der Umwelt eingehen, werden sie jedoch nicht über die internen kausalen Beziehungen zwischen ihren Mitgliedern bestimmt (wie ein Organismus im Verhältnis zu seinen Organen), sondern allein über die morphologische Einheitlichkeit und Individualität der Physiognomie.

Terrestrische Biozönosen: der »Waldorganismus«
Parallel zu Möbius' Begriffsprägung im Zusammenhang mit der Untersuchung aquatischer Systeme werden also auch terrestrische biologische Einheiten, die aus Populationen verschiedener Arten zusammengesetzt sind, als Organisationen höherer Ordnung erkannt. Traditionell gilt insbesondere ein Wald als eine solche übergeordnete Organisation. 1863, also bereits vor Möbius' bekannter Schrift, beschreibt E.A. Roßmäßler einen Wald als eine »gewaltige Vereinigung« von unterschiedlichen, aber zusammenstimmenden Gegenständen, ein »formenreicher Inbegriff von Körpern und Erscheinungen«[39], für das die deutsche Sprache kein Wort habe. Er nennt den Wald »ein tausendfach zusammengesetztes Ganzes, an welchem jedes Glied seine bestimmte Stelle einnimmt«.[40]

In den letzten Jahrzehnten des 19. Jahrhunderts erscheint die Betrachtung von Tier- und Pflanzengemeinschaften als organisierte Systeme auf überindividueller, ökologischer Ebene bei verschiedenen Autoren (↑Organisation/Arbeitsteilung). K.G. Semper zieht 1880 eine Parallele zwischen der Beziehung der »Arten« (d.h. der Organismen verschiedener Arten) in einer Region und dem wechselseitigen Verhältnis der Organe in einem Organismus zueinander.[41] So wie die Organe die Teile eines Organismus bilden, könnten auch die Organismen als »Glieder eines einzigen großen Organismus« angesehen werden.[42] Für

Semper besteht eine wechselseitige Abhängigkeit der Tiere voneinander: »Es liegt auf der Hand, dass alle Thiere ohne Ausnahme in gewissem Grade gleichzeitig abhängig sind von verschiedenen Thieren sowohl als auch von Pflanzen«.[43] Allerdings beschränkt er die wechselseitige Abhängigkeit nicht auf eine räumlich begrenzte Region; zu dem Konzept einer Biozönose oder eines Ökosystems gelangt er daher nicht.

Anfang des 20. Jahrhunderts ist es dann vor allem A. Möller, der – sensibilisiert durch seine Untersuchungen über die Wirkung von Pilzen im Wald und angeregt durch Roßmäßler – mit dem Begriff des »Dauerwaldgedankens« eine holistische Vorstellung des »Waldorganismus«[44] verbindet: »So war also der Boden nicht das starre, unveränderliche, tote Postament, auf dem sich der Wald als etwas von ihm zu Trennendes erhob, beide waren miteinander verbunden und beeinflußten sich in lebendiger, dauernder Wirkung gegenseitig, wie die Organe eines Organismus«.[45]

Gemeinschaft
Im englischen Sprachraum konnte sich der Ausdruck ›Biozönose‹ nicht durchsetzen. Der entsprechende Terminus im Englischen ist das Wort **Gemeinschaft** (»community«). Möbius gibt dem deutschen Wort ›Gemeinschaft‹ (ahd. ›gimeinscaf‹; mhd. ›gemeinschaft‹) parallel zum Ausdruck ›Biozönose‹ einen definierten biologischen Sinn (s.o.). Als terminologisches Äquivalent zu ›Biozönose‹ verwendet Möbius aber den Ausdruck *Lebensgemeinde*.[46] Das englische ›community‹ ist auch das Wort, das H.J. Rice 1883 in der Übersetzung von Möbius' Buch über die Austernwirtschaft verwendet.[47] Zur Bezeichnung des Zusammenlebens von Organismen verschiedener Arten setzt sich der Ausdruck aber erst im 20. Jahrhundert durch.[48] C. Darwin versteht unter einer ›community‹ noch die Mitglieder einer Art aus einem Ameisen- oder Bienenstaat, die analog zu den menschlichen Gemeinschaften in Arbeitsteilung zusammenleben.[49]

Nicht ohne Einfluss auf die biologische Begrifflichkeit ist die Wortverwendung in den Sozialwissenschaften.[50] Richtungsweisend für die spätere Entwicklung ist F. Schleiermachers Unterscheidung von zwei Formen der sozialen Verbundenheit, die er 1799 mit den später einschlägigen Termini ›Gesellschaft‹ und ›Gemeinschaft‹ benennt. Die Gesellschaft hat danach einen Zusammenhalt, der durch die Verschiedenartigkeit der Teile und ihre Wechselseitigkeit gekennzeichnet ist, während die Gemeinschaft ihre Einheit gerade aus der Übereinstimmung ihrer Elemente bezieht.[51] Aufgenommen wird die Unterscheidung am Ende des 19. Jahrhunderts mit der Konstituierung der Soziologie als eigener Disziplin: Ebenso wie Schleiermacher kontrastiert F. Tönnies 1887 ›Gemeinschaft‹ und ›Gesellschaft‹ und ordnet sie zwei Formen der Verbindung von Menschen zu: In der »Gemeinschaft« sei die Verbindung »als reales und organisches Leben begriffen«; in der »Gesellschaft« dagegen als »ideelle und mechanische Bildung.«[52] Die Gemeinschaft ist nach Tönnies durch »das dauernde und echte Zusammenleben« bestimmt und sei damit »ein lebendiger Organismus«, die Gesellschaft dagegen bloß »ein mechanisches Aggregat und Artefact«.[53] Der Prototyp der Gemeinschaft ist für Tönnies die »häusliche Gemeinschaft«; die Ehe gilt als »vollkommene Gemeinschaft«.[54] Überlagert wird dieser Vorschlag der Verbindung des Biologisch-Gewachsenen mit dem Konzept der Gemeinschaft allerdings durch den Versuch É. Durkheims, das spezifisch Soziale gerade in der Arbeitsteilung zu sehen, der *organischen Solidarität*, wie Durkheim sie nennt. Diese sei von der »mechanischen Solidarität« unterschieden, insofern sie die Einheit einer Vielzahl von Körpern bezeichnet, die voneinander unterschieden sind, aber in kausaler Wechselwirkung miteinander stehen (»nous proposons d'appeler organique la solidarité qui est due à la division du travail«).[55] Für die Biologie bietet sich damit ›Gemeinschaft‹ als Terminus an, wenn das räumliche Beieinander von Organismen betont werden soll, ›Gesellschaft‹ dagegen, wenn der Fokus auf der funktionalen Differenzierung der Komponenten in einem physisch nicht notwendig kohärenten System liegt.

Es ist daher nicht verwunderlich, wenn A.G. Tansley ein Unbehagen mit dem Begriff der ›community‹ zur Bezeichnung von ökologischen Systemen hat und dieses Unbehagen ihm 1935 zum Anlass wird, den Ausdruck ↑›Ökosystem‹ einzuführen.[56] Die Abneigung Tansleys beruht darauf, dass das Wort ›community‹ nach seinem Verständnis nahelegt, es würden – im Sinne von Schleiermacher und Tönnies – gleichrangige und nicht funktional differenzierte Organismen zu einer Einheit zusammengefasst.

Trotz dieser Bedenken etabliert sich aber im 20. Jahrhundert der Ausdruck ›Gemeinschaft‹ zur Bezeichnung von spezifischen Gefügen von Individuen verschiedener Arten, die zusammen eine ökologische Einheit bilden. In den modernen Lehrbüchern der Ökologie wird die »Gemeinschaft« meist allein über das Zusammenleben von Organismen verschiedener Arten an einem Ort bestimmt, und nicht notwendig über deren Interaktion wie bei Möbius (vgl. Tab. 47).[57] Im Anschluss an dieses Verständnis wird die Disziplin der **Gemeinschaftsökologie** begründet, die neben der Untersuchung der Individuen und Populationen den dritten Teil der ↑Ökologie bildet.[58] Der Ausdruck ›Gemeinschaftsökologie‹ geht in seiner englischen Version auf I.H. Blake zurück, der ihn 1926 einführt (»community ecology (synecology)«[59]). Der Definition von ›Gemeinschaft‹ liegt dabei das Bestreben zugrunde, die Bedeutung des Begriffs flexibel zu halten, um unterschiedlichen Fragestellungen zum Zusammenleben verschiedenartiger Organismen unter einem gemeinsamen Titel nachgehen zu können.

Zwei Bestimmungen des Gemeinschaftsbegriffs bestehen dabei bis heute nebeneinander (für eine etwas komplexere Kreuzklassifikation von Konzepten vgl. Tab. 48): die eine bezieht sich allein auf das gemeinsame Vorkommen von Organismen einer Art an einem Ort (*Koexistenzbegriff der Gemeinschaft*), die andere sieht Gemeinschaften nur dort, wo auch eine Wechselwirkung der Organismen vorliegt (*Interaktionsbegriff der Gemeinschaft*). K. Jax spricht 2002 zur Unterscheidung dieser beiden Typen von »statistischer« oder »topografischer« versus »funktionaler« Definition ökologischer Einheiten.[60] Das erste Verständnis zeigt sich 1913 bei V.E. Shelford, der mit einer Gemeinschaft schlicht die Summe der Tiere einer Gegend bezeichnet (»all animals living in the same surroundings«).[61] Auch in ihrem Lehrbuch von 1939 behandeln Clements und Shelford die Gemeinschaft als das Ergebnis der Aggregation von mehreren Organismen, die sich z.B. aus übereinstimmenden Umweltansprüchen ergeben.[62] Allein das gemeinsame Vorkommen an einem Ort macht eine Gruppe verschiedener Organismen zu einer Gemeinschaft: »the ›community‹ comprises the populations of some or all species coexisting at a site or in a region«.[63] Auf der anderen Seite vertritt C. Elton einen Gemeinschaftsbegriff, der eine Interaktion von Organismen beschreibt, indem er – wie bereits Darwin (s.o.) – die Analogie zur menschlichen Gesellschaft heranzieht: »animal communities [...] are not mere assemblages of species living together, but form closely-knit communities or societies comparable to our own«.[64] Später findet sich allerdings auch bei Elton ein weites Verständnis des Begriffs. So heißt es 1954, ›Gemeinschaft‹ sei ein Konzept, das je nach Fragestellung unterschiedlich verstanden werden könne (»a term that in its practical application may mean any section of the species network chosen for study, whether arbitrarily carved from the general network or chosen for special characters«).[65] Vielfach wird der Begriff aber auch nur dann angewandt, wenn eine tatsächliche Interaktion von Organismen nachgewiesen wird; eine Gemeinschaft gilt dann als integrierte Ganzheit mit der Fähigkeit zur Selbstregulation.[66]

Zur Behebung begrifflicher Unschärfen wird vorgeschlagen, von einer ›Gemeinschaft‹ oder ›Biozönose‹ allein bei tatsächlichen funktionalen Interaktionen von Organismen zu sprechen, *Assoziationen* könnten dagegen bereits aufgrund statistischer Daten der Verteilung von Organismen identifiziert werden; übergreifend könne in beiden Fällen von einer *Organismenansammlung* (»assemblage«) gesprochen werden.[67] Es ist allerdings bis in die Gegenwart verbreitet, allein das räumlich gemeinsame Vorkommen von Organismenpopulationen verschiedener Arten als Grundlage der Bestimmung des Biozönosebegriffs anzusehen.[68] Und auch die anderen Begriffe werden alles andere als einheitlich verwendet: So wird der Begriff ›Ansammlung‹ (»assemblage«) auch im Sinne einer rein räumlich vorliegenden Häufung von Organismen und als Gegenbegriff zum Begriff der Gemeinschaft als Bezeichnung eines funktional integrierten Systems von miteinander interagierenden Organismen verwendet.[69]

Abgesehen von diesen terminologischen Fragen bildet eine Gemeinschaft nur dann eine natürliche Einheit aufgrund eines kausalen Mechanismus, wenn starke Interaktionen zwischen den Organismen der verschiedenen Arten vorliegen. Eine eindeutige Abgrenzung aufgrund interner Interaktionen (und nicht aufgrund geografischer Kriterien) ist allein in *Dependenzsystemen* möglich, d.h. in Systemen von wechselseitig voneinander abhängigen Organismen, deren Interaktionen dem Muster eines Abhängigkeitskreislaufs folgen (vgl. Tab. 48). Solche Beziehungskreisläufe in der Natur nachzuweisen, ist allerdings mit erheblichen methodischen Problemen verbunden (↑Ökologie; Ökosystem). Trotzdem liefert allein die Existenz derartiger Interaktionssysteme die Rechtfertigung für eine eigene Analyseebene, die sich mit dem Postulat von supraorganismischen Systemen jenseits von individuellen Organismus-Umwelt-Interaktionen bewegt.

Lebensgemeinschaft
F. Junge etabliert 1885 mit seiner Arbeit ›Der Dorfteich als Lebensgemeinschaft‹ den Ausdruck **Lebensgemeinschaft**[70], den auch Möbius übernimmt[71] und der seit Beginn des 20. Jahrhunderts zu einem einschlägigen Terminus wird[72]. Nach Junge bildet jede Lebensgemeinschaft »eine Welt für sich«.[73] Eine solche für sich bestehende Einheit könne sowohl »jeder kleine Winkel« als auch »die Erde« bilden; ausdrücklich gilt für Junge »die Erde als größte Lebensgemeinschaft«.[74] Junge gibt folgende Definition seines Titelbegriffs: »Eine Lebensgemeinschaft ist eine Gesamtheit von Wesen, die sich nach dem

innern Gesetze der Erhaltungsmäßigkeit zusammengefunden haben, weil sie unter denselben chemisch-physikalischen Einflüssen existieren und außerdem vielfach von einander, jedenfalls von dem Ganzen, abhängig sind, resp. auf einander und das Ganze wirken«.[75] Für Junge ist ›Lebensgemeinschaft‹ v.a. auch ein pädagogisch wertvolles Konzept, weil in ihm die »Wechselbeziehungen der Einzelglieder« einer größeren Einheit und diese wiederum als »Glied eines höheren Ganzen« anschaulich erkannt werden könnten.[76]

Auch vor der Verwendung durch Junge ist das Wort ›Lebensgemeinschaft‹ in einer Bedeutung in Gebrauch, die auf den späteren terminologischen Sinn vorausweist (Perty 1870: »Unrichtig hat man wohl Pflanzen und Thiere Schmarotzer genannt, welche bei andern nur Aufenthalt oder eine Stütze suchen, ohne in eine tiefere Lebensgemeinschaft mit ihnen einzutreten, wie z. B. viele Moose, Flechten, Farren, Orchideen«[77]; Schäffle 1875: »eine geschlossene Lebensgemeinschaft zwischen einzelnen Thier- und Pflanzenindividuen«[78]).

In den USA ist es anfangs v.a. S.A. Forbes, der die Auffassung eines Sees als selbständiges ökologisches System propagiert. Er spricht vom See als »Mikrokosmos« (›The lake as a microcosm‹, 1887).[79] Auch Forbes betrachtet die Organismen in der Gemeinschaft eines Sees analog zu den Organen eines Organismus. Nicht ohne Grund sind es häufig Seen und Teiche, an denen die Grundbegriffe der Biozönose gewonnen werden. Denn diese bilden durch den Wechsel des flüssigen zum festen Medium relativ scharf abgegrenzte Landschaftseinheiten mit einem charakteristischen Spektrum an Pflanzen- und Tierarten.

Thienemann: »Lebensgemeinschaft und Lebensraum«
Auch einer der Hauptvertreter der Ökologie in Deutschland in den ersten Jahrzehnten des 20. Jahrhunderts, A. Thienemann, ist ein Limnologe. Thienemann betrachtet 1916 allein die Einheit von Lebensgemeinschaft und Lebensraum als ein System, »ein Organismus höherer Ordnung«, wie er sagt (↑Ökosystem).[80] 1918 sieht er aber auch alleine die Lebensgemeinschaft als ein System an, sofern auch die Organismen ohne die abiotischen Komponenten der Umwelt in einem Verhältnis der wechselseitigen Bedingungen zueinander stehen, es liege daher nahe, »auch jede Biocönose als einen ›Organismus höherer Ordnung‹ aufzufassen«.[81] Eine Biozönose auf der einen Seite und die Einheit von Biozönose und Biotop auf der anderen Seite bilden für Thienemann zwei Arten eines *Biosystems*[82] – eine Biozö-

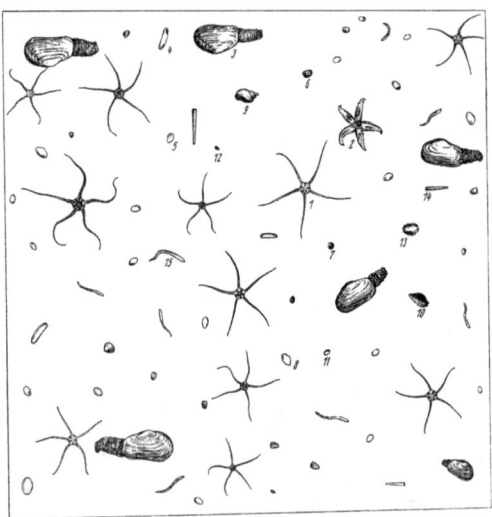

Abb. 71. Tier-Zönose im Limfjord auf 0,25 m² Meeresboden: die Abra-alba-Coenose in Flachgebieten mit Weichböden in ca. 10-50 m Tiefe, benannt nach der Kleinen Pfeffermuschel (Nr. 5). Weitere Spezies: 1 Schlangenstern (Ophiura), 2 Seestern (Asterias rubens), 3 Klaffmuschel (Mya truncata) (nach Petersen, C.G.J. & Boysen Jensen, P. (1911). Valuation of the sea, I. Animal life of the sea-bottom, its food and quantity. Report of the Danish Biological Station 20, 1-76: Tab. V; verkleiner und beschriftet aus Remane, A. (1940). Einführung in die zoologische Ökologie der Nord- und Ostsee. In: Grimpe, G. (Hg.). Die Tierwelt der Nord- und Ostsee, Bd. I.a: 139).

nose eine »Lebenseinheit zweiter Ordnung« und die Einheit von Biozönose und Biotop eine »Lebenseinheit dritter Ordnung«[83]. Eine »Lebensgemeinschaft« bildet dem entsprechend für Thienemann »nicht nur ein Aggregat, eine Summe von – auf Grund gleicher exogener Lebensbedingungen an der gleichen Lebensstätte nebeneinander befindlicher – Organismen, sondern eine (überindividuelle) Ganzheit, ein Miteinander und Füreinander von Organismen«.[84] Als eine »Ganzheit« versteht Thienemann eine Biozönose, weil die Eigenschaften des Ganzen mehr seien als die Summe der Eigenschaften der Teile, und die Teile vom Ganzen her besondere Eigenschaften erhalten, die sie verlieren würden, wenn sie aus dem Ganzen herausgelöst würden.

Ob die natürlichen Biozönosen aber tatsächlich Einheiten aus sich wechselseitig bedingenden Organismen sind (bzw. ob sie existieren, wenn sie über diese Eigenschaft definiert werden), bleibt eine im 20. Jahrhundert umstrittene Frage. Manche Autoren sind der Meinung, eine Biozönose stelle allein ein Kompartiment innerhalb eines Ökosystems dar oder wie es B. Stugren 1986 formuliert: »Die Biozönose ist kein System in sich, sondern ein Teilsystem im Ökosystem«[85].

Thienemann bemüht sich, für die Artenzusammensetzung von Biozönosen allgemeine *biozönotische Gesetze* zu formulieren. Eines davon lautet: »Je mehr sich die Lebensbedingungen eines Biotops vom Normalen und für die meisten Organismen Optimalen entfernen, um so artenärmer wird die Biocönose, um so gleichförmiger und um so charakteristischer wird sie, in um so größerem Individuenreichtum treten die einzelnen Arten auf«[86]. Ein anderes lautet: »Je variabler die Lebensbedingungen einer Lebensstätte, um so größer die Artenzahl der zugehörigen Lebensgemeinschaft«[87].

Thienemann weist wiederholt auf eine Parallele zwischen organischer Einheit und biozönotischer Einheit hin: Weil ebenso wie in einem Organismus durch die Korrelations- oder Konnexionsgesetze der ↑Morphologie (von Goethe, Geoffroy St. Hilaire und Cuvier) auch in einer Lebensgemeinschaft ein Zusammenhalt der Teile in einer ganzheitlichen Einheit bestehe, könne auch hier wegen der wechselseitigen Beziehung der Teile aus der Kenntnis eines Teils auf das Ganze geschlossen werden.[88]

Holismus der Biozönologie
Eine wirkmächtige, wesentlich auf den Einfluss A. von Humboldts zurückgehende Tradition des 19. Jahrhunderts sieht in den Lebensgemeinschaften ganzheitliche Einheiten aus Lebewesen, die wechselseitig voneinander abhängen (↑Ökologie; Ökosystem). Besonders bei den frühen Pflanzengeografen O. Drude, A. Schimper und E. Warming – dem »großen Triumvirat der ökologischen Pflanzengeografen«[89] – zeigt sich im letzten Jahrzehnt des 19. Jahrhunderts diese Sicht auf die Vegetation. Die Vergesellschaftung der Pflanzen wird von ihnen nicht als einfache Resultante abiotischer Verhältnisse, sondern als synökologisches Phänomen verstanden, für das die Interaktion zwischen den Pflanzen von wichtiger Bedeutung ist. Drude wendet sich dabei gegen die ältere physiognomische Methode zur Abgrenzung von Vegetationstypen als Wuchsformen (angewandt z.B. durch von Humboldt und Grisebach) und legt demgegenüber allein die floristische Zusammensetzung der Gemeinschaften seiner Gliederung zugrunde.[90] Außerdem ist nach Drude die Gesamtheit der Existenzbedingungen (Boden, Wasser, Luftverhältnisse) für die Bildung einer Pflanzenformation verantwortlich. Warming betont besonders die ↑Konkurrenz als wichtigen Faktor in der Gestaltung von Pflanzengesellschaften. Er schreibt, die Pflanzen seien in einem Pflanzenverein so verbunden, dass es »ganz gewiss oft (oder immer) eine gewisse natürliche Abhängigkeit« voneinander gebe und sie könnten insofern als »organisierte Einheiten höherer Ordnung« gelten. Die Zusammensetzung der Pflanzenvereine ist nach Warming aber wesentlich das Ergebnis der gleichen Ansprüche der Pflanzen verschiedener Arten an die Standortfaktoren. Sie stellten daher »eine Anhäufung von Einern«, ohne »Zusammenwirken zum gemeinsamen Vorteile« dar, ohne »gegenseitiger, gesetzmäßig geregelter Wechselwirkung« für das Wohl des Ganzen, d.h. ohne »Arbeitsteilung, wie in den Menschen- oder gewissen Tiervereinen«.[91] Ein Pflanzenverein ist nach Warming also eine Einheit aus Pflanzen, die zwar (vielfach) voneinander abhängig sind, die aber keine Elemente enthält, die nur dem Wohl, d.h. der Erhaltung und Reproduktion des Ganzen dienen.

Die möglichen funktionalen Beziehungen zwischen den Organismen einer Biozönose beschränken sich nicht auf Ernährungsbeziehungen (↑Ökosystem: Tab. 211). V.N. Beklemišev unterscheidet 1951 vier Typen biozönologischer (*symphysiologischer*) Beziehungen: In *topischen* Beziehungen verändern die Organismen einer Art die Umwelt in nützlicher oder schädlicher Weise für Organismen anderer Arten; *trophische* Beziehungen betreffen die Verwendung eines Organismus als Nahrung für andere; *fabrische* Beziehungen bestehen in der Ausnützung andersartiger Organismen oder deren Überresten als Baumaterial (z.B. die Verwendung von Baumstämmen zum Dammbau durch Biber); als *phorische* Beziehung wird schließlich der Transport eines Organismus durch einen anderen artfremden bezeichnet.[92]

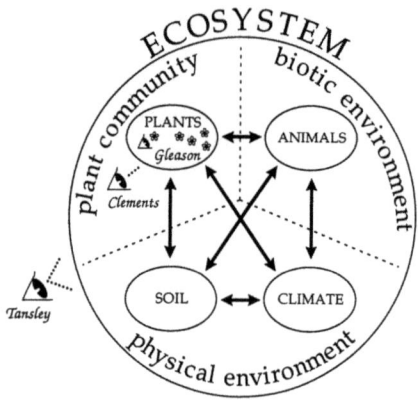

Abb. 72. Drei Ansätze zur Analyse von Pflazengemeinschaften: der individualistische Ansatz Gleasons, der gemeinschaftsorientierte Ansatz Clements und der ökosystemorientierte Ansatz Tansleys (aus Allen, T.F.H. & Hoekstra, T.W. (1992). Toward a Unified Ecology: 44).

»[E]ine den durchschnittlichen äusseren Lebensverhältnissen entsprechende Auswahl und Zahl von Arten und Individuen, welche sich gegenseitig bedingen und durch Fortpflanzung in einem abgemessenen Gebiet dauernd erhalten« (Möbius 1877, 76).

»[A]ll animals living in the same surroundings« (Shelford 1913, 3).

»[Es] gehören in das Gebiet der Biozönologie [im engeren, nicht topografischen Sinne] nur jene Lebensgemeinschaften, deren Glieder in ihren Beziehungen zueinander ihr Genüge finden, die in biologischem Gleichgewicht stehen, die diesen Gleichgewichtszustand durch Selbstregulation erhalten, die nur von der äußeren unbelebten Umwelt abhängig sind, relativ stabil, so lange jene unverändert bleibt, und die von der belebten Umwelt nicht oder nur unwesentlich abhängig sind« (Schmid 1922, 518).

»Eine Biocönose stellt ein sich in einem beweglichen Gleichgewichtszustand erhaltendes Bevölkerungssystem dar, das sich bei gegebenen öcologischen Verhältnissen einstellt« (Resvoy 1924).

»Die Biocönose ist die Vergesellschaftung von Lebewesen, die einen einheitlichen Abschnitt des Lebensraumes bewohnt und in der Auswahl und Zahl der Arten den durchschnittlichen äußeren Lebensverhältnissen entspricht. Die Glieder der Biocönose sind voneinander abhängig und werden durch den Zustand gegenseitiger Bedingtheit in ein biologisches Gleichgewicht gezwängt, das sich durch Selbstregulation erhält und um einen Mittelzustand schwankt« (Hesse 1924, 143).

»Die Lebensgemeinschaft ist ein großer Lebensverein. Nur sie ist eine Lebens*einheit*, wie es der Organismus ist; denn eine Lebenseinheit ist ein biologisches System, das sich durch Selbstregulierung bei Bestand erhält« (Friederichs 1927, 155).

»[A]nimal communities [...] are not mere assemblages of species living together, but form closely-knit communities or societies comparable to our own« (Elton 1927, 5).

»[E]ine Gemeinschaft von Lebewesen, die in einem gegenseitigen Abhängigkeitsverhältnis stehen« (Caspers 1950, 60f.).

»Biozönose heißt ein abiotisch-biotischer Beziehungskomplex, der zur Selbstregulation, ausgedrückt in einem beweglichen Gleichgewicht der Arten, befähigt ist« (Schwenke 1953, 103f.).

»Die Biozönose ist eine Vergesellschaftung von pflanzlichen und tierischen Lebewesen, die durch ernährungsbiologische Beziehungen zusammengehalten wird, aus verschiedenen Strukturelementen bestehend sich um Produzenten bildet und in physiognomisch einheitlicher Ausprägung ein bestimmtes Gebiet umfaßt. [...] Der Begriff ›Biozönose‹ steht oder fällt mit dem Vorhandensein oder Fehlen von produzierenden Elementen« (Szelényi 1955, 20).

»[A]n assemblage of populations of plants, animals, bacteria, and fungi that live in an environment and interact with one another, forming together a distinctive living system with its own composition, structure, environmental relations, development, and function« (Whittaker 1970, 1).

»[A]ny set of organisms currently living near each other and about which it is interesting to talk« (MacArthur 1971, 190).

»A community is any assemblage of populations of living organisms in a predescribed area or habitat« (Krebs 1972, 379).

»An association of interacting populations, usually delimited by their interaction or by spatial occurrence« (Ricklefs 1973, 783).

»[A] community is one or more populations with similar resource demands co-occurring in time and space« (McNaughton & Wolf 1973, 550).

»The organisms which affect, directly or indirectly, the expected reproductive success of a reference organism« (MacMahon et al. 1981, 304).

»[G]roups of species living closely enough together for the potential of interaction« (Abele et al. 1984, vii).

»[T]he community should be considered more as a system of species actually interrelated than as a unit composed of all the species living in the same physical environment« (Ravera 1984, 151).

»[T]he ›community‹ comprises the populations of some or all species coexisting at a site or in a region« (Diamond & Case 1986, 9).

»[A]n assemblage of species populations which occur together in space and time« (Begon, Harper & Townsend 1986/90, 613).

»Communities are the integration of the complex behavior of the biota in a given area so as to produce a cohesive and multfaceted whole. This whole usually manifests properties of self-regulation and a self-assertiveness that often modify the physical environment« (Allen & Hoekstra 1992, 44).

»[T]he living organisms present within a space-time unit of any magnitude« (Palmer & White 1994, 279).

»A concrete system is an *eubiocoenosis* or a *total community* if, and only if, (i) it is composed of all the interacting organisms of different species in a distinct habitat; or (ii) it is composed of all the biopopulations in a distinct habitat« (Mahner & Bunge 1997, 173).

»[T]he set of individuals of two or more (plant, bird, etc.) species that occur in the intersection of the areas occupied by populations of these species« (Looijen & van Andel 1999, 218).

»Eine Biozönose ist eine Lebensgemeinschaft mit einer Artenzusammensetzung, die sich an einem Ort infolge ähnlicher Ansprüche ihrer Arten an abiotische und biotische Verhältnisse einstellt. Gegenseitige Beziehungen (Nahrungsketten, mutualistische Beziehungen u.a.) sind zumindest für einen Teil der Arten vorhanden. Typisierbare Eigenschaften in bezug auf Struktur, Konnexe, Verbreitung u.a. existieren. Die bestehenden Nahrungsketten und Nahrungsnetze beschränken sich nicht ausschließlich auf die Biozönose, sondern haben hier ihren oder einen Schwerpunkt« (Kratochwil & Schwabe 2001, 92).

»[A]n assemblage of organisms of different types (species, life forms) in space and time« (Jax 2006, 240).

Tab. 47. Definitionen des Begriffs der Biozönose oder der ökologischen Gemeinschaft.

Clements: Pflanzengemeinschaften als Organismen
Die Betrachtung von Biozönosen als integrierte, den individuellen Organismen analoge Einheiten wird zu Beginn des 20. Jahrhunderts in erster Linie von dem amerikanischen Botaniker F. Clements propagiert. Eine Biozönose oder Gemeinschaft (»community«) stellt für Clements eine organische Einheit dar, weil sie wie ein einzelner Organismus eine innere Gliederung aufweist, sich in deterministischer Weise zu einem Endstadium entwickelt (Sukzession) und sich fortpflanzen kann (↑Entwicklung). Die Entwicklung hin zu einer Endgesellschaft an einem Standort, dem »Klimax«, ist nach Clements allein durch das Klima bedingt; die Bodenverhältnisse würden von den Pflanzen langfristig selbst erzeugt.[93] Eine Gemeinschaft verfügt nach Clements damit über die Fähigkeit, die ihr gemäßen Umweltverhältnisse z.T. selbst zu schaffen; sie weist eine gewisse Autonomie gegenüber einigen Umweltfaktoren auf. Insgesamt steht Clements' Interpretation von Pflanzengemeinschaften als Organismen im Kontext der holistischen Theorien seiner Zeit (↑Ganzheit).[94]

Individualistische Interpretationen
Clements' Auffassung verbreitet sich in den ersten Jahrzehnten des 20. Jahrhunderts[95], wird aber andererseits auch scharf kritisiert. Als Gegenbewegung gegen das organismische Biozönoseverständnis von Clements formiert sich eine »individualistische« Interpretation von Pflanzengemeinschaften, nach der die regelmäßigen Assoziationen von Pflanzen allein die sich überlappenden Umweltansprüche individueller Pflanzen darstellen und damit Ausdruck eines zufälliges Zusammentreffens (einer »coincidence«) von Individuen sind.[96] Der frühe Hauptvertreter dieser Richtung, der amerikanische Botaniker H.A. Gleason, erklärt die räumliche Koinzidenz von Pflanzen verschiedener Arten aus ihren artspezifischen Eigenschaften, ihrer Ausbreitungsfähigkeit und ihren ökologischen Ansprüchen. In seinen Worten von 1926: »every species of plant is a law unto itself, the distribution of which in space depends upon its individual pecularities of migration and environmental requirements«.[97] Eine Pflanzengesellschaft oder Pflanzenansammlung (»assemblage of plants«) sei daher weit davon entfernt, einem Organismus zu ähneln, sondern bilde vielmehr eine bloße Juxtaposition (Gleason 1975: »Far from being an organism, an association is merely the fortuitous juxtaposition of plants. What plants? Those that can live together under the physical environment and under their interlocking spheres of influence and which are already located within migrating distance«).[98] Neben Gleason in den USA hat diese Richtung auch in anderen Ländern einflussreiche Vertreter, so Negri in Italien, Lenoble in Frankreich und Ramensky in der Sowjetunion.[99] L.G. Ramensky ist der Auffassung, für Pflanzengesellschaften (»Coenosen«) ließen sich keine scharfen Grenzen angeben und es liege eine kontinuierliche Veränderung der Zusammensetzung vor. Es gebe keine Beständigkeit der Gruppierung, sondern allein eine Regelmäßigkeit in den ökologischen Ansprüchen der Pflanzen einer Art: »jede Art reagiert auf die äußeren Faktoren einzigartig und tritt als selbständiges Glied in die Coenose ein«.[100]

Ein durchgehendes Motiv für die individualistische Sicht bildet die Skepsis gegenüber der Möglichkeit der scharfen Abgrenzung von Biozönosen. Zu Beginn des 20. Jahrhunderts äußert bereits der dänische Pflanzenökologe Warming diese Skepsis, indem er bezweifelt, dass Pflanzengemeinschaften sich als diskrete Einheiten bestimmen lassen.[101]

		Art der Abgrenzung des Systems	
		scharfe Grenzen (aufgrund obligater Interaktionen)	unscharfe Grenzen (aufgrund fakultativer Interaktionen)
Ausgangspunkt der Einheitsbildung	interne Relationen (funktionale Einheiten)	*Dependenzsystem* Einheit von Organismen verschiedener Arten, die sich in ihrer Existenz wechselseitig bedingen	*Interaktionssystem* Einheit von Organismen verschiedener Arten, die untereinander stärker interagieren als mit anderen Populationen
	Relation zur Umwelt (topografische Einheiten)	*Ligationssystem* Einheit von Organismen verschiedener Arten, die immer gemeinsam in einer Region vorkommen	*Intersektionssystem* Einheit von Organismen verschiedener Arten, deren Verbreitungsgebiet sich in einer Region überschneidet

Tab. 48. Kreuzklassifikation von vier Formen der Einheitsbildung bei ökologischen Gemeinschaften, bestehend aus Populationen verschiedener Arten.

Ausgehend von quantitativen Untersuchungen zur Zusammensetzung von Gemeinschaften gerät das Konzept der Biozönose im Anschluss daran insgesamt in die Kritik. Detaillierte Studien werden nicht nur für terrestrische Gemeinschaften, sondern auch für die Fauna des Meeresbodens durchgeführt. Für die marinen Artenassoziationen auf dem Boden der Nordsee fern der Küste behauptet A.C. Stephen 1933 einen graduellen Wandel und hält es daher nicht für möglich, konstante »Gemeinschaften« abzugrenzen: »Species are gradually eliminated one after another, but there is no sharp transition and no natural break which would justify a separation into communities«.[102] Die Versuche, die Grenzen der Biozönosen allein aus der biologischen Interaktion von essenziellen Organismen verschiedener Arten zu bestimmen, gelängen in den wenigsten Fällen: »there is little ground for believing that any large assemblage of animal species reacts as a unit or is bound together by purely biological factors« (Jones 1950).[103] Die Erfahrung zeige vielmehr, dass es meist abiotische Grenzen des Biotops, also diskontinuierliche Variationen von Umweltparametern sind, die den Grenzen einer Biozönose zugrunde liegen. Dies wird von Ökologen Mitte des Jahrhunderts konstatiert: »It seems that at present the only consistent way to divide the fauna into communities is to survey it, as far as it is known, in relation to the environment and to erect communities based on more or less definite limits in the physical conditions« (Jones 1950).[104]

Trotz dieser empirischen Schwierigkeiten hat die holistische Interpretation von Biozönosen bis in die 1950er Jahre aber viele Anhänger. Erst danach gewinnt die individualistische Sicht allgemeine Anerkennung, die bis zu ihrer Dominanz in den letzten Jahrzehnten des 20. Jahrhunderts reicht.[105]. Die allmähliche Zurückdrängung des organismischen Ansatzes von Clements führt dabei über mehrere Stationen – in der Vegetationskunde sind anfangs v.a. die Untersuchungen von R.H. Whittaker, J.T. Curtis und R.P. McIntosh von großem Einfluss.[106]

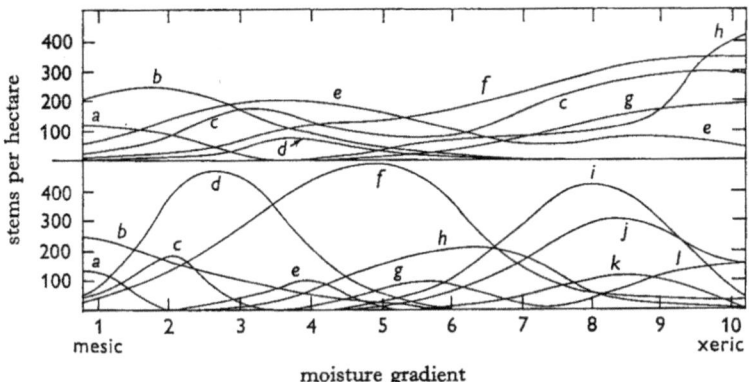

Abb. 73. *Biozönosen als Intersektionssysteme: Verteilung der Häufigkeit von verschiedenen Baumarten über einen Gradienten der Feuchtigkeit an zwei verschiedenen Standorten: oben Siskyou Mountains, Oregon, in 460-470m Höhe, unten Santa Catalina Mountains, Arizona, in 1830-2140m Höhe. An dem unteren Standort ist die Beta-Diversität höher als an dem oberen, d.h. die Populationskurven sind schmaler und es liegt ein größerer Wechsel in der Zusammensetzung der Gemeinschaft entlang des Gradienten vor. Die höhere Beta-Diversität ermöglicht die Abgrenzung von mehr oder weniger diskreten Pflanzengesellschaften (aus Whittaker, R.H. (1967). Gradient analysis of vegetation. Biol. Rev. 42, 207-264: 229).*

In Deutschland äußert sich der Entomologe F. Peus 1954 strikt gegen die organismische Interpretation von Biozönosen: »Es gibt keinen Biotop und keine in ihm wohnende Biozönose, die etwas *Geschlossenes* und etwas Selbständiges oder Unabhängiges, eine Autarkie oder eine Ganzheit für sich darstellten.«[107] Denn: »Für sehr viele Biotope (als Gattungs- und Individualbegriff) – man möchte fast vom Regelfall sprechen – gilt der ständige Austausch von Individuen, bisweilen sogar der periodische Wechsel der ganzen Population einer Spezies zwischen verschiedenartigen Biotopen als das einfach Gegebene, Notwendige und Normale«.[108] Die Beziehungen zwischen den Organismen verschiedener Arten sind nach Peus in der Regel einseitig; sie bestehen in einem unilateralen Vorteil (z.B. bei Räubern oder Parasiten). Auch ein Gleichgewicht, zwischenartliche Harmonien oder Mechanismen der Selbstregulation auf biozönotischer Ebene liegen nach Peus in den meisten Fällen nicht vor. Weil daher »jede Art auf sich allein gestellt ist«[109], ist Peus der Auffassung, es gebe in der Natur keine Biozönosen und die Biozönologie als Wissenschaft habe »keinen realen Grund«[110]. Die ökologische Forschung komme vielmehr in der Autökologie, d.h. der Untersuchung der Umweltbeziehungen der Organismen einer Art, an ihr Ende. Dieser radikale Standpunkt steht sicher im Zusammenhang mit der Tatsache, dass Peus ein Spezialist für Dipteren (Fliegen) ist, also für hochmobile kleine Tiere, die ihre Bindungen zu einem Ort schnell lösen können.

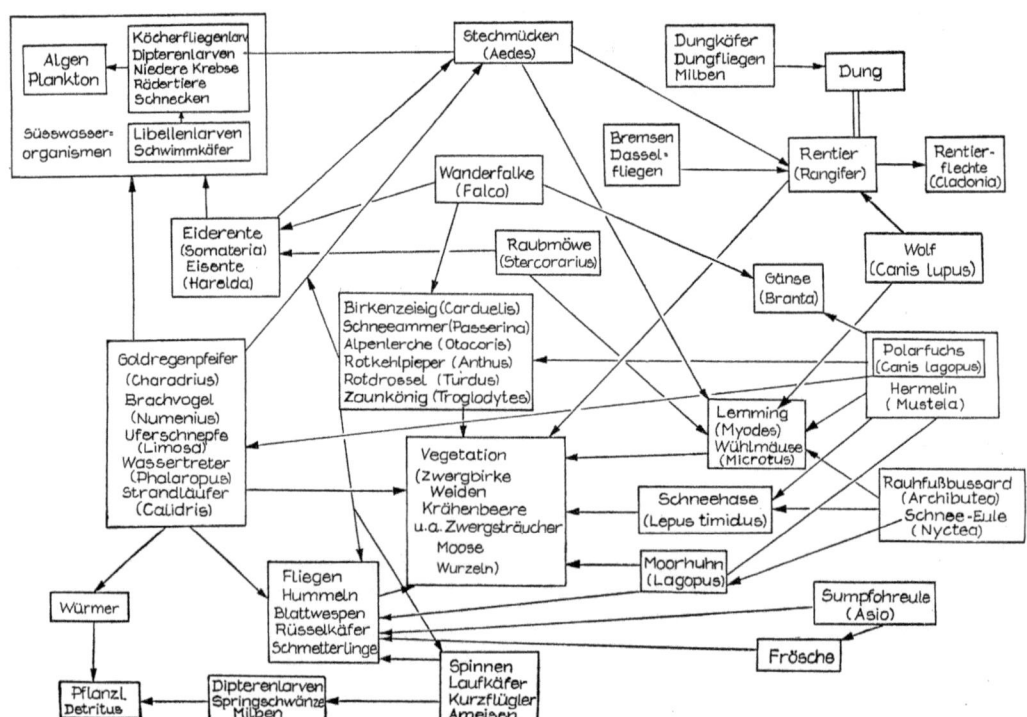

Abb. 74. »Biozönotischer Konnex« in der eurasiatischen Tundra. Dargestellt sind Ernährungsbeziehungen als Abhängigkeiten zwischen Organismen verschiedener Arten und höherer Taxa: Die Organismen eines Taxons, auf das ein Pfeil zeigt, dienen den Organismen des Taxons, von dem der Pfeil ausgeht, als Nahrung. Es sind hier, wie auch in späteren Darstellungen dieser Art (in denen die Pfeile meist den Stoffflüssen folgend in die umgekehrte Richtung zeigen: von der Nahrung zum Sich-Ernährenden), keine wechselseitigen, sondern einseitige Abhängigkeiten repräsentiert. Das Netzwerk der Beziehungen weist also keine offene Anfänge und Enden auf. Im Gegensatz zur Darstellung eines Ökosystems sind in diesem Diagramm keine abiotischen Körper und Faktoren integriert (außer »Dung« und »Detritus«) (aus Tischler, W. (1951). Zur Synthese biozönotischer Forschung. Acta Biotheor. 9, 135-162: 154; leicht verändert in ders. (1955). Synökologie der Landtiere: 242).

Für das Zurückdrängen der organismischen Sicht können neben sachlichen Argumenten auch weltanschauliche Wandlungen verantwortlich gemacht werden: So sind mit dem Untergang der totalitären Herrschaft in Deutschland holistische Auffassungen insgesamt in Misskredit geraten, und es gewinnt mit der rasanten ökonomisch-technischen Expansion in der Nachkriegszeit eine analytisch-quantifizierende Einstellung die Oberhand.[111] Über quantitative Verfahren wird insbesondere nachgewiesen, dass die Vegetation sich vielfach kontinuierlich entlang von Umweltgradienten ändert (vgl. Abb. 73). Anstatt der Abgrenzung von diskreten Vegetationseinheiten mittels Verfahren der *Klassifikation* werden kontinuierliche Vegetationsgradienten über Verfahren der *Ordination* bestimmt. In diesen wird kein äußeres Kriterium der Abgrenzung an die Einheiten herangetragen, sondern vielmehr die interne Beziehung ihrer Ordnung dargestellt (z.B. in Form einer Hauptkomponentenanalyse).[112] Die Bestimmung von Kontinua und Gradienten in der Vegetationsanalyse macht die Abgrenzung von diskreten Vegetationseinheiten zunehmend problematisch.[113]

Der Einzug quantitativer Methoden in die Vegetationskunde führt zu einer Abwendung vom traditionellen Ansatz, Pflanzengemeinschaften qualitativ und physiognomisch voneinander abzugrenzen. Statistische Verfahren des Vergleichs von verschiedenen Gemeinschaften werden seit Ende des 19. Jahrhunderts entwickelt. V. Hensen verwendet in seinen Untersuchungen mariner Plankton-Gemeinschaften einfach die relative Abweichung einer Probe vom Durchschnitt, um verschiedene Proben miteinander zu vergleichen.[114] Präzise Ähnlichkeitsindizes zum quantitativen Vergleich von Gemeinschaften unterschiedlicher Zusammensetzung etablieren sich seit Beginn des 20. Jahrhunderts in der marinen Ökologie und in der Botanik.[115]. Gerade der Hauptvertreter der individualistischen Interpretation von Gemeinschaften, der Botaniker Gleason, ist an der Entwicklung der quantitativen Indizes wesentlich beteiligt. Gleason bestimmt 1925 das tatsächliche gemeinsame Vorkommen von Organismen verschiedener Arten im Verhältnis zum erwarteten Wert auf der Grundlage der relativen Häufigkeit der Arten (Index der *Assoziation*).[116] Darauf aufbauend werden später statistische Tests der Assoziation entwickelt, die auch von Tierökologen übernommen werden.[117] Daneben werden seit den 1950er Jahren zunehmend Verfahren der multivariaten Statistik eingesetzt.[118]

Die Gegenüberstellung von organismisch-holistischem und individualistischem Ansatz in der Beschreibung und Erklärung von Biozönosen ist in der Geschichtsschreibung der Ökologie gut etabliert (Odenbaugh 2006: »Clementsian« versus »Gleasonian communities«[119]). Kritisch wird aber dagegen eingewandt, dass die Kontrastierung nicht selten in einer überzogen polarisierenden, die tatsächlichen Standpunkte nicht korrekt wiedergebenden Weise erfolgt.[120] So wird die Auffassung Gleasons häufig fälschlich so dargestellt, dass die Verbreitung von Pflanzen allein Ausdruck von abiotischen Standortansprüchen sei und Gemeinschaften zufällige Kombinationen von Arten darstellten. Auch Gleason gibt aber den biotischen Interaktionen ein Gewicht und hält fest, dass die Homogenität und Abgrenzung von Pflanzengemeinschaften grundlegende Eigenschaften sind, ohne die der Gegenstand synökologischer Forschung überhaupt nicht existieren würde (»without them, all our studies of synecology would never have been developed [...]. Uniformity, area, boundary, and duration are the essentials of a plant community«).[121] Damit der Biozönologie also überhaupt ein eigener Gegenstand zugeschrieben werden kann, müssen die Grenzen der individualistischen Sicht aufgezeigt werden.

»Gleichgewicht« und Regulation der Biozönose
Bereits Mitte des 19. Jahrhunderts werden Gemeinschaften aus Organismen verschiedener Arten über das Konzept des ↑Gleichgewichts charakterisiert. So ist H.G. Bronn 1843 der Ansicht, Pflanzen und Tiere stünden in einem Gebiet »in bestimmtem Verhältnisse der Individuen und Arten zu einander« und führt weiter aus: »Es wird somit nicht nur jede Gegend ihre passende Fauna und Flora, sondern darin auch ein gewisses für sie geeignetes Gleichgewicht der Arten und Individuen erhalten, welches, wenn einmal zufälliges Schwanken der bedingenden Kräfte es stört, immer wieder von selbst zurückkehren wird«.[122] Möbius prägt für diesen Ausgleich von Populationsgrößen 1877 den Ausdruck »biocönotisches Gleichgewicht« (s.o.), der 1918 von A. Thienemann aufgenommen wird: »die Zahl der zur Lebensgemeinschaft vereinigten Arten und die Zahlen der Individuen der einzelnen Arten stellen sich in ein festes Verhältnis zueinander ein«.[123] In allen einflussreichen Definitionen des Biozönosebegriffs aus den frühen 1920er Jahren findet sich dieser Bezug zur Vorstellung eines Gleichgewichts (vgl. Tab. 47). Ergänzt wird die Gleichgewichtsvorstellung durch das Konzept der *Selbstregulation* der Biozönose, das Thienemann 1918 einführt: »Wie es im Einzelorganismus eine ›Selbstregulation‹ gibt, so auch in der Lebensgemeinschaft; sie ist es, die sich in der Erhaltung des biologischen Gleichgewichts ausspricht«.[124] Im Anschluss an Möbius versteht Thienemann unter der Selbstregulation einen Mechanismus, der die Gleichgewichtseinstellung durch kompensierende Kräfte in der Gemeinschaft bewirkt, sollte sich die Population einer Art »im Übermaß« vermehrt haben (↑Regulation/Selbstregulation). In der Nachfolge Thienemanns bildet ›Selbstregulation‹ einen integralen Bestandteil der Biozönosedefinitionen. Ein expliziter Bezug zu ihr findet sich u.a. 1922 bei E. Schmid, 1924 bei R. Hesse und 1927 bei K. Friederichs (vgl. Tab. 47). Nach Friederichs herrscht in dem »Bevölkerungssystem« einer Lebensgemeinschaft ein »biocönotisches Gleichgewicht«, das auf einem umfassenden »Lebensgewebe« beruht, von dem eine Lebensgemeinschaft nur einige »Maschen« umfasst.[125] Seit 1930 bezeichnet Friederichs dieses Gewebe der Interaktion als den *biozönotischen Konnex* (»biocönotischen Konnex«[126]; 1927: »biocönotische Komplex«[127]) – ein Terminus, den besonders W. Tischler seit den 1950er Jahren viel verwendet (1955 definiert als »Verknüpfungsgefüge einer Lebensgemeinschaft«[128]) (vgl. Abb. 74). Als ›Organismus‹ will Friederichs dieses selbstregulatorische Gefüge im Gegensatz zu Thienemann nicht bezeichnen; dies sei vielmehr allein ein »lebender Körper«.[129] Für angemessen hält Friederichs dagegen die Kennzeichnung der Biozönose als einer ↑*Organisation*. Darunter versteht er 1927 »alle Lebenseinheiten, die über dem Organismus stehen«, definiert wird sie als »eine biologische Ganzheit, die sich durch Selbstregulierung bei Bestand erhält«.[130] Dieser allgemeine Begriff kann nach Friederichs sowohl auf eine Lebensgemeinschaft als auch auf die Einheit von Lebensgemeinschaft und Umwelt angewendet werden: »Organisation ist also jedes Gefüge, in dem Leben vertreten ist«.[131] Friede-

richs und Thienemann halten bis in die 1950er Jahre daran fest, die Biozönose über das Merkmal der Selbstregulation zu bestimmen. Für Thienemann ist die »Selbstregulation« 1956 »ebenso eine Grundeigenschaft der Lebensgemeinschaft wie des Einzelorganismus«[132]; Friederichs meint ein Jahr später, es sei »die Selbstregelung eine Grundeigenschaft der Biozönose wie auch der Art«.[133]

Die praktischen Bestimmungen der Biozönosen orientierten sich allerdings weniger an diesen anspruchsvollen Definitionen, sondern zumeist lediglich an dem überlappenden Vorkommen von Organismen verschiedener Arten. Von einem forschungspragmatischen Standpunkt aus kritisiert G.E. Hutchinson daher 1967 die Versuche, Biozönosen über Prozesse der Selbstregulation zu bestimmen. Er argumentiert, eine Biozönose müsse als Einheit identifizierbar sein, bevor genaue Untersuchungen ihrer internen Prozesse vorliegen.[134] Nicht die tatsächliche, sondern allein die mögliche Interaktion aufgrund des gemeinsamen Vorkommens bildet für Hutchinson die Grundlage der Abgrenzung von Biozönosen (so auch die Definition von Abele et al. 1984; vgl. Tab. 47).

Zu unterscheiden sind in jedem Fall die Aspekte der ↑Organisation und ↑Regulation einer Biozönose. Bei den älteren Autoren aus der ersten Hälfte des 20. Jahrhunderts werden diese meist in einem Atemzug genannt: Eine Biozönose gilt als organisiert, weil sie sich im Gleichgewicht befindet und dieses Gleichgewicht durch interne Mechanismen der Regulation stabilisiert wird. Diese Verknüpfung muss aber nicht vorliegen, weil Organisation und Regulation unterschiedliche Aspekte eines Systems betreffen. Als eigenständige Einheit, die nicht allein die Überschneidung individueller Bedürfnisse wiederspiegelt (also als bloßes »Intersektionssytem«; vgl. Tab. 48) muss eine Biozönose eine Organisation aufweisen, z.B. im Sinne eines »gegenseitigen Abhängigkeitsverhältnisses« zwischen Organismen verschiedener Arten (Caspers 1950)[135]. Ob diese Organisation aber auch durch Selbstregulation stabilisiert wird, ist eine davon unabhängige Frage (↑Ökosystem).

Neben der Tendenz zum Gleichgewicht aufgrund von Prozessen der Selbstregulation, gelten seit den 1970er Jahren auch *Störungen* als wichtiger Faktor in der Gestaltung ökologischer Gemeinschaften. Es wird erkannt, dass die räumliche und zeitliche Heterogenität der Populationen aufgrund der Unterteilung der Ressourcen in räumlich isolierte Flecken (»patches«) und aufgrund zeitlicher Schwankungen von Umweltbedingungen einen erheblichen Einfluss auf die ↑Diversität und Struktur einer Gemeinschaft haben (↑Koexistenz).[136]

Autarkie der Biozönose
Nach Etablierung des produktionsbiologischen Paradigmas in der ↑Ökologie in den 1930er Jahren, ist es verbreitet, Biozönosen als produktionsbiologisch »autarke« Einheiten zu definieren, d.h. als Systeme, die zur Erzeugung organischer Substanz ausgehend von anorganischen Ausgangsstoffen in der Lage sind. Biozönosen müssen, mit anderen Worten, Primärproduzenten, wie Pflanzen enthalten (↑Rolle, ökologische). Richtungsweisend heißt es bei O. Renkonen 1938:»Soweit ich sehe, muss einer Biozönose vor allem kennzeichnend sein, dass sich innerhalb derselben ein vollständiger Kreislauf der organischen Elemente vollzieht. Sie muss sowohl produzierende, konsumierende als reduzierende Elemente enthalten, denn erst alle diese zusammen bedingen die Fähigkeit zur selbständigen Bewahrung des inneren Gleichgewichts«.[137] In der Mitte des 20. Jahrhunderts nehmen viele (deutschsprachige) Autoren diese Forderung auf. Thienemann bezeichnet 1956 einen »Lebensraum« als »autarkisch, geschlossen, selbständig«, wenn er sowohl Produzenten als auch Konsumenten und Destruenten umfasst.[138] G. Szelényi behauptet 1955:»Der Begriff ›Biozönose‹ steht oder fällt mit dem Vorhandensein oder Fehlen von produzierenden Elementen« (vgl. Tab. 47).[139] Die Biozönose wird damit nicht nur zu einer zönologischen, sondern auch einer »produktionsbiologischen Einheit, die sich in qualitativer und quantitativer Weise in weitem Maße selbst reguliert durch eine qualitative und quantitative Abstimmung ihrer Produzenten, Konsumenten und Reduzenten aufeinander«, wie B. Heydemann 1956 feststellt.[140] Andere Autoren wehren sich gegen eine solche Einschränkung. Soll das Beispiel, anhand dessen der Begriff von Möbius eingeführt wurde, die Austernbank, weiterhin als Biozönose gelten, dann muss die Forderung nach produktionsbiologischer Autarkie offensichtlich aufgegeben werden, denn die Organismen der Gemeinschaft in der Austernbank leben primär von organischer Substanz, die nicht im System erzeugt wurde. W. Kühnelt stellt 1965 fest: »Es gibt somit Biozönosen, die nicht autark sind«.[141] F. Schwerdtfeger plädiert 1975 dafür, den Begriff der Autarkie nicht »absolut« zu nehmen, denn letztlich stamme die Energie bei jeder Biozönose von außen, meist von der Sonne.[142]

Es empfiehlt sich daher, die Aspekte der produktionsbiologischen Autarkie und zönologischen Geschlossenheit einer Biozönose vollständig voneinander zu trennen und in der Definition des Biozönosebegriffs die Forderung nach der Anwesenheit von Primärproduzenten aufzugeben. Die funktionale Geschlossenheit des organismischen Interaktionssystems ist davon unberührt: Eine Einheit der wechselseitigen Abhängigkeit von Organismen verschiedener Arten kann auch dann bestehen, wenn sie keine Primärproduzenten enthält (↑Ökosystem).

Gemeinschaftsökologie: Koexistenzmodelle
Aufbauend auf den Lotka-Volterra-Gleichungen zur Beschreibung des Wachstums und der Koexistenz von Populationen (↑Population) vollzieht sich seit den 1930er Jahren eine quantitative Analyse von Gemeinschaften, die an mathematischen Modellen orientiert ist. Die alte Rede von dem »Gleichgewicht« und der »Selbstregulation« von Biozönosen erhält im Rahmen dieser Modelle eine präzise quantitative Bedeutung. Betont wird ausgehend von den Modellen die entscheidende Rolle von dichteabhängigen Faktoren wie ↑Konkurrenz und ↑Räubern zur Stabilisierung von Gemeinschaften (↑Koexistenz). Die Analysen stehen dabei bis in die 1980er Jahre unter dem Einfluss des in den Modellen quantitativ beschriebenen und von G.F. Gause experimentell untersuchten »Konkurrenzausschlussprinzips«. 1939 stellt Gause fest, dass nicht nur in der Interaktion von Organismen zweier Arten eine langfristige Koexistenz allein durch eine Differenzierung ihrer Umweltansprüche möglich ist, sondern dass auch die Zusammensetzung komplexer biologischer Gemeinschaften durch die ökologische Differenzierung der Organismen, aus denen sie sich zusammensetzen, bestimmt wird: »only a certain definite combination between the concentration of the species living together possess the property of maintaining stability«.[143]

Wenn Organismen verschiedener Arten in der gleichen ökologischen Gemeinschaft zusammenleben, dann besetzen sie unterschiedliche ↑Nischen (»if two or more nearly related species live in the field in a stable association, these species certainly possess different ecological niches«[144]) – so formuliert Gause 1939 das Koexistenzprinzip apodiktisch. Mit diesem Prinzip als zentraler Grundlage, so hofft Gause, könne die Regulation der Zusammensetzung komplexer Gemeinschaften auf einfache Weise erklärt werden: »the central ecological problem of regulation in the composition of complex biotic communities [...] reduced to simplest terms«.[145] Aus diesem Ansatz entwickelt sich ein über Jahrzehnte wirksames Forschungsprogramm der Gemeinschaftsökologie. Weitgehend abgelöst wird von diesem Programm das ältere Bild, nach dem eine ökologische Gemeinschaft einen Organismus höherer Ordnung darstellt: Statt einer Erklärung der Eigenschaften ausgehend vom Ganzen (»top-down«) liegt es in der Logik des neuen Ansatzes, die Struktur der Gemeinschaft ausgehend von elementaren Interaktionen zwischen den Teilen zu beschreiben (»bottom-up«).[146]

Abgrenzung von Biozönosen
Zur Abgrenzung von Biozönosen werden seit den 1950er Jahren meist zwei Kriterien diskutiert: von den abiotischen Verhältnissen ausgehende *geografische* und von der Artenzusammensetzung ausgehende *zönologische* (↑Ökosystem: Tab. 209). So konstatiert W. Tischler 1950: »Es gibt zwei Möglichkeiten, um Biotope und ihre Biozönosen abgrenzen zu können. Entweder man geht von einem durch besondere Umweltfaktoren charakterisierten Standort aus oder von der einheitlichen Zusammensetzung der Tiergemeinschaften«.[147] Der Ansatz, Biozönosen aufgrund der tatsächlichen Interaktion von Organismen abzugrenzen – ihrer gegenseitigen Bedingung, wie es bei Möbius heißt –, wird hier nicht einmal diskutiert. Andere Autoren sehen zwar die systematischen Vorzüge eines funktionalen Biozönosbegriffs, erklären ihn aber aus praktischen Gründen für unmöglich. Diese Absage an eine funktionale Systembestimmung wird auf den Begriff des Organismus ausgeweitet, so z.B. von H. Caspers, der 1950 der Auffassung ist, dass funktionale Gesichtspunkte »nicht in ihrer vollen Reichweite für die Abgrenzung von Biozönosen herangezogen werden können: denn jede funktionelle Betrachtung führt zum Verschwinden der Einheiten. Auch das Individuum ist streng genommen ein topographischer Begriff (Remane, mündl.)«.[148] Andererseits ist das funktional-systemtheoretische Modell zur Bestimmung und Abgrenzung von Biozönosen zumindest implizit fest etabliert. Denn nur vor seinem Hintergrund gewinnen viele grundlegende Konzepte der Ökologie, wie das der ökologischen ↑Nische und ↑Rolle, überhaupt einen Sinn.

Die Frage nach der Abgrenzbarkeit und Einheit von Biozönosen wird bis in die Gegenwart kontrovers diskutiert. Als problematisch gilt die Einheit von Biozönosen, weil sie vielfach nicht als Systeme konzipiert werden, die über eine integrierende Struktur oder Kräfte verfügen.[149] In manchen Studien werden sie allerdings durchaus so verstanden. Es erscheint daher fragwürdig, ob eine übergreifende Definition des Konzepts überhaupt gegeben werden kann.[150]

Klassifikation von Biozönosen
Seit Beginn des 19. Jahrhunderts werden Klassifikationen von Biozönosen vorgeschlagen, die nicht von äußeren Faktoren des Klimas oder Bodens ausgehen, sondern allein auf der Zusammensetzung der Gemeinschaften aus Organismen wiederkehrender Arten basieren. Kontinuierlich verfolgt wird die-

ser Weg in der Analyse der Vergesellschaftung von Pflanzen. Als »Gründungsakt der Pflanzensoziologie«[151] gilt die Feststellung der Geselligkeit einzelner Pflanzenarten durch A. von Humboldt und seine Bestimmung von Vegetationseinheiten durch die Identifizierung einer Gruppierung (franz. »association«) von Pflanzen verschiedener Arten (das »Heideland« als eine Assoziation von bestimmten Heidekraut- und Flechtenarten).[152] Ein Pionier in terminologischer Hinsicht ist der dänische Botaniker J.F. Schouw, der pflanzengeografische Einheiten (v.a. Wälder) nach ihrer Zusammensetzung voneinander abgrenzt und mit einer besonderen Endung (-etum, Plural -eta) nach einer dominanten Art benennt (z.B. Kiefernwälder: »Pineta«, Buchenwälder: »Fageta«, Eichenwälder: »Querceta«, Palmenwälder: »Palmeta«).[153] Ähnlich verfährt später A. Kerner von Marilaun.[154] Diese Verfahren der Gliederung von Pflanzenformationen münden im 20. Jahrhundert in die sogenannte Zürich-Montpellier-Schule der Vegetationskunde, nach der eine Pflanzengesellschaft durch ihr Arteninventar und charakteristische Arten gekennzeichnet wird.[155]

Die feste Assoziation bestimmter Arten führt zur Bestimmung und Abgrenzung zahlreicher konstanter Pflanzengesellschaften – ein Unternehmen, das um 1900 beginnt und in seinem Programm und Ausmaß allein zu vergleichen ist mit der Beschreibung immer neuer Arten von Pflanzen und Tieren im 17. und 18. Jahrhundert.[156] Dem Selbstverständnis der pflanzensoziologischen Schule gemäß, handelt es sich bei der Bestimmung der Pflanzengesellschaften nicht um Konstruktionen, sondern um Entdeckungen in der Natur. Zur Identifizierung und Abgrenzung der Pflanzengesellschaften entwickelt sich eine differenzierte eigenständige Methodik. Die Klassifikationen folgen dabei ebenso wie die Klassifikation von Arten einem enkaptisch-hierarchischen System (↑Hierarchie). Ob die pflanzensoziologisch bestimmten Gesellschaften aber in allen Fällen eine reale Entsprechung im Sinne einer objektiven Begrenzung haben, ist umstritten.

Andere Ansätze des 19. Jahrhunderts machen dagegen die Zusammensetzung der Biozönosen in erster Linie von abiotischen Faktoren, allen voran Feuchtigkeit und Temperatur, abhängig und versuchen, ausgehend von diesen Faktoren eine Abgrenzung von Gesellschaften zu begründen.[157] Diesem Ansatz der »deduktiven Schule«, der von O. Sendtner besonders für die Verhältnisse Südbayerns genauer ausgearbeitet wird[158], steht die »induktive Schule« gegenüber, die eine Abgrenzung von Vergesellschaftungstypen nicht von den abiotischen Standortverhältnissen, sondern aus der Vegetation selbst ableiten will, und die anfangs besonders in Skandinavien viele Anhänger hat[159].[160]

Auch für Tiergemeinschaften sind bereits vor Möbius konstante Zusammensetzungen von Arten bestimmt worden, die für bestimmte Umweltverhältnisse charakteristisch sind, und zwar v.a. für marine Organismen.[161] So identifiziert E. Forbes 1844 regelmäßig wiederkehrende Gemeinschaften von Tieren am Meeresgrund der ägäischen Küste sowie in verschiedenen Tiefenschichten des Meeres (»provinces of Depth«) und stellt eine Korrelation der Artenzusammensetzung mit Eigenschaften des Substrats fest.[162] J.J. Bremi-Wolf untersucht 1846 Gemeinschaften von Fliegen auf dem Land, indem er konsequent die »Streifenmethode« anwendet, nach der die Proben mittels Netzen aus streifenförmigen Landschaftsausschnitten (»Transekten«) gewonnen werden.[163] Eine erste Studie mit einer gemeinsamen Analyse von pflanzlichen und tierischen Gemeinschaften stellt H. von Post 1867 an; in gewisser Hinsicht gilt er damit als eigentlicher Begründer der Biozönologie.[164] Eine erste systematische Gliederung von Tiergemeinschaften gibt C.G.J. Petersen 1913 für den Meeresboden, wobei er als einer der ersten systematisch quantitative Methoden einsetzt.[165] Für die Botanik bemühen sich Anfang des Jahrhunderts F.E. Clements und C. Raunkiaer um die Etablierung quantitativer Methoden zur Analyse von Pflanzengemeinschaften[166] – Clements zusammen mit R. Pound besonders durch die Einführung der »Quadratmethode«, d.h. der Analyse der Artenzusammensetzung von Gemeinschaften auf quadratischen Probefeldern von einer normierten Größe[167]. Pionierarbeit in der quantitativen Ökologie für den zoologischen Bereich leistet V.E. Shelford ausgehend von den Tiergemeinschaften Nordamerikas (↑Ökosystem; vgl. Abb. 338).[168]

Phyto-, Zoo- und Mikrobozönosen
Aufgrund der disziplinären Trennung der Botanik von der Zoologie erfolgt die Untersuchung der Biozönosen häufig gesondert für Pflanzen und Tiere (und später für Mikroorganismen). Dementsprechend unterscheidet H. Gams 1918 zwischen **Phytozönosen**[169] und **Zoozönosen**[170]. Eine ältere entsprechende Unterscheidung schlägt F. Dahl 1908 vor: Er differenziert zwischen *Phytobiozönosen* und *Zoobiozönosen*.[171] Seit den 1960er Jahren wird in Ergänzung zu dieser Zweiteilung von **Mikrobozönosen**[172], also Biozönosen der Mikroorganismen, gesprochen. Das Pendant der botanischen »Pflanzensoziologie« bildet allerdings nicht »Tiersoziologie«, sondern das Wort ***Tierökologie*** (Jordan & Kellogg 1900: »animal ecology

[…] that is, [an account] of the the relations of animals to their surroundings«).[173] Allgemein kann eine nach taxonomischen Gesichtspunkten abgegrenzte Teilbiozönose als **Taxozön** (Chodorowski 1959: »taxocene«[174]) oder besser *Taxozönose* (Schönborn 1974)[175] bezeichnet werden.

Weil gerade zwischen Pflanzen und Tieren häufig Verhältnisse der wechselseitigen Abhängigkeit bestehen, stellen diese taxonomisch und nicht ökologisch eingegrenzten Lebensgemeinschaften aber keine Biozönosen im Sinne Möbius' dar. Weder Phytozönosen noch Zoozönosen sind vollständige Biozönosen, sondern bilden allein eine Komponente einer Biozönose. Biozönosen sind also stets »heterotypisch«, wie es E. Schmid 1922 nennt.[176] Bei K. Friederichs heißt es 1957: »In der Bioökologie sind ›Pflanzengemeinschaft‹ und ›Tiergemeinschaft‹ reine Abstraktionen, konkret besteht nur die Lebensgemeinschaft mit der gegenseitigen, besonders für die Tiere bestehenden Abhängigkeit«.[177]

Synusie, Isozönose, Ökokline
Eine eigene Terminologie entwickelt sich für kleinere Einheiten einer Biozönose: Gams führt 1918 zur Benennung solcher kleinerer Einheiten das aus dem Griechischen abgeleitete Wort **Synusie** ein[178] – eine Übersetzung des älteren lateinischen Ausdrucks ›Assoziation‹. Für jede Biozönose kann nach Gams eine dominierende Synusie angegeben werden. Während die Biozönose nach Gams im Wesentlichen nach topografischen Kriterien abgegrenzt wird (durch die Einheitlichkeit des Standorts), bestimmt er die Synusien aufgrund von Artenlisten.

Biozönosen geografisch entfernter Regionen, die über ähnliche Synusien verfügen, nennt Gams **Isozönosen**[179]; die Ähnlichkeit bezieht sich hier jedoch nicht auf das gleiche Artenspektrum, sondern das Vorkommen der gleichen Lebensformen[180]. A. Palissa charakterisiert die Isozönosen 1958 allgemein als »Organismengesellschaften, die sich zwar im Artenspektrum unterscheiden, aber sich in den Lebensformen entsprechen«.[181] A.G. Tansley nennt Organismengemeinschaften in diesem Sinne **Formationstypen** (»formation-types«).[182] Es existiert eine große Vielfalt von Vorschlägen zur Differenzierung dieser Typen. Ein einfacher Vorschlag stammt von C.S. Elton und R.S. Miller, die 1954 für terrestrische Habitate die Formationstypen von Wüste/Halbwüste, Steppe, Buschland und Wald unterscheiden.[183] Die Ähnlichkeit der Formationstypen wird als Anpassung an ähnliche Umweltbedingungen gedeutet.

Als Terminus zur Bezeichnung eines Gradienten in einer Biozönose etabliert sich seit den 1930er Jahren in der Vegetationskunde zunächst der Ausdruck *Ökokline* (Clements 1934: »ecocline«[184]). Clements versteht darunter eine Sequenz von Klimaxgesellschaften entlang eines Umweltgradienten. R.H. Whittaker führt dafür 1960 in einer ähnlichen Bedeutung – nämlich für den Gradienten in der Änderung der Zusammensetzung einer Gemeinschaft (»the gradient of natural communities in an ecocline«) – den Terminus **Zönokline** (»coenocline«) ein.[185] Eine Ökokline stellt für Whittaker dagegen eine Zönokline im Zusammenhang mit der Änderung der abiotischen Verhältnisse dar.[186]

Charakterarten
Die für eine Pflanzenformation charakteristischen Arten werden seit den 1830er Jahren **Charakterpflanzen** genannt (Meyer 1836 mit der Unterscheidung von »geognostischen Character-Pflanzen« und »climatischen Character-Pflanzen«[187]; Grisebach 1838: »Characterpflanzen«: die Arten, denen sie [d.h. die pflanzenkundlichen Formationen] ihre physiognomischen Eigentümlichkeiten verdanken«[188]). H. Pomppa gibt 1842 eine Übersicht über die »vorzüglichsten Character-Pflanzen, -Säugethiere, -Vögel und -Amphibien der Erdtheile«.[189] Für Biozönosen von Tieren verwendet der dänische Meeresbiologe C.G.J. Petersen 1913 den Ausdruck *charakteristische Tiere* (»characteristic animals«) und vergleicht sie im Hinblick auf die Abgrenzung von Einheiten mit den Leitfossilien der Geologie.[190]

Seit den 1840er Jahren ist der übergreifende Terminus **Charakterarten** in Gebrauch: S. Schinz benutzt ihn 1847 in Bezug auf Tiere (»Charakterarten [Südamerikas] sind die Gattungen Vizcacha, Lagostomus«).[191] J. Thurmann verwendet 1849 den Ausdruck (»espèces caracteristiques«) im Rahmen der Vegetationskunde und bestimmt eine Charakterart durch ihre Verbindung mit einer bestimmten Vegetationsform (»leur présence soit étroitement liée à toute une manière d'être de la végétation qu'elles accompagnent et qu'elles annoncent nécessairement«).[192]

Dominanz und Schlüsselarten
Die numerische Vorherrschaft einer Art in einer Biozönose wird (besonders in der Botanik) als *Dominanz* bezeichnet.[193] Der Sache nach beschreibt schon Grisebach 1838 dominante Taxa als »vorherrschende Arten« und als »vorherrschende Familien einer Flora«.[194] C. Darwin spricht in seinem Hauptwerk von 1859 wiederholt von *dominanten Arten* (»dominant species«[195]); die Dominanz bezieht sich bei Darwin aber nicht auf eine ökologische Gemeinschaft, sondern auf die Vorherrschaft einer Art innerhalb einer

taxonomischen Gruppe, in der nach seiner Theorie die größte Variation zu finden ist (»dominant species of the larger genera which on an average vary most«[196]). Zu einem spezifisch ökologischen Terminus wird *dominant* in den 1870er Jahren, wohl ausgehend von der Botanik (Allen 1870: »the breaking and turning of the soil at once exterminates a large number of the previously dominant species«[197]). E. Warming unterscheidet 1909 in Pflanzengesellschaften zwischen *dominanten* und *sub-dominanten* Arten.[198] In der Zoologie etabliert sich der Ausdruck ›Dominanz‹ für die quantitative Vorherrschaft von Organismen bestimmter Arten in einer Gemeinschaft im ersten Jahrzehnt des 20. Jahrhunderts (Smith 1902: »dominant species«[199]; Forbes 1907: »in general ecology each species takes its appropriate place – dominant, important, subordinate, or insignificant – according to its dynamic value as a part of the whole«[200]; Adams 1908: »The relative abundance and dominance of these classes of birds will be determined largely by the dominance of such physical conditions as most distinctly favor a particular ecological group«[201]; »dominance of a formation«[202]; »Correlated environmental and biotic dominance«[203]; »dominance of certain species or associations«[204]).

In funktionaler Hinsicht können solche Arten, die für die Aufrechterhaltung des Systems besonders wichtig sind, als *Schlusssteinarten* oder **Schlüsselarten** (»keystone species«) bezeichnet werden. Der Ausdruck wird 1969 von R.T. Paine eingeführt, um eine Räuberart zu kennzeichnen, die einen starken Einfluss auf die Artenzusammensetzung und physische Gestalt eines ökologischen Systems ausübt.[205] Die Schlüsselart kann die Existenz einer anderen Art in dem System dadurch ermöglichen, dass sie eine dritte, zur Dominanz neigende Art dezimiert. Ohne dass die Räuberart also in direkter Interaktion mit der konkurrenzschwachen Art steht – sondern allein mit deren Konkurrenten – hat sie doch entscheidenden Einfluss auf sie (»räubervermittelte Koexistenz von Konkurrenten«; ↑Räuber). Das System hängt damit vom Vorhandensein einer Art ab, ohne die es zusammenbrechen würde (daher die Analogie in der Namensgebung zu einem architektonischen Bogen mit einem Schlussstein).

Heute hat sich ein allgemeineres Verständnis von Schlüsselarten durchgesetzt: Nicht allein räuberische Organismen, sondern auch Primärproduzenten oder Destruenten können dazu zählen. Neben den *Schlüsselräubern* (»keystone predators«) stehen also die **Schlüsselmutualisten** (»keystone mutualists«: »those organisms, typically plants, which provide critical support to large complexes of mobile links«[206]).

Allgemein wird eine Schlüsselart definiert als eine Art, deren Organismen einen großen Einfluss auf ein Ökosystem ausüben, manchmal größer als nach ihrer Häufigkeit zu erwarten wäre.[207] Die »Wichtigkeit« einer Art in einem System wird darüber definiert, wie groß die Änderungen der Produktivität nach der Entfernung der Art aus der Gemeinschaft ist.[208]

B.H. Walker unterscheidet 1992 zwischen *Fahrerarten* (»drivers«), die ein Ökosystem »fahren«, von denen also die Erhaltung des Systems abhängt, und *Passagierarten* (»passengers«), die für die Aufrechterhaltung des Systems nicht wesentlich sind.[209] Die Passagierarten können in dieser Hinsicht als *ökologisch redundant* gelten (↑Rolle, ökologische). Extreme Schlüssel- oder Fahrerarten sind die so genannten *Ökosystemingenieure* (↑Symbiose).

Biosynözie

Der Begriff ›Biosynözie‹ wird 1908 von dem Botaniker G. Enderlein geprägt.[210] Er bezeichnet damit einen Komplex von mehreren Biozönosen, »die häufig gar keine Beziehungen zueinander haben«. Eine Systematik der Biosynözien entwickelt Enderlein in Anlehnung an F. Dahls Gliederung der Biotope.[211] Dahl identifiziert dann später auch seinen Begriff des Biotops mit Enderleins Konzept einer Biosynözie.[212] Allerdings sind die Konzepte (zumindest in ihrer späteren Bedeutung) darin unterschieden, dass ein Biotop den Lebensraum von Organismen, die Biosynözie dagegen diese selbst bezeichnet. Weil Enderlein den Begriff so gebraucht, dass in ihm unbestimmt bleibt, ob die in einer Biosynözie zusammengefassten Organismen über ihr gemeinsames Vorkommen hinaus miteinander in Beziehung stehen oder nicht, kann er als ein nützliches Konzept verwendet werden, das in seiner weiten Bedeutung dem der englischen ›community‹ entspricht: eine Gemeinschaft von an einem Ort zusammenlebenden Organismen, von denen unbestimmt ist, ob sie miteinander in Beziehung stehen.

Gilde

Das Wort ›Gilde‹ ist niederdeutschen Ursprungs (mndd. ›gilde‹ »Brüderschaft, Gesellschaft«) und eine Ableitung von ›Geld‹. In seiner frühen Bedeutung bezeichnet ›Gilde‹ eine Trinkgemeinschaft, die ihre Ausgaben durch Umlage aufbringt. Seit dem 17. Jahrhundert meint das Wort »eine zum gegenseitigen Rechtsschutz geschlossene Vereinigung, Vereinigung von Berufsgenossen«. In der Biologie werden Organismen verschiedener Arten zu einer Gilde zusammengefasst, wenn sie in einem gemeinsam besiedelten Gebiet eine Umweltressource in ähnlicher Weise ausnutzen, auch wenn sie nicht miteinander verwandt sind. Die Schafe und viele Kängurus Australiens bilden z.B. eine Gilde in Bezug auf die Nutzung von Gräsern als Nahrung. Der Ausdruck wird vereinzelt bereits in der ersten Hälfte des 20. Jahrhunderts verwendet. Eingeführt wird er 1903 im Englischen (»guilds«) als Übersetzung des deutschen Wortes ›Genossenschaft‹ aus A.F.W. Schimpers ›Pflanzen-Geographie auf physiologischer Grundlage‹ (1898).[213] Schimper benutzt den Ausdruck bereits 1888 (»Epiphytengenossenschaft«[214]) und definiert ihn 1898 als »ökologische Gruppe« von Pflanzen, die über eine einheitliche »Lebensweise« verfügen und eine »charakteristische, mit der Lebensweise zusammenhängenden Tracht« aufweisen. Im Gegensatz zu den »eigentlichen Formationsbildnern« (vgl. Tab. 47) seien die Pflanzen einer Genossenschaft »für ihre Existenz von anderen Pflanzen abhängig«. Schimper unterscheidet vier Typen von Genossenschaften: Lianen, Epiphyten, Saprophyten und Parasiten.[215] 1920 verwendet A.G. Tansley den englischen Ausdruck in Bezug auf Pflanzen, die die gemeinsame Lebensform der Liane haben.[216] Erst nach J.B. Roots Arbeit über den Blaumückenfänger von 1967 verbreitet sich das Wort aber allgemein in der ökologischen Literatur (Roots Definition: »A guild is defined as a group of species that exploit the same class of environmental resources in a similar way«).[217]

Nachweise

1 Möbius, K. (1877). Die Auster und die Austernwirtschaft: 76; für den Kontext vgl. die Einführungen von G. Leps und T. Potthast in der Neuausgabe der Schrift in: Potthast, T. (Hg.) (2006). Zum Biozönose-Begriff. Die Auster und die Austernwirtschaft von Karl August Möbius; sowie: Nyhart, L. (1998). Civic and economic zoology in nineteenth-century Germany. The 'living communities' of Karl Möbius. Isis 89, 605-630; Kölmel, R. (1981). Zwischen Universalismus und Empirie – Die Begründung der modernen Ökologie- und Biozönose-Konzeption durch Karl Möbius. Mitt. Zool. Mus. Univ. Kiel 1981, 1(7), 17-34.
2 Möbius, K. (1886). Die Bildung, Geltung und Bezeichnung der Artbegriffe und ihr Verhältniss zur Abstammungslehre. Zool. Jahrb. 1, 241-274: 247; vgl. Jax, K. (1998). Holocoen and ecosystem – on the origin and historical consequences of two concepts. J. Hist. Biol. 31, 113-142: 114.
3 Gams, H. (1918). Prinzipienfragen der Vegetationsforschung. Ein Beitrag zur Begriffsklärung und Methodik der Biocœnologie. Vierteljahrsschr. Naturf. Ges. Zürich 63, 293-493: Titel; vgl. Gause, G.F. (1936). The principles of biocoenology. Quart. Rev. Biol. 11, 320-336.
4 Thienemann, A. (1918). Lebensgemeinschaft und Lebensraum. Naturwiss. Wochenschr. N.F. 17, 281-290; 297-303: 297; ders. (1920). Die Grundlagen der Biocoenotik und Monards faunistische Prinzipien. Feschrift für F. Zschokke Nr. 4; ders. (1925). Der See als Lebenseinheit. Naturwiss. 13, 589-600: 589; ders. (1927). Biologische Forschungsreisen und das System der Biologie. Zool. Anz. 73, 245-253: 246; Schaxel, J. (1919/22). Grundzüge der Theorienbildung in der Biologie: 155.
5 Palissa, A. (1958). Zur gegenwärtigen Lage in der Biozönotik. Forsch. Fortschr. 32, 289-294; 328-331.
6 Möbius (1877): 81.
7 ebd.
8 a.a.O.: 24.
9 Vgl. Kölmel (1981): 25.
10 Linné, C. von (1749). Oeconomia naturae (in: Ammoenitates academicae, Bd. 2, 3. Aufl. (1787), 2-58): 2f. (§I).
11 Linné, C. von (1760). Politia naturae. Zitiert nach: Anker, J. & Dahl, S. (1934). Werdegang der Biologie (dt. 1938, 274-279): 275.
12 Vgl. Hanks, L. (1966). Buffon avant l'»Histoire naturelle«: 193-213; Roger, J. (1989). Buffon: 68.
13 Kant, I., Opus postumum (AA, Bd. XXI-XXII): XXI, 566.
14 Anonymus (1751). Sur les plantes parasites. Histoire de l'Académie royale des sciences, Année 1746, 80-84: 82.
15 Amoreux, J. (1785). Physikalisch-Botanische Abhandlung zur Beantwortung der Preißfrage der Gesellsch. naturf. Freunde für das Jahr 1784. Schriften der Berlinischen Gesellschaft naturforschender Freunde 6, 1-71: 35.
16 Humboldt, A. von & Bonpland, A.J. (1805) [1807]. Essai sur la géographie des plantes: 17 (dt. Humboldt, A. von (1807). Ideen zu einer Geographie der Pflanzen, Leipzig 1960: 33).
17 Vgl. Hard, G. (1970). Der ›Totalcharakter der Landschaft‹. Re-Interpretation einiger Textstellen bei Alexander von Humboldt. In: Alexander von Humboldt. Eigene und neue Wertungen der Reisen, Arbeit und Gedankenwelt (=Geograph. Z. Beih.), 49-73: 67.
18 Grisebach, A. (1838). Über den Einfluss des Climas auf die Begränzung der natürlichen Floren. Linnaea 12, 159-200: 160.
19 Grisebach, H.R.A. (1872). Die Vegetation der Erde, 2 Bde.: I, 11ff.
20 Linné, C. von (1751). Philosophia botanica: 265-269.
21 Humboldt, A. von (1808). Ideen zu einer Physiognomik der Gewächse. In: Ansichten der Natur, 157-278: 182ff.
22 Schimper, A.F.W. (1898). Pflanzen-Geographie auf physiologischer Grundlage: 175.
23 a.a.O.: 176.
24 J.A. (1786). An account of the plants growing on the beach at Yarmouth, Norfolk. Gentleman's Magazine 56, 34- 35: 34.
25 J.A. (1787). Etwas über die am Gestade zu Yarmouth in Norfolk wachsenden Pflanzen. Magazin für die Botanik 1, 145-149: 145.
26 Ure, A. (1830). Neues System der Geologie: 462.
27 Ure, A. (1829). A New System of Geology: 451.

28 Kohl, J.G. (1840). Vegetation der südrussischen Steppen am Pontus (Fortsetzung). Das Ausland. Wochenschrift für Länder- u. Völkerkunde 13, 137-138: 137; ders. (1841/47). Reisen in Südrußland, Bd. 3. Zur Charakteristik der pontischen Steppen: 78; vgl. auch Müller, K. (1855). Geographie der Pflanzen. Die Natur 4 (Nr. 30), 241-244: 242; Lecoq, H. (1862). Das Leben der Blumen: 17; Anonymus (1863). Industrielle Wanderungen. Aus dem Böhmerwald. Vorwärts! Magazin für Kaufleute 10, 7-16: 16; Celakowsky, L. (1866). Ueber die Pflanzenformationen und Vegetationsformen Böhmens. Lotos 16, 132-139: 137; Brotherus (1886). [Rez. Hult, R. (1885). Blekinges Vegetation]. Bot. Centralbl. 27, 192-193: 193.
29 Schröter, C. (1902). Die Vegetation des Bodensees, 2. Teil: 63; 75; Graebner, P. (1909). Die Pflanzenwelt Deutschlands: 8; Braun-Blanquet, J. (1928/64). Pflanzensoziologie. Grundzüge der Vegetationskunde: 1.
30 Cowles, H.C. (1899). The ecological relations of the vegetation on the sand dunes of Lake Michigan, Part I. Bot. Gaz. 27, 95-117: 95; ders. (1901). The physiographic ecology of Chicago and vicinity. A study of the origin, development, and classification of plant societies. Bot. Gaz. 31, 170-177.
31 Warming, E. (1895). Plantesamfund. Grundtraek af den Ökologiske Plantegeografi (dt. Berlin 1896): 7.
32 Friederichs, K. (1927). Grundsätzliches über die Lebenseinheiten höherer Ordnung und den ökologischen Einheitsfaktor. Naturwiss. 15, 153-157; 182-186: 153.
33 Flahault, C. & Schröter, C. (1910). Rapport sur la nomenclature phytogéographique. 3rd Int. Congr. Bot., 131-142: 133ff.; vgl. Bonnier, G. & Flahault, C. (1878). Observations sur les modifications des végétaux suivant les conditions physiques du milieu. Ann. Sci. Nat. Bot. 6. Sér. 7, 93-125.
34 Du Rietz, C.E., Fries, T.C.E. & Tengwall, T.A. (1918). Vorschlag zur Nomenklatur der soziologischen Pflanzengeographie. Svensk Bot. Tidskr. 12, 145-170: 166.
35 ebd.
36 Tansley, A.G. (1920). The classification of vegetation and the concept of development. J. Ecol. 8, 118-149: 148.
37 Clements, F.E. (1916). Plant Succession.
38 Tansley (1920): 133.
39 Roßmäßler, E.A. (1863). Der Wald: 9.
40 a.a.O.: 550.
41 Semper, K.G. (1880). Die natürlichen Existenzbedingungen der Thiere, 2 Bde.: I, 33ff.
42 a.a.O.: I, 40.
43 a.a.O.: II, 160.
44 Möller, A. (1922). Der Dauerwaldgedanke. Sein Sinn und seine Bedeutung (Oberteuringen 1992): 39.
45 a.a.O.: 30f.
46 Möbius (1877): 76.
47 Moebius's Oyster Culture, in: Report of the U.S. Commission of Fish and Fisheries for 1880, part 8 (Washington, D.C. 1883): 723; reprint in: Egerton, F.N. (ed.) (1977). Early Marine Ecology.
48 Vgl. z.B. Shelford, V.E. (1912). Ecological succession, IV. Vegetation and the control of land animal communities. Biol. Bull. 23, 59-99. Phillips, J. (1931). The biotic community. J. Ecol. 19, 1-24.
49 Vgl. Darwin, C. (1859/72). On the Origin of Species: 163f.; 217ff.
50 Vgl. Toepfer, G. (2004). Zweckbegriff und Organismus: 78ff.
51 Schleiermacher, F. (1799). Versuch einer Theorie des geselligen Betragens (Kritische Gesamtausgabe, I. Abt. Bd. 2, Berlin 1984, 163-184): 169.
52 Tönnies, F. (1887). Gemeinschaft und Gesellschaft. Abhandlung des Communismus und des Socialismus als empirische Culturformen: 3.
53 a.a.O.: 5.
54 a.a.O.: 4.
55 Durkheim, É. (1893). De la division du travail social (Paris 1960): 101.
56 Tansley, A.G. (1935). The use and abuse of vegetational concepts and terms. Ecology 16, 284-307: 296.
57 Nachweise für Tab. 47: Möbius, K. (1877). Die Auster und die Austernwirtschaft: 76; Shelford, V.E. (1913). Animal Communities in Temperate America as Illustrated in the Chicago Region. A Study in Animal Ecology: 3; Schmid, E. (1922). Biozönologie und Soziologie. Naturwiss. Wochenschr. N.F. 21, 518-523: 519; Reswoy, P.D. (1921). Zur Definition des Biozönosebegriffs. Russ. Hydrobiol. Z. 3, Nr. 8/10; nach Thienemann, A. (1925). Der See als Lebenseinheit. Naturwiss. 13, 589-600: 590; Hesse, R. (1924). Tiergeographie auf ökologischer Grundlage: 143; Friederichs, K. (1927). Grundsätzliches über die Lebenseinheiten höherer Ordnung und den ökologischen Einheitsfaktor. Naturwiss. 15, 153-157; 182-186: 155; Caspers, H. (1950). Der Biozönose- und Biotopbegriff vom Blickpunkt der marinen und limnischen Synökologie. Biol. Zentralbl. 69, 43-63: 60f.; Schwenke, W. (1953). Biozönotik und angewandte Entomologie (Ein Beitrag zur Klärung der Situation der Biozönotik und zur Schaffung einer biozönotischen Entomologie). Beitr. Entomol. 3 (Sonderh.), 86-162: 102f.; Szelényi, G. (1955). Versuch einer Kategorisierung der Zoozönosen. Beitr. Entomol. 5, 18-35: 20; Whittaker, R.H. (1970). Communities and Ecosystems: 1; MacArthur, R. (1971). Patterns of terrestrial bird communities. In: Farner, D.S. & King, J.R. (eds.). Avian Biology, 189-221: 190; Krebs, C. (1972). Ecology. The Experimental Analysis of Distribution and Abundance: 379; Ricklefs, (1973). Ecology: 590; McNaughton, S.J. & Wolf, L.L. (1973). General Ecology: 550; MacMahon, J.A., Schimpf, D.J., Anderson, D.C., Smith, K.J. & Bayn, R.L. (1981). An organism-centered approach to some community and ecosystem concepts. J. theor. Biol. 88, 287-307: 304; Abele, L.G., Simberloff, D., Strong Jr., D.R. & Thistle, A.B. (1984). Preface. In: dies., Ecological Communities. Conceptual Issues and the Evidence, vii-x: vii; Ravera, O. (1984). Considerations on some ecological principles. In: Cooley, J.H. & Golley, F.B. (eds.). Trends in Ecological Research for the 1980s, 145-162: 151; Diamond, J. & Case, T.J. (eds.) (1986). Community Ecology: ix; Begon, M., Harper, J.L. & Townsend, E. (1986/90). Ecology. Individuals, Populations, and Communities: 613; Allen, T.F.H. & Hoekstra, T.W. (1992). Toward a Unified Ecology: 44; Palmer, M.W. & White, P.S. (1994). On the existence of natural communities. J. Vegetation Sci-

ence 5, 279-282: 279; Mahner, M. & Bunge, M. (1997). Foundations of Biophilosophy: 171f.; Looijen, R.C. & van Andel, J. (1999). Ecological communities: conceptual problems and definitions. Perspectives in Plant Ecology, Evolution and Systematics 2, 210-222: 218; vgl. Looijen, R.C. (2000). Holism and Reductionism in Biology and Ecology: 178; Kratochwil, A. & Schwabe, A. (2001). Ökologie der Lebensgemeinschaften. Biozönologie: 92; Jax, K. (2006): Ecological units: definitions and application. Quart. Rev. Biol. 81, 237-258: 241.
58 Vgl. z.B. Begon, M., Harper, J.L. & Townsend, E. (1986). Ecology. Individuals, Populations, and Communities (dt. Ökologie. Individuen, Populationen und Lebensgemeinschaften, Basel 1991).
59 Blake, I.H. (1926). A Comparison of the Animal Communities of Coniferous and Deciduous Forests (= Illinois Biological Monographs, vol. 10, no. 4): 7; Park, O. (1931). The measurement of daylight in the Chicago area and its ecological significance. Ecol. Monogr. 1, 189-230: 192; Anonymus (1934). Index. Ecology 15, 448.
60 Jax, K. (2002). Die Einheiten der Ökologie: 32ff.; vgl. ders. (2006): Ecological units: definitions and application. Quart. Rev. Biol. 81, 237-258: 241; Jax, K., Jones, C.G. & Pickett, S.T.A. (1998). The self-identity of ecological units. Oikos 82, 253-264: 256.
61 Shelford, V.E. (1913). Animal Communities in Temperate America as Illustrated in the Chicago Region. A Study in Animal Ecology: 3.
62 Clements, F.E. & Shelford, V.E. (1939). Bio-Ecology: 145.
63 Diamond, J. & Case, T.J. (eds.) (1986). Community Ecology: ix.
64 Elton, C. (1927). Animal Ecology (London 1971): 5.
65 Elton, C.S. & Miller, R.S. (1954). The ecological survey of animal communities: with a practical system of classifying habitats by structural characters. J. Ecol. 42, 460-496: 479.
66 Allen, T.F.H. & Hoekstra, T.W. (1992). Toward a Unified Ecology: 44.
67 Calow, P. (ed.) (1998). The Encyclopedia of Ecology and Environmental Management; Jax (2002): 43; 16.
68 Mahner, M. & Bunge, M. (1997). Foundations of Biophilosophy: 171f.
69 Underwood, A.J. (1986). What is a community? In: Raup, D.M. & Jablonski, D. (eds.). Patterns and Processes in the History of Life, 351-367: 352.
70 Junge, F. (1885). Der Dorfteich als Lebensgemeinschaft.
71 Möbius, K. (1886). Die Bildung, Geltung und Bezeichnung der Artbegriffe und ihr Verhältniss zur Abstammungslehre. Zool. Jahrb. 1, 241-274: 247.
72 Thienemann, A. (1918). Lebensgemeinschaft und Lebensraum. Naturwiss. Wochenschr. N.F. 17, 281-290; 297-303; ders. (1928). Lebensraum und Lebensgemeinschaft. Aus der Heimat 41, 33-51; ders. (1935). Lebensgemeinschaft und Lebensraum. Unterrichtsbl. Math. Naturwiss. 41, 337-350.
73 Junge (1885): vii.
74 ebd.
75 a.a.O.: 33.
76 a.a.O.: 34.
77 Perty, M. (1870). [Über den Parasitismus in der Natur]. Mittheilungen der Naturforschenden Gesellschaft in Bern aus dem Jahre 1869, xv-xxi: xviii.
78 Schäffle, A.E.F. (1875). Bau und Leben des socialen Körpers. Encyclopädischer Entwurf einer realen Anatomie, Physiologie und Psychologie der menschlichen Gesellschaft: 26f.
79 Forbes, S.A. (1887). The lake as a microcosm. Bull. Sci. Assoc. Peoria, Illinois, 77-87.
80 Thienemann, A. & Kieffer, J.J. (1916). Schwedische Chironomiden. Arch. Hydrobiol. Suppl. 2, 483-553: 485.
81 Thienemann (1918): 300.
82 Thienemann, A. (1939). Grundzüge einer allgemeinen Ökologie. Arch. Hydrobiol. 35, 267-285: 275; 277.
83 Thienemann, A. (1925). Der See als Lebenseinheit. Naturwiss. 13, 589-600: 591; 595.
84 Thienemann (1939): 275.
85 Stugren, B. (1972/86). Grundlagen der allgemeinen Ökologie: 77.
86 Thienemann (1918): 285.
87 Thienemann, A. (1920). Die Grundlagen der Biocoenotik und Monards faunistische Prinzipien. Festschrift für F. Zschokke Nr. 4: 6; ders. (1939): 273.
88 Vgl. z.B. Thienemann & Kieffer (1916): 485; Thienemann (1918): 300; ders. (1925): 591.
89 Worster, D. (1977/94). Nature's Economy. A History of Ecological Ideas: 198.
90 Drude (1890): 28f.
91 Warming, E. (1895). Plantesamfund (dt. Lehrbuch der ökologischen Pflanzengeographie, Berlin 1896): 110; vgl. Worster (1977/94): 199.
92 Beklemišev, V.N. (1951). O klassifikacii biocenologičeskich (sinfiziologičeskich) svjazej. Bjull. MOIP biol. 56, No. 5, 3-30; vgl. Stugren (1972/86): 127f.
93 Clements, F.E. (1916). Plant Succession: 105.
94 Vgl. Trepl, L. (1987). Geschichte der Ökologie: 148.
95 Vgl. Tansley, A.G. (1920). The classification of vegetation and the concept of development. J. Ecol. 8, 118-149; Phillips, J. (1935). Succession, development, the climax, and the complex organism: an analysis of concepts, part II. Development and the climax. J. Ecol. 23, 210-246.
96 Gleason, H.A. (1926). The individualistic concept of the plant association. Bull. Torrey Bot. Club 53, 7-26: 16; vgl. ders. (1917). The structure and development of the plant association. Bull. Torrey Bot. Club 43, 463-481; ders. (1939). The individualistic concept of the plant association. Amer. Midl. Nat. 21, 92-110; Ramensky, L.G. (1924). [Die Gesetzmäßigkeiten im Aufbau der Pflanzendecke]. Vestnik Opytnogo dela Stredne-Chernoz. Ob., Voronezh 37-73 [russ.]; Bodenheimer, F.S. (1957). The concept of biotic organization in synecology. In: ders. (ed.). Studies in Biology and its History, 75-90; ders. (1958). Is the animal community a dynamic or a merely descriptive conception? In: ders. (ed.). Animal ecology today, 164-201; vgl. McIntosh, R.P. (1985). The Background of Ecology: 76ff.; Trepl (1987): 139ff.; Jax, K. (2002). Die Einheiten der Ökologie: 67ff.
97 Gleason (1926): 26.

98 Gleason, H.A. (1975). Delving into the history of American ecology. Bull. Ecol. Soc. Amer. 56, 7-10: 10.
99 Vgl. McIntosh, R.P. (1975). H.A. Gleason – 'individualistic ecologist' 1882-1975. Bull Torrey Bot. Club 102, 253-273.
100 Ramensky, L.G. (1925). [Die Grundgesetzmäßigkeiten im Aufbau der Vegetationsdecke] (russ.); Zitat nach Ruoff, S. (1926). [Rezension]. Bot. Centralbl. 7, 453-455: 454.
101 Warming, E. (1895/1909). Oecology of Plants: 13.
102 Stephen, A.C. (1933). Studies on the Scottish marine fauna: quantitative distribution of the Echinoderms and the natural faunistic divisions of the North Sea. Trans. Roy. Soc. Edinburgh 57, 601-616; 777-787: 784.
103 Jones, N.S. (1950). Marine bottom communities. Biol. Rev. 25, 283-313: 295.
104 a.a.O.: 296; vgl. Stephenson, W. (1973). The validity of the community concept in marine biology. Proc. Roy. Soc. Queensland 84, 73-86.
105 Vgl. Trepl (1987): 154; Jax (2002): 76.
106 Meusel, H. (1943). Vergleichende Arealkunde; Whittaker, R.H. (1948). A Vegetation Analysis of the Great Smoky Mountains. Ph. D. Thesis Univ. of Illinois, Urbana; Curtis, J.T. & McIntosh, R.P. (1951). An upland forest continuum in the prairie-forest border region of Wisconsin. Ecology 32, 479-496.
107 Peus, F. (1954). Auflösung der Begriffe »Biotop« und »Biozönose«. Deutsche Entomol. Z. N.F. 1, 271-308: 295.
108 a.a.O.: 296.
109 a.a.O.: 297.
110 a.a.O.: 300.
111 Vgl. Trepl (1987): 172f.
112 Vgl. Pielou, E.C. (1969/77). Mathematical Ecology: 314; 332ff.; Whittaker, R.H. (1970). Communities and Ecosystems: 45.
113 Whittaker, R.H. (1967). Gradient analysis of vegetation. Biol. Rev. 42, 207-264; McIntosh, R.P. (1967). The continuum concept of vegetation. Bot. Rev. 33, 130-187.
114 Hensen, V. (1887). Ueber die Bestimmung des Plankton's oder des im Meere treibenden Materials an Pflanzen oder Tieren. Ber. Kommiss. wiss. Unters. Deutsch. Meere Kiel 5, 1-108.
115 Jaccard, P. (1901). Etude comparative de la distribution florale dans une portion des Alpes et du Jura. Bull. Sco. Vaudoise Sci. Nat. 37; Forbes, S.A. (1907). On the local distribution of certain Illinois fishes: an essay in statistical ecology. Bull. Illinois State Lab. Nat. Hist. 7, 273-303; Michael, E.L. (1921). Marine ecology and the coefficient of association: a plea in behalf of quantitative biology. J. Ecol. 8, 54-59; vgl. Pielou (1969/77): 203ff.
116 Gleason, H.A. (1925). Species and area. Ecology 6, 66-74.
117 Cole, L.C. (1949). The measurement of interspecific association. Ecology 30, 411-424.
118 Vgl. Pielou (1969/77).
119 Odenbaugh, J. (2006). Ecology. In: Sarkar, S. & Pfeifer, F. (eds.). The Philosophy of Science. An Encyclopedia, vol. 1, 215-224: 216f.
120 Vgl. Nicolson, M. & McIntosh, R.P. (2002). H.A. Gleason and the individualistic hypothesis revisited. Bull. Ecol. Soc. Amer. 83, 133-142: 134.
121 Gleason, H.A. (1939). The individualistic concept of the plant association. Amer. Midl. Nat. 21, 92-110: 103.
122 Bronn, H.G. (1843). Handbuch einer Geschichte der Natur, Bd. 2: 28.
123 Thienemann, A. (1918). Lebensgemeinschaft und Lebensraum. Naturwiss. Wochenschr. N.F. 17, 281-290; 297-303: 282.
124 a.a.O.: 287.
125 Friederichs, K. (1927). Grundsätzliches über die Lebenseinheiten höherer Ordnung und den ökologischen Einheitsfaktor. Naturwiss. 15, 153-157; 182-186: 153f.
126 Friederichs, K. (1930). Die Grundfragen und Gesetzmäßigkeiten der land- und forstwirtschaftlichen Zoologie, 2 Bde.: I, 251.
127 Friederichs, K. (1927). Die Bedeutung der Biocönosen für den Pflanzenschutz gegen Tiere. Z. angew. Entomol. 13, 385-411: 385.
128 Tischler, W. (1955). Synökologie der Landtiere: 403; vgl. ders. (1951). Zur Synthese biozönotischer Forschung. Acta Biotheor. 9, 135-162.
129 Friederichs (1927): 155.
130 a.a.O.: 156.
131 Friederichs, K. (1957). Der Gegenstand der Ökologie. Stud. Gen. 10, 112-144: 135.
132 Thienemann, A. (1956). Leben und Umwelt. Vom Gesamthaushalt der Natur: 49.
133 Friederichs (1957): 128.
134 Hutchinson, G.E. (1967). A Treatise on Limnology, vol. 2. Introduction to Lake Biology and Limnoplankton: 227f.
135 Caspers, H. (1950). Der Biozönose- und Biotopbegriff vom Blickpunkt der marinen und limnischen Synökologie. Biol. Zentralbl. 69, 43-63: 60f.
136 Levin, S.A. (1974). Dispersion and population interactions. Amer. Nat. 104, 413-423; Connell, J.H. (1978). Diversity in tropical rain forests and coral reefs. Science 199, 1302-1310; Atkinson, W.D. & Shorrocks, B. (1981). Competition on a divided and ephemeral resource: a simulation model. J. Anim. Ecol. 50, 461-471; Hanski, I. (1981). Coexistence of competitors in patchy environment with and withour predation. Oikos 37, 306-312; Pickett, S.T.A. & White, P.S. (1985). The Ecology of Natural Disturbances and Patch Dynamics.
137 Renkonen, O. (1938). Statistisch-ökologische Untersuchungen über die terrestische Käferwelt der finnischen Bruchmoore. Annales zoologici Societatis Zoologicae Botanicae Fennicae Vanamo 6, 1-231: 4;
138 Thienemann, A. (1956). Leben und Umwelt. Vom Gesamthaushalt der Natur: 42.
139 Szelényi, G. (1955). Versuch einer Kategorisierung der Zoozönosen. Beitr. Entomol. 5, 18-35: 20.
140 Heydemann, B. (1956). Die Frage der topographischen Übereinstimmung des Lebensraumes von Pflanzen- und Tiergesellschaften. Verh. Deutsch. Zool. Ges. 1955, 444-452: 446.
141 Kühnelt, W. (1965). Grundriß der Ökologie: 254.
142 Schwerdtfeger, F. (1975). Ökologie der Tiere, Bd. 3.

Synökologie. Struktur, Funktion und Produktivität mehrartiger Tiergemeinschaften: 18.
143 Gause, G.F. (1939). Discussion of the paper by Thomas Park, "Analytical population studies in relation to general ecology". Amer. Midl. Nat. 21, 255.
144 ebd.
145 ebd.
146 Vgl. Kingsland, S. (1985). Modeling Nature: 158.
147 Tischler, W. (1950). Kritische Untersuchungen und Betrachtungen zur Biozönotik. Biolog. Zentralbl. 69, 33-43: 35.
148 Caspers (1950): 59.
149 Palmer, M.W. & White, P.S. (1994). On the existence of ecological communities. J. Veg. Sci. 5, 279-282: 281f.; vgl. Keddy, P. (1993). Do ecological communities exist? J. Veg. Sci. 4, 135-136; Mirkin, B.M. (1994). Which plant communities do exist? J. Veg. Sci. 5, 283-284; Dale, M.B. (1994). Do ecological communities exist? J. Veg. Sci. 5, 285-286.
150 Vgl. auch Jax, K., Jones, C.G. & Pickett, S.T.A. (1998). The self-identity of ecological units. Oikos 82, 253-264.
151 Trepl, L. (1987). Geschichte der Ökologie: 130.
152 Humboldt, A. von & Bonpland, A.J. (1805) [1807]. Essai sur la géographie des plantes (dt. Humboldt, A. von (1807). Ideen zu einer Geographie der Pflanzen (Leipzig 1960).
153 Schouw, J.F. (1822-24). Grundtraek til almindelig Plantegeografie (dt. Grundzüge einer allgemeinen Pflanzengeographie, Berlin 1823): 165.
154 Kerner von Marilaun, A. (1863). Das Pflanzenleben der Donauländer.
155 Vgl. Braun, J. & Furrer, E. (1913). Remarques sur l'étude des groupements des plantes. Bull. Soc. Languedoc. Géogr; Braun-Blanquet, J. (1928). Pflanzensoziologie. Grundzüge der Vegetationskunde.
156 Vgl. Trepl (1987): 127.
157 De Candolle, A. (1855). Géographie botanique raisonnée; ders. (1874). Constitution dans le règne végétal de groupes physiologiques applicables à la géographie ancienne et moderne. Arch. Sci. Biblioth. Univers.: 4.
158 Sendtner, O. (1854). Die Vegetationsverhältnisse Südbayerns.
159 Post, H. von (1862). Försök till en systematisk uppställning af vextställena i mellersta Sverige; Hult, R. (1881). Försök till analytisk Behandling af Växtformationerna. Meddel. af Soc. Fauna Flora Fennica, Bd. 8.
160 Vgl. McLean, R.C. & Ivimey-Cook, W.R. (1973). Textbook of theoretical biology, vol. 4: 3320; Trepl (1987): 132.
161 Lorenz, J.R. (1863). Physicalische Verhältnisse und Vertheilung der Organismen im Quarnerischen Golfe.
162 Forbes, E. (1844). Report on the Mollusca and Radiata of the Aegean Sea, and of their distribution considered as bearing on geology. Rep. Brit. Assoc. Adv. Sci. 1843, 130-193; vgl. Allee, W.C., Emerson, A.E., Park, O., Park, T. & Schmidt, K.P. (1949). Principles of Animal Ecology: 34f.; Tischler, W. (1981). Historische Entwicklung der Ökologie und ihre heutige Situation. Zool. Anz. 207, 223-237: 229.

163 Bremi-Wolf, J.J. (1846). Beytrag zur Kunde der Dipteren. Isis 1846, 164-175; vgl. Balogh, J. (1958). Lebensgemeinschaften der Landtiere: 265.
164 Post, H. von (1867). Försök till iakttagelser i djur-och växt-statistik. Öfversikt af kongl. Vetenskaps-Akademiens Förhandlinger 2, 59-73; vgl. Kratochwil, A. & Schwabe, A. (2001). Ökologie der Lebensgemeinschaften. Biozönologie: 82f.
165 Petersen, C.G.J. (1913). Valuation of the sea, II. The animal communities of the sea-bottom and their importance for marine zoogeography. Rep. Danish Biol. Stat. 21, 1-44.
166 Clements, F.E. (1905). Research Methods in Ecology; Raunkiaer, C. (1908). The statistics of life-forms as a basis for biological plant-geography. Bot. Tidsskr. 29.
167 Pound, R. & Clements, F.E. (1898). A method of determining the abundance of secondary species. Minnes. Bot. Stud. 2, 19-24.
168 Shelford, V.E. (1911). Physiological animal geography. J. Morphol. 22, 551-618; ders. (1913). Animal Communities in Temperate America as Illustrated in the Chicago Region. A Study in Animal Ecology.
169 Gams, H. (1918). Prinzipienfragen der Vegetationsforschung. Ein Beitrag zur Begriffsklärung und Methodik der Biocœnologie. Vierteljahrsschr. Naturf. Ges. Zürich 63, 293-493: 437.
170 Gams (1918): 437; Krogerus, R. (1932). Über die Ökologie und Verbreitung der Arthropoden der Treibsandgebiete an den Küsten Finnlands. Acta Zool. Fenn. 12, 1-309: 190.
171 Dahl, F. (1908). Grundsätze und Grundbegriffe der biocönotischen Forschung. Zoolog. Anz. 33, 349-353: 352.
172 Sukačev, V.N. (1961). Obščie principy i programmy izučenija tipov lesa. In: Sukačev, V.N. & Zonn, S.V. (eds.). Metodičeskie ukazanija k izučeniju tipov lesa, 17-104 (nach Stugren, B. (1972/86). Grundlagen der allgemeinen Ökologie: 78).
173 Jordan, D.S. & Kellogg, V.L. (1900). Animal Life. A First Book of Zoölogy: v; vgl. Kellogg, V.L. (1901). Elementary Zoology: 403 (part III); Davenport, C.B. (1901). Zoology at the twentieth century. Science 14, 315-324: 317; Adams, C.C. (1913). Guide to the study of animal ecology; Shelford, V.E. (1913/37). Animal Communities in Temperate America as Illustrated in the Chicago Region. A Study in Animal Ecology; Elton, C. (1927). Animal Ecology; Fichtner, G. (1931). Die Verbreitung von Ciconia c. ciconia <L.> in Sachsen östlich der Elbe. Ein Beitrag zur speziellen Tierökologie des ostsächsischen Niederungsgebietes unter Berücksichtigung der orographischen und hydrographischen Verhältnisse; Tischler, W. (1949). Grundzüge der terrestrischen Tierökologie.
174 Chodorowski, A. (1959). Ecological differentiation of turbellarians in Harsz-Lake. Polsk. Arch. Hydrobiol. 6, 33-73: 53.
175 Schönborn, W. (1974). Phylogenie von Lebensgemeinschaften (Zoozönosen). Biol. Rundsch. 12, 180-194: 181.
176 Schmid, E. (1922). Biozönologie und Soziologie. Naturwiss. Wochenschr. N.F. 21, 518-523: 519.
177 Friederichs, K. (1957). Der Gegenstand der Ökologie.

Stud. Gen. 10, 112-144: 132.
178 Gams (1918): 428; vgl. Jax, K. (2002). Die Einheiten der Ökologie: 45.
179 Gams (1918): 441.
180 a.a.O.: 475.
181 Palissa, A. (1958). Zur gegenwärtigen Lage in der Biozönotik. Forsch. Fortschr. 32, 289-294; 328-331: 292.
182 Tansley, A.G. (1939). The British Islands and their Vegetation: vif.; vgl. ders. (1920). The classification of vegetation and the concept of development. J. Ecol. 8, 118-149: 141.
183 Elton, C.S. & Miller, R.S. (1954). The ecological survey of animal communities: with a practical system of classifying habitats by structural characters. J. Ecol. 42, 460-496: 482.
184 Clements, F.E. (1934). The relict method in dynamic ecology. J. Ecol. 22, 39-68: 48; ders. (1936). Nature and structure of the climax. J. Ecol. 24, 252-284: 267; Whittaker, R.H. (1960). Vegetation of the Siskiyou Mountains, Orgeon and California. Ecol. Monogr. 30, 279-338: 308.
185 Whittaker (1960): 308.
186 Vgl. Whittaker, R.H. (1970). Communities and Ecosystems: 40f.
187 Meyer, G.F.W. (1836). Flora des Königreichs Hannover, 3. Haubabth. Geographischer Theil, 2. Abth. Schilderung der Vegetation des Königreichs Hannover, 1. Abschn., Kap. IV, 1.
188 Grisebach, A. (1838). Über den Einfluss des Climas auf die Begränzung der natürlichen Floren. Linnaea 12, 159-200: 160f.; ders. (1841). Reise durch Rumelien und nach Brussa im Jahre 1839, Bd. 1: 191; ders. (1847). Ueber die Vegetationslinien des Nordwestlichen Deutschlands: 90; vgl. Spörer, J. (1867). Nowaja Semlä in geographischer, naturhistorischer und volkswirthschaftlicher Beziehung: 92; Ebeling, W. (1872). Charakterpflanzen des Alluviums im Magdeburger Florengebiete; Drude, O. (1890). Über die Principien in der Unterscheidung von Vegetationsformationen, erläutert an der centraleuropäischen Flora. Bot. Jahrb. 11, 21-51: 29; Gumbrecht, O. (1892). Die geographische Verbreitung einiger Charakterpflanzen der Flora von Leipzig; Schönborn, W. (1974). Phylogenie von Lebensgemeinschaften (Zoozönosen). Biol. Rundsch. 12, 180-194: 181.
189 Pomppa, H. (1842). Die vorzüglichsten Character-Pflanzen, -Säugethiere, -Vögel und -Amphibien der Erdtheile.
190 Petersen, C.G.J. (1913). Valuation of the sea, II. The animal communities of the sea-bottom and their importance for marine zoogeography. Rep. Danish Biol. Stat. 21, 1-44: 27.
191 Schinz, S. (1847). Ueber die geographische Verbreitung der Säugethiere. Verhandlungen der Schweizerischen Naturforschenden Gesellschaft 32, 132-159: 155.
192 Thurmann, J. (1849). Essai de phytotstatique appliqué à la chaîne du Jura, Bd. 1: 29.
193 Nichols, G.E. (1923). A working basis for the ecological classification of plant communities. Ecology 4, 11-23: 14; Clements, F.E., Weaver, J.E. & Hanson, H.C. (1929). Plant Competition: 319.
194 Grisebach (1838): 160f.

195 Darwin, C. (1859). On the Origin of Species: 53f.; 59; 326f.; 411f.; 489.
196 a.a.O.: 59.
197 Allen, J.A. (1870). The flora of the prairies. Amer. Nat. 4, 577-585: 585; vgl. Carleton, M.A. (1891-92). Variations in dominant species of plants. Transactions of the Annual Meetings of the Kansas Academy of Science 13, 24-28.
198 Warming (1895/1909): 139 (noch nicht in dt. Übersetzung von 1896).
199 Smith, J.B. (1902). Concerning certain mosquitoes. Science 15, 13-15: 14.
200 Forbes, S.A. (1907). An ornithological cross-section of Illinois in autumn. Bull. Ill. St. Lab. Nat. Hist. 7, 305-335: 305.
201 Adams, C.C. (1908). The ecological succession of birds. Auk 25, 109-153: 122.
202 a.a.O.: 123.
203 a.a.O.: 125.
204 a.a.O.: 128.
205 Paine, R.T. (1969). A note on trophic complexity and community stability. Amer. Nat. 103, 91-93: 92.
206 Gilbert, L.E. (1980). Food web organization and the conservation of neotropical diversity. In: Soulé, M.E. & Wilcox, B.A. (eds.). Conservation Biology. An Evolutionary-Ecological Perspective, 11-33: 23.
207 Mills, L.S., Soulé, M.E. & Doak, D.F. (1993). The keystone-concept in ecology and conservation. BioScience 43, 219-224; Power, M.E. & Mills, L.S. (1995). The keystone cops meet Hilo. Trends Ecol. Evol. 10, 182-184.
208 Hurlbert, S.H. (1971). The nonconcept of species diversity: a critique and alternative parameters. Ecology 52, 577-586: 578.
209 Walker, B.H. (1992). Biodiversity and ecological redundancy. Conserv. Biol. 6, 18-23: 20.
210 Enderlein, G. (1908). Biologisch-faunistische Moor- und Dünen-Studien. Ber. Westpreuß. Bot. Zool. Ver. Danzig 30, 54-238: 71.
211 Vgl. Dahl, F. (1903). Winke für ein wissenschaftliches Sammeln von Thieren. Sitzungsber. Ges. naturf. Freunde Berlin 1903, 444-475: 450-458.
212 Dahl, F. (1908). Grundsätze und Grundbegriffe der biocönotischen Forschung. Zool. Anz. 33, 349-353: 351.
213 Fisher, W.R. (Übers.) (1903). Schimper, A.F.W., Plant-Geography upon a Physiological Basis: 192.
214 Schimper, A.F.W. (1888). Die epiphytische Vegetation Amerika's: 10.
215 Schimper, A.F.W. (1898). Pflanzen-Geographie auf physiologischer Grundlage: 208.
216 Tansley, A.G. (1920). The classification of vegetation and the concept of development. J. Ecol. 8, 118-149: 127.
217 Root, J.B. (1967). The niche exploitation pattern of the blue-grey gnatcatcher. Ecol. Monogr. 37, 317-350: 335; vgl. Hawkins, C.P. & MacMahon, J.A. (1989). Guilds: the multiple meaning of a concept. Ann. Rev. Ent. 34, 423-451.

Literatur

Moss, C.E. (1910). The fundamental units of vegetation: historical development of the concepts of plant association and the plant formation. New Phytol. 9, 18-53.
Reise, K. (1980). Hundert Jahre Biozönose. Die Evolution eines ökologischen Begriffes. Naturwiss. Rundsch. 33, 328-335.
McIntosh, R.P. (1985). The Background of Ecology.
Trepl, L. (1987). Geschichte der Ökologie.
Looijen, R.C. & van Andel, J. (1999). Ecological communities: conceptual problems and definitions. Perspectives in Plant Ecology, Evolution and Systematics 2, 210-222.
Kratochwil, A. & Schwabe, A. (2001). Ökologie der Lebensgemeinschaften. Biozönologie.
Jax, K. (2002). Die Einheiten der Ökologie.

Brutpflege

Die Erscheinung der Brutpflege ist zwar seit der Antike vielfach beschrieben und als funktional einheitliches Phänomen erkannt, die Einführung eines spezifischen Terminus erfolgt jedoch relativ spät. Der deutsche Ausdruck ›Brutpflege‹ erscheint seit Ende des 18. Jahrhunderts, und zwar zuerst in Bezug auf das Pflegeverhalten der Honigbiene (Pösel 1784).[1] Auch E.F. Hoffmann verwendet ihn 1824 für die Aktivitäten des Reinigens der Waben bei der Honigbiene. Wörtlich schreibt Hoffmann: »Die des Geschlechts unfähigen Drohnen sind nur zur Brutpflege bestimmt; sie verrichten das Geschäft des Brütens«.[2] Hoffmann unterscheidet in seiner Beschreibung die beiden Dienste des »Honigeintragens« und der »Brutpflege«; ersteres gehört danach also nicht zur Brutpflege im engeren Sinne.

Bis zur Mitte des 19. Jahrhunderts wird der Ausdruck nur wenig verwendet. 1842 deutet der dänische Zoologe J.J.S. Steenstrup jede Form des ↑Generationswechsels, den er bei Medusen, Salpen und Saugwürmern untersucht, als eine Form der »Brutpflege«.[3] Die ersten Verwendungen des Wortes beziehen sich also nicht auf Wirbeltiere, bei denen sich das Phänomen der Brutpflege am ausgeprägtesten zeigt, sondern auf die Verhältnisse bei den »niederen Thierclassen« (Steenstrup) der Wirbellosen. Andere Zoologen in der Mitte des 19. Jahrhunderts übernehmen das Wort und beziehen es in erster Linie auf Wirbeltiere und dabei insbesondere auf deren *Verhalten*.[4] W. Wundt erklärt 1863 das Vorkommen von Brutpflege aus der Pflegebedürftigkeit der Jungen vieler Tiere und erklärt mit ihr wiederum die Paarbindung bei Tieren, die »Thierehe«, wie er sie nennt.[5]

Der englische Ausdruck für die Brutpflege ›elterliche Pflege‹ (»parental care«) erscheint im biologischen Kontext bereits zu Beginn des 18. Jahrhunderts, z.B. bei W. Derham[6] (auch als »natural Care of Parent-Animals to their Young«[7]). In dem fachsprachlichen Latein des 18. Jahrhunderts stehen verschiedene Ausdrücke für die Sache zur Verfügung. C. von Linné verwendet 1749 z.B. folgende: »Conservatio propagationem«, »pulli [...] vitae suae sustentationi providere nequeunt«, »cura« und »amor«.[8] Der klassische griechische Ausdruck, der auf verschiedene Formen der Fürsorge und Pflege bezogen wird, von

> Brutpflege (Pösel 1784) *344*
> Nesthocker (Oken 1816) *345*
> Nestflüchter (Oken 1837) *345*
> Neomelie (Carus 1853) *345*
> Brutfürsorge (Staby 1894) *348*
> Tokotrophie (Harms 1914) *348*
> epimeletisch (Scott 1945) *345*
> et-epimeletisch (Scott 1945) *345*
> Verleiten (Bergman 1946) *345*
> Paratrepsis (Armstrong 1949) *345*
> Tragling (Hassenstein 1970) *346*
> elterliche Investition (Trivers 1972) *346*

Aristoteles aber insbesondere auch auf die Fürsorge für die Nachkommen[9], lautet ›ἐπιμέλεια‹.

Organische Grundfunktion

Die Brutpflege ist neben der Partnersuche die zweite auf die Fortpflanzung ausgerichtete organische Grundfunktion (↑Funktion: Abb. 167; Verhalten: Tab. 300). Bereits H.S. Reimarus, der 1760 von einer »Vorsorge oder Pflege bey der Brut und bey den Jungen«[10] spricht, ordnet sie in seiner Einteilung der »Kunsttriebe der Tiere« in diesem Sinne ein, wenn er sie unter die »Wohlfahrt und Erhaltung des Geschlechtes« stellt (↑Verhalten: Tab. 297). Im weiteren Sinne einer organischen Grundfunktion stellen alle Einrichtungen und Prozesse eines Organismus, die die Überlebenswahrscheinlichkeit seiner Nachkommen erhöhen, einen Teil der Brutpflege dar. Auch die Einrichtungen zur Samenverbreitung bei Pflanzen müssen also darunter gefasst werden. In einer einfachen Kreuztabelle lassen sich vier grundsätzliche Formen der Brutpflege unterscheiden (Tab. 49).

Antike

Die Brutpflege vieler Tiere ist ein offensichtlicher Befund, der seit langem bekannt ist. In der Antike wird die Brutpflege der Tiere vielfach als Ausdruck ihrer Tugend gewertet und in Gleichnissen als vorbildliches Handeln empfohlen.[11] Anaximander bemerkt, dass der Mensch, nachdem er auf die Welt gekommen ist, einer lange dauernden Pflege bedarf.[12] Xenophon stellt den »Trieb zur Aufzucht der Jungen« neben den Fortpflanzungs- und Selbsterhaltungstrieb.[13] Aristoteles stellt fest, dass sich die Brutpflege in der Regel auf die jeweils eigenen Nachkommen beschränkt: »Alle Tiere, die sich um ihre Jungen mühen, tun dies nur um das, was sie für ihren eigenen Samen halten«.[14] Er nimmt den Grad der Brutpflege als ein Maß der Intelligenz von Tieren.[15] Für den Katzenwels beschreibt Aristoteles korrekt, dass hier das Männchen die Brutpflege übernimmt.[16] Cicero stellt fest, dass die Brutpflege dem Schutz der Jungen bis

> Die Brutpflege ist ein Verhalten, das auf die Erhöhung der Wahrscheinlichkeit des Überlebens der Nachkommen eines Organismus gerichtet ist, z.B. durch die Versorgung mit Nahrung oder den Schutz vor schädlichen Umwelteinflüssen.

zu dem Zeitpunkt dient, ab dem sie sich selbst verpflegen und schützen können.[17]

Im christlich geprägten Mittelalter wird die Brutpflege der Tiere vielfach als Ausdruck einer *Liebe* (»amor«) der Eltern zu ihren Nachkommen gedeutet und dementsprechend als eine Tugend gerühmt.[18]

Aristoteles beschreibt auch bereits das bei Vögeln verbreitete besondere Schutzverhalten der Eltern gegenüber den Jungen, das in einen Ablenken des Feindes durch das Vortäuschen einer Verletzung besteht.[19] Wohl erst im 20. Jahrhundert ist dieses Verhalten terminologisch auf den Begriff gebracht worden, im Deutschen unter dem Namen *Ablenkehandlungen* (Lorenz 1935)[20] oder ***Verleiten*** (Bergman 1946)[21], im Englischen als »injury-feigning« (Huxley 1925)[22] oder »distraction display« (Armstrong 1947)[23] und international in dem wenig verbreiteten Ausdruck ***Paratrepsis*** (Armstrong 1949)[24].

Alternative Bezeichnungen
J.V. Carus führt zur Bezeichnung der Brutpflege 1853 den neuen Terminus ***Neomelie*** ein (von griech. ›νέος‹ »junger Mann« und ›ἐπιμέλεια‹ »Sorge, Fürsorge«). Er will darunter alle jene Einrichtungen begreifen, »welche sich auf die Ermöglichung und Sicherung der Entwickelung der jungen Brut beziehen«.[25] Das neue Wort wird zwar im unmittelbaren Anschluss an Carus vereinzelt aufgenommen, z.B. 1856 von C.T. von Siebold[26], es kann sich aber nicht allgemein etablieren. Carus ist der Auffassung, dass sich nicht nur einzelne Organismen (Eltern und ihre Nachkommen) neomelisch zueinander verhalten könnten, sondern auch ganze Generationen (im Generationswechsel) und sogar Klassen von Organismen: So meint er, »einzelne Thierclassen« seien als »neomeletische Gruppen in Bezug auf den Menschen« anzusehen.[27]

Eine ähnliche Wortprägung findet sich hundert Jahre später in J.P. Scotts Klassifikation von sozialen Verhaltensweisen, in der dem Pflege- oder Fürsorgeverhalten eine eigene Kategorie zukommt. Scott bezeichnet 1945 ein Verhalten, das Fürsorge erteilt, als ***epimeletisch*** (»epimeletic«) und eines, das zu einem Fürsorgeverhalten auffordert (Betteln), als ***et-epimeletisch*** (»et-epimeletic«).[28] Scott zählt allerdings nicht nur die auf andere Organismen gerichteten fürsorglichen Verhaltensweisen, sondern auch ein auf den sich verhaltenden Organismus selbst gerichtetes Verhalten (z.B. ein Sich-selber-Kratzen) zur Kategorie des epimeletischen Verhaltens.

Nestflüchter und Nesthocker – und Tragling
Bereits Kaiser Friedrich von Hohenstaufen unterscheidet Mitte des 13. Jahrhunderts in seinem Buch

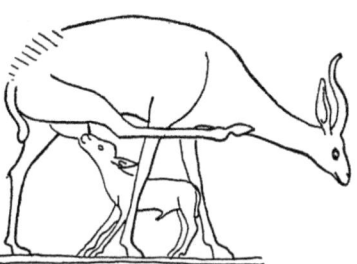

Abb. 75. Eine Gazelle, die ihr Junges säugt – ein beliebtes Motiv der altägyptischen Kunst, hier in einer der ältesten Darstellungen aus der Kapelle von Prinz Nebemakhet (um 25550 v. Chr.) (aus Smith, W.S. (1946/49). A History of Egyptian Sculpture and Painting in the Old Kingdom: 363 (Fig. 237).

über die Jagd mit Vögeln zwischen solchen Tieren, die ihren Geburtsort bald nach der Geburt verlassen und sich weitgehend selbständig ernähren können, und solchen, die auf die Brutpflege, insbesondere Ernährung, seitens der Eltern angewiesen sind.[29] L. Oken führt für diese Unterscheidung 1816 die terminologische Differenzierung ein zwischen ***Nesthocker***[30] (»Blinde, der Aetzung bedürftige Vögel«) und ***Pippel***[31] (»Sehende, sich selbst nährende Junge«) bzw. später ***Nestflüchter***[32].[33] C.J. Sundevall differenziert im Anschluss daran 1836 zwischen den beiden Gruppen der *Præcoces* (von lat. ›praecoquis‹ »frühreif«) und *Altrices* (von lat. ›altrix‹ »Ernährerin, Amme«).[34] Sundevall gibt diese Gruppierung im Sinne einer systematischen Klassifikation später auf, die Begrifflichkeit bleibt aber erhalten und wird auch auf andere Tiergruppen übertragen. Besonders im Englischen etabliert sich die Unterscheidung zwischen *altrizial* (»altricial«[35]) und *präkozial* (»præcocial«: »able to run about at birth«[36]). Parallel dazu wird die Differenzierung zwischen *nidikolen* (»nidicolous«) und *nidifugen* (»nidifugous«) Jungen verwendet.[37] Diese letztere Terminologie geht auf E. Haeck-

Abb. 76. Katzenfamilie. Zwei Junge saugen an der Mutter, ein anderes spielt mit ihr. Ägyptische Bronzeplastik um 600 v. Chr. (Ägyptisches Museum Berlin, Inv. Nr. 13122; aus Blümel, C. (1939). Tierplastik. Bildwerke aus fünf Jahrtausenden: 30).

Brutpflege 346

Abb. 77. Das »Nest« des Heiligen Pillendrehers (Scarabaeus sacer): Ein Weibchen formt eine Kugel aus dem Kot eines Wirbeltiers (»Brutpille«) und setzt ein Ei in eine kleine Kammer (links oben: aufgeschnitten). Die sich aus dem Ei entwickelnde Larve ist in der Kotkugel geschützt und ernährt sich von dieser (aus Fabre, J.-H. (1879/1939). Souvenirs entomologiques (Cinquième série). Études sur l'instinct et les moers des insects: Pl. II).

el zurück, der 1866 bei Vögeln die taxonomischen Gruppen der *Nidifugae* (Nestflüchter) und *Insessores* (Nesthocker) unterscheidet.[38]

B. Hassenstein fügt dieser Unterscheidung 1970 eine dritte Kategorie hinzu. Diese umfasst solche Organismen, die als Jungtiere weder in einem Nest bleiben, noch die Geburtsstätte eigenständig verlassen, sondern von ihren Eltern nach der Geburt getra-

Abb. 78. Das Verleiten eines Goldregenpfeifers: In der Nähe ihres Nestes stellen sich die erwachsenen Vögel lahm, um auf diese Weise Feinde vom Nest fortzulocken – ein »Täuschungsmanöver«, das aber »nicht als einem Wissen um den täuschenden Effekt entsprungen angesehen werden« darf (Zeichnung von S. Bousani-Baur nach einem Vorbild von Tunnicliffe; aus Portmann, A. (1948). Die Tiergestalt: 221).

gen werden. Hassenstein spricht von dem »eigenen biologischen Typus der von der Mutter getragenen Jungen baumlebender Säugetiere«[39] und bezeichnet diesen Typus als **Tragling**[40]. Der menschliche Säugling ist nach Hassenstein biologisch ein »ehemaliger Tragling«.

Typen der Brutpflege
Neben der Klassifikation von Typen der Brutpflege, die von der Ernährung (altrizial-präkozial) oder der Bewegungsfähigkeit der Jungen (nidikol-nidifug) ausgeht, kann auch der Ort der Entwicklung der Jungen zugrunde gelegt werden: Unterschieden werden kann ein Entwicklungstyp mit (freilebender) *larvaler Reifung* von einem anderen mit (im Mutterorganismus vollzogener) *embryonaler Reifung*. Wie bei den anderen Einteilungen bestehen auch zwischen diesen beiden Typen fließende Übergänge. Schließlich kann grundsätzlich differenziert werden zwischen Arten mit *geringer Brutpflege* und solchen mit *intensiver Brutpflege*. Eine geringe Brutpflege zeigen solche Organismen, die wenigzellige Nachkommen zur Welt bringen und auch nach ihrer Geburt wenig in diese investieren. Eine intensive Brutpflege liegt bei den frühreifen Typen vor, deren Entwicklung im Wesentlichen in einer embryonalen Reifung vollzogen wird, sowie bei solchen, die nach ihrer Geburt eine hohe elterliche Fürsorge erfahren. Während zu der ersten Gruppe die meisten Insekten, Fische, Amphibien und Reptilien sowie viele Pflanzen gehören, sind die Vögel und Säugetiere tendenziell zur zweiten Gruppe zu rechnen.

Beschrieben werden können diese Unterschiede auch als Strategien der ↑Lebensgeschichte, z.B. in dem Kontinuum von r- und K-Strategie. Und das Vorherrschen bestimmter Strategien in einer Gruppe kann wiederum zu Umweltbedingungen in Bezug gesetzt werden. Organismen, die in unstabilen Umwelten mit unvorhersehbaren Ereignissen leben, bei denen die Mortalität also in erster Linie dichteunabhängig ist, bringen häufig viele Nachkommen hervor, leisten aber nur eine geringe Brutpflege. Verbreitet ist bei diesem Typ auch das Vorkommen einer Metamorphose, weil die jungen Organismen aufgrund der fehlenden Brutpflege ausgeprägte Ernährungsstadien darstellen (z.B. bei den holometabolen Insekten oder Amphibien).[41]

Soziobiologie der Brutpflege
In der Soziobiologie (↑Sozialverhalten) wird die Brutpflege als **elterliche Investition** (»parental investment«) interpretiert. Dieser Ausdruck wird in pädagogischen Studien seit spätestens 1960 verwen-

det.[42] Eine soziobiologische Deutung erfährt er in einem bahnbrechenden Aufsatz von R.L. Trivers aus dem Jahr 1972. Trivers definiert die elterliche Investition als Aktivität, die die Fitness der Nachkommen eines Organismus auf Kosten seiner eigenen zukünftigen Reproduktionsaussichten steigert (»any investment by the parent in an individual offspring that increases the offspring's chance of surviving (and hence reproductive success) at the cost of the parent's ability to invest in other offspring«[43]). Die elterlichen Investitionen reichen also von der Erzeugung der Keimzellen bis zur Fütterung und dem Schutz der Jungen. Nicht zur elterlichen Investition zählen nach dieser Definition dagegen das Suchen eines Paarungspartners, die ↑Balz und die Behauptung gegenüber Konkurrenten, sofern diese nicht die Überlebenschancen der Jungen erhöhen.

Mit spieltheoretischen Methoden werden soziobiologisch verschiedene Aspekte der Brutpflege erklärt, u.a. die Tatsache, dass es bei den meisten landlebenden Wirbeltieren die Weibchen sind, die den Großteil der Brutpflege leisten. Trivers gibt – im Anschluss an A.J. Bateman (1948)[44] (↑Balz) – als Erklärung für diese Tatsache an, dass die intensive Brutpflege durch die Weibchen aus ihrer anfangs größeren Investition in Form von größeren Keimzellen beruht.[45] Dieser Schluss von geleisteter vergangener auf zukünftige Investition wird allerdings später als »Concorde-Fehlschluss« kritisiert: Für die optimale Strategie ist für jedes Geschlecht nicht die vergangene Investition, sondern der zu erwartende zukünftige (Fortpflanzungs-)Erfolg entscheidend.[46] Auch auf der Grundlage des zukünftigen Fortpflanzungserfolgs kann aber die weite Verbreitung der weiblichen Brutpflege begründet werden: Wenn die Brutpflege die weitere Reproduktion bis zu ihrem Ende verhindert, sind die Kosten der Brutpflege für die Männchen größer (weil diese aufgrund ihrer kleineren Keimzellen mehr Nachkommen zeugen könnten), so dass diese meist von den Weibchen übernommen wird. Der spieltheoretische Ansatz gibt auch eine Erklärung für das Faktum, dass bei vielen Fischen nicht die Weibchen, sondern die Männchen den Großteil der Brutpflege übernehmen: Weil im Wasser die Gefahr der Austrocknung der Gameten nicht gegeben ist, ist keine innere Befruchtung notwendig, weil es außerdem meist die Weibchen sind, die zuerst die Eier ablegen (z.B. weil diese schwerer sind) und diese dann von den Männchen befruchtet werden, ist hier zuerst für die Weibchen die Möglichkeit gegeben, das Gelege zu verlassen, so dass das Männchen die Brutpflege alleine übernimmt – so das Argument.[47]

Typ der Pflege		Ort der Versorgung	
		Körperinnen	Körperaußen
	Ernährung (Tokotrophie)	*Endotrophie* z.B. Plazenta	*Ektotrophie* z.B. Milchdrüsen
	Schutz (Neomelie)	*Endomelie* z.B. Amnion	*Ektomelie* z.B. Höhlenbau

Tab. 49. Kreuzklassifikation von Typen der Brutpflege.

Trivers beleuchtet 1974 auch den Konflikt zwischen Eltern und Nachkommen aus soziobiologischer Sicht.[48] Analysiert wird dieser auf der Basis, dass die Selektion für jeden Nachkommen in die Richtung wirkt, die auf ihn verwendeten Ressourcen zu maximieren, die Eltern jedoch auf die Maximierung ihres gesamten reproduktiven Erfolgs selektiert werden. Bizarren Ausdruck findet dieser Konflikt in dem extremen Ausgang, dass die Nachkommen sich direkt von der Körpersubstanz ihrer Eltern ernähren, in dem sie diese nach ihrer Geburt auffressen. Dieses Phänomen der *Matriphagie*[49] oder allgemeiner *Gerontophagie*[50] ist von einigen Spinnenarten bekannt (z.B. von der heimischen Trichterspinne *Coelotes terrestris*[51]) und wird auch bereits von Aristoteles beschrieben.

Helfersysteme
Bei vielen Tierarten sind es nicht allein die Eltern, die die Brutpflege ihrer Nachkommen übernehmen, sondern auch deren Geschwister oder auch nicht näher Verwandte (»Helfer«; »kooperatives Brüten«). Lange bekannt sind diese Verhältnisse bei den sozialen Insekten (↑Sozialverhalten/Eusozialität). Sie kommen aber auch bei vielen Säugetieren und bei über 200 Vogelarten vor. A.F. Skutch beschreibt dieses Verhalten in einem zusammenfassenden Überblick zuerst 1935 bei Hähern, Zaunkönigen und anderen Vogelarten.[52] Die Helfer beteiligen sich v.a. bei der Beschaffung von Nahrung für die Nachkommen. Detaillierte Untersuchungen des Hilfeverhaltens mit dem Nachweis der tatsächlichen Effektivität der Hilfe werden seit den 1970er Jahren durchgeführt, u.a. bei dem Blaubuschhäher aus Florida.[53] Verschiedene Erklärungen dieses Phänomens sind vorgeschlagen worden, u.a. Verwandtenselektion (↑Selektion), ein Erlernen und Üben der Brutpflege durch die Helfer oder die »Vererbung« der Reviere an die Helfer (»hopeful reproductives«).[54] Auch ökologische Bedingungen, v.a. die Knappheit von geeigneten Brutplätzen können die Verbreitung des Hilfeverhaltens erklären (Habitatsättigung als ökologischer Zwang).[55]

Brutpflege als Maß des Fortschritts
Intensive Brutpflege findet sich im Tierreich vor allem bei Tieren mit einem hoch entwickelten Nervensystem und einem ausgeprägten Sozialverhalten (z.B. vielen Säugetieren). Die Brutpflege ermöglicht bei diesen Organismen lange Phasen des ↑Lernens und Sammelns von Erfahrungen im geschützten Raum. Von einigen Autoren, u.a. 1983 von E. Mayr, ist das Ausmaß der Brutpflege als ein Gradmesser des evolutionären Fortschritts gewertet worden, weil mit der Brutpflege die Möglichkeit einer Traditionsbildung und außergenetischen Informationsweitergabe gegeben ist.[56] Für die Evolution des Menschen ermöglichte die lange Brutpflege und das damit zusammenhängende Gruppenleben die Entwicklung eines ausgeprägten sozialen Lernens und der ↑Kultur.

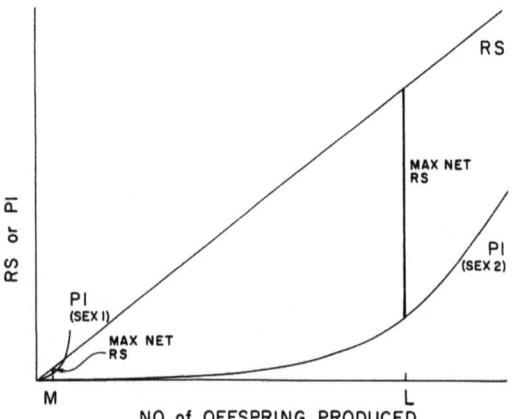

Abb. 79. Grafisches Modell zur Darstellung des Reproduktiven Erfolgs (RS) und der Elterlichen Investition (PI) als Funktion der Anzahl der Nachkommen, die von zwei Individuen unterschiedlichen Geschlechts erzeugt werden. Der reproduktive Erfolg ist proportional zur Anzahl der erzeugten Nachkommen (Diagonale), wobei die Individuen verschiedenen Geschlechts einen unterschiedlichen Beitrag leisten. Der maximale reproduktive Erfolg eines Individuums ergibt sich als Differenz aus der Anzahl der in einem Fortpflanzungsakt erzeugten Nachkommen und den mit diesem Fortpflanzungsakt verbundenen Kosten im Hinblick auf spätere Fortpflanzungsereignisse, d.h. dem reduzierten zukünftigen Fortpflanzungserfolg. Diese Differenzen erscheinen in der Grafik als senkrechte Linien zwischen den Kurven. Für die beiden Geschlechter ist hier eine unterschiedliche Anzahl von Nachkommen optimal: Bei Individuen des Geschlechts 1 (sex 1, in vielen Fällen die Weibchen) steigen die elterlichen Investitionen mit der Anzahl der Nachkommen schneller an als bei Individuen des anderen Geschlechts. Sie verfügen daher über eine deutlich niedrigere maximale Anzahl von produzierten Nachkommen. Die Punkte M und L markieren den maximalen reproduktiven Erfolg für die Individuen der beiden Geschlechter. Der maximale reproduktive Erfolg der Individuen des Geschlechts 2 (sex 2) liegt also deutlich über dem maximal möglichen reproduktiven Erfolg des anderen Geschlechts. Die Individuen des Geschlechts 2 weisen also eine höhere Fitness auf, wenn sie mehr Nachkommen produzieren als die des anderen Geschlechts. Daraus folgt eine Konkurrenz der Individuen des Geschlechts 2 (der Männchen) um die Individuen des anderen Geschlechts (Weibchen) (aus Trivers, R.L. (1972). Parental investment and sexual selection. In: Campbell, Bernard (ed.). Sexual Selection and the Descent of Man, 136-179: 140).

Brutfürsorge
Der Ausdruck **Brutfürsorge**, der seit Ende des 19. Jahrhunderts in Gebrauch ist, wird anfangs weitgehend synonym mit ›Brutpflege‹ verwendet (Staby 1894 in Bezug auf Borstenwürmer: »Wir können hier sogar von einer gewissen Brutfürsorge sprechen, denn manche Borstenwürmer tragen Brutfäden oder Bruttaschen, in denen die Eier zur Entwickelung kommen, oder sie legen die Eier in ihren Wohnröhren ab, in denen dann die Jungen geboren werden«[57]). Für W. Harms (1914) fällt unter die Brutfürsorge sowohl die Brut und Pflege der Nachkommen (»Neomelie«) als auch deren Ernährung (»*Tokotrophie*«).[58]

K. Lampert bezieht den Ausdruck ›Brutpflege‹ 1913 in erster Linie auf die Verhaltensweise von Elternorganismen, die nach der Geburt ihrer Nachkommen diesen zugutekommen. Im Gegensatz dazu steht nach Lampert die Brutfürsorge, z.B. von einzellebenden Hautflüglern, bei denen »die Muttertiere, die das Ausschlüpfen der von ihnen abgelegten Eier nicht mehr erleben, im voraus für die Entwicklung der Brut durch besondere Vorrichtungen zum Schutze der Eier besorgt sind«.[59] Seit den 1920er Jahren etabliert sich diese Unterscheidung zwischen Brutfürsorge und Brutpflege. Erstere wird meist verstanden als versorgende Maßnahmen erwachsener Organismen gegenüber den Nachkommen, solange diese noch mit ihnen physiologisch verbunden, also noch nicht zu eigener Ernährung und aktivem Schutz in der Lage sind (sei es in den Eiern oder als freilebende Formen). H. von Lengerken, der die Unterscheidung von Brutpflege und Brutfürsorge 1928 betont, definiert die Brutfürsorge als eine Vorsorge, genauer als »vorausschauende Instinkthandlungen für die später sich allein überlassene Nachkommenschaft«[60]. Strenggenommen liegt nach dieser Definition eine Brutfürsorge nur dann vor, wenn keine Brutpflege erfolgt. Verbreitet ist es aber auch, eine Kombination von Brutfürsorge und Brutpflege zuzulassen und beide allein durch das zeitliche Verhältnis von Fürsorgeverhalten und Geburt zu definieren: Liegt das Pflegeverhalten vor der Geburt, handelt es sich um Brutfürsorge; liegt es danach, um Brutpflege. In diesem Sinne findet sich die Unterscheidung von Brutpflege und Brutfürsorge auch im Englischen (»pre- and posthatching parental care«).[61]

Eine andere, manchmal zu dieser Einteilung parallel verlaufende Unterscheidung bringt K. Lampert 1913 mit der Differenzierung zwischen »aktiver und konstitutioneller Brutpflege« auf den Begriff: Während die aktive Brutpflege in Verhaltensweisen besteht, ist die konstitutionelle Brutpflege mit »organischen Veränderungen des Körperbaus verbunden«.[62] In gleicher Bedeutung unterscheidet W. Harms 1914 zwischen »aktiver und passiver Brutpflege«: Erstere besteht in spezifischen auf die Pflege der Nachkommen gerichteten Verhaltensweisen, letztere in morphologischen und anatomischen Strukturen, die diesem Zweck dienen.[63]

Nachweise

1 Pösel, J. (1784). Gründlich- und vollständiger Unterricht sowohl für die Wald- als Garten-Bienenzucht, in den Churpfalz-Bayerischen Ländern: 72 (§75).
2 Hoffmann, E.F. (1824). Zur näheren Kenntniß der Bienen. Archiv für die gesammte Naturlehre 3, 397-403: 401.
3 Steenstrup, J.J.S. (1842). Ueber den Generationswechsel oder die Fortpflanzung und Entwicklung durch abwechselnde Generationen: eine eigenthümliche Form der Brutpflege in den niederen Thierclassen.
4 Leuckart, R. (1851). Ueber den Polymorphismus der Individuen oder die Erscheinungen der Arbeitstheilung in der Natur: 34; Wundt, W. (1863). Vorlesungen über die Menschen- und Thierseele, 2 Bde.: II, 189; Pagenstecher, H.A. (1870). Die Individualität im Tierreich. Pollichia 28-29, 1-32: 14; Schneider, G.H. (1879). Zur Entwickelung der Willensäußerungen im Thierreich. Vierteljahrsschr. wiss. Philos. 3, 176-205; 294-307: 176; ders. (1880). Der thierische Wille: 1; Kraepelin, K. (1892). Die Brutpflege der Thiere.
5 Wundt (1863): 189.
6 Derham, W. (1713/14). Physico-theology: 248.
7 a.a.O.: 207.
8 Linné, C. von (1749). Oeconomia naturae (Amoenitates academicae, Bd. 2, 1-58): 36 (§14).
9 Aristoteles, Hist. anim. 563b10; 621a21.
10 Reimarus, H.S. (1760/62). Allgemeine Betrachtungen über die Triebe der Thiere, hauptsächlich über ihre Kunsttriebe: 102.
11 Homer, Ilias 9, 323ff.; 12, 167ff.; 17, 4ff.; 17, 132ff.; 18, 318ff.; Odyssee 10, 410ff.; 16, 216ff.; 19, 518ff.; vgl. Dierauer, U. (1977). Tier und Mensch im Denken der Antike: 10.
12 Vgl. Pseudo-Plutarch, Stromateis 2.
13 Xenophon, Memorabilia 1, 4, 7; vgl. Dierauer (1977): 58.
14 Aristoteles, De gen. anim. 759a.
15 Aristoteles, De gen. anim. 753a10-14; vgl. Hist. anim. 588b26-589a2.
16 Aristoteles, Hist. anim. 621a.
17 Cicero, De natura deorum 129 (II, li).
18 Basilius, Hexameron (Source chrétiennes 26, 1950): 498ff. (9. Homilie, Kap. 4); vgl. 454ff. (8. Homilie, Kap. 5).
19 Aristoteles, Hist. anim. 613b6ff.
20 Lorenz, K. (1935). Der Kumpan in der Umwelt des Vogels (Über tierisches und menschliches Verhalten, Bd. I, München 1965, 115-282): 202.
21 Bergman, G. (1946). Der Steinwälzer, *Arenaria i. interpres* (L.), in seiner Beziehung zur Umwelt (=Acta Zoologica Fennica 47): 101; 121; Tinbergen, N. (1951). The Study of Instinct (dt.: Instinktlehre, Berlin 1953): 55.
22 Huxley, J.S. (1925). The absence of courtship in the avocet. Brit. Birds 19, 88-94: 93; Lack, D. (1932). Some breeding habits of the European nightjar. Ibis 2, 266-284: 282; Swarth, H.S. (1935). Injury-feigning in nesting birds. Auk 52, 352-354; Tavernes, P.A. (1936). Injury feigning by birds. Auk 53, 366; Jourdain, F.C.R. (1936-37). The so-called "injury-feigning" by birds. Ool. Rec. 16, 25-37; 17, 14-16, 71-72.
23 Armstrong, E.A. (1947). Bird Display and Behaviour: 90.
24 Armstrong, E.A. (1949). Diversionary display, part 1. Connotation and terminology. Ibis 91, 88-97: 97; Lincoln, R., Boxshall, G. & Clark, P. (1987/98). A Dictionary of Ecology, Evolution and Systematics: 220.
25 Carus, J.V. (1853). System der thierischen Morphologie: 278.
26 Siebold, C.T. von (1856). Wahre Parthenogenesis bei Schmetterlingen und Bienen. Engelmann, Leipzig: 140.
27 a.a.O.: 283.
28 Scott, J.P. (1945). Group formation determined by social behaviour. A comparative study of two mammalian societies. Sociometry 8, 42-52: 43; ders. (1950). The social behavior of dogs and wolves: an illustration of sociobiological systematics. Ann. New York Acad. Sci. 51, 1009-1021: 1013.
29 Friedrich II. von Hohenstaufen [1246]. De arte venandi cum avibus (2 Bde., Leipzig 1942): I, 58ff. (dt. Über die Kunst mit Vögeln zu Jagen, übersetzt von C.A. Willemsen, Frankfurt/M. 1964, 2 Bde.): I, 68.
30 Oken, L. (1816). Okens Lehrbuch der Naturgeschichte, Bd. 3 Zoologie, Abt. 2: 371; ders. (1837). Allgemeine Naturgeschichte für alle Stände, Thierreich, Bd. 4, Abt. 1: 13.
31 ebd.
32 Oken (1837): 13; nicht in: ders. (1821). Naturgeschichte für Schulen.
33 Vgl. Starck, J.M. & Ricklefs, R.E. (1998). Patterns of development: the altricial-precocial spectrum. In: dies. (eds). Avian Growth and Development, 3-30; Gaskell, J. (2004). Remarks on the terminology used to describe developmental behaviour among the auks (Alcidae), with particular reference to that of the Great Auk *Pinguinus impennis*.

Ibis 146, 231-240.
34 Sundevall, C.J. (1836). Ornithologiskt System. Kungl. Svenska Vetenskapsakademien Handlingar 1835, 43-130: 70.
35 Coues, E. (1872). Key to North American Birds: 224.
36 a.a.O.: Index.
37 Starck & Ricklefs (1998).
38 Haeckel, E. (1866). Generelle Morphologie der Organismen, 2 Bde.: II, CXLf.
39 Hassenstein, B. (1970). Tierjunges und Menschenkind im Blick der vergleichenden Verhaltensforschung: 6.
40 a.a.O.: 7.
41 Vgl. Bruton, M.N. (1989). The ecological significance of alternative life-history styles. In: Bruton, M.N. (ed.). Alternative Life-History Styles of Animals, 503-553.
42 Stringer, L.A. (1960). Report on a retentions program. Element. School J. 60, 370-375: 374.
43 Trivers, R.L. (1972). Parental investment and sexual selection. In: Campbell, B. (ed.). Sexual Selection and the Descent of Man, 136-179: 139.
44 Bateman, A.J. (1948). Intra-sexual selection in *Drosophila*. Heredity 2, 349-368: 351; vgl. Snyder, B.F. & Gowaty, P.A. (2007). A reappraisal of Bateman's classic study of intrasexual selection. Evolution 61 (11), 2457-2468.
45 Trivers (1972): 139f.
46 Dawkins, R. & Carlisle, T.R. (1976). Parental investment, mate desertion and a fallacy. Nature 262, 131-133; vgl. Maynard Smith, J. (1977). Parental investment – a prospective analysis. Anim. Behav. 25, 1-9; Sargent, R.C. & Gross, M.R. (1985). Parental investment decision rules and the Concorde fallacy. Behav. Ecol. Sociobiol. 17, 43-45.
47 Dawkins & Carlisle (1976): 132.
48 Trivers, R.L. (1974). Parent-offspring conflict. Amer. Zool. 14, 249-264.
49 Evans, T.A., Wallis, E.J. & Elgar, M.A. (1995). Making a meal of mother. Nature 376, 299.
50 Seibt, U. & Wickler, W. (1987). Gerontophagy versus cannibalism in the social spiders *Stegodyphus mimosarum* Pavesi and *Stegodyphus dumicola* Pocock. Anim. Behav. 35, 1903-1905.
51 Albert, R. (1982). Untersuchungen zur Struktur und Dynamik von Spinnengesellschaften verschiedener Vegetationstypen im Hoch-Solling. Hochschul-Sammlung Naturwissenschaft Biologie 16, 1-147; Ellenberg, H., Mayer, R. & Schauermann, J. (Hg.) (1986). Ökosystemforschung: 192.
52 Skutch, A.F. (1935). Helpers at the nest. Auk 52, 257-273.
53 Woolfenden, J.E. (1975). Florida scrub jay helpers at the nest. Auk 92, 1-15.
54 Woolfenden, G.E. & Fitzpatrick, J.W. (1978). The inheritance of territory in group breeding birds. Bioscience 28, 104-108; vgl. Emlen, S.T. (1978). The evolution of cooperative breeding in birds. In: Krebs, J.R. & Davies, N.B. (eds.). Behavioral Ecology: an Evolutionary Approach, 245-281.
55 Selander, R.K. (1964). Speciation in wrens of the genus *Campylorhynchus*. Univ. Calif. Publ. Zool. 74, 1-224; Brown, J.L. (1974). Alternate routes to sociality in jays with a theory for the evolution of altruism and communal breeding. Amer. Zool. 14, 63-80.
56 Mayr, E. (1983). The concept of finality in Darwin and after Darwin. Scientia 118, 97-117: 114.
57 Staby, L. (1894). Die vier ersten Stämme des Tierreichs. In: Heck, L. et al. (1894). Das Tierreich, Bd. 1, 39-178: 172; vgl. Kraepelin, K. (1905). Die Beziehungen der Tiere zueinander und zur Pflanzenwelt: 20.
58 Harms, W. (1914). Experimentelle Untersuchungen über die innere Sekretion der Keimdrüsen: 199; 201.
59 Lampert, K. (1913). Brutpflege und Brutfürsorge im Tierreich. Jahreshefte des Vereins für vaterländische Naturkunde in Württemberg 69, xc-xcii: xcii.
60 Lengerken, H. von (1928). Lebenserscheinungen der Käfer: 98f.; vgl. ders. (1939/54). Brutfürsorge- und Brutpflegeinstinkte der Käfer.
61 Vgl. Immelmann, K. (1982). Wörterbuch der Verhaltensforschung: 51.
62 Lampert (1913): xci.
63 Harms (1914): 199.

Diversität

›Diversität‹ ist ein allgemeiner Ausdruck zur Bezeichnung der Vielfalt der Erscheinungsformen einer Sache oder verschiedener Gegenstände ähnlicher Art. Das Wort geht auf das lateinische ›diversitas‹ zurück, das im 14. Jahrhundert ins Englische und zu Anfang des 17. Jahrhunderts ins Deutsche entlehnt wird. Das lateinische Wort wiederum stammt vermittelt über das Adjektiv ›diversus‹ »verschieden« von ›di-vertere‹ »auseinandergehen, voneinander abweichen« ab. Im Latein der klassischen Antike wird der Ausdruck in der Bedeutung »Unterschiedenheit, Differenz« verwendet.[1] Auf die Vielgestaltigkeit der Organismen wird das Wort seit der Spätantike bezogen. So erscheint der Ausdruck im Buch ›Exodus‹ der lateinischen Übersetzung des Alten Testaments durch den heiligen Hieronymus, die dieser zwischen 382 und 384 erstellt (»diversitate lignorum«).[2] Übernommen wird diese Formulierung im Mittelenglischen um 1390 in der Wycliffe-Bibel (»dyuerste of trees«).[3] Auch T. Browne spricht in einer ein Jahr nach seinem Tod 1683 erscheinenden Abhandlung von der »Diversität von Bäumen« (»the diversity of these Trees and their several fructifications«).[4] J. Addison unterscheidet 1712 zwischen der Vielgestaltigkeit (»Diversity«) und der Vielzahl (»Multitude«) von Lebewesen.[5] P.L.M. de Maupertuis erklärt die Diversität (»diversité«) der Tiere 1751 durch zufällige Abwandlungen bei der Vererbung und entwickelt damit zumindest in Ansätzen eine Theorie der ↑Phylogenese.[6] C. von Linné gibt u.a. eine ökologische Interpretation der Diversität, wenn er sie an einer Stelle über das später so genannte Prinzip der räubervermittelten Koexistenz (»predator-mediated coexistence«) erklärt: Die Anwesenheit eines Räubers ermögliche das Überleben vieler Arten, indem er die Vertreter der dominanten Art zurückdränge (↑Räuber).[7]

Frühe äquivalente Termini
Bevor sich der Begriff der Diversität als biologischer Fachbegriff im 20. Jahrhundert auch im Deutschen etabliert, ist meist von der *Formenvielfalt* oder dem *Formenreichtum* (von Flotow 1828: »Ueberblick über den gesammten Formenreichtum [von Flechtenarten]«[8]) die Rede. Auch der Ausdruck ***Artenreichtum*** ist in ähnlicher Bedeutung verbreitet (für taxonomische Gruppen: Schrader 1809 für die Pflanzengattung *Crocus*[9]; für fossile Weichtiere: An-

Diversität (Hieronymus um 380) *351*
Artendiversität (Anonymus 1672) *358*
Artenreichtum (Nees von Esenbeck, Hornschuch & Sturm 1823) *351*
morphologische Diversität (Lewes 1860) *359*
Habitatdiversität (Lindsay 1868) *358*
ökologische Diversität (Anonymus 1898) *358*
genetische Diversität (Bateson 1911) *358*
Merkmalsdiversität (Wernham 1912) *359*
Diversitätsindex (Fisher, Corbet & Williams 1943) *357*
Artenvielfalt (Caspers 1948) *351*
Eurymerie (Hennig 1949) *356*
Eurymorphie (Hennig 1949) *356*
Stenomerie (Hennig 1949) *356*
Stenomorphie (Hennig 1949) *356*
alpha-Diversität (Whittaker 1960) *358*
beta-Diversität (Whittaker 1960) *358*
gamma-Diversität (Whittaker 1960) *358*
Biodiversität (Rosen 1986) *360*
Disparität (Runnegar 1987) *356*
funktionale Diversität (Franklin 1988) *360*
Trophodiversität (Yodzis 1993) *360*

onymus 1819[10]; in ökologisch-biogeografischer Bedeutung: Nees von Esenbeck, Hornschuch & Sturm 1823: »Gattungs- und Artenreichthum der Moose in den nordischen Alpen«[11]; verbreitet ist der Ausdruck anfangs v.a. für fossile Faunen: Bronn 1831: »[Es] nimmt der Artenreichthum in den Geschlechtern bis zu Ende zu«[12]; franz. Pictet 1853 »richesse d'espèces«[13]; engl. Cain 1934: »species richness«[14]). Ein erst im 20. Jahrhundert verbreiteter Terminus ist ***Artenvielfalt*** (Caspers 1948; Rainer 1968; regelmäßig erst seit den 1980er Jahren[15]). Als reich an Arten oder Formen kann im 19. Jahrhundert sowohl eine taxonomische Gruppe (»artenreiche Gattung« in Bezug auf Fliegen 1795 bei von Aretin[16] und 1803 bei Schellenberg[17]) als auch ein Standort (Roßmäßler 1863: der Wald als »formenreicher Inbegriff von Körpern und Erscheinungen«)[18] bezeichnet werden. Häufig wird ein Zusammenhang zwischen dem Artenreichtum und der ökologischen Mannigfaltigkeit (»diversité écologique«[19]) einer Region hergestellt. Der Botaniker P. Jacard formuliert 1932: »Der Artenreichtum eines gegebenen Gebietes ist direkt proportional der Mannigfaltigkeit seiner ökologischen Bedingungen«[20] (vgl. Abb. 84).

Diversitätstheorien bis zum 19. Jh.
Bis ins 19. Jahrhundert wird die Diversität der Organismen meist physikotheologisch interpretiert als Beleg für die Herrlichkeit und Reichhaltigkeit Gottes. Die ältere Geschichte des Konzepts steht in Verbindung mit dem Bild der *Kette der Wesen* und dem Prinzip der *Fülle* (↑Hierarchie): Gott habe die Welt

> Die Diversität ist ein Maß für den Gestaltreichtum und die Vielfalt biologischer Systeme, insbesondere für die Anzahl der Arten und die Gleichverteilung der Individuen über die Arten in einer Region.

Diversität 352

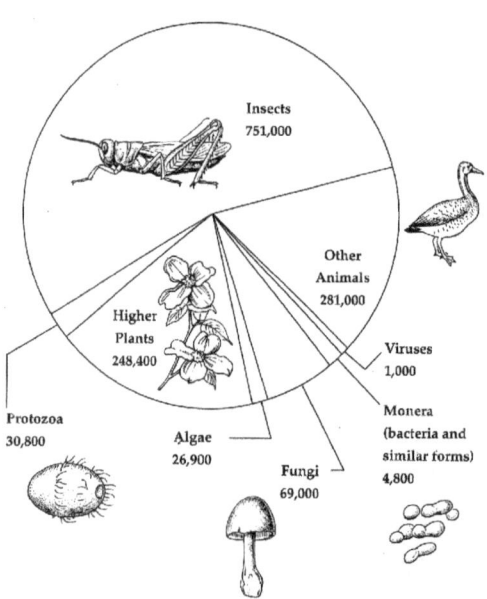

Abb. 80. Anzahl der beschriebenen Arten von rezenten Organismen, eingeteilt nach den großen Gruppen (aus Wilson, E.O. (1992). The Diversity of Life: 134).

mit einer Vielfalt von Wesen gefüllt, so dass keine Lücke bleibt und alle Seinsmöglichkeiten ausgeschöpft sind. Thomas von Aquin erklärt im Anschluss an dieses antike Prinzip die Mannigfaltigkeit der Arten als einen Wert: »die Vollkommenheit der Welt wird durch die Mannigfaltigkeit der Arten erreicht [perfectio universi attenditur essentialiter secundum diversitatem naturarum], welche die verschiedenen Stufen des Guten einnehmen, und nicht durch die Vervielfältigung von Einzelwesen einer einzigen Art«.[21] Durch die Erzeugung verschiedener Arten (»species«) werde also eine Vielfalt der Grade des Guten erzeugt.[22] Thomas spricht wiederholt auch von der *Diversität der Arten* (»diversitas speciei«) – allerdings bezieht er dies nicht allein auf Lebewesen.[23]

Die Verknüpfung der Diversität mit dem Guten und Wertvollen findet in dem meist auf die Vielfalt als rhetorisches Stilmittel bezogenen und oft variierten lateinischen Wort »varietas delectat« ihren Ausdruck.[24] In der Neuzeit erfährt die Mannigfaltigkeit der Formen insbesondere in der Romantik mit ihrer Betonung des Werts des Individuellen und Einzigartigen eine Wertschätzung.[25]

Zunehmende Kenntnis der Formenvielfalt
Die Forschungsreisen seit dem 17. Jahrhundert und die damit verbundene umfangreiche Sammeltätigkeit bedingen einen sprunghaften Kenntniszuwachs über die Diversität der Lebensformen. Von der Antike bis in die Renaissance bleibt die Anzahl der bekannten Arten zunächst weitgehend konstant bei etwa 500 für die Pflanzen und ebenso vielen für die Tiere (↑Taxonomie).[26] In dem Werk von J.P. de Tournefort zu Beginn des 18. Jahrhunderts werden aber bereits etwa 10.000 Pflanzenarten beschrieben.[27] Gut einhundert Jahre später geben A.P. de Candolle und K. Sprengel etwa 30.000 Arten an.[28] Mitte des 19. Jahrhunderts liegt die Zahl der bekannten Pflanzenarten dann bei etwa 92.000.[29] Heute werden rund 310.000 Pflanzenarten unterschieden (davon rund 270.000 Arten von Blütenpflanzen)[30]; von diesen kommen ungefähr 5.400, d.h. knapp 2% in Deutschland vor (vgl. Tab. 50).

Bei den Tieren weist die Zunahme der Kenntnis bei verschiedenen Gruppen einen unterschiedlichen Verlauf auf (vgl. Abb. 81). Besonders bei den artenreichen Gruppen wie den Insekten und Amphibien nimmt die Anzahl der beschriebenen Arten seit dem 18. Jahrhundert exponentiell zu.[31] Heute sind etwa 1,45 Millionen Tierarten beschrieben; davon leben in Deutschland rund 45.000, d.h. gut 3% (vgl. Tab. 50). Jedes Jahr werden ungefähr 18.000 neue Arten beschrieben; im Jahr 2007 waren davon etwa 75% wirbellose Tiere, 11% Gefäßpflanzen und 7% Wirbeltiere.[32]

Der Großteil der zurzeit auf der Erde lebenden Tierarten ist jedoch noch nicht wissenschaftlich beschrieben. Schätzungen reichen von 10 bis 100 Millionen Arten lebender Organismen. Nach Hochrechnungen, die auf Stichproben aus dem Kronenbereich des Tropischen Regenwaldes beruhen, könnten darunter allein 30 Millionen Insektenarten sein. T.L. Erwins in den 1980er Jahren veröffentlichte Untersuchungen ergaben einen Anteil von nur 1% von Käfern, die an allen vier von ihm untersuchten Standorten im Amazonasregenwald bei Manaus vorkamen.[33] Die Anzahl lokaler Endemiten scheint im Regenwald also sehr hoch zu sein. Spätere Studien deuten aber darauf hin, dass die Diversität nicht ganz so hoch ist, wie Erwin sie schätzt.[34] Mithilfe statistischer Modelle schätzt ein Team um A. Hamilton im Jahr 2010, dass die Artenvielfalt mit einer Wahrscheinlichkeit von 90% zwischen etwa zwei und sieben Millionen Arten liegt.[35]

Die weitaus größte Diversität weisen allerdings die Bakterien und Archaea auf. Nach Schätzungen von J. Barros, dem Vorsitzenden des Wissenschaftsrats des ›International Census of Marine Microbes‹ (ICoMM) liegt die Artenzahl in der Größenordnung von einer Milliarde (!), ein Großteil davon lebt im Meer.[36] Auch die Individuenzahl der mikrobiellen Organismen im Meer ist nach neuesten Schätzungen gigantisch: Sie wird auf 10^{30} geschätzt, d.h. sie übersteigt die geschätzte Anzahl der Sterne im Universum oder die etwa gleich große Anzahl von Sandkörnern an den Stränden der Welt (10^{24}) um mehrere Größenordnungen.[37]

Verteilung der Diversität
In der Erdgeschichte hat die Diversität seit der Entstehung des Lebens auf der Erde zugenommen; massive Einschnitte aufgrund von Ereignissen des »Massenaussterbens« (↑Tod) bedingen allerdings eine nicht kontinuierliche Zunahme (vgl. Abb. 82).[38] Nach Schätzungen haben Organismen von rund 30 Milliarden verschiedenen Arten im Laufe der Erdgeschichte gelebt, in Relation zu den geschätzten etwa 30 Millionen zurzeit auf der Erde vorhandenen Arten sind also ca. 99,9% der Arten in der Erdgeschichte ausgestorben – nach einem bekannten Paläontologenwitz sind damit in guter Näherung alle Arten auf der Erde ausgestorben[39]. Fossil bekannt sind etwa 250.000 Arten, davon waren 95 % Meeresbewohner.[40]

In räumlicher Hinsicht zeigt die globale Verteilung der Biodiversität für die meisten Gruppen das Muster des latitudinalen Gradienten mit einer Zunahme der Diversität Richtung Äquator (↑Biogeografie: Abb. 47; 48). Für verschiedene Organismengruppen gibt es aber durchaus unterschiedliche Diversitätszentren (vgl. Abb. 86).

Erklärungen der Diversität
Naturwissenschaftliche Erklärungen der organischen Diversität werden seit Ende des 18. Jahrhunderts gegeben. Der Botaniker K.L. Willdenow zieht 1799 einen Zusam-

Tab. 50. *Anzahl der beschriebenen Arten lebender Organismen in Deutschland und der Welt sowie eine Schätzung der auf der Welt insgesamt vorhandenen Arten lebender Organismen; paraphyletische Taxa in Anführungszeichen (nach Nowak, E. (1982). Wie viele Tierarten leben auf der Welt, wie viele davon in der Bundesrepublik Deutschland? Natur Landsch. 57, 383-389; Völkl, W. & Blick, T. (2004). Die quantitative Erfassung der rezenten Fauna von Deutschland – Eine Dokumentation auf der Basis der Auswertung von publizierten Artenlisten und Faunen im Jahr 2004; Bundesamt für Naturschutz (2008). Daten zur Natur 2008: 15; 20; Chapman, A.D. (2006/09). Numbers of Living Species in Australia and the World).*

Name des Taxons	Arten in D	Welt	Schätzung
Schwämme (Porifera)	31	6.000	
Nesseltiere (Cnidaria)	121	9.795	
Rippenquallen (Ctenophora)	3	80	
Plattwürmer (Plathelminthes)	1.170	20.000	80.000
Kiefermündchen (Gnathostomulida)	3	100	
Schnurwürmer (Nemertea)	46	900	
Weichtiere (Mollusca)	601	85.000	200.000
Spritzwürmer (Sipuncula)	5	150	
Kelchtiere (Kamptozoa)	10	150	
Igelwürmer (Echiura)	1	140	
Ringelwürmer (Annelida)	518	16.763	30.000
Bärtierchen (Tardigrada)	105	750	
Gliederfüßer (Arthropoda)	38.371	1.166.660	
Spinnentiere (Chelicerata)	3.783	103.588	600.000
»Krebse« (Crustacea)	1.067	47.000	150.000
Tausendfüßler (Myriapoda)	216	16.072	90.000
Insekten (Hexapoda)	33.305	1.000.000	5.000.000
Stummelfüßer (Onychophora)	0	165	220
Bauchharlinge (Gastrotichia)	120	400	
Fadenwürmer (Nematoda)	1.997	25.000	500.000
Saitenwürmer (Nematomorpha)	46	240	
Rädertiere (Rotatoria)	682	2.000	
Kratzer Acanthocephala)	89	1.150	1.500
Hakenrüssler (Kinorhyncha)	21	150	
Priapswürmer (Priapulida)	2	17	
Kranzfühler (Tentaculata)	2	3.480	
Moostierchen (Bryozoa)	85	4.000	
Pfeilwürmer (Chaetognatha)	2	70	
Bartträger (Pogonophora)	0	130	
Flügelkiemer (Pterobranchier)	0	20	
Eichelwürmer (Hemichordata)	1	108	110
Stachelhäuter (Echinodermata)	26	7.003	14.000
Chordatiere (Chordata)	729	64.788	80.000
Manteltiere (Tunicata)	25	2.760	
Kieferlose (Acrania)	1	33	
Wirbeltiere (Vertebrata)	703	61.995	
Rundmäuler (Cyclostomata)	5	116	
Knorpelfische (Chondrichthyes)	32	500	
»Knochenfische« (Osteichthyes)	227	30.653	40.000
Lurche (Amphibia)	21	6.515	15.000
»Kriechtiere« (Reptilia)	13	8.734	10.000
Vögel (Aves)	314	9.990	>10.000
Säugetiere (Mammalia)	91	5.487	5.500
Summe Tierarten	**44.787**	**1.450.000**	**6.750.000**
»Großalgen« (Braun-, Rot-, Armleuchter-Algen)	1.000	12.272	
Moose Bryophyta)	1.153	16.236	22.750
Farne Pteridophyta)	74	12.000	15.000
Nacktsamer Gymnospermae)	11	1.021	1.050
Bedecktsamer Angiospermae)	2.977	268.600	352.000
Summe Pflanzenarten	**5.215**	**310.129**	**400.000**
»Pilze« (Fungi)	12.000	98.998	1.500.000
»Flechten« Lichenes)	2.399	17.000	25.000
»Kleinalgen« (Grün-, Joch-, Kieselalgen) (Chromista)	5.000	25.044	200.000
»Einzeller« (Protoctista)	3.200	28.871	>1.000.000
»Prokaryoten«		10.307	1.000.000
Summe aller Arten	**73.000**	**1.940.000**	**10.875.000**

menhang zwischen der Gunst der anorganischen Wachstumsbedingungen und der Vielfalt der Arten an einem Standort und stellt fest, »daß die Vegetation nach den Graden der Wärme vermehrt wird«[41]. J.F. Schouw führt 1823 die organische Vielfalt auf die Vielfalt der Umweltbedingungen an einem Standort zurück.[42] Im 20. Jahrhundert ist die positive Korrelation zwischen der Biodiversität und der strukturellen Vielfalt eines Habitats in zahlreichen Studien quantitativ belegt (für ein Beispiel vgl. Abb. 84).

Historische Erklärungen der Diversität werden im 19. Jahrhundert im Rahmen von Deszendenztheorien entwickelt. Noch J.B. Lamarcks Theorie der Transformation der Organismen kommt allerdings weitgehend ohne Bezüge zu Aussagen über die Diversität aus.[43] Ganz anders ist dies aber in C. Darwins Evolutionstheorie. Darwin interpretiert die Diversität in gewisser Weise teleologisch, wenn er von einem Vorteil der Diversifikation (»advantage of diversification«[44]) spricht, der darin bestehe, dass bei Verschiedenheit von Organismen eine größere Anzahl von ihnen zusammenleben könne: »the more widely and perfectly the animals and plants are diversified for different habits of life, so will a greater number of individuals be capable of there supporting themselves«[45]. Als Beleg für seine Auffassung verweist Darwin auf die Erfahrung der Landwirte, dass ein Fruchtwechsel, also die zeitlich versetzte Erhöhung der Diversität auf einer Ackerfläche, höhere Erträge mit sich bringt. Die höhere Diversität bedeutet nach Darwin eine höhere Produktivität eines Systems. Den Mechanismus, den Darwin hinter der Entstehung der organischen Diversität identifiziert, die Natürliche Selektion, ist allerdings alles andere als teleologisch. Nach Darwins Theorie besteht ein Vorteil der Variation und Spezialisierung, weil auf diese Weise die Konkurrenz um Ressourcen vermindert wird (»principle of divergence«: »some spot will support more life if occupied by very diverse forms«[46]; ↑Phylogenese). Darwin gibt damit also eine natürliche Erklärung für die Diversität der Formen.

Bis in die 1850er Jahre geht Darwin allerdings von einer begrenzten Anzahl von »Plätzen« in der Ökonomie der Natur aus (↑Nische; Phylogenese). Erst seit der 3. Auflage des ›Origin of Species‹ von 1861 macht er deutlich, dass die Anzahl der Plätze im Wesentlichen nicht von der Heterogenität der anorganischen Natur, sondern den innerbiologischen Beziehungen abhängt. Durch die Interaktion der Organismen untereinander kann nach Darwin eine prinzipiell unbegrenzte Diversität entstehen: »the mutual relations of organic beings are more important [for species diversity than the mere inorganic conditions]; and as the number of species in any country goes on increasing, the organic conditions of life will become more and more complex. Consequently there seems at first sight to be no limit to the amount of profitable diversification of structure, and therefore no limit to the number of species which might be produced«.[47]

Eine einfache evolutionstheoretische Erklärung für die Vielfalt der biologischen Formen liefert auch A. Rosenberg 1994: Die Selektion sei in gewisser Weise »blind« für Strukturen, weil sie allein die Effekte und Funktionen bewerte, die von einer Struktur ausgehen: »selection does not descriminate between diverse structures that are equally advantageous with respect to the trait selected for, functional classes are ipso facto heterogenous [with respect to structure]«[48]. Bei aller Einförmigkeit der ↑Funktionen der Lebewesen – alle sind auf die höchsten Zwecke der ↑Selbsterhaltung und ↑Fortpflanzung ausgerichtet – ergibt sich damit doch eine Vielfalt von Formen, weil jede Funktion durch höchst unterschiedliche Strukturen realisiert werden kann.

Diversitätsforschung in der Ökologie
Zu einem zentralen Thema der Ökologie wird die Diversität erst seit den 1960er Jahren. Die ökologischen Lehrbücher der 1940er und 50er Jahre behandeln das Thema höchstens peripher; ihr Gegenstand ist vielmehr das Verhältnis einzelner Organismen zu ihrer Umwelt, die Dynamik von Populationen oder der Stofffluss in Ökosystemen.[49]

Den theoretischen Hintergrund zur Behandlung der Frage nach der Diversität bilden Theorien zur Populationsdynamik von interagierenden Arten, die auf den einfachen Wachstums- und Interaktionsmodellen von A.J. Lotka und V. Volterra aufbauen (↑Population). Nach diesen Theorien ist eine Koexistenz von Organismen verschiedener Arten nur bei hinreichenden Unterschieden in der Nutzung der vorhan-

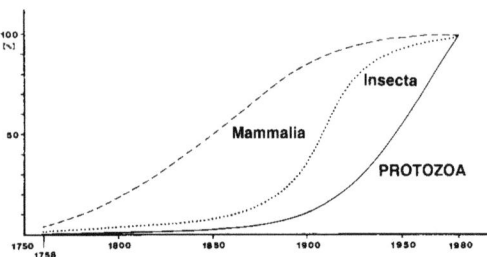

Abb. 81. Verlauf der Anzahl beschriebener Arten von 1750 bis 1980 bei drei verschiedenen Tiergruppen (1980 = 100%) (aus Siewing, R. (Hg.) (1985). Lehrbuch der Zoologie, Bd. 2: 59).

denen Ressourcen möglich (»limiting similarity«), weil sonst die eine Art die andere verdrängen würde (»Konkurrenzausschlussprinzip«; ↑Koexistenz). Als der wesentliche Faktor, der die Diversität in einer Gemeinschaft begrenzt, gilt also die ↑Konkurrenz um Ressourcen. Die These, dass die Konkurrenz um Ressourcen die Diversität begrenzt, ist auf verschiedene Weise getestet worden[50]: (1) Es werden Korrelationen zwischen der Ressourcendiversität und der Artenvielfalt in verschiedenen Gemeinschaften untersucht, deren Ergebnisse wenigstens in einigen Studien einen starken Zusammenhang nahelegen (vgl. Abb. 84). (2) Durch künstliche Hinzufügung von Arten zu einer Gemeinschaft kann ermittelt werden, ob es eine maximale Diversität in einer Gemeinschaft gibt, die einem Wert der Sättigung (»saturation«) entspricht.[51] (3) Es wird die Diversität von Gemeinschaften untersucht, die in weit entfernten Regionen ähnliche Habitate besiedeln – mit sehr unterschiedlichen Ergebnissen, die in einigen Fällen keinen Zusammenhang von Habitattyp und zugehöriger Biodiversität nachweisen (»Diversitätsanomalien«).[52]

Umstritten ist bis in die Gegenwart, ob tatsächlich die aktuelle Interaktion zwischen den Organismen einer Gemeinschaft deren Diversität bestimmt oder ob nicht eher historische und geografische Gründe die ausschlaggebenden Faktoren sind. Nach einem traditionellen Argument, das mindestens bis auf A.R. Wallace zurückgeht (↑Biogeografie), sind aus historischen Gründen diejenigen Regionen der Erde besonders artenreich, die über lange Zeiten ein konstantes Milieu hatten; dies wird traditionell den Tropen zugeschrieben. Wallace formuliert diesen Zusammenhang 1878 auf folgende Weise: »The equatorial zone [...] exhibits to us the result of a comparatively continuous and unchecked development of organic forms [...]. The equatorial regions are then, as regards their past and present life histories, a more ancient world than that represented by the temperate zones, a world in which the laws which have governed the progressive development of life have operated with comparatively little check for countless ages, and have resulted in those infinitely varied and beautiful forms«.[53]

Auch im 20. Jahrhundert wird diese These vielfach vertreten und die Diversität damit im Wesentlichen auf historische Prozesse der Evolution zurückgeführt (A.G. Fischer 1960: »Biotic diversity is a product of evolution, and is therefore dependent upon the length of time through which a given biota has developed in an uninterrupted fashion«[54]). In Ergänzung dieser Ansätze werden seit den 1970er Jahren integrative Modelle formuliert, in denen die historischen zu-

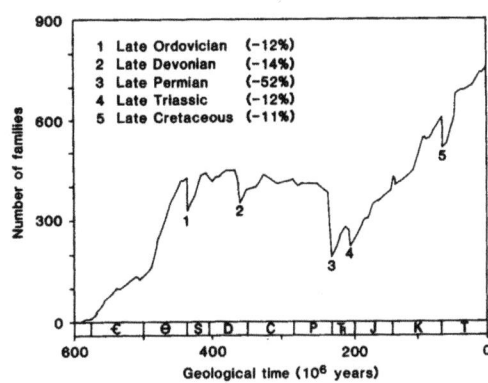

Abb. 82. Verlauf der biologischen Diversität in der Erdgeschichte, gemessen anhand der Anzahl der Familien marin lebender Tiere in den letzten 600 Millionen Jahren. Fossil schlecht überlieferte Gruppen sind nicht berücksichtigt. Fünf Ereignisse des Massenaussterbens sind durch Zahlen markiert und oben in dem quantitativen Ausmaß des Rückgangs angegeben (aus Raup, D.M. & Sepkoski, J.J. Jr. (1982). Mass extinction in the marine fossil record. Science 215, 1501-1503: 1502).

sammen mit ökologischen Faktoren berücksichtigt werden. Nicht nur die langfristige Konstanz, sondern auch Störungen des Gleichgewichts sowie die lokale räumliche und zeitliche Heterogenität der Ressourcen sind dabei als wichtige Determinanten der Diversität identifiziert worden (»patchiness« und »ephemerality«; ↑Koexistenz).[55]

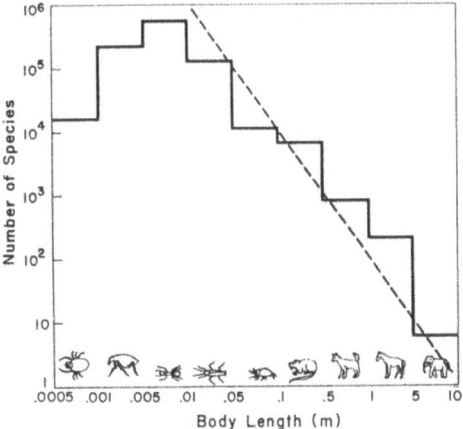

Abb. 83. Eine grobe Schätzung der Verteilung der Artenanzahl von auf dem Land lebenden Tieren (S) über ihre Körperlänge (L) (doppelt logarithmische Darstellung). Die gestrichelte Line gibt das Verhältnis $S \sim L^{-2}$ an (aus May, R.M. (1986). The search for patterns in the balance of nature: advances and retreats. Ecology 67, 1115-1126: 1124).

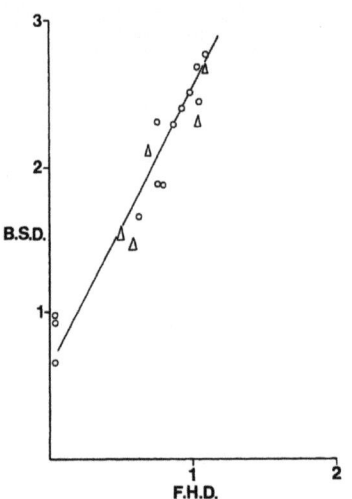

Abb. 84. Korrelation der Artendiversität von Vögeln (»bird species diversity«: B.S.D.) und der Diversität der Belaubungshöhe der Vegetation (»foliage height diversity«: F.H.D.) in Nordamerika (Kreise) und Australien (Dreiecke). Die Regressionsgerade beruht auf den Daten aus Nordamerika. Hohe Habitatvielfalt ermöglicht auch eine hohe Biodiversität. Weil jede Steigerung der Diversität zur Bildung neuer Habitate führt, ist die Erzeugung von biologischer Diversität ein sich selbst steigernder Vorgang: Jede Zunahme der Diversität ermöglicht die Bildung neuer Diversität (aus Recher, H.F. (1969). Bird species diversity and habitat diversity in Australia and North America. Amer. Nat. 103, 75-80: 77).

In der Ökologie gehen die Versuche zur Erklärung der Diversität von unterschiedlichsten Modellen aus: z.B. von Gleichgewichts- und Ungleichgewichtsmodellen der Koexistenz[56], Nahrungskettenmodellen[57] oder der Inselbiogeografie[58]. Trotz dieser intensiven Bemühungen besteht bis in die Gegenwart keine Theorie, auf deren Grundlage die vorhandene Diversität auch nur ansatzweise erklärt werden könnte. Es ist einfach unklar, warum sich die gegenwärtige Anzahl von Tierarten auf der Erde in der Größenordnung von 10^7 und nicht bei 10^4 oder 10^{10} bewegt.[59]

Arten- und Gestaltenreichtum (Disparität)
Eine eigene Terminologie zur Charakterisierung der Diversität der Formen ausgehend von ihrer phylogenetischen Entstehung führt W. Hennig 1949 ein. Er unterscheidet die beiden Komponenten des *Artenreichtums* und des *Gestaltenreichtums* einer taxonomischen Gruppe: Das Begriffspaar **Eurymerie** und **Stenomerie** bezieht sich auf die erste dieser Komponenten: Eurymere Gruppen umfassen viele Arten, stenomere dagegen wenige. Auf den Gestaltenreichtum ist dagegen die Unterscheidung von **Eurymorphie** (»Gestaltenreichtum«) und **Stenomorphie** (»Einförmigkeit der Gestaltungsverhältnisse«) bezogen.[60] (Der Ausdruck *stenomorph* wird vorher bereits in anderer Bedeutung verwendet: P. Bartsch bezeichnet damit 1923 verkleinerte Formen einer taxonomischen Gruppe, die aufgrund eines eingeschränkten Habitats entstanden sind (z.B. Pfahlwürmer: »diminutive forms produced by their cramped habitat«[61].) Die beiden Aspekte der Diversität können durchaus unabhängig voneinander sein: Ausgehend von einer Stammform kann sich eine taxonomische Gruppe in zahlreiche Arten aufspalten, die sich aber stark ähneln; umgekehrt kann eine Gruppe aus wenigen, aber sehr verschieden gestalteten Formen bestehen.

Hennigs Differenzierungsvorschlag findet nur wenig Beachtung. Es sind daher andere Terminologien entwickelt worden, die die gleiche Unterscheidung auf den Begriff bringen sollen: B. Runnegar führt 1987 den Begriff der morphologischen **Disparität** (»morphologic disparity«) zur Bezeichnung der morphologischen Differenz von Typen ein (»the amount of difference between related phyla, classes, species, individuals, proteins, genes, etc.«).[62] Runnegar grenzt die Disparität von der taxonomischen Diversität im Sinne der Anzahl von taxonomischen Einheiten ab. S.J. Gould greift den neuen Terminus schnell auf und macht ihn 1989 einem breiten Publikum bekannt.[63] Gould ist der Auffassung, dass die Disparität im Laufe der Evolution nicht unbedingt zugenommen hat. Wie die Vielfalt von Bauplänen in der fossil überlieferten präkambrischen *Burgess-Shale-Fauna* belege, hätten sich in der Evolution vielmehr einige Bauplantypen auf Kosten einer anfänglichen Vielfalt durchgesetzt (↑Phylogenese: Abb. 395). Spätere detaillierte Untersuchungen zeigen allerdings, dass die Disparität innerhalb bestimmter Taxa (z.B. der Arthropoden) tatsächlich eher zu- als abgenommen hat.[64] Und auch die präkambrische und kambrische Disparität war offenbar eher geringer als größer als die spätere Disparität.[65] Eine offene und umstrittene Frage ist es dabei aber noch, ob es eine objektive Bestimmung des Begriffs der Disparität überhaupt geben kann. Das Problem bei der Bestimmung der Disparität besteht in der Abgrenzung von Bauplänen, also der Gewichtung von Merkmalen.[66]

Diversitätsindizes
Wichtige Impulse der Diversitätsforschung gehen seit Mitte des 20. Jahrhunderts von dem Verständnis der Diversität als quantifizierbarer Größe aus. Die Diversität stellt aber keine einfache Messgröße dar; vielmehr können, der Komplexität des Begriffs ent-

sprechend, verschiedene Aspekte der Vielfalt von Organismen in die Messung eingehen. Grundlegend für alle Messverfahren der Diversität ist die Zusammenfassung von zwei verschiedene Größen: der Anzahl verschiedener Typen (z.B. der Arten) in einer Region (»Reichtum«; engl. »richness«) und deren relativer Häufigkeit (»Gleichverteilung«; engl. »evenness«). Die Gleichverteilung wird meist definiert als das Verhältnis der beobachteten Vielfalt relativ zu der maximal möglichen Vielfalt, die vorliegt, wenn alle Typen in dem untersuchten Gebiet gleichhäufig sind.[67]

Frühe Indizes werden bereits Ende der 1920er Jahre verwendet.[68] Als **Diversitätsindex** werden diese Größen seit den 1940er Jahren bezeichnet (Fisher et al. 1943; »index of diversity«[69]; Anscombe 1950: »diversity index«[70]). Einen der ersten präzisen Diversitätsindizes formulieren R.A. Fisher, A.S. Corbet und C.B. Williams 1943, indem sie die Häufigkeitsverteilung von Schmetterlingsarten aus einer Region einer logarithmischen Serie anpassen und die Konstante α dieser Serie als Maß verwenden.[71] Später vielfach verwendete Indizes werden 1949 von E.H. Simpson[72] und in den 50er Jahren ausgehend von der mathematischen Informationstheorie (»Shannon-Weaver-Index«) entwickelt.[73] R.H. MacArthur schlägt den Shannon-Weaver Index zunächst als Maß für die Stabilität eines Nahrungsnetzes vor[74], bevor er ihn für Diversitätsmessungen verwendet[75]. Einen Höhepunkt erlebt die Entwicklung und Anwendung der Diversitätsindizes in den 1960er und 70er Jahren mit einer großen Vielfalt von vorgeschlagenen Indizes.[76]

Eine wichtige theoretische Grundlage für die quantitative Analyse der Artendiversität legt 1948 F.W. Preston, indem er in einem Diagramm die Arten in Häufigkeitsklassen einteilt und auf der Abszisse anordnet und der Ordinate einen logarithmischen Maßstab zur Basis 2 zugrundelegt (halblogarithmische Darstellung; vgl. Abb. 85).[77] In einem solchen Diagramm folgt die Verteilung der Arten in sehr vielen verschiedenen natürlichen Gemeinschaften einer Normalverteilung; Preston nennt diese daher 1962 die *kanonische Verteilung*.[78] Erklärungen für diese Art der Verteilung gibt Preston nicht, und auch spätere Erklärungen sind vielfach unzulänglich.[79] Die bekannteste theoretische Grundlage zur Erklärung der Artenverteilung ist das *Modell des gebrochenen Stocks* (»broken stick model«) von R. MacArthur. Dieses geht aus von der zufälligen und gleichzeitigen Aufteilung des Nischenraums, der als Linie (»stick«) repräsentiert wird.[80] Erfolgreichere spätere Modelle legen eine sequenzielle Aufteilung des multidimensionalen Nischenraums zugrunde.[81]

Artenreichtum (Jaccard 1928)
Anzahl der Arten in einer Region

Gleichverteilung (»evenness«) (Lloyd & Ghelardi 1964)
Gleichmäßigkeit der Häufigkeitsverteilung der Individuen über die Arten

Artdiversität (Olmsted 1941)
Verbindung von Reichtum und Gleichverteilung von Arten in einer Region

α-Diversität: Diversität einer Gemeinschaft (Whittaker 1960)
Diversität einer Gemeinschaft von Organismen

β-Diversität: Artenwechsel entlang Gradienten (Whittaker 1960)
Wechsel von Arten entlang eines ökologischen Gradienten

γ-Diversität: Artenvielfalt einer Landschaft (Whittaker 1960)
Diversität von Arten in einer größeren geographischen Einheit, die mehrere Lebensräume umfasst (z.B. eine Landschaft oder Insel)

Habitat-Diversität (Tansereau 1913)
Vielfalt der Habitate in einer Region

Genetische Diversität: Allelvielfalt (Agar 1914)
Vielfalt genetischer Einheiten (z.B. Allele für einen Lokus) in einer Population

Merkmalsdiversität (Wernham 1912)
Diversität der phänotypischen Merkmale eines Organismus oder einer Gruppe von Organismen in einer ökologischen Gemeinschaft oder eines Taxons

Funktionale Diversität (Franklin 1988)
Diversität der Rollen, Beziehungen und Prozesse in einem System (z.B. ökologische Nischen, trophische Verknüpfungen und Genfluss)

Trophodiversität (Yodzis 1993)
Komplexität ökologischer Gemeinschaften als kombiniertes Maß für (1) die Anzahl von biologischen Arten innerhalb einer »Trophospezies« der Gemeinschaft, (2) die durchschnittliche Anzahl von Trophospezies auf einer trophischen Ebene und (3) die durchschnittliche Länge der Nahrungsketten in der Gemeinschaft

Tab. 51. Dimensionen der Diversität.

Schon früh wird auf die zahlreichen Schwierigkeiten hingewiesen, die mit der Anwendung der Diversitätsindizes verbunden sind. So bezeichnet S.H. Hurlbert die Diversität 1971 als ein »Nichtkonzept«, weil sie nicht allein mit einem Index identifiziert werden kann und daher keine klar bestimmte Größe ist.[82] Ein weiteres Problem besteht darin, dass die Diversität

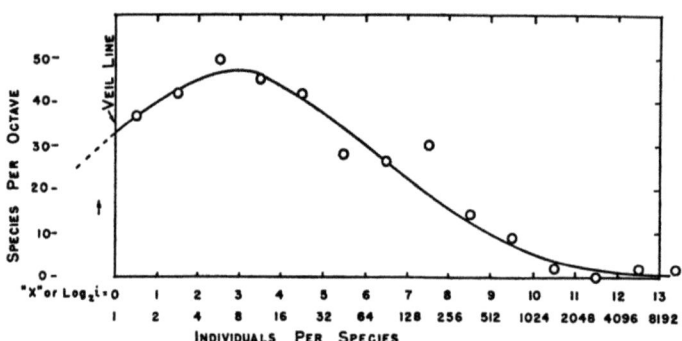

Abb. 85. In einer Darstellung mit halblogarithmischem Maßstab ergibt die Verteilung der Häufigkeit von Arten in einer Gemeinschaft annähernd eine Normalverteilung. Die Abszisse enthält eine Gruppierung der Arten in Häufigkeitsklassen im logarithmischen Maßstab zur Basis 2 (»Oktaven«); auf der Ordinate ist die Anzahl von Arten in jeder Oktave angegeben. Viele unterschiedliche Gemeinschaften folgen diesem Muster. Die angegebenen Daten beziehen sich auf nachtaktive Schmetterlinge, die 1931-34 in Lichtfallen in Maine gefangen wurden (aus Preston, F.W. (1948). The commonness and rarity of species. Ecology 29, 254-283: 258).

zwei unabhängig voneinander variierende Größen miteinander kombiniert, so dass ein Diversitätsmaß kein Wert ist, der eine Gemeinschaft eindeutig charakterisiert: Eine Gemeinschaft aus wenigen Arten, die aber ähnlich häufig sind, kann z.B. die gleiche Diversität aufweisen wie eine Gemeinschaft aus vielen Arten, von denen einige sehr häufig sind.[83] Außerdem besteht nicht selten eine Abhängigkeit des Diversitätsindexes von dem Umfang und der Art der Ermittlung der Stichprobe. Und schließlich ist v.a. bei vielen Pflanzen nicht klar, welche Einheit als ↑Individuum zu zählen hat und damit als Maß der Gleichverteilung gelten soll. Seit den 1980er Jahren setzt sich daher allgemein die Einsicht durch, dass sich die Biodiversität auf vielen Ebenen manifestiert und viele Facetten hat, so dass die gesamte Vielfalt nicht in einem Maß für *die* Diversität eines Systems konzentriert werden kann.[84]

Eine eigene Debatte kreist seit den 1970er Jahren um den Zusammenhang zwischen der Diversität und der Stabilität einer Gemeinschaft (↑Gleichgewicht/Stabilität).

Ebenen der Diversität
Üblich ist es in der Ökologie, verschiedene Bezugspunkte der Diversität zu unterscheiden (vgl. Tab. 51). Traditionell bezieht sich die Diversität auf die Vielfalt der Organismen in einem einzelnen Habitat (»within-habitat diversity« oder **alpha-Diversität**).[85] Daneben kann auch der Unterschied in der Organismenzusammensetzung benachbarter Habitate als ein Diversitätsmaß bestimmt werden (»between-habitat diversity« oder **beta-Diversität**).[86] Schließlich wird auch – die beiden ersten Indizes miteinander kombinierend – die Artenvielfalt innerhalb eines größeren Gebiets, das verschiedene Habitate umfasst, quantitativ bestimmt (»landscape diversity« oder **gamma-Diversität**).[87] Alpha- und Gamma-Diversität können auf ähnliche quantitative Weise bestimmt werden; die beta-Diversität stellt dagegen ein Ähnlichkeitsmaß von Gemeinschaften dar.

Neben der Berücksichtigung der Artenvielfalt wird in das Konzept der Biodiversität zunehmend auch die Vielfalt auf anderen biologischen Hierarchieebenen integriert. E.A. Norse und R.E. McManus fassen mit dem Begriff der biologischen Diversität zunächst zwei verwandte Konzepte zusammen: die genetische und die ökologische Diversität.[88] Seit Mitte der 1980er Jahre wird es üblich, drei Ebenen der biologischen Diversität zu unterscheiden[89]: die *genetische Diversität* (innerhalb einer Art), die *Artdiversität* (Anzahl und Gleichverteilung verschiedener Arten) und die *ökologische Diversität* (Diversität von Ökosystemen oder ökologischen Gemeinschaften). In enger Korrelation mit der Biodiversität steht häufig die *Habitatdiversität*, d.h. die Vielfalt und Gleichverteilung der Lebensräume in einer Region. Diese Ausdrücke haben ein sehr unterschiedliches Alter: **genetische Diversität** erscheint zu Beginn des 20. Jahrhunderts (Bateson 1911: »genetic diversity«[90]), **Artdiversität** in Reisebeschreibungen bereits des 17. Jahrhunderts (Anonymus 1672: »une grande diversité d'espèces de crapauds [Kröten]«[91]; Hale 1677: »diversity of Species of Animals and Vegetables«[92]; Kellogg 1907: »the upbuilding of the great fabric of species diversity«[93]; Göldi 1914: »Artdiversität«[94]), **ökologische Diversität** Ende des 19. Jahrhunderts (Anonymus 1898: »This region [the mountainous region of south-western Colorado] is especially rich in species, and is also interesting for its great ecological diversity«[95]), ebenso wie **Habitatdiversität** (Lindsay 1868: »living specimens over larger areas, and in a greater diversity of habitats«[96]; Anonymus 1871: »The surface of the country exhibits the greatest diversity of habitats for native plants«[97]; Tansereau 1913: »habitat diversity«[98]).

Ein Maß der Diversität auf der Ebene von Individuen ist die *morphologische Diversität* (Lewes 1860: »with this fundamental *histological* resemblance [of all animals], there is a great *morphological* diversity«[99]; Allman 1872: »In the Gymnoblestea there is still more morphological diversity, this sub-order being represented by numerous families and genera«[100]). Daneben ist seit Beginn des 20. Jahrhunderts auch der Ausdruck *Merkmalsdiversität* in Gebrauch (Wernham 1912: »character-diversity«[101]; im genetischen Kontext: Cook 1907[102]). Sie kann bestimmt werden als die Anzahl der (phänotypischen) Merkmale eines Individuums oder einer Gruppe von Individuen in einer ökologischen Gemeinschaft oder in einem Taxon. In einer Gemeinschaft wächst die Merkmalsdiversität mit der Artendiversität sowie mit der taxonomischen und ökologischen Unterschiedlichkeit der vorhandenen Arten, also der funktionalen Diversität des Systems. Besondere Schwierigkeiten ergeben sich allerdings für die genaue Abgrenzung und Quantifizierung von Merkmalen (↑Form/ Merkmal).[103]

›Diversität‹ ist also eine Größe, die sich auf die Einheiten aller Organisationsebenen biologischer Systeme beziehen kann: auf Ökosysteme, Baupläne (Phyla) und Arten ebenso wie auf morphologische Strukturen, Entwicklungsprozesse und Gene.[104] Zentriert wird das Konzept meist um die Artenvielfalt im ökologischen Kontext.

Diversität als strukturalistisches Konzept
Besonderes Gewicht wird bei dem Konzept der Diversität auf die strukturelle Ebene biologischer Phänomene gelegt: Es werden primär strukturelle Entitäten wie Typen von Organismen oder Genen in ihrer Vielfalt und Verteilung quantifiziert.[105] Weniger Berücksichtigung findet dagegen die Ebene der Prozesse, die diese Vielfalt erzeugen und erhalten. Dieser Ausrichtung wird mit dem Konzept der *Prozessdiversität* (»process diversity«[106]) entgegengewirkt. Es etabliert sich außerdem seit Mitte der 1990er Jahre, neben die strukturelle Diversität die »funktionale Diversität« von biologischen Systemen zu stellen. Als dritte Kategorie kann die »kompositionale Diversität« unterschieden werden.

Zusammenfasst ergeben sich damit also drei Dimensionen der Diversität: (1) Die *strukturel-*

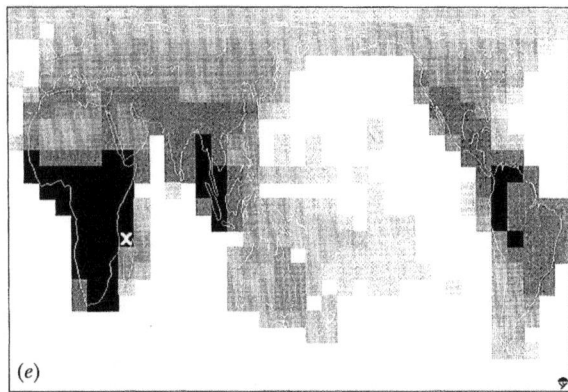

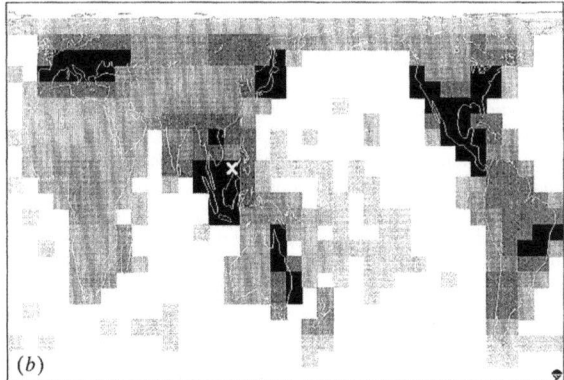

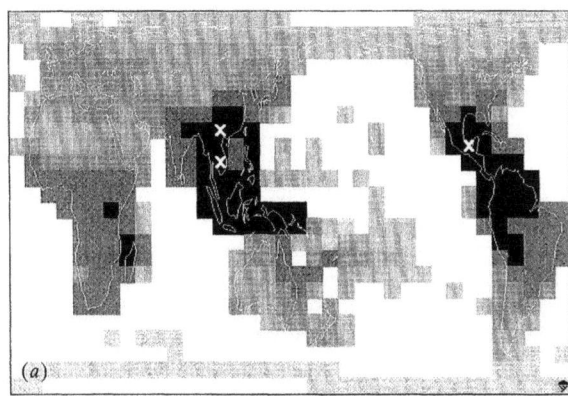

Abb. 86. Globale Verteilung der Biodiversität auf der Ebene von Familien für (von oben nach unten) Samenpflanzen, Käfer und Säugetiere. Dunklere Grautöne stehen für größere Diversität; Biodiversitätszentren sind mit einem weißen Kreuz versehen. Samenpflanzen und Käfer haben ihre höchste Diversität in Südostasien; Säugetiere in Madagaskar und Afrika südlich der Sahara. Der latitudinale Diversitätsgradient mit der Zunahme der Diversität Richtung Äquator ist bei allen drei Gruppen erkennbar (aus Gaston, K.J., Williams, P.H., Eggleton, P. & Humphries, C.J. (1995). Large scale patterns of biodiversity: spatial variation in family richness. Proc. Roy. Soc. Lond. Biol. Sci. 260, 149-154: 150).

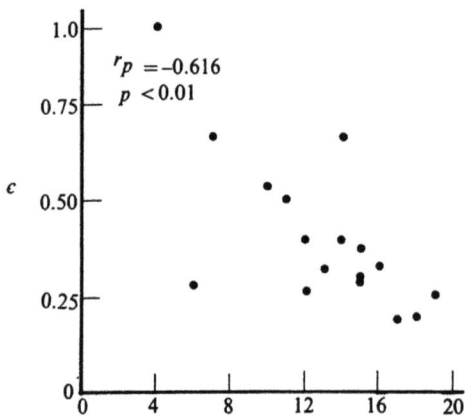

Abb. 87. *Negative Korrelation zwischen der Anzahl der Arten (Diversität) und der Anzahl der festen ökologischen Interaktionen zwischen den Individuen verschiedener Arten (»Konnektanz«: c, z.B. trophische Beziehungen). Datengrundlage: verschiedene Gemeinschaften von Pflanzen und Pflanzenfressern im Grasland der Serengeti. Artenarme Gemeinschaften sind durch eine hohe Zahl von Interaktionen zwischen Individuen verschiedener Arten gekennzeichnet; artenreiche Gemeinschaften dagegen durch eine relativ geringe Interaktionsvielfalt. Eine Erklärung hierfür liegt in der Organisation der Gemeinschaften in »Gilden« aus mehreren Arten, die ähnliche Ansprüche an die Umwelt haben und untereinander wenig interagieren. Die Korrelation kann auch so interpretiert werden, dass Gemeinschaften mit vielen Arten nur dann stabil sind, wenn es relativ wenige ökologische Beziehungen zwischen ihnen gibt; oder, anders gesagt: Gemeinschaften hoher Diversität können stabil sein, wenn sie in Gilden strukturiert sind (aus McNaughton, S.J. (1978). Stability and diversity of ecological communities. Nature 274, 251-253: 252).*

le *Diversität* umfasst das Muster der physischen Gestalt eines Systems, z.B. die Komplexität und räumliche Anordnung der Habitateinheiten (»patchiness«). (2) Die *kompositionale Diversität* betrifft die Vielfalt von Elementen in einem System, z.B. als Maß der Diversität von Arten und Genen. (3) Die *funktionale Diversität* bezeichnet die Vielfalt der ökologischen und evolutionären Prozesse in einem System, z.B. den Genfluss, Nährstoffkreisläufe und Störungen des Systems.[107]

Funktionale Diversität

Als ***funktionale Diversität*** (Franklin 1988: »functional diversity«[108]) eines Systems wird die Anzahl der unterschiedlichen funktionellen Gruppen (»functional types«[109]) oder der in diesem System vorliegenden ökologischen Rollen bezeichnet (↑Rolle, ökologische). In der Neurophysiologie wird der Ausdruck bereits in den ersten Jahrzehnten des 20. Jahrhunderts verwendet.[110] Die heute dominante Bedeutung bezieht sich aber auf ökologische Systeme.[111] Im Gegensatz zur strukturellen Diversität werden über die funktionale Diversität die relationalen und dynamischen Aspekte der Vielfalt einer Gemeinschaft in den Blick genommen, also die Diversität der Rollen, Beziehungen und Prozesse in einem System (z.B. ökologische Nischen, trophische Verknüpfungen und Genfluss).[112] Ein verbreitetes Maß der funktionalen Diversität ist die Anzahl der funktionalen Gruppen (»the relative abundance of functionally different kinds of organisms«[113]). Eine funktionale Gruppe oder Rolle kann entweder über die Art der Ressourcennutzung der Organismen oder die Wirkung auf andere Organismen bestimmt werden (↑Nische). Der Artenreichtum einer Gemeinschaft muss dabei nicht notwendig mit der funktionalen Diversität korreliert sein. Es kann vielmehr eine »Redundanz«[114] in einer Gemeinschaft vorliegen, wenn die gleichen funktionalen Rollen durch verschiedene Arten mehrfach besetzt sind, wenn die funktionalen Gruppen also eine hohe interne Artdiversität aufweisen (↑Rolle, ökologische).

Verwandt mit dem Konzept der funktionalen Diversität ist der Begriff der **Trophodiversität**, der 1993 von P. Yodzis eingeführt wird.[115] Die Trophodiversität bezeichnet die Diversität innerhalb eines Nahrungsnetzes (»food web«; ↑Ernährung). Für die ökologische Dynamik der Nahrungsnetze ist nicht die Zuordnung von Organismen zu taxonomischen Arten, sondern zu Ernährungstypen ausschlaggebend; Yodzis spricht von *Trophospezies* (»trophospecies«)[116]: Die Angehörigen einer Trophospezies sind durch ähnliche Nahrungsgewohnheiten ausgezeichnet, sie ernähren sich also von anderen Organismen ähnlicher Arten. Das Konzept der Trophodiversität hat nach Yodzis drei Dimensionen: Es umfasst die taxonomische Diversität innerhalb einer Trophospezies, die horizontale Diversität des Nahrungsnetzes innerhalb der trophischen Ebenen, d.h. die Anzahl von Trophospezies auf den verschiedenen Ebenen, und die vertikale Diversität des Nahrungsnetzes, d.h. die Länge der Nahrungsketten in der Gemeinschaft.[117]

Biodiversität

Von der ›Biodiversität‹ wird seit Mitte der 1980er Jahre nach einer Konferenz in Washington D.C. zu diesem Thema (›National Forum on BioDiversity‹, 1986) und besonders nach Erscheinen des von E.O. Wilson und F.M. Peter herausgegebenen Werkes ›Biodiversity‹ (1988) gesprochen. Als Urheber des

Ausdrucks ›Biodiversität‹ gilt Walter G. Rosen, einer der Organisatoren der Washingtoner Tagung.[118] Das Wort ist von Anfang an nicht rein naturwissenschaftlich gemeint, sondern bezeichnet ein Konzept »mit wissenschaftlicher und moralischer Autorität«[119]. In der Erinnerung Rosens war es seine Absicht bei der Planung der Konferenz, das umständliche *biological diversity* durch das schlagkräftige *biodiversity* zu ersetzen. Durchaus programmatisch folgt er damit der Devise, das ›Logische‹ aus dem ›Biologischen‹ zu entfernen (»to take the ›logical‹ out of ›biological‹«[120]). Dem Begriff sollten damit die Dimensionen von *emotion* und *spirit* erhalten bleiben. In den letzten Jahren ist der Ausdruck zu einem Modewort geworden, welches das alte ›Diversität‹ im biologischen Kontext weitgehend ersetzt hat – vor allem bei Untersuchungen auf globaler Ebene.[121]

Eine regelrechte Explosion der Anzahl von Publikationen zu diesem Thema ist seit Ende der 1980er Jahre festzustellen.[122] Das Konzept steht dabei in enger Verbindung zu Bemühungen des Natur- und Umweltschutzes – gelegentlich wird es sogar direkt damit identifiziert.[123] Der Ausdruck ist dabei eindeutig ein positiv besetzter Wertbegriff, der direkt zum Handeln im Sinne einer Verwirklichung und Erhaltung des von ihm Bezeichneten aufruft. Der Reiz des Begriffs liegt daneben auch darin, dass er eine klare Quantifizierung verspricht. ›Biodiversität‹ ist also in der öffentlichen Wahrnehmung der Ausdruck für eine sowohl messbare als auch schöne und nützliche und dabei zugleich durch menschliches Handeln bedrohte Sache. Der Begriff hat damit gleichermaßen eine Verankerung in der Wissenschaft und Ökonomie wie in der Ethik und Ästhetik.

Vor dem Aufkommen des Wortes ›Biodiversität‹ sind einige Äquivalente verbreitet: Der Ausdruck *organische Diversität* (engl. »organic diversity«) erscheint vereinzelt bereits seit Mitte des 19. Jahrhunderts.[124] Seit der ersten Hälfte des 20. Jahrhunderts ist daneben von der *biologischen Diversität* (»biological diversity«)[125] die Rede, und zwar sowohl in Bezug auf die taxonomische Vielfalt von Arten als auch die Vielfalt von »strukturellen Typen« (Lebensformtypen) einer Region. Mitte des 20. Jahrhunderts kommt der Ausdruck *biotische Diversität* (»biotic diversity«) auf, um den Artenreichtum (»richness in species«) einer Region zu bezeichnen und quantitativ zu erfassen[126]. Die Ausdrücke werden meist als synonyme Konzepte verstanden.

Eine verbreitete Definition von ›Biodiversität‹, die die verschiedenen Ebenen der Vielfalt berücksichtigt, gibt eine Behörde des US-Kongresses 1987: »Biological diversity refers to the variety and variability among living organisms and the ecological complexes in which they occur. Diversity can be defined as the number of different items and their relative frequency. For biological diversity, these items are organized at many levels, ranging from complex ecosystems to the chemical structures that are the molecular basis of heredity. Thus, the term encompasses different ecosystems, species, genes, and their relative abundance«[127]. Eine andere programmatische Definition für die internationale Forschung wird 1991 gegeben: »Biodiversität ist die Eigenschaft lebender Systeme unterschiedlich, d.h. von anderen spezifisch verschieden und andersartig zu sein. Biodiversität wird definiert als die Eigenschaft von Gruppen oder Klassen von Einheiten des Lebens, sich voneinander zu unterscheiden. D.h., jede Klasse biologischer Entitäten – Gen, Zelle, Einzellebewesen, Art, Lebensgemeinschaft oder Ökosystem – enthält mehr als nur einen Typ. [...] Diversität zeigt sich auf allen Ebenen der biologischen Hierarchie, von Molekülen bis zu Ökosystemen«.[128]

Seit den frühen 1970er Jahren bildet das Konzept der biologischen Diversität einen zentralen Begriff in der Debatte um die Gefährdung und den Schutz von Pflanzen und Tieren durch den Menschen (↑Bioethik).[129] In der biologischen Vielfalt wird eine »Essenz des Lebens« gesehen und ihr wird ein Wert an sich zugeschrieben, für deren Erhaltung dem Menschen eine *evolutionäre Verantwortung* (»evolutionary responsibility«) zukomme.[130]

Diversität

Nachweise

1 Vgl. z.B. Plinius, Naturalis historia 2, 11; 13, 120.
2 Exodus 31, 5.
3 Wycliffe-Bible, Corp-O 4: Exodus 31, 5; vgl. Middle English Dictionary Online.
4 Browne, T. (1683). Certain Miscellany Tracts: 71 (Tract 1. Observations upon Several Plants Mention'd in Scripture, Nr. 43); vgl. The Works of Sir Thomas Browne, ed. G. Keyes, vol. 3, Chicago 1964, 151-202: 193.
5 Addison, J. (1712). Spectator Nr. 519 (London 1966, vol. IV, 136-139): 137.
6 Maupertuis, P.L.M. (1751). Système de la nature (Œuvres, Bd. 2, Lyon 1768, 135-184): 148f. (§ XLV).
7 Linné, C. von (1749). Oeconomia naturae (dt. in Hoepfner, E.J.T. (Hg.). Des Ritters Carl von Linné Auserlesene Abhandlungen aus der Naturgeschichte, Physik und Arzneywissenschaft, Bd. 2, Leipzig 1777, 1-56): 26.
8 Flotow, J. von (1828). Lichenologische Bemerkungen (Fortsetzung). Flora oder Botanische Zeitung 11, 625-640: 629f.; vgl. auch Meyer, H. von (1832). Palaeologica zur Geschichte der Erde und ihrer Geschöpfe: 173.
9 Schrader, H.A. (1809). [Rez. Icones plantarum selectae]. Neues Journal für die Botanik 3, 286-287: 286.
10 Anonymus (1819). [Rez. Brocchi, G. (1814). Conchiologia fossile subappenina, 2 Bde.]. Göttingische gelehrte Anzeigen 1819 (10), 89-99: 97.
11 Nees von Esenbeck, C.G., Hornschuch, F. & Sturm, J. (1823). Bryologia Germanica, oder Beschreibung der in Deutschland und in der Schweiz wachsenden Laubmoose, Bd. 1: c; vgl. auch Toeppen, H. (1878). Die Doppelinsel, Nowaja Semlja. Geschichte ihrer Entdeckung: 96.
12 Bronn, H.G. (1831). Italiens Tertiär-Gebilde und deren organische Einschlüsse: 152; vgl. auch Schmidt, H. (1949). Der Artenreichtum einer voreiszeitlichen Lebensgemeinschaft.
13 Pictet, F.-J. (1853). Histoire naturelle des Insectes fossiles. Analyse et discussion de quelques travaux récents de M. le professeur O. Heer. Bibliothèque universelle de Genève, Sciences physiques et naturelles 22, 329-343: 338.
14 Cain, S.A. (1934). Studies on Virgin Hardwood Forest, II. A Comparison of quadrat sizes in a quantitative phytosociological study of Nash's Woods, Posey County, Indiana. Amer. Midl. Nat. 15, 529-566: 552.
15 Caspers, H. (1948). Ökologische Untersuchungen über die Wattentierwelt im Elbe-Ästuar. Verh. deutsch. Zool. Ges. Kiel 1948, 350-359: 356; Häntzschel, W. (1952). [Rez. Caspers (1948)]. Zentralblatt für Geologie und Paläontologie, Teil 2. Historische Geologie und Paläontologie (Jahrgang 1951): 45; Rainer, H. (1968). Urtiere, Protozoa. Wurzelfüßler, Rhizopoda. Sonnentierchen, Heliozoa. In: Dahl, M. & Peus, F. (Hg.). Die Tierwelt Deutschlands und der angrenzenden Meeresteile, Teil 56: 44; Briemle, G. (1976). Auswirkungen moderner Landbewirtschaftung und von Maßnahmen der Flurbereinigung auf die Artenvielfalt heimischer Tiere; Oesau, A. (1986). Förderung der Artenvielfalt von Ackerwildkräutern.
16 Aretin, G. von (1795). Aktenmäßige Donaumoos-Kulturs-Geschichte: 147.
17 Schellenberg, J.R. (1803). Gattungen der Fliegen in XLII Kupfertafeln: 51.
18 Roßmäßler, E.A. (1863). Der Wald: 9.
19 Jaccard, P. (1928). Phytosociologie et phytodémographie. Bulletin Société Vaudoise des Sciences Naturelles 56, 441-463: 443; vgl. ders. (1932) Die statistische-floristische Methode als Grundlage der Pflanzensoziologie. Handb. Biol. Arbeitsmeth. Abderhalden XI. 5 (1), 165–202: 201.
20 Jaccard (1932): 177; vgl. ders. (1928): 456: »richesse florale«.
21 Thomas von Aquin, Scriptum super sententiis: liber 1, distinctio 44, quaestio 1, articulus 2, ad 6; vgl. ders. (1259-64). Summa contra gentiles: III, 71; vgl. Lovejoy, A.O. (1936). The Great Chain of Being (dt. Die große Kette der Wesen, Frankfurt/M. 1985): 98.
22 a.a.O.: lib. 1, d. 44, qu. 1, a. 2, co.
23 Thomas von Aquin, Scriptum super sententiis: lib. 2, d. 40, q. 1, a. 1 co; ders., Summa contra gentiles: lib. 2, cap. 89, n. 13; ders., Summa theologiae: I-II, q. 18, a. 6, ad 3; q. 107, a. 1, co; ders., Quaestio disputata de anima: a. 9, co; ders., Commentaria in octo libros Physicorum, lib. 7, l. 8, n. 5; vgl. http://www.corpusthomisticum.org/.
24 Euripides, Orestes 234; Phaedrus, Fabeln II, Prol. v. 10; vgl. auch Aristoteles, Ethica Nicomachea 1154b 28.
25 Vgl. Lovejoy (1936): 346ff.
26 Vgl. Trepl, W. (1987). Geschichte der Ökologie: 66.
27 Tournefort, J.P. de (1700). Institutiones rei herbariae.
28 Candolle, A.-P. de & Sprengel, K. (1820). Grundzüge der wissenschaftlichen Pflanzenkunde: 103.
29 Vgl. Löther, R. (1972). Die Beherrschung der Mannigfaltigkeit: 100.
30 Hammond, P. (1992). Species inventory. In: Groombridge, B. (ed.) (1992). Global Biodiversity. Status of the Earth's Living Resources, 17-39: 19; Chapman, A.D. (2006/09). Numbers of Living Species in Australia and the World (online).
31 Vgl. Glaw, F. & Köhler, J. (1998). Amphibian species diversity exceeds that of mammals. Herpetol. Rev. 29, 11-12: 11.
32 Chapman (2006/09).
33 Erwin, T.L. (1983) Beetles and other arthropods of the tropical forest canopies at Manaus, Brazil, samples with insecticidal fogging techniques. In: Sutton, S.L., Whitmore, T.C. & Chadwick A.C. (eds.). Tropical Rain Forests. Ecology and Management, 59-75; ders. (1988) The tropical forest canopy – the heart of biotic diversity. In: Wilson, E.O. (ed.). Biodiversity, 123-129.
34 Bartlett, R., Pickering, J. Gauld, I. & Windsor, D. (1999). Estimating global biodiversity: tropical beetles and wasps send different signals. Ecological Entomology 24, 118-121.
35 Hamilton, A.J. et al. (2010). Quantifying uncertainty in estimation of tropical arthropod species richness. Amer. Nat. 176, 90-95.
36 Vgl. Hance, J. (2010). Close to a billion species: ocean exploration reveals shocking diversity of tiny marine life. mongabay.com, April 19, 2010; Schuh, H. (2010). Warum wissen wir so wenig über das Meer? Die Zeit Nr. 30 (22. Juli 2010), 29-30.

37 Schuh (2010): 29.
38 Vgl. Miller, A.I. (2002). Diversity of life through time. Encyclopedia of Life Sciences.
39 Leakey, R. & Lewin, R. (1995). The Sixth Extinction (dt. Die sechste Auslöschung, Frankfurt/M. 1996): 50.
40 a.a.O.: 57.
41 Willdenow, K.L. (1792/99). Grundriss der Kräuterkunde: 346.
42 Schouw, J.F. (1822-24). Grundtraek til almindelig Plantegeografie (dt. Grundzüge einer allgemeinen Pflanzengeographie, Berlin 1823): 393.
43 Vgl. Mayr, E. (1982). The Growth of Biological Thought: 116.
44 Darwin, C. (1859). On the Origin of Species: 115.
45 a.a.O.: 116.
46 Darwin, C. (1857). [Brief an A. Gray vom 5. Sept. 1857] (Correspondence, vol. 6, Cambridge 1991): 448.
47 Darwin, C. (1859/61). On the Origin of Species: 142.
48 Rosenberg, A. (1994). Instrumental Biology or the Disunity of Science: 34.
49 Vgl. Schluter, D. & Ricklefs, R.E. (1993). Species diversity. An introduction to the problem. In: Ricklefs, R.E. & Schluter, D. (eds.). Species Diversity in Ecological Communities, 1-10: 6.
50 Vgl. Schluter & Ricklefs (1993): 8.
51 Vgl. Terborgh, J.W. & Faaborg, J. (1980). Saturation of bird communities in the West Indies. Amer. Nat. 116, 178-195.
52 Ricklefs, R.E. & Latham, R.E. (1993). Global patterns of diversity in mangrove floras. In: Ricklefs, R.E. & Schluter, D. (eds.). Species Diversity in Ecological Communities, 215-229.
53 Wallace, A.R. (1878). Tropical Nature and Other Essays: 123.
54 Fischer, A.G. (1960). Latitudinal variations in organic diversity. Evolution 14, 64-81: 80.
55 Levin, S.A. (1974). Dispersion and population interactions. Amer. Nat. 104, 413-423; Connell, J.H. (1978). Diversity in tropical rain forests and coral reefs. Science 199, 1302-1310; Atkinson, W.D. & Shorrocks, B. (1981). Competition on a divided and ephemeral resource: a simulation model. J. Anim. Ecol. 50, 461-471; Hanski, I. (1981). Coexistence of competitors in patchy environment with and without predation. Oikos 37, 306-312; Pickett, S.T.A. & White, P.S. (1985). The Ecology of Natural Disturbances and Patch Dynamics.
56 DeAngelis, D.L. & Waterhouse, J.C. (1987). Equilibrium and nonequilibrium concepts in ecological models. Ecol. Monogr. 57, 1-21.
57 Paine, R.T. (1966). Food web complexity and species diversity. Amer. Nat. 100, 65-75.
58 MacArthur, R.H. & Wilson, E.O. (1963). An equilibrium theory of insular zoogeography. Evolution 17, 373-387; dies. (1967). The Theory of Island Biogeography.
59 Hutchinson, G.E. (1959). Homage to Santa Rosalia or why are there so many kinds of animals? Amer. Nat. 93, 145-159: 146; May, R. (1986). The search for patterns in the balance of nature: advances and retreats. Ecology 67, 1115-1126: 1125; ders. (1988). How many species are there on earth? Science 241, 1441-1449: 1441.
60 Hennig, W. (1949). Zur Klärung einiger Begriffe der phylogenetischen Systematik. Forsch. Fortschr. 25, 136-138: 138.
61 Bartsch, P. (1923). Stenomorph, a new term in taxonomy. Science 57, 330.
62 Runnegar, B. (1987). Rates and modes of evolution in the Mollusca. In: Campbell, K.W.W. & Day, M.F. (eds.). Rates of Evolution, 39-60: 41.
63 Gould, S.J. (1989). Wonderful Life. The Burgess Shale and the Nature of History: 49.
64 Wills, M.A., Briggs, D.E.G. & Fortey, R.A. (1994). Disparity as an evolutionary index: a comparison of Cambrian and recent arthropods. Paleontol. 20, 93-130.
65 Budd, G.E. & Jensen, S. (2000). A critical reappraisal of the fossil record of the bilaterian phyla. Biol. Rev. Cambr. Philos. Soc. 75, 253-295; Budd, G.E. (2003). The Cambrian fossil record and the origin of the phyla. Integrative and Comparative Biology 43, 157-165.
66 Sterelny, K. & Griffiths, P.E. (1999). Sex and Death: 291ff.
67 Lloyd, M. & Ghelardi, R.J. (1964). A table for calculating the "equitability" component of species diversity. J. Anim. Ecol. 33, 217-225: 217; Hurlbert, S.H. (1971). The nonconcept of species diversity: a critique and alternative parameters. Ecology 52, 577-586: 582; Pielou, E.C. (1969/77). Mathematical Ecology: 292.
68 Vgl. Jaccard P. (1928) Die statistische-floristische Methode als Grundlage der Pflanzensoziologie. Handb. Biol. Arbeitsmeth. Abderhalden XI. 5 (1), 165–202.
69 Fisher, R.A., Corbet, A.S. & Williams, C.B. (1943). The relation between the number of species and the number of individuals in a random sample of an animal population. J. Anim. Ecol. 12, 42-58: 49.
70 Anscombe, F.J. (1950). Sampling theory of the negative binomial and logarithmic series distributions. Biometrika 37, 358-382: 379.
71 Fisher et al. (1943).
72 Simpson, E.H. (1949). Measurement of diversity. Nature 163, 688.
73 Shannon, C.E. & Weaver, W. (1949). The Mathematical Theory of Communication; vgl. Margalef, D.R. (1958). Information theory in ecology. Gen. Syst. 3, 36-71.
74 MacArthur, R.H. (1955). Fluctuations of animal populations, and a measure of community stability. Ecology 36, 533-536.
75 MacArthur, R.H. (1957). On the relative abundance of bird species. Proc. Natl. Acad. Sci. Washington 43, 293-295; ders. (1960). On the relative abundance of species. Amer. Nat. 94, 25-36.
76 Vgl. Peet, R.K. (1974) The measurement of species diversity. Ann. Rev. Ecol. Syst. 5, 285-307; Grassle, J.F., Patil, G.P., Smith, W. & Taillie, C. (eds.) (1979). Ecological Diversity in Theory and Practice; Magurran, A.E. (1988). Ecological Diversity and its Measurement.
77 Preston, F.W. (1948). The commonness and rarity of species. Ecology 29, 254-283.
78 Preston, F.W. (1962). The canonical distribution of commonness and rarity. Ecology 43, 185-215; 410-432.

Diversität

79 Vgl. Pielou, E.C. (1975). Ecological Diversity.
80 MacArthur (1957); ders. (1960).
81 Sughiara, G. (1980). Minimal community structure: an explanation of species abundance patterns. Amer. Nat. 116, 770-787.
82 Hurlbert, S.H. (1971). The nonconcept of species diversity: a critique and alternative parameters. Ecology 52, 577-586.
83 Vgl. Haeupler, H. (1993/95). Diversität. In: Kuttler, W. (Hg.). Handbuch zur Ökologie, 99-104: 103.
84 Norton, B.G. (1994). On what we should save: the role of culture in determining conservation targets. In: Forey, P.L., Humphries, C.J. & Vane-Wright, R.I. (eds.). Systematics and Conservation Evaluation, 23-29; Gaston, K.J. (1996). What is biodiversity? In: ders. (ed.). Biodiversity, 1-9: 4.
85 Whittaker, R.H. (1960). Vegetation of the Siskiyou Mountains, Orgeon and California. Ecol. Monogr. 30, 279-338: 320.
86 Whittaker (1960): 320; vgl. MacArthur, R.H. (1965). Patterns of species diversity. Biol. Rev. 40, 510-533: 522ff.
87 Whittaker (1960): 320; vgl. ders. (1972). Evolution and measurement of species diversity. Taxon 21, 213-251: 232.
88 Norse, E.A. & McManus, R.E. (1980). Ecology and living resources biological diversity. In: Environmental Quality 1980: The Eleventh Annual Report of the Council on Environmental Quality, 31-80; vgl. Harper, J.L. & Hawksworth, D.L. (1994). Biodiversity: measurement and estimation. Preface. Philos. Trans. Roy. Soc. B 345, 5-12: 6.
89 Norse, E.A. et al. (1986). Conserving Biological Diversity in Our National Forests: 2; United Nations Environmental Programme (1992). Convention on Biological Diversity: Article 2; vgl. Harper & Hawksworth (1994): 6; Potthast (1996): 179.
90 Bateson, W. (1911). Genetics. Popular Science Monthly 79, 313-327: 326; vgl. Agar, W.E. (1914). Experiments on inheritance in parthenogenesis. Philos. Trans. Roy. Soc. London B 205, 421-489: 425.
91 Anonymus (1672). Relation des voyages du Sieur ... dans la riviere de la Plate. In: Relations de divers voyages curieux, Bd. 3: 6.
92 Hale, M. (1677). The Primitive Origination of Mankind: 324.
93 Kellogg, V.L. (1907). Darwinism To-Day: 387; vgl. Olmsted, C.E. (1941). Review: Transplant studies and the nature of species. Ecology 22, 217-218: 218.
94 Göldi, E.A. (1914). Die Tierwelt der Schweiz in der Gegenwart und in der Vergangenheit, Bd. 1. Wirbeltiere: 245.
95 Anonymus (1898). Botan. Gaz. 25, 464.
96 Lindsay, W.L. (1868).Contributions to New Zealand Botany: 48.
97 Anonymus (1871). Annaghmore and the southern shore of Lough Neagh. Annual Report of the Belfast Naturalists' Field Club 8, 11-13: 11.
98 Tansereau, E.N. (1913). The periodicity of algae in Illinois. Trans. Amer. Microscop. Soc. 32, 31-40: 36.
99 Lewes, G.H. (1860). The Physiology of Common Life, vol. 2: 32.
100 Allman, G.J. (1872). A Monograph of the Gymnoblastic or Tubularian Hydroids, vol. 2: 190.
101 Wernham, H.F. (1912). Floral evolution: with particular reference to the sympetalous dicotyledons, VII. Inferae: Part I, Rubiales. New Phytol. 11, 217-235: 221.
102 Cook, O.F. (1907). Mendelism and other methods of descent. Proceedings of the Washington Academy of Sciences 9, 189-240: 236.
103 Williams, P.H. & Humphries, C.J. (1996). Comparing charcter diversity among biotas. In: Gaston, K.J. (ed.). Biodiversity, 54-76.
104 Maclaurin, J. & Sterelny, K. (2008). What is Biodiversity?
105 Gaston, K.J. (1996). What is biodiversity? In: ders. (ed.). Biodiversity, 1-9: 3.
106 Angermeier, P.L. & Karr, J.R. (1994). Biological integrity versus biological diversity as policy directives. BioScience 44, 690-697: 692.
107 Vgl. Noss, R.F. (1990). Indicators for monitoring biodiversity: a hierarchical approach. Conserv. Biol. 4, 355-364: 357.
108 Franklin, J.F. (1988). Structural and functional diversity in temperate forests. In: Wilson, E.O. & Peter, F.M. (eds.). Biodiversity, 166-175.
109 Smith, T. & Huston, M. (1989). A theory of the spatial and temporal dynamics of plant communities. Vegetatio 83, 49-69: 55.
110 Anonymus (1917). Review: Herrick, C.J. (1916). An Introduction to Neurology. Trans. Amer. Microsc. Soc. 36, 49-50: 49; Rees, C.W. (1922). The neuromotor apparatus of Paramecium. Science 55, 184-185: 184.
111 Vgl. Collins, S.L. & Benning, T.L. (1996). Spatial and temporal patterns in functional diversity. In: Gaston, K.J. (ed.). Biodiversity. A Biology of Numbers and Difference, 253-280: 254.
112 Noss (1990): 357; Martinez, N.D. (1996). Defining and measuring functional aspects of biodiversity. In: Gaston, K.J. (ed.). Biodiversity, 114-148.
113 Walker, B.H. (1992). Biodiversity and ecological redundancy. Conserv. Biol. 6, 18-23: 19.
114 ebd.
115 Yodzis, P. (1993). Environment and trophodiversity. In: Ricklefs, R.E. & Schluter, D. (eds.). Species Diversity in Ecological Communities, 26-38.
116 a.a.O.: 30.
117 ebd.
118 Vgl. Shetler, S.G. (1991). Biological diversity: Are we asking the right questions? In: Dudley, E.D. (ed.). The Unity of Evolutionary Biology, 2 vols.: I, 37-43: 37; Potthast, T. (1996). Inventing biodiversity: genetics, evolution, and environmental ethics. Biol. Zentralbl. 115, 177-188: 178.
119 Eser, U. (2001). Die Grenze zwischen Wissenschaft und Gesellschaft neu definieren: *boundary work* am Beispiel des Biodiversitätsbegriffs. Verh. Gesch. Theor. Biol. 7, 135-152: 141.
120 a.a.O.: 140.
121 Vgl. Groombridge, B. (ed.) (1992). Global Biodiversity. Status of the Earth's Living Resources; Schulze, E.-D. & Mooney, H.A. (eds.) (1993). Biodiversity and Ecosystem

Function; Heywood, V.H. (ed.) (1995). Global Biodiversity Assessment.
122 Vgl. Haila, Y. & Kouki, J. (1994). The phenomenon of biodiversity in conservation biology. Ann. Zool. Fenn. 31, 5-18; Harper, J.L. & Hawksworth, D.L. (1994). Biodiversity: measurement and estimation. Preface. Philos. Trans. Roy. Soc. B 345, 5-12: 6 (Fig. 1).
123 Bowman, D.M.J.S. (1993). Biodiversity: much more than biological inventory. Biodiv. Lett. 1, 163.
124 Anonymus (1865). Review: Pouchet, G. (1864). The Plurality of the Human Race. Anthropol. Rev. 3, 120-132: 121; Anonymus (1868). Natural History Miscellany: Botany. Amer Nat. 2, 104-107: 105.
125 Harris, J.A. (1916). The variable desert. Sci. Monthly 3, 41-50: 49.
126 Whittaker, R.H. (1956). Vegetation of the Great Smoky Mountains. Ecol. Monogr. 26, 1-80: 62; Fischer (1960): 71; Shetler (1991): 37.
127 US Congress Office of Technology Assessment (1987). Technologies to Maintain Biological Diversity; vgl. Gaston, K.J. (1996). What is biodiversity? In: ders. (ed.). Biodiversity, 1-9: 2.
128 Solbrig, O.T. (1991). Biodiversity. Scientific Issues and Collaborative Research Proposals (dt. Biodiversität. Wissenschaftliche Fragen und Vorschläge für die internationale Forschung, Bonn 1994): 9.
129 C.H. (1974). Scientists talk of the need for conservation and an ethic of biotic diversity to slow species extinction. Science 184, 646-647; Lovejoy, T.E. (1980). Foreword. In: Soulé, M.E. & Wilcox, B.A. (eds.). Conservation Biology: An Evolutionary-Ecological Perspective, v-ix; ders. (1980). Changes in biological diversity. In: Barney, G.O. (ed.). The Global 2000 Report to the President, vol. 2 (The Technical Report), 327-332.
130 Frankel, O.H. (1970). Variation – the essence of life. Proc. Linn. Soc. New South Wales 95, 158-169: 168; ders. (1974). Genetic conservation: our evolutionary responsibility. Genetics 78, 53-65.

Literatur

Whittaker, R.H. (1972). Evolution and measurement of species diversity. Taxon 21, 213-251.
Gaston, K.J. (ed.) (1996). Biodiversity. A Biology of Numbers and Difference.
Takacs, D. (1996). The Idea of Biodiversity. Philosophies of Paradise.
Ghilarov, A. (1996). What does "biodiversity" mean – scientific problem or convenient myth? Trends Ecol. Evol. 11, 304-306.
Eser, U. (2001). Die Grenze zwischen Wissenschaft und Gesellschaft neu definieren: *boundary work* am Beispiel des Biodiversitätsbegriffs. Verh. Gesch. Theor. Biol. 7, 135-152.
Oksanen, M. & Pietarinen, J. (eds.) (2004). Philosophy and Biodiversity.
Sarkar, S. (2005). Biodiversity and Environmental Philosophy.
Maclaurin, J. & Sterelny, K. (2008). What is Biodiversity?

Einzeller

Das Wort ›Einzeller‹ erscheint vereinzelt seit Mitte des 19. Jahrhunderts (Dippel 1858: »Andere Einzeller, wie die Vaucherien, die Valonien, entwickeln fadenförmige, auf mancherlei Weise verästelte Zellen von bedeutender Länge«[1]). Regelmäßig wird es aber erst im 20. Jahrhundert verwendet. Der Ausdruck dient der Bezeichnung der taxonomischen Gruppe oder des Organisationstyps der einzelligen Organismen (bei W. Bölsche um 1900 u.a. auch für Bakterien oder »Bazillen«).[2] In Form eines Adjektivs erscheint das Grundwort bereits seit den 1840er Jahren (Kölliker 1845: »einzellige Thiere«[3]; Perty 1846: »einzellige Pflanzen«[4]; Kölliker 1852; Cohn 1852: »einzellige Organismen«[5]). Das englische Äquivalent ist als direkte Übersetzung aus dem Deutschen seit Ende der 1840er Jahren in Gebrauch (in der Übersetzung von Nägeli 1849: »unicellular plants«[6]; von Siebolds 1850: »unicellular animals«[7]; Köllikers 1853: »unicellular organisms«[8]; vgl. auch Carpenter 1854: »unicellular Protozoa«[9]).

Nach späterer Terminologie umfasst die Gruppe der Einzeller sowohl die einzelligen Pflanzen, als auch die einzelligen Tiere, die Protozoen, die »nur aus einer einzigen Zelle bestehen« (R. Hertwig 1897)[10]. Bevor sich die Bezeichnung ›Einzeller‹ etabliert, werden sie auch die *Einzelligen* genannt.[11] In Bezug auf die Tiere umfassen sie einen Teil der Gruppe, die vorher als *Animalcules*, *Infusorien* oder *Protozoen* (Urtiere) bekannt sind (s.u.). Allein auf der Grundlage ihrer geringen Größe werden die Einzeller (ebenso wie die Bakterien) seit den 1860er Jahren als ***Mikroorganismen*** bezeichnet (Dietz 1865: »Einnistung parasitischer Mikroorganismen [als Krankheitserreger bei Pflanzen und Tieren]«[12]; franz. 1868: »micro-organismes«[13]; engl. 1875: »micro-organisms«[14]) (Dieser Ausdruck wird in der ersten Jahrhunderthälfte auch für die Zellen eines mehrzelligen Organismus verwendet; Guhrauer 1842: »Der Organismus ergiebt sich [...] als ein System mikroscopischer Individualitäten, als ein Makrokosmos mit zahlreichen wesensgleichen Mikroorganismen«[15].) Bis zum Anfang des 20. Jahrhunderts werden auch die ↑Bakterien zu den Einzellern gerechnet[16], später werden dagegen allein Organismen mit einem echten Zellkern (Eukaryoten) dazugezählt.

Anfangs werden die Einzeller v.a. von medizinischer Seite als Erreger zahlreicher Krankheiten untersucht. Erst um die Jahrhundertwende beginnt sich

> Ein Einzeller ist ein Organismus, der nur aus einer Zelle besteht.

Animalcules (More 1518)	*366*
Infusoria (Wrisberg 1765)	*369*
Urtier (Oken 1805)	*369*
Protozoen (Goldfuß 1817)	*369*
Urorganismus (Oken 1810)	*367*
Protophyta (Fries 1821)	*370*
Einzeller (Dippel 1858)	*366*
Protoctista (Hogg 1861)	*370*
Mikroorganismen (Dietz 1865)	*366*
Protisten (Haeckel 1866)	*370*
Protistenkunde (Haeckel 1866)	*370*
Protistologie (Haeckel 1866)	*370*
Protozoologie (Priestley 1904)	*370*

ihre Erforschung von medizinischen Bezügen zu lösen, und sie werden nicht mehr über ihre Eigenschaft als Krankheitserreger, sondern ihre Struktur als einzellige Organismen definiert.[17]

Beschreibungen bis ins 19. Jh.
Die am längsten bekannten Einzeller sind die bis zu 6 cm großen fossilen Vertreter der Gattung *Nummulites*, die als Abdrücke auf Steinen in der Antike und Renaissance (durch C. Clusius) beschrieben werden.[18] C. Gesner berichtet 1565 von der Foraminifere *Vaginulina* als einem kleinen Tier.[19] Genauer untersucht werden kleine Einzeller im Wasser, die mit bloßem Auge nicht sichtbar sind, seitdem das Mikroskop als Mittel der Erforschung der Natur eingesetzt wird. Die erste Abbildung eines solchen Einzellers liefert R. Hooke 1665 (wahrscheinlich von *Rotalia beccarii*).[20] Als eigentlicher Begründer der Protozoologie gilt aber A. van Leeuwenhoek. Seit Mitte der 1670er Jahre beobachtet van Leeuwenhoek frei lebende (und auch im Darm des Menschen vorkommende) Einzeller mit seinem bis zu 270fach vergrößernden Mikroskop (u.a. Vertreter der Gattungen *Vorticella*, *Stylonychia*, *Volvox*, *Polystomella* und *Giardia*) und bezeichnet sie als ***Animalcules***.[21] Der Ausdruck animalculum als Diminutiv für ›animal‹, also »kleines Tier«, erscheint bereits vorher – spätestens zu Beginn des 16. Jahrhunderts bei T. More.[22] Van Leeuwenhoek bezeichnet allerdings nicht nur einzellige Organismen, sondern auch Bakterien und Mehrzeller wie Süßwasserpolypen und Rädertierchen als ›animalcules‹. Er geht davon aus, dass die kleineren Organismen Jugendformen der größeren sind. Van Leeuwenhoek erkennt die kleinen Wesen unter dem Mikroskop als echte Lebewesen an und wendet sich gegen die Meinung, sie könnten spontan aus lebloser Materie entstehen. Denn wie bei den großen Tieren erkennt van Leeuwenhoek auch bei den animalcules Organe (z.B. Zilien zur Fortbewegung) und beobachtet, wie sie sich durch Fortpflan-

zung aus anderen Lebewesen des gleichen Typs bilden (↑Urzeugung).

Im 17. und 18. Jahrhundert ergeben mikroskopische Beobachtungen eine Vielfalt neuer und charakteristischer Formen von Einzellern[23]: A. von Leeuwenhoek beschreibt 1674 in einem Brief an die ›Royal Society‹ als erster das Augentierchen *Euglena viridis*, eine zweite Beschreibung erfolgt 1696 durch J. Harris.[24] Von frei lebenden Ziliaten (wahrscheinlich *Colpidium*) berichtet zuerst F. Buonanni im Jahr 1691.[25] Ein anonymer Autor gibt 1703 eine Beschreibung des in diese Gruppe gehörenden Pantoffeltierchens *Paramaecium*[26], dessen erste Abbildung von L. Joblot aus dem Jahr 1718 stammt[27]. Die phosphoreszierende *Noctiluca* wird 1753 von H. Baker beschrieben.[28] Das erste Porträt einer Amöbe (*Proteus*) erfolgt 1755 durch A.J. Rösel von Rosenhof.[29] Die Entdeckung der Dinoflagellaten geht auf O.F. Müller im Jahr 1773 zurück.[30] Einige Jahre später verfasst Müller eine umfangreiche Monografie über viele im Wasser lebende Einzeller (insgesamt 378 Arten).[31] H.B. de Saussure beobachtet 1765 die wiederholte Fortpflanzung von Einzellern durch Teilung – und liefert mit seinen Darstellungen im Tagebuch eine der ersten grafischen Repräsentationen zeitlicher Sequenzen aus der Entwicklung mikroskopischer Organismen (↑Fortpflanzung).[32] S.T. Coleridge weist zu Beginn des 19. Jahrhunderts darauf hin, dass die Einzeller in gewisser Weise potenziell unsterblich sind, insofern sie jeweils durch Teilung in ihren Nachkommen vollkommen aufgehen (»a sort of minim immortal«[33]; ↑Tod).

19. Jh.: Einzeller im Rahmen der Zellenlehre
Eine neue Einschätzung erfahren die Einzeller ausgehend von der sich im 19. Jahrhundert etablierenden Lehre der ↑Zellen als den grundlegenden Bauelementen aller Lebewesen. Spekulativ wird die Zusammensetzung der größeren Tiere aus »Infusorien« bereits zu Beginn des 19. Jahrhunderts postuliert. So will L. Oken 1805 die Entstehung aller Lebewesen aus der Zusammensetzung von einfach gebauten »Infusorien« erklären: »Wenn alles Fleisch zerfällt in Infusorien, so […] müssen alle höheren Thiere aus diesen, als ihren Bestandthieren bestehen«.[34] Die Infusorien seien daher die »Urthiere« der höheren Organismen (↑Typus). Die »Verbindung der Urthiere im Fleische« sei nicht zu denken als eine »mechanische Aneinanderklebung eines Thierchens an das andere«, sondern als »eine wahre Durchdringung, Verwachsung, ein Einswerden aller dieser Thierchen, die von nun an kein eignes Leben führen, sondern alle, im Dienste des höhern Organismus befangen, zu einer und derselben gemeinschaftlichen Function hinarbei-

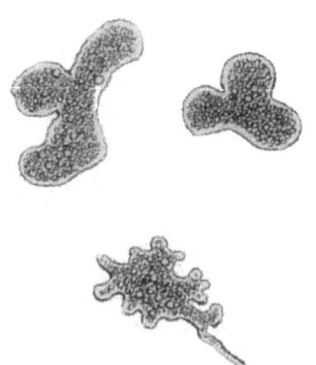

Abb. 88. Drei Bewegungsstadien einer Amöbe (»der kleine Proteus«) (aus Rösel, A.J. von (1775). Der monatlich-herausgegebenen Insecten-Belustigung Theil 3, Tab. CI).

ten, oder diese Function durch ihr Identischwerden selbst sind […], die Individualitäten aller bilden nun nur Eine Individualität«.[35] Auch wenn die empirische Grundlage zu dieser Darstellung bei Oken sehr dürftig war, trifft seine Beschreibung doch den wesentlichen Punkt, insofern er die Zusammenfügung der Infusorien zu einem komplexen Organismus nicht einfach als eine Aggregation beschreibt, sondern als die Bildung einer Einheit mit funktionaler Differenzierung der Teile (»Verflechtung«).[36]

Später charakterisiert Oken die ersten Einzeller als **Urorganismus**[37] – ein Ausdruck, den zuvor A. Röschlaub 1803 auf die Natur insgesamt[38] und Oken 1805 auf die »Polypen« bezieht[39] –, und er ist der Auffassung, in einer frühen Entwicklungsphase würden diese Organismen als »schleimige Urbläschen« vorliegen (»Das Urorganische ist ein schleimiger Punct«[40]). Er wiederholt seine Meinung, die »organische Grundmasse« bestehe aus Infusorien, und die höheren Orga-

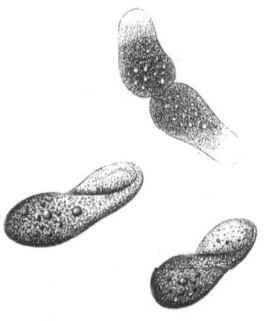

Abb. 89. Bewegungsstudien des Pantoffeltierchens (Paramaecium) (aus Müller, O.F. (1786). Animalcula infusoria, fluviatilia et marina: Tab. XII).

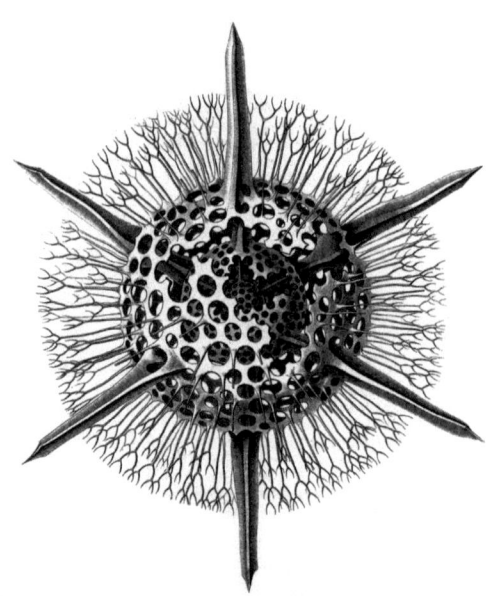

Abb. 90. Skelett einer einzelligen Radiolarie der Art Actinomma drymodes. *Die Zugehörigkeit der Radiolarien zu den Einzellern wird erst 1879 von Haeckels Schüler Richard Hertwig geklärt (vgl. Hertwig, R. (1879). Der Organismus der Radiolarien) (aus Haeckel, E. (1862). Die Radiolarien: Taf. XXIV, 9).*

nismen hätten sich aus dieser »entwickelt«: »Pflanzen und Thiere können nur Metamorphosen von Infusorien sein«[41]; »Die Organismen sind eine Synthesis von Infusorien«[42]; »Auch besteht der Samen aller Thiere aus Infusorien«[43]. Für Röschlaub ist die Natur insgesamt der »Universal- und Ur-Organismus«.[44] In diesem Sinne heißt es auch bei Oken 1808: »Die Luft ist das Riechorgan des Urorganismus«.[45] 1810 identifiziert Oken den Urorganismus zwar weiterhin mit dem »Planetenorganismus«[46], gleichzeitig betrachtet er aber auch den »Organismus als Ebenbild des Planeten«[47]. – Zur Bezeichnung des phylogenetisch ersten Organismus wird der Ausdruck ›Urorganismus‹ im 19. Jahrhundert bereits vor Darwin verwendet (Krug 1829: »Urorganismen nennen manche Naturphilosophen die ersten Erzeugnisse der Natur, aus welchen die späteren, noch jetzt bestehenden, hervorgegangen«[48]). Im 20. Jahrhundert wird das Wort in dieser Bedeutung auch von englischsprachigen Autoren verwendet (Morowitz 1992: »The problem is not simply the origin of life, it is the physical chemical formation of the Ur-organism and a subsequent evolutionary epoch giving rise to the universal ancestor«[49]).

Die Frage nach der inneren Struktur und dem Bau der Einzeller ist das ganze 19. Jahrhundert über strittig. Während auf der einen Seite C.G. Ehrenberg und seine Nachfolger der Meinung sind, die Einzeller wiesen alle Organsysteme auf, die auch für die höheren Organismen kennzeichnend seien, also z.B. die Verdauungs-, Bewegungs-, Exkretions- und Geschlechtsorgane[50], behauptet auf der anderen Seite F. Dujardin, die Protozoen würden aus einer einzigen homogenen Substanz, der »Sarkode« (↑Zelle) bestehen[51]. Als Argument für die zweite Auffassung wird die Einsicht empfunden, dass die Protozoen aus nur einer Zelle bestehen. Diese Ansicht findet seit Ende der 1830er Jahre immer mehr Anhänger, nachdem F.J.F. Meyen[52], M. Barry[53] und C.T.E. Siebold[54] entsprechende Beobachtungen machen.

T.H. Huxley steht dagegen der Lehre von den Zellen als weitgehend selbständigen Einheiten der Lebewesen skeptisch gegenüber und ist darüber hinaus der Auffassung, die Rede von einzelligen Organismen widerspreche der Zellentheorie, weil eine Zelle als eine physiologische Untereinheit anzusehen sei, der nur eine Funktion innerhalb eines Systems von wechselseitig voneinander abhängigen Teilen zukomme.[55] Es entzündet sich daraufhin eine bis ins 20. Jahrhundert reichende Debatte darüber, inwiefern auf Einzeller der Zellbegriff überhaupt anwendbar ist. Der englische Zoologe C.C. Dobell argumentiert vehement dafür, die Einzeller als nicht-zelluläre Organismen, bzw. als »azellulär«, wie es später heißt, zu betrachten.[56] Ein Einzeller sei nicht homolog zu einer isolierten Zelle eines vielzelligen Organismus, sondern zu dem ganzen vielzelligen Organismus. Im Laufe des 20. Jahrhunderts setzt sich aber doch die Bezeichnung *Einzeller* durch: Die Protisten gehören zu dem *Organisationstyp* der einzelligen Organismen, wie es E. Fauré-Frémiet 1957 formuliert.[57]

Systematik der Einzeller
Seit Beginn des 19. Jahrhunderts werden immer wieder vereinzelt Stimmen laut, die eine Zuordnung der mikroskopisch kleinen Lebewesen zu den Pflanzen oder Tieren für nicht möglich halten.[58] Terminologische Vorschläge für die Einführung eines eigenen Taxons, eines »vierten Reichs« der Natur (neben Steinen, Pflanzen und Tieren) werden aber erst seit Mitte des Jahrhunderts laut (s.u.).

Die Taxonomie der Einzeller ist bis in die Gegenwart in vollem Fluss. Eine alte Einteilung gliedert die Einzeller in die drei Gruppen der *Flagellaten* (Geißeltierchen), *Rhizopoden* (Amöben) und *Ziliaten* (Wimpertierchen).[59] Die lateinischen Bezeichnungen haben unterschiedliche Urheber: F. Dujardin führt 1840 den Ausdruck *Rhizopoda* ein[60], J.A.M. Perty 1852 den Terminus *Ciliata*[61] und F.J. Cohn 1853 das Wort *Flagellata*[62]. Später wird diese Einteilung um die vierte Gruppe der *Sporozoen* ergänzt. Heute findet diese Klassifikation allein insofern Berücksichtigung, als diese Gruppen als »Organisationsformen« angesehen werden (vgl. Abb. 91).[63] Das für lange Zeit maßgebliche System von O. Bütschli aus den Jahren 1887-89 umfasst die vier Gruppen *Sarcodina*, *Sporozoa*, *Mastiophora* und *Ciliophora*.[64] Auf zytologischer Grundlage schlägt E. Chatton 1925 eine Zweiteilung der Protisten in die beiden Gruppen der *Prokaryoten* (»Procaryotes«: Bakterien, Blaualgen und Spirochaeten) und *Eukaryoten* (»Eucaryotes«: alle Protisten mit einem Kern und auch alle Mehrzeller) vor (↑Taxonomie).[65] Auf dieser Basis werden die prokaryotischen Bakterien später von den Protisten ausgegliedert, so dass diese allein eukaryotische Vertreter umfassen.[66] Moderne Einteilungen stammen von Honigberg et al. (1964)[67] und Levine et al. (1980)[68]. Wegen der Unübersichtlichkeit der aktuellen Einteilungen werden in den letzten Jahren einfachere, »benutzerfreundliche« Klassifikationen vorgeschlagen (Corliss 1994).[69]

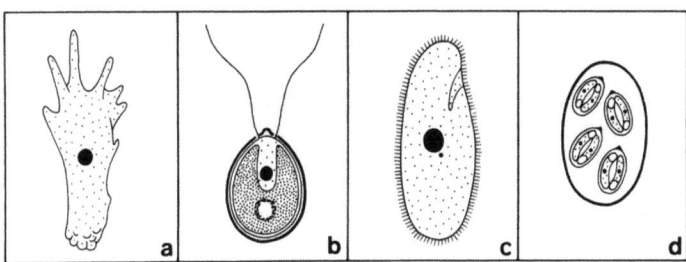

Abb. 91. Vier »Organisationsformen« der Einzeller: a. Rhizopoden; b. Flagellaten; c. Ciliaten; d. Sporozoen (aus Hausmann, K. (1985). Subregnum: Protozoa, Einzeller. In: Siewing, R. (Hg.). Lehrbuch der Zoologie Bd. 2, 59-111: 59).

Infusorien

Das lateinische Wort ›infusoria‹ (von lat. ›infundere‹ »hineingießen«) wird 1765 von H.A. Wrisberg eingeführt.[70] Die Bezeichnung ist angelehnt an das deutsche Wort, das M.F. Ledermüller 1760 für die allein mikroskopisch sichtbaren kleinen Organismen (Animalkuli) verwendet, die sich in Aufgüssen von Wasser auf Heu, Erde o.ä. beobachten lassen (»Infußions-Thierlein«).[71] Die Bezeichnung ist also von vornherein nicht als eine taxonomische Einheit verstanden worden, sondern ist ausgehend von der Einheit des pragmatischen Kontextes, in dem diese Organismen sich zeigen, eingeführt worden. J.B. de Lamarck nimmt die Infusorien als eine einheitliche Gruppe in sein System auf.[72] Bei G.A. Goldfuß bilden die Infusorien oder »Schleimthiere« 1818 die erste Ordnung seiner Klasse der Protozoen (Urtiere).[73]

Protozoen

Der Ausdruck ›Protozoen (Urthiere)‹ geht auf G.A. Goldfuß zurück, der damit 1817 die »Thiere der ersten und untersten Klasse« bezeichnet.[74] Goldfuß nennt die Protozoen zunächst die »Samenthierchen des Urthieres«[75], bevor er sie allgemein mit den »Urthieren« identifiziert[76]. Goldfuß fasst unter den Protozoen nicht nur Einzeller (d.h. Infusorien), sondern auch Schwämme und Nesseltiere; er unterscheidet dabei die drei Ordnungen der *Phytozoa* (Hornkorallen), *Lithozoa* (Steinkorallen) und *Medusinae* (Quallen).[77] Für die Entstehung der Protozoen nimmt Goldfuß eine Urzeugung (*generatio aequivoca*) an.[78]

Der Ausdruck *Urtier* erscheint bereits zuvor: L. Oken bezeichnet die elementaren Einheiten, aus denen sich nach seiner Meinung die komplexen Organismen zusammensetzen 1805 als »Urthiere«[79] (s.o.). Ein »Urtier« nimmt um 1816 auch Goethe an, allerdings meint er damit nicht einen gegenwärtig lebenden Organismus, sondern – analog zur »Urpflanze« – »den Begriff, die Idee des Tieres«[80] (↑Typus). Auf rezente Lebensformen bezieht aber L. Oken das Wort ›Urtier‹ im Jahr 1815: »daß ein Urthier nur die Größe eines physikalischen Punctes haben könne, ist klar, mithin des ersten Thiers Größe bestimmbar«.[81]

C.T.E. von Siebold gliedert die vielzelligen Organismen 1848 aus der Gruppe der Protozoen aus, so dass allein die einzelligen Infusorien in dem Taxon Protozoen verbleiben (↑Taxonomie). Er beschreibt die Protozoen als »Thiere, in welchen die verschiedenen Systeme der Organe nicht scharf ausgeschieden sind, und deren unregelmäßige Form und einfache Organisation sich auf eine Zelle reduziren lassen«[82]. Siebold unterscheidet zwei Klassen der Protozoen, die *Infusorien* und die *Rhizipoden*. C. Gegenbaur nennt die Protozoen 1859 die »niederste Stufe thierischer Lebensform« und ist der Ansicht, ihre Organisation beruhe auf einer »geringen oder vollständig mangelnden Differenzirung von Organen«.[83] Bei R. Owen bilden die Protozoen ein eigenes Reich, das u.a. die Gruppen der Schwämme, Foraminiferen, Radiolarien und Diatomeen umfasst.[84]

Der Terminus hat sich bis in die Gegenwart erhalten.

Protophyten

Parallel zur Bezeichnung ›Protozoen‹ wird seit den 1820er Jahren der Ausdruck ›Protophyta‹ gebildet. Er wird wohl von E.M. Fries, dem Begründer der modernen Systematik der Pilze, 1821 eingeführt (»primitive Algæ (Protophyta)«[85]; Sprengel 1822: »Die Vegetation ist eine primitive bey den Algen, welche Protophyta genannt werden […]. Die Protophyten leben entweder im Wasser, (die eigentlichen Algen) oder in der Luft, (die Lichenen)«[86]; Endlicher 1836: »Protophyten«[87]). Ebenso wie unter den Protozoen werden unter den Protophyten anfangs auch mehrzellige Formen gefasst. E. Haeckel, der den Ausdruck 1889 aufgreift, grenzt die einzelligen Pflanzen als »Protophyten« von der Gruppe der mehrzelligen Pflanzen oder *Metaphyten* ab (↑Taxonomie).[88]

Protoctista

Auf J. Hogg geht der Ausdruck ›Protoctista‹ (»die zuerst Gezeugten«) zurück, den er 1861 vorschlägt. Hogg fasst damit diejenigen Organismen in einer taxonomischen Gruppe zusammen, die nicht zu den Pflanzen und Tieren gezählt werden können, und die neben diesen und den Mineralien und zusammen mit den Schwämmen (den »Amorphozoa«) ein »viertes Reich der Natur« bilden, das »Regnum Primigenum«.[89] Neben den einzelligen Tieren (Protozoa) umfasst das Taxon der Protoctista auch die Protophyten, zu denen Algen und Pilze gerechnet werden. Im 20. Jahrhundert wird der Ausdruck aufgenommen von H.F. Copeland (1956), L. Margulis (1981) und Margulis & K.V. Schwartz (1982/88) (↑Taxonomie).[90] Auch in der Fassung durch die späteren Autoren stellt dieses Taxon kaum eine monophyletische Gruppe dar, denn es werden hier so unterschiedliche Gruppen wie die einzelligen Tiere, die ein- und mehrzelligen Algen und die Schleimpilze zusammengefasst.

Protisten

E. Haeckel führt als Name für ein drittes »Reich« der Organismen neben den Pflanzen und Tieren 1866 den Ausdruck ›Protisten‹ ein (gebildet aus dem griechischen Superlativ ›πρώτιστον‹ »das Allererste«).[91] Er fasst darin einfach strukturierte Organismen zusammen, die sich nicht den Pflanzen und Tieren zuordnen lassen. Zu einer weiteren Verbreitung gelangt der Ausdruck durch das 1902 von M. Hartmann gegründete ›Archiv für Protistenkunde‹. Auch von englischsprachigen Autoren wird das Wort übernommen (z.B. 1911 von C.C. Dobell[92]) und findet sich u.a. in den systematischen Übersichten von H.F. Copeland (1838)[93], der den Terminus aber später zugunsten des älteren *Protoctista* verwirft[94], und R.H. Whittaker[95]. Wie die Protoctisten stellen auch die Protisten keine monophyletische Einheit dar.

Für die Lehre von den Einzellern (auch den pflanzlichen) schlägt Haeckel 1866 die Bezeichnungen ***Protistenkunde***[96] und ***Protistologie***[97] (franz. 1882: »protistologie«[98]; engl. 1883: »protistology«[99]) vor, die er neben die Zoologie und Botanik als dritte Abteilung der Biologie stellt. Seit Beginn des 20. Jahrhunderts etabliert sich daneben – nach der Einrichtung eines Lehrstuhls an der Londoner »School of Tropical Medicine« – die Bezeichnung ***Protozoologie*** (engl. »protozoology«).[100]

Nachweise

1 Dippel, L. (1858). Botanik. In: ders. et al., Die gesammten Naturwissenschaften, Bd. II, 396-610: 456; vgl. 484.
2 Bölsche, W. (1900/04). Vom Bazillus zum Affenmenschen: 7; ders. (1903). Das Liebesleben in der Natur: 349; ders. (1909). Daseinskampf und gegenseitige Hilfe in der Entwicklung. Kosmos 6, 14-16; 42-46: 44; Franz, V. von (1918). Brehms Tierleben, Teil 1. Niedere Tiere: Einzeller […]; vgl. Grosse, F. (1905). „Einzeller". Z. allg. deutsch. Sprachver. 20, 376-378.
3 Kölliker, A. (1845). Die Lehre von der thierischen Zelle und den einfachen thierischen Formelementen nach den neuesten Fortschritten dargestellt. Z. wiss. Bot. 2, 46-102: 97.
4 Perty, M. (1846). Ueber den Begriff des Thieres und die Eintheilung der thierisch belebten Wesen: 33; Nägeli, C. (1847). Die neuern Algensysteme und Versuch zur Begründung eines eigenen Systems der Algen und Florideen: 4; Siebold, C.T. von (1848). Ueber einzellige Pflanzen und Thiere. Z. wiss. Zool. 1, 270-294.
5 Kölliker, A. (1852). Handbuch der Gewebelehre des Menschen für Aerzte und Studirende: 11; Cohn, F. (1852). Ueber die Entwicklung der Infusorien. Jahresbericht der Schlesischen Gesellschaft für Vaterländische Cultur 30, 44-46: 45.
6 Nägeli, C. von (1849). On the nuclei, formation, and growth of vegetable cells, part II. Vegetable Cells. The Ray Society, Reports and Papers on Botany 2, 95-157: 157.
7 Anonymus (1850). The American Journal of Science and Arts 10, 304; vgl. Huxley, T.H. (1851). Upon Thalassicolla, a new zoophyte. The Annals and Magazine of Natural History 8, 433-442: 438; Carpenter, W.B. (1839/54). Principles of Comparative Physiology :153.
8 Kölliker, A. (1853). The Manual of Human Histology, vol. 1 (transl. by G. Busk & T. Huxley): 15; vgl. Hogg, J. (1854). The Microscope. Its History, Construction, and Applications: 342; Mann, R.J. (1855). The Philosophy of Reproduction: 17.
9 Carpenter (1839/54): 153.

10 Hertwig, R. (1891/97). Lehrbuch der Zoologie: 149.
11 Prowazek, S.J.M. (1910). Einführung in die Physiologie der Einzelligen (Protozoen).
12 Dietz (1865). [Über neue und entschwundene Krankheiten]. Aerztliches Intelligenz-Blatt 12, 79-84: 80.
13 Martin (1868). [Rez. Rieux, L. (1867). Du cholera au point de vue de la contagion]. Journal de médecine, de chirurgie et de pharmacologie 46, 487-495: 489; Colin, F. (1870). Traité des fièvres intermittentes: 10.
14 Anonymus (1875). [Bericht von einem Vortrag P. Bouloumiés vor der Pariser Akademie der Wissenschaften über Mikroorganismen in eiternden Wunden]. Nature 11, 240; MacCormac, W. (1880). Antiseptic Surgery: 105 (nach OED); Dowdeswell, G.F. (1882). On the action of heat upon the contagium in the two forms of septichaemia known respectively as 'Davaine's' and 'Pasteur's'. Proc. Roy. Soc. London 34, 150-156: 152.
15 Guhrauer, G.F. (1842). Gottfried Wilhelm Freiherr von Leibnitz. Eine Biographie: 251; vgl. Rothstein, H. (1848). Die Gymnastik, Bd. 1: 100; Schleiß von Löwenfeld, M. (1858). Physikalische Briefe: 75.
16 Grosse (1905).
17 Hertwig, R. (1902). Die Protozoen und die Zelltheorie. Arch. Protistenk. 1, 1-40; vgl. Richmond, M.L. (1989). Protozoa as precursors of metazoa: german cell theory and its critics at the turn of the century. J. Hist. Biol. 22, 243-276.
18 Vgl. Cole, F.J. (1926). History of Protozoology: 10; Théodoridès, J. (1972). Etat des connaissances sur la structure des Protozoaires avant la formulation de la théorie cellulaire. Rev. Hist. Sci. 25, 27-44: 28.
19 Gesner, C. (1565). De omne rerum fossilium genere.
20 Hooke, R. (1665). Micrographia.
21 Leeuwenhoek, A. van, Briefe vom 7.9.1674 (6. Brief) und vom 9.10.1676 (18. Brief); vgl. Dobell, C. (1932/58). Antoni van Leeuwenhoek and his "Little Animals": 109ff.
22 More, T. (1516). Utopia (Oxford 1895): 201.
23 Vgl. Corliss, J.O. (1979). A salute to fifty-four great microscopists of the past: a pictorial footnote to the history of protozoology, part II. Trans. Amer. Microscop. Soc. 98, 26-58: 49ff.
24 Harris, J. (1696). Some microscopical observations of vast numbers of animalcula seen in water. Philos. Trans. Roy. Soc. 19, 254-259.
25 Buonanni, F. (1691). Observationes circa viventia, quae in rebus non viventibus reperiuntur, cum micrographia curiosa.
26 Anonymus (1703). Philos. Trans. 23, Nr. 284.
27 Joblot, L. (1718). Descriptions et usages de plusieurs nouveaux microscopes.
28 Baker, H. (1753). Employment of the Microscope.
29 Rösel von Rosenhof, A.J. (1755). Der monatlich-herausgegebenen Insecten-Belüstigung dritter Theil.
30 Müller, O.F. (1773). Vermium terrestrium et fluviatilium.
31 Müller, O.F. (1786). Animalcula infusoria, fluviatilia et marina.
32 Vgl. Ratcliff, M.J. (1999). Temporality, sequential iconography and linearity in figures: the impact of the discovery of division in infusoria. Hist. Philos. Life Sci. 21,
255-292: 264.
33 Coleridge, S.T. (1817). Biographia literaria: 87 (Kap. IV).
34 Oken, L. (1805). Die Zeugung: 22.
35 a.a.O.: 22f.
36 Vgl. Klein, M. (1936). Histoire des origines de la théorie cellulaire: 19f.
37 Oken, L. (1810). Lehrbuch der Naturphilosophie, 3 Bde., Bd. 2: 25; vgl. ders. (1810/31). Lehrbuch der Naturphilosophie: 154 (§955).
38 Röschlaub, A. (1803). Physiologische Fragmente. Magazin zur Vervollkommnung der Medizin 8, 361-418: 378.
39 Oken, L. (1805). Abriß des Systems der Biologie: 94.
40 Oken (1810): 25.
41 a.a.O.: 27.
42 a.a.O.: 28.
43 a.a.O.: 29.
44 Röschlaub (1803): 378.
45 Oken, L. (1808). Über das Universum als Fortsetzung des Sinnensystems: 29.
46 Oken (1810): 33
47 a.a.O.: 25.
48 Krug, W.T. (1829). Allgemeines Handwörterbuch der philosophischen Wissenschaften, Bd. 4: 295.
49 Morowitz, H.J. (1992). Beginnings of Cellular Life. Metabolism Recapitulates Biogenesis: 88.
50 Ehrenberg, C.G. (1838). Die Infusionsthierchen als vollkommene Organismen – ein Blick in das tiefere organische Leben der Natur.
51 Dujardin, F. (1835). Recherches sur les organismes inférieurs. Ann. Sci. Nat. Zool., sér. 2, 4, 343-377: 368.
52 Meyen, F.J.F. (1839). Einige Bemerkungen über den Verdauungs-Apparat der Infusorien. Müllers Arch. 1839, 74-79: 76.
53 Barry, M. (1843). On fissiparous generation. Proc. Roy. Soc. 4, 441-442.
54 Siebold, C.T.E. von (1845). Lehrbuch der vergleichenden Anatomie der wirbellosen Thiere; vgl. ders. (1849). Ueber einzellige Pflanzen und Thiere. Z. wiss. Zool. 1, 270-294.
55 Huxley, T.H. (1853). The cell-theory. Brit. Foreign Medico-Chirurgical Rev. 12, 285–314; vgl. Théodoridès, J. (1972). Etat des connaissances sur la structure des Protozoaires avant la formulation de la théorie cellulaire. Rev. Hist. Sci. 25, 27-44: 35; Richmond, M.L. (2002). Thomas Henry Huxley's developmental view of the cell. Nature Rev. Mol. Cell Biol. 3, 61-65.
56 Dobell, C.C. (1911). The principles of protistology. Arch. Protistenk. 23, 269-311; vgl. Corliss, J.O. (1989). The protozoon and the cell: a brief twentieth-century overview. J. Hist. Biol. 22, 307-323.
57 Fauré-Frémiet, E. (1957). Organismes, cellules, molécules. Le cas des infusoires ciliés. Biol. Jahrb. 1957, 47-55: 49.
58 Walther, P.F. (1807). Physiologie des Menschen, 2 Bde.: I, 86.
59 Dujardin, F. (1840). Mémoire sur une classification des Infusoires en rapport avec leur organisation. Comp. Rend. Acad. Sci. Paris 11, 281-286.

60 a.a.O.: 283.
61 Perty, J.A.M. (1852). Zur Kenntnis kleinster Lebensformen: 137.
62 Cohn, F.J. (1853). Beiträge zur Entwickelungsgeschichte der Infusorien, II. Ueber den Eucystierungsprocess der Infusorien. Z. wiss. Zool. 6, 253-281: 273.
63 Hausmann, K. (1985). Protozoa. In: Siewing, R. (Hg.). Lehrbuch der Zoologie, Bd. 2. Systematik, 59-111: 59.
64 Bütschli, O. (1887-89). Protozoa. In: Bronn, H.G. (Hg.). Klassen und Ordnungen des Tierreichs, Bd. 1.
65 Chatton, E. (1925). *Pansporella perplexa*, amoebien à spores, protégées parasite des daphnies. Réflexions sur la biologie et la phylogénie des protozoaires. Ann. Sci. Nat. Zool. (sér. 10) 8, 5-84: 76f.; vgl. Sapp, J. (2005). The prokaryote-eukaryote dichotomy: meanings and mythology. Microb. Molec. Biol. Rev. 69, 292-305.
66 Copeland, H.F. (1938). The kingdoms of organisms. Quart. Rev. Biol. 13, 383-420.
67 Honigberg, B.M. et al. (1964). A revised classification of the phylum Protozoa. J. Protozool. 11, 7-20.
68 Levine, N.D. et al. (1980). A new revised classification of the Protozoa. J. Protozool. 27, 37-58.
69 Corliss, J.O. (1984). The kingdom Protista and its 45 phyla. BioSystems 17, 87-126; ders. (1994). An interim utilitarian ('user-friendly') hierarchical classification and characterization of the protists. Acta Protozool. 33, 1-51; ders. (1995). The need for a new look at the taxonomy of the protists. Rev. Soc. Mex. Hist. Nat. 45, 27-35.
70 Wrisberg, H.A. (1765). Observationum de animalculis infusoriis natura.
71 Ledermüller, M.F. (1760). Mikroskopischer Gemüths- und Augen-Ergötzung erstes Fünfzig: 88.
72 Lamarck, J.B. de (1809). Philosophie zoologique, 2 Bde.: I, 283.
73 Goldfuß, G.A. (1818). Probe aus Goldfuß Handbuch der Zoologie. Isis 1818, 1670-1676: 1671.
74 Goldfuß, G.A. (1817). Ueber die Entwicklungsstufen des Thieres. Omne vivum ex ovo: 21.
75 ebd.
76 Goldfuß (1818): 1671.
77 a.a.O.: 1673-76.
78 Goldfuß, G.A. (1826). Grundriß der Zoologie: 42.
79 Oken, L. (1805). Die Zeugung: 22.
80 Goethe, J.W. von (ca. 1816). Der Inhalt bevorwortet (LA I, 9, 11-14): 13.
81 [Oken, L.] (1815). [Rez. Link, H.F. (1814). Ideen zu einer philosophischen Naturkunde]. Jenaische allgemeine Literatur-Zeitung 12 (1), 228-232: 230.
82 Siebold, C.T.E. (1848). Lehrbuch der vergleichenden Anatomie der wirbellosen Thiere: 3.
83 Gegenbaur, C. (1859). Grundzüge der vergleichenden Anatomie: 42.
84 Owen, R. (1859). Palaeontology. In: Encyclopaedia Britannica, 8th ed. 17, 91-176; vgl. Rothschild, L.J. (1989). Protozoa, Protista, Protoctista: What's in a name? J. Hist. Biol. 22, 277-305.
85 Fries, E.M. (1821). Systema mycologicum, Bd. 1: xx.
86 Sprengel, K. (1822). [Rez. Fries, E.M. (1821). Systema mycologicum, Bd. 1]. In: ders. (Hg.). Neue Entdeckungen im ganzen Umfang der Pflanzenkunde, Bd. 3, 265-280: 267.
87 Endlicher, S. (1836-41). Genera plantarum secundum ordines naturales disposita: 1.
88 Haeckel, E. (1868/89). Natürliche Schöpfungs-Geschichte: 420.
89 Hogg, J. (1861). On the distinctions of a plant and an animal, and on a fourth kingdom of nature. Edinburgh New Philos. J. (N.S.) 12, 216-225.
90 Copeland, H.F. (1956). The Classification of Lower Organisms; Margulis, L. (1981). Symbiosis in Cell Evolution; Margulis, L. & Schwartz, K.V. (1982/88). Five Kingdoms.
91 Haeckel, E. (1866). Generelle Morphologie der Organismen, 2 Bde.: I, 203.
92 Dobell, C.C. (1911). The principles of protistology. Arch. Protistenk. 23, 269-311; vgl. auch schon Anonymus (1873). North Amer. Rev. (Oct.): 258 (nach OED); Anonymus (1876). Amer. Nat. 10, 64.
93 Copeland, H.F. (1938). The kingdoms of organisms. Quart. Rev. Biol. 13, 383-420.
94 Copeland (1956).
95 Whittaker, R.H. (1969). New concepts of kingdoms of organisms. Science 163, 150-160.
96 Haeckel, E. (1866). Generelle Morphologie der Organismen, 2 Bde.: II, 460; vgl. Achiv für Protistenkunde (Jena, Stuttgart) 1.1902-148.1997.
97 Haeckel (1866): I, 21.
98 Anonymus (1882). Rev. Philos. 14, 116.
99 Anonymus (1883). Nature 28, 583; Anonymus (1903). Protozoa. Amer. Nat. 37, 214-216: 214.
100 Priestley, E. (1904). What the French doctors saw. 19th Century Dec. 1904, 892-904: 901; Kisskalt, K. & Hartmann, M. (1907). Praktikum der Bakteriologie und Protozoologie.

Literatur

Nägler, K. [1918]. Am Urquell des Lebens. Die Entdeckung der einzelligen Lebewesen von Leeuwenhoek bis Ehrenberg.

Cole, F.J. (1926). History of Protozoology.

Lechevali, H.A. & Solotorovsky, M. (1965). Three Centuries of Microbiology.

Théodoridès, J. (1972). Etat des connaissances sur la structure des protozoaires avant la formulation de la théorie cellulaire. Rev. Hist. Sci. 25, 27-44.

Collard, P. (1976). The Development of Microbiology.

Rothschild, L.J. (1989). Protozoa, Protista, Protoctista: What's in a name? J. Hist. Biol. 22, 277-305.

Churchill, F.B. et al. (1989). Toward the History of Protozoology. J. Hist. Biol. 22(2).

Wainwright, M. & Lederberg, J. (1992). History of microbiology. In: Encycolpedia of Microbiology, vol. 2, 419-437.

Schlegel, H.G. (1999). Geschichte der Mikrobiologie.

Empfindung

Das Substantiv ›Empfindung‹ (spätmhd. ›enphindunge‹) ist von dem Verb ›empfinden‹ (ahd. ›intfindan‹, mhd. ›empfinden‹) abgeleitet. Das deutsche Wort ›empfinden‹ ist eine Zusammensetzung aus dem Präfix ›ent-‹, das meist für eine Trennung oder Entgegensetzung steht, und dem Verb ›finden‹ – als ursprüngliche Bedeutung gilt damit »herausfinden, wahrnehmen«. Im wissenschaftlichen Kontext wird das Wort als Übersetzung des lateinischen ›sentire‹ »fühlen, empfinden, wahrnehmen« verwendet. Während bei dem lateinischen Wort ein unmittelbarer etymologischer Bezug zu den Sinnen (lat. ›sensus‹) besteht und damit eine Verbindung zu den auf die Wahrnehmung der Außenwelt gerichteten Organen eines Organismus hergestellt ist, ist dies bei dem deutschen Wort nicht der Fall. Dieses betont in seiner heutigen Bedeutung sogar im Gegenteil den inneren, körpereigenen oder seelischen Ursprung des Vorgestellten. Allerdings hat auch das französische und englische Wort ›sentiment‹ das Bedeutungsfeld der auf die Außenwelt gerichteten Wahrnehmung weitgehend verlassen.

Die spätere wissenschaftliche Entsprechung zu dem deutschen ›Empfindung‹, das Wort **Sensibilität** (lat. ›sensibilitas‹), lässt sich bereits vereinzelt im spätantiken Latein nachweisen (im 4. Jahrhundert bei Ambrosiaster: »spiritus, qui est ventus, quem et sensibilitas capit et auris audit«[1]; im 6. Jahrhundert bei Fulgentius).[2] Es ist abgeleitet von dem Adjektiv ›sensibilis‹, das im klassischen Latein sowohl eine passive Bedeutung im Sinne von »wahrnehmbar, sichtbar« (bei Vitruv und Seneca[3]) als auch eine aktive Bedeutung im Sinne von »wahrnehmungsfähig, mit Sinnen begabt« (bei Apuleius[4]) haben kann. In der Terminologie der Scholastik ist die ›sensibilitas‹ dem mittleren Seelenvermögen der Wahrnehmung zugeordnet. Die platonische und aristotelische Unterscheidung von mehreren Seelenteilen wird übersetzt in die Differenzierung zwischen der *potentia vegetabilis*, *potentia sensibilis* und *potentia rationalis* (bei Albertus Magnus: »Una est anima in homine, cuius potentiae sunt vegetabilis, sensibilis, rationalis in una substantia fundatae«[5]) oder *anima vegetativa*, *anima sensitiva* und *anima intellectiva* (bei Thomas von Aquin[6]). Thomas unterscheidet außerdem die auf die Erkenntnis bezogene *sensibilitas* von der allein die körperliche Lust und Unlust betreffenden *sensualitas*.[7] Im Französischen erscheint das Adjektiv ›sensible‹ zuerst Ende des 13. Jahrhunderts bei Brunetto Latini in der aktiven Bedeutung »mit Empfindsamkeit begabt«.[8] Das Wort erscheint bis ins 17. Jahrhundert allerdings im Französischen nicht häufig; bei M. de Montaigne sind sechs Nachweise gezählt worden, drei in der aktiven und drei in der passiven Bedeutung.[9]

Die später einschlägige medizinisch-physiologische Bedeutung der nervlichen Erregbarkeit erlangt das Wort im frühen 14. Jahrhundert (das französische ›sensibilité‹ findet sich bereits 1314 zur Bezeichnung der Empfindlichkeit der Nerven gegenüber Reizen: Mondeville 1314: »L'excellent sensibleté que le nerf ot [eut]«[10]; im lateinischen Original 1306-20: »excellentem sensibilitatem nervi simplicis obtemperat et obtundit«[11]; vgl. »Ceux [nerfs] qui nessent du cervel, sont diz sensitis«[12]; vgl. auch: Lanfrank: »Les nerfz de la teste [tête] sont appelez sensibles, et si ne sont ilz pas du tout sans mouvement«[13]).

Seit ihren begrifflichen Anfängen stellt die Sensibilität ein Konzept dar, das einen Prozess bezeichnet, der zwischen physisch-physiologischen und psychisch-geistigen Vorgängen liegt.[14]

Antike
Bei den Autoren der griechischen Antike liegt keine strikte terminologische Unterscheidung von Empfindung und Wahrnehmung (»αἴσθησις«) vor. Für Aristoteles ist es eine eigene Seele, die die Wahrnehmung bzw. Empfindung der Organismen ermöglicht (»αἰσθητικὴ ψυχή«[15]). Die Empfindung wird dabei in besonderer Verbindung zur Fortbewegung gedacht: Ausgelöst durch äußere Wahrnehmungen bilden Empfindungen die Motivationsgrundlage für Fortbewegungen. Weil die Pflanzen nicht die Fähigkeit

---

Nerv (griech.) *381*
Sensibilität (Ambrosiaster 4. Jh.) *373*
Empfindung (spätmhd.) *373*
Neurologie (Riolan 1618) *385*
Nervensystem (Willis 1664) *385*
Nervenphysiologie (von Humboldt 1797) *385*
vegetatives Nervensystem
(Röschlaub 1806; Wolf 1806) *385*
Nervenzelle (Schwann 1839) *383*
Neurophysiologie (Moos 1841) *385*
Dendrit (His 1889) *384*
Neuron (Waldeyer 1891) *383*
Axon (Kölliker 1896) *384*
Synapse (Sherrington 1897) *384*
autonomes Nervensystem (Langley 1898-99) *385*
Aktionspotenzial (Boruttau 1906) *383*
Prähension (Whitehead 1926) *380*

Die Empfindung ist das Vermögen, innere und äußere Zustände oder Ereignisse im Körper so zu repräsentieren und zu verarbeiten, dass sie als Auslöser funktionaler Verhaltensweisen wirksam werden können.

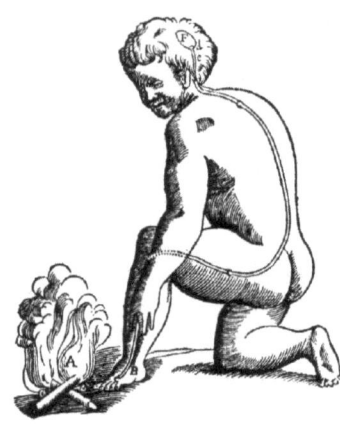

Abb. 92. Reizleitung von einem peripheren Organ zum Gehirn bei der Empfindung von Hitze. Im Gehirn erfolgt eine Verarbeitung des Reizes in dem Areal F und eine Freisetzung von Lebensgeistern, die zu einer Aktivierung der Beinmuskeln und einem Zurückziehen des Fußes führt. Der ganze Vorgang vollzieht sich nach Descartes rein mechanisch. Bei dem Gehirnareal F handelt es sich daher um einen Hirnventrikel, nicht um die Zirbeldrüse, die bei Descartes allein für seelische, d.h. kognitive Verarbeitungprozesse zuständig ist, nicht aber für einfache Reflexe (aus Descartes, R. (1632). Traité de l'homme Œuvres, Bd. XI, Paris 1986, 119-202): Fig. 7).

zur Ortsbewegung besitzen, sie sich also z.B. nicht auf die von Vorstellungen begleitete Suche nach Nahrung begeben können, werden ihnen auch keine Empfindungen zugeschrieben. Wie bei der leblosen Materie selbst liegt auch bei den Pflanzen nach Aristoteles allein ein Erleiden der äußeren Einwirkungen vor.[16] Das Absprechen der Sinnlichkeit und des Empfindungsvermögens bei Pflanzen bildet bis zur Renaissance (und darüber hinaus) die anerkannte Lehrmeinung.[17]

Renaissance
Die Wiederbelebung der Naturforschung in der Renaissance führt zwar auf der einen Seite zur Entwicklung von detaillierten Theorien der Wahrnehmungs- und Empfindungsvermögen bei Lebewesen. Diese Theorien schließen auch die Zuschreibung von sinnlicher Empfindung und Bedürfnissen bei Pflanzen ein, so durch B. Telesius[18] und T. Campanella[19]. Auf der anderen Seite werden diese Leistungen einem Streben nach Selbsterhaltung untergeordnet, das selbst der anorganischen Materie zukommen soll – bei Campanella wird sogar die Materie selbst mit einem Empfindungsvermögen ausgestattet[20]. Die Empfindung der Materie ergibt sich in dieser Konzeption als Konsequenz eines allgemeinen Konsenses aller Dinge mit allen; die Empfindung der Pflanzen zeigt sich z.B. in der Korrespondenz ihrer Bewegungen mit dem Stand der Sonne.

Bereits im 16. Jahrhundert kündigt sich die sachliche, wenn auch noch nicht terminologische Abgrenzung der Empfindung gegenüber der Wahrnehmung an. Telesius versteht unter der Empfindung (»sensus«) eine Aufnahme (»perceptio«) von Eindrücken[21]; O. Casmann betont den aktiven Charakter dieser Aufnahme[22]; Campanella verbindet ihn mit einer Affektion (»passio«)[23]. Es rückt damit das psychische Erleben in das Zentrum des Empfindungsbegriffs. Im Unterschied zur Wahrnehmung als einem *Vorgang* steht bei der Empfindung der psychische *Inhalt* im Mittelpunkt.[24]

Descartes und das 17. Jh.
Genauer unterscheidet R. Descartes um die Mitte des 17. Jahrhunderts Wahrnehmungen (»perceptions«), die von der Außenwelt durch eine Anregung der Sinne stammen, von solchen, die durch innere Ereignisse von Teilen des Körpers herrühren, wie z.B. Schmerzen oder Hunger.[25] Beide gelangen nach Descartes vermittels der Nerven (»nerfs«) zur Seele. Und beide nennt er auch ›Empfindungen‹ (»sentimens«[26]). Die sinnliche Wahrnehmung als solches ist für Descartes dunkel und verworren[27], und damit von der vernünftigen Einsicht unterschieden. Ähnlich wie Aristoteles ist auch Descartes bereit, den Tieren Empfindungen (sinnliche Wahrnehmungen: »sensus«) zuzugestehen, ohne ihnen damit aber schon Vernunftbegabtheit einzuräumen (vgl. seinen Brief an H. More vom 5.2.1649[28]; ähnlich auch 1677 B. Spinoza[29]). Biologen schließen sich in dieser Sache Descartes an, so dass der Empfindungsbegriff für die Biologie fruchtbar gemacht wird und sich die Auffassung durchsetzt, dass die Mensch-Tier-Schranke nicht am Empfindungsbegriff festzumachen ist.

Zwar wird die Verschiedenheit von Empfindung und Wahrnehmung immer wieder betont, eine allgemein akzeptierte Bestimmung der Begriffe etabliert sich aber weder bei Philosophen noch bei Biologen und Psychologen. Sowohl Wahrnehmungen als auch Empfindungen werden nicht allein auf den Akt des Aufnehmens von Etwas begrenzt, sondern es wird mit ihnen eine Weiterverarbeitung des Aufgenommenen durch höhere geistige Vermögen als die reine Sinnlichkeit konzipiert. Die ↑Wahrnehmung (Perzeption), sofern sie klar und distinkt erfolgt, hat allerdings schon bei Descartes eine enge Verbindung zum Begriff der Wahrheit.[30]

Die Differenzierung von Empfindung und Wahrnehmung im späteren 17. Jahrhundert wird durch die

Vorstellung des Wahrnehmungsvorgangs als eines gestuften Prozesses geleitet. Einflussreich werden die Theorien von G. Berkeley und N. Malebranche, nach denen die Empfindungen unmittelbar aus einem Reiz hervorgehen, und die Wahrnehmungen im Anschluss daran erst durch Empfindungen erzeugt werden. Bereits die Empfindungen werden aber so konzipiert, dass sie ein fühlendes Wesen (»sentient being«) voraussetzen.[31] Zu Beginn des 18. Jahrhunderts stellt für G.W. Leibniz die Empfindung (»sentiment«) als eine Vorstellung der Seele das höherstufige Erkenntnisvermögen dar, weil sie im Gegensatz zur Wahrnehmung (»perception«) mit Erinnerung verbunden sei.[32]

Beginnende Physiologie der Empfindung im 18. Jh.
Auch in der Biologie des 18. Jahrhunderts wird der Begriff der Empfindung (Sensibilität) in Abgrenzung zur einfachen Reizbarkeit für eine organische Leistung verwendet, bei der komplexere Reaktionen erfolgen, die mit der postulierten »Seele« in Zusammenhang gebracht werden. Nicht in Bezug auf die Ursache der Erregung, sondern im Hinblick auf die Wirkung auf den Organismus unterscheidet der Schweizer Mediziner und Naturforscher A. von Haller nach seinen Reizversuchen an Tieren 1752 zwischen *Irritabilität* und *Sensibilität*.[33] Übersetzt wird dieses Begriffspaar seit Beginn der 1760er Jahre mit ›Reizbarkeit‹ (»Reitzbarkeit«) und ›Empfindlichkeit‹.[34] Irritabilität und Sensibilität sind für Haller zwei nebeneinander stehende Phänomene, die an jeweils verschiedene Teile eines lebenden Körpers gebunden sind. Sie bezeichnen grundsätzlich verschiedene Reaktionsweisen dieser Teile auf äußere Reize (z.B. Berührung): Irritabel (reizbar) ist ein Körperteil, wenn er sich nach Reizung verkürzt; sensibel (empfindlich) ist er, wenn durch seine Reizung eine komplexe Lebensäußerung, wie z.B. Schmerz oder Unruhe, hervorgerufen wird. Nur die durch Sensibilität hervorgerufene Bewegungsart von Körperteilen ist nach Haller durch die Seele vermittelt. Haller ordnet die Irritabilität der Muskelfaser zu, die Sensibilität dagegen den Nerven. Methodisch problematisch ist allerdings die Unterscheidung der beiden Wirkungen, die die Reizungen nach sich ziehen: Denn auch die Sensibilität als Folge der Beteiligung der Seele bestimmt Haller operational nicht anders als durch die beobachteten Bewegungen der Versuchsorganismen.

Die Unterscheidung von Irritabilität und Sensibilität ist bis ins 19. Jahrhundert eine für viele physiologische Untersuchungen leitende Differenzierung. Aufschlussreich für das Verständnis der Unterscheidung ist die Erläuterung, die der Physiologe C. Bernard 1878 gibt. Nach Bernard ist die Irritabilität

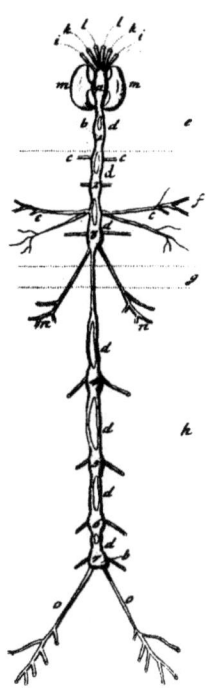

Abb. 93. *Das frei präparierte Nervensystem einer Honigbiene (aus Swammerdam, J. [1679]. Bybel der Natuure (Amsterdam 1737-38): Tab. XXII, Fig. 6).*

eine isolierte *Eigenschaft* von Teilen des Organismus; die Sensibilität dagegen eine *Funktion*, die die Teile in das differenzierte System des Organismus integriert.[35]

In der philosophischen Terminologie des späten 18. Jahrhunderts bezeichnet die Empfindung eine Fähigkeit, die sowohl von der nach außen gerichteten Sinneswahrnehmung abhängt als auch auf die Selbsterkenntnis bezogen ist. Bei J.-J. Rousseau heißt es 1765: »Nous ne sommes assurés de notre existence que par des sensations. C'est la faculté de sentir qui nous rend présens a nous-mêmes«.[36] Im gleichen Jahr versteht D. Diderot die Sensibilität als eine universale Eigenschaft der Materie (»La sensibilité, c'est une propriété universelle de la matière«[37]) – er distanziert sich damit von seiner älteren Auffassung, nach der allein den »organischen Molekülen« eine Sensibilität zukomme[38]. I. Kant bezeichnet die über die Sinnesorgane vermittelte Bindung der Organismen an ihre Umwelt 1798 als »Organempfindung«; er versteht sie im Sinne »äußerer, von der Natur für das Thier zum Unterscheiden der Gegenstände zubereiteten Eingänge«.[39] Die Empfindung beruht für Kant zwar auf der Erregung der Sinnlichkeit durch äußere Dinge, sie sei die »Wirkung eines Gegenstandes auf die Vorstellungsfähigkeit, sofern wir von demselben afficirt werden«[40] und insofern »empirisch«[41], und sie werde auch »zum Erkenntniß der Objecte außer uns gebraucht«[42]; sie drücke aber andererseits »das bloß Subjective unserer Vorstellungen der Dinge außer uns aus«[43] und sei »gar keine objective Vorstellung«[44]. Dieses Verständnis der Empfindung als ein Vermögen, das zwischen dem Objektiven und dem Subjektiven steht, ist für die weitere Entwicklung kennzeichnend. Es zeigt sich auch bei Erasmus Darwin, der 1794 unter einer *Perzeption* sowohl eine Bewegung eines Sinnesorgans, die durch den Eindruck eines äußeren Gegenstandes hervorgerufen wird, als auch die Aufmerksamkeit auf diese Bewegung fasst.[45] Er entwickelt im Anschluss daran das Konzept eines »inneren Reizes«, also der Auslösung eines Verhaltens ohne äußeren Anlass durch innere Vorstellungen (↑Wahrnehmung). 1802 differenziert der Physiologe H.F. Autenrieth nach ihrem Ausgangspunkt zwischen zwei Arten der Empfindung: Die Empfindung sei entweder auf ein »äusseres Object« oder auf eine »Veränderung des Körpers selbst gerichtet«.[46]

Einige Biologen lehnen den Begriff der Empfindung für organische Prozesse dagegen ganz ab. J.C. Reil z.B. ist 1796 der Ansicht, die Erforschung der Natur zeige, dass »die Tiere keine Vorstellung, keine Sinne, keine Gefühle haben« und ihre »Bewegungen bloß tierisch, ohne Vorstellung und Bewußtsein, durch äußere Reize und durch die Fortpflanzung dieser äußeren Reize im Innern des Körpers entstehen«.[47] Die Tiere seien deshalb »ohne Empfindung«.[48] Diese Feststellung hindert Reil aber nicht, später zwischen »Empfindungs- und Bewegungs-Reizen« zu unterscheiden.[49] Neben ›Reiz‹ und ›Reizbarkeit‹ etablieren sich am Ende des 18. Jahrhunderts die Ausdrücke ›Erregung‹ und ›Erregbarkeit‹ in der physiologischen Terminologie (↑Wahrnehmung).

Empfindung bei Pflanzen?
Ob die Empfindung eine Fähigkeit ist, die allein den Tieren eigen ist, oder ob sie allen Lebewesen zukommt, ist eine Frage, die seit dem 17. Jahrhundert intensiv diskutiert wird und bis in die Gegenwart terminologisch nicht entschieden ist. Die Empfindungsfähigkeit der Tiere ist dabei die meist unbestrittene Voraussetzung der Debatten. In Furetières Wörterbuch von 1690 wird die Sensibilität als eine charakteristische Eigenschaft der Tiere bezeichnet, die den Pflanzen gerade fehle (»La sensibilité est une qualité propre aux animaux, que n'ont point les végétaux«).[50] Ähnlich heißt es 1765 bei C. Bonnet (in der deutschen Übersetzung von 1804): »Ein Thier zu seyn, das heißt, eine empfindungsfähige Seele zu haben«[51]. Bei A.-N. Duchesne werden 1788 allgemein die Pflanzen (»Végétaux«) den sensiblen Organismen (»Corps organisés sensibles«) gegenübergestellt.[52] Und G.W.F. Hegel hält die Empfindung für »die *differentia specifica*, das absolut Auszeichnende des Tiers«.[53] Nach den im 18. Jahrhundert beliebten Stufenleiterlehren (↑Hierarchie), denen gerade auch Bonnet anhängt, nehmen einige Autoren aber eine nur graduelle Verschiedenheit von Pflanze und Tier an und schreiben folglich eine Empfindungsfähigkeit prinzipiell jedem lebenden Körper zu.[54]

Vielfach wird aber das Vermögen zur Empfindung den Pflanzen bestritten. Die Aberkennung einer pflanzlichen Empfindung wird nicht selten damit begründet, dass sie über keine Nerven verfügen[55] – von anderer Seite, so z.B. von A. von Humboldt, wird allerdings darauf hingewiesen, dass der noch nicht erfolgte Nachweis von Nerven bei Pflanzen nicht deren Abwesenheit beweise.[56] Und Mitte des 19. Jahrhunderts ist G.T. Fechner der Auffassung, dass selbst das Fehlen von Nerven bei Pflanzen nicht gegen ihre Empfindungsfähigkeit spricht, weil die Natur »analoge Zwecke durch verschiedenste Mittel zu erreichen liebt«.[57] In Ergänzung dieser Meinung bemerkt der Physiologe G. Haberlandt zu Beginn des 20. Jahrhunderts, die »Reizleitung als solche« sei die wesentliche Voraussetzung für ein Empfindungsvermögen, nicht die histologische Beschaffenheit des Reizleitungssystems.[58]

Empfindungen auch den Pflanzen zuzuschreiben bleibt aber eine Minderheitenmeinung. Ausdrücklich warnt J. Müller Mitte des 19. Jahrhunderts davor, den Pflanzen eine Empfindungsfähigkeit zuzuschreiben. Nach Müller empfinden die Pflanzen nicht, denn ihnen fehle das dafür nötige Bewusstsein: »Die Pflanzen sind reizbar, aber nicht empfindlich; so sind die Muskeln auch vom Körper getrennt noch reizbar, aber nicht empfindlich. Dass aber Empfindung in den Pflanzen stattfindet, kann ohne Aeusserungen des Bewusstseyns nicht statuirt werden«.[59] ›Bewusstsein‹ bildet in dieser Argumentation also eine wesentliche Komponente der Empfindlichkeit. Der Begriff des ↑Bewusstseins tritt damit an die Stelle des Begriffs der Seele bei Haller: Er differenziert die Reizbarkeit von der Empfindungsfähigkeit.

Bereits zuvor, zu Beginn des 19. Jahrhunderts, hat der Empfindungsbegriff eine Bedeutung für die Klassifikation der Lebewesen erhalten: In seiner großen Darstellung der wirbellosen Tiere teilt J.B. de Lamarck 1815 die Tiere in drei Gruppen: die empfindungslosen Tiere (»Animaux Apatique«, »Ils ne sentent point«: Infusorien, Polypen, radiärsymmetrische Tiere und Würmer), die Tiere mit Empfindungsvermögen (»Animaux Sensibles«: Weichtiere, Ringelwürmer, Insekten, Krebstiere und Spinnen) und die intelligenten Tiere (»Animaux Intelligens«: die Wirbeltiere).[60] Vor allem solchen Tieren, die nicht zur aktiven Fortbewegung in der Lage sind, bestreitet Lamarck das Empfindungsvermögen (»il n'est pas vrai que tous les animaux soient doués de sentiment et de mouvement volontaire«).[61] Und auch nicht allen Tieren mit Nerven will er dieses Vermögen zugestehen (»pour sentir, il ne suffit point à un animal d'avoir des nerfs«).[62] Erst ein komplexes Nervensystem ermögliche eine Empfindung, so Lamarck. Empfindungen bringt Lamarck mit den Fähigkeiten des Wiedererkennens und Unterscheidens (»connaître et distinguer«) in Zusammenhang; diese Fähigkeiten seien für die ortsfesten Lebewesen unnütz und sogar gefährlich (»inutile et dangereuse«; »des facultés superflues«), denn die Nahrung komme zu ihnen selbst und sie müssten sie nicht aktiv auf- und aussuchen (»choisir«).[63] Konsequenterweise spricht Lamarck den standortfesten Pflanzen ebenso wie den niederen Tieren Empfindungsfähigkeit und Reizbarkeit ab.[64]

Im Gegensatz zu diesem eingeschränkten Empfindungsbegriff bei Lamarck ist es seit dem Ende des 18. Jahrhunderts verbreitet, die Empfindungsfähigkeit (Sensibilität) als ein Kriterium der Lebendigkeit (zumindest aller Tiere) zu verstehen. Die Empfindungsfähigkeit steht in dieser Hinsicht neben anderen basalen Lebensfunktionen wie der Erregbarkeit, Ernährung und Fortpflanzung. Ende des 18. Jahrhunderts ordnen u.a. F. Vicq-d'Azyr und C.F. Kielmeyer die Empfindungsfähigkeit in diese Reihe ein[65] (↑Leben: Tab. 164). Kielmeyer versteht dabei unter der »Sensibilität« »die Fähigkeit mit Eindrüken, die auf die Nerven oder sonst gemacht werden, gleichzeitig Vorstellungen zu erhalten«.[66]

19. Jh.: Empfindung als Nervenerregung
In der Perzeptionstheorie Descartes' bilden die Nerven eine wichtige anatomische Struktur, weil in ihnen die für die Auslösung von Bewegungen entscheidenden feinen Substanzen strömen (↑Selbstbewegung). Die Nerven bleiben in dieser Vorstellung aber doch der bloße Träger der Empfindung, und ihre Aktivität bildet nicht die Empfindung selbst. Dies ändert sich seit dem späten 18. Jahrhundert, indem eine Entwicklung beginnt, an dessen Ende eine Empfindung mit der Erregung von Nerven gleichgesetzt wird. Eine frühe Theorie dieser Art entwickelt 1749 D. Hartley: Danach beruhen Empfindungen auf bestimmten Aktivitäten von Nerven, nämlich Schwingungen von kleinen Teilchen in ihnen. Diese Schwingungen unterscheiden sich nach Hartley in Amplitude, Frequenz und Ort je nach Art der Empfindung.[67] Es wird damit nicht mehr ein zentrales Empfindungszentrum im Körper angenommen, sondern das Empfindungsvermögen wird dezentral auf das Nervensystem verteilt.

Einen weiteren Ausbau erfährt diese Theorie zu Beginn des 19. Jahrhunderts durch die Annahme der *Spezifität* einzelner Nerven für einen Erregungstyp, also von empfindungsspezifischen Nervenaktivitäten: Die Sehnerven transportieren eine Sehempfindung, die Tastnerven eine Tastempfindung etc. Gedanken zur Spezifität der Empfindungsbahnen finden sich seit der Antike. Dem Vorsokratiker Empedokles wird die Auffassung zugeschrieben, dass von den Dingen der Welt kleine Partikel ausströmen, die sich in ihrer Sinnesqualität unterscheiden. Die Sinnesorgane enthalten nach Empedokles kleine Poren, in die jeweils nur die ausströmenden Partikel ganz bestimmter Qualität hineinpassen, so dass eine spezifische Erregung erfolgt.[68] In der Neuzeit weist J. Hunter 1786 auf die Spezifität der Nerven hin: »Every nerve so affected as to communicate sensation, in whatever part of the nerve the impression is made, always gives the same sensation of that particular nerve«[69]. Eine genauere empirische Untersuchung erfährt dieses Prinzip erst im 19. Jahrhundert: J. Purkinje stellt 1823 fest, dass mechanischer Druck und elektrische Reizung in der Nähe des Auges einen Seheindruck erzeugen[70]; und C. Bell formuliert das Prinzip 1811 als ein allgemeines Gesetz[71]. Bekannt wird das Prinzip aber v.a. durch J. Müller als das später so genannte *Gesetz der spezifischen Sinnesenergie*: »Der Sinnesnerv auf jedweden Reiz, was immer einer Art, reagirend, hat die ihm immanente Energie; Druck, Friction, Galvanismus und innere organische Reizung, alle diese Dinge bewirken in dem Lichtnerven, was sein ist, Lichtempfindung, in dem Hörnerven, was dessen ist, Tonempfindung, Gefühl in dem Gefühlsnerven«[72]. In seinem ›Handbuch der Physiologie‹ formuliert Müller 1840: »Die Sinnesempfindung ist nicht die Leitung einer Qualität oder eines Zustandes der äusseren Körper zum Bewustsein, sondern die Leitung einer Qualität, eines Zustandes eines Sinnesnerven zum Bewustsein, veranlasst durch eine äussere Ursache, und diese Qualitäten sind, in den verschiedenen Sinnesnerven verschieden, die Sinnesenergieen«.[73] Die Empfindungen ergeben sich danach also nicht unmittelbar aus der Einwirkung äußerer Gegenstände und werden nicht mehr als Repräsentanten eines Gegenstandes der Außenwelt gesehen, sondern sind stets durch die Nerven eines Sinnesorgans und deren jeweilig spezifischen Sinnesqualitäten vermittelt. Bei Müller heißt es, »dass das Gefühl, der Schmerz, die Wollust, ein Zustand unserer Nerven ist und nicht eine Eigenschaft der Dinge«.[74] Er stellt den Grundsatz auf, »dass wir durch äussere Ursachen keine Arten des Empfindens haben können, die wir nicht auch ohne äussere Ursachen durch Empfindung der Zustände unserer Nerven haben«.[75] Eine Empfindung wird auf diese Weise mit der Erregung von (sensorischen) Nerven identifiziert.

Ähnlich wie Müller betrachtet auch der Botaniker C.H. Schultz die Empfindung als eine Beziehung, die im Wesentlichen zwischen verschiedenen Teilen innerhalb eines Organismus besteht: »Empfindung ist auch überhaupt nur allein da möglich, wo eine centrale Beziehung aller Theile auf das eine Ganze Statt hat. Es ist der Begriff der Empfindung durchaus unzertrennlich von einer egoistischen Centralität. Denn er beruht eben auf der Beziehung aller peripherischen Eindrücke auf *eine* Mitte«[76]. Während den Tieren eine solche Mitte eigen ist, fehlt sie nach Schultz den Pflanzen, weil diese aus vielen aggregierten Teilen zusammengesetzt seien (↑Pflanze).

Kompliziert wird die terminologische Situation v.a. dadurch, dass die Untersuchungen an Reflexen, wie sie von M. Hall und J. Müller in den 1830er Jahren durchgeführt werden, Bewegungen nachweisen, die über Nerven und das Rückenmark vermittelt werden, die aber als mechanisch und ohne Beteiligung des Bewusstseins angesehen werden. Die Hallersche Zuordnung von Irritabilität zur Muskelfaser und Sensibilität zur Nervenfaser wird damit grundsätzlich fraglich. Der Physiologe M.J.P. Flourens schlägt 1823 vor, sowohl die Sensibilität als auch die Irritabilität als über Nerven vermittelte Vermögen anzusehen. Sensibilität betreffe aber im Unterschied zur Irritabilität im Bewusstsein ablaufende Prozesse.[77] Es stellt sich aber dann die Frage, wie der Begriff des ↑Bewusstseins in der physiologischen Forschung expliziert werden kann. Einen extremen Standpunkt nimmt E. von Hartmann Ende des 19. Jahrhunderts ein, wenn er aus der Empfindungsfähigkeit der Pflanzen auf ihr Bewusstsein schließt: »Das Zugeständnis von Empfindungen im Pflanzenleben reicht für sich allein schon vollständig aus, um Bewusstsein in der Pflanze zu sichern«[78]. Auch in der Gegenwart wird die Zuschreibung von Empfindungen im Sinne einer Selbstwahrnehmung manchmal als eine Form des Bewusstseins gewertet (»feeling consciousness«), das zumindest allen Tieren zukomme.[79]

Aufgrund seiner Verbindung zu theoretisch nicht geklärten Begriffen wie die des Bewusstseins oder der Seele wird das Konzept der Empfindung von einigen Autoren in der ersten Hälfte des 19. Jahrhunderts (wie zuvor schon von J.C. Reil in den 1790er Jahren; s.o.) ganz abgelehnt. H. Dutrochet z.B. bezeichnet den Begriff 1824 als hemmend für den Fortschritt in der Physiologie und weist ihn der Psychologie zu.[80] Die Entwicklung bis ins 20. Jahrhundert nimmt dann auch den Lauf, dass der Begriff zur Erklärung biologischer Phänomene zunehmend in den Hintergrund tritt und damit auch in der Regel nicht mehr in den Listen der lebensdefinierenden Konzepte erscheint (↑Leben: Tab. 164).

Der Ausdruck verschwindet aber andererseits nicht vollständig aus dem Vokabular der Biologie. So nennt C. Gegenbaur 1859 das Nervensystem und die Sinneswerkzeuge allgemein die »Organe der Empfindung«.[81] Und G.H. Schneider verwendet 1880 den Ausdruck »Empfindungstriebe«, wenn die physische Berührung mit einem äußeren Gegenstand (durch Tasten) als Auslöser eines Verhaltens wirkt, und er grenzt die Empfindungstriebe von den »Wahrnehmungstrieben« ab, bei denen die Perzeption des Reizes über eine Distanz erfolgt (↑Verhalten: Tab. 298).[82] Der Tastsinn wird also dadurch ausgezeichnet, dass ihm im Gegensatz zu den anderen Sinnen die Qualität einer Empfindung zugeschrieben wird. Auch in der Zuschreibung zu einfachsten Lebewesen erscheint das Wort weiterhin, meist beiläufig. So spricht z.B. T.W. Engelmann 1882 von dem »Empfindungsvermögen der Bacterien für Licht«.[83]

Subjektivität und Objektivität der Empfindung
Die Identifizierung von Empfindungen mit Nervenaktivitäten bringt die besondere Schwierigkeit mit sich, dass auf diese Weise ein ursprünglich als (subjektive) Erlebnisqualität definiertes Phänomen zu einem objektiv-naturwissenschaftlichen Gegenstand wird, der nicht mehr genau dem ursprünglichen Phänomen entspricht. Klarster Ausdruck dieser Inkongruenz ist die Möglichkeit der Beschreibung von nicht wahrgenommenen oder nicht erlebten Empfindungen auf der neuen begrifflichen Grundlage. Diese Schwierigkeit wird bereits seit Mitte des 19. Jahrhunderts gesehen. So identifiziert G. Heermann 1835 die Empfindung weitgehend mit Nervenaktivitäten. Er definiert Empfindung als »die unmittelbare Wahrnehmung der Seele von dem Zustande des Körpers, namentlich des Nerven«[84]. Weil nicht jede Nerventätigkeit mit Vorstellungen begleitet ist, kann es nach Heermann auch eine »Empfindung ohne Vorstellung« geben, z.B. in dem Vorliegen von »Sinnesempfindungen«, die nicht bewusst sind, etwa dem Überhören einer Nachricht durch eine Person, die in eine Beschäftigung vertieft ist. In ähnlicher Weise ist T. Waitz 1849 der Meinung, dass der menschliche Organismus (ebenso wie jeder andere Organismus) »von der frühesten Zeit seines Lebens an nie ohne gewisse Empfindungen ist«;

diese könnten sich jedoch der »Selbstbeobachtung« und dem »Bewußtsein« entziehen, wenn dieses von anderen Gedanken, Gefühlen oder Begehren besetzt (»präoccupirt«) wird.[85] Empfindungen können danach also unbewusst sein, wenn sie von Bewusstseinsvorgängen überlagert werden. Die Gleichsetzung von Nervenerregung mit Empfindung hat zu verschiedenen terminologischen Vorschlägen zur weiteren Differenzierung geführt[86]: K. Fortlage unterscheidet 1875 zwischen nicht notwendig bewussten »Empfindungsinhalten« und dem »Bewusstsein«[87]; T. Lipps versteht 1903 unter »Empfindungsinhalten« »nur die einfachen, durch sinnliche Reize uns zuteil gewordenen Inhalte«, dagegen stellt er die »Wahrnehmungsinhalte« als »Komplexe von Empfindungsinhalten« und beschreibt die Wahrnehmung als das »Haben« dieser Inhalte und damit als ein höherstufiges Verarbeitungsstadium.[88]

Entgegen der ursprünglich starken Bindung des Konzepts der Empfindung an die Erregung einzelner Nerven plädiert W. Wundt 1896 dafür, Empfindungen und insbesondere Gefühle als Konstrukte anzusehen, die »Producte der Abstraction« seien und sich erst aus der Interaktion verschiedener Elemente des Nervensystems, und nicht bereits der Erregung isolierter Nerven ergeben.[89] Wundt unterscheidet zwischen zwei Arten von »psychischen Elementen«: auf der einen Seite den »Empfindungselementen«, die einen »objectiven Erfahrungsinhalt«, z.B. eine Wärme-, Kälte- oder Lichterfahrung darstellen; auf der anderen Seite den »Gefühlselementen«, die als »subjective Elemente« diese Empfindungen begleiten. Insbesondere die letzteren ergeben sich nach Wundt nicht unmittelbar aus einer nervlichen Erregung, sondern bilden einen »Bestandtheil eines in der Zeit verlaufenden psychischen Processes«[90]. S. Exner bezeichnet diese durch die Interaktion von Nerven erzeugten psychischen Phänomene 1894 als »secundäre Empfindungen«; sie entstünden »durch Wechselwirkung zweier oder mehrerer in nervösen Organen ablaufenden Erregungen«[91] und werden von den »primären Empfindungen«, die in unmittelbarem Zusammenhang von Sinnesdaten erscheinen, abgegrenzt (vgl. Abb. 96).

20. Jh.: Ausweitung der Wortbedeutung
Der Begriff der Empfindung wird gegen Ende des 19. Jahrhunderts wieder allgemeiner gefasst. Es verbreitet sich die Auffassung, auch den Pflanzen eine Empfindungsfähigkeit zuzuerkennen: »Wir können der Pflanze die Empfindung nicht absprechen«, schreibt C. von Nägeli 1884[92]; allein Vorstellungen und Erinnerungen fehlten den Pflanzen. Was genau mit der Empfindungsfähigkeit gemeint ist, bleibt aber weiterhin unklar. F. Noll bezieht die Empfindung 1896 auf ein »Körpergefühl«, das auch den Pflanzen eigen sei, insofern sie »ein gewisses Empfindungsvermögen für die Lage der eigenen Körperteile, an sich und zu einander«[93] besitzen.

Eine wichtige Rolle spielen die Empfindungen der Freude und des Schmerzes in den frühen verhaltensbiologischen Theorien am Ende des 19. Jahrhunderts. Nach C. Lloyd Morgan bilden Freude (»pleasure«) und Schmerz (»pain«) das psychologische Äquivalent für das biologische Ziel der Selbst- und Arterhaltung, insofern sie das Individuum für die Ausrichtung ihres Verhaltens auf diese Ziele motivieren. Die Erlangung von Freude und die Vermeidung von Schmerz seien das Verhaltensziel in psychologischer Hinsicht (»the purpose of behaviour as viewed from the psychological aspect«): »The biological end of animal conation is racial survival; its psychological end is individual satisfaction. And the two ends are, in the main and broadly speaking, consonant«.[94]

Als allgemeines Lebensmerkmal wird die Empfindungsfähigkeit auch den universalen Lebenselementen, den Zellen, zugeschrieben. Bei dem Botaniker J. Reinke heißt es, »unleugbar wohnt Empfindung auch jeder Pflanzenzelle inne«[95]. E. Haeckel entwickelt 1878 eine »Cellular-Psychologie« und meint von »Zellseelen« sprechen zu können, weil alle Zellen über Empfindungen verfügen.[96]

Der weite Empfindungsbegriff des ausgehenden 19. Jahrhunderts erfährt eine Einengung im Zusammenhang mit dem Versuch der Begründung einer philosophischen Anthropologie in den 1920er Jahren. M. Scheler spricht den Pflanzen eine Empfindung mit dem klassischen Argument ab, bei ihnen liege kein Gedächtnis und kein Zentrum vor, an das die Organ- und Bewegungszustände zurückgemeldet werden könnten.[97] Ähnlich sieht es H. Plessner, wenn er schreibt »Empfindung und Handlung (d.h. durch Assoziation modifizierbare, zentral vermittelte Bewegungen) widersprechen dem Wesen offener Form«[98], das für die Pflanze charakteristisch sei (↑Pflanze): »Pflanzen als offenen Formen fehlt eine zentral vermittelte Steuerung ihrer Bewegungen. Ihnen fehlt eine zentrale Repräsentation ihres Organismus«[99]. H. Conrad-Martius schließt daran an und argumentiert, Pflanzen könnten auf die Empfindungsfähigkeit verzichten, weil sie sie nicht »nötig haben«.[100] Weil die Pflanze nicht psychisch, sondern bloß physiologisch organisiert sei, habe »eine Empfindungsfähigkeit gar keine lebensmäßig sinnvolle Stelle in ihr«[101].

Eine erneute Gegenbewegung mit der Zielrichtung, auch den Pflanzen eine Empfindung zuzuschreiben, erfolgt seitens einiger »Exzentriker der Pflanzenseele im 20. Jahrhundert«[102]. Unter ihnen befindet sich der Physiker J.C. Bose, der mit großem apparativem Aufwand den Pflanzen zu Leibe rückt und als Ergebnis seiner Untersuchungen konstatiert, dass der Wahrnehmungsbereich der Pflanzen größer als der menschliche sei und Pflanzen ein definiertes Nervensystem besäßen.[103] Von Seiten der akademischen Forschung werden Boses Ergebnisse entweder ignoriert oder – soweit sie nachgeprüft werden – als nicht reproduzierbare »Apparateschwankungen« dargestellt.[104] Ein ähnliches Schicksal erfahren die Versuche C. Backsters, den Pflanzen eine Empfindung nicht nur für den eigenen Körper, sondern auch den anderer Organismen zuzuschreiben – Pflanzen sind nach Backster zu einer Form von Mitleid in der Lage. Er meinte, eine Änderung der elektrischen Aktivität der Blätter einer Pflanze messen zu können, wenn er in ihrer Gegenwart Garnelen in kochendem Wasser tötete.[105] Genauere Wiederholungen der Versuche Backsters konnten allerdings keine Bestätigung seiner Ergebnisse liefern.[106]

Die Frage, ob Pflanzen oder selbst Mikroorganismen zu Empfindungen in der Lage sind, bleibt bis in die Gegenwart umstritten. Dies hängt in erster Linie mit dem unklaren Begriff der Empfindung zusammen. So sehen sich manche Mikrobiologen berechtigt, auch Bakterien ein Empfinden zuzuschreiben, weil sich auch bei ihnen komplizierte Mechanismen der Signalübermittlung und Kommunikation finden (Shapiro 2007: »even the smallest cells are sentient beings«).[107]

Empfindung als bioethisches Kriterium
In der neueren bioethischen Debatte gewinnt der Begriff der Empfindung insofern eine Bedeutung, als den frühen Stadien in der Entwicklung eines Organismus, z.B. des Menschen, – ebenso wie den Pflanzen – zwar Leben zugesprochen wird, nicht aber Empfindung. Die Empfindungsfähigkeit gilt als ein – zumindest notwendiges, wenn auch nicht hinreichendes – Kriterium für die ethische Schutzwürdigkeit eines Lebewesens, so dass den Pflanzen und frühen Entwicklungsstadien des Menschen auf dieser Basis keine ethische Relevanz zukommt.[108] Weitgehend ungeklärt bleibt dabei aber meist, was denn genau unter ›Empfindung‹ verstanden werden soll. Der Begriff verharrt weitgehend in der ambivalenten semantischen Situation, in der er sich seit Ende des 19. Jahrhunderts befindet: Einerseits sind Empfindungen subjektive Erlebnisqualitäten, andererseits sind sie physiologisch als Nervenaktivitäten analysierbar. Eine genaue neurophysiologische Beschreibung derjenigen Nervenaktivitäten oder komplexen Muster von neuronalen Zuständen, die dem subjektiven, introspektiven Erleben einer Empfindung entsprechen, steht noch aus.

Der Begriff der Empfindung kommt außerdem nicht selten ins Spiel, wenn es darum geht, die natürlichen Lebewesen von künstlichen Maschinen abzugrenzen. Als Antwort auf die befürchtete Nivellierung der Grenze zwischen Lebewesen und Technik wird ein neuer, »lebensweltlicher Lebensbegriff«[109] vorgeschlagen, der als Alternative zum biologischen Begriff mit seiner Zentrierung um Stoffwechsel, Mutation und Reproduktion verstanden wird. Als zentrale Bestimmungsstücke dieses Lebensbegriffs werden angegeben: leibliche Empfindungen, z.B. »Schmerzempfindungen (bohrende Kopfschmerzen etwa), Geschmacksempfindungen (des Bitteren, Scharfen, Süßen usf.), Druckempfindungen« (Kambartel 1996)[110] bzw. »Wahrnehmung oder Empfindung [...]. Denn das Auftreten von Wahrnehmung und Empfindung in der Natur stellt den ersten wesentlichen Sprung über die funktionale Organisation hinaus dar« (Krebs 2000)[111]. Wesentlich sei dabei die Fähigkeit eines privilegierten Zugangs zu sich selbst bei den im eigentlichen Sinne lebenden Organismen, ein »Leben mit Innenseite«.[112] Kritisch lässt sich dagegen einwenden, dass ›Wahrnehmung‹ und ›Empfindung‹ Begriffe sind, die im heutigen Sprachgebrauch immer weniger auf die Welt der Lebewesen eingeschränkt sind. So ist es geläufig, bei Tastaturen von einer Druckempfindlichkeit zu sprechen, und auch die Rede von lichtempfindlichen Zellen bei Maschinen ist verbreitet.[113] Der Begriff der Empfindung dient damit also verstärkt dazu, nicht die Differenz, sondern gerade die Ähnlichkeit von Lebewesen und Maschinen zu markieren.

Nicht alle Biophilosophen gehen andererseits überhaupt so weit, Tieren Empfindungen im eigentlichen Sinne zuzusprechen. So ist P. Carruthers der Auffassung, Tiere würden nicht über ein phänomenales Bewusstsein und damit ein bewusstes Schmerzempfinden verfügen; aufgrund ihrer fehlenden kognitiven und sprachlichen Kompetenzen seien die Tiere nur zu einem unbewussten Leiden ohne Subjektivität (»suffering without subjectivity«) in der Lage.[114]

A.N. Whitehead macht 1926 den Vorschlag, für die Rezeption und Verarbeitung von Umweltreizen, die noch nicht notwendig ein Bewusstsein einschließen, einen eigenen Terminus einzuführen. Sein Ausdruck dafür lautet **Prähension** (»prehension«) und er definiert ihn als eine Apprehension, die nicht notwendig kognitiv ist (»apprehension which may or may not be cognitive«).[115] Von Bioethikern, wie

2010 von K. Ott, wird dieser Begriff aufgenommen, um mit ihm für einen *Zoozentrismus* zu argumentieren, d.h. für eine Position, die primär Menschen und Tiere als Mitglieder der moralischen Gemeinschaft ansieht, weil nur sie über ein *Gewahren*, d.h. ein (nicht notwendig bewusstes) Wahrnehmen und Reagieren auf Umweltreize verfügen, das mehr ist »als eine biochemische Reaktion (wie beim Informationsaustausch von Pflanzen)«.[116] Ott spricht von den *sentienten* Wirbeltieren und den lediglich *prähensiven* Insekten.[117]

Nerv
Das seit dem 16. Jahrhundert nachweisbare Substantiv geht zurück über das lateinische ›nervus‹ auf das griechische ›νεῦρον‹ »(Bogen-)Sehne, Spannkraft, Muskel«. Die ursprüngliche Bedeutung betrifft also nicht die Funktion, sondern allein die Struktur des bezeichneten Gegenstandes. In den medizinischen Lehren der griechischen Antike, so bei Erasistratos, bezieht sich der Ausdruck meist auf eine hohle Faser; er kann aber auch einfach eine Sehne meinen.[118]

Antike
Die antiken Theorien zu den Nerven sind vielfach spekulativ. Seit Hippokrates gilt das Gehirn als das Organ der Verarbeitung der Sinneswahrnehmung und der Steuerung des Verhaltens. Aristoteles hält darüber hinaus auch das Herz für ein Zentrum der Sinnesempfindung; alle Empfindungen gingen von dort aus und endeten dort wieder.[119] Die Nerven führen nach Aristoteles von den Sinnesorganen und der Haut zum Herzen. Genauere anatomische Sektionen zum Studium der Nerven unternehmen um 300 v.Chr. die Begründer der alexandrinischen Schule der Anatomie, Herophilos und Erasistratos. Nach den Lehren dieser Schule bilden das Gehirn, das Rückenmark und die Nerven ein zusammenhängendes Ganzes. Die Nerven werden erstmals klar von den Sehnen unterschieden und als kleine Röhren vorgestellt, in denen eine besondere Substanz, das Pneuma, strömt. Auch die Unterscheidung von sensiblen und motorischen Nerven findet sich bereits bei den Gelehrten der alexandrinischen Schule. Galen gibt später eine funktionale Bestimmung, indem er den Nerv als Einrichtung zur *Auslösung* der Bewegung von dem Muskel als kontraktiler Einheit unterscheidet.[120] Anhand seiner Sektionen von Affen und anderen Säugetieren gelingt es Galen, einfache Vorstellungen von einem *Nervensystem* zu entwickeln. Bei diesen Sektionen erkennt er sieben (der neun) Paare von Hirnnerven. Auch die Differenzierung der sensorischen von den motorischen Nerven findet sich bei Galen wieder: Die Nerven der Sinnesorgane bezeichnet er als »weich«, die Nerven der durch den Willen bewegten Teile sind nach Galen dagegen »hart«. Bei den Sinnesorganen, die bewegt werden, wie der Zunge und den Augen, erkennt Galen beide Arten der Nerven. Galen beobachtet auch, dass die eine der beiden Funktionen erhalten bleibt, wenn der jeweils andere Nerv dieser Organe in seiner Funktion gestört wird; bei der Störung der Nerven zur Bewegung der Zunge z.B. bleibt die Sinneswahrnehmung durch die Zunge weiterhin intakt.[121]

Frühe Neuzeit
Bis zum Ende des 17. Jahrhunderts stellt man sich die Nerven als Röhren vor, in denen die Lebensgeister (das Pneuma oder der Spiritus) vom Gehirn zu den Organen fließt und dort die Bewegung auslöst.[122] Die Lebensgeister gelten in dieser Auffassung als materielle Körper, die als Mittler zwischen der unstofflichen Lebenskraft und dem stofflichen Körper fungieren. Im 12. Jahrhundert beschreibt Adelard von Bath die Wahrnehmung als eine Bewegung des *spiritus* vom Gehirn durch die Nerven zu den Sinnesorganen und von dort zum betrachteten Körper und über die Sinnesorgane wieder zurück in den Körper.[123] Descartes entwickelt einfache mechanische Modelle zur Wirkungsweise der Nerven. Nach seiner Theorie ist es die Wärme, die die Bewegung und Ausbreitung der Lebensgeister bewirkt. Sie fließen demzufolge aus dem Gehirn über die Nerven in die Muskeln, wodurch diese sich ausdehnen und eine Bewegung verursachen.[124] Am Ende des 17. Jahrhunderts veranlassen mikroskopische Untersuchungen Modifikationen an der traditionellen Spiritustheorie. Malpighi ist aufgrund seiner Beobachtungen der Ansicht, die Gehirnrinde bestehe aus Drüsen und gebe eine flüssige Substanz ab, die dann als *Nervensaft* (»succus nervosus«) in den Nerven transportiert werde.[125] Ein Streit entbrennt über die Struktur der Nerven: Sie werden vielfach als hohl beschrieben und abgebildet, z.B. auch von A. van Leeuwenhoek; andere sind dagegen der Auffassung, die Nerven seien von einer markartigen Substanz erfüllt, in der sich der Nervensaft bewege[126].

18. und 19. Jh.
A. von Haller führt die Erregungsleitung in den Nerven auf ein besonderes Prinzip, die *Sensibilität*, zurück, das er von der Kontraktionsfähigkeit der Muskeln, der Irritabilität, abgrenzt (s.o.). Im Anschluss an diese Unterscheidung wird von der *Nervenkraft* gesprochen, die der Wirkungsweise der Nerven zugrunde liege.[127] J.A. Unzer betrachtet die Reizbarkeit

jedes Nervs, die er von der Reizbarkeit der Muskeln unterscheidet, als ihre Nervenkraft.[128] Die Reizung der Nerven könne entweder durch psychische Vorstellungen oder durch physische Einwirkungen erfolgen. Seit Mitte des 18. Jahrhunderts werden Fehlleistungen der Nerven für besondere Krankheiten des Menschen verantwortlich gemacht, v.a. unter dem Einfluss der Arbeiten von R. Whytt.[129]

Genauere Beschreibungen der Anatomie der Nerven geben zu Beginn des 19. Jahrhunderts G.R. Treviranus und G.C. Ehrenberg. Treviranus erkennt in seinen Untersuchungen die äußeren Scheiden der peripheren Nerven und Ehrenberg die Ganglien der Rückenmarksnerven.[130] Seit Mitte der 1830er Jahren werden die knotenartigen Nervengebilde im Rückenmark als *Ganglienkugeln* bezeichnet (Müller 1836; Valentin 1836).[131] G. Valentin gibt 1836 eine funktionale Deutung der Ganglienkugeln: Nach seiner Auffassung sind sie »die rein activen, thätigen und schaffenden, die Primitivfasern dagegen die rein passiven, empfangenden und leitenden Organe des Nervensystems«.[132] Für L. Fick sind die Ganglienzellen 1844 die »Innervationsquellen« und »Innervationsheerde« des Nervensystems[133], von ihnen gingen die psychischen Aktivitäten bis hin zum Bewusstsein aus.

T. Schwann wendet Ende der 1830er Jahre die Zellenlehre konsequent auf die Nervenfasern an: Er betrachtet jede Nervenfaser als eine »sekundäre Zelle«, die aus der Verschmelzung mehrerer primärer Zellen mit Zellkern entstanden ist.[134] Die genaue Zusammensetzung von Nervenfasern aus Zellen wird in den 1840er Jahren von A. Hannover und H. Helmholtz untersucht.[135] Helmholtz ist es auch, der als erster die Geschwindigkeit der Erregungsleitung in den Nerven ermittelt.[136] Dass eine Nervenfaser als direkter Fortsatz einer Nervenzelle und nicht aus der Verwachsung mehrerer Zellen entsteht, wird jedoch erst durch die Arbeiten A. Koellikers sowie F.H. Bidders und K.W. Kupffers deutlich.[137]

Die Forschungen des späten 18. und 19. Jahrhunderts erweisen den elektrischen Charakter der Erregungsleitung entlang der Nerven. A. von Haller lehnt die Hypothese eines elektrischen Flusses entlang der Nerven noch ab und sieht sie der Tradition gemäß als Röhren an. Genaue mikroskopische Untersuchungen der Nerven können jedoch keine Höhlung feststellen.[138] Ein Zusammenhang zwischen Elektrizität und Erregungs- und Bewegungsphänomenen wird seit der Mitte des 18. Jahrhunderts vermutet.[139] Die Ergebnisse ausführlicher Versuche zum Einfluss der Berührung von Metallen auf die Bewegungen von Froschschenkeln veröffentlicht L. Galvani 1791.[140] Galvani nimmt an, die Elektrizität werde vom Tier selbst produziert und postuliert isolierende Scheiden um die Nerven, die wegen ihrer geringen Dicke eine Reizung von außen zulassen.[141]

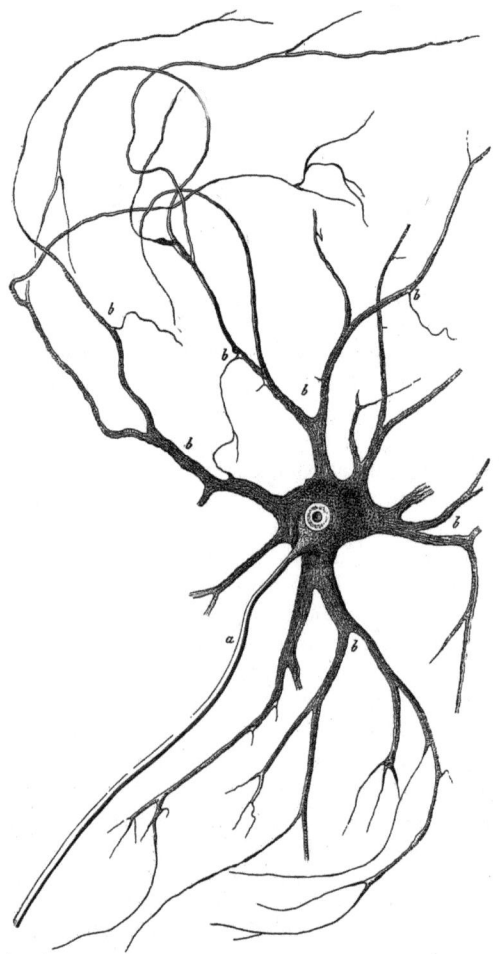

Abb. 94. Eine isolierte Nervenzelle aus der grauen Substanz des Rückenmarks, in 300-400facher Vergrößerung und durch Carminfärbung sichtbar gemacht. In der Darstellung sind die Struktur des Axons (a der »Hauptaxencylinderfortsatz«) und der Dendriten (b die »Protoplasmafortsätze«) klar unterschieden. Die funktionale Bedeutung der Dendriten bleibt lange umstritten. C. Golgi hält sie noch Ende der 1870er Jahre für Organe der Ernährung, nicht der Erregungsleitung. In den 1880er Jahren ist dagegen W. His der Auffassung, die Dendriten seien der reizaufnehmende und das Axon der reizweiterleitende Teil der Nervenzelle (Abb. 409 nach Deiters, O. (1865). Untersuchungen über Gehirn und Rückenmark des Menschen und der Säugethiere; aus Heidenhain, M. (1911). Plasma und Zelle. Eine Allgemeine Anatomie der lebendigen Masse, Bd. 2. Die kontraktile Substanz, die nervöse Substanz, die Fadengerüstlehre und ihre Objekte (= Handbuch der Anatomie des Menschen, Bd. 8, 2): 706).

Der Beweis für die Elektrizitätsproduktion während der Tätigkeit eines Nervs wird allerdings erst Mitte des 19. Jahrhunderts von L. Nobili, C. Matteucci und E. Du Bois-Reymond erbracht. Du Bois-Reymond stellt eine Potenzialänderung bei der Erregungsleitung der Nerven fest und misst das, was später als *Nervenaktionsstrom* bekannt wird.[142] Verschiedene Mechanismen für die Erregungsleitung werden vorgeschlagen[143], bevor J. Bernstein Anfang des 20. Jahrhunderts die im Wesentlichen bis heute gültige *Membrantheorie* aufstellt, nach der an der Nervenmembran eine elektrische Doppelschicht mit einer Ruhespannung sitzt, die bei der Erregung durch eine Änderung der Ionenpermeabilität der Membran verschwindet und zu einer Entladung der Nachbarregion führt[144].

Neurologische Terminologie
Der zelluläre Aufbau der Nerven wird seit Mitte des 19. Jahrhunderts erkannt: T. Schwann spricht 1839 von der **Nervenzelle**[145]. W. Waldeyer führt 1891 den Terminus **Neuron** ein.[146]

Zu Beginn des 20. Jahrhunderts erscheint im Zusammenhang mit elektrophysiologischen Messungen an Nerven und Muskeln der Begriff **Aktionspotenzials** (Boruttau 1906: »das ›Aktionspotential‹ der Nerven (und Muskeln) bleibt […] stets ›negativ‹«[147]; Roaf 1913: »action potential«[148]) Die direkte Messung des Aktionspotenzials der Nerven wird durch die Einführung des Kathodenstrahloszilloskops Anfang der 1920er Jahre möglich.[149] Die wichtige Einsicht, dass sich die Intensität einer neuronalen Erregung in der Frequenz der Impulse manifestiert, wird 1926 gewonnen.[150]

Anhand der Riesennervenfasern von Tintenfischen gelingt es 1939 A.L. Hodgkin und A.F. Huxley[151] und im gleichen Jahr K.S. Cole und H.J. Curtis[152], das Ruhe- und Aktionspotenzial einer Nervenfaser mittels einer Elektrode zu messen. Einige Jahre später zeigen Hodgkin und Huxley mittels radioaktiver Isotope, dass es Strömungen der Elemente Natrium und Kalium sind, die für die Potenzialänderungen verantwortlich sind (»Ionen-Hypothese«).[153] Mittels einer neuen Methode (»patch-clamp«) können E. Neher und B. Sakmann 1976 direkt die Ströme durch die Ionenkanäle der Membranen der Nervenfasern messen.[154]

Bis in die 1870er Jahre gilt das Nervensystem als ein Geflecht von Fasern, die untereinander anatomisch verbunden sind (*Kontinuitätstheorie* oder *Nervennetztheorie*). Gestützt wird diese Ansicht durch die Bilder eines Nervennetzes, die mittels der Färbung von fixierten Gewebeschnitten durch Ammoniakcarmin und ihre anschließende Imprägnierung mit Goldsalz entstehen – eine Methode, die J. Gerlach bis in die 1870er Jahre perfektioniert.[155] Eine noch kontrastreichere Färbung der Nervenzellen, die ebenfalls im Sinne der Bestätigung der Netztheorie verwendet wird, ermöglicht die von C. Golgi in den 1880er Jahren eingeführte Silberimprägnationstechnik.[156] W. His und A. Forel behaupten dagegen, dass die Nervenzellen nicht kontinuierlich ineinander übergehen, sondern lediglich in Kontakt miteinander stehen und

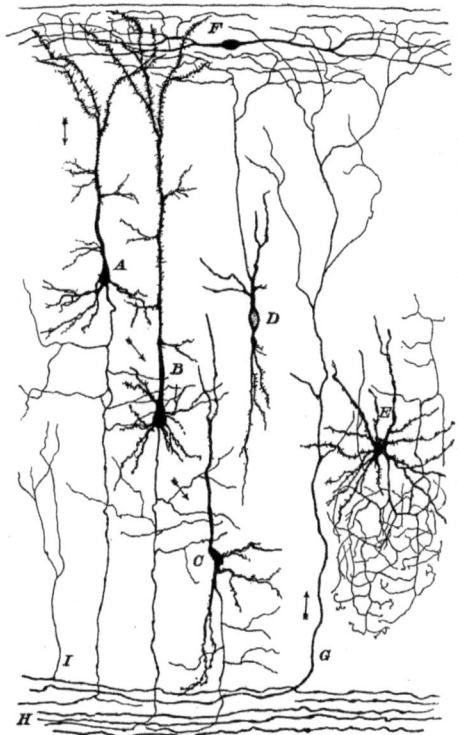

Abb. 95. Typische Zellen der Hirnrinde eines Säugetiers. Der spanische Neuroanatom S. Ramón y Cajal beschreibt die Nervenzelle als anatomisch und funktional diskrete Einheiten, die aufgrund ihrer Struktur eine klare Polarität aufweisen: Die Erregungsleitung erfolgt stets in einer Richtung, von den erregungsaufnehmenden Dendriten zu den Axonen (vgl. die Pfeile im Bild). Auch den Endknöpfchen der Axone, den Synapsen, schreibt Ramón y Cajal in diesem Zusammenhang eine wichtige Rolle in der Aufrechterhaltung der Polarität in der Erregungsleitung zu. Dargestellt ist hier die Weiterleitung von Nervenimpulsen, die in der Hirnrinde ankommen: Sie beginnt bei den afferenten Fasern (G) der weißen Substanz (H), verläuft weiter über die apikalen Dendriten der Pyramidenzellen und wird dann von Zelle zu Zelle über die horizontalen Kollateralbahnen der Pyramidenzellen weitergeleitet (A-C) (aus Ramón y Cajal, S. (1894). La fine structure des centres nerveux. Proc. Roy. Soc. London 55, 444-468: 462).

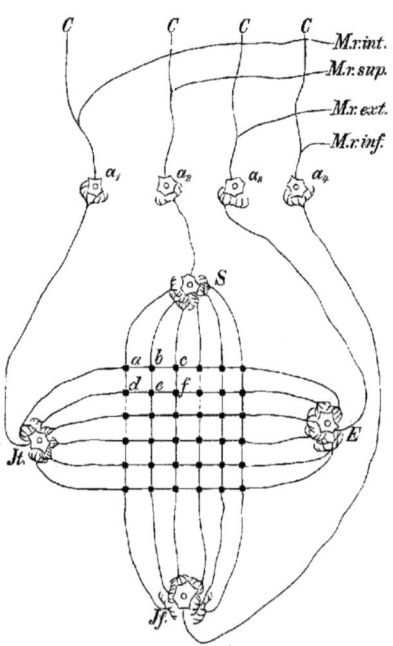

Abb. 96. Die erste Darstellung eines neuronalen Netzes: ein Schema eines neuronalen Zentrums optischer Bewegungsempfindungen. Die Punkte a, b, c, ... bezeichnen die Stellen, an denen von Netzhautelementen kommende Nervenfasern in das Zentrum eintreten. In den Nervenzellen S, E, Jt und Jf werden die Erregungen summiert und an die Zellen a_1 ... a_4 weitergeleitet, die wiederum mit den Augenmuskeln M.r.int. ... M.r.inf. und dem Kortex C in Verbindung stehen. Ein sich bewegendes Bild auf der Netzhaut führt zu unterschiedlicher Erregung der summierenden Zellen, die durch unterschiedliche Aktivierung der Augenmuskeln ein Verfolgen des Objekts mit dem Auge ermöglichen. Durch das Modell können v.a. auch Phänomene der »secundären Empfindung«, wie z.B. in die andere Richtung als die wahrgenommene Bewegung laufende Bewegungsnachbilder, erklärt werden (aus Exner, S. (1894). Entwurf zu einer physiologischen Erklärung der psychischen Erscheinungen: 193).

diskrete Einheiten darstellen.[157] E.A. Schäfer macht diese Beobachtung 1879 auch an dem »Plexus« des Nervensystems der Nesseltiere.[158] Die Debatte um die Struktur des Nervensystems zieht sich aber bis zum Anfang des 20. Jahrhunderts. Paradigmatisch stehen sich die Positionen der *Neuronentheorie*, die von isolierten Elementen ausgeht, und der *Netztheorie*, die ein kontinuierliches Geflecht annimmt, gegenüber (Ramón y Cajal 1933: »Neuronismo o reticularismo?«[159]).

W. Waldeyer steht 1891 auf Seiten der Neuronentheorie und hält zusammenfassend fest: »Das Nervensystem besteht aus zahlreichen untereinander anatomisch wie genetisch nicht zusammenhängenden Nerveneinheiten (Neuronen). Jede Nerveneinheit setzt sich zusammen aus drei Stücken: der Nervenzelle, der Nervenfaser und dem Faserbäumchen (Endbäumchen)«[160]. Gestützt wird diese Auffassung von der Abgrenzbarkeit der Nervenzellen durch Färbemethoden, die S. Ramón y Cajal auf Nervenfasern anwendet und damit eine Nervenzelle mit allen ihren Ausläufern sichtbar machen kann (vgl. Abb. 95).[161] Mit einer einfacheren Technik, der Carminfärbung, kann O. Deiters schon 1865 eine erste Darstellung der Nervenzelle mit ihren Ausläufern geben, in der bereits die Unterscheidung von Dendriten und Axon deutlich wird (vgl. Abb. 94).[162] Die Bezeichnung **Dendriten** für die seitlichen Ausläufer der Nervenzellen führt W. His 1889 ein.[163] E.A. Schäfer wandelt diese Bezeichnung 1893 in *Dendron* um.[164] Die in der Längsachse einer Nervenzelle liegenden Zellfortsätze werden bereits Ende der 1830er Jahre etwa zeitgleich von R. Remak und J.E. Purkinje beschrieben; Remak weist in seinen Untersuchungen von Präparaten aus dem Rückenmark von Ochsen nach, dass die Nervenfasern Verbindungen zu den Ganglien haben.[165] J.F. Rosenthal, ein Schüler Purkinjes, verwendet in seiner Dissertation aus dem Jahr 1839 für sie erstmals die Bezeichnung *Achsenzylinder* (»cylinder axis«)[166], die bis zum Ende des Jahrhunderts üblich bleibt (engl. »axis-cylinder«[167]; His spricht von »Axenfasern«[168]). Auf Rosenthal geht wohl auch die Bezeichnung *Markscheide* (»vagina medullaris«) zurück. A. Kölliker führt für diesen »Achsencylinderfortsatz« der Nervenzelle 1896 schließlich den seither gebräuchlichen Ausdruck **Axon** ein.[169]

Der chemische Übergang der Erregungsleitung von einem Nerv zu einem anderen erfolgt durch eine besondere Struktur, die **Synapse**.[170] Der Begriff der Synapse (engl. »synapsis«) wird 1897 – nach einer Empfehlung des Altphilologen Verrall – von C.S. Sherrington eingeführt (»a special connection of one nerve-cell with another«).[171] Als besondere anatomische Strukturen werden die Synapsen bereits seit den 1860er Jahren erkannt. Sie werden dabei als Verdickungen am Ende der Axone, nicht der Dendriten der Nervenzellen beschrieben und laufen unter der Bezeichnung *Endknöpfchen* (Letzerich 1868: »Axencylinder und dessen Endknöpfchen«[172]) – ein Ausdruck, der allerdings meist auf die Enden sensibler Nervenfasern bezogen wird (Cohnheim 1867)[173]. Dass es sich bei der Übertragung der Erregung zwischen zwei Nerven nicht unbedingt um einen *elektrischen* Vorgang handeln muss, sondern dieser auch *chemischer* Natur sein kann, stellt Du Bois-Reymond bereits 1877 fest. Die Beteiligung einer chemischen Substanz, die aus den Nebennieren gewonnen wurde (das Adrenalin), an der Nervenaktivität wird in den 1890er Jahren deutlich. Den entscheidenden Hinweis dazu gab der experimentelle Befund M. Lewandowskys, dass diese Substanz eine ähnliche Kontraktion der Augenmuskeln auslöst wie eine Reizung der sympathischen Nerven.[174] T.R. Elliott formuliert im Anschluss an diese und ähnliche Versuche 1905 die Hypothese, dass die Neuronen an den Verbindungen zu ihren Effektorzellen chemische Substanzen freisetzen, die denen aus dem Extrakt der Nebennieren ähneln.[175] Nach der chemischen Identifizierung des Adrenalins gelingt auch der Nachweis anderer Botenstoffe an den Synapsen, so z.B. des Acetylcholins.[176]

Die Bezeichnung *Nervensystem* verwendet T. Willis bereits 1664 (»systema nervosum«[177]); sie erscheint seit Mitte des 18. Jahrhunderts im Englischen (»nervous system«) und wenig später im Deutschen.[178] Der Ausdruck *vegetatives Nervensystem* erscheint zu Anfang des 19. Jahrhunderts bei verschiedenen Autoren (Kilian 1802: »das irritable System [ist] gleichsam das vegetative System des animalischen Prozesses«[179]; Wagner 1805: »vegetatives System«[180] Röschlaub 1806; Wolf 1806: »vegetatives Nervensystem«[181]). Zurückgeführt wird der Ausdruck meist auf J.C. Reil, der ihn ab 1807 gebrauchte, um damit denjenigen Teil des Nervensystems zu bezeichnen, der die für die Ernährung und Verdauung zuständigen Organe steuert.[182] Im sachlichen Anschluss an eine Arbeit von F.H. Bidder und A.W. Volkmann aus dem Jahr 1842[183] heißt es seit 1898 auch *autonomes Nervensystem*.[184] In der zweiten Hälfte des 19. Jahrhunderts wird deutlich, dass dem Nervensystem eine entscheidende Rolle in der ↑Regulation vieler organischer Prozesse zukommt. C. Bernard bezeichnet es daher als den großen *funktionalen Harmonisator* im Körper der Tiere (»le grand harmonisateur fonctionnel«).[185] Das Nervensystem bildet nach Bernard die Einrichtung, die alle organischen Teile eines Tiers in Harmonie zueinander setzt. Die Interaktion der Teile im Organismus wird seit der Antike mit dem Ausdruck ›Sympathie‹ belegt (↑Wechselseitigkeit). T. Willis bezieht das Wort bereits im 17. Jahrhundert insbesondere auf Nervenprozesse[186] – aber erst im 18. Jahrhundert etabliert sich die Rede von einem *sympathischen Nervensystem*.[187] Die Unterscheidung zwischen *sympathischem Nervensystem* (»sympathetic nervous system«) und *parasympathischem Nervensystem* (»parasympathetic nervous system«) erfolgt erst im 20. Jahrhundert.[188]

Seit den 1950er Jahren wird die Erforschung des Nervensystems und allgemein der Informationsverarbeitung von Organismen in der neuen Disziplin der

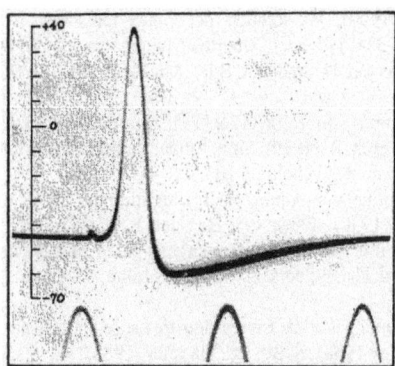

Abb. 97. Die erste Darstellung des Aktionspotenzials (»action potential«) zwischen dem Inneren und Äußeren eines Axons einer Nervenzelle. Zur Messung wurde eine Elektrode in das Innere eines Riesenaxons (Durchmesser 0,5 mm) eines Tintenfisches eingeführt. Die Spitzen der regelmäßigen Kurven unten liefern einen Zeitmaßstab (Periodendauer von 2 Millisekunden). Die vertikale Skala gibt das Potenzial der inneren Elektrode in Millivolt an, wobei die äußere Elektrode als das Nullpotenzial gesetzt wurde (aus Hodgkin, A.L. & Huxley, A.F. (1939). Action potentials recorded from inside a nerve fibre. Nature 144, 710-711: 711).

Neurobiologie oder allgemein der *Neurologie* (Riolan 1618: »Neurologia«[189]; Willis 1664: »νευρολογία«[190]; 1668: »neurologia«[191]) oder *Neurowissenschaft* organisiert.[192] Für die theoretische Grundlage dieser Wissenschaft wird zunehmend die Informatik und Mathematik von Bedeutung. Sie löst sich damit – zumindest in einigen ihrer Bereiche – von der traditionellen Integration in die Physiologie, die in zwei Bezeichnungen zum Ausdruck kommt: dem seit Ende des 18. Jahrhunderts aufkommenden Terminus *Nervenphysiologie* (von Humboldt 1797)[193] und dem seit den 1840er Jahren etablierten Ausdruck *Neurophysiologie* (Moos 1841: »Neuro-Physiologie«[194]; engl. Anonymus 1843: »neuro-physiology«[195]; 1853 »neurophysiology«[196], als Übersetzung von »neurophysiologisches Gesetz«[197]).

Nachweise

1 Ambrosiaster (4. Jh.). Quaestiones veteris et novi testamenti (Quaestiones numero CXXVII) (Migne Patrologia Latina 35, 2207-2386): 2255 (quaestio 59, par. 3).
2 Fulgentius, F.P. (6. Jh.). Liber de expositione Virgilianae continentiae (ed. A. van Staveren, Amsterdam 1742): 750.
3 Vitruv, De architectura libri decem 5, 3, 6; Seneca, Epistulae 124, 2.
4 Apuleius, De mundo 24; de Platone 1.6.
5 Albertus Magnus, Spec. nat. 23; nach Eisler, R.

(1899/1904). Wörterbuch der philosophischen Begriffe, Bd. 2: 324; vgl. auch Albertus Magnus (ca. 1265). De animalibus (ed. H. Stadler, 2 Bde., Münster 1916-20): II, 1095; 1323.
6 Thomas von Aquin (1266-73). Summa theologiae: I, 78; nach Lerch, E. (1939). Sinn, Sinne, Sinnlichkeit. Archiv für die gesamte Psychologie 103, 446-495: 456f.
7 Thomas von Aquin, In II sententiarum: 24, 2, 1c; vgl. Lerch (1930): 475f.; 495; Baasner, F. (1988). Der Begriff 'sensibilité' im 18. Jahrhundert. Aufstieg und Niedergang eines Ideals: 39; ders. (1995). Sensibilité. Hist. Wb. Philos. 9, 609-614.
8 Brunetto Latini, Livres dou trésor (ed. F.J. Carmondy, Berkeley 1948): II, 30; vgl. Baasner (1988): 40.
9 Vgl. Baasner (1988): 41.
10 Mondeville, H. de (1314). Chirurgie (ed. A. Bos, Paris 1897, 2 Bde.): I, 81 (fo. 22c); vgl. Trésor de la langue française, Bd. 15 (1992), 329; Dictionnaire historique de la langue française, Bd. 2 (1994): 1919f.; Wartburg, W. von (Hg.) (1964). Französisches Etymologisches Wörterbuch, Bd. 11: 461f.; Baasner (1988): 40f.; 237.
11 Mondeville, H. de (1306-20). Cirurgia (Die Chirurgie des Heinrich von Mondeville, nach Berliner, Erfurter und Pariser Codices zum ersten Male herausgegeben von Julius Leopold Pagel, Berlin 1892): 41.
12 de Mondeville (1314): 30 (fo. 10c); vgl. Kruchen, H. (1964). Sensus. In: Europäische Schlüsselwörter, Bd. 2, 141-166: 153.
13 Lanfrank (1296). Chirurgia magna (franz. Übers. des 14. Jh.): fo. 28; vgl. Kruchen (1964): 143.
14 Vgl. Baasner (1995): 609.
15 Vgl. z.B. Aristoteles, De an. 413a ff.
16 a.a.O.: 424a33-b3.
17 Vgl. z.B. Nicolaus Damascenus, De plantis (Amsterdam 1989): 130; Porphyrios, De abstinentia: 3, 19; Diogenes Laertius: 7, 86; Augustinus, De quantitate animae: XXXIII; Eriugena, De divisione naturae: III, 405f.; Albertus Magnus, De vegetabilibus libri VII (Berlin 1867): 10; Thomas von Aquin, Summa theologiae: II, II, 64, 1.
18 Telesio, B. (1565/86). De rerum natura juxta propria principia: VI, 26.
19 Campanella, T. (1620). De plantarum sensu, in: De sensu rerum et magia: III, XIV, 251-257.
20 Campanella, T. (1620). De sensu rerum et magia: I, Cap. I, 3.
21 Telesius, B. (1566). De rerum naturae iuxta propria principia: 1, 2.
22 Casmann, O. (1594). Psychologia anthropologica: 240.
23 Campanella, T. (1638). Universalis philosophiae seu metaphysicarum rerum iuxta propria dogmata partes tres: I, 51; VI, 8, 1, 4.
24 Vgl. Neumann, O. (1972). Empfindung (psychologisch). Hist. Wb. Philos. 2, 464-474: 465.
25 Descartes, R. (1649). Les passions de l'ame (Œuvres, Bd. XI, 291-497): 345.
26 a.a.O.: 346f.
27 Descartes, R. (1641). Meditationes de prima philosophia (Œuvres, Bd. VII, 1-561): 43; 80.
28 Descartes, R. (1649). Brief an Morus vom 5. Feb. 1649 (Œuvres, Bd. V, 267-279): 278.
29 Spinoza, B. (1677). Ethica, ordine geometrico demonstrata: IV, prop. 37.
30 Vgl. z.B. Descartes (1641): 35.
31 Reid, T. (1785). Essays on the Intellectual Powers of Man (Works, vol. 1, Edinburgh 1895): 312; vgl. Neumann (1972): 468.
32 Leibniz, G.W. (1714). Les principes de la philosophie ou la monadologie (Philosophische Schriften, Bd. 1, Frankfurt/M. 1996, 438-482): 446.
33 Haller, A. von (1752). De partibus corporis humani sensilibus et irritabilibus (Leipzig 1922).
34 Hirzel, H.C. (Übers.) (1761). Herrn Albrechts von Haller Vertheidigung gegen die Einwürfe welche Herr Anton von Haen wider die Lehre von der Reitzbarkeit und Empfindlichkeit der Theile des menschlichen Leibes, vorgetragen; Krausen, C.C. (Übers.) (1767). Versuch über die Empfindlichkeit und Reitzbarkeit der thierischen Theile, von W. von Doeveren.
35 Bernard, C. (1878-79). Leçons sur les phénomènes de la vie communs aux animaux et aux végétaux, 2 Bde.: I, 290.
36 Rousseau, J.-J. (1765). Homme (Morale). In: Encyclopédie ou dictionnaire raisonné des sciences, des arts et des métiers, Bd. 8, 274-278: 275.
37 Diderot, D. (1765). Brief an Duclos vom 18. Okt. 1765 (zit. nach Baasner, F. (1988). Der Begriff 'sensibilité' im 18. Jahrhundert: 268).
38 Vgl. Baasner (1988): 269ff.
39 Kant, I. (1798). Anthropologie in pragmatischer Hinsicht (AA, Bd. VII, 117-333): 154.
40 Kant, I. (1781/87). Kritik der reinen Vernunft (AA, Bd. III): B34.
41 ebd.
42 Kant, I. (1790/93). Kritik der Urtheilskraft (AA, Bd. V, 165-485): 189.
43 ebd.
44 Kant (1781/87): B208.
45 Darwin, E. (1794-96). Zoonomia, or, The Laws of Organic Life, 3 parts (dt. Zoonomie oder Gesetze des organischen Lebens, Hannover 1795-99): I, 15.
46 Autenrieth, H.F. (1802). Handbuch der empirischen menschlichen Physiologie, Bd. 3: 6.
47 Reil, J.C. (1796). Von der Lebenskraft (Leipzig 1910): 32.
48 a.a.O.: 33.
49 a.a.O.: 51.
50 Furetière, A. (1690). Dictionaire Univsersel, Bd. 3: s.v. sensibilité.
51 Bonnet, C. de (1764-65). Contemplation de la nature, 3 Bde. (dt. Wien 1803-04): II, 164.
52 Duchesne, A.-N. (1795). Sur les rapports entre les êtres naturels. Magasin Encyclopédique 1, no. 6, 289-294: 292.
53 Hegel, G.W.F. (1817/30). Enzyklopädie der philosophischen Wissenschaften im Grundrisse (Werke, Bd. 8-10, Frankfurt/M. 1986): II, 432.
54 Percival, T. (1784). Speculations on the Perceptive Power of Vegetables (Works II, London 1807, 419-434); vgl. Ingensiep, H.W. (2001). Geschichte der Pflanzenseele:

299.
55 Vgl. z.B. Bonnet, C. de (1764-65). Contemplation de la nature (dt. Bd. 1, Wien 1804): 141; Sprengel, K. (1802). Anleitung zur Kenntnis der Gewächse in Briefen: I, 42.
56 Humboldt, A. von (1797). Versuche über die gereizte Muskel- und Nervenfaser, 2 Bde.: I, 252.
57 Fechner, G.T. (1848/99). Nanna oder über das Seelenleben der Pflanzen: 132.
58 Haberlandt, G. (1905). Über den Begriff „Sinnesorgan" in der Tier- und Pflanzenphysiologie. Biol. Centralbl. 25, 446-451: 450.
59 Müller, J. (1833/37). Handbuch der Physiologie des Menschen, Bd. 1: 41.
60 Lamarck, J.B. de (1815-22). Histoire naturelle des animaux sans vertèbres, 7 Bde.: I, 381.
61 a.a.O.: I, 10.
62 a.a.O.: I, 20.
63 a.a.O.: I, 23.
64 Lamarck, J.B. de (1803). Histoire des végétaux: I, 214.
65 Vicq-d'Azyr, F. (1786). Traité d'anatomie et de physiologie, Bd. 1: 15; Kielmeyer, C.F. (1793). Über die Verhältniße der organischen Kräfte unter einander in der Reihe der verschiedenen Organisationen, die Gesetze und Folgen dieser Verhältnisse: 9f.
66 a.a.O.: 9.
67 Hartley, D. (1749). Observations on Man: prop. 1-5.
68 Vgl. Platon, Menon 76c; Theophrast, De sensu 7.
69 Hunter, J. (1786). Observations on Certain Parts of the Animal Oeconomy: 216.
70 Purkinje, J. (1823). Beobachtungen und Versuche zur Physiologie der Sinne, Bd. 1.
71 Bell, C. (1811). Idea of a New Anatomy of the Brain; ders. (1824). An Exposition of the Natural System of the Nerves of the Human Body.
72 Müller, J. (1826). Über die phantastischen Gesichtserscheinungen: 6.
73 Müller, J. (1840). Handbuch der Physiologie des Menschen, Bd. 2: 254.
74 a.a.O.: 249.
75 a.a.O.: 250.
76 Schultz, C.H. (1823). Die Natur der lebendigen Pflanze, Erster Theil. Das Leben des Individuums: 119.
77 Flourens, M.J.P. (1823). Recherches physiques sur les propriétés et les fonctions du sysème nerveux dans les animaux vertébrés. Archives Générales de Médecine 2, 329.
78 Hartmann, E. von (1869/1923). Philosophie des Unbewußten, 2. Teil: 479.
79 Macphail, E.M. (1998). The Evolution of Consciousness.
80 Dutrochet, H. (1824). Recherches anatomiques et physiologiques sur la structure intime des animaux et des végétaux et sur leur motilité (dt. Leipzig 1906): 5.
81 Gegenbaur, C. (1859). Grundzüge der vergleichenden Anatomie: 14.
82 Schneider, G.H. (1880). Der thierische Wille: 148.
83 Engelmann, T.W. (1883). Bacterium photometricum. Arch. ges. Physiol. 30, 95-124: 117.
84 Heermann, G. (1835). Über die Bildung der Gesichtsvorstellungen aus den Gesichtsempfindungen: 1.

85 Waitz, T. (1849). Lehrbuch der Psychologie als Naturwissenschaft: 68.
86 Vgl. Neumann, O. (1972). Empfindung (psychologisch). Hist. Wb. Philos. 2, 464-474: 472.
87 Fortlage, K. (1875). Beiträge zur Psychologie als Wissenschaft aus Speculation und Erfahrung: 226.
88 Lipps, T. (1903). Leitfaden der Psychologie: 4.
89 Wundt, W. (1896). Grundriß der Psychologie: 34.
90 ebd.
91 Exner, S. (1894). Entwurf zu einer physiologischen Erklärung der psychischen Erscheinungen: 180.
92 Nägeli, C. von (1884). Mechanisch-physiologische Theorie der Abstammungslehre: 675; vgl. Leitgeb, H.L. (1884). Reizbarkeit und Empfindung im Pflanzenreiche.
93 Noll, F. (1896). Das Sinnesleben der Pflanzen. Ber. Senckenb. Naturf. Ges. Frankfurt, 129-257: 218.
94 Lloyd Morgan, C. (1900). Animal Behaviour: 316; vgl. 287.
95 Vgl. z.B. Reinke, J. (1898). Deutsch. Rundsch.: 191f.
96 Haeckel, E. (1878). Zellseelen und Seelenzellen. Deutsch. Rundsch. 16, 40-60.
97 Scheler, M. (1928). Die Stellung des Menschen im Kosmos (Bonn 1991): 13.
98 Plessner, H. (1928). Die Stufen des Organischen und der Mensch (Berlin 1975): 225.
99 a.a.O.: 360.
100 Conrad-Martius, H. (1934). Die »Seele« der Pflanze: 30.
101 a.a.O.: 46.
102 Ingensiep, H.W. (2001). Geschichte der Pflanzenseele: 556.
103 Bose, J.C. (1926). The Nervous Mechanism of Plants.
104 Ubisch, G. von (1931-32). Bose und die wissenschaftliche Botanik. Der Biologe 1, 83-88.
105 Backster, C. (1968). Evidence of a primary perception in plant life. Int. J. Parapsychol. 10, 329-348.
106 Horowitz, K.A., Lewis, D.C. & Gasteiger, E.L. (1975). Plant "primary perception": electrophysiological unresponsiveness to brine shrimp killing. Science 189, 478-480; Kmetz, J.M. (1977). A study of primary perception in plant and animal life. J. Amer. Soc. Psych. Res. 71, 157-169.
107 Shapiro, J.A. (2007). Bacteria are small but not stupid: cognition, natural genetic engineering and socio-bacteriology. Stud. Hist. Philos. Biol. Biomed. Sci. 38, 807-819: 807.
108 Singer, P. (1975). Animal Liberation (dt. Befreiung der Tiere, München 1982): 262f.; vgl. Merkel, R. (2001). Frühcuthanasie: rechtsethische und strafrechtliche Grundlagen der Forschung an menschlichen embryonalen Stammzellen: 491ff; ders. (2002). Forschungsobjekt Embryo: 180.
109 Krebs, A. (2000). Teleologie versus Funktionalität. Eine Kritik des teleologischen Argumentes in der Naturethik. Philos. Nat. 37, 45-58: 54.
110 Kambartel, F. (1996). Normative Bemerkungen zum Problem einer naturwissenschaftlichen Definition des Lebens. In: Barkhaus, A. et al. (Hg.). Identität, Leiblichkeit, Normativität. Neue Horizonte anthropologischen Denkens, 109-114: 111.
111 Krebs (2000): 54f.

112   a.a.O.: 55.
113   a.a.O.: 54.
114   Carruthers P. (1992). The Animal Issue; ders. (1998). Animal subjectivity. Psyche 4(3), 1-7; ders. (2004). Suffering without subjectivity. Philos. Stud. 120, 1-22.
115   Whitehead, A.N. (1926). Science and the Modern World: 101.
116   Ott, K. (2010). Umweltethik: 143.
117   a.a.O.: 144.
118   Vgl. Berg, A. (1942). Die Lehre von der Faser als Form- und Funktionselement des Organismus. Die Geschichte des biologisch-medizinischen Grundproblems vom kleinsten Bauelement des Körpers bis zur Begründung der Zellenlehre. Virchows Arch. patholog. Anat. Physiol. 309, 333-460: 343.
119   Aristoteles, De part. anim. 666a.
120   Galen, De motu musculorum.
121   Galen, De usu partium corporis humani VIII, 5; XVI, 2; vgl. Goss, C.M. (1966). On anatomy of nerves by Galen of Pergamon. Amer. J. Anat. 118, 327-335; Hall, T.S. (1969). Ideas of Life and Matter. Studies in the History of General Physiology, 600 B.C. – 1900 A.D., 2 vols: I, 162.
122   Vgl. Rothschuh, K.E. (1958). Vom Spiritus animalis zum Nervenaktionsstrom (In: Physiologie im Werden, Stuttgart 1969, 111-138); Clarke, E. (1968). The doctrine of the hollow nerve in the seventeenth and eighteenth centuries. In: Stevenson, L.G. & Multhauf, R.P. (eds.). Medicine, Science and Culture, 123-141.
123   Adelard von Bath, Quaestiones naturales (Beiträge zur Geschichte der Philosophie und Theologie des Mittelalters, Bd. 32, 1, 1934): 30 (Frage 23); Wilhelm von Conches, Dragmaticon 282ff. (6. Buch).
124   Descartes, R. (1632). Traité de l'homme.
125   Malpighi, M. (1665). De cerebri cortice dissertatio.
126   Borelli, G.A. (1680-81). De motu animalium.
127   Cullen, W. (1776-83). First Lines of the Practice of Physic, 4 vols.
128   Unzer, J.A. (1771). Erste Gründe einer Physiologie der eigentlichen thierischen Natur thierischer Körper.
129   Whytt, R. (1765). Observations on the Nature, Causes and Cure of those Disorders which are Commonly Called Nervous, Hypochondric or Hysteric.
130   Treviranus, G.R. (1816). Über die organischen Elemente des tierischen Körpers; Ehrenberg, C.G. (1833). Notwendigkeit einer feineren mechanischen Zerlegung des Gehirns und der Nerven vor der chemischen, dargestellt an Beobachtungen. Poggend. Annal. Phys. Chem. 28, 450.
131   Müller, J. (1836). Jahresbericht über die Fortschritte der anatomisch-physiologischen Wissenschaften im Jahre 1835. Arch. Anat. Physiol. wissensch. Med. 1836, I-CCXXXV: XVII; Valentin, G. (1836). Repertorium für Anatomie und Physiologie, Bd. 1: 304.
132   Valentin (1836): 335.
133   Fick, L. (1844). Lehrbuch der Anatomie des Menschen, Bd. 3: 340; ders. (1851). Ueber die Hirnfunction. Arch. Anat. Physiol. wissensch. Med. 1851, 385-430: 386.
134   Schwann, T. (1839). Mikroskopische Untersuchungen über die Übereinstimmung in der Struktur und im Wachsthum der Thiere und Pflanzen: 175.
135   Hannover, A. (1840). Die Chromsäure, ein vorzügliches Mittel bei mikroskopischen Untersuchungen. Müllers Arch. 1840, 549-558; Helmholtz, H. (1842). De fabrica systematis nervosi evertebratorum.
136   Helmholtz, H. (1850). Ueber die Fortpflanzungsgeschwindigkeit der Nervenreizung. Monatsschr. Akad. Wiss. Berlin 1850, 14-15.
137   Koelliker, A. (1844). Die Selbständigkeit und Abhängigkeit des sympathischen Nervensystems durch anatomische Beobachtungen bewiesen: 17f.; Bidder, F.H.& Kupffer, K.W. (1857). Untersuchungen über die Textur des Rückenmarkes und die Entwickelung seiner Formelemente: 116.
138   Fontana, F. (1781). Traité sur le vénin de la vipère.
139   Boissier de Sauvages de Lacroix, F. (1748). Anmerkungen. In: Hales, S., Statick des Geblüts: 90; vgl. Rothschuh, K.E. (1958). Vom Spiritus animalis zum Nervenaktionsstrom (In: Physiologie im Werden, Stuttgart 1969, 111-138): 129.
140   Galvani, L. (1791). De viribus electricitatis.
141   Rothschuh, K.E. (1970). Die Anfänge der Elektrophysiologie. Bild Wiss. 3, 106-113; Home, R.W. (1970). Electricity and the nervous fluid. J. Hist. Biol. 3, 235-251.
142   DuBois-Reymond, E. (1849). Untersuchungen über thierische Elektricität, Bd. 1.
143   Vgl. Hermann, L. (1879). Allgemeine Nervenphysiologie. In: Handbuch der Physiologie, Bd. II, 1.
144   Bernstein, J. (1902). Untersuchungen zur Thermodynamik der bioelektrischen Ströme. Pflügers Arch. 92, 521-562; ders. (1912). Elektrobiologie.
145   Schwann, T. (1839). Mikroskopische Untersuchungen über die Übereinstimmung in der Struktur und im Wachsthum der Thiere und Pflanzen (Leipzig 1910): 143; auch: Koelliker, A. (1850). Mikroskopische Anatomie oder Gewebelehre des Menschen: 505f.
146   Waldeyer, W. (1891). Über einige neuere Forschungen im Gebiete der Anatomie des Zentralnervensystems. Deutsch. Med. Wochenschr. 1891, Nr. 44, 1213-1218; 1244-1246; 1287-1289; 1331-1332; 1352-1356: 1352; Schäfer, E.A. (1893). The nerve cell considered as the basis of neurology. Brain 16, 134-169.
147   Boruttau, H. (1906). Elektropathologische Untersuchungen, III. Die Elektropathologie des warmblüternerven, sowie die Veränderungen der elektrischen Eigenschaften der Nerven überhaupt beim Absterben und Degenerieren. Archiv für die gesammte Physiologie des Menschen und der Thiere, 115, 287-315: 315; vgl. 309; 311.
148   Roaf, H.E. (1913). The liberation of ions and the oxygen tension of tissues during activity (preliminary communication). Proc. Roy. Soc. London B 86, 215-218: 217; Bishop, G.H. & Erlanger, J. (1926). The effects of polarization upon the activity of vertebrate nerve. Amer. J. Physiol. 78, 630-657: 635.
149   Vgl. Erlanger, J. & Grasser, H.S. (1937). Electrical Signs of Nervous Activity.
150   Adrian, E.D. & Zotterman, Y. (1926). The impulses produced by sensory nerve endings, II. The response of a single end-organ. J. Physiol. 61, 151-171.
151   Hodgkin, A.L. & Huxley, A.F. (1939). Action potentials recorded from inside a nerve fibre. Nature 144, 710-

712.
152 Cole, K.S. & Curtis, H.J. (1939). Electric impedience of the squid giant axon during activity. J. Gen. Physiol. 22, 649-670.
153 Hodgkin, A.L. & Huxley, A.F. (1952). Currents carried by sodium and potassium ions through the membrane of the giant axon of Loligo. J. Physiol. 116, 449-472.
154 Neher, E. & Sakmann, B. (1976). Single channel current recorded from membrane of denervated frog muscle fibers. Nature 260, 799-802.
155 Gerlach, J. (1858). Mikroskopische Studien aus dem Gebiete der menschlichen Morphologie; ders. (1872). Ueber die Struktur der grauen Substanz des menschlichen Grosshirns. Centralbl. med. Wiss. 10, 273-275.
156 Golgi, C. (1890). Über den feineren Bau des Rückenmarks. Anat. Anz. 5, 372-396; 423-435.
157 His, W. (1886). Zur Geschichte des menschlichen Rückenmarkes und der Nervenwurzeln. Abh. Königl. Sächs. Ges. Wiss. Math.-Phys. Cl. Leipzig 13, 147-209; 477-513; Forel, A.-H. (1887). Einige hirnanatomische Betrachtungen und Ergebnisse. Arch. Psychiatr. 18, 162-198.
158 Schäfer, E.A. (1879). Observations on the nervous system of *Aurelia aurita*. Philos. Trans. Roy. Soc. 169, 563-575: 566; vgl. French, R.D. (1970). Some concepts of nerve structure and function in Britain, 1875-1885: background to Sir Charles Sherrington and the synapse concept. Med. Hist.14, 154-165: 159.
159 Ramón y Cajal, S. (1933). Neuronismo o reticularismo? Archivos de neurobiología 13, 217-291; 579-664; vgl. Breidbach, O. (1993). Nervenzellen oder Nervennetze? Zur Entstehung des Neuronenkonzeptes. In: Florey, E. & Breidbach, O. (Hg.). Das Gehirn – Organ oder Seele? Zur Ideengeschichte der Neurobiologie, 81-126.
160 Waldeyer (1891): 1352.
161 Ramón y Cajal, S. (1894). La fine structure des centres nerveux. Proc. Roy. Soc. London 55, 444-468.
162 Deiters, O. (1865). Untersuchungen über Gehirn und Rückenmark des Menschen und der Säugethiere.
163 His, W. (1889). Die Neuroblasten und deren Entstehung im embryonalen Marke. Abh. Math.-Phys. Cl. Königl. Sächs. Ges. Wiss. 15, 313-372: 363.
164 Schäfer, E.A. (1893). The nerve cell considered as the basis of neurology. Brain 16, 134-169: 136.
165 Remak, R. (1844). Neurologische Erläuterungen. Arch. Anat. Physiol. wiss. Med. 1844, 463-472.
166 Rosenthal, J.F. (1839). De formatione granulosa in nervis aliisque partibus organismi animalis: 16; vgl. Henle, J. (1841). Allgemeine Anatomie: 782; Münzer, F.T. (1939). The discovery of the cell of Schwann in 1839. Quart. Rev. Biol. 14, 387-407: 401.
167 Schäfer (1893): 136.
168 His (1889): 363.
169 Kölliker, A. (1896). Nervensystem des Menschen und der Tiere. In: Handbuch der Gewebelehre des Menschen, Bd. 2, 6. Aufl.: 2
170 Vgl. Cannon, W.B. (1938). The story of the development of our idea of chemical mediation of nerve impulses. Amer. J. Med. 188, 145; Brooks, C.M. (1959). Discovery of the function of chemical mediators in the transmission of excitation and inhibition to effector tissues. In: Brooks, C.M. & Cranfield, P.F. (eds.). The Historical Development of Physiological Thought, 169-181; Grundfest, H. (1975). History of the synapse as a morphological and functional structure. In: Santini, M. (ed.). Golgi Centennial Symposium, 39-50.
171 Foster, M. & Sherrington, C.S. (1897). A Textbook of Physiology, part 3. The Central Nervous System (7. Aufl.): 929; vgl. McHenry Jr., L.C. (1969). Garrison's History of Neurology: 205.
172 Letzerich, L. (1868). Ueber die Endigungsweise der Nerven in den Hoden der Säugethiere und des Menschen. Arch. pathol. Anat. Physiol. klin. Med. 42, 570-575: 573.
173 Cohnheim, J. (1867). Ueber die Endigung der sensiblen Nerven in der Hornhaut. Arch. pathol. Anat. Physiol. klin. Med. 38, 343-386: 370; Waldeyer, W. (1880). Ueber die Endigungsweise der sensiblen Nerven. Arch. mikroskop. Anat. 17, 367-382: 370; 381.
174 Lewandowsky, M. (1898). Über eine Wirkung des Nebennierenextractes auf das Auge. Vorläufige Mittheilung. Zentralbl. Physiol. 12, 599-600.
175 Elliott, T.R. (1905). The action of adrenaline. J. Physiol. 32, 401-467.
176 Feldberg, W. & Gaddum, J. (1934). The chemical transmitter in a sympathetic ganglion. J. Physiol. 81, 305; Dale, H.H. (1938). Acetylcholine as a chemical transmitter of the effects of nerve impulses. J. Mt. Sinai Hosp. 4, 401.
177 Willis, T. (1664). Cerebri anatome (Amsterdam 1666): 174 (XIX).
178 Cheyne, G. (1740). An Essay on Regimen: 168 (nach OED 1989).
179 Stieff, J.E. (1749). Historische und Physische Betrachtungen über die Wirkungen des in einen Pulverthurm zu Breßlau, am 21. Tage des Brachmonats im Jahr 1749 eingedrungenen Blitz-Strahles: 44; Arbuthnot, J. (1750). Fortgesetzte Abhandlung von der Wirkung der Luft auf und in die menschlichen Körper. Hamburgisches Magazin oder gesammelte Schriften aus der Naturforschung 6, 451-499: 479; Kilian, K.J. (1802). Entwurf eines Systems der gesammten Medizin, Bd. 1: 73.
180 Wagner, J.J. (1803). Von der Philosophie und der Medizin: 31.
181 Röschlaub, A. (1806). Einige Bemerkungen über den Unterschied zwischen Nervenfieber und Faulfieber. Magazin zur Vervollkommnung der Medizin 9, 379-390: 384; Wolf, S. (1806). Die Natur einwirkender Potenzen: 123.
182 Reil, J.C. (1807). Über das Eigenschaften des Ganglien-Systems und sein Verhältniss zum Cerebral-Systeme. Arch. Physiol. 7, 189-254: 229; vgl. Ackerknecht, E.H. (1974). The history of the discovery of the vegetative (autonomic) nervous system. Med. Hist. 18, 1-8: 3; Clarke, E. & Jacyna, L.S. (1987). Nineteenth-Century Origins of Neuroscientific Concepts: 315; Ingensiep, H.W. (2006). Leben zwischen „Vegetativ" und „Vegetieren". Zur historischen und ethischen Bedeutung der vegetativen Terminologie in der Wissenschafts- und Alltagssprache. NTM 14, 65-76: 69.
183 Bidder, F.H. & Volkmann, A.W. (1842). Die Selbständigkeit des vegetativen Nervensystems.

184 Langley, J.N. (1898-99). On the union of cranial autonomic (visceral) fibres with the nerve cells of the superior cervical ganglion. J. Physiol. 23, 240-270: 241; ders. (1903). The autonomic nervous system. Brain 26, 1-26; ders. (1921). The Autonomic Nervous System; vgl. Sheehan, D. (1936). Discovery of the autonomic vervous system. Arch. Neurol. Psychiatry 35, 1081-1115; ders. (1941). The autonomic nervous system prior to Gaskell. New Engl. J. Med. 224, 457-460; White, J.C. & Smithwick, R.H. (1941). The Autonomic Nervous System: 7-12; Pick, J. (1970). The Autonomic Nervous System: 3-21; Mitchell, G.A.G. (1953). Anatomy of the Autonomic Nervous System: 1-10.
185 Bernard, C. (1878-79). Leçons sur les phénomènes de la vie communs aux animaux et aux végétaux, 2 Bde.: I, 335.
186 Willis (1664).
187 Vgl. Hyrtl, J. (1880). Onomatologia anatomica. Geschichte und Kritik der anatomischen Sprache der Gegenwart: 514-517; Laignel-Lavastine, M.P.M. (1923). Note sur l'histoire du sympathique. Bull. Soc. Franç. Hist. Méd. 17, 401-406.
188 Campenhout, E. van (1930). Historical survey of the development of the sympathetic nervous system. Quart. Rev. Biol. 5, 23-50; 217-234.
189 Riolan, J. (1618). Anthropographia, et osteologia: 448; vgl. auch Mersenne, M. (1623).Quaestiones celeberrimae in Genesim: 1203.
190 Willis (1664): 174; 188 (XIX); engl. Übers. in The Remaining Medical Works (1681): 130.
191 Willis, T. (1668). Pathologiae cerebri specimen: 219.
192 Vgl. Jeannerod, M. (1985). The Brain Machine. The Development of Neurophysical Thought; Finger, S. (1994). Origins of Neuroscience. A History of Explorations into Brain Function.
193 Humboldt, A. von (1797). Versuche über die gereizte Muskel- und Nervenfaser, Bd. 1: 397; Tilesius von Tilenau, W.G. (1813). Naturhistorische Früchte der Ersten Kaiserlich-Russischen unter dem Kommando des Herrn v. Krusenstern glücklich vollbrachten Erdumseeglung: 127 (FN); Henle, J. (1835). [Rez. van Deen, J. (1834). De differentia et nexus inter nervos vitae animalis et vitae organicae]. Jahrbücher der in- und ausländischen Medicin 7, 221-223: 222; Müller, J. (1835). Jahresbericht über die Fortschritte der anatomisch-physiologischen Wissenschaften im Jahre 1834. Arch. Anat. Physiol. wiss. Med. 1835, 1-151: 136.
194 Moos, I.M. (1841). Geschichte eines pleuritischen Exsudates, bei welchem die Paracentesis mittelst des Troicars verrichtet wurde, nebst Würdigung der Percussion und Auscultation in Bezug auf Diagnose und Therapie. Medicinische Jahrbücher des kaiserl.-königl. österreichischen Staates 26, 154-172: 168; vgl. Heidenhain, H.J. (1845). Das Fieber an sich und das typhöse Fieber: 25; Heidler, C.J. (1845). Die Nervenkraft im Sinne der Wissenschaft, gegenüber dem Blutleben in der Natur: 212 vgl. auch Repertorisches Jahrbuch für die neuesten und vorzüglichsten Leistungen der gesammten Heilkunde 12 (1845): 139.
195 Anonymus (1843). [Rez. Philip, A.P.W. (1842). A Treatise on Protracted Indigestion, and its Consequences]. The British and Foreign Medical Review or Quarterly Journal of Practical Medicine and Surgery 15, 524-526: 525.
196 Romberg, M.H. (1853). A Manual of the Nervous Diseases of Man, vol. 1: 45; auch: Spencer, H. (1872). Principles of Psychology, 2 vols.: I, 142.
197 Romberg, M.H. (1851). Lehrbuch der Nervenkrankheiten des Menschen, Bd. 1: 53.

Literatur

Rothschuh, K.E. (1958). Vom Spiritus animalis zum Nervenaktionsstrom (in: Physiologie im Werden, Stuttgart 1969, 111-138).
Riese, W. (1959). A History of Neurology.
Brazier, M.A.B. (1959). The historical development of neurophysiology. In: Field, J. (ed.). Handbook of Physiology – Neurophysiology, vol. 1, 1-58.
Andreoli, A. (1961). Zur geschichtlichen Entwicklung der Neuronentheorie.
Loos, H. van der (1967). The history of the neurone. In: Hyden, H. (ed.). The Neurone, 1-47.
McHenry Jr., L.C. (1969). Garrison's History of Neurology.
Haymaker, W. & Schiller, F. (1970). The Founders of Neurology.
Gibson, W. (1970). The history of the neurone theory. Clio Med. 5, 249-253.
Ackerknecht, E.H. (1974). The history of the discovery of the vegetative (autonomous) nervous system. Med. Hist. 18, 1-8.
Worden, F.G., Swazey, J.P. & Adelman, G. (eds.) (1975). The Neurosciences. Paths of Discovery.
Spillane, J.D. (1981). The Doctrine of the Nerves. Chapters in the History of Neurology.
Rose, F.C. & Bynum, W.F. (eds.) (1982). Historical Aspects of Neurosciences.
Clarke, E. & Jacyna, L.S. (1987). Nineteenth-Century Origins of Neuroscientific Concepts.
Florey, E. & Breidbach, O. (Hg.) (1993). Das Gehirn – Organ oder Seele? Zur Ideengeschichte der Neurobiologie.
Finger, S. (1994). Origins of Neuroscience. A History of Explorations into Brain Function.
Hagner, M. (1997). Homo cerebralis. Der Wandel vom Seelenorgan zum Gehirn.
Ochs, S. (2004). A History of Nerve Functions. From Animal Spirits to Molecular Mechanisms.

Entwicklung

Das seit dem 17. Jahrhundert nachweisbare Wort ›Entwicklung‹ ist eine Ableitung des Grundwortes ›Wickel‹ (mhd., ahd. ›wickel‹ »Faserbündel«), das sich auf einen handwerklich hergestellten aufgewundenen Faden bezieht. Seit Mitte des 18. Jahrhunderts wird ›Entwicklung‹ in der abstrakten Bedeutung von »(sich) Entfalten, (sich) stufenweise Herausbilden« verwendet. In diesem Sinne erscheint das Wort etwa bei I. Kant. Der Begriff steht bei ihm sowohl im Kontext einer kosmologischen Lehre, die eine »allgemeine Entwickelung der Materie durch mechanische Gesetze« konstatiert (1755)[1], als auch einer biologisch-kulturgeschichtlichen Vorstellung, z.B. als »Entwickelung der Naturanlagen in der Menschengattung« (1790/93)[2].

Der Entwicklungsbegriff wird seit dem 18. Jahrhundert in sehr vielen verschiedenen Kontexten gebraucht; eine einheitliche Definition ist daher schwierig. W. Wieland stellt 1975 vier allgemeine Merkmale des Begriffs heraus: »a) ›Entwicklung‹ meint eine unumkehrbare, allmähliche, meist langfristige Veränderung in der Zeit; b) diese Veränderung läßt sich nicht ausschließlich als Gegenstand bewußten Handelns und Planens verstehen, sondern folgt eigenen Gesetzen; c) der Veränderung liegt ein identisches und beharrendes Subjekt zugrunde; bei ihm kann es sich auch um ein überindividuelles Gebilde, eine Gestalt des ›objektiven Geistes‹ handeln; d) keine sinnvolle Rede von Entwicklung kann auf die Anwendung teleologischer Begriffe ganz verzichten«.[3]

Frühe Wortgeschichte

In terminologischer Verwendung erscheint der neuzeitliche Entwicklungsbegriff zuerst im Französischen. Der Ausdruck ›développement‹ wird bereits Ende des 17. Jahrhunderts im anatomischen und physiologischen Kontext gebraucht (Verduc 1696[4]; Saint Hilaire 1698[5]), allerdings noch nicht im Sinne der Ontogenese eines Organismus. In dieser Bedeutung steht der Ausdruck 1701 bei D. Dodart, und zwar im Rahmen einer präformistischen Entwicklungstheorie (»Il me paroît clair que cette premiere production n'est point une vraye production d'un être nouveau, mais la manifestation d'un être déja formé, mais invisible dans les petites graines, rendu visible par son accroissement & connoissable par le développement de ses parties«[6]). Häufiger, und nicht allein auf die

> Die Entwicklung ist die Gesamtheit der Vorgänge des Wachstums und der körperlichen Umorganisation, die von der Entstehung (z.B. der Befruchtung) bis zur Fortpflanzungsreife eines Organismus erfolgen.

Embryo (griech.) *413*
Fetus (lat.) *413*
Keim (ahd.) *413*
Epigenesis (Harvey 1651) *407*
Evolution (Anonymus 1670) *409*
Entwicklung (Dodart 1701) *391*
Präformation (Leibniz 1705) *407*
Entwicklungssystem (Maupertuis 1745) *422*
Entwicklungsperiode (Gmelin 1787) *393*
Differenzierung (Görres 1805) *393*
Selbstentwicklung (Widmann 1816) *414*
Organogenese (Geoffroy Saint Hilaire 1823) *400*
Sukzession (Dureau de la Malle 1825) *424*
Keimblätter (von Baer 1828) *397*
Organanlage (Neumann 1835; Röper 1835) *400*
Keimzelle (Vogt 1842) *413*
Ektoderm (Allman 1853) *398*
Entoderm (Allman 1853) *398*
Heterologie (Virchow 1858) *417*
Heterometrie (Virchow 1858) *417*
Mesoderm (Ecker 1864) *398*
Pädogenesis (von Baer 1865) *419*
Ontogenese (Haeckel 1866) *415*
Tokogonie (Haeckel 1866) *415*
Urdarm (von Vierordt 1871) *400*
biogenetisches Grundgesetz (Haeckel 1872) *399*
Blastula (Haeckel 1872) *400*
Coelom (Haeckel 1872) *398*
Gastraea (Haeckel 1872) *398*
Gastrula (Haeckel 1872) *400*
Morula (Haeckel 1872) *400*
Urmund (Haeckel 1872) *400*
Heterochronie (Haeckel 1874) *416*
Heterotopie (Haeckel 1874) *417*
Zellen-Stammbaum (Haeckel 1876) *403*
Automorphose (von Hanstein 1882) *394*
Neotenie (Kollmann 1884) *418*
ontogenetische Periode (Nägeli 1884) *415*
Zellinie (Bard 1886) *402*
Mosaikarbeit (Roux 1888) *400*
Pädomorphismus (Allen 1891) *419*
Heteromorphose [ortsuntypische Bildung] (Loeb 1891-92) *394*
regulatorische Entwicklung (Roux 1893) *401*
totipotent (Roux 1893) *402*
Homœosis (Bateson 1894) *404*
Heteromorphose [abhängige Differenzierung] (Pfeffer 1897) *394*
Klimax (Cowles 1899) *426*
Aitiomorphose (Pfeffer 1904) *394*
pluripotent (Weigert 1904) *402*
Neoepigenese (Roux 1905) *412*
Neoevolution (Roux 1905) *412*
Idiogenese (Barth 1908) *416*
Hologenese (Rosa 1909) *415*
ökologische Entwicklung (Taylor 1920) *423*
Organisator (Spemann 1921) *404*
Pädomorphose (Garstang 1922) *419*

> Hypermorphose (de Beer 1930) *419*
> Anamorphose (Woltereck 1940) *394*
> Epigenetik (Waddington 1942) *419*
> differenzielle Genaktivität (Huskins 1947) *404*
> autogenetisch (Hennig 1950) *415*
> Zönogenese (Leppik 1974) *426*
> Ökogenese (Davitasvilli 1978) *426*
> Peramorphose (Alberch et al. 1979) *419*
> Evo-Devo (Pennisi & Roush 1997) *421*
> Eco-Evo-Devo (Hall 2001) *421*

Teile, sondern das Ganze eines Organismus bezogen, erscheint der Ausdruck in dieser Bedeutung erst seit den 1720er Jahren (Heister 1724: »le développement du poulet dans l'œuf«[7]; »développement du fœtus«[8]; Bourguet 1729: »le Développement méchanique des Corps organisés«[9]; »le Développement de l'Embryon«[10]).

Das deutsche Wort ›Entwicklung‹ hat in der ersten Hälfte des 18. Jahrhunderts unterschiedliche Bedeutungen; 1733 erscheint es in der Formulierung »Entwicklung eines Kinds«[11] im Sinne von »Geburt«. Seit den 1740er Jahren wird es auf biologische Entwicklungsprozesse bezogen, zunächst die Entstehung von Teilen eines Organismus (Anonymus 1746: »Entwickelung der Blüthe an dem Getraide«[12]; in Übersetzung von Maupertuis von 1747: Es sei »nicht zu läugnen, daß man in der Tulpenzwiebel die Blätter und Blüte schon völlig gebildet wahrnimmt, und daß ihre scheinbare Hervorspriessung nichts anders als eine

> **Reproduktion**
> Vermehrung von Entitäten, die eine Weitergabe von Teilen (»materielle Überlappung« zwischen Eltern und Nachkommen) und die Weitergabe der Vermehrungsfähigkeit einschließt
>
> **Vererbung**
> Ähnlichkeit zwischen Eltern und Nachkommen aufgrund der Reproduktion
>
> **genetische Vererbung**
> Vererbung durch Mechanismen der »Codierung«, d.h. der linearen Übersetzung einer Struktur aus diskreten Elementen in eine andere
>
> **epigenetische Vererbung**
> Vererbung durch komplexe Interaktion aller beteiligten Faktoren
>
> **Entwicklung**
> Erwerb der Fähigkeit zur Reproduktion

Tab. 52. Terminologie für organische Entwicklungsprozesse (in Anlehnung an Griesemer, J. (2002). What is "epi" about epigenetics? In: Van Speybroeck, L., Van de Vijver, G. & de Waele, D. (eds.). From Epigenesis to Epigenetics (= Ann. New York Acad. Sci. 981), 97-110: 105ff.).

Entwicklung dieser Theile ist«[13]; im Original: »développement«[14]). Auf die gesamte Individualgenese von Organismen wird das Wort erst in den 1750er Jahren bezogen (Anonymus 1750: »Hr. Rösel [hat] den Leich [von Dickköpfen] beobachtet, und dessen almähliche Entwickelung wahrgenommen«[15]; Anonymus 1750: »aus einer Entwicklung schon gebildeter und nur kleinerer Körper die Erzeugung der Thiere und Pflanzen herleiten«[16]; von Schäffer 1756: »Entwickelung [einer Brut von Blattfußkrebsen] aus dem Eye«[17]). Bis zum Ende des Jahrhunderts bezeichnet das Wort bevorzugt die Ausfaltung einzelner Teile eines Organismus (Batsch 1790: »Entwickelung der Blume«[18]; Goethe 1790: »In der successiven Entwickelung eines Knotens aus dem andern [...] beruht die erste, einfache, langsam fortschreitende Fortpflanzung der Vegetabilien«[19]).

Im Englischen wird ›development‹ erst in der zweiten Hälfte des 18. Jahrhunderts im biologichen Kontext gebraucht (Debraw 1777: »the development and expansion of the germ of the female organs [of bees], previously existing in the embryo«[20]).

Ontogenese und Phylogenese
Wie sich bereits in der frühen Wortverwendung zeigt, muss der Begriff der Entwicklung nicht als ein spezifisch biologisches Konzept verstanden werden. Auch kosmische, geologische oder andere Prozesse können als ›Entwicklung‹ beschrieben werden. Und auch innerhalb der Biologie wird der Ausdruck auf sehr unterschiedliche Vorgänge bezogen. Er wird seit Ende des 18. Jahrhunderts nicht nur auf die regelmäßigen Transformationen eines Organismus in seiner Lebensgeschichte (Ontogenese; s.u.) angewendet, sondern auch auf die Veränderungen der Lebensformen in der Erdgeschichte. F.W.J. Schelling formuliert 1798 die Vorstellung, »daß die Stufenfolge aller organischen Wesen durch allmählige Entwicklung Einer und derselben Organisation sich gebildet habe«[21] (↑Phylogenese). Erst im 20. Jahrhundert gewinnt die erste Bedeutung an Dominanz, während die zweite meist als ↑›Evolution‹ bezeichnet wird. Es wird aber andererseits bis in die zweite Hälfte des 20. Jahrhunderts empfohlen, ›Entwicklung‹ als Oberbegriffe für Ontogenese und Phylogenese in der Biologie zu verstehen.[22]

Während die ältere Bedeutung des Wortes einen teleologischen Kern besitzt, insofern der bezeichnete Prozess einer vorherigen Anlage folgt und auf ein vorher bestimmtes Ziel ausgerichtet ist (s.u.), enthält die moderne Bedeutung zumindest in vielen Kontexten die Vorstellung eines offenen, in seinem Verlauf und Ausgang unbestimmten Prozesses.[23]

Entwicklung als Weg zur Fortpflanzungsfähigkeit
In seiner verbreiteten Bedeutung meint ›Entwicklung‹ den gerichteten Prozess der artspezifischen Veränderung eines Organismus von dem Anfangsstadium unmittelbar nach seiner Entstehung bis zu einem Endstadium, in dem der Organismus zur eigenen Fortpflanzung in der Lage ist. Weil die Entwicklung die Periode zwischen zwei Reproduktionsereignissen umfasst, kann der Prozess der Entwicklung also allgemein als die Erlangung der Fähigkeit zur Reproduktion definiert werden (Griesemer 2000: »development is the acquisition of the capacity to reproduce«[24]). Oder, anders gesagt: Entwicklung ist die auf die Fortpflanzungsfähigkeit gerichtete Transformation eines Organismus.

Bei den höher entwickelten Organismen erstreckt sich die Entwicklung in diesem Sinne nicht über die ganze Lebensspanne des Organismus, sondern ist zu einem relativ frühen Zeitpunkt abgeschlossen, so dass das Leben dieser Organismen in eine *Entwicklungsphase* (Jugendalter) und eine in Bezug auf die organische Differenzierung *statische Phase* (Erwachsenenalter) gegliedert werden kann. Seit Ende des 18. Jahrhunderts wird die erste Phase meist **Entwicklungsperiode** genannt (Gmelin 1787: »Was macht [...] die Entwicklungsperioden an Nervenkrankheiten so fruchtbar?«[25]; Kluge 1811: »zur Zeit der Entwickelungsperiode«[26]; engl. Birkett 1855: beim Menschen »from birth to sixteen, which may be termed the developmental period«[27]; daneben wird der Ausdruck auch für eine beliebige Phase der Entwicklung eines Organismus oder eines seiner Teile verwendet[28]). J. Woodger differenziert zwischen den beiden Phasen 1929 mit den Bezeichnungen *Entwicklungsperiode* (»developmental period«) und *Verhaltensperiode* (»›behaviour‹ period«).[29]

Allerdings erfolgt die Fortpflanzung nicht bei allen Organismen in dem Stadium, das als das letzte der Entwicklung gilt. Einige Organismen vollziehen die wesentliche Vermehrung vielmehr in frühen embryonalen Stadien (»Polyembryonie«, z.B. einige Schlupfwespen und Gürteltiere). Das spätere Adultstadium ist dann wesentlich als Ausbreitungsphase zu interpretieren. Außerdem müssen nicht nur irreversible körperliche Veränderungen eines Organismus als Entwicklung gelten, auch periodische Erscheinungen wie der herbstliche Laubabwurf der Bäume können als Entwicklungsphänomene verstanden werden (↑Metamorphose: »Zyklomorphose«).

Entwicklung als Differenzierung
Die Ausbildung der Fortpflanzungsfähigkeit ist bei den höher organisierten Lebewesen mit einer Differenzierung der Teile des Organismus bis hin zu einem ausdifferenzierten Stadium verbunden. Die Entwicklung kann daher allgemein auch als Prozess der organischen Differenzierung bestimmt werden. Die Entwicklung beginnt mit einem minimal differenzierten Stadium, das aus nur einer Zelle besteht, und sie endet in einem maximal differenzierten Stadium, das in der Regel der sich fortpflanzende Organismus ist. Die Differenzierung manifestiert sich in der Zunahme der Strukturen innerhalb der Entwicklung; sie besteht in der Bildung und Entfaltung der Organe ausgehend von einfacheren Vorgängerstrukturen (auf letztlich molekularer Ebene). Oder, wie es H. Plessner, 1928 formuliert, »das Übergehen von Zuständen niederen in solche höheren Mannigfaltigkeitsgrades« ist »ein Spezifikum der Entwicklung«.[30]

Neben dem Bezug der Differenzierung enthält der ontogenetische Entwicklungsbegriff einen Verweis auf die Konstanz, Stabilität und Gesetzlichkeit der individuellen Entwicklung eines Organismus. Die Stabilisierung der Entwicklungsvorgänge findet ihren Ausdruck in der gesetzlichen Abfolge der Transformationsschritte in der Gestaltbildung eines Organismus und in der daraus resultierenden Formkonstanz der Individuen einer Art.

Einen Zusammenhang zwischen Entwicklung der Organismen und Differenzierung stellt bereits der römische Arzt Galen her, wenn er die Entwicklung ausgehend von dem Keim in den Begriffen der Veränderung (»ἀλλοίωσις«) und Formung (»διαπλάσις«) beschreibt.[31] Das deutsche Wort **Differenzierung** findet sich erstmals 1805 bei J. Görres in einer Beschreibung des menschlichen Gehirns (»Differenziirung«).[32] Mit H. Spencer wird der Begriff der Differenzierung (»differentiation«[33]) zu einem zentralen Konzept einer allgemeinen Evolutionstheorie. Spencer betrachtet – in Anlehnung an K.E. von Baer (s.u.) – die Entwicklung hin zu zunehmender Differenzierung der Strukturen als ein allgemeines Naturgesetz (↑Evolution). W. Roux unterscheidet 1895 zwischen *Selbstdifferenzierung*, bei der die »specifischen Ursachen« für die Entwicklung in dem gestaltenden Teil selbst liegen, und *abhängiger Differenzierung*, bei der die Gestaltbildung durch äußere Einwirkungen verursacht wird.[34] Beide Formen können sich nach Roux kombinieren. Der Ausdruck ›Selbstdifferenzierung‹ erscheint bei Roux seit 1883 (»Selbstdifferenzirung im Embryo«[35]); im Jahr zuvor bei dem Botaniker J. von Hanstein für die Aktivität des Protoplasmas in der Gestaltbildung von Pflanzen[36] (↑Selbstorganisation).

In ähnlicher Absicht der differenzierten Beschreibung von Entwicklungsprozessen verwendet J. Sachs

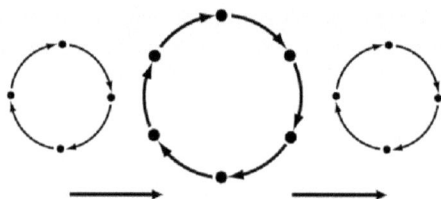

Abb. 98. Schematisches Diagramm zur symbolischen Darstellung der organischen Entwicklung. Die Entwicklung besteht in einer Expansion der zyklischen Organisation eines Organismus von einem einfachen Anfangsstadium (links) zu einem größeren und stärker differenzierten Ewachsenenstadium (Mitte). Dieser Prozess vollzieht sich periodisch immer wieder von Neuem, wobei das Anfangsstadium jeweils durch Kontraktion der zyklischen Organisation des Erwachsenenstadiums gebildet wird (im Diagramm vom mittleren zum rechten Kreislauf).

1896 den Ausdruck **Automorphosen** für »innere Gestaltungsursachen« oder die »innere Harmonie der Gestaltungskräfte«.[37] Von ›Automorphosen‹ ist auch bereits in der ersten Hälfte des 19. Jahrhunderts die Rede. Verstanden werden darunter individuelle Abweichungen von der gewöhnlichen Gestalt einer Pflanze, die »beständig« geworden sind.[38] Als entwicklungsbiologischer Begriff erscheint der Ausdruck in den 1880er Jahren: Der Botaniker J. von Hanstein verbindet mit ihm 1882 eine nicht näher charakterisierte »Kräfte-Summe« im Protoplasma der Pflanzenzelle, die für die Gestaltbildung der Pflanze verantwortlich zu machen ist.[39] Auch W. Pfeffer gebraucht dieses Wort 1897 im Sinne von »Eigengestaltung«, um die inneren Ursachen der Entwicklungs- und Gestaltungsvorgänge zu betonen.[40] Pfeffer grenzt die Automorphosen ab von den **Heteromorphosen**[41] bzw. den später von ihm so genannten **Aitiomorphosen**[42], die sich auf von außen veranlasste Prozesse beziehen. – Der Ausdruck ›Heteromorphose‹ wird in der Biologie allerdings auch noch in anderen Bedeutungen verwendet, so z.B. in der Entwicklungsbiologie 1891 von J. Loeb zur Bezeichnung der Bildung eines Körperteils an einem untypischen Ort[43] (vgl. auch Anonymus 1836: »heteromorphosis foliage«[44]; Kortüm 1868: »[die] väterlichen und mütterlichen Keimelement[e] bestehen im höheren Organismus […] heteromorphisiert fort und beide bewahren in ihrer Heteromorphose die Fähigkeit zu eigenen Leistungen«[45]).

Die Differenzierung in der organischen Entwicklung eines Individuums vollzieht sich im Rahmen einer sukzessiven Gliederung des Organismus von innen, durch Eigenaktivität, nicht durch eine Anlagerung von strukturierten Umweltbestandteilen oder eine Übertragung der Umweltdifferenzierung auf den Organismus. H. Bergson spricht daher 1907 von der Dissoziation und Teilung der Elemente in der Entwicklung: »Elle [d.i. die Entwicklung] ne procède pas par association et addition d'éléments mais par dissociation et dédoublement«.[46] R. Woltereck nennt die Entwicklung im Sinne dieser von innen kommenden Differenzierung 1940 **Anamorphose**.[47] (Dieser Ausdruck hat daneben andere Bedeutungen: In der Botanik ist er seit den 1820er Jahren für eine »rückschreitende Metamorphose« (Hemmungsbildung) in Gebrauch, z.B. die Umbildung von Blütenblätter in Kelchblätter, von Fruchtblätter in Staubgefäße oder (die häufigste Form) von Staubgefäßen in Blütenblätter.[48] Für H.F. Link ist eine Anamorphose 1837 allgemein eine individuelle »Abweichung von der gewöhnlichen Gestalt der Pflanzen«.[49] C.G. Carus versteht unter ›Anamorphose‹ 1838 eine besondere Form der Metamorphose, nämlich die »vorschreitende« im Gegensatz zur »herab- oder rückwärtsschreitenden Umbildung«, der *Katamorphose*.[50])

Wird die Differenzierung als Kriterium für das Vorliegen der Entwicklung eines Organismus genommen, dann kann diese auch als eine *Verwicklung* bezeichnet werden, wie es J. von Uexküll in den 1920er Jahren vorschlägt.[51] Von Uexküll will mit diesem Wort v.a. darauf hinweisen, dass die Entwicklung nicht nur als Entfaltung einer im Keim vollständig vorhandenen Anlage zu verstehen ist. Vielmehr seien auch äußere Impulse aus der Umwelt an der Differenzierung des Organismus beteiligt. Der Organismus »verwickelt« und »verfaltet« sich also im Laufe seiner Ontogenese nicht nur zunehmend in sich selbst, sondern bezieht auch seine Umwelt in seine Verwicklung mit ein.

In der heutigen Terminologie bezieht sich der Ausdruck der Differenzierung nicht allein auf den Entwicklungsprozess der Erzeugung von morphologisch unterschiedenen Körperteilen, sondern auch auf den Zustand des Vorhandenseins dieser Unterschiede. Und nicht nur bei einem einzelnen Organismus wird von einer Differenzierung gesprochen (in räumlicher Hinsicht als Spezialisierung von Organen und in zeitlicher Hinsicht als Spezialisierung von Lebensphasen), sondern auch bei den Individuen einer Art (z.B. als Differenzierung zwischen den Geschlechtern oder Differenzierung zwischen den Generationen bei Vorliegen eines Generationswechsels).

Entwicklung als zentrales Lebensmerkmal
Insgesamt ist der Begriff der Entwicklung eng mit der Vorstellung des Lebens im Allgemeinen verbun-

den. Viele organische Vorgänge sind ausgesprochene Entwicklungsprozesse, in erster Linie die Ontogenese und die Phylogenese, aber auch die organische Teleologie kann im Anschluss an Aristoteles in diesem Sinne interpretiert werden: Die regelmäßigen, auf einen Zielzustand gerichteten Prozesse der Veränderung legen eine Beurteilung nach Zwecken nahe. Trotz dieses empirisch engen Zusammenhangs muss aber keine begriffliche, analytische Verbindung von Lebendigkeit und Entwicklung bestehen: Es sind durchaus Organismen vorstellbar, die keiner Entwicklung unterliegen, aber trotzdem lebendig sind.[52] Solche Organismen wären organisierte und regulierte offene Systeme, ihre Teile stünden also in einem Verhältnis der wechselseitigen Abhängigkeit voneinander, und sie würden sich insgesamt in einem dynamischen Zustand fern des thermodynamischen Gleichgewichts erhalten – sie würden aber darüber hinaus keiner von inneren Strukturen gesteuerten gerichteten Veränderung unterliegen.

Die irdischen Organismen unterliegen faktisch aber alle einer individuellen Entwicklung, weil sie aus Vorläuferstrukturen gebildet werden. In ontologischer Hinsicht kann die Entwicklung allgemein als Erwerb oder Ausbildung bestimmter Dispositionen oder Fähigkeiten bestimmt werden. Entwicklung besteht also in der Verwirklichung eines Potenzials. Es ist dafür argumentiert worden, in diesem Sinne die Fähigkeit zur Entwicklung allein Lebewesen zuzuschreiben; sie sei »ein Charakteristikum von Lebewesen: Leblose Dinge wie Steine oder Moleküle etc. entwickeln sich nicht«[53]. Denn von einem Potenzial im eigentlichen Sinne könne bei leblosen Dingen nicht gesprochen werden; die leblosen Dinge könnten zu vielem Beliebigem verändert werden und enthielten nicht eine innere Struktur, die ihre Veränderung auf etwas Bestimmtes ausrichte.[54]

Stellung zu den anderen Grundfunktionen
Von einigen Autoren – so 1903 von W. Wundt[55] und 1933 von E.S. Russell[56] – wird die Entwicklung gleichberechtigt neben die ↑Selbsterhaltung und die ↑Fortpflanzung als dritte biologische Hauptfunktion geordnet (↑Entwicklungsbiologie). Meist wird die Entwicklung aber vor dem Hintergrund der Evolutionstheorie funktional direkt der Fortpflanzung untergeordnet (↑Funktion; Zweckmäßigkeit). Denn eine organische Differenzierung, die nicht im Dienst der Selbsterhaltung oder Fortpflanzung des Organismus steht, hat keine evolutionstheoretische Fundierung, weil sie keinen Beitrag zur Fitness des Organismus leistet.

Antike
Die biologischen Entwicklungslehren haben ihren Ursprung in der Antike. Bereits in den hippokratischen Schriften wird die lange Zeit einschlägige Methode der Erforschung der Embryonalentwicklung beschrieben: Mehrere gleichzeitig gelegte Hühnereier werden von einer Henne ausgebrütet und täglich ein Ei zur Untersuchung des Fortschritts der Entwicklung dem Gelege entnommen und geöffnet. Auch Aristoteles verwendet diese Methode und liefert mit seiner vergleichenden Perspektive die Basis der Embryologie als einer auf Beobachtungen, Verallgemeinerungen und Gesetze zielenden Wissenschaft[57]: Aristoteles vergleicht die Entwicklung der Embryonen bei verschiedenen Arten und beobachtet die Regelmäßigkeit der Abfolge von Entwicklungsstadien. So stellt er z.B. fest, dass die Entwicklung von Vögeln und Fischen in weiten Strecken sehr ähnlich ist.[58] Er erklärt sich die Entwicklung der Lebewesen aus der Verbindung des männlichen Prinzips der Formgebung und des weiblichen Prinzips des Stoffes. Der männliche Same setze den Entwicklungsprozess des Keims in Gang und gebe diesem seine Gestalt, so wie der Zimmermann das Holz bearbeitet, um daraus ein Möbelstück zu formen.[59] Allerdings transportiert der Samen nach Aristoteles allein die Potenz für die Strukturen des Embryos[60]; andererseits enthält der männliche Same darüber hinaus den Mechanismus zur Umwandlung der Potenz des weiblichen Beitrags in eine Aktualität[61] (»Dornröschennarrativ«[62]). Die organische Entwicklung dient Aristoteles als Paradigma für sein Konzept der (inneren) Teleologie der Natur, nach dem es in einem Gegenstand selbst liegt, sich zu einem bestimmten Ziel hin zu entwickeln (↑Zweckmäßigkeit). Als ein Prinzip der Entwicklung stellt er dabei fest, dass sich zuerst die allgemeinen, allen Lebewesen zukommenden (vegetativen) Eigenschaften bilden und danach erst die speziellen Artmerkmale (wie z.B. die Empfindungsfähigkeit).[63] Den späteren epigenetischen Theorien der Entwicklung steht Aristoteles insofern nahe, als er nicht von einer vollständigen Vorformung des Embryos ausgeht, sondern eine allmähliche Neubildung von Strukturen während der Ontogenese postuliert. Er stellt fest, dass bestimmte Strukturen zuerst gebildet werden müssen, bevor sich andere entwickeln können[64] – eine an die spätere Organisatortheorie erinnernde Auffassung (s.u.).[65] Nach Aristoteles entstehen bestimmte Organe nicht nur in geordneter Weise nacheinander, sondern die späteren Organe gehen auch aus den früheren hervor (z.B. wachsen nach seiner Theorie die Blutgefäße aus dem Herzen). Die früheren Organe stellen also die (materiale) Ursache für die Bildung der späteren dar.

Entwicklung 396

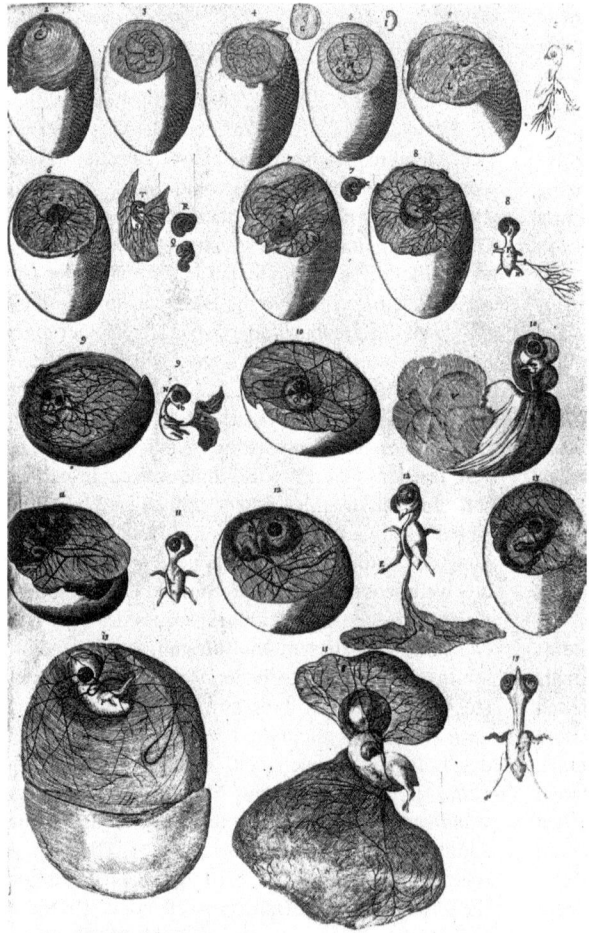

Abb. 99. *Frühe Stadien in der Entwicklung eines Hühnerembryos in einem bebrüteten Ei (nach Fabricius, G. (1621). De formatione ovi et pulli; aus Herrlinger, R. (1967-72). Geschichte der medizinischen Abbildung: II, 46).*

Nach den richtungsweisenden Studien von Aristoteles macht die empirische Erforschung der Embryonalentwicklung über fast zwei Jahrtausende keine nennenswerten Fortschritte. Spekulative und ideologisch geleitete Beurteilungen dominieren das Feld. Neben die Vorstellung der Entwicklung nach dem Vorbild eines technischen Herstellungsprozesses, die sich bei Aristoteles (und später bei Thomas von Aquin) findet, (»technomorphe Erzeugungsbiologie«) tritt ein Konzept der Entwicklung, das diese als Entfaltung bereits vorhandener Anlagen versteht (»georgomorphe Pflanzungsbiologie«). Augustinus, der dieses letztere Modell vertritt, schreibt zwar beiden Geschlechtern die Bildung eines Samens zu, allein der männliche Same sei aber ein Fortpflanzungskörper, aus dem sich der neue Organismus bilde.[66]

Renaissance und Neuzeit

Auch das in der Renaissance erlangte neue Verhältnis zur Natur und die damit einhergehenden methodischen Untersuchungen setzen sich in der Embryologie nur langsam durch. Die ersten, die die aristotelische Methode der täglichen Beobachtung der Entwicklung des Hühnerembryos in der Neuzeit anwenden, sind am Ende des 16. Jahrhunderts V. Coiter[67] und wenig später dessen Lehrer und Anreger U. Aldrovandi[68]. Detailliertere Beschreibungen dieser Entwicklung und einen Vergleich der Embryonen des Menschen mit denen anderer Säugetiere gibt H. Fabricius ab Aquapendente zu Beginn des 17. Jahrhunderts.[69] W. Harvey, ein Schüler von Fabricius, betont die innere Dynamik der Embryonalentwicklung. Harvey ist der Auffassung, dass beide Geschlechter einen qualitativ ähnlichen Beitrag zur Formung der Nachkommen leisten – wie dies aufgrund der empirisch nachweisbaren Ähnlichkeit der Nachkommen mit sowohl der Mutter als auch dem Vater nahe liegt – und wendet sich damit gegen die alte, auf Aristoteles zurückgehende Meinung, der zufolge der weibliche Teil allein die Materie und der männliche die Form liefert. Ein von Harvey besonders hervorgehobener Weg zur Entstehung von Strukturen im Embryo besteht in ihrer schrittweisen Hinzufügung und Neubildung ausgehend von anderen Strukturen (»Epigenese«; s.u.). Daneben kennt Harvey aber durchaus auch den anderen Weg der Entstehung von Formen ausgehend von einem vorgeformten Ausgangsmaterial: »The form ariseth *ex potentiâ materiae praeexistentis*, out of the power or potentiality of the pre-existent matter«[70]. Damit schließt sich Harvey der aristotelischen Vorstellung an, dass dem Keim eine Potenzialität zukommt, die Aktualität aber erst dem voll entwickelten Organismus. Das Fehlen adäquater Modelle für diese Strukturbildung stellt für die mechanisch orientierten Lebenstheorien des 17. Jahrhunderts ein erhebliches Problem dar und hat immer wieder die Postulierung spezifisch organischer immaterieller Prinzipien und »vitalistischer« Kräfte provoziert, z.B. einen nach dem Vorbild eines menschlichen Werkmeisters agierenden »archeus faber« durch J. B. van Helmont (1648).[71] Die Bezeichnung ›archeus‹ für dieses organisierende Prinzip der Entwicklung übernimmt van Helmont von Paracelsus (↑Vitalismus). Der Archeus wohnt nach der Vorstellung van Helmonts jedem »Samen« inne und verwandelt diesen in einen differenzierten Organismus. Auch die Lebensprozesse des erwachsenen Organismus werden nach dieser Lehre von einer Hierarchie von Archeen organisiert und reguliert. Über die Existenz und den Ort des zentralen organisierenden Prinzips entstehen im 17. Jahrhundert zahlreiche Auseinandersetzungen zwischen den »Vitalisten« und den stärker mechanistisch orientierten Naturforschern (↑Organisation).

Empirische Fortschritte werden v.a. durch die Zuhilfenahme des Mikroskops zur Untersuchung der frühen Entwicklungsprozesse erzielt. Diesen Weg geht zuerst M. Malpighi in seinen Studien zur Hühnchenentwicklung in der zweiten Hälfte des 17. Jahrhunderts.[72]

Die embryologischen Studien des 18. Jahrhunderts sind von der Auseinandersetzung zwischen *Präformation* und *Epigenesis* beherrscht (s.u.). Auf der einen Seite wird von einem bereits gestalteten Keim ausgegangen, dessen Entwicklung im Wesentlichen in einer Entfaltung der bereits differenziert vorhandenen Strukturen besteht, auf der anderen Seite steht die Vorstellung einer tatsächlichen Neubildung von Strukturen während der Embryonalentwicklung. Wesentliche empirische Fortschritte und neue terminologische Entwicklungen beginnen sich aber erst am Ende des Jahrhunderts abzuzeichnen. Richtungsweisend für das 19. Jahrhundert ist v.a. der theoretische und praktische Rahmen, in den C.F. Wolff die Embryogenese ausgehend von seinen detaillierten und vergleichenden Studien zur Entwicklung bei Pflanzen und Tieren stellt.[73]

Eine Fortsetzung finden diese Untersuchungen in der ersten Hälfte des 19. Jahrhunderts in den bahnbrechenden Arbeiten zur »Entwicklungsgeschichte« der Tiere von C. Pander und K.E. von Baer. Beobachtet wird von ihnen eine sukzessive Herausbildung heterogener Strukturen aus homogenen. Zentrale Bedeutung für die Embryologie erlangt damit das Konzept der Differenzierung, d.h. der kontrollierten Bildung von komplexen Strukturen ausgehend von einfachen Vorgängerstrukturen. Eine dieser Vorgängerstrukturen, die Pander und von Baer erkennen und ausgiebig studieren, sind die so genannten »Keimblätter«.

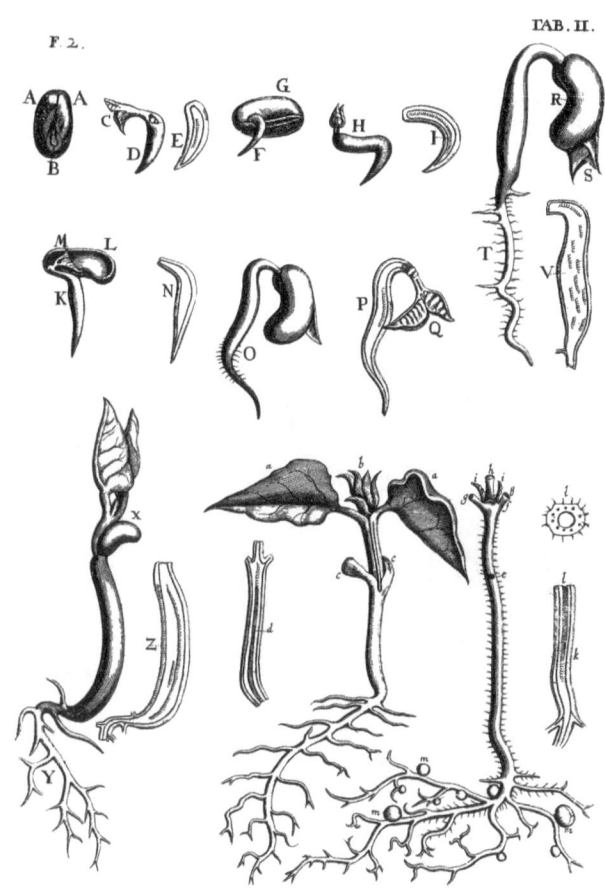

Abb. 100. Entwicklungsstadien der Bohne (aus Malpighi, M. (1675-79). Anatomia plantarum, 2 Bde. (London 1686): II, 2).

Keimblätter
Die beiden Zellschichten, aus denen der Keim in einem frühen Embryonalstadium (»Gastrula«; s.u.) besteht, werden beim Hühnchen bereits 1817 von Pander unterschieden. Pander spricht von »zwei gänzlich verschiedenen Lamellen, einer innern, dickern, körnigen, undurchsichtigen, und einer äußern, dünnern, glatten, durchsichtigen«[74]. Die innere nennt er »Schleimblatt«, die äußere »seroses Blatt«[75]; zusammen bilden sie für Pander die beiden »Keimhäute« des Hühnerembryos. Von Baer führt dafür 1828 die Bezeichnung **Keimblätter** ein.[76] Er behält Panders Ausdrücke ›seröses Blatt‹ und ›Schleimblatt‹ bei; für das erstere schlägt er auch die Bezeichnung *animalisches Blatt* vor, denn dieses bilde »die Grundlage des ganzen animalischen Theiles«.[77] (Die »Keimhäute« von Baers bestehen dagegen aus drei Keimblättern

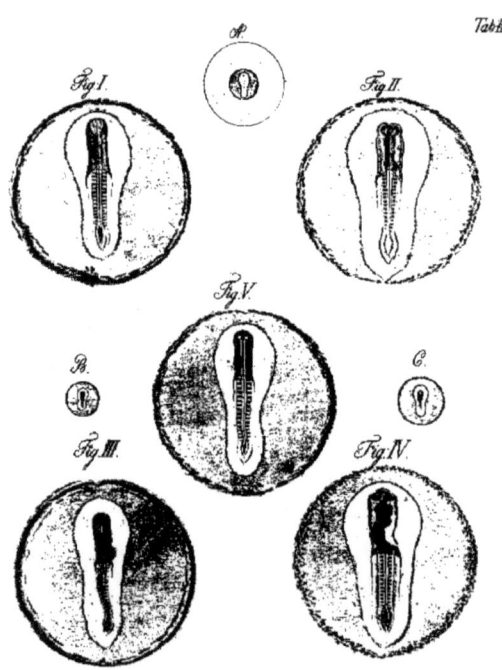

Abb. 101. Darstellung der Entwicklung eines Hühnerembryos in Form einer Bildserie. Die Entstehung der Form wird als eine Reihe von Faltungen beschrieben. In Fig. I bildet sich am Kopfende (oben) eine Einfaltung, aus der das Gehirn entsteht; darunter befindet sich das Rückenmark. In Fig. II befindet sich in der Mitte des Embryos eine Struktur, die sich zum Herzen formt. Der Embryo ist in dieser Serie in verschiedenen Ansichten zu sehen: in Fig. I und III von der Rückenseite; in Fig. II, IV und V von der Bauchseite. Die kleineren Figuren A, B und C stellen den Embryo in der Originalabbildung in natürlicher Größe dar. Bemerkenswert ist das Fehlen von chronologischen Angaben. Die Bildserie stellt zwar eine lineare chronologische Ordnung dar; zwischen den einzelnen Bildern liegt aber nicht immer der gleiche zeitliche Abstand. Die Darstellung der Veränderung entspricht also nicht genau der Logik der physikalischen Zeit, sondern folgt der Eigenlogik der organischen Entwicklung: »Der Organismus erhält eine autonome, inhärente zeitliche Ordnung, eingebettet in den chronologischen Fluss der Zeit, aber nicht mit ihm identisch« (Wellmann, J. (2010). Die Form des Werdens. Eine Kulturgeschichte der Embryologie, 1760-1830: 367; Abb. aus Pander, C. (1817). Beiträge zur Entwicklungsgeschichte des Hühnchens im Eye: Tab. III).

und stellen einen hautartigen Anhang des schon gebildeten Embryos dar.[78] Zur Bezeichnung der Blätter des Keimlings einer Pflanze (Kotyledonen) ist der Ausdruck ›Keimblätter‹ in der Botanik bereits vorher in Gebrauch, so 1822 bei J.C. Hundeshagen.[79]) Die Rede von ›Blättern‹ in der Anatomie der Tiere geht auf C.F. Wolff zurück, der sich in seiner ›Theoria generationis‹ von 1759 darum bemüht, die Entwicklung von Pflanzen und Tieren in einer gemeinsamen Theorie zu behandeln.[80] Von T.H. Huxley werden sie 1849 bei Medusen als zwei »Schichten« des Keims näher untersucht (»serous and mucous layers of the germ«).[81] Von Baer und Huxley erkennen beide, dass aus den Zellschichten jeweils spezifische Organe entstehen, die sich bestimmten Funktionskreisen zuordnen lassen. Von Baer leitet die Organe des »animalen Lebens« (d.h. die Organe der Empfindung, Bewegung und die Haut) von dem oberen animalen Blatt ab; die Organe des »vegetativen Lebens« (d.h. die Organe der Ernährung, des Kreislaufs, der Sekretion und Fortpflanzung) dagegen von dem unteren, vegetativen Blatt. Huxley stellt einander gegenüber: »the outer [layer] becoming developed into the muscular system and giving rise to the organs of offence and defence; the inner, on the other hand, appearing to be more closely subservient to the purposes of nutrition and generation«.[82]

Die inneren und äußeren Keimblätter werden 1853 von G.J. Allman als **Ektoderm** (»ectoderm«) und **Entoderm** (»endoderm«) bezeichnet.[83] Von anderen Entwicklungsbiologen werden diese Termini übernommen.[84] Besonders Huxley trägt mit seinen Untersuchungen der Hohltiere viel zur Verbreitung der Terminologie bei.[85] E. Haeckel spricht in den 1870er Jahren daneben von dem (animalen) *Dermalblatt* und dem (vegetativen) *Gastralblatt*.[86] Das bei vielen Tieren auftretende dritte Keimblatt, das schon Pander und von Baer beschreiben (»Gefäßblatt«)[87], nennt R. Remak, der außerdem den Aufbau der Keimblätter aus Zellen nachweist, 1851 *mittleres Keimblatt*[88] und A. Ecker (1864), B.T. Lowne (1870) sowie Haeckel (1872) **Mesoderm**[89]. Die beiden primären Keimblätter sind nach Haeckel an der Bildung des mittleren Keimblatts beteiligt. Durch Bildung von Hohlräumen im Mesoderm entstehe die »wahre Leibeshöhle der Thiere«, die z.B. in den Blutgefäßen besteht, das **Coelom**, wie Haeckel es 1872 nennt.[90] 1881 legen die Brüder Hertwig das Kriterium des Vorhandenseins oder Fehlens eines Cöloms ihrer grundlegenden Klassifizierung des gesamten Tierreichs zugrunde.[91] Dass sich auch in der Entwicklung der wirbellosen Tiere Keimblätter identifizieren lassen, weist A. Kowalevsky 1867 nach. Die Ähnlichkeiten in der Entwicklung zwischen Lanzettfischchen und Wirbeltieren dient ihm als Beleg für ihre stammesgeschichtliche Verwandtschaft.[92] Ebenso kann er zeigen, dass auch die Seescheiden mit den Wirbeltieren verwandt sind, weil sie ein Larvenstadium mit einer Chorda durchlaufen.[93]

Die Entdeckung des Eis der Säugetiere durch von Baer im Jahr 1827[94] ermöglicht eine konzeptionell ähnliche Analyse der Befruchtungs- und frühen Entwicklungsprozesse bei allen Organismen. Auf von Baer wird nicht nur die Entdeckung des weiblichen Eis der Säugetiere, sondern auch der Terminus *Spermatozoon* für die männliche Samenzelle zurückgeführt.[95] Die experimentelle Erforschung der Entwicklungsprozesse findet in den Versuchen zur ↑Befruchtung durch G. Newport in der Mitte des 19. Jahrhunderts einen ersten Höhepunkt. Newport gelingt es, an Froscheiern den Punkt des Eintritts des Spermiums in das Ei zu beobachten und stellt fest, dass dadurch die erste Enwicklungsachse des sich entwickelnden Embryos festgelegt wird.[96]

»Biogenetisches Grundgesetz«
In den 1870er Jahren ist es Haeckel, der die Terminologie der Entwicklungsbiologie entscheidend prägt. Er beobachtet, dass die frühe Entwicklung vielzelliger Organismen eine bemerkenswerte Stereotypie aufweist. Selbst bei wenig miteinander verwandten Organismen werden charakteristische Stadien durchlaufen, die einander sehr ähneln. Diese Regelmäßigkeiten haben Haeckel dazu veranlasst, die Hypothese aufzustellen, alle vielzelligen Tiere (Metazoa) hätten die gleiche frühe Individualentwicklung und ließen sich als Modifikationen einer typischen Stammform, die er **Gastraea**[97] nennt, interpretieren. Gemäß des von Haeckel vertretenen **biogenetischen Grundgesetzes**[98], dem zufolge die Individualentwicklung eine Rekapitulation der Stammesentwicklung ist, postuliert Haeckel die Gastraea als eine ehemals selbständige Lebensform. Haeckel schließt »nach dem biogenetischen Grundgesetz auf eine gemeinsame Descendenz der animalen Phylen von einer einzigen unbekannten Stammform, welche im Wesentlichen der Gastrula gleichgebildet war: Gastraea«.[99] Bereits 1866 formuliert Haeckel den Inhalt seines später von ihm so genannten biogenetischen Grundgesetzes: »Das organische Individuum [...] wiederholt während des raschen und kurzen Laufes seiner individuellen Entwickelung die wichtigsten von denjenigen Formveränderungen, welche seine Voreltern während des langsamen und langen Laufes ihrer paläontologischen Entwickelung nach den Gesetzen der Vererbung und Anpassung durchlaufen haben«.[100]

Das Prinzip, das Haeckel als Gesetz ausdrückt, hat viele Vorläufer vor Haeckel und vor Formulierung der Evolutionstheorie, so z.B. Ende des 18. Jahrhunderts bei C.F. Kielmeyer, der die Entstehung verschiedener Arten der gleichen Kraft zuschreibt wie die Veränderung eines Organismus in seiner individuellen Entwicklung: Die »Reproductionskraft« leiste nicht nur die »Hervorbringung« des einzelnen Individuums, sondern sie stimme in ihren Gesetzen auch mit der Kraft überein, »durch die die Reihe der verschiedenen Organisationen der Erde ins Daseyn gerufen wurde«.[101] Außerdem tritt nach Kielmeyer der Organismus den verschiedenen Stufen des Lebens entsprechend sukzessive ins Leben ein: Zuerst habe er ein vegetatives Leben, dann bilde sich die Reizbarkeit und erst am Ende die Empfindlichkeit. Ähnlich heißt es 1812 bei J.F. Meckel, der individuelle Organismus gehorche den gleichen Gesetzen wie die Entwicklung der ganzen Reihe der Tiere, so dass die höheren Tiere in ihrer stufenweisen Individualentwicklung die Stufen durchlaufen, die den Tieren unterhalb ihrer Organisation entsprechen.[102] Es lassen sich eine ganze Reihe weiterer ähnlich lautender Ansichten anführen.[103] Zu ihnen zählen auch die von R. Owen, der 1837 von einer Parallele zwischen der »Transmutation« von Formen während der embryonalen Phasen und der »Transmutation der Arten« spricht[104], sowie die von C. Darwin, der im gleichen Jahr in seinem Notizbuch die Genese des Individuums eine *verkürzte Wiederholung* (»shortened repetition«) des Formenwandels während der Stammesentwicklung nennt[105]. Vor Haeckel liegen auch die Analysen F. Müllers zu den Larvenformen der Krebstiere, die er für phylogenetisch alte Vertreter dieser Gruppe hält: Die heutigen höheren Krebse sollen also in ihrer Individualentwicklung ein Stadium durchlaufen, das ihren phylogenetischen Vorläufern entspricht.[106] Schließlich kann auch bereits Aristoteles als ein Vertreter einer frühen Form des biogenetischen Grundgesetzes gelten, wenn er von einer sukzessiven Entfaltung der Seelenvermögen bei den Tieren schreibt: »Anfänglich scheinen alle Tierföten eine Art Pflanzenleben zu führen; in der Folge erst ist bei ihnen von der Empfindungs- und Denkseele zu sprechen«.[107]

Mit der Verabschiedung der Vorstellung einer linearen Entwicklung von den Wirbellosen über die Wirbeltiere zum Menschen gerät auch die Rekapitulationstheorie gegen Ende des 19. Jahrhunderts immer mehr in die Kritik.[108] Es wird eine Evolution nicht nur der adulten Formen, sondern auch der Individualentwicklung selbst erkannt. Das Verhältnis von Ontogenie zu Phylogenie stellt sich damit eher umgekehrt dar, als Haeckel es gesehen hat: Die Phylogenie gilt nicht mehr als Ursache der Ontogenie, sondern Veränderungen der Ontogenie bedingen weitreichende evolutionäre Transformationen, oder wie W. Garstang 1922 schreibt: »ontogeny does not recapitulate phylogeny, it creates it«[109].

Morula, Blastula, Gastrula
Haeckel unternimmt es auch, Namen für die charakteristischen Stadien der frühen Ontogenese zu finden. Anfangs unterscheidet er **Morula** und **Gastrula**.[110] Später grenzt er fünf solcher Stadien gegeneinander ab (vgl. Abb. 102)[111]: Die (von Haeckel fälschlicherweise ohne Kern vorgestellte) *Monerula* stellt das befruchtete Ei dar, die *Cytula* geht daraus durch die Neubildung eines Kerns hervor, durch Zellteilungen entsteht die *Morula*, die eine massive Kugel aus gleichartigen Zellen bildet, daraus bildet sich weiter die **Blastula** als eine mit Flüssigkeit gefüllte Hohlkugel mit einer Wand aus einer einzigen Schicht gleichartiger Zellen und schließlich die *Gastrula*, indem die Hohlkugel sich einstülpt, so dass eine zweischichtige Zellwand (das innere und äußere Keimblatt) und ein Hohlraum (der *Urdarm*, *Progaster* mit dem **Urmund**, *Prostoma*) entsteht.[112] Die von Haeckel verwendete Bezeichnung **Urdarm** wird 1871 von K. von Vierordt eingeführt[113]. Die Struktur wird in der Embryologie bereits von C.F. Wolff Ende des 18. und K.E. von Baer in der ersten Hälfte des 19. Jahrhunderts beschrieben; von Vierordt verwendet 1861 zunächst den Ausdruck »primäres Darmrohr«[114].

Die von Haeckel eingeführten Bezeichnungen der wesentlichen Entwicklungsstadien der mehrzelligen Tiere haben sich bis in die Gegenwart erhalten. Seit Mitte des 20. Jahrhunderts ist es üblich, die Entwicklung in sechs Stadien einzuteilen: die Eireifung, Befruchtung, Furchung, Blastulation, Gastrulation und Organogenese (vgl. Tab. 53). Der Ausdruck **Organogenese** erscheint dabei ebenso wie die von Haeckel geprägten Worte bereits in der ersten Hälfte des 19. Jahrhunderts (Geoffroy St. Hilaire 1823: »organogénésie«[115]; Velpeau 1833: »organogénésie« in Bezug auf den Menschen[116]; Anonymus 1838: »Organogenesis« in der Botanik[117]; Lindley 1840: »Organogenesis. – The gradual formation of an organ from its earliest appearance«[118]).

Wie von Haeckel postuliert, ist das Gastrulastadium mit zwei Keimblättern tatsächlich in allen Gruppen des Tierreichs weit verbreitet.[119] Die meisten vielzelligen Tiere bilden in ihrer Individualentwicklung darüber hinaus ein drittes Keimblatt, das auf verschiedenem Weg zwischen dem inneren und äußeren Keimblatt entsteht. In der Regel lässt sich eine Zuordnung eines Organsystems zu einem der drei Keimblätter treffen – wie bereits bei von Baer und Huxley beschrieben: Das äußere Keimblatt (*Ektoderm*) bildet die Haut mit ihren Drüsen, die Sinnesorgane, das Nervensystem und die Exkretionsorgane; aus dem mittleren Keimblatt (*Mesoderm*) entstehen Muskulatur, Bindegewebe, Blutgefäße, Herz und Innenskelett; das innere Keimblatt (*Entoderm*) schließlich bringt viele innere Organe, z.B. Mitteldarm, Leber, Lunge und endokrine Organe hervor. Allerdings kann ein Keimblatt bei Verletzungen eines anderen auch dessen Organe hervorbringen. Sinnvoller als der Begriff des Keimblattes ist daher oft der der **Organanlage**, der auch bereits seit den 1830er Jahren verwendet wird – etwa zeitgleich in der Zoologie (Neumann 1835)[120] und Botanik (Röper 1835)[121].

E.B. Wilson weist schon Ende des 19. Jahrhunderts darauf hin, dass weder entwicklungsgeschichtlich noch funktional eine scharfe Abgrenzung der Keimblätter möglich ist. Ähnliche Organe mit vermutlich phylogenetisch gemeinsamem Ursprung können sich in der Individualentwicklung aus verschiedenen Keimblättern bilden, so dass die Rückführung auf ein Keimblatt auch nicht als ein Kriterium der ↑Homologie geeignet ist.[122] Die Kritik am Begriff des Keimblatts in den 1890er Jahren führt zu der Einsicht, dass es sich dabei um ein rein morphologisches, nicht aber ein funktionales Konzept handelt.[123]

Roux: Entwicklungsmechanik
Ende des 19. Jahrhunderts erlauben verbesserte apparative Methoden ein genaueres Studium der Entwicklungsprozesse. Zur Betonung der kausalen Modelle für diese Forschung prägt W. Roux 1885 für die sich formierende Disziplin den Begriff der *Entwicklungsmechanik* (↑Entwicklungsbiologie).[124] Roux' methodischer Ansatz in der Entwicklungsbiologie ist durch die konsequente Anwendung des manipulativen Experiments gekennzeichnet. Bekannt sind seine Versuche zur Froschentwicklung aus dem Jahr 1888, bei denen er eine Zelle im Zweizellstadium eines Froschembryos mit einer heißen Nadel zerstört. Als Folge dieses Eingriffs entwickelt sich aus der anderen Zelle nur ein halber Embryo (»Anstichversuch«).[125] Roux schließt daraus, dass der Embryo bereits im frühen Stadium aus mehreren differenzierten Zellen besteht – entstanden in einem Prozess der »Selbstdifferenzirung« (↑Selbstorganisation) –, die nicht mehr einen ganzen Organismus bilden können. Der Keim stellt also ein Mosaik aus mehreren selbständig sich verändernden Teilen dar; Roux spricht 1888 von einer **Mosaikarbeit** und einer *Mosaikbildung*[126]. – Das Bild des Mosaiks wird zuvor bereits von den frühen Vererbungsforschern Mitte des 19. Jahrhunderts verwendet, so von C. Naudin 1865 für die Merkmalsverbindung bei hybriden Pflanzen (»L'hybride, dans cette hypothèse, sêrait une mosaïque vivante, dont l'œil ne discerne pas les éléments discordants tant qu'ils restent entremêlés«).[127] Seit Beginn des 20. Jahrhunderts erscheint es für Organismen aus genetisch

heterogenem Material und mit einer Kombination von phänotypischen Merkmalen, die normalerweise nur bei Organismen verschiedener Arten auftreten.[128] Von der »normalen« oder »typischen Entwicklung« mit »Selbstdifferenzirung« unterscheidet Roux eine Form der Entwicklung, die er 1893 *regulatorische Entwicklung* nennt, genauer eine »atypische sive post- oder regenerative s. regulatorische Entwickelung«.[129] Diese Entwicklung geht von bereits differenzierten Stadien aus, in der nach einer Störung spezifische »Regulationsmechanismen« wirksam werden, z.B. bei der Regeneration von Organen. Zu Beginn des 20. Jahrhunderts etabliert sich die Gegenüberstellung von *Mosaikentwicklung* (Wilson 1893: »mosaic theory of development«[130]; E.W.M. 1896: »mosaic development«[131]) für Entwicklungsvorgänge mit weitgehender Unabhängigkeit der Teile voneinander und *Regulationsentwicklung* für hoch integrierte Entwicklungsvorgänge. Als bestätigt gilt mit den Versuchen von Roux die ältere Hypothese von W. His, dass die Zygote nicht eine unorganisierte Protoplasmamasse ist, sondern aus lokalisiert wirksamen Faktoren besteht, die für die Differenzierung und Gestaltbildung verantwortlich sind.[132]

Roux bestimmt den Begriff der Entwicklung 1885 allgemein als »das Entstehen von wahrnehmbarer Mannigfaltigkeit«.[133] Ein solches Entstehen lässt sich nach Roux in zwei Prozesse aufteilen: »in die wirkliche Production von Mannigfaltigkeit und in die blosse Umbildung von nicht wahrnehmbarer Mannigfaltigkeit in wahrnehmbare, sinnenfällige«.[134] Wie Roux bemerkt, entspricht die Differenzierung zwischen diesen beiden Prozessen der alten Unterscheidung von *Epigenesis* und *Evolution* (Präformation) (s.u.).

Driesch: Regulationsentwicklung
H. Driesch, der Roux' Versuche 1891 an Seeigeleimen wiederholt, kann dessen Ergebnisse an dem neuen Objekt nicht reproduzieren. Er stellt dagegen fest, dass sich auch aus einer isolierten Zelle, die durch Schütteln von ihren Nachbarzellen getrennt wurde, ein vollständiger, wenn auch kleinerer Organismus bildet (»Schüttelversuch«).[135] Einzelne Teile des sich entwickelnden Keims enthalten also die Fähigkeit, den Verlust der anderen Teile auszugleichen und einen ganzen Organismus zu bilden; der Keim bildet ein »harmonisch-äquipotentielles System«, wie Driesch es nennt.[136] Das mögliche Schicksal der Teile (und damit ihre »Fähigkeiten« oder »Anlagen«) ist größer als ihr wirkliches Schicksal: ihre *prospektive Potenz* ist größer als ihre *prospektive Bedeutung*, wie Driesch es formuliert.[137] Driesch betrachtet damit die weismannsche Hypothese einer erbungleichen

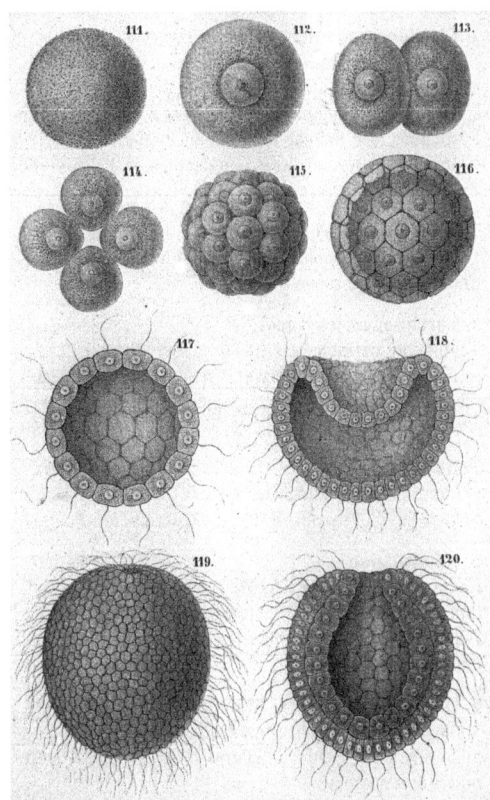

Abb. 102. Frühe Entwicklungsstadien der Metazoen. Einzelne dieser Stadien erhalten von E. Haeckel besonderes Bezeichnungen: Das nach der Befruchtung entstandene Einzellstadium ist die Monerula (111); Die erste Furchungszelle ist die Cytula (112); nach wiederholten Furchungen bildet sich die Morula (Maulbeerkeim) (115); diese formt sich zur Hohlkugel der Blastula (116); durch Einstülpung entsteht daraus die Gastrula (119 und 120) (aus Haeckel, E. (1877). Studien zur Gastraea-Theorie: Tafel VIII).

Teilung, der zufolge bei den Zellteilungen während der Entwicklung jeweils nur ein Teil der Erbanlagen an die Tochterzellen weitergegeben wird, als widerlegt (↑Vitalismus: Abb. 563). Im Gegensatz zu der von Roux beschriebenen Mosaikentwicklung ordnet Driesch die Entwicklungsprozesse den Regulationserscheinungen unter, weil die embryonalen Zellen die Fähigkeit haben, Verletzungen auszugleichen.[138] Daneben zieht Driesch aus seinem Ergebnis weitreichende wissenschaftstheoretische Konsequenzen und postuliert einen immateriellen, die Ganzheit des Organismus bewirkenden Faktor (↑Vitalismus). E.B. Wilson, der den Versuch von Driesch an einem anderen Objekt (*Amphioxus*) wiederholt, kommt zu ähnlichen Resultaten, schließt daraus aber, philosophisch weniger ambitioniert, lediglich darauf, dass die em-

> **1. Eireifung (»maturation of the egg«)**
> Meiose mit der Reduktion der Anzahl der Chromosomen auf den haploiden Satz; Füllung des Eies mit Nährstoffen; Ausbildung der polaren Struktur des Eies durch Festlegung der animal-vegetativen Achse, der dorsoventralen Achse und der Abgrenzung von Kortex und Zytoplasma.
>
> **2. Befruchtung (»fertilisation«)**
> Vereinigung des haploiden Kerns des Eies und des Spermiums; »Aktivierung« des Eies.
>
> **3. Furchung (»cleavage«)**
> Teilung des befruchteten Eies in immer kleinere Zellen; in den verschiedenen Verwandtschaftsgruppen verläuft die Furchung jeweils nach einem charakteristischen Muster.
>
> **4. Blastulation**
> Bildung einer flüssigkeitserfüllten Hohlkugel über die Sekretion von Flüssigkeit durch die peripheren Zellen.
>
> **5. Gastrulation**
> Faltung der äußeren Zellhülle der Blastula und Ausbildung von drei mehr oder weniger scharf abgegrenzten Zellschichten, des Ektoderms, Mesoderms und Entoderms.
>
> **6. Organbildung (»formation of the basic organs«)**
> Anlage der wichtigsten Organe des erwachsenen Tieres, z.B. von Haut, Schlund, Darm, Extremitäten, Gehirn und Sinnesorganen.

Tab. 53. Sechs Stadien der frühen Entwicklung, in die sich die Embryogenese von fast allen vielzelligen Organismen gliedern lässt (nach Waddington, C.H. (1956). Principles of Embryology: 5-8; ähnlich auch bereits Conklin, E.G. (1914). Facts and factors of development. Pop. Sci. Monthly 84, 521-537; ders. (1915). Heredity and Environment in the Development of Men: 6ff.).

bryonalen Zellteilungen nicht notwendig mit einer qualitativen Differenzierung einhergehen, sondern jede Tochterzelle den vollen Satz des genetischen Materials erhält.[139] Wilson stellt aber auch fest, dass die Zellen mit fortschreitender Entwicklung zunehmend die Fähigkeit zur Bildung eines vollständigen Keims verlieren; die Regulationsentwicklung der frühen Embryogenese geht also allmählich in eine Mosaikentwicklung mit einer Verselbständigung der Teile über.

In späterer Terminologie gesprochen, hat Driesch nachgewiesen, dass die Zellen der frühen Entwicklungsstadien ***totipotent*** sind, d.h. die Fähigkeit besitzen, einen ganzen Organismus zu bilden. Der Begriff der Totipotenz in diesem Zusammenhang führt 1893 W. Roux ein. Roux stellt fest, dass die ersten Furchungszellen bei Versuchstieren (Fröschen, Ascidien, Seeigeln und Ctenophoren) untereinander jeweils »spezifisch verschieden« sind, weil sie jeweils »ein besonderes Stück« der Blastula bzw. Gastrula bilden; in experimentellen Manipulationen kann Roux aber ihre Fähigkeit zur Bildung eines vollständigen Embryos nach Isolation von den anderen Zellen zeigen: »in der Betätigung ihres Vermögens zur Postgeneration [...] zeigen sich die vier ersten Furchungszellen gleichvermögend und zwar totipotent«.[140] Roux spricht zusammenfassend von der »potentiellen Totipotenz der Zellen des Vierzellenstadiums«.[141] Ins Englische übernimmt T.H. Morgan diese Bezeichnung im Jahr 1901 (»totipotence«).[142]

Zellen, die nicht einen ganzen neuen Organismus bilden können, sondern sich nur in Zellen einiger anderer Gewebstypen umwandeln lassen, werden seit Beginn des 20. Jahrhunderts ***pluripotent*** genannt. Die Begriffsprägung geht wahrscheinlich auf C. Weigert zurück (1904: »Im Gegensatz zu dem Urmeristem der Pflanze ist [...] das Bindegewebe nicht totipotent, es ist so wenig pluripotent, daß es eben nur Gewebe der Bindegewebsreihe erzeugen kann«[143]).

Seit den 1990er Jahren gelingt es mittels neuerer Techniken, bereits differenzierte Zellen, sogar Hautzellen der Maus, in totipotente Zellen umzuwandeln. Das gebräuchliche Verfahren hierfür ist die *tetraploide Embryo-Komplementierung*, die von einem Verfahren der Anlagerung der bereits differenzierten Zellen (z.B. der Hautzellen) an künstlich induzierte tetraploide Embryonalzellen ausgeht. Die Gesetzgebung des Embryonenschutzes steht mit diesen Techniken vor großen Herausforderungen, weil damit prinzipiell die Grenze zwischen embryonalen und differenzierten Körperzellen verwischt wird.

Zell-Linien und -Stammbäume
Seit der zweiten Hälfte des 19. Jahrhunderts erweist es sich als fruchtbar, die frühen Stadien der Entwicklung auf zytologischer Grundlage zu untersuchen. Die erste geschlossene Darstellung der Entwicklung der Tiere mittels der Zelltheorie liefert R.A. von Kölliker 1861.[144] G. Pouchet bemüht sich später um die Rekonstruktion eines Stammbaums der Zellen in der Entwicklung (»phylogénie cellulaire«).[145] L. Bard betrachtet den Entwicklungsprozess als eine Differenzierung von Zellen: Der Differenzierungszustand jeder Zelle (»spécifité cellulaire«) werde an ihre Tochterzellen weitergegeben, so dass diese jeweils einer ***Zelllinie*** angehören (»série cellulaire«; engl. »cell-line«[146]; der Ausdruck erscheint regelmäßig erst im 20. Jahrhundert). Zur Darstellung des ganzen Differenzierungsgeschehens schlägt Bard das Modell eines *histogenetischen Baums* vor (»arbre histogénique«).[147] Haeckel führt dafür 1876 die Be-

zeichnung **Zellen-Stammbaum** ein und ist der Auffassung, der »ontogenetische Zellen-Stammbaum« habe die gleiche Form wie der »phylogenetische Arten-Stammbaum«.[148] T. Boveri übernimmt später die Bezeichnung ›Zellen-Stammbaum‹[149] und versucht, das Schicksal einzelner Zellen aus frühen Entwicklungsstadien über ihre Nachkommen bis hin zu den differenzierten Zellen der verschiedenen Organe zu verfolgen. Perfektioniert wird diese Methode im letzten Jahrzehnt des Jahrhunderts durch E.B. Wilson.[150]

Holismus der Entwicklungsbiologie
Gegen eine einseitige Konzipierung der Entwicklung und Vererbung der Organismen ausgehend von der Zellenlehre wendet C.O. Whitman am Ende des Jahrhunderts ein, die Organisation der Lebewesen sei die Ursache, nicht die Wirkung der Bildung der Zellen (↑Zelle).[151] Die Entwicklung sei insgesamt eine Folge der Organisation: »Development, no less than other vital phenomena, is a function of organization«[152]. In die gleiche Richtung zielt F.R. Lillie mit der Auffassung, die Entwicklung könne nicht als Ergebnis einer sekundären Anpassung der Zellen als unabhängige Teile erklärt werden, sondern der Organismus wirke immer als eine Ganzheit und übe in jedem Stadium seiner Entwicklung einen formenden Einfluss auf seine Teile aus. Die Entwicklung des Organismus vollziehe sich also als eine physiologische Einheit (»physiological unity«); der Organismus bilde auch in seiner Entwicklung eine ↑Organisation, nicht ein Aggregat von Zellen: »The persistence of organization is a primary law of embryonic development«.[153] In Fortführung des experimentellen Ansatzes von Driesch findet diese Betonung der Ganzheit und Organisation in der Biologie der folgenden Jahre ihren Ausdruck in einem mächtigen Forschungsprogramm der Entwicklungsbiologie, weniger dagegen der Genetik. Denn die ↑Genetik konzipiert die Prozesse der Vererbung und Entwicklung in erster Linie als Weitergabe individueller Merkmalsträger, der Gene. Der holistische Ansatz der Entwicklungsbiologie steht damit fast das gesamte 20. Jahrhundert dem atomistischen Ansatz der Genetik gegenüber.

Dem holistischen Ansatz gemäß (↑Ganzheit) stellt es eine wichtige Forderung an alle Prozesse der Differenzierung dar, dass der Bestand der funktionalen Organisation während der Umstrukturierung in der Entwicklung nicht gestört wird. Diese Forderung bedingt es, dass es keinen plötzlichen radikalen Umbau des Organismus während seiner Entwicklung geben kann. Die Entwicklung muss schrittweise erfolgen, wobei jeder Schritt die Organisation nur soweit ab-

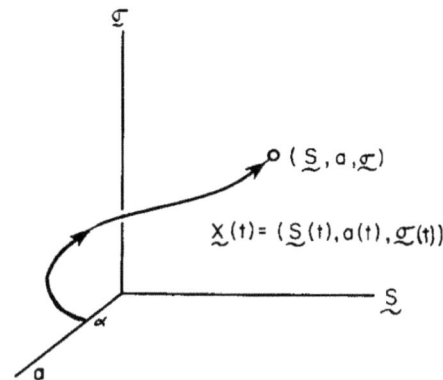

Abb. 103. Die »ontogenetische Trajektorie« eines Individuums im Alters-Größen-Form-Raum (»age-size-shape space«): Mit zunehmenden Alter (a) nimmt ein Individuum an Größe (S) zu und verändert seine Form (σ) (aus Alberch, P., Gould, S.J., Oster, G.F. & Wake, D.B. (1979). Size and shape in ontogeny and phylogeny. Paleobiol. 5, 296-317: 301).

ändern darf, dass diese nicht zerstört wird. Es gilt also gerade für den sich entwickelnden Organismus das schöne Bild von O. Neurath, das ihn – gegen R. Carnaps Theorie der Protokollsätze als sicherer Basis der Erkenntnis – als einen Vertreter einer Kohärenztheorie der Wahrheit ausweist: »Wie Schiffer sind wir, die ihr Schiff auf offener See umbauen müssen, ohne es jemals in einem Dock zerlegen und aus besten Bestandteilen neu errichten zu können«.[154] Aber noch treffender ist wohl das Bild F. Schillers, das den Staat als einen Organismus betrachtet: »Wenn der Künstler an einem Uhrwerk zu bessern hat, so läßt er die Räder ablaufen; aber das lebendige Uhrwerk des Staats muß gebessert werden, indem es schlägt, und hier gilt es, das rollende Rad während seines Umschwunges auszutauschen«.[155]

Induktion und Organisator
Wichtige Fortschritte in der Entwicklungsbiologie werden durch Transplantationsversuche seit der Jahrhundertwende gewonnen. H. Spemann und W.H. Lewis zeigen unabhängig voneinander an Amphibien, dass die Augenlinsen in solchem Gewebe gebildet werden, das mit dem Augenbecher in Kontakt gekommen ist, z.B. der Bauchepidermis.[156] Auch die Verpflanzung anderer Teile des sich entwickelnden Keims (z.B. der »dorsalen Urmundlippe«) führt zur Bildung von ortsfremden Geweben.[157] Diese Versuche zur *Induktion* der Gewebebildung ermöglichen die Identifizierung von Differenzierungs- und Organisationszentren in dem sich entwickelnden Keim (↑Feld). Das berühmteste Experiment in dieser Rich-

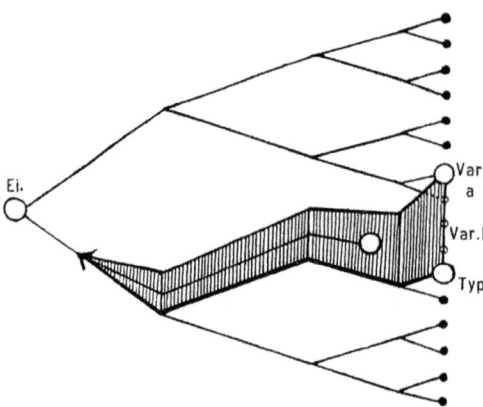

Abb. 104. Entwicklungslinien von phänotypischen Merkmalen und ihrer Varianten in einem grafischen Modell der Entwicklung. Die Entstehung eines Merkmals wird rückläufig bis zu dem Punkt in der Entwicklung zurückverfolgt, an dem die Differenzierung zwischen seiner typischen Ausprägung (»Typ.«) und seinen Varianten (»Var. a«; »Var. b«) in der kausalen Kette zuerst nachweisbar ist. Dieser Gabelpunkt der Entwicklung wird von V. Haecker phänokritische Phase genannt (aus Haecker, V. (1918). Entwicklungsgeschichtliche Eigenschaftsanalyse (Phänogenetik): 327).

tung führt H. Mangold 1921 durch: die Verpflanzung der dorsalen Urmundlippe einer Molchart in die Bauchregion des Embryos einer anders pigmentierten anderen Molchart und die anschließend erfolgende ortsfremde Organbildung.[158] Aufgrund ihres organisierenden Einflusses auf das Nachbargewebe bezeichnet Spemann die dorsale Urmundlippe als *Organisationszentrum*[159], das einen **Organisator**[160] enthält.[161] Nach der Modellvorstellung Spemanns schafft sich jeder Organisator ein »Organisationsfeld« (↑Feld), dessen Einfluss die Differenzierung der Nachbarzellen auslöst. Seit den 1960er Jahren werden diese Ansätze mit einfachen Modellen (»french-flag-model«) und mit dem Begriff der *Positionsinformation* diskutiert.[162]

Entwicklungsbiologie und Genetik
Die Felder von Entwicklungsbiologie und Genetik, die bis zum Ende des 19. Jahrhundert so eng miteinander verbunden sind, dass sie kaum getrennt werden können (↑Vererbung), stehen bis in die 1930er Jahre in einem Spannungsverhältnis zueinander. Von Entwicklungsbiologen wird beklagt, dass die Genetik nicht immer förderlich für das Verständnis von Entwicklungsprozessen war, sondern dass durch die Fixierung auf die Gene als die alles entscheidenden Einheiten Interaktionen auf Zytoplasma- und Zellebene unberechtigterweise vernachlässigt wurden.[163]

Von Seiten der etablierten Genetik antwortet T.H. Morgan auf Vorwürfe dieser Art mit dem Hinweis, die Entwicklungsbiologie habe sich eben als ein nicht so tragfähiges Forschungsprogramm erwiesen wie die Genetik.[164] Zu einer Resynthese von genetischen und entwicklungsbiologischen Ansätzen kommt es erst in den späten 1930er Jahren, u.a. unter dem Namen *Entwicklungsgenetik* (↑Genetik).

Nachdem in den 1940er Jahren die Verbindung von Genen und den von Spemann beschriebenen Organisatoren diskutiert wird[165] und die Wirkung von einzelnen Genen durch ihre manipulative Ausschaltung ermittelt werden kann[166], kommt es seit den 1960er Jahren zu einer immer engeren Verbindung von Genetik und Entwicklungsbiologie. Die Rolle einzelner Gene für die Entwicklung des Organismus wird aufgeklärt, und das Konzept der *differenziellen Genaktivität* – das bereits in den 1940er Jahren benannt wird (Huskins 1947: »differential gene activity«[167]) – findet vielfache Anwendung zur Erklärung der Differenzierung von Geweben durch die selektive Expression von Genen in verschiedenen Zelltypen. K. Sander formuliert 1960, durch die Abhängigkeit von dem Gradienten eines Stoffes würden »verschiedene Gene aus dem Gesamtgenom zur Aktivität gelangen, die das Verschiedenwerden der Zellen des embryonalen Blastems bewirken«.[168] Besonders die Forschungen zur Entwicklung der Taufliege *Drosophila* führen zur Identifizierung einer Hierarchie von Genen, die für eine schrittweise Differenzierung des Keims verantwortlich sind. So gelingt es, die Gene zu finden, die die Polarität und Segmentierung des Embryos bewirken[169], und eine genetische Region zu bestimmen (»Homeo box«[170]), die Gene enthält, deren Mutationen die Umwandlung eines Organs in ein anderes bewirken (»homeotic« mutants«[171]; später: »homeotische Gene«). Die Begriffsbildung schließt hier an den älteren Begriff der **Homœosis** an, den W. Bateson 1894 einführt, um damit die Bildung von Organen an einem untypischen Ort im Bauplan eines Organismus zu bezeichnen.[172] Bateson ersetzt damit den älteren Ausdruck *Metamorphie* für dieses Phänomen (»metamorphy«: »cases where the ordinary course of development has been perverted or changed«[173]).

Neben der immer noch einflussreichen Richtung, einzelne Gene für die Musterbildung und organische Differenzierung verantwortlich zu machen, tritt seit den 1930er Jahren ein ganzheitlicher Ansatz in der Entwicklungsbiologie, der die ontogenetische Musterbildung als eine Systemleistung interpretiert, bei der die Wirkung der verschiedenen Faktoren wechselseitig voneinander abhängen (↑Ganzheit). L. von

Bertalanffy versucht mit diesem Ansatz einen dritten Weg neben den vitalistischen und mechanistischen Theorien zu entwickeln. Die Prozesse der Gestaltbildung sind danach weder allein durch ein metaphysisches, akausales Prinzip zu erklären (im Sinne von H. Driesch), noch durch lineare Wirkungsketten, die von einzelnen Teilen ausgehen, sondern bestehen in durchgängigen Wechselwirkungen aller Komponenten des Systems.[174] Mathematische Modellierungen solcher Wechselwirkungen erfolgen seit den 1950er Jahren in Form von Reaktions-Diffusionsgleichungen[175] und werden später in kybernetischen Analysen der Musterbildung eingesetzt[176].

Dem Genom wird im Rahmen dieser systemtheoretischen Ansätze nicht mehr die Rolle einer zentralen Steuerinstanz zuerkannt. So meinen B. Goodwin und G. Webster ausgehend von ihrem in den 1980er Jahren entwickelten Ansatz des biologischen Strukturalismus, das Genom sei so wenig das steuernde

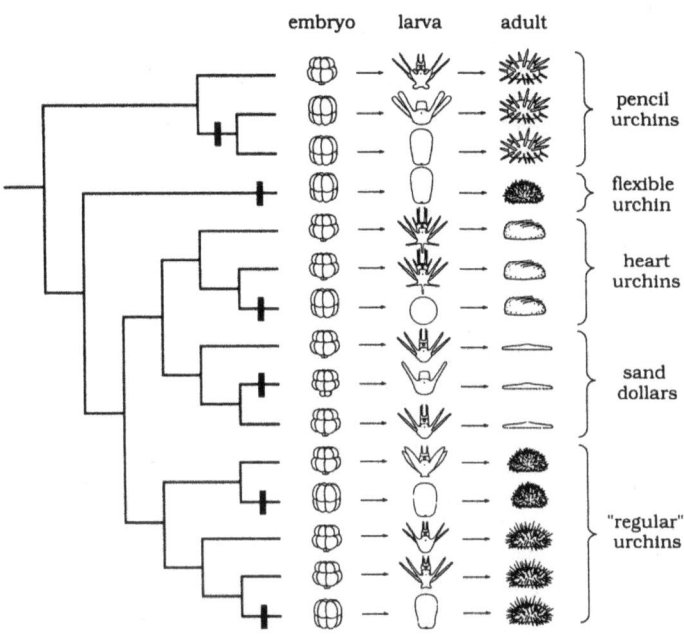

Abb. 105. Evolution von Entwicklungswegen bei Seeigeln (Echinoidea). Die Stadien von Embryo, Larve und adultem Tier in den verschiedenen taxonomischen Ordnungen (rechts) sind auf einem phylogenetischen Stammbaum (links) abgebildet. Die typische Larvenform der Seeigel, der durch lange Schwebefortsätze gekennzeichnete Pluteus, gilt als die phylogenetisch ursprüngliche Larve. In mehreren Ordnungen kam es jedoch zu einem Verlust dieses Larvenstadiums (senkrechte Balken in dem Stammbaum-Diagramm). Trotz sehr unterschiedlicher Entwicklungswege über morphologisch ganz anders geartete Larven können sich die adulten Stadien aber weiterhin sehr ähneln (und bilden die Grundlage für die taxonomische Klassifikation der Seeigel) (Zeichnung von G.A. Wray, aus Raff, R.A. (1996). The Shape of Life: 226; vgl. Wray G.A. (1994). The evolution of cell lineage in echinoderms. Amer. Zool. 34, 353-363: 360).

Zentrum (»directing center«) organismischer Strukturen wie der Wortschatz dies für einen Text sei. Die Organismen seien daher insgesamt als »selbstorganisierende Totalitäten« oder *dezentrierte Strukturen* (»Decentered Structures«) zu verstehen.[177] Nicht allein der Genbestand in einer Zelle, sondern auch die Position der Zelle in einem bestimmten organismischen Kontext, der eine spezifische Genomaktivierung der Zelle bewirkt, ist danach also für die Differenzierungsprozesse ausschlaggebend.[178]

Die seit Mitte der 1980er Jahre erfolgende Sequenzierung ganzer Genome von Organismen verschiedener Arten ermöglicht einen detaillierten Einblick in die Mechanismen der Entwicklung und ihrer Regulation. Besonders bemerkenswert ist dabei einerseits die hohe *Konservierung* bestimmter Gene über weite Strecken der Evolution, so z.B. des *pax-6*-Gens, das eine wichtige Rolle sowohl in der Bildung der Augen bei Insekten als auch bei Wirbeltieren spielt, und andererseits die ausgeprägt *Redundanz* von funktional wichtigen Genen, z.B. der Gene *myoD* und *myf5*, die beide für die Bildung der Muskelzellen bei *Drosophila* eine Rolle spielen, bei denen aber der Ausfall des einen Gens fast vollständig durch die Wirkung des jeweils anderen Gens kompensiert werden kann, so dass insgesamt ein gegenüber Störungen stark gepufferter, robuster Entwicklungsprozess vorliegt.[179]

Entwicklung und Evolution

Das Verhältnis von Entwicklungs- und Evolutionsbiologie wird bis in die Gegenwart kontrovers diskutiert. Während auf der einen Seite an einer konzeptionellen und theoretischen Vereinigung der beiden biologischen Transformationslehren gearbeitet wird (»Evo-Devo«; s. u.), wird auf der anderen Seite (im lockeren Anschluss an die ältere »idealistische« Morphologie) der Versuch unternommen, allgemeingültige biologische »Gesetze der Form« aufzustellen, die unabhängig von dem kontingenten Verlauf der Evolution in verschiedenen Stammeslinien gelten. Phylogenetische Erkenntnisse sollen damit weitgehend irrelevant für ein Verständnis der Organismen im Sinne von nach Gesetzen transformierten Systemen werden (Goodwin 1982: »Historical reconstruction cannot solve any problems about the nature of the entities with which biology is faced and the organisational principles which are embodied in organisms«[180]). Nach dem entwicklungsbiologischen Forschungsprogramm von Webster und Goodwin erlauben die »Gesetze der Form« die Fundierung einer »Rationalen Morphologie« (↑Morphologie), in der allgemeine Strukturprinzipien der Entwicklung von Organismen formuliert sind. Ob diese Gesetze aber wirklich taxon- oder sogar bauplanübergreifend aufgestellt werden können, ist sehr umstritten.

Seit den 1990er Jahren münden die systemtheoretischen Ansätze der Entwicklungsbiologie in verschiedene Forschungsprogramme, die sich selbst *Theorie der Entwicklungssysteme* (»developmental systems theory; *DST*«; s.u.)[181] oder *Systembiologie*[182] (↑Ganzheit) nennen.

Teleologie der Entwicklung
Im Gegensatz zur stammesgeschichtlichen Entwicklung der Organismen, die zu keinem biologisch bestimmten Ziel führt, wird die individuelle Entwicklung eines Organismus als auf einen Endpunkt ausgerichtet gedacht. Die ontogenetische Entwicklung wird damit zu einer Legitimation für die Teleologie des Organischen. Von einigen Autoren wird die organische Teleologie sogar überhaupt ausgehend von der Entwicklung der Organismen konzipiert.[183] Dabei wird allerdings nicht berücksichtigt, dass bereits der Organismus als Gegenstand nur gegeben ist, wenn er als funktionale Einheit teleologisch beurteilt wird (↑Organismus; Zweckmäßigkeit).

Abgesehen von dieser basalen biologischen Teleologie der Wechselseitigkeit von Prozessen in einem System ist die Verbindung von ontogenetischer Entwicklung und Teleologie aber naheliegend, denn das Vorhandensein von Mechanismen im Innern eines Organismus, die eine spezifische Kette von Transformationen auslösen und regulieren, kann als eine *Entwicklungsteleologie* des Organischen beschrieben werden. Während ihrer Entwicklung wird der Endzustand als inhärent in den Organismen enthalten vorgestellt, und sie können damit insgesamt im Hinblick auf das, was sie am Ende werden, konzipiert werden.

Die teleologische Deutung der Entwicklung eines einzelnen Organismus erfolgt seit der Antike. Besonders bei Aristoteles findet sich eine solche Deutung ausgehend von der Vorstellung einer den Organismen immanenten Teleologie: Die Werdevorgänge im Bereich des Organischen beschreibt Aristoteles so, dass die Prozessquelle in dem Prozess selbst enthalten ist, und nicht – wie in den technischen Produkten des Menschen – ein von außen hinzukommendes Prinzip darstellt. Das Ziel als das Ende des Prozesses ist nach Aristoteles in dem Prozess selbst enthalten; der Prozess wird über das Ziel selbst bestimmt: »das Wesen und der Zweck sind eines und dasselbe«.[184] Weil Aristoteles die Zweckmäßigkeit mit der Regelmäßigkeit eines Vorganges in Verbindung bringt[185], spielt hier auch seine Annahme einer Konstanz der Arten eine Rolle[186]: Die Konstanz der Arten garantiert, dass es immer derselbe Zielzustand ist, zu dem sich die Organismen entwickeln. Ein Organismus wird von Aristoteles also auf eine Weise vorgestellt, dass er in sich eine Tendenz enthält, die seine Veränderung hin zu einer bestimmten Form bewirkt.

Im 20. Jahrhundert werden verschiedene Bezeichnungen für diese immanente Ausrichtung eines sich entwickelnden Organismus auf einen Endpunkt hin verwendet. Bei E. Cassirer heißt es, der Organismus enthalte in seiner Entwicklung aus sich selbst ein »richtunggebendes Prinzip«[187]; H. Plessner spricht 1928 von einem »Tendenzcharakter«[188] und »Vorwegverhältnis«[189]. Vorweg gegenüber seiner gegenwärtigen Form sei der Organismus, solange er sich in seiner Entwicklung befinde und sein momentaner Zustand nur ein Zwischenstadium hin zu seinem Endstadium darstelle. Den Organismus als ein Entwicklungssystem verstehend, kann Plessner schreiben: »Antizipation ist der Modus des lebendigen Seins, [...] Vorwegnahme seiner selbst als eines Bestimmten«.[190] Plessner betrachtet die Entwicklungstendenz in einem Organismus als eine »Abhängigkeitsrichtung« des Prozesses, die von der Zukunft zur Gegenwart läuft.[191] Aufgrund dieses Verhältnisses liege eine echte Teleologie vor, die allerdings nicht als zeitliches Verhältnis, als Determination der Gegenwart durch die Zukunft verstanden werden dürfe, sondern vielmehr ein »Schema der sachlichen, sinngemäßen Abhängigkeit oder der Fundierung« darstelle, wie Plessner betont. Der Organismus sei nicht durch Ereignisse in der Zukunft kausal determiniert, aber als Sich-Entwickelnder könne er nur bestimmt werden durch eine Referenz auf zukünftige Ereignisse. In diesem Sinne könne davon gesprochen werden, ein Organismus sei »zukunftsfundiert«[192] und befinde sich in einem entwicklungsbedingten »Modus des Vorweg«[193].

In moderner Terminologie ist es häufig der Begriff des *Programms*, der zur Erklärung der Dynamik der Entwicklung herangezogen wird. Das die Entwicklung auslösende und steuernde Programm sei in den Genen verkörpert, so die moderne Lehrmeinung.[194] Besonders E. Mayr unternimmt es, darauf aufbauend alle biologische Teleologie auf das Vorliegen eines Programms zurückzuführen (↑Funktion). Ein Programm definiert Mayr 1961 als einen Informationscode (»code of information«[195]). Später ist er etwas ausführlicher und spricht in diesem Zusammenhang von einer kodierten Information, die den Entwicklungsprozess steuert (»coded or prearranged information that controls a process (or behavior) leading it toward a given end«).[196] Kritisch wird gegen diese Definitionen eingewandt, dass dieser Programmbegriff nicht mehr als eine Redeskription des Problems liefere: Ein Programm wird als ein Teil des organischen Systems beschrieben, das an der Entwicklung des Organismus wesentlich beteiligt ist. E. Sober bezeichnet Mayrs Rede von einem Programm daher als eine unerklärte Metapher (»unexplained metaphor«)[197], und W. Christensen spricht von einer nichts erklärenden Übung des Umbenennens eines Phänomens (»exercise in re-labelling the phenomenon«[198]). Der Programmbegriff drückt in diesem Zusammenhang also lediglich aus, dass sich entwickelnde Organismen eine innere Repräsentation ihres zukünftigen Zustandes enthalten.[199]

Präformation versus Epigenese
›Präformation‹ und ›Epigenesis‹ sind die Titel für zwei als Alternativen verstandene Theorien zur Entwicklung von Organismen. Präformation liegt vor, wenn der neu gebildete Nachkomme eines Organismus in diesem bereits in verkleinerter Form enthalten ist. Die Bildung und Entwicklung stellt demnach also wesentlich einen Wachstumsvorgang dar. Die Epigenese besteht dagegen in einer tatsächlichen Neubildung von Strukturen. Der Konflikt dieser beiden Interpretationen lässt sich bis in die Antike zurückverfolgen.[200]

Antike
Die älteste Variante der Präformationslehre stellt die Theorie der *Panspermie* dar. Nach dieser Theorie, als deren Vertreter u.a. Hippokrates und Heraklit gelten, sind die Entwicklungskeime, aus denen neue Lebewesen entstehen, über die ganze Erde verteilt und werden durch das Zusammentreffen von zwei Keimen der gleichen Art zur Bildung eines Organismus angeregt.

Im Wesentlichen epigenetisch ist dagegen die Theorie des Aristoteles über die Entwicklung der Lebewesen.[201] Aristoteles erläutert die Theorie über den Vergleich der organischen Entwicklung mit dem Bilden eines Kunstwerks durch einen Künstler: So wie der Künstler durch seine Bewegungen gestaltende Veränderungen an einem Material ausübt, seien es auch Bewegungen oder Impulse (»κινήσεις«[202]), die in der Entwicklung von den erzeugenden Teilen eines Organismus ausgehen. In der Vorstellung Aristoteles' erhält der Embryo seine Form von dem männlichen Samen, während die weibliche Seite allein das Material liefere. Es seien daher allein Bewegungen, die vom Samen ausgehen und auf den sich bildenden Organismus übergehen, denn das Material, das er formt, sei vor ihm und unabhängig von ihm da[203], und der Samen selbst löse sich in seine Elemente auf[204]. Es ist also nicht eine Substanz, von der die Entwicklung eigentlich ihren Ausgang nimmt, sondern eine Abfolge von Bewegungen – Aristoteles argumentiert hier, dass auch der Künstler nichts von seinem Körper an sein Kunstwerk weitergibt, sondern eben nur seine geschickten Bewegungen.[205]

17. Jh.: Entwicklung der Terminologie
Vor dem Hintergrund eines materialistischen und mechanistischen Bildes der außermenschlichen Welt kann R. Descartes als früher Vertreter der Präformationstheorie in der ersten Hälfte des 17. Jahrhunderts gelten. Aus der genauen Kenntnis der Struktur eines Keims kann nach Descartes die Gestalt des entwickelten Körpers »deduziert« und mit mathematischer Sicherheit berechnet werden: »si on connoissoit bien quelles sont toutes les parties de la semences de quelques espece d'animal [...] on pourroit deduire de cela seul, par des raisons entierement mathematiques & certaines, toute la figure & conformation de chacun des ses membres«.[206] Das Wesentliche des Samens sind nach Descartes also besondere Strukturen, die die Gestalt des späteren Organismus determinieren. Auch der umgekehrte Schluss ist für Descartes möglich: Aus der genauen Kenntnis der Gestalt des erwachsenen Organismus könne die Struktur des Keims deduziert werden.

Im Gegensatz zu dieser Auffassung erfolgt nach den Theorien der Epigenese die Zeugung und Entwicklung der Organismen in einer tatsächlichen Neubildung von Strukturen. Den Ausdruck ›Epigenesis‹ verwendet zuerst W. Harvey 1651.[207] Er meint damit die Entstehung von organischen Teilen aus anderen durch einen Vorgang der sequenziellen Knospung. Nach Harvey werden die Teile der Tiere einer nach dem anderen gebildet; sie entstehen durch »Hinzusetzung der Teile«. Der Gegenbegriff zur Epigenese ist für Harvey nicht die Position der Präformation, die zu seiner Zeit noch nicht als ausgearbeitete Theorie vertreten wird, sondern die Vorstellung der ↑Metamorphose, nach der alle Teile simultan gebildet werden.[208]

Die epigenetische Theorie Harveys kann sich im 17. Jahrhundert nicht durchsetzen. Verschiedene Faktoren können für diese Ablehnung verantwortlich gemacht werden. Ein Faktor ist die Einführung des Mikroskops in die empirische Untersuchung der Entwicklungsprozesse: Die mikroskopische Analyse der Strukturen liefert das Bild eines überraschend differenzierten Keims, in dem die späteren Organe schon als verkleinerte Struktur vorhanden zu sein scheinen.[209] Ein weiterer Faktor besteht in der experimentellen Widerlegung der Theorie von der ↑Urzeugung durch F. Redi: Wenn die spontane Entstehung von Lebewesen aus der anorganischen Materie widerlegt ist, erscheint auch die Annahme der spontanen Differenzierung eines undifferenzierten Keims problematisch. Ein dritter Faktor besteht in der grundsätzlich mechanistisch orientierten Einstellung der Forscher des 17. Jahrhunderts: Für einen mechanistischen Standpunkt macht die Erklärung der Formbildung ausgehend von einem bereits differenziert vorliegenden Keim weniger Schwierigkeiten als die Annahme einer regelmäßigen Neubildung von hoch geordneten Strukturen. Eine besondere Plausibilität erhält die Präformationstheorie zudem dadurch, dass sie mit der Vorstellung konstanter Arten gut zusammenstimmt. Auch mit der Einführung des fortpflanzungsbiologischen Artbegriffs (u.a. durch J. Ray; ↑Art) hängt die Etablierung präformistischer Entwicklungstheorien am Ende des 17. Jahrhunderts offenbar zusammen: Wenn Arten nicht über die morphologische Ähnlichkeit von Organismen, sondern über deren genealogischen Zusammenhang definiert werden, liegt es nahe, als Grund ihrer Ähnlichkeit die Präformation der Nachkommen in den Vorfahren anzunehmen.

In der zweiten Hälfte des 17. Jahrhunderts dominieren daher präformistische Vorstellungen. Diese gehen von einer Vorbildung des Embryos im Leib der Mutter (oder dem Samen des Vaters) aus, so dass die Entwicklung in einem bloßen Wachstum der bereits verkleinert vorhandenen Strukturen besteht. Bereits Harvey beschreibt diesen anderen Weg der Entwicklung ausgehend von einem vorgeformten Ausgangsmaterial (»*ex potentiâ materiae praeexistentis*, out of the power or potentiality of the pre-existent matter«; s.o.).[210] J. Swammerdam formuliert 1669 die Auffassung, die gesamte menschliche Rasse sei bereits in den Lenden Adams und Evas enthalten.[211] Ein wichtiges Argument für diese Lehre bildet im theologischen Kontext der Zeit die sich aus ihr unmittelbar ergebende Erklärung der Erbsünde aller Menschen. Eine stärker auf die Natur bezogene Begründung für die Präformationstheorie liefert der Anatom C. Perrault, insofern er die Meinung vertritt, die Natur selbst könne sich nicht organisieren und die den Tieren (aber nicht den Pflanzen) eigene Seele könne daher nicht auf natürliche Weise entstehen, sondern müsse durch die schon vorhandenen Keime weitergegeben werden.[212] Berühmt ist das von N. Malebranche 1674 verwendete Bild der Einschachtelung (»emboîtement«) von einer unendlichen Kette ineinander geschachtelter Miniaturen von Organismen, das er zunächst anhand des Beispiels eines Baumes formuliert.[213] Auch auf Tiere und Menschen weitet Malebranche diese Vorstellung aus und hält es für möglich, dass alle Organismen bereits seit der Schöpfung der Welt (in Form ihrer Samen) bestehen. Einen unmittelbaren Anlass für das Aufstellen dieser Theorien bilden die Untersuchungen der ↑Metamorphose der Insekten im 17. Jahrhundert. Weil die Puppen der Insekten, die fälschlich für ihre Eier gehalten werden, bereits über vollständig ausgebildete Organe verfügen, wird geschlossen (z.B. von Swammerdam), dass die Eier auch in anderen Organismen eine miniaturisierte Form des erwachsenen Organismus enthalten. Die Ansichten zur Entstehung von Organismen sind hier also an dem Modell der späteren organischen Differenzierung orientiert.

Der erste, der unter Zuhilfenahme des Mikroskops die Hühnchenentwicklung untersucht, ist in den 1670er Jahren der Mikroskopiker M. Malpighi. Er hängt ebenfalls Vorstellungen der Präformation an und spricht – ebenso wie vorher Harvey (s.o.) – 1673 von dem *Präexistieren* (»praeexistere«) der künftigen Organe im Keim.[214] Auch A. van Leeuwenhoek ist aufgrund mikroskopischer Untersuchungen seit Ende der 1670er Jahre der Auffassung, dass die von ihm beobachteten Samenzellen als »Samentierchen« zu werten sind, die alle Merkmale des erwachsenen Organismus in verkleinerter Form bereits enthalten.[215] Sachlich gestützt auf Leeuwenhoek spricht G.W. Leibniz 1714 von *präformierten Samen* (»semences préformées«), aus denen sich die Lebewesen entwickeln,[216] und bezeichnet dies, auch schon vorher, als die Lehre der *Präformation* (1705: »préformation«)[217]. Der Ausdruck ›Präformation‹ ist bereits im 17. Jahrhundert etabliert: Er wird von verschiedenen Naturforschern und Ärzten zwischen 1600 und 1630 im Zusammenhang entwicklungsbiologischer Überlegungen eingeführt.[218] (Im Englischen findet sich das Wort ›preformation‹ für den biologischen Kontext erst seit 1831.[219])

Ein grundlegendes Problem der Präformationstheorie besteht darin, dass der vorgeformte Embryo in den Keimen von nur einem der beiden Elternteile vorhanden sein kann, weil eine Verschmelzung der präformierten Embryonen den Protagonisten der Theorie nicht vorstellbar erscheint. In der sich anschließenden Debatte stehen sich daher die *Animalkulisten*, die den präformierten Keim in den männlichen Samen verlegen, den *Ovulisten* gegenüber, die das gleiche vom weiblichen Ei behaupten. Darstellungen, die den Anschein von Beobachtungsprotokollen erwecken sollen, werden von beiden Seiten ins Feld geführt.[220]

Allerdings findet sich bei Malpighi und anderen Anhängern der Präformationsvorstellung im 17. Jahrhundert noch keine ausgearbeitete Theorie der Entwicklung und damit auch noch keine Theorie der Präformation im eigentlichen Sinne.[221] Zur eigentlichen Entfaltung gelangt die Präformationstheorie erst im 18. Jahrhundert, in der alle namhaften Biologen sich zu ihr bekennen, u.a. A. Haller, C. Bonnet und L. Spallanzani. Der Präformationslehre entsprechend werden Embryonen (v.a. menschliche Föten) auf vielen Abbildungen bis ins 19. Jahrhundert als vollständig ausgebildete und lediglich verkleinerte Organismen dargestellt.

18. Jh.: Dominanz der Präformationstheorie
Im 18. Jahrhundert ist die Auffassung der Präformation als »Theorie der Evolution« bekannt. In der allgemeinen Bedeutung für die individuelle Entwicklung eines Organismus wird der Ausdruck **Evolution** seit Ende des 17. Jahrhunderts verwendet, zuerst offenbar in England in einer Besprechung von Swammerdams ›Historia generalis insectorum‹ (1669). Dort wird die stufenweise Bildung eines Organismus (»gradual and natural Evolution«) einer radikalen Umänderung (»Metamorphosis or Transformation«) entgegengesetzt.[222] Bekannt geworden ist auch der Vergleich des Werdens eines Organismus mit der Entstehung eines Bildes durch eine *camera obscura*, der 1664 von A. Kircher gezogen wird. Nach Kircher bildet sich ein Organismus so zu einer definierten Gestalt – er spricht von einem ›evolvi‹ –, wie sich das Bild auf einer belichteten Platte formt, wenn diese sich der Entfernung zum Objektiv annähert, bei der ein scharfes Bild entsteht.[223] Nach einem anderen Bild, das wohl auf P. Gassendi zurückgeht, ist der Same analog zu dem Bild eines Organismus in einem konkaven (Gassendi spricht von einem konvexen) Spiegel zu verstehen: als eine zwar verkleinerte, aber ebenso strukturierte Einheit wie der erwachsene Organismus.[224] Bis zur Mitte des 18. Jahrhunderts wird der Begriff unspezifisch zur Bezeichnung der individuellen Entwicklung von Organismen verwendet. Leibniz stellt sich in seiner Naturphilosophie die Prozesse der Entstehung und des Todes von Lebewesen als Auswicklungen und Einwicklungen von Anlagen vor, die er meist als *developpement* und *enveloppement*, manchmal aber auch als *evolution* und *involution* bezeichnet.[225]

Seit Mitte des 18. Jahrhunderts wird der Ausdruck ›Evolution‹ in dem sich entwickelnden Streit zwischen Präformations- und Epigenesislehre häufiger verwendet, u.a. 1744 bei A. von Haller[226], 1745 bei J.T. Needham[227], 1762 bei C. de Bonnet[228] und 1764 bei K.F. Wolff[229]. Das Wort erscheint bis zum Ende des Jahrhunderts vielfach nicht in der eingeschränkten Bedeutung zur Bezeichnung der Position der Präformation, sondern als Überbegriff für jede Form der Veränderung von Organismen (↑Evolution). So nennt Bonnet die Evolution ein allgemeines Gesetz der organischen Welt (»une loi générale du système organique«[230]) und meint, sie schließe eine Epigenese nicht aus; Wolff, ein Vertreter der Epigenese, ist der Auffassung, eine Evolution im Sinne einer Entfaltung von »eingewickelten« Teilen liege zumindest bei der Entstehung von Pflanzen aus Knospen und Samen oder bei der Metamorphose der Insekten vor[231]. Allgemein lässt sich daher sagen: »Wie die bezeichnete Sache, die Präformationslehre, sich nur allmählich herausgebildet hat, so wurde auch das Wort ›Evolution‹ nur langsam und schrittweise an die Sache herangeführt«.[232]

Seit Mitte des 19. Jahrhunderts überlagert ein neues Verständnis des Ausdrucks ›Evolution‹ die alte embryologische Bedeutung: der generationenübergreifende Prozess der Veränderung von Organismen einer Art in solche einer anderen Art (↑Evolution). In einem wichtigen Punkt unterscheidet sich dieses moderne phylogenetische Begriffsverständnis diametral von der älteren ontogenetischen Evolutionstheorie: Die Transformation der Organismen enthält kein Moment der Orientierung auf ein Ziel hin, das die Veränderung steuern und lenken könnte, während die ontogenetische Entwicklung doch so vorgestellt wird, dass sie mit der Ausbildung des geschlechtsreifen Adultstadiums als einem Zielpunkt endet. Weil sie von der Wortbedeutung mit einer Präformationsvorstellung verbunden sind, passen die Ausdrücke ›Entwicklung‹ und ›Evolution‹ eher zu der älteren Theorie. Das moderne Verständnis der Evolution als eines zukunftsoffenen Prozesses ohne Richtung und Programm ist der eigentlichen Wortbedeutung im Grunde sogar entgegengesetzt.[233] Es lässt sich daher mit H. Rickert bedauern, dass nach der modernen

Wortbedeutung jedes Werden und jede Veränderung, auch wenn sie kein teleologisches Moment in sich enthält, als ›Entwicklung‹ bezeichnet wird.[234] Zumindest hält sich aber das alte embryologische Wortverständnis noch bis in die zweite Hälfte des 20. Jahrhunderts (so z.B. 1964 bei M. Polanyi: »the evolution of a single individual«[235]).

Nicht zuletzt die Kompatibilität der Präformationslehre mit christlichen Überzeugungen spielt für ihre weite Anerkennung im 18. Jahrhundert eine Rolle. Zu einer besonderen Popularität bringt sie es in Form der Einschachtelungstheorie von C. de Bonnet. In der Gebärmutter der ursprünglichen Stammmutter lagen demnach bereits alle nachfolgenden die Erde bevölkernden Organismen eingeschachtelt vor. Bonnet gelangt zu dieser Beurteilung u.a. aufgrund seiner Entdeckung der parthenogenetischen Fortpflanzung der Blattläuse. Allerdings stellt sich Bonnet die Einschachtelung der Lebewesen später nicht mehr so vor, dass die vollständigen Organismen als Verkleinerungen in ihren Eltern enthalten sind; er spricht vielmehr von *präorganisierten Teilchen* (»particules préorganisées«), aus denen sich die Organismen bilden – und nähert sich damit bereits der modernen Anschauung von Genen.[236]

In der zweiten Hälfte des 18. Jahrhunderts neigen besonders solche Naturforscher zur Präformationstheorie, die, wie Bonnet, von einem Organismus als einer organisierten Einheit von Teilen ausgehen. Denn im Rahmen der Präformationstheorie ergibt sich eine einfache Erklärung für die funktionale Korrelation der Teile im Ganzen des Organismus. Die Epigenesetheorien sehen sich andererseits mit einem Problem konfrontiert: Wenn die Teile auseinander hervorgehen und damit nacheinander entstehen, kann kein Modell ihrer wechselseitigen Abhängigkeit voneinander formuliert werden.[237] Auf diesen Punkt weist Bonnet 1764 mit der Bemerkung hin, alle Teile eines Organismus müssten immer zugleich existieren (also auch zugleich entstehen), weil ihre Funktionen wechselseitig voneinander abhängen (»toutes les parties d'un animal ont entr'elles des rapports si directs, si variés, si multipliés, des liaisons si étroites, si indissolubles, qu'elles doivent avoir toujours coexisté ensemble«[238]). Die funktionale Korrelation der Teile bildet Ende des 18. Jahrhunderts also ein gewichtiges Argument für die Präformationstheorie der Entwicklung.

In gewisser Weise steht auch G.L.L. de Buffon den präformistischen Anschauungen nahe, insofern er von inneren Formen (»moules intérieurs«) ausgeht, die den Verlauf der Entwicklung prägen. Er beschreibt die organische Entwicklung als ein Wachstum von organischen Körpern (»moules«): »c'est cette augmentation de volume qu'on appelle développement«; als Keim sei ein Tier daher im Kleinen das, was der ausgewachsene Organismus später im Großen sei: »formé en petit comme il l'est en grand«.[239] Noch wenig unterschieden sind bei Buffon die Konzepte der Entwicklung (Differenzierung und Neuentstehung von Teilen) und des Wachstums (Größenzunahme); diese Unterscheidung etabliert sich erst allmählich in der zweiten Hälfte des 18. Jahrhunderts. Die Vorstellung von verborgenen Keimen, die der Präformationstheorie zugrunde liegt, lehnt Buffon offen ab, weil nach seiner Auffassung die organische Materie sich beständig formt und umformt: »Il n'y a donc point de germes préexistans, point de germes contenus à l'infini les uns dans les autres, mais il y a une matière organique toûjours active, toujours prête à se mouler, à s'assimiler & à produire des êtres semblables à ceux qui les reçoivent«[240]. Im Sinne der späteren Epigenesis-Lehren plädiert Buffon also dafür, die organische Materie dynamisch als eine effiziente Ursache in den Prozessen der Gestaltbildung zu sehen. Die Elemente, aus denen sich ein Organismus entwickelt, sind nach Buffon organische Moleküle (»molécules organiques«), die vor dem Organismus bereits bestehen und auch nach dem Tod des Organismus fortexistieren.

Als ein schlagendes Argument gegen die Präformation und für die Epigenese führt P.L.M. Maupertuis bereits 1745 an, dass die vererbbaren Eigenschaften sowohl von den Männchen als auch den Weibchen übertragen werden; die Nachkommen können also nicht allein in einem der beiden Geschlechter eingeschachtelt vorliegen (»l'un & l'autre ont eu également part à la formation«).[241] Die Voraussetzung dieses Schlusses untersucht Maupertuis durch Analyse von Stammbäumen des Menschen (v.a. in Bezug auf das Merkmal der Polydaktylie) und durch Züchtungsexperimente.[242]

C.F. Wolff: Epigenese
Am Ende des 18. Jahrhunderts werden präformistische Vorstellungen allmählich zurückgedrängt. Diese Entwicklung ist wiederum das Ergebnis verschiedener Einflüsse. Ein inhärentes Problem der Theorie stellt die in der Präformation enthaltene Annahme einer Einschachtelung (»emboîtement«) der Organismen verschiedener Generationen in den Eltern dar. Diese Einschachtelung muss entweder als unendlich vorgestellt oder es muss von einem irgendwann erreichten Ende der Fortpflanzungsfähigkeit ausgegangen werden. Weitere Schwierigkeiten für die Theorie ergeben sich aus empirischen Befunden, so

der entdeckten ausgeprägten Regenerationsfähigkeit vieler Tiere nach Verletzungen und der – bereits von Maupertuis angeführten – Tatsache, dass die Nachkommen Eigenschaften beider Elternteile in sich vereinen, sie also nicht allein in einem der beiden Geschlechter eingeschachtelt vorliegen können. Der entscheidende Impuls für die Wiederbelebung der Theorie der Epigenese erfolgt jedoch durch mikroskopische Beobachtungen der tatsächlichen Entstehung von neuen Organen während der Entwicklung.

Insbesondere C. F. Wolff ist es, der in seinen mikroskopischen Untersuchungen von Pflanzen und Tieren, der ›Theoria generationis‹ von 1759 die Theorie der Epigenese neu begründet.[243] Wolff untersucht sowohl die Differenzierung von Pflanzenorganen aus den undifferenzierten Meristemgeweben als auch die Entwicklung der Tiere aus befruchteten Eiern. Er liefert auf diese Weise eine vereinheitlichende Perspektive auf die Entwicklung der Organismen und damit gleichzeitig einen wichtigen Beitrag für die Vereinheitlichung der ↑Biologie insgesamt. In beiden Fällen, bei den Pflanzen wie bei den Tieren, stellt er die Bildung differenzierter Organsysteme aus einer äußerlich amorphen Struktur fest und geht daher von einer tatsächlichen Neubildung aus. In der Bildung des Hühnchendarms beschreibt er z.B., wie dieser als flache Scheibe beginnt und sich erst später zu einer Röhre formt. Wolff spricht deswegen von der ›generatio‹ (bzw. im Deutschen von der »Generation«) und wendet sich gegen die verbreitete Theorie der »Evolution« oder »Entwicklung«. Eine »generatio« liegt nach Wolff vor, wenn ein Organ in einem Körper gebildet wird, ohne dass ein ähnlich gebildetes Organ daran beteiligt ist, wenn die Bildung also etwas anderes als ein bloßes Wachstum ist.[244] In seiner wenig später auf deutsch erscheinenden ›Theorie von der Generation‹ (1764) bezeichnet Wolff seine Anschauungen als »Epigenesis« und sieht sie durch den Satz charakterisiert, dass »neue organische Körper entstehen« und dass sie »würklich formirt«, d.h. neu gebildet werden.[245] Als Ursache für die Neubildung der Strukturen postuliert Wolff eine *wesentliche Kraft* (»vis essentialis«) (↑Vitalismus). In ähnliche Richtung weist J.F. Blumenbachs Begriff des »Bildungstriebs« (1781), von dem er meint, er rege sich in dem »vorher rohen ungebildeten Zeugungsstoff der organisirten Körper«.[246]

19. Jh.: Epigenese und Deszendenz
Die genauen Untersuchungen zur individuellen »Entwicklungsgeschichte« der Tiere, die C. Pander, K.E. von Baer und andere in der ersten Hälfte des 19. Jahrhunderts durchführen (s.o.), führen zu der Beobachtung einer sukzessiven Differenzierung des Keims. Von Baer hält fest: »Nirgends ist Neubildung, sondern nur Umbildung«[247]. Als ein allgemeines »Gesetz« der Entwicklung sieht von Baer, »daß aus einem Homogenen, Gemeinsamen, allmählig das Heterogene und Specielle sich hervorbildet«[248]. In der individuellen Entwicklung eines Organismus werden demnach zuerst die für seine Gruppe typischen Merkmale gebildet und erst später die für seine Art charakteristischen. Im Gegensatz zur Theorie der Rekapitulation (s.o.) stellt von Baer fest, dass sich zwar die Embryonen von Organismen verschiedener taxonomischer Gruppen ähneln, die Embryonen der »höheren« Formen aber nicht den ausgewachsenen Individuen der »niederen« Formen. Statt einer Rekapitulation sei das allgemeine Gesetz das einer Diversifizierung.

Den epigenetischen Theorien der Entwicklung liegt im Gegensatz zu den Präformationstheorien eine atomistische Sicht auf den Organismus zu Grunde: Die sukzessive Neubildung der Teile im Embryo macht ihre unabhängige Veränderung möglich. Aufgrund dieses Atomismus der epigenetischen Ansätze haben diese eine besondere Affinität zu den Deszendenz- und Selektionstheorien J.B. de Lamarcks und C. Darwins.[249] Darwins Auffassung von der Entwicklung ähnelt in einigen Punkten derjenigen Buffons, insofern auch Darwin organische Einheiten annimmt (»gemmules«), die jeweils für die Ausbildung bestimmter Merkmale verantwortlich sind und aus deren Zusammenwirken die Nachkommen eines Organismus hervorgehen (↑Vererbung). In dieser Zerlegung des Organismus in »organische Moleküle« oder isolierte Merkmalsträger ist der Organismus offensichtlich als Summe von atomistischen Teilen konzipiert, nicht als Einheit der Organisation. Die Gestalt des Organismus wird auf diese Weise nicht mehr primär aus sich heraus verstanden, als holistische Einheit wechselseitig voneinander abhängiger organischer Teile, sondern vielmehr aus der Relation der isolierten »Merkmale« zur Umwelt. Dieser Atomismus der neueren, auf die Phylogenese bezogenen »Evolutionstheorien« ermöglicht die Erklärung der isolierten Veränderbarkeit einzelner Teile in der Anpassung an die Umweltverhältnisse (↑Evolution).

Wiederbelebung der Präformationslehre
Zwar gilt die Präformationstheorie schon seit den Untersuchungen Wolffs in der Mitte des 18. Jahrhunderts in gewisser Weise als überholt, trotzdem erlebt sie gegen Ende des 19. Jahrhunderts eine Wiederbelebung aus genetischer Perspektive. Explizit bekennt sich A. Weismann 1892 zu ihr, indem er knapp be-

hauptet, »daß die Ontogenese nur durch Evolution, nicht durch Epigenese erklärt werden kann«[250]. Weismann gibt zwar die alte präformistische Vorstellung einer Ineinanderschachtelung von Organismen auf, an der Anschauung der Prädetermination der späteren Form durch innere Strukturen hält er aber fest und bringt dies durch den Terminus *Determinante* zum Ausdruck (↑Gen).[251] W. Roux verstärkt die Anlehnung an die ältere Theorie noch, indem er von »Evolutionsdeterminanten« spricht.[252] Aus entwicklungsphysiologischer Sicht definiert Roux die alten Termini neu: »Epigenesis« ist für ihn »die Neubildung von Mannigfaltigkeit im strengsten Sinne, die wirkliche Vermehrung der bestehenden Mannigfaltigkeit«, »Evolution« dagegen »das blosse Wahrnehmbarwerden präexistirender latenter Verschiedenheiten«.[253] Um die Distanz zu der älteren Begrifflichkeit zum Ausdruck zu bringen spricht er seit 1905 von *Neoepigenese* und *Neoevolution*.[254] Nach diesen Definitionen muss selbst die von Wolff im 18. Jahrhundert beschriebene Neubildung von Strukturen aus nicht sichtbaren Vorläuferstrukturen nicht notwendig eine Epigenese sein, sondern kann auch eine Evolution darstellen, wie Roux bemerkt.

H. Driesch, der sich selbst als Epigenetiker versteht, wendet gegen die Vorstellung einer »Mannigfaltigkeitserhöhung ohne irgendwie bestehendes Vorbereitetsein dieser Erhöhung« ein, sie sei ein logisches »Unding«. Als vorgebildet müsse zwar keine »extensive«, aber eine »intensive Mannigfaltigkeit« angenommen werden und diese sieht er in seinem Prinzip der Entelechie verkörpert (↑Vitalismus).[255] Gegen die präformistische Vorstellung wendet sich auch O. Hertwig, indem er die Organisation des Keims als ein interaktives Gefüge betrachtet, aus dem nicht einzelne »Determinanten« hervorgehoben werden könnten: »So wird der Zelle während des Entwicklungsprocesses von Aussen heraus, durch ihr besonderes Lageverhältniss zum Ganzen, nicht aber von Innen heraus im Sinne der Determinantenlehre allmählich ein besonderer Charakter aufgeprägt. Sie entwickelt die Eigenschaften, die ihr Verhältniss zur Aussenwelt und ihre Stellung im Gesammtorganismus erfordert.«[256] Hertwig charakterisiert seine Vorstellung als vermittelnde Position zwischen den alten Theorien: Präformistisch sei sie insofern, als er als Grundlage der Entwicklung eine »specifisch und hoch organisirte Anlagesubstanz« annimmt; epigenetisch insofern, als diese Anlage unter dem Einfluss des gesamten Systems »allmählich von Stufe zu Stufe sich umgestaltend wächst, um schliesslich zum fertigen Entwicklungsproduct zu werden«.[257] Hertwig betrachtet die Merkmalsbestimmung damit aus einer entwicklungsbiologischen Perspektive; Weismann dagegen aus einer genetischen.[258]

20. Jh.: Synthese aus Epigenese und Evolution
Roux selbst versteht Epigenese und Evolution Anfang des 20. Jahrhunderts nicht mehr als sich ausschließende Konzepte, sondern meint, »daß die typische Ontogenese eine Kombination von Neoepigenese und Neoevolution ist«.[259] Ein salomonisches Urteil über den alten Streit zwischen Präformation und Epigenese fällt auch W. Schleip 1927: »Präformiert ist im Ei (in jeder Zelle, jedem Keimteil) nur die Summe aller Entwicklungsmöglichkeiten, die prospektive Potenz = Genotypus. Nicht präformiert ist die Entscheidung, welche der Möglichkeiten verwirklicht werden; diese Entscheidung, das ist die Determination, geschieht durch das Eintreten bestimmter Entwicklungsbedingungen, und dies ist somit ein ausgesprochen epigenetischer Vorgang. Das Tier entwickelt sich also auf Grund präformierter Entwicklungsmöglichkeiten durch die determinierende Wirkung epigenetisch zustandekommender Entwicklungsbedingungen«[260]. Einen synthetischen Standpunkt formulieren auch J. Huxley und G. de Beer 1934, indem sie den Präformismus der genetischen Perspektive und die epigenetische Auffassung der Entwicklungsperspektive zuschreiben: »the modern view is rigorously preformationist as regards the hereditary constitution of an organism, but rigorously epigenetic as regards its embryological development«[261]. Evolution und Epigenese bilden damit kein Begriffspaar mehr, das einen Gegensatz bezeichnet, sondern nur verschiedene Aspekte einer Sache. Schon am Anfang des Jahrhunderts hatte dies E. Wasmann so gesehen und den Begriff der *epigenetischen Evolution* aufgestellt: »Die Entwicklung beruht teilweise auf Selbstdifferenzierung teilweise auf abhängiger Differenzierung. Das Gesamtbild der Entwicklung gestaltet sich demnach zu einer ›epigenetischen Evolution‹«[262]. Diese Einschätzung hat bis in die Gegenwart ihrer Gültigkeit behalten: Organismen sind insofern präformiert, als sie aus organisierten und sich replizierenden Körpern entstehen (den Genen bzw. Keimzellen); die genetische Rekombination, zytologische Verschmelzung und Differenzierung in der Entwicklung enthält aber Aspekte der Epigenese.

Embryo
Als ›Embryo‹ (griech. ›ἔμβρυον‹ »(ungeborenes) Junges«) wird der sich entwickelnde junge Organismus bezeichnet, solange er sich in einem gegenüber der Umwelt abgeschlossenen Raum, z.B. dem Leib

der Mutter oder einem Ei befindet. Die Übertragung des Begriffs ›Embryo‹ in die Botanik erfolgt 1788 durch J. Gaertner.²⁶³

Nicht immer ist der Embryo im engen Zusammenhang mit der Entwicklung eines Organismus gesehen worden. Der lange Zeit dominierenden Präformationslehre entsprechend, ist der Embryo (v.a. der menschliche Fötus) auf vielen Abbildungen bis ins 19. Jahrhundert als vollständig ausgebildeter und lediglich verkleinerter Organismus dargestellt, der auf seine Geburt wartet. Darstellungen der Entwicklung des menschlichen Embryos mit dem Durchlaufen verschiedener Stadien finden sich erst seit Ende des 18. Jahrhunderts, z.B. 1799 in den ›Icones embryonum humanorum‹ von S.T. Soemmerring.²⁶⁴

Unter einem Embryo wird manchmal nicht allein der sich entwickelnde Organismus verstanden, solange er sich in einem abgeschlossenen Raum (z.B. einem Ei) befindet, sondern jeder noch nicht geschlechtsreife Organismus. So ist R. Leuckart 1853 der Ansicht, eine Larve sei »nichts anderes als ein Embryo mit freiem und selbständigem Leben«.²⁶⁵ Gegen ein solches Verständnis wendet sich E. Haeckel 1866, indem er neben die Embryologie, die sich dem Studium der Entwicklung der Organismen »innerhalb der Eihüllen« widmet, die *Schadonologie* (von griech. ›σχαδών‹ »Larve«; ↑Entwicklungsbiologie) oder *Metamorphologie* stellt, die die postembryonale Formveränderung untersucht, die also das Studium der freilebenden, aber nicht fortpflanzungsfähigen Organismenformen betrifft. Zusammen bilden die beiden Wissenschaften der Embryologie und Metamorphologie in Haeckels Systematik die *Ontogenie*, in der allgemein die individuelle Entwicklung der Organismen untersucht wird.²⁶⁶

Beim Menschen (und anderen höheren Säugetieren) wird als ›Embryo‹ häufig allein die mittlere Phase der Keimesentwicklung vom Beginn der ersten Furchungsteilung bis zum Ende der Organentwicklung (Ende des dritten Schwangerschaftsmonats; genauer: bis zum 85. Tag nach der Befruchtung) bezeichnet; danach heißt der werdende Organismus (die »Leibesfrucht«) *Fetus* (auch ›Fötus‹; von lat. ›fetus‹ »das Zeugen, Gebären; das Kind, der Heranwachsende«). Bereits im klassischen Latein bezeichnet das Wort in einer Nebenbedeutung die noch nicht geborenen Jungen im Leib der Mutter.²⁶⁷ Die Verschiebung der Kernbedeutung des lateinischen Wortes auf diesen letzteren Sinn erfolgt im Mittelalter. Im Englischen erscheint das Wort seit Ende des 14. Jahrhunderts in Übersetzungen aus dem Lateinischen und Französischen zur Bezeichnung des Nachwuchses im Mutterleib bei lebendgebärenden Tieren und dem Menschen.²⁶⁸ Spätestens seit der ersten Hälfte des 19. Jahrhunderts ist es üblich, insbesondere die späteren Stadien der Keimesentwicklung ›Fetus‹ zu nennen. Einige Autoren lehnen die Unterscheidung von ›Embryo‹ und ›Fetus‹ aber explizit ab: So spricht sich M.P. Erdl 1845 gegen die begriffliche Differenzierung aus (er nennt beim Menschen den fünften Monat als mögliche Grenze) und behandelt ›Embryo‹ und ›Fötus‹ gleichbedeutend zur Bezeichnung »für jedes Stadium« der Entwicklung.²⁶⁹

Keim
Das Stadium, von dem die biologische Entwicklung eines Individuums ausgeht, ist der Keim (mhd. kīm(e), ahd. kīmo). Verwandt mit ›Keil‹, geht es zurück auf die Wurzel *gēi- »(sich) spalten, aufbrechen (der Knospe)«. Die französische und englische Bezeichnung ›germ(e)‹, abgeleitet aus lat. ›germen‹ »Keim, Sproß«²⁷⁰, führt N. Malebranche Ende des 17. Jahrhunderts ein.²⁷¹ In der ersten Hälfte des 18. Jahrhunderts wird der Ausdruck ›Keim‹ v.a. von Botanikern verwendet. So definiert ihn J.H. Zedler 1737 als »dasjenige Auge an einen [sic!] Gewächse, welches unmittelbar aus der Wurzel von der Natur heraus getrieben wird, aus welchen hernach bey ungehinderten Wachsthum die Sache selbst und ihre Vermehrung bestehet«.²⁷²

In der zweiten Hälfte des 18. Jahrhunderts gewinnt der Begriff des Keims Bedeutung in den Einschachtelungstheorien der Entwicklung (Präformation; s.o.). Für C. de Bonnet beginnt das Leben der Organismen in Form von Keimen (»germe«) oder organisierten Körperchen (»corpuscules organiques«), die verkleinerte Formen des Organismus darstellen.²⁷³ I. Kant versteht unter »Keimen« und »Anlagen« besondere Elemente eines Organismus, die artspezifisch und für die Ausbildung der besonderen Merkmale verantwortlich sind (↑Gen). Mitte des 19. Jahrhunderts erläutert J. Müller die Bedeutung des Keims in der Entwicklung mit folgenden Worten: »Der Keim ist das Ganze, *Potentia*, bei der Entwickelung des Keimes entstehen die integrirenden Theile des Ganzen *actu*«²⁷⁴. Die moderne Biologie setzt den Beginn des Keimstadiums eines Organismus entweder mit der Verschmelzung der Kerne von Samen- und Eizelle oder mit der ersten Furchung an; es endet beim Verlassen der Eihüllen.²⁷⁵

Keimzellen
Bei sexuell sich fortpflanzenden Organismen nimmt die Bildung des Keims ihren Ursprung in der Ver-

schmelzung von zwei *Keimzellen* (Ei- und Samenzelle). Der Terminus (engl. »germ-cell« oder »germinal cell«[276]) verbreitet sich nach der Einführung der Zellenlehre als grundlegender biologischer Theorie seit Anfang der 1840er Jahre.[277] T. Schwann, einer der Begründer der Zellenlehre, verwendet ihn anfangs nicht und spricht stattdessen in seinen Abhandlungen meist von den »Keimkörperchen«.[278]

Die Begrifflichkeit ist bis zur Mitte des 19. Jahrhunderts nicht eindeutig, weil verschiedene Autoren mit dem Ausdruck Unterschiedliches meinen: Nicht selten wird das Wort für jedes Gebilde, aus dem sich ein Organismus formt, verwendet; so erscheint es z.B. bereits 1825 in Bezug auf die Anfangsstadien von Flechten.[279] Auch die englischen Ausdrücke haben anfangs eine weite Bedeutung: R. Dunglison verwendet die Formulierung (»germinal cells«) 1841 für jede Zelle, aus der andere entstehen (im Sinne des »Cytoblasten« von Schleiden).[280] Nach R. Owen wird die Keimzelle (»germ-cell«) erst nach der Befruchtung durch die Samenzelle gebildet.[281] Eine spezifischere Bedeutung kündigt sich Ende der 1840er Jahre an (Redford 1847: »In higher plants and animals new individuals are produced from special cells, which contain the germinal cell«).[282] W.B. Carpenter unterscheidet aber noch 1868 zwischen Keimzellen (»germ-cells«) und Spermienzellen, zählt also letztere nicht zu den Keimzellen.[283] Gelegentlich werden in der zweiten Hälfte des 19. Jahrhunderts, auch alle Zellen eines Embryos ›Keimzellen‹ genannt (bei Weismann 1864 »Keimhautzellen«[284]).

In der Botanik hat der Begriff eine weitere Bedeutung als in der Zoologie, insofern botanisch anfangs alle keimfähigen Zellen ›Keimzellen‹ genannt werden, so auch die Sporen der Kryptogamen.[285] Eine schärfere Bestimmung des Ausdrucks etabliert sich erst mit R. Leuckarts Abhandlung über die verschiedenen Fortpflanzungsweisen bei Tieren aus dem Jahr 1853. Leuckart unterscheidet allgemein Fortpflanzungsarten, die über spezialisierte »Keimkörper« oder »Keimzellen« erfolgen, von anderen, die von unspezialisierten somatischen Zellen ihren Ausgang nehmen.[286] Die Fortpflanzung über Keimzellen kann nach Leuckart auch ungeschlechtlich erfolgen; es gilt für sie allein, dass »das Fortpflanzungsmaterial gewisse, von den übrigen Bestandtheilen des Körpers histologisch verschiedene und gesonderte Massen darstellt«. Den Gegenbegriff hierzu bildet die »Fortpflanzung durch Wachsthumsproducte, durch Knospen oder Theilstücke« (↑Fortpflanzung). Systematischen und terminologischen Status hat die Unterscheidung von »Keimzellen« und »somatische Zellen«[287] oder »Körper- und Fortpflanzungszellen«[288] seit Mitte der 1880er Jahre bei A. Weismann.

Selbstentwicklung
Um die innere Verursachung der Veränderungen während der Entwicklung zu betonen, wird neben ›Entwicklung‹ auch der Ausdruck ›Selbstentwicklung‹ verwendet. In den ersten Jahrzehnten des 19. Jahrhunderts steht das Wort einerseits im Kontext einer Philosophie und Pädagogik der individuellen Selbstgestaltung (Jacobi 1807: »Der Genuß ist nur als Folge der wahren Selbstentwickelung reizend und ehrenvoll«[289]; Carus 1810: »Selbstentwickelung« als eine der menschlichen »Selbstpflichten«[290]). Andererseits erscheint es im Kontext der Naturphilosophie des Deutschen Idealismus und wird dabei besonders auf die Entfaltung des »Geistes« bezogen (Wezel 1804: »Selbstentwicklung der Natur [d.h. der »Weltseele«]«[291]; Paulus 1821: »Selbstentwicklung des menschlichen Geistes«[292]; Rixner 1823: »Phänomaenologie oder Kunde der Selbstentwicklung, Gestaltung und Erscheinung des endlich sich selbst begreifenden Geistes«[293]; Hegel 1827: die Wissenschaft als »Selbstentwicklung« des Begriffs[294]). Daneben findet sich das Wort in den 1820er Jahren in einer speziellen Bedeutung, nämlich für den Prozess der Wendung eines Kindes bei der Geburt ohne ärztlichen Eingriff im Falle seiner Querlage in der Gebärmutter (»Selbstentwicklung des Foetus«).[295]

Als Äquivalent zu ›organischer Entwicklung‹ ist der Ausdruck im zweiten Jahrzehnt des 19. Jahrhunderts in Gebrauch (Widmann 1816: »wir [betrachten] das höhere organische Leben als einen geistigen Akt, in welchem der Geist in und durch die Organisation objektiv besteht, und den Organismus als die unmittelbare Bedingung materieller Selbstentwicklung und des Selbstbestehens«[296]; Ennemoser 1824: »Unorganisch ist […], oder mit dem Begriffe des Todes bezeichnet, wo alle lebendige innere Bewegung stille steht, wo alle freie Selbstenwickelung gehemmt ist, und der Wechsel der Stoffe für immer stille steht«).[297] I.H. Fichte spricht 1833 von der »Selbstentwicklung« als »dem ersten Analogon der Freiheit« »in der Welt des Organischen«.[298] In einem weiten Sinn wird ›Selbstentwicklung‹ seit den 1830er Jahren für die Entwicklung oder Metamorphose von Individuen oder der Natur insgesamt verwendet (1835: »Ein präformirter Zustand nähert sich seiner Selbstentwickelung (Metamorphose) durch dunkles Vorgefühl des Neuen, Ahnung«[299]; Mason 1845: »chain of organic self-development«[300]). Seit den 1840er Jahren wird der Ausdruck auf die Transformation der Arten in der ↑Phylogenese bezogen (Tuomey 1848: »the transmutation or self-development of species«[301]).

Vielfach wird die Selbstentwicklung als ein Charakteristikum des Lebendigen beschrieben. So heißt es in einem medizinischen Wörterbuch aus dem Jahr 1842, »Selbsterhaltung (Selbstständigkeit) und Selbstveränderung« seien spezifische Kennzeichen des Lebendigen; dessen »stetige Selbstveränderung steht in auffallendem Contraste zu der starren Unveränderlichkeit des Leblosen«, das sich »nicht aus eigner Macht« verändere: »das Organische [...] ist in fortwährender Bildung und Selbstentwicklung begriffen, deren Grund und Zweck in ihm selber liegt, obgleich sie an das Vorhandensein äußerlicher Bedingungen und Mittel gebunden ist«.[302]

Ontogenese

Den Terminus ›Ontogenese‹ (»Ontogenesis oder Ontogenie«) führt E. Haeckel 1866 ein.[303] Er leitet den Ausdruck von ›Onta‹ als Bezeichnung für »die concreten Individuen (räumlich abgeschlossene Formeinheiten)« ab.[304] Nach Haeckel besteht die Ontogenese in der »gesammten Entwickelungsgeschichte des Individuums«, die von der Eizelle bis zu seinem Tod reicht. Sie umfasst die Entwicklung des Organismus innerhalb der Eihüllen (*Embryologie*) und außerhalb der Eihüllen (*Schadonologie*) (↑Entwicklungsbiologie).

Als problematisch gilt die Bestimmung der Ontogenese bei solchen Arten, bei denen das Phänomen des ↑Generationswechsels vorliegt, weil hier mehrere (morphologisch verschiedene) Individuen regelhaft aufeinander folgen und erst die Abfolge der Individuen die für die Art typische Einheit bilden. Vor diesem Hintergrund kritisiert C. von Nägeli Haeckels Begriffsbestimmung und argumentiert, dass die Ontogenese besser zu bestimmen sei als der »ganze Cyclus von Generationen, nämlich der Reihenfolge von einer Zelle bis zur Wiederkehr einer ganz gleichen Zelle«. Diesen »sich wiederholenden Cyclus, mag er aus einer oder aus vielen Individuen bestehen«, bezeichnet Nägeli als **ontogenetische Periode** oder auch mit Haeckels Terminus als *Ontogenese*.[305] In ähnlicher Weise schlägt M. Schellhorn 1969 vor, die Ontogenese als den vollständigen Entwicklungszyklus der Individuen einer Art, der durch den Kernphasenwechsel bestimmt wird, zu verstehen.[306] Bei Vorliegen eines Generationswechsels umfasst die Ontogenese also die Abfolge mehrerer Individuen. Haeckel bezeichnet eine solche zyklische Einheit der Entwicklung als *Zeugungskreis* (↑Kreislauf).

Hologenie	Umfassender Wandel
Autogenie	Wandel innerhalb einer Art
Ontogenie	Wandel des Individuums im Laufe eines Lebens
Embryogenese	Wandel des Individuums von der Zeugung bis zur Geburt
Metamorphose	Wandel des freilebenden Individuums
Orthomorphose	einsinnig erichtete Veränderung des Individuums
Zyklomorphose	zyklisch (z.B. im Jahresrhythmus) erfolgende Veränderungen des Individuums
Tokogenie	Wandel an der Grenze der Generationen (Mutation)
Phylogenie	Wandel durch Entstehung neuer Arten und höherer Taxa

Tab. 54. Terminologie für die Typen des morphologischen Wandels in der organischen Natur.

W. Hennig entwickelt Mitte des 20. Jahrhunderts eine Terminologie für die verschiedenen Formen der genetischen Beziehungen zwischen biologischen Merkmalsträgern (vgl. Tab. 54).[307] *Ontogenetische Beziehungen* bestehen nach Hennig zwischen den verschiedenen Altersstadien eines Individuums. Die direkt durch Fortpflanzung voneinander abstammenden Individuen einer Art stehen nach Hennig dagegen in *tokogenetischen Beziehungen* zueinander. Als **Tokogonie** (»Tocogonie«; abgeleitet von ›τόκος‹ »Geburt; Brut«) bezeichnet bereits Haeckel allgemein den Vorgang der Zeugung eines Organismus durch Eltern im Gegensatz zur Spontanentstehung (»Archigonie«) durch Urzeugung.[308] Zusammenfassend nennt Hennig die ontogenetischen und tokogenetischen Beziehungen *autogenetische Beziehungen* und grenzt sie von den *phylogenetischen Beziehungen* ab, die zwischen Arten und Artengruppen, also zwischen taxonomischen Gruppen höherer Ordnung bestehen. Der Überbegriff über alle diese Beziehungsformen lautet bei Hennig *hologenetische Beziehungen*. 1934 nennt bereits W. Zimmermann den Entwicklungsprozess, der die Ontogenese und Phylogenese umfasst **Hologenie** (↑Fortschritt: Abb. 148). Für Zimmermann stellt die Hologenie den einzigen wirklich naturgegebenen Vorgang dar; die Ontogenie und Phylogenie seien demgegenüber »willkürlich von uns Menschen herausgesuchte Stücke der Gesamtentwicklung«[309].

Vor Zimmermann wird der Ausdruck ›Hologenese‹ bereits in verschiedenen Bedeutungen verwendet.

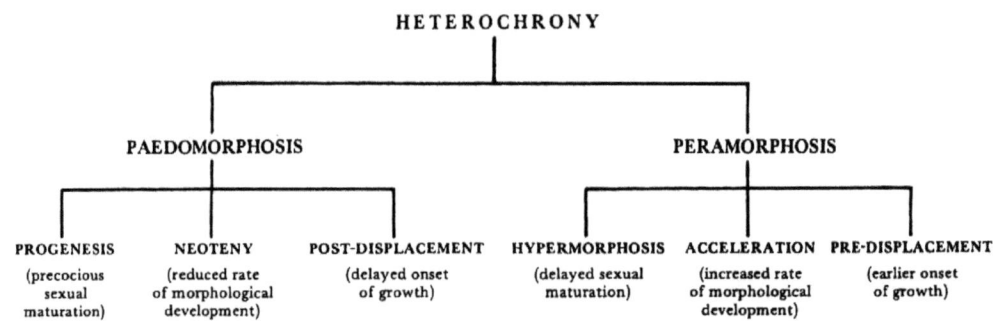

Abb. 106. Übersicht über die Terminologie für Prozesse der Heterochronie (aus McNamara, K.J. (1986). A guide to the nomenclature of heterochrony. J. Paleontol. 60, 4-13: 6).

So gebraucht ihn der italienische Biologe D. Rosa seit 1909, um damit sein Verständnis der Evolution zu bezeichnen.[310] Dieses Verständnis betont die dichotome Aufspaltung von Arten in der Phylogenese (»Kladogenese«; ↑Phylogenese) und die Determination der Entwicklungsrichtung durch innere Faktoren (und nicht durch ↑»Anpassung« an die äußere Umwelt) (Rosa 1918: »col nome di ›Ologenesi‹ (ὅλος, intero) io designo una teoria la cui caratteristica più saliente [... è la concezione dell'] evoluzione lungo linee dicotomicamente ramificate nella quale ogni specie è predeterminata nella precedente come un individuo lo è nell'uovo«[311]). In seiner Analyse der Phylogenese als sukzessive dichotome Aufspaltung von Arten (»evoluzione dicotomica«), die er auch grafisch darstellt[312], gilt Rosa als einer der Gründerväter der Kladistik (↑Systematik)[313] und auch als einer der Wegbereiter des kladistischen Artbegriffs (↑Art: Tab. 14).[314]

Wohl unabhängig von Rosa verwendet L. Plate den Ausdruck ›Hologenesis‹ 1913, und zwar im Rahmen einer Diskussion von möglichen Prozessen der Artbildung für die »Hypothese, daß eine neue Art im ganzen Verbreitungsgebiet der Mutterart auftreten kann«.[315]

Trotz der allgemeinen Verbreitung kann aber ›Ontogenese‹ – ebenso wenig wie ›Phylogenese‹ – eine wirklich glückliche Wortprägung genannt werden. Denn die individuelle Entwicklung eines Organismus ist etwas Spezielleres als das Werden eines Seins – und die langfristige Entwicklung von Typen betrifft nicht allein die Entstehung von »Phyla« oder Stämmen. Statt dessen empfiehlt sich die Verwendung der Ausdrücke *Idiogenese* (von griech. ἴδιος »eigen, persönlich, besonders«) und *Typogenese* (↑Phylogenese). ›Idiogenese‹ ist ein Ausdruck, der 1860 in einer speziellen Bedeutung in der Medizin erscheint, nämlich für die selbständige Entstehung von Zellbestandteilen.[316] Zu Beginn des 20. Jahrhunderts wird in der Psychoanalyse die Formulierung ›ideogene Prozesse‹ für individuell erworbene psychische Muster gebraucht, z.B. für solche, die durch Verdrängung entstanden sind.[317] Als Ersatz für ›Ontogenese‹ schlägt P. Barth das Wort ›Idiogenese‹ 1908 vor.[318] Es wird aber in der Folge insgesamt nur wenig verwendet[319] (engl. 1964 bei M. Polanyi: »idiogenesis«: »the evolution of a single individual«[320]).

Heterochronie

Das vergleichende Studium der zeitlichen Verhältnisse der Entwicklungsschritte wird von E. Haeckel 1874 mit dem Terminus ›Heterochronie‹ belegt (»ontogenetische Heterochronie«: »eine allmählich durch embryonale Anpassungen bewirkte Verschiebung der ursprünglichen phylogenetischen Successionen«[321]).[322] Nach Haeckel ist die Heterochronie eine Form der »Fälschungsentwicklung (Cenogenesis)« (später spricht Haeckel von »Störungsentwicklung«), in der das Auftreten von Merkmalen gegenüber der normalen Entwicklung verschoben ist. Die normale Entwicklung nennt Haeckel dagegen »Auszugsgeschichte« (»Palingenesis«), weil sie seiner Meinung nach einen Auszug der Stammesentwicklung bildet.[323] Für die Heterochronie gilt nach Haeckel, dass »die Reihenfolge, in der die Organe nach einander auftreten, in der Keimesgeschichte anders ist, als man nach der Stammesgeschichte erwarten sollte«[324]. »Verfälscht« ist die Entwicklung bei der Heterochronie also im Hinblick auf das biogenetische Gesetz, dem zufolge die Ontogenese eine Rekapitulation der Phylogenese ist: Während bei einer unverfälschten Entwicklung alle Teile des Organismus eine im Vergleich zur phylogenetischen Bildung beschleunigte

Entwicklung durchmachen, liegen bei der Heterochronie verschiedene Raten der Entwicklung bei verschiedenen Teilen vor, die zusammen ein falsches Bild von ihrer phylogenetischen Entstehung geben.

Als zwei Formen der Heterochronie unterscheidet Haeckel die »ontogenetische Acceleration« von der »ontogenetischen Retardation«. Die wichtigste Erklärung für die »Fälschungsentwicklung« bildet für Haeckel die Anpassung der Jugendstadien an bestimmte Umweltbedingungen, z.B. die Anpassung von im Meer lebenden Larven an die Notwendigkeiten der Ernährung und des Auftriebs im Wasser. Den Normalfall der Entwicklung fasst Haeckel 1866 in zwei Gesetzen: dem »Gesetz der gleichörtlichen oder homotopen Vererbung« und dem »Gesetz der gleichzeitlichen oder homochronen Vererbung«.[325] Dieses letzte Gesetz entspricht einem bereits von Darwin aufgestellten Prinzip (»principle of inheritance at corresponding ages«).[326] Festgestellt ist damit die zeitliche Konstanz in der Abfolge charakteristischer Entwicklungsstadien bei verschiedenen Organismen.

Die räumliche Verschiebung von Entwicklungsprozessen bezeichnet Haeckel 1874 als ontogenetische *Heterotopie* (»frühzeitige phylogenetische Wanderung der Zellen aus einem secundären Keimblatt in das andere«).[327]

Vor Haeckel und in anderem Kontext als er verwendet R. Virchow bereits seit den 1850er Jahren die Ausdrücke ›Heterochronie‹ und ›Heterotopie‹. Für Virchow sind dies Begriffe der Pathologie, die die krankhafte Umbildung eines Organs bezeichnen, nämlich eine pathologische Erscheinung eines Organs in seinem räumlichen bzw. zeitlichen Auftreten, also eine *Aberratio loci* oder *Aberratio temporis*, wie es bei ihm heißt (»Heterochronie«: die Erzeugung eines Gebildes »zu einer Zeit, wo es nicht erzeugt werden soll«[328], »Heterotopie«[329]). Daneben unterscheidet Virchow noch eine bloß quantitative krankhafte Veränderung eines Organs, die er *Heterometrie* nennt. Zusammenfassend bezeichnet Virchow die Lehre der krankhaften Erscheinungen als *Heterologie*.[330]

Nach Haeckel macht das Konzept der Heterochronie wesentliche Transformationen durch, bei denen zwei grundsätzliche Schritte unterschieden werden können[331]: Zunächst wird das Phänomen seitens der Anhänger Haeckels nicht als eine Ausnahme der Entwicklung, sondern als Regelfall interpretiert. Im Normalfall der ontogenetischen Entwicklung stelle diese also eine Veränderung der Phylogenese dar, und nicht ein getreues Abbild von ihr. Außerdem wird die Heterochronie nicht mehr primär auf den Organismus als Ganzen, sondern auf einzelne seiner Teile bezogen: Nicht die Phylogenese des

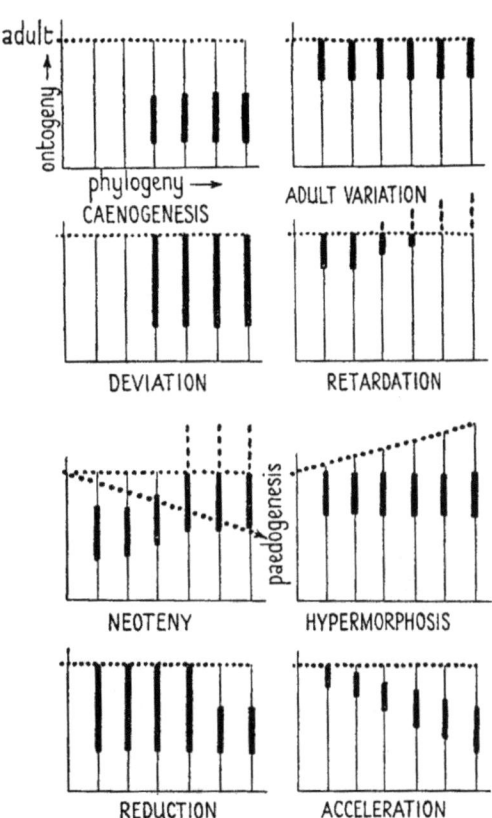

Abb. 107. Typen der Veränderung im Verlauf der individuellen Lebensgeschichte (Ontogenese: vertikale Achse) in der Phylogenese (horizontale Achse). Jede vertikale Linie repräsentiert das Leben eines Individuums. Der fett hervorgehobene Teil einer Ontogenese bezeichnet ein evolutionär neues Merkmal (aus de Beer, G. (1940/58). Embryos and Ancestors: 38).

ganzen Organismus werde in seiner Ontogenese rekapituliert, sondern allein die jeder seiner Teile mit jeweils verschiedenen Geschwindigkeiten (Cope 1876: »unequal acceleration or retardation«).[332] Die Untersuchung der Heterochronien entwickelt sich Ende des 19. Jahrhunderts zu einem regelrechten Forschungsprogramm, im Rahmen dessen für jedes Organ die erwarteten Entwicklungsraten angegeben werden (»Normentafeln«).[333] Der zweite Transformationsschritt des Heterochroniekonzepts ergibt sich in der ersten Hälfte des 20. Jahrhunderts aus der Ablehnung der haeckelschen Rekapitulationstheorie. Für G. de Beer, der diese Transformation wesentlich vollzieht, bezieht sich die Heterochronie nicht mehr auf die unterschiedliche Entwicklungsgeschwindigkeit von Organen in demselben Körper, sondern auf

Entwicklung 418

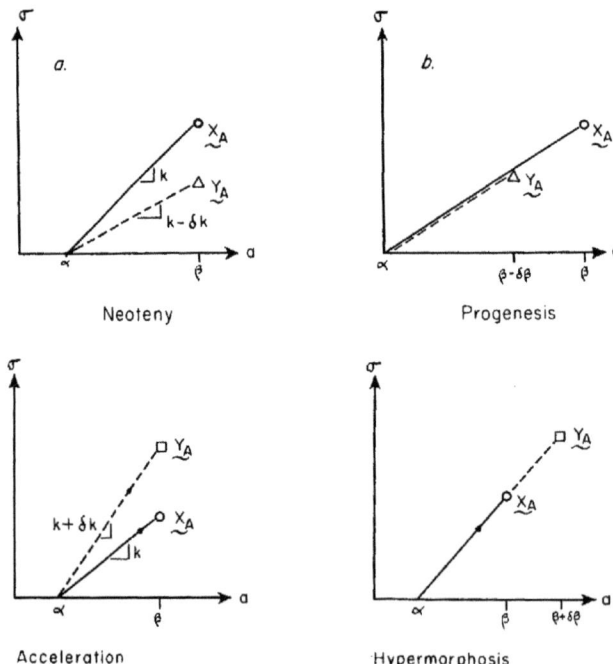

Abb. 108. Ontogenetische Trajektorien von jeweils zwei Individuen in einem Alters-Form-Raum. Durchgezogene Linie: Organismen der Ausgangsart; gestrichelte Linie: Organismen der abgeleiteten Art.
In der oberen Reihe sind zwei Fälle der Pädomorphose dargestellt: Bei der Neotenie (a., links) führt eine Verminderung der Form-Wachstumsrate (k-δk) zur Ausbildung von geschlechtsreifen Organismen, die in der Form den noch nicht geschlechtsreifen Organismen der Ausgangsart ähneln; bei der Progenesis (b., rechts) führt eine Verkürzung der Lebensspanne (β-δβ) zu einem ähnlichen Effekt.
In der unteren Reihe sind zwei Fälle der Peramorphose dargestellt: Bei der Akzeleration (links) führt eine Steigerung der Form-Wachstumsrate (k+δk) zur Ausbildung von geschlechtsreifen Organismen, die eine Veränderung über die Form der geschlechtsreifen Organismen der Ausgangsart hinweg aufweisen; bei der Hypermorphose (rechts) führt eine Verlängerung der Lebensspanne (β+δβ) zu einem ähnlichen Effekt (aus Alberch, P., Gould, S.J., Oster, G.F. & Wake, D.B. (1979). Size and shape in ontogeny and phylogeny. Paleobiol. 5, 296-317: 304f.).

diese Unterschiede in verschiedenen Körpern, nämlich den phylogenetisch späteren Formen gegenüber ihren Vorfahren.[334] Nicht die Bildung der Organe in der Phylogenese insgesamt, sondern ihre Entstehung in der Ontogenese eines einzelnen Vorfahrenorganismus bildet für de Beer den Maßstab für die Bestimmung einer zeitlichen Abweichung der Entwicklung als »Heterochronie«: Heterochron ist also die Entwicklung solcher Organe, die früher (»acceleration«) oder später (»retardation«) in der Ontogenese entstehen als in einem als Vergleich herangezogenen Ahnen (vgl. Abb. 107). Die detaillierte Analyse dieser Veränderungen der ontogenetischen Entwicklung im Laufe der Phylogenese bildet heute ein fruchtbares Feld der empirischen Biologie.[335]

Neotenie
Der Ausdruck **Neotenie** wird 1884 von J. Kollmann eingeführt (abgeleitet von griech. ›νέον‹ »Jugend« und ›τείνειν‹ »ausdehnen«; also »ausgedehnte Jugend«). Kollmann verwendet das Wort für Organismen, von denen er sagt, »sie halten ihre jugendliche Form fest«.[336] Die Neotenie besteht danach also in der Bewahrung von solchen Merkmalen bis ins adulte Stadium, die bei Organismen verwandter Arten (und v.a. den hypothetischen Vorfahren) allein den Jugendformen eigen sind. Das bekannteste Beispiel, das auch Kollmann zur Einführung des neuen Konzepts veranlasst, ist der amerikanische Kiemenmolch (*Axolotl*), der im Gegensatz zu seinen nahen Verwandten auch als Erwachsener, d.h. beim Eintreten der Geschlechtsreife, im Wasser bleibt und seine Kiemen behält.

Verbreitet ist es seit langem, die Entwicklung des Menschen als eine Neotenie zu begreifen. Bereits vor der Einführung des Wortes nimmt É. Geoffroy Saint-Hilaire diese Beurteilung vor, indem er 1836 feststellt, dass der Kopf eines jungen Orang-Utans dem Gesichtsausdruck eines erwachsenen Menschen ähnelt.[337] Besonders prägnant bringt diese Sicht in den 1920er Jahren der niederländische Anatom L. Bolk zum Ausdruck. Er bezeichnet den Menschen »in körperlicher Hinsicht als einen zur Geschlechtsreife gelangten Primatenfetus«.[338] Bolk hält viele Merkmale des erwachsenen Menschen für Resultate einer »Retardation« und »Fetalisation«. Er stellt fest: »Die historisch sich vollziehende Hominisierung der Form war im Wesen eine Fetalisierung«.[339] Bolk nennt in diesem Zusammenhang u.a. die spärliche Körperbehaarung, die fehlende Pigmentierung der Haut, die Rundung und Größe des Kopfes und anatomische Eigenheiten der Wirbelsäule und des Beckens.

Nicht allein auf anatomische, sondern in erster Linie auf psychische Merkmale bezieht K. Lorenz in den 1950er Jahren die Neotenie des Menschen.[340] Er hält insbesondere die »weltoffene Neugier« und die

»Entspezialisation«, die den Menschen bis in sein Alter begleiten können, für einen Ausdruck seiner Neotenie.[341] Lorenz erklärt diese Eigenschaften als Folge einer »Selbstdomestikation« des Menschen: Der relative Schutz, den die Kultur des Menschen gewährt, ermögliche eine Reduktion seiner instinktiven Anlagen und ein lebenslanges Lernen, seine »Freiheit« und »konstitutive Weltoffenheit«, wie es bei Lorenz im Anschluss an A. Gehlen heißt. Auch S.J. Gould betrachtet die Neotenie als die »hauptsächliche Determinante der menschlichen Evolution«.[342]

Neben dem Ausdruck ›Neotenie‹ sind in der Biologie des 20. Jahrhunderts mehrere Worte mit sehr ähnlicher Bedeutung verbreitet: *Pädogenese* (von Baer 1865: »Pädogenesis«)[343], *Pädomorphismus* (Allen 1891: »pedomorphism«[344]) und *Pädomorphose* (Garstang 1922: »paedomorphosis«[345]). Diese bezeichnen wie die Neotenie die Erhaltung von Eigenschaften bei den Adultstadien, die bei verwandten Organismen (insbesondere den Vorfahren) allein den noch nicht geschlechtsreifen Formen (z.B. den Larven) zukommen. Unterschieden werden diese Konzepte von der Neotenie, insofern sie die Verhältnisse bei solchen Organismen benennen, bei denen der Eintritt in die Fortpflanzungsfähigkeit in einem Stadium erfolgt, das bei Verwandten dem Jugendstadium entspricht. Pädogenese, Pädomorphismus und Pädomorphose bezeichnen also ein im Vergleich zu den Verwandten vorzeitiges Auftauchen von Merkmalen in der Individualentwicklung (Frühreife); Neotenie dagegen ein Bewahren von Jugendmerkmalen im Adultstadium (Retardation).[346] Die Unterscheidung hängt an dem Verhältnis des beurteilten Merkmals zu den anderen Merkmalen des Organismus: Überwiegen im (fortpflanzungsfähigen) Adultstadium die (im Vergleich mit Verwandten ermittelten) Jugendmerkmale, dann liegt Pädogenese, Pädomorphismus oder Pädomorphose vor (der Entwicklungszyklus ist im Vergleich zu den Verwandten quasi vorzeitig abgebrochen), überwiegen dagegen die Erwachsenenmerkmale, dann wird von Neotenie gesprochen. Der Wortgebrauch ist allerdings nicht einheitlich. Einige Autoren betrachten die Neotenie auch als eine Unterform der Pädomorphose (vgl. Abb. 106).

Das der Pädomorphose entgegengesetzte Verhältnis, also die Verlängerung des Lebens über die Form des Adultstadiums von Verwandten hinaus mittels der Hinzufügung weiterer Entwicklungsstadien wird seit 1930 als *Hypermorphose* (engl. »hypermorphosis«) bezeichnet.[347] G.R. de Beer charakterisiert es durch eine verzögerte Entwicklung der Reproduktionsorgane relativ zu den somatischen Organen (»the rate of development of the reproductive glands is delayed relatively to that of the body-characters«).[348] Ein später eingeführter, weitgehend synonymer Ausdruck lautet *Peramorphose* (»peramorphosis«): »when positive perturbations in the growth rate or offset signal produce descendent organisms whose form transcends that of the ancestor«[349] (vgl. aber auch Abb. 106). Nicht nur in der Zoologie, sondern auch in der Botanik finden die Ausdrücke ›Neotenie‹ und ›Pädomorphose‹ Verwendung.[350]

Epigenetik
Von dem Begriff der Epigenese ist die Lehre der Epigenetik (engl. »epigenetics«) zu unterscheiden. Bis zur Mitte des 20. Jahrhunderts werden beide Ausdrücke meist synonym verwendet. So nennt A. Kirchhoff 1867 C.F. Wolff sowohl »den modernen Begründer der Epigenesis«[351] als auch den »Begründer der Epigenetik oder Entwickelungsgeschichte der Pflanzen«[352].

Eine spezifische, terminologische Bedeutung für ›Epigenetik‹ entwickelt sich aber erst nach der Etablierung genetischer Modelle der Vererbung. C.H. Waddington, der den Ausdruck ›Epigenetik‹ in diesem spezifischen Sinn 1942 einführt, will damit das Studium der kausalen Mechanismen der Entwicklung, die zwischen Genotyp und Phänotyp liegen, bezeichnen.[353] Das gesamte Gefüge an Entwicklungsprozessen (»whole complex of developmental processes«), das zwischen Geno- und Phänotyp liegt, nennt Waddington den *Epigenotyp* (»epigenotype«).[354] Insbesondere die Interaktion von Genen in der Ausbildung von Merkmalen wird in der Epigenetik thematisiert. Waddington veranschaulicht die Wechselwirkung der Gene durch Zeichnungen, in denen die Ausbildung eines Merkmals durch die Bewegung einer Kugel auf einer gewölbten und gefurchten Oberfläche (»epigenetischen Landschaft«) dargestellt ist, wobei das Relief nicht durch den Einfluss eines einzelnen Gens, sondern von vielen zusammen bestimmt wird (↑Feld: Abb. 131). Die Epigenetik untersucht nach dem Verständnis Waddingtons nicht nur entwicklungsbiologische Prozesse, sondern steht auch in enger Beziehung zur Evolutionsbiologie, weil die Interaktion der Gene als grundlegend für evolutionäre Entwicklungen angesehen wird.

Im Rahmen der Epigenetik wird ein Bild der Entwicklung gezeichnet, in dem die Gestaltbildung nicht auf die Wirkung einzelner Gene zurückgeführt, sondern vielmehr die Interaktion von genetischen Faktoren betont wird. Die Gene werden dabei nicht primär als Faktoren verstanden, die einen kausalen Prozess anstoßen, sondern als selektierende Größen, die die

> **1. Merkmalsbestimmung durch multiple Ursachen**
> Jedes Merkmal ist durch die Interaktion vieler Entwicklungsressourcen verursacht. Die Gen/Umwelt-Dichotomie ist nur einer von vielen Wegen zur Unterscheidung der Interaktionspartner.
>
> **2. Kontextsensitivität und Kontingenz**
> Die Bedeutung jeder einzelnen Ursache hängt von dem Zustand des Rest des Systems ab.
>
> **3. Erweiterte Vererbung**
> Ein Organismus erbt ein breites Spektrum an Entwicklungsressourcen, die miteinander interagieren, um den Lebenszyklus des Organismus zu konstruieren.
>
> **4. Entwicklung als Konstruktion**
> Weder Merkmale noch Repräsentationen von Merkmalen [Gene] werden an die Nachkommen weitergegeben. Merkmale werden in der Entwicklung vielmehr gemacht, rekonstruiert.
>
> **5. Verteilte Kontrolle**
> Die Entwicklung wird nicht durch die Entwicklungsressource eines einzigen Typs gesteuert.
>
> **6. Evolution als Konstruktion**
> Die Evolution besteht nicht in der Formung von Organismen oder Populationen durch die Umwelt, sondern im zeitlichen Wandel von Organismus-Umwelt-Systemen.

Tab. 55. Themen und Thesen der Theorie der Entwicklungssysteme (nach Oyama, S., Griffiths, P.E. & Gray, R.D. (2001). What is developmental systems theory? In: dies. (eds.). Cycles of Contingency. Developmental Systems and Evolution, 1-11: 2).

Entwicklung lenken und kanalisieren. In diesem Sinne betrachtet auch N. Hartmann die »determinierenden Gene« als ein »selegierendes Prinzip derjenigen Entwickelungsbedingungen, die nicht in ihnen selbst enthalten sind«.[355] Nach Hartmann enthalten die Gene nicht in sich einen »Plan« oder eine »Anlage« für den Organismus, sondern sie modifizieren und steuern die Entwicklung, in der sich ein Organismus in einer Umwelt immer befindet. Hartmann spricht von einem Ineinander der von den Genen ausgehenden »Zentraldetermination« und einer durch die Lage eines Teils im Ganzen des sich entwickelnden Systems bedingten »Ganzheitsdetermination«.[356] Es sind demnach also sowohl innere, von den Genen ausgehende Faktoren als auch äußere, durch das biologische Umfeld auslösend wirkende Reize, die die Prozesse der organischen Differenzierung bestimmen. Hartmann fasst diesen Komplex der ontogenetischen Determinationsfaktoren als den »nexus organicus« zusammen.

Bis in die 1980er Jahre wird der Ausdruck ›Epigenetik‹ insgesamt wenig verwendet und meist mit der Entwicklungsbiologie identifiziert.[357] Allgemein werden insbesondere alle Prozesse der Regulation und Kontrolle der Genexpression, seien sie genetischen oder außergenetischen Ursprungs, als ›epigenetisch‹ bezeichnet. Seit Mitte der 1990er Jahre verengt sich die Bedeutung des Ausdrucks, indem nur noch solche Regulationsfaktoren, die nicht auf der DNA-Sequenz beruhen, der epigenetischen Kontrolle zugerechnet und als ›epigenetische Vererbung‹ bezeichnet werden (»Nuclear inheritance which is not based on differences in DNA sequence«[358]). Dazu zählen z.B. DNA-Protein-Interaktionen oder der Methylierungszustand der DNA. Eine epigenetische Vererbung ist demnach eine Vererbung, die nicht über die Sequenz der DNA, sondern über deren Veränderung durch die Umwelt erfolgt (»inheritance of parental-specific patterns of gene-activity that are largely independent of DNA sequence«[359]). Die Epigenetik weist also eine konzeptionelle Verwandtschaft mit der Position des ↑Lamarckismus auf. Inwiefern es Sinn macht, von einer Vererbung der Epigenetik zu sprechen, und inwiefern die Epigenetik nicht besser zu verstehen ist als Regulation von Prozessen, die innerhalb eines einzelnen Organismus stattfinden, ist zwischen den Positionen der Theorie der Entwicklungssysteme und der Evolutionären Entwicklungsbiologie (»Evo-Devo«) umstritten (s.u.).[360]

Zur Unterscheidung von Genetik und Epigenetik wird vorgeschlagen, die Genetik auf das Studium der Weitergabe und Verarbeitung der Informationen in der DNA zu beschränken, die Epigenetik habe es dagegen mit der Interpretation und Integration der Informationen von anderen Quellen zu tun.[361] Während die genetische Merkmalsbestimmung traditionell als eine lineare Abbildung der Informationen der DNA in die Merkmale des Phänotyps vorgestellt wird, handelt die Epigenetik von komplexen Prozessen der Interaktion und Selbstorganisation aller an der Entwicklung beteiligten Faktoren. Auch im Muster des Vererbungsprozesses spiegelt sich dieser Unterschied (↑Vererbung): Die Merkmalsbestimmung im Rahmen des *genetischen Vererbungssystems* erfolgt nach dem Muster der *Codierung*, bei dem eine (digitale) Struktur aus diskreten Elementen (Basensequenz der DNA) in eine andere digitale Struktur (Aminosäuresequenz der Proteine) übersetzt wird. Die Merkmalsbestimmung im Rahmen des *epigenetischen Vererbungssystems* beruht dagegen auf der Interaktion vielfältiger Körper, die keine lineare Abbildung ermöglicht.[362]

Die Einsicht in die Bedeutung der Epigenetik für die Entwicklung macht die alte Unterscheidung in ↑Genotyp und Phänotyp zunehmend fragwürdig, weil eben nicht allein die Gene (im Sinne von definierten DNA-Sequenzen), sondern das komplexe Netzwerk von Interaktionen die Ausbildung von Merkmalen bestimmen.[363]

Evo-Devo

Die Bezeichnung ›Evo-Devo‹ als Abkürzung für »evolutionäre Entwicklungsbiologie« (»evolutionary developmental biology«) etabliert sich in der zweiten Hälfte der 1990er Jahre (Pennisi & Roush 1997).[364] Seit 1999 führt die ›Society for Integrative and Comparative Biology‹ (SICB) eine eigene Sektion für die Evo-Devo ein und erteilt dieser Richtung damit einen offiziellen Status.[365] Auch die Neugründung von zwei Zeitschriften in diesem Jahr dokumentiert die Etablierung dieser neuen biologischen Subdisziplin.[366]

Ziel des Ansatzes der Evo-Devo ist eine Integration bzw. Synthese von Entwicklungsbiologie und Evolutionstheorie.[367] Einerseits wird dabei der Ursprung und die Veränderung von ontogenetischen Entwicklungsprozessen während der Evolution untersucht, andererseits ist es ein zentrales Programm der Evo-Devo, die Phylogenese ausgehend von Prozessen der Ontogenese zu verstehen. Die Ontogenese gilt damit als ein Ansatzpunkt, um die großen Transitionen in der Entstehung neuer Baupläne in der Evolution zu analysieren. Darüber hinaus verbindet sich mit der Evo-Devo der Anspruch, auf die Unvollständigkeit der synthetischen Theorie der Evolution hinzuweisen. Als ergänzungsbedürftig gilt die Evolutionstheorie aus Sicht der Evo-Devo insofern, als die Grundlage der Evolutionstheorie in entwicklungsbiologischen Modellen der Formbildung liege. Für diesen ambitionierten Ansatz ist auch die Bezeichnung *Devo-Evo* vorgeschlagen worden.[368] Der theoretische Rahmen des neuen Ansatzes hat also zwei Fragerichtungen: Untersucht wird einerseits der Einfluss der Evolution auf die Entwicklung (Evo-Devo) und andererseits der Einfluss der Entwicklung auf die Evolution (Devo-Evo).[369]

Die Ursprünge der Evo-Devo lassen sich bis ins 19. Jahrhundert zurückverfolgen.[370] An der Wende zum 20. Jahrhundert formiert sich der Ansatz der Evo-Devo in der Auseinandersetzung um das von Haeckel so benannte biogenetische Grundgesetz (s.o.): Für die Evo-Devo gilt nicht die Phylogenese als Determinante der Ontogenese, sondern umgekehrt, die Ontogenese als das Primäre, von der aus die Umwandlungen in der Phylogenese erst zu verstehen sind.[371] Seit Mitte des 20. Jahrhunderts werden Versuche unternommen, einen gemeinsamen konzeptionellen Rahmen für Entwicklungs- und Evolutionsbiologie zu schaf-

Systemtheorie der Entwicklung
Betrachtung von Entwicklungsprozessen ausgehend von Organismen als integrierten Systemen

Erweiterter Vererbungsbegriff
Vererbung nicht nur von Genen, sondern auch von Genzuständen, zellulären Komponenten und einer Umwelt (letzteres nur DST)

Betonung der Epigenetik (v.a. DST)
Ontogenese als Resultat der Interaktion verschiedener Entwicklungsressourcen, bei der die Gene eine zentrale Rolle spielen (Evo-Devo) oder nur einen von mehreren Faktoren bilden (DST)

Evolution der Entwicklungsprozesse (v.a. Evo-Devo)
Untersuchung der evolutionären Entstehung und Veränderung der Prozesse der Embryogenese, insbesondere des Einflusses der Ontogenese auf die Phylogenese, der adaptiven Plastizität der Entwicklung und der Bildung neuer Eigenschaften

Tab. 56. Positionen und Paradigmen der Evolutionären Entwicklungsbiologie (Evo-Devo) und der Theorie der Entwicklungssysteme (DST) (in Anlehnung an Robert, J.S., Hall, B.K. & Olson, W.M. (2001). Bridging the gap between developmental systems theory and evolutionary developmental biology. BioEssays 23, 954-962).

fen.[372] Besonders eine Konferenz in Dahlem im Jahr 1981 legt den Grundstein für den weiteren Ausbau des Feldes[373], so dass in den 80er Jahren intensive Versuche unternommen werden, die morphologische Evolution entwicklungsbiologisch zu interpretieren.[374] Eine große Herausforderung der Evo-Devo besteht darin, Erklärungen für die Veränderung von Bauplänen zu geben.[375] Erklärungsbedürftig ist in diesem Zusammenhang auch die Tatsache, dass die frühen Entwicklungsstadien von nahe miteinander verwandten Organismen oft stark divergieren (↑Metamorphose). Umgekehrt hat die Vielfalt der morphologischen Strukturen bei den Organismen einer Gruppe nicht immer eine Entsprechung auf genetischer Ebene. Frühe Impulse hat der Ansatz von der »dialektischen Biologie« erhalten, welche es ablehnt, innere Ursachen (Gene) und äußere Ursachen (Umwelt) isoliert voneinander zu diskutieren. Programmatisch heißt es dazu bei R. Levins und R.C. Lewontin 1985: »The seperation of the external and internal forces of development is a characteristic of alienated biology that must be overcome if the problems either of embryology or evolution are to be solved«.[376]

Eine Erweiterung von Evo-Devo um eine ökologische Dimension wird seit 2001 *Eco-Evo-Devo* genannt (Hall 2001: »eco-evo-devo promises to integrate genetics, development, ecology and evolution«).[377]

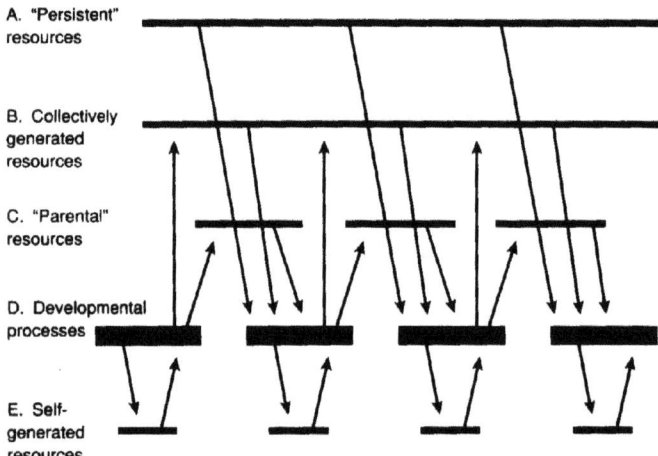

Abb. 109. Faktoren der Entwicklung von Organismen nach dem Modell der Theorie der Entwicklungssysteme: Entwicklungsressourcen auf vier Ebenen, die die Prozesse der Entwicklung in vier Generationen einer asexuell sich fortpflanzenden Organismenart (auf Ebene D) bestimmen. Ebene A: Persistente Ressourcen, d.h. über die Generationen hinweg gleich bleibende Faktoren, z.B. konstante Umweltfaktoren; B: Kollektiv erzeugte Ressourcen, z.B. Bauten, Höhlen; C: Elterliche Ressourcen, z.B. Gene, Zytoplasma, Traditionen, spezielles Biotop; E: Selbsterzeugte Ressourcen, z.B. Bauten, gelerntes Verhalten (aus Griffiths, P.E. & Gray, R.D. (1994). Developmental systems and evolutionary explanation. J. Philos. 91, 277-304: 285).

Theorie der Entwicklungssysteme
Insofern von den Vertretern der Evo-Devo die Rolle der Gene in der Morphogenese relativiert wird und die Entwicklung als ein Systemprozess verstanden wird, bestehen enge Verbindungen zur *Theorie der Entwicklungssysteme* (engl. »developmental systems theory«; *DST*).[378]

Der dieser Theorie zu Grunde liegende Ausdruck **Entwicklungssystem** (»developmental system«) spielt in der Entwicklungsbiologie bereits seit den frühen 1930er Jahren eine gewisse Rolle.[379] Und auch vor der Konstituierung der Entwicklungsbiologie als biologischer Teildisziplin erscheint er bereits. Schon 1745 spricht der französische Naturforscher P.L.M. Maupertuis von dem *Entwicklungssystem* (»le systeme du développement«[380]) in Bezug auf die Theorie der Entwicklung nach dem Modell der Präformation (»la production apparente des parties, n'est que le développement de ces parties déja formées dans la graine ou dans l'oignon«[381]). F.A. Kritzinger übersetzt diesen Ausdruck 1776 mit »Entwickelungssystem« ins Deutsche.[382] In der zweiten Hälfte des 18. Jahrhunderts ist es eine ganze Reihe von Autoren, die das Wort im Deutschen verwendet, v.a. unter Bezug auf die präformationistischen Theorien der Entwicklung C. de Bonnets (Jerusalem 1769: »Entwicklungssystem«[383]; Tetens 1777: »bonnetischen Entwickelungssystem«[384]). Im 19. Jahrhundert erscheint der Ausdruck in verschiedenen Bedeutungen: Meist steht er in Bezug zu Prozessen der Ontogenese (Henschel 1820: »das animalische Entwicklungssystem [darf] in weit höherem Grade auf den Namen eines geschlechtlichen oder vielmehr Geschlechtlichkeit enthaltenden Anspruch machen als die vegetative Entwicklung«[385]). J.J. Wagner verwendet ihn aber auch für das Verhältnis des Organismus zur Umwelt, insbesondere hinsichtlich der Ernährung des Organismus (1830: »Alles Individualleben enthält ein Entwicklungssystem in sich, und hat durch dieses ein materielles Verhältniß (der Aufnahme) zum äusseren Leben«[386]).

Die moderne Theorie des Entwicklungssystems (die eher eine Menge von Theorien oder ein Paradigma als eine einzige geschlossene Theorie darstellt) hat ihre Ursprünge in der Psychologie, insbesondere in der Analyse des Zusammenspiels von Genen und Umweltfaktoren bei der Determination von Verhalten. Die Gene werden hier nicht als zentrale Schaltstellen konzipiert, die Entwicklungsprozesse determinieren, sondern als Teile eines Systems, deren Wirksamkeit und spezifischer Einfluss von anderen Systemkomponenten abhängen. In den Worten von S. Oyama, einer Hauptvertreterin dieses Ansatzes: »The concept of the developmental system […] incorporates the insight that a given phenotype is a product of quite a bit besides its own genes«.[387] Ziel der Theorie der Entwicklungssysteme ist es insbesondere, die Gene zu »kontextualisieren«, d.h. ihnen keine kausal privilegierte Stellung zuzuschreiben, sondern sie als eine »Entwicklungsressource« unter anderen zu sehen. Entwicklung stellt sich in der Perspektive der Theorie der Entwicklungssysteme weniger als ein Problem der Transmission von Genen als der *Konstruktion* eines Phänotyps in der Ontogenese dar.[388] Als Entwicklungssysteme werden die Organismen auch insofern betrachtet, als sie in eine Umwelt eingebettet sind, mit der sie interagieren und mit der zusammen sie sich in der Evolution verändern (Oyama 1992: »Developmental systems must be understood, not as internal to the organism, and certainly not as some cover term for genetic programmes, but rather as organism-environment complexes that change over both ontogenetic and phylogenetic time«[389]; ↑Nische/Nischenkonstruktion). Die Evolution selbst wird auf dieser Grundlage als differenzielle Reproduktion von Entwicklungssystemen (im Sinne von Organismus-Umwelt-Einheiten) definiert.[390] Die Stichworte ›Kontextualisierung der Gene‹, ›kausale Parität aller Entwicklungsressourcen‹, ›verteilte Kontrolle‹, ›Kontextsensitivität‹, ›Entwicklung und Evolution als Konstruktion‹ und ›erweiterte Vererbung‹ bilden damit insgesamt den konzeptionellen Hintergrund der Theorie der Entwicklungssysteme (vgl. Tab. 55).[391] Die Theorie entfaltet sich erst seit den 1980er Jahren, also nach dem Siegeszug der Molekulargenetik und als Gegenbewegung gegen eine einseitig genzentrierte Sicht.

Trotz vieler Gemeinsamkeiten ist das Programm der Theorie der Entwicklungssysteme in einigen Punkten klar von der Perspektive der Evolutionären Entwicklungsbiologie unterschieden (vgl. Tab. 56). Die größten Differenzen bestehen hinsichtlich der Frage, welche Einheiten von einer Generation zur nächsten vererbt werden. Während nach der Theorie der Entwicklungssysteme epigenetische Prozesse und die Umwelt in gleicher Weise einer Vererbung unterliegen wie die Gene, behält die Evolutionäre Entwicklungsbiologie eine genzentrierte Sicht auf die Vererbung bei. Die Epigenetik betrifft für die Evo-Devo innerhalb einzelner Organismen ablaufende Prozesse und ist insofern nicht-erblich; auch von der Umwelt macht es aus Sicht der Evo-Devo wenig Sinn zu sagen, sie werde aktiv von einer Generation zur nächsten übermittelt, so wie es die Gene werden.[392] Die Gene und die anderen organismuseigenen Entwicklungsressourcen sind nach diesem Ansatz zumindest insofern gegenüber der Umwelt als Ursache und Informationsträger der Entwicklung privilegiert, als sie für ihre Rolle im Laufe der Selektion gestaltet und angepasst wurden.

Ein erhebliches Problem im Programm der Theorie der Entwicklungssysteme besteht in der Bestimmung der Grenzen eines Entwicklungssystems. Weil viele Faktoren an organischen Entwicklungsprozessen beteiligt sind und alle diese Faktoren als Entwicklungsressourcen berücksichtigt werden sollen (vgl. Abb. 109), tendieren Entwicklungssysteme dazu, sehr groß zu werden. Sie können disparate Gegenstände einschließen: neben Faktoren aus der unmittelbaren Umwelt eines Organismus z.B. häufig auch solche essenziellen Entwicklungsressourcen wie die Sonne. Außerdem besteht die Frage, inwiefern nicht nur regelmäßig auftretende, sondern auch nur bei einem oder wenigen Organismen wirksame Faktoren als Teil des Entwicklungssystems zu betrachten sind (z.B. Elvis Presley als Entwicklungsressource für Menschen am Ende des 20. Jahrhunderts[393]). Die Grenze zwischen Organismus und Umwelt kann im Rahmen der Entwicklungsperspektive der Theorie der Entwicklungssysteme nicht selten überhaupt nicht mehr bestimmt werden. Von einigen Vertretern des Ansatzes wird die Grundlage dieser Abgrenzung teilweise auch explizit abgelehnt (Griffiths & Gray 2001:»there is no distinction between organism and environment«[394]).

Ökologische Entwicklung
Analog zur Entwicklung eines Individuums wird auch von der Entwicklung eines ökologischen Systems gesprochen (Taylor 1920:»ecological development«).[395] Die in der Ökologie am meisten thematisierte Entwicklung besteht in der Änderung der Artenzusammensetzung einer Lebensgemeinschaft. Dass eine solche Änderung regelmäßig vorkommen kann, ist eine Beobachtung, die in der Antike bereits von Theophrast gemacht wird.[396] In der Neuzeit werden regelmäßige und vorhersagbare Entwicklungen von natürlichen Gemeinschaften 1685 von W. King[397] und 1749 von C. von Linné[398] beschrieben (bei Linné bereits mit der angedeuteten Unterscheidung von funktionalen Gruppen[399], ↑Rolle). Systematische Beobachtungen dazu finden sich seit Ende des 18. Jahrhunderts bei C.L. Willdenow[400], A. von Humboldt[401] und A.-P. de Candolle[402]. Die detailliertesten Studien zu ökologischen Entwicklungen aus der ersten Hälfte des 19. Jahrhunderts betreffen die Veränderung in der Zusammensetzung von Wäldern.[403] Seit dem 18. Jahrhundert hat sich in diesem Zusammenhang, besonders im Französischen, die Bezeichnung *Artenwechsel* (»alternance des espèces«) etabliert.

Mit der Verfestigung des Entwicklungsgedankens in der Folge von Darwins Evolutionstheorie breitet sich die Vorstellung von einer Entwicklung auch ökologischer Systeme aus. Sie steht dann oft im Zusammenhang mit der Betrachtung ökologischer Gefüge als Individuen. Das Durchlaufen einer (irreversiblen) Entwicklung gilt als eines der stärksten Argumente dafür, die Gemeinschaft von Organismen selbst wieder als einen Organismus anzusehen. Besonders nachhaltig wird die Übertragung des Entwicklungsgedankens auf alle Felder des Wissens von H. Spencer verfolgt. Alle Gegenstände unterliegen nach Spencer einem »Gesetz der Evolution«, das ihre Veränderung von einer weniger kohärenten zu einer kohärenteren Form bedingt.[404] Auch »superor-

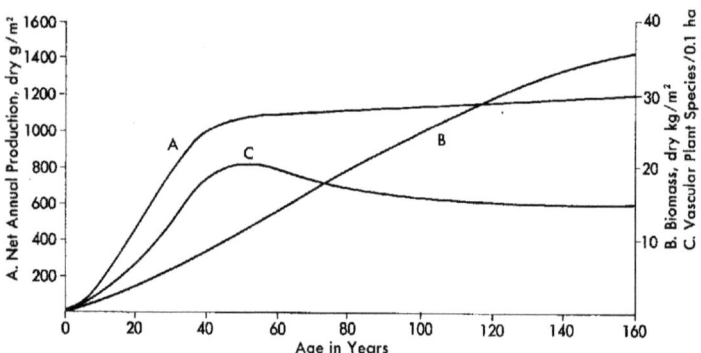

Abb. 110. Verlauf von Produktivität (A: jährliche Nettoproduktion von Trockenmasse), vorhandener Biomasse (B) und Artendiversität (C: Gefäßpflanzenarten) während der ökologischen Entwicklung eines Waldökosystems auf Long Island, New York. Die Sukzession über 160 Jahre folgte einem Brand (aus Whittaker, R.H. (1970). Communities and Ecosystems: 86).

ganische« Systeme oder »soziale Organismen« sind nach Spencer von diesem Gesetz betroffen; auch ihre Veränderung in der Zeit gehe in Richtung einer Zunahme der wechselseitigen Abhängigkeit (»mutual dependence«) ihrer Glieder: »an ever-increasing coordination of parts«.[405]

Sukzession
Im engeren biologischen Zusammenhang wird der Gedanke einer Entwicklung ökologischer Systeme in erster Linie ausgehend von vegetationskundlichen Untersuchungen entwickelt. Für den Ackerbau treibenden Menschen war es eine frühe Erfahrung, dass es auf einem Standort eine charakteristische Abfolge von Pflanzengesellschaften geben kann. Auf den Fruchtwechsel in der Landwirtschaft wird der dafür später einschlägige Ausdruck **Sukzession** bereits Ende des 18. Jahrhunderts bezogen (Marshall 1778: »The Succession of Crops«).[406] Der Erste, der diesen Ausdruck auf eine natürliche Abfolge von Pflanzen bezieht, ist 1825 der französische Biologe A.J.C.A. Dureau de la Malle.[407] Dureau de la Malle entwirft die Sukzession allerdings nach dem Modell eines zyklischen Fruchtwechsels und nicht im Sinne der Entwicklung hin zu einer stabilen Pflanzengesellschaft, wie dies später erfolgt. In der Folge wird der Ausdruck nicht nur für die Veränderung der Organismenzusammensetzung in einem begrenzten Gebiet, sondern auch in globaler Hinsicht verwendet (»succession des êtres organisés sur le globe«[408]). Für die langfristige Veränderung der Zusammensetzung der Baumarten eines Waldes, insbesondere den Übergang von Nadelbäumen zu Laubbäumen, verwendet H.D. Thoreau 1860 dieses Wort.[409] Als »eigentlicher Begründer der Sukzessionslehre«[410] gilt aber A. Kerner von Marilaun mit seinen Studien der Vegetation der Donauländer.[411] Zu einem allgemeinen Konzept der Vegetationskunde wird ›Sukzession‹ durch die Darstellung E. Warmings, der in seinem grundlegenden Werk zur Pflanzenökologie von 1895 in der zeitlichen Abfolge von »Pflanzenvereinen« an einem Ort zwischen »Anfangs-, Übergangs- und Schlußvereinen« unterscheidet[412] und diese Abfolge in der späteren englischen Auflage von 1909 ›Sukzession‹ (»succession«) nennt[413].

Als *terminus technicus* für die gerichtete Veränderung der Artenzusammensetzung einer Gemeinschaft etabliert sich das Wort ›Sukzession‹ in der ersten Hälfte des 20. Jahrhunderts.[414] Eine einflussreiche empirische Studie zur Sukzession von Pflanzen auf den Sanddünen am Michigan-See stammt von H.C. Cowles.[415] Cowles projiziert die räumliche Differenzierung der Pflanzengesellschaften auf den Dünen in die Zeit, um auf diese Weise zu einem Modell einer zeitlichen Sukzession zu gelangen. Eine Sukzession ist für Cowles allerdings nicht ein immer gleich ablaufender, stereotyper Prozess, sondern zeigt in jedem Einzelfall Variationen in der Geschwindigkeit und in den durchlaufenen Stationen.[416] Wenig später ist es v.a. der Vergleich zwischen der Entwicklung von Individuen und der Sukzession von Pflanzengemeinschaften, der die Vorstellung von einer ökologischen Entwicklung bestimmt. Dieser Vergleich wird besonders von dem Botaniker F. Clements propagiert (»the process of organic development is essentially alike for the individual and the community«[417]). Die Pflanzengemeinschaft selbst betrachtet er als einen Organismus höherer Ordnung (»the unit or climax formation is an organic unity. As an organism the formation arises, grows, matures, and dies«[418]). Die Analogie zwischen einem Individuum und einer Pflanzengemeinschaft bezieht sich nach Clements also auf mehrere Punkte: die gegliederte Ganzheitlichkeit und Geschlossenheit des Systems, die deterministische Entwicklung über ein reifes Altersstadium hin zu einem Ende und die Fähigkeit zur Fortpflanzung (↑Ökosystem: Tab. 206). Im Laufe einer Sukzession wird die Zusammensetzung einer Pflanzengemeinschaft nach Clements zunehmend weniger von äußeren Faktoren wie dem Klima

Ecosystem attributes	Developmental stages	Mature stages
Community energetics		
1. Gross production/community respiration (P/R ratio)	Greater or less than 1	Approaches 1
2. Gross production/standing crop biomass (P/B ratio)	High	Low
3. Biomass supported/unit energy flow (B/E ratio)	Low	High
4. Net community production (yield)	High	Low
5. Food chains	Linear, predominantly grazing	Weblike, predominantly detritus
Community structure		
6. Total organic matter	Small	Large
7. Inorganic nutrients	Extrabiotic	Intrabiotic
8. Species diversity—variety component	Low	High
9. Species diversity—equitability component	Low	High
10. Biochemical diversity	Low	High
11. Stratification and spatial heterogeneity (pattern diversity)	Poorly organized	Well-organized
Life history		
12. Niche specialization	Broad	Narrow
13. Size of organism	Small	Large
14. Life cycles	Short, simple	Long, complex
Nutrient cycling		
15. Mineral cycles	Open	Closed
16. Nutrient exchange rate, between organisms and environment	Rapid	Slow
17. Role of detritus in nutrient regeneration	Unimportant	Important
Selection pressure		
18. Growth form	For rapid growth ("r-selection")	For feedback control ("K-selection")
19. Production	Quantity	Quality
Overall homeostasis		
20. Internal symbiosis	Undeveloped	Developed
21. Nutrient conservation	Poor	Good
22. Stability (resistance to external perturbations)	Poor	Good
23. Entropy	High	Low
24. Information	Low	High

Abb. 111. Trends in der Entwicklung von Ökosystemen: Veränderungen von Eigenschaften eines Ökosystems am Anfang und Ende einer ökologischen Sukzession (aus Odum, E.P. (1969). The strategy of ecosystem development. Science 164, 262-270: 265).

und besonders dem Boden bestimmt und erlangt eine zunehmende Unabhängigkeit und Autonomie, vergleichbar der eines erwachsenen Organismus.

Die Ansicht Clements' findet im 20. Jahrhundert viele Anhänger, bleibt aber umstritten.[419] Als Modell für eine gesetzmäßig gerichtete und geordnete Entwicklung von Gemeinschaften hin zu einer Schlussgemeinschaft mit maximaler Ordnung, Konstanz und Stabilität wird die Theorie der Sukzession bis in die 1970er Jahre vertreten und verteidigt. E.P. Odum spricht sogar von einer »Strategie« in der Ökosystementwicklung und ist der Auffassung, die Entwicklung sei zugleich auf zunehmende Diversifizierung der Arten, funktionale Differenzierung und Homöostase gerichtet: »Ecological succession [...] culminates in a stabilized ecosystem in which maximum biomass (or high information content) and symbiotic function between organisms are maintained per unit of available energy flow«.[420] Dass die Entwicklung von Gemeinschaften und Ökosystemen in vielen Fällen aber alles andere als geordnet ist und nicht zu einem stabilen Endsystem führen muss, zeigen W. Drury und I. Nisbet 1973 anhand von Daten aus einem gemäßigten Wald Neuenglands.[421] Weder eine gerichtete Entwicklung noch eine Tendenz zur Diversifizierung oder Konstanz können sie für den von ihnen untersuchten Wald feststellen. Studien zu anderen Systemen zeigen, dass die Entwicklung einer Gemeinschaft manchmal nicht regelmäßigen Mustern folgt, sondern allein die Zufälle in der Besiedlungsgeschichte wiederspiegeln, weil die einmal etablierten Arten erfolgreich in der Behauptung ihres Standortes sind.[422] Mit dieser Absage an die Vorstellung einer geordneten und gesetzmäßigen Sukzession gewinnt das alte individualistische Verständnis von Gemeinschaften wieder an Boden. Nach diesem Verständnis, das von H. Gleason 1926 paradigmatisch formuliert ist[423], bilden Gemeinschaften nicht integrierte Systeme, sondern entstehen allein aus der Überschneidung der individuellen Bedürfnisse der Organismen verschiedener Arten (↑Biozönose).[424]

Der Begriff der Sukzession hat sich in der Tierökologie nicht etablieren können. Als allgemeine Bezeichnung für die Entwicklung einer Lebensgemeinschaft (eines *Zöns*) schlägt E.E. Leppik 1974 das Wort **Zönogenese** (»coenogeny«) vor: »the origin and evolution of a ›coen‹ or the assemblage of all sympatric organisms as a whole«.[425] Die Sukzession von Gemeinschaften auf globaler Ebene einschließlich der geologischen und atmosphärischen Veränderungen wird von L.S. Davitasvilli 1978 *Ökogenese* genannt.[426] Dieser Ausdruck erscheint auch schon 1904 bei C. Detto (↑Anpassung)[427] und in den 1920er Jahren bei dem Botaniker F.E. Clements im Sinne von Evolutionsprozessen, die durch Einflüsse der Umwelt bedingt sind.[428] Um die Einheit der verschiedenen Faktoren in der Veränderung einer ganzen Landschaft zu betonen, schlägt C. Troll 1963 den Ausdruck *Landschafts-Sukzession* vor.[429]

Eine moderne Definition des Sukzessionsbegriffs geben M. Begon, J.L. Harper und E. Townsend in ihrem seit den 1980er Jahren verbreiteten Ökologielehrbuch. Eine Sukzession ist demzufolge das nicht-saisonale, gerichtete und kontinuierliche Muster der Kolonisierung und des Aussterbens von Populationen verschiedener Arten an einem Ort (»the non-seasonal, directional and continuous pattern of colonization and extinction on a site by species populations«).[430]

Typen der Sukzession
Zur Unterscheidung verschiedener Typen von Sukzessionen sind einige terminologische Differenzierungen eingeführt worden: Auf Clements geht die Unterscheidung zwischen *primären* und *sekundären Sukzessionen* zurück[431]: Eine primäre Sukzession nimmt ihren Ausgang von einer vorher nicht besiedelten Fläche; eine sekundäre Sukzession (Restitution) entsteht dagegen nach einer Zerstörung der Vegetation ohne Veränderung der Bodenverhältnisse. Cowles unterscheidet für die Ursachen der Sukzession zwischen *physiografischen* (klimatischen und topografischen) und *biotischen Einflussgrößen* (»biotic agencies«). Bei ersteren sind es abiotische Faktoren, die eine gerichtete Veränderung der Gemeinschaft bewirken, bei letzteren dagegen erfolgt dies aufgrund der Interaktion der beteiligten Organismen.[432] Tansley modifiziert die Unterscheidung von Cowles mit seiner Differenzierung zwischen *autogenen* (»autogenic«) und *allogenen* (»allogenic«) Sukzessionen insofern, als er – als Botaniker – alle Veränderungen, die für die Pflanzengemeinschaft auf externen Faktoren beruhen, also z.B. auch den Einfluss von Tieren, zur zweiten Kategorie rechnet.[433]

Das Endstadium einer ökologischen Entwicklungsreihe bildet häufig eine besonders konstante und stabile Assoziation. R. Hult bezeichnet dieses Stadium 1885 als *Schlussformation* (schwed. »slutformation«) und erklärt die charakteristische Zusammensetzung nicht allein aus klimatischen Gründen, sondern aus der stabilen Interaktion der Pflanzen als Schlusspunkt einer Reihe von Zwischenstadien.[434] Von E. Warming wird dieses stabile Endstadium der Vegetationsentwicklung 1895 *Schlussverein* genannt.[435] Wenig später wird dafür die Bezeichnung **Klimax** vorgeschlagen[436], die sich später, besonders unter dem Einfluss der Arbeiten Clements', durchsetzt[437]. Nach Clements entspricht jedem Klima, unabhängig von den Verhältnissen des Bodens, nur eine Klimaxgesellschaft der Vegetation, der von ihm so genannten *Monoklimax*. In der Bezeichnung ›Klimax‹ wird damit eine sprachliche Doppelsinnigkeit zum Ausdruck gebracht: Nicht nur der Höhepunkt (von griech. ›κλῖμαξ‹ »Leiter, Treppe«, lat. ›climacter‹ »kritische Lebensphase«), sondern auch der Einfluss des Klimatischen (von griech. ›κλίμα‹, lat. ›clima‹ »Landstrich, Zone«) auf die Vegetation ist damit bezeichnet: Eine Klimaxgesellschaft gilt als die einem jeweiligen Klima entsprechende Gemeinschaft. In dem Ausdruck *klimatische Formation* (»climatic formation«[438]) wird diese Ambivalenz noch deutlicher. – Neben der gegenüber ihren Vorgängerstadien größeren zeitlichen Konstanz in der Artenzusammensetzung werden der Klimaxgesellschaft auch noch andere allgemeine Eigenschaften zugeschrieben, so z.B. größere Produktivität, Stabilität und Diversität[439] (Warming geht allerdings von einer durch Konkurrenz bedingten Abnahme der Diversität in späten Stadien einer Sukzession aus[440]; vgl. Abb. 13; 14).[441] Der Zoologe C.C. Adams, der die Konzepte der Sukzession und des Klimax schon 1908 auf Tiergemeinschaften anwendet, betont besonders letztere: »the primary characteristic of the climax is its *relative stability*, due to a dominance or relative equilibrium produced by the severe environmental and biotic selection and adjustment throughout the process of succession«.[442]

Nachweise

1 Kant, I. (1755). Allgemeine Naturgeschichte und Theorie des Himmels (AA, Bd. I, 215-368): 293.
2 Kant, I. (1790/93). Kritik der Urtheilskraft (AA, Bd. V, 165-485): 432.
3 Wieland, W. (1975). Entwicklung. In: Brunner, O., Conze, W. & Koselleck, R. (Hg.). Geschichtliche Grundbegriffe. Historisches Lexikon zur politisch-sozialen Sprache in Deutschland, Bd. 2, 199-228: 201; kritisch dazu Flasch, K. (2003). Philosophie hat Geschichte, Bd. 1. Historische Philosophie. Beschreibung einer Denkart: 193ff.
4 Verduc, J.B. (1696). Traite de l'usage des parties, dans lequel on explique les fonctions du corps, Bd. 1: 36; 115.
5 Saint Hilaire (1698). L'anatomie du corps humain avec ses maladies, Bd. 2: 880; vgl. 326; 806.
6 Dodart, D. (1701). Second mémoire sur la fecondité des plantes. Conjectures sur ce sujet. Histoire de l'Académie royale des sciences 1719, 241-257: 245
7 Heister, L. (1724). L'anatomie: 294.
8 a.a.O.: 301.
9 Bourguet, L. (1729). Lettres philosophiques sur la formation des sels et des crystaux et sur la génération & le méchanisme organique des plantes et des animaux: 151.
10 a.a.O.: 231.
11 Anonymus (1733). Démaillotement. Nouveau Dictionnaire François-Aleman, Et Aleman-François, Qu'accompagne Le Latin: 483
12 Anonymus (1746). [Anmerkung]. Leipziger Sammlungen von wirthschafftlichen, Polizey-Cammer- und Finantz-Sachen (hg. v. G.H. Zinke) 3: 520f.
13 Maupertuis, P.L.M. (1745). Vénus physique (dt. Die Naturlehre der Venus, Kopenhagen 1747): 58.
14 Maupertuis, P.L.M. (1745/51). Vénus physique: 99.
15 Anonymus (1750). [Rez. Rösel, von Rosenhof, A.J. [1750]. Historia natvralis ranarvm nostrativm (Vorabdruck)]. Göttingische Zeitungen von gelehrten Sachen 1750, 414-415: 415.
16 Anonymus (1750). [Rez. Plouquet, G. (1749). De corporum organisatorum generatione disquisitio]. Göttingische Zeitungen von gelehrten Sachen 1750, 725-728: 725f.
17 Schäffer, J.C.G. von (1756). Der krebsartige Kiefenfuß: 118.
18 Batsch, A.J.G. (1790). Analyses florum e diversis plantarum generibus omnes: 28; vgl. 31.
19 Goethe, J.W. von (1790). Versuch die Metamorphose der Pflanzen zu erklären: 54.
20 Debraw, J. (1777). Discoveries on the sex of bees, explaining the manner in which their species is propagated. Medical and philosophical commentaries 5, 388-394: 393.
21 Schelling, F.W.J. (1798). Von der Weltseele (AA, Bd. I, 6): 68.
22 Löther, R. (1972). Die Beherrschung der Mannigfaltigkeit. Philosophische Grundlagen der Taxonomie: 243.
23 Vgl. Rádl, E. (1905-09/13). Geschichte der biologischen Theorien, 2 Bde.: II, 2.
24 Griesemer, J. (2000). Reproduction and the reduction of genetics. In: Beurton, P.J., Falk, R. & Rheinberger, H.-J. (eds.). The Concept of the Gene in Development and Evolution. Historical and Epistemological Perspectives, 240-285: 247.
25 Gmelin, E. (1787). Über thierischen Magnetismus: 102; vgl. 101.
26 Kluge, C.A.F. (1811). Versuch einer Darstellung des animalischen Magnetismus als Heilmittel: 381; vgl. Pf., J.M. (1812). [Rezension]. Jenaer Allg. Lit.-Zeit. 2 (Nr. 69), 25-27: 25; Wedemeyer, G. (1817). Physiologische Untersuchungen über das Nervensystem und die Respiration und deren Einfluss auf den menschlichen Organismus: 223.
27 Birkett, J. (1855). Adenocele. Guy's Hospital Reports 3rd ser. 1, 131-168: 132; Small, W.S. (1899). Notes on the psychic development of the young white rat. Amer. J. Psychol. 11, 80-100: 80.
28 Hufeland, C.W. von (1797). Die Kunst das menschliche Leben zu verlängern: 457; Oken, L. (1805). Die Zeugung: 178; Osthoff, H.C.A. (1806). Rhapsodien aus der Lehre von der assimilativen Funktion des Organischen: 27; Zimmer. J.C. (1806). Physiologische Untersuchungen über Missgeburten: 61; Emmert, A. & Hochstetter, F.L. (1810). Untersuchungen über die Entwickelung der Eidechsen in ihren Eyern. Archiv für die Physiologie 10, 84-123: 122.
29 Woodger, J.H. (1929). Biological Principles (London 1967): 302.
30 Plessner, H. (1928). Die Stufen des Organischen und der Mensch (Berlin 1975): 146.
31 Galen, Peri physikon dynameon (Cambridge 1916): 18 (I, vi).
32 Görres, J. (1805). Exposition der Physiologie (Gesammelte Schriften, Bd. 2, II, Köln 1934, 1-131): 65.
33 Spencer, H. (1855). Principles of Psychology (1870): 49 (nach OED 1989); Darwin, C. (1859). On the Origin of Species: 169; Haeckel, E. (1866). Generelle Morphologie der Organismen, 2 Bde.: I, 289.
34 Roux, W. (1895). Einleitung. Arch. Entwickelungsmech. 1, 1-42: 16f.
35 Roux, W. (1883). Beiträge zur Morphologie der functionellen Anpassung. Jenaische Z. Naturwiss. 16, 358-427: 363.
36 Hanstein, J. von (1882). Beiträge zur allgemeinen Morphologie der Pflanzen (= Botanische Abhandlungen aus dem Gebiet der Morphologie und Physiologie; Bd. 4, 3): 243.
37 Sachs, J. (1896). Phylogenetische Aphorismen und über innere Gestaltungsursachen oder Automorphosen. Flora 82, 173-223: 221.
38 Anonymus (1838). [Rez. Link, H.F. (1837). Grundlehren der Kräuterkunde, Bd. 1]. Gelehrte Anzeigen 7, 457-464: 457 [in dem rezensierten Werk erscheint der Ausdruck nicht, zumindest nicht in der »Zweiten Ausgabe«].
39 Hanstein, J. von (1882). Beiträge zur allgemeinen Morphologie der Pflanzen (= Botanische Abhandlungen aus dem

Gebiet der Morphologie und Physiologie; Bd. 4, 3): 242.
40 Pfeffer, W. (1881/97-1904). Pflanzenphysiologie. Ein Handbuch der Lehre vom Stoffwechsel und Kraftwechsel in der Pflanze, 2 Bde.: I, 20f.
41 ebd.
42 a.a.O.: II (1904): 82.
43 Loeb, J. (1891-92). Untersuchungen zur physiologischen Morphologie der Thiere, 2 Bde.: Bd. 1. Ueber Heteromorphose; ders. (1894). On some facts and principles of physiological morphology. In: Biological Lecture Delivered at the Marine Biological Laboratory of Woods Hole in the Summer Session of 1893; Driesch, H. (1901). Die organischen Regulationen: 64.
44 Anonymus (1836). Hydropeltideae. In: Partington, C.F. (ed.). The British Cyclopædia of Natural History, vol. 2: 810.
45 Kortüm, A. (1868). Das System der Medicin: 26.
46 Bergson, H. (1907). L'évolution créatrice (Paris 1948): 90.
47 Woltereck, R. (1940). Ontologie des Lebendigen: 37.
48 Lindley, J. (1827). Remarks upon the orchideus plants of Chile. The Quarterly Journal of Science, Literature and Art 23, 43-53: 47; ders. (1830). A Natural System of Botany: 55; Bertoloni, A. (1832). Über drei bisher unter dem Namen *Senecio penestris* Kit. begriffene Arten der Gattung *Senecio*. Flora oder allgemeine botanische Zeitung 15, (Nr. 34), 530-544: 537; Link, H.F. (1837). Grundlehren der Kräuterkunde, Bd. 1: 299ff.
49 Link, H.F. (1837). Grundlehren der Kräuterkunde, Bd. 1: 77.
50 Carus, C.G. (1838). System der Physiologie, Bd. 1: 365 (§508).
51 Uexküll, J. von (1920/28). Theoretische Biologie (Frankfurt/M. 1973): 287.
52 Mahner, M. & Bunge, M. (1997). Foundations of Biophilosophy: 273.
53 Schark, M. (2005). Lebewesen versus Dinge. Eine metaphysische Studie: 223.
54 a.a.O.: 225.
55 Wundt, W. (1873-74/1902-03). Grundzüge der physiologischen Psychologie, 3 Bde.: III, 689.
56 Russell, E.S. (1933). The limitations of analysis in biology (in: Blackburn, R.T. (ed.) (1966). Interrelations: The Biological and Physical Sciences, 57-64): 64; ders. (1945). The Directiveness of Organic Activities (dt. Lenkende Kräfte des Organischen, Bern ca. 1946): 9ff.
57 Aristoteles, De gen. anim. 760b29ff.
58 Aristoteles, Hist. anim. 564b30.
59 Aristoteles, De gen. anim. 729bff.; vgl. Balss, H. (1936). Die Zeugungslehre und Embryologie in der Antike. Eine Übersicht. Quell. Stud. Gesch. Nat. Med. 5, 193-274.
60 Aristoteles, De gen anim. 737a20.
61 a.a.O.: 740b20ff.
62 Palm, K. (2005). Lebenswissenschaften. In: Braun, C. von & Stephan, I. (Hg.). Gender@Wissen. Ein Handbuch der Gender-Theorien, 180-199: 189; vgl. Martin, E. (1991). The egg and the sperm. How science has constructed a romance based on stereotypical male-female roles. Signs 16, 485-501.
63 Aristoteles, De gen. anim. 736b; 753b.
64 a.a.O. 742 a; b; 734a.
65 Moore, J.A. (1987). Science as a way of knowing – developmental biology. Amer. Zool. 27, 415-573: 424.
66 Augustinus, De nuptiis et conscupiscentia libri duo (Migne Patrologia Latina 44, 413-474): II, 13, 16; vgl. Mitterer, A. (1947/56). Die Zeugung der Organismen, insbesondere des Menschen, nach dem Weltbild des heiligen Thomas von Aquin und dem der Gegenwart; Nabielek, R. (1998). Biologische Kenntnisse und Überlieferungen im Mittelalter (4.-15. Jh.). In: Jahn, I. (Hg.). Geschichte der Biologie, 88-160: 101; 151.
67 Coiter, V. (1573). Externarvm et internarvm principalivm hvmani corporis partivm tabvlae, atqve anatomicae exercitationes observationesqve variae; vgl. Bäumer, Ä. (1991). Geschichte der Biologie, Bd. 2: 289ff.
68 Aldrovandi, U. (1599-1603). Ornithologiae hoc est de avibus historiae libri XII. 3 Bde.
69 Fabricius ab Aquapendente, H. (1600). De formatu foetu; ders. (1621). De formatione ovi et pulli.
70 Harvey, W. (1653). Anatomical Exercitations, Concerning the Generation of Living Creatures: 223.
71 Helmont, J.B. van (1648). Archeus faber. In: Ortus medicinae.
72 Malpighi, M. (1673). De formatione pulli in ovo.
73 Wolff, C.F. (1759). Theoria generationis; ders. (1764). Theorie von der Generation.
74 Pander, C. (1817). Beiträge zur Entwicklungsgeschichte des Hühnchens im Eye: 5.
75 a.a.O.: 6.
76 Baer, K. E. von (1828). Ueber Entwickelungsgeschichte der Thiere: 4.
77 a.a.O.: 9.
78 Vgl. Remak, R. (1851). Untersuchungen über die Entwickelung der Wirbelthiere, I. Ueber die Entwickelung des Hühnchens im Eie: 2f.
79 Hundeshagen, J.C. (1822). Encyclopädie der Forstwissenschaft: 112.
80 Vgl. Nordenskiöld, E.N. (1921-24). Biologiens Historia (dt.: Die Geschichte der Biologie, Jena 1926): 373.
81 Huxley, T. (1849). On the anatomy and the affinities of the family of the Medusae. Philos. Trans. Roy Soc. Lond.: 413-434: 426.
82 Huxley (1849): 426.
83 Allman, G.J. (1853).On the anatomy and physiology of Cordylophora, a contribution to our knowledge of the Tubularian zoophytes. Philos. Trans. Roy. Soc. Lond. 367-384: 368.
84 Greene, J.R. (1861). Manual of the Animal Kingdom. A Manual of the Sub-Kingdom Coelenterata: 11; 21.
85 Huxley, T.H. (1877). A Manual of the Anatomy of Invertebrated Animals: 110 (dt. 1878: 47).
86 Haeckel, E. (1872). Biologie der Kalkschwämme (Calcispongien und Grantien): 466; ders. (1874). Die Gastraea-Theorie, die phylogenetische Classification des Thierreichs und die Homologie der Keimblätter. Jena. Z. Naturwiss. 8, 1-55: 16.
87 Baer, K. E. von (1828). Ueber Entwickelungsgeschichte der Thiere: 11.

88 Remak (1851): 2ff.
89 Ecker, A. (1864). Die Anatomie des Frosches, Bd. 1f. 94; Lowne, B.T. (1870). The Anatomy & Physiology of the Blow-Fly: 11; 12; 49; Haeckel (1872): 468; (1874): 22.
90 Haeckel (1872): 468.
91 Hertwig, O. & Hertwig, R. (1881). Die Cölomtheorie. Versuch einer Erklärung des mittleren Keimblattes.
92 Kowalevsky, A. (1867). Entwickelungsgeschichte des *Amphioxus lanceolatus*. Mém. Acad. Imp. Sci. St. Petersbourg Ser. VII, 11, Nr. 4; ders. (1877). Weitere Studien über die Entwickelungsgeschichte des *Amphioxus lanceolatus*. Arch. mikroskop. Anat. 13, 181-204.
93 Kowalevsky, A. (1866). Entwickelungsgeschichte der einfachen Ascidien. Mém. Acad. Imp. Sic. St. Petersbourg Ser. VII, 10, Nr. 15; ders. (1871). Weitere Studien über die Entwicklung der einfachen Ascidien. Arch. mikroskop. Anat. 7, 101-130.
94 Baer, K.E. von (1827). De ovi mammalium et hominis genesi epistolam.
95 nicht in Baer (1827)!
96 Newport, G. (1851-54). On the impregnation of the ovum in the Amphibia. Phil. Trans. Roy. Soc. 1851, 169-242; 1853, 233-290; 1854, 229-244.
97 Haeckel (1872): 467.
98 a.a.O.: 467; 471.
99 a.a.O.: 467.
100 Haeckel, E. (1866). Generelle Morphologie der Organismen, 2 Bde.: II, 300.
101 Kielmeyer, C.F. (1793). Über die Verhältniße der organischen Kräfte unter einander in der Reihe der verschiedenen Organisationen, die Gesetze und Folgen dieser Verhältniße: 38f.; vgl. Coleman, W. (1973). Limits of the recapitulation theory: Carl Friedrich Kielmeyer's critique of the presumed parallelism of earth history, ontogeny, and the present order of organisms. Isis 64, 341-350.
102 Meckel, J.F. (1812). Entwurf einer Darstellung der zwischen dem Embryozustande der höheren Thiere und dem permanenten der nidern statt findenden Parallele; ders. (1821). System der vergleichenden Anatomie, 7 Bde.: I, 345; 396.
103 Bonnet, C. (1769). Palingénésie philosophique; Autenrieth, I.H.F. (1797). Observationum ad historiam embryonis facientium, pars prima: 24f.; Baer, K. E. von (1828). Ueber Entwickelungsgeschichte der Thiere: 199; Serrès, E. (1860). Principes d'embryogenie, de zoogenie, et de teratogenie. Mém. Acad. Sci. 25, 1-943: 833; vgl. Kohlbrugge, J.H.F. (1911). Das biogenetische Grundgesetz. Eine historische Studie. Zool. Anz. 38, 447-453; Meyer, A.W. (1935). Some historical aspects of the recapitulation idea. Quart. Rev. Biol. 10, 379-396; Peters, D.S. (1980). Das biogenetische Grundgesetz – Vorgeschichte und Folgerungen. Medizinhist. J. 15, 57-69.
104 Owen, R. (1837). The Hunterian Lectures in Comparative Anatomy, May and June 1837 (Chicago 1992): 192.
105 Darwin, C. (1837). Notebook B (Charles Darwin's Notebooks, 1836-1844, Cambridge 1987): 170 (B1); vgl. Richards, R.J. (2002). The Romantic Conception of Life: 531f.
106 Müller, F. (1864). Für Darwin.

107 Aristoteles, De gen. anim. 736b.
108 Vgl. Rasmussen, N. (1991). The decline of recapitulationism in early twentieth century biology. J. Hist. Biol. 24, 51-89.
109 Garstang, W. (1922). The theory of recapitulation: a critical restatement of the biogenetic law. Proc. Linn. Soc. London 35, 81-101: 81.
110 Haeckel, E. (1872). Biologie der Kalkschwämme (Calcispongien und Grantien): 466f.
111 Haeckel, E. (1875). Die Gastrula und die Eifurchung der Thiere. Jena. Z. Naturwiss. 9, 402-508: 406; ders. (1877). Studien zur Gastraea-Theorie: 67.
112 Haeckel (1872): 468; vgl. ders. (1874). Die Gastraea-Theorie, die phylogenetische Classification des Thierreichs und die Homologie der Keimblätter. Jena. Z. Naturwiss. 8, 1-55: 16.
113 Vierordt, K. von (1861/71). Grundriss der Physiologie des Menschen: 630 (Nr. 684).
114 Vierordt, K. von (1861). Grundriss der Physiologie des Menschen: 396.
115 Geoffroy St. Hilaire, É. (1823). Organes sexuels de la poule, premier mémoire. Formation et rapports des deux oviductus. Mémoires du Muséum d'histoire naturelle 10, 57-84: 82; ders. (1823). Sur quelques remarques de M. Rolando, concernant les principes de la Philosophie anatomique. Journal complémentaire du dictionaire des sciences médicales 16, 147-153: 153.
116 Velpeau, A.A.L.M. (1833). Embryologie ou ovologie humaine: I; dt. in: Anonymus. (1835). [Rez. Velpeau, A. (1834). Die Embryologie und Ovologie des Menschen]. Repertorium der gesammten deutschen Literatur 4, 568-569: 568.
117 Anonymus (1838). Protokolle der botanischen Section bei der Versammlung deutscher Naturforscher und Aerzte in Prag, im Herbst 1837. Flora oder Allgemeine botanische Zeitung 21, 441-450: 442.
118 Lindley, J. (1840). A Glossary of Technical Terms used in Botany: lxiii; vgl. Bentham, G. (1865). Handbook of the British Flora, vol. 1: xliv.
119 Siewing, R. (Hg.) (1980-85). Lehrbuch der Zoologie, 2 Bde.: II, 124.
120 Neumann, K.G. (1835). Die lebendige Natur: 239; vgl. Cramer, H. (1848). Bemerkungen über das Zellenleben in der Entwicklung des Froscheies. Arch. Anat. Physiol. wiss. Med. 1848, 20-77: 41; Remak, R. (1851). Untersuchungen über die Entwickelung der Wirbelthiere, I. Ueber die Entwickelung des Hühnchens im Eie: 147.
121 Röper, J. (1835). Darstellung des Baues und der verschiedenen Entwicklungsstufen phanerogamischer Samen. In: Augustin Pyramus de Candolle's Pflanzen Physiologie, oder Darstellung der Lebenskräfte und Lebensverrichtungen der Gewächse. Aus dem Französischen übersetzt und mit Anmerkungen versehen von Johannes Röper, Bd. 2, 185-211: 189; ders. (1846). Die Stellung der Frucht ist von der Stellung des vorhergehenden Organen-Kreises der Blume abhängig. Botan. Zeitung 4, 233-247: 235.
122 Wilson, E.B. (1894). The embryological criterion of homology. Biol. Lect. Woods Hole 3, 101-124: 114; vgl. Baxter, A.L. (1977). E.B. Wilson's "destruction" of the

germ-layer theory. Isis 68, 363-374.
123 Braem, F. (1895). Was ist ein Keimblatt? Biol. Zentralbl. 15, 427-443; 466-476; 491-506; vgl. Oppenheimer, J. (1940). The non-specifity of the germ-layers. Quart. Rev. Biol. 15, 1-27.
124 Roux, W. (1885). Beiträge zur Entwickelungsmechanik des Embryo, I. Z. Biol. 21, 410-526.
125 Roux, W. (1888). Beiträge zur Entwickelungsmechanik des Embryo. Über die künstliche Hervorbringung halber Embryonen durch Zerstörung einer der beiden ersten Furchungskugeln, sowie über die Nachentwicklung (Postgeneration) der fehlenden Körperhälfte. Virchows Arch. 114, 113-153; 246-291.
126 Roux (1888): 142.
127 Naudin, C. (1865). Nouvelles recherches sur l'hybridité dans les végétaux. Nouvelles Archives du Muséum 1, 15-174: 151; vgl. Darwin, C. (1868). The Variation of Animals and Plants under Domestication, 2 vols.: II, 48.
128 Bateson, W. & Saunders, E.R. (1902). The facts of heredity in the light of Mendel's discovery. Rep. Evol. Comm. Roy. Soc. I (Scientific Papers, vol. 2, Cambridge 1928, 29-68): 31.
129 Roux, W. (1893). Ueber Mosaikarbeit und neuere Entwickelungshypothesen (Gesammelte Abhandlungen über Entwickelungsmechanik der Organismen 2 Bde., Leipzig 1895, II, 818-871): 843.
130 Wilson, E.B. (1893). Amphioxus and the mosaic theory of development. J. Morphol. 8, 579-639.
131 E.W.M. (1896). [Rez. Roux, W. (1895). Gesammelte Abhandlungen über Entwicklungsmechanik der Organismen, 2 Bde.]. Nature 54, 217-219: 219; Conklin, E.G. (1905). Mosaic development in Ascidian eggs. J. Exper. Zool. 2, 145-223.
132 His, W. (1874). Unsere Körperform und das physiologische Problem ihrer Entstehung.
133 Roux, W. (1885). Beiträge zur Entwickelungsmechanik des Embryo, I. Z. Biol. 21, 410-526: 414.
134 ebd.
135 Driesch, H. (1892). Entwicklungsmechanische Studien, I. Z. wiss. Zool. 53, 160-184.
136 Driesch, H. (1909/28). Philosophie des Organischen: 99.
137 a.a.O.: 100; vgl. ders. (1894). Analytische Theorie der organischen Entwicklung: 77f.
138 Driesch, H. (1901). Die organischen Regulationen.
139 Wilson, E.B. (1893). Amphioxus and the mosaic theory of development. J. Morph. 8, 579-639: 606f.
140 Roux, W. (1893). Beiträge zur Entwicklungsmechanik des Embryo, Nr. VII. Über Mosaikarbeit und neuere Entwickelungshypothesen. Anatomische Hefte 6-7, 277-334: 292.
141 ebd.
142 Morgan, T.H. (1901). Regeneration: 243; (dt. Leipzig 1907): 339.
143 Weigert, C. [1904]. Versuch einer allgemeinen pathologischen Morphologie auf Grundlage der normalen (Gesammelte Abhandlungen, Bd. 1, Berlin 1906, 166-354): 269.
144 Kölliker, R.A. von (1861). Entwicklungsgeschichte des Menschen und der höheren Thiere.
145 Pouchet, G. (1875). La phylogénie cellulaire. Rev. Sci. 8, 885-888.
146 Emerson, R.A. (1922). The nature of bud variations as indicated by their mode of inheritance. Amer. Nat. 56, 64-79: 76.
147 Bard, L. (1886). La spéfité cellulaire et l'histogénèse chez l'embryon. Arch. Physiol. 7, 406-420: 412.
148 Haeckel, E. (1876). Die Perigenesis der Plastidule oder die Wellenzeugung der Lebenstheilchen: 64; vgl. ders. (1874/77). Anthropogenie: xi.
149 Boveri, T. (1892). Ueber die Entstehung des Gegensatzes zwischen den Geschlechtszellen und den somatischen Zellen bei *Ascaris megalocephala*. Sitz.-Ber. Ges. Morph. Physiol. Münch. 8, 114-125: 116.
150 Wilson, E.B. (1892). The cell-lineage of Nereis. A contribution to the cytogeny of the annelid body. J. Morph. 6, 361-480; ders. (1896). The Cell in Development and Inheritance; vgl. Maienschein, J. (1978). Cell lineage, ancestral reminiscence, and the biogenetic law. J. Hist. Biol. 11, 129-158.
151 Whitman, C.O. (1893). The inadequacy of the cell-theory of development. J. Morphol. 8, 639-658: 649.
152 a.a.O.: 647.
153 Lillie, F.R. (1906). Observations and experiments concerning the elementary phenomena of embryonic development in *Chaetopterus*. J. exper. Zool. 3, 153-267: 252.
154 Neurath, O. (1932-33). Protokollsätze. Erkenntnis 3, 204-214: 206.
155 Schiller, F. von (1795). Über die ästhetische Erziehung des Menschen in einer Reihe von Briefen (NA, Bd. 20, 309-412): 314 (3. Brief).
156 Spemann, H. (1904). Über experimentell erzeugte Doppelbildungen mit cyclopischem Defekt. Zool. Jahrb. Suppl. 7, 429-470; Lewis, W.H. (1904). Experimental studies on the development of the eye in Amphibia. Amer. J. Anat. 3, 505-536.
157 Lewis, W.H. (1907). Transplantation of the lips of the blastopore in *Rana palustris*. Amer. J. Anat. 7, 137-141; Spemann, H. (1918). Über die Determination der ersten Organanlagen des Amphibienembryo, I-VI. Arch. Entwicklungsmech. 43, 448-555.
158 Spemann, H. & Mangold, H. (1924). Über Induktion von Embryonalanlagen durch Implantation artfremder Organisatoren. Roux' Arch. Entwicklungsmech. 100, 599-638.
159 Spemann, H. (1919). Experimentelle Forschungen zum Determinations- und Individualitätsproblem. Naturwiss. 7, 581-591: 584.
160 Spemann, H. (1921). Die Erzeugung tierischer Chimären durch heteroplastische embryonale Transplantation zwischen *Triton cristatus* und *taeniatus*. Arch. Entwicklungsmech. Org. 48, 533-570: 568.
161 Vgl. Fäßler, P.E. (1995). Ein Beitrag zur Geschichte einer Theorie der Entwicklung – Hans Spemanns Organisatorkonzeption. Biol. Zentralbl. 114, 216-222; Hamburger, V. (1984). Hilde Mangold, co-discoverer of the organizer. J. Hist. Biol. 17, 1-11.
162 Wolpert, L. (1969). Positional information and the spatial pattern of cellular differentiation. J. theor. Biol. 25,

1-47.
163 Harrison, R. (1937). Embryology and its relations. Science 85, 369-374: 372.
164 Morgan, T.H. (1934). The rise of genetics, II. Science 76, 261-267: 264; vgl. Sapp, J. (2003). Genesis. The Evolution of Biology: 140.
165 Waddington, C.H. (1940). Organisers and Genes.
166 Hadorn, E. (1955). Letalfaktoren in ihrer Bedeutung für Erbpathologie und Genphysiologie der Entwicklung.
167 Huskins, C.L. (1947). The subdivision of the chromosomes and their multiplication in non-dividing tissues: possible interpretations in terms of gene structure and gene action. Amer. Nat. 81, 401-434: 425; Wilt, F.H. (1962). The ontogeny of chick embryo hemoglobin. Proc. Nat. Acad. U.S.A. 48, 1582-1590: 1582.
168 Sander, K. (1960). Analyse des ooplasmatischen Rekationssystems von *Euscelis plebejus* Fall (Cicadina) durch Isolieren und Kombinieren von Keimteilen, II. Roux' Arch. 151, 660-707: 703.
169 Nüsslein-Vollhard, C. & Weischau, E. (1980). Mutations affecting segment number and polarity in *Drosophila*. Nature 287, 795-799.
170 Gehring, W.J. (1985). The homeo box: a key to the understanding of development? Cell 40, 3-5.
171 Goldschmidt, R. (1940). The Material Basis of Evolution: 326.
172 Bateson, W. (1894). Materials for the Study of Variation Treated with Especial Regard to Discontinuity in the Origin of Species: 85.
173 Masters, M.T. (1869). Vegetable Teratology: 241.
174 Bertalanffy, L. von (1933). Modern Theories of Development.
175 Turing, A.M. (1952). The chemical basis of morphogenesis. Philos. Trans. Roy Soc. B 237, 37-84.
176 Gierer, A. & Meinhardt, H. (1972). A theory of biological pattern formation. Kybernetik 12, 30-39.
177 Webster, G. & Goodwin, B.C. (1982). The origin of species: a structuralist approach. J. Soc. Biol. Struc. 5, 15-47: 38.
178 Vgl. Wolpert, L. et al. (1998/2002). Principles of Development; Markoš, A. (2002). Readers of the Book of Life. Contextualizing Developmental Biology.
179 Vgl. Müller-Wille, S. & Rheinberger, H.-J. (2009). Das Gen im Zeitalter der Postgenomik. Eine wissenschaftshistorische Bestandsaufnahme: 112ff.
180 Goodwin, B.C. (1982). Genetic epistemology and constructionist biology. Rev. Int. Philos. 36, 527-548: 539.
181 Vgl. Gray, R. (1992). Death of the gene: developmental systems strike back. In: Griffiths, P. (ed.). Trees of Life. Essays in Philosophy of Biology, 165-209; Griffiths, P.E. & Gray, R.D. (1994). Developmental systems and evolutionary explanation. J. Philos. 91, 277-304; Godfrey-Smith, P. (2001). On the status and explanatory structure of developmental systems theory. In: Oyama, S., Griffiths, P.E. & Gray, R.D. (eds.). Cycles of Contingency. Developmental Systems and Evolution, 283-297.
182 Proceedings of the First International Conference on Systems Biology, Tokyo, Japan, November 14-16; Kitano, H. (2001). Foundations of Systems Biology; ders. (2002).

Systems biology: a brief overview. Science 295, 1662-1664.
183 Rickert, H. (1896-1902/1929). Die Grenzen der naturwissenschaftlichen Begriffsbildung: 408; vgl. Toepfer, G. (2004). Zweckbegriff und Organismus: 201; 357ff.
184 Aristoteles, Phys. 198a.
185 a.a.O.: 199a.
186 Cooper, J.M. (1982). Aristotle on natural teleology. In: Schofield, M. & Nussbaum, M.C. (eds.). Language and Logos, 197-222: 216.
187 Cassirer, E. (1918/21). Kants Leben und Lehre: 358.
188 Plessner, H. (1928). Die Stufen des Organischen und der Mensch (Berlin 1975): 125.
189 a.a.O.: 176.
190 a.a.O.: 179f.
191 ebd.
192 a.a.O.: 212.
193 a.a.O.: 214.
194 Mohr, H. (1981). Biologische Erkenntnis: 194; Penzlin, H. (1987). Das Teleologie-Problem in der Biologie. Biol. Rundsch. 25, 7-26: 22.
195 Mayr, E. (1961). Cause and effect in biology. Science 134, 1501-1506: 1504.
196 Mayr, E. (1974). Teleologic and teleonomic: a new analysis. Boston Stud. Philos. Sci. 14, 91-117: 102; Mayr, E. (1992). The idea of teleology. J. Hist. Ideas 53, 117-135: 127f.
197 Sober, E. in: Allen, C. & Bekoff, M. (1995). Function, natural design, and animal behavior: philosophical and ethological considerations. In: Thompson, N.S. (ed.). Perspectives in Ethology, 11, 1-46: 25.
198 Christensen, W. (1996). A complex system theory of teleology. Biol. Philos. 11, 301-320: 306.
199 Vgl. Toepfer, G. (2004). Zweckbegriff und Organismus: 205ff.
200 Vgl. Balss, H. (1923). Präformation und Epigenese in der griechischen Philosophie. Arch. Storia Scienza 4, 319-325.
201 Gotthelf, A. (1976/88). Aristotle's conception of final causality. In: Gotthelf, A. & Lennox, J.G. (eds.). Philosophical Issues in Aristotle's Biology, 204-242: 215ff.; Kullmann, W. (1998). Aristoteles und die moderne Wissenschaft: 284ff.
202 Aristoteles, De gen. anim. 730b.
203 ebd.; vgl. 726b19ff.; 729b18; 734b31ff.
204 a.a.O.: 737a.
205 a.a.O.: 730b.
206 Descartes, R. (1648). Description du corps humain (Œuvres, Bd. 11, 223-286): 277.
207 Harvey, W. (1651). Exercitationes de generatione animalium: 121; vgl. Bodenheimer, F.S. (1928-29). Materialien zur Geschichte der Entomologie bis Linné, 2 Bde.: I, 315ff.
208 Vgl. Bowler, P.J. (1971). Preformation and pre-existence in the seventeenth century: a brief analysis. J. Hist. Biol. 4, 221-244.
209 Vgl. Malpighi, M. (1673). De formatione pulli in ovo; ders. (1675). De ovo incubato.
210 Harvey, W. (1653). Anatomical Exercitations, Concer-

ning the Generation of Living Creatures: 223.
211 Swammerdam, J. (1669). Historia insectorum generalis: 52; vgl. ders. (1685). Historia insectorum generalis (lat. Übers. des holländ. Orig.): 45; vgl. Richards, R.J. (2002). The Romantic Conception of Life: 211; ebenso Vallisneri nach Schiller, J. (1978). La notion d'organisation dans l'histoire de la biologie: 27.
212 Perrault, C. (1680). Essais de physique, Bd. 2: 273ff.; vgl. Walz, R. (1998). Die Verwandtschaft von Mensch und Tier in der frühneuzeitlichen Wissenschaft. In: Münch, P. (Hg.). Tiere und Menschen, 295-321: 312.
213 Malebranche, N. (1674-75). De la recherche de la vérité (Œuvres, Paris 1962): I, 82.
214 Malpighi (1673): 2.
215 Vgl. Ruestow, E.G. (1983). Images and Ideas. Leeuwenhoek's perception of the spermatozoa. J. Hist. Biol. 16, 185-224.
216 Leibniz, G.W. (1714). Les principe de la nature et de la grâce (Philosophische Schriften, Bd. 1. Frankfurt/M. 1996, 414-438): 422 (§6).
217 Leibniz, G.W. (1714). Les principes de la philosophie ou la monadologie (Philosophische Schriften, Bd. 1, Frankfurt/M. 1996, 438-482): 472 (§74); vgl. ders. (1705). Considérations sur les principes de vie, et sur les natures plastiques (Philosophische Schriften, Bd. 4, Frankfurt/M. 1996, 327-347): 342.
218 Vgl. Gayon, J. (1999). Évolutionnisme. Dict. Hist. Phil. Sci., 387-396: 389.
219 Vgl. OED (1989).
220 Vgl. z.B. Hartsoeker, N. (1694). Essai de dioptrique.
221 Vgl. Adelmann, H.B. (1966). Marcello Malpighi and the Evolution of Embryology.
222 Anonymous (1670). Rezension: Historiae generalis insectorum, J. Swammerdami pars prima. Philos. Trans. Roy. Soc. Lond. 5-6, 2078-2079: 2078; vgl. Bowler, P.J. (1975). The changing meaning of "evolution". J. Hist. Ideas 36, 95-114: 97.
223 Kircher, A. (1664). Mundus subterraneus: XII, 5, I; nach Briegel, M. (1963). Evolution. Geschichte eines Fremdworts im Deutschen: 151f.
224 Gassendi, P. (1658). Syntagma philosophicum (Opera omnia, vol. 2, Lyon 1658): 275; vgl. McLaughlin, P. (2009). Cartesische und newtonianische Biologie. Zur Entstehung des Vitalismus. In: Schaede, S. & Bahr, P. (Hg.). Das Leben, I: Historisch-systematische Studien zur Geschichte eines Begriffs, 305-321: 309.
225 Leibniz, G.W. (1715). Brief an L. Bourget vom 5.8.1715 (Philosophische Schriften, Bd. 3, hg. v. C.I. Gerhardt, Berlin 1887, 578-583): 579.
226 Boerhaave, H. (1744). Praelectiones academicae, Bd. V, 2 (ed. A. Haller): 497; vgl. Adelmann, H.B. (1966). Marcello Malpighi and the Evolution of Embryology, 4 vols.: II, 893; Bowler (1975): 96; Roe, S.A. (1975). The development of Albrecht von Haller's views on embryology. J. Hist. Biol. 8, 167-190.
227 Needham, J.T. (1745). An Account of Some New Microscopical Discoveries: 1 (nach OED 1989).
228 Bonnet, C. de (1762/68). Considérations sur les corps organisés (Œuvres, Bd. 5 & 6, Neuchâtel 1779): I, 70; 262;

auch ders. (1769). Palingénésie philosophique, 2 Bde.: I, 250.
229 Wolff, K.F. (1764). Theorie von der Generation: 43.
230 Bonnet (1762/68): I, 303.
231 Wolff (1764): 47.
232 Briegel (1963): 117.
233 Vgl. Haeckel, E. (1866). Generelle Morphologie der Organismen, 2 Bde.: II, 15; Rádl, E. (1905-09/13). Geschichte der biologischen Theorien, 2 Bde.: II, 2.
234 Rickert, H. (1896-1902/1929). Die Grenzen der naturwissenschaftlichen Begriffsbildung: 408.
235 Polanyi, M. (1964). Science and man's pace in the universe. In: Woolf, H. (ed.). Science as a Cultural Force, 54-76: 74.
236 Bonnet, C. de (1764-65). Contemplation de la nature (Œuvres, Bd. 7-9, Neuchâtel 1781): IX (Kap. 1); ders. (1769): I, 362; vgl. Glass, B. (1959). Maupertuis, pioneer of genetics and evolution. In: Glass, B., Temkin, O. & Straus, W.L. Jr. (eds.). Forerunners of Darwin, 1745-1859, 51-83: 78; Rieppel, O. (1985). The dream of Charles Bonnet (1720-1793). Gesnerus 42, 359-367.
237 Vgl. Rieppel, O. (1986). Atomism, epigenesis, preformation and pre-existence: a clarification of termsand consequences. Biol. J. Linn. Soc. 28, 331-341; ders. (2001). Preformationist and epigenetic biases in the history of the morphological character concept. In: Wagner, G.P. (ed.). The Character Concept in Evolutionary Biology, 57-75: 62f.
238 Bonnet (1764-65): I, 261 (VII, 8).
239 Buffon, G.L.L. (1749). Histoire générale des animaux (Œuvres philosophiques, Paris 1954, 233-289): 246.
240 Buffon, G.L.L. (1749). Histoire générale des animaux. In: Histoire naturelle générale et particulière, Bd. 2, 1-426: 426.
241 Maupertuis, P.L.M. (1745). Vénus physique (Œuvres, Bd. 2, Lyon 1768, 1-133): 81; ders. Lettre XVII (Lettres, Dresden 1752): 136f.; vgl. Hoffheimer, M.H. (1982). Maupertuis and the eighteenth-century critique of preexistence. J. Hist. Biol. 15, 119-144; vgl. auch: Koelreuter, J.G. (1761-66). Vorläufige Nachricht von einigen das Geschlecht der Pflanzen betreffenden Versuchen und Beobachtungen (Leipzig 1893): 40.
242 Vgl. Glass (1959).
243 Vgl. Roe, S.A. (1979). Rationalism and embryology: Caspar Friedrich Wolff's theory of epigenesis. J. Hist. Biol. 12, 1-43; dies. (1981). Matter, Life, and Generation. Eighteenth Century Embryology and the Haller-Wolff Debate.
244 Wolff, C.F. (1759). Theoria generationis: §18.
245 Wolff, C.F. (1764). Theorie von der Generation: 36.
246 Blumenbach, J.F. (1781/91). Über den Bildungstrieb: 31.
247 Baer, K. E. von (1828). Ueber Entwickelungsgeschichte der Thiere: 156.
248 a.a.O.: 153.
249 Vgl. Rieppel, O. (1986). Atomism, epigenesis, preformation and pre-existence: a clarification of terms and consequences. Biol. J. Linn. Soc. 28, 331-341: 337; ders. (1988). Fundamentals of Comparative Biology: 24; 72.
250 Weismann, A. (1892). Das Keimplasma. Eine Theorie

der Vererbung: 184.
251 a.a.O.: 76.
252 Roux, W. (1912). Terminologie der Entwicklungsmechanik der Tiere und Pflanzen: 92f.
253 Roux, W. (1885). Beiträge zur Entwickelungsmechanik des Embryo, I. Z. Biol. 21, 410-526: 414; vgl. ders. (1895). Gesammelte Abhandlungen über Entwickelungsmechanik der Organismen: II, 4.
254 Roux, W. (1905). Vortrag I über Entwickelungsmechanik: 101; 158; vgl. ders. (1911). Über die bei der Vererbung blastogener und somatogener Eigenschaften anzunehmenden Vorgänge. Verh. Naturforsch. Verein Brünn 49, 271-323: 284.
255 Driesch, H. (1909/21). Philosophie des Organischen: 140.
256 Hertwig, O. (1894). Zeit- und Streitfragen der Biologie, Heft 1. Präformation oder Epigenese? Grundzüge einer Entwicklungstheorie der Organismen: 135.
257 a.a.O.: 132f.
258 Vgl. Maienschein, J. (1986). Preformation or new formation – or neither or both? In: Horder, T.J., Witkowski, J.A. & Wylie, C.C. (eds.). A History of Embryology, 73-108: 79.
259 Roux (1911): 312.
260 Schleip, W. (1927). Entwicklungsmechanik und Vererbung bei Tieren. In: Baur, E. & Hartmann, M. (Hg.). Handbuch der Vererbungswissenschaft, Bd. III A: 4.
261 Huxley, J.S. & de Beer, G.R. (1934). The Elements of Experimental Embryology: 2; ähnlich auch Dürken, B. (1919/28). Lehrbuch der Experimentalzoologie: 673; vgl. Ubisch, L. von (1942). Die Bedeutung der neueren experimentellen Embryologie und Genetik für das Evolutions-Epigeneseproblem.
262 Wasmann, E. (1904/06). Die moderne Biologie und die Entwicklungstheorie: 239.
263 Gaertner, J. (1788). De fructibus et seminibus plantarum, Bd. I: LXI.
264 Soemmerring, S.T. (1799). Icones embryonum humanorum; vgl. Duden, B. (2002). Zwischen ›wahrem Wissen‹ und Prophetie: Konzeptionen des Ungeborenen. In: Duden, B., Schlumbohm, J. & Veit, P. (Hg.). Geschichte des Ungeborenen. Zur Erfahrungs- und Wissenschaftsgeschichte der Schwangerschaft, 17.-20. Jahrhundert, 11-48; Enke, U. (2002). Von der Schönheit der Embryonen: Samuel Theodor Sömmerings Werk *Icones embryonum humanourum* (1799). In: ebd., 205-235.
265 Leuckart (1853). Zeugung. In: Wagner, R. (Hg.). Handwörterbuch der Physiologie, Bd. 4, 707-1000: 946.
266 Haeckel, E. (1866). Generelle Morphologie der Organismen, 2 Bde.: I, 53f.
267 Ovid, Amores 2, 14, 5; ders., Metamorphosen 6, 111; Columella, De re rustica 7, 9, 9; A. Gellius, Noctes Atticae 3, 16, 16; 4, 2, 10.
268 Trevisa, J. (Übers.) (1398). Bartholomaeus Anglicus (um 1230). De proprietatibus rerum (Wynkyn de Worde 1495): v, xlix, 167; Bowes, T. (Übers.) (1594). La Primaudaye, P. de, The French Academie, vol. II: 397; Boyle, R. (1660). New Experiments Physico-Mechanicall: 373; nach OED.

269 Erdl, M.P. (1845). Die Entwickelung des Menschen und des Hühnchens im Eie zur gegenseitigen Erlaeuterung, Bd. 1: 131.
270 Vgl. Cesalpin, A. (1583). De plantis libri XVI.
271 Vgl. Gayon, J. (1999). Évolutionnisme. Dict. Hist. Phil. Sci., 387-396: 389.
272 Zedler, J.H (1737). Keim. In: ders. (1732-1754). Grosses vollständiges Universal-Lexikon aller Wissenschaften und Künste, 64 Bde.: XV, 395.
273 Bonnet, C. de (1762/68). Considérations sur les corps organisés (Œuvres d'histoire naturelle et de philosophie, Bd. 5-6, Neuchâtel 1779): I, 1.
274 Müller, J. (1833/38-40). Handbuch der Physiologie des Menschen für Vorlesungen, 2 Bde.: I, 24.
275 Vgl. Engländer, H. (1976). Keim. Hist. Wb. Philos. 4, 809-810.
276 Wood, J. (1859). In: Todd, R.B. (ed.). The Cyclopaedia of Anatomy and Physiology, vol. V (Suppl.), 114-211: 121.
277 Vogt, C. (1842). Untersuchungen über die Entwicklungsgeschichte der Geburtshelferkrœte: 11; Simon, J.F. (1842). Handbuch der angewandten medizinischen Chemie, Bd. 2: Physiologische und pathologische Anthropochemie. (engl. 1845): 118 (nach OED 1989).
278 Schwann, T. (1839). Mikroskopische Untersuchungen über die Übereinstimmung in der Struktur und im Wachsthum der Thiere und Pflanzen.
279 Meyer, G.F.W. (1825). Die Entwickelung, Metamorphose und Fortpflanzung der Flechten: 175.
280 Dunglison, R. (1841). Human Physiology, vol. 1: 42.
281 Owen, R. (1843). Lectures on the Comparative Anatomy and Physiology of the Invertebrate Animals: 249; vgl. Aufl. von 1855: 673; ders. (1846). Lectures on the Comparative Anatomy and Physiology of the Vertebrate Animals, vol. 1: 294.
282 Redford, G. (1847). Body and Soul: 229.
283 Carpenter, W.B. (1868). The Microscope and its Revelations: 335 (§251); ders. (1839/51). Principles of General and Comparative Physiology: 907; ders. & Clymer, M. (1843). Principles of Human Physiology: 577.
284 Weismann A (1864) Die Entwicklung der Dipteren: 6.
285 Endlicher, S. & Unger, F. (1843). Grundzüge der Botanik: 59; 297.
286 Leuckart, R. (1853). Zeugung. In: Wagner, R. (Hg.). Handwörterbuch der Physiologie, Bd. 4, 707-1000: 734.
287 Weismann, A. (1885). Zur Frage nach der Unsterblichkeit der Einzelligen. Biol. Centralbl. 4, 650-691: 686.
288 a.a.O.: 682.
289 Jacobi, F.H. (1807). Über gelehrte Gesellschaften, ihren Geist und Zweck: 47.
290 Carus, F.A. (1810). Moralphilosophie und Religionsphilosophie: 70.
291 Wezel, J.K. (1804). System der empirischen Anthropologie oder der ganzen Erfahrungsmenschenlehre, Bd. 2: 178; vgl. ders. (1804). Grundriß eines eigentlichen Systems der anthropologischen Physiologie: 209.
292 Paulus, H.E.G. (1821). [Rez. Carl Ludw. von Haller, Schreiben an seine Familie, zur Erklärung seiner Rückkehr

in die katholische, apostolische, römische Kirche]. Heidelberger Jahrbücher der Literatur 14 (Nr. 73-74), 1145-1165: 1162.
293 Rixner, T.A. (1823). Handbuch der Geschichte der Philosophie, Bd. 3: 426.
294 Hegel, G.W.F. [1827]. Vorrede zur zweiten Ausgabe der Enzyklopädie der philosophischen Wissenschaften im Grundrisse (Werke, Bd. 8, Frankfurt/M. 1986, 13-32): 31.
295 [Brown, R.] [1824]. [Beispiel einer Selbstentwicklung des Foetus]. Journal für Geburtshuelfe, Frauenzimmer- und Kinderkrankheiten 5 (1826), 416-419: 416; Schreiber (1832). Ueber die künstliche Entwicklung der Frucht nach Art der Selbstwendung. Neues Journal für Geburtshuelfe, Frauenzimmer- und Kinderkrankheiten 6, 516-529: 528.
296 Widmann, G.M. (1816). Kritik der Arzneywissenschaft auf dem Standpuncte der Natur, Bd. 1: 192.
297 Ennemoser, J. (1824). Historisch-psychologische Untersuchungen über den Ursprung und das Wesen der menschlichen Seele überhaupt und die Beseelung des Kindes insbesondere: 54; vgl. Koch, L.F. (1828). Ueber Seele und Lebenskraft. Arch. Anat. Physiol. 1828, 225-336: 324.
298 Fichte, I.H. (1833). Speculative Philosophie (Forts.). Heidelberger Jahrbücher der Literatur 26 (2), 978-1010: 997.
299 P.P. (1835). [Rez. Fichte, J.H. (1834). Die Idee der Persönlichkeit und der individuellen Fortdauer]. Allg. Lit.-Zeitung 1835 (Nr. 114), 281-285: 283.
300 Mason, T.M. (1845). Creation by the Immediate Agency of God, as Opposed to Creation by Natural Law: 8.
301 Tuomey, M. (1848). Report on the Geology of South Carolina: 57.
302 P. & Jüngken, J.C. (1842). Psychologie. Encyclopädisches Wörterbuch der medicinischen Wissenschaften, Bd. 28, 223-324: 225.
303 Haeckel, E. (1866). Generelle Morphologie der Organismen, 2 Bde.: I, 55.
304 ebd.
305 Nägeli, C. von (1884). Mechanisch-physiologische Theorie der Abstammungslehre: 426.
306 Schellhorn, M. (1969). Probleme der Struktur, Organisation und Evolution biologischer Systeme: 79ff.
307 Hennig, W. (1950). Grundzüge einer Theorie der phylogenetischen Systematik: 40.
308 Haeckel (1866): II, 34; vgl. Hertwig, R. (1892). Lehrbuch der Zoologie: 108.
309 Zimmermann, W. (1934). Genetische Untersuchungen an Pulsatilla, I-III. Flora 129, 158-234: 159.
310 Rosa, D. (1909). Saggio di una nuova spiegazione dell'origine e della distribuzione geografica delle specie (Ipotesi della ›Ologenesi‹). Boll. Mus. Zool. Anat. Comp. R. Univ. Torino 24, 1-13 (Reprint in ders. Ologenesi, ed A. La Vergata, Florenz 2001, 413-426; ders. (1912). Dilemmi fondamentali circa il metodo dell'evoluzione. Atti Società ital. progresso scienze (Rom 1911) (franz. Übers. Scientia 11, 1912); ders. (1918). Ologenesi (franz. Übers. Ologénèse, Paris 1931).
311 Rosa, D. (1918). Ologenesi (ed A. La Vergata, Florenz 2001): 87; vgl. franz. Übers. Ologénèse (Paris 1931): VII; vgl. 27.
312 Rosa (1918; Florenz 2001): 240.
313 Vgl. Nelson, G. & Platnick, N.I. (1981). Systematics and Biogeography. Cladistics and Vicariance: 325f.
314 Vgl. Zunino, M. (2004). Rosa's "Hologenesis" revisited. Cladistics 20, 212-214: 212.
315 Plate, L. (1913). Vererbungslehre: 458.
316 Mayer (1860). Ueber die Corpora amyloidea des thierischen Körpers. Arch. patholog. Anat. Physiol. klin. Med. 19, 230-236: 230.
317 Gross, O. (1907). Das Freud'sche Ideogenitätsmoment und seine Bedeutung im manischdepressivem Irresein Kraepelin's: 3.
318 Barth, P. (1906/08). Die Elemente der Erziehungs- und Unterrichtslehre: 102 (nicht in 1. Aufl. 1906!).
319 Spitzer, A. (1933). Der Generationswechsel der Vertebraten und seine phylogenetische Bedeutung. Ergebnisse der Anatomie und Entwicklungsgeschichte 30, 1-239: 223.
320 Polanyi, M. (1964). Science and man's pace in the universe. In: Woolf, H. (ed.). Science as a Cultural Force, 54-76: 74.
321 Haeckel, E. (1874). Anthropogenie oder Entwicklungsgeschichte des Menschen: 634.
322 Vgl. Sewertzoff, A.N. (1931). Morphologische Gesetzmäßigkeiten der Evolution: 299; de Beer, G.R. (1940/58). Embryos and Ancestors: 34; Gould, S.J. (1977). Ontogeny and Phylogeny; ders. (1992). Heterochrony. In: Keller, E.F. & Lloyd, E.A. (eds.). Keywords in Evolutionary Biology, 158-165; Raff, R.A. & Wray, G.A. (1989). Heterochrony: developmental mechanisms and evolutionary results. J. Evol. Biol. 2, 409-434.
323 Haeckel, E. (1875). Die Gastrula und die Eifurchung der Thiere. Jena. Z. Naturwiss. 9, 402-508: 409.
324 Haeckel, E. (1874/77). Anthropogenie: 12.
325 Haeckel, E. (1866). Generelle Morphologie der Organismen, 2 Bde.: II, 188; 190.
326 Darwin, C. (1859). On the Origin of Species: 448.
327 Haeckel (1874): 717.
328 Virchow, R. (1858). Die Cellularpathologie in ihrer Begründung auf physiologische und pathologische Gewebelehre: 57.
329 ebd.
330 Virchow (1858): 57; vgl. auch Uhle, P. & Wagner, E. (1862/65). Handbuch der allgemeinen Pathologie: 336.
331 Vgl. Gould (1992).
332 [Cope, E.D.] (1876). On the theory of evolution. Proc. Acad. Nat. Sci. Philadelphia 15-17: 16.
333 Oppel, A. (1891). Vergleichung des Entwicklungsgrades der Organe zu verschiedenen Entwicklungszeiten bei Wirbeltieren; Keibel, F. (1895). Normentafeln zur Entwicklungsgeschichte der Wirbeltiere. Anat. Anz. 11, 225-234; ders. (1898). Das biogenetische Grundgesetz und die Cenogenese. Ergeb. Anat. Entwicklungsgesch. 7, 722-792; Mehnert, E. (1895). Die individuelle Variation des Wirbelthierembryo. Morphol. Arb. 5, 386-444; vgl. Gould (1992): 163.
334 de Beer, G.R. (1930). Embryology and Evolution: 35.
335 Vgl. McKinney, M.L. (1988). Heterochrony in Evolution. A Multidisciplinary Approach.
336 Kollmann, J. (1884). Das Ueberwintern von europä-

ischen Frosch- und Tritonlarven und die Umwandlung des amerikanischen Axolotl. Verh. Naturforsch. Ges. Basel 7, 387-398: 391.
337   Geoffroy Saint-Hilaire, É. (1836). Considérations sur les singes les plus voisins de l'homme. Comp. Rend. Acad. Sci. 2, 92-95: 94f.; vgl. Gould, S.J. (1977). Ontogeny and Phylogeny: 354.
338   Bolk, L. (1926). Das Problem der Menschwerdung: 8; vgl. Verhulst, J. (1996). Atavism in *Homo sapiens*: a Bolkian heterodoxy revisited. Acta Biotheor. 44, 59-73.
339   a.a.O.: 9.
340   Lorenz, K. (1950). Ganzheit und Teil in der tierischen und menschlichen Gemeinschaft (Über tierisches und menschliches Verhalten, Bd. II, München 1965, 114-200): 183ff.
341   Lorenz, K. (1954). Psychologie und Stammesgeschichte (Über tierisches und menschliches Verhalten, Bd. II, München 1965, 201-254): 243.
342   Gould (1977): 9.
343   Baer, K.E. von (1866). Ueber Prof. Nic. Wagner's Entdeckung von Larven, die sich fortpflanzen, Herrn Ganin's verwandte und ergänzende Beobachtungen und über die Paedogenesis überhaupt. Bull. Acad. Sci. St. Pétersb. 9, 64-137: 96; vgl. Baer, K.E. von (1865). Nachrichten über Leben und Schriften des Herrn Geheimrathes Dr. Karl Ernst v. Baer mitgetheilt von ihm selbst: 612; Anonymus (1865). Sitzungen des Vereins. Correspondenzblatt des Naturforschenden Vereins zu Riga 15, 173-177: 173f.
344   Allen, H. (1891). Pedomorphism. Proc. Acad. Nat. Sci. Philadelphia 1891, 208-209: 208.
345   Garstang, W. (1922). The theory of recapitulation. J. Linn. Soc. London (Zool.) 35, 81-101: 100.
346   Vgl. Bonner, J.T. (1965). Size and Cylcle: 120f.
347   de Beer, G.R. (1930). Embryology and Evolution: 38; ders. (1940/58). Embryos and Ancestors: 36; Haldane, J.B.S. (1932). The time of action of genes, and its bearing on some evolutionary problems. Amer. Nat. 66, 5-24: 19.
348   de Beer (1930): 76f.
349   Alberch, P., Gould, S.J., Oster, G.F. & Wake, D.B. (1979). Size and shape in ontogeny and phylogeny. Paleobiology 5, 296-317: 307.
350   Vgl. Takhtajan, A. (1976). Neoteny and the origin of the flowering plants. In: Beck, C.B. (ed.). Origin and Early Evolution of Angiosperms, 207-219; Carlquist, S. (1962). A theory of paedomorphosis in dicotyledonous woods. Phytomorphol. 12, 30-45.
351   Kirchhoff, A. (1867). Die Idee der Pflanzen-Metamorphose bei Wolff und bei Göthe: 5.
352   a.a.O.: 20.
353   Waddington, C.H. (1942). The epigenotype. Endeavour 1, 18-20: 18; ders. (1947). Organisers and Genes; ders. (1957). The Strategy of the Genes; vgl. Morange, M. (2002). The relations between genetics and epigenetics. A historical point of view. In: Van Speybroeck, L., Van de Vijver, G. & de Waele, D. (eds.). From Epigenesis to Epigenetics (= Ann. New York Acad. Sci. 981), 50-60.
354   Waddington (1942): 19.
355   Hartmann, N. (1950). Philosophie der Natur: 699.
356   a.a.O.: 695; 703.
357   Løvtrup, S. (1974). Epigenetics. A Treatise on Theoretical Biology.
358   Holliday, R. (1994). Epigenetics: an overview. Dev. Genet. 15, 453-457: 454.
359   Wolffe, A.P. (1998). Introduction. In: Epigenetics (Novatis Foundation Symposium 214), 1-5: 1.
360   Hall, B.K. (1998). Epigenetics: regulation not replication. J. Evol. Biol. 11, 201-205.
361   Jablonka, E. & Lamb, M. (2002). The changing concept of epigenetics. In: Van Speybroeck, L., Van de Vijver, G. & de Waele, D. (eds.). From Epigenesis to Epigenetics (= Ann. New York Acad. Sci. 981), 82-96: 88.
362   Griesemer, J. (2002). What is "epi" about epigenetics? In: Van Speybroeck, L., Van de Vijver, G. & de Waele, D. (eds.). From Epigenesis to Epigenetics (= Ann. New York Acad. Sci. 981), 97-110: 108.
363   a.a.O.: 94.
364   Pennisi, E. & Roush, W. (1997). Developing a new view of evolution. Science 277, 34-37: 34.
365   Vgl. Goodman, C.S. & Coughlin, B.C. (2000). The evolution of evo-devo biology. Proc. Nat. Acad. Sci. U.S.A. 97, 4424-4425; Burian, R.M. et al. (2000). Evolutionary developmental biology: paradigms, problems, and prospects. Amer. Zool. 40, 711-831.
366   Evolution and Development (Oxford) 1.1999-; Journal of Experimental Zoology (Molecular and Developmental Biology) (Hoboken, N.J.) 1999-.
367   Gilbert, S.F., Opitz, J.M. & Raff, R.A. (1996). Resynthesizing evolutionary and developmental biology. Develop. Biol. 173, 357-372; Hall, B.K. (1992/98). Evolutionary Developmental Biology; Raff, R.A. (2000). Evo-devo: the evolution of a new discipline. Nature Rev. Gen. 1, 74-79; Hall, B.K. & Olson, W.M. (eds.) (2003). Keywords & Concepts in Evolutionary Developmental Biology; Laubichler, M. & Maienschein, J. (eds.) (2007). From Embryology to Evo-Devo. A History of Developmental Evolution.
368   Hall, B.K. (2000). Evo-devo or devo-evo – does it matter? Evol. Develop. 2, 177-178; vgl. Gilbert, S.F. (2003). Evo-devo, devo-evo, and devgen-popgen. Biol. Philos. 18, 347-352.
369   Müller, G.B. (2007). Six memos for evo-devo. In: Laubichler, M.. & Maienschein, J. (eds.). From Embryology to Evo-Devo. A History of Developmental Evolution, 499-524: 503f.
370   Vgl. Panchen, A.L. (2001). Étinne Geoffroy St.-Hilaire: father of "evo-devo"? Evol. Develop. 3, 41; Hoßfeld, U. & Olsson, L. (2003). The road from Haeckel: the Jena tradition in evolutionary morphology and the origins of "evo-devo". Biol. Philos. 18, 285-307.
371   Vgl. Whitman, C.O. (1919). Orthogenetic Evolution in Pigeons (Posthumous Works, ed. H.A. Carr, Washington): 178.
372   Waddington, C.H. (1957). The Strategy of the Genes; Bonner, J.T. (1958). The Evolution of Development, Riedl, R. (1975). Die Ordnung des Lebendigen; Gould, S.J. (1977). Ontogeny and Phylogeny.
373   Bonner, J.T. (1982). Evolution and Development. Report of the Dahlem Workshop on Evolution and Development.

374 Raff, R.A. & Kaufman, T.C. (1983). Embryos, Genes, and Evolution. The Developmental-Genetic Basis of Evolutionary Change; Arthur, W. (1984). Mechanisms of Morphological Evolution. A Combined Genetic, Developmental and Ecological Approach.
375 Raff, R.A. (1996). The Shape of Life. Genes, Development, and the Evolution of Animal Form; Arthur, W. (1997). The Origin of Animal Body Plans. A Study in Evolutionary Developmental Biology.
376 Levins, R. & Lewontin, R.C. (1985). The Dialectical Biologist: 278.
377 Hall, B.K. (2001). A commentary on "Evolutionary Developmental Biology. Paradigms, Problems and Prospects". Amer. Zool. 41, 1049-1051: 1050; vgl. Gilbert, S.F. (2003). The morphogenesis of evolutionary development biology. Int. J. Dev. Biol. 47, 467-477: 473.
378 Robert, J.S., Hall, B.K. & Olson, W.M. (2001). Bridging the gap between developmental systems theory and evolutionary developmental biology. BioEssays 23, 954-962.
379 Sturtevant, A.H. & Schultz, J. (1931). The inadequacy of the sub-gene hypothesis of the nature of the scute allelomorphs of *Drosophila*. Proc. Nat. Acad. Sci. U.S.A. 17, 265-270: 268; Goldschmidt, R. (1933). Some aspects of evolution. Science 78, 539-547: 543; Dobzhansky, T. (1956). What is an adaptive trait? Amer. Nat. 90, 337-347: 342.
380 Maupertuis, P.L.M. (1745). Vénus physique: 69; vgl. 67 (Kap. XII).
381 a.a.O.: 67f.
382 Kritzinger, F.A. (1776). Die physische Venus: 55.
383 Jerusalem, J.F.W. (1768/69). Betrachtungen über die vornehmsten Wahrheiten der Religion: 115.
384 Tetens, J.N. (1777). Philosophische Versuche über die menschliche Natur und ihre Entwickelung, Bd. 2: 447; Gabler, M. (1778). Naturlehre: 672; vgl. auch Ith, J.S. (1794-95/1803). Versuch einer Anthropologie oder Philosophie des Menschen nach seinen körperlichen Anlagen, 2 Bde.: I, 121; Hufeland, C.W. (1795). Ueber die Natur, Erkenntniß und Heilart der Skrofelkrankheit (Jena 1819): 107.
385 Henschel, A. (1820). Von der Sexualität der Pflanzen: 581.
386 Wagner, J.J. (1830). Erläuterungen zum Organon der menschlichen Erkenntniß: 126 (§170); vgl. ders. (1830/54). Erläuterungen zum Organon der menschlichen Erkenntniß. Nebst Einleitung in die Philosophie und Abriß der Geschichte der Philosophie (hg. v. P.L. Adam): 144.
387 Oyama, S. (1985). The Ontogeny of Information: 157.
388 Gray, R. (1992). Death of the gene: developmental systems strike back. In: Griffiths, P. (ed.). Trees of Life. Essays in Philosophy of Biology, 165-209: 177.
389 Oyama, S. (1992). Ontogeny and phylogeny; a case of metarecapitulation? In: Griffiths, P. (ed.). Trees of Life. Essays in Philosophy of Biology, 211-239: 226.
390 Gray (1992): 182.
391 Vgl. Stotz, K. (2005). Organismen als Entwicklungssysteme. In: Krohs, U. & Toepfer, G. (Hg.). Philosophie der Biologie, 125-143.
392 Vgl. Hall, B.K. (1998). Epigenetics: regulation not replication. J. Evol. Biol. 11, 201-205; Roberts, Hall & Olson (2001).
393 Sterelny, K., Smith, K.C. & Dickison, M. (1996). The extended replicator. Biol. Philos. 11, 377-403: 382f.
394 Griffiths, P.E. & Gray, R.D. (2001). Darwinim and developmental systems. In: Oyama, S., Griffiths, P.E. & Gray, R.D. (eds.). Cycles of Contingency, 195-218: 207; vgl. dies. (1994). Developmental systems and evolutionary explanation. J. Philos. 91, 277-304: 300.
395 Taylor, A.M. (1920). Ecological succession of mosses. Bot. Gaz. 69, 449-491: 481.
396 Vgl. Drury, W.H. & Nisbet, I.C.T. (1973). Succession. Arnold Arboret. J. 54, 331-368: 333.
397 King, W. (1685). Of the bogs and loughs of Ireland. Philos. Trans. Roy. Soc. (London) 15, 948-960.
398 Biberg, I.C. (= Linné, C. von) (1749). Oeconomia naturae. Linné Amoen. Acad. 2, 1-52.
399 Vgl. Limoges, C. (1972). Introduction. In: Linné, C. von, L'équilibre de la nature, 7-25: 13.
400 Willdenow, C.L. (1792). Grundriß der Kräuterkunde: § 358.
401 Humboldt, A. von (1808). Ideen zu einer Physiognomik der Gewächse. In: Ansichten der Natur, 157-278: 160ff.
402 Candolle, A.-P. de (1820). Essai élémentaire de géographie botanique.
403 Hundeshagen, J.C. (1830). Ueber die natürliche Umwandlung der Wälder, oder die sogenannte Wanderung der Pflanzen. Forstl. Ber. Misc. 1, 36-51; Grand, G. (1840). Mémoire sur l'alternance des essences forestières; Cochon, R. (1846). Alternance des essences dans les forêts. Ann. For. 5, 1-13; vgl. Spurr, S.H. (1952). Origin of the concept of forest succession. Ecology 33, 426-427.
404 Spencer, H. (1862/1901). First Principles: 299.
405 a.a.O.: 300.
406 Marshall, W. (1778). Succession, In: ders. (1779). Experiments and Observations Concerning Agriculture and the Weather, 168-170: 168.
407 Dureau de la Malle, A.J.C.A. (1825). Memoire sur l'alternance ou sur ce problème: la succession alternative dans la reproduction des espèces végétales vivant en société, est-elle une loi générale de la nature? Ann. Sci. Nat. Paris 5, 353-381; vgl. ders. (1823). Ann. Chim. Phys. 24, 212-214; Drouin, J.-M. (1994). Histoire et écologie végétale: les origines du concept de succession. Écologie 25, 147-155.
408 De Candolle, A. (1855). Géographie botanique raisonnée, 2 Bde.: I, XII.
409 Thoreau, H.D. (1860). Succession of forest trees. Mass. Board Agric. Rep. VIII (vgl. New York Weekly Tribune 6 Oct.); vgl. Douglas, R. (1875). Succession of species in forests. Horticulturist 30, 138-140.
410 Braun-Blanquet, J. (1928/64). Pflanzensoziologie. Grundzüge der Vegetationskunde: 608.
411 Kerner von Marilaun, A. (1863). Das Pflanzenleben der Donauländer.
412 Warming, E. (1895). Plantesamfund. Grundtraek af den Ökologiske Plantegeografi (dt. 1896): 361.
413 Warming, E. (1895/1909). Oecology of Plants: 360.
414 Vgl. Clements, F.E. (1916). Plant Succession. An Analysis of the Development of Vegetation; Tansley, A.G.

& Chipp, T.F. (1926). Aims and Methods in the Study of Vegetation: 7.
415 Cowles, H.C. (1899). The ecological relations of the vegetation on the sand dunes of Lake Michigan, part I. Bot. Gaz. 27, 95-117.
416 Cowles, H.C. (1901). The physiographic ecology of Chicago and vicinity: a study of the origin, development, and classification of plant societies. Bot. Gaz. 31, 73-108; 145-182.
417 Clements (1916): 99.
418 Clements (1916): 3; vgl. ders. (1905). Research Methods in Ecology: 199.
419 Vgl. Tansley, A.G. (1920). The classification of vegetation and the concept of development. J. Ecol. 8, 118-149; Phillips, J. (1935). Succession, development, the climax, and the complex organism: an analysis of concepts, part II. Development and the climax. J. Ecol. 23, 210-246.
420 Odum, E.P. (1969). The strategy of ecosystem development. Science 164, 262-270: 262.
421 Drury, W. & Nisbet, I. (1973). Succession. J. Arnold Arboret. 54, 331-368.
422 Connell, J.H. & Slatyer, R.O. (1977). Mechanisms of succession in natural communities and their role in community stability and organization. Amer. Nat. 111, 1119-1144.
423 Gleason, H.A. (1926). The individualistic concept of the plant association. Bull. Torrey Bot. Club 53, 7-26.
424 Vgl. McIntosh, R.P. (1985). The Background of Ecology: 76ff.; Trepl, L. (1987). Geschichte der Ökologie: 139ff.; Jax, K. (2002). Die Einheiten der Ökologie: 67ff.
425 Leppik, E.E. (1974). Phylogeny, hologeny, and coenogeny, basic concepts of environmental biology. Acta Biotheor. 23, 170-193.
426 Davitasvilli, L.S. (1978). Evoljucionnoe učenie (Abstammungslehre), nach Stugren, B. (1972/86). Grundlagen der allgemeinen Ökologie: 223.
427 Detto, C. (1904). Die Theorie der direkten Anpassung und ihre Bedeutung für das Anpassungs- und Deszendenzproblem: 30f.
428 Clements, F.E. (1925-27). Ecogenesis. Yearbooks of the Carnegie Institute, Washington 24, 310; 25, 335; 26, 305; ders. (1929). Adaptation and Origin in the Plant World: 165.
429 Troll, C. (1963). Über Landschafts-Sukzession. Vorwort zu: Bauer, H.J., Landschaftsökologische Untersuchungen im ausgekohlten rheinischen Braunkohlenrevier auf der Ville (=Arbeiten zur Rheinischen Landeskunde, H. 19); vgl. Troll, C. (1966). Landschaftsökologie als geographisch-synoptische Naturbetrachtung. In: Paffen, K. (Hg.) (1973). Das Wesen der Landschaft, 252-267: 264.
430 Begon, M., Harper, J.L. & Townsend, E. (1986/90). Ecology: 628.
431 Clements, F.E. (1905). Research Methods in Ecology: 241; ders. (1916). Plant Succession: 60.
432 Cowles, H.C. (1911). The causes of vegetative cycles. Bot. Gaz. 51, 161-183: 168.
433 Tansley, A.G. (1929). Succession, the concept and its values. Proc. Int. Congr. Plant Sci. Ithaca 1926, Bd. 1, 677-686: 680.
434 Hult, R. (1885). Blekinges Vegetation. Medd. af Soc. Fauna Flora Fenn. 12, 161-252: 249; vgl. Brotherus (1886). [Rez. Hult, R. (1885). Blekinges Vegetation]. Bot. Centralbl. 27, 192-193.
435 Warming, E. (1895). Plantesamfund. Grundtraek af den Ökologiske Plantegeografi (dt. 1896): 361.
436 Cowles, H.C. (1899). The ecological relations of the vegetation on the sand dunes of Lake Michigan. Part I. Bot. Gaz. 27, 95-117: 112; Harper, R.M. (1911). The relation of climax vegetation to islands and peninsulas. Bull. Torrey Bot. Club 38, 515-525.
437 Clements (1916): 105; nicht in Clements (1905)!
438 Cowles, H.C. (1910). The fundamental causes of succession among plant associations. Rep. Brit. Assoc. Adv. Sci. 79, 668-670: 669; kritisch dazu: Moss, C.E. (1910). The fundamental units of vegetation: historical development of the concepts of plant association and the plant formation. New Phytol. 9, 18-53: 38.
439 Hansen, H.M. (1930). Studies on the Vegetation of Iceland; Bojko, H. (1934). Die Vegetationsverhältnisse im Seewinkel. Bot. Centralbl. Beih. Abt. 2, 51, 600-747; vgl. Whittaker, R.H. (1953). A consideration of climax theory: the climax as a population and pattern. Ecol. Monogr. 23, 41-78; Trepl, L. (1987). Geschichte der Ökologie: 150.
440 Warming (1895; dt. 1896): 360.
441 Whittaker, R.H. (1953). A consideration of climax theory: the climax as a population and pattern. Ecol. Monogr. 23, 41-78.
442 Adams, C.C. (1908). The ecological succession of birds. Auk 25, 109-153: 139.

Literatur

Russell, E.S. (1916). Form and Function. A Contribution to the History of Animal Morphology.
Needham, J. (1934/59). A History of Embryology.
Meyer, A.W. (1939). The Rise of Embryology.
Montagu, M.F.A. (1949). Embryology from Antiquity to the End of the Eighteenth Century. Ciba Symposia 10, 1009-1028.
Oppenheimer, J.M. (1967). Essays in the History of Embryology and Biology.
Haraway, D.J. (1976). Crystals, fabrics and fields. Metaphors of Organicism in Twentieth-Century Developmental Biology.
Horder, T.J., Witkowski, J.A. & Wylie, C.C. (eds.) (1986). A History of Embryology.
Moore, J.A. (1987). Science as a way of knowing – developmental biology. Amer. Zool. 27, 415-573.
Sander, K. (1990). Von der Keimplasmatheorie zur synergetischen Musterbildung – Einhundert Jahre entwicklungsbiologischer Ideengeschichte. Verh. Deutsch. Zool. Ges. 83, 133-177.
Gilbert, S.F. (ed.) (1991). A Conceptual History of Modern Embryology.
Mocek, R. (1998). Die werdende Form. Eine Geschichte der Kausalen Morphologie.
Amundson, R. (2006). The Changing Role of the Embryo in Evolutionary Thought.

Entwicklungsbiologie

Der Ausdruck ›Entwicklungsbiologie‹ erscheint im Englischen vereinzelt seit Ende des 19. Jahrhunderts. Anfangs bezieht er sich besonders auf die postnatale geistige Entwicklung des Menschen (Ward 1890: »The only possible source from which anything new can be brought to the discussion [about the idiosyncrasies of the female mind, and how it differs from the male mind] is modern developmental biology«[1]). Erst zu Beginn des 20. Jahrhunderts wird es auf die körperliche Entwicklung von Lebewesen bezogen (Ritter 1909: »developmental biology«).[2] Das deutsche Wort ›Entwicklungsbiologie‹ ist seit den ersten Jahren des 20. Jahrhunderts in Gebrauch, ist aber anfangs ebenfalls sehr selten (Woltmann 1903 in Bezug auf die physiologischen Studien zur Entwicklung durch H. Driesch: »die neuere Physiologie und Entwicklungsbiologie kann nur seine [d.h. I. Kants] allgemeinen Grundsätze bestätigen«[3]; Schallmayer 1905 im eugenischen Kontext einer »Nationalbiologie«[4]). In den 1920er und 30er Jahren wird der Ausdruck häufiger verwendet (Goldschmidt 1920: »differenter Entwicklungsbiologie beider Geschlechter«[5]; als Terminus für das biologische Studium der frühen Ontogenese von Tieren und Pflanzen etabliert er sich aber erst in der Mitte des Jahrhunderts (Anonymus 1952: ›developmental biology‹[6]) und verdrängt die älteren Bezeichnungen. Entscheidend für die Durchsetzung des neuen Wortes ist die 1952 durch das amerikanische ›National Research Council‹ erfolgende Einrichtung eines Komitees in der Abteilung für Biologie und Landwirtschaft unter dem Titel »Developmental Biology«.[7]

Seit Mitte des 19. Jahrhunderts ist der Ausdruck *Entwicklungsphysiologie* in Gebrauch. Er wird bis zum Ende des Jahrhunderts aber nur beiläufig verwendet. 1841 erscheint die entsprechende Formulierung im Englischen in einer Abhandlung über die Physiologie und Pathologie der menschlichen Sinnesorgane (Pilcher 1841: »Developmental physiology«[8]); zwei Jahre später taucht das Wort im Deutschen auf (Klencke 1843: »vergleichende Entwicklungsphysiologie«[9]). Auch der Physiologe C. Nägeli verwendet den Ausdruck bereits.[10] In programmatischer Absicht zur Bezeichnung einer neuen, experimentell ausgerichteten biologischen Teildisziplin erscheint der Ausdruck bei W. Roux und H. Driesch am Ende des 19. Jahrhunderts.[11]

> Die Entwicklungsbiologie ist die Teildisziplin der Biologie, deren Gegenstand die Entwicklung der Organismen ist.

> Embryologie (Schurig 1731) *438*
> Entwicklungsphysiologie (Pilcher 1841) *438*
> Schadonologie (Haeckel 1866) *438*
> Metamorphologie (Haeckel 1866) *438*
> Entwicklungsmechanik (Zacharias 1882) *438*
> Entwicklungsbiologie (Ward 1890) *438*
> Phänogenetik (Haecker 1918) *439*
> Ontogenetik (Zimmermann 1931) *439*

Der von Roux seit 1885 bevorzugte Terminus lautet allerdings *Entwicklungsmechanik*[12] – ein Wort, das O. Zacharias bereits 1882 gebrauchte, allerdings (ebenso wie anfangs bei Roux) nicht für eine wissenschaftliche Disziplin, sondern das Entwicklungsgeschehen selbst: »Wären die Moleküle, aus denen die Keimscheibe besteht, nicht von Grund aus belebt, so würde es niemals möglich werden, durch eine, wenn auch noch so complicirte Entwicklungsmechanik daraus ein Hühnchen zu gestalten. Das Urgeheimniß des organischen Lebens liegt in der Entstehung der ersten Empfindung und diese kann niemals auf mechanischem Wege erklärt werden«.[13] Genau dies unternimmt aber Roux in seinem Projekt einer Entwicklungsmechanik als biologischer Disziplin.

Alternative Bezeichnungen

Thematisch enger gefasst als die Entwicklungsbiologie ist die *Embryologie*, die Lehre von den Embryonen, insbesondere ihrer Entwicklung. Am Anfang der Wortgeschichte, in der ersten Hälfte des 18. Jahrhunderts, ist das als ›Embryologie‹ Bezeichnete stark in religiöse Kontexte eingebunden, so z.B. bei M. Schurig[14] und F.E. Cangiamila[15]. In der »theologischen Embryologie« der Zeit geht es u.a. um die Frage der Taufe von Ungeborenen, um sie vor der Hölle zu bewahren. Als erster wissenschaftlicher Embryologe gilt Hieronymus Fabricius ab Aquapendente mit seiner Schrift über die Bildung des Embryos aus dem Jahr 1600 (↑Entwicklung), obwohl auch in seinen Untersuchungen z.T. noch mittelalterlich anmutende Fragen gestellt werden, u.a. wie der Hühnerembryo in das Ei gekommen ist.[16]

Eine Differenzierung verschiedener Teile der Embryologie schlägt E. Haeckel 1866 vor: Danach untersucht die *Embryologie* die Entwicklung der Organismen »innerhalb der Eihüllen«; demgegenüber nennt Haeckel die Teildisziplin, die die postembryonale Formveränderung untersucht, die also das Studium der freilebenden, noch nicht fortpflanzungsfähigen Organismenformen betrifft, *Schadonologie* (von griech. ›σχαδών‹ »Larve«) oder *Metamorphologie*. Zusammen bilden die beiden Wissenschaften Embryologie und Metamorphologie in Haeckels Systematik die *Ontogenie*, in der allgemein die individuelle Entwicklung der Organismen untersucht wird.[17] Davon abgeleitet wird das wissenschaftliche Studium der Ontogenese **Ontogenetik**[18] (dt. Zimmermann 1931; engl. 1958 »ontogenetics«[19]) genannt.

Ein anderer Terminus, der aber allein im Deutschen in den ersten Jahrzehnten des 20. Jahrhunderts verbreitet ist, lautet **Phänogenetik**. V. Haecker, der den Ausdruck 1918 einführt, erläutert die Grundkonzeption in einem Aufsatz von 1915: »Die entwicklungsgeschichtliche Eigenschafts- oder Rassenanalyse (Phänogenese) untersucht morphogenetisch und entwicklungsphysiologisch die Entstehung der Außeneigenschaften des fertigen Organismus und sucht deren Wurzel bis in möglichst frühe Entwicklungsstadien zurückzuverfolgen, indem sie Schritt für Schritt auf die während der Entwicklung wirksamen Zwischenprozesse und die vorübergehenden Zwischeneigenschaften zurückgeht«.[20] Konzipiert ist die Phänogenetik in erster Linie als eine Lehre, die eine Brücke zwischen Genetik und Entwicklungsbiologie schlägt, indem sie eine kausale Analyse der Einbindung von Erbfaktoren in den Prozess der ontogenetischen Entwicklung vornimmt. E. Fischer erläutert 1939: »Unter Phänogenese versteht man den entwicklungsgeschichtlichen Ablauf der Wirkungen und Wechselwirkungen aller in einem befruchteten Ei liegender Erbanlagen und ihrer peristatischen Beeinflussung bis zur fertigen Ausgestaltung aller Eigenschaften des betr. Organismus«.[21] Von der Ontogenetik und der Entwicklungsmechanik ist die Phänogenetik nach Fischer unterschieden, insofern sie von einzelnen Erbanlagen (Genen) ausgeht und »die letzten Kräfte« hinter den Entwicklungsphänomenen zu identifizieren sucht.[22]

Eigene Subdisziplin seit Ende des 19. Jh.
Erst gegen Ende des 19. Jahrhunderts entwickelt sich die Entwicklungsbiologie zu einer eigenständigen Subdisziplin der Biologie. Bis zu dieser Zeit ist die Embryologie thematisch und disziplinär eng mit der Genetik verbunden. Nur ansatzweise werden die Prozesse der Weitergabe von materiellen Teilen der Eltern an ihre Nachkommen durch Vererbung (»Transmission«) von denen der Umwandlung dieser Teile zu selbständigen Organismen (»Transformation«) konzeptionell unterschieden. Zu einer eigenständigen experimentellen Wissenschaft entwickelt sich die Embryologie erst am Ende des 19. Jahrhunderts. Als besonders fruchtbar erweist sich dabei der Ansatz, die frühen Stadien der Entwicklung auf zytologischer Grundlage zu untersuchen.

Eine prägende Figur in der Etablierung der Entwicklungsbiologie ist W. Roux. Seit 1895 gibt er

1. Differenzierung
Wie entstehen aus einer Eizelle die verschiedenen Zelltypen im adulten Organismus?

2. Morphogenese
Wie entstehen aus den verschiedenen Zelltypen organisierte Gewebe und Organe?

3. Wachstumskontrolle
Woher »wissen« Zellen, wann und wie oft sie sich teilen müssen, damit Organe definierter Größe entstehen?

4. Reproduktion
Wie entstehen Keimzellen, um die genetische Information zur Bildung eines Organismus von Generation zu Generation weiterzugeben?

5. Evolution und Entwicklung
Wie führen Änderungen während der Entwicklung eines Organismus zur Entstehung und Bewahrung neuer Körperformen?

Tab. 57. »Die zeitlosen Fragestellungen der Entwicklungsbiologie« (nach Olsson, L. & Hoßfeld, U. (2007). Die Entwicklung: die Zeit des Lebens – Ausgewählte Themen aus der Geschichte der Entwicklungsbiologie. In: Höxtermann, E. & Hilger, H.H. (Hg.). Lebenswissen. Eine Einführung in die Geschichte der Biologie, 218-243: 219).

das ›Archiv für Entwicklungsmechanik‹ heraus. In der Einleitung zum ersten Band bestimmt er dieses Forschungsfeld als »causale Morphologie« oder als »Lehre von den Ursachen der organischen Gestaltungen«. Die Bezeichnung *Mechanik* begründet er damit, dass »jedes der Kausalität unterstehende Geschehen […] seit Spinoza's und Kant's Definition des Mechanismus als mechanisches Geschehen bezeichnet« wird.[23] Roux verwendet den Ausdruck ›Entwicklungsmechanik‹ sowohl für den physiologischen Prozess als auch für die entsprechende Teildisziplin. In der ersten Bezeichnung gebraucht O. Zacharias das Wort bereits 1882: »Wären die Moleküle, aus denen die Keimscheibe besteht, nicht von Grund aus belebt, so würde es niemals möglich werden, durch eine, wenn auch noch so complicirte Entwicklungsmechanik daraus ein Hühnchen zu gestalten«.[24] Der Terminus ›Entwicklungsmechanik‹ kann sich bis etwa zur Mitte des 20. Jahrhunderts halten. Roux' Archiv selbst erhält ab dem Band 160 (1968) den Untertitel ›A Journal of Developmental Biology‹, bevor es seit 1975 den Titel ›Wilhelm Roux's Archives of Developmental Biology‹ trägt und schließlich seit 1996 ›Development Genes and Evolution‹ heißt.

Roux legt besonderen Wert auf die disziplinäre Eigenständigkeit der von ihm betriebenen Forschung. Er betont wiederholt, dass die Entwicklungsmechanik etwas anderes betreffe als die Physiologie: Während die Entwicklungsmechanik die »Funktionen des Bildens, Gestaltens« betreffe und damit »eine Abtheilung der Entwickelungsgeschichte« darstelle, habe es die Physiologie allein mit den »Erhaltungsfunktionen« zu tun.[25] Die Erhaltung sei aber etwas anderes als die gesetzmäßige Veränderung der organischen Strukturen. Daher wendet er sich auch gegen Bezeichnungen der Entwicklungsmechanik als *Entwicklungsphysiologie* – ein Begriff, der seit Ende der 1890er Jahre besonders von Driesch bevorzugt wird (s.o.) – oder als »physiologische Entwickelungsgeschichte«, wie es 1885 bei W. Preyer heißt[26].

Die Eigenständigkeit des Themas der Entwicklung drückt sich auch darin aus, dass die Entwicklungsprozesse weder der Selbsterhaltung noch der Fortpflanzung der Organismen, also keinem der beiden großen funktionalen Bereiche der Lebenserscheinungen, klar unterzuordnen sind. Die Entwicklung erscheint daher häufig als ein dritter Bereich, der neben den anderen beiden steht (↑Entwicklung). Schon G.L.L. de Buffon zählt die Entwicklung als gleichberechtigt neben der Ernährung zur Selbsterhaltung und der Fortpflanzung auf.[27] Ende des 19. Jahrhunderts ist es W. Wundt, der diese Dreiteilung propagiert.[28] 1933 hält E.S. Russell die Erhaltung, Fortpflanzung und Entwicklung für die drei »Master-Funktionen« der Lebewesen.[29]

In der heutigen biologischen Praxis erfolgt die Aufklärung von Entwicklungsprozessen häufig mittels molekularbiologischer Methoden, indem einzelne Gene und einzelne Stoffe für die Auslösung von Entwicklungsschritten verantwortlich gemacht werden können. A. Rosenberg argumentiert daher dafür, die Entwicklungsbiologie könne auf die Molekularbiologie *reduziert* werden.[30] Gegen eine solche Sicht spricht allerdings, dass entwicklungsbiologische Zustände (und Konzepte) häufig in einem komplexen Verhältnis zu molekularbiologischen Zuständen (und Konzepten) stehen: Einerseits kann in einigen Fällen der gleiche entwicklungsbiologische Zustand durch verschiedene molekularbiologische Zustände realisiert werden (»genetische Redundanz«); andererseits kann auch umgekehrt der gleiche molekularbiologische Zustand in unterschiedlichen Entwicklungskontexten verschiedenen Entwicklungszuständen zugerechnet werden. Diese Verhältnisse lassen sich an konkreten biologischen Beispielen belegen.[31] Entwicklungsprozesse hängen also in starkem Maße von der jeweiligen Organisation eines Entwicklungssystems ab. Nicht ausgeschlossen ist damit aber, dass es einer Molekular*biologie*, die selbst auf dem Konzept der Organisation aufbaut, gelingen kann, Entwicklungssysteme molekularbiologisch detailliert zu rekonstruieren.[32]

Nachweise

1 Ward, L.F. (1890). Genius and woman's intuition. The Forum (ed. W.H. Page) 9, 401-408: 401.
2 Ritter, W.E. (1909). Life from the biologist's standpoint. Popular Science Monthly 75, 174-190: 187.
3 Woltmann, L. (1903). [Rez. Driesch, H. (1903). Die „Seele" als elementarer Naturfaktor]. Politisch-Anthropologische Revue. Monatsschrift für das soziale und geistige Leben der Völker 2, 529-530: 529.
4 Schallmayer, W. (1905). Beiträge zu einer Nationalbiologie: 88; ders. (1905). Zur sozialwissenschaftlichen und sozialpolitischen Bedeutung der Naturwissenschaften, besonders der Biologie. Vierteljahrsschrift für wissenschaftliche Philosophie und Soziologie 29, 495-512: 505.
5 Goldschmidt, R. (1920). Mechanismus und Physiologie der Geschlechtsbestimmung: 225; vgl. auch Dürken, B. (1936). Entwicklungsbiologie und Ganzheit. Ein Beitrag zur Neugestaltung des Weltbildes; Holm, Å. (1940). Studien über die Entwicklung und Entwicklungsbiologie der Spinnen.
6 Anonymus (1952). Miscellaneous. Science 115, 35; Anonymus (1952). Research grants of the U.S. National Science Foundation. Nature 169, 1041; Developmental Biology 1.1959- (Orlando, Fla.).
7 Anonymus (1952). Miscellaneous. Science 115, 35;
8 Pilcher, G. (1841). Course of lectures on the anatomy, physiology, and diseases of the ear, Lecture 2 (arranged and reported from notes by T. Williams). The Lancet 1, 665-668: 668; vgl. auch Riddle, O. (1909). Our knowledge of melanin color formaton and its bearing on the Mendelian description of heredity. Biol. Bull. 16, 316-351: 318.
9 Klencke, P.F.H. (1843). Neue physiologische Abhandlungen auf selbständige Beobachtungen gegründet: 219.
10 Nägeli, C. (1884). Mechanisch-physiologische Theorie der Abstammungslehre: 637.
11 Roux, W. (1898). Für unser Programm und seine Verwirklichung. Arch. Entwicklungsmech. 5, 1-80; 219-342: 311; Driesch, H. (1898). Über den Werth des biologischen Experiments. Arch. Entwicklungsmech. Organism. 5, 133-142: 142; vgl. Wolff, G. (1894). Bemerkungen zum Darwinismus mit einem experimentellen Beitrag zur Physiologie der Entwicklung. Biol. Centralbl. 14, 609-620; ders. (1895). Entwickelungsphysiologische Studien I: Die Regeneration der Urodelenlinse. Arch. Entwickelungsmech. Org. 1, 380-390; Weiss, P. (1930). Entwicklungsphysiologie der Tiere; Rotmann, E. (1943). Entwicklungsphysiologie. Fortschr. Zool. 7, 167-255; Kühn, A. (1955/65). Vorlesungen über Entwicklungsphysiologie.
12 Roux, W. (1885). Einleitung zu den „Beiträgen zur Entwicklungsmechanik des Embryo" (Gesammelte Abhandlungen über Entwickelungsmechanik der Organismen, 2 Bde., Leipzig 1895, II, 1-23).
13 Zacharias, O. (1882). Charles R. Darwin und die culturhistorische Bedeutung seiner Theorie vom Ursprung der Arten: 70.
14 Schurig, M. (1731). Syllepsilogia historico-medica: 483; ders. (1732). Embryologia historico-medica.
15 Cangiamila, F.E. (1745). Embryologica sacra.

16 Fabriciuso ab Aquapendente, H. (1600). De formatu foetu.
17 Haeckel, E. (1866). Generelle Morphologie der Organismen, 2 Bde.: I, 53f.
18 Zimmermann, W. (1931). Arbeitsweise der botanischen Phylogenetik und anderer Gruppierungswissenschaften. In: Handbuch der biologischen Arbeitsmethoden, Abt. 9, Teil 3: Methoden der Vererbungsforschung, 2. Hälfte, Heft 6, 941-1053: 951; 976; 1015; Löther, R. (1972). Die Beherrschung der Mannigfaltigkeit. Philosophische Grundlagen der Taxonomie: 49f.
19 Beasley, W.C. (1958). [Goldmedaille des ›American Congress of Physical Medicine Rehabilitation‹ für die Ausstellung zu "Ontogenetics and Biomechanics of Ankle Plantar Flexion Forces"]. Science 128, 890.
20 Haecker, V. (1915). Entwicklungsgeschichtliche Eigenschafts- oder Rassenanalyse. Z. indukt. Abst.- Vererbungsl. 14, 260-280: 260; vgl. ders. (1918). Entwicklungsgeschichtliche Eigenschaftsanalyse (Phänogenetik). Gemeinsame Aufgaben der Entwicklungsgeschichte, Vererbungs- und Rassenlehre; Prell, H. (1922). Zur Begriffsbildung in der Phänogenetik. Zool. Anz. 54, 218-224; ders. (1923). Zur Begriffsbildung in der Phänogenetik (II). Arch. Entwicklungsmech. Org. 52-97, 460-479; Freye, H.-A. (1965). Valentin Haecker (1864-1927) und die Phänogenetik. Zool. Anzeiger 174, 401-410.
21 Fischer, E. (1939). Versuch einer Phänogenetik der normalen körperlichen Eigenschaften des Menschen. Z. indukt. Abst.- Vererbungsl. 76, 47-117: 48.
22 ebd.
23 Roux, W. (1895). Einleitung. Arch. Entwickelungsmech. 1, 1-42: 1.
24 Zacharias, O. (1882). Charles R. Darwin und die culturhistorische Bedeutung seiner Theorie vom Ursprung der Arten: 70.
25 Roux (1898): 310; ders. (1912). Terminologie der Entwicklungsmechanik der Tiere und Pflanzen: 131.
26 Preyer, W. (1885). Specielle Physiologie des Embryo.
27 Buffon, G.L.L. de (1749). Histoire générale des animaux. In: Histoire naturelle générale et particulière, Bd. 4 (Œuvres philosophiques, Paris 1954, 233-289): 248.
28 Wundt, W. (1874/1902-03). Grundzüge der physiologischen Psychologie, 3 Bde.: III, 689.
29 Russell, E.S. (1933). The limitations of analysis in biology (in: Blackburn, R.T. (ed.) (1966). Interrelations: The Biological and Physical Sciences, 57-64): 64; ders. (1945). The Directiveness of Organic Activities (dt. ca. 1946): 9; vgl. Haldane, J.S. (1935). The Philosophy of a Biologist (dt. Jena 1936): 35.
30 Rosenberg, A. (1997). Reductionism redux: computing the embryo. Biol. Philos. 12, 445-470.
31 Laubichler, M. & Wagner, G. (2001). How molecular is developmental biology? Biol. Philos. 16, 53-68.
32 Vgl. Frost-Arnold, G. (2004). How to be an anti-reductionist about developmental biology: response to Laubichler and Wagner. Biol. Philos. 19, 75-91.

Literatur

Needham, J. (1934/59). A History of Embryology.
Meyer, A.W. (1939). The Rise of Embryology.
Montagu, M.F.A. (1949). Embryology from Antiquity to the End of the Eighteenth Century. Ciba Symposia 10, 1009-1028.
Oppenheimer, J.M. (1967). Essays in the History of Embryology and Biology.
Horder, T.J., Witkowski, J.A. & Wylie, C.C. (eds.) (1986). A History of Embryology.
Moore, J.A. (1987). Science as a way of knowing – developmental biology. Amer. Zool. 27, 415-573.
Sander, K. (1990). Von der Keimplasmatheorie zur synergetischen Musterbildung – Einhundert Jahre entwicklungsbiologischer Ideengeschichte. Verh. Deutsch. Zool. Ges. 83, 133-177.
Gilbert, S.F. (ed.) (1991). A Conceptual History of Modern Embryology.
Amundson, R. (2006). The Changing Role of the Embryo in Evolutionary Thought. Roots of Evo-Devo.

Ernährung

Das Wort ›Ernährung‹ geht auf das Verb ›nähren‹ (mhd. ›ner[e]n‹; ahd. ›nerian‹ »davonkommen, retten, am Leben erhalten«) zurück. Das Substantiv erscheint in der Bedeutung »Versorgung mit Lebensnotwendigem« im 15. Jahrhundert[1], verbreitet sich aber allgemein erst im 18. Jahrhundert.[2] Der lateinische Terminus ›nutritio‹ findet sich nur vereinzelt im klassischen Latein, z.B. bei Columella im ersten nachchristlichen Jahrhundert.[3] Als Terminus etabliert er sich spätestens seit der Scholastik, so verwendet ihn Mitte des 13. Jahrhunderts Thomas von Aquin.[4] Die Grundformen, die Verben ›nutricare‹[5] und ›nutrire‹[6] »(er)nähren« sowie das Substantv ›nutrimentum‹[7] »Nahrungsmittel« finden sich dagegen schon im klassischen Latein. Als ein spezifisches Vermögen der Lebewesen erscheint die Ernährung auch bereits bei den Klassikern der griechischen Philosophie (s.u.).

Ernährung (15. Jh.)	*442*
nekrophag (Nieremberg 1635)	*446*
herbivor (Lovell 1661)	*446*
Atmung (Pfitzer 1691)	*447*
Chlorophyll (Pelletier & Caventou 1817)	*446*
saprophag (Macleay 1819)	*446*
Konsumptionsrate (Spencer 1867)	*454*
Nahrungskreislauf (Aveling 1881)	*452*
autotroph (Frank 1892)	*445*
heterotroph (Frank 1892)	*445*
Photosynthese (Barnes 1893)	*446*
Pinozytose (Gabritschewsky 1894)	*444*
Chemosynthese (Pfeffer 1897)	*446*
Vitamin (Funk 1912)	*444*
Nahrungskette (Kerr 1915)	*449*
Cytochrom (Keilin 1925)	*448*
biozönotischer Konnex (Friederichs 1930)	*452*
Nahrungsnetz (Allee 1932)	*452*
trophische Ebenen (Lindeman 1942)	*450*
Lysosomen (de Duve 1953)	*444*
Endozytose (de Duve 1963)	*444*

Antike: unteres Seelenvermögen

Dass ein Lebewesen im Austausch von Stoffen mit seiner Umwelt steht, ist eine alltägliche lebensweltliche Erfahrung. Weil die Aufnahme bestimmter Stoffe offensichtlich notwendig für das Leben des Lebewesens ist, gilt die Ernährung seit der Antike als ein zentrales allgemeines Merkmal von Lebewesen. Auch bereits seit der Antike wird die Ernährung als ein Austausch von Stoffen zwischen Lebewesen und Umwelt, also als ein ↑Stoffwechsel, konzipiert. Wie die Gliederung des Stoffwechsels in Bau- und Energiestoffwechsel, so lässt sich auch für die Nahrung der Lebewesen zwischen Baustoff und Brennstoff unterscheiden. Es gilt also, »daß Lebewesen nicht nur von der Nahrung leben, sondern durch und durch aus ihr bestehen«.[8]

Viele antike Naturforscher, darunter Erasistratos, ein Arzt der alexandrinischen Schule, stellen sich die Verarbeitung der aufgenommenen Nahrung als einen Prozess der mechanischen Zerkleinerung vor, der durch die Kontraktion des Magens erfolgt. Die Funktion der Ernährung wird im Ersatz der durch Ausscheidung verlorenen Teile gesehen. Galen konzipiert den Vorgang der Ernährung darüber hinaus als Transformation des aufgenommenen Nahrungsstoffes zu einer Substanz anderer Art, die assimiliert wird (↑Stoffwechsel).

Bei Aristoteles bildet die Ernährung ein basales Seelenvermögen, das dem gleichen Seelenteil wie die Fortpflanzung zugeordnet wird, nämlich der Nährseele (»θρεπτικὴ ψυχή«). Die Ernährung stellt damit ein grundlegendes Vermögen dar, das alle Lebewesen (einschließlich der Pflanzen) kennzeichnet.[9] Die Ernährung ist nach Aristoteles über ein besonderes Wahrnehmungsvermögen vermittelt, das allen Lebewesen zukommt, den Tastsinn: »das Tasten (Berühren) ist die Wahrnehmung der Nahrung«[10]. Weil es später heißt, dass das Lebewesen durch den Tastsinn bestimmt sei und dass »ohne den Tastsinn kein Lebewesen bestehen«[11] könne, ist die Ernährung also eine notwendig den Lebewesen zukommende Leistung: Ein Lebewesen ist nur ein Lebewesen, wenn es sich ernährt. Den Prozess der Ernährung beschreibt Aristoteles als eine anfängliche Zerkleinerung der Nahrung im Mund und ein anschließendes »Verkochen« (»πέψις«), d.h. eine Aufbereitung unter Wärmeeinfluss.[12] Als Wärmequelle dient das Herz. Das Produkt des Verkochens ist das Blut, das vom Herzen zu den anderen Körperteilen fließt und dort deren Größe und Funktionsfähigkeit aufrechterhält.[13] Auch der männliche Samen ist nach Aristoteles ein Produkt des Verkochens des Bluts.[14]

Alexander von Aphrodisias formuliert um 200 n. Chr. die aristotelischen Bestimmungen zu einer allgemeinen Definition des Lebens: »Das Leben ist die Ernährung und das Wachstum von etwas durch sich selbst«[15] (↑Leben: Tab. 160).

Scholastik und Frühe Neuzeit: Ernährungskräfte

Seit den hippokratischen Lehren wird der Prozess der Ernährung in verschiedene Phasen gegliedert. Avicenna und mit ihm die scholastischen Philoso-

---

Die Ernährung ist die Gesamtheit der Prozesse der Aufnahme und Verarbeitung von Nährstoffen aus der Umwelt durch einen Organismus.

phen des Mittelalters ordnen den Phasen jeweils eine eigene Kraft zu und gliedern das Ernährungsvermögen in die vier Kräfte *vis attractiva* (Anziehung der Nahrung), *vis digestiva* (Verdauung), *vis retentiva* (Zurückhaltung der wertvollen Bestandteile der Nahrung) und *vis expulsiva* (Ausscheidung des Unbrauchbaren).[16] Im Anschluss daran findet sich bei Albertus Magnus die Unterscheidung von *Ernährungskraft* (»virtus nutritiva«[17]) und *Verdauungskraft* (»virtus digestiva«[18]).

Während bis ins 17. Jahrhundert die Erscheinung der Ernährung als Funktion eines besonderen Seelenteils, der Pflanzenseele (»anima vegetativa«), gedeutet wird, setzen sich mit den mechanistischen Deutungen des Lebensgeschehens allmählich rein physikalische Erklärungen durch. R. Descartes erklärt alle Funktionen der Pflanzenseele, also neben der Ernährung auch das Wachstum und die Fortpflanzung aus allgemeinen mechanischen Prinzipien, nämlich als Folge der Größe, Gestalt, Lage und Bewegung von Teilchen.[19] Er weist die *vis vegetativa* und die *vis motrix animalium* auch im Menschen der *res extensa* zu und bestreitet ihren Status als Vermögen einer Seele.[20] Das einzige irdische Wesen, dem mit Recht eine Seele zugeschrieben werden kann, ist nach Descartes der Mensch, insofern er eine *res cogitans* hervorbringt.

Erste Versuche zur Ernährung (der Pflanzen) führt J.B. van Helmont in der ersten Hälfte des 17. Jahrhunderts durch. Bekannt ist sein Versuch mit einem Weidenstock in einem Blumentopf, dessen Gewicht er über Jahre bestimmt. Weil er keine Erde, sondern nur Wasser in den Topf gibt, schließt van Helmont, dass die Gewichtszunahme der Weide allein durch die Aufnahme des Wassers erfolgt sein muss.[21] Die Ernährung versteht van Helmont ebenso wie alle anderen Lebensvorgänge als einen chemischen Prozess und führt sie auf eine »Gärung«, die auf »Fermenten« beruht, zurück (er wird damit zum Begründer der »Iatrochemie«). – Van Helmonts einfacher Versuch hat einige Vorläufer, die bis in die Antike zurückreichen. So wird die Versuchsanordnung bereits von Pseudo-Clementinus im 3. Jahrhundert[22] und von Nikolaus von Kues im 15. Jahrhundert[23] beschrieben.[24]

18. Jh.: spekulative Ernährungstheorien
Im 18. Jahrhundert bestehen verschiedene Theorien der Ernährung nebeneinander. H. Boerhaave vertritt eine chemische Auffassung, nach der die Prozesse bei der Ernährung eine graduelle Transformation von sauren über neutrale zu alkalischen Stoffen bewirken.[25] A. von Haller schließt dagegen an die mechanischen Auffassungen der Ernährung in der An-

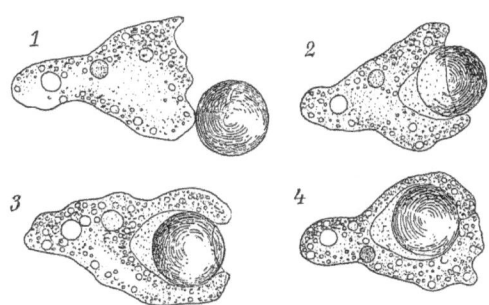

Abb. 112. Nahrungsaufnahme einer Amöbe (Amoeba proteus) durch Einschluss der Nahrung, hier der Zyste einer Alge (Euglena). Vier aufeinanderfolgende Stadien des Vorgangs (aus Jennings, H.S. (1906). The Behavior of the Lower Organisms, dt. Das Verhalten der niederen Organismen, Leipzig 1910: 18).

tike als Ersetzungsleistung von verlorengegangenen Teilen des Körpers an. Nach von Haller werden die festen Teile des Körpers durch Reibung der Muskeln und durch Expansion und Kontraktion der Gefäße abgenutzt. Diese Prozesse würden zu Aushöhlungen der Gefäße führen, die durch die erdigen Bestandteile der Nahrung wieder gefüllt werden müssten: »Es verzehren sich auch am Menschen die festen Theile«.[26] ›Ernährung‹ bestimmt von Haller nun genau als den Prozess des Ersatzes der durch den Gebrauch abgenutzten Teile: »Wenn so viel, und solcher Art wieder ergänzt wird, als an Menge und Beschaffenheit verlohren gegangen, so heißt dieses, ernährt werden«.[27]

Für G.L.L. de Buffon schließlich ist die Ernährung nicht mit einer Transformation von Stoffen verbunden, sondern besteht allein in der Aufnahme von lebendigen organischen Molekülen. Eine Transformation ist nach Buffon nicht notwendig, weil den organischen Molekülen die gleichen Eigenschaften wie den Organismen zukommen und sie nach deren Tod unverändert fortbestehen und von anderen Organismen aufgenommen werden: »la matière que l'animal ou le végétal assimile à sa substance, est une matière organique qui est de la même nature que celle de l'animal ou du végétal, laquelle par conséquent peut en augmenter la masse & le volume sans en changer la forme & sans altérer la qualité de la matière du moule«[28].

19. Jh.: chemische Theorien der Ernährung
Chemische Theorien der Ernährung beginnen sich durchzusetzen, nachdem die Chemie seit Lavoisier gezeigt hat, dass Organismen wesentlich aus den chemischen Elementen Kohlenstoff, Wasserstoff, Sauerstoff und Stickstoff bestehen, die auch in ihrer

Ernährung

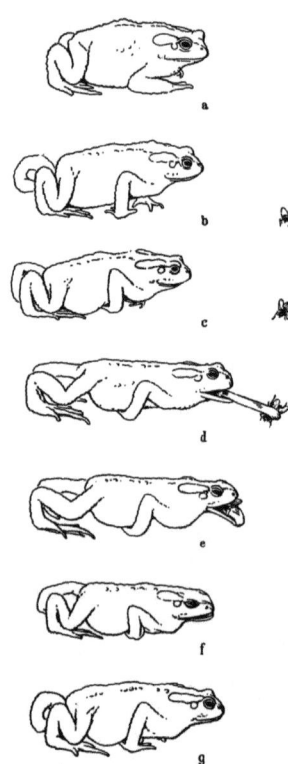

Abb. 113. Fixieren und Schnappen einer Fliege durch eine Kröte, Zeichnungen nach Blitzlichtaufnahmen 1/600s (aus Schneider, D. (1954). Beitrag zu einer Analyse des Beute- und Fluchtverhaltens einheimischer Anuren. Biol. Zentralbl. 73, 225-282: 264).

Nahrung enthalten sind. Im 19. Jahrhundert entwickelt sich die Ernährungslehre ausgehend von der Einteilung der Nahrungsstoffe in verschiedene Klassen wie Fibrin, Albumin, Gelatin, Fett oder Chondrin und dem Versuch ihrer chemischen Charakterisierung (↑Molekularbiologie/Biochemie). Der Verdauungsprozess wird danach untersucht, inwiefern er Regeln der Umwandlung dieser Stoffe zu identifizieren ermöglicht. Richtungsweisende experimentelle Untersuchungen dazu führen in den 1820er Jahren v.a. F. Tiedemann und L. Gmelin durch (↑Stoffwechsel).[29]

Auch im 19. Jahrhundert gilt die Ernährung allgemein als eines der zentralen Charakteristika der Lebewesen, die diese von den leblosen Körpern unterscheidet. In keiner der Eigenschaftslisten, in denen die Wesensmerkmale der Lebewesen aufgezählt wird, fehlt daher die Ernährung oder der Stoffwechsel (↑Leben: Tab. 164). Weil die Ernährung anders als andere Eigenschaften, wie z.B. die Fortbewegung (fehlt z.B. bei den Pflanzen) oder auch die Fortpflanzung (fehlt z.B. bei den Mitgliedern der sterilen Kasten der sozialen Insekten) allen Lebewesen zukommt, gilt sie außerdem als das zuverlässigste Lebenskriterium. C. Bernard beschreibt die Ernährung 1878 daher als das Merkmal, das allein ausreiche, um das Leben zu charakterisieren (»le trait distinctif, essentiel, de l'être vivant [...] la plus constante et la plus universelle de ses manifestations, celle par conséquent qui doit et peut suffire par elle seule à caractériser la vie«).[30] In ähnlicher Weise formuliert C. Robin 1880, überall dort wo Ernährung vorliegt, ist Leben: »Partout où il y a nutrition, il y a vie«.[31]

20. Jh.: neue Stoffklassen

Zu Beginn des 20. Jahrhunderts setzt ein Paradigmenwechsel in der Ernährungswissenschaft ein, der zu einer »neuen Lehre« führt. Diese modifiziert die klassische Lehre von den ernährungsrelevanten Stoffklassen wie Kohlenhydrate, Proteine, Fette und Mineralien, indem die Bedeutung spezieller Aminosäuren und Vitamine für die Ernährung herausgestellt wird.[32] In diesem Zusammenhang und ausgehend von Untersuchungen zur Mangelkrankheit Beri-Beri führt C. Funk 1912 den Begriff ***Vitamin*** ein.[33] Bezeichnet wird damit ein lebenswichtiger Stoff, der von einem Organismus nicht aus den biochemischen Elementarstoffen selbst synthetisiert werden kann. Funk nimmt an, dass alle diese Stoffe Amine, d.h. Ammonikderivate darstellen und insofern eine chemisch einheitliche Gruppe bilden. Nachdem sich dies als Irrtum herausstellt, wird die ursprüngliche englische Bezeichnung ›vitamines‹ in ›vitamins‹ geändert.[34]

Auf zellulärer Ebene kann die Aufnahme von Stoffen in eine Zelle nach einem Vorschlag von C. de Duve von 1963 als ***Endozytose*** bezeichnet werden[35] (Novikoff 1963: »materials are coming into the cell (endocytosis) rather than going out (exocytosis)«[36]). Unterschieden werden oft zwei Formen der Endozytose: die Aufnahme von festen Stoffen als *Phagozytose* und die von flüssigen als *Pinozytose*. Der erste der beiden Ausdrücke ist dabei abgeleitet von einer besonderen Klasse von Zellen, den von E. Metschnikoff 1883 so genannten »Fresszellen (Phagozyten)« (↑Schutz).[37] Der Ausdruck ***Pinozytose*** wird 1894 von G. Gabritschewsky eingeführt (»pinocytose«).[38]

In den 1950er Jahren werden besondere Organellen identifiziert, die an Prozessen der Zersetzung von Nahrungsstoffen beteiligt sind: die ***Lysosomen*** (de Duve 1953: »lysosomes«).[39]

Ernährungstypen

Nach den Kriterien der Lokomotion des Konsumenten und der Größe der Nahrungsobjekte lassen sich in einer Kreuzklassifikation verschiedene grundsätzliche Formen der Ernährung unterscheiden (vgl. Tab. 58). Neben diesen Einteilungskriterien könnte auch die Bewegung der Nahrungsobjekte herangezogen werden. Damit ließe sich zwischen *Jagen* und *Sammeln* unterscheiden.

Zwar bestehen nicht immer klare Abgrenzungen zwischen den vier in der Tabelle unterschiedenen Kategorien, es lassen sich aber eindeutige paradigmatischen Fälle angeben: Klassische Jäger sind die räuberischen Säugetiere oder die Greifvögel; lauernd (manchmal mit einem Köder) ernähren sich Spinnen oder fleischfressende Pflanzen; Weideorganismen sind viele Huftiere oder Fische; und Filtrierer schließlich sind die meisten festsitzenden Seetiere (z.B. Schwämme und Nesseltiere) und die Mehrzahl der Pflanzen (sie filtrieren Kohlendioxid und Licht bestimmter Frequenzen aus ihrer Umwelt). Die Aufnahme des Sauerstoffs aus der Luft oder dem Wasser durch die Tiere und Pflanzen ist ebenfalls ein Vorgang des Filtrierens. Damit der Energiebedarf bei der Ernährung von kleiner Nahrung (also durch Weiden und Filtrieren) gedeckt werden kann, müssen die Nahrungsobjekte in der Regel permanent zur Verfügung stehen und bilden daher nicht selten einen Teil des Mediums, in dem sich der Organismus aufhält: Die Weidetiere des Landes leben auf dem Gras, das sie abweiden; die Pflanzen leben in der Luft und in dem Licht, die sie filtrieren. Die große Nahrung, von der sich die Jäger und Lauerer ernähren, kommt dagegen nur sporadisch im Lebensraum dieser Organismen vor und bildet nicht einen Teil des Mediums.

Autotrophie/Heterotrophie

Eine der ersten möglichen Unterscheidungen in der Weise der Ernährung von Organismen betrifft die Art der aufgenommenen Nahrung. Die Organismen, die sich von anorganischer Materie ernähren, lassen sich denen gegenüber stellen, die auf organische Stoffe angewiesen sind. Erstaunlich spät ist diese Unterscheidung terminologisch fixiert worden. 1892 führt A.B. Frank im ersten Band seines ›Lehrbuchs der Botanik‹ die seither verwendete Differenzierung von **autotroph** und **heterotroph** ein.[40] Frank bezieht diese Unterscheidung auf Pflanzen: autotroph sind demnach solche Pflanzen, die »ihre Nahrung selbständig sich erwerben«, heterotroph dagegen solche, »welche sich mit Hülfe von Pilzen ernähren«. W. Pfeffer erweitert diese Bestimmung, indem er alle Organismen als *heterotroph* bezeichnet, die »durch Aufnahme von Aussen die für das Gedeihen unerlässliche organi-

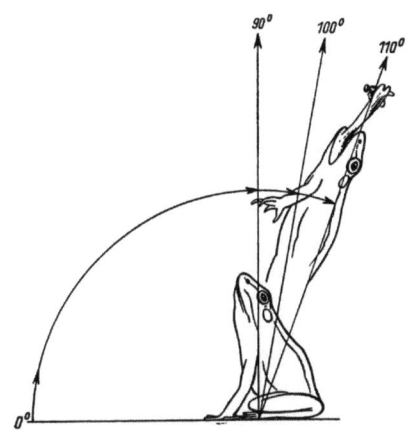

Abb. 114. Beute in der Nähe des Zenits (bis zu 20° caudalwärts) wird von einem Wasserfrosch im Sprung mit der Zunge erfasst (aus Schneider, D. (1954). Beitrag zu einer Analyse des Beute- und Fluchtverhaltens einheimischer Anuren. Biol. Zentralbl. 73, 225-282: 240).

sche Nahrung gewinnen«, also die »chlorophyllfreien Organismen«; autotroph sind demgegenüber die zur Assimilation des anorganischen Kohlendioxid befähigten chlorophyllhaltigen Organismen.[41]

Bereits lange Zeit vor dieser terminologischen Differenzierung wird der Unterschied in der Ernährungsweise von Pflanzen und Tieren vielfach benannt. Bei J.G. Fichte heißt es 1797: »Die Pflanzen werden aus roher Materie [...]; dagegen ernähren sich die Thiere nur aus dem Reiche der Organisation«.[42] Fichte sieht daneben auch einen Zusammenhang zwischen der Ernährung der Tiere von anderen Organismen und ihrer Fähigkeit zur aktiven Lokomotion. Ähnlich heißt es bei A.-P. de Candolle 1819, die Rolle der Pflanzen in der Natur sei es, die anorganische Materie so aufzubereiten, dass sie für die Tiere zur Nahrung werden könne (»Le rôle général des végétaux dans la nature, est d'élaborer des matières inorganiques, de telle sorte qu'elles deviennent propres à la nourriture des animaux«).[43] J. Moleschott formuliert 1852 knapp:

Relative Größe der Nahrung		Lokomotion des Konsumenten	
		ja	nein
	groß	*Jagen* z.B. Löwen	*Lauern* z.B. Spinnen
	klein	*Weiden* z.B. Gänse	*Filtrieren* z.B. Pflanzen

Tab. 58. Kreuzklassifikation von vier Typen der Ernährung.

»Darin liegt der Kern des Pflanzenlebens, daß es Luft und Erde organisiert«.[44]

Auf stofflicher Ebene beginnt die Unterscheidung der zwei grundsätzlichen Ernährungsweisen der Lebewesen mit der Extraktion des Farbstoffs der Blätter von grünen Pflanzen durch N. Grew im Jahr 1682.[45] 1817 nennen P.-J. Pelletier und J.B. Caventou diesen Stoff **Chlorophyll** (»chlorophyle«[46]).[47] Einen Zusammenhang zwischen dem grünen Farbstoff und der Stoffassimilation durch die Pflanzen stellt H. Dutrochet bereits 1837 her.[48] Den Nachweis der Bildung von Stärke unter Lichteinfluss in den Chloroplasten führt J. Sachs 1862.[49] Die Rolle des Chlorophylls bei der Stoffassimilation bleibt aber lange ungeklärt. N. Pringsheim vermutet 1881, dass das Chlorophyll eine Art Lichtschutz bildet.[50] Die chemische Beteiligung des Chlorophylls bei der Assimilation und deren Abhängigkeit von der Lichtintensität vermutet dagegen J. Reinke 1884.[51] Die Isolierung und chemische Analyse des Chlorophylls gelingt 1913 R. Willstätter und A. Stoll.[52] Sie stellen auch die Anlagerung des Kohlendioxids aus der Luft an das Chlorophyll bei der Assimilation fest.

Innerhalb der Gruppe der heterotrophen Organismen kann nach dem Typ der Nahrung unterschieden werden zwischen Saprophagen, Herbivoren, ↑Räubern, Parasiten (↑Parasitismus) und Symbionten (↑Symbiose). *Saprophage* (von griech. ›σαπρός‹ »faul, verfault«) ernähren sich von totem organischen Material; sie schädigen durch ihre Ernährung also keine anderen. Der erste Nachweis des Adjektivs **saprophag** für das Englische findet sich für 1819 in Bezug auf Insekten (»saprophagous«: »such as feed on putrid or decomposed vegetable matter«).[53] A. de Bary bezeichnet später die Pilze, die auf totem organischem Substrat leben, als *Saprophyten* oder *Fäulnisbewohner*[54]. Im engeren Sinne können als Saprophage solche Organismen bezeichnet werden, die sich von abgestorbenem *pflanzlichen* Material ernähren. Organismen, die tote Tiere fressen, sind demgegenüber **nekrophag** (Nieremberg 1635: »De animali necrophago [für die Hyäne]«[55]; Sonnini 1804: »Necrophages«[56]; Macleay 1819: »necrophagous insects«[57]; dt. Dahl 1910: »Nekrophagie«[58]). Organismen, die sich von Pflanzen ernähren und diese dabei nicht soweit schädigen, dass sie ihr Leben verlieren, (z.B. die grasfressenden Weidetiere) werden seit Mitte des 17. Jahrhunderts **herbivor** genannt (engl. Lovell 1661: »herbivorous«: »eating grasse or plants«).[59] Nicht selten wird die Herbivorie auch als eine Unterform der Prädation (des Räubertums) verstanden. Im Unterschied zu den Herbivoren nehmen *Räuber* (Prädatoren) ihrer Beute aber das Leben; sie fressen Organismen, die meist kleiner sind als sie selbst. Wenn die Beuteorganismen Tiere sind, dann sind die ↑Räuber *karnivor* (lat. Plinius: »omnia carnivora sunt«[60]; engl. Browne 1646: »carnivorous«).[61] *Parasiten* ernähren sich auch von anderen lebenden Organismen, aber diese sind meist größer als sie, und sie lassen ihre Nährorganismen meist am Leben. Im Unterschied zu den Herbivoren ernährt sich ein Parasit meist nur von einem Wirtsorganismus (und dieser muss nicht eine Pflanze sein). Eine Ernährung von zwei oder mehreren Organismen, die durch die Anwesenheit der anderen einen Nutzen haben, stellt schließlich eine besondere Form der Symbiose dar (z.B. die Symbiose zwischen den Bakterien und Tieren durch das Leben der Bakterien im Darm der Tiere). – Die Unterscheidung von Fleischfressern (»σαρκοφάγοι«[62]) und Pflanzen- oder genauer Fruchtfressern (»καρποφάγοι«[63]) findet sich bereits bei Aristoteles. Eine dritte Kategorie der Ernährung bilden bei Aristoteles die Allesfresser (»παμφάγοι«[64]).

Photosynthese

Der Ausdruck ›Photosynthese‹ wird 1893 von C.R. Barnes eingeführt.[65] Barnes favorisiert den gleichzeitig von ihm vorgeschlagenen Begriff *Photosyntax*, der sich aber nicht durchsetzen konnte. Barnes definiert die Photosynthese als den Prozess der Bildung komplexer Kohlenstoffverbindungen aus einfachen unter dem Einfluss von Licht (»the process of formation of complex carbon compounds out of simple ones under the influence of light«)[66]. Vor Barnes ist es üblich, die Erzeugung komplexer Kohlenstoffverbindungen in den Pflanzen, mittels des aus der Tierphysiologie stammenden Begriffs der *Assimilation* zu bezeichnen (↑Stoffwechsel). Barnes wendet sich ausdrücklich dagegen, weil es sich seiner Überzeugung nach um grundverschiedene Prozesse handelt.

Auch in die deutschsprachige Literatur geht das neue Wort schnell ein – es wird allerdings nicht auf Barnes verwiesen. W. Pfeffer spricht seit 1897 von »photosynthetischer Assimiliation«[67] und »Photosynthese«[68] (Hansen 1898: »Photosynthesis«[69]). Für Pfeffer besteht der Prozess der Photosynthese in der Produktion organischer Substanz durch Assimilation von Kohlensäure unter dem Einfluss von Licht. Für den Vorgang der Kohlensäureassimilation ohne die Zuhilfenahme von Licht, wie er von einigen Bakterien (Nitrobakterien) bewerkstelligt wird, führt Pfeffer die Bezeichnung **Chemosynthese** ein.[70] Der erste Nachweis der Aktivität von autotrophen, chemosynthetischen Bakterien erfolgt 1890 durch S. Winogradsky anhand von nitrifizierenden Bakterien.[71]

Nachdem R. Warington 1891 zeigt, dass die Nitrifizierung in zwei Schritten erfolgt (vom Stickstoff zum Nitrit und vom Nitrit zum Nitrat)[72], gelingt es Winogradsky später, auch die Organismen zu isolieren, die diese Transformationen bewirken[73].

Der Nachweis der chemischen Assimilation von Kohlenstoff während der Photosynthese der Pflanzen baut auf den einfachen Versuchen von J. Ingenhousz und J. Senebier am Ende des 18. Jahrhunderts[74] sowie den später erfolgenden quantitativ exakten Experimenten von N.T. de Saussure auf[75]. In diesen Versuchen wird die Veränderung der Luftzusammensetzung unter dem Einfluss von Pflanzen in einem abgeschlossenen Raum untersucht.

Die genauen chemischen Prozesse bei der Photosynthese werden bis zur Mitte des 20. Jahrhunderts aufgedeckt.[76] H. Molisch zeigt 1907, dass nicht jeder lichtabhängige Aufbau von komplexen Kohlenstoffverbindungen vom Kohlendioxid der Luft ausgehen muss und Sauerstoff produziert.[77] An Purpurbakterien weist er eine »Photosynthese« ohne Sauerstoffproduktion nach, die anfangs nicht als solche beschrieben wird, weil das Vorliegen von Photosynthese an Kohlendioxid als Kohlenstoffquelle und die Entstehung von Sauerstoff gebunden wird. Dass die Photosynthese in Licht- und Dunkelreaktionen eingeteilt werden kann, wird seit Beginn des 20. Jahrhunderts diskutiert[78], bleibt aber bis in die 1920er Jahre umstritten[79]. R. Wurmser formuliert 1925 die Bruttoreaktionsgleichung der oxygenen Photosynthese und vertritt die Auffassung, dass der freigesetzte Sauerstoff nicht aus dem CO_2 der Luft stammt, wie lange gedacht, sondern aus dem Wasser.[80] Die Reaktionsgleichung wird 1931 durch C.B. van Niel unter Einbeziehung der anoxygenen Prozesse verallgemeinert und die Hypothese zum Wasser als Sauerstoffquelle bestätigt.[81] R. Hill zeigt 1937, dass die Licht- und Dunkelreaktionen in den Chloroplasten ablaufen und dass eine Sauerstoffproduktion auch in Abwesenheit von CO_2 erfolgt, wenn Eisensalze vorhanden sind[82] – es ist damit also nachgewiesen, dass der freigesetzte Sauerstoff aus der Photolyse des Wassers (»Hill-Reaktion«) entsteht. Der zentrale Stoffwechselweg der von Kohlendioxid ausgehenden Photosynthese, der sogenannte *reduktive Pentosephosphatzyklus* oder *Calvinzyklus*, wird 1956 mithilfe radioaktiv markierter Atome aufgeklärt[83] (↑Molekularbiologie/Biochemie). Nachdem die Reaktionskette der Photophosphorylierung als gemeinsames Element der autotrophen Synthese mit und ohne Sauerstoffproduktion erkannt ist, werden übergreifende Definitionen der Photosynthese gegeben. So definiert M. Kamen 1963: »Photosynthesis is a series of processes in which electromagnetic energy is converted to chemical free energy which can be used for biosynthesis«.[84]

Atmung

Das Wort ›Atmung‹ ist abgeleitet von ›Atem‹, das über mhd. ›ātem‹ und ahd. ›ātum‹ mit dem altindischen ›ātmán‹ »Hauch, Seele« verwandt ist. Im Hebräischen besteht eine unmittelbare etymologische Verwandtschaft zwischen den Worten für Atem und Leben. Und auch das lateinische ›spiritus‹ bedeutet sowohl »Hauch, Lufthauch, Atem« als auch »Leben, Seele, Geist«. Der Vorgang der Atmung hat also seit langem eine Bedeutung für die Definition eines Lebewesens (↑Leben). Im Deutschen lässt sich das Abstraktum ›Atmung‹ seit Ende des 17. Jahrhunderts nachweisen (Pfitzer 1691: »Athmung«)[85]; bis zur Mitte des 18. Jahrhunderts erscheint es aber selten[86]. Spätestens im zweiten Jahrzehnt des 19. Jahrhunderts wird der Ausdruck auch auf den Gaswechsel der Pflanzen bezogen.[87] Seit dieser Zeit erfolgt die sukzessive Aufklärung der mit der Atmung verbundenen physiologischen und biochemischen Prozesse.[88] Deutlich wird dabei, dass auch die Atmung eine Form der Ernährung darstellt. Denn der Sauerstoff, den ein Organismus über die Atmung aufnimmt, stellt für ihn eine ebenso lebensnotwendige Ressource dar wie die »Nährstoffe«, die mit ihm oxidiert werden.

Nach älterer griechischer Vorstellung enthält die Atemluft denjenigen Stoff, der die höhere Beseelung (Empfindung und Bewusstsein) und damit die eigentliche Lebendigkeit eines Lebewesens bedingt. Im fünften vorchristlichen Jahrhundert ist Diogenes von Apollonia dieser Auffassung; und auch in einer frühen hippokratischen Schrift wird diese Meinung vertreten, insofern das beseelende »Pneuma« als ein Produkt der Atemluft gedeutet wird.[89] In späteren hippokratischen Schriften und auch bei klassischen Autoren wie Platon und Aristoteles (und später bei Galen) wird allerdings eher davon ausgegangen, dass das Pneuma nicht der Atemluft, sondern der Nahrung und deren Verarbeitung durch Erwärmung im Körper entstammt. Das Atmen hat in diesen Entwürfen lediglich die Funktion der Abkühlung und übt damit eine regulierende und antagonistische Funktion gegenüber dem Herzen als dem Zentrum der Wärme aus.[90] Darüber hinaus vermutet in spekulativer Weise schon Demokrit, dass es die Funktion des Atmens sei, neue Atome in den Körper einzuführen und alte auszuführen.[91] Im Gegensatz zu Demokrit und anderen älteren Lehren, nach denen die Atmung das Wesentliche der Lebewesen sei und durch sie die Seele in die Körper gelange, bemerkt Aristoteles, dass Pflanzen und einige Tiere nicht atmen – sie aber trotzdem über eine Seele verfügen.[92]

Im Anschluss an die antiken Auffassungen wird die Atmung bis zum Ende des 18. Jahrhunderts meist in den funktionalen Zusammenhang der Abkühlung des Blutes und nicht des Gaswechsels gestellt. Erste empirische Hinweise darauf, dass während der Atmung ein Gaswechsel stattfindet, liefert W. Harvey 1628 mit der Beobachtung, dass das Blut bei seiner Passage durch die Lunge in lebenswichtiger Weise verändert wird.[93] J. Mayow zeigt 1643, dass nicht die gesamte durch die Atmung aufgenommene Luft auch in der Lunge verbraucht wird, sondern nur ein bestimmter Teil, den er als *spiritus nitro-aereus* bezeichnet.[94] In der Aufnahme dieses Stoffs (der später ›Sauerstoff‹ genannt wird) sieht Mayow eine Parallele zwischen der Atmung und Vorgängen der Verbrennung. Die tatsächliche Mischung der aufgenommenen Luft mit dem Blut wird in der zweiten Hälfte des 17. Jahrhunderts nachgewiesen (u.a. durch G.A. Borelli). In Versuchen zur Bluttransfusion erkennt R. Lower die Notwendigkeit der Luft für das Leben von Tieren und erklärt den Unterschied zwischen dem dunklen venösen und dem hellen arteriellen Blut als Ergebnis der Beimischung von Luft.[95] Dass bei der Atmung nicht nur ein Stoff aufgenommen wird, sondern auch ein anderer, der eine tödliche Wirkung auf die Tiere hat, abgegeben wird, zeigt J. Black 1757 (das später so genannte ›Kohlendioxid‹, das Black ›fixed air‹ nennt).[96] Die Isolation des Sauerstoffs gelingt C.W. Scheele und J. Priestley in den 1770er Jahren.[97] Priestley zeigt dabei auch, dass die Veränderung der Luft durch die Atmung über den Gaswechsel von Pflanzen ausgeglichen wird (↑Kreislauf/ Stoffkreislauf).

Eine endgültige Aufklärung des Gasaustauschs bei der Atmung leistet A.L. de Lavoisier seit Ende der 1770er Jahre. Experimentell zeigt Lavoisier, dass die Verbrennung mit dem Verbrauch eines Stoffes (Sauerstoff) und der Erzeugung eines anderen (Kohlendioxid) verbunden ist[98] und dass dieser Prozess chemisch analog zur Atmung der Tiere ist[99]. Nachgewiesen ist damit die stoffliche Äquivalenz organischer Grundfunktionen mit anorganischen Prozessen: »la respiration n'est qu'une combustion lente de carbone et d'hydrogène, qui est semblable en tout à celle qui s'opère dans une lampe ou dans une bougie allumée [...] sous ce point de vue, les animaux qui respirent sont de véritables corps combustibles qui brûlent et se consument«.[100] Dass es gerade die Atmung (Respiration) ist, deren chemische Natur Lavoisier aufdeckt, wertet er selbst als einen entscheidenden Schritt auf dem Weg einer mechanistischen Theorie des Lebens. Denn eine chemische Erklärung für den von Gott eingehauchten Lebensatem, dessen Besitz per Definition mit der Lebendigkeit zusammenfällt, bedeutet nicht irgendeine Reduktion neben anderen, sondern stellt einen entscheidenden symbolischen Beitrag zu einer vollständigen kausalen Erklärung des Lebens auf physikalisch-chemischer Grundlage dar. Bei Lavoisier erscheint die mechanistische Biologie damit nicht mehr bloß als Programm, sondern erstmals als experimenteller methodischer Ansatz. In der Historiografie der Biologie wird Lavoisier dann auch gerade dafür gerühmt, nicht nur einen neuen Stoff oder ein neues Phänomen erkannt zu haben, sondern mit seiner quantitativen und experimentellen Methode einen neuen Geist in die Wissenschaft des Lebens eingeführt zu haben.[101]

Als Ort des Verbrauchs des Sauerstoffs, also der Oxidationsprozesse, nimmt Lavoisier die Lunge an; bereits L. Spallanzani bezweifelt dies. Der Nachweis, dass die Oxidation tatsächlich in den Geweben stattfindet, wird von F. Hoppe-Seyler erst 1866 geführt.[102] Bestätigt wird dies durch E. Pflüger, der 1875 in der Sauerstoffaufnahme und Kohlensäurebildung eine fundamentale Eigenschaft der Zellen aller Lebewesen sieht.[103]

Die Kontrolle der Atmung durch das Nervensystem wird 1812 durch J.J.C. Legallois entdeckt.[104] Bei Wirbeltieren lokalisiert er ein Atemzentrum in der *Medulla oblangata*, dessen Zerstörung den Atemstillstand nach sich zieht. E. Hering und J. Breuer beschreiben die nervöse Kontrolle 1868 als eine »Selbststeuerung der Athmung«[105] (↑Regulation). Die Details der Steuerung, die vom Sauerstoff- und Kohlendioxidgehalt des Bluts abhängt, werden in den folgenden Jahrzehnten geklärt, wobei zunächst das Kohlendioxid in der Luft[106], später eine »saure Substanz« aus dem Muskel[107] für die Regulation verantwortlich gemacht wird.

Die Aufklärung der biochemischen Prozesse der Atmung beginnt mit der Entdeckung der »Histohämatine« durch C.A. McMunn im Jahr 1886.[108] D. Keilin erkennt 1925 die wichtige Bedeutung dieser Substanzen für die Atmung und bezeichnet sie als **Cytochrome**.[109] Die Beteiligung von Eisenatomen an der Aufnahme des Sauerstoffs in den Zellen, also die Eigenschaft des Eisens als »sauerstoffübertragender Bestandteil des Atmungsferments« weist O. Warburg Mitte der 1920er Jahre nach.[110] Die weiteren Reaktionsschritte des Zitratzyklus (»Krebs-Zyklus«)[111] und der oxidativen Phophorylierung[112] werden seit den 1930er Jahren aufgeklärt. Für den entscheidenden letzten Schritt in der Bildung des energiereichen

ATPs als Produkt der Atmung formuliert P. Mitchell 1961 seine »chemiosmotische Theorie« der membrangebundenen Phosphorylierung, nach der die Phosphorylierung des ADPs über einen Protonengradienten erfolgt, der direkt mit der Oxidation verbunden ist.[113]

Weil das Atmen der Pflanzen nicht so sichtbar ist wie das der Tiere, sind sie vielfach über das Kriterium des Atmens von den Lebewesen ausgeschlossen worden – obwohl sie doch tatsächlich atmen. Die Atmung bei Pflanzen wird seit Ende des 18. Jahrhunderts näher analysiert. J. Ingenhousz stellt 1780 fest, dass grüne Pflanzen im Dunkeln ebenso wie Tiere Kohlendioxid abgeben.[114] T. de Saussure bestätigt diese Beobachtung 1804 und schreibt den Pflanzen im Dunkeln mit einer Sauerstoffaufnahme und Kohlendioxidabgabe den gleichen Gaswechsel zu wie den Tieren.[115] Weil die Atmung aber von der Assimilation am Tage überlagert ist, bleibt die Atmung bei Pflanzen bis zur Mitte des 19. Jahrhunderts umstritten. H.R.J. Dutrochet weist in den 1830er Jahren zwar nach, dass auch die Pflanzen atmen wie die Tiere.[116] Aber noch J. von Liebig spricht den Pflanzen 1840 eine Atmung ganz ab.[117] Erst mit der präzisen Unterscheidung der Prozesse von Atmung und Assimilation durch J. Sachs in den 1860er Jahren wird die Lehre von der Atmung der Pflanzen allgemein akzeptiert.[118]

Nahrungskette

Das Wort ›Nahrungskette‹ erscheint im zweiten Jahrzehnt des 20. Jahrhunderts im Kontext von mikroskopischen Untersuchungen des Planktons im Süßwasser. Eingeführt wird der entsprechende englische Ausdruck wohl von J.G. Kerr in einem Vortrag über Plankton aus dem Jahr 1914 (»each food-fish is dependent upon a food-chain; the organisms forming any link of the chain supporting those of the next link and being themselves dependent upon the next link in the other direction, while the chain ends in the physical conditions of the sea-water«[119]). D.J. Scourfield gebraucht den Ausdruck 1918 in Erläuterungen zu einer Londoner Ausstellung über das Teichleben (»pond-life«), die von Mitgliedern der ›Royal Microscopical Society‹ und des ›Quekett Microscopical Club‹ organisiert wird (»there was the problem of what might be called the food-chain which existed in ponds, lakes, and other fresh waters, extending from the lowest algæ up to the fishes«[120]). Vor diesen ökologischen Verwendungen ist die Formulierung vereinzelt im physiologischen Kontext in Gebrauch (Starling 1912: »food chain«).[121] In den 1920er Jahren etabliert sie sich in der ökologischen Literatur (Herdman 1920: »food-chain«).[122]

Allgemein bekannt wird das Konzept durch seine Verwendung im Sinne eines ökologischen Prinzips in C. Eltons Einführung in die Tierökologie aus dem Jahr 1927.[123] Elton definiert Nahrungsketten als Ketten von Tieren, die über ihre Nahrung zusammengeschlossen sind (»chains of animals linked together by food«).[124] Nach Elton kommt unter den verschiedenen Arten der Beziehung von Organismen zueinander den Ernährungsbeziehungen eine zentrale Bedeutung zu: »The primary driving force of all animals is the necessity of finding the right kind of food and enough of it. Food is the burning question in animal society, and the whole structure and activities of the community are dependent upon questions of food supply«.[125] In der modernen Ökologie hat diese Auffassung dazu geführt, dass Beziehungssysteme von Organismen in erster Linie auf der Grundlage von Ernährungsbeziehungen untersucht werden.

Nahrungsketten werden schon seit langem beschrieben. Als einer der ersten in dieser Hinsicht gilt der arabische Universalgelehrte al-Ğāḥiz aus dem 9. Jahrhundert, der in seinem ›Buch der Tiere‹ verschiedene Nahrungsketten angibt, ohne jedoch über das allgemeine Konzept zu verfügen.[126] Frühe Vorläufer der Idee finden sich vermehrt seit Ende des 17. Jahrhunderts, z.B. bei A. van Leeuwenhoek für wasserlebende Organismen[127], Shaftesbury (mit dem Begriff eines Systems der Natur aufgrund der Nahrungsabhängigkeit von Organismen)[128] und W. Derham[129]. Immer noch mehr spekulativ als tatsächlich empirisch nachgewiesen, beschreibt C. von Linné 1749 eine Nahrungskette, die von Pflanzen über Blattläuse, Fliegen, Raubfliegen, Libellen, Spinnen zu Sperlingen und schließlich Raubvögeln führt.[130]

Die Iteration von Ernährungsbeziehungen zwischen Organismen kann zu unerwarteten Ursache-Wirkungs-Zusammenhängen über eine Kettenreaktion führen, wie das Beispiel der von C. Darwin 1859 aufgestellten Katzen-Klee-Kette zeigt: »humble bees alone visit the common red clover (Trifolium pratense), as other bees cannot reach the nectar. Hence I have very little doubt, that if the whole genus of humble-bees became extinct or very rare in England, the heartsease and red clover would become very rare, or wholly disappear. The number of humble-bees in any district depends in a great degree on the number of field-mice, which destroy their combs and nests [...] Now the number of mice is largeley dependent, as every one knows, on the number of cats [...] Hence it is quite credible that the presence of a feline animal in large numbers in a district might determine, through the intervention first of mice and then of bees, the frequency of certain flowers in that district«.[131]

Zu einem ökologischen Konzept wird die Vorstellung einer Nahrungskette aber erst am Ende des 19. Jahrhunderts. Dies erfolgt, insofern Nahrungsketten in ökologische Theorien integriert werden, insbesondere in Analysen zur Produktivität von Ökosystemen. C.G. Semper beschreibt 1880 einen pyramidenförmigen Aufbau der Nahrungskette in einer Gemeinschaft mit einer großen Anzahl von Produzenten an der Basis und nur wenigen Endkonsumenten an der Spitze. Er begründet diese Verhältnisse damit, dass die Umsetzung der Pflanzenteile »in das Fleisch der Pflanzenfresser mit einem gewissen Verlust an Masse selbst verbunden« ist, und zwar aufgrund der Umwandlung eines Teils der Energie in Wärme und Bewegung durch die Tiere.[132] In einem Beispiel Sempers können auf einem Areal mit 1000 Produzenten (Pflanzen) nur 100 Primärkonsumenten (pflanzenfressende Tiere) und 10 Sekundärkonsumenten (karnivore Tiere) leben. Semper begründet damit eine Vorstellung, die später als ein ökologisches Gesetz bekannt wird (↑Ökologie: Tab. 201). Eine eindeutige Hierarchisierung nach Stellung in der Nahrungskette von primärer, sekundärer und tertiärer Nahrung (für den Menschen) nimmt A.J. Lotka 1925 vor (»Primary, Secondary and Tertiary Foods«).[133] Lotka weist auch auf die notwendige Erweiterung der Nahrungskette zu einem geschlossenen Beziehungskreislauf hin (↑Ökosystem), behandelt dann aber selbst lediglich die Kreisläufe der chemischen Elemente (↑Kreislauf: Abb. 251).

Im 20. Jahrhundert ist das Bild eines pyramidenförmigen Aufbaus der Nahrungsketten v.a. mit dem Namen C. Elton verbunden (»Elton's ›pyramid of numbers‹«).[134] Elton beschreibt die Nahrungskette 1927 als eine Pyramide in quantitativer Hinsicht (»pyramid of numbers«).[135] In den 1940er Jahren werden Nahrungsketten in Ökosystemen mit dem produktionsbiologischen Konzept der **trophischen Ebenen** verbunden (Lindeman 1942: »trophic levels«[136]; Hutchinson 1942: »food-cycle level«[137]) (vgl. Abb. 119). Eine trophische Ebene bildet dabei eine aus Organismen sehr unterschiedlicher Arten bestehende Stufe der Nahrungskette in einem Ökosystem (z.B. die Produzenten oder Primärkonsumenten). In diesem Sinne grenzt bereits H. Lohmann 1908 Trophiestufen aufgrund von Größenklassen von Organismen im Meer ab (vgl. Abb. 115).[138]

Ausführlich analysiert werden die Nahrungsbeziehungen anhand von *Nahrungsnetzen*, die inzwischen für eine Vielzahl von Ökosystemen beschrieben sind (s.u.). In einem Nahrungsnetz, in dem die Ernährungsbeziehungen einer Biozönose wiedergegeben sind, lassen sich jeweils verschiedene Nahrungsketten mit z.T. unterschiedlicher Länge feststellen. Eine Nahrungskette ist dabei von einer anderen dadurch unterschieden, dass in ihr mindestens eine trophische Stufe verschieden ist (z.B. zwei verschiedene Arten von »Endkonsumenten«). Eine Untersuchung von Nahrungsnetzen aus 200 Biozönosen von verschiedenen Habitaten und mit sehr unterschiedlichen Artenanzahlen ergab eine erstaunliche Konstanz eines bestimmten Musters.[139] So liegt der Modalwert (der häufigste Wert) der Länge einer Nahrungskette fast in jedem Nahrungsnetz bei drei oder vier Gliedern. Die Nahrungsketten in einem Ökosystem sind damit also deutlich kürzer als die Beziehungsketten zwischen den Teilen in einem Organismus, die sehr viel mehr Glieder umfassen, wobei die Glieder außerdem weniger durch andere substituiert werden können.

In ökologischen Nahrungsnetzen (d.h. in ↑Biozönosen) stehen die verschiedenen Glieder der Nahrungsketten außerdem in einem festen Häufigkeitsverhältnis zueinander: Die relative Artenanzahl von Endkonsumenten (Organismen, die keine Räuber haben), intermediären Arten (bestehend aus Organismen, die sowohl Räuber haben als auch Beute machen) und basalen Arten (bestehend aus Organismen, die keine Beute machen, also Produzenten) ist in den verschiedensten Nahrungsnetzen konstant, und zwar etwa im Verhältnis von 30% : 50% : 20%. Auch der relative Anteil an trophischen Verbindungen zwischen den einzelnen Gruppen ist konstant: Je etwa 30% der Beziehungen bestehen zwischen den Paaren aus basalen und intermediären, intermediären und intermediären sowie intermediären und Endkonsumenten-Arten; die restlichen 10% der Beziehungen bestehen zwischen den basalen Arten und den Endkonsumenten.

Als Grund für die relative Kürze der Nahrungsketten (und auch für die relativ geringe Vernetzung der Glieder) gilt die Instabilität der langen (und stark vernetzten) ökologischen Systeme.[140] Als stabiler in Modellierungen erweisen sich auch solche Systeme, die eine geringe Interaktionsstärke zwischen den beteiligten Arten aufweisen, d.h. bei denen eine niedrige Wahrscheinlichkeit des Konsums eines Organismus einer Art durch einen Organismus einer bestimmten anderen Art besteht.[141]

Kritisiert wird das Konzept der Nahrungskette, weil sie eine Eindeutigkeit der Beziehungen suggerieren, die in der Natur nicht immer vorliegt. So wechseln viele Organismen einer Art im Laufe ihres Lebens die Stellung in der Nahrungskette: Als Jugendformen können sie die Beute von Organismen

1.	Zelle unter 100 cµ Volumen	47 000 000	Individuen	= 5 %		Dominierende Arten:
2.	„ 100—1 000 cµ Volumen	930 000 000	„	= 93 %	(hierher:	Pontosphaera, nackte Chrysomonadinen, Sceletonema, Rhodomonas, Chaetoceras, Exuviaella, Gymnodinium kl., Eutreptia, *Thalassiothrix nit.*)
3.	„ 1 000—10 000 cµ Volumen	15 000 000	„	= 1,5 %	(„	Heterocapsa, *Thalassiosira baltica, Glenodinium bipes, Rhizosolenia setigera*)
4.	„ 10 000—100 000 cµ Volumen	5 600 000	„	= 0,5 %	(„	Prorocentrum, *Cerat. fusus, Dinophysis acuta*)
5.	„ 100 000—1 000 000 cµ Volumen	1 500 000	„	= 0,1 %	(„	*Cerat. tripos baltic.*, typ.)

Größenstufen	Protozoen	Metazoen	Einige Vertreter der Stufen
1. 1 — 100 cµ	3 000 000 Ind. (2 Form.)	—	*Calycomon. gracil.*
2. 100 — 1 000 cµ	11 300 000 „ (4 „)	—	Nackte Monadinen.
3. 1 000 — 10 000 cµ	2 200 000 „ (6 „)	—	*Ebria, Tintinnopsis beroid., Tint. steenstr.*
4. 10 000 — 100 000 cµ	1 600 000 „ (13 „)	—	*Laboea conica, Tint. acum., subulat.*
5. 100 000 — 1 000 000 cµ	3 000 „ (2 „)	92 000 Ind.[1]) (8 Form.)	*Tintinnopsis helix*, Didin., Eier v. Copepod.
6. 1 000 000 — 10 000 000 cµ	—	82 000 „ (15 „)	Naupl. und erw. Copepoden von Oithona.
7. 10 000 000 — 100 000 000 cµ	—	10 000 „ (13 „)	Podon, Evadne, erw. Copepd. v. Centropages.
8. 100 000 000 — 1 000 000 000 cµ	—	40 „ (3 „)	Sagitten.

Abb. 115. Größenstufen von Organismen im Meer. Oben Pflanzen (Algen), unten Tiere. Angegeben ist das Zellvolumen in Kubikmikrometern (cµ) und die Anzahl von Individuen in 100 l Meerwasser (aus Lohmann, H (1908). Untersuchungen zur Feststellung des vollständigen Gehaltes des Meeres an Plankton. Wiss. Meeresunters. Abt. Kiel, N.F. 10, 129-370: 330).

anderer Arten werden, die wiederum ihnen in den Erwachsenenformen als Nahrung dient.[142]

Die Analyse von Gemeinschaften über Nahrungsketten beinhaltet daneben eine weitere erhebliche Einschränkung: Es wird nicht die gesamte Biozönose untersucht, sondern stets nur ein Ausschnitt, denn sonst würde es sich nicht um eine Kette, sondern einen Kreislauf handeln. Indem die Beziehungen der Arten jeweils bei einem »Endkonsumenten« aufhören, wird der Beitrag der Zersetzer (»Destruenten« oder »Reduzenten«; ↑Rolle, ökologische) zur Organisation des Systems systematisch unterschlagen. Schon A. Thienemann bemerkt 1926, dass eine Biozönose streng genommen keine »Endkonsumenten« enthält: »Für die theoretische Limnologie gibt es keine ›Endkonsumenten‹ in diesem Sinne, für sie ist der Stoffwechsel ein ›Kreislauf‹!«.[143] Thienemann hält die Rede von Endkonsumenten allein für die angewandte Ökologie, d.h. in seinem Zusammenhang die Fischereibiologie, für berechtigt. Die häufige Fixierung auf *Ketten* trophischer Beziehungen rührt offenbar daher, dass lediglich die Interaktion von *lebenden* Organismen berücksichtigt wird, die Zersetzung eines Organismus nach seinem Tod aber nicht mit einbezogen wird. Daher können Autoren, die Nahrungsnetze als Ketten untersuchen, auch lapidar bemerken, dass Kreisläufe in diesem Sinne selten sind (»cycles are rare«[144]); Räuber fressen sich eben selten gegenseitig auf.

Die fehlende Beachtung der Zersetzer in den Nahrungsketten zieht es außerdem nach sich, dass eine Begrenzung des Nahrungsnetzes, also der untersuchten Gemeinschaft, sehr schwierig wird. Dies wird häufig auch eingestanden und als unvermeidlich konstatiert (»apparently arbitrary nature of the boundaries«[145]). Eine definierte Grenze eines Nahrungsnetzes kann sich durch die Berücksichtigung der Zersetzer ergeben, weil sich die Ketten mit ihnen zu geschlossenen Kreisläufen formieren. Erst durch diese Schließung wird die Beziehung der Organismen zueinander zu einem System oder einer Organisation höherer Ordnung (einem ↑Ökosystem), in dem die Organismen als Glieder in einem Beziehungskreislauf fungieren. In diesem Kreislauf sind die Organismen Teile eines Ganzen; sie sind wechselseitig aufeinander bezogen und voneinander abhängig. Werden die Nahrungsnetze dagegen als Nahrungsketten analysiert, dann stellen die Ernährungsbeziehungen in einem Ökosystem kaum mehr als die addierten Umweltbeziehungen

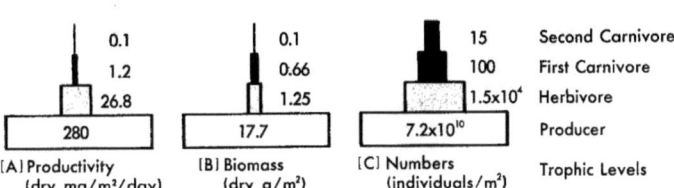

Abb. 116. Vergleich der Verteilung von Produktivität, Biomasse und Individuenanzahl über die trophischen Ebenen eines flachen experimentellen Teichs mit geringem Nährstoffgehalt. Die Produktivität wurde aus der Rate der Phosphoraufnahme geschätzt. Der Darstellung der Individuenanzahl liegt ein logarithmischer Maßstab zugrunde (aus Whittaker, R.H. (1970). Communities and Ecosystems: 95).

von Organismen verschiedener Arten dar. Insofern bildet ›Nahrungskette‹ eher ein ethologisches als ein ökologisches Konzept.

Nahrungsnetz

Der Terminus ›Nahrungsnetz‹ wird vereinzelt bereits in der ersten Hälfte des 20. Jahrhunderts verwendet (Allee 1932: »food web«), erscheint jedoch erst in der zweiten Hälfte häufiger.[146]

Die Metapher des Netzes wird aber bereits seit langem auf die Ernährungsbeziehungen zwischen Organismen bezogen. Im Sinne der Vorstellung einer Ökonomie der Natur (↑Ökologie) wird im 18. Jahrhundert das Bild eines großen ökologischen Netzes entwickelt. C. von Linné spricht 1749 von der wechselseitigen *Vernetzung* (»nexu inter se«)[147], ein Anhänger von ihm, der Theologe J. Bruckner, 1768 von einem kontinuierlichen *Netz des Lebens* (»one continued web of life«[148], in Bezug auf Insektenschwärme; »a complete whole, which supports itself by the reciprocal balance of its parts«[149], in Bezug auf eine

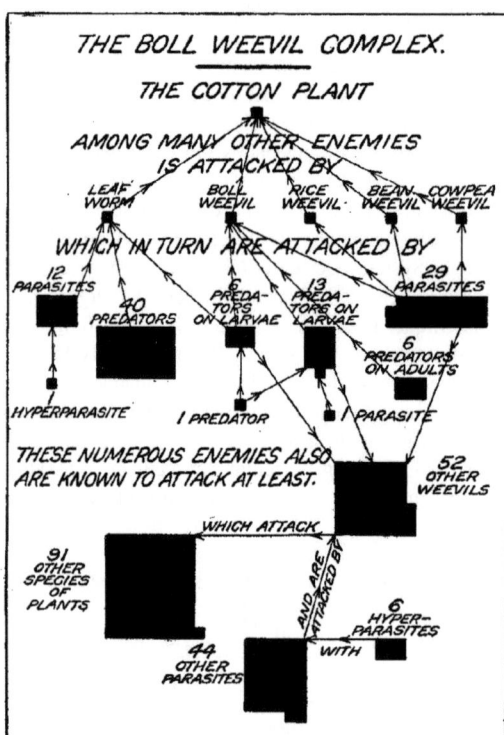

Abb. 117. Eine der ersten Darstellungen eines Nahrungsnetzes: das Nahrungsnetz der Tiere, die mit der Baumwollpflanze verbunden sind (aus Pierce, WD, Cushman, R. A. & Hood, C. E. (1912). The Insect Enemies of the Cotton Boll Weevil. US Dep. Agric. Bur. Entomol. Bull, 100: 44).

ökologische Gemeinschaft). Auch im 19. Jahrhundert erscheint das Bild wieder, so bei G. Cuvier, der die organische Natur 1828 als ein »immenses Netz« beschreibt (»cet immense réseau qui constitue la nature organisée«).[150] Ebenso C. Darwins Rede von einem ›Netz des Lebens‹, das auch auf Ernährungsbeziehungen rekurriert, ist hier anzuführen (»web of life«; »web of complex relations«).[151]

Bevor sich der knappe Begriff ›Nahrungsnetz‹ etabliert, sind in der ersten Hälfte des 20. Jahrhunderts andere Ausdrücke in Gebrauch: K. Friederichs bezeichnet die netzartigen Abhängigkeiten zwischen den Organismen einer Biozönose 1930 als *biozönotischen Konnex*. Er beschreibt diesen als einen »Lebensverein« aus Wesen, »die durch greifbare, wenn auch zum Teil nur indirekte Beziehungen miteinander verbunden sind«.[152] Auch die Beziehungen selbst zwischen den Tieren und Pflanzen sowie untereinander, seien sie inter- oder intraspezifisch, nennt Friederichs einen »biocönotischen Konnex« (»Vergesellschaftung, Sexualbeziehungen, Brutpflege, Konkurrenz, Kannibalismus und selbst Parasitismus«).[153] Der Terminus wird später zwar von W. Tischler aufgegriffen[154], danach aber kaum noch verwendet.

Die Daten von mehreren Hundert Nahrungsnetzen sind inzwischen in einer Datenbank erfasst.[155] Ihre statistische Auswertung erbrachte eine Reihe von Regelmäßigkeiten (s.o.; vgl. Tab. 59).[156] Im Mittelpunkt der theoretischen Analysen stehen vielfach mathematische Untersuchungen zur Stabilität der Nahrungsnetze.[157]

Nahrungskreislauf

Außerhalb des engeren ökologischen Kontexts erscheint der Ausdruck im Englischen bereits Ende des 19. Jahrhunderts (Aveling 1881: »Food Cycle«: »The mineral kingdom is the food supplier to the vegetable kingdom«).[158] Als ökologischer Terminus wird er ebenso wie ›Nahrungskette‹ aber erst in den frühen 1920er Jahren eingeführt. Er taucht zunächst im Zusammenhang mit der Analyse arktischer Ökosysteme auf (Summerhayes & Elton 1923: »food cycle«[159]). Der Süßwasserökologe A. Thienemann benutzt ihn 1926 im Deutschen[160]; davon ausgehend wird er fest in die Theorie trophisch-ökologischer Systeme integriert[161]. C. Elton versteht unter einem Nahrungskreislauf (»food-cycle«) 1927 etwas unscharf die Summe aller Nahrungsketten in einer Gemeinschaft (»all the food chains in a community«).[162]

Die ältere Geschichte des Konzeptes ist mit den Theorien von *Stoffkreisläufen* auf der Erde verbunden, wie sie seit Mitte des 19. Jahrhunderts entwickelt werden (↑Kreislauf/biogeochemischer Kreislauf). Im Gegensatz zu den biogeochemischen Kreisläufen, die globale Verhältnisse beschreiben, wird ein Nahrungskreislauf aber meist für eine Biozönose oder genauer ein Ökosystem (weil auch die anorganischen Depots häufig integriert sind) angegeben.

Seit Ende des 19. Jahrhunderts ist die Vorstellung des Nahrungskreislaufs fest in der Limnologie etabliert. So liefert F. Hoppe-Seyler 1895 eine Beschreibung des Nährstoffkreislaufs im Bodensee.[163] Der Schweizer Limnologe A. Forel bezieht das Konzept des Kreislaufs 1904 auf die Zirkulation von Stoffen in einem See (»la circulation de la matière organique«).[164] Dieser Kreislauf besteht nach Forel in einer periodisch wechselnden Integration der organischen Stoffe in drei Typen von Reservoiren: den im Wasser gelösten organischen Stoffen, den verwesenden toten Organismen und den lebenden Organismen. In Forels Beschreibung handelt es sich also nicht eigentlich um einen Kreislauf von Ernährungsbeziehungen. Auch die von G. Alsterberg 1924 dargestellte »Nahrungszirkulation« besteht in erster Linie in einem räumlichen Kreisen von Stoffen von der Oberfläche zum Grund des Gewässers, nicht dagegen in einem Muster zyklischer Beziehungen der Ernährung von Organismen.[165]

Thienemann diskutiert das Konzept des Nahrungskreislaufs ausgehend von seinem Diktum: »Für die theoretische Hydrobiologie gibt es keine Endproduktion« im Sinne der Fischereiwirtschaft (s.o.).[166] Denn jede Produktion von organischem Material werde im System selbst wieder verwertet, so dass das System insgesamt einen Kreislauf bilde. Die in der Endproduktion der Fischereiwirtschaft, d.h. bei den Fischen, gebundenen Nährstoffe werden in ökologischer Perspektive durch deren Zersetzung dem System wieder zugeführt und dienen anderen Organismen als Nahrung. Diese Verhältnisse macht Thienemann anhand einer Grafik deutlich (vgl. Abb. 118).

In den meisten Fällen besteht ein Nahrungskreislauf nicht allein aus Ernährungsbeziehungen im Sinne des Fressens eines Organismus durch einen anderen (sie sind also keine Fress- oder *Ernährungskreisläufe*): Die zersetzenden Organismen (u.a. die Bakterien und andere Mikroorganismen) werden von den autotrophen Organismen nicht selbst gefressen, sondern es werden allein die von ihnen freigesetzten Nährstoffe aufgenommen (genau genommen handelt es sich also in den meisten Fällen um einen *Nährstoffkreislauf*). Die Analyse von Nahrungsnetzen zeigt, dass wirkliche Fresskreisläufe selten sind (»cycles are rare«; s.o.).

Es wird als ein besonderer Vorzug des Konzepts des Nahrungskreislaufs gegenüber dem der Nahrungskette empfunden, dass in ersterem die Nah-

---

1. Ernährungszyklen sind selten.
Ernährungsbeziehungen, bei denen die Organismen einer Art solche Organismen anderer Arten fressen, die direkt oder vermittelt über andere Arten, wiederum die erste Art fressen, sind selten (dabei sind die über die Zersetzer laufenden Zyklen nicht berücksichtigt).

2. Das Verhältnis zwischen den Artenzahlen von Organismen auf verschiedenen Positionen innerhalb eines Netzes ist über verschiedene Netze hinweg konstant.
Das durchschnittliche Verhältnis in der Artenzahl von Spitzenräubern zu intermediären Organismen und zu basalen Organismen ist über verschiedene Netze hinweg konstant, wenn auch mit hoher Varianz.

3. Das Verhältnis der Anzahl trophischer Verbindungen zwischen Organismen auf verschiedenen Positionen innerhalb eines Netzes ist über verschiedene Netze hinweg konstant.
Das Verhältnis der Anzahl trophischer Verbindungen zwischen Spitzenräubern und intermediären Organismen, intermediären Organismen untereinander, intermediären Organismen mit basalen Organismen und Spitzenräubern zu basalen Organismen ist ebenfalls weitgehend konstant.

4. Die Bindungsdichte ist weitgehend konstant über verschiedene Netze.
Die Anzahl von trophischen Beziehungen pro Art liegt (v.a. für kleine Netze) weitgehend konstant bei 2.

5. Die modale Anzahl von trophischen Ebenen eines Netzes ist über verschiedene Netze hinweg weitgehend konstant.
Die häufigste Länge von Nahrungsketten innerhalb eines Netzes liegt bei 3 bis 4 Gliedern.

6. Omnivorie ist meist selten.
Die meisten Organismen sind hinsichtlich ihrer Nahrung spezialisiert.

7. Kompartimente verlaufen entlang der Habitatgrenze.
Trophische Kompartimente innerhalb eines Habitats sind selten.

8. Mit höherer Stellung in der Nahrungskette eines Organismus nimmt die Anzahl an Räuberarten ab und die Anzahl der Beutearten zu.
Spitzenräuber haben eine größere Anzahl von Beutearten und weniger Feinde als intermediäre Arten.

Tab. 59. Regelmäßig auftretende Eigenschaften von Nahrungsnetzen (nach Pimm, S., Lawton, J.H. & Cohen, J.E. (1991). Food web patterns and their consequences. Nature 350, 669-674: 672).

Ernährung

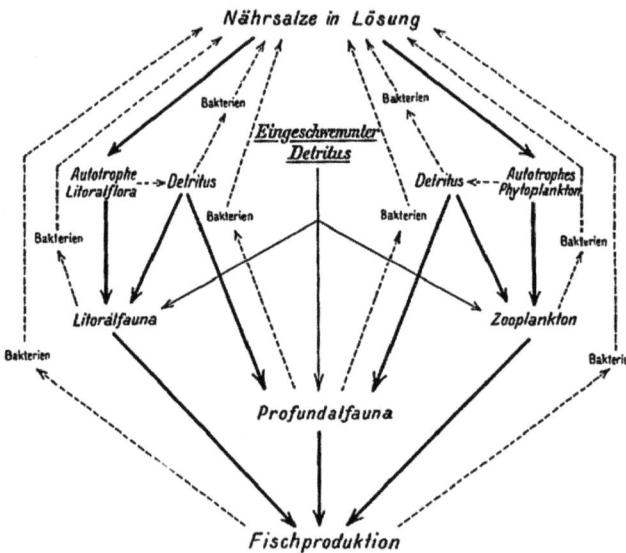

Abb. 118. Nahrungskreislauf in einem See. Die ausgezogenen Linien repräsentieren den Aufbau organischer Substanzen, die gestrichelte Linien deren Abbau. Die linke Seite betrifft den Kreislauf im Uferbereich (Litoral), die rechte den im offenen Wasserbereich (Plankton). Die Beziehungen ergeben ein Wirkungsgefüge von sich wechselseitig beeinflussenden Organismen und abiotschen Substanzen (aus Thienemann, A. (1926). Der Nahrungskreislauf im Wasser. Verh. Deutsch. Zool. Ges. 31, 29-79: 57).

rungsbeziehungen zwischen den Organismen in die Stoffumsätze in der nichtlebendigen Natur integriert sind.[167] Nahrungskreisläufe sind also ausgehend von den chemischen Stoffen konzipiert, während Nahrungsketten die biologischen Prozesse der Ernährungsbeziehungen zugrunde legen. Von besonderer theoretischer Bedeutung ist das Konzept eines Nahrungskreislaufs, weil es im Gegensatz zu den linearen, einseitigen Abhängigkeiten in einer Nahrungskette die Abgrenzung eines ökologischen Systems ermöglicht (s.o.).

Detaillierte empirische Untersuchungen von Nahrungskreisläufen erfolgen beispielhaft für einzelne Systeme seit den 1960er Jahren. In Mitteleuropa liegen besonders viele Daten für den Buchenwald vor, die potenzielle natürliche Vegetation vieler Standorte. Die Untersuchungen von Probeflächen im Solling im Rahmen des deutschen Beitrages zum ›Internationalen Biologischen Programm‹ (↑Ökologie) ergaben zunächst folgende Artenverteilung für einen Standort eines Hainsimsen-Buchenwaldes: Den 26 Arten höherer Pflanzen, 20 Moosarten, 11 Flechtenarten und einigen wenigen Algenarten auf der Seite der Produzenten stehen geschätzte 1500-1800 Tierarten, mindestens 70 Pilzarten und eine unbestimmte Artenzahl von Mikroorganismen (Bakterien und Einzeller) als Konsumenten und Reduzenten gegenüber. Im Hinblick auf die Biomasse dominiert die Buche mit 31 kg/m^2 (mit einer Produktivität von 1 kg/m^2 im Jahr, davon 1/3 Blätter) gegenüber etwa 10 g/m^2 (!) an Trockenmasse der Tiere (davon etwa 3 g/m^2 Insekten und nur 10 mg/m^2 Vögel und noch weniger Säugetiere) und ca. 30-100 g/m^2 an Trockenmasse von Bakterien und Pilzen (in einem Verhältnis von 1:2). Eine Analyse des Energieflusses zeigt, dass nur 0,5% der Netto-Primärproduktion der Pflanzen direkt durch Tiere (Phytophage) konsumiert wird (aber doch 5% der Blätter). Und auch von den restlichen 99,5% an toter organischer Substanz werden von den Tieren nur 12% gefressen (Saprophage). Die Hauptleistung (87,5%) der Zersetzung und Mineralisierung der organischen Substanz liegt bei den Pilzen, Bakterien und anderen Mikroorganismen (Einzellern) (↑Rolle, ökologische: Abb. 440).[168]

Zur Bezeichnung der Effektivität, mit der auf der trophischen Ebene der Konsumenten die verfügbare Produktivität auf der Ebene der Produzenten aufgenommen wird, ist seit dem 19. Jahrhundert der Terminus **Konsumptionsrate** in Gebrauch. H. Spencer verwendet ihn 1867 in Bezug auf den geringen Anteil der von Blattläusen verzehrten Pflanzenmasse relativ zu der zur Verfügung stehenden (»a very low rate of consumption«[169]). Zu einer quantitativ bestimmten Messgröße entwickelt sich der Terminus aber erst im 20. Jahrhundert (Clarke, Edmondson & Ricker 1946: »rate of consumption«[170]; auch »consumption efficiency«[171]). Auf Grasländern kann die Konsumptionseffizienz bei 10% liegen, im aquatischen Bereich sogar bei bis zu 40%.[172]

In diesem artenreichen Gefüge verhalten sich viele Organismen in ihrer Nahrungswahl opportunistisch, das Beziehungssystem der Organismen lässt sich also nicht immer an konstanten Artbeziehungen festmachen: Es ist nicht immer das Reh, das die Triebe der Buche frisst, manchmal ist es auch der Buchfink und manchmal einer der vielen anderen Bewohner des Waldes – aber die Masse der Produktion eines Baumes stirbt doch ab, ohne dass ein Tier sie konsumiert hat. Es sind also nur vorübergehend bestehende, episodische Nahrungskreisläufe, die sich formulieren lassen: Dieser Buchentrieb wird von diesem Reh gefressen, das wiederum Opfer dieses Wolfes wird, dessen Verdauungsprodukte wieder jener Buche zur Ernährung dienen (eine quantitativ bedeutsamere Kette hätte allerdings folgende Namen *Fagus – Phyllobius – Coelotes – Sorex*).

Weil der Hauptumsatz der Stoffe nicht durch die Tiere erfolgt, sind diese offenbar für den Erhalt des Systems von nur geringer Bedeutung. Das »Minimalökosystem« des Buchenwaldes besteht lediglich aus der Buche als dem Produzenten und den Pilzen und Bakterien als Reduzenten. Die Tiere (Konsumenten) lassen sich zwar in trophische Gruppen einteilen, etwa in die Blattfresser, Wurzelfresser, Saftsauger, Tierfresser und Zersetzer, aber innerhalb dieser Gruppen sind sie meist sehr generalistisch: Eine Spinne frisst so gut wie alles, was in einem bestimmten Bereich der Körpergröße liegt und sich bewegt. Die tatsächlichen Beziehungskreisläufe, formuliert auf einer taxonomischen Ebene, sind also durch die umfassende Substituierbarkeit ihrer Komponenten durch andere ausgezeichnet. Der Beitrag fast jeder Art zum Funktionieren des Ökosystems ist durch den vieler anderer Arten zu ersetzen. Nur wenige Arten sind so zentral, dass mit ihrer Entfernung das ganze System zusammenbrechen würde (»Schlüsselarten«; ↑Biozönose).

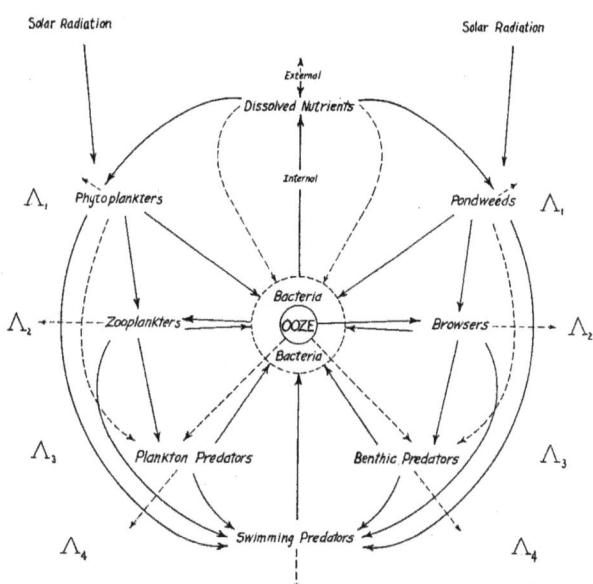

Abb. 119. *Der Nahrungskreislauf (»food-cycle«) mit trophischen Ebenen in einem Gewässer, links im freien Wasser, rechts auf dem Boden des Gewässers. Durch die Anordnung der Folge der Konsumenten in einer klaren Hierarchie und die Hinzufügung des Sonnenlichts als Energiespender unterscheidet sich dieses Diagramm von Thiemanns (aus Lindeman, R.L. (1942). The trophic-dynamic aspect of ecology. Ecology 23, 399-417: 401; die gleiche Grafik ohne die Symbole für die trophischen Ebenen und ohne die Pfeile für die Sonneneinstrahlung in Lindeman, R.L. (1941). Seasonal food-cycle dynamics in a senescent lake. Amer. Midl. Nat. 26, 636-673: 637).*

In anderen Ökosystemen ist der Anteil der von Tieren verzehrten pflanzlichen Produktion höher: für Grasländer werden Werte von ca. 25% gemessen, für aquatische Systeme um die 50%. Real existierende Minimalökosysteme mit Nahrungskreisläufen von Organismen aus nur zwei Arten finden sich in klimatisch extremen Standorten. Beispiele für solche Systeme sind die Assoziationen von Algen, Pilzen und Bakterien, die in den interstitiellen Räumen von porösen Steinen in der Antarktis leben (»cryptoendolithische Gemeinschaften«). Eine Gemeinschaft dieses Typs besteht nur aus der Grünalgenart *Hemichloris antarctica* und einer für die Dekomposition verantwortlichen heterotrophen Bakterienart.[173] Eine ähnliche funktionale Geschlossenheit eines Nahrungskreislaufs aus nur wenigen Arten liegt bei den einheimischen Flechtenassoziationen vor, die sich aus je einem Vertreter einer Algenart und einer Pilzart zusammensetzen. Hier versorgen die Algen die Pilze mit Nährstoffen, die sie über die Photosynthese gebildet haben, während die Pilze umgekehrt die Algen vor Hitze, Austrocknung und zu starker Bestrahlung schützen und sie mit Wasser und Mineralstoffen versorgen. Weil sie sich aus jeweils vielen Algen- und Pilzindividuen zusammensetzen, können diese Systeme als kleine Ökosysteme und nicht nur als Symbiosen angesehen werden.

Nachweise

1 Vgl. DWB, Bd. 8 (1999).
2 Vgl. Heuermann, G. (1755). Physiologie, Theil 4, worinn die Lehre von der Ernährung, Absonderung des Urins, Erzeugung, Empfängniß, Tragung und Geburt eines Menschen [...] abgehandelt werden; Sind, J. B. von (1769). Gründlicher Unterricht von der Pferdezucht und Anlegung der Gestütte [...] nebst einigen Beobachtungen, die bey Ernährung der trächtigen Stutten und bey Erziehung der Fohlen angewendet werden sollen; Kemme, J.C. (1778). Zweifel und Erinnerungen wider die Lehre der Aerzte von der Ernährung der festen Theile; Ingen-Housz, J. (1798). Über Ernährung der Pflanzen und Fruchtbarkeit des Bodens.
3 L. Iunius Moderatus Columella (1. Jh.). Res rustica: lib. 3, cap. 13, pag. 228.
4 Thomas von Aquin (1256). Scripta super libros sententiarum: lib. 2, d. 30, q. 2, a. 1 co und passim; ders. (1266-73). Summa theologiae: I, q. 97, a. 3, arg. 2; III, q. 13, a. 3 s.c.; später: Fernel, J. (1542). De naturali parte medicinae. In: Universa medicina (Frankfurt 1567); Scaliger, J.C. (1556/66). In libros de planti, Aristoteli inscriptos, comentarii: 121, 1 C-D.
5 Plautus, Mercator 509.
6 Horaz, Sermones 2, 4, 40; Ovid, Metamorphoses 15, 413.
7 Plinius, Natualis historia 9, 2.
8 Hafner, J.E. (1996). Über Leben. Philosophische Untersuchungen zur ökologischen Ethik und zum Begriff des Lebewesens: 278.
9 Aristoteles, De an. 415a23ff.; De part. anim. 655b29ff.; De gen. anim. 740b36ff.; vgl. Althoff, J. (1997). Aristoteles' Vorstellung von der Ernährung der Lebewesen. In: Kullmann, W. & Föllinger, S. (Hg.). Aristotelische Biologie, 351-364.
10 Aristoteles, De an. 414b.
11 a.a.O.: 435b.
12 Aristoteles, De part. anim. 650a2ff.; De somno et vigilia 456b2ff.; De respiratione 480a2ff.
13 Aristoteles, De part. anim. 668a13ff.
14 Aristoteles, De gen. anim. 724b26; 725a3.
15 Alexander von Aphrodisias (um 200). De anima (Supplementum Aristotelicum, vol. II, pars I, Berlin 1887): 1, 118.
16 Vgl. Haarbrücker, T. (1850-51). Abu-'l-Fath' Muh'ammad asch-Schahrastâni's Religionspartheien und Philosophen-Schulen [6. Jh.], 2 Theile: II, 149; Schneider, A. (1903). Die Psychologie Alberts des Großen: 53.
17 Albertus Magnus (ca. 1265). De animalibus: 12, 16; 16, 49; 85.
18 a.a.O.: 1, 478; 602.
19 Descartes, R. (1644). Principia philosophiae (Œuvres, Bd. VIII, 1-348): 314f. (IV, 187).
20 Descartes, R. (1641). Briefe an H. Regius. (Œuvres, Bd. III, 369-375: Briefe 239-240).
21 Helmont, J.B. van (1648). Ortus medicinae: 108f. (XX, 30).
22 Pseudo-Clementinus, Recognitiones (Patrologia Graeca, Bd. 1, Paris 1857, 1205-1454): 1384f. (VIII, 26f.).
23 Nikolaus von Kues, De staticis experimentis.
24 Vgl. Pagel, W. (1944). The Religious and Philosophical Aspects of van Helmont's Science and Medicine; Howe, H.M. (1965). A root of van Helmont's tree. Isis 56, 408-419.
25 Vgl. Jevons, F.R. (1962). Boerhaave's biochemistry. Med. Hist. 6, 348-351.
26 Haller, A. von (1776). Anfangsgründe der Physiologie, Bd. 8: 860.
27 a.a.O.: 878.
28 Buffon, G.L.L. de (1749). Histoire générale des animaux (Œuvres philosophiques, Paris 1954, 233-289): 247.
29 Tiedemann, F. & Gmelin, L. (1826-27). Die Verdauung nach Versuchen; vgl. Müller, J. (1833/38-40). Handbuch der Physiologie des Menschen für Vorlesungen, 2 Bde.: I, 281ff.; Mani, N. (1956). Das Werk von Friedrich Tiedemann und Leopold Gmelin: „Die Verdauung nach Versuchen" und seine Bedeutung für die Entwicklung der Ernährungslehre in der ersten Hälfte des 19. Jahrhunderts. Gesnerus 13, 200-207.
30 Bernard, C. (1878-79). Leçons sur les phénomènes de la vie communs aux animaux et aux végétaux, 2 Bde.: I, 35.
31 Robin, C. (1880). Recherches historiques sur l'origine et le sens des termes organisme et organisation. Journal de l'anatomie et de la physiologie normales et pathologiques de l'homme et des animaux 16, 1-55: 32.
32 Vgl. McCollum, E.V. (1957). A History of Nutrition. The Sequence of Ideas in Nutrition Investigations.
33 Funk, C. (1912). The etiology of the deficiency diseases. J. State Med. 20, 341-368: 342; ders. (1914). Die Vitamine; vgl. Salmonsen, E.M. (1932). Bibliographical Survey of Vitamins (1650-1930); Böttcher, H.M. (1965). Das Vitaminbuch. Die Geschichte der Vitaminforschung; Ihde, A. & Becker, S.L. (1971). Conflict in early vitamin studies. J. Hist. Biol. 4, 1-33; Harris, L.J. (1970). The discovery of vitamins. In: Needham, J. (ed.). The Chemistry of Life, 156-170; Harrow, B. (1955). Casimir Funk.
34 Drummond, J.C. (1920). The nomenclature of the so-called accessory food factors (vitamins). Biochem. J. 14, 660.
35 De Duve, C. (1963). [Footnote]. In: Reuck, A.V.S. de & Cameron, M.P. (eds.). Ciba Foundation Symposium on Lysosomes, 126.
36 Novikoff, A.B. (1963). [Disussion statement]. In: Reuck, A.V.S. de & Cameron, M.P. (eds.). Ciba Foundation Symposium on Lysosomes, 411-412: 412.
37 Metschnikoff, E. (1883). Untersuchungen über die intrazelluläre Verdauung bei wirbellosen Tieren. Arb. zool. Inst. Univ. Wien 5 (2), 1-28: 24; ders. (1883-84). Untersuchungen über die mesodermalen Phagocyten einiger Wirbelloser. Biol. Centralbl. 3, 560-565; vgl. Herrlinger, R. (1956). Die historische Entwicklung des Begriffes Phagocytose. Erg. Anat. Entwicklungsgesch. 35, 334-357.
38 Gabritschewsky, G. (1894). Du role des leucocytes dans l'infection diphtérique. Ann. Inst. Pasteur 8, 673-695: 682.
39 Duve, C. de et al. (1955). Tissue fractionation studies, 6. Intracellular distribution patterns of enzymes in rat liver tissue. Biochem. J. 60, 604-617: 615; vgl. ders. et al. (1963).

The lyosome concept. In: Reuck, A.V.S. de & Cameron, M.P. (eds.). Ciba Foundation Symposium on Lysosomes, 1-31.
40 Frank, A.B. (1892-93). Lehrbuch der Botanik, 2 Bde.: I, 528.
41 Pfeffer, W. (1881/97). Pflanzenphysiologie. Ein Handbuch der Lehre vom Stoffwechsel und Kraftwechsel in der Pflanze, Bd. 1: 349.
42 Fichte, J.G. (1796-97). Grundlage des Naturrechts nach Principien der Wissenschaftslehre, 2 Teile (AA, Werkebd. 3-4, 311-460; 1-165): II, 24.
43 Candolle, A.-P. de (1813/19). Théorie élémentaire de la botanique: 19.
44 Moleschott, J. (1852). Der Kreislauf des Lebens: 100.
45 Grew, N. (1682). The Anatomy of Plants, with an Idea of Philosophical History of Plants.
46 Pelletier, P.-J. & Caventou, J.B. (1817). Sur la matière verte des feuilles. J. Pharm. Sci. Ass. 3, 486-491: 490; vgl. Gris, A. (1857). Recherches microscopiques sur la chlorophylle. Ann. Sci. Nat. Bot. sér. 4, 7, 179-219; Höxtermann, E. (1980). Geschichte der Chlorophyllisolation. MTN-Schriftenr. Gesch. Naturwiss. Tech. Med. 17, 80-107.
47 Vgl. Anonymus (1959-70). Chlorophyll. In: Mayerhöfer, J. (Hg.). Lexikon der Geschichte der Naturwissenschaften, 646-649.
48 Dutrochet, H.R.J. (1837). Mémoires pour servir à l'histoire anatomique et physiologique des végétaux et des animaux, 2 Bde.: I, 143.
49 Sachs, J. (1862). Ueber den Einfluss des Lichtes auf die Bildung des Amylums in den Chlorophyllkörnern. Bot. Zeitung 20, 365-373.
50 Pringsheim, N. (1881). Ueber die primären Wirkungen des Lichtes auf die Vegetation. Monatsber. Akad. Wiss. Berlin 504-535.
51 Reinke, J. (1884). Untersuchungen über die Einwirkungen des Lichtes auf die Sauerstoffausscheidung der Pflanzen (Zweite Mittheilung). Bot. Zeitung 42, 1-10; 17-29; 33-46; 49-59.
52 Willstätter, R. & Stoll, A. (1913). Untersuchungen über Chlorophyll.
53 Macleay, W.S. (1819). Horae entomologicae, vol. 1: 27 (nach OED).
54 Bary, A. de (1866). Morphologie und Physiologie der Pilze, Flechten und Myxomyceten: 205.
55 Nieremberg, J.E. (1635). Historia naturae: 181; vgl. Brisson, M.J. (1756). Le regne animal divisé en IX classes: 233; Erxleben, J.C.P. (1777). Systema regni animalis, Classis I. Mammalia: 575; Anonymus (1783). Hyäne. In: Krünitz, J.G. (Hg.). Oekonomische Encyklopädie 27, 463-475: 464.
56 Sonnini, C.S. (1804). Nouveau dictionnaire d'histoire naturelle, Bd. 24: 145; vgl. Sue, P. (1808). Tables analytiques et raisonnées des matières et des auteurs, Bd. 2: 230.
57 Macleay, M.S. (1819-21). Horae Entomologicae: or Essays on the Annulose Animals, 2 vols: I, 62; vgl. Wilson, J. & Duncan, J. (1834). Entomologia Edinensis, Coleoptera: 151; Kirby, W. (1835). On the Power, Wisdom and Goodness of God as Manifested in the Creation of Animals and in their History, Habits and Instincts, vol. 2: 70.

58 Dahl, F. (1910). Anleitung zu zoologischen Beobachtungen: 39.
59 Lovell, R. (1661). Πανζωορυκτολογια, sive panzoologico-mineralogia, or a Compleat History of Animals and Minerals: Introd. (nach OED).
60 Plinius, Naturalis historia 9, 78; vgl. 10; 199.
61 Browne, T. (1646). Pseudoxia epidemica: 205 (IV, 10).
62 Aristoteles, Hist. anim. 594a12.
63 a.a.O.: 595b23.
64 a.a.O.: 593b25.
65 Barnes, C.R. (1893). On the food of green plants. Bot. Gaz. 18, 403-411: 409; vgl. ders. (1896). *Photosyntax* vs. *photosynthesis*. Botanical Papers at Buffalo. Bot. Gaz. 22, 248; ders. (1898). So-called "assimilation". Bot. Centralbl. 76, 257-259; vgl. Gest, H. (2002). History of the word *photosynthesis* and evolution of its definition. Photsynth. Res. 73, 7-10.
66 Barnes (1893): 409.
67 Pfeffer, W. (1881/97-1904). Pflanzenphysiologie. Ein Handbuch der Lehre vom Stoffwechsel und Kraftwechsel in der Pflanze, 2 Bde.: I, 284.
68 a.a.O.: I, 273.
69 Hansen, A. (1898). [Rez. Pfeffer, Pflanzenphysiologie]. Botan. Zeitung 56 (II), 22-24: 22.
70 Pfeffer (1881/97-1904): I, 273; 347.
71 Winogradsky, S. (1890). Sur les organismes de la nitrification. Comp. Rend. Acad. Sci. Paris 110, 1013-1016.
72 Warington, R. (1851). On nitrification, part 4. J. Chem. Soc. London 59, 484-529.
73 Winogradsky, S. (1891). Recherches sur les organismes de la nitrification, part 5. Ann. Inst. Pasteur 5, 577-616.
74 Ingenhousz, J. (1779). Experiments upon Vegetables Discovering their Great Power of Purifying the Common Air in the Sunshine and of Injuring it in the Shade and at Night; Senebier, J. (1783). Rechererches sur l'influence de la lumière solaire pour metamorphoser l'air fixe en air pure par la végétation.
75 Saussure, T. de (1804). Recherches chimiques sur la végétation.
76 Vgl. Govindjee & Krogmann, D. (2004). Discoveries in oxygenic photosynthesis (1727–2003): a perspective. Photosynth. Res. 80, 15-57.
77 Molisch, H. (1907). Die Purpurbakterien nach neuen Untersuchungen.
78 Blackman, F.F. & Matthaei, G.L.C. (1905). Experimental researches on vegetable assimilation and respiration. IV. A quantitative study of carbon dioxide assimilation and leaf temperature in natural illumination. Proc. Roy. Soc. London B 76, 402-460.
79 Warburg, O. (1919). Über die Geschwindigkeit der photochemischen Kohlensäurezersetzung in lebenden Zellen. Biochem. Z. 100, 230-270.
80 Wurmser, R. (1921). Recherches sur l'assimilation chlorophyllienne.
81 van Niel, C.B. (1931). On the morphology and physiology of the purple and green sulphur bacteria. Arch. Mikrobiol. 3, 1-114.
82 Hill, R. (1937). Oxygen evolution by isolated chloro-

plasts. Nature 139, 881-882.
83 Calvin, M. (1956). The photosynthetic carbon cycle. J. Amer. Chem. Soc. 78, 1895-1915; vgl. Wilson, A.T. & Calvin, M. (1955). The photosynthetic cycle. CO_2 dependent transients. J. Amer. Chem. Soc. 77, 5948-5957.
84 Kamen, M.D. (1963). Primary Processes in Photosynthesis; vgl. Gest, H. (1993). Photosynthetic and quasi-photosynthetic bacteria. FEMS Microbiol. Lett. 112, 1-6.
85 Pfitzer, J.N. (1691). Zwey sonderbare Bücher von der Weiber Natur: 327; 328.
86 Liebezeit, G. (1700). Novum dictionarium latino-sveco-germanicum, sveco-latinum, et germanico-latinum: 38; Woyt, J.J. (1701). Deutsches vollständig-medicinisches Lexicon: 198.
87 Grischow, C.G. (1819). Physikalisch-chemische Untersuchungen ueber die Athmungen der Gewächse und deren Einfluß auf die gemeine Luft.
88 Vgl. Goodfield, J. (1960). The Growth of Scientific Physiology. Physiological Method and the Mechanist-Vitalist Controversy. Illustrated by the Problems of Respiration and Animal Heat; Gottlieb, L.S. (1964). A History of Respiration; Hall, D.E. (1966). From Mayow to Haller: A History of Respiratory Physiology in the Early Eighteenth Century; Culotta, C.A. (1968). A History of Respiratory Theory: Lavoisier to Paul Bert, 1777-1800; Comroe, J.H. (ed.) (1976). Pulmonary and Respiratory Physiology, 2 vols.; Hall, D.L. (1981). Why Do Animals Breathe? Physiological Problems and Iatromechanical Research in the Early Eighteenth Century.
89 Hippokrates, Über die heilige Krankheit (Littré, Bd. 6, 350-397): §16f.; vgl. Rüsche, F. (1930). Blut, Leben und Seele; Fuchs, T. (1992). Die Mechanisierung des Herzens: 34.
90 Hippokrates, Über das Herz ((Littré, Bd. 9, 76-93); Timaios 70a-d; 79d; Aristoteles, De respiratore 478a26f.; 480a2-15; De gen. anim. 743b26ff.; 781a21ff.; De part. anim. 656a27ff.; 666a10ff.; 34ff.; 668b34-669a6.
91 Vgl. Aristoteles, De an. 404a; De resp. 471a-b.
92 Aristoteles, De an. 410b30-411a2.
93 Harvey, W. (1628). Exercitatio anatomica de motu cordis et sanguinis in animalibus.
94 Mayow, J. (1668/74). Tractatus quinque medico-physici. Quorum primus agit De sal-nitro et spiritu nitro-aereo. Secundus De respiratione. Tertius De respiratione foetus in utero, et ovo. Quartus De motu musculari, et spiritibus animalibus. Ultimus De rhachitide.
95 Lower, R. (1669). Tractatus de corde, item de motu et colore sanguinis et chyli in eum transitu.
96 Robison, J. (ed.) (1803). Joseph Black, Lectures on the Elements of Chemistry, 2 vols.
97 Priestley, J. (1772). On different kinds of air. Philos. Trans. Roy. Soc. London 62, 147-264; Scheele, C.W. (1774). Chemische Abhandlung von der Luft und dem Feuer.
98 Lavoisier, A.L. de (1778). Considérations générales sur la nature des acides et sur les principes dont ils sont composés (in: Œuvres de Lavoisier, Bd. 1, ed. J.B. Dumas, Paris 1862, 248-260).
99 Seguin, A. & Lavoisier, A.L. de (1789). Premier mémoire sur la respiration des animaux (in: Œuvres de Lavoisier, Bd. 2, ed. J.B. Dumas, Paris 1862, 688-703).
100 Seguin, A. & Lavoisier, A.L. de (1789). Premier mémoire sur la respiration des animaux (in: Œuvres de Lavoisier, Bd. 2, ed. J.B. Dumas, Paris 1862, 688-703): 691.
101 Vgl. Nordenskiöld, E.N. (1921-24). Biologiens Historia (dt.: Die Geschichte der Biologie, Jena 1926): 268.
102 Hoppe-Seyler, F. (1866). Beiträge zur Kenntnis der Constitution des Blutes, 1. Ueber die Oxydation im lebenden Blute. Med. chem. Unters. 1, 133-140.
103 Pflüger, E. (1875). Beiträge zu der Lehre von der Respiration, 1. Ueber die physiologische Verbrennung in den lebendigen Organismen. Pflüger's Arch. 10, 251-269; 641-644.
104 Legallois, J.J.C. (1812). Expériences sur la principe de la vie, notamment sur celui des mouvemens du cœur, et sur le siège de ce principe.
105 Hering, E. (1868). Die Selbststeuerung der Athmung durch den Nervus vagus. Sitzungsber. Akad. Wiss. Wien Math.-Nat. Kl. 57, II, 672-677; Breuer, H. (1868). Die Selbststeuerung der Athmung durch den Nervus vagus. Sitzungsber. Akad. Wiss. Wien Math.-Nat. Kl. 58, II, 909-954.
106 Miescher-Rüsch, J.F. (1885). Bemerkung zu der Lehre von den Athembewegungen. Arch. Anat. Physiol., Physiol. Abth. 355-380.
107 Geppert, J. & Zuntz, N. (1888). Über die Regulation der Atmung. Pflügers Arch. 42, 189-245: 195ff.; 209ff.
108 McMunn, C.A.(1886). Researches on myohaematin and the histohaematins. Phil. Trans. Roy. Soc. London 177, 267-298.
109 Keilin, D. (1925). On cytochrome, a respiratory pigment, common to animals, yeast, and higher plants. Proc. Roy. Soc. B 58, 312-339: 314; ders. (1966). The History of Cell Respiration and Cytochrome.
110 Warburg, O. (1924). Über Eisen, den sauerstoffübertragenden Bestandteil des Atmungsferments. Biochem. Z. 152, 479-494; ders. (1928). Über die katalytische Wirkung der lebendigen Substanz.
111 Krebs, H.A. & Johnson, W.A. (1937). The role of citric acid in intermediate metabolism in animal tissue. Enzymologia 4, 148-156.
112 Engelhardt, V.A. (1932). Die Beziehungen zwischen Atmung und Pyrophosphatumsatz in Vogelerythrocyten. Biochem. Z. 251, 343-368.
113 Mitchell, P. (1961). Coupling of phosphorylation to electron and hydrogen transfer by a chemiosmotic type of mechanism. Nature 191, 144-148.
114 Ingenhousz, J. (1780). Versuche mit Pflanzen, wodurch sie die Kraft besitzen, die atmosphärische Luft beim Sonnenschein zu reinigen, und im Schatten und des Nachts über zu verderben.
115 Saussure, T. de (1804). Recherches chimiques sur la végétation.
116 Dutrochet, H.R.J. (1837). Mémoires pour servir à l'histoire anatomique et physiologique des végétaux et des animaux, 2 Bde.
117 Liebig, J. von (1840). Die organische Chemie in ihrer Anwendung auf Agricultur und Physiologie.
118 Sachs, J. (1865). Handbuch der Experimental-Physio-

logie der Pflanzen. Untersuchungen über die allgemeinsten Lebensbedingungen der Pflanzen und die Functionen ihrer Organe; ders. (1868). Lehrbuch der Botanik.
119 Kerr, J.G. (1915). Plankton. Journal of the Royal Microscopical Society 1915, 18-19: 19; vgl. ders. (1914). Plankton: Abstract of lecture. Transactions of the Rothesay Natural History Society, Buteshire, 7, 53-61; ders. (1914). Plankton. Transactions of the Buteshire Natural History Society 1914, 1-9.
120 Scourfield, D.J. (1918). [Observations on the exhibition of pond-life]. Journal of the Royal Microscopical Society 1918, 245-246: 245.
121 Starling, E.H. (1912). Principles of Human Physiology: 1156.
122 Herdman, W.A. (1920). Oceanography and the seafisheries. Sci. Monthly 11, 289-296: 295 (auch in Nature 105 (1920), 813-825: 824); Lotka, A.J. (1925). Elements of Physical Biology: 176.
123 Elton, C. (1927). Animal Ecology: 56.
124 ebd.
125 a.a.O.: 55f.
126 Al-Ğāḥiz (um 850). Kitab al-Hayawan (Beirut 1969): Buch 6, Kapitel 133; vgl. Zirkle, C. (1941). Natural Selection before the "Origin of Species". Proc. Amer. Philos. Soc. 84, 71-123: 85; Egerton, F.N. (2002). A history of the ecological sciences, part 6: Arabic language science – origins and zoological. Bull. Ecol. Soc. Amer. 83, 142-146: 143.
127 Vgl. Egerton, F.N. (1968). Leeuwenhoek as a founder of animal demography. J. Hist. Biol. 1, 1-22: 20f.
128 Shaftesbury, Third Earl of (A.A. Cooper) (1699/1711). An Inquiry Concerning Virtue, or Merit (in: Standard Edition. Complete Works, Selected Letters and Posthumous Writings, vol. II, 2. Moral and Political Philosophy, Stuttgart-Bad Cannstatt 1984): 50; vgl. Müller, G.H. (1994). *Wechselwirkung* in the life and other sciences: a word, new claims and a concept around 1800 ... and much later. In: Poggi, S. & Bossi, M. (eds.). Romanticism in Science. Science in Europe, 1790-1840, 1-14: 2.
129 Derham, W. (1713). Physico-Theology (3rd ed., 1714): 183-193.
130 Linné, C. von (1749). Oeconomia naturae (dt.: Die Oeconomie der Natur. In: Hoepfner, E.J.T. (Hg.). Des Ritters Carl von Linné Auserlesene Abhandlungen aus der Naturgeschichte, Physik und Arzneywissenschaft, Bd. 2, Leipzig 1777, 1-56): 48.
131 Darwin, C. (1859). On the Origin of Species: 73f.
132 Semper, C.G. (1880). Die natürlichen Existenzbedingungen der Thiere, 2 Tle.: I, 63f.
133 Lotka, A.J. (1925). Elements of Physical Biology: 181f.
134 Anonymus (1937). The annual meeting [of the British Ecological Society]. J. Ecol. 25, 275-276: 276.
135 Elton (1927): 68.
136 Lindeman, R.L. (1942). The trophic-dynamic aspect of ecology. Ecology 23, 399-417: 407; vgl. Cook, R.E. (1977). Raymond Lindeman and the trophic-dynamic concept in ecology. Science 198, 22-26.
137 Hutchinson, G.E. (1942). Recent Advances in Limnology (Manuscript, zit. nach Lindeman (1942)): 407; Lindeman (1942): 406.
138 Lohmann, H. (1908). Untersuchungen zur Feststellung des vollständigen Gehaltes des Meeres an Plankton. Wiss. Meeresunters. Abt. Kiel, N.F. 10, 129-370: 330.
139 Cohen, J.E., Briand, F. & Newman, C.M. (1990). Community Food Webs. Data and Theory; Pimm, S., Lawton, J.H. & Cohen, J.E. (1991). Food web patterns and their consequences. Nature 350, 669-674.
140 Gardner, M.R. & Ashby, W.R. (1970). Conectance of large dynamic (cybernetic) systems: critical values for stability. Nature 228, 784; May, R.M. (1972). Will a large complex system be stable? Nature 238, 413-414.
141 McCann, K., Hastings, A. & Huxel, G.R. (1998). Weak trophic interactions and the balance of nature. Nature 395, 794-798.
142 Polis, G. (1991) Complex trophic interactions in deserts: an empirical critique of food-web theory. Amer. Nat. 138, 123-155.
143 Thienemann, A. (1926). Der Nahrungskreislauf im Wasser. Verh. Deutsch. Zool. Ges. 31, 29-79: 58.
144 Pimm, Lawton & Cohen (1991): 672.
145 a.a.O.: 671.
146 Allee, W.C. (1932). Animal Life and Social Growth: 8; Allee, W.C. & Park, T. (1939). Concerning ecological principles. Science 89, 166-169: 168; Paine, R.T. (1966). Food web complexity and species diversity. Amer. Nat. 100, 65-75.
147 Linné, C. von (1749). Oeconomia naturae (in: Ammoenitates academicae, Bd. 2, 3. Aufl. 1787, 2-58): 2f. (§I).
148 Bruckner, J. (1768). A Philosophical Survey of the Animal Creation: 12f. (I, iii); vgl. Worster, D. (1977/94). Nature's Economy. A History of Ecological Ideas: 47f.
149 a.a.O.: 133 (II, x).
150 Cuvier, G. & Valenciennes, A. (1828). Histoire naturelle des poissons, Bd. 1: 420.
151 Darwin, C. (1859/72). On the Origin of Species: 57; vgl. Stauffer, R.C. (1960). Ecology in the long manuscript version of Darwin's Origin of Species and Linnaeus' Oeconomy of Nature. Proc. Amer. Philos. Soc. 104, 235-241: 236.
152 Friederichs, K. (1930). Die Grundfragen und Gesetzmäßigkeiten der land- und forstwirtschaftlichen Zoologie, 2 Bde.: I, 29.
153 a.a.O.: 251.
154 Tischler, W. (1953). Der biozönotische Konnex. Biol. Zentralbl. 70, 517-523.
155 Cohen, J.E. (1989). Ecologist's Co-Operative Web Bank (ECOWeb).
156 Pimm, S.L. (1982). Food Webs; Pimm, S., Lawton, J.H. & Cohen, J.E. (1991). Food web patterns and their consequences. Nature 350, 669-674.
157 DeAngelis, D.L. (1975). Stability and connectance in food web models. Ecology 56, 238-243; Cohen, J.E., Briand, F. & Newman, C.M. (1990). Community Food Webs.
158 Aveling, E.B. (1881). Biological Discoveries and Problems: 87.
159 Summerhayes, V.S. & Elton, C. (1923). Bear Island. J. Ecol. 11, 216-233: 231.
160 Thienemann, A. (1926). Der Nahrungskreislauf im

Wasser. Verh. Deutsch. Zool. Ges. 31, 29-79.
161 Lindeman, R.L. (1941). Seasonal food-cycle dynamics in a senescent lake. Amer. Midl. Nat. 26, 636-673.
162 Elton, C. (1927). Animal Ecology: 56.
163 Hoppe-Seyler, F. (1895). Über die Verteilung absorbierter Gase im Wasser des Bodensees und ihre Beziehung zu den in ihm lebenden Tiere und Pflanzen. Schr. Ver. Gesch. Bodensees u. sein. Umgeb. 24, 29-48.
164 Forel, F.A. (1904). Le leman, Bd. 3: 364.
165 Alsterberg, G. (1924). Die Nahrungszirkulation einiger Binnenseetypen. Arch Hydrobiol. 15, 291-338: 331.
166 Thienemann, A. (1925). Der See als Lebenseinheit. Naturwiss. 13, 589-600: 591.
167 McIntosh, R.P. (1985). The Background of Ecology: 91.
168 Ellenberg, H., Mayer, R. & Schauermann, J. (Hg.) (1986). Ökosystemforschung. Ergebnisse des Sollingprojekts 1966-1986.
169 Spencer, H. (1867). Principles of Biology, vol. 2: 499.
170 Clarke, G.L., Edmondson, W.T. & Ricker, W.E. (1946). Mathematical formulation of biological productivity. Ecol. Monogr. 16, 336-337: 336; vgl. Clarke, G.L. (1946). Dynamics of production in a marine area. Ecol. Monogr. 16, 323-335; Bigelow, H.B., Lillick, L.C. & Sears, M. (1940). Phytoplankton and planktonic protozoa of the offshore waters of the gulf of Maine. Trans. Amer. Philos. Soc. 31, 149-237: 171.
171 Kozlovsky, D.G. (1968). A critical evaluation of the trophic level concept, I. Ecological efficiencies Ecology 49, 48-60: 50.
172 Pimentel, D., Levin, S.A. & Soans, A.B. (1975). On the evolution of energy balance in some exploiter-victim systems. Ecology 56, 381-390: 382.
173 Nienow, J.A. & Friedmann, E.I. (1993). Terrestrial lithophytic (rock) communities. In: Friedmann, E.I. (ed.). Antarctic Microbiology, 343-412: 353.

Literatur

Lusk, G. (1922). A history of metabolism. In: Barker, L.F. (ed.). Endocrinology and Metabolism, vol. 3, 1-78.
McCollum, E.V. (1957). A History of Nutrition. The Sequence of Ideas in Nutrition Investigations.
Goldblith, S.A. & Joslyn, M.A. (eds.) (1964). Milestones in Nutrition.
McCay, C.M. (1973). Notes on the History of Nutritional Research.
Holmes, F.L. (1975). The transformation of the science of nutrition. J. Hist. Biol. 8, 135-144.
Heischkel-Artelt, E. (Hg.) (1976). Ernährung und Ernährungslehre im 19. Jahrhundert.
Guggenheim, K.Y. (1990/95). Basic Issues of the History of Nutrition.
Carpenter, K.J. (1994). Protein and Energy. A Study in Changing Ideas in Nutrition.

Ethologie

Das Wort ›Ethologie‹ – abgeleitet von griech. ›ἔθος‹ »Wohnort, Herkunft, Sitte, Gewohnheit« – findet sich in den Lehren des Handlungsantriebs der Stoa, in denen es einerseits eine Lehre der Charaktere und andererseits auch der Antriebsmomente von Handlungen bezeichnet. Im Griechischen ist es seit Poseidonios im ersten vorchristlichen Jahrhundert verbreitet[1]; später findet es sich auch im Lateinischen[2]. Bis ins 19. Jahrhundert bleibt die antike Bedeutung der Ethologie als Charakterlehre bestimmend; unter einem »Ethologen« wird dementsprechend ein Charakterdarsteller auf der Bühne verstanden.

> vergleichende Psychologie (Klügel 1782) *469*
> Tierpsychologie (Anonymus 1798) *470*
> Pflanzenpsychologie (von Reider 1831) *470*
> Ethologie (Geoffroy Saint Hilaire 1854) *461*
> Perilogie (Haeckel 1879) *472*
> Hexikologie (Mivart 1880) *462*
> Behaviorismus (Watson 1913) *467*
> Verhaltensphysiologie (Brock 1934) *474*
> vergleichende Verhaltensforschung (Fischel 1935) *471*
> Verhaltensökologie (Stone 1943) *474*
> Verhaltensbiologie (Zippelius & Goethe 1947) *473*
> Ethophysiologie (Segaar 1961) *474*
> Neuroethologie (Brown & Hunsperger 1963) *474*
> kognitive Ethologie (Griffin 1976) *475*

Wortgeschichte
Im Wesentlichen in der antiken Bedeutung zur Bezeichnung einer allgemeinen menschlichen Charakterkunde exponiert J.S. Mill 1843 den Begriff (»Ethology, or the science of the formation of character«).[3] Weil bei Mill die Ethologie in Absetzung von der Psychologie es nicht mit den allgemeinen Gesetzen des Geistes zu tun hat, sondern mit deren Anwendung in der Formung einer individuellen Psyche, fasst er sie auch als eine allgemeine Erziehungslehre.

Für die Biologie bestimmend wird die wohl unabhängig von Mill erfolgende Begriffsprägung durch I. Geoffroy Saint Hilaire im Jahr 1854. Bedeutsam dürfte für die Wortwahl Geoffroys gewesen sein, dass die Ethologie als Charakterkunde gerade das Typische einer Figur zum Thema hat und diese Stereotypie im Verhalten der Tiere zum Ausdruck gebracht werden sollte. Geoffroy verwendet das Wort für das Studium der Sitten und Gebräuche, der Selbst- und Arterhaltung, der Nahrungssuche, des Wohnortes, der Wanderungen, der Vergesellschaftungen und der Brutfürsorge von Tieren (und ausdrücklich auch Pflanzen).[4] Geoffroy will unter ethologischen Merkmalen nur solche Eigenschaften eines Organismus verstehen, die temporär, d.h. von kurzer Dauer sind – also v.a. Bewegungen der Gliedmaßen.[5]

Eine Anregung für die Einführung des Wortes durch Geoffroy Saint Hilaire dürfte die Verwendung des Terminus *Zooethik* (»zooéthique«) für eine allgemeine Verhaltenslehre von Tieren durch D. de Blainville im Jahr 1829 gewesen sein.[6] De Blainville bestimmt die Zooethik als Lehre von den äußeren Aktivitäten (»actes extérieurs«) der Tiere, insbesondere ihrer Gebräuche (»mœurs«) und Gewohnheiten (»habitudes«) und grenzt sie von fünf anderen Disziplinen der Zoologie ab (↑Biologie).

Zur Verbreitung des Terminus ›Ethologie‹ am Ende des 19. Jahrhunderts sorgen im französischen Sprachraum besonders der Meeresbiologe A. Giard und der Evolutionsbiologe L. Dollo (er verwendet »Éthologie« für die Lehre von den Aktivitäten und Lebensgewohnheiten der Tiere[7]).

Zu Beginn des 20. Jahrhunderts rückt E. Haeckel, die von ihm so bezeichnete Wissenschaft der Ökologie in die Nähe der Ethologie (»Bionomie (Oekologie oder Ethologie der Organismen)«).[8] Haeckel vollzieht diesen Schritt in der fünften Auflage der ›Anthropogenie‹ von 1903, noch nicht in der vierten von 1891. Der Gegenstand der »Oekologie oder Ethologie« sind nach Haeckel die »mannigfaltigen Beziehungen der Tiere und Pflanzen zueinander und zur Außenwelt«.[9] Neben Haeckel trägt v.a. der Berliner Zoologe O. Heinroth zur Etablierung des Ausdrucks im Deutschen bei. Heinroth versteht seine Untersuchungen als Beiträge zu einer Ethologie und definiert diese 1911 unter Bezug auf den Instinktbegriff: Er versteht unter der Ethologie das Studium der »feineren Lebensgewohnheiten« und genauer die Lehre von den »instinktiven, d.h. angeborenen Sitten und Gebräuchen«.[10] Weil Heinroth sich entschieden für eine eigenständige, jenseits der Physiologie stehende Disziplin der Verhaltensforschung einsetzt und er diese konsequent auf evolutionstheoretischer Grundlage formuliert, gilt er einigen Wissenschaftshistorikern als »der erste Ethologe« (Schurig 1993).[11]

Im englischen Sprachraum ist der Insektenforscher W.M. Wheeler einer der ersten, der seine Untersuchungen zum Verhalten unter den Titel ›Ethologie‹ stellt. Er ist der Meinung, dies sei der angemessenste Terminus für ein Studium der Gewohnheiten und Instinkte sowie der Intelligenz der Tiere (»no term could be more applicable to a study which must deal very

> Die Ethologie ist die Teildisziplin der Biologie, deren Gegenstand das Verhalten von Organismen ist.

largely with instincts, and intelligence as well as with the 'habits' and 'habitus' of animals«[12]). Bis in die Gegenwart setzt sich der Ausdruck im englischsprachigen Raum allerdings nicht durch. Ethologische Lehrbücher werden in der Regel nach der Bezeichnung für den Gegenstand (»Animal Behaviour«) und nicht nach dem Namen der Disziplin benannt.[13]

Von einigen Biologen, so 1898 von F. Dahl, wird das Wort ›Ethologie‹ als Synonym für ↑›Biologie‹ genommen im Sinne einer »Lehre von den gesammten Lebensgewohnheiten der Thiere«.[14] Hinter dem Vorschlag Dahls steht v.a. ein eingeschränkter Biologiebegriff, der sich allein auf die äußeren Lebenserscheinungen der Organismen bezieht. In dem Maße, in dem sich ›Biologie‹ im 20. Jahrhundert als der umfassende Terminus für eine Lehre der Lebenserscheinungen etabliert, tritt eine Identifikation der Ethologie mit ihr zurück. Die Gleichsetzung von Ethologie mit Biologie wird in diesem Sinne bereits im Jahr 1901 von E. Wasmann kritisiert[15] und kann sich allgemein nicht durchsetzen. Auch Dahl schränkt die Bedeutung des Ausdrucks ›Ethologie‹ später ein und ordnet sie dem allgemeineren Begriff ›Biologie‹ unter: 1910 heißt es bei ihm, Gegenstand der Ethologie seien »die Handlungen und Gewohnheiten der Tiere«.[16]

Gegenüber den anderen biologischen Disziplinen, die den Organismus untersuchen – v.a. gegenüber Anatomie und Physiologie – wird die Ethologie auch insofern abgegrenzt, als sie vom Organismus in seiner Ganzheit handelt, »ohne sich in die einzelnen Organleistungen zu verlieren« (Schaxel 1919/22)[17]. Aufgrund dieses holistischen Ansatzes besteht eine besondere Verbindung der Ethologie zur beschreibenden Naturgeschichte alten Stils. Seit der Gründungsphase der Ethologie sehen viele Ethologen ihre Wissenschaft in Opposition zu der am toten Material orientierten Morphologie und vergleichenden Anatomie. Es geht ihnen vielfach um den lebendigen Organismus in seiner natürlichen Umwelt.[18]

K. Lorenz und N. Tinbergen, die seit den 20er Jahren des 20. Jahrhunderts wirken und als »Gründungsväter« der Ethologie bekannt werden, benutzen den Terminus ›Ethologie‹ anfangs gleichrangig neben ›Tierpsychologie‹. Lorenz schließt aber schon mit einer seiner ersten Publikationen an die Wortverwendung von Heinroth an und stellt seine Untersuchungen unter den Titel ›Ethologie‹.[19] Besonderes Gewicht legt Lorenz bei seinen ethologischen Studien stets auf die Möglichkeit, Verhaltensweisen genauso wie morphologische und physiologische Merkmale nach stammesgeschichtlich-vergleichenden Methoden zu untersuchen; ihm geht es also v.a. um das so genannte »vererbte« und »angeborene« Verhalten.[20]

Andere Biologen, die auf dem Gebiet der Ethologie arbeiten, so etwa K. von Frisch, verwenden den Terminus ›Ethologie‹ dagegen kaum.[21] Die Bezeichnung steht daher seit den 1930er Jahren in besonders enger Bindung zu den Ansätzen von Lorenz.

Alternativnamen: »Perilogie«, »Hexikologie«
Neben ›Ethologie‹ existieren seit der zweiten Hälfte des 19. Jahrhunderts andere Bezeichnungen für eine Lehre des Verhaltens, die sich aber nicht durchsetzen können. Die größte Verbreitung erlangen die Ausdrücke ›Tierpsychologie‹ (s.u.), ›Perilogie‹ (s.u.) und **Hexikologie**. Den letzteren Terminus schlägt S.G. Mivart 1880 vor (engl. »hexicology«; abgeleitet von griech. ›ἕξις‹ »Verhalten, Lebensweise«).[22] Gegenstand der Hexikologie ist nach Mivart die wechselseitige Beziehung von Organismen zueinander, insbesondere zu Feinden, Konkurrenten oder Helfern (»the inter-relations of living creatures, as enemies, as rivals, and as involuntary helpers«). Daneben rechnet Mivart aber auch die Beziehung der Lebewesen zu Raum und Zeit (in der »organischen Geografie« und Paläontologie) zum Gegenstandsbereich der Hexikologie.

Ethologie als Bewegungslehre
Als Gegenstand der Ethologie gelten seit dem 19. Jahrhundert vielfach die Lokomotion und die anderen äußerlich sichtbaren Bewegungen des Körpers eines Organismus. ›Verhalten‹ wird so in Analogie zum Handeln des Menschen als das »Handeln« der Tiere verstanden (↑Verhalten). Den Pflanzen wird auf dieser Grundlage oft kein Verhalten zugeschrieben, so dass eine Ethologie der Pflanzen nicht möglich erscheint.[23] Gegen dieses Verständnis bezieht aber der Vater der modernen Bedeutung des Wortes Ethologie, I. Geoffroy Saint-Hilaire, dieses auch auf das Verhalten der Pflanzen.[24]

Die Grundbegriffe der traditionellen Verhaltensforschung bauen auf dem Bewegungscharakter von Verhaltensweisen auf: Es geht um Reflexe, Instinktbewegungen, Auslösemechanismen etc. In dem ersten Lehrbuch der Ethologie, Tinbergens ›The Study of Instinct‹ (1951), heißt es daher konsequent: »Unter Verhalten verstehe ich alle Bewegungen des gesunden, unverletzten Tieres«.[25] In gleicher Weise beginnt I. Eibl-Eibesfeldt sein verbreitetes Lehrbuch mit einer Definition von Verhalten als Bewegung: »Verhaltensweisen sind Zeitgestalten. Jede Verhaltensforschung hat es also mit Ablaufsformen zu tun, die zum Unterschied von den körperlichen Merkmalen nicht immer sichtbar sind«.[26] In diesem Verständnis handelt die Ethologie von den äußerlich sichtbaren Bewegungen der Tiere, sie betont das Dynamische des Verhaltens gegenüber dem Statischen der Formen und den im Bauplan fixierten Gestalten.

Lehre der Umweltbeziehungen der Organismen
Neben diesen Bestimmungen steht seit Ende des 19. Jahrhunderts ein anderes Verständnis, nach dem die Ethologie die Lehre von der Beziehung zwischen Organismus und Umwelt ist (und in diesem Sinne Überschneidungen mit der Ökologie, insbesondere der Autökologie aufweist; ↑Ökologie). V. Schurig spricht in diesem Zusammenhang von einem »›ökologischen‹ Ethologiebegriff«[27] im Gegensatz zu einem erst später etablierten Ethologiebegriff auf instinkttheoretischer Grundlage (»›ethologischen‹ Ethologiebegriff«[28]). Gegen diese Bezeichnungen spricht allerdings, dass auch die Instinkte insofern »ökologisch« sind, als sie die Relation des Organismus zu seiner Umwelt betreffen.

Seit der Begründung der Ethologie ist es implizit mehr oder weniger deutlich, dass es im Verhalten um den Umweltbezug von Organismen geht. Denn die Ethologie hat sich im 19. Jahrhundert ausgehend von J.B. de Lamarcks *milieu*-Begriff formiert (der für Blainville und Geoffroy Saint-Hilaire eine wichtige Rolle spielt; ↑Umwelt). Auch bereits für die systematische Darstellung der Biologie durch A. Comte Ende der 1830er Jahre ist die Gegenüberstellung von Organismus und Umwelt von großer Bedeutung (↑Biologie).[29] Auf diesen älteren Systematisierungen aufbauend, fasst I. Geoffroy Saint Hilaire 1854 als Gegenstand der Ethologie ausdrücklich allein die *äußeren* Manifestationen der Lebewesen.[30] H. Spencer schließt sich dieser Einteilung seit den 1860er Jahren an und bestimmt die *Psychologie* als Lehre der »Außenrelationen« (»external relations«) des Organismus im Gegensatz zur *Physiologie* als Lehre der »Innenrelationen« (»internal relations«).[31] Für die Psychologie gilt nach Spencer, dass sie es wesentlich mit einer Untersuchung der Anpassung des Verhaltens an die Prozesse der Umwelt zu tun habe (»mainly concerned with the adjustment of vital actions to actions in the environment«).[32] Auch die älteren Verhaltensforscher des späten 19. Jahrhunderts orientieren sich teilweise an der Gegenüberstellung von Organismus und Umwelt und versuchen nicht, die Ethologie ausgehend vom Bewegungsbegriff zu charakterisieren. Nach der Kontrastierung von G.H. Schneider aus dem Jahr 1880 beschäftigt sich die Physiologie mit den *inneren* Bewegungen des Organismus. »Die psychischen Bewegungen dagegen beziehen sich zum größten Theile auf Dinge, welche sich außerhalb des thierischen Körpers befinden«.[33]

Im 20. Jahrhundert findet sich dieses Verständnis von Ethologie (bzw. Psychologie) u.a. bei dem russischen Physiologen I.P. Pawlow, der das Verhalten 1903 allgemein als Ausdruck der »höheren Nerventätigkeit« definiert. Der diese Aufgabe erfüllende Teil des Nervensystems sei es, der »in der Hauptsache nicht die Beziehungen zwischen den einzelnen Teilen des Organismus regelt [...], sondern diejenigen zwischen Organismus und Umwelt«.[34] 1930 heißt es bei Pawlow: »Als Verhalten des Menschen oder des Tieres bezeichnet man die feinste Wechselbeziehung des Organismus mit dem ihn umgebenden Milieu«.[35] Auch in der englischsprachigen Tierpsychologie des frühen 20. Jahrhunderts finden sich Bestimmungen dieser Art, so z.B. 1915 bei R.S. Lillie: »Apparently, the general ›purpose‹ of most animal actions is to take some advantage of conditions existing in the environment, or to modify the relations between the individual and the environment in some way favorable to the species«[36] oder 1918 bei R.B. Perry: »the behavior of a living organism is a doing of something, and is therefore describable only by reference to that environmental object toward which the act addresses itself. Even simple reflexes have this character of transcending the organism in which they occur«[37]. 1921 schreibt Perry: »psychology views behavior as a commerce of the organism with its environment, in which the organism imports stimuli and exports acts«.[38]

Seit den 1930er Jahren dominieren dagegen die von Bewegungsweisen und ihren Antrieben (insbesondere den ↑Instinkten) ausgehende Definitionen der Ethologie (s.o.). Eine Ausnahme in dieser Hinsicht macht die Definition, die G. Tembrock 1987/92 gibt: »Die Verhaltensbiologie untersucht die Steuerung und Regelung der Wechselbeziehungen der Organismen mit ihrer Umwelt auf der Grundlage eines Informationswechsels, der auch den Einbau individueller Erfahrungen im Dienst der Umweltanpassung des Verhaltens ermöglicht«.[39]

Wegen der besonderen Betonung des instinktiven, angeborenen Verhaltens von Tieren durch viele führende Ethologen (z.B. Heinroth und Lorenz), wird die Ethologie heute manchmal auf eine reine Lehre des Instinktverhaltens eingeschränkt und das Studium gelernten Verhaltens ausgeschlossen. D. Hartmann stellt daher der biologischen Lehre des Instinktverhaltens, der *Ethologie*, die Lehre von dem gelernten Verhalten, die *Verhaltenspsychologie*, gegenüber.[40] Diese Trennung ist aber insofern unglücklich, als ›Lernen‹ auch ein biologischer Begriff ist und darüber hinaus häufig eine enge Verschränkung von instinktivem und erlerntem Verhalten vorliegt (↑Instinkt; Lernen). Sinnvoller erscheint es daher, auch Lernen als eine Form des Verhaltens[41] und damit als einen Gegenstand der Ethologie zu verstehen.

Verhalten als reversible Einstellung zur Umwelt
Beide Bestimmungen der Ethologie, ihr Verständnis als Bewegungslehre der Organismen und ihr Verständnis als Beziehungslehre zwischen Organismus und Umwelt haben ihre Beschränkungen. Denn nicht jedes Verhalten muss in Bewegungen bestehen – auch das regungslose Lauern eines Räubers auf seine Beute ist ein Verhalten –, und ebenso wenig ist jede Umweltbeziehung eines Organismus ein Verhalten – morphologische Einrichtungen wie die Sinnesorgane oder ein Schutzpanzer sind auf Ereignisse der Umwelt bezogen, gelten aber trotzdem nicht als Verhaltensmerkmale, die in der Ethologie untersucht werden. Der Gegenstand der Ethologie könnte daher eingegrenzt werden auf die temporären und reversiblen Einstellungen eines Organismus zu seiner Umwelt – also auf spezifische Bewegungsweisen und Körperhaltungen.

Treffend ist es daher auch, den Gegenstand der Ethologie als die *Zeitgestalt* der Lebewesen zu bezeichnen (↑Form). Diesen Ausdruck verwendet bereits J. von Uexküll in den 1920er Jahren[42], und er erscheint wieder bei A. Portmann[43] und I. Eibl-Eibesfeldt[44]. J. von Uexküll schließt sich in seiner Auffassung vom Verhalten als Zeitgestalt[45] direkt K.E. von Baer an, der die Instinkte 1860 als die sich in der Zeit entfaltende Melodie oder den Rhythmus des Lebens betrachtet: Die Instinkte sind für von Baer Ergänzungen des »Lebens-Prozesses« und nicht »ein Resultat des organischen Baues«. Sie bildeten vielmehr »den Rhythmus, gleichsam die Melodie, nach welcher der organische Körper sich aufbaut und umbaut.[46] Die Instinkte sind so als die zeitliche Ordnung parallel zur räumlichen Gliederung des Organismus in seinem Bauplan entworfen.

Form und Funktion von Verhalten
Der Ausdruck ›Zeitgestalt‹ deutet bereits darauf hin, dass in der Ethologie analog zur Morphologie und Physiologie zwischen der Form und der Funktion eines Verhaltens unterschieden werden kann. Wenn es auch nicht sehr verbreitet ist, so macht es doch Sinn, von der »Form des Verhaltens« und der »Morphologie des Verhaltens« zu sprechen, wie dies z.B. bei R. Bernier und P. Pirlot 1977 erfolgt.[47] Die Verhaltensform betrifft dabei die rein geometrisch-strukturellen Aspekte des Verhaltens. Ihr gegenüber steht die Funktionslehre des Verhaltens, in der es um die Klärung der Funktionsbezüge der Verhaltenseinheiten geht. Deutlicher noch als in der traditionellen Morphologie/Physiologie ist es aber in der Ethologie, dass die elementaren Einheiten funktional und nicht geometrisch-strukturell ausgegliedert werden. Also nicht die morphologische Ähnlichkeit, sondern die funktionale Beziehung bestimmt die Einordnung eines Bewegungsablaufs in eine Verhaltenskategorie (z.B. in die Kategorie ›Ernährungsverhalten‹ oder ›Schutzverhalten‹) (s.u.).

Ethologie versus Physiologie:
Direktionalität versus Interdependenz
Es ist eine in der Geschichte der Biologie vielfach geäußerte Behauptung, dass ein Organismus zu seiner Umwelt in einem Verhältnis der Wechselwirkung oder Wechselseitigkeit stehe (↑Umwelt).[48]

Gegen diese Vorstellung ist aber einzuwenden, dass eine Relation der ↑Wechselseitigkeit, genauer der wechselseitigen Bedingung, in erster Linie zwischen den Teilen eines Organismus besteht und nicht zwischen dem Organismus und seiner Umwelt. Die Umwelt ist für den Organismus Ressource oder Störfaktor. Er hat zu seiner Umwelt daher ein einsinniges Verhältnis; Organismus und Umwelt bedingen sich nicht wechselseitig, sondern einseitig: der Organismus hängt von seiner Umwelt ab, aber die Umwelt in der Regel nicht von ihm. Aufgrund dieses einseitigen Abhängigkeitsverhältnisses stellt sich das einzelne Verhalten als eine lineare (und nicht interdependente) Bezogenheit des Organismus auf seine Umwelt dar. Offensichtlich ist dies bei spontan einsetzendem Verhalten, z.B. dem Appetenzverhalten (↑Bedürfnis), bei dem aus organismusinternen Ursachen (z.B. Nahrungsbedarf) eine Reizsituation aufgesucht wird. Aber auch bei einem Verhalten, das als Reaktion auf einen auslösenden Reiz einsetzt, steht der Organismus nur in einer einseitigen funktionalen Beziehung zu dem Reiz. Die Reizquelle selbst (z.B. eine Beute oder ein Feind) ist – abgesehen von Verhältnissen der ↑Symbiose – nicht funktional auf den sie wahrnehmenden Organismus bezogen – nur der Organismus steht in einer funktionalen Abhängigkeit von einigen Objekten seiner Umwelt.

Dies ist auch bei komplexen Verhaltensweisen, die eine Kaskade von einzelnen Verhaltenselementen umfassen, nicht anders. Jedes Verhaltenselement wird hier durch eine Reizsituation ausgelöst, die sich als Ergebnis der vorangegangenen Verhaltensweise einstellt. Es ist auch hier nur der Organismus, der sein Verhalten ausgehend von den Verhältnissen seiner Umwelt modelliert und organisiert; die Umwelt wird von ihm verändert, aber sie wird nicht so konzipiert, dass sie sich gerichtet selbst verändert, um dem

Organismus bei der Wahrnehmung seiner Zwecke entgegenzukommen. Würde sie doch so konzipiert werden, wäre sie keine Umwelt mehr, sondern Teil des Organismus. Oder anders gesagt: Über das Verständnis des Organismus-Umwelt-Verhältnisses als einer Wechselwirkung würde der Organismusbegriff eine Auflösung erfahren.[49]

Dem zentralen Aspekt der Interdependenz der physiologischen Verhältnisse steht in der Ethologie also der Aspekt der Direktionalität gegenüber. Verhaltensweisen sind vom Organismus gerichtet auf die Umwelt. Im Gegensatz zur Symmetrie und Reziprozität der Gegenstände der Physiologie – das eine Organ bedingt das andere –, liegt in der Ethologie ein asymmetrisches Verhältnis der Gegenstände – Organismus und Umwelt – vor.

Der in der Ethologie untersuchte konstitutive Umweltbezug des Organismus trägt der Bestimmung des Organismus als *offenes System* Rechnung, das erstens für seinen Erhalt auf eine spezifische Umwelt angewiesen ist und zweitens durch die Umwelt gefährdet (verletzbar) ist, das also – ausgehend von Ereignissen seiner Umwelt – gestört und zerstört werden kann. Die Beziehung der einseitigen Bedürftigkeit und Gefährdung führt zu einer aktiven Einstellung des Organismus zu seiner Umwelt, einer Gerichtetheit auf einzelne Gegenstände. Eine in diesem Sinne verstandene *Intentionalität* kann als ein Grundcharakteristikum aller Lebewesen gelten.[50]

Wenn aber auch keine direkte wechselseitige Bedingung zwischen einem Organismus und seiner Umwelt besteht, dann doch eine über Umweltobjekte *vermittelte Wechselwirkung* zwischen den Teilen eines Organismus. Denn im Verhalten bezieht ein Organismus die Gegenstände seiner Umwelt auf sich, das eine Organ tritt vermittelt über ein Objekt der Umwelt in Wechselwirkung mit einem anderen Organ: Im Jagdverhalten eines Tiers liegt z.B. eine Wechselwirkung des Auges mit den Muskeln des Lokomotionssystems und den Organen des Verdauungssystems vor, die über ein Beuteobjekt in der Umwelt vermittelt ist. Um eine Wechselwirkung und wechselseitige Abhängigkeit handelt es sich, weil alle beteiligten Organe sich allein durch den Bezug auf die anderen Organe erhalten können.

Allgemein gilt für diejenigen Teile des Organismus, die den Bezug des Organismus zu seiner Umwelt vermitteln, dass sie in dieser vermittelten Wechselwirkung mit anderen Teilen des Organismus stehen und insofern die Ethologie des Organismus betreffen. Unterscheiden lassen sich daher Organe, die in einem physiologischen Verhältnis der direkten Wechselseitigkeit miteinander stehen, und solche, die primär auf die Umwelt bezogen sind. A.N. Sewertzoff unterscheidet 1914 in diesem Sinne zwischen *ektosomatischen* und *endosomatischen* Organen oder Merkmalen (↑Organ).[51] Die ektosomatischen Organe (z.B. Haut, Zähne, Augen) sind darüber bestimmt, dass sie in direkter Beziehung zur Umwelt stehen. In die Richtung dieses Verständnisses weist auch die Unterscheidung zwischen einer *ethologischen Anatomie* und einer *physiologischen Anatomie*, die H. Böker 1935 einführt.[52] Gegenstand der ersteren ist nach Böker u.a. die Art der Fortbewegung und der Ernährung der Organismen, also solche Vorgänge, die direkt auf die Umwelt bezogen sind. Weiter müssten dazu gezählt werden: Schutzeinrichtungen wie Panzerungen, Nahrungsaufnahmeeinrichtungen wie Rüssel oder Schnäbel und Orientierungseinrichtungen wie Sinnesorgane etc. Nicht unmittelbar auf die Umwelt bezogen und insofern Gegenstand der »physiologischen Anatomie« wären dagegen die Erhaltungssysteme, die z.B. den Wasser-, Temperatur- und Salzhaushalt regulieren, das Kreislaufsystem, das Immunsystem und die regulatorischen Teile des Nervensystems.

Diese Zuordnungsfragen sind vor allem für die funktionale Analyse des Organismus von Bedeutung. In der historisch gewordenen faktischen Einheit des Organismus lassen sich physiologische und ethologische Aspekte nur mit Mühe voneinander trennen. Die meisten Einrichtungen, die ursprünglich für den einen Aspekt relevant waren, haben im Laufe der Zeit auch Relevanz für den anderen Aspekt erhalten. Schutzeinrichtungen z.B., die ursprünglich in einem rein ethologischen Kontext standen, können auch physiologische Bedeutung gewinnen, indem sie etwa als Vorratsspeicher für Mineralien dienen oder indem sie ein Gerüst für den morphologischen Zusammenhalt des Organismus abgeben.

Andererseits ändern die Zuordnungsschwierigkeiten einzelner Körperteile zur funktionalen Ordnung des Organismus nichts daran, dass in dieser funktionalen Ordnung die Aspekte des Selbstbezugs der Organisation (Physiologie) und ihres Umweltbezuges (Ethologie) systematisch getrennt werden können. Physiologisch ist jeder Prozess an und in dem Organismus, der Teil des Gefüges aus sich wechselseitig bedingenden Prozessen ist, das die Organisation des Organismus ausmacht. Weil kaum ein morphologischer Teil des Organismus nicht Teil dieses Gefüges ist, sind alle Prozesse, die an ihnen ablaufen, (z.B. ihre Erzeugung) zur Physiologie zu zählen. Ethologisch ist dagegen jeder Prozess, der ausgehend von der Organisation eine in die Umwelt offene Kausalkette darstellt – also jeder Prozess, der nicht unmittelbar in die Wechselwirkungseinheit des Organismus eingebettet ist, sondern entweder ausgehend von diesem Gefüge nach außen wirkt oder von außen auf dieses Gefüge einwirkt und dadurch eine Reaktion hervorruft.

Historisch geht diese Unterscheidung von Physiologie und Ethologie bis in die Anfänge der Konstitution der Biologie zu Beginn des 19. Jahrhunderts zurück. Sie findet sich bereits im Jahr 1800 in X. Bichats Differenzierung zwischen dem »organischen Leben«, das wesentlich in Stoffwechselvorgängen besteht, und dem »animalische Leben«, in dem der Organismus »außerhalb seiner existiert« und zu dem Bichat die Vermögen der Sinneswahrnehmung, Lokomotion und Kommunikation zählt.[53] In ähnlicher Weise grenzen A.B. Richerand und F. Magendie einige Jahre später die Relationsfunktione (»fonctions de relations«) von den internen Funktionen ab und bestimmen sie durch ihren Bezug zu den Objekten der Umwelt (»rapport avec les objets environnans«) (↑Biologie; Funktion: Tab. 87).[54]

Verhalten als Äußerung des ganzen Organismus
Zur Unterscheidung der Ethologie von der Physiologie wird auch darauf verwiesen, dass physiologische Prozesse nur einzelne Aspekte des Organismus betreffen, während das Verhalten immer eine Einstellung des Organismus als Ganzer sei. Dies streicht z.B. R.B. Perry 1921 heraus: »Psychology [d.i. Ethologie] deals with the grosser facts of organic behavior, and particularly with those external and internal adjustments by which the organism acts as a unit, while physiology deals with the more elementary constituent processes, such as metabolism or the nervous impulse«.[55] In der Ethologie wird ein Organismus also als Ganzer auf die Umwelt bezogen. Als eine Erklärung für diesen Ansatz kann angeführt werden, dass die Einstellung zur Umwelt eine vorhergehende Integration der physiologischen Einzelprozesse erfordert. Denn Änderungen des Verhältnisses zur Umwelt, z.B. aufgrund einer Ortsveränderung, betreffen viele Aspekte des Organismus gleichzeitig; die Lokomotion zur Nahrungsaufnahme verändert in der Regel z.B. die Exposition gegenüber Räubern. Der Auslösung eines Verhaltens geht daher in der Regel eine Integrationsleistung des Organismus voraus, in der mehrere Funktionskreise gleichzeitig berücksichtigt werden.

In der experimentellen Methodik wird dies daran deutlich, dass Ethologen – im Gegensatz zu Physiologen – mit dem ganzen Organismus arbeiten können, ohne ihn sezieren zu müssen. Dem zu Beginn des 20. Jahrhunderts experimentell arbeitenden Ethologen Pawlow kann damit bescheinigt werden, »dass er zum ersten Mal die Untersuchung der animalischen Physiologie aus dem Bannkreis des vivisektorischen Eingriffs befreit hat«.[56]

Subjektivität in der Ethologie
Mit der Konzipierung des Verhaltens als Äußerung des ganzen Organismus hängt auch die Betrachtung von Organismen als »Subjekte« zusammen (↑Selbstorganisation; Regulation). Traditionell wird dieser Terminus zwar auf bewusst und begründet handelnde Personen (also ↑Menschen) eingeschränkt, seit Ende des 18. Jahrhunderts sind es aber auch immer wieder Tiere, denen eine Subjektivität zugeschrieben wird. Begründet wird dies meist ausgehend von der Spontaneität des Verhaltens und der Innendimension des Erlebens. In der Ethologie verbreitet sich die Rede von der Subjektivität der Tiere v.a. durch J. von Uexkülls Umweltlehre (↑Umwelt). Nach dieser Lehre hat ein Organismus einer bestimmten Art eine für ihn spezifische Umwelt, die er »aktiv gliedert« und deren Elemente für ihn den Charakter von »Bedeutungsträgern« gewinnen.[57] Was die Umwelt ist, wird also für jeden Organismus erst durch seine eigene Rezeptivität und Aktivität konstituiert. Im Anschluss an diese Vorstellungen erscheinen seit den 1930er Jahren immer wieder Plädoyers dafür, das Verhalten der Tiere nicht als ein objektives Geschehen, sondern als ein allein subjektives »Benehmen« zu betrachten, das eine »immanente Verständlichkeit« aufweist und nur in einer Sinndeutung zu erfassen ist.[58]

Objektivität und Wissenschaftlichkeit der Ethologie
Auf der anderen Seite bemüht sich der Hauptstrom der Ethologie seit Beginn des 20. Jahrhunderts aber gerade um die Etablierung einer objektiven Analyse des Verhaltens, in der eine methodisch nur schwer zugängliche Subjektivität kaum Platz hat. Dieser um die Wissenschaftlichkeit der Ethologie bemühte Hauptstrom nimmt seinen Ausgang in der expliziten Absetzung von der im 19. Jahrhundert dominanten Tierpsychologie, für die der vornehmlich anekdotische Bericht über das Verhalten der Tiere bestimmend ist. Dieser ältere Ansatz beruht auf einer Methodik und Sprache, die wesentlich aus der Psychologie des Menschen gewonnen ist und für die die Introspektion maßgeblich ist. Deutlich wird diese Richtung z.B. in dem Werk über die »Tier-Intelligenz« (1882) von G.J. Romanes.[59]

In Absetzung von dieser älteren Tradition heißt es in einem programmatischen Aufsatz von T. Beer, A. Bethe und J. von Uexküll 1899: »Es hat naturwissenschaftlichen Wert, die Tiere mit Maschinen zu vergleichen, nicht aber, ihnen menschliches beizulegen«.[60] In gleicher Weise setzt sich M. Washburn 1908 von der älteren *anekdotischen Methode* (»method of anecdote«) ab, die sie mit der Beschreibung von Einzelfällen und Zufallsbeobachtungen in Verbindung bringt, um sich für die *experimentelle Methode* (»method of experiment«) in der Verhaltensforschung einzusetzen.[61]

Die tatsächliche Etablierung experimenteller Methoden und systematisch-quantitativer Verfahren der Auswertung von Versuchsergebnissen in die Ethologie wird auf E.L. Thorndike zurückgeführt.[62] Thorndike bemüht sich v.a. um die Einführung standardisierter Tests zum Lernen von Tieren (↑Lernen).

Besonders konsequent in seiner Ablehnung der Introspektion als Methode der Verhaltensforschung der Tiere ist J.B. Watson, der Begründer des **Behaviorismus** (»behaviorism is the only consistent and logical functionalism«[63]). In einem als Manifest des Behaviorismus geltenden kurzen Aufsatz aus dem Jahr 1913 formuliert er gleich zu Beginn die Forderung, die Psychologie als eine objektive experimentelle Wissenschaft zu betrachten, die der Vorhersage und Kontrolle von Verhalten diene und in der die Introspektion keine wichtige Methode bilde: »Psychology as the behaviorist views it is a purely objective experimental branch of natural science. Its theoretical goal is the prediction and control of behavior. Introspection forms no essential part of its methods, nor is the scientific value of its data dependent upon the readiness with which they lend themselves to interpretations in terms of consciousness. The behaviorist, in his efforts to get a unitary scheme of animal response, recognizes no dividing line between man and brute«.[64] Die methodische Direktive Watsons besteht damit in der Forderung, die Begriffsbildung der behavioristischen Psychologie allein an dem beobachtbaren äußeren Verhalten des Organismus zu orientieren. Es dürften nicht hinter jedem Verhalten von Tieren (und Menschen) mentale Zustände, wie sie dem menschlichen Beobachter aus seiner Introspektion bekannt sind, konstruiert werden. Damit die Verhaltensforschung wissenschaftlichen Status erlange, müsse also das menschliche Bewusstsein als zentrale Referenz jeder Beobachtung überwunden werden. Begriffe, die die inneren mentalen Vorgänge betreffen, dienen nicht dem Erschließen des Verhaltens, sondern werden umgekehrt erst aus dem beobachtbaren Verhalten erschlossen. Im Kern ist damit also ein *black box*-Modell des Verhaltens beschrieben. Dieses einfache *black box*-Modell kann weiter in Richtung einer reinen Reflex-Psychologie im Sinne des starren Reiz-Reaktions-Schemas eingeengt werden, wie dies z.B. von Watson verfolgt wird[65] – aber dies muss nicht geschehen, wie die Position der »Zweckpsychologie« E.C. Tolmans zeigt[66].

Auch K. Lorenz ist in seinen frühen Schriften stark von der Reflextheorie beeinflusst. Gemäß seiner mechanistischen Grundeinstellung und der Ablehnung sowohl vitalistischer als auch psychologisch-teleologischer Ansätze zur Erklärung des Verhaltens sieht er – u.a. unter dem Einfluss von H.E. Ziegler – bis zur Mitte der 1930er Jahre in der Annahme von Reflexketten die einzig solide Basis zur Erforschung von Verhalten.[67] Im Rahmen dieses reflextheoretischen Ansatzes entwickelt Lorenz seine Konzepte des *sozialen Auslösers* und des *angeborenen Auslösemechanismus* (↑Wahrnehmung). Dieser Ansatz ermöglicht es Lorenz, viele der von ihm beobachteten Phänomene auf einheitlicher Grundlage zu erklären, z.B. den stereotypen Ablauf des Verhaltens nach Präsentation eines Reizes, die innerartliche Konstanz der Reaktionen und den angeborenen Charakter, der sich daran zeigt, dass auch isoliert aufgezogene Individuen das Verhalten zeigen. Erste Zweifel an diesem Modell entstehen mit der Beobachtung des aktiven Aufsuchens von Reizsituationen durch die Versuchstiere (»Appetenzverhalten«; ↑Bedürfnis). Weitere Anomalien für die Reflextheorie bestehen in den Beobachtungen von »Intentionsbewegungen«, also unvollständig ausgeführten Bewegungsmustern (↑Kommunikation), »Leerlaufreaktionen«, d.h. ohne einen Reiz ausgelösten Verhaltensweisen (↑Bedürfnis) und der Verschränkung von Instinktbewegungen mit gelerntem Verhalten (»Instinkt-Dressur-Verschränkung«; ↑Lernen).[68] Unter dem Einfluss des Verhaltensphysiologen E. von Holst gibt Lorenz das Reflexmodell daher Ende der 1930er Jahre auf.

In seiner heuristischen Funktion für die frühe Ethologie hat der behavioristische Ansatz Folgen, die ambivalent zu bewerten sind. Einerseits beflügelt er die empirische Forschung, weil er ermöglicht, den Organismus frei von bewusstseinstheoretischen und damit nicht selten metaphysischen Rücksichten zu betrachten. Auf der anderen Seite behindert der Behaviorismus aber eher die neurophysiologische Erforschung der Auslöser und Regulatoren des Verhaltens. Fortschritte in der Neurophysiologie erfolgen daher v.a. von einer Seite, die dem Behaviorismus kritisch gegenübersteht (z.B. durch E. von Holst).

Mit den Ansätzen der vergleichenden Verhaltensforschung, der Verhaltensphysiologie und der Verhaltensökologie (s.u.) gerät der Behaviorismus seit den 1930er Jahren zunehmend in den Hintergrund. In den Mittelpunkt rücken dagegen Fragen nach den neuronalen Ursachen und Mechanismen des Verhaltens sowie nach den evolutionären Konsequenzen und Strategien, insbesondere des ↑Sozialverhaltens. Als ein Ziel der Forschung formuliert Pawlow 1932 die Vereinigung des psychologischen und des physiologischen Ansatzes und betrachtet es als »vollkommen gerechtfertigte Tendenz, die Erscheinungen der sogenannten psychischen Tätigkeit auf physiologische Tatsachen zurückzuführen, d.h., das Physiologische mit dem Psychologischen, das Subjektive mit dem Objektiven zu vereinigen, zu identifizieren. Dies ist meiner Überzeugung nach gegenwärtig die wichtigste wissenschaftliche Aufgabe«.[69]

Der ethologische Funktionalismus
Ausgehend von dem funktional als ↑Organisation bestimmten und funktional in der ↑Physiologie gegliederten Begriff des Organismus wird auch der Umweltbezug des Organismus in der Ethologie funktional systematisiert. Dass es Funktionsbegriffe sind, die den Gegenstand gliedern, ist in der Ethologie tatsächlich offensichtlicher als in anderen Bereichen der Biologie. Sämtliche Titel für den Umweltbezug des Organismus – seien sie Ernährung, Flucht, Schutz, Sexualität oder andere – stellen funktionale Begriffe dar (↑Funktion; Zweckmäßigkeit). Die Verhaltensweisen werden im Hinblick darauf identifiziert und zu einer Einheit zusammengefasst, welche Wirkung sie auf den Organismus haben. Der eine funktionale Umweltanspruch kann auf den unterschiedlichsten Mechanismen beruhen, z.B. kann Ernährung durch Weiden, Strudeln, Filtrieren, Sammeln, Ködern, Fallenstellen, Jagen etc. erfolgen. Die Vielfalt der kausalen Mechanismen ändert doch nichts an der Einheit ihres funktionalen Ertrags; also nicht die physikalische Ähnlichkeit der Mechanismen (oder auch ihre phylogenetische Verwandtschaft), sondern die Gemeinsamkeit ihrer funktionalen Wirkung liefert eine Systematik der Verhaltensweisen. Diese Systematik ergibt sich – zumindest in ihren oberen Begriffen – weitgehend unabhängig von der detaillierten kausalen Erforschung des Verhaltens. In der Ethologie werden oftmals funktionale Bezüge aufgestellt, bevor die genauen kausalen Verhältnisse geklärt sind. Ein Jagdverhalten ist auch dann schon ein Jagdverhalten, wenn die ihm zugrundeliegenden kausalen Mechanismen noch nicht im Detail bekannt sind. Und die Klärung dieser Mechanismen wird nichts daran ändern, dass es sich bei dem gezeigten Verhalten um ein Jagdverhalten handelt. Das Verhalten eines Organismus wird so quasi im Vorgriff auf die kausale Analyse funktional gegliedert.

In der Vorgängigkeit und Unabhängigkeit der funktionalen Analyse gegenüber der kausalen verhält

es sich mit den ethologischen Grundbegriffen ähnlich wie mit den mentalen und sozialen Begriffen der Geistes- und Sozialwissenschaften. Dem, was funktional oder mental eine Einheit bildet, entspricht auf physischer Ebene oft nur eine Aufzählung disjunkter Elemente.[70]

Das funktionalistische Moment im Verhaltensbegriff wird von den frühen Ethologen, die oft gleichzeitig Psychologen sind, klar gesehen. Ein Verhalten wird von ihnen im Hinblick darauf identifiziert, welche Wirkung es für den Organismus erzielt. So stellt W. Wundt in seinen ›Grundzügen der physiologischen Psychologie‹ (1874/1903) klar, »dass man die Triebe nicht sowohl nach den Gefühlen und Affecten, von denen sie ausgehen, als nach den Zwecken zu classificiren pflegt, auf die sie gerichtet sind«.[71]

In der englischsprachigen »Tierpsychologie« ist es am Anfang der Instinktbegriff, an dem die teleologische Komponente des Verhaltens am deutlichsten wird. Neben seiner funktionalen Komponente, die Verhalten allgemein charakterisiert, erfolgt über den Instinktbegriff (oder den oft als synonym verstandenen Triebbegriff) auch eine Auffächerung der verschiedenen Umweltbezüge des Organismus.

Deutlich ist auch W. McDougall 1923 in der Hervorhebung der Zweckmäßigkeit von Verhalten: »Purposive action is the most fundamental category of psychology; just as the motion of a material particle according to the mechanical principles of Newton's laws of motion has long been the fundamental category of physical science. Behavior is always purposive action, or a train or sequence of purposive actions«.[72] Die Zweckmäßigkeit des Verhaltens bezieht McDougall nicht nur auf das zweckesetzende Handeln des Menschen, sondern gleichermaßen auf das Verhalten der Tiere. Beide fasst er zu einer einheitlichen »Klasse von Bewegungen«[73] zusammen und stellt sie dem zweiten Bewegungstyp in der Natur, den mechanischen Bewegungen, gegenüber. Die Zweckmäßigkeit des Verhaltens liegt für McDougall darin, dass – auch bei niederen Tieren – eine Antizipation eines Zielzustandes vorliegt. Das Verhalten erfolge im Hinblick auf einen in der Zukunft liegenden und durch das Verhalten zu erreichenden Zustand. Das Erreichen des Zielzustandes sei der Grund und die Motivation für das Einsetzen des Verhaltens.

Die Ansätze McDougalls werden von E.C. Tolman, dem Begründer der »Zweckpsychologie«, fortgeführt. Tolman ist bestrebt, die mentalistischen Elemente, die sich noch in McDougalls Darstellungen finden, völlig zu vermeiden und so die Zweckmäßigkeit als eine objektive Eigenschaft von Verhalten zu verstehen: »Purpose [...] is itself but an objective aspect of behavior«.[74] Ebenso wie McDougall gibt auch Tolman eine Klassifikation der Instinkte auf funktionaler Grundlage (↑Instinkt: Tab. 129; ↑Verhalten).

Ethologie als Regulationslehre
Weil die Relation des Organismus zu seiner Umwelt das Thema der Ethologie ist und weil diese Relation zumindest zum Teil durch die Begriffe von Störung, Steuerung und Regulation zu kennzeichnen ist, weist die Ethologie viele Aspekte einer Lehre der Regulation auf. Allgemein könnte man sagen: Die Ethologie betrifft den Umweltbezug und insbesondere die Regulation der über die Physiologie konstituierten organisierten Systeme. Als angewandte Regulationslehre ist sie damit immer auf den Gegenstand funktional bezogen, den es zu regulieren gilt: Verhaltensweisen sind also insofern funktional als Mittel für die Belange des Organismus zu interpretieren.

Von verschiedener Seite ist das Verhalten von Organismen selbst mit dem Mechanismus der Regulation, genauer der Regelung, identifiziert worden. So versteht H.S. Jennings 1906 mit einem noch nicht sehr spezifischen Begriff der Regulation allgemein das »Verhalten als Regulation«.[75] Ein Organismus sei bestrebt, für ihn günstige Zustände aufzusuchen und schädlichen Einflüssen aus dem Weg zu gehen.

Ausgehend von dem spezifischeren kybernetischen Begriff der ↑Regulation bestimmt W.T. Powers 1973 Verhalten generell als einen Mechanismus der Rückkopplung: »All behavior involves strong feedback effects, whether one is considering spinal reflexes or self-actualization. Feedback is such an all-pervasive and fundamental aspect of behavior that it is as invisible as the air we breathe. Quite literally it is behavior«.[76] Als Mechanismus der Rückkopplung muss ein Verhalten nach Powers verstanden werden, weil der wesentliche Punkt der Relation des Organismus zu seiner Umwelt dessen Stabilisierung betrifft. Die Umwelt wird als Vorrat lebenswichtiger Ressourcen genutzt, und die von ihr ausgehenden Gefahren werden durch Aktionen des Organismus abgewendet. Beide Komplexe erfolgen in der Regel über Wahrnehmungen des Organismus, so dass sich mit Powers sagen lässt, Verhalten bestehe in der Kontrolle der Wahrnehmung: »To behave is to control perception«.[77] In der ethologischen Regulation erfolgt eine Stabilisierung der Einheit des Organismus – einerseits mit Hilfe der Ressourcen und anderseits in Abwendung der Gefahren aus der Umwelt. Verhalten kann damit auch allgemein als »Regulation der Relation zwischen Organismus und Umwelt« bestimmt werden, wie es 2001 bei O. Düßmann heißt.[78]

Vergleichende Psychologie
Die Bezeichnung ›vergleichende Psychologie‹ erscheint Ende des 18. Jahrhunderts in Bezug auf die Methode des Vergleichs des Verhaltens von Menschen und Tieren (Klügel 1782: »vergleichende Psychologie, besonders von den Seelen der Thiere«[79]; Liebsch 1808: »vergleichende Psychologie«[80]; Chiaverini 1815: »psychologie comparée«[81]; Bennett 1826: »comparative psychology«[82]). Die Bezeichnung bezieht sich aber vielfach auch auf Vergleiche zwischen verschiedenen Menschen (so 1851 bei Lazarus[83]).

Eine komparative Sicht auf das Verhalten der Tiere findet sich, seitdem der Mensch das Verhalten der Tiere für sich zu nutzen weiß (d.h. schon länger als es Menschen gibt). Der Vergleich kann sich auf das Verhalten von Organismen verschiedener Arten oder auf den Vergleich des menschlichen Handelns mit dem Verhalten der Tiere beziehen. Eine vergleichende Psychologie in diesem Sinne findet sich bei Aristoteles[84] und im Anschluss an ihn in der Scholastik, etwa bei Albertus Magnus[85]. Seit dem Mittelalter sind Stufenleitervorstellungen entwickelt worden, die die Organismen nach ihren Verhaltensweisen gruppieren und an die Spitze den Menschen stellen.

Bis ins 19. Jahrhundert steht das Verhalten der Tiere in erster Linie im Hinblick auf seine Ähnlichkeit zum menschlichen Handeln zur Diskussion, z.B. in Bezug auf die Frage, wie weit dem Verhalten der Tiere ↑Intelligenz, ↑Bewusstsein oder Moral (↑Kultur) zugrunde liegt. Das Verhalten der Tiere erscheint in dieser Perspektive als das von unterentwickelten, »kleinen Menschen«.[86] Eine ausführliche Darstellung und Diskussion der Intelligenz im Verhalten der Tiere liefert C.G. Le Roy in der zweiten Hälfte des 18. Jahrhunderts.[87] Le Roy fordert als Ziel der Untersuchung des Verhaltens der Tiere die Erstellung eines vollständigen Inventars der Verhaltensweisen für jede Tierart, eines *Ethogramms*, wie es später heißt (↑Verhalten). Auch J. Gregory hält es 1766 für ein Desiderat, der vergleichenden Betrachtung der Anatomie eine vergleichende Lehre der Lebensweise der Tiere an die Seite zu stellen (»the comparative Animal Oeconomy of Mankind and other Animals, and comparative Views of their States and manner of life, have been little regarded«).[88]

Im 19. Jahrhundert ist die z.T. vermenschlichende Betrachtung des Verhaltens der Tiere als Ausdruck ihrer Seele verbreitet. Dies belegen z.B. die Arbeiten von P. Scheitlin[89], C.G. Carus[90], W. Wundt[91] oder M. Perty[92].

Als Gründer und Namensgeber der wissenschaftlichen vergleichenden Psychologie gilt P. Flourens, ein

Schüler G. Cuviers. Flourens stellt v.a. in den 20er Jahren des 19. Jahrhunderts vergleichende Studien am Gehirn von Wirbeltieren an und untersucht den Zusammenhang zum Verhalten der Tiere. Mit seiner *Psychologie comparée* von 1864, die im Wesentlichen eine Sammlung älterer Arbeiten unter einem neuen Titel ist, hat er die vergleichende Psychologie als neue Wissenschaft begründet.[93]

Im engeren Sinne bezieht sich der Titel ›vergleichende Psychologie‹ auf eine Betrachtung des Verhaltens der Tiere aus einer deszendenztheoretischen Perspektive. Pioniere in dieser Hinsicht sind in der zweiten Hälfte des 19. Jahrhunderts C. Darwin[94], G.J. Romanes[95] und C.L. Morgan[96]. Morgan steht einer vergleichenden Perspektive auf psychische Phänomene anfangs allerdings eher skeptisch gegenüber, weil er die Introspektion für die einzige Methode der Psychologie hält. Erst unter dem Einfluss evolutionärer Überlegungen ändert Morgan Ende der 1880er Jahre seine Meinung. Im deutschen Sprachraum ist es G.H. Schneider, der 1880 eine »vergleichende Willenslehre« vorlegt.[97]

Tierpsychologie
Der Terminus ›Tierpsychologie‹ erscheint vereinzelt seit Ende des 18. Jahrhunderts (Anonymus 1798: »ein der Sache gewachsener Mann [soll] eine Thier-Psychologie (an der es noch durchaus fehle) schreiben«[98]; Anonymus 1804: »Thier-Psychologie«[99]; Anonymus 1819: »Thierpsychologie«[100]; Dureau de la Malle 1830: »psychologie animale«[101]; Anonymus 1838: »animal psychology«: »the study [...] of the laws and facts of passion, sensation, reason, &c., in animals«[102]; Scheitlin 1840: »Thierseelenkunde«; von Feuchtersleben 1845: »Zoo-psychologie«[103]; Carus 1846: »Zoopsychologie«[104]). Mit den ersten Monografien zu diesem Thema in den 1840er Jahren verbreitet sich sowohl die Kenntnis des Forschungsfeldes als auch der Bezeichnung für sie.[105] Aber erst gegen Ende des Jahrhunderts kann von einer Etablierung des Terminus zur Bezeichnung einer biologischen Teildisziplin die Rede sein.[106]

Der Wert der Tierpsychologie wird anfangs v.a. in einer vergleichenden Perspektive für die Psychologie des Menschen gesehen. So heißt es 1830 bei Hohnbaum und Jahn, es sei eine Voraussetzung für die Entstehung einer haltbaren Psychologie, dass man »die Menschenpsychologie auf die Thierpsychologie baut, eine vergleichende Psychologie gründet«. Die Psychologie werde nur dann zu einer Wissenschaft, wenn die seelischen Prozesse in gleicher Weise wie die physiologischen vergleichend analysiert werden: »wenn man das Gehirn und die übrigen Gebilde des Nervensystems (denn der Geist ist dieser Organe Lebensthätigkeit [...]) eben so betrachtet und behandelt, wie man den übrigen Organismus, die Leber, die Lunge, das Blut, ansieht und erforscht«.[107] Im Anschluss an diese Vorstellungen wird die Tierpsychologie seit Mitte des 19. Jahrhunderts als eine »vergleichende Psychologie« betrieben (s.o.). Für Hohnbaum und Jahn kann die Tierpsychologie darüber hinaus etwas zur Begründung der Ethik leisten, wie dies in ihren Fragen zum Ausdruck kommt: »Was lehrt die Thierpsychologie über die moralische Welt, über jene Welt, in der, wie man sagt, die Ideen des Schönen, Guten, Wahren herrschen etc..? [...] findet nicht die moralische Natur des Menschen auch ihre Deutung in den Regungen und Spuren einer moralischen Natur, welche uns in der Thierwelt, in den Sitten der Thiere, wie die Franzosen sagen, begegnet?«[108]

Enthalten ist in dem Ausdruck ›Tierpsychologie‹ ein Verweis auf die ›Psyche‹ und damit auf die antike Seelenlehre. Nach dieser Lehre kommt nicht nur den Tieren, sondern auch den Pflanzen eine Seele, wenn auch eine niederer Stufe, zu: die *Pflanzenseele*.[109] Im 18. und 19. Jahrhundert verliert der Begriff der Seele zwar weitgehend seine wissenschaftliche Funktion als ein Erklärungsprinzip – trotzdem entwickelt sich eine **Pflanzenpsychologie** parallel zur Tierpsychologie. Der Ausdruck erscheint seit den 1830er Jahren (von Reider 1831: »Pflanzenpsychologie«[110]; Pfeil 1850: »ob man sich nicht auch eine Pflanzenpsychologie denken kann, wenn man diesen Ausdruck gebrauchen darf«[111]; Boscowitz 1860; Pouchet 1864: »psychologie végétale«[112]; Fullerton 1906: »plant psychology«[113]). Der Botaniker J.E. Taylor ist 1884 der Auffassung, ein Leben ohne psychologisches Verhalten (»psychological action«) könne es nicht geben, und er fordert daher eben eine Pflanzenpsychologie (»Vegetable Psychology«).[114] Der eigentliche wissenschaftliche Versuch der Begründung einer Pflanzenpsychologie wird aber auf R. Francé zu Beginn des 20. Jahrhunderts zurückgeführt.[115] Eine Psychologie der Pflanzen sieht Francé dadurch gerechtfertigt, dass auch das Leben der Pflanzen psychische Qualitäten aufweist, z.B. Empfindungen, Bedürfnisse, Spontaneität, Streben und Individualität. Handlungen gelten für Francé nicht als ein Privileg von Tieren und Menschen, sondern auch Pflanzen zeigen Handlungen, z.B. »Reizhandlungen« »Regulationshandlungen« und auch planvoll zweckmäßige und freie Handlungen. Francés Bemühungen um diese neue wissenschaftliche Disziplin findet allerdings wenig Resonanz. Ihm wird u.a. vorgeworfen, mit der Seele einen Begriff zu exponieren, der eine bloße Abstraktion darstellt: »Eine Abstraktion, ein Begriff kann aber weder Ursache noch Erklärung eines Wirklichen sein«[116].

Die Popularität der Psychologie am Ende des 19. Jahrhunderts führt nicht nur zu einer Tier- und Pflanzenpsychologie, sondern auch zu einer »Cellular-Psychologie«, die E. Haeckel begründet und deren Gegenstand die »Zellseelen« sind, d.h. die Empfindungsprozesse, die auf Zellebene ablaufen.[117]

Die Verbreitung und allgemeine Akzeptanz des Ausdrucks ›Psyche‹ für die Pflanzen und Tiere beruht aber nicht nur auf einem Bezug zur antiken Tradition. Sie hängt auch mit der beobachteten Spontaneität und Gerichtetheit des Verhaltens der Tiere zusammen. Analog zum Konzept des Willens im menschlichen Seelenleben werden die Instinkte als zentrale, den Umweltbezug steuernde Instanzen entworfen.[118]

Kritik an der Zuschreibung einer Seele oder Psyche zu den Tieren wird aber bereits seit dem 17. Jahrhundert, besonders prominent durch R. Descartes, geäußert (↑Organismus/Mechanismus). Mit der Etablierung der ›Tierpsychologie‹ am Ende des 19. Jahrhunderts gewinnt die Frage besondere Aktualität und wird viel diskutiert. So beantwortet A. Bethe die Frage, ob Ameisen und Bienen über »psychische Qualitäten« verfügen, 1898 negativ.[119] Allerdings verfügt Bethe über einen schwachen Begriff davon, was eine psychische Qualität ist, nämlich die Fähigkeit, »modificirt zu handeln«[120], d.h. durch im Laufe des Lebens erworbene Erfahrungen das Verhalten zu ändern, also schlicht Lernen. Mit dem späteren Wissen, dass Ameisen und Bienen, ja sogar Einzeller lernen können[121], müssen ihnen nach Bethes Maßstab also auch psychische Qualitäten zugeschrieben werden. Mit der Entwicklung unterschiedlicher Methoden in Psychologie (des Menschen) und Ethologie (der Tiere) wird die einheitliche Bezeichnung aber zunehmend fragwürdig.

Der Terminus ›Tierpsychologie‹ bleibt aber bis in die 1970er Jahre relativ weit verbreitet zur Bezeichnung des wissenschaftlichen Studiums des Verhaltens der Tiere.[122] Dies hängt auch damit zusammen, dass eines der ältesten Organe der Ethologie, die ›Zeitschrift für Tierpsychologie‹, seit ihrem Erscheinen im Jahr 1937 diesen Titel trägt und dieser erst 1985 geändert wird (in ›Ethology‹).

Vergleichende Verhaltensforschung

Der Terminus ›Vergleichende Verhaltensforschung‹ wird 1935 von W. Fischel eingeführt.[123] Auch F.J.J. Buytendijk verwendet ihn beiläufig 1938: »Einer wirklich vergleichenden Verhaltensforschung fällt

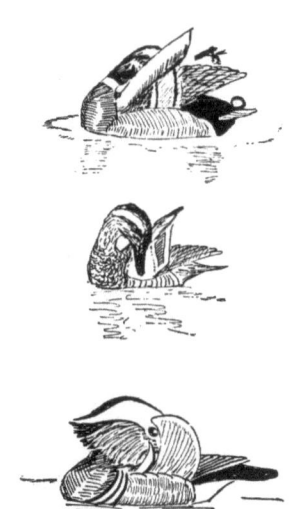

Abb. 120. Vergleich der Körperhaltung während des »Scheinputzens« bei der Balz der Männchen von drei verschiedenen Entenarten (von oben nach unten: Stockente, Knäckente und Mandarinente) (zusammengestellt aus Lorenz, K. (1941). Vergleichende Bewegungsstudien an Anatinen. J. Ornithol. Erg.bd. 3, 194-293: 217, 248, 285).

die Aufgabe zu, Aehnlichkeit und Unterschied, d.h. die Analogien zwischen den technischen Ausführungsprinzipien und ihren besonderen Anwendungen in verschiedenen Organisationsplänen, Lebensstilen, Umwelten aufzudecken. […] Es gibt in der Tierwelt eine Typologie des Verhaltens unabhängig von der Stellung der Art im zoologischen System. Jagen, Suchen, Greifen, Töten, Lauern, Fliehen, Kämpfen usw. sind sich überall ähnlich«.[124] Weithin bekannt wird der Terminus aber erst durch einen programmatischen Aufsatz von K. Lorenz aus dem Jahr 1939.[125] Schon 1937 schließt Lorenz einen programmatischen Artikel mit dem Satz: »Nur auf vergleichend stammesgeschichtlicher Grundlage kann eine über objektive Verhaltenslehre hinausbauende vergleichende Psychologie fußen«.[126] Lorenz verbindet mit dem neuen Titel auch eine neue Ausrichtung der Verhaltensforschung. Wichtige Anstöße bilden dabei einerseits die Kritik der Reflextheorie und die Beobachtung der spontanen Aktivität von Organismen (↑Verhalten/Reflex) sowie andererseits die Betrachtung des Verhaltens als Resultat einer phylogenetischen Entwicklung, über die in gleicher Weise die Feststellung von Homologien möglich ist wie für morphologische Merkmale. In der Retrospektive betont Lorenz besonders die Bedeutung seiner Einsicht in die über Arten und Gattungen hinweg bestehende Konstanz von bestimmten »Bewegungsweisen« von Orga-

Abb. 121. *Begrüßungszeremonien von Lachmöwen (links), Zwergmöwen (Mitte) und Silbermöwen (rechts) (aus Tinbergen, N. (1959). Comparative studies of the behavior of gulls (Laridae): a progress report. Behaviour 15, 1-70: 40f.).*

nismen verschiedener Arten.[127] Die Konstanz deute darauf hin, so Lorenz, »daß diese Bewegungsformen phylogenetisch entstanden und im Genom verankert sind«.[128] Die Wissenschaftlichkeit der Ethologie hänge daran, diese Bewegungsweisen, also das Verhalten, als eine durch die Evolution geformte Manifestation von Lebewesen zu sehen – in strenger Analogie zu morphologischen Merkmalen: »Die Entdeckung der Homologisierbarkeit von Bewegungsweisen ist der archimedische Punkt, von dem aus die Ethologie oder vergleichende Verhaltensforschung ihren Ursprung genommen hat«.[129] Die Verhaltensforschung war so in ihren Anfängen wesentlich *vergleichende* Verhaltensforschung. Die Begründung dieser vergleichenden Methode verbindet Lorenz mit den Untersuchungen O. Heinroths[130] und C.O. Whitmans an der Wende zum 20. Jahrhundert. Whitman fordert 1899, Instinkte ebenso wie strukturelle Merkmale von Organismen vom Standpunkt der phylogenetischen Abstammung aus zu untersuchen: »Instinct and structure are to be studied from the common standpoint of phyletic descent«.[131]

Bereits von C. Darwin und seinen unmittelbaren Nachfolgern wird vorgeschlagen, die Instinkte genauso wie morphologische Merkmale der Organismen als durch die Selektion geformt zu betrachten und zu analysieren. Darwin bekennt in der dritten Auflage des ›Origin‹ von 1861: »I can see no difficulty in natural selection preserving and continually accumulating variations of instinct to any extent that was profitable«.[132] Die Parallele wird 1880 auch von G.H. Schneider formuliert: »Die Zoologen begreifen jetzt, daß sich in der geistigen Entwickelung der animalischen Wesen dieselbe Stufenfolge und dieselben Gesetze der Anpassung und Vererbung offenbaren müssen als wie in der morphologischen«.[133] Weiter heißt es bei Schneider, die Triebe seien ebenso als ein »Product der Selection« anzusehen wie die physiologischen Funktionen.[134] Deutlich in dieser Hinsicht äußert sich 1891 auch H.E. Ziegler: »Die Principien, welche für die morphologische Betrachtung der Organe aufgestellt sind, sie gelten alle auch für die Instincte; auch hinsichtlich dieser spricht man von Homologie, Analogie und Parallelentwicklung, von individueller Variation, natürlicher Züchtung und daraus resultierender Zweckmäßigkeit«.[135]

Der vergleichende Aspekt spielt bis in die Gegenwart in der Verhaltensforschung eine wichtige Rolle. Jüngere, explizit wissenschaftstheoretische Reflexionen auf den Status der Disziplin betonen die komparative, an der Evolutionstheorie orientierte Seite der Ethologie, deren »logische Struktur« der der komparativen Anatomie ähnle und die als gemeinsames Dach für die spezialisierteren Richtungen der Verhaltensökologie und Soziobiologie fungieren könne.[136]

Perilogie

Der Terminus ›Perilogie‹ (abgeleitet von griech. ›περί‹ »Umgebung«) geht auf E. Haeckel zurück. Das Wort taucht erstmals in einer Tabelle auf, die Haeckel dem Abdruck seiner Antrittsvorlesung in Jena beifügt, die aber nicht in den ersten Drucken der Vorlesung, sondern erst in seinen ›Gesammelten populären Vorträgen‹ von 1879 erscheint.[137] In dieser Tabelle bestimmt Haeckel die Perilogie als die »Physiologie der Beziehungen« und ordnet ihr die Ökologie als »Haushaltslehre« und die Chorologie als »Verbreitungslehre« unter. Weil Haeckel ausdrücklich darauf hinweist, dass es in der Perilogie ausschließlich um die Beziehungen des Organismus zu seiner Außenwelt geht[138], ist die Perilogie nicht zu identifizieren mit der 1866 von Haeckel so genannten »Relations-Physiologie«, weil diese es auch mit innerorganismischen Beziehungen zu tun hat.[139] Später verwendet Haeckel selbst das Wort nur noch selten[140], es taucht aber unter Verweis auf Haeckel in biologischen Wörterbüchern auf, so bei H.E. Ziegler, der es 1907 definiert als »die Lehre von den Beziehungen der Tiere zur Umgebung und überhaupt zur Außenwelt«.[141] Seit dieser Zeit ist es weitgehend in Vergessenheit geraten, allein in der französischsprachigen Biologie hat es noch eine gewisse Verbreitung.

Für den deutschen Sprachraum kommt W. Schwenke 1979 auf das Wort zurück. Schwenke distanziert sich jedoch gleichzeitig von dem Ausdruck, weil es seiner Meinung nach keine eigene Wissenschaft der Umweltbeziehung in der Biologie geben kann: »Die aus dem Zusammenhang gerissenen, den Umwelteinfluß betreffenden Fragen aus allen Disziplinen der Zoologie ergeben, nebeneinandergestellt, noch keine eigene Disziplin«.[142] Nicht ganz ungeeignet erscheint die Bezeichnung allerdings, weil das Wort ausgehend von dem zentralen Aspekt des Verhaltens geformt ist: der Beziehung eines Organismus zu seiner Umwelt.[143]

Verhaltensbiologie

Parallel zu dem Terminus ›Ethologie‹ etabliert sich seit Mitte der 1950er Jahren der Ausdruck ›Verhaltensbiologie‹ (engl. »behavioral biology«) für die Wissenschaft des Verhaltens (Zippelius & Goethe 1947).[144] Nach J.P. Scott betrifft die Verhaltensbiologie allein das Verhalten der Tiere; die Ethologie umfasse dagegen auch das Verhalten des Menschen (in der so genannten *Humanethologie*; ↑Kultur). Im Deutschen ist dagegen auch von der ›Verhaltensbiologie des Menschen‹ die Rede.[145] Auch wenn das Verhalten der Menschen und Tiere als Gegenstand der einen biologischen Teildisziplin genommen wird, werden doch immer wieder, besonders

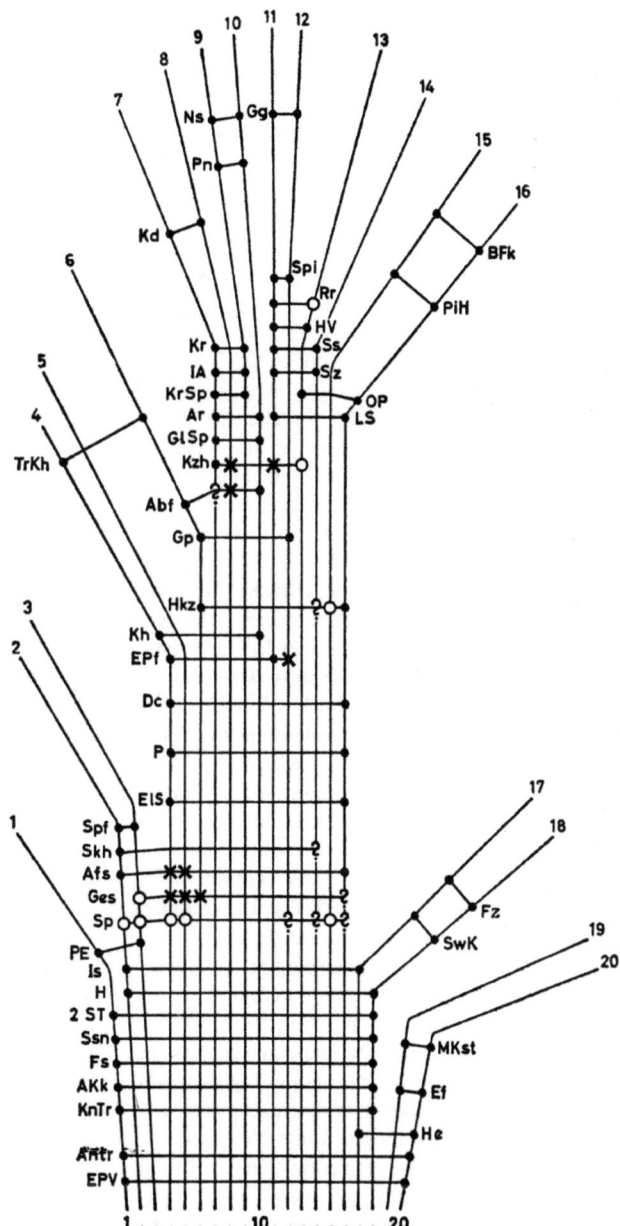

Abb. 122. Stammbaum von Enten und Gänsen, erstellt auf der Grundlage von Verhaltenseinheiten der Balz, die als Homologien gedeutet werden. Der Stammbaum umfasst 18 Arten von Enten und zwei Gattungen von Gänsen (19: Anser, 20: Branta). Erläuterung: »Die senkrechten Linien stellen Arten, die waagerechten die diesen gemeinsamen Merkmale dar. Ein Kreuzchen bedeutet das Fehlen des Merkmals bei der an der betreffenden Stelle von der Merkmallinie gekreuzten Art. Ein Kreis bedeutet besonderes Hervortreten und Differenzierung des Merkmals, ein Fragezeichen Unwissenheit des Verfassers« (aus Lorenz, K. (1941). Vergleichende Bewegungsstudien an Anatinen, in: Über tierisches und menschliches Verhalten, Bd. 2, München 1965, 13-113: 113).

von Anthropologen, auch die Unterschiede und damit die Eigenständigkeit der Humanethologie betont (Freeman 1967: »the science of human ethology [...] must be based on the observational and experimental study of human behaviour *as such*, and not on extrapolations from other animal species«).[146]

Verhaltensphysiologie

In einer Ankündigung eines Vortrags verwendet F. Brock, ein Schüler, J. von Uexkülls, den Ausdruck 1934.[147] Zu einem Terminus entwickelt er sich aber erst seit den 1950er Jahren. In den frühen 50er Jahren werden Untersuchungen zu den physiologischen Grundlagen des Verhaltens als ›verhaltensphysiologisch‹ bezeichnet.[148] Ein ›Symposium über Verhaltensphysiologie‹ findet im Juni 1950 in einer Vorläufereinrichtung des späteren Max-Planck-Instituts in Wilhelmshaven statt.[149] Der Ansatz ist besonders mit den Studien E. von Holsts verbunden, der es seit den 1930er Jahren unternimmt, eine »Brücke« von der »Nervenphysiologie« zur »Psychologie« zu schlagen, indem er die neuronalen Mechanismen der Auslösung, Koordination und Steuerung komplexer Bewegungsmuster untersucht.[150] Der Ausdruck ›Verhaltensphysiologie‹ verbreitet sich insbesondere, nachdem die Max-Planck-Gesellschaft 1954 beschließt, ein ›Max-Planck-Institut für Verhaltensphysiologie‹ zu gründen, das zunächst in Buldern in Westfalen stationiert ist, ab Februar 1956 in Oberbayern neu erbaut und im September 1958 eingeweiht wird.[151] Der Terminus wird 1959 aus dem Deutschen ins Englische übernommen (Richards 1959: »behavioral physiology«).[152]

Alternativ zu ›Verhaltensphysiologie‹ wird gelegentlich die Bezeichnung **Ethophysiologie** (Segaar 1961: »ethophysiology«[153]; Koehler 1963: »Ethophysiologie«[154]) verwendet. N. Tinbergen bezeichnet 1951 als *Ethophysiologen* (»etho-physiologists«) solche (zukünftigen) Biologen, in deren Arbeiten sich die Bemühungen von Ethologen und Neurophysiologen um ein Verständnis der neuronalen Auslösung und Steuerung von Verhaltensweisen vereinen.[155] Paradigmatisch für diese Richtung sind nach Tinbergen die Untersuchungen von W.R. Hess und M. Brügger zur lokalen Reizung von Hirnregionen, die zu einem geordneten Verhalten auf einer hohen Integrationsebene führen (z.B. zur Auslösung von Nahrungsaufnahme-, Schlaf- oder Defäkationsverhalten).[156]

Eine andere alternative Bezeichnung für ›Verhaltensphysiologie‹ lautet **Neuroethologie**. Der Ausdruck wird 1963 von J.L. Brown und R.W. Hunsperger geprägt.[157] Gegenstand der Neuroethologie sind die spezifisch neuronalen Grundlagen des Verhaltens. Es geht dabei u.a. um folgende Fragen[158]: die Erkennung von Signalen, d.h. ihre Unterscheidung von irrelevanten Umwelteindrücken; die Mittel des Erwerbs, der Speicherung und des Abrufens von Informationen im ZNS; die neurophysiologischen Grundlagen der Motivation für ein Verhalten; die zentralnervösen Mechanismen der Koordination und Kontrolle von Verhalten; die ontogenetische Entwicklung von Verhaltensmustern in ihren neuronalen Grundlagen. Insgesamt stellt die Neuroethologie damit eine Verbindung von Verhaltensstudien in klassischer Manier zu neurophysiologischen Laboruntersuchungen her.[159] Enge Verbindungen bestehen zur Informatik und Theorie der Datenverarbeitung, insofern mit ähnlichen Modellen zur hierarchischen oder netzförmigen Organisation der neuronalen Strukturen gearbeitet wird.

Verhaltensökologie

Der Ausdruck ›Verhaltensökologie‹ wird zuerst im Englischen gebildet: C.P. Stone schlägt den Terminus 1943 für eine bis zu seiner Zeit unterbelichtete Seite der »Tierpsychologie« vor (»Behavioral Ecology«).[160] Wenig später wird der Ausdruck auch von psychologischer Seite für das menschliche Verhalten in der Gemeinschaft verwendet.[161] Ende der 1950er Jahre wird er dann aber erneut als Titel für eine grundlegende biologische Disziplin eingeführt.[162] Als deutsche Übersetzung für das englische Wort wird zunächst (das der Sache angemessenere) *Öko-Ethologie* vorgeschlagen[163], bevor sich ›Verhaltensökologie‹ etabliert[164].

Nach J.R. Krebs und N.B. Davies, zwei der Protagonisten dieser neuen Disziplin, geht es in der Verhaltensökologie um das Studium des Verhaltens von Organismen aus einer evolutionstheoretischen Perspektive. Es soll ermittelt werden, inwiefern das gezeigte Verhalten die *Gesamtfitness* (↑Anpassung) eines Organismus maximiert.[165] Thema ist damit der »Überlebenswert des Verhaltens« und der »Beitrag, den das Verhalten zum Fortpflanzungserfolg liefert«[166], und zwar des eigenen oder der Verwandten. Kennzeichnend für den verhaltensökologischen Ansatz sind Optimalitätsmodelle (z.B. »optimal foraging theory«) und spieltheoretische Methoden (z.B. das Konzept der »evolutionär stabilen Strategie«; ↑Sozialverhalten). Konzepte, die aus ökonomischen Theorien stammen, und mathematische Modellierungen sind damit kennzeichnend für verhaltensökologische Untersuchungen.

Als *ökologisch* wird der Ansatz gesehen, weil es um die Erklärung der komplexen Einbettung eines

Individuums in seine Umwelt geht, weil also Verhaltensweisen als Anpassungen an spezifische Umweltbedingungen interpretiert werden. Besonders in vergleichenden Untersuchungen von nahe verwandten Arten wird eine Korrelation zwischen dem spezifischen Verhalten von Organismen einer Art und ihrer jeweiligen Umwelt hergestellt. J. Crook, ein Pionier der Verhaltensökologie, versucht in den 1960er Jahren mit diesem Ansatz, das Muster der Verbreitung der sozialen Organisation bei Webervögeln zu erklären. Er gelangt dabei zur Abgrenzung von zwei Typen: Webervögel, die bevorzugt im Wald leben, verhalten sich meist solitär und territorial, ernähren sich von Insekten, leben monogam, weisen einen geringen Sexualdimorphismus auf und bauen einzelne versteckte Nester; Webervögel, deren Habitat die offene Savanne ist, leben dagegen meist in großen sozialen Verbänden, ernähren sich von Samen, die sie in Gruppen suchen, nisten in Kolonien und haben meist auffällig gefärbte Männchen.[167] Die verhaltensökologische Erklärung dieser Korrelation geht von den Umweltverhältnissen, insbesondere der Nahrungsverteilung aus: Das unvorhersehbare Erscheinen und die geringe Häufung der Insektennahrung im Wald macht die Nahrungssuche als Individuum und damit die solitäre Lebensweise zu der erfolgreicheren Strategie; die Nahrungsverteilung erfordert außerdem, dass sich beide Partner bei der Brutpflege am Nest beteiligen, so dass die unauffällige Färbung beider Geschlechter von Vorteil ist. Ähnliche Erklärungen werden später für die Verbreitung des Sozialverhaltens von Primaten[168] und Antilopen in Afrika[169] gegeben.

Kognitive Ethologie
Den Ausdruck ›kognitive Ethologie‹ (»cognitive ethology«) prägt D.R. Griffin 1976.[170] Nach Griffin befasst sich dieses Teilgebiet der Ethologie mit der Untersuchung von Tieren mit mentalen Erfahrungen (»mental experiences«). Kennzeichnend für den Ansatz der kognitiven Ethologie ist es, Erklärungen von Verhaltensweisen zu geben, die auf einen »Geist« bei Tieren zurückgreifen (↑Bewusstsein). Das anthropomorphe Vokabular in der Ethologie ist nach dem Standpunkt der kognitiven Ethologen nur insofern problematisch, als die Tiere dem Menschen nicht ähneln. In vielen Fällen läge aber eine Ähnlichkeit vor (als Folge der stammesgeschichtlichen Verwandtschaft und Kontinuität), die damit auch die anthropomorphe Sprache rechtfertige. Je nachdem, ob die mentalistische Sprache allein für eine Beschreibung oder auch für eine Erklärung des Verhaltens der Tiere verwendet wird, lässt sich eine schwache von einer starken Form der kognitiven Ethologie unterscheiden.

C. Allen und M. Bekoff, zwei der Hauptvertreter der kognitiven Ethologie, sehen sich 1997 in der Tradition der klassischen Ethologie, wie sie K. Lorenz und N. Tinbergen betrieben haben; bereichert werde der ältere Ansatz aber durch die Anwendung der Kognitionswissenschaften auf die Ethologie. Inhaltlich und methodisch charakterisieren die Autoren die kognitive Ethologie durch acht Punkte, die u.a. das das breite Methodenspektrum und den vergleichenden Ansatz, der viele verschiedene Arten berücksichtigt, herausstellen (vgl. Tab. 60).

Kritisch wird gegen die kognitive Ethologie vorgebracht, dass die Zuschreibung von mentalen Fähigkeiten zu Tieren, die von kognitiven Ethologen

---

1. Theoretische Unvoreingenommenheit
Untersuchung der kognitiven Fähigkeiten von Tieren ohne feststehende Erwartungen ausgehend von einer bestimmten Theorie

2. Vergleichender öko-ethologischer Ansatz
Konzentration auf vergleichende Fragen zur Evolution und Ökologie von Verhalten

3. Breites Artenspektrum
Untersuchung vieler verschiedener Arten, einschließlich Haustieren, unter Vermeidung der Rede von ›höheren‹ und ›niederen‹ Tieren

4. Tierzentrierter Ansatz
Beschreibung des Verhaltens aus der Perspektive des jeweiligen Tieres, möglichst unter den Bedingungen des natürlichen Lebensraums

5. Natürliche Bedingungen als Erklärungshorizont
Analyse der kognitiven Fähigkeiten auch bei in Gefangenschaft gehaltenen Tieren ausgehend von den natürlichen Bedingungen

6. Fokus auf das Individuum
Studium der individuellen Unterschiede in den kognitiven Fähigkeiten

7. Methodenvielfalt
Verwendung von Daten, die auf sehr unterschiedliche Weise gewonnen sein können, von Anekdoten bis zu in systematischen Experimenten gewonnenen Ergebnissen

8. Erklärungspluralismus
Festlegung nicht auf ein Erklärungsmuster, sondern Zulassen eines breiten Spektrums an Erklärungstypen

Tab. 60. Kennzeichen des Ansatzes der kognitiven Ethologie (nach Allen, C. & Bekoff, M. (1997). Species of Mind. The Philosophy and Biology of Cognitive Ethology: xx).

vorgenommen wird, nicht ausgehend von Freilandbeobachtungen, sondern nur unter kontrollierten Laborbedingungen erfolgen könne.[171] Kritisiert wird also das Missverhältnis von theoretischem Anspruch und methodischem Rüstzeug der kognitiven Ethologie. Außerdem gilt die Verwendung von mentalistischem und intentionalem Vokabular zur Beschreibung und Erklärung von Tierverhalten grundsätzlich als problematisch. Es ist zumindest umstritten, ob dieses Vokabular für wissenschaftliche Zwecke hinreichend präzise gemacht werden kann.[172] Nicht einfach ist es bereits, die Objekte zu beschreiben und zu benennen, die Tiere rezipieren. So ist D. Dennett 1969 der Meinung, es gebe in der englischen Sprache kein angemessenes Wort zur Bezeichnung eines Steaks in der Wahrnehmung eines Hundes (»what the dog recognizes this object as is something for which there is no English word«).[173] Die Alltagspsychologie (»folk psychology«) sei daher ungeeignet, um das Verhalten der Tiere zu analysieren. Schließlich wird dieser Richtung der Ethologie vorgeworfen, dass die unbekümmerte Verwendung des mentalistischen Vokabulars zur Beschreibung des Verhaltens der Tiere zur Einebnung der tatsächlich vorhandenen Unterschiede zwischen Mensch und Tier beiträgt.[174]

Die Bezeichnung ›kognitive Ethologie‹ ist in erster Linie in der philosophischen Literatur verbreitet. Manche Biologen, die mit der Untersuchung von kognitiven Prozessen bei Tieren befasst sind, verwenden den Terminus nur widerwillig, weil damit ein ausgeprägt deskriptiver und auf anekdotischer Evidenz beruhender Ansatz verbunden wird.[175]

Nachweise

1 Poseidonios, Fragmente (Edelstein, L. & Kidd, I.G. (eds.), Cambridge 1972): 166 (Fragm. 176); vgl. Seneca, Epistulae 95, 65; Schurig, V. (1983). Der ideengeschichtliche Ursprung des Wissenschaftsbegriffs ‚Ethologie' in der Antike. Philos. Nat. 20, 435-452: 446.
2 Vgl. Quintilian, Institutio oratoria 1, 9, 3; Seneca, Epistulae 95, 65; Sueton, De grammaticis 4.
3 Mill, J.S. (1843). A System of Logic (Toronto 1974): 861 (VI, 5); vgl. Leary, D.E. (1982). The fate and influence of John Stuart Mill's first proposed science of ethology. J. Hist. Ideas 43, 153-162.
4 Geoffroy Saint Hilaire, I. (1854-62). Histoire naturelle générale des règnes organiques, 3 Bde.: I, XXII.
5 a.a.O.: II, 291.
6 Blainville, D. de (1829). Cours de physiologie générale et comparée, Bd. 1: 4.
7 Dollo, L. (1895). Sur la phylogénie des Dipneustes Bull. Soc. Belge Géol. 9, 79-128: 98.
8 Haeckel. E. (1874/1903). Anthropogenie oder Entwicklungsgeschichte des Menschen, 2 Bde.: I, 100.
9 ebd.
10 Heinroth, O. (1911). Beiträge zur Biologie, namentlich Ethologie und Psychologie der Anatiden. Verhandl. V. Intern. Ornithol.-Kongr., 589-702: 589f.; vgl. auch: Schlesinger, O. (1909). Zur Ethologie der Mormyriden. Ann. K.K. Hofmus. Wien 23, 282-311.
11 Schurig, V. (1993). Wer war der „erste Ethologe"? Einige kritische Anmerkungen zur Geschichte der Ethologie. Biolog. Zentralbl. 112, 224-229; vgl. Schurig, V. & Mourik, S. van (1986). Die Begründung der zoologischen Verhaltensforschung als „Ethologie". Biol. Rundsch. 24, 197-208.
12 Wheeler, W.M. (1902). "Natural history", "oecology" or "ethology". Science 15, 971-976: 975.
13 Vgl. z.B. Morgan, C.L. (1900). Animal Behaviour; Hinde, R.A. (1966). Animal Behaviour. A Synthesis of Ethology and Comparative Psychology; Manning, A. (1967/79). An Introduction to Animal Behaviour; Alcock, J. (1975). Animal Behavior; McFarland, D. (1985). Animal Behaviour; Barrows, E.M. (ed.) (1994/2001). Animal Behavior Desk Reference; Houck, L.D. & Drickamer, L.C. (eds.) (1996). Foundations of Animal Behavior; Maier, R. (1998). Comparative Animal Behavior.
14 Dahl, F. (1898). Experimentell-statistische Ethologie. Verh. Deutsch. Zool. Ges. 8, 121-131: 122.
15 Wasmann, E. (1901). Biologie oder Ethologie? Biol. Centralbl. 21, 391-400.
16 Dahl, F. (1910). Anleitung zu zoologischen Beobachtungen: 3.
17 Schaxel, J. (1919/22). Grundzüge der Theorienbildung in der Biologie: 139.
18 Vgl. Jaynes, J. (1969). The historical origins of 'ethology' and 'comparative psychology'. Anim. Behav. 17, 601-606.
19 Lorenz, K. (1931). Beiträge zur Ethologie sozialer Corviden (Über tierisches und menschliches Verhalten, Bd. I, München 1965, 13-69).
20 Lorenz, K. (1978). Vergleichende Verhaltensforschung. Grundlagen der Ethologie: 1.
21 Vgl. Schurig, V. (1993). Wer war der „erste Ethologe"? Einige kritische Anmerkungen zur Geschichte der Ethologie. Biolog. Zentralbl. 112, 224-229: 225.
22 Mivart, S.G. (1880). The relations of living beings to one another. Contemp. Rev. 37, 606-625: 606.
23 Vgl. z.B. Mahner, M. & Bunge, M. (1997). Foundations of Biophilosophy: 314.
24 Geoffroy Saint Hilaire, I. (1854-62). Histoire naturelle générale des règnes organiques, 3 Bde.: I, XXII.
25 Tinbergen, N. (1951). The Study of Instinct (dt. Instinktlehre. Vergleichende Erforschung angeborenen Verhaltens, Berlin 1972): 3.
26 Eibl-Eibesfeld, I. (1967/80). Grundriß der vergleichenden Verhaltensforschung. Ethologie: 19.
27 Schurig, V. (1984). Die Eingliederung des Begriffs ‚Ethologie' in das System der Biowissenschaften im 19. Jahrhundert. Sudhoffs Arch. 68, 94-104: 104.
28 Schurig (1993): 228.

29 Comte, A. (1838). La philosophie chimique et la philosophie biologique. In: Cours de philosophie positive, Bd. 3: 234f.
30 Geoffroy Saint Hilaire (1854-62): I, XXII.
31 Spencer, H. (1864-67/98-99). The Principles of Biology, 2 vols.: I, 99.
32 a.a.O.: 127.
33 Schneider, G.H. (1880). Der thierische Wille: 50.
34 Pawlow, I.P. (1903). Experimentelle Psychologie und Psychopathologie bei Tieren (Sämtliche Werke, Bd. III/1, ed. L. Pickenhain, Berlin 1953, 9-21): 12.
35 Pawlow, I.P. (1930). Physiologie und Pathologie der höheren Nerventätigkeit (Sämtliche Werke, Bd. III/2, ed. L. Pickenhain, Berlin 1953, 601-619): 601; vgl. auch ders. (1930). Kurzer Abriss der höheren Nerventätigkeit (Sämtliche Werke, Bd. III/2, ed. L. Pickenhain, Berlin 1953, 367-381): 367.
36 Lillie, R.S. (1915). What is purposive and intelligent behavior from the physiological point of view? The Journal of Philosophy, Psychology and Scientific Methods 12, 589-610: 589.
37 Perry, R.B. (1918). Docility and purposiveness. Psychol. Rev. 25, 1-20: 4.
38 Perry, R.B. (1921). A behavioristic view of purpose. J. Philos. 18, 85-105: 86.
39 Tembrock, G. (1987/92). Verhaltensbiologie: 11; vgl. auch Lundberg, U. (1981). Ethologie in heutiger Sicht. Biol. Zentralbl. 100, 257-271: 263.
40 Vgl. Hartmann, D. (1998). Philosophische Grundlagen der Psychologie: 49f.
41 Vgl. Lorenzen, P. (1987). Lehrbuch der konstruktiven Wissenschaftstheorie: 264.
42 Uexküll, J. von (1920/28). Theoretische Biologie (Frankfurt/M. 1973): 89.
43 Portmann, A. (1956). Biologie und Geist (Freiburg/Br. 1963): 129.
44 Eibl-Eibesfeld, I. (1967/80). Grundriß der vergleichenden Verhaltensforschung. Ethologie: 19.
45 Uexküll, J. von (1909). Umwelt und Innenwelt der Tiere: 28.
46 Baer, K.E. von (1860). Welche Auffassung der lebenden Natur ist die richtige? und wie ist diese Auffassung auf die Entomologie anzuwenden? (Reden gehalten in wissenschaftlichen Versammlungen und kleinere Aufsätze vermischten Inhalts, Erster Theil, St. Petersburg 1864, 237-288): 280.
47 Bernier, R. & Pirlot, P. (1977). Organe et fonction. Essai de biophilosophie: 151.
48 Vgl. z.B. Fichte, J.G. (1794-99). Die Einrichtung der lebendigen Wesen (AA, Bd. 4, 268-278): 272; Humboldt, A. von (1797). Versuche über die gereizte Muskel- und Nervenfaser, 2 Bde.: II, 125; Comte, A. (1838). Biologie. Cours de philosophie positive, Bd. 3: 235; Haeckel, E. (1866). Generelle Morphologie der Organismen, 2 Bde.: II, 192; Ashby, W.R. (1952/60). Design for a Brain. The Origin of Adaptive Behaviour: 40.
49 Vgl. Schwerdtfeger, F. (1963/77). Ökologie der Tiere, Bd. 1. Autökologie. Die Beziehungen zwischen Tier und Umwelt: 22.

50 Woltereck, R. (1940). Ontologie des Lebendigen: 37; Jonas, H. (1966). The Phenomenon of Life. Toward a Philosophical Biology (dt. Das Prinzip Leben. Ansätze zu einer philosophischen Biologie, Frankfurt/M. 1994): 160.
51 Sewertzoff, A.N. (1914). Sovremennyje zadachi evoliutzionnoj teorii: 127 (334?); vgl. Levit, G.S., Hossfeld, U. & Olsson, L. (2004). The integration of Darwinism and evolutionary morphology: Alexej Nikolajevich Sewertzoff (1866-1936) and the developmental basis of evolutionary change. J. Exper. Zool. (MOL DEV EVOL) 302B (4), 343-354: 346.
52 Böker, H. (1935-37). Einführung in die vergleichende biologische Anatomie der Wirbeltiere, 2 Bde.: I, 5.
53 Bichat, X. (1800). Recherches physiologiques sur la vie et la mort (Genève 1962): 44.
54 Magendie, F. (1816-17). Précis élémentaire de physiologie, 2 Bde.: I, 23.
55 Perry, R.B. (1921). A behavioristic view of purpose. J. Philos. 18, 85-105: 85.
56 Buytendijk, F.J.J. & Plessner, H. (1935). Die physiologische Erklärung des Verhaltens. Eine Kritik an der Theorie Pawlows. Acta Biotheor. 1, 151-172: 157.
57 Uexküll, J. von & Brock, F. (1935-36). Vorschläge zu einer subjektbezogenen Nomenklatur in der Biologie. Z. gesamte Naturwiss. 1, 36-47: 43.
58 Buytendijk & Plessner (1935): 170.
59 Romanes, G.J. (1882). Animal Intelligence.
60 Beer, T., Bethe, A. & Uexküll, J. von (1899). Vorschläge zu einer objektivierenden Nomenklatur in der Physiologie des Nervensystems. Biol. Centralbl. 19, 517-521: 518; vgl. auch Bethe, A. (1898). Dürfen wir den Ameisen und Bienen psychische Qualitäten zuschreiben? Pflügers Arch. ges. Physiol. Menschen Thiere 70, 15-100.
61 Washburn, M. (1908). The Animal Mind: 11; vgl. Galef, B.G. Jr. (1996). The making of a science. In: Houck, L.D. & Drickamer, L.C. (eds.). Foundations of Animal Behavior, 5-12: 10.
62 Thorndike, E.L. (1911). Animal Intelligence. Experimental Studies.
63 Watson, J.B. (1913.1). Psychology as the behaviorist views it. Psychol. Rev. 20, 158-177: 166; vgl. ders. (1913.2). Image and affection in behavior. The Journal of Philosophy, Psychology and Scientific Methods 10, 421-428: 421.
64 Watson (1913.1): 158.
65 Watson, J.B. (1925). Behaviorism.
66 Tolman, E.C. (1925). Behaviorism and purpose. J. Philos. 22, 36-41; ders. (1932). Purposive Behavior in Animals and Men.
67 Vgl. Kalikov, T.J. (1975). History of Konrad Lorenz's ethological theory, 1927-1939. Stud. Hist. Philos. Sci. 6, 331-341.
68 Vgl. Kalikov (1975): 336.
69 Pawlow, I.P. (1932). Antwort eines Physiologen an die Psychologen (Sämtliche Werke, Bd. III/2, ed. L. Pickenhain, Berlin 1953, 404-430): 404.
70 Vgl. Beckner, M. (1959). The Biological Way of Thought: 122f; Fodor, J. (1974). Special sciences, or the disunity of science as a working hypothesis (in: Readings in Philosophy of Psychology, vol. 1, ed. N. Block, Cambridge,

Mass. 1980, 120-133): 124.
71 Wundt, W. (1873-74/1902-03). Grundzüge der physiologischen Psychologie, 3 Bde.: III, 258.
72 McDougall, W. (1923). Outline of Psychology: 51.
73 a.a.O.: 50.
74 Tolman, E.C. (1925). Behaviorism and purpose. J. Philos. 22, 36-41: 37; vgl. Toepfer, G. (2004). Zweckbegriff und Organismus: 156f.
75 Jennings, H.S. (1906). The Behavior of the Lower Organisms (dt. Das Verhalten der niederen Organismen, Leipzig 1910): 536.
76 Powers, W.T. (1973). Feedback: beyond behaviorism. Science 179, 351-356: 351; vgl. ders. (1973). Behavior. The Control of Perception.
77 ebd.
78 Düßmann, O. (2001). Kritik der Kognitiven Ethologie: 162.
79 Klügel, G.S. (1782). Encyclopädie, oder zusammenhängender Vortrag der gemeinnützigsten Kenntnisse, Bd. 1, 498.
80 Liebsch, W. (1808). Grundriß der Anthropologie, Bd. 2: 362; vgl. auch Feuchtersleben, E. von (1845). Lehrbuch der ärztlichen Seelenkunde: 13; mit Verweis auf Jeitteles, Med. Jahrb. N.F. 22, 180.
81 Chiaverini, L. (1815). Suite de l'esssai d'analyse comparative sur les principaux caractères organiques et physiologiques de l'intelligence et de l'instinct, 5. Journal de physique, de chimie et d'histoire naturelle et des arts 81, 341-368: 351.
82 Tiedemann, F. (1826). The Anatomy of the Foetal Brain (transl. by W. Bennett): 4; Feuchtersleben, E. von (1847). The Principles of Medical Psychology (Übers. H. Evans Lloyd): 19.
83 Lazarus, M.E. (1851). Comparative Psychology and Universal Analogy, 2 vols.
84 Aristoteles, Hist. anim.
85 Albertus Magnus (ca. 1265). De animalibus: lib. VII; VIII.
86 Thorpe, W.H. (1979). The Origins and Rise of Ethology: ix.
87 Le Roy, C.G. (1762). Lettre 2 (Lettres sur les animaux, Oxford 1994, 83-92); auch in: ders. (1802). Lettres philosophiques sur l'intelligence et la perfectibilité des animaux.
88 Gregory, J. (1766). A Comparative View of the State and Faculties of Man with those of the Animal World: 8.
89 Scheitlin, P. (1840). Versuch einer vollständigen Thierseelenkunde. Geschichte Fakten und Anwendungen der Thierpsychologie.
90 Carus, C.G. (1846). Psyche. Zur Entwicklungsgeschichte der Seele; ders. (1866). Vergleichende Psychologie oder Geschichte der Seele in der Reihenfolge der Thierwelt.
91 Wundt, W. (1863/97). Vorlesungen über die Menschen- und Thierseele.
92 Perty, M. (1865). Über das Seelenleben der Thiere.
93 Flourens, P. (1864). Psychologie comparée; vgl. Jaynes, J. (1969). The historical origins of 'ethology' and 'comparative psychology'. Anim. Behav. 17, 601-606.
94 Darwin, C. (1872). The Expression of the Emotions in Man and Animals.
95 Romanes, G.J. (1882). Animal Intelligence.
96 Morgan, C.L. (1894). Introduction to Comparative Psychology.
97 Schneider, G.H. (1880). Der thierische Wille; vgl. auch Körner, F. (1875). Instinkt und freier Wille. Beitraege zur Thier- und Menschenpsychologie.
98 Anonymus (1798). Naturkunde. Kaiserlich privilegirter Reichs-Anzeiger 2039-2041: 2039.
99 Anonymus (1804). Thierseelen-Kunde, Bd. 1: xxi.
100 Anonymus (1819). Korrespondenz-Nachrichten aus der Schweiz. Morgenblatt für gebildete Leser 13 (260), 1039-1040: 1040; Hohnbaum & Jahn (1830). Einige Desideria für die Vervollkommnung der Medicin. Medicinisches Conversationsblatt 1 (Nr. 3), 16-30: 27.
101 Dureau de la Malle (1830). De l'influence de la domesticité sur les animaux depuis le commencement des temps historiques jusqu'à nos jours. Ann. sci. nat. 21, 50-67: 64.
102 Anonymus (1838). An introduction to the philosophy of consciousness. Blackwood's Edinburgh Magazine 43, 187-201; 437-452: 447.
103 Feuchtersleben, E. von (1845). Lehrbuch der ärztlichen Seelenkunde: 13.
104 Carus, C.G. (1846). Psyche. Zur Entwicklungsgeschichte der Seele: 140.
105 Scheitlin, P. (1840). Versuch einer vollständigen Thierseelenkunde, 2 Bde.: I, iv; Weinland, D.F. (1858). A method of comparative animal psychology. Proc. Amer. Assoc. 1858, 256-266.
106 Hoffmann, L. (1881). Thier-Psychologie; Wasmann, E. (1897). Instinct und Intelligenz im Thierreich: ein kritischer Beitrag zur modernen Thierpsychologie.
107 Hohnbaum & Jahn (1830): 27.
108 ebd.
109 Vgl. Ingensiep, H.W. (2001). Geschichte der Pflanzenseele.
110 Reider, J.E. von (1831). [Rez. Der Blumengärtner. Eine Zeitschrift für Blumenfreunde]. Annalen der Blumisterei für Gartenbesitzer, Kunstgärtner, Samenhändler und Blumenfreunde 7, 233-236: 234; vgl. ders. (1839). Allgemeines praktisches Handbuch der gesammten Gärtnerei: 3.
111 Pfeil, W. (1850). Pflanzenphysiologische Aphorismen mit praktischer Beziehung (Fortsetzung). Kritische Blätter für Forst- und Jagdwissenschaft 29, 165-251: 180; vgl. auch Wolff, H. (1880). Logik und Sprachphilosophie: 361; Brasch, M. (1894). Leipziger Philosophen: 316; vgl. 321.
112 Boscowitz, A. (1860). L'ame de la plante. Revue Germanique 12, 670-695: 672; Pouchet, F.-A. (1864). Nouvelles expériences sur la génération spontanée et la résistance vitale: 4.
113 Fullerton, G.S. (1906). An Introduction to Philosophy: 143.
114 Taylor, J.E. (1884). The Sagacity & Morality of Plants.
115 Francé, R.H. (1907). Grundriss einer Pflanzenpsychologie. Z. Ausb. Entwicklungsl. H. 4; ders. (1909). Pflanzenpsychologie als Arbeitshypothese der Pflanzenphysiologie.
116 Pringsheim, E.G. (1910). Rezension. Z. Psychol. Physiol. Sinnesorg. I. Abt. Z. Psychol. 55, 245-247: 246; vgl. auch Brunzlow, H. (1920). Über die Anwendung psycholo-

gischer Kategorien auf Pflanzen bei Fechner und Francé.
117 Haeckel, E. (1878). Zellseelen und Seelenzellen. Deutsch. Rundsch. 16, 40-60.
118 Vgl. Schneider, G.H. (1880). Der thierische Wille.
119 Bethe, A. (1898). Dürfen wir den Ameisen und Bienen psychische Qualitäten zuschreiben? Pflügers Arch. ges. Physiol. Menschen Thiere 70, 15-100.
120 a.a.O.: 19.
121 Jennings, H.S. (1906). The Behavior of the Lower Organisms (dt. Das Verhalten der niederen Organismen, Leipzig 1910): 273f.
122 Ulrich, W. (1968). Tiere recht verstanden. Ergebnisse und Probleme der Tierpsychologie; Tembrock, G. (1972/76). Tierpsychologie; Hediger, H. (1979). Beobachtungen zur Tierpsychologie im Zoo und im Zirkus.
123 Fischel, W. (1935). Vergleichende Untersuchung des Verhaltens der Wirbeltiere. Ergebnisse der Biologie 11, 219-243: 220; ders. (1935). Die Entwicklungsgeschichte der Ziele seelischen Strebens. Arch. ges. Psychol. 94, 196-214: 206.
124 Buytendijk, F.J.J. (1938). Wege zum Verständnis der Tiere: 162.
125 Lorenz, K. (1939). Vergleichende Verhaltensforschung. Verh. Deutsch. Zool. Ges. 41 (= Zool. Anz. Suppl. 12), 69-102.
126 Lorenz, K. (1937). Biologische Fragestellung in der Tierpsychologie. Z. Tierpsychol. 1, 24-32: 32.
127 Lorenz, K. (1978). Vergleichende Verhaltensforschung. Grundlagen der Ethologie: 2.
128 a.a.O.: 3.
129 ebd.
130 Heinroth, O. (1911). Beiträge zur Biologie, namentlich Ethologie und Psychologie der Anatiden. Verhandl. V. Intern. Ornithol.-Kongr., 589-702.
131 Whitman, C.O. (1899). Animal Behavior. Biol. Lect. Marine Biol. Lab. (Woods Hole) 6, 285-338: 328; vgl. Ziegler, H.E. (1904/20). Der Begriff des Instinktes einst und jetzt: 83.
132 Darwin, C. (1859/61). On the Origin of Species: 229.
133 Schneider, G.H. (1880). Der thierische Wille: 11.
134 a.a.O.: 146f.
135 Ziegler, H.E. (1891). Über den Begriff des Instincts. Verh. Deutsch. Zool. Ges. 2, 122-136: 133.
136 Wuketits, F. (1995). Is ethology obsolete? On some current trends in the behavior sciences. Biol. Zentralbl. 114, 3-15: 5.
137 Haeckel, E. (1870/79). Ueber Entwickelungsgang und Aufgabe der Zoologie (Gesammelte populäre Vorträge, Heft 2, Bonn 1879, 1-24): 24; nicht in: Haeckel, E. (1870). Ueber Entwickelungsgang und Aufgabe der Zoologie. Jenaische Z. Med. Naturwiss. 5, 353-370; auch nicht in ders. (1870). Biologische Studien, Bd. 1.
138 Haeckel (1870): 365; ders. (1904). Die Lebenswunder: 108.
139 Haeckel, E. (1866). Generelle Morphologie der Organismen, 2 Bde.: I, 238.
140 Haeckel (1904): 108.
141 Ziegler, H.E. (Hg.) (1907). Zoologisches Wörterbuch: 437.

142 Schwenke, W. (1979). Auflösung des Begriffes „Autökologie". Naturwiss. Rundsch. 32, 448-450: 450.
143 Vgl. Toepfer, G. (2002). Das System der biologischen Disziplinen – Geschichte und Theorie. In: Hoßfeld, U. & Junker, T. (Hg.). Die Entstehung biologischer Disziplinen, II. Verh. Gesch. Theor. Biol. 9, 69-95: 85f.
144 Zippelius, H.-M. & Goethe, F. (1947). Kleiner Beitrag zur Verhaltensbiologie der Haselmaus (*Muscardinus avellanarius* L.). Rundschreiben des naturwissenschaftlichen und historischen Vereins für das Land Lippe Nr. 1, 11-14; Portmann, A. (1954). Biologie auf neuen Wegen. In: Moras, J. (Hg.). Deutscher Geist zwischen gestern und morgen, 172-188: 173; 175; Koehler, O. (1959). [Gutachten zur Wahl Tinbergens in die Leopoldina vom 31. Juli 1959; Archiv der Leopoldina Halle/S., MM5021, zit. nach Jahn, I. & Sucker, U. (1998). Die Herausbildung der Verhaltensbiologie. In: Jahn, I. (Hg.). Geschichte der Biologie, 580-600: 596]; Klingel, H. (1960) Vergleichende Verhaltensbiologie der Chilopoden *Scutigera coleoptrata* L. („Spinnenassel") und *Scolopendra cingulata* („Skolopender"). Z. Tierpsych. 17, 11-30; Scott, J.P. (1960). Ethology and psychology. Science 131, 239-240: 240; Lagler, K.F. (1960). [Rev. McInerny, D. & Gerard, G. (1959). All About Tropical Fish]. AIBS Bulletin 10, 47; Tembrock, G. (1978). Verhaltensbiologie unter besonderer Berücksichtigung der Physiologie des Verhaltens.
145 Keiter, F. (1966). Verhaltensbiologie des Menschen auf kulturanthropologischer Grundlage; Hassenstein, B. (1973). Verhaltensbiologie des Kindes.
146 Freeman, D. (1967). Anthropology, ethology and verbal behaviour. Man 2, 301-302: 302.
147 Brock, F. (1934). Bewegungs- und Verhaltensphysiologie und Umweltforschung. Zool. Anz. 106, 223 [verspätet angemeldeter Vortrag für die Jahrestagung der Deutschen Zoologischen Gesellschaft]
148 Drees, O. (1951). Verhaltensphysiologische Untersuchungen über instinktive Verhaltensweisen bei Salticiden. Verh. Deutsch. Zool. Ges. 1950, 186-192; Klausewitz, W. (1953). Die Korrelation von Verhaltensphysiologie und Farbphysiologie bei *Agama cyanogaster atricollis*. Z. Tierpsychol. 10, 169-180.
149 Vgl. Holst, E. von & Mittelstaedt, H. (1950). Das Reafferenzprinzip (Wechselwirkungen zwischen Zentralnervensystem und Peripherie). Naturwiss. 37, 464-476: 464.
150 Holst, E. von (1939). Die relative Koordination als Phänomen und als Methode zentralnervöser Funktionsanalyse. Ergebn. Physiol. 42, 228-306: 304.
151 Max-Planck-Gesellschaft (Hg.) (1978). Max-Planck-Institut für Verhaltensphysiologie. Berichte Mitteil. Max-Planck-Ges. 4/1978.
152 Richards, A.G. (1959). Biology in Germany today. AIBS Bulletin 9, 29-31: 30; Barnett, S.A. (1963). A Study in Behaviour. Principles of Ethology and Behavioural Physiology, Displayed mainly in the Rat.
153 Segaar, J. (1961). Telencephalon and behaviour in Gasterosteus aculeatus. Behaviour 18, 256-287: 258; Myllymäki, A. (1977). Intraspecific competition and home range dynamics in the field vole *Microtus agrestis*. Oikos 29, 553-569: 555.

154 Koehler, O. (1963). Konrad Lorenz 60 Jahre. Z. Tierpsychol. 20, 385-399: 387, 390.
155 Tinbergen, N. (1951). The Study of Instinct: 109.
156 Vgl. z.B. Hess, W.R. & Brügger, M. (1943). Der Miktions- und der Defäkationsakt als Erfolg zentralnervöser Reizung. Helv. Physiol. Acta 1, 511-533.
157 Brown, J.L. & Hunsperger, R.W. (1963). Neuroethology and the motivation of agonistic behavior. Anim. Behav. 11, 439-448.
158 Ewert, J.-P. (1980). Neuroethology: 2.
159 Vgl. Guthrie, D.M. (1980). Neuroethology; Camhi, J.M. (1984). Neuroethology; Hoyle, G. (1984). The scope of neuroethology. Behav. Brain Sci. 7, 367-412.
160 Stone, C.P. (1943). Multiply, vary, let the strongest live and the weakest die – Charles Darwin. Psychol. Bull. 40, 1-24: 24.
161 Barker, R.G. & Wright, H.F. (1949). Psychological ecology and the problem of psychosocial development. Child Developm. 20, 131-143: 136; Dockens, W.S. (1974). Toward a Behavioral Ecology. A Psychological Systems Approach to Social Problems.
162 Duryee, W.R. (1958). Fifteenth International Congress of Zoology. Science 128, 1092; Bovbjerg, R.V. (1960). Behavioral ecology of the crab, *Pachygrapsus crassipes*. Ecology 41, 668-672; Behavioral Ecology and Sociobiology (Berlin) 1.1976-; Krebs, J.R. & Davies, N.B. (eds.) (1978). Behavioural Ecology. An Evolutionary Approach; Krebs, J.R. & Davies, N.B. (1981). An Introduction to Behavioural Ecology.
163 Krebs, J.R. & Davies, N.B. (Hg.) (1978). Behavioural Ecology (dt. Öko-Ethologie, Übers. G. Klump, Berlin 1981).
164 Glück, E. (1980). Verhaltensökologie des Stieglitzes (*Carduelis carduelis* L.) während der Brutzeit; Krebs, J.R. & Davies, N.B. (1984). Einführung in die Verhaltensökologie (Übers. H. Engeln).
165 Krebs & Davies (eds.) (1978; dt. 1981): 26.
166 Krebs & Davies (1981; dt. 1984): 1.
167 Crook, J.H. (1964). The evolution of social organisation and visual communication in the weaver birds (Ploceinae). Behaviour, Suppl. 10, 1-178.
168 Crook, J.J. & Gartlan, J.S. (1966). Evolution of primate societies. Nature 210, 1200-1203.
169 Jarman, P.J. (1974). The social organization of antelopes in relation to their ecology. Behaviour 48, 215-267.
170 Griffin, D.R. (1976). The Question of Animal Awareness. Evolutionary Continuity of Mental Experience: 102; vgl. ders. (1978). Prospects for a cognitive ethology. Behav. Brain Sci. 1, 527-538; ders. (ed.) (1981). Animal Mind; ders. (1984). Animal Thinking; vgl. Allen, C. & Bekoff, M. (1997). Species of Mind. The Philosophy and Biology of Cognitive Ethology.
171 Premack, D. (1988). "Does the chimpanzee have a theory of mind?" revisited. In: Byrne, R. & Whiten, A. (eds.). Machiavellian Intelligence, 160-179; Heyes, C. & Dickinson, A. (1990). The intentionality of animal action. Mind and Language 5, 87-104.
172 Vgl. Dennett, D.C. (1969). Content and Cosciousness; ders. (1983). Intentional systems in cognitive ethology: the "Panglossian paradigm" defended. Behav. Brain. Sci. 6, 343-390; ders. (1996). Kinds of Minds; Stich, S. (1983). From Folk Psychology to Cognitive Science.
173 Dennett (1969): 85; vgl. Stich (1983): 104f.; Allen & Bekoff (1997): 79f.
174 Düßmann, O. (2001). Kritik der Kognitiven Ethologie.
175 Kamil, A. (1998). On the proper definition of cognitive ethology. In: Balda, R., Pepperberg, I.M. & Kamil, A.C. (eds.). Nature. The Convergence of Psychology and Biology in Laboratory and Field, 1-28; Allen, C. (2004). Is anyone a cognitive ethologist? Biol. Philos. 19, 589-607.

Literatur

Gray, P.H. (1968). The early animal behaviorists: prolegomenon to ethology. Isis 59, 372-383.
Jaynes, J. (1969). The historical origins of 'ethology' and 'comparative psychology'. Anim. Behav. 17, 601-606.
Klopfer, P.H. (1967/74). An Introduction to Animal Behavior. Ethology's First Century.
Continenza, B. & Somenzi, V. (1979). L'etologia. Storia della scienza.
Thorpe, W.H. (1979). The Origins and Rise of Ethology. The Science of the Natural Behaviour of Animals.
Burkhardt, R.W. Jr. (1981). On the emergence of ethology as a scientific discipline. Conspectus of History 7, 62-81.
Durant, J.R. (1981). Innate character in animals and man: a perspective on the origins of ethology. In: Webster, C. (ed.). Biology, Medicine and Society, 1840-1940, 157-192.
Singer, B. (1981). History of the study of animal behaviour. In: McFarland, D. (ed.). The Oxford Companion to Animal Behaviour, 255-272.
Sparks, J. (1982). The Discovery of Animal Behaviour.
Schurig, V. (1984). Die Eingliederung des Begriffs ‚Ethologie' in das System der Biowissenschaften im 19. Jahrhundert. Sudhoffs Arch. 68, 94-104.
Wuketits, F. (1995). Die Entdeckung des Verhaltens. Eine Geschichte der Verhaltensforschung.
Burkhardt, R.W. Jr. (2005). Patterns of Behavior. Konrad Lorenz, Niko Tinbergen, and the Founding of Ethology.
Schurig, V. (2010). Instinktlehre, vergleichende Verhaltensforschung, Verhaltensbiologie oder doch Ethologie? Die Analyse von Wissenschaftsbegriffen als Gegenstand einer Theoretischen Biologie. Verh. Gesch. Theor. Biol. 15, 47-85.

Evolution

Der Ausdruck ›Evolution‹ bildet seit gut 300 Jahren einen vornehmlich biologischen Begriff. Die ältere Wortbedeutung ist allerdings nicht die heutige, sondern bezieht sich auf die individuelle Entwicklung eines Organismus. Seit Ende des 17. Jahrhunderts steht das Wort zunächst allgemein für die Gesamtheit der Entwicklungsprozesse eines Individuums vom Ei zum erwachsenen Stadium. Mitte des 18. Jahrhunderts wird der Ausdruck dann terminologisch für die eine Seite in dem grundlegenden Streit der Embryologie verwendet: Nach der Theorie der »Evolution« oder »Präformation« stellt die Ontogenese der Organismen eine bloße Entfaltung aller im Keim schon vorgeformt existierenden Organe dar; abgelehnt wird mit dieser Theorie damit die Annahme einer Neubildung von Strukturen (»Epigenese«) (↑Entwicklung).

Auf die Transformation der Organismen in einem generationenübergreifenden Prozess – also die heute dominante Bedeutung des Ausdrucks – wird das Wort ›Evolution‹ erst in den ersten Jahrzehnten des 19. Jahrhunderts bezogen, u.a. von C.G. Nees von Esenbeck, J.-J. Virey, G.W.F. Hegel und C. Lyell (s.u.). C. Darwin verwendet das Substantiv in der ersten Auflage seines Hauptwerks nicht, vermutlich um die Unabhängigkeit seines Ansatzes von den Theorien der Individualentwicklung eines Organismus deutlich zu machen. Mit der Verwendung bei H. Spencer setzt sich der Terminus aber allmählich durch und wird seit Ende des 19. Jahrhunderts insbesondere mit Darwins Theorie der Selektion als Mittel der Transformation verbunden.

Eine allgemeine, seit 1859 gebräuchliche Definition der Evolution lautet **Abstammung mit Veränderung** (Darwin 1859: »descent with modification«[1]): Nach W. Carpenter besteht darin das Mittel, über das

---

Migration (Godwin ca. 1633) *518*
Evolution (Virey 1816) *481*
Isolation (Blyth 1835) *516*
Abstammung mit Veränderung (Darwin 1859) *481*
Evolutionsfaktoren (Doherty 1864; Spencer 1864) *499*
chemische Evolution (Stuart-Glennie 1873) *514*
Evolutionsmechanismus (Allen 1885) *498*
monotypisch [Evolution] (Gulick 1888) *517*
polytypisch [Evolution] (Gulick 1888) *517*
Mikroevolution (Gates 1911) *514*
Koevolution (Reinheimer 1920) *515*
Geschichtlichkeit (Schaxel 1922) *502*
Makroevolution (Philiptschenko 1927) *514*
Genfrequenz (Fisher 1929) *497*
Drift (Wright 1929) *519*
Historizität (von Bertalanffy 1932) *502*
Isolationsmechanismen (Dobzhansky 1935) *517*
Gründerprinzip (Mayr 1942) *518*
Adaptive Landschaft (Simpson 1944) *523*
Annidation (Ludwig 1948) *499*
Mosaikevolution (de Beer 1954) *516*
Evolvon (Edström 1968) *501*
nicht-darwinsche Evolution (King & Jukes 1969) *526*
Systemtheorie der Evolution (Kilian 1971) *526*
Neutrale Theorie der Evolution (Matsuda 1976) *524*
phylogenetische Drift (Stanley 1979) *515*
Kritische Evolutionstheorie (Gutmann & Bonik 1981) *510*
Evolver (Williams 1989) *501*

Die Evolution ist der Prozess der langfristigen (generationenübergreifenden) Veränderung von Organismen, der in der Abweichung der Merkmale der Nachkommen von denen der Vorfahren besteht (»Abstammung mit Veränderung«) und dessen Richtung durch die stärkere Vermehrung von besser angepassten Organismen (Selektion) sowie durch Zufallseffekte (Drift) bestimmt wird. In diesem Prozess kann es zur beständigen Bildung neuer diskreter Typen von Organismen (Arten) kommen, z.B. indem (bei sexueller Reproduktion) Fortpflanzungsbarrieren zwischen Organismen verschiedener Populationen entstehen. Außerdem führte dieser Prozess auf der Erde in einigen Abstammungslinien zu einer sukzessiven (kumulativen) Steigerung der Komplexität in der körperlichen Organisation und mentalen Kapazität.

---

eine Vielzahl von Arten aus einigen wenigen Ausgangstypen entstanden ist (»the means by which an almost infinite variety of special forms has been evolved from a few fundamental types«[2]).

Wortgeschichte

Das lateinische Verb ›evolvere‹ mit der Bedeutung »ausrollen, entfalten« tritt in der Substantivform ›evolutio‹ bereits im klassischen Latein auf, allerdings nur sehr selten, z.B. einmal bei Cicero mit der Bedeutung »Aufschlagen, Entrollen (einer Schriftrolle)«.[3] Das Verb steht allgemein für die Tätigkeit des Entrollens und daneben auch metonymisch für die Lektüre. Im übertragenen Sinne wird es auf die zeitlich-kausale Entfaltung eines Gegenstandes, bei Augustinus auch schon auf die Keimung eines Samens angewandt.[4] Auch im mittelalterlichen Latein tritt das Wort selten auf.[5] Nikolaus von Kues verwendet es zur Bezeichnung des Verhältnisses einer Einheit zu einer Vielheit, insbesondere als mathematisch-geometrisches Phänomen und an Stelle seines häufigeren Entwicklungsbegriffs *explicatio*, der u.a. das Verhältnis von Gott zur Welt beschreibt.[6]

Trotz seiner allgemeinen Bedeutung in der Antike und im Mittelalter erscheint das Wort in der Neuzeit zunächst mit spezifischer Bedeutung in einzelnen Wissenschaften und Künsten, so zuerst (zu Beginn des 17. Jahrhunderts) im Militärwesen, dann in der Mathematik, Musikwissenschaft, Psychologie, Medizin und Sprachwissenschaft.[7] Bevor das Wort seine große Karriere in der Biologie antritt, wird es im Englischen des 17. Jahrhundert in der allgemeinen Bedeutung von »Ausfaltung, sukzessive Erscheinung« verwendet.[8]

Zu weiterer Verbreitung des Ausdrucks kommt es erst nach der Französischen Revolution, und zwar gerade als Gegenbegriff zu ›Revolution‹. So heißt es 1792 bei J.G. Herder: »Nicht Revolutionen, sondern Evolutionen sind der stille Gang dieser großen Mutter [der »heilenden Natur«], dadurch sie schlummernde Kräfte erweckt, Keime entwickelt […]. Wenn wir der Natur Einen Zweck auf der Erde geben wollen, so kann solcher nichts seyn als eine Entwickelung ihrer Kräfte in allen Gestalten, Gattungen und Arten. Diese Evolutionen gehen langsam, oft unbemerkt fort«.[9]

In dem dynamischen Denken der Natur, das sich in der romantischen Naturphilosophie Ende des 18. Jahrhunderts etabliert, gewinnt der Ausdruck ›Evolution‹ eine prominente Stellung. F.W.J. Schelling verfügt über einen allgemeinen Begriff von Evolution, wenn er sie 1799 beschreibt als Ursache für die Entstehung einer »Reihe«, an deren Anfang eine Größe steht, »die durch die ganze Reihe hindurchfließt« und in der »ursprünglich die ganze Unendlichkeit [der Reihe] concentrirt« sei.[10] Im Gegensatz zur Entstehung durch Evolution steht bei Schelling die Vorstellung der Entstehung durch »Zusammensetzung«. Eine »dynamische Evolution«[11] oder »dynamische Stuffenfolge«[12] in der Natur unter Einschluss der Lebewesen schließt Schelling grundsätzlich nicht aus. Er verwendet auch die Formulierung »Evolution der Natur«[13] – allerdings meint der Ausdruck ›Evolution‹ bei Schelling meist keine empirisch-zeitliche Entfaltung, sondern ein Werden in einer gedanklichen oder ideellen Sphäre[14]. Schellings Begriff der Evolution kommt aber zumindest darin den späteren Evolutionsvorstellungen nahe, dass er die »Evolution der Natur«, anders als die Entwicklung eines individuellen Organismus, als »unendlich« und niemals »vollendet« beschreibt[15]: Verstanden als »allgemeine Productivität«, könne »die Evolution nicht stillestehen bey etwas, das noch Product ist, sondern nur bey dem rein *productiven*«[16]. Ausdrücklich hält Schelling die Hoffnung mancher Naturforscher für falsch, »den Ursprung aller Organisationen als succeſiv, und zwar als allmählige Entwicklung Einer und derselben ursprünglichen Organisation vorstellen zu können«. Es sei das »Misverständniß einer Idee«, anzunehmen,

»daß wirklich die verschiedenen Organisationen durch allmählige Entwicklung aus einander sich gebildet haben«[17] (↑Phylogenese). Als wesentliches Argument gegen eine Evolution der Organismen führt Schelling das begrenzte Entwicklungspotenzial differenzierter Organisationen an: Es gelte, dass »jede Organisation auf eine bestimmte Form beschränkt sei« und daher »jede Organisation ins Unendliche fort nur sich selbst reproducirt«.[18]

Beiläufig erscheint der Ausdruck auch in einem Aufsatz C.G. Nees von Esenbecks vom Juni 1814 über die »Freßwerkzeuge der Insecten« im zweiten Band von Okens ›Isis‹ aus dem Jahr 1818 (»in der Evolution des Insectenreichs«).[19]

Der erste, der das Wort ›Evolution‹ eindeutig in seiner modernen Bedeutung zur Bezeichnung der Transformation der Arten verwendet, ist offenbar der französische Naturforscher J.-J. Virey im Jahr 1816. Virey verwendet den Ausdruck ausgehend von dem direkten Vergleich der Entfaltung des Lebens auf der Erde mit der Entwicklung eines einzelnen Organismus – ein Vergleich, der seit dem Ende des 18. Jahrhunderts oft gezogen wird (↑Entwicklung/biogenetisches Grundgesetz). Wörtlich heißt es bei Virey: »Il est donc vraisemblable que, par cette évolution successive, la nature s'est élevée depuis la moissure imperceptible jusqu'au cèdre majestueux, au pin gigantesque, comme elle s'est élaborée et perfectionnée depuis l'animalcule microscopique jusqu'à l'homme, roi et dominateur de tous les êtres animés«.[20] Bemerkenswert ist es, dass Virey auch eine rudimentäre Selektionstheorie entwickelt, indem er das Geschehen in der Natur mit den angeblichen Gepflogenheiten im antiken Sparta vergleicht, die schwachen Individuen auszumerzen (»La nature est semblable à la loi de Sparte qui livroit à la mort les enfans débiles et mal conformés«[21]). Nach der Beschreibung bei Virey ist diese Selektion aber nicht über Artgrenzen hinweg wirksam, sondern dient im Wesentlichen der Erhaltung der Arten. Bezug nimmt Virey auch auf die Theorie der Transformation der Arten J.B. de Lamarcks. Allerdings lehnt er den Mechanismus, den Lamarck für den Artenwandel angibt, ab – zumindest in der Form, in der er ihn bei Lamarck rekonstruiert.

Lamarcks Transformationstheorie ist insgesamt leitend für die Evolutionsvorstellungen der ersten Jahrzehnte des 19. Jahrhunderts. Im Englischen erscheint das Wort ›evolution‹ (oder seine Ableitungen) daher auch zuerst in einem Aufsatz aus dem Jahr 1826, der sich mit Lamarcks transformistischer Vorstellung auseinandersetzt und wahrscheinlich von R. Jameson verfasst ist (der Autor erwägt, »that the various forms have been evolved from a primitive model, and that the species have arisen from an original generic form«[22]).

An der Theorie Lamarcks orientiert sich wohl auch G.W.F. Hegel, wenn er 1830 schreibt: »Der Gang der Evolution, die vom Unvollkommenen, Formlosen anfängt, ist, daß zuerst Feuchtes und Wassergebilde waren, aus dem Wasser Pflanzen, Polypen, Molusken, dann Fische hervorgegangen seien, dann Landtiere; aus dem Tiere sei endlich der Mensch entsprungen«[23]. Uneindeutig bleibt allerdings, ob Hegel hier eine tatsächliche Abstammung im Auge hat.[24] Und dass ausgerechnet Hegel einer der ersten ist, der das Wort ›Evolution‹ in einem der modernen Bedeutung nahe kommenden Sinn verwendet, hat eine gewisse Ironie. Denn im Grunde lehnt Hegel eine geschichtliche Entwicklung der Lebewesen ab, weil die Natur nach seiner ausdrücklichen Auffassung grundsätzlich keiner zeitlichen Entwicklung unterliegt, sondern allein die Kategorie der Natur eine begrifflich-dialektische Struktur aufweist.[25] Es lassen sich allerdings auch implizite Aussagen Hegels zum Evolutionsgedanken rekonstruieren, nach denen nicht nur der der Natur zugrunde liegende Begriff, sondern auch die Natur selbst eine Entwicklung zeigt.[26] Wichtig ist bei Hegel die Abgrenzung der Evolution als einer Höherentwicklung von der »Emanation« als einer »Stufenfolge der Verschlechterung«.[27]

In ihrem heutigen Sinn als Veränderung der Organismen in einem generationenübergreifenden Prozess, der über die Erdzeitalter die verschiedenen Formen der Organismen hat entstehen lassen, wird das Wort Anfang der 1830er Jahre von dem – von Darwin viel gelesenen – Geologen C. Lyell verwendet. Er schreibt zu den Testaceen (beschalte Mollusken), sie würden durch eine »graduelle Evolution« von einem Leben im Wasser zu einem Leben auf dem Land »verbessert« werden: »the testacea of the ocean existed first, until some of them, by gradual evolution, were improved into those inhabiting the land«.[28]

Zwanzig Jahre später spricht H. Spencer in diesem Sinne von einer *Theorie der Evolution* (»theory of evolution«). Er versteht darunter im Wesentlichen das Phänomen der *Transmutation von Arten* (»transmutation of species«).[29] Die Formulierung ›Transmutation der Arten‹ ist der alte Terminus, unter dem eine Veränderung der Arten seit dem Mittelalter diskutiert wird. Er wird u.a. bereits von Thomas von Aquin (»transmutatio corporalis«[30]) und F. Bacon[31] verwendet (↑Art/Artumwandlung; Mutation).

Seit den 1840er Jahren wird das Wort ›Evolution‹ in der neuen Bedeutung von verschiedenen Naturforschern verwendet. Unter ihnen ist auch der französische Botaniker F. Gérard, der von einer »allmählichen Evolution der Lebewesen« spricht (»l'évolution successive des êtres«). Er hält die Evolution für die einzige vollständige Erklärung der Vielfalt der Lebewesen (»la seule explicaton complète du phénomène de la variété des êtres«)[32] – und damit für die einzige wissenschaftlich akzeptable.

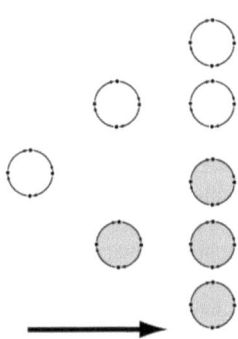

Abb. 123. Schematisches Diagramm zur Darstellung der Evolution: Innerhalb einer Population von Organismen (symbolisiert als Kreise) entstehen erbliche Varianten (Mutation; dunkle Kreise), die einen Einfluss auf die Fortpflanzungshäufigkeit der Organismen haben und sich daher über Generationen hinweg im Laufe der Zeit (Pfeil) in der Population ausbreiten können (Selektion).

Für die Biologie revolutionär wird die Evolutionstheorie aber erst durch C. Darwins ›The Origin of Species‹ aus dem Jahr 1859. Das Wort ›Evolution‹ verwendet Darwin allerdings eher selten: In der ersten Auflage seines Hauptwerks taucht das Substantiv überhaupt nicht auf – nur das letzte Wort des Werks, enthalten in einer Passage, die bereits 1842 im ersten Entwurf seiner Theorie auftaucht[33], lautet »evolved«.[34] Das Substantiv ›evolution‹ erscheint erst in der sechsten Auflage des ›Origin‹ von 1872 und auch nur an fünf Stellen als Variante seiner älteren Rede von der *transmutation* oder *modification* der Arten.[35] Der Grund für die Vermeidung des Terminus bei Darwin liegt in dessen Verbindung mit älteren embryologischen Theorien, und zwar entweder zur Bezeichnung der Theorie der Präformation[36] oder der Theorie der progressiven Epigenese[37] (↑Entwicklung). Offensichtlich will Darwin v.a. Distanz bewahren zu der Vorstellung einer Entfaltung eines immer schon Angelegten, die die ältere Evolutionstheorie charakterisiert.[38] Denn im Gegensatz zu den embryologischen Theorien der gesetzmäßigen Entfaltung vorgeformter Strukturen bezieht sich Darwins Vorstellung der Transformation gerade auf einen hinsichtlich des Ziels nicht determinierten, in die Zukunft offenen Prozess.

Auch nach der Etablierung von Darwins Theorie der Transformation von Organismen wird ›Evolution‹ neben seiner engeren Bedeutung für Darwins Theorie weiterhin in einem weiten Sinn verwendet. So definiert H. Spencer den Ausdruck 1862 als ein universales Prinzip der Differenzierung: »Evolution is an integration of matter and concomitant dissipation of motion; during which the matter passes from an indefinite, incoherent homogeneity to a definite, coherent heterogeneity; and during which the retained motion undergoes a parallel transformation«[39]. Spencers Formulierung ist angelehnt an K.E. von Baers »Gesetz« der Entwicklung der Tiere, »daß aus einem Homogenen, Gemeinsamen, allmählig das Heterogene und Specielle sich hervorbildet«[40] (↑Entwicklung).

Im Deutschen verbreitet sich der Terminus ›Evolution‹ in der durch Darwins Theorie beeinflussten Bedeutung erst Mitte der 1870er Jahre und zwar sowohl durch die Verwendung bei bekannten Biologen wie R. Virchow[41] als auch bei Soziologen[42]. Führende Vertreter der Theorie sprechen aber meist nicht von der ›Evolutionstheorie‹, sondern von der »Entwickelungs-«, »Abstammungs-« oder »Deszendenzlehre« (↑Evolutionsbiologie).[43] Erst Ende der 1880er Jahre taucht das Wort in den deutschen enzyklopädischen Nachschlagewerken auf, wobei die biologische Bedeutung allein als eine Variante eines allgemeinen kosmologischen Prinzips behandelt wird: Die »Evolutionstheorie« wird definiert als die Lehre von einem einheitlichen Entwicklungsprozess »im gesamten Weltall, [...] dem sich sämtliche Zustände und Erscheinungsformen der anorganischen und organischen Natur, also auch der Himmelskörper unterordnen«[44]. Die alte umfassende Bedeutung hält sich bis ins 20. Jahrhundert: L. Plate betrachtet die biologische Deszendenztheorie 1912 als einen »Teil der allgemeinen Entwicklungslehre (Evolutionslehre), welche behauptet, daß alles auf der Erde in beständiger Veränderung begriffen ist«.[45]

In der ersten Jahrhunderthälfte erscheint der Terminus in der deutschsprachigen Biologie noch selten; bis 1940 sind es weniger als zehn biologische Monografien, die das Wort im Titel führen; am häufigsten dabei immer noch in physiologischer Bedeutung[46], seltener in phylogenetischer[47]. In einer Überblicksarbeit über die Zoologie gebraucht R. Hesse das Wort noch 1910 ausschließlich in der alten embryologischen Bedeutung.[48] In der heutigen weiten und für die Biologie fundamentalen Stellung etabliert sich ›Evolution‹ erst nach dem Zweiten Weltkrieg, veranlasst v.a. durch J.S. Huxleys englischen Klassiker von 1942[49] und die ein Jahr später von G. Heberer herausgegebene und wiederholt aufgelegte systematische Darstellung auf Deutsch[50]. Im Zuge dieser Etablierung des Ausdrucks ›Evolution‹ in der Biologie tritt seine allgemeine, kosmologische Bedeutung in den Hintergrund. M. Briegel kann 1963 für die erste Hälfte des 20. Jahrhunderts konstatieren, dass »der anorganische Bereich dem Wort ›Evolution‹ ganz allmählich verloren« ging.[51] Die außerbiologische Bedeutung ist aber bis in die Gegenwart nicht ganz verschwunden. Heute ist es weiterhin geläufig, neben der organischen Evolution eine anorganische anzunehmen, die sowohl den Kosmos (»kosmische Evolution«) als auch die Erde (»geologische Evolution«) umfasst.[52] Auch in den Enzyklopädien schlägt sich dies nieder, indem dort die Evolution gleichberechtigt auf Kosmogonie und Biologie bezogen wird.[53]

Parallel zur lateinischen Ableitung ›Evolution‹ verbreitet sich im 20. Jahrhundert besonders im Deutschen das von E. Haeckel geprägte, auf eine griechische Wurzel zurückgehende Wort ↑*Phylogenese*. Beide Ausdrücke sind nach W. Zimmermann darin unterschieden, dass sich ›Evolution‹ auf die »Ursachenzusammenhänge« beziehe, während die Phylogenie die »Verwandtschaftsbeziehungen« bezeichne.[54]

Heutige Wortbedeutung
Im heutigen Verständnis ist das Wort ›Evolution‹ auch innerhalb der Biologie mehrdeutig. Vor allem drei verschiedene Bedeutungen werden mit dem Begriff verbunden: die Veränderung von Organismen in einem generationenübergreifenden Prozess (Variationsthese), die genealogische Verwandtschaft aller Organismen auf der Erde (Deszendenzbehauptung) und die besonderen Mechanismen der Veränderung der Organismen (Selektionstheorie). In den beiden ersten Bedeutungen kann kaum von einer *Theorie* der Evolution gesprochen werden, sondern eher von einer *Erzählung*, weil sie lediglich die Summe vieler Tatsachenbehauptungen der Verwandtschaft beinhalten. C.G. Hempel unterscheidet in diesem Sinne 1965 zwischen der *Evolutionserzählung* (»the story of evolution«) und der *Evolutionstheorie* (»the theory of the underlying mechanisms of mutation and natural selection«).[55] E. Mayr fasst dagegen 1985 auch die These der genealogischen Verwandtschaft der Organismen verschiedener Arten als eine Theorie auf und spricht insgesamt von »Darwins fünf Theorien der Evolution« (vgl. Tab. 63).[56]

Am Ende des 19. und zu Beginn des 20. Jahrhunderts sind die verschiedenen Komponenten der Evolutionstheorie in unterschiedlichen Kombinationen vertreten worden (vgl. Tab. 65). Bereits daran wird also ihre Unabhängigkeit voneinander deutlich.

Häufig ist seit Beginn des 20. Jahrhunderts die enge Verbindung, ja nicht selten die Identifikation der Evolutionstheorie mit der Selektionstheorie (↑Selektion). Die Verbindung von Natürlicher Selektion und Evolution wird aber nicht immer als notwendig angesehen. Schon R.A. Fisher formuliert im ersten Satz seiner einflussreichen Monografie von 1930: »Natural Selection is not Evolution«.[57] Die Verbindung ist nicht notwendig und sogar irreführend, weil die Selektion gerade in der Stabilisierung der Eigenschaften von Organismen (und Genfrequenzen) bestehen kann und insofern der Evolution als Veränderung entgegenwirkt.[58] Und auch umgekehrt kann es eine Evolution geben, die nicht auf Selektion beruht (sondern auf Drift oder Züchtung).

Eine viel beachtete Bestimmung des Evolutionskonzepts gibt R. Lewontin 1968. Danach besteht der »Mechanismus« der Evolution nach dem »modernen Darwinismus« in drei Prinzipien: (1) *Variation* (»different individuals in a species have different morphologies, physiologies, behaviors, that is, there is variation«); (2) *Vererbung* (»there is a correlation between the form of the parents and the offspring, that is, the variation is heritable«) und (3) *differenzielle Reproduktion* (»different variants have different rates of survival and reproduction in different environments«).[59] In etwas anderer Begrifflichkeit lässt sich sagen, die Theorie der Evolution umfasst das Zusammenspiel von drei Momenten, die durch die Begriffe der *Tradition*, *Variation* und *Selektion* bestimmt werden können.[60] Keine notwendige Bedingung für Evolution ist nach dieser Bestimmung – und entgegen den Vorstellungen Darwins – das Vorliegen von ↑Konkurrenz. Denn eine differenzielle Reproduktion von Organismentypen kann es auch dann geben, wenn die Ressourcen nicht limitiert sind.

Unangemessenheit des Wortes
Weil sie von der Wortbedeutung mit einer Präformationsvorstellung verbunden sind, sind die Ausdrücke ›Entwicklung‹ und ›Evolution‹ eher ungeeignet, den zukunftsoffenen, nicht in einem Entwicklungsprogramm determinierten Verlauf der langfristen Veränderung von Arten (oder besser »Metademen«; s.u.) zu bezeichnen. Die Worte erscheinen vielmehr angemessener für die älteren embryologischen Theorien, für die sie bis zur Mitte des 19. Jahrhunderts fast ausschließlich verwendet werden. Das moderne Verständnis der Evolution als eines wesentlich auch durch Zufall geprägten Prozesses ohne Richtung und Programm ist der eigentlichen Wortbedeutung im Grunde sogar entgegengesetzt.[61] Gerade weil sie neue, vorher nicht existente Formen generiert, weil sie also »ursprüngliche Morphogenese« (N. Hartmann 1950)[62], und nicht wie die Ontogenese ein sich in vielen Individuen wiederholender und von präfigurierten Anlagen ausgehender Entfaltungsprozess ist, kann die Phylogenese keine Ent-Wicklung oder Evolution im Wortsinne sein. Das Wort hat sich aber in dieser Bedeutung durchgesetzt, und so lässt sich mit H. Rickert nur noch bedauern, dass nach der modernen Wortbedeutung jedes Werden und jede Veränderung, auch wenn sie nicht mit einer Präformationsvorstellung verbunden ist und kein teleologisches Moment in sich enthält, als ›Entwicklung‹ bezeichnet wird.[63] – Eine angemessenere Bezeichnung für die Entstehung des radikal Neuen in der langfristigen Transformation der Organismen wäre *Typogenese* (↑Phylogenese).

Antike und vortheoretisches Verständnis
Die organische Evolution, also die langfristige Veränderung der Lebewesen in der Geschichte der Erde, wird erst in der Neuzeit in Erwägung gezogen und diskutiert. Den Grundvorstellungen des antiken Denkens, das an der Vollendung und Harmonie des Kosmos orientiert ist, bleibt der Evolutionsgedanke weitgehend fremd. Selbst der platonische Demiurg erzeugt seine Welt nach ewigen und vollkommenen Ideen, die bereits vor seinem Schaffen vorhanden sind. Die Betonung der vollendeten Ordnung der Welt und die Absage an die Vorstellung einer in die Zukunft offenen Entwicklung findet sich in der Philosophie Platons sogar besonders deutlich; er ist daher »der große Antiheld des Evolutionismus« genannt worden (E. Mayr).[64] Aber auch die antiken Ansätze einer Entwicklungs- und Selektionstheorie (↑Selektion), wie sie bei Empedokles und Lukrez vorliegen[65], sind noch dadurch gekennzeichnet, dass sie weitgehend von einer Konstanz der Arten ausgehen und nicht die Entstehung des Neuen, sondern nur die Bildung vorgegebener harmonischer Figuren kennen.

Für Aristoteles ist die Konstanz der Arten eine wichtige Bedingung dafür, dass Lebewesen zu wissenschaftlichen Gegenständen werden können. Denn eine wissenschaftliche Untersuchung ist nach Aristoteles ausschließlich von konstanten, ewig gleich bleibenden Dingen möglich. Die Lebewesen haben für Aristoteles über den Kreislauf der Fortpflanzung am Ewigen teil.[66] Aristoteles kann allerdings auch so interpretiert werden, dass seine Aussagen über die Ewigkeit der Arten sich nicht auf die Konstanz der körperlichen Strukturen von Organismen empirischer Arten beziehen, sondern auf eine Art im Sinne eines intelligiblen Eidos.[67] In dieser Interpretation ist eine Evolutionsvorstellung also durchaus vereinbar mit der Konstanz der Arten[68], ja die Konstanz der Arten (im Sinne von Ideen) bildet die Voraussetzung für die Feststellung eines Wandels von Populationen (↑Art/Artumwandlung).[69] Über diese mögliche Vereinbarkeit hinausgehend gibt es in den aristotelischen Schriften aber keine positiven Aussagen zur tatsächlichen Veränderung der Lebewesen im Sinne einer generationenübergreifenden Evolution. Andererseits behauptet Aristoteles auch an keiner Stelle eine Unveränderlichkeit und Konstanz der Lebewesen in der Generationenfolge. Er berichtet vielmehr von der Kreuzbarkeit von Individuen verschiedener Arten, der Entstehung neuer Arten (in Afrika)[70] und der Vererbung erworbener Eigenschaften[71]. Er gibt damit der Möglichkeit einer Veränderung von Arten einen gewissen Raum. Indem Aristoteles vereinzelte Fälle der Bastardisierung einräumt, wird seine Auffassung aber noch nicht zu einem Vorläufer der Evolutionstheorie.[72] Auch Aristoteles' Schüler Theophrast und viele Autoren des Mittelalters gehen zwar nicht von einer Unveränderlichkeit der Arten aus, sondern beschreiben vielmehr zahlreiche Formen der Umwandlung von Arten (↑Art) – die im Prinzip damit gegebene Möglichkeit einer Transformation stellt aber noch keine Evolutionstheorie dar.

Das antike, bis in die Neuzeit verbreitete Motiv, das am ehesten in die Richtung der modernen Phylogenese-Vorstellung weist, ist das Bild einer Stufenleiter der Natur (»scala naturae«; ↑Hierarchie) – aber charakteristisch ist für dieses Bild nach antiker und frühneuzeitlicher Vorstellung wiederum gerade seine Statik: Die von den anorganischen Körpern über die Pflanzen und Tiere bis zum Menschen reichende Stufenleiter drückt nicht einen dynamischen Prozess der Bildung von Formen aus, sondern deren beständige und stabile Ordnung.

Eine Voraussetzung für die Formulierung einer Evolutionstheorie bildet die Vorstellung der Gliederung der organischen Welt in diskrete Typen von Organismen, die gegeneinander isoliert sind, also das Konzept der biologischen ↑Art. Ohne die Anerkennung der Unterschiedenheit der Formen macht die Rede von einer Transformation keinen Sinn. In paradox anmutender Weise kann man also sagen, dass die Evolutionstheorie ohne das Dogma von der Konstanz der Arten nicht vorstellbar ist.[73] Dieses Dogma entwickelt sich jedoch in aller Schärfe erst seit dem 17. Jahrhundert. Vor dieser Zeit wird verschiedentlich beiläufig vom Übergang der einen Form in eine andere berichtet, ohne dass diesen Beobachtungen große Beachtung geschenkt wird. So berichtet Thomas von Cantimpré von dem Erscheinen verschiedener Fischarten in solchen Gewässern, in denen anfangs nur Stichlinge vorhanden gewesen sein, und erklärt dies damit, dass diese aus den Stichlingen hervorgegangen seien.[74] Die scharfe Gegenüberstellung von Arten als konstanten Typen und Varietäten als vorübergehenden, variablen Einheiten etabliert sich erst im 18. Jahrhundert. Nicht die ältere Tradition von Theorien der Veränderung von Arten, sondern das Bild der Arten als stabilen Typen bildet daher paradoxerweise den Hintergrund für die Formulierung der Evolutionstheorie: »The earlier belief that species were ephemeral and mutable did not promote a belief in evolution. A scientific theory of evolution became possible only after the stability of species had been established« (Zirkle 1959).[75]

Nicht nur im Weltbild der Antike, auch für die spontane, unbefangene Naturbeobachtung liegt die Evolutionsvorstellung zunächst nicht nahe, weil die Nachkommen des Organismus einer Art in der Regel ihren Vorfahren ähneln und somit die Entstehung von neuen Arten nicht direkt zu beobachten ist. Auf eine Evolution der Lebewesen (oder des Lebens) kann daher nur indirekt geschlossen werden. Die historische Entwicklung der Evolutionstheorie ist damit auch nicht das Ergebnis einer direkten, durch Experimente geleiteten, systematischen Naturbeobachtung, sondern erfolgt im Rahmen einer geistesgeschichtlichen Wende, die ihre Wurzeln in der Frühen Neuzeit hat, in einem Erfahrungshorizont, der durch Entdeckungsreisen und die Erforschung ferner Welten und Zeiten geprägt ist.[76] Der Erfahrung der Weite des Raums korrespondiert die Annahme langer Zeiträume, während derer die langsame, kontinuierliche Veränderung der Lebewesen vorstellbar wird und die Natur damit insgesamt als ein dynamischer Prozess begriffen werden kann. Seit dieser Zeit werden verschiedene Vorstellungen darüber formuliert, wie es zu einer Veränderung der Lebewesen im Laufe der Erdgeschichte gekommen sein kann, zunächst hypothetisch und spekulativ, dann auf immer stärker methodisch geleitetem Weg.

Frühe Neuzeit
Der Perspektivenwechsel hin zu einem dynamischen Naturverständnis erfolgt in der Biologie parallel zu anderen Wissenschaften, insbesondere zur Geologie und zur Kosmologie. Im Ergebnis führt dieser Perspektivenwechsel für die Biologie zu einer Temporalisierung der »Stufenleiter« oder »Kette der Wesen«. Eine historische Interpretation der Erde liefert G.W. Leibniz schon am Ende des 17. Jahrhunderts. Er schließt daran auch die Vermutung einer Veränderung der Tierarten: Es sei eine glaubhafte Annahme, dass

im Rahmen der großen Veränderungen der Erdkruste auch die Tierarten viele Male umgewandelt worden seien (»etiam animalium species plurimum immutatas«[77]). Später vermutet Leibniz, dass die frühesten Tiere im Meer lebten und die Amphibien und Landtiere später aus ihnen entstanden seien. Meist lehnt Leibniz derartige Überlegungen aber als »sündhaft« ab, weil sie den heiligen Schriften widersprächen.[78]

18. Jh.: Neue Arten, Hybride, Degeneration
In den ersten Jahrzehnten des 18. Jahrhunderts wird die Hypothese einer realen Verwandtschaft vieler oder sogar aller Tiere und Pflanzen von verschiedenen Autoren aufgestellt (↑Phylogenese). Zu diesen Autoren zählt B. de Maillet, der in einer 1715 unter Pseudonym veröffentlichten Handschrift die Vermutung äußert, die Vorfahren aller Organismen lebten ursprünglich im Wasser.[79] Weiter ausgearbeitet und mit einer einfachen Theorie der Selektion verbunden sind die Überlegungen der französischen Materialisten zur Bildung von Arten: P.L.M. Maupertuis hält eine Urzeugung von Lebewesen aus der anorganischen Natur und die Entstehung *neuer Arten* (»nouvelle espece«) durch das zufällige Auftreten von Varianten für möglich[80]; und Diderot entwirft das Bild einer aus sich heraus produktiven Natur, die sich in einem Prozess mit offenem Ende befindet[81]. Selbst C. von Linné, der anfangs von der Konstanz der Arten überzeugt ist, vertritt in späteren Jahren die Theorie der Entstehung neuer Arten durch Hybridisierung, d.h. durch Kreuzung von Individuen verschiedener Arten.[82] Zu einer echten Theorie der Evolution entwickeln diese Autoren ihre Ansätze aber nicht weiter. Sie sind eher im Sinne einer Theorie der Entstehung und Elimination von Varianten als einer Theorie der graduellen und kontinuierlichen ↑Phylogenese und Evolution zu verstehen.

Für die Existenz einer Phylogenese, die zumindest einige Tierarten miteinander verbindet (unter Einschluss des Menschen), plädiert Mitte des 18. Jahrhunderts auch G. Buffon (↑Phylogenese). Buffon entwickelt seine Theorie des Artenwandels schrittweise. Anfangs ist er der Überzeugung, dass alle lokalen Veränderungen auf der Erde eher zyklischer als direktionaler Natur sind, weil sich die Wirkung der verschiedenen Kräfte ausgleicht. Die Arten selbst hält Buffon noch 1765 grundsätzlich für etwas Ewiges (»êtres perpétuels«), die genauso alt und genauso dauerhaft wie die Natur selbst seien. Er beschreibt sie als ein gleich bleibendes Ganzes, das der Ordnung der Zeit entzogen sei, also unabhängig von der Zeit bestehe (»indépandant du temps; un tout toujours vivant, toujours le même«).[83] Trotz dieser klaren Aussagen ist die Annahme der Veränderung der Arten aber ausgehend von Buffons Begriff der ↑Art doch nahe liegend. Arten sind für Buffon nämlich nicht Ansammlungen von ähnlichen Individuen im Raum, sondern sie bestehen vielmehr in der Aufeinanderfolge und Erneuerung von Individuen in der Zeit. Die Verbindung von Individuen einer Art durch Reproduktion ist in diesem Artbegriff zentral – und es ist damit auch die Möglichkeit für eine Reproduktion mit Modifikation und damit die Bildung neuer Arten gegeben. Als Konkretisierungen eines Typus in der Zeit unterliegen die Arten – im Gegensatz zum Typus selbst – der Ordnung der Zeit und können damit Veränderungen erfahren. Buffons Gedanken zur Veränderung von Arten werden jedoch vorsichtig präsentiert: Er beurteilt die Entstehung neuer Arten in erster Linie als Ergebnis einer Degeneration bestehender, beschreibt den Gedanken vorsichtig als eine bloße Möglichkeit und gibt darüber hinaus zahlreiche Argumente gegen die Hypothese einer Phylogenese (u.a. die Tatsache des Fehlens von Beschreibungen neu entstandener Arten oder natürlicher Hybriden und die allgemein anerkannte Beobachtung der Sterilität von Hybriden). Als Ursachen des Artenwandels führt Buffon im Wesentlichen drei Gründe an: klimatische Veränderungen (besonders der Temperatur), Einflüsse der Nahrung und die Veränderung aufgrund von Züchtung durch den Menschen (»La température du climat, la qualité de la nourriture & les maux d'esclavage, voilà les trois causes de changement, d'altération & de dégénération dans les animaux«).[84] Eine weitere Ursache der Verschiedenheit der Individuen in der Natur liegt nach Buffon in der *Kombination* der Individuen durch Kreuzung artverschiedener Organismen (»la combinaison du nombre dans les individus«) – einer Variation also aufgrund rein biologischer Faktoren, die nicht als Reaktion auf äußere Einflüsse zurückgeführt wird.[85] Die Variation durch Kombination erscheint Buffon als ein so mächtiger Faktor, dass er es für möglich hält, dass die zweihundert von ihm behandelten vierfüßigen Tiere auf fünfzehn Gattungen und neun »isolierte Arten« sich zurückführen (»se réduire«) lassen, aus denen die anderen hervorgegangen seien (»toutes les autres soient issues«).[86] Die spätere Gliederung der Erdgeschichte in sieben »Epochen« erfolgt bei Buffon allerdings nicht auf der Basis organischer Faktoren, sondern ausgehend von seiner Vorstellung einer allmählichen Abkühlung der Erde nach ihrer Entstehung als Feuerball (↑Phylogenese).[87] Die Veränderung der Lebewesen in erdgeschichtlichen Dimensionen erklärt Buffon aufgrund der Anpassung an die sich wandelnden klimatischen Verhältnisse – ein eigenständiges biologisches Prinzip organischer Veränderung formuliert er in diesem Zusammenhang nicht.[88]

Für die Vorstellungen von einer Veränderung der Arten im 18. Jahrhundert ist insgesamt kennzeichnend, dass sie meist nicht auf das gesamte Tier- oder Pflanzenreich bezogen werden, sondern nur einzelne Arten betreffen, die z.B. durch Hybridisierung gebildet werden (↑Phylogenese). Dominant ist in dieser Zeit eine harmonische Vorstellung von der Natur insgesamt (»Ökonomie der Natur«; ↑Gleichgewicht) und von der geschlossenen Organisation einzelner Organismen insbesondere (↑Morphologie/Korrelation). Die Organismen werden als stabile Systeme aus einander wechselseitig stützenden Teilen konzipiert, die außerdem einen definierten Platz in der Ordnung der Welt einnehmen – als Systeme also, die sich sowohl von innen als auch von außen bedingt einer Veränderung widersetzen.

Lamarcks Transformationstheorie
An der Wende zum 19. Jahrhundert etabliert sich eine Mikrokosmos-Makrokosmos-Analogie, die für die frühen Evolutionstheorien grundlegend wird: der Vergleich der alten Stufenleitervorstellung mit der Ontogenese eines Individuums. Enthalten ist dieser Vergleich in der einflussreichen Entwicklungstheorie J. B. de Lamarcks (↑Phylogenese). Die Transformationstheorie, die Lamarck formuliert, bezieht sich – im Gegensatz zu den meisten seiner Vorgänger – nicht nur auf einige Arten, sondern auf die gesamte organische Natur. Diese verändert sich nach Lamarck schrittweise und allmählich: »[la nature] ne fait rien brusquement, et [...] partout elle agit avec lenteur et par degrés successifs«[89]. Er spricht von einem tatsächlichen Marsch der Natur (»la marche réelle de la nature«[90]), der von den einfach gebauten Organismen ausgeht und zu den komplex gebauten hinführt. Die Vielfalt der Lebewesen erklärt sich Lamarck im Wesentlichen durch ein Nebeneinander von zwei Faktoren: einer auf linearen Fortschritt drängenden Kraft der Höherentwicklung und eines modifizierenden Einflusses, der von Faktoren der Umwelt ausgeht. Die Höherentwicklung wird nach Lamarcks Anschauung bedingt durch einen inneren Vervollkommnungstrieb der langfristigen Entwicklung von einfachen zu komplexen Formen (↑Fortschritt) und eine Veränderung der Bedürfnisse der Organismen, die vermittelt über Gebrauch und Nichtgebrauch von Organen erbliche morphologische Konsequenzen hat. Nicht der direkte Einfluss der Umwelt, sondern das Verhalten der Organismen sind also das Mittel, das die Veränderungen bewirkt (»Vererbung erworbener Eigenschaften«; ↑Lamarckismus). Lamarck entwickelt trotz seiner Theorie der Transformation der Arten keine Theorie der Abstammung aller Organismen von einem einzigen gemeinsamen Vorfahren; er geht vielmehr von der wiederholten Urzeugung von Organismen aus, die dann im Laufe der Zeit komplexer werden und neue Stammbäume begründen. Aus der Komplexität eines Organismus könne daher auf das Alter seines Stammbaums geschlossen werden (↑Lamarckismus: Abb. 266).[91]

Goethes Metamorphosenlehre
Besonders von vielen deutschsprachigen Wissenschaftshistorikern wird bis zur Mitte des 20. Jahrhunderts häufig J.W. von Goethe als ein Vorläufer der darwinschen Evolutionstheorie interpretiert.[92] Tatsächlich unterscheidet sich das dynamische Naturverständnis Goethes in seiner Metamorphosenlehre aber doch erheblich von dem Darwins. Denn ↑Metamorphosen sind für Goethe zwar reale Prozesse der organischen Gestaltveränderung; sie werden von ihm aber – dem entwicklungsbiologischen Modell der Ontogenese eines Individuums folgend – primär als Entfaltung einer vorgegebenen Anlage oder eines Entwicklungspotenzials verstanden. In den Metamorphosen zeigt sich also ein Potenzial an Formveränderung, das zumindest als Anlage in einer jeweiligen Form schon vorhanden ist. Die Metamorphose nach Goethe stellt also nicht einen ungerichteten und zukunftsoffenen Prozess dar, wie ihn später Darwin beschreibt.[93]

19. Jh. vor Darwin: Katastrophen vs. Kontinuität
Bis zur Mitte des 19. Jahrhunderts ist es allgemein verbreitet, von einem göttlichen Ursprung aller Arten von Organismen auszugehen. Dieser Auffassung ist auch G. Cuvier, der führende vergleichende Anatom der ersten Hälfte dieses Jahrhunderts. Der Evolutionsvorstellung entgegengesetzt ist Cuviers Verständnis der Organismen als harmonisch geordnete Ganzheiten, die aus aneinander perfekt angepassten Teilen zusammengesetzt sind (»Prinzip der Korrelation«; ↑Morphologie; Anpassung) und sich daher jeder Veränderung widersetzen. Außerdem lehnt Cuvier jede Form der Umwandlung von Arten mit dem Argument ab, dass diese perfekt an ihre Umwelt angepasst seien. Das Entstehen neuer Arten kann sich Cuvier allein durch erneute Schöpfungsakte nach einer natürlichen »Katastrophe«, also einer radikalen Veränderung der Umwelt, vorstellen (»Katastrophentheorie«; ↑Phylogenese). Trotz dieser offenen Ablehnung der Evolutionsvorstellung leistet Cuviers systematische Klassifikation der Fossilien und lebenden Formen entscheidende Beiträge zur allmählichen Durchset-

zung eines Denkens in graduellen Unterschieden und zeitlichen Transformationen.[94] Mit Cuviers einflussreicher Einteilung der Lebewesen in vier nebeneinander stehende Hauptgruppen (↑Taxonomie)[95] findet die alte Vorstellung einer linearen Stufenleiter aller Lebewesen ihr wissenschaftliches Ende, und es wird der Übergang von der Linie zum Baum als Darstellungsform der Verwandtschaft vorbereitet.

Abgelöst wird die Katastrophentheorie durch gradualistische Vorstellungen, die sich ausgehend von der Geologie im 19. Jahrhundert allmählich durchsetzen. Besonders einflussreich wird die Position des »Aktualismus« (vertreten u. a. von den Geologen J. Hutton und C. Lyell), die der Katastrophentheorie widerspricht und für die Vergangenheit keine anderen Kräfte annimmt als die in der Gegenwart wirksamen (»Prinzip der Uniformität«; ↑Phylogenese). Der Prozess der Veränderung der Organismen vollzieht sich demnach in einem sehr viel längeren zeitlichen Rahmen als zuvor angenommen, so dass eine kontinuierliche Umwandlung der Formen ohne göttlichen Eingriff nach natürlichen Prinzipien vorstellbar wird.

Auch die zunehmende Kenntnis der ↑Fossilien leistet in der ersten Hälfte des 19. Jahrhunderts einen Betrag zur Verbreitung phylogenetischer Vorstellungen. Es können zwar selten graduelle Transformationsreihen über Fossilien belegt werden; es wird aber doch offensichtlich, dass die geologisch älteren, d.h. tieferen Erdschichten insgesamt weniger komplexe und den rezenten Formen weniger ähnliche Fossilien enthalten als die jüngeren. Die fossilen Dokumente deuten also auf eine Geschichtlichkeit des Lebens auf der Erde im Sinne einer langsamen Komplexitätssteigerung. Eine eindeutige Interpretation in diese Richtung erfährt der fossile Befund in einer 1844 anonym veröffentlichten, Aufsehen erregenden Schrift von L. Chambers. Chambers meint, einen kontinuierlichen Zusammenhang zwischen den verschiedenen Formen von Organismen beobachten zu können, und erklärt ihn als Ergebnis der sukzessiven und progressiven Entstehung der Formen auseinander, d.h. als eine Abstammung (»descent«; ↑Phylogenese).[96]

Die Theorien der Evolution in der ersten Hälfte des 19. Jahrhunderts – und anfangs auch noch Darwins Theorie – gehen meist von einer reaktiven Veränderung der Organismen als Antwort auf eine vorhergehende Umweltänderung aus (↑Umwelt/Umweltdetermination). Die Vorstellung einer langsamen Evolution der Lebewesen steht somit im Zusammenhang mit einer Abkehr von Katastrophentheorien in der Geologie sowie der Überzeugung, die Oberfläche der Erde sei durch langsame Veränderungen entstanden. So korrespondiert nach Lamarck die sukzessive Umwandlung der Organismen einer Veränderung der Umwelt: »les espèces n'ont réellement qu'une constance relative à la durée des circonstances dans lesquelles se sont trouvé tous les individus qui les représentent«.[97] Auch C. Lyell vertritt eine Determination der Organismen durch die Verhältnisse der Umwelt. Für jede Umweltbedingung sei (von Gott) die organische Form geschaffen, die ihr am besten entspreche. Ähnlichen Lebensbedingungen würden so ähnliche Lebensformen korrespondieren.[98]

C. Darwins Evolutionstheorie
Mit Darwins Theorie gelangt die Evolutionsvorstellung zu ihrem eigentlichen Durchbruch. Das Revolutionäre an Darwins Theorie zur Evolution der Organismen ist weniger die Behauptung einer tatsächlichen Verwandtschaft und Abstammung als vielmehr die in dem von ihm formulierten »Mechanismus« der Evolution enthaltene Absage an eine Teleologie, die eine Tendenz zur Höherentwicklung erzwingen würde. Die vielfältig vorhandenen Theorien der Phylogenese vor Darwin erklären die Transformation der Organismen entweder als Konsequenz von Umweltänderungen oder aufgrund eines in den Organismen liegenden Drangs zur Perfektionierung, der Entfaltung einer präexistierenden Potenz. Sie sind damit oft am Modell der Ontogenese orientiert und Ausdruck eines »Essenzialismus«, der von vorgegebenen Formen ausgeht, die sich auf vorgezeichneten Bahnen entfalten. Darwins revolutionärer Schritt besteht dagegen darin, die Phylogenese ausgehend von Prozessen auf der Ebene von Populationen (z.B. der Konkurrenz) zu betrachten. Sein »Populationsdenken« (E. Mayr; ↑Population) macht nicht eine den Organismen innewohnende Tendenz zur Höherentwicklung, sondern allein ihre differenzielle Überlebenswahrscheinlichkeit und Reproduktion für die langfristige Veränderung der Formen verantwortlich. Der Fokus liegt dabei also weniger auf der Abfolge der Arten in der Zeit (»vertikale Evolution«) als auf der Interaktion der Organismen zu einem Zeitpunkt (aus denen sich die »Mechanismen der Evolution« ergeben). Wichtig für Darwins Theorie des Wandels ist damit die Konzipierung der Arten als flexible Populationen, nicht als fixe Typen, wie viele seiner Vorgänger die Arten verstanden haben. Es gibt in Darwins Theorie nicht mehr ein *Modell* für jede Art, das als *Norm* für alle Individuen gelten kann. Deshalb ist Darwins zentraler Terminus der *Variation* (↑Mutation), insofern er eine Norm oder einen Standard impliziert, in dieser Hinsicht nicht glücklich gewählt – wörtlich genommen sind es nicht

»One may say there is a force like a hundred thousand wedges trying [to] force every kind of adapted structure into the gaps in the œconomy of Nature, or rather forming gaps by thrusting out weaker ones. ›The final cause of all this wedgings, must be to sort out proper structure & adapt it to change [...]‹ «.

»Three principles will account for all
(1) Grandchildren. like. grandfathers [Heredity]
(2) Tendency to small change.. ›especially with physical change‹ [Variation]
(3) Great fertility in proportion to support of parents [Superfecundity: Malthusian population pressure]«

Tab. 61. Die erste Formulierung des Selektionsprinzips durch Darwin vom 28. September 1838 (oben) und drei Prinzipien der Evolution nach Darwin am 27. November 1838 (aus Darwin, C. (1836-44). Notebooks (Charles Darwin's Notebooks, 1836-1844, Cambridge 1987): 375f. (D 135); 412 (E 58)).

Variationen, sondern *Individuen*, von denen Darwins Theorie handelt (↑Individuum). Die Entwicklung von Darwins Ansatz ausgehend von den Prozessen auf der Ebene von Populationen macht seine Theorie wesentlich zu einer *statistischen* Theorie. Lapidar formuliert dies sein Zeitgenosse C.S. Peirce 1877: »Mr. Darwin proposed to apply the statistical method to biology«.[99] Die Konzipierung der Evolutionstheorie ausgehend von Individuen und nicht von Typen ermöglicht es Darwin, die Aspekte der Anpassung und Veränderung der Organismen, die bei Lamarck noch in zwei getrennten Prinzipien formuliert sind, in einer geschlossenen Theorie zusammenzuführen.

Darwins Evolutionstheorie enthält die Verknüpfung der beiden Aspekte der ↑Phylogenese und ↑Selektion, die bei vielen seiner Vorläufer getrennt voneinander diskutiert werden. Darwin stellt sich eine Veränderung der Arten (»transmutation«[100]) als einen langsamen, graduellen Prozess vor, der durch die Akkumulation vieler kleiner erblicher Unterschiede im Laufe der Generationen zustande kommt (»the preservation and accumulation of [in der 1. Aufl.: infinitesimally] small inherited modifications«[101]). Entscheidende Anstöße für seine Analyse der Mechanismen der Evolution erhält Darwin durch Lyells Betrachtung der möglichen Transformation von Arten (die Lyell selbst ablehnt) ausgehend von Prozessen, die sich auf der Ebene von Arten abspielen, z.B. der ökologischen Verhältnisse der Konkurrenz unter den Organismen und ihrer unterschiedlichen Anpassung an die Umwelt.[102] Eine Diversifizierung der Formen in getrennte Arten ergibt sich für Darwin aus dem von ihm formulierten Prinzip der Divergenz (↑Phylogenese): Aufgrund der Konkurrenz um die gleichen Ressourcen besteht ein relativer reproduktiver Vorteil der ökologischen Spezialisierung in gesonderten ↑Nischen.

Rekonstruktion des Theoriekerns

Darwins Darstellung seiner Theorie ist insgesamt stark am empirischen Material orientiert. Eine rationale Rekonstruktion seiner zentralen Überlegungen führt dazu, das Argument für die Evolutionstheorie als einen Schluss aus vier empirischen Beobachtungen zu analysieren, nämlich der Variation und Vererbung von Merkmalen sowie der Tendenz zur Vermehrung der Organismen und der Konstanz der Populationen aufgrund limitierter Ressourcen (vgl. Tab. 62).[103] In einem ersten Syntheseschritt wird aus diesen Prämissen der zentrale Begriff der ↑Konkurrenz (»struggle for existence«) gewonnen. Konkurrenz ist die notwendige Folge aus der Tendenz des unbegrenzten Wachstums von Populationen durch die Fortpflanzung ihrer Organismen und der Knappheit von gemeinsam genutzten notwendigen Gütern. Die Konsumtion eines Gutes durch ein Individuum verhindert die (angestrebte) Konsumtion des gleichen Gutes durch ein anderes Individuum. Durch die gemeinsame Nutzung von erschöpfbaren (und wachstumsbegrenzenden) Ressourcen, die für ihre Vermehrung notwendig sind, behindern sich die Populationen von Organismen also gegenseitig in ihrer Tendenz, unbegrenzt zu wachsen.

Darwins wesentliches Argument für die Konkurrenz als Mechanismus der Evolution ist ein indirekter Beweis: Unter Voraussetzung der empirisch beobachteten Eigenart der Fortpflanzung, eine Vermehrung darzustellen, schließt er aus der vorgestellten Abwesenheit von Konkurrenz auf die unbegrenzte Vermehrung der Individuen einer Art (im Anschluss an T.R. Malthus denkt Darwin an ein Wachstum gemäß einer nicht konvergierenden geometrischen Reihe). Da dieses unbegrenzte Wachstum offenbar nicht vorliegt, muss auch Konkurrenz vorliegen. Die Tendenz zum ungebremsten exponentiellen Wachstum einer Population von sich vermehrenden Organismen führt nach Darwin also unweigerlich zur Konkurrenz: »A struggle for existence inevitably follows from the high rate at which all organic beings tend to increase«.[104]

Nicht das harmonische Bild der Höherentwicklung aufgrund der Natur inhärenter Vervollkommnungstendenzen, sondern vielmehr Störungen der Harmonie stehen damit im Kern von Darwins Argument. Die Höherentwicklung der Organismen beruht in Darwins Theorie auf nichts anderem als auf der ständigen Störung des ↑Gleichgewichts in einer Population durch das Wechselspiel von Variation und Selektion; diese Störungen werden zum eigentlichen Motor der Veränderung in der Evolution. Die Bildung und fortschreitende Differenzierung von strukturierten Systemen wird in dem Modell Darwins also aus der Wirkung unstrukturierter Kräfte der Mutation und Selektion erklärt.[105]

Züchtung von Haustieren als Modell
Für den besonderen Mechanismus der organischen Veränderung im Laufe der Evolution schlägt Darwin den Mechanismus der Natürlichen Selektion vor. Lebensweltlich vertraut war Darwin mit dem Phänomen der künstlichen Selektion von Haustieren durch seine Bekanntschaft mit Züchtern und eigene Experimente mit Tauben. Zweifellos hat die Kulturtechnik der Züchtungspraxis für Darwin also als praktisches, theoretisches und begriffliches Modell für seine Vorstellung von der Natürlichen Selektion gedient. Diese Auffassung wird in den 1990er Jahren besonders von konstruktivistisch orientierten Wissenschaftstheoretikern vertreten. So betont M. Weingarten 1992, »daß die künstliche Züchtungspraxis von Darwin verwendet wird als *Modell*, an dem die Vorgänge der natürlichen Züchtung begriffen werden können«.[106] Darüber hinaus meint er, das »Geheimnis des Beweises der Evolutionstheorie« liege in der »menschlichen Züchtungspraxis«.[107] Im Anschluss daran ist auch M. Gutmann der Auffassung, anhand der methodischen Rolle der Züchtungspraxis für die Evolutionstheorie könne allgemein die »*lebensweltliche* Grundlegung einer Wissenschaft« nachgezeichnet werden, genauer gehe es darum, »durch die Auszeichnung von lebensweltlichen Praxen Prädikatoren einzuführen, welche die Grundlage der späteren wissenschaftlichen Begriffsbildung abgeben«.[108] Mit diesem konstruktivistisch motivierten Ansatz sind jedoch viele Probleme verbunden (↑Selektion).

Darwin selbst sieht in der Züchtungspraxis die Möglichkeit einer experimentellen Überprüfung seiner Theorie (»an experiment on a gigantic scale«[109]). Weil die Frage nach der empirischen Überprüfung der Theorie ein zentrales methodisches Problem für Darwin bildet, ist das Modell der künstlichen Selektion für ihn von großer Bedeutung. Darwin sieht die Züchtungspraxis also in erster Linie »als ein Experimentierfeld: als eine Anordnung, ein Verfahren, das es im Prinzip möglich machen sollte, die Evolutionstheorie auf experimentellem Wege zu begründen«.[110]

Darwinsche Gedankenexperimente
In methodologischer Hinsicht kann das Innovative in Darwins Überlegungen in der Etablierung einer besonderen Form von Gedankenexperimenten gesehen werden. J.G. Lennox nennt diese *darwinsche Gedankenexperimente*: Ein darwinsches Gedankenexperiment besteht in Narrativen, die hypothetische Selektionsszenarien formulieren und auf diese Weise einen Test für die Theorie in konkreten Anwendungen liefern: Durch die Annahme bestimmter Vorteile aufgrund einer Struktur oder eines Verhaltens eines Organismus gegenüber seinen Konkurrenten kann der Weg der Evolution über besondere kausale Wege nachgezeichnet werden – zunächst als Gedankenexperiment, in einem zweiten Schritt dann durch die Überprüfung am empirischen Material.[111]

Der entscheidende Ansatzpunkt der darwinschen Gedankenexperimente liegt in der Einbettung eines Merkmals in einen Populationskontext von alternativen Merkmalen. Die langfristige Veränderung der Organismen wird damit also nicht als Ergebnis der Veränderung einzelner Organismen erklärt, sondern allein ihres relativen Vorteils, gemessen in unter-

---

Prämisse 1: Variation
Individuen unterscheiden sich in Merkmalen voneinander, die für ihre unterschiedliche Lebensdauer und Fortpflanzungsrate (wenn auch nur minimal) von Bedeutung sind.

Prämisse 2: Vererbung
Die Merkmale eines Organismus ähneln den Merkmalen seiner Vorfahren.

Prämisse 3: Vermehrung
In der Fortpflanzung eines Organismus werden mehr Nachkommen erzeugt als es Elternorganismen gibt.

Prämisse 4: konstante Populationsgrößen wegen limitierter Ressourcen
Die Populationsgrößen von Organismen bleiben in der Regel gleich, weil die zur Verfügung stehenden Ressourcen begrenzt sind.

Prämisse 5: Logischer Schluss
Wenn es (1) Unterschiede in der Lebensdauer und Fortpflanzungsrate von Organismen gibt, die (2) erblich sind, und wenn (3) in der Fortpflanzung der Organismen eine Tendenz zur Vermehrung liegt, aber (4) die Populationen aufgrund begrenzter Ressourcen nicht wachsen, dann erfolgt eine Ausbreitung von denjenigen Typen in der Population, die eine höhere Überlebens- und Fortpflanzungsrate haben.

Konklusion: »suvival of the fittest«
Es erfolgt eine Ausbreitung derjenigen Typen von Individuen in der Population, die eine höhere Überlebens- und Fortpflanzungsrate haben.

Tab. 62. Rekonstruktion von Darwins zentralem Argument, das das Prinzip der Natürlichen Selektion begründet.

> **Variationstheorie (»evolution as such«)**
> Populationen verändern sich im Laufe der Zeit, so dass die Nachkommen eines Organismus in einigen Fällen zu einer anderen Art als er selbst zuzurechnen sind.
>
> **Deszendenztheorie (»common descent«)**
> Organismen verschiedener Arten haben einen gemeinsamen Vorfahren; letztlich gehen damit alle Organismen auf nur einen Vorfahren zurück.
>
> **Gradualismustheorie (»gradualism«)**
> Die Entstehung neuer Arten erfolgt langsam und kontinuierlich aus bestehenden Arten.
>
> **Divergenztheorie (»multiplication of species«)**
> Die Entwicklung führt zu einer Vermehrung der Arten, und schließt damit nicht nur den Ersatz einer bestehenden durch eine neue Art ein. Die starke Konkurrenz unter ähnlichen Organismen begünstigt die Diversifizierung der Formen.
>
> **Selektionstheorie (»natural selection«)**
> Die Erblichkeit individueller Variationen, ihr Einfluss auf Überleben und Fortpflanzung eines Organismus und die Überproduktion von Nachkommen sind die Faktoren, die zusammen den Mechanismus der Veränderung bilden.

Tab. 63. Darwins fünf Theorien der Evolution (in Anlehnung an Mayr, E. (1985). Darwin's five theories of evolution. In: Kohn, D. (ed.). The Darwinian Heritage, 755-772).

schiedlicher Überlebens- und Fortpflanzungswahrscheinlichkeit. Die Selektionserklärung der Organismenveränderung enthält damit ein besonderes antireduktionistisches Moment: Es kann nicht aus der Kenntnis des einzelnen Organismus ermittelt werden, wie sich die Population als Ganzes verändern wird. Die Evolution ist vielmehr ein populationsübergreifendes Ereignis, das in der Dynamik der Population bei gleichzeitiger Statik der in ihr enthaltenen Organismen besteht.[112]

Darwins Atomismus
Im Zentrum von Darwins Theorie zur Erklärung der differenziellen Reproduktion steht eine Auflösung der Organismen in einzelne Merkmale, die hinsichtlich ihres jeweiligen Beitrags zur Reproduktion beurteilt werden. Weil sie isoliert betrachtet werden und die letzten Form- und Rechnungseinheiten in der Theorie repräsentieren, bilden sie gleichsam die *selektionstheoretischen Atome* der Gestalt des Organismus. In der Evolutionsperspektive erfolgt damit eine radikale Umorientierung des Erklärungsprogramms der Biologie: Vor Darwin waren biologische Fragen zentriert um die Herstellung der Ganzheit eines Organismus, die Initiierung und Abschließung eines selbstbezogenen Prozesses der Formbildung. Der Fokus lag auf der Integration des Organismus, der Korrelation von Teilen, die durch den wechselseitigen Bezug aufeinander bestimmt sind, und den bauplanbedingten Einschränkungen (»constraints«), die jeder Änderung des Organismus Grenzen auferlegen (↑Morphologie; Ganzheit). In der selektionstheoretischen Betrachtung bildet der einzelne Organismus aber nun gerade nicht mehr diejenige Einheit, deren optimierter Erhalt das Ergebnis der Konkurrenz ist, sondern in Konkurrenz stehen vielmehr v.a. seine Merkmale, die von ihm auf seine Nachkommen übertragen werden. Nach der Logik der Selektion werden sich von diesen Merkmalen nicht unbedingt diejenigen durchsetzen, die der Erhaltung des einzelnen Organismus dienen, sondern diejenigen, die ihre eigene Verbreitung relativ zu alternativen Merkmalen in der kommenden Generation maximieren. Weil dieser Prozess der differenziellen Reproduktion unabschließbar ist, liegt der Fokus der Theorie nicht auf der Stabilität einer einmal erreichten Struktur, sondern gerade auf der Kontinuität der Transformation. Der Organismus wird in der Serie der Transformationen entworfen als ein bloßes Durchgangsstadium, das nach dem Baukastenprinzip aufgebaut ist: Einzelne Teile werden variiert und frei miteinander kombiniert. Der Organismus wird so gedacht, wie der Mensch eine Maschine entwerfen würde: Jede strukturelle Komponente hat ihre eigene Funktion und hat dementsprechend ihr eigenes spezifisches Design. Weitgehend außerhalb der Betrachtung sind damit Aspekte der Selbstorganisation, d.h. der Wechselwirkung der Komponenten in ihrer gegenseitigen Hervorbringung und Wirkung aufeinander.

Diese Maschinenvorstellung des Lebens hat in der Gedankenwelt Darwins ihren Ursprung in seiner frühen Beeinflussung durch die physikotheologische ›Natural Theology‹ (1802) von W. Paley, in der die Anpassungsphänomene der Lebewesen als ein vielfältiger Beweis für die Existenz Gottes interpretiert werden. Wird ein Gott als Gestalter der Lebewesen angenommen, hat sich die Natur in den Organismen nicht selbst organisiert, sondern ihre einzelnen Teile sind – wie in den Artefakten der Menschen – für spezifische Funktionen individuell entworfen. Diese Annahme einer durchgehenden Anpassung der einzelnen Merkmale eines Organismus wird im Darwinismus beibehalten. J. Huxley kann daher anmerken, der Darwinismus sei in Teilen eine Wiederbelebung der Physikotheologie, mit der Selektion statt Gott als Designer: »Paley *redivivus*, one might say, but philosophically upside down, with Natural Selection instead of a Divine Artificer as the *Deus ex machina*«.[113]

Die Konzipierung des Organismus als ein Aggregat aus einzelnen isolierbaren und neu kombinierbaren Merkmalen stellt eine vielleicht noch grundlegendere und weitreichendere Neuerung in der Theorie Darwins dar als der von ihm vorgeschlagene Mechanismus der Evolution. Dieser Atomismus der Evolutionstheorie ist vielfach auf den Begriff gebracht worden: J. Schaxel spricht 1922 von einem »Aggregat gehäufter Anpassungen« oder »Eigenschaftsaggregat«[114] (↑Form); bei P. McLaughlin und H.-J. Rheinberger heißt es 1982, der Organismus bilde aus Sicht des Darwinismus ein »Flickwerk immer nur relativer Anpassungen«.[115]

Als überaus fruchtbar erweist sich dieser Ansatz in der populationsgenetischen Betrachtung der Evolution im 20. Jahrhundert. Denn die atomistische Zerlegung des Organismus in diskrete Merkmale ermöglicht die quantitative Analyse der Veränderung von Merkmalsverteilungen in mathematisch präzisen Modellen. Mit diesen Modellen erfolgt die Erklärung der Veränderung der organischen Organisationen im Rahmen einer Perspektive, in der sie gerade nicht als Organisationen aus wechselseitig aufeinander bezogenen Teilen erscheinen, sondern eben als Aggregat von unabhängigen voneinander variierenden Merkmalen vorgestellt werden.

Evolutionstheorie als zentrale integrierende Theorie
Mit Darwin hat die Lehre der Evolution den Status einer zentralen vereinheitlichenden Theorie der Biologie erhalten. Nicht nur das kennzeichnende und vor Darwin naturwissenschaftlich rätselhafte Merkmal der ↑Anpassung der Organismen an ihre Umwelt, sondern auch viele andere Befunde aus den unterschiedlichsten Teildisziplinen der Biologie, sei es aus der vergleichenden Anatomie, Biogeografie, Entwicklungsbiologie oder Ethologie, finden in der Evolutionstheorie einen einheitlichen Interpretationsrahmen. Mit der Evolutionstheorie wird die Geschichte für die Erklärung der konkreten Gestalt von Organismen wesentlich; die Organismen werden zu Gegenständen, die in ihren Formen und Funktionen nur aus ihrer einmaligen Geschichte heraus zu erklären sind. Wegen ihrer Zusammensetzung aus verschiedenen, z.T. unabhängig voneinander stehenden Theorien (zur Phylogenese, Selektion, Populationsgenetik, Biogeografie) bildet die Lehre der Evolution nicht eine einheitliche geschlossene Theorie, sondern hat sich zu einer ganzen Teildisziplin der Biologie entwickelt, der ↑Evolutionsbiologie.

		Ansatzpunkt der Evolution	
		Individuum	Population
Mechanismus der Evolution	Bedürfnis/Trieb	*Lamarckismus*	*Orthogenese*
	Selektion	*Darwinismus*	*Synthet. Theorie*

Tab. 64. Kreuzklassifikation zur typisierenden Unterscheidung der wichtigsten Theorien der Evolution

19. Jh. nach Darwin: Vielgestaltigkeit
In den ersten Jahren nach ihrer Formulierung stellt die Evolutionstheorie keine scharf umrissene, geschlossene oder gar dogmatische Theorie dar, sondern sie besteht aus einer Menge lose miteinander verbundener Thesen und Argumentationen. Gerade diese Vieldimensionalität und Vielschichtigkeit der Theorie kann als ein Grund für ihre Verbreitung gelten: Sie bietet Anschluss in verschiedene Richtungen und kann flexibel an unterschiedliche Standpunkte angepasst werden. Darwin gewinnt daher in der zweiten Hälfte des 19. Jahrhunderts viele einflussreiche Anhänger, die durchaus nicht alle seine Ansichten teilen: So versteht sich T.H. Huxley als Anhänger Darwins, geht aber doch auf Distanz zum Selektionsprinzip und vertritt selbst saltationistische Vorstellungen (↑Mutation); A.R. Wallace räumt die Möglichkeit eines göttlichen Eingriffs in der Evolution des Menschen ein (↑Mensch); und Darwin selbst integriert zunehmend lamarckistische Elemente in seine Theorie (↑Lamarckismus).[116]

Ambivalente Aufnahme in Deutschland
In Deutschland findet die Darwinistische Evolutionstheorie eine sehr widersprüchliche Aufnahme. Sie wird einerseits enthusiastisch gefeiert, andererseits aber selbst von renommierten Biologen vehement abgelehnt. So nennt der Botaniker K.F. Schimper die »Zuchtlehre Darwins« 1865 drastisch »die kurzsichtigste, niedrig dummste und brutalste [Theorie,] die möglich« ist.[117] Kritisch wird besonders der historische Reduktionismus der Theorie gesehen, der die Gestaltbildung und Physiologie als historischen Prozess einer sukzessiven Anpassung deutet. K.E. von Baer führt dagegen 1876 ins Feld, dass der Grund für die Ähnlichkeit der Organismen nicht in ihrer gemeinsamen Abstammung liegen müsse, sondern auf die Ähnlichkeit der in ihnen wirksamen Kräfte zurückzuführen sei: »man suche das Schaffende in jedem Organismus«.[118] Bis in die ersten Jahrzehnte des 20. Jahrhunderts wird die Evolutionstheorie

	Gemeinsame Abstammung	Graduelle Veränderung	Artbildung in Populationen	Natürliche Selektion
Lamarck	nein	ja	nein	nein
Darwin	ja	ja	ja	ja
Haeckel	ja	ja	?	zum Teil
Nägeli	ja	ja	ja	zum Teil
Huxley	ja	nein	nein	unsicher
Vries	ja	nein	nein	nein
Morgan	ja	(nein)	nein	unwichtig

Tab. 65. Unterscheidung verschiedener Komponenten von Evolutionstheorien und ihre Verteilung über verschiedene Positionen und Versionen dieser Theorien im 19. und beginnenden 20. Jahrhundert. Eine allen Evolutionstheorien gemeinsame Komponente ist die Ablehnung einer statischen unveränderlichen Welt, d.h. die These der Veränderung der organischen Welt (leicht verändert nach Mayr, E. (1982). The Growth of Biological Thought: 506).

von führenden Biologen in Deutschland abgelehnt. Das Prinzip der Selektion könne nur ein sekundärer Faktor im Werden der Lebewesen sein, primär seien die gesetzmäßig wirksamen formbildenden Kräfte in jedem Organismus, argumentiert zusammenfassend O. Hertwig 1916.[119] H. Driesch meint schon 1893, der historische Ansatz der Evolutionstheorie sei, wie jede Theorie, die wesentlich von bestimmten Orten und Zeiten ausgehe, einer »theoretisch allgemeinen Naturforschung« fremd.[120]

Auf der anderen Seite hat die Evolutionstheorie in Deutschland mit E. Haeckel aber auch den entschlossensten und kämpferischsten Fürsprecher. Ihm werden von dem Biologiehistoriker E. Rádl schon zu Beginn des 20. Jahrhunderts die »Kampflust« und der »dogmatische Geist« attestiert, die für die Massenwirksamkeit einer Theorie notwendig seien.[121] Die ambivalente Einschätzung der Theorie zieht sich bis in die ersten Jahrzehnte des 20. Jahrhunderts.[122]

Bezweifelt wird von den Kritikern der Evolutionstheorie, dass die biologische Formenmannigfaltigkeit und Zweckmäßigkeit der Organismen allein durch einen Mechanismus, der wesentlich auf Zufall beruht, entstanden sein könne. Es wird argumentiert, dass zumindest die Erklärung der Entstehung von Organismen mit neuen Bauplänen eines weiteren Prinzips bedarf, das über zufällige Variationen zur Bildung neuer Arten hinausgeht (R. Goldschmidt: »Makromutation«; ↑Mutation).

Nachdem in den 1920er und 30er Jahren von deutschen Biologen – u.a. von E. Baur[123] und N.W. Timoféeff-Ressovsky[124] – wichtige Beiträge zur Evolutionstheorie geleistet werden, tritt die Theorie aber danach ganz in den Hintergrund, so dass von einem (innerwissenschaftlichen) »Niedergang des Darwinismus in Deutschland nach 1933« (T. Junker) gesprochen wird. Als Gründe für diese Entwicklung können u.a. genannt werden: die starke morphologisch-typologische Tradition in der deutschen Biologie und der unterstellte Zusammenhang zwischen der NS-Ideologie und den darwinistischen Konzepten der Selektion und des »surival of the fittest«. Die Rede von einem »Niedergang« setzt allerdings voraus, dass die Theorie vorher allgemein akzeptiert ist. Viele führende deutsche Biologen betrachten aber auch im ersten Drittel des 20. Jahrhunderts die Evolutionstheorie nicht als die zentrale biologische Theorie als die sie von angloamerikanischen Autoren vielfach eingeschätzt wird. Sie sehen sie zumindest als ergänzungsbedürftig um eine morphologisch-typologische Grundlagentheorie. So heißt es 1933 bei M. Hartmann, das natürliche System und die vergleichende Morphologie wiesen eigene »Gesetzlichkeiten« auf, und es sei »die Abstammungslehre an sich weit davon entfernt, eine kausale Erklärung dieser Gesetzlichkeiten geben zu können, wie das in naiver Weise der ältere Darwinismus angenommen hat«.[125]

Kritik am Anpassungspostulat

Symptomatisch für die unmittelbare Aufnahme der Evolutionstheorie in Deutschland ist F. Nietzsches Kritik an Darwins Theorie. Nietzsche wendet sich in seiner radikal formulierten Ablehnung gegen ein Verständnis von Lebewesen als passive Einheiten, die sich unter dem Druck der Konkurrenz an die äußere Umwelt anzupassen hätten: »das Leben ist nicht Anpassung innerer Bedingungen an äußere, sondern Wille zur Macht, der von innen her immer mehr ›Äußeres‹ sich unterwirft und einverleibt«.[126] Nietzsche ist daher der Überzeugung: »der Einfluß der ›äußeren Umstände‹ ist bei D[arwin] ins Unsinnige überschätzt; das Wesentliche am Lebensprozeß ist gerade die ungeheure gestaltende, von Innen her formschaffende Gewalt, welche die ›äußeren Umstände‹ ausnützt, ausbeutet ...«[127] (↑Anpassung; Umwelt). Nach Nietzsches Auffassungen zur Biologie – die wesentlich durch die Rezeption einer Arbeit von W.H. Rolph geprägt ist[128] – kann das Leben weder von der Anpassung an die Umwelt noch von einem

Prinzip der ↑Selbsterhaltung her verstanden werden, sondern allein von seiner Neigung zur Veränderung: Es gebe »Selbsterhaltung nur als eine der Folgen der Selbsterweiterung«[129], und:»an allem Lebendigen ist am deutlichsten zu zeigen, daß es alles thut, um nicht sich zu erhalten, sondern um mehr zu werden«.[130]

Auch von biologischer Seite wird in Deutschland umfassende Kritik an dem evolutionstheoretischen Anpassungsbegriff geübt, so in den ersten Jahrzehnten des 20. Jahrhunderts von dem Botaniker K. Goebel und seit den 1970er Jahren von dem Zoologen W.F. Gutmann (↑Anpassung).

Radikal von Seiten der Evolution her interpretiert wird der Lebensbegriff in der *Lebensphilosophie* seit der Wende zum 20. Jahrhundert. Sehr einflussreich ist die Darstellung H. Bergsons, der in seiner ›Évolution créatrice‹ (1907) schöpferische Entwicklungsprozesse als das Wesentliche des Lebens bestimmt (↑Leben). »Entwicklung« ist für Bergson »die entscheidende Eigenschaft des Lebens«.[131] Das »Leben« bildet in den Augen Bergsons einen »Strom«, der »im Überwandern von Generation auf Generation [...] sich verteilt an die Arten, sich versprüht an die Individuen«.[132] Erfasst werden können die Entwicklungsprozesse nach Bergson weder durch eine an Wiederholungen und Gleichförmigkeiten ausgerichtete mechanistische Interpretation noch eine um Selbsterhaltung und Stabilisierung des Gegebenen kreisende finalistische Sicht. Alle gewohnten Denkkategorien seien daher ungeeignet, um das Dynamische des Lebens zu erfassen: »Alle Rahmen krachen. Sie sind zu eng, zu starr«.[133] Ähnliche Motive finden sich bei dem Soziologen G. Simmel, etwa wenn er 1918 behauptet, »die Gegenwart des Lebens besteht darin, daß es die Gegenwart transzendiert«[134] und dass das »innerste Wesen« des Lebens darin gegeben sei, »über sich selbst hinauszugehen«[135].

Suche nach dem »Princip der Veränderlichkeit«
Ende des 19. Jahrhunderts ist die Evolutionstheorie in ihrem phylogenetischen Teil wissenschaftlich anerkannt: Es wird allgemein von einer genealogischen Verwandtschaft der Organismen ausgegangen. Umstritten sind aber die Faktoren und Ursachen, die der Veränderung der Organismen zugrunde liegen. Ein bloß auf zufälliger Variation aufbauender evolutiver Wandel wird meist abgelehnt. Stattdessen werden verschiedene andere Modelle bevorzugt.

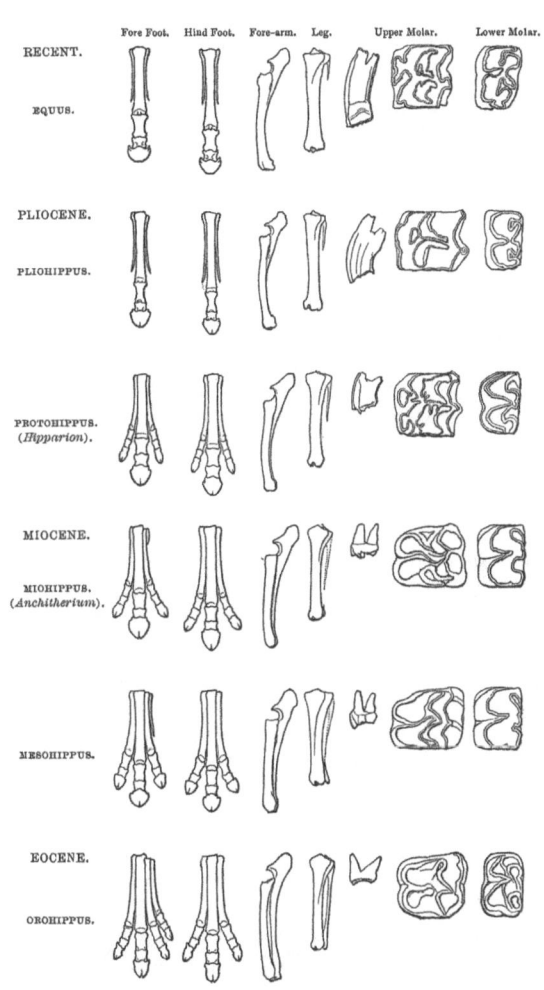

Abb. 124. Etappen in der Evolution des Pferdes in den letzten 50 Millionen Jahren (vom Eozän bis in die Gegenwart: von unten nach oben). Die Extremitäten und Zähne zeigen eine zunehmende Anpassung an das Leben in der Steppe und eine Ernährung von Gräsern (aus Marsh, O.C. (1879). Polydactyl horses, recent and extinct. Amer. J. Sci. 17, 499-505: 505).

Darwin ist in seinem Hauptwerk der Meinung, dass es zwei große »Gesetze« seien, die die Gestaltung der Organismen bestimmen: die *Einheit des Typus* (»unity of type«) und die *Umweltbedingungen* (»conditions of existence«).[136] Die Bedeutung der ersteren zeige sich in der Vererbung, die bewirke, dass viele Organismen über Strukturen verfügen würden, die in keiner Beziehung zu ihrer Lebensweise stehen. Das Gesetz von den Umweltbedingungen sieht Darwin als das »höhere Gesetz« an, weil in ihm das andere Gesetz durch die Anpassungen der Vorfahren an die Umwelt enthalten sei (↑Anpassung).[137] Darwins Theorie enthält zwar entscheidende Elemente, nach denen organismische Anpassungen gerade nicht aus der Determination der (anorganischen) Umwelt, sondern biotischen Interaktionen zu erklären sind (s.o.). Immer wieder streicht er aber auch die Bedeutung der Umwelt heraus. So formuliert er 1868 unmissverständlich, bei homogenen Umweltbedingungen sei eine Variation der Organismen nicht möglich: »If it were possible to expose all the individuals of a species during many generations to absolutely uniform conditions of life, there would be no variability«[138] (↑Umwelt/Umweltdetermination).

Auch A. Weismann ist 1876 der Auffassung, der wesentliche Motor für die organischen Veränderungen sei die Änderung der Umwelt, denn »der lebende Organismus enthält in sich selbst kein Princip der Veränderlichkeit, er ist das statische Moment in dem Entwicklungsprocesse der organischen Welt und würde stets nur wieder genaue Copien seiner selbst liefern«[139], so dass »ohne Veränderung der Aussenwelt keine Weiterentwicklung der organischen Formen hätte eintreten können«[140].

Andere Autoren postulieren dagegen gerade ein organisches Prinzip der Veränderung und vertreten damit orthogenetische Theorien der Evolution (vgl. Tab. 67; ↑Fortschritt). So verlegt C. von Nägeli mit seinem organischen »Vervollkommnungsprinzip« das Prinzip der Veränderung und Höherentwicklung in die Organismen selbst. Nach diesem Prinzip werden die organische Materie »mit innerer Notwendigkeit stetig complicirter und periodisch neue Organisationsanlagen fertig«.[141] Nägeli erläutert weiter: »nach Darwin ist die Veränderung das treibende Moment, die Selection das richtende und ordnende; nach meiner Ansicht ist die Veränderung zugleich das treibende und das richtende Moment«.[142] Nägeli schließt sich damit wieder der älteren Tradition an, der zufolge das Prinzip der Veränderung in der Reproduktion der Lebewesen selbst verortet wird. Auch von anderen Autoren wird als Reaktion auf Darwins Theorie immer wieder auf innere Faktoren zur Erklärung der Evolution verwiesen. Die Veränderung der Organismuen ist nach diesen Auffassungen einem richtenden Prinzip zu verdanken, das sich aus deren Organisation ergebe und unabhängig von der Umwelt stehe (↑Phylogenese: Orthogenese; Fortschritt).[143]

Darwins Innovation besteht demgegenüber gerade darin, die langfristige Transformation der organischen Gestalten nicht als Ergebnis der Reproduktion, sondern der Selektion zu konzipieren. Ein erst nach der Fortpflanzung wirksamer Faktor wird zu der eigentlich verändernden Kraft der Lebewesen.

An die Stelle des harmonischen Bildes einer nach Vervollkommnung strebenden Natur tritt bei Darwin die Vorstellung einer durch Kampf und ↑Konkurrenz bestimmten Naturordnung: In dem populationsbiologischen Rahmen, in dem Darwin die Evolution thematisiert, ist es nicht die Veränderung einzelner Organismen im Lauf ihres Lebens, die den langfristigen Formenwandel bedingt, sondern ihre unterschiedliche Fortpflanzungs- oder Überlebensrate.

Problematisch aus der Sicht der darwinschen Konzipierung der Evolution ist bereits die Suche nach einem »Princip der Veränderlichkeit« (Weismann). Die Möglichkeit einer nicht durch ein eigenes Prinzip geleiteten Veränderung ziehen viele Kritiker Darwins am Ende des 19. Jahrhunderts gar nicht in Betracht. Erst in den ersten Jahrzehnten des 20. Jahrhunderts wird es allgemein akzeptiert, den *Zufall* als das primäre Veränderungsprinzip in der Evolution anzusehen. Es ist damit die konstitutionelle *Labilität* der organischen Körper, die eine langfristige Veränderung möglich macht.[144] T. Boveri beschreibt die Wirkung der Selektion in dem Bild einer Falle »zum Einfangen glücklicher Zufälle«.[145] Von Darwin könne so der Zufall für die »Vervollkommnung der Organismen« verantwortlich gemacht werden.[146] Aufgrund dieser zufälligen und autogenen Veränderung ist für eine langfristige, generationenübergreifende Veränderung der Typen auch keine Änderung der Umwelt Voraussetzung. Evolution ist vielmehr »eine ›automatische‹ Folge der Beschaffenheit autoreproduktiver, mutabler Individualsysteme«, wie es R.W. Kaplan 1978 formuliert.[147] Die langfristigen Veränderungen ergeben sich allein aus der nie vollkommen fehlerfreien Reproduktion der Organismen (W.F. Gutmann 1989: »Das Auftreten erbbedingter Veränderungen ist wegen der Ununterdrückbarkeit von Mutationen unvermeidlich«[148]). So heißt es 1993 bei M. Weingarten: »Evolution ist [...] nicht etwas, was durch eine besondere Kraft erst konstituiert werden müßte, sondern sie ist eine logische Folge der nicht-identischen, erweiterten Reproduktion einer Gruppe von Varianten«.[149]

Streit der »Biometriker« mit den Mendelianern
Zu einer kohärenten vereinheitlichenden biologischen Theorie entwickelt sich die Evolutionslehre durch den Nachweis ihrer Vereinbarkeit mit der Genetik in den ersten Jahrzehnten des 20. Jahrhunderts. Am Ende des 19. Jahrhunderts stehen die populationsbiologisch denkenden Anhänger der Evolutionstheorie (die »Biometriker«) den auf G. Mendels Ansätzen aufbauenden genetischen Theorien sehr distanziert gegenüber (↑Population).[150] Als unvereinbar mit der

Evolutionstheorie galt insbesondere die mit Mendels Genetik verbundene Vorstellung einer sprunghaften Änderung von Merkmalen. Beide Seiten können sich dabei auf die Arbeiten von Darwins Vetter F. Galton berufen, weil Galton sowohl einen populationstheoretisch-statistischen Ansatz verfolgt als auch von der Sprunghaftigkeit der Änderungen überzeugt ist. Für Galton ist die Annahme sprunghafter Änderungen notwendig, weil sich sonst nach seinem »Regressionsgesetz« vorteilhafte Varianten in der Population nicht durchsetzen könnten (↑Population).

Der sich entfaltende Streit zwischen den Biometrikern K. Pearson und W.F.R Weldon auf der einen Seite und dem Mendelianer W. Bateson auf der anderen Seite trägt jedoch stark polemische Züge. Die tatsächliche Vereinbarkeit von darwinscher Evolution und mendelscher Genetik wird bereits 1902 von dem Mathematiker G.Y. Yule erwiesen, indem er zeigt, dass die Kombination mehrerer Faktoren zu kontinuierlich variierenden Merkmalen führen kann (»multiple factor hypothesis«).[151] Auch bereits Mendel selbst verweist in seinen Arbeiten auf die Möglichkeit der Kombination von diskreten Merkmalsträgern, die auf diese Weise ein Kontinuum von Merkmalen (z.B. Farbstufen) erzeugen können.[152] Eine Zusammenarbeit der Biometriker mit den Mendelanhängern hätte hier schnelle Klärungen herbeiführen können.[153] Durch die unvermittelte Konfrontation der beiden Seiten sind die Evolutionsvorstellungen der ersten beiden Jahrzehnte des 20. Jahrhunderts aber von saltationistischen Modellen geleitet, besonders einflussreich durch H. de Vries' »Mutationstheorie« (↑Mutation; Selektion). Weil die Selektion als unzureichend zur nachhaltigen Änderung von kontinuierlich variierenden Merkmalen in einer Population angesehen wird, gelten alle für die Evolution maßgeblichen Veränderungen als Ergebnis einschneidender Mutationen. Die Akzeptanz der Selektionstheorie steht daher um 1910 auf einem Tiefpunkt (Nordenskiöld 1921-24: »Periode der inneren Auflösung des Darwinismus«[154]; Jordan 1923: »The apparent eclipse of Darwinism to-day is wholly transitory«[155]; Huxley 1942: »the eclipse of Darwinism«[156]). Durch experimentelle Befunde und theoretische Einsichten in die langfristige Wirksamkeit kleiner Selektionsunterschiede ändert sich diese Situation erst am Ende des zweiten Jahrzehnts des 20. Jahrhunderts (↑Selektion). Die ersten entscheidenden Schritte zum Nachweis der Vereinbarkeit und Komplementarität von Darwinismus und Mendelismus werden dabei seit 1918 von R.A. Fisher gegangen.[157]

Evolution und Populationsgenetik
Die streng populationsorientierte Fundierung der Evolutionstheorie findet sich bei Darwin zwar bereits angelegt, zu ihrer vollen Anerkennung gelangt sie allerdings erst durch die populationsgenetischen Studien in den 1920er und 30er Jahren, v.a. durch die Arbeiten R.A. Fishers und J.B.S. Haldanes.[158] In Darwins Argumentationen ist es oft noch der einzelne Organismus, der als hauptsächlicher Gegenstand der Evolution erscheint. Besonders deutlich wird dies in der (von Malthus übernommenen) Metapher vom *Kampf ums Dasein* (»struggle for existence«; ↑Konkurrenz) und der (von Spencer stammenden) Rede vom *Überleben des Angepasstesten* (»survival of the fittest«; ↑Anpassung). In diesen Formulierungen wird eine Fokussierung auf das einzelne Individuum deutlich, die der populationszentrierten Fundierung der Evolutionstheorie nicht gerecht wird. Nicht das »Überleben« des einzelnen Organismus (im »Kampf« mit anderen Organismen), sondern seine Reproduktion, d.h. sein Beitrag zur Erzeugung der Organismen seiner Population, bildet die eigentlich evolutionstheoretisch relevante Größe.

Seit den 1930er Jahren verbreiten sich populationsgenetische Definitionen der Evolution. Evolution wird als die Änderung von Gen- oder Allelfrequenzen in einer Population definiert (vgl. Tab. 67). Mit der Fokussierung auf Gene, ihre Variation und die Verschiebung ihrer Häufigkeiten in einer Population als Grundlage der Evolution wird der Begriff der **Genfrequenz** zu einem zentralen theoretischen Konzept (Fisher 1929; Wright 1929: »gene frequency«[159]; »Dobzhansky 1937: frequency of the genes«[160]; vorher Fisher 1918: »relative frequency [of the] Mendelian factor«[161]). S. Wright schreibt 1932, der elementare evolutionäre Prozess bestehe in der *Genfrequenzänderung* (»change of gene frequency«).[162] T. Dobzhansky formuliert 1937, Evolution sei eine Änderung in der genetischen Zusammensetzung von Populationen (»a change in the genetic composition of populations«).[163] Eine Definition dieses Typs legt auch J.S. Huxley 1936 nahe, wenn er nicht die einzelnen Organismen, sondern ihren *Genkomplex* (»gene-complex«) als den eigentlichen Gegenstand der Evolution bestimmt (↑Gen).[164] Derartige Definitionen dominieren bis in die zweite Hälfte des 20. Jahrhunderts. So heißt es 1978 bei R. Brandon, Evolution sei die Ausweitung von Ähnlichkeitsklassen von Genotypen über die Zeit (»expansion of similarity classes of genotypes over time«).[165]

Gegen derartige populationsgenetische Definitionen der Evolution werden verschiedene Einwände erhoben. E. Mayr weist 1982 darauf hin, dass Evolution nicht nur die Veränderung von Organismen (»the transformational component«), sondern in gleichem Maße auch ihre Diversifizierung (»the origin of organic diversity«) und Aufspaltung in Abstammungsgemeinschaften (»the multiplication of species«) beinhaltet.[166] Von anderer Seite wird darauf verwiesen, dass eine Veränderung von Allelfrequenzen nicht notwendig mit einer Änderung der Häufigkeiten von Merkmalen in einer Population einhergehen muss, weil epistatische und polygene Effekte wirksam sein können.[167] Eine Bestimmung allein der Genfrequenzen gibt also keinen Aufschluss über die Häufigkeit von *Genkombinationen* (in Genotypen), die aber doch für die Merkmale von Organismen entscheidend sind.[168] Die Frage nach der Definition der Evolution berührt sich hier mit der Frage nach den Ebenen der ↑Selektion: Die populationsgenetische Definition der Evolution gewinnt ihre Plausibilität u.a. aus der Auffassung der Gene als Einheiten der Selektion.

Eine verbreitete allgemeine Definition der Evolution, die das populationsgenetische Kriterium erst in zweiter Linie nennt, gibt D.J. Futuyma 1986 (vgl. Tab. 67). Verbreitet ist es seit Ende der 1980er Jahre, nicht jede genetische Änderung in Populationen als ›Evolution‹ zu bezeichnen, sondern allein solche Schritte, die den als entscheidend angesehenen Prozess der *Artbildung* einschließen. In vielen jüngeren Definitionen wird die Artbildung daher ausdrücklich als der die Evolution eigentlich charakterisierende Prozess bestimmt (z.B. Thompson 1989; Mahner & Bunge 1997; vgl. Tab. 67). Diese Bestimmungen stehen damit in klarem Widerspruch zu den älteren Definitionen, die jede (adaptive) Veränderung im Genpool als Evolution deuten. So bestimmt R.A. Fisher die Evolution 1936 ausdrücklich als *progressive Anpassung* (»evolution is progressive adaptation and consists in nothing else«) und betrachtet alle daraus folgenden taxonomischen Effekte als Nebenprodukt (»a secondary by-product, produced incidentally in the process of becoming better adapted«).[169]

Manche jüngste Definitionen des Evolutionsbegriffs lösen sich darüber hinaus gänzlich von der genetischen Ebene und bestimmen den Prozess der Evolution einfach als Formwandel von Organismen (Walsh 2010: »evolution is change in form«[170]; vgl. Tab. 67). Ausgelöst werden könne ein solcher Wandel von ontogenetischen Anpassungen der Organismen; erst in einem zweiten Schritt folge in vielen Fällen ein Wandel auf genetischer Ebene nach.

»Evolutionsmechanismus« und »Evolutionsfaktoren«
Die These des genealogischen Zusammenhangs von Organismen verschiedenen Organisationstyps (↑Phylogenese) und die Analyse der kausalen Faktoren der Transformation der Organismen können als zwei Komponenten der Evolutionstheorie Darwins unterschieden werden (vgl. Tab. 63). Die erste Komponente betrifft eine Beschreibung der Abstammungsverhältnisse, die zweite eine kausale Analyse des Prozesses, eine Ursachenforschung – die *Ursachen der Evolution* (»The Causes of Evolution«[171]), wie es J.B.S. Haldane 1932 nennt. Seit Mitte der 1930er Jahren ist in diesem Zusammenhang meist von den »Mechanismen der Evolution« die Rede.

Darwin verwendet in seinem Hauptwerk von 1859 und dessen späteren Auflagen nicht den Ausdruck ›Mechanismus‹. Er spricht vielmehr von »Faktoren« im Prozess der Veränderung von Organismen und führt seit 1869 regelmäßig zwei an (»there are two factors«): die Natur des Organismus (»the nature of the organism«) und die Natur der Bedingungen (»the nature of the conditions«) [der Umwelt].[172] Für wesentlich wichtiger hält er den ersten Faktor.

Haldane unterscheidet in seiner Darstellung fünf verschiedene Ursachen, nämlich die Selektion und vier Formen der Variation: zufällige erbliche Variation (Mutation), erbliche Variation aufgrund von Umwelteinflüssen (Vererbung erworbener Eigenschaften), nicht-zufällige Variation aufgrund von inneren Ursachen (zielgerichtete Variation, z.B. Bergs Prinzip der Nomogenese; ↑Fortschritt) und Variation durch Hybridisierung (Rekombination).[173]

Der Ausdruck **Evolutionsmechanismus** erscheint seit Ende des 19. Jahrhunderts im Singular (Allen 1883: »[Darwin] rendered conceivable the mechanism of evolution in the organic world«[174]; Woods 1907: »evolutionary mechanism«[175]) und im Plural (Cook 1901: »mechanisms of evolution«[176]; Emerson 1933: »evolutionary mechanisms«[177]), wobei anfangs v.a. Selektion und Isolation als zwei wesentliche Mechanismen der Evolution gelten. Mitte der 1930er Jahre etabliert sich der englische Ausdruck »mechanisms of evolution«, nachdem T. Dobzhansky ihn in seinem einflussreichen Buch von 1937 verwendet (und die Isolation als einen besonderen dieser Mechanismen bestimmt, s.u.).[178] Als *Evolutionsmechanismen* wird der Ausdruck Ende der 1930er Jahre ins Deutsche übernommen.[179] Als »mechanisch« oder »mechanistisch« wird die Evolutionstheorie Darwins bereits von seinen unmittelbaren Nachfolgern im 19. Jahrhundert bezeichnet. So beantwortet A. Weismann 1876 die Frage »Sind die Principien der Selectionstheorie mechanische?« positiv, weil seiner Meinung nach innerhalb einer Naturwissenschaft die mechanische Auffassung die einzig mögliche ist[180] (↑Organismus/Mechanismus). Und auch in der englischen

Allgemeine Faktoren	Organische Faktoren	Darwinscher und genetischer Faktor	Beschleunigende Faktoren
Kontinuation Zeitlich kontinuierliche Existenz eines Gegenstandes, auch bei beständigem Wechsel seiner materiellen Teile (als »offenes System«)	*Individuation* Räumlich und zeitlich begrenzte Existenz eines Kontinuanten	*Konstitutions-Kontinuations-Korrelation* (»*Selektion*«) Korrelation zwischen Konstitution und Dauer der Existenz (gemessen an der Lebensdauer und Reproduktionshäufigkeit)	*Rekombination* Mischung verschiedener Individuen
	Reproduktion Erzeugung eines neuen Individuums durch ein anderes oder mehrere andere zusammen		*Isolation* Räumliche Trennung von Populationen
			Aleation (»Drift«) Zufällige Veränderung von Populationen
Variation Graduelle Veränderung eines Gegenstandes, die sich akkumulieren kann und damit auch wesentliche seiner Eigenschaften, d.h. seine Konstitution, betreffen kann	*Heredität* Weitergabe von Eigenschaften an die Nachkommen über einzelne materielle Teile (»*Gene*«)	*Populationsgenetik* Nicht die Kontinuation der Individuen, sondern ihre Reproduktion ist ausschlaggebend; die Fitness entspricht dem reproduktiven Wert	*Kompetition* Wettbewerb um knappe Ressourcen
			Annidation Spezialisierung auf eine ökologische Rolle

Tab. 66. *Gefüge der Faktoren der Evolution.*

Übersetzung eines Werks von G. Schmid, die wenig später erscheint, werden Darwins Theorien als ›mechanistisch‹ bezeichnet (»the mechanistic system, or the negation of the organic vital force«[181]; »mechanistic explanation of the world«[182]).

Die Rede von **Evolutionsfaktoren** ist seit den 1860er Jahren nachweisbar (Spencer 1864: »Leaving out [...] the imaginary factors of evolution [...] and looking only at the one actual factor which Dr Darwin and Lamarck assign as accounting for some of the phenomena«[183]; Doherty 1864: »Permutational factors of evolution [...] Multiplicative factors of evolution«[184]; Leconte 1877: »factors of evolution«[185]; Welby 1891: »evolutionary factors«[186]). In den 1930er Jahren ist sie besonders unter russischen Evolutionsbiologen verbreitet.[187] N.W. Timoféeff-Ressovsky unterscheidet 1939 vier »Evolutionsfaktoren«: Mutabilität, Populationswellen, Selektion und Isolation. Er gliedert diese in zwei Gruppen: »Die Mutabilität und die Populationswellen liefern das Evolutionsmaterial, die Selektion und die Isolation bilden die richtenden Evolutionsfaktoren.«[188] W. Ludwig betrachtet 1940 den Zufall aufgrund von Migration (Drift) neben Mutation und Selektion als dritten »Evolutionsfaktor«.[189] Später setzt sich die Vierteilung der Faktoren von Timoféeff-Ressovsky durch[190], und der Ausdruck etabliert sich auch im Englischen (Mayr 1942: »factors of evolution«[191]). Wie bereits bei Weismann und Haldane wird auch später die Bedeutung der ↑Rekombination als eigenständiger Faktor betont. Seit Ende der 1940er Jahre werden vielfach fünf Evolutionsfaktoren unterschieden: B. Rensch schlägt 1947 die »gelegentliche sekundäre Bastardisierung« als fünften Evolutionsfaktor (neben »Genmutation«; »Schwankungen in der Individuenzahl«, »Auslesevorgängen« und »Isolation«[192]) vor.[193] Ludwig bestimmt 1950 die »Einnischung« oder **Annidation** (neben »Mutabilität, Selektion, Abweichungen von der Panmixie (Inzucht, Homogamie, Isolation) und Zufall«[194]) als diesen »fünften Evolutionsfaktor«.[195] Die Annidation beruht nach Ludwig auf »neuartiger (= zusätzlicher) Ausnutzung eines gemeinsamen Lebensraums«[196] und verschafft den Individuen, die die neue Nische besetzen, einen Selektionsvorteil, auch wenn sie anderer Hinsicht benachteiligt sind. (↑Nische).

Die Evolutionsfaktoren lassen sich verschiedenen Ebenen zuordnen (vgl. Tab. 66). Der entscheidende darwinsche Mechanismus der »Selektion« kann in einer weniger intentionalistischen Sprache als differenzielle Kontinuation von Varianten oder als *Konstitutions-Kontinuations-Korrelation* (oder als ›Konstitutions-Kontinuations-Kausalität‹) bezeichnet werden: Die besondere Konstitution von Organismen eines Typs wird für dessen Kontinuation, d.h. für seine Erhaltung und Ausbreitung in der Population, insbesondere auf dem Wege der Reproduktion der Organismen, kausal verantwortlich gemacht, so dass sich eine Korrelation zwischen Konstitution und Kontinuation ergibt. ↑Selektion liegt also vor, wenn sich die Veränderung in der Zusammensetzung einer Population nicht aus Zufallseffekten ergibt, sondern wenn ein systematischer und kausaler Zusammenhang zwischen den Merkmalen von Organismen (ihrer Konstitution) und ihrer Vermehrung (Kontinuation) besteht.

Objekte der Evolution
Bis in die Gegenwart strittig ist die Frage, welche Einheit das eigentliche Objekt der Evolution darstellt. Einigkeit besteht darin, dass es nicht der einzelne *Organismus* ist, weil die Evolution gerade in einem generationenübergreifenden Prozess besteht, so dass es sie auch geben kann, wenn sich kein Organismus im Lauf seines Lebens verändert. Die organische Evolution könnte geradezu definiert werden als ein Prozess der langfristigen und grundlegenden Veränderung von Gegenständen (den Organismen), die sich selbst im Laufe ihres individuellen Lebens (der Art nach) nicht ändern. Die Änderung erfolgt allein vermittelt über die Fortpflanzung: Die Zusammensetzung einer Population verändert sich, weil Organismen mit verschiedenen Eigenschaften sich in regelhafter Weise in ihren Fortpflanzungsraten unterscheiden. Weil sich die Veränderung der Organismen also nur aus der unterschiedlichen Frequenz der Weitergabe von Eigenschaften ergibt, kann nicht mehr der Organismus die Einheit der Veränderung sein (↑Selektion/Selektionsebenen). Evolution ist also der Prozess der Veränderung von Organismen, der nicht darauf beruht, dass sich die Organismen im Laufe ihres Lebens ändern, sondern darauf, dass sie sich in unterschiedlichem Maße reproduzieren, also auf »differenzieller Reproduktion« (Sober 1984: »Population change isn't a consequence of individual change but of individual stasis plus individual selection«[197]; ↑Selektion).

Bemerkenswert ist außerdem, dass die einzelnen Organismen zwar nicht die »Einheiten« der Evolution sind, der für die Evolution charakteristische Prozess der Artbildung aber in dem Verschiedenwerden von Organismen besteht. Die einzelnen Organismen sind also die für die Evolution relevanten Träger qualitativ neuer Eigenschaften und können insofern die Einheiten der Artbildung (»speciating entities«[198]) genannt werden. Die evolutionären Änderungen sind also abgeleitet von den Änderungen auf der (tiefer liegenden) Ebene der Organismen.[199]

Wenn nicht der einzelne Organismus das Objekt der Evolution ist, die Evolution sich aber doch an der Veränderung der Organismen manifestiert, stellt sich die Frage, welche Einheit dann das Objekt der Evolution bildet. Seit dem 19. Jahrhundert verbreitet ist die Vorstellung, die *Art* als das Objekt der Evolution zu sehen: Es seien eben die Arten, die sich in der Evolution verändern.[200] Auf der anderen Seite kann eine ↑Art gerade als Zusammenfassung von einander ähnlichen Organismen zu einer solchen Menge verstanden werden, die einen Referenzpunkt für die Feststellung von Änderungen abgibt. Es wird daher argumentiert, dass nur vor dem Hintergrund der Konstanz der Arten überhaupt von einer Evolution gesprochen werden kann.[201]

Von anderer Seite wird vorgeschlagen, jede mehrere Arten umfassende *Abstammungslinie* (»lineage«; ↑Phylogenese) als das eigentliche Objekt der Evolution zu verstehen (Hull 1978: »Species lineages [...] are the things which evolve«[202]). Allerdings ist es problematisch, von einem bereits über seine zeitliche Erstreckung bestimmten Gegenstand wie einer Abstammungslinie zu sagen, er unterliege wiederum einer zeitlichen Veränderung.

Vorgeschlagen wird auch, eine *Population* von Organismen als Gegenstand der Evolution anzusehen (Simpson 1944: »the interbreeding group is the essential unit in evolution«[203]; Bunge 1981: »Biopulations, not biospecies, are individuals and evolve«[204]). Allerdings wird der Begriff der ↑Population in der Regel gerade darüber definiert, dass er eine Menge von Individuen einer Art umfasst; die für Evolution konstitutiven Artbildungsprozesse können sich dann also definitionsgemäß nicht in einer Population abspielen.

Aussichtsreicher ist es, den Kontinuanten der Evolution – analog zu dem ↑Individuum als dem Kontinuanten von individuellen Veränderungen (z.B. in der ↑Metamorphose) – auf genetischer Ebene zu definieren. In diesem Sinne identifiziert J. Huxley 1936 eine Entität, die er *Genkomplex* (»gene-complex«) nennt, als dasjenige, das einer Evolution unterliegt (»What evolves is the gene-complex«).[205] J. Hoffmeyer und C. Emmeche schlagen 1991 in ähnlicher Weise zur Bezeichnung des Gegenstandes der Veränderung den Ausdruck *Genomorph* vor, der die »Tiefenstruktur« oder morphologische Gestalt eines Genpools bezeichnen soll (↑Genotyp/Phänotyp): »organic evolution concerns the change through time of the genomorph«.[206] Veränderungen des Genomorph können sowohl die Veränderung der Häufigkeit einzelner Gene als auch eine radikale Umstrukturierung des gesamten Gengefüges betreffen, die zur Bildung neuer morphologischer Typen führen (»epistemische Mutationen«[207]).

Sinnvoll ist es auch, den Begriff der Evolution auf die *Biosphäre* als Ganzes anzuwenden: Parallel zu dem Vorgang der individuellen Veränderung eines Organismus in seinem Leben steht dann die Evolution des Lebens auf der Erde, wie dies bereits Haeckel in seinem Begriffspaar von Ontogenese und ↑Phylogenese zum Ausdruck bringt und wie es in einer der letzten Definitionen des Konzepts durch E. Mayr deutlich wird (»Evolution The gradual process by which the living world has been developing following the origin of life«[208]).

Naheliegend ist es schließlich auch, nicht konkrete Körper oder Mengen solcher Körper, sondern abstrakte Eigenschaften wie die *Merkmale* von Organismen als die eigentlichen Objekte der Evolution anzusehen. Denn wesentliche quantitative Größen der Evolutionstheorie, z.B. die *Merkmalsfitness* (↑Anpassung), stellen Verallgemeinerungen und Quantifizierungen über typologische Eigenschaften dar.[209] Schon Darwin bezieht den Prozess der Selektion offensichtlich auf Merkmale, wie besonders in seiner Formulierung deutlich wird, die Selektion bestehe in der *Erhaltung von vorteilhaften Variationen* (»Natural selection acts solely through the preservation of variations in some way advantageous, which consequently endure«).[210]

In terminologischer Hinsicht erscheint es angebracht, einen eigenen Terminus für die Einheit der Evolution zu verwenden. Drei naheliegende Kandidaten aus den Diskussionen der letzten Jahrzehnte sind folgende: J.E. Edström macht 1968 den Vorschlag, die Einheit der Evolution (»the operational unit in evolution«) unabhängig von ihrer materiellen Verkörperung als **Evolvon** zu bezeichnen.[211] M.W. Williams verwendet 1989 den ähnlichen Terminus **Evolver** und betrachtet diese im ontologischen Sinne als Individuen (»Evolvers are individuals«[212]; die Begriffsprägung wird auch D. Hull zugeschrieben[213]). T. Reydon schließlich gebraucht 2005 den Ausdruck *Evolveron* (»cohesive systems of synchronous living organisms that participate as wholes in evolutionary processes«[214]). ›Evolver‹ erscheint allerdings in einer anderen Bedeutung, nämlich für eine die Evolution richtende (göttliche) Kraft bereits seit Ende des 19. Jahrhunderts (Folwell 1883: »there can never be to man a creation without a creator, nor an evolution without an evolver«[215]; Cope 1883: »We are told by some of our friends, that law implies a lawgiver, that evolution implies an evolver: the only question is, Where is the lawgiver? where is the evolver? where are they located?«[216]). Bis in die Gegenwart ist das Wort im Kontext der weltanschaulichen Debatten um den Kreationismus in Gebrauch.[217]

Ausgehend von der Ebene von Populationen und in Analogie zu einem Individuum, das einer Metamorphose unterliegt (einem »Metamorphon«) könnte die Einheit der Evolution auch *Metadem* genannt werden (↑Population). Ein Metadem wäre dann zu bestimmen als eine Gruppe von Organismen, in der ein Artbildungsprozess stattfindet. Diese bildet den Kontinuanten, der sich im Laufe der Evolution ändert, aber über die Änderungen hinweg persistiert (analog zu einem Individuum, das sich in seiner Entwicklung verändert und doch dasselbe bleibt).

Evolution und Selbsterhaltung
Da der Fokus auf den Transformationen liegt, kann der Organismus in der Evolutionstheorie nicht mehr als der alleinige Bezugspunkt zur Analyse seiner Leistungen dienen. Vielmehr wird die Funktion der Fortpflanzung der Organismen zu einem derart bestimmenden Prinzip, dass alle organismischen Eigenschaften vor dem Hintergrund dieser einen Funktion interpretiert werden (↑Fortpflanzung: Tab. 78). Mit der Zentrierung der Evolutionstheorie um die Fortpflanzung verliert die ↑Selbsterhaltung im Rahmen dieser Theorie ihren Status eines letzten funktionalen Erklärungsprinzips. Jede Eigenschaft eines Organismus ist evolutionstheoretisch nicht mehr primär danach zu beurteilen, welchen Beitrag sie zur Erhaltung des Organismus leistet, sondern welche Rolle sie in der Maximierung seiner Fortpflanzung spielt. Die Selbsterhaltung wird in den Rang eines Mittels in Bezug auf das eine übergeordnete Ziel der Reproduktion verwiesen. Mit der Funktion der Fortpflanzung in Verbindung mit der Vererbung und Rekombination von Merkmalen werden so die *Merkmale* (Eigenschaften) des Organismus zu den eigentlichen (atomistischen) Einheiten, auf die sich die biologische Theorie bezieht (s.o.). Aufgrund ihrer generationenübergreifenden Konstanz entwickeln die Merkmale eine über das Leben eines einzelnen Organismus hinausgehende eigene Existenzform – die vielfach in einer atomistischen Sicht in den ↑»Genen« verkörpert vorgestellt wird. Die Merkmale bleiben dabei aber immer Eigenschaften eines Organismus. Die Evolutionstheorie kann also nur aufbauend auf einer Theorie des Organismus entfaltet werden. Organisiertheit und Reguliertheit sind Aspekte der Organismen, die die Evolutionstheorie voraussetzen muss (s.u.).

Die ↑Fortpflanzung wird von einigen Autoren wiederum als eine Form der Selbsterhaltung verstanden, als ein verlängertes Wachstum etwa. Diese Form der Selbsterhaltung schließt aber wesentlich das Potenzial zur Veränderung und Transformation ein. Zur Darstellung dieser begrifflichen Situation finden sich nicht selten Formulierungen mit einer paradoxen Struktur. So heißt es 1918 bei E. Cassirer: Es gebe ein »Subjekt« der Lebenserscheinungen, das »in allen Wandlungen sich selbst erhält, indem es sich selbst umgestaltet«.[218] Und P. Valéry formuliert noch knapper und eleganter: »Bios. Se transformer et transformer pour conserver«.[219]

Transzendierung der Organismusebene
Die Evolutionstheorie transzendiert eine Perspektive, die allein vom einzelnen Organismus ausgeht. Die Theorie macht deutlich, dass der Organismus nur die eine Seite einer umfassenden biologischen Theorie bildet. Die Transzendierung in der Evolutionsperspektive besteht vor allem in der Betonung des historischen Charakters der biologischen Gegenstände – ihrer **Geschichtlichkeit** (Schaxel 1922)[220] oder **Historizität** (von Bertalanffy 1932: »die organische Ganzheit und Historizität«[221]; engl. 1933: »organic historicity«[222]).

Der Ausdruck ›Geschichtlichkeit‹, der seit Ende des 19. Jahrhunderts erscheint (anfangs in verschiedenen Bedeutungen, z.B. im Sinne des Wahrheitsgehalts eines Textes[223]), wird dabei erst im Laufe des 20. Jahrhunderts auf die biologische Welt bezogen. Im 19. Jahrhundert wird eine Geschichtlichkeit im eigentlichen Sinne dem Bereich des Organischen im Gegensatz zur Welt des Menschen nicht selten gerade abgesprochen. So heißt es bei F. Paulsen 1889: »Was dem menschlichen Leben gegenüber dem Tierleben seinen eigentümlichsten Charakter und seine einzigartige Bedeutung giebt, das ist die Geschichtlichkeit seines Daseins«[224] (vgl. in diesem Sinne den »Ratschen-Effekt«; ↑Kultur).

Besonders deutlich herausgestellt wird die Abgrenzung der Geschichtlichkeit im Bereich der menschlichen Kultur von der Gesetzlichkeit im Bereich der Natur in den Überlegungen zur Methodologie der Kultur- und Naturwissenschaften des Neukantianers H. Rickert: »Unter logischen Gesichtspunkten müssen wir [...] zwischen historischer und naturwissenschaftlicher Biologie so unterscheiden, daß die eine den einmaligen Entwicklungsgang der Lebewesen individualisierend, die andere das biologische Material überhaupt generalisierend behandelt«.[225] Die naturwissenschaftliche Biologie hat nach Rickert auf die historische Methode zu verzichten, d.h. von der einmaligen Entwicklungsgeschichte des Lebens zu abstrahieren. Die Aufgabe der Biologie als Naturwissenschaft sei es, »Gesetze zu finden, nach denen sich das Leben aller Organismen bewegt, oder wenigstens Begriffe zu bilden, die gelten sollen, wo überhaupt Organismen vorkommen«.[226] Rickert plädiert daher dafür, die Erforschung der organischen Stammbäume nicht der Biologie, sondern eher der Geschichtswissenschaft zuzuordnen. Denn es gehe dabei nicht um gesetzliche Bestimmungen, sondern um »einen einmaligen Werdegang in seiner Individualität«[227], und die individualisierende Begriffsbildung sei Sache der Geschichtswissenschaft. An anderer Stelle nennt er die »stammesgeschichtliche Biologie« aber auch eine »historische oder individualisierende Naturwissenschaft«.[228] ›Historische Naturwissenschaft‹ ist eine Bezeichnung, die Haeckel bereits 1877 für die Evolutionslehre verwendet.[229] Im Gegensatz zu Rickert bilden für Haeckel diese Kennzeichnung und der alte Ausdruck ›Naturgeschichte‹ aber »Ehrentitel«, denn er ist der Auffassung, »das wissenschaftliche Verständniss der organischen Formen gewinnen wir nur durch ihre Entwickelungsgeschichte«.[230]

Für Rickert tragen dagegen die Berichte über die einmalige Entwicklung der verschiedenen Lebensformen nichts zur Biologie als eigentlicher, d.h. Gesetzeswissenschaft bei.[231] Trotz ihrer logischen Trennung sieht Rickert in biologischen Darstellungen aber auch eine faktische Verschränkung der beiden Bereiche, insofern das »Tatsachenmaterial«, mittels dessen eine Geschichte des organischen Lebens geschrieben wird, sich »zum Teil nicht anders als auf Grund allgemeiner Theorien erschließen« lasse.[232] Der Apparat allgemeiner Begriffe der Biologie wird von Rickert verstanden als das »Mittel«, durch welches das historische Material allererst aus den Quellen gewonnen wird.[233] Ihrem Wesen nach aber doch historisch seien die stammesgeschichtlichen Darstellungen, weil sie den »Charakter eines wertbezogenen historischen Zusammenhanges« aufwiesen, etwa in der Vorstellung des ↑»Fortschritts« und der »Wertsteigerung« von den einfach gebauten Lebensformen am Anfang und dem Menschen als dem »Höhepunkt« der Entwicklung am Ende.[234]

Von anderen neukantianischen Autoren wird nicht nur in den biologischen Darstellungen der stammesgeschichtlichen Entwicklung, sondern auch bereits im Organismusbegriff ein Bezug zu individualisierender und wertbezogener, und damit nicht mehr im engeren Sinne naturwissenschaftlicher Begriffsbildung gesehen. So ist R. Kroner 1919 der Ansicht, »daß die Naturwissenschaft, sobald sie ihr Augenmerk auf das Lebendige richtet, gezwungen wird, über die engeren Grenzen ihrer [generalisierenden] Begriffsbildung hinauszugehen und sich dem historischen Denken um einen großen Schritt zu nähern: die historische Individualität und Einmaligkeit findet nicht nur im Sinne der Besonderheit, sondern auch in dem der Werthaftigkeit, Unzerteilbarkeit und Originalität [ei-

»[D]escent with modification« (Darwin 1859, 331).

»Evolution is an integration of matter and concomitant dissipation of motion; during which the matter passes from an indefinite, incoherent homogeneity to a definite, coherent heterogeneity; and during which the retained motion undergoes a parallel transformation« (Spencer 1862/70, 396).

»Evolution is the history of a system undergoing irreversible changes« (Lotka 1925, 24).

»The elementary evolutionary process is [...] change of gene frequency« (Wright 1932, 359).

»[E]volution is progressive adaptation and consists in nothing else. The production of differences recognizable by systematits is a secondary by-product, produced incidentally in the process of becoming better adapted« (Fisher 1936, 58).

»[E]volution is a change in the genetic composition of a population« (Dobzhansky 1937, 11).

»Evolution ist eine Transformation der Organismen in Gestalt und Lebensweise, wodurch die Nachfahren andersartig als die Vorfahren werden« (Zimmermann 1953, 4).

»[M]odern Darwinism [...] asserts that the organisms now living have evolved from ancestral organisms of a different nature and offers the fossil record as direct evidence. Moreover, it asserts that the mechanism of this change is embodied in three principles: (1) different individuals in a species have different morphologies, physiologies, behaviors, that is, there is variation; (2) there is a correlation between the form of the parents and the offspring, that is, the variation is heritable; and (3) different variants have different rates of survival and reproduction in different environments« (Lewontin 1968, 207).

»[D]ie Evolution – die Entwicklung der Lebewesen in großen Zeiträumen, die Transformation des Lebenden auf der Erde« (Timofeeff-Ressovsky, Voroncov & Jablokov 1969/75, 17).

»[E]xpansion of similarity classes of genotypes over time« (Brandon 1978, 107).

»[B]iological (or organic) evolution is change in the properties of populations of organisms, or groups of such popu-lations, over the course of generations. [...] The changes in populations that are considered evolutionary are those that are ›heritable‹ via the genetic material from one generation to the next« (Futuyma 1979/98, 4).

»Evolution is the external and visible manifestation of the differential survival of alternative replicators« (Dawkins 1982, 82).

»Evolution ist nicht Wandel von Formen, Entstehung von Arten und Anpassung an Umweltbedingungen, sondern durch interne Prinzipien gerichtete, durch die Reproduktionstätigkeit der Organismen vorangetriebene Transformation mechanisch kohärenter hydraulischer Konstruktionen. Es legen die Eigenheiten der energiewandelnden mechanisch kohärenten hydraulischen Maschinen die Richtung des evolutiven Geschehens und seine Begrenzung fest; Evolution ist ein intern kanalisiertes Geschehen« (W.F. Gutmann & Weingarten 1988, 339f.).

»Evolution is not just changes in gene frequencies, nor is it natural selection acting on populations. It is the formation of new groups of organisms (species) from existing species« (Thompson 1989, 10).

»[E]volution is any change in the distribution of ›types‹ over generational time« (Brandon 1990, 5).

»Evolution is change across generations in the distribution and composition of populations of developmental systems. [...] From this perspective just as it is not organisms that develop, but organism-environment relations, so it is not populations that evolve, but rather population-environment relations« (Gray 1992, 182).

»[A] proper concept of evolution involves the concept of speciation in its ontological sense of the coming into being of a thing of a new kind. Thus, the ontological concept of evolution applies to all qualitative change that results in speciation« (Mahner & Bunge 1997, 311).

»The gradual process by which the living world has been developing following the origin of life« (Mayr 2001, 286).

»[W]e consider evolution to be any heritable changes in the frequency of distribution of any traits in question, no matter by what mechanism(s) such traits are heritable« (Pigliucci & Kaplan 2006, 70).

»Developmental Darwinism – like Darwin's own theory – has no need of the distinction between genotype space and phenotype space. Evolution is not defined as a change in genotype space; evolution is change in form. It may or may not be accompanied by genetic change« (Walsh 2010, 333).

Tab. 67. Definitionen und Erläuterungen des Evolutionsbegriffs.

nes Organismus] ihr Analogon im Gebiete der Biologie«.[235] Auch der Allgemeinbegriff der ↑*Art* – »das spezifisch biologische Prinzip der Gesetzmäßigkeit« und »sozusagen ein abstrakter Organismus« – werde durch die deszendenztheoretische Vorstellung einer »Abstammung der Arten« wiederum als Konzept zur Bezeichnung einer historischen und individuellen Einheit betrachtet.[236]

Der Wortgebrauch, der die Geschichte wesentlich dem Bereich des Menschen zuordnet, ändert sich seit Mitte des 20. Jahrhunderts grundlegend. Das Lebendige wird zunehmend geradezu als der paradigmatische Fall eines geschichtlichen Gegenstandes verstanden. In den Worten des Physikers M. Delbrück von 1949: »any one cell represents more an historical than a physical event [...;] any living cell carries with it the experiences of a billion years of experimentation by its ancestors«[237].

Als Ausdruck der Historizität der Organismen können v.a. die Verschiedenheiten des inneren Bauplans solcher Organismen gewertet werden, die sehr ähnliche Lebensweisen haben, aber nicht näher miteinander verwandt sind.[238] Auch nichtzweckmäßige Einrichtungen in einem Organismus (»Dysteleologien«), die in verwandten Organismen, in denen sie eine Funktion ausüben, ähnlich gebaut sind, gelten allgemein als ein Ausweis des historischen Charakters der Organismen, weil sie allein aus der stammesgeschichtlichen Entwicklung des Organismus verständlich werden: »Nur aus der Sinnlosigkeit der Vogelmaskerade des Pinguins, aus der Zwecklosigkeit dieser Übereinstimmung mit fliegenden Tieren wird auf seine Abstammung von Organismen geschlossen, bei denen diese Eigenschaften zweckmäßig waren« (Wolff 1933).[239] Nur seine Vergangenheit als fliegender Vogel erkläre viele der für seinen hauptsächlichen Aufenthalt unter Wasser unzweckmäßigen Eigenarten, wie seine Notwendigkeit, an der Luft zu atmen oder seine Eier auf dem Trockenen abzulegen.

Die Historizität eines Organismus besteht also darin, dass er eine funktionale Organisation darstellt, die nicht für die Anforderungen einer jeweiligen Situation planvoll entworfen, sondern vielmehr aus Transformationen von Strukturen entstanden ist, welche Teile früherer Organisationen (der Vorfahren) mit anderen, z.T. noch nachweisbaren Funktionen bildeten. An den organischen Strukturen lassen sich daher vielfach Spuren ihrer Geschichte nachweisen. Von H. Bergson stammt das schöne Bild, dass ein Organismus wie ein offenes Buch ist, in das sich die Zeit einschreibt: »Pourtout où quelque chose vit, il y a, ouvert quelque part, un registre où le temps s'inscrit«.[240]

Evolution als gerichtete Veränderung ohne Ziel
Uneinheitlich ist im 19. Jahrhundert die Verbindung des Begriffs der Evolution mit der Vorstellung eines ↑*Fortschritts* oder einer Vervollkommnung. Während Hegel[241] und Lyell[242] sowie am Ende des Jahrhunderts viele deutsche Naturforscher, u.a. Haeckel[243], eine solche Verbindung ziehen, ist Darwin vorsichtiger. Er hält es für »absurd«, ein Tier für höher als ein anderes zu erklären, wie er in seinem ersten Notizbuch zum Artenwandel schreibt.[244] Und in einer Randnotiz zu seiner Ausgabe von R. Chambers' ›Vestiges of the Natural History of Creation‹ (1844) ermahnt Darwin sich selbst, die Worte ›höher‹ und ›niedriger‹ nicht zu verwenden (»never use the words higher or lower«[245]). Trotz dieses selbst auferlegten Verzichts auf ein Fortschrittsdenken enthält der von Darwin formulierte Mechanismus der Selektion eine jeweilige lokale Gerichtetheit. Darwin bemüht sich also darum, wie es R. Young 1971 beschreibt, eine *Gerichtetheit ohne Fortschritt* (»directionality without progression«) zu konzipieren.[246] Ermöglicht wird eine solche Konzeption auch dadurch, dass sich Darwin von der Vorstellung einer einfachen Umweltdetermination in der ↑Anpassung der Organismen löst. Nicht eine Höherentwicklung hin zu organischer Perfektion und nicht immer bessere Anpassung an eine vorgegebene Natur liegt nach Darwin dem Weg der Evolution zugrunde, sondern eine in die Zukunft offene Dynamik, die sich aus der lokalen Interaktion von Organismen ergibt. Die Evolution ist also Ergebnis einer »Selbstbeziehung der Biosphäre« (Lefèvre 1984).[247]

Ein solches Verständnis der Evolution ist bis in die Gegenwart leitend. Deutlich wird dies etwa an der Definition der Evolution durch W. Zimmermann, der zufolge Evolution in einer bloßen Veränderung der Nachfahren gegenüber ihren Vorfahren besteht (vgl. Tab. 67).[248] Die Annahme einer Notwendigkeit der beständigen Veränderung der Organismen in der Evolution wird nach einer Figur aus dem Roman ›Through the Looking-Glass‹ (1871) von L. Carroll als *Rote Königin-Hypothese* bezeichnet (Van Valen 1973).[249] Die Hypothese ergibt sich aus der wechselseitigen Bezogenheit der Organismen verschiedener Arten in einem Ökosystem: Jeder evolutionäre Fortschritt einer Art wird durch nachfolgende Anpassungen der anderen Arten wieder wettgemacht, so dass erneute Veränderungen notwendig sind, um einen evolutiven Vorteil zu erlangen. In der Koevolution zwischen Abstammungslinien von Parasiten und Wirtsorganismen können beispielsweise immer die selteneren Typen des Wirts einen Vorteil haben, weil der Parasit sich auf die häufigeren spezialisiert. Frequenzabhängige Selektion führt so zu einer beständigen Veränderung der Organismen einer Abstammungslinie. Die evolutiven Veränderungen weisen damit eine Selbstbezüglichkeit auf und der Prozess insgesamt eine Autodynamik. Allein die dauernde Veränderung ist damit also die Form, in der eine Abstammungslinie sich in der Evolution erhalten kann.

Gesetze und Regeln der Evolution
Mit dem historischen Aspekt der Evolutionstheorie ist ihr geringer prognostischer Wert verbunden. Weil es ein einmaliger Prozess ist, der in der Evolutionstheorie beschrieben wird, wird häufig anerkannt, dass sich kaum übergreifende Regeln oder Gesetze für den Verlauf der Evolution formulieren lassen. Der wesentliche Grund hierfür wird allgemein in der Komplexität der biologischen Verhältnisse gesehen: Die Biologie handelt nicht von Zwei-Körper-Problemen, sondern von der komplexen Interaktion vieler Körper, die sich darüber hinaus beständig verändern.[250] Wenn aber auch keine Gesetze der Evolution mit ausnahmsloser Gültigkeit gegeben werden können, so gibt es doch viele Versuche der Formulierung von Trends und Regeln der Entwicklung (vgl. Tab. 68).[251] Diese Regeln sind aber meist empirische Verallgemeinerungen, die viele Ausnahmen haben und denen eine theoretische Fundierung fehlt[252] – schon allein deshalb, weil für die meisten von ihnen kein evolutionärer Mechanismus angegeben werden kann (↑Fortschritt). Die allgemeinste Regel, von der es aber auch viele Ausnahmen gibt, behauptet eine Zunahme der Komplexität im Laufe der Evolution. P. Teilhard de Chardin spricht 1955 von dem »großen biologischen Gesetz«, »dem Gesetz der ›zunehmenden Verflechtung‹ (Komplexifikation)«.[253]

Neben diesen allgemeinen Regeln des Evolutionsverlaufs werden viele spezielle für einzelne Gruppen gültige Verallgemeinerungen formuliert. Diese haben oft eine sehr begrenzte Anwendung. B. Rensch veröffentlicht 1968 eine Liste mit 100 »Evolutionsregeln«. Die 85. dieser Regeln lautet z.B. »Große Säugetiere haben eine relativ dünnere Retina als verwandte kleine Arten«.[254]

In methodischer Hinsicht kommt L. Dollos Gesetz der Irreversibilität der Evolution eine besondere Bedeutung zu. Mit der Irreversibilität wird der besondere historische Charakter der Evolution als einer Folge von einmaligen Zuständen herausgestellt, und es wird damit eine Begründung dafür geliefert, warum die Suche nach allgemeinen Gesetzen der Evolution vergeblich ist. Dollos Gesetz kann daher geradezu als das Gesetz von der Unmöglichkeit evolutionärer Gesetze verstanden werden.[255] Insofern in der Evolution immer neue ↑Arten gebildet werden, für die jeweils lokale eigene Gesetze gelten, könnte Dollos Gesetz aber auch so verstanden werden, dass die Evolution aus einem Prozess besteht, in dem aus physikalischen Variablen lokal gültige Konstanten werden, die sich immer wieder transformieren: Die außerhalb lebendiger Systeme frei variierenden physikalischen Größen werden von Lebewesen einer Art so kontrolliert, dass sie zu arttypischen Konstanten werden und als Randbedingungen ihrer Entwicklung fungieren.

Gesetzeslosigkeit der Biologie
Die Auffassung, dass sich für die Biologie im Allgemeinen und die Evolution im Besonderen keine Gesetze formulieren lassen, hat eine lange Tradition. Schon L. Spallanzani stellt 1787 die rhetorische Frage, ob es in der organischen Welt ein einziges Gesetz mit universaler Reichweite gebe: »Avons-nous dans le monde organique uns seule loi qui soit vraiment universelle?«[256] Und N. Luhmann macht 1997 eben diese Plan- und Gesetzeslosigkeit zu einem Kriterium einer Evolutionstheorie: »eben das: daß man es nicht wissen, nicht berechnen, nicht planen kann, ist diejenige Aussage, die eine Theorie als Evolutionstheorie auszeichnet«.[257]

Auch viele Philosophen der Biologie teilen in der Gegenwart die These, dass es keine empirischen Gesetze der Evolution gibt. J. Beatty formuliert diese Auffassung 1995 als die *These der evolutionären Kontingenz* (»evolutionary contingency thesis«): Alle Gesetze, die sich auf biologische Gegenstände beziehen, sind demnach physikalische oder chemische Gesetze. Genuin biologische Gesetze gebe es dagegen nicht, weil die biologischen Gegenstände in einem zufällig verlaufenden einmaligen Geschehen der Evolution entstanden sind.[258] E. Sober ist der Auffassung, die spezifisch biologischen Verallgemeinerungen würden nicht in empirischen Gesetzen, sondern in apriorisch gültigen mathematischen Modellen bestehen.[259] Ebenso wie Gesetze würden aber auch diese Modelle nicht eine auf spezifische Gegenstände beschränkte Gültigkeit aufweisen, sondern vielmehr zeit- und ortsungebunden gelten und die Formulierung von kontrafaktischen Konditionalen ermöglichen, wie Sober in der Auseinandersetzung mit J. Fodor hervorhebt (↑Selektion).[260] Biologische Argumentationen gingen also in der Regel von einem mathematischen Modell aus, dieses erfahre anschließend eine empirische Interpretation – die Formulierung des Modells habe aber eine mathematische Grundlage. A. Rosenberg betrachtet im Gegensatz dazu »die Theorie der Natürlichen Selektion« als empirisches Gesetz, wenn auch als das einzige der Biologie (»The only laws in biology are Darwin's«; 2006 in der Formulierung: »If there is random variation among replicators, then there will be selection for fitness differences between them or between their interactors«).[261]

Unklar ist dabei aber, inwiefern dieses Prinzip, das als definitorische Aussage über den Begriff der Fitness verstanden werden kann, überhaupt den Status eines Gesetzes aufweist. R.E. Michod sieht es 1999 auch so, dass das Prinzip der Natürlichen Selektion das einzige Gesetz der Biologie ist (»natural selection is the central law and organizing principle in all of biology [...;] it is the only uniquely biological law«).²⁶² Anwendungsfälle dieses Gesetzes sind nach Michod alle Systeme, die eine *darwinsche Dynamik* (»Darwinian dynamics«) zeigen, d.h. die aus Entitäten bestehen, welche sich reproduzieren und dabei erbliche Variationen zeigen, die einen Einfluss auf ihre Fitness, d.h. ihre Reproduktionshäufigkeit, aufweisen. Das Gesetz beschreibt aber rein formal den Mechanismus der Veränderung; aus ihm lässt sich keine inhaltliche Bestimmung der Merkmale ablesen, die selektiert werden, die also als Anpassungen zu werten sind (↑Anpassung/Fitness).

Evolutionstheorie und Biologie
Ungeachtet der fehlenden Gesetze gilt die Evolutionstheorie seit ihrer Formulierung durch Darwin vielfach als eine die Biologie fundierende Theorie. Mittels der Theorie soll danach nicht allein ein Weg zur Erklärung der Veränderung von Organismen gegeben werden, sondern die Theorie wird als konstitutiv für die Biologie angesehen. Bekannt ist in diesem Zusammenhang die von T. Dobzhansky 1964 formulierte Behauptung, in der Biologie mache nichts Sinn, wenn es nicht im Lichte der Evolution betrachtet werde (»nothing makes sense in biology except in the light of evolution«).²⁶³ Ähnlich urteilt Rosenberg 1985 mit der These, ohne die Evolutionstheorie gebe es überhaupt keine Biologie (»without evolutionary theory there really is no biology at all«).²⁶⁴ Die Theorie bilde eine notwendige und hinreichende Bedingung zum Verständnis der Biologie.²⁶⁵ Diese Ansichten können aber zumindest insofern ergänzt werden, als auch von anderen biologischen Teildisziplinen, z.B. der Molekularbiologie oder der Ökologie, behauptet werden kann, dass ohne sie in der Biologie nichts Sinn mache und es ohne sie auch keine Biologie gäbe.²⁶⁶

Die Evolutionstheorie ist für die Biologie insbesondere deswegen von Bedeutung, weil mit ihr anerkannt wird, dass der einmalige historische Verlauf der Entwicklung für die Erklärung der konkreten Gestalt von Organismen wesentlich ist und dass deshalb ein rein physikalisch-strukturalistischer Ansatz den biologischen Gegenständen nicht gerecht wird. Auch der Zusammenhalt der Teildisziplinen und die Einheit der Biologie als Wissenschaft hängen zu wesentlichen Teilen an der historischen Perspektive, die mit der Evolutionstheorie begründet wird. Die Evolutionstheorie wird somit zur »biologischen Integrationstheorie«²⁶⁷, wie es W. Lefèvre 1984 formuliert: »Nur als historische Wissenschaft ist sie [die Biologie] eine einheitliche Wissenschaft, besteht unter ihren Teildisziplinen ein innerer Zusammenhang«.²⁶⁸

Methodisch ist die Evolutionstheorie darüber hinaus insofern zentral, als sie mit der Selektionstheorie eine durchgehende Erklärung für die besondere Gestalt der Organismen als ↑Anpassung liefert. Dobzhanskys These, dass in der Biologie außerhalb des Lichts der Evolution nichts Sinn macht, kann daher auch normativ verstanden werden: Biologisch *soll* stets danach gefragt werden, was der evolutionäre Hintergrund eines Merkmals und einer Gestalt ist, welcher adaptive Nutzen damit verbunden ist und insbesondere in der Vergangenheit *war*. Und umgekehrt gilt damit: Eine Perspektive auf Organismen, die diese Frage nicht ins Zentrum rückt oder für die sie zumindest nicht relevant ist, steht außerhalb der Biologie (sondern z.B. in den ↑Kulturwissenschaften, die ihren Gegenstand in anderer Hinsicht als vor dem Hintergrund einer Selektionstheorie beurteilen).

Evolutionstheorie und Organismusbegriff
Neben der historischen Perspektive der Evolutionstheorie stehen in der Biologie aber auch noch andere integrierende Konzepte von ähnlicher, vielleicht noch größerer Reichweite, z.B. das der ↑Organisation. *Organismen* werden in der Perspektive der Evolutionstheorie generell als bloße Zwischenstationen eines Entwicklungsprozesses betrachtet; sie verlieren damit den Status eigentlicher Akteure. Vielmehr können sie als bloße Epiphänomene eines Umwandlungsprozesses von Strukturen begriffen werden. Sie werden zu einem Mittel der Weitergabe von Strukturen, die über ihr eigenes Leben hinaus Bestand erhalten. Im 19. Jahrhundert ist diese Sicht implizit bereits in den Anfängen der Genetik bei G. Mendel enthalten und wird später besonders von A. Weismann propagiert. Das im eigentlichen Sinn Lebendige sind nach Weismann die Fortpflanzungszellen (Keimzellen) der mehrzelligen Organismen, weil diesen eine potenzielle Unsterblichkeit zukommt, insofern sie über das Leben der Körperzellen hinaus in den Nachkommen weiter bestehen: »Der Körper, das Soma, erscheint unter diesem Gesichtspunkt gewissermaßen als ein nebensächliches Anhängsel der eigentlichen Träger des Lebens: der Fortpflanzungszellen«.²⁶⁹ Einhundert Jahre später, am Ende des 20. Jahrhunderts, findet diese Auffassung v.a. in den populären Schriften von R. Dawkins und der Betrachtung von Organismen als bloße »Vehikel« der Gene ihren Ausdruck (↑Gen; Selektion/Genselektion). Etwas vorsichtiger formulieren J. Hoffmeyer und C. Emmeche, wenn sie die

1. von Baers Gesetz der Differenzierung
Im Laufe der Entwicklung (zunächst allein ontogenetisch) erfolgt eine zunehmende Differenzierung der Teile, so »daß aus einem Homogenen, Gemeinsamen, allmählig das Heterogene und Specielle sich hervorbildet« (von Baer 1828, 153).

2. Bronns Gesetz der Funktionskonzentrierung
Ein Trend in der evolutionären Veränderung der Körper besteht in dem Zusammenrücken der Funktionen und Organe auf einen begrenzten Teil des Körpers: »Lokalisirung und Konzentrirung der Organen-Systeme« (Bronn 1858, 161).

3. Spencers Gesetz der Integration
Eine allgemeine Richtung der physikalischen, biologischen und sozialen Evolution besteht in der zunehmenden Integration und Koordination der Systeme: »Evolution is an integration of matter and concomitant dissipation of motion; during which the matter passes from an indefinite, incoherent homogeneity to a definite, coherent heterogeneity« (Spencer 1862/1901, 367).

4. Darwins Gesetz der Divergenz
Der Verlauf der Evolution ist gekennzeichnet durch eine Differenzierung der Typen als Ergebnis der Selektion zur Vermeidung von Konkurrenz: »the more diversified the descendants from any one species become in structure, constitution, and habits, by so much will they be better enabled to seize on many and widely diversified places in the polity of nature, and so be enabled to increase in numbers« (Darwin (1859, 112).

5. Warmings Gesetz der Konvergenz
Nicht miteinander verwandte Organismen, die unter ähnlichen Umweltbedingungen leben, können analoge Organe und eine ähnliche Lebensform ausbilden: »[Es] können Arten aus systematisch sehr verschiedenen Familien einander in den Formverhältnissen [...] höchst auffallend ähnlich sein. [Sie bilden] eine Lebensform, die [...] an bestimmte Lebensbedingungen angepasst ist« (Warming 1895, 4).

6. Bernards Gesetz der Emanzipation von den Umweltbedingungen
Die Höherentwicklung bedeutet eine zunehmende Emanzipation von Änderungen der Umweltbedingungen durch Ausbildung eines »inneren Milieus«: »Cette indépendance devient d'ailleurs d'autant plus grande que l'être est plus élevé dans l'échelle de l'organisation« (Bernard 1859, 9f.).

7. Copes Gesetz der ökologische Entspezialisierung
Arten von (ökologisch) unspezialisierten Organismen haben eine geringere Wahrscheinlichkeit des Aussterbens als solche von (ökologisch) spezialisierten Organismen: »the highly developed, or specialized types of one geologic period have not been the parents of the types of succeeding periods, but [...] the descent has been derived from the less specialized of preceding ages«; »extreme specialization [... is] unfavorable to survival« (Cope 1896, 173f.).

8. Depérets Gesetz der Größenzunahme
Die Körpergröße von Organismen nimmt in der Evolution einer Gruppe zu: »Gesetz der Größenzunahme innerhalb der Stammbäume« (Depéret 1909, 180).

9. Owens (Willistons) Gesetz der Reduktion der Anzahl homologer Strukturen
Es erfolgt in der Evolution eine Reduzierung der Anzahl von homologen Strukturen bei gleichzeitiger Spezialisierung: »as they [the locomotive and prehensile appendages in invertebrate animals] become progressively perfected, varied, and specialised, they are reduced [in number]« (Owen 1843, 365); »Reduzirung der Zahlen homonymer Organe« (Bronn 1858, 161); »the course of evolution has been to reduce the number of parts and to adapt those which remain more closely to their special uses« (Williston 1914, 20f.).

10. Dollos Gesetz der Irreversibilität
Die Evolution ist irreversibel, d.h. eine Entwicklungslinie in der Evolution wird nicht noch einmal rückwärts durchlaufen: »un Organisme ne peut retourner, même partiellement, à un état antérieur, déjà réalisé dans la série de ses ancêtres. [...] L'évolution est [...] irréversible« (Dollo 1893, 165).

Tab. 68. Zehn »Gesetze« der Evolution, von denen einige allein Tendenzen oder empirische Verallgemeinerungen mit zahlreichen Ausnahmen darstellen.

Organismen 1991 als »die Hälfte des Lebens«[270] beschreiben. Ergänzungsbedürftig sei diese Seite durch eine andere Hälfte, die die historische Dimension des Lebens umfasst (↑Organismus).

Seit Ende des 19. Jahrhunderts haben viele Autoren als Erwiderung auf solche Auffassungen darauf hingewiesen, dass auch die Evolutionstheorie nicht ohne den Begriff des Organismus auskommt, diesen vielmehr schon voraussetzt und insofern nicht die (einzige) fundierende Theorie der Biologie sein kann (vgl. Tab. 69).[271] Diese Autoren streichen heraus, dass die Evolutionstheorie weder den Begriff des Lebewesens noch die elementaren organischen Funktionen, wie die Selbsterhaltung, Fortpflanzung und Vererbung, begründen kann, auf denen sie selbst doch beruht und die insofern »immer schon die Voraussetzung« (Bauch 1911) bilden. Die Theorie könne zwar die Mechanismen der langfristigen Veränderung von Organismen formulieren, etwa mit den Begriffen ›Variation‹ und ›Selektion‹, bleibe damit aber an die Voraussetzung gebunden, dass die Organismen schon als komplex strukturierte, hochorganisierte Systeme existieren, die über die Eigenschaften der Reproduktion und Variabilität verfügen. Die Evolutionstheorie ist insofern also keine Konstitutionstheorie der Organismen und damit der Biologie, sondern eine abgeleitete, nachrangige Theorie. Aus der Perspektive der Organisation des Lebendigen erscheint die Evolution daher als »nicht wesentlich« (H.R. Maturana), und die Vorstellung von Leben und Biologie ohne Evolution ist nicht ausgeschlossen (R. Rosen).

Vor dem Hintergrund dieser Einordnung der Evolutionstheorie ist dem Diktum Dobzhanskys nur insofern zuzustimmen als es sich auf konkrete Organismen bezieht: Jedes Merkmal eines konkreten Organismus ist durch seine Evolutionsgeschichte geprägt und kann daher nur im Lichte dieser Theorie erklärt werden. Daneben kann es aber auch »Sinn machen«, von der Evolutionsgeschichte zu abstrahieren und einen Organismus rein funktional zu analysieren, d.h. seine Funktionssysteme zu identifizieren und ihre wechselseitige Bedingung zu untersuchen. Damit wird zwar keine Erklärung für die Anwesenheit eines Teils in dem Organismus gewonnen, aber andererseits kann der Organismus allein durch diese Analyse als eine Einheit, nämlich als funktionale Einheit der Wechselbedingung seiner Teile, beurteilt werden (↑Funktion; Zweckmäßigkeit). Kurz gesagt: Die Evolutionstheorie ist eher eine Theorie des *Überlebens* und der differenziellen Reproduktion als eine Theorie des ↑*Lebens*.

»Organismische Evolutionstheorie«; »Evo-Devo«
Seit den 1970er Jahren wird in verschiedenen Ansätzen versucht, eine Evolutionstheorie ausgehend von Modellen des Organismus zu entwickeln. Dabei tritt die Beziehung des Organismus zu seiner Umwelt, die für die traditionellen Evolutionstheorien im Zentrum steht, in den Hintergrund. Statt der ↑»Anpassung« an die Umwelt werden organismusinterne Verhältnisse für die Umgestaltung der Organismen verantwortlich gemacht: Die Organismen werden zu »Subjekten« ihrer Evolution, wie es 1993 bei M. Weingarten heißt. Die Hauptvertreter dieser »organismuszentrierten« oder »organismischen« Evolutionstheorie sind in Deutschland mit dem Frankfurter Senckenberg-Museum verbunden. Ihr Programm ist es, die Formwandlung der Organismen aus ihrer Konstruktion, insbesondere ihres Hydroskelettes, zu verstehen. In einer Zusammenfassung dieses Programms führt W.F. Gutmann 1989 aus: »Ein neues Evolutionsdenken baut auf einem Grundverständnis des Organismus als Energiewandler, mechanische Arbeit leistendem Selbstversorger und Reproduktion bewirkender Konstruktion auf. Angesichts der festen Bindung des Lebens an wässrige Lösungen in flexiblen membranösen Abschlüssen stellen lebende Organismen hydraulische Konstruktionen auf der Grundlage einer spezifischen Biotechnologie dar. Organismische Konstruktionen solcher Art können sich nur nach Maßgabe interner konstruktiver Bedingungen evolutiv verändern und entwickeln. Es sind durchweg und fast total die internen biomechanischen Konstruktionsgefüge-Beziehungen, die die Bahnen möglicher evolutiver Transformation festlegen, die Richtung bestimmen und die Sequenz konstruktiver Stadien determinieren. Lebewesen dringen nach Maßgabe der Leistungsfähigkeit ihrer Konstruktion in die Lebensbereiche der Erde vor, bestimmen durch ihre Konstruktion, was möglicher Lebensraum und Umweltbedingung für sie sein kann. In verschiedenen Lebensräumen kommt es unter bestimmten Bedingungen zu transformierenden Weiterentwicklungen, die immer durch die Vorläuferkonstruktion bestimmt bleiben. Die neue Theorie beruht auf eigenständigen postdarwinistischen Prämissen, Anpassung gibt es als Erklärung lebender Konstruktion nicht.«[272]

Die Stoßrichtung, gegen die diese »organismisch-konstruktive Erklärung lebender Organisation und Evolution«[273] gerichtet ist, bildet v.a. die Auffassung, der zufolge Anpassungen an die Umwelt die determinierende Größe der Evolution sind (↑Umwelt/Umweltdeterminismus). ›Anpassung‹ ist für Gutmann ein Begriff, der in organismuszentrierten Evolutionstheorien überhaupt keinen Ort mehr findet, denn: »Mit der Vorstellung der Anpassung an die Umwelt ist jedes sinnvolle Organismus-Verständnis zerstört«.[274] Nicht die Umwelt, sondern die Organismen selbst sind es nach Gutmanns Vorstellung, die über ihr Überleben entscheiden, weil ihre Konstruktion interne Zwänge für jede mögliche Veränderung festlegt; Gutmann spricht daher von »internen Selektionsmechanismen« (↑Selektion).[275] Zwar gesteht auch Gutmann der Umwelt eine Bedeutung für die Organismen zu, insofern diese offene Systeme sind und der Materie- und Energieversorgung bedürfen. Der Einfluss der Umwelt besteht also in einschränkenden Bedingungen für die Entwicklung der Organismen. Es liege aber keine determinierende Beziehung von der Umwelt zum Organismus vor; verschiedene Konstruktionen könnten in der gleichen Umwelt bestehen. Die Bedeutung der Umwelt für die Entwicklung werde also durch den Organismus festgelegt: »Jede Erklärung geht also vom Organismus aus und nimmt von ihm aus Bezug auf Außen- und Umweltbedingungen. Insofern ist jede Aussage über Evolution organismuszentriert und bleibt organismusabhängig«.[276] Weil die Kritik des »Paläodarwinismus« und der »altdarwinistischen Dogmen« ein wichtiges Element von Gutmanns Position bildet, nennt er sie

»Lebhafte Frage nach der Ursache [... ist] von grosser Schädlichkeit« (Goethe, Maximen und Reflexionen).

»[Q]uestions concerning the mode in which the parts are united into a whole, must be dealt with before questions concerning the mode in which these parts become modified« (Spencer 1867/99, 4f.).

»[Es bleiben] die Urfactoren des Darwinismus, wie jeder anderen Descendenzlehre, die Fortpflanzungsfähigkeit, Erblichkeit, Entwicklungsfähigkeit stehen, ohne die gar kein Organismus existiren, kein Kampf um's Dasein stattfinden könnte. Und diese Factoren eben sind eminent und ausschließlich teleologische, mechanisch unerklärte, für Physik und Chemie unbegreifliche Urthatsachen in der lebendigen Natur« (Liebmann 1899, 257).

»Das Leben mit den Bestimmungen der Variabilität, Erblichkeit, Entwicklungsfähigkeit, Fortpflanzungsfähigkeit, bilden so auch für den Darwinismus immer schon die Voraussetzung, und dieser vermag lediglich die Gesetze der Umwandlung und Entwicklung der immer schon vorausgesetzten Lebewesen zu ermitteln [... Es ist] zum mindesten sehr übereilt, nun in Darwin den Kantischen ›Newton des Grashalms‹ zu sehen. Wie Kant sagt: gebt mir Materie und ich will euch erklären, wie daraus die Welt mechanistisch entsteht, so kann also Darwin sagen: gebt mir Lebewesen und ich will euch erklären, wie sie sich kausalmechanisch umbilden und entwickeln. Aber ebensowenig, wie Kant sagen konnte: ich will euch die Materie selbst erklären, so wenig hat Darwin sagen können: ich will euch aus der Materie das Leben selbst erklären« (Bauch 1911, 172f.).

»Fortpflanzung und Vererbung können nicht selbst als Einrichtungen aufgefaßt werden, die erst durch den Kampf ums Dasein herangezüchtet wurden, denn alle Zuchtwahl beruht auf ihnen« (Kroner 1913, 16f.).

»[I]nnerhalb der Lebenserscheinungen kann freilich rein ursächlich gezeigt werden, wie das folgende Glied der Entwicklung aus den vorhergehenden wird und entsteht: aber wir gelangen, soweit wir hierbei auch zurückgehen mögen, zuletzt immer nur auf einen Anfangszustand der ›Organisation‹, den wir als Voraussetzung zugeben müssen« (Cassirer 1918/21, 368).

»Die Rolle, die die Vererbung in der Theorie der natürlichen Zuchtwahl spielt, setzt den klaren Begriff des Lebens, wie wir ihn als grundlegend für die gesamte Biologie erkannt haben, voraus« (Haldane 1931, 9).

»[Es ist zu bemerken,] daß der Selektionismus gar nicht die organische Ganzheit erklärt, sondern sie vielmehr in den Lebensfunktionen der Organismen schon voraussetzt. Nur dadurch, daß sie ›ganzheitserhaltende‹ oder ›dauerfähige‹ Wesen sind, können die Organismen um ihr Dasein miteinander kämpfen. Der Darwinsche Zufall bedeutet nichts anderes als den Verzicht auf die Einsicht in die Gesetze der Entwicklung der organischen ›Zweckmäßigkeit‹« (von Bertalanffy 1932, 59).

»Wir behaupten, daß Fortpflanzung und Evolution keine konstitutiven Merkmale der Organisation des Lebendigen sind [...]. Im Gegensatz dazu behaupten wir, daß die Organisation des Lebendigen in unzweideutiger Weise nur dadurch genauer bestimmt werden kann, daß das Netzwerk der Interaktionen all der Teile dargestellt wird, die ein lebendes System als Ganzheit, d.h. als eine ›Einheit‹ konstituieren. Wir behaupten, weiterhin, daß die gesamte biologische Erscheinungsvielfalt, Fortpflanzung und Evolution eingeschlossen, der Erzeugung dieser einheitlichen Organisation gegenüber sekundär ist« (Maturana, Varela & Uribe 1975, 157).

»Die Evolutionstheorie ist in eminentem Maße *Bedingungs*forschung. Sie gibt eine Fülle von Bedingungen an, erhärtet durch Beobachtung wie Experiment, nach welchen sich gegebene Organismen, im weiteren Sinn auch Materie oder menschliche Gruppen, entwickeln, *wenn sie einmal vorhanden sind*. [...] Bei allen Evolutionserkenntnissen wird es sich aber auch dann nie um mehr als um hypothetische Bedingungen dessen handeln, was am Ende als Resultat erscheint – *Bedingungen*, die das Bedingte nicht hervorbringen wie Ursachen Wirkungen« (Spaemann & Löw 1981, 277).

»Die gestaltende Kraft des Evolutionsgeschehens ist nicht den Organismen als Materiesystemen inhärent, sondern setzt diese als variable Elemente eines supraorganismischen Vorgangs voraus« (McLaughlin & Rheinberger 1985, 17).

»Darwin [...] had to begin with a preexisting kernel of *organization* – which could vary and be selected according to how well it did in the ecological arena. [...] Biological organization has the annoying quality of being circular, the existence of each part both cause and effect of the operation of the whole – the Kantian ›natural purpose‹ motif. This circularity extends into genesis: Chickens requiring eggs requiring chickens, proteins requiring nucleic acids requiring proteins. While the Darwinian revolution has tended to blur the Kantian challenge, this basic problem of circularity remains unsolved« (Wicken 1988, 140; 160).

»[We cannot] answer the question ›Why is an organism alive?‹ with the answer ›Because its ancestors were alive.‹ Pedigrees, lineages, genealogies, and the like, are quite irrelevant to the basic question. Yet they are the very stuff of evolution. Ever more insistently over the past century, and never more so than today, we hear the argument that biology is evolution; that living things instantiate evolutionary processes rather than life [...]. To me it is easy to conceive life, and hence biology, without evolution« (Rosen 1991, 254f.).

Tab. 69. Stimmen gegen das Verständnis der Evolutionstheorie als der fundierenden Theorie der Biologie.

selbst, zusammen mit K. Bonik, 1981 *Kritische Evolutionstheorie*.[277]

Fraglich an diesen Auffassungen Gutmanns ist allerdings die Berechtigung seiner Frontstellung gegen den klassischen Darwinismus. Denn Darwin selbst erkennt die Bedeutung der inneren Bedingungen für die Selektion als wichtiger als die äußeren Bedingungen an (↑Selektion). Und auch der Begriff der ↑Anpassung muss nicht im Sinne eines Umweltdeterminismus verstanden werden.

Unabhängig von diesen Theorien Gutmanns und anderer Frankfurter Biologen zur *Konstruktionsmorphologie* (↑Morphologie) haben sich andere Ansätze entwickelt, die ein im Prinzip ähnliches Forschungsprogramm formulieren, z.B. die *Systemtheorie der Evolution* (R. Riedl; s.u.) und die *Evolutionäre Entwicklungsbiologie* (»Evo-Devo«; ↑Entwicklung).

»Evolution in vier Dimensionen«
Im neodarwinistischen Verständnis der Evolution spielt die genetische Ebene eine zentrale Rolle, weil auf ihr die evolutiven Veränderungen bestimmt und quantifiziert werden. Eine Erweiterung erfährt diese neodarwinistische Beschränkung durch die Berücksichtigung anderer Wege der Vererbung als der über die Gene verlaufenden. E. Jablonka und M.J. Lamb sprechen 2005 von den *vier Dimensionen der Evolution* in der Geschichte des Lebens und unterscheiden dabei vier Vererbungssysteme: (1) die genetische Vererbung über die DNA, (2) die epigenetische Vererbung über zytoplasmatische Einflüsse oder Umweltbedingungen, (3) die verhaltensvermittelte Vererbung durch Prägung und Lernen sowie (4) die symbolische Vererbung über ein spezialisiertes symbolisches Kommunikationsmittel wie die menschliche Sprache. Weil in jedem dieser Vererbungssysteme vererbte Einheiten vorliegen, diese einer Variation unterliegen und die Varianten eine differenzielle Fitness aufweisen können, weil also jeweils die drei von Lewontin formulierten Voraussetzungen für Evolution vorliegen können, kann es in diesen vier Dimensionen auch eine eigenständige Evolution geben. Eine wichtige Rolle spielen aber auch die Wechselwirkungen zwischen den Vererbungskanälen. Dabei muss durchaus nicht immer der genetische Weg der primäre sein. Modifikationen auf phänotypischer Ebene können vielmehr den genetischen Veränderungen vorausgehen und diese kanalisieren und beschleunigen. Durch die mehrdimensionale Analyse wird damit ein wichtiger Beitrag zur Integration der verschiedenen Organisationsebenen der Biologie, insbesondere der Evolutions- und Entwicklungsbiologie (»Evo-Devo«) geleistet.

Wissenschaftstheoretischer Status
Auch wenn die Evolutionstheorie wissenschaftlich fundiert und allgemein akzeptiert ist, ist ihr wissenschaftstheoretischer Status noch nicht vollständig geklärt. Verbreitet ist der Vorwurf gegen die Theorie, sie habe keinen empirischen Gehalt und liefere keine testbaren Hypothesen, sondern biete nur ein konzeptionelles Schema (»conceptual scheme«) zur Beschreibung des Prozesses der Veränderung von Organismen über die Generationen hinweg.[278] Insbesondere gegen die Begriffe der Fitness und ↑Anpassung wird eingewandt, dass sie häufig in tautologischen Erklärungen verwendet würden, insofern durch sie das erklärt werde, was bereits vorausgesetzt sei (wenn die Fitness oder Anpassung über die tatsächliche Überlebens- und Fortpflanzungswahrscheinlichkeit definiert werde).

Sehr unterschiedliche Antworten werden auf diese Vorwürfe gegeben (↑Anpassung). M. Beckner ist 1959 der Meinung, die Evolutionstheorie stelle keine einzelne Theorie dar, sondern bilde wegen ihrer Zusammensetzung aus unterschiedlichen Theorien und locker miteinander verbundenen Modellen (M. Beckner: »a family of related models«[279]) eher ein Forschungsprogramm (↑Evolutionsbiologie). Dieses Forschungsprogramm bestehe aus deskriptiven und explanativen Teilstücken von sehr unterschiedlicher Herkunft und Reichweite. Diese Elemente würden sich gegenseitig stützen, ohne aber in ein kohärentes und axiomatisch geordnetes Schema gebracht werden zu können.

Als die für die Evolutionstheorie basale Theorie identifiziert M. Ruse 1973 die Populationsgenetik (↑Population).[280] Anerkannt ist dies allerdings nur insofern, als die von der Evolutionstheorie bestimmten Parameter auf der Ebene von Populationen gültig sind. Denn die speziellen mendelschen Mechanismen der Genetik sind keine Voraussetzungen für die Formulierung einer Evolutionstheorie, sondern können im Gegenteil als Ergebnis einer Selektion erklärt werden. Und das für die mendelsche Genetik zentrale Hardy-Weinberg-Gesetz, das die Konstanz der Genfrequenzen innerhalb einer Population beschreibt, schließt eine Evolution sogar explizit aus.[281]

Weil es präzise als mathematischer Ausdruck formuliert werden kann, gilt das Kernstück der Evolutionstheorie, das Prinzip der Natürlichen Selektion, vielfach als nichtempirische Aussage mit einem apriorisch gültigen Status. So formuliert R. Brandon 1981: »the principle of natural selection has no empirical content of its own, i.e., it has no biological empirical content. It is simply an application of probability theory to a biological problem«.[282] Das

Prinzip der Natürlichen Selektion ist für Brandon ein »organisierendes Prinzip« oder ein »schematisches Gesetz«, das der Strukturierung biologischer Erklärungen dient – und damit trotz seiner empirischen Leere eine wichtige methodologische Funktion ausübt.

Andere Autoren bezeichnen den sehr allgemeinen Rahmen der Evolutionstheorie als *metaphysisch* und sind der Auffassung, er stelle lediglich ein Schema für Argumentationen im Einzelfall bereit (K.R. Popper 1974: »Darwinism is not a testable scientific theory, but a metaphysical research programme – a possible framework for testable scientific theories«[283]). In diesem Sinne nennt auch K.F. Schaffner die Evolutionstheorie 1993 eine Rahmentheorie mit fast metaphysischem Charakter (»a background naturalistic framework theory at a nearly metaphysical level of generality and testability«[284]); E. Sober spricht von der nichtempirischen mathematischen Wahrheit (»(nonempirical) mathematical truth«[285]) der selektionstheoretischen Modelle.

Wenn diese Kennzeichnungen auch kontrovers diskutiert werden, so besteht doch Einigkeit darüber, dass in dem allgemeinen Rahmen der Evolutionstheorie von den Details der jeweiligen Evolutionsprozesse abgesehen und allein der durchschnittliche Erfolg eines Typus betrachtet wird, so wie er in dem probabilistischen und aggregierenden Maß der Fitness (↑Anpassung) quantifiziert wird. In der Evolutionstheorie erfolgt also, wie K. Sterelny und P. Kitcher dies 1988 nennen, eine »grobkörnige« Beschreibung, und ihr Weg liegt in einer »Strategie des Mittelns«.[286]

A. Rosenberg beurteilt die Theorie 1994 als »instrumentalistisch«, insofern sie anders als die physikalisch grundlegenden Theorien nicht eine objektive Realität beschreibe, sondern ausgehend von unseren Interessen formuliert sei. Dieser Relativismus beruht nach Rosenberg auf den basalen Parametern der Theorie – so etwa dem Konzept der ›Genfrequenz‹ (s.o.), das sich nicht auf die individualistisch-konkrete Ebene beziehe, auf der die Naturprozesse wirken, sondern ein statistisches Maß ist, das verschiedene Prozesse zusammenfasst und damit relativ zur kausalen Ebene ein Epiphänomen beschreibe.[287]

Die Transformation der Organismen von einer Art in eine andere lässt sich allerdings kaum anders als mittels aggregierender Parameter typologisch beschreiben. Als Theorie der Transformation von Organismen hat die Evolutionstheorie demnach das typologische Erbe, das zu bekämpfen sie angetreten ist, selbst noch nicht überwunden. Und auch der Selektionsprozess selbst lässt sich lediglich auf typologischer Grundlage beschreiben: In einer wichtigen Unterscheidung weist E. Sober 1981 darauf hin, dass die Objekte der Selektion zwar physische Körper sein können – in der *Selektion von* Organismen beispielsweise –, dass der kausale Hintergrund der Selektion aber typologische Eigenschaften betrifft – die *Selektion für* ein bestimmtes Merkmal etwa (↑Selektion).[288] In der Evolutionstheorie werden damit Allgemeinaussagen über nicht konkrete physische Körper gemacht; die Theorie basiert auf der Identifizierung von typologischen Merkmalen und auf der Quantifizierung über diese Merkmale: »it is part of the point of evolution theory to codify generalizations about what kinds of properties will be selectively advantageous in what kind of environment«.[289] Indem auf diese Weise den organismischen *Merkmalen* als abstrakten Begriffen ein ontologischer Status eingeräumt wird, offenbart sich der Antinominalismus der Evolutionstheorie: »evolutionary theory is a particularly interesting counterexample to attenuated nominalism«[290].

Allgemeine Einigkeit besteht darüber, dass der statistische Charakter der Theorie nicht auf einem physikalischen Indeterminismus beruht, sondern allein epistemischen Bedingungen zuzuschreiben ist. Insbesondere ist heute allgemein anerkannt, dass der Indeterminismus der Quantenmechanik nicht für den probabilistischen Charakter der Theorie verantwortlich ist.[291] Probabilistisch wird die Theorie nur, weil sie die Veränderung von Organismen ausgehend von einer Populationsbetrachtung erklärt, und die Ursache der Veränderung, die Fitnessunterschiede zwischen Organismen, nur langfristig wirksam wird. Das Ergebnis der Veränderung kann damit von vielen Einflussfaktoren, die von der Theorie nicht erfasst werden, (z.B. Drift, Umweltänderungen) modifiziert werden.[292] Auch der »Zufall«, von dem in der Evolutionstheorie vielfach die Rede ist, ist nicht als physikalische Ursachelosigkeit oder Indeterminiertheit zu verstehen, sondern als Unabhängigkeit des primären Auftretens von Veränderungen (durch Mutationen) von ihrem Nutzen. ›Zufall‹ meint hier das Fehlen antizipierender Funktionalität, nicht Akausalität (↑Mutation).

Axiomatische und modelltheoretische Rekonstruktion
Zur Verbesserung der Transparenz der evolutionstheoretischen Argumentationen ist die Evolutionstheorie in ein axiomatisches System gebracht worden. Der bekannteste Ansatz dieser Art stammt von M.B. Williams aus dem Jahr 1970. Sie geht dabei von folgenden primitiven, d.h. in der Axiomatisierung vorausgesetzten und nicht definierten Begriffen aus: (1)

Axiom 1: Darwinian subclan
Every Darwinian subclan is a subclan of a clan in some biocosm.

Axiom 2: Limited number of organisms
There is an upper limit to the number of organisms in any generation of a Darwinian subclan.

Axiom 3: Fitness
For each organism there is a positive real number which describes its fitness in its particular environment.

Axiom 4: Expansion of the fitter subcland
Consider a subclan D_1 of D. If D_1 is superior in fitness to the rest of D for sufficiently many generations [...], then the proportion of D_1 in D will increase.

Axiom 5: Fixation of subclands
In any generation m of a Darwinian subclan D which is not on the verge of extinction, there is a subclan D_1 such that: D_1 is superior to the rest of D for long enough to ensure that D_1 will increase relative to D; and as long as D_1 is not fixed in D it retains sufficient superiority to ensure further increases relative to D.

Theorem 1: Differential Perpetuation
In every generation of every Darwinian subclan there exist subclands D_1 and D_2 such that during the next several generations D_1 increases faster than D_2.

Theorem 2: Fixation
In every generation of every Darwinian subclan D there is a fitter subclan which is not yet fixed in D but which is expanding under the influence of natural selection and will become fixed in D.

Theorem 3: Descent with modification
For any Darwinian subclan D which does not die out, there is an infinite sequence of subclands, $D_1, D_2, ...,$ such that each subclan is contained in its predessor and each is fitter than its predessor for long enough for natural selection to ensure that it becomes fixed in D.

Tab. 70 Ausschnitt aus der Axiomatisierung der Evolutionstheorie durch M.B. Williams (die Axiome und Theoreme sind allein in ihrer informellen Fassung formuliert) (aus Williams, M.B. (1970). Deducing the consequences of evolution: a mathematical model. J. theor. Biol. 29, 343-385).

biologische Entität, z.B. Organismen, (2) die Relation *ist ein Elternteil von*, (3) *Fitness* für ein quantifizierbares Maß für den Erfolg einer biologischen Entität und (4) *darwinscher Subclan* für eine Menge von Organismen und deren Nachfahren, die in ähnlicher Weise auf Selektionskräfte reagieren. Weiter definiert Williams einen *Subcland* als eine Teilmenge eines darwinschen Subclans, die von Generation zu Generation in ihrer Größe schwanken kann. In zwei Axiomen wird festgelegt, dass jeder darwinsche Subclan einen Subcland hat, dessen Mitglieder eine höhere Fitness als andere Mitglieder des darwinschen Subclans haben und dass dieser Subcland innerhalb des Subclans expandiert bis alle anderen Mitglieder des Subclans verdrängt sind. Aus diesen und anderen Axiomen wird auf die grundlegenden Theoreme der differenziellen Fortpflanzung, der Fixierung eines Subclands und der Abstammung mit Modifikationen geschlossen (vgl. Tab. 70).[293]

Neben diesem »syntaktischen« Ansatz zur Rekonstruktion der Evolutionstheorie entwickeln sich seit den 1980er Jahren »semantische« Ansätze. Diese zielen nicht mehr auf ein vollständiges und in sich widerspruchsfreies deduktives System, sondern formulieren nur lokal gültige »Modelle«. Den Hintergrund für das Aufkommen dieses Ansatzes stellt das Interesse an dem Aspekt der Dynamik und Vorläufigkeit vieler wissenschaftlicher Theorien dar. Die Theorien liegen aufgrund ihrer Entstehung in einem an vielen Fronten zugleich fortschreitenden Forschungsprozess vielfach eben nicht als fertige, in sich konsistente Aussagensysteme vor. Besonders geeignet ist dieser Ansatz außerdem für die Evolutionstheorie, weil diese offensichtlich aus mehreren nur locker miteinander verbundenen Teiltheorien besteht (der Populationsgenetik, Biogeografie, Phylogenetik etc.). Im Rahmen der semantischen Theorierekonstruktion wird unter einem »Modell« eine außersprachliche, abstrakte mathematische Struktur verstanden, in der sich Gesetze formulieren lassen. Reale Phänomene können dann in einem zweiten Schritt durch Feststellung der Isomorphie mit dem Modell erklärt werden. So wie die tatsächlichen Theorien können auch die Modelle nebeneinanderstehende und sich zum Teil überlappende Strukturen aufweisen und müssen nicht in einem hierarchischen oder axiomatischen Verhältnis zueinander stehen. Sie ermöglichen damit eine flexible Anpassung an einen noch nicht abgeschlossenen, sich wandelnden Komplex von Theorien. Für die Evolutionstheorie wenden P. Thompson und E. Lloyd in den 1980er Jahren den semantischen Ansatz erfolgreich v.a. für den basalen Bereich der Populationsgenetik an.[294] E. Lloyd überträgt das Verfahren später auch auf einen Vergleich von Modellen zur Selektion.[295] Bisher hat dieser Ansatz allerdings kaum Einsichten gebracht, die über das in der weniger formalisierten Sprache der Biologen Formulierte hinausgingen.[296]

Empirischer Gehalt der Theorie
Nicht wenige Biologen und Theoretiker der Biologie haben nach der Formulierung der Evolutionstheorie durch Darwin dafür argumentiert, die Theorie sei

nicht allein durch das erdrückende empirische Material eine bestens belegte Theorie, sondern sie habe darüber hinaus einen quasi apriorischen, alternativlosen Status in der Biologie. So heißt es 1866 bei E. Haeckel: »Es gibt keine andere Theorie und es ist auch keine andere Theorie denkbar, welche uns die gesammten Form-Veränderungen der Organismen erklärt«.[297] Und weiter: »Wir haben also bloss die Wahl zwischen dem völligen Verzicht auf jede wissenschaftliche Erklärung der organischen Natur-Erscheinungen und zwischen der unbedingten Annahme der Descendenz-Theorie«.[298] Haeckel bezieht diese Beurteilung auf den phylogenetischen Teil von Darwins Theorie, die genealogische Verbundenheit von Organismen verschiedener Arten. Von den Theoretikern der Biologie wird auch der anderen Komponente der Theorie, dem Prinzip der Natürlichen Selektion, dieser Status zugeschrieben (s.o.). N. Hartmann bringt bereits 1950 diese Einschätzung zum Ausdruck, wenn er schreibt, das Selektionsprinzip sei »kein bloßer Erfahrungssatz, sondern eine echt apriorische Einsicht«.[299] Es folgt eben aus wenigen Annahmen, im Prinzip bereits aus der Variabilität und Erblichkeit der Fitness.

Es sind daneben aber noch andere Erklärungen zumindest »denkbar« (Haeckel), so dass sowohl die Deszendenz- als auch die Selektionstheorie selbstverständlich empirische und nicht alternativlos oder apriorisch gültige Theorien sind. Drei mögliche andere Erklärungen für die Vielfalt der Formen und ihre Veränderung sind *Drift* (zufällige Häufigkeitsänderungen; s.u.), *Orthogenese* (richtende Prinzipien der Entwicklung) und *Design* (intentionale Schöpfung).

In der genetischen Drift liegt eine langfristige Veränderung von Organismen vor, die sich nicht systematisch auf die Eigenschaften der Organismen selbst zurückführen lässt, sondern auf Zufallsereignisse ihrer Umwelt. In einer Population, in der Drift wirksam ist, entspricht also die Rate des tatsächlichen Überlebens und der tatsächlichen Fortpflanzung von Organismen eines Typs nicht ihrer aus intrinsischen Eigenschaften abgeleiteten Überlebens- und Fortpflanzungswahrscheinlichkeit (d.h. ihrer Fitness) (Brandon 2008: »Drift simply is the deviation from probabilistic expectation«[300]). Praktisch auszuschließen ist es allerdings, dass die organischen Ordnungsstrukturen und Anpassungsphänomene durch Drift entstanden sind. Ein Verweis auf Zufallseffekte kann außerdem grundsätzlich kaum als Erklärung für die Entstehung von Ordnung gelten.

Eine zumindest theoretisch mögliche (und bis ins 20. Jahrhundert vielfach favorisierte) Erklärung schließt die Annahme richtender Kräfte ein (Orthogenese; ↑Fortschritt). Denkbar ist es, dass mit der Organisation von Lebewesen allgemeine und mit einem jeweiligen Bauplan besondere Prinzipien gegeben sind, welche die langfristige Transformation in bestimmter Richtung determinieren. Allerdings sind diese möglichen Prinzipien oder »Gesetze der Form« bis heute nicht gefunden, und es ist fraglich, ob sie existieren (↑Typus).

Die populärste Alternativerklärung für die Vielfalt und Ordnung der organischen Welt ist aber die Annahme eines intentionalen Designs durch einen Schöpfergott, also der Kreationismus. Die Debatte um den Kreationismus wird unter weltanschaulichem Vorzeichen bis in die Gegenwart geführt.[301] Der Ausdruck *Kreationismus* (engl. »creationism«) wird in der ersten Hälfte des 19. Jahrhunderts in verschiedenen theologischen Bedeutungen verwendet; seit den 1870er Jahren bezeichnet er eine Position, die als Alternative zu Darwins Evolutionstheorie diskutiert wird.[302] Die modernen Anhänger des Kreationismus formieren sich seit Ende des 20. Jahrhunderts unter dem Label *Intelligentes Design* – ein Ausdruck, der in dieser Bedeutung im Englischen bereits vor der Veröffentlichung von Darwins Theorie erscheint (Anonymus 1825: »Zoology [...] must be regarded, not only as an amusing and interesting study, but as a most important branch of natural theology, teaching, by the intelligent design and wonderful results of organization, the wisdom and power of the Creator«[303]). In der heute üblichen zugespitzten Alternative von *Design* versus *Evolution* erscheint der Ausdruck seit den 1960er Jahren (Jack 1965: »the null hypothesis would be: ›Life on this planet is a chance result of natural processes‹, and the test hypothesis would be: ›Life on this planet is the result of intelligent design‹«[304]). Wissenschaftlich hat die Debatte keine Substanz. Wissenschaftstheoretisch ist der Kreationismus insofern von Relevanz, als er eine theoretisch denkbare, aber nach wissenschaftlichen Maßstäben extrem unwahrscheinliche Erklärung der organischen Welt anführt. Überspitzt gesagt: Der Kreationismus leistet einen Beitrag zur wissenschaftstheoretischen Validierung der Evolutionstheorie, insofern er auf eine theoretisch denkbare Alternative hinweist und damit die prinzipielle Falsifizierbarkeit der Theorie ermöglicht – eine Validierung allerdings durch einen sehr schwachen Gegner.

Thermodynamik und Chemie der Evolution
Ein Ansatz, der in gewisser Weise dem Kreationismus entgegengesetzt ist, weil er sich darum bemüht, die Evolutionsvorstellung nicht aus der Naturwissenschaft herauszulösen, sondern sie im Gegenteil in ihr tiefer zu verankern, betrachtet die Evolution unter

thermodynamischem Vorzeichen. Der Versuch einer thermodynamischen Fundierung der Evolutionstheorie liegt insofern nahe, als entscheidende abstrakte Konzepte der biologischen Beschreibung des Evolutionsverlaufs, wie *Ordnung, Komplexität, Richtung* und *Irreversibilität*, thermodynamisch exakt zu bestimmende Größen sind. Die Thermodynamik irreversibler Systeme erscheint insofern angemessen, zumindest einige Aspekte der biologischen Evolution physikalisch-chemisch zu erfassen. So zeigt die einmalige Geschichte des Lebens auf der Erde offenbar »Bifurkationspunkte«, die langfristige Veränderungen in eine zufällige Richtung bedingt haben können.[305]

Diese Ansätze sind allerdings auch sehr umstritten, weil die Irreversibilität der Evolution nicht unbedingt eine Konsequenz der thermodynamischen Irreversibilität ist und die entscheidenden evolutionären Schritte wie die Prozesse der Artbildung nur unzureichend thermodynamisch modelliert werden können.[306]

In der Logik der Anwendung der Thermodynamik auf die organische Evolution liegt es, auch die Bildung anorganischer Strukturen thermodynamisch zu erklären. Theorien zur Entstehung der Vielfalt chemischer Strukturen in der Natur laufen seit Ende des 19. Jahrhunderts unter dem Titel **chemische Evolution**. Dieser Ausdruck erscheint seit Ende des 18. Jahrhunderts zur Bezeichnung der Freisetzung einer Substanz oder Wärme als Ergebnis eines chemischen Prozesses (Anonymus 1790: »chemical evolution of pure air«[307]; Darwin 1796: »chemical evolution of heat from the food in the process of digestion«[308]). Im Sinne des historischen Prozesses der Entstehung chemischer Grundsubstanzen, der in Analogie zur Entstehung der biologischen Arten konzipiert wird, findet er sich seit den 1870er Jahren (Stuart-Glennie 1873: »such a new historical science as that of the chemical evolution of Substances«[309]; Fiske 1874: »chemical evolution must have taken place before the first appearance of living protoplasm«[310]; Abbott 1887: »chemical evolution of the elements, in itself«[311]). Zu Beginn des 20. Jahrhunderts wird versucht, auch die Entstehung der komplexeren anorganischen Elemente nach dem Modell der organischen Evolution zu erklären (Crookes 1903: »the chemical elements owe their stability to being the outcome of a struggle for existence – a Darwinian development by chemical evolution – a survival of the most stable«[312]). Auch die Evolution des Lebens selbst kann als chemische Evolution beschrieben werden (Morris 1882: »The Chemical Evolution of Life«[313]).

Mikro-/Makroevolution

Als ›Makroevolution‹ bezeichnet J. Philiptschenko 1927 einen Evolutionsprozess, der eine Artbildung einschließt, bei dem also eine neue Art aus der Aufspaltung einer Vorgängerpopulation entsteht.[314] Im Gegensatz dazu betrifft die »Mikroevolution« nach Philiptschenko evolutionäre Veränderungen, die keine Artbildung einschließen. In diesem Sinne ist von ›Mikroevolution‹ schon vor Philiptschenko die Rede. Der Ausdruck wird allerdings zunächst in Bezug auf die Individualentwicklung eines Organismus verwendet (Leavitt 1909: »the micro-evolution which we call ontogenesis«[315]). R.R. Gates gebraucht ihn 1911 dann aber für Evolutionsprozesse (»granting the facts of mutation, we have only accounted for a micro-evolution, and it has still to be shown that the larger tendencies can be sufficiently accounted for by the same means, without the intervention of other factors«).[316]

S.M. Stanley definiert den Terminus ›Makroevolution‹ 1982 als evolutionären Wandel in den biologischen Eigenschaften eines bestehenden höheren Taxons oder als Entstehung eines solchen Taxons (»evolutionary change in the biological properties of an existing higher taxon, or evolutionary change bringing about the origin of a new higher taxon«[317]).

Die Unterscheidung von Mikro- und Makroevolution spielt eine Rolle in den Auseinandersetzungen um die Frage, ob die kleinen Mutationsschritte (»Mikromutationen«; ↑Mutation), die zwischen den Varietäten einer Art vorkommen, ausreichen, um die Übergänge zwischen Arten, d.h. die »transspezifische Evolution« (Rensch 1947)[318], zu erklären.[319] O.H. Schindewolf[320] und R. Goldschmidt[321] bezweifeln dies in den 1930er Jahren und nehmen daher zusätzliche »Makromutationen« als notwendig an. Kritisiert wird diese Annahme besonders von G.G. Simpson und B. Rensch, die zeigen, dass langfristige Veränderungen auch als Summe kleiner Mutations- und Selektionsschritte vorstellbar sind, dass also die langfristigen Transformationsprozesse auf keinen anderen Prozessen beruhen als die Veränderungen innerhalb einer Art.[322]

Seit Mitte des 20. Jahrhunderts werden daher in der Regel keine eigenen Mechanismen der Makroevolution mehr angenommen. Anerkannt wird aber, dass die Makroevolution zu langfristigen Mustern der Entwicklung führen kann, die unter den Begriffen **phylogenetische Drift** (Stanley 1979: »phylogenetic drift«[323]), *gerichtete Artbildung* (»directed speciation«[324]) und *Artenselektion* (»species selection«[325]; ↑Selektion) beschrieben werden. Diese Begriffe beziehen sich auf langfristige Trends in der Entwicklung von Stammeslinien.

Aber auch wenn seit den 40er Jahren ähnliche Mechanismen für Mikro- und Makroevolution angenommen werden, ist die Frage, ob die Evolution immer in kleinen Schritten gradualistisch verläuft, damit noch nicht entschieden. Simpson postuliert 1944 eine sprunghafte Veränderung von organischen Formen mit der Entstehung neuer Typen in einer Phase raschen Wandels, der so genannten *Quantenevolution* (»Quantum Evolution«).[326] Die Quantenevolution soll sich in kleinen isolierten Populationen abspielen. Ein ähnliches Modell des Wechsels von Phasen der Konstanz und des plötzlichen Umbruchs formulieren Eldredge und Gould in ihrer Theorie des *durchbrochenen Gleichgewichts* (»punctuated equilibrium«)[327] (↑Phylogenese).

Auf einer rein sprachlichen Grundlage kritisiert Rensch die Begriffsbildung, weil griechische und lateinische Wortelemente zusammengeführt werden. Er schlägt stattdessen die Termini *infraspezifische* bzw. *transspezifische Evolution* vor.[328]

Koevolution

Der biologische Begriff der Koevolution lässt sich seit den 1920er Jahren nachweisen (zuvor außerbiologisch, z.B. Smyth 1916: »the co-evolution of body and soul«[329]). Er wird anfangs auf das evolutionäre Miteinander von Pflanzen und Tieren bezogen. Eingeführt wird der Ausdruck in den biologischen Kontext durch H. Reinheimer im Rahmen seiner »symbiogenetischen« Theorie der Evolution des Lebens (↑Symbiose).[330] In einer Monografie mit dem Titel ›Symbiose‹ aus dem Jahr 1920 beschreibt Reinheimer die Koevolution von Pflanzen und symbiotischen Pilzen sowie von Pflanzen und Tieren einfach als ein Faktum (»the facts of co-evolution between animals and plants«[331]). Reinheimer betont in den folgenden Jahren in kleineren Aufsätzen den grundlegenden Charakter des Prinzips der Koevolution für die Evolution des Lebens (1923: »fundamental principle of co-evolution«[332]; 1924: »Symbiosis, whatever form it may take, has the sanction of Nature to an eminent degree«[333]; 1931: »the idea of the symbiotic co-evolution of organic life«[334]).

Seit Ende der 1940er Jahre wird das Wort v.a auf die generationenübergreifende Interaktion zwischen Wirtsorganismen und Parasiten bezogen. Als erster verwendet wohl G.J. Hardin 1949 den Ausdruck in dieser Bedeutung (»evolution as coevolution of host and parasite«[335]). Allgemein bekannt wird das Konzept, nachdem C.J. Mode 1958 für die wechselseitige evolutionäre Anpassung von Parasiten und ihren Wirten ein mathematisches Modell formuliert und in der Zeitschrift ›Evolution‹ veröffentlicht.[336] P.R. Ehrlich und P.H. Raven, die später meist für die Begriffsprägung verantwortlich gemacht werden, beziehen den Ausdruck einige Jahre später auf die gegenseitige Beeinflussung der Eigenschaften von Pflanzen und herbivoren Insekten in ihrer jeweiligen Evolutionsgeschichte.[337] Die gegenseitigen evolutionären Antworten werden für die Diversifizierung der Formen sowohl auf Seiten der Pflanzen als auch der herbivoren Insekten verantwortlich gemacht. Die koevolutionäre Interaktion der beteiligten Arten wird 1971 – in der Wortwahl sicherlich nicht unabhängig von der weltpolitischen Lage – als ein *evolutionäres Wettrüsten* (»evolutionary arms race between plants and insects«) beschrieben.[338]

Das Konzept der Koevolution entspricht weitgehend dem älteren Begriff der *Koadaptation* (↑Anpassung), den bereits Darwin für eine interdependente Evolution von zwei Organismentypen verwendet. Außerhalb der Biologie ist bereits 1902 für die Entwicklung der Musik von einer ›Koevolution‹ zwischen Harmonie und Akustik die Rede (»Co-evolution of Harmony and Acoustics«).[339]

Im Prinzip stellt die Koevolution eine einfache Konsequenz der langfristigen und nachhaltigen Interaktion der Organismen verschiedener Arten dar.[340] Sie liegt vor, wenn in der Abstammungslinie einer Art ein Merkmal als Reaktion auf ein Merkmal der Organismen einer anderen Art entsteht, und wenn umgekehrt das Merkmal der letzteren als Reaktion auf das Merkmal der Organismen der ersten Art gebildet ist. G. Bateson definiert den Begriff in dieser Weise 1979: »Ein stochastisches System der evolutionären Veränderung, in dem zwei oder mehr Spezies so aufeinander einwirken, daß Veränderungen in der Spezies A die Stufe für die Natürliche Selektion von Veränderungen in der Spezies B setzen. Spätere Veränderungen in der Spezies B setzen wiederum die Stufe für die Selektion von weiteren ähnlichen Veränderungen in der Spezies A«.[341] In der Koevolution liegt also eine wechselseitige Anpassung vor. Ehrlich und Raven sprechen bei Schmetterlingen und deren Nahrungspflanzen von *reziproken evolutionären Verhältnissen* (»reciprocal evolutionary relationships of butterflies and their food plants«).[342]

Im eigentlichen Sinne kann von einer Koevolution erst nach der Formulierung der Evolutionstheorie durch Darwin gesprochen werden. Verhältnisse der wechselseitigen Anpassung zwischen Organismen verschiedener Arten werden aber auch schon vor Darwin beschrieben. Ein besonders prägnantes Beispiel sind die Verhältnisse zwischen Blütenpflanzen und Insekten, deren nähere Untersuchung C.K.

Sprengel 1794 veröffentlicht, und die in genau dieser Beschreibung auch Darwin stark beeindrucken. Sprengel formuliert als Ergebnis seiner Untersuchungen, »daß viele, ja vielleicht alle Blumen, welche Saft haben, von den Insekten, die sich von diesem Saft ernähren, befruchtet werden, und daß folglich diese Ernährung der Insekten zwar in Ansehung ihrer selbst Endzweck, in Ansehung der Blumen aber nur ein Mittel und zwar das einzige Mittel zu einem gewissen Endzweck ist, welcher in ihrer Befruchtung besteht«.[343] Weil außerdem umgekehrt die Befruchtung der Blumen für die Insekten auch nur ein Mittel ist (um an Nahrung zu gelangen), stehen Insekten und Blumen also in einem wechselseitigen Verhältnis von Mittel und Zweck zueinander. Sprengel belegt dies durch den Nachweis vieler anatomischer Eigenheiten der Insekten und Blumen, die allein durch ihre Beziehung auf den Partner funktional gedeutet werden können.

In der zweiten Hälfte des 19. Jahrhunderts diskutiert H. Müller die Blütenbiologie und das Verhältnis von Blumen und Insekten nach darwinistischen Prinzipien. Er analysiert dabei das Verhältnis als eine »gegenseitige Anpassung«.[344]

Detaillierte Untersuchungen zur Koevolution zwischen Pflanzen und Insekten werden in den 1920er Jahren von C.T. Brues durchgeführt.[345] Neben der Koevolution von Pflanzen und Pflanzenfressern, die u.a. für die Vielfalt an sekundären Pflanzenstoffen besonders der Angiospermen verantwortlich gemacht wird, wird das Modell der Koevolution auf viele andere Räuber-Beute-Beziehungen oder kooperative Interaktionen angewandt. Außerdem ist auch von der Koevolution zwischen Organismus und Umwelt die Rede. So spricht L.J. Henderson 1913 nicht nur von der Anpassung der Organismen an die Umwelt, sondern auch der *Fitness der Umwelt* für die Organismen (»The Fitness of the Environment«).[346] In der zweiten Hälfte des 20. Jahrhunderts wird es üblich, die Beziehung von Organismus und Umwelt als Wechselseitigkeit oder Koevolution zu beschreiben (↑Umwelt).[347]

Mosaik-Evolution

Unter ›Mosaik-Evolution‹ wird der Vorgang der Evolution verstanden, bei dem verschiedene Teile eines Organismus sich in unterschiedlichen Raten verändern. Eingeführt wird der Ausdruck 1954 von G. de Beer in der Analyse des Nebeneinanders von Reptilien- und Vogelmerkmalen bei dem Urvogel *Archaeopteryx* (»mosaic evolution«[348]): »It is a mosaic in which some characters are perfectly reptilian, and others no less perfectly avian. In its evolution from its reptilian ancestors, therefore, the modifications which it has undergone have affected some structures to produce their complete transformation while other structures have not yet been affected at all«.[349] Der Ausdruck wird später u.a. von E. Mayr aufgegriffen und verbreitet. Nach Mayr bildet jeder Organismus ein Mosaik aus primitiven und fortschrittlichen Merkmalen (»Every evolutionary type is a mosaic of primitive and advanced characters, of general and specialized features«[350]).

Isolation

›Isolation‹ ist ein im 18. Jahrhundert aus dem französischen ›isolation‹ ins Deutsche entlehntes Wort. Dieses wiederum geht über das italienische Verb ›isolare‹ auf ›isola‹ »Insel« (vgl. lat. ›insula‹) zurück und hat also die ursprüngliche Bedeutung »zur Insel machen, abtrennen«. Am Ende des 18. Jahrhunderts steht der Ausdruck zumeist im Kontext der Elektrizitätslehre. In biologischer Bedeutung erscheint er zu Beginn des 19. Jahrhunderts bei J.-B. Lamarck, allerdings nicht in dem später dominanten biogeografischen Sinn, sondern zur Bezeichnung der Stellung einer taxonomischen Gruppe im System der Tiere (»l'isolation plus ou moins remarquable de beaucoup d'espèces, de certains genres et même de quelques petites familles«).[351] In biogeografischer Bedeutung erscheint der Ausdruck Mitte der 1830er Jahre (Blyth 1835: »Breeds […] may possibly be sometimes formed by accidental isolation in a state of nature«[352]; Webb & Berthelot 1836: »M. Mirbel has similarly had occasion to remark different instances of isolation […] ›Mountainous countries‹, he says, ›possess many species of limited or solitary habitats, which confine themselves to the heights, and are never found on the plains«[353]).

Ohne den Ausdruck zu verwenden, weist L. von Buch 1825, also lange vor der Formulierung der Evolutionstheorie, auf die Möglichkeit der Bildung von ↑Arten durch geografische Isolation hin: »Die Individuen der Gattungen auf Continenten breiten sich aus, entfernen sich weit, bilden durch Verschiedenheit der Standörter, Nahrung und Boden Varietäten, welche, in ihrer Entfernung nie von andern Varietäten gekreuzt und dadurch zum Haupttypus zurückgebracht, endlich constant und zur eigenen Art werden«.[354]

Im Rahmen der Evolutionstheorie verwendet C. Darwin das Wort seit seinen ersten Entwürfen zur Evolutionstheorie. Darwin betont dabei die Bedeutung von Barrieren (»high importance of barriers«[355]) und betrachtet die »Prinzipien« der Migration und

Isolation als wichtige Faktoren für die Entstehung neuer Arten.³⁵⁶ Die Diskussion der geografischen Isolation als Evolutionsfaktor findet sich bei Darwin schon in den Einträgen seiner Notizbücher aus den Jahren 1837-38 (»If species made by isolation, then their distribution (after physical changes) would be in rays – from certain spots«).³⁵⁷ Auch in dem nicht veröffentlichten ›Sketch‹ von 1842 taucht das Wort ›isolation‹ bereits auf.³⁵⁸ Anfangs geht Darwin davon aus, dass Artbildungen allein durch geografische Isolationen vor sich gehen, nicht nur auf Inseln, sondern auch auf dem Festland. In seinem Hauptwerk macht er dann die Bildung neuer Arten allerdings nicht vom Vorliegen einer geografischen Isolation abhängig. Er erwägt auch die Möglichkeit einer Isolation durch ethologische oder ökologische Differenzierung von am gleichen Ort lebenden Organismen³⁵⁹, also eine *sympatrische Artbildung*, wie es später heißt (↑Art) (»I do not doubt that over the world far more species have been produced in continuous than in isolated areas«³⁶⁰). Außerdem hält er die Wahrscheinlichkeit der Entstehung und Ausbreitung von vorteilhaften Varianten in großen Populationen für größer als in kleinen, isolierten. Wiederholt betont Darwin die große Bedeutung, die er der Isolation als Evolutionsfaktor beimisst, so bereits in der ersten Auflage des ›Origin‹ von 1859: »Isolation […] is an important element in the process of natural selection«.³⁶¹

Anders als Darwin in den späten 1850er Jahren hält M. Wagner 1868 eine Artbildung ohne Isolation nicht für möglich, weil durch die ohne Isolation weiterhin vorhandene Vermischung der Merkmalsträger keine anhaltende Formveränderung möglich werde.³⁶² Wagner weist also auf das Problem der mischenden Vererbung (»blending inheritance«) für eine Selektionstheorie hin (↑Selektion). Darwin, der anfangs die Mischung sogar als einen positiven Selektionsfaktor betrachtet, weil sie eine schnelle Ausbreitung vorteilhafter Formen ermögliche³⁶³, ist nach der Auseinandersetzung mit Wagner der Auffassung, eine Artbildung ohne Isolation sei unwahrscheinlich. Er hält aber gleichzeitig daran fest, dass sie noch nicht hinreichend ist für eine Artbildung.³⁶⁴ Zu seinen früheren Einsichten, die Möglichkeit einer Artbildung aufgrund ethologischer oder ökologischer Differenzierung betreffend, kommt Darwin kaum zurück.

Für die Möglichkeit einer reproduktiven Isolation ohne Ausbildung geografischer Barrieren spricht sich seit den frühen 1870er Jahren J.T. Gulick aus. Gulick betrachtet die Trennung von Organismen einer Art – er nennt diesen Vorgang *Separation* (»separation«) – als biologischen Prozess, eine Bedingung der Art, wie er sagt, nicht aber der Umwelt dieser Art: »Separati-on […] does not necessarily imply any external barriers, or even the occupation of separate districts«.³⁶⁵ Der biologische Vorgang der Separation kann nach Gulick zu einer *Segregation* (»segregation«) führen, d.h. zu dem stabilen Zustand der Kreuzung ähnlicher Formen und der Vermeidung der Kreuzung unähnlicher Formen.³⁶⁶ Die Folge der reproduktiven Separation ist nach Gulick eine *divergierende Evolution* (»divergent evolution«): Bei dieser Form der Evolution kommt es zur Transformation einer Art in verschiedene neue Arten (»Typen«), weshalb Gulick auch von einer **polytypischen Evolution** (»polytypic evolution«) spricht – diese steht im Gegensatz zuer **monotypischen Evolution** (»monotypic evolution«), die allein in der Umwandlung einer Art ohne Aufspaltung besteht. Die zur Entstehung neuer Arten führende divergierende Evolution meint Gulick nicht über das Prinzip der Natürlichen Selektion erklären zu können; er will daher dem Gesetz der Selektion ein ebenso fundamentales *Gesetz der Segregation* an die Seite stellen.³⁶⁷

Im 20. Jahrhundert werden die von Gulick ›Separation‹ und ›Segregation‹ genannten Phänomene meist als ›Isolation‹ bezeichnet. Entgegen der Wortverwendung bei Gulick wird unter ›Separation‹ manchmal allein eine geografische Trennung verstanden, die von der biologischen ›Isolation‹ unterschieden wird.³⁶⁸ Gulicks Einsicht, dass eine reproduktive Isolation von Populationen keine räumliche Trennung voraussetzt, sondern auf anderen (biologischen) Barrieren beruhen kann, wird vielfach bestätigt.

Bis in die 1930er Jahre wird ›Isolation‹ meist als ein primär räumlich-geografischer Begriff verstanden, der sich auf die *Ursachen* der biologischen Artbildung bezieht, nicht auf die biologischen Mechanismen selbst (Četverikov 1926: »the degree of differentiation within a species is directly proportional to the degree of isolation of its separate parts«³⁶⁹).

T. Dobzhansky führt 1935 die Bezeichnung ***Isolationsmechanismen*** (»isolating mechanisms«) ein.³⁷⁰ Er definiert sie als diejenigen Mechanismen, die eine Kreuzung von Individuen verhindern (»any agent that hinders the interbreeding of groups of individuals«).³⁷¹ Dobzhansky versteht darunter sowohl nicht-biologische (»geografische«) als auch biologische (»physiologische«) Faktoren (wenngleich er besonderes Gewicht auf letztere legt: »the presence of physiological mechanisms making interbreeding difficult or impossible«³⁷²). In einem nicht-terminologischen Sinn erscheinen verwandte Formulierungen bereits vorher (zur Strassen 1915: »Mechanismus der ›physiologischen Isolation‹«³⁷³).

Diese Betonung verstärkend grenzt E. Mayr die Isolationsmechanismen 1942 auf rein biologische Faktoren ein.[374] Organismen, die sich an geografisch weit voneinander entfernten Orten befinden, müssen daher nach der Definition Mayrs nicht reproduktiv gegeneinander isoliert sein (weil sie durch geografische und nicht biologische Ursachen voneinander getrennt sind). 1963 definiert Mayr Isolationsmechanismen als biologische Eigenschaften von Individuen: »›isolating mechanisms are biological properties of individuals that prevent the interbreeding of populations that are actually or potentially sympatric‹«[375]. Isolationsmechanismen werden im Anschluss daran auf unterschiedlichen biologischen Ebenen identifiziert: auf ethologischer (z.B. Balzverhalten) und ökologischer (z.B. Einnischung) ebenso wie auf morphologischer (z.B. Form der Geschlechtswerkzeuge) und zytologischer (z.B. Polyploidie und andere Chromosomenunterschiede).

Ausgehend von der Populationsgenetik kann die morphologisch-physiologische Divergenz von Organismen nicht allein als eine Folge, sondern auch als eine Ursache der allmählichen (reproduktiven) Isolation von Arten und als Anpassung daran interpretiert werden. Denn Hybride zwischen verschiedenen Formen haben oft einen Fitnessnachteil gegenüber den »reinen« Formen; das etablierte Genom dieser Formen weist eine Integrität auf, die den Organismen einen selektiven Vorteil verleiht. Die Selektion wirkt also in Richtung der Verbesserung der Isolationsmechanismen, weil die Kreuzungen zwischen den morphologisch und physiologisch verschiedenen Organismen in der Regel einer Art einen Fitnessnachteil haben (↑Art).[376]

Die Bedeutung der Isolation für die Entstehung neuer Arten wird seit den 1940er Jahren von E. Mayr betont. In seinen Untersuchungen der geografischen Variation der Vögel der Südsee stellt Mayr fest, dass die Individuen der peripheren Sektoren des Verbreitungsgebiets der Art am meisten von den für die Art typischen Vertretern abweichen. Aus dieser Beobachtung entwickelt Mayr das von ihm so genannte **Gründerprinzip** (»›founder‹ principle«[377]), dem zufolge in der kleinen Population, die ein neues isoliertes Areal besiedelt, (also der »Gründerpopulation«) die besten Voraussetzungen für die Entstehung einer neuen Art gegeben sind. Denn die neue Population, die sich isoliert von ihrer Ausgangspopulation etabliert, enthält nur einen kleinen Teil der genetischen Vielfalt der Art und kann in Verbindung mit einer neuen Umwelt neue evolutionäre Wege einschlagen.[378] In der Gründerpopulation kann es zu genetischen Umstrukturierungen kommen, die geradezu den Charakter von »genetischen Revolutionen« annehmen können.[379]

Mayr betrachtet die Isolation in der Folge seiner Untersuchungen als einen eigenen evolutionären Faktor: Die wesentlichen Schritte der Artbildung vollziehen sich nach Mayr in der Regel aufgrund von Isolationsprozessen; die Rolle der sympatrischen Speziation schätzt Mayr dagegen eher gering ein.[380]

Migration
Das im 19. Jahrhundert ins Deutsche entlehnte Wort ›Migration‹ geht auf das bereits im klassischen Latein verwendete ›migratio‹ »(Aus-)wanderung« zurück[381]. Im Rahmen der Biologie wird die Wanderung von Organismen – v.a. dann, wenn sie regelmäßig und in Gruppen erfolgt (z.B. von Vögeln) – seit dem 17. Jahrhundert als ›Migration‹ bezeichnet (Godwin ca. 1633: »My Birds began to droope, for want of their wonted migration«[382]).

Schriftliche und bildliche Darstellungen der im jahreszeitlichen Rhythmus erfolgenden Wanderungen von Organismen finden sich seit der Antike, z.B. Beschreibungen des Vogelzugs[383] (besonders anschaulich auf den Wandgemälden der altägyptischen »Weltenkammern«[384]) und von Fischwanderungen[385]. Aristoteles spricht in diesem Zusammenhang ausdrücklich von einem ›Wandern‹ (»ἐκτοπίζει«[386]) zu wärmeren Regionen und erklärt dies durch das verminderte Nahrungsangebot im Winter. C. von Linné untersucht in einer eigenen Dissertation aus dem Jahr 1757 die Wanderungen der Vögel unter dem Titel der ›Migration‹ (»Migrationes avium«, z.B.: »Grues in Ægypto hibernare, & in Europam vere remigrantes«).[387]

Besondere Aufmerksamkeit wird der Migration im Rahmen der Etablierung der Evolutionstheorie gewidmet. Zur Untersuchung der Ausbreitungsfähigkeit von Pflanzen führt C. Darwin im Keller seines Hauses in Down viele Versuche durch: So hält er die Früchte zahlreicher Pflanzen in Salzwassertanks und prüft, wie lange sie ihre Keimfähigkeit behalten.[388] Bei Süßwasserschnecken untersucht er, inwieweit sie an den Füßen von Enten haften bleiben und auf diese Weise verbreitet werden können.[389] Die Schlüsse, die Darwin aus den Versuchen zur individuellen Ausbreitungsfähigkeit von Organismen zieht, können als Ergänzung und teilweise als Ersatz seiner älteren Überlegungen zur Rolle von geologischen und großräumigen geografischen Faktoren gewertet werden: Anstelle von ehemals größeren Kontinenten und untergegangenen Landbrücken betont Darwin seit Mitte der 1840er Jahre eher die Fähigkeit einzelner

Organismen zur weiten Ausbreitung.[390] Dies stimmt damit überein, dass in der Entwicklung von Darwins Vorstellung vom Prozess der Evolution intrinsische Eigenschaften der Organismen zunehmend an Bedeutung gewinnen, die Rolle, die externen Einflüssen wie geologischen Ereignissen oder geografischen Faktoren wie der räumlichen Isolation zugeschrieben wird, dagegen abnimmt (s.o.).

Zwar betrachtet Darwin die Migration als einen die Evolution erleichternden, aber doch nicht notwendigen Faktor.[391] Zu einem Widersacher Darwins in dieser Sache wird M. Wagner, der 1868 ein »Migrationsgesetz« aufstellt, dem zufolge die Migration eine »nothwendige Bedingung der natürlichen Zuchtwahl« darstellt.[392] Wagner versteht seine später von ihm »Separationstheorie« genannte Auffassung als Alternative zur Selektionstheorie Darwins. Wagners Vorstellungen finden allerdings keine weite Verbreitung. Die Bedeutung der geografischen Isolation wird erst in den 40er Jahren des 20. Jahrhunderts, insbesondere unter dem Einfluss E. Mayrs, als wichtiges Element in die synthetische Theorie der Evolution integriert (z.B. in Form des »Gründerprinzips«, s.o.). In der zweiten Hälfte des 20. Jahrhunderts gilt die Migration allgemein als ein wichtiger Evolutionsfaktor; er kann in verschiedene Komponenten zerlegt werden (vgl. Abb. 125).

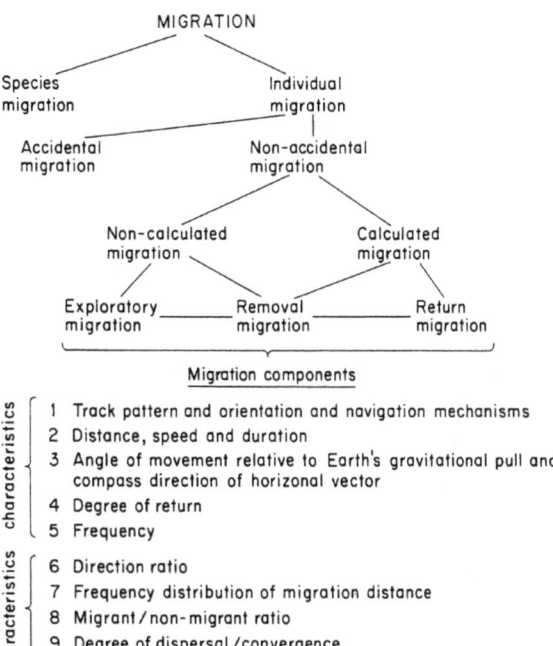

Abb. 125. Hierarchie von Formen und Komponenten der Migration auf den Ebenen von Individuen und Gruppen (aus Baker, R.R. (1978). The Evolutionary Ecology of Animal Migration: 26).

Genetische Drift

Als ›genetische Drift‹ wird der Prozess der zufälligen Veränderung von Genhäufigkeiten in einer Population bezeichnet. Das Wort geht auf S. Wright zurück, der 1929 von dem zufälligen Driften der Genfrequenzen in kleinen Populationen spricht: »those genes which are not controlled by moderately strong selections would ordinarily drift at random through the multiple dimensional system of gene frequencies«.[393] Neben der Verbform verwendet Wright 1929 auch bereits das Substantiv (»In a freely interbreeding population of limited size (n) gene frequency shows random variation [...]. Being random, such variations largely neutralize each other, but there is a second order drift which can not be ignored«).[394] Wright und R.A. Fisher gebrauchen den Ausdruck anfangs allerdings auch für Selektionsprozesse (Wright 1929: »natural selection plays with much greater force on the heterozygotes [...] [resulting in] a gradual drift of the heterozygote toward the wild type«[395]; Fisher 1929: »It is the idlers that make the crowd; and very slight [selective] attractions may determine their drift«[396]).

T. Dobzhansky führt in der zweiten Auflage seines einflussreichen Werks mit dem Titel ›Genetics and the Origin of Species‹ von 1941 den Terminus ›genetische Drift‹ ein und interpretiert diese als eine der Selektion entgegengerichtete »Kraft« (»The processes of the genetic drift and of selection are [...] pitted against each other, and the outcome in any one population depends upon the relative strength of the opposing forces«).[397]

Als eigenständiger, neben Mutation und Selektion bestehender Evolutionsfaktor wird die Drift seit den 1940er Jahren verstanden.[398] Er ist v.a. bei der Abspaltung einer kleinen Population von einer Gesamtpopulation einer Art wirksam, wenn die kleine Population keine repräsentative Auswahl der Individuen aus der Gesamtpopulation darstellt. Der genetischen Drift liegt nach diesem Verständnis also der statistische Fehler eines zu kleinen Umfangs bei der Auswahl einer Stichprobe zugrunde, wie schon Wright bemerkt (»accidents of sampling«[399]; später meist »sampling error«).[400] Auch jede Mutation könnte

1. Mutation
Zufällige Veränderung des Genoms von Organismen, besonders bei der Fortpflanzung

2. Selektive Neutralität von Varianten
Verschieben der Genhäufigkeiten aufgrund des Fehlens eines Selektionsdrucks in Richtung einer Variante

3. Zufallsmortalität
Mortalität von Organismen (besonders durch Katastrophen), die nicht durch adaptive Unterschiede bedingt ist

4. Zufallsfertilität
Abweichung der Anzahl der Nachkommen eines Organismus von der aufgrund seiner intrinsischen Merkmale zu erwartenden Anzahl

5. Migration
Zu- oder Abwanderung von Organismen, die zusammen keine repräsentative Auswahl des Genpools der Population darstellen

5.1. Gründereffekt
Eine nicht-repräsentative Teilmenge einer Population gründet eine neue Population an einem anderen geografischen Ort

Tab. 71. Formen der genetischen Drift.

als ein Faktor der Drift angesehen werden, weil sie eine zufällige Frequenzveränderung von Genen auf der Populationsebene bewirkt. Meist werden jedoch allein die Faktoren der Migration und Mortalität zur Drift gerechnet. Drift kann also auch wirksam sein, ohne dass Mutationen auftreten.

Bei Darwin ist die Vorstellung einer Drift nur angedacht: Er diskutiert die Gefahr des zufälligen Aussterbens bei solchen Arten, die nur wenige Individuen enthalten und gegenüber Fluktuationen von Umweltbedingungen anfällig sind (»any form which is represented by few individuals will run a good chance of utter extinction, during great fluctuations in the nature of the seasons«).[401]

Der erste, der den Zufall auf der Ebene der Population als einen wesentlichen Evolutionsfaktor postuliert, ist J.T. Gulick 1872.[402] Gulick ist über die hohe Variation der Färbung von Landschnecken verschiedener lokaler Populationen auf Hawaii überrascht, weil er keine damit einhergehende Umweltvariation feststellen kann. Die Unterschiede bei Schnecken verschiedener Populationen können damit nicht als Anpassungen an die Umwelt gedeutet werden. Gulick interpretiert sie als Zufallseffekte, die selektiv neutral sind (»indiscriminate destruction or failure to propagate«).[403] Gulick diskutiert auch bereits den Fall einer zufälligen Veränderung der Merkmalsverteilung in einer Population trotz selektiver Unterschiede zwischen den Varianten, der durch eine natürliche Katastrophe (einen Vulkanausbruch) zustande kommt.

Unter der Überschrift »Einfluß der Isolirung« befasst sich auch A. Weismann mit Zufallseffekten bei der Abspaltung der Population einer Art. 1904 hält er fest, »es leuchtet ein, daß Kolonien, die von einer sehr variablen Art gegründet werden, kaum je völlig identisch mit der Stammart sein können, und daß mehrere von ihnen, auch unter Voraussetzung völlig gleicher Lebensbedingungen, auch untereinander verschieden ausfallen werden, denn keine der Kolonien wird *alle* Varianten des Stammgebietes in gleichem Verhältnis enthalten, sondern meist nur *einige* von ihnen«.[404] Formuliert ist damit auch das von E. Mayr später so genannte Gründerprinzip (s.o.).

Mit der Etablierung der quantitativen Populationsgenetik in den 20er Jahren des 20. Jahrhunderts wächst das Interesse an diesen statistischen Effekten. Zwei holländische Forscher tragen viel Material dazu zusammen und diskutieren v.a. den Fall des Verlusts von Allelen in einer Population, der durch die zufällige Erzeugung von Nachkommen entsteht, die alle homozygot mit nur einem der Allele sind.[405] R.A. Fisher nennt diese Art der Zufallsvariation von Populationen nach den Autoren den »Hagedoorn Effekt«[406]; er hält diesen Effekt aber für einen evolutionär unbedeutenden Faktor. Unabhängig davon beschreibt der Genetiker H.J. Muller Phänomene der zufälligen genetischen Variation als Evolutionsfaktor bereits 1918 (»accidental decline and spread of certain lines«).[407] Der Effekt wird auch von ökologischer Seite, z.B. 1927 von C. Elton, diskutiert.[408]

Vor allem ist es aber S. Wright, der den Faktor der Drift bei seinen populationsbiologischen Überlegungen berücksichtigt und ihn in Bezug zur nichtadaptiven Variation von Merkmalen setzt. Aufgrund seiner Untersuchungen zur Inzucht bei Meerschweinchen ist Wright der Überzeugung, dass die Inzucht ein wichtiger Faktor zur Erzeugung vorteilhafter genetischer Interaktionssysteme ist und dass die Evolution am schnellsten erfolgt, wenn eine Verbindung von Inzucht in kleinen Populationen mit Selektion vorliegt.[409] Weil in den kleinen Populationen also Inzucht und Drift, d.h. Variation durch Zufallseffekte (»random variation of gene frequency«[410] oder »random drifting of gene frequencies«[411]), auftritt, misst Wright ihr einen wichtigen Wert in der progressiven Evolution bei. Die Drift führe zur Entstehung neuer Genkombinationen, die dann einer Selektion unterworfen würden. Wegen der Bedeutung Wrights für die Analyse der Drift wird diese seit 1940 auch als *Sewall Wright-Effekt* bezeichnet.[412]

Über die Bedeutung des Faktors der Unterteilung einer Population in isolierte Subpopulationen und der damit zusammenhängenden Zufallsauswahl für den allgemeinen Lauf der Evolution entbrennt eine Auseinandersetzung zwischen Wright und Fisher. Während Wright 1931 behauptet, die zufälligen, nicht adaptiven Effekte der Drift (»non-adaptive radiation«) seien der einzige Mechanismus für eine progressive Evolution (»the only mechanism which offers an adequate basis for a continuous and progressive evolutionary process«[413]), stellt Fisher auch für die kleinen Populationen die Bedeutung der Anpassung an die jeweils verschiedenen Bedingungen der Umwelt als Evolutionsfaktor heraus.[414] Weil Wright davon ausgeht, dass ein Gen für verschiedene Merkmale eines Organismus verantwortlich ist (Pleiotropie), kann es aus seiner Sicht nicht einem einheitlichen Selektionsdruck unterliegen, und die geringen Selektionsraten, die von Fisher angenommen werden, würden nicht ausreichen, um die Frequenz eines Gens zu determinieren. Wright versteht die Drift aber durchaus nicht als alternativen Mechanismus zur Selektion, wie insbesondere aus späteren Stellungnahmen hervorgeht. Die Wirkung der Drift besteht nach Wrights Ansicht im Wesentlichen in einer Erhöhung der Variabilität, an der dann die Selektion angreifen kann. Gemäß seiner *Theorie der Gleichgewichtsverlagerung* (»shifting balance theory«) ermöglicht die Drift die Entfernung der Genfrequenzen einer Population von einem lokalen Optimum der Fitness, um zu einem anderen Optimum fortschreiten zu können.[415] Sie bildet damit einen entscheidenden Weg, lediglich lokale Fitnessoptima wieder zu verlassen.

Seit Ende der 1940er Jahre streicht Wright die Vereinbarkeit von Selektion und Drift als Faktoren der Evolution heraus und versteht sogar einige Formen der Selektion als Drift. Er unterscheidet zwischen ungerichteten oder »Zufallsschwankungen« (»Random fluctuations«) und gerichteten oder »systematischen Änderungen« (»Systematic change«).[416] Später nennt er diese beiden Typen *zufällige Drift* (»random drift«) und *stetige Drift* (»steady drift«).[417] Auch unter den Typ der zufälligen Drift fasst Wright Prozesse der Selektion, nämlich solche, bei denen sich die Selektionsdrücke zufällig verändern, so dass keine gleich bleibende Richtung der Evolution vorliegt (wie dies 1947 für die Farbänderungen einer Motte von Fisher und Ford vorgeschlagen wird[418]). Diese Ausweitung der Kategorie der Drift wird aber von den meisten Evolutionsbiologen nicht mitvollzogen; es bleibt die vorherrschende Auffassung, Drift als Alternative und nicht als Oberbegriff zur Selektion zu verstehen.[419] Der weite Driftbegriff Wrights wird vor dem Hin-

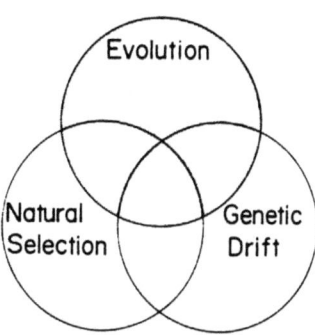

Abb. 126. Die logische Unabhängigkeit von Evolution, Natürlicher Selektion und Genetischer Drift. Evolution im Sinne einer Abstammung mit Veränderung (»descent with modification«) kann sich als Ergebnis von Selektion, Drift oder einer Kombination von beidem ergeben. Es kann aber auch Selektion und Drift ohne Evolution geben (z.B. bei entgegengesetzten einander kompensierenden Selektionsdrücken). Umgekehrt kann Evolution auch noch andere Ursachen als Natürliche Selektion oder Drift haben (nämlich Züchtung, d.h. künstliche Selektion) (aus Endler, J.A. (1986). Natural Selection in the Wild: 7).

tergrund verständlich, die Drift als einen wichtigen Evolutionsfaktor etablieren zu wollen und sie nicht nur als vereinbar mit, sondern als ein integrales Moment der Selektionstheorie zu interpretieren.

Über genetische Drift lässt sich insgesamt eine Alternative zur Natürlichen Selektion für die Veränderung der Merkmalsverteilung in einer Population formulieren. M. Bradie und M. Gromko gehen 1981 so weit zu behaupten, erst die empirische Möglichkeit von Drift mache die Formulierung des Selektionsprinzips nicht-tautologisch.[420] Evolution und sogar Anpassung kann damit das Ergebnis eines rein zufälligen Veränderungsprozesses sein, ohne dass der Mechanismus der Selektion dafür vorliegen muss. Wenn es aber auch logisch möglich ist, dass auf diesem Wege ohne die Wirkung von Selektion auch die komplexen Organismen entstanden sind, ist dies doch nach empirischen Gesichtspunkten alles andere als wahrscheinlich.

Unter dem Einfluss von Wright und anderen wird die Drift in den 1930er und 40er Jahren für zahlreiche Formen der Variation, die offensichtlich nicht durch Anpassungen zu erklären sind, angeführt.[421] Diese Erklärungen werden ab den 1940er Jahren aber zunehmend durch Deutungen der Variation von Merkmalen in natürlichen Populationen im Rahmen von Selektionsmodellen verdrängt.[422] Es wird argumentiert, dass aus dem nicht offensichtlichen Vorhandensein einer Selektion nicht auf deren Abwesenheit geschlossen werden dürfe (Cain 1951: »So-called non-adaptive or neutral characters in evolution«).[423]

Andererseits ermöglichen seit Ende der 1950er Jahre genauere Untersuchungen natürlicher Populationen (z.B. der Schnecke *Cepaea nemoralis* oder der Blutgruppen beim Menschen) tatsächliche Nachweise von genetischer Drift.[424] Die überzeugendsten Belege von Drift stammen jedoch aus molekularbiologischen Daten: Die hohe Variation auf der Ebene der Basensequenzen der DNA kann insbesondere deshalb als Ergebnis der Drift interpretiert werden, weil erkannt wird, dass unterschiedliche Basensequenzen für das gleiche Protein kodieren. Die Variation auf Ebene der DNA ist also in weiten Teilen neutral im Hinblick auf die Selektion und kann daher nicht durch Selektion erklärt werden (sondern durch »nicht-darwinsche Evolution« und die »neutrale Theorie der Evolution«; s.u.).

Als eine besondere Form der Drift kann das von E. Mayr so genannte *Gründerprinzip* (»founder principle«; s.o.) verstanden werden: Weil die eine neue Population begründende Auswahl von Organismen einer Mutterpopulation in der Regel keine repräsentative Stichprobenauswahl darstellt, enthält sie eine Verschiebung der Genfrequenzen. Mayr selbst thematisiert dieses Prinzip allerdings im Kontext der Artbildung und sieht es anfangs nicht als eine Form der Drift an; diese Einordnung nimmt Wright dagegen vor.[425]

Die extrem selektionistische Interpretation der Evolution, die in den 1950er Jahren ihren Höhepunkt erreicht, weicht verstärkt seit Ende der 70er Jahre integrativen Theorien der Evolution, in denen auch die Drift einen wichtigen Platz einnimmt. In dieser Richtung wirken etwa die Formulierung der »Neutralen Theorie der Evolution« durch Kimura (s.u.) und S.J. Goulds und R.C. Lewontins Kritik an der universalen Unterstellung, alle Merkmale seien durch Selektion geformt (»Adaptationismus«; ↑Anpassung)[426].

Gerade in der Konzeption S. Wrights sprengt der Faktor der Drift die traditionelle dichotome Gegenüberstellung von nichtadaptiven Zufallseffekten und der auf Anpassung gerichteten Selektion. Drift ist ein Faktor, der zwar eine starke Zufallskomponente enthält, trotzdem aber zu Adaptationen beitragen und diese auch erst ermöglichen kann. Denn, wie gesagt, kommt eine Population über den Faktor der Drift in die Lage, das Feld möglicher Anpassungen in einer Weise zu erproben, wie es aufgrund von Selektion alleine nicht möglich wäre.[427] Der Zufall wird also zu einem positiven, selbst durch Selektion geförderten Faktor der Evolution (↑Mutation).

Auch in der philosophischen und wissenschaftstheoretischen Diskussion wird die Drift vielfach thematisiert. Für A. Rosenberg bildet das Konzept der Drift ein »epistemisches Feigenblatt«, das alle nicht-adaptiven Kräfte in einem Evolutionsprozess umfasst, das aber allein für uns Beobachter notwendig ist, weil uns nicht in jeder Situation alle evolutionär wirksamen Faktoren bekannt sind. Von einem allwissenden Standpunkt sei aber jeder Evolutionsschritt transparent, und es könne folglich auf das Konzept verzichtet werden.[428] Allerdings steht diese Sichtweise der Interpretation von Drift als Stichprobenfehler entgegen, denn Veränderungen einer Population aufgrund eines zu geringen Stichprobenumfangs sind doch etwas anderes als die Unkenntnis von Ursachen.[429] Sinnvoll erscheint es, als Drift alle diejenigen evolutionären Veränderungen zusammenzufassen, die sich nicht auf intrinsische Eigenschaften eines Organismus beziehen, sondern sich aus nicht regelmäßig in dieser Richtung wirkenden, also in diesem Sinne zufälligen äußeren Einflüssen ergeben. Über Drift können daher Veränderungen in der Evolution erklärt werden, die zunächst nicht als adaptiv zu beurteilen sind. Drift bezeichnet demnach diejenigen Anteile der differenziellen Reproduktion von Organismen innerhalb einer Population, die nicht aus der Konstitution der Organismen folgen. Es stellt sich dabei aber das Problem, zu bestimmen, was als Konstitution des Organismus zu werten ist. Im einfachsten Fall liegt Drift vor, wenn phänotypisch identische Organismen (z.B. eineiige Zwillinge) eine verschiedene Anzahl von Nachkommen hinterlassen.

Wissenschaftstheoretisch ist durchaus nicht ausgemacht, ob es überhaupt eine präzise Möglichkeit der begrifflichen Unterscheidung zwischen Drift und Natürlicher Selektion gibt.[430] Ein Weg der Bestimmung des Driftkonzeptes geht von der Unterscheidung zwischen *Individualfitness* und *Merkmalsfitness* aus (↑Anpassung/Fitness)[431]: Drift besteht in der Abweichung der tatsächlichen Fitness eines Individuums (Individualfitness) von der aufgrund seiner Merkmalsausprägung zu erwartenden Fitness (Merkmalsfitness). Drift liegt also, anders gesagt, immer dann vor, wenn die tatsächliche Merkmalsverteilung in einer Population nicht aufgrund der Merkmalsfitness erklärt werden kann. Weil die Merkmalsfitness selbst eine statistische Größe ist – der Durchschnitt und die Variation der Fitness eines Merkmals –, kann Drift damit als Ausdruck eines statistischen »Fehlers«, eben des Fehlers bei zu kleinem Stichprobenumfang, bestimmt werden.[432] Natürliche Populationen sind aber grundsätzlich nicht unendlich, so dass in diesen Populationen immer auch Drift auftritt. Statistisch kann sie bestimmt werden als die Streuung der tatsächlichen Merkmalsverteilung in einer Population um den Erwartungswert, der sich aus der Merkmalsfitness ergibt.[433] Aufgrund der Unvermeidbarkeit von Zufallsfaktoren in der realen Welt gibt es hier immer eine Streuung der realen Merkmalsverteilung um den Erwartungswert: Jeder Selektionsprozess in natürlichen Populationen ist also mit Drift verbunden; Selektion ohne Drift gibt es in der Natur nicht.

Die Auseinandersetzung um die relative Rolle von Drift und Selektion in der Evolution natürlicher Populationen hält bis in die Gegenwart an. Ausgehend von der evolutionstheoretischen Überzeugung, die Selektion sei der zentrale Faktor in der Formung von Organismen, sind die meisten Biologen der Auffassung, von der Annahme einer Selektion sei erst dann abzurücken, wenn ihre Unwirksamkeit bewiesen sei (↑Anpassung/Adaptationismus).[434] Andererseits gilt anderen – besonders im molekulargenetischen Bereich – die Vermutung der Drift als »Nullhypothese«, weil sie mit dem Faktor des Zufalls von den einfacheren Annahmen ausgeht. Die Beweislast liegt damit auf Seiten derjenigen, die eine Formung durch Selektion annehmen.[435]

Insgesamt bildet das Konzept der Drift eine in sich heterogene Kategorie, die sehr unterschiedliche Formen der Evolution im Sinne einer Genfrequenzänderung zusammenfasst (vgl. Tab. 71). Die meisten dieser Formen sind eine Konsequenz der materiellen und konkreten Natur von Organismen als Selektionseinheiten: Aufgrund ihrer konkreten Präsenz an einem Ort und zu einem Zeitpunkt unterliegen Organismen zufällig anderen Selektionsbedingungen als andere, auch wenn diese in ihren intrinsischen Merkmalen identisch sind.

Adaptive Landschaft

Den Ausdruck ›adaptive Landschaft‹ führt G.G. Simpson 1944 im Kontext einer Analyse makroevolutionärer Prozesse ein (»Some of the more hypsodont variants [of the early horses] reached a point on the adaptive landscape at the base, or on the lowest slopes, of the grazing peak. It became possible for them to supplement their food supply by eating some grass«).[436] In seiner Darstellung einer adaptiven Landschaft verzichtet Simpson auf eine Beschriftung der Achsen des Diagramms; diese können als Maß für phänotypische Variation interpretiert werden. Simpson illustriert mit der Metapher der adaptiven Landschaft insbesondere Prozesse der Artbildung.

Seit Mitte der 1950er Jahre wird der Ausdruck v.a. in Bezug auf genetische Untersuchungen verwendet (R.H. Whittaker 1956: »The genetic pattern and the more abstract adaptive landscape of a complex species, or of a genus or comparium, may be visualized as a complex topography of hills, peaks and ridges of different heights and extents«[437]; Gerard, Kluckhohn & Rapaport 1956: »adaptation landscape«[438]; Lewontin & White 1960: »adaptive landscape«: »Using the distribution of genotypes […] it is […] possible to calculate W [the mean adaptive value, i.e. mean fitness] for any combination of gene frequencies q_1 and q_2 and this may be put in the form of a surface or topography«[439]; vgl. Abb. 127-130).

Nach diesen Erläuterungen ist eine adaptive Landschaft also ein grafisches Modell zur Darstellung der Fitnessverteilung über die Typen von Organismen oder Genen (oder Genfrequenzen) in einer Population. Ablesbar sind dadurch die lokalen Maxima und Minima der Fitness.

Erste zweidimensionale adaptive Landschaften dieser Art entwirft 1896 M.A. Janet (vgl. Abb. 127).[440] Die Oberfläche, auf der die Position einer Art im Laufe seiner Evolution sich verändern kann, wird bei Janet durch die Umweltbedingungen definiert. Eine stabile Position ist durch das Gleichgewicht von inneren Kräften des Organismus und äußeren Kräften der Umwelt bestimmt: »nous sommes amenés à

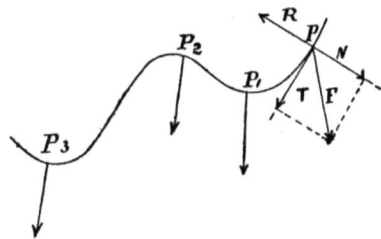

Abb. 127. Frühe Darstellung einer adaptiven Landschaft. Die drei Punkte P_1, P_2 und P_3 stehen für eine bestimmte Form eines Lebewesens (»forme vivante donnée«), die geschwungene Kurve für die Trajektorie ihrer Veränderung (»passage d'une forme à une autre«). Der Verlauf der Kurve ergibt sich aus den Veränderungen der Formen in einer bestimmten Umwelt. Arten werden als stabile Gleichgewichtspunkte auf der Kurve vorgestellt (»position d'équilibre entre les phénomènes physiologiques de la vie animale et la réaction du milieu extérieur tout entier«). Die auf eine Form wirkende Kraft F wird in einem Kräfteparallelogramm in die beiden Komponenten der Normale N und der Tangente T zerlegt. Ein Gleichgewichtspunkt auf der Kurve, d.h. eine sich nicht verändernde Form, ist erreicht, wenn die tangentiale Kraft (die Steigung der Kurve) den Wert Null annimmt. In den beiden Tiefpunkten der Kurve P_1 und P_3 liegt ein stabiles Gleichgewicht (»équilibre stable«) vor (aus Janet, M.A. (1896). Considérations mécaniques sur l'évolution et le problème des espèces. 3me Congrès International de Zoologie, 136-145: 140).

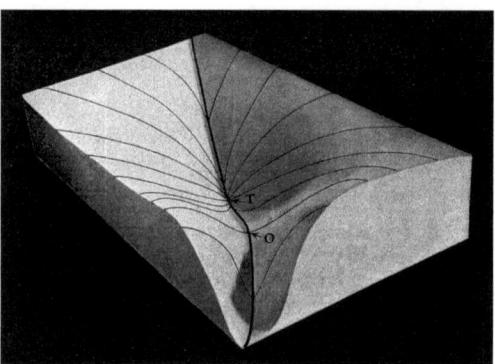

Tab. 128. Dreidimensionale Landschaft zur Veranschaulichung quantitativer Gleichgewichtsmodelle der Evolution. Das dargestellt Beispiel basiert auf den Ross-Gleichungen für die Ausbreitung von Malaria. Die Linien verbinden Punkte gleichen Wachstums einer Größe des Systems (wie die Populationsgröße des Malariaerregers). Der Punkt O markiert den Zustand ohne Malaria in der Wirtspopulation und stellt einen instabilen Gleichgewichtspunkt dar; der Punkt T bildet dagegen einen stabilen Gleichgewichtspunkt. Die grafische Darstellung liefert ein übersichtliches Bild zur Analyse der Veränderung eines Interaktionssystems (aus Lotka, A.J. (1925). Elements of Physical Biology: 150).

considérer l'espèce comme une position d'équilibre entre les phénomènes physiologiques de la vie animale et la réaction du milieu extérieur tout entier«[441]. Bei der Veränderung der inneren oder äußeren Bedingungen (insbesondere bei Umweltänderungen) verschiebt sich auch die Position der Art in der adaptiven Landschaft.

Besonders bekannt werden die adaptiven Landschaften, die S. Wright 1932 zeichnet, um damit seine Vorstellungen der genetischen Drift (s.o.) zu illustrieren (vgl. Abb. 129; ↑Selektion: Abb. 465). Wright bezeichnet sein Diagramm als ein *Feld der Genkombinationen* (»field of gene combinations«).[442] Das Diagramm, das Wright ursprünglich gibt, enthält keine Beschriftung der Achsen. Aus Wrights Beschreibung geht aber hervor, dass er es im Sinne einer *Fitnesslandschaft* verstehen will, in der die Fitnesswerte von individuellen Organismen in Abhängigkeit von der Kombination ihrer Gene dargestellt sind. Später gesteht Wright ein, dass diese Interpretation des Diagramms nicht sinnvoll ist.[443] Mathematisch nachvollziehbar ist seine spätere Deutung, nach der die Achsen des Diagramms die relative Häufigkeit eines einzelnen Gens in einem Genpool repräsentieren und jeder Punkt auf der Oberfläche der Grafik damit einer vollständigen Population entspricht, so dass die Oberfläche die Variation der Fitness in einer Menge von Populationen, und nicht der Individuen in nur einer Population wiedergibt.[444]

Auch diese letztere Interpretation von adaptiven Landschaften, die T. Dobzhansky in seinem einflussreichen Werk von 1937 vornimmt[445] und die später die in Lehrbücher übernommene Standardinterpretation wird, hat aber ihre Schwierigkeiten.[446] Eines der Probleme besteht darin, dass sich die mittlere Fitness der Individuen einer Population nicht direkt aus der Häufigkeit der Allele ergibt; ein anderes, das schon R.A. Fisher in den 1930er Jahren skeptisch in Bezug auf den Wert von adaptiven Landschaften sein ließ[447], bezieht sich darauf, dass die Umweltveränderungen in den adaptiven Landschaften keine Berücksichtigung finden, die Landschaften sich mit Umweltänderungen aber permanent selbst verändern. Die adaptiven Landschaften gelten damit zwar als visuell ansprechend, aber nur schwierig zu interpretieren; ihr Erklärungswert ist außerdem sehr viel geringer als derjenige von analytischen Modellen.

Neutrale Theorie der Evolution

Der Ausdruck ›neutrale Theorie der Evolution‹ wird regelmäßig erst ein knappes Jahrzehnt nach der Formulierung dieser Theorie durch M. Kimura im Jahr 1968[448] verwendet (Matsuda 1976: »Kimura (1968) and King and Jukes (1969) presented the neutral theory of evolution, which states that molecular evolution occurs primarily through the random fixation of selectively neutral mutations rather than natural selection«[449]). Die Kurzform ›Neutrale Theorie‹ erscheint bereits ein paar Jahre zuvor (Ohta 1973: »the neutral theory of protein polymorphism«[450]; Maruyama & Kimura 1974[451]).

Ihren Ausgang nimmt die Theorie von der Feststellung der großen Variation zwischen Individuen auf molekularer Ebene (v.a. der Ebene der DNA), wie sie Mitte der 1960er Jahre beobachtet wird.[452] Die große Mehrzahl dieser Varianten resultiert nach der Neutralitätstheorie nicht aus der Natürlichen Selektion für vorteilhafte Varianten, sondern aus der selektiven Neutralität dieser Varianten, die eine genetische Drift auch in großen Populationen bedingt. Es werden in dieser Variante der Evolutionstheorie also die geringen Fitnessunterschiede verschiedener Allele eines Gens betont, die eine Zufallsverteilung von Merkmalen bewirkt.[453]

Kimura begründet die selektive Neutralität der meisten Mutationen mit der großen Anzahl von genetischen Polymorphismen. Die verschiedenen Formen der Moleküle können ihre Funktion offenbar gleich gut erfüllen, so dass sie selektiv neutral sind. Kimura argumentiert auch umgekehrt: Wenn die hohe Variation in einer Population mit einer entsprechend hohen Variation der Fitness verbunden wäre – wenn die Varianten also selektiv nicht neutral wären –, dann wären in der Population viele Individuen mit einer geringen Fitness enthalten, die eine große »genetische Last« darstellen und den Bestand der Population gefährden würden.[454] Aufgrund der »Kosten«, die mit der Selektion verbunden sind, ist danach also eine Obergrenze der Evolutionsrate, die durch Selektion verursacht wird, gegeben. Die Obergrenze der selektionsbedingten Evolutionsrate, die sich einfach daraus ergibt, dass nicht alle Organismen einer Population verloren gehen können, liegt nun nach Kimura unter der tatsächlich beobachteten Evolutionsrate. Ein Teil der Evolution ist diesem Argument zufolge also nicht durch Selektion, sondern durch Zufallsereignisse bedingt.[455] In vielen Fällen ist nach Kimura das Prinzip der Evolution damit nicht das Überleben des am besten Angepassten (»survival of the fittest«), sondern das Überleben des Glücklichsten (»survival of the luckiest«).[456]

Kimura versteht seine Theorie nicht als Widerspruch zur traditionellen Evolutionstheorie und gesteht durchaus zu, dass in einzelnen Fällen die Selektion für Veränderungen auf molekularer Ebene verantwortlich sein könne – doch für die Mehrzahl der Fälle gelte dies nicht.

Als Beleg für die Richtigkeit der neutralen Theorie führt Kimura die Tatsache an, dass Basensubstitutionen in denjenigen Orten eines Codons, die (aufgrund der Degenerativität des Codes; ↑Information) zu keinem Wechsel der durch das Codon kodierten Aminosäure führen, häufiger auftreten als an denjenigen Orten, die einen Aminosäurewechsel bedingen. Gleiches gilt für die größere Häufigkeit der Veränderung der Basensequenzen in den nicht kodierenden Bereichen des Genoms (den »Introns«) gegenüber den kodierenden Bereichen (»Exons«) (↑Gen). Diese Befunde sind für Kimura ein Beleg seiner These, dass Veränderungen auf molekularer Ebene häufiger auftreten, wenn sie selektiv neutral sind, also nicht einer Selektion unterliegen. Die *neutrale Evolution* (»neutral evolution«) erfolgt nach Kimura daher schneller als die Evolution durch Selektion.[457] Die höchste Evolutionsrate schreibt Kimura den funktionslos gewordenen Pseudogenen oder toten Genen (»dead genes«) zu.

Kritisch wird gegen die Kalkulation Kimuras eingewandt, dass sowohl seine Schätzung der natürlichen Evolutionsrate zu hoch als auch seine Schätzung der maximalen selektionsbedingten Evolutionsrate zu niedrig sei. Für die Unterschätzung der Evolutionsra-

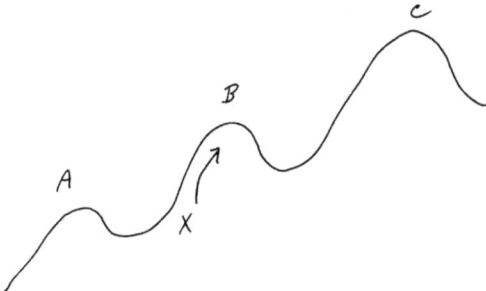

Abb. 129. Fitnessverlauf für die Häufigkeiten von Genen in Populationen. Die Abszisse gibt die Häufigkeit von Genen in einer Population an, die Ordinate den Fitnesswert (»degree of fitness«) für eine jeweilige Häufigkeitsverteilung einer Genkombination (»joint frequencies of all genes as spread out in a multidemensional space«). X steht für eine Art, deren System der Genhäufigkeiten sich aufgrund von Selektion bis zum Punkt B bewegt, diesen Punkt aber durch die alleinige Wirkung der Selektion nicht überschreiten kann (Richtung C als dem globalen Maximum der Fitness). S. Wright gibt vier Faktoren an, die ein Erreichen des Punkts C ermöglichen können: (1) unregelmäßig schwankende Umweltbedingungen, die die Fitnesslandschaft kurzfristig ändern können, (2) Mutationen, die neue Wege der Evolution ermöglichen, (3) Begrenzung der Populationsgröße auf ein Niveau, auf dem Zufallseffekte eintreten, und (4) Unterteilung der Population in kleine Subpopulationen, in denen Zufallseffekte zum Tragen kommen können. Nach Wrights Berechnungen ist der letzte Faktor, der später als Drift bekannt wird, der effektivste (»the most effective«) (nachgezeichnete Skizze S. Wrights in einem Brief an R.A. Fisher vom 3. Feb. 1931; aus Provine, W.B. (1986). Sewall Wright and Evolutionary Biology: 272).

te aufgrund von Selektion spricht v.a., dass in Kimuras Modell angenommen wird, die Selektion wirke auf jeden einzelnen Genlokus unabhängig. Von verschiedenen Autoren wird aber darauf hingewiesen, dass der Angriffspunkt der Selektion nicht einzelne Gene, sondern ganze Organismen sind.[458] Die Kosten der Selektion dürfen also nicht durch die Addition der Kosten von einzelnen Genen ermittelt werden.

Auch unabhängig von den genauen statistischen Argumenten wird von anderer Seite betont, dass die meisten morphologischen und ethologischen Merkmale von Organismen zu komplex sind, als dass sie durch die neutrale Theorie der Evolution erklärt werden könnten.[459] Es bleibt aber eine bis heute offene empirische Frage, welcher Anteil der Variation von Organismen auf Selektion und welcher auf stochastische Prozesse zurückgeführt werden muss.

Evolution

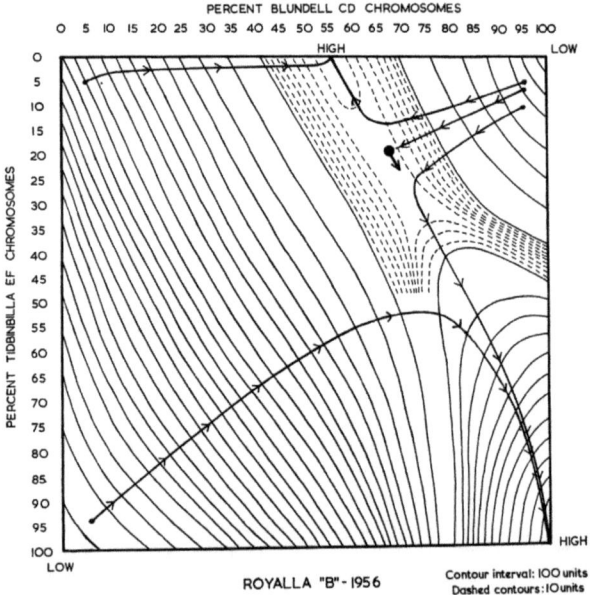

Abb. 130. *Adaptive Landschaft zur Darstellung der Fitness von zwei zytologischen Typen unterschiedlicher Häufigkeit in einer Population von Heuschrecken. Die beiden zytologischen Typen (Genotypen) betreffen Varianten von zwei verschiedenen Chromosomen (»Tidbinbilla« und »Blundell«, die jeweils eine akrozentrische Form der Chromosomen gegenüber der metazentrischen Form des Standardtyps darstellen). Die beiden Achsen repräsentieren die relative Häufigkeit der beiden Varianten innerhalb der Population; die Linien im Diagramm verbinden Punkte gleicher Fitness. Die Trajektorien geben, ausgehend von einem gewählten Startpunkt, den Verlauf der Änderung der Populationszusammensetzung als Wirkung der Selektion an. Datengrundlage bildet die empirisch ermittelte Lebensfähigkeit der verschiedenen Genotypen der Heuschrecken einer australischen Population, aus der die Fitness für verschiedene Häufigkeiten in der Population berechnet wurde. Die tatsächliche Häufigkeit der Chromosomentypen entsprach nicht den zu erwartenden Maxima oben in der Mitte oder unten rechts in der Grafik, sondern dem eingezeichneten Sattelpunkt. Spätere Analysen haben gezeigt, dass sich die Chromosomenhäufigkeit im Laufe der Jahre ändert, und auch eine Änderung der adaptiven Landschaft in Abhängigkeit von den jeweiligen Umweltbedingungen eines Jahres ist wahrscheinlich (aus Lewontin, R.C. & White, M.J.D. (1960). Interaction between inversion polymorphisms of two chromosome pairs in the grasshopper,* Moraba scurra. *Evolution 14, 116-129: 127).*

Nicht-darwinsche Evolution

Als ›nicht-darwinsche Evolution‹ (»non-Darwinian evolution«) wird die generationenübergreifende langfristige Veränderung von Organismen bezeichnet, die nicht auf das Wirken von Natürlicher Selektion zurückzuführen ist. Aufgekommen ist der Begriff Ende der 1960er Jahre[460], nachdem deutlich wurde, dass Organismen in natürlichen Populationen eine sehr hohe Rate von genetischem Polymorphismus aufweisen, d.h. viele Gene über Allele verfügen[461] und diese Varianten als selektiv neutral eingestuft wurden (s.o.)[462].

Zumindest für einige Polymorphismen wird allerdings eine Korrelation zwischen der Verbreitung eines Allels und Umweltbedingungen gefunden, so dass die selektive Neutralität des Polymorphismus für diese Fälle unwahrscheinlich ist.[463] Auch die nichtdarwinsche Evolution wird damit in eine allgemeine neodarwinistische Theorie zu integrieren versucht.[464] Selektiv neutrale Allele können im Rahmen dieser Argumentation als zusätzlicher Beitrag zur genetischen Flexibilität einer Population und damit als zumindest potenziell relevant für die Selektion betrachtet werden.[465]

Systemtheorie der Evolution

Eine Betrachtung der Evolution ausgehend von systemtheoretischen Standpunkten erfolgt seit Mitte des 20. Jahrhunderts. Im Mittelpunkt steht dabei anfangs die Modellierung der Selektion als eines kybernetischen Regelmechanismus (u.a. durch I.I. Schmalhausen[466]; ↑Selektion). Der Ausdruck »Systemtheorie der Evolution« erscheint seit Anfang der 1970er Jahre. Er tritt zuerst im psychologischen Kontext auf, in einer Analyse der »Bedingungen von Strukturkrisen selbstorganisierender Transformationssysteme«.[467] Retrospektiv wird auch die Systemtheorie L. von Beralanffys als eine Systemtheorie der Evolution dargestellt (Roszak 1975: »the systems theory of evolution of Ludwig von Bertalanffy«[468]).

Seit Mitte der 1970er Jahre etabliert sich eine erweiterte Systemperspektive auf die Evolution, die über den neodarwinistischen Rahmen hinaus weitere Faktoren als grundlegend für die Evolution identifiziert. Ausgangspunkt bildet dabei die Ordnung der organischen Welt. R. Riedl bestimmt grundlegende »ordnende Mechanismen«, die die organische Gestaltbildung erklären können. Ihrer Struktur nach handelt es sich dabei um Rückkopplungsmechanismen, insofern behauptet wird, »daß die Wirkungen des Evolutionsmechanismus auf das, was wir seine Ursache nennen, selbst zurückwirken«.[469] So sind nach Riedl die Gene nicht einfach als Ursache der Merkmale zu verstehen, sondern Gene und Merkmale seien vielmehr zu einem »Gesamtsystem von Wirkungen« verbunden, weil auch die Merkmale an der Etablierung und Verbreitung der Gene entscheidend beteiligt seien. Es besteht hier nach Riedl ein Verhältnis der »Wechselabhängigkeit«. Zur Beschreibung des sich selbst regelnden Verlaufs der Evolution auf geordneten »Evolutionsbahnen« legt Riedl vier Prinzipien zugrunde: »Norm«, »Hierarchie«, »Interdependenz« und »Tradierung«.

Riedls Schüler F. Wuketits, bei dem sich der Terminus ›Systemtheorie der Evolution‹ 1978 findet, versteht diese als »Evolutionstheorie der Systembedingungen« und betont insbesondere die »systeminternen Mechanismen« als Faktoren der Evolution: Die Selektion wird nicht primär als externer, sondern als ein *interner* Faktor für die Umgestaltung der Lebewesen gesehen.[470] Die Organisation der Organismen selbst wird damit als ein entscheidender Evolutionsfaktor erkannt. Insgesamt kann die Lehre von den »Systembedingungen der Evolution« mit der Betonung der funktionalen Integration von Bauplänen und der Hervorhebung der Bedeutung der Entwicklung für evolutionäre Veränderungen als Vorläufer der *evolutionären Entwicklungsbiologie* (Evo-Devo) angesehen werden (↑Entwicklung).[471]

Kritisch wird gegen die Systemtheorie der Evolution eingewandt, dass ihr die Synthese von Theorien der Integration und Transformation von Organismen nicht gelinge. Weil sie den Organismus als in sich integriertes System zum Ausgangspunkt nehme, erreiche sie nicht die Ebene der Evolution.[472] Die Theorie wird jedoch weiter entwickelt und auf populationsgenetische Grundlage zu stellen versucht. Dabei wird die Abhängigkeit der organischen Veränderungen von der strukturellen Organisation des Genoms und dem epigenetischen System seiner Entfaltung herausgestellt – ohne den Einfluss der (neo-)darwinistischen Determination durch Mutation und Selektion in Frage zu stellen.[473] Weil in systemtheoretischer Perspektive jede Veränderung von allen Komponenten des organischen Systems abhängt, stellen die Komponenten füreinander wechselseitig die Umwelt dar, in der ihre Evolution erfolgt. Der Weg der Evolution hat damit insgesamt einen selbstdeterminierten, reflexiven Charakter. Die Anpassungs- und Evolutionsfähigkeit kann dabei selbst eine Optimierung erfahren.[474]

Andere systemtheoretische Ansätze, denen zufolge die »Neusynthese von Genen« nicht zufällig, sondern »nach kybernetischen Prinzipien« erfolgen soll und in der Evolution ein über die Selektion hinausgehendes »richtendes Prinzip« wirksam ist, das u.a. für die Entstehung komplexer, koadaptierter Prozesse (z.B. bei der evolutionären Entstehung des Auges) verantwortlich ist, finden nur geringe akademische Anerkennung.[475]

Nachweise

1 Darwin, C. (1859). On the Origin of Species: 331 und passim; Carpenter, W.B. (1860). Researches on the Foraminifera. Fourth and concluding series. Proc. Roy. Soc. London 10, 506-510: 510.
2 Carpenter (1860): 510.
3 Cicero, De finibus 1, 25.
4 Augustinus, De genesi ad litteram 5, 4.
5 Vgl. Briegel, M. (1963). Evolution. Geschichte eines Fremdworts im Deutschen: 19ff.
6 Nikolaus von Kues (1450). Idiota de mente: c. 9; ders., De ludo globi: Buch 1; nach Briegel (1963): 22.
7 Vgl. Briegel (1963): 24-104.
8 More, H. (1647). Philosophical Poems: 150; Cudworth, R. (1678). The True Intellectual System of the Universe: 878 (nach OED 1989).
9 Herder, J.G. (1792). Gedanken einiger Bramanen (Sämtliche Werke, hg. v. B. Suphan, Bd. 16, Berlin 1887, 107-128): 117f.
10 Schelling, F.W.J. (1799.1). Erster Entwurf eines Systems der Naturphilosophie für Vorlesungen (AA, Bd. I, 7): 80.
11 Schelling, F.W.J. (1799). Erster Entwurf eines Systems der Naturphilosophie für Vorlesungen (Schellings Werke, Bd. 2, ed. M. Schröter, München 1927, 1-268): 61 (späterer Zusatz); vgl. Cho, Y.-J. (2006). Natur als Subjekt: 178f.
12 Schelling (1799.1) (AA): 116.
13 a.a.O.: 266; vgl. ders. (1799.2). Einleitung zu seinem Entwurf eines Systems der Naturphilosophie (AA, Bd. I, 8, 23-86): 44; 48f.
14 Vgl. Cho (2006): 183f.
15 Schelling (1799.2): 48.
16 a.a.O.: 47.
17 Schelling (1799.1): 112.
18 a.a.O.: 111.
19 Nees von Esenbeck, C.G. (1814). Die Freßwerkzeuge der Insecten (Juni 1814). Isis, 2: 1385-1405: 1387.
20 Virey, J.-J. (1816). Animal. In: Nouveau dictionnaire d'histoire naturelle, 2. Aufl., Bd. 2, 1-81: 30; vgl. Corsi, P. (1983/88). Oltre il mito, Lamarck e le scienze naturali del suo tempo (frz.: Lamarck. Genèse et enjeux du transformisme, 1770-1830, Paris 2001): 210; ders. (2005). Before Darwin: transformist concepts in European natural history. J. Hist. Biol. 38, 67-83: 74.
21 Virey, J.-J. (1800). Histoire naturelle du genre humain, 2 Bde.: I, 53.
22 [Jameson, R.] (1826). Observations on the nature and importance of geology. Edinb. New Phil. J. 1, 293-302: 300; vgl. Secord, J. (1991). Edinburgh Lamarckians: Robert Jameson and Robert E. Grant. J. Hist. Biol. 24, 1-18: 9.
23 Hegel, G.W.F. (1817/30). Enzyklopädie der philosophischen Wissenschaften im Grundrisse (Werke, Bd. 8-10,

Frankfurt/M. 1986): II, 32f. (§249).
24 Vgl. dazu Briegel, M. (1963). Evolution: 168ff.
25 Hegel (1817/30): II, 33 (§249); vgl. Düsing, K. (1986). Die Idee des Lebens in Hegels Logik. In: Horstmann, R.-P. & Petry, M.J. (Hg.). Hegels Philosophie der Natur. Beziehungen zwischen empirischer und spekulativer Naturerkenntnis, 276-289: 281; Bonsiepen, W. (1985). Schellings und Hegels Evolutionstheorie. In: Heckmann, R., Krings, H. & Meyer, R.W. (Hg.). Natur und Subjektivität. Zur Auseinandersetzung mit Schellings Naturphilosophie, 367-374; Breidbach, O. (1986). Evolutionskonzeptionen in der frühen Romantik. Philos. Nat. 23, 321-336; ders. (1987). Hegels Evolutionskritik. Hegel Studien 22, 165-172.
26 Vgl. Wandschneider, D. (2002). Hegel und die Evolution. In: Breidbach, O. & Engelhardt, D. von (Hg.). Hegel und die Lebenswissenschaften, 225-240: 227.
27 Hegel (1817/30): II, 33 (§249).
28 Lyell, C. (1830-33). Principles of Geology, 3 vols.: II, 11.
29 Spencer, H. (1852). The development hypothesis (Essays, vol. 1, New York 1901, 1-7): 1.
30 Thomas von Aquin (1266-73). Summa theologiae: I, II, 22, 3c.
31 Bacon, F. (1627). Sylua Syluarum or a Naturall Historie in Ten Centuries: 136 (Nr. 525); auch in: Works, vol. II, London 1859, 325-680: 507.
32 Gérard, F. (1847). De la modification des formes dans les êtres organisés. Bull. Acad. Roy. Sci. Belg. 14, 25-43: 30f.
33 Darwin, C. [1842]. [Sketch of 1842]. In: The Foundations of the Origin of Species. Two Essays Written in 1842 and 1844 (Works, vol. 10, London 1986): 52.
34 Darwin, C. (1859). On the Origin of Species: 490.
35 Darwin, C. (1859/72). On the Origin of Species: 201; 202; 215; 282; 424.
36 Mayr, E. (1963). Animal Species and Evolution: 4.
37 Bowler, P.J. (1975). The changing meaning of "evolution". J. Hist. Ideas 36, 95-114: 103.
38 Vgl. Briegel, M. (1963). Evolution: 208.
39 Spencer, H. (1862/1901). First Principles: 367 (§145).
40 Baer, K.E. von (1828). Ueber Entwickelungsgeschichte der Thiere, Bd. 1: 153.
41 Virchow, R. (1877). Die Freiheit der Wissenschaft im modernen Staat: 21; vgl. auch Eimer, G.T.H. (1897). Die Entwicklung der Arten, Bd. 2. Orthogenesis der Schmetterlinge: 429; aber nicht in Weismann, A. (1875). Studien zur Descendenz-Theorie, Bd. 1; ders. (1895). Neue Versuche über Saisondimorphismus.
42 Lilienfeld, P. von (1875). Gedanken über die Sozialwissenschaft der Zukunft, Bd. 2: XXV; 408; Schäffle, A. (1878). Bau und Leben des socialen Körpers, 2. Teil: 9f.
43 Vgl. z.B. Haeckel, E. (1863). Ueber die Entwickelungstheorie Darwin's. Amtl. Ber. Versamml. Deutsch. Naturforsch. Ärzte 38, 17-30; ders. (1877). Die heutige Entwickelungslehre im Verhältnisse zur Gesammtwissenschaft; Weismann, A. (1875-76). Studien zur Descendenz-Theorie, 2 Bde.; ders. (1902/13). Vorträge über Deszendenztheorie; Nägeli, C. von (1884). Mechanisch-physiologische Theorie der Abstammungslehre.

44 Meyers Konversations-Lexikon (⁴1889): V, 952; vgl. Meyers Hand-Lexikon des allgemeinen Wissens (⁴1888); nach Briegel, M. (1963). Evolution: 213f.
45 Plate, L. (1912). Deszendenztheorie. Handwörterb. Naturwiss., Bd. 2, 897-951: 897f.; ebenso in der 2. Aufl. (1933); vgl. auch Morosoff, N.A. (1910). Die Evolution der Materie auf den Himmelskörpern. Eine theoretische Ableitung des periodischen Systems.
46 Vgl. z.B. Hilty, H. (1908). Untersuchungen über die Evolution und Involution der Uterusmucosa vom Rind; Kahrs, G. (1932). Beitrag zur Evolution der Gebärmutter des Rindes.
47 Tietze, S. (1911). Das Rätsel der Evolution. Ein Versuch seiner Lösung und zugleich eine Widerlegung des Lamarckismus und der Zweckmäßigkeitslehre; vgl. auch Jollos, V. (1931). Genetik und Evolutionsproblem. Verh. Deutsch. Zool. Ges. 34 (= Zool. Anz. Suppl. 5), 252-295.
48 Hesse, R. (1910). Der Tierkörper als selbständiger Organismus. In: Hesse, R. & Doflein, F. (Hg.). Tierbau und Tierleben in ihrem Zusammenhang betrachtet, Bd. 1: 572ff.
49 Huxley, J.S. (1942). Evolution. The Modern Synthesis.
50 Heberer, G. (Hg.) (1943). Die Evolution der Organismen. Ergebnisse und Probleme der Abstammungslehre.
51 Briegel (1963): 216.
52 Vgl. z.B. Priester, W. (1984). Urknall und Evolution des Kosmos. Fortschritte in der Kosmologie; Taube, M. (1985). Evolution of Matter and Energy on a Cosmic and Planetary Scale; Wilhelm, F. (Hg.) (1987). Der Gang der Evolution. Die Geschichte des Kosmos, der Erde und der Menschen; Madsen, M.S. (1995). The Dynamic Cosmos. Exploring the Physical Evolution of the Universe; Chaisson, E.J. (2001). Cosmic Evolution. The Rise of Complexity in Nature.
53 Vgl. Brockhaus Enzyklopädie (²⁰1997), Bd. 6, 729.
54 Zimmermann, W. (1953). Evolution. Die Geschichte ihrer Probleme und Erkenntnisse: 7.
55 Hempel, C.G. (1965). Aspects of Scientific Explanation: 370.
56 Mayr, E. (1985). Darwin's five theories of evolution. In: Kohn, D. (ed.). The Darwinian Heritage, 755-772.
57 Fisher, R.A. (1930). The Genetical Theory of Natural Selection: vii.
58 Vgl. Endler, J.A. (1986). Natural Selection in the Wild: 5.
59 Lewontin, R. (1968). The concept of evolution. In: Sills, D.L. (ed.). International Encyclopedia of the Social Sciences, vol. 5, 202-210: 207; vgl. ders. (1970). The units of selection. Ann. Rev. Ecol. Syst. 1, 1-18: 1.
60 Vgl. Schnädelbach, H. (2003). Geschichte als kulturelle Evolution. In: Rohbeck, J. & Nagl-Docekal, H. (Hg.). Geschichtsphilosophie und Kulturkritik, 329-351: 338.
61 Vgl. Haeckel, E. (1866). Generelle Morphologie der Organismen, 2 Bde.: II, 15; Rádl, E. (1905-09/13). Geschichte der biologischen Theorien, 2 Bde.: II, 2.
62 Hartmann, N. (1950). Philosophie der Natur: 615.
63 Rickert, H. (1896-1902/1929). Die Grenzen der naturwissenschaftlichen Begriffsbildung: 408.
64 Mayr, E. (1982). The Growth of Biological Thought: 304.

65 Vgl. Osborn, H.F. (1894/99). From the Greeks to Darwin. An Outline of the Development of the Evolution Idea: 55ff.
66 Aristoteles, De an. 415a, b.
67 Vgl. Pietsch, C. (1994). Biologische Evolution und antike Ideenlehre. Antike Naturwissenschaft und ihre Rezeption 4, 17-30: 22; vgl. auch O'Rourke, F. (2004). Aristotle and the metaphysics of evolution. Review of Metaphysics 58, 3-59.
68 Balme, D.M. (1972). Aristotle's De partibus animalium I and De generatione animalium I with Passages from II, 1-3: 97.
69 Vgl. Lennox, J.G. (1988). Kinds, forms of kinds, and the more and the less in Aristotle's biology. In: Gotthelf, A. & Lennox, J.G. (eds.). Philosophical Issues in Aristotle's Biology, 339-359.
70 Aristoteles, Hist. anim. 606b20; De gen. anim. 746b7; vgl. Plinius, Naturalis historia viii, 17, 42; Feinberg, H.M. & Solodow, J.B. (2002). Out of Africa. J. African Hist. 43, 255-261.
71 Aristoteles, De gen. anim. 721b.
72 Cho, D.-H. (2010). Beständigkeit und Veränderlichkeit der Spezies in der Biologie des Aristoteles. In: Föllinger, S. (Hg.). Was ist ‚Leben'? Aristoteles' Anschauungen zur Entstehung und Funktionsweise von Leben, 299-313: 309.
73 Lefèvre, W. (1984). Die Entstehung der biologischen Evolutionstheorie: 22.
74 Vgl. Balss, H. (1947). Albertus Magnus als Biologe: 52f.
75 Zirkle, C. (1959). Species before Darwin. Proc. Amer. Philos. Soc. 103, 636-644: 643.
76 Vgl. Mayr (1982): 309f.
77 Leibniz, G.W. (ca. 1693). Protogaea (Göttingen 1749; dt. Stuttgart 1949): 88.
78 a.a.O.: 24.
79 [Maillet, B. de] (1715). Telliamed, ou Entretien d'un philosophe indien avec un missionaire français sur la diminution de la mer (anonyme Handschrift; Erstdruck 1748), 2 Bde.: II, 135 (Sixième Journée).
80 Maupertuis, P.L.M. (1751). Système de la nature (Œuvres, Bd. 2, Lyon 1768, 135-168): 164 (§XLV); vgl. Lovejoy, A.O. (1904). Some eighteenth century evolutionists. Pop. Sci. Monthly 65, 238-251; 323-340; Glass, B. (1959). Maupertuis, pioneer of genetics and evolution. In: Glass, B., Temkin, O. & Straus, W.L. Jr. (eds.). Forerunners of Darwin, 1745-1859, 51-83.
81 Diderot, D. (1754). Pensées sur l'interprétation de la nature (Œuvres complètes, Bd. 9, Paris, 1981, 1-111): 95 (LVIII, 2); vgl. Crocker, L.G. (1959). Diderot and eighteenth century french transformism. In: Glass, B., Temkin, O. & Straus, W.L. Jr. (eds.). Forerunners of Darwin, 1745-1859, 114-143; Roger, J. (1963/71). Les sciences de la vie dans la pensée Francaise du XVIIe et XVIIIe siècle: 585ff.
82 Linné, C. von (1744). Dissertatio botanica de Peloria (Amoenitates academicae, Bd. I, 55-73): 55f.; vgl. Larson (1968): 293f.; ders. (1971). Reason and Experience. The Representation of Natural Order in the Work of Carl Linnaeus: 90-103.
83 Buffon, G.L.L. (1765). De la nature. Seconde vue (Œuvres Philosophiques, Paris 1954, 35-41): 35; vgl. Rheinberger, H.-J. (1990). Buffon: Zeit, Veränderung und Geschichte. Hist. Philos. Life Sci. 12, 202-223: 204f.
84 Buffon, G.L.L. (1766). De la dégénération des animaux (Œuvres Philosophiques, Paris 1954, 394-413): 396.
85 a.a.O.: 399; vgl. Rheinberger (1990): 209.
86 Buffon (1766): 408.
87 Buffon, G.L.L. (1779). Les époques de la nature (Edition critique, Paris 1962).
88 Rheinberger (1990): 221.
89 Lamarck, J.B. de (1809). Philosophie zoologique, 2 Bde.: I, 80.
90 a.a.O.: I, 7.
91 Vgl. Lefèvre, W. (1984). Die Entstehung der biologischen Evolutionstheorie: 37; Bowler, P.J. (1984/89). Evolution. The History of an Idea: 85.
92 Vgl. Wenzel, M. (1982). Goethe und Darwin. Goethes morphologische Schriften in ihrem wissenschaftshistorischen Kontext. Phil. Diss.; ders. (1983). Goethe und Darwin. Der Streit um Goethes Stellung zum Darwinismus in der Rezeptionsgeschichte der morphologischen Schriften. Goethe-Jahrbuch 100, 145-158; Schad, W. (2007). Goethe als Evolutionist. In: Pletil, D. & Schad, W. (Hg.). Naturwissenschaft heute im Ansatz Goethes. Ein Prager Symposion, 104-133.
93 Vgl. Breidbach, O. (2006). Goethes Metamorphosenlehre: 27; 69; 242.
94 Vgl. Asma, T.S. (1996). Following Form and Function. A Philosophical Archaeology of Life Science: 74.
95 Cuvier, G. (1817). Le règne animal, distribué après son organisation.
96 [Chambers, L.] (1844). Vestiges of the Natural History of Creation (10th ed.): 202.
97 Lamarck (1809): I, 55.
98 Lyell, C. (1830-33). Principles of Geology, 3 vols.: I, 146f.; vgl. Ospovat, D. (1978). Perfect adaptation and teleological explanation: approaches to the problem of the history of life in the mid-nineteenth century. Stud. Hist. Biol. 2, 33-56: 40.
99 Peirce, C.S. (1877). The fixation of belief. Pop. Sci. Month. 12, 1-15: 15 (CP 5.364).
100 Darwin, C. (1837-38). Notebook B. In: Barrett, P.H. et al. (eds.) (1987). Charles Darwin's Notebooks, 1836-1844, 167-236: B 227.
101 Darwin, C. (1859/72). On the Origin of Species: 75.
102 Lyell (1830-33): II, 56; vgl. Lyell, K. (ed.) (1881). Life, Letters, and Journals of Sir Charles Lyell: I, 467-469; Coleman, W. (1962). Lyell and the "reality" of species. Isis 53, 325-338; Mayr, E. (1982). The Growth of Biological Thought: 405.
103 Vgl. auch Ruse, M. (1975). Charles Darwin's theory of evolution: an analysis. J. Hist. Biol. 8, 219-241: 222f.
104 Darwin, C. (1859). On the Origin of Species: 63.
105 Christensen, W. (1996). A complex system theory of teleology. Biol. Philos. 11, 301-320: 303.
106 Weingarten, M. (1992). Organismuslehre und Evolutionstheorie: 36.
107 Weingarten, M. (1993). Organismen – Objekte oder Subjekte der Evolution? Philosophische Studien zum Para-

digmawechsel in der Evolutionsbiologie: 35.
108 Gutmann, M. (1996). Die Evolutionstheorie und ihr Gegenstand: 33; Gutmann, M. & Weingarten, M. (1999). Gibt es eine Darwinsche Theorie? Überlegungen zur Rekonstruktion von Theorie-Typen. In: Brömer, R., Hoßfeld, U. & Rupke, N.A. (Hg.). Evolutionsbiologie von Darwin bis heute, 105-130: 121ff.; Gutmann, M. & Neumann-Held, E.M. (2000). The theory of organism and the culturalist foundation of biology. Theor. Biosci. 119, 276-317.
109 Darwin, C. (1868). The Variation of Animals and Plants under Domestication, 2 vols.: I, 3.
110 McLaughlin, P. & Rheinberger, H.-J. (1982). Darwin und das Experiment. Dialektik 5, 27-43: 30.
111 Vgl. Lennox, J.G. (1991). Darwinian thought experiments: a function for just-so stories. In: Horowitz, T. & Massey, G.J. (eds.). Thought Experiments in Science and Philosophy, 223-246; ders. (2005). Darwin's methodological evolution. J. Hist. Biol. 38, 85-99.
112 Sober, E. (1984). The Nature of Selection: 150; 155.
113 Huxley, J.S. (1942). Evolution. The Modern Synthesis: 23.
114 Schaxel, J. (1919/22). Grundzüge der Theorienbildung in der Biologie: 12ff.
115 McLaughlin & Rheinberger (1982): 40; vgl. dies. (1985). Darwin und der Begriff des Organismus. In: Bayertz, K. (Hg.). Organismus und Selektion – Probleme der Evolutionsbiologie (=Aufsätze und Reden der senckenbergischen naturforschenden Gesellschaft 35), 7-22.
116 Vgl. Bowler, P.J. (1984/89). Evolution. The History of an Idea: 194f.
117 Schimper, K.F. (1865). Gruß und Lebenszeichen für die zu Hannover versammelten Freunde und Mitstrebenden (Flugblatt), in: Kleine naturwissenschaftliche Schriften von Karl Friedrich Schimper nebst Mitteilungen über ihn; vgl. Sachs, J. (1875). Geschichte der Botanik vom 16. Jahrhundert bis 1860: 182.
118 Baer, K.E. von (1876). Ueber Darwins Lehre (Reden gehalten in wissenschaftlichen Versammlungen und kleinere Aufsätze vermischten Inhalts. Zweiter Theil, 235-480): 480.
119 Hertwig, O. (1916). Das Werden der Organismen. Eine Widerlegung von Darwin's Zufallstheorie: 658.
120 Driesch, H. (1893). Die Biologie als selbständige Grundwissenschaft: 27; vgl. auch: Rickert, H. (1896-1902/1929). Die Grenzen der naturwissenschaftlichen Begriffsbildung. Eine logische Einleitung in die historischen Wissenschaften: 252.
121 Rádl, E. (1905-09/13). Geschichte der biologischen Theorien, 2 Bde.: II, 294.
122 Vgl. Bowler, P.J. (1983). The Eclipse of Darwinism. Anti-Darwinian Evolution Theories in the Decades around 1900; Junker, T. (1989). Darwinismus und Botanik. Rezeption, Kritik und theoretische Alternativen im Deutschland des 19. Jahrhunderts; Engels, E.-M. (Hg.) (1995). Die Rezeption von Evolutionstheorien im 19. Jahrhundert; Junker, T. & Hoßfeld, U. (2001). Die Entdeckung der Evolution.
123 Baur, E. (1925). Die Bedeutung der Mutation für das Evolutionsproblem. Z. indukt. Abstamm.- u. Vererbungsl. 37, 107-115.
124 Timoféeff-Ressovsky, N.W. (1939). Genetik und Evolution. Z. indukt. Abst.- Vererbungsl. 76, 158-218.
125 Hartmann, M. (1933). Die methodologischen Grundlagen der Biologie (Gesammelte Vorträge und Aufsätze II. Stuttgart 1956, 54-72): 59.
126 Nietzsche, F. (1886-87). Fragment 7[9] (KSA 12, 295).
127 Nietzsche, F. (1886-87). Fragment 7[25] (KSA 12, 304).
128 Rolph, W.H. (1882). Biologische Probleme, zugleich als Versuch einer rationalen Ethik; vgl. Müller-Lauter, W. (1978). Der Organismus als innerer Kampf. Der Einfluss von Wilhelm Roux auf Friedrich Nietzsche. Nietzsch-Studien 7, 189-235: 222f.; Pfotenhauer, H. (1985). Die Kunst als Physiologie. Nietzsches ästhetische Theorie und literarische Produktion: 73.
129 Nietzsche, F. (1885-86). Fragment 2[68] (KSA 12, 92).
130 Nietzsche, F. (1888). Fragment 14[121] (KSA 13, 301); vgl. Hogh, A. (2000). Nietzsches Lebensbegriff. Versuch einer Rekonstruktion.
131 Bergson, H. (1907). L'évolution créatrice (dt. Schöpferische Entwicklung, Jena 1912/21): 29.
132 a.a.O.: 32.
133 a.a.O.: 2.
134 Simmel, G. (1918). Lebensanschauung (Gesamtausgabe, Bd. 16, Frankfurt/M. 1999, 209-425): 220.
135 a.a.O. 224.
136 Darwin, C. (1859). On the Origin of Species: 206.
137 ebd.
138 Darwin, C. (1868). The Variation of Animals and Plants under Domestication, 2 vols.: II, 255.
139 Weismann, A. (1876). Über die mechanische Auffassung der Natur. In: ders., Studien zur Descendenz-Theorie, Bd. 2, 275-330: 306f.
140 a.a.O.: 310.
141 Nägeli, C. von (1884). Mechanisch-physiologische Theorie der Abstammungslehre: 284.
142 a.a.O.: 285.
143 Vgl. z.B. Nägeli, C. von (1865). Entstehung und Begriff der naturhistorischen Art: 30; ders. (1884); Caullery, M. (1931). Le problème de l'évolution.
144 Vgl. Hartmann, N. (1950). Philosophie der Natur: 658.
145 Boveri, T. (1906). Die Organismen als historische Wesen: 22.
146 a.a.O.: 23.
147 Kaplan, R.W. (1978). Der Ursprung des Lebens: 51; vgl. 151.
148 Gutmann, W.F. (1989). Die Evolution hydraulischer Konstruktionen. Organismische Wandlung statt altdarwinistischer Anpassung: 43.
149 Weingarten, M. (1993). Organismen – Objekte oder Subjekte der Evolution?: 99.
150 Vgl. Provine, W.B. (1971). The Origins of Theoretical Population Genetics: 25ff.
151 Yule, G.Y. (1902). Mendel's laws and their probable relations to intra-racial heredity. New Phytol. 1,193-207; 222–238: 234f.; vgl. Provine (1971): 81ff.

152 Mendel, G. (1866). Versuche über Pflanzenhybriden (Braunschweig 1970): 52.
153 Vgl. Provine (1971): 64.
154 Nordenskiöld, E.N. (1921-24). Biologiens Historia (dt. Die Geschichte der Biologie, Jena 1926): 574.
155 Jordan, D.S. (1923). Evolution and Darwinism. Science 58, xiv.
156 Huxley, J.S. (1942). Evolution. The Modern Synthesis: 22; vgl. Bowler, P.J. (1983). The Eclipse of Darwinism. Anti-Darwinian Evolution Theories in the Decades around 1900.
157 Fisher, R.A. (1918). The correlation between relatives on the supposition of Mendelian inheritance. Trans. Roy. Soc. Edinb. 52, 399-433.
158 Fisher, R.A. (1930). The Genetical Theory of Natural Selection; Haldane, J.B.S. (1932). The Causes of Evolution: 83-110.
159 Fisher, R.A. (1929).The evolution of dominance; reply to Professor Sewall Wright. Amer. Nat. 63, 553-556: 554; Wright, S. (1929). The evolution of dominance. Comment on Dr. Fisher's reply. Amer. Nat. 63, 556-561: 559; ders. (1930). The genetical theory of natural selection. A review. J. Heredity 21, 349-356: 350.
160 Dobzhansky, T. (1937). Genetics and the Origin of Species: 52.
161 Fisher (1918): 402.
162 Wright, S. (1932). The roles of mutation, inbreeding, crossbreeding, and selection in evolution. Proc. Sixth Intern. Congr. Genet. 1, 356-366: 359.
163 Dobzhansky (1937): 11.
164 Huxley, J.S. (1936). Natural selection and evolutionary progress. Nature 138, 571-573; 603-605: 571; ders. (1942): 68.
165 Brandon, R. (1978). Evolution. Philos. Sci. 45, 96-109: 107.
166 Mayr, E. (1982). The Growth of Biological Thought: 400; vgl. 247.
167 Endler, J.A. (1986). Natural Selection in the Wild: 8.
168 Sober, E. (1993). Philosophy of Biology: 4.
169 Fisher, R.A. (1936). [Discussion statement]. Proc. Roy. Soc. London B 121, 58-62: 58; vgl. Beurton, P. (1999). Was ist die Synthetische Theorie? In: Junker, T. & Engels, E.-M. (Hg.). Die Entstehung der Synthetischen Theorie. Beiträge zur Geschichte der Evolutionsbiologie 1930-1950, 79-105: 100.
170 Walsh, D.M. (2010). Two neo-Darwinisms. Hist. Philos. Life Sci. 32, 317-340: 333.
171 Haldane, J.B.S. (1932). The Causes of Evolution; vgl. Hagedoorn, A.L. & Hagedoorn, A.C. (1921). On the Relative Value of the Processes Causing Evolution.
172 Darwin, C. (1859/69). On the Origin of Species (5. Aufl.): 8; vgl. 6. Aufl. 1872: 6; 63; 106; 153.
173 Haldane (1932): 11-13.
174 Allen, G. (1885). Charles Darwin: 183; vgl. White, A.D. (1894). New chapters in the warfare of science. From creation to evolution, pt. III. Popular Science Monthly 45, 1-16: 14; J.A.T. (1904). [Rez. Jaekel, O. (1902). Ueber verschiedene Wege phylogenetischer Entwickelung]. Nature 69, 484; Conklin, E.G. (1908). The mechanism of heredity. Science 27, 89-99: 99.
175 Woods, E.B. (1907). Progress as a sociological concept. Amer. J. Sociol. 12, 779-821: 801; Caullery, M. (1916). The present state of the problem of evolution. Science 43, 547-559: 551.
176 Cook, O. F. (1901). A kinetic theory of evolution. Science 13, 969-978: 976.
177 Emerson, A.E. (1933). Review: Benson, S.B. (1933). Conceiling coloration among some desert rodents of the southwestern United States. Univ. Calif. Publ. Zool. 40, 1-70. Ecology 14, 407.
178 Dobzhansky, T. (1937). Genetics and the Origin of Species: 8; vgl. Mayr, E. (1959). Agassiz, Darwin, and evolution. Harv. Libr. Bull. 13, 165-194: 190.
179 Ludwig, W. (1938). Beitrag zur Frage nach den Ursachen der Evolution auf theoretischer und experimenteller Basis. Verh. Deutsch. Zool. Ges. 182-193: 182; ders. (1940). Selektion und Stammesentwicklung. Naturwiss. 28, 689-705: 697; Reinig, W.F. (1939). Die Evolutionsmechanismen, erläutert an den Hummeln. Verh. Deutsch. Zool. Ges. 170-206.
180 Weismann, A. (1876). Studien zur Descendenz-Theorie, Bd. 2. Über die letzten Ursachen der Transmutationen: 284; 330.
181 Schmid, R. (1883). The Theories of Darwin (Übers. G.A. Zimmermann): 209.
182 a.a.O.: 232; beide Zitate nicht im deutschen Original von 1876.
183 Spencer, H. (1864). The Principles of Biology, vol. 1: 409.
184 Doherty, H. (1864). Organic Philosophy; Or, Man`s True Place in Nature, 5 vols.: I, iii.
185 Leconte, J. (1877). On critical periods in the history of the earth, and their relation to evolution. Amer. Nat. 11, 540-557: 547; Packard, A.S. (1888). On certain factors of evolution. Amer. Nat. 22, 808-821.
186 Welby [Lady] (1891). An apparent paradox in mental evolution. J. Anthropol. Inst. Great Brit. Ireland 20, 304-329: 327; Welch, W.H. (1897). Adaptation in pathological processes. Science 5, 813-832: 816.
187 Schmalhausen, I.I. (1938). Integrierende Faktoren der Evolution. Die Natur, Nr. 6 (russ.); ders. (1946). Die Evolutionsfaktoren (russ.; engl.: Factors of Evolution. The Theory of Stabilizing Selection, 1949).
188 Timoféeff-Ressovsky, N.W. (1939). Genetik und Evolution. Z. indukt. Abst.- Vererbungsl. 76, 158-218: 205; vgl. Junker, T. (2004). Die zweite Darwinsche Revolution. Geschichte des synthetischen Darwinismus in Deutschland 1924 bis 1950: 268.
189 Ludwig (1940): 695.
190 Ludwig, W. (1943). Die Selektionstheorie. In: Heberer, G. (Hg.). Die Evolution der Organismen, 479-520: 485.
191 Mayr, E. (1942). Systematics and the Origin of Species: 10.
192 Rensch, B. (1947). Neuere Probleme der Abstammungslehre. Die transspezifische Evolution: 3-13.
193 a.a.O.: 13f.; vgl. 2. Aufl. 1954: 16.
194 Ludwig, W. (1950). Zur Theorie der Konkurrenz. Die

Annidation (Einnischung) als fünfter Evolutionsfaktor. In: Neue Ergebnisse und Probleme der Zoologie (Klatt-Festschrift; seit 1944 im Druck), 516-537: 516.
195 Ludwig (1950): 535.
196 ebd.; vgl. ders. (1948). Darwins Zuchtwahllehre in moderner Fassung (Aufs. Reden Senckenb. Naturf. Ges. 6): 27.
197 Sober, E. (1984). The Nature of Selection: 150.
198 Mahner, M. & Bunge, M. (1997). Foundations of Biophilosophy: 317.
199 Cracraft, J. (1989). Species as entities of biological theory. In: Ruse, M. (ed.). What the Philosophy of Biology Is, 31-52: 47.
200 Vgl. Rosenberg, A. (1985). The Structure of Biological Science: 205.
201 Mahner, M. (1993). What is a species? A contribution to the never ending species debate in biology. J. Gen. Philos. Sci. 24, 103-126; ders. (1998). Warum es Evolution nur dann gibt, wenn Arten nicht evolvieren. Theor. Biosci. 117, 173-199.
202 Hull, D. (1978). A matter of individuality. Philos. Sci. 45, 335-360: 347.
203 Simpson, G.G. (1944). Tempo and Mode in Evolution: 31; vgl. Mayr, E. (1949). Speciation and systematics. In: Jepsen, G.L., Mayr, E. & Simpson, G.G. (eds.). Genetics, Paleontology, and Evolution, 281-298; Burma, B.H. (1949). The species concept: a semantic review. Evolution 3, 369-373; Carter, G.S. (1951). Animal Evolution; Goudge, T.A. (1961). The Ascent of Life: 26.
204 Bunge, M. (1981). Biopopulations, not biospecies, are individuals and evolve. Behav. Brain Sci. 4, 284-285.
205 Huxley, J.S. (1936). Natural selection and evolutionary progress. Nature 138, 571-573; 603-605: 571; ders. (1942). Evolution: 68.
206 Hoffmeyer, J. & Emmeche, C. (1991). Code-duality and the semiotics of nature. In: Anderson, M. & Merrell, F. (eds.). On Semiotic Modeling, 117-166: 158.
207 a.a.O.: 159.
208 Mayr, E. (2001). What Evolution Is: 286.
209 Vgl. Sober, E. (1981). Evolutionary theory and the ontological status of properties. Philos. Stud. 40, 147-176: 169.
210 Darwin, C. (1859). On the Origin of Species: 109; vgl. Gayon, J. (1992). Darwin et l'après-Darwin. Une histoire de l'hypothèse de sélection naturelle (engl.: Darwinism's Struggle for Survival: Heredity and the Hypothesis of Natural Selection, Cambridge 1998): 62f.
211 Edström, J.E. (1968). Masters, slaves and evolution. Nature 220, 1196-1198: 1198.
212 Williams, M.B. (1989). Evolvers are individuals: extension of the species as individuals claim. In: Ruse, M. (ed.). What the Philosophy of Biology Is. Essays Dedicated to David Hull, 301-308.
213 Lloyd, E.A. (1992). Unit of selection. In: Fox Keller, E. & Lloyd, E. (eds.). Keywords in Evolutionary Biology, 334-340: 334; 337; dies. (2007). Units and levels of selection. In: Hull, D.L. & Ruse, M. (eds.). The Cambridge Companion to Philosophy, 44-65: 46.
214 Reydon, T.A.C. (2005). Species as Units of Generalization in Biological Science. A Philosophical Analysis: 13; 45.
215 Folwell, W.W. (1883). [Address]. Science 2, 227-228: 228.
216 Cope, E.C. (1883). The evidence for evolution in the history of the extinct mammalia. Science 2, 272-279: 277.
217 Cohen, N.W. (1984). The challenges of Darwinism and biblical criticism to American Judaism. Modern Judaism 4, 121-157: 124.
218 Cassirer, E. (1918/21). Kants Leben und Lehre: 379.
219 Valéry, P. (1900-45). Bios. Cahiers, Bd. XVI: 432.
220 Schaxel, J. (1919/22). Grundzüge der Theorienbildung in der Biologie: 261.
221 Bertalanffy, L. von (1932). Theoretische Biologie, Bd. 1: 21; Ballauff, T. (1949). Das Problem des Lebendigen: 58; Heberer, G. (1960). Die Historizität als Wesenszug des Lebendigen. Philos. nat. 6, 145-152: 145.
222 Bertalanffy, L. von (1933). Modern Theories of Development: 175; Beckner, M. (1959). The Biological Way of Thought: 6.
223 Weiß, B. (1882). Das Leben Jesu, Bd. 1: VIII; 101 (nach DWB Arch.).
224 Paulsen, F. (1889). System der Ethik: 582 (nach DWB Arch.); vgl. 5. Aufl., Bd. 2: 240.
225 Rickert, H. (1896-1902/1929). Die Grenzen der naturwissenschaftlichen Begriffsbildung. Eine logische Einleitung in die historischen Wissenschaften: 260.
226 a.a.O.: 252.
227 ebd.
228 a.a.O.: 617.
229 Haeckel, E. (1877). Ueber die heutige Entwickelungslehre im Verhältnisse zur Gesammtwissenschaft. Amtl. Ber. 50. Vers. Deutsch. Naturf. Ärzte 50, 14-22: 16.
230 a.a.O.: 15.
231 Rickert (1896-1902/1929): 261.
232 a.a.O.: 462.
233 a.a.O.: 463.
234 a.a.O.: 465.
235 Kroner, R. (1919). Das Problem der historischen Biologie: 34f.
236 a.a.O.: 29.
237 Delbrück, M. (1949). A physicist looks at biology (in: Blackburn, R.T. (ed.) (1966). Interrelations: The Biological and Physical Sciences, 117-129): 119.
238 Vgl. Boveri, T. (1906). Die Organismen als historische Wesen: 7; Wolff, G. (1933). Leben und Erkennen: 166.
239 Wolff (1933): 166.
240 Bergson, H. (1907). L'évolution créatrice (Paris 1948): 16.
241 Hegel, G.W.F. (1817/30). Enzyklopädie der philosophischen Wissenschaften im Grundrisse (Werke, Bd. 8-10, Frankfurt/M. 1986): II, 33.
242 Lyell, C. (1830-33). Principles of Geology, 3 vols.: II, 11.
243 Haeckel, E. (1866). Generelle Morphologie der Organismen, 2 Bde.: II, 257.
244 Darwin, C. (1837-38). Notebook B. In: Barrett, P.H. et al. (eds.) (1987). Charles Darwin's Notebooks, 1836-1844, 167-236: B 74.

245 Vgl. Mayr, E. (1983). The concept of finality in Darwin and after Darwin. Scientia 118, 97-117: 113.
246 Young, R. (1971). Darwin's metaphor: does nature select? Monist 55, 442-503: 451.
247 Lefèvre, W. (1984). Die Entstehung der biologischen Evolutionstheorie: 260.
248 Nachweise für Tab. 67: Darwin, C. (1859). On the Origin of Species: 331; Spencer, H. (1862/1901). First Principles: 367 (§145); Lotka, A.J. (1925). Elements of Physical Biology: 24; Wright, S. (1932). The roles of mutation, inbreeding, crossbreeding, and selection in evolution. Proceedings of the Sixth International Congress of Genetics 1, 356-366: 359; Fisher, R.A. (1936). [Discussion statement]. Proc. Roy. Soc. London B 121, 58-62: 58; Dobzhansky, T. (1937). Genetics and the Origin of Species: 11; Zimmermann, W. (1953). Evolution: 4; Lewontin, R. (1968). The concept of evolution. In: Sills, D.L. (ed.). International Encyclopedia of the Social Sciences, vol. 5, 202-210: 207; Timoféeff-Ressovsky, N.V., Voroncov, N.N. & Jablokov, A.V. (1969/75). Kurzer Grundriß der Evolutionstheorie (russ.; dt. Jena 1975): 17; Brandon, R. (1978). Evolution. Philos. Sci. 45, 96-109: 107; Futuyma, D.J. (1979/98). Evolutionary Biology: 4; Dawkins, R. (1982). The Extended Phenotype. The Gene as the Unit of Selection: 82; Gutmann, W.F. & Weingarten, M. (1988). Organismen als Konstrukte. Theoreme, die eine Eigenständigkeit der Biologie gegenüber der Physik sichern. Biologische Rundschau 26, 331-345: 339f.; Thompson, P. (1989). The Structure of Biological Theories: 10; Brandon, R. (1990). Adaptation and Environment: 5; Gray, R. (1992). Death of the gene: developmental systems strike back. In: Griffiths, P. (ed.). Trees of Life. Essays in Philosophy of Biology, 165-209: 182; Mahner, M. & Bunge, M. (1997). Foundations of Biophilosophy: 311; Mayr, E. (2001). What Evolution Is: 286; Pigliucci, M. & Kaplan, J. (2006). Making Sense of Evolution. The Conceptual Foundations of Evolutionary Biology: 70; Walsh, D.M. (2010). Two neo-Darwinisms. Hist. Philos. Life Sci. 32, 317-340: 333.
249 Van Valen, L. (1973). A new evolutionary law. Evolutionary Theory 1, 1-30; vgl. ders. (1974). Two modes of evolution. Nature 252, 298-300; ders. (1977). The red queen. Amer. Nat. 111, 809-810; Fisher, R.A. (1930). The Genetical Theory of Natural Selection: 44f.; Maynard Smith, J. (1976). A comment on the red queen. Amer. Nat. 110, 325-330.
250 Vgl. Hull, D. (1974). Philosophy of Biological Science: 62.
251 Nachweise für Tab. 68: Baer, K.E. von (1828). Ueber Entwickelungsgeschichte der Thiere, Bd. 1: 153; Bronn, H.G. (1858). Morphologische Studien über Gestaltungs-Gesetze der Naturkörper überhaupt und der organischen insbesondere: 161; Spencer, H. (1862/1901). First Principles: 367; Darwin, C. (1859). On the Origin of Species: 112; Warming, E. (1895). Plantesamfund. Grundtraek af den Ökologiske Plantegeografi (dt.: Lehrbuch der ökologischen Pflanzengeographie, Berlin 1896): 4; Bernard, C. (1859). Leçons sur les propriétés physiologiques et les altérations pathologiques des liquides de l'organisme, Bd. 1: 9f.; Cope, E.D. (1896). The Primary Factors of Organic Evolution: 173f.; Depéret, C. (1907). Les transformations du monde animal (dt. Die Umbildung der Tierwelt, Stuttgart 1909): 180; Williston, S.W. (1914). Water Reptiles of the Past and Present: 20f.; vgl. Owen, R. (1843). Lectures on the Comparative Anatomy and Physiology of the Invertebrate Animals: 365; Bronn (1858): 161; Dollo, L. (1893). Les lois de l'évolution. Bull. Soc. Bel. Geol. Paleontol. 7, 164-166: 165.
252 Hull (1974): 82.
253 Teilhard de Chardin, P. (1955). Le phénomène humain (dt. Der Mensch im Kosmos, München 1981): 37.
254 Rensch, B. (1968). Biophilosophie auf erkenntnistheoretischer Grundlage: 113.
255 Gould, S.J. (1970). Dollo on Dollo's law: irreversibility and the status of evolutionary laws. J. Hist. Biol. 3, 189-212: 208f.
256 Spallanzani, L. (1787). Expériences pour servir à l'histoire de la generation des animaux et des plantes: 404.
257 Luhmann, N. (1997). Die Gesellschaft der Gesellschaft, 2 Bde.: I, 426.
258 Beatty, J. (1995). The evolutionary contingency thesis. In: Wolters, G. & Lennox, J. (eds.). Concepts, Theories, and Rationality in the Biological Sciences, 45-81: 46f.
259 Sober, E. (1997). Two outbreaks of lawlessness in recent philosophy of biology. Philos. Sci. 64, S458-S467: S467; vgl. ders. (1993). Philosophy of Biology: 71f.; Rosenberg, A. (2006). Darwinian Reductionism. Or, How to Stop Worrying and Love Molecular Biology: 147.
260 Sober, E. (2008). Fodor's *bubbe meise* against Darwinism. Mind & Language 23, 42-49: 45f.
261 Rosenberg (2006): 149f.; vgl. 156; ders. (1994). Instrumental Biology or the Disunity of Science.
262 Michod, R.E. (1999). Darwinian Dynamics. Evolutionary Transitions in Fitness and Individuality: 171.
263 Dobzhansky, T. (1964). Biology, molecular and organismic. Amer. Zool. 4, 443-452: 449; vgl. ders. (1973). Nothing in biology makes sense except in the light of evolution. Amer. Biol. Teach. 35, 125-129.
264 Rosenberg, A. (1985). The Structure of Biological Science: 119.
265 a.a.O.: 121.
266 Sober, E. (1993). Philosophy of Biology: 7; vgl. Griffiths, P.E. (2009). In what sense does 'nothing make sense except in the light of evolution'? Acta Biotheor. 57, 11-32.
267 Lefèvre, W. (1984). Die Entstehung der biologischen Evolutionstheorie: 107.
268 a.a.O.: 18.
269 Weismann, A. (1884). Über Leben und Tod (Aufsätze über Vererbung und verwandter biologische Fragen, Jena 1892, 123-190): 165.
270 Hoffmeyer, J. & Emmeche, C. (1991). Code-duality and the semiotics of nature. In: Anderson, M. & Merrell, F. (eds.). On Semiotic Modeling, 117-166: 154.
271 Nachweise für Tab. 69: Goethe, J.W. von, Maximen und Reflexionen (Hamburger Ausgabe, Bd. 12, Nr. 608): 448; Spencer, H. (1867/99). The Principles of Biology, vol. 2: 4f.; Liebmann, O. (1899). Organische Natur und Teleologie. In: Gedanken und Thatsachen. Philosophische Abhandlungen, Aphorismen und Studien. Zweites Heft, 230-275:

257; Bauch, B. (1911). Studien zur Phiolosophie der exakten Wissenschaften: 172f.; Kroner, R. (1913). Zweck und Gesetz in der Biologie: 16f.; Cassirer, E. (1918/21). Kants Leben und Lehre: 368; Haldane, J.S. (1931). The Philosophical Basis of Biology (dt. Berlin 1932): 9; Bertalanffy, L. von (1932). Theoretische Biologie, Bd. 1: 59; Maturana, H.R., Varela, F.J. & Uribe, R. (1975). Autopoiesis: The organisation of living systems, its characterization and a model (dt. in: Maturana, H.R., Erkennen: Die Organisation und Verkörperung von Wirklichkeit, Braunschweig 1982, 157-169): 157; vgl. Maturana, H.R. (1970). Biology of cognition (dt. in: ebd., 32-80): 37; Spaemann, R. & Löw, R. (1981). Die Frage Wozu? Geschichte und Wiederentdeckung des teleologischen Denkens: 277; McLaughlin, P. & Rheinberger, H.-J. (1985). Darwin und der Begriff des Organismus. In: Bayertz, K. (Hg.). Organismus und Selektion – Probleme der Evolutionsbiologie. (=Aufsätze und Reden der senckenbergischen naturforschenden Gesellschaft 35), 7-22: 17; Wicken, J.S. (1988). Thermodynamics, evolution, and emergence: ingredients for a new synthesis. In: Weber, B.H., Depew, D.J. & Smith, J.D. (eds.). Entropy, Information and Evolution: New Perspectives on Physical and Biological Evolution, 139-169: 140; 160; Rosen, R. (1991). Life Itself. A Comprehensive Inquiry Into the Nature, Origin, and Fabrication of Life: 254f.
272 Gutmann, W.F. (1989). Die Evolution hydraulischer Konstruktionen. Organismische Wandlung statt altdarwinistischer Anpassung: 9.
273 a.a.O.: 10.
274 a.a.O.: 15.
275 a.a.O.: 47.
276 a.a.O.: 54.
277 Gutmann, W.F. & Bonik, K. (1981). Kritische Evolutionstheorie. Ein Beitrag zur Überwindung altdarwinistischer Dogmen.
278 Manser, A.R. (1965). The concept of evolution. Philosophy 40, 18-34: 34.
279 Beckner, M. (1959). The Biological Way of Thought: 160.
280 Ruse, M. (1973). The Philosophy of Biology: 148f.
281 Rosenberg, A. (1985). The Structure of Biological Science: 135.
282 Brandon, R. (1981). A structural description of evolutionary theory. In: Asquith, P.D. & Giere, R.N. (eds.). Philosophy of Science Association 1980, vol. 2, 427-439: 432.
283 Popper, K.R. (1974). Darwinism as a metaphysical research programme. In: Schilpp, P.A. (ed.). The Philosophy of Karl Popper, vol. 1, 133-143: 134.
284 Schaffner, K.F. (1993). Discovery and Explanation in Biology and Medicine: 359.
285 Sober, E. (1993). Philosophy of Biology: 70; kritisch dazu: Rosenberg, A. (1996). Sober's *Philosophy of Biology* and his philosophy of biology. Philos. Sci. 63, 452-464.
286 Sterelny, K. & Kitcher, P. (1988). The return of the gene. J. Philos. 85, 339-361: 345.
287 Rosenberg, A. (1994). Instrumental Biology or the Disunity of Science: 64.
288 Sober, E. (1981). Evolutionary theory and the ontological status of properties. Philos. Stud. 40, 147-176: 166.

289 a.a.O.: 169.
290 a.a.O.: 174.
291 Rosenberg (1985): 216f.
292 Vgl. Hodge, M.J.S. (1987). Natural selection as a causal, empirical, and probabilistic theory. In: Krüger, L. et al. (eds.). The Probabilistic Revolution, vol. 2, 233-270: 245.
293 Williams, M.B. (1970). Deducing the consequences of evolution: a mathematical model. J. theor. Biol. 29, 343-385; vgl. dies. (1973). The logical status of the theory of natural selection and other evolutionary controversies. In: Bunge, M. (ed.). The Mehodological Unity of Science, 84-102.
294 Thompson, P. (1983). The structure of evolutionary theory: a semantic perspective. Stud. Hist. Philos. Sci. 14, 215-229; ders. (1989). The Structure of Biological Theories; Lloyd, E.A. (1984). A semantic approach to the structure of population genetics. Philos. Sci. 51, 242-264; dies. (1988). The Structure and Confirmation of Evolutionary Theory.
295 Lloyd, E.A. (1989). A structural approach to defining units of selection. Philos. Sci. 56, 395-418; dies. (1988), 2. Aufl. 1994.
296 Vgl. Ereshefsky, M. (1991). The semantic approach to evolutionary theory. Biol. Philos. 6, 59-80; Krohs, U. (2005). Wissenschaftstheoretische Rekonstruktionen. In: Krohs, U. & Toepfer, G. (Hg.). Philosophie der Biologe, 304-321.
297 Haeckel, E. (1866). Generelle Morphologie der Organismen, 2 Bde.: II, 290.
298 a.a.O.: 294.
299 Hartmann, N. (1950). Philosophie der Natur: 646.
300 Brandon, R. (2008). Natural selection. Stanford Encyclopedia of Philosophy (online).
301 Vgl. Pennock, R.T. (ed.) (2001). Intelligent Design Creationism and its Critics; Kutschera, U. (Hg.) (2007). Kreationismus in Deutschland. Fakten und Analysen.
302 Nisbet, D.D. (1873). Darwinism. Baptist Quarterly 7, 204-227: 226; Gill, W.I. (1875). Evolution and Progress. An Exposition and Defence: 99; Gray, A. (1880). Natural Science and Religion: 89.
303 Anonymus (1825). Prospectus of a society for introducing and domesticating new breeds or varieties of animals. Philos. Mag. 66, 65-68: 65; vgl. auch schon (in anderer Bedeutung): Stephen, J. (1806). War in Disguise: xiii.
304 Jack, H. (1965). A recent attempt to prove god's existence. Philos. Phenomenol. Res. 25, 575-579: 578.
305 Vgl. Prigogine, I., Nicolis, G. & Babloyantz, A. (1972). Thermodynamics of evolution. Physics today 25, 23-28, 38-44; Wicken, J.S. (1980). A thermodynamic theory of evolution. J. theor. Biol. 87, 9-23; Wiley, E.O. & Brooks, D.R. (1982). Victims of history – a non-equilibrium approach to evolution. Syst. Zool. 31, 1-24; Brooks, D.R. & Wiley, E.O. (1986). Evolution as Entropy: Toward a Unified Theory of Biology; Wicken, J.S. (1987). Evolution, Thermodynamics, and Information: Extending the Darwinian Paradigm; Weber, B., Depew, D.J. & Smith, J.D. (eds.) (1988). Entropy, Information and Evolution: New Perspectives on Physical and Biological Evolution; Brooks, D.R., Collier, J., Maurer, B.A., Smith, J.D.H. & Wiley, E.O. (1989). Entropy and information in evolving biological systems. Biol. Philos. 4,

407-431.
306 Løvtrup, S. (1983). Victims of ambition: comments on the Wiley and Brooks approach to evolution. Syst. Zool. 32, 90-96; Berry, S. (1995). Entropy, irreversibility and evolution. J. theor. Biol. 175, 197-202.
307 Anonymus (1790). Medical news [Experiments of J. Gahagan]. Medical Commentaries 4, 375-399: 389.
308 Darwin, E. (1796). Zoonomia, or The Laws of Organic Life, vol. 2: 398.
309 Stuart-Glennie, J.S. (1873). In the Morningland or The law of the Origin and Transformation of Christianity: 109.
310 Fiske, J. (1874). Outlines of Cosmic Philosophy, Based on the Doctrine of Evolution, vol. 1: 433.
311 Abbott, H.C. de S. (1887). Comparative chemistry of higher and lower plants. Amer. Nat. 21, 719-730: 720.
312 Crookes, W. (1903). Modern views on matter: the realization of a dream. Science 17, 993-1003: 996.
313 Morris, C. (1882). Organic physics. Amer. Nat. 16, 470-483: 470.
314 Philiptschenko, J. (1927). Variabilität und Variation: 93.
315 Leavitt, R.G. (1909). A vegetative mutant, and the principle of homoeosis in plants. Botanical Gazette 47, 30-68: 67; vgl. 30.
316 Gates, R.R. (1911). The mutation theory. Amer. Nat. 45, 254-256: 256.
317 Stanley, S.M. (1982). Macroevolution and the fossil record. Evolution 36, 460-473: 471.
318 Rensch, B. (1947). Neuere Probleme der Abstammungslehre. Die transspezifische Evolution.
319 Vgl. Dietrich, M.R. (1992). Macromutation. In Keller, E.F. & Lloyd, E.A. (eds.). Keywords in Evolutionary Biology, 194-201.
320 Schindewolf, O.H. (1936). Paläontologie, Entwicklungslehre und Genetik. Kritik und Synthese.
321 Goldschmidt, R. (1933). Some aspects of evolution. Science 78, 539-547; ders. (1940). The Material Basis of Evolution.
322 Simpson, G.G. (1944). Tempo and Mode in Evolution; Rensch (1947).
323 Stanley, S.M. (1979). Macroevolution: 183; vgl. Raup, D.M. & Gould, S.J. (1974). Stochastic simulation and evolution of morphology – towards a nomothetic palaeontology. Syst. Zool. 23, 305-322.
324 Stanley (1979): 184.
325 Stanley (1979): 186; vgl. Levinton, J. (1988). Genetics, Paleontology, and Macroevolution.
326 Simpson (1944): 199; 206.
327 Eldredge, N. & Gould, S. (1972). Punctuated equilibria: an alternative to phyletic gradualism. In: Schopf, T. (ed.). Models in Paleobiology, 82-115; Gould, S. & Eldredge, N. (1977). Punctuated equilibria: the tempo and mode of evolution reconsidered. Paleobiol. 3, 115-151.
328 Rensch (1947): 1.
329 Smyth, N. (1916). The Meaning of Personal Life: 25.
330 Vgl. Reinheimer, H. (1913). Evolution by Co-operation. A Study in Bio-economics; ders. (1915). Symbiogenesis. The Universal Law of Progressive Evolution.
331 Reinheimer, H. (1920). Symbiosis. A Socio-Physiological Study of Evolution: 249.
332 Reinheimer, H. (1923). Compensation in nature. Psyche 3, 212-228: 213; vgl. 217.
333 Reinheimer, H. (1924). In vindication of symbiosis. Psyche 5, 154-173: 160; vgl. 154.
334 Reinheimer, H. (1930/31). Synthetic Biology and the Moral Universe: 24: vgl. 159.
335 Hardin, G.J. (1949). Biology. Its Human Implications (San Francisco 1951): 599; vgl. 2. Aufl. 1952: 558.
336 Mode, C.J. (1958). A mathematical model for the coevolution of obligate parasites and their hosts. Evolution 12, 158-165.
337 Ehrlich, P.R. & Raven, P.H. (1964). Butterflies and plants: a study in coevolution. Evolution 18, 586-608.
338 Whittaker, R.H. & Feeny, P.P. (1971). Allelochemics: chemical interactions between species. Science 171, 757-770: 759.
339 Westerby, H. (1902). The dual theory in harmony. Proc. Mus. Assoc. 29, 21-72: 21.
340 Patten, B.C. (1975). Ecosystem as a coevolutionary unit: a theme for teaching systems ecology. In: Innis, G.S. (ed.). New Directions in the Analysis of Ecological Systems Part 1, 1-8: 6.
341 Bateson, G. (1979). Mind and Nature: 227 (dt. Geist und Natur, Frankfurt/M. 1982: 274).
342 Ehrlich & Raven (1964): 606.
343 Sprengel, C.K. (1793). Das entdeckte Geheimnis der Natur im Bau und in der Befruchtung der Blumen: 3.
344 Müller, H. (1873). Die Befruchtung der Blumen durch Insekten und die gegenseitigen Anpassungen beider. Ein Beitrag zur Erkenntniss des ursächlichen Zusammenhanges in der organischen Natur; vgl. Schneckenburger, S. (2010). Hermann Müller und die Blütenbiologie. In: Münz, H. & Morkramer, M. (Hg.). Hermann Müller-Lippstadt (1829-1883). Naturforscher und Pädagoge, 70-97.
345 Brues, C.T. (1920). The selection of food-plants by insects, with special reference to lepidopterous larvae. Amer. Nat. 54, 313-332; ders. (1924). The specifity of food-plants in the evolution of phytophagous insects. Amer. Nat. 58, 127-144.
346 Henderson, L.J. (1913). The Fitness of the Environment.
347 Brandon, R.N. & Antonovics, J. (1995). The coevolution of organism and environment. In: Wolters, G. & Lennox, J.G. (eds.). Concepts, Theories, and Rationality in the Biological Sciences. The Second Pittsburgh-Konstanz Colloquium in the Philosophy of Science, 211-232.
348 De Beer G. (1954). Archaeopteryx and evolution. Advancem. Sci. 42, 160-170: 163; ders. (1954). Archaeopteryx lithographica.
349 a.a.O.: 162.
350 Mayr, E. (1963). Animal Species and Evolution: 598.
351 Lamarck, J.-B. de (1801). Système des animaux sans vertèbres: 17; vgl. 28.
352 Blyth, E. (1835). An attempt to classify the "varieties" of animals. Mag. Nat. Hist. 8, 40-53: 45.
353 Webb, P.B. & Berthelot, S. (1836). Histoire naturelle des Iles Canaries (engl.: Vegetation of the Canary Islands. In: Hooker, W.J. (ed) Companion to the Botanical Magazi-

ne 1, 332-344: 342).
354 Buch, L. von (1825). Physicalische Beschreibung der Canarischen Inseln: 132f.
355 Darwin, C. (1859). On the Origin of Species: 350.
356 Vgl. Sulloway, F.J. (1979). Geographical isolation in Darwin's thinking: the vicissitude of a crucial idea. Stud. Hist. Biol. 3, 23-65.
357 Darwin, C. (1837). Notebook B: 155 (http://darwin-online.org.uk/).
358 Darwin, C. [1842]. [Sketch of 1842]. In: The Foundations of the Origin of Species. Two Essays Written in 1842 and 1844 (Works, vol. 10, London 1986): 32.
359 a.a.O.: 149; vgl. Kottler, M.J. (1978). Charles Darwin's biological species concept and theory of geographic speciation: the transmutation notebooks. Ann. Sci. 35, 275-297; Sulloway, F.J. (1979). Geographical isolation in Darwin's thinking: the vicissitude of a crucial idea. Stud. Hist. Biol. 3, 23-65.
360 Darwin, C. [1856-58]. Natural Selection (Charles Darwin's Natural Selection, ed. R.C. Stauffer, Cambridge 1975): 254; vgl. ders. (1859/72). On the Origin of Species: 81.
361 Darwin, C. (1859). On the Origin of Species: 104.
362 Wagner, M. (1868). Die Darwin'sche Theorie und das Migrationsgesetz der Organismen.
363 Darwin, C. (1859). On the Origin of Species: 105; vgl. Vorzimmer, P. (1965). Darwin's ecology and its influence upon his theory. Isis 56, 148-155: 152.
364 Vgl. Darwin, F. (1887). The Life and Letters of Charles Darwin, 3 vols.: II, 335f.; Mayr, E. (1982). The Growth of Biological Thought: 564.
365 Gulick, J.T. (1872). Diversity of evolution under one set of external conditions. J. Linn. Soc. Zool. 11, 496-505: 498f.
366 Gulick, T. (1888). Divergent evolution through cumulative segregation. J. Linn. Soc. Zool. 20, 189-274: 200.
367 Gulick (1888); vgl. Lesch, J.E. (1975). The role of isolation in evolution: George J. Romanes and John T. Gulick. Isis 66, 483-503.
368 Willmann, R. (1985). Die Art in Raum und Zeit: 17.
369 Četverikov, S.S. (1926). O nekotorych momentach evoljucionnogo processa s točki zrenija sovremennoj genetiki (engl.: On certain aspects of the evolutionary process from the standpoint of modern genetics. Proc. Amer. Philos. Soc. 105 (1961), 167-195): 180.
370 Dobzhansky, T. (1935). A critique of the species concept in biology. Philos. Sci. 2, 344-355: 349.
371 Dobzhansky, T. (1937). Genetics and the Origin of Species: 230; vgl. ders. (1937). Genetic nature of species differences. Amer. Nat. 74, 119-135.
372 Dobzhansky (1935): 349.
373 Strassen, O. zur (1915). Die Zweckmässigkeit. In: Chun, C. & Johannsen, W. (Hg.). Die Kultur der Gegenwart, Teil 3, Abt. 4, Bd. 1. Allgemeine Biologie, 87-149: 137.
374 Mayr, E. (1942). Systematics and the Origin of Species: 247.
375 Mayr, E. (1963). Animal Species and Evolution: 91.
376 Mayr, E. (1948). The bearing of the new systematics on genetical problems: the nature of species. Adv. Genet. 2,
205-237: 223f.; vgl. ders. (1969). The biological meaning of species. Biol. J. Linn. Soc. 1, 311-320: 316; ders. (1996). What is a species, and what is not? Philos. Sci. 63, 262-277: 264.
377 Mayr (1942): 237.
378 ebd.; vgl. ders. (1959). Isolation as an evolutionary factor. Proc. Amer. Philos. Soc. 103, 221-230.
379 Mayr, E. (1954). Change of genetic environment and evolution. In: Huxley, J., Hardy, A.C. & Ford, E.B. (eds.). Evolution as a Process, 157-180.
380 Mayr, E. (1959). Isolation as an evolutionary factor. Proc. Amer. Philos. Soc. 103, 221-230; ders. (1963): 449f.
381 Vgl. z.B. Cicero, Epistulae ad familiares IX, 8, 2; XVI, 7, 1.
382 Godwin, F. (ca. 1633). The Man in the Moone or A Discourse of a Voyage thither. Domingo Gonsales. The Speedy Messenger (London 1638): 111; Browne, T. (1646). Pseudodoxia Epidemica: 223; Ray, J. (1691/1704). The Wisdom of God Manifested in the Works of the Creation: 149.
383 Aristoteles, Hist. anim. 596b20ff.
384 Vgl. Edel, E. (1961-63). Zu den Inschriften auf den Jahreszeitenreliefs der „Weltenkammer" aus dem Sonnenheiligtum des Niuserre, 2 Teile. Nachr. Gött. Akad. Wiss. 1961/Nr. 8; 1963/Nr. 4 und 5.
385 Aristoteles, Hist. anim. 597b32ff.; vgl. auch Gamer-Wallert, I. (1970). Fische und Fischkulte im alten Ägypten.
386 Aristoteles, Hist. anim. 596b30.
387 Linné, C. von (1757). Migrationes avium (Amoenitates academicae, Bd. 4, Stockholm 1759, 565-600): 588.
388 Darwin, C. (1859). On the Origin of Species: 358f.
389 a.a.O.: 385.
390 Vgl. Browne, J. (1983). The Secular Ark: 199f.
391 Darwin, C. (1859/72). On the Origin of Species: 82.
392 Wagner, M. (1868). Die Darwin'sche Theorie und das Migrationsgesetz der Organismen: VII.
393 Wright, S. (1929). The evolution of dominance. Comment on Dr. Fisher's reply. Amer. Nat. 63, 556-561: 561; ders. (1930). The genetical theory of natural selection. A review. J. Heredity 21, 349-356: 354.
394 Wright (1929): 559.
395 Wright, S. (1929). Fisher's theory of dominance. American Naturalist 63, 274-279: 274.
396 Fisher, R.A. (1929).The evolution of dominance; reply to Professor Sewall Wright. Amer. Nat. 63, 553-556: 556.
397 Dobzhansky, T. (1937/41). Genetics and the Origin of Species: 332; vgl. 185; 332; Erickson, R.O. (1945). The Clematis fremontii Var. Riehlii population in the Ozarks. Annals of the Missouri Botanical Garden 32, 413-460: 414.
398 Ludwig, W. (1943). Die Selektionstheorie. In: Heberer, G. (Hg.). Die Evolution der Organismen, 479-520: 485.
399 Wright, S. (1932). The roles of mutation, inbreeding, crossbreeding, and selection in evolution. Proc. Sixth Intern. Congr. Genet. 1, 356-366: 360.
400 Beatty, J. (1984). Chance and natural selection. Philos. Sci. 51, 183-211.
401 Darwin (1859/72): 85.
402 Gulick, J.T. (1872). On the diversity of evolution un-

der one set of external conditions. Journal of the Linnean Society, Zoology 11, 496-505.
403 Gulick, J.T. (1889). Intensive segregation, or divergence through independent transformation. J. Linn. Soc. Zool. 23, 312-380: 337.
404 Weismann, A. (1902/04). Vorträge über Deszendenztheorie, 2 Bde.: II, 240.
405 Hagedoorn, A.L. & Hagedoorn, A.C. (1921). On the Relative Value of the Processes Causing Evolution.
406 Fisher, R.A. (1922). On the dominance ratio. Proc. Roy. Soc. Edinburgh 42, 321-341: 328.
407 Muller, H.J. (1918). Genetic variability, twin hybrids and constant hybrids, in a case of balanced lethal factors. Genetics 3, 422-499: 481; vgl. ders. (1940). Bearings of the 'Drosophila' work on systematics. In: Huxley, J.S. (ed.). The New Systematics, 185-268: 216.
408 Elton, C. (1927). Animal Ecology: 187.
409 Wright, S. (1922). The effects of inbreeding and crossbreeding on guinea pigs. Bull. U.S. Dep. Agric. 1099 & 1121; vgl. Provine (1971): 161f.
410 Wright, S. (1931). Evolution in Mendelian populations. Genetics 16, 97-159: 106; vgl. Provine, W.B. (1986). Sewall Wright and Evolutionary Biology: 277ff.
411 Wright (1931): 151.
412 Huxley, J.S. (1940). Introductory: Towards the new systematics. In: ders. (ed.) The New Systematics (Oxford 1952), 1-46: 8; Fisher, R.A. & Ford, E.B. (1950). The "Sewall Wright effect". Heredity 4, 117-119.
413 Wright, S. (1931). Statistical theory of evolution. Journal of the American Statistical Association 26 (Suppl.), 201-208: 208.
414 Fisher & Ford (1950).
415 Wright, S. (1932). The roles of mutation, inbreeding, crossbreeding, and selection in evolution. Proc. Sixth Intern. Congr. Genet. 1, 356-366.
416 Wright, S. (1949). Adaptation and selection. In: Jepsen, G.L., Simpson, G.G. & Mayr, E. (eds.). Genetics, Paleontology, and Evolution, 365-389: 369.
417 Wright, S. (1955). Classification of the factors of evolution. Cold Spring Harbor Symp. Quant. Biol. 20, 16-24: 17-19.
418 Fisher, R.A. & Ford, E.B. (1947). The spread of a gene in natural conditions in a colony of the moth *Panaxia dominula*. Heredity 1, 43-74.
419 Mayr, E. (1963). Animal Species and Evolution: 204f.; vgl. Beatty, J. (1992). Random drift. In: Keller, E.F. & Lloyd, E.A. (eds.). Keywords in Evolutionary Biology, 273-281: 277f.
420 Bradie, M. & Gromko, M. (1981). The status of the principle of natural selection. Nature and System 3, 3-12: 8.
421 Dobzhansky, T. & Queal, M.I. (1938). Genic variation in populations of *Drosophila pseudoobscura* inhabiting isolated mountain ranges. Genetics 23, 463-484; Diver, C. (1940). The problem of closely related snails living in the same area. In: Huxley, J.S. (ed.). The New Systematics, 303-328; Wright, S. (1940). The statistical consequences of Mendelian heredity in relation to speciation. In: Huxley, J.S. (ed.). The New Systematics, 161-184.

422 Dobzhansky, T. (1943). Genetics of natural populations, IX. Temporal changes in the composition of populations of *Drosophila pseudoobscura*. Genetics 28, 162-186; Wright, S. & Dobzhansky, T. (1946). Genetics of natural populations, XII. Experimental reproduction of some of the changes caused by natural selection in certain populations of *Drosophila pseudoobscura*. Genetics 31, 125-150; Cain, A.J. & Sheppard, P.M. (1950). Selection in the polymorphic land snail *Cepaea nemoralis*. Heredity 4, 275-294; dies. (1954). Natural selection in *Cepaea*. Genetics 39, 89-116; Clarke, C.A. (1961). Blood groups and diseases. Progr. Med. Gen. 1, 81-119; vgl. Beatty, J. (1987). Dobzhansky and drift: facts, values, and chance in evolutionary biology. In: Krüger, L. et al. (eds.). The Probabilistic Revolution, vol. 2; ders. (1992): 277.
423 Cain, A.J. (1951). So-called non-adaptive or neutral characters in evolution. Nature 168, 424; ders. (1951). Non-adaptive or neutral characters in evolution. Nature 168, 1049.
424 Lamotte, M. (1959). Polymorphism of natural populations of *Cepaea nemoralis*. Cold Spring Harbor Symp. Quant. Biol. 24, 65-84; Cavalli-Sforza, L.L. (1969). Genetic drift in an Italian population. Sci. Amer. 223(2), 26-33.
425 Mayr (1963): 204ff.; 534; Wright, S. (1959). [Discussion statement]. Cold Spring Harbor Symp. Quant. Biol. 24, 84.
426 Gould, S.J. & Lewontin, R.C. (1979). The spandrels of San Marco and the Panglossian paradigm: a critique of the adaptationist programme. Proc. Roy. Soc. Lond. B 205, 581-598.
427 Vgl. Hodge, M.J.S. (1987). Law, cause, chance, adaptation and species in Darwinian theory in the 1830s, with a postscript on the 1930s. In: Heidelberger, M. et al. (eds.). Probability since 1800. Interdisciplinary Studies of Scientific Development (Report Wissenschaftsforschung 25), 287-329: 324.
428 Rosenberg, A. (1994). Instrumental Biology or the Disunity of Science: 73.
429 Walsh, D.M., Lewens, T. & Ariew, A. (2002). The trials of life: natural selection and random drift. Philos. Sci. 69, 452-473: 458.
430 Vgl. Millstein, R.L. (2002). Are random drift and natural selection conceptually distinct? Biol. Philos. 17, 33-53.
431 Walsh, Lewens & Ariew (2002); Ariew, A. (2003). Ernst Mayr's 'ultimate/proximate' distinction reconsidered and reconstructed. Biol. Philos. 18, 553-565: 562f.
432 Walsh, Lewens & Ariew (2002): 466.
433 Pigliucci, M. & Kaplan, J. (2006). Making Sense of Evolution. The Conceptual Foundations of Evolutionary Biology: 33.
434 Vgl. z.B. Mayr, E. (1983). How to carry out the adaptationist program. Amer. Nat. 121, 324-334: 326.
435 Selander, R.K. (1985). Protein polymorphism and the genetic structure of natural populations of bacteria. In: Ohta, T. & Aoki, K. (eds.). Population Genetics and Molecular Evolution, 85-106: 87f.
436 Simpson, G.G. (1944). Tempo and Mode in Evolution: 209; vgl. 124.

437 Whittaker, R.H. (1956). Vegetation of the Great Smoky Mountains. Ecol. Monogr. 26, 1-80: 28.
438 Gerard, R.W., Kluckhohn, C. & Rapoport, A. (1956). Biological and cultural evolution. Behavioral Science 1, 6-34: 14.
439 Lewontin, R.C. & White, M.J.D. (1960). Interaction between inversion polymorphisms of two chromosome pairs in the grasshopper, *Moraba scurra*. Evolution 14, 116-129: 120.
440 Janet, M.A. (1896). Considérations mécaniques sur l'évolution et le problème des espèces. 3me Congrès International de Zoologie, 136-145; vgl. McCoy, J.W. (1979). The origin of the "adaptive landscape" concept. Amer. Nat. 113, 610-613.
441 Janet (1896): 138.
442 Wright, S. (1932). The roles of mutation, inbreeding, crossbreeding, and selection in evolution. Proc. Sixth Intern. Congr. Genet. 1, 356-366: 360.
443 Provine, W.B. (1986). Sewall Wright and Evolutionary Biology: 311.
444 Wright, S. (1978). The relation of livestock breeding to theories of evolution. J. Anim. Sci. 46,1192-1200: 1198; vgl. Provine (1986). 311
445 Dobzhansky, T. (1937). Genetics and the Origin of Species.
446 Vgl. Ruse, M. (1996). Are pictures really necessary? The case of Sewall Wright's "adaptive landscapes". In: Baigrie, B.S. (ed.). Picturing Knowledge. Historical and Philosophical Programs Concerning the Use of Art in Science, 303-337; Skipper, R.A. Jr. (2004). The heuristic role of Sewall Wright's 1932 adaptive landscape diagram. Philos. Sci. 71, 1176-1188; Pigliucci, M. & Kaplan, J. (2006). Making Sense of Evolution. The Conceptual Foundations of Evolutionary Biology: 179ff.
447 Fisher, R.A. (1930). The Genetical Theory of Natural Selection: 41-45; vgl. Frank, S.A. & Slatkin, M. (1992). Fisher's fundamental theorem of natural selection. Trends Ecol. Evol. 7, 92-95; Pigliucci & Kaplan (2006): 201f.
448 Kimura, M. (1968). Evolutionary rate at the molecular level. Nature 217, 624-626.
449 Matsuda, G. (1976). Evolution of the primary structures of primate and other vertebrate hemoglobins. In: Goodman, M. & Tashian, R.E. (eds.). Molecular Anthropology. Genes and Proteins in the Evolutionary Ascent of the Primates, 223-237: 232; vgl. Tuomi, J. (1981). Structure and dynamics of Darwinian evolutionary theory. Syst. Zool. 30, 22-31: 28.
450 Ohta, T. (1973). Slightly deleterious mutant substitution in evolution. Nature 246, 96-98: 97.
451 Maruyama, T. & Kimura, M. (1974). Geographical uniformity of selectively neutral polymorphisms. Nature 249, 30-32: 30.
452 Vgl. Suárez, E. & Barahona, A. (1996). The experimental roots of the neutral theory of molecular evolution. Hist. Philos. Life Sci. 18, 55-81.
453 Kimura (1968); ders. (1983). The Neutral Theory of Molecular Evolution; ders. (1992). Neutralism. In: Keller, E.F. & Lloyd, E.A. (eds.). Keywords in Evolutionary Biology, 225-230.

454 Kimura, M. & Crow, J.F. (1964). The number of alleles that can be maintained in a finite population. Genetics 49, 725-738.
455 Vgl. Dietrich, M.R. (1994). The origins of the neutral theory of molecular evolution. J. Hist. Biol. 27, 21-59.
456 Kimura, M. (1989). The neutral theory of molecular evolution and the world view of the neutralists. Genome 31, 24-31; ders. (1992): 230.
457 Kimura (1992): 228.
458 Sved, J.A., Reed, T.E. & Bodmer, W.F. (1967). The number of balanced polymorphisms that can be maintained in a natural population. Genetics 55, 469-481; King, J.L. (1967). Continuously distributed factors affecting fitness. Genetics 55, 483-492; Milkman, R.D. (1967). Heterosis as a major cause of heterozygosity in nature. Genetics 55, 493-495; Maynard Smith, J. (1968). "Haldane's dilemma" and the rate of evolution. Nature 219, 1114-1116.
459 Maynard Smith, J. (1978). Opimization theory in evolution. Ann. Rev. Ecol. Syst. 9, 31-56.
460 King, J.L. & Jukes, T.H. (1969). Non-Darwinian evolution. Science 164, 788-798.
461 Lewontin, R.C. & Hubby, J.L. (1966). A molecular approach to the study of genic heterozygosity in natural populations, II. Amount of variation and degree of heterozygosity in natural populations of *Drosophila pseudoobscura*. Genetics 54, 595-609.
462 Kimura, M. (1968). Evolutionary rate at the molecular level. Nature 217, 624-626; ders. (1983). The Neutral Theory of Molecular Evolution.
463 Vgl. z.B. Koehn, R.K. (1969). Esterase heterogeneity: dynamics of polymorphism. Science 163, 943-944.
464 Richmond, R.C. (1970). Non-Darwinian evolution: a critique. Nature 225, 1025-1028.
465 Thoday, J.M. (1975). Non-Darwinian "evolution" and biological progress. Nature 255, 675-677.
466 Schmalhausen, I.I. (1958). Grundlagen des Evolutionsprozesses vom kybernetischen Standpunkt. Probl. Kybern. 4 (1964), 151-188.
467 Kilian, H. (1971). Das enteignete Bewusstsein. Zur dialektischen Sozialpsychologie: 24.
468 Roszak, T. (1975). Unfinished Animal. The Aquarian Frontier and the Evolution of Consciousness: 100.
469 Riedl, R. (1975). Die Ordnung des Lebendigen. Systembedingungen der Evolution: 6.
470 Wuketits, F.M. (1978). Wissenschaftstheoretische Probleme der modernen Biologie: 149f.; vgl. Riedl, R. (1977). A systems-analytical approach to macro-evolutionary phenomena. Quart. Rev. Biol. 52, 351-370.
471 Vgl. Wagner, G.P. & Laubichler, M.D. (2004). Rupert Riedl and the re-synthesis of evolutionary and developmental biology: body plans and evolvability. J. Exper. Zool. B Mol. Dev. Evol. 302, 92-102.
472 Regelmann, J.-P. (1982). Historische und funktionelle Biologie: Die Unzulänglichkeit einer Systemtheorie der Evolution. Acta Biotheor. 31, 205-235; vgl. Wagner, G.P. (1983). On the necessity of a systems theory of evolution and its population biologic foundation: comments on Dr. Regelmann's article. Acta Biotheor. 32, 223-226.
473 Frazzetta, T.H. (1975). Complex adaptations in evol-

ving populations; Layzer, D. (1978). A macroscopic approach to population genetics. J. theor. Biol. 73, 769-788; Wagner, G.P. (1985). Über die populationsgenetischen Grundlagen einer Systemtheorie der Evolution. In: Ott, J.A., Wagner, G.P. & Wuketits, F.M. (Hg.). Evolution, Ordnung und Erkenntnis, 97-111.
474 Rechenberg, I. (1973). Evolutionsstrategie. Optimierung technischer Systeme nach Prinzipien der biologischen Evolution.
475 Schmidt, F. (1985). Grundlagen der kybernetischen Evolution – eine neue Evolutionstheorie; ders. (1988). Grundlagen der Theorie der kybernetischen Evolution. In: ders. (Hg.). Neodarwinistische oder kybernetische Evolution, 46-57.

Literatur

Fothergill, P.G. (1952). Historical Aspects of Organic Evolution.
Zimmermann, W. (1953). Evolution. Die Geschichte ihrer Probleme und Erkenntnisse.
Glass, B., Temkin, O. & Straus, W.L. (eds.) (1959). Forerunners of Darwin: 1745-1859.
Briegel, M. (1963). Evolution. Geschichte eines Fremdworts im Deutschen. Phil. Diss., Freiburg/Br.
Günther, K. (1967). Zur Geschichte der Abstammungslehre (Mit einer Erörterung von Vor- und Nebenfragen). In: Heberer, G. (Hg.). Die Evolution der Organismen, Bd. 1, 3-60.
Ruse, M. (1979). The Darwinian Revolution. Science Red in Tooth and Claw.
Mayr, E. & Provine, W.B. (eds.) (1980). The Evolutionary Synthesis. Perspectives on the Unification of Biology.
Altner, G. (Hg.) (1981). Der Darwinismus. Geschichte einer Theorie.
Bowler, P.J. (1984/2009). Evolution. The History of an Idea.
Lefèvre, W. (1984). Die Entstehung der biologischen Evolutionstheorie.
Mayr, E. (1991). One Long Argument. Charles Darwin and the Genesis of Modern Evolutionary Thought.
Hodge, M.J.S. (1991). Origins and Species. A Study of the Historical Sources of Darwinism and the Contexts of Some other Accounts of Organic Diversity from Plato and Aristotle on.
Young, D. (1992/2007). The Discovery of Evolution.
Gayon, J. (1992). Darwin et l'après-Darwin. Une histoire de l'hypothèse de sélection naturelle (engl.: Darwinism's Struggle for Survival: Heredity and the Hypothesis of Natural Selection, Cambridge 1998).
Tort, P. (ed.) (1996). Dictionnaire de darwinisme et de l'évolution, 3 Bde.
Junker, T. & Hoßfeld, U. (2001). Die Entdeckung der Evolution. Eine revolutionäre Theorie und ihre Geschichte.
Pagel, M. (ed.) (2002). Encyclopedia of Evolution, 2 vols.
Sarasin, P. & Sommer, M. (Hg.) (2010). Evolution. Ein interdisziplinäres Handbuch.

Evolutionsbiologie

Die wissenschaftliche Erforschung des Ablaufs der Evolution und seiner Mechanismen bildet das Thema der Evolutionsbiologie. Die Bezeichnung ›Evolutionsbiologie‹ (engl. »evolutionary biology«) wird seit den 1870er Jahren verwendet (Mivart 1874: »the apparent conflict between Evolutionary Biology and Christian dogma«).[1] Das Wort verbreitet sich jedoch erst Ende der 1950er Jahre: E.O. Wilson kündigt 1958 einen Kurs an der Harvard-Universität unter diesem Titel für das nächste Jahr an.[2] E. Mayr unterscheidet 1961 zwischen *evolutionärer Biologie* und *funktionaler Biologie*.[3] Als Titel einer Serie von Sammelbänden, die anfangs von T. Dobzhansky mitherausgegeben werden, erscheint der Ausdruck seit 1967 (»Evolutionary Biology«).[4] Auch das von D. Futuyma in erster Auflage 1979 veröffentlichte und international am weitesten verbreitete Lehrbuch des Feldes trägt diese Bezeichnung als Titel.[5]

Evolutionstheorie (Spencer 1852) *540*
Darwinismus (Huxley 1860) *544*
Deszendenztheorie (Bronn 1860) *540*
Entwicklungstheorie (Haeckel 1863) *540*
Abstammungslehre (Haeckel 1866) *540*
Deszendenzlehre (Haeckel 1866) *540*
Entwicklungslehre (Haeckel 1868) *540*
Evolutionslehre (Carus 1872) *540*
Evolutionsbiologie (Mivart 1874) *540*
Neodarwinismus (Butler 1880) *546*
Synthetische Theorie der Evolution (Bateson 1913) *547*
evolutionäre Synthese (Huxley 1943) *547*
synthetischer Darwinismus (Szyfman 1982) *548*

Alternative Bezeichnungen
Neben ›Evolutionsbiologie‹ sind die älteren von E. Haeckel 1866 bzw. 1868 eingeführten Bezeichnungen **Deszendenzlehre**[6], **Entwicklungslehre**[7] und **Abstammungslehre**[8] bis in die Gegenwart in Gebrauch. Auch der Ausdruck **Evolutionslehre** (Carus 1872: »Anhänger der Evolutionslehre«[9] als Übersetzung zu Darwins »evolutionists«[10]; vgl. Hooker 1881: »doctrine of evolution«[11]) wird weitgehend bedeutungsgleich verwendet; bis in die 1860er Jahre steht er allerdings in erster Linie im embryologischer Kontext[12] (↑Entwicklung). Im deutschsprachigen Raum ist es bis in die ersten Jahre des 20. Jahrhunderts verbreitet, den Ausdruck ›Evolutionslehre‹ in einem allgemeinen Sinn zu verwenden und mit Positionen aus der Philosophiegeschichte von der Antike bis zur Gegenwart (v.a. Heraklit, Schelling und Hegel) zu verbinden.[13] Bei F. Harms heißt es 1868 in dieser Allgemeinheit: »Nach der Evolutionslehre ist demnach die Materie kein Sein, sondern nur ein Schein, ein blosses Produkt. Die Materie ist nicht, sondern sie wird nur beständig«.[14] Noch R. Eucken bezieht ›Evolutionslehre‹ 1904 eher auf Hegel als auf Darwin.[15] Erst wenig später wird die »Evolutionslehre Darwins«[16] eine feststehende Formel und taucht im 20. Jahrhundert vielfach auf[17].

Teildisziplin oder Theorie?
Eine offene Frage ist es, ob es sich bei dem Rahmen,

Die Evolutionsbiologie ist die Teildisziplin der Biologie, die sich der Evolution, ihrem Verlauf sowie ihren Ursachen und Mechanismen widmet.

in dem die wissenschaftliche Beschäftigung mit der Evolution stattfindet, überhaupt um eine wissenschaftliche (Teil-)Disziplin und nicht nur eine einzelne Theorie handelt. Deutlich wird die zweite Ansicht an der weiten Verbreitung der Termini **Deszendenztheorie** – ein Wort, das schon 1860 in der ersten deutschen Übersetzung von Darwins Hauptwerk erscheint[18] und erst später ins Englische übernommen wird[19] –, **Entwicklungstheorie** (Haeckel 1863)[20] und **Evolutionstheorie**[21] (engl. Spencer 1852: »theory of evolution«[22] oder Sanderson 1912: »evolutionary theory«[23]; franz. »théorie des évolutions« von Serres schon 1827 formuliert[24], allerdings bezieht er sie sowohl auf die individuelle Transformation eines Organismus als auch auf die Phylogenese). ›Evolutionstheorie‹ bildet den in der zweiten Hälfte des 20. Jahrhunderts dominierenden Namen für die Sache.[25] – Ebenso wie ›Evolution‹ ist aber auch ›Evolutionstheorie‹ bis zum Ende des 19. Jahrhunderts ein Ausdruck, der stärker mit embryologischen Ansätzen als mit Theorien zur Transformation von Arten verbunden ist. Im Kontext der Embryologie erscheint ›Evolutionstheorie‹ seit Ende des 18. Jahrhunderts (Blumenbach 1791).[26]

Begründung durch Darwin und Wallace
Der Gedanke des genealogischen Zusammenhangs von Organismen verschiedener Arten wird zwar bereits seit Mitte des 18. Jahrhunderts vielfach formuliert (↑Evolution; Phylogenese); die eigentliche wissenschaftliche Begründung durch die Entwicklung der Selektionstheorie erfährt die Evolutionsbiologie aber erst durch die Aufsätze von C. Darwin und A.R. Wallace aus dem Jahr 1858, und insbesondere durch Darwins Hauptwerk ›On the Origin of Species‹ aus dem folgenden Jahr. Die Etablierung der Evolutionsbiologie im Sinne eines gemeinschaftlich getragenen Forschungsprogramms erfolgt bis etwa 1880. Die Gründe für den Erfolg des Ansatzes liegen einerseits

in der flexiblen Struktur der verwendeten Modelle, die Anschluss an verschiedene Richtungen ermöglichen, andererseits in dem vollständigen Fehlen eines alternativen Rahmens, der die empirischen Daten auch nur annähernd ähnlich überzeugend deuten könnte. Hinzu kommt ein wissenschaftspolitisch kluges Agieren der frühen Proponenten der Evolutionsbiologie, die diese nicht als eine dogmatische Theorie präsentieren, und denen es gelingt, ihre Gegner wissenschaftlich zu isolieren.[27]

»Historische Naturwissenschaft«
Eine eigenständige methodische Position räumt Haeckel 1877 der Evolutionsbiologie ein, insofern er sie und die auf ihr aufbauenden Zweige der Biologie als *historische Naturwissenschaft* bestimmt: Aufgrund der Komplexität und des historischen Charakters der Gegenstände müsse in der Biologie, »an die Stelle der exacten mathematisch-physikalischen die historische, die geschichtlich-philosophische Methode« treten.[28] Gerade ein wissenschaftliches Verständnis der organischen Formen und Prozesse sei allein durch die Perspektive der »Entwickelungsgeschichte« zu gewinnen, so Haeckel. Als historische Wissenschaft wird die Biologie in ihren entwicklungsgeschichtlichen Grundlagen damit von der Physik methodologisch unterschieden. Der alte »Ehrentitel« der »Natur-Geschichte«, den insbesondere die systematische Zoologie und Botanik seit langem führen, komme durch die evolutionsbiologische Fundierung ihnen erst jetzt zu Recht zu.[29]

Die Einschätzung, dass mit der Evolutionsbiologie ein neuer Typ von Naturwissenschaft begründet ist, wird von manchen Biologen am Ende des 19. Jahrhunderts geteilt. Es gibt aber auch kritische Stimmen, insbesondere aus wissenschaftstheoretisch-methodologischer Richtung (↑Evolution). So plädiert der Neukantianer H. Rickert für eine scharfe Unterscheidung zwischen einer historischen und einer naturwissenschaftlichen Betrachtung: »Unter logischen Gesichtspunkten müssen wir [...] zwischen historischer und naturwissenschaftlicher Biologie so unterscheiden, daß die eine den einmaligen Entwicklungsgang der Lebewesen individualisierend, die andere das biologische Material überhaupt generalisierend behandelt«.[30] Die historische Methode fällt danach also eigentlich aus der naturwissenschaftlichen Biologie heraus, weil die Methode der Naturwissenschaften auf das Aufstellen und Untersuchen von Gesetzen verpflichtet ist. Die Aufgabe der Biologie als Naturwissenschaft sei es, »Gesetze zu finden, nach denen sich das Leben aller Organismen bewegt, oder wenigstens Begriffe zu bilden, die gelten sollen, wo überhaupt Organismen vorkommen«.[31] Etwas inkonsequent nennt Rickert die »stammesgeschichtliche Biologie« aber später auch eine »historische oder individualisierende Naturwissenschaft«.[32]

Diese letztere Perspektive bleibt die für Biologie im 20. Jahrhundert prägende Einstellung: Die »stammesgeschichtliche« historische Analyse bildet einen zentralen Ansatzpunkt der Biologie und verankert sich in nahezu allen biologischen Beschreibungen und Argumentationen, zumindest als ein durchgehend relevanter Aspekt.

Methode der »narrativen Erklärungen«
Die Thematisierung des historischen Charakters der Lebewesen – ihrer »Historizität« (↑Evolution) – hat in der Evolutionsbiologie dazu Anlass gegeben, eine besondere Erklärungsart für diesen Bereich der Biologie anzunehmen. Es ist die Rede von »genetischen«, »historischen« oder »narrativen« Erklärungen. T.A. Goudge ist 1958 der Meinung, »narrative Erklärungen« hätten einen nicht-nomologischen Charakter, könnten also erfolgen, ohne den Verweis auf ein Gesetz zu enthalten, und sie seien daher auch nicht für Vorhersagen geeignet.[33] Die narrativen Elemente, die die Evolutionsbiologie v.a. in der Rekonstruktion der Stammesgeschichte enthält, können in dieser Sicht Erklärungsstatus erlangen, insofern sie die Besonderheit einer Struktur aus der Entstehung aus Vorläuferstrukturen und einer Sukzession solcher Strukturen deuten.

Als ein wesentliches Element der Logik historischer Analysen kann mit M. White ein *zentrales Subjekt* (»central subject«) angenommen werden, das in seiner zeitlichen Entwicklung betrachtet wird.[34] In der Evolutionsbiologie bestehen die zentralen Subjekte in der Regel nicht in Organismen, weil diese nur die Durchgangsstationen der evolutionären Veränderungen sind. Vielmehr sind es besondere Strukturen oder Merkmale, deren Veränderungen im Verlauf einer Abstammungslinie untersucht werden und die damit den Status der »zentralen Subjekte« erhalten.

Problematisch und viel diskutiert ist die Behauptung, in historischen Erklärungen liege nur eine Verknüpfung von einmaligen Ereignissen vor, und ihre Verbindung hätte daher einen erzählenden Charakter. Denn die Erzählung einer Geschichte, wie es war oder wie es gewesen sein könnte, (»likely story«) kann kaum den Status einer Erklärung beanspruchen. In ihrer Systematisierung des evolutionären Geschehens liefern Biologen aber oft tatsächlich mehr als Erzählungen; zumindest implizit enthalten ihre Erklärungen Gesetze, die in den Hintergrundannahmen der Erklärung verborgen sein können. Insbesondere der populationsgenetische Rahmen der Evolutionstheorie liefert die Basis für solche Gesetze. Eine Erklärung besteht also darin, den Einzelfall im Rahmen eines allgemeinen biologischen Modells, z.B. eines populationsbiologischen Modells, zu behandeln. Für den Fall der Sichelzellenanämie sind die evolutionstheoretischen Erklärungen mittels populationsgenetischer Gesetze (v.a. das Hardy-Weinberg-Gesetz) genau ausgeführt worden.[35] Durch die Referenz auf Gesetze sind die evolutionstheoretischen Erklärungen aber nicht mehr prinzipiell von den Erklärungen anderer Wissenschaften unterschieden; auch sie folgen dem *covering law*-Modell. Was die evolutionstheoretischen Erklärungen allein so außergewöhnlich macht, ist die oft unvollständige Datenbasis, auf der sie gegründet sind (Schaffner 1993: »data-deficient«[36]). Nicht die logische Struktur, sondern die Komplexität des Gegenstandes unterscheidet also die evolutionstheoretischen Erklärungen von anderen Erklärungen kausaler Prozesse.

Nach W. Gallie besteht eine Erklärung in den historischen Wissenschaften oft allein in der Angabe eines zeitlich vorhergehenden notwendigen Ereignisses für ein anderes. Gallie erläutert das Modell einer historischen Erklärung dieser Art anhand eines Beispiels, das bereits Darwin gibt[37]: Giraffen existieren heute so wie wir sie kennen, weil sie Vorfahren hatten, die sich in bestimmter Weise verhielten, weil sie z.B. die Blätter hoher Bäume als Nahrung nutzten. Die Anwesenheit der Vorfahren mit einem bestimmten Verhalten ist eine notwendige Bedingung für die Existenz der Nachfahren.[38] Aus notwendigen Bedingungen kann aber nach dem Standardmodell für Erklärungen nicht auf das Explanandum (die Existenz von Giraffen) geschlossen werden. Nicht notwendige, sondern hinreichende Bedingungen sind Voraussetzungen für eine normale Erklärung und Voraussage. Würde allein eine notwendige Bedingung zur Erklärung ausreichen, könnte z.B. auch die Entstehung der ersten Säugetiere vor 200 Millionen Jahren oder die Entstehung des Lebens auf der Erde vor einigen Milliarden Jahren als Erklärung für die Anwesenheit von Giraffen angegeben werden. M. Ruse schlägt daher vor, nicht eine einzelne notwendige Bedingung, sondern einen Satz mehrerer solcher Bedingungen, die sich zusammen einer hinreichenden Bedingung nähern, als Modell für eine historische Erklärung zu verstehen.[39] Soll die so genannte historische Erklärung weiterhin den Status einer Erklärung haben, kann sie jedenfalls auf die Angabe einer hinreichenden Bedingung (oder zumindest eine Annäherung daran) nicht verzichten.

Nicht ganz befriedigend ist es auch, mit M. Scriven davon auszugehen, die Evolutionstheorie liefere zwar befriedigende *Erklärungen* der Vergangenheit, ermögliche aber keine *Prognosen* über die Zukunft.[40] Als Gründe für den geringen prognostischen Wert der Evolutionstheorie gelten vielfach Erscheinungen der Emergenz und die wechselseitige Abhängigkeit des adaptiven Wertes unterschiedlicher Merkmale (der Teile eines Organismus untereinander oder der Teile eines Organismus im Verhältnis zu den Teilen anderer Organismen). Diese Interaktionseffekte bedingen aber gleichfalls, dass die Evolutionstheorie auch zur Erklärung vergangener Entwicklungen nur bedingt in der Lage ist. Die Eigenart eines historischen Prozesses wie dem der Evolution ändert nichts an der prinzipiellen Symmetrie von Erklärung und Vorhersage.[41] Wenn also keine Vorhersagen getroffen werden können, dann sind auch die Erklärungen unbefriedigend.

»Familie zusammenhängender Modelle«
Meist wird die Evolutionstheorie nicht als eine einzelne Theorie dargestellt. Wegen ihrer Zusammensetzung aus verschiedenen Theorien und locker miteinander verbundenen Modellen (Beckner 1959: »a family of related models«[42]) bildet sie eher ein Forschungsprogramm, das sich in einer biologischen Teildisziplin, der Evolutionsbiologie, entfaltet. Schwierigkeiten der Vereinheitlichung macht bis in die Gegenwart die Beschreibung ihrer Gegenstände auf zwei Ebenen oder in zwei »Zustandsräumen«, des genotypischen und des phänotypischen Zustandsraums (↑Genotyp/Phänotyp: Abb. 191). Die Verteilung ist häufig derart, dass in einer Aussage zu Evolutionsprozessen die Ursachen der Evolution auf phänotypischer Ebene (als »Anpassung« oder »Fitness« von Organismen), die Wirkungen dagegen auf genotypischer Ebene (als Änderung von »Genfrequenzen«) angegeben werden.[43] Ein wesentlicher Teil der Evolutionsbiologie besteht darin, die Interaktion zwischen diesen zwei Ebenen mittels Transformationsgesetzen zu beschreiben und zu erklären.[44] In der Regel – besonders im Rahmen der semantischen Wissenschaftstheorie – wird die Evolutionstheorie dabei nicht als eine axiomatisch strukturierte Theorie mit einer hierarchischen Ordnung präsentiert, sondern als eine Menge miteinander verbundener Modelle.[45]

Als »Modell« wird dabei eine außersprachliche, abstrakte mathematische Struktur verstanden, die zu dem Phänomen, das es beschreibt, in einem Verhältnis der Isomorphie steht. Die in dem Modell formulierten Gesetze spezifizieren zunächst allein die Struktur des Modells und beschreiben nicht die realen Phänomene. Eine Erklärung besteht erst im zweiten Schritt der Feststellung einer »Isomorphie«

zwischen dem realen Phänomen und dem Modell. Weil die Modelle nicht in einem hierarchischen und axiomatischen Verhältnis zueinander stehen, sondern für spezifische Teilbereiche angegeben werden können, ermöglichen sie eine flexible Anpassung an eine Theorie, die viele nebeneinander stehende Aspekte vereint und auch vorläufige Annahmen enthält.[46]

Bereits in ihrer Frühphase ist die Evolutionsbiologie durch ein flexibles Nebeneinander von mehreren Paradigmen und Theorieansätzen gekennzeichnet: Zu den zentralen Bestandteilen gehören die Lehre der genealogischen Verwandtschaft der Organismen (↑Phylogenese) und die Selektionstheorie (↑Selektion). Weil die verschiedenen Paradigmen aber flexibel miteinander verbunden und in unterschiedlicher Kombination vertreten werden, erscheint die Evolutionsbiologie seit ihrem Anfang nicht als eine einheitliche, geschlossene Theorie, sondern als ein Bündel nebeneinander bestehender Methoden, Fragestellungen und Argumentationsmuster.

Innere Struktur und Wirkung nach außen
Als der theoretisch zentrale Teil der Evolutionsbiologie gilt die Selektionstheorie (↑Selektion). Im Gegensatz zu der Vorstellung des genealogischen Zusammenhangs der Organismen setzt sich dieser Teil von Darwins Theorie erst im 20. Jahrhundert durch. Selbst die Fürsprecher Darwins im 19. Jahrhundert stehen der Selektionstheorie häufig skeptisch gegenüber und stellen der Vorstellung eines kontinuierlichen und zumindest in Teilen zufälligen Wandels das Bild einer sprunghaften (»saltationistischen«) und gerichteten (»orthogenetischen«) Evolution entgegen, in dem der Selektion im Wesentlichen die Rolle einer negativen, ausmerzenden Kraft, nicht aber eines die Entwicklung leitenden Faktors zugeschrieben wird.[47] Auch auf die Forschung in zentralen biologischen Feldern, v.a. die Physiologie, hat die Evolutionstheorie zunächst geringen Einfluss. T.H. Huxley, der Darwins Theorie öffentlich verteidigt, verwendet sie oft nur als rhetorisches Mittel, um öffentliche Gelder für die biologische Forschung einzuwerben – in seiner eigenen Forschung spielt die Theorie Darwins dagegen nur eine untergeordnete Rolle, und gerade in Bezug auf den Mechanismus der Selektion ist er sehr skeptisch.[48] Auch in der akademischen Landschaft hinterlässt die Evolutionstheorie zunächst wenig Spuren im Hinblick auf die Gründung von neuen Lehrstühlen, wissenschaftlichen Vereinigungen oder Fachzeitschriften (die Zeitschrift ›Evolution‹ wird erst 1947 gegründet, fast ein Jahrhundert nach der Veröffentlichung von Darwins Hauptwerk). Die bestehenden Forschungstraditionen bleiben durch die Evolutionstheorie vielfach weitgehend unverändert (so die Physiologie) oder erfahren lediglich eine Modifikation, aber keine grundsätzliche Änderung (die Morphologie).

Mutationstheorie (de Vries 1901)
Neue Arten entstehen durch plötzliche und ungerichtete Entwicklungssprünge (Mutationen).

Symbiogenese (Mereschkowski 1909)
Gleichberechtigt neben dem Faktor der Konkurrenz bildet die Symbiose ein zentrales Prinzip des Lebens und seiner Veränderung in der Evolution.

Alt-Darwinismus (Plate 1913)
Die Evolution beruht auf der Kombination verschiedener Faktoren, unter denen der darwinsche Faktor der Selektion, lamarckistische Elemente der Vererbung erworbener Eigenschaften und orthogenetische Kräfte der gerichteten Veränderung.

Idealistische Morphologie (Naef 1919)
Die Morphologie liefert die Grundlage für eine Einteilung der Organismen in Typen, die in der Evolution verändert wurden; die Typeneinteilung geht der Rekonstruktion der Phylogenese methodisch und zeitlich voraus, und nicht umgekehrt.

Orthogenese (Berg 1922)
Die Veränderung der Merkmale von Organismen verläuft in bestimmten Bahnen, die durch innere und äußere Faktoren determiniert sind.

Wissenschaftlicher Kreationismus (Kleinschmidt 1925)
Die Organismen sind auf nicht natürliche Weise entstanden und lassen sich typologisch in Arten im Sinne von integrierten, stabilen Systemen (»Formenkreisen«) ordnen.

Biosphärentheorie (Vernadskij 1926)
Organismen sind nicht passiv an ihre Umwelt angepasst, sondern haben in der Erdgeschichte aktiv die Erdkruste mit geformt.

Neo-Lamarckismus (Böker 1935)
Die evolutionäre Veränderung von Organismen erfolgt durch Änderungen seiner »anatomischen Konstruktion«, die vererbt wird.

Saltationismus (Schindewolf 1944)
Neue Merkmalskombinationen (Baupläne) entstehen in der Evolution spontan und unvermittelt aufgrund von Groß- oder Makromutationen, so dass sich die Stammesgeschichte einer Gruppe in charakteristische Phasen, der Bildung, Konstanz und Auflösung von Typen (Typogenese, Typostase, Typolyse) einteilen lässt.

Tab. 72. Alternative Evolutionstheorien aus der ersten Hälfte des 20. Jahrhunderts (in Anlehnung an Levit, G.S., Meister, K. & Hoßfeld, U. (2005). Alternative Evolutionstheorien. In: Krohs, U. & Toepfer, G. (Hg.). Philosophie der Biologie, 262-281).

Um die Wende vom 19. zum 20. Jahrhundert wird eine ganze Reihe von »alternativen Evolutionstheorien« vorgeschlagen.[49] Das Spektrum der Positionen reicht von einer allgemeinen Ablehnung der darwinschen Evolutionstheorie bis hin zu Modifikationen im Detail und das Postulat zusätzlicher Mechanismen der Evolution (vgl. Tab. 72).[50]

Allgemein akzeptiert wird die Selektionstheorie erst durch die populationsgenetische Modellierung von Evolutionsprozessen als Änderungen von Genfrequenzen in einer Population (↑Evolution). Die populationsgenetische Betrachtung der Evolution etabliert sich seit den 1920er Jahren (↑Population) – erst seit dieser Zeit kann daher die Evolutionsbiologie als theoretisch fundiert betrachtet werden.[51] Das »Populationsdenken« als methodische Grundlage der Evolutionstheorie verdrängt seitdem nachhaltig die ältere um Individuen und Typen zentrierte Perspektive (↑Population).

Periodisierung der Geschichte
Eine Periodisierung der Geschichte der Evolutionsbiologie in vier Phasen schlägt E. Mayr vor: Die erste Phase von 1859 (dem Erscheinen von Darwins Hauptwerk) bis etwa 1895 ist durch Diskussionen um mögliche Begründungen der Evolution überhaupt und phylogenetische Rekonstruktionen gekennzeichnet. Die zweite Phase vom Ende des 19. Jahrhunderts bis zur Mitte der 1930er Jahre wird bestimmt durch grundlegende Kontroversen um die Mechanismen und die Art der Evolution (kontinuierlicher oder sprunghafter Verlauf der Evolution, weiche oder harte Vererbung, Antrieb der Evolution durch Mutation oder durch Selektion). In der dritten Phase von etwa 1936 bis in die 60er Jahre vollzieht sich die Formulierung der Synthetischen Theorie; im Mittelpunkt stehen die Konzepte der Population und der Evolution als Genfrequenzänderung. Die vierte Phase schließt sich daran an und ist wesentlich durch die disziplinäre Diversifizierung der Evolutionsbiologie gekennzeichnet: Zu eigenständigen Forschungsfeldern entwickeln sich z.B. die evolutionäre Ökologie, die evolutionäre Ethologie und die molekulare Evolutionsforschung. Darauf aufbauend lässt sich eine verfeinerte und erweiterte Periodisierung in elf Phasen für die letzten 200 Jahre entwickeln (vgl. Tab. 73).

Zentrale Integrationstheorie der Biologie
Die Evolutionsbiologie gilt allgemein als eine zentrale integrierende Teildisziplin der Biologie. In ähnlicher Weise wie die Zellenlehre in struktureller Hinsicht hat sie seit dem 19. Jahrhundert wesentlichen Anteil an der theoretischen und konzeptionellen Vereinigung der traditionell getrennten biologischen Subdisziplinen, etwa der Botanik und Zoologie (↑Biologie). Im 20. Jahrhundert folgt darüberhinaus auch die Zusammenführung der traditionell primär naturhistorisch orientierten Richtungen (wie der ↑Ökologie, ↑Ethologie oder ↑Biogeografie) mit den experimentell arbeitenden Laborwissenschaften (wie der ↑Physiologie, ↑Genetik und ↑Entwicklungsbiologie) ausgehend von evolutionsbiologischen Konzepten (s.u.: »Synthetische Theorie«). In vielen Fällen liefert die Evolutionsbiologie den deskriptiven Teilen der anderen Subdisziplinen eine theoretisch fundierte und Erklärungen ermöglichende Basis.[52]

Spätestens seit den 1980er Jahren treten neben die Evolutionsbiologie aber auch andere integrierende Ansätze. Ausgangspunkt dafür ist die rasante Entwicklung neuer experimenteller Techniken und die Verfestigung der systemtheoretischen Perspektive auf die Lebensprozesse (»Systembiologie«; ↑Ganzheit). Die eigentliche Integration der Biologie leistet immer weniger die Untersuchung der Entstehung und des genealogischen Zusammenhangs der Organismen und immer mehr die systemtheoretische Perspektive der materiellen Organisation der Lebensfunktionen, die sich auf labortechnische Verfahren stützt.

Darwinismus
Schon die Auffassungen des Großvaters von Charles Darwin, Erasmus Darwin, sind als ›Darwinismus‹ bezeichnet worden.[53] Für C. Darwins Theorie zur Evolution gebraucht T.H. Huxley dieses Wort, zunächst 1860 anonym[54], dann 1864 unter seinem Namen[55]. Auch im Deutschen ist bereits in den 1860er Jahren vom ›Darwinismus‹ die Rede, zuerst in einer Rezension bei W. Keferstein[56], dann bei Haeckel für »die Selections-Theorie« (als Spezifikation des ↑»Lamarckismus« im Sinne der »Descendenz-Theorie«)[57] und schließlich in einem Buchtitel bei K.B. Heller[58]. Populär wird das Schlagwort durch A.R. Wallaces Werk ›Darwinism‹ (1889). Im Gegensatz zu Haeckels Wortgebrauch ist es am Ende des 19. Jahrhunderts v.a. in den öffentlichen Debatten verbreitet, unter ›Darwinismus‹ jede Form der Deszendenzlehre zu verstehen. In der zweiten Hälfte des 20. Jahrhunderts wird der Ausdruck dagegen stärker mit der Selektionstheorie verknüpft.

Was genau unter Darwinismus zu verstehen ist, bleibt bis in die Gegenwart umstritten.[59] Es wird meist nicht eine wissenschaftliche Theorie darunter verstanden, sondern die (unberechtigte) Ausweitung der Evolutionstheorie auf außerbiologische Gegen-

Zeitraum	Schlagworte	Hauptvertreter und Hauptwerke
1809-1858	Evolution als Höherentwicklung nach dem Modell der Individualentwicklung	J.B. de Lamarck (1809). *Philosophie zoologique*
1859-1882	Evolution durch Natürliche Selektion und andere (lamarckistische) Faktoren	C. Darwin (1859). *On the Origin of Species* A.R. Wallace (1889). *Darwinism*
1883-1899	Neodarwinismus: »Allmacht der Naturzüchtung«, Ablehnung der Vererbung erworbener Eigenschaften	A. Weismann (1883). *Über die Vererbung*
1900-1917	Vereinigung von Evolutionstheorie und Vererbungstheorie: Ablehnung der mischenden Vererbung, Bedeutung selbst kleiner Selektionsdrücke	G.Y. Yule (1902). *Mendel's laws and their probable relations to intra-racial heredity* R.C. Punnett (1915). *Mimicry in Butterflies*
1918-1936	Populationsgenetik: Evolution als Genfrequenzänderung; genetische Drift als zusätzlicher Faktor (Wright)	R.A. Fisher (1930). *The Genetical Theory of Natural Selection* S. Wright (1931). *Evolution in Mendelian populations* Haldane, J.B.S. (1932). *The Causes of Evolution*
1937-1953	Synthetische Theorie der Evolution: »Populationsdenken«, Modelle der Artbildung, Makroevolution	T. Dobzhansky (1937). *Genetics and the Origin of Species* E. Mayr (1942). *Systematics and the Origin of Species* J. Huxley (1942). *Evolution. The Modern Synthesis* B. Rensch (1947). *Neuere Probleme der Abstammungslehre* G.L. Stebbins (1950). *Variation and Evolution in Plants* G.G. Simpson (1953). *The Major Features of Evolution*
1954-1963	Erhärtung der Synthese; Diskussionen um genetische Drift	E. Mayr (1963). *Animal Species and Evolution*
1964-1975	Selektionsmodelle des Sozialverhaltens: »Soziobiologie«, Konzept der Genselektion	W.D. Hamilton (1964). *The genetical evolution of social behaviour* G.C. Williams (1966). *Adaptation and Natural Selection* E.O. Wilson (1975). *Sociobiology*
1976-1984	Rehabilitierung der Gruppenselektion, Konzeptionelle Reifung	D.S. Wilson (1980). *The Natural Selection of Populations and Communities* E. Sober (1984). *The Nature of Selection*
1985-2000	Integration des Organismuskonzepts: Einheit des Individuums Symbiogenese	S. Oyama (1985). *The Ontogeny of Information* L. Buss (1987). *The Evolution of Individuality* L. Margulis & M. McMenamin (eds.) (1993). *Concepts of Symbiogenesis*
2001-	Entwicklungs-Darwinismus, »Evo-Devo«	S. Oyama, P. Griffiths & R. Gray (eds.) (2001). *Cycles of Contingency. Developmental Systems and Evolution* R. Amundson (2005). *The Changing Role of the Embryo in Evolutionary Thought. Roots of Evo-Devo* M. Pigliucci & G. Müller (2010). *Evolution. The Extended Synthesis*

Tab. 73. Elf Phasen in der Entwicklung der Evolutionstheorie in den letzten 200 Jahren.

stände, v.a. auf den Bereich der menschlichen Kultur (im Sinne des so genannten *Sozialdarwinismus*). Als ›darwinistisch‹ in diesem Sinne gilt die Verteidigung einer liberalen Wirtschafts- und Sozialordnung, die eine Beförderung des Gemeinwohls durch das Gewinnstreben des Einzelnen bewirkt sieht (gemäß

Mandevilles Formel der »private vices, public benefits«[60]; ↑Sozialverhalten).

Nicht alle als ›Darwinisten‹ bekannte Biologen folgen allerdings der ideologischen Doktrin des Darwinismus in diesem Sinne. Der bekannteste Darwinist in Deutschland im 19. Jahrhundert, E. Haeckel, setzt sich beispielsweise politisch weniger für Liberalisierung als für staatliche Regulierung ein.[61] Der wissenschaftliche und der ideologische Darwinismus gehen also oft nicht Hand in Hand, sondern widersprechen sich in manchen Punkten sogar: So steht der wissenschaftliche Darwinismus der Vorstellung des ↑Fortschritts skeptisch gegenüber, die aber doch zum Wesen des ideologischen Darwinismus gehört.[62]

Neodarwinismus

Als ›Neodarwinismus‹ wird seit den 1880er Jahren die Version der Evolutionstheorie bezeichnet, die sich gegen die Integration von lamarckistischen Elementen wendet. Als erster gebraucht wohl S. Butler den Ausdruck im Jahr 1880. Er verwendet ihn zu dieser Zeit zur Bezeichnung von C. Darwins Version der Evolutionstheorie im Gegensatz zu der Version von dessen Großvater; letztere erläutert Butler dabei mit Hilfe lamarckistischer Theoriestücke (»I may predict with some certainty that before long we shall find the original Darwinism of Dr. Erasmus Darwin […] generally accepted instead of the neo-Darwinism of to-day, and that the variations whose accumulation results in species will be recognised as due to the wants and endeavours of the living forms in which they appear, instead of being ascribed to chance, or, in other words, to unknown causes, as by Mr. Charles Darwin's system«).[63] Später bezieht Butler den Begriff auf verschiedene Stadien in der Entwicklung des Denkens von C. Darwin (1887: »The distinction between Darwinism and Neo-Darwinism is generally believed to lie in the adoption of a theory of natural selection by the younger Darwin and its non-adoption by the elder«[64]). 1887 verbindet Butler den Ausdruck explizit mit einer Ablehnung des Lamarckismus (»For years he [G. Allen] was one of the foremost apostles of Neo-Darwinism, and any who said a good word for Lamarck were told that this was the ›kind of mystical nonsense‹ from which Mr. Allen ›had hoped Mr. Darwin had for ever saved us‹«[65]).

In dieser letzteren Bedeutung wird der Ausdruck in den späten 1880er Jahren von anderen Autoren übernommen (Lankester 1889: »neo-Darwinism«: »neo-Darwinians reject Lamarckism altogether«).[66] G.J. Romanes nennt 1893 diejenigen Biologen ›Neodarwinisten‹ (»Neo-Darwinians«), für die die Selektion den einzigen Evolutionsfaktor darstellt[67]; insbesondere verbindet Romanes den Begriff mit einer Ablehnung von besonderen Mechanismen der evolutionären Veränderung im Falle von monotypischer Evolution (»›neo-Darwinism‹ is the Darwinism which fails to distinguish between […] the *transmutation* of a specific type in a single line of change, and the *differentiation* of a specific type in two or more lines of change«[68]). In der einschlägigen Verwendung ist mit ›Neodarwinismus‹ der Verzicht auf alle Theorieelemente verbunden, die die Annahme einer Vererbung erworbener Eigenschaften enthalten. Weil Ende des 19. Jahrhunderts v.a. A. Weismann eine solche Sicht vertritt, wird die Theorie auch *Weismannismus* (»Weismannism«) genannt.[69] Weismann formuliert seinen Standpunkt 1893 unter dem Schlagwort *Allmacht der Naturzüchtung*.[70]

Im 20. Jahrhundert wird unter ›Neodarwinismus‹ meist die Verbindung der klassischen darwinschen Theorie mit der Populationsgenetik verstanden; der Ausdruck ist dann weitgehend synonym mit ›Synthetischer Theorie‹, der zufolge neben der Selektion durchaus andere Evolutionsfaktoren von Bedeutung sind.[71]

Gegen den Ausdruck ›Neodarwinismus‹ wird eingewandt, dass für Darwin in erster Linie das unterschiedliche Überleben von Organismen der für die Evolution relevante Faktor sei; für die populationstheoretische Fundierung der Evolutionstheorie sei aber nicht diese »darwinsche Selektion« ausschlaggebend, sondern die »nicht-darwinsche Selektion« (↑Selektion) aufgrund differenzieller Reproduktion.[72]

Andererseits kann in diesem Unterschied gerade ein wesentlicher Aspekt der Innovation des Neodarwinismus im Vergleich zum Darwinismus gesehen werden. D.M. Walsh unterscheidet 2010 zwei Neodarwinismen, von denen der eine für das 20. und der zweite für das beginnende 21. Jahrhundert kennzeichnend seien.[73] Im Neodarwinismus des 20. Jahrhunderts stünden die *Gene* im Zentrum der Analysen: Evolutionärer Wandel werde durch die differenzielle Weitergabe von Genen, den eigentlichen Agenten der Evolution und langfristig stabilen *Replikatoren* (↑Selektion), erklärt. Für den Neodarwinismus des beginnenden 21. Jahrhunderts, den *Entwicklungs-Darwinismus* (»Developmental Darwinism«) rücke dagegen der Organismus erneut ins Zentrum der Erklärungen: Evolutionärer Wandel werde ausgehend von Organismen als *Entwicklungssystemen* erklärt (↑Entwicklung). Aufgrund der Plastizität dieser Systeme könne ein adaptiver Wandel auch ohne Veränderungen auf genetischer Ebene beginnen; erst in einem zweiten Schritt folge in vielen Fällen die Ebene der Gene nach (West Eberhard 2005: »genes are probably more often followers than leaders in evolutionary change«[74]). ›Evolution‹ wird damit auch nicht mehr als Genfrequenzänderung wie in der Replikatortheorie definiert, sondern als Änderung in der Form von Organismen, die sich nicht notwendig in der genetischen Ebene manifestiert (↑Evolution: Tab. 67). Dieser Entwicklungs-Darwinismus ist insofern näher an Darwins ursprünglicher Theorie, als er von Organismen als den entscheidenden Agenten der Evolution ausgeht: So wie Darwin den evolutionären Wandel durch einen Wettstreit der Individuen ums Überleben (»struggle for existence«) beschreibt, so setzt der Entwicklungs-Darwinismus an Organismen als plastischen Systemen an und erklärt darüber hinaus Veränderungen auf Populationsebene durch die Aggregation von Ereignissen, die sich auf der Ebene der Individuen befinden: »Natural selection is caused by differential survival and reproduction and not the other way round. Just as Darwin told us, natural selection is the consequence of organisms struggling for existence«[75] (↑Selektion).

Synthetische Theorie
Als Synthese wird die populationstheoretische Begründung der Evolutionstheorie bereits von den theoretischen Biologen der ersten Jahrzehnte des 20. Jahrhunderts empfunden. Der Ausdruck **synthetische Theorie der Evolution** geht dabei wohl auf den Genetiker W. Bateson zurück, der 1913 fordert, eine solche Theorie habe die genetischen (allerdings noch nicht die populationsgenetischen) Mechanismen der Variation und Vererbung zu berücksichtigen (»To construct a true synthetic theory of Evolution it was necessary that variation and heredity instead of being merely postulated as axioms should be minutely examined as phenomena«).[76] S.S. Četverikov spricht 1926 von einer synthetischen Formulierung der evolutionären Prozesse (»synthetic formulation of the evolutionary process«[77]), und der sowjetische Politiker N.I. Bucharin sieht eine »synthetische Evolutionstheorie« durch die Integration der Gesetzmäßigkeiten der Vererbung und Variabilität in das Prinzip der Selektion gegeben[78]. Zu allgemeiner Verbreitung kommt die Rede von der Evolutionstheorie als einer Synthese durch J. Huxleys Buch ›Evolution: The Modern Synthesis‹ (1942). Bei Huxley begründet die Integration der mendelschen Genetik in die Evolutionstheorie den synthetischen Charakter der Theorie.[79] Er sieht die Biologie allgemein in einer Periode der Synthese (»period of synthesis«). Der Ausdruck *Synthetische Theorie* (»synthetic theory«) erscheint in der englischsprachigen Literatur in den frühen 1940er Jahren[80]; G.G. Simpson spricht 1947 von der *neuen synthetischen Theorie der Evolution* (»the new synthetic theory of evolution«).[81]

Später verbreitet sich besonders die Formulierung ***evolutionäre Synthese***, die J. Huxley 1943 einführt (»Comparative anatomy, entomology, natural history and ecology, classification, palaeontology, genetics and cytology, the study of behaviour – all these and many more are now meeting and illuminating each other in the new evolutionary synthesis«).[82] Allerdings wird dieser Ausdruck auch bereits auf die Theorie C. Darwins im 19. Jahrhundert bezogen (Schmidt 1945).[83]

Es hat sich bis heute kein einheitlicher Titel zur Bezeichnung der modernen Theorie der Evolution etabliert.[84] Es wird meist entweder von dem ›(Neo-)darwinismus‹ oder von der ›Synthetischen (Evolutions-) Theorie‹ gesprochen. Von verschiedenen Autoren wird der Ausdruck ›Synthetische Theorie‹ bevorzugt, z.T. deswegen, um Anklänge an sozialdarwinistische Vorstellungen, die mit der Rede von ›Neodarwinismus‹ verbunden sein können, zu vermeiden.[85]

Fraglich ist allerdings, worin genau die Synthese besteht, die von der Synthetischen Theorie geleistet wird. Wichtige Entwicklungen und Theorieelemente, die die Synthetische Theorie ermöglicht haben, sind: die Anerkennung der gleichen Mechanismen für die intra- und transspezifische Evolution, die Betonung der Population als zentrale Einheit der Evolution und die überragende Bedeutung der Selektion als Evolutionsfaktor. Zunächst stellt sich diese Theorie allerdings weniger als Synthese, sondern vielmehr als ein Ausschluss bestimmter Ansätze und eine Spezifikation der darwinschen Theorie dar. Ausgeschlossen werden mit dieser Theorie einerseits lamarckistische Elemente, die von einer Vererbung erworbener Eigenschaften ausgehen und denen noch Darwin viel Beachtung in seiner Theorie schenkt (↑Lamarckismus), und andererseits orthogenetische Ansätze, denen zufolge der Evolutionsprozess einen richtunggebenden Faktor enthält (↑Fortschritt). Dass die moderne Evolutionstheorie aber trotz dieser Spezifizierung gegenüber Darwins Theorie eine Synthese darstellt, kann im Wesentlichen durch ihre Integration von zwei Themenkomplexen begründet werden, die Darwin nur in Ansätzen berücksichtigte. Der eine betrifft die Genetik, der andere die Populationsbiologie – zusammen also die Populationsgenetik. Die Fortschritte in der Genetik betreffen v.a. die Anerkennung der mendelschen Annahme, dass es isolierte Faktoren sind, die von einer Generation zur nächsten weitergegeben werden und damit sowohl der Vererbung als auch der Variation (Mutation) zugrunde liegen. Empirische Untersuchungen zu ↑Mutationen in natürlichen Populationen zu Beginn des 20. Jahrhunderts zeigen, dass diese häufig kleine Veränderungen betreffen und kontinuierliche Variationen bedingen können. Auch Prozesse der Artbildung werden durch die Summierung von Mutationen innerhalb einer Population vorstellbar. Angesichts der schroffen Konfrontation von mendelscher Genetik und darwinscher Selektionstheorie zu Beginn des Jahrhunderts (↑Evolution) bedeutet es einen erheblichen Syntheseschritt, für die kontinuierliche Variation von Merkmalen innerhalb von Populationen und für die diskontinuierliche Variation, die zwischen Arten festzustellen ist, den gleichen Mechanismus anzunehmen.[86] Mit der Fokussierung auf Gene und die Änderung ihrer Häufigkeit in einer Population als Grundlage der Evolution wird der Begriff der *Genfrequenz* zu einem zentralen Konzept der Synthetischen Theorie (↑Evolution).

Neben diesen Fragen der Vererbung und Mutation ist es aber v.a. der Populationsbegriff, der bei Darwin unterentwickelt bleibt. Darwin geht in seinen Argumentationen und in der Wahl seiner von Malthus bzw. Spencer übernommenen Metapher des *struggle for existence* bzw. *survival of the fittest* davon aus, dass es das Überleben des Individuums ist, das in der Evolution von entscheidender Wichtigkeit für den Artenwandel ist. Darwin betont zwar ausdrücklich, dass der *struggle* nicht allein das Leben der Individuen, sondern auch ihren Erfolg in der Reproduktion betrifft[87] – der Wettstreit der Individuen um ein längeres Leben bildet aber doch zumindest immer eine zentrale Komponente seiner Theorie der Konkurrenz. Erst die populationstheoretischen Ansätze der an mathematischen Modellen orientierten Biologen der 1920er und 30er Jahre machen deutlich, dass es nicht das Überleben der einzelnen miteinander konkurrierenden Organismen, sondern ihre differenzielle Reproduktion ist, die maßgeblich den Lauf der Evolution bestimmt. Die Population wird damit als die entscheidende Einheit erkannt, in der die Selektion wirksam wird. Vereinigt sind in der Synthetischen Theorie damit das Selektionsdenken Darwins und das Populationsdenken Fishers, Haldanes und Wrights.

Heute kann die Evolutionstheorie auch insofern als synthetisch begriffen werden, als sie eine Integration der verschiedensten biologischen Teilwissenschaften ermöglicht (s.o.). Sie stellt eine Rahmentheorie dar, die in so heterogenen Feldern wie Physiologie, Taxonomie, Biogeografie, Paläontologie, Ökologie und Ethologie einen einheitlichen Bezugspunkt stiftet.

Ihre synthetische Kraft hat die Evolutionstheorie dabei bereits vor der Entwicklung der »Synthetischen Theorie« entfaltet: Eine Reihe von Phänomenen werden erst vor dem Hintergrund von Darwins Theorie verständlich, z.B. die enkaptische Hierarchie der Taxonomie der Lebewesen (↑Systematik), das Muster der geografische Verteilung der Organismen (↑Biogeografie), die Befunde der komparativen ↑Anatomie und die Übereinstimmung der Organismen in ihrem Feinbau der ↑Zellen und ↑Gene.[88]

In Abgrenzung von dem Neodarwinismus im Verständnis Weismanns kann die Variante der Evolutionstheorie, die zwischen 1930 und 1950 ausformuliert wird, *synthetischer Darwinismus* genannt werden.[89] Für diese Theorie sind eine genetische und populationstheoretische Grundlage sowie eine systematische Theorie der Speziation durch geografische Isolation kennzeichnend. Den Ausdruck ›synthetischer Darwinismus‹ verwendet L. Szyfman 1982 im Französischen (»darwinisme synthétique«), um damit im Anschluss an G.G. Simpson die Evolutionstheorie unter dem Einfluss der Arbeiten von J.B.S. Haldane, J. Huxley, T. Dobzhansky, E. Mayr und G.G. Simpson zu bezeichnen.[90] Im Englischen ist die Formulierung (»synthetic Darwinism«) selten.[91]

Nicht nur verschiedene Theoriestränge der Biologie, auch verschiedene praktische Zugänge zur Evolution werden durch die Synthetische Theorie miteinander vereinigt. Insbesondere leistet sie eine Annäherung zwischen den naturhistorisch orientierten Biologen, die Populationen von Arten in der freien Natur untersuchen, und den im Wesentlichen im Labor arbeitenden Genetikern. Während die »Naturhistoriker« unter den Biologen die graduellen Übergänge zwischen den Individuen in einer Population betonen (und damit den »Biometrikern« nahe stehen; ↑Evolution), sind die Genetiker, die sich in der Tradition Mendels verstehen, anfangs von der Sprunghaftigkeit der Änderungen überzeugt. Indem die Annahme diskreter genetischer Merkmale als in der Theorie vereinbar mit dem zu beobachtenden graduellen Übergang zwischen Individuen nachgewiesen wird, kann also auch eine Annäherung der praktischen Kulturen der Biologie erfolgen. Besonders E. Mayr betont die Vereinigung der in ihren Forschungsmethoden und -traditionen unterschiedenen Ansätze der »genetischen« Laborbiologie und »naturalistischen« Freilandbiologie durch die Synthetische Theorie. Vereinigt sind in der Evolutionstheorie damit die (proximaten) Fragen nach der molekularen Grundlage der Vererbung und Variation auf der einen Seite und die (ultimaten) Fragen der Anpassung und des Artenwandels auf der anderen Seite (↑Funktion).[92]

Konkreten Ausdruck findet die Synthese durch die Zusammenarbeit von Theoretikern, Genetikern und Freilandbiologen seit den 1930er Jahren (z.B. von Wright mit Dobzhansky in den USA und von Fisher und Ford in England).[93] Die neue Evolutionsbiologie der synthetischen Theorie besteht also in der Verbindung unterschiedlicher Untersuchungsmethoden durch die »gewissermaßen zugleich das Genetiklabor ins Feld hinaus und Wildpopulationen ins Genetiklabor hineingetragen wurden« (Weber 2010).[94]

Für Mayr ist die Evolutionstheorie »die größte vereinheitlichende Theorie der Biologie« (»the greatest unifying theory in biology«[95]). Prägnant bringt T. Dobzhansky diese integrative Leistung der Evolutionstheorie durch sein berühmtes Diktum zum Ausdruck, nachdem nichts in der Biologie Sinne mache, außer im Lichte der Evolution (»nothing makes sense in biology except in the light of evolution«[96]). In den unterschiedlichsten Feldern der Biologie sind Erklärungen bereits insofern direkt auf die Evolutionstheorie bezogen, als mit dem Modell der Selektion für die Verbreitung von Merkmalen argumentiert wird.[97]

Als theoretischer »Kern« der Synthetischen Theorie gilt die Populationsgenetik.[98] Zentral ist dieser Teil der Synthetischen Theorie v.a., weil in seinem Rahmen die Selektionstheorie präzise formuliert werden kann. In vielen Erklärungen von biologischen Mustern, z.B. in der Biogeografie, kommen populationsgenetische Modelle direkt zum Einsatz.[99] Neben diesen Modellen enthält die Synthese aber auch zahlreiche weitere theoretische Annahmen und induktive Verallgemeinerungen, z.B. über die genetische Basis der Variation und die kausale Rolle der Isolation bei der Artbildung.[100] In welcher Form die Rekonstruktion der Theorie allerdings am besten erfolgt, ist umstritten. Der Vorschlag, die mendelschen Gesetze als »Axiome« der Evolutionstheorie zu setzen[101], erscheint unangemessen, weil diese Gesetze selbst als das Produkt der Evolution interpretierbar sind und eine Evolutionstheorie auch unabhängig von ihnen formulierbar ist[102]. Viele Aspekte der Evolution – so z.B. die langfristigen Prozesse der Veränderung – lassen sich außerdem im Rahmen der Populationsgenetik nicht ausdrücken. Ein vollständiges Bild der Evolution kann also nur durch die Ergänzung der populationsgenetischen Modelle durch andere erreicht werden.

In Bezug auf die Frage, wer die Protagonisten der Formulierung der Synthetischen Theorie waren, weichen die Einschätzungen auseinander. Wenig Dissens besteht darüber, dass T. Dobzhansky, J. Huxley, E. Mayr, G.G. Simpson und G.L. Stebbins zu diesen Protagonisten zu zählen sind. Als sechster Gründungsvater der Synthetischen Theorie gilt vielfach B. Rensch, der seit den 1920er Jahren wichtige Beiträge zum Problem der Artbildung und zur Vereinheitlichung der Vorstellung von infra- und transspezifischer Evolution leistet (↑Evolution).[103] Von der für die Synthese besonders wichtigen Seite der Populationsgenetik wären noch R.A. Fisher, S. Wright und J.B.S. Haldane zu nennen, auch wenn diese weniger als die eigentlichen Synthetiker Fragen der Makroevolution verfolgen.[104] Die Populationsgenetiker, anfangs besonders Fisher (↑Evolution), haben aber viel zum Nachweis der Kompatibilität und Integration der darwinschen Evolutionstheorie und der mendelschen Genetik beigetragen. Während von amerikanischen Autoren die Synthese wesentlich als ein angloamerikanisches Projekt gesehen wird (Smocovitis 1992: »the evolutionary synthesis was primarily an American (to some extent, an Anglo-American) phenomenon«[105]), wird von anderer Seite betont, dass die Synthetische Theorie v.a. in ihren Anfängen ein internationales Projekt unter Beteiligung besonders russischstämmiger und deutscher Biologen war (v.a. E. Baur, S.S. Četverikov, W. Zimmermann und N.V. Timoféeff-Ressovsky)[106].

Nachweise

1 Mivart, S.G. (1874). Contemporary evolution. The Contemporary Review 24, 360-373: 364; Anonymus (1884). General Notes: Botany. Amer. Nat. 18, 622-629: 627; Russell, H.L. (1893). Bacteriology in its general relation (continued). Amer. Nat. 27, 1050-1065: 1055; de Beer, G.R. (ed.) (1938). Evolution. Essays on Aspects of Evolutionary Biology.
2 Wilson, E.O. (1994). Naturalist: 226; vgl. auch Dobzhansky, T. et al. (eds.) (1967). Evolutionary Biology, vol. 1; Timoféeff-Ressovsky, N.N., Voroncov, N.N. & Jablokov, A.V. (1969/75). Kurzer Grundriß der Evolutionstheorie: 18; Salthe, S.N. (1972). Evolutionary Biology; Eckloff, W. (1976). Untersuchungen und Diskussionen zur Evolutionsbiologie und zum Kommunikationssystem der Trophobiose zwischen formicophilen Homopteren (besonders Aphiden) und Ameisen unter Berücksichtigung der Beziehungen zwischen Aphiden und Dipteren; Kattmann, U. (Hg.) (1978). Evolutionsbiologie. Wissenschaftliche und unterrichtliche Probleme.
3 Mayr, E. (1961). Cause and effect in biology. Science 134, 1501-1506: 1501.
4 Dobzhansky et al. (eds.) (1967).
5 Futuyma, D. (1979/98). Evolutionary Biology (dt.: Evolutionsbiologie, Basel 1980/90).
6 Haeckel, E. (1866). Generelle Morphologie der Organismen, 2 Bde.: I, 72; Schmidt, O. (1873). Descendenzlehre und Darwinismus; Tschulok, S. (1922). Deszendenzlehre

(Entwicklungslehre). Ein Lehrbuch auf historisch-kritischen Grundlagen.
7 Haeckel, E. (1868). Natürliche Schöpfungsgeschichte. Gemeinverständliche wissenschaftliche Vorträge über die Entwicklungslehre im Allgemeinen und diejenigen von Darwin, Goethe und Lamarck im Besonderen; Schultze, F. (1875). Kant und Darwin. Ein Beitrag zur Geschichte der Entwicklungslehre.
8 Haeckel (1866): II, 9; 151; ders. (1868): 1. Vortrag; Nägeli, C. von (1884). Mechanisch-physiologische Theorie der Abstammungslehre; Hesse, R. (1901). Abstammungslehre und Darwinismus; Plate, L. (1901). Die Abstammungslehre; Remane, A., Storch, V. & Welsch, W. (1973/89). Evolution. Tatsachen und Probleme der Abstammungslehre; Gamlin, L. (1993/2001). Evolution. Von der Sintfluttheorie zur modernen Abstammungslehre.
9 Darwin, C. (1859/72). Über die Entstehung der Arten durch natürliche Zuchtwahl, übers. v. J.V. Carus: 257.
10 Darwin, C. (1859/72). On the Origin of Species: 189.
11 Hooker, J. (1881). On geographical distribution. Nature 24, 443-448: 446.
12 Nees von Esenbeck, C.G. von (1820). Handbuch der Botanik zum Gebrauch bei Vorlesungen, Bd. 1: 136; Meyer, G.H. (1844). Das Bildungsgesetz des Embryo, in seiner geschichtlichen Entwicklung dargestellt. Arch. physiol. Heilkunde 3, 33-68: 37; Mager, K.W.E. (1847). Die Encyklopädie, oder das System des Wissens, 2. Theil. Lehrbuch zur Encyklopädik: 661; Prey, H. (1856). Die Aufgabe der Zoologie. Monatsschrift des wissenschaftlichen Vereins in Zürich 1, 87-100: 94; Kölliker, A. (1861). Entwicklungsgeschichte des Menschen und der höheren Thiere: 4.
13 Steffens, H. (1819). Caricaturen des Heiligsten, Bd. 1: 17; Erdmann, J.E. (1853). Die Entwicklung der deutschen Speculation seit Kant. In: ders.: Versuch einer wissenschaftlichen Darstellung der Geschichte der neuern Philosophie, Bd. 3, 2: 483; ders. (1866). Grundriss der Geschichte der Philosophie, Bd. 1: 206.
14 Harms, F. (1868). Abhandlungen zur systematischen Philosophie: 225; vgl. 227; ders. (1881). Die Philosophie in ihrer Geschichte, Theil 2. Geschichte der Logik: 9.
15 Eucken, R. (1904). Geistige Strömungen der Gegenwart: 295 (nicht mehr in der 2. Aufl. 1909, vgl. 1909, 192ff.).
16 Sommer, R. (1908). Goethe im Lichte der Vererbungslehre: 63.
17 Babicz, J. (1966). Moritz Wagners Theorie der Arten und ihr Platz in der Geschichte der Evolutionslehre; Lippert, M. (1991). Ist die Evolutionslehre noch zu retten?
18 Darwin, C. (1860). Über die Entstehung der Arten (Übers. H.G. Bronn): 198; vgl. auch: Haeckel, E. (1866). Generelle Morphologie der Organismen, 2 Bde.: I, XV; Hartmann, E. (1872). Das Unbewusste vom Standpunkt der Physiologie und Descendenztheorie; Weismann, A. (1875-76). Studien zur Descendenz-Theorie, 2 Bde.
19 Gryzanowski, E. (1875). Comtism. North Amer. Rev. 120, 237-281: 238.
20 Haeckel, E. (1863). Ueber die Entwickelungstheorie Darwin's. Amtl. Ber. Versamml. Deutsch. Naturforsch. Ärzte 38, 17-30.

21 Darwin, C. (1871). Die Abstammung des Menschen und die geschlechtliche Zuchtwahl, 2. Aufl. Bd. 1 (Übers. J.V. Carus): 207; Gizycki, G. von (1875). Versuch über die philosophischen Consequenzen der Goethe-Lamarck-Darwin'schen Evolutionstheorie; Schneider, G. (1950). Die Evolutionstheorie, das Grundproblem der modernen Biologie.
22 Spencer, H. (1852). The development hypothesis (Essays, vol. 1, New York 1901, 1-7): 1.
23 Sanderson, J.R. (1912). The Relation of Evolutionary Theory to Ethical Problems.
24 Serres, E.R. (1827). Théorie des formations organiques. Ann. Sci. Nat. 12, 82-143: 83.
25 Sober, E. (1984). The Nature of Selection. Evolutionary Theory in Philosophical Focus; Lloyd, E.A. (1988). The Structure and Confirmation of Evolutionary Theory; Gould, S.J. (2002). The Structure of Evolutionary Theory.
26 Blumenbach, J.F. (1791). Über den Bildungstrieb: 23; Treviranus, G.R. (1802). Biologie, Bd. 1: 86; Treviranus, L.C. (1838). Physiologie der Gewächse, Bd. 2: 655; Meyer, G.H. (1844). Das Bildungsgesetz des Embryo, in seiner geschichtlichen Entwicklung dargestellt. Arch. physiol. Heilkunde 3, 33-68: 37.
27 Vgl. Bowler, P.J. (1984/89). Evolution. The History of an Idea: 196f.
28 Haeckel, E. (1877). Ueber die heutige Entwickelungslehre im Verhältnisse zur Gesammtwissenschaft. Amtl. Ber. 50. Vers. Deutsch. Naturf. Ärzte 50, 14-22: 15.
29 a.a.O.: 16.
30 Rickert, H. (1896-1902/1929). Die Grenzen der naturwissenschaftlichen Begriffsbildung. Eine logische Einleitung in die historischen Wissenschaften: 260.
31 a.a.O.: 252.
32 a.a.O.: 617.
33 Vgl. Goudge, T.A. (1958). Causal explanations in natural history. Br. J. Philos. Sci. 9, 194-202; ders. (1961). The Ascent of Life. A Philosophical Study of the Theory of Evolution: 65ff.
34 White, M. (1963). The logic of historical narration. In: Hook, S. (ed.). Philosophy and History, 3-31: 4.
35 Vgl. Ruse, M. (1973). The Philosophy of Biology: 42ff.; Schaffner, K.F. (1993). Discovery and Explanation in Biology and Medicine: 347ff.
36 Schaffner (1993): 351.
37 Darwin, C. (1859/72). On the Origin of Species: 177f.
38 Gallie, W. (1955). Explanations in history and the genetic sciences. Mind 64, 160-180: 169; vgl. dazu auch schon Aristoteles, De gen. corr. 338b.
39 Ruse (1973): 74.
40 Scriven, M. (1959). Explanation and prediction in evolutionary theory. Science 130, 477-482: 480f.
41 Grünbaum, A. (1962). Temporally-asymmetric principles. Parity between explanation and prediction, and mechanism versus teleology. Philos. Sci. 29, 146-170: 163f.
42 Beckner, M. (1959). The Biological Way of Thought: 160.
43 Sober, E. (1984). The Nature of Selection: 37.
44 Vgl. Lewontin, R. (1974). The Genetic Basis of Evolutionary Change: 13; Lefèvre, W. (1984). Die Entstehung

der biologischen Evolutionstheorie: 14; 18; Thompson, P. (1989). The Structure of Biological Theories: 12.
45 Thompson, P. (1983). The structure of evolutionary theory: a semantic perspective. Stud. Hist. Philos. Sci. 14, 215-229; ders. (1989); Lloyd, E.A. (1984). A semantic approach to the structure of population genetics. Philos. Sci. 51, 242-264; dies. (1988).
46 Vgl. Ereshefsky, M. (1991). The semantic approach to evolutionary theory. Biol. Philos. 6, 59-80; Krohs, U. (2005). Wissenschaftstheoretische Rekonstruktionen. In: Krohs, U. & Toepfer, G. (Hg.). Philosophie der Biologe, 304-321.
47 Vgl. Bowler, P.J. (1983). The Eclipse of Darwinism. Anti-Darwinian Evolution Theories in the Decades around 1900.
48 Vgl. Di Gregorio, M.A. (1981). Order or process of nature: Huxley's and Darwin's different approaches to natural selection. Hist. Philos. Life Sci. 3, 217-241; Bowler, P.J. (2005). Revisiting the eclipse of Darwinism. J. Hist. Biol. 38, 19-32: 28f.
49 Levit, G.S., Meister, K. & Hoßfeld, U. (2005). Alternative Evolutionstheorien. In: Krohs, U. & Toepfer, G. (Hg.). Philosophie der Biologie, 262-281.
50 Nachweise für Tab. 72: De Vries, H. (1901-03). Die Mutationstheorie, 2 Bde.; Mereschkowsky, C. (1910). Theorie der zwei Plasmaarten als Grundlage der Theorie der Symbiogenesis: einer neuen Lehre von der Entstehung der Organismen. Biol. Centralbl. 30, 277-303; 321-367; Plate, L. (1900/13). Selektionsprinzip und Probleme der Artbildung. Ein Handbuch des Darwinismus; Naef, A. (1919). Idealistische Morphologie und Phylogenetik; Berg, L. (1922). Nomogenez (russ.; engl.: Nomogenesis or Evolution Determined by Law, London 1926); Kleinschmidt, O. (1926). Die Formenkreislehre und das Weltwerden des Lebens; Vernadskij, V.I. (1926). Biosfera (2 Tle. russ.; engl. The Biosphere, New York 1998); Böker, H. (1935-37). Einführung in die vergleichende biologische Anatomie der Wirbeltiere, 2 Bde.; Schindewolf, O.H. (1936). Paläontologie, Entwicklungslehre und Genetik. Kritik und Synthese.
51 Vgl. Ruse, M. (2005). The Darwinian revolution, as seen in 1979 and as seen twenty-five years later in 2004. J. Hist. Biol. 38, 3-17: 13.
52 Oeser, E. (1974). System, Klassifikation, Evolution. Historische Analyse und Rekonstruktion der wissenschaftstheoretischen Grundlagen der Biologie: 1.
53 Richardson, B.W. (1856/91). Life of T. Sopwith: 256 (nach OED 1989); Erscheinungsjahr dieses Werks dagegen fälschlich als 1847 gedruckt: Omboni, G. (1867). Darwinisme ou théorie de l'apparition et de l'évolution des éspèces animales et végétales (Übers. aus dem Italienischen).
54 Westminster and Foreign Quarterly Rev. N.S. 17: 569.
55 Huxley, T.H. (1864). Criticisms on "The Origin of Species". Nat. Hist. Rev. 4: 567.
56 Keferstein, W. (1861). [Rez. Agassiz, L., Contributions to the Natural History of the United States of America]. Gött. Gel. Anz. 1861, III, 1866-1878: 1875.
57 Haeckel, E. (1866). Generelle Morphologie der Organismen, 2 Bde.: II, 166; ders. (1868). Natürliche Schöpfungsgeschichte: 7. Vortr.

58 Heller, K.B. (1869). Darwin und der Darwinismus.
59 Vgl. Mayr, E. (1991). What is Darwinism? In: One Long Argument: Charles Darwin and the Genesis of Modern Evolutionary Thought; Moore, J.R. (1991). Deconstructing Darwinism: the politics of evolution in the 1860s. J. Hist. Biol. 24, 353-408.
60 Mandeville, B. de (1705/14). The Fable of the Bees, or Private Vices, Publick Benefits, 2 vols. (Oxford 1924).
61 Vgl. Ruse, M. (1992). Darwinism. In: Keller, E.F. & Lloyd, E.A. (eds.). Keywords in Evolutionary Biology, 74-80: 75.
62 Williams, G.C. (1966). Adaptation and Natural Selection; vgl. Ruse (1992): 80.
63 Butler, S. (1880). Unconscious Memory: 280; vgl. 34.
64 Butler, S. (1887). Luck, or Cunning as the Main Means of Organic Modification? An Attempt to Throw Additional Light upon the late Mr. Charles Darwin's Theory of Natural Selection: 91.
65 a.a.O.: 253; vgl. 9.
66 Lankester, E.R. (1889). Darwin versus Lamarck. Nature 39, 428-429: 429; Anonymus (1891). Note to: Ward, L.F. (1891). Neo-Darwinism and Neo-Lamarckism. Address to the Biological Society of Washington. Amer. Nat. 25, 298; Ward, L.F. (1892). Neo-Darwinism and neo-Lamarckism. Proc. Biol. Soc. Washington 6, 11-71: 13; 19.; Romanes, G.J. (1892-97). Darwin and After Darwin, 3 vols.: II (1895), 7.
67 Romanes, G.J. (1893.1). An Examination of Weismannism: 213.
68 Romanes, G.J. (1893.2). Co-adaptation and free intercrossing. Nature 43, 582-583: 582f.
69 Romanes (1893.1).
70 Weismann, A. (1893). Die Allmacht der Naturzüchtung. Eine Erwiderung an Herbert Spencer.
71 Vgl. Bowler, P.J. (1984/89). Evolution: 248.
72 Goudge, T.A. (1961). The Ascent of Life: 107.
73 Walsh, D.M. (2010). Two neo-Darwinisms. Hist. Philos. Life Sci. 32, 317-340.
74 West Eberhard, M.J. (2005). Developmental plasticity and the origin of species differences. Proc. Nat. Acad. Sci. USA 102, 6543-6549: 6543; vgl. dies. (2003). Developmental Plasticity and Evolution.
75 Walsh (2010): 335.
76 Bateson, W. (1913). Problems of Genetics: 1.
77 Četverikov, S.S. (1926). O nekotorych momentach evoljucionnogo processa s točki zrenija sovremennoj genetiki (On certain aspects of the evolutionary process from the standpoint of modern genetics. Proc. Amer. Philos. Soc.105 (1961), 167-195): 193.
78 Bucharin, N.I. (1932). [Darwinismus und Marxismus]. (Verh. Gesch. Theor. Biol. 6 (2001), 127-155): 140.
79 Huxley, J.S. (1942). Evolution. The Modern Synthesis: 26.
80 W.M.M. (1941). Review: Goldschmidt, F. (1940). The Material Basis of Evolution. Philos. Sci. 8, 394-395: 395.
81 Simpson, G.G. (1947). The problem of plan and purpose in nature. Sci. Monthly 64, 481-495: 490; vgl. ders. (1949). The Meaning of Evolution: 277.
82 Huxley, J. (1943). Darwinism to-day. Discovery 1943,

6-12; 38-41: 41; ders. (1944). On Living in a Revolution: 102; ders. (1947). Man in the Modern World: 203; ders. (1950). New bottles for new wine: ideology and scientific knowledge. J. Roy. Anthoropol. Inst. Great Brit. Ireland 80, 7-23: 23; Ashley Montagu, M.F. (1946). [Rev. Andrews, R.C. (1945). Meet Your Ancestors]. Ann. Amer. Acad. Pol. Soc. Sci. 246, 173; Mayr, E. & Provine, W.B. (eds.) (1980). The Evolutionary Synthesis; Smocovitis, V.B. (1996). Unifying Biology. The Evolutionary Synthesis and Evolutionary Biology.
83 Schmidt, K.P. (1945). [Rev. Hagen, V.W. von (1945). South America Called Them: Explorations of the Great Naturalists: La Condamine, Humboldt, Darwin, Spruce]. Copeia 1945, 179.
84 Vgl. Junker, T. (2002). Darwinismus oder Synthetische Evolutionstheorie? Verh. Gesch. Theor. Biol. 9, 209-230.
85 a.a.O.: 218f.
86 Vgl. Weber, M. (1998). Die Architektur der Synthese. Entstehung und Philosophie der modernen Evolutionstheorie: 109f.
87 Darwin, C. (1859/72). On the Origin of Species: 52.
88 Vgl. Mayr, E. (1982). The Growth of Biological Thought: 436.
89 Junker (2002): 223.
90 Szyfman, L. (1982). Jean-Baptiste Lamarck et son époque: 387; nicht in Simpson, G.G. (1950). L'orthogenèse et la théorie synthéthique de l'évolution. In: Arambourg, C. et al. Paléontologie et transformisme, 123-163: 133.
91 Cook, G.M. (1999). Neo-Lamarckian experimentalism in America: origins and consequences. Quart. Rev. Biol. 74, 417-437: 418.
92 Mayr, E. (1980). Some thoughts on the history of the evolutionary synthesis. In: Mayr, E. & Provine, W.B. (eds.). The Evolutionary Synthesis. Perspectives on the Unification of Biology, 1-48: 1; ders. (1982): 568.
93 Vgl. Provine, W.B. (1986). Sewall Wright and Evolutionary Biology.
94 Weber, M. (2010). Genetik und moderne Synthese. In: Sarasin, P. & Sommer, M. (Hg.). Evolution. Ein interdisziplinres Handbuch, 102-114: 113.
95 Mayr (1982): 476.
96 Dobzhansky, T. (1964). Biology, molecular and organismic. Amer. Zool. 4, 443-452: 449; vgl. ders. (1973). Nothing in biology makes sense except in the light of evolution. Amer. Biol. Teach. 35, 125-129.
97 Ruse, M. (1973). The Philosophy of Biology: 48ff.
98 a.a.O.: 49f.
99 a.a.O.: 52ff.
100 Vgl. Weber, M. (1998). Die Architektur der Synthese: 132; 173.
101 Ruse (1973): 48ff.
102 Beatty, J. (1981). What's wrong with the received view of evolutionary biology? In: PSA, vol. 2, 397-426; Rosenberg, A. (1985). The Structure of Biological Science: 134f.; Thompson, P. (1989). The Structure of Biological Theories: 53ff.
103 Dobzhansky, T. (1937). Genetics and the Origin of Species; Huxley, J.S. (1942). Evolution. The Modern Synthesis; Mayr, E. (1942). Systematics and the Origin of Species; Simpson, G.G. (1944). Tempo and Mode in Evolution; Rensch, B. (1947). Neuere Probleme der Abstammungslehre. Die transspezifische Evolution; Stebbins, G.L. (1950). Variation and Evolution in Plants; vgl. Mayr, E. (1982). The Growth of Biological Thought: 568.
104 Fisher, R.A. (1930). The Genetical Theory of Natural Selection; Wright, S. (1931). Evolution in Mendelian populations. Genetics 16, 97-159; Haldane, J.B.S. (1932). The Causes of Evolution.
105 Smocovitis, V.B. (1992). Unifying biology: the evolutionary synthesis and evolutionary biology. J. Hist. Biol. 25, 1-65: 40.
106 Vgl. Reif, W.-E., Junker, T. & Hoßfeld, U. (2000). The synthetic theory of evolution: general problems and the German contribution to the synthesis. Theor. Biosci. 119, 41-91; Junker, T. & Hoßfeld, U. (2001). Die Entdeckung der Evolution. Eine revolutionäre Theorie und ihre Geschichte: 177f.

Literatur

Mayr, E. & Provine, W.B. (eds.) (1980). The Evolutionary Synthesis. Perspectives on the Unification of Biology.
Bowler, P.J. (1984/2009). Evolution. The History of an Idea.
Lefèvre, W. (1984). Die Entstehung der biologischen Evolutionstheorie.
Tort, P. (ed.) (1996). Dictionnaire de darwinisme et de l'évolution, 3 Bde.
Weber, M. (1998). Die Architektur der Synthese. Entstehung und Philosophie der modernen Evolutionstheorie.
Pagel, M. (ed.) (2002). Encyclopedia of Evolution, 2 vols.
Sarasin, P. & Sommer, M. (Hg.) (2010). Evolution. Ein interdisziplinäres Handbuch.

Feld

Der biologische Feldbegriff ist ein entwicklungsbiologisches Konzept, das seit Beginn des 20. Jahrhunderts verwendet wird, um die Differenzierung organischer Formen zu erklären. Der biologische Begriff ist angelehnt an das physikalische Konzept (z.B. des magnetischen oder elektromagnetischen Feldes), das die Verteilung von Werten einer physikalischen Größe über einen Raum bezeichnet, so dass jedem Raumpunkt ein Wert zugeordnet wird, ohne dass ein materieller Träger vorhanden sein muss.

> Feld (Gurwitsch 1912) 553
> morphogenetisches Feld (Driesch 1929) 553
> epigenetische Landschaft (Waddington 1940) 555
> Positionsinformation (Wolpert 1969) 555

Frühe Verwendungen

Seit den 1890er Jahren wird der Ausdruck ›Feld‹, besonders in der Form ›zytoplasmisches Feld‹ vereinzelt verwendet, v.a. im Kontext der Erklärung von Bewegungen des Zellkerns (»Karyokinesis«) (Ryder 1890: »Maleness is characterized, in the male element, by the absence of a cytoplasmic field in which nuclear motion or karyokinesis can occur«).[1] Im Jahr 1900 erscheint der Ausdruck auch bei E.B. Wilson, der dem Zellkern ein sich selbst erzeugendes ›Feld‹ zuschreibt, über das seine Wirkung entfaltet wird: »The nucleus cannot operate without a cytoplasmic field in which its peculiar powers may come into play; but this field is created and moulded by itself«.[2] Diese Wortverwendungen stehen allerdings nicht im Zusammenhang einer eigentlichen Feldtheorie zur Erklärung von Entwicklungsprozessen. Eine solche Theorie entwickelt A. Gurwitsch seit 1912; Gurwitsch gilt damit als der eigentliche Begründer des entwicklungsbiologischen Feldbegriffs.[3]

Boveri: Zelldifferenzierung durch Stoffgradienten

In den ersten Jahrzehnten des 20. Jahrhunderts wird der Begriff des Feldes von verschiedenen Entwicklungsbiologen verwendet und theoretisch zu klären versucht. Sachlich angelegt ist der entwicklungsbiologische Feldbegriff bereits in Überlegungen T. Boveris von 1910: Boveri deutet die Prozesse der organischen Formbildung mittels der Vorstellung eines »Gefälles« (Gradienten) der Konzentration eines Stoffes.[4] Die unterschiedliche Konzentration des Stoffes entlang des Gefälles führe zu einer verschiedenen Differenzierung von Zellen, die mit dem Stoff in Berührung kommen. Das Gefälle der Stoffkonzentration in der Umwelt der Zellen determiniert also die Zelldifferenzierung; der Einfluss einer quantitativen Größe führt zu qualitativen Veränderungen. Boveri spricht von »plasmatischen Differenzen«, die eine Zelle zu ihrer funktionellen Rolle determinieren.[5] Es liege eine »Schichtung« vor, »in der Weise, daß irgendein Etwas in der Richtung vom animalen zum vegetativen Pol an Konzentration zu- oder abnimmt«.[6] Wegen der Ortsabhängigkeit der Zelldifferenzierung spricht Boveri von einer »Relativitätshypothese«.

> Ein Feld ist eine Region eines sich entwickelnden Organismus (eines Keims), die unter dem determinierenden Einfluss eines die Entwicklung steuernden chemischen Stoffes steht.

Gurwitsch: »embryonales Feld«

A. Gurwitsch führt den Ausdruck ›Feld‹ ausgehend von seinen entwicklungsbiologischen Überlegungen zur Formbildung innerhalb eines komplexen Gefüges von miteinander agierenden Faktoren ein. Das »Kollektivgeschehen« innerhalb eines solchen Komplexes (z.B. eines sich entwickelnden Keims) könne nicht auf einzelne Faktoren reduziert werden, sondern erfolge vielmehr im Rahmen einer »Kollektivgesetzlichkeit« als der »Gesetzlichkeit des Komplexes«.[7] Ab 1912 verwendet Gurwitsch in diesem Zusammenhang den Terminus ›Feld‹: Anfangs spricht er von »Geschehensfeld« und »Kraftfeld«[8], später von »embryonalem Feld«[9].

Daneben etabliert sich der später am weitesten verbreitete Ausdruck *morphogenetisches Feld*. Er erscheint zuerst in der englischen Übersetzung von H. Drieschs ›Philosophie des Organischen‹ von 1929 (»morphogenetic field«[10]; Woodger 1930: »morphogenetic field«[11]).

Ein entwicklungsbiologisches Feld versteht Gurwitsch als »Faktor embryonaler Formbildung«[12], der geeignet sei, »große Entwicklungsetappen« oder »ganze Entwicklungszyklen« oder »Lebenslinien« einheitlich darzustellen[13]. Auch das Konzept des Gens integriert Gurwitsch in seine Feldtheorie der Entwicklung: Er bezeichnet die Gene als »bestimmt konfigurierte Bahnen, d.h. kleine dynamische Felder, deren Dasein ununterbrochen und beharrend ist, und die von einer Generation zur nächsten übertragen werden«.[14] Das entwicklungsbiologische Feld ist nach Gurwitsch für die Ortsabhängigkeit der sich differenzierenden Zellen verantwortlich. Zur Begründung des Feldbegriffs baut Gurwitsch damit auf einem experimentellen Befund auf, den bereits H. Driesch kennt: dass nämlich die Entwicklung eines organischen Teils von seiner räumlichen Lage im Organismus abhängt, seine »prospektive Potenz« also größer als seine »prospektive Bedeutung« ist, weil sie eine Funktion der Lage im Ganzen ist, wie Driesch formuliert.[15] Die Ortsabhängigkeit der Gestaltbildung zeigt, dass diese nicht als reine »Selbstdifferenzierung« der Zellen zu begreifen ist – eine Auffassung, die von A. Weismann und zeitweise von W. Roux vertreten wird –, sondern von äußeren Faktoren abhängt, also eine »abhängige Differenzierung« darstellt (↑Entwicklung). Der morphogenetische Prozess besteht damit also aus zwei Komponenten: den sich differenzierenden Teilen des Organismus und dem Feld, das von der Ganzheit des Organismus erzeugt wird. Das Feld selbst unterliegt dabei einer Veränderung, es »evolutioniert« im Laufe der Embryogenese, wie Gurwitsch schreibt.[16] Die Veränderung des Feldes in der Entwicklung folgt allein schon daraus, dass jedes organische Element ein Teil des Ganzen darstellt und mit seiner Differenzierung daher das Feld, das auf alle Teile wirkt, modifiziert. Über die materielle Natur des Feldes formuliert Gurwitsch verschiedene Hypothesen. Er unterscheidet zwar das Feld von der Materie des Embryos, will 1927 aber er die »Feldeigenschaften« doch »bis zu einem gewissen Grade als Funktion der Materie setzen«.[17] In den späten 1920er Jahren postuliert Gurwitsch eine Strahlung im ultravioletten Bereich als Träger des Feldes, die insbesondere für die Auslösung der Mitose verantwortlich sein soll und die er daher »mitogenetische Strahlung« nennt.[18] Die Existenz dieser Strahlung wird aber bereits in den 1920er Jahren angezweifelt.[19]

Vom Organisator zum mathematischen Modell
Von den meisten Entwicklungsbiologen wird das Feld anfangs rein räumlich als eine Region von Zellen eines sich entwickelnden Organismus verstanden. Die Transplantationsexperimente von G. Harrison[20] und später von P. Weiss[21] zeigen, wie Zellen, die experimentell von einer Körperregion in eine andere verlagert werden, sich bis zu einem bestimmten Entwicklungsstadium gemäß der neuen Lage differenzieren. Der Ort, der die Differenzierung der Zellen auslöst, wird als Erzeuger eines Feldes interpretiert. Das embryologische Feld ist damit als eine räumlich begrenzte Einheit konzipiert, die von einem materiellen Substrat getragen wird. Weiss versteht das embryologische Feld als ein »Wirkungssystem«, das allein über seine Effekte bestimmt werden kann: »aus seinen Wirkungen lernen wir [...] das Feld kennen«.[22]

Detaillierte Untersuchungen zu Regionen des sich entwickelnden Keims, die für die Differenzierung der Nachbarzellen von Bedeutung sind, führt H. Spemann durch. Er bezeichnet diese Keimregionen als *Organisatoren* (↑Entwicklung). Jeder Organisator schaffe sich ein »Organisationsfeld«, dessen Einfluss die Differenzierung der Nachbarzellen auslöse.[23]

Wichtige Bedeutung hat das Konzept des Feldes in Erklärungen von Phänomenen der Regeneration. C.M. Child, der die Regeneration der Hydrozoen und Planarien seit Beginn des 20. Jahrhunderts untersucht, spricht von *Gradienten* und versucht diese als Ergebnis der Interaktion von Teilen des Organismus, die im Verhältnis der Dominanz und Subordination zueinander stehen, zu erklären.[24] Diese Ansätze werden später zu so genannten *Feld-Gradiententheorien* ausgebaut.[25]

In den 30er Jahren wird der Feldbegriff zum dominierenden Erklärungsbegriff für die organische Formbildung.[26] Mathematische Modelle zur ontogenetischen Formbildung führen zur Entwicklung eines mathematischen Verständnisses des Konzepts. A. Turing zeigt 1952, wie mittels einfacher Reaktions-Diffusionsgleichungen die Bildung komplexer Flecken- und Streifenmuster modelliert werden kann.[27] Später wird dieser Ansatz zu kybernetischen Modellierungen von Entwicklungsprozessen einschließlich Regenerationen und Transplantationen ausgearbeitet.[28]

Gen und Feld
Die Konzepte des Gens und des Feldes waren anfangs Widersacher zur Erklärung der organischen Formbildung. Während nach genetischen Modellen die phänotypischen Merkmale eines Organismus durch den determinierenden Einfluss einzelner materieller Faktoren, eben der Gene, bestimmt werden, sind es unter Voraussetzung des Feldbegriffs die Wechselwirkungen zwischen mehreren Bestandteilen des Organismus, die seine Morphogenese bedingen. So wie auf der einen Seite das Gen, kann auf der anderen Seite auch das Feld als die grundlegende Einheit der Morphogenese interpretiert werden. Mit dem Feld als Einheit der Entwicklung kann jeder einzelne materielle Faktor (jedes Gen) je nach dem Feld, in dem er sich befindet, d.h. je nach dem organischen Kontext seiner Gen- und Zellumwelt, eine unterschiedliche Wirkung ausüben. Und das Fehlen einzelner Faktoren kann durch die Wirkung der anderen kompensiert werden. Die Theorie der morphogenetischen Felder hat daher eine gewisse konzeptionelle Nähe zur Vorstellung von der Integration des Genotypus oder der »genetischen Relativitätstheorie«, wie sie in Anlehnung an S.S. Četverikov[29] und S. Wright[30] 1955 von E. Mayr[31] formuliert wird (↑Gen).

Mit dem Aufstieg der atomistischen molekularen Genetik tritt aber der biologische Feldbegriff (vorübergehend) in den Hintergrund. Im Gegensatz zur konkreten materiellen Verkörperung der Gene in Teilen des Organismus (als Nukleotidsequenzen in den Chromosomen) gilt das Feld als abstraktes, fast metaphysisches Konzept. Seine operationalisierbare Bedeutung und theoretische Rolle blieb an die Transplantationsexperimente gebunden. Erst die mathematische Modellierung und detaillierte molekularbiologische Analysen des räumlichen Musters der Zelldifferenzierung, die mit L. Wolperts Begriff der **Positionsinformation** (»positional information«) verbunden sind, bringen ein Umdenken.[32] Seit den 1990 Jahren gewinnt der Feldbegriff daher zunehmend an Bedeutung.[33]

In gewisser Weise findet sich der alte Streit zwischen Präformation und Epigenese (↑Entwicklung) in dem Begriffspaar ›Gen‹ versus ›Feld‹ wieder. In dem morphogenetischen Feldbegriff manifestiert sich in dieser Sicht die moderne Variante der epigenetischen Theorie der Entwicklung, insofern es in einem Feld die Wechselwirkung verschiedener Zellen (und auch der Umwelt des Organismus) ist, die die organische Musterbildung bewirkt. Indem die Entwicklung auf diese Weise als ein sich selbst-organisierender – oder sich selbst-differenzierender Prozess (Harrison 1918) – gedeutet wird, wird damit auf die Annahme einer zentralen steuernden Instanz verzichtet.

Epigenetische Landschaft

Eine epigenetische Landschaft ist ein dreidimensionales Modell zur Beschreibung der Transformationsprozesse in der Ontogenese eines Organismus (vgl. Abb. 131). Das Konzept wird 1940 von C.H. Waddington im Anschluss an den entwicklungsbiologischen Feldbegriff eingeführt (»epigenetic landscape«).[34] Die Entwicklung eines Organismus wird in diesem Modell als sukzessive Verzweigung von Entwicklungspfaden (»developmental tracks«[35]) vorgestellt, analog zu dem Weg einer Kugel, die von einem Berggipfel herabrollt und in verschiedene Täler gelangen kann. Den Tälern eines Gebirges entsprechend, soll die weitere Veränderung des Organismus durch seinen jeweiligen Entwicklungszustand »kanalisiert« sein, so dass Abweichungen von einem Entwicklungsweg aufgrund äußerer Störungen (in dem Bild also das Verlassen eines Tals) durch Gegenkräfte kompensiert werden. Durch das Modell der epigenetischen Landschaft kann die Entwicklung damit als abhängig von der vorausgehenden Geschichte des Systems und unabhängig von äußeren Einflüssen beschrieben werden. Die Kanalisation der Entwicklungswege gewährleistet einen Schutz der organischen Veränderungen vor äußeren Störungen. Für eine in diesem Sinne regulierte Transformation in der

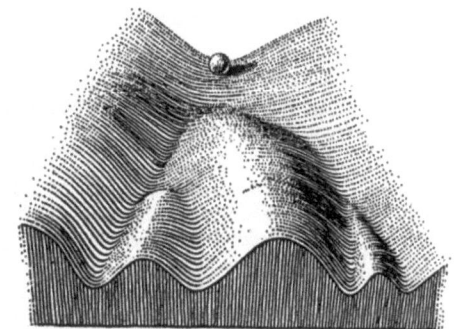

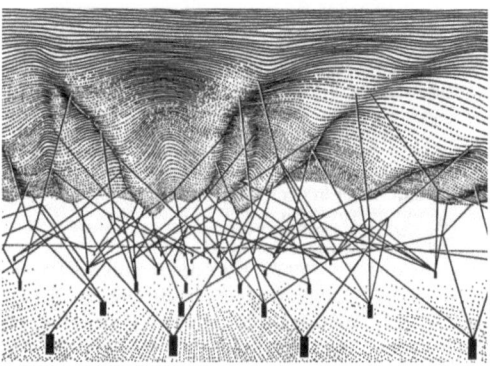

Abb. 131. Eine »epigenetische Landschaft«, dargestellt über den Weg einer Kugel, die auf verschiedenen Pfaden einen Berg hinabrollen kann. Die untere Grafik veranschaulicht das komplexe System von Interaktionen, das der Entstehung der Landschaft zu Grunde liegt. Die Pflöcke im Boden repräsentieren Gene; die zwischen ihnen und von ihnen fortführenden Bänder stehen für die Interaktion zwischen den Genen und ihren Einfluss auf die epigenetische Landschaft (aus Waddington, C.H. (1957). The Strategy of the Genes: 29; 36).

Entwicklung eines Organismus schlägt Waddington den Terminus *Homöorhesie* vor (↑Regulation).

Unabhängig von Waddington beschreibt auch W.R. Ashby die Veränderung eines Systems durch Trajektorien in einem Phasenraum.[36] Verbunden ist das Konzept schließlich auch mit dem Modell der *adaptiven Landschaft*, das bereits seit Ende des 19. Jahrhunderts verwendet und besonders durch die Arbeiten L. Wrights aus den frühen 1930er Jahren bekannt wird (↑Evolution: Abb. 127-130). Wright bezeichnet sein Diagramm allerdings anfangs nicht als eine ›adaptive Landschaft‹, sondern als ein *Feld der Genkombinationen* (»field of gene combinations«).[37]

Nachweise

1 Ryder, J.A. (1890). The origin of sex through cumulative integration, and the relation of sexuality to the genesis of species. Proc. Amer. Philos. Soc. 28, 109-159: 121; vgl. 119; vgl. auch Crampton, H.E. (1899). Studies on the early history of the ascidian egg. J. Morphol. 15, 29-56: 43.
2 Wilson, E.B. (1896). The Cell in Development and Inheritance: 327; vgl. Mocek, R. (2004). Von der Entelechie zum Feldbegriff. Zu einer Besonderheit der Theoriegeschichte der Entwicklungsphysiologie. Verh. Gesch. Theor. Biol. 10, 135-157: 142.
3 Gurwitsch, V.A. (1912). Die Vererbung als Verwirklichungsvorgang. Biol. Centralbl. 32, 458-486: 466; 478.
4 Boveri, T. (1910). Die Potenzen der *Ascaris*-Blastomeren bei abgeänderter Furchung, zugleich ein Beitrag zur Frage qualitativ-ungleicher Chromosomen-Teilung. Festschrift Richard Hertwig, Bd. 3, 131-214: 201.
5 a.a.O.: 199.
6 a.a.O.: 201.
7 Gurwitsch, A.G. (1910). Über Determination, Normierung und Zufall in der Ontogenese. Arch. Entwicklungsmech. 30, 133-193: 138f.
8 Gurwitsch (1912): 466; 478.
9 Gurwitsch, V.A. (1922). Über den Begriff des Embryonalen Feldes. Arch. Entwicklungsmech. Org. 51, 383-415; ders. (1927). Weiterbildung und Verallgemeinerung des Feldbegriffes. W. Roux' Arch. Entwicklungsmech. Org. 112, 433-454.
10 Driesch, H. (1929).The Science & Philosophy of the Organism: 275; nicht in Driesch, H. (1909/28). Philosophie des Organischen.
11 Woodger, J.H. (1930). The "concept of organism" and the relation between embryology and genetics. Part I. Quart. Rev. Biol. 5, 1-22: 21.
12 Gurwitsch, A. (1923). Versuch einer synthetischen Biologie: 35.
13 a.a.O.: 30.
14 a.a.O.: 25f.
15 Driesch, H. (1894). Analytische Theorie der organischen Entwicklung: 77.
16 Gurwitsch (1922): 414.
17 Gurwitsch (1927): 445.
18 Gurwitsch, A. & Gurwitsch, L. (1932). Die mitogenetische Strahlung.
19 Rossmann, B. (1928). Untersuchungen über die Theorie der mitogenetischen Strahlen. W. Roux' Arch. Entwicklungsmech. Org. 113, 346-405; vgl. Mocek, R. (2004). Von der Entelechie zum Feldbegriff. Zu einer Besonderheit der Theoriegeschichte der Entwicklungsphysiologie. Verh. Gesch. Theor. Biol. 10, 135-157: 148.
20 Harrison, R.G. (1918). Experiments on the development of the forelimb of *Amblystoma*, a self-differentiating equipotential system. J. exp. Zool. 25, 413-461.
21 Weiss, P. (1927). Potenzprüfung am Regenerationsblastem, I. Extremitätenbildung aus Schwanzblastem im Extremitätenfeld bei *Triton*. Roux Arch. Entwicklungsmech. Org. 111, 317-340.
22 Weiss, P. (1925). Unabhängigkeit der Extremitätenregeneration vom Skelett (bei *Triton cristatus*). Roux Arch. Entwicklungsmech. Org. 104, 359-394: 386.
23 Spemann, H. (1921). Die Erzeugung tierischer Chimären durch heteroplastische embryonale Transplantation zwischen Triton cristatus und taeniatus. Arch. Entwicklungsmech. Org. 48, 533-570: 568.
24 Child, C.M. (1906). Contributions towards a theory of regulation, 1. The significance of the different methods of regulation in *Turbellaria*. Arch. Entwicklungsmech. Org. 20, 380-426; ders. (1911). Studies on the dynamics of morphogenesis and inheritance in experimental reproduction, 1. The axial gradient in *Planaria dorotocephala* as a limiting factor in regulation. J. exp. Zool. 10, 265-320; ders. (1941). Patterns and Problems of Development.
25 Huxley, J.S. (1924). Early embryonic differentiation. Nature 113, 276-278; de Beer, G. (1927). The mechanics of vertebrate development. Biol. Rev. 2, 137-197.
26 Vgl. z.B. Huxley, J.S. & G.R. de Beer (1934). The Elements of Experimental Embryology.
27 Turing, A.M. (1952). The chemical basis of morphogenesis. Philos. Trans. Roy Soc. B 237, 37-84.
28 Gierer, A. & Meinhardt, H. (1972). A theory of biological pattern formation. Kybernetik 12, 30-39.
29 Četverikov, S.S. (1926). O nekotorych momentach evoljucionnogo processa s točki zrenija sovremennoj genetiki (On certain aspects of the evolutionary process from the standpoint of modern genetics. Proc. Amer. Philos. Soc. 105 (1961), 167-195).
30 Wright, S. (1931). Evolution in Mendelian populations. Genetics 16, 97-159.
31 Mayr, E. (1955). Integration of genotypes: synthesis. Cold Spring Harbor Symp. Quant. Biol. 20, 327-333.
32 Wolpert, L. (1969). Positional information and the spatial pattern of cellular differentiation. J. theor. Biol. 25, 1-47.
33 Vgl. z.B. Webster, G. & Goodwin, B. (1996). Form and Transformation. Generative and Relational Principles in Biology.
34 Waddington, C.H. (1940). Organisers and Genes: 91; 93; vgl. ders. (1957). The Strategy of the Genes: 26ff.
35 Waddington (1940): 92.
36 Ashby, W.R. (1952/60). Design for a Brain. The Origin of Adaptive Behaviour: 93ff.
37 Wright, S. (1932). The roles of mutation, inbreeding, crossbreeding, and selection in evolution. Proc. Sixth Intern. Congr. Genet. 1, 356-366: 360.

Literatur

Herrmann, H. (1964). Biological field phenomena: facts and concepts. In: Gregg, J.R. & Harris, F.T.C. (eds.) Form and Strategy in Science, 343-362.
Oppenheimer, J.M. (1967). Essays in the History of Embryology and Biology.
Opitz, J.M. (1985). The developmental field concept. American Journal of Medical Genetics 21, 1-11.
Mocek, R. (2004). Von der Entelechie zum Feldbegriff. Zu einer Besonderheit der Theoriegeschichte der Entwicklungsphysiologie. Verh. Gesch. Theor. Biol. 10, 135-157.

Form

Das deutsche Wort ›Form‹ (mhd. ›forme‹) ist eine Entlehnung des lateinischen ›forma‹ »Form, Gestalt, Äußeres«; die semantisch entsprechenden griechischen Ausdrücke lauten ›μορφή‹ und ›εἶδος‹.

Aristoteles: Form und Zweck als Wesen
In Aristoteles' Vier-Ursachen-Lehre bildet die Form neben dem Stoff, der Wirkung und dem Zweck eines der vier Grundprinzipien der realen Dinge.[1] Wirkung, Zweck und Form fallen dabei bei den bewegten Dingen der Natur zusammen: »denn ein Mensch zeugt einen Menschen«[2], so dass die Grundopposition von Form und Stoff (Materie) bestehen bleibt. Der Form schreibt Aristoteles dabei eine herausgehobene Stellung zu, insofern »die Form früher und mehr seiend ist als die Materie«.[3] Die Priorität der Form rührt insbesondere daher, dass die Form dasjenige ist, was einen bestimmten Gegenstand zu dem macht, der er ist: »Form [εἶδος] nenne ich das Sosein eines jeden Dinges und sein erstes Wesen«.[4] Auch wenn die Form nach Aristoteles immer an bestimmte Gegenstände gebunden ist und daher nicht ohne die Materie sein kann, betrifft sie doch etwas Allgemeines, das mehrere Gegenstände gemeinsam haben können: eine Gestalt, Konfiguration oder Struktur. Ein etwas weiterer Formbegriff zeigt sich darin, dass Aristoteles in ›De anima‹ die Seele bestimmt als »das Wesen im Sinne der Form eines natürlichen Körpers, der der Möglichkeit nach Leben hat«.[5] Die Form bezieht sich hier nicht auf die äußere Gestalt, die Geometrie der Teile des Lebewesens, sondern auf sein Wesen, d.h. seine natürlichen Vermögen wie Ernährung, Wachstum und Fortpflanzung, die für Aristoteles Seelenfunktionen sind (↑Leben).

Für die Lebewesen gilt also gerade, dass ihre Form im Sinne ihrer Gestalt nicht ihr Wesen ausmacht. Was sie sind, ist vielmehr über ihre organischen Funktionen bestimmt: »Ein jedes Ding dankt nämlich die eigentümliche Bestimmtheit seiner Art den besonderen Verrichtungen und Vermögen, die es hat, und

Form (lat.) *558*
Merkmal (17. Jh.) *565*
Artmerkmal (Morison 1669) *567*
Merkmalseinheit (Bateson 1902) *568*
Eigenschaftsaggregat (Schaxel 1922) *569*
Zeitgestalt (von Uexküll 1922) *572*
Phänon (Camp & Gilly 1943) *572*
Holomorphe (Hennig 1950) *569*
Semaphoront (Hennig 1950) *569*
Morphokline (Maslin 1952) *565*
Merkmalszustand (Michener & Sokal 1957) *570*

kann darum, wenn es nicht mehr die betreffende Beschaffenheit hat, auch nicht mehr als dasselbe Ding bezeichnet werden, es sei denn im Sinne bloßer Namensgleichheit«.[6] Es ist demnach die *Leistung* eines Teils, und nicht seine *Form*, die ihm seine Bestimmtheit verleiht: Eine steinerne Hand verdient es für Aristoteles deshalb auch nicht, im eigentlichen Sinne ›Hand‹ genannt zu werden.[7] Nur eine Hand, die ihr Werk vollbringen kann, ist wirklich eine Hand. Teile von Organismen, wie Fleisch, Eingeweide, Gesicht und Hand, versteht Aristoteles als funktional bestimmt: »All dies wird bestimmt durch seine Verrichtung. Denn nur, was seine Arbeit noch tun kann, verdient in Wahrheit seinen Namen, z. B. das Auge nur, wenn es sieht. Kann es dies nicht, dann hat es nur noch den Namen, wie ein abgestorbenes oder marmornes«.[8] Aristoteles stellt sich die begriffliche Bestimmung eines Gegenstandes durch seinen Zweck immer auch ontologisch vor: Dass es der Zweck ist, der den Begriff des Gegenstandes gibt, heißt, dass der Zweck das Wesen dieses Dinges ausmacht. Es liegt also z. B. im Wesen eines Auges zu sehen oder in der Natur einer Hand zu greifen; allein begrifflich liegt in den Organen des Körpers eine Zielgerichtetheit, eine Entelechie (↑Zweckmäßigkeit).

Eine argumentative Priorität der Funktion vor der Form findet sich in den aristotelischen Schriften zur Zoologie auch insofern, als er als Grund für eine besondere Struktur ihre Funktion angibt und nicht umgekehrt. So heißt es in Bezug auf die Vögel: »Ihre Schnäbel unterscheiden sich je nach der Lebensweise. Die einen haben nämlich einen geraden Schnabel, die andern einen gekrümmten. Gerade ist ein Schnabel, der nur der Nahrung dient, krumm derjenige der Fleischfresser, da er ihnen zum Überwältigen hilft«.[9]

Die Einheit eines Organismus bestimmt Aristoteles allerdings primär nicht über die Wechselseitigkeit seiner Funktionen (↑Organismus), sondern über seine Form (Gestalt). Diese gibt auch das entscheidende Kriterium für die Klassifikation der Lebewesen. Seit Aristoteles hat die Lehre der Formen damit eine ent-

---

Die Form einer biologischen Entität (z.B. eines Organismus) ist die Kombination ihrer Eigenschaften, insbesondere die räumliche Anordnung der Teile (die Struktur) zu einem bestimmten Zeitpunkt, aber auch nichträumliche Eigenschaften wie Farben oder sich in der Zeit entfaltende Eigenschaften (wie die Zeitgestalt des Verhaltens eines Organismus) gehören dazu. Bevorzugt werden als Formen solche Eigenschaften angesehen, die eine Entität einem bestimmten Typ zuweisen und sie von anderen unterscheiden, z.B. die arttypischen Merkmale eines Organismus.

scheidende Bedeutung für grundlegende Subdisziplinen der Biologie, wie die ↑Anatomie, ↑Morphologie und ↑Systematik.

Naturwissenschaftliche Reinterpretation
Die aristotelische Bestimmung der Form als Wesen eines Dinges prägt bis in die Neuzeit den Begriff. Aristoteles aufnehmend heißt es bei Thomas von Aquin: »[Es] kann alles, von dem etwas das Sein hat, sei es das substantielle oder das akzidentelle Sein, Form genannt werden. [...] Da jede Wesensbeschreibung und jede Erkenntnis durch die Form zustande kommt, deshalb kann die Erste Materie von sich aus nicht erkannt oder definiert werden«.[10] Die Form ist danach der Grund der Existenz eines Dinges, dasjenige, was einen bestimmten Gegenstand zu dem macht, der er ist. Noch 1781 bei I. Kant findet sich dieses Verständnis des Formbegriffs, wenn er festlegt, »Materie« bedeute »das Bestimmbare überhaupt«, »Form« aber »dessen Bestimmung«.[11]

In der Frühen Neuzeit erfährt dieser Formbegriff der philosophischen Tradition aufgrund der Entwicklung in den Naturwissenschaften eine »Reinterpretation« (Emerton 1984).[12] Wesentlich geleitet durch kristallografische Untersuchungen, vollzieht sich seit dem 16. Jahrhundert eine Festlegung des Formbegriffs auf die innere Struktur und äußere Gestalt eines Gegenstandes. Eine frühe Interpretation des Formbegriffs in diesem Sinne findet sich 1518 bei A. Nifo in seiner Auseinandersetzung mit der aristotelischen Metaphysik: »Wenn bei einem Messingwürfel Messing und seine Winkel unterschieden werden, dann wird er in Materie und Form geteilt, weil der Winkel die Form bedeutet«.[13]

Deutlich formuliert wird dieser Formbegriff 150 Jahre später von R. Boyle, indem die Form als ein Aspekt der Materie verstanden wird und mit der Disposition der Teile eines Körpers identifiziert wird: »That which is commonly cal led the form of a concrete, which gives it its being and denomination [...] may be in some bodies but a modification of the matter they consist of; whose parts, by being so and so disposed in relation to each other, constitute such a determinate kind of body, endowed with such and such properties«.[14]

Es ist hier also die Materie, von der aus der Formbegriff entwickelt wird, bezeichnet wird mit ihm die Disposition, Konfiguration, Anordnung der Teile eines Körpers. Der Begriff der Form wird auf diese Weise in atomistische Korpuskulartheorien integriert. Eine gewisse Kontinuität zu dem klassischen Konzept der Form als Wesensbestimmung einer Sache besteht insofern, als die chemischen Eigen-

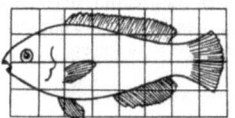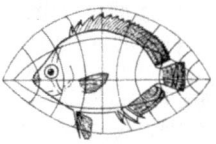

Abb. 132. Transformation des Umrisses eines typischen Papageienfisches (Scarus sp.; links) in den Umriss einer verwandten Form (Pomacanthus sp.; rechts) durch Umwandlung der rechtwinkligen Koordinatien in ein System annähernd coaxialer Kreise (aus Thompson, D'Arcy W. (1917/42). On Growth and Form, dt. Über Wachstum und Form, Frankfurt/M. 1983: 360).

schaften eines Stoffes, die dessen Natur ausmachen, auf die geometrische Gestalt seiner Bestandteile zurückgeführt werden (deutlich 1636 bei D. Sennert).[15] Die Gestalt kann also zur Form werden, weil nach den atomistischen Lehren sie es ist, die die wesentlichen Eigenschaften eines Dings bestimmt. Für die frühe Kristallografie, Mineralogie und Chemie erweist sich dieser Ansatz als fruchtbar, so dass sich das räumliche Verständnis des Formbegriffs im 17. Jahrhundert allmählich durchsetzt.

Auch die frühen Biologen des 17. Jahrhunderts übernehmen das räumlich-geometrische Verständnis des Formbegriffs. In einem der Gründungswerke der neuzeitlichen Botanik, N. Grews Anatomie der Pflanzen, heißt es 1682, Größe und Gestalt (»Size and Figure«) seien die einzigen eigentlichen Qualitäten von Atomen und zusammen würden sie die Form eines Körpers ausmachen.[16] Dieser Auffassung schließt sich im 18. Jahrhundert C. von Linné an: Er unterscheidet in seinen standardisierten Pflanzenbeschreibungen die von ihm so genannten »vier Verschiedenheiten«, nämlich Anzahl, Gestalt, relative Größe und Lage der Blütenorgane (»Numero, Figura, Proportione & Situ«). Diese definieren die *kennzeichnenden Merkmale* (»nota characteristica«) einer Pflanze (s.u.).[17]

Im 18. Jahrhundert werden Organismen zunehmend als dynamische Systeme konzipiert, für die nicht eine bestimmte Gestalt, sondern die Interdependenz von Prozessen ihre Einheit und Identität bestimmt. Ein Organismus kann daher auch seine Gestalt ändern und doch der gleiche Organismus bleiben (↑Metamorphose). Zusammenfassend wird das begrenzende und bestimmende Moment von Organismen ihre ↑*Organisation* genannt. In dieser Hinsicht tritt also das Konzept der Organisation an die Stelle des klassischen Begriffs der Form zur Festlegung des Wesens eines Gegenstandes (Spink 1960: »The Scholastic notion of form is replaced by that of organization«).[18]

Ausgehend von einem morphologischen Artbegriff (»Morphospezies«), also dem Verständnis von ↑Arten als Gruppen von Individuen, die über gemeinsame morphologische Merkmale gekennzeichnet sind, ist die Angabe der morphologischen Merkmale, d.h. der Form eines Organismus, gleichzeitig eine Wesensbestimmung, weil eben die Artzugehörigkeit über die Form definiert ist. Mit der Etablierung des Biospezieskonzepts seit Ende des 18. Jahrhunderts schwindet aber diese Verbindung, so dass die Form den Status einer substanziellen Eigenschaft eines Organismus verliert: Seine Artzugehörigkeit wird nicht durch seine Form, sondern seine relationale (reproduktive) Beziehung zu anderen Organismen (»Gamospezies«) oder seine Vergangenheit (»Phylospezies«) festgelegt.

Form und Stoff
Die aristotelische Auszeichnung der Form als das Primäre im Verhältnis zum Stoff hat für die Biologie offensichtlich insofern ihre grundlegende Berechtigung, als ein Lebewesen seine Form trotz Wandel seiner Stoffe behält und auch seine Identität bei allem »Stoffwechsel« bestehen bleibt. In terminologisch gestützter Nachhaltigkeit wird dies seit Prägung des Ausdrucks ↑*Stoffwechsel* zu Beginn des 19. Jahrhunderts immer wieder zum Ausdruck gebracht. So sieht F.W.J. Schelling in seiner Philosophie des Organischen den ständigen Wechsel der materiellen Bestandteile unter Beibehaltung der Form des lebendigen Körpers als ein Charakteristikum der Lebewesen. Weil die Materie im Organismus »beständig wechselt«, erscheint sie ihm als »unwesentlich«.[19] Es gelte, dass »das Daseyn des Organismus nicht auf der Materie als solcher, sondern auf der Form, d.h. eben demjenigen beruht, das in anderer Beziehung zufällig, hier aber wesentlich erscheint für die Existenz des Ganzen«.[20] Nicht durch die Materie, sondern »durch die Art und Form seines materiellen Seyns« sei der Organismus bestimmt: »für das Leben ist die Form das Wesentliche geworden«[21].

Ähnlich heißt es bei K.F. Burdach 1837: »Der Organismus ist ein Durchgangspunct für die Stoffe, und bleibt dabei immer derselbe: die organische Materie ist hiernach das unaufhörlich Vernichtete und wieder Gebildete, also das Vergängliche und Unwesentliche; die organische Form dagegen ist das Bleibende, Wesentliche«.[22] Die Form wird also insbesondere deswegen zum Wesentlichen der Lebewesen, weil ihre Stoffe beständig wechseln. Die Identitätsbedingungen von Lebewesen und leblosen Dingen hängen jeweils an einem der beiden Prinzipien. A. Schopenhauer formuliert dies Mitte des 19. Jahrhunderts sehr deutlich:

»Im *unorganischen* Körper ist das Wesentliche und Bleibende, also das, worauf seine Identität und Integrität beruht, der Stoff, die *Materie*; das Unwesentliche und Wandelbare hingegen ist die *Form*. Beim *organischen* Körper verhält es sich gerade umgekehrt: denn eben im beständigen Wechsel des *Stoffs*, unter dem Beharren der *Form*, besteht sein Leben, d.h. sein Dasein als eines Organischen. Sein Wesen und seine Identität liegt also allein in der *Form*«.[23]

Diese Auffassung bildet bis ins 20. Jahrhundert ein immer wiederkehrendes Motiv der Theoretischen Biologie. H. Jonas betont 1951, die Identität des Organismus bestehe in seiner Form, die unabhängig sei von seinen ihm nur zeitweilig eigenen, weil ihn durchfließenden Stoffen. Jonas spricht von einer »Umkehrung des ontologischen Verhältnisses« im Organismus: »Die Form ist zum Wesen und der Stoff zum Akzidens geworden. Ontologisch ausgedrückt: In der organischen Konfiguration hört das stoffliche Element auf, die Substanz zu sein [...], und ist nur mehr Substrat«.[24]

Form und Funktion
Eine zweite Profilierung erhält der Formbegriff durch seine Opposition zum Konzept der ↑Funktion. Die Form-Funktions-Unterscheidung kann so verstanden werden, dass sie die RaumZeit-Differenz abbildet.[25] Während der formale Aspekt die räumliche Gliederung eines Körpers betrifft, geht es im funktionalen Aspekt um die zeitliche Organisation von Prozessen. Beide Aspekte gelten zwar als untrennbar, trotzdem besteht aber ein alter Streit um die Priorität. Aristoteles legt in seinen zoologischen Arbeiten besonderes Gewicht auf die Funktionen und erklärt die organischen Formen aus den mit ihnen vollzogenen Verrichtungen (s.o.). Stärker materialistisch orientierte Denker sehen das Verhältnis dagegen umgekehrt und räumen der Form das Primat ein. So heißt es bei Lukrez: »alle die Glieder sind vorher, / mein ich, gewesen, bevor ihr Gebrauch sich konnte entwickeln; / also konnten sie nicht des Gebrauchens wegen erwachsen«.[26] Diese Auffassung steht bei Lukrez und auch später im Kontext einer Teleologiekritik: Eine Funktion oder ein Nutzen könne nicht vor der Form sein, weil Funktion und Nutzen doch von dem geformten Gegenstand erst ausgingen. Im physiologischen Kontext wird den Funktionen aber im Allgemeinen insofern eine Priorität eingeräumt, als die Formen sich nach ihnen richten. So formuliert beispielsweise der römische Arzt Galen: »Teile, die die gleiche Tätigkeit ausüben [ὁμοίως ἐνεργοῦσιν], zeigen eine ähnliche äußere Erscheinung, und sie haben daher auch die gleiche innere Struktur«.[27]

In der Neuzeit stimmen dann aber theologische und evolutionstheoretische Argumentationen darin überein, den Funktionen gegenüber den Formen das Primat einzuräumen: Gottes Vorsehung oder der Prozess der Selektion bedingen, dass die organischen Teile so geformt sind, dass sie ihren Funktionen gemäß operieren können. Der Hinweis auf die Funktion liefert also die Erklärung für die Form als dem zu Erklärenden. So ist Schelling 1798 der Meinung, »der Schlüssel zur Erklärung der merkwürdigsten Phänomene im organischen Naturreich« liege in dem Satz, »daß die Eigenschaften der thierischen Materie im ganzen sowohl, als in einzelnen Organen, nicht von ihrer ursprünglichen Form, sondern daß umgekehrt die Form der thierischen Materie im ganzen sowohl als in einzelnen Organen von ihren ursprünglichen Eigenschaften [Funktionen] abhängig sei«.[28] (In der Architekturtheorie wird daraus der ästhetische Imperativ *form follows function*; Sullivan 1896: »It is the pervading law of all things organic and inorganic, of all things physical and metaphysical, of all things human and all things superhuman, of all true manifestations of the head, of the heart, of the soul, that life is recognizable in its expression, that *form ever follows function*«[29]).

Der berühmte Akademiestreit zwischen G. Cuvier und I. Geoffroy St.-Hilaire zu Beginn der 1830er Jahre (↑Anpassung) kann auch als eine Auseinandersetzung über die Priorität von Form oder Funktion in der Analyse von Organismen gedeutet werden. Für Cuvier erschließt sich die organische Welt ausgehend von den Funktionen, er sieht jeden Organismus als (durch einen göttlichen Schöpfer) planmäßig angepasst an seine jeweilige Umwelt und behandelt die Formen daher als abgeleitet relativ zu den Funktionen. Geoffory entwickelt dagegen eine Klassifikation, die rein auf Formen beruht, und gelangt zu der Zusammenfassung funktional gänzlich unterschiedlicher Strukturen als Ausdruck eines einheitlichen Bauplans.[30] Nach Geoffroy sind es die Strukturen, die die Funktionen determinieren; einer Funktionsänderung geht stets eine Strukturänderung voraus.[31] Geoffroy gilt aufgrund dieses strukturzentrierten Ansatzes als eigentlicher Begründer der vergleichenden ↑Anatomie. Selbst der Organbegriff wird in den Analysen Geoffroys problematisch, weil Organe allein in funktionaler Perspektive als einheitlich charakterisiert werden können; anatomisch können sie dagegen aus einer Vielzahl von Formen zusammengesetzt sein.[32]

Mit der Etablierung der Evolutionstheorie in der zweiten Hälfte des 19. Jahrhunderts findet das adaptationistische Denken allgemeine biologische Anerkennung, und es wird zu einem vielfach variierten Urteil in der Biologie des 20. Jahrhunderts, dass die Funktionen den Formen vorausgehen: »Das Verständnis der Naturformen erfordert das Verständnis ihrer Verrichtungen. So wird Teleologie notwendig für die elementare deskriptive Anatomie«, schreibt H. Cohen zu Beginn des Jahrhunderts.[33] N. Hartmann ist in der Mitte des Jahrhunderts der Ansicht, der alte »Primat der Form« sei in der Biologie seiner Zeit überwunden.[34] Die Form habe nur das »Prius der Gegebenheit«[35], der Prozess aber das »ontische Prius«[36], weil das Leben eigentlich Prozessform habe und auch jede Form erst im Prozess entstehe. Wegen der engen Verbindung und gegenseitigen Bedingung der beiden Aspekte sei es aber insgesamt unmöglich, in der Biologie Form und Prozess voneinander zu trennen.[37]

Reine biologische Formlehren – wie sie etwa E. Haeckel 1866 in seiner »Grundformenlehre«[38] (↑Morphologie: Tab. 194) oder R. Woltereck 1932 mit seiner Klassifikation »biotischer Elementarformen«[39] vorschlagen – bleiben damit Randerscheinungen, die für die biologische Forschung weitgehend irrelevant sind. Form und Funktion sind in einem Organismus stets miteinander verschränkt, und es ist der »Form-Funktions-Komplex« (Bock & von Wahlert 1965), der als Einheit der Selektion unterliegt.[40] ›Form‹ als isolierte Kategorie gilt damit nur noch als »Reflexionsbegriff«.[41] Bereits auf begrifflicher Ebene sind ›Form‹ und ›Funktion‹ so miteinander verbunden, dass der eine Begriff auf den anderen verweist: »both terms are perhaps linked with one another to the point that each one really is implied in the very definition of the other one« (Pirlot & Bernier 1973).[42] Abgelehnt wird daher eine dichotomische Betrachtung der beiden Aspekte: Eine Analyse der Formen losgelöst von den Funktionen oder umgekehrt behindere eher das Verständnis, als dass sie es befördere. Das Verhältnis von Form und Funktion in der Biologie wird insofern eher als das einer Dialektik als einer Disjunktion gesehen.[43] Vor dem Hintergrund seiner wissenschaftshistorischen Analysen beschreibt T.S. Asma die Formen als Randbedingung für die Wirkungsweise der Funktionen; Formen sind danach Einschränkungen (»constraints«), die den materiellen Kräften eine Ordnung verleihen.[44] Die Formen können aber auch umgekehrt als Resultierende aus der Dynamik der Kräfte gesehen werden.

Für das Verhältnis von organischen Formen und Funktionen lassen sich nur wenige allgemeine Regeln aufstellen. So muss nicht jede Form eine Funktion haben (z.B. »Rudimente«; ↑Funktion). Jede Funktion ist andererseits an eine Form gebunden.

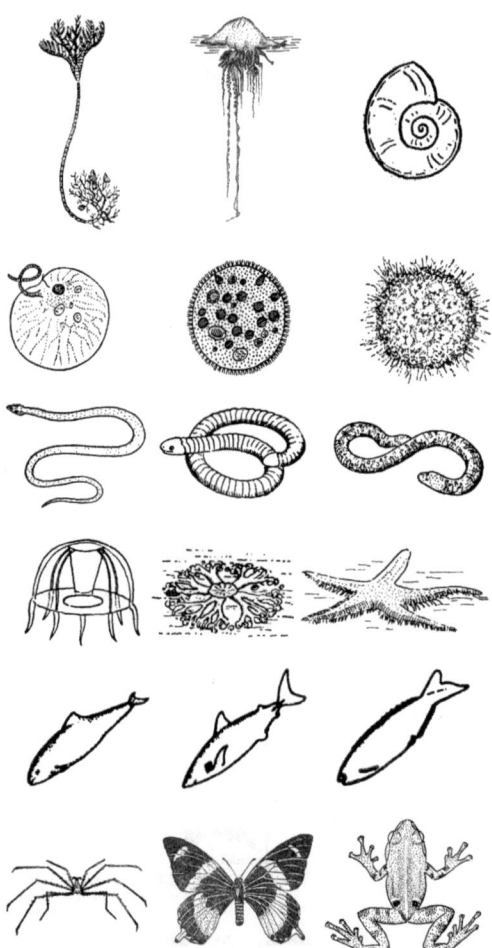

Abb. 133. Symmetrieformen bei Tieren, die als Anpassung an ihre Lebensform in jeweils verschiedenen taxonomischen Gruppen entstanden sind. Erste Reihe: Irreguläre Formen bei wenig beweglichen oder passiv bewegten Tieren (Echinodermata: Rhizocrinus lofotensis, *Cnidaria:* Physalia sp., *Gastropoda:* Epiphragmophora sp.*), zweite Reihe: Kugelsymmetrie bei unter Wasser schwebenden kleinen Organismen (Flagellata:* Noctiluca miliaris, Volvox globator, *Radiolaria:* Sphaerozoum ovodimare*), dritte Reihe: Zylinderform bei durch Lückensysteme kriechenden Tieren (Amphibia:* Dolichosoma longissimum, Siphonops annulata, *Reptilia:* Amphisbaena fuliginosa*), vierte Reihe: Radiärsymmetrie bei sessilen oder großen, schwebenden Tieren (Coelenterata:* Microhydra ryderi, *Echinodermata:* Gorgonocephalus sp., Astropecten*), fünfte Reihe: Spindelform bei unter Wasser schwimmenden Tieren (Mammalia:* Phocaena sp., *Pisces:* Carcharodon sp., *Agnatha:* Rhyncholepis sp.*), sechste Reihe: Bilateralsymmetrie bei auf dem Land laufenden und fliegenden Tieren (Crustacea:* Latreillia sp., *Insecta:* Papilio laglaizei, *Vertebrata:* Cophixalus cryptotympanum*) (zusammengestellt aus Koepcke, H.-W. (1971-74). Die Lebensformen, 2 Bde.: Bd. 1).*

Eine Form kann aber wiederum verschiedene Funktionen haben und ist in der Regel auch an mehreren Funktionen beteiligt. Eine Funktion ist außerdem meist auf verschiedene Formen des Organismus verteilt.

Definitionen des Formbegriffs
›Form‹ ist zwar eines der häufigsten Wörter der biologischen Fachsprache (↑Vorwort: Tab. 5), explizite Definitionen des Formbegriffs werden in der Biologie aber nicht oft gegeben. In den verbreiteten biologischen Fachlexika findet sich nicht selten überhaupt kein Eintrag zu dem Ausdruck in morphologischer Bedeutung.[45] In der Regel wird mit dem Begriff die äußere Gestalt oder innere Struktur eines Organismus oder seiner Teile bezeichnet. Nach einigen Definitionen bezieht sich das Konzept allein auf Strukturen zu einem Zeitpunkt, andere schließen dagegen auch Gestalten ein, die sich in der Zeit entfalten (z.B. Verhalten als »Zeitgestalt«; vgl. Tab. 74 und s.u.).[46] Es besteht außerdem eine Tendenz, allein das äußerlich Sichtbare eines Gegenstandes als seine Form anzusehen (vgl. Gans' Bestimmung von Form als »some aspect of the phenotype of the organism«; vgl. Tab. 74). Für eine derartige Eingrenzung des Formbegriffs spricht aber wenig; auch der Genotyp eines Organismus kann also zu seiner Form gerechnet werden (und auch Moleküle haben eine Form; Ghiselin 2006: »the morphology of molecules«[47]). Die meisten biologischen Begriffsbestimmungen zielen auf eine solche weite Bedeutung, etwa H. Drieschs Definition von 1919, nach der ›Form‹ »die Gesamtheit aller Beziehungen an einem zusammengesetzten Gegenstande« bezeichnet, oder W. Hennigs Bestimmung von 1960, nach der die »Gesamtgestalt (Holomorphe)« eines biologischen Merkmalsträgers »die Gesamtheit seiner physiologischen, morphologischen und psychologischen (ethologischen) Eigenschaften« ist (vgl. Tab. 74).[48]

Einem in der Biologie verbreiteten weiten Formbegriff zufolge stellt auch die Materie eines biologischen Systems einen Aspekt seiner Form dar, denn auch sie bildet eine seiner Eigenschaften. Der für die Biologie zentrale Gegenbegriff zu Form ist damit auch nicht ›Materie‹ oder ›Stoff‹, sondern ↑*Funktion*. Mit dieser Polarisierung von Form und Funktion hängt es zusammen, dass der Formbegriff besonders für den deskriptiven Teil der Biologie zentral ist, der Funktionsbegriff dagegen für den explanativen. Biologen erklären Formen in der Regel durch ihre Funktionen, nur in Ausnahmefällen umgekehrt (z.B. kann über die spezifische Form eines Makromoleküls seine Wirksamkeit als Rezeptor erklärt werden).

Neben diesem allgemeinen Formbegriff wird in der Botanik unter einer ›Form‹ auch eine taxonomische Rangstufe (↑Taxonomie) verstanden, nämlich eine Rangstufe, die unterhalb der Ebene der Varietät steht (↑Art). Mit ihr werden Gruppen von Pflanzen zusammengefasst, die sich nur in einem Merkmal unterscheiden (»Abart«). In dieser Bedeutung führt F.A.W. Miquel den Ausdruck 1843 ein[49]; er wird aber nur wenig verwendet.

Weil die Komponenten eines Organismus häufig über ihre Funktionen identifiziert werden – ein Herz beispielsweise muss als Blutpumpe fungieren, nicht aber herzförmig sein, um in der Biologie als ein Herz zu gelten (vgl. Abb. 135) – betreffen die in der Biologie als ›Formen‹ bezeichneten Eigenschaften in der Regel nicht den Aspekt, über den ein Gegenstand identifiziert wird. Gegenüber dem klassischen antiken Verständnis, nach dem die Form die Wesensbestimmung eines Gegenstandes betrifft, hat der Formbegriff in der Biologie also eine Depotenzierung erfahren: Biologische Gegenstände werden meist nicht über ihre Form, sondern ihre Funktion identifiziert. Vorgezeichnet ist diese Entwicklung schon bei Aristoteles, insofern er feststellt, die Formursache falle im Bereich des Organischen häufig mit der Zweckursache zusammen: »das Wesen und der Zweck sind eines und dasselbe« (s.o.).[50]

Viele Formen, wenige Funktionen
Deutlich unterschieden sind Formen und Funktionen in der Biologie, insofern die Formen der Lebewesen in einer unüberschaubaren Mannigfaltigkeit erscheinen, die Funktionen aber in eine klare hierarchische Ordnung gebracht werden – mit den beiden Funktionen der Selbsterhaltung und Fortpflanzung als den immer gleichen »ultimaten Funktionen« (↑Funktion). Die Formen in ihrer unendlichen Vielfalt können damit auch als das *Mittel* beschrieben werden, mit dessen Hilfe sich die Funktionen realisieren.

Vielfach wird eine biologische Ordnung der Formen erstellt, indem diese zu den Funktionen in Bezug gesetzt werden: »Es gibt im Organischen keine freien autonomen Formen, sie stehen alle unter einer Art von gegenseitigem Formdruck. [...] Jede Form mit ihrer Funktion bekommt erst dann Sinn, wenn ich sie auf ein höheres System beziehe« (Benninghoff 1935-36).[51] Die Inbezugsetzung einer Form auf ein übergeordnetes System erfolgt dadurch, dass ihr eine Funktion zugeschrieben wird.

Strukturalismus versus Funktionalismus
Gemäß dieses *funktionalistischen* Ansatzes können die Formen nach ihren Funktionen geordnet werden,

Abb. 134. Organismen verschiedener Formtypen, die einer einheitlichen Funktion dienen: dem Schweben im Wasser. Oben: Chaetoplankton mit langen Schwebefortsätzen (Paramarria galenensis, Oithona plumifera, Bythotrophes longimanus). Mitte: Discoplankton mit abgeplatteten Körpern (Planctoniella sol, Ornithocercus splendens, Pelagonemertes mosleyi). Unten: Physoplankton mit gallertigen ballonartigen Auftreibungen (Noctiluca miliaris, Volvox globator, Sphaerozoum ovodimare) (zusammengestellt aus Koepcke, H.-W. (1971-74). Die Lebensformen, 2 Bde.: I, 478-483).

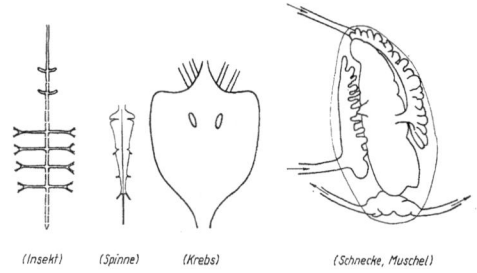

Abb. 135. Typen von Herzen bei wirbellosen Tieren. Links tubuläre Herzen der Insekten, in der Mitte abgewandelte tubuläre Herzen der Spinnen und Krebse, rechts gekammerte Herzen der Schnecken und Muscheln. Tubuläre Herzen bestehen aus großlumigen, dünnwandigen, kontraktilen Gefäßen; abgewandelt tubuläre Herzen haben eine voluminöse langgezogene oder gedrungene Kammer; gekammerte Herzen haben eine Vor- und Hauptkammer. Eine Herzform haben sie alle nicht (aus Richter, K. (1973). Struktur und Funktion der Herzen wirbelloser Tiere. Zool. Jahrb., Abt. allg. Zool. Physiol. Tiere 77, 477-668: 493).

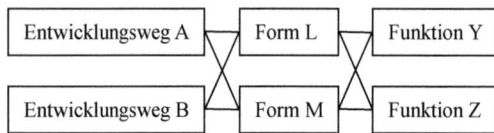

Abb. 136. Die multiple Realisierbarkeit von Formen durch Entwicklungswege und von Funktionen durch Formen. Die gleiche Form kann über verschiedene Entwicklungswege erzeugt werden, der gleiche Entwicklungsweg kann aber auch verschiedene Formen hervorbringen. Und die gleiche Funktion kann von verschiedenen Formen ausgeübt werden, die gleiche Form kann aber auch verschiedene Funktionen ausüben. Die Unmöglichkeit der genauen Abbildung von Formen auf Entwicklungsprozesse und Funktionen spricht für die Eigenständigkeit von Formen als Untersuchungsgegenstand und damit für die methodische Autonomie der Morphologie gegenüber der Entwicklungsbiologie und Physiologie.

und es können dabei insbesondere die Relationen der Organismen zu ihrer Umwelt als Erklärungsgrund für die Formen angeführt, die Formen also als *Anpassungen* gedeutet werden. Nach dieser Sicht führt eine ähnliche Lebensweise von Organismen unterschiedlicher Verwandtschaftskreise aufgrund von Selektion in der Vergangenheit zu ähnlichen Formen, z.B. im Sinne von morphologischen Symmetrietypen (vgl. Abb. 133; ↑Morphologie: Tab. 195). Weil die gleiche Funktion in vielen Fällen aber durch unterschiedliche Formen realisiert werden kann, besteht hier keine deterministischer Zusammenhang: Aufgrund der funktionalen Äquivalenz unterschiedlicher Formen können in einem Lebensraum und bei ähnlicher Lebensweise Organismen verschiedener Formen nebeneinander bestehen (vgl. Abb. 134).

Neben diesem funktionalistischen steht ein *strukturalistischer* Ansatz, der von den ontogenetischen und allgemein den innerorganismischen Verhältnissen ausgeht und auf das Auffinden allgemeiner

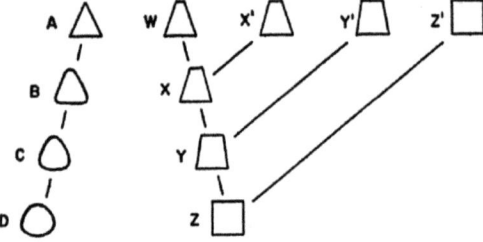

Abb. 137. Schematische Darstellung der Entwicklung von Strukturen: Die Morphokline A-Z' kann als Ableitung von zwei verschiedenen Chronoklinen, D-A oder Z-W, gedeutet werden (aus Maslin, T.P. (1952). Morphological criteria of phyletic relationships. Syst. Zool. 1, 49-70: 52).

Gesetze der Form zielt. Es stehen sich damit zwei Forschungsprogramme einander gegenüber: »the structuralist research program seeks to explain the material and mechanical basis of development, the functionalist research program is designed to explain the cause of specific form and function in relations to the conditions of existence« (Rieppel 1990).[52]

Auf Abstand geht die moderne strukturalistische Formentheorie insbesondere gegenüber der alten, allein phylogenetisch-historisch orientierten evolutionären Morphologie. Gemäß der alten Tradition werden die organischen Formen als historisch gewordene Bildungen eines kontingenten Entwicklungsprozesses angesehen. Im Gegensatz dazu wird in strukturalistischen Ansätzen – insbesondere unter dem Einfluss der Theorien der ↑Selbstorganisation – bemerkt, dass die Formen auch als »ahistorische Universalien« gedeutet werden können, die sich als Konsequenzen aus den Eigenschaften der Baumaterialien ergeben können.[53] Damit werden Gesetze der Struktur im Gegensatz zu zufälligen Entwicklungsrichtungen für die Formen verantwortlich zu machen versucht (»explanations in generative terms which are independent of history«[54]). B. Goodwin ist der Auffassung, dass die Biologie allein auf diese Weise zu einer exakten Wissenschaft werden könne.[55] Es wird damit ein (stark umstrittener) »Strukturalismus ohne Genese« postuliert.[56] Fraglich ist u.a., inwieweit dieser Strukturalismus um eine historische Perspektive zu ergänzen ist, ob die Strukturuniversalien also wirklich ahistorisch gelten oder doch allein aufbauend auf einem jeweiligen Entwicklungsstand, so dass die vermeintlichen Universalien in Wirklichkeit selbst einem Wandel unterworfen wären. Die »Gesetze der Form« würden dann nur relativ zu einem sich verändernden Material konstant erscheinen, in weiterem Rahmen gesehen wären aber auch sie variabel.

Dynamische Morphologie und Zeitgestalt
›Form‹ ist in der Biologie eine Kategorie, die nicht immer als rein räumliche Struktur ohne zeitliche Dimension verstanden wird. Bereits Goethe kann so interpretiert werden, dass er die Formen, und insbesondere sein Konzept eines ↑Typus, auch als eine Kraft, d.h. als ein dynamisches Prinzip, das gestaltend in den Naturprozessen wirksam ist, versteht. Auch die Formenlehre, die ↑Morphologie ist bei Goethe daher eng verbunden mit einer Theorie des Gestaltwandels: »Gestaltenlehre ist Verwandlungslehre. Die Lehre der Metamorphose ist der Schlüssel zu allen Zeichen der Natur« (↑Metamorphose).[57] ›Stoff‹ und ›Form‹ bilden in einem Schema Goethes die zwei Seiten von ›Leben‹ (↑Leben: Abb. 270); zwischen ihnen stehen

die dynamischen Momente des Lebens, die Goethe mit den Begriffen »Vermögen«, »Kraft«, »Gewalt«, »Streben« und »Trieb« benennt.[58]

Auch Entwicklungsbiologen des 20. Jahrhunderts sehen es so, dass das Charakteristische der organischen Formen in ihrer Dynamik und der Entstehung durch die Interaktion vieler Prozesse zu sehen ist. Die organischen Formen sind keine statischen Muster, sondern im Fluss befindliche temporäre Gleichgewichte (Waddington 1951: »organic form [i]s something which is produced by the interaction of numerous forces which are balanced against one another in a near-equilibrium that has the character not of a precisely definable pattern but rather of a slightly fluid one, a rhythm«[59]).

Für die evolutionäre Sequenz von Merkmalen in einer Abstammungslinie führt T.P. Maslin 1952 den Ausdruck **Morphokline** (»morpho-cline«) ein.[60] Eine Morphokline bezeichnet nach Maslin eine Sequenz in morphologischer Hinsicht; diese muss nicht notwendig einer zeitlichen Abfolge (»chrono-cline«) entsprechen, sondern die gleiche Morphokline kann im Gegenteil als Ergebnis verschiedener Chronoklinen entstanden sein (vgl. Abb. 137).

Formen können also sowohl die besondere strukturelle Eigenart von materiellen Einheiten als auch das Muster von Veränderungen oder Bewegungsabläufen betreffen. In letzterer Bedeutung etabliert sich in der Verhaltensforschung seit Beginn des 20. Jahrhunderts der Ausdruck *Zeitgestalt* (s.u.), den J. von Uexküll für ein dynamisches Ganzes einführt, insofern die Teile »zeitlich nacheinander geordnet sind«[61]. Allgemein können Verhaltensweisen als Zeitgestalten analysiert werden, so dass der an statischen Verhältnissen orientierten Körpermorphologie eine *Verhaltensmorphologie* (Ethomorphologie) an die Seite gestellt werden könnte. Von einer derartigen »Morphologie der Verhaltensformen« spricht H. Weber bereits 1954, ohne dass diese Terminologie aber aufgenommen wurde.[62] Neben der Form eines Knochens, eines Nervensystems, einer Organanordnung würde darin die Form eines Ernährungsverhaltens, einer Fluchtreaktion oder einer Balzbewegung beschrieben. Die Form bezeichnet so nichts anderes als die besondere (arttypische) Verwirklichung einer organischen Erscheinung, sei sie eine morphologische, eine physiologische oder eine ethologische Struktur.

Merkmal

Das Wort ›Merkmal‹ ist eine seit dem 17. Jahrhundert nachweisbare Ableitung von ›Mal‹ (mhd. ›mail‹, ›meil‹; ahd. ›meil‹ »Fleck, Zeichen«). Es wird in ver-

»Form im weiteren Sinne nennen wir die Gesamtheit aller Beziehungen an einem zusammengesetzten Gegenstande. Die Form in diesem Sinne verknüpft die ›Glieder‹ oder das ›Material‹, das heißt alles das, von dem nur ausgesagt werden kann ›so ist es‹« (Driesch 1919, 1).

»[T]he total form [Gesamtgestalt] (or the holomorphy) of the semaphoront [...] is to be regarded as a multidimensional construct. [... Its] properties encompass the totality of its physiological, morphological, and psychological (ethological) characters« (Hennig [1960], 7).

»The form of a feature is simply its appearance, configuration, and so forth. It may be defined formally as: In any sentence describing a feature of an organism, its form would be the class of predicates of material composition and the arrangement, shape or appearance of these materials, provided that theses predicates do not mention any reference to the normal environment of the organism. In morphology, the form would be the shape of the structure. In behavior, it would be the configuration of the display, including the involved structures, their movements, intensity, and so forth« (Bock & von Wahlert 1965, 272f.).

»[F]orm is the visible aspect of a thing, usually taken in the narrow sense of shape or configuration as distinguished from such properties as color; the term furthermore often implies a value judgment such as orderly arrangement or regularity [...]. Form in the abstract, thus implies something geometrical, detailing the temporally cross sectional measurable properties of phenomena« (Eichenbaum & Gale 1971, 526).

»[S]ome aspect of the phenotype of the organism« (Gans 1988, 684).

Tab. 74. Definitionen des biologischen Formbegriffs.

schiedener Bedeutung verwendet: Einerseits kann es als Eigenschaft eines Gegenstandes, andererseits als Bestandteil eines Begriffs verstanden werden. Allgemein ist ein Merkmal ein Kennzeichen, an dem ein Gegenstand als Besonderer erkannt werden kann. Die philosophische Tradition versteht unter einem Merkmal einen Bestandteil einer Vorstellung.[63] Nach I. Kant beziehen sich Begriffe, nicht aber Anschauungen mittels Merkmale auf einen Gegenstand. Ein Merkmal ist in Kants Worten ein »Erkenntnisgrund« eines Gegenstandes, es ist »dasjenige an einem Dinge, was einen Theil der Erkenntniß desselben ausmacht«[64]. Als Bestandteile von Begriffen verstanden, kommen Merkmale nicht nur Einzeldingen zu, sondern auch Gattungen, wenn sie auch nur in den Individuen existieren, wie es J.H. Lambert 1771 formuliert.[65]

Die Beschreibung oder Zuschreibung von Merkmalen erfolgt in erster Linie im Hinblick auf die Klassifikationen von Gegenständen in einem System; sie liegen dem Erstellen einer Ordnung von Dingen zugrunde. Seit der Antike wird ein Merkmal in diesem Zusammenhang als etwas bestimmt, das die Identifikation eines Körpers im Rahmen einer Ordnung ermöglicht.[66] Oftmals erfolgt die Klassifikation aber nicht erst nach der Festlegung von Merkmalen, sondern die Merkmale selbst kristallisieren sich erst im Zuge des Prozesses der Klassifikation heraus. Die Merkmale dienen dann mehr der Kommunikation und nachträglichen Rechtfertigung der Klassifikation als ihrer ursprünglichen Konstruktion. Die Klassifikation stellt damit häufig einen viel weniger regelgeleiteten Prozess dar, als es die Angabe der ihr zu Grund gelegten Merkmale erscheinen lässt (↑Systematik).[67]

Einen speziellen Begriff des Merkmals entwickelt J. von Uexküll zu Beginn des 20. Jahrhunderts. Für ihn sind Merkmale Eigenschaften von Objekten der ↑Umwelt eines Organismus, die für ihn die subjektive Qualität eines »Merkzeichens« annehmen. Die Gesamtheit der Merkzeichen bildet die »Merkwelt« des Organismus.[68]

»Essenzielle« Merkmale
Eine ältere Methode der Klassifikation, die meist auf Aristoteles zurückgeführt wird, klassifiziert Organismen aufgrund von wesentlichen (essenziellen) Merkmalen, die eine Gruppe definieren. Das der aristotelischen Einteilung zugrunde liegende Verfahren ist die *Dihairese*, d.h. ein zweistufiges Vorgehen, bei dem zunächst die Identifikation von Merkmalen, die sich gegenseitig ausschließen (z.B. vierbeinige Tiere versus zweibeinige Tiere), erfolgt und anschließend die Gruppierung der Organismen nach diesen Merkmalen vorgenommen wird, so dass solche mit übereinstimmenden Merkmalen in einer Gruppe zusammengefasst werden, solche mit nicht übereinstimmenden Merkmalen aber auf verschiedene Gruppen verteilt werden.

Ursprünglich, so auch noch in der Klassifikation der Pflanzen durch den Aristoteliker Cesalpin im 16. Jahrhundert, wird die Wesentlichkeit an der physiologischen Wichtigkeit eines Merkmals festgemacht (»a priori-Gewichtung«); den Reproduktionsorganen kommt so eine besondere Bedeutung zu (↑Systematik). Seit Mitte des 18. Jahrhunderts – insbesondere unter dem Einfluss M. Adansons[69] – gilt es aber als Ziel der Klassifikation, diese nicht mehr allein auf einzelnen Merkmalen, sondern vielmehr der Gesamtähnlichkeit aufzubauen. Bereits C. von Linné, der in seinem System nur relativ wenige Merkmale berücksichtigt, hält seine Klassifikation vor diesem Hintergrund nicht für natürlich, sondern für künstlich.[70]

Taxonomie des 18. Jh.
Die frühen Pflanzensystematiker des 17. Jahrhunderts entwickeln ihre Einteilungen ausgehend von Eigenschaften der Pflanzen, die von J. Ray *charakteristische Merkmale* (»notae characteristicae«) genannt werden.[71] Darauf aufbauend unterscheidet C. von Linné in seinen Schriften zwischen einer *Kennzeichnung* (»character«) und einem *Merkmal* (»nota«): Die komplexe Kennzeichnung kann sich aus verschiedenen, einzelne Eigenschaften bezeichnenden Merkmalen zusammensetzen.[72] Eine Kennzeichnung bildet nach Linné die Definition einer Gattung (»Character idem est ac definitio generica«)[73] oder einer anderen taxonomischen Einheit. Linné unterscheidet zwischen künstlichen, wesentlichen und natürlichen Kennzeichnungen. Eine künstliche Kennzeichnung legt dabei einem Taxon nur ein einziges Merkmal bei[74]; natürliche Kennzeichnungen berücksichtigen dagegen viele, möglichst alle Merkmale. Für jeden Teil einer Pflanze beziehen sich die kennzeichnenden Merkmale (»nota characteristica«) nach Linnés Sexualsystem (↑Systematik) auf Zahl, Gestalt, Verhältnis und Lage aller Teile der Fruchtbildung (»Numero, Figura, Proportione & Situ«).[75]

Morphologie: Korrelation und Ganzheit
Mit der Begründung der Morphologie am Ende des 18. Jahrhunderts sind es nicht mehr die einzelnen, isolierten Merkmale, die für die Klassifikation ausschlaggebend sind, sondern vielmehr die Kombination der Merkmale. Ein Organismus wird als ein besonderes Gefüge von Merkmalen konzipiert. Nach Goethe erfolgt die Bildung von Typen durch eine ideengeleitete Analyse der Merkmalskomposition der Organismen »Die Idee muß über dem Ganzen walten und auf eine genetische Weise das allgemeine Bild abziehen«[76] (↑Typus).

Weil sich die Merkmale in ihrer Konstanz und damit in ihrem klassifikatorischen Wert unterscheiden, wird auf die Notwendigkeit der *Gewichtung* der Merkmale für klassifikatorische Zwecke verwiesen. Den nur relativen Wert eines Merkmals für die Taxonomie betont der Botaniker A.J. de Jussieu zu Beginn des 19. Jahrhunderts.[77] Die Emanzipation der Taxonomie als eigenständige Teildisziplin der Biologie hängt zu einem nicht unerheblichen Teil an der Einsicht, dass der taxonomisch-diagnostische Wert eines Merkmals nicht immer parallel zu seinem physiologischen Wert verlaufen muss.

Merkmale von Taxa

Neben Individuen werden in der Biologie häufig auch Arten oder höheren taxonomischen Einheiten Merkmale zugeschrieben. In taxonomischen Tabellen und Bestimmungsschlüsseln erscheint seit Mitte des 17. Jahrhunderts der lateinische Ausdruck für **Artmerkmale** (Morison 1669: »nota specifica«[78]; Linné 1764: »nota speciei«[79]). Im Englischen erscheint der analog geformte Terminus in der Übersetzung eines Texts von Linné in der Mitte des 18. Jahrhunderts (»specific characters«).[80] Eine explizite Definition des Begriffs gibt W. Withering 1776: »Specific-Character. One or more circumstances of a plant sufficient to distinguish it from every other plant of the same genus. The specific characters are generally taken from the leaves or stem; sometimes from the flowers; but seldom from the roots«.[81] Der deutsche Ausdruck ›Artmerkmale‹ erscheint Ende des 18. Jahrhundert (Kugelann & Illiger 1798: »Artmerkmale«: »Unterscheidungs-Merkmale der Art«[82]) und ist seit Beginn des 19. Jahrhunderts v.a. in der Etnomologie viel in Gebrauch.[83] Parallel dazu erscheint die Bezeichnung *Artkennzeichen* (Anonymus 1798: Gattungs-und Artkennzeichen«[84]; Creutzer 1799: »Grösse und Farbe sind bey Insekten sehr veränderlich, und geben nur selten sichere Artkennzeichen ab«[85]); bereits im frühen 19. Jahrhundert ist dies ein viel benutzter Terminus[86].

Das mit diesem Wort Gemeinte ist allerdings nicht eindeutig: Artmerkmale können einerseits die für eine Art typischen Merkmale eines Individuums sein; sie können andererseits aber auch tatsächlich Merkmale nicht eines Individuums, sondern der Art bezeichnen, z.B. das phylogenetische Alter, das Verbreitungsgebiet oder die Individuendichte in einem Areal. Auch die Variabilität innerhalb einer Art stellt nicht ein Merkmal eines einzelnen Organismus dar, sondern der Art insgesamt.[87] Verbreiteter ist die erste Bedeutung, der zufolge Artmerkmale die taxonomisch relevanten Eigenschaften von Individuen bilden, also diejenigen Eigenschaften, die dessen Zugehörigkeit zu einem Taxon bestimmen (Mayr 1963: »species characters«: »any attribute of a species that differentiates it from other species (and is therefore ›diagnostic‹) and that is reasonable constant (invariable)«).[88]

KINDS OF TAXONOMIC CHARACTERS
1. Morphological characters
   a. General external morphology
   b. Special structures (*e.g.*, genitalia)
   c. Internal morphology (= anatomy)
   d. Embryology
   e. Karyology (and other cytological differences)
2. Physiological characters
   a. Metabolic factors
   b. Serological, protein, and other biochemical differences
   c. Body secretions
   d. Genic sterility factors
3. Ecological characters
   a. Habitats and hosts
   b. Food
   c. Seasonal variations
   d. Parasites
   e. Host reactions
4. Ethological characters
   a. Courtship and other ethological isolating mechanisms
   b. Other behavior patterns
5. Geographical characters
   a. General biogeographical distribution patterns
   b. Sympatric-allopatric relationship of populations

Abb. 138. Arten von taxonomischen Merkmalen; in späteren Darstellungen erweitert Mayr diese Liste um molekulare Merkmale (aus Immunologie, Elektrophorese, Aminosäuresequenzen, DNA-Hybridisierungen, Nukleotid-Sequenzen, u.a.) (aus Mayr, E., Linsley, E.G. & Usinger, R.L. (1953). Methods and Priqnciples of Systematic Zoology: 108; vgl. Mayr, E. & Ashlock, P.D. (1969/91). Principles of Systematic Zoology: 162).

Genetik im 19. Jh.
Der biologische Begriff des Merkmals verbreitet sich besonders in der Genetik seit den Versuchen G. Mendels in der Mitte des 19. Jahrhunderts. Die methodischen Vorteile der Erbsen für seine Züchtungsexperimente sieht Mendel u.a. darin, dass diese »constante, leicht und sicher zu unterscheidende Merkmale« besitzen.[89] Diese bestehen z.B. in der Gestalt und Färbung der Samen. Je nach Ausgang seiner Kreuzungsversuche unterscheidet Mendel dominante (»dominirende«) und rezessive (»recessive«) Merkmale (↑Gen). Entscheidend für die Etablierung des Merkmalsbegriffs bei Mendel ist es, dass die von ihm ausgewählten Eigenschaften sich nicht vermischen und über die Generationen erhalten bleiben, auch wenn sie in den Organismen einer Generation nicht manifest sind (↑Genotyp/Phänotyp). Im Anschluss an Mendel und die taxonomische Tradition werden unter einem Merkmal in erster Linie morphologische Eigenschaften eines Organismus verstanden. Später werden auch physiologische Prozesse oder Verhaltensweisen als Merkmale angesehen.

1. Formen sind Typen.
Formen sind charakteristische Eigenschaften eines Individuums, die dieses als Vertreter einer bestimmten taxonomischen Gruppe ausweisen. Unter der Beschreibung als Formen werden Individuen also meist typisiert. Die Formprädikate selbst sind daher typisierende Eigenschaften, die mehreren Individuen gemeinsam zukommen.

2. Formen sind bloße Mittel.
Formen sind Mittel zur Realisierung biologischer Funktionen. Sie sind in einen teleologischen Kontext eingebunden und spielen eine primär dienende Rolle. Der die Gestalt und Abläufe von Organismen wesentlich prägende Mechanismus, die Natürliche Selektion, ist auf eine Steigerung der Effizienz der Funktionen gerichtet; demgegenüber stellen die Formen bloßes Material dar.

3. Formen sind biologische Variable.
Im Laufe der Evolution des Lebens wandeln sich die Formen beständig. Für den Einsatz zu bestimmten Funktionen werden die Formen verändert, im Dienste der Funktionen werden sie an ihre Rolle »angepasst«.

4. Formen sind vielfältig.
Formen unterliegen in der Biologie keiner hierarchischen Ordnung ausgehend von bestimmten »Grundformen« – analog zu den seit Beginn des Lebens konstanten »Grundfunktionen« wie Ernährung, Wachstum und Fortpflanzung. Es besteht vielmehr eine offene Mannigfaltigkeit eines in der Evolution sich immer weiter bereichernden Inventars an Formen. Der Grund für die Vielfalt der organischen Formen ist die weitgehende Blindheit der Selektion für Formen: Selektiert werden nicht Formen als solche, sondern die mit den Formen verbundenen Effekte, die unmittelbar einen Selektionswert aufweisen.

5. Formen sind Akzidenzen.
Die Form eines Individuums kann sich im Laufe seines Lebens grundlegend wandeln (in einer Metamorphose). Die spezifische Form zu einem Zeitpunkt definiert also nicht die Identität eines Individuums. Kriterium für die diachrone Identität eines Individuums ist nicht die Kontinuität einer Form, sondern eines Funktionsgefüges.

6. Formen sind nicht nur statisch.
Nicht allein statische Raumgefüge können als Formen gelten, auch die dynamische Veränderung von räumlichen Konfigurationen kann als Form gelten. Zeitgestalten, wie Entwicklungsprozesse oder Verhaltensweisen, können als Formen verstanden werden.

7. Formen sind Systemeigenschaften.
Formen ergeben sich aus der Interaktion vieler Komponenten innerhalb eines Organismus. Sie lassen sich meist nicht nur einer Einflussgröße zuschreiben. In ihrer Veränderung unterliegen sie daher komplexen Einschränkungen (»constraints«) und können oft nicht einfach als »Anpassung« für eine spezifische Funktion gedeutet werden.

8. Formen bilden kein System.
Die Veränderung der Formen in der Evolution erfolgt häufig kontinuierlich und folgt keinem starren Schema und keiner intrinsischen Ordnung (analog zum Periodensystem der chemischen Elemente). Auch besteht nur eine grobe Korrelation zwischen der Lebensweise und Form von Lebewesen.

9. Formen werden beschrieben.
Formen sind kontinuierlich variierende, analoge Strukturen, die aus keiner allgemeinen Theorie deduziert werden können. Sie werden in der Biologie in erster Linie beschrieben und rücken selten an die Stelle einer (ultimaten) Erklärung. Die kaum überschaubare Vielfalt organischer Formen bedingt die ausgeprägte deskriptive Tradition der Biologie.

10. Formen sind Explananda.
Als deskriptive, meist nicht selbst erklärende Elemente sind Formen selbst erklärungsbedürftig. Sie können in verschiedenen zeitlichen und sachlichen Dimensionen erklärt werden: entweder proximat (1) als Mittel im Dienste bestimmter physiologischer Funktionen oder (2) als Ergebnis von entwicklungsbiologischen Prozessen oder ultimat (3) als Anpassungen, die in der Vergangenheit selektiert wurden, oder (4) *constraints*, die sich als Konsequenz eines Bauplans ergeben.

Tab. 75. Merkmale von Formen in der Biologie.

Als das entscheidende Kriterium für die Abgrenzung von Merkmalen in der Genetik wird ihre unabhängig voneinander erfolgende Variation bei der Vererbung angesehen. H. de Vries spricht auf dieser Grundlage im Jahr 1900 von *Elementarcharakteren*, die als getrennte Einheiten materiell in den von ihm so genannten *Pangenen* verkörpert sind: »Jedem Einzelcharakter entspricht eine besondere Form stofflicher Träger«[90] (↑Gen). Jedes Pangen verursacht nach de Vries die Ausbildung eines Merkmals, das damit auch unabhängig von den anderen variieren kann. W. Bateson verwendet in diesem Zusammenhang wenig später den Ausdruck **Merkmalseinheit** (»unit-character«) für ein Allel (↑Gen), das durch andere ersetzt werden kann (»capable of independently displacing or being displaced by one or more alternative characters taken singly«).[91]

Evolutionstheorie
Auch in C. Darwins Evolutionstheorie spielt der Begriff des Merkmals (»character«; seltener »trait«[92]) eine prominente Rolle. Nach Darwin sind es Merkmale, die sich im Laufe der Evolution verändern und ausbreiten. Die analytische Zerlegung der Or-

ganismen einer Art in variable Merkmale ermöglicht es Darwin, die Organismen und die Arten nicht als ganzheitliche und konstante »Essenzen«, sondern als veränderbare Komposita zu konzipieren (↑Evolution): Die gegeneinander separierten Merkmale können jeweils für sich einer Anpassung unterworfen werden. Auf genetischer Ebene spiegelt sich Darwins analytische (oder »atomistische«) Strategie in der Annahme von genetischen Elementen, den »gemmules« (↑Gen).

Gerade für zentrale Elemente seiner Theorie und Argumentation ist der Begriff des Merkmals von großer Bedeutung: Darwins Prinzip der *Merkmalsverschiebung* (»divergence of character«[93]) postuliert eine zunehmende morphologische Differenzierung von Organismen nahe verwandter Arten, weil auf diese Weise die Konkurrenz unter ihnen vermindert wird (↑Phylogenese).

Den größten Wert für die Klassifikation haben für Darwin diejenigen Merkmale, die nicht mit der besonderen Lebensweise des Organismus verbunden sind, sondern eher innere Organe betreffen (»the less any part of the organisation is concerned with special habits, the more important it becomes for classification«[94]). Weil gerade die früh in der Entwicklung erscheinenden embryonalen Merkmale wenig durch Anpassungen an die Lebensweise des ausgewachsenen Organismus überformt sind, kommt ihnen nach Darwin ein besonderer Wert für die (auf die Rekonstruktion der Stammesgeschichte zielende) Klassifikation zu.[95] Gleiches gilt nach Darwin für funktionslose rudimentäre Organe, die vom Einfluss der Selektion isoliert sind.[96]

Merkmalsanalyse als Dekomponierung
Die häufige Verwendung des Merkmalsbegriffs in der Genetik (seit Mendel) und in der Evolutionstheorie (seit Darwin) weist darauf hin, dass für diese beiden Disziplinen die Zerlegung des Organismus in einzelne Komponenten von entscheidender Bedeutung ist. Es macht den Kern des Ansatzes von Genetik und Evolutionstheorie aus, dass sie die Organismen konzeptionell in Merkmale zergliedern und deren unabhängige *Variation* untersuchen. Der Biologiehistoriker Rádl spricht 1913 von »Darwins Auflösung des Organismus in Eigenschaften«.[97] Der Organismus wird nicht in erster Linie in seiner Einheit thematisiert (wie in der klassischen Morphologie und Physiologie), sondern – in den Worten J. Schaxels – geradezu zu einem **Eigenschaftsaggregat**, in dem je nach Fragestellung mal das eine und mal das andere Merkmal isoliert untersucht wird.[98] Der Organismus wird aus Sicht des Darwinismus zu einem »Flickwerk immer nur relativer Anpassungen«.[99]

Bereits im 19. Jahrhundert erscheint die Legitimität dieses Ansatzes solchen Physiologen und Morphologen, die die Einheit des Organismus betonen, zweifelhaft. So kritisiert E. Montgomery in den 1880er Jahren die in der Physiologe betriebene analytische Dekomponierung der ganzheitlichen Geschlossenheit eines Organismus nach dem *Prinzip der Aggregation* (»principle of Aggregation«) mit dem Verweis auf die Einheit des organischen Individuums (»the unity of the organic individual«) (↑Ganzheit).[100]

Individuen als »Semaphoronten«
Große Bedeutung kommt dem Begriff des Merkmals auch in der modernen Systematik und Taxonomie zu. Individuen werden taxonomisch als *Merkmalsträger* oder mit W. Hennig als **Semaphoronten** aufgefasst. Nach Hennig sind die Semaphoronten »Individuen in einer bestimmten, sehr kleinen Zeitspanne ihres Lebenslaufes«, und sie bilden die »Elemente der Systematik«.[101] Die Merkmale stellen für Hennig solche Eigenschaften eines Semaphoronten dar, durch die er sich von anderen Semaphoronten unterscheidet.[102] Ein Organismus, der eine Metamorphose durchmacht, verkörpert im Laufe seines Lebens also verschiedene Semaphoronten. Hennig verfügt über einen relationalen Merkmalsbegriff, insofern ausdrücklich nur die unterscheidenden Eigenschaften als Merkmale verstanden werden.[103] 1960 definiert er: »Wir bezeichnen […] diejenigen Eigenschaften, durch die sich ein Semaphoront oder eine Gruppe von solchen von anderen Semaphoronten unterscheidet, als Merkmale und bleiben uns bewußt, daß mit dieser Bezeichnung niemals nur morphologische Eigenschaften im engeren Sinne, sondern stets solche der vierdimensionalen Gesamtgestalt gemeint sind«.[104] Die »Gesamtgestalt« eines Organismus im Laufe seines Lebens, also die »Gesamtheit seiner physiologischen, morphologischen und psychologischen (ethologischen) Eigenschaften«, nennt Hennig seine **Holomorphe**.[105] Eine biologische Taxonomie, die das System der Organismen allein auf ihrer Merkmalsähnlichkeit aufbaut, ist die Phänetik (↑Systematik).

Ausgehend vom biologischen Speziesbegriff, dem zufolge Arten als Fortpflanzungsgemeinschaften definiert sind, bilden die morphologischen Merkmale nicht die Kriterien der Artzugehörigkeit, sondern stellen lediglich Indizien dafür dar.[106] Nach Hennig sind sie »nicht selbst Bestandteil der Definition […], sondern Hilfsmittel, die benutzt werden, um die hinter ihnen stehenden genetischen Kriterien zu erfassen«.[107]

Ontologie von Merkmalen
Nicht einheitlich ist die Verwendung des Merkmalsbegriffs in ontologischer Hinsicht.[108] Merkmale können verstanden werden als *materielle Teile* eines Organismus (»Peters blaue Augen«), als Größen oder *Variablen* (»Peters Augenfarbe ist blau«) oder als *Eigenschaften* (»Peter ist blauäugig«). Alle drei Arten der Verwendung bestehen in der Biologie nebeneinander. Werden Merkmale als Variablen angesehen, dann wird häufig eine Unterscheidung zwischen dem *Merkmal* (»character«) als der Variablen (oder der Größe) und dem **Merkmalszustand** (»character state«[109]) als dem Wert der Variablen getroffen: Ein Merkmalszustand des Merkmals ›Augenfarbe‹ als Variable ist z.B. der Wert ›blau‹. Nach klassischer Lehre bildet ein Merkmal in dieser Unterscheidung das *fundamentum divisionis* der Gruppierung; es ist nicht selbst eine Eigenschaft, sondern eine Klasse von Eigenschaften.[110]

Merkmale werden gelegentlich nicht nur auf unmittelbar mit einem Individuum zusammenhängende Entitäten, sondern auch auf Eigenschaften oder Dinge bezogen, die außerhalb eines Organismus liegen, aber mit diesem intrinsisch verbunden gedacht sind, z.B. ökologische Größen wie Nahrung, Habitat, Parasiten und Wirte (vgl. Abb. 138).[111] Diese Eigenschaften fallen unter die weite Definition des Merkmalsbegriffs, die E. May gibt: »A taxonomic character is any attribute by which a member of a taxon differs or may differ from a member of another taxon«.[112] Nicht jede Eigenschaft eines Organismus ist danach aber ein taxonomisches Merkmal (»character«), weil auch Organismen der gleichen Population oder Art verschiedene Eigenschaften aufweisen können. Merkmale sind nur solche Eigenschaften, die den Angehörigen eines anderen Taxons nicht zukommen.

Auch wenn ein Teil mehrere Merkmale tragen kann, besteht doch in der Praxis der Dekomponierung von Organismen eine häufige Korrelation zwischen der Anzahl unterschiedlicher Merkmale mit der Anzahl der Teile. Die Anzahl der Arten von Teilen ist weiter mit der Anzahl von Funktionstypen in einem Organismus korreliert. Ein Grund hierfür liegt darin, dass viele Funktionen spezialisierte Organe voraussetzen und außerdem parallel ablaufen können (z.B. Verdauung und Lokomotion); eine Selektion für die Effizienz der Funktionen bedingt daher eine morphologische Kompartimentierung der Organismen.[113] In komplexen Organismen mit vielen unterschiedlichen Funktionen können daher viele Teile differenziert und viele Merkmale angegeben werden.

E. Sober argumentiert 1981 dafür, die evolutionär relevanten Merkmale über ihre kausale Wirksamkeit (»causal efficacy«[114]) in Selektionsprozessen zu definieren: Verschiedene Merkmale liegen vor, wenn Eigenschaften von Organismen einen unterschiedlichen Wert für die Selektion haben: »if, within some environment, there is selection for P but not selection for Q, then P and Q are different properties«.[115] Weil in der Evolutionstheorie Verallgemeinerungen und Quantifizierungen über abstrakte Eigenschaften erfolgen, z.B. über das Konzept der *Merkmalsfitness* (↑Anpassung), enthält die Evolutionstheorie nach Sober die ontologische Verpflichtung, auch abstrakte Gegenstände wie Merkmale als real anzusehen. Gerade der Fortschritt der Evolutionstheorie wird in der Sicht Sobers dazu führen, den selektiven Wert von Merkmalen in bestimmten Umwelten zu spezifizieren und diesen damit einen von den Individuen unabhängigen ontologischen Status zuzusprechen: »it is part of the point of evolution theory to codify generalizations about what kinds of properties will be selectively advantageous in what kind of environment«.[116]

Definitionsvorschläge – und Probleme
Eine einfache Bestimmung eines biologischen Merkmals ausgehend von dem deutschen Wort gibt F.C. Werner 1970: Ein »Merk-Mal« ist danach »ein Mal oder Zeichen, das man 1. bemerkt, 2. sich merkt und auf das man 3. auch andere aufmerksam macht, mit anderen Worten eine Einheit, die man beobachtet, festlegt und mitteilt«.[117] Werner erläutert weiter: »das Merkmal ist eine gesondert erfaßbare, abgrenzbare Eigentümlichkeit oder Eigenschaft, die ihren Träger kennzeichnet, die ihn zu beschreiben erlaubt. Ein Gebilde beschreiben heißt, seine Merkmale aufzählen. Durch Merkmale sind nicht nur konkrete Objekte, sondern auch zusammenfassende Gruppen solcher Objekte gekennzeichnet, so vor allem die Sippen der Pflanzen und Tiere«.[118] Werner folgt auch für die Biologie der alten Lehre der Logik, der zufolge mit dem Aufstieg zu umfassenderen Begriffen die Anzahl der Merkmale der bezeichneten Gegenstände kleiner wird, also: »je umfangreicher der abstrahierte Begriff, um so weniger Merkmale sind den darin enthaltenen engeren Begriffen gemeinsam, um so ärmer ist der Inhalt des Begriffs«.[119] In der Reihe ›einzelne konkrete Rose‹, ›bestimmte Rosenart‹, ›Ordnung der Rosengewächse‹ und ›Blütenpflanzen‹ nimmt also die Anzahl der Merkmale ab.

Andere Definitionen zielen mehr auf die Variation von Merkmalen, so z.B. diejenige von R.A. Pimental und R. Riggins, die 1987 ein Merkmal als eine Eigenschaft von Organismen definieren, die mehrere einander ausschließende Werte annehmen kann: »A character is a feature of organisms that can be evaluated as a variable with two or more mutually exclusive and ordered states«.[120]

Methodisch unzulänglich bleibt eine allein auf Beobachtungen bezogene Identifikation von Merkmalen; anzustreben wäre vielmehr eine theoriegeleitete Merkmalsausgliederung. Eine solche allgemeine Theorie und damit eine eindeutige Methodologie zur Bestimmung von Merkmalen gibt es jedoch nicht. Es hat sich kein durchgehendes Prinzip der Merkmalsidentifikation etablieren können. In verschiedenen Kontexten finden vielmehr unterschiedliche Prinzipien Anwendung.[121] Zwei der wenigen allgemeinen Regeln zur Bestimmung eines Merkmals lauten, dass ein Merkmal für ein Taxon (z.B. eine Art) kennzeichnend und im Vergleich von verschiedenen Taxa möglichst unabhängig von anderen Merkmalen sein sollte (»Separabilität«): Ein Merkmal muss eine abgrenzbare Einheit sein, die von anderen Einheiten unterscheidbar ist und unabhängig von diesen variiert (»single character [...] is anything that can be considered as a variable independent of any other thing considered at the same time«[122]). Das Vorhandensein von Krallen an den Zehen eines Säugetiers, nicht aber jede einzelne Kralle gilt daher z.B. als ein Merkmal.[123] Unterschieden wird in diesem Zusammenhang zwischen logisch und empirisch miteinander korrelierten Merkmalen[124]: Logisch korreliert sind solche Merkmale, die nicht voneinander getrennt werden können oder in der Natur zumindest nicht getrennt vorkommen, z.B. die rote Farbe des Blutes und das Vorhandensein von Hämoglobin im Blut bei Säugetieren. Empirisch korreliert sind dagegen nur solche Merkmale, die meist zusammen erscheinen. Manche Autoren gehen soweit, alle Merkmale, die empirisch perfekt miteinander korrelieren, als ein Merkmal zusammenzufassen.[125] Allerdings könnten auf dieser Grundlage alle Unterschiede, die Vögel von Säugetieren unterscheiden, als nur ein Merkmal beschrieben werden.[126] Sinnvoller, wenn auch noch nicht sehr präzise, erscheint es dagegen, eine solche Folge von Eigenschaften, die einem einzigen ontogenetischen Entwicklungsweg zugeschrieben werden kann, als ein Merkmal zu betrachten.[127]

Weil die unabhängige Variation als entscheidendes Kriterium für die Bestimmung eines Merkmals herangezogen wird, gilt meist nur das als ein Merkmal, was einer Variation unterliegt. In vielen Kontexten erfolgt die Bestimmung von Merkmalen aber auch ausgehend von dem sie umfassenden System. Ein Merkmal wird also aus dem Gefüge eines organischen Gesamtsystems ausgegliedert; dieses besitzt daher gegenüber dem Merkmal das »ontologische Primat« (Wagner & Laubichler 2000).[128]

G.P. Wagner schlägt 2001 einen auf biologischen Prozessen aufbauenden Merkmalsbegriff vor. Ein biologisches Merkmal ist für Wagner ein Teil eines Organismus, der über »kausale Kohärenz« verfügt und eine kausale Rolle in einem biologischen Prozess spielt, so dass er eine definierte Identität aufweist (»A biological character can be thought o fas a part of an organism that exhibits causal coherence to have a well-defined identity and that plays a (causal) role in some biological process«).[129] Als *natürliche Sorte* (»natural kind«) kann ein Merkmal nach Wagner (im Anschluss an Quine[130]) in einem dreistufigen Verfahren identifiziert werden: (1) der Auswahl einer Klasse von Prozessen, (2) der Identifikation einer stabilen Klasse von Dispositionseigenschaften der Entitäten dieser Prozesse und (3) der Formulierung eines Modells, das die Stabilität der Klasse von Dispositionseigenschaften erklärt. Zu einem Merkmal wird eine Eigenschaft demzufolge, wenn es aufgrund eines kausalen homöostatischen Mechanismus stabilisiert wird; ein Merkmal ist damit ein *homöostatisches Eigenschaftscluster* (Boyd 1988: »homeostatic property cluster«)[131] (↑Art). Der Vielfalt der biologischen Prozesstypen entsprechend lassen sich verschiedene Merkmalstypen unterscheiden. Nach einer basalen, an den biologischen Teildisziplinen orientierten Einteilung lassen sich die Merkmalstypen der Physiologie, Entwicklungsbiologie, Vererbung und Evolutionstheorie unterscheiden (vgl. Tab. 76).

Ein besonderer Begriff des Merkmals ausgehend von einer Theorie entwickelt sich im Rahmen der kladistischen ↑Systematik. Ein Merkmal wird hier bestimmt als eine *Synapomorphie*, also als eine Innovation einer monophyletischen Gruppe, die diese als ein Taxon definiert. Merkmale können damit nicht einfach beobachtet werden, sondern stellen selbst eine Theorie dar: »A character is thus a theory, a theory that two attributes which appear different in some way are nonetheless the same (or homologous). As

		Art der Einheit	
		Struktureinheit	Funktionseinheit
Gegenstand	Individuum	*Entwicklunbsbiologie* (Entwicklungseinheit)	*Physiologie* (Funktionseinheit)
	Population	*Genetik* (Vererbungseinheit)	*Evolutionsbiologie* (Seletionseinheit)

Tab. 76. Kreuzklassifikation von vier biologischen Subdisziplinen, in denen Merkmale über einen Prozess als Einheiten bestimmt werden. Die Klassifikationen müssen nicht eindeutig aufeinander abbildbar sein.

such, a character is not empirically observable«[132]. Von anderen Systematikern wird aber weiterhin daran festgehalten, dass Merkmale direkt beobachtet werden können.[133]

Von einigen Biologen werden bevorzugt quantitative Daten, die die Variation von Merkmalen beschreiben, für eine Klassifikation verwendet – traditionell besteht aber auf der anderen Seite eine Skepsis seitens der Systematiker, und insbesondere der kladistischen Systematiker, gegenüber quantitativen Merkmalen. Diese Skepsis beruht u.a. darauf, dass sich auf der Grundlage quantitativer Daten nicht einfach ein Stammbaum entwickeln lässt und dass sie außerdem als wenig verlässliche Indikatoren von Verzweigungspunkten des Stammbaums gelten.[134] Insgesamt ist der Merkmalsbegriff weit davon entfernt, einheitlich und konsistent in der Biologie verwendet zu werden. Gerade quantitativ variierende Merkmale werden von verschiedenen Systematikern höchst unterschiedlich gewertet und in unterschiedlicher Weise zu Merkmalen zusammengefasst.[135]

Zeitgestalt

Der Formbegriff muss nicht auf das statische Verhältnis von Gegenständen zueinander beschränkt werden. Möglich ist es auch, das Muster der Dynamik in der Veränderung eines Gegenstandes als seine Form – oder als einen Aspekt seiner Form – anzusehen. Seit Ende des 19. Jahrhunderts wird für solche dynamischen Formen der Ausdruck ›Zeitgestalt‹ verwendet (unabhängig davon steht das Wort ›Zeitgestalt‹ in der älteren Bedeutung zur Bezeichnung der Form einer Kultur zu einer Zeit[136]). E. Mach spricht 1886 von der »Zeitgestalt« einer Melodie und setzt diese in Gegensatz zu einer »Raumgestalt«.[137] Im Rahmen der Gestaltpsychologie gebrauchte H. Münsterberg 1900 den Ausdruck ›Zeitgestalt‹ in der Psychologie und bezeichnet damit die »zeitliche Gestaltqualität« von Gegenständen wie Melodien, die nicht in kleinere Einheiten zerlegt werden können, ohne ihre Eigenart zu verlieren.[138] In diesem Sinne erkennt Plessner in einem Ding, das sich in einem Prozess als identisches erhält, eine »dynamische Form«.[139]

Verbreitet hat sich das Konzept einer dynamischen Form v.a. in der Ethologie. J. von Uexküll spricht seit den 1920er Jahren von einem Ganzen als einer »Zeitgestalt«, insofern die Teile »zeitlich nacheinander geordnet sind«.[140] A. Portmann und I. Eibl-Eibesfeldt übernehmen diesen Ausdruck. Bei Portmann heißt es 1952: »Jede Lebensform ist vor uns als eine Gestalt, die nicht nur im Raume, sondern auch in der Zeit ihre artgemäße Entfaltung erfährt. Lebendige Wesen sind in gewissem Sinne geformte Zeit, wie Melodien; das Leben äußert sich auch in Zeitgestalten«.[141] Beispiele für die Zeitgestalt der Lebewesen sind für Portmann die Phänomene der Metamorphose und des Vogelzugs. Eibl-Eibesfeldt beginnt seine Einführung in die Vergleichende Verhaltensforschung mit einer Definition von Verhalten als Zeitgestalt: »Verhaltensweisen sind Zeitgestalten. Jede Verhaltensforschung hat es also mit Ablaufsformen zu tun, die zum Unterschied von den körperlichen Merkmalen nicht immer sichtbar sind«.[142] Es ließe sich im Anschluss daran geradezu von einer *Verhaltens-* oder *Ethomorphologie* sprechen.

Phänon

Organismen gleichen oder sehr ähnlichen Aussehens können zu einem Phänon (engl. »phenon«) zusammengefasst werden. Die Bezeichnung geht auf W.H. Camp und C.L. Gilly zurück, die sie in einer etwas spezielleren Bedeutung 1943 einführen (»a species which is phenotypically homogeneous and whose individuals are sexually reproductive, but which is composed of intersterile segments«).[143] Arten und selbst Populationen können aus zahlreichen Phäna zusammengesetzt sein. So bilden die Männchen und Weibchen bei Arten mit einem Sexualdimorphismus zwei verschiedene Phäna. Auch ein Individuum kann in seinem Leben verschiedenen Phäna angehören (z.B. in Form von Altersstadien, sozial induzierten Variationen oder durch ↑Metamorphose).[144] Das Konzept des Phänons ist verwandt mit Hennigs Begriff des Semaphoronten (s.o.).

Eine andere Bedeutung geben P.H.A. Sneath und R.R. Sokal 1960 dem Wort ›Phänon‹. Sie verstehen darunter alle Ähnlichkeitsgruppen von Organismen, die im Rahmen der numerischen Taxonomie (↑Systematik) errichtet werden, unabhängig von ihrem taxonomischen Rang und der inneren Homogenität (↑Systematik: Abb. 506).[145]

Nachweise

1 Aristoteles, Physica 198a14ff.; Metaphysica. 983a26ff.
2 Aristoteles, Physica 198a26f.; Metaphysica 1032a25.
3 Aristoteles, Metaphysica 1029a6.
4 Aristoteles, Metaphysica 1032b1f.
5 Aristoteles, De an. 412a19-21.
6 Aristoteles, Politica 1253a.
7 Aristoteles, Politica 1253a; Metaphysica 1036b; De an. 412b; 415b; De part. anim. 640b f.; De gen. anim. 726b; 734b f.
8 Aristoteles, Meteorologica 390a.
9 Aristoteles, De part. anim. 693a; vgl. auch 694b.
10 Thomas von Aquin, De principiis naturae (hg. v. R. Heinzmann, Stuttgart 1998): 51; 57 (I, 3; II, 7).
11 Kant, I. (1781). Kritik der reinen Vernunft: A266 (B322).
12 Emerton, N.E. (1984).The Scientific Reinterpretation of Form.
13 Nifo, A. (1518). Expositiones in Aristotelis libros Metaphysices (Venedig 1558): 333; vgl. Aristoteles, Metaphysik V, 25, 1023b; VII 7f., 1033a, b; Emerton (1984): 98.
14 Boyle, R. (1661). A Physico-Chemical Essay, Containing an Experiment, with some Considerations touching the Differing Parts and Redintegration of Salt-petre (Works, vol. 2, ed. by M. Hunter & E.B. Davis, London 1999, 93-113): 108.
15 Sennert, D. (1636). Hypomnemata physica (Opera omnia, vol. 1, Lyon 1650): 145f.; 167; vgl. Emerton (1984): 120f.
16 Grew, N. (1682). Anatomy of Plants: 224.
17 Linné, C. von (1751). Philosophia botanica: 196 (§167); vgl. ders. (1737). Critica botanica: 202 (§283); vgl. Cain, A.J. (1994). *Numerus, figura, proportio, situs*; Linnaeus's definitory attributes. Archives of Natural History 21, 17-36; Müller-Wille, S. (1999). Botanik und weltweiter Handel. Zur Begründung eines Natürlichen Systems der Pflanzen durch Carl von Linné (1707-78): 224.
18 Spink, J.S. (1960). French Free-Thought from Gassendi to Voltaire: 235.
19 Schelling, F.W.J. (1798). Ueber das Verhältnis des Realen und Idealen in der Natur (Sämtliche Werke, Bd. 2, Stuttgart 1857, 357-378): 374.
20 a.a.O.: 375.
21 Schelling, F.W.J. (1833). Zur Geschichte der neueren Philosophie (Münchener Vorlesungen) (Sämtliche Werke, Bd. 10, Stuttgart 1861, 1-200): 110.
22 Burdach, K.F. (1837). Der Mensch nach den verschiedenen Seiten seiner Natur. Anthropologie für das gebildete Publicum: 109; vgl. ders. (1810). Die Physiologie: 241f.
23 Schopenhauer, A. (1819-44/58). Die Welt als Wille und Vorstellung (Sämtliche Werke, Bd. I & II, hg. v. W. v. Löhneysen, Stuttgart/Frankfurt/M. 1960): II, 383.
24 Jonas, H. (1951). Is God a mathematician? (dt. Ist Gott ein Mathematiker? Vom Sinn des Stoffwechsels. In: ders., Das Prinzip Leben, Frankfurt/M. 1994, 127-178): 151.
25 Nagel, E. (1951/61). Mechanistic explanation and organismic biology (in: The Structure of Science, New York 1961, 398-446): 426.
26 Lukrez (55 v. Chr.). De rerum natura IV, 840ff.
27 Galen, De anatomicis administrationibus (Opera omnia, ed. C.G. Kühn, Bd. 2, Leipzig 1821, 215-731): 536f.
28 Schelling, F.W.J. (1798). Von der Weltseele (AA, Bd. I, 6): 210.
29 Sullivan, L.H. (1896). The tall office building artistically considered. Lippincott's Magazine 57, 403-409.
30 Geoffroy St.-Hilaire, É. (1818). Philosophie anatomique Bd. 1; vgl. Rádl, E. (1905-09/13). Geschichte der biologischen Theorien, 2 Bde.: I, 330; 339; Asma, T.S. (1996). Following Form and Function. A Philosophical Archaeology of Life Science: 25.
31 Vgl. Russell, E.S. (1916). Form and Function: 77.
32 Vgl. Lubosch, W. (1931). Geschichte der vergleichenden Anatomie. In: Bolk, L. Göppert, E., Kallius, E. & Lubosch, W. (Hg.). Handbuch der vergleichenden Anatomie, Bd. 1, 3-76: 23.
33 Cohen, H. (1902/14). Logik der reinen Erkenntnis (Hildesheim 1977): 372.
34 Hartmann, N. (1950). Philosophie der Natur: 531.
35 ebd.
36 a.a.O.: 532.
37 a.a.O.: 544.
38 Haeckel, E. (1866). Generelle Morphologie der Organismen, Bd. 1.
39 Woltereck, R. (1932/40). Grundzüge einer allgemeinen Biologie: 114ff.
40 Bock, W. & Wahlert, G. von (1965). Adaptation and the form-function complex. Evolution 19, 269-299.
41 Gutmann, M. & Weingarten, M. (1996). Form als Reflexionsbegriff. Jahrb. Gesch. Theor. Biol. 3, 109-130.
42 Pirlot, P. & Bernier, R. (1973). Preliminary remarks on the organ-function relation. In: Bunge, M. (ed.). The Methodological Unity of Science, 71-83: 72.
43 Asma, T.S. (1996). Following Form and Function: 166.
44 a.a.O.: 58.
45 Vgl. z.B. Schmidt, H. (1912). Wörterbuch der Biologie; Stöcker, F.W. & Dietrich, G. (1967/86). Brockhaus ABC Biologie, 2 Bde.; Bogenrieder, A. (Hg.) (1983-87). Lexikon der Biologie, 8 Bde.
46 Nachweise für Tab. 74: Driesch, H. (1919). Der Begriff der organischen Form: 1; Hennig, W. [1960]. Phylogenetic Systematics (Urbana 1966): 7; Bock, W. & Wahlert, G. von (1965). Adaptation and the form-function complex. Evolution 19, 269-299: 272f.; Eichenbaum, J. & Gale, S. (1971). Form, function, and process: a methodological inquiry. Economic Geography 47, 525-544: 526; Gans, C. (1988). Adaptation and the form-function relation. Amer. Zool. 28, 681-697: 684; vgl. Oxnard, C.E. et al. (1980). Symposium: Analysis of form. Some problems underlying most studies of form. Amer. Zool. 20, 619-722.
47 Ghiselin, M.T. (2006). The failure of morphology to contribute to the modern synthesis. Theor. Biosci. 124, 309-316: 310.
48 Driesch (1919): 1; Hennig [1960] (engl. Urbana 1966): 7; (dt. Berlin 1982): 14.
49 Miquel, F.A.W. (1843). Systema Piperacearum: 169ff.
50 Aristoteles, Physica 198a (übers. H. Wagner, Berlin

1967).
51 Benninghoff, A. (1935-36). Form und Funktion. Z. gesamte Naturwiss. 1, 149-160; 2, 102-114: 155.
52 Rieppel, O. (1990). Structuralism, functionalism, and the four Aristotelian causes. J. Hist. Biol. 23, 291-320: 308.
53 Kauffman, S.A. (1985). Self-organization, selective adaptation, and its limits: a new pattern of inference in evolution and development. In: Depew, D. & Weber, B. (eds.). Evolution at a Crossroads, 169-207: 171.
54 Goodwin, B.C. (1989). Evolution and the generative order. In: Goodwin, B. & Saunders, P. (eds.). Theoretical Biology. Epigenetic and Evolutionary Order from Complex Systems, 89-100: 98.
55 ebd.
56 Piaget, J. (1967). Biologie et connaissance (dt. Biologie und Erkenntnis, Frankfurt/M. 1992): 138;vgl. Asma, T.S. (1996). Following Form and Function: 151.
57 Goethe, J.W. (1807). Zur Morphologie, Paralipomena II. In: Weimarer Ausgabe, Bd. II, 6, 446; vgl. Breidbach, O. (2007). Goethes Metamorphosenlehre: 115.
58 Goethe, J.W. von (1820). Bildungstrieb (Goethes Werke, Hamburger Ausgabe, Bd. 13, München 1994, 32-34); vgl. Hall, T.S. (1969). Ideas of Life and Matter. Studies in the History of General Physiology. 600 B.C. – 1900 A.D., 2 vols.: II, 43; Asma (1996): 44.
59 Waddington, C.H. (1951). The character of biological form. In: White, L.L. (ed.). Aspects of Form (London 1968), 43-52: 47.
60 Maslin, T.P. (1952). Morphological criteria of phyletic relationships. Syst. Zool. 1, 49-70: 52.
61 Uexküll, J. von (1922). Technische und mechanische Biologie. Ergeb. Physiol. 20, 129-161: 135; vgl. ders. (1920/28). Theoretische Biologie: 89f.
62 Weber, H. (1955). Stellung und Aufgaben der Morphologie in der Zoologie der Gegenwart. Verh. deutsch. zool. Ges. 1954 (= Zool. Anz., Suppl. 18), 137-159: 140.
63 Vgl. Neemann, U. (1980). Merkmal. Hist. Wb. Philos. 5, 1154-1155.
64 Kant, I. (1800). Logik. Ein Handbuch zu Vorlesungen (Jäsche) (AA, Bd. IX, 1-150): 58.
65 Lambert, J.H. (1771). Anlage zur Architectonic oder Theorie des Einfachen und des Ersten in der philosophischen Erkenntniß, 2 Bde.: § 178, 9.
66 Porphyrios, Eisagoge (dt. in: Rolfes, E. (Übers.). Aristoteles, Kategorien, Lehre vom Satz (Organon I/II), Porphyrius, Einleitung in die Kategorien, Hamburg 1925/74): 14; vgl. Lefèvre, W. (1984). Die Entstehung der biologischen Evolutionstheorie: 199.
67 Fristrup, K.M. (2001). A history of character concepts in evolutionary biology. In: Wagner, G.P. (ed.). The Character Concept in Evolutionary Biology, 13-35: 18.
68 Uexküll, J. von (1909/21). Umwelt und Innenwelt der Tiere: 45f.; ders. (1920/28). Theoretische Biologie (Frankfurt/M. 1973): 102f.
69 Vgl. Stevens, P.F. (1994). The Development of Biological Systematics: 23; 35.
70 Vgl. Bremekamp, C.E.B. (1962). The Various Aspects of Biology: 49; Stevens (1994): 128; Fristrup (2001): 18.
71 Ray, J. (1682). Methodus plantarum nova: [Praefatio].
72 Vgl. Stafleu, F.A. (1963). Adanson and the "Familles des Plantes". In: Lawrence, G.H.M. (ed.). Adanson 1, 123-264: 171.
73 Linné, C. von (1736). Fundamenta botanica: 21 (§186); vgl. ders. (1737). Genera plantarum: Rat. Op. [8] (§15).
74 Linné (1737): [8] (§16).
75 Linné, C. von (1751). Philosophia botanica: 196 (§167); vgl. ders. (1737). Critica botanica: 202 (§283); vgl. Müller-Wille, S. (1999). Botanik und weltweiter Handel. Zur Begründung eines Natürlichen Systems der Pflanzen durch Carl von Linné (1707-78): 224.
76 Goethe, J.W. (1795). Erster Entwurf einer allgemeinen Einleitung in die vergleichende Anatomie, ausgehend von der Osteologie (LA, Bd. I, 9, 119-151): 121; vgl. Jacob, F. (1970). La logique du vivant (dt. Die Logik des Lebendigen, Frankfurt/M. 2002): 96.
77 Jussieu, A.J. de (1824). Principes de la méthode naturelle des végétaux: 27.
78 Morison, R. (1669). Hortus Blesensis: 231; Linné, C. von (1737) Critica botanica: 192.
79 Linné, C. von (1764). Museum S:æ R:æ Mitis Ludovicæ Ulricæ reginæ Suecorum, Gothorum: 378; Niebuhr, C. (Hg.) (1775). Descriptiones animalium: avium, amphibiorum, piscium, insectorum, vermium; quae in itinere orientali observavit Petrus Forskål: 83; Vahl, M. (1804). Enumeratio plantarum: 357.
80 Linnaeus, C. (1750). Of a small venomous Serpent, not before taken notice of. Gentleman's magazine and historical chronicle 20 (Sept. 1750), 387-389: 387.
81 Withering, W. (1776). A Botanical Arrangement of All the Vegetables Naturally Growing in Great Britain: 805.
82 Kugelann, J.G. & Illiger, J.K.W. (1798). Verzeichniss der Käfer Preussens: xii.
83 Sturm, S. (1800). Verzeichnis meiner Insecten-Sammlung, Bd. 1: iii; Meigen, J.W. (1818/20). Systematische Beschreibung der bekannten europäischen zweiflügeligen Insekten: 185; Schaaffhausen, H. (1853). Über Beständigkeit und Umwandlung der Arten. Verh. naturhist. Ver. Preuss. Rheinl. Westphal. 10, 420-451: 425.
84 Anonymus (1798). [Rez. Cederhjelm, J. (1798). Faunae Ingricae Prodromus]. Allg. Lit.-Zeitung 1798 (Nr. 218), 121-123: 121.
85 Creutzer, C. (1799). Entomologische Versuche: 36.
86 Illiger, J.K.W. (1800). Versuch einer systematischen vollständigen Terminologie für das Thierreich: 111; Ochsenheimer, F. (1808). Die Schmetterlinge von Europa, Bd. 1, Abth. 2: 14; Meyer, B. (1815). Kurze Beschreibung der Vögel Liv- und Esthlands: xiii; Brehm, C.L. (1823). Lehrbuch der Naturgeschichte aller europäischen Vögel, Bd. 1, 380; Bruch, C.F. (1829). Bemerkungen über einige Artkennzeichen der Vögel. Isis 22, 629-632.
87 Sterelny, K. & Griffiths, P.E. (1999). Sex and Death: 209f.
88 Mayr, E. (1963). Animal Species and Evolution: 59; vgl. ders. (1969). Principles of Systematic Zoology: 121f.
89 Mendel, G. (1866). Versuche über Pflanzenhybriden (Leipzig 1901): 5.
90 de Vries, H. (1900). Das Spaltungsgesetz der Bastarde.

Ber. Deutsch. Bot. Ges. 18, 83-90: 83.
91 Bateson, W. (1902). The problems of heredity and their solution (Scientific Papers Bd. 2, Cambridge 1928, 4-28): 22.
92 Darwin, C. (1871). The Descent of Man, 2 vols.: I, 232.
93 Darwin, C. (1859). On the Origin of Species: 53; vgl. Mayr, E. (1992). Darwin's principle of divergence. J. Hist. Biol. 25, 343-359.
94 Darwin (1859): 414.
95 a.a.O.: 449.
96 a.a.O.: 450.
97 Rádl, E. (1905-09/13). Geschichte der biologischen Theorien, 2 Bde.: II, 503.
98 Vgl. Schaxel, J. (1919/22). Grundzüge der Theorienbildung in der Biologie: 15.
99 McLaughlin, P. & Rheinberger, H.-J. (1982). Darwin und das Experiment. Dialektik 5, 27-43: 40; vgl. dies. (1985). Darwin und der Begriff des Organismus. In: Bayertz, K. (Hg.). Organismus und Selektion – Probleme der Evolutionsbiologie. Kramer, Frankfurt/M (=Aufsätze und Reden der senckenbergischen naturforschenden Gesellschaft 35), 7-22.
100 Montgomery, E. (1880). The unity of the organic individual. Mind 5, 318-336; 465-489: 325.
101 Hennig, W. (1950). Grundzüge einer Theorie der phylogenetischen Systematik: 16.
102 a.a.O.: 10.
103 Vgl. Rieppel, O. & Kearney, M. (2002). Similarity. Biol. J. Linn. Soc. Lond. 75, 59-82: 61.
104 Hennig, W. [1960]. Phylogenetische Systematik (Berlin 1982): 14.
105 Hennig (1950): 9.
106 Vgl. Hull, D. (1965). The effect of essentialism on taxonomy. Two thousand years of stasis (II). Brit. J. Philos. Sci. 16, 1-18: 5f.; Löther, R. (1972). Die Beherrschung der Mannigfaltigkeit. Philosophische Grundlagen der Taxonomie: 211.
107 Hennig [1982]: 83.
108 Vgl. Ghiselin, M. (1984). 'Definition', 'character' and other equivocal terms. Syst. Zool. 33, 104-110; Colless, D.H. (1985). On 'character' and related terms. Syst. Zool. 34, 229-233; Rodrigues, P.D. (1986). On the term character. Syst. Zool. 35, 140-141.
109 Michener, C.D. & Sokal, R.R. (1957). A quantitative approach to a problem in classification. Evolution 11, 130-162: 138.
110 Ghiselin (1984): 105.
111 Mayr, E., Linsley, E.G. & Usinger, R.L. (1953). Methods and Principles of Systematic Zoology: 108; Mayr, E. & Ashlock, P.D. (1969/91). Principles of Systematic Zoology: 162.
112 Mayr & Ashlock (1969/91): 159.
113 McShea, D. & Venit, E.P. (2001). What is a part? In: Wagner, G.P. (ed.). The Character Concept in Evolutionary Biology, 259-284: 268.
114 Vgl. Sober, E. (1981). Evolutionary theory and the ontological status of properties. Philos. Stud. 40, 147-176: 175.
115 a.a.O.: 172.
116 a.a.O.: 169.
117 Werner, F.C. (1970). Die Benennung der Organismen und Organe nach Größe, Form, Farbe und anderen Merkmalen: 30.
118 ebd.
119 a.a.O.: 31.
120 Pimentel, R.A. & Riggins, R. (1987). The nature of cladistic data. Cladistics 3, 201-209: 201.
121 Richards, R. (2003). Character individuation in phylogenetic inference. Philos. Sci. 70, 264-279.
122 Cain, A.J. & Harrison, G.A. (1958). An analysis of the taxonomist's judgement of affinity. Proc. Zool. Soc. Lond. 131, 85-98: 89; vgl. Hennig, W. (1984). Aufgaben und Probleme stammesgeschichtlicher Forschung; Ax, P. (1984). Das phylogenetische System: 115.
123 Hertler, C. (2005). Organismus und Morphologie. In: Krohs, U. & Toepfer, G. (Hg.). Philosophie der Biologie, 144-156: 152.
124 Sokal, R.R. & Sneath, P.H.A. (1963). Principles of Numerical Taxonomy: 66.
125 Vgl. Simpson, G.G. (1961). Principles of Animal Taxonomy: 88.
126 Sokal & Sneath (1963): 68.
127 Hecht, M.K. & Edwards, J.L. (1977). The methodology of phylogenetic inference above the species level. In: Hecht, M.K., Goody, P.C. & Hecht, B.M. (eds.). Major Patterns in Vertebrate Evolution, 3-51; vgl. Fristrup (2001): 21.
128 Vgl. Wagner, G.P. & Laubichler, M.D. (2000). Character identification in evolutionary biology: the role of the organism. Theor. Biosci. 119, 20-40; Laubichler, M.D. & Wagner, G.P. (2000). Organism and character decomposition: Steps toward an integrative theory of biology. Philos. Sci. (Proc.) 67, S289-S300.
129 Wagner, G.P. (2001). Characters, units and natural kinds: an introduction. In: ders. (ed.). The Character Concept in Evolutionary Biology, 1-10: 3.
130 Quine, W.V.O. (1969). Ontological Relativity and Other Essays.
131 Boyd, R.N. (1988). How to be a moral realist. In: Sayre-McCord, G. (ed.). Essays on Moral Realism, 181-228: 181; 196ff.; vgl. ders. (1991). Realism, anti-foundationalism, and the enthusiasm for natural kinds. Philos. Stud. 61, 127-148.
132 Platnick, N.I. (1979). Philosophy and the transformation of cladistics. Syst. Zool. 28, 537-546: 542; vgl. Nelson, G. & Platnick, N.I. (1981). Systematics and Biogeography. Cladistics and Vicariance.
133 Pogue, M.G. & Mickevich, M.F. (1990). Character definitions and character state delineation: the bête noire of phylogenetic inference. Cladistics 6, 319-361.
134 Thiele, K. (1993). The holy grail of the perfect character: the cladistic treatment of morphometric data. Cladistics 9, 275-304.
135 Vgl. Gift, N. & Stevens, P.F. (1997). Vagaries in the delimitation of character states in quantitative variation – an experimental study. Syst. Biol. 46, 112-125.
136 Varnhagen von Ense, K.A. (1832). [Rez. Rumohr, C.F.

von (1832). Deutsche Denkwürdigkeiten]. Jahrb. wiss. Kritik 1832 (Nr. 21-22), 160-171: 160.
137 Mach, E. (1886). Beiträge zur Analyse der Empfindungen: 104.
138 Münsterberg, H. (1900). Grundzüge der Psychologie: 324.
139 Plessner, H. (1928). Die Stufen des Organischen und der Mensch (Berlin 1975): 136.
140 Uexküll, J. von (1922). Technische und mechanische Biologie. Ergeb. Physiol. 20, 129-161: 135; vgl. ders. (1920/28). Theoretische Biologie: 89f.
141 Portmann, A. (1952). Die Zeit im Leben der Organismen (in: Biologie und Geist, Freiburg/Br. 1963, 123-141): 127f.; vgl. 129; 132.
142 Eibl-Eibesfeld, I. (1967/80). Grundriß der vergleichenden Verhaltensforschung. Ethologie: 19.
143 Camp, W.H. & Gilly, C.L. (1943). The structure and origin of species. Brittonia 4, 323-385: 335.
144 Vgl. Mayr, E. (1969). Principles of Systematic Zoology: 145.
145 Sneath, P.H.A. & Sokal, R.R. (1962). Numerical taxonomy. Nature 193, 855-860: 860.

Literatur

Russell, E.S. (1916). Form and Function. A Contribution to the History of Animal Morphology.
Barge, J.A.J. (1936). Forme et fonction. La nature du problème. Folia Biotheor. 1, 13-27.
Wyhte, L.L. (ed.) (1951). Aspects of Form. A Symposium on Form in Nature and Art.
Coleman, W. (1971). Biology in the Nineteenth Century. Problems of Form, Function, and Transformation.
Nyhart, L. (1995). Biology Takes Form. Animal Morphology and the German Universities, 1800-1900.
Asma, T.S. (1996). Following Form and Function. A Philosophical Archaeology of Life Science.
Larson, J.L. (1996). Interpreting Nature. The Science of Living Form from Linnaeus to Kant.
Mocek, R. (1998). Die werdende Form. Eine Geschichte der Kausalen Morphologie.
Hertler, C. (2001). Morphologische Methoden in der Evolutionsforschung.

Fortpflanzung

Das Wort ›Fortpflanzung‹ ist abgeleitet aus der Zusammensetzung des Adverbs ›fort‹ »vorwärts, weiter« und dem Verb ›pflanzen‹, das auf das lateinische ›planta‹ für »Setzling, Fußsohle« zurückgeht und auf das Festtreten des Setzlings mit dem Fuß verweist (↑Pflanze). Im 16. Jahrhundert wird ›Fortpflanzung‹ nicht allein in einem auf biologische Gegenstände bezogenen Sinn gebraucht, sondern auch auf Erscheinungen der Vermehrung und Ausbreitung konkreter oder abstrakter Gegenstände bezogen, z.B. auf die Ausbreitung der christlichen Lehre.[1] Seit dem frühen 17. Jahrhundert setzt sich aber allmählich die biologische Bedeutung durch (1611: »fortpflantzung der generation«[2]; »corporalische Fortpflantzung«[3]; von Butschky 1659: »die Fortpflanzung seines Geschlechtes eine allen Thieren gemeine Begierde«[4]). Auch im biologischen Kontext ist der Ausdruck allerdings mehrdeutig, weil er nicht nur für die Vermehrung von Organismen, sondern – bereits seit Ende des 18. Jahrhunderts – auch für die Ausbreitung der Erregung entlang der Nerven verwendet wird (Reil 1796: »Fortpflanzung der Reize«[5]).

Der alte *terminus technicus* für die Fortpflanzung ist das lateinische *generatio*. Es wird im klassischen Latein z.B. von Plinius[6] in Bezug auf die Fortpflanzung der Tiere verwendet und verbreitet sich später als Fachbegriff (s.u.: ›Generation‹). So wird die aristotelische Schrift, die die Fortpflanzungsweisen der Tiere zum Thema hat, zusammen mit anderen zoologischen Schriften des Aristoteles zunächst im frühen 13. Jahrhundert von Michael Scotus aus dem Arabischen und um 1260 von Wilhelm von Moerbeke aus dem Griechischen übersetzt, und zwar unter dem Titel ›De generatione animalium‹ (der Titel lautet auf Griechisch ›περὶ ζῴων γενέσεως‹). Wichtige neuzeitliche Werke zur Fortpflanzung und v.a. zur Entwicklung der Organismen übernehmen diesen Titel (z.B. W. Harvey Mitte des 17. und C.F. Wolff Mitte des 18. Jahrhunderts).[7] Die sich zuerst dafür etablierende deutsche Übersetzung lautet *Zeugung*.[8] Auch ist – v.a. in englischen Werken – von *Propagation*[9] (von lat. ›propagatio‹) oder später von *Reproduktion* (s.u.) die Rede. Das lateinische ›generatio‹ wird auch direkt ins Deutsche entlehnt.[10] Seit der zweiten Hälfte des 18. Jahrhunderts verbreitet sich die heute dominierende Bezeichnung ›Fortpflanzung‹.[11]

Bildliche Darstellungen des Fortpflanzungsakts beim Menschen finden sich bereits in altsteinzeitlichen Höhlenmalereien, wenn auch sehr selten (↑Geschlecht: Abb. 196). Abbildungen der geschlechtlichen Vereinigung bei Tieren, v.a. Säugetieren, finden sich im Alten Ägypten. Die Jahreszeitendarstellungen der sogenannten »Weltenkammer« des Niuserre zu Abisur (nahe Memphis) aus der fünften Dynastie (ca. 2425 v. Chr.) enthalten Bilder sowohl von der Kopulation als auch der Geburt von Antilopen, Raubtieren und anderen Tieren (vgl. Abb. 139; 140).[12]

Antike: Wesensmerkmal der Lebewesen
Die Fortpflanzung gilt seit alters her neben der Ernährung als eines der Charakteristika der Lebewesen.

Generation (lat.) *597*
Fortpflanzung (16. Jh.) *577*
Reproduktion (Buffon 1749) *590*
Pseudogamie (de Necker 1775) *595*
sexuelle Fortpflanzung (Darwin 1794) *594*
geschlechtliche Fortpflanzung (Schultz 1823) *593*
ungeschlechtliche Fortpflanzung (Thomson 1839) *593*
vegetative Fortpflanzung (Coleridge 1848) *594*
Parthenogenese (Owen 1849) *595*
Arrenotokie (Leuckart 1857) *596*
Agamogenesis (Huxley 1857; Newman 1857) *594*
Gamogenesis (Huxley 1858) *594*
Endogamie (McLennan 1865) *595*
Exogamie (McLennan 1865) *595*
Amphigonie (Haeckel 1866) *594*
Fekundität (Duncan 1866) *596*
Fertilität (Duncan 1866) *596*
Monogonie (Haeckel 1866) *594*
Thelytokie (Siebold 1871) *596*
Apogamie (de Bary 1878) *594*
Amphimixis (Weismann 1891) *594*
Hologamie (Dangeard 1900) *594*
Merogamie (Dangeard 1900) *594*
Agamogonie (Hartmann 1903) *594*
Gamogonie (Hartmann 1903) *594*
Apomixis (Winkler 1906) *594*
Pseudomixis (Winkler 1908) *595*
Somatogamie (Renner 1916) *595*
Gametangiogamie (Kniep 1928) *594*
Gametagamie (Kniep 1928) *594*
Replikation (Mather 1948) *592*
Replikon (Jacob & Brenner 1963) *592*
Mem (Dawkins 1976) *593*
biologischer Imperativ (Vogel 1986) *587*
Reproduktor (Griesemer 2000) *592*

Die Fortpflanzung ist die Hervorbringung eines Organismus durch einen oder mehrere andere (die Eltern), die entweder durch Spaltung eines Elternorganismus in gleich große Teile oder Abspaltung eines Teils erfolgt. Der neu gebildete Organismus ist nach seiner Entstehung nicht länger Teil der funktionalen Einheit seines Elternorganismus oder seiner Elternorganismen und bildet in der Regel auch eine räumlich abgegrenzte physische Einheit. Er stellt ein funktional geschlossenes, selbständiges organisiertes System dar.

Abb. 139. Kopulation beim Hausschaf (Ovis aries) *in einer altägyptischen Darstellung aus dem Jahreszeitenrelief der »Weltenkammer« im Sonnenheiligtum des Königs Niuserre (um 2400 v. Chr., fünfte Dynastie) (aus Edel, E. (1963). Zu den Inschriften auf den Jahreszeitenreliefs der „Weltenkammer" aus dem Sonnenheiligtum des Niuserre, Teil 2. Nachr. Gött. Akad. Wiss. 1963/Nr. 5: Abb. 11, Ausschnitt).*

Alle Lebewesen streben nach Zeugung und Fortpflanzung, hält Platon fest. Für ihre Fortpflanzung würden sie sogar Hunger und den eigenen Tod in Kauf nehmen.[13] Die Fortpflanzung ermöglicht den Lebewesen nach Platon ihre dauernde Erhaltung, ja ihre Unsterblichkeit: »Weil eben die Erzeugung das Ewige ist und das Unsterbliche, wie es im Sterblichen sein kann«.[14]

In seiner ›Tierkunde‹ merkt Aristoteles an: »Den einen Teil also ihres [d.i. der Lebewesen] Lebensinhaltes bilden die Mühen um ihre Nachkommenschaft, einen weiteren die um ihre Ernährung. Um diese beiden Angeln dreht sich ja nun einmal aller Eifer und Leben«.[15] Ähnlich heißt es in der Schrift ›De anima‹: Zeugung und Nahrungsverwertung seien die natürlichsten Leistungen für alles Lebende; Ziel aller Lebewesen sei es, »ein anderes hervorzubringen wie sich selbst«.[16] Ernährung und Fortpflanzung schreibt Aristoteles einem eigenen Teil der Seele zu, der *Nährseele*, die – im Unterschied zu anderen Seelenvermögen wie der Wahrnehmung und dem Denken – auch den Pflanzen zukommt. Im Anschluss an Aristoteles' Seelenordnungslehre wird die Fortpflanzung meist im Zusammenhang mit der Ernährung und dem Wachstum diskutiert. Die Fortpflanzung, die für Aristoteles darin besteht, »ein anderes, sich gleiches Wesen zu erzeugen«, sieht er als einen Vorgang, in dem ein Lebewesen sich einem unendlichen Prozess eingliedert. In der Fortpflanzung erhält ein Lebewesen sich (oder zumindest etwas von sich; ↑Organisation) in der potenziell unendlichen Kette seiner Nachkommen und hat damit am »Ewigen und Göttlichen« teil[17] – als Streben nach Unsterblichkeit in diesem Sinne wird die Fortpflanzung bereits von Platon gedeutet (s.o.). Der Organismus bestehe damit zwar nicht als »der Zahl nach eines«, d.h. als Individuum, wohl aber als »der Art nach eines«, d.h. als Vertreter eines Typs, fort.[18] Bei Aristoteles heißt es ausdrücklich, die Eltern liebten ihre Kinder als ihr zweites Ich, als »ihr anderes Selbst«.[19]

Aristoteles unterscheidet verschiedene Formen der Fortpflanzung. Neben der für die blutführenden Landtiere charakteristischen geschlechtlichen Fortpflanzung durch die Paarung der beiden Geschlechter kennt er auch eine ungeschlechtliche Fortpflanzung und nimmt schließlich auch eine Urzeugung von Organismen aus anorganischen Stoffen an.[20]

Ähnlich wie Aristoteles sieht auch sein Schüler Theophrast die Fortpflanzung als den ultimaten Zweck der Lebewesen: die Hervorbringung der Samen gilt ihm als »das erste und wichtigste«[21], »Vollendung des Prozesses« des Wachstums[22] und als »gemeinsames Ziel aller Pflanzen, da ja doch die Zeugung des Artgleichen das Ziel ist«[23].

Mittelalter

Im Anschluss an Aristoteles wird in der mittelalterlichen Naturlehre die Fortpflanzung als der letzte Zweck der Lebewesen angesehen. Avicenna führt die Fortpflanzung auf eine besondere »zeugende Kraft« zurück, die er als den »Endzweck« innerhalb des vegetativen Lebens bezeichnet; ihr komme »die Priorität der Finalursache zu«[24]. Die Rückführung der Fortpflanzung auf eine Fortpflanzungskraft (»virtus generativa«) ist in der Philosophie der Scholastik, z.B. bei Albertus Magnus, fest verankert.[25] Für Thomas von Aquin bildet diese Kraft allerdings kein Spezifikum der Lebewesen, weil allen Körpern, die entstehen und vergehen können, auch eine Fortpflanzung (»generatio«) zukomme. Auf der anderen Seite betrachtet Thomas im Anschluss an Aristoteles die Fortpflanzung als das letzte Ziel der Lebewesen. Über ihr Vermögen der

Abb. 140. Geburt eines Kalbes in einer Darstellung auf einem altägyptischen Relief (Giseh, Grab 2184, 5.-6. Dynastie, ca. 2500-2200 v. Chr.). Rechts ein Hirte, der versucht, einen Hund davon abzuhalten, das neugeborene Kalb zu packen (aus Smith, W.S. (1946/49). A History of Egyptian Sculpture and Painting in the Old Kingdom: 344 (Fig. 226c)).

Fortpflanzungskraft nähere sich der unterste Seelenteil der Lebewesen, die Pflanzenseele, der Würde der sinnlichen Seele an, weil die Lebewesen in der Fortpflanzung nicht auf den *eigenen* Körper bezogen seien, sondern auf einen *anderen*.²⁶ Ebenso wie Aristoteles argumentieren auch die scholastischen Philosophen, dass es allen Lebewesen über die Fortpflanzung möglich sei, an der Ewigkeit teilzuhaben.²⁷ Weil alle Bewegungen letztlich auf das Vollkommene und Ewige abzielen, die Fortpflanzung aber durch die unendliche Generationenfolge etwas von diesem Ewigen hat, findet auch das Streben der Lebewesen nach ihrer Fortpflanzung eine Erklärung im Rahmen dieser Ewigkeitsmetaphysik: Die vollkommene Bewegung der Ewigkeit durch die Fortpflanzung fungiert quasi als (finale) Ursache aller Bewegungen der Lebewesen.²⁸ Allein der ↑Mensch vermag es nach Thomas von Aquin, sich von der Ausrichtung alles Organischen auf die Selbst- und Arterhaltung zu lösen und eine unkörperliche Ewigkeit anzustreben.

Die physiologische Grundlage der Erklärung der Fortpflanzung in der Scholastik ruht auf einem »technomorphen« Modell, nach dem für die biologische Zeugung analoge Konzepte zu den technischen Begriffen ›Werkmeister‹, ›Werkabsicht‹, ›Werkstoff‹ und ›Werkform‹ verwendet werden.²⁹ Entgegen dem späteren Verständnis liegt eine eigentliche Erzeugung (»generatio«) nach Thomas von Aquin dann vor, wenn eine lebendige Substanz, d.h. ein Lebewesen eine andere lebendige Substanz aus einem Teil von sich erzeugt, der selbst nicht lebendig ist (beim Menschen dem Gebärmutterblut). Weil die Erzeugung also immer einer nicht belebten Substanz Leben verleiht, ist sie eigentlich immer eine ↑Urzeugung.³⁰ Die Erzeugung einer (neuen) lebendigen Substanz aus ihresgleichen ist für Thomas dagegen keine Zeugung, sondern eine Entwicklung³¹. Auch die Ernährung erklärt Thomas nach einem ähnlichen Modell, nämlich als Anerzeugung (»aggeneratio«), bei der eine biologische Substanz aus fremdem Stoff (der Nahrung) ein neues Quantum der eigenen Substanz erzeugt (vgl. Abb. 142).

Funktionale Eindeutigkeit, physiologisches Rätsel
Hinsichtlich der funktionalen Einordnung der Fortpflanzung als eines der höchsten Zwecke der Aktivitäten von Lebewesen besteht auch in der Frühen Neuzeit kein Zweifel. So wiederholt A. Cesalpin in Bezug auf die Pflanzen die antike Auffassung, dass in der Fortpflanzung das Ziel ihres Lebens liege (»in ea propagatione, quae fit ex semine, plantarum finis consistat«³²). Alles andere als klar bleiben aber die

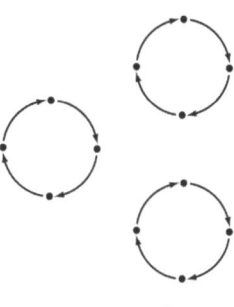

Abb. 141. Schematisches Diagramm zur Darstellung der Fortpflanzung: Ein Organismus, der sich in zwei Tochterorganismen teilt.

physiologischen Mechanismen der Fortpflanzung. Bis ins 19. Jahrhundert gilt dieser Prozess daher als einer der geheimnisvollsten des Lebens überhaupt. C. de Bonnet bezeichnet die Fortpflanzung in den 1760er Jahren ausdrücklich als ein Geheimnis (»la génération est un mystère qu'on découvrira peut-être un jour«³³) und G. Cuvier nennt sie 1817 sogar das größte Rätsel der organischen Ökonomie und der Natur (»La naissance des êtres organisés est donc le plus grand mystère de l'économie organique et de toute la nature«), weil eine Selbstorganisation der Materie noch nicht beobachtet worden sei (»tous les efforts des physiciens n'ont pu encore nous montrer la matière s'organisant, soit d'elles même, soit par une cause extérieure quelconque«³⁴). Aufgeklärt wird das Geheimnis der Fortpflanzung auf zellulärer Ebene am Ende des 19. Jahrhunderts (↑Befruchtung), auf molekularer Ebene seit Mitte des 20. Jahrhunderts (↑Gen, Vererbung).

Fortpflanzung als Wachstum
Seit der Antike gilt die Fortpflanzung als ein Vermögen, das in enger Verbindung zu Ernährung und Wachstum steht, weil alle drei als Wirkungen eines gemeinsamen Seelenteils, der Pflanzenseele (»anima vegetativa«) angesehen werden. Im Anschluss an diese Auffassung wird die Fortpflanzung als ein »verlängertes Wachstum« betrachtet. G.W. Leibniz entwickelt daraus eine Theorie, nach der jede Zeugung eigentlich eine bloße Umgestaltung ist. Auch die anorganische Natur besteht für ihn aus organisierten Teilen, Tod und Geburt seien daher lediglich Transformationen der organischen Elementarstoffe (»la mort, comme la generation, n'est que la transformation du même animal, qui est tantost augmenté, et tantost diminué«³⁵). In der Monadologie heißt es

	Unterbiologische	Biologische
Anerzeugung (aggeneratio)	Eine physikalische Substanz (Feuer) erzeugt aus einer anderen (Holz) eine artgleiche Substanz (Feuer) und zwar so, daß sie diese der eigenen Substanz (Feuer) einverleibt bzw. die andere (Holz) in die eigene (Feuer) verwandelt	Eine lebendige Substanz (Fleisch) erzeugt aus einer anderen (Speise) eine artgleiche (Fleisch) so, daß sie diese der eigenen (Fleisch) einverleibt bzw. die andere (Speise) in die eigene verwandelt
Erzeugung (generatio)	Eine physikalische Substanz (Feuer Nr. 1) erzeugt aus einer anderen (Holz) eine andere artgleiche Substanz (Feuer Nr. 2), ohne sie mit sich zu vereinigen	Eine lebendige Substanz (Mensch) erzeugt aus einer anderen (Gebärmutterblut) eine zweite artgleiche Substanz (Kind)

Abb. 142. Einteilung von Typen der substantiellen Zeugung nach Thomas von Aquin. Auch die Ernährung (rechts oben) bildet danach eine Form der Erzeugung, nämlich die »Anerzeugung« von körpereigenen Stoffen ausgehend von körperfremden Stoffen. Die biologische Erzeugung (rechts unten) geht ebenso wie die Ernährung von nichtbelebten Stoffen aus und erzeugt aus diesen (eigentlich in einem Akt der Urzeugung) eine lebende Substanz, die von der zeugenden Substanz verschieden ist. Das Hervorgehen einer lebenden Substanz aus einer anderen wäre für Thomas keine Erzeugung, sondern eine Entwicklung (aus Mitterer, A. (1947). Die Zeugung der Organismen, insbesondere des Menschen nach dem Weltbild des hl. Thomas von Aquin und dem der Gegenwart: 66).

im Anschluss an diese Vorstellung, auch die Zeugung sei als Entwicklung und Wachstum zu deuten (»ce que nous appelons Generations sont des developpemens et des accroissemens«[36]). Diese Auffassung dominiert das gesamte 18. Jahrhundert. So heißt es bei C. von Linné, die Fortpflanzung sei nicht eine neue Schöpfung, sondern nur eine fortgesetzte Hervorbringung (»Nova creatio nulla; sed continuata generatio«[37]). Als ein Wachstum kann die Zeugung insbesondere im Rahmen einer Präformationstheorie gelten, weil hier die Entwicklung des Embryos von der Befruchtung bis zur Geburt nicht als organische Differenzierung, sondern als bloße Größenzunahme gesehen wird. Aber auch der vehemente Kritiker der Präformationslehre, C.F. Wolff, nimmt von dieser Auffassung keinen Abstand und spricht angesichts der Zeugungsvorgänge von Pflanzen und Tieren von einem *erneuten Wachstum* (»vegetatio restituta«[38]). Wolff bestimmt die Fortpflanzung andererseits aber auch als eine Neubildung. So definiert er sie 1764 als »die Art, wie ein organischer Körper (eine Pflanze, ein Thier) nach allen seinen Theilen, durch Hülfe anderer organischer Körper, von derselben Art, hervorgebracht wird«[39].

J.W. von Goethe zieht in seiner Lehre von der ↑Metamorphose der Pflanzen ebenfalls eine enge Verbindung zwischen dem Wachstum und der Fortpflanzung einer Pflanze. Er betrachtet nicht nur die Fortpflanzung als eine Form des Wachstums, sondern auch umgekehrt das Wachstum als eine Form der Fortpflanzung. Die Fortpflanzung im Wachstum nennt er »sukzessiv« (»indem die Pflanze sich von Knoten zu Knoten, von Blatt zu Blatt fortsetzt«[40]). Die Vermehrung über die Fruchtbildung geschieht nach Goethe dagegen »auf einmal«, er nennt sie daher eine »simultane Fortpflanzung«.[41] Die Fortpflanzung der ganzen Pflanze über die Blüten und Früchte ist nach Goethe dadurch möglich, dass in jeder Blüte die gesamte Organisation der Pflanze zusammengezogen ist.

Die Einschätzung der Fortpflanzung als eine Form des ↑Wachstums hält sich bis Ende des 19. Jahrhunderts. Sie ist nicht selten gegen Vorstellungen der ↑Urzeugung gerichtet. K.E. von Baer formuliert 1834: »Die Zeugung nämlich ist keine Neubildung, sondern eine Umbildung, nur eine besondere Form des Wachsthums«[42]. Von Baer betont damit, dass die Organisation der Lebewesen nicht mit der Geburt jeweils neu entsteht, sondern lediglich eine »Umgestaltung« erfährt und mit jeder Fortpflanzung weitergegeben wird: »durch die Zeugung hindurch wiederholt sich doch dieselbe Organisation«[43].

Als Ansatz einer physiologischen Erklärung erklärt R. Leuckart die Fortpflanzung 1853 als Ausdruck eines Überschusses an nutritiver Energie.[44] Andere führende Biologen in der zweiten Hälfte des 19. Jahrhunderts wiederholen die alte Erklärung der Fortpflanzung als Wachstum. So heißt es bei E. Haeckel: »Die Fortpflanzung ist eine Ernährung und ein Wachsthum des Organismus über das individuelle Maass hinaus, welche einen Theil desselben zum Ganzen erhebt«[45] – eine Formulierung, die A. Weismann wörtlich übernimmt[46].

Die enge konzeptionelle Verbindung von Fortpflanzung und Wachstum zeigt sich auch daran, dass die Fortpflanzung in den naturphilosophischen Entwürfen seit Ende des 18. Jahrhunderts als eine vermittelte Form der Selbstbeziehung eines Organismus interpretiert wird. So erläutert I. Kant 1790 seinen Begriff eines Naturzwecks – »ein Ding existirt als

Naturzweck, wenn es von sich selbst [...] Ursache und Wirkung ist«[47] – auch über den Prozess der Fortpflanzung: In der Fortpflanzung eines Baumes etwa »erzeugt er sich selbst der Gattung nach«; die Vermehrung in der Fortpflanzung sei ein Vorgang, durch den der Baum »sich selbst oft hervorbringend, sich als Gattung beständig erhält«[48]. Die gleiche Reflexivität sieht G.W. Hegel in der Fortpflanzung, wenn er von dem »Gattungsprozeß« meint, in ihm sei der Organismus zu betrachten als »im Anderen zu sich selbst verhaltend«.[49] Bestimmungen dieser Art finden sich bis zur Mitte des 19. Jahrhunderts. So heißt es bei dem Zoologen A. Goldfuß 1826, dass ein Organismus »sein eigenes Selbst durch die Zeugung außer sich setzt, um auf diese Weise die Einheit des Lebens in der Vielheit zu entwickeln«.[50] Und K.F. Burdach schreibt 1837: »Das Zeugen ist [...] eine Selbsterhaltung im Sinne der Universalität, ein Heraustreten des Lebens über die Schranken der Individualität«.[51]

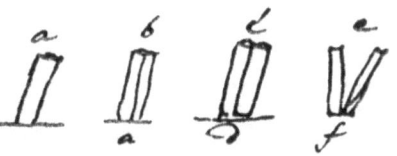

Abb. 143. Die Zellteilung der Alge Synedra zum Zweck ihrer Fortpflanzung (Zeichnung von A. Trembley in einem Brief an Lord Bentinck vom 18.3.1766; aus Baker, J.R. (1951). Remarks on the discovery of cell division. Isis 42, 285-287: 286).

Formen der Fortpflanzung
Die Fortpflanzung in Form der Teilung von Zellen wird an einzelligen Algen bereits Mitte des 18. Jahrhunderts beobachtet, u.a. 1765 von H.B. de Saussure, der als einer der ersten die Sequenzen in der Entwicklung mikroskopischer Organismen in Abbildungen darstellt.[52] Ein Jahr später zeichnet auch A. Trembley in einem Brief die Zellteilung einer Alge (vgl. Abb. 143)[53] – Trembley interpretiert die Zellteilung allerdings nicht als eine Fortpflanzung. Bereits 1744 und 1747 hat er den Prozess der Zweiteilung von Süßwasserpolypen in zwei Briefen an die ›Royal Society‹ mitgeteilt.[54] Später finden sich Zeichnungen der Zellteilung bei L. Spallanzani[55] und O.F. Müller[56]. Im 19. Jahrhundert wird die Fortpflanzung durch Teilung anfangs v.a. an einzelligen und fädigen Algen beschrieben (↑Zelle/Zellteilung).[57]

In der Mitte des 19. Jahrhunderts wird neben den bekannten Formen der geschlechtlichen und ungeschlechtlichen Fortpflanzung eine ganze Reihe weiterer Formen der Fortpflanzung festgestellt, die in komplexen Lebenszyklen (↑Generationswechsel) organisiert sein können.[58]

Fortpflanzung als Wesen des Lebens?
Seit der Antike ist es eine verbreitete Auffassung von Biologen und Philosophen, die Fortpflanzung als ein zentrales Merkmal von Lebewesen zu betrachten – nicht selten werden Lebewesen gerade über dieses Vermögen definiert (vgl. Tab. 78).[59] Zumindest gilt die Fortpflanzung aber als das »ultimate Ziel« aller organischen Aktivitäten. Alle physiologischen Systeme innerhalb eines biologischen Organismus werden funktional so aufeinander bezogen, dass letztlich die Maximierung der Fortpflanzung als ihr ultimates Ziel beurteilt werden kann (vgl. Abb. 144). Die Fortpflanzung könnte in diesem Sinne als eine *Fokus-Aktivität* (Buddensiek 2006) der Organismen verstanden werden.[60] Die Evolutionstheorie gibt hierfür die einfache Erklärung, dass Organismen, die sich nicht fortpflanzen, sondern nur selbst erhalten, oder sich auch nur weniger fortpflanzen als es ihnen möglich ist, gegenüber Organismen solcher Typen, die ihre Selbsterhaltung der Maximierung ihrer Fortpflanzung opfern, ins Hintertreffen geraten. Im Laufe der Generationen werden sich quantitativ diejenigen Organismen durchsetzen, die ihre Fortpflanzung optimieren. Der Prozess der Selektion bedingt also eine funktionale Unterordnung der ↑Selbsterhaltung unter den Zweck der Fortpflanzung (↑Funktion/Dualismus der ultimaten Funktionen).

M. Heidenhain bezeichnet die Fortpflanzung zu Beginn des 20. Jahrhunderts als »ein notwendiges Attribut des Lebens«, denn sie bedeute »eine Erneuerung oder Reparation des Lebensprozesses« und könne als eine »Verjüngung des Lebens« gesehen werden.[61] Die Teilbarkeit, die der Fortpflanzung zugrunde liegt, dient Heidenhain auch als Grundlage für die Identifizierung einer Hierarchie von *Biosystemen* innerhalb eines Organismus (z.B. Chromosomen, Zellkerne, Zellen, Gewebe). Biosysteme definiert Heidenhain

		Körperbeteiligung	
		unspezialisierte Teile: agametisch	spezialisierte Teile: gametisch
Bezug zu Artgenossen	asexuell	*Fragmentation*	*Parthenogenese*
	sexuell	*Somatogamie*	*Gamogonie*

Tab. 77. Kreuzklassifikation von Typen der Fortpflanzung.

»Der ganze Lebenszweck der Pflanze scheint es zu sein, ein ebensolches anderes Lebewesen zu erzeugen, als sie es selber ist. Ähnlich kann man auch an einigen Tieren keine andere Betätigung finden, als die Zeugung, und daher sind dies die allen gemeinsamen Verrichtungen« (Aristoteles, Hist. anim. 588b).

»Die Bestimmung der Thierheit ist Fortpflanzung [und Ausbreitung]« (Kant, Nachlass, Bd. XV, 782).

»Als die entschiedene, stärkste Bejahung des Lebens bestätigt sich der Geschlechtstrieb auch dadurch, daß er dem natürlichen Menschen wie dem Tier der letzte Zweck, das höchste Ziel seines Lebens ist« (Schopenhauer 1819-44/58, I, 451).

»The most reliable test of whether a thing is alive is whether it can reproduce its like indefinitely if given the proper food« (Haldane 1940, 20).

»[N]ichts ist so kennzeichnend für die Welt der Lebewesen, wie die Fähigkeit, aus sich selbst heraus immer wieder Neues und doch Artgleiches entstehen zu lassen« (H. Weber 1942, 62).

»Die identische Reduplikationsfähigkeit dürfen wir jedenfalls als die ursprünglichste und wichtigste Eigenschaft des Belebten auffassen, denn sie bildet die Grundlage für einen ersten Stoffwechsel, für das Bestehenbleiben des entstandenen Lebens« (Rensch 1959, 10).

»[A] living system is any self-reproducing and mutating system which reproduces its mutations, and which exercises some degree of environmental control« (Shklovskii & Sagan 1966, 197).

»There usually exists a specific and proximate end for every feature« of an animal or plant. [...] There is also an ultimate goal to which all features contribute or have contributed in the past – reproductive success« (Ayala 1968, 217).

»In einem Lebewesen ist alles auf die Fortpflanzung hin angelegt. Von welch anderem Schicksal könnten eine Bakterie, eine Amöbe, ein Farn träumen, als zwei Bakterien, zwei Amöben, mehrere Farne zu werden?« (Jacob 1970, 12).

»Lebende Organismen sind Systeme, die die Fähigkeit besitzen, Kopien von sich selbst herzustellen« (Kuhn & Waser 1982, 860).

»[D]ie wichtigste Eigenschaft lebender Systeme [... ist] die Eigenschaft, sich selbst vollständig zu reproduzieren oder zu vermehren« (Stegmüller 1987, 210).

»[Es ist] wohl am sinnvollsten, die Replikationsfähigkeit als Definiens des Lebens aufzufassen« (Hösle 1988, 317).

Tab. 78. Die Fortpflanzungsfähigkeit als zentrales Merkmal von Lebewesen.

allgemein als »morphologische Formgebilde«, die »teilungs- oder spaltungsfähig sind, gleichviel ob solche Systeme freilebende Personen entsprechen oder nicht«[62] (↑Ganzheit).

Allerdings gibt es auch eine Reihe von Kritikern, die sich gegen die Bestimmung des Lebewesenbegriffs über die Funktion der Fortpflanzung wenden. Die Kritik geht meist von der Vorstellung des Lebewesens als ↑Organismus aus: Zur Einheit eines Organismus als organisiertes System aus wechselseitig voneinander abhängigen Komponenten gehört die Funktion der Fortpflanzung nicht. Sie bildet also begrifflich nicht notwendig einen Aspekt von dem, was einen Organismus ausmacht; oder anders gesagt: Die Fortpflanzung ist nicht dasjenige Moment an einem Organismus, das seine Organisation oder Lebendigkeit begründet. Es gibt Organismen, die sich nicht fortpflanzen können (z.B. die Mitglieder der sterilen Kasten sozialer Insekten).

I. Kant, der 1790 entscheidende Beiträge zur Bestimmung des Organismusbegriffs leistet, sieht dies bereits und ist der Auffassung, die Fortpflanzung sei bloß ein »empirischer Beysatz« der Organismen (vgl. Tab. 79).[63] Im 20. Jahrhundert wird eine von der Fortpflanzung unabhängige Bestimmung des Lebendigen besonders im Rahmen autopoietischer Ansätze versucht. In der Theorie von H. Maturana und F. Varela gelten Fortpflanzung und Evolution ausdrücklich als »keine konstitutiven Merkmale der Organisation des Lebendigen«[64]. Konstitutiv für das Lebendige sei allein die Relation der Teile eines Organismus zueinander, die in der beständigen Selbstherstellung des Systems (Autopoiese) resultiert.

Fortpflanzung und Selbsterhaltung
Den Status eines kontingenten Faktums, das sie ausgehend von dem Organismusbegriff hat, verliert die Fortpflanzung, wenn sie im Rahmen der Evolutionstheorie betrachtet wird. Innerhalb des evolutionstheoretischen Paradigmas avanciert die Fortpflanzung zu dem für die Lebewesen entscheidenden Merkmal. Vermittelt über die Evolution führt die Fortpflanzung dazu, dass die Organismen nicht allein auf Selbsterhaltung optimiert sind, sondern auf Erhaltung gewisser ihrer Eigenschaften, die ihre individuelle Erhaltung gefährden können. Über die Selektion erfolgt also eine Art Selbstaufhebung der Selbsterhaltung zugunsten der Fortpflanzung als dem Mittel der Erhaltung. In der Fortpflanzung lösen sich damit in gewisser Weise die Eigenschaften vom einzelnen Organismus und bekommen eine über die Generationen hinweg bestehende und damit vom einzelnen Organismus unabhängige Existenzform (↑Evolution;

Form/Merkmal). Nicht der einzelne Organismus bildet die Einheit, deren optimierter Erhalt das Ergebnis der Selektion ist, sondern es sind seine Merkmale, die von ihm auf seine Nachkommen übertragen werden, die mit anderen, alternativen Merkmalen in Konkurrenz stehen und sich dabei durchsetzen oder verdrängt werden. Von diesen Merkmalen werden sich im Prozess der Selektion nicht diejenigen ausbreiten, die der Erhaltung des einzelnen Organismus dienen, sondern diejenigen, die zu einer maximalen Verbreitung des Merkmals in der kommenden Generation führen (»Merkmalsfitness«; ↑Anpassung). Fortpflanzung ist also eine effektive Behauptungsstrategie in quantitativer Hinsicht; sie ist langfristig effektiver als die Selbsterhaltung eines einzelnen Individuums.

Nicht selten wird die Fortpflanzung auch selbst als eine Form der *Erhaltung* oder sogar »Selbsterhaltung« (Burdach 1837) interpretiert. So spricht Kant davon, die Fortpflanzung sei ein Vorgang, in dem ein Organismus »sich als Gattung beständig erhält« (s.o.). Der Begriff der Fortpflanzung ist also mit dem Konzept der ↑Arterhaltung eng verbunden. Bei E. Haeckel heißt es 1875: »durch die Fortpflanzung allein […] wird die Erhaltung der organischen Arten und Stämme möglich«.[65] Auch in den letzten Jahren wird die Fortpflanzung ausdrücklich als eine Form der Erhaltung verstanden (Moreno 2000: »self-reproduction is a particular case or type of autopoietic self-maintenance«).[66]

Paradoxa der Biologie
Die Fortpflanzung ist aber nicht nur für die *Erhaltung*, sondern auch für die *Veränderung* der Organismen in der Evolution der entscheidende Prozess. Denn in der Fortpflanzung werden nicht fehlerfreie Kopien eines Organismus erstellt, sondern es entstehen Variationen (Mutationen). Die Fortpflanzung als das vermeintlich effizienteste Mittel der Erhaltung ist also gleichzeitig der nachhaltigste Weg zur Transformation der Organismen. Die Evolution könnte insofern als ein Unfall einer Erhaltungsstrategie gedeutet werden. In ihr manifestiert sich damit ein Paradoxon der Biologie: der Umschlag der Strategie der Selbstbehauptung in den Effekt der Selbstveränderung. Das für die Biologie grundlegende Prinzip der Evolution ergibt sich aus dem entgegengesetzten Prinzip der ↑Regulation. Dieser Widerspruch und noch andere Paradoxien ähnlicher Art lassen sich unmittelbar mit dem Vorgang der Fortpflanzung verbinden (vgl. Tab. 80).

Aufhebung des Funktionskreislaufs des Individuums
In der Fortpflanzung ist es also offensichtlich nicht

»Daß aber diesen Körpern [d. i. den organischen] auch ein Vermögen zukomme ihre Species aus der vorliegenden Materie durch Fortpflanzung zu erhalten gehört nicht notwendig zum Begriffe des Organismus, sondern ist ein empirischer Beysatz« (Kant, Op. p., AA, Bd. XXII, 547).

»Ein Organismus kann seine Fortpflanzungsfähigkeit verlieren, ohne dass er darum aufhört ein Organismus zu sein« (von Brücke 1873-74/75-76, I, 2).

»[D]ie Fortpflanzungsfunktion ist nicht unabdingbar. Das Tier kann jungfräulich bleiben. Sie gehört zu den ›freien‹ Funktionen, das heißt sie wird von den äußeren Umständen erregt« (Valéry 1900-45, 264).

»Birth and death [...] are only synthetically attached to life« (Singer 1914, 655).

»[Fortpflanzung und Evolution bilden] keine konstitutiven Merkmale der Organisation des Lebendigen« (Maturana, Varela & Uribe 1975, 157).

»[Die Fortpflanzung ist] operational sekundär zur Herstellung der Einheit [des autopoietischen Systems, d. i. des Organismus] und kann nicht als definierendes Merkmal der Organisation lebender Systeme dienen« (Maturana & Varela 1975, 203).

»[R]eproduction is not intrinsic to the minimal logic of the living« (Varela 1991, 81).

Tab. 79. *Die Möglichkeit von Leben ohne Fortpflanzung.*

der individuelle Organismus, der sich erhält. Ein Organismus setzt mit seiner Fortpflanzung vielmehr Prozesse in Gang, die nicht auf ihn zurückwirken. In der Fortpflanzung liegt damit ein linearer, direktionaler, aus der Organisation des Organismus hinausweisender Prozess vor. Die Fortpflanzung gehört damit auch nicht zu den Prozessen der Wechselbedingungseinheit, die den Organismus ausmacht. Seine funktionale Ausrichtung auf die Fortpflanzung macht den Organismus also zu einem offenen System. Aufgrund dieser Offenheit, d.h. der fehlenden Rückwirkung auf das eigene System, sind die Prozesse, die mit der Fortpflanzung in Verbindung stehen, unterschieden von allen auf die Selbsterhaltung des Organismus ausgerichteten Vorgängen.

Aus diesem Verhältnis der Fortpflanzung zur Organisation eines Organismus ergibt sich ein besonderes Paradoxon der organischen Teleologie (»Paradoxon der funktionalen Organisation«): Die Fortpflanzung ist die Leistung eines Organismus, die seine teleologische Ordnung sprengt, insofern sie Prozesse beinhaltet, die auf den Organismus nicht notwendig wieder zurückwirken, die ihn eventuell sogar zerstören. Anders als die physiologischen Vorgänge zielen

1. Paradoxon des Lebensbegriffs
Die im eigentlichen Sinne lebenden Einheiten sind die Organismen (Lebewesen), und doch besteht ein wesentliches, nicht selten für die Definition des Begriffs eingesetztes Moment des Lebens darin, durch die Fortpflanzung über das einzelne Lebewesen hinauszugehen.

2. Paradoxon der funktionalen Organisation
Die funktionale (teleologische) Beurteilung von kausalen Prozessen ermöglicht die Ausgliederung von organisierten Systemen (Organismen) als ganzheitliche Einheiten aus sich wechselseitig bedingenden Teilen, und doch lässt sich der Prozess, der von diesen organisierten Systemen am nachhaltigsten verfolgt wird, nämlich die Fortpflanzung, in diesem Sinne nicht funktional beurteilen.

3. Paradoxon der Regulation
Die Erhaltung der organisierten Systeme erfolgt über verschiedene Mechanismen, von denen der effektivste die Fortpflanzung ist, und doch führt gerade die Fortpflanzung zu einer langfristigen Veränderung dieser Systeme.

4. Paradoxon der Entwicklung
Vielzellige Organismen entstehen und entwickeln sich durch Teilung von Zellen, wobei bei jeder Zellteilung das gesamte Genom an die Tochterzellen weitergegeben wird, und doch bestehen Vielzeller aus einer Vielzahl von differenzierten Zelltypen.

5. Paradoxon der Sexualität
Die Organismen sind auf die Maximierung ihrer Reproduktion, d.h. ihrer genetischen Repräsentation in kommenden Generationen selektiert, und doch führt das verbreitete Phänomen der Sexualität zu einer Halbierung der genetischen Repräsentation in jedem Nachkommen.

6. Paradoxon des Organismus
Der Organismus mehrzelliger Lebewesen setzt sich aus vielen einzelnen funktionalen Einheiten, den Zellen, zusammen, die häufig auch zur eigenen Reproduktion befähigt sind, und doch übernehmen die Zellen spezialisierte Rollen, so dass der Organismus als funktionale Einheit bestehen bleibt.

7. Paradoxon der Selektion
Der Organismus bildet die basale Integrationseinheit der Biologie, über dessen Interaktion mit der Umwelt auch alle Prozesse der Selektion vermittelt sind, und doch ist es nicht die Stabilität des Organismus, sondern die Häufigkeit seiner Reproduktion, die durch die Selektion optimiert wird, so dass nicht die Ebene des Organismus, sondern die seiner Merkmale (Gene) die entscheidende Ebene der Selektion bildet.

8. Paradoxon des Artbegriffs
Biologische Arten galten lange Zeit und gelten immer noch häufig als paradigmatische Fälle logischer Mengen im Sinne von Klassen von Gegenständen, die durch gemeinsame Merkmale vereint sind, und doch bestehen in evolutionärer Perspektive zwischen den Mitgliedern einer Art genealogische Relationen, die jeder Art eine raumzeitliche Einheit geben, so dass sie ontologisch als Individuum angesehen werden kann.

9. Paradoxon der Diversität
Auf einer konstanten Grundlage von Stoffen ist die Organisation der Organismen auf die immer gleichen Zwecke der Selbsterhaltung und Fortpflanzung ausgerichtet, und doch hat die Evolution eine millionenfache Variation dieser Organisation hervorgebracht; sie beinhaltet also nur eine Mittelinnovation, nicht aber eine Zweckinnovation.

10. Paradoxon der Ökologie
Der grundlegende Mechanismus der Evolution beruht auf der Stabilisierung von individuellen Systemen, die in ihrer Reproduktion verbessert werden, auf globaler Ebene gibt es aber keinen vergleichbaren Mechanismus der Stabilisierung, weil die Biosphäre insgesamt nicht mit anderen Systemen in Konkurrenz steht, und doch ist das globale Ökosystem der Erde ein sehr konstantes und stabiles System.

11. Paradoxon des Fortschritts
Die aus der Fortpflanzung eines Organismus hervorgehenden neuen Organismen bilden zufällige Variationen ihrer Vorfahren, und doch erfolgt (vermittelt über den Mechanismus der Selektion) generationenübergreifend eine Verbesserung der funktionalen Organisation und Anpassung an die Umwelt, die es aber wiederum nicht erlaubt, von einer langfristigen Zielgerichtetheit oder Höherentwicklung zu sprechen, weil auch die einfachen Lebensformen neben den komplexen fortbestehen.

12. Paradoxon der Kulturentstehung
Die Evolution des Lebens beruht auf dem Mechanismus der Selektion, d.h. der komparativen Maximierung des Fortpflanzungserfolgs (der Fitness) von Organismen, und doch sind in der Evolution Typen von Organismen (Menschen) entstanden, die in der Lage sind, in ihrem Leben die Fortpflanzung nicht mehr systematisch als höchstrangiges Ziel zu verfolgen.

Tab. 80. Zwölf Paradoxa der Biologie, die vom Lebensbegriff ausgehen und mit dem Vermögen zur Fortpflanzung zusammenhängen.

die reproduktiven Ereignisse nicht auf eine Erhaltung des Organismus in seiner Homöostase ab. Man kann es daher als eine Ironie der Biologie auffassen, dass in ihr alles teleologisch geordnet ist, dass ihre Gegenstände als spezifische Gegenstände nur erkannt werden können, insofern sie funktional beurteilt werden, dass aber der letzte Zweck, auf den alles ausgerichtet ist, und für den alle anderen Vorgänge nur Mittel sind, gerade nicht teleologisch zu deuten ist. Die Fortpflanzung der Organismen ist kein Geschehen, das sich in einem Kreislauf der Wechselbedingungen befindet. Sie ist ein durch den Organismus initiiertes Geschehen, das quasi ein offenes Ende hat. Dieses Paradoxon der Biologie liegt darin, dass die Teleologie des Organischen, die der Biologie erst ihren spezifischen Gegenstand verschafft – den Organismus als funktionale Einheit –, letztlich auf ein unteleologisches Geschehen der langfristigen, generationenübergreifenden bloßen Veränderung hinausläuft.

Funktional zu erklären ist die Fortpflanzung damit auch nicht aus einer Perspektive, die von dem einzelnen Organismus ausgeht (wie sie in der ↑Physiologie und ↑Ethologie praktiziert wird). Fortpflanzungsprozesse sind populationsbildende Prozesse und sollten daher zu der biologischen Teildisziplin geordnet werden, die sich mit diesen befasst (↑Biologie; Population). Diese Auffassung bringt auch M.B. Williams zum Ausdruck, indem sie die Fortpflanzungsorgane von Organismen (z.B. die Gebärmutter) als Eigenschaften einer Population, nicht eines Organismus erachtet, weil sie für letzteren ohne Nutzen und Wert seien.[67] Diese Anschauung kann zwar einerseits kritisiert werden, weil nicht die Population sich mittels der Gebärmutter fortpflanzt, sondern ein einzelner Organismus (oder ein Paar von Organismen).[68] Trotzdem bleibt es aber richtig, als funktionalen Bezugspunkt der Gebärmutter die Population und nicht den Organismus zu betrachten. Denn die Gebärmutter und alle anderen Einrichtungen, die mit der Fortpflanzung im Zusammenhang stehen, werden funktional nicht primär im Hinblick auf ihre Rückwirkung auf den Organismus beurteilt, sondern sind bezogen auf die Bildung eines neuen, von seinen Eltern funktional unabhängigen Individuums. Die Prozesse der Initiation eines neuen Lebens bestehen in einem einsinnigen, nicht in einem wechselseitigen Verhältnis. Sie sind ein Populationsphänomen und finden ihre Erklärung daher nur durch eine Theorie, die sich auf dieser Ebene bewegt: die Evolutionstheorie.

Auch in anderer Hinsicht erscheint es angemessener, die Fortpflanzung nicht als eine Dispositionseigenschaft oder Fähigkeit eines einzelnen Organismus zu konzipieren. Denn tatsächlich pflanzt sich ein Organismus in den meisten Fällen nur in der Interaktion mit anderen Organismen fort (nach sexueller Paarung). Auch der (evolutionäre) Effekt der Fortpflanzung (der relative Fortpflanzungserfolg) hängt von dem Populationsumfeld ab, in dem sich ein Organismus befindet. Die Fortpflanzung ist damit eine Fähigkeit, die sowohl von anderen Organismen abhängt als auch auf die Erzeugung anderer Organismen gerichtet ist. Im Hinblick auf die Erklärung der Fortpflanzung und des Fortpflanzungserfolgs im Rahmen evolutionstheoretischer Modelle bildet also nicht das einzelne Individuum den theoretischen Ort, an dem eine Klärung des Fortpflanzungsbegriffs ansetzen sollte, sondern die Population.[69]

Funktionale Sonderstellung
Eine funktionale Sonderstellung nimmt die Fortpflanzung im Verhältnis zu den anderen organischen Vorgängen ein, weil sie nicht notwendig mit der Organisation eines biologischen Systems gegeben ist. Nicht jedes lebende organisierte System verfügt über die Eigenschaft, sich fortzupflanzen. Die Fortpflanzung betrifft also etwas ganz anderes als das, was mit der biologischen Organisation eines Systems gemeint ist. Aber der Begriff der Fortpflanzung wird andererseits nur verwendet in Bezug auf organisierte Systeme. Nicht jede Abbildung, nicht jeder Kopiervorgang bildet bereits eine Fortpflanzung. Die Fortpflanzung bezieht sich vielmehr allein auf die Weitergabe eines komplexen, auf Wechselseitigkeit basierenden Musters der Abhängigkeit von Prozessen, also auf die Replikation der funktionalen Organisation eines Organismus (zur Fortpflanzung bei anorganischen Körpern wie Lehmkristallen; ↑Selektion).

Aus entwicklungsgeschichtlicher Perspektive bildet die Fortpflanzung daher eine Funktion, die erst in der frühen präbiotischen Evolution entstanden ist und danach die biologische Evolution ermöglicht hat. In einem evolutionären Szenario der Entstehung des Lebens entwickelte sich die Fortpflanzung erst in einem eigenen Evolutionsschritt bei zunächst sich nicht fortpflanzenden Organismen. Die ersten organisierten Systeme mussten keineswegs über die Fähigkeit der Fortpflanzung verfügen. Sie bestanden aus Netzwerken von autokatalytischen Stoffumsätzen, wie sie die Selbstorganisationsforschung beschreibt. F. Dyson schlägt vor, dass die ursprünglichen, nicht fortpflanzungsfähigen Formen des Lebens allein auf Proteinen beruhten; erst mit der Entstehung der zur Replikation befähigten Nukleinsäuren und der Entwicklung ihrer Fähigkeit, den Stoffwechsel der Proteine auszunutzen (zunächst als frühe Parasiten, Später als Symbionten), würde dann die Fortpflanzung ins Spiel kommen (als »zweiter Ursprung des Lebens«).[70]

Lange vor den modernen Theorien zum Ursprung des Lebens waren sich verschiedene Autoren über die Sonderstellung der Fortpflanzung im organischen Geschehen im Klaren. J.G. Fichte etwa sieht, dass die Fortpflanzung die funktionale Geschlossenheit der Organisation eines Organismus in ähnlicher Weise sprengt, wie es die Freiheit des Menschen tut, die er (bezeichnenderweise) im Anschluss daran diskutiert.

Fichte schreibt 1796: Die Fortpflanzung als »das letzte und höchste Produkt des Bildungstriebes läßt sich gar nicht wieder als Mittel auf den Bildungstrieb selbst beziehen, sondern deutet auf einen andern Zweck hin«.[71] In ihrem Fortpflanzungsprozess ist die Organisation des Organismus also »nicht geschlossen« wie Fichte betont, denn »es kann das letzte Produkt desselben nicht wieder auf sie [d.i. die Organisation] bezogen werden«.[72] In dieser fehlenden Rückbeziehung unterscheidet sich die Fortpflanzung grundlegend von allen anderen Aktivitäten des Organismus, die als *Verhalten* bezeichnet werden. Im Verhalten macht der Organismus die Umwelt zu einem Mittel für seine Zwecke oder schützt sich vor den Gefahren, die von ihr ausgehen. In der Fortpflanzung aber initiiert er einen Prozess, der auf seine eigene (individuelle) Organisation nicht zurückwirkt.

Auch Hegel weist den Funktionen der Fortpflanzung eine separate Stellung zu, indem er seine Naturphilosophie des Organischen durchgängig nach der Dreiheit von Selbstbezug des Organismus, Umweltbezug und Fortpflanzung einteilt (↑Biologie).[73] Eine Sonderstellung nimmt dabei die Fortpflanzung ein, weil sie aus einer individuellen Perspektive keine Erklärung findet: »In der Begattung erstirbt die Unmittelbarkeit der lebendigen Individualität«.[74]

Wenn die Fortpflanzung also keinen Beitrag zur Selbsterhaltung eines Organismus leistet, stellt sich die Frage, wie es zu rechtfertigen ist, sie überhaupt als eine ↑*Funktion* anzusehen. Zwei Rechtfertigungen lassen sich unterscheiden: Die eine behandelt die Fortpflanzung als eine abgeleitete Funktion, als eine Funktion zweiten Grades; die andere versucht die Fortpflanzung als Glied eines über dem einzelnen Organismus stehenden weiteren funktionalen Kreislaufs einzuordnen.[75]

Gemäß der ersten Auffassung bildet die Fortpflanzung eine Funktion, weil sie ausgehend von einem Körper erfolgt, der durch die wechselseitige Bedingung seiner Teile bestimmt ist, und weil sie in der Vergangenheit durch Selektion entstanden ist, also eine evolutionäre Anpassung darstellt (↑Funktion) (McLaughlin 2001: »in self-replicating systems that also repair [regenerate] themselves, even traits that serve only replication are ascribed functions«).[76] Neben den ursprünglichen oder primären Funktionen, die wechselseitig aufeinander verweisen, können in einem Organismus also weitere, abgeleitete oder sekundäre Funktionen wie die Fortpflanzung identifiziert werden, die in der Selektion stabilisiert werden.

Auf der anderen Seite kann die Fortpflanzung selbst als Element eines funktionalen Kreislaufs, nämlich des *Lebenszyklus* (↑Kreislauf), beschrieben werden und im Rahmen dieses Kreislaufs eine Funktion erhalten. Als Glied eines Lebenszyklus betrachtet, trägt sie zur Erhaltung dieses Kreislaufs bei. Wenn die Fortpflanzung damit auch nicht als eine Funktion im Sinne einer Organtätigkeit in einem Organismus begriffen werden kann, so kann sie doch im Rahmen des Lebenszyklus den Status einer funktionalen Aktivität erhalten. In der Fortpflanzung erfolgt zwar keine Rückwirkung eines der Teile eines Organismus auf sich selbst – wie in dem Kreislauf aus den funktionalen Komponenten eines Organismus –, aber vermittelt über den Lebenszyklus doch eine Wirkung auf andere Teile des gleichen Typs. In einer populationsbiologischen Sicht liegt also auch in der Fortpflanzung zumindest eine Analogie funktionaler Rückwirkung vor. In der Folge der Generationen reproduzieren sich die Teile der Organismen als Typen.

Die Tendenz der Organismen, nach ihrer Fortpflanzung zu streben, bildet also nicht einen Teil ihrer Organisation im Sinne eines Gefüges von wechselseitig aufeinander verweisenden Prozessen. Sie ist vielmehr Ausdruck des Gewordenseins der Organismen im Rahmen einer durch die Selektion geformten Vergangenheit. Die Fortpflanzung ist die Leistung der Organismen, die im Laufe der generationenübergreifenden Selektion optimiert wird. Sie bildet diejenige systematisch angestrebte Wirkung der Organismen, die für die langfristige Erhaltung von Organismen eines Typs maßgeblich ist. Die innere Zweckmäßigkeit, die in der Organisation der Organismen liegt, wird durch die Fortpflanzung aber transzendiert. In ihrer Fortpflanzung haben sich die Organismen von ihrer inneren Teleologie gelöst; sie verfolgen darin Wirkungen, die nicht ihrer Selbsterhaltung dienen, sondern nur der Erhaltung von Organismen ihres

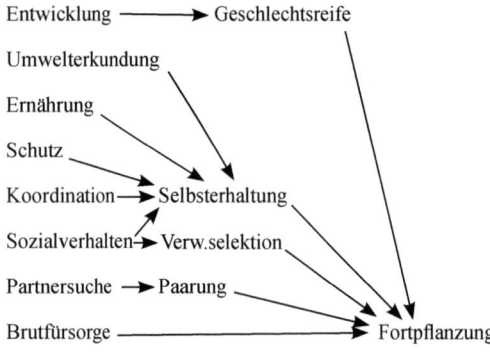

Abb. 144. Die Fortpflanzung als ultimater Zweck aller biologischer Funktionen.

Typs – und die letztlich zu dessen Transformation in der Evolution führen.

Immer wieder wird dies so ausgedrückt, dass die Fortpflanzung eine Funktion im Hinblick auf den Fortbestand der Art habe (↑Arterhaltung). In einer intentionalistischen Redeweise formuliert N. Hartmann dies 1951 durch seine Beschreibung, das Individuum werde im »Geschlechtsinstinkt« »überlistet von der Zwecktätigkeit des Artlebens«, indem es gegenüber der Art den »Dienst der Fortpflanzung« leiste.[77]

Fortpflanzung als »biologischer Imperativ«
Als ein eigener Verhaltensimpuls im Sinne eines »Triebes« oder »Instinkts« wird die Fortpflanzung seit Ende des 18. Jahrhunderts auf einen Begriff gebracht (Krünitz 1782: »Der Begattungs- oder Fortpflanzungstrieb ist dem Hunde eben so natürlich als andern Thieren«[78]; Ehlers 1790: »Fortpflanzungstrieb« parallel zu einem »Erhaltungstrieb«[79]; Jäger 1880: »Fortpflanzungsinstinct«[80]).

Seit den 1980er Jahren werden diese Verhaltensmotivationen in Biologenkreisen als *Imperative* beschrieben: H. Markl spricht 1983 von den »natürlichen Imperativen genetischer Fitnessmaximierung«[81] oder knapp von den *biologischen Fitnessimperativen*.[82] C. Vogel verkürzt dies 1986 zu dem **biologischen Imperativ**.[83] Diese letztere Formel wird allerdings nicht allein im Hinblick auf die Fortpflanzung, sondern auch auf andere Leistungen von Organismen (z.B. das Lernen und den Symbolgebrauch) verwendet.[84] Im eugenischen Zusammenhang der »Verbesserung« einer Rasse (des Menschen) erscheint der Ausdruck seit Beginn des 20. Jahrhunderts.[85] In der späteren Psychologie wird mit dem Schlagwort des ›biologischen Imperativs‹ eine Position charakterisiert, die eine Theorie der biologischen Determiniertheit des menschlichen Handelns vertritt und darüber hinaus normative Ansprüche verfolgt – und sich damit des naturalistischen Fehlschlusses verdächtig macht[86]. Auch die ältere Bedeutung des Ausdrucks scheint eine auf das menschliche Handeln bezogene zu sein: Der biologische Imperativ ist die Forderung, in jedem Handeln den biologischen Bedingungen des Lebens gerecht zu werden, d.h. das Handeln auf die Gesundheit des einzelnen Menschen und das langfristige Überleben der Menschheit auszurichten.[87] In diesem Sinne lautet der »erste biologische Imperativ« eines wissenschaftlichen Beirats der Bundesregierung aus dem Jahr 2000:

1. Erzeugung der Organisation
In der Fortpflanzung wird ein neues funktional geschlossenes organisiertes System erzeugt; gleichzeitig vollendet sich das Leben des sich fortpflanzenden Organismus in einem wesentlichen Aspekt.

2. Mechanismus der Erhaltung
Durch die Fortpflanzung erhält sich ein organisiertes System in einigen wesentlichen seiner Eigenschaften (seiner Organisation) über sein individuelles Leben hinaus.

3. Ermöglichung der Evolution
Die Kontraktion der Organisation im Keimkörper ermöglicht grundlegende und sich über die Generationen akkumulierende Umstrukturierungen der Organisation.

Tab. 81. Die Bedeutung der Fortpflanzung für drei zentrale Aspekte organisierter Systeme.

»Integrität der Bioregionen bewahren«.[88] Martin Walser verwendet in literarischen Texten den Ausdruck *Biopflicht* in Bezug auf die Sexualität und Fortpflanzung.[89] Sachlich hat der – evolutionstheoretisch so einleuchtende und unverdächtige – Begriff seine Vorläufer oder zumindest Parallelen in der nationalsozialistischen Propaganda zur »Biopolitik« im Zuge einer Politisierung der Fortpflanzung: die Fortpflanzung als soziale Pflicht jedes »rassisch« erwünschten Menschen gegenüber seinem Volk.

Spencer: Fortschritt als Fortpflanzungsreduktion
Nicht alle Biologen beurteilen die Fortpflanzung aber als höchste Funktion im Bereich des Organischen. Schon H. Spencer versteht, ähnlich wie später N. Hartmann (s.o.), in den 1860er Jahren die Fortpflanzung als ein Prinzip, das der individuellen Entfaltung entgegengerichtet ist. Er steht damit im Gegensatz zu solchen Entwürfen, nach denen die Fortpflanzung gerade derjenige biologische Faktor ist, der die Lebewesen wesentlich charakterisiert, auf

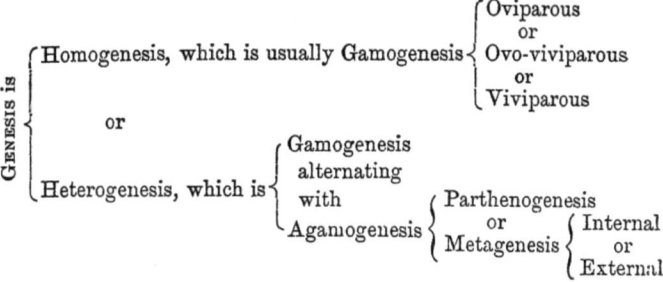

Abb. 145. Eine Einteilung der Fortpflanzungsweisen aus der Mitte des 19. Jahrhunderts (aus Spencer, H. (1864/98). Principles of Biology, vol. 1: 275; die Bezeichnungen sind die gleichen wie in der ersten Auflage).

den funktional alles ausgerichtet ist und der in der Evolution maximiert wird. Mit den Ausdrücken ›Individuation‹ für alle Prozesse, die die Entfaltung und Erhaltung des individuellen Lebens betreffen, sowie ›Genesis‹ für alle jene Prozesse, die auf die Bildung neuer Individuen gerichtet sind, formuliert Spencer eine scharfe Entgegensetzung dieser beiden Prinzipien: »Individuation and Genesis are necessarily antagonistic«.[90] Als ↑Fortschritt in der Evolution wertet Spencer gerade die Reduzierung der Reproduktion zugunsten der Entfaltung individueller Komplexität und Vielfalt der Aktivität: »every higher degree of individual evolution is followed by a lower degree of race-multiplication, and *vice versa*. Progress in bulk, complexity, or activity, involves retrogress in fertility; and progress in fertility involves retrogress in bulk, complexity, or activity«.[91] Jede Steigerung der Intensität, Vollständigkeit und Länge des individuellen Lebens ist nach Spencer mit einem Rückgang seiner Reproduktionsfähigkeit verbunden. Und diese Tendenz sei auch nicht nur Ergebnis der natürlichen Evolution, sondern in gleichem Maße eine Forderung an die Zivilisation: »the process of civilization must inevitably diminish fertility, and at last destroy its excess«.[92] Die natürlich-kulturelle Entwicklung ist damit auf einen Zustand des Gleichgewichts (»equilibrium«) und der Harmonie (»harmony«) gerichtet, in dem nicht mehr Individuen gezeugt werden als aus Altersgründen sterben.

Fortpflanzung und Individualität
›Fortpflanzung‹ kann allgemein definiert werden als die Erzeugung eines neuen Organismus (Nachkommen) durch die funktionale Ablösung von einem Elternorganismus. Die funktionale Ablösung ist in der Regel verbunden mit einer räumlichen Trennung von dem Elternorganismus. Der neu gebildete Organismus ist nach seiner Entstehung also nicht länger Teil der physischen Einheit und der Wechselbedingungseinheit seines Elternorganismus, sondern bildet eine selbständige, räumlich abgegrenzte und funktional geschlossene Organisation. Die Fortpflanzung ist also zu verstehen als Spaltung einer funktionalen Einheit in mehrere.

Eine Fortpflanzung erfolgt durch Teilung des ganzen Organismus (bei vielen Einzellern), durch Ablösung von mehrzelligen Körperteilen (»Fragmentation«; s.u.) oder durch Absonderung einzelner Zellen. Teilung und Fragmentation sind Formen der Fortpflanzung, die sich allein bei nicht sehr komplex organisierten Organismen finden, z.B. bei manchen Pflanzen. Bei Tieren mit hoch differenzierten Organsystemen liegen vegetative Formen der Vermehrung durch Abspaltung von differenzierten Zellen in der Regel nicht vor, obwohl sie theoretisch möglich sind (wie der Erfolg des künstlichen Klonens zeigt), weil jede Zelle totipotent ist, d.h. einen vollständigen Satz des vererbten Materials enthält.

Als theoretische Begründung dafür, dass sich stark differenzierte Organismen allein über einzellige Stadien fortpflanzen, wird die Entstehung von Mechanismen zur Sicherung der Integrität des Organismus erwogen. Wenn jeder Teil des Organismus sich prinzipiell aus dem organischen Gefüge lösen könnte, indem er einen selbständigen neuen Organismus begründet, dann stünde jeder differenzierte Organismus in der ständigen Gefahr der Auflösung von innen (»subversion from within«[93]). Diese Gefahr ist v.a. dann groß, wenn die Replikation des genetischen Materials während der Entwicklung des Organismus nicht präzise erfolgt, so dass der Organismus aus Zelllinien mit unterschiedlichen Genen und damit potenziellen Konkurrenten besteht. L. Buss argumentiert 1987 vor dem Hintergrund einer möglichen Konkurrenz verschiedener Zelllinien innerhalb eines Organismus, dass viele Merkmale der Entwicklung von Metazoen als das Ergebnis der Selektion von Mechanismen zur Verhinderung der Verselbständigung von Zelllinien auf Kosten des Restorganismus interpretiert werden können. In der Evolution der Metazoen hätten sich diejenigen Zelllinien durchgesetzt, die einen »synergistischen« Effekt auf den Organismus haben, d.h. ihre eigene Erhaltung und Vermehrung dadurch sichern, dass sie mit anderen Zelllinien kooperieren: »Those variants which had a synergistic effect and those variants which acted to limit subsequent conflicts are seen today as patterns in metazoan cleavage, gastrulation, mosaicism, and epigenesis«.[94] Die Herausbildung der *Keimbahn* in der Entwicklungsgeschichte der Organismen, d.h. die früh in der Embryonalentwicklung erfolgende Ausgliederung von spezialisierten Fortpflanzungszellen (↑Genotyp/Phänotyp), sei einer dieser Wege, auf dem der innerorganismische Konflikt zwischen verschiedenen Zelllinien vermieden wird. Denn existiert eine Keimbahn, dann ist es für jede differenzierte Zelle unmöglich, die eigene Reproduktion zu maximieren, ohne die Zellen der Keimbahn zu unterstützen. Alle Zellen des Organismus teilen vielmehr das gleiche Schicksal.

Flaschenhals des Einzellstadiums
Verschiedene Autoren, am nachdrücklichsten 1982 R. Dawkins, argumentieren, dass Fortpflanzung überhaupt nur vorliegt, wenn die sich von einem Elternorganismus ablösende Einheit (»propagule«)

einzellig ist.⁹⁵ Nur wenn der Generationenübergang von einem Organismus zu seinen Nachkommenorganismen eine Passage durch den entwicklungsbiologischen »Flaschenhals« des Einzellstadiums einschließe, könne von einer Fortpflanzung gesprochen werden. Bei mehrzelligen Ablösungseinheiten liegt nach Dawkins dagegen keine Fortpflanzung vor, sondern Wachstum. Sein Argument für diese Sicht ist evolutionstheoretisch: Damit Evolution in Bezug auf die biologischen Einheiten, die durch Fortpflanzung voneinander geschieden sind, stattfinden kann, müssen diese sich voneinander unterscheiden. Die Möglichkeit von Unterschieden ist aber vor allem dann gegeben, wenn die Zelle, von der die Entwicklung des Nachkommenorganismus ausgeht, nicht in den Zellverband des Elternorganismus eingebunden ist. »Radikal reorganisiert« werden könnten ein Organ und ein Organismus damit nur dann, wenn sie von einem einzelligen Ursprung ausgingen.⁹⁶

Gegen diese Sicht kann allerdings der Einwand erhoben werden, dass letztlich jede Zelllinie auf einen einzelligen Ursprung zurückgeht. Also auch ein mehrzelliges Gewebe, das sich von einem Organismus ablöst und einen neuen Organismus bildet, hat ein einzelliges Stadium als Vorläufer. Mutationen, die eine Umorganisation des ganzen Organismus nach sich ziehen, können also auch hier wirksam werden. Ein vielzelliger Körper, der sich von einem Elternorganismus löst, kann im gleichen Maße Angriffspunkt für Evolution sein wie ein einzelliger. Entscheidend für die Möglichkeit der radikalen Umstrukturierung ist nicht die Zellenanzahl, über die sich die vom Elternorganismus abspaltende Einheit zum Zeitpunkt ihrer Loslösung verfügt, sondern allein, dass sie aus einer einzigen Vorläuferzelle hervorgegangen ist, d.h. die Kontraktion der Organisation auf nur eine Zelle: Kleine Veränderungen dieser einen Zelle können sich bei der anschließenden Expansion der Organisation in der Entwicklung auf den gesamten Organismus auswirken (Fagerström et al. 1998: »[A] multi-cellular precursor – such as a meristem – is found to be equally acceptable as a vehicle for evolutionary change under natural selection as is a single-celled one«⁹⁷).

J. von Neumanns Automatentheorie
Ein Versuch der prinzipiellen Klärung der abstrakten Mechanismen der Fortpflanzung geht auf den Mathematiker J. von Neumann zurück. Von Neumann setzt sich Mitte des 20. Jahrhunderts mit Überlegungen auseinander, die aus informationstheoretischer Sicht argumentieren, dass es eine Maschine, die sich selbst fortpflanzt – den sogenannten *selbstreproduzierenden Automaten* – eigentlich nicht geben könne. Denn ein Automat, der sich selbst reproduziere, müsse über einen größeren Informationsgehalt verfügen als der von ihm produzierte Automat. Zum Informationsgehalt für die Konstruktionskomponenten des reproduzierten Automaten komme nämlich immer noch der Informationsgehalt des Erzeugungsprogrammes hinzu. Die Art der Selbstbeziehung, die in der Selbstreproduktion liegt, bezeichnet von Neumann als einen *Teufelskreis* (»vicious circle«)⁹⁸ und bringt sie mit dem Gödelschen Unvollständigkeitssatz in Verbindung⁹⁹. Von Neumann zeigt jedoch, dass dies nur für Automaten unterhalb eines bestimmten Komplexitätsgrades zutrifft.

Von Neumann stellt sich zunächst das logische Problem, inwiefern eine Maschine einen Gegenstand herstellen kann, der über die gleiche oder sogar eine größere Komplexität verfügt als die Maschine selbst. Während die Produktionsprozesse der technischen Maschinen stets dadurch gekennzeichnet sind, dass ihre Produkte einfach sind im Vergleich zu den sie herstellenden Geräten, gilt doch offenbar für die natürliche Produktion von Organismen, dass sie aus anderen Organismen gleicher Komplexität hervorgegangen sind. Und der Verlauf der Evolution zeigt sogar, dass aus einfacheren Organismen komplexere entstehen können. Aus diesen empirischen Belegen schließt von Neumann, dass es eine Komplexitätsschwelle für eine Maschine geben muss, oberhalb derer eine Reproduktion im Sinne der Herstellung einer Maschine gleicher Komplexität möglich werde: »There is a minimum number of parts below which complication is degenerative, in the sense that if one automaton makes another the second is less complex than the first, but above which it is possible for an automaton to construct other automata of equal or higher complexity«.¹⁰⁰

Im Besonderen nähert sich von Neumann der Frage der Selbstreproduktion ausgehend von seiner Automatentheorie, die er als Modell zur Simulation organischer Prozesse entwickelt. Mit diesem Modellierungsansatz lautet die erste These bereits, dass die Fähigkeit zur Fortpflanzung nicht an eine bestimmte stoffliche Grundlage gebunden sein muss, sondern als eine spezifische gegenseitige Abhängigkeit von Komponenten eines Systems beschrieben werden kann. In seinem einfachsten Modell wird ein Automat, der aus drei Komponenten und einer *Konstruktionsanweisung* Φ für ihre Herstellung (»Beschreibung« oder »Instruktion«) besteht, entworfen: Eine *Konstruktionskomponente A* stellt der Konstruktionsanweisung folgend den in ihr beschriebenen Automaten her, wobei sie die Bestandteile des neuen Auto-

> **Replikation**
> Ähnlichkeit von Ausgangsentität und Endentität (Produkt) aufgrund eines kausalen Einflusses von ersterer auf letztere
>
> **Variation**
> Abweichung des Produkts von der Ausgangsentität aufgrund äußerer Faktoren (Umwelt) und innerer Faktoren (z.B. Sexualität)
>
> **Fragmentation (»Progeneration«)**
> Weitergabe von materiellen Teilen der Ausgangsentität an das Produkt (»material overlap«)
>
> **Wachstum und Entwicklung**
> Anreicherung durch Material aus der Umwelt und Veränderung des Produkts in Richtung zunehmender Ähnlichkeit mit der Ausgangsentität
>
> **Multiplikation**
> Vermehrung der Ausgangsentität
>
> **Rekursivität**
> Wiederholtes Durchlaufen derselben Prozesse in potenziell unendlicher Folge
>
> **Rekombination**
> Vermischung der Eigenschaft der Ausgangsentität mit anderen Entitäten (Sexualität)
>
> **Code-Dualität von Genotyp und Phänotyp**
> Weitergabe eines Großteils der an die Nachkommen übermittelten Information über den digitalen Code der Sequenz diskreter chemischer Stoffe

Tab. 82. *Aspekte der Fortpflanzung von Organismen.*

maten aus ihrer Umgebung entnimmt; eine *Kopierkomponente B* kopiert die Konstruktionsanweisung Φ und eine *Kontrollkomponente C* steuert die Aktivität der beiden anderen Komponenten. Der Vorgang der Selbstreproduktion des gesamten Automaten $(A + B + C)$ mit seiner Beschreibung $\Phi(A + B + C)$ lässt sich dann als ein dreistufiger Prozess beschreiben: Im ersten Schritt veranlasst die Kontrollkomponente *C* die Kopierkomponente *B* dazu, zwei Kopien der Instruktion $\Phi(A + B + C)$ herzustellen; im zweiten Schritt fertigt die Konstruktionskomponente *A*, wieder angeleitet durch *C*, aus der einen Instruktion, die dabei zerstört wird, einen neuen Automaten $(A + B + C)$; schließlich wird unter dem Einfluss von *C* der neu entstandene Automat samt seiner Beschreibung: $(A + B + C)$ mit $\Phi(A + B + C)$ von dem alten Automaten abgeschnitten, so dass zwei unabhängig voneinander bestehende Automaten mit ihren Instruktionen entstanden sind.[101]

In der Übersetzung dieses Modells in die Selbstreproduktion eines Organismus entspricht die Beschreibung Φ den Genen des Organismus – mit dem einen Unterschied, dass diese durch den Ablese- bzw. Konstruktionsvorgang nicht – wie in dem Modell – zerstört werden und mit dem zweiten, wichtigeren Unterschied, dass die Gene keine vollständige Beschreibung des Organismus enthalten, sondern nur als Weichensteller in einem Entwicklungsprozess verstanden werden können (von Neumann spricht von den Genen als »general pointers, general cues«[102]). Um auch nicht-letale Mutationen, also Veränderungen des Automaten, die ihn nicht zerstören, im Modell zu simulieren, fügt von Neumann dem Automaten eine weitere Komponente *D* hinzu. Eine Beschreibung dieser Komponente ist ebenfalls in der Instruktion enthalten; sie leistet aber keinen essenziellen Beitrag für den Reproduktionsvorgang und entspricht insofern den Merkmalen eines Organismus, die für seine Interaktion mit anderen Organismen (z.B. die Konkurrenz um Ressourcen) relevant sein können. Jede Veränderung der Komponente *D* während eines Kopiervorganges der Instruktion bedeutet eine Mutation für den neu gebildeten Automaten. Weil die Mutation in der eigenen Beschreibung des Automaten enthalten ist, wird sie auch an seine Nachkommen weitergegeben, sie wird vererbt. Über diese Mutationen ist die Möglichkeit gegeben, dass ein Automat einen anderen Automaten mit einer größeren Komplexität als der eigenen herstellt. Die Konkurrenz um Ressourcen zwischen Automaten mit unterschiedlichen *D*-Komponenten bietet damit die Grundlage für die Modellierung von Evolution.

Reproduktion

Das Wort ›Reproduktion‹ wird im Englischen und Französischen in der zweiten Hälfte des 17. Jahrhunderts mit der allgemeinen Bedeutung »Neubildung, Wiedererzeugung« verwendet.[103] In der ersten Hälfte des 18. Jahrhunderts wird das Wort zu einem speziellen biologischen Terminus und bezeichnet die Neubildung von verlorengegangenen Körperteilen (↑Regeneration). Die Vorstellung der Selbsterneuerung des Organismus durch den beständigen Austausch seiner Stoffe steht dabei in einem theologischen Kontext: Der Erneuerung bedürftig, sind die Organismen in einer dauernden Abhängigkeit von Gott entworfen. Auch das Wort ›Reproduktion‹ ist ursprünglich in diesem Zusammenhang aufgekommen: In der Theologie des 18. Jahrhunderts bezeichnet es die erneute Wiederherstellung des lebendigen Körpers nach der Auferstehung der Toten am Tag des Jüngsten Gerichts.[104] Bis ins 19. Jahrhundert ist diese Bedeutung des Wortes die dominante. Offenbar ist es erst G.L.L. de Buffon, der in seiner Naturgeschichte von 1749 die Bedeutung einführt, die dem heutigen Verständnis entspricht.[105] Neben den unmittelbaren theologischen Bezügen stellt Buffons Begriff der Reproduktion letztlich eine Metapher aus der Präge- und Gusstechnik dar – ebenso wie die von ihm geprägten Ausdrücke ↑›Typus‹ und ›innere Gussform‹ (↑Vitalismus). Buffon definiert die Reproduktion (»reproduction«) als Fähigkeit zur Herstellung von Körpern, die einem selbst ähnlich sind und die wiederum zur eigenen Reproduktion in der Lage sind, so dass eine genealogische Kette entsteht (»puissance de produire son semblable, cette chaîne d'existence successives d'individus, qui constitue l'existence réelle de l'espèce«) (↑Art).[106] Buffon *erweitert* die Bedeutung des Begriffs, indem dieser neben seiner alten Bedeutung auch im Sinne von »Fortpflanzung« verwendet wird. In Bezug auf die Reproduktion stimmen nach Buffon alle organisierten Körper, seien sie Pflanzen oder Tiere, überein (den Terminus ›Generation‹ bezieht Buffon v.a. auf die Fortpflanzung des Menschen). Ein Grund für diese Erweiterung kann in Buffons Auffassung von der Fortpflanzung liegen: Sie stellt für ihn nichts anderes dar als eine Form des Wachstums. Durch die Neubildung anderer Organismen in der Reproduktion erzeugt und erhält sich die Art also genauso, wie der einzelne Organismus sich durch die Neubildung seiner Teile in der ›Regeneration‹ (also der »Reproduktion« desselben Individuums) erhält.

Die Einführung des Terminus ›Reproduktion‹ in die Biologie kann als Ausdruck einer umfassenden Ausrichtung der sozialen und wissenschaftlichen Sprache an ökonomischen Modellen seit der Mitte des 18. Jahrhunderts interpretiert werden: Der biologische Reproduktionsbegriff ist Ausdruck einer generellen »kulturellen Währung der Zeit«.[107] Die Reproduktion ist aus dieser Sicht eine Form der Produktion und wird analog zur ökonomischen Produktion (einer Maschine, eines Menschen oder einer Gesellschaft) als quantitative Größe behandelt, die einer Messung und Effizienzsteigerung unterworfen werden kann. Verbunden ist mit dieser Interpretation der Fortpflanzung ihre Konzipierung im Sinne einer Wiederholbarkeit: Die Reproduktion ist die erneute Herstellung von etwas (eines Organismus), das vorher schon (in dem Vorbild der Elternorganismen) als Produktion vorliegt (analog zu drucktechnisch erzeugten »Reproduktionen«). Außerdem wird die Fortpflanzung unter dem Vorzeichen des ökonomischen Modells zu einem staatlich organisierbaren und regulierbaren Ereignis (im Sinne einer Bevölkerungspolitik), wie sie in großem Maßstab tatsächlich Ende des 18. Jahrhunderts einsetzt (z.B. durch staatliche Programme zur Bekämpfung der hohen Kindersterberate). Die Kinder werden in dem ökonomischen Modell als Kapital betrachtet, in das investiert werden kann und von dem eine Rendite erwartet wird. Andererseits wird die Fortpflanzung unter ökonomischem Vorzeichen auch zu einer Größe, die einer kompensierenden Gegenkraft bedarf, um nicht durch ein exponenzielles Wachstum der Population deren Lebensgrundlage zu zerstören (besonders deutlich wird dieses Denken in Malthus' ›Essay‹ von 1798; ↑Population).[108]

Das neue Wort findet in die englische Sprache, in der es in der neuen Bedeutung seit 1782 nachweisbar ist, nur zögerlich Eingang.[109] Im Deutschen spricht C.F. Kielmeyer 1793 in der weiten Buffonschen Bedeutung von einer »Reproductionskraft«: »der Fähigkeit der Organisationen, sich selbst ähnliche Wesen Theilweise oder im Ganzen nach- und anzubilden«.[110] C.G. Carus unterscheidet 1818 zwischen der »individuellen Reproduction«, zu der er u.a. die Phänomene der Wahrnehmung, Bewegung und Verdauung rechnet, und der »Reproduction der Gattung«, die die Fortpflanzung und Entwicklung betrifft.[111]

Seit Ende des 18. Jahrhunderts wird es im Rahmen der sich etablierenden Stoffwechselphysiologie üblich, auch den ganzen Organismus als einen sich beständig erneuernden und insofern reproduzierenden Körper zu beschreiben. Als Terminus für diesen Prozess wird häufig der Ausdruck *Selbstreproduktion* verwendet (↑Stoffwechsel) – daneben kann dieser Ausdruck aber auch die Bedeutung der Fortpflanzung eines Organismus haben. Und auch das Wort ›Reproduktion‹ wird auf die individuelle Selbsterneuerung bezogen. So bezeichnet F.W.J. Schelling 1799 den Prozess des Selbstbezugs in der ständigen Selbstherstellung oder Neuerschaffung eines Organismus als seine ›Reproduktion‹: »Es ist schlechterdings kein Bestehen eines Products denkbar, ohne ein beständiges Reproducirtwerden. Das Produkt muß gedacht werden als in jedem Moment vernichtet, und in jedem Moment neu reproducirt. Wir sehen nicht eigentlich das Bestehen des Products, sondern nur das beständige Reproducirtwerden«.[112] Ein ähnliches Wortverständnis hat auch K.F. Burdach, wenn er 1810 in seiner ›Physiologie‹ festhält, die »Selbsterhaltung« eines Organismus erfolge nicht durch Ruhe, sondern »durch Thätigkeit des Organismus, besteht also in continuirlicher Bildung, und ist Selbstbildung, oder Reproduction. Während also der Organismus das, was er ist, zu bleiben scheint, geschieht dies nur dadurch, daß er ununterbrochen sich erzeugt«.[113] Burdach bestimmt die Reproduktion weiter als »die organische Indifferenz«, denn sie gehe der funktionalen Differenzierung des Organismus in verschiedene

Organsysteme und Funktionsbereiche voraus und sei »blos gerichtet auf die Erhaltung des Organismus überhaupt, nicht auf einen bestimmten Zweck desselben«.[114]

Zweihundert Jahre nach Schelling unterscheidet G. Schlosser die generationenübergreifende (»transgenerational«) und Vermehrung einschließende (»multiplicative«) »Reproduktion« von einer »Reproduktion«, die im zyklischen Durchlaufen von Zuständen eines Systems besteht.[115] Organismen reproduzieren sich also nicht nur durch die Fortpflanzung als Art (»type«), sondern auch durch die Regeneration ihrer Teile als besondere, individuelle Gegenstände (»tokens«).[116] Der Ausdruck ›Reproduktion‹ kann also sowohl eine Beziehung bezeichnen, die ein Organismus zu sich selbst hat, als auch ein Vorfahren-Nachfahren-Verhältnis zwischen verschiedenen Organismen.

Neben seiner Kernbedeutung, die sich auf Organismen bezieht, ist es bereits im 19. Jahrhundert nicht unüblich, auch von der Reproduktion anorganischer Gegenstände oder Prozesse, z.B. der Fortpflanzung des Schalls, zu sprechen. A. Comte hält 1851 allgemein fest, die Reproduktion sei keine exklusive Eigenschaft der Lebewesen (»n'est point exclusivement propre aux êtres vivants«).[117] Besonders die Untersuchungen zur Selbstorganisation und Regeneration von Kristallen seit Ende des 19. Jahrhunderts provozieren immer wieder die Rede von der Reproduktion oder Fortpflanzung lebloser Gegenstände.[118]

Replikation

Im biologischen Kontext erscheint der Ausdruck ›Replikation‹ zunächst als Terminus der Genetik zur Bezeichnung der Vermehrung der Chromosomen, die vor der Teilung einer Zelle stattfindet und mit dem Kopieren der Gene auf der Ebene der DNA einhergeht (Mather 1948).[119] Meist werden ›Replikation‹ und ›Reproduktion‹ als einander äquivalente Begriffe verwendet.[120] Unterschieden werden können sie, insofern ›Replikation‹ als ein Phänomen bestimmt wird, das sich auf die Komponenten eines Systems bezieht, ›Reproduktion‹ dagegen auf das ganze System.[121]

In den letzten Jahren bemühen sich einige Autoren darüber hinaus um eine weiter gehende Differenzierung[122]: Eine *Replikation* liegt demnach vor, wenn ein Gegenstand an der Erzeugung eines anderen, ihm ähnlichen Gegenstandes kausal beteiligt ist; eine *Reproduktion* oder *Progeneration*[123] besteht dagegen in der Weitergabe von materiellen Teilen eines Gegenstandes zu einem anderen Gegenstand (»material overlap«). Eine Replikation kann also ohne Weitergabe von Teilen des Vorbildes zu seiner Nachbildung erfolgen; das Kriterium hierfür ist allein die Ähnlichkeit (z.B. von Papierkopien mit der Vorlage). In einer Reproduktion (Progeneration) muss dagegen nicht notwendig eine Ähnlichkeit des Reproduktionsprodukts mit dem reproduzierten Gegenstand vorliegen; das Kriterium ist hier allein die Weitergabe von materiellen Teilen (z.B. über die Keimzellen). Die Fortpflanzung der Organismen auf der Erde enthält stets eine Verbindung von Replikation und Reproduktion – gleiches gilt auch für den genetischen Prozess des (bezüglich des Materials) »semikonservativen Mechanismus« der Replikation der DNA. Konzeptionell können aber die beiden Aspekte der Reproduktion und Replikation unterschieden werden. Für die Vorstellung der Evolution ist der Begriff der Reproduktion in dem genannten Sinne zentral; eine Evolution ohne Replikation und ohne *Replikatoren* (↑Selektion) ist dagegen vorstellbar.[124]

Neben dem materiellen Überlappen von Eltern- und Nachkommenorganismen ist auch die Rekursivität, also die Fortsetzung der Reproduktionsfähigkeit in jeder neuen Generation ein charakteristisches Merkmal der organischen Reproduktion. Die Reproduktion kann genau über dieses Moment der Rekursivität bestimmt werden: »reproduction is the progeneration of entities with the capacity to develop the capacity to reproduce«.[125] J. Griesemer schlägt als Begriff zur Bezeichnung der Einheit der Reproduktion den Ausdruck **Reproduktor** (»reproducer«) vor.[126]

Daneben etabliert sich seit den frühen 1960er Jahren die neutrale Bezeichnung **Replikon** für eine Einheit der Replikation. Verstanden wird darunter ein Abschnitt des genetischen Materials, das als Einheit repliziert wird (franz. Jacob & Brenner 1963: »réplicon«).[127]

Die Bestimmung der Entitäten, die als Replikatoren in Frage kommen, hat sich als schwierig erwiesen. Problematisch ist insbesondere die Rede von einer *Selbst-Replikation* in Bezug auf Teile eines Organismus, weil einzelne Teile eines Organismus sich nicht ohne die anderen Teile fortpflanzen können. So wird v.a. darauf hingewiesen, dass die Gene sich nicht selbst replizieren können, sondern dafür auf den ganzen Apparat der Zelle angewiesen sind.[128] Es ist daher fraglich, ob die Gene wirklich als ›Replikatoren‹ bezeichnet werden können. Sie üben zwar einen kausalen Einfluss auf ihre eigene Replikation aus, dies lässt sich aber von vielen anderen Teilen eines Organismus auch sagen. Auch der Organismus als Ganzer ist nicht zu jedem Zeitpunkt seines Lebens zur Replikation befähigt. Von Seiten der Theorie der Entwicklungssysteme (»developmental systems theory«; ↑Entwicklung) wird daher argumentiert, dass allein dem gesamten Entwicklungszyklus der Status eines (Selbst-)Replikators zugeschrieben werden könne.[129] Zu diesem seien auch Faktoren der Umwelt hinzuzurechnen, so dass die ↑Evolution definiert wird als Veränderung einer Population von Entwicklungssystemen, oder genauer von Populations-Umwelt-Relationen.[130]

Mem
Vielversprechend ist auf den ersten Blick die Anwendung des Replikatorkonzepts auf kulturelle Prozesse und die Ausbreitung von gedanklichen Einheiten, die 1976 von R. Dawkins mit dem Begriff des ›Mems‹ (engl. »meme«) intendiert[131] und im Anschluss daran von anderen aufgegriffen wird[132]. Meist werden die Meme als gedankliche Einheiten verstanden, die in Form von Begriffen, Ideen oder Theorien vorliegen und die in Gehirnzuständen physiologisch repräsentiert sind. Daneben werden aber auch kulturelle Einstellungen und Verhaltensmuster als kulturell vererbte Elemente diskutiert, die eine eigene Dynamik der *kulturellen Evolution* begründen (↑Kultur).

Der Membegriff und seine Anwendung zur Erklärung kultureller Prozesse ist aber mit verschiedenen Schwierigkeiten verbunden. Eine der Schwierigkeiten besteht darin, dass sich im Kontext kultureller Prozesse meist keine eindeutige Abgrenzung von Gedankeneinheiten und keine klaren Abstammungslinien ausmachen lassen; es liegt vielmehr eine ständige Vermischung und Überlagerung von gedanklichen Einheiten vor.[133] Zudem sind gedankliche Inhalte in einem stärkeren Maße als Gene vom jeweiligen Kontext, in dem sie sich befinden, abhängig. Außerdem besteht keine eindeutige Lokalisisierbarkeit von Memen in materiellen Strukturen, die bei Genen zumindest in vielen Fällen vorliegt. Schließlich besteht die Relation des Kopierens zwischen Memen nicht in einem einheitlichen Mechanismus (der Replikation der DNA entsprechend), sondern kann unterschiedliche Formen annehmen. Fraglich ist damit insgesamt, welchen heuristischen und explanativen Wert die Rede von ›Memen‹ hat. Identifiziert werden können Meme allein durch Verfahren der Interpretation, die für die Geisteswissenschaften seit langem kennzeichnend sind, und dass es ein Etwas gibt, das sich im sozialen Lernen über Individuen ausbreitet, liegt bereits im Begriff des Lernens. Die mit weitreichenden Ansprüchen auftretende Memtheorie erweist sich also als eine heuristisch und explanativ weitgehend triviale Theorie, ein »Schaf im Wolfspelz« (Kronfeldner 2009).[134]

Gamogonie/Agamogonie
Die Unterscheidung von geschlechtlicher und ungeschlechtlicher Fortpflanzung ist alt und schon Aristoteles bekannt (↑Geschlecht).[135] Auch der Aristoteliker A. Zaluziansky à Zuluzian streicht sie am Ende des 16. Jahrhunderts heraus.[136] Weil viele Pflanzen sich ungeschlechtlich vermehren können, wird diese Art der Fortpflanzung spätestens seit dem 19. Jahrhundert ›vegetativ‹ genannt (↑Pflanze/vegetativ). M. Adanson betont 1763 einen für die spätere Evolutionstheorie bedeutenden Unterschied zwischen der vegetativen (»reproduction par bourjons«) und der sexuellen Fortpflanzung: Die vegetative Vermehrung produziere keine Variation (»Variété«), weil sie lediglich die Kontinuität der individuellen Pflanze bewirke.[137]

Der Unterschied zwischen geschlechtlicher und ungeschlechtlicher Fortpflanzung wird in einer wechselnden Terminologie benannt. K.F. Burdach unterscheidet 1826 zwischen einer Art der Fortpflanzung, die er »einsame oder unpaarige Zeugung (generatio monogenea)« nennt und die darin besteht, »daß der Theil eines Individuums zu einem eignen Individuum wird«[138], sowie der »paarigen oder geschlechtlichen Zeugung (generatio digenea)«, bei der zwei Geschlechter beteiligt sind[139]. Weiter unterscheidet Burdach zwei Hauptformen der ungeschlechtlichen Fortpflanzung: die »Theilungszeugung oder Spaltzeugung (generatio monogenea fissipara)«, bei der eine Teilung des Elternorganismus erfolgt[140], und die »Keimzeugung (generatio monogenea productiva)«, bei der der »Stammorganismus besondere Gebilde hervorbringt, welche sich zu neuen Individuen entwickeln können«[141]. Diese Gebilde werden von Burdach ›Keime‹ genannt; sie gehen von »Keimkörnern« (später »Keimzellen«; ↑Entwicklung) aus. Schließlich kennt Burdach den Typ der ↑»Urzeugung«: jener Vorgang, in dem »ursprünglich das Leben auf Erden hervor[tritt]«.[142]

Zu einem feststehenden Terminus werden die Ausdrücke ›geschlechtliche Fortpflanzung‹ und ›ungeschlechtliche Fortpflanzung‹ erst Mitte des 19. Jahrhunderts. **Geschlechtliche Fortpflanzung** erscheint seit den 1820er Jahren (Schultz 1823: »geschlechtliche Fortpflanzung«, im Gegensatz zu der Form der Fortpflanzung, bei der »ein unmittelbares individuelles Auswachsen statt findet«[143]; Burdach 1837[144]), **ungeschlechtliche Fortpflanzung** gut zehn Jahre später (Thomson 1839: »Non-sexual reproduction. – Of the nonsexual mode of reproduction three principal kinds may be distinguished, viz. first, by division ; second, by attached buds; and third, by separated gemmae«[145]; Müller 1840: »ungeschlechtliche Fortpflanzung bei Thieren durch Keimkörper, Sporen«[146]). Auch ›geschlechtliche Zeugung‹ ist offenbar nicht vor den 1820er Jahren in Gebrauch; 1826 erscheint es bei Burdach (s.o.). Die Formulierung **vegetative Fortpflanzung** wird im Englischen seit Mitte der 1830er Jahre verwendet[147], im engeren biologischen Kontext aber erst seit den 1840er Jahren (Coleridge 1848: »vegetative reproduction«[148]) – die bei H. Steffens 1821 auftauchende Formulierung »vegetative Reproduction des thierischen Leibes«[149] bezieht sich nicht auf den Prozess der Fortpflanzung, sondern der Ernährung. Auch die Bezeichnung **sexuelle Fortpflanzung** ist seit Ende des 18. Jahrhunderts zunächst nur vereinzelt verbreitet (E. Darwin 1794: »sexual reproduction«[150]). Seit Mitte des 19. Jahrhunderts heißt die geschlechtliche Fortpflanzung auch **Gamogenesis** (Huxley 1858: »multiplication by true ova, or ›gamogenesis‹«)[151]; die ungeschlechtliche Fortpflanzung wird enstsprechend **Agamogenesis** genannt (Huxley 1857[152]; Newman 1857[153]; Huxley 1858: »agamogenesis in Aphis is a kind of internal budding or gemmation«[154]). E. Haeckel trennt 1866 die ungeschlechtliche **Amphigonie** von der ungeschlechtlichen **Monogonie**.[155] A. de Bary nennt die ungeschlechtliche Fortpflanzung bei Pflanzen (v.a. bei Farnen) 1878 **Apogamie**.[156]

R. Hertwig definiert die geschlechtliche Fortpflanzung 1899 als »Fortpflanzung durch Geschlechtszellen«.[157] Weil auch die ohne Zellverschmelzung ablaufende Parthenogenese (s.u.) von geschlechtlich differenzierten Zellen ausgeht, ist auch sie für Hertwig eine Form der geschlechtlichen Fortpflanzung und »aus der geschlechtlichen Fortpflanzung durch Rückbildung der Befruchtung entstanden«. Hertwig betrachtet die geschlechtliche Fortpflanzung der Vielzeller als »Fortführung der Fortpflanzungsweisen der einzelligen Organismen, dagegen sind die Knospungs- und Theilungsvorgänge der vielzelligen Organismen Einrichtungen, welche erst mit der Vielzelligkeit möglich wurden«[158]. Nach Hertwig ist das Vorkommen der »vegetativen Fortpflanzung« bei Organismen weniger differenzierter Stämme leichter möglich, weil eine Differenzierung mit einem Verlust an Totipotenz der Teile einhergehe.[159] Hertwig lehnt es ab, von einer geschlechtlichen Fortpflanzung der Einzeller zu sprechen, weil bei ihnen die geschlechtlichen Verschmelzungsprozesse von verschiedenen Individuen (»Befruchtung«) häufig unabhängig von der Fortpflanzung auftreten.

M. Hartmann prägt 1903 die bis heute gültige Terminologie, der zufolge die Fortpflanzung durch Einzelzellen, wenn sie geschlechtlich erfolgt, als **Gamogonie** (Gamocytogonie: »Fortpflanzung durch Gameten«) und wenn sie ungeschlechtlich erfolgt, als **Agamogonie** (Agamocytogonie: »Fortpflanzung durch Agameten«) bezeichnet wird.[160] Alle höheren Tiere haben die Fähigkeit zur Agamogonie verloren. Wenn sie sich ungeschlechtlich fortpflanzen, dann entweder durch die Abspaltung mehrzelliger Körperteile (»vegetative Vermehrung«) oder durch Gameten ohne Kopulation (»Parthenogenese«). Die Parthenogenese wird, obwohl sie ohne Verschmelzung von Zellen, also in diesem Sinne ungeschlechtlich erfolgt, von Hartmann ebenso wie von Hertwig als eine Form der Gamogonie verstanden, da sie von Gameten ausgeht, die in anderen Zusammenhängen als geschlechtliche Keimzellen wirken.

P.-A. Dangeard unterscheidet im Jahr 1900 zwei Formen der Sexualität: Bei der **Hologamie** liegt eine Verschmelzung des ganzen Zytoplasmas und der Kerne von zwei Zellen vor (»L'Autophagie ordinaire ou hologamie, qui comporte, outre l'union des cytoplasmes, la copulation des noyaux«[161]); bei der **Merogamie** verschmilzt dagegen nur das Zytoplasma oder der Kern der einen Zelle mit der anderen Zelle (»L'autophagie réduite ou mérogamie, qui n'exige pas la participation complète d'un second gamète, mais seulement celle de son cytoplasme ou de son noyau«[162]). M. Hartmann und A. Guilliermond übernehmen diese Unterscheidung am Ende des ersten Jahrzehnts des 20. Jahrhunderts.[163] Bei J.F. Abbott erscheint der Ausdruck ›Hologamie‹ 1914 im Englischen (»hologamy«: »the two cells fuse completely into one, in the formation of the zygote«[164]); er unterscheidet die beiden Formen der *Isogamie* und *Anisogamie* (↑Befruchtung) und grenzt das Konzept von der *Karyogamie* (»karyogamy«), d.h. der Verschmelzung nur der Zellkerne, ab[165] (vgl. auch Wilson 1925: »Hologamy or Macrogamy«[166]). H. Kniep bestimmt die Hologamie 1928 als Sonderfall der Somatogamie, weil die Kopulanten mit vegetativen Zellen übereinstimmen.[167] Kniep ist es auch, der mit einer an niederen Pflanzen gewonnenen Terminologie zwei Formen der Gamogonie unterscheidet: die **Gametogamie**, bei der es zu einer Verschmelzung einzelliger Gameten kommt (↑Befruchtung), und die **Gametangiogamie**, bei der spezialisierte mehrzellige Teile (die Gametangien) miteinander verschmelzen.[168]

Verbreitet ist neben diesen Ausdrücken der Terminus **Amphimixis** für die geschlechtliche Fortpflanzung, den A. Weismann 1891 einführt[169], sowie **Apomixis** für die ungeschlechtliche Vermehrung, den H. Winkler 1906 prägt[170]. Winkler verwendet den Ausdruck allein für den »Ersatz der geschlechtlichen Fortpflanzung« durch die »ungeschlechtliche Fortpflanzung«[171] (besser: die Form der Fortpflanzung nach diesem Ersatz); Organismengruppen, in denen nie eine geschlechtliche Fortpflanzung vorkam (nach Winkler die Bakterien und Blaualgen), bezeichnet er dagegen nicht als ›apomiktisch‹. Eine dritte Kategorie neben Amphimixis und Apomixis bildet in der Einteilung Winklers die **Pseudomixis**, d.h. der »Ersatz der echten geschlechtlichen Keimzellverschmelzung durch einen pseudosexuellen Kopulationsprozeß zweier nicht als spezifische Befruchtungszellen differenzierter Zellen«[172] (besser: die Form der Fortpflanzung nach diesem Ersatz). Später wird diese Form der sexuellen Fortpflanzung mit dem mehrdeutigen Ausdruck **Pseudogamie**[173] oder dem sich durchsetzenden Terminus **Somatogamie**[174] bezeichnet (zur Mehrdeutigkeit von ›Pseudogamie‹ vgl. de Necker 1775: »Agamie ou Pseudogamie, c'est à-dire, plantes qui sont sans mariage, ou qui en contractent de faux«[175]; Delage 1895: »La Pseudogamie serait [...] une sorte particulière de Parthénogènése dans laquelle l'œuf ne pourrait se développer de lui-meme sans fécondation, mais aurait besoin, pour cela, de l'excitation produite par un pollen étranger non fécondateur«[176]). Die Somatogamie ist in gewisser Weise der zur Parthenogenese komplementäre Vorgang: Während in der Parthenogenese sexuell differenzierte Keimzellen in eine Fortpflanzung ohne Sexualität einbezogen sind, sind in der Somatogamie vegetative Zellen an einem Prozess der Sexualität beteiligt (vgl. Tab. 77).

Innerhalb der geschlechtlichen Fortpflanzung betrifft eine weitere fundamentale Unterscheidung den Typ des Partners, mit dem die Nachkommen gezeugt werden: Seit J.F. McLennan (1865) wird die Reproduktion mit nahen Verwandten **Endogamie** genannt, die Reproduktion mit nur entfernt verwandten Artgenossen dagegen **Exogamie**.[177]

Eine selektionstheoretische Erklärung für die weite Verbreitung der Fähigkeit zur asexuelle Reproduktion bei Pflanzen (und damit die Bildung von »Rameten«; ↑Individuum) gibt R.E. Cook 1979: Er versteht die Reproduktion allgemein als eine Anpassung an die unvermeidlichen Kräfte des Todes (»reproduction is an adaptation to the inevitable forces of mortality«[178]) und beurteilt die Bedingungen einer Selektion für asexuelle Reproduktion als günstig, wenn die für die Mortalität verantwortlichen Faktoren lokal begrenzt wirksam sind (vgl. Abb. 146).

Parthenogenese

Das Wort, dessen Einführung nicht selten C. de Bonnet zugeschrieben wird,[179] erscheint vermutlich erst im 19. Jahrhundert; es ist für das Französische für

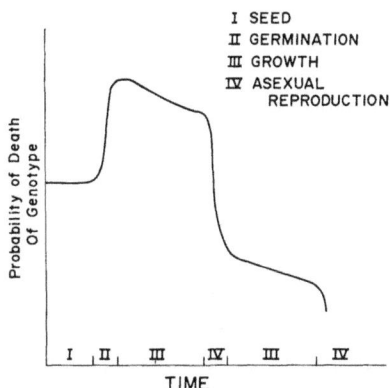

Abb. 146. Die Wahrscheinlichkeit für das Sterben eines Genets bei einem asexuell sich vermehrenden Organismus im Laufe seines Lebens. Während der Samenphase besteht (v.a. bei Pflanzen) eine weitgehend konstante Sterbewahrscheinlichkeit; während der Phase des Keimens steigt diese v.a. aufgrund von Gefahren des Austrocknens und des Pilzbefalls steil an; während der Wachstumsphase nimmt die Sterbewahrscheinlichkeit mit zunehmender Größe leicht ab. Ein steiler Abfall der Mortalität wird durch asexuelle Vermehrung erreicht, weil dadurch physiologisch unabhängige Individuen entstehen, die aber genetisch als ein Individuum gelten können. Die Selektion für die Fähigkeit zur asexuellen Fortpflanzung ist besonders dann groß, wenn die lebensbedrohenden Stressfaktoren lokal begrenzt auftreten, weil diesen dann durch die Bildung vegetativer Ableger entgangen werden kann (aus Cook, R.E. (1979). Asexual reproduction: a further consideration. Amer. Nat. 113, 769-772: 771).

1864 gebucht[180]. Die Parthenogenese (von griech. ›παρθένος‹ »Jungfrau«, also »Jungfernzeugung«) bezeichnet ursprünglich allgemein jede Form der ungeschlechtlichen Fortpflanzung.[181] Diese weite Bedeutung wird bereits aus dem Titel einer Monografie zu diesem Thema von R. Owen aus dem Jahr 1849 deutlich: ›On Parthenogenesis, or the Successive Production of Procreating Individuals from the Single Ovum‹. Während nach diesem Verständnis also auch Formen der Fortpflanzung durch Teilung oder Sprossung als Parthenogenese zu gelten haben, wird das Konzept später allein auf solche Fälle bezogen, bei denen sich der neu gebildete Organismus aus einer einzelnen Zelle (einer Eizelle) entwickelt, die in anderen Zusammenhängen als Gamet in der sexuellen Fortpflanzung fungieren kann. Auf diese enge Bedeutung grenzt C.T. von Siebold das Wort 1856 ein – in ausdrücklicher Absetzung zu dem Verständnis bei Owen.

Siebold versteht unter der Parthenogenese »nicht die Fortpflanzung durch geschlechtslose ammen- oder larvenartige Wesen«, sondern »die Fortpflanzung

Fortpflanzung

durch wirkliche Weibchen, das heisst, durch mit vollkommen entwickelten jungfräulichen weiblichen Geschlechtsorganen ausgestattete Individuen [...], welche ohne vorausgegangene Begattung unbefruchtete entwicklungsfähige Eier hervorbringen«.[182] Siebold bemüht sich um eine eindeutige Abgrenzung der Parthenogenese vom »Generationswechsel«, wie er sagt. Bei den Blattläusen unterscheidet er die viviparen Blattläuse, die nach seiner Auffassung keine Weibchen, sondern geschlechtslose »ammen- oder larvenartige Individuen« sind, von den »wirklich jungfräulichen Blattlaus-Weibchen«. Der Unterschied bemisst sich daran, ob die Individuen Eier hervorbringen, die den in anderen Fällen befruchteten Eiern ähneln, oder ob eine Vermehrung durch Teilung, Knospenbildung oder Keimkörper vorliegt. Später ist dieser Unterschied durch die Begriffe *Heterogonie* und *Metagenese* terminologisch markiert worden (↑Generationswechsel). Siebold beschreibt die »wahre Parthenogenesis« ausführlich bei einigen Schmetterlingen und bei der Honigbiene; daneben zieht er sie auch für einige andere Insekten, niedere Krebse und Weichtiere in Betracht. Er ist sich bewusst, dass die Entdeckung der Parthenogenese für den alten Streit bedeutsam ist, ob ein weiblicher Organismus ohne den männlichen Samen überhaupt neues Leben hervorbringen kann. Er sagt, diese »Befruchtungstheorie« habe »durch die Parthenogenesis einen unerwarteten Stoss erlitten«[183]. In Siebolds Sinne verwendet auch später C. Darwin das Wort: »the term parthenogenesis implying that the mature females [...] are capable of producing fertile eggs without the concourse of the male«.[184]

Weil in der Parthenogenese eine Fortpflanzung mittels Gameten erfolgt, die in anderen Zusammenhängen einer Befruchtung durch eine männliche Zelle bedürfen, wird sie seit R. Hertwig (s.o.) – etwas paradox – als eine Form der geschlechtlichen Fortpflanzung (Gamogonie) angesehen. So stellt es auch M. Hartmann in seinem Überblick über die Fortpflanzungsweisen der Organismen dar.[185] Später definiert er sie als »eine Fortpflanzung durch eine geschlechtlich differenzierte, ursprünglich für eine Befruchtung bestimmte Keimzelle (Gamete), doch ohne Befruchtung«.[186]

Im Altertum und im Mittelalter wird eine Parthenogenese nicht nur bei Insekten und anderen einfachen Organismen angenommen, sondern auch bei Wirbeltieren, und hier insbesondere bei Fischen[187] und Geiern[188] – eine Vermutung, die von Albertus Magnus in Bezug auf die Geier bestritten wird[189]. Der Nachweis der Parthenogenese bei Blattläusen – die bereits A. van Leeuwenhoek in Ansätzen beschreibt – wird in den 1740er Jahren von C. de Bonnet erbracht.[190]

Die parthenogenetische Fortpflanzung kann darin bestehen, dass nur Männchen (Leuckart 1857: ***Arrenotokie***[191]) oder nur Weibchen (Siebold 1871: ***Thelytokie***[192]) hervorgebracht werden. Der erste Fall liegt bei der Honigbiene vor, bei der aus den unbefruchteten Eiern die Drohnen entstehen. Diese Verhältnisse klärt experimentell der katholische Pfarrer J. Dzierzon auf. Er ist bereits 1845 der Überzeugung, »daß die Drohneneier einer Befruchtung nicht bedürfen; die Mitwirkung der Drohnen aber schlechterdings nothwendig ist, wenn Arbeitsbienen erzeugt werden sollen«.[193] Nach anfänglicher Skepsis wird diese Auffassung später von A. von Berlepsch verteidigt, dem es auch experimentell gelingt, die Spermien im Rezeptakulum der Königin mit Eis zu immobilisieren, so dass sie allein Drohnen produziert.[194] Anatomisch-mikroskopisch weisen Siebold und Leuckart Mitte der 1850er Jahre die Parthenogenese bei den Bienen nach.[195] Angenommen wird eine Zeugung ohne Paarung bei den Bienen (ebenso wie bei einigen Fischen) bereits von Aristoteles (wobei er die Königin für einen König, also ein Männchen hält).[196]

Eine umfassende Übersicht über die Erscheinung der Parthenogenese bei Pflanzen und Tieren gibt H. Winkler 1920.[197] Er differenziert die Parthenogenese von der ungeschlechtlichen Fortpflanzung – der *Apogamie* wie er sagt (s.o.) – weil bei ihr der Embryo aus einer (unbefruchteten) Eizelle entsteht, bei der Apogamie aber aus einer Körperzelle.[198]

Auch bei Pflanzen kommt eine Parthenogenese vor. Die lange Zeit dafür gehaltene und schon von J. Smith 1839 beschriebene Fortpflanzung einer Euphorbiacee[199] ist allerdings keine Parthenogenese, weil hier der Embryo aus vegetativen Zellen entsteht (»Nucellarembryonie«). Eine echte Parthenogenese bei Pflanzen – dem Katzenpfötchen (*Antennaria alpina*, Asteraceae) – wird durch H.O. Juel 1898 nachgewiesen.[200]

Versuche zu einer künstlichen Parthenogenese werden seit dem Ende des 19. Jahrhundert durchgeführt, u.a. von R. Hertwig, J. Loeb und B.L. Astaurov.[201]

Fekundität und Fertilität

Seit Mitte des 19. Jahrhunderts werden in quantitativer Hinsicht zwei Aspekte der Fortpflanzung unterschieden: die *Fekundität*, die sich auf die Fortpflanzungsfähigkeit (Fruchtbarkeit) bezieht, und die *Fertilität*, die die Anzahl der Nachkommen eines Individuums oder einer Population betrifft. Beide Ausdrücke gehen auf schon in der Antike verwendete Wörter zurück (lat. ›fecunditas‹[202]; ›fertilitas‹[203]). J.M. Duncan bestimmt 1866 die Fekundität (»fecundity«)

als die Fähigkeit zur Fortpflanzung (»capability to bear children«), die Fertilität (»fertility«) dagegen als ein quantitatives Maß für die Anzahl von Nachkommen (»the amount of births as distinguished from the capability to bear«).²⁰⁴ Vor dieser terminologischen Abgrenzung werden beide Begriffe im Englischen bereits seit dem 15. Jahrhundert verwendet.²⁰⁵ Im 20. Jahrhundert wird die Unterscheidung in diesem Sinne vielfach beibehalten.²⁰⁶ Daneben werden aber auch andere Differenzierungen an dem Begriffspaar festgemacht. So verstehen W.C. Allee et al. in ihrem verbreiteten Lehrbuch der Tierökologie von 1949 unter der ›Fekundität‹ die Eierproduktion eines Weibchens, unter der ›Fertilität‹ dagegen die Produktion lebender Nachkommen.²⁰⁷

Generation
Der Ausdruck geht auf das lateinische ›generatio‹ »Zeugung, Nachkommenschaft« zurück und hat seine Wurzeln in dem griechischen ›γενεά‹ »Geburt, Abstammung, Generation«. Das Wort ist zweideutig: Nach der bis zum Ende des 19. Jahrhunderts dominanten Bedeutung steht es allgemein für »Zeugung, Fortpflanzung« (s.o.). Seit der Antike wird der Ausdruck daneben aber auch bezogen auf die Menge von Individuen einer Population, die einer Altersklasse (Kohorte) angehören. Bereits bei Homer und Herodot findet sich diese Bedeutung, etwa in der Feststellung, ein Mann habe zwei Generationen (»γενεαι«) schwinden sehen²⁰⁸, oder der Einteilung eines Jahrhunderts in drei Generationen²⁰⁹,²¹⁰

Wortgeschichte
Die Doppeldeutigkeit des Ausdrucks – das Nebeneinander seiner fortpflanzungsbiologischen und klassifikationslogischen Bedeutung – ist bereits im griechischen Grundwort ›γένος‹ angelegt. Aristoteles stellt in seiner ›Metaphysik‹ beide Bedeutungen explizit nebeneinander: Der Ausdruck werde einerseits für den Prozess der Erzeugung von Nachkommen verwendet (»wenn eine zusammenhängende Erzeugung von solchen, welche dieselbe Form haben, stattfindet«), andererseits für die aus dieser Erzeugung hervorgegangene Gruppe von Individuen (das, »von welchem als dem ersten Bewegenden ausgehend das andere zum Sein gelangt; so nennt man die einen Hellenen von Geschlecht, die anderen Ioner, weil die einen vom Hellen, die andern von Ion als erstem Erzeuger abstammen«).²¹¹ Der Zusammenhang der beiden Bedeutungen kann in dem Bestehen einer kausalen Beziehung gesehen werden, die L.L. Nash 1978 in die Formel »*gonos* ergo *genos*« (»Die Zeu-

gung bewirkt die Gattung«) kleidet: Die klassifikatorische Zusammenfassung von Individuen zu einer Gruppe ist dadurch gerechtfertigt, dass sie von einem gemeinsamen Vorfahren abstammen (↑Art).²¹²

Im klassischen Latein hat ›generatio‹ nicht die Bedeutung »Alterskohorte«, die ›γενεά‹ bereits im Griechischen aufweist (s.o.). Eingeführt wird diese Bedeutung für ›generatio‹ erst durch die Übersetzung des Alten Testaments der Bibel aus dem Hebräischen durch Hieronymus, die er im Jahr 380 beginnt. Hieronymus verwendet das lateinische Wort in der Bedeutung »Erzeugtes; Zählung der Abstammung« als Übersetzung des hebräischen Ausdrucks ›dor‹, der im Hebräischen allerdings keine etymologische Verbindung zu Wörtern mit der Bedeutung »Geburt« oder »Abstammung« aufweist.²¹³ Daneben übersetzt Hieronymus auch den hebräischen Ausdruck ›toledot‹, der eine Ableitung von ›jalad‹ »gebären, zeugen« ist, mit ›generatio‹. Auch in dieser Bedeutung ist Hieronymus einer der wenigen mittellateinischen Autoren, die das Wort ›generatio‹ überhaupt verwenden. In seiner einflussreichen Bibelübersetzung stellt Hieronymus insgesamt also für das lateinische ›generatio‹ die Doppelbedeutung von »Geburt« und »Alterskohorte« her, die vorher für das griechische ›γενεά‹ bereits bestand.

Spätestens seit dem Hochmittelalter hat ›generatio‹ noch eine Nebenbedeutung, die heute weitgehend verschwunden ist: Es bezeichnet die Gesamtheit der zu einer Zeit lebenden Individuen. In dieser Bedeutung erscheint das Wort im ›Oxforder Psalter‹ um 1120.²¹⁴ Überraschenderweise ist es in dieser Bedeutung, in der das Wort zuerst ins Französische übernommen wird; erst später nimmt der französische Ausdruck ›génération‹ die Bedeutung »Nachfahren, Abstammung« an und noch später (vereinzelt aber bereits im 13. Jahrhundert nachweisbar) die danach dominante Bedeutung »Fortpflanzung«. Erst im Laufe seiner Entwicklung hat der französische Ausdruck also die älteste lateinische Bedeutung zurückgewonnen.²¹⁵ In der frühesten französischen Bedeutung erscheint das Wort mindestens bis zum Ende des 18. Jahrhunderts (Voigtel 1793: »Eine Anzahl Menschen, die zu *einer* Zeit auf der Erde leben«²¹⁶). Im heutigen Deutsch gibt es für diese Bedeutung das Wort ›Zeitgenossen‹ – eine Lehnübersetzung des 16. Jahrhunderts des lateinischen ›synchronus‹.

Begriffsgeschichte und -theorie
In der Neuzeit steht das Konzept der Generation häufig im Kontext der Bildung des Menschen und des Fortschritts in der Geschichte, so z.B. 1700 bei J. Locke: »the Improvements of Knowledge are conveyed

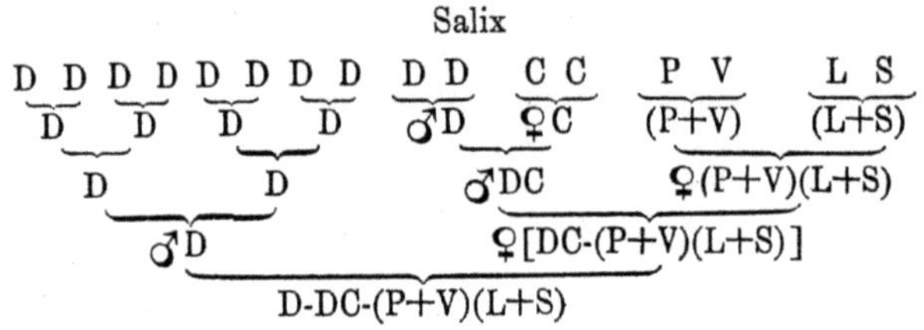

Fortpflanzung 598

$$\underbrace{\underbrace{\underbrace{D\ D\ D\ D}_{D}\ \underbrace{D\ D\ D}_{D}}_{D}\ \underbrace{\underbrace{D\ D}_{\overset{\circlearrowleft}{D}}\ \underbrace{\overset{\text{Salix}}{C\ C}}_{\overset{\circlearrowright}{C}}\ \underbrace{P\ V}_{(P+V)}\ \underbrace{L\ S}_{(L+S)}}_{\overset{\circlearrowleft}{D}DC\quad\overset{\circlearrowright}{\varphi}(P+V)(L+S)}}_{\overset{\circlearrowleft}{\varphi}D\qquad\qquad\overset{\circlearrowright}{\varphi}[DC\text{-}(P+V)(L+S)]}$$
$$\text{D-DC-(P+V)(L+S)}$$

Abb. 147. Stammbaum eines Weidenbastards. Seit den 1860er Jahren werden Stammbäume als Instrumente der Forschung eingesetzt, um ein besseres Verständnis der Vererbungsvorgänge zu gewinnen. Der Aufbau der Stammbäume folgt dabei bestimmten Konventionen, wie der Anordnung der Angehörigen einer Generation auf einer horizontalen Ebene. Das Diagramm oben stellt den Stammbaum eines bestimmten Weidenbaums dar, der sich über vier Vorfahrengenerationen erstreckt. Die Vorfahren der betreffenden Weide in der vierten Vorfahrengeneration gehörten zu sechs verschiedenen »Arten« von Weiden. Um die typografisch aufwändige Stammbaumdarstellung zu vermeiden, wird in der letzten Zeile vorgeschlagen, die Abstammungsverhältnisse der betreffenden Weide in einer komplexen Formel, die auf alle Vorfahren verweist, zu bezeichnen. Diese »Abstammungsformel« reicht aber zur Beschreibung der »Consitution des Bastards« noch nicht aus; Nägeli will sie ergänzen um eine »Erbschaftsformel«, die den relativen Anteil der Vorfahrenarten in dem Bastard angibt. Abkürzungen: D: Salix daphnoides, C: S. caprea, P: S. purpurea, V: S. viminalis, L: S. Lapponum, S: S. Silesiaca (aus Nägeli, C. (1866). Ueber die abgeleiteten Pflanzenbastarde. Sitzungsberichte der königlich-bayerischen Akademie der Wissenschaften 1866, 71-93: 76).

from one Man, and one Generation to another«[217] oder 1784 bei I. Kant: »daß die ältern Generationen nur scheinen um der späteren willen ihr mühseliges Geschäfte zu treiben, um nämlich diesen eine Stufe zu bereiten, von der diese das Bauwerk, welches die Natur zur Absicht hat, höher bringen könnten«[218]. Als politisch relevante Kategorie entwirft T. Paine 1791 das Konzept der Generation: Er bestimmt eine Generation als sozial eigenständige Einheit mit eigenem Charakter und eigenen Rechten (»Every age and generation must be as free to act for itself, in all cases, as the ages and generations which preceded it«).[219] Im Anschluss daran versteht auch T. Jefferson eine Generation als einen einheitlichen politischen Körper (»The generations of men may be considered as bodies or corporations«).[220] In diesen Konzeptualisierungen im politischen Bereich erfolgt eine Konstitution der Generation als Einheit, die neben ↑Individuum und ↑Typus steht und die wenig später für die Begründung des Denkens in ↑Populationen für die Biologie von grundlegender Bedeutung wird.[221]

In der zweiten Hälfte des 19. Jahrhunderts wird ›Generation‹ ein vornehmlich geschichtstheoretisch-soziologisches Konzept, mit dem die Verschiedenheit der Prägungen von Menschen und der langfristige kulturelle Wandel auf den Begriff gebracht werden. Einflussreich ist der Wortgebrauch bei W. Dilthey: Nach Diltheys Definition bildet eine Generation »einen engeren Kreis von Individuen, welche durch Abhängigkeit von denselben großen Tatsachen und Veränderungen, wie sie in dem Zeitalter ihrer Empfänglichkeit auftraten, trotz der Verschiedenheit hinzutretender anderer Faktoren zu einem homogenen Ganzen verbunden sind«.[222] Seitdem erscheint ›Generation‹ als ein Konzept, an dem beispielhaft das Miteinander und Ineinander von biologischer und kulturwissenschaftlicher Begriffsbildung nachvollzogen wird.[223]

Zu einem in der Biologie viel verwendeten Ausdruck wird ›Generation‹ besonders seit der Entdeckung des Phänomens des ↑Generationswechsels. In seiner Beschreibung dieses Phänomens bei den Salpen nennt A. von Chamisso 1819 die sich zeitlich »abwechselnden Gestalten einer stabilen Art« »Generationen«.[224] Darüber hinaus eröffnet die Rede von ›Generationen‹ der Biologie eine ganz neue diachrone Untersuchungsebene ihrer Gegenstände: Nicht mehr allein der einzelne Organismus, sondern auch die Abfolge der Organismen in der Zeit wird zum Untersuchungsobjekt: »Das Individuum soll und darf nicht bloß an und für sich, es muß in der in der Folge der Generationen, der es angehört, betrachtet werden«, wie es der Botaniker A. Braun 1854 formuliert.[225] Die nachhaltigsten Konsequenzen hat dieser Perspektivenwechsel – allerdings anders als von Braun intendiert – in der fünf Jahre später von Darwin vorgestellten Theorie der ↑Evolution.

Seit Mitte des 19. Jahrhunderts findet sich die Abfolge von Generationen vielfach in Form von Stammbäumen repräsentiert (vgl. Abb. 147; ↑Phylogenese; Geschlecht: Abb. 198).[226]

Biologisch ist der Begriff der Generation (in seiner Anwendung auf Individuen mit einer mehrjährigen Lebensdauer) insofern ambivalent und problematisch, als er zwar von einem Phänomen auf individueller Ebene, der Fortpflanzung, ausgeht, aber doch ein Phänomen auf Populationsebene, die Unterteilung in Altersklassen, bezeichnen soll. Diese Ambivalenz bedingt es, dass der Begriff entweder präzise nur relativ zu einem Individuum bestimmt werden kann (mit der begründeten Rede von Vorfahren- und Nachfahrengenerationen) oder eine mehr oder weniger willkürliche Grenzziehung innerhalb einer Population bezeichnet, in der tatsächlich eine stetige und kontinuierliche Altersverteilung vorliegt, und in der die »Generationen« sich genau in dem Maße überlappen wie die Lebensspannen der Individuen. In der sozialwissenschaftlichen Betrachtung wird diese Schwierigkeit in der Weise gelöst, dass prägende historische Ereignisse als Marker für eine »Generation« herangezogen werden (z.b. »die Generation der 68er«).

Die Unschärfe und Ambivalenz des Generationsbegriffs kann andererseits auch positiv als Ausdruck der synthetischen Kraft und des theoretischen Potenzials des Konzepts interpretiert werden. In ihm vereint sich eine individualistische mit einer populationsorientierten Perspektive – eine Synthese, die sowohl für die Entwicklung der Genetik als auch der Evolutionstheorie Mitte des 19. Jahrhunderts ausschlaggebend ist (↑Population). Die beiden Hauptvertreter dieser Entwicklungen, G. Mendel und C. Darwin, machen daher auch weiten Gebrauch von dem Ausdruck ›Generation‹. Im Kontext der Untersuchung von Vererbungsvorgängen bei Mendel eröffnet die Rede von ›Generation‹ die Möglichkeit, statistische Untersuchungen über die Verteilung von Merkmalen bei den Nachkommen eines Organismus anzustellen (vgl. Abb. 147).[227] Vererbung wird damit einer quantitativen Analyse zugänglich und als ein Prozess beschreibbar, der nicht allein zwischen Individuen stattfindet. In ähnlicher Weise stellt der Generationsbegriff auch für Darwin ein fruchtbares Konzept dar, über das er die langfristige und sukzessive Veränderung von Organismen beschreiben kann (vgl. z.B. die Formulierungen: »in each succeeding generation there will be less of the foreign blood«[228]; »slight differences accumulated during many successive generations«[229]).

Allerdings spielt der Begriff der Generation später für die meisten biologischen Theorien eine untergeordnete Rolle. Allein in populationstheoretischen Modellierungen des Wachstums und der Interaktion von Populationen kann er zentral sein, insofern diese Modelle, zumindest in ihrer frühen Form, häufig auf einer Unterscheidung diskreter Generationen beruhen.[230] Späteren Modellierungen liegt dagegen meist keine Abgrenzung von Generationen mehr zugrunde, sondern sie gehen vielmehr von einem kontinuierlichen Wachstum aus (↑Kreislauf).

Nachweise

1 Vgl. Fraxineus, J. (1582). Christliche, Notwendtge und herrliche Puncten, von der Schöpfung, Fall Adae, Fortpflantzung, Erbsünde, Widergeburt; Nagelius, A. (1589). Schüttlung des vermeinten Christenbaums, vom Teuffel gepeltzt, und Fortpflantzung deß Edlen Lorberbaums, von Gott gepflantzt, im Land zu Francken: sampt [...] Erörterung vier fürnemer Fragen, auff die [...] Fortpflantzung deß Catholischen Glaubens.
2 Triumph Wagen Antimonii et al. (1611). Allen so den Grund suchen der vhralten Medicin: 73 (nach DWB Arch.).
3 a.a.O.: 408.
4 Butschky, S. von (1679). Wohl-Bebauter Rosen-Thal: 959 (nach DWB Arch.).
5 Reil, J.C. (1796). Von der Lebenskraft. Arch. Physiol. 1, 8-162: 99; Fortlage, K. (1875). Beiträge zur Psychologie als Wissenschaft aus Speculation und Erfahrung: 221.
6 Plinius, Naturalis historia 8, 187; 212.
7 Z.B. Harvey, W. (1651). Exercitationes de generatione animalium; Wolff, C.F. (1759). Theoria generationis.
8 Z.B. Blumenbach, J.F. (1781). Von dem Bildungstrieb und dem Zeugungsgeschäfte; Oken, L. (1805). Die Zeugung; Leuckart, R. (1853). Zeugung. In: Wagner, R. (Hg.). Handwörterbuch der Physiologie, Bd. 4, 707-1000.
9 Z.B. Bacon, F. (1620). Novum organum (Works, vol. II, London 1858, 121-365): 340 (II, 48); Locke, J. (1689). An Essay Concerning Human Understanding (Oxford 1979): 451.
10 Z.B. Wolff, C.F. (1764). Theorie von der Generation.
11 Z.B. Reimarus, H.S. (1760/62). Allgemeine Betrachtungen über die Triebe der Thiere, hauptsächlich über ihre Kunsttriebe: 116.
12 Edel, E. (1961-63). Zu den Inschriften auf den Jahreszeitenreliefs der „Weltenkammer" aus dem Sonnenheiligtum des Niuserre, 2 Teile. Nachrichten der Göttinger Akademie der Wissenschaften 1961/Nr. 8; 1963/Nr. 4 und 5: Teil 2: Abb. 4; 11; 12; 15.
13 Platon, Symposion 207a-b.
14 a.a.O.: 206e; vgl. 207d-208b.
15 Aristoteles, Hist. anim. 589a.
16 Aristoteles, De an. 415a26.
17 Aristoteles, De an. 415a; ders., De gen. anim. 731b, 732a.
18 Aristoteles, De anim. 415b.
19 Aristoteles, Ethica Nicomachea 1161b21-29.
20 Aristoteles, Hist. anim. 537b; 539a; b; De gen. anim. 715a; 737b12-15; 741a35-b7.
21 Theophrast, Historia plantarum 1.11.1.
22 a.a.O.: 1.1.3.
23 Theophrast, De causis plantarum 1.16.3.
24 Nach Landauer, S. (1876). Die Psychologie des Ibn Sina. Z. Deutsch. Morgenländ. Ges. 29, 335-418: 386.
25 Albertus Magnus (ca. 1265). De animalibus: 16, 25.
26 Thomas, von Aquin (1266-73). Summa theologiae: I, q. 78, a. 2.
27 Albertus Magnus (ca. 1265): 24, 28.
28 Thomas von Aquin (1259-64). Summa contra gentiles

(Turin 1933): 189f. (2. Buch, Kap. 82); vgl. Nitschke, A. (1967). Verhalten und Bewegung der Tiere nach frühen christlichen Lehren. Stud. Gen. 20, 235-262: 258.
29 Vgl. Mitterer, A. (1947). Die Zeugung der Organismen, insbesondere des Menschen nach dem Weltbild des hl. Thomas von Aquin und dem der Gegenwart: 54.
30 a.a.O.: 83.
31 a.a.O.: 67.
32 Cesalpin, A. (1583). De plantis libri XVI: 11 (I, vi); vgl. Aristoteles, De gen. anim. 731a24.
33 Bonnet, C. de (1762/68). Considérations sur les corps organisés (Œuvres d'histoire naturelle et de philosophie, Bd. 5-6, Neuchâtel 1779): I, 8.
34 Cuvier, G. (1817). Le règne animal distribué d'après son organisation, 4 Bde.: I, 17.
35 Leibniz, G.W. (1705). Considérations sur les principes de vie, et sur les natures plastiques (Philosophische Schriften, Bd. 4, Frankfurt/M. 1996, 327-347): 340.
36 Leibniz, G.W. (1714). Les principes de la philosophie ou la monadologie (Philosophische Schriften, Bd. 1, Frankfurt/M. 1996, 438-482): 472 (§73).
37 Linné, C. von (1751). Philosophia botanica: 38 (§79); vgl. Müller-Wille, S. (1999). Botanik und weltweiter Handel. Zur Begründung eines Natürlichen Systems der Pflanzen durch Carl von Linné (1707-78): 238f.
38 Wolff, C.F. (1759). Theoria generationis: 8.
39 Wolff, C.F. (1764). Theorie von der Generation: 7.
40 Goethe, J.W. von (1790). Versuch die Metamorphose der Pflanzen zu erklären (LA, Bd. I, 9, 23-61): 58 (§112).
41 a.a.O.: 58 (§114); vgl. Pörksen, U. (1986). Deutsche Naturwissenschaftssprachen: 85.
42 Baer, K.E. von (1834). Das allgemeinste Gesetz der Natur in aller Entwickelung (in: Reden gehalten in wissenschaftlichen Versammlungen und kleinere Aufsätze vermischten Inhalts, Erster Theil, St. Petersburg 1864, 35-74): 42.
43 a.a.O.: 41.
44 Leuckart (1853). Zeugung. In: Wagner, R. (Hg.). Handwörterbuch der Physiologie, Bd. 4, 707-1000: 719.
45 Haeckel, E. (1866). Generelle Morphologie der Organismen, 2 Bde.: II, 16.
46 Weismann, A. (1883). Über die Vererbung: 58; vgl. auch Verworn, M. (1895). Allgemeine Physiologie: 193.
47 Kant, I. (1790/93). Kritik der Urtheilskraft (AA, Bd. V, 165-485): 370 (§64).
48 a.a.O.: 371.
49 Hegel, G.W.F. (1817/30). Enzyklopädie der philosophischen Wissenschaften im Grundrisse (Werke, Bd. 8-10, Frankfurt/M. 1986): II, 435 (§352).
50 Goldfuß, A. (1826). Grundriß der Zoologie: 32.
51 Burdach, K.F. (1837). Der Mensch nach den verschiedenen Seiten seiner Natur: 467.
52 Vgl. Ratcliff, M.J. (1999). Temporality, sequential iconography and linearity in figures: the impact of the discovery of division in infusoria. Hist. Philos. Life Sci. 21, 255-292: 264.
53 Trembley, A. (1766). [Brief an Bentinck vom 18. März 1766] (Bentinck Papers, Brit. Mus. Folio 330); vgl. Baker, J.R. (1951). Remarks on the discovery of cell division. Isis 42, 285-287: 286.
54 Trembley, A. (1744). [Letter]. Philos. Trans. Roy. Soc. 43, 169; ders. (1747). [Letter]. Philos. Trans. Roy. Soc. 44, 627; vgl. Harris, H. (1999). The Birth of the Cell: 56f.
55 Spallanzani, L. (1776). Opuscoli de fisica animale, e vegetabile.
56 Müller, O.F. (1786). Animalcula infusoria, fluviatilia et marina.
57 Turpin, P. (1828). Observations sur le nouveau genre *Surirella*. Mém. Mus. Hist. Nat. 16, 361-368; Morren, C. (1830). Sur un végétal microscopique d'un genre nouveau proposé sous le nom de Crucigenie. Bull. Sci. Nat. Géol. 22, 293-295; Dumortier, B.C. (1832). Recherches sur la structure comparée et le développement des animaux et des végétaux. Nova Acta Phys.-Med. Acad. Caesar. Leopold-Carolinae 16, 217-312; Mohl, H. von (1835). Ueber die Vermehrung der Pflanzen-Zellen durch Theilung.
58 Churchill, F.B. (1979). Sex and the single organism: biological theories of sexuality in mid-nineteenth century. Stud. Hist. Biol. 3, 139-177; Farley, J. (1982). Gametes and Spores. Ideas About Sexual Reproduction, 1750-1914.
59 Nachweise für Tab. 78: Aristoteles, Hist. anim. 588b (übers. v. P. Gohlke, Paderborn 1949); Kant, I., Kant's handschriftlichen Nachlaß (AA, Bd. XIV-XXIII): XV, 782; Schopenhauer, A. (1819-44/58). Die Welt als Wille und Vorstellung (Sämtliche Werke, Bd. I-II, Stuttgart/Frankfurt/M. 1960): I, 451; Haldane, J.B.S. (1940). Can we make life? (in: Keeping Cool and Other Essays, London 1944, 19-23): 20; Weber, H. (1942). Organismus und Umwelt. Der Biologe 11, 57-68: 62; Rensch, B. (1959). Homo sapiens. Vom Tier zum Halbgott: 10; Shklovskii, I.S. & Sagan, C. (1966). Intelligent Life in the Universe: 197; Ayala, F.J. (1968). Biology as an autonomous science. Amer. Sci. 56, 207-221: 217; Jacob, F. (1970). La logique du vivant (dt. Die Logik des Lebendigen, Frankfurt/M. 2002): 12; Kuhn, H. & Waser, J. (1982). Selbstorganisation der Materie und Evolution früher Formen des Lebens. In: Hoppe, W., Lohmann, W., Markl, H. & Ziegler, H. (Hg.). Biophysik, 860-907: 860; Stegmüller, W. (1987). Die Evolution des Lebens: Zu den Theorien von J. Monod, M. Eigen, H. Kuhn. In: ders., Hauptströmungen der Gegenwartsphilosophie, Bd. 3, 172-278: 210; Hösle, V. (1988). Hegels System: 317; vgl. außerdem: Schultz, J. (1920). Die Grundfiktionen der Biologie: 12; Bertalanffy, L. von (1949). Das biologische Weltbild, Bd. 1: 38; Korzeniewski, B. (2001). Cybernetic formulation of the definition of life. J. theor. Biol. 209, 275-286: 278.
60 Buddensiek, F. (2006). Die Einheit des Individuums. Eine Studie zur Ontologie der Einzeldinge: 265.
61 Heidenhain, M. (1907). Plasma und Zelle, 1. Abt. Allgemeine Anatomie der lebendigen Masse, 1. Lief. Die Grundlagen der mikroskopischen Anatomie, die Kerne, die Centren und die Granulalehre (= Handbuch der Anatomie des Menschen, Bd. 8, Teil 1): 2.
62 a.a.O.: 86.
63 Nachweise für Tab. 79: Kant, I., Opus postumum (AA, Bd. XXII): 547; Brücke, E. von (1873-74/75-76). Vorlesungen über Physiologie, 2 Bde.: I, 2; Valéry, P. (1900-45). Bios (Cahiers/Hefte, Bd. 5, Stuttgart 1992, 231-293): 264; Singer, E.A. (1914). The pulse of life. J. Philos. Psychol.

Sci. Meth. 11, 645-655: 655; Maturana, H.R., Varela, F.J. & Uribe, R. (1975). Autopoiesis: The organisation of living systems, its characterization and a model (dt. in: Maturana, H.R., Erkennen: Die Organisation und Verkörperung von Wirklichkeit, Braunschweig 1982, 157-169): 157; Maturana, H.R. & Varela, F.J. (1975). Autopoietic systems. A characterization of the living organization (dt. in: ebd., 170-236): 203; Varela, F.J. (1991). Organism: a meshwork of selfless selves. In: Tauber, A.I. (ed.). Organism and the Origins of Self, 79-107: 81; vgl. außerdem: Pirie, N.W. (1959). [Discussion statement]. In: Clark, F. & Synge, R.L.M. (eds.). Proceedings of the First International Symposium on the Origin of Life on the Earth, 117-118: 118; Maturana, H.R. (1970). Biology of cognition (dt. in: Maturana, H.R., Erkennen: Die Organisation und Verkörperung von Wirklichkeit, Braunschweig 1982, 32-80): 37.
64 Maturana, Varela & Uribe (1975): 157.
65 Haeckel, E. (1875). Ueber die Wellenzeugung der Lebenstheilchen oder die Perigenesis der Plastidule (in: Gemeinverständliche Vorträge und Abhandlungen aus dem Gebiete der Entwickelungslehre, Bd. 2, Bonn 1902, 31-96): 64.
66 Moreno, A. (2000). Colsure, identity and the emergence of formal causation. In: Chandler, J.L.R. & Vijver, G. van de (eds.). Closure. Emergent Organizations and Their Dynamics, 112-121: 119f.
67 Williams, M.B. (1981). Similarities and differences between evolutionary theory and the theories of physics. PSA 1980, II, 385-396: 388.
68 Mahner, M. & Bunge, M. (1997). Foundations of Biophilosophy: 314.
69 Vgl. Keller, E.F. (1987). Reproduction and the central project of evolutionary theory. Biol. Philos. 2, 383-396.
70 Dyson, F. (1985). Origins of Life (dt. Die zwei Ursprünge des Lebens, Hamburg 1988).
71 Fichte, J.G. (1796-97). Grundlage des Naturrechts nach Principien der Wissenschaftslehre, 2 Tle. (AA, Werkebd. 3-4, 311-460; 1-165): I, 379.
72 ebd.
73 Hegel, G.W.F. (1817/30). Enzyklopädie der philosophischen Wissenschaften im Grundrisse (Werke, Bd. 8-10, Frankfurt/M. 1986): II, 435; ders. (1812-16/31). Wissenschaft der Logik (Werke, Bd. 5 & 6, Frankfurt/M. 1986): II, 473.
74 Hegel (1812-16/31): II, 486.
75 Vgl. Toepfer, G. (2004). Zweckbegriff und Organismus: 418ff.
76 McLaughlin, P. (2001). What Functions Explain: Functional Explanation and Self-Reproducing Systems: 187.
77 Hartmann, N. (1951). Teleologisches Denken: 87.
78 Anonymus (1782). Hund (4.). In: Krünitz, J.G. et al. (Hg.). Oeconomische Encyclopädie, Bd. 26, 320-463: 335; auch schon Ef. (1778). [Rez. Damm, C.T. (1775). Einleitung in die Götter-Lere und Fabel-Geschichte der ältesten Griechischen und Römischen Welt]. Allgemeine Deutsche Bibliothek 34, 267-271: 269.
79 Ehlers, M. (1790). Untersuchung der Frage, ob es ein Recht der Natur gebe. In: ders. (1791). Staatswissenschaftliche Aufsätze, 1-12: 10; »Erhaltungstrieb« bereits bei Tetens,
J.N. (1777). Philosophische Versuche über die menschliche Natur und ihre Entwickelung, Bd. 1: 713.
80 Jäger, G. (1880). Die Entdeckung der Seele: 42; Schmid, B. (1926). Das Seelenleben der Tiere: 164.
81 Markl, H. (1983). Wie unfrei ist der Mensch? In: ders. (Hg.). Natur und Geschichte, 11-50: 42.
82 a.a.O.: 45.
83 Vogel, C. (1986). Evolution und Moral (in: Anthropologische Spuren. Zur Natur des Menschen, Stuttgart 2000, 135-177): 148; vgl. Vogel, C. & Voland, E. (1988). Evolution und Kultur. In: Immelmann, K., Scherer, K.R., Vogel, C. & Schmoock, P. (Hg.). Psychobiologie – Grundlagen des Verhaltens, 101-130: 130.
84 Malatesta, C.Z. & Izard, C.E. (1984). The ontogenesis of human signals: from biological imperativ to symbol utilization. In: Fox, N.A. & Davidson, R.J. (eds.). The psychobiology of affective development, 161-206.
85 Ward, L.F. (1913). Eugenics, euthenics, and eudemics. Amer. J. Soc. 18, 737-754: 741.
86 Michel, G.F. & Moore, C.L. (1995). Developmental Psychobiology. An Interdisciplinary Science: 78.
87 Chase, A. (1971). The Biological Imperatives. Health, Politics, and Human Survival.
88 Wissenschaftlicher Beirat der Bundesregierung Globale Umweltveränderungen (WBGU) (2000). Welt im Wandel. Erhaltung und nachhaltige Nutzung der Biosphäre.
89 Walser, M. (2003). Meßmers Reisen: 31.
90 Spencer, H. (1867). The Principles of Biology, vol. 2: 409 (§327).
91 a.a.O.: 410 (§327).
92 a.a.O.: 506 (§375).
93 Sober, E. (1984). Two concepts of cause. PSA, vol. 2, 405-424: 412.
94 Buss, L.W. (1987). The Evolution of Individuality: 29.
95 Dawkins, R. (1982). The Extended Phenotype: 256ff.
96 a.a.O.: 258.
97 Fagerström, T., Briscoe, D.A. & Sunnucks, P. (1998). Evolution of mitotic cell-lineages in multicellular organisms. Trends Ecol. Evol. 13, 117-120: 120.
98 Neumann, J. von (1948). The general and logical theory of automata (Collected Works, vol. V, Oxford 1963, 288-328): 312.
99 Neumann, J. von (1949). Theory and organization of complicated automata (in: Burks, A.W. (ed.) (1966). Theory of Self-Reproducing Automata, 31-87): 51.
100 a.a.O.: 80.
101 von Neumann (1948) 316f.; (1949): 85.
102 von Neumann (1948): 318.
103 Vgl. Pearson, J. (1659). An Exposition of the Creed (London 1839): 361; Boyle, R. (1666). The Origine of Forms and Qualities (Works, vol. III, London 1772): 61 (nach OED 1989).
104 Vgl. McLaughlin, P. (2001). What Functions Explain: 174f.
105 Vgl. Jacob, F. (1970). La logique du vivant (dt. Die Logik des Lebendigen, Frankfurt/M. 2002): 81; McLaughlin, P. (1989). Kants Kritik der teleologischen Urteilskraft: 19; ders. (2001): 177f.
106 Buffon, G.L.L. de (1749). Histoire générale des ani-

maux (in: Œuvres philosophiques, Paris 1954, 233-289): 238.
107 Jordanova, L. (1995). Interrogating the concept of reproduction in the eighteenth century. In: Ginsburg, F.D. & Rapp, R. (eds.). Conceiving the New World Order, 369-386: 370.
108 a.a.O.: 378.
109 Wesley (1782). Arminian Magazine 5, 542-548: 545.
110 Kielmeyer, C.F. (1793). Ueber die Verhältniße der organischen Kräfte unter einander in der Reihe der verschiedenen Organisationen, die Gesetze und Folgen dieser Verhältniße: 9.
111 Carus, C.G. (1818). Lehrbuch der Zootomie: 11.
112 Schelling, F.W.J. (1799). Einleitung zu seinem Entwurf eines Systems der Naturphilosophie (AA, Bd. I, 8, 23-86): 45.
113 Burdach, K.F. (1810). Die Physiologie: 241.
114 a.a.O.: 242.
115 Schlosser, G. (1998). Self-re-production and functionality. A systems-theoretical approach to teleological explanation. Synthese 116, 303-354: 311; 338.
116 McLaughlin, P. (2001). What Functions Explain: 13.
117 Comte, A. (1851). Système de politique positive ou traité de sociologie, Bd. 1: 606.
118 Vgl. z.B. Conrad-Martius, H. (1934). Die »Seele« der Pflanze: 58.
119 Mather, K. (1948). Significance of nuclear change in differentiation. Nature 161, 872-874: 872.
120 Vgl. Pollock, M.R. (1976). From pangens to polynucleotides: the evolution of ideas on the mechanisms of biological replication. Persp. Biol. Med. 19, 455-472.
121 Fleischaker, G.R. (1994). A few precautionary words concerning terminology. In: ders. et al. (eds.). Self-Production of Supramolecular Structures, 33-41: 33.
122 Griesemer, J.R. (1982). The informational gene and the substantial body: on the generalisation of evolutionary theory by abstraction [Manuscript]; Godfrey-Smith, P. (2000). The replicator in retrospect. Biol. Philos. 15, 403-423: 408.
123 Griesemer, J. (2000). Reproduction and the reduction of genetics. In: Beurton, P.J., Falk, R. & Rheinberger, H.-J. (eds.). The Concept of the Gene in Development and Evolution. Historical and Epistemological Perspectives, 240-285: 243.
124 Godfrey-Smith (2000): 414.
125 Griesemer (2000): 247.
126 a.a.O.: 245.
127 Jacob, F. & Brenner, S. (1963). Sur la régulation de la synthèse de DNA chez les bactéries: l'hypothèse du réplicon. Compt. Rend. Hebd. Séances Acad. Sci. 236, 298-300.
128 Vgl. z.B. Lewontin, R.C. (1991). Biology as Ideology: 48.
129 Griffiths, P.E. & Gray, R.D. (1994). Developmental systems and evolutionary explanation. J. Philos. 91, 277-304: 304.
130 Gray, R. (1992). Death of the gene: developmental systems strike back. In: Griffiths, P. (ed.). Trees of Life. Essays in Philosophy of Biology, 165-209: 182.
131 Dawkins, R. (1976). The Selfish Gene (dt. Das egoistische Gen, Berlin 1978): 227.
132 Hull, D.L. (1988). Science as a Process; Dennett, D.C. (1995). Darwin's Dangerous Idea. Evolution and the Meanings of Life; Blackmore. S. (1999). The Meme Machine.
133 Godfrey-Smith (2000): 419.
134 Kronfeldner, M. (2009). Meme, Meme, Meme. Darwins Erben und die Kultur. Philos. nat. 46, 36-60: 52.
135 Aristoteles, Hist. anim. 537b; 539a; b; De gen. anim. 715a.
136 Zaluziansky à Zaluzian, A. (1592). Methodi herbariae libri tres.
137 Adanson, M. (1763-64). Familles des plantes, 2 Bde.: I, cxi.
138 Burdach, K.F. (1826). Die Physiologie als Erfahrungswissenschaft, Bd. 1: 31.
139 a.a.O.: 59.
140 a.a.O.: 31.
141 a.a.O.: 36f.
142 a.a.O.: 584.
143 Schultz-Schultzenstein, K.H. (1823). Die Natur der lebendigen Pflanze: 86; ders. (1832). Natürliches System des Pflanzenreichs: 151.
144 Burdach, K.F. (1835). Die Physiologie als Erfahrungswissenschaft, Bd. 1, 2. Aufl.: 217; 647.
145 Thomson, A. (1839). Generation. In: Todd, R.B. (ed.). The Cyclopaedia of Anatomy and Physiology, vol. 2, 424-480: 432; vgl. Anonymus (1838). [Rez. Todd, R.B. (ed.) (1838). The Cyclopaedia of Anatomy and Physiology, part XIII]. The Medico-Chirurgical Review and Journal of Practical Medicince 28, 378-387: 384.
146 Müller, J. (1840). Handbuch der Physiologie des Menschen, Bd. 2: 611.
147 Langford (1837). A Short Discourse on the Evidence in Favour of Christianity from Reason: 91.
148 Coleridge, S.T. (1848). Hints Towards the Formation of a More Comprehensive Theory of Life (ed. S.B. Watson): 73; [Bennett, A.W. & Murray, G.] (1881). A reformed system of terminology in Cryptogames. Bot. Gaz. 6, 164-165: 164.
149 Steffens, H. (1821). Caricaturen des Heiligsten, Bd. 2: 548; vgl. ders. (1822). Anthropologie, 2 Bde.: II, 93.
150 Darwin, E. (1794). Zoonomia, vol. 1: 514; Huxley, T.H. (1851). Observations upon the anatomy and physiology of Salpa and Pyrosoma. Philos. Trans. Roy. Soc. Lond. 141, 567-593: 573.
151 Huxley, T.H. (1858). On the phaenomena of gemmation. The Annals and Magazine of Natural History 2, 213-216: 215; vgl. Greene, J.R. (1859). Manual of the Animal Kingdom, vol. 1. Protozoa: 75; Spencer, H. (1864). Principles of Biology, vol. 1: 210.
152 Huxley, T.H. (1857). Lectures on general natural history, lecture XII. Medical Times and Gazette 15, 159-162: 161.
153 Newman (1857). A word on the pseudogynous Lepidoptera. The Zoologist 15, 5764-5765: 5764.
154 Huxley (1858): 215; vgl. auch Greene (1859): 74; Spencer (1864): 211.
155 Haeckel, E. (1866). Generelle Morphologie der Orga-

nismen, 2 Bde.: II, 36; 58.
156 Bary, A. de (1878). Ueber apogame Farne und die Erscheinung der Apogamie im Allgemeinen. Bot. Zeitung 36, 449-487: 479.
157 Hertwig, R. (1899). Mit welchem Recht unterscheidet man geschlechtliche und ungeschlechtliche Fortpflanzung? Sitzungsber. Ges. Morph. Physiol. (München) 15, 142-153: 143.
158 a.a.O.: 147.
159 a.a.O.: 153.
160 Hartmann, M. (1903). Die Fortpflanzungsweisen der Organismen, erläutert an Protozoen, Volvocineen und Dicyemiden: 7; vgl. ders. (1904). Die Fortpflanzungsweisen der Organismen, Neubenennung und Einteilung derselben erläutert an Protozoen und Volvocineen. Biol. Centralbl. 24, 1-61: 24.
161 Dangeard, P.-A. (1900). Programme d'un essai sur la reproduction sexuelle. Le Botaniste 7, 263-268: 265.
162 ebd.
163 Vgl. Hartmann, M. (1909). Autogamie bei Protisten und ihre Bedeutung für das Befruchtungsproblem. Arch. Protistenk. 14, 264-334: 267f.; Guilliermond, A. (1910). La sexualité chez les champignons. Bull. Sci. France Belgique 44, 109-196: 115; 123.
164 Abbott, J.F. (1914). The Elementary Principles of General Biology: 141.
165 a.a.O.: 142.
166 Wilson, E.B. (1896/1925). The Cell in Development and Heredity: 582.
167 Kniep, H. (1928). Die Sexualität der niederen Pflanzen: 458.
168 a.a.O.: 456f.
169 Weismann, A. (1891). Amphimixis oder: die Vermischung der Individuen: 112.
170 Winkler, H. (1906). Botanische Untersuchungen aus Buitenzorg. II, 7. Ueber Parthenogenesis bei *Wikstroemia indica* (L.). C.A. Meyer Ann. Jardin Botan. Bruitenzorg 20 (2. sér, 5), 208-276: 253.
171 Winkler, H. (1908). Über Parthenogenesis und Apogamie im Pflanzenreiche. Progressus Rei Botanicae 2, 293-454: 300f.
172 a.a.O.: 298.
173 Hartmann (1909): 270; Guilliermond (1910): 163.
174 Renner, O. (1916). Zur Terminologie des pflanzlichen Generationswechsels. Biol. Centralbl. 36, 337-374: 349.
175 Necker, M. de (1775). Éclaircissements sur la propagation des filicées en général. Journal encyclopédique ou universel 7, 49-63: 53; Original in Acta academiae Theodoro-Palatinae, Bd. 3 (1775), 275-318: 286: »*Agamia* ou *Pseudogamia*«.
176 Delage, Y. (1895). La structure du protoplasma et les théories sur l'hérédité et les grands problèmes de la biologie générale: 148; vgl. ders. (1903). L'hérédité et les grands problèmes de la biologie générale: 163.
177 McLennan, J.F. (1865). Primitive Marriage: 48.
178 Cook, R.E. (1979). Asexual reproduction: a further consideration. Amer. Nat. 113, 769-772: 770.
179 Wagenitz, G. (1996/2003). Wörterbuch der Botanik: 234.
180 Le Grand Robert (1986); in Übersetzungen aber schon vorher: Sieboldt, C.T. von (1856). Vrai parthénogénèse chez les papillons et abeilles. Arch. sci. phys. nat. 33, 289-299.
181 Vgl. Taschenberg, O. (1892). Historische Entwickelung der Lehre von der Parthenogenesis. Abh. Naturf. Ges. Halle 17, 365-454.
182 Siebold, C.T. von (1856). Wahre Parthenogenesis bei Schmetterlingen und Bienen: 14.
183 a.a.O.: 140.
184 Darwin, C. (1859/72). On the Origin of Species: 387.
185 Hartmann, M. (1903). Die Fortpflanzungsweisen der Organismen, erläutert an Protozoen, Volvocineen und Dicyemiden: 9f.
186 Hartmann, M. (1927). Allgemeine Biologie: 342.
187 Aristoteles, Hist. anim. 539a30ff.; ders., De gen. anim. 755b1ff.
188 Aelian, De natura animalium I, Kap. 2.46; Basilius, Hexaemeron (Source chrétiennes 26, 1950): 460ff. (8. Homilie, Kap. 6); Ambrosius, Exameron (Corpus Scriptorum Ecclesiasticorum Latinorum 32, 1, 1897): 188f. (5. Buch, Kap. 20.64, 65).
189 Albertus Magnus (ca. 1265). De animalibus libri XXVI (Münster 1916-20): 1513 (XXIII, 24); vgl. Nabielek, R. (1998). Biologische Kenntnisse und Überlieferungen im Mittelalter (4.-15. Jh.). In: Jahn, I. (Hg.). Geschichte der Biologie, 88-160: 151.
190 Bonnet, C. de (1745). Traité d'insectologie.
191 Leuckart, R. (1857). Sur l'arrénotokie et la parthénogenèse des abeilles et des autres hymenoptères qui vivent en société. Bulletins de l'Académie des Sciences (Belgique) 2me Sér. 11(3), 200-204 (dt. Übers.: Ueber die Arrenotokie (Drohnenbrütigkeit) und die Parthenogenese bei Bienen und andern in Gesellschaften lebenden Hymenopteren. Bienen-Zeitung 13, 283-285); vgl. ders. (1858). Zur Kenntniss des Generationswechsels und der Parthenogenesis bei den Insekten: 52.
192 Siebold, C.T.E. von (1871). Beiträge zur Parthenogenesis der Arthropoden: 225.
193 Dzierzon, J. (1845). Gutachten über die von Hrn. Direktor Stöhr im ersten und zweiten Kapitel des General-Gutachtens aufgestellten Fragen. Bienen-Zeitung 1 (Nr. 11), 109-115; 1 (Nr. 12), 119-121: 113; vgl. ders. (1846). Bestimmung und Bestimmungslosigkeit der Drohnen. Bienen-Zeitung 2, 42-43.
194 Berlepsch, A. von (1860). Die Biene und die Bienenzucht.
195 Vgl. Fleischer, K. (1931/56). Dr. Johannes Dzierzon: 42f.
196 Aristoteles, De gen. anim. 759aff.; vgl. Föllinger, S. (1997). Die aristotelische Forschung zur Fortpflanzung und Geschlechtsbestimmung der Bienen. In: Kullmann, W. & Föllinger, S. (Hg.). Aristotelische Biologie, 375-385.
197 Winkler, H. (1920). Verbreitung und Ursache der Parthenogenesis im Pflanzen- und Tierreich.
198 Winkler, H. (1908). Über Parthenogenesis und Apogamie im Pflanzenreiche: 9ff.
199 Smith, J. (1839). Notice of a plant which produces seeds without any apparent action of pollen. Trans. Linn. Soc. Lond. 18, 509-512.

Fortpflanzung

200 Juel, H.O. (1898). Parthenogenesis bei *Antennaria alpina* (L.) R. Br. Vorläufige Mittheilung. Bot. Centralbl. 74, 369-372; ders. (1900). Vergleichende Untersuchungen über typische und parthenogenetische Fortpflanzung bei der Gattung *Antennaria*. Kongl. Svenska Vetenskapsakad. Handl. 33, Nr. 5, 1-59.
201 Hertwig, R. (1896). Über die Entwicklung des unbefruchteten Seeigeleies. In: Festschrift für Gegenbaur, Bd. 2, 21-86; Loeb, J. (1899). On the nature of the process of fertilization and the artificial production of normal larvae (Plutei) from the unfertilized eggs of sea-urchins. American J. Physiol. 3, 135-138.
202 Cicero, Philippicae 2, 58; Columella (1. Jh.). Res rustica VIII, 8, 9.
203 Cicero, De divinatione 1, 131; Caesar, De bello gallico 2, 4, 1.
204 Duncan, J.M. (1866). Fecundity, Fertility, Sterility and Allied Topics: 3; vgl. Pearson, K. (1904). The bearing of our present knowledge of heredity upon conduct; zit nach: The diminishing birth rate. Brit. Med. J. Sept. 24, 1904, 767-768: 768.
205 Vgl. OED.
206 Carr-Saunders, A.M. (1922). The Population Problem. A Study in Human Evolution: 52; Wynne-Edwards, V.C. (1962). Animal Dispersion in Relation to Social Behaviour: 490.
207 Allee, W.C., Emerson, A.E., Park, O., Park, T. & Schmidt, K.P. (1949). Principles of Animal Ecology: 289.
208 Homer, Ilias 1, 250-252; vgl. 6, 146; 19, 105; 23, 790; Odyssee 14, 325; 19, 294.
209 Herodot, Historiae 2, 142.
210 Vgl. Riedel, M. (1974). Generation. Hist. Wb. Philos. 3, 274-277.
211 Aristoteles, Metaphysik 1024a (übers. v. H. Bonitz, bearb. v. H. Seidl, Hamburg 1995).
212 Nash, L.L. (1978). Concepts of existence. Greek origins of generational thought. Daedalus 107 (4), 1-21: 1; vgl. Parnes, O., Vedder, U. & Willer, S. (2008). Das Konzept der Generation. Eine Wissenschafts- und Kulturgeschichte: 32.
213 Vgl. Ackroyd, P.R. (1968). The meaning of Hebrew ›dor‹ considered. J. Semit. Stud. 13, 3-10; Parnes, Vedder & Willer (2008): 31.
214 Libri psalmorum verso antiqua gallica (1120); vgl. Wartburg, W. von (1952). Französisches Etymologisches Wörterbuch, Bd. 4: 98.
215 Vgl. Parnes, Vedder & Willer (2008): 29.
216 Voigtel, T.G. (1793). Versuch eines hochdeutschen Handwörterbuchs, Bd. 2: 67 (Geschlecht); vgl. 54 (Generation).
217 Locke, J. (1689/1700). An Essay Concerning Human Understanding (Oxford 1979): 509 (III, 11, 1).
218 Kant, I. (1784). Idee zu einer allgemeinen Geschichte in weltbürgerlicher Absicht (AA, Bd. VIII, 15-31): 20.
219 Paine, T. (1791). Rights of Man. Being an Answer to Mr. Burke's Attack on the French Revolution: 8.
220 Jefferson, T. (1813). [Brief an J.W. Eppes vom 24. Juni 1813]. Memoirs, Correspondence and Private Papers of Thomas Jefferson, vol. 4 (London 1829), 200-205: 200.
221 Vgl. Parnes, O. (2005). »Es ist nicht das Individuum, sondern es ist die Generation, welche sich metamorphisiert«. Generationen als biologische und soziologische Einheiten in der Epistemologie der Vererbung im 19. Jahrhundert. In: Weigel, S., Parnes, O., Vedder, U. & Willer, S. (Hg.). Generation. Zur Genealogie des Konzepts – Konzepte von Genealogie, 235-259: 239f.
222 Dilthey, W. (1875). Über das Studium der Geschichte der Wissenschaften vom Menschen, der Gesellschaft und dem Staat (Gesammelte Schriften, Bd. 5, Leipzig 1924, 31-73): 37.
223 Vgl. Weigel, S. (2006). Genea-Logik: 107-142; Parnes, Vedder & Willer (2008).
224 Chamisso, A. von (1819). De animalibus quibusdam e classe vermium Linnaeana: De salpa (dt. Über die Gattung Salpa. In: Schneebeli-Graf, R. (Hg.). Naturwissenschaftliche Schriften, Berlin 1983, 47-61): 49f.
225 Braun, A. (1854). Das Individuum der Pflanze in seinem Verhältniß zur Species. Abhandlungen der Königlichen Akademie der Wissenschaften zu Berlin 1853, 19-122: 25; vgl. Parnes, O. (2005).»Es ist nicht das Individuum, sondern es ist die Generation, welche sich metamorphisiert«. Generationen als biologische und soziologische Einheiten in der Epistemologie der Vererbung im 19. Jahrhundert. In: Weigel, S., Parnes, O., Vedder, U. & Willer, S. (Hg.) (2005). Generation. Zur Genealogie des Konzepts – Konzepte von Genealogie, 235-259: 245f.
226 Vgl. Resta, R.G. (1993). The crane's foot. The rise of pedigree in modern genetics. Journal of Genetic Counseling 2, 4, 235-260; Bouquet, M. (1996). Family trees and their affinities. The visual imperative of the genealogical diagram. Journal of the Royal Anthrolopological Institute 2, 1, 46-66; Castañeda, C. (2002). Der Stammbaum. Zeit, Raum und Alltagstechnologie in den Vererbungswissenschaften. In: Weigel, S. (Hg.). Genealogie und Genetik. Schnittstellen zwischen Biologie und Kulturgeschichte, 57-69.
227 Mendel, G. (1866). Versuche über Pflanzen-Hybriden. Verhandlungen des Naturforschenden Vereines Brünn 4, 3-47: 17.
228 Darwin, C. (1859). On the Origin of Species: 26.
229 a.a.O.: 29.
230 Thompson, W.R. (1922). Théorie de l'action des parasites entomophages: les formules mathématiques du parasitisme cyclique. Comp. Rend. Acad. Sci. Paris 174, 1201-1204; vgl. Kingsland, S. (1985). Modeling Nature: 101.

Literatur

Cole, F.J. (1930). Early Theories of Sexual Generation.
Lesky, E. (1950). Die Zeugungs- und Vererbungslehren der Antike.
Gasking, E.B. (1966). Investigations into Generation, 1651-1828.
Roger, J. (1972). Les sciences de la vie dans la pensée Française du XVIIIe siècle: La génération des animaux de Descartes a l'encyclopédie.
Farley, J. (1982). Gametes and Spores. Ideas about Sexual Reproduction, 1750-1914.
Smith, J.E.H. (ed.) (2006). The Problem of Animal Generation in Early Modern Philosophy.

Fortschritt

Das Substantiv ist eine im 18. Jahrhundert gebildete Lehnübersetzung aus dem französischen ›progrès‹, das wiederum vom lateinischen ›progressus‹ »Fortschreiten, Vorrücken« abgeleitet ist. Der lateinische und die griechischen Ausdrücke für ›Fortschritt‹ (›ἐπίδοσις‹, ›προκοπή‹) werden in der Antike offenbar nicht auf die Natur insgesamt angewandt. Lediglich in Bezug auf die allmähliche Entwicklung von komplexen Strukturen im individuellen Wachstum von Pflanzen und Menschen erscheinen sie bei Aristoteles.[1] Seit der Frühen Neuzeit ist es v.a. das Wissen des Menschen, dem ein Fortschritt zugeschrieben wird (z.B. 1620 von F. Bacon: »progressus scientiis«).[2] Auf die Veränderung der organischen Natur durch eine Transformation der Arten (↑Evolution; Phylogenese) wird das Wort erst seit Mitte des 18. Jahrhunderts bezogen (so 1747 von dem Dichter E. Young; s.u.).

Einen Fortschritt in der organischen Natur zu sehen, setzt voraus, sie als einen Entwicklungsprozess zu verstehen (↑Phylogenese; Evolution). Implizit ist eine Entwicklungs- und Fortschrittsvorstellung in den Schöpfungsmythen verschiedener Religionen enthalten, insofern dort zuerst die Erschaffung der einfacher gebauten Lebewesen, wie der Pflanzen, dann der Wassertiere, der Vögel, der Kriechtiere und schließlich des Menschen, beschrieben wird.[3] Weil in den Mythen die Entstehung des Neuen aber vom Eingriff Gottes abhängt und dieser allein am Anfang der Zeit tätig war, kann alle spätere Entwicklung kein Fortschreiten darstellen, sondern allein eine Wiederholung des Gewesenen. Die einmal geschaffenen Arten von Organismen gelten als konstant. Ein wirkliches Fortschrittsdenken ist in theologisch fundierten Ansätzen grundsätzlich erschwert, weil die Vorstellung von einer Perfektion am Anfang ausgeht (Gott), aus der sich die Vielfalt der Welt entfaltet oder von der sie geschöpft wird. Der Fortschritt kann also allein in der Perfektionierung einer Manifestation, nicht aber in einer Entwicklung der körperlichen Welt bestehen.

Auch Aristoteles schreibt in seiner Tierkunde nicht direkt von einem Fortschritt bei der Behandlung der verschiedenen Lebensformen. Er geht in seiner Beschreibung einer Stufenleiter (↑Hierarchie) aber

> Fortschritt ist die Verbesserung der Eigenschaften von Organismen, die durch Fortpflanzung miteinander verbunden sind, bei der die später erscheinenden Organismen also in gewisser Hinsicht höher organisiert sind als die früheren (z.B. hinsichtlich ihrer Komplexität oder individuellen Autonomie).

Fortschritt (18. Jh.)	606
Vervollkommnungsprinzip (Nägeli 1865)	622
Orthogenese (Haacke 1893)	621
Orthoselektion (Plate 1903)	623
konservierter Zufall (zur Strassen 1915)	618
Nomogenese (Berg 1922)	622
Aristogenese (Osborn 1934)	622
Anagenese (Rensch 1947)	623
Schlüsselinnovation (Miller 1949)	620
Stasigenese (Huxley 1957)	623
große Transitionen (Olson 1965)	620

doch von den einfachen zu den komplex gebauten Organismen voran und beurteilt die Zunahme der Empfindungsfähigkeit in einer Reihe von Organismen als Fortschritt.[4] Vereinzelt nennt Aristoteles einige Tiere ›perfekt‹ oder ›vollkommen‹ (»τέλεια τῶν ζῴων«[5]) im Vergleich zu anderen, unvollkommenen (»ἀτελῶν«[6]), die über ein wenig ausgeprägtes Wahrnehmungsvermögen (nämlich nur den Tastsinn), geringe Vorstellungskraft und Beweglichkeit verfügen. Eine Entwicklung der einen Form in die andere nimmt Aristoteles jedoch nicht an.

Im Anschluss an Aristoteles wird in der Scholastik eine Reihenfolge der Tiere entworfen, an deren Spitze der Mensch steht, weil kein Tier eine Seele habe, die vollkommener (»perfectius«) sei als seine.[7] Ein bestimmter Grad der Vollkommenheit komme aber auch den Tieren und selbst den unbelebten Dingen zu. Einen Hinweis darauf, worin die Vollkommenheit eines Lebewesens bestehen könnte, gibt Thomas von Aquin in seinem Kommentar zu Aristoteles' Schrift über die Seele. Dort heißt es, dass die Seele für ihre Perfektion einer Vielfalt von Organen bedürfe (»requirit diversitatem organorum in suo perfectibili«[8]) – es wird also ein Zusammenhang zwischen der Vielfalt und Komplexität einer Sache und ihrer Entwicklungshöhe hergestellt. In den säkularisierten Fortschrittsvorstellungen seit der Mitte des 18. Jahrhunderts gilt die Vielgliedrigkeit eines Wesens allgemein als ein Maß für den Grad seiner Vollkommenheit (s.u.).

Bis zur Mitte des 18. Jahrhunderts ist die Auffassung von der Konstanz der Arten, die keinem Wandel und damit auch keinem Fortschritt unterliegen, die dominierende. Für die organische Natur bedeutet dies, dass es keine Neuerzeugung von Arten gibt, sondern alle seit Erschaffung der Welt gleich geblieben sind.[9] Gestützt wird diese Überzeugung durch die entwicklungsbiologische Theorie der Einschachtelung (»emboîtement«; ↑Entwicklung), der zufolge auch alle individuellen Organismen seit Schöpfung der Welt vorhanden sind und bis zur ihrer Geburt in dem Körper ihrer Vorfahren eingeschachtelt vorliegen. Die Möglichkeit des Fortschritts haben nach christlicher Weltanschauung allerdings die individuellen Seelen; sie können sich zu ihrer Vollkommenheit hin entwickeln.[10] Ein Fortschritt und Streben nach Vervollkommnung wird in der Folge nicht allein der menschlichen Seele zugeschrieben, sondern jedem Wesen und der Welt insgesamt.[11] Auf eine kosmische Dimension bezieht E. Young den Fortschritt 1747 und formuliert allgemein: »Nature delights in Progress; in Advance/ From Worse to Better«.[12] J.M.R. Lenz ist 1772 der Ansicht: »Alle Geschöpfe vom Wurm bis zum Seraph müssen sich vervollkommnen können, sonst hörten sie auf endliche Geschöpfe zu sein«.[13]

Die Rede von der Höherentwicklung der Organismen im Laufe der Evolution setzt ein Kriterium voraus, an dem der Fortschritt bemessen werden kann. Verschiedene Kriterien sind diskutiert worden. Nicht immer werden die Kriterien in einem Zusammenhang mit der zeitlichen Entwicklung der Lebewesen gesehen. Dies wird schon daraus deutlich, dass von einer »Vervollkommnung« und »Höherentwicklung« gesprochen wird, bevor sich die Vorstellung einer Evolution allgemein durchsetzt. Meist wird die Perfektion an die innere Differenzierung des Organismus gebunden.

Historische Wurzeln der Fortschrittsidee
Drei gedankliche Komplexe sind als Wurzeln des biologischen Fortschrittsdenkens identifiziert worden[14]: (1) die alte, bis in die Antike zurückreichende Vorstellung der Welt als einer linearen Stufenleiter (»scala naturae«), die von den anorganischen Gebilden über die Pflanzen bis zu den Tieren aufsteigt; (2) der Glaube an einen sozialen und kulturellen Fortschritt in der Menschheitsgeschichte, der sich besonders seit der Aufklärung des 18. Jahrhunderts entfaltet[15]; und (3) die im 19. Jahrhundert aufgestellte Theorie der Rekapitulation der Phylogenese in der Ontogenese (↑Entwicklung), die mit der Parallelisierung von individueller Entwicklung und Entwicklung des Lebens auf der Erde insgesamt auch eine parallele Komplexitätssteigerung postuliert: So wie sich die Vermögen eines Organismus im Laufe seiner individuellen Entwicklung sukzessive entfalten, sei auch die »Höherentwicklung« der Lebensformen in der Evolution zu verstehen.

Darüber hinaus kann als vierte und vielleicht wichtigste Wurzel des Fortschrittsdenkens der Erfolg des reduktionistischen Ansatzes gewertet werden, der komplexe Gegenstände aus der Interaktion einfacher erklärt und auch in der zeitlichen Entwicklung das

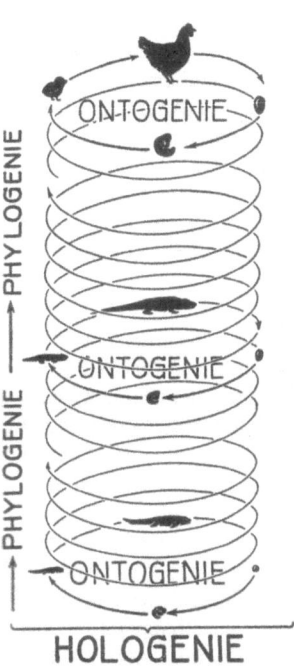

Abb. 148. »Hologeniespirale«: In der zyklischen Folge individueller Ontogenien entstehen neue Arten, deren Abfolge die Phylogenie ist; beide zusammen bilden die Hologenie, die hier als lineare Höherentwicklung dargestellt ist (aus Zimmermann, W. (1953). Evolution. Die Geschichte ihrer Probleme und Erkenntnisse: 5).

Einfache als das gegenüber dem Komplexen Frühere annimmt. Heute ist der Verlauf der Evolution wissenschaftlich gar nicht anders vorstellbar als mit einfachen Lebensformen am Anfang und einer anschließenden sukzessiven Steigerung der Komplexität. Ausgeschlossen ist damit aber andererseits nicht die umgekehrte Entwicklung der Reduktion von Komplexität. Das Einfache steht also am Anfang und kann auch am Ende der Entwicklung stehen, das Komplexe aber nur am Ende. Vor diesem Hintergrund fungiert das Konzept des Fortschritts geradezu als das naturalistische Substitut einer theologisch fundierten Schöpfungstheorie, die immer vom Komplexesten ausgeht.

Wenn das Einfachste in der Entwicklung am Anfang stehen muss, zwingt sich also die Fortschrittsvorstellung auf: Es kann nur komplexer werden. Dieser Gedanke findet sich bereits bei C. Darwin, der in seinen frühen Notizbüchern zur Transformation der Arten die Vorstellung des Fortschritts in dieser Hinsicht für unumgänglich hält: »the simplest cannot help becoming more complicated; & if we look to first origin there must be progress«.[16]

Verschiedene, in unterschiedlichen Varianten und Kombinationen vertretene Komponenten lassen sich als wiederkehrende Elemente der Fortschrittstheorien identifizieren.[17] Zu diesen gehören: (1) Höherentwicklung im Laufe der Sukzession der Organismen in der Erdgeschichte, (2) Verbesserung der Organismen, (3) Linearität der Entwicklung, (4) eine den Prozess antreibende Kraft und (5) ein Ziel- oder Kulminationspunkt der Entwicklung.

Stufenleitertheorien des 18. Jh.
Zu seiner Blüte gelangt der Fortschrittsgedanke mit den Stufenleitertheorien im 18. Jahrhundert. Es wird der Versuch unternommen, die Gegenstände der Natur in eine lineare, aufsteigende Ordnung zu bringen. Diese beginnt unten mit den Elementen und führt über die zusammengesetzten anorganischen Körper zu den Pilzen, Pflanzen, Pflanzentieren und Tieren bis zum Menschen an der Spitze (↑Hierarchie). Das anfangs als reines Ordnungsschema statisch gedachte Konzept der Stufenleiter erfährt im Laufe des 18. Jahrhunderts eine »Temporalisierung«, indem der gedankliche Fortschritt, der von der Beschreibung von einfachen zu komplexen Formen voranschreitet, als ein Fortschritt der Entstehung umgedeutet wird.[18] Interpretationsschwierigkeiten können sich daraus ergeben, dass sowohl das gedankliche Fortschreiten als auch der Fortschritt im Sinne einer Entwicklung mit dem gleichen Begriff benannt wird. Ambivalent bleibt es z.B., wenn J. Addison bereits Anfang des 18. Jahrhunderts in der Stufenleiter der Wesen eine aufsteigende Bewegung feststellt und bemerkt: »It is wonderful to observe, by what a gradual Progress the world of Life advances through a prodigious variety of species«[19].

Ein tatsächlicher Fortschritt in der Entwicklung der Natur wird im 18. Jahrhundert meist mit dem Modell der individuellen Entwicklung in der Ontogenese in Verbindung gebracht und einer besonderen Tendenz oder sogar einem Trieb zur Höherentwicklung zugeschrieben. Das Fortschrittsdenken in diesem Sinne ist also Ausdruck eines »Essenzialismus«, der von vorgegebenen Formen ausgeht, die sich zu entfalten haben.[20] Was dieser Vorstellung des Fortschritts fehlt, ist die Offenheit und Unvorherbestimmtheit der Zukunft, die für die späteren Evolutionstheorien kennzeichnend sind. Als Maßstab der Höherentwicklung oder Perfektion dient bei den älteren Theorien die innere Differenzierung eines Körpers. So heißt es bei G.L.L. Buffon, je mehr verschiedene Teile ein organisierter Körper enthalte, umso »perfekter« sei die Organisation dieses Körpers (»plus y aura dans le corps organisé de parties différentes du tout, & différentes entr'elles, plus l'organisation de ce corps sera parfaite«[21]). Ähnlich bringt auch C. de Bonnet die Vollkommenheit einer Organisation mit der Ungleichartigkeit ihrer Teile in Verbindung: »L'Etre, dont les rapports au Tout sont plus variés, plus multipliés, plus féconds, possede une perfection plus relevée«.[22] Und auch J.W. von Goethe ist ein halbes Jahrhundert später der Meinung: »Je vollkommner das Geschöpf wird, desto unähnlicher werden die Teile einander. [...] Je ähnlicher die Teile einander sind, desto weniger sind sie einander subordiniert. Die Subordination der Teile deutet auf ein vollkommneres Geschöpf«.[23] Der Zusammenhang zwischen innerer Differenzierung eines Organismus und Höherentwicklung wird zu Beginn des 19. Jahrhunderts zu einem Allgemeinplatz, der sich in vielen anatomischen Schriften wiederholt findet. So formuliert J.F. Meckel in seinem ›System der vergleichenden Anatomie‹ (1821): »Je höher ein Thier steht, desto größer ist die Mannigfaltigkeit der Organe«.[24] A. Comte sieht in der immer weiter fortschreitenden Arbeitsteilung zwischen den Organen eines Lebewesens ein Gesetz der organischen Entwicklung: »la perfection croissante de l'organisme animal consiste surtout dans la spécialité de plus en plus prononcée des diverses fonctions accomplies par les organes de plus en plus distincte, et néanmoins toujours exactement solidaires«.[25]

Als Hintergrund für die Herstellung des Zusammenhangs von innerer Differenzierung und Höherentwicklung kann ein Effizienzdenken angenommen werden, das aber selten explizit formuliert wird: So wie die Teile ihre jeweiligen Funktionen besser ausüben können, wenn sie auf eine Funktion spezialisiert sind und nicht noch andere Funktionen übernehmen müssen, so ist auch das Ganze, wenn es aus diesen verschiedenen Teilen zusammengesetzt ist, leistungsfähiger, als wenn es eine Einheit aus einander ähnlichen Teilen bildet, die weniger spezialisiert sind. Die Vervollkommnung des Ganzen bemisst sich also daran, wie weit die Effizienz durch Spezialisierung der Teile getrieben ist.

19. Jh.: Fortschritt und Lebenskraft
Verbreitet ist es zu Beginn des 19. Jahrhunderts, eine besondere Kraft für die zunehmende Komplexität in der organischen Natur anzunehmen. J.B. de Lamarck postuliert 1809 in diesem Zusammenhang eine Art Lebenskraft (»la force particulière qui excite les mouvemens qu'on nomme vitaux«[26]) (↑Vitalismus). Gemäß der alten Stufenleitertheorie spricht er von einer Reihung der Tiere (»la série générale des animaux«), die einen Fortschritt darstelle (»progression dans la composition de l'organisation«).[27]

Allerdings ist nicht jeder Vertreter einer solchen Lebenskraft bereits ein Vitalist, im Sinne des Postulierens von besonderen über die physikalischen Kräfte hinausgehenden metaphysischen Prinzipien zur Erklärung der Lebewesen. Lamarck erklärt das Leben in einem sehr modernen Sinne als eine besondere Form der Anordnung und Organisation der Materie (↑Leben). Der Fortschritt in den organischen Gebilden ist nach Lamarck Ergebnis der Bedürfnisse der Lebewesen, die über den Gebrauch und Nichtgebrauch der Organe direkt zu strukturellen Veränderungen führen (↑Lamarckismus). Der Fortschritt bemisst sich nach Lamarck dabei an der Zunahme der Komplexität der Formen, nicht an ihrer verbesserten Anpassung an die Umwelt (wie später in den Adaptationstheorien des Fortschritts). Weil Lamarck eine wiederholte Urzeugung in der Erdgeschichte annimmt, entsteht das Bild von mehreren parallel nebeneinanderlaufenden Abstammungsreihen (↑Lamarckismus: Abb. 266).

Neben einer von innen wirksamen Kraft, die die Organismen zu zunehmender Komplexität drängt und damit eine lineare Gradation der Lebensformen bedingt, nimmt Lamarck eine diversifizierende Kraft an, die durch die Umweltbedingungen bewirkt wird und zu einer horizontalen Vervielfältigung der Lebensformen führt. Die Einflüsse der Umwelt als zweitem Faktor zur Erklärung der Vielfalt der Tierformen konzipiert Lamarck als Ursache der Abweichung von der Linearität des Fortschritts (»anomalies opérées par l'influence des circonstances d'habitation«) (↑Evolution; Phylogenese).[28] (Beide Faktoren tauchen in ähnlicher Form später bei Haeckel auf, der zwischen zwei »Prinzipien« für die Entstehung der Vielfalt organischer Formen unterscheidet: der inneren, auf der materiellen Zusammensetzung des Organismus beruhenden »Vererbung« und der in Bezug auf die Umwelt wirksamen »Anpassung«[29]; ↑Vererbung.)

Gegen die Vorstellung einer linearen Stufenleiter der Perfektion in der organischen Natur wendet sich G. Cuvier zu Beginn des 19. Jahrhunderts. An die Stelle einer einzelnen nach oben gerichteten Serie stellt er das Nebeneinander von Organisationsformen, die für sich geschlossene Typen ohne graduelle Übergänge darstellen (↑Phylogenese). Trotz dieser Absage an eine lineare Stufenleiter verwendet Cuvier aber weiterhin das Konzept der Perfektion und bestimmt diese als Effizienz (»efficacité«) oder als Maß für Grade der Energie (»degré d'énergie«[30]) organischer Einheiten. Cuvier steigert die Perfektion sogar durch seine häufige Rede von dem *Perfekteren* (»les animaux les plus parfaits et les plus voisins de l'homme«[31]) – denn »perfekt« sind die Organismen für ihn bereits durch ihre innere Harmonie und vollkommene Anpassung an ihre äußere Umwelt (↑Anpassung; Ganzheit). Durch diese Hierarchisierung des Perfekten ist also auch in der Ordnung der Tierformen bei Cuvier noch eine Stufenleitervorstellung enthalten (Cheung 2001: »une hiérarchie de perfection des organismes déjà parfaitement organisés et adaptés à leur environnement«[32]).

In der Mitte des 19. Jahrhunderts werden aber auch Stimmen laut, die sich von der Beurteilung komplexer gebauter Organismen als höher oder vollkommener distanzieren. Ausgehend von der Beobachtung, dass es einfacher und komplexer gebaute Organismen gibt, stellt M.J. Schleiden klar: »Es ist aber schon ein ganz falscher Ausdruck, wenn wir dafür die Worte unvollkommen und vollkommen, niedrige oder höhere Entwickelungsstufe gebrauchen. Dieser Ausdruck hat nämlich keine wissenschaftliche Schärfe, sondern ist nur ein bildlich veranschaulichender«.[33] Eine derartige Ablehnung der Vervollkommnungsidee findet sich vereinzelt bereits seit dem 17. Jahrhundert. Besonders nachdem sie mittels des Mikroskops ausgiebig studiert werden, erfahren die kleinen unscheinbaren Lebewesen eine Aufwertung zu vollständigen Organismen. F. Redi formuliert 1668 den Grundsatz, ›niedrig‹ und ›hoch‹ seien für die Natur unbekannte Begriffe (»questi nomi di più nobile e di men nobile, son termini incogniti alla natura«).[34]

An die Stelle des überkommenen Ordnungsschemas der linearen Höherentwicklung beginnt sich in der Mitte des 19. Jahrhunderts das Schema der Differenzierung und Spezialisierung zu stellen. Dies zeigt sich an verschiedenen Strömungen: Zuerst an der Etablierung des *Stammbaums* als Repräsentationsform der Ordnung der Lebewesen anstelle der linearen Stufenleiter (↑Phylogenese). Daneben weist die Etablierung des Konzepts der *Arbeitsteilung* (↑Funktion) und die Verortung der Lebewesen in einem ökologischen *Netzwerk* (↑Ökosystem) in diese Richtung. Schließlich verfestigt sich auch in der vergleichenden Entwicklungsbiologie (besonders unter dem Einfluss K.E. von Baers) die Betrachtung von Entwicklungsprozessen nicht als linearer Fortschritt und bloße Entfaltung vorgeformter Strukturen, sondern als interne *Differenzierung* und Spezialisierung von Teilen (↑Entwicklung), so dass es möglich wird, die diversen Abwandlungen der Organe bei verschiedenen Organismen als ↑*Homologien* zu identifizieren (die im Verhältnis zueinander auf einer quasi horizontalen und nicht vertikalen Ebene liegen).

Einen erheblichen Einfluss auf die Entwicklung des Fortschrittsdenkens in Bezug auf die Lebewesen hat die zunehmende Kenntnis von den ↑Fossilien. Seit Beginn des 19. Jahrhunderts wird immer deutlicher, dass die unteren, also älteren Gesteinsschichten weniger komplexe Fossilienformen aufweisen als die oberen. Im Sinne eines klaren Fortschritts in der Organisation interpretiert L. Agassiz diesen Befund – allerdings immer noch im Rahmen einer göttlichen Schöpfungstheorie. Die einfacheren, weniger komplex gebauten Lebewesen haben nach Agassiz' Theorie, ebenso wie zuvor für Lamarck (↑Lamarckismus: Abb. 266), lediglich eine kürzere Strecke auf dem vorgezeichneten Weg ihrer Höherentwicklung zurückgelegt.[35]

Fortschritt und Evolution
Bereits vor der Formulierung der Deszendenztheorie durch Darwin wird eine Verbindung zwischen dem Terminus ↑Evolution und der Vorstellung eines Fortschritts im Sinne einer Höherentwicklung der Organismen gezogen. G.W.F. Hegel unterscheidet 1830 eine sukzessive Entwicklung von Organismen zu einer Vervollkommnung, die er »Evolution« nennt, von einer entgegengesetzten »Stufenfolge der Verschlechterung«, die von ihm »Emanation« genannt wird.[36] Auch der Geologe C. Lyell ist der Meinung, eine stetige Evolution (»gradual evolution«) führe zu verbesserten (»improved«) Organismen.[37] Als ein universales Gesetz der Evolution, das er auf den Bereich des Anorganischen ebenso wie auf die Lebewesen und die Kulturentwicklung des Menschen anwendet, sieht H. Spencer 1857 den Wechsel vom Homogenen zum Heterogenen (»a change from the homogeneous to the heterogeneous«[38]).

H.G. Bronn, auf den sich später Haeckel beruft, stellt 1858 sechs »Gesetze progressiver Entwickelung« auf, die er u.a. durch seine vergleichenden paläontologischen Untersuchungen ermittelt. Diese sind: 1. »Differenzirung der Funktionen und Organe«, 2. »Reduzirung der Zahl gleichnamiger (homonymer) Organe«, 3. »Konzentrirung«, d.h. Zusammenrücken der Funktionen und Organe auf einen begrenzten Teil des Körpers, 4. »Zentralisirung der Organen-Systeme«, 5. »Internirung der Organe«, d.h. Verlagerung nach Innen und 6. »Größe-Zunahme«[39] (↑Evolution: Tab. 68).

Darwin: Skepsis gegenüber dem Fortschrittsbegriff
Als Maßstab des Fortschritts erwägt C. Darwin[40] im Anschluss an K.E. von Baer den Grad an Differenzierung zwischen den Teilen eines Individuums oder das Ausmaß der physiologischen Arbeitsteilung (»division de travail«), wie es seit einem Handbucharktikel über ↑›Organisation‹ von H. Milne-Edwards aus dem Jahr 1827 heißt[41]. Auch die geistigen Fähigkeiten (»degree of intellect«) oder das Ausmaß des Strukturwandels im Laufe der Ontogenese eines Organismus (Metamorphose) diskutiert Darwin als mögliche Kriterien des Fortschritts. Darwin erkennt aber auch, dass es Anpassungen an besondere Lebensbedingungen geben kann, die zu einer Vereinfachung der Strukturen führen (»retrogression in the scale of organisation«), so dass der Differenzierungsgrad kein universales Kriterium für Fortschritt sein kann. Darwin sieht daher die fortschreitende Differenzierung nicht als eine notwendige Folge der natürlichen Selektion an (»natural selection, or the survival of the fittest, does not necessarily include progressive development«[42]). Die weitere Existenz von einfach gebauten Lebewesen, wie den Einzellern, erklärt er mit der nicht vorliegenden Konkurrenz zwischen einfachen und komplexeren Lebensformen und dem Vorhandensein einfacher Lebensbedingungen.[43]

Insgesamt steht Darwin der Rede von ›höher‹ und ›tiefer‹ in der Biologie sehr skeptisch gegenüber; in seinem ersten Notizbuch zum Artenwandel erklärt er es für »absurd«, ein Tier für höher als ein anderes zu erklären.[44] Und in einer Randnotiz zu seiner Ausgabe von R. Chambers' ›Vestiges of the Natural History of Creation‹ (1844) ermahnt Darwin sich selbst: »never use the words higher or lower«.[45]

Darwin steht mit seinen ersten Theorieentwürfen aus den 1830er und 40er Jahren, die er nicht veröffentlicht, noch in einer naturtheologischen Tradition und geht davon aus, die Organismen seien an ihre Umwelt *perfekt angepasst* (»perfectly adapted«). Erst später löst er sich von dieser Anschauung und formuliert in seiner Theorie der ↑Selektion einen nur relativen Maßstab der ↑Anpassung.[46] Eine innere Tendenz zur Höherentwicklung (»innate tendency towards perfection or progressive development«[47]), die Darwin mit Lamarcks und Nägelis Theorien in Verbindung bringt, lehnt er ab – auch wenn er, ebenso wie viele seiner Vorläufer (↑Phylogenese), anfangs die phylogenetische Transformation nach dem Modell der ontogenetischen Entwicklung konzipiert. Wenn es nach Darwin auch keine innere Kraft oder Tendenz gibt, die zu einer Höherentwicklung führt, so hält er diese doch für eine notwendige Folge, die sich aus dem Wirken der Selektion ergebe (»an innate tendency towards progessive development [...] necessary follows [...] through the continued action of natural selection«[48]).

Die für den Mechanismus von Darwins Theorie ausreichende innere Tendenz der Organismen ist eine *Tendenz zum Wandel*, die mit der bloßen Reproduktion der Organismen gegeben ist (»tendency to vary by generation«[49]). Im Gegensatz zu seinen Vorläufern stellt sich Darwin die Anpassung nicht als einfaches Ergebnis der Reproduktion vor: Nicht allein aus der Kette der Fortpflanzung ergibt sich schon eine Stufenfolge der Höherentwicklung. Darwin trennt also die beiden Aspekte der Fortpflanzung und des Fortschritts voneinander, die vor ihm oft zusammengedacht wurden. In Darwins Selektionstheorie ergibt sich eine Höherentwicklung nicht mehr aus dem bloßen Faktum der Fortpflanzung, sondern erst aus der nachträglichen Bewertung der dadurch entstandenen Variation in der Selektion. Seinem relativen Begriff der Anpassung entsprechend, bemüht sich Darwin auch um einen relativen Begriff des Fortschritts und der Perfektion: »Natural selection tends only to make each organic being as perfect as, or slightly more perfect than, the other inhabitants of the same country with which it comes into competition«.[50] Während er in der ersten Auflage im Anschluss daran noch von dem *Grad der Perfektion* (»degree of perfection«) spricht, wird dies später in den von der Natur erreichbaren *Standard der Perfektion* umgewandelt. Dieser Standard ist nach Darwin ein komparativer: Die Selektion könne nicht anders wirken, als die Organismen im Vergleich mit ihren Konkurrenten zu relativ erfolgreichen zu formen. Ein absoluter Begriff der Vollkommenheit oder Perfektion wird damit unmöglich: »Natural selection will not produce absolute perfection«.[51] Das Ergebnis der Konkurrenz der Organismen ist nach Darwin eine zunehmende Spezialisierung und in diesem Sinne Höherentwicklung: »new species become superior to their predecessors; for they have to beat in the struggle for life all the older forms, with which they come into close competition [...] modern forms ought, on the theory of natural selection, to stand higher than ancient forms«.[52] Die Vorstellung einer Höherentwicklung hat also durchaus Raum in Darwins Überlegungen. Er spricht wörtlich von *Verbesserung* (»improvement«) und formuliert den Gedanken eines schrittweisen Fortschreitens in der Organisation der Lebewesen (»gradual advancement of the organisation of the greater number of living beings throughout the world«).[53] Darwins Vorbehalte gegenüber der Kennzeichnung von einigen Formen als ›höher‹ gegenüber anderen beruht weniger auf der Überzeugung, dass es nicht eine Form der Höherentwicklung aufgrund des Selektionsprozesses gebe, als vielmehr darauf, dass die Worte ›höher‹ und ›niedriger‹ nicht einfach mit allgemeiner Anwendung zu definieren sind, weil es kein einheitliches Kriterium dafür gibt, was als Fortschritt (»advance in organisation«[54]) zu werten ist.[55] Emphatisch argumentiert Darwin an einer Stelle des ›Origin‹: Weil die Natürliche Selektion im Gegensatz zur künstlichen Selektion des Menschen nicht auf ein externes Ziel bezogen ist, sondern allein für das Wohl der Lebewesen wirke, bewirke sie eine Höherentwicklung: »as natural selection works solely by and for the good of each being, all corporeal and mental endowments will tend to progress towards perfection«[56].

Weil die Annahme eines linearen Fortschritts nicht unmittelbar mit seiner Theorie verbunden ist, wird vermutet, dass Darwin die Fortschrittselemente aus strategischen Erwägungen in seine Theorie eingebaut hat, um auf diese Weise eine bessere Akzeptanz seiner Theorie zu erzielen.[57] Auch religiöse Überzeugungen könnten für Darwins Fortschrittsdenken eine Rolle gespielt haben.[58] Auf jeden Fall kann eine gewisse Spannung zwischen dem zentralen Stück seiner Theorie, dem Prinzip der Divergenz (↑Evolution; Phylogenese), und einem linearen Fortschrittsdenken festgehalten werden: Das Bild einer immer weiter gehenden Differenzierung der Formen als Ergebnis der Konkurrenz der Organismen steht dem Bild einer linearen Höherentwicklung direkt entgegen.[59] Und doch hat Darwins Theorie den Anspruch, diese beiden Momente, Divergenz und Progression, als zwei Aspekte des einheitlichen Prozesses der Evolution durch Selektion zu verbinden.[60] Eine einfache Verbindung, die aber nicht im Sinne Darwins ist, könnte darin bestehen, allein die Veränderung (Divergenz) als das zentrale Prinzip des Fortschritts zu verstehen.

Aus Darwins Überlegungen wird auch deutlich, dass das Kriterium des Fortschritts nicht notwendig an die zeitliche Reihenfolge der Entwicklung gebunden werden muss: Zeitlich später in einer Entwicklungsreihe auftretende Formen können durchaus weniger fortschrittlich sein in Bezug auf ein Kriterium wie die Komplexität oder den Differenzierungsgrad. Auf der anderen Seite könnte die zeitliche Sequenz aber auch als Garant für die Objektivität des Fortschrittskriteriums genommen werden: Im Vergleich zu anderen Kriterien, wie z.B. der Komplexität, stellt die zeitliche Abfolge der Organismen einen objektiveren Maßstab des Vergleichs dar. Die Auswahl jedes anderen Kriteriums als des phylogenetischen Alters bedürfte einer besonderen Rechtfertigung. Es müsste z.B. begründet werden, warum die Komplexität und nicht die Einfachheit der Organisation fortschrittlich genannt werden sollte. In phylogenetischer Hinsicht sind allerdings alle rezenten Organismen als gleich fortgeschritten zu beurteilen, weil sie alle – einen monophyletischen Ursprung des Lebens vorausgesetzt – eine gleich lange Entwicklungsgeschichte hinter sich haben. Lediglich die Vorfahren der heute lebenden Organismen könnten vor diesem Hintergrund als weniger fortschrittlich gelten. Als gleich fortschrittlich würden damit aber solche Organismen eingeordnet, die sich in ihrem Körperbau nur wenig von dem letzten allen späteren Organismen gemeinsamen Vorfahren (dem »last universal common ancestor«, LUCA, ↑Phylogenese) entfernt haben, und solche, die sich in ihrer Konstruktion von diesem sehr weit entfernt haben, weil sie komplexe Organisationstypen darstellen. Um diese Gleichsetzung zu vermeiden, erscheint es sinnvoll, den Fortschritt daran zu bemessen, wie sehr sich ein Organisationstyp von den frühen Vorfahren aller Organismen entfernt hat. Einen wesentlichen Hinweis dafür bildet die Komplexität des Bauplans – die daher auch meist als das zentrale Kriterium des Fortschritts dient.

Die Zeit nach Darwin
Im Gegensatz zu Darwins vorsichtigen Äußerungen zum Fortschritt in der Evolution stehen die Auffassungen E. Haeckels, der sie zu einem notwendigen Merkmal der Selektion macht. Er fasst den »Fortschritt (Progressus) oder die Vervollkommnung (Teleosis) als nothwendige Wirkung der Selection« und spricht von einem »Fortschritts-Gesetz«.[61] Als Kriterium des Fortschritts gilt Haeckel die Zahl der unterscheidbaren Teile eines Organismus sowie die Verschiedenartigkeit ihrer Ausbildung und der Grad der Zentralisation.[62] Ausdrücklich wendet er sich gegen die Identifizierung von Fortschritt und Differenzierung: »Es ist nicht jeder Fortschritt eine Differenzirung, und es ist nicht jede Differenzirung ein Fortschritt«.[63] Das für den Fortschritt Wesentliche stellt für Haeckel im Anschluss an Bronn die Zentralisation der Organe dar.

Eine physiologische Klassifikation von Lebensformen, die zumindest implizit die Vorstellung eines Fortschritts enthält, enwickelt der Physiologe C. Bernard am Ende des 19. Jahrhunderts. Für ihn ist es die Regulationsfähigkeit und die Ausbildung eines konstanten »inneren Milieus«, die eine fortschrittliche Organisation kennzeichnet. Hinsichtlich des Grades der Autonomie gegenüber der Umwelt unterscheidet Bernard drei Stufen: Auf der untersten Stufe befinden sich die niederen Lebewesen, die ihr Leben in vollständiger Abhängigkeit von den Bedingungen der Umweltfaktoren führen und bei ungünstigen Bedingungen in einen Zustand des »latenten Lebens« (↑Schlaf) fallen oder sterben. Auf mittlerer Stufe stehen Lebewesen wie Pflanzen, bei denen widrige Umweltbedingungen zwar zu einem Wechsel der Aktivität, aber nicht zu einem Absterben oder latenten Leben führen. Die in der Organisation am weitesten fortgeschrittenen Lebensformen zeichnen sich nach Bernard durch eine weitgehende Emanzipation von den Schwankungen der Umweltbedingungen aus.[64] Auch wenn diese Klassifikation zu keinen scharfen Abgrenzungen führt, ist sie doch einflussreich für viele spätere Überlegungen zur Höherentwicklung.

Als Alternative zu Darwins Annahme der ungerichteten Variation und Selektion werden am Ende des 19. Jahrhunderts verschiedene Theorien vorgeschlagen, die ausdrücklich von einem gerichteten Fortschritt in der organischen Natur ausgehen (»Orthogenese«; s.u.). Eine langfristige Veränderung in der Phylogenese ohne Fortschritt, ohne Determinismus und damit ohne Vorhersagbarkeit scheint in der zweiten Hälfte des 19. Jahrhunderts nur wenig akzeptabel zu sein. Diese Einschätzung ändert sich erst zu Beginn des 20. Jahrhunderts mit dem Aufkommen eines neuen, die ungerichtete Dynamik des Lebensprozesses betonenden Ansatzes, dessen prägnantester Ausdruck die ›Évolution créatrice‹ (1907) H. Bergsons ist.[65]

Spencer: Fortschritt als Effizienzsteigerung
Ausgehend von einem technisch-ökonomischen Effizienzmodell entwickelt H. Spencer seine Vorstellungen vom organischen Fortschritt in der Natur. Fortschritt besteht danach in der Steigerung der Effizienz von Vorgängen: »Each advance in evolution implies an economy. That any increase in bulk, or structure, or activity, may become established, the life of the organism must be to some extent facilitated by the change – the cost of self-support must be, on the average, reduced«.[66] Jede zusätzliche Investition in komplexe Strukturen oder Verhaltensweisen müsse »zurückgezahlt« werden (»repaid in food more-easily obtained, or danger more-easily escaped«), damit die derart ausgestatteten Organismen keinen Nachteil erleiden, so Spencer. Bezogen wird der Fortschritt bei Spencer nicht allgemein auf die Steigerung der Fitness (Reproduktion), sondern allein auf die Zunahme der Fähigkeit zur Selbsterhaltung. Zwischen der Fähigkeit zur Reproduktion und zur Selbsterhaltung bzw. zwischen der Ausbildung von autonomen Organismen (»Individuation«) und deren Vermehrung (»Genesis«) besteht nach Spencer ein umgekehrt proportionales Verhältnis (↑Fortpflanzung): Je stärker die Individuen einer Art in ihren Fähigkeiten zur Selbsterhaltung sind, desto geringer sei ihre Reproduktionsfähigkeit (»augmented power of self-maintenance habitually necessitates diminished power of race-propagation«[67]). Der Fortschritt in der Evolution ist nach Spencer allein auf die Seite der Individuation bezogen; er bestehe daher in der Abnahme der

Reproduktion: »Each increment of evolution entails a decrement of reproduction«.[68] Am weitesten fortgeschritten ist diese Entwicklung nach Spencer bei dem fortschrittlichsten Lebewesen: dem Menschen. Bei ihm sei die Steigerung der Intensität, Vollständigkeit und Länge des individuellen Lebens (»increasing the intensity, completeness, and length of the individual life«[69]) mit einem Rückgang seiner Reproduktionsfähigkeit verbunden. Und diese Tendenz sei auch nicht nur Ergebnis der natürlichen Evolution, sondern in gleichem Maße eine Forderung an die Zivilisation: »the process of civilization must inevitably diminish fertility, and at last destroy its excess«.[70] Die natürlich-kulturelle Entwicklung ist damit auf einen Zustand des Gleichgewichts (»equilibrium«) und der Harmonie (»harmony«) gerichtet, in dem nicht mehr Individuen gezeugt werden als durch Altersgründen sterben. Mit diesem Gedanken, der gleichermaßen eine Beschreibung des natürlichen Fortschritts wie eine Forderung an die kulturelle Entwicklung der Zivilisation ist, schließt Spencer 1867 seine umfangreichen ›Principles of Biology‹.

Vorwurf des Wertebezugs und der Anthropozentrik
Am Ende des 19. Jahrhunderts besteht eine verbreitete Skepsis gegenüber der Möglichkeit einer naturwissenschaftlich objektiven Definition des Fortschrittsbegriffs. Der Physiologe M. Verworn ist 1895 folgender Auffassung: »die Annahme, dass der Mensch vollkommner sei, als eine Amoebe, bleibt immer eine willkürliche, für welche die Wirklichkeit keine Berechtigung bietet und wenn wir die Entwicklung Vervollkommnung nennen, so ist das nichts als eine Convention«.[71] Die Rede von Fortschritt und Vervollkommnung in der Entwicklung ist für Verworn Ausdruck eines anthropozentrischen Standpunktes, der ein künstlich gesetztes Ziel in den Prozess der Evolution hineinträgt.

Der Philosoph H. Rickert argumentiert in ähnlicher Richtung, wenn er sich dagegen wehrt, evolutionär gewordene Anpassungen als Vervollkommnungen aufzufassen, weil der Begriff der Vervollkommnung ein Wertbegriff sei, der in der Naturwissenschaft nichts verloren habe.[72] Kritisiert wird von Rickert vor diesem Hintergrund schon die Rede von ›Entwicklung‹ und ›Evolution‹ in der Biologie, weil diese Ausdrücke bereits die teleologische Vorstellung eines zielorientierten Prozesses nahelegten.[73] Von eigentlicher Höherentwicklung kann nach Rickert nur in Bezug auf »Werte« gesprochen werden; diese seien aber allein der Gegenstand der ↑Kulturwissenschaften, nicht aber der Naturwissenschaften: »Für eine konsequente Naturwissenschaft gibt es [...] keine ›höheren‹ oder ›niederen‹ Organismen, falls das heißen soll, daß die einen mehr Wert als die andern haben. Höher oder nieder kann höchstens soviel wie mehr oder weniger differenziert bedeuten, und der Differenzierungsprozeß hat als solcher mit Vervollkommnung und Wertsteigerung ebenfalls nichts zu tun, wenn auch oft das Differenzierte als das geeignete *Mittel* zur Verwirklichung von Gütern gelten kann, an denen Werte haften«.[74] Biologisch betrachtet können aber die komplexer gebauten Lebewesen nicht als vollkommener oder besser angepasst gelten, weil auch die einfacher konstruierten offensichtlich sehr erfolgreich sind.

Vielfach wird daher zu Beginn des 20. Jahrhunderts die Diagnose gestellt, der Begriff des Fortschritts dürfe in der Biologie keinen Raum haben. F. Mauthner etwa schreibt in seinem ›Wörterbuch der Philosophie‹ (1910-11/23), der »menschliche, eigentlich moralische, axiologische Begriff des Fortschritts« habe sich in die Vorstellung der Evolution der Organismen »eingeschlichen«.[75]
Auch viele Biologen bezweifeln, dass es ein objektives Kriterium des Fortschritts geben könne. W. Zimmermann z.B. meint 1938, »daß noch niemand gezeigt hat, wie man in objektiver Weise zwischen heutigen ›höheren‹ und ›niederen‹ Lebewesen unterscheiden kann«.[76] Zimmermann definiert die Evolution daher später allein als Veränderung: »Evolution ist eine Transformation der Organismen in Gestalt und Lebensweise, wodurch die Nachfahren andersartig als die Vorfahren werden«.[77] Den Zusatz ›höher‹ empfindet er als »anthropozentrisch«.

Einen weitgehend deskriptiven Begriff von Fortschritt im Sinne eines Fortschreitens vertritt auch J. Huxley Mitte des 20. Jahrhunderts, wenn er den Fortschritt in der Evolution durch die Abfolge von »dominanten Typen« charakterisiert.[78] Dominante Typen sind nach Huxley Typen von Organismen, die für eine erdgeschichtliche Epoche kennzeichnend sind, weil sie häufig auftreten und sich in eine weite Mannigfaltigkeit von Formen auffächern (»radiation«). Der Erfolg der dominanten Typen beruht nach Huxley auf zwei Fähigkeiten: einer Kontrolle über die Umwelt (Manipulation) und einer Unabhängigkeit von Umweltänderungen (Emanzipation).

Die Begründer und Anhänger der synthetischen Theorie der Evolution stehen dem Fortschrittskonzept nicht durchgehend ablehnend gegenüber; sie stellen häufig allein fest, dass es nicht leicht zu definieren ist[79]. Dass die Selektion aber einen Fortschritt von den einfach gebauten Einzellern zu den komplexen Vielzellern mit ihren differenzierten Organsystemen bewirken könne, wird nicht bezweifelt.[80] Zwar stehen viele Autoren der Vorstellung eines globalen

Größe
Zunahme der Körpergröße

Komplexität und Differenzierung
Zunahme der morphologischen und physiologischen Komplexität durch Spezialisierung der Teile, z.B. Zunahme der Zelltypen

Menge der genetischen Information
Zunahme der Länge kodierender DNA-Sequenzen

Zentralisierung
Straffung der hierarchischen Organisation des Systems, insbesondere des Nervensytems

Integration
Zunahme der funktionalen Interdependenz der Teile; Abnahme der Regenerationsfähigkeit

Internalisierung
Verlagerung von wichtigen Organen in das Körperinnere

Ökonomisierung und Rationalisierung
Steigerung der Effizienz in der Herstellung von Strukturen und in funktionalen Abläufen durch Verbesserung des mechanischen und physiologischen Designs

Mentale Fähigkeiten
Steigerung der Kapazitäten des mentalen Systems, Bewusstseinserweiterung

Brutpflege
Steigerung der Reproduktionseffizienz durch Brutpflege

Individualisierung
Zunahme der Bedeutung des Individuums für den langfristigen Bestand einer Art; Abnahme der Anzahl von Nachkommen eines Organismus

Wahrnehmungsfähigkeiten
Verbesserung der Vermögen, Informationen aus der Umwelt zu erhalten

Plastizität
Zunahme der Fähigkeit, auf die Umwelt flexibel zu reagieren, Erweiterung des Verhaltensrepertoires

Effizienz in der Umweltnutzung
Verbesserung in der Ausnutzung von Ressourcen der Umwelt

Ökologische Dominanz
Zunahme der Rolle in Ökosystemen in quantitativer und funktionaler Hinsicht

Taxonomische Diversität
Zunahme der Variation innerhalb taxonomischer Gruppen

Größe des Lebensraums und der ökolog. Nische
Zunahme der geografischen Verbreitung und der ökologischen Vielseitigkeit

Fitness und Anpassung
Verbesserung der Fitness und Umweltanpassung, Verringerung der Aussterbewahrscheinlichkeit

Homöostatische Fähigkeiten
Verbesserung der Fähigkeiten eines Organismus, widrige Umweltbedingungen zu überdauern und Störungen zu kompensieren

Umweltkontrolle
Zunahme der Kapazitäten, die Umweltverhältnisse zu verändern

Autonomie
Zunahme der Autonomie des Individuums durch Emanzipation von Umweltschwankungen; Ausbildung eines »inneren Milieus«

Tab. 83. Kriterien des biologischen Fortschritts; links Konzepte, die die innere Organisation eines Organismus betreffen, rechts Konzepte, die von seiner Beziehung zur Umwelt ausgehen (vereinfachte und veränderte Zusammenstellung nach Rosslenbroich, B. (2006). The notion of progress in evolutionary biology – the unresolved problem and an empirical suggestion. Biol. Philos. 21, 41-70: 55-57).

Fortschritts skeptisch gegenüber. Für einzelne Abstammungslinien und dabei insbesondere für einzelne Merkmale, wie das Sehvermögen durch Augen, wird der Fortschrittsbegriff aber als sinnvoll verteidigt.

Für eine »völlig wertfreie Definition der Entwicklung alles Organischen« hält es K. Lorenz 1943, wenn er als Richtung für die Evolution angibt, sie verlaufe »im Sinne der abnehmenden generellen Wahrscheinlichkeit der entstehenden harmonischen Systeme«.[81] Die Zunahme an Ordnung, Komplexität und Differenzierung sind für Lorenz »nicht das Wesen, sondern ein Epiphänomen« der evolutiven Entwicklung. Allerdings können Ordnung und Komplexität gerade auch als (thermodynamische) Messgrößen der Wahrscheinlichkeit verstanden werden.

Offene Ablehnung und verdeckte Annahme
Seit den 1960er Jahren ist unter Evolutonsbiologen eine offene Ablehnung des Fortschrittskonzepts nicht selten. Es gebe nichts in der Evolutionstheorie, das einen kumulativen Fortschritt nahelege, behauptet G.C. Williams 1966.[82] Und J. Maynard Smith wiederholt diese Auffassung zwanzig Jahre später (»our theory of evolution does not predict an increase in anything«[83]). Es wird daher vorgeschlagen, auf den Begriff des Fortschritts ganz zu verzichten.[84] Am vehementesten in der Ablehnung des Konzepts ist dabei 1988 S.J. Gould, weil er den Begriff für schädlich und wissenschaftlich nicht untersuchbar hält: »Progress is a noxious, culturally embedded, untestable, nonoperational, intractable idea that must be replaced

if we wish to understand the patterns of history«.⁸⁵ Gould wendet sich auch dagegen, das am häufigsten genannte Krierium für den Fortschritt, die Komplexitätssteigerung, als solches zu akzeptieren. Denn es gebe genauso viele Situationen, in denen ein komplex gebauter Körper von Nachteil wie von Vorteil sei.⁸⁶ Aufgrund dieser Bedenken wird es heute meist vermieden, von einem Fortschritt in der Organisation und Evolution zu sprechen.

Andererseits wird aber bis in die Gegenwart ein Verständnis der organischen Evolution als Fortschritt auch mehr oder weniger verdeckt vertreten. Ein verdecktes Fortschrittsdenken steckt z.b. in der verbreiteten Rede von »niederen« und »höheren« Organismen (etwa der Einzeller gegenüber den Wirbeltieren). Selten werden die Unterschiede in der Organisation allerdings explizit bewertet. A. Portmann nennt sie 1953 aber doch eine »bedeutsame Realität« und warnt vor einer »Flucht vor dem Begriff der Differenzierungs- oder Ranghöhe«: »der Rabe ist wirklich komplexer organisiert und hat ein reicheres Feld des Erlebens als ein Molch«.⁸⁷ Auch andere Biologen der letzten Jahrzehnte haben ein sehr affirmatives Verhältnis zu dem Konzept. Der Begriff wird von ihnen selbstverständlich verwendet⁸⁸, das Phänomen gilt als Eigenschaft der Evolution des Lebens (E.O. Wilson 1991: »property of the evolution of life«⁸⁹) oder einfach als Teil unserer Realität (Conway Morris 2003: »part of our reality«⁹⁰).⁹¹

Einfache Kriterien: Größe und Komplexität
Im Laufe der Diskussion im 20. Jahrhundert werden verschiedene Kriterien vorgeschlagen, nach denen ein Fortschritt in der organischen Natur diagnostiziert werden kann (vgl. Tab. 83). Das einfachste Kriterium besteht in der bloßen Zunahme der Körpergröße. Diese kann als spezielle Strategie zur Verminderung der Konkurrenz und Vermeidung von Räuberdruck gedeutet werden⁹²; sie kann aber auch als notwendiger Trend verstanden werden, weil sich makroskopische Organisation biologisch nur auf der Grundlage von mikroskopischer Organisation entfalten kann.

Gleiches gilt für das Kriterium der strukturellen Komplexität, das besonders weite Anerkennung findet (Teilhard de Chardin spricht 1955 vom »großen biologischen Gesetz [...,] dem Gesetz der ›zunehmenden Verflechtung‹ (Komplexifikation)«⁹³): Einige spät in der Evolution erscheinende Lebensformen haben offensichtlich eine größere Komplexität als die frühesten Formen, und diese Komplexität ist nur möglich aufgrund von weniger komplexen Vorläuferstrukturen. Es besteht also eine einseitige Entwicklungsvoraussetzung der weniger komplexen für

1. Abstammung
A ist fortschrittlicher als B, wenn A von B abstammt.

2. Zunehmende Veränderung
A ist fortschrittlicher als B, wenn A sich von dem gemeinsamen Vorfahren C stärker als B unterscheidet.

3. Größenzunahme
A ist fortschrittlicher als B, wenn A größer ist als B (und damit auch ein längeres individuelles Leben hat).

4. Komplexitätszunahme
A ist fortschrittlicher als B, wenn A in Bau und Verhalten komplexer als B ist.

5. Verbesserung der mentalen Fähigkeiten
A ist fortschrittlicher als B, wenn A bessere mentale Fähigkeiten als B hat.

6. Verbesserung der Anpassung
A ist fortschrittlicher als B, wenn A besser angepasst als B ist, d.h. wenn A unter ähnlichen Bedingungen ein längeres Leben hat und mehr Nachkommen hinterlässt als B.

7. Größere Anpassungsfähigkeit (Homöostase)
A ist fortschrittlicher als B, wenn A sich an mehr Situationen anpassen kann als B (aufgrund größerer Homöostasefähigkeit).

Tab. 84. Sieben Arten des Fortschritts (in Anlehnung an Dawkins, R. (1992). Progress. In: Keller, E.F. & Lloyd, E.A. (eds.). Keywords in Evolutionary Biology, 263-272: 263f.).

die komplexen Formen. Allerdings können auch Reduktionsformen aus ehemals komplexen Organismen entstehen. In vielen Stammeslinien gibt es Beispiele für Rückbildungen dieser Art. Besonders spektakulär sind sie bei parasitischen Krebsen (z.B. der Gattung *Sacculina*), bei denen der Körper zu einem ungegliederten Sack ohne Extremitäten und Darm und lediglich mit einem Nervenzentrum und Gonaden wird. Die Ernährung dieser Tiere erfolgt allein über hyphengeflechtartige Ausläufer im Körper des Wirts. Eine solche Komplexitätsreduktion ist aber offenbar doch eher die Ausnahme als die Regel im Verlauf der Evolution. Der Entwicklungsweg der meisten Abstammungslinien von Organismen führte also zu zunehmend komplexeren Formen.

Definitionen des biologischen Fortschritts über das Kriterium der Komplexitätszunahme sind seit Beginn des 20. Jahrhunderts verbreitet. L. Plate definiert z.B. 1928: »Biologische Vervollkommnung besteht in harmonischer Zunahme der Zahl, der Komplikation und der Leistungsfähigkeit der Anpassungen«.⁹⁴ In der zweiten Jahrhunderthälfte werden verschiedene Versuche zur objektiven Messung des Fortschritts über das Maß der Komplexität unternommen.⁹⁵ D.W.

Fortschritt 616

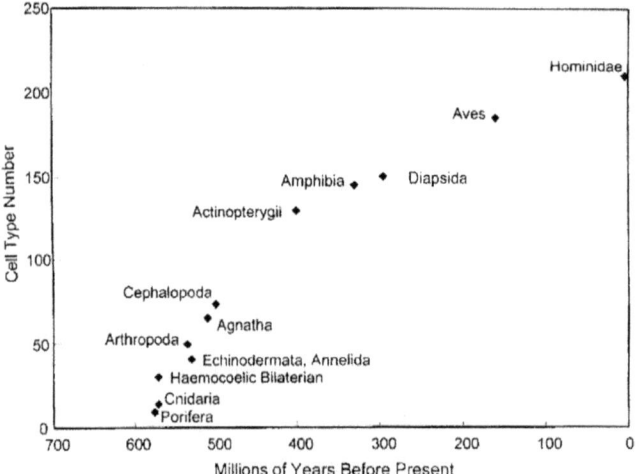

Abb. 149. Zusammenhang zwischen der Anzahl der Zelltypen bei Organismen verschiedener Tiergruppen und dem phylogenetischen Alter dieser Gruppen. Gruppen von Organismen, die eine große Anzahl von Zelltypen aufweisen, sind stammesgeschichtlich jung; allerdings bestehen die Gruppen von Organismen mit einfachem Bau bis in die Gegenwart. Die stammesgeschichtliche Entwicklung ist also in vielen Fällen nicht auf eine Zunahme der Komplexität (Typen von Zellen) gerichtet. Die obere Grenze der Komplexität hat aber andererseits stetig von den ersten Metazoen bis in die Gegenwart zugenommen (mit einer Rate von einem Zelltyp in drei Millionen Jahren; ohne Unterscheidung von Nervenzelltypen) (aus Valentine, J.W., Collins, A.G. & Meyer, C.P. (1994). Morphological complexity increase in metazoans. Paleobiol. 20, 131-142: 134).

McShea schlägt 1991 vor, die Komplexität über die Anzahl der Teile in einem Bauplan und den Grad ihrer Differenzierung zu bestimmen.[96] Später erweitert McShea seinen Vorschlag und gibt vier Kriterien der Komplexität als Maßstab der Höherentwicklung an: (1) die Anzahl verschiedener physischer Teile in einem Organismus (Gene, Zellen, Gewebe, Organe), (2) die Anzahl verschiedener Interaktionen zwischen diesen Teilen, (3) die Anzahl der kausalen Ebenen, die unterschieden werden können, und (4) die Anzahl der Teile und Interaktionen, die an einem Ort und in einem bestimmten Zeitraum vorhanden sind bzw. zusammen wirken.[97] Nach jedem der vier Kriterien erfolgte im Laufe der Evolution eine Zunahme der Komplexität der Organismen. Nicht immer ist aber ein Organismus, der in einer Hinsicht komplexer als ein anderer ist, auch in allen anderen Hinsichten komplexer. Und die Komplexität nimmt nicht in den verschiedenen Hinsichten gleichmäßig zu. Der Mensch verfügt wie die anderen Wirbeltiere beispielsweise über deutlich mehr Zelltypen als eine Fliege (z.B. *Drosophila*) oder höhere Pflanze (*Arabidopsis*). In Bezug auf die Anzahl der Gene unterscheidet sich seine Komplexität der (geschätzten) 30.000 Gene auch noch signifikant von den 13.600 Genen der Fliege, aber nicht mehr wesentlich gegenüber den 24.000 Genen der Pflanze.[98]

Besonders verbreitet ist es daher, nicht die Anzahl der Gene, sondern der Zelltypen eines Organismus als Maß der Komplexität zu verwenden. Dabei zeigt sich eine Korrelation zwischen dem geologischen Alter eines Typs und der Anzahl der verschiedenen Zellen seiner Organismen (vgl. Abb. 149): In den letzten 600 Millionen Jahren erhöhte sich die Zahl der Zelltypen von einigen wenigen bei den einfachsten Mehrzellern (den Mesozoen und Schwämmen) bis zu etwa 200 bei den hochdifferenzierten Säugetieren (z.B. dem Menschen). Besonders steil war der Anstieg in der Zahl der Zelltypen dabei in den 200 Millionen Jahren bis zum Auftreten der ersten Wirbeltiere (vor etwa 400 Millionen Jahren), die bereits etwa 150 verschiedene Zelltypen aufwiesen.[99]

Die Zunahme der Komplexität der Organismen im Laufe der Evolution wird vielfach als Konsequenz des Selektionsmechanismus gedeutet: Den komplexer gestalteten Organismen wird ein komparativer Vorteil im Wettbewerb der Formen zugeschrieben, weil mit der Komplexität eine morphologische und physiologische Effizienz verbunden wird, insofern sie eine Arbeitsteilung zwischen verschiedenen Körperteilen ermöglicht. Allerdings ist eine Zunahme der Komplexität nicht in allen Situationen mit einer Steigerung der Fitness verbunden.[100] Dies kann ein Grund dafür sein, dass ein in einer Abstammungslinie phylogenetisch später erscheinender Organismus nicht immer komplexer gebaut ist als ein phylogenetisch jüngerer.

Weitere Probleme dieses Kriteriums können sich aus den widersprüchlichen Ergebnissen seiner konkreten Anwendung ergeben: Organismen weisen eine Vielzahl von Merkmalen auf, und ein in Bezug auf ein Merkmal komplexer gebauter Organismus muss nicht auch in Bezug auf andere Merkmale komplexer als andere Organismen sein. Problematisch ist darüberhinaus die Anwendung des Fortschrittsbegriffs auf ganze Taxa: Dass die Organismen einer Art fortschrittlicher als die Organismen einer anderen Art sind, heißt nicht, dass die Organismen aller Arten des umfassenden Taxons der ersten Art fortschrittlicher sind als die Organismen des umfassenden Taxons der anderen Art (aus der Fortschrittlichkeit des Menschen gegenüber einem Wiesel folgt beispielsweise nicht, dass alle Primaten fortschrittlicher als Raubtiere sind). Dies zu behaupten, hieße anzunehmen, die Evolutionsraten seien in einzelnen Taxa höher als in anderen.[101] Das Kriterium der Komplexität als Maß des Fortschritts ist daher umstritten. R. Dawkins hält es 1997 für insofern anthropozentrisch, als es der Mensch ist, der nach diesem Kriterium am Ende der Entwicklung steht.[102] Darüber hinaus wird der Gedanke, dass die Evolution überhaupt mit einem Fortschritt verbunden ist, auch in der Gegenwart als Ausdruck einer politischen Ideologie gesehen.[103] Viele Evolutionsschritte sind mit dem Gewinn bestimmter Fähigkeiten und gleichzeitig dem Verlust anderer verbunden. Dawkins empfiehlt 1992 den Evolutionsbiologen daher, auf die Rede von ›höher‹ und ›niedriger‹ gänzlich zu verzichten (»I recommend that evolutionary writers should no longer, under any circumstances, use the adjectives ›hicher‹ and ›lower‹«).[104]

Am entschiedensten stellt sich am Ende des 20. Jahrhunderts S.J. Gould gegen die Behauptung eines Fortschritts in der Evolution.[105] Er sieht die Zunahme der Komplexität in der Geschichte des Lebens nicht als ein definierendes Merkmal der Evolution, sondern als eine zufällige Folge eines Prozesses, der in der komparativen Fitnesssteigerung seinen Mechanismus hat. Das fraglose Auftreten von komplexen Formen im Laufe der Evolution, die zu Beginn nicht existierten, erklärt Gould allein als das Ergebnis einer Zunahme der Varianz in den organischen Formen: Zumindest zu Beginn der Evolution des Lebens war die Richtung der Höherentwicklung im Sinne der Komplexitätszunahme nicht eine Tendenz, die auf besondere Kräfte zurückgeführt werden müsste, sondern eine einfache Konsequenz der Tatsache, dass jede Form der Veränderung eine Höherentwicklung implizieren musste – selbst wenn dies keinen Vorteil bringen würde –, weil die einfachen Formen am Anfang standen.[106] Die Komplexitätssteigerung ergibt sich also bereits als Ergebnis einer passiven Diffusion ausgehend von einem Anfangszustand mit Formen von minimaler Komplexität. Dass die Richtung der Evolution durch Selektion nicht durch eine allgemeine Tendenz zur Höherentwicklung gekennzeichnet werden kann, wird nach Gould bereits an der weiter bestehenden Existenz sehr einfacher Lebensformen wie der Bakterien (und Viren) deutlich. Aufgrund dieser Überlegungen fordert Gould die Ersetzung des Konzepts des Fortschritts durch den Begriff der *gerichteten Veränderung* (»directional change«).[107]

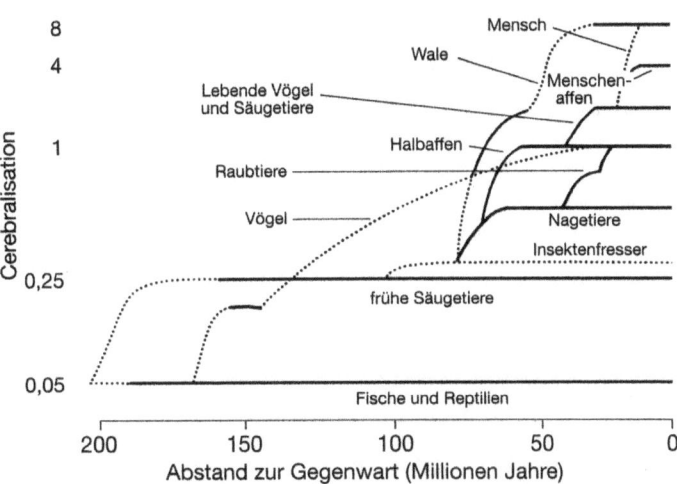

Abb. 150. Zunahme der »Zerebralisation« in der Evolution des Lebens. Die Zerebralisation wird über einen Index gemessen, der aus dem Verhältnis des Gehirngewichts zum Körpergewicht gebildet wird (vgl. Jerison, H. (1973). Evolution of the Brain and Intelligence: 3). Die relative Größe des Gehirns erfährt eine sukzessive Zunahme in der Evolution, so dass Organismen mit relativ großen Gehirnen erst spät in der Geschichte des Lebens auftreten (aus Leakey, R. & Lewin, R. (1995). The Sixth Extinction (dt.: Die sechste Auslöschung, Frankfurt/M. 1996): 118).

Gould weist auch darauf hin, dass die Zunahme der Diversität kein Kennzeichen der organischen Evolution auf der Erde sein muss. Zwar hat die Diversität in den anfänglichen Phasen der Evolution zugenommen, im Hinblick auf die Diversität von Bauplantypen (»Disparität«; ↑Diversität) kann es aber im Laufe der Phylogenese auch wieder zu einer Abnahme gekommen sein. Gould führt das Beispiel der Burgess-Fauna aus dem Präkambrium an, die viele Formen aufweist, die sich keiner der bekannten Tierstämme zuordnen lassen. Die Dominanz einzelner, besonders erfolgreicher Typen könnte die anderen Typen verdrängt haben. Nach Ansicht Goulds ist es weitgehend eine Frage der *Kontingenz* (»contingency«), d.h. des historischen Zufalls, welche Formen sich in der Geschichte des Lebens durchgesetzt haben.[108] Würde die Evolution auf der Erde noch

1. **Umhüllung**
Räumliche Abgrenzung des Organismus von der Umwelt durch eine Schale, Haut oder Membran

2. **Homöostase**
Fähigkeit zur Kompensation von Umweltschwankungen durch physiologische Prozesse

3. **Internalisierung**
Verlagerung von wichtigen Körperteilen in das Körperinnere

4. **Größenzunahme**
Verminderung der relativen Körperoberfläche mit direktem Kontakt zur Umwelt durch Verkleinerung des Verhältnisses von Oberfläche zum Volumen des Körpers

5. **Physiologische Plastizität**
Anpassung physiologischer Prozesse an wechselnde Umweltbedingungen

6. **Verhaltensflexibilität**
Erweiterung des Verhaltensrepertoires

Tab. 85. Komponenten der biologischen Autonomie von Individuen als ein Maß des evolutionären Fortschritts. Die Autonomie wird als funktionale Abgrenzung eines Organismus von der Umwelt und Fähigkeit zur Kontrolle des Umwelteinflusses auf seine internen Prozesse konzipiert (nach Rosslenbroich, B. (2006). The notion of progress in evolutionary biology – the unresolved problem and an empirical suggestion. Biol. Philos. 21, 41-70: 61f.)

einmal ablaufen (»replaying life's tape«[109]), könnte sie einen ganz anderen Verlauf nehmen, weil kleine Zufälle langfristig einschneidende Veränderungen nach sich ziehen könnten (z.B. das Aussterben einer kleinen Gruppe von Wirbeltiervorläufern aufgrund der Austrocknung ihres Lebensraums). Weder für die Entstehung noch für das Aussterben von Organismen mit neuen Bauplänen ist nach Gould die Selektion entscheidend, sondern dies seien jeweils historische Zufälle. Im Hinblick auf die Kontingenz kann unterschieden werden zwischen der Kontingenz in der Entstehung bestimmter Taxa (z.B. der Wirbeltiere) und der Kontingenz in der Entstehung bestimmer Anpassungskomplexe (z.B. das Fliegen mittels Flügel oder Sehen mittels Augen). Die Annahme der Kontingenz des Evolutionsverlaufs widerspricht nicht der Synthetischen Theorie der Evolution, da auch sie mit dem Faktor der Mutation ein entscheidendes Zufallselement enthält.[110]

Die langfristig wirksamen Kontingenzen der Evolutionsgeschichte des Lebens könnten als **konservierter Zufall** bezeichnet werden. In die Biologie führt O. zur Strassen diesen Ausdruck 1915 ein, und zwar im Kontext einer Diskussion der organischen Zweckmäßigkeit. Er ist dabei der Auffassung, der Zufall sei »die einzige Geschehensform, die überhaupt Zweckmäßiges de novo entstehen läßt«, mit anderen Worten: »Jede unmittelbar-zweckmäßige Leistung ist konservierter Zufall: der Mechanismus, der ihr zugrunde liegt, ist seinerzeit zufällig in die Welt getreten«.[111] Der Begriff wird in der Biologie vereinzelt rezipiert und insbesondere auf evolutionäre Entwicklungen bezogen (Steiner 1936: »von der Seite, welche das organische Reich aus dem Zufall entstehen läßt, wird [...] der Erbstock zum konservierten Zufall«[112]). Zur Strassens Begriffsbildung ist möglicherweise angelehnt an den Titel ›Hasard en conserve‹, den M. Duchamp 1913-14 einem Kunstwerk gibt (»Trois stoppages-étalon«): Aus einem Meter Höhe auf Papier fallen gelassene Nähfäden ergaben ein Zufallsmuster, das anschließend durch Lasurtropfen fixiert wurde.[113] In der englischsprachigen Biologie wird eine Erklärung der Universalität des genetischen Codes *Theorie des eingefrorenen Zufalls* (»Frozen Accident Theory«) genannt – die Theorie geht ebenso wie ihre Bezeichnung auf F. Crick (1968) zurück.[114]

Fortschritt als Informationsgewinn
Ein anderes Kriterium des Fortschritts bezieht sich auf die Zunahme der genetischen Information, die in einem Organismus gespeichert wird (»the increase in the amount of genetic information stored in the organism«[115]). Nach dem von T. Cavalier-Smith 1978 so genannten *C-Wert-Paradoxon* (C-value paradox«[116]) korreliert der DNA-Gehalt bei Organismen verschiedener Gruppen dagegen nur wenig mit der morphologischen Komplexität (vgl. Abb. 151).[117]

Aussichtsreicher als die genetische Informationsübermittlung ist es daher, den Fortschritt an Formen der außergenetischen Informationsverarbeitung und -weitergabe festzumachen. Aus einer Warte, die letztlich die Evolution des Menschen im Blick hat, hält E. Mayr die Ermöglichung der Informationsweitergabe auf einem nicht-genetischen Weg für eine entscheidende evolutionäre Neuerung. Von den Mitteln, die dies ermöglichen, meint er daher, sie wiesen als Kriterien des Fortschritts einen erheblichen objektiven Wert auf (»considerable amount of objective validity«).[118] Es sind zwei Mittel, die Mayr in diesem Zusammenhang anführt: die Brutpflege und das Nervensystem. In ihrem Zusammenspiel ermöglichen sie die Weitergabe und Aufbewahrung von individuell erworbenen Informationen. Der Grad der Ausbildung von Systemen zur Brutpflege und Informationsspeicherung gilt damit als ein Maß für den Entwicklungsstand eines Organismus. (Das Ausmaß der Pflege der

Nachkommen wird schon von Aristoteles als ein Maß der Intelligenz von Tieren vorgeschlagen.[119])

Autonomie des Organismus als Fortschrittskriterium
Ein in den Diskussionen des 20. Jahrhunderts immer wiederkehrendes Kriterium des Fortschritts ist das Ausmaß der Fähigkeit eines Organismus, sich von der Umwelt zu emanzipieren, also eine größere Unabhängigkeit gegenüber Schwankungen der Umweltbedingungen zu erlangen. Eine in gewisser Weise höchste Form der Autonomie weisen allerdings bereits die einfachsten Lebensformen auf: Mit der Resistenzfähigkeit der Sporen mancher Bakterien, die unter Umständen Hunderte von Millionen Jahre überstehen können, kommt doch kein höherer Organismus mit.[120] Im Gegensatz zu der passiven Widerstandsfähigkeit der Bakteriensporen kann die besondere Form der Autonomie, die im Laufe der Evolution zugenommen hat, als eine aktive Kompensations- oder Regulationsfähigkeit charakterisiert werden. G. Sommerhoff sieht 1950 in

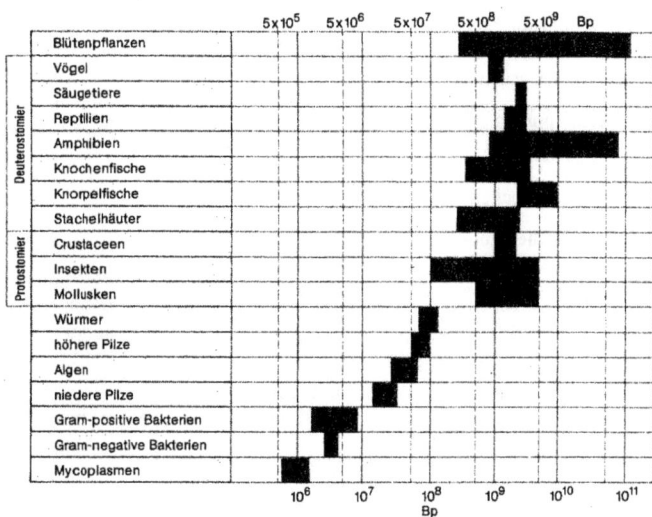

Abb. 151. Größe des Genoms (Bp: Basenpaare des haploiden Genoms) bei verschiedenen taxonomischen Gruppen von Organismen. Organismen von Gruppen, die später in der Stammesgeschichte erscheinen (oben), haben tendenziell ein größeres Genom. Der Schwankungsbereich ist in einigen Gruppen allerdings sehr groß, so dass weniger komplexer gebaute Organismen in einigen Fällen ein größeres Genom aufweisen als komplex gebaute (C-Wert-Paradox). Hinsichtlich des minimalen Genoms der Organismen einer Gruppe (linker Rand der Balken) besteht allerdings eine gute Korrelation mit ihrer morphologischen Komplexität (aus Lewin, B. (1983/88). Genes (dt. Gene, Weinheim 1988: 347).

dieser aktiven Kontrollfähigkeit das zentrale Kriterium des evolutionären Fortschritts: »What, in fact, distinguishes the higher organisms from lower forms is their increased power to maintain their existence, and safeguard their future, in face of contingent and often adverse environmental fluctuations by means of adaptive, regulative, coordinated, and integrated activities«.[121]

Dass sich die Entwicklunag zu »höheren Organismen« allgemein als eine Emanzipation von schwankenden Umweltbedingungen charakterisieren lässt, streicht H. Jordan bereits 1908 heraus: Durch die Regulation ihres inneren Milieus (z.B. der Temperatur bei den homoiothermen Tieren) werden sie unabhängig von Variationen der Umwelt.[122] Der Fortschritt im Laufe der Evolution lässt sich damit charakterisieren als eine »fortschreitende Emanzipation des Organismus von äußeren Bindungen«; knapp wird das Ergebnis auch als »erhöhte Selbständigkeit« und »Individualisierung« auf den Begriff gebracht.[123] K. Beurlen spricht 1937 von der »erweiterten Autonomie der Eigengestaltung, d.h. einer Stärkung des autonomen organischen Strukturprinzips«.[124] Eine »Zunahme der Selbstständigkeit des werdenden Thiers« konsta-

tiert bereits K.E. von Baer 1828 als »wesentlichstes Resultat der Entwickelung« des Individuums.[125]

Unter ›Autonomie‹ wird in diesem Zusammenhang die Etablierung und Erhaltung der funktionalen Identität eines Organismus verstanden. Die Umweltunabhängigkeit dieser Autonomie kann nur eine relative sein, weil ein Organismus zu seiner Erhaltung auf die Umwelt angewiesen ist. Näher bestimmt werden kann die organische Autonomie als eine zunehmende Kontrolle des Organismus über den Einfluss der Umwelt auf seine internen Prozesse aufgrund verschiedener Mechanismen (vgl. Tab. 85).[126]

Die Konzipierung des Fortschritts als Steigerung der relativen individuellen Autonomie steht allerdings in einem gewissen Spannungsverhältnis zu den »großen Transitionen« in der Evolution des Lebens: Diese Transitionen bestehen häufig gerade in der Aufgabe der Autonomie eines einzelnen Organismus und beinhalten seine Integration in ein größeres organisiertes System, z.B. in der Entstehung der Sexualität, dem Übergang von der Einzelligkeit zur Mehrzelligkeit und vom vereinzelten zum sozialen Leben. Diese Übergänge selbst wiederum können aber im Sinne der Entstehung größerer Autonomie in

1. Umhüllende Membran
Einschluss von sich replizierenden Molekülpopulationen in einen gegen die Umwelt isolierten Raum

2. Genkopplung
Kopplung von zuvor unabhängig voneinander sich vermehrenden Einheiten (Replikatoren) zu physisch verbundenen Einheiten (Chromosomen)

3. Genetischer Code
Gliederung des Systems in Komponenten, die die Informationsspeicherung und -weitergabe übernehmen (Genotyp: DNA), und andere, die den Körper in seiner Morphologie und Physiologie aufbauen (Phänotyp: Protein); verbunden damit die Ausbildung fester Übersetzungsregeln zwischen den beiden Stoffklassen

4. Zellkompartimentierung
Ausbildung eines Körpers mit abgegrenzten inneren Räumen (Kompartimenten), in denen spezifische Prozesse ablaufen (echte Zellen der Eukaryoten)

5. Sexualität
Rekombination von genetischem Material durch Austausch mit Teilen, die von anderen Systemen stammen

6. Mehrzelligkeit
Zusammenschluss von Zellen zu funktional differenzierten Gefügen, die zusammen einen mehrzelligen Organismus bilden

7. Kolonien
Zusammenschluss von solitären Individuen zu Kolonien, in denen einige Individuen zu sterilen Kasten gehören, sich also nicht mehr fortpflanzen

8. Kultur
Sozial bedingter Verzicht auf direkte eigene Fortpflanzung

Tab. 86. Acht große Transitionen im Laufe der Evolution des Lebens auf der Erde. Viele Übergänge sind dadurch ausgezeichnet, dass eine Einheit, die sich vor dem Übergang selbständig fortpflanzen konnte, dazu nach dem Übergang nur noch als Teil eines umfassenden Ganzen in der Lage ist (nach Maynard-Smith, J. & Szathmáry, E. (1995). The Major Transitions in Evolution, dt. 1996: 5).

den übergeordneten Systemen im Vergleich zu ihren kleineren Vorgängersystemen erklärt werden: Mehrzellige Organismen weisen in der Regel eine bessere Fähigkeit zur Kompensation von Umweltschwankungen auf als einzellige.

»Innovation« und »Transition« statt Fortschritt
Statt von einem globalen ›Fortschritt‹ zu sprechen, wird in der jüngeren Debatte die Veränderung im Laufe der Entwicklung des Lebens meist über das Auftreten von *Innovationen* oder *Transitionen* beschrieben. Als **Schlüsselinnovation** (»key innovation«[127]) wird seit den 1940er Jahren eine morphologische oder physiologische Veränderung bezeichnet, die eine Besetzung einer ganz neuen ökologischen Nische ermöglicht. Schlüsselinnovationen stehen damit an der Basis der Entstehung neuer Taxa (»key adjustments in the morphological and physiological mechanism which are essential to the origin of new major groups«[128]). Weil das Entstehen einer Schlüsselinnovation vielfach die Besetzung neuer ökologischer Nischen einschließt, sind sie mit einer adaptiven Radiation verbunden und können als Präadaptationen (↑Anpassung) beschrieben werden. Als Schlüsselinnovationen kann z.B. die Bildung von Extremitäten zur Fortbewegung auf dem Land durch die frühen Wirbeltiere oder die Umwandlung von Beinen in Flügel bei den Vögeln gewertet werden.

Selbst im Rahmen dieses Bildes der zufallsgetriebenen Komplexitätssteigerung im Laufe der Evolution – das stets begleitet ist von einer lokalen Komplexitätsminderung – lassen sich aber doch einschneidende große Wandlungen (»major changes«[129]) oder *große Transitionen* (»major transitions«) identifizieren, die jeweils zur Entstehung höherer Komplexitäts- und Integrationsniveaus geführt haben. Der seit den 1960er Jahren gebrauchte Ausdruck ›große Transitionen‹ steht anfangs im Kontext des Wandels im Bauplan als Folge des Wechsels des Lebensraums in der Evolution (v.a. der Wirbeltiere) (Olson 1965: »Each of the major transitions from water to land, from land to water, or into the air, was accompanied by basic reorganizations of the form and functions of the body«[130]; »Major transitions take place at times and places when and where physiologies and functions of particular organisms are appropriate for survival and reproduction in the available environments«[131]). Seit Mitte der 1990er Jahre beziehen J. Maynard Smith und E. Szathmáry die Formulierung auf evolutionäre Einschnitte, die in der Bildung jeweils komplexerer Organisationsformen von Lebewesen bestehen. Sie unterscheiden insgesamt acht dieser Transitionen (vgl. Tab. 86). Die Transiationsschritte bauen dabei zwar aufeinander auf, sie müssen aber nicht notwendig immer in einer Richtung durchlaufen werden: Aus einer Linie vielzelliger Organismen kann sich z.B. sekundär wieder eine Gruppe von Einzellern bilden.

Anhaltende Ambivalenz im Fortschrittsbegriff
Die gegenwärtig herrschende Auffassung zum biologischen Fortschrittsbegriff weist eine gewisse Ambivalenz auf: Jeder einzelne Evolutionsschritt wird zwar als Fortschritt konzipiert, insofern er auf Selektion beruht und damit eine Anpassung bewirkt, d.h.

den erfolgreichen Organismen einen komparativen Vorteil verschafft – die Abfolge der Organismen in der Evolution insgesamt wird dagegen nicht als Fortschritt gedeutet, weil es keinen übergreifenden Maßstab gibt, an dem bemessen werden könnte, was als Fortschritt zu werten ist (»Paradoxon des Fortschritts«; ↑Fortpflanzung: Tab. 80). Es besteht also eine Inkongruenz zwischen der Beschreibung der Ebene der Mikroevolution, auf der Fortschrittsvorstellungen verbreitet sind, und der Ebene der Makroevolution, auf der der Fortschrittsgedanke meist abgelehnt wird.[132] Oder, wie es R. Young 1971 darstellt, die Schwierigkeit der Beschreibung von Veränderungen im Rahmen von Selektionstheorien besteht darin, eine *Gerichtetheit ohne Fortschritt* (»directionality without progression«) zu konzipieren.[133] In einer mathematischen Analogie ließe sich formulieren: Es wird ein differenzieller, aber kein integraler Fortschritt angenommen.[134]

Der moderne Verzicht auf die Feststellung eines integralen Fortschritts in der Evolution gewinnt sein Profil in erster Linie aus der Abhebung gegenüber der anhaltenden Konzipierung eines sozialen und kulturellen Fortschritts. Die Rede vom biologischen Fortschritt gilt als problematisch, weil der Begriff in anderen Kontexten stark wertebeladen ist. Außerdem widerspricht die Vielfalt der gegenwärtigen Lebensformen, die alle eine gleich lange Evolutionsvergangenheit hinter sich haben, – von den einfachsten Bakterien zu den komplexesten Wirbeltieren – der Annahme, es ließe sich ein durchgehendes Erfolgsrezept zum Erreichen der biologischen Zwecke finden. Die biologische Evolution liefert offensichtlich eine unerschöpfliche Quelle der Innovation der Mittel für die immer gleichen Ziele der Überlebens- und Fortpflanzungssicherung.[135] Eine Innovation nicht nur der Mittel, sondern auch der Ziele, die eine Dynamik des Fortschritts in anderer Hinsicht ermöglicht, hat in der Evolution nur innerhalb einer Art stattgefunden: des Menschen (↑Kultur).

Der wesentliche Grund für das Fehlen eines integralen Fortschritts in der Evolution des Lebens kann in der Umweltabhängigkeit der Fitness von Selektionseinheiten gesehen werden (↑Anpassung/ Fitness). Weil sich die selektiv relevante Umwelt ständig ändert (nicht zuletzt aufgrund der andau-

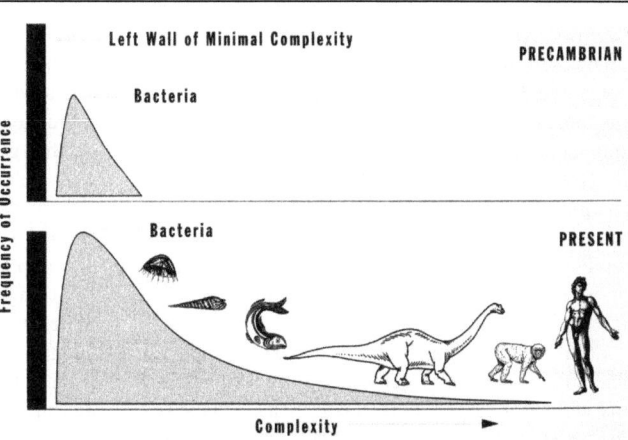

Abb. 152. Häufigkeitsverteilung des Komplexitätsgrades von Lebewesen in einer frühen und späten Phase der Evolution des Lebens auf der Erde. In beiden Phasen sind Lebewesen mit geringer Komplexität (Bakterien) am häufigsten. Eine Verschiebung des Maximums zu Formen mit geringerer Komplexität ist nicht möglich, weil Organismen für ihre Lebensfähigkeit einer minimalen Komplexität bedürfen. Gould argumentiert daher, dass die Entstehung von komplexeren Formen im Laufe der Evolution nicht Ausdruck eines Prinzips zur Höherentwicklung ist, sondern lediglich ein statistischer Nebeneffekt, weil eine Verschiebung der Komplexitätsverteilung allein in Richtung höherer Komplexität möglich war (aufgrund der Begrenzung an der »linken Wand« der Verteilung): »The vaunted progress of life is really random motion away from simple beginnings, not directed impetus toward inherently advantageous complexity« (173) (aus Gould, S.J. (1996). Full House. The Spread of Excellence from Plato to Darwin: 171).

ernden Veränderung der Selektionseinheiten selbst), lässt sich kein konsistentes, übergreifendes Kriterium der Fitness bestimmen. Im einfachsten Fall ist es bereits die Frequenzabhängigkeit des Fitnessbeitrags eines Merkmals, die diesen nicht kontextfrei bestimmen lässt: Der Fitnesseffekt eines Merkmals hängt häufig davon ab, wie oft es in einer Population vorhanden ist.[136] Obwohl die Natürliche Selektion ein Mechanismus ist, der auf komparative Verbesserung von Merkmalen gerichtet ist, gibt es dennoch kein einziges Merkmal, das in der Evolution durchgehend verbessert wird und an dem sich die Höhe des Evolutionsstandes ablesen ließe. Auch in einer deterministischen Welt wäre dies nicht anders; der entscheidende Faktor, der einem linearen Fortschritt in der Evolution im Wege steht, liegt also nicht in der Drift (↑Evolution), sondern im Mechanismus der Selektion selbst.

Orthogenese

Ende des 19. Jahrhunderts bezweifeln viele Biologen, dass es ohne die Annahme eines zusätzlichen richtenden Prinzips allein aufgrund des Mechanismus der

Selektion zur Entstehung der hochdifferenzierten Lebewesen im Laufe der Evolution gekommen ist. Daher werden vielfach zusätzliche Faktoren angenommen, die eine Ausrichtung der phylogenetischen Entwicklung des Lebens auf der Erde auf das Ziel der Höherentwicklung bewirken sollen. Eine dieser Theorien formuliert W. Haacke 1893 und bezeichnet sie als ›Orthogenesis‹.[137] (Der Ausdruck erscheint bereits 1863 in Bezug auf die Individualentwicklung eines Organismus; allerdings ohne sich in dieser Bedeutung zu etablieren.[138])

1896 greift T. Eimer Haackes Neologismus für eine solche »bestimmt gerichtete Entwicklung« auf und verknüpft ihn mit lamarckistischen Gedanken.[139] Die »bestimmt gerichtete Entwicklung (Orthogenesis)« ist für Eimer die »hauptsächlichste Ursache der Transmutation« der Arten[140] und der eigentlich innovative Faktor der Evolution, denn die Selektion könne nicht »die erste Entstehung neuer Eigenschaften«, sondern nur »die Steigerung und das Herrschendwerden dieser Eigenschaften« erklären; als ein »rein bezüglicher Begriff« könne der »Nutzen« »unmöglich das Grundprinzip der Gestaltung der organischen Welt« sein.[141] Die Ursachen der »bestimmt gerichteten Entwicklung« sieht Eimer »in der Wirkung äußerer Einflüsse – Klima, Nahrung – auf die gegebene Konstitution des Organismus« (↑Lamarckismus).[142] Von Nägelis »Vervollkommnungsprinzip« (s.u.) grenzt sich Eimer aber deutlich ab; er hält dieses für theoretisch unbegründet und geht vielmehr von einer im Hinblick auf den Nutzen ungerichteten Entwicklung unter dem Einfluss äußerer Faktoren aus: »Die Entwickelungsrichtungen haben mit dem Nutzen gar nichts zu thun, sie erzeugen Gestaltungen ohne jede Beziehung zu demselben«; die meisten der entstandenen Eigenschaften würden überhaupt »niemals in den Bereich des Nutzens fallen«.[143] Eimers Lehre der Orthogenesis stellt also eher eine Theorie zur Erklärung der Vielfalt der Formen als der evolutionären Richtung im Sinne einer Höherentwicklung dar.

In der wörtlichen Bedeutung, also verbunden mit der Annahme von richtenden Faktoren in der Evolution, sind orthogenetische Theorien so alt wie die Evolutionsvorstellungen selbst oder sogar älter. Denn auch ohne eine generationenübergreifende Transformation der Organismen, also eine natürliche Evolution, zu postulieren, wird eine sukzessive *Höherentwicklung* der nacheinander auf der Erde erscheinenden Organismen auf die Perfektionierung der Ideen des schöpferischen Gottes zurückgeführt (z.B. im Schöpfungsbericht der Bibel). Mit der überzeugenden Evidenz von Fossilien für eine allmähliche Höherentwicklung des Lebens auf der Erde sind orthogenetische Theorien in der ersten Hälfte des 19. Jahrhunderts weit verbreitet. Sie finden sich u.a. bei E. Darwin, J.-B. de Lamarck, L. Agassiz und anderen führenden Paläontologen der Zeit.[144]

Aber gerade auch nach der Etablierung von Darwins Selektionstheorie werden orthogenetische Ansichten vertreten, besonders ausgearbeitet von dem Botaniker C. Nägeli. Dem »Nützlichkeitsprincip«, das er in Darwins Selektionstheorie verkörpert sieht, stellt Nägeli 1865 ein ***Vervollkommnungsprinzip*** zur Seite, das für die Erklärung der morphologischen Umgestaltungen in Ansatz zu bringen sei.[145] (Ein Vorgänger dieses Ausdrucks ist das Wort *Vervollkommnungstrieb*[146]; ›Vervollkommnungsprinzip‹ benutzt Schultz-Schultzenstein 1846 in Bezug auf die individuelle Entwicklung eines Organismus[147].) Analog zu der Individualentwicklung der Organismen ist für Nägeli auch die Stammesgeschichte als Entwicklung hin zu einem reifen Endstadium zu verstehen. Er nimmt dafür eine den Organismen immanente Kraft an; gegenüber dieser Kraft schreibt Nägeli der Selektion eine nur sekundäre Bedeutung für die Veränderung des Lebens zu. Im Zusammenhang mit seiner Theorie der Vervollkommnung der Lebensformen in der Evolution steht bei Nägeli auch sein Festhalten an einer vielfach in der Erdgeschichte erfolgenden ↑Urzeugung des Lebens. Er argumentiert, eine fortgesetzte Urzeugung müsse bis in die Gegenwart angenommen werden, denn sonst könne nicht erklärt werden – unter der Voraussetzung eines jedem Organismus innewohnenden Vervollkommnungstriebs –, warum komplexe Formen gleichzeitig neben sehr einfachen bestehen. Der Grad der Komplexität eines Organismus gibt nach dieser Theorie also Auskunft über das Alter des ersten über Urzeugung entstandenen Vorfahren dieses Organismus, und die Theorie impliziert insgesamt einen polyphyletischen Ursprung des Lebens (↑Lamarckismus: Abb. 266).[148]

Erklärbar ist mittels der orthogenetischen Ansätze die Annahme, dass im Laufe der Evolution nicht nur für einen Organismus nützliche, sondern auch schädliche Merkmale entstanden sind – nämlich als Ausdruck einer ins Extrem getriebenen Entwicklungstendenz, wie etwa die großen Geweihe des ausgestorbenen Riesenelchs, also solche Merkmale, die auch als »Luxusbildungen« beschrieben werden (↑Selbstdarstellung).[149]

Im frühen 20. Jahrhundert werden in verschiedenen Ansätzen eine ganze Reihe von Prinzipien postuliert, die zur Erklärung makroevolutionärer Tendenzen herangezogen werden und z.T. rein deskriptiven Charakter haben[150]: 1922 von L. Berg die ***Nomogenesis***[151], 1934 von H.F. Osborn die ***Aristogenesis***[152] und

1947 von B. Rensch die *Anagenese* (im Unterschied zur Entwicklung mit Stammverzweigung, der *Kladogenese*[153]; ↑Systematik – das Wort ›Anagenese‹ wird vorher auf die Leistung des Aufbaus von körpereigenen Stoffen bezogen, etwa im Sinne von ›Anabolismus‹ im Gegensatz zu ›Katabolismus‹[154]). J. Huxley fügt der Unterscheidung von Anagenese und Kladogene 1957 als dritte Form eines evolutionären Prozesses die *Stasigenese* (»stasigenesis«) hinzu, d.h. eine stabilisierende Evolution, die zu einem Erhalt von Typen und Organisationsmustern führt.[155]

Als eine schwächere Form der Orthogenese gilt die als Gesetz gehandelte Behauptung, die Transformationen von Organismen in der Evolution seien irreversibel. Bekannt wird diese These als das *Dollosche Gesetz*, benannt nach L. Dollo, der sie seit 1893 vertritt.[156] In der Sicht von Dollo stellt eine Stammeslinie von Organismen eine organische Einheit dar, die selbst eine Lebensgeschichte mit einem definierten Ende durchläuft (↑Evolution: Tab. 68).

Seit Mitte des 20. Jahrhunderts werden Theorien der Orthogenese von Organismen meist abgelehnt, v.a. weil kein plausibler Mechanismus für den angenommenen immanenten Trieb zur gerichteten Entwicklung angegeben werden kann. Außerdem zeigen detaillierte Untersuchungen des paläontologischen Befundes, dass innerhalb eines Verwandtschaftskreises sehr unterschiedliche Entwicklungsrichtungen eingeschlagen werden können, dass also durchaus nicht jedem morphologischen Typus ein vorgezeichneter determinierter Entwicklungsweg zugeordnet werden kann. Rensch führt daher als Argument gegen die Annahme einer auf zunehmende Höherentwicklung gerichteten orthogenetischen Evolution u.a. an, dass eine »richtungslose Entwicklung auch bei transspezifischer Evolution« weit verbreitet sei.[157] Die beschriebenen gerichteten Entwicklungsprozesse gelten mehr als Konstruktionen und Projektionen denn als tatsächlicher Verlauf der Evolution.[158] In der zweiten Hälfte des 20. Jahrhunderts gilt es daher als allgemein anerkannt, dass auch lang anhaltende Trends in der Entwicklung einer Sippe durch nichts anderes als das Wirken der Selektion zu erklären sind. Im modernen Sinne kann eine solche, »auf der einmal eingeschlagenen Bahn fortschreitende Wirkungsweise der Zuchtwahl« mit L. Plate als *Orthoselektion* bezeichnet werden.[159] Eine Verbindung von langfristigen Trends der Selektion mit der Vorstellung von Fortschritt wird von den meisten Evolutionsbiologen anerkannt, abgelehnt wird aber die Annahme eigener eine Höherentwicklung bedingender Faktoren.[160]

Nachweise

1 Aristoteles, Problemata physica 923a37; De plantis 824b38f.
2 Bacon, F. (1620). Novum organum (Darmstadt 1990): 178 (I, 84); vgl. auch Locke, J. (1689/1700). An Essay Concerning Human Understanding (Oxford 1979): 92 (I, 4, 13) und passim; Ritter, J. (1972). Fortschritt. Hist. Wb. Philos. 2, 1032-1059.
3 Vgl. Genesis 1, 11-26.
4 Aristoteles, Hist. anim. 588b.
5 Aristoteles, De vita et morte 468a14.
6 Aristoteles, De an. 433b32.
7 Albertus Magnus (ca. 1265). De animalibus: 21. Buch; vgl. Franz, V. (1920). Die Vervollkommnung in der lebenden Natur: 8f.
8 Thomas von Aquin (ca. 1269). Commentarius in libros de anima II et III: 2, 1, 20.
9 Vgl. Abbé Pluche (1757). Histoire du ciel, Bd. 2: 391f.
10 Vgl. Leibniz, G.W. (1714). Les principe de la nature et de la grâce, fondés en raison (Philosophische Schriften, Bd. 1, Frankfurt/M. 1996, 414-438): 438.
11 Leibniz, G.W. (1697). De rerum originatione radicali (Philosophische Schriften, ed. Gerhardt, Bd. VII, 302-308): 308; vgl. Lovejoy, A.O. (1936). The Great Chain of Being (dt. Frankfurt/M. 1985): 309ff.
12 Young, E. (1742/47). The Complaint. Night Thoughts on Life, Death & Immortality (7. Aufl.): 292 (9. Nacht: Vers 1960f.; in früheren Auflagen nicht gefunden); vgl. Lovejoy (1936): 316; vgl. 102f.; 116-169.
13 Lenz, J.M.R. (1772). Versuch über das erste Prinzipium der Moral (Gesammelte Schriften, Bd. 4, Berlin 1909): 10.
14 Rosslenbroich, B. (2006). The notion of progress in evolutionary biology – the unresolved problem and an empirical suggestion. Biol. Philos. 21, 41-70: 42.
15 Vgl. Koselleck, R. (1975). Fortschritt. In: Brunner, O., Conze, W. & Koselleck, R. (Hg.). Geschichtliche Grundbegriffe, Bd. 2, 351-423; Rapp, F. (1992). Fortschritt. Entwicklung und Sinngehalt einer philosophischen Idee.
16 Darwin, C. (1837-38). Notebook B. In: Barrett, P.H. et al. (eds.) (1987). Charles Darwin's Notebooks, 1836-1844, 167-236: 175.
17 Rosslenbroich (2006): 43.
18 Vgl. Lovejoy (1936): 292ff.
19 Addison, J. (1712). Spectator Nr. 519 (London 1966, Vol. IV, 136-139): 137.
20 Vgl. Mayr, E. (1982). The Growth of Biological Thought: 327.
21 Buffon, G.L.L. (1749). Histoire générale des animaux (Œuvres philosophiques, Paris 1954, 233-289): 248.
22 Bonnet, C. de (1764-65). Contemplation de la nature (Neuchâtel 1781): I, 43.
23 Goethe, J.W. von (1807). Zur Morphologie. Die Absicht eingeleitet (LA, Bd. I, 9, 6-10): 8; vgl. Uschmann, G. (1939). Der morphologische Vervollkommnungsbegriff bei Goethe und seine problemgeschichtlichen Zusammenhänge.
24 Meckel, J.F. (1821). System der vergleichenden Anatomie, Bd. 1: 18.

25 Comte, A. (1839). La partie dogmatique de la philosophie sociale. Cours de philosophie positive, Bd. 4: 469.
26 Lamarck, J.B. de (1809). Philosophie zoologique, 2 Bde.: I, 365.
27 a.a.O.: I, 134f.
28 ebd.
29 Haeckel, E. (1866). Generelle Morphologie der Organismen, 2 Bde.: II, 223f.
30 Cuvier, G. (1800). Leçons d'anatomie comparée, Bd. 1: 35.
31 a.a.O.: Bd. 2, 94; vgl. 118; 120; 537f.; 582.
32 Cheung, T. (2001). Cuvier et la perfection du parfait. Rev. Hist. Sci. 4, 543-553: 544.
33 Schleiden, M.J. (1842). Grundzüge der wissenschaftlichen Botanik: 61.
34 Redi, F. (1668). Esperienze intorno alla generazione degl'insetti (Mailand 1810): 135; vgl. engl. Experiments on the Generation of Insects (Chicago 1909): 95.
35 Agassiz, L. (1842). On the succession and development of organized beings at the surface of the terrestrial globe. Edinb. New Phil. J. 33, 388-399; vgl. Bowler, P.J. (1976). Fossils and Progress. Paleontology and the Idea of Progressive Evolution in the Nineteenth Century.
36 Hegel, G.W.F. (1817/30). Enzyklopädie der philosophischen Wissenschaften im Grundrisse (Werke, Bd. 8-10, Frankfurt/M. 1986): II, 33.
37 Lyell, C. (1830-33). Principles of Geology, 3 vols.: II, 11.
38 Spencer, H. (1857). Progress: its law and cause (Essays, vol. I, New York 1901, 8-62): 10.
39 Bronn, H.G. (1858). Morphologische Studien über Gestaltungs-Gesetze der Naturkörper überhaupt und der organischen insbesondere: 161ff.
40 Darwin, C. (1859/72). On the Origin of Species: 94.
41 Milne-Edwards, H. (1827). Organisation. In: Dictionnaire classique d'histoire naturelle, Bd. 12, 332-344: 343.
42 Darwin (1859/72): 98.
43 a.a.O.: 307f.
44 Darwin (1837-38): B 74.
45 Vgl. Mayr, E. (1983). The concept of finality in Darwin and after Darwin. Scientia 118, 97-117: 113.
46 Vgl. Ospovat, D. (1981). The Development of Darwin's Theory. Natural History, Natural Theology, and Natural Selection, 1839-59: 73ff.
47 Darwin (1859/72): 175.
48 a.a.O.: 176.
49 Darwin (1837-38): 171 (B 5); vgl. B 16; B 18; B 20; vgl. Richards, R.J. (1992). Evolution. In: Keller, E.F. & Lloyd, E.A. (eds.). Keywords in Evolutionary Biology, 95-105: 103.
50 Darwin (1859/72): 163.
51 ebd.
52 a.a.O.: 307
53 a.a.O.: 97.
54 ebd.
55 Vgl. Ospovat (1981): 228.
56 Darwin (1859/72): 489.
57 Vgl. Nisbet, R.A. (1969). Social Change and History; Gould, S.J. (2002). The Structure of Evolutionary Theory.
58 Vgl. Brown, F. (1986). The evolution of Darwin's theism. J. Hist. Biol. 19, 1-45.
59 Vgl. Ruse, M. (1996). Monad to Man: The Concept of Progress in Evolutionary Biology.
60 Vgl. Shanahan, T. (2004). The Evolution of Darwinism: 293.
61 Haeckel (1866): II, 257; 261.
62 a.a.O.: I, 370; 550.
63 Haeckel, E. (1869). Natürliche Schöpfungs-Geschichte: 12. Vortrag.
64 Bernard, C. (1878-79). Leçons sur les phénomènes de la vie communs aux animaux et aux végétaux, 2 Bde.: II, 5f.
65 Vgl. Bowler, P.J. (2005). Revisiting the eclipse of Darwinism. J. Hist. Biol. 38, 19-32: 27.
66 Spencer, H. (1867). The Principles of Biology, vol. 2: 474.
67 ebd.
68 ebd.
69 a.a.O.: 503.
70 a.a.O.: 506.
71 Verworn, M. (1895). Allgemeine Physiologie: 319.
72 Rickert, H. (1896-1902/1929). Die Grenzen der naturwissenschaftlichen Begriffsbildung: 636.
73 a.a.O.: 407.
74 a.a.O.: 637.
75 Mauthner, F. (1910-11/23). Wörterbuch der Philosophie. Neue Beiträge zu einer Kritik der Sprache, 2 Bde.: I, 427.
76 Zimmermann, W. (1938). Vererbung „erworbener Eigenschaften" und Auslese: 141.
77 Zimmermann, W. (1953). Evolution. Die Geschichte ihrer Probleme und Erkenntnisse: 4.
78 Huxley, J.S. (1942). Evolution. The Modern Synthesis: 559ff.
79 Simpson, G.G. (1973). The concept of progress in organic evolution. Social Res. 41, 28-51: 50; Dobzhansky, T. (1970). Genetics of the Evolutionary Process.
80 Huxley, J. (1942/48). Evolution. The Modern Synthesis: 568; Stebbins, G.L. (1969). The Basis of Progressive Evolution; Mayr, E. (1982). The Growth of Biological Thought: 532.
81 Lorenz, K. (1943). Die angeborenen Formen möglicher Erfahrung. Z. Tierpsychol. 5, 235-409: 391.
82 Williams, G.C. (1966). Adaptation and Natural Selection: 34.
83 Maynard Smith, J. (1988). Evolutionary progress and levels of selection. In: Nitecki, M.H. (ed.). Evolutionary Progress?, 219-230: 220.
84 Goudge, T.A. (1961). The Ascent of Life; Gould, S.J. (1988). On replacing the idea of progress with an operational notion of directionality. In: Nitecki, M.H. (ed.). Evolutionary Progress?, 319-338.
85 Gould (1988): 319.
86 Gould, S.J. (1996). Full House: 199.
87 Portmann, A. (1953). Um ein neues Bild vom Organismus. In: Piper, K. (Hg.). Offener Horizont. Festschrift für Karl Jaspers, 213-226: 220.
88 Bonner, J.T. (1988). The Evolution of Complexity: 3.

89 Wilson, E.O. (1991). The Diversity of Life: 187.
90 Conway Morris, S. (2003). Life's Solution: XIII.
91 Vgl. Ruse, M. (1996). Monad to Man: The Concept of Progress in Evolutionary Biology; Rosslenbroich, B. (2006). The notion of progress in evolutionary biology – the unresolved problem and an empirical suggestion. Biol. Philos. 21, 41-70: 50f.
92 Bonner, J.T. (1988). The Evolution of Complexity by Means of Natural Selection: 33.
93 Teilhard de Chardin, P. (1955). Le phénomène humain (dt. Der Mensch im Kosmos, München 1981): 37.
94 Plate, L. (1928). Über Vervollkommnung, Anpassung und die Unterscheidung von niederen und höheren Tieren. Zool. Jahrb. (Abt. Allg. Zool.) 45, 745-798: 757.
95 Saunders, P.T. & Ho, M.W. (1976). On the increase in complexity in evolution. J. theor. Biol. 63, 375-384; Papentin, F. (1980). On order and complexity, I. General considerations. J. theor. Biol. 87, 421-456.
96 McShea, D.W. (1991). Complexity and evolution: what everybody knows. Biol. Philos. 6, 303-324.
97 McShea, D.W. (1996). Metazoan complexity and evolution: is there a trend? Evolution 50, 477-492; ders. (2001). The hierarchical structure of organisms: a scale and documentation of a trend in the maximum. Palaeobiol. 27, 405-423.
98 Vgl. Bonner, J.T. (1988). The Evolution of Complexity by Means of Natural Selection: 122; Carroll, S.B. (2001). Chance and necessity: the evolution of morphological complexity and diversity. Nature 409, 1102-1109: 1108.
99 Vgl. Valentine, J.W., Collins, A.G. & Meyer, C.P. (1994). Morphological complexity increase in metazoans. Paleobiol. 20, 131-142.
100 Lewontin, R. (1968). The concept of evolution. In: Sills, D.L. (ed.). International Encyclopedia of the Social Sciences, vol. 5, 202-210; McCoy, J.W. (1977). Complexity in organic evolution. J. theor. Biol. 68, 457-458; Wicken, J.S. (1979). The generation of complexity in evolution: a thermodynamic and information-theoretical discussion. J. theor. Biol. 77, 349-365; Hinegardner, R. & Engelberg, J. (1983). Biological complexity. J. theor. Biol. 104, 7-20; Gould, S.J. (1985). The paradox of the first tier: an agenda for paleobiology. Paleobiol. 11, 2-12.
101 Vgl. Dawkins, R. (1992). Progress. In: Keller, E.F. & Lloyd, E.A. (eds.). Keywords in Evolutionary Biology, 263-272: 267ff.
102 Dawkins, R. (1997). Human chauvinism. Evolution 51, 1015-1020.
103 Levins, R. & Lewontin, R. (1985). The Dialectical Biologist.
104 Dawkins (1992): 272.
105 Gould, S.J. (1996). Full House. The Spread of Excellence from Plato to Darwin.
106 Gould, S.J. (1988). Trends as changes in variance: a new slant on progress and directionality in evolution. J. Paleontol. 62, 319-329; ders. (1989). Full House.
107 Gould (1988).
108 Gould, S.J. (1989). Wonderful Life. The Burgess Shale and the Nature of History: 283.
109 a.a.O.: 45.

110 Sterelny, K. & Griffiths, P.E. (1999). Sex and Death: 299f.
111 Strassen, O. zur (1915). Die Zweckmässigkeit. In: Chun, C. & Johannsen, W. (Hg.). Die Kultur der Gegenwart, Teil 3, Abt. 4, Bd. 1. Allgemeine Biologie, 87-149: 148.
112 Steiner, B. (1936). Stilgesetzliche Morphologie. Zur Logik der organischen Form: 36f.; vgl. auch Schaxel, J. (1919/22). Grundzüge der Theorienbildung in der Biologie: 170.
113 Vgl. Beekman, K. (1989). Nachwirkungen der Poetik Marcel Duchamps. In: ders. & Graevenitz, A. von (Hg.). Marcel Duchamp, 113-130: 116.
114 Crick, F.H.C. (1968). The origin of the genetic code. J. Mol. Biol. 38, 367-379: 369.
115 Doubzhansky, T., Ayala, F.J., Stebbins, G.L. & Valentine, J.W. (1977). Evolution: 511.
116 Cavalier-Smith, T. (1978). Nuclear volume control by nucleoskeletal DNA, selection for cell volume and cell growth rate, and the solution of the DNA C-value paradox. J. Cell Sci. 34, 247-278.
117 Lewin, B. (1983/88). Genes (dt. Gene, Weinheim 1988): 347; Wieser, W. (1998). Die Erfindung der Individualität: 83.
118 Mayr, E. (1983). The concept of finality in Darwin and after Darwin. Scientia 118, 97-117: 114.
119 Aristoteles, De gen. anim. 753a10-14.
120 Vreeland, R.H., Rosenzweig, W.D. & Powers, D.W. (2000). Isolation of a 250 million-year-old halotolerant bacterium from a primary salt crystal. Nature 407, 897-900.
121 Sommerhoff, G. (1950). Analytical Biology:184.
122 Jordan, H. (1908). Über Entwickelung vom physiologischen Standpunkte aus. Biol. Centralbl. 28, 278-287: 283.
123 Kipp, F.A. (1950). Arterhaltung und Individualisierung in der Tierreihe. Verh. deutsch. Zool. 43, 23-27: 26.
124 Beurlen, K. (1937). Die stammesgeschichtlichen Grundlagen der Abstammungslehre: 221.
125 Baer, K.E. von (1828). Ueber Entwickelungsgeschichte der Thiere, Bd. 1: 148.
126 Rosslenbroich, B. (2006). The notion of progress in evolutionary biology – the unresolved problem and an empirical suggestion. Biol. Philos. 21, 41-70: 61.
127 Miller, A.H. (1949). Some ecologic and morphologic considerations in the evolution of higher taxonomic categories. In: Mayr, E. & Schüz, E. (eds.). Ornithologie als biologische Wissenschaft, 84-88: 85; Bock, W. & Wahlert, G. von (1965). Adaptation and the form-function complex. Evolution 19, 269-299: 292; Hunter, J.P. (1998). Key innovations and the ecology of macroevolution. Trends Ecol. Evol. 13, 31-36.
128 Miller (1949): 84.
129 Carter, G.S. (1967). Structure and Habit in Vertebrate Evolution: xiii.
130 Olson, E.C. (1965). The Evolution of Life: 150; ders. (1968). Review: Carter (1967). Structure and Habit in Vertebrate Evolution. Quart. Rev. Biol. 43, 459-460: 459.
131 Olson (1965): 152.
132 Rosslenbroich (2006): 45.
133 Young, R. (1971). Darwin's metaphor: does nature se-

lect? Monist 55, 442-503: 451.
134 Werner Diederich: im Gespräch.
135 Vgl. Toepfer, G. (2005). Die Kreativität der Evolution – eine Kreativität der Mittel, nicht der Zwecke. In: Abel, G. (Hg.). Kreativität. XX. Deutscher Kongress für Philosophie, 811-822.
136 Michod, R.E. (1999). Darwinian Dynamics. Evolutionary Transitions in Fitness and Individuality: 201.
137 Haacke, W. (1893). Gestaltung und Vererbung. Eine Entwicklungsmechanik der Organismen: 31.
138 Anonymus (1863). The origin of Infusoria. The Intellectual Observer 2, 320-324: 320.
139 Eimer, T. (1896). Ueber die bestimmt gerichtete Entwicklung (Orthogenesis) und ueber Ohnmacht der Darwin'schen Zuchtwahl bei der Artbildung. In: Compte-Rendu des Séances du Troisième Congrès International de Zoologie, 145-169.
140 Eimer, G.H.T. (1897). Die Entstehung der Arten auf Grund von Vererben erworbener Eigenschaften nach den Gesetzen organischen Wachsens, Bd. II. Orthogenesis der Schmetterlinge: I.
141 Eimer, G.H.T. (1888). Die Entstehung der Arten auf Grund von Vererben erworbener Eigenschaften nach den Gesetzen organischen Wachsens, Bd. I: 2.
142 Eimer (1897): 15.
143 a.a.O.: 16.
144 Vgl. Franz, V. (1920). Die Vervollkommnung in der lebenden Natur. Eine Studie über ein Naturgesetz; ders. (1935). Der biologische Fortschritt. Die Theorie der organismen-geschichtlichen Vervollkommnung; Mayr, E. (1982). The Growth of Biological Thought: 528ff.
145 Nägeli, C. (1865). Entstehung und Begriff der naturhistorischen Art: 30.
146 Anonymus (1854). Vervollkommnungsfähigkeit. In: Krünitz, J.G. et al. (Hg.). Oeconomische Encyclopädie, Bd. 218, 492-494: 492.
147 Schultz-Schultzenstein, C.H. (1846). Zur Philosophie der organischen Natur. Jahrbücher für speculative Philosophie 1 (Heft 4), 89-98: 92.
148 Nägeli, C. von (1884). Mechanisch-physiologische Theorie der Abstammungslehre.
149 Vgl. Gould, S.J. (1974). The origin and function of 'bizarre' structures: antler size and skull size in the 'Irish Elk' Megaloceros giganteus. Evolution 28, 191-220.
150 Vgl. Reif, W.-E. (1986). The search for a macroevolutionary theory in German paleontology. J. Hist. Biol. 19, 79-130; Ruse (1996).
151 Berg, L. (1922). Nomogenez. (russ.; engl.: Nomogenesis or Evolution Determined by Law, London 1926).
152 Osborn, H.F. (1934). Aristogenesis, the creative principle in the origin of species. Amer. Nat. 68, 193-235; vgl. ders. (1908). The four inseparable factors of evolution. Science 27, 148-150; ders. (1917). The Origin and Evolution of Life on the Theory of Action, Reaction and Interaction of Energy.
153 Rensch, B. (1947). Neuere Probleme der Abstammungslehre: 95; 282ff.
154 Bergson, H. (1907). L'évolution créatrice (dt. Jena 1921): 41.
155 Huxley, J. (1957). The three types of evolutionary process. Nature 180, 454-455: 454.
156 Vgl. Gould, S.J. (1970). Dollo on Dollo's law: irreversibility and the status of evolutionary laws. Journal of the History of Biology 3, 189-212.
157 Rensch (1947): 65.
158 Vgl. Simpson, G.G. (1944). Tempo and Mode in Evolution; ders. (1953). The Major Features of Evolution.
159 Plate, L. (1900/13). Selektionsprinzip und Probleme der Artbildung. Ein Handbuch des Darwinismus: 511f.; 2. Aufl. 1908: 377; nicht in: ders. (1900). Bedeutung und Tragweite des Darwin'schen Selectionsprincips: 126f.
160 Thoday, J.M. (1958). Natural selection and biological progress. In: Barnett, S.A. (ed.). A Century of Darwin, 313-333; Ayala, F.J. (1974). The concept of biological progress. In: Ayala, F.J. & Dobzhansky, T. (eds.). Studies in the Philosophy of Biology, 339-355.

Literatur

Franz, V. (1920). Die Vervollkommnung in der lebenden Natur. Eine Studie über ein Naturgesetz.

Franz, V. (1935). Der biologische Fortschritt. Die Theorie der organismen-geschichtlichen Vervollkommnung.

Thoday, J.M. (1958). Natural selection and biological progress. In: Barnett, S.A. (ed.). A Century of Darwin, 313-333.

Ayala, F.J. (1974). The concept of biological progress. In: Ayala, F.J. & Dobzhansky, T. (eds.). Studies in the Philosophy of Biology, 339-355.

Nitecki, M.H. (ed.) (1988). Evolutionary Progress?

Krolzik, U. (1990). Der Gedanke der Perfektibilität der Natur. In: Bubner, R., Gladigow, B. & Haug, W. (Hg.). Die Trennung von Natur und Geist, 145-159.

Hahlweg, K. (1991). On the notion of evolutionary progress. Philos. Sci. 58, 436-451.

Ruse, M. (1996). Monad to Man. The Concept of Progress in Evolutionary Biology.

Rosslenbroich, B. (2006). The notion of progress in evolutionary biology – the unresolved problem and an empirical suggestion. Biol. Philos. 21, 41-70.

Fossil
Als ›fossil‹ (lat. ›fossilis‹ »ausgegraben«, abgeleitet von dem Verb ›fodere‹ »graben«) sind zunächst alle Körper bezeichnet worden, die durch Graben an die Erdoberfläche geholt werden können, also z.B. auch Erze und Mineralien. Die Begriffsprägung wird auf G. Agricola zurückgeführt, der 1546 eine Schrift über die Natur der Fossilien veröffentlicht und darin bereits verschiedene Formen der (organischen) Fossilien unterscheidet.[1] Zahlreiche Abbildungen von Fossilien, bei denen die Ähnlichkeit zu lebenden Organismen deutlich wird, enthält ein Werk von C. Gesner, das zwanzig Jahre später erscheint.[2] Seit dem 17. Jahrhundert werden vor allem die den Organismen ähnlichen Steinformen ›Fossilen‹ genannt.[3] Bis ins 19. Jahrhundert erhält sich aber auch die ältere allgemeine Bedeutung.[4] P.H.D. d'Holbach unterscheidet 1757 in dem Enzyklopädie-Artikel über Fossilien zwischen Fossilien, die in der Erde gebildet wurden, (»fossiles natifs«, z.B. Steine, Kristalle, Metalle) und solchen, die der Erde nicht eigen sind (»fossiles étrangers à la terre«, z.B. organische Versteinerungen, Knochen, Holz).[5] Zur Unterscheidung von den Fossilien, die Organismen nicht ähneln, ist in älteren Schriften von *geformten Steinen* (»lapides figurata«; Hooke 1668: »figured Bodies«[6]) oder einfach *Versteinerungen* (»petrificationes«) die Rede. Den letzten Ausdruck zur Bezeichnung von Fossilien verwendet wohl zuerst B. Palissy im Jahr 1580: »Tu n'as pas dit la cause de la petrification des coquilles«.[7] Das deutsche Wort ›Versteinerung‹ erscheint offenbar erst zu Beginn des 18. Jahrhunderts (Volkmann 1720).[8]

Die Wissenschaft der Fossilien heißt seit den frühen 1820er Jahren **Paläontologie**. Der Ausdruck wird zuerst im Französischen verwendet (Tissier 1823: »palæontologie«).[9] Im Deutschen wird die Bezeichnung seit Mitte der 1830er Jahre verwendet.[10] Besonders bekannt wird der Ausdruck durch die Verwendung bei C. Lyell im Jahre 1838: »the science which treats of fossil remains, both animal and vegetable«[11]. Aber auch vor Lyell ist der Terminus bereits im Englischen in Gebrauch (Anonymus 1836: »Palæontology«).[12] E. Haeckel fasst die Paläontologie etwas weiter, indem er sie allgemein als die »zeitliche Entwickelungsgeschichte der Organismen-Reihen« bestimmt und so der Embryologie als der Entwicklungsgeschichte der Individuen koordiniert.[13] Bis zum Ende des 19. Jahrhunderts wird das Studium der

Versteinerung (Palissy 1580) *627*
Fossil (17. Jh.) *627*
Paläontologie (Tissier 1823) *627*
paläozoisch (Sedgwick 1838) *636*
Leitfossil (Ewald & Beyrich 1839) *638*
mesozoisch (Phillips 1840) *637*
Dinosaurier (Owen 1841) *638*
känozoisch (Phillips 1841) *637*
fossile Bindeglieder (Diefenbach 1844) *638*
lebendes Fossil (Darwin 1859) *638*
neozoisch (Forbes 1854) *637*
Archaeopterix (von Meyer 1862) *638*
Paläobiologie (Buckman 1893) *627*
Paläoökologie (MacMillan 1898) *627*
Zeitsignatur (Dacqué 1924) *639*

Fossilien vielfach eher im Rahmen von geologischen als von biologischen Untersuchungen durchgeführt. Als eigene biologische Subdisziplin etabliert sich die Fossilienkunde unter der Bezeichnung **Paläobiologie**, die seit den 1890er Jahren verwendet wird (Buckman 1893: »palæo-biology«[14]; Kerner von Marilaun 1895: »Paläobiologie«[15]). Im 20. Jahrhundert ist die Begründung der Paläobiologie besonders mit dem Namen O. Abel verbunden.[16] Das Studium fossiler Lebensgemeinschaften und Ökosysteme wird seit Ende des 19. Jahrhunderts **Paläoökologie** (»paleoecology«) genannt (MacMillan 1898: »the science of adaptations of fossil organisms«[17]).

Spiel der Natur
Bei vielen älteren Autoren gelten die (organischen) Fossilien als *Spiel der Natur* (»lusus naturae«) und werden nicht immer mit den Resten einstmals lebender Organismen in Zusammenhang gebracht, sondern als Ergebnis einer *bildenden Kraft* (»vis plastica«) der anorganischen Natur interpretiert. Allerdings wird die Hypothese, die Fossilien seien Überreste ehemals lebender Organismen, in verschiedenen Kulturkreisen aufgestellt. In China schlägt dies bereits im 12. Jahrhundert der bedeutende Neukonfuzianer Zhu Xi vor.[18] In der abendländischen Geistesgeschichte ist es wohl zuerst Xenophanes von Kolophon im 6. vorchristlichen Jahrhundert, der die Fossilien mit einst lebenden Organismen in Verbindung bringt. Er argumentiert aufgrund seiner Kenntnis von Fossilien auf dem Land und seiner Vermutung, es handle sich um die Überreste von Tieren, die einst im Wasser lebten, dass die Erde einmal mit Wasser und Schlamm bedeckt war.[19] Aufgrund der Funde von Muschelabdrücken in den Bergen von Ägypten sind antike Autoren insbesondere der Meinung, Ägypten sei früher von Wasser bedeckt gewesen.[20]

> Ein Fossil ist der mineralisierte und in seiner Struktur erhaltene Überrest oder Abdruck des Körpers eines vor langer Zeit gestorbenen Organismus.

Abb. 153. Darstellung einer Szene aus dem Jura im »älteren Dorset« (Titel: ›Duria antiquior‹, 1830). Die fossile Welt wird als ein komplexes Ökosystem präsentiert. Auf späteren Ausgaben des Bildes werden einige der Tiere mittels Ziffern einer Art zugeordnet: 1 Ichtyosaurus vulgaris *(das größte Tier rechts der Mitte); 2* I. tenuirostris *(das Tier mit dem langen Kiefer unmitelbar unter Nr. 1); 3* Plesiosaurus dolichodeirus *(wird von Nr. 1 gefressen); 4* Pterodacylus macronyx *(in der Mitte fliegend); 5* Dapedium politum *(wird von Nr. 2 gefressen); 6* Pentacrinites briareus *(rechts unten auf dem Boden wachsender pflanzenählicher Stachelhäuter); außerdem bemerkenswert: die auf der Wasseroberfläche segelnden Ammoniten und die toten Körper auf dem Grund des Gewässers, die den Fossilisierungsprozess andeuten (Lithographie von George Scharf nach einer Zeichnung von Henry de la Beche (1830); aus Rudwick, M.J.S. (1992). Scenes from Deep Time. Early Pictorial Representations of the Prehistoric World: 45).*

Seit der Antike erfahren Funde von nicht mehr lebenden Organismenformen eine mythologische Interpretation. Dies gilt z.B. für die Säugetierknochen des Miozäns von der Insel Samos, die u.a. von Aelian und Plutarch mythologisch gedeutet werden.[21] Bis in die Neuzeit werden fossile Knochen immer wieder als Beleg für das (ehemalige) Vorhandensein von Drachen, Monstern oder riesenhaften Menschen gewertet. Die christliche Deutung sieht sie z.T. als Relikte von Heiligen oder gestürzten Engeln an, so dass die Knochen sogar eine christliche Bestattung erhalten können.[22] Den Fossilien kommt bis in die Frühe Neuzeit insgesamt mehr eine demonstrative als eine investigative Funktion zu. Im christlichen Kontext werden sie in einen heilsgeschichtlichen Zusammenhang gestellt und als Zeugen der Sintflut und der biblischen Riesenerzählungen gewertet. Im außerchristlichen Volksglauben gelten sie als Beleg für die (ehemalige) Existenz von Sagengestalten. Aufgrund ihrer materiellen Beschaffenheit werden sie aber durchweg als Reste einer alten Vergangenheit interpretiert und eröffnen damit einen Blick auf die Historizität der Welt. Gemäß der mythologischen Überlieferung handelt es sich dabei meist um eine mythologisch eingebundene Vergangenheitserinnerung. Ihre Rolle als Quellen eines außerbiblischen und außermythologischen Geschichtsraumes erhalten die Fossilien erst spät. Von den Humanisten des 16. Jahrhunderts werden sie im Vergleich zu schriftlichen Dokumenten als historische Quellen eher skeptisch beurteilt, u.a. weil ihre exakte Datierbarkeit nicht möglich ist.

Im Mittelalter überwiegt die Auffassung, Fossilien seien nicht-organischen Ursprungs. So nehmen Avicenna und Albertus Magnus für die Entstehung der Fossilien eine mineralisierende und versteinernde Kraft an (»vis plastica« bzw. »virtus formativa«)²³; zumindest für einige Fossilien postulieren sie aber auch einen organischen Ursprung.²⁴ Die Meinung, Fossilien seien generell Überreste (bzw. mineralisierte Abdrücke) einst lebender Organismen setzt sich in der Frühen Neuzeit durch. Viele Autoren des 16. Jahrhunderts, z.B. Leonardo (1505 in seinen Tagebüchern), G. Fracastoro (1517), M. Luther (1534) und B. Palissy (1580), sind dieser Auffassung. Im 17. Jahrhundert schließen sich ihr J. Ray, R. Hooke und N. Stensen an. Hooke lehnt die Annahme einer bildenden Kraft der Erde (»plastick virtue inherent in the earth«) – wie sie etwa von M. Lister postuliert wird – ausdrücklich ab und meint, die Fossilien seien durch eine Katastrophe, z.B. eine Überschwemmung an ihren Fundort gelangt.²⁵ Die Entstehung der Fossilien aus einst lebenden Organismen erklärt sich Hooke als Versteinerung oder Abdruck: »these figured Bodies dispersed over the World, are either the Beings themselves petrify'd, or the Impressions made by those Beings«²⁶. Durch die Versteinerung würden die organischen Substanzen also selbst zu Steinen (»petrify'd and turn'd into the nature of stone«).²⁷ Detaillierte Vorstellungen, wie es zu der Einlagerung von Mineralien in die Schalen der einst lebenden Organismen und damit zur Versteinerung gekommen ist, macht sich insbesondere Stensen.²⁸ Zu den am häufigsten gefundenen und diskutierten Wirbeltier-Fossilien des 16. und 17. Jahrhunderts gehören die »versteinerten Zungen« (Glossopetrae). Gesner beschreibt 1558 die Ähnlichkeit dieser Fossilien mit den Zähnen von Haien und belegt dies mit Abbildungen.²⁹ Als versteinerte Haizähne werden sie im 17. Jahrhundert auch von F. Colonna³⁰ und N. Stensen³¹ erkannt.

Über die Herkunft und Deutung von Fossilien entbrennen heftige Gelehrtenstreitigkeiten, so z.B. über den »Riesen Theutobochus«, der Anfang des 17. Jahrhunderts in Südwestfrankreich gefunden wird und bei dem es sich nach neueren Untersuchungen um die Reste eines Verwandten der heutigen Elefanten handelt.³² Ende des 17. Jahrhunderts werden fossile Funde in Italien und Deutschland korrekt als Reste von Elefanten identifiziert.³³ Angeregt durch die Funde von Fossilien kommt es zu plastischen Rekonstruktionsversuchen, so in Klagenfurt zwischen 1590 und 1636 zu dem Bau eines Lindwurms ausgehend von dem Fund eines Rhinozerosschädels.³⁴ Eine realistischere, aber immer noch sehr phantasievolle Rekonstruktion eines Fossils liefert O. von Guericke, und zwar nach den Funden großer fossiler Knochen (eines Mammuts und wahrscheinlich eines Rhinozeros), die 1663 in der Nähe von Quedlinburg ausgegraben werden. In dieser Rekonstruktion sind

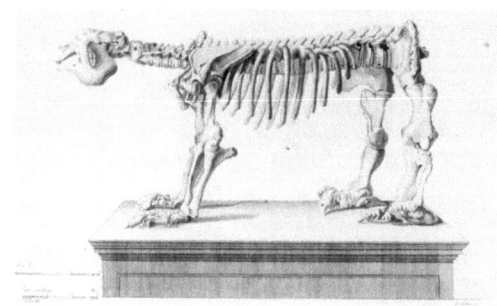

Abb. 154. Rekonstruktion des Skeletts eines ausgestorbenen Riesenfaultiers (Megatherium) aus Argentinien. Das Skelett wurde 1788 65 km westlich von Buenos Aires gefunden und im gleichen Jahr von J.B. Brú in Madrid aufgestellt. Es gilt damit als das älteste lebensecht rekonstruierte Fossil (Kopie von Georges Cuvier nach dem Originaldruck von J.B. Brú; später veröffentlicht in Brú, J.B. (1796). Descripción del esqueleto: pl. 1; grobe Kopien in Cuvier, G. (1796). Quadrupède trouvé au Paraguay und ders. (1812). Recherches sur les ossemens fossiles, Bd. 4: pl. 1, fig. 1; aus Rudwick, M.J.S. (1992). Scenes from Deep Time. Early Pictorial Representations of the Prehistoric World: 31).

die Reste verschiedener eiszeitlicher Säugetiere zu einem »Einhorn« miteinander kombiniert – das Ergebnis gilt als die älteste paläontologische Rekonstruktion.³⁵ Ein anderer aufsehenerregender Fund von 1695 aus Thüringen wird von dem ernestinischen Hofhistoriografen W.E. Tentzel als Überrest eines Elefanten identifiziert.³⁶

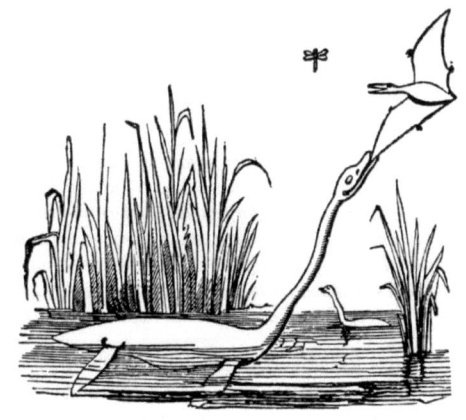

Abb. 155. Ein Plesiosaurus *erbeutet einen fliegenden* Pterodactylus. *Allein zur besseren Sichtbarkeit in der Darstellung ist der Körper des* Plesiosaurus *nicht eingetaucht im Wasser, sondern schwimmend abgebildet (Beche, H. de la (1832). Geological Manual, 2ⁿᵈ ed.: fig. 80; aus Rudwick, M.J.S. (1992). Scenes from Deep Time. Early Pictorial Representations of the Prehistoric World: 57).*

Fossil

Abb. 156. Frühe Darstellung der Abfolge von Lebensformen und Lebensgemeinschaften in der Erdgeschichte, beginnend mit dem Silur. Entgegen dem Titel des Bildes (›The Antediluvian World‹) ist keine Überflutung gezeigt, und es ist auch nicht nur eine »vorsintflutliche Welt« dargestellt, sondern vielmehr mehrere: das »silurische System«, das »karbonische System«, das »oolitische und Lias-System«, das »Kalk-System« und das »tertiäre System«. In einem Bild sind somit Organismen mehrerer erdgeschichtlichen Epochen gleichzeitig dargestellt; ihre zeitliche Abfolge entspricht der geologischen Schichtung und verläuft im Bild von unten nach oben (gestochen von J. Emslie, publiziert 1849 von J. Reynolds; aus Rudwick, M.J.S. (1992). Scenes from Deep Time. Early Pictorial Representations of the Prehistoric World: 93).

Eine ganze Reihe von Argumenten dafür, die Ammoniten nicht als Spielereien der Natur, sondern als versteinerte Lebewesen anzusehen führt J.J. Baier zu Beginn des 18. Jahrhunderts an: So stellt er fest, dass die Ammoniten über konstante Kennzeichen verfügen, die eine Zuordnung zu abgegrenzten Arten ermöglichen, und dass sich innerhalb einer Art Größenklassen identifizieren lassen, die den Altersstufen der Individualentwicklung zugeordnet werden können.[37]

Das erste größere Werk über fossile Pflanzen veröffentlicht der schweizerische Naturforscher J.J. Schleuchzer im Jahr 1709.[38] Schleuchzer hält die versteinerten Abdrücke von Pflanzen und Tieren für Überreste vorsintflutlicher Organismen.

Bis ins 19. Jahrhundert ist es aber weiter verbreitet, die Fossilien als »Naturspiele« zu behandeln, als eine überraschende und nicht erklärliche Übereinstimmung in der Gestalt von Körpern unterschiedlicher Naturreiche (Krünitz 1806: »Naturspiel, ein Nahme, welchen man in der Naturgeschichte solchen natürli-

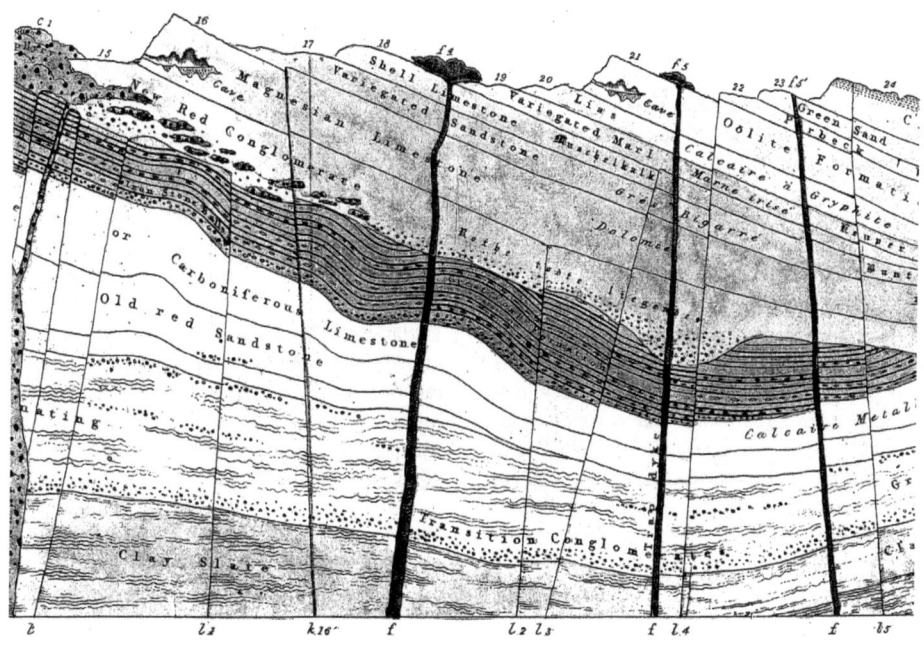

Abb. 157. Ausschnitt aus einer Darstellung von fossilen Formen von Landpflanzen, Wirbeltieren und Wassertieren und der entsprechenden Erdschichten, in denen diese gefunden wurden (im Original farbige Darstellung: »Ideal Section of a Portion of the Earth's Crust, intended to shew the Order of Deposition of the Stratified Rocks«, zusammengestellt durch T. Webster, aus Buckland, W. (1836). Geology and Mineralogy considered with Reference to Natural Theology, 2 vols.: II: Klapptafel).

Presently recognised major divisions of Earth Time with their 'authorship'	
Holocene (Gervais, 1867) Pleistocene (Lyell, 1839)	Quaternary (Desnoyers, 1839)
Pliocene (Lyell, 1833) Miocene (Lyell, 1833) Oligocene (Beyrich, 1854) Eocene (Lyell, 1833) Palaeocene (Schimper, 1874)	Cainozoic (Phillips, 1840)
Cretaceous (D'Halloy, 1822) Jurassic (von Buch, 1839) Triassic (von Alberti, 1841)	Mesozoic (Phillips, 1840)

Permian (Murchison, 1841)
  Pennsylvanian (Williams, 1891)
  Mississippian (Williams, 1891)
Carboniferous (D'Halloy, 1808; Conybeare & Phillips, 1822)
Devonian (Murchison & Sedgwick, 1839)
Silurian (Murchison, 1835)
Ordovician (Lapworth, 1879)
Cambrian (Murchison & Sedgwick, 1835)
	Palaeozoic (Sedgwick, 1838;
	Phillips, 1841)

Precambrian (Jukes, 1862)	

Abb. 158. Terminologie zur Einteilung der Erdgeschichte sowie Zeitpunkt der Benennung und Namen der Personen, auf die die Benennung zurückgeht (aus Palmer, D. (2005). Earth Time: 232).

chen Körpern gibt, welche einige zufällige Aehnlichkeit mit andern Körpern haben, weil die Natur bey deren Bildung gleichsam spielete«).[39]

Fossilien als Vertreter ausgestorbener Arten

Weil man unter den lebenden Organismen meist keine findet, die den Fossilien genau entsprechen, lag die Annahme nahe, dass die fossil überlieferten Organismen zu jenen Arten gehören, die ausgestorben sind. Diese Annahme widerspricht jedoch der christlichen Lehre von der Konstanz der Arten (die die Allmacht und Güte des Schöpfers garantiert) und dem Prinzip der Fülle der Natur (weil leere Stellen eine Lücke hinterlassen würden) und wird daher (z.B. 1693 von J. Ray) mit dem Argument umgangen, dass die entsprechenden Organismen nur noch nicht gefunden seien und in entlegenen Weltregionen noch leben könnten.[40] Die Hypothese des Aussterbens von Arten beginnt sich aber im 18. Jahrhundert allmählich durchzusetzen (↑Phylogenese). Von christlichen Autoren wird das Vorhandensein der Fossilien im Zusammenhang mit der Sintflut gesehen, so von Luther schon Mitte des 16. Jahrhunderts.

In einem naturwissenschaftlichen Kontext hält R. Hooke 1668 sowohl das Aussterben einst lebender Arten als auch die Entstehung von neuen im Laufe der Erdgeschichte für möglich (»that there have been many other Species of Creatures in former Ages, of which we can find none at present; and […] that there may be diverse new kinds now, which have not been from the beginning«[41]). Die früheren Arten könnten, in den Worten Hookes, »zerstört« worden sein (»there may have been diverse Species of things wholly destroyed and annihilated«[42]).

Wenige Jahrzehnte später erwägt Leibniz eine historische Interpretation der Erde und diskutiert in diesem Zusammenhang auch die Vermutung einer Veränderung der Tierarten. Für die Entstehung der Fossilien gibt er eine Erklärung, die jener Stensens ähnelt: Im flüssigen Medium lebende Tiere seien aufgrund eines plötzlichen Ereignisses wie ein Erdbeben verschüttet und ihre Reste dann in Stein gepresst worden.[43] Weil es Leibniz für eine glaubhafte Annahme hält, dass im Rahmen der großen Veränderungen der Erdkruste auch die Tierarten viele Male umgewandelt worden seien (↑Phylogenese), hat er auch eine Erklärung für solche Fossilien, die keinen lebenden Formen ähneln. Leibniz bemerkt außerdem bereits die später viel diskutierte Tatsache, dass in den gemäßigten Breiten fossile Abdrücke von Pflanzenformen gefunden werden, die tropischen (indischen) Pflanzen am meisten ähneln (z.B. Palmen; »une representation d'une Plante des Indes dans une Pierre d'Allemagne«).[44] Im Laufe des 18. Jahrhunderts werden verschiedene Erklärungen für diese Tatsache diskutiert, u.a. eine allmähliche Abkühlung der Erde oder ein Verfrachten der Ablagerungen von tropischen Gebieten in die gemäßigten aufgrund von Wasserbewegungen (die schon Leibniz erwägt). A. de Jussieu äußert 1718 auch schon die Möglichkeit, dass es keine lebenden Vertreter von den als Abdrücke überlieferten Pflanzen mehr geben könnte, diese also tatsächlich ausgestorben seien (»n'existent plus«[45]), und dass die in den gemäßigten Breiten gefundenen Fossilien aufgrund ihrer Morphologie aus warmen Ländern stammen müssen (»ces Plantes inconnues en Europe ne peuvent venir que des Pays chauds«[46]).

Der Gedanke aber, dass die eigenartigen Fossilien tatsächlich Dokumente von »ausgestorbenen« Tier- und Pflanzenarten sind, wird bis zu Beginn des 19.

Jahrhunderts eher selten formuliert – meist werden sie als Reste von Arten gedeutet, deren rezente Vertreter noch nicht gefunden wurden. P.L.M. Maupertuis erklärt Mitte des 18. Jahrhunderts das Fehlen von fossil überlieferten Arten in der Gegenwart und das Auftreten von neuen Arten (»nouveaux animaux« und »nouveaux plantes«) mit Katastrophen wie einem Kometeneinschlag in der Vergangenheit der Erdgeschichte, bei dem viele Arten ausgestorben seien.[47] Auch G.L.L. Buffon hält es für möglich, dass einige Arten im Laufe der Geschichte verschwunden (»péri«) seien.[48] Er bringt dies in Verbindung mit seiner These einer allmählichen Abkühlung der Erde, die zur Folge hatte, dass Organismen von Arten, die früher auch im Norden zu finden waren, jetzt nur noch in den warmen Klimaregionen heimisch seien.[49] Einige Jahrzehnte später findet sich diese Erklärung auch bei A. von Humboldt in Form der Behauptung, »daß es Epochen der Vorwelt gab, in denen die Thier- und Pflanzenschöpfung der heißen Zonen auch über die kältere und gemäßigte verbreitet war«.[50] Humboldt vertritt auch die Meinung, »daß alle diese organischen Produkte nicht aufgeschwemmt, sondern in ihrer damaligen Heimath vergraben sind«.[51]

Verbreitet sind im 18. Jahrhundert spekulative Theorien über die Fossilien. So interpretiert J.B. Robinet sie 1768 als eine Form des embryonalen Lebens und als Stationen auf dem Weg der Natur bei ihrem Versuch, den Menschen hervorzubringen.[52]

Trotz früher Ansätze bleibt die Deutung der Fossilien als Zeugnisse vergangener Epochen der Erdgeschichte lange umstritten und wird z.B. noch von Voltaire explizit abgelehnt.[53] Erst am Ende des 18. Jahrhunderts setzt sich die Einschätzung durch, dass die Versteinerungen zu Organismen gehören, deren Arten keine rezenten Vertreter mehr haben.[54] Für eine Veränderung der lokalen Fauna sprechen auch wiederholte Funde von solchen Fossilien, die nur noch rezenten Organismen aus weit entfernten Regionen ähneln, so z.B. Reste von fossilen Krokodilen in Europa[55] oder fossilen Elefanten in Nordamerika[56]. W. Hunter, der die in Nordamerika gefundenen Elefanten für Fleischfresser hält, behauptet 1769 ausdrücklich, diese seien heute ausgestorben (»extinct«).[57] G. Cuvier spricht später von verschwundenen Elefantenarten (»espèces d'éléphans perdues«[58]) und sagt von ihnen, sie seien durch »Revolutionen« der Erde zerstört worden (»des êtres detruits par quelques révolutions de ce globe«[59]). Nach der detaillierten Rekonstruktion von ganzen Skeletten

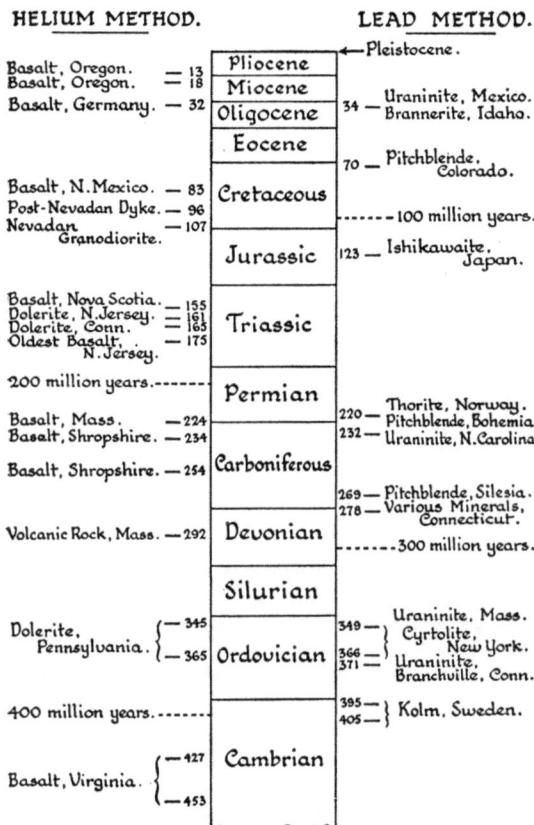

Abb. 159. Absolute Datierung der erdgeschichtlichen Perioden auf der Basis des Anteils von Helium (links) und Blei (rechts) in Gesteinen verschiedener Schichten. Die Atome der beiden Elemente entstehen als Produkte des Zerfalls von radioaktivem Radium. Ihr relativer Anteil ermöglicht damit einen Schluss auf den Zeitpunkt, zu dem das radioaktive Material in den Stein integriert, d.h. zu dem der Stein geformt wurde. Durch die Berücksichtigung verschiedener Isotope wird die Skala im Laufe des 20. Jahrhunderts weiter verfeinert. Dabei wird der Beginn des Kambriums zunächst um gut 100 Millionen Jahre früher datiert (auf etwa 600 Millionen Jahre); später aber wieder näher an die Gegenwart gerückt (datiert auf 542 Millionen Jahre). Definiert ist der Beginn des Kambriums seit 1991 über das erste Auftreten von Treptichnus pedum, einem sedimentbewohnenden Organismus, vermutlich einem Tier, unbekannter systematischer Stellung, das eine charakteristische Fraßspur hinterlassen hat (aus Holmes, A. (1913/37). The Age of the Earth: 178).

seit Ende des 18. Jahrhunderts wird der Gedanke des Aussterbens von Arten unter Naturforschern allgemein anerkannt. Als erstes naturgetreu aufgebautes Skelett gilt ein Fund eines Riesenfaultiers (*Megatherium*) aus Argentinien, das 1788 von J.B. Brú in Madrid aufgestellt und wenige Jahre später von Cuvier beschrieben wird (vgl. Abb. 154).[60]

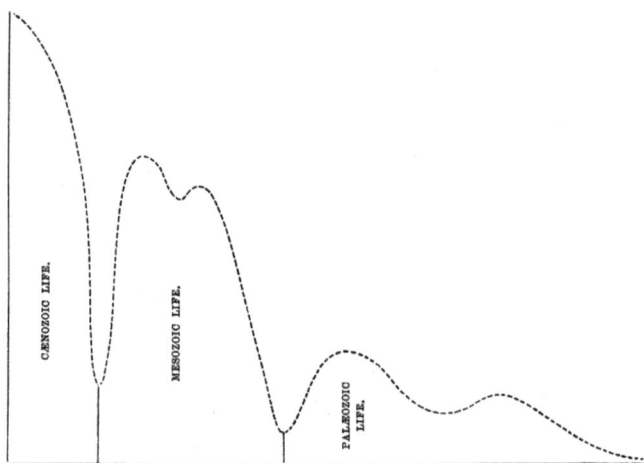

Abb. 160. *Der Verlauf der Diversität von Fossilien in der Erdgeschichte auf der Datengrundlage von Fossilfunden in Großbritannien bis zur Mitte des 19. Jahrhunderts. Die zwei großen Einschnitte dienen zur Abgrenzung der drei großen erdgeschichtlichen Epochen: des paläozoischen, mesozoischen und zänozoischen Lebens. Der Kurvenverlauf entspricht der relativen Artenanzahl in geologischen Schichten gleicher Dicke (»relative richness in species of the several groups for equal thicknesses«) (aus Phillips, J. (1860). Life on the Earth: 66).*

Ausgehend von Pflanzenabdrücken in Steinkohlenformationen äußert E.F. von Schlotheim 1801 die »sehr wahrscheinliche Vermuthung«, dass die Fossilien »Überreste einer frühen so genannten präadamitischen Schöpfung sind, deren Originale sich jetzt nicht mehr auffinden lassen«.[61] Schlotheim ist also der Auffassung, dass die in Fossilien abgedrückten Pflanzen Vertreter von Arten sind, die »vielleicht bloß der Vorwelt angehörten«.[62] Schlotheim ordnet die Lebewesen, deren Versteinerungen er kennt, in das System der binären Taxonomie C. von Linnés ein und schließt aus den Ähnlichkeiten der fossilen Pflanzen mit lebenden Formen auf das Klima früherer Zeiten; für Thüringen schließt er dabei auf eine Zeit mit tropischen Klimaten und Korallenriffen.

Auch J.B. de Lamarck, der über genaue Kenntnisse von Serien fossiler Mollusken verfügt, betrachtet die Fossilien als Hinweis auf einen langsamen Klimawechsel, dem eine Veränderung der Lebensformen folgte.[63] Lamarck äußert gleichfalls die Vermutung, dass die Fossilien Reste von Organismen sein könnten, die in der Gegenwart lebende Nachkommen hinterlassen haben, die gegenüber ihren Vorfahren stark transformiert sind, aber doch noch zu den gleichen Arten gehören. Er wendet sich damit ausdrücklich gegen die Annahme des »Aussterbens«, d.h. vollständigen Untergangs der fossilen Arten und stellt die entscheidende Frage: »Ne seroit-il pas possible, au contraire, que les individus fossiles dont il s'agit appartinessent à des espèces encore existantes, mais qui ont changé depuis, et ont donné lieu aux espèces actuellement vivantes que nous en trouvons voisines«.[64] Lamarck postuliert also sowohl eine Transformation der Organismen im Laufe der Erdgeschichte als auch ein Verschwinden bestimmter Formen aufgrund dieser Transformation, nicht aber ein Untergehen von Arten, weil die Arten sich über die Transformationen hinweg erhalten – ein bemerkenswerter Ausdruck eines strikt reproduktionsbiologischen Artbegriffs (↑Art). Das Vorkommen von ehemals im Wasser lebenden Organismen als Fossilien auf dem Land erklärt Lamarck mit der Annahme der ehemaligen Erstreckung des Meeres bis zu diesen Orten (»Les fossiles qu'on trouve dans les parties sèches de la surface du globe, sont des indices évidens d'un long séjour de la mer dans les lieux mêmes où on les observe«[65]).

Fortschritte des Bergbaus führen im 18. Jahrhundert zur Kenntnis einer ungeahnten Vielfalt von fossilen Formen. Dabei werden einerseits Formen gefunden, die offenbar zu (morphologischen) Gruppen ohne rezente Vertreter gehören, und andererseits nur wenige Reste, die lebenden Organismen ähneln. Der Bergbautechniker W. Smith stellt konstante Beziehungen zwischen einer Gesteinsschicht und charakteristischen Fossilien her (Prinzip der Leitfossilien)[66] – ein Vorläufer Smiths ist Mitte des 17. Jahrhunderts der Däne N. Stensen (Steno), der bereits die Entstehung der Sedimentgesteine durch Ablagerung erklärt und das Grundgesetz der geologischen Stratigrafie aufstellt, dem zufolge die oberen Schichten jünger als die unteren sind[67]. Smith gibt die Beziehungen zwischen Fossilien und Gesteinsschichten 1799 in Form einer geologischen Karte von England und Wales wieder.[68]

In den ersten Jahren des 19. Jahrhunderts wird es als ein Grundprinzip des Fossilienvorkommens erkannt, dass die Formen einander umso ähnlicher werden, je näher die Bodenschichten ihrer Herkunft zueinander liegen. Mit zunehmender Nähe zur Gegenwart nimmt also auch die Ähnlichkeit der Fossilien zu den rezenten Formen zu. H. Steffens formuliert diese Einsicht 1801 mit folgenden Worten: Die »ältern Versteinerungen sind zugleich diejenigen, die von den jetzt bekannten Thierformen am meisten abweichen«.[69] Und: »in den *ältesten* Gebirgen finden wir die Versteinerungen von der *niedersten* Thierstufe, allmählig treten in den *jüngern* Gebirgen die Ueberreste der *höhern* hervor, und nur in den *jüngsten* finden wir die Ueberreste der Säugethiere. – Also: dieselben Stufen der Animalisation, die jetzt alle auf *einmal* da sind, sehen wir in der Natur von dem ersten Punct der Enstehung der Animalisation überhaupt wirklich allmählig durchlaufen, bis der *Mensch* das Werk krönt und vollendet«.[70] Bei L. von Buch heißt es 1810: »Die Aehnlichkeit mit jetzt noch vorkommenden Formen, verliert sich immer mehr, je älter die Gesteine sind, welche diese organischen Reste entwickeln«.[71] Diese Beobachtung wird im Laufe des 19. Jahrhunderts wiederholt bestätigt, u.a. von G. Cuvier[72] und A. von Humboldt[73].

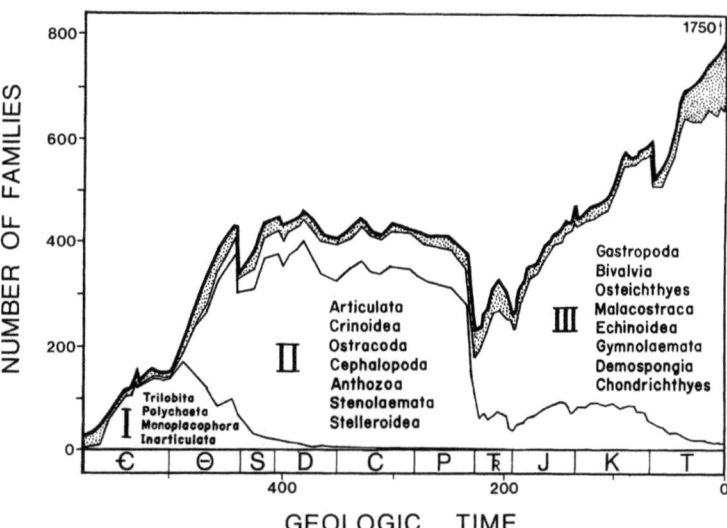

Abb. 161. Entwicklung der Diversität in den großen Gruppen von im Meer lebenden vielzelligen Tieren im Verlauf der Erdgeschichte. Die obere Kurve gibt die gesamte Anzahl von Familien fossil überlieferter Organismen an. Die drei unteren mit römischen Zahlen markierten Bereiche stellen die ersten drei Faktoren einer Faktorenanalyse der Fossilienverteilung dar und sind im Wesentlichen durch die angegebenen Tiergruppen geprägt. Der gepunktete Bereich unterhalb der oberen Kurve entspricht der restlichen Diversität, die sich nicht aus den ersten drei Faktoren ergibt. Die Zahl »1750« in der rechten oberen Ecke der Grafik gibt die Anzahl der rezenten Familien von marinen Tieren an; von der Mehrzahl, nämlich von fast 1.000 dieser Familien sind keine fossilen Vertreter bekannt (aus Sepkoski, J.J. Jr. (1981). A factor analytic description of the Phanerozoic marine fossil record. Paleobiol. 7, 36-53: 49).

Im Gegensatz zu dem Gradualismus Lamarcks steht die populäre Vorstellung, dass der Wechsel der Formen durch äußere erdgeschichtliche Katastrophen, wie Überschwemmungen oder Erdbeben, verursacht wird (»Katastrophismus«). Einer der Hauptvertreter dieser Theorie ist G. Cuvier. Cuvier, der beste Kenner der Fossilien in den ersten Jahrzehnten des 19. Jahrhunderts, geht von einer wiederholten Überflutung der Landbereiche der Erde mit einem korrespondierenden Faunenwechsel aus.[74] Weil Cuvier nur wenige Bindeglieder zwischen den Fossilien und den rezenten Formen finden kann, nimmt er – ebenso wie zuvor Maupertuis (s.o.) – das periodische Aussterben ganzer Faunen einer Epoche aufgrund dieser äußeren Katastrophen an. Nach einer Katastrophe sei es zu einer spontanen Neuschöpfung von Arten gekommen; bei der letzten dieser Schöpfungsakte vor 5.000 Jahren ist nach Ansicht Cuviers auch der Mensch entstanden. In seiner Darstellung des Tierreichs von 1817 integriert Cuvier die Fossilien als gleichberechtigt neben den lebenden Formen.[75] Cuvier selbst zeigt in seinen Fossilien-Studien auch, dass die Fossilien älterer Schichten den rezenten Formen am unähnlichsten sind, sie werden aber in jüngeren Schichten kontinuierlich ähnlicher. Die Fossilien der höchsten und damit jüngsten Schichten stellt Cuvier sogar in Gattungen oder Arten, die auch noch lebende Vertreter haben – die sich damit unmittelbar aufdrängende Erklärung einer Transformation der Arten lehnt er aber ab.[76]

Die Katastrophentheorie Cuviers wird bis zur Mitte des 19. Jahrhunderts allmählich durch gradualistische Modelle ersetzt. Als besonders wichtig erweist sich dabei das Prinzip der Uniformität und Aktualität, das von dem Geologen J. Hutton aufgestellt wird und besonders durch die Rezeption durch C. Lyell weite Verbreitung gewinnt. Nach diesem Prinzip waren in der Vergangenheit der Erdgeschichte keine anderen Kräfte wirksam als in der Gegenwart.[77] Als Konsequenz dieser Auffassung wird der Erde ein sehr viel größeres Alter zugeschrieben als im biblischen Schöpfungsmythos behauptet: Statt einigen Tausend Jahren wird von Millionen Jahren ausgegangen – so viel Zeit, dass der Gedanke einer allmählichen Entfaltung des Lebens als natürlicher Prozess möglich wird (↑Phylogenese). Für die Fossilien schlägt Lyell eine

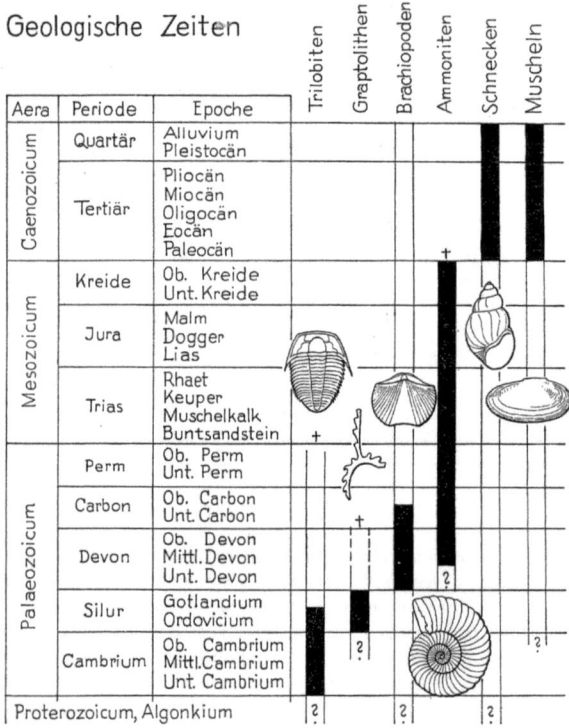

Abb. 162. Wichtige Tiergruppen als Leitfossilien (in Anlehnung an Simon, W.(1948). Zeitmarken der Erde. Grund und Grenze geologischer Forschung: 177; aus Kuhn-Schnyder, E. (1953). Geschichte der Wirbeltiere: 19).

Verwendung als »chronologische Kennzeichen«, d.h. als zeitliche Marker vor, die zur Identifikation einer Epoche auf ähnliche Weise benutzt werden können wie Medaillen, auf denen ein Ereignis dargestellt ist, das gleichzeitig mit der Prägung stattgefunden hat.[78] Seit Mitte des Jahrhunderts werden diese Fossilien als ›Leitfossilien‹ bezeichnet (s.u.).

Epochen der Erdgeschichte
Detaillierte Untersuchungen der Bodenschichten in der Umgebung von Paris führen G. Cuvier und A. Brongniart im ersten Jahrzehnt des 19. Jahrhunderts durch. Sie stellen dabei eine regelmäßige vertikale Abfolge verschiedener Böden (»sols«) fest und entwickeln eine direktionalistische Sicht der Veränderungen. Jede Formation (»formation«) ist danach begrenzt durch eine, die ihr vorausgeht (»précède«), und eine, die ihr folgt (»suit«).[79] Die Autoren stellen eine Ablagerung von Süßwassertieren oberhalb von Schichten mit fossilen Meeresorganismen fest. Die »natürliche Konsequenz« dieser Beoachtung ist nach Cuvier und Brongniart die Annahme einer Abfolge von verschiedenenen Ablagerungsperioden: erst durch das Meer, dann durch das Süßwasser (»La conséquence naturelle de cette observation, c'est que la mer, après avoir déposé ces couches de calcaire marin, a quitté ce sol qui a été recouvert par des masses d'eaux douce«[80]). Später betrachtet Brongniart die Vegetation allgemein unter dem Gesichtspunkt ihrer Sukzession in der Erdgeschichte (»sous le rapport de leur succession dans les divers couches du globe«).[81] Er unterscheidet dabei vier verschiedene Perioden (»périodes«) oder Epochen (»époques«) der Vegetation in der Geschichte der Erde (↑Phylogenese: Abb. 383).[82] Brongniart stellt auch eine parallele Veränderung bei Pflanzen und Tieren fest (»changemens successifs dans les êtres organisés«[83]).

Im Laufe des 19. Jahrhunderts kommt es zur begrifflichen Abgrenzung der erdgeschichtlichen Epochen (vgl. Abb. 158). Ihren Anfang nimmt die geologische Stratigrafie mit den Arbeiten von G.-P. Deshayes von 1831 und A. d'Orbigny von 1849-52.[84] Üblich ist anfangs eine Gliederung nach der Tiefe und damit dem Alter der Ablagerung in primäre, sekundäre und tertiäre Schichten. Allein die letzte Bezeichnung für die oberste Schicht hat sich in dem Ausdruck ›Tertiär‹ bis in die Gegenwart erhalten. Deshayes teilt das Tertiär basierend auf dem Anteil noch lebender Arten an den Fossilien in drei Abschnitte. Die Einteilung der Fossilgeschichte der Tiere in die drei großen Phasen des Paläo-, Meso- und Känozoikums wird seit Ende der 1830er Jahre vorgenommen.

Der Geologe A. Sedgwick versteht unter den *paläozoischen* (»palaeozoic«) Schichten zunächst allein die älteren, zum Kambrium und Silur gehörenden Ablagerungen.[85] J. Phillips erweitert das Paläozoikum 1841 um die Schichten des Devon, Karbon und Perm.[86] Er grenzt es von den Schichten ab, die er einer Epoche mit der Bezeichnung **mesozoisch** (»Mesozoic«) zuweist.[87] Die vorher als ›Tertiär‹ beschriebenen jüngsten Schichten der fossilen Überlieferung bezeichnet Phillips 1841 als **känozoische** Schichten (»Cainozoic strata«).[88] So heißt es bei E. Forbes 1854: »We are accustomed to group all geological epochs under three great sections, the Palæozoic, or oldest, the Mesozoic or middle, and the Cainozoic, more commonly termed Tertiary, or newest«.[89] Weil die Formen des Paläozoikums ein einheitliches Erscheinungsbild haben, stellt Forbes ihnen zunächst zusammen die mesozoischen und känozoischen

Formen als *neozoisch* (»Neozoic«) gegenüber (»the sum of the epochs after the Palæozoic«).[90] Wenig später wird dagegen das Neozoikum mit dem Känozoikum oder dem Tertiär identifiziert; es steht dann also neben dem Paläozoikum und Mesozoikum als dritte große Epoche der Erdgeschichte.[91]

Quantitative Schätzungen zur Menge von Fossilien aus verschiedenen Phasen der Erdgeschichte nimmt J. Phillips 1860 vor: Er teilt die Ablagerung von Fossilfunden in Großbritannien in sukzessive Phasen ein (»successive systems of marine invertebrate life«) und gibt in einer Kurve den Verlauf der Diversität in der Erdgeschichte wieder (Abb. 160; vgl. auch Abb. 161).[92]

Eine genaue Datierung der geologischen Epochen mittels Methoden, die auf der Messung von radioaktiver Strahlung beruhen, nimmt A. Holmes seit 1911 vor (vgl. Abb. 159).[93] Holmes gilt damit als Begründer der exakten *Geochronologie*.

Fossilien und Evolutionstheorie
Bemerkenswerterweise spielt die Kenntnis der Fossilien eine relativ geringe Rolle bei der Formulierung der Evolutionstheorien (↑Phylogenese). Für Lamarck ist die Kenntnis der fossilen Mollusken, die er nach Übernahme der Sammlung am Pariser Naturkundemuseum Ende der 1790er Jahre erlangt, ein nicht unwesentlicher Faktor für die Formulierung seiner Theorie – aber aufgrund der Lückenhaftigkeit der fossilen Überlieferung doch nicht der entscheidende.[94] Für C. Darwin sind es in erster Linie seine ökologischen Überlegungen zur Konkurrenz und anderen Prozessen auf Ebene der Population, die ihn zu seiner Version der Evolutionstheorie inspirieren. Seiner Kenntnis der Fossilien kommt allein eine unterstützende Rolle zu. Relevant ist insbesondere das von Darwin gesammelte Fossilienmaterial aus Südamerika, anhand dessen R. Owen feststellt, dass die Fossilien aus Südamerika den gegenwärtig dort lebenden Organismen ähneln, nicht aber den Fossilien oder lebenden Organismen anderer Kontinente: Nicht die Bedingungen der Umwelt, sondern ein anderer Faktor – die gemeinsame Abstammung – kann also für die Ähnlichkeit der Formen verantwortlich gemacht werden.[95] Zusammen mit dem Studium der Vögel auf den Galapagos-Inseln, die ihm die Variation eines Typus bei lebenden Arten vor Augen führt, bildet die Kenntnis der südamerikanischen Fossilien den Ursprung all seiner Ansichten (»origin of all my views«), wie ihn sein Sohn später zitiert.[96]

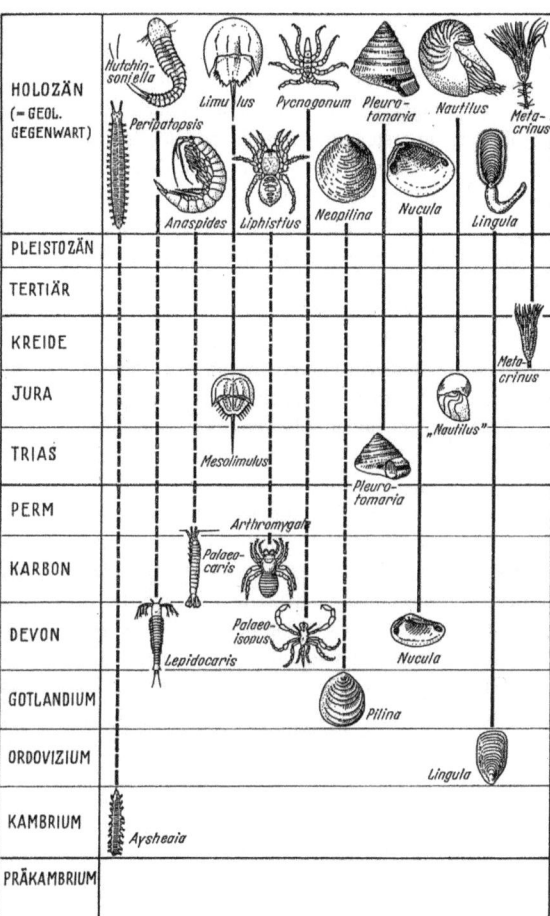

Abb. 163. Typische »lebende Fossilien« unter den wirbellosen Tieren und ihre fossilen Verwandten. Durchgezogene Linien stehen für fossile Nachweise, Strichlinien für fehlende fossile Nachweise (aus Thenius, E. (1963). Versteinerte Urkunden: 157).

Ein Grund für den dennoch relativ geringen Einfluss der Fossilienkenntnis auf die Entwicklung der Evolutionstheorie liegt wohl auch darin, dass die fossile Überlieferung häufig die morphologische Konstanz von Arten über lange Zeiträume belegt und darüber hinaus keinen graduellen Übergang nahe legt, sondern vielmehr das plötzliche Auftauchen und Verschwinden von ganzen Gruppen von Formen dokumentiert. Darwin bemerkt allein für manche Fälle, dass das Vorhandensein der Fossilien keine plötzliche und abrupte Bildung neuer Arten, sondern eine langsame Transformation belegt.[97] Er spricht von *fossilen Bindegliedern* (»fossil links«; der Ausdruck erscheint bereits 1844 bei E. Diefenbach[98]) die eine intermediäre Form zwischen den Bauplänen rezenter Lebewesen einnehmen.[99] Rezente Lebewesen, denen eine solche Stellung zwischen heute dominanten Formen zukommt, bezeichnet Darwin seit 1859 als *lebende Fossilien* (»living fossils«).[100] Dieser Ausdruck bezieht sich in den ersten Jahrzehnten des 19. Jahrhunderts in erster Linie auf unterirdisch lebende Tiere, die bei Ausgrabungen oder in Höhlen gefunden wurden (Anonymus 1817: »Living fossils«[101]; Granville 1837: »He [Ehrenberg] contends that the mineral springs of Carlsbad contain living fossil infusoria, of the same species as those met with on the French coast of the Atlantic, and in the Baltic«[102]).

In der zweiten Hälfte des 19. Jahrhunderts werden verschiedene Belege für eine fossile Transformationsreihe von Organismen zu geben versucht. Ein Untersuchungsobjekt bildet dabei eine seit dem Tertiär nachweisbare Süßwasserschnecke (*Planorbis multiformis*), deren Evolution E. Hilgendorf studiert.[103] Allerdings ist die Interpretation der Daten umstritten, weil es sich um eine sehr variable Spezies handelt. Klarere Ergebnisse liefert die Untersuchung anderer Süßwasserschnecken und Muscheln in den 1870er Jahren.[104] Ein anderer viel diskutierter Nachweisversuch einer fossilen Transfomationsreihe bezieht sich auf die Evolution der Pferde: Aufbauend auf den Untersuchungen von A. Gaudry[105] versucht V.O. Kovalevski Anfang der 1870er Jahre, ein dreizehiges Pferd aus dem Miozän (*Anchitherium*) als Verbindungsglied zwischen einer schon Cuvier bekannten Form aus dem Eozän (*Palaeotherium*) und einer Form aus dem Pliozän (*Hipparion*) zu interpretieren.[106] Er deutet die Transformation dabei als eine ökologische Anpassung der Pferde an ein Leben in der Steppe. O.C. Marsh erweitert und modifiziert diese Deutung unter Berücksichtigung fossiler Funde in Nordamerika (↑Evolution: Abb. 124).[107]

Dinosaurier
Als die klassischen und spektakulärsten Fossilien gelten aber die Dinosaurier. Die erste Beschreibung eines Dinosaurierknochens wird R. Plot für das Jahr 1677 zugeschrieben.[108] Plot hält die in der Nähe von Oxford gefundene Versteinerung jedoch für den Abdruck des Knochens eines Elefanten, der von den Römern nach England gebracht wurde. Die Ausmaße des beschriebenen Knochens schließen dies jedoch aus (vermutlich gehörte der Knochen einem *Megalosaurus*).[109] Als wissenschaftlicher Entdecker der Dinosaurier gilt W. Buckland, der erste Geologie-Professor in Oxford. Er findet um 1818 den versteinerten Knochen eines *Megalosaurus* und identifiziert ihn korrekt als das Überbleibsel eines Reptils.[110] In den ersten Jahrzehnten des 19. Jahrhunderts werden zahlreiche weitere Fossilien beschrieben. In England entdeckt G.A. Mantell seit 1822 verschiedene Arten von Dinosauriern, die von J. Martin gezeichnet werden.[111] Ein 1788 in Deutschland gefundenes Fossil wird 1807 von Blumenbach als Vogel beschrieben; Cuvier erkennt es 1812 als ein fliegendes Reptil (*Pterodactyl*). Die Bezeichnung **Dinosaurier** (griech. »gewaltige Echse«) geht auf R. Owen zurück, der sie 1841 einführt.[112]

Ein gefeiertes Fossil aus der Mitte des 19. Jahrhunderts ist der als Zwischenglied zwischen Reptilien und Vögeln angesehene *Archaeopteryx* aus dem Jura bei Solnhofen.[113] Weitere Fossilien werden als Zwischenglieder zwischen den Reptilien und Säugetieren angesehen.[114] Weil diese fossilen Formen Merkmale von später klar unterschiedenen Taxa aufweisen, werden sie als *Mosaikformen* bezeichnet. So schreibt D.M.S. Watson 1919 von einem fossilen Skelett, das in seinen Merkmalen zwischen Amphibien und Reptilien steht, es zeige ein Mosaik von Charakteren (»presenting a strange mosaic of characters«[115]).

Leitfossilien und Zeitsignatur
Charakteristische Fossilien einer erdgeschichtlichen Epoche, über die eine Altersbestimmung der Gesteinsschicht erfolgen kann, werden als **Leitfossilien** bezeichnet. Der Ausdruck wird meist auf eine Reisebeschreibung durch L. von Buch aus dem Jahr 1810 zurückgeführt[116] – von Buch verfügt jedoch nicht über einen speziellen Terminus für die Leitfossilien im Allgemeinen. Lediglich in einem Brief aus dem Jahr 1832 verwendet er den Ausdruck ›Leit-Muschel‹.[117] Seit Mitte der 1830er Jahren verbreitet sich dieses Wort in der geologischen Literatur.[118] Der allgemeine Begriff ›Leitfossil‹ wird 1839 von J. Ewald und E. Beyrich eingeführt (»der Spatangus retusus [ein Seeigel …] ist das ausgezeichnetste Leitfossil für diese Abtheilung [das Néocomien] der Kreideformation«[119]). In seinem ›Lehrbuch der Geologie und Petrefactenkunde‹ von 1845 übernimmt K.C. Vogt den Ausdruck in Bezug auf die gleiche Fossilienart[120]; bereits 1850 hat er sich als fester Terminus etabliert[121]. Seit Mitte der 1850er Jahren entstehen umfangreiche Tafelwerke, die die Leitfossilien der Epochen der Erdgeschichte abbilden.[122] Zu Beginn des 20. Jahrhunderts wird dieses Verfahren *Biostratigrafie* (»Biostratigraphie«) genannt (Dollo 1903).[123]

E. Dacqué bezeichnet 1924 die charakteristischen Formen einer geologischen Epoche als ihre **Zeitsignatur** (»eine Art biologischer Zeitsignatur für die einzelnen geologischen Epochen«[124]). Dacqué spricht auch von dem »biologischen Zeitcharakter«[125], einer »Zeitformenbildung«[126], dem »Zeithabitus«[127] oder

»Zeitgestaltungen«[128]. Er erläutert 1935: »Es macht gerade den Eindruck, als ob die Natur in einer bestimmten Zeit von innen heraus eben nur so oder so gestalten könne; als ob sie nicht anders könne, als nur erst einen bestimmten Baustil zu verwirklichen.« So bilde z.B. das Reptil »das eigentliche Landtier« im Erdmittelalter.[129] (Vor der Verwendung in der Paläontologie erscheint der Ausdruck ›Zeitsignatur‹ bereits 1877 im geschichtswissenschaftlichen Kontext[130].)

In der gleichen Bedeutung verwendet W. Simon 1948 den Ausdruck *Zeitmarken*.[131]

Paläontologie in Zahlen
Die ältesten bekannten Fossilien stammen bis in die 1950er Jahre aus dem späten Präkambrium mit einem Alter von etwa 625 Millionen Jahren. Für Darwin bildete es ein Rätsel, warum keine Fossilien aus der frühen Erdgeschichte vor dem Kambrium gefunden wurden.[132] Belastet werden die frühen Versuche, die ältesten Lebensspuren auf der Erde nachzuweisen, durch anfängliche Fehlinterpretationen. So erweist sich eine in den späten 1850er Jahren gefundene Versteinerung, die bald darauf als ältestes organisches Fossil gefeiert wird (*Eozoon canadense*, »the dawn animal of Canada«), als rein anorganischen Ursprungs.[133] Ende des 19. Jahrhunderts gelingt C.D. Walcott aber der Nachweis von frühen präkambrischen Lebensformen, nämlich einzelliger Algen (die er allerdings taxonomisch falsch einordnet, nämlich als mehrzellige Brachiopoden).[134] Walcott ist auch der Entdecker einer reichen präkambrischen Fauna aus den kanadischen Rocky Mountains, der berühmten »Burgess Shale Fauna«.[135] Über zwei Milliarden Jahre alte Fossilien entdeckt S.A. Tyler 1953 in Ontario (»Gunflint-Formation«)[136], die P. Cloud Mitte der 60er Jahre als authentisch identifiziert[137]. Mit der Entdeckung fossiler Prokaryoten konnten Fossilien mit einem Alter von mehr als 3 Milliarden Jahren gefunden werden[138] – die Identifizierung einiger Strukturen als Reste von Bakterien ist jedoch umstritten[139].

Gegenwärtig sind rund 250.000 Arten von Fossilien bekannt, davon waren 95% Meeresbewohner.[140] Nach Schätzungen haben insgesamt 30 Milliarden Arten im Laufe der Erdgeschichte gelebt, im Vergleich zu den 1,5 Millionen beschriebenen Arten sind also mehr als 99,99% der Arten ausgestorben; in Relation zu den geschätzten 30 Millionen lebenden Arten wären es immer noch 99,9% der Arten, die ausgestorben sind – nach einem bekannten Paläontologenwitz sind damit in guter Näherung alle Arten auf der Erde ausgestorben.[141] Auch hinsichtlich der Biomasse dominieren die toten Organismen um Größenordnungen gegenüber den lebendigen: Schätzungen aus den 1970er und 80er Jahren gehen von einer fossilen Biomasse von rund 10^{16} t aus (davon 5×10^{12} t in konzentrierter Form als Kohle und Erdöl)[142] gegenüber einer lebenden Biomasse von ca. $1,8 \times 10^{12}$ t Trockenmasse (davon nur 0,1% Tiere)[143].

Lange Zeit nimmt die Paläontologie eine eher randständige Position innerhalb der Biologie ein. In den letzten Jahren nimmt sie aber einen Aufschwung, insbesondere durch die Verbindung der Entwicklungsbiologie mit phylogenetischen Fragen. B.K. Hall bezeichnet die Paläontologie daher als eine Wissenschaft des 19. und des 21. Jahrhunderts.[144]

Nachweise

1 Agricola, G. (1546). De natura fossilium.
2 Gesner, C. (1565). De rerum fossilium, lapidum et gemmarum.
3 Vgl. Leibniz, G.W. (1702). Brief an Varignon (Philosophische Schriften, Bd. 4. Frankfurt/M. 1992, 260-266): 264.
4 Vgl. z.B. Blumenbach, J.F. (1779/1825). Handbuch der Naturgeschichte: 454 (§222).
5 d'Holbach, P.H.D. (1757). Fossiles. In: Diderot, D. & D'Alembert, J. (Hg.). Encyclopédie, Bd. 7, 209-211: 210.
6 Hooke, R. (1668). A Discourse of Earthquakes (The Posthumous Work, London 1705, 279-450): 291; vgl. ders. (1667). Micrographia: 111; Lang, K.N. (1709). Tractatus lapidum figuratorum.
7 Palissy, B. (1580). Discours admirable de la nature des eaux et fontaines de la terre (Œuvres complètes, Paris 1844, 127-381): 275.
8 Volkmann, G.A. (1720). Silesia Subterranea, oder Schlesien. Mit seinen Unterirrdischen Schätzen/ Seltsamheiten/ welche dieses Land mit andern gemein/ oder zuvoraus hat/ als Edelen, und Unedelen, ohne und mit Figuren sich præsentirenden und seltsam gebildeten Steinen, auch ehemahls theils durch die allgemeinen, theils durch Particular-Fluthen hieher verschwemmten, und durch die Versteinerung Krafft in und ausser den Steinen in Stein verwandelten Holtz, Kräuter und Blumen, Früchten, Erd- und Wasser-Thieren, ingleichen Metallen, Mineralien.
9 Tissier (1823). Considérations sur l'exploration du département sous le rapport de l'histoire naturelle. Compte rendu des travaux de la société royale d'agriculture, histoire naturelle et arts utiles de Lyon 1823, 110-120: 113; auch: Boubée, N. (1831). Bulletin de nouveaux gisemens, 5e section. Bulletin de nouveaux gisemens en France de paléontologie, pour servir à l'histoire paléontologique de la France.
10 Keferstein, C. (1834). Die Naturgeschichte des Erdkörpers, Th. 2: Die Geologie und Paläontologie; Pusch, G. (1837). Polens Paläontologie; Bronn, H.G. (1837). Paläontologie. Allgemeine Encyclopädie der Wissenschaften und Künste, 3. Sect., 9. Theil: 328; vgl. auch Meyer, H. von (1832). Palaeologica zur Geschichte der Erde und ihrer Ge-

schöpfe.
11 Lyell, C. (1838). Elements of Geology, 2 vols.: II, 281.
12 Anonymus (1836). Ehrenberg's new discovery in palæontology. Edinburgh New Philosophical Journal 21, 374-375.
13 Haeckel, E. (1866). Generelle Morphologie der Organismen, 2 Bde.: I, 58f.
14 Buckman, S.S. (1893). The bajocian of the Sherborne district: its relation to subjacent and superjacent strata. Quart. J. Geol. Soc. 49, 479-521: 482.
15 Kerner von Marilaun, F. (1895). Eine paläoklimatologische Studie. Sitzungsber. kaiserl. Akad. Wiss. Wien, math.-naturwiss. Cl. 104, 286-291: 290.
16 Abel, O. (1911). Grundzüge der Paläobiologie der Wirbeltiere; ders. (1916). Paläobiologie der Cephalopoden aus der Gruppe der Dibranchiaten; (1929). Paläobiologie und Stammesgeschichte.
17 MacMillan, C. (1898). Observations on the distribution of plants along shore at lake of the woods. Minnesota Bot. Sud. 1, 949-1023: 950; vgl. später: Cain, S.A. (1944). Foundations of Plant Geography.
18 Vgl. Müller, P. (1981). Arealsysteme und Biogeographie: 18.
19 Xenophanes, Frag. 184 (nach Hippolytos I, 14, 5-6).
20 Strabon, Geographica I, 3, 4.
21 Vgl. Soulunias, N. (1981). The Turolian fauna from the island of Samos, Greece. Contrib. Verteb. Evol. 6, 1-232: 18.
22 Vgl. Abel, O. (1939). Vorzeitliche Tierreste im deutschen Mythus, Brauchtum und Volksglauben.
23 Avicenna, De congelatione et conglutinatione lapidum; Albertus Magnus, De mineralibus: I, VIII; vgl. Gaudant, J. (1999). Fossile. Dict. Hist. Philos. Sci., 429-434: 431.
24 Vgl. Rudwick, M.J.S. (1972). The Meaning of Fossils; Edwards, W.N. (1967). The Early History of Palaeontology; Hölder, H. (1989). Kurze Geschichte der Geologie und Paläontologie: 14.
25 Hooke, R. (1665). Micrographia: 111.
26 Hooke, R. (1668). A Discourse of Earthquakes (The Posthumous Work, London 1705, 279-450): 291.
27 Hooke (1665): 111.
28 Stensen, N. (1669). De solido intra solidum naturaliter contento dissertationis prodromus (dt. Frankfurt/M. 1967): 79.
29 Gesner, C. (1558). De rerum fossilium, lapidum et gemmarum maxime, figuris et similitudinibus liber.
30 Colonna, F. (1616). De glossopetris dissertatio.
31 Stensen, N. (1667). Elementorum myologiae specimen, seu musculi descriptio geometrica. Cui accedunt canis carchariae dissectum caput, et dissectis piscis ex canum genere.
32 Ginsburg, L. (1984). Nouvelles lumières sur les ossements fossiles autrefois attribués au géant Theutobochus. Ann. Paléont. 70, 3, 181-219.
33 Tentzel, W.E. (1697). Epistola de sceleto elephantino Tonnae nuper effosso. Philos. Trans. Roy. Soc. Lond. 19, 234, 757-776.
34 Vgl. Abel, O. (1925). Geschichte und Methode der Rekonstruktion vorzeitlicher Wirbeltiere: 5.
35 a.a.O.: 6.
36 Vgl. Buffetaut, E. (1987). A Short History of Vertebrate Palaeontology: 23f.; Fig. 1; Federhofer, M.-T. (2006). Vorwort. In: Naturspiele. Beiträge zu einem naturhistorischen Konzept in der Frühen Neuzeit. Cardanus 6, 7-13: 9.
37 Baier, J.J. (1708). Oryktographia norica (Erlanger Geol. Abh. 29 (1958), 1-133): 66f.
38 Schleuchzer, J.J. (1709). Herbarium diluvianum.
39 Anonymus (1806). Naturspiel. In: Krünitz, J.G. et al. (Hg.). Oeconomische Encyclopädie, Bd. 101, 648-660: 648; gleichlautend: Anonymus (1798). Naturspiel In: Adelung, J.C. (Hg.). Grammatisch-kritisches Wörterbuch der hochdeutschen Mundart, Bd. 3: 449; vgl. auch Anonymus (1765). Jeu de nature. In: Diderot, D. & D'Alembert, J. (Hg.). Encyclopédie, Bd. 8, 532-535; vgl. Federhofer, M.-T. (2006). Vorwort. In: Naturspiele. Beiträge zu einem naturhistorischen Konzept in der frühen Neuzeit. Cardanus 6, 7-13: 8.
40 Vgl. z.B. Ray, J. (1693). Three Physico-Theological Discourses: 147; Leibniz, G.W. (ca. 1693). Protogaea (Göttingen 1749; dt. Stuttgart 1949): 88; Lamarck, J.B. de (1809). Philosophie zoologique, 2 Bde.: I, 75f.
41 Hooke, R. (1668). A Discourse of Earthquakes (The Posthumous Work, London 1705, 279-450): 291.
42 a.a.O.: 327.
43 Leibniz (ca. 1693): 67.
44 [Leibniz, G.W.] (1706). [Idée sur l'origine des pierres que l'on trouve empreinte de figures de plantes, d'animaux, &c.] Histoire de l'Académie Royale des Sciences 1706: 11.
45 Jussieu, A. de (1718). Examen des causes des impressions des plantes marquées sur certaines Pierres des environs de Saint-Chaumont dans le Lyonnais. Hist. Acad. Roy. Sci. 287-297: 289.
46 a.a.O.: 291.
47 Maupertuis, P.L.M. (1751). Système de la nature (Œuvres, Bd. 2, Lyon 1768, 135-184): 168ff. (§LVff.).
48 Buffon, G.L.L. (1749). Preuves de la théorie de la terre: 290.
49 Buffon, G.L.L. (1778). Époques de la nature: 165.
50 Humboldt, A. von (1799). Die Entbindung des Wärmestoffs, als geognostisches Phänomen betrachtet. Jahrbücher der Berg- und Hüttenkunde 3, 1-14: 13.
51 ebd.
52 Robinet, J.B. (1768). Considérations philosophiques de la gradation naturelle des formes de l'être, ou les essais de la nature qui apprend à faire l'homme.
53 Voltaire (1746). Dissertation sur les changemens arrivés dans notre globe, et sur les pétrifications qu'on prétend en être encore les témoignages; vgl. Haber, F.C. (1959). Fossils and the idea of a process of time in natural history. In: Glass, B., Temkin, O. & Straus, W.L. Jr. (eds.). Forerunners of Darwin, 1745-1859, 222-261: 227ff.
54 Vgl. Baron, W. (1963). Ansätze zur historischen Denkweise in der Naturforschung in der Wende vom 18. zum 19. Jahrhundert. I. Die Anschauungen Johann Friedrich Blumenbachs über die Geschichtlichkeit der Natur. Sudh. Arch. 47, 19-35: 22ff.
55 Spener, C.M. (1710). Disquisitio de crocodilio in lapide scissili expresso, aliisque Lithozois. Misc. Berolin.

Increm. Sci. 1, 92-110; Chapman, W. (1758). An account of the fossile bones of an allegator, found on the sea-shore, near Whitby in Yorkshire. Philos. Trans. Roy. Soc. London 50, 688-691.
56 Daubenton, L. (1764). Mémoire sur des os et des dents remarquables par leur grandeur. Mém. Acad. Roy. Sci. Paris (1762), 206-209; vgl. Simpson, G.G. (1942). The beginnings of vertebrate paleontology in North America. Proc. Amer. Philos. Soc. 86, 130-188.
57 Hunter, W. (1769). Observations on the bones, commonly supposed to be elephant's bones, which have been found near the river Ohio, in America. Philos. Trans. Roy. Soc. London 58, 34-45: 45.
58 Cuvier, G. (1799). Mémoir sur les espèces d'elephans vivantes et fossiles. Mémoires de l'Institut National des Sciences et Arts, Classe mathématiques et physiques 2, 1-22: 14.
59 a.a.O.: 21.
60 Cuvier, G. (1796). Notice sur le squelette d'une trèsgrande espèce de quadrupède inconnue jusqu'à présent, trouvé au Paraguay, et déposé au cabinet d'Histoire naturelle de Madrid. Mag. encyclop. 1, 303-310; vgl. Hoffstetter, R. (1959). Les rôles respectifs de Brú, Cuvier et Garriga dans les premières études concernant *Megatherium*. Bull. Mus. Hist. Nat. Paris 31, 6, 536-545.
61 Schlotheim, E.F. von (1801). Abhandlungen über die Kräuter-Abdrücke im Schieferthon und Sandstein der Steinkohlen-Formationen. Magazin für die gesamte Mineralogie, Geognosie und mineralogische Erdbeschreibung 1, 76-95: 77.
62 a.a.O.: 83.
63 Lamarck, J.B. de (1802-09). Mémoire sur les fossiles des environs de Paris: 3.
64 Lamarck, J.B. de (1809). Philosophie zoologique, 2 Bde.: I, 77f.
65 Lamarck, J. B. de (1801-02). Hydrogéologie: 65.
66 Smith, W. (1817). Stratigraphical System of Organized Fossils: 7; vgl. Ellenberger, F. (1999). History of Geology, 2 vols.: II, 321.
67 Stensen, N. (1669). De solido intra solidum naturaliter contento dissertationis prodromus (dt. Frankfurt/M. 1967).
68 Vgl. Winchester, S. (2001). The Map that Changed the World: William Smith and the Birth of Modern Geology.
69 Steffens, H. (1801). Beyträge zur innern Naturgeschichte der Erde: 86.
70 a.a.O.: 88.
71 Buch, L. von (1810). Reise durch Norwegen und Lappland, 2 Bde.: I, 101.
72 Cuvier, G. (1830). Discours sur les révolutions de la surface du globe: 14.
73 Humboldt, A. von (1845). Kosmos, Bd. 1: 288.
74 Cuvier, G. (1812). Recherches sur les ossemens fossiles de quadrupèdes, Bd. 1 Discours préliminaire et la géographie minéralogique des environs de Paris: 10.
75 Cuvier, G. (1817). Le règne animal.
76 Vgl. Mayr, E. (1982). The Growth of Biological Thought: 370.
77 Vgl. Hooykas, R. (1959/63). The Principle of Uniformity in Geology, Biology, and Theology.
78 Lyell, C. (1851). A Manual of Elementary Geology, 2 vols. (franz. Übers. Manuel de géologie élémentaire, Paris 1856): 160; vgl. Jacob, F. (1970). La logique du vivant (dt. Die Logik des Lebendigen, Frankfurt/M. 2002): 174.
79 Cuvier, G. & Brongniart, A. (1811). Essai sur la géographie minéralogique des environs de Paris: 245.
80 a.a.O.: 247; vgl. dies. (1808). Essai sur la géographie minéralogique des environs de Paris. Annales du Muséum d'histoire naturelle 11, 293-326.
81 Brongniart, A. (1828). Prodrome d'une histoire des végétaux fossiles: 5.
82 a.a.O.: 218.
83 a.a.O.: 221.
84 Deshayes, G.-P. (1824-37). Description des coquilles fossiles des environs de Paris, 3 Bde.: Bd. 2; d'Orbigny, A. (1849-52). Cours élémentaire de paléontologie et de géologie stratigraphiques.
85 Sedgwick, A. (1838). A synopsis of the English series of stratified rocks inferior to the old red sandstone; with an attempt to determine the successive natural groups and formations. Proc. Geol. Soc. 2, 675-685: 685 (nach OED 1989).
86 [Phillips, J.] (1840). Organic remains. The Penny Cyclopædia, vol. 16, 487-491: 489f.; ders. (1841). Figures and Descriptions of the Palaeozoic Fossils of Cornwell, Devon, and West Somerset: 160.
87 [Phillips, J.] (1840). Palæozoic series. The Penny Cyclopædia, vol. 17, 153-154: 154; ders. (1841): 168; John, S. (1851). Elements of Geology: 127.
88 [Phillips, J.] (1841). Saliferous System. The Penny Cyclopædia, vol. 20, 354-355: 355; ders. (1841): 161; ders. (1854). A Guide to Geology: 162; John (1851): 127; Page, D. (1854). Introductory Text-book of Geology: 39.
89 Forbes, E. (1854). On the manifestation of polarity in the distribution of organized beings in time. Notes Proc. Roy. Inst. Great Britain 1, 428-433: 430.
90 ebd.; ebenso Page, D. (1854). Introductory Text-Book of Geology: 40.
91 Haydn, J.T. (1841/57). Dictionary of Dates: 289; Dawson, J.W. (1873). The Story of the Earth and Man: 235.
92 Phillips, J. (1860). Life on the Earth: 80.
93 Holmes, A. (1911). The association of lead with uranium in rock-minerals, and its application to the measurement of geological time. Proc. Roy. Soc. A 85, 248-256; ders. (1913). The Age of the Earth; vgl. Lewis, C. (2000). The Dating Game. One Man's Search for the Age of the Earth.
94 Vgl. Burkhardt, R.W. Jr. (1977). The Spirit of System. Lamarck and Evolutionary Biology: 181ff.
95 Vgl. Barlow, N. (ed.) (1958). The Autobiography of Charles Darwin: 118f.
96 Darwin, F. (ed.) (1887-88). The Life and Letters of Charles Darwin, 3 Bde.: I, 276.
97 Darwin, C. (1859/72). On the Origin of Species: 201ff.
98 Diefenbach, E. (1844). The Study of Ethnology. The London polytechnic Magazine, and Journal of Science, Literature, and the Fine Arts 1844 (Jan.-Jun.), 149-155: 150.
99 Darwin (1859/72): 297.
100 Darwin, C. (1859). On the Origin of Species: 107; 486.

101 Anonymus (1817). Living fossils. The Literary Panorama and National Register 5, 285-287: 285; Hinton, J.H. (1832). The History and Topography of the United States, vol. 2: 88.
102 Granville, A.B. (1837). The Spas of Germany, 2 vols.: II, 32; vgl. Anonymus (1837). [Rez. Granville (1837)]. The Analyst; A Quarterly Journal of Science, Literature, Natural History, and the Fine Arts 7, 102-123: 118.
103 Hilgendorf, E. (1867). Über *Planorbis multiformis* im Steinheimer Süßwasserkalk. Monatsber. königl. preuss. Akad. Wiss. 1866, 474-504; ders. (1879). Zur Streitfrage der *Planorbis multiformis.* Kosmos 5, 10-22, 90-99.
104 Neumayr, M. & Paul, C.M. (1875). Die Congerien- und Paludinenschichten Slavoniens und deren Faunen. Abh. k.k. geolog. Reichsanst. Wien 7, 3.
105 Gaudry, A. (1862-67). Animaux fossiles et géologie de l'Attique.
106 Kovalevski, V.O. (1873). Sur l'*Anchitherium aurelianense* Cuv. et sur l'histoire paléontologique des cheveaux. Mém. Acad. Sci. St. Petersbourg Sér. 7, 20; ders. (1876). Monographie der Gattung *Anthrocotherium* Cuv. und Versuch einer natürlichen Classification der fossilen Hufthiere. Palaeontographica N.F. 2, 22, 131-346.
107 Marsh, O.C. (1874). Fossil horses in America. Amer. Nat. 8, 288-294; ders. (1879). Polydactyl horses, recent and extinct. Amer. J. Sci. 17, 499-505; vgl. Huxley, T.H. (1888). American Addresses. With a Lecture on the Study of Biology; MacFadden, B.J. (1992). Fossil Horses.
108 Plot, R. (1677). Natural History of Oxfordshire: 131; vgl. Halstead, L.B. (1970). *Scrotum humanum* Brookes 1763 – the first named dinosaur. J. Insignif. Res. 5, 14-15.
109 Vgl. Delain, J.B. & Sarjeant, A.S.W. (1975). The earliest discoveries of Dinosaurs. Isis 66, 5-25.
110 Buckland, W. (1824). Notice on the Megalosaurus, or great fossil lizard of Stonesfield. Trans. Geol. Soc. Lond. 1 (Ser. 2), 390-396.
111 Mantell, G.A. (1838). The Wonders of Geology.
112 Owen, R. (1841). Report on British fossil reptiles. Rep. Brit. Assoc. 11, 60-204: 104.
113 Meyer, H. von (1862). Archæopteryx lithographica aus dem lithographischen Schiefer von Solnhofen. Palæontographica 10, 53-56.
114 Vgl. Aulie, R. (1974). The origin of the idea of the mammal-like reptile. Amer. Biol. Teach. 36, 476-484; 545-553; Desmond, A. (1982). Archetypes and Ancestors. Palaeontology in Victorian London, 1850-1875.
115 Watson, D.M.S. (1918). On *Seymouria*, the most primitive known reptile. Proc. Zool. Soc. London 1918, 267-301: 299; vgl. de Beer, G. (1954). Archaeopteryx and evolution. Advancement of Sci. 42, 160-170.
116 Buch, L. von (1810). Reise durch Norwegen und Lappland, 2 Bde.; vgl. Lexikon der Geowissenschaften, Bd. 3 (2001): 2567.
117 Vgl Schweizer, C. (2008). Stratigraphy in the early nineteenth century: a transdisciplinary approach, with special reference to Central Europe. Ann. Sci. 65, 257-274: 261.
118 Münster, G. Graf zu (1835). Bemerkungen über einige tertiäre Meerwasser-Gebilde im nordwestlichen Deutschland, zwischen Osnabrück und Cassel. Neues Jahrbuch für Mineralogie, Geognosie, Geologie und Petrefaktenkunde 1835, 420-451: 428.
119 Ewald, J. & Beyrich, E. (1839). Ueber die Kreide-Formation im südlichen Frankreich. Archiv für Mineralogie, Geognosie, Bergbau und Hüttenkunde 12, 559-567: 562.
120 Vogt, K.C. (1845). Lehrbuch der Geologie und Petrefactenkunde, Bd. 1: 330.
121 Hauer, F. von (1850). Ueber die geognostischen Verhältnisse des Nordabhanges der nordöstlichen Alpen zwischen Wien und Salzburg. Jahrbuch der kaiserlich-königlichen geologischen Reichsanstalt 1, 17-60: 36; ders. (1850). Ueber die Gliederung der geschichteten Gebirgsbildungen in den östlichen Alpen und den Karpathen. Sitzungsber. kaiserl. Akad. Wiss. Wien, math.-naturwiss. Cl. 4, 274-314: 305.
122 Naumann, C.F. (1854). Lehrbuch der Geognosie, Paläontologischer Atlas: Siebenzig Tafeln, enthaltend die Abbildungen von 1550 Species der wichtigsten Leitfossilien aus dem Thierreiche; Haas, H.J. (1887). Die Leitfossilien. Synopsis der geologisch wichtigsten Formen des vorweltlichen Tier- und Pflanzenreichs; Koken, E. (1896). Die Leitfossilien; Felix, J. (1906/24). Die Leitfossilien aus dem Pflanzen- und Tierreich in systematischer Anordnung.
123 Dollo, L. (1903). Sur l'évolution des cheloniens marins (considérations bionomiques et phylogéniques). Académie Royale de Belgique: Bulletin de la Classe des Sciences1903, 801-850: 840; Wedekind, R. (1916). Über die Grundlagen und Methoden der Biostratigraphie.
124 Dacqué, E. (1924). Urwelt, Sage und Menschheit: 53.
125 a.a.O.: 41.
126 a.a.O.: 53.
127 a.a.O.: 53.
128 a.a.O.: 57.
129 Dacqué, E. (1935). Organische Morphologie und Paläontologie: 226.
130 Pfleiderer, E. (1877). Die Idee eines goldenen Zeitalters: 153.
131 Simon, W.(1948). Zeitmarken der Erde. Grund und Grenze geologischer Forschung: 172.
132 Darwin, C. (1859/72). On the Origin of Species: 286; vgl. Schopf, J.W. (2000). Solution to Darwin's dilemma: discovery of the missing precambrian record of life. Proc. Nat. Acad. Sci. U.S.A. 97(13), 6947-6953.
133 Dawson, J.W. (1875). The Dawn of Life; vgl. O'Brien, C.F. (1970). Eozoön canadense, "the dawn animal of Canada". Isis 61, 206-223.
134 Walcott, C.D. (1899). Pre-Cambrian fossiliferous formations. Bull. Geol. Soc. Amer. 10, 199-214.
135 Walcott, C.D. (1911). Report of the Director. Smithson. Inst. Ann. Rep. 1910, 1-39.
136 Tyler, S.A. & Barghoorn, E.S. (1954). Occurrence of structurally preserved plants in pre-Cambrian rocks of the Canadian shield. Science 119, 606-608; Barghoorn, E.S. & Tyler, S.A. (1965). Microorganisms from the Gunflint chert. Science 147, 563-577.
137 Cloud, P. (1965). Significance of the Gunflint (Precambrian) microflora. Science 148, 27-45.
138 Schopf, J.W. (1978). The evolution of the earliest cells. Sci. Amer. 239, 110-138; ders. (1993). Microfossils

of the early archean apex chert: new evidence for the antiquity of life. Science 260, 640-646; Holland, H.D. (1997). Evidence for life on earth more than 3850 million years ago. Science 275, 38-39.

139 Kerr, R. (2002). Reversals reveal pitfalls in spotting ancient and E.T. life. Science 296, 1384-1385.

140 Leakey, R. & Lewin, R. (1995). The Sixth Extinction (dt. Die sechste Auslöschung, Frankfurt/M. 1996): 57.

141 a.a.O.: 50.

142 Ehrendorfer, F. (1983). Geobotanik. In: Strasburger, E. (Begr.). Lehrbuch der Botanik, 916-1041: 992.

143 Whittaker, R.H. (1970). Communities and Ecosystems: 83; vgl. Begon, M., Harper, J.L. & Townsend, E. (1986/90). Ecology: 652.

144 Hall B.K. (2002). Palaeontology and evolutionary developmental biology: a science of the nineteenth and twenty-first centuries. Palaeontol. 45, 647-669.

Literatur

Hölder, H. (1960). Geologie und Paläontologie in Texten und ihrer Geschichte.

Edwards, W.N. (1967). The Early History of Palaeontology.

Bowler, P.J. (1976). Fossils and Progress. Paleontology and the Idea of Progressive Evolution in the Nineteenth Century.

Rudwick, M.J.S. (1972/76). The Meaning of Fossils. Episodes in the History of Palaeontology.

Desmond, A. (1982). Archetypes and Ancestors. Palaeontology in Victorian London, 1850-1875.

Buffetaut, E. (1987). A Short History of Vertebrate Palaeontology.

Hölder, H. (1989). Kurze Geschichte der Geologie und Paläontologie.

Gaudant, J. (1999). Fossile. Dict. Hist. Philos. Sci., 429-434.

Funktion

Das im 17. Jahrhundert aus dem Lateinischen ins Deutsche entlehnte Wort geht zurück auf lat. ›functio‹ »Verrichtung, Geltung«, das von dem Verb ›fungi‹ »verrichten, vollziehen« abstammt. Im Lateinischen des Mittelalters wird unter ›functio‹ besonders auch die Ausübung von öffentlichen Ämtern verstanden. Seit dem 16. Jahrhundert dient das Wort zur Bezeichnung der charakteristischen Rolle, die ein Teil in einem (organischen) Körper wahrnimmt. Nicht nur die konkreten Leistungen werden als ›Funktionen‹ bezeichnet, sondern auch die abstrakte Ordnung, in der das organische Geschehen sich entfaltet (z.B. Ernährung, Atmung, Stoffkreislauf, Bewegung, Fortpflanzung). Zusammengefasst werden diese Leistungen einzelner Organe oder des gesamten Organismus seit Ende des 18. Jahrhunderts als »die Funktionen des Lebens«.

Der englische Humanist T. Linacre übersetzt in den ersten Jahrzehnten des 16. Jahrhunderts einige wichtige Werke des römischen Arztes Galen aus dem Griechischen ins Lateinische und führt dabei den Ausdruck ›Funktion‹ als systematisch verwendeten Terminus in die biomedizinische Sprache ein. Der Ausdruck erscheint bereits regelmäßig in dem ersten von Linacre übersetzten Werk, ›De sanitate tuenda‹ (1517) (»functionibus, quas naturales appellamus, veluti auctione, concoctione, distributione, & nutritione infantes planè cæteris etatibus longè præstant«).[1] Die scholastischen Philosophen des Mittelalters, etwa Thomas von Aquin, verfügen über den Begriff der Funktion im physiologischen Kontext noch nicht. Mitte des 16. Jahrhunderts wird der Ausdruck aber in Übersetzungen von medizinischen Schriften arabischer Gelehrter aus dem Hochmittelalter verwendet, so 1537 in einer Sammlung von Texten des Averroes aus dem 12. Jahrhundert (»De Sanitatis functionibus, ex Aristot. & Galeno«).[2]

Der als erster neuzeitlicher Physiologe angesehene Arzt J. Fernel gliedert die organischen Funktionen 1542 gemäß der drei von ihm in Anlehnung an Aristoteles unterschiedenen Seelenteile in natürliche, animalische und die Intelligenz betreffende.[3] Die höchste natürliche Funktion der Lebewesen sieht er in der Ernährung: »Functionum naturalium suprema

---

Funktion (Linacre 1517) *644*
Organsystem (Bonnet 1762) *679*
Funktionsübertragung
(Geoffroy Saint Hilaire 1828) *681*
Rudiment (Darwin 1838) *682*
Funktionswechsel (Hyrtl 1855) *679*
Aphanisie (Sewertzoff 1931) *683*
proximat/ultimat (Baker 1938) *677*
Übersprungbewegung (Kortlandt 1938) *681*
paratopische Aktivität (Armstrong 1949) *681*
Parastasis (Schaffner 1993) *653*

---

est nutritio«.[4] In der zweiten Hälfte des 16. Jahrhunderts wird der Ausdruck von verschiedenen Autoren im physiologischen Kontext auf Latein gebraucht (Suárez 1597: »ad organizationem, & ad functiones vitales«[5]). Auch im Französischen des 16. Jahrhunderts erscheint der Ausdruck im Zusammenhang mit biologischen Beschreibungen (so 1580 bei M. de Montaigne: »A il le corps propre à ses fonctions, sain et alaigre?«).[6] Knapp hundert Jahre nach Fernel verwendet R. Descartes das Wort im physiologischen Zusammenhang.[7] Bezüglich der Funktionen stimmen nach Descartes die Vorgänge im menschlichen Körper mit denen in den vernunftlosen Tieren überein. Auch bei B. de Spinoza findet sich die Rede von körperlichen Funktionen in seiner ›Ethik‹ von 1677 (»corporis fabrica [...] functiones«[8]).

18. Jh.: Funktionen als organische Verrichtungen
Regelmäßiger erscheint der Ausdruck in den frühen Abhandlungen der experimentellen Physiologie aus der ersten Hälfte des 18. Jahrhunderts. An technischen Analogien orientiert ist die Beschreibung der Prozesse des menschlichen Körpers, die H. Boerhaave 1708 gibt. Er unterscheidet in seinem System der Physiologie zunächst zwischen solchen Teilen, die »Feuchtigkeiten in sich halten«[9], anderen, die der Erhaltung und dem Schutz dienen (»Stützen, Säulen, Balken, Befestigungen und Bedeckungen«), und schließlich solchen, die Bewegungen hervorbringen können. Das Vermögen, eine Bewegung zu erzeugen bezeichnet er als »Funktion«[10] (»Functio« im lateinischen Original) und unterscheidet zwei verschiedene Typen: solche, die feste Körperteile in ihrer Lage verändern können (»Unterlagen, Keile, Hebel, Rollen und Stricke«), und andere, die Veränderungen der flüssigen Körper verursachen (»Pressen, Siebe, Durchschläge«).

Das Wort ›Funktion‹ entwickelt sich damit im 18. Jahrhundert allmählich zu einem physiologischen Fachbegriff. Die französische ›Encyclopédie‹ definiert eine Funktion 1757 als einen Teil der Tierökonomie (»Economie animale«), nämlich als eine

---

Eine Funktion ist eine systemrelevante Wirkung einer Komponente in einem organisierten System, d.h. diejenige Wirkung in einem System von wechselseitig voneinander abhängigen Teilen (oder Prozesstypen), die zur Aufrechterhaltung der anderen Teile (Prozesstypen) des Systems und damit, wegen der wechselseitigen Abhängigkeit der Teile, auch zur eigenen Erhaltung beiträgt.

Aktion, die von einem Organ ausgeht und auf dieses wiederum gerichtet ist (»une action correspondante à la destination de l'organe qui l'exécute«). So sei die Funktion der Brust (»poitrine«) die Atmung, die der Zunge die Erzeugung von Lauten und der Geschmack. Nur sinnlich wahrnehmbaren Prozessen (»actions sensibles«) wird eine Funktion zugeschrieben, z.B. dem Herzschlag, nicht aber der Blutzirkulation und auch nicht der körperlichen Wärme, weil sie nicht in einem Prozess besteht. Unterschieden werden auf der einen Seite Funktionen, die sich auch bei Pflanzen finden: die Ernährung, Verdauung, Fortpflanzung und Sekretion (»la nutrition, digestion, génération, secrétion«), und auf der anderen Seite die nur den Tieren eigenen Funktionen, nämlich die Empfindungen, Vorstellungen, Gefühle, den Willen und die Bewegungen der inneren und äußeren Körperteile (»la sensation, l'imagination, les passions, la volition, les mouvemens du coeur, de la poitrine, des membres, &c.«). Erklärt wird die funktionale Einrichtung der organischen Körper durch einen weisen Schöpfer, der jedem Organ eine Bestimmung (»destination«) gegeben habe; daher werden auch nur solche Bewegungen als ›Funktionen‹ verstanden, die in der Erfüllung einer Aufgabe (»s'acquiter d'un devoir«) bestehen, nicht aber von außen (z.B. durch die bloße Schwerkraft) verursachte Bewegungen.[11]

I. Kant, der den Ausdruck ›Funktion‹ in seiner theoretischen Philosophie viel verwendet, spricht an einer Stelle auch von den »Functionen unsers Körpers«.[12]

19. Jh.: Primat der Funktion gegenüber der Form
Die zentrale Stellung des Funktionsbegriffs in der modernen Physiologie zeigt sich bei den französischen Physiologen, die sich seit Ende des 18. Jahrhunderts bemühen, systematische Listen und Ordnungen der Lebensfunktionen zu formulieren (vgl.

d'Aumont 1757	*Bichat* 1801	*Richerand* 1801/04	*Magendie* 1816
	Individualfunktionen des organischen Lebens	*Individualerhaltung Interne (Ernährungs-) Fkt.*	
Funktionen der Pflanzen			*Ernährungsfunktionen*
Ernährung	Verdauung	Verdauung	Verdauung
Verdauung	Atmung	Absorption	Absorption
	Zirkulation	Zirkulation	Lymphfluss
	Ausscheidung	Atmung	venöser Blutfluss
Fortpflanzung	Absorption	Sekretion	Atmung
Sekretion	Sekretion	Ernährung	arterieller Blutfluss
	Ernährung		
	Wärmeerzeugung		
Funktionen der Tiere	*des tierischen Lebens*	*Externe (Beziehungs-) Fkt.*	*Beziehungsfunktionen*
Empfindungen	Wahrnehmungen	Wahrnehmung	Wahrnehmungen
Vorstellungen	Hirnfunktionen	Bewegung	Intelligenz
Gefühle	Fortbewegung	Stimme und Sprache	Stimme
Wille	Stimme		Bewegungen
Bewegungen des Herzens,	Nervenübertragung		
des Brustkorbs und der	Schlaf		
Gliedmaßen			
	Artfunktionen des männl. Geschlechts	*Arterhaltung durch beide Geschlechter*	*Fortpflanzungsfunktionen*
	Samenproduktion	Befruchtung u. Zeugung	
	des weibl. Geschlechts	*nur durch das Weibchen*	
	Menstruation	Schwangerschaft	
	Milchproduktion	Geburt	
	weibl. Flüssigkeiten	Milchabsonderung	
	der Geschlechtervereinigung		
	Fortpflanzung		
	Schwangerschaft		
	Geburt und Entwicklung		

Tab. 87. Vorschläge zur Gliederung der organischen Funktionen im 18. und frühen 19. Jahrhundert (Reihenfolge der Funktionsgruppen z.T. verändert).

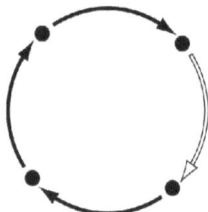

Abb. 164. Schematisches Diagramm zur Darstellung einer organischen Funktion als Wirkung in einem Kreislauf von sich wechselseitig beeinflussenden Gliedern.

Tab. 87).[13] In diesen Klassifikationen wird nach Möglichkeit für jede Lebensäußerung eine übergeordnete Funktion angegeben, so dass eine Ordnung des organischen Geschehens insgesamt entsteht. Bis in die 1790er Jahre bestehen diese Ordnungen der organischen Funktionen häufig in Listen ohne interne Gliederung. 1786 stellt F. Vicq-d'Azyr neun Funktionen nebeneinander (»Tableau des Fonctions, ou Characteres, Propres Aux Corps Vivants«): 1. Verdauung (»Digestion«), 2. Ernährung (»Nutrition«), 3. Zirkulation (»Circulation«), 4. Atmung (»Respiration«), 5. Sekretion (»Secrétion«), 6. Verknöcherung (»Ossification«), 7. Fortpflanzung (»Génération«), 8. Erregbarkeit (»Irritabilité«) und 9. Empfindlichkeit (»Sensibilité«)[14] (die gleiche Liste ohne die Verknöcherung 1789 bei Fourcroy[15]). In den ersten Jahren des 19. Jahrhunderts wird es dann üblich, die »Lebensfunktionen« in eine hierarchische Ordnung des gleichen Typs wie die taxonomische Klassifikation der Lebewesen zu gliedern (mit den Hierarchieebenen von »Klassen«, »Ordnungen« und »Gattungen« der Funktionen). So verfahren X. Bichat und A.B. Richerand (letzterer in seiner »Tableau d'une nouvelle classification des fonctions de la vie«).[16] Die beiden obersten Klassen in dieser Systematik ähneln sich bei beiden Autoren: Bichat nennt sie *Individualfunktionen* (»fonctions relatives à l'individu«) und *Artfunktionen* (»fonctions relatives à l'espèce«), Richerand bezeichnet sie als *Individualerhaltung* (»fonctions qui servent à la conservation de l'individu«) und *Arterhaltung* (»fonctions qui servent à la conservation de l'espèce«) (vgl. Tab. 87). Neben diese Zweiteilung auf oberster Ebene (s.u.) ordnet Richerand weitere Funktionen, die sich diesen beiden nicht unterordnen lassen: das Wachstum (»accroissement«), die Typen erwachsener Menschen (»age viril«, gegliedert nach »Temperamenten«, »Idiosynkrasien« und »Rassen«), das Altern (»décroissement«), den Tod und die Verwesung (»putréfaction«).

Ein Primat der Funktion gegenüber der Struktur zur Erklärung organischer Erscheinungen ergibt sich aus den bis zur Mitte des 19. Jahrhunderts dominanten physikotheologischen Überzeugungen, nach denen die Lebewesen nach einem göttlichen Plan funktional gestaltet sind. Der vergleichende Anatom G. Cuvier ist zu Beginn des Jahrhunderts der Überzeugung, jedes Lebewesen sei von Gott mit solchen Strukturen ausgerüstet, die der Ausübung seiner Funktionen am besten dienen (↑Anpassung). In der Interpretation M. Foucaults lässt Cuvier »die Funktion gegenüber dem Organ an Bedeutung zunehmen und unterwirft die Disposition des Organs der Souveränität der Funktion«.[17] Probleme bereiten einer solchen Anschauung die morphologischen Ähnlichkeiten von Strukturen, die in verwandten Organismen ganz andere Funktionen wahrnehmen. Denn unter Voraussetzung einer rein funktionalistischen Gestaltung der Lebewesen sollten sich die Organe, die verschiedene Funktionen wahrnehmen, nur wenig ähneln. Weil die vergleichende Anatomie aber viele Beispiele von ähnlichen Organen mit ganz anderen Funktionen findet, hält I. Geoffroy St.-Hilaire Cuvier entgegen, nicht die Funktionen lieferten den entscheidenden Schlüssel zur Interpretation der organischen Strukturen, sondern die Annahme eines gemeinsamen Bauplans, der je nach funktionalen Anforderungen eine Abwandlung erfahre (↑Morphologie).[18]

Strukturen und Funktionen
Zwischen den morphologischen Strukturen eines Organismus und den Funktionen, denen sie dienen, bestehen keine einfachen Verhältnisse. Viele Strukturen spielen gleichzeitig in verschiedenen Funktionskreisen eine Rolle. Beispiele reichen von den Hufen pferdeartiger Tiere (Lokomotion und Verteidigung), dem Maul maulbrütender Fische (Ernährung und Brutfürsorge) über den Legebohrer der Schlupfwespen (Fortpflanzung und Verteidigung), bis zu Universalorganen wie dem Rüssel der Elefanten und der Greifhand der Primaten.[19] Und: »In diese Gruppe gehört auch die Substanz der Zähne, die bei den einen Lebewesen für eine einzige Funktion vorhanden ist, die Bearbeitung der Nahrung, bei den anderen sowohl dazu dient, als auch zum Kampf, z.B. bei allen Lebewesen mit scharfen Zähnen und mit Hauern« (Aristoteles).[20]

Neben der Wirksamkeit einer Struktur in verschiedenen Funktionskreisen kann auch umgekehrt eine Funktion von verschiedenen Strukturen ausgeführt werden, wie z.B. die Lokomotion von den Beinen und den Flügeln der Vögel oder der Schutz von der Tarnfärbung oder Flucht eines Organismus.

Einige Strukturmerkmale von Organismen haben ihre spezifische Wirksamkeit in einem Funktionskreis aufgrund ihrer Wirkung in einem anderen Funktionskreis: Die Dynamik der Anpassungsprozesse von Organismen bedingt es, dass viele sozial wirksamen Stimuli so interpretiert werden können, dass sie auf anderen Stimuli aufbauen, z.B. die rote Farbe des Dompfaff-Männchens, die für ein Weibchen, das auf rote Beeren als Stimuli für Nahrung reagiert, als ein Superreiz gelten kann, oder das »leichenhafte« Aussehen der Köpfe mancher Geier, dem gleichfalls eine soziale Funktion zugeschrieben wird.[21] Es stehen also die Funktionen selbst nicht isoliert nebeneinander, sondern haben über die Strukturen vermittelte komplexe Beziehungen zueinander.

Aufgrund ihres nicht selten fehlenden räumlichen Zusammenhangs haben die funktionalen Subsysteme eines Organismus meist nicht die Form der offen sichtbaren Realität und Objektivität, die einzelne physische Teile oder elementare Prozesse aufweisen. Sie stellen demgegenüber abstrakte Gesichtspunkte dar, die physisch heterogene Prozesse unter einen gemeinsamen funktionalen Aspekt stellen und so zu einer Einheit zusammenfassen. Die vielfältigen Prozesse die beispielsweise unter dem funktionalen Titel der Ernährung zusammengefasst werden, liegen nicht als geschlossene kausale Abfolge vor, sondern treten an verschiedenen Teilen des Organismus auf, veranlasst durch verschiedene innere und äußere Auslöser. Diese besondere epistemische Eigenart der organischen Funktionen und Funktionskreise hat bereits C. Bernard 1878 klar gesehen, indem er eine organische Funktion als etwas Abstraktes, nicht direkt materiell Repräsentiertes beschreibt: »[C]'est l'esprit qui saisit le *lieu fonctionnel* des activités élémentaires; qui prête un plan, un but aux choses qu'il voit s'exécuter, qui aperçoit la réalisation d'un résultat dont il a conçu la nécessité. [...] La fonction est donc quelque chose d'abstrait, qui n'est matériellement représenté dans aucune des propriétés élémentaires«.[22] Es ist ein hoffnungsloses Unterfangen, die funktionalen Bezüge, in die ein Organismus zu stellen ist, in direkte Korrespondenz mit strukturellen Systemen zu bringen. Die Funktionskreise verlaufen quer zu der strukturellen Gliederung des Organismus in anatomisch identifizierbare Gewebe: Das Nervensystem dient z.B. ebenso der innerorganismischen Regulation wie der Wahrnehmung von Reizen aus der Umwelt; das Skelettsystem lässt sich im gleichen Maße funktional auf die Stabilität des Körpers wie auf seine Lokomotion oder seine Resistenz gegen äußere Störungen beziehen. Der physischen Homogenität eines Körperteils kann also ein ausgeprägte funktionale Heterogenität entsprechen.

20. Jh.: Vielfalt von Funktionsbegriffen
Im 20. Jahrhundert wird der Ausdruck ›Funktion‹ in biologischen Schriften oft verwendet. Er ist allerdings weit davon entfernt, ein klar umrissener Begriff mit einer eindeutigen Bedeutung zu sein. Es kann vielmehr eine Vielfalt von Bedeutungen und damit von Funktionsbegriffen unterschieden werden.[23] Einige Typen, die häufig unterschieden werden, sind: *Erhaltungsfunktionen* bestehen in dem Beitrag eines Teils zur Erhaltung eines Systems; *Anpassungsfunktionen* betreffen die Entstehung eines organischen Merkmals durch den Prozess der natürlichen Selektion; *Gestaltungsfunktionen* beziehen sich auf die an einem Gegenstand zu einem Zweck entworfenen Merkmale; *Gebrauchsfunktionen* beziehen sich auf die Verwendung eines Gegenstandes zu einem bestimmten Zweck.

Diese verschiedenen Funktionsbegriffe sind z.T. unabhängig voneinander: Eine Gebrauchsfunktion setzt z.B. nicht voraus, dass der gebrauchte Gegenstand zu dem Zweck für den er gebraucht wird, auch gestaltet wurde. So können die Herztöne einem Arzt eine Diagnose ermöglichen, ohne dass diese Wirkung einen Hintergrund für ihre Entstehung bildete. Außerdem stellt auch nicht jede Anpassungsfunktion eine Erhaltungsfunktion dar: Die helle Flügelfärbung der auf Birken lebenden Birkenspanner, die durch die Selektion in der Vergangenheit geformt wurde, bildet ein Anpassungsmerkmal – in einer Umwelt mit rußgeschwärzten dunklen Baumrinden hat dieses Merkmal aber keine Erhaltungsfunktion mehr, weil es keine Tarnung mehr gewährt (↑Anpassung: Abb. 12).

Als Ergebnis einer »Wortfeldanalyse« von ›Funktion‹ kann festgehalten werden, dass Funktionen nur Entitäten zugeschrieben werden, die »nichtselbständig« sind.[24] Diese Eigenschaft verbindet insbesondere die in mathematischen und in biologischen Kontexten ›Funktionen‹ genannten Relationen. Bereits G. Frege stellt 1891 in Bezug auf mathematische Funktionen fest, diese bezeichneten etwas, das »unvollständig, ergänzungsbedürftig oder ungesättigt« ist.[25] Außerdem stellt der biologische Funktionsbegriff ebenso wie der mathematische eine Ordnung her: mathematische Funktionen zwischen den Elementen verschiedener Mengen; biologische Funktionen innerhalb der Vorgänge des Organischen. Mathematische und biologische Funktionen sind offene Ordnungsschemata, die von »Argumenten« gefüllt werden und erst zusammen mit diesen ein »vollständiges Ganzes«[26] bilden. Die Argumente sind im mathematischen Fall z.B. Zahlen, im biologischen Fall sind es morphologische Strukturen und physiologische Prozesse. Während die Argumente die mathematischen und biologischen Variablen darstellen, sind die Funktionen die Konstanten: Die Organismen weisen zwar höchst unterschiedliche Formen und Verhaltensweisen auf, die Funktionen, in die diese gestellt werden, sind aber in biologischer Perspektive immer die gleichen.

Eine wichtige Differenzierung innerhalb des Funktionsbegriffs betrifft die Unterscheidung zwischen *einer* Funktion und *der* Funktion eines Merkmals. Diese Differenzierung geht davon aus, dass nicht jedes für ein System zuträgliche oder nützliche Ereignis als eine Funktion angesprochen wird. Ein Gegenstand kann in gewissem Sinne *funktional* sein und doch keine Funktion darstellen. In einem Beispiel aus der Biologie: Für einen Lemming kann eine Fußverletzung sehr funktional sein, wenn diese verhindert, dass er sich in einer Massenwanderung mit seinen Artgenossen ins Meer stürzt[27] – aber eine Funktion wird sie deshalb trotzdem nicht. Auch eine Fehlfunktion kann also funktional sein, aber sie ist damit noch keine Funktion. Zu einer Funktion wird ein Ereignis offenbar erst dann, wenn es in regelmäßiger und charakteristischer Weise für ein System nützlich ist. Funktionsaussagen beziehen sich also (meist) nicht auf einzelne Fälle, sondern sie betreffen eine allgemeine Systematisierung eines Teils in einem System. Die allgemeine Zuschreibung der Funktion der Lokomotion zu einem Bein wird daher nicht dadurch aufgehoben, dass es in einer Situation für einen Organismus vorteilhaft ist, dass er nicht laufen kann.

Verbreitet ist es in der Biologie, Funktionen sowohl Ereignissen als auch Strukturen (oder Zuständen eines Gegenstandes) zuzuschreiben.[28] Der Funktionsbegriff verläuft insofern parallel zu dem Ursachebegriff, denn auch Ursachen können Ereignisse oder Zustände sein[29]: Die Ursache eines Brückeneinsturzes kann die Kollision eines Schiffes mit einem Brückenpfeiler sein (Ereignis) oder aber ein Konstruktionsfehler im Pfeiler (Struktur). Ein biologischer Funktionsträger ist z.B. der Prozess der Schweißabsonderung, der der Temperaturregulation dient, oder die physische Struktur des Schädelknochens, die das Gehirn schützt. Nicht selten werden an einem biologischen Gegenstand seine physische Struktur und sein Ereignischarakter nicht genau unterschieden: Sowohl dem Herzen als physischem Gegenstand als auch der von ihm ausgehenden Aktivität des Blutpumpens kann eine Funktion zugeschrieben werden.

Holismus der Funktionszuschreibung
Ein zentraler Punkt vieler biologischer Funktionszuschreibungen besteht in der Integration eines Ereignisses oder einer Struktur in ein ganzheitliches organisches Gefüge (wie ein Organismus oder ein Ökosystem). Die Zuweisung einer Funktion zu einem Teil des Gefüges beinhaltet die Feststellung, dass dieser eine Rolle in der Wirkungsweise des Ganzen spielt. Es besteht insofern eine holistische Note in biologischen Funktionszuschreibungen. Oder, wie es der Entwicklungsbiologe W. Roux 1881 formuliert: Funktion ist »Leistung, welche dem Ganzen nützt«, »Verrichtung für das Ganze«.[30] Ähnlich heißt es bei A. Benninghoff 1935: ›Funktion‹ bedeute »Ausrichtung der Teilvorgänge auf das Ganze«.[31] Ohne Bezug auf ein übergeordnetes System mache die Rede von Funktionen keinen Sinn.

Aufgrund dieses Ganzheitsbezugs wird der Funktionsbegriff für die Biologie vielfach als eines der basalen Konzepte verstanden. Die Identifizierung von Funktionen bildet ein grundlegendes methodisches Verfahren der Biologie, ja in diesem Ansatz wird ein Gegenstand überhaupt erst als ein biologischer ausgezeichnet, weil die Biologie von Organismen als ganzheitlichen Gefügen, d.h. kausalen Systemen mit spezifischen Vermögen handelt. In der mit dem Funktionsbegriff verbundenen teleologischen Systematisierung von Prozessen und Strukturen wird eine spezifisch biologische Perspektive eingenommen, die sich in anderen Naturwissenschaften nicht findet (↑Zweckmäßigkeit).

Im Gegensatz zu einer strukturellen oder kausalen Analyse erlaubt die funktionale Betrachtung in der Biologie eine hierarchische Ordnung des Geschehens mit wenigen oberen Referenzpunkten, auf die alle Prozesse bezogen sind. Als oberste Funktionen, denen gegenüber alle anderen untergeordnet sind, gelten seit der Antike die Selbsterhaltung und die Fortpflanzung der Organismen (s.u.). Weiter untergliedern lassen sich diese beiden in Ernährung und Schutz auf der einen Seite und Paarung und Brutpflege auf der anderen Seite (↑Verhalten). Nach einer anderen saloppen Einteilung bestehen die obersten Ziele aller Lebewesen in den »4Fs«: *food, flight, fuck* und *fight* (↑Verhalten: Tab. 302).[32]

Soziologischer Funktionalismus
Außerhalb der Naturwissenschaften spielt der Funktionsbegriff auch in anderen Systemwissenschaften eine zentrale Rolle, v.a. in der Soziologie.[33] Als Begründer eines funktionalistischen Theorieansatzes in der Soziologie gilt É. Durkheim. Er identifiziert die Funktion eines sozialen Phänomens mit seinem Beitrag zur Erhaltung des normalen Zustandes einer Gesellschaft. Klar geschieden sind bei Durkheim die Kausalerklärung der Entstehung eines sozialen Phä-

nomens und die Funktionalerklärung seiner Wirkung: »Quand donc on entreprend d'expliquer un phénomène social, il faut rechercher séparément la cause efficiente qui le produit et la fonction qu'il remplit«.[34] Die Funktionalität sozialer Phänomene beruht nach Durkheim nicht auf einer bewussten, intentionalen oder planenden Instanz der Zwecksetzung, sondern allein auf ihren spezifischen Wirkungen für den Systemerhalt. Dies folgt für Durkheim schon aus seinem zentralen Grundsatz, Soziales immer nur durch Soziales erklären zu wollen. Durkheim hebt auch hervor, dass die Beurteilung eines sozialen Phänomens hinsichtlich seiner Funktion die Auszeichnung eines Systems als Bezugspunkt voraussetzt. Die Schwierigkeit der Auszeichnung eines solchen konstanten Referenzsystems wird in der Theorie der Soziologie im 20. Jahrhundert intensiv diskutiert und stellt die sogenannte *Bezugspunktproblematik* dar: Gibt es einen durchgängigen Aspekt einer Gesellschaft, demgegenüber einige soziale Phänomene als nützliche Funktionen beurteilt werden können, andere dagegen als schädliche Dysfunktionen? Eine bekannte Antwort auf diese Frage gibt 1930 B. Malinowski, indem er die individuellen menschlichen Bedürfnisse als den funktionalen Bezugspunkt der sozialen Einrichtungen versteht. Kultur ist für Malinowski in diesem Sinne ein System, das zum Zweck der Bedürfnisbefriedigung errichtet wurde: »Culture is [...] an instrumental reality which has come into existence to satisfy the needs of man in a manner far surpassing any direct adaptation to the environment«.[35] So sieht Malinowski in magischen Riten eine soziale Institution, die für die Mitglieder einer Gesellschaft die Funktion der Bewältigung emotional schwieriger Situationen hat. Um zu einer kulturübergreifenden universalen Funktionsbeurteilung gelangen zu können, ist Malinowski gezwungen, eine konstante menschliche Natur anzunehmen. Weil er aber selbst von einer Formbarkeit der Bedürfnisse durch die Kultur ausgeht, kann in der Theorie Malinowskis letztlich die Funktionalität jeder gesellschaftlichen Institution durch sich selbst bedingt sein: Sie erzeugt die Bedürfnisse, die sie befriedigt.[36] Vor dem Hintergrund von Durkheims methodologischem Gebot, soziale Sachverhalte nur durch andere soziale Sachverhalte zu erklären, ist es folgerichtig, wenn A.R. Radcliffe-Brown 1935 den Bezugspunkt der funktionalen Analyse von den Bedürfnissen der Individuen in die gesellschaftlichen Institutionen selbst verlagert. Bei Radcliffe-Brown verfügt eine soziale Einrichtung über eine Funktion, sofern sie einen Beitrag zum Strukturerhalt der Gesellschaft leistet: »the function of any recurrent activity [...] is the part it plays in the social life as a whole and therefore the contribution it makes to the maintenance of the structural continuity«.[37] Diesem Verständnis des soziologischen Funktionsbegriffs schließen sich viele Soziologen an: Funktionen sind systemerhaltende Einrichtungen einer Gesellschaft.[38]

Problematisch an dieser Bestimmung ist jedoch das Fehlen eindeutiger Kriterien für die Störung oder Zerstörung einer Gesellschaft – Gesellschaften weisen offensichtlich keine so enge Festlegung auf einen Typus und keine so scharfe Begrenzung ihrer Identität auf wie Lebewesen in ihrer Art bzw. ihrem Tod: »Ein soziales System ist nicht, wie ein Organismus, typenfest fixiert. Aus einem Esel kann keine Schlange werden, selbst wenn eine solche Entwicklung zum Überleben notwendig wäre. Eine Sozialordnung kann dagegen tiefgreifende strukturelle Änderungen erfahren, ohne ihre Identität und ihren kontinuierlichen Bestand aufzugeben«[39]. In einem Neuansatz zur Bestimmung des soziologischen Funktionsbegriffs löst sich N. Luhmann daher Anfang der 1960er Jahre von dem Kriterium des Systemerhalts und definiert Funktionen als Mittel zur Herstellung von Äquivalenzklassen. Die Leistung des Zweck/Mittel-Schemas und allgemein einer funktionalen Aussage besteht nach Luhmann darin, Tatbestände vergleichsfähig zu machen: »Sie bezieht Einzelleistungen auf einen abstrakten Gesichtspunkt, der auch andere Leistungsmöglichkeiten sichtbar werden läßt. Der Sinn funktionalistischer Analyse liegt mithin in der Eröffnung eines (begrenzten) Vergleichsbereichs«.[40] Nach Luhmanns funktionaler Systemtheorie gilt, »daß jede Feststellung von Funktionen dazu dient, Lösungsvarianten für Probleme aufzuzeigen«.[41] Eine Funktionalanalyse leistet die Organisation des Wissens von kausalen Abhängigkeiten in der Weise, dass die Wirkungen verschiedener Ursachen auf das System als gleichwertig ausgezeichnet werden. Es geht um »die Feststellung der funktionalen Äquivalenz mehrerer möglicher Ursachen unter dem Gesichtspunkt einer problematischen Wirkung«.[42] Die funktionale Betrachtung macht eine »Äquivalenzklasse« von Ursache-Wirkungs-Ketten auf. Der Maßstab für die Äquivalenz ist die Wirkung auf das System. Kausalketten, die außerhalb einer funktionalistischen Betrachtung nicht miteinander vergleichbar wären, werden so aufeinander beziehbar, weil sie unter dem Gesichtspunkt ihrer Wirkung auf das System austauschbar sind. Die funktionale Perspektive macht damit die Gleichwertigkeit von verschiedenen Möglichkeiten zur Befriedigung eines Systemerfordernisses unter dem Gesichtspunkt der Wirkung deutlich. Eine Funktion ist »ein regulatives Sinnschema, das einen

Gliederungseinheit		Zentraler Begriff der Position	Wichtige Vertreter
Außerbiologscher Zweckbegriff	Psychologie	Intention	Woodfield (1976)
	Soziologie	Soziale Wechselwirkung	Durkheim (1895) Parsons (1951)
Biologischer Zweckbegriff	Logischer Empirismus	Logische Deduktion	Nagel (1951/61) Hempel (1959)
	Systemtheorie: Externalismus	Plastizität	Braithwaite (1946/53)
		Persistenz	Rosenblueth et al. (1943) Sommerhoff (1950)
	Systemtheorie: Internalismus	Programm	Mayr (1974)
		Komplexität	Cummins (1975)
	Dispositionstheorie: zukunftsorientiert	Evaluation	Bedau (1992)
		Propensität	Bigelow & Pargetter (1987)
	Evolution: vergangenheitsorientiert	Ätiologie	Wright (1973) Millikan (1984)
	Organismusbegriff	Interdependenz	Kant (1790/93) McLaughlin (2001)

Tab. 88. *Überblick über die verschiedenen Ansätze zur Explikation des biologischen Funktions- oder Zweckbegriffs (aus Toepfer, G. (2004). Zweckbegriff und Organismus: 44).*

Vergleichsbereich äquivalenter Leistungen organisiert«.[43] Funktionen und Zwecke werden im Rahmen der luhmannschen Systemtheorie zu invarianten Bezugspunkten, die einen Gliederungsgesichtspunkt für die Vielzahl kausaler Abhängigkeiten abgeben. Die Fixierung eines dieser ordnenden Referenzpunkte erfolgt aus einer »top down«-Perspektive: Es werden die Gesichtspunkte (d.h. Wirkungen von Systemprozessen) ausgewählt, die im Rahmen des betrachteten Systems eine ausgezeichnete Stellung innehaben.

Die Funktionalanalyse gewinnt damit eine strukturierende Aufgabe, die den Bereich der Phänomene allererst einer Kausalanalyse erschließt. Denn in der Funktionszuschreibung wird nicht nur eine Wirkung unter mehreren ausgewählt, sondern es wird auch das System, auf das die Wirkungen bezogen werden, definiert. Funktionsbegriff und Systembegriff korrespondieren einander. Die Definition eines Systems erfolgt durch die funktionale Auszeichnung von Wirkungen als relevante Gesichtspunkte.

Funktionsbegriffe im 20. Jh.
In der Biologie entwickelt sich in der zweiten Hälfte des 20. Jahrhunderts eine intensive Debatte um das adäquate Verständnis des Funktionsbegriffs. Diese Debatte bildet einen zentralen Gegenstand der Philosophie der Biologie.[44] Von den zahlreichen Positionen werden hier nur die wichtigsten kurz vorgestellt (vgl. Tab. 88 und 89).[45]

Übersetzungsprogramm des Logischen Empirismus
Weil die teleologische Sprache in den Naturwissenschaften lange Zeit generell als verdächtig und unsolide gilt (↑Zweckmäßigkeit), widmen sich seit Mitte des 20. Jahrhunderts viele Philosophen dem Projekt der Übersetzung dieser Sprache in eine andere, die ohne teleologische Redeweisen auskommt. Insbesondere im Rahmen des Logischen Empirismus wird der Versuch der Reformulierung von Funktionsaussagen in einfache logische Beziehungen intensiv diskutiert.

Ein erstes Übersetzungsangebot von teleologischen Aussagen in logische Verhältnisse im Geiste des Logischen Empirismus stammt von E. Nagel. Der viel beachtete (und auch viel kritisierte) Vorschlag zielt auf eine Reformulierung ohne Bedeutungsverlust (»without loss of asserted content«).[46] Das Ergebnis der Reformulierung des teleologischen Urteils soll also eine gleichwertige Aussage enthalten, die auf teleologische Elemente verzichtet und über einfache logische Operatoren verfügt. Der Kern des Angebots besteht darin, das Teleologische eines Urteils darin zu sehen, dass es einen Teil in einem System als notwendig für das System (seine Arbeitsweise, seine Erhaltung) identifiziert.

Es ist oft bemerkt worden, dass diese Bedeutungsäquivalenz tatsächlich nicht vorliegt.[47] Es kann sehr wohl eine Funktionszuschreibung vorgenommen werden, ohne dass dies verbunden ist mit der Behauptung

Plastizität
»Purposiveness [...] appears in life pari passu with variability or modifiability of behavior« (Perry 1918, 20).

Negative Rückkopplung
»All purposeful behavior may be considered to require negative feed-back« (Rosenblueth, Wiener & Bigelow 1943, 19).

Kausale Rolle
»To ascribe a function to something is to ascribe a capacity to it which is singled out by its role in an analysis of some capacity of a containing system« (Cummins 1975, 765).

Evaluation
»It is only where a thing is supposed to produce an effect because it is good that it is said to be the final cause of that effect; and only so can the explanation of the effect by reference to it be said to be teleological« (Moore 1901, 664).

Propensität
»Something has a (biological) function just when it confers a survival-enhancing propensity on a creature that possesses it« (Bigelow & Pargetter 1987, 192).

Anpassung
»The function of x in z is to do y [... means] (i) z does y by using x. (ii) y is an adaptation« (Ruse 1971, 91).

Ätiologie
»The function of X is Z means (a) X is there because it does Z, (b) Z is a consequence (or result) of X's being there« (Wright 1973, 161).

Selektion in der Vergangenheit
»It is the/a proper function of an item (X) of an organism (O) to do that which items of X's type did to contribute to the inclusive fitness of O's ancestors, and which caused the genotype, of which X is the phenotypic expression, to be selected by natural selection« (Neander 1991, 174).

Zukünftige Selektion
»All and only those parts and processes that contribute to the capacity of an organism for survival and reproduction, construed in terms of our current best theory of evolutionary dynamics, are aspects of its biological functioning« (Griffiths 2009, 29).

Zyklische Organisation
»The function of X is F iff: for a certain period of time $t_0 < t < t_0 + T$ (1) X is causally necessary to establish F (under certain circumstances c_1) (2) F is causally necessary to establish X (under certain circumstances c_2)« (Schlosser 1998, 312).

Operationale Geschlossenheit
»[F]unctionality is only possible under a closure of operations [...]. Only when the causal chain from one part to the next closes or feeds back in a closed loop – at once a feedback on the level of parts and an emergent function defined [...] as a part-whole relation – can we talk about a genuine function« (Emmeche 2000, 195).

Selbstreproduktion
»The particular item x_i ascribed the function of doing (enabling) Y actually is a reproduction of *itself* and actually did (or enabled) something like Y in the past and by doing this actually contributed to (was part of the causal explanation of) its own reproduction« (McLaughlin 2001, 167).

Typfixierung durch Design
»Eine Funktion ist der Beitrag einer typfixierten, d.h. durch das Design der Entität bestimmten Komponente zu einer Systemleistung« (Krohs 2004, 93f.).

Element eines kohärenten Systems
»[I]t is the place of certain capacities in a coherent system of capacities that underwrites their status as functions. On this view, nothing counts as a function unless there are lots of other things that are also functions and this system of functions provides the best explanation for the organism's capacity to self-reproduce« (Weber 2005, 196f.).

Organismuskonstituierender Beitrag von Teilen
»Funktionsausübungen sind Beiträge, die den Organismus konstituieren helfen« (Buddensiek 2006, 211).

Organisationale Geschlossenheit
»[A] trait T has a function [in a self-maintaining system S] if and only if:
C1: T contributes to the maintenance of the organization O of S;
C2: T is produced and maintained under some constraints exerted by O;
C3: S is organizationally differentiated« (Mossio, Saborido & Moreno 2009, 828).

Tab. 89. Definitionen oder Erläuterungen der Begriffe der biologischen Funktion oder Zielgerichtetheit.

der Notwendigkeit des Systemteils, dem eine Funktion zugeschrieben wird. Aus der Zuschreibung einer Funktion zu dem Vorhandensein des Blattfarbstoffs Chlorophyll in grünen Blättern folgt beispielsweise nicht, dass nicht auch ein anderes Molekül die entsprechende Funktion in der Photosynthese übernehmen könnte. Oder in einem anderen Beispiel: Aus der Möglichkeit des künstlichen Ersatzes von Herzen folgt nicht die Funktionslosigkeit von Herzen. Dass einem Systemteil eine Funktion deshalb abgeschrieben wird, weil ein alternativer Funktionsträger vorliegen kann, ist insgesamt eine biologisch abwegige Vorstellung.

Nagel spezifiziert seine Bedingung daher später und will die biologische Funktionalität als eine Notwendigkeit in normalen biologischen Situationen bestimmen. Es komme darauf an, das betrachtete System so weit einzugrenzen, dass in ihm tatsächlich keine alternativen Funktionsträger vorkommen können. Die Biologie handle von natürlichen Organismen und nicht von solchen mit künstlichen Hilfsorganen, wie Ersatzmolekülen für Chlorophyll oder artifiziellen Herzen. Biologisch betrachtet sei das Herz für den Menschen also nicht nur ein hinreichendes, sondern auch ein notwendiges Mittel zur Aufrechterhaltung des Blutkreislaufs, Substitutionsmöglichkeiten ergeben sich nur aus einer außerbiologischen Perspektive: »in normal human beings – that is, in human bodies having the organs for which they are at present genetically programmed – the heart *is* necessary for circulating blood«.[48]

In einem ähnlichen Ansatz wie Nagel will auch C.G. Hempel die Rede von ›Funktionen‹ in eine Relation von logischen Beziehungen auflösen. Hempels Ansatz ist allgemein durch ein ähnliches Anliegen wie Nagels ausgezeichnet. Der Funktionsbegriff erhält seinen wissenschaftlichen Wert im Rahmen von Erklärungen. Als akzeptabel erweist sich für Hempel eine Erklärung allgemein dann, wenn sie sich dem von ihm formulierten allgemeinen Schema einer wissenschaftlichen Erklärung einfügen lässt. Anders als bei Nagel wird aber in Hempels Analyse der Funktionalerklärung nicht die Notwendigkeit der Anwesenheit des funktional beurteilten Teils für das Funktionieren des Systems behauptet, sondern lediglich die Notwendigkeit der Erfüllung einer Bedingung, die von dem funktional beurteilten Teil vollbracht wird – aber auch von einem anderen möglichen Teil geleistet werden kann. Die Funktionalität des Herzens beruht also nicht darauf, dass es selbst notwendig für einen Organismus ist, sondern darauf, dass es eine notwendige Leistung vollbringt – den Antrieb des Blutkreislaufs –, die aber auch von anderen Einrichtungen als dem Herzen vollbracht werden könnte. Diese Notwendigkeit der Bedingungen *n* für den Erhalt des Systems in seinem normalen Arbeitszustand lässt sich nach Hempel in eine Gesetzesbedingung umformulieren. Durch das Vorliegen dieser Gesetzesaussage enthalten Funktionalanalysen eine wichtige Voraussetzung für ihre Anpassung an das Schema der deduktiv-nomologischen Erklärungen.[49]

Erreicht wird mit Hempels Ansatz im Wesentlichen die Zergliederung eines Systems in für die Arbeitsweise des Systems notwendige Komponenten; diese werden jeweils in funktionale Äquivalenzklassen gruppiert. Aus der Prämisse des ordnungsgemäßen Arbeitens eines solchen Systems führt Hempels Schluss zur Konklusion, dass mindestens einer der Wege zur Realisierung der notwendigen Systemkomponenten vorliegt. Als Konklusion des konstruierten Schlusses steht also die Anwesenheit des betreffenden funktionalen Merkmals in dem betrachteten System. Ist es aber tatsächlich die *Anwesenheit* des funktional beurteilten Teils, die in der funktionalen Betrachtung in Frage steht? In vielen späteren Analysen wird dies bezweifelt, und Hempels Rekonstruktion gilt als gescheitert, weil sie die wissenschaftliche Aufgabe von Funktionsaussagen falsch einschätzt. Die Angabe von Gründen der Anwesenheit eines Gegenstandes oder Merkmals als Erklärung seiner Funktion stellt keine Analyse der Teleologie dar, sondern führt – mit R. Cummins gesprochen[50] – zu einer *Neo-Teleologie*. In dem hempelschen Schluss erscheint eine Aussage als Explanandum, die biologisch gar nicht erklärungsbedürftig ist: dass nämlich das beurteilte System z.B. über ein Herz verfügt. Das *Vorhandensein* des Herzens im Organismus stand aber gar nicht in Frage als nach seiner Funktion oder seinem Zweck gefragt wurde. Erfragt wurde nicht das *Dass* des Herzens sonder eben sein *Wozu*, nicht seine Ursache, sondern seine Wirkung auf das System. Die hempelsche Reformulierung umgeht also in ihrer Antwort die eigentliche Frage.[51]

Der eigentliche Gewinn der Funktionalanalyse liegt demnach nicht darin, etwas in seinem Vorhandensein zu erklären – dies leisten kausale Erklärungen sehr viel besser. Es geht in der Funktionalanalyse gerade nicht um die *Entstehung*, sondern um die *Konsequenzen* eines Gegenstandes. Hinsichtlich dieser Konsequenzen oder – in kausaler Perspektive – der *Wirkungen* bildet ein Gegenstand ein Element einer Klasse von äquivalenten Gegenständen, die gleiche Wirkungen haben. In dem, was für Hempel das Problem darstellt, nämlich der Möglichkeit der Substitution eines Funktionsträgers durch einen anderen, liegt gerade der Gewinn und der systematische Stellenwert der Funktionalanalyse: Sie eröffnet eine Perspektive, aus der verschiedene mögliche Teile eines Systems als Mittel für die Verwirklichung eines Systemerfordernisses fungieren können, also im Hinblick auf ihre funktionale Rolle für das System vergleichbar werden.

Funktionalität als Plastizität
Ein grundsätzlich anderer Ansatz in der Wissenschaftstheorie der Biologie unternimmt es, Funktionen als Elemente eines besonderen Typs von kausalen Prozessen oder Systemen allgemein zu bestimmen. Die Funktionalität wird damit zu einem *systemtheo-*

retischen Phänomen. Nicht die Reformulierung von Funktionsaussagen im Rahmen von Schlussschemata besonderer Art, sondern das Verhalten eines Systems nach einem spezifischen Muster bildet den primären Ansatz der systemtheoretischen Explikationsversuche des Funktionsbegriffs. Die ersten Vorschläge gehen dabei von einem durch Beobachtung des Systems von außen wahrnehmbaren, behavioristischen Verhaltenskriterium aus. Das Ziel besteht darin, ein äußeres Verhaltenskriterium zu finden, das alle Fälle von funktionalem Verhalten zu einer einheitlichen Klasse zusammenfasst. Es wird also davon abgesehen, welche innere Struktur ein System hat, dieses bleibt eine *black box* – es interessieren allein die Prozesse und Reaktionen auf Umweltereignisse, die in einer äußeren Beschreibung das System charakterisieren können. Aufgrund dieses auf die äußere Beschreibung des untersuchten Systems beschränkten Verfahrens können diese Ansätze als *Externalismus* zusammengefasst werden.[52]

Der einfachste externalistische Ansatz besteht darin, eine Zielverfolgung oder allgemeiner die Funktionalität eines Prozesses dann verwirklicht zu sehen, wenn ein Zielzustand über verschiedene alternative Wege erreicht werden kann. Dies beinhaltet auch das Verfolgen des Ziels von unterschiedlichen Anfangsbedingungen aus. Ein solches Verständnis der organischen Teleologie findet sich bereits in den behavioristischen Analysen zu Beginn des 20. Jahrhunderts. So ist R.B. Perry 1918 der Auffassung, organische Zweckmäßigkeit gehe einher mit der Variabilität von Verhalten (»Purposiveness [...] appears in life pari passu with variability or modifiability of behavior«[53]). Auch für E.S. Russell (1945) liegt die zentrale Eigenschaft eines zielgerichteten (funktionalen) Verhaltens in dem Vorhandensein einer Mehrzahl von Mitteln (»methods«), mit deren Hilfe das eine angestrebte Ziel erreicht werden kann (»the end-state is more constant than the method of reaching it«).[54] Funktionalität und Zielgerichtetheit bedeutet danach also stets eine Mittelpluralität. Verschiedene Methoden der Ernährung oder der Vermeidung von Feinden weisen diese Verhaltensweisen als funktional aus. Für ein derartiges Vorliegen einer Mehrzahl von Mitteln zur Realisierung des einen Ziels verwendet R.B. Braithwaite den Begriff der *Plastizität* (»plasticity«). Er versteht darunter die Fähigkeit eines Organismus, das gleiche Ziel über verschiedene Aktivitäten und kausale Mechanismen zu erreichen (»by alternative forms of activity making use frequently of different causal chains«).[55]

Der Ausdruck ›Plastizität‹ ist allerdings selbst nicht eindeutig. In seiner allgemeinen Bedeutung und auch

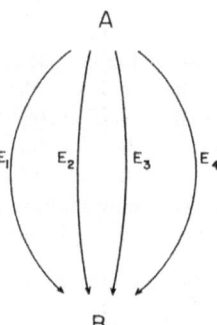

Abb. 165. Parastasis: Ein Ereignis A hat eine Wirkung B, die über vier verschiedene Wege E_1 ... E_4 erreicht werden kann. Parastasis liegt also immer dann vor, wenn ausgehend von einem Zustand oder Ereignis alternative Mittel zum gleichen Ziel führen (aus Murphy, E. (1976). The Logic of Medicine: 235).

in einem spezielleren biologischen Zusammenhang meint die Plastizität meist eine Verformbarkeit oder Anpassungsfähigkeit eines Gegenstands an äußere Bedingungen.[56] Geeigneter für den vorliegenden Kontext wäre der Ausdruck *Äquifinalität* (↑Regulation) (oder auch die Worte *Multimedialität* oder *Polymethodik*). Als Terminus für die Fähigkeit organischer Systeme, ein ähnliches Ziel über verschiedene Wege zu erreichen, wird auch der Ausdruck **Parastasis** vorgeschlagen. Das Wort wird 1976 von E. Murphy im Kontext einer Theorie der Verursachung im Bereich der Medizin eingeführt[57] (vgl. Abb. 165) und später von K. Schaffner aufgegriffen (1983: »parastasis«: »biological phenomenon whereby there exist alternative pathways to the same end«[58]).

Der Vorschlag zur Erläuterung des biologischen Zweck- und Funktionsbegriffs über das einfache Kriterium des Vorliegens von alternativen Wegen zum gleichen Ziel ist vielfach kritisiert worden.[59] Kritisch wird zum einen eingewandt, dass sich das Problem der Funktionalität damit zu der Frage verkürzt, wie differenziert ein Prozess auf Seiten seiner Ursachen beschrieben werden kann. Wenn alternative Wege der Verursachung beschrieben werden, ist ein Vorgang als funktional zu beurteilen. Schon für einen Stein, bei dem alternative Wege für das Hinabrollen von einem Berg bis zum Erreichen des Endzustands am Bergfuß beschrieben werden können, müsste damit die Rede von Funktionen gerechtfertigt sein. Zum anderen gilt das Kriterium der Plastizität nicht nur als nicht hinreichend, sondern auch als nicht notwendig zur Zuschreibung von Funktionen: Auch ein spontan sein Ziel erreichendes Verhalten, für das in dem System keine funktionalen Substitute vorliegen, kann es verdienen, funktional genannt zu werden. Wäre z.B. das Schnappen eines Frosches nach einer Fliege der einzige Weg, auf dem er sich ernähren könnte, dann wäre dieses Verhalten damit nicht weniger funktional und zielgerichtet.[60] Die Funktionalität hängt hier nicht an der Ersetzbarkeit des Verhaltens durch ein anderes aus dem Repertoire des Frosches, sondern an seiner Hinordnung auf den Funktionskreis der Ernährung.

Funktionalität und Selbsterhaltung
Neben der Plastizität gilt die *Persistenz* als das wichtigste zweite Verhaltenskriterium, mittels dessen durch äußere Beobachtung ein funktionales Phänomen erkannt werden kann. Unter der *Beharrlichkeit*, *Hartnäckigkeit* oder *Persistenz* eines Prozesses oder Verhaltens wird dabei dessen Ausrichtung auf einen Endzustand verstanden, der trotz möglicher Störungen von außen von einem System angestrebt wird: Als Reaktion auf Störungen treten in dem Prozess Variationen auf, durch die die Ausrichtung auf den Zielzustand erhalten bleibt. Die Funktionalität eines Prozesses wird also mit der *Erhaltung* eines Zustandes in Verbindung gebracht. Besonders die Erhaltung des Systems, von dem der Prozess ein Teil ist, steht dabei im Mittelpunkt: Es gibt eine mächtige und stimmenreiche Tradition, die behauptet, die Organisation des Organismus bestehe in seiner ↑Selbsterhaltung und der zentrale biologische Begriff der Funktion oder Zweckmäßigkeit müsse unter Referenz auf diese Selbsterhaltung bestimmt werden. Die organischen Phänomene seien also insofern zweckmäßig, als sie einen direkten Beitrag zur Erhaltung des Organismus als Ganzem leisteten.[61]

Näher ausgearbeitet wird die Vorstellung von der Persistenz als Kennzeichen organischer zielgerichteter Systeme von behavioristisch beeinflussten Psychologen in den ersten Jahrzehnten des 20. Jahrhunderts.[62] Auch Entwicklungsbiologen leisten für die Etablierung dieser Verbindung einen Beitrag und verwenden dafür die Begriffe der *Äquifinalität* oder *Äquipotenzialität* (↑Regulation).

Seine eigentliche Blüte erreicht dieses Verständnis aber erst mit dem kybernetischen Fundierungsversuch der organischen Teleologie seit den frühen 1940er Jahren. In einem sehr einflussreichen kleinen Aufsatz von 1943 meinen A. Rosenblueth, N. Wiener und J. Bigelow, über eine rein behavioristische Verhaltensanalyse ermitteln zu können, ob ein System sich teleologisch verhält oder nicht. Allein die äußere Beobachtung soll es ermöglichen, das Vorliegen einer Funktionalität oder Zweckmäßigkeit im Sinne einer Zielverfolgung zu erkennen. Das funktionale Verhalten wird dabei identifiziert mit einem Verhalten, das über eine negative Rückkopplung (»negative feed-back«) charakterisiert werden kann: »All purposeful behavior may be considered to require negative feed-back«.[63] Allerdings hat diese Analyse eine sehr eingeschränkte Reichweite. Wie die Autoren selbst zugeben, gibt es auch zweckmäßiges Verhalten, das, einmal ausgelöst, auf keinem weiteren Rückkopplungsmechanismus beruht (z.B. das Schnappen einer Schlange oder eines Frosches nach Beute).

Die Hauptstoßrichtung der Kritik am kybernetischen Explikationsvorschlag des Funktionsbegriffs entzündet sich an der behavioristischen Grundlage dieses Ansatzes. Viele Autoren bemerken die Unmöglichkeit, alle Formen der organischen Funktionalität und Zweckmäßigkeit auf rein behavioristischer Grundlage zu bestimmen.[64] Es gibt eine Vielzahl von funktionalen Beurteilungen von biologischen Prozessen, in denen keine Regelkreise vorliegen. Die Identifizierung eines Regelkreises ist also nicht notwendig, um eine teleologische Beurteilung vorzunehmen. Sie ist aber auch nicht hinreichend, weil Regelkreise auch im Anorganischen vorliegen können, in einem Bereich also, in dem keine funktionalen Verhältnisse unterstellt werden.[65] Beispiele für biologische Funktionsträger ohne Regelkreisstruktur sind spontane Reflexe wie einfache Schreckreaktionen oder auch morphologische Einrichtungen wie Stacheln oder Schutzpanzer. Beispiele für anorganische Regelkreise finden sich in mineralogischen Prozessen oder Klimaphänomenen (↑Regulation). Ein schwerwiegendes Defizit eines kybernetischen Funktionsbegriffs ist es auch, dass er allein auf die Homöostase eines einzelnen Organismus bezogen ist, für alle Reproduktionsphänomene, die nicht auf die Selbsterhaltung gerichtet sind, aber keinen systematischen Ort findet.

Einige an der Evolutionstheorie orientierte Biophilosophen werfen dem kybernetischen Ansatz vor, eine Analyse der biologischen Funktionalität und Teleologie eher behindert als befördert zu haben. So meint M. Ruse 1973, das kybernetische Verständnis lenke den Blick fälschlicherweise fort von der Evolution als dem letzten Grund der Teleologie hin zu dem isolierten Prozess eines einzelnen Verhaltens.[66] Eine kybernetische Analyse von zielverfolgenden Prozessen könne damit allein Aufschlüsse über die *Anpassungsfähigkeit* eines Organismus, nicht aber über seine *Anpassungen* geben. Funktional seien aber eben nicht allein die Reaktionen auf Umweltereignisse im Leben eines Organismus, sondern auch seine strukturelle Ausstattung, die ihm von seiner Geburt an mitgegeben ist.

Weil es die Hinordnung eines Verhaltens auf einen Funktionskreis (z.B. den der Ernährung oder des Schutzes) ist, die seine funktionale Beurteilung ermöglicht, muss sich die Funktionalität eines Prozesses oder Teils überhaupt nicht in der isolierten Struktur des Ablaufs des Verhaltens selbst zeigen. Sie muss mit anderen Worten keine direkt beobachtbare Eigenschaft des einzelnen Verhaltens sein, sondern kann allein aus der funktionalen Inbezugsetzung des Verhaltens zu einem Erfordernis des organisierten Systems folgen. Mit dieser Kritik hat sich aber der ganze behavioristische Ansatz, der mit den Kriterien der Plastizität oder Persistenz als Grund des biologischen Funktionsbegriffs verfolgt wurde, als nicht sinnvoll erwiesen. Verhaltenskriterien allein reichen nicht aus, um zielgerichtete Systeme zu identifizieren. Der Behaviorismus versagt als ein Mittel zur Bestimmung des Begriffs der biologischen Funktion.

Funktionalität und Fehlbarkeit
Deutlich wird in den behavioristischen Analysen von zielgerichtetem Verhalten, dass die biologische Ziel- und Funktionszuschreibung keinem rein deterministischen Modell folgt, sondern vielmehr Freiheitsgrade zulässt. Die Beurteilung einer Relation als zweckmäßig oder funktional liegt nur dort vor, wo diese Relation nicht als eine naturgesetzliche Determination bestimmt ist: Die Fehlbarkeit oder das Scheitern-Können gehört notwendig zu den in der Biologie beschriebenen Formen der Zielverfolgung und Funktionalität.[67] So ist ein funktionaler Zusammenhang wie das Beutemachen eines Frosches zwar durch eine regelmäßige Verknüpfung von Zuständen gekennzeichnet – der Hungerzustand des Froschs und sein Erbeuten der Fliege –, kein Naturgesetz garantiert aber diesen Zusammenhang: der Beutefang kann misslingen. Die Zweckmäßigkeit betrifft also einen nicht naturgesetzlich determinierten Zusammenhang, sie ist »zufällig«, wie I. Kant es formuliert.[68] Unterschieden ist sie damit von einer Verknüpfung zwischen Größen, wie sie etwa in der Beschreibung einer Kugel vorliegt, die sich in einer Hohlkugel bewegt und hier das »Ziel« des Aufenthalts am niedrigsten Punkt anstrebt: In diesem Fall liegt keine Variabilität in dem Verhalten der Kugel vor; es ist per Naturgesetz garantiert, dass der Zielzustand der Ruhe der Kugel am niedrigsten Punkt erreicht wird.

Funktionale und teleologische Beurteilungen in der Biologie sind also offenbar mit einem normativen Konzept verbunden: Selbst wenn ein als Ziel angestrebter Zustand (z.B. das Fangen einer Fliege durch einen Frosch) nicht erreicht wird, ändert das doch nichts an seinem Status als Ziel, er *sollte* erreicht werden. Es gehört zu einem funktional Beurteilten notwendig dazu, dass es scheitern kann; handelt es sich um ein System wie einen Organismus, dann kann es »krank« werden oder »kaputt gehen«. Umgekehrt deutet die Anerkennung der möglichen Schädigung oder Krankheit eines Gegenstandes auf seine funktionale Beurteilung. Bei W. Whewell heißt es 1847: »The idea of living beings as subject to diseases includes the recognition of a Final Cause in organization«.[69] So wie nur funktional beurteilte Systeme »kaputt gehen« können, werden auch nur sie repariert: »Der Begriff der Reparatur kommt in der Physik nicht vor«, wie N. Bischof 1988 feststellt[70]. In einer rein kausalen Beschreibung können dagegen Prozesse nicht normativ vor anderen ausgezeichnet werden, nicht positiv im Sinne ihrer Zuträglichkeit für ein System und nicht negativ im Sinne ihrer Störung.

E. Mayr: Funktionen als Programme
Die Schwierigkeiten, über eine behavioristische, externalistische Analyse eine angemessene Rekonstruktion des biologischen Funktionsbegriffs zu erreichen, führte zur Entwicklung von systemtheoretischen, internalistischen Ansätzen, in denen die spezifische innere Struktur eines Systems eine zentrale Rolle spielt. Ein einfacher Vorschlag besteht darin, die Ausrichtung auf eine Funktion oder ein Ziel mit einem bestimmten Teil eines Systems, einem *Programm*, verbunden zu denken. Über Programme verfügen Organismen zunächst insofern, als sie sich geordnet entwickeln. Die Programmsicht des Funktionsbegriffs entfaltet sich daher ausgehend von Organismen als Entwicklungssysteme. Seit der Antike ist die organische Entwicklung einer der zentralen Aspekte, die eine funktionale und teleologische Beurteilung der Lebewesen veranlasste und rechtfertigte. So dient für Aristoteles die Entwicklung eines Organismus aus einem äußerlich undifferenzierten Keim zu einem komplexen Organismus als Paradigma der natürlichen ↑Zweckmäßigkeit. Von einigen Autoren wird die Teleologie des Organischen überhaupt auf die Momente der Entwicklung des Organismus eingeschränkt.[71] Im Rahmen dieser Konzeption liegt die Teleologie in dem Vorhandensein von Mechanismen im Inneren des Organismus, die die Kette der Transformationen auslösen und regulieren. Während ihrer Entwicklung wird der Endzustand als inhärent in den Organismen enthalten vorgestellt, und sie können damit insgesamt im Hinblick auf das, was sie am Ende werden, konzipiert werden.

In der zweiten Hälfte des 20. Jahrhunderts ist es v.a. der Biologe E. Mayr, der den Programmbegriff in dieser Hinsicht propagiert. Neben Mayr sind es v.a. andere Biologen, die sich dieses Begriffs zur Erläuterung des biologischen Zweck- und Funktionsbegriffs bedienen.[72] ›Programm‹ ist dabei ein aus der Informationstheorie entlehnter Begriff. In der ursprünglichen Wortbedeutung ist ein Programm eine Festsetzung eines Ablaufs oder eine Anweisung für die schrittweise Durchführung eines Verfahrens (vgl. griech. ›πρόγραμμα‹: »das vorher Geschriebene, die Vorankündigung, öffentliche Bekanntmachung«). Mit dem Programmbegriff soll zum Ausdruck gebracht werden, dass es eine in dem Organismus liegende interne Dynamik ist, die seine Entwicklung und sein Verhalten lenkt. Mayr definiert ein Programm zunächst als einen *Informationscode* (»code of information«[73]). Später beschreibt Mayr ein Programm ausführlicher als eine materiell im Organismus verkörperte Steuerungsinstanz (»coded or prearranged information that controls a process (or behavior) leading it toward a given end«[74]). Ein paradigmatischer Fall eines Programms in diesem Sinne wäre die genetische Information eines Organismus, die seine Formbildung und sein Verhalten steuert.

Auch dieses Verständnis des biologischen Funktionsbegriffs ist vielfach kritisiert worden. Hingewiesen wird darauf, dass Programme einen nicht hinreichenden Charakter zur Identifikation von biologischen Funktionen aufweisen. Denn auch solche Eigenschaften eines Organismus, die ein Biologe nicht als funktional beurteilen würde, z.B. Krankheiten oder Fehlfunktionen von Organen können »programmiert« in dem Sinne sein, dass sie auf einer vererbten genetischen Eigenschaft beruhen.[75] Das Hauptproblem von Mayrs Programmbegriff ist aber seine eigene Unschärfe. Es bleibt bei Mayr völlig unklar, welchen Prozessen ein Programm zu unterlegen ist und welchen nicht. E. Sober bezeichnet Mayrs Rede von einem Programm daher zu Recht als eine nicht erklärte Metapher (»unexplained metaphor«[76]) und W. Christensen spricht von einer uninformativen bloßen Umbenennung des Phänomens (»exercise in re-labelling the phenomenon«[77]). Der Programmbegriff ist nicht weniger klar als der Funktions- oder Zweckbegriff. Ausgehend von der genetischen Informationsvorstellung hat der Begriff des Programms sogar eine irreführende Weichenstellung in der Diskussion der organischen Teleologie bewirkt. Denn über die Vorstellung eines Programms wird ein Teil des Organismus, z.B. sein Genom, als eine zentrale Kontrollinstanz ausgezeichnet. Die Behauptung einer Zentralinstanz widerspricht aber der Grundidee der Organisation von Organismen, der wechselseitigen Abhängigkeit aller Teile voneinander. Statt von einer Wechselwirkung geht die Programmsicht von einer einsinnigen Determinationsrichtung von den Genen zu dem Phänotyp des Organismus aus. Aber auch die Wirkung von Genen entfaltet sich in Organismen nicht stereotyp und unabhängig von ihrem organismischen Kontext (z.B. aufgrund von »epigenetischen Interaktionen«; ↑Entwicklung), so dass es sinnvoll erscheint, den Funktionsbegriff eng an das Konzept der Organisation zu binden (s.u.).

R. Cummins: Funktionen als kausale Rollen
Ein viel diskutierter Vorschlag zur Interpretation des Funktionsbegriffs stammt von R. Cummins. 1975 schlägt Cummins vor, die Dekomponierung von Systemen in Untereinheiten als die Methode anzusehen, mittels derer Funktionen in Systemen identifiziert werden können. Eine Funktion ist danach schlicht der Beitrag, den eine Systemkomponente zur Wirkungsweise des Systemganzen leistet. Jeder gegliederte oder zergliederbare Gegenstand ist in dieser Sicht ein mögliches Objekt einer Funktionalanalyse. Die Gesamtleistung des Gegenstandes wird funktional erklärt durch die Zusammenwirkung der isolierten oder isolierbaren Einzelleistungen (»capacities«) seiner Komponenten. Funktionszuschreibungen bestehen also in der Zuweisung von systemrelevanten Leistungen oder *kausalen Rollen* zu Systemteilen: »To ascribe a function to something is to ascribe a capacity to it which is singled out by its role in an analysis of some capacity of a containing system«.[78] Cummins bezeichnet das Verfahren der Dekomponierung eines komplexen Systems in Teilsysteme als *analytische Strategie*. Sie besteht in der Erklärung der Eigenschaften eines Systems aus den Eigenschaften seiner Komponenten und deren Interaktion. So wie an einem Fließband ein Gerät sukzessiv aus seinen Komponenten zusammengesetzt wird, verfahre die analytische Strategie umgekehrt, indem sie ein System Stück für Stück zerlege. Nach Cummins ist die Unterteilung des Systems in Subsysteme, also das Verfolgen einer analytischen Strategie, nur dort sinnvoll, wo die Leistungen der Komponenten stark von der des Gesamtsystems differieren. Die funktionale Perspektive ist umso fruchtbarer, je größer die Differenz zwischen der Komplexität des Gesamtphänomens und der Komplexität der Teilphänomene ist. Somit ist es allein die Komplexität eines Systems relativ zu seinen Komponenten, die die funktionale Beurteilung rechtfertigt. Wo komplexe Systeme vorliegen, dort lassen sich auch funktionale Analysen durchführen.

Ein solcher letztlich einfacher Vorschlag hat viele Autoren dazu eingeladen, Gegenbeispiele zu formulieren, um zu zeigen, dass ein derart rekonstruierter Funktionsbegriff nicht derjenige ist, der in den Wissenschaften und außerhalb von ihnen Verwendung findet.[79] Die an Gegenbeispielen orientierte Kritik zielt v.a. in die Richtung, dass Cummins' Vorschlag kein hinreichendes Kriterium für die Spezifizierung des Funktionsbegriffs liefert. Ein Prozess wird nicht schon damit zu einer Funktion und zu einem Element eines funktionalen Systems, dass er in dem System eine Wirkung nach sich zieht, die sich von dem Resultat des Gesamtprozesses unterscheidet.

Bigelow & Pargetter: Funktionen als Propensitäten
Eine mit Cummins' Vorschlag verwandte Explikation deutet Funktionen als Dispositionen oder Propensitäten. Bei den meisten Theorien dieser Art erfolgt eine nähere Charakterisierung der spezifischen Dispositionen, die Funktionen sind, im Rahmen der Evolutionstheorie. Als Funktionen gelten dann solche Merkmale von Organismen, die ihr Überleben und ihre Fortpflanzung gewährleisten oder befördern (vgl. Tab. 89). Anders als in den ätiologischen Funktionstheorien (s.u.) dient der Verweis auf die Evolution in diesem Zusammenhang nicht zur Erklärung der Anwesenheit eines (funktionalen) Merkmals, sondern nur zu seiner funktionalen Deutung. Es ist allein die zukünftige positive Selektion, die einem Merkmal eine Funktionalität verleiht, nicht seine vergangene Selektion. Also auch spontan entstandene Merkmale, die einen Selektionsvorteil bieten, ohne eine selektive Vergangenheit zu haben, werden in dieser Sicht zu einem Funktionsträger. Für einen dunkel gefärbten Schmetterling z.B., der zufällig in ein Gebiet mit dunkel gefärbten Baumrinden verfrachtet wird, stellt seine dunkle Farbe auch dann eine Funktion (des Schutzes) dar, wenn sie vorher diese Funktion nicht aufwies, weil er in einem Gebiet mit hellen Baumrinden lebte.

Weil viele an der Evolutionstheorie orientierte Autoren als ein wesentliches Ziel der Funktionalanalyse aber gerade die Erklärung der Anwesenheit von Merkmalen ansehen, ist dem dispositionstheoretischen Funktionsbegriff jeder Erklärungswert abgesprochen worden.[80] Umgekehrt argumentieren die Anhänger dieses Funktionsbegriffs aber gerade, dass allein sie ein explanativ wertvolles Konzept entwickelt haben, weil nur über den dispositionstheoretischen Funktionsbegriff die zukünftige Ausbreitung eines Merkmals (durch Selektion) erklärt werden kann.[81] Explanativ wertvoll sind die beiden Begriffe offenbar in unterschiedliche zeitliche Richtungen: Mittels des einen Begriffs kann das Vorhandensein eines Merkmals in einer Population durch Selektion in der Vergangenheit erklärt werden, mittels des anderen die Ausbreitung des Merkmals in der Zukunft. Schwierigkeiten ergeben sich für den dispositionstheoretischen Funktionsbegriff allerdings daraus, dass der selektive Wert eines Merkmals von der Umwelt eines Organismus abhängt, die Umwelt und mögliche Umweltänderungen also für die Erklärung der zukünftigen Ausbreitung von Merkmalen zu berücksichtigen sind.[82]

Funktionszuschreibungen als Wertungen
Eine verbreitete Interpretation von Funktionen als Dispositionen versteht Funktionen als Dispositionen zu etwas »Gutem«. Ein begrifflicher Zusammenhang zwischen dem Zweck und dem Guten wird seit der Antike gesehen. So heißt es ausdrücklich bei Aristoteles, es sei »der Zweck und das Ziel das Beste«.[83] Aristoteles ist in seiner ›Physik‹ darum bemüht, das Ziel und den Zweck nicht als das bloße Endigen eines Prozesses zu bestimmen, sondern darüber hinaus evaluativ auszuzeichnen: »nicht jedes Prozeßende erhebt den Anspruch, Prozeßzweck zu sein, sondern nur das, welches gleichzeitig auch den wertmäßigen Höhepunkt darstellt«.[84] Und wenig später sagt er: »der Zweck hat die Funktion, die Werterfüllung und der krönende Abschluß für das andere zu sein«.[85]

Auch im 20. Jahrhundert wird wiederholt eine sachliche Verbindung zwischen Funktionszuschreibungen und Wertbeurteilungen hergestellt, etwa 1901 von G.E. Moore[86] oder 1963 von G.H. von Wright[87]. P. Achinstein stellt 1977 eine *good-consequence doctrine* als eine Interpretation des Funktionsbegriffs vor: »The (a) function of x (in S) is to y if and only if x does y (in S) and doing y (in S) confers some good (upon S, or perhaps upon something associated with S, e.g., its user in the case of artefacts)«.[88] Nach Achinstein lassen sich die Begriffe des Ziels (»goal«) und des Guten kaum scharf gegeneinander absetzen. Es seien keine Fälle vorstellbar, in denen ein Ereignis oder eine Einrichtung einem Gegenstand (oder seinem Nutzer) etwas Gutes verleiht, dieses aber nicht als ein Ziel anzusehen ist. Und auch umgekehrt: Wo das Erreichen eines Ziels vorliege, werde ein Gutes verwirklicht. Auch J. Searle setzt sich für eine Interpretation des Funktionsbegriffs ausgehend von einer Bewertung von Etwas als *gut* ein. Jede Funktionszuschreibung enthält nach Searle eine Wertbeurteilung: »Part of what the vocabulary of ›functions‹ adds to the vocabulary of ›causes‹ is a set of values«.[89] Bereits Überleben und Reproduktion sind für Searle in diesem Zusammenhang Werte.

Der entschiedenste Vertreter einer Evaluationstheorie des Funktionsbegriffs am Ende des 20. Jahrhunderts ist M. Bedau. Er ist der Auffassung, es gebe eine essenzielle begriffliche Verbindung von Teleologie und Werten: »value typically plays a central role in genuinely goal-directed systems«.[90] Der Wertaspekt hängt für Bedau daran, dass teleologisch zu beurteilende Systeme »Interessen« verfolgen, und es ihnen daher unabhängig von einer äußeren Beurteilung besser oder schlechter gehen könne.[91] Diese organischen Leistungen sind nach Bedau möglich, ohne dass bei Organismen mentale Zustände unterstellt werden müssen, ja seine Analyse der organischen Teleologie ergibt sich in ausdrücklicher Ablehnung mentalistischer Theorien: »mentalism in teleology is wrong, because minds are not the only possible mechanisms that can do things because some good results«.[92] Es geht Bedau um die Einbindung des Begriffs des Guten in unser Konzept von der Natur; Ziel ist die Entwicklung von objektiven Wertstandards als Teil der Naturordnung; Werte sollen dabei als nicht eliminierbare natürliche Eigenschaften (»real ineliminable natural properties«) angesehen werden.[93]

Kritisch wird gegen diese Sicht eingewandt, dass der Wertbegriff unklar bleibe. Im biologischen Bereich kann er jedenfalls nicht mit der Selbsterhaltung von Organismen in Verbindung gebracht werden. Denn offensichtlich ist nicht das Überleben der einzelnen Organismen das Gut, auf das ihre Verhaltensweisen systematisch und bedingungslos ausgerichtet sind. Ein auf das Überleben bezogener Begriff des Guten hat also eine sehr begrenzte Erklärungspotenz innerhalb der Biologie. Das Standardbeispiel für das regelmäßig selbstzerstörerische Verhalten von Organismen ist die Wanderung der Lachse flussaufwärts zur Ablage ihres Laichs. Dieses Verhalten endet für viele Lachse zwar mit der erfolgreichen Reproduktion, aber auch mit der eigenen Erschöpfung und dem Tod (Cummins 1975: »there are cases in which proper functioning is actually inimical to health and life: functioning of the sex organs results in the death of individuals of many species (e.g., certain salmon)«[94]). Organismen verhalten sich also regelhaft und systematisch nicht so, dass sie ihr eigenes Überleben befördern – grundsätzlich ist ihr Streben vielmehr auf die Vermehrung ihrer Nachkommen gerichtet, auch unter Aufopferung des eigenen Lebens. Biologisch läuft das Gute als das Funktionale auf eine Maximierung des Reproduktionserfolgs hinaus, und nicht auf die Beförderung des Überlebens einzelner Organismen.

Besonders kritisch gegenüber der Bindung der biologischen Rede von Funktionen an den Wertbegriff steht die Tradition, die in den Werten etwas spezifisch Menschliches sieht. Einer der Hauptvertreter dieser Richtung, der Neukantianer H. Rickert, betont daher auch wiederholt die notwendige Differenzierung von Wertbegriffen und dem biologischen Lebensbegriff. Rickert ist der ausdrücklichen Meinung, »daß das Leben als solches noch nicht als Gut gelten kann«.[95]. Emphatisch heißt es an anderer Stelle: »Der Begriff des Zweckes, wie die Naturwissenschaft ihn beibehalten muß, um überhaupt noch von Organismen und deren Entwicklung reden zu können, darf unter keinen Umständen ein Wertbegriff sein. Nur der Begriff des Telos als eines wertfreien Endstadiums hat hier eine Stelle«.[96] Das, was ein Leben zu einem Gut macht, sind nach Rickert die Werte. Sie stellen für ihn gerade »das *Andere* des Lebens« dar.[97] Wird der Funktions- und Zweckbegriff mit Rickert als begriffliche Ressource zur Bestimmung des biologischen Konzepts ›Organismus‹ genommen, dann muss gerade er sich in Rickerts Argumentation von den Wertbegriffen fernhalten (↑Leben).

Ätiologischer Funktionsbegriff
Ätiologische Funktionstheorien schreiben ausgehend von der Entstehungsgeschichte eines Merkmals diesem eine Funktion zu. Eine Struktur oder ein Verhalten ist danach funktional, weil sein Erscheinen in der Vergangenheit seine eigene Existenz stabilisiert hat, so dass es auch in der Gegenwart auftritt. Der vergangene Erfolg ist für seine gegenwärtige Präsenz verantwortlich. Diese Bedingung gilt für alle Anpassungen, d.h. alle durch Selektion in der Vergangenheit in einer Population sich erhaltenden und ausbreitenden Merkmale. Seit der Etablierung des Anpassungskonzepts in der Biologie (also bereits vor Formulierung der Evolutionstheorie im Rahmen von physikotheologischen Theorien; ↑Anpassung) ist eine ätiologische Argumentation dieser Art verbreitet: Das Vorhandensein eines Merkmals wird aus seiner Nützlichkeit für einen Organismus erklärt.

Besonders deutlich wird dies in psychologischen Darstellungen seit Beginn des 20. Jahrhunderts. In Bezug auf ein zweckmäßiges Verhalten, z.B. die Nahrungsaufnahme, heißt es 1918 bei R.B. Perry, dieses Verhalten erscheine, weil es erfolgreich ist: »it occurs *because it is successful*. Its being complementary to the environment, in a certain respect, accounts for its performance. It has actually been selected on this account […]. Its success accounts for its genesis«.[98] Der Kern einer funktionalen Erklärung des Verhaltens eines Organismus besteht danach also in der Einordnung dieses Verhaltens in eine Klasse von solchen Verhaltensweisen, die in der Vergangenheit eine positive Konsequenz für den Organismus (oder seine Vorfahren) hatten.

Der Psychologe B.F. Skinner betont in der Mitte des Jahrhunderts, dass es in evolutionstheoretischer Perspektive nicht ein einzelnes Verhalten ist, das durch seine Konsequenzen für den Organismus gelernt wird, sondern dass das funktionale Verhalten vielmehr ein Element einer Klasse von Verhaltensweisen ist, aus der andere Elemente in der Vergangenheit bei anderen Organismen (den Vorfahren) erfolgreich waren. Diese Klasse bezeichnet er als einen *operant*.[99] In einem Beispiel erläutert er, eine Spinne verfüge nicht über die komplexen Fähigkeiten des Netzbauens, weil sie darüber ihre Nahrungsversorgung und damit ihr Überleben sichere, sondern weil ihre Vorfahren dieses Verhalten zeigten und dieses *ihnen* ermöglichte, erfolgreich Beute zu machen: »A series of events have been relevant to the behavior of web-making in its earlier evolutionary history«.[100]

Der entscheidende Impuls für die Formulierung des später ausdrücklich definierten ätiologischen Funktionsbegriffs geht Mitte der 1960er Jahre von C. Taylors Analyse des Verhaltenskonzepts aus. Taylor sieht einen prinzipiellen Unterschied zwischen dem Verhalten von Organismen und anderen Prozessen in der Natur, der darin liegt, dass die Ordnung von organismischem Verhalten selbst auferlegt ist und eine Rückwirkung auf den Organismus einschließt: »the events productive of order in animate beings are to be explained not in terms of other unconnected antecedent conditions, but in terms of the very order which they produce. These events are held to occur because of what results from them, or, to put it in a more traditional way, they occur ›for the sake of‹ the state of affairs which follows«.[101] Beim *Verhalten* von Organismen handelt es sich nach Taylor um Phänomene, die nach ihren *Ergebnissen* systematisiert werden: Die Identitätsbedingungen einer Verhaltensweise liegen nicht in ihrer Ursache, sondern in ihrer Wirkung (↑Verhalten). Es sei daher angemessen, auch für die Erklärung eines Verhaltens bei dessen Wirkung anzusetzen: Das Verhalten wird in Abhängigkeit davon gedacht, was es bewirkt. Diese Betonung der Wirkung hängt nach Taylor damit zusammen, dass Verhalten Prozesse umfasst, deren Effekte für den Bestand eines Organismus notwendig sind; die Betonung der Wirkung ergibt sich also aus ihrer *Erforderlichkeit* für das organische System.[102]

Seit den frühen 1970er Jahren werden Argumentationen dieser Art explizit in die Debatte um die biologische Teleologie und den Funktionsbegriff eingeführt. So erläutert der Genetiker F.J. Ayala teleologische Erklärungen 1970 als Argumentationen, in denen der Endzustand eines Prozesses der explanative Grund für die Existenz des Gegenstandes oder

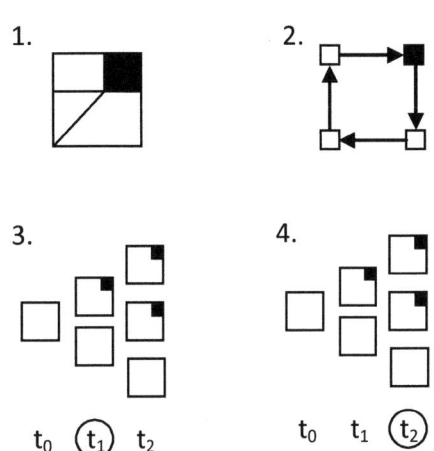

Abb. 166. Illustration von vier einflussreichen Explikationen des biologischen Funktionsbegriffs. Die großen Quadrate symbolisieren jeweils einen Organismus, die kleinen schwarzen Quadrate denjenigen Teil, der Funktionsträger ist:
1. Funktionen als Komponenten eines komplexen ganzheitlichen Gefüges;
2. Funktionen als Elemente eines kausalen Systems aus wechselseitig voneinander abhängigen Prozessen;
3. Funktionen als Propensitäten zur Steigerung der Fortpflanzung: Der gekennzeichnete Teil wird vor *seiner Selektion zum Zeitpunkt t_1 als Funktion angesehen;*
4. Funktionen als in der Vergangenheit selektierte Teile eines Systems: Der gekennzeichnete Teil wird nach *seiner Selektion zum Zeitpunkt t_2 als Funktion angesehen.*

Prozesses ist, der zu diesem Zustand führte (»teleological explanations imply that the end result is the explanatory reason for the existence of the object or process which serves or leads to it«[103]). Im Rahmen der Evolutionstheorie gilt eine Struktur oder ein Prozess dann als funktional, wenn darüber ein Beitrag zum Reproduktionserfolg eines Organismus und damit zu deren positiver Selektion erfolgt: »A structure or process of an organism is teleological if it contributes to the reproductive efficiency of the organism itself, and such contribution accounts for the existence of the structure or process«.[104]

Als eigentlicher Begründer des ätiologischen Funktionsbegriffs gilt aber der Philosoph L. Wright. In einem 1973 veröffentlichten Schema gibt Wright eine allgemeine Definition des Terminus ›Funktion‹: »The function of X is Z means (a) X is there because it does Z, (b) Z is a consequence (or result) of X's being there«.[105] Nach Wrights Auffassung ist ein Verhalten funktional, wenn es von einem System gezeigt wird, weil es eine bestimmte Wirkung nach sich zieht. Analog dazu wird ein Teil funktional beurteilt, wenn er in einem System enthalten ist, weil seine Anwesenheit eine bestimmte Folge hat. Es liegt hier also eine Art Rückwirkung vor: Die Anwesenheit eines Teils ist die Folge seiner eigenen Aktivität. Funktionszuschreibungen werden zu Feststellungen über die Art des Ursprungs eines Teils. Eine besondere Art von kausaler Entstehungsgeschichte, eine Rückwirkung auf sich selbst, qualifiziert eine Wirkung zu einer Funktion. Diejenige Wirkung eines Teils, die für dessen Anwesenheit in einem System ausschlaggebend ist, wird seine Funktion genannt. In dem Standardbeispiel: Die Zirkulation des Blutes ist deswegen eine (die) Funktion des Herzens, weil sie der Grund für das Vorhandensein des Herzens in einem Organismus ist. Wie Wright ausdrücklich hervorhebt, ist die zufällige Veränderung eines Körperteils, die sich für den Organismus als nützlich erweist (in dem Sinne, dass sie seine Überlebens- und Fortpflanzungswahrscheinlichkeit erhöht) noch nicht als zweckmäßig zu bezeichnen. Dieser Veränderung kann erst dann eine Funktion zugeschrieben werden, wenn sie in dem Organismus deswegen auftaucht, weil sie für den Vorfahren nützlich war. Also nicht die Nützlichkeit für den einzelnen Organismus ist nach Wright das Kriterium der Zweckmäßigkeit, sondern die Stabilisierung der Nützlichkeit über die Generationen hinweg. Denn erst in der generationenübergreifenden Perspektive könne gesagt werden, dass die Veränderung in dem Organismus vorhanden ist, weil sie eine nützliche Konsequenz hat.[106] Die Alltagsverwendung der Ausdrücke versucht Wright nachzuzeichnen, indem er von einer spontan auftretenden nützlichen Struktur sagt, dass sie für einen Organismus in bestimmter Weise *funktionieren* kann, aber nur eine nicht zufällige, entworfene oder durch Selektion in der Vergangenheit stabilisierte Struktur könne eine *Funktion haben*.[107]

Kritik des ätiologischen Funktionsbegriffs
Als Problem dieses Verständnisses des Funktionsbegriffs gilt die Selbstverständlichkeit, mit der nicht-selektierte Merkmale von Organismen als Funktionen ausgeschlossen sind. Auch einmalig und ohne Selektionsvergangenheit ablaufenden Prozessen kann in der Biologie eine Funktion zugeschrieben werden (Boorse 1976: »Clearly functions may be performed only once and by accident«[108]). Der Nutzungszusammenhang eines Merkmals wird nicht immer in Beziehung zu seinem Entstehungszusammenhang gesehen. Beispiele für solche Fälle finden sich bei dem Botaniker Goebel, der zusammenfasst: »es wird eine Eigenschaft ›ausgenützt‹, ohne daß diese zu diesem ›Ziele und Zwecke‹ ausgebildet worden wäre«.[109]

Kritiker von biologischer Seite weisen außerdem darauf hin, dass sich die ätiologische Analyse des Funktionsbegriffs nur in einem evolutionären Rahmen sinnvoll anwenden lässt. Außerhalb dieses Rahmens kann eine Vielfalt von Gegenbeispielen gegen Wrights Auffassung gefunden werden.[110] In diesen Beispielen führt die Anwendung von Wrights Kriterien zu offensichtlich fehlerhaften Funktionszuschreibungen. Ein einfaches Beispiel: Liegt auf einem kleinen Stein in einem Bachbett mit starker Strömung ein größerer Stein, und würde der kleine Stein durch das fließende Wasser fortgetragen werden, wenn er nicht durch den größeren Stein in seiner Position gehalten würde, dann gilt nach Wrights Analyse: Es ist die Funktion des kleinen Steins, den großen zu stützen. Denn das Stützen des großen Steins durch den kleinen ist einerseits eine Wirkung, die vom kleinen Stein ausgeht, und außerdem ist der kleine Stein nur deshalb in seiner Position, weil er diese Wirkung hat.[111] Daneben genügen auch viele andere anorganische, normalerweise nicht funktional beurteilte Systeme der von Wright gegebenen Beschreibung. Die ätiologische Bestimmung des Funktionsbegriffs erscheint daher als zu einfach.

Funktion und Evolution
Eine Anwendung und Spezifizierung erfährt Wrights Vorschlag in solchen Ansätzen, die den Funktionsbegriff über die Evolutionstheorie einführen. Auch in der evolutionstheoretischen Explikation sind es die Wirkungen eines Teils in den Vorfahren eines Organismus, die diesen Organismen einen selektiven Vorteil verschafft haben und damit für seine Erhaltung und Weitergabe sorgen. Im Vergleich zum Vorschlag Wrights ist der evolutionstheoretische Ansatz komplexer und näher an den begrifflichen Grundlagen der Biologie, weil er auf der Reproduktion und Vererbung von Merkmalen aufbaut. Viele der gegen Wrights Vorschlag vorgebrachten Beispiele können von einer evolutionstheoretischen Warte ausgeschlossen werden, weil hier keine Reproduktion und keine Vererbung vorliegt (etwa im Beispiel der Steine im Flussbett).

Eine Lösung des biologischen »Teleologieproblems« durch die Evolutionstheorie wird bereits von vielen Autoren im 19. Jahrhundert gesehen. Darwins Theorie hat nach Auffassung vieler Naturforscher diese Lösung gebracht, indem gezeigt werde, wie funktionale Strukturen aufgrund eines natürlichen Mechanismus entstanden sein und vor allem stabilisiert werden können (vgl. Tab. 90).[112] Auch im 20. Jahrhundert ist die Liste der Autoren, die eine evolutionstheoretische Explikation des Funktionsbegriffs

Darwins Theorie zeigt, »wie Zweckmäßigkeit der Bildung in den Organismen auch ohne alle Einmischung von Intelligenz durch das blinde Walten eines Naturgesetzes entstehen kann« (von Helmholtz 1869, 174). »Die Zweckmässigkeit war keine gewollte, sondern eine gewordene, keine teleologische, sondern eine naturhistorische, auf mechanische Weise entstandene« (Roux 1881, 2). Die Leistung Darwins besteht darin, »das Wunder der Zweckmässigkeit in der organischen Welt auf natürliche Weise erklärt zu haben« (Verworn 1895, 131). »Die philosophische Bedeutung [...] der Naturzüchtung liegt darin, daß sie uns ein *Prinzip* aufweist, welches *nicht zwecktätig ist und doch das Zweckmäßige bewirkt*. Zum ersten Male sehen wir uns dadurch in den Stand gesetzt, die so überaus wunderbare Zweckmäßigkeit der Organismen bis zu einem gewissen Grade zu begreifen, ohne dafür die außernatürlich eingreifende Kraft des Schöpfers in Anspruch zu nehmen« (Weismann 1902/13, I, 47).	»The designation of something as the means or mechanism for a certain goal or function or purpose will imply that the machinery involved was fashioned by selection for the goal attributed to it« (Williams 1966, 9). »[T]alk of functions makes sense only in the context of evolutionary theory« (Ruse 1973, 280). »By ›function‹, I mean those consequences of a structure (or behavior) that, through their effects on survival and reproduction, caused the evolution of that structure« (Maynard Smith 1990, 67). »[T]he biological proper function of [...] an item is to do whatever items of that type did that caused them to be favored by natural selection« (Neander 1991, 174). »[W]herever there is selection, there is teleology« (Griffiths 1993, 422). »The features of organisms that may be said to be teleological are those that can be identified as adaptations« (Ayala 1999, 13).

Tab. 90. *Der Zusammenhang von Funktionsbegriff und Evolutionstheorie.*

unterstützen, lang.[113] Vor allem unter Biologen gilt die Evolutionstheorie heute als die Theorie, die der Teleologie und dem Funktionsbegriff im Bereich des Lebendigen ein solides Fundament geliefert hat, oder, wie es N. Hartmann 1950 formuliert, Darwins Prinzip der Selektion stelle »den ersten ernsthaften Versuch dar, die organische Zweckmäßigkeit auf eine konstitutive Kategorie zurückzuführen«.[114] Insofern Organismen im Prozess der Evolution geworden sind, verfügen sie über Eigenschaften, die funktional beurteilt werden können. Die selektionstheoretische Explikation des Funktionsbegriffs muss dabei nicht als ein Projekt der Reduktion oder Eliminierung der Teleologie in der Biologie verstanden werden (Wimsatt 1972: »To replace talk about function by talk about selection [...] is not to eliminate teleology but to rephrase it«[115]). Vielmehr wird die Evolutionstheorie gerade als ein Ansatz verstanden, der Teleologie in der Biologie ihren wissenschaftlichen Status zu sichern. Eine Ablehnung dieser Theorie würde also auch die gerechtfertigte funktionale Beurteilung von Organismen unmöglich machen (Ruse 1973: »talk of functions makes sense only in the context of evolutionary theory«[116]).

Das einfachste Verfahren des Anschlusses des Funktionsbegriffs an die Evolutionstheorie besteht darin, ihn in enger Bindung zu einem Grundbegriff dieser Theorie einzuführen. Verbreitet ist es, biologische Funktionen mit ↑*Anpassungen* zu identifizieren. Diesen direkten Weg geht M. Ruse 1971: Er übersetzt die Aussage »The function of x in z is to do y« in die beiden Teilaussagen »(i) z does y by using x« und »(ii) y is an adaptation«.[117] Neben dem Konzept der Anpassung findet auch der Begriff der Fitness Verwendung, um den Funktionsbegriff zu explizieren, so z.B. 1968 bei F.J. Ayala.[118]

Eine leicht formalisierte Definition des evolutionstheoretisch fundierten Funktionsbegriffs veröffentlicht K. Neander 1991. Danach bildet diejenige Aktivität eines organischen Teils seine (spezifische) Funktion, die den positiv selektierten Aktivitäten seiner genealogischen Vorläufer ähneln: »It is the/a proper function of an item (X) of an organism (O) to do that which items of X's type did to contribute to the inclusive fitness of O's ancestors, and which caused the genotype, of which X is the phenotypic expression, to be selected by natural selection«.[119] Die adäquaten Anwendungsbedingungen des biologischen Funktionsbegriffs sind nach Neander also mit dem Vorliegen einer Selektionsvergangenheit eines Merkmals gegeben. So ist es z.B. die Funktion des Herzens, Blut zu pumpen, weil es das Blutpumpen war, das die Ausbreitung von Herzen in ihrer selektiven Vergangenheit verursachte. Die Zuschreibung einer Funktion eines Merkmals ist damit an die in der Vergangenheit erfolgte proportionale Zunahme des Genotyps mit diesem Merkmal in einer Population geknüpft. Die Selektionsvergangenheit liefert die Legitimation für die Beurteilung eines Merkmals als Funktion.

Ein ähnliches Angebot in dieser Richtung, das außerdem die Vorzüge von ätiologischem und dispositionellem Funktionsbegriff miteinander vereinbaren soll und ihre jeweiligen Schwächen zu umgehen versucht, macht D. M. Walsh 1996. Er definiert Funktionen als relativ zu einem »selektiven Regime« positiv selektierte Merkmale, wobei offen gelassen ist, ob das als Funktionsträger beurteilte Merkmal in der Vergangenheit oder in der Zukunft einen selektiven Vorteil verleiht.[120] Funktionen werden somit nicht einem Merkmal als solchem zugeschrieben, sondern nur relativ zu einer näher zu spezifizierenden Umwelt. Walsh nennt seinen Vorschlag daher eine Theorie »relationaler Funktionen«.

Als Problem wird es gesehen, die Zuschreibung einer Funktion an die tatsächliche Selektion im Sinne der Ausbreitung eines Merkmals in der Vergangenheit zu binden. Es kann nämlich eine *Selektion für* ein Merkmal vorliegen, ohne dass dies eine *Selektion von* Organismen mit diesem Merkmal im Sinne der Zunahme dieser Organismen in der Population nach sich zieht (eine Unterscheidung, die auf E. Sober zurückgeht[121]; ↑Selektion). Dies ist z.B. der Fall, wenn ein positiv selektiertes Merkmal mit einem anderen negativ selektierten gekoppelt ist. Es sind also nicht einzelne Merkmale, die selektiert werden und sich in einer Population ausbreiten, sondern Typen von Organismen.[122] Buller schlägt daher 1998 vor, die Zuschreibung der Funktionalität eines Merkmals von dessen Ausbreitung in der Vergangenheit zu lösen, aber daran festzuhalten, funktionale Merkmale als solche zu definieren, die einen Beitrag zur Fitness leisten. Dieser Beitrag kann geleistet werden, ohne dass ein Merkmal tatsächlich häufiger wird.[123]

Millikan: »proper functions«
Allein auf der Annahme einer Selektionsvergangenheit beruht der viel rezipierte Funktionsbegriff R.G. Millikans. Millikan wendet sich gegen jede Explikation des Funktionsbegriffs, der die aktuelle kausale Rolle eines Teils in einem Prozessganzen ins Spiel bringt. Ihr Funktionsbegriff ist vielmehr in einer ähnlichen Weise historisch, wie es bei Wright der Fall war: Nicht eine besondere Struktur oder Disposition, sondern vielmehr eine bestimmte Form der Entstehungsgeschichte macht einen Teil eines Ganzen zu einer Funktion: »Having a proper function depends upon the history of the device that has it, not upon its form of dispositions«.[124] Für den nach ihrer Auffassung einzig legitimen Funktionsbegriff prägt Millikan den Ausdruck *proper function* (dt. »Eigenfunktion«[125]). Die theoretische Grundlage, von der aus Millikan ihre Theorie der Funktion entfaltet, stellt der Begriff der *Reproduktion* dar. Funktionen ergeben sich danach erst unter Zugrundelegung eines Zusammenhanges, der durch einen Reproduktionsvorgang gebildet wird. Reproduktionsvorgänge etablieren für Millikan eine Klasse von Gegenständen, die über die Reproduktionsgeschichte miteinander verbunden sind; sie nennt diese Klasse eine *reproduktiv etablierte Familie*. Im Unterschied zu Wrights Vorschlag ist der Ansatz Millikans also spezifischer, insofern sie den Begriff der Reproduktion ins Spiel bringt: Die Basis einer funktionalen Beurteilung bildet das Vorhandensein eines Merkmals bei den Vorfahren und die dortige Verbindung mit einer bestimmten Wirkung, die für deren Fortpflanzung von Bedeutung war. Wie in der Argumentation Wrights kann über die Funktionszuschreibung dann eine Erklärung der Anwesenheit eines Merkmals in einem Organismus unter Verweis auf seine Wirkung gegeben werden: Ein Merkmal ist ein Funktionsträger, weil es aufgrund seiner Wirkung (bei den über Reproduktionsketten verbundenen Vorfahren) in einem Organismus anwesend ist.

Vorzüge evolutionstheoretischer Funktionsbegriffe
Gegenüber den systemtheoretischen Vorschlägen bietet eine an der Evolutionstheorie orientierte Interpretation von Funktionsaussagen einen wesentlichen Vorzug[126]: Es können durch sie auch alle im Zusammenhang mit der Reproduktion stehenden Merkmale von Organismen als Funktionen betrachtet werden. Das ausgehend von der Kybernetik entwickelte Funktionskonzept konnte allein alle Mechanismen, die den Erhalt des Einzelorganismus betreffen, als Funktionen deuten. Weil Selbsterhaltung und Fortpflanzung in der ätiologischen Interpretation aber gleichrangig behandelt werden, wird damit ein einheitliches Bild biologischer Funktionen gewährleistet. Sie fallen nicht auseinander in eine eigentliche Gruppe von Funktionen, die im Zusammenhang mit der Homöostase des Einzelorganismus stehen, und eine uneigentliche Gruppe, die die Reproduktion betreffen. Weil beide Phänomengruppen, Homöostase und Reproduktion, von Biologen in gleicher Weise funktional betrachtet werden, kann der ätiologische Ansatz die Sprache der Biologen in diesem Punkt am besten rekonstruieren.

Als ein weiterer Vorzug der ätiologischen Theorie wird von deren Vertretern die Möglichkeit gewertet, auf ihrer begrifflichen Grundlage defekte Organe als Funktionsträger zu identifizieren. Die Funktionszuschreibung zu Organen, die ihre Funktion nicht wahrnehmen, macht offensichtlich Schwierigkeiten für das systemtheoretische Modell des Funktionsbegriffs. Von Millikan und ihren Mitstreitern wird anhand des Standardbeispiels argumentiert: Ein defektes Herz sei immer noch ein Herz, und ihm sei daher eine Funktion zuzuschreiben, auch wenn es diese momentan nicht ausübe, weil es krank ist. Als Herz sei es immer dazu vorgesehen (»supposed to«), eine Funktion auszuüben, daher müsse ihm diese auch in seinem defekten Zustand zugeschrieben werden. Mit der Kategorisierung des Gegenstandes als ›Herz‹ soll also eine *normative* Aussage über die zu erfüllende Aufgabe dieses Gegenstandes verknüpft sein.[127]

Fraglich ist allerdings, ob diese Möglichkeit der Funktionszuschreibung zu defekten Organen ein Vorzug ist: Es scheint vielmehr angemessen, von defekten Herzen zu behaupten, dass sie *nicht* in die gleiche Funktionskategorie wie intakte Herzen fallen, weil sie eben in gar keine Funktionskategorie gehören. Sie bilden allein Mitglieder einer strukturell und reproduktiv etablierten Familie, aber damit noch keine Funktionsträger. Es erscheint daher eher als ein Vorteil des systemtheoretischen Funktionsbegriffs, dass er nicht in der Lage ist, funktionsgestörte Herzen als Funktionsträger mit einer gestörten Funktion zu identifizieren.

Probleme evolutionstheoretischer Funktionsbegriffe
Von Kritikern eines evolutionstheoretisch fundierten Funktionsbegriffs wird darauf verwiesen, dass ausgehend von dem tatsächlichen biologischen Sprachgebrauch das Vorliegen eines Selektionsprozesses sowohl keinen hinreichenden als auch keinen notwendigen Grund für die Zuschreibung einer Funktion zu organischen Teilen darstellt. Nicht jeder selektierte Effekt ist eine Funktion, und nicht jede Funktion ist das Ergebnis eines Selektionsprozesses. Zur Illustration ihres Widerstands gegenüber dem Vorschlag, den Funktionsbegriff an die Geschichte eines Gegenstandes zu knüpfen, entwickeln die Opponenten dieser Idee ein Gedankenexperiment. Dieses soll die beiden strittigen Aspekte des Organismus zur Fundierung der Teleologie – seine gegenwärtige Struktur (Organisation) und seine Entstehungsgeschichte (Selektion) – voneinander trennen: ein Organismus, der plötzlich und spontan, ohne vorausgehende Selektionsgeschichte ins Leben tritt und in allen Details einem existenten Organismus gleicht. In der philosophischen Diskussion werden solche Organismen als *Sumpforganismen* oder *Zufallsdouble* bezeichnet.[128] Um nicht nur eine Selektionsvergangenheit, sondern auch eine Selektionszukunft auszuschließen, wird ein eltern- und nachkommenloses *Sumpfmaultier* (»swamp mule«) ersonnen.[129] In der Regel wird mittels dieses Gedankenexperiments gegen einen ätiologischen Funktionsbegriff argumentiert, weil auf seiner Grundlage bei zwei identischen Organismen, die sich allein in ihrer Entstehungsgeschichte unterscheiden, nur den Organen, in dem Organismus mit der richtigen Geschichte, Funktionen zugeschrieben werden. Diese Geschichte gilt den Kritikern aber als irrelevant für die Funktionszuschreibung (Bechtel 1986: »The explanation or causal story behind functional entities is not what makes them functional«[130]). Es spreche nichts dagegen, die Organe eines solchen sprunghaft entstandenen Organismus in gleicher Weise funktional zu beurteilen wie die seines Zwillingsbruders, der einer Evolutionsgeschichte unterlag. Denn auch in dem spontan entstandenen Organismus tragen die Organe zur Arbeitsweise des Ganzen bei.

Hintergrund dieser Argumentation bildet offensichtlich die Tatsache, dass die heutige biologische Funktionalanalyse von Systemen nicht primär evolutionstheoretisch orientiert ist. Biologische Funktionszuschreibungen zu einzelnen Organen werden traditionell der Disziplin der *Physiologie* (oder der »funktionellen Anatomie«; ↑Anatomie) zugeordnet. In der Physiologie geht es allein um die Analyse der Wirkung von Teilen des Systems im Hinblick auf das Systemganze. Die evolutionäre Entstehungsgeschichte der Teile spielt in der Physiologie keine Rolle; die Physiologie kommt ganz ohne eine historische Betrachtung aus (Boorse 1976: »Function statements in physiology do not carry evolutionary content at all«[131]; Amundson & Lauder 1994: »anatomists do not *define* a trait's function by its history«[132]). Selbst vorhandene Einsichten in die Entstehungsgeschichte eines Teils sind für die Physiologie oft irrelevant: Die Funktion eines Teils wird physiologisch an seinem gegenwärtigen Beitrag für das System fest gemacht, nicht an dem Beitrag, den er früher einmal geleistet hat. Physiologisch ist es die Funktion des Harnleiters, wie sein Name sagt, Harn zu leiten, auch wenn er bei männlichen Säugetieren ursprünglich als Spermienleiter entstanden ist und diese Funktion der Grund dafür ist, warum dieser Leiter im Organismus vorhanden ist.[133] Die Erforschung der kausalen Prozesse im Organismus kommt ohne eine evolutionäre Perspektive aus, auch wenn diese zusätzliche Erkenntnisse ermöglicht.

R. Amundson und G.V. Lauder zeigen 1994 darüber hinaus, dass die Forderung, Funktionen allein nach ihrer vergangenen Selektionsgeschichte zu identifizieren, die Forschungspraxis von vergleichenden Anatomen und Physiologen in erhebliche Verlegenheit bringen kann. Sie heben drei der Schwierigkeiten besonders hervor[134]: Erstens verfügt eine anatomische Struktur im Laufe ihrer Evolutionsgeschichte nicht nur über eine Funktion, sondern kann über einen mehrfachen Funktionswechsel zu der Funktion gekommen sein, die sie jetzt ausübt (vgl. das Beispiel des Harnleiters). Zweitens ist es im Nachhinein oftmals unmöglich, zu ermitteln, welches die erste Funktion einer Struktur war, welche Funktion also diejenige war, die die Struktur nach ihrem ersten Auftreten stabilisierte und die damit der ursprüngliche selektionsgeschichtliche Grund für ihre Beibehaltung war. Und drittens ist es schließlich für die anatomisch-physiologische Forschung oftmals nicht einmal gesichert, dass die analysierte Struktur überhaupt Gegenstand gegenwärtiger oder vergangener Selektion ist oder war. Weil die erforderlichen Untersuchungen zur Selektionsgeschichte eines Merkmals meist nicht vorliegen, sind die Autoren der Auffassung, dass der ätiologische, auf die Vergangenheit gerichtete Funktionsbegriff in der Anatomie und Physiologie nicht anwendbar ist. Zu halten sei in diesen Zweigen der Biologie allein ein Funktionsbegriff, der die gegenwärtige kausale Rolle einer Struktur zu Grunde lege. Die Praxis der Identifizierung der grundlegenden anatomischen Strukturen von Organismen, z.B. Magen, Darm, After, Kiemen, Herz, Gonaden, Augen, Flügel und Kopf, folge auch genau diesem Ansatz. Es werde nicht die Selektionsgeschichte der Strukturen von Organismen verfolgt, sondern es werde ihr Beitrag für die Arbeitsweise des Organismus untersucht. Ermöglicht wird damit die Identifizierung von in ihren kausalen Rollen äquivalenten Strukturen, die in ganz unterschiedlichen Verwandtschaftskreisen auftreten können. Der an der Genese orientierte ätiologische Ansatz würde dagegen nicht zu einheitlichen Begriffen im Hinblick auf die Arbeitsweise der Organe kommen, sondern bloß nebeneinanderstehende Selektionsgeschichten von Strukturen aufzählen können.

Keine Evolutionstheorie ohne Funktionstheorie
Nach der Evolutionstheorie setzt die natürliche Selektion an einem Gegenstand an, der ein organisiertes und sich selbst reproduzierendes System darstellt. Über Selektion kann im Rahmen einer Evolutionstheorie damit zwar beansprucht werden, die besondere Form jedes einzelnen Merkmals eines Organismus als das Ergebnis einer Anpassung zu erklären – der Begriff der Funktion wird damit aber nicht geklärt, sondern immer schon vorausgesetzt. In einer naturhistorischen Wendung ist dieser Zusammenhang darin enthalten, dass über die Evolutionstheorie nicht einsichtig zu machen ist, wie die erste Organisation entstanden ist. Die Evolutionstheorie ist also nicht als eine Theorie der Konstitution, sondern allein der Transformation von Organismen zu verstehen. Weil die Evolutionstheorie nicht grundlegt, was ein Organismus ist, kann aber auch der Funktionsbegriff in ihrem begrifflichen Rahmen nicht seinen Ursprung haben. Die Evolutionstheorie hat kein Primat gegenüber einer Theorie des Organismus, die als zentrales Element den Begriff der Funktion einschließt. Für die Biologie ist das Funktionskonzept und damit die Teleologie wie der Igel im Märchen: »immer schon da«.[135] Auch die Evolutionstheorie – sofern sie sich mit Organismen beschäftigt – kann nur von funktional verfassten Gegenständen ausgehen, und diese daher nicht selbst wieder fundieren wollen. Kurz: Eine Theorie des Organismus hat systematisch der Evolutionstheorie voranzugehen. Dementsprechend finden sich zahlreiche Stimmen gegen das Verständnis der Evolutionstheorie als fundierender Theorie des Funktions- und Organismusbegriffs und damit der Biologie (↑Evolution: Tab. 69).

Wenn ein allgemeiner Zusammenhang zwischen Evolutionstheorie und Funktionsbegriff hergestellt werden soll, dann doch eher umgekehrt als in den ätiologischen Funktionstheorien behauptet: Nicht Selektion ist Voraussetzung für Funktionalität, sondern Funktionalität für Selektion (Collier 2000: »It is not selection that makes selected traits functional, but it is because the traits contribute to autonomy that they are functional, and they are selected only if (in combination) they are more functional«[136]).

Im Rahmen der Evolutionstheorie kann also selbst nicht geklärt werden, worin die Funktionalität von Organismen überhaupt besteht, weil sie diese immer voraussetzt – der große Triumph der Theorie beruht andererseits aber doch gerade darauf, dass sie eine Antwort auf das lange Zeit als eines der größten Rätsel der Natur empfundene Phänomen der Zweckmäßigkeit der Einrichtung von einzelnen Organismen gibt. Diese *konkrete* Funktionalität der Teile von Organismen wird evolutionstheoretisch als Ergebnis eines generationenübergreifend wirksamen Prozesses von Versuch und Irrtum erklärt. So kann eine Antwort auf eine Frage gegeben werden, die für viele Naturforscher vorher doch ein so eindeutiger Beweis für einen Schöpfergott gewesen war, z.B. für H.S. Reimarus Mitte des 18. Jahrhunderts: »Wie geht es zu, daß die Spinne, so bald sie aus dem Eye gekrochen ist, ein so künstlich Netz aus dem überflüßigen Safte ihres Hintern zu weben weis und bemühet ist? Du antwortest, weil sie einen natürlichen Kunsttrieb zum Spinnen hat. Ja, ja, das ist ein Ausdruck, welcher bloß die Sache andeutet: aber, die Frage ist, wie das möglich sey?«.[137]

Blindheit der Selektion für Strukturen und Geschichte
Bemerkenswerterweise ist der Prozess der Selekti-

on selbst auf *Funktionen* ausgerichtet. Es lässt sich also auch eine selektionstheoretische Erklärung für die Fundierung der Biologie auf einer funktionalistischen Begrifflichkeit geben. A. Rosenberg stellt 1994 fest, die Selektion sei in gewisser Weise »blind« für Strukturen, weil allein die Effekte und Funktionen einer Struktur für ihren selektiven Wert ausschlaggebend seien (Lehrman 1970: »Nature selects for *outcomes*«[138]). Die Selektion »produziere« damit *funktionale* Klassen: Die selektive Gleichwertigkeit von Strukturen bemesse sich an ihrer Funktionalität. Rosenberg kann daher allgemein schreiben: »all biological kinds above the level of the macromolecule will be functional«.[139] In dieser Beschreibung ist eine interessante Variante des selektionstheoretischen Interpretationsversuchs des biologischen Funktionsbegriffs enthalten – interessant ist sie, weil sie keine Fundierung der funktionalen Sprache in der Biologie ist, sondern eine Rechtfertigung: Es gibt Gründe dafür, warum es dem Gegenstand angemessen ist, ihn biologisch von seinen Funktionen, und nicht etwa von seinen Strukturen her zu erschließen. Man kann hier noch weiter gehen und feststellen: Die Selektion ist nicht nur für Strukturen, sondern auch für Geschichte »blind«. Denn so wenig wie die Struktur ist es die Geschichte eines Merkmals, die das Kriterium für seine Bevorzugung in der Selektion abgibt. Selektionsrelevant ist allein die Funktion. Betrachtet man die Selektion als einen entscheidenden biologischen Mechanismus, dann ist es daher auch angemessen, die biologischen Gegenstände nicht von ihrer Geschichte (ihrer Phylogenese oder Ätiologie) her systematisieren zu wollen, sondern eben von ihren Funktionen, die für ihre Selektion ausschlaggebend sind. Es liegen also selektionstheoretische Gründe für einen nicht-ätiologischen Funktionsbegriff vor.

Biologie als Geschichts- oder Systemwissenschaft?
Diese Überlegungen zeigen insgesamt, dass es nicht sinnvoll erscheint, den biologischen Funktionsbegriff historisch zu fundieren. Würde der ätiologische Ansatz konsequent durchgeführt werden können, dann wäre die resultierende Biologie keine Systemwissenschaft mehr, sondern eine Geschichtswissenschaft. Die über ihre funktionale Äquivalenz definierten *Konvergenzen* (↑Analogie) könnten dann keine zentrale Rolle mehr spielen. Denn wenn allein die Vorgeschichte eines Merkmals für die Feststellung seiner Funktion relevant ist, können unterschiedliche Vorgeschichten nicht zu funktionaler Ähnlichkeit führen. Funktional ähnlich wären Merkmale – insbesondere nach der Theorie Millikans – nur in dem Maße, in dem sie auch genealogisch verwandt sind. Herz, Lunge, Niere, Magen, Darm, etc. sind in der heutigen Biologie aber primär durch ihre kausale Rolle in einem System definierte Einheiten; sie können in verschiedenen Abstammungslinien unabhängig voneinander gebildet werden – trotz ihrer unabhängigen Genese nehmen sie aber eine systemtheoretisch analoge Rolle in der Arbeitsweise der sie enthaltenden Organismen ein. Der ätiologische Ansatz wird in seiner naturhistorischen Fixiertheit hier keine Parallelen ziehen können, sondern die verschiedenen Reproduktionslinien nur nebeneinander ordnen können. Für den an vergleichender Physiologie interessierten Biologen bedeutet diese bloße Nebenordnung aber eine erhebliche Einbuße an Einsicht in die Lösung analoger Systemerfordernisse bei verschiedenen, nicht verwandten Organismen.

Funktionale Begriffsbildung
Seit der Antike wird betont (besonders von Aristoteles; ↑Zweckmäßigkeit), dass funktionale Referenzen unmittelbar mit der biologischen Art der Konzeptualisierung von Gegenständen zusammenhängen. Organe werden über ihre kausale Rolle als funktionale Elemente in dem Gefüge eines Körpers bestimmt und über diese Aufgabe auch identifiziert. In der Mitte des 20. Jahrhunderts wird dieser konstitutive Funktionalismus der Biologie im Rahmen der biologischen Systemtheorie herausgestellt (↑Ganzheit). So heißt es 1928 bei L. von Bertalanffy: »Schon der Begriff des ›Organs‹, des Seh-, Hör-, Geschlechtsorgans, der doch auch von Mechanisten nicht vermieden werden kann, involviert bereits, daß dasselbe ›Werkzeug‹ zu etwas ist. Im Begriffe des Organs ist also die teleologische Betrachtungsweise schon voll enthalten. So wenig man den Organbegriff aus der Biologie ausmerzen kann – so wenig ist es möglich, die teleologische Betrachtungsweise in ihr zu beseitigen«.[140] In der biologischen Beschreibungssprache ist ein Bezug zu Funktionen des ganzen Systems immer bereits verankert. Oder, wie es M. Beckner 1959 formuliert: »we describe the parts of organic wholes in their activities qua parts by employing concepts that are defined by reference to the higher-level phenomena exhibited by the whole«.[141] Diese funktionalistisch-holistische Grundlage der biologischen Begriffsbildung wird in der zweiten Jahrhunderthälfte von einigen Autoren betont (Rosen 1972: »in biology the relevant ›structures‹ are always defined in functional terms«[142]; Bernier und Pirlot 1977: »la fonction est impliquée dans la définition de l'organe«[143]; Laubichler 1999: »A biological object is characterized by its function whereby the function of an object stands for the object and defines it«[144]). In Bezug auf das Standardbei-

spiel des Herzens lässt sich mit B. Enç sagen, dass mit der Entdeckung der Funktion des Herzens auch Teile der Identitätsbedingungen (»identity conditions«) des Herzens gefunden wurden.[145] Viele anatomisch-physiologische Konzepte, wie ›Ohr‹, ›Ziliarmuskel‹, ›Niere‹ oder ›Bein‹ sind funktionsbeladene Namen, die sich nicht auf die physische Konstitution der bezeichneten Gegenstände beziehen, sondern auf ihre kausale Rolle in einem übergeordneten System. Die funktionalistische Beschreibung liefert eine Taxonomie von Körperteilen und Verhaltensweisen, die es ermöglicht, biologische Hypothesen und Theorien zu formulieren, die in einer physikalischen Beschreibung unbestimmt blieben.[146] Und so wie die organischen Systeme in einem Organismus teleologisch individuiert werden, bildet auch der Organismus als Ganzer allein in einer teleologischen Perspektive einen einheitlichen Gegenstand. Physikalisch kann er allenfalls als raum-zeitliche morphologische Einheit ausgegliedert werden, nicht aber als funktional gegliedertes System. So formuliert O. Liebmann bereits 1899: »Der Begriff des Organismus ist ein wesentlich teleologischer, auf den Begriff des Zwecks und der Zweckmäßigkeit gebauter, ohne den Gedanken des Zwecks unfaßbarer und undenkbarer Begriff«.[147]

Erschwert wird die eindeutige Identifikation von Körperteilen mittels funktionaler Begriffe allerdings durch das Verhältnis der »multiplen Realisierbarkeit«[148] von Funktionen und Strukturen: Die gleiche Funktion kann nicht nur durch verschiedene Strukturen und Mechanismen realisiert werden, sondern auch umgekehrt kann eine Struktur oder ein einheitlicher Mechanismus verschiedene Funktionen erfüllen. M. Carrier spricht daher von der »reziproken heterogenen Multiplizität zwischen Funktionen und ihren Realisierungen«.[149] Der eine Mechanismus des Atmens erfüllt z.B. nicht nur die Funktion der Versorgung des Körpers mit Stoffen (z.B. Sauerstoff), sondern gleichzeitig auch die andere Funktion der Entsorgung von Abfallstoffen (z.B. Kohlendioxid). Auch von dieser Seite also, von der funktionalen Heterogenität des physisch Homogenen, wird eine einfache Abbildung der physischen Systematisierung von Gegenständen in der funktionalen Systematisierung unmöglich gemacht: »What is functionally alike may be disparate physically; and what is functionally distinct may be equal in regard to its physical kind. Consequently, there is a cross-classification between functional and physical types of natural kinds«.[150]

»Konstanz der Funktionen bei wechselndem Substrat«
Bemerkenswert zum Verhältnis von organischen Strukturen und Funktionen ist auch der kontingente Charakter der einen und der essenzielle Charakter der anderen: Die Ausführung bestimmter Funktionen ist für Organismen notwendig; die Strukturen, die diese wahrnehmen, haben sich aber vielfach gewandelt. Naturhistorisch betrachtet haben sich in der Stammesgeschichte der Lebewesen die immer gleichen Grundfunktionen über den Wechsel der Strukturen hinweg erhalten. Für die Funktionen sind die Formen daher nur als Mittel zu betrachten, die durch andere substituiert werden können. Für die Individualgeschichte spricht schon W. Preyer 1883 von einer »Konstanz der Funktionen bei wechselndem Substrat«.[151] Er erläutert dies durch die von ihm so genannte »Grundfunktion« der Atmung: In der Individualentwicklung der Amphibien wird diese Funktion zunächst durch die Kiemen der Larven übernommen, später geht sie dann auf die ganz andere Struktur der Lungen über. Es liegt nahe, diese Verhältnisse auf die Evolution insgesamt zu übertragen. Auch hier zieht sich die Atmung, ebenso wie die anderen Grundfunktionen (z.B. Ernährung, Stoffzirkulation, Ausscheidung, Fortbewegung, Sinneswahrnehmung, Wachstum und Fortpflanzung) durch die ganz unterschiedlichen Formen gleichbleibend hindurch. Diese Lebensgrundfunktionen sind das Einzige, was sich in der Evolution überhaupt erhält. Die Formen wandeln sich. »Die Funktionen selbst aber sind immer Einheiten und keiner Variation unterworfen«, wie es J. von Uexküll 1928 formuliert.[152]

Funktionsbegriff und Organismusbegriff
In der Debatte um den Funktionsbegriff wird in den letzten Jahren von einigen Autoren eine enge Verbindung zwischen dem Begriff der Funktion oder des Zwecks und dem Konzept des Organismus vorgeschlagen. Diese Vorschläge können sich auf die Überlegungen I. Kants zur Teleologie des Organischen beziehen, insofern für Kant der Zusammenhang zwischen funktionalen Beurteilungen und dem Organismusbegriff zentral ist (↑Zweckmäßigkeit). Organismen (bzw. »organisirte Wesen der Natur«; ↑Organismus) sind für Kant gerade solche natürlichen Einheiten von kausalen Relationen, die als ganzheitliche Gefüge von funktional aufeinander verweisenden Gliedern beurteilt werden können. Der funktionale Bezug besteht dabei in dem Verhältnis der ↑*Wechselseitigkeit* zwischen den Teilen des Ganzen. In der ›Kritik der Urteilskraft‹ von 1790 heißt es: »Zu einem Körper [...], der an sich und seiner innern Möglichkeit nach als Naturzweck beurtheilt werden soll, wird erfordert, daß die Theile desselben einander insgesammt ihrer Form sowohl als Verbindung nach wechselseitig und so ein Ganzes aus eigener

Causalität hervorbringen«.[153] Knapp formuliert Kant wenig später: »Ein organisirtes Product der Natur ist das, in welchem alles Zweck und wechselseitig auch Mittel ist«.[154] Die von Kant als ein Verhältnis der wechselseitigen Hervorbringung der Teile bestimmte Einheit des Organismus kann in späterer Terminologie als eine *Selbst-Reproduktion* verstanden werden (↑Fortpflanzung).

Schlosser: Funktionen als kausale Wechselseitigkeiten
G. Schlosser definiert das Konzept der Selbst-Reproduktion 1998 als Transformation eines Systems durch eine zyklische Sequenz von Zuständen, bei der das System trotz seiner phasenweisen Veränderungen langfristig stabil bleibt. Im Gegensatz zu einfachen Selbst-Reproduktionen in diesem Sinne, wie z.B. der Erde, die um die Sonne kreist oder einem Pendel, das um den Ruhepunkt schwingt, sei die Selbst-Reproduktion der Organismen durch ihre Komplexität ausgezeichnet. Schlosser versteht darunter, dass sie – abhängig von den Umweltbedingungen – einen bestimmten Zustand über verschiedene Sequenzen von Zustandsänderungen erreichen kann (das System ist also, mit dem Ausdruck Braithwaites gesprochen, *plastisch*).

Der Kern der Funktionalität liegt nach Schlosser in der Zirkularität der Abhängigkeiten der Zustände voneinander (↑Zweckmäßigkeit: Abb. 579). Anders als der evolutionstheoretische Ansatz, der die Rückwirkung einer Eigenschaft eines Organismus auf sich selbst über den generationenübergreifenden Prozess der Selektion erfolgen lässt, liegt bei Schlossers Ansatz die Zirkularität innerhalb eines Organismus vor, sie ist »intra-generational«, wie er sagt.[155] Ausgehend von zwei Zuständen eines Systems wird der Funktionsbegriff von Schlosser wie folgt definiert: »The function of X is F iff: for a certain period of time $t_0 < t < t_0 + T$ (1) X is causally necessary to establish F (under certain circumstances c_1) (2) F is causally necessary to establish X (under certain circumstances c_2)«.[156] Die so formulierte wechselseitige kausale Notwendigkeit von zwei Zuständen eines Systems füreinander bedeutet eine wechselseitige Bedingung der beiden Zustände: Der eine kann nicht ohne den anderen verwirklicht werden. Die Grundidee hierbei ist, dass die Wirkung eines Zustandes (genauer: eines Ereignisses) dadurch zu einer Funktion wird, dass sie vermittelt über andere Zustände (Ereignisse) auf sich selbst zurückwirkt: »X in contributing to the realization of F contributes to its own recurrence«.[157] Ein Teil eines Systems ist also funktional, wenn er durch seine Wirkungen im System, die »Voraussetzungen für seine eigene Re-produktion« schafft, wie Schlosser an anderer Stelle formuliert.[158] Er erläutert in einem Beispiel: »Die funktionale Erklärung des Herzschlags – ›Das Herz hat die Funktion den Kreislauf in Gang zu halten‹ – ist adäquat, wenn gezeigt werden kann, daß das Herz, indem es den Kreislauf in Gang hält und dadurch alle Gewebe des Körpers mit Sauerstoff und Nährstoffen versieht, die Voraussetzungen dafür schafft, daß neuer Sauerstoff und andere Nährstoffe aus der Umwelt aufgenommen werden können, die auch für die Aufrechterhaltung des Herzschlags unerläßlich sind«.[159]

Problematisch an diesem einfachen Schema ist der rein kausale Ansatz, demzufolge Funktionen in jedem Verhältnis der kausalen Wechselwirkung zugeschrieben werden müssen. Üblich ist es jedoch, nicht in allen Fällen einer Wechselwirkung oder wechselseitigen »kausalen Notwendigkeit« den Funktionsbegriff anzuwenden. Die Beschreibung der Wechselwirkung in der Beeinflussung der Bahnen von zwei Planeten um eine Sonne kommt in der Regel z.B. ohne Verwendung des Funktionsbegriffs aus. Der Ansatz Schlossers müsste also weiter spezifiziert werden.[160]

McLaughlin: Funktionen als Selbst-Reproduktionen
In ähnlicher Weise wie Schlosser gibt P. McLaughlin 2001 folgende Bestimmung einer Funktion als Selbstreproduktion: »The particular item x_i ascribed the function of doing (enabling) Y *actually* is a reproduction of *itself* and actually did (or enabled) something like Y in the past and by doing this actually contributed to (was part of the causal explanation of) its own reproduction«.[161] Auch hier ist es die Selbstherstellung und beständige Selbsterneuerung des Organismus, die zur Grundlage seiner funktionalen Beurteilung gemacht wird. Weil der Organismus sich selbst *regeneriert*, weil er ein *Fließgleichgewicht* ist (↑Gleichgewicht), in dem die Stoffe (die Zellen) aller seiner Teile beständig abgebaut und durch neue ausgetauscht werden, und weil diese permanente Selbsterzeugung nur durch das Zusammenspiel aller Teile des Organismus möglich ist, wirkt die Aktivität des einen Teils auf die Herstellung der anderen Teile. Aufgrund dieser gegenseitigen Abhängigkeit ihrer Erzeugung sind die Teile also von einander wechselseitig Ursache und Wirkung – so wie es Kant von einem Ding als Naturzweck forderte. Im Vergleich zu der Rückwirkung, die durch den selektiven Erfolg eines Merkmals bei den phylogenetischen Vorgängern eines Organismus vermittelt ist, verläuft der Mechanismus dieser Rückwirkung nicht über mehrere Generationen, sondern innerhalb eines Organismus. McLaughlin spricht daher von der »nicht-hereditären Rückkopplung« der Teile in ihrer gegenseitigen Er-

zeugung bei der beständigen Regeneration des Organismus.[162] Durch seine Einbindung in die permanente Selbstreproduktion des Organismus hat jedes Organ einen kausalen Einfluss auf seine eigene Reproduktion.

Kritisch kann zu diesem Vorschlag (ebenso wie zu den oben wiedergegebenen Formulierungen Kants) bemerkt werden, dass die wechselseitige *Herstellung* lediglich *eine Form* der wechselseitigen kausalen Relevanz von Teilen in einem funktionalen Ganzen ist – aber sicher nicht die einzige. Damit Teile einer Ganzheit durch ihren wechselseitigen Bezug zueinander funktional bestimmt werden, ist es nicht notwendig, dass diese Teile sich gegenseitig erzeugen. Auch in einem Artefakt, dessen Teile jeder für sich einzeln hergestellt wurden, die aber zusammen so angeordnet sind, dass sie wechselseitig aufeinander einwirken und in ihrem Zusammenspiel relevant für einander sind, werden die Teile funktional beurteilt, sofern ihr Zusammenwirken als Ganzheit verstanden werden soll. Nicht allein die wechselseitige Herstellung, sondern auch die wechselseitige Relevanz in einer anderen Hinsicht, z.B. in der Erhaltung, reicht aus, um einen Teil eines Systems funktional zu beurteilen. So ist auch ein künstliches Herz in einem Organismus als ein Funktionsträger zu beurteilen, selbst wenn es nicht von den anderen Organen hervorgebracht wurde. Die Wechselseitigkeit ist hier eine der Wirkung und Abhängigkeit der Aktivität der Organe voneinander, aber nicht der Herstellung, denn das Herz ist ja ein künstliches Produkt, das nicht in dem Organismus erzeugt wurde.

Die funktionale Beurteilung ermöglicht es, Prozesse der Natur als wechselseitig voneinander abhängig oder wechselseitig für einander relevant zu bestimmen, so dass durch den wechselseitigen Bezug der Prozesse zueinander überhaupt erst die Einheit dieser Prozesse in einem Gegenstand (dem Organismus) bestimmt wird. Dass sich dieser Organismus darüber hinaus auch noch selbst hergestellt hat und in ständiger Selbst-Reproduktion (Regeneration) immer wieder selbst herstellt, ist eine weitere, davon unabhängige Bestimmung. Das Regenerationsvermögen ist ein physiologisches Detail, nicht ein die Physiologie wissenschaftlich konstituierender Prozess. Auch wenn die Teile eines Organismus nicht ständig neu hergestellt würden, der Organismus also nicht über die Leistung der Selbst-Reproduktion verfügen würde, wäre er doch nicht weniger Organismus.[163]

Funktionen und Kreisläufe
In den letztgenannten Vorschlägen zum Verständnis des biologischen Funktionsbegriffs ist ein enger Zusammenhang zwischen der Zuschreibung von Funktionen und der Ausgliederung von kausalen Kreislaufsystemen enthalten. Funktionen werden als Ergebnisse von solchen kausalen Prozessen verstanden, die sich zu einem Gefüge aus wechselseitig bedingenden Gliedern zusammenschließen. Die einfachste Form dieser wechselseitigen Bedingung ist der Kreislauf. In einem Kreislauf ist es die Zyklizität der kausalen Prozesse, die die Zuschreibung von Funktionen ermöglicht. Die durchgehende Wechselseitigkeit hängt an der *Geschlossenheit* (»closure«) des Kreislaufs (Emmeche 2000: »functionality is only possible under a closure of operations [...] Only when the causal chain from one part to the next closes or feeds back in a closed loop – at once a feedback on the level of parts and an emergent function defined [...] as a part-whole relation – can we talk about a genuine function«).[164]

In kausalen Kreisläufen bilden Funktionen diejenigen Wirkungen der Komponenten, die auf sie selbst zurückwirken; Funktionen sind also Rückwirkungen der Teile auf sich selbst. Die funktionale Perspektive, d.h. die Betonung der Wirkungsseite von Prozessen, macht in diesen Systemen gerade deswegen Sinn, weil die Wirkungen eine besondere Relevanz haben für das System und die Teile, von denen sie jeweils ausgehen: Die Existenz jedes Teils selbst hängt (ebenso wie das System als Ganzes) von den eigenen Wirkungen ab. In einem System aus zyklisch miteinander verknüpften Gliedern sind nicht die ursächlichen Mechanismen, mit denen eine Wirkung erzielt wird, für den Systemerhalt entscheidend, sondern allein die Konstanz der Wirkungen.

Eine Konsequenz dieser Sicht auf den Funktionsbegriff ist es, dass Funktionen nie isoliert auftreten; sie sind vielmehr stets eingebunden in ein kohärentes System anderer Funktionen, mit denen zusammen sie einen Kreislauf von Funktionen bilden (Weber 2005: »nothing is a role function all itself; role functions are individuated with respect to other role functions«[165]). Entscheidend ist daher auch die quasi horizontale Vernetzung von Funktionen in einem System; eine vertikale Schichtung von Funktionen im Sine einer Funktionshierarchie muss dagegen nicht bestehen (Weber: »functional relations do not necessarily have to stand in a vertical hierarchy«[166]). Funktionshierarchien kommen allerdings ins Spiel, wenn die komplexen biologischen Funktionen, wie Ernährung, Schutz, Vermehrung und Brutpflege auf die beiden universalen »Grundfunktionen« der Selbsterhaltung und Fortpflanzung zurückgeführt werden (vgl. Tab. 87; 91 und Abb. 167).

Verwandt mit dieser systemtheoretischen Interpretation sind biosemiotische Deutungen des

Funktionsbegriffs. Danach ist der Funktionsbegriff gleichursprünglich mit dem Begriff eines *Zeichens* (↑Kommunikation/Biosemiotik). Als *Zeichen* können die organischen Funktionen interpretiert werden, weil sie nicht allein eine zweistellige kausale Relation (Ursache-Wirkung) beschreiben, sondern eine dreistellige Relation: Eine Funktion stellt insofern eine Wirkung dar, die von einer Ursache ausgeht und die für das System eine relevante Rolle (Bedeutung) hat.[167]

Lebewesen und Artefakte: Funktion und Design
Nicht wenige Funktionstheorien der letzten Jahre bemühen sich, den Zusammenhang zwischen der Rede von Funktionen bei Artefakten und natürlichen Lebewesen als Grundlage für die Rekonstruktion des Funktionsbegriffs zu nehmen.[168] Eine dieser Theorien entwickelt U. Krohs, indem er einen Zusammenhang von Funktionszuschreibungen und dem Vorkommen biologischer Formen in Typen herstellt. Die Zuschreibung von Funktionen ist in Krohs' Theorie gerechtfertigt, wenn ein Gegenstand Teil eines umfassenderen Systems ist und er über Eigenschaften verfügt, die ihm als Typ von etwas und nicht als jeweiliger, besonderer Gegenstand (»token«) zukommen. Eine Funktion ist nach Krohs Ausdruck eines Designs im allgemeinsten Sinne. Ein Design wiederum erläutert er als »Typfixierung einer komplexen Entität«.[169] Ein Auto, das nach dem Plan eines Ingenieurs konstruiert wird, weist damit ebenso ein (intentionales) Design auf, wie ein Organismus über ein (nicht-intentionales, natürliches) Design verfügt, weil er gemäß einem genetischen Plan, der in seiner DNA verkörpert ist, gebaut ist. Die Typfixierung der Merkmale eines Organismus erfolgt also auf der Ebene der Genetik: »Typfixierung heißt somit für die Teile von Organismen, dass genetisch Strukturen fixiert sind, durch die [...] token des fixierten Typs hervorgebracht werden«[170]. Ein funktionaler Teil eines Organismus ist ein typfixierter Teil, d.h. eine Komponente, die »als *token* ihres *types* und nicht lediglich wegen ihrer individuellen Eigenschaften Teil der Entität ist«.[171] Die typfixierte Komponente wird also als *token* eines *types* individuiert. Ein Herz beispielsweise sei nicht wegen seiner besonderen Eigenschaften ein Funktionsträger, sondern weil es über typische Eigenschaften verfüge, die konkreten Herzen typischerweise zukommen.

Kritisch kann gegen diesen Ansatz eingewendet werden, dass die enge Bindung von Funktionszuschreibung und Genetik Schwierigkeiten aufwirft: Sollen wirklich nur solche Gegenstände, bei denen ein Genotyp und ein Phänotyp unterschieden werden können, Funktionsträger sein? Und wie sieht es aus mit genotypisch fixierten funktionalen Defekten: Stellen auch diese Funktionen dar, weil sie eine »Typfixierung« repräsentieren? Fraglich ist andererseits, ob Typfixierungen, die nicht an die Genotyp/Phänotyp-Unterscheidung gebunden sind, nicht auch im anorganischen Bereich zu finden sind (z.B. können Steine und Wolken aufgrund ihrer Struktur typfixiert sein, ohne dass sie und ihre Teile deshalb funktional beurteilt werden).

Krohs gibt darüber hinaus auch eine differenzierte Beschreibung für die weiterhin fundamentale Rolle des Konzepts der Funktion in der Sprache der heutigen Biologie. Er weist darauf hin, dass Biologen nicht darauf verzichten, selbst Prozesse, die in ihrem Mechanismus vollständig aufgeklärt sind, in funktionaler Begrifflichkeit zu beschreiben, z.B. die Transformationen der Moleküle in den zentralen Stoffwechselwegen aller Lebewesen. Diese Prozesse werden nicht allein in physikalisch-chemischen Modellen der Reaktion von Stoffen beschrieben, sondern auch in ihrer funktionalen Einbettung im Organismus, z.B. der Energieversorgung. Weil diese doppelte Perspektive – die mechanistische auf der einen Seite und die funktionale auf der anderen Seite – für die Biologie insgesamt kennzeichnend ist, spricht Krohs von »2-sortigen Theorieelementen« in der Biologie.[172] In strukturalistischer Sicht stellt sich diese doppelte Perspektive als ein Nebeneinander von zwei verschiedenen Modelltypen in der Biologie dar: den physikalischen »konservativen Modellen«, die an den Erhaltungssätzen orientiert sind, und den funktionalen »nicht-konservativen Modellen«, die die abstrakten funktionalen Relationen innerhalb biologischer Systeme beschreiben.[173] Besonders deutlich wird diese doppelte Perspektive in den biologischen Modellen, die sich des Konzeptes der ↑*Information* bedienen oder die das Schema des *Regelkreises* verwenden (↑Regulation). Für die funktionale Beschreibung ist die Irrelevanz der Erhaltungssätze kennzeichnend: Das gleiche Signal kann in verschiedener Gestalt mit unterschiedlichem Masse- und Energiegehalt entlang einer Übertragungskette weitergegeben werden, und doch bleibt es in biologisch-funktionaler Beschreibung das gleiche Signal.[174]

Pluralismus des Funktionsbegriffs
Die Diskussion um den biologischen Funktionsbegriff ist weiterhin in vollem Gange. Zwar wird von einigen Autoren die evolutionstheoretische Fundierung des Begriffs als der sich herauskristallisierende »Konsens« zum Verständnis von Funktionen in der Biologie bezeichnet.[175] Auf der anderen Seite wird

»Den einen Teil also ihres [d.h. der Tiere] Lebensinhaltes bilden die Mühen um ihre Nachkommenschaft, einen weiteren die um ihre Ernährung. Um diese beiden Angeln dreht sich ja nun einmal aller Eifer und Leben« (Aristoteles, Hist. anim. 589a2-5).

»Seit unserer Geburt streben wir nach der Erhaltung von uns selbst, unserer Teile und unserer Nachkommen« (Chrysipp, 3. Jh. v. Chr., Fragm. 179).

»[T]he first and fiercest Appetite that Nature has given them [the Creatures] is Hunger, the next is Lust; the one prompting them to procreate, as the other bids them eat« (Mandeville 1705/14, I, 202).

»Alle Kunsttriebe aller Thiere zielen 1) entweder auf das Wohl und die Erhaltung eines jeden Thieres nach seiner Lebensart; oder 2) auf die Wohlfahrt und Erhaltung des Geschlechtes oder der Nachkommen« (Reimarus 1760/62, 102).

»Einstweilen, bis den Bau der Welt / Philosophie zusammenhält, / Erhält sie [die Natur] das Getriebe / Durch Hunger und durch Liebe« (Schiller 1795, 184).

»Der Zweck des Organismus ist gedoppelt. Die organischen Verrichtungen werden sonach weiter abgetheilt in individuelle, d.i. solche, welche auf die Erhaltung des organischen Individuums abzwecken, und generische (functiones sexus), welche sich auf die Erhaltung der Gattung, als ihren Zweck, beziehen« (Schmid 1799, 481).

»Als die entschiedene, stärkste Bejahung des Lebens bestätigt sich der Geschlechtstrieb auch dadurch, daß er dem natürlichen Menschen, wie dem Tier der letzte Zweck, das höchste Ziel seines Lebens ist. Selbsterhaltung ist sein erstes Streben, und sobald er für diese gesorgt hat, strebt er nur nach Fortpflanzung des Geschlechts: mehr kann er als bloß natürliches Wesen nicht anstreben« (Schopenhauer 1819-44/48, I, 451).

»[P]rimäre Instinkte sind die allgemeinen niederen Triebe, welche dem Psychoplasma von Beginn des organischen Lebens innewohnten und unbewußt waren, vor allem die Triebe der Selbsterhaltung (Schutz und Ernährung) und der Arterhaltung (Fortpflanzung und Brutpflege). Diese beiden Grundtriebe des organischen Lebens, Hunger und Liebe, sind ursprünglich überall unbewußt, ohne Mitwirkung des Verstandes oder der Vernunft entstanden; bei höheren Tieren sind sie später, wie beim Menschen, Gegenstände des Bewußtseins geworden« (Haeckel 1899/1903, 53).

»Selbsterhaltung und Arterhaltung, Nahrungserwerb und Fortpflanzungstrieb sind die wesentlichen Faktoren im aktiven Leben der Tiere« (Doflein 1914, 21).

»There may be no serious objection to saying that the two basic ›purposes‹ of living organisms – to maintain themselves and to perpetuate their kind – underlie the whole panorama of evolution« (Goudge 1961, 196f.).

»[T]he activities which constitute proper functioning for an organism are those which give the best likelihood, in certain environmental conditions, of its survival or of the continuance in existence of the species of which it is a member« (Lehman 1965, 18).

»Selbsterhaltung und Fortpflanzung bilden die erste große Dichotomie der Lebensfunktionen« (Bischof 1985/91, 330).

»[W]e may speak of survival and reproductive success as the ultimate purpose served by individual biological adaptations, i.e., the reason why they have come about« (Ayala 1998, 46).

Tab. 91. Selbsterhaltung und Fortpflanzung als die beiden Grundfunktionen der Lebewesen.

aber auch auf die weiterhin bestehende Mannigfaltigkeit von Bedeutungen hingewiesen, und es wird empfohlen, ›Funktion‹ als ein weites Konzept zu bewahren und sich nicht auf eine spezifische Definition festzulegen. So können in verschiedenen Teildisziplinen der Biologie und vor dem Hintergrund unterschiedlicher Fragestellungen verschiedene Funktionskonzepte nebeneinander bestehen[176]: In der Ethologie ist von Funktionen meist im Kontext von Anpassungsprozessen die Rede; Funktionen werden hier primär als selektierte Effekte thematisiert. Anders in der Funktionsanatomie und Funktionsmorphologie; dort ist ein Konzept von Funktionen als kausale Rollen verbreitet, und die selektive Vergangenheit eines Merkmals steht nicht im Mittelpunkt der Zuschreibung von Funktionen. Nicht wenige Autoren argumentieren daher für einen pluralistischen Funktionsbegriff.[177]

Außerdem wird darauf hingewiesen, dass eine strenge Gegenüberstellung von Funktionen als selektierte Effekte und als kausale Rollen kaum aufrechtzuerhalten ist. Evolutionstheoretisch fundierte Funktionsbegriffe können vielmehr als Teilklasse systemtheoretischer Funktionsbegriffe gelten. In der ätiologischen Analyse wird der systemtheoretische Ansatz der Zergliederung des Organismus in Funktionskreise undder Ermittlung des Beitrags eines so ausgegliederten Funktionskreises zur Arbeitsweise des Organismus aus einer evolutionstheoretischen Perspektive beleuchtet. Die Wirkungsweise eines Merkmals wird als eine fitnessrelevante Eigenschaft betrachtet. Denn die Wirkung des Merkmals hat einen Einfluss auf das Überleben des Einzelorganismus und seine Reproduktion. Sie stellt eine Komponente in den Determinanten dieser Größen dar, sie bildet also eine *Fitnesskomponente* (Griffiths 1993:

»Fitness components are those effects of traits which enhance the fitness of their bearers. They are the Cummins-functions of those traits relative to the overall capacity of the animal to survive and reproduce (fitness)«[178]; Walsh und Ariew 1996: »evolutionary functions are discovered by conducting C-function [Cummins-function] analysis«[179]; »every E-function [evolutionary function] is a C-function«[180]).

Dualismus der ultimaten Funktionen: Selbsterhaltung und Fortpflanzung
Seit der Antike ist es verbreitet, zwei Funktionen als die Zwecke auszuzeichnen, auf die alle organischen Prozesse letztlich ausgerichtet sind: die Selbsterhaltung (insbesondere die Ernährung) und die Fortpflanzung. Diese zwei Begriffe werden als die obersten funktionalen Gesichtspunkte für die Ordnung des Organischen angesetzt. Sie liefern den Ordnungshorizont und geben das Gliederungsschema vor, in dem jedem organischen Prozess, sofern er als organischer beurteilt wird, eine Stelle zugewiesen wird. Jede biologische Bestimmung eines Teils im Organismus und eines organischen Prozesses besteht also darin, seine Relation zu diesen obersten organischen Funktionen, der letzten Integrationsstufe aller Funktionsbezüge der Biologie, zu klären. So komplex die kausalen Verhältnisse im biologischen Geschehen auch sein mögen – die teleologischen Bezüge, in die sie gestellt werden, sind durch ihre Referenz zu diesen beiden Gesichtspunkten letztlich einfach.

Der Dualismus in der Antike
Nicht nur in der Antike des Abendlands, auch im Alten China wird die These vertreten, an der Spitze der organischen Funktionsbezüge stehe eine Dualität. Bei Mengzi, einem Nachfolger des Konfuzius, findet sich am Ende des dritten vorchristlichen Jahrhunderts der Satz: »Das Verlangen nach Nahrung und Sexualität ist unsere Natur.«[181] In älteren Übersetzungen steht statt ›Sexualität‹ allerdings ›Farben‹ (J. Legge 1861[182]) oder ›Schönheit‹ (R. Wilhelm 1916[183]).

In der älteren griechischen Philosophie ist die Einteilung der Funktionen in einer Aufzählung von Trieben enthalten. Der Sokrates-Schüler Xenophon unterscheidet einen Trieb zur Selbsterhaltung und einen Trieb nach Nachkommenschaft und Aufzucht der Jungen. Die Triebe werden als Beleg für die weise Fürsorge eines planenden Schöpfergottes gewertet.[184]

Bei Platon findet sich diese Zweiteilung, indem er den Antrieb zur Ernährung und Erzeugung als die Aufgabe des basalen Seelenteiles angibt: Der begehrende Teil der Seele (»ἐπιθυμητικόν«), der in der Seelenlehre Platons als dritter und unterster Teil neben dem überlegenden und »muthaften« Seelenteil steht, betrifft die Ernährung (»τροφή«) und Erzeugung (»γέννησις«).[185] Alle Tiere seien mit lebensdienlichen und arterhaltenden Eigenschaften ausgestattet.[186] Aristoteles führt in Bezug auf das Leben der Tiere aus: »Den einen Teil also ihres Lebensinhaltes bilden die Mühen um ihre Nachkommenschaft, einen weiteren die um ihre Ernährung. Um diese beiden Angeln dreht sich ja nun einmal aller Eifer und Leben«.[187] Ähnlich heißt es an anderer Stelle: Zeugung und Nahrungsverwertung seien die natürlichsten Leistungen für alles Lebende.[188] Ernährung und Fortpflanzung sind auch für Aristoteles Leistungen des untersten, allen Lebewesen gemeinsamen Seelenteils, der Nähr- oder Pflanzenseele (»θρεπτική ψυχή«).

In der Stoa wird die Selbsterhaltung parallel zur ↑Arterhaltung (»conservatio […] generis«), die auf die Fortpflanzung und Brutpflege bezogen ist, diskutiert, so u.a. von Cicero.[189] Bei Chrysipp heißt es im dritten vorchristlichen Jahrhundert, seit seiner Geburt strebe der Mensch sowohl zur Erhaltung (»οἰκείωσις«) seiner selbst als auch seiner Nachkommen (»οἰκειούμεθα πρὸς αὑτοὺς εὐθὺς γενόμενοι καὶ τὰ μέρη καὶ τὰ ἔκγονα τὰ ἑαυτῶν«).[190] Diese beiden Strebungen werden als die erste und zweite Stufe der *oikeiosis* unterschieden.[191]

Keine klare Zweiteilung, sondern eher eine Dreiteilung der obersten Funktionen des Körpers eines Tiers nimmt der römische Arzt Galen im 2. Jahrhundert vor: Die Organe dienten der Aufrechterhaltung des Körpers, der Erleichterung (»commodités«) des Lebens und der Erhaltung der Art.[192]

Scholastik und Renaissance
Auch in der Scholastik ist die Nebenordnung von Selbsterhaltung (»conservatio sui« oder »conservatio individui«) und Arterhaltung (»conservatio speciei«) als Prinzip zur Erklärung der organischen Prozesse sehr verbreitet. Das Begriffspaar erscheint wiederholt bei Thomas von Aquin.[193] Albertus Magnus spricht parallel dazu von der »salvatio speciei« und »salvatio individui«. Nach Albert hat die Natur die Arterhaltung der Selbsterhaltung noch übergeordnet, und die Fortpflanzung sei daher mit dem höchsten Lustempfinden verbunden: »natura ordinavit nutrimentum propter salvationem individui et opus venereum [coitus sive generatio] propter salvationem speciei. Et ideo istis operationibus natura adiuncit maximas delectationes, et quanto magis intendit salvationem speciei quam individui, tanto maiorem de-

lectationem ordinavit in opere venereo quam in opera nutritivae«).[194]

In der Renaissance nimmt der Aristoteliker A. Cesalpino die Einteilung von Aristoteles auf und unterscheidet zwei wesentliche Organe der Pflanzen: die Wurzel, die die Nahrung aufnimmt und damit wesentlich der Erhaltung des Individuums dient, und den Spross, der die Frucht hervorbringt und damit für den Fortbestand der Art sorgt (»Quoniam autem altricis animae opus est gignere quale ipsum, siue id ex alimento fiat ad conservationem singulorum, siue ex semine ad specierum æternitatem«).[195] Die Leistung der Wurzel, also die Ernährung, stellt nach Cesalpino die »erste Funktion« dar, und sie gilt ihm als ursprünglicher und edler (»superior«); der Spross und mit ihm die Fortpflanzung sei dagegen von geringerer Bedeutung (»inferior«). Schon Aristoteles bemerkt – und Cesalpino schließt sich dem an –, dass die Wurzel der Pflanzen dem Mund der Tiere analog ist, weil auch sie die Nahrung aufnimmt.[196] Die Pflanze stelle insofern ein auf den Kopf gestelltes Tier dar.[197]

Neuzeit
Der Dualismus der obersten Funktionen wird seit Beginn des 18. Jahrhunderts meist beiläufig erwähnt, er gewinnt selten eine explizite und systematisch ausgearbeitete Form. Bei G.W. Leibniz erscheint die Zweiteilung 1704 in der Nebenordnung von Selbsterhaltung (»propre conservation«) und Fortsetzung der Art (»continuation de leur espèce«).[198] B. Mandeville versteht die Parallelität der zwei Funktionen in seiner wenig später veröffentlichten ›Bienenfabel‹ als Ausdruck von zwei mächtigen Trieben der Lebewesen (vgl. Tab. 91).[199] C. Wolff, der die deutschsprachige philosophische Terminologie im frühen 18. Jahrhundert entscheidend prägt, sieht in den 1720er Jahren die »Hauptabsicht« Gottes in Bezug auf die organische Natur in zwei ultimaten Bezugspunkten der teleologischen Ketten (oder »Leitern«[200]): der Erhaltung des Leibes und der Fortpflanzung zur Erhaltung des Geschlechtes: »Derowegen können wir wohl die Haupt-Absicht des Leibes, die GOtt dabey gehabt, darinnen suchen, daß derselbe eine zeitlang sein Leben fristen und sein Geschlechte, so lange die Erde dauret, erhalten soll«.[201] In seinen exponierten Marginalien formuliert er thesenhaft: »Der Leib soll sich in seinem Zustande und beym Leben erhalten«[202] und »Menschen und Thiere sollen ihr Geschlecht erhalten«[203]. Diese beiden Forderungen sind die quasi extern vorgegebenen Ziele, die die Lebewesen zu erfüllen haben. Die weiteren teleologischen Argumentationen Wolffs sind auf diese höchsten Zwecke bezogen und sind daher nur in dem Maße theologisch, in dem diese »Haupt-Absichten« als von Gott gesetzt angesehen werden.

Seit der zweiten Hälfte des 18. Jahrhunderts erscheint der Dualismus der Funktionen in zahlreichen Formulierungen, z.B. bei H.S. Reimarus, J.G. Herder und F. Schiller (vgl. Tab. 91). M. Ehlers parallelisiert 1790 die beiden Bezüge durch die Unterscheidung von »Fortpflanzungstrieb« und »Erhaltungstrieb«.[204]

Auch in der Biologie des 20. Jahrhunderts, in der die Evolutionstheorie zunehmende Dominanz gewinnt, gelten Selbsterhaltung und Fortpflanzung weiterhin als die beiden letzten Funktionen oder ultimaten Zwecke (»ultimate goals«) eines Organismus. Die beiden Konzepte stehen an der Basis zweier komplementärer und miteinander rivalisierender *Paradigmen* zur Konzipierung der biologischen Grundbegriffe: des individualistischen Paradigmas der Selbstorganisation und Selbstregulation und des kollektivistischen Paradigmas der Informationsweitergabe. Im ersteren wird der Organismus als ein individuelles, sich selbst organisierendes und selbst regulierendes Netzwerk von Prozessen beschrieben; im zweiten wird er zu einem Durchgangsstadium eines generationenübergreifenden Prozesses der Informationsweitergabe; er wird von seiner Fähigkeit zur Fortpflanzung her konzipiert, und als seine wesentlichen kausalen Elemente gelten seine in der Vererbung weitergegebenen Informationsträger, die Gene.[205] Die Dualität von Selbsterhaltung und Arterhaltung, die sich auch in den Begriffspaaren von ›Stoffwechsel‹ und ›Fortpflanzung‹ oder ›Individuum‹ und ›Population‹ zeigt, wird als eine grundlegende Polarität der organischen Natur gedeutet.[206] Auch der Konflikt zwischen systemtheoretischem und evolutionstheoretischem Funktionsbegriff kann auf die Dualität der beiden letzten biologischen Funktionsbezüge zurückgeführt werden. In der Diskussion wird immer wieder darauf verwiesen, dass es genau diese zwei Funktionen zu berücksichtigen gilt.[207]

Der Dualismus von Selbst- und Arterhaltung zeigt sich schließlich auch in den Versuchen einer systematischen Übersicht über die ↑Lebensformen der Lebewesen. Die beiden obersten Funktionen zur Klassifikation der Lebensformen sind in dem umfangreichen System H.-W. Koepckes aus den frühen 1970er Jahren »Selbstbehauptung« und »Arterhaltung« (↑Arterhaltung: Abb. 29; Lebensform: Tab. 170).[208] Und auch wenn H. Böker in seinem System der Lebensformen für Wirbeltiere von drei primären Funktionskreisen ausgeht, so lassen sich diese doch auf die Zweiteilung zurückführen: »Alle Lebensäußerungen der Wirbeltiere richten sich nach drei Haupttrieben, denen jedes Tier unterworfen ist: dem

Trieb sich zu ernähren, sich fortzupflanzen, und sich zu schützen. Ernährung, Fortpflanzung und Umwelteinstellung sind infolgedessen die drei größten Funktionsgruppen, die es gibt«.[209]

Verhältnis der beiden Funktionen
Selbsterhaltung und Fortpflanzung sind Systemziele, die oftmals nicht das gleiche, sondern ein unterschiedliches Verhalten des Organismus verlangen. Zwar ist die Selbsterhaltung zunächst die Voraussetzung für die Fortpflanzung, aber bereits vor der erfolgten Fortpflanzung entsteht ein Konflikt darüber, welche Ressourcen für die weitere Selbsterhaltung und welche für die Reproduktion aufgewandt werden sollen (»trade-off«; ↑Lebensgeschichte).

Fortpflanzung als Form der Selbsterhaltung
Es stellt sich also die Frage, auf welche Weise eine Vermittlung der beiden Grundtriebe bzw. obersten Lebensfunktionen möglich ist und tatsächlich erfolgt. Stehen sie unvermittelt nebeneinander oder lässt sich die eine in die andere integrieren? Die antike Antwort auf diese Frage besteht darin, die Selbsterhaltung als Mittel zum Zweck der Art- bzw. Gattungserhaltung zu verstehen. In ›De anima‹ stellt Aristoteles heraus, der lebende und in seiner Konzeption damit auch beseelte Körper vermöge es für sich genommen nicht, kontinuierlich am »Ewigen und Göttlichen« teilzuhaben. Dies sei ihm nur insofern möglich, als er ein ihm Gleichartiges herstelle, sich also fortpflanze und damit sein *eidos* erhalte. Jedes zeuge ein ihm ähnliches, »das Lebewesen ein Lebewesen, die Pflanze eine Pflanze, damit sie am Ewigen und Göttlichen nach Kräften teilhaben; denn alles strebt nach jenem, und um jenes Zweckes willen wirkt alles, was von Natur wirkt«.[210] Die Ewigkeit eines Kreislaufs können die Lebewesen nach Aristoteles allein durch ihre immer wiederholte Fortpflanzung erreichen: Darin bestehe aber ein Lebewesen »nicht als dieses (Individuum) <ewig> fort, sondern nur eines von solcher Art, <d.h.> nicht der Zahl nach eines, wohl aber der Art nach eines«.[211] Gerade die Fortpflanzung stellt sich Aristoteles also als eine Form der *Erhaltung* vor, eine Erhaltung des Wesens einer Art und damit auch des Wesens eines Individuums: »es [das Beseelte, d.h. das Lebende] erhält (bewahrt) sein Wesen (Substanz) und besteht solange, als es sich nährt, und bewirkt die Erzeugung nicht des Ernährten, sondern eines von der Art des Ernährten; denn dessen Wesen besteht schon, und kein Wesen erzeugt sich selbst, sondern erhält sich <in ihm>«.[212]

Ausdrücklich thematisiert wird das Verhältnis der obersten organischen Funktionen in den Beiträgen zur Philosophie des Organischen des Deutschen Idealismus. G.W. Hegel versteht die Reproduktion explizit als eine Form der Selbsterhaltung des Organismus. Sie ist für ihn »Selbsterhaltung überhaupt«, weil in ihr nicht nur einzelne Teile des Organismus erhalten werden, sondern der Organismus als Ganzes sich neu hervorbringt: Reproduktion ist »die Aktion dieses *ganzen* in sich reflektierten Organismus«.[213]

Ähnliche Gedanken finden sich bei A. Schopenhauer, der in seinem Hauptwerk die Auffassung vertritt, das »metaphysische Substrat des Lebens« der Tiere offenbare sich unmittelbar erst in der Gattung. und dem Individuum komme daher nur ein »sekundäres Dasein« zu.[214] Für das Tier gelte, »daß sein wahres Wesen unmittelbarer in der Gattung als im Individuo liegt, daher es nötigenfalls sein Leben opfert, damit in den Jungen die Gattung erhalten werde«.[215] Weil die Instinkte der Tiere oftmals gegen die Belange der Selbsterhaltung des Individuums wirksam sind, nennt Schopenhauer sie einen »Wahn«, »vermöge dessen ihm als ein Gut für sich selbst erscheint, was in Wahrheit bloß eines für die Gattung ist«[216]; das Individuum wird »der Betrogene der Gattung«.[217] Auch wenn es möglicherweise nicht den Interessen des Individuums entspreche wird die Fortpflanzung von Schopenhauer funktional der Erhaltung des Individuums übergeordnet. So bemerkt er, der »Geschlechtstrieb« sei »dem natürlichen Menschen wie dem Tier der letzte Zweck, das höchste Ziel seines Lebens«.[218]

Auch im 20. Jahrhundert ist die Auffassung von der Fortpflanzung als Form der Selbsterhaltung verbreitet. Sie wird u.a. von dem Chemiker W. Ostwald vertreten: Ihm erscheint es 1902 »methodisch zweckmässiger auch die Fortpflanzung als einen Theil der Selbsterhaltung aufzufassen« als sie gleichberechtigt neben die Selbsterhaltung zu stellen.[219] Ostwald begründet dies mit der grundsätzlichen Schwierigkeit, das Individuum von der Gemeinschaft zu trennen. Das für das Organische überhaupt kennzeichnende Merkmal, die Selbsterhaltung, gehe in der Fortpflanzung von dem Individuum auf die Familie, den Stamm und schließlich das gesamte Reich der Lebewesen über. Bei Ostwald und anderen wird die Dualität der Prinzipien dadurch auf einen gemeinsamen Grund zurückgeführt, dass beide als Formen der Erhaltung verstanden werden: das Streben nach Erhaltung (der Organisation) bildet danach die eine höchste Funktion, die sich in einer Hierarchie von Funktionen auf den unteren Ebenen differenziert (vgl. Abb. 167).

N. Hartmann fasst 1912 das »Reproduktionsgesetz« als ein »Grundgesetz des Lebens«: »jede Art der Selbstwiederbildung bedeutet Selbsterhaltung

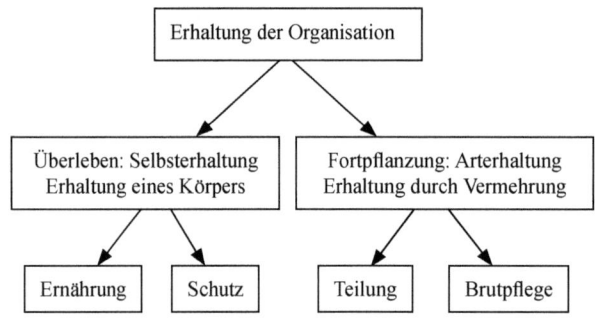

Abb. 167. *Die Hierarchie organischer Funktionen auf den obersten drei Ebenen.*

des Lebens, aber nicht derselben, sondern der nächsthöheren Stufe«. In der Fortpflanzung gelte: »Das Individuum wird zum Mittel, zum vorübergehend funktionierenden Organ. Das Leben der Gattung ordnet sich ihm über. Es weist ihm seine Teilfunktion innerhalb der höheren Systemeinheit an. Das Individuum verschwindet in der Gattung: diese bleibt stabil in der Labilität des Individualgleichgewichts. Sie treibt mit dem Individuum gleichsam einen Stoffwechsel«.[220] 1950 baut Hartmann diese Gedanken aus und spricht davon, der einzelne Organismus habe eine »Funktion« für die Art, er bilde ein »Durchgangsstadium« für eine sich erhaltende Abstammungslinie, dem sein Leben diene, oder das »Leben der Art« bilde ein dem Individuum übergeordnetes höheres Ordnungsgefüge.[221]

Antagonismus von Selbst- und Arterhaltung
Die alternative funktionale Referenz aller organischen Prozesse, die sich in der Dualität der beiden Prinzipien der Selbsterhaltung und Fortpflanzung ausdrückt, muss nicht in einer Unterordnung des einen unter das andere gelöst werden, sondern kann auch als ein anhaltender Konflikt beschrieben werden. Offensichtlich konkurrieren die Bedürfnisse der Selbsterhaltung vielfach mit den Zielen der Fortpflanzung: Schon in der äußeren Erscheinung eines Organismus sind viele Merkmale unzweckmäßig im Sinne der Selbsterhaltung und allein zweckmäßig im Hinblick auf die Fortpflanzung. Dies trifft z.B. auf die bunten Farben der Vögel zu: Sie erhöhen das Risiko, Opfer eines Räubers zu werden und sind allein im Hinblick auf die soziale Kommunikation zu Zwecken der Fortpflanzung funktional.

Als einen strengen Antagonismus stellt H. Spencer die beiden organischen Grundfunktionen der Selbsterhaltung und der Fortpflanzung dar, und zwar bereits in seinen ersten Schriften aus den frühen 1850er Jahren: »the ability to multiply is antagonistic to the ability to maintain individual life«[222]. Die Tendenz zur Fortpflanzung, d.h. bei einfacher gebauten Organismen zur Teilung, verhindert nach Spencer die Bildung komplexer Organisationen (»preventing organization«), weil diese die Arbeitsteilung der Zellen und deren dauerhaften Zusammenhalt voraussetze. Es ist für Spencer ein Prinzip a priori, dass die beiden Grundfunktionen des Organischen – er fasst sie zusammen als die beiden Wege der Erhaltung der Art – in einem inversen Verhältnis zueinander stehen: »power to maintain individual life and power to multiply [...] cannot do other than vary inversely: one must decrease as the other increases«[223]. Empirische Beispiele sollen dieses »Gesetz« belegen: Bei Mäusen liege eine hohe Vermehrungsfähigkeit in Verbindung mit einer geringen Kraft des einzelnen Organismus zur Selbsterhaltung vor; beim Menschen sei es umgekehrt. Spencer versteht diese Zusammenhänge im Sinne eines kontrafaktischen Konditionals und als Ausdruck seines Gesetzes: Hätten Mäuse keine so hohe Fortpflanzungsrate und keine verbesserte Fähigkeit zur Selbsterhaltung des Organismus, würden sie aussterben. Eine Höherentwicklung zu hoch integrierten Organismen, bestehend aus vielen differenzierten Organen, ist für Spencer nur durch das Überwiegen der Selbsterhaltungskräfte gegenüber denen der Reproduktion möglich. Denn die Perfektionierung der Arbeitsteilung der Teile in einem Organismus hänge davon ab, dass die Teile in einer Einheit verbunden bleiben; Trennung der Teile eines Organismus durch schnelle Vermehrung stehe dem aber entgegen: »progress towards mutual dependence of parts is prevented by the parts becoming independent«.[224] Der allgemeine Fortschritt der Evolution hängt für Spencer daher an einem Zurückdrängen der Reproduktionsfähigkeit: »other things being equal, advancing evolution must be accompanied by declining fertility«[225] – eine Gedanke, der in vielen weiteren Varianten von Spencer formuliert wird.

Auch S. Freud hält die Dualität von »Ich- oder Selbsterhaltungstrieben« und »Sexualtrieben« weitgehend aufrecht.[226] Freud beurteilt die Zweiheit von Selbsterhaltung und Arterhaltung aber für eine nur vorübergehende Gegenüberstellung, die lediglich dem Stand der theoretischen Biologie seiner Zeit geschuldet ist. Er schreibt von ihnen zurückhaltend, dass sie »unabhängig voneinander scheinen, unseres Wissens noch keine gemeinsame Ableitung erfahren haben«[227], und: »Zukünftiger Wissenschaft bleibt es vorbehalten, die jetzt noch isolierten Daten zu einer neuen Einsicht zusammenzusetzen. Es ist nicht die

Psychologie, sondern die Biologie, die hier [im »biologischen Gegensatz zwischen Selbsterhaltung und Arterhaltung«] eine Lücke zeigt«.²²⁸

Evolutionstheorie: Primat der Fortpflanzung
Zwar ist es verbreitet, die Fortpflanzung (»Arterhaltung«) als eine Form der Selbsterhaltung zu verstehen (s.o.), aus einer evolutionstheoretischen Perspektive wird aber auch umgekehrt argumentiert, die Selbsterhaltung als ein Mittel zur Sicherung einer individuellen Organisationsform zu verstehen und damit zumindest hinsichtlich der Effizienz für dieses Ziel der Fortpflanzung unterzuordnen (Lillie 1915: »it is the continued existence of the species rather than of the individual which is the essential end-result of the organic activities in their totality«²²⁹). Es muss damit noch nicht die Vorstellung der »Erhaltung« einer Art verbunden sein – die bereits im frühen 20. Jahrhundert als Problem gilt: »Sollte im Ernst ein Begriff – die Art – über das Seiende – die Individuen – dominieren können?«²³⁰ (Ehrenberg 1923; ↑Arterhaltung). In der evolutionstheoretischen Priorisierung der Kontinuität und Expansion (»Fortpflanzung«) gegenüber der Präsenz (»Selbsterhaltung«) drückt sich vielmehr allein die empirische Tatsache aus, dass das Leben der Organismen im Wesentlichen auf ihre Fortpflanzung ausgerichtet ist. Funktional kann das Leben der Organismen durchgängig als Mittel nicht ihrer Selbsterhaltung, aber ihrer Fortpflanzung betrachtet werden. Anforderungen der Selbsterhaltung werden von den natürlichen Organismen systematisch für Ziele der Fortpflanzung geopfert – aber nicht anders herum. Die Evolutionstheorie gibt hierfür die einfache Erklärung, dass Organismen, die sich nicht fortpflanzen, sondern nur selbst erhalten oder sich auch nur weniger fortpflanzen, als es ihnen möglich ist, gegenüber Organismen solcher Typen, die ihre Selbsterhaltung der Maximierung ihrer Fortpflanzung opfern, ins Hintertreffen geraten. Die Strategie eines Organismus, fast alle vorhandenen Ressourcen auf den Nachwuchs zu verwenden und wenig für den Erhalt des eigenen Lebens zurückzuhalten, ist die erfolgreichere Strategie (d.h. die Strategie mit der größeren Repräsentation in der kommenden Generation) gegenüber der Alternativstrategie der Reservierung von mehr Ressourcen für das eigene Überleben, als für die Maximierung der Fortpflanzung nötig sind. Merkmale wie die Lebensdauer oder der Fortpflanzungszyklus werden in dieser Betrachtung zu Eigenschaften der ↑*Lebensgeschichte*, die ebenso wie morphologische Merkmale als evolutionäre Anpassungen im Dienste der Maximierung des Fortpflanzungserfolgs interpretiert werden (richtungsweisend:

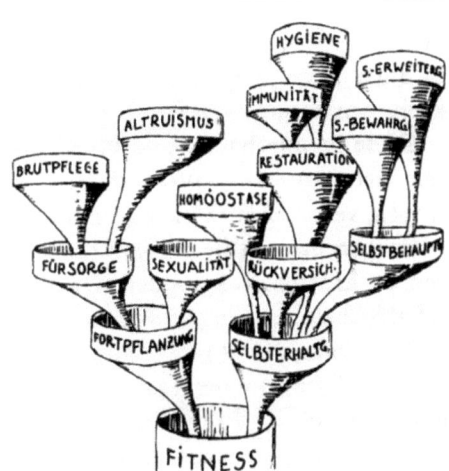

Abb. 168. Die Fitness als Resultante aus einer Hierarchie organischer Funktionen. Die oberste Einteilung erfolgt in Fortpflanzung *und* Selbsterhaltung. *Die Fortpflanzung kann weiter in* Fürsorge *für die Nachkommen und* Sexualität *eingeteilt werden. Die Selbsterhaltung gliedert sich in die vier Funktionskreise der* Homöostase *(Mechanismen, die einen Zerfall des Organismus verhindern),* Restauration *(Abwehr mikroskopischer Störeinflüsse),* Selbstbehauptung *(schützendes Verhalten des Gesamtorganismus, z.B. Flucht, Verteidigung, Exploration) und* Rückversicherung *(Bindung und Abhängigkeit gegenüber sozialen Partnern) (aus Bischof, N. (1985/91). Das Rätsel Ödipus: 331).*

Cole 1954).²³¹ Das Ergebnis dieser Betrachtung ist also, dass sich im Laufe der Generationen quantitativ diejenigen Organismen durchsetzen, die ihre Fortpflanzung optimieren. Der Prozess der Selektion bedingt also eine Unterordnung der Selbsterhaltung unter den Zweck der Fortpflanzung. Alle biologischen Funktionen sind letztlich auf die Fortpflanzung des Organismus ausgerichtet (↑Fortpflanzung: Abb. 144). »Die Bestimmung der Thierheit ist Fortpflanzung [und Ausbreitung]«, wie Kant in seinem Nachlass formuliert.²³²

Biologisch, d.h. funktional verständlich wird das Phänomen der ↑Fortpflanzung überhaupt erst aus der Perspektive der Evolutionstheorie. In dieser Perspektive ist der Organismus nicht allein als ein organisiertes und reguliertes System entworfen, sondern als ein System, das sich in einer Population befindet, in der auch andere Organismen existieren, die sich in der komparativen Effizienz ihrer Regulation und Reproduktion unterscheiden. In einer solchen Population werden sich solche Typen von Organismen ausbreiten, die sich nicht nur selbst zu erhalten vermögen, sondern auch noch zur Fortpflanzung und Vermehrung in der Lage sind. Weil die Evolutionstheorie

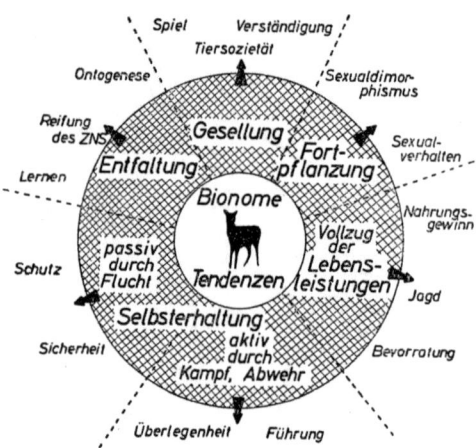

Abb. 169. Gerichtetheit der Lebenserscheinungen der Tiere auf die »Organisationsziele des Lebendigen«. Unterschieden werden fünf funktionale Zielbereiche (»bionome Tendenzen«): 1. Selbsterhaltung, 2. Fortpflanzung, 3. Vollzug der arttypischen Lebensleistungen (z.B. Nahrungserwerb, Stoffwechsel, typisches Verhalten), 4. Entfaltung und Entwicklung (Ontogenese und Wachstum) sowie 5. Gesellung (aus Rothschuh, K.E. (1959/63). Theorie des Organismus: 99).

Organismen mit spezifischen Vermögen, u.a. eben dem der Fortpflanzung, voraussetzt, kann sie zwar nicht als systematisch grundlegend für die Biologie gelten – der von ihr beschriebene Prozess der Selektion übt aber doch einen prägenden Einfluss auf die Verfasstheit der Organismen aus. In diesem Prozess auf der Ebene einer Population hat sich die Fortpflanzung quasi als das effektivste Mittel der *Erhaltung* etabliert. Und paradoxerweise kann dieses Mittel nicht nur die Zerstörung des Individuums, also die ›Aufhebung‹ der individuellen Organisation und Regulation nach sich ziehen, es enthält außerdem auch den Schlüssel für die langfristige *Transformation* der Organismen in der Evolution (»Paradoxon der Fortpflanzung«; ↑Fortpflanzung: Tab. 80).

Wachstum oder Entwicklung als dritte Funktion
Die etablierte Zweiteilung der letzten Funktionen der Organismen wird von einigen Autoren insofern relativiert, als sie ↑*Entwicklung* oder ↑*Wachstum* als dritte grundlegende organische Funktion gleichberechtigt neben der Selbsterhaltung und der Fortpflanzung anführen.[233] Angedeutet wird diese Dreiteilung schon bei Aristoteles, der der grundlegenden vegetativen Seele, die allen Lebewesen gemeinsam ist, neben der Ernährung und Fortpflanzung auch das Vermögen des Wachstums (αὔξησις) zuschreibt.[234]

Eine darauf aufbauende Dreiteilung der natürlichen Vermögen von Lebewesen findet sich bei Galen, Avicenna und später in der Physiologie J. Fernels von 1542. Nach Fernel veranlassen die natürlichen Vermögen (»facultates naturales«) die Zeugung, Ernährung und das Wachstum der Lebewesen.[235] Im Anschluss an diese Dreiteilungen, gelten 1583 für A. Cesalpino Ernährung, Wachstum und Vermehrung als die drei Charakteristika des Pflanzenlebens (»alantur, crescant, & gignant sibi similia«).[236] Diese fundamentale Dreiteilung findet sich auch in den allgemeinen Darstellungen der Naturgeschichte der Tiere des 18. Jahrhunderts, z.B. bei G.L.L. Buffon, wenn er in der Diskussion der Vermögen der organischen Materie (»matière organique«) die drei Effekte (»effets«) des Sich-Ernährens, Sich-Entwickelns und Sich-Fortpflanzens (»se nourrir, se développer & se reproduire«) anführt.[237] Mitte des 19. Jahrhunderts ist es R. Virchow, der die »Selbstentwicklung« neben der »Selbsterhaltung« als ein Charakteristikum des Lebenden ansieht[238] (vgl. auch Kner 1849: »Selbst- und Arterhaltung durch Ernährung, Wachsthum und Fortpflanzung«[239]). Und im 20. Jahrhundert bezeichnet E.S. Russell die Erhaltung, Fortpflanzung und Entwicklung als die drei »Master-Funktionen« der Lebewesen.[240]

Von vielen anderen Autoren dagegen wird die Entwicklung funktional der Fortpflanzung untergeordnet. Deutlich wird dieses Verständnis schon darin, dass die Entwicklung zeitlich definiert wird als die Lebensphase eines Organismus bis zum Erreichen des fortpflanzungsfähigen Stadiums (↑Entwicklung: Tab. 52). Die Entwicklung kann damit auch funktional als ein auf die Fortpflanzung ausgerichtetes Geschehen innerhalb des Organischen gedeutet werden (einige Autoren verstehen die Entwicklung aber auch im Dienst des Überlebens[241]).

Gemeinschaft oder Genuss als dritte Funktion
In seinen anthropologischen Schriften unterscheidet Kant eine dreifache »Anlage für die Thierheit im Menschen«: Selbsterhaltung, Fortpflanzung der Art und den Trieb zur Gemeinschaft. Kant erläutert: »Die Anlage für die Thierheit im Menschen […] ist dreifach: erstlich, zur Erhaltung seiner selbst; zweitens, zur Fortpflanzung seiner Art, durch den Trieb zum Geschlecht, und zur Erhaltung dessen, was durch Vermischung mit demselben erzeugt wird; drittens, zur Gemeinschaft mit andern Menschen, d.i. der Trieb zur Gesellschaft«.[242] Später wiederholt Kant diese Einteilung in modifizierter Form in einem anderen Werk: »Da sind nun die Antriebe der Natur, was die Thierheit des Menschen betrifft, a) der, durch

welchen die Natur die Erhaltung seiner selbst, b) die Erhaltung der Art, c) die Erhaltung seines Vermögens zum angenehmen aber doch nur thierischen Lebensgenuß beabsichtigt«[243] (wenig später findet sich bei Kant aber auch die konventionelle Zweiteilung der obersten »Naturzwecke«[244]). Eine an die Einteilung Kants erinnernde Dreiteilung gibt 1794 J.W. von Goethe: »Die Glieder aller Geschöpfe sind so gebildet, daß sie ihres Daseins genießen, dasselbe erhalten und fortpflanzen können, und in diesem Sinn ist alles Lebendige vollkommen zu nennen«.[245]

Auch im 20. Jahrhundert äußern einige Biologen und noch mehr Schriftsteller Zweifel an dem Sinn des engen funktionalistischen Rahmens, der durch die beiden höchsten Funktionen der Selbsterhaltung und Fortpflanzung aufgemacht wird. So will A. Portmann der Selbst- und Arterhaltung ein analoges Prinzip der ↑Selbstdarstellung an die Seite stellen: »Selbstdarstellung muß als eine der Selbsterhaltung und der Arterhaltung gleichzusetzende Grundtatsache des Lebendigen aufgefaßt werden«.[246] Dieser Auffassung folgen nicht wenige naturverbundene Schriftsteller, etwa H. Hiltbrunner 1943: »Noch allzu sehr ist unser Bild von der Natur durch die berühmte Zweckmäßigkeit geknechtet. Auch im Weltbild des Spechtes gibt es noch anderes als nur Fraß und Arterhaltung, des bin ich gewiß«.[247]

Proximat/Ultimat

Die Unterscheidung von proximaten und ultimaten Ursachen in der Biologie betrifft zwei mögliche Antworten auf die Frage nach der Entstehung von organischen Merkmalen, nämlich einer ontogenetischen (oder kausalen) und einer phylogenetischen (oder funktionalen) Perspektive. Die Unterscheidung wird in einer Diskussion der Ursachen des Brutbeginns von Vögeln in die Biologie eingeführt. 1938 nennt J.R. Baker die Tageslänge die *proximate Ursache* (»proximate cause«) für den Beginn der Brut, die Häufigkeit der Nahrung für die Jungen dagegen die *ultimate Ursache*.[248]

In ihrer Prägnanz geht die Unterscheidung aber auf E. Mayr zurück, der sie 1961 aufgreift. Mayr begründet diese Differenzierung in einer Diskussion von vier gleichberechtigten Ursachen zur Erklärung des Vogelzugs. Mayr unterscheidet: (1) eine *ökologisch-funktionale* Ursache, die die verschlechterte Ernährungssituation in dem Gebiet, aus dem der Vogel wegzieht, betrifft, (2) eine *genetische* Ursache, die sich auf die genetische Konstitution bezieht, die der Vogel in seiner Evolutionsgeschichte erworben hat, (3) eine *innere physiologische* Ursache, die die inneren Mechanismen der Auslösung des Zugverhaltens betrifft, und schließlich (4) eine *äußere physiologische* Ursache, die sich auf einen äußeren Stimulus wie das Wetter bezieht.[249] Die ersten beiden Ursachen fasst Mayr als *ultimate* Ursachen zusammen, weil sie auf die Evolutionsgeschichte des Organismus zurückgehen und damit Ereignisse betreffen, die vor dem Beginn des Lebens des Organismus liegen. Demgegenüber werden die beiden letzten Ursachen als *proximat* bezeichnet, weil sie Ereignisse betreffen, die innerhalb der Lebensspanne des betreffenden Organismus liegen.

Die biologische Unterscheidung von ultimaten und proximaten Ursachen steht in einer nicht sehr engen Verbindung zu der älteren, seit der Scholastik etablierten Differenzierung zwischen *primärer* und *sekundärer* Ursache (»causa prima« und »causa secunda«). Diese Differenz ruht auf einem theologischen Weltbild, nach dem es in der Macht Gottes liegt, aufgrund einer primären Ursache einige Dinge unmittelbar hervorzubringen; die sekundäre Ursache bezieht sich dagegen auf die über mechanische Bewegungen vermittelte Veränderung von Gegenständen.[250]

Ebenfalls keine sehr enge Bindung besteht zu der alten, mindestens bis zur Renaissance zurückgehenden Unterscheidung von proximaten und ultimaten Ursachen im Bereich der Medizin, etwa bei J. Fernel. Fernel stellt sich die organischen Wirkungen in einer Hierarchie mit mehreren Stufen von Wirkungsfaktoren vor. An der Spitze steht die Seele, gefolgt von den traditionell unterschiedenen drei Seelenteilen (mit den Ausrichtungen auf Ernährung/Fortpflanzung, Sinnlichkeit und Verstand), diese wiederum gliedern sich in verschiedene Fakultäten, denen schließlich jeweils mehrere Funktionen entsprechen (z.B. optische Sinneswahrnehmung). Die Seele stellt sich Fernel nun als die letzte Ursache der Lebensaktivitäten vor; von den Fakultäten dagegen sagt er, sie seien eine proximate Ursache (»causa proxima«).[251]

Ein wichtiger Vorläufer der späteren Unterscheidung zwischen proximaten und ultimaten Ursachen biologischen Geschehens ist dagegen die von H. Spencer gemachte Differenzierung zwischen *direkter* (physiolgsicher) und *indirekter* (über Selektion vermittelter) Umweltanpassung des Organismus (»direct« und »indirect equilibration«).[252] Unter direkter Umweltanpassung versteht Spencer die Modifikationen eines individuellen Organismus in einer neuen Umwelt. Es handelt sich also um physiologische Reaktionen, die in dem einzelnen Organismus ablaufen. Die indirekte Äquilibration wirkt dagegen vermittelt durch den Selektionsprozess, dem die Vorfahren des Organismus während ihrer Evolutionsgeschichte

	Ursache/ Ursprung	Wirkung/ Erhaltung
Individuum: proximat	*Ontogenie: Entstehung*	*Physiologie: Wirkung*
Population: ultimat	*Phylogenie: Vorläufer*	*Selektion: Nutzen*

Tab. 92. Kreuzklassifikation der »vier Fragen der Biologie«, aufbauend auf den Unterscheidungen zwischen Ursachen und Wirkungen von Prozessen sowie proximaten und ultimaten Fragen (in Anlehnung an Tinbergen, N. (1963). On aims and methods of ethology. Z. Tierpsychol. 20, 410-433: 411; die Anordnung nach Hailman, J.P. (1976). Uses of the comparative study of behavior. In: Masterton, R.B., Hodos, W. & Jerison, H. (eds.). Evolution, Brain, and Behavior, 13-22).

ausgesetzt waren. Die Anpassung der Organismen erfolge hier eben nicht durch in ihrer Lebensspanne wirksame Prozesse, sondern ihre duch Selektion geformte Konstitution (»not through *direct* action of such agencies on them, but through their *indirect* action – through the destruction by them of the individuals least congruous with them, and the survival of those most congruous with them«[253]). E. Haeckel nimmt eine ähnliche Differenzierung zwischen »directer« und »indirecter« Anpassung vor.[254]

Den unmittelbaren Anknüpfungspunkt für Mayrs Unterscheidung bildet aber die Diskussion über die Ursachen des Vogelzugs, wie sie seit Beginn des 20. Jahrhunderts geführt wird.[255] Die Analyse des Vogelzugs erfolgt seit dieser Zeit in dem Begriffspaar von mittelbaren und unmittelbaren (»immediate«) Ursachen, so 1907 durch E.A. Shäfer[256] und 1916 durch J. Huxley[257]. 1926 gliedert A.L. Thomson diese Ursachen in vier Kategorien: (1) den Überlebenswert (»survival value«) für den einzelnen Vogel, (2) den selektiven Vorteil, den der Zug in der Vergangenheit der Evolutionsgeschichte der Vogelart bedeutete, (3) die periodische Stimulierung des Vogels durch Umweltfaktoren und schließlich (4) die Art, in der der Zug durchgeführt wird.[258] In einem kurz darauf erschienenen Aufsatz referiert Mayr diese Einteilung zustimmend – ausführlich und mit entsprechender Resonanz kommt er auf das Thema aber erst 30 Jahre später wieder zu sprechen.[259]

In ähnlicher Absicht wie Mayr unterscheidet J. Huxley 1942 verschiedene Aspekte biologischer Gegenstände: »[E]very biological fact can be considered under three rather distinct aspects. First, there is the mechanistic-physiological aspect: how is the organ constructed, how does the process take place? Secondly, there is the adaptive-functional aspect: what is the functional use of the organ or process, what is the biological meaning or value to the organism or the species? And in the third place, there is the historical aspect: what is the temporal history of the organ or process, what has been its evolutionary course?«.[260] N. Tinbergen greift diese Einteilung 1963 auf und erweitert sie in der Weise, dass er den historischen Aspekt von Huxley in einen ontogenetischen und einen phylogenetischen Teil differenziert. Tinbergen nennt die vier Probleme, die für die Biologie, und hier insbesondere für die Ethologie, grundlegend sind, *Verursachung*, *Überlebenswert*, *Ontogenie* und *Evolution*. Diese vier Themen – die berühmten *vier Fragen der Biologie* – lassen sich in einer Kreuztabelle anordnen (vgl. Tab. 92, mit *Physiologie* für Verursachung, *Selektion* für Überlebenswert und *Phylogenie* für Evolution). Mayr legt später nahe, dass auf dieser Einteilung eine konsequente Wissenschaftssystematik der Biologie gegründet werden kann (vgl. Tab. 93; ↑Biologie).[261]

Viel diskutiert wird die Unterscheidung proximater und ultimater Ursachen besonders auf dem Feld der Ethologie.[262] In seiner in Ethologenkreisen viel beachteten Notiz betont P.W. Sherman 1988 die methodologische Unabhängigkeit der verschiedenen *Analyseebenen* (»levels of analysis«): Eine Antwort auf einer Ebene steht also nicht in Widerspruch zu Antworten auf anderen Ebenen; die Antworten komplementieren sich vielmehr gegenseitig; nur Antworten auf einer Ebene können in Konkurrenz zueinander stehen.[263] Auch eine allgemeine wissenschaftstheoretische Diskussion wird um das Begriffspaar geführt.[264] J. Beatty versucht auf dem Doppelaspekt der biologischen Kausalforschung die Autonomie der Biologie und ihrer Wissenschaftstheorie zu begründen: »the need for ultimate explanations […] ensures the auto-

		räumliche Dimension	
		System: interne Determination	Umwelt: externe Determination
zeitliche Dimension	Gegenwart	*systemische Erklärung: Physiologie*	*Umwelterklärung: Ökologie*
	Vergangenheit	*Entwicklungserklärung: Entwicklungsbiologie*	*Anpassungserklärung: Evolutionsbiologie*

Tab. 93. Kreuzklassifikation von vier Erklärungstypen der Biologie und ihre Zuordnung zu vier Teildisziplinen.

nomy of biology, so too it ensures the autonomy of philosophy of biology«[265]. A. Ariew rekonstruiert die mayrsche Unterscheidung als eine Kausalanalyse auf zwei Ebenen: der Ebene des Individuums und der Ebene statistischer Gesetze der Evolution: »Proximate explanations answer causal questions of individuals and the ultimate explanations answer questions about the prevalence and maintenance of traits in a population«.[266] Weil die Ebene der Evolution es mit statistischen Eigenschaften einer Population zu tun hat, werde die Analyse auf dieser Ebene selbst dann nicht überflüssig, wenn die kausale Geschichte jedes einzelnen Individuums bekannt ist. Die proximate Erklärung liefert also kein »tieferes« Verständnis eines Phänomens, sondern einfach ein anderes.

Einige Wissenschaftsphilosophen halten den Ausdruck ›ultimate Ursache‹ für unglücklich und wollen ihn durch *distale Ursache* oder *historische Bedingung* ersetzen, weil es um zeitlich weit in der (Selektions-)Vergangenheit zurückliegende Ereignisse geht, die durch diese Faktoren benannt werden.[267]

Organsystem
Die funktionelle Gliederung eines organischen Körpers führt zur Identifizierung von *Organsystemen*, z.B. dem System der Bewegungs-, Verdauungs- oder Fortpflanzungsorgane. Der Begriff des Organsystems taucht in den 1760er Jahren auf (Bonnet 1762: »système d'organes«[268]; u.a. ein »Système du Développement«[269], »Système de la circulation«[270] und »Système lymphatique«[271]; Robinet 1766: »un organe est un système d'organes semblables, mais plus petits«[272]).

An der Wende vom 18. zum 19. Jahrhundert gebrauchte G. Cuvier den Ausdruck im Plural (»les différens systèmes d'organes qui composent le corps humain et les différentes fonctions qu'il exerce«[273]; dt. Übers.: »Organensysteme«[274]). Bei Cuvier steht der Ausdruck im Kontext einer Aufzählung verschiedener komplexer organischer Funktionen. Daneben wird das Wort aber auch für das Zusammenwirken verschiedener Organe im Hinblick auf eine Funktion verwendet (vgl. z.B. P. Roussel 1799: »le système d'organes destinés à transmettre à l'ame, ou à un centre commun, les impressions, soit extérieures, soit intérieures«[275]). Auch G.R. Treviranus gebraucht die Formulierung eher in diesem Sinne (»organisches System«[276]). Der Ausdruck wird später vielfach im entwicklungsbiologischen Kontext verwendet, z.B. 1826-27 von K.E. von Baer (»organische Systeme«[277]) und 1851 von R. Remak[278]. Es wird eine entwicklungsbiologische Zuordnung der verschiedenen Organsysteme zu den Keimblättern versucht. Problematisch ist dies, weil Organsysteme zunächst nicht morphologisch oder morphogenetisch, sondern allein funktional einheitliche Gegenstände bilden.

Eine Gliederung der Funktionen eines Organismus kann ausgehend von seiner Unterteilung in Subsysteme erfolgen. Eine differenzierte Einteilung in zwanzig »kritische Subsysteme«, die für alle Lebewesen gelten soll, entwickelt J.G. Miller seit 1965 (vgl. Tab. 94).[279]

Funktionswechsel
Ein wichtiges Ergebnis der vergleichenden ↑Anatomie der ersten Hälfte des 19. Jahrhunderts besteht in dem Nachweis der geringeren Veränderlichkeit der strukturellen Einheiten der Organismen (der Körperteile in ihrer spezifischen Form und Lage) im Vergleich zu den von den Teilen wahrgenommenen Funktionen. Die »Baupläne« (↑Typus) werden daher primär auf der Grundlage der Formen und Lageverhältnisse der Körperteile konstruiert. Ein Wechsel der Funktion eines Körperteils kann sowohl innerhalb der Entwicklung eines einzelnen Organismus als auch im Vergleich von Organismen untereinander (modern also: in der stammesgeschichtlichen Entwicklung) erfolgen. Die Rede von ›Funktionswechsel‹ setzt dabei eine doppelte Bestimmung der Teile eines Organismus voraus: Sie müssen einerseits als Strukturen bestimmt werden, die sich über verschiedene Formen hinweg erhalten, und sie müssen andererseits als Funktionsträger identifiziert werden, die sich wandelnde Funktionen wahrnehmen können. Eine solche doppelte Identifikation nimmt bereits É. Geoffroy Saint-Hilaire vor. Nach seinem *Prinzip der Verbindungen* (»principe de connexions«) ist es möglich, aus der relativen Lagebeziehung eines Teils in einem Organismus seine Analogie (im heutigen Sinne: ↑Homologie) zu entsprechenden Teilen in anderen Organismen zu erkennen. Die topologisch bestimmte Analogie der Teile bleibt nach Geoffroy auch dann erhalten, wenn ihre Funktion wechselt, denn ein Organ könne zwar an Bedeutung verlieren oder verschwinden, nicht aber seine Lage verändern.[280]

Eine historische Interpretation der Vorstellung des Funktionswechsels wird von C. Darwin vorgenommen. Er stellt dar, dass in der zeitlichen Veränderung der Organe (»transition of organs«) eine hohe Wahrscheinlichkeit der Funktionskonversion (»conversion from one function to another«) gegeben ist.[281] Als Beispiele für eine solche Konversion führt Darwin die Bildung der Insektenflügel aus Tracheen und die Umwandlung der Schwimmblase der Fische in die Lunge der Landwirbeltiere an.

SUBSYSTEME, DIE SOWOHL MATERIE-ENERGIE ALS AUCH INFORMATION VERARBEITEN	
1. *Fortpflanzungs-Subsystem* (*„Reproducer"*), z.B. Fortpflanzungsorgane	
2. *Abgrenzungs-Subsystem*, z.B. Haut	
SUBSYSTEME, DIE MATERIE-ENERGIE VERARBEITEN	**SUBSYSTEME, DIE INFORMATION VERARBEITEN**
3. *Aufnahme-Subsystem* (*„Ingestor"*), z.B. Mund, Nase	11. *Eingangs-Übersetzer* (*„Input transducer"*), z.B. Sinnesorgan
	12. *Interner Übersetzer* (*„Internal transducer"*), z.B. sensorische Zellen im Körperinnern
4. *Verteiler* (*„Distributer"*), z.B. Gefäßsystem	13. *Informationsleitungs-Subsytem* (*„Channel and net"*), z.B. Nervenbahnen
	14. *Zeitgeber* (*„Timer"*), z.B. Hypothalamus
5. *Umwandler* (*„Converter"*), z.B. oberer Verdauungstrakt	15. *Dekodierer* (*„Decoder"*), z.B. sensorische Zellen, die einen internen Code erzeugen
6. *Hersteller* (*„Producer"*), z.B. Knochenmark	16. *Verknüpfer* (*„Associator"*), z.B. Teile des Nervensystems, die beim Lernen beteiligt sind
7. *Materie-Energie-Speicher* (*„Storage"*), z.B. Fettgewebe	17. *Gedächtnis* (*„Memory"*), z.B. Teile des Nervensystems
	18. *Entscheider* (*„Decider"*), z.B. koordinierende Teile des zentralen Nervensystems
8. *Exkretions-Subsystem* (*„Extruder"*), z.B. Harnleiter	19. *Kodierer* (*„Encoder"*), z.B. Teil des Nervensystems zur Erzeugung von Sprache
9. *Bewegungs-Subsystem* (*„Motor"*), z.B. Skelettmuskulatur	20. *Ausgangs-Übersetzer* (*„Output transducer"*), z.B. Kehlkopf
10. *Stütz-Subsytem* (*„Supporter"*), z.B. Skelett	

Tab. 94. *Gliederung der Funktionen eines Organismus in zwanzig Subsysteme eines lebenden Systems am Beispiel eines Wirbeltiers (nach Miller, J.G. (1978/95). Living Systems: xix).*

Als eigentlicher Begründer des Prinzips des Funktionswechsels gelten allerdings nicht Geoffroy oder Darwin, sondern A. Dohrn. Dohrn entwickelt das Prinzip des Funktionswechsels ausgehend von vergleichenden Untersuchungen von Wirbeltieren mit niederen Organismen wie Ringelwürmern und Seescheiden.[282] Dohrn formuliert 1875 sein »Princip des Functionswechsels« auf folgende Weise: »Durch Aufeinanderfolge von Functionen, deren Träger ein und dasselbe Organ bleibt, geschieht die Umgestaltung des Organs. Jede Function ist eine Resultante aus mehreren Componenten, deren Eine die Haupt- oder Primärfunction bildet, während die Andern Neben- oder Secundärfunctionen darstellen. Das Sinken der Hauptfunction und die Steigerung einer Nebenfunction ändert die Gesammtfunction; die Nebenfunction wird allmälig zur Hauptfunction, die Gesammtfunction wird eine andre, und die Folge des ganzen Processes ist die Umgestaltung des Organs«.[283] Dohrn gibt viele Beispiele für Funktionswechsel, so etwa die Umwandlung der vorderen Extremitäten von Lokomotionsorganen zu Fresswerkzeugen bei verschiedenen Krebsen.

Der Ausdruck *Funktionswechsel* ist vereinzelt bereits vor Dohrns Arbeiten in Gebrauch; so erscheint er 1855 bei J. Hyrtl: »Wenn bei Thieren einer und derselben Species so bedeutende anatomische Unterschiede vorkommen können, so dürfte dieses wohl ein Fingerzeig sein, dass der durch sie bedingte Funktionswechsel nicht jene Wichtigkeit haben kann, welche dem Stattfinden oder Unterbleiben einer Selbststeuerung zukommen muss«.[284]

E. Haeckel führt 1866 eine einfache Klassifikation von Typen des Funktionswechsels bei Organen ein. Er unterscheidet parallel zu den drei Phasen der individuellen Entwicklung: »Anaplasis oder Aufbildung (Evolutio)«, »Metaplasis oder Umbildung (Transvolutio)« und »Cataplasis oder Rückbildung (Involutio)«.[285]

Über das Prinzip des Funktionswechsels kann die Entstehung komplexer Strukturen erklärt werden, die erst in der Abstimmung der Teile aufeinander funktional sind. Dies gilt z.B. für die Bildung des Vogelflügels: Kann man den Federn in der Frühphase ihrer Evolution zunächst eine andere Funktion zuschreiben (z.B. die der Wärmeisolation), dann kann die sukzessive Entstehung der Federn erklärt werden, auch wenn sie für die spätere Funktion des Fliegens in den frühen Entwicklungsstadien unbrauchbar waren.[286] Bereits Darwin greift auf das Prinzip des Funktionswechsels in diesem Sinne zurück[287], um damit dem Einwand (von S.G.J. Mivart) gegen seine Theorie begegnen zu können, dass die Entstehung komplexer Organe nicht mittels der Natürlichen Selektion erklärt werden könne[288].

Funktionsübertragung
Die Kategorie der ›Funktionsübertragung‹ entspricht weitgehend der des Funktionswechsels, der Fokus liegt hier aber nicht auf dem über den Wechsel gleichbleibenden Organ, sondern der gleich bleibenden Funktion. Der Begriff wird seit den 1820er Jahren verwendet.

Er wird offenbar 1828 von É. Geoffroy Saint Hilaire eingeführt, und zwar im Rahmen einer Diskussion des Sehvermögens von Maulwürfen, bei denen Anatomen nicht den für Säugetiere typischen Sehnerv finden konnten. Eine Übertragung der Funktion auf andere Nerven hält Geoffroy aber für ausgeschlossen (»transport de fonction, sur un nerf qui naturellement n'est pas destiné à la remplir, n'existe pas«[289]; engl. Übers. 1829: »the transference of function to a nerve which is not naturally destined to perform it, does not exist«[290]). In den 1830er Jahren wird das Konzept aus seinem ursprünglich neurophysiologischen Kontext gelöst und auf die Übertragung von Funktionen im Allgemeinen angewandt (Dupotet 1838: »In like manner the vessels of the skin, acting vicariously with those of the kidneys, throw off the watery parts of the blood when the secretion of this organ has, from any cause, been obstructed. Here there is an unquestionable transference of function between the grosser organs of organic life – and why should not the higher organs of sense, under certain abnormal conditions, act on a similar principle, vicariously with each other?«[291]).

Seit den 1840er Jahren wird die Funktionsübertragung auch als *Metastasis* bezeichnet (Boardman 1847: »there may be a metastasis, or transference of function, from one cerebral organ to another«[292]) – dieser Begriff ist angelehnt an die ältere medizinische Verwendung des Ausdrucks, nach der eine Metastasis eine Wanderung eines Schmerzes oder Krankheitsherdes von einem Körperteil zu einem anderen darstellt (Stokes 1837: »metastasis of inflammation to other tissues«[293]). Auch im Deutschen erscheint der Ausdruck Mitte der 1840er Jahre (Müller 1845: »zwischen Darm- und Nierenabsonderung [schien] eine gewisse Functionsübertragung zu bestehen«[294]).

Zu Beginn des 20. Jahrhunderts vertritt J.H. Lloyd die Auffassung, die Funktionsübertragung sei ein wesentliches Mittel der Evolution in der Veränderung der Arten (»shifting of organs, and transference of function from one organ to another, has been largely the method by which evolution has proceeded«).[295] Neben der biologischen Verwendung erscheint die Formulierung auch im soziologischen Kontext.[296]

Im 20. Jahrhundert wird der Begriff der Funktionsübertragung (»transference of function«) v.a. in der Botanik gebraucht.[297] Eine Funktionsübertragung wird dabei insbesondere verstanden als eine Weitergabe des Differenzierungszustandes eines Körperteils (Zelle, Gewebe oder Organ) an benachbarte andere. Von dem Phänomen wird v.a. dann gesprochen, wenn die Übertragung einen bereits differenzierten Körperteil betrifft oder wenn eine für einen Verwandtschaftskreis unübliche Funktionsverteilung vorliegt: So können z.B. Blätter, die normalerweise der Ernährung (Photosynthese) dienen, bei anderen Pflanzen in die Fortpflanzung (Blüte) einbezogen sein; bei Orchideen kommt es vor, dass die Wurzel Funktionen der Blätter übernimmt.

Übersprungbewegung
Der Begriff der Übersprunghandlung wird Ende der 1930er Jahre von A. Kortlandt[298] im Holländischen geprägt und bald darauf von N. Tinbergen (als »Übersprungbewegung«[299]) übernommen. Auch andere Bezeichnungen, wie »sparking-over activity«[300], »irrelevant behavior«[301], »substitutive activity«[302] oder »displacement reaction«[303] sind für das Phänomen anfangs in Gebrauch. Als internationalen Terminus, der sich aber nicht durchgesetzt hat, schlägt E.A. Armstrong 1949 den Ausdruck *paratopische Aktivität* (»paratopic activities«) vor (»activities performed out of context«).[304] Im 19. Jahrhundert spricht H. Spencer von einem Überschuss an Nervenkraft (»an overflow of nerve-force undirected by any motive, will manifestly take first the most habitual routes; and if these do not suffice, will next overflow into the less habitual ones«[305]). C. Darwin diskutiert das Problem von Verhaltensweisen, die in einer Situation nicht funktional sind, aber durch »Gewohnheit«

Funktion

Abb. 170. Typische Übersprungbewegungen (»substitutive movements«) bei verschiedenen Arten. 1 Blaureiher beim »Schnappen«, 2 Silbermöwen zeigen Bettelverhalten kurz vor der Paarung, 3 Paarungsbewegungen des Kormorans außerhab des Paarungskontextes, 4 Silbermöwe in Angriffsbereitschaft zeigt Nestbaubewegungen, 5 männlicher Stelzenläufer beim Putzen des Gefieders kurz vor der Paarung, 6 Schlafhaltung eines Stelzenläufers während der Auseinandersetzung mit einem Rivalen, 7 Ein angriffslustiger Hahn pickt nach Körnern (aus Tinbergen, N. (1942). An objectivistic study of the innate behaviour of animals. Bibliotheca Biotheor. 1, 39-98: 91).

hervorgerufen werden, unter seinem »principle of serviceable associated habits«.[306]

Eine Übersprungbewegung ist ein in einer Situation funktionsloses Verhalten, das als Ausdruck eines Konflikts in der Motivation von zwei anderen Verhaltensweisen interpretiert wird. Sie tritt z.B. an der Reviergrenze eines Tieres als Konflikt zwischen Kampf- und Fluchttrieb auf und kann in einem Putzverhalten bestehen. Tinbergen spricht von einer »Blockierung« eines Verhaltens durch andere. Zur Erklärung der Übersprungbewegung sind verschiedene Modelle formuliert worden, u.a. das ursprüngliche »Übersprungmodell«, das von einem »Überspringen« der Erregung von dem Antrieb zu einem Verhalten auf ein anderes ausgeht, und das »Enthemmungsmodell«, das eine »autochthone«, d.h. dem Übersprungverhalten selbst zugeordnete Erregung annimmt.[307]

K. Lorenz, der 1938 zusammen mit Tinbergen Übersprungbewegungen bei der Graugans beschreibt

und sie als »Ersatz einer Instinkthandlung durch eine andere, im betreffenden Falle biologisch nicht sinnvolle« bezeichnet[308], identifiziert später viele ursprüngliche Übersprungbewegungen als Teil des ritualisierten Balzverhaltens von Entenvögeln[309].

Rudiment

Das deutsche Wort ›Rudiment‹ ist im späten 16. Jahrhundert aus dem lateinischen ›rudimentum‹ »Unbearbeitetes, Unentwickeltes« entlehnt. Im Englischen wird das Wort in biologischer Bedeutung seit dem späten 16. Jahrhundert verwendet, um den kleinen und noch undifferenzierten Vorläufer einer später in der Individualentwicklung entfalteten Struktur zu bezeichnen (Bayley 1588: »This long fruit is the first rudiment of the pepper, which is called long pepper«[310]; Evelyn 1679: »To raise Trees for Timber [...] from their Seeds and first Rudiments«[311]; Grew 1681: »within this Nut is contained a Rudiment of the future Plant«[312]; Ray 1691: »The Flowers serve to cherish and defend the first and tender Rudiments of the Fruit«[313]). Daneben dient das Wort auch zur Bezeichnung von rückgebildeten oder verkümmerten Organen, die in ihrer vorliegenden Form funktionslos sind (Anonymus: »[a monstrous head] had no sign of any Nose in the usual place, nor had it any, in any other place of the Head, unless the double Bag CC, that grew out of the, midst of the forehead, were some rudiment of it«[314]).

Die Identifikation von Rudimenten im engeren Sinne ist an die Akzeptanz der Evolutionstheorie gebunden. »Rudimentäre Organe« gelten in diesem Sinne allgemein als »Überbleibsel einer längst entschwundenen Zeit« (Wiedersheim 1887).[315] Ein Rudiment ist dementsprechend eine funktionslose Struktur in einem Organismus, die homolog (↑Homologie), d.h. morphologisch oder phylogenetisch gleichwertig zu einer funktionalen Struktur stammesgeschichtlich älterer Organismen ist. Rudimente sind demnach durch »Rückbildungen« aus ehemals funktionalen Strukturen entstanden. Das Vorliegen von funktionslosen Organen, die funktionstüchtigen Organen bei Organismen anderer Arten ähneln, ist aber schon lange vor der allgemeinen Anerkennung der Evolution bekannt.[316] Erwähnt werden in diesem Zusammenhang z.B. die Augen des Maulwurfs oder die Brustwarzen der männlichen Säugetiere.

C. Darwin versteht den von ihm viel verwendeten Begriff des Rudiments noch nicht durchgehend in dem heutigen terminologischen Sinn, sondern fasst darunter alle Formen von verkümmerten oder »nutzlosen« Organen. Bereits in seinen Notizbüchern aus den 1830er Jahren findet sich bei Darwin aber die später dominante Bedeutung, nach der Rudimente phylogenetisch zu erklärende Reduktionsformen von früher einmal funktionalen Organen sind (1838: »Wings reduced to rudiment«[317]; 1839: »The rudiment of a tail shows man was originally quadrumane quadruped«[318]). Nach Darwins Auffassung unterliegen Rudimente aufgrund ihrer Funtionslosigkeit einer großen morphologischen Variation: »Rudimentary organs, from being useless, are not regulated by natural selection, and hence are variable«.[319] R. Owen bringt den Begriff des Rudiments 1853 in direkte Beziehung zu dem von ihm eingeführten Begriff der ↑Homologie (»its homologue exist in rudiment«[320]).

Weitgehend äquivalent zu »rudimentary« spricht Darwin (ebenso wie 1844 L. Chambers) von *Überbleibseln* (»vestiges«[321]); die Bedeutungsähnlichkeit hat sich bis heute im Englischen erhalten[322]. Schon Cuvier verwendet den Ausdruck ›vestige‹ für ein Organ, das seine ursprüngliche Funktion (durch Degradation) verloren hat (»il n'est plus d'aucun usage«).[323]

Das Vorliegen von funktionslosen Rudimenten wird oft als Beleg für die Richtigkeit der Evolutionstheorie gewertet. So argumentiert etwa E. Haeckel, der 1866 die Rudimente allgemein definiert als »unbedeutende und unscheinbare, physiologisch werthlose und morphologisch unentwickelte Theile«[324]. Wie aus Haeckels Beispielen deutlich wird, sind es besonders Reduktionsformen von älteren funktionalen Strukturen, die Haeckel als Rudimente versteht (1866: »das Rudiment des früheren Schwanzes«[325]; 1869: »wahrscheinlich das Rudiment eines verödeten Nährcanals«[326]; Fürbringer 1875: »Höchstwahrscheinlich ist er [d.i. ein Muskel] ein Rudiment eines Muskels der der Locomotion des Zungenbeinbogens gegen das Cranium vorgestanden zu einer Zeit, wo eine freie Beweglichkeit jenes mit diesem bestand«[327]). »Organe ohne Function« oder sogar nachteilige oder schädliche Organe lassen sich nach Haeckel nicht in einem teleologischen Weltbild, sondern allein aus den mechanisch wirkenden Ursachen erklären, die Darwin in seiner Selektionstheorie identifiziert hat. Er nennt die »Wissenschaft von den rudimentären Organen« daher auch *Unzweckmäßigkeitslehre* oder *Dysteleologie* (↑Zweckmäßigkeit).[328]

Eine detaillierte Untersuchung über die Entstehung von Rudimenten bei Wirbeltieren präsentiert A.N. Sewertzoff 1931.[329] Eine Rudimentation, die zur gänzlichen Verkümmerung eines Organs führt, nennt Sewertzoff *Aphanisie*.[330]

Verhaltensforscher weisen darauf hin, dass nicht nur morphologische, sondern auch ethologische Merkmale Rudimente sein können. K. Lorenz sieht z.b. die Gänsehaut eines Menschen als eine »rudimentäre Verhaltensweise« an, weil der Mensch bei diesem Verhalten »einen Pelz sträubt, den er gar nicht mehr hat«.[331]

Nachweise

1 Linacre, T. (Übers.) (1517). Galen, De sanitate tuenda (Lyon 1549): 36; auch in Galen, Opera, Bd. 1 (Basel 1529): 155.
2 Bruyerin, J.-B. (Übers.) (1537). Collectaneorum De re medica Averrhoi philosophi post Aristotelem atque Galenum facilè doctissimi, Sectiones tres.
3 Fernel, J. (1542). De naturali parte medicinae (Physiologiae libri VII, in: Universa medicina, Frankfurt 1575): Vf.; vgl. Rothschuh, K.E. (1966). Das System der Physiologie von Jean Fernel (1542) und seine Wurzeln. Verhandlungen des XIX. Kongresses zur Geschichte der Medizin, 529-536; Hall, T.S. (1969). Ideas of Life and Matter. Studies in the History of General Physiology, 600 B.C. – 1900 A.D, 2 vols.: I, 188ff.
4 Fernel (1542): Index.
5 Suárez, F. (1597). De sacramentis, Teil 1 (Venedig 1747): 539 (Disput. LI, Sect. II).
6 Montaigne, M. de (1580). Essai (Paris 1834): 148 (Kap. 42, De l'inequalité qui est entre nous).
7 Vgl. z.B. Descartes, R. (1632). Traité de l'homme (Œuvres, Bd. XI, 119-202): 202; ders. (1637). Discours de la méthode (Œuvres, Bd. VI, 1-78): 46; ders. (1649). Les passions de l'ame (Œuvres, Bd. XI, 291-497): 328ff.; vgl. Des Chene, D. (2001). Spirits and Clocks. Machine and Organism in Descartes: 120.
8 Spinoza, B. (1677). Ethica (Hamburg 1999): 228 (III, 2).
9 Boerhaave, H. (1708). Institutiones medicae (dt. Phisiologie, uebersezt und mit Zusätzen vermehrt von J. P. Eberhard, Halle 1754): 41.
10 a.a.O.: 42.
11 d'Aumont (1757). Fonction. In: Diderot, D. & D'Alembert, J. (Hg.). Encyclopédie, Bd. 7, 51.
12 Kant, I. (1803). Vorlesung über Pädagogik (AA, Bd. IX, 437-499): 463; vgl. dazu Schulthess, P. (1981). Relation und Funktion. Eine systematische und entwicklungsgeschichtliche Untersuchung zur theoretischen Philosophie Kants: 232.
13 Nachweise für Tab. 87: d'Aumont (1757); Bichat, X. (1801). Anatomie générale, Bd. 1: cviii-cx; Richerand, A.B. (1801/04). Nouveaux élemens de physiologie, 2 Bde.: I, 140: Klapptafel; Magendie, F. (1816-17). Précis élémentaire de physiologie, 2 Bde.: I, 23f; II, 1; für den deutschen Kontext vgl. Schmitt, S. (2007). Succession of functions and classifications in post-Kantian Naturphilosophie around 1800. In: Hunemann, P. (ed.). Understanding Purpose. Kant and the Philosophy of Biology, 123-135; vgl. auch Stahnisch, F. (2003). Ideas in Action. Der Funktionsbegriff und

seine methodologische Rolle im Forschungsprogramm des Experimentalphysiologen François Magendie (1783-1855).
14 Vicq-d'Azyr, F. (1786). Traité d'anatomie et de physiologie, Bd. 1: 15f.
15 Fourcroy, A.F. de (1781/89). Élémens d'histoire naturelle et de chimie, Bd. 5: 40f.
16 Richerand (1801/04): I, 140: Klapptafel.
17 Foucault, M. (1966). Les mots et les choses (dt. Die Ordnung der Dinge, Frankfurt/M. 1974): 323; vgl. Muhle, M. (2008). Eine Genealogie der Biopolitik. Zum Begriff des Lebens bei Foucault und Canguilhem: 72.
18 Vgl. Ospovat, D. (1978). Perfect adaptation and teleological explanation: approaches to the problem of the history of life in the mid-nineteenth century. Stud. Hist. Biol. 2, 33-56.
19 Vgl. Koepcke (1971-74): I, 749ff.; Remane, A. (1952/56). Die Grundlagen des natürlichen Systems, der vergleichenden Anatomie und der Phylogenetik. Theoretische Morphologie und Systematik, Bd. I: 240.
20 Aristoteles, De part. anim. 655b (Übers. W. Kullmann, Darmstadt 2007).
21 Vgl. Koepcke, H.-W. (1971-74). Die Lebensformen, 2 Bde.: II, 1223ff.
22 Bernard, C. (1878-79). Leçons sur les phénomènes de la vie communs aux animaux et aux végétaux, 2 Bde.: I, 371.
23 Vgl. Nagel, E. (1961). The Structure of Science: 522ff; Wimsatt, W. (1972). Teleology and the logical structure of function statements. Stud. Hist. Philos. Sci. 3, 1-80: 3ff.; Achinstein, P. (1977). Function statements. Philos. Sci. 44, 341-367: 349ff.; Holenstein, E. (1983). Zur Semantik der Funktionalanalyse. Z. allg. Wissenschaftstheor. 14, 292-319: 299ff.
24 Holenstein (1983); vgl. Freudenberg, G. (1960). Zum philosophischen Begriff der Funktion. In: Höfling, H. (Hg.). Beiträge zur Philosophie und Wissenschaft, 41-64: 41.
25 Frege, G. (1891). Funktion und Begriff (Funktion, Begriff, Bedeutung, Göttingen 1986, 18-39): 22.
26 a.a.O.: 21.
27 Vgl. Wimsatt (1972): 50f.
28 Vgl. Lehman, H. (1965). Functional explanation in biology. Philos. Sci. 32, 1-20: 10ff.; Wimsatt (1972): 32.
29 Davidson, D. (1963). Actions, reasons, and causes (dt. Handlungen, Gründe und Ursachen, in: Handlung und Ereignis, Frankfurt/M. 1985, 19-42): 32.
30 Roux, W. (1881). Der Kampf der Theile im Organismus: 219.
31 Benninghoff, A. (1935-36). Form und Funktion. Z. gesamte Naturwiss. 1, 149-160 & 2, 102-114: 152.
32 Pribram, K.H. (1971). Languages of the Brain. Experimental Paradoxes and Principles in Neuropsychology: 201 (das vulgäre F-Wort steht bei Pribram nicht, stattdessen »sexual behavior«); vgl. De Sousa, R. (1987). The Rationality of Emotion (dt. Die Rationalität des Gefühls, Frankfurt/M. 1997): 311; vgl. 68.
33 Vgl. Toepfer, G. (2004). Zweckbegriff und Organismus: 76ff.
34 Durkheim, É. (1893). De la division du travail social (Paris 1960): 117; vgl. Radcliffe-Brown, A.R. (1935). On the concept of function in social science. Amer. Anthropol. 394-402: 401.
35 Malinowski, B. (1930). Culture. In: Seligman, E.R.A. (ed.). Encyclopaedia of the Social Sciences, vol. 3, 621-645: 645.
36 Vgl. auch Steinbeck, B. (1964). Einige Aspekte des Funktionsbegriffs in der positiven Soziologie und in der kritischen Theorie der Gesellschaft. Soziale Welt 15, 97-129: 105f.
37 Radcliffe-Brown (1935): 396.
38 Merton, R.K. (1949). Manifest and latent functions (Social Theory and Social Structure, New York 1957, 19-84): 22; Bredemeier, H.C. (1955). The methodology of functionalism. Amer. Soc. Rev. 20, 173-180: 173; Schütte, H.G. (1971). Der empirische Gehalt des Funktionalismus: 29; Abrahamson, M. (1978). Functionalism: 3.
39 Luhmann, N. (1962). Funktion und Kausalität. Kölner Z. Soziol. Sozialpsychol. 14, 617-644: 629f.; vgl. Radcliffe-Brown (1935): 398; Lehman, H. (1966). R.K. Merton's concepts of function and functionalism. Inquiry 9, 274-283: 275; Buckley, W. (1967). Sociology and Modern Systems Theory: 14.
40 Luhmann (1962): 623; vgl. ders. (1964). Funktionale Methode und Systemtheorie. Soziale Welt 15, 1-25: 7.
41 Luhmann (1964): 14.
42 Luhmann (1962): 623.
43 ebd.
44 Vgl. Engels, E.-M. (1982). Die Teleologie des Lebendigen. Kritische Überlegungen zur Neuformulierung des Teleologieproblems in der anglo-amerikanischen Wissenschaftstheorie. Eine historisch-systematische Untersuchung; Allen, C., Bekoff, M. & Lauder, G. (eds.) (1998). Nature's Purposes. Analyses of Function and Design in Biology; Ariew, A., Cummins, R. & Perlman, M. (eds.) (2002). Functions. New Essays in the Philosophy of Psychology and Biology; Toepfer, G. (2004). Zweckbegriff und Organismus. Über die teleologische Beurteilung biologischer Systeme.
45 Nachweise für Tab. 89: Perry, R.B. (1918). Docility and purposiveness. Psychol. Rev. 25, 1-20: 20; Rosenblueth, A., Wiener, N. & Bigelow, J. (1943). Behavior, purpose and teleology. Philos. Sci. 10, 18-24: 19; Cummins, R. (1975). Functional analysis. J. Philos. 72, 741-765: 765; Moore, G.E. (1901). Teleology. In: Baldwin, J.M. (ed.). Dictionary of Philosophy and Psychology, vol. II (Gloucester, Mass. 1960), 664-667: 664; Bigelow, J. & Pargetter, R. (1987). Functions. J. Philos. 84, 181-196: 192; Ruse, M. (1971). Functional statements in biology. Philos. Sci. 38, 87-95: 91; Wright, L. (1973). Functions. Philos. Rev. 82, 139-168: 161; Neander, K. (1991). Functions as selected effects: the conceptual analyst's defense. Philos. Sci. 58, 168-184: 174; Griffiths, P.E. (2009). In what sense does 'nothing make sense except in the light of evolution'? Acta Biotheor. 57, 11-32: 29; Schlosser, G. (1998). Self-re-production and functionality. A systems-theoretical approach to teleological explanation. Synthese 116, 303-354: 312; Emmeche, C. (2000). Closure, function, emergence, semiosis and life: the same idea? In: Chandler, J.L.R. & Vijver, G. van de (eds.). Closure. Emergent Organizations and Their Dynamic, 187-

197: 195; McLaughlin, P. (2001). What Functions Explain. Functional Explanation and Self-Reproducing Systems: 167; Krohs, U. (2004). Eine Theorie biologischer Theorien: 93f.; Weber, M. (2005). Holism, coherence and the dispositional concept of functions. Ann. Hist. Philos. Biol. 10, 189-201: 196f.; Buddensiek, F. (2006). Die Einheit des Individuums. Eine Studie zur Ontologie der Einzeldinge: 211; Mossio, M., Saborido, C. & Moreno, A. (2009). An organizational account of biological functions. Brit. J. Philos. Sci. 60, 813-841: 828.
46 Nagel, E. (1951/61). Mechanistic explanation and organismic biology (The Structure of Science. Problems in the Logic of Scientific Explanation, New York 1961, 398-446): 403.
47 Beckner, M. (1959). The Biological Way of Thought: 129f.; Lehman, H. (1965). Functional explanation in biology. Philos. Sci. 32, 1-20: 6f.; Ruse, M. (1971). Functional statements in biology. Philos. Sci. 38, 87-95: 87f.; Shelanski, V. (1973). Nagel's translation of teleological statements: a critique. British Journal for the Philos. Sci. 24, 397-401: 400f.; Cummins, R. (1975). Functional analysis. J. Philos. 72, 741-765: 743f.; Kitchener, R.F. (1976). On translating teleological explanations. Int. Logic Rev. 13, 50-56: 53; Adams, F.R. (1979). A goal-state theory of function attribution. Canad. J. Philos. 9, 493-518: 503; Schaffner, K.F. (1993). Discovery and Explanation in Biology and Medicine: 369.
48 Nagel, E. (1977). Teleology revisited. J. Philos. 74, 261-301: 292.
49 Hempel, C.G. (1959). The logic of functional analysis (Aspects of Scientific Explanation, New York 1965, 297-330): 310.
50 Cummins, R. (2002). Neo-teleology. In: Ariew, A., Cummins, R. & Perlman, M. (eds.). Functions. New Essays in the Philosophy of Psychology and Biology, 157-172: 161.
51 Vgl. Canfield, J. (1964). Teleological explanation in biology. Br. J. Philos. Sci. 14, 285-295: 294f.; Lehman (1965): 19; Steen, W.J. van der (1971). Hempel's view on functional explanation. Some critical comments. Acta Biotheor. 20, 171-178: 177; Engels (1982): 238.
52 Woodfield, A. (1976). Teleology: 105.
53 Perry, R.B. (1918). Docility and purposiveness. Psychol. Rev. 25, 1-20: 20.
54 Russell, E.S. (1945). The Directiveness of Organic Activities: 110f.
55 Braithwaite, R.B. (1946/53). Causal and teleological explanation (Scientific Explanation, Cambridge 1953, 319-341): 329.
56 Vgl. Leibniz, G.W. (1705). Considerations sur les principes de vie, et sur les natures plastiques (Philosophische Schriften, Bd. 4, Frankfurt/M. 1996, 327-347); Darwin, C. (1859/72). On the Origin of Species: 62; Bethe, A. (1933). Die Plastizität (Anpassungsfähigkeit) des Nervensystems. Naturwiss. 21, 214-221.
57 Murphy, E. (1976). The Logic of Medicine: 98; 234-236.
58 Schaffner, K. (1983). Clinical trials: The validation of theory and therapy. In: Cohen, R.S. & Laudan, L. (eds.). Physics, Philosophy and Psychoanalysis, 191-208: 199; ders. (1993). Discovery and Explanation in Biology and Medicine: 370.
59 Woodfield (1976): 46; Collins, A.W. (1978). Teleological reasoning. J. Philos. 75, 540-550: 543; Bedau, M. (1992). Goal-directed systems and the good. Monist 75, 34-51: 39, Nissen, L. (1993). Four ways of eliminating mind from teleology. Stud. Hist. Philos. Sci. 24, 27-48: 28.
60 Vgl. auch Grim, P. (1976-77). Further notes on functions. Analysis 37, 169-176: 172.
61 Vgl. Möbius, K. (1878). Die Bewegungen der fliegenden Fische durch die Luft: 35-38; Schneider, G.H. (1880). Der thierische Wille: 24; Roux, W. (1881.1). Der Kampf der Theile im Organismus: 2; Reinke, J. (1901/11). Einleitung in die theoretische Biologie: 103; Hesse, R. (1910). Der Tierkörper als selbständiger Organismus. In: Hesse, R. & Doflein, F. (Hg.). Tierbau und Tierleben in ihrem Zusammenhang betrachtet, Bd. 1: 17; Bommersheim, P. (1919). Der Begriff der organischen Selbstregulation in Kants Kritik der Urteilskraft. Kant Studien 23, 209-220: 211; Zimmermann, W. (1928). Kritische Bemerkungen zu einigen biologischen Problemen, II. Zweckmäßige Eigenschaften und Phylogenie. Biol. Zentralbl. 48, 203-229: 227; Bertalanffy, L. von (1929). Die Teleologie des Lebens. Biologia generalis 5, 379-394: 388; Ungerer, E. (1931). Kennzeichnung und Erklärung des organischen Lebens. Proc. Int. Congr. Philos. 7, 57-64: 58f.; Goldstein, K. (1934). Der Aufbau des Organismus: 264; Cohen, J. (1950-51). Teleological explanation. Proc. Arist. Soc. 51, 255-292: 261; Hartmann, N. (1950). Philosophie der Natur: 624; ders. (1951). Teleologisches Denken: 23; Nagel, E. (1951/61). Mechanistic explanation and organismic biology (The Structure of Science. Problems in the Logic of Scientific Explanation, New York 1961, 398-446): 399f.; Brown, R. (1952). Dispositional and teleological statements. Philos. Stud. 3, 73-80: 79; Jeuken, M. (1958). Function in biology. Acta Biotheor. 13, 29-46.: 41; Klaus, G. (1960). Das Verhältnis von Kausalität und Teleologie in kybernetischer Sicht. Deutsche Z. Philos. 8, 1266-1277: 1273; Baumanns, P. (1965). Das Problem der Organischen Zweckmäßigkeit: 10; Rensch, B. (1968). Biophilosophie auf erkenntnistheoretischer Grundlage: 54; Simon, M.A. (1971). The Matter of Life. Philosophical Problems of Biology: 82; 183; Simon, J. (1976). Teleologisches Reflektieren und kausales Bestimmen. Z. philos. Forsch. 30, 369-388: 383; Collins (1978): 544; Nussbaum, M. (1978). Aristotle on teleological explanation In: dies., Aristotle's De Motu Animalium, 59-106: 76; Byerly, H. (1979). Teleology and evolutionary theory: mechanisms and meanings. Nature and System 1, 157-176: 173; Purton, A.C. (1979). Biological functions. Philos. Quart. 29, 10-24: 1979, 18; Engels, E.-M. (1982). Die Teleologie des Lebendigen: 24; Wuketits, F.M. (1982). Das Phänomen der Zweckmäßigkeit im Bereich lebender Systeme. Biologie in unserer Zeit 139-144: 140; Penzlin, H. (1987). Das Teleologie-Problem in der Biologie. Biol. Rundsch. 25, 7-26: 12; Kleinmann, F. (1998). Das Problem der organismischen Teleologie (Phil. Diss., Univ. Tübingen): 186.
62 Lillie, R.S. (1915). What is purposive and intelligent behavior from the physiological point of view? The Journal

of Philosophy, Psychology and Scientific Methods 12, 589-610.: 594; Tolman, E.C. (1925). Behaviorism and purpose. J. Philos. 22, 36-41: 37.
63 Rosenblueth, A., Wiener, N. & Bigelow, J. (1943). Behavior, purpose and teleology. Philos. Sci. 10, 18-24: 19.
64 Taylor, R. (1950.1). Comments on a mechanistic conception of purposefulness. Philos. Sci. 17, 310-317; ders. (1950.2). Purposeful and non-purposeful behavior: a rejoinder. Philos. Sci. 17, 327-332; ders. (1966). Action and Purpose: 229; Bennett, J. (1976). Linguistic Behaviour: 61; Collins (1978): 542; Engels (1982): 244; Ehring, D. (1984). Negative feedback and goals. Nature and System 6, 217-220: 218; Penzlin (1987): 22; Nissen (1993): 41.
65 Vgl. Taylor (1950.1): 317; ders. (1950.2): 330.
66 Ruse, M. (1973). The Philosophy of Biology: 192.
67 Perry, R.B. (1918). Docility and purposiveness. Psychol. Rev. 25, 1-20; vgl. Toepfer, G. (2004). Zweckbegriff und Organismus: 159ff.
68 Kant, I. (1790/93). Kritik der Urteilskraft (AA, Bd. V, 165-485): 360.
69 Whewell, W. (1840/47). The Philosophy of the Inductive Sciences, 2 vols.: II, 464.
70 Bischof, N. (1988). Ordnung und Organisation als heuristisches Prinzip des reduktiven Denkens. In: Meier, H. (Hg.). Die Herausforderung der Evolutionsbiologie, 79-128: 97.
71 Vgl. z.B. Rickert, H. (1896-1902/1929). Die Grenzen der naturwissenschaftlichen Begriffsbildung: 408; Reinke (1901/11): 89.
72 Vgl. z.B. Mohr, H. (1981). Biologische Erkenntnis: 194; Penzlin (1987): 22.
73 Mayr, E. (1961). Cause and effect in biology. Science 134, 1501-1506: 1504.
74 Mayr, E. (1974). Teleologic and teleonomic: a new analysis. Boston Stud. Philo. Sci. 14, 91-117: 102; ders. (1992). The idea of teleology. J. Hist. Ideas 53, 117-135: 127f.
75 Rosenberg, A. (1985). The Structure of Biological Science: 52.
76 Nach Allen, C. & Bekoff, M. (1995). Function, natural design, and animal behavior: philosophical and ethological considerations. In: Thompson, N.S. (ed.). Perspectives in Ethology 11, 1-46: 25.
77 Christensen, W. (1996). A complex system theory of teleology. Biol. Philos. 11, 301-320: 306.
78 Cummins, R. (1975). Functional analysis. J. Philos. 72, 741-765: 765.
79 Ehring, D. (1985). Dispositions and functions: Cummins on functional analysis. Erkenntnis 23, 243-249; Kitcher, P. (1993). Function and design. In: French, P.A., Uehling, T.E. Jr. & Wettstein, H.K. (eds.). Philosophy of Science (= Midwest Studies in Philosophy 18), 379-397: 390; Nissen, L. (1997). Teleological Language in the Life Sciences; Preston, B. (1998). Why is a wing like a spoon? A pluralist theory of function. J. Philos. 95, 215-254: 221.
80 Mitchell, S.D. (1993). Dispositions or etiologies? A comment on Bigelow and Pargetter. J. Philos. 90, 249-259: 258; Godfrey-Smith, P. (1994). A modern history theory of function. Nous 28, 344-362: 353.
81 Bigelow, J. & Pargetter, R. (1987). Functions. J. Philos.
84, 181-196: 192.
82 Mitchell (1993): 258; Godfrey-Smith (1994): 353f.; Walsh, D.M. (1996). Fitness and function. Br. J. Philos. Sci. 47, 553-574: 562; Melander, P. (1997). Analyzing Functions: 58; McLaughlin, P. (2001). What Functions Explain. Functional Explanation and Self-Reproducing Systems: 127.
83 Aristoteles, Pol. 1252b.
84 Aristoteles, Phys. 194a.
85 a.a.O.: 195a.
86 Moore, G.E. (1901). Teleology. In: Baldwin, J.M. (ed.). Dictionary of Philosophy and Psychology, vol. II (Gloucester, Mass. 1960), 664-667: 664.
87 Wright, G.H. von (1963). The Varieties of Goodness: 50.
88 Achinstein, P. (1977). Function statements. Philos. Sci. 44, 341-367: 342.
89 Searle, J. (1995). The Construction of Social Reality: 15.
90 Bedau, M. (1992). Goal-directed systems and the good. Monist 75, 34-51: 43; vgl. ders. (1990). Against mentalism in teleology. Amer. Philos. Quart. 27, 61-70: 67.
91 Bedau (1992): 45.
92 Bedau (1990): 67f.
93 Bedau, M. (1991). Can biological teleology be naturalized? J. Philos. 88, 647-655: 655.
94 Cummins, R. (1975). Functional analysis. J. Philos. 72, 741-765: 754f.; vgl. auch McClamrock, R. (1993). Functional analysis and etiology. Erkenntnis 38, 249-260: 254.
95 Rickert, H. (1920/22). Die Philosophie des Lebens: 129.
96 Rickert, H. (1896-1902/1929). Die Grenzen der naturwissenschaftlichen Begriffsbildung: 637.
97 Rickert (1920/22): 188; vgl. auch Simmel, G. (1916-17). Vorformen der Idee. Aus den Studien zu eine Metaphysik (Gesamtausgabe, Bd. 13, Frankfurt/M. 2000, 252-298): 289.
98 Perry, R.B. (1918). Docility and purposiveness. Psychol. Rev. 25, 1-20: 12f.
99 Skinner, B.F. (1953). Science and Human Behavior (New York 1956): 87.
100 a.a.O.: 90.
101 Taylor, C. (1964). The Explanation of Behaviour: 5.
102 Taylor, C. (1970). The explanation of purposive behaviour. In: Borger, R. & Cioffi, F. (eds.). Explanation in the Behavioural Sciences, 49-79: 55.
103 Ayala, F.J. (1970). Teleological explanations in evolutionary biology. Philos. Sci. 37, 1-15: 12; vgl. ders. (1968). Biology as an autonomous science. Amer. Sci. 56, 207-221: 220.
104 Ayala (1970): 13.
105 Wright, L. (1973). Functions. Philos. Rev. 82, 139-168: 161; vgl. ders. (1972). Explanation and teleology. Philos. Sci. 39, 204-218: 211; ders. (1976). Teleological Explanations: 39; 81.
106 Wright, L. (1972). A comment on Ruse's analysis of function statements. Philos. Sci. 39, 512-514: 513; ders. (1973): 165.
107 Wright (1973): 147; 165.

108 Boorse, C. (1976). Wright on functions. Philos. Rev. 85, 70-86: 80.
109 Goebel, K. (1919/24). Die Entfaltungsbewegungen der Pflanzen und deren teleologische Deutung. Ergänzungsband zur Organographie der Pflanzen: 29.
110 Vgl. Boorse (1976): 72; Achinstein, P. (1977). Function statements. Philos. Sci. 44, 341-367: 348; Grim, P. (1974-75). Wright on functions. Analysis 35, 62-64: 63; Bedau, M. (1991). Can biological teleology be naturalized? J. Philos. 88, 647-655: 648; ders. (1992). Goal-directed systems and the good. Monist 75, 34-51: 34; Melander, P. (1997). Analyzing Functions: 41.
111 Godfrey-Smith, P. (1993). Functions: consensus without unity. Pacific Philos. Quart. 74, 196-208: 198; ders. (1994). A modern history theory of function. Nous 28, 344-362: 345; Bedau, M. (1992.2). Where's the good in teleology? Philos. Phenomenol. Res. 52, 781-805: 786.
112 Nachweise für Tab. 90: Helmholtz, H. von (1869). Über das Ziel und die Fortschritte der Naturwissenschaft (Philosophische Vorträge und Aufsätze, Berlin 1971, 153-185): 174; Roux, W. (1881). Der Kampf der Theile im Organismus: 2; Verworn, M. (1895). Allgemeine Physiologie: 131; Weismann, A. (1902/13). Vorträge über Deszendenztheorie, 2 Bde.: I, 47; Williams, G.C. (1966). Adaptation and Natural Selection: 9; Ruse, M. (1973). A reply to Wright's analysis of functional statements. Philos. Sci. 40, 277-280: 280; Neander, K. (1991). Functions as selected effects: the conceptual analyst's defense. Philos. Sci. 58, 168-184: 174; Griffiths, P.E. (1993). Functional analysis and proper functions. Br. J. Philos. Sci. 44, 409-422: 422; Ayala, F.J. (1999). Adaptation and novelty: teleological explanations in evolutionary biology. Hist. Philos. Life Sci. 21, 3-33: 13; vgl. außerdem: Sachs, J. (1875). Geschichte der Botanik vom 16. Jahrhundert bis 1860: 194; Haeckel, E. (1899/1919). Die Welträtsel: 277.
113 Vgl. z.B. Manser, A.R. (1973). Function and explanation. Arist. Soc. Suppl. 47, 39-52: 50; Hull, D. (1974). Philosophy of Biological Science: 113; Toulmin, S. (1981). Teleology in contemporary science and philosophy. Neue Hefte f. Philos. 20, 140-152: 152; Pranger, R. (1990). Towards a pluralistic concept of function. Function statements in biology. Acta Biotheor. 38, 63-71: 68; Matthen, M. (1991). Naturalism and teleology. J. Philos. 88, 656-657: 657; McClamrock, R. (1993). Functional analysis and etiology. Erkenntnis 38, 249-260: 252; Ayala, F.J. (1995). The distinctness of biology. In: Weinert, F. (ed.). Essays on the Philosophical, Scientific and Historical Dimensions, 268-285: 275.
114 Hartmann, N. (1950). Philosophie der Natur: 645.
115 Wimsatt, W. (1972). Teleology and the logical structure of function statements. Stud. Hist. Philos. Sci. 3, 1-80: 66.
116 Ruse (1973): 280.
117 Ruse, M. (1971). Functional statements in biology. Philos. Sci. 38, 87-95: 91.
118 Ayala, F.J. (1968). Biology as an autonomous science. Amer. Sci. 56, 207-221: 219; vgl. ders. (1970). Teleological explanations in evolutionary biology. Philos. Sci. 37, 1-15: 10.
119 Neander (1991): 174.
120 Walsh, D.M. (1996). Fitness and function. Br. J. Philos. Sci. 47, 553-574: 564.
121 Sober, E. (1984). The Nature of Selection: 97ff.
122 McLaughlin, P. (2001). What Functions Explain: 159.
123 Buller, D.J. (1998). Etiological Theories of function: a geographical survey. Biol. Philos. 13, 505-527: 507.
124 Millikan, R.G. (1984). Language, Thought, and Other Biological Categories: 29; vgl. dies. (1989). In defense of proper functions. Philos. Sci. 56, 288-302: 292.
125 Keil, G. (2007). Biologische Funktionen und das Teleologieproblem. In: Honnefelder, L. & Schmidt, M.C. (Hg.). Naturalismus als Paradigma, 76-85: 84.
126 Faber, R.J. (1986). Clockwork Garden. On the Mechanistic Reduction of Living Things: 110.
127 Millikan (1989): 296; Neander (1991): 183.
128 Boorse, C. (1976). Wright on functions. Philos. Rev. 85, 70-86: 76, 74; Enç, B. (1979). Function attributions and functional explanation. Philos. Sci. 46, 343-365: 362; Millikan (1984): 93; vgl. dies. (1989): 292; Faber, R.J. (1984). Feedback, selection, and function: a reductionist account of goal-orientation. In: Cohen, R. & Wartofsky, M. (eds.). Methodology, Metaphysics and the History of Science (= Boston Studies in the Philosophy of Science, 84), 43-135: 87.
129 McLaughlin (2001): 89.
130 Bechtel, W. (1986). Teleological functional analysis and the hierarchical organization of nature. In: Rescher, N. (ed.). Current Issues in Teleology, 26-48: 30.
131 Boorse (1976): 76.
132 Amundson, R. & Lauder, G.V. (1994). Function without purpose. The use of causal role function in evolutionary biology. Biol. Philos. 9, 443-469: 463; vgl. auch Kitcher, P. (1993). Function and design. In: French, P.A., Uehling, T.E. Jr. & Wettstein, H.K. (eds.). Philosophy of Science (= Midwest Studies in Philosophy, 18), 379-397: 390f.
133 Boorse (1976): 76.
134 Amundson & Lauder (1994): 460f.
135 Engfer, H.-J. (1982). Teleologisches Denken, seine Bedeutung für die empirischen Wissenschaften und seine Rolle in der Philosophie. Berichte zur Wissenschaftsgesch. 5, 143-152: 152; Löw, R. (1994). Teleologische Beurteilung der Natur. In: Pleines, J.-E. (Hg.). Teleologie. Ein philosophisches Problem in Geschichte und Gegenwart, 85-97: 96.
136 Collier, J. (2000). Autonomy and process closure as the basis for functionality. In: Chandler, J.L.R. & Vijver, G. van de (eds.). Closure. Emergent Organizations and Their Dynamics, 280-290: 288.
137 Reimarus, H.S. (1760/62). Allgemeine Betrachtungen über die Triebe der Thiere, hauptsächlich über ihre Kunsttriebe: 99.
138 Lehrman, D.S. (1970). Semantic and conceptual issues in the nature-nurture problem. In: Aronson, L.R. et al. (eds.). Development and the Evolution of Behaviour, 17-52: 28.
139 Rosenberg, A. (1994). Instrumental Biology or the Disunity of Science: 34.
140 Bertalanffy, L. von (1928). Kritische Theorie der

Formbildung: 77.
141 Beckner, M. (1959). The Biological Way of Thought: 187.
142 Rosen, R. (1972). Some systems theoretical problems in biology. In: Laszlo, E. (ed.). The Relevance of General Systems Theory, 43-66: 63.
143 Bernier, R. & Pirlot, P. (1977). Organe et fonction. Essai de biophilosophie: 135.
144 Laubichler, M.D. (1999). A semiotic perspective on biological objects and biological functions. Semiotica 127, 415-431: 417.
145 Enç, B. (1979). Function attributions and functional explanation. Philos. Sci. 46, 343-365: 349.
146 Enç, B. & Adams, F. (1992). Functions and goal directedness. Philos. Sci. 59, 635-654: 649.
147 Liebmann, O. (1899). Organische Natur und Teleologie. In: Gedanken und Thatsachen. Philosophische Abhandlungen, Aphorismen und Studien, Zweites Heft, 230-275: 236; vgl. Toepfer, G. (2004). Zweckbegriff und Organismus: 320ff.
148 Enç & Adams (1992): 651.
149 Carrier, M. (2000). Multiplicity and heterogeneity: on the relations between functions and their realizations. Stud. Hist. Philos. Biol. Biomed. Sci. 31, 179-191: 184.
150 a.a.O.: 190.
151 Preyer, W. (1883). Elemente der allgemeinen Physiologie: 188.
152 Uexküll, J. von (1920/28). Theoretische Biologie (Frankfurt/M. 1973): 141.
153 Kant, I. (1790/93). Kritik der Urteilskraft (AA, Bd. V, 165-485): 373.
154 a.a.O.: 376.
155 Schlosser, G. (1998). Self-re-production and functionality. A systems-theoretical approach to teleological explanation. Synthese 116, 303-354: 326.
156 a.a.O.: 312.
157 a.a.O.: 328.
158 Schlosser, G. (1996). Der Organismus – eine Fiktion? Jahrb. Gesch. Theor. Biol. 3, 75-91: 77.
159 ebd.
160 Vgl. Toepfer, G. (2004). Zweckbegriff und Organismus: 403ff.
161 McLaughlin, P. (2001). What Functions Explain: Functional Explanation and Self-Reproducing Systems: 167.
162 a.a.O.: 164.
163 Vgl. Toepfer (2004): 406ff.
164 Emmeche, C. (2000). Closure, function, emergence, semiosis and life: the same idea? In: Chandler, J.L.R. & Vijver, G. van de (eds.). Closure. Emergent Organizations and Their Dynamic, 187-197: 195.
165 Weber, M. (2005). Philosophy of Experimental Biology: 39.
166 Weber, M. (2005). Holism, coherence and the dispositional concept of functions. Ann. Hist. Philos. Biol. 10, 189-201: 194.
167 Emmeche, C. (2002). The chicken and the Orphean egg: on the function of meaning and the meaning of function. Sign Syst. Stud. 30.1, 15-32: 20f.; 26f.
168 Kitcher, P. (1993). Function and design. In: French, P.A., Uehling, T.E. Jr. & Wettstein, H.K. (eds.). Philosophy of Science (= Midwest Studies in Philosophy, 18), 379-397; Lewens, T. (2000). Function talk and the artefact model. Stud. Hist. Philos. Biol. Biomed. Sci. 31, 95-111; ders. (2004). Organisms and Artefacts. Design in Nature and Elsewhere; Vermaas, P.E. & Houkes, W. (2006). Technical functions: a drawbridge between the intentional and structural natures of technical artefacts. Stud. Hist. Philos. Sci. 37, 5-18.
169 Krohs, U. (2004). Eine Theorie biologischer Theorien: 82; vgl. ders. (2009). Functions as based on a concept of general design. Synthese 166, 69-89: 75.
170 Krohs (2004): 85.
171 a.a.O.: 82.
172 a.a.O.: 172.
173 a.a.O.: 141ff.
174 a.a.O.: 149; 176.
175 Godfrey-Smith, P. (1993). Functions: consensus without unity. Pacific Philos. Quart. 74, 196-208: 196; Allen, C. & Bekoff, M. (1995). Biological functions, adaptation, and natural design. Philos. Sci. 62, 609-622: 609.
176 Amundson, R. & Lauder, G.V. (1994). Function without purpose. The use of causal role function in evolutionary biology. Biol. Philos. 9, 443-469.
177 Millikan, R.G. (1989). An ambiguity in the notion of function. Biol. Philos. 4, 172-176: 175; dies. (1999). Wings, spoons, pills, and quills: a pluralist theory of functions. J. Philos. 96, 191-206: 193; Pranger, R. (1990). Towards a pluralistic concept of function. Function statements in biology. Acta Biotheor. 38, 63-71; Mitchell, S.D. (1993). Dispositions or etiologies? A comment on Bigelow and Pargetter. J. Philos. 90, 249-259: 259; dies. (1995). Function, fitness and disposition. Biol. Philos. 10, 39-54: 51; Melander, P. (1997). Analyzing Functions: 89ff.; Preston, B. (1998). Why is a wing like a spoon? A pluralist theory of function. J. Philos. 95, 215-254: 225f.
178 Griffiths, P.E. (1993). Functional analysis and proper functions. Br. J. Philos. Sci. 44, 409-422: 412.
179 Walsh, D.M. & Ariew, A. (1996). A taxonomy of functions. Canad. J. Philos. 26, 493-514: 508.
180 a.a.O.: 510; vgl. Buller, D.J. (1998). Etiological Theories of function: a geographical survey. Biol. Philos. 13, 505-527: 510.
181 Übers. nach Norden, B.W. van (ed.) (2008) Mengzi: 145 (6A4.1); ähnlich Nivison, D.S. (1996). The Ways of Confucianism: 153; Lau, D.C. (1970/2003). Mencius: 243.
182 Legge, J. (ed.) (1861). The Works of Mencius.
183 Wilhelm, R. (1916). Mong Dsi (Mong Ko): 128.
184 Xenophon, Memorabilia 1, 4, 7; vgl. Dierauer, U. (1977). Tier und Mensch im Denken der Antike: 58.
185 Platon, Pol. 436a.
186 Platon, Prot. 320d-321b.
187 Aristoteles, Hist. anim. 589a2-5; vgl. 596b20f.
188 Aristoteles, De an. 415a.
189 Cicero, De natura deorum 122-130 (II, xlvii-lii); vgl. De finibus bonorum et malorum 62 (III, xix).
190 Chrysipp, in: Stoicorum veterum fragmenta (ed. H. von Arnim, Berlin 1903): III, 179; vgl. II, 724; vgl. auch

Crisipo de Solos, Testimonios y fragmentos (ed. F.J. Campos Daroca & M. Nava Contreras, Madrid 2006, 2 Bde.): II, 156 (Fragm. 512); nach Plutarch, De Stoicorum repugnantiis 12, 1038b.
191 Vgl. Dierauer (1977): 201; Steiner, G. (2008). Das Tier bei Aristoteles und den Stoikern: Evolution eines kosmischen Prinzips. In: Alexandridis, A., Wild, M. & Winkler-Horaček, L. (Hg.). Mensch und Tier in der Antike. Grenzziehung und Grenzüberschreitung, 27-46: 41f.
192 Galen, De usu partium corporis humani (Œuvres anatomiques, physiologiques et médicales, 2 Bde. ed. C. Daremberg, Paris 1854-1856): II, 88; vgl. I, 399; vgl. Pichot, A. (1993). Histoire de la notion de vie: 133f.
193 Thomas von Aquin (1254-56). In IV. sententiarum: 26, 1, 2, ag 3; 36, 1, 2, co 5; ders. (1266-73). Summa theologiae: I, 18, 3 ad 3; II, 94, 2 co.
194 Albertus Magnus, Quaestiones de animalibus (Opera omnia, Bd. 12, Aschendorff 1955): 155 (5. Buch, 3. Frage).
195 Cesalpino, A. (1583). De plantis libri XVI: 1; vgl. Sachs, J. (1875). Geschichte der Botanik: 47; Zimmermann, W. (1953). Evolution. Die Geschichte ihrer Probleme und Erkenntnisse: 126.
196 Aristoteles, De an. 412b.
197 Demokrit, Fragm. 68B 5; Platon, Tim. 90a, b.
198 Leibniz, G.W. (1704). Nouveaus essais sur l'entendement humain, 2 Bde. (Philosophische Schriften, Bd. 3-4, Frankfurt/M. 1996): I, 278.
199 Nachweise für Tab. 91: Aristoteles, Hist. anim. 589a2-5 (Übers. P. Gohlke, Paderborn 1949); Chrysipp, in: Stoicorum veterum fragmenta (ed. H. von Arnim, Berlin 1903): III, 179; Mandeville, B. de (1705/14). The Fable of the Bees, or Private Vices, Publick Benefits, 2 vols (Oxford 1924): I, 202; Reimarus, H.S. (1760/62). Allgemeine Betrachtungen über die Triebe der Thiere, hauptsächlich über ihre Kunsttriebe: 102; Schiller, F. (1795). Die Weltweisen (Sämtliche Werke, Bd. 3, München 1968, 183-184): 184; Schmid, C.C.E. (1798-1801). Physiologie philosophisch bearbeitet, 3 Bde.: II, 481; Schopenhauer, A. (1819-44/58). Die Welt als Wille und Vorstellung (Sämtliche Werke, Bd. I-II, Stuttgart/Frankfurt/M. 1960): I, 451; Haeckel, E. (1899/1903). Die Welträthsel: 53; Doflein, F. (1914). Das Tier als Glied des Naturganzen. In: Hesse, R. & Doflein, F. (Hg.). Tierbau und Tierleben in ihrem Zusammenhang betrachtet, Bd. 2: 21; Goudge, T.A. (1961). The Ascent of Life: 196f.; Lehman, H. (1965). Functional explanation in biology. Philos. Sci. 32, 1-20: 18; Bischof, N. (1985/91). Das Rätsel Ödipus: 330; Ayala, F.J. (1998). Teleological explanations *versus* teleology. Hist. Philos. Life Sci. 20, 41-50: 46; vgl. außerdem: Locke, J. (1689/1700). An Essay Concerning Human Understanding (Oxford 1979): 252; Herder, J.G. (1784-91). Ideen zur Philosophie der Geschichte der Menschheit (Sämtliche Werke, Bd. 13-14, hg. v. B. Suphan, Berlin 1887-1909): I, 73f.; Chaussier, F. & Adelon, N. (1816). Fonction. In: Dictionaire des sciences médicales, Bd. 16, 243-277: 243; Hesse, R. (1912/31). Biologie. Biologische Wissenschaften. Handwörterbuch der Naturwissenschaften, Bd. 1, 988-995: 989; Kroner, R. (1913). Zweck und Gesetz in der Biologie: 141; Baumanns, P. (1965). Das Problem der organischen Zweckmäßigkeit:

10; Immelmann, K., Scherer, K.R. & Vogel, C. (1988). Was ist Verhalten? In: Immelmann, K., Scherer, K.R., Vogel, C. & Schmoock, P. (Hg.). Psychobiologie – Grundlagen des Verhaltens, 3-39: 3.
200 Wolff, C. (1724/26). Vernünfftige Gedancken. Von den Absichten der natürlichen Dinge, den Liebhabern der Wahrheit mitgetheilet: Vorrede.
201 Wolff, C. (1725). Vernünfftige Gedanken. Von dem Gebrauche der Theile im Menschen, Thieren und Pflanzen: 5 (I, 6).
202 a.a.O.: 1.
203 a.a.O.: 3.
204 Ehlers, M. (1790). Untersuchung der Frage, ob es ein Recht der Natur gebe. In: ders. (1791). Staatswissenschaftliche Aufsätze, 1-12: 10.
205 Moreno, A., Umerez, J. & Fernandez, J. (1994). Definition of life and the research program in artificial life. Ludus Vitalis 2, 15-33: 23.
206 Bloch, W. (1972). Polarität. Ihre Bedeutung für die Philosophie der modernen Physik, Biologie und Psychologie: 162.
207 Canfield, J. (1964). Teleological explanation in biology. Br. J. Philos. Sci. 14, 285-295: 291; Lehman (1965): 18; Woodfield, A. (1976). Teleology: 115.
208 Koepcke, H.-W. (1971-74). Die Lebensformen, 2 Bde.: 154.
209 Böker, H. (1935-37). Einführung in die vergleichende biologische Anatomie der Wirbeltiere, 2 Bde.: I, 17f.
210 Aristoteles, De an. 415a.
211 a.a.O.: 415b.
212 a.a.O.: 416b.
213 Hegel, G.W.F. (1807/31). Phänomenologie des Geistes (Werke, Bd. 3, Frankfurt/M. 1986): 204.
214 Schopenhauer, A. (1819-44/58). Die Welt als Wille und Vorstellung (Sämtliche Werke, Bd. I-II, Stuttgart/Frankfurt/M. 1960): II, 653.
215 a.a.O.: 658.
216 a.a.O.: 688.
217 a.a.O.: 691.
218 a.a.O.: I, 451.
219 Ostwald, W. (1902). Vorlesungen über Naturphilosophie: 316.
220 Hartmann, N. (1912). Philosophische Grundfragen der Biologie (Kleinere Schriften, Bd. 3, Berlin 1958, 78-185): 114.
221 Hartmann, N. (1950). Philosophie der Natur: 567.
222 [Spencer, H.] (1852). A theory of population deduced from the general law of animal fertility. Westminster Review N.S. 1, 468-501: 486.
223 Spencer, H. (1864-67/98-99). The Principles of Biology, 2 vols.: II, 421 (1. Aufl. 1867: 401 (§322)).
224 Spencer (1867/99): 427.
225 a.a.O.: 431.
226 Freud, S. (1915). Triebe und Triebschicksale (Gesammelte Werke, Bd. X, Frankfurt/M. 1999, 209-232): 216f.
227 Freud, S. (1933). Neue Folge der Vorlesungen zur Einführung in die Psychoanalyse (Gesammelte Werke, Bd. XV, Frankfurt/M. 1999): 102.
228 Freud, S. (1938). Abriss der Psychoanalyse (Gesam-

melte Werke, Bd. XVII, Frankfurt/M. 1999, 63-138): 113.
229 Lillie, R.S. (1915). What is purposive and intelligent behavior from the physiological point of view? The Journal of Philosophy, Psychology and Scientific Methods 12, 589-610: 593f.
230 Ehrenberg, R. (1923). Theoretische Biologie vom Standpunkt der Irreversibilität des elementaren Lebensvorganges: 16.
231 Cole, L.C. (1954). The population consequences of life history phenomena. Quart. Rev. Biol. 29, 103-137: 104.
232 Kant, I., Kant's handschriftlicher Nachlaß (AA, Bd. XIV-XXIII): XV, 782.
233 Wundt, W. (1873-74/1902-03). Grundzüge der physiologischen Psychologie, 3 Bde.: III, 689; Haldane, J.S. (1935). The Philosophy of a Biologist (dt. Die Philosophie eines Biologen, Jena 1936): 35.
234 Aristoteles, De an. 413a; 416a; vgl. auch Lukrez, De rerum natura (dt. Welt aus Atomen, hg. v. K. Büchner, Stuttgart 1994): V, 846-848.
235 Fernel, J. (1542). De naturali parte medicinae libri septem: Ende Buch V; vgl. Rothschuh, K.E. (1966). Das System der Physiologie von Jean Fernel (1542) und seine Wurzeln. Verh. XIX. Kongr. Gesch. Med., 529-536: 532.
236 Cesalpino, A. (1583). De plantis libri XVI: 1 (I, 1).
237 Buffon, G.L.L. (1749). Histoire générale des animaux. In: Histoire naturelle générale et particulière, Bd. 2 (Œuvres philosophiques, Paris 1954, 233-289): 248.
238 Virchow, R. (1859). Atome und Individuen (Vier Reden über Leben und Kranksein, Berlin 1862, 35-76): 50; vgl. auch Wundt, W. (1873-74/1902-03). Grundzüge der physiologischen Psychologie, 3 Bde.: III, 689.
239 Kner, R. (1849). Lehrbuch der Zoologie zum Gebrauche für höhere Lehranstalten: 55.
240 Russell, E.S. (1933). The limitations of analysis in biology (in: Blackburn, R.T. (ed.) (1966). Interrelations: The Biological and Physical Sciences, 57-64): 64; ders. (1945). The Directiveness of Organic Activities (dt. Lenkende Kräfte des Organischen, Bern 1946): 9.
241 Woodfield, A. (1976). Teleology: 117.
242 Kant, I. (1793/94). Die Religion innerhalb der Grenzen der bloßen Vernunft (AA, Bd. VI, 1-202): 26.
243 Kant, I. (1797/98). Metaphysik der Sitten (AA, Bd. VI, 203-493): 420
244 a.a.O.: 424.
245 Goethe, J.W. von (1794). Inwiefern die Idee: Schönheit sei Vollkommenheit mit Freiheit, auf organische Naturen angewendet werden könne (LA, Bd. I, 10, 125-127): 125.
246 Portmann, A. (1957). Die Erscheinung der lebendigen Gestalten im Lichtfelde. In: Ziegler, K. (Hg.). Wesen und Wirklichkeit des Menschen, 29-41: 40.
247 Hiltbrunner, H. (1943). Frühlingsvögel. In: ders., Trost der Natur, 159-168: 162f.
248 Baker, J.R. (1938). The evolution of breeding seasons. In: de Beer, G.R. (ed.). Evolution. Essays on Aspects of Evolutionary Biology, 161-177: 162.
249 Mayr, E. (1961). Cause and effect in biology. Science 134, 1501-1506: 1502f.
250 Vgl. Porro, P. (2001). Ursache/Wirkung II. Patristik;
Mittelalter. Hist. Wb. Philos. 11, 384-389.
251 Fernel, J. (1542). De naturalis parte medicinae (Hannover 1610): 171 (V, 3); vgl. Hall, T.S. (1969). Ideas of Life and Matter, 2 vols.: I, 195.
252 Spencer, H. (1864-67/98-99). The Principles of Biology, 2 vols.: I, 519ff.
253 a.a.O.: 533.
254 Haeckel, E. (1866). Generelle Morphologie der Organismen, 2 Bde.: II, 196ff.
255 Vgl. Beatty, J. (1994). The proximate/ultimate distinction in the multiple careers of Ernst Mayr. Biol. Philos. 9, 333-356: 342.
256 Shäfer, E.A. (1907). On the incidence of daylight as a determining factor in bird-migration. Nature 77, 159-163.
257 Huxley, J. (1916). Bird-watching and biological science: some observations on the study of courtship in birds. Auk 33, 142-161; 256-270: 161; vgl. Dewsbury, D.A. (1992). On the problems studied in ethology, comparative psychology, and animal behavior. Ethology 92, 89-107: 107.
258 Thomson, A.L. (1926). Problems of Bird-Migration: 264; vgl. ders. (1924). Photoperiodism in bird migration. Auk 41, 639-641: 639.
259 Mayr, E. & Meise, W. (1930). Theoretisches zur Geschichte des Vogelzugs. Der Vogelzug 1, 149-172; vgl. auch Mayr, E. (1997). This is Biology (dt. Heidelberg 1998): 162.
260 Huxley, J.S. (1942). Evolution. The Modern Synthesis (London 1944): 40.
261 Mayr (1997): 166; vgl. Toepfer, G. (2002). Das System der biologischen Disziplinen – Geschichte und Theorie. In: Hoßfeld, U. & Junker, T. (Hg.). Die Entstehung biologischer Disziplinen, II. Verh. Gesch. Theor. Biol. 9, 69-95: 79f.
262 Vgl. Immelmann, K. (1972). Erörterungen zur Definition und Anwendbarkeit der Begriffe „ultimate factor", „proximate factor" und „Zeitgeber". Oecologia 9, 259-264; Sherman, P. (1988). The levels of analysis. Anim. Behav. 36, 616-619; Alcock, J. & Sherman, P. (1994). The utility of the proximate-ultimate dichotomy in ethology. Ethol. 96, 58-62; Dewsbury, D.A. (1994). On the utility of the proximate-ultimate distinction in the study of animal behavior. Ethol. 96, 63-68.
263 Sherman (1988).
264 Francis, R.C. (1990). Causes, proximate and ultimate. Biol. Philos. 5, 401-415; Mayr, E. (1993). Proximate and ultimate causations. Biol. Philos. 8, 93-94.
265 Beatty (1994): 352.
266 Ariew, A. (2003). Ernst Mayr's 'ultimate/proximate' distinction reconsidered and reconstructed. Biol. Philos. 18, 553-565: 559.
267 Mahner, M. & Bunge, M. (1997). Foundations of Biophilosophy: 40.
268 Bonnet, C. (1762). Considérations sur le corps organisés, Bd. 1: 267; vgl. auch ders. (1777). Mémoire sur la reproduction des membres de la salamandre aquatique. Journal de physique, de chimie, d'histoire naturelle et des arts 10, 385-405: 403.
269 Bonnet (1762): 142.

270 a.a.O.: 228.
271 a.a.O.: 74.
272 Robinet, J. (1766). De la nature, Bd. 4: 97; vgl. 95.
273 Cuvier, G. (1798). Tableau élémentaire de l'histoire naturelle des animaux: 32; vgl. auch Leclerc (1798). [Rez. Lauth, T. (1798). Élémens de myologie et de syndesmologie]. Recueil périodique de la société de médecine de Paris 4, 381-387: 381.
274 Cuvier, G. (1798-1805). Leçons d'anatomie comparée, 5 Bde. (dt. Vorlesungen über vergleichende Anatomie, Leipzig 1809): I, 29 (I, 3); vgl. auch Nose, C.W. (1781). Ueber die Behandlung der Gonorrhöe, und über die Ursache eines Theils ihrer Folgen: 76.
275 Roussel, P. (1799). Note sur les sympathies. Mémoires de la société médicale d'émulation 2, 508-514: 509.
276 Treviranus, G.R. (1802). Biologie oder Philosophie der lebenden Natur für Naturforscher und Aertzte, Bd. 1: 37.
277 Baer, K.E. von (1826-27). Beiträge zur Kenntniss der niedern Thiere. Nova Acta Physico-Medica 13(2), 523-762: 740.
278 Remak, R. (1851). Untersuchungen über die Entwickelung der Wirbelthiere, I. Ueber die Entwickelung des Hühnchens im Eie: 3.
279 Miller, J.G. (1965). Living systems: structure and process. Behav. Sci. 10, 337-379: 338; ders. (1978/95). Living Systems: xix.
280 Geoffroy Saint-Hilaire, É. (1818-22). Philosophie anatomique, 2 Bde.: I, XXX.
281 Darwin, C. (1859). On the Origin of Species: 191.
282 Dohrn, A. (1875). Der Ursprung der Wirbelthiere und das Princip des Funktionswechsels.
283 a.a.O.: 60.
284 Hyrtl, J. (1855). Über die Selbststeuerung des Herzens: 44.
285 Haeckel, E. (1866). Generelle Morphologie der Organismen, 2 Bde.: II, 76-79.
286 Vgl. Mayr, E. (1960). The emergence of evolutionary novelties. In: Tax, S. (ed.). Evolution after Darwin, vol. I. The Evolution of Life: Its Origin, History, and Future, 349-380.
287 Darwin (1859/72): 151; 160.
288 Mivart, S.G. (1871). The Genesis of Species.
289 Geoffroy Saint Hilaire, É. (1828). De la vision chez la Taupe. Bulletin universel des sciences et de l'industrie 15, 388-389: 389.
290 Geoffroy de St. Hilaire, É. (1829). On the vision of the mole. The Edinburgh New Philosophical Journal 7, 340-341: 340.
291 Dupotet, J. (1838). An Introduction to the Study of Animal Magnetism: 118; vgl. auch Anonymus (1841). Animal Magnetism: 203.
292 Boardman, A. (1847). A Defence of Phrenology: 180.
293 Stokes, W. (1837). Lectures on the Theory and Practice of Physic: 83.
294 Müller, J.F. (1845). Beitrag zu den ursächlichen Momenten des Nervenfiebers, in specie des *Typhus abdominalis*. Medicinische Annalen 11, 33-44: 37
295 Lloyd, J.H. (1915). The morphology and functions of the *corpus striatum*. J. Nervous Mental Disease 15, 370-382: 377.
296 Vandervelde, É., Demoor, J. & Massart, J. (1899). Evolution by Atrophy in Biology and Sociology: 284.
297 Corner, E.J.H. (1949). The annonaceous seed and its four integuments. New Phytol. 48, 332-364: 360; ders. (1958). Transference of function. J. Linn. Soc. Bot. 56, 33-40; Stebbins, G.L. (1970). Transference of function as a factor in the evolution of seeds and their accessory structures. Israel J. Bot. 19, 59-70.
298 Kortlandt, A. (1938). De uitkdrukkingsbewegingen en-geluiden van Phalacrocorax carbo sinensis (Shaw & Nodder). Ardea 27, 1-40; vgl. ders. (1940). Eine Übersicht der angeborenen Verhaltensweisen des mitteleuropäischen Kormorans (*Phalacrocorax carbo sinensis* Shaw und Nodder), ihre Funktion, ontogenetische Entwicklung und phylogenetische Herkunft. Arch. Neerl. Zool. 4, 401-442.
299 Tinbergen, N. (1940). Die Übersprungbewegung. Z. Tierpsychol. 4, 1-40.
300 Makkink, G.F. (1936). An attempt at an ethogram of the European avocet (*Recurvirostra avosetta* L.) with ethological and psychological remarks. Ardea 25, 1-62.
301 Rand, A.L. (1943). Some irrelevant behavior in birds. Auk 60, 168-171.
302 Kirkman, F.B. (1937). Bird Behaviour.
303 Tinbergen, N. & Iersel, J.J.A. van (1947). "Displacement reactions" in the three-spined stickleback. Behaviour 1, 56-63.
304 Armstrong, E.A. (1949). Diversionary display, part 1. Connotation and terminology. Ibis 91, 88-97: 92; 97.
305 Spencer, H. (1860/70). The Physiology of Laughter (Essays. Scientific, Political, Speculative, 2 vols., New York 1892, II, 452-466): 458f.; vgl. Darwin, C. (1872). The Expression of the Emotions in Man and Animals: 71.
306 Darwin (1872): 28.
307 Iersel, J.J.A. van & Bol, A.C.A. (1958). Preening of two tern species. A study on displacement activities. Behaviour 13, 1-88; Sevenster, P. (1961). A causal analysis of a displacement activity: Fanning in *Gasterosteus aculeatus*. Behaviour Suppl. 9; vgl. Hassenstein, B. (1976/81). Verhalten. In: Czihak, G., Langer, H. & Ziegler, H. (Hg.). Biologie. Ein Lehrbuch, 665-702: 677f.
308 Lorenz, K. & Tinbergen, N. (1938). Taxis und Instinkthandlung in der Eirollbewegung der Graugans. (Über tierisches und menschliches Verhalten, Bd. I, München 1965, 343-379): 375.
309 Lorenz, K. (1941). Vergleichende Bewegungsstudien an Anatinen (Über tierisches und menschliches Verhalten, Bd. II, München 1965, 13-113): 20f.
310 Bayley, W. (1588). A Discourse of Three Kinds of Pepper, in Common Use: sig. A5v (nach OED).
311 Evelyn, J. (1664/79). Sylva. A Discourse of Forest-Trees: 4 (nach OED).
312 Grew, N. (1681). Museum regalis societatis or a Catalogue & Description of the Natural and Artificial Rarities: 210.
313 Ray, J. (1691). The Wisdom of God Manifested in the Works of the Creation, 80.
314 Anonymus (1666). Observables upon a monstrous

head. Philos. Trans. Roy. Soc. Lond. 1, 85-86: 85.
315 Wiedersheim, R. (1887). Der Bau des Menschen als Zeugnis für seine Vergangenheit: 3.
316 Severino, M.A. (1645). Zootomia Democritea: II; nach Rensch, B. (1992). Rudimentation. Hist. Wb. Philos. 8, 1092.
317 Darwin, C. [1838]. [Notebook D]: 30e. http://darwin-online.org.
318 Darwin, C. [1839]. [Notebook E, Jan. 6th, 1839]: 89. http://darwin-online.org.
319 Darwin, C. (1859/72). On the Origin of Species: 131.
320 [Owen, R.] (1853). Descriptive Catalogue of the Osteological Series Contained in the Museum of the Royal College of Surgeons of England, vol. 2: 418.
321 Darwin, C. (1859). On the Origin of Species: 453; vgl. [Chambers, L.] (1844). Vestiges of the Natural History of Creation.
322 Griffiths, P. (1992). Adaptive explanation and the concept of a vestige. In: Griffiths, P. (ed.). Trees of Life. Essays in Philosophy of Biology, 111-131.
323 Cuvier, G. (1800/35). Leçons d'anatomie comparée, Bd. 1: 60.
324 Haeckel, E. (1866). Generelle Morphologie der Organismen, 2 Bde.: II, 268.
325 a.a.O.: II, 283.
326 Haeckel, E. (1869). Zur Entwickelungsgeschichte der Siphonophren: 24.
327 Fürbringer, P. (1875). Untersuchungen zur vergleichenden Anatomie der Muskulatur des Kopfskelets der Cyclostomen. Jena. Z. Naturwiss. 9, 1-93: 30.
328 a.a.O.: I, 99.
329 Sewertzoff, A.N. (1931). Studien über die Reduktion der Organe der Wirbeltiere. Zool. Jahrb. Abt. Anat. 53, 611-700.
330 Sewertzoff, A.N. (1931). Morphologische Gesetzmäßigkeiten der Evolution: 325.
331 Lorenz, K. (1950). Ganzheit und Teil in der tierischen und menschlichen Gemeinschaft (Über tierisches und menschliches Verhalten, Bd. II, München 1965, 114-200): 167.

Literatur

Engels, E.-M. (1982). Die Teleologie des Lebendigen. Kritische Überlegungen zur Neuformulierung des Teleologieproblems in der anglo-amerikanischen Wissenschaftstheorie. Eine historisch-systematische Untersuchung.
Allen, C., Bekoff, M. & Lauder, G. (eds.) (1998). Nature's Purposes. Analyses of Function and Design in Biology.
Buller, D.J. (ed.) (1999). Function, Selection, and Design.
Ariew, A., Cummins, R. & Perlman, M. (eds.) (2002). Functions. New Essays in the Philosophy of Psychology and Biology.
Toepfer, G. (2004). Zweckbegriff und Organismus. Über die teleologische Beurteilung biologischer Systeme.

Ganzheit

Das Abstraktum ›Ganzheit‹ (mhd. ›ganzheit‹) ist eine Ableitung von mhd. und ahd. ›ganz‹ »heil, unverletzt, vollständig«.

Seit der Antike wird eine enge Verbindung zwischen der Vorstellung einer Ganzheit und der Bestimmung eines Lebewesens hergestellt. Ganzheitliche oder »holistische« Positionen einer Theorie des Lebens stimmen in der Auffassung überein, dass dem zentralen Aspekt der Einheit eines Organismus durch seine mechanistische Zergliederung in Bestandteile nicht beizukommen ist. Der Organismus hat gerade nicht in einem einzelnen, isolierbaren Teil das für ihn Charakteristische, sondern dieses liegt in der wechselseitigen Bezogenheit der Teile aufeinander. Weil diese Beziehung der Teile nicht so wie ein einzelner Teil als ein materieller Gegenstand vorliegt, sondern nur als zu vergegenwärtigende Vorstellung präsent ist, haben holistische Konzeptionen eine besondere Affinität zu philosophischen Positionen, die *Begriffen* eine zentrale Bedeutung in der Konstitution von Gegenständen beimessen; sie zielen damit nicht, wie der atomisierende Empirismus, auf vereinzelte Gegenstände als Grundlage der Metaphysik.

Ganzheit (mhd.) *693*
biologisches System (Treviranus 1802) *717*
Selbstbegrenzung (Windischmann 1805) *714*
emergent (Lewes 1875) *710*
Gestaltqualität (von Ehrenfels 1890) *697*
Konstellationskausalität (Driesch 1904) *706*
Biosystem (Heidenhain 1907) *719*
Systemeigenschaft (Schwertschlager 1910) *712*
Ganzheitskausalität (Driesch 1919) *706*
Ganzeigenschaften (Wertheimer 1922) *712*
Systemgesetzlichkeit (Weiss 1925) *720*
Wirkungseinheit (Driesch 1925) *699*
Holismus (Smuts 1926) *716*
Ganzheitsdetermination (Zimmermann 1927) *707*
Systemtheorie (von Bertalanffy 1929) *720*
Kollektiveigenschaft (Broad 1933) *712*
Prozessgefüge (Hartmann 1942) *699*
Systembiologie (Bonner 1960) *721*
Holon (Koestler 1969) *705*
Fulguration (Lorenz 1973) *714*
Abwärtsverursachung (Campbell 1974) *707*

Antike: Ganzheit als Sympathie

Im hippokratischen Korpus wird ein lebendiger Körper insofern als Ganzheit beschrieben, als eine wechselseitige Abhängigkeit der Körperteile voneinander gesehen wird: Die Krankheit eines Teils bleibt nicht ohne Einfluss auf die anderen. Es bestehe eine umfassende Relation des *Mitleidens* (»συμπάθεια«) zwischen den Teilen.[1] Die Teile werden als zusammenwirkend verstanden, in dem Sinne, dass sie auf eine gemeinsame Wirkung ausgerichtet sind (↑Zweckmäßigkeit) und in dem Sinne, dass ihr Verhältnis zueinander durch die Figur eines Kreises beschrieben werden kann (↑Kreislauf). Galen verweist wiederholt zustimmend auf diese Auffassung Hippokrates'[2] und nimmt an, dass die Sympathie zwischen den Organen über die Nerven oder über die Blutbahn vermittelt wird.[3]

In einer Ganzheit ist eine Vielheit von Gliedern zu einer Einheit zusammengefügt. In diesem Sinne ist z.B. nach Paulus der Körper eines Organismus eine Ganzheit, denn er behauptet, dass »der Leib eine Einheit ist, doch viele Glieder hat, alle Glieder des Leibes aber, obgleich es viele sind, einen einzigen Leib bilden«. Die Zusammengehörigkeit der Glieder (im sozialen Leben der Christen) äußert sich nach Paulus in ihrer Schicksalsgemeinschaft: »Wenn […] ein Glied leidet, leiden alle Glieder mit; wenn ein Glied geehrt wird, freuen sich alle anderen mit«.[4]

Aristoteles: Ganzheit als Vollständigkeit

Aristoteles bestimmt eine Ganzheit (»ὅλον«) über die Vollständigkeit der Glieder eines Gefüges. In der ›Metaphysik‹ unterscheidet Aristoteles drei Bedeutungen des Ausdrucks: Danach ist ein Ganzes dasjenige, dem (1) kein Teil fehlt, das (2) eine Einheit bildet und (3) eine bestimmte innere Struktur aufweist.[5] Ein Ganzes bildet daher nicht eine bloße Summierung von Teilen, sondern auch deren Anordnung und Zusammenhalt ist in ihm von Bedeutung. Das Wesentliche einer Ganzheit sei die Form und Komposition; unabhängig davon haben die Teile des Ganzen nach Aristoteles keine Existenz (als Teile).[6] Die Teile existieren nur als integrale Komponenten des Ganzen. Es komme in der Naturforschung daher darauf an, von dem Ganzen, und nicht von den Teilen auszugehen.

Identität eines Teils hängt am Ganzen

Bei Aristoteles findet sich auch die für die spätere Entwicklung wichtige Vorstellung, dass ein Verständnis einer Ganzheit nicht von den Teilen, sondern dem Ganzen ausgehen muss, weil »das Ganze früher sein muß als der Teil«[7]. Die einzelnen Komponenten des Ganzen, seine Teile, sind danach nicht für sich allein zu bestimmen, sondern sie werden das, was sie

---

Eine Ganzheit ist eine Einheit von heterogenen Teilen, deren Zusammenhalt auf verschiedene Weise erfolgen kann, insbesondere durch die kausale Vernetzung der Komponenten zu einem integrierten System, das eine funktionale Geschlossenheit aufweist.

sind, erst im Rahmen ihrer Beziehung auf das Ganze. Seit Mitte des 16. Jahrhunderts findet die Ganzheitsvorstellung von organischen Körpern besonders in botanischen und zoologischen Abbildungen ihren Ausdruck, insofern hier die Korrelation der Teile und morphologische Geschlossenheit des gegliederten, organischen Körpers betont wird. Ausgehend von diesen Darstellungen des Körpers als ein gegliedertes Ganzes lässt sich mit T. Ballauff sagen: Es »dienen die einzelnen Teile dem lebendigen Ganzen und sind nur in ihm sie selbst«.[8] *Die Teile sind nur in dem Ganzen sie selbst* – denn eine visuelle Darstellung und begriffliche Bestimmung eines Teils ist nur unter Bezug auf das Ganze möglich. In einem lebendigen Körper würde jeder Teil ohne Bezug zum Ganzen nicht existieren können. Die Relation des Teils zum Ganzen gehört daher zu den ihn identifizierenden Bestimmungsstücken. In einer Ganzheit werden die Teile eines Systems zu Gliedern, die sich gegenseitig »fordern«[9], weil sie nur in ihrer Gegenseitigkeit das sind, was sie sind. Durch ihre wechselseitige Bestimmung ist die Existenz des einen Teils in einem Ganzen eine notwendige Bedingung für die Existenz des anderen. Terminologisch wird dies dadurch ausgedrückt, dass die Teile des Ganzen als *Glieder* bezeichnet werden.[10]

17.-18. Jh.
Als Ganzheiten erscheinen die organischen Körper auch in der Darstellung bei Paracelsus, der sie als Einheiten begreift, bei denen die einzelnen Teile jeweils mit den anderen im Zusammenhang stehen und nicht isoliert begriffen und erklärt werden können (↑Morphologie/Korrelation). Mitte des 17. Jahrhunderts bezieht R. Descartes den Begriff der Ganzheit insofern auf das Organische (des Menschen), als er die Seele mit allen Teilen des Körpers verbunden vorstellt. Zwischen den Teilen des Körpers wiederum bestehen nach Descartes solche Beziehungen der ↑Wechselseitigkeit, dass die Entfernung eines Teils alle anderen Teile in Mitleidenschaft zieht: »il [le corps] est un, & en quelques façon indivisible, à raison de la disposition de ses organes, qui se raportent tellement tous l'un à l'autre, que lors que quelcun d'eux est osté, cela rend tout le corps defectueux«.[11] Ein Ganzes ist hier also ein Gegenstand, bei dem eine wechselseitige Abhängigkeit der Teile voneinander vorliegt. In der Philosophie von G.W. Leibniz stellt jeder Organismus eine Ganzheit (»tout«) dar, die eine innere Ordnung aufweist und Ausdruck der göttlichen Gestaltung nach einem Plan (»plan«) ist.[12] Im Laufe des 18. Jahrhunderts rückt der Begriff der Ganzheit zunehmend ins Zentrum der Philosophie des Organischen. Der schweizerische Naturforscher C. de Bonnet bezeichnet einen Organismus ausdrücklich und regelmäßg als eine *organische Ganzheit* (»tout organique«[13]); er kann damit als einer der Begründer der biologischen Systemtheorie gelten.[14]

Eine zentrale Bedeutung kommt der Ganzheitsbetrachtung in I. Kants Bestimmung von Lebewesen als »organisirte Wesen der Natur« zu (↑Organismus). Ein solches Wesen bildet dadurch eine Einheit, dass seine Teile in einem Verhältnis der ↑Wechselseitigkeit zueinander stehen. Diese Wechselseitigkeit stellt sich Kant sowohl als ein wechselseitiges *Hervorbringen* der Teile als auch als eine *Abhängigkeit* der Teile von dem Ganzen vor. Das Ganze besteht dabei in nichts anderem als den Teilen in ihrer Wechselseitigkeit. Das Bedingtsein der Teile durch das Ganze kann daher nicht ein kausales Verhältnis bezeichnen, sondern meint ein begriffliches: Die Teile sind das, was sie sind, nur unter Bezug auf das Ganze. Ihre Identität, d.h. ihre Bestimmung, hängt an ihrer Beziehung auf das Ganze. In einer bekannten Formulierung schreibt Kant: »Zu einem Dinge als Naturzwecke wird nun erstlich erfordert, daß die Theile (ihrem Dasein und der Form nach) nur durch ihre Beziehung auf das Ganze möglich sind. [... Es] wird zweitens dazu erfordert: daß die Theile desselben sich dadurch zur Einheit eines Ganzen verbinden, daß sie von einander wechselseitig Ursache und Wirkung ihrer Form sind. Denn auf solche Weise ist es allein möglich, daß umgekehrt (wechselseitig) die Idee des Ganzen wiederum die Form und Verbindung aller Theile bestimme: nicht als Ursache – denn da wäre es ein Kunstproduct –, sondern als Erkenntnißgrund der systematischen Einheit der Form und Verbindung alles Mannigfaltigen, was in der gegebenen Materie enthalten ist, für den, der es beurtheilt«.[15] Im Opus postumum heißt es bei Kant: »ein organischer Körper ist der an welchem die Idee des Ganzen vor der Möglichkeit seiner Theile in Ansehung ihrer bewegenden Kräfte vorhergeht«.[16] Das Wesentliche eines organischen Körpers ist danach die ideelle, d.h. begriffliche Abhängigkeit der Teile von dem Ganzen, in das sie einbezogen sind. Jeder Teil erhält seine Bestimmung durch die Referenz zu den anderen Teilen, mit denen er ein Ganzes bildet. Kant analysiert dieses Verhältnis der Teile zueinander, das die Einheit des Organismus begründet, als ein teleologisches: »In einem solchen Producte der Natur wird ein jeder Theil so, wie er nur durch alle übrige da ist, auch als um der andern und des Ganzen willen existirend, d.i. als Werkzeug (Organ) gedacht«.[17]

Die Philosophen des Deutschen Idealismus folgen an der Wende zum 19. Jahrhundert vielfach den Vorgaben Kants. So sieht J.G. Fichte 1797 die Einheit eines Organismus (und eines organisierten Gemeinwesens) durch die gegenseitige Solidarität der Teile vereint und bestimmt sie im Gegensatz zu dem Aggregat eines Sandhaufens, bei dem die einzelnen Teile gleichgültig gegenüber dem Schicksal der anderen Teile stehen.[18]

Ausdrücklich bildet auch für Hegel das Lebendige ein Ganzes, »ein Materielles, in welchem das Außereinander der Teile aufgehoben, das Einzelne zu etwas Ideellem, zum Moment, zum Gliede des Ganzen herabgesetzt erscheint; kurz, das Leben muß als Selbstzweck gefaßt werden, als ein Zweck, der in sich selber sein Mittel hat, als eine Totalität, in welcher jedes Unterschiedene zugleich Zweck und Mittel ist«.[19] Dies entspricht Hegels Auffassung, dass »im animalischen Organismus die sogenannten Teile desselben nicht Teile, sondern Glieder, organische Momente sind und deren Isolieren und Für-sich-Bestehen die Krankheit ist«.[20] Hegel sieht dabei, dass es darauf ankommt, dass die mögliche »Selbstsucht« der Teile »in den Beitrag zur gegenseitigen Erhaltung und zur Erhaltung des Ganzen umschlägt«.[21]

Auch G. Cuvier, der führende vergleichende Anatom zu Beginn des 19. Jahrhunderts, schließt in seinem Verständnis von Organismen an Kant an. Ein Lebewesen als organisiertes Wesen bildet für Cuvier eine geschlossene Ganzheit (»un ensemble, un système unique et clos«), in der die Teile einander entsprechen und wechselseitig bedingen, so dass sich kein Teil unabhängig von den anderen verändern und aus jedem einzelnen Teil auf das Ganze geschlossen werden könne (vgl. Tab. 96).[22] Die wechselseitige Beziehung der Teile formuliert Cuvier in Form eines Gesetzes, des *Korrelationsgesetzes* (↑Morphologie). In einer durch Korrelationen der Teile bestimmten Einheit zieht die Veränderung eines Teils die Veränderung anderer nach sich. Besondere Bedeutung für Cuvier als praktizierender Paläontologe kommt dem Gesetz zu, weil mit seiner Hilfe aus einem einzelnen überlieferten Teil eines Organismus weitreichende Schlüsse auf seinen gesamten Körperbau gezogen werden können. Darüberhinaus bildet ein Organismus für Cuvier auch insofern eine ganzheitliche Wesenheit (»être total«), als von ihm nichts genommen werden könne, ohne ihn zu zerstören: »Les machines qui font l'objet de nos recherches ne peuvent être démontées sans être détruites«.[23]

19. Jh.: Organismen als Ganzheiten
Seit Beginn des 19. Jahrhunderts ist es allgemein üblich, das Konzept des Organismus durch den Begriff der Ganzheit zu erläutern. 1809 heißt es bei

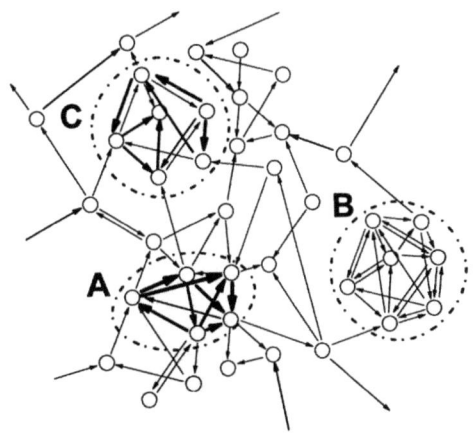

Abb. 171. Die Abgrenzung von Ganzheiten als relativ isolierte Einheiten der Interaktion. Die Pfeile stehen für Wirkungen; die Dicke der Pfeile für deren Stärke. Ganzheiten (und ebenso isolierbare »Teile«) weisen eine höhere Anzahl oder Stärke der Interaktion zwischen ihren Komponenten auf als mit Gegenständen ihrer Umwelt. Die Einheit A wird über relativ wenige, aber starke Interaktionen zusammengehalten; bei B ist es der hohe Grad der Vernetzung, der der Einheitsbildung zugrunde liegt; und bei C sind es sowohl relativ viele als auch starke Verbindungen, die ihre relative Isolation von der Umgebung bedingen (aus McShea, D. & Venit, E.P. (2001). What is a part? In: Wagner, G.P. (ed.). The Character Concept in Evolutionary Biology, 259-284: 263).

K.F. Burdach, ein Organismus sei »durch ein innres Princip der Totalität belebt, und zu einem individuellen Ganzen erhoben«.[24] Die Ganzheit wird dabei in doppelter Hinsicht zugeschrieben: Erstens liege in einem Organismus eine Einheit von Mannigfaltigem vor, weil unterschiedene und differenzierte Organe zu einer Einheit zusammengefasst werden: Der organische Leib wird von Burdach 1837 bestimmt als ein »abgeschloßnes, individuelles Ganzes, welches mannichfaltige Glieder umfaßt, und sein Leben ein harmonisches Zusammenwirken verschiedenartiger Thätigkeiten«.[25] Zweitens ist diese Einheit des Mannigfaltigen durch eine wechselseitige kausale Beziehung der Glieder aufeinander ausgezeichnet. Die kausale Beziehung besteht in der gegenseitigen Hervorbringung und Erhaltung der Teile. Von dem leiblichen Leben heißt es bei Burdach: »Es bestimmt sich selbst, indem seine Einzelnheiten einander gegenseitig bedingen, jede seiner Thätigkeiten andre weckt, jeder Theil als Reiz auf die andern wirkt; es erhält sich selbst, indem es mit einer stetigen Zersetzung eine stetige Bildung des Leibes, und mit der fortdauernden Erschöpfung einen fortdauernden Ersatz der Kraft verbindet. So wird die Wirkung wieder zur Ursache, indem alle lebendige Thätigkeiten sich kreisförmig verketten«.[26] Burdach erkennt das Wesen des Organismus in seiner zirkulären Organisation, in der es nicht ein Teil ist, der als »der Sitz des Lebens«[27] ausgemacht werden könne. Das Herz könne es nicht sein, denn »das Herz setzt Blut voraus«[28]; das Blut sei es nicht, denn es sei »unwirksam, wenn es nicht durch das Herz und die übrigen Organe in Bewegung gesetzt ist«[29]. Gleiches gelte für Lunge, Magen und Nervensystem: sie leisteten jeweils einen spezifischen Beitrag für die Funktion des ganzen Organismus, ohne ihn alleine auszumachen: »Da ist kein Erstes und Letztes, sondern überall ein Einiges. Eines ist in Allem und Alles in Einem«.[30]

Auch bei vielen anderen Naturforschern des 19. Jahrhunderts finden sich ähnlich lautende Bestimmungen. Ausgehend von seinen Studien zur ↑Biogeografie erscheint die Ganzheitslehre bei A. von Humboldt als ein ganzes Forschungsprogramm, dessen Grundsatz es ist, »die Natur als ein durch innere Kräfte bewegtes und belebtes Ganzes aufzufassen«, wie es in der Vorrede zum ›Kosmos‹ von 1845 heißt.[31] C.G. Carus beschreibt einen Organismus 1838 als »ein relativ geschlossenes organisches Ganzes«.[32] Und im gleichen Jahr betont A. Comte die Harmonie (»l'harmonie«) und Entsprechung (»consensus«) zwischen den inneren und äußeren Faktoren der Lebewesen.[33] Eine Generation später hebt der Physiologe C. Bernard die zyklische Natur der Organisation der Lebewesen hervor: »tous les phénomènes d'un corps vivant sont dans une harmonie réciproque telle, qu'il paraît impossible de séparer une partie de l'organisme, sans amener immédiatement un trouble dans tout l'ensemble«.[34] E. Bouchet führt 1864 die Auffassung von den Körpern der Lebewesen als harmonische Ganzheiten, in denen die Teile durch solidarische Akte miteinander verbunden sind, auf Hippokrates zurück: »Le corps vivant est un tout harmonique dont les parties se tiennent dans un dépendance mutuelle et dont tous les actes sont solidaires les uns des autres«.[35]

Bemerkenswert ist bei den biologischen Ganzheitslehren dieser Zeit ihr Ausgangspunkt von dynamischen Systemen. Zwar wird auch von morphologischer Seite die Ganzheit der Organismen behauptet (z.B. von Cuvier; s.o.); den eigentlichen Schlüssel zum Verständnis der organischen Ganzheit liefert aber die *Physiologie*, weil sie das Verhältnis der Teile zueinander als eines der kausalen Wechselseitigkeit beschreiben kann.[36]

Ganzheitsvorstellungen haben aber andererseits nicht nur einen förderlichen Einfluss auf die physiologische Forschung. Denn es besteht gerade in den ersten Jahrzehnten des 19. Jahrhunderts ein gewisser Antagonismus zwischen einem naturphilosophischen Holismus und experimentellen Ansätzen. Besonders deutlich wird dieser an den in weiten Teilen spekulativen Vorstellungen der deutschsprachigen Naturphilosophie, die in ihren weitreichenden Aussagen nur wenig durch Experimente und empirische Forschungsprogramme gestützt sind.

Ganzheit und Zellenlehre
Ein neuer reduktionistischer Ansatz etabliert sich in den biologischen Untersuchungen seit den 1830er Jahren mit der Anerkennung der ↑Zellen als den elementaren Lebenseinheiten. Auch bei den mechanistisch orientierten Forschern dieser Richtung spielt der Begriff der organischen Ganzheit weiterhin eine wichtige Rolle. So verfolgt T. Schwann zwar auf der einen Seite das Programm, die »Grundkraft des Organismus« auf die in den Zellen wirksamen Kräfte zurückzuführen, die Zellen selbst stellt er sich aber als kleine organisierte Systeme vor: Was die Zellen zu den elementaren Trägern des Lebens macht, sind bei Schwann Systemleistungen wie Selbsterhaltung, Wachstum, Stoffwechsel und Fortpflanzung (durch Teilung). Zu diesen Leistungen könne die Zelle nur insofern in der Lage sein, als sie als funktional organisiert gedacht wird; sie bildet nach Schwann »ein einem Organismus ähnliches, systematisches Ganzes«.[37]

Wenn in der Zellenlehre auch die Ganzheit einer einzelnen Zelle betont wird, enthält sie doch einen reduktionistischen Ansatz, insofern die Ganzheit des Organismus und die Integration der Zellen zu einer organisierten Einheit aus dem Blick geraten kann. Darauf weisen in den 1880er Jahren besonders vehement die frühen holistischen Philosophen E. Montgomery und J.S. Haldane hin. Montgomery spricht von der *Einheit des organischen Individuums* (»the unity of the organic individual«) und kritisiert die morphologische und physiologische Dekomponierung der ganzheitlichen Geschlossenheit eines Organismus nach dem *Prinzip der Aggregation* (»principle of Aggretation«) in einzelne Zellen.[38] Für Montgomery bildet ein Lebewesen nicht eine Summe von vielen Zellprotoplasmen, sondern ein *einzelnes protoplasmisches Individuum* (»a single protoplasmic individual«) mit einem einzigen großen *chemischen Kreislauf* (»chemical cycle«), kurz: einen *zentralisierten Organismus* (»centralized organism«).[39] Gegen die atomistische Auflösung des Organismus in eine Summe von Zellen als den »Elementarorganismen« betont Montgomery das Konzept des Organismus als einer Ganzheit von Lebensphänomenen, die er als gegenseitig voneinander abhängig (»mutually interdependent«[40]) bezeichnet.

J.S. Haldane will den Charakter der »Ganzheit« des Lebens durch die »Kategorie der Reziprozität« zum Ausdruck bringen.[41] Die Teile des Organismus stehen nach Haldane nicht in dem (physikalischen) Verhältnis von Ursache und Wirkung zueinander, sondern dem (biologischen) der Wechselseitigkeit oder eben Reziprozität. Er macht dies daran fest, dass es in dem physikalischen Begriff allein um die gegenseitige Wirkung von für sich bestimmten Körpern gehe, der biologische Begriff aber darüber hinaus, die *Eigenschaften* von Körpern (z.B. ihre Größe, Gestalt und Struktur), insofern sie Teile eines Ganzen sind, als abhängig von den anderen Teilen des Ganzen bestimme: »They are determined, not only as regards their reciprocal action on one another, but also as regards what is inherent in the parts themselves of a system whose parts reciprocally determine one another«.[42] Während im Fall der physikalischen Wechselwirkung eine Bestimmung der interagierenden Teile und ihrer Eigenschaften auch unabhängig von ihrem Bezug zu den anderen Teilen möglich sei, sei dies im Fall biologischer Wechselbestimmung gerade nicht der Fall. Hier seien die Eigenschaften der Teile nicht allein Eigenschaften von ihnen, sondern gleichzeitig Manifestationen des Einflusses der anderen, wie Haldane ausführt.[43] In dieser reziproken Determination der Teile eines Ganzen drücke sich auch die Autonomie der Lebewesen aus. Die Veränderungen der Teile der Lebewesen seien nicht primär durch den Einfluss von äußeren Gegenständen zu interpretieren, sondern erfolge durch Einwirkungen der anderen Teile, mit denen sie zusammen ein Ganzes bilden: »since the parts are what they are, only as taking part in the whole, there can clearly be nothing foreign to them in their determination. In this apparent determination they are only manifesting what they are in themselves«.[44] Haldane bezieht dies auch auf die Veränderung der Organismen in der Evolution. Die Evolution dürfe nicht als ein Prozess gedeutet werden, in dem der Organismus ein Abbild der Umwelt darstelle – so wie dies etwa von H. Spencer entworfen wurde (↑Evolution) –, sondern auch die Veränderung des Organismus als Ganzer folge im Wesentlichen *organismusinterner* Determinationen.[45] In späteren Schriften betont Haldane immer wieder die Ganzheitlichkeit des Organismus und die sich daraus ergebende Unmöglichkeit, seine Teile in Isolation von den anderen zu bestimmen.[46]

Frühes 20. Jh.: Ganzheit und Gestalt
Zu Beginn des 20. Jahrhunderts wird der Begriff der Ganzheit in der Biologie stark beeinflusst von Strömungen der Psychologie, der so genannten *Gestaltpsychologie*, die die Konstruktion von Einheiten in der Wahrnehmung untersucht.[47] C. von Ehrenfels stellt sich 1890 die Frage, was eine Melodie sei und entwickelt in seiner Antwort den Begriff der **Gestaltqualität**: Gegenüber der Summe der einzelnen Töne liege in der Melodie eine ganzheitliche Gestalt vor, die über Qualitäten verfüge, die den isolierten Tönen nicht zukomme.[48] Nach Ehrenfels gibt es zwei Kriterien zur Identifizierung einer Gestalt: die Unmöglichkeit der Zusammensetzung der Gestalt aus ihren Teilen und deren Eigenschaften (»erstes Ehrenfels-Kriterium«) und die Möglichkeit der Transposition der Gestalt in eine andere Form, z.B. die Wiedergabe einer Melodie in einer anderen Tonhöhe (»zweites Ehrenfels-Kriterium«). Für den naturwissenschaftlichen Bereich wird der Begriff der Gestalt von W. Köhler aufgegriffen. Köhler identifiziert physische Gestalten in der anorganischen und organischen Natur; diese seien nicht als bloße *Summen* oder *Undverbindungen* zu verstehen, sondern stellten *physikalische Gesamtgebilde* dar.[49] (G. Wolff weist 1933 darauf hin, dass das von den Ganzheitstheoretikern verschmähte Wort ›Summe‹ durchaus nicht im Gegensatz zum Ganzheitsbegriff stehen muss. Denn in dem geläufigen arithmetischen Sinne ist eine Summe ja gerade nicht eine unbestimmte Anhäufung, sondern eine genau definierte Zusammenfassung von Einzelnem.[50])

In der Folge der gestalttheoretischen Überlegungen verfestigt sich die Deutung von Organismen als Ganzheiten zunehmend. Der Neukantianer R. Kroner formuliert 1913: »Alle spezifisch organischen Prozesse haben gemeinsam, daß sie sich an oder in einem zusammenhängenden Ganzen vollziehen und zwar so, daß sie nur als Teilvorgänge, die dem Ganzen irgendwie ein- und untergeordnet sind, begriffen werden können«.[51] Kroner sieht eine enge Verbindung zwischen holistischer und teleologischer Betrachtung (s.u.; ↑Zweckmäßigkeit), denn es »sind alle Ursachen und Wirkungen im Organismus, sofern sie organisch sind, Teile oder Teilprozesse des Ganzen und sofern unterliegen sie der teleologischen Beurteilung, der Erforschung ihrer Leistung, ihres Nutzens, ihres Zweckes«.[52] Kroner schreibt dem Ganzen zwar auf der einen Seite eine »besondere Gesetzlichkeit«[53] zu, auf der anderen Seite betont er aber, dass es »nur gedachter Beziehungspunkt der Teile ist, kein Sein (im Sinne räumlich-zeitlichen Daseins) außer dem Sein der Teile besitzt«[54]. Den lediglich *logischen* Charakter des Verhältnisses der Teile im Ganzen streicht auch E. Cassirer heraus. Die

Ganzheit des Organismus ist für ihn ein »logisches Gefüge, in dem jedes Glied die Gesamtheit aller anderen bedingt, wie es zugleich von ihnen bedingt wird« (↑Wechselseitigkeit).[55] Unter diesem weiten Begriff der Ganzheit können auch statische Gebilde, bei denen keine kausalen Prozesse zwischen den Teilen bestehen, als Ganzheiten angesehen werden. Eine radikale Ausweitung der Ganzheitsbetrachtung auf die gesamte Welt schlägt auch J.C. Smuts 1926 unter dem Titel des *Holismus* vor (s.u.). Nicht nur die Organismen, sondern auch anorganische Körper und die Welt als Ganzes bilden danach eine Ganzheit.[56]

Diese Ausweitung wird von vielen Naturwissenschaftlern und Naturphilosophen allerdings nicht mitgegangen. Um dem Konzept seine definitorische Schärfe zu bewahren, wird vielmehr meist dafür plädiert, allein Organismen als die wesentlichen Ganzheiten der Natur anzusehen. Der Begriff der Ganzheit wird so gerade für die nähere Bestimmung der Grenze zwischen dem Physikalischen und dem Biologischen herangezogen. Die besondere Form der kausalen Gestalt der Organismen, die wechselseitige Abhängigkeit der Teile voneinander, und die sich daran anschließende epistemische Bestimmung eines Teilprozesses unter Bezug auf die anderen Prozesse des Ganzen werden als Grund für die Besonderheit biologischer Systeme angesehen. So heißt es 1929 bei J.H. Woodger: »In an organism a given part-event is significant of something other than itself. The characterization of a given part depends upon that of others, and other parts depend in the same way on it. All this is embraced by the concept of organization«.[57]

In einem etwas detaillierteren Argument bindet J.S. Haldane 1931 die Notwendigkeit einer ganzheitlichen Betrachtung der Organismen an die Komplexität der organismischen Reaktion auf einen Reiz. Die Reaktion sei nämlich nicht immer gleich, sondern auf den gleichen Reiz erfolge je nach innerem Zustand des Organismus eine jeweils andere Reaktion. Es sei also der Körper als Ganzer, der sich in der Reaktion auf einen Reiz ausdrücke.[58] Nicht die isolierte Analyse einzelner Kausalketten führe daher zu einem Verständnis, sondern allein die Berücksichtigung der »koordinierten Selbsterhaltung« des Organismus. Die Koordination der Teile wird für Haldane zu dem basalen Bestimmungsmoment von Lebewesen: »Nicht Kompliziertheit, sondern beständige Koordination ist dasjenige Moment, welches die biologische von der physikalischen Erklärungsweise unterscheidet«.[59] Die Koordination reiche so weit, dass die Teile innerhalb des Organismus nicht unabhängig voneinander bestehen können, sondern: »Jeder Teil eines lebenden Organismus hängt in jedem Augenblick von seinen aktiven Beziehungen zu seinen benachbarten Teilen und der ihn umgebenden Umwelt ab«[60].

Knapp bringt M. Hartmann 1933 diese Auffassung auf den Punkt: »Das eigentlich Biologische ist immer die spezifische Art des Zusammenwirkens der einzelnen innersystematischen Glieder im komplizierten Ganzen«.[61] Um die ganzheitliche Einheit des Organismus zu betonen, geht einigen Biologen sogar die Rede von ›Teilen‹ und ›Gliedern‹ zu weit: So konstatiert K. Goldstein 1934 in seiner holistischen Theorie des Organismus, die er ausgehend von der Untersuchung von im Krieg hirngeschädigten Menschen formuliert, »dass der Organismus zwar gegliedert ist, aber nicht aus Gliedern besteht, dass auch die festgestellten Glieder nur auf das Ganze des Organismus hinweisen, ihn aber weder zusammensetzen, noch im Gegensatz zu ihm stehen, der ja als Ganzes nichts anderes ist als sie selbst«.[62] Ohne direkt auf »Glieder« zu verweisen, zieht es Goldstein vor, von der »Bezogenheit jeder Einzelleistung zum Ganzen des Organismus« zu sprechen.[63]

›Ganzheit‹ als vitalistischer Faktor oder als »dritter Weg« zwischen Vitalismus und Mechanismus
Zentrale Bedeutung erlangt der Begriff der Ganzheit in H. Drieschs Philosophie des Organischen.[64] Die Ganzheit des Organismus ist es nach Driesch, die die Eigengesetzlichkeit und methodische Selbständigkeit der Biologie gegenüber der Physik begründet (↑Regulation). Er behauptet daher den Status des Begriffs der Ganzheit als den einer Kategorie im Sinne Kants, d.h. er sieht sie in einer für die Biologie gegenstandskonstituierenden Rolle: Driesch will »mit Kant sagen, daß der Ganzheitsbegriff ›Voraussetzung der Möglichkeit der Erfahrung‹« sei.[65] Bestimmt ist eine Ganzheit nach Driesch als etwas, »dem ich keinen Teil nehmen kann, ohne sein logisches Wesen zu zerstören.«[66] Einzelne Faktoren in einem Gefüge identifiziert Driesch als »ganzmachende« Agentien.[67] Er schlägt vor, anstelle von der *Zweckmäßigkeit* organischer Prozesse von deren *Ganzheitsbezogenheit* zu sprechen. Denn er meint zu erkennen, »daß sogenannte ›zweckmäßige‹ Vorgänge stets der Verwirklichung irgendeiner *Ganzheit* [...] dienen, daß sie also *ganzheitsbezogen* sind«.[68] Anfangs stellt er einander gegenüber: die *Einzelheitsverknüpfung*, die in einer linearen Abfolge von Prozessen besteht, und die *Einheits-* oder *Ganzheitsverknüpfung*, über die verschiedene Prozesse zu einem geschlossenen System zusammengefasst sind.[69] Später verwendet er v.a. den Terminus *Ganzheitskausalität* und versteht darunter eine »unraumhafte ganzmachende Kausalität« (s.u.).[70]

Im Gegensatz zur Intention Drieschs, den Ganzheitsbegriff als zentrales Konzept in seinen Vitalismus zu integrieren, wird in den 1920er Jahren mittels des Begriffs der Ganzheit ein »dritter Weg« zwischen Vitalismus und Mechanismus zu beschreiten versucht. Explizit versteht W. Köhler 1925 die Ausdrücke ›Gestalt‹ und ›Ganzheit‹ in dieser Weise.[71] Ein die Ganzheitlichkeit des Gegenstandes betonender systemtheoretischer Ansatz kann gerade als Alternative zu vitalistischen Ansätzen gesehen werden, weil er die Wechselseitigkeit der organischen Teile und Kräfte betont und darauf verzichtet, eine zentrale, lebensbringende Kraft einzuführen. Das organische System wird so aus dem Zusammenspiel der Teile verstanden, nicht aus der Exponierung eines einzelnen Faktors. Schrittweise wird in diesem Diskurs der alte, durch Driesch und andere Autoren in den Metaphysikverdacht geratene Terminus der ›Ganzheit‹ durch den neuen des ›Systems‹ abgelöst.

Zu besonderer Bedeutung kommt das Konzept der Ganzheit im Zuge von entwicklungsbiologischen Theorien seit Ende der 1920er Jahre. Die Prozesse der Gestaltbildung sind danach weder allein durch ein metaphysisches, akausales Prinzip zu erklären, noch durch lineare Wirkungsketten, die von einzelnen Teilen ausgehen, sondern bestehen in durchgängigen Wechselwirkungen aller Komponenten des Systems. Der Begründer dieser Richtung, L. von Bertalanffy, spricht von der *Systemtheorie* des Organismus (s.u.). Von Bertalanffy und vor ihm H. Driesch beschreiben die besondere Ganzheit eines Organismus, bestehend aus Teilen, die in einer hierarchischen Ordnung zueinander stehen, seit Mitte der 1920er Jahre als eine **Wirkungseinheit**.[72] In einem außerbiologischen Sinn taucht dieser Ausdruck bereits vorher auf, so 1824 in chemischer Bedeutung für den einen Teil in einer chemischen Verbindung, der anziehend auf den anderen wirkt[73], 1871 im physikalischen Kontext[74], 1904 bei G. Simmel als »organische Wirkungseinheit«[75] und 1921 bei E. Ermatinger bezogen in gleicher Weise auf Lebewesen und Kunstwerke: »Die lebendige Wirkungseinheit eines Wesens prägt sich in der sichtbaren Organisation seiner Gestalt aus«[76]. Im Bereich des Organischen kann der Ausdruck ›Wirkungseinheit‹ so verstanden werden, dass ein Organismus ein System bildet, das nach außen in seinem Verhalten gegenüber Elementen seiner Umwelt abgegrenzt und nach innen in der Beziehung seiner Teile zueinander integriert ist – in letzterer Hinsicht kann er »durch die Wechselwirkung seiner Komponenten als Einheit bestimmt« werden, wie es 1950 bei W. Hennig heißt[77]. Ein Organismus stellt also nicht nur eine Wirkungseinheit, sondern auch eine *Wechselwirkungseinheit* (oder »Einheit der Wechselwirkung«[78]) dar.

In ähnlicher Bedeutung werden seit den 1930er Jahren die Ausdrücke *Wirkungsgefüge* (↑Regulation) und **Prozessgefüge** auf den Bereich des Organischen bezogen. N. Hartmann spricht 1942 von den »Faktoren im Prozeßgefüge des organischen Lebens«.[79] Und 1950 will er mit dem Wort die besondere Form der Einheit von Lebewesen als dynamische Systeme bestimmen, für die ihre kausale »Geschlossenheit« und »Prozeßganzheit«[80] im Gegensatz zu anorganischen Systemen kennzeichnend sei. Über den Ausdruck soll die für Lebewesen typische Existenzweise der Kontinuität im Wandel auf den Begriff gebracht werden: »Das, was sich im Lebensprozeß identisch erhält, ist nicht ein Stadium, auch nicht die organische Form, sondern das Prozeßgefüge mit seinem zeitlichen Gestaltcharakter, der Gesamtrhythmus des Lebens, in dem jedes Stadium vorwärts wie rückwärts auf die übrigen Stadien fest bezogen bleibt«.[81] Der Ausdruck erscheint vorher seit den 1920er Jahren in der Psychologie (Weinhandl 1926: »die Wörter dienen im Prozeßgefüge [des Denkens] nicht nur der Reproduktion«[82]; Köhler 1933: »Ein ausgedehntes [kognitionsphysiologisches] Prozessgefüge […], das funktionell durchweg in sich zusammenhängt und damit einen einzigen gegliederten Geschehenszusammenhang bildet, wird zwischen seinen (nur relativ) ausgesonderten Einzelbereichen dynamisch reale Beziehungen aufweisen, und diese würden die physiologische Grundlage für die anschauliche Lage der gesehen Dinge zueinander bilden können«[83]; Hertz 1934: »das Gesamtfeld des Erlebens als gegliedertes Prozeßgefüge«).[84]

Spanns Kritik des Ganzheitsbegriffs
Eine umfassende Kritik der zu seiner Zeit allgegenwärtigen Rede von ›Ganzheit‹ übt in den 1920er und 30er Jahren O. Spann. Er stellt dabei heraus, dass die Ganzheit kein »Faktor« ist, der neben seinen Gliedern eine Existenz hat und eine Wirkung entfalten kann. Besonders deutlich macht Spann dies in seinen sechs »Lehrsätzen zur Bestimmung der Ganzheit«. Der erste von Spanns Lehrsätzen lautet: »Das Ganze als solches hat kein Dasein«.[85] In seinem Verständnis des Ganzheitsbegriffs betont Spann die allein begriffliche Abhängigkeit der Teile von der Ganzheit. Das Ganze besteht danach nur in den Gliedern; es lässt sich nicht als Element, als stoffliches Etwas von seinen Teilen isolieren; es verfügt über keinen über die Teile hinausgehenden existenziellen Grund – kurz: »Das Ganze stellt sich nur in den Gliedern dar«.[86] Es entsteht nach Spann aus dem Verhältnis der Teile

zueinander und diktiert nicht in einem Herrschaftsmodell deren Eigenschaften »von oben«. Umgekehrt sind danach aber auch die Teile, insofern sie in ein Ganzes eingefügt sind, nur durch den Bezug auf dieses Ganze, d.h. die Totalität der anderen Glieder, das, was sie sind. Die Teile bestehen also nicht isoliert für sich. Der Bezug des Ganzen auf die Teile, der diese zu den Gliedern des Ganzen macht, dürfe aber nicht als eine kausale Wirkung vorgestellt werden. Das Ganze erzeuge nicht seine Teile, sondern liefere nur deren Einheitsbezug. Die Teile sind damit aus dem Ganzen ausgegliedert, aber bei aller Absetzung von den anderen stehen sie als Glieder weiterhin mit dem Ganzen in einer Beziehung der »Rückverbindung«, wie Spann formuliert.[87] Aufgrund des nicht dinglichen Charakters des Ganzen führe das Bild eines Bandes, das die Teile in dem Ganzen zusammenhält, in die Irre. Ein Band verbinde etwas, das auch ohne das Band existiere, die Glieder des Ganzen seien ohne ihren Ganzheitsbezug aber eben nicht das, was sie sind. Spann macht dies deutlich, indem er von dem »aufeinander Hingeordnet-Sein der Glieder« spricht und davon, »die Gegenseitigkeit der Teile als ihren *Seinsgrund* zu fassen«.[88] Die Teile des Ganzen sind damit Gegenstände, die nicht für sich gedacht werden können, weil es zu ihren Bestimmungsstücken gehört, auf etwas anderes bezogen zu sein. In einem biologischen Beispiel erläutert Spann: »Das Herz ist undenkbar außerhalb des Körpers, des Gesamtganzen, weil es ohne Lunge, Gefäßsystem, Blutsystem und so fort, kurz, ohne jene mitausgegliederten Glieder, die mit ihm zusammen einen handgreiflichen Gliederstaat bilden, undenkbar ist«.[89] Die Glieder könnten so nur unter Wahrung ihres Bezugs zu einander ausgegliedert werden und dieser nicht aufhebbare Bezug stelle sich als eine »wechselseitige Begründung« dar.[90] Wegen dieser Gegenseitigkeit ist in Spanns Ganzheitsbegriff jedes Glied immer ein Mit-Glied.

Nicht jede Einheit einer Vielfalt bildet in der Ganzheitslehre Spanns eine Ganzheit. Als wesentlich für die Ganzheit wird hervorgehoben, dass ihre Teile sich voneinander unterscheiden. Eine Ganzheit ist damit etwas anderes als ein Haufen: »Ein Haufen kann aus lauter gleichen Steinen bestehen; ein Ganzes kann aus Gleichmäßigem grundsätzlich nicht bestehen. Das Homogene ist nicht ganzheitlich; das Ganzheitliche ist nicht homogen«.[91] Bereits vor Spann wird die Verschiedenartigkeit der Teile in einer Ganzheit als Kriterium zur Unterscheidung von Organismen und nicht-lebendigen Einheiten wie Kristallen herangezogen[92]: Nicht alle Kristalle sind zwar stofflich vollkommen homogen, aber die Verschiedenartigkeit ihrer Teile gehört andererseits nicht zu ihrer Bestimmung als Kristall – wie aber doch die Verschiedenheit der Teile des Organismus diesen überhaupt erst zu einem Organismus macht.

Ganzheiten im Anorganischen
Trotz dieser Klärungsversuche bleibt der Begriff der Ganzheit aber ein insgesamt nicht sehr scharfes Konzept. Diese Unschärfe des Ganzheitsbegriffs zeigt sich auch darin, dass von verschiedenen Autoren allen möglichen Gegenständen eine Ganzheit zugeschrieben wird. Als entscheidendes Kriterium der Ganzheit gilt vielfach die Wechselwirkung der Glieder eines Systems und seine sich daraus ergebende Wesensveränderung bei Entfernung eines dieser Glieder.[93] Infolge dieses weiten Ganzheitsbegriffs gelten nicht selten auch anorganische Körper als Ganzheiten (W. Köhler 1920: »physische Gestalten«).[94] Ein Musterbeispiel für eine anorganische Ganzheit ist für viele Autoren ein Atom oder Molekül, insofern hier eine Wechselwirkung der Teile besteht, die nicht gestört werden kann, ohne die Eigenschaften des Ganzen zu zerstören.

H. Driesch reagiert 1926 auf die Versuche, auch im Anorganischen Ganzheiten zu entdecken, mit dem Hinweis, die physischen Gestalten würden sich nicht wie die organischen Ganzheiten aus einer inneren Dynamik oder einer endogenen Potenz heraus formen. Sie seien eben nur physische *Gestalten*, aber keine Organismen oder Ganzheiten. Während Organismen aus sich heraus ihre Ganzheit bildeten, sei den physischen Gestalten ihre Topografie von außen aufgezwungen.[95] Der Autonomie der Bildung der lebenden Ganzheiten soll damit die Heteronomie der Entstehung physischer Gestalten gegenüber stehen.

Es ist allerdings fraglich, ob eine solche scharfe Abgrenzung von Ganzheiten und Gestalten wirklich möglich ist. Denn »innere Kräfte« und eine »spontane innere Dynamik« lassen sich auch in anorganischen Körpern ausmachen. So könnten z.B. die Kräfte, die einen Planeten und seine Oberflächengestalt formen, auch als »innere Kräfte« angesehen werden und wären damit nach Drieschs Kriterium Teil eines organischen Ganzheitsphänomens. Weil Prozesse der ↑Selbstorganisation im Laufe des 20. Jahrhunderts gerade auch für anorganische Systeme beschrieben werden, muss Drieschs Versuch einer scharfen Grenzziehung als gescheitert angesehen werden.

Ökosysteme als Ganzheiten
Nicht nur zur Beschreibung der Organisation einzelner Lebewesen, auch für Systeme auf anderen Organisationsebenen der Biologie erweist sich der Begriff

der Ganzheit als fruchtbar. So sind in der Ökologie zahlreiche Wortprägungen für das Konzept des ↑Ökosystems aus den 1920er und 30er Jahren von holistischen Gedanken inspiriert. Dies gilt insbesondere für die deutschen Beiträge zu diesen Diskussionen, etwa für A. Thienemanns Bestimmung der Einheit von Lebensgemeinschaft und Lebensraum[96] oder K. Friederichs Begriff des »Holozön« (vgl. Abb. 172)[97]. Die von A.G. Tansley 1935 eingeführte Bezeichnung ›Ökosystem‹[98] steht allerdings weniger in dieser holistischen Tradition, sondern soll gerade die Öffnung der Ökologie zu einem physikalistisch-reduktionistischen Forschungsprogramm ermöglichen – was dann auch gelingt. Einer der frühen Hauptprotagonisten der Ökosystemforschung, E.P. Odum, bekennt sich allerdings wiederum zu einer holistischen Analyse und schreitet in seiner Darstellung auch von dem Ganzen zu den Teilen voran.[99] Die ↑Entwicklung eines Ökosystems vergleicht Odum 1969 sogar ausdrücklich mit der Entwicklung eines Organismus.[100]

An dem Verständnis von Ökosystemen als ganzheitlichen Gefügen wird die von vielen Autoren für wichtig erachtete Abgrenzung des Begriffs der Ganzheit von dem des Aggregats besonders deutlich: Während Aggregate auf der räumlichen Anordnung von Elementen im Sinne ihres physischen Kontakts beruhen (das räumlich Beieinandersein sich berührender Gegenstände), können die Elemente einer Ganzheit oder eines Systems räumlich disparat sein, d.h. zwischen ihnen können Lücken im Raum bestehen, wie zwischen den räumlich zerstreuten Elemente eines Ökosystems (das funktionale Miteinandersein voneinander abhängiger Gegenstände).

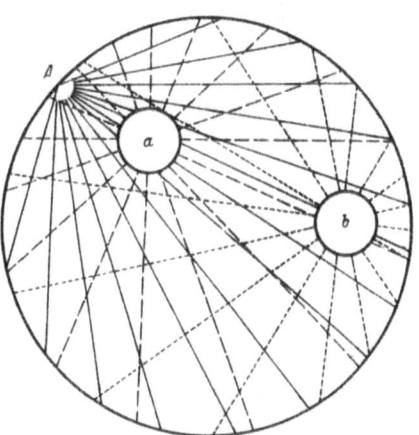

Abb. 172. Das Prinzip des »holocönen Faktors« in der Bildung ganzheitlicher ökologischer Gefüge. Die Peripherie des großen Kreises stellt verschiedene Umweltfaktoren dar, die auf die Organismen verschiedener Arten, repräsentiert durch die kleinen Kreise im Innern, wirken. Einige Organismen werden nicht direkt von einem Umweltfaktor beeinflusst (z.B. die Organismen der Art b nicht von dem Faktor A), sondern durch die Veränderung eines anderen Umweltfaktors oder durch die Zwischenwirkung der Organismen anderer Arten. Die Veränderung eines Umweltfaktors oder einer Art zieht eine Änderung des gesamten Gefüges nach sich (aus Friederichs, K. (1927). Grundsätzliches über die Lebenseinheiten höherer Ordnung und den ökologischen Einheitsfaktor. Naturwiss. 15, 153-157; 182-186: 184).

Ganzheit und Zerstörbarkeit
Ein allgemeines Merkmal von Ganzheiten ist ihre Zerstörbarkeit: Werden einer Ganzheit Teile genommen, dann liegt nicht nur weniger vom Gleichen vor, sondern der Gegenstand hört auf zu existieren. Der Zusammenhang zwischen den Konzepten ›Ganzheit‹ und ›Zerstörbarkeit‹ ist offenbar ein definitorischer: Alle Ganzheiten sind zerstörbar; nur das, was zerstört werden kann, ist eine Ganzheit. Ganzheiten hören also durch ihre Zerstörung auf, das zu sein, was sie vorher waren. Weil die Teile eines Ganzen nur durch den (kausalen) Bezug zu den jeweils anderen Teilen bestehen können, kann die Zerstörung der Ganzheit schon allein in der Trennung der Teile voneinander bestehen. Die Ganzheitlichkeit der natürlichen Organismen ist in dieser Hinsicht allerdings nicht vollständig: Vielen Organismen können Teile entnommen werden, und sie können doch ihr Leben fortsetzen. Dies gilt für alle nicht lebenswichtigen Teile, wie z.B. Haare, Gliedmaßen oder die paarig vorhandenen inneren Organe. Trotz dieser Einschränkung gelten Organismen aber doch als ein Paradigma von Ganzheit. Sie werden nicht selten sogar über das Merkmal ihrer Unteilbarkeit ohne Identitätsverlust definiert, angedeutet z.B. schon 1797 durch A. von Humboldt: »Belebt nenne ich denjenigen Stoff, dessen willkührlich getrennte Theile, nach der Trennung, unter den vorigen äußeren Verhältnissen ihren Mischungszustand ändern lässt«.[101] H. Rickert formuliert zu Beginn des 20. Jahrhunderts: »Organismen z.B. können nicht geteilt werden, wenn sie nicht aufhören sollen, Organismen zu sein«.[102]

Mit der Zerstörbarkeit einer Ganzheit ist das allgemeine Moment der Negativität oder des »modus deficiens« verbunden, wie es N. Hartmann 1950 nennt: »nur einem Ganzen kann etwas fehlen«.[103]

Kausalität und Ganzheit
Eine beständige Herausforderung holistischen Denkens für die Wissenschaft bildet das Problem, die wechselseitige Abhängigkeit von Prozessen in einem Ganzen mittels eines kausal-analytischen Ansatzes

zu erklären. Wenn eine Ganzheit so vorgestellt wird, dass alles mit allem verbunden ist und alles von allem abhängt, dann lassen sich keine allgemeinen Gesetze für die Wirksamkeit isolierter Bestandteile angeben: Der Effekt eines Teils in einem System kann anders sein als in einem wenig anderen System; der analytisch-erklärende Ansatz kommt damit insgesamt an seine Grenzen und allein eine Beschreibung des jeweiligen komplexen und interdependenten Geschehens wird möglich. Es besteht daher ein Zusammenhang zwischen der Ganzheit eines Gegenstandes und seiner Individualität (im offensichtlichen Sinne der Unteilbarkeit und im weniger offensichtlichen Sinne seiner Einzigartigkeit und Anomalität).

Andererseits kann der Begriff der Ganzheit im Sinne der Wechselseitigkeit oder Kreisläufigkeit von Prozessen nicht allein über eine individualisierende Begriffsbildung bestimmt werden, sondern setzt vielmehr eine Ontologie von Typen voraus. Denn als ›wechselseitig‹ oder ›zyklisch‹ kann das Verhältnis zwischen den Teilprozessen eines Geschehens nur bezeichnet werden, wenn ein individueller Teilprozess als Element eines Typs von Prozessen reidentifiziert werden kann. Wechselseitigkeit und Kreisläufigkeit basiert daher ebenso auf einer Typenontologie wie die Schließung von kausalen Prozessen (Salthe 1993: »Closure is based on types, not tokens«[104]).

Teleologie und Ganzheit
Immer wieder ist in der Philosophie der Biologie versucht worden, den Begriff der Funktion oder Zweckmäßigkeit über das Konzept der Ganzheit zu erläutern. Enthalten ist die Verbindung von Zweckmäßigkeit und Ganzheit bereits in Kants Einführung des Konzepts der organischen Zweckmäßigkeit über das Modell eines »Naturzwecks«, d.h. eines organisierten Wesens, von dem gilt, »daß die Theile desselben sich dadurch zur Einheit eines Ganzen verbinden, daß sie von einander wechselseitig Ursache und Wirkung ihrer Form sind«[105] (↑Zweckmäßigkeit). Im Anschluss daran ist es im 19. Jahrhundert allgemein verbreitet, die Zuschreibung von Funktionen und Zwecken zu Teilen von Organismen an ihrem Beitrag zu dem Ganzen zu binden: Der Entwicklungsphysiologe W. Roux sieht in einer Funktion 1881 eine »Leistung, welche dem Ganzen nützt«, eine »Verrichtung für das Ganze«.[106] Zu Beginn des 20. Jahrhunderts folgen ihm in dieser Sicht H. Driesch und R. Kroner (s.o.).

Die Verbindung von Zweck- und Ganzheitsbegriff geht bei einigen Autoren so weit, dass sie vorschlagen, den in der Biologie notorisch umstrittenen Begriff des Zwecks durch den der Ganzheit zu ersetzen. So besteht 1922 für E. Ungerer die organische Zweckmäßigkeit genau in dem Bezug eines Teils auf das Ganze eines Systems. Statt von ›Zweckmäßigkeit‹ sollte daher besser von *Ganzheitsbezogenheit* gesprochen werden. Als Ganzheiten verstanden, sei die Beurteilung der Organismen nicht mit dem von Ungerer als »nutzlos und gefährlich«[107] eingeschätzten Konzept der Zweckmäßigkeit belastet. Ungerer fordert daher den »Ersatz der Zweckbetrachtung des Organismus durch die Ganzheitbetrachtung«.[108] Andere Autoren schließen sich Ungerer in dieser Sache an: K. Goldstein verzichtet in seinem biophilosophischen Hauptwerk ›Der Aufbau des Organismus‹ vor diesem Hintergrund ausdrücklich auf den Begriff der Zweckmäßigkeit.[109] Die von Ungerer diagnostizierte Gefährlichkeit des Zweckbegriffs liegt allerdings nur dann vor, wenn er, wie Ungerer es vornimmt, mit psychologischen oder intentionalistischen Bezügen in Verbindung gebracht wird. Viele Biologen und Wissenschaftstheoretiker haben sich aber gerade darum bemüht, einen Zweckbegriff in der Biologie zu etablieren, der frei von solchen Bezügen ist (↑Zweckmäßigkeit). Fraglich ist auch, ob dem Ganzheitsbegriff überhaupt eine Bestimmtheit gegeben werden kann, ohne auf den Zweckbegriff zu rekurrieren. Für G. Wolff ist die Sache 1933 klar: »Ohne den Zweckmäßigkeitsbegriff löst der Ganzheitsbegriff sich auf und das Wort verliert einen angebbaren Inhalt«.[110]

Jedenfalls bestehen beide Begriffe, ›Zweck‹ und ›Ganzheit‹, in den biophilosophischen Debatten bis in die Gegenwart fort und werden vielfach im Zusammenhang miteinander diskutiert. Für A. Benninghoff bedeutet eine Funktion 1935 »Ausrichtung der Teilvorgänge auf das Ganze«.[111] Ohne Beziehung auf ein übergeordnetes System mache die Rede von Funktionen keinen Sinn. »Funktionelle Systeme« könnten nicht »selbständig« sein, sondern sind nach Benninghoff immer Glied eines höheren Systems.[112] Und auch für E. Holenstein korrespondiert der Funktionsbegriff 1983 dem Systembegriff.[113] Funktionen werden Gegenständen zugeschrieben, sofern sie Elemente (Teile) von übergeordneten Systemen (Ganzheiten) bilden (vgl. auch Hirschmann 1973: »Those objects whose items have functions are wholes, for example, organisms, machines and societies, that is objects which exhibit not merely complexity but an organisation as well«[114]).

Ganzheitsbezogene Gegenstandsbestimmung
Kennzeichnend für den epistemischen Ansatz der Biologie ist nicht nur die häufige Beurteilung von Gegenständen und Vorgängen im Hinblick auf den Beitrag, den sie zu dem Ganzen eines Systems leis-

ten, sondern auch ihre regelmäßige *Bestimmung* auf der Grundlage eben dieses Beitrags zur Funktion des Systemganzen: Die spezifische Rolle, die ein Gegenstand oder Vorgang in einem System ausübt, bildet das Moment, über das er identifiziert und auf den Begriff gebracht wird. Ein Herz beispielsweise ist über seinen besonderen funktionalen Beitrag in dem Ganzen eines Körpers bestimmt. Mitte des 19. Jahrhunderts betont im Anschluss an Kant bereits W. Whewell diese epistemische Seite der Ganzheitsbetrachtung. Für ein ganzheitliches, organisiertes System ist es danach charakteristisch, dass die Teilprozesse durch ihren Ganzheitsbezug bestimmt sind und das Ganze nur durch den Beitrag der Teile vorgestellt wird: »The system is organized, when the effects which take place among the parts are *essential to our conception of the whole*; when the whole would not *be* a whole, nor the parts, parts, except these effects were produced; when the effects not only happen in fact, but are included in the idea of the object«.[115]

Mitte des 20. Jahrhunderts wird diese funktionalistisch-holistische Begriffsbildung in der Biologie von M. Beckner herausgestrichen: »we describe the parts of organic wholes in their activities qua parts by employing concepts that are defined by reference to the higher-level phenomena exhibited by the whole«.[116] So ist es z.B. nicht die genaue chemische Zusammensetzung der Magensäfte, die diese als ein Element der Verdauung identifizieren, und es ist nicht das genaue Bewegungsmuster, das ein Hase vollbringt, das dieses als eine Flucht identifiziert. Das identifizierende Moment ist vielmehr jeweils die Wirkung dieses Prozesses auf den Organismus und seine Teile. Ein biologischer Prozess ist also immer als ein Teilprozess eines übergeordneten Ganzen zu verstehen. Seine Bestimmung hängt an seiner Einordnung.

In seinem Versuch zu klären, was unter einer biologischen Funktion zu verstehen ist, macht Beckner deutlich, dass die Rede von Funktionen bei nichtganzheitlichen und nicht-organisierten Gegenständen nicht angemessen ist, weil diese nicht über Teile verfügen, die ihre Bestimmung erst in Relation zu den anderen Teilen erhalten, mit denen sie gemeinsam die Ganzheit und Organisation bilden. In Beckners Beispiel: Es kann nicht davon gesprochen werden, dass es eine Funktion der Erde sei, auf ihrem Weg durch den Kosmos mit Meteoriten zusammenzustoßen, denn der Begriff der Erde ist nicht über diese Wirkung definiert (»the term ›the earth‹ is not defined (even in part) by reference to the activity of meteorite interception«[117]; allgemeiner: »we do not [...] identify the parts of the solar system, or any of its activities, in terms of the contribution they make to activities of the whole solar system«[118]). In anorganischen, nicht funktional beurteilten Systemen erfolgt nach Beckner gerade keine Identifikation der Teile aufgrund ihrer Wirkung für das System. In physikalischer Sprache werden Prozesse im Allgemeinen durch ihre *intrinsischen* Eigenschaften und damit nicht *relational* durch ihren Bezug zu externen Gegenständen definiert. Dieser Unterschied zur biologischen Gegenstandsbestimmung kann darauf zurückgeführt werden, dass die biologischen Gegenstände für ihren Bestand auf die Integration in ein Gesamtsystem angewiesen sind. Ohne diese Integration würden sie aufhören zu existieren. Eine Erde ohne Meteoriteneinschlag hätte andere Eigenschaften, aber sie würde weiterhin als der spezifische Planet ›Erde‹ identifiziert werden können; ein Wirbeltier ohne Herz dagegen würde auch seine anderen Organe verlieren und wäre damit kein lebensfähiger Organismus mehr – er würde aufhören, als solcher zu existieren. Der Ganzheitsbezug gehört also aufgrund dieser Ganzheitsabhängigkeit der Komponenten zur Wesensbestimmung biologischer Gegenstände.

Ganzheit als Vorstellung, nicht als reales Agens
Die Ganzheit eines Gefüges kausaler Prozesse beruht auf der wechselseitigen Abhängigkeit der kausalen Glieder voneinander. Die kausalen Teile werden erst durch den Bezug zu den anderen Gliedern, mit denen sie zusammen das ganze System bilden, zu dem, was sie sind. Weil die Wirkung eines Teils aufgrund der kausalen Wechselseitigkeit der Teile auf ihn selbst zurückwirkt, macht es Sinn, in einem solchen Gefüge jeden Teil durch seinen Beitrag zu dem Ganzen bestimmt zu denken. Und weil diese Rückwirkung der eigenen Wirkung über die Gesamtheit der anderen Teile vermittelt wird, liegt auch eine Abhängigkeit von der Ganzheit des Systems vor. Aber diese Abhängigkeit ist doch keine *Wirkung* des Ganzen.

In gewisser Weise hat dies schon Kant gesehen, wenn er sagt, das Ganze sei nicht »der Grund der Möglichkeit der Verknüpfung der Theile«, sondern dass nur »die Vorstellung eines Ganzen den Grund der Möglichkeit der Form desselben und der dazu gehörigen Verknüpfung der Theile enthalte«.[119] Das Ganze sollte nicht selbst als aktives Agens vorgestellt werden, weil es in keinem Verhältnis der Wirkung zu seinen Teilen steht. Kant erkennt, dass »die Theile (ihrem Dasein und der Form nach) nur durch ihre Beziehung auf das Ganze möglich sind«.[120] Die Ermöglichung und Bestimmung der Teile durch das Ganze ist aber kein kausales, sondern ein begriffliches Verhältnis. Die Rede von einer *Ganzheitskausalität* ist daher auch problematisch und es erscheint angemes-

		Bezugspunkt	
		Außenbezug (topologisch-morphologisch)	Innenbezug (kausal-physiologisch)
Charakter der Faktoren	konstitutive Faktoren (nicht graduierbar)	*Kontiguität* räumliche Einheit von nur miteinander, nicht aber mit der Umwelt zusammenhängenden Teilen	*Zyklizität* kausale Geschlossenheit durch Rekursivität der Teilprozesse
	fakultative Faktoren (graduierbar)	*Limitation* Abgrenzung durch eine äußere Hülle	*Integration* Vernetzung der Teile

Tab. 95. *Kreuzklassifikation von Faktoren, die der Bildung einer Ganzheiten zugrunde liegen können.*

sener, das Verhältnis mit N. Hartmann als eine *Ganzheitsdetermination* zu beschreiben (s.u.).

In der jüngeren Diskussion des Ganzheitsbegriffs wird dieses fehlgeleitete Verständnis der Ganzheit als Agent im Verhältnis zu seinen Teilen vielfach betont. So formulieren W. Konrad und K. Zenker 1967: »Immer dann, wenn ein Ganzes als auf seine Teile wirkend angesehen wurde, ist der Boden wissenschaftlicher Forschung verlassen worden«.[121] Ähnlich heißt es 1979 bei H. Byerly: »A whole cannot be a agent cause of changes in its parts since a whole is not an external source of interference for processes in the parts«.[122] Den logischen und nicht-temporalen Aspekt der Relation zwischen dem Ganzen und seinen Teilen hebt 1986 auch J. Jacobs hervor: »Constituents and their arrangements do not exist prior to and as antecedent causes of the systems they figure in. All of this is simultaneous«.[123] Für Jacobs stellt das Ganze eines Systems eine Randbedingung und eine Einschränkung (»constraint«) für die Existenz der Teile dar. Diese Randbedingung dürfe aber nicht als Wirkung des Ganzen auf die Teile gedeutet werden. Es handelt sich also allein um eine epistemische Abhängigkeit: Die Identitätsbedingungen jedes Teils hängen an seiner nicht-kausalen Beziehung zu dem Ganzen (und an seiner besonderen kausalen Beziehung zu anderen Teilen). Mit Jacobs kann man auch festhalten, dass diese epistemische Systematisierung von Teilen als Elemente eines Ganzen selbst explanative Signifikanz hat. Es hat erklärenden Charakter, wenn ein Teil auf ein Ganzes, in dem es eine Funktion ausübt, bezogen wird. Allein in seiner Koordination mit den anderen Teilen kann die Eigenart jedes Teils geklärt werden; eine vollständige Erklärung jedes Teils erfordert die Referenz zu den anderen Teilen.

Das Verhältnis vom Ganzen zu seinen Teilen sollte also nicht in kausalen Begriffen beschrieben werden. Hilfreich ist es aber, das spezifische Verhältnis der Teile untereinander und des Ganzen zu seiner Umwelt kausaltheoretisch zu analysieren. In dieser Perspektive bilden die interne Integration und die externe Isolation die wesentlichen Charakteristika einer Ganzheit.[124] Die Integration kann dabei näher bestimmt werden als eine Interaktion von Komponenten, die eine Korrelation ihres Verhaltens und damit ein gemeinsames Schicksal (»common fate«) bedingt.[125] Relativ isoliert ist eine Einheit als Ganzheit, insofern eine große Anzahl oder eine starke Intensität von Interaktionen zwischen ihren Komponenten vorliegt (vgl. Abb. 171).

Ganzheit und holistische Biologie
Von Bedeutung ist der Begriff der Ganzheit in neuerer Zeit in der Kritik des »adaptationistischen« Programms zur Erklärung der Eigenschaften von Organismen durch eine Selektion für jedes isolierte Merkmal (↑Anpassung). S.J. Gould und R.C. Lewontin merken 1979 dazu an, dass Organismen insbesondere in ihrer Entwicklung als integrierte Einheiten zu betrachten sind, für die die Annahme einer atomisierender Teil-für-Teil-Optimierung unangemessen sei: »development occurs in integrated packages, and cannot be pulled apart piece by piece in evolution«.[126]

1983 stellt Lewontin fest, dass Organismen insofern Ganzheiten darstellen, als ihre Teile durch die

Interaktion mit den anderen Teilen des Ganzen umgebildet werden können und ihre definierenden Eigenschaften damit selbst erst im Ganzen erscheinen: »It is not that a whole is more than the sum of its parts but that the parts themselves are re-defined and re-created in the process of their interaction«.[127] Die Wirksamkeit der Teile beruht also immer auf einer Wechselwirkung, und auch das Verhältnis des Organismus zur ↑Umwelt sollte nicht als eine einsinnige Anpassung des Organismus verstanden werden: »Organism and environment are both in a constant state of becoming, mutually determining each other«[128].

Trotz dieser Kritik am darwinistischen Anpassungskonzept muss aber kein Widerspruch zwischen Theorien der (Selbst-) Organisation und der Anpassung angenommen werden. In den letzten Jahren sind viele Vorschläge gemacht worden, wie Entwicklungs- und Evolutionstheorien miteinander zu vereinbaren sind.[129] Systemtheoretisch können Ganzheiten als holistische Systeme bestimmt werden. Im Gegensatz zu atomistischen Systemen, bei denen die Eigenschaften ihrer Teile intrinsisch bestimmt sind, werden in holistischen Systemen die Eigenschaften der Teile relational und extrinsisch bestimmt: Die Eigenschaften kommen den Teilen nur insofern zu, als sie Teile des Ganzen sind, sie hängen also in ihren Eigenschaften davon ab, dass sie in Beziehung zu anderen Teilen stehen, mit denen zusammen sie das Ganze bilden.

In den letzten Jahren erfährt eine an der Ganzheit des Organismus orientierte Forschung ausgehend von der Genetik und Entwicklungsbiologie einen Auftrieb. Denn die einseitige Erforschung des Genoms hat nur zu wenigen Einsichten in die physiologischen Mechanismen geführt. Die Ausrichtung der Forschung auf nur eine Komponente der Ganzheit des Organismus, nämlich die der Gene in der *Genomik*, wird abgelöst von dem Zeitalter der *Postgenomik*[130] (↑Gen) und der Wiederkehr einer *holistischen Biologie*[131]. Vorläufer dieser Bewegung finden sich bereits seit Mitte des 20. Jahrhunderts, etwa in E. Mayrs »Theorie der genetischen Relativität« (↑Gen), nach der die Wirkung eines Gens keine rein intrinsische Eigenschaft ist, sondern von seinem jeweiligen genetischen und außergenetischen Kontext abhängt. Auch in der Entwicklungsbiologie wird deutlich, dass Entwicklungsprozesse nicht mehr aus der Wirkung einzelner Gene, sondern allein aus der Interaktion vieler Faktoren zu verstehen sind. Die Organismen sind daher, mit G. Webster und B.C. Goodwin gesprochen, als »selbstorganisierende Totalitäten« oder *dezentrierte Strukturen* (»Decentered Structures«) aufzufassen.[132] In der Entwicklungsbiologie zeigt sich die Ganzheitlichkeit organismischer Systeme besonders deutlich in den Phänomenen der *Plastizität* und *Robustheit* des Systemganzen, d.h. der Invarianz komplexer Systemleistungen auch bei Variation einzelner Bestandteile des Systems.

Terminologie der Ganzheit: ›-om‹ und ›-omik‹
In Bezug auf die Wortgestalt ist es bemerkenswert, dass viele biologische Begriffe, die eine Gesamtheit oder Ganzheit von Entitäten bezeichnen, einen gleichlautenden Wortausgang aufweisen: Sie enden mit der Silbe *-om* (vgl. z.B. ›Biom‹, ›Genom‹, ›Proteom‹, ›Phänom‹). Das in der Biologie verbreitete, auf eine holistische Abstraktion verweisende Suffix *-om* ist damit unterschieden von dem in der Physik verbreiteten Suffix *-on*, das besonders für Gegenstände verwendet wird, die in einer analytisch-zergliedernden Untersuchung als Elementarteilchen erkannt werden (z.B. ›Photon‹, ›Elektron‹, ›Proton‹, ›Neutron‹, ›Meson‹).[133] Auf dieser sprachlichen Grundlage kann ein ↑Organismus in seiner Totalität als Einheit von wechselseitig voneinander abhängigen Teilprozessen als **Allelom** (von griech. ›ἀλλήλων‹ »gegenseitig, einander«) bezeichnet werden. Die ihm gegenüberstehende ↑Umwelt könnte *Periom* genannt werden. Ein Terminus, den A. Koestler 1969 für die Benennung eines ganzheitlichen Systems einführt, lautet **Holon**. Aufbauend auf der Vorstellung einer organischen ↑Hierarchie ist es nach Koestler möglich, Holons auf verschiedenen Ebenen der organischen Welt zu identifizieren.[134] Für das ganzheitliche neuronale Netzwerk des Zentralnervensystems eines Organismus wird im Jahr 2005 der Ausdruck *Konnektom* (engl. »connectome«) vorgeschlagen.[135]

Vielfalt der Ganzheitsbegriffe
Die Hauptschwierigkeit des Ganzheitsbegriffs ist bis in die Gegenwart seine unspezifische Bedeutung. Diese zeigt sich besonders darin, dass der Begriff nicht allein auf dynamische Systeme bezogen werden kann, sondern auch auf statische Gegenstände, die sich nicht verändern und bei denen auch die Relationen zwischen den Teilen nicht in kausalen Einwirkungen bestehen müssen. So gilt überhaupt ein ästhetisches Gebilde wie ein Kunstwerk als der Prototyp einer Ganzheit.

In einer einfachen Klassifikation können grundsätzlich die morphologische und physiologische Geschlossenheit als zwei prinzipiell unterscheidbare Aspekte der Ganzheit eines Organismus verstanden werden (vgl. Tab. 95). Während Organismen die morphologische Einheit im Sinne des räumlichen Zusammenhalts zu einem kompakten Körper mit anderen Naturkörpern gemeinsam haben (z.B. mit

Interdependenz

»Zu einem Körper [...], der an sich und seiner innern Möglichkeit nach als Naturzweck beurtheilt werden soll, wird erfordert, daß die Theile desselben einander insgesammt ihrer Form sowohl als Verbindung nach wechselseitig und so ein Ganzes aus eigener Causalität hervorbringen« (Kant 1790/93, 373).

Zyklizität

»Das Leben aber besteht in einem Kreislauf, in einer Aufeinanderfolge von Processen, die continuirlich in sich selbst zurückkehren, so daß es unmöglich ist anzugeben, welcher Proceß eigentlich das Leben anfache, welcher der frühere, welcher der spätere seye? Jede Organisation ist ein in sich beschloßnes Ganzes, in welchem alles zugleich ist« (Schelling 1798, 237).

Korrelation

»[L]a corrélation des formes dans les être organisés«: »Tout être organisé forme un ensemble, un système unique et clos, dont toutes les parties se correspondent mutuellement, et concourent à la même action définitive par une réaction réciproque. Aucune de ces parties ne peut changer sans que les autres changent aussi; et par conséquent chacune d'elles, prise séparément, indique et donne toutes les autres« (Cuvier 1812, I, 58).

Synergie

»Das eigentlich Biologische ist immer die spezifische Art des Zusammenwirkens der einzelnen innersystematischen Glieder im komplizierten Ganzen« (M. Hartmann 1933, 65).

Kohäsion

»[C]ohesion is the logical closure of the relations among elements of a thing that keep it from being disrupted by internal and external forces. In addition, the cohesion is stronger within the system than it is to any other system or component, so cohesion both unifies and individuates« (Collier 2000, 285).

Schließung (»closure«)

»Alles, was sich durch innere Geschlossenheit aus dem durchgehenden Weltzusammenhange heraushebt [ist ein ganzheitliches Gefüge...], auch wenn es nicht von räumlich scharfen Grenzen, wie der feste Körper von seinen Oberflächen, eingeschlossen ist« (N. Hartmann 1950, 445).

Ontologische Abhängigkeit

»[T]he basic content of the concept [of a holistic system] is a certain kind of *ontological dependence* of the parts of a system from its whole. This dependence is such that the parts would not have some of their characteristic properties, would they not be part of the system« (Weber 2005, 195).

Tab. 96. *Begriffe zur Bestimmung der Einheit einer organischen Ganzheit.*

Steinen), gilt die physiologische Einheit im Sinne eines kausalen Gefüges von wechselseitig voneinander abhängigen Prozessen als ein Bestimmungsmerkmal der Organismen. In basaler Form ist diese Wechselseitigkeit in einem ↑Kreislauf von Prozessen gegeben; ein zusätzlicher Faktor, der in ganzheitlichen Gefügen in verschiedenen Abstufungen vorliegen kann, besteht in der *Integrität* des Systems, d.h. der zusätzlichen *Vernetzung* (Konnektivität) der Teilprozesse. Die Abgrenzung des ganzheitlichen Gefüges von der Umwelt durch eine *Umhüllung* bildet einen weiteren Faktor zur Steigerung der Ganzheit.

Zur näheren Analyse des Begriffs der Ganzheit sind, ausgehend von verschiedenen Kontexten, eine ganze Reihe von Konzepten vorgeschlagen worden. Zu diesen Konzepten gehören *Interdependenz, Zyklizität, Korrelation, Synergie, Kohäsion* und *Schließung* (vgl. Tab. 96).[136]

Ganzheitskausalität

Der Terminus ›Ganzheitskausalität‹ wird 1919 von H. Driesch eingeführt.[137] Driesch erläutert den Begriff im Rahmen seiner vitalistischen Theorie des Organischen und will mit ihm eine »unraumhafte ganzmachende Kausalität« bezeichnen.[138] Im Gegensatz zur *Einzelheitskausalität* sei die Ganzheitskausalität diejenige Kausalität, welche allein in der belebten Natur wirksam sei. Driesch identifiziert die Ganzheitskausalität mit dem von ihm postulierten jenseits der Physik stehenden »Faktor E«, der Entelechie (↑Vitalismus). Drieschs Entelechie soll dabei selbst eine »ganzheitliche Substanz sein, welche sich, wenn sie dynamisch wird, kausal-ganzheitlich äußert«.[139] Der Ganzheitskausalität ist es also u.a. zuzuschreiben, dass es dem Fragment eines Keims möglich ist, wieder einen ganzen Organismus zu bilden (↑Entwicklung). Weil es die Konfiguration eines ganzen Systems und nicht ein einzelnes Element in einem System (und eigentlich auch nicht die Ganzheit des Systems selbst) ist, von dem diese Form der Kausalität ausgeht, bezeichnet Driesch sie seit 1904 auch als *Konstellationskausalität*.[140] (A.G. Gurwitsch spricht 1910 von »Kollektivverursachung« und »Kollektivgesetzlichkeit« für die »Gesetzlichkeit des Komplexes«.[141])

Mit dem Begriff der Ganzheitskausalität wird die Ganzheit in einem kausalen Modell als ein wirkendes Agens verstanden. Die Ganzheitskausalität muss allerdings nicht nach dem Modell von Drieschs »ganzmachenden« Agentien im Sinne einer kausalen Wirkung von dem Ganzen auf seine Teile verstanden werden: A. Meyer bezeichnet als Ganzheits- oder

»holistische Kausalität« allein die Wechselseitigkeit der Abhängigkeiten der Glieder in einem Lebewesen.[142] Die Ganzheit des Lebewesens bilde einen Determinationsfaktor für die ihm untergeordneten Gliedsysteme.[143] A. Mittasch deutet die Ganzheitskausalität reizphysiologisch: Sie liege vor, wenn sich ein ganzheitliches System durch einen äußeren oder inneren Anstoß aktiv und ganzheitlich verändere.[144] Sowohl Meyer als auch Mittasch verzichten also darauf, die Ganzheitskausalität als einen unraumhaften, nichtenergetischen Faktor im Sinne Drieschs zu verstehen.

Fraglich bleibt es aber, ob es sinnvoll ist, die Ganzheit als einen kausal wirkenden *Faktor* zu beschreiben, um die Wechselseitigkeit der Teile in einem Ganzen zu bezeichnen. Denn ein solches holistisches Agens stellt doch gerade nicht ein einzelnes kausales Element dar, sondern ist vielmehr allein im Zusammenspiel der verschiedenen Teile eines Ganzen verkörpert. Das Ganze ist also insofern lediglich eine epistemische Größe, die sich nicht an einzelnen Teilen festmachen lässt und der nicht selbst eine wirkende Kraft zugeschrieben werden kann. Insofern liegt eine Ganzheit primär in der Beurteilung verschiedener Teile oder Prozesse als einer Einheit. Die Ermöglichung und Bestimmung der Teile durch das Ganze ist dann kein kausales, sondern ein begriffliches Verhältnis.

Empfehlenswerter ist es daher, nicht von der »Ganzheitskausalität«, sondern der **Ganzheitsdetermination** zu sprechen. Dieser Ausdruck erscheint 1927 bei dem Botaniker W. Zimmermann in der Besprechung einer Arbeit, in der es um die Determination der differenzierten Merkmale bei Pflanzen angesichts der Totipotenz ihrer Zellen geht.[145] Der Autor dieser Arbeit, H. Miehe, benutzt zwar nicht das Wort, betont aber den Ganzheitscharakter von Organismen, insbesondere in ihrer Entwicklung. Er ist der Auffassung, dass »das Gesamtleben des Individuums [...] immer ein Ganzes ist und bleibt«, so dass kein einzelnes Element als Determinationsfaktor isoliert werden könne; es könne höchstens »aus dem Gesamtkomplex der Gestaltungsfaktoren eine Art von Embryonalfaktor« isoliert werden.[146]

Theoretische Bedeutung erlangt das Wort 1948 bei N. Hartmann.[147] Er streicht heraus, dass diese Determinationsform nichts mit Wirkung oder Rückwirkung zu tun hat, dass sie überhaupt nicht eine Bestimmung des Kausalnexus oder eines zeitlichen Verhältnisses darstellt. Sie bringe vielmehr allein die begriffliche Abhängigkeit der Bestimmung eines Gegenstandes vom Bezug dieses Gegenstandes zu einem ihn umfassenden System zum Ausdruck. Für Hartmann ist alles das ein ganzheitsdeterminiertes Gefüge, »was sich durch innere Geschlossenheit aus dem durchgehenden Weltzusammenhange heraushebt«.[148] Dazu zählt er das Planetensystem ebenso wie den Erdkörper, einen Stromkreis, einen balancierten Kreisel und schließlich auch Atome und Moleküle. Es ist ihr innerer Zusammenhalt, der diese Gegenstände für Hartmann zu Gefügen macht. Der Zusammenhalt müsse nicht auf »Substantialität« beruhen, sondern könne auch »Konsistenz«, d.h. Konstanz allein der Form bei wechselnden Stoffen sein.[149] Neben dem Zusammenhalt fordert Hartmann auch noch die Beharrung eines Gegenstandes, wenn er ein Gefüge sein soll. Ein Gefüge sei resistent gegen äußere Einflüsse, es erhalte sich selbst, indem es ein inneres dynamisches Gleichgewicht von einander entgegenwirkenden Kräften beinhalte. Hartmann spricht in diesem Zusammenhang von der *Zentraldetermination*[150] eines Gefüges, das sich selbst von innen heraus begrenzt und diese Grenze erhält. Nicht nur die Gegenseitigkeit der Wirkung, sondern auch die selbsttätige Regulation wird damit zum Bestimmungsstück eines Gefüges.[151]

Ganzheitserklärungen, in denen auf Ganzheitsdeterminationen verwiesen wird, können allgemein als Erklärungen verstanden werden, die nicht von einem lokalisierten Faktor ausgehen, sondern auf räumlich verteilte Faktoren verweisen, z.B. die Konstellation von Teilen in einem Ganzen.

Abwärtsverursachung

Den Ausdruck ›Abwärtsverursachung‹ (oder ›Abwärtskausalität‹ oder ›abwärts gerichtete Verursachung‹; »downward causation«) führt D. Campbell 1974 ein.[152] Ähnlich lautende Formulierungen existieren seit Beginn des 20. Jahrhunderts. So hält etwa C. Lloyd Morgan die Struktur eines Systems für kausal wirksam in Bezug auf seine Bestandteile. W. Sellars definiert 1922 ein System als eine Organisation mit einer Kontrolle der Teile durch das Ganze: »a system is [...] an organization in which the whole exerts a control over the parts«.[153] Und P. McLaughlin spricht im Jahr 2001 von einer vom Ganzen zu den Teilen *inwärts gerichteten Verursachung*: (»inward causality«).[154] Viel diskutiert wird das Konzept der Abwärtsverursachung in der Philosophie des Geistes, und zwar im Rahmen solcher Konzeptionen, die eine Kontrolle der niederen (neurophysiologischen) Entitäten durch höhere (mentale) annehmen.

In diesen Vorschlägen wird die Ganzheit als ein kausales Agens entworfen, das »herab« oder »nach innen« auf seine Teile wirkt. Da das Ganze aber doch aus seinen Teilen und deren Interaktion besteht, bleibt unklar, was das dem Wortlaut nach heißen soll. Es ist also ein logisches Problem mit dem Konzept einer Abwärtsverursachung verbunden: Eine Kausalrelation wird normalerweise allein zwischen verschiedenen Körpern angenommen, in einer Abwärtsverursachung wirkt aber das Ganze auf sich selbst ein, weil doch seine Bestandteile zu ihm zu zählen sind. Ontologisch ist es darüber hinaus problematisch, von der Kontrolle oder Verursachung niederer Hierarchieebenen durch höhere zu sprechen, weil jede Hierarchieebene ontologisch eine Menge von Gegenständen, und nicht die Gegenstände selbst darstellt – die Relation der Kontrolle oder Verursachung ist aber nur für Gegenstände, nicht für Mengen definiert.[155] In der neueren Diskussion der Philosophie des Geistes stößt die These der Abwärtsverursachung außerdem auf Kritik, weil der kausale Einfluss des Geistes auf die Materie die kausale Geschlossenheit des physischen Bereichs in Frage stellen würde.[156]

Inwärtskausalität
Allein unter besonderen Bedingungen erscheint es möglich, kausale Verhältnisse als eine Abwärtsverursachung zu beschreiben. Ein solcher Fall ist nach Auffassung einiger Autoren in der Entwicklung von Organismen gegeben. P. McLaughlin hält 2001 eine Abwärts- oder Inwärtskausalität (s.o.) prinzipiell für möglich, wenn das Ganze seinen Teilen zeitlich vorhergehen könne, wie dies bei Organismen der Fall wäre: »if we assume that the whole is temporally prior to the parts, then causation could theoretically go downward or inward from the whole to the parts«.[157] Das Ganze eines Organismus zu einem Zeitpunkt könnte danach auf einen seiner Teile zu einem späteren Zeitpunkt wirken, z.B. könnte ein Gen durch systemische Wirkungen, die sich aus dem physiologischen Zustand eines Organismus zu einem früheren Zustand ergeben, an- oder abgeschaltet werden. Ebenso könnte auch die Selektion als eine holistische Verursachung verstanden werden, insofern durch Selektion Veränderungen am Ganzen von Organismen (durch ihre differenzielle Reproduktion) im Hinblick auf die Eigenschaften ihrer Teile (genauer die Eigenschaften der Teile ihrer Nachkommen, also im Sinne von Teilen eines Typs) wirksam werden, z.B. kann durch die Selektion von ganzen Organismen die durchschnittliche Länge der Gliedmaßen in einer Population verändert werden.[158]

Gegen solche Annahmen einer Abwärts- oder Inwärtsverursachung vom Ganzen zu den Teilen sprechen allerdings ontologische Bedenken, selbst wenn eine diachrone Streckung der Ganzheit eines Organismus angenommen wird: Nach dem ontologischen Ansatz des Endurantismus kann ein Organismus als ein Kontinuant verstanden werden, der zwar zu einem bestimmten Zeitpunkt seiner Existenz ganz da ist; diese Ganzheit kann also auf Gegenstände, die zu einem späteren Zeitpunkt existieren, einwirken; weil ein Organismus aber eben zu jedem Zeitpunkt ganz da ist, bilden die Teile eines Organismus zu einem späteren Zeitpunkt noch keine Teile des zum früheren Zeitpunkt existierenden Organismus. In der konkurrierenden Sicht des Perdurantismus wird ein Organismus dagegen als vierdimensionale Einheit verstanden, er ist also zu keinem einzelnen Zeitpunkt seiner Existenz ganz da; folglich kann auch nicht seine Existenz zu einem Zeitpunkt, die auf Komponenten zu einem späteren Zeitpunkt wirkt, als ein Verhältnis zwischen Ganzem und Teil verstanden werden. Im Rahmen der beiden verbreiteten ontologischen Grundmodelle zum Verständnis von Organismen (»Endurantismus« und »Perdurantismus«; ↑Organismus) kann eine Ganzheitskausalität also kaum rekonstruiert werden. Nicht auszuschließen sind aber ontologische Modelle, in denen eine Ganzheitskausalität prinzipiell beschreibbar wird. Unstrittig dürfte aber sein, dass zum theoretischen Verständnis des Konzepts der Ganzheit (und Teleologie) in der Biologie die Annahme einer Ganzheitskausalität nicht notwendig ist, weil zur Konstitution eines organisierten Systems als Ganzheit (und »Naturzweck«) die Annahme von kausalen Relationen (und Bedingungsrelationen) zwischen den Teilen auf einer Hierarchieebene ausreichend ist (↑Wechselseitigkeit).

Drei Arten der Abwärtsverursachung
C. Emmeche, S. Køppe und F. Stjernfelt schlagen im Jahr 2000 vor, drei Arten der Abwärtsverursachung zu unterscheiden[159]: Nach dem Modell der *starken* Abwärtsverursachung bewirken Prozesse auf einer höheren Ebene Veränderungen von Entitäten oder Prozessen auf einer tieferen Ebene. Nach dem Modell *mittlerer* Abwärtsverursachung besteht dagegen keine kausale Beeinflussung der Entitäten und Prozesse auf der niederen Ebene durch die der höheren. Es wird stattdessen lediglich die Irreduzibilität der Entitäten auf der höheren Ebene im Hinblick auf ihre Konstitution behauptet: Sie lassen sich nicht allein als Ansammlungen von Entitäten auf der tieferen Ebene beschreiben. Als Grund für die Eigenständigkeit der Entitäten der höheren Ebene sehen die Autoren die Festlegung von Randbedingungen für die Interaktion der Entitäten auf der tieferen Ebene durch die Entitäten der höheren Ebene (»higher level entities are constraining conditions for the emergent activity

of lower levels«).[160] Im Gegensatz zum Modell der starken Abwärtsverursachung liege in diesem Modell keine effiziente Kausalität von Entitäten der höheren Ebene auf solche der tieferen vor, sondern lediglich eine *formale Kausalität* (»formal causation«).[161] Die dritte Form der Abwärtsverursachung schließlich, die *schwache* Abwärtsverursachung, charakterisieren die Autoren durch die Beschreibung der höheren Ebene als *Muster, Struktur, Form* oder *Organisation* der Anordnung der Entitäten auf der tieferen Ebene; im Gegensatz zum zweiten Modell wird dabei nicht angenommen, dass die höhere Ebene im Sinne einer Randbedingung für die Aktivitäten der Entitäten auf der tieferen Ebene wirksam ist. Als ein Beispiel für die Beschreibung eines Systems mittels der Annahme einer schwachen Abwärtsverursachung führen die Autoren die Analyse von dynamischen Systemen über *Attraktoren* an, die aus der Interaktion der Systemkomponenten entstehen und die zur Beschreibung des Systems dienen, denen aber trotzdem keine kausale Kraft zugeschrieben wird.

Für wissenschaftlich akzeptabel halten Emmeche, Køppe und Stjernfelt allein die mittlere und schwache Form der Abwärtsverursachung. Beim ersten Modell sehen sie die Gefahr einer Wiederbelebung vitalistischer Gedanken im Sinne des Postulats einer Seele oder Lebenskräften als kausalen Agentien in Organismen; sie halten dieses Modell daher für unvereinbar mit dem gegenwärtigen Stand der Wissenschaft.

In Bezug auf die anderen beiden Typen lässt sich allerdings fragen, ob es sich dabei wirklich um Modelle der Abwärtsverursachung handelt, weil hier keine *effiziente* Kausalität zwischen den Ebenen angenommen wird. Fraglich ist also, inwiefern eine *formale Kausalität* überhaupt als Kausalität zu werten ist.

Formale Kausalität
Von verschiedener Seite wird in den letzten Jahren vorgeschlagen, die Abwärtskausalität als eine *formale Kausalität* im Sinne Aristoteles' zu deuten. Sachlich kann dafür an ältere Ansätze bei J. von Uexküll (1928) und M. Polanyi (1968) angeknüpft werden, die über den »Bauplan« von Organismen bzw. die vom Organismus selbst erzeugten »Randbedingungen« für die Wirksamkeit physikalischer Gesetze die Ganzheit eines Organismus als eigenständige Seins- und Erklärungsebene etablieren wollen (↑Organismus).[162] Organismen erscheinen in dieser Perspektive als »irreduzible Strukturen« (Polanyi), insofern erst durch die mit ihnen gegebenen Körper die besondere Eigenart und Regelhaftigkeit ihrer Daseinsweise verständlich wird.

C.N. El-Hani und C. Emmeche identifizieren im Jahr 2000 die formale Kausalität mit den Randbedingungen oder einschränkenden Bedingungen (»constraining conditions«), die von dem Ganzen auf seine Teile gesetzt würden.[163] Das Verhältnis zwischen dem Ganzen und seinen Teilen oder der Makro- und Mikroebene wird auf diese Weise als eine symmetrische Beziehung gedacht: die *Mikrodetermination*, d.h. die Determination des Ganzen durch die Zustände seiner Teile, wird ergänzt durch eine *Makrodetermination*, »a whole's organizing causal influence over its components«[164]. Die Autoren wenden dieses Modell nicht nur auf die Deutung der Autonomie biologischer Systeme an, sondern auch auf die Erklärung mentaler Ereignisse. In diesem Punkt berührt ihre Auffassung sich mit der intensiven Diskussion, die sich um den Begriff der *Supervenienz* zur Erklärung der Emergenz des Mentalen aus dem Physischen entwickelt hat.

Allerdings ist für das Verhältnis der Supervenienz zweier Beschreibungsebenen gerade kennzeichnend, dass es sich dabei nicht um ein *kausales*, sondern um ein *logisches* Verhältnis handelt: Die Zustände der Gegenstände auf der supervenienten Ebene (z.B. das Mentale) werden determiniert durch die Zustände auf der basalen, subvenienten Ebene (z.B. das Physische oder Neurophysiologische). Determination bedeutet hier allein, dass die Zustände der Gegenstände auf der basalen Ebene hinreichend für die Zustände der Gegenstände der höheren Ebene sind; es wird nicht eine Verursachung behauptet. Das System ist in seiner Ganzheit nichts anderes als seine Teile in ihrer bestimmten Anordnung und Wechselwirkung. Denn so wenig wie die Teile auf das Ganze des Systems einwirken, weil sie eben das System ausmachen, so wenig kann das Ganze auf seine Teile einwirken, weil es in nichts als seinen Teilen verkörpert ist. Zwischen dem Ganzen und seinen Teilen besteht also keine kausale, sondern eine begriffliche Abhängigkeit: Ein Organismus wirkt nicht kausal auf sein Herz ein, aber die Bestimmung des Herzens ist allein unter Bezug auf das Ganze des Organismus möglich. Der Begriff der Abwärtskausalität erscheint daher unangemessen, um das Verhältnis von Ganzem und Teil zu beschreiben.

Ebenso wie Emmeche und seine Koautoren schlagen auch A. Moreno und J. Umerez im Jahr 2000 vor, das Verhältnis zwischen der Ebene des ganzen Organismus und der seiner Teile als eine formale Kausalität zu deuten. Formal sei diese Kausalität, insofern eine Strukturierung in der Anordnung von Stoffen gemäß einer bestimmten Form ausgehend von dem Ganzen des Systems erfolge. Beschrieben werden könne diese Form auch durch die jeweiligen Randbedingungen, die sowohl durch das System erzeugt und stabilisiert werden als auch seiner Identität zugrunde liegen (»Biological organisms generate and result from a certain kind of boundary conditions which selectively constrain those dynamical processes which constitute their identity«).[165]

Organisation als Kausalfaktor
Der ontologischen Schwierigkeiten ungeachtet halten einige Biophilosophen bis in die Gegenwart an der kausalen Bestimmung des Verhältnisses des Ganzen eines Organismus zu seinen Teilen fest. M. Mossio und A. Moreno sehen 2010 die ↑Organisation von Organismen allgemein als eine eigenständige Ebene der Kausalität, die jenseits der physikalischen Kausalfaktoren steht (»a distinct level of causation, operating in addition to physical laws«).[166] Erzeugt werde dieses emergente Kausalitätsregime (»regime of causation«) durch die Schließung von Wirkungsketten in der Organisation eines Organismus (»organisational closure«).[167] Diese Schließung würde als Bedingungsfaktor (»constraint«) für alle Prozesse innerhalb des Organismus wirksam sein und somit dessen »Selbst« und ↑Selbsterhaltung überhaupt konstituieren (»Biological systems must realize self-maintenance through organisational closure«).[168]

Emergenz
Ein weiterer Ausdruck, der zur Erläuterung des Ganzheitsbegriffs eingesetzt wird, ist ›Emergenz‹. Das Wort geht zurück auf das lateinische Verb ›emergere‹ »auftauchen (aus dem Wasser); sichtbar werden«. Als Fachterminus führt G.H. Lewes das Adjektiv **emergent** 1875 in die Philosophie des Geistes ein, um damit einen Effekt zu bezeichnen, der aus der Kombination verschiedener Ursachen entsteht, ohne eine einfache resultierende Summe von diesen zu sein.[169] Der Begriff wird also geprägt, um die Stellung des Geistes (»mind«) in der Welt in Form eines Entwicklungsmodells zu erklären: In Theorien der Emergenz wird der Geist einerseits an das Materielle gebunden, andererseits von ihm unterschieden und von anderen Prinzipien bestimmt. Abgeleitet davon wird der Begriff der Emergenz auf das Verhältnis des Lebendigen zum Materiellen übertragen: Auch das Lebendige ist aus dem Materiellen entstanden, aber von ihm unterschieden und durch neue Gesetze charakterisiert.[170]

Ansätze einer Theorie der Emergenz finden sich in der Antike. In Aristoteles' These, dass ein Ganzes dem Wesen nach seinen Teilen vorausgehe[171], ist der Emergentismus noch versteckt enthalten. Ausdrücklich stellt der römische Arzt Galen fest, dass ein aus Teilen zusammengesetzter Gegenstand über neue, seinen Teilen nicht zukommende Eigenschaften verfügen könne.[172] Diese Auffassung taucht verstreut bei verschiedenen Autoren immer wieder auf. Die im engeren Sinne emergentistischen Theorien werden aber erst seit Mitte des 19. Jahrhunderts formuliert.

Als Ergebnis einer besonderen Art der kausalen Verknüpfung behandelt J.S. Mill 1843 die Emergenz (ohne diesen Ausdruck dafür zu verwenden).[173] Mill unterscheidet zwei Formen der Verknüpfung von Ursachen, von denen er die eine mit der Mechanik, die andere mit der Chemie und Biologie assoziiert. Im Fall der mechanischen Verknüpfung von Ursachen (»homopathische Komposition«) liegt eine Additivität der Einzelursachen vor, die es beispielsweise erlaubt, aus der Kenntnis der einzelnen Kraftvektoren, die auf einen Körper einwirken, den Gesamtvektor in Kräfteparallelogrammen zu errechnen. Nicht so bei dem anderen Typ der Komposition von Ursachen, den Mill den »heteropathischen« nennt. Hier erlaubt eine Kenntnis der Einzelursachen gerade nicht die Extrapolation auf ihr Zusammenwirken. Das klassische, von Mill angeführte Beispiel für diese fehlende Ableitbarkeit von Eigenschaften der komplexen Ursache aus den Einzelursachen ist die Bildung von Wasser aus seinen chemischen Bestandteilen Wasserstoff und Sauerstoff. Mills Analyse der Komplexion von Ursachen geht hier über in eine systemtheoretische Analyse der Entstehung des Neuen durch die Zusammenfügung von Teilen zu einem Ganzen. In diesem systemtheoretischen Ansatz lassen sich gegenüberstellen: Systeme, deren Eigenschaften aus den Eigenschaften ihrer Teile ableitbar sind, und Systeme, bei denen das nicht der Fall ist, in denen also nicht die Teile als solche, sondern die Art ihrer Zusammenstellung und Interaktion für die Eigenschaften des Systems als Ganzes ausschlaggebend sind. In letzteren, den chemischen Systemen, ist es die Anordnung der Teile (»collocation of objects«), die eine Kraft hervorbringt (»force-giving property«), welche für die neue Eigenschaft des Systems verantwortlich ist.[174] Es ist damit also keine neue Grundkraft, keine Lebenskraft, die Mill postuliert, sondern allein die Berücksichtigung der Anordnung der Teile als systematisch wirkender kausaler Faktor.

G.H. Lewes versucht 1875 in einer ähnlichen Richtung wie Mill mit der Unterscheidung von Resultanten und Emergenzen (»resultants« und »emergents«) die Eigenart von chemischen Komplexen und von Lebewesen herauszuarbeiten.[175] Resultanten ergeben sich als Summe oder Differenzen von kooperierenden Kräften; Emergenzen bestehen dagegen aus einem Komplex inkommensurabler Kräfte und verfügen über Eigenschaften, die aus ihren Teilen nicht deduziert werden können.

Zu Beginn des 20. Jahrhunderts entwickelt C. Lloyd Morgan die Emergenzphilosphie zu einem philosophischen System ganz eigener Art unter Einbeziehung der Evolutionstheorie: Als treibende Kraft der Evolution wirke ein Streben zum Göttlichen (»nisus towards deity«), das über die drei emergenten Stufen *Materie*, *Leben* und *Geist* führe.[176]

C.D. Broad schlägt 1925 den Emergenzbegriff zur Lösung des Mechanismus-Vitalismus-Streits vor: Die Ganzheit des biologischen Organismus sei zwar durch die Eigenschaften und Anordnungen seiner Teile bestimmt – ein eigener, nicht-materieller Faktor müsse daher nicht angenommen werden –, trotzdem könnten das Verhalten und die Eigenschaften der biologischen Ganzheit nicht aus der Kenntnis der isolierten Teile abgeleitet (deduziert) werden.[177] Die emergenten, neuen Eigenschaften des Ganzen, die die Teile nicht alleine und auch nicht in anderen, weniger komplexen Ganzheiten besitzen, sind nach Broad das Ergebnis der räumlichen und raumzeitlichen Komposition der Teile. Durch ihre Komposition besitze die Ganzheit Eigenschaften, die ihre Teile gesetzmäßig beeinflussen würden; die Teile verfügten dagegen nicht über diese als gesetzmäßiger Einfluss wirkenden Eigenschaften. Die spezifischen chemischen Bindungen zwischen Atomen seien beispielsweise nicht durch die Eigenschaften der isolierten Atome abzuleiten, sondern bildeten ein ganzheitliches empirisches Faktum, das nicht erklärt werden könne, sondern selbst als Erklärungsprinzip fungiere. Als Erklärungsprinzip fungiere die Beschreibung insofern, als sie ein einzigartiges und grundlegendes (fundierendes) (»unique and ultimate«[178]) Gesetz darstelle. Dieses Gesetz sei nicht ableitbar, es stelle keinen besonderen Fall eines fundamentaleren Gesetzes dar, und es ergebe sich auch nicht aus der Kombination mehrerer fundamentaler Gesetze, sondern sei nur für die Gegenstände auf der betreffenden Ebene formuliert und könne daher auch nur durch eine Untersuchung dieser Gegenstände ermittelt werden. Die Natur einer chemischen Verbindung könne eben nur durch das Studium der Verbindung selbst festgestellt werden.

In einer Rekonstruktion dieser Argumentation sieht B. McLaughlin den Emergentismus Broads nicht theoretisch, sondern empirisch durch den Fortschritt der Physik im 20. Jahrhundert widerlegt. Die Quantenmechanik, die Broad in seinen Überlegungen noch nicht berücksichtigte, habe nämlich eine physikalische Erklärung für die Gesetze der chemischen Bindung geliefert. Was a priori nicht gewiss gewesen sei, habe sich empirisch erwiesen, nämlich dass alle Beschleunigungskräfte subatomaren Ursprungs seien. Fraglich sei allerdings, ob die Quantenmechanik noch eine strikt mechanische Theorie ist, denn sie enthält »holistische Prinzipien« wie Paulis Ausschließungsprinzip.[179]

Komplexer als im Fall der Chemie liegen die Verhältnisse bei biologischen Ganzheiten. Emergente Eigenschaften von Organismen sind für Broad z.B. die Atmung, die Verdauung und die Fortpflanzung, die jeweils für die Ebene des ganzen Organismus beschrieben werden können, auf der Ebene seiner Teile aber nicht existieren.

Im Anschluss an Broad bedient sich eine reiche Tradition des Begriffs der Emergenz, um die Auszeichnung der Biologie als eine autonome Wissenschaft zu begründen. Der Emergenzbegriff erscheint dabei in vielen ontologischen und methodologischen Varianten. Seit den Arbeiten des logischen Empirismus zum Thema[180] wird die Emergenz meist als ein Verhältnis zwischen Theorien verstanden: Die Behauptung einer Emergenz impliziert die Unmöglichkeit der Reduktion der auf der Ganzheitsebene formulierten Theorie auf die Theorie der Komponentenebene. Emergenz bedeutet also auch (und manchmal nichts anderes als) Nicht-Reduzierbarkeit, fehlende Ableitbarkeit von Eigenschaften eines Gegenstandes aus seinen Elementen. Nach diesem Verständnis bildet die Emergenz nicht ein ontologisches Verhältnis, sondern ein Verhältnis von Theorien zueinander.

Besonders verbreitet sind die Emergenztheorien wegen ihres dezidiert naturalistischen Ansatzes. Der Naturalismus drückt sich in erster Linie darin aus, dass die neuen Eigenschaften eines Systems aus der Interaktion seiner Bestandteile erklärt werden: Die Systemeigenschaften hängen von der Mikrostruktur des Systems, d.h. seinen Bestandteilen und deren Anordnung, ab (synchrone Determiniertheit).[181] Zwei Systeme mit gleicher Mikrostruktur weisen im Rahmen eines emergenztheoretischen Ansatzes deshalb auch die gleichen Systemeigenschaften auf (diachrone Determiniertheit). Die Determiniertheit ändert aber nichts an der These der Nicht-Deduzierbarkeit und Irreduzibilität der Systemeigenschaften, die die (starken) Emergenztheorien vertreten. Nach Broad besagt diese These, dass die Systemeigenschaften nicht aus den Eigenschaften der Bestandteile in Isolation oder in anderen Systemen abgeleitet werden können.[182]

Emergente Eigenschaften können daher allgemein darüber definiert werden, dass sie im Makrozustand, nicht aber im Mikrozustand eines Systems vorhanden sind, dass sie sich also aus der nicht-lokalen Struktur des Gesamtsystems, z.B. der Interaktion seiner Komponenten, ergeben.[183]

M. Bedau liefert 2007 eine Deutung der Emergenz mittels des Konzepts der *explanatorischen Inkompressibilität* (»explanatory incompressability«): Emergente Phänomene sind dadurch gekennzeichnet, dass selbst bei vollständiger Kenntnis der Prozesse auf der Mikroebene eine Ableitung der Eigenschaften der Makroebene nur möglich ist, indem das kausale Netzwerk der Mikroebene schrittweise durchlaufen wird. Aus allgemeinen Regeln oder Gesetzen können die Eigenschaften dagegen nicht abgeleitet werden. In der mathematischen Beschreibung von emergenten Phänomenen gibt es also nur iterative, nicht aber analytische Lösungen. Dies gilt bereits für einfache Systeme wie zelluläre Automaten, in denen die Musterbildung sich zwar aus einfachen Regeln und dem jeweils vorhergehenden Muster ergibt, bei denen der Endzustand aber nicht aus dem Anfangszustand ermittelt werden kann, ohne die Schritte zu durchlaufen.[184]

A. Stephan schlägt 1999 vor, emergentistische Theorien über neun Merkmale zu bestimmen. Diese lauten: »eine naturalistische Grundhaltung, die Akzeptanz genuin neuartiger Strukturen und systemischer Eigenschaften, die Annahme einer Hierarchie von ›Existenzstufen‹, die Annahme der synchronalen Determiniertheit systemischer Eigenschaften und der diachronalen Determiniertheit von Strukturbildungen, eine These der Nicht-Vorhersagbarkeit von Strukturen und/oder Eigenschaften, die These der Irreduzibilität systemischer Eigenschaften sowie die Annahme einer ›nach unten gerichteten Kausalität‹«.[185]

Emergenz und Systemeigenschaften
Für die Biologie bedeutsam sind die Emergenztheorien, insofern sie versuchen, ein Modell für die Erklärung der Eigenschaften von komplexen Systemen aus der Interaktion ihrer Elemente zu liefern. Die »neuen« Eigenschaften des Systems werden als Phänomene der Anordnung und Organisation der Teile interpretiert, so wie es R.W. Sellars 1943 formuliert: »The fact of emergence must be explained in terms of the synthetic rise of higher-order substances or functionally unified continuants. We must take relations and organization seriously as characteristics of nature«[186]. Dass ein zusammengesetztes System über *neue Eigenschaften* verfügen kann, die seinen Teilen nicht zukommen, wird seit dem 19. Jahrhundert wiederholt gesehen und an Beispielen aus dem Bereich des Unbelebten illustriert (z.B. den Eigenschaften von Wasser, die seine Bestandteile, Wasserstoff und Sauerstoff, nicht haben).[187]

Für die Eigenschaften einer Ganzheit oder eines Systems, die sich aus der Wechselwirkung seiner Elemente ergeben (z.B. Geschlossenheit, Symmetrie oder inneres Gleichgewicht), schlägt M. Wertheimer 1922 die Bezeichnung **Ganzeigenschaften** vor.[188] Broad gebrauchet 1933 den Ausdruck **Kollektiveigenschaften** (»collective properties«).[189] Heute ist – im Anschluss an die Systemtheorie L. von Bertalanffys (1932) – der Terminus **Systemeigenschaften** (»systemic properties«) verbreitet.[190] In der Physikalischen Chemie wird dieser letzte Ausdruck bereits seit Beginn des 20. Jahrhunderts gebraucht, und zwar für die Eigenschaften von Gemengen aus Stoffen mit unterschiedlichem Aggregatzustand (Herz 1907).[191] Danach tritt das Wort in verschiedenen biologischen Zusammenhängen auf: J. Schwertschlager bezieht es 1910 auf durch Mutation entstandene Eigenschaften von Rosen, die mit anderen Eigenschaften in einer »harmonischen Verbindung« stehen. Es scheint ihm, »wie wenn die Rosen – und vielleicht alle Pflanzen – sofort nach dem Eintritt einer Mutation die grösste Befähigung hätten, die neu erworbene Systemeigenschaft an die äusseren Verhältnisse anzupassen und die Anpassung festzuhalten«.[192] Bei J. Tandler und S. Grosz erscheint der Ausdruck 1913 im entwicklungsbiologisch-evolutionstheoretischen Kontext: »Mit der fortschreitenden Komplikation des Fortpflanzungsaktes werden benachbarte Anteile des Körpers, welche Systemeigenschaften darstellen, unter partiellem oder totalem Funktionswechsel in den Dienst der Geschlechtsfunktion treten und damit zu Geschlechtsmerkmalen werden«.[193]

In seinem grundlegenden Werk zur Gestalttheorie aus dem Jahr 1920 setzt W. Köhler den Begriff ein, um die emergenten Eigenschaften von ganzheitlichen Systemen zu bezeichnen. Bereits im Bereich chemischer und elektrischer Phänomene beschreibt Köhler als »Systemeigenschaft« eine Eigenschaft eines Systemganzen, die dessen Teilen nicht zukommt. In einer chemischen Lösung mit verschiedenen Ionen, die »ein Ganzes mit einer charakteristischen elektrischen Systemeigenschaft« bilde[194], entstehe beispielsweise »eine neue Systemeigenschaft des Ganzen unter gesetzmäßiger Verschiebung der Eigenschaften der Teile«[195]. Im Englischen erscheint der Ausdruck anfangs v.a. im soziologischen Kontext (»system property«).[196] Allgemein kann eine Systemeigenschaft bestimmt werden als eine Eigenschaft, die ein System, aber keines seiner Teile hat. Die basalen Lebensfunktionen, wie z.B. Ernährung, Stoffwechsel und Fortpflanzung, kommen einem ganzen Organismus, nicht aber seinen Teilen zu. Von Bertalanffy schreibt daher 1932 knapp: »Lebenseigenschaften sind Systemeigenschaften«.[197]

Kritik des Emergentismus
Über den Begriff der Emergenz wird der Unterschied zwischen dem Anorganischen und dem Organischen parallel zu einer Reihe von anderen fundamentalen Unterschieden der realen Welt analysiert. Es wird also nicht die Spezifik des Organischen herausgearbeitet, sondern vielmehr seine Gemeinsamkeit mit anderen Phänomenen, die aus der Interaktion von Elementen hervorgehen. Emergent sind nicht nur Lebewesen gegenüber der bloßen Materie, sondern auch chemische Moleküle gegenüber Atomen, die sekundären gegenüber den primären Qualitäten oder der Geist gegenüber dem Leben. Wie viele und welche Ebenen der Realität zu beobachten oder ihr zuzuschreiben sind, ist Gegenstand zahlreicher Debatten, die zu vielen Spielarten eines emergenten Evolutionismus geführt haben.[198] Einig sind sich die Emergenztheoretiker darin, den Emergenzbegriff nicht für eine Methodik zu reservieren, sondern über ihn gerade die Methodenvielfalt auszuzeichnen. Dementsprechend ist der Emergenzbegriff ungeeignet, genauen Aufschluss darüber zu erhalten, worin die besondere Eigenart *lebender* Systeme besteht. Die um den Emergenzbegriff geführte Debatte betrifft daher in ihrem Kern nicht die methodische Grundlage der Biologie, sondern die Entstehung des Neuen in allen Bereichen der Natur. Weil das Auftreten des Neuen sehr unterschiedliche Ursachen und Verläufe haben kann, ist der Emergenzbegriff entsprechend vielfältig.

Die Allgemeinheit und fehlende Spezifik des Emergenzbegriffs ist wiederholter Anlass für Kritik an dem Konzept. C.A. Baylis ist bereits 1929 der Meinung, dass er ein philosophisch funktionsloser Begriff ist, weil die durch ihn bezeichneten Fälle in der Natur ubiquitär auftreten: Jeder Prozess in der Natur sei durch den Wechsel von Eigenschaften charakterisiert. Emergenz werde also zu einem trivialen Begriff, einem Synonym für Wandel.[199] Für die verschiedenen Typen der Emergenz entwickelt Baylis eine einfache Systematik: Neben die klassischen Emergenzen, die das Auftreten eines Neuen durch den Zusammenschluss von Teilen zu einem Ganzen bezeichnen (*integrative Emergenzen*), stellt er *desintegrative Emergenzen*, bei denen das Neue durch die Trennung einer Einheit entsteht, und *integrative* bzw. *desintegrative Submergenzen*, die den Verlust einer Eigenschaft durch die Verbindung bzw. Trennung von Teilen bezeichnen.

Schwacher Emergentismus (SE)
1. Physischer Monismus: Alle Systeme bestehen aus physischen Entitäten.
2. Systemische Eigenschaften: Es gibt Eigenschaften, die nur ein System als Ganzes, nicht aber seine Teile haben.
3. Synchrone Determiniertheit: Alle Eigenschaften eines Systems hängen von dessen Mikrostruktur ab.

Schwacher diachroner Emergentismus
SE + Neuartigkeit: In der Geschichte des Universums kommt es zur Entstehung von Systemen mit neuen systemischen Eigenschaften.

Diachroner Struktur-Emergentismus
SE + Neuartigkeit + Struktur-Unvorhersagbarkeit: Die Entstehung neuer Systeme kann in Form eines deterministischen Chaos erfolgen, so dass prinzipiell nicht vorhersagbare Strukturen gebildet werden.

Synchroner Emergentismus
SE + Irreduzibilität: Das Verhalten des Systems kann nicht aus dem seiner Komponenten erschlossen werden, das diese in Isolation oder in einfacheren Systemen zeigen.

Tab. 97. Vier Typen von Emergenztheorien (in Anlehnung an: Stephan, A. (2005). Emergente Eigenschaften. In: Krohs, U. & Toepfer, G. (Hg.). Philosophie der Biologie, 88-105: 103).

Eine besonders von Seiten des Logischen Positivismus geäußerte Kritik an emergentistischen Theorien bezieht sich darauf, dass die Feststellung einer Emergenz keinen absoluten metaphysischen, sondern nur einen theorierelativen epistemischen Sachverhalt betreffen kann.[200] Genau genommen bezeichne die Emergenz nicht ein Verhältnis zwischen Eigenschaften, sondern zwischen Theorien. Denn die Relation der Nichtableitbarkeit, die für die Emergenztheorie zentral ist, sei ein Verhältnis, das nicht zwischen Eigenschaften, sondern nur zwischen Theorien bestehen könne.[201] Keine Eigenschaft sei also per se unvorhersehbar und nichtableitbar, sondern stets nur relativ zu einer Theorie. Offen bleibt aber die Möglichkeit, dass es Eigenschaften eines Systems gibt, die aus keiner Theorie über die Bestandteile dieses Systems ableitbar und in diesem Sinne absolut emergent sind.[202]

Nach der Analyse E. Nagels sind im Emergenzbegriff die beiden Aspekte der Neuheit und Nicht-Ableitbarkeit genau zu unterscheiden.[203] Neuheit versteht Nagel als historische Aussage; Nicht-Ableitbarkeit oder Unvorhersehbarkeit als ein logisches Verhältnis. Beides kann unabhängig voneinander vorliegen. Insbesondere sagt die Feststellung der

1. »something with a spatial extension«
2. »some temporal period, whose parts are temporal intervals«
3. »any class, set, or aggregate of elements«
4. »a property of an object or process [... e.g.] a force in physics«
5. »a pattern of relations between certain specified kinds of objects or events, the pattern being capable of embodiment on various occasions and with various modifications«
6. »a process, one of its parts being another process that is some discrimated phase of the more inclusive one. Thus, the process of swallowing is part of the process of eating«
7. »any concrete object«
8. »any system whose spatial parts stand to each other in various relations of dynamical dependence«

Tab. 98. Acht Bedeutungen des Ausdrucks ›Ganzheit‹ (aus Nagel, E. (1952). Wholes, sums, and organic unities (in: Lerner, D. (ed.) (1963). Parts and Wholes, 135-155: 136-138).

Neuheit einer Eigenschaft nichts über ihre mögliche Ableitbarkeit aus.

Neben dem Begriff der Emergenz ist in biologischen Theorien auch der auf K. Lorenz zurückgehende Terminus **Fulguration** verbreitet.[204] Lorenz zieht diesen scholastischen Begriff (abgeleitet von lat. ›fulgor‹ »Blitz«) vor, weil er nicht wie ›Emergenz‹ (oder auch ›Evolution‹) die falsche Vorstellung des Auftauchens von etwas Präformiertem nahe legt, sondern sprachlich genauer die Entstehung von etwas, das vorher noch überhaupt nicht da war, bezeichnen kann. Eine Fulguration stellt das wirklich Neue, nirgendwo anders Vorgeformte und von dort Geschöpfte dar. Lorenz erläutert das Wesen einer Fulguration mit dem Beispiel des elektrischen Schwingkreises.

Selbstbegrenzung

Der Ausdruck ›Selbstbegrenzung‹ erscheint in allgemeiner Bedeutung Ende des 18. Jahrhunderts, zuerst wohl 1794 bei J.G. Fichte im Rahmen seiner Ich-Philosophie[205]. Wenig später wird der Begriff als allgemeines Naturprinzip verstanden: J.K. Wezel führt 1804 die Entstehung der »ursprünglichen Naturprodukte oder chemischen Elemente« auf den Prozess der »Selbstbegränzung« zurück.[206] Zu Beginn des 19. Jahrhunderts wird der Begriff aber auch in spezifisch biologischer Bedeutung verwendet und dient dazu, eine allgemeine Eigenschaft von Lebewesen zu bezeichnen. So fragt C.J. Windischmann 1805: »Diese Pflanze, jenes Thier – bedürfen sie wohl außer ihrem eignen Daseyn noch etwas zu ihrer Vollendung? schließen sie nicht vielmehr alles von sich aus, was sich ihnen noch auf keine Weise angeeignet hat, und bestehen in kräftiger Selbstbegrenzung?«.[207] Auch F.J. Schelver versteht den Begriff 1817 als ein universales Prinzip des Lebens, das aber, in einem romantisch-dialektischen Gedanken, zugleich das Mittel seiner Überwindung ist: »Dies ist das größte Wunder der Entwicklung [der Pflanzen und Tiere], daß die freie Thätigkeit plötzlich und unerwartet aus dem entgegengesetzten Zustande hervorgeht; daß der fortschreitende Druck und Zwang, oder die freie Selbstbegrenzung, plötzlich eben durch die Fessel die Fessel zerbricht […]: so sehen wir an allen Geschöpfen, daß das Maß ihrer steigenden Freiheit aus dem entgegengesetzten Zustande strenger Leiblichkeit und Ueberwältigung aufgeht«.[208] Zur allgemeinen Charakterisierung der Existenzweise von Organismen, besonders in ihrer Entwicklung, erscheint der Ausdruck seit 1821 auch bei K.F. Burdach. 1828 heißt es bei ihm: »Das Fortschreiten von Abhängigkeit und Theilwesen zu Selbstbegränzung und Selbstbestimmung, von Gemeinartigkeit zu Besonderheit des Daseyns, von Formlosigkeit zu Gestaltung, von Vergänglichem zu Beharrlichem, ist der Kern des Fruchtlebens«.[209] Der entsprechende englische Ausdruck ›self-limitation‹ erscheint in engerer physiologischer Bedeutung 1799 in einem Aufsatz A. von Humboldts (»On […] self-limitation«, the relaxed or contracted state of the muscular fibre depends«).[210] In allgemeinerer Bedeutung wird dieser Ausdruck in der ersten Hälfte des 19. Jahrhunderts für die so genannte Lehre von der Selbstbegrenzung von Krankheiten gebraucht (H. 1837: »the doctrine of the self-limitation of disease«[211]).

Der Sache nach wird bereits in der Antike die Fähigkeit zur Selbstbegrenzung als ein Spezifikum des Organischen gesehen. So beurteilt Aristoteles die Begrenzung des Wachstums als ein typisches Merkmal der Lebewesen, im Unterschied zur Ausbreitung des Feuers, das ins Unendliche geht.[212] Gemeint ist damit eine Selbstbegrenzung der Größe, weniger eine Selbstabgrenzung von der Umwelt.

Eine einflussreiche auf die Grenze bezogene Terminologie zur Beschreibung der morphologischen Gestalt von Lebewesen entwickelt H. Driesch in den ersten Jahrzehnten des 20. Jahrhunderts. Er unterscheidet die beiden Typen von *Offenheit* und *Geschlossenheit* der Form und ordnet sie verschiedenen taxonomischen Gruppen zu, indem er festhält, »Tiere seien ›geschlossene‹, Pflanzen seien ›offene‹ Formen; Tiere erreichen einen Punkt, auf dem sie fertig sind, Pflanzen sind, wenigstens in sehr vielen Fällen, nie fertig«.[213]

Plessner: Definitionsmerkmal für Lebewesen
Zu einem zentralen Begriff in der Philosophie des Organischen wird ›Selbstabgrenzung‹ bei H. Plessner: Ein Organismus ist für Plessner wesentlich durch seine Grenze gegenüber der Umwelt definiert. Plessners Annäherung an das Phänomen ›Leben‹ erfolgt grundsätzlich aus der Sicht der Grenze, die den Organismus – paradoxerweise – gleichzeitig von seiner Umwelt trennt und mit ihr verbindet. Im Gegensatz zu anorganischen Körpern, die durch einen Rand von ihrer Umgebung abgesetzt sind, verfügen Organismen nach Plessner über eine Grenze, die sie selbst erzeugen. Die Dynamik und besondere Eigenart dieser Grenze führt dazu, dass der Organismus nicht nur in seinen Grenzen von seiner Umwelt abgehoben ist, sondern gleichzeitig auf sie reagiert. Die Grenze des Organismus schließt ihn also nicht nur gegen seine Umwelt ab, sondern öffnet ihn auch für diese. Die Grenze des Organismus generiert eine spezifische Korrespondenz von Umweltereignissen mit Organismusereignissen, ist also durch eine spezifische Durchlässigkeit ausgezeichnet. Das Paradoxe besteht darin, dass die Grenze des Organismus gerade durch ihre spezifische Durchlässigkeit – und nicht durch eine radikale Abschließung – für den Bestand der Organisation des Organismus von Bedeutung ist. Plessner bestimmt diese Art der Selbstbegrenzung als den *positionalen Charakter* der Lebewesen: »Das System ist außerhalb wie innerhalb seiner. Der unbelebte Körper ist, soweit er reicht. Der organische Körper aber ist immer über sich, d.h. seine Grenzen hinaus, gerade dadurch, daß er sich eine Grenze zueigen macht, in ein Feld seiner entwicklungsgemäßen Verwirklichung hinein: so kommt er gerade auf sich zurück und setzt oder bestimmt sich in seinem eigenen Sein. Daher kann ein System von positionalem Charakter nur sein, indem es wird, der Prozeß ist die Weise seines Seins.«[214] Die Grenze ist damit eine Form der Öffnung des Organismus zu seiner Umwelt. Durch seine Grenze wird der Organismus zeitlich und räumlich im Verhältnis zu einem jenseits von ihm Stehenden »gesetzt«; Plessner spricht von der »Positionalität«[215]. Mit der Positionalität ist bei Plessner die Vorstellung der Reflexivität verbunden; der Organismus wird nicht nur zu seiner Umgebung in Beziehung gesetzt, sondern auch zu sich selbst: Er gewinnt eine »Selbstbeziehung«, ein »Für sich Sein«.[216] Damit bleibe er nicht mehr bloßes »Ding«, sondern werde zu einem »Wesen«; er nehme nicht nur einen Raum ein, sondern behaupte ihn auch. Die Grenze des Organismus bildet für Plessner damit ein »wirkliches Konstituens«: »Das organische System ist nicht nur einfach begrenzt, sondern es begrenzt sich ständig selbst, sofern es über sich hinaus ist zu seinem Verwirklichungsfeld und damit zu den Phasen seines Seins, die es noch nicht ist, sondern wird, darin aber immer schon auf seine Grenzen zurückkommt und in diesen Grenzen jeweils sich selbst einsetzt, d.h. einräumt.«[217] Im Gegensatz zu anorganischen Naturkörpern, deren Grenze aus einer Wechselwirkung des Körpers mit seiner Umgebung – dem »Medium«, wie Plessner sagt – hervorgehe, werde die Grenze von Organismen selbst hervorgebracht; sie gehöre in diesem Fall also dem System selbst an. Nicht durch die Kräfte der Umwelt sei die Ganzheit des Organismus geformt, sondern »sein Anfangen und Aufhören ist unabhängig von außer ihm Seiendem«.[218] Der Organismus vollziehe seine Abgrenzung selbst. Seine Form und Grenze sei das Ergebnis einer »eigentümlichen Autokratie«.[219]

Zu hinterfragen ist bei diesen Versuchen, den Lebensbegriff über die Abgrenzung des Lebendigen gegen sein Außen zu bestimmen, in erster Linie der Grenzbegriff. Trotz Plessners Bemühungen zur Etablierung eines dynamischen Verständnisses von ›Grenze‹ ist dieser doch primär kein Begriff, der das kausale Verhältnis von Gegenständen zueinander näher bestimmen könnte, sondern er orientiert sich primär an den statischen Beziehungen zwischen Gegenständen. Meist wird die Grenze von Plessner und seinen Nachfolgern rein topologisch verstanden: Sie markiert eine Heterogenität im Raum, d.h. diesseits und jenseits von ihr liegen unterschiedliche physische Verhältnisse vor. Über den Grenzbegriff wird ein Lebewesen also wesentlich von seiner *Gestalt* her entworfen, erst in zweiter Linie von seiner inneren Dynamik oder *Organisation*. Die Selbstbegrenzung ist aber doch nicht der letzte Grund für die Besonderheit des Organismus als Naturgegenstand, sondern nur eine Folge der inneren Prozesse seiner spezifischen Form der funktionalen ↑Organisation. Als Ergebnis der funktionalen Einheit der Organisation betrachtet ist die Grenze auch nicht primär als eine *räumliche* Größe zu nehmen, wie sie Plessner (meist) versteht. In funktionaler Hinsicht kann sehr wohl das, was innerhalb der morphologischen Grenzen eines Organismus sich befindet, Teil seiner Umwelt und nicht seiner Organisation sein (z.B. Parasiten); und umgekehrt können Gegenstände außerhalb der morphologischen Einheit eines Organismus in funktionaler Hinsicht essenzielle Organe sein (z.B. das Netz der Spinnen). Fraglich ist auch, ob die von Plessner betonte Eigenaktivität in der Abgrenzung der Lebewesen, ihre Selbstabgrenzung, ausreichend ist, den Grenzbegriff in diesem Sinne zu einem spezifisch biologischen zu machen. Denn auch die an einer Scheibe hinunterfließenden Regentropfen grenzen sich durch ihre inneren Eigenschaften von ihrer Unterlage ab. Nicht alle anorganischen Gestalten sind also durch eine von außen auferlegte Begrenzung ausgezeichnet.

Andere Autoren
Auch M. Scheler definiert ein Lebewesen auf der Grundlage seiner Selbstbegrenzung: Die Einheit der anorganischen Körper gelte immer nur relativ in Bezug auf ihre Wirkung auf andere Körper und könne daher nicht durch ein über verschiedene Referenzkörper gleichbleibendes Innen und Außen bestimmt werden; ein anorganischer Körper verfüge damit über kein »Inne- und Selbstsein« und kein »ontisches« Zentrum.[220] Ein Lebewesen bilde dagegen sich selbst, unabhängig von den Referenzen, in die wir es stellen; es verfüge über »›seine‹ raumzeitliche Einheit« und sei damit ein »ontisches Zentrum«: »Es ist ein X, das *sich selbst* begrenzt; es hat ›Individualität‹ – es zerteilen heißt es vernichten, sein Wesen und Dasein aufheben«.[221] Scheler stellt hier die Unteilbarkeit des Organismus – seine Individualität – in direkten Zusammenhang mit seiner Selbstabgrenzung. Die Fähigkeit zur Selbstabgrenzung setzt also einerseits eine Pluralität von Gliedern voraus und andererseits eine besondere Anordnung dieser Glieder und damit eine grundsätzliche Zerstörbarkeit. Die (funktionale) Individualität und Selbstbegrenzung besteht nur vor dem Hintergrund der (materialen) Teilbarkeit.

Im Verlauf des 20. Jahrhunderts wird daneben auch von vielen anderen Autoren die Grenze des Organismus in Form seiner Selbstabgrenzung von der Umwelt als eine seiner wesentlichen Bestimmungen betont.[222] Herausgestellt wird dabei die autonome Hervorbringung der Grenze durch den Organismus selbst.

Kritik am Begrenzungsdenken
Gegen die Betonung der Grenzen für das Verständnis organischer Systeme wird aber auch immer wieder auf die Einheit von Organismus und ↑Umwelt hingewiesen. Eine strikte Trennung von Innen und Außen wird von vielen Autoren in ökologischer und ethologischer, aber auch in physiologischer Perspektive für nicht möglich gehalten: Ein Organismus entwickelt sich in Wechselbeziehung mit seiner Umwelt, ist auf diese als Ressource für seine Erhaltung angewiesen und weist Eigenschaften auf, die als ↑Anpassungen an diese zu erklären sind. Statt der Trennung wird daher häufig eher die Verbindung von Innen und Außen, von Organismus und Umwelt betont. Besonders prägnant erfolgt dies in einer Streitschrift von A.F. Bentley aus dem Jahr 1941, in der er sich gegen die Fruchtbarkeit der Gegenüberstellung von Innen und Außen für eine Analyse psychischer Phänomene wendet: »Modern science stresses paths«[223].

Holismus
Der Ausdruck ›Holismus‹ wird 1926 in der Monografie ›Holism and Evolution‹ des Burengenerals J.C. Smuts geprägt.[224] Das Wort ist ausgehend von dem griechischen ›ὅλος‹ (»ganz«) und dem englischen ›whole‹ gebildet. Smuts verbindet mit dem Wort eine sich über viele Bereiche erstreckende ganzheitliche Betrachtungsweise (»The whole-making, holistic tendency, or Holism, operating in and through particular wholes, is seen at all stages of existence«[225]). Nicht nur das Organische, sondern auch viele anorganische Phänomene sind für Smuts holistische Erscheinungen. Ausdrücklich bezeichnet er ›Atom‹ und ›Organismus‹ als die »zwei Grundstrukturen« von Ganzheiten im Bereich der Natur[226]: »Sowohl Materie wie Leben bestehen aus Einzelgefügen, deren geordnete Gruppierung die natürlichen Ganzen, die wir Körper oder Organismen nennen, erzeugt. Wir stoßen überall auf diese Eigenart der ›Ganzheit‹. Sie deutet auf etwas, was zum Fundament dieser Welt gehört«.[227]

Ein zentraler Vertreter des Holismus in Deutschland ist seit den 1930er Jahren A. Meyer(-Abich). Nach Meyer-Abich werden die Bestandteile eines Systems von dem Ganzen bestimmt und können nur von diesem her verstanden werden. Er bezeichnet sie daher nicht als *Teile*, sondern als *Glieder* oder *Organe*.[228] Die physikalischen Gesetze sind nach Meinung Meyer-Abichs als »Simplifikationen« aus biologischen Gesetzen abzuleiten.[229] Die Auffassung, dass die Reduktion der Physik auf die Biologie angemessener sei als der umgekehrte Weg, wird später u.a. mit dem Argument verteidigt, *alle* Prinzipien der Naturwissenschaften seien auf Lebewesen anwendbar, aber nur wenige auf die leblosen Körper.[230]

Kritik am Konzept des Holismus wird seit den 1940er Jahren v.a. von Seiten des Logischen Positivismus geübt. Es wird bemängelt, dass der Begriff unklar sei und sich eine Vielzahl von Bedeutungen unterscheiden lassen; so differenziert E. Nagel zwischen acht verschiedenen Bedeutungen des Wortes ›Ganzheit‹ (vgl. Tab. 98).[231]

Eine nähere Charakterisierung des Holismus versucht 1992 G. Vollmer (wobei er dem charakterisierten Ansatz skeptisch gegenüber steht): Holistische Positionen vertreten danach die These von der Existenz systemischer, emergenter Eigenschaften, die unerklärbar und unvorhersagbar sind; sie nehmen eine Abwärtsverursachung (»Makro-Determination«) an, beinhalten die Meinung einer »Alleinheit«, nach der alles mit allem zusammenhängt und nicht isoliert verstanden werden kann; sie vertreten eine »umgekehrte Reduktion«, der zufolge die physikalischen Gesetze als Vereinfachung biologischer zu verstehen sind (»Reduktion aufs Komplexe«); sie beanspruchen einen heuristischen Wert ihres Ansatzes; und ihre »ganzheitliche Naturauffassung« ist mit dem Anspruch einer moralisch überlegenen Position verbunden.[232] Der so charakterisierte Holismus steht also in enger Verbindung zu den Emergenztheorien, wenn er auch durch weitergehende Thesen über diese hinausgeht.[233]

Unter einem ›Holismus‹ muss also nicht immer eine weltanschauliche Einstellung verstanden werden, sondern der Holismus kann auch als Methode zur Erkenntnis besonderer Gegenstände, nämlich (im Bereich der Biologie) von *Organismen* gesehen werden: Mit dem Holismus als Methode wird eine gegliederte Einheit gesetzt, die sich aus wechselseitig voneinander abhängigen Teilen zusammensetzt. Die holistische Einstellung besteht also wesentlich in der Betonung von Relationen zwischen den Teilen.[234]

Biologisches System

Der terminologische Ausdruck ›biologisches System‹ begegnet zuerst zu Beginn des 19. Jahrhunderts in den Schriften von G.R. Treviranus.[235] In seinem ersten Band der ›Biologie‹ von 1802 handelt Treviranus von »möglichen biologischen Systemen«.[236] Treviranus verfolgt mit diesem Begriff nicht mehr ein primär klassifikatorisches Interesse zur Ordnung der organischen Formenvielfalt, sondern eine Beschreibung der inneren Prozesse in einem Organismus. Er ist dabei inspiriert durch die Überlegungen Kants zur Eigenart »organisirter Wesen« der Natur, die Kant im zweiten Teil seiner ›Kritik der Urteilskraft‹ (1790) anstellt. Nach Kant ist es die Wechselseitigkeit der Teile in einem organisierten Wesen, die dieses als einen »Naturzweck« von den unorganisierten Naturgegenständen unterscheidet (↑Zweckmäßigkeit). Durch diese wechselseitige Herstellung und Abhängigkeit werde ein organisiertes Wesen – ein ↑Organismus – als eine Einheit in der Natur abgrenzbar.

Vorläufer des zu Beginn des 19. Jahrhunderts formulierten biologischen Systembegriffs finden sich Mitte des 18. Jahrhunderts, so z.B. bei C. de Bonnet. Bonnet geht von einem *allgemeinen System* (»système général«) des Kosmos aus, in dem alles mit allem verbunden sei und miteinander in Beziehung stehe. Innerhalb dieses allgemeinen Systems stellen die organisierten Körper nach Bonnet *besondere Systeme* (»systèmes particuliers«) dar.[237] Der Systemcharakter eines Organismus liegt für Bonnet darin, dass jeder einzelne seiner Teile so mit den anderen verbunden ist, dass seine Störung sich auf alle anderen auswirken würde.

Als Begründer des allgemeinen modernen Systembegriffs gilt J.H. Lambert mit seinen Schriften aus den 1780er Jahren. Lambert trifft die für alle späteren Überlegungen grundlegende Bestimmung, der zufolge »Subordination und Connexion« die beiden Prinzipien sind, die Teile zu einem System formen.[238] Lambert setzt den Systembegriff einerseits dem Einfachen, »sofern es einfach ist«[239], und dem Zusammengesetzten, sofern es ein »Flickwerk«[240] ist, entgegen: »was man ein Chaos, ein Gemische, einen Haufen, einen Klumpen, eine Verwirrung, eine Zerrüttung etc. nennt«[241], bilde kein System. Nicht als theoretische Setzung, sondern auf empirisch-induktivem Weg, d.h. von der vielfältigen Erfahrung konkreter Systeme abgeleitet, entwickelt Lambert seinen Begriff des Systems und gelangt zu einem Systembegriffs, den er über eine Liste von Merkmalen definiert (vgl. Tab. 99). Durch die grundlegende Unterscheidung von *Teilen* in einem System ist seit Lambert das System als eine *Hierarchie* begriffen, in der zwei Ebenen aufeinander bezogen sind: die Ebene der Komponenten oder Elemente des Systems sowie die Ebene, auf der diese Elemente zu einer Einheit zusammengefasst sind. Lambert geht soweit, zu fordern, dass System müsse ein *Ganzes* sein, insofern die Teile einander »erfordern, voraussetzen oder nach sich ziehen«.[242]

Weil er in allen Naturwissenschaften verbreitet ist und damit einen für die Biologie metaphysisch unverdächtigen Status hat, wird der Begriff des Systems im 19. Jahrhundert häufig von solchen Biologen verwendet, die auf eine mechanistische Interpretation der Lebensvorgänge abzielen. So sieht z.B. H. Lotze Mitte des Jahrhunderts die Möglichkeit gegeben, zweckmäßige Reaktionen von Organismen rein mechanisch aus der Natur ihres »Systems« von Teilen zu erklären: eine »accomodirte Reaction« werde, wie er schreibt, »aus der Natur eines blinden Systems physischer Massen erklärlich«.[243] Dies erfolgt bei Lotze durch den Mechanismus einer kompensierenden ↑Regulation: Die »Compensation einer Störung« werde durch eine Maschine möglich, in der die Teile so angeordnet sind, »dass die Effecte der Störung, indem sie auf den Gang der Maschine zurückwirken, den Theil ihres Getriebes in Bewegung setzen, welcher sie [d.i. die Störung] selbst wieder ausgleichen soll«.[244]

I. Bey einem Systeme befinden sich
1. *Theile*, die theils nur mit einander verbunden, theils so von einander abhängig sind, daß eines das andere erfordert, oder voraussetzet, oder nach sich zieht.
2. *Verbindende Kräften*, die entweder Theile mit Theilen, oder Theile mit dem Ganzen, oder sämtliche Theile zugleich verbinden.
3. Ein *gemeinsames Band*, welches aus den Theilen ein Ganzes macht, und gewöhnlich in einer verbindenden Kraft, oder auch in dem Grunde besteht, warum diese Kraft gebraucht wird.
4. Eine *allgemeine*, und etwan auch mehrere *Absichten*, zu denen das System und seine Theile gewiedmet, gestaltet, geordnet, zusammengefügt und verbunden sind.

II. Ferner wird bey einem System erfordert:
1. Das *Beysammenseinkönnen*, und die dazu nöthige *Schicklichkeit der Theile* und der verbindenden *Kräfte*.
2. Das *Fortdauernkönnen*, und damit die Bedingungen des *Beharrungsstandes* und *Gleichgewichtes*, zumal wenn das *System* sowohl der Grösse als der Anzahl und Anordnung der Theile nach Veränderungen zu leiden hat, oder auch solche hervorbringen soll.
3. Die *Einheit*, da das *System* ein *Ganzes* seyn soll, wobey jede Theile einander *erfordern*, voraussetzen oder *nach sich ziehen*.

III. Ueberdiß kommen bey einem System vor:
1. *Gesetze* oder *Regeln*, die sämtlich aus der *Absicht* des Systems oder den *Bedingungen* des *Beharrungsstandes* abgeleitet werden, und einander mehr oder minder *untergeordnet* sind.
2. Eine Art von *Grundlage*, worauf das System beruht oder sich gründet.
3. Eine äussere *Form, Gestalt, Zierrathen, Symetrie, locale Ordnung*, etc.

Tab. 99. *Anfang der Bestimmung des Begriffs eines Systems durch F. Lambert. Die weiteren Punkte IV, V und VI betreffen »die Errichtung eines Systems«, »das System, in Beziehung auf ein anderes« und »das System in Beziehung auf die Erkenntnißkräfte« (aus Lambert, J.H. (1787). Fragment einer Systematologie. In: Logische und philosophische Abhandlungen, Bd. 2, hg. v. J. Bernoulli, 385-413: 388f.).*

Aber nicht nur reduktionistische Bezüge legt der Begriff des Systems nahe. Er kann gleichzeitig die geordnete innere Struktur und die Geschlossenheit eines Körpers beschreiben. Daher kann der Begriff auch von solchen Autoren verwendet werden, die sich explizit gegen eine physikalisch-mechanistische Deutung der Lebensvorgänge wenden. So beabsichtigt H. Driesch durch seine Verwendung des Systembegriffs an der Wende zum 20. Jahrhundert, die Autonomie und Nichtreduzierbarkeit biologischer Prozesse zu betonen. Driesch nennt den Organismus seit 1899 ein *harmonisch-äquipotenzielles System* (↑Vitalismus).[245] In einem solchen System liege eine harmonische Wechselwirkung der Teile vor und jeder Teil verfüge über die gleiche Potenz zur Hervorbringung des Ganzen. Um die harmonische Struktur der Organismen aber noch weiter zu betonen, geht er später dazu über, statt von ›System‹ von *Gefüge* zu sprechen.[246]

Seit den 1920er Jahren setzt sich ein neutrales Verständnis des Systembegriffs durch, das in verschiedene Richtungen offen für weitere Spezifizierungen ist. Als kennzeichnend für Systeme gilt allein, dass sie nur einen begrenzten Ausschnitt der Welt umfassen und einer korrespondierenden Umwelt gegenüberstehen. Eine Definition in diesem Sinne gibt P. Weiss 1925: »Ein System ist ein relativ abgeschlossener Komplex, der als Ganzes unter der Gesamtheit der Außenbedingungen seinen eindeutig bestimmten Zustand zu erhalten strebt«.[247]

Weil der Begriff des Systems traditionell sowohl von mechanistischer als auch von vitalistischer Seite in Anspruch genommen wird, ist es nicht verwunderlich, wenn L. von Bertalanffy seine als Überwindung des alten Streits gedachte *ganzheitliche* oder *organismische* Auffassung der Lebenserscheinungen *Systemtheorie* nennt (s.u.). Ein Organismus bildet für von Bertalanffy ein System, insofern »die Elemente und Vorgänge in einer bestimmten Weise geordnet sind« und »jeder Einzelteil, jedes Einzelgeschehnis von allen anderen Teilen, allen anderen Geschehnissen abhängt«.[248] Programmatisch formuliert er es als seine Aufgabe, »die Lebewesen als Systeme besonderer Art von in dynamischer Wechselwirkung stehenden Elementen zu betrachten und die hier geltenden Systemgesetze zu ermitteln, welche die Ordnung aller Teile und Vorgänge untereinander beherrschen«.[249] 1949 möchte von Bertalanffy mit dem Ausdruck ›System‹ einen »Komplex von Elementen bezeichnen, die untereinander in Wechselwirkung stehen«.[250] Seine ein Jahr später gegebene Definition lautet: »A system can be defined as a complex of interacting elements $P_1, P_2, \ldots P_n$. Interaction means that the elements stand in a certain relation, R, so that their behavior in R is different from their behavior in another relation, R′. On the other hand, if the behavior in R and R′ is not different, there is no interaction, and the elements behave independently with respect to the relations R and R′.«[251] Kennzeichnend für Systeme sind nach von Bertalanffy zwei Merkmale: (1) ihre Bestandteile (»Einzelteile«) hängen wechselseitig voneinander ab und (2) das Ganze eines Systems

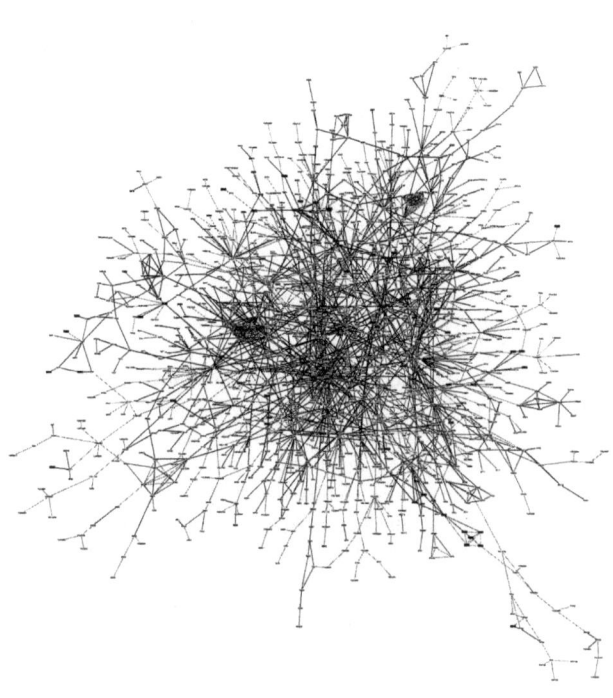

Abb. 173. Links: Interaktionskarte (»interaction map«) der Gesamtheit der Hefe-Proteine (»yeast proteome«), zusammengestellt aus publizierten Interaktionsdaten. Die Karte enthält 1.548 Proteine und 2.358 Interaktionen. Unten: Interaktionen der gleichen Proteine, zusammengefasst in funktionale Gruppen. Die Zahlen in Klammern bezeichnen die Anzahl der Interaktionen und der Proteine innerhalb einer Gruppe; die Zahlen an den Verbindungslinien bezeichnen die Anzahl der Interaktionen zwischen den Proteinen der jeweils miteinander verbundenen Gruppen, so bestehen z.B. 77 Interaktionen zwischen den 21 Proteinen, die an der Membranfusion beteiligt sind, und den 141 Proteinen, die im Vesikeltransport eine Rolle spielen (links oben). Berücksichtigt sind in der unteren Grafik allein Proteine mit einer bekannten Funktion und nur Verbindungen mit mehr als 14 Interaktionen (aus Uetz, P. & Grigoriev, A. (2005). The yeast interactome. In: Dunn, M.J. (ed.). Encyclopedia of Genetics, Genomics, Proteomics and Bioinformatics, vol. 5. Proteomics, 2033-2051: 2043; 2045; Original in schlechter Auflösung in: Schwikowski, B., Uetz, P. & Fields, S. (2000). A network of protein-protein interactions in yeast. Nature Biotechnol. 18, 1257-1261: 1258).

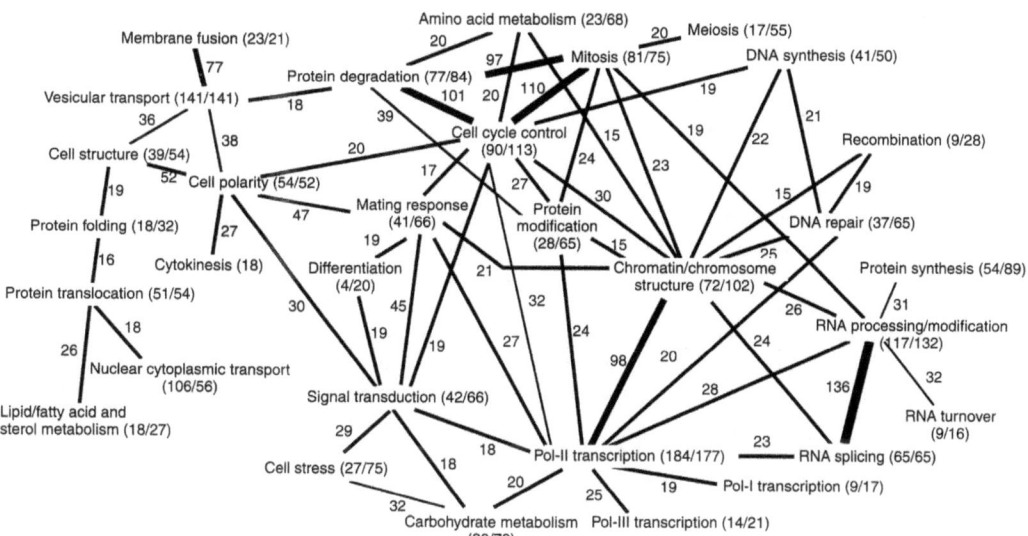

zeigt Eigenschaften und Verhaltensweisen, die seinen Teilen fehlen.[252]

Ausgehend von der ↑Fortpflanzung als der biologisch grundlegenden Fähigkeit von Lebewesen bestimmt M. Heidenhain den Begriff des **Biosystems** (in anderer Hinsicht wird das gleiche Wort in der Ökologie verwendet; ↑Ökosystem). Biosysteme definiert Heidenhain 1907 allgemein als »morphologische Formgebilde«, die »teilungs- oder spaltungsfähig sind, gleichviel ob solche Systeme freilebende Personen entsprechen oder nicht«.[253] Vermehrungsfähige Gebilde dieser Art sind neben dem Organismus als Ganzem nach Heidenhain u.a. die Centriolen in den Zellen, die Chromosomen, Kerne, Zellen, Gewebe wie Muskeln und schließlich die seriell wiederholten Bausteine der Glieder- und Wirbeltiere, die Metamere (↑Morphologie).²⁵⁴

Seit den 1970er Jahren wird der Begriff des Biosystems in einem weiteren Sinne verwendet und bezeichnet organisierte Systeme auf verschiedenen Stufen der organischen Hierarchie.²⁵⁵ M. Bunge definiert ein Biosystem 1979 über eine ganze Reihe von Eigenschaften, zu denen u.a. gehören: die Fähigkeit zum Auf- und Umbau von Systemkomponenten, die Aufnahme selbst erzeugter Stoffe in das System, die Ausbildung eines konstanten inneren Milieus, das Vorliegen eines inneren Signalnetzwerks und die Anpassungsfähigkeit an die Verhältnisse der Umwelt.²⁵⁶ Die Reproduktion, d.h. die Erzeugung von ähnlichen Systemen, bildet für Bunge anfangs ein Bestimmungsstück für den Begriff des Biosystems²⁵⁷, später lässt er dieses Kriterium aber ausdrücklich fort²⁵⁸. Nicht jedes Biosystem muss sich selbst reproduzieren können, z.B. können dies viele Organe nicht; und auch viele Organismen sind dazu nicht in der Lage, so z.B. die Mitglieder der sterilen Kasten der sozialen Insekten, und auch die Organismen der sexuell sich fortpflanzenden Arten können sich nur in Verbindung mit einem anderen Organismus fortpflanzen.

Nach der für soziale Systeme formulierten Systemtheorie N. Luhmanns liegt im Systembegriff eine Verbindung des statischen Ordnungsmodells des Ganzes/Teil-Schemas mit dem dynamischen Kausalmodell des Zweck/Mittel-Schemas vor.²⁵⁹ Einen wesentlichen Inhalt ihrer Schematisierung liefert die System-Umwelt-Gegenüberstellung: »Als Ausgangspunkt jeder systemtheoretischen Analyse hat, darüber besteht heute wohl fachlicher Konsens, die Differenz von System und Umwelt zu dienen«.²⁶⁰ Allerdings werden in der Biologie Systeme nicht über ihre Umweltgrenze definiert, sondern diese ergibt sich als Konsequenz der Interaktion ihrer Elemente. Von einer Gestalt oder Figur ist ein System verschieden, weil es nicht primär der Kontrast zu seiner Umwelt ist, der es definiert.²⁶¹

Der allgemeine Systembegriff im 20. Jahrhundert muss insgesamt als sehr unspezifisch gelten. Mit N. Bischof gesprochen ist ein System »ein nach Belieben aus seinem Naturzusammenhang herausgelöstes Bündel Realität«.²⁶² Jeder für eine Untersuchung gewählte Ausschnitt der Realität, in dem Interaktionen stattfinden, bildet ein System. Anders als ↑›Organisation‹ ermöglicht der Systembegriff insbesondere einen Anschluss an die Physik und an kausal-mechanistische Modelle. Von mechanistisch orientierten Biologen wird er daher in vielen Zusammensetzungen verwendet, z.B. zur Bezeichnung selbstorganisierender Einheiten als *autopoietisches System* (↑Selbstorganisation) oder ökologischer Einheiten als ↑*Ökosystem*.

Systemtheorie

Der Begriff der Systemtheorie in der Biologie geht auf L. von Bertalanffy zurück, der seit Ende der 1920er Jahre mittels der Forschungsmethode der »organismischen Biologie« einen Versuch der Lebenserklärung unter dem Titel *Systemtheorie des Lebens* vorlegt.²⁶³ Der Ausdruck ›Systemtheorie‹ erscheint in anderem Zusammenhang bereits im 19. Jahrhundert, so 1860 bei A. Bastian im kosmologischen Kontext²⁶⁴ und 1868 bei I.E. Wessely in einer wenig spezifischen Bedeutung²⁶⁵.

Von Bertalanffys biologische Systemtheorie schlägt einen dritten Weg zwischen reduktionistischer Maschinentheorie und metaphysischem Vitalismus ein. Die Systemtheorie sieht nach von Bertalanffy die Essenz des Organismus in der Harmonie und Koordination der organischen Prozesse. Von Bertalanffy schließt mit seinem Ansatz sowohl an entwicklungsbiologische Ergebnisse als auch an die Gestalttheorien der ersten Jahrzehnte des 20. Jahrhunderts an. So bezieht er sich auf A. Pütter (s.u.) und ist der Meinung, die Gestaltbetrachtung begründe die »methodologische Eigengesetzlichkeit der Biologie gegenüber der Physiko-Chemie«²⁶⁶. Die physikalisch-chemische Betrachtung ist für von Bertalanffy allein ungeeignet zur Erkenntnis des Organischen, weil sie von Einzelvorgängen ausgeht, das Leben aber wesentlich einen »Systemzustand« darstelle und der Organismus eine eigene *Systemgesetzlichkeit* aufweise, die sich aus dem Zusammenwirken seiner verschiedenen Glieder ergebe.²⁶⁷ Das *Systemgesetz*, d.h. »die ›Beziehungen‹ zwischen den Teilen« eines Systems, sei das, was für eine Erklärung der Eigenschaften eines Systems gegenüber den Eigenschaften seiner Teile hinzukommen müsse.²⁶⁸ Den Ausdruck ›Systemgesetzlichkeit‹ führt P. Weiss 1925 in die Biologie ein (»Die Systemgesetzlichkeit ist der unmittelbare Ausfluß der eindeutigen Bestimmtheit der Naturvorgänge«).²⁶⁹ Zuvor erscheint das Wort im philosophischen Zusammenhang (Hönigswald 1917: »Alles steht für ihn [Platon] innerhalb der Systemgesetzlichkeit des ›Guten‹, das Sinnliche sowohl wie die Ideen selbst«²⁷⁰).

Einen der Sache nach systemtheoretischen, holistischen Ansatz in der Erklärung des Lebens verfolgen vor der Formulierung der »Allgemeinen Systemtheorie« durch von Bertalanffy bereits zahlreiche andere Biologen. Zu ihnen zählt auch der erste Verfasser einer ›Theoretischen Biologie‹ (1901) (↑Biologie), der Botaniker J. Reinke. Reinke bezeichnet die Faktoren, die für die besonderen Phänomene der Lebewesen verantwortlich sind, als *Systembedingungen*[271] und zeigt mit dieser Wortwahl bereits, dass er damit nicht eine isolierbare einzelne Kraft postulieren will, sondern ein komplexes Gefüge von Abhängigkeiten. Die Systembedingungen sind für Reinke kein energetisches Prinzip, vielmehr meint er damit den die Energien richtenden und organisierenden Teil des Organismus. In den Systembedingungen werden die Kräfte zusammengefasst, die von der Form des Organismus selbst abhängen; sie können daher im Kern mit seiner Organisation oder »Konfiguration«[272] identifiziert werden. Sie bilden nach Reinke ein »unveräußerliches inneres Eigentum des Lebewesens«[273] und stehen damit den äußeren Einflüssen auf den Organismus gegenüber. In die Nähe vitalistischer Auffassungen, unter die Reinkes Position in der Folge meist subsumiert wird, gerät er, indem er hinter den Systembedingungen noch einen weiteren kausalen Faktor identifizieren will, den er die »Dominanten« nennt. Die Dominanten sind für Reinke »formgebende Kräfte«, »die letzten, einem Lebewesen (Protoplasma) *immanenten* Ursachen seiner sich in Systembedingungen verkörpernden Organisation«.[274] Neben den fundamentalen Naturkräften bildeten auch die Dominanten ein »letztes Gegebenes«[275], wenn auch nur in der gedanklichen Vorstellung und ohne die Möglichkeit positive Erkenntnis hervorzubringen. Indem die Dominanten in der Theorie Reinkes den Organismus als einen zweckmäßig geordneten Gegenstand vorstellen, schematisieren sie die Vielfalt der organischen Kräfte; sie seien daher mit dem zwecksetzenden, intelligenten Handeln vergleichbar, sie wirkten »intelligenzartig«.[276] Von einem entschiedenen Vitalismus ist Reinke aber dadurch entfernt, dass er als echtes Forschungsprogramm der Biologie allein den mechanisch-materialistischen Ansatz versteht: »es gibt nur *eine* Methode zu forschen, das ist die chemisch-physikalische, bzw. experimentelle«.[277] Er erwägt daher auch, seinen Dominanten allein die Funktion zukommen zu lassen, eine *Zusammenfassung* der in der analytischen Forschung identifizierten Kräfte zu geben.

Die Verhältnisse ändern sich in den 20er Jahren des 20. Jahrhunderts mit dem weiteren Zurückdrängen vitalistischer Vorstellungen und dem zunehmenden Einfluss der Gestalttheorie auf den biologischen Holismus. Die systemtheoretische Perspektive verfestigt sich damit zunehmend auf einem mechanistischen Fundament. So ist es für A. Pütter 1923 klar, »daß die Grundlage aller Lebensvorgänge ein System ist, das Gestalteigenschaften hat, d.h. ein System, in dem die Bestandteile keine selbständige Existenz als Teile haben, sondern nur als ›Momente‹ in ihrer Gesamtheit die Gestalt ›tragen‹ [...]. Gerade die besondere Art des Zueinander der Stoffe und Vorgänge, ihre räumliche und zeitliche Ordnung, macht das aus, was wir Leben nennen«.[278]

Auch außerbiologische Einflüsse sind für die Etablierung des systemtheoretischen Ansatzes in der Biologie von Bedeutung. Verwendung findet der Systembegriff seit Ende der 1920er Jahre v.a. in der Analyse von regeltechnischen Einrichtungen. So analysiert K. Küpfmüller solche »Regelsysteme«, die in einzelne »Systemgrößen« zergliedert werden können.[279]

Die sehr weite Fassung des Systembegriffs führt allerdings auch dazu, dass er ungeeignet ist, einzelne Gegenstände methodisch gegenüber anderen auszuzeichnen. Ein allgemeiner Systembegriff hat zur Konsequenz, dass jeder in sich strukturierte Gegenstand als System aufgefasst werden kann. Aufgrund dieses unspezifischen Systembegriffs bleibt es auch fraglich, inwiefern die Systemtheorie überhaupt den Status einer *Theorie* beanspruchen kann. H. Lenk spricht ihn ihr 1978 ab. Er konstatiert, die Systemtheorie sei »keine substantive, nomologische Hypothesen umfassende, erfahrungswissenschaftlich erklärende Theorie«[280], sondern mehr ein »Sammelreservoir theoretisch und methodologisch unterschiedlicher, disziplinübergreifender, aber durch Projektbezogenheit verbundener Modellansätze«[281]. Die wissenschaftstheoretische Stellung der Systemtheorie sei insbesondere insofern »prekär« (Lenk), als sie in weiten Teilen aus Deskriptionen bestehe, die überhaupt erst ein System mit seinen internen Prozessen identifiziere, über das dann empirisch gehaltvolle Aussagen gemacht werden könnten. Prüfverfahren, die als Test für die Gültigkeit *der* Systemtheorie im Allgemeinen dienen könnten, seien erschwert, weil die Systemtheorie überhaupt keine übergreifenden Prognosen liefere, sondern ihre Aussagen immer auf das jeweilige System und seinen jeweiligen Zustand relativiere – und damit in die Theorie eines besonderen Systems münde. Die Systemtheorie stellt demzufolge also weniger eine Theorie dar, als vielmehr ein Analyseinstrument zur Darstellung komplexer Zusammenhänge.

Systembiologie
Ein integrativer Ansatz in der Biologie, der der Ganzheit der biologischen Systeme gerecht zu werden versucht, hat sich in den letzten Jahren unter dem Titel ›Systembiologie‹ etabliert.[282] Grundlage

der Systembiologie bildet die Betrachtung biologischer Phänomene ausgehend von der Systemebene des ganzen Organismus; nach neuerem Verständnis geht es in der Systembiologie in erster Linie um eine integrative Betrachtung der *molekularen* Prozesse in einem Organismus.

Der Ausdruck geht auf die 1960er Jahre zurück: J. Bonner bezeichnet 1960 als ›Systembiologie‹ (»systems biology«) einen Ansatz innerhalb der Biologie, der es oberhalb der Ebene der Molekularbiologie mit der Integration der einzelnen Prozesse zu tun hat (»a stratum which contains problems of strategy, of programming, of how to use the various and ingenious molecular devices invented by creatures to make a creature or a society«).[283] Gegenstand der Systembiologie ist nach Bonner z.B. die Logik der neuronalen Verarbeitung oder die Systematik in der Differenzierung von Zellen in der Entwicklung.

In der neueren Systembiologie werden die »Netzwerkstruktur« der Organismen sowie die Kontrollmechanismen, die diese Struktur erhalten und fortpflanzen, in ihrer Statik und Dynamik analysiert. Auch Verfahren der technischen Rekonstruktion und mathematischen Modellierung von organischen Prozessen bilden eine starke Komponente der Systembiologie. Bisher bewegt sich der Ansatz der Systembiologie weitgehend auf molekularer Ebene; die Analyse von Organismen als morphologische und physiologische Einheiten sowie die Integration der entwicklungsbiologischen Perspektive bleiben noch weitgehend Programm. Auch ein einheitliches theoretisches Fundament für die Systembiologie fehlt bisher.[284]

Das im Januar 2000 in Seattle gegründete ›Institut für Systembiologie‹ (»Institute for Systems Biology«) widmet sich in erster Linie der Erforschung und Bekämpfung menschlicher Krankheiten.[285] Ein Expertenteam des deutschen Bundesministeriums für Forschung und Technologie hat 2002 vorgeschlagen einen Förderschwerpunkt unter dem Titel »Systeme des Lebens – Systembiologie« zu bilden.[286]

Nachweise

1 Hippokrates, Von den Orten im Menschen (Œuvres complètes, ed. É. Littré, Paris 1839-1861, Bd. VI, 276-349): 277; vgl. ders., Von den Krankheiten der Frauen (Œuvres complètes, ed. É. Littré, Paris 1839-1861, Bd. VIII, 10-407): 95; vgl. Burkert, W. (1955). Zum altgriechischen Mitleidsbegriff; Schott, H. (1992). Sympathie als Metapher in der Medizingeschichte. Würzburger medizinhistorische Mitteilungen 10, 107-127; Richter, J. (1996). Die Theorie der Sympathie.
2 Galen, De usu partium corporis humani (engl.: Tallamdge May, M. (ed.). 2 Vols, Ithaca, N.Y 1968): I, 76 (I, 8).
3 Galen, De locis affectis libri VI (Opera omnia, Bd. VIII, Leipzig 1824): 30; 340; Opera omnia, Bd. IV, 104; vgl. Siegel, R.E. (1968). Galen's System of Physiology and Medicine: 360-370.
4 Paulus, 1. Korinther 12.
5 Aristoteles, Metaphys. 1023b f. (V, 26).
6 Aristoteles, De part. anim. 645a, b.
7 Aristoteles, Pol. 1253a.
8 Ballauff, T. (1954). Die Wissenschaft vom Leben. Eine Geschichte der Biologie, Bd. I: 147.
9 Trendelenburg, A. (1840/70). Logische Untersuchungen, 2 Bde.: 147.
10 Stöhr, A. (1909). Der Begriff des Lebens: 303; Spann, O. (1924/39). Kategorienlehre (Graz 1969): 64ff.; Meyer, A. (1937). Das Prinzip der Ganzheitskausalität. Bremer Beiträge zur Naturwissenschaft 4, 99-142: 103; Hartmann, N. (1950). Philosophie der Natur: 452.
11 Descartes, R. (1649). Les passions de l'ame (Œuvres, Bd. XI, 291-497): 351 (I, 30).
12 Leibniz, G.W. (1710). Essai de théodicée (Philosophische Schriften, Bd. 6, ed. C.J. Gerhardt): 188 (II, §134).
13 Bonnet, C. de (1764-65). Contemplation de la nature (Œuvres, Bd. 7-9, Neuchâtel 1781): 337 (Kap. 8) und passim.
14 Vgl. Cheung, T. (2004). Charles Bonnets allgemeine Systemtheorie organischer Ordnung. Hist. Philos. Life Sci. 26, 177-207.
15 Kant, I. (1790/93). Kritik der Urteilskraft (AA, Bd. V, 165-485): 373.
16 Kant, I., Opus postumum (AA, Bd. XXI): 569; vgl. 210; Löw, R. (1980). Philosophie des Lebendigen: 148.
17 Kant (1790/93): 373.
18 Fichte, J.G. (1796-97). Grundlage des Naturrechts nach Principien der Wissenschaftslehre, 2 Teile (AA, Werkebd. 3-4, 311-460; 1-165): II, 14.
19 Hegel, G.W.F. (1817/30). Enzyklopädie der philosophischen Wissenschaften (Werke, Bd. 8-10, Frankfurt/M. 1986): 212 (§423).
20 Hegel, G.W.F. (1820). Grundlinien der Philosophie des Rechts (Werke, Bd. 7, Frankfurt/M. 1978): 443 (§278).
21 ebd.
22 Cuvier, G. (1812). Recherches sur les ossemens fossiles des quadrupèdes, 4 Bde.: I, 58.
23 Cuvier, G. (1800). Leçons d'anatomie comparée, Bd. I: v; vgl. Cheung, T. (2000). Die Organisation des Lebendi-

gen. Zur Entstehung des biologischen Organismusbegriffs bei Cuvier, Leibniz und Kant.
24 Burdach, K.F. (1809). Der Organismus menschlicher Wissenschaft und Kunst: 21.
25 Burdach, K.F. (1837). Der Mensch nach den verschiedenen Seiten seiner Natur. Anthropologie für das gebildete Publicum: 112.
26 a.a.O.: 114.
27 a.a.O.: 109.
28 ebd.
29 ebd.
30 a.a.O.: 121.
31 Humboldt, A. von (1845). Kosmos, Bd. 1 (Darmstadt 1993): 7 (Vorrede).
32 Carus, C.G. (1838-40/47-49). System der Physiologie, 2 Bde.: I, 43.
33 Comte, A. (1838). La philosophie chimique et la philosophie biologique. In: Cours de philosophie positive, Bd. 3 (Paris 1893): 252.
34 Bernard, C. (1865). Introduction à l'étude de la médecine expérimentale: 102.
35 Bouchut, E. (1864). Histoire de la médecine et des doctrines médicales: 102.
36 Vgl. Canguilhem, G. (1966). Le tout et la partie dans la pensée biologique (Études d'Histoire de Philosophie des Sciences, Paris 1968, 319-333): 330.
37 Schwann, T. (1839). Mikroskopische Untersuchungen über die Übereinstimmung in der Struktur und im Wachsthum der Thiere und Pflanzen (Leipzig 1910): 211.
38 Montgomery, E. (1880). The unity of the organic individual. Mind 5, 318-336; 465-489: 325.
39 a.a.O.: 326; 479.
40 a.a.O.: 324.
41 Haldane, J.S. (1884). Life and mechanism. Mind 9, 27-47: 33.
42 a.a.O.: 35.
43 a.a.O.: 37.
44 a.a.O.: 38.
45 a.a.O.: 46f.
46 Haldane, J.S. (1913). Mechanism, Life and Personality (London 1921): 78f.; ders. (1931). The Philosophical Basis of Biology (dt. Die philosophischen Grundlagen der Biologie, Berlin 1932): 6f.
47 Vgl. Ash, M.G. (1995). Gestalt Psychology in German Culture, 1890-1967. Holism and the Quest for Objectivity; Harrington, A. (1996). Reenchanted Science. Holism in German Culture from Wilhelm II. to Hitler (dt. Die Suche nach Ganzheit, Reinbek bei Hamburg 2002).
48 Ehrenfels, C. von (1890). Über Gestaltqualitäten (Philosophische Schriften, Bd. 3, München 1988, 128-155).
49 Köhler, W. (1920). Die physischen Gestalten in Ruhe und im stationären Zustand: 42.
50 Wolff, G. (1933). Leben und Erkennen. Vorarbeiten zu einer biologischen Philosophie: 185.
51 Kroner, R. (1913). Zweck und Gesetz in der Biologie: 31.
52 a.a.O.: 153.
53 a.a.O.: 148.
54 ebd.
55 Cassirer, E. (1918/21). Kants Leben und Lehre: 307.
56 Smuts, J.C. (1926). Holism and Evolution (dt.: Die holistische Welt, Berlin 1938): 88f.; Meyer-Abich, A. (1941). Hauptgedanken des Holismus. Acta Biotheor. 5, 85-116: 112f.
57 Woodger, J.H. (1929). Biological Principles. A Critical Study (London 1967): 437.
58 Haldane, J.S. (1935). The Philosophy of a Biologist (dt. Jena 1936): 26.
59 Haldane, J.S. (1931). The Philosophical Basis of Biology (dt. Berlin 1932): 18.
60 a.a.O.: 12.
61 Hartmann, M. (1933). Die methodologischen Grundlagen der Biologie (Gesammelte Vorträge und Aufsätze, Bd. 2, Stuttgart 1956, 54-72): 65.
62 Goldstein, K. (1934). Der Aufbau des Organismus. Einführung in die Biologie unter besonderer Berücksichtigung der Erfahrungen am kranken Menschen: 262.
63 a.a.O.: 131.
64 Vgl. Mocek, R. (1996). Ganzheit und Selbstorganisation. Auf den Spuren eines biologischen Grundproblems. In: Küppers, G. (Hg.). Chaos und Ordnung. Formen der Selbstorganisation in Natur und Gesellschaft, 61-96: 67ff..
65 Driesch, H. (1909/28). Philosophie des Organischen: 367; vgl. ders. (1911). Die Kategorie „Individualität" im Rahmen der Kategorienlehre Kants. Kant Stud. 16, 22-53; ders. (1924). Kant und das Ganze. Kant Stud. 29, 365-376.
66 Driesch (1909/28): 366.
67 a.a.O.: 372.
68 a.a.O.: 367.
69 Driesch, H. (1912). Ordnungslehre: 184f.; vgl. Schurig, V. (1985). Die Entdeckung der Systemeigenschaft „Ganzheit". Gestalt Theory 7, 208-227: 214.
70 Driesch, H. (1909/21). Philosophie des Organischen: 542; vgl. ders. (1909/28): 372.
71 Köhler, W. (1925). Gestaltprobleme und Anfänge einer Gestalttheorie. Jahresber. ges. Physiol. experim. Pharmakol. für 1922, 512-539; vgl. Meyer, A. (1926). Logik der Morphologie im Rahmen einer Logik der gesamten Biologie: 27.
72 Driesch, H. (1925). „Physische Gestalten" und Organismen. Annalen der Philosophie und philosophischen Kritik 5, 1-11: 4; 7; Bertalanffy, L. von (1932). Theoretische Biologie, Bd. 1: 272.
73 Kastner, K.W.G. (1824). Beiträge zur näheren Kenntniß der Mineralquellen. Archiv für die gesammte Naturlehre 1, 346-380: 356.
74 Hansemann, G. von (1871). Die Atome und ihre Bewegungen: 3.
75 Simmel, G. (1904). Kant. Sechzehn Vorlesungen, gehalten an der Berliner Universität: 154 (14. Vorl.).
76 Ermatinger, E. (1921). Das dichterische Kunstwerk: 189.
77 Hennig, W. (1950). Grundzüge einer Theorie der phylogenetischen Systematik: 117.
78 Hartmann, E. von (1869/90). Philosophie des Unbewußten, Bd. 2: 126; 147 (Kap. C, VI); Simmel, G. (1907). Schopenhauer und Nietzsche: 106.
79 Hartmann, N. (1942). Neue Wege der Ontologie: 32.

80 Hartmann, N. (1950). Philosophie der Natur: 522.
81 a.a.O.: 523.
82 Weinhandl, F. (1926). Experimentelle Untersuchungen zur Psychologie der determinierten Abläufe. Archiv für die gesamte Psychologie 55, 381-458: 385.
83 Köhler, W. (1933). Psychologische Probleme: 142.
84 Hertz, M. (1934). [Rez. Köhler, W. (1933). Psychologische Probleme]. Naturwiss. 22, 46-47: 46; vgl. Köhler, W. (1933). Psychologische Probleme: 142.
85 Spann, O. (1924/39). Kategorienlehre (Graz 1969): 62.
86 a.a.O.: 65.
87 a.a.O.: 91.
88 a.a.O.: 95.
89 a.a.O.: 96.
90 a.a.O.: 97.
91 a.a.O.: 146.
92 Vgl. Ungerer, E. (1922). Die Teleologie Kants und ihre Bedeutung für die Logik der Biologie: 78.
93 Mittasch, A. (1938). Was ist Ganzheitskausalität? Acta Biotheor. 4, 73-83: 77.
94 Vgl. z.B. Köhler, W. (1920). Die physischen Gestalten in Ruhe und im stationären Zustand; Spann (1924/39): 102f.; Mittasch (1938): 77; Hartmann, N. (1950). Philosophie der Natur: 490.
95 Driesch, H. (1926). „Physische Gestalten" und Organismen. Annalen der Philosophie und philosophischen Kritik 5, 1-11: 5.
96 Thienemann, A. (1918). Lebensgemeinschaft und Lebensraum. Naturwiss. Wochenschr. N.F. 17, 281-290; 297-303; ders. (1925). Der See als Lebenseinheit. Naturwiss. 13, 589-600; vgl. Leps, G. (1980). Problemgeschichtlich-philosophische Analyse der aquatisch-ökologischen Wissenschaftszweige unter besonderer Berücksichtigung des Lebenswerkes von Karl August Möbius (1825-1908) und August Thienemann (1882-1960). Phil. Diss. Humboldt-Universität, Berlin: 250ff.
97 Friederichs, K. (1927). Grundsätzliches über die Lebenseinheiten höherer Ordnung und den ökologischen Einheitsfaktor. Naturwiss. 15, 153-157; 182-186.
98 Tansley, A.G. (1935). The use and abuse of vegetational concepts and terms. Ecology 16, 284-307.
99 Odum, E.P. (1953). Fundamentals of Ecology.
100 Odum, E.P. (1969). The strategy of ecosystem development. Science 164, 262-270.
101 Humboldt, A. von (1797). Versuche über die gereizte Muskel- und Nervenfaser, 2 Bde.: II, 433.
102 Rickert, H. (1896-1902/1929). Die Grenzen der naturwissenschaftlichen Begriffsbildung. Eine logische Einleitung in die historischen Wissenschaften: 317.
103 Hartmann (1950): 509.
104 Salthe, S.N. (1993). Development and Evolution: 154.
105 Kant, I. (1790/93). Kritik der Urteilskraft (AA, Bd. V, 165-485): 373.
106 Roux, W. (1881). Der Kampf der Theile im Organismus: 219.
107 Ungerer, E. (1922). Die Teleologie Kants und ihre Bedeutung für die Logik der Biologie: 86; vgl. ders. (1931). Kennzeichnung und Erklärung des organischen Lebens. Proc. Int. Congr. Philos. 7, 57-64: 59.
108 Ungerer (1922): 87.
109 Goldstein, K. (1934). Der Aufbau des Organismus: 264.
110 Wolff, G. (1933). Leben und Erkennen. Vorarbeiten zu einer biologischen Philosophie: 192.
111 Benninghoff, A. (1935-36). Form und Funktion. Z. ges. Naturwiss. 1, 149-160 & 2, 102-114: 152.
112 Benninghoff, A. (1949). Über funktionelle Systeme. Stud. Gen. 2, 9-13: 13; vgl. auch Freudenberg, G. (1960). Zum philosophischen Begriff der Funktion. In: Höfling, H. (Hg.). Beiträge zur Philosophie und Wissenschaft. Wilhelm Szilasi zum 70. Geburtstag, 41-64: 41.
113 Holenstein, E. (1983). Zur Semantik der Funktionalanalyse. Z. allg. Wiss.theor. 14, 292-319: 300.
114 Hirschmann, D. (1973). Function and explanation. Aristot. Soc. Suppl. 47, 19-38: 22; ähnlich auch Moreno, A., Umerez, J. & Fernandez, J. (1994). Definition of life and the research program in artificial life. Ludus Vitalis 2, 15-33: 17f.
115 Whewell, W. (1840/47). The Philosophy of the Inductive Sciences, 2 vols.: II, 619.
116 Beckner, M. (1959). The Biological Way of Thought (Berkeley 1968): 187.
117 Beckner, M. (1969). Function and teleology. J. Hist. Biol. 2, 151-164: 159.
118 a.a.O.:160.
119 Kant, I. (1790/93). Kritik der Urteilskraft (AA, Bd. V, 165-485): 407f.
120 a.a.O.: 373.
121 Konrad, W. & Zenker, K. (1967). Zur Dialektik von Teil und Ganzem. Dt. Z. Philos. 15, 446-457: 457.
122 Byerly, H. (1979). Teleology and evolutionary theory: mechanisms and meanings. Nature and System 1, 157-176: 168.
123 Jacobs, J. (1986). Teleology and reduction in biology. Biol. Philos. 1, 389-399: 397.
124 McShea, D. & Venit, E.P. (2001). What is a part? In: Wagner, G.P. (ed.). The Character Concept in Evolutionary Biology, 259-284: 262.
125 Campbell, D.T. (1958). Common fate, similarity, and other indices of the status of aggregates of persons as social entities. Behav. Sci. 3, 14-25: 17f.
126 Gould, S.J. & Lewontin, R.C. (1979). The spandrels of San Marco and the Panglossian paradigm: a critique of the adaptationist programme. Proc. Roy. Soc. Lond. B 205, 581-598: 594.
127 Lewontin, R.C. (1983). The corpse in the elevator. New York Rev. Books 29 (Jan. 20), 34-37: 37.
128 ebd.
129 Vgl. Atkinson, J.W. (1992). Conceptual issues in the reunion of development and evolution. Synthese 91, 93-110; Smith, K.C. (1992). Neo-rationalism versus neo-darwinism: integrating development and evolution. Biol. Philos. 7, 431-451; Kauffman, S.A. (1993). The Origins of Order. Self-Organization and Selection in Evolution; Salthe, S.N. (1993). Development and Evolution. Complexity and Change in Biology; Amundson, R. (1994). Two concepts of constraint: adaptationism and the challenge from

developmental biology. Philos. Sci. 61, 556-578; Griffiths, P.E. & Gray, R.D. (1994). Developmental systems and evolutionary explanation. J. Philos. 91, 277-304.
130 Gershon, D. (1997). Bioinformatics in a post-genomics age. Nature 389, 417; Anonymus (1997). Changing the signs: postgenomics and multidisciplinary science at Arris Pharmaceuticals. Science 276: 444; Rheinberger, H.-J. (ed.) (1999). Postgenomics? Historical, techno-epistemic and cultural aspects of genomic projects (Preprint).
131 Gierer, A. (2002). Holistic biology – back on stage? Comments on post-genomics in historical perspective. Philos. nat. 39, 25-44; vgl. Strohman, R.C. (1997). The coming Kuhnian revolution in biology. Nature Biotechnology 15, 194-200.
132 Webster, G. & Goodwin, B.C. (1982). The origin of species: a structuralist approach. J. Soc. Biol. Struc. 5, 15-47: 38.
133 Vgl. Lederberg, J. & McCray, A.T. (2001). Ome sweet 'omics: a genealogical treasury of words. Scientist 15 (Apr. 2, 2001), 8.
134 Koestler, A. (1969). Beyond atomism and holism – the concept of holon. In: Koestler, A. & Smithies, J.R. (eds.). Beyond Reductionism. New Perspectives in the Life Sciences, 192-216.
135 Sporns O., Tononi, G., Kötter, R. (2005). The human connectome: a structural description of the human brain. PLoS Comput Biol 1(4), e42.
136 Nachweise zu Tab. 96: Kant, I. (1790/93). Kritik der Urteilskraft (AA, Bd. V, 165-485): 373; Schelling, F.W.J. (1798). Von der Weltseele. Eine Hypothese der höheren Physik zur Erklärung des allgemeinen Organismus (AA, Bd. I, 6): 237; Cuvier, G. (1812). Recherches sur les ossemens fossiles des quadrupèdes, 4 Bde.: I, 58; Hartmann, M. (1933). Die methodologischen Grundlagen der Biologie (Gesammelte Vorträge und Aufsätze, Bd. 2, Stuttgart 1956, 54-72): 65; Collier, J. (2000). Autonomy and process closure as the basis for functionality. In: Chandler, J.L.R. & Vijver, G. van de (eds.). Closure. Emergent Organizations and Their Dynamics, 280-290: 285; Hartmann, N. (1950). Philosophie der Natur: 445; Weber, M. (2005). Holism, coherence and the dispositional concept of functions. Ann. Hist. Philos. Biol. 10, 189-201: 195.
137 Driesch, H. (1919). Der Begriff der organischen Form: 45.
138 Driesch, H. (1909/21). Philosophie des Organischen: 542; vgl. ders. (1909/28). Philosophie des Organischen: 372.
139 Driesch (1909/28): 365.
140 Driesch, H. (1904). Naturbegriffe und Natururteile: 210; ders. (1912). Ordnungslehre: 210.
141 Gurwitsch, A.G. (1910). Über Determination, Normierung und Zufall in der Ontogenese. Arch. Entwicklungsmech. 30, 133-193: 141; 138.
142 Meyer, A. (1937). Das Prinzip der Ganzheitskausalität. Bremer Beiträge zur Naturwissenschaft 4, 99-142: 107; vgl. ders. (1963). Geistesgeschichtliche Grundlagen der Biologie: 208.
143 Meyer (1937): 114.
144 Mittasch, A. (1938). Was ist Ganzheitskausalität? Acta Biotheor. 4, 73-83: 78.
145 Zimmermann, W. (1927). [Rez. Miehe, H. (1926). Das Archiplasma. Betrachtungen über die Organisation des Pflanzenkörpers]. Naturwiss. 15, 142.
146 Miehe, H. (1926). Das Archiplasma. Betrachtungen über die Organisation des Pflanzenkörpers: 30.
147 Hartmann, N. (1948). Ziele und Wege der Kategorialanalyse. Z. philos. Forsch. 2, 499-536: 527; 529; 530; ders. (1950). Philosophie der Natur: 486.
148 Hartmann (1950): 445.
149 a.a.O.: 301; 447; 469; 548.
150 a.a.O.: 469.
151 a.a.O.: 454.
152 Campbell, D.T. (1974). "Downward causation" in hierarchically organised biological systems. In: Ayala, F.J. & Dobzhansky, T. (eds.). Studies in the Philosophy of Biology, 179-186; vgl. Petersen, A.F. (1983). On downward causation in biological and behavioural systems. Hist. Philos. Life Sci. 5, 69-86; El-Hani, C.N. & Emmeche, C. (2000). On some theoretical grounds for an organism-centered biology: property emergence, supervenience, and downward causation. Theor. Biosci. 119, 234-275.
153 Sellars, R.W. (1922). Evolutionary Naturalism: 302; vgl. Stephan, A. (1999). Emergenz. Von der Unvorhersagbarkeit zur Selbstorganisation: 63.
154 McLaughlin, P. (2001). What Functions Explain: Functional Explanation and Self-Reproducing Systems: 27.
155 Mahner, M. & Bunge, M. (1997). Foundations of Biophilosophy: 178.
156 Vgl. Kim, J. (1992). "Downward causation" in emergentism and nonreductive physicalism. In: Beckermann, A., Flohr, H. & Kim, J. (eds.). Emergence or Reduction? Essays on the Prospects of Nonreductive Physicalism, 119-138.
157 McLaughlin (2001): 27.
158 So argumentiert Peter McLaughlin in einem Gespräch am 8. April 2010.
159 Emmeche, C., Køppe, S. & Stjernfelt, F. (2000). Levels, emergence, and three versions of downward causation. In: Andersen, P.B. et al. (eds.). Downward Causation. Minds, Bodies and Matter, 13-34.
160 a.a.O.: 25.
161 ebd.
162 Uexküll, J. von (1920/28). Theoretische Biologie (Frankfurt/M. 1973): 156; Polanyi, M. (1968). Life's irreducible structure. Science 160, 1308-1312: 1309f.
163 El-Hani, C.N. & Emmeche, C. (2000). On some theoretical grounds for an organism-centered biology: property emergence, supervenience, and downward causation. Theor. Biosci. 119, 234-275: 262.
164 a.a.O.: 269.
165 Moreno, A. & Umerez, J. (2000). Downward causation as the core of living organization. In: Andersen, P.B. et al. (eds.). Downward Causation. Minds, Bodies and Matter, 99-117: 107.
166 Mossio, M. & Moreno, A. (2010). Organisational closure in biological organisms. Hist. Philos. Life Sci. 32, 269-288: 269; vgl. Moreno, A. (2000). Closure, identity and the emergence of formal causation. In: Chandler, J.L.R. & Vijver, G. van de (eds.). Closure. Emergent Organizations

167 Mossio & Moreno (2010): 269.
168 a.a.O.: 275; vgl. Juarrero, A. (1998). Causality as constraint. In: Vijver, G. van der, Salthe, S.N. & Delpos, M. (eds.). Evolutionary Systems. Biological and Epistemological Perspectives on Selection and Self-Organization, 233-242.
169 Lewes, G.H. (1875). Problems of Life and Mind, 2 vols.: I, 98.
170 Vgl. Alexander, S. (1920). Space, Time, and Deity, 2 vols.: II, 46.
171 Aristoteles, Politica 1253a.
172 Galen, On the Elements According to Hippokrates (Berlin 1996): 71 (3.8; 428); vgl. Caston, V. (1997). Epiphenomenalism, ancient and modern. Philos. Rev. 106, 309-363: 350ff.
173 Mill, J.S. (1843). A System of Logic (Collected Works, vol. VII, Toronto 1973): 370ff.
174 a.a.O.: 352 (bk. iii, ch. v, §10).
175 Lewes (1875): II, 413.
176 Lloyd Morgan, C. (1926). A concept of the organism, emergent and resultant. Proc. Aristot. Soc. 27, 141-176; vgl. Blitz, D. (1992). Emergent Evolution. Qualitative Novelty and the Levels of Reality.
177 Broad, C.D. (1925). The Mind and its Place in Nature.
178 a.a.O.: 65.
179 McLaughlin, B.P. (1992). The rise and fall of British emergentism. In: Beckermann, A., Flohr, H. & Kim, J. (eds.). Emergence or Reduction? Essays on the Prospects of Nonreductive Physicalism, 49-93.
180 Vgl. z.B. Nagel, E. (1952). Wholes, sums, and organic unities (in: Lerner, D. (ed.) (1963). Parts and Wholes, 135-155).
181 Stephan, A. (1999). Emergenz: 26.
182 Broad (1925): 61.
183 Ryan, A.J. (2007). Emergence is coupled to scope, not level. Complexity 13, 67-77: 70.
184 Bedau, M. (2007). Pluralism about emergence in biology [Vortrag]. 2007 Meeting of the International Society for the History, Philosophy and Social Studies of Biology (ISHPSSB) in Exeter.
185 Stephan (1999): 14.
186 Sellars, R.W. (1943). Causality and substance (in: ders. (1970). Principles of Emergent Realism, 27-50): 44.
187 Vgl. Lotze, H. (1842). Leben. Lebenskraft (Kleine Schriften, Bd. 1, Leipzig 1885, 139-220): 143; Mill, J.S. (1843). A System of Logic (Collected Works, vol. VII, Toronto 1973): 371 (bk. 3, ch. 6, §1).
188 Wertheimer, M. (1922). Untersuchungen zur Lehre von der Gestalt, I. Psychol. Forsch.1, 47-58: 52; 55; ders. (1923). Untersuchungen zur Lehre von der Gestalt, II. Psychol. Forsch. 4, 301-350: 325.
189 Broad, C.D. (1933). Examination of McTaggart's Philosophy, vol. 1: 268; vorher in anderer Bedeutung: Woltereck, H. (1931). Beobachtungen und Versuche zum Fragenkomplex der Artbildung, I. Wie entsteht eine en- demische Rasse oder Art? Biol. Zentralbl. 51, 231-253: 239.
190 Bertalanffy, L. von (1932). Theoretische Biologie, Bd. 1: 81; ders. (1949). Das biologische Weltbild, Bd. 1. Die Stellung des Lebens in Natur und Wissenschaft: 25; Hassenstein, B. (1966). Kybernetik und biologische Forschung. In: Gessner, F. (Hg.). Handbuch der Biologie, Bd. I, 2. Allgemeine Biologie, 629-719: 635; Stephan (1999): 21.
191 Herz, W. (1907). Physikalische Chemie als Grundlage der analytischen Chemie: 89.
192 Schwertschlager, J. (1910). Die Rosen des südlichen und mittleren Frankenjura: 235.
193 Tandler, J. & Grosz, S. (1913). Die biologischen Grundlagen der sekundären Geschlechtscharaktere: 137.
194 Köhler, W. (1920). Die physischen Gestalten in Ruhe und im stationären Zustand: 31.
195 a.a.O.: 34.
196 Dodd, W.E. (1918). The social philosophy of the old south. Amer. J. Sociol. 23, 735-746: 745.
197 von Bertalanffy (1932): 81.
198 Vgl. Blitz, D. (1992). Emergent Evolution. Qualitative Novelty and the Levels of Reality.
199 Baylis, C.A. (1929). The philosophical function of emergence. Philos. Rev. 28, 372-384.
200 Vgl. Stephan (1999): 141.
201 Vgl. Pepper, S.C. (1926). Emergence. J. Philos. 23, 241-245; Henle, P. (1942). The status of emergence. J. Philos. 39, 486-492; Hempel, C.G. & Oppenheim, P. (1948). Studies in the logic of explanations. Philos. Sci. 15, 135-175; Nagel, E. (1952). Wholes, sums, and organic unities (in: Lerner, D. (ed.) (1963). Parts and Wholes, 135-155); ders. (1961). The Structure of Science. Problems in the Logic of Scientific Explanation: 368f.
202 Stephan (1999): 145f.
203 Nagel (1952).
204 Lorenz, K. (1973). Die Rückseite des Spiegels. Versuch einer Naturgeschichte menschlichen Erkennens: 47f.
205 Fichte, J.G. (1794). Grundlage der gesammten Wissenschaftslehre (AA, Bd. I, 2, 173-451): 356.
206 Wezel, J.K. (1804). System der empirischen Anthropologie oder der ganzen Erfahrungsmenschenlehre, Bd. 2. System der antropologisch-physiologischen Somatologie oder Naturlehre des thierisch-menschlichen Körpers und Lebens: 182.
207 Windischmann, C.J. (1805). Ideen zur Physik, Bd. 1: 337.
208 Schelver, F.J. (1817). Von den sieben Formen des Lebens: 130.
209 Burdach, K.F. (1828). Die Physiologie als Erfahrungswissenschaft, Bd. 2: 736f.; vgl. ders. (1821). Nachträge zur Morphologie des Kopfs: 9; ders. (1842). Blicke ins Leben, I. Comparative Psychologie, erster Theil: 23.
210 Humboldt, A. von (1799). Experiments on stimulated muscular and nervous fibres. Annals of Medicine 3, 103-157: 150.
211 H. (1837). Medical treatment of insanity. Boston Medical and Surgical Journal 16, 389-395: 392; vgl. Hooker, W. (1849). Physician and Patient: 40; vgl. auch Bigelow, J. (1835). A Discourse on Self-Limited Diseases Delivered before the Massachusetts Medical Society.
212 Aristoteles, De an. 416a.
213 Driesch, H. (1909/21). Philosophie des Organischen:

40.
214 Plessner, H. (1928). Die Stufen des Organischen und der Mensch (Berlin 1975): 61.
215 a.a.O.: 129.
216 a.a.O.: 130.
217 a.a.O.: 61.
218 a.a.O.: 104.
219 ebd.
220 Scheler, M. (1928). Die Stellung des Menschen im Kosmos (Bonn 1991): 42.
221 a.a.O.: 43.
222 Vgl. z.B. Simon, J. (1973). Leben. In: Krings, H., Baumgartner, H.M. & Wild, C. (Hg.). Handbuch philosophischer Grundbegriffe, Bd. 3, 844-859: 851; Varela, F.J. (1979). Principles of Biological Autonomy; Ruiz-Mirazo, K., Etxeberria, A., Moreno, A. & Ibáñez, J. (2000). Organisms and their place in biology. Theor. Biosci. 119, 209-233: 217.
223 Bentley, A.F. (1941). The human skin: philosophy's last line of defense. Philos. Sci. 8, 1-19: 4.
224 Smuts, J.C. (1926). Holism and Evolution (dt.: Die holistische Welt, Berlin 1938): 88.
225 Smuts, J.C. (1926). Holism and Evolution: 99.
226 Smuts (1926; dt. 1938): 85.
227 a.a.O.: 88.
228 Meyer, A. (1935). Krisenepochen und Wendepunkte des biologischen Denkens: 31.
229 Meyer, A. (1934). Ideen und Ideale der biologischen Erkenntnis: 24ff.
230 Simpson, G.G. (1964). This View of Life; zur Kritik vgl. Simon, M.A. (1971). The Matter of Life; Hull, D. (1974). Philosophy of Biological Science: 4.
231 Vgl. auch Nagel, E. (1961). The Structure of Science: 381-383; Bergmann, G. (1944). Holism, historicism, and emergence. Philos. Sci. 11, 209-221.
232 Vollmer, G. (1992). Das Ganze und seine Teile. Holismus, Emergenz, Erklärung und Reduktion. In: Deppert, W., Kliemt, H., Lohff, B. & Schaefer, J. (Hg.). Wissenschaftstheorien in der Medizin, 183-223; vgl. ähnlich bereits Bunge, M. (1979). Treatise on Basic Philosophy, vol. 4. Ontology, II: A World of Systems: 39-41.
233 Vgl. Stephan, A. (1999). Emergenz: 147-154.
234 Vgl. Toepfer, G. (2004). Zweckbegriff und Organismus. Über die teleologische Beurteilung biologischer Systeme.
235 Vgl. Schulz, R. (1998). System, biologisches. Hist. Wb. Philos., Bd. 10, 856-861.
236 Treviranus, G.R. (1802). Biologie oder Philosophie der lebenden Natur für Naturforscher und Ärzte, Bd. 1: 83.
237 Bonnet, C. de (1755). Principes philosophiques sur la cause première (Œuvres d'histoire naturelle et de philosophie, Bd. 8, Neuchâtel 1783, 163-242): 232; ders. (1764-65). Contemplation de la nature (Œuvres d'histoire naturelle et de philosophie, Bd. 7-9, Neuchâtel 1781): I, 25; 192; vgl. Cheung, T. (2004). Charles Bonnets allgemeine Systemtheorie organischer Ordnung. Hist. Philos. Life Sci. 26, 177-207: 192; ders. (Hg.) (2005). Charles Bonnets Systemtheorie und Philosophie organisierter Körper.
238 Lambert, J.H. (1782). Theorie des Systems. In: Logische und philosophische Abhandlungen, Bd. 1 (in: Händle, F. & Jensen, S. (Hg.) (1974). Systemtheorie und Systemtechnik, 87-90): 87.
239 Lambert, J.H. (1787). Fragment einer Systematologie. In: Logische und philosophische Abhandlungen, Bd. 2 (in: Händle, F. & Jensen, S. (Hg.) (1974). Systemtheorie und Systemtechnik, 91-103): 91.
240 ebd.
241 ebd.
242 a.a.O.: 92.
243 Lotze, H. (1853). Die sensorischen Functionen des Rückenmarks der Wirbelthiere nebst einer neuen Lehre über die Leitungsgesetze der Reflexionen von Eduard Pflüger. Götting. gelehrt. Anz. 1853 (174.-177. St.), 1737-1776: 1753.
244 a.a.O.: 1751f.
245 Driesch, H. (1899). Die Lokalisation morphogenetischer Vorgänge. Ein Beweis vitalistischen Geschehens. Arch. Entwicklungsmech. 8, 35-111: 74; ders. (1902). Über ein harmonisch-äquipotentielles System und über solche Systeme überhaupt. Arch. Enwicklungsmech. 14, 227-246; ders. (1904). Naturbegriffe und Naturteile: 206; ders. (1905): 205; ders. (1909/28). Philosophie des Organischen: 98f.; vgl. Schurig, V. & Nothacker, R. (2004). Die Entdeckung von Regulation und Selbstorganisation: das »harmonisch-äquipotentielle System« (Driesch 1902). Verhandl. Gesch. Theor. Biol. 10, 177-194.
246 Driesch, H. (1912). Ordnungslehre: 138.
247 Weiss, P. (1925). Tierisches Verhalten als „Systemreaktion". Biologia Generalis 1, 167-248: 243.
248 Bertalanffy, L. von (1937). Das Gefüge des Lebens: 12.
249 ebd.
250 Bertalanffy, L. von (1949). Das biologische Weltbild, Bd. 1. Die Stellung des Lebens in Natur und Wissenschaft: 24.
251 Bertalanffy, L. von (1950). An outline of general system theory. Br. J. Philos. Sci. 1, 134-165: 143.
252 von Bertalanffy (1949): 24f.
253 Heidenhain, M. (1907). Plasma und Zelle, 1. Abt. Allgemeine Anatomie der lebendigen Masse, 1. Lief. Die Grundlagen der mikroskopischen Anatomie, die Kerne, die Centren und die Granulalehre (= Handbuch der Anatomie des Menschen, Bd. 8, Teil 1): 86.
254 a.a.O.: 101.
255 Vgl. Biosystems. Journal of Molecular, Cellular and Behavioral Origins and Evolution (Amsterdam) 1.1974-
256 Bunge, M. (1979). Some topical problems in biophilosophy. J. Soc. Biol. Struc. 2, 155-172: 159f.
257 ebd.
258 Mahner, M. & Bunge, M. (1997). Foundations of Biophilosophy: 141f.; 144.
259 Luhmann, N. (1968). Zweckbegriff und Systemrationalität. Über die Funktion von Zwecken in sozialen Systemen: 38.
260 Luhmann, N. (1984). Soziale Systeme. Grundriß einer allgemeinen Theorie (Frankfurt/M. 1987): 35.
261 Vgl. Holenstein, E. (1983). Zur Semantik der Funktionalanalyse. Z. allg. Wiss.theor. 14, 292-319: 318.

262 Bischof, N. (1995/98). Struktur und Bedeutung: 13.
263 Bertalanffy, L. von (1929). Zum Problem einer theoretischen Biologie. Kant Stud. 34, 374-390: 387; vgl. ders. (1932). Theoretische Biologie, Bd. 1: 80; ders. (1933). Modern Theories of Development: 46.
264 Bastian, A. (1860). Der Mensch in der Geschichte. Zur Begründung einer psychologischen Weltanschauung, Bd. 1. Die Psychologie als Naturwissenschaft: 15.
265 Wessely, I.E. (1868). Das Grundprincip des deutschen Rhythmus auf der Höhe des neunzehnten Jahrhunderts: ix.
266 Bertalanffy, L. von (1928). Kritische Theorie der Formbildung: 70.
267 Bertalanffy, L. von (1929). Die Teleologie des Lebens. Biologia Generalis 5, 379-394: 391.
268 von Bertalanffy (1932): 98.
269 Weiss, P.A. (1925). Tierisches Verhalten als ›Systemreaktion‹. Die Orientierung der Ruhestellungen von Schmetterlingen (*Vanessa*) gegen Licht und Schwerkraft. Biologia Generalis 1, 165-248: 185; vgl. 194; 195.
270 Hönigswald, R. (1917). Die Philosophie des Altertums. Problemgeschichtliche und systematische Untersuchungen: 171.
271 Reinke, J. (1901/11). Einleitung in die theoretische Biologie: 184.
272 a.a.O.: 192.
273 a.a.O.: 188.
274 a.a.O.: 195.
275 a.a.O.: 199.
276 a.a.O.: 200.
277 a.a.O.: 205.
278 Pütter, A. (1923). Stufen des Lebens. Eine Einführung in die Physiologie: 545f.
279 Küpfmüller, K. (1928). Über die Dynamik der selbsttätigen Verstärkungsregler. Elektr. Nachrichtentechn. 5, 459-467: 460.
280 Lenk, H. (1978). Wissenschaftstheorie und Systemtheorie. In: Lenk, H. & Ropohl, G. (Hg.). Systemtheorie als Wissenschaftsprogramm, 239-269: 246f.
281 a.a.O.: 245.
282 Bleecken, S. (1990). Welches sind die existentiellen Grundlagen lebender Systeme? Ein neues Paradigma. Naturwiss. 77, 277-282: 279; Proceedings of the First International Conference on Systems Biology, Tokyo, Japan, 2000, November 14-16; Kitano, H. (ed.) (2001). Foundations of Systems Biology; ders. (2002). Systems biology: a brief overview. Science 295, 1662-1664.
283 Bonner, J. (1960). Editorial. AIBS Bulletin 10, 17.
284 Vgl. Krohs, U. & Callebaut, W. (2007). Data without models merging with models without data. In: Boogerd, F.C., Bruggeman, F.J., Hofmeyr, J.-H.S. & Westerhoff, H.V. (eds.). Systems Biology. Philosophical Foundations, 181-213.
285 www.systemsbiology.org.
286 Vgl. Cottoner, R. & Stöffler, W. (2002). Systeme des Lebens – Systembiologie. Biologie heute 3, 2-7.

Literatur

Schurig, V. (1985). Die Entdeckung der Systemeigenschaft „Ganzheit". Gestalt Theory 7, 208-227.
Gloy, K. (1996). Das Verständnis der Natur, Bd. II. Die Geschichte des ganzheitlichen Denkens.
Harrington, A. (1996). Reenchanted Science. Holism in German Culture from Wilhelm II. to Hitler (dt. Die Suche nach Ganzheit, Reinbek bei Hamburg 2002).
Trewavas, A. (2006). A brief history of systems biology. The Plant Cell 18, 2420-2430.

If you have any concerns about our products,
you can contact us on
ProductSafety@springernature.com

In case Publisher is established outside the EU,
the EU authorized representative is:
**Springer Nature Customer Service Center GmbH
Europaplatz 3, 69115 Heidelberg, Germany**

Printed by Libri Plureos GmbH
in Hamburg, Germany